Chemie für Dummies. Das Lehrbuch

Schummelseite

Periodensystem der Elemente

Ordnungszahl → 13 1,47 ← Elektronegativität
Al
Aluminium
26,9815 ← relative Atommasse

	1 Ia	2 IIa	3 IIIb	4 IVb	5 Vb	6 VIb	7 VIIb	8 VIIIb	9 VIIIb	10 VIIIb	11 Ib	12 IIb	13 IIIa	14 IVa	15 Va	16 VIa	17 VIIa	18 VIIIa
1	1 2,20 H Wasserstoff 1,008																	2 He Helium 4,0026
2	3 0,97 Li Lithium 6,94	4 1,47 Be Beryllium 9,0122											5 2,01 B Bor 10,81	6 2,50 C Kohlenstoff 12,011	7 3,07 N Stickstoff 14,007	8 3,50 O Sauerstoff 15,999	9 4,17 F Fluor 18,9984	10 Ne Neon 20,1797
3	11 1,01 Na Natrium 22,9898	12 1,23 Mg Magnesium 24,305											13 1,47 Al Aluminium 26,9815	14 1,74 Si Silicium 28,086	15 2,06 P Phosphor 30,9738	16 2,44 S Schwefel 32,06	17 2,83 Cl Chlor 35,45	18 Ar Argon 39,948
4	19 0,91 K Kalium 39,0983	20 1,04 Ca Calcium 40,078	21 1,20 Sc Scandium 44,9559	22 1,32 Ti Titan 47,867	23 1,45 V Vanadium 50,9415	24 1,56 Cr Chrom 51,9961	25 1,60 Mn Mangan 54,938	26 1,64 Fe Eisen 55,845	27 1,70 Co Cobalt 58,9332	28 1,75 Ni Nickel 58,6934	29 1,75 Cu Kupfer 63,546	30 1,66 Zn Zink 65,38	31 1,82 Ga Gallium 69,723	32 2,02 Ge Germanium 72,63	33 2,20 As Arsen 74,9216	34 2,48 Se Selen 78,971	35 2,74 Br Brom 79,904	36 (3.0) Kr Krypton 83,798
5	37 0,89 Rb Rubidium 85,4678	38 0,99 Sr Strontium 87,62	39 1,11 Y Yttrium 88,9059	40 1,22 Zr Zirkonium 91,224	41 1,23 Nb Niob 92,9064	42 1,30 Mo Molybdän 95,95	43 1,36 Tc Technetium (98)	44 1,42 Ru Ruthenium 101,07	45 1,45 Rh Rhodium 102,9055	46 1,30 Pd Palladium 106,42	47 1,42 Ag Silber 107,8682	48 1,46 Cd Cadmium 112,414	49 1,49 In Indium 114,818	50 1,72 Sn Zinn 118,71	51 1,82 Sb Antimon 121,760	52 2,01 Te Tellur 127,60	53 2,21 I Iod 126,9045	54 (2.6) Xe Xenon 131,293
6	55 0,86 Cs Cäsium 132,9054	56 0,97 Ba Barium 137,327		72 1,23 Hf Hafnium 178,49	73 1,33 Ta Tantal 180,9479	74 1,40 W Wolfram 183,84	75 1,46 Re Rhenium 186,207	76 1,52 Os Osmium 190,23	77 1,55 Ir Iridium 192,217	78 1,44 Pt Platin 195,084	79 1,42 Au Gold 196,9666	80 1,44 Hg Quecksilber 200,592	81 1,44 Tl Thallium 204,38	82 1,55 Pb Blei 207,2	83 1,67 Bi Bismut 208,9804	84 1,76 Po Polonium (209)	85 1,96 At Astat (210)	86 Rn Radon (222)
7	87 0,86 Fr Francium (223)	88 0,97 Ra Radium (226)		104 Rf Rutherfordium (267)	105 Db Dubnium (268)	106 Sg Seaborgium (271)	107 Bh Bohrium (270)	108 Hs Hassium (269)	109 Mt Meitnerium (278)	110 Ds Darmstadtium (281)	111 Rg Roentgenium (282)	112 Cn Copernicium (285)	113 Nh Nihonium (286)	114 Fl Flerovium (289)	115 Mc Moscovium (289)	116 Lv Livermorium (293)	117 Ts Tenness (294)	118 Og Oganesson (294)

57 1,10 La Lanthan 138,9055	58 Ce Cer 140,116	59 Pr Praseodym 140,908	60 Nd Neodym 144,242	61 Pm Promethium (145)	62 Sm Samarium 150,36	63 Eu Europium 151,964	64 Gd Gadolinium 157,25	65 Tb Terbium 158,9254	66 Dy Dysprosium 162,50	67 Ho Holmium 164,9303	68 Er Erbium 167,259	69 Tm Thulium 168,9342	70 Yb Ytterbium 173,045	71 L… Lu… 1…
89 Ac Actinium (227)	90 Th Thorium 232,04	91 Pa Protaktinium 231,04	92 U Uran 238,029	93 Np Neptunium (237)	94 Pu Plutonium (244)	95 Am Americium (243)	96 Cm Curium (247)	97 Bk Berkelium (247)	98 Cf Californium (251)	99 Es Einsteinium (252)	100 Fm Fermium (257)	101 Md Mendelevium (258)	102 No Nobelium (259)	10… La…

Metalle | Halbmetalle | Nichtmetalle | Lanthanoide | Actinoide | Po radioakti…

Chemie für Dummies. Das Lehrbuch

Schummelseite

Tendenzen im Periodensystem

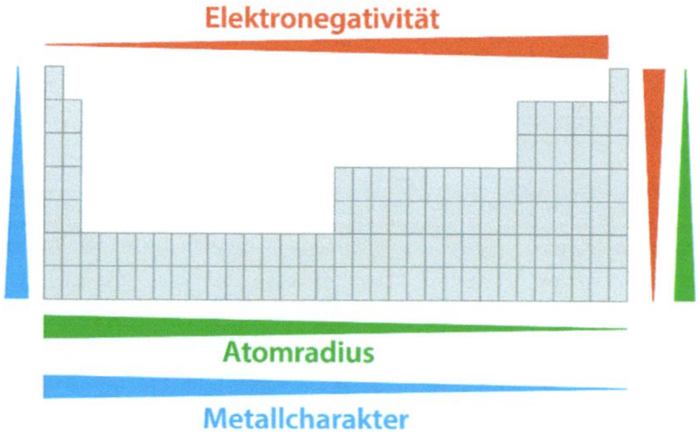

wichtige Gleichungen in der Chemie

GIBBS-HELMHOLTZ-Gleichung $\Delta G = \Delta H - T\Delta S$

	starke Säure / Base:	schwache Säure / Base:
*p*H-Wert-Berechnung	$pH = -\lg c(\text{Säure})$	$pH = \frac{pK_S - \lg c(\text{Säure})}{2}$
	$pOH = -\lg c(\text{Base})$	$pOH = \frac{pK_B - \lg c(\text{Base})}{2}$

HENDERSON-HASSELBALCH-Gleichung $pH = pK_S + \lg\frac{[A^-]}{[HA]}$

NERNST-Gleichung $E = E^0 + \frac{RT}{zF}\ln\frac{[Ox]}{[Red]} = E^0 + \frac{0{,}059\,V}{z}\lg\frac{[Ox]}{[Red]}$

(unter Standardbedingungen)

Orbitale

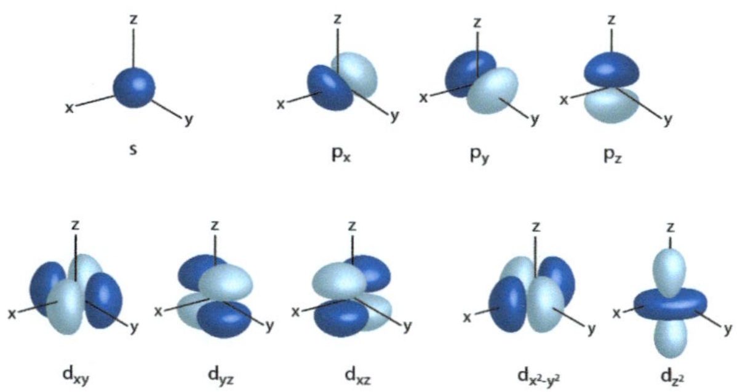

die wichtigsten Gittertypen

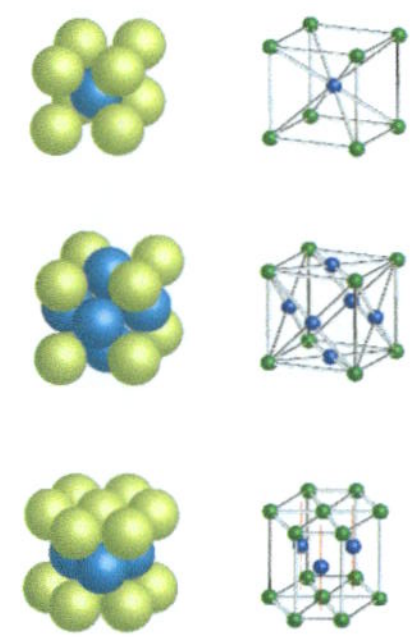

kubisch innenzentriert (bcc)

kubisch flächenzentriert (fcc oder ccp)

hexagonal dicht (hcp)

Chemie für Dummies. Das Lehrbuch

Stefanie Ortanderl und Ulf Ritgen

Chemie – Das Lehrbuch für dummies®

3. Auflage

WILEY

WILEY-VCH GmbH

Chemie für Dummies. Das Lehrbuch

Bibliografische Information der Deutschen Nationalbibliothek

Die Deutsche Nationalbibliothek verzeichnet diese Publikation in der Deutschen Nationalbibliografie; detaillierte bibliografische Daten sind im Internet über `http://dnb.d-nb.de` abrufbar.

3. Auflage 2027

Print ISBN: 978-3-527-72422-2
ePub ISBN: 978-3-527-85641-1

Coverfoto: `BillionPhotos.com - stock.adobe.com`
Korrektur: Petra Heubach-Erdmann
Satz: Straive, Chennai, India
Druck und Bindung CPI Group (UK) Ltd, Croydon, CR0 4YY

C9783527724222_240726

Über die Autoren

Stefanie Ortanderl studierte an der Universität Hamburg Chemie, fertigte eine Diplomarbeit im Rahmen eines Projektes in der Meeresforschung an und promovierte an der Universität Paderborn auf dem Gebiet der Technischen Chemie. Nach einer zehnjährigen Tätigkeit in der chemischen Industrie im Bereich Verfahrens- und Produktentwicklung war sie von 1999 bis 2022 Professorin an der Hochschule Bonn-Rhein-Sieg und lehrte dort Allgemeine Chemie sowie Technische Chemie. Aus ihrer Feder stammt unter anderem auch *Technische Chemie für Dummies*.

Ulf Ritgen hat an der Rheinischen Friedrich-Wilhelms-Universität in Bonn Chemie studiert und eine Diplomarbeit auf dem Gebiet der Bioorganischen Chemie verfasst; promoviert wurde er mit einem Thema der Pharmazeutischen Chemie. Seitdem lehrte und lehrt er im Rahmen diverser Professurvertretungen (Organische Chemie und Polymerchemie / Anorganische und Analytische Chemie / Werkstoffanalytik / Forensik und Instrumentelle Analytik) und als Lehrkraft für besondere Aufgaben an der Hochschule Bonn-Rhein-Sieg sowie als Lehrbeauftragter an den Hochschulen Rhein-Waal und Düsseldorf sowie dem ZVA-Bildungszentrum Dormagen und der Rheinischen Friedrich-Wilhelms-Universität Bonn so ziemliche jegliche Form von Chemie. Er hat unter anderem auch *Analytische Chemie für Dummies* verfasst.

Auf einen Blick

Inhaltsverzeichnis

TEIL X
... UND SIE SPEZIALISIEREN SICH DOCH! 1061

Einführung

Chemie kann man anscheinend nur lieben oder hassen. Dieses Buch soll dazu beitragen, Ihr Interesse an diesem Fach zu wecken oder zu vertiefen. Wahrscheinlich ist Ihnen ja bereits klar, dass eigentlich alles Chemie ist und aus unserem Alltag nicht mehr wegzudenken. Stellen Sie sich ein Leben ohne Chemie vor: Staubsauger, Acrylbadewannen, atmungsaktive Outdoor-Kleidung, Schrauben, Anstreichfarben, Kabelisolierungen, Tapetenkleister, Klebstoffe, Waschmittel, Kosmetika, Arzneimittel, DVDs, Kerosin für Ihre Urlaubsflüge, Silvesterraketen, Vanillepudding … das alles gäbe es nicht. (Selbst damit zwei Menschen miteinander auskommen können, muss die Chemie stimmen. Das ist seit geraumer Zeit nicht bloß eine Redensart, sondern durch Forschungsergebnisse auf dem Gebiet der Neurochemie belegt.)

Wenn da nur nicht dieses Komplizierte, Schwierige wäre, das bei vielen allein bei der Vorstellung der Chemie als Schreckensfach Nummer 1 aus der Schule einen bleibenden Eindruck hinterlassen hat. Chemie – ach, du meine Güte! Das *kann* doch gar keiner verstehen!

Doch. Das geht. Und eigentlich ist es auch gar nicht so schwer. Durch ein paar Dinge dürfen Sie sich einfach nicht irritieren lassen:

- ✔ In der Chemie gibt es eine Vielzahl verschiedener Modelle. Manche dieser Modelle scheinen einander auf den ersten Blick zu widersprechen; Sie müssen also einen Blick dafür entwickeln, *wann* denn nun *welches* Modell sinnvoll ist (und wann eben nicht).

- ✔ Auf den ersten Blick mögen die immer wieder verwendeten Formeln gänzlich unverständlich oder zumindest unübersichtlich erscheinen. Keine Panik! Wenn Sie erst einmal verstanden haben, wie das Ganze funktioniert (und das ist einfacher, als Sie vermutlich denken!), erkennen Sie bislang ungeahnte Zusammenhänge – und zwar nicht erst irgendwann kurz vor Ende der Studienzeit, sondern schon im ersten Semester.

- ✔ Viele lassen sich dadurch abschrecken, dass die Naturwissenschaften nun einmal nicht ohne Mathematik (oder zumindest ohne Rechnen) auskommen. Nun mag zwar manche mathematische Formel auf den ersten Blick wirklich etwas verwirrend aussehen, aber dazu seien gleich zwei Dinge erwähnt: Zum einen haben wir uns bemüht, die für das Verständnis der Chemie erforderliche Mathematik auf das absolute Mindestmaß zu beschränken (und die *allerallerwichtigsten* Grundlagen finden Sie in Kapitel 6 noch einmal zusammengefasst); zum anderen arbeiten Sie selbst doch den ganzen Tag über ständig mit Mathematik, ohne sich dessen bewusst zu sein: Wenn Sie mit dem Auto zwanzig Minuten lang mit einer Geschwindigkeit von 90 Stundenkilometern fahren, welche Strecke haben Sie in dieser Zeit dann zurückgelegt? – So, wenn Sie das hinbekommen haben, dann wissen Sie schon einmal, dass Sie den »Dreisatz« beherrschen – und der ist, wenn in der Chemie gerechnet werden soll, das Wichtigste von allem. (Warum haben bloß so viele Menschen keinerlei Schwierigkeiten, in km/h zu denken, steigen aber bei g/mL sofort aus? Wo ist der Unterschied?)

✔ Jegliche (Natur-)Wissenschaft speist sich (fast ausschließlich) aus Neugier. Sicher, Faktenwissen kann dabei helfen, größere Zusammenhänge deutlich früher zu erkennen, aber hinter allem sollte immer *Die Eine Große Frage des Lebens* stehen: »Warum?«

Ziel dieses Buches ist es, Neugier zu wecken, Fragen aufzuwerfen und zu beantworten (und zu zeigen, dass die Antworten oft wieder zu neuen Fragen führen, auf die vielleicht auch heute noch nicht unbedingt eine Antwort gefunden wurde: Die Naturwissenschaften sind noch nicht »fertig«). Sehr schön auf den Punkt gebracht hat das der französische Mathematiker Henri Poincaré:

> »*Der Wissenschaftler beschäftigt sich nicht mit der Natur, weil sie nützlich ist; er beschäftigt sich mit ihr, weil sie ihm Spaß macht, und sie macht ihm Spaß, weil sie schön ist. Wäre die Natur nicht schön, wäre es wertlos, sie zu kennen, und wäre es wertlos, die Natur zu kennen, wäre das Leben nicht lebenswert.*«

In der Chemie werden zahlreiche Disziplinen unterschieden: Allgemeine Chemie, Anorganische Chemie (die »AC«), Organische Chemie (die »OC«), Physikalische Chemie, Technische Chemie oder Biochemie. Diese Einteilung in separate Teilgebiete hat sicherlich auch ihre Berechtigung: Sie finden sie in den Curricula der Studiengänge oder wenn Sie bei einschlägigen Online-Portalen ein gebrauchtes Buch suchen – aber auch im Konzept der meisten Lehrbücher. Leider jedoch führt das häufig dazu, dass Studierende überhaupt nicht auf die Idee kommen, das in den verschiedenen Teildisziplinen Gelernte miteinander zu *verknüpfen*. So gibt es beispielsweise einige Aspekte aus dem Teilgebiet der Organischen Chemie (etwa die Farbigkeit konjugierter Systeme), die sich nur dann erklären lassen, wenn dazu auf Modellvorstellungen zurückgegriffen wird, die meist in Lehrveranstaltungen der Allgemeinen oder Anorganischen Chemie behandelt werden. Wird das dann im Rahmen einer OC-Vorlesung wieder aufgegriffen, führt das nur allzu leicht zu erstauntem Kopfschütteln: »Darf man das denn? Das ist doch AC!«

Die strikte Unterteilung in übermäßig streng voneinander getrennte Fachgebiete kann also durchaus den Blick auf »das große Ganze« verstellen; in jeder Wissenschaft ist es möglich, sich im Fachdschungel zu verlieren. Deswegen wurde für dieses Buch ein etwas anderer Ansatz gewählt: Hier geht es vor allem darum, die verschiedenen *Prinzipien* der Chemie anschaulich zu beschreiben, und dann *Verknüpfungen* zwischen den verschiedenen Aspekten herzustellen. Deswegen werden Sie immer wieder Hinweise oder Querverweise finden, die Ihnen genau diese Zusammenhänge aufzeigen sollen. Ausufernde Tabellen oder dergleichen werden Sie in diesem Buch hingegen vergeblich suchen. Gerade weil die Chemie nicht nur ein optisch ansprechendes (weil experimentelles) Gebiet ist, sondern auf zahlreichen abstrakten, teilweise zugegebenermaßen nicht ganz unkomplizierten Modellvorstellungen basiert, geht es hier *eben nicht* um aufgereihtes Faktenwissen, sondern vor allem um die Erkenntnis, dass die Welt – und auch die Chemie – mehr ist als die Summe ihrer Teildisziplinen. Noch einmal Poincaré:

> »*Wissenschaft besteht aus Fakten wie ein Haus aus Backsteinen, aber eine Anhäufung von Fakten ist genauso wenig Wissenschaft, wie ein Stapel Backsteine ein Haus ist.*«

Sollten Sie auf der Suche nach einer Art »Enzyklopädie der Chemie« sein, halten Sie gerade das falsche Buch in der Hand. (Dann steht zu hoffen, dass Sie zu den Menschen gehören, die in einem Buchladen ihrer Wahl erst einmal das Vorwort von Büchern lesen, bevor sie sich zum Kauf entscheiden.) In diesem Buch geht es nicht um eine nackte Faktensammlung: Es geht um *Verständnis*.

Törichte Annahmen über den Leser

Es gibt verschiedene gute Gründe, warum Sie dieses Buch zur Hand nehmen:

- ✔ Sie wollen (oder müssen) sich mit der Chemie auseinandersetzen, haben aber keine Lust, den Stoff innerhalb kürzester Zeit mit ganz viel Auswendiglernerei nur in sich hineinzustopfen (um ihn dann, unmittelbar nach Bestehen der zugehörigen Prüfung unwiederbringlich wieder zu vergessen), sondern wollen tatsächlich etwas *verstehen*.
- ✔ Sie suchen den sprichwörtlichen roten Faden, der Ihnen zeigt, wie die einzelnen Teilbereiche der Chemie (oder sogar der Naturwissenschaften an sich) miteinander zusammenhängen, statt nur Faktenwissen pauken zu wollen.
- ✔ Eigentlich wollten Sie aus reiner Neugier schon immer wissen, was es mit der Chemie so auf sich hat, aber das fachsprachliche Kauderwelsch (eine bunte Mischung aus Latein, Griechisch und sprachlichen Neuschöpfungen) hat Sie davon abgehalten. Deswegen suchen Sie ein Buch zu diesem Thema, das Sie tatsächlich einfach *lesen* können. Wie einen Roman. Von vorne bis hinten.
- ✔ Es stört Sie, wie heutzutage im Alltag mit den Naturwissenschaften umgegangen wird: Das Thema wird nicht nur aus der sogenannten Allgemeinbildung völlig ausgeklammert, nein: Manche brüsten sich sogar damit, davon nichts zu verstehen: »Chemie? Das war für mich schon in der Schule immer ein Buch mit sieben Siegeln!« (Wobei das hin und wieder auch am Lehrer gelegen haben mag ...) Allgemein wird der Eindruck erweckt, zum Naturwissenschaftler müsse man geboren sein (und schon als Kleinkind am liebsten Mehrfachintegrale gelöst haben), denn »ein ganz normaler Mensch *kann* so etwas doch gar nicht verstehen!« Dieser zur Schau getragenen Ignoranz wollen Sie etwas entgegensetzen. Einfach so.

Zu diesem Buch

Chemie für Dummies. Das Lehrbuch ist für Leser geschrieben, die sich einigermaßen umfangreiche Grundkenntnisse der Chemie aneignen wollen, sollen oder müssen. Der Grund kann reines Interesse sein oder aber auch die Notwendigkeit, die ersten Semester eines Chemiestudiums (oder eines Studiums mit Nebenfach Chemie) erfolgreich zu bewältigen. Es ist als *Lehrbuch* gedacht und konzipiert, in dem alle grundlegenden Prinzipien der Chemie nachvollziehbar dargestellt sind. Obwohl sich in Hochschul-Bibliotheken zweifellos ausreichend Lesestoff finden lässt, stellt sich häufig ein besseres Gefühl ein, das geballte Wissen, das Sie wissen zu müssen glauben, in Form eines einzelnen, kompakten Buches in den eigenen Händen zu halten – als ständiger Begleiter zum Nachschlagen, Lernen und Üben oder zum Unterlegen unter das Kopfkissen. Außerdem lassen sich in einem in sich geschlossenen Buch deutlich leichter Querbezüge und Zusammenhänge aufzeigen, als das der Fall ist, wenn Sie mit mehreren verschiedenen Büchern gleichzeitig arbeiten. Und gerade dieses Zusammenspiel der einzelnen Aspekte liegt uns sehr am Herzen.

Ebenso wenig wie andere Werke kann dieses Buch den Anspruch erheben, sämtliche Dinge bis ins letzte Detail vollständig zu behandeln oder sämtliche *Fakten* aufzulisten, die prüfungsrelevant sein mögen – zumal in Prüfungen zunehmend weniger reines Faktenwissen abgefragt wird. Mittlerweile ist die Menschheit im Informationszeitalter angekommen: Sie brauchen längst nicht mehr so viel auswendig zu lernen und so viele Fakten zu pauken, wie das vielleicht noch vor zwei Generationen der Fall war – im Zweifelsfall lässt sich praktisch jede konkrete Information rasch (online) nachschlagen. Andererseits ist die Menge an verfügbarer Information schlichtweg unüberschaubar geworden. Wissen Sie diese nicht zu sortieren und einzuordnen, können Sie sich in diesem ungeordneten Informations-Wust durchaus verlieren – mehr denn je gilt es, *Zusammenhänge* zu erfassen, um überhaupt herauszufinden, *was* Sie eigentlich wissen wollen. In diesem Buch werden Sie alle *Prinzipien* finden, die Sie benötigen, um die Grundlagen der Chemie zu begreifen. Das sollte für die Prüfungen der ersten Semester ausreichen und Ihnen ein sicheres Fundament für Ihr weiteres Studium bieten.

Manchmal verstehen Sie den einen oder anderen Sachverhalt noch nicht so ganz, weil bestimmte andere Grundlagen, die mit Chemie (eigentlich) nichts zu tun haben, nicht mehr präsent sind (oder schon früher nicht so ganz verstanden wurden). Wann immer möglich, findet sich in diesem Buch eine entsprechende Anmerkung oder Erinnerungshilfe. Zudem werden Sie keinen Gedankengang und keine Formel finden, deren Herleitung Sie nicht nachvollziehen können: Nachvollziehen und Verstehen sind wichtig. *Auswendiglernen bringt keine Erkenntnis.* Manche Studierenden hören das nicht gerne und meinen, »auf Verständnis« zu lernen, sei reine Zeitverschwendung, schließlich geht es doch nur darum, »die Klausur zu schaffen«, aber das ist eine echte (und häufig fatale) Fehleinschätzung. Schon Abraham LINCOLN sagte:

> »*Wenn ich zehn Stunden Zeit hätte, um einen Baum zu fällen, würde ich neun Stunden auf das Schärfen der Axt verwenden.*«

Also noch einmal: Sie tun sich wirklich keinen Gefallen damit, Dinge bloß auswendig zu lernen. Was Sie nicht verstanden haben, entschwindet dem Hirn schneller, als Sie denken. Was Sie jedoch wirklich *kapiert* haben, das lässt sich praktisch jederzeit wieder reaktivieren. Auswendiglernen bringt also nichts. (Für *eine* wichtige Sache – das möchten wir Ihnen an dieser Stelle nicht verschweigen – stimmt das nicht, die *können* Sie nur auswendig lernen: das *Periodensystem der Elemente*. Wenn Sie sich ernstlich mit Chemie befassen wollen, sollte Ihnen das so in Fleisch und Blut übergegangen sein wie das Alphabet.)

Wie Sie dieses Buch einsetzen

Dieses Buch ist ein *Lehr*buch. Hier wird nicht einfach ein Fakt nach dem anderen heruntergebetet, hier wird Ihnen etwas *erklärt*. Sie sind eingeladen, den hier vorgestellten *Gedankengängen* zu folgen. Als solches ist dieses Buch *eigentlich* dazu gedacht, dass Sie es in aller Ruhe von vorne bis hinten durchlesen, dabei mitdenken und sich so einen Überblick über die Grundlagen der Chemie verschaffen. Damit die verschiedenen Bereiche der Chemie nicht völlig durcheinanderpurzeln, ist der Text in mehrere Teile aufgegliedert, die wiederum aus einzelnen, mehr oder minder in sich abgeschlossenen Kapiteln bestehen. Die einzelnen Ausführungen der Kapitel eines Teils bauen dabei in etwa so eng aufeinander auf wie Folgen einer TV-Serie mit Handlungsbogen: Wenn Sie das Buch also an einer beliebigen Stelle aufschlagen, um gezielt etwas nachzuschauen, oder den einen oder anderen Abschnitt überspringen, weil Sie dessen Inhalt (vorerst) nicht zu brauchen meinen, kann sich beizeiten durchaus das Gefühl einstellen, Sie müssten »wohl irgendetwas Wichtiges verpasst haben«. Aber keine Panik: Die einzelnen *Teile* des Buches sind in sich deutlich abgeschlossener, und auch wenn Sie Informationen aus anderen *Kapiteln* benötigen sollten, werden Sie darauf ausdrücklich hingewiesen.

Ohne Gleichungen, Formeln oder Abbildungen geht es nicht (und eine solche Bleiwüste wäre ja auch viel zu trocken). Viele davon sind zur besseren Orientierung innerhalb des Buches durchnummeriert (wie beispielsweise Gleichung 23.5 oder Abbildung 42.1), dann wird früher oder später noch einmal darauf Bezug genommen, manchmal sogar erst in einem (viel) späteren Kapitel. Praktischerweise gibt die vorangestellte Zahl die Nummer des Kapitels an, in dem Sie nachschlagen können.

Am Ende (fast) jedes Kapitels gibt es Übungsaufgaben. Hier haben Sie Gelegenheit, das Gelernte noch einmal zu vertiefen oder Aspekte ausfindig zu machen, die Sie vielleicht noch nicht richtig verstanden haben. (Ausführliche Lösungen gibt es natürlich auch; die finden Sie am Ende des Buches.) Dabei finden Sie mindestens zwei verschiedene Aufgabentypen vor:

- ✔ Zum Warmwerden

  Das sind Aufgaben, die Sie nach der Lektüre des betreffenden Kapitels mehr oder minder aus dem Stegreif beantworten können sollten: Damit sollen Sie für sich selbst überprüfen können, ob Sie die zum jeweiligen Thema gehörigen Konzepte auch wirklich verstanden haben.

- ✔ Für Fortgeschrittene

  Hier geht es schon ein bisschen mehr ans Eingemachte: Es können Rechenaufgaben sein oder Fragen, zu deren Beantwortung mehrere Konzepte oder widerstreitende Tendenzen gleichzeitig berücksichtigt werden müssen. (Häufig fällt dann auch die Antwort ein wenig umfangreicher aus.)

- ✔ *Nur für Streber*

  Diese Art Fragen, die vornehmlich in den späteren Kapiteln des Buches auftauchen werden, sind etwas komplexer: Hier wird auch auf den Inhalt *vorangegangener* Kapitel zurückgegriffen, sodass sich nach und nach zeigt, wie eng die verschiedenen Teilthemen der Chemie miteinander verzahnt sind. Das Niveau dieser Fragen liegt in etwa bei dem typischer Klausuraufgaben für das erste oder zweite Semester. (Auch hierzu finden Sie natürlich dann meist wieder etwas ausführlichere Antworten.)

Symbole in diesem Buch

Bei diesem Symbol finden Sie wichtige Definitionen und Zusammenhänge. Mit dem *Ausrufezeichen* gekennzeichnete Passagen stellen wichtige Grundlagen für das chemische Verständnis dar. Machen Sie sich Inhalte und Bedeutung unbedingt klar. *Hier steht etwas, ohne das Sie früher oder später nicht mehr weiterkommen.*

Es gibt in der Chemie zwar eine ganze Menge unumstößlicher Gesetze, aber hin und wieder kommen Sie im »Alltag« auch mit einfachen *Faustregeln* ganz schön weit. Solche Faustregeln sind keineswegs Naturgesetze, aber häufig sehr hilfreich. Dieses Symbol weist Sie auf nützliche Tipps hin.

Hier werden Sie auf Fehler hingewiesen, die häufig gemacht werden. Auch naheliegende Denkfehler werden hier erwähnt (und hoffentlich ausgeräumt). Achten Sie auf die *Explosion*: Sie kann Ihnen manchen Kummer ersparen.

Wenn Sie dieses Symbol sehen, graben Sie bitte in Ihren Erinnerungen. Hier wird etwas erwähnt, das Sie eigentlich bereits wissen sollten (etwa aus vorangegangenen Kapiteln dieses Buches – wenn das so ist, werden Sie meistens auf das entsprechende Kapitel verwiesen). Der *erhobene Zeigefinger* mahnt Sie, dass hier etwas wichtig wird, das Sie bislang aus einem anderen Zusammenhang kennen (oder zumindest kennen sollten). Dieses Vernetzen von Informationen und Denkweisen ist wichtig (und macht Ihnen langfristig das Leben viel leichter).

Hier finden Sie wichtige *Herleitungen, Zusammenhänge* und *Vertiefungen.* Beim ersten Überfliegen des Textes müssen Sie diese ausführlicheren Schritte nicht unbedingt gleich nachvollziehen können. Falls Sie sich nur grob informieren wollen, können Sie derart markierte Abschnitte auch überspringen. Für ein echtes Verständnis sind sie allerdings unerlässlich.

Dieses Symbol kündigt ein Beispiel zur Verdeutlichung unmittelbar zuvor beschriebener Sachverhalte an. Das sollten Sie dann problemlos nachvollziehen können. Manchmal sagt ein Erfolgserlebnis einfach mehr als tausend Worte.

Hiermit werden Geschichten aus dem Laboralltag oder *Anekdoten* aus der Wissenschaftsgeschichte markiert, durch die einiges deutlich anschaulicher wird. Auch auf heutzutage nicht mehr gebräuchliche Fachtermini, die Sie aber sehr wohl trotzdem kennen sollten, weil sie in älteren Lehrbüchern völlig selbstverständlich verwendet werden, wird in dieser Weise hingewiesen.

Hier werden Sie auf Erklärvideos hingewiesen, die Sie auf unserem YouTube-Kanal unter `https://www.youtube.com/@Dummies-Mann` finden. Werfen Sie ruhig auch darüber hinaus einen Blick auf diesen YouTube-Kanal, Sie können dort auch noch einige weitere interessante Videos finden.

Kasten – ein kleiner Blick über den Tellerrand

In manchen Kapiteln finden Sie zusätzlich den einen oder anderen *Kasten*: Hier wird auf ein in dem betreffenden Kapitel behandeltes Thema etwas ausführlicher eingegangen. Anhand einzelner Beispiele soll also Verständnis vertieft werden – oder Neugier geweckt.

Es gibt in diesem Buch noch ein weiteres Symbol – das ist aber nicht ganz so auffällig: Hin und wieder werden Sie feststellen, dass beim ersten Auftreten eines Fachbegriffs ein einzelner Buchstabe unterstrichen ist – immer dann, wenn die *richtige Aussprache* nicht unbedingt erahnt werden kann. Ein beliebter Fehler ist etwa das Tetraeder, das Sie wirklich »Tetra-eder« aussprechen sollten, nicht etwa »Teträder«. Gleiches gilt für das im Zusammenhang mit Nahrungsmittelunverträglichkeiten häufig erwähnte Gluten, das sich nicht auf »bluten« reimen sollte. (Wie es Martin PERSCHEID in seinen Arbeiten schon einmal thematisiert hat: Manche Autodidakten erkennt man daran, dass sie bei Hochwasser die Flutsch-Leuse öffnen wollen.) Weiterhin gestatten wir uns, hin und wieder die vom Duden vorgeschlagene Schreibweise mancher Begriffe zu ignorieren – immer dann, wenn wir der Ansicht sind, auf diese Weise ließen sich (fachliche) Missverständnisse oder ein »Verlesen« vermeiden. So finden Sie in diesem Buch »Sauerstoff-Atome«, »Chlorwasserstoff-Moleküle« und dergleichen mehr (immer mit Bindestrich), während Sie die vom Duden bevorzugten »Sauerstoffatome«, »Chlorwasserstoffmoleküle« und so weiter vergeblich suchen werden – einfach, um »Sauer-stoffa-Was?«-Momente zu vermeiden. (Spätestens bei einem dudengerechten »Ammoniumion« würde Ihnen gewiss der Lesefluss ins Stocken geraten. So ein »Ammonium-Ion« wirkt doch gleich viel übersichtlicher.)

Zusätzlich finden Sie am Ende einiger Kapitel einen Abschnitt (mancher kürzer, mancher etwas länger), der mit *Nur für Streber* markiert ist. Dort geht es ein bisschen mehr ans Eingemachte. Wenn es Ihnen nur um einen groben Überblick über die Prinzipien der Chemie geht, können Sie diese Abschnitte getrost überspringen, aber für ein etwas tieferes Verständnis sind die dort versammelten Konzepte, Ideen und Informationen unverzichtbar. – Die Bezeichnung wundert sie? Die Autoren sind davon überzeugt, eine der dümmsten Entscheidungen in der Menschheitsgeschichte sei gewesen, ausgerechnet diejenigen abschätzig zu behandeln, die mehr wissen *wollen*, als sie unbedingt *müssen*. Neugier und Wissensdurst sind lobens- und wünschenswert, und das Wort »Streber« sollte endlich kein Schimpfwort mehr sein, jawohl!

Was Sie nicht lesen müssen

Es steht Ihnen natürlich frei, die einzelnen Kapitel so durchzuarbeiten oder zu überfliegen, wie es Ihnen beliebt (wir können Sie ja sowieso zu nichts zwingen). Vielleicht kennen Sie das eine oder andere bereits oder Sie haben eine Erläuterung nicht nötig. Dann versäumen Sie vermutlich nichts, wenn Sie die entsprechenden Passagen auslassen. Mitunter werden Sachverhalte und Gleichungen recht ausführlich hergeleitet. Natürlich ist es vorteilhaft, wenn Sie in der Lage sind, das dann auch zu verstehen und nachzuvollziehen. Sie können es aber wahrscheinlich auch (erst einmal) überspringen, ohne den roten Faden zu verlieren. Bei Bedarf wissen Sie ja, dass (und wo) Sie dazu etwas finden.

Wenn Sie sich nur grob orientieren wollen, achten Sie vor allem auf die ersten beiden *Symbole* aus dem vorangegangenen Abschnitt. Wer es eilig hat, braucht wahrlich nicht jede Herleitung oder Anekdote zu lesen, geschweige denn, sich in die Streberabschnitte zu vertiefen. *Aber wer ein Ausrufezeichen oder eine Faustregel überspringt, ist selbst schuld.*

Wie dieses Buch aufgebaut ist

Insgesamt ist dieses Buch in zehn Teile gegliedert und umfasst die Grundlagen der Allgemeinen, Anorganischen und Organischen Chemie; zusätzlich werden ausgewählte Aspekte der Biochemie etwas genauer betrachtet. Weitere Teildisziplinen der Chemie werden zumindest umrissen, um den groben Überblick ein wenig zu vervollständigen. Dabei sind die einzelnen Teile dieses Buches (weitgehend) unabhängig voneinander verwendbar, allerdings wird auf gewisse Grundlagen aus den ersten Teilen des Buches immer wieder Bezug genommen. Anders geht es nicht.

Teil I: Ausrüstung für die chemische Expedition

Die Denkweise von Naturwissenschaftlern ist begleitet von einer besonderen Fachsprache, die Sie weitgehend beherrschen sollten. Dabei geht es um grundlegende physikalische und chemische Begriffe, die eindeutig geklärt sein müssen, sowie um die festgelegte Bezeichnung gewisser Sachverhalte. Der atomare Zustand der Materie und die grundsätzlichen Triebkräfte für Veränderungen werden verdeutlicht. Nicht erschrecken: Es gibt auch ein Kapitel über die unerlässliche Mathematik – wirklich nur das Allernötigste, das für die Grundlagen der Chemie einfach erforderlich ist. (Genau da hapert es manchmal, wenn Sie bestimmte Dinge wirklich *verstehen* wollen.) Dieser Teil des Buches ist auch gut zum Nachschlagen geeignet.

Teil II: Atome und Periodensystem – das Brot für den Chemiker

Die Vorstellungen vom Atom wurden im Laufe der Geschichte immer präziser. Vor allem zwei Atommodelle haben unser Weltbild entscheidend verändert: das BOHR'sche und das wellenmechanische Atommodell. Diese werden hier genauer behandelt (und auch, welche Grenzen sie haben): Quantenzahlen tauchen auf, ebenso Orbitale – die nichts anderes sind als Wahrscheinlichkeitsfunktionen für den Aufenthalt der Elektronen (oder besser: *Ladungsdichteverteilungsfunktionen* – ist das nicht ein tolles Wort?). Beim Aufbau der Elemente werden diese Orbitale fortlaufend mit Elektronen besetzt und führen so letztendlich zum Periodensystem der Elemente, wie wir es heute kennen. Die wichtigsten periodischen Eigenschaften werden Sie dort auch gleich kennenlernen. (Es heißt ja nicht umsonst *Perioden*system.)

Teil III: Chemische Bindungen – oder: Was machen Atome eigentlich den ganzen Tag?

Atome verbinden sich mit anderen Atomen zu chemischen Bindungen. Davon gibt es verschiedene Arten: ionisch, kovalent, koordinativ, metallisch und intermolekular. Da Sie diese nun einmal nicht unmittelbar betrachten können, werden sie anhand von Modellvorstellungen *beschrieben*. Wichtige Konzepte wie Gitterenergie, Oktettregel, das *Valence-Bond-* und das VSEPR-Modell, die Molekülorbital-Theorie (nur qualitativ, keine Panik!) und das Bändermodell für die metallische Bindung werden eingehend bearbeitet.

Teil IV: Thermodynamische Grundlagen – was geht überhaupt?

Obwohl die Thermodynamik eigentlich zum Teilgebiet der Physikalischen Chemie gehört, wird hier auf einige grundsätzliche Aspekte eingegangen, die für ein tieferes Verständnis so wichtig sind, dass Sie sie bereits in Ihre Grundüberlegungen einbeziehen sollten. Es geht um Bedingungen in *Systemen* (schließlich stellt ja auch Ihr Becherglas auf dem Labortisch ein System dar) und um elementare Naturgesetze, die sich in den Hauptsätzen der Thermodynamik wiederfinden. (Warum sollten Sie mit diesen Erkenntnissen warten, bis dieses Fach vielleicht im dritten Semester auf dem Lehrplan steht, Sie persönlich dann aber möglicherweise schon jeglichen Bezug zu dem verloren haben, was im ersten Semester behandelt wurde?)

Teil V: Zustandsformen der Materie

Materie tritt in verschiedenen Formen auf. In diesem Teil werden die prinzipiellen Wesenszüge der drei Aggregatzustände fest, flüssig, gasförmig sowie deren wichtigste Eigenschaften und Gesetzmäßigkeiten beschrieben. Neben diesen klassischen Vorstellungen gibt es noch andere Zustandsformen der Materie. Dies wird am Beispiel von Lösungen (also Mehrkomponentensystemen) und Mehrphasensystemen erläutert.

Teil VI: Chemische Reaktionen und alles, was dazugehört

Was für chemische Reaktionen gibt es und was brauchen Sie alles, um sie zu verstehen und gezielt einsetzen zu können? Wie werden Reaktionsgleichungen stöchiometrisch richtig aufgestellt und bilanziert? Um Ausbeuteberechnungen und die Bedeutung limitierender Reaktionspartner wird es ebenso gehen wie um den Einfluss von Konzentration und Temperatur auf die Reaktionsgeschwindigkeit. Das Massenwirkungsgesetz wird hergeleitet, Einflüsse auf das chemische Gleichgewicht untersucht. Als Anwendungsbeispiel dienen Berechnungen zum Löslichkeitsprodukt. Anhand von Säure/Base-Gleichgewichten wird gezeigt, was pH- und pK_S-Werte sind, was in Titrationskurven dargestellt wird und wozu ein Puffer gut ist. Im Kapitel *Elektrochemie* geht es um Redox-Gleichungen, Spannungsreihe, NERNST'sche Gleichung und galvanische Zellen. Auch die Elektrolyse kommt nicht zu kurz.

Teil VII: Stoffchemie – jetzt wird es konkret

Stoffchemie ist das, was die Elemente so treiben, wie sie sich verhalten und welche Reaktionen sie eingehen. Natürlich kann hier unmöglich *alles* angeführt werden, was es so gibt. Sie erhalten in diesem Teil zwar einen groben Überblick über die Chemie der Elemente (mit dem Hauptaugenmerk auf den Hauptgruppen), aber vor allem werden exemplarisch einige (meist einfache) Verbindungen betrachtet, anhand derer sich die bislang dargelegten Prinzipien entweder noch einmal gut sozusagen »in der Praxis« darlegen lassen – oder bei denen der bisherige Kenntnisstand doch *noch nicht ganz* ausreicht. Das Motto dieses Teils ist also nicht: »Was *gibt* es alles?«, sondern »Was gibt es alles *Besonderes?*« Hier lernen Sie neue Prinzipien kennen – um dann festzustellen, dass es eben *doch* die alten Prinzipien sind, nur ein wenig genauer unter die Lupe genommen. Dass Sie dabei nebenbei etwas über moderne Werkstoffe und dergleichen erfahren, nehmen wir billigend in Kauf.

Teil VIII: Organische Chemie – Chemie-Lego® für Fortgeschrittene

Hier geht es um die Prinzipien der Organischen Chemie. Neben den Grundlagen werden auch komplexere Sachverhalte wie der Einfluss der Orbitale auf den Reaktionsverlauf erläutert. Anhand ausgewählter Themen wird deutlich, dass die Gebiete »Anorganische Chemie« und »Organische Chemie« untrennbar miteinander verbunden sind. Auch hier erwartet Sie (anders als in den meisten Lehrbüchern der OC) keine enzyklopädische Abhandlung der Reaktionen und Eigenschaften aller nur erdenklichen Stoffklassen, sondern vor allem die Erkenntnis, dass Sie eigentlich schon viel mehr über dieses Teilgebiet der Chemie wissen, als Sie dachten.

Teil IX: Chemie – die Wissenschaft des Lebens

In diesem Teil wird Ihnen gezeigt, dass Sie anhand der bislang erläuterten Prinzipien auch die Biochemie verstehen können. Die wichtigsten Biomoleküle (Kohlenhydrate und DNA, Aminosäuren, Proteine und Lipide) werden vorgestellt. Kurze Ausführungen zur Chemie der Zelle zeigen den engen Zusammenhang zwischen Chemie und Biologie. Sie werden feststellen, dass sich mit den grundlegenden Prinzipien der Chemie auch komplexere Gebiete wie Stoffwechselprozesse oder Blutgruppen verstehen lassen, und auch die Photosynthese verliert ihren Schrecken. Ein (sehr) kurzer Ausblick in die Bioanorganik zeigt erneut die Untrennbarkeit von Anorganischer und Organischer Chemie. (Ja, das ist uns *wirklich* wichtig.) Und auch ausgewählten Naturstoffen – insbesondere Verbindungen, die sich durch ihren charakteristischen Duft auszeichnen – ist ein eigenes Kapitel gewidmet.

Teil X: ... und sie spezialisieren sich doch

Die Chemie bietet noch viele weitere Teilgebiete. Alle setzen sie Kenntnisse aus anderen Teilgebieten und vor allem Grundkenntnisse der Allgemeinen Chemie voraus. Exemplarisch werden Analytische Chemie, Technische Chemie und Kernchemie vorgestellt, wobei tatsächlich auf einige Details eingegangen wird. Dieser Teil des Buches soll das Fachwissen noch ein wenig vertiefen – und Ihre Neugier anstacheln.

Teil XI: Der Top-Ten-Teil

Hier stellen wir Ihnen exemplarisch einige ausgewählte Spezialbereiche der Chemie vor, die natürlich auf einer Vielzahl der in diesem Buch behandelten Grundlagen basieren. Außerdem weisen wir Sie auf Dinge hin, mit denen Sie sich fachsprachlich ganz schön blamieren können.

Glossar

Wichtige Begriffe, die Ihnen im Zusammenhang mit den Chemiegrundlagen immer wieder begegnen, werden hier erläutert. Zum Nachschlagen.

Lösungen

Zu allen Übungsaufgaben des Buches finden Sie hier die Lösung – die, je nach Komplexität der Aufgabe, durchaus ein wenig länger ausfallen kann. Schließlich ist es unser Ziel, dass Sie auch nachvollziehen können, *warum* die richtige Antwort gerade »42« ist.

Wie es weitergeht

Am besten gleich mit Kapitel 1, denn hier geht es um die elementaren Grundlagen, ohne die Sie nun einmal nicht auskommen, wenn Sie sich mit Chemie beschäftigen wollen. Wenn Sie jedoch mit einem konkreten Thema beginnen wollen, können Sie natürlich auch im Inhaltsverzeichnis oder im Index nachschauen und sich dadurch leiten lassen. Nutzen Sie das Buch so, wie es Ihnen gefällt.

Ein kurzes Vorwort zur 2. Auflage

Für die neue Auflage wurde der gesamte Text des Buches nicht nur gründlich überarbeitet (wobei so manche Fehler der Erstauflage beseitigt wurden), sondern auch beachtlich erweitert: Das Kapitel zur kovalenten Bindung wurde grundlegend neu konzipiert, in Teil IX (Biochemie und Naturstoffe) findet sich jetzt ein zusätzliches Kapitel über die Familie der Terpene, dem Teilgebiet der Bioanorganischen Chemie – jenem Zusammenspiel aus Anorganischer Chemie, Organischer Chemie und Biochemie – wurde deutlich mehr Platz eingeräumt, und die Anzahl der Übungsaufgaben (nebst Lösungen) im gesamten Buch wurde mehr als verdoppelt. Auch der Index wurde, um der besseren Nutzbarkeit des Buches willen, deutlich erweitert.

Zudem haben wir zahlreiche Anregungen unserer Studierenden aufgegriffen und gerade bei den »echten Grundlagen«, bei denen sich häufig Verständnisschwierigkeiten ergeben, einige zusätzliche Beispiele und Warnhinweise (»Machen Sie bitte nicht den Fehler zu glauben, dass ...«) eingepflegt, die – so hoffen wir – das Verstehen erleichtern. Unser Ziel war es, damit noch deutlicher zu zeigen, dass »Chemie verstehen« keine Hexerei erfordert und der sprichwörtliche rote Faden, der gerade *wegen* der allgegenwärtigen Zusammenhänge das gesamte Fach durchzieht, es sogar erleichtert, ein gewisses Gesamtverständnis zu entwickeln. Es sei an Ihnen, darüber zu urteilen.

Rheinbach, im Oktober 2018 Stefanie Ortanderl & Ulf Ritgen

Ein noch kürzeres Vorwort zur 3. Auflage

Für diese Auflage wurde das Buch erneut gründlich durchgesehen und bedarfsweise korrigiert. Grundlegende Veränderungen wurden vornehmlich in Kapitel 25 vorgenommen, um Herkunft und Bedeutung von Säure- und Basenkonstanten und den Einfluss der Aktivität des Lösemittels (Wasser) noch klarer zu verdeutlichen. Zudem wurde im ganzen Buch dem Umstand Rechnung getragen, dass die Ausgangsstoffe einer chemischen Umsetzung fachsprachlich als »Reaktanten« zu bezeichnen sind, während der Fachausdruck »Edukte« mittlerweile als veraltet gilt.

Wir danken ausdrücklich den Leserinnen und Lesern, darunter zahlreiche unserer eigenen Studierenden, die so freundlich waren, uns auf kleinere und größere Fehler im Text aufmerksam zu machen, allen voraus Klaus Amberg.

Teil I
Ausrüstung für die chemische Expedition

IN DIESEM TEIL ...

Die Chemie beschäftigt sich mit der Materie in all ihren Facetten. Dabei ist die Vorstellung von Atomen von großer Bedeutung, denn Materie ist nun einmal *nicht kontinuierlich* aufgebaut. Es gibt ganz schön viele verschiedene Atomsorten, und jede kann etwas anderes. In diesem Teil des Buches finden Sie zahlreiche wichtige Definitionen, die den Umgang mit diesen Bausteinen der Welt immens erleichtern. Dazu kommt, dass in der Chemie eine Fachsprache mit (meist) genau definierten Termini üblich ist – auch die müssen Sie erst einmal kennenlernen.

Werden Stoffe verändert, spielt die Energie eine Rolle. Freiwillig laufen Prozesse immer nur *dann* ab, wenn dabei Energie frei wird, die beteiligten Substanzen also hinterher weniger Energie enthalten als vorher.

Natürlich wird in der Chemie auch hin und wieder gerechnet. Einige Aspekte der Mathematik brauchen Sie zur Ermittlung von Stoffmengen genauso wie zur Beschreibung bestimmter Modelle und Theorien. Vielleicht sind Sie ja fit in diesen Dingen; falls nicht, finden Sie das Wichtigste in diesem Teil des Buches noch einmal zusammengefasst.

Durch die geeignete Wahl der Versuchsbedingungen lassen sich viele naturwissenschaftlich bedeutende Probleme auf ein schlichtes »Entweder/Oder« reduzieren. Daraus lässt sich vielleicht auch ein Modell oder gar eine Theorie ableiten. Aber Vorsicht: Werden dadurch die *wirklichen* Gegebenheiten beschrieben? Und ist eine Erkenntnis tatsächlich *endgültig?*

In der Chemie geht es durchaus darum, herauszufinden,

»was die Welt im Innersten zusammenhält«.

Insofern sind die Grenzen zwischen »harter« Naturwissenschaft und Philosophie nicht nur fließend, sondern eigentlich gar nicht mehr vorhanden. Lassen Sie sich überraschen, wohin Sie die Reise in die Welt der Materie führen wird ...

IN DIESEM KAPITEL

fragen wir uns: Wie ticken Naturwissenschaftler eigentlich?

geht es um Vor- und Nachteile von Modellen

driften wir kurz in die Philosophie ab

Kapitel 1
Denken wie die Naturwissenschaftler

Von der Beobachtung zur Theorie

Wie der Begriff »Naturwissenschaft« bereits erahnen lässt, ist es ihr Ziel, die Natur auf wissenschaftlichem Wege zu ergründen. Die Anfänge naturwissenschaftlichen Denkens reichen dabei tatsächlich bis zu den Anfängen der Menschheit selbst zurück, denn der Mensch hat sich (vermutlich) seit jeher darum bemüht, die ihn umgebende Natur auch zu begreifen – im haptischen Sinne (also tatsächlich im Sinne des Be-*greifen*-s) ebenso wie im abstrakten Denken. Dabei bedient sich der Mensch mehrerer aufeinanderfolgender Arbeitsschritte:

- ✔ Beobachtung
- ✔ Arbeitshypothese
- ✔ Modell
- ✔ Theorie

Zunächst ist der Mensch stets darauf angewiesen, das zu untersuchende Objekt (in diesem Falle: die Natur im Ganzen) genau zu *beobachten*. Aus den Beobachtungen lässt sich dann gegebenenfalls eine wie auch immer geartete Regelmäßigkeit ableiten. Sind Sie der Ansicht, eine Regelmäßigkeit als solche erkannt zu haben, sind Sie bereits zur *Arbeitshypothese* vorgedrungen.

Diese gilt es dann zu überprüfen. Es folgt also der nächste Schritt, bei dem versucht wird, anhand der vorliegenden Messdaten (= Beobachtungen) weitere mutmaßlich korrekte Daten zu finden. Immens hilfreich dabei können Experimente sein.

Ein Experiment ist die Beobachtung natürlicher Phänomene, durchgeführt unter kontrollierten Bedingungen, durch die möglichst viele Faktoren ausgeschlossen werden sollen, die das Experiment beeinflussen könnten (dies ist ein »reduktionistischer Ansatz«). Ziel ist es, *reproduzierbare* Resultate zu erhalten, aus denen sich letztendlich rationale Schlussfolgerungen ziehen lassen.

Sind neu gewonnene Daten konsistent (stimmen also Mutmaßung und nachfolgende tatsächliche Beobachtungen überein), so lässt sich daraus gegebenenfalls ein *Modell* ableiten, das idealerweise nicht nur zu allen bisherigen Beobachtungen passt, sondern auch schon gewisse *Prognosen* zulässt. Gelingt es, die Beobachtungen zu beschreiben und mit deutlich ausformulierten Annahmen zu erklären und zudem quantifizierbare Prognosen herzuleiten, führt dies zur *Theorie*. Eine Theorie hat den Anspruch, durch Beobachtungen und Experimente überprüfbar zu sein. Gegebenenfalls müssen Sie natürlich Ihre Arbeitshypothesen oder gar Theorien auch wieder verwerfen oder zumindest überarbeiten, wie es in Abbildung 1.1 zusammengefasst ist.

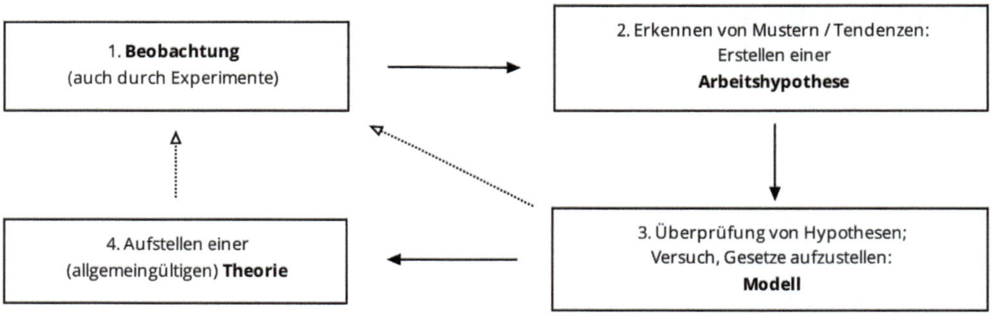

Abbildung 1.1: Methodik des wissenschaftlichen Arbeitens

Die Naturwissenschaften sind stets bestrebt, *absolute* Erkenntnisse zu gewinnen, und gehen davon aus, dass eine objektive »Wahrheit« existiert, die es zu erkennen gilt. Daher sollten die Erkenntnisse allgemeingültig sein und sich (unter genau definierten Bedingungen) überprüfen (oder gegebenenfalls auch *falsifizieren*, also widerlegen) lassen. Erst dann lässt sich gemäß der **Methodik des wissenschaftlichen Arbeitens** tatsächlich von einer *Theorie* sprechen. Wird ein allgemeiner Zusammenhang in der Natur gefunden, der unter bestimmten Bedingungen *immer* gilt, führt dies letztendlich zu einem **Gesetz**, das in der Regel mathematisch formuliert wird, wie beispielsweise das OHM'sche Gesetz, das den Zusammenhang zwischen Stromstärke, Spannung und Widerstand angibt, wenn die Temperatur konstant ist. Aber selbst Gesetze sind nicht in Stein gemeißelt: Unter bestimmten Bedingungen lässt sich gegebenenfalls (reproduzierbar!) abweichendes Verhalten beobachten.

BEISPIEL

Die Arbeitshypothese »Wenn ich etwas loslasse, fällt es herunter« ist beispielsweise *keine* Theorie: Zwar scheint das (auf der Erde) immer so zu sein, aber um eine Hypothese als *falsch* klassifizieren zu müssen, reicht es schon aus, sie ein einziges Mal zu falsifizieren: Wer etwa in der Schwerelosigkeit (also außerhalb des Gravitationsfelds der Erde oder auch nur während eines Parabelflugs) ein Objekt loslässt, wird feststellen, dass es eben *nicht* herunterfällt. Also bietet diese

Arbeitshypothese keine allgemeingültige, *absolute* Aussage: Sie ist *nicht unabhängig* vom Ort, an dem das Experiment durchgeführt wird. Genau das aber ist eine der grundlegenden Voraussetzungen für eine anständige Theorie oder ein Gesetz.

Hingegen stellt es sehr wohl eine (auch heute noch gültige) Theorie dar, wenn Sie behaupten: »Im Schwerefeld eines massereichen Objekts (beispielsweise eines Planeten) fällt ein Versuchsobjekt dem Zentrum besagten massereichen Objekts entgegen.« Diese Aussage wird dadurch allgemeingültig, dass sie die Einschränkung auf lokale Gegebenheiten berücksichtigt. Ob dies aber tatsächlich im gesamten Universum so ist, kann nur eine Vermutung sein.

Weiterhin wurden zahlreiche Messungen (= Versuche) durchgeführt, die auch die *Quantifizierung* gestatten (ein wichtiges Kriterium zur Unterscheidung zwischen Arbeitshypothese und Theorie!). Sie wissen etwa, dass es vom Schwerefeld des betreffenden massereichen Objekts abhängt, wie schnell ein Objekt fällt – die klassische Physik lehrt uns beispielsweise, dass ein fallendes Objekt zunehmend schneller wird (die Luftreibung wollen wir hier vernachlässigen …), also nicht mit konstanter Geschwindigkeit fällt. Zugleich, und das ist deutlich wichtiger, als es vielleicht scheinen mag, *könnten die Theorie der Gravitation und damit das Gravitationsgesetz rein theoretisch durchaus immer noch falsifiziert werden*. Das ist zwar bislang noch nie geschehen, und der derzeitigen herrschenden Meinung der Physik gemäß ist damit auch nicht zu rechnen, aber das Wesen der Gravitation an sich ist immer noch nicht endgültig verstanden. (Aber dieses Problem überlassen wir den Physikern.)

Eine Theorie und auch ein Gesetz dürfen also niemals als »die absolute Wahrheit« angesehen werden – sie *könnten* ja immer noch falsifiziert werden. Wenn aber etwas nicht einmal auf gesicherten Erkenntnissen (also (Mess-)Daten) basiert, ist die Bezeichnung »Theorie« schlichtweg fehl am Platze.

BEISPIEL

Modelle zum Begreifen ihrer Umwelt haben die Menschen vermutlich schon immer entwickelt. Zahlreiche Historiker wähnen in dem Versuch des Menschen, sich die für ihn an sich noch unverständliche Welt zu erklären, etwa den Ursprung der Götter. Wahrscheinlich wird auch einen durchschnittlichen Germanen aus vorchristlicher Zeit die Frage umgetrieben haben, was es nun eigentlich mit Blitz und Donner auf sich hat. Irgendwann kam er zu einer *Arbeitshypothese*: Für Wetterverhältnisse sind »die Götter« verantwortlich – ohne dass er sich genau bewusst gewesen wäre, wer diese Götter denn nun eigentlich seien. Dass Blitz und Donner (praktisch) immer nahezu gleichzeitig auftreten, ließ ihn zudem vermuten, diese beiden Dinge hätten tatsächlich miteinander zu tun, und so wurde aus der Arbeitshypothese letztendlich ein *Modell*: Der Donnergott Thor schlägt mit seinem Hammer auf den Amboss! Schon war nicht nur für Donner (das Krachen des Hammers auf den Amboss) und Blitz (die dabei aufstiebenden Funken) eine gute »Erklärung« gefunden, sondern auch für deren Gleichzeitigkeit. Aber das alleine reicht ja nicht: Es ist ja auch interessant, wann es das nächste Mal donnern wird – *Prognosen* sind gefragt. Blitzt und donnert es vielleicht, wenn der Gott Thor zornig auf die Menschen ist? Das verlangt nach einer Versuchsanordnung zur Überprüfung dieser Arbeitshypothese: Es müsste unweigerlich blitzen und donnern, wenn die Menschen Thor *gezielt* erzürnen. Wenn sich also nun alle Bewohner eines Dorfes an den Händen fassen, Ringelreihen tanzen und dazu singen: »Thoo-hor ist doo-hof, Thoo-hor ist doo-hof!«, sollte das maßgeblichen Einfluss auf die Wetterverhältnisse haben.

Zugegebenermaßen mag die Vorstellung, sich aus reiner Neugier (also: aus Wissens- und Verständnisdurst) den Zorn des einen oder anderen Gottes zuzuziehen, manche davon abschrecken, in einem solchen Falle die rigide wissenschaftliche Vorgehensweise anzuwenden. Aber manchmal müssen Sie als Wissenschaftler eben auch gewisse Risiken eingehen. Zugleich wirft dieses Beispiel auch eine Frage auf, der ein eigener Kasten gewidmet wurde: Wie steht es um den Einfluss von »Glauben« auf naturwissenschaftliches Denken?

Der Begriff »Naturwissenschaft« schließt stets die Natur in all ihren Ausprägungen ein: von der unbelebten bis zur belebten Natur, von stofflichen Charakteristika bis hin zu unstofflichen Manifestationen wie Licht, Magnetismus und dergleichen. Für einen groben Überblick über sämtliche Aspekte der Natur müsste dieses Buch nicht nur die Chemie, sondern auch die Physik und dazu mindestens noch die Biologie umfassen. Aus diesem Grund wird sich der Rest von Teil I dieses Buches auf jene Aspekte beschränken, die speziell für die Chemie von Belang sind – und die Chemie ist nun einmal in erster Linie die Wissenschaft von den grundlegenden *Eigenschaften der Materie.* Natürlich gehören zur Chemie letztendlich auch die Wechselwirkungen der Materie mit »unstofflichen« Manifestationen der Natur, also etwa mit dem Licht. (Anders lässt sich beispielsweise Farbigkeit nicht erklären.) Die Grenze zwischen Physik und Chemie ist so fließend, dass diese als *non-existent* angesehen werden sollte.

Musst Du alles immer so reduktionistisch sehen?

Naturwissenschaftlern wird häufig (vor allem von Nicht-Naturwissenschaftlern) eine »zu reduktionistische Weltsicht« vorgeworfen. Der als Reduktionismus bezeichneten philosophischen Grundhaltung gemäß wird ein System beziehungsweise das Verhalten der darin enthaltenen Komponenten durch eben jene Komponenten vollständig bestimmt. Naturwissenschaftler *vertrauen* darauf, dass sich Theorien auf Beobachtungen stützen (das hatten wir gerade), dass Ereignisse innerhalb jedes Systems kausal zusammenhängen und dass es Gesetze gibt, die diese Ereignisse reproduzierbar (!) determinieren (= bestimmen). Ob sämtliche dieser Gesetzmäßigkeiten – oder auch nur sämtliche Komponenten – schon bekannt und/oder vollständig erforscht sind, steht dabei auf einem anderen Blatt – aber mit genau dieser Methode *sind* die Naturwissenschaften ja auf all jene Gesetzmäßigkeiten gekommen, auf die sie sich heute stützen (und nach dem derzeitigen naturwissenschaftlichen Weltbild auch völlig zu Recht). Gelegentlich stellt sich dabei heraus, dass es durchaus noch bislang nicht berücksichtigte Komponenten innerhalb des betrachteten Systems gibt, die ebenfalls eine wichtige Rolle spielen. Ein Beispiel dafür wäre die Atemluft, die Sie ja nun einmal mit dem bloßen Auge nicht erkennen … aber eben trotzdem nicht ignorieren dürfen, wie Sie am eigenen Leib leicht merken können, wenn sie einmal fehlt.

Also lautet die Antwort auf die Frage »Musst Du alles immer so reduktionistisch sehen?« kurz: »Ja!« *In den Naturwissenschaften bleibt Ihnen sogar überhaupt keine andere Wahl:* Sie *müssen* ein aus mehreren Komponenten bestehendes System zunächst einmal streng logisch auf jede einzelne dieser Komponenten *reduzieren* und dann schauen, in welcher Weise jede einzelne Komponente beziehungsweise deren Wechselwirkung mit allen anderen das Gesamtverhalten dieses Systems bestimmt.

Nehmen wir uns ein Beispiel aus dem Alltag vor: Wenn der Verstärker Ihrer Stereoanlage von einem Tag auf den anderen nicht mehr seinen Dienst versieht, obwohl Sie sich sicher sind, an den Einstellungen nichts verändert zu haben, wäre es gewiss sinnvoll, die möglichen Fehlerquellen nacheinander abzuarbeiten: Bekommt der Verstärker Strom? Ist er überhaupt eingeschaltet? Sobald Sie diese beiden Fragen mit »ja« beantwortet haben, wissen Sie schon einmal, dass es *daran* nicht liegt. Dann geht es weiter: Sind vielleicht die Lautsprecherkabel aus den Buchsen gerutscht? Ist das Gerät, von dem Sie gerne gerade ein Audio-Signal bekämen (etwa der CD-Player), richtig angeschlossen (und bekommt *das* überhaupt Strom?), haben Sie dem Verstärker auch erklärt, dass Sie von genau diesem und keinem anderen Gerät jetzt ein Audio-Signal möchten? Und so geht das immer weiter. Früher oder später werden Sie auf diese Weise die Fehlerquelle vermutlich ausfindig machen. Am wenigsten sinnvoll (und zielführend) wäre es allerdings, in der Hoffnung, so das Problem zu lösen, einfach aufs Geratewohl (und panisch) sämtliche Knöpfe zu drücken und Hebel umzulegen.

In gleicher Weise ist auch in den Naturwissenschaften vorzugehen: Sicherlich wissen Sie schon, dass das Verhalten eines Gases von Faktoren wie dem Volumen abhängt, das besagtes Gas einnimmt, ebenso vom Druck im Inneren des das Volumen begrenzenden Behältnisses und auch von der Temperatur. (Genaueres darüber erfahren Sie in Kapitel 18.) Wollen Sie nun wissen, wie sich eine Veränderung etwa der Temperatur auf den Druck auswirkt, wäre es wenig zielführend, dem System dabei zu gestatten, nach Herzenslust sein Volumen zu verändern – also halten Sie für derlei Messung sinnigerweise das Volumen konstant und so weiter. Ansonsten würde mehr als eine Variable gleichzeitig ihren Wert verändern, und das macht alles sehr … unübersichtlich.

Beide Beispiele gehen natürlich davon aus, dass die einzelnen Variablen prinzipiell voneinander unabhängig sind und sich daher individuell verändern lassen, während Sie alle anderen Variablen – außer jenen, die von der gerade gezielt veränderten Variablen *eben doch* abhängig sind – konstant halten können.

Aus diesem Grund geben Sie in der Chemie beispielsweise auch an, unter welchen Bedingungen eine Messung vorgenommen wurde:

- ✔ Wasser siedet keineswegs »immer« bei einer Temperatur von genau 100 °C, sondern nur dann, wenn der Luftdruck auch wirklich 1013 Millibar beträgt. (Der Versuch, auf der Spitze des Mount Everest, an der nun einmal ein deutlich verminderter Luftdruck herrscht, ein Ei hart zu kochen, kann durchaus frustrierend sein, denn dort siedet Wasser bereits bei einer empfindlich niedrigeren Temperatur – mehr dazu in Kapitel 19.)

- Eisen ist mitnichten »immer« ein Feststoff: Steigt die Temperatur über 1538 °C, wird dieses Metall sehr wohl flüssig (und wenn wir die Temperatur noch weiter steigern, erhalten wir oberhalb von 3000 °C sogar ein Gas – aber hier hat die Variable »Druck« auch noch ein Wörtchen mitzureden).

Ein Phänomen, mit dem Sie es in den Naturwissenschaften immer wieder zu tun bekommen, sind *gegenläufige Tendenzen*, also zwei (oder gar noch mehr) im Zuge des reduktionistischen Ansatzes weitgehend eindeutige Aspekte, die einander widersprechen, die aber als relevante Faktoren unbedingt *gleichzeitig* berücksichtigt werden *müssen*. Kehren wir noch einmal zu den Gasen zurück:

Angenommen, wir hätten ein Gas, das bei einer gegebenen Temperatur und einem ebenso gegebenen Druck ein bestimmtes Volumen einnimmt: Was wird passieren, wenn wir gleichzeitig die Temperatur um x °C *und* den Druck um y bar steigern?

- Wenn die Tendenz »Mit steigender Temperatur nimmt das Volumen zu« überwiegt, wird unter den (hier nicht genauer beschriebenen) Endbedingungen das Volumen *größer* sein als am Anfang.
- Überwiegt hingegen die Tendenz »Mit steigendem Druck sinkt das Volumen«, würden wir bei einem *kleineren* Endvolumen landen.
- Den – theoretisch möglichen – Sonderfall, dass sich beide Faktoren genau kompensieren, sodass *keine Veränderung* resultiert, sollte zwar nie gänzlich ausgeschlossen werden, aber er ist doch eher unwahrscheinlich.

Zur Frage, welche Tendenz unter welchen Bedingungen nun gerade überwiegen wird, hat sich der Cartoonist Joscha SAUER grafisch geäußert, und nach dem Dafürhalten der Autoren ist das die vielleicht beste Kurzzusammenfassung einer *der* Grundfragen der Naturwissenschaften allgemein:

Sich ein Experiment zu überlegen, mit dem sich herausfinden lässt, welche Tendenz denn nun überwiegen wird, ist ein typisches Beispiel für »Naturwissenschaftliches Denken«.

Je nach Bedarf – Modelle und ihre Grenzen

Die vorangegangenen Überlegungen haben deutlich gezeigt, dass die Begriffe *Modell* und *Theorie* keinesfalls miteinander verwechselt werden dürfen – auch wenn in der alltäglichen Sprache genau das immer wieder geschieht:

Ein **Modell** wird entwickelt, um Beobachtungen veranschaulichend zu *beschreiben*; dabei kann es durchaus erforderlich sein, *Ausnahmen* festzulegen (auch wenn es unelegant ist). Eine **Theorie** hingegen wird aufgestellt, um das Beobachtete zu *erklären*. Hier *darf* es keine Ausnahmen geben, sondern höchstens *bislang unverstandene Phänomene*.

Also: *Ein Modell ist keine Erklärung.*

Und ebenso wie in der Alltagssprache also gerne *Modell* und *Theorie* verwechselt werden, geschieht das auch mit **Theorie** und **Arbeitshypothese**, dabei ist Letzteres nichts anderes als der fachsprachliche Begriff für eine aufgrund von Beobachtungen und/oder Messdaten begründete *Vermutung*.

Dabei kann es in den Naturwissenschaften durchaus mehr als nur *ein* Modell geben, um einen wie auch immer gearteten Sachverhalt zu beschreiben. Gerade Anfängern stellt sich dabei leicht die Frage: »Welches Modell ist denn nun das richtige?« Die Antwort auf diese Frage lautet: Das hängt ganz davon ab, was genau Sie mit diesem Modell anstellen wollen! Wichtig ist dabei, stets zu bedenken, *dass jedes Modell auf die eine oder andere Weise fehlerbehaftet* ist. Solange die entsprechenden Fehler – deren Sie sich durchaus bewusst sein sollten – nicht für die jeweilige Fragestellung von Bedeutung sind, kann ein noch so fehlerhaftes Modell durchaus nützlich sein.

Denken Sie an Modelle des Planeten Erde: Als Erstes wird Ihnen vermutlich der Globus einfallen. Selbstverständlich stellt eine solche Plastikkugel mit aufgedruckten Ländergrenzen nur ein sehr begrenzt realistisches Modell dar: Wenn Sie mit dem Finger auf einen Ozean tippen, bleibt der Finger trocken, Höhenunterschiede sind eventuell eingezeichnet, aber nicht anderweitig spürbar (mit einem Relief-Modell kann Ihnen bestenfalls eine Ahnung davon vermittelt werden), Wetter findet nicht statt, von der Plattentektonik ganz zu schweigen.

Zweifellos ist dieses Modell fehlerbehaftet. Aber möglicherweise sind diese Fehler je nach Fragestellung (etwa »Gibt es eine deutsch-italienische Grenze?«) gar nicht von Belang! Wird allerdings ein Modell der Erde gesucht, das detailliertere Informationen über einen bestimmten Straßenverlauf liefert, dann ist ein Globus gänzlich nutzlos. Auf handelsüblichen Globen sind Verkehrswege allein des Maßstabes wegen nicht verzeichnet. Hier wäre eine

Straßenkarte (aus Platzgründen meist faltbar) zweifellos ungleich hilfreicher. Auch dieses Modell der Erde hat seine Fehler: Das Berühren von Gewässern führt auch hier nicht zu nassen Fingern, und falls sich Ihre Straßenkarte auf europäisches Gebiet bezieht, wird die Existenz des gesamten Kontinents Australien einfach verschwiegen. Außerdem ist einer gewöhnlichen Straßenkarte mitnichten zu entnehmen, dass der Planet Erde annähernd kugelförmig ist. Aber wenn Sie eine bestimmte Straße suchen, hilft Ihnen dieses, ebenfalls fehlerbehaftete, Modell trotzdem deutlich weiter als ein Globus.

Allerdings sollten Sie keinesfalls annehmen, Sie könnten »der Wahrheit« näherkommen, indem Sie mehrere fehlerbehaftete Modelle miteinander verknüpfen: Bloß weil sich die Erde sowohl als Kugel (= Globus) wie auch als faltbares planares Objekt (=; Straßenkarte) beschreiben lässt, ist sie »in Wahrheit« noch lange keine faltbare Kugel!

Könnten Sie dieses Problem der Fehler eines Modells aus der Welt schaffen? Vermutlich ließe sich ein Globus konstruieren, der groß genug wäre, um sämtliche Verkehrswege erkennen zu lassen – aber dafür müsste er eben gewaltig groß sein und wäre entsprechend unhandlich. Eine (faltbare) Karte hingegen, auf der sämtliche Straßen der Welt dargestellt sind, dürfte nicht gerade in eine Jackentasche passen. Bei den weitaus meisten Modellen müssen Sie also zwischen »Handlichkeit« und »Detailtreue« abwägen.

Alles Glaubenssache?

Auch dem Naturwissenschaftler stellt sich die Gretchenfrage: Wie sollten Sie es denn nun mit »dem Glauben« halten? Dazu muss jedoch der Begriff »Glaube« erst einmal ein wenig genauer unter die Lupe genommen werden: Der Duden beispielsweise definiert den Glauben als *gefühlsmäßige, nicht von Beweisen, Fakten oder Ähnlichem bestimmte unbedingte Gewissheit oder Überzeugung.* »Etwas glauben« bedeutet also zunächst einmal nur, etwas für wahr zu halten, obwohl – naturwissenschaftlich ausgedrückt – noch keine (oder nicht genug) Messdaten vorliegen, die zumindest die Mutmaßung nahelegen, das Geglaubte sei tatsächlich wahr.

Selbstverständlich soll dieser kurze Absatz nicht den Versuch darstellen, Sie von etwaigen spirituellen Überzeugungen abzubringen, die mit der Existenz oder Nichtexistenz eines höheren Wesens (oder auch mehrerer) zu tun haben mögen. Zweifellos existieren zwar nach streng wissenschaftlichen Kriterien (bislang) keine Indizien für die Existenz beispielsweise einer Gottheit, aber ebenso wenig gibt es wissenschaftliche Indizien, die auf deren *Nichtexistenz* schließen lassen. Insofern ist der Versuch, eine naturwissenschaftlich fundierte Aussage in der einen oder anderen Richtung zu tätigen, schlichtweg unzulässig (und unsinnig).

Für naturwissenschaftlich Orientierte geht vom »Glauben« eine ganz andere Gefahr aus: Wenn Sie *glauben, bereits zu wissen,* was bei einem Experiment herauskommen wird (wenn Sie also von der Richtigkeit Ihrer aktuellen Arbeitshypothese auch ohne entsprechende Befunde bereits überzeugt sind), laufen Sie stets Gefahr, jegliche Messergebnisse, die mit dieser Überzeugung eben nicht in Einklang zu bringen sind, einfach zu ignorieren oder sie mit der Begründung zu verwerfen, Sie hätten »bestimmt irgendetwas falsch gemacht« – selbst wenn sich diese vermeintlich falschen Daten als reproduzierbar herausstellen.

Natürlich ist es erforderlich, eine Arbeitshypothese zur Grundlage der jeweils aktuellen Messungen zu machen, um die erhaltenen Daten auch entsprechend auswerten zu können, aber Sie sollten immer bereit sein, notfalls Ihre *Arbeitshypothese* auch wieder zu verwerfen (und nicht etwa die Messergebnisse). »Glauben« können (und sollten!) Sie sämtliche naturwissenschaftlichen Erkenntnisse, die sich zwar in Lehrbüchern finden lassen, die Sie persönlich aber (vermutlich) noch nie selbst überprüft haben (etwa die Geschwindigkeit des Lichts im Vakuum oder Ähnliches). Das sind Dinge, die Sie nicht »wirklich wissen«, bei denen Sie aber trotzdem gute Gründe haben, von deren Richtigkeit überzeugt zu sein (zumindest bei unserem heutigen Stand der Erkenntnis). *Aber wer wirklich glaubt, bereits alles zu wissen, kann sich das Forschen natürlich sparen.*

Hier zeigt sich aber auch das Problem, das sich unweigerlich stellt, wenn Sie mit fanatischen Anhängern der einen oder anderen Glaubensrichtung diskutieren: Erkenntnistheoretisch betrachtet ist die Bezeichnung »Evolutions*theorie*« vollkommen korrekt: Es gibt keinerlei »Beweise« für ihre Richtigkeit (die erkenntnistheoretisch ja auch gar nicht möglich sind!), sondern nur zahllose Befunde, die diese Theorie stützen. Hingegen gibt es (bislang) noch keinen einzigen Befund, der diese Theorie falsifizieren würde. Damit geht es der Evolution also genau wie der *Gravitation*, an deren Existenz wohl kaum jemand zweifeln wird. Aber das vermeintlich schlagende Argument religiöser Fanatiker, denen der Widerspruch von Evolutionstheorie und ihren jeweiligen religiösen Schöpfungsberichten missfällt, ist und bleibt: »Das ist doch bloß eine Theorie!« Verzweifeln Sie nicht daran. Gegen manche Menschen *kann* man einfach nicht gewinnen.

IN DIESEM KAPITEL

- rechnen wir um: Wie viel *feet* sind 1 km?
- fragen wir uns: Was ist normal?
- sind wir im Einheitendschungel unterwegs
- bitten wir um 10^{15} Femtogramm Zucker

Kapitel 2
Kauderwelsch? – Fachchinesisch gehört dazu

Wissenschaftler waren schon immer etwas Besonderes: Im Extremfall werden sie von den einen hoch geachtet, weil sie ja derart viel wissen und so viele bislang ungeahnte Erkenntnisse vorzuweisen haben; für die anderen hingegen sind sie »Spinner«, weil sie sich mit komischen, abstrakten Dingen beschäftigen, die kein Mensch gebrauchen oder gar verstehen kann. Eine der größten Schwierigkeiten, die der fachuninformierte Laie mit den Naturwissenschaften auch heute noch hat, rührt daher, dass die Naturwissenschaften schon seit langer Zeit betrieben werden und sich daher im Laufe der Jahrhunderte zwangsweise eine gewisse Fachsprache entwickelt hat, die (zumindest teilweise) noch bis zum heutigen Tag verwendet wird.

Die Wurzeln der Naturwissenschaft liegen in grauer Vorzeit, genauer: im alten Griechenland – die Wissenschaftssprache war daher (verständlicherweise) Griechisch. Mit dem Einfluss des Christentums wurde Latein zur vorherrschenden Wissenschaftssprache. Noch im 18. Jahrhundert wurden sämtliche (natur-)wissenschaftlichen Fachartikel (zumindest *auch*) in lateinischer Sprache publiziert. Heutzutage ist bekanntlich das Englische die wissenschaftliche Fachsprache Nummer eins. Entsprechend werden neueste Erkenntnisse und/oder Modelle auch gerne mit englischen Fachbegriffen belegt, für die es teilweise sogar keine Entsprechungen mehr in anderen Sprachen gibt. Das ändert aber nichts an der Tatsache, dass ein Großteil der chemischen Nomenklatur (also der systematischen Benennung der einzelnen Verbindungen) und auch die Beschreibung zahlreicher Sachverhalte auf einem Gemisch aus Griechisch und Latein basieren. Aus diesem Grund ist es unter anderem äußerst hilfreich, auf Latein und auf Griechisch (wenigstens bis zehn) zählen zu können – wie Sie bald sehen werden.

Die Wissenschaftler aller Länder müssen sich also mit einem zusammengesetzten, historisch gewachsenen Vokabular herumschlagen, wenn sie Dinge beschreiben und bezeichnen wollen. Wenn Sie da mitreden wollen, sollten Sie diese Sprache einigermaßen beherrschen.

Grundgrößen

Im 16. Jahrhundert wurde endgültig erkannt, dass ARISTOTELES mit seinen vier Elementen *nicht* das Rüstzeug geliefert hatte, um die Gegebenheiten der Natur zufriedenstellend zu beschreiben: Erde, Feuer, Wasser und Luft waren eben *keine* Grundgrößen, auf die sich alles zurückführen ließ. Es gab Widersprüche und Unerklärliches, immer wieder wurden neue Phänomene entdeckt, die es zu beschreiben (und zu erklären) galt. Natürlich ließ sich die herrschende Denkweise nicht spontan durch eine geeignetere ersetzen, dazu war das alte Weltbild viel zu lange in den Köpfen der Menschen verankert – es hatte ja schließlich 2000 Jahre gehalten und weitgehend gute Dienste geleistet. Doch es gab Einflussgrößen, die es zu erkennen galt und die in einen Zusammenhang gestellt werden mussten.

Manche Gegner dieser neuen (an sich doch offensichtlichen) Erkenntnisse griffen zu Folter und Scheiterhaufen, um Neuerer umzustimmen. Mittlerweile hat sich jedoch eine ganze Menge mehr angesammelt – nicht nur über die Erde, auch über unsere Sonne, die Planeten, die Sterne, über den Ursprung der Welt. Bei dem Versuch, die Natur in all ihren Facetten zu ergründen, stellten die Physiker fest, dass sich anscheinend alles, was uns bislang im Universum bekannt ist, auf bestimmte Grundgrößen zurückführen lässt.

Früher gab es die Naturphilosophen, die alle Vorgänge *als Ganzes* betrachteten. Heute wird die Naturwissenschaft in verschiedene Gebiete eingeteilt, etwa Physik und Chemie. Das hat rein praktische Gründe. Eigentlich gehen sie aber fließend ineinander über. Warum sollten Masse, Länge, Temperatur oder Zeit in der Chemie eine andere Bedeutung haben als in der Physik?

An den physikalischen Grundgrößen lässt sich nichts rütteln, das sind Fakten. Wenn Sie ihnen aber eine Quantität zuweisen wollen, beispielsweise weil sie gemessen werden, benötigen Sie sowohl eine Maßzahl als auch eine *Einheit*. Dabei waren die Menschen sehr einfallsreich:

- ✔ Was lag früher näher, als eine Entfernung mit dem zur Verfügung stehenden Material zu ermitteln, beispielsweise mit Ellen oder Füßen? Das Problem war natürlich, dass die Extremitäten nicht bei jedem gleich lang waren. Also musste eine *Norm* her, die sich im angloamerikanischen System nach wie vor wiederfindet. Grundlage hierfür sind per Definition aus dem Jahr 1234 drei aufgereihte Gerstenkörner, die der Maßeinheit Zoll (= inch) entsprechen. Darauf bauen sich auf: 12 *inch* = 1 *foot* (Fuß), 3 *feet* = 1 *yard*, 1760 *yards* = 1 *mile* (Meile). Das macht 190 080 Gerstenkörner. Da man sich über die Länge der Gerstenkörner wohl nicht immer einig war, existiert dieses Maßsystem in verschiedenen Varianten und ist in sich nicht geschlossen (zuweilen dienten auch Schrittlängen als Grundlage der Längenangabe). Da Gerstenkörner und Schrittlängen für Wasser offensichtlich gänzlich untauglich waren, wurde bei der Seefahrt für die Meile die Bogenlänge einer Winkelminute herangezogen. Leider ist diese je nach geografischer Breite unterschiedlich, und überhaupt sind Meilen zu Land und zu Wasser verschieden.

1793 wollten die Franzosen diesem Wirrwarr ein Ende setzen und definierten den zehnmillionsten Teil der Entfernung Pol – Äquator als 1 Meter. Damit schufen sie die erste dezimalmetrische Längeneinheit. Für jenes »Urmeter« stellten sie einen Prototyp aus Messing her, wovon sich andere Länder eine Kopie anfertigen durften.

- ✔ Auch bei den Gewichtseinheiten – etwa Gran, Unze, Pfund, Zentner oder Tonne – sorgten die Franzosen für Einheitlichkeit: durch das Kilogramm, wofür der tausendste Teil des Gewichts eines Kubikmeters Wasser herangezogen wurde (unter genau definierten *standardisierten* Bedingungen). Dafür wurde natürlich der zuvor definierte Meter benötigt.

- ✔ Für die Zeit boten sich immer schon astronomische Eigenschaften an, wie etwa die Länge des Tages, die in bestimmte Abschnitte unterteilt werden konnte. So ist eine Sekunde traditionell der 86 400ste Teil eines Tages oder der 31 556 925,9747ste Teil eines Jahres. Auch hier versuchten die Franzosen, Uhrzeit und Kalender dezimal zu gestalten, aber das war den anderen Ländern nun doch zu viel des Guten: Es setzte sich nicht durch.

Bereits im 19. Jahrhundert wurde der Vorteil des metrischen Einheitensystems erkannt und von den meisten europäischen Ländern gesetzlich eingeführt. Allerdings gab es auch hier zunächst unterschiedliche Varianten: das Zentimeter-Gramm-und-Sekunden-(cgs-)System und das Meter-Kilogramm-und-Sekunden-(mks-)System. Mittlerweile (Stand: 2026) ist das metrische System weltweit gültig. In einigen Ländern ist die Umstellung vom jeweils bislang gültigen Einheiten-System noch nicht vollständig abgeschlossen (beispielsweise im Vereinigten Königreich), und in zwei Ländern der Welt (Liberia und den USA) wurde das metrische System zwar eingeführt, ist bislang allerdings noch nicht verbindlich und wird im Alltag geflissentlich ignoriert.

Alles festgeklopft: die SI-Einheiten

1875 wurde eine Institution geschaffen (die Generalkonferenz für Maß und Gewicht, französisch *Conférence Générale de Poids et Mesures*, kurz CGPM), der mittlerweile 51 Staaten und 26 assoziierte Länder angehören. Diese Institution wacht über die Einheiten. Die zugehörigen Wissenschaftler haben noch einmal einen draufgelegt, denn die obigen Definitionen waren ihnen immer noch zu ungenau. Als Grundlage wurden mittlerweile festgelegt:

- ✔ 1 Meter = die Strecke, die das Licht in 1/299 792 458 Sekunden zurücklegt.

- ✔ 1 Sekunde = das 9 192 631 770-Fache der Periodendauer einer Schwingungsfrequenz des Cäsium-133-Atoms.

  (Da werden wieder manche sagen: »Die spinnen, die Wissenschaftler!«)

- ✔ Das Kilogramm war lange Zeit die *einzige* Basiseinheit, die noch durch einen *Vergleichsgegenstand* festgelegt war – einen Zylinder aus einer Platin/Iridium-Legierung. Obwohl dieser hochgeschützt unter drei Glasglocken im Tresor des Internationalen Büros für Maß und Gewicht (BIPM) in Paris aufbewahrt wird, verliert er aus unerklärlichen Gründen an Masse (auch wenn es nur 50 μg in 100 Jahren sind). Dankenswerterweise wurde mittlerweile eine physikalische Bezugsgröße gefunden, mit der sich auch das Kilogramm eindeutig definieren lässt: das Planck'sche Wirkungsquantum h mit seinem sehr genau bekannten Wert, das mit den oben genannten Definitionen kombiniert wird. (Mehr darüber – und auch, welche Rolle diese Konstante in der Chemie spielt – erfahren Sie in den Kapiteln 8 und 9.)

Nach und nach kamen weitere Grundgrößen hinzu. Bis 1971 wurden sieben *Grundgrößen* in einem internationalen Einheitensystem (SI – *Système International d'unités*) festgelegt.

Diese Grundgrößen sind in Tabelle 2.1 aufgelistet:

Grundgröße	**Einheit**
Masse (m)	Kilogramm [kg]
Länge (l)	Meter [m]
Zeit (t)	Sekunde [s]
Temperatur (T)	Kelvin [K]
Stoffmenge (n)	Mol [n]
Stromstärke (I)	Ampere [A]
Lichtstärke (I_v)	Candela [cd]

Tabelle 2.1: Grundgrößen des SI-Einheitensystems

Die Lichtstärke wird uns im Rahmen der Chemie *nicht*, die elektrische Stromstärke außer bei angewandter Elektrochemie (mehr dazu in Kapitel 26) *kaum* begegnen. Aus diesem Grund soll an dieser Stelle darauf auch nicht weiter eingegangen werden. Die Stoffmenge und damit der Begriff *Mol* hingegen sind derart wichtig, dass ihnen beizeiten ausgiebig Raum zugestanden wird.

Zur Temperatur sei auf Folgendes hingewiesen:

- ✔ Die Kelvin-Skala – benannt nach William Thomson, seines Zeichens Lord Kelvin – gibt die *absolute Temperatur* an und besitzt als Nullpunkt den *absoluten Nullpunkt*, der bei −273,15 °C liegt.
- ✔ Der Abstand zwischen zwei Temperaturschritten der Kelvin- und der (im Alltag gebräuchlicheren) Celsius-Skala (mit der Einheit °C, benannt nach dem schwedischen Astronomen Anders Celsius) ist identisch.

  Somit gilt: Temperatur in [Kelvin] = Temperatur in [°C] + 273,15

  Der Gefrierpunkt des Wassers (0 °C) entspricht damit 273,15 K, der Siedepunkt (100 °C) entsprechend 373,15 K.
- ✔ Ob Sie die Temperatur im Innern der Sonne nun mit 15 Millionen °C oder 15 Millionen K angeben, spielt aber wohl keine Rolle. Es handelt sich so oder so um eine ganz schön hohe Temperatur.

Übrigens: Es heißt *nicht* »Grad Kelvin«, sondern nur »Kelvin« – also: Der Siedepunkt des Wassers liegt bei »373,15 Kelvin«.

Auf dem Weltmetrologietag 2018 der CGPM wurde beschlossen, dass mit Wirkung zum 20.05.2019 endgültig sieben Naturkonstanten die Basis für das Internationale Einheitensystem bilden sollen. Dies sind:

- ✔ Frequenz des Hyperfeinstrukturübergangs des Grundzustands im ^{133}Cs-Atom (9 192 631 770 Hz = s^{-1})
- ✔ Lichtgeschwindigkeit im Vakuum (299 792 458 m s^{-1})
- ✔ PLANCK-Konstante (h = 6,626 070 04081 · 10^{-34} J s (kg m^2 s^{-1})
- ✔ Elementarladung (e = 1,602 176 6208 98 · 10^{-19} C)
- ✔ BOLTZMANN-Konstante (k_B = 1,380 648 527 9 · 10^{-23} m^2 kg s^{-2} K^{-1})
- ✔ AVOGADRO-Konstante (N_A = 6,022 140 857 74 · 10^{23} mol^{-1})
- ✔ Photometrisches Strahlungsäquivalent einer monochromatischen Strahlung von 5,40 · 10^{14} Hz.

Damit sollen nun alle Einheiten unmissverständlich festgeklopft werden. Fast alle dieser Konstanten finden Sie in diesem Buch wieder.

Normal ist das nicht

Allerdings bringt uns das gleich zu einer kurzen Zwischenüberlegung, mit der Sie sich auseinandergesetzt haben sollten: Die Formulierung »hohe Temperatur« setzt voraus, dass es so etwas wie einen »Standardwert« oder »Normwert« gibt. Damit stellt sich eine grundlegende Frage: Was ist eigentlich normal?

Wer in Deutschland lebt, hält es für »normal«, dass es gefühlt die Hälfte des Jahres regnet. Jemand, der in der Sahara aufgewachsen ist, wird das vermutlich gänzlich anders sehen.

Aus der Natur kennen wir auch gewissermaßen eine »Normtemperatur«: Zumindest ein (Mittel-)Europäer wird eine Temperatur von etwa 20 °C (also 293 K) für »normal« halten, wobei gewisse Schwankungen völlig natürlich – und auch normal – sind. Aber würde (aus welchen Gründen auch immer) die Temperatur plötzlich auf mehr als 400 °C ansteigen oder auf minus 190 °C absinken, würden das langfristig sicherlich nicht einmal die ansonsten wetterfestesten Pflanzen überstehen. Ähnlich verhält es sich mit dem Druck: Als »normal« gilt der Druck auf Höhe des Meeresspiegels, deswegen heißt er ja auch »Normal-Null«.

Um Bedingungen miteinander vergleichen zu können, wurden Normalbedingungen (auch Norm- oder Standardbedingungen) bezüglich Temperatur und Druck festgelegt. Aber wenn Sie denken, Sie seien jetzt auf der sicheren Seite – weit gefehlt: Einen Überblick über die gebräuchlichsten, durchaus unterschiedlichen Standards liefert Ihnen Tabelle 2.2.

Sie werden in Büchern immer wieder verschiedene Bedingungen finden. Suchen Sie sich etwas aus. (Aber wenn Sie Werte miteinander vergleichen, sollten Sie sicherstellen, dass auch wirklich alle auf dem *gleichen* Standard basieren.)

	Temperatur	Druck
IUPAC (STP) *Standard Temperature and Pressure* in der Chemie am gebräuchlichsten; häufig als *Standardbedingungen* bezeichnet	273,15 K = 0 °C	100 kPa = 0,986 atm = 1 bar
IUPAC (SATP) *Standard Ambient Temperature and Pressure* wird von manchen Analytikern bevorzugt, gilt aber als inoffiziell	298,15 K = 25 °C	100 kPa = 0,986 atm = 1 bar
DIN 1343 der Standard in der Physik, bezeichnet als *Norm-* oder *Normalbedingungen*	273,15 K = 0 °C	101,325 kPa = 1 atm = 1,01325 bar
NIST *(National Institute of Standards and Technology)* vor allem in den USA gebräuchlich	293,15 K = 20 °C	101,325 kPa = 1 atm = 1,01325 bar
Technische Norm (veraltet)	293,15 K = 20 °C	0,980665 bar = 1 at (technische Atmosphäre)

Tabelle 2.2: Verschiedene Standardbedingungen

Was ist denn ein Quadratliter? – In welchen Dimensionen denken wir eigentlich?

Sicherlich haben Sie bereits gemerkt, dass dieses Gefühl der »Norm« leicht dazu führen kann, in einem bestimmten Bezugssystem der Einheiten gefangen zu sein. In der Regel werden Sie in eines hineingeboren, und dies bemächtigt sich dann Ihrer Denkweise. Es ist ja nicht so, dass Sie nur noch metrisch denken und fühlen würden. Neben der Uhrzeit und der Einteilung der Woche gibt es noch andere Größen, die Ihnen in Fleisch und Blut übergegangen sind. Wollen Sie im Baumarkt Anschlüsse für Ihre Wasserrohre kaufen, werden Sie mit Zollgewinden (1/4“, 1/2“, 3/4“ und so weiter) konfrontiert. Es gibt auch metrische Gewinde, aber die passen dann nicht. Geben Sie stolz die Leistung Ihres Autos ganz modern mit 96 kW an, werden Sie gewiss meistens gefragt: »Wie viel PS sind denn das?« Irgendwie sind die meisten der Meinung, sich unter PS mehr vorstellen zu können als unter Kilowatt, obwohl Sie beim Stromzähler die Einheit »Kilowatt« selbstverständlich akzeptieren. Sie wollen in Ihrem Alaska-Urlaub das Mount McKinley Base Camp erkunden: 7200 *feet* (!) – brauche ich vielleicht eine Sauerstoffmaske? Die Temperatur von 40 °F hört sich ja ganz passabel an. Erst einmal dort angekommen, stellen Sie fest, dass Sie noch ganz gut atmen können, aber besser eine warme Jacke mitgenommen hätten.

Sie brauchen sich keine Gedanken darüber zu machen, warum die USA das metrische SI-Einheitensystem so vehement ablehnen: Was auch immer der Grund sein mag, offiziell wurde das metrische System dort nie eingeführt. Warum auch – wenn es um die Höhe eines Berges oder die Entfernung von New York nach Chicago geht, ist es doch eigentlich gar nicht wichtig, in welchen Einheiten diese angegeben werden. Aber im wissenschaftlichen Austausch bringt es doch erhebliche Vorteile, gleiche Einheiten zu verwenden – und zumindest dort denken selbst die Amerikaner mittlerweile *metrisch.*

Aus den in Tabelle 2.1 aufgeführten Grundgrößen lassen sich andere Größen (wie beispielsweise in Tabelle 2.3) zusammensetzen (die meisten kennen Sie gewiss).

Abgeleitete Größe	**Einheit**	**Eigennamen**
Fläche	m^2	
Volumen	m^3	
Geschwindigkeit	$m\ s^{-1}$	
Beschleunigung	$m\ s^{-2}$	
Dichte	$kg\ m^{-3}$	
Kraft	$kg\ m\ s^{-2}$	Newton [N]
Druck	$kg\ m^{-1}\ s^{-2}$	Pascal [Pa]
Impuls	$kg\ m\ s^{-1}$	
Energie, Arbeit	$kg\ m^2 s^{-2}$	Joule [J], Nm
Leistung	$kg\ m^2\ s^{-3}$	Watt [W]
Diffusionskoeffizient	$m^2\ s^{-1}$	
dynamische Viskosität	$kg\ m^{-1}\ s^{-1}$	Pascal · Sekunde
spezifische Wärme	$m^2\ s^{-2}\ K^{-1}$	
Wärmeleitfähigkeit	$kg\ m\ s^{-3}\ K^{-1}$	

Tabelle 2.3: Abgeleitete Größen im SI-Einheitensystem

Jetzt kann ja nichts mehr schiefgehen mit den physikalischen Größen. Alles lässt sich doch mithilfe weniger Grunddimensionen (denen aus Tabelle 2.1) angeben. Aber sind die einzelnen physikalischen Größen deshalb anschaulicher geworden?

Nehmen wir ein Beispiel. Von einer *Leistung* haben Sie vielleicht eine vage Vorstellung: Eine Pumpe hat eine Leistung, die Sie in Watt angeben (benannt nach dem Schotten James WATT), genauso wie die Leistung Ihres Autos (also muss auch PS eine Leistungsangabe sein). Genauso vollbringen Sie eine Leistung, wenn Sie mit dem Fahrrad einen Berg hinauffahren. Basteln Sie die Einheit der physikalischen Größe Leistung in SI zusammen, erhalten Sie

$$\left[\frac{kg\,m^2}{s^3}\right]^3 \text{ oder, so wird es empfohlen: } kg\ m^2\ s^{-3}$$

Hilft Ihnen das jetzt weiter, zu verstehen, was eine Leistung ist? Sie multiplizieren eine Masse mit einer Fläche – und was um Himmels willen ist eine Kubiksekunde?

So geht das natürlich nicht. Dröseln wir die Einheit mal auf:

$$\left[\mathrm{kg}\cdot\frac{\mathrm{m}}{\mathrm{s}}\cdot\frac{1}{\mathrm{s}}\cdot\frac{\mathrm{m}}{\mathrm{s}}\right]=\left[\frac{\mathrm{kg\,m}}{\mathrm{s}^2}\cdot\frac{\mathrm{m}}{\mathrm{s}}\right]\ \text{oder schöner: kg m s}^{-2}\cdot\ \text{m s}^{-2}=\text{kg m}^2\ \text{s}^{-3}$$

Meter pro Sekunde kennen Sie: Das ist *Geschwindigkeit.* Und aus dem Physikunterricht wissen Sie bestimmt noch, dass Kraft = Masse mal Beschleunigung [kg $\mathrm{m/s^2}$] ist. Also multiplizieren Sie eigentlich zwei *Größen* miteinander, nämlich *Kraft* mit *Geschwindigkeit.*

Sie können es auch anders betrachten:

$$\left[\mathrm{kg}\cdot\frac{\mathrm{m}}{\mathrm{s}}\cdot\frac{\mathrm{m}}{\mathrm{s}}\cdot\frac{1}{\mathrm{s}}\right]=\left[\frac{\mathrm{kg\,m^2}}{\mathrm{s}^2}\cdot\frac{1}{\mathrm{s}}\right]\ \text{oder: kg m}^2\ \text{s}^{-2}\cdot\text{s}^{-1}=\text{kg m}^2\ \text{s}^{-3}$$

Eine Leistung ist offensichtlich auch *Energie* [kg $\mathrm{m^2/s^2}$] pro *Zeit.* Beide Sichtweisen sind, für sich betrachtet, irgendwie nachvollziehbar. Demzufolge muss Energie eine Kraft sein, die Sie mit einer Länge multiplizieren. Darüber muss man allerdings schon etwas genauer nachdenken, bis das Ganze Sinn ergibt.

Ein anderes Beispiel. Die Geschwindigkeitskonstante *k* einer Reaktion 3. Ordnung (was das ist, können Sie in Kapitel 23 nachlesen) hat folgende Dimension:

$$\left[\frac{\mathrm{L}^2}{\mathrm{mol}^2\,\mathrm{s}}\right]\ \text{beziehungsweise L}^2\ \text{mol}^{-2}\ \text{s}^{-1}$$

Hier springt Ihnen ein *Quadratliter* ins Auge. Darunter können Sie sich ja wahrscheinlich wirklich nichts mehr vorstellen – und Sie sollten es auch gar nicht erst versuchen. *k* hat hier die Funktion einer *Proportionalitätskonstanten,* die dafür sorgt, dass die Reaktionsgeschwindigkeitsgleichung insgesamt *dimensionshomogen* ist (mit anderen Worten: dass alles zusammenpasst) – sonst nichts.

$$\mathrm{r}\left[\frac{\mathrm{mol}}{\mathrm{L\,s}}\right]=k\cdot \mathrm{c}^3\left[\frac{\mathrm{mol}^3}{\mathrm{L}^3}\right]$$

Sie dürfen gerne nachprüfen.

Wahrscheinlich sind Sie kein Mathematiker, der problemlos mit einem 11-dimensionalen Raum umgehen kann. Der Mensch ist normalerweise so angelegt, dass er sich immer etwas vorstellen möchte, das auch in sein Weltbild passt. Das klappt in den Naturwissenschaften aber nicht immer, denn hier sind die Dinge häufig sehr abstrakt. Daran ändert auch das SI-System nichts. Die Vereinheitlichung des Einheitensystems auf internationaler Ebene bietet trotzdem enorme Vorteile. Es verhindert einfach, dass es immer wieder zu Missverständnissen und fehlerhaften Umrechnungen kommt, die allein auf unterschiedliche Bezugsgrößen zurückzuführen wären.

So verlor etwa die NASA 1999 den *Mars Climate Orbiter,* weil die Sonde zu tief in die Atmosphäre des Planeten eintauchte und zerstört wurde. Grund war ein Navigationsfehler, der darauf zurückgeführt werden konnte, dass die NASA den Impuls der Sonde – wie es in den Naturwissenschaften nun einmal üblich ist – unter Verwendung der (metrischen) SI-Einheiten berechnet hatte, während die von einem US-amerikanischen Technologiekonzern entwickelte Steuerungssoftware die in den USA ansonsten nun einmal gebräuchlichen *nicht*-metrischen Einheiten verwendete. Kostenpunkt: 125 Millionen Dollar. Seit 2007 verwendet auch die NASA ausschließlich *metrische* Einheiten und verlangt dies auch von sämtlichen mit ihr zusammenarbeitenden Firmen.

Allgemein jedoch lässt sich sagen: Es ist nicht schlimm, wenn Sie sich unter Energie, Kraft oder Impuls weiterhin das vorstellen, was Sie mögen und was Sie persönlich damit verbinden.

Chemiker mögen's extrem: sehr kleine und sehr große Zahlen

Da sich die Naturwissenschaften mit der *gesamten* Natur befassen, müssen sie extrem große Objekte (etwa Planeten, Sterne oder ganze Sonnensysteme) ebenso beschreiben können wie extrem kleine (eben bis hin zum einzelnen Atom oder im Falle der Atomphysik sogar noch darüber hinaus).

Wollen Sie nun sehr große oder sehr kleine Werte (Masse eines Sterns, Masse eines einzelnen Moleküls) angeben, so erscheint es wenig sinnvoll, in beiden Fällen das Maß »Kilogramm« zu verwenden. Das würde etwa bei exorbitant großen Massen zu einer so großen Zahl führen, dass alleine die Anzahl der Stellen vor dem Komma unübersichtlich wäre. Bei einem entsprechend kleinen Wert begänne die Zahl dann mit 0,0000000…, und *irgendwann* käme dann die interessante Information.

Aus diesem Grund ist es in den Naturwissenschaften üblich, der Übersichtlichkeit halber die **wissenschaftliche Notation** zu verwenden:

- ✔ Zahlen, die mehr als drei Stellen vor dem Komma aufweisen, werden meist in Form von Zehnerpotenzen angegeben – dies ist die *Exponentialschreibweise.*

  So könnten Sie die Zahl 500 000 auch schreiben als $5 \cdot 10^5$, oder als $50 \cdot 10^4$. (Auch $500 \cdot 10^3$, $5\,000 \cdot 10^2$ oder $50\,000 \cdot 10^1$ wären korrekt, aber doch unüblich und nicht mehr so richtig wissenschaftlich.)

  Entsprechend schreiben Sie die Zahl 50 300 entweder $5{,}03 \cdot 10^4$, oder eben $50{,}3 \cdot 10^3$. Unüblich hingegen wäre $5030{,}0 \cdot 10^1$.

- ✔ In gleicher Weise wird verfahren, wenn ein Wert deutlich *kleiner* als 1 ist (aber natürlich immer noch größer als 0). Mit dem Hintergrundwissen, dass 1/10, also ein Zehntel = 10^{-1} ist, können Sie etwa die Zahl 0,0001 auch schreiben als $1 \cdot 10^{-4}$ oder $0{,}1 \cdot 10^{-3}$ (beides wäre richtig und auch wissenschaftlich). Zugegebenermaßen gibt es auch noch das – vor allem in der Analytik wichtige – Thema der »signifikanten Ziffern« (die finden Sie in Kapitel 6), bei denen es sehr wohl einen Unterschied macht, ob Sie $50{,}3 \cdot 10^3$ oder $5030{,}0 \cdot 10^1$ schreiben, da dies unterschiedliche Messgenauigkeit impliziert.

Punkt, Komma, Leerzeichen?

In Fachtexten, die nicht gerade aus Deutschland oder Österreich stammen, werden Zahlen häufig anders dargestellt: In der naturwissenschaftlichen Literatur hat sich, ähnlich wie das SI-System, eigentlich weltweit als Dezimalzeichen der *Punkt* (».«) etabliert. Man schreibt dann »5.3« (ausgesprochen wird es immer noch »fünf Komma drei«, zumindest bei uns).

Einige Sprachpuristen halten der Verwendung des Punkts als Dezimalzeichen entgegen, dass in Deutschland laut DIN-Norm 1333 für diesen Zweck das Komma (,) festgeschrieben ist; in Österreich dient dazu ÖNORM A 1080. (In der Schweiz wiederum ist als Dezimalzeichen der *Punkt* üblich, das Kriterium »deutschsprachig« hilft uns also nicht weiter.)

Werden große Zahlen nicht in wissenschaftlicher Notation angegeben (was ja durchaus vorkommt), kann bei Zahlen wie 50000000 auf den ersten Blick leicht eine 0 übersehen oder unbeabsichtigt hinzugedichtet werden. Es gibt zwei legitime Möglichkeiten, etwas Überblick zu schaffen: Entweder Sie gruppieren jeweils drei Ziffern (von rechts nach links gelesen) durch einen Leerschritt (also 50 000 000, wie es im Bankwesen üblich ist), oder Sie wählen tatsächlich ein Komma (»,«), das hier aber stets nur als ordnendes/gruppierendes Element zu verstehen ist (50,000,000; diese Schreibweise findet sich vor allem in US-amerikanischen Lehrbüchern, ist aber eigentlich gemäß ISO-Norm 80000 abzulehnen – und nach DIN1333 scheidet sie natürlich sowieso völlig aus).

Da Sie höchstwahrscheinlich früher oder später auch mit englischsprachigen Fachtexten zu tun haben werden, sollten Sie beide Schreibweisen beherrschen. Wir haben uns in diesem Buch für das Komma entschieden, weil ein Punkt als Dezimalzeichen (leider) noch zu häufig für Verwirrung sorgt, obwohl auch einige namhafte deutschsprachige Fachzeitschriften seit geraumer Zeit den Punkt verwenden.

Kurzfassung: *Solange Sie wissen, was Sie tun, können Sie machen, was Sie wollen.*

Das SI-System kümmert sich nicht nur um Einheiten, sondern auch um *Größenordnungen.* Eine Größenordnung ist abhängig vom Zahlensystem. Es ist der *Faktor* – eine Zahlendarstellung, um eine Einheit zu ändern. Im binären System ist dieser Faktor die Zahl 2, im metrischen System die Zahl 10. 100 ist also um *eine* Größenordnung größer als 10, während 1000 entsprechend *zwei* Größenordnungen größer ist als 10. Da es bei wissenschaftlichen Belangen bekanntermaßen eine sehr breite Spanne zu überbrücken gilt, ist diese Spanne noch in weitere Einheiten unterteilt worden, die sich um jeweils *drei* Größenordnungen unterscheiden. Drei Größenordnungen betreffen jeweils einen Unterschied von $10^3 = 1000$. Angefangen von 0 geht es in Tausender-Schritten nach oben und nach unten. Diese *und nur diese* Schritte sind im Sinne des SI-Systems und erhalten eine eigene Vorsilbe, ein sogenanntes **Präfix**, wie sie in Tabelle 2.4 zusammengefasst sind.

Einige dieser Präfixe sind in der Alltagssprache durchaus präsent: Wohl fast jeder wird wissen, was ein »*Milli*liter« ist und wie viele *Milli*meter einen *Zenti*meter ausmachen (auch

Potenz	Präfix	Symbol	Anmerkungen
10^{30}	Quetta	Q	
10^{27}	Ronna	R	
10^{24}	Yotta	Y	
10^{21}	Zetta	Z	
10^{18}	Exa	E	
10^{15}	Peta	P	
10^{12}	Tera	T	nein, nicht »Terra«
10^{9}	Giga	G	
10^{6}	**Mega**	**M**	
10^{3}	**Kilo**	**k**	**mit einem kleinen »k«**
10^{-1}	Dezi	d	nicht SI-konform
10^{-2}	Zenti	c	nicht SI-konform
10^{-3}	**Milli**	**m**	
10^{-6}	**Mikro**	**μ**	
10^{-9}	**Nano**	**n**	
10^{-12}	**Pico**	**p**	
10^{-15}	Femto	f	
10^{-18}	Atto	a	
10^{-21}	Zepto	z	
10^{-24}	Yokto	y	
10^{-27}	Ronto	r	
10^{-30}	Quekto	q	

Tabelle 2.4: Präfixe der Zehnerpotenzen

wenn die Vorsilbe »zenti-« tatsächlich nicht SI-konform ist). Einige sterben allmählich aus (den *Dezi*liter etwa finden Sie heutzutage nur noch in – älteren – Kochbüchern), Vorsilben wie *Mega-*, *Giga-* und *Tera-* werden dank Computertechnik zunehmend vertraut. Vorsilben wie Zetta-, Yotta oder die für noch gewaltigere Größenordnungen stehenden Ronna- und Quetta finden sich – erwartungsgemäß – dort, wo es um *wirklich große* Zahlen geht, etwa in der Astronomie, wenn man die Massen von Planeten oder gar Sternen angeben will. Die Gesamtmasse der Erde von etwa sechs Trilliarden, also $6 \cdot 10^{21}$, Tonnen entspricht damit 6 Rg, also Ronnagramm. So richtig vorstellen kann man sich das wohl nicht mehr.

In der »anderen Richtung« kommen wir dann in die Größenordnungen unvorstellbar *kleiner* Werte. Wie Sie in Kapitel 4 sehen werden, beträgt die Masse eines einzelnen Kohlenstoff-Atoms etwa 1,66 rg (Rontogramm), und schon beim Zeptometer (zm) sind wir in einer Größenordnung angekommen, die um mehr als zwei Zehnerpotenzen, also um den Faktor 100, unterhalb der Abstände der Quarks innerhalb eines Atomkerns liegt. Alltäglich sind derlei Größenordnungen also wahrlich nicht, aber wir wollten Sie Ihnen nicht vorenthalten.

In der »normalen« Chemie bekommen wir es mit Größenordnungen von Mega- bis Pico- zu tun; deswegen sind diese Zeilen in Tabelle 2.4 auch hervorgehoben: Wir raten Ihnen, den Umgang mit derlei Vorsilben einzuüben, bis sie *wirklich* sitzen.

Die *wissenschaftliche Notation* (mit der Angabe von Zehnerpotenzen) hingegen ist noch nicht so ganz im allgemeinen Sprachgebrauch angekommen. So würde Ihnen ein Bäcker vermutlich die gleiche Menge Brot verkaufen, ob Sie nun nach »1000 Gramm Brot« oder nach »1 Kilogramm Brot« verlangen, aber bei »10 hoch minus drei Tonnen Brot« würde er vermutlich ins Stocken geraten, obwohl $1000\ \text{g} = 1\ \text{kg} = 10^{-3}\ \text{t}$ *sind.*

IN DIESEM KAPITEL

fragen wir uns: Wer sind wir eigentlich?

wird neu gemischt

geht es rechts- oder linksherum

Kapitel 3
Erkenntnisse über die Materie

Unter Materie verstehen wir das, woraus alle stofflichen Dinge unserer Welt bestehen. Das Weltbild von der Beschaffenheit der Materie war im Laufe der Jahrtausende an verschiedene Vorstellungen geknüpft. Obwohl Sie den Großteil der Materie sehen und anfassen können, war (und ist) immer eine abstrakte Idee vorhanden, was Materie eigentlich *ist.*

Eine der größten Errungenschaften der Menschheit ist die Erkenntnis, dass die Materie *nicht kontinuierlich* aufgebaut ist. Anfangs war da nur eine Ahnung über die kosmischen Zusammenhänge, und lange Zeit stand sich der Mensch selbst im Weg: Per kirchliches Dekret wurde festgelegt, dass nicht sein *kann*, was nicht sein *darf.* Aber im Laufe der Zeit ließen Beobachtungen und Experimente keine Zweifel mehr zu.

Inzwischen ist es möglich, weit in das Atom einzudringen, also in das, was anfangs noch für unteilbar gehalten wurde. Zuerst wurden Protonen und Elektronen entdeckt, später auch noch die Neutronen; allmählich kamen immer kleinere Bausteine zum Vorschein. Aber je tiefer man in die Atomkerne schaut, desto mehr verhärtet sich die Gewissheit, dass das, was sich da offenbart, eigentlich gar keine Materie mehr ist. Da niemand bekanntermaßen in einen Atomkern hineinkriechen kann, dienen die experimentellen Ergebnisse zur Aufstellung komplizierter Modellvorstellungen und Theorien. Die aktuellste ist vermutlich die *String-Theorie.* Diese kleinsten Strings (immerhin wird ihnen eine Größe von 10^{-35} m zugestanden), aus denen sich nun alles zusammensetzen soll, sind nichts als multidimensionale schwingende Wellen, also reine, masselose Energie. Zwar war schon seit einiger Zeit bekannt, dass die Größe so eines Atoms eigentlich nur von seiner Atomhülle (den Elektronen) herrührt, die aber im Wesentlichen leer ist, und jetzt soll auch noch der Atomkern nichts enthalten?

Was also ist Materie? – Das lässt sich ehrlicherweise nicht genau sagen (auch die theoretischen Physiker sind sich mittlerweile einig, dass es Materie eigentlich gar nicht gibt). Nun bestehen wir aber selber aus Atomen, Protonen, Neutronen, Elektronen, Quarks und Strings und wie sie alle heißen. Es würde doch wohl etwas arg esoterisch, uns mit wandelnden schwingenden Energiebündeln gleichzusetzen, denn die wiegen ja nichts.

Moment! – werden Sie sagen. *Eine* Eigenschaft von Materie kennen Sie doch ganz genau: Sie hat zweifellos eine Masse – über die Sie sich vielleicht ärgern, wenn Sie sich morgens auf die Waage stellen. Eigentlich bestimmen Sie aber bei einem solchen Wägevorgang gar nicht Ihre *Masse*, sondern Ihr *Gewicht* (das ist die Kraft, mit der jene Masse von der Erde angezogen wird). Dazwischen schalten Sie ein Messinstrument (eben die Waage), das ebenfalls aus Atomen besteht, also aus Protonen, Neutronen, Elektronen, Quarks und Strings. Sie haben hier somit ein System verschiedener Komponenten, die in Bezug auf die Messung einer bestimmten Eigenschaft (nämlich des Gewichts) miteinander kommunizieren. Stellen Sie sich vor, Sie gehen eine Straße entlang: Sie, die Sie aus »nichts« bestehen, gehen auf »nichts« und haben trotzdem das Gefühl, da sei *sehr wohl* etwas. Auch hier kommunizieren aufeinander abgestimmte Systeme miteinander. Das »Messinstrument« ist diesmal Ihr Bewusstsein, das Ihnen signalisiert, die zwei »Nichts« grenzen sich gegeneinander ab: Die Straße ist hart, und Sie können sie nicht durchdringen. Dabei spüren Sie weder die Atome im Ganzen noch deren Protonen, Neutronen, Elektronen, Quarks oder Strings, sondern Sie nehmen nur etwas wahr – und das nennen Sie Materie. Also bestehen Sie selbst aus Materie, während die Straße aus einer anderen (anders gearteten) Materie besteht. Materie ist somit eigentlich nichts als eine Erfindung, in die wir mit unserem Bewusstsein hineingeboren werden und über deren Existenz sich die Menschen an sich nur wenig Gedanken machen (von Elementarteilchenphysikern und Buddhisten einmal abgesehen). Vermutlich schon immer gab es Leute, die behaupten, alles, was wir wahrnehmen, sei nichts als eine Illusion. Vielleicht stimmt das ja sogar, aber so sind wir Menschen nun mal. Die Atome, Protonen, Neutronen, Elektronen, Quarks und Strings, die sich zusammengetan haben, um *Sie* zu schaffen, befinden sich in Korrespondenz mit anderen Atomen, Protonen, Neutronen, Elektronen, Quarks oder Strings, um wer weiß was miteinander zu tun: Auto fahren, mit einem Hammer einen Nagel in die Wand schlagen, ein Bild malen, ein Eis essen oder …

Irgendwo im Atomkern befinden sich Gebilde (Protonen und Neutronen bestehen daraus), die eine ganz besonders bemerkenswerte Eigenschaft aufweisen: Sie üben auch über sehr große Entfernungen hinweg eine Kraft aufeinander aus – sie ziehen einander an. Dieses Phänomen bezeichnen wir als *Gravitation*, eine der vier Grundkräfte, die unsere Welt zusammenhalten. Niemand hat bisher eine Erklärung dafür. Keine Sorge, es ist mit Abstand die schwächste jener Grundkräfte, aber offensichtlich doch von Bedeutung. Zur Veranschaulichung: Könnten Sie die Elektronenhüllen einer Substanz entfernen und die Atomkerne aufeinander packen, dann hätte ein Kubikzentimeter dieser Materie immerhin auf der Erde eine Masse von etwa 10^{14} kg (das entspricht 100 Millionen Tonnen und wäre doch eine nette Herausforderung für Gewichtheber oder das Guinness-Buch der Rekorde). Aber vermutlich bringt Sie bereits ein größerer Felsbrocken *mit* Elektronenhüllen an Ihre physische Grenze. Also muss da wohl *doch* etwas sein – und das nennen wir *Materie*.

Chemie ist die Wissenschaft, die sich mit der Materie befasst. Chemiker beschäftigen sich mit den Stoffen, sie kennen deren Eigenschaften und wissen, wie sie sich verhalten. Wir selbst können die Materie nur kontinuierlich wahrnehmen, also im »Großen Ganzen«. Um manche Dinge (Eigenschaften oder Verhaltensweisen) zu verstehen, müssen wir allerdings *doch* einen Blick in das Atom werfen (darum geht es in Kapitel 4). Dafür werden zwar durchaus Experimente und abstrakte Vorstellungen benötigt, aber Strings und Konsorten sind hier unwichtig.

Gesetzmäßigkeiten

Materie kann nicht einfach machen, was sie will. Ihr Aufbau ist bestimmten Gesetzen unterworfen, die schon früh beobachtet wurden. Eines davon gehört zu den sogenannten **Erhaltungssätzen**.

Masse geht nie verloren

Antoine Laurent Lavoisier war der Erste, der 1789 das **Gesetz von der Erhaltung der Masse** formulierte, häufig auch als **Massenerhaltungssatz** bezeichnet.

Masse kann weder erzeugt noch vernichtet werden. Die Summe der Massen der Ausgangsstoffe (fachsprachlich: *Reaktanten,* veraltet auch: Edukte) und die Summe der Massen der Produkte sind *immer* gleich, auch wenn eine chemische Reaktion stattgefunden hat. Einzige Voraussetzung: Es handelt sich um ein *geschlossenes* System. (Was genau Sie sich darunter vorzustellen haben, erfahren Sie in Kapitel 5.)

Ein geschlossenes System kann beispielsweise eine Lösung in einem Becherglas mit Deckel sein: Egal, was darin geschieht, die Gesamtmasse bleibt immer gleich. Entweicht etwa ein Gas, müssen die Grenzen des Systems anders formuliert werden, denn die Masse des Gases gehört ja auch dazu (in Kapitel 16 wird das noch genauer erörtert).

Die Verhältnisse müssen stimmen

- Verschiedene Stoffe verbinden sich stets in einem bestimmten Verhältnis miteinander. Natriumchlorid zum Beispiel besteht immer aus 39,35 % Natrium und 60,65 % Chlor (beides in Gewichts-% angegeben). Anders formuliert: 1 g Natrium verbindet sich immer mit 1,54 g Chlor. Ein anderes Beispiel: 1 g Magnesium verbindet sich immer mit 6,58 g Brom.

  Dies ist das **Gesetz der konstanten Massenverhältnisse**, das bereits 1797 von Joseph Louis Proust erkannt wurde.

- Auch wenn ein Stoff mit einem anderen *verschiedene* Verbindungen eingeht, gibt es dabei immer nur ganz bestimmte Kombinationsmöglichkeiten, wobei sich die Verhältnisse in kleinen ganzen Zahlen ausdrücken lassen. 1 g Kupfer kann sich zum Beispiel mit 0,541 g Chlor oder mit 1,082 g Chlor verbinden.

  Dies ist das **Gesetz der multiplen (oder vielfachen) Massenverhältnisse**.

Im Jahr 1808 kam John Dalton zu dem Schluss, dass sich diese drei chemischen Grundgesetze (Gesetz von der Erhaltung der Masse, Gesetze der konstanten und der vielfachen Massenverhältnisse) nur unter der Annahme erklären lassen, dass die Stoffe aus kleinsten, unteilbaren Teilchen bestehen. Dies führte zur **Dalton'schen Atomhypothese**:

- Elemente bestehen aus kleinsten, nicht weiter teilbaren Atomen.
- Alle Atome eines Elements haben die gleiche Größe, Gestalt und Masse.

- Atome können durch chemische Vorgänge weder vernichtet noch erzeugt werden.
- Bei chemischen Reaktionen werden die Atome lediglich umgruppiert und anders miteinander verknüpft.

Wohlgemerkt: Es handelt sich nach wie vor um eine Hypothese, die bis heute nicht bewiesen ist (aber dass es streng genommen in den Naturwissenschaften *gar keine* Beweise gibt, wissen Sie ja schon aus Kapitel 1), ein Atom *gesehen* hat jedenfalls noch niemand.

Einteilung der Stoffe

Alle Stoffe lassen sich grundsätzlich in zwei Kategorien einteilen: in *reine Stoffe* und *Gemische* (*siehe* Abbildung 3.1).

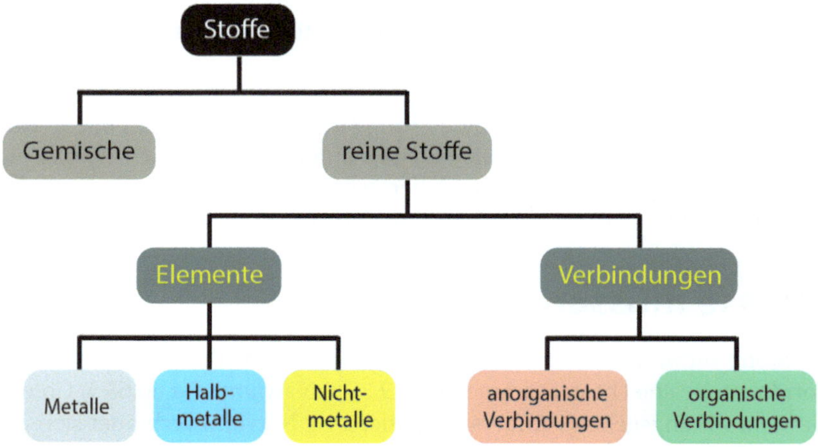

Abbildung 3.1: Formen der Stoffe

Reine Stoffe bestehen nur aus *einer einzigen* Substanz, Gemische können aus vielen verschiedenen Substanzen bestehen.

Reine Stoffe

Ein reiner Stoff (oder *Reinstoff*) besitzt eine einheitliche Zusammensetzung und unveränderliche Eigenschaften. Es handelt sich dabei entweder um

- ein **Element** oder
- eine **Verbindung**.

Elementarer Schwefel ist genauso ein reiner Stoff wie Schwefeldioxid. Reine Stoffe gibt es in großer Vielzahl, mindestens zwanzig Millionen sind bekannt. Es gibt aber nur 92 natürliche Elemente, also sind fast alle reinen Stoffe Verbindungen.

Die Elemente lassen sich, wie in Abbildung 3.2 zu sehen, in verschiedene Sorten klassifizieren:

- ✔ Über 70 % der Elemente sind *Metalle.*
- ✔ 14 % sind *Nichtmetalle* (komisches Wort, aber es sind eben keine Metalle).
- ✔ Dazwischen gibt es die *Halbmetalle,* die sich nicht recht entscheiden können. (Es sei darauf hingewiesen, dass die Grenze zwischen Metallen, Halbmetallen und Nichtmetallen fließend ist; es werden unterschiedliche Ansichten vertreten, wer denn nun »dazugehört« und wer nicht.)
- ✔ Zu den Nichtmetallen gehören eigentlich auch die *Edelgase* und der *Wasserstoff,* aber die werden extra aufgeführt.
- ✔ 85,6 % der Elemente sind fest.
- ✔ 12,2 % der Elemente sind gasförmig.
- ✔ Zwei Elemente sind bei Raumtemperatur flüssig: Quecksilber und Brom.

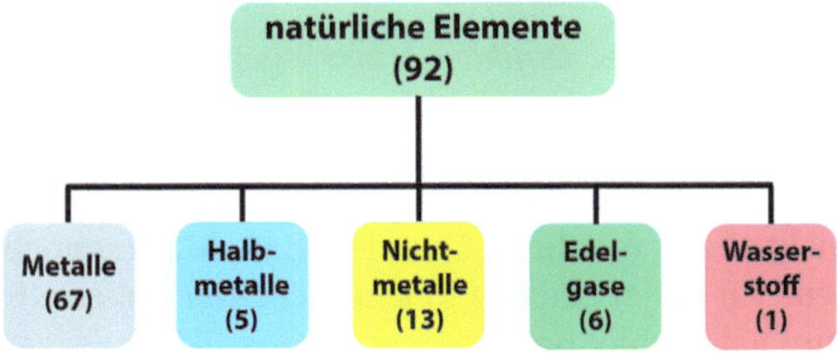

Abbildung 3.2: Natürliche Elemente

Gemische

Verschiedene Substanzen lassen sich miteinander vermischen. Das gilt für Feststoffe ebenso wie für Flüssigkeiten oder für Gase. Es gibt keine Festlegung, wie eine Mischung auszusehen hat. Mischungen können alle möglichen Zusammensetzungen aufweisen. Die Eigenschaften der einzelnen Stoffe können sich in der Mischung widerspiegeln, allerdings kann eine Mischung auch gänzlich andere Eigenschaften aufweisen; diese hängen natürlich auch von den einzelnen Mengen der jeweils verwendeten Substanzen ab. Die Vielfalt der Gemische ist also praktisch grenzenlos.

Ein Gemisch kann *homogen* sein. Dann gibt es *eine* **Phase**; das ist der Fall, wenn Sie zwei Flüssigkeiten ineinander lösen. Die Flüssigkeiten können aber auch ineinander unlöslich sein (wie Sie das beispielsweise bei Essig und Öl beobachten können, wenn Sie eine Salatsauce zubereiten). Dann liegen *zwei* Phasen vor, und das Gemisch ist *heterogen.* In Tabelle 3.1 sind verschiedene Gemische aufgeführt.

Aggregatzustand	Beispiele homogen	Beispiele heterogen
fest in fest		Pulver, Steine, Zement
fest in flüssig	Lösungen	Suspensionen, Farben
flüssig in fest		Gele (gequollener Feststoff)
fest in gasförmig		Rauch, Staub
gasförmig in fest		poröse Stoffe, Katalysatoren
flüssig in flüssig	Lösungen	Emulsionen
flüssig in gasförmig		Nebel
gasförmig in flüssig	Lösungen	Schaum
gasförmig in gasförmig	alle Stoffe mischbar	

Tabelle 3.1: Gemische

Vielleicht haben Sie auch schon mal von der *Dunklen Materie* gehört. Auch die hat bisher noch niemand gesehen, aber die führenden Kosmologen sind der Ansicht, etwas Derartiges müsse irgendwo im Weltall existieren, denn sonst ließen sich die Bewegungen der sichtbaren Materie (Sterne, Galaxien, Nebel und dergleichen) nicht erklären. Vielleicht gibt es von dieser Dunklen Materie sogar noch viel mehr, als wir derzeit denken. Mit derlei dunklen Machenschaften wollen wir aber in der Chemie nichts zu tun haben, hier brauchen wir *richtige* Stoffe.

Schon aus dem Altertum ist bekannt, dass Materie in verschiedenen **Aggregatzuständen** vorkommt:

- fest,
- flüssig und
- gasförmig.
- Physiker würden nun gewiss anmerken, dass es auch noch einen *vierten* Aggregatzustand gibt, nämlich das Plasma, bei dem Atomkern und Elektronenhülle voneinander getrennt vorliegen. Das ist allerdings erst bei extrem hohen Temperaturen (wie in unserer Sonne bei 15 Millionen Grad) der Fall und deswegen für den »Alltag« von geringerer Bedeutung. Aus diesem Grund wird darauf auch hier nicht weiter eingegangen.

Die verschiedenen Zustände der Materie werden in Teil V etwas genauer unter die Lupe genommen. Um zu verstehen, woraus Feststoffe, Flüssigkeiten und Gase bestehen und durch welche Kräfte sie zusammengehalten werden, müssen wir uns die verschiedenen Bindungsarten anschauen – das kommt in Teil III.

Die Natur hat ihren eigenen Kopf

Obwohl die Natur durch viele Gesetze in ihren Möglichkeiten eingeschränkt ist, kann sie immer noch eine unglaubliche Vielfalt präsentieren. Aber sie ist dabei durchaus wählerisch, denn sie entscheidet sich von zwei möglichen Anordnungen häufig nur für eine oder schließt bestimmte Gestalten gänzlich von der Party aus. Die Gründe, warum das so ist, sind in der Regel bisher nicht immer genau bekannt, es gibt nur Vermutungen. Hier sind einige Beispiele:

- ✔ Warum ist der Joghurt immer rechtsdrehend – natürlich nicht der ganze Joghurt, sondern die Milchsäure darin? Die Aminosäuren, die Grundbausteine der Eiweiße, sind dagegen linksdrehend. (Was das überhaupt ist, lesen Sie in Kapitel 36.) Aus irgendeinem (bislang noch unbekannten) Grund gibt die belebte Natur manchmal einem bestimmten von zwei möglichen Molekülen den Vorzug. Das in die entgegengesetzte Richtung drehende Gegenstück kann es natürlich auch geben, aber das zeigt gelegentlich problematische Nebenwirkungen. Der Stoffwechsel der Bakterien und anderer Lebewesen zumindest hat sich (weitestgehend) auf *eine* Sorte festgelegt.
- ✔ Fette (mehr dazu in Kapitel 47) enthalten langkettige Fettsäurereste. Bei den in der Natur vorkommenden Fettsäuren ist die Anzahl der daran beteiligten Kohlenstoff-Atome fast immer geradzahlig (C-14, C-16, C-18, C-20, C-22). Fette mit ungeradzahligen Fettsäureresten lassen sich zwar synthetisch herstellen, aber außer bei einigen exotischen Bakterien verzichtet die Natur einfach darauf, sie entstehen zu lassen.
- ✔ Als besonders gesund gelten ja die *ungesättigten* Fette. Die enthalten mindestens eine Doppelbindung. Hier gibt es zwei mögliche Anordnungen: *cis* und *trans*. In der Natur findet sich fast ausschließlich die *cis*-Stellung, die *trans*-Form der an sich doch so ähnlichen Moleküle ist häufig sogar gesundheitlich bedenklich; auf den Verzehr dieser sogenannten *Transfette* sollten Sie nach Möglichkeit verzichten.
- ✔ Die gesamte Masse eines Atoms befindet sich überwiegend im Atomkern. Die bunte Vielfalt der Atome (die uns letztendlich auch das Periodensystem beschert) ergibt sich durch Variation der Kernbausteine (Protonen und Neutronen): Welche Kombination jeweils vorliegt, entscheidet darüber, ob ein Kern stabil ist oder nicht. Auf keinen Fall gibt es zwei benachbarte stabile Atomkerne mit gleicher Massenzahl, die sich nur um ein Proton unterscheiden, obwohl das doch eigentlich möglich sein müsste. Mehr zu diesem Thema erfahren Sie in Kapitel 52.

IN DIESEM KAPITEL

geht es um elementare Angelegenheiten

ist nicht alles kaputt, was defekt ist

wird das Abzählen schwierig

Kapitel 4
Definitionssachen

Es gibt Dinge, mit denen Sie sich unbedingt auseinandersetzen müssen, sonst können Sie unmöglich nachvollziehen, wovon die Rede ist, wenn Sie ein Chemiebuch aufschlagen. Einiges davon beruht auf reinen Definitionen (da *gibt* es gar nichts zu verstehen), anderes bezieht sich auf Fakten, die Sie einfach zur Kenntnis nehmen müssen, ohne sie vielleicht gänzlich zu verstehen. Manchmal vermischen sich die Dinge auch.

Hier geht es um *ein* Atom

Wirklich erstaunlich ist, dass der Mensch immer kleinere Teilchen selbst im Atomkern entdeckt, je größer die Maschinen werden, mit denen nach diesen gesucht wird. Es übersteigt doch fast den menschlichen Verstand, dass eine Ringstrecke mit 27 km Durchmesser 100 m unter der Erde für den Beschuss eines 10^{-15} m großen Atomkerns benötigt wird, um letztendlich festzustellen, dass eigentlich gar nicht mehr klar ist, was Materie eigentlich *ist*. Wenn nämlich die Teilchen immer kleiner und die Geschwindigkeiten immer größer werden (zurzeit liegt das Ende der Fahnenstange bei der Lichtgeschwindigkeit, aber auch das ist eine Hypothese, die hin und wieder zumindest wackelt), dann löst sich die Materie in Wohlgefallen auf und präsentiert sich in Form reiner Energie. Immerhin ist 1 kg Materie nach EINSTEIN einer Energie von etwa $5{,}6 \cdot 10^{35}$ eV äquivalent (was 1 eV ist, erfahren Sie in Kapitel 5).

Wichtige Elementarteilchen für die Chemie

In der Chemie hat man es selbstverständlich mit Materie zu tun. Ohne die Stoffe gäbe es keine Chemie. Die Vorstellung des Atoms als unteilbare Kugel reicht nun aber in den allermeisten Fällen *nicht* aus, um das zu beschreiben, was in der Chemie wichtig ist. Wenn Sie nicht ganz so tief in das Atom hineinschauen, bleibt von all den ganzen Strings, *up*-Quarks, *down*-Quarks, Bosonen, Leptonen und dergleichen, die die Elementarteilchenphysiker ausfindig machen, doch noch etwas übrig, mit dem Sie arbeiten und von dem Sie ruhigen Gewissens behaupten können, daraus bestehe das, was Sie »Materie« nennen. Daraus sind die Stoffe gemacht, und die haben eine Masse, die Sie auf Ihrer Waage abwiegen oder in Ihrem Massenspektrometer registrieren können. Mehr wollen Sie ja gar nicht – und Sie haben wirklich Glück, denn dafür müssen Sie nur *drei* Elementarteilchen in Betracht ziehen:

- ✔ **Protonen** und **Neutronen** im Atomkern (das sind die *Nukleonen*, also die Kernbausteine), und
- ✔ **Elektronen** (in der Elektronenhülle)

Vereinfacht ergibt sich das in Abbildung 4.1 gezeigte Bild eines Atoms.

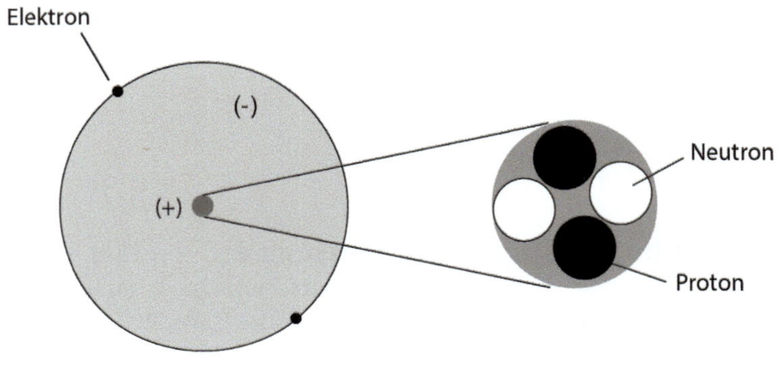

Abbildung 4.1: Elementarteilchen im Atom

Im Atomkern ist im Wesentlichen die Masse des Atoms angesiedelt. Der Atomkern entscheidet darüber, um was für ein Element es sich handelt. Wirklich interessant für uns ist dennoch die *Elektronenhülle*, denn Chemie wird mit Elektronen gemacht, nicht mit Atom*kernen*! Das genügt. Was auch immer wirklich abgehen mag in den Atomkernen: Das können Sie getrost den Elementarteilchenphysikern überlassen.

Ein Atom ist wirklich klein: der Durchmesser beträgt ungefähr 10^{-10} m, der des Atomkerns sogar nur 10^{-15} m, er ist also 100 000 mal kleiner.

Elementarladung

- ✔ Protonen und Elektronen besitzen die ***kleinste*** *frei existierende Ladungsmenge*, die *Elementarladung e*. Bei Protonen ist sie *positiv*, bei Elektronen *negativ* und beträgt jeweils:

  $$e = 1{,}602 \cdot 10^{-19}\ \text{C (Coulomb)} \quad (4.1)$$

- ✔ Das ist eine Naturkonstante: *Alle* Ladungen sind als ganzzahlige Vielfache dieser Elementarladung anzusehen.
- ✔ Eine Ladung von 1 Coulomb wird repräsentiert von $6{,}24 \cdot 10^{18}$ Elementarladungen (das ist der Kehrwert von Gleichung 4.1).

Ordnungszahl, Massenzahl

Die folgenden Angaben charakterisieren eindeutig ein Atom eines Elements:

- **Ordnungszahl**: Dies ist die Anzahl der Protonen im Atomkern. Nach dieser Zahl sind die Elemente im Periodensystem geordnet (darum geht es in Kapitel 10).

  In einem neutralen Atom ist die Ordnungszahl identisch mit der Anzahl der Elektronen. Liegen negativ oder positiv geladene Ionen vor (mehr dazu in Kapitel 11), ändert sich die Anzahl der Elektronen, aber *die Anzahl der Protonen bleibt gleich* – es ist also immer noch dasselbe Element.

- **Massenzahl:** Im Atomkern befinden sich außer den Protonen auch noch Neutronen. Protonen und Neutronen zusammen machen fast die gesamte Masse des Atoms aus. (Die Elektronen fallen kaum ins Gewicht, *siehe* Tabelle 4.1.) Die Massenzahl ist nichts anderes als die Summe von Protonen und Neutronen.

- Jedes Atom ist durch ein **Elementsymbol** gekennzeichnet. Massenzahl (hochgestellt) und Ordnungszahl (tiefgestellt) finden sich am Elementsymbol, zum Beispiel:

  $^{39}_{19}K$ ^{39}K *oder* K-39

Da die Ordnungszahl das jeweilige Element genau so eindeutig identifiziert wie das Elementsymbol, brauchen Sie nicht beide anzugeben; Sie können die Ordnungszahl auch weglassen.

Isotope

Während die Anzahl der *Protonen* für die Atome eines Elements eindeutig festgelegt ist, kann die Anzahl der *Neutronen* durchaus variieren. Das Element liegt dann in verschiedenen *Isotopen* vor (das ist bei den meisten Elementen der Fall). Das können zwei, aber auch 20 oder 40 verschiedene Isotope sein. Isotope können stabil sein, aber auch instabil, dann sind sie radioaktiv und zerfallen. (In Kapitel 52 wird es richtig radioaktiv.) Abbildung 4.2 zeigt die drei Wasserstoff-Isotope ($^{3}_{1}H$ ist radioaktiv) und vier von insgesamt acht Isotopen des Heliums, von denen nur die mit der Massenzahl 3 und 4 stabil sind.

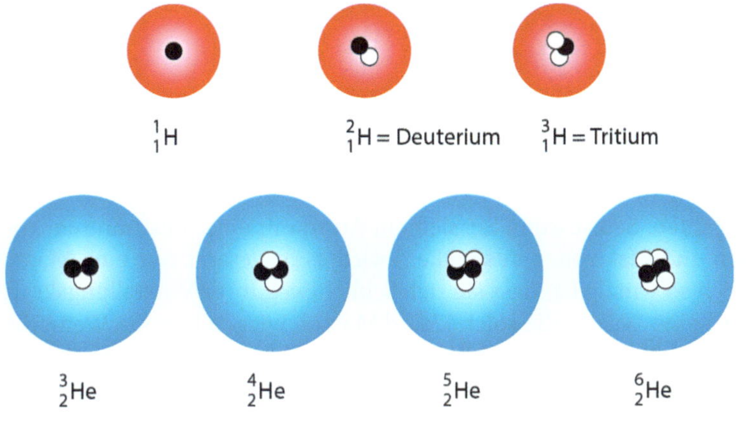

Abbildung 4.2: Isotope von Wasserstoff und Helium

Es existieren aber auch Elemente, von denen in der Natur tatsächlich nur *ein* Isotop vorkommt. Das sind sogenannte *Reinelemente.* Davon gibt es 22 Stück:

Be, F, Na, Al, P, I, Sc, Mn, Co, As, Y, Nb, Rh, Cs, Au, Bi, Pr, Tb, Ho, Tm, Th, Pu

Vielleicht ist Ihnen in Abbildung 4.2 aufgefallen, dass die beiden schwereren Isotope des Wasserstoffs (^{2}H und ^{3}H) mit *Eigennamen* ausgestattet wurden. Das ist unüblich; bei keinem anderen Element wird das so gehandhabt, und doch hört es mit dieser rein historisch bedingten Besonderheit noch nicht auf: Diesen beiden Wasserstoff-Isotopen werden sogar eigene Elementsymbole zugesprochen:

- Dem als *Deuterium* bezeichneten ^{2}H kommt das Elementsymbol D zu,
- dem als *Tritium* bezeichneten ^{3}H das Elementsymbol T.

In der »Alltags-Chemie« werden Sie damit nur äußerst selten zu tun haben, aber gerade in der Biochemie, in der bei zahlreichen Experimenten die Radioaktivität des Tritiums ausgenutzt wird, haben Sie es ständig mit »T-markierten Substraten« und dergleichen zu tun, mit deren Hilfe dann Stoffwechselwege und Ähnliches mehr aufgeklärt werden konnten. (Mehr zur Biochemie erfahren Sie in Kapitel 48.)

Ein Erklärvideo zum Thema Ordnungszahl, Massenzahl und Isotope finden Sie auf unserem YouTube-Kanal unter `https://www.youtube.com/watch?v=bkJ-PwmauWY`

Was wiegt ein Atom?

Obwohl sie so klein sind, lässt sich den Elementarteilchen eine Masse zuordnen. In Tabelle 4.1 sind diese Massen aufgeführt. (Experimentell lassen sie sich durch die Ablenkung in Magnetfeldern und durch Stoßversuche ziemlich genau ermitteln, aber das führt jetzt zu weit.)

	Ladung	Masse in g
Proton	+1	$1{,}67252 \cdot 10^{-24}$
Neutron	0	$1{,}67482 \cdot 10^{-24}$
Elektron	−1	$9{,}10910 \cdot 10^{-28}$

Tabelle 4.1: Masse der Elementarteilchen

Das sind ziemlich kleine Zahlen. Selbst wenn Sie sich ein Atom mit einer bestimmten Anzahl Protonen, Neutronen und Elektronen ausdenken, wird es insgesamt nur eine Masse aufbringen, die immer noch so winzig ist, dass sie sich schlichtweg Ihrer Vorstellungskraft entzieht. Natürlich gibt es keine Waage, die solch kleine Massen wiegen könnte. Wenn Sie wenigstens wüssten, *wie viele* Atome Sie davon hätten, dann könnten Sie Millionen und Abermillionen davon zusammenzählen und hätten irgendwann eine Masse zusammen, die langsam Einzug in Ihre Erfahrungswelt fände!

Wenn Sie sich an den Aufbau der Materie erinnern (*siehe* Kapitel 3), dann ist es nicht unwichtig, *wie viele* Atome letztendlich vorhanden sind, denn die Stoffe setzen sich ja atomweise zusammen. Wie kann die Anzahl der Atome nun mit ihrer Masse so miteinander kombiniert werden, dass Sie eine handfeste Größe in der Hand haben, mit der Sie arbeiten können? – Hier haben sich die Wissenschaftler etwas Geniales ausgedacht.

Atommasseneinheit

Früher herrschte die Vorstellung, alle Materie sei aus Wasserstoff-Atomen zusammengesetzt. Was lag näher, als dieses leichteste Element mit einem Proton und einem Elektron als Bezugsgröße zu wählen und als atomare Masseneinheit zu definieren? Alle Materie sollte nun ein Vielfaches dieses Wasserstoff-Atoms sein. 50 Jahre später wurde der Sauerstoff als Vergleichsgröße eingeführt (wahrscheinlich, weil mehr Sauerstoff-Verbindungen als Wasserstoff-Verbindungen bekannt waren). Damit ließen sich genauere (allerdings unterschiedliche) Atommassen bestimmen, weil sich Chemiker und Physiker nicht einigen konnten, ob nun der *natürliche* Sauerstoff (also das Isotopengemisch) oder das Sauerstoff-Isotop ^{16}O verwendet werden sollte.

Die Internationale Atommassenkonferenz der IUPAC (*International Union of Pure and Applied Chemistry*), beschloss schließlich im Jahr 1960, als Bezugsgröße den zwölften Teil des Kohlenstoff-Isotops mit der Massenzahl 12 festzulegen und als *atomare Masseneinheit* **u** zu definieren:

$$1\,\mathrm{u} =: \frac{1}{12}\,{}^{12}\mathrm{C} = 1{,}660\,538\,921 \cdot 10^{-27}\,\mathrm{kg} = 1{,}660 \ldots \mathrm{rg} \qquad (4.2)$$

Die Masse eines ^{12}C-Atoms lässt sich sehr genau bestimmen, also lässt sich auch dem zwölften Teil davon, 1 u, eine sehr genaue Masse zuordnen. Es handelt sich dabei um eine *reine Definition, keine* Naturkonstante oder so etwas!

Sie werden sich vermutlich fragen, was das wohl soll, denn Sie haben ja immer noch so eine kleine Zahl vor Augen. Und nun auch noch ein Bruchstück eines Atoms, das ist doch noch absurder als die Vorstellung eines ganzen Atoms!

Schauen Sie sich an, was Sie damit anfangen können. Beginnen wir mit den Elementarteilchen, die Sie nun auch in atomaren Einheiten ausdrücken können, wie sie in Tabelle 4.2 aufgeführt sind.

	Masse in g	**Masse in u**
Proton	$1{,}67252 \cdot 10^{-24}$	1,00727647
Neutron	$1{,}67482 \cdot 10^{-24}$	1,00866492
Elektron	$9{,}10910 \cdot 10^{-28}$	0,00054858

Tabelle 4.2: Masse der Elementarteilchen in u

An den Massenverhältnissen hat sich (natürlich) nichts geändert. Sie haben lediglich unvorstellbare kleine Zahlen gegen etwas anschaulichere ersetzt.

Massendefekt

Die Gesamtmasse eines Atoms ist seine Atommasse. Eigentlich sollte sie sich aus den Massen der enthaltenen Protonen, Neutronen und Elektronen zusammensetzen, die Sie Tabelle 4.1 oder Tabelle 4.2 entnehmen können.

Bauen wir uns einmal ein Atom zusammen, etwa das Kohlenstoff-Isotop ${}^{12}_{6}C$:

Protonen:	6 × 1,007 276 47 u		= 6,043 658 8 u
Neutronen:	6 × 1,008 664 92 u		= 6,051 989 5 u
Elektronen:	6 × 0,000 548 58 u		= 0,003 291 5 u
		Gesamtmasse	= 12,098 939 8 u

Nach der Definition der atomaren Masseneinheiten beträgt die Masse von ${}^{12}_{6}C$ aber *genau* 12 u! Das haben wir doch gerade definiert. Demzufolge sind etwa 0,099 u verloren gegangen. Das ist zwar nicht viel, aber irgendetwas stimmt hier doch nicht, oder?

Wenn sich ein Atom spontan gebildet hat und stabil ist, ist davon auszugehen, dass die Nukleonen im Kern durch eine starke Bindung zusammengehalten und die Elektronen von diesem Kern angezogen werden. Immer wenn eine Bindung entsteht, wird ein energieärmerer Zustand erreicht – die überschüssige Energie wird dann an die Umgebung abgegeben. Je stärker diese Bindung ist, desto mehr.

Zugleich ist das fertige Atom etwas leichter geworden, als die Summe der Einzelbestandteile erwarten ließe. Dieser Massenverlust wird als *Massendefekt* bezeichnet. Es hat demnach den Anschein, als würde ein Teil der Masse in Energie umgewandelt. Masse kann natürlich nicht in Energie *umgewandelt* werden, aber nach EINSTEIN ist Masse einer bestimmten Energie *äquivalent*, und das ist etwas anderes. Diese Äquivalenz findet ihren Ausdruck in seiner berühmten Formel:

$$E = m\,c^2 \tag{4.3}$$

Tatsächlich ist die Massendifferenz zwischen den Elementarteilchen und dem entstandenen Atom ein Maß dafür, wie stark die Elementarteilchen im Atomkern gebunden sind. Da die Kräfte im Kern wesentlich stärker sind als die Kräfte, mit denen die Elektronen angezogen werden, ist die ermittelte Energie quasi identisch mit der Kernbindungsenergie.

Infolge des Massendefekts sind die Atome stets leichter als die Summe der Massen der einzelnen Elementarteilchen, aus denen sie zusammengesetzt sind. Nur wenn die Kernbindungsenergie von außen aufgebracht wird, kann das Atom in seine Elementarteilchen zerlegt werden.

Atommasse – absolut, relativ, natürlich

- ✔ Die Masse jedes Atoms lässt sich in atomaren Masseneinheiten (u) ausdrücken (sie ist ja ein Vielfaches dieser definierten Größe).

Wenn Sie die Masse eines Teilchens in u, also in atomaren Masseneinheiten angeben, handelt es sich dabei immer noch um eine *absolute* Massenangabe, nicht etwa um eine relative (wie häufig fälschlicherweise angenommen wird), denn Sie können u ja durch einen Ausdruck in g oder kg ersetzen.

^{56}Fe mit der Atommasse 55,935 u bedeutet nichts anderes, als dass das Eisen-Isotop mit der Massenzahl 56 eine 55,935× so große Masse besitzt wie die Atommasseneinheit.

Da $1\ \text{u} = 1{,}660539 \cdot 10^{-24}$ g ist, folgt: $m(^{56}\text{Fe}) = 55{,}935\ \text{u} = 9{,}288 \cdot 10^{-23}$ g.

So viel wiegt ein ^{56}Fe-Isotop *tatsächlich*, es handelt sich um die **absolute Atommasse.**

- Beziehen Sie die Masse *eines bestimmten Isotops* auf die atomare Masseneinheit, dann erhalten Sie die **exakte relative Atommasse**:

  Für das Isotop ^{56}Fe gilt:

  $$\frac{9{,}288 \cdot 10^{-23}\ \text{g}}{1{,}660\,54 \cdot 10^{-24}\ \text{g}} = 55{,}935$$

  Da hier zwei Massen durcheinander geteilt werden, ist diese Zahl *dimensionslos*!

- Die meisten Elemente liegen als Gemische verschiedener Isotope vor. Stellen Sie beispielsweise Chlor her, ist es egal, ob Sie dies in Köln, Paris oder Buenos Aires tun. Sie werden feststellen, dass sich (bis auf ganz geringe Abweichungen) immer ein bestimmtes natürliches Mischungsverhältnis einstellt. Dies beträgt im Falle von Chlor 75,77 % ^{35}Cl und 24,23 % ^{37}Cl.

  Wenn Sie die Isotope nicht trennen (wird in der Regel nicht gemacht, wozu auch?), verwenden Sie also immer ein Isotopengemisch, dessen **relative Atommasse** sich aus dem gewichteten Mittelwert zusammensetzt:

  $$\frac{0{,}7577 \cdot 35\ \text{u} + 0{,}2423 \cdot 37\ \text{u}}{\text{u}} = 35{,}453$$

  Das ist dann die **natürliche relative Atommasse**. Werte für die Atommassen der Elemente, die in Tabellen oder im Periodensystem aufgeführt sind, beziehen sich immer auf die natürlich vorkommenden Isotopengemische.

Hier geht es um *viele* Atome

Atome liegen normalerweise nicht allein und isoliert vor, sondern zu ganz vielen (in einem Verbund). Die Atome können sich zu Molekülen verbinden, aber auch diese gibt es nur sehr, sehr selten isoliert.

Mol

Kaum ein Begriff aus der Chemie ist so sehr gefürchtet wie das »Mol«, und die weitaus meisten, die nichts mit der Chemie zu tun haben, schwören immer noch Stein und Bein, es sei ganz und gar unverständlich, was das überhaupt sein soll. Dabei ist der Begriff Mol nichts anderes als ein Fachbegriff für eine genau definierte Anzahl von Dingen gleich welcher Art – genau wie das Wort »Dutzend« ja auch nichts anderes bedeutet als »12 Stück, ganz egal von was«.

Der Begriff Mol kennzeichnet also eine *Stoffmenge* (*n*). Eine Stoffmenge bezeichnet eine bestimmte *Teilchenanzahl*. Diese Teilchen können Atome, Moleküle oder etwas anderes sein.

Es wäre sinnlos, von einem Dutzend Atomen oder Molekülen zu reden. Das sind so wenige und die sind so klein, dass Sie sie überhaupt nicht wahrnehmen, geschweige denn sehen könnten. Sie kämen nicht auf die Idee, so etwas einen Stoff oder ein Material zu nennen, mit dem Sie etwas anfangen können. Die Stoffe, die Ihnen begegnen, die Sie hochheben, zersägen oder essen können, kommen Ihnen kontinuierlich vor, *obwohl* sie aus Atomen oder Molekülen bestehen. Dass das so ist, liegt an der unvorstellbaren Anzahl von Teilchen, aus denen Ihr Stoff besteht. Wir reden hier nicht von 500 000, 1 Million oder 3 Billiarden, sondern von einer Zahl, die Sie in Trilliarden oder Quadrillionen oder Milliarden Milliarden Millionen ausdrücken können. Sie packen also eine *enorme* Anzahl von Teilchen auf die Waage, wenn Sie auch nur ein paar Gramm abwiegen.

Wie viele Teilchen sind das denn nun?

Jetzt müssen Sie wieder die zuvor in Gleichung 4.2 definierte Atommasseneinheit bemühen. Natürlich können Sie diese auch in Gramm angeben, das ist einerlei.

$$1\ \mathrm{u} = 1{,}660\,538\,921 \cdot 10^{-27}\ \mathrm{kg} = 1{,}660\,538\,921 \cdot 10^{-24}\ \mathrm{g}$$

Sie können mit dieser Gleichung u in g angeben, aber natürlich auch umgekehrt g in u ausrechnen:

$$1\ \mathrm{g} = \frac{1\ \mathrm{u}}{1{,}660\,538\,921 \cdot 10^{-24}} = 6{,}022 \cdot 10^{23}\ \mathrm{u}$$

Eine Atommasseneinheit ist somit:

$$1\ \mathrm{u} = \frac{1\ \mathrm{g}}{6{,}022 \cdot 10^{23}}$$

Nun basteln Sie sich mal einige Atome zusammen! Die Atommassen können Sie entsprechenden Tabellenwerken entnehmen; hier nur einige willkürlich ausgewählte Beispiele:

$$\begin{aligned} m(^{12}\mathrm{C}) &= 12\ \mathrm{u} = \frac{12\ \mathrm{g}}{6{,}022 \cdot 10^{23}} \\ m(^{56}\mathrm{Fe}) &= 55{,}935\ \mathrm{u} = \frac{55{,}935\ \mathrm{g}}{6{,}022 \cdot 10^{23}} \\ m(^{32}\mathrm{S}) &= 31{,}972\ \mathrm{u} = \frac{31{,}972\ \mathrm{g}}{6{,}022 \cdot 10^{23}} \\ m(\mathrm{Cl}_{\mathrm{Element}}) &= 35{,}453\ \mathrm{u} = \frac{35{,}453\ \mathrm{g}}{6{,}022 \cdot 10^{23}} \end{aligned} \tag{4.4}$$

Sie sehen: Die Angabe in atomaren Masseneinheiten und die Angabe in g ist die gleiche, wenn Sie die Masse jeweils auf $6{,}022 \cdot 10^{23}$ Einheiten (also: »Stück«) beziehen. *Diese* Anzahl wird als 1 **Mol** definiert. Die Zahl $6{,}022 \cdot 10^{23}$ wird als Avogadro-Zahl oder Avogadro-Konstante (N_A) bezeichnet. Sie hat die Einheit mol^{-1}, also »pro Mol«:

Ein Mol sind $6{,}022 \cdot 10^{23}$ »Stück«.

Es ist zwar durchaus richtig, dass sich Amedeo AVOGADRO mit Teilchenzahlen beschäftigt hat (mehr dazu in Kapitel 18), aber *diese* Zahl war ihm gänzlich unbekannt. Sie wurde erst viel später eingeführt und bestimmt, aber ihm zu Ehren trägt sie den Namen des italienischen Forschers.

Der Begriff »Mol« bezieht sich immer auf *Teilchen*, also Atome, Moleküle, Ionen. 1 Mol Cl_2-Gas wiegt also 70,906 g, 1 Mol CO_2 enthält 1 Mol C und 2 Mol O.

Das ist doch eine wunderbare Sache: Wenn Sie nun von irgendeinem Stoff so viel Gramm abwiegen, wie zahlenmäßig seiner relativen Atommasse entspricht, dann enthält diese Stoffmenge $6{,}022 \cdot 10^{23}$ Teilchen. Die einzelnen *Teilchen* sind schließlich wichtig (*siehe* Kapitel 3), wenn etwas reagiert. Die Chemiker *zählen* also die Teilchen, indem sie sie *wiegen*.

BEISPIEL

Es gelingt nur schwer, sich solch eine riesige Zahl vorzustellen. Wenn Sie einen Liter Bier (enthält etwa 1Mol = 46 g Ethanol, also den »Genuss-Alkohol«) irgendwo ins Meer gießen und kräftig umrühren, dann sollte sich der darin enthaltene Alkohol irgendwann gleichmäßig in den Weltmeeren (Wasservolumen insgesamt etwa 1 327 500 000, also 1,3275 *Milliarden* km^3) verteilt haben. Nun gehen Sie an irgendeinen Strand und holen sich 1 Liter davon: Darin befinden sich noch 454 Ethanol-Moleküle Ihres ursprünglichen Bieres – wie in jedem Liter Ozean auf der Erde. Die Party kann beginnen.

Der Ursprung des Begriffs »Mol« findet sich in der atomaren Masseneinheit und damit im ^{12}C-Atom. Darauf bezieht sich alles, und deshalb lautet die

exakte Definition des Mols:

Ein Mol eines beliebigen Stoffes besteht aus genauso vielen Teilchen, wie in genau 12,000 000 … g des Kohlenstoff-Isotops ^{12}C enthalten sind.

Molare Masse

Werfen Sie noch mal einen Blick auf die Beziehungen in Gleichung 4.4. Sie können nun behaupten:

- ✔ Kohlenstoff-12 (also das Isotop ^{12}C) wiegt 12 g *pro Mol.*
- ✔ Eisen-56 (^{56}Fe) wiegt 55,935 g pro Mol.
- ✔ Schwefel-32 (^{32}S) wiegt 31,972 g pro Mol.
- ✔ Elementares Chlor (also das Isotopen*gemisch*) wiegt 35,453 g pro Mol.

Ein Molekül wie etwa Ethanol (C_2H_5OH) enthält zwei Atome C, sechs Atome H und ein Atom O. Sie zählen zusammen und kommen auf 46,067 u. Auch hier können Sie angeben, dass Ethanol 46,067 g pro Mol wiegt.

Die Masse, die genau ein Mol wiegt, ist die **molare Masse**, häufig auch zu *Molmasse* verkürzt. Sie sehen, der Zahlenwert ändert sich nicht, ob Sie nun *ein Teilchen* oder *ein Mol* angeben. Bei stöchiometrischen Berechnungen spielt das eine große Rolle: In Kapitel 22 begegnet Ihnen dieses Thema erneut, und (spätestens) ab da wird es dann unerlässlich.

Neben der Bezeichnung »molare Masse« gibt es noch einige weitere Fachtermini – meist älteren Ursprungs –, die sich (auch in manchen Lehrbüchern) nach wie vor großer Beliebtheit erfreuen:

- ✔ Der Begriff **Molmasse** ist der korrekten Bezeichnung *molare Masse* synonym, sollte aber heute nicht mehr verwendet werden.

- ✔ Noch weniger zu empfehlen ist die Bezeichnung **Molgewicht**, die sich allerdings trotzdem hartnäckig hält: Das »Gewicht« wird von manchen (Prüfern!) mittlerweile sogar als grundfalsch angesehen, weil ein Gewicht eigentlich eine *Kraft* ist (eben die *Gewichts*kraft), die nun einmal vom Schwerefeld des nächstgelegenen größeren massereichen Körpers abhängt.

  Ein Objekt mit einer Masse von 1 kg bringt auf der Erde (aufgrund von deren Schwerefeld) auch genau dieses Gewicht auf die Waage; auf dieses Schwerefeld ist die Waage ja geeicht. Auf dem Mond hingegen – dessen Schwerefeld nur etwa $\frac{1}{6}$ dessen der Erde entspricht – würde die gleiche Waage beim gleichen Objekt nur ein Gewicht von etwa 0,166 kg anzeigen, obwohl sich die tatsächliche Masse des Objekts natürlich kein bisschen geändert hat.

- ✔ Bei *molekular* aufgebauten Verbindungen (wenn also *Moleküle* vorliegen; mehr dazu in Kapitel 12) wird auch heute noch gelegentlich von der **Molekülmasse**, der **molekularen Masse** oder (leider) dem **Molekulargewicht** gesprochen. Auch hier ist die Bezeichnung *molare Masse* vorzuziehen.

- ✔ Bei *ionisch* aufgebauten Verbindungen (Salze wie Natriumchlorid (NaCl) und dergleichen; mit denen befassen wir uns in Kapitel 11) liegen *keine* Moleküle vor, sondern *Ionenkristalle*, die theoretisch unendlich groß sein könnten, und die individuellen Massen der einzelnen Kristalle wären dann ja von der Größe der betreffenden Kristalle abhängig. Insofern wäre hier die Verwendung des Begriffs »Molekülmasse« schlichtweg falsch: Wenn überhaupt, sollten Sie von der **Formelmasse** sprechen, also der Masse, die sich *rein rechnerisch* für die Summe aller beteiligten Atomsorten *im verhältnismäßigen Aufbau der betreffenden Verbindung* ergibt.

  Für NaCl wären das entsprechend 22,9898 g mol^{-1} für das Natrium und 35,4527 g mol^{-1} für das Chlor; insgesamt ergibt sich M(NaCl) = 58,4425 g mol^{-1}.

Dazu kommt noch das Problem, dass die Grenze zwischen »molekular aufgebaut« und »ionisch aufgebaut« gar nicht so leicht zu ziehen ist (wie Sie in Kapitel 10 bemerken werden). Und jetzt die gute Nachricht:

Mit dem Begriff ***molare Masse*** *sind wir immer und überall auf der richtigen Seite.*

Mengenangaben

Wie wiegen Sie Ihre Substanzen ab? – Nicht in Atommasseneinheiten, auch nicht in Mol, sondern in Gramm, Kilogramm, Milligramm oder Ähnlichem. Sie bestimmen also eine *Masse*. Bei chemischen Reaktionen muss ja das *Teilchen*verhältnis stimmen, und das ist gleichbedeutend mit der Feststellung, dass das *Mol*verhältnis stimmen muss. Nun ist es nicht schwierig, aus der gewogenen Masse die Stoffmenge zu errechnen (die dann in Mol angegeben wird) und umgekehrt. Folgende Beziehung ist eine sehr wichtige und häufig auszuführende Rechnung:

$$\begin{aligned}&\text{Masse} = \text{Stoffmenge (in mol)} \times \text{molare Masse (in g mol}^{-1}\text{)}\\ &\text{m} \quad = \quad \text{n} \quad \times \quad \text{M} \\ &\text{beziehungsweise: } \text{n} = \frac{\text{m}}{\text{M}}\end{aligned} \tag{4.5}$$

Wichtig sind auch Gehaltsangaben für Stoffe. Dafür gibt es (auch unter praktischen Gesichtspunkten) mehrere Möglichkeiten. In Tabelle 4.3 sind die wichtigsten aufgeführt; weitere finden sich in der DIN 1310, die vor allem in der Analytischen Chemie von unerlässlicher Bedeutung ist.

Gehaltsangabe	Berechnung	Dimension
Stoffmengenkonzentration	$c_i = \frac{n_i}{V}$	[mol L^{-1}]
Massenanteil, Gewichtsprozente	$\omega_i = \frac{m_i}{\sum m}$	[–]
Stoffmengenanteil (Molenbruch)	$x_i = \frac{n_i}{\sum n}$	[–]
Dichte	$\rho_i = \frac{m_i}{V}$	[g L^{-1}]
Volumenanteil, Volumenprozent (Vol-%)	$\text{Vol-\%} = \frac{V_i}{V_{ges}}$	[–]

Tabelle 4.3: Gehaltsangaben

Es handelt sich dabei um sogenannte *intensive Größen*. Sie sind zu unterscheiden von den *extensiven Größen*. (Schauen Sie dazu in den Kasten *intensiv oder extensiv – Das ist die Frage*.) Das tiefgestellte »i« bedeutet allgemein irgendeine Spezies. %-Angaben beziehen sich in der Regel immer auf Massenprozente, sonst ist es extra angegeben (eben als Vol-% oder mol-%).

intensiv oder extensiv? – Das ist die Frage

Eine intensive Größe ändert sich *nicht* mit der Größe des Systems. Fügen Sie zwei Lösungen gleicher Konzentration zusammen, bleibt die Konzentration immer noch gleich. Genauso ist es mit Druck, Dichte, Temperatur, Brechungsindex, Viskosität.

Hängt eine Größe dagegen von der Größe des Systems ab, handelt es sich um eine **extensive Größe**. Diese Größe ändert sich additiv mit der Größe des Systems, hängt also von der gesamten Stoffmenge ab. Darunter fallen Größen wie Masse, Volumen, Energiegehalt.

Es wird also gerne mit intensiven Größen gearbeitet, weil man sich dann nicht um die *absolute* Menge kümmern muss.

c_A, c(A) oder [A]?

Die Konzentration einer Komponente A oder B können Sie angeben als:

c_A, c_B oder c(A), c(B) oder auch [A], [B]

Alle drei Schreibweisen finden Sie in Büchern, und alle sind richtig. Nehmen Sie, was Ihnen besser gefällt. Manchmal ist eine Darstellung einfach übersichtlicher als die anderen (oder einfach zeitsparender). Sie müssen sich nicht festlegen und dürfen gerne mal die eine, mal die andere Angabe verwenden. (Vorzugsweise sollten Sie sich allerdings *innerhalb* einer Gleichung für *eine* entscheiden.) Sie werden auch in diesem Buch alle Möglichkeiten finden, eine Konzentration kenntlich zu machen.

Was ist eine empirische Formel?

Wenn Sie die massenanteilige Zusammensetzung der Elemente einer Verbindung kennen, wie sie mit einer *Elementaranalyse* ermittelt werden kann, dann können Sie mithilfe von Gleichung 4.5 die *molare Zusammensetzung*, also die entsprechenden Stoffmengenanteile der einzelnen Elemente bestimmen. Da diese ja identisch ist mit der *atomaren* Zusammensetzung, können Sie aus diesen Angaben die empirische Formel der Verbindung angeben.

Wichtig: Sie bestimmen nur das *Verhältnis* der einzelnen Elemente zueinander, das Sie dann in der einfachsten ganzzahligen Formel wiedergeben. Die tatsächliche *Summenformel* der tatsächlichen Verbindung kann auch ein *Vielfaches* davon sein.

BEISPIEL

Eine Substanz besteht zu 26,6 % aus Kalium, 35,4 % aus Chrom und 38,0 % aus Sauerstoff. Aus diesem Massenverhältnis muss nun das Molverhältnis ermittelt werden:

$$n_K = \frac{26{,}6\ \text{g}}{39{,}10\ \text{g mol}^{-1}} = 0{,}680\ \text{mol}$$

$$n_{Cr} = \frac{35{,}4\ \text{g}}{52{,}00\ \text{g mol}^{-1}} = 0{,}681\ \text{mol}$$

$$n_O = \frac{38{,}0\ \text{g}}{16{,}00\ \text{g mol}^{-1}} = 2{,}375\ \text{mol}$$

Die krummen Zahlen müssen in ganze verwandelt werden. Dazu teilen Sie alle Zahlen am einfachsten durch die kleinste davon (in diesem Fall also durch 0,680) und runden bei Bedarf behutsam zur nächsten ganzen Zahl (oder zu ½ oder ⅓ – je nachdem, was sich gerade anbietet) auf oder ab. Damit ergibt sich ein Verhältnis von K:Cr:O von 1:1:3,5.

Multiplizieren Sie anschließend mit 2, denn »halbe Atome« gehen ja nun einmal nicht. Dann kommen Sie auf K:Cr:O von 2:2:7: Die empirische Formel lautet somit $K_2Cr_2O_7$.

Manche Prüfer legen beim Thema »Summenformeln« – und das eigentlich nicht zu Unrecht! – Wert auf eine weitere Unterscheidung, die sich bislang allerdings noch nicht flächendeckend durchgesetzt hat:

- ✔ Bei **Molekülen** gibt die Summenformel eine Aussage darüber, wie viele Atome welcher Atom-Sorte jeweils vorliegen:

  In einem Ethanol-Molekül mit der **Summenformel** C_2H_5OH haben wir es beispielsweise immer mit *genau* zwei Kohlenstoff-Atomen zu tun, mit sechs Wasserstoff-Atomen und einem Sauerstoff-Atom. (Die absolute Anzahl an Molekülen der gleichen Sorte, die dort vorliegt, ist dabei unerheblich.)

  Wird dann über die molaren Massen der einzelnen Atome die Gesamtmasse eines solchen Moleküls ermittelt, werden in diesem Zusammenhang neben dem – vollkommen korrekten – Term ***molare Masse*** auch die Bezeichnungen Molekülmasse oder Molmasse verwendet. Beide Begriffe gelten zwar mittlerweile als veraltet, sind aber noch weidlich in Gebrauch.

  Somit beträgt die molare Masse von Ethanol ($C_2H_5OH = C_2H_6O$):

$$\begin{aligned} M(\text{Ethanol}) &= 2 \times M(C) + 6 \times M(H) + M(O) \\ &= (2 \times 12{,}01 + 6 \times 1{,}01 + 16{,}00)\ \text{g mol}^{-1} \\ &= (24{,}02 + 6{,}06 + 16{,}00)\ \text{g mol}^{-1} \\ &= 56{,}08\ \text{g mol}^{-1} \end{aligned}$$

✔ Bei **ionisch** aufgebauten Verbindungen (das hatten wir gerade eben schon, und in Kapitel 11 werden wir es noch deutlich ausführlicher behandeln) ist es, eben weil ja *keineswegs Moleküle* vorliegen, streng genommen falsch, von der *Summenformel* zu sprechen, denn die – bereits erwähnten – Ionenkristalle können ja zumindest theoretisch in jeder nur erdenklichen Größe vorliegen, sodass die einzelnen Bausteine in jeder beliebigen Stückzahl auftreten (solange das *Verhältnis* der einzelnen Bausteine stimmt, heißt das natürlich!).

Die Formel NaCl beispielsweise besagt, dass immer genau so viele Natrium- wie Chlorid-Ionen vorhanden sind, aber ob das nun jeweils 42 sind (was ein sehr kleiner Kristall wäre ...) oder dreiundzwanzig Fantastillionen, macht chemisch gesehen keinen Unterschied. Trotzdem ist ja die *absolute* Anzahl der jeweiligen Atome in beiden Kristallen eindeutig *nicht* identisch.

Daher wurde für ionisch aufgebaute Verbindungen der Begriff **Formeleinheit** eingeführt: Diese gibt an, in welchen Verhältnis die einzelnen Ionen innerhalb des Kristalls vorliegen – ganz egal, wie groß der vorliegende Kristall sein mag.

Die *Formeleinheit* von Natriumchlorid lautet also NaCl.

Von dieser Formeleinheit leitet sich dann auch die **Formelmasse** ab: Das ist die Masse des kleinstmöglichen Äquivalents dieser Verbindung.

Für NaCl ergibt sich: $M(Na) + M(Cl) = (22{,}99 + 35{,}45)\ g\ mol^{-1} = 58{,}55\ g\ mol^{-1}$.

Allerdings sei darauf hingewiesen, dass in den weitaus meisten Fällen auch bei ionischen Verbindungen der Begriff »Summenformel« verwendet wird (so unsauber das auch sein mag); und wenn Sie für die Angabe einer Masse bei kovalent ebenso wie bei ionisch aufgebauten Verbindungen jeweils den Begriff *molare Masse* verwenden, sind Sie, wie bereits erwähnt, ohnehin auf jeden Fall auf der richtigen Seite.

Aufgaben Kapitel 4

Zum Aufwärmen

1. Wie viele Protonen enthält der Kern (a) eines Sauerstoff-Atoms; (b) eines Atoms mit der Massenzahl 40 und der Ordnungszahl 20; (c) eines Atoms mit MZ=27, in dessen Kern sich 14 Neutronen befinden? Welches Element liegt bei (b) und (c) jeweils vor?

2. Wie viele Neutronen befinden sich im Kern von (a) einem Atom mit MZ=40 und OZ=18? Um welches Element handelt es sich?; (b) einem Brom-Atom mit MZ=81; (c) ^{30}Si.

3. Warum ist die Angabe von Ordnungszahl *und* Elementsymbol eigentlich unnötig?
4. Wie viel Atommasseneinheiten entsprechen 1 g?

Für Fortgeschrittene

5. Versuchen Sie sich an einer Definition für den Begriff »Isotope«.
6. Wie viele Elektronen besitzt das Atom Chlor-35? Wie viele Elektronen gehören zum Atom Chlor-37?
7. Welcher Stoffmenge (in Mol) entsprechen 500 g Eisen(III)-chlorid? (Die in Klammern gesetzte römische Zahl (III) verrät Ihnen, dass hier dreiwertiges Eisen vorliegt (Fe^{3+}), die Verbindung Eisen(III)-chlorid hat also die Summenformel $FeCl_3$. Auf derlei *Oxidationszahlen* gehen wir in Kapitel 26 ausführlich ein.)
8. In 100 g einer Substanz finden Sie 28,22 g Kalium, 25,59 g Chlor und 46,19 g Sauerstoff. Wie lautet die empirische Formel?
9. Wie lauten die absolute, die relative und die molare Masse von $CuSO_4$?

IN DIESEM KAPITEL

ist Energie nicht gleich Energie

zeigt sich Energie als Verwandlungskünstler

betrachten wir energiearme Wunschvorstellungen

Kapitel 5
Energetische Betrachtungen

Ohne Energie läuft gar nichts. Sie gehen tagtäglich wie selbstverständlich damit um, ohne sich dessen vielleicht in jedem Fall bewusst zu sein. Bei jeder Aktivität spielt die Energie eine Rolle. Sie brauchen sie für die Heizung im Winter, für Licht in der Dunkelheit, und auch Ihr Mobiltelefon tut es nicht mehr, wenn der Akku leer ist. Selbst wenn Sie überhaupt nichts tun, ist Energie im Spiel, denn die Stoffwechselprozesse in Ihrem Körper setzen Energie frei, ohne die Sie überhaupt nicht leben könnten (in Kapitel 48 wird das ein bisschen genauer erklärt).

Die Menschen haben sich von einer vermeintlich jederzeit verfüg- und nutzbaren Energie sehr abhängig gemacht. Wahrscheinlich hätten Sie doch schon Probleme, Ihren Alltag zu meistern, wenn einen ganzen Tag lang der Strom ausfiele, oder nicht? Das öffentliche Leben würde in kurzer Zeit völlig zusammenbrechen. (So abwegig ist dieser Gedanke gar nicht, das aber nur nebenbei.)

Mit Energie lässt sich einiges anstellen: Sie kann transportiert, gespeichert oder umgewandelt werden. Aber eines geht *nicht* – sie kann nicht erzeugt oder vernichtet werden. Alles dreht sich um die Energie. Kennen Sie die Zusammenhänge besser, können Sie auch das »Warum?« hinterfragen. Das soll aber erst in Teil IV näher beleuchtet werden. In diesem Kapitel geht es darum, Ihnen zunächst die Bedeutung des Begriffs »Energie« vor Augen zu führen.

Was ist überhaupt Energie?

Der Ursprung des Begriffs stammt aus dem griechischen »ἐνέργεια« (*energeia*), das heißt so etwas wie »Wirkung«. Offenbar wussten schon die alten Griechen, dass es nicht so einfach ist, die Ursache für ein bestimmtes Ergebnis ausfindig zu machen.

Daran hat sich bis heute nichts geändert. Wir können zwar genauer angeben, *woher* die Energie stammt, um etwas Bestimmtes auszurichten. Aber was das genau *ist,* diese Energie, das lässt sich in Worten schwer ausdrücken.

In unserem Sprachgebrauch haben sich viele Begriffe etabliert, etwa Sonnenenergie, Windenergie, Gezeitenenergie, fossile Energie, erneuerbare Energie und dergleichen mehr. In wissenschaftlichen Büchern finden Sie häufig die Aussage: »Energie ist die Fähigkeit eines Stoffes oder Systems, Arbeit zu verrichten.« Vielleicht stellen Sie sich jetzt die Frage: *Wie soll denn ein Stoff Arbeit verrichten?* Aber auch dazu später.

Je nachdem, *wo* sich die Energie offenbart, werden verschiedene Arten unterschieden:

- ✔ **Mechanische Energie**, dazu zählen
  - Bewegungsenergie (**kinetische Energie**). Bewegte Materie hat Energie, beispielsweise ein fahrendes Auto oder fließendes Wasser. Diese Energie wird (häufig schlagartig) deutlich sichtbar, wenn sich zeigt, was sie anrichten kann – das Auto fährt gegen einen Baum oder ein Meteorit schlägt ein.
  - Energie der Lage (Lageenergie, **potentielle Energie**). Ein Körper hat Energie aufgrund seiner Lage in einem Kraftfeld. Dies kann das Erdschwerefeld sein (denken Sie etwa an einen Stausee), eine gespannte Feder (wie beim Bogenschießen) oder auch die elektrostatische Anziehung von Elektronen und Atomkern. Hier steckt *Potential* zum Freiwerden von Energie drin. Die potentielle Energie nimmt in Kraftrichtung ab und entgegen der Kraftrichtung zu.
- ✔ **Thermische Energie** (Wärmeenergie) tritt überall auf, wo es warm (oder kalt) wird. Hier ist die ungeordnete Bewegung von Teilchen gemeint. Je schneller sie sind, desto größer ist die thermische Energie (mehr dazu bei der kinetischen Gastheorie in Kapitel 18).
- ✔ **Elektrische Energie**. Der Strom kommt aus der Steckdose – oder woher sonst? Bei einem Blitz kommt es zur Entladung von elektrischer Energie. Hier fließen Elektronen. (In Kapitel 26 schauen wir uns das etwas genauer an.)
- ✔ **Chemische Energie** ist in Brennstoffen oder Sprengstoffen enthalten und wird bei jeder chemischen Reaktion umgesetzt.
- ✔ **Strahlungsenergie** in Form elektromagnetischer Wellen aller Art: Licht, UV-Strahlung, Radiowellen, Mikrowellen, Röntgenstrahlen oder Gammastrahlen. Die Energie hängt von der Wellenlänge ab, kann harmlos sein (und etwa Funkuhren mit Informationen versorgen) oder absolut zerstörerisch.
- ✔ **Druckenergie** wird zum Pumpen oder zum Aufblasen eines Luftballons gebraucht.
- ✔ **Schallenergie**. Da Schall ein Trägermedium braucht, um sich auszubreiten (auf dem Mond könnten Sie sich nicht unterhalten), werden hier Teilchen bewegt. Also ist das eine Form von *kinetischer* Energie.
- ✔ **Kernenergie**. Hier hat EINSTEIN ein Wörtchen mitzureden. Fast die gesamte Masse der Materie befindet sich in den Atomkernen. Können Sie nur ein klein wenig davon »umformen«, werden gewaltige Energiemengen frei. (Schauen Sie in Kapitel 52 nach.)

Betrachten Sie die einzelnen Teilchen/Atome/Moleküle, so kommen noch andere Energien zum Vorschein: Aktivierungs-, Anregungs-, Bindungs-, Dissoziations-, Gitter-, Resonanz-, Rotations-, Schwingungsenergie, um nur einige Beispiele zu nennen.

Wie viel Energie ist das?

Aus Kapitel 2 wissen Sie, dass der Energie die SI-Einheit kg m^2 s^{-2} zukommt. Diese Einheit wird meistens als **Joule** [J] bezeichnet, benannt nach dem britischen Physiker (und Brauer) James Prescott Joule; ausgesprochen wird der Name »Dschuhl«, mit weichem »sch«. (Zuweilen finden Sie auch die Einheit *Newtonmeter* [Nm], besonders in ingenieurwissenschaftlichen Büchern, aber das ist dasselbe. Chemiker arbeiten aber doch lieber mit Joule.)

Als ältere Einheit kursiert häufig die *Kalorie* [cal]. Diese Einheit ist im Alltag durchaus gebräuchlich, denn Sie leben eher kalorienbewusst als joulebewusst. Natürlich können Sie Kalorien jederzeit in Joule umrechnen (1 cal = 4,187 J). Eine Kalorie ist die Wärmemenge, die benötigt wird, um unter bestimmten, genau definierten Bedingungen 1 g Wasser um 1 °C zu erwärmen.

Zählen Sie die Kalorien in Lebensmitteln, sollten Sie sich allerdings vor Augen führen, dass hier mit Kalorien meist *Kilo*kalorien [kcal] gemeint sind. Wer behauptet, ein Glas eines Erfrischungsgetränks enthalte »nur *eine* Kalorie!«, flunkert streng genommen um den Faktor 1000 …

Kommt das E-Werk zum Ablesen Ihres Stromzählers, werden die verbrauchten Kilowattstunden [kWh] notiert – Kilowattstunden oder Wattsekunden sind also auch Energieangaben. Diese Einheiten stammen eher aus der Physik. 1 Wattsekunde bedeutet den Energiegewinn, den eine Ladung von 1 Coulomb (= 1 Amperesekunde) in einem Spannungsfeld von 1 Volt erfährt (Volt × Ampere = Watt). Um nun den Bezug zu den Chemikern nicht zu verpassen, wird definiert: 1 Ws := 1 J.

Für die wissenschaftshistorisch Interessierten: Die Bezeichnung »Coulomb« ist auf den französischen Physiker Charles Augustin de Coulomb zurückzuführen; entsprechend ist dieser Name bitte *französisch* auszusprechen.

Beschleunigen Sie nicht 1 Coulomb, sondern ein Teilchen mit der *Elementarladung* (*siehe* Kapitel 4), dann errechnet sich die gewonnene Energie zu $1{,}602 \cdot 10^{-19}$ Ws. Diese Größe wird definiert als 1 **Elektronenvolt** [eV]. Wenn es um einzelne Atome geht, werden Energien häufig in eV angegeben, ebenso wie die Energie, die ein Kernkraftwerk liefert, dann sind es aber Megaelektronenvolt [MeV].

Sie sehen, Sie haben viele Möglichkeiten, der Energie eine Einheit zu verpassen. Welche Sie wählen, ist eigentlich egal, sie lassen sich ja alle ineinander umrechnen. Man nimmt immer die gerade zweckmäßigste.

Wundersame Verwandlungen

Wieso können Sie überhaupt ein Rad im Wind drehen und damit eine Lampe zum Leuchten bringen oder einen Stoff verbrennen, um Ihr Auto zu beschleunigen?

Das geht nur, weil die verschiedenen Energieformen ineinander überführbar sind. So können Sie beispielsweise sagen, aufgrund der chemischen Reaktion (Verbrennung) von Benzin wird chemische Energie letztendlich in Bewegungsenergie umgewandelt. Oder aus Strahlungsenergie (Sonnenlicht) wird in der Solaranlage elektrische Energie.

Energie ist kein Stoff mit bestimmten Eigenschaften, sie stellt sich nur in verschiedener Weise dar. Im Fall von Wärme ist es die *ungeordnete* Bewegung von Teilchen; fließen Elektronen hingegen in eine bestimmte Richtung, ist die Bewegung *geordnet*, und Sie haben es mit elektrischer Energie zu tun – und bei Sonnen- oder Röntgenstrahlen ist die Energie in elektromagnetischen Wellen enthalten. Das sind ja eigentlich völlig verschiedene Angelegenheiten, und trotzdem ist *alles* Energie.

BEISPIEL

Ein einfaches Experiment: Bringen Sie kaltes Wasser in einem Topf auf einer Herdplatte zum Kochen und stellen Sie Ihre Beobachtungen zusammen: Sie schalten die Herdplatte an, dabei wird elektrische Energie in thermische Energie umgewandelt. Die Wärme wird auf das Wasser übertragen, wobei Sie neben der Bildung kleiner Bläschen auch ein immer lauter werdendes Geräusch feststellen. Offenbar entsteht hier *Schall*energie (wenn auch wenig), die aber nur aus der *thermischen* Energie kommen kann. Ist der Siedepunkt erreicht, entweicht der Wasserdampf, hier ist *kinetische* Energie gefragt. Mit dem Wasserdampf könnten Sie wiederum einiges anstellen. Vielleicht nicht so sehr mit dem Dampf aus Ihrem Kochtopf, aber denken Sie sich als Heizquelle eine Kohleverbrennung in einer Lokomotive oder einem Kraftwerk, wo Sie das Wasser kochen, dann könnte der entstehende Wasserdampf eine Turbine antreiben, mit der wieder elektrische Energie entsteht. Die können Sie wieder für irgendetwas anderes gebrauchen, und so weiter.

Es ist also ein ewiger Kreislauf. Ein wichtiges Gesetz ist dabei immer erfüllt, der **Energieerhaltungssatz:**

In einem abgeschlossenen System ist die Summe aller Energien konstant (was es alles für Systeme gibt, erfahren Sie in Kapitel 16). Das ist ein *Naturgesetz*. Energie kann also weder erzeugt noch vernichtet, sondern nur von einer Form in eine andere umgewandelt werden. (Obwohl es ein »Gesetz« ist, handelt es sich streng genommen um eine Hypothese, die allerdings bisher nicht widerlegt wurde.)

Diese *Umwandlung* von Energie ist es, die unser Leben überhaupt erst möglich macht. Der Hauptofen dabei ist unsere Sonne (die anderen Sonnen sind zu weit weg). Wenn es die nicht gäbe, könnten Sie dieses Buch nicht lesen, weil es auch Sie selbst nicht gäbe. In der Sonne finden Kernprozesse statt. Die frei werdende Kernenergie wird zum größten Teil in Strahlungsenergie verwandelt, von der ein kleiner Teil auch unsere Erde erreicht. Das gesamte

Strahlungsspektrum brauchen die Pflanzen für ihre Photosynthese, Lebewesen brauchen die Pflanzen – und auch unsere fossilen Energieträger Erdöl, Erdgas und Kohle verdanken wir letztendlich der Sonne, weil diese Substanzen ja auch früher – vor langer Zeit – selbst einmal Pflanzen und Tiere gewesen sind. In ihnen wird die Energie als *chemische* Energie gespeichert und durch Verbrennung wieder in *thermische* Energie überführt.

Ein grundlegendes Prinzip (das Sie in diesem Buch immer wieder zu hören bekommen) ist bei jedem stattfindenden Prozess zu beobachten:

Ein Vorgang findet nur dann *freiwillig* statt, wenn der Zustand nach dem Vorgang energieärmer ist als vorher. Das betrifft mechanische Abläufe (der Apfel fällt vom Baum) genauso wie chemische Reaktionen.

Hoppla! – widerspricht das nicht dem Energieerhaltungssatz? Wir können Sie beruhigen, das ist keineswegs der Fall, aber es ist natürlich eine Frage des betrachteten Systems und dessen Grenzen. Nehmen Sie einen Stein, den Sie eine Felsklippe hinunterwerfen: Logisch, er fällt nach unten, weil die potentielle Energie oben auf dem Felsen höher ist als unten. Auf dem Weg dorthin wird beständig potentielle Energie in kinetische Energie umgewandelt, denn der Stein wird ja infolge der Erdbeschleunigung immer schneller. Auf dem Boden ist die kinetische Energie plötzlich null, jetzt zählt nur noch der Unterschied in der potentiellen Energie. Aber selbstverständlich hat sich an der Einschlagstelle die Erde erwärmt, der Differenzbetrag der Energie wurde in thermische Energie umgewandelt. Bei Ihrem Stein ist das unmerklich wenig, aber wenn ein 10-kg-Meteorit mit erheblich höherer Geschwindigkeit einschlägt, sieht das schon anders aus.

Das Leben ist durch ständigen Energieumsatz geprägt. Fahren Sie mit Ihrem Schlitten einen Berg hinunter, ist der Spaß zu Ende, wenn Sie unten sind. Sie haben *potentielle* Energie abgebaut und sie wegen der Reibung zur Schneeschmelze in Ihrer Schlittenspur eingesetzt. Diese Energie ist hoffnungslos verloren. Wollen Sie sich das Vergnügen noch einmal gönnen, müssen Sie sich zuerst wieder mit Energie »aufladen«. Das könnte ein Lift erledigen, der aber wahrscheinlich elektrische Energie benötigt, um Ihnen letztendlich *potentielle* Energie zuzuführen. Nehmen Sie keinen Lift, sondern gehen zu Fuß, müssen Sie aber vorher etwas essen, um die Energie dafür bereitzustellen. Das kommt – energetisch betrachtet – auf dasselbe hinaus. (Wenn Sie eine Treppe hinaufgehen, nimmt Ihre potentielle Energie von Stufe zu Stufe zu.)

Genau diese *Umkehrung* der normalerweise freiwillig ablaufenden Prozesse macht unser Leben erst lebenswert. Für die praktischen Anwendungen müssen zunächst energiereiche Systeme geschaffen werden, die Sie natürlich nicht nur für die Schlittenfahrt brauchen, sondern generell für *alle* Vorgänge, die Arbeit oder Wärme erfordern. Bei chemischer Energie, Strahlungsenergie und Kernenergie muss zuvor eine Umwandlung in mechanische, thermische oder elektrische Energie erfolgen, die Sie dann nutzen können. Die Umwandlung von einer Energieart in eine andere erfolgt häufig nicht vollständig, meist ist nur ein bestimmter Teil davon nutzbar.

Prozesse *ohne* Stoffveränderung – das ist Physik

Die meisten Stoffe können in drei verschiedenen Aggregatzuständen vorliegen, wie in Abbildung 5.1 angedeutet: als Feststoff (*kristallin* geordnet oder *amorph* ungeordnet), als Flüssigkeit oder als Gas.

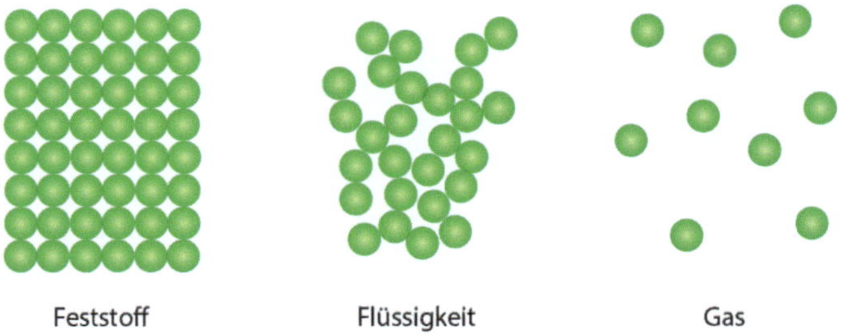

Abbildung 5.1: Feststoff, Flüssigkeit und Gas

Welcher der drei Zustände eingenommen wird, hängt vom Energiegehalt ab. Ein einheitlicher Zustand eines Stoffes wird als **Phase** bezeichnet.

- ✔ Charakteristisch für **Festkörper** sind ihre relativ wenig ausgeprägte Verformbarkeit, ihr unveränderliches Volumen und ihre mehr oder minder feste Form. Selbstverständlich *können* Sie ein Stück Metall verformen (das setzt aber einen teilweise recht beachtlichen Energieaufwand voraus), und der Versuch, einen Salzkristall zu verformen, wird meist darin enden, dass der Kristall einfach zersplittert, statt sich wie gewünscht in eine neue Form bringen zu lassen. (Warum dem so ist, wird in Teil III näher erläutert.) Mikroskopisch lässt sich dieses Verhalten damit erklären, dass die einzelnen Bausteine in einer dreidimensionalen, mehr oder minder festen Anordnung vorliegen. Es gibt eine *Nahordnung*, jedes Teilchen ist von einer genau definierten Anzahl »Nachbarn« umgeben, und es gibt eine *Fernordnung*. Es lässt sich auch über größere Distanzen (auf mikroskopischer Ebene, natürlich!) vorhersagen, wo genau sich etwa das über-über-über-übernächste Teilchen befinden wird. Mehr zu Feststoffen finden Sie in Teil III und in Kapitel 21.
- ✔ **Flüssigkeiten** sind zwar ähnlich schlecht komprimierbar wie Feststoffe und besitzen somit ebenfalls ein nahezu unveränderliches Volumen, allerdings ist ihre Form eindeutig *nicht* festgelegt – was Sie deutlich daran erkennen können, dass eine Flüssigkeit sich in ihrer »Form« unweigerlich an die Form des Gefäßes anpasst, in dem sie aufbewahrt wird. Dies lässt sich damit begründen, dass auch hier zwar eine gewisse *Nahordnung* vorliegt, eine Fernordnung hingegen lässt sich bei Flüssigkeiten nicht mehr ausmachen. Flüssigkeiten werden in Kapitel 19 noch etwas genauer unter die Lupe genommen.
- ✔ **Gase** hingegen sind durchaus komprimierbar, und weder ihr Volumen noch ihre Form sind in irgendeiner Weise vorgegeben. Gase nehmen *jeden* zur Verfügung stehenden

Raum ein. Hier liegen weder Nahordnung noch Fernordnung vor, und unter Idealbedingungen findet zwischen den einzelnen Gasteilchen tatsächlich keinerlei wie auch immer geartete Wechselwirkung statt. Mehr zu Gasen erfahren Sie in Kapitel 18.

Gemeinhin besitzen die verschiedenen Aggregatzustände eines Stoffes keine Eigennamen. Die einzige gebräuchliche Ausnahme stellt das Wasser dar, bei dem man im festen Zustand von *Eis* spricht und im gasförmigen von *Wasserdampf*. Das hat rein historische Gründe. Bedenken Sie, dass auch das Metall Eisen nicht »von sich aus« fest ist, sondern der jeweilige Aggregatzustand bloß von den äußeren Bedingungen abhängt.

Phasenumwandlungen

Die drei Aggregatzustände lassen sich ineinander überführen (*siehe* Abbildung 5.2).

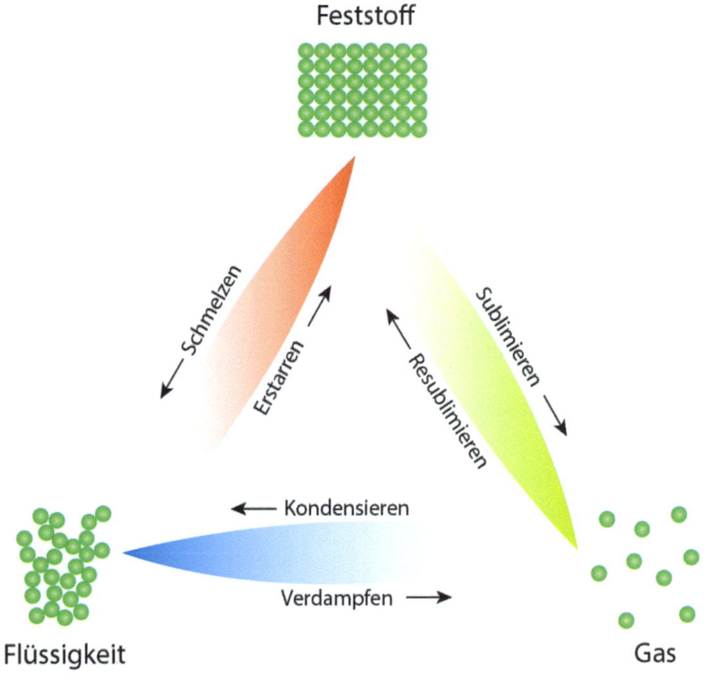

Abbildung 5.2: Aggregatzustände

- ✔ Erhöhen Sie die Temperatur, so wird ein in fester Form vorliegender Stoff gewöhnlich irgendwann schmelzen und schließlich verdampfen. Dies geschieht unter Zuführung der **Schmelzwärme** beziehungsweise der **Verdampfungswärme**. Für diese Vorgänge müssen Bindungen gelöst werden – und das geht nur unter Energiezufuhr.

- ✔ Senken Sie die Temperatur wieder, findet eine Umkehrung dieser Vorgänge statt: Der Stoff wird wieder flüssig und schließlich wieder fest. In diesen Fällen wird die **Kondensationswärme** beziehungsweise die **Kristallisationswärme** frei – und zwar genauso viel, wie vorher hineingesteckt wurde. Hier werden neue Bindungen geknüpft, wobei Energie frei wird.

- Einige Substanzen, so beispielsweise Kohlendioxid (CO_2, in fester Form bekannt als »Trockeneis«), gehen von der festen Phase unmittelbar in die Gasphase über, ohne zuvor zu verflüssigen. Ein solcher Prozess wird als **Sublimation** bezeichnet.

In Abbildung 5.3 sehen Sie die Phasenumwandlungen für Wasser.

Schmelzwärme:	333,4 kJ kg^{-1}	= 6,007 kJ mol^{-1}
Verdampfungswärme:	2257 kJ kg^{-1}	= 40,66 kJ mol^{-1}

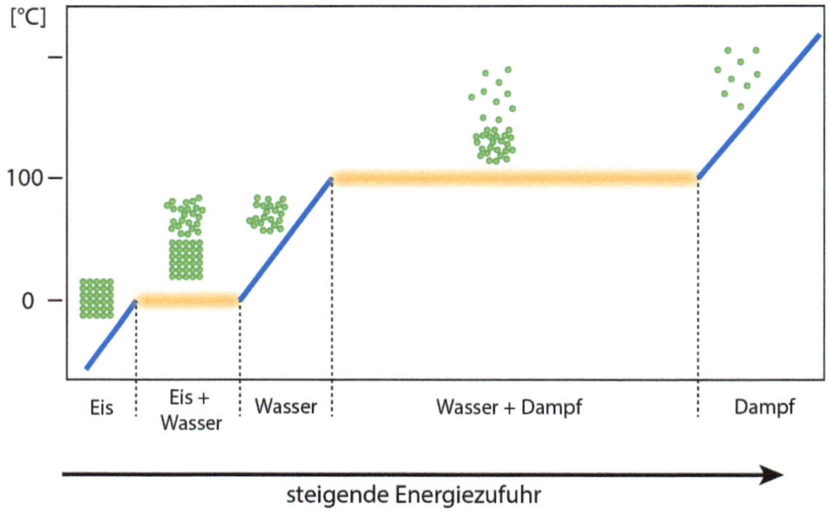

Abbildung 5.3: Phasenumwandlungen des Wassers

Bitte beachten Sie, dass die Temperatur während der *Phasenumwandlung*, also solange zwei Phasen nebeneinander vorliegen, trotz weiterer Energiezufuhr konstant bleibt.

Die *Verdampfungswärme* (in diesem Fall von Wasser) ist die Energie, die zugeführt werden muss, um *flüssiges* Wasser von 100 °C in Wasser*dampf* von 100 °C zu überführen – *nicht etwa* die Energie, um Wasser von 20 °C zu verdampfen.

Prozesse *mit* Stoffumwandlung – das ist Chemie

Erhitzen Sie einen Platindraht über einer Brennerflamme, so können Sie beobachten, dass das Metall früher oder später rot glühend heiß wird. Nach dem Erkalten liegt allerdings nach wie vor unverändertes Platin vor. Führen Sie das gleiche Experiment mit einem Magnesiumdraht durch, geschieht etwas völlig anderes: Gleißende Flammen sind zu beobachten, und nach dem Erkalten liegt kein Metalldraht mehr vor, sondern ein weißliches Salz. Es hat also offensichtlich eine *Stoffumwandlung* stattgefunden.

Während bei Platin ein rein physikalischer Vorgang abläuft, lässt sich bei Magnesium trotz vermeintlich gleichen Bedingungen eine *chemische Reaktion* beobachten.

Woran erkennen Sie überhaupt, dass es eine chemische Reaktion gegeben hat? – Einiges deutet darauf hin! Einige Beispiele:

- ✔ die Farbe ändert sich
- ✔ ein Gas entsteht
- ✔ ein Stoff fällt aus der Lösung aus
- ✔ die Beschaffenheit ändert sich

Eines haben *alle* chemischen Reaktionen gemeinsam: Sie sind mit einer Energieänderung verbunden – entweder wird Energie frei oder es wird Energie benötigt. Die Reaktion ist entweder **exotherm** oder **endotherm**: Was das genau bedeutet, ist in Abbildung 5.4 dargestellt.

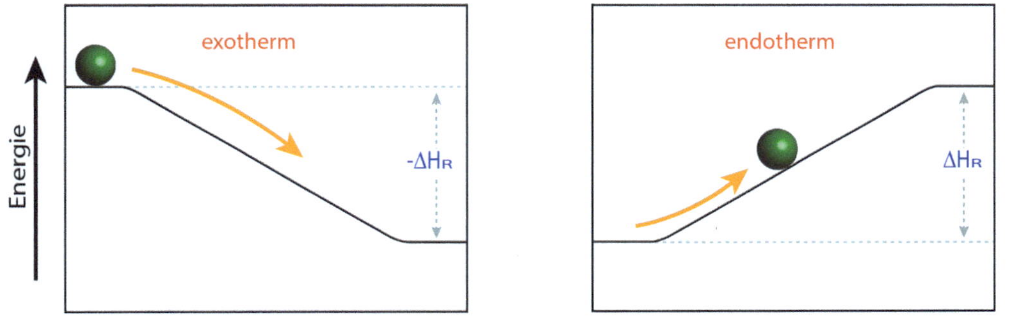

Abbildung 5.4: Exotherme und endotherme Reaktion

Die Energieänderung kann sich bemerkbar machen durch

- ✔ Erwärmung oder Abkühlung
- ✔ Entsendung von Licht
- ✔ Entstehung von Schall

Die Energiedifferenz zwischen Ausgangsstoffen und Endprodukten wird als *Reaktionsenthalpie* (ΔH_R) bezeichnet (diesen Begriff finden Sie in Kapitel 16 erläutert). Per Definition ist sie *negativ, wenn Energie frei wird.*

Manchmal benötigt eine Reaktion erst einen Anschub, um dann selbstständig weiterzulaufen (ähnlich einem Ball, den Sie erst über eine Kuppe bringen müssen, bevor er den Berg hinunterrollt). Es muss also zunächst Energie – die **Aktivierungsenergie** (E_A) – zugeführt werden, wie Sie in Abbildung 5.5 sehen.

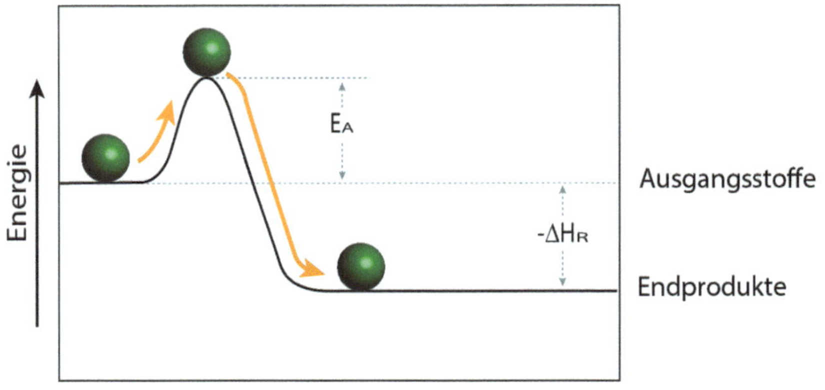

Abbildung 5.5: Aktivierungsenergie

Die Reaktionsenthalpie ΔH_R ist nach wie vor lediglich der Energieunterschied zwischen Ausgangs- und Endzustand. Das, was Sie an Aktivierungsenergie hineinstecken müssen, wird ja bei der Reaktion auch wieder frei.

Grund für die Notwendigkeit dieser Aktivierungsenergie ist die Entstehung einer intermediär auftretenden *Übergangsspezies* (die häufig auch als »*aktivierter Komplex*« bezeichnet wird – was ein wenig verwirrend sein mag, denn der Begriff »Komplex« bezeichnet in der Chemie eigentlich etwas anderes, wie Sie spätestens in Kapitel 13 bemerken werden). Bei dieser Übergangsspezies treten die Reaktionspartner miteinander dergestalt in Wechselwirkung, dass die Reaktion auch tatsächlich stattfinden kann. Dabei werden alte Bindungen allmählich gelockert und neue Bindungen zumindest vorbereitet.

»Mehr Licht!« oder doch lieber kräftiger heizen?

Um einer Reaktion Aktivierungsenergie zuzuführen, gibt es prinzipiell zwei unterschiedliche Methoden:

- ✔ *Temperaturerhöhung* (**thermische Anregung**); in Reaktionsgleichungen schreiben Sie dann über den Reaktionspfeil **ΔT** (oder einfach nur **Δ**).
- ✔ *Licht / elektromagnetische Strahlung* mit Wellenlängen von etwa 400 bis 800 nm **(photochemische Anregung)**; hier schreiben Sie dann über den Reaktionspfeil $\mathbf{h} \cdot \nu$ (um Licht geht es unter anderem in Kapitel 9).

Im Labor greifen Sie meist auf die thermische Anregung zurück, einfach weil sich so die zugeführte Energie recht leicht kontrollieren lässt: Sie können das jeweils genutzte Lösemittel nun einmal nicht über den Siedepunkt hinaus erhitzen (es sei denn, Sie würden als Reaktionsgefäß einen Autoklav nutzen, der auch extreme Drücke aushält). Manchmal jedoch kommen Sie mit Licht sehr viel rascher weiter (etwa bei vielen radikalischen Substitutionsreaktionen, kommt später in Kapitel 36). Das liegt daran, dass sich diese beiden Anregungsarten grundlegend unterscheiden:

- ✔ Thermische Energie erhöht die Durchschnittsgeschwindigkeit *aller* Teilchen (nach BOLTZMANN, genauer erfahren Sie das in Kapitel 16).
- ✔ Durch photochemische Energie können, wenn die Wellenlänge stimmt, Elektronen einzelner Teilchen aus dem *Grundzustand* in einen deutlich energiereicheren, *angeregten* Zustand überführt werden. Diese angeregten Teilchen sind dann viel reaktiver als die anderen.

(Der Unterschied der beiden Anregungsformen kann sich sogar darauf auswirken, *welches* Produkt jeweils entsteht; auch dazu mehr in Kapitel 41.)

Chemiker teilen die Reaktionen ein

Gewöhnlich lassen sich chemische Reaktionen sehr grob (!) in drei Kategorien einteilen:

- ✔ Redox-Reaktionen (damit befasst sich Kapitel 26)
- ✔ Säure-Base-Reaktionen (die gibt es in Kapitel 25)
- ✔ Ionen-Reaktionen

Immer geht es dabei um den Transfer von Elektronen, und natürlich spielt bei allen Reaktionen die Energie eine entscheidende Rolle. Unter energetischen Gesichtspunkten werden bei Redox-Reaktionen die größten Energiemengen umgesetzt. Nahezu alle Reaktionen, bei denen schnell viel Energie umgesetzt wird, sind Redox-Reaktionen. Dagegen agieren Säuren und Basen eher moderat, und geradezu gemütlich sind die Ionen-Reaktionen. Eigentlich sind das im chemischen Sinne gar keine Reaktionen, denn hier geht es um die Entstehung von Kristallgittern. Manche Gitter sind eben stabiler als andere, und dafür werden geeignete Ionen ausgetauscht.

Aufgaben Kapitel 5

Zum Aufwärmen

1. Lässt sich Eis auf −120 °C abkühlen?
2. Gibt es Helium mit einer Temperatur von 5 Millionen Grad?
3. Warum wird bei der Kondensation eines Gases Wärme frei?

Für Fortgeschrittene

4. Um ein Elektron aus einem Magnesium-Atom zu entfernen, sind 7,65 eV nötig. Wie hoch ist diese Ionisierungsenergie in kJ mol^{-1}?
5. Bei der Reaktion $H_2 + \frac{1}{2}\,O_2 \rightarrow H_2O$ werden 286 kJ mol^{-1} frei. Angenommen, Sie würden diese Energie zur Erwärmung von Wasser verwenden: Um wie viel Grad würde sich 1 kg Wasser, das derzeit 20 °C warm ist, erwärmen, wenn Sie 1 mol H_2 und 0,5 mol O_2 zur Reaktion bringen?

IN DIESEM KAPITEL

- springen Sie im Dreieck
- wollen Sie hoch hinaus
- steht der Logarithmus mitten im Leben
- geht es um unendlich kleine Angelegenheiten

Kapitel 6
Damit müssen Sie rechnen

Gerade wenn das Ziel lautet, die Natur nicht nur *qualitativ*, sondern auch *quantitativ* zu beschreiben, kann auf Mathematik nicht verzichtet werden. Dabei kann es um eine korrekte Einwaage eines bestimmten Stoffes gehen oder auch um die Berechnung der Aufenthaltswahrscheinlichkeit eines Elektrons in einem Orbital.

Hier geht es um die *Grundlagen*, also die elementaren Operationen, ohne die Sie nicht richtig verstehen, was in den Chemiebüchern steht, und weniger um die Lösung von komplizierten partiellen Differentialgleichungen, was vielleicht später mal Ihr Interesse weckt – oder auch nicht. Also eigentlich Schulmathematik, die sicherlich schon einmal Ihr Leben gestreift hat. Wenn Sie die nicht in den richtigen Zusammenhang stellen und üben, geht sie schnell verloren (das ist ähnlich wie mit einer Fremdsprache). Manchmal ist es bereits ein Problem, die Variable x, an die Sie sich gewöhnt haben, weil sie für viele Rechenschritte herhalten muss, durch eine Konzentration c zu ersetzen – eine kleine Änderung, und schon erkennen Sie die Gleichung nicht wieder. Manchmal haben Sie überhaupt keine Idee, wie Sie eine Aufgabe angehen sollen, können Zusammenhänge nicht richtig herstellen oder bekommen ein völlig falsches Ergebnis, weil sich schwerwiegende Fehler in den Grundrechenarten auftun.

Möglicherweise gibt es Reizworte, die bei Ihnen spontan eine Abwehrhaltung auslösen. Aber selbst wenn Sie am Anfang wirklich Berührungsängste mit leidigen Themen aus der Mathematik haben, sollte Sie das trotzdem nicht von dem Versuch abhalten, den nun folgenden Ausführungen vielleicht *doch* etwas Positives zu entnehmen.

Also nicht: Klappe runter, sondern: Augen auf! Es gibt viel zu entdecken – und so schlimm, wie Sie meinen, ist es gar nicht.

Dreisatz

Wir wollen hier *nicht* annehmen, dass Sie bei diesem Ausdruck spontan an die Bundesjugendspiele denken und nicht an Ihren Mathematikunterricht. Natürlich haben Sie ihn schon unzählige Male in Ihrem Leben angewendet – den Dreisatz, denn sonst könnten Sie nicht entscheiden, ob die Nudeln im 5-Kilogramm-Beutel wirklich ein Schnäppchen sind im Vergleich zum 250-Gramm-Paket, das Sie sonst immer kaufen, oder wann Sie losfahren müssten, wenn Sie die 21 Kilometer statt mit dem Auto mit dem Fahrrad fahren wollen, um rechtzeitig zur Arbeit zu kommen. Und wenn im Kochbuch das Rezept für vier Personen steht, Sie aber zu fünft sind, was machen Sie dann?

Eine Dreisatzrechnung ist nichts anderes als eine *Verhältnis*rechnung: Zwei Größen stehen miteinander in einem bestimmten Verhältnis. Eine davon hat sich geändert, und Sie wollen die zugehörige dazu ausrechnen, wobei sich das Verhältnis natürlich *nicht* ändert. Sie betrachten also vier Größen: Drei davon kennen Sie, die vierte rechnen Sie aus, und die nennen Sie meistens x.

Sie müssen natürlich wissen, wie sich die Größen verhalten – es gibt nur zwei Möglichkeiten:

- *Entweder* die Größen ändern sich *proportional* zueinander: Beide Größen werden im gleichen Verhältnis größer beziehungsweise kleiner,
- *oder* die Größen ändern sich *antiproportional* zueinander: Wenn die eine Größe größer wird, wird die andere kleiner und umgekehrt.

BEISPIEL

Für diejenigen, die nicht mehr genau wissen, wie das funktioniert, hier noch einmal der prinzipielle Ablauf:

- *Proportionale* Zuordnung:

  Ihr Auto verbraucht 7,9 Liter Benzin auf 100 Kilometer. Wie viel Benzin brauchen Sie für die 655 km bis zu Ihrem Urlaubsziel?

  $$100\ \text{km} \rightarrow 7{,}9\ \text{L}$$

  $$655\ \text{km} \rightarrow x\ \text{L} \qquad x = \frac{655\ \text{km} \cdot 7{,}9\ \text{L}}{100\ \text{km}} = 51{,}75\ \text{L}$$

- *Antiproportionale* Zuordnung:

  Sie erreichen Ihr Ziel mit Ihrem Auto in 4 h 48 min, wenn Sie eine Geschwindigkeit von 90 km/h einhalten. Wie viel Zeit können Sie einsparen, wenn Sie 120 km/h fahren?

  Da Sie ja nun nicht *mehr* Zeit brauchen, wenn Sie schneller fahren, geht die Rechnung anders:

  $$90\ \text{km/h} \rightarrow 4{,}8\ \text{h}$$

  $$120\ \text{km/h} \rightarrow x\ \text{h} \qquad x = \frac{4{,}8\ \text{h} \cdot 90\ \text{km/h}}{120\ \text{km/h}} = 3{,}6\ \text{h}$$

Sie sparen also 1,2 h = 1 h 12 min.

Die Beispiele mögen Ihnen trivial erscheinen, aber auch im chemischen Rechnen spielt der Dreisatz eine große Rolle. Manchmal denken Sie viel zu kompliziert, wenn es um eine Aufgabe geht – oft lässt sich diese durch die simple Anwendung des Dreisatzes lösen.

Potenzen

In der Chemie geht es um das Verhalten einzelner Teilchen, die selbst unvorstellbar klein sind, dafür aber in nahezu unüberschaubar großer Stückzahl vorliegen. Zur Beschreibung und zum Rechnen mit diesen Größenordnungen ist es (wie in Kapitel 2 bereits erwähnt), unerlässlich, die *wissenschaftliche Notation* zu beherrschen. Hier zwei Beispiele:

- ✔ $0{,}000\,35 = 3{,}5 \cdot 10^{-4}$
- ✔ $7\,530\,000\,000 = 7{,}53 \cdot 10^{9}$

Allein schon aus Gründen der Übersichtlichkeit sollte *unbedingt* mit Potenzen gearbeitet werden. Außerdem ist es so viel einfacher. Sie müssen nur ein paar Regeln beachten:

Addition und Subtraktion

In einem Schritt geht das nur, wenn die Exponenten *identisch* sind. In diesem Fall werden die vorangestellten Zahlen addiert. Allgemein gilt:

$a \cdot 10^n + b \cdot 10^n = (a + b) \cdot 10^n$ Beispiel $2{,}3 \cdot 10^2 + 4{,}4 \cdot 10^2 = 6{,}7 \cdot 10^2$

$8{,}5 \cdot 10^{-3} - 3{,}1 \cdot 10^{-3} = 5{,}4 \cdot 10^{-3}$

Sind die Exponenten *nicht* identisch, müssen sie zunächst auf den gleichen Exponenten umgeformt werden. Dabei ist es egal, welchen Exponenten Sie wählen. Es gilt immer:

$2{,}3 \cdot 10^2 + 4{,}4 \cdot 10^3 = 2{,}3 \cdot 10^2 + 44 \cdot 10^2 = 46{,}3 \cdot 10^2$

oder $= 0{,}23 \cdot 10^3 + 4{,}4 \cdot 10^3 = 4{,}63 \cdot 10^3$

Selbstverständlich ist $46{,}3 \cdot 10^2 = 4{,}63 \cdot 10^3$. Für die Subtraktion gilt Entsprechendes.

Multiplikation und Division

Hier geht es sogar noch einfacher.

Bei der *Multiplikation* werden die vorangestellten Zahlen miteinander multipliziert und die *Exponenten addiert*. Das sieht dann so aus:

$a \cdot 10^m \cdot b \cdot 10^n = a \cdot b \cdot 10^{m+n}$ Beispiel $2{,}3 \cdot 10^4 \cdot 3 \cdot 10^6 = (2{,}3 \cdot 3) \cdot 10^{4+6} = 6{,}9 \cdot 10^{10}$

Für die *Division* sollten Sie wissen, dass

$$10^{-x} = \frac{1}{10^x}$$

Damit lässt sich der Umgang mit den Exponenten gemäß der bereits genannten Rechenregel auch für die Division anwenden: Die vorangestellten Zahlen werden dividiert, die *Exponenten* voneinander *subtrahiert*. Es gilt also:

$\frac{a \cdot 10^m}{b \cdot 10^n} = \frac{a}{b} \cdot 10^{m-n}$ Beispiel $\frac{2{,}3 \cdot 10^6}{2 \cdot 10^4} = \frac{2{,}3}{2} \cdot 10^{6-4} = 1{,}15 \cdot 10^2$

Logarithmus

Mithilfe von Logarithmen lassen sich stark ansteigende Zahlenwerte übersichtlich darstellen und der rein rechnerische Umgang mit großen (oder kleinen) Zahlen vereinfachen.

Aus unerfindlichen Gründen wird der Umgang mit Logarithmen häufig als »völlig unverständlich« empfunden. Dabei ist ein Logarithmus einer beliebigen Zahl b eigentlich nichts anderes als der *Exponent* x, mit dem die *Basis* a potenziert werden muss, um eben die Zahl b zu erhalten:

wenn $a^x = b$, folgt $\log_a b = x$

Prinzipiell kann jede beliebige Zahl > 0 als Basis dienen (die als Index rechts neben dem »log«-Zeichen angegeben wird). In der Chemie beschränken Sie sich allerdings meistens auf die Basis 10, weswegen entsprechende Logarithmen auch als *dekadische Logarithmen* bezeichnet werden. Statt log_{10} schreiben Sie meist nur *lg*.

Auf den meisten handelsüblichen Taschenrechnern ist die Taste für den dekadischen Logarithmus – fälschlicherweise – mit »log« beschriftet. Richtig wäre allerdings »lg«.

Dabei muss der Exponent x nicht zwangsläufig ganzzahlig sein, jede *reelle* Zahl ist ebenso gut möglich.

$42 = 10^x$, also ist $x = \lg 42 = 1{,}62325$

Logarithmen sind also nichts anderes als die jeweiligen Exponenten einer Exponentialzahl. Im Prinzip können Sie die bereits gezeigten Regeln (*siehe* Abschnitt *Potenzen*) anwenden.

Der Logarithmus eines Produkts (a · b) ist gleich der Summe der Logarithmen der Faktoren des Produkts. Wenn $a = 10^x$ und $b = 10^y$ ist, dann gilt:

$a \cdot b = 10^x \cdot 10^y = 10^{x+y}$, also ist $\lg(a \cdot b) = x + y = \lg a + \lg b$

Der Logarithmus eines Quotienten (a/b) ist gleich der Differenz der Logarithmen von Dividend und Divisor:

$\frac{a}{b} = \frac{10^x}{10^y} = 10^{x-y}$, also ist $\lg \frac{a}{b} = x - y = \lg a - \lg b$

Der Logarithmus einer Potenz (a^n) ist gleich dem Produkt aus dem Exponenten und dem Logarithmus der Basis:

$a^n = (10^x)^n = 10^{n \cdot x}$, also ist $\lg a^n = n \cdot x = n \lg a$

In den Naturwissenschaften spielt die EULER'sche Zahl (*e* = 2,7182818...) eine besonders wichtige Rolle. Die Zahl e ist dadurch gekennzeichnet, dass e^x bei der Ableitung (*siehe* weiter unten) nach x wieder e^x ergibt. Die Zahl e reproduziert sich also selbst. Statt $\log_e$ schreiben Sie meist ln – das steht für *logarithmus naturalis*, also den natürlichen Logarithmus, weil sich viele Naturvorgänge (etwa manches Wachstum) mit entsprechenden Funktionen auf der Basis e beschreiben lassen.

$e^x = 50$ also: $x = \ln 50$

Ist Ihnen die Schreibweise e^x zu umständlich (besonders bei umfangreichen Exponenten könnte es etwas unübersichtlich werden), können Sie stattdessen auch exp(x) schreiben.

Die Umrechnung vom natürlichen auf den dekadischen Logarithmus geht ganz einfach, da folgender Zusammenhang besteht:

$$\lg a = \frac{\ln a}{\ln 10}, \quad \text{also ist} \quad \ln a = \lg a \cdot \ln 10 = \lg a \cdot 2{,}303$$

Viele Dinge in der Natur (aber auch in ökonomischen Zusammenhängen) weisen eine logarithmische Verteilung auf, keine Gauß-Verteilung, wie häufig angenommen. Oft kommen dabei Logarithmen zur Basis e vor. Auch in vielen Anwendungen, die einen weiten Größenbereich umfassen, werden logarithmische Skalen benutzt, zum Beispiel beim *p*H-Wert (mit dem befassen wir uns eingehend in Kapitel 25), beim Schallpegel (der in Dezibel angegeben wird, aber nicht sonderlich chemisch ist) oder der Richterskala zur Beschreibung der Stärke von Erdbeben.

Die Logarithmen sind in uns Menschen quasi eingebaut (bei Tieren weiß man das bislang noch nicht so genau).

Unsere Nerven reagieren logarithmisch auf Reize. Im Rahmen der Psychophysik (so etwas gibt es tatsächlich) besagen Gesetze, dass die Empfindungsstärke eines Reizes mit dem Logarithmus der Reizintensität wächst. Das bedeutet, dass eine Verdopplung der Reizstärke nicht als doppelt empfunden wird, sondern als wesentlich geringer (eben logarithmisch). Bestes Beispiel ist vielleicht das musikalische Empfinden: Ein Ton wird durch eine bestimmte Schwingungsfrequenz wiedergegeben, etwa der Kammerton A mit 440 Hz. Eine Verdopplung oder Halbierung der Frequenz empfinden Sie – zumindest, wenn Sie ein einigermaßen musikalisches Verständnis besitzen – als jeweils gleiches Intervall: So etwas wird Oktave genannt.

Ein anderes Phänomen ist das Zeitgefühl. Es liegt anscheinend in der Natur des Menschen, Zeitspannen anders abzuschätzen, je nachdem, ob sie sich auf »die eigene Erfahrungswelt« beziehen oder deutlich davor stattgefunden haben: So wird jemand aus der »Jetzt-Zeit« gewiss einen Unterschied machen, ob irgendetwas im Jahre 1990 oder doch 1970 geschehen ist, aber ob sich etwas nun vor 500 oder vor 520 Jahren ereignet hat, scheint nahezu bedeutungslos, obschon die zeitliche Differenz jeweils identisch ist. Und ob der T-Rex den Triceratops vor 65 000 000 oder doch »schon« vor 65 000 020 Jahren gebissen hat, ist doch nun wirklich völlig egal.

Achtung: Signifikanz

Rechnen Sie mit Ihrem Taschenrechner aus: $3{,}72 \times 0{,}58733 = 2{,}1848676$.

Sie werden behaupten, das sei das richtige Ergebnis, denn genauer geht es nun wirklich nicht. Stellen Sie sich vor, Sie würden $3{,}72 \times \pi$ (3,1415926 …) ausrechnen. Spätestens jetzt treffen Sie die Entscheidung, die erhaltene Zahl irgendwo abzuschneiden, eventuell zu runden, weil Sie nicht unendlich viele Nachkommastellen aufschreiben wollen – und irgendwann wird es ja auch nicht mehr genauer. Aber wo runden Sie denn?

Zum Glück müssen Sie das nicht mit Ihrem Gewissen vereinbaren, denn es gibt feste Regeln, die Sie befolgen sollten. Das Stichwort lautet: **signifikante Ziffern**. Das sind alle Ziffern, die als *sicher* gelten, weil Sie sie vielleicht gemessen haben. Dazu darf noch *eine* Ziffer kommen, die dann *geschätzt* wird.

BEISPIEL

Sie wollen mit folgendem Messzylinder 155 mL Dichlormethan (CH_2Cl_2) abmessen; die Dichte dieses Lösemittels beträgt 1,33 g mL^{-1}.

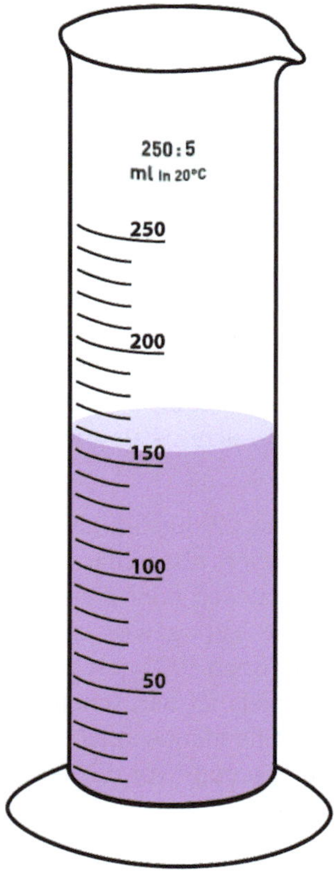

Beim genauen Hinsehen erkennen Sie wahrscheinlich, dass es nicht 150 mL und auch nicht 160 mL sind. Aber die Behauptung, es handle sich um 154 oder 156 mL, wäre doch sehr gewagt. (Bei 153 oder 157 mL wäre es nicht anders.)

Nun wollen Sie wissen, wie viel der Inhalt des Becherglases in g wiegt. Rechnen Sie aus ($\rho = m/V$, also ist $m = \rho V$) :

- 153 mL = 203,90 g
- 154 mL = 204,82 g
- 155 mL = 206,15 g
- 156 mL = 207,48 g
- 157 mL = 208,81 g

Da Sie die mL beim Ablesen nicht unterscheiden können, ist eine präzise Gramm-Angabe natürlich sinnlos. Sicher bei der Volumenangabe ist die *erste* Ziffer (100), die *zweite* Ziffer (050) ist ebenfalls sicher, die dritte Ziffer – der Einer-Bereich – kann variieren, ist also eine Schätzgröße. Sinnvollerweise können also hier auch die Gramm-Angaben nur mit bis zu drei Ziffern angegeben werden. Würden Sie alle Massen auf drei Ziffern runden, kämen Sie auf Massen zwischen 204 g (aufgerundet) und 209 g (auch aufgerundet). Genauere Angaben *können* nicht gemacht werden. Wenn Sie genauere Angaben brauchen, müssen Sie also ein genaueres Messinstrument (beispielsweise einen feiner skalierten Messzylinder oder eine genauere Analysenwaage) verwenden.

Vergleichen Sie bitte noch einmal die abgelesenen 155 mL mit der errechneten zugehörigen Masse von 206,15 g. Für die Angabe dieser Masse brauchen Sie fünf Ziffern, sie ist also bis auf fünf Stellen genau und besitzt demnach *fünf signifikante Ziffern*. Daraus ist nach reiflichen Überlegungen unser Schätzwert geworden (206 g, es wurde also abgerundet). Hier gibt es nur *drei* signifikante Ziffern – genau wie bei dem abgelesenen Volumen. Nun brauchen Sie sich das nicht jedes Mal von Grund auf plausibel zu machen. Dahinter steckt nämlich ein logisches Prinzip, das Sie im Beispiel gerade selbst nachvollzogen haben. Das genau hat es mit den signifikanten Ziffern auf sich:

Wenn Sie verschiedene Größen, die mit unterschiedlicher Genauigkeit vorliegen, miteinander kombinieren, hat das gemessene oder errechnete Ergebnis nur so viele signifikante Ziffern wie die *ungenaueste* Größe. (In obigem Beispiel sind das die abgelesenen Milliliter.)

Sie brauchen nur noch ein paar Regeln zu beachten, dann kann eigentlich nichts mehr schiefgehen. Die Frage ist, welche Ziffern in einer Zahl als signifikant gelten. Signifikant sind:

- ✔ alle Ziffern ungleich Null,
- ✔ jegliche Null(en) zwischen Ziffern, die *nicht* Null sind,
- ✔ jegliche Null(en) am Ende.
- ✔ *Achtung:* Führende Nullen sind *nicht* signifikant.

Eine kleine Unterscheidung müssen Sie bei Berechnungen beachten:

✔ Das Ergebnis einer Multiplikation oder Division sollte die gleiche Anzahl *signifikanter Ziffern* haben wie die Größe mit der *kleinsten* Anzahl signifikanter Ziffern. Ein Beispiel:

$6{,}344 \cdot 0{,}38 = 2{,}41072$, gerundet: $2,4$ (Bitte beachten: Die Zahl 0,38 besitzt nur *zwei* signifikante Ziffern, da *führende* Nullen *nicht* signifikant sind.)

✔ Das Ergebnis einer Addition oder Subtraktion sollte die gleiche Anzahl an *Dezimalstellen* haben wie die Größe mit der kleinsten Anzahl Nachkommastellen. Wieder ein Beispiel:

$6{,}344 + 0{,}38 = 6{,}724$, gerundet: $6,72$

Weitere Regeln:

✔ Für die Berechnung jeglicher *Zwischenergebnisse* verwenden Sie immer sämtliche vollen, *ungerundeten* Zahlen und runden *erst das Endergebnis* auf die Anzahl der erforderlichen signifikanten Ziffern. (Sprich: Sie dürfen nicht schon auf halbem Wege mit dem Runden anfangen!)

✔ Beim Runden betrachten Sie die Ziffer unmittelbar nach der Stelle, auf die Sie runden wollen (und *nur* diese Ziffer).

- Ist diese Ziffer > 5, wird aufgerundet.
- Ist der Wert < 5, wird abgerundet.
- Ist der Wert $= 5$, gibt es zwei Sichtweisen: Die Alltags-Meinung lautet, »Schon bei der 5 wird aufgerundet« (das ist das sogenannte *Kaufmännische Runden*), in der (chemischen) Analytik und tatsächlich den (Natur-)Wissenschaften allgemein hingegen gilt die Spielregel »Ist die erste nicht mehr signifikante, also zu streichende, Ziffer eine 5, dann ist so zu runden, dass die letzte Ziffer *gerade* wird.«

BEISPIEL

Ergebnis einer Rechnung: 5,248 593 7

- gerundet auf *zwei* Stellen: 5,2
- gerundet auf *drei* Stellen: 5,25
- gerundet auf *vier* Stellen: 5,249 (Alltag) oder 5,248 (Wissenschaft)

Ein Ergebnis wird also *nicht* umso genauer, je mehr Stellen Sie angeben.

Infinitesimalrechnung

Vielen läuft es kalt den Rücken runter, wenn sie das erste dc/dx oder die ersten Integralzeichen an der Tafel entdecken. Aber machen Sie sich keine Sorgen: Die Anzahl an Integralen, mit denen Sie sich in der Chemie befassen müssen, ist überschaubar, und das dafür erforderliche mathematische Rüstzeug geht Ihnen schon nach kurzer Zeit in Fleisch und Blut über … und wir werden es in diesem Buch mit der Rechnerei auch wirklich nicht übertreiben. Versprochen.

In den folgenden beiden Abschnitten der Analysis wollen wir Ihnen wirklich nicht die ganzen Differentiations- und Integrationsregeln nahebringen (die können Sie in einem entsprechenden Mathematikbuch nachschlagen). Es geht vielmehr darum, nur noch einmal kurz ins Gedächtnis zu rufen, *warum* Sie manchmal dc/dx schreiben müssen oder wozu ein Integral *im Prinzip* überhaupt gut ist. Es geht also um das grundsätzliche Verstehen. (In diesem Buch werden von Ihnen keine mathematischen Höchstleitungen verlangt. Aber einfache Beispiele sollten Sie verstehen und nachvollziehen können.)

Differenzieren

Immer, wenn Sie es mit einer veränderlichen Größe zu tun haben, können Sie ihren Zustand eigentlich nur für den (unendlich kurzen) Augenblick beschreiben, denn er könnte im nächsten Moment schon wieder anders sein. Die wenigsten Vorgänge sind konstant, nicht einmal eine einfache Reaktion im Becherglas: Reaktionsgeschwindigkeit und Konzentrationen ändern sich in jedem Augenblick. Wie sollen Sie so etwas angeben?

Die Reaktionsgeschwindigkeit ist die zeitliche Veränderung der Konzentration etwa der Komponente A in Ihrem Reaktionsgemisch. Experimentell würde Ihnen das bestätigt, indem Sie nach einer bestimmten Zeit eine Probe analysieren. Was liegt näher als die Feststellung, Sie hätten nach einer bestimmten Zeitdifferenz eine Konzentrationsdifferenz zu verzeichnen? – Genau das gibt doch die Reaktionsgeschwindigkeit an:

$$r = \frac{\Delta c_A}{\Delta t} = \frac{c_{A,0} - c_A}{t_0 - t} \quad [\text{mol L}^{-1}\ \text{s}^{-1}]$$

Dabei gilt:

- r = Rate der Reaktion (Reaktionsgeschwindigkeit)
- t = Reaktionszeit
- t_0 = Zeitpunkt, zu dem die Reaktion gestartet wurde
- c_A = Konzentration von A nach der Zeit t
- $c_{A,0}$ = Konzentration von A zu Anfang des Experiments (bei $t = 0$)

Wie so etwas grafisch aussehen würde, zeigt Abbildung 6.1. Die Reaktionsgeschwindigkeit wäre dann die Steigung der Geraden, und da diese überall gleich ist, wäre somit auch die Reaktionsgeschwindigkeit die ganze Zeit über konstant. Das ist natürlich Unfug, denn sie ist nun einmal proportional zur Konzentration, die aber ständig abnimmt. Also muss auch die Reaktionsgeschwindigkeit immer kleiner werden.

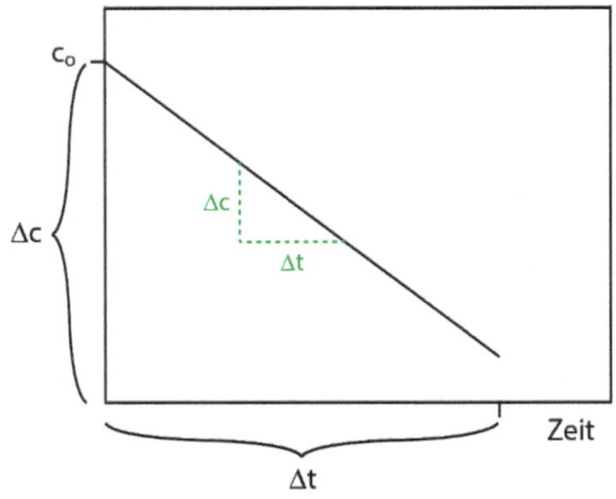

Abbildung 6.1: Konstante Reaktionsgeschwindigkeit

Vermessen Sie nach der Hälfte der Zeit erneut eine Probe, dann erhalten Sie ein anderes Bild (Abbildung 6.2): Im ersten Teil ist die Steigung der Geraden viel größer als im zweiten Teil. Somit ist die Konzentrationsabnahme und damit entsprechend die Reaktionsgeschwindigkeit am Anfang höher.

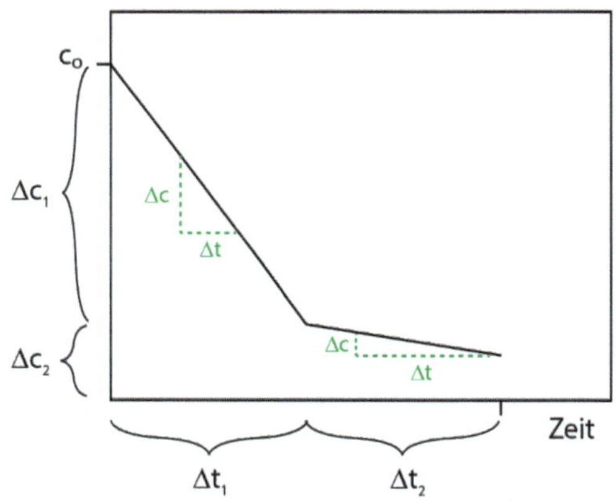

Abbildung 6.2: Zwei Reaktionsabschnitte

Unterteilen Sie die Zeit, in der Sie Proben nehmen, in noch kleinere Abschnitte, wird die Kurve immer runder (dargestellt in Abbildung 6.3). Jetzt sehen Sie, dass Ihre erste Vorstellung von der Reaktionsgeschwindigkeit (Abbildung 6.1) nicht richtig sein *konnte*, weil sie schließlich zu jedem Zeitpunkt anders ist.

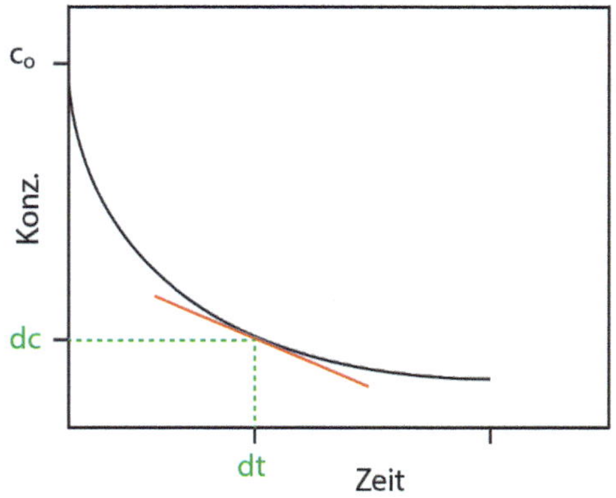

Abbildung 6.3: Tatsächlicher Konzentrationsverlauf

Die tatsächliche Reaktionsgeschwindigkeit können Sie eigentlich nur angeben, wenn Ihr Zeitintervall *unendlich klein* ist – und genau das tun Sie, wenn Sie statt $\Delta c/\Delta t$ dc/dt verwenden. Aus dem Differenzenquotienten $\Delta c/\Delta t$ wird der *Differentialquotient* dc/dt (spricht man aus: »dc nach dt«; Sie bilden so die Ableitung von c nach t). Die Steigung der Tangente, also der Geraden, die Sie an genau diesem Punkt anlegen, zeigt die Reaktionsgeschwindigkeit zum Zeitpunkt t. Ein Differentialquotient beschreibt also eine *Änderungsrate.* Wird nach t abgeleitet, handelt es sich um eine Momentangeschwindigkeit.

BEISPIEL

Abgeleitet werden kann nach allen möglichen Größen: So ist die Steigung eines Berges nichts anderes als dy/dx, also die Änderung der Höhe in Bezug auf die Änderung der horizontalen Strecke, oder dc/dx die Änderung der Konzentration längs einer Strecke (der Konzentrationsgradient).

Ist ein funktionaler Zusammenhang f(x) gegeben, so beschreibt der Differentialquotient die Steigung (Ableitung) bei einem bestimmten x. Nehmen wir uns ein kleines Beispiel vor, auf das wir später in diesem Kapitel sogar noch einmal zurückkommen werden:

$$f(x) = x^3 \quad \Rightarrow \quad f'(x) = \frac{df(x)}{dx} = 3x^2 \qquad (6.1)$$

Die Ableitung ergibt eine neue Funktion, die Ableitungsfunktion. Die Ableitungsfunktion f'(x) ist eine *Differentialgleichung.*

Natürlich kann eine Differentialgleichung auch noch andere Terme enthalten, entscheidend ist, dass sie auch die Ableitung f'(x) der Funktion f(x) enthält.

Integrieren

Beim Integrieren denken Sie zunächst an zwei Möglichkeiten:

- ✔ Umkehrung des Differenzierens
- ✔ Bestimmung der Fläche unter einer Funktionskurve

Was hat das eine mit dem *anderen* zu tun?

Die Umkehrung des Differenzierens bedeutet das Auffinden einer Stammfunktion F(x), das heißt die Ableitung der Stammfunktion $F'(x) = f(x)$.

Nehmen Sie das Beispiel aus Gleichung Gleichung 6.1: $F(x) = x^3$ ist die Stammfunktion von $3x^2$, denn die Ableitung von x^3 ist $3x^2$. Die Stammfunktion wird das *Integral* von f(x) genannt.

Zu $F(x) = x^3$ könnten Sie alle möglichen Konstanten addieren, beispielsweise $F(x) = x^3 + 5$ oder $F(x) = x^3 - 0{,}8$. Beim Differenzieren fallen die Konstanten weg, und so haben alle nur erdenklichen mit einer Konstanten versehenen Stammfunktionen die gleiche Ableitung $F'(x) = 3x^2$. Eine Funktion kann also mehrere Stammfunktionen haben, deshalb ist sie auch ein *unbestimmtes Integral.* Sie schreiben das folgendermaßen:

$$F(x) = \int f(x)\,dx = \int 3x^2\,dx = x^3 + C$$

Nun betrachten Sie eine Funktion f(x) wie in Abbildung 6.4. Es soll die Fläche unter der Kurve im Intervall zwischen a und b bestimmt werden. Da die Grenzen feststehen, handelt es sich hier um ein *bestimmtes Integral.*

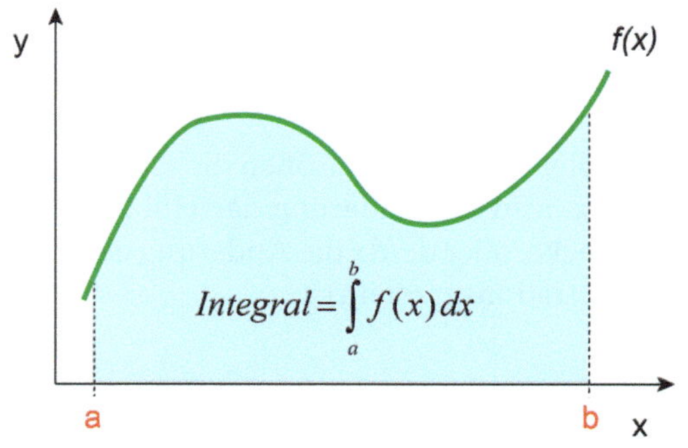

Abbildung 6.4: Integral der Funktion f(x)

Dieser Flächeninhalt ist nun ebenfalls über die Stammfunktion von f(x) zu finden. (Den Beweis dafür finden Sie in Mathematikbüchern, wir verzichten hier darauf.) Das Faszinierende daran ist, dass diese Fläche ganz einfach zu berechnen ist, nämlich über die Differenz der Werte der Stammfunktion an den Stellen b und a. Diese Tatsache ist überhaupt nicht selbstverständlich, aber so bedeutend, dass sie im **Hauptsatz der Differential- und Integralrechnung** einen Platz gefunden hat:

$$\int_a^b f(x)\,dx = F(x)\,\Big|_a^b = F(b) - F(a)$$

Eine Anwendung der Integrationsmethode ist das Lösen von Differentialgleichungen (DGL), von denen es ganz schön viele gibt. Mit einer DGL beschreiben Sie funktionale Abhängigkeiten. Das Aufstellen einer DGL gelingt in den meisten Fällen recht einfach. Das

Lösen einer DGL ist manchmal das durchaus größere Problem, denn das kann ganz schön kompliziert werden.

Es gibt verschiedene Integrationsregeln und Methoden, wie Sie zu Ihrer Stammfunktion kommen (auch die finden Sie in Mathematikbüchern). *Eine* davon wollen wir Ihnen allerdings schmackhaft machen, weil sie häufig verwendet wird und Sie relativ leicht zum Ziel kommen:

Lösen einer Differentialgleichung durch *Variablentrennung*

$$f(x) = \frac{dy}{dx} = x \quad \text{Trennung der Variablen:} \quad dy = x\,dx$$

$$\text{Integration:} \quad \int_0^Y dy = \int_a^b x\,dx \quad \Rightarrow \quad y = \left.\frac{x^2}{2}\right|_a^b = \frac{b^2}{2} - \frac{a^2}{2}$$

$$f(x) = \frac{dy}{dx} = \frac{1}{x} \quad \text{Trennung der Variablen:} \quad dy = \frac{1}{x}\,dx$$

$$\text{Integration:} \quad \int_0^Y dy = \int_a^b \frac{1}{x}\,dx \quad \Rightarrow \quad y = \ln x|_a^b = \ln b - \ln a = \ln\frac{b}{a} = \left(-\ln\frac{a}{b}\right)$$

$$f(x) = \frac{dy}{dx} = \frac{1}{x^2} \quad \text{Trennung der Variablen:} \quad dy = \frac{1}{x^2}\,dx$$

$$\text{Integration:} \quad \int_0^Y dy = \int_a^b \frac{1}{x^2}\,dx \quad \Rightarrow \quad y = -\left.\frac{1}{x}\right|_a^b = -\frac{1}{b} - \left(-\frac{1}{a}\right) = \frac{1}{a} - \frac{1}{b}$$

Werden wir mal ein bisschen chemischer:

Ihre Reaktionsgeschwindigkeit lautet $dc/dt = kc$. Integrieren Sie:

$$\frac{dc}{dt} = kc \quad \text{Trennung der Variablen:} \quad \frac{1}{c}dc = k\,dt$$

$$\text{Integration:} \quad \int_{c_A}^{c_E} \frac{1}{c}\,dc = \int_{t_0}^{t_1} k\,dt \quad \Rightarrow \quad \ln c|_{c_A}^{c_E} = k\,t|_{t_0}^{t_1} \quad \Rightarrow \quad \ln\frac{c_E}{c_A} = k\,(t_1 - t_0)$$

Nur für Streber: Unlösbares lösbar machen

Differentialgleichungen können Sie häufig aufstellen, um die Abhängigkeit einer Größe von einer anderen (oder mehreren anderen) zu beschreiben. Um solche Gleichungen zu lösen (das heißt zu integrieren), müssen Sie schon manchmal richtig tief in die Mathematik einsteigen und entsprechende Kenntnisse besitzen. Lösen Sie eine Differentialgleichung durch Integration, heißt das analytische Lösung.

Hier hilft nur die Numerik

In vielen Fällen, besonders wenn es um die Beschreibung von Dingen in der Praxis oder der Natur geht, ist es einfach nicht mehr *möglich*, eine Lösung herbeizuführen. Das Problem liegt hier eindeutig in der Mathematik, die dazu nicht in der Lage ist. Dies Problem tritt schneller auf, als Sie denken. Nehmen Sie etwa ein Atom mit einem Atomkern und *einem* Elektron. Das Verhalten des Elektrons, das sich durch die Wechselwirkung der Ladungen ergibt, können Sie durchaus (wenn auch mithilfe komplizierter Verfahren) berechnen. Sie erhalten eine analytische Lösung für die aufgestellte Gleichung. Betrachten Sie ein System mit *zwei* Elektronen, geht das bereits nicht mehr.

Bekanntlich haben die meisten Atome aber deutlich mehr Elektronen, die allesamt miteinander in Wechselwirkung treten. Und die Atome wechselwirken auch untereinander, gehen Bindungen ein und dergleichen. Die einzelnen Stoffe wechselwirken ebenfalls, sie gehen Reaktionen ein. Die äußeren Bedingungen können sich ändern, die möglichen Einflussgrößen werden schlicht unüberschaubar. Natürlich könnten Sie diese Größen weitgehend in Ihren aufgestellten Gleichungen erfassen – aber Sie können diese Gleichungen nicht mehr lösen! Manchmal *haben* Sie überhaupt keine Funktion, sondern nur eine Wertetabelle aus experimentellen Ergebnissen, die Sie graphisch auftragen, aber für die Sie keine funktionale Beziehung formulieren können.

Was nun? – Auch wenn es manchmal den Eindruck hat, dass nur noch Chaos herrscht, leben wir doch unter einigermaßen geordneten Bedingungen, und die wichtigsten Dinge lassen sich *eben doch* vorhersagen.

Dafür gibt es diverse *numerische* Verfahren. Je nachdem, welches Problem Sie beschreiben wollen, ist das eine oder andere besser dafür geeignet.

Nun sollen an dieser Stelle nicht alle numerischen Verfahren erörtert werden (es gibt wirklich sehr viele). Schauen Sie sich an, was Sie da machen können und wie das im Prinzip funktioniert. Als Beispiel soll die numerische Integration der Funktion aus Abbildung 6.4 dienen.

Eine numerische Integration dient dem Zweck, sich diesem Integral anzunähern. Dazu wird das Intervall [a;b] in n gleich große Teile geteilt (die sogenannte Schrittweite), in unserem Beispiel in vier Teile. Als einfachste Möglichkeit bieten sich Rechtecke an wie in Abbildung 6.5. Anschließend werden die Funktionswerte jeweils in der Mitte des Teilintervalls ermittelt, und damit bilden Sie folgende Summe:

$$\int_a^b f(x)\,dx \approx \frac{b-a}{n}\left[f(x_1) + f(x_2) + f(x_3) + \ldots + f(x_n)\right]$$

Wie Sie sehen, ragen die Rechtecke mal über die Kurve hinaus, mal sind sie darunter. Es mitteln sich also eine ganze Menge Fehler von selbst weg, aber natürlich ist die *angenäherte* Fläche nicht identisch mit der *tatsächlichen*.

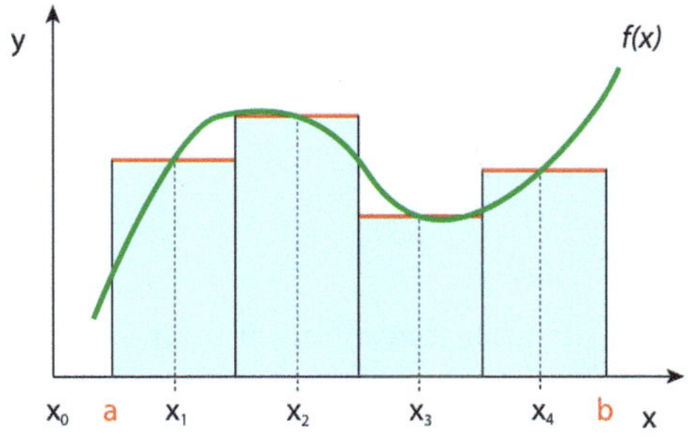

Abbildung 6.5: Rechteckverfahren

Vielleicht bekommen Sie die Annäherung besser hin, wenn Sie statt der Rechtecke Trapeze verwenden, entweder als Tangente oder als Sehne (in Abbildung 6.6 sind Tangenten eingezeichnet). Dann zählen Sie die einzelnen Teilstücke mit folgender Formel zusammen:

$$\int_a^b f\,(x)\,dx \approx \frac{b-a}{2}\,(f\,(x_0) + 2 \cdot f\,(x_1) + 2 \cdot f\,(x_2) + \ldots + 2 \cdot f\,(x_{n-1}) + f\,(x_n))$$

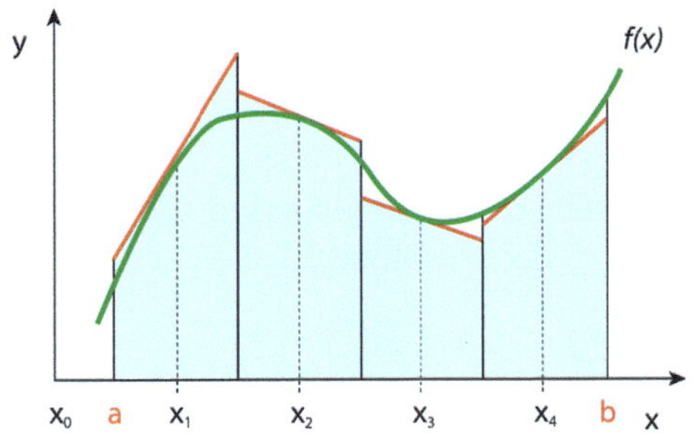

Abbildung 6.6: Trapezverfahren

Noch besser können Sie den Graphen zwischen a und b an die gegebene Kurve anschmiegen, wenn Sie geeignete Funktionen, beispielsweise Parabeln verwenden. So etwas ist in Abbildung 6.7 dargestellt. Die Annäherung ist doch wirklich gut, finden Sie nicht?

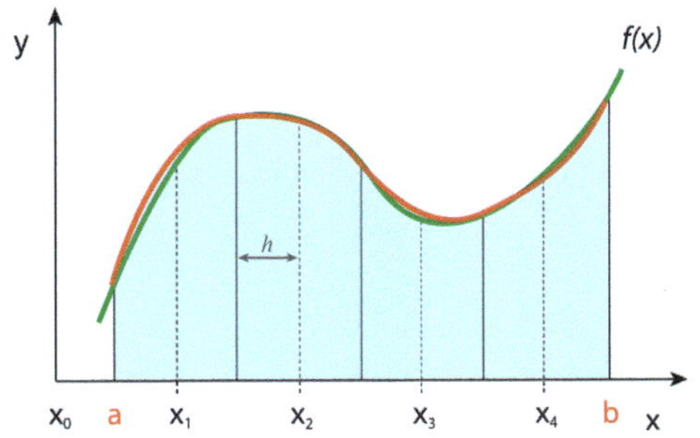

Abbildung 6.7: Annäherung durch eine Parabel

Eine häufig verwendete Näherung finden Sie unter der Bezeichnung SIMPSON-Formel:

$$\int_a^b f(x)\,dx \approx \frac{h}{3} \times \left[f(x_0) + 4 \cdot \left(f(x_1) + f(x_3) \ldots f(x_{n-1})\right) + 2 \cdot \left(f(x_2) + f(x_4) \ldots f(x_{n-2})\right) + f(x_n)\right]$$

Wie die einzelnen Näherungsformeln genau zustande kommen, entnehmen Sie bei Interesse bitte einem geeigneten Mathematikbuch.

Weitere Beispiele brauchen Sie eigentlich gar nicht mehr, weil das Prinzip klar geworden sein sollte: Mit welcher Gleichung Sie letztendlich arbeiten, hängt vom Problem ab, das Sie beschreiben wollen.

Sie können sich gewiss vorstellen, dass das Ergebnis umso besser wird, je kleiner die Schrittweite h ist. Bei theoretisch unendlich kleiner Schrittweite würde exakt die Funktionskurve wiedergegeben. Aber Sie brauchen nicht annähernd so viel. Wenn Sie ein geeignetes numerisches Verfahren anwenden, werden Sie erstaunt sein, wie genau das Ergebnis ist und wie wenige Teilschritte Sie benötigen. Das ist schon sehr zuverlässig.

Und da es sich dabei immer um viele Einzelrechnungen handelt, sind Computer und hohe Rechenleistung extrem von Vorteil. (Glauben Sie bloß nicht, dass der Wetterbericht für die nächsten drei Tage zustande kommt, indem irgendwer eine passende Gleichung aufstellt und analytisch löst.)

Behalten Sie bitte im Hinterkopf, dass Sie selbst vor komplizierten Gleichungen nicht zu kapitulieren brauchen, weil es fast immer *irgendwelche* Möglichkeiten gibt, sie zu lösen, und sei es auch nur näherungsweise.

Was ist eine TAYLOR-Reihe?

Häufig werden die Abhängigkeiten und damit die funktionalen Zusammenhänge recht kompliziert, und dementsprechend sehen auch die zugehörigen Funktionen aus. Vielleicht brauchen Sie die Funktion aber gar nicht so kompliziert, weil Sie nur wissen wollen, wie sich die Funktion in einer bestimmten *Umgebung* verhält. Sie benötigen also gar nicht die gesamte Achse für das, was Sie berechnen möchten. Hier können Sie die Funktion um einen gewünschten Punkt x_0 herum entwickeln. Besonders bewährt hat sich hier die TAYLOR-Entwicklung, die zu folgender Reihe führt:

$$y(x) = \sum_{n=0}^{\infty} \frac{f^n(x_0)}{n!} \cdot (x - x_0) = f(x_0) + \frac{f'(x_0)}{1!} \cdot (x - x_0) + \frac{f''(x_0)}{2!} \cdot (x - x_0)^2 + \frac{f'''(x_0)}{3!} \cdot (x - x_0)^3 + \ldots..$$

»!« heißt Fakultät (ein Beispiel: $6! = 6 \cdot 5 \cdot 4 \cdot 3 \cdot 2 \cdot 1 = 720$)

Je nachdem, wie genau Sie es haben wollen, können Sie die Reihe bis in alle Ewigkeit fortsetzen. Die Glieder werden allerdings sehr schnell viel kleiner, und in vielen Fällen reicht es aus, die Funktion an der Stelle x_0 anzunähern, wenn Sie die TAYLOR-Reihe bereits nach dem zweiten Glied abbrechen. Auf diese Weise haben Sie doch eine leicht verdauliche Funktion geschaffen, mit der sich arbeiten lässt.

Aufgaben Kapitel 6

Zum Aufwärmen

1. Für die Reaktion von 12 g der Komponente A benötigen Sie 5,45 g der Komponente B. Wie viel B müssen Sie für einen Ansatz mit 300 g A einwiegen?
2. Wie viel ist die Hälfte von $6{,}022 \cdot 10^{23}$?
3. Wie viel ist das Hundertfache von $6 \cdot 10^{22}$?
4. Wie viele signifikante Stellen hat die Angabe 27,0 km?

Für Fortgeschrittene

5. Berechnen Sie: lg 0,5 – lg 2,55
6. Berechnen Sie: $25{,}387 \cdot 0{,}25$
7. Wie viel ist lg $(10^{-3.8})$?
8. Integrieren Sie $\int_a^b \frac{1}{(1-c)}\, dc$

Teil II

Atome und Periodensystem – das Brot für den Chemiker

IN DIESEM TEIL ...

finden Sie die wichtigsten Modellvorstellungen für die unvorstellbar kleinen Atome. Immer kam es darauf an, was zur entsprechenden Zeit an Phänomenen beobachtet wurde und was überhaupt mit den zur Verfügung stehenden Techniken untersucht werden konnte. Wurde etwas Neues, Unerklärliches gefunden, mussten vorhandene Modelle verändert oder ersetzt werden. Dabei war es keineswegs so, dass eine neue Erkenntnis wie Schuppen von den Augen fiel und von jedermann akzeptiert wurde. Jede neue Vorstellung hatte viele Gegner und wurde hart umkämpft; einige davon wurden wieder verworfen, andere konnten sich durchsetzen.

Jedes Modell hat seine Grenzen. Wir sollten uns klarmachen, dass wir mit Modellen *nicht* in der Lage sind, ein Atom (keiner hat je eines gesehen) abzubilden, und auch nicht vermuten, dass wir das Ende der Fahnenstange erreicht hätten. Trotzdem tun wir so, als wären Atome das Normalste der Welt: Wir zählen sie, wir lassen sie miteinander reagieren und wir zerstören sie sogar – und wir ordnen sie alle in das Periodensystem der Chemischen Elemente ein.

IN DIESEM KAPITEL

betreten wir eine diskrete Welt

gewinnen wir erste Einblicke ins Atom

wird die Masse gesucht

Kapitel 7
Das Atom steht Modell

Atome können Sie nicht sehen. Sie sind so klein, dass wahrscheinlich bereits Ihre Vorstellungskraft dabei an Grenzen stößt: 10^{-10} m. Es gibt zahlreiche Vergleichsversuche wie die Erbse im Kölner Dom oder die Apfelsine im Erdmittelpunkt – nichts davon kann Ihnen wirklich die Dimension eines Atoms veranschaulichen, es ist einfach *unvorstellbar klein*. Und der Atomkern ist noch einmal um mehrere Größenordnungen kleiner, nämlich 10^{-15} m. Auch Bakterien können Sie nicht sehen, jedenfalls nicht mit bloßem Auge, und die sind immerhin 2 µm groß, das sind $2 \cdot 10^{-6}$ m. (Mit einem guten Mikroskop bekommen Sie das noch hin.) Aber bei Atomen brauchen Sie schon ein **Elektronenmikroskop** oder **Rastertunnelmikroskop**. Selbst dann *sehen* Sie die Atome eigentlich nicht direkt, sondern erhalten lediglich Hinweise darauf, dass die Materie *nicht kontinuierlich* aufgebaut ist.

Umso bemerkenswerter ist es, welch genaues Bild im Laufe der Zeit von diesen winzigen Atomen entstanden ist, denn die technischen Möglichkeiten waren eher bescheiden. Eines ist schon mal klar: Egal, mit welchem Bild Sie konfrontiert werden, *real* kann es nicht sein – *es sind alles nur Modellvorstellungen*. Die Schaffung eines neuen Atommodells war immer die Reaktion auf Beobachtungen und experimentelle Ergebnisse, für die Erklärungen gesucht wurden. Und ein Modell ist nur so lange gut, bis es ein neues Experiment gibt, das dieses Modell in Schwierigkeiten bringt. Die Experimente wurden immer ausgefeilter, also wurden auch die entwickelten Modelle immer besser – und immer komplizierter. Ein Normalsterblicher blickt mittlerweile kaum noch hinter die Kulissen.

Der Einzige, der sich nicht auf Messergebnisse berief, sondern nur in sich ging, war der Grieche Demokrit, der vor über 2000 Jahren lebte. Rein intuitiv hat er sich für Atome entschieden – daher haben sie ihren Namen. Aber er war seiner Zeit weit voraus.

Demokrit

»In Wirklichkeit gibt es nur Atome und das Leere.«

Natürlich hatte Demokrit (460–371 v. Chr.) keinerlei Möglichkeiten, gezielte Untersuchungen mit der Materie anzustellen. Als großer Naturphilosoph kam er lediglich durch Nachdenken auf seine Weltanschauung. Für ihn gab es nur das Volle und das Leere, und beide haben ihre Existenzberechtigung. Der Kosmos ist aufgeteilt in winzige Elemente, die für das Auge unsichtbar und unteilbar sind (griechisch: *ατομοσ*, *atomos* = unteilbar).

Den Überlieferungen nach hat Demokrit sich selbst mithilfe des Sonnenlichts geblendet, damit ihm das sinnliche Augenlicht nicht die Geistesschärfe verdunkle. Vielleicht fällt Ihnen mal das Buch »Atom« von Karl Aloys Schenzinger in die Hände. In seinem Roman bekommen Sie einen Eindruck von den damaligen Verhältnissen und überhaupt von der Entwicklung der Atomvorstellungen. Sehr lesenswert.

Aristoteles hatte diese Ideen erst einmal über den Haufen geworfen und sich die Welt als Kontinuum gedacht, in der nur die vier Elemente Erde, Wasser, Feuer und Luft das Sagen haben. Irgendwie konnten die Menschen damit offenbar mehr anfangen als mit diesen unsichtbaren kleinsten Elementen, weshalb seine Philosophie über 2000 Jahre in den Köpfen verankert blieb. Aber der Name »Atom« ist geblieben, und die Zeit brachte es mit sich, dass viele Beobachtungen in der Natur nicht erklärbar waren, ohne sich *doch* wieder auf diese kleinen Teilchen zu besinnen.

Dalton

Der Erste, der sich an einem »modernen« Atombegriff versuchte, war John Dalton; seine *Atomhypothese* kennen Sie schon aus Kapitel 3. Ausschlaggebend waren für ihn zahlreiche Beobachtungen und Phänomene, über die er sich Gedanken gemacht hat. Aber was für Phänomene waren das? Hier einige Beispiele:

- ✔ Stoffe können in verschiedenen Aggregatzuständen existieren. Wie erklärt sich deren unterschiedliche Dichte?
- ✔ Werden gleiche Volumina von beispielsweise Wasser und Ethanol gemischt, ergibt sich insgesamt ein kleineres Volumen, als die Summe der beiden ergeben würde.
- ✔ Wieso verbinden sich zwei Elemente immer nur in ganz bestimmten Massenverhältnissen?

All das lässt sich wunderbar damit erklären, dass die Stoffe aus *einzelnen Teilchen* bestehen: Beim Erhitzen von Stoffen vergrößert sich der Abstand zwischen den Teilchen, kleine Teilchen verschwinden in den Lücken zwischen den größeren Teilchen, und die Stoffe reagieren atomweise. *Halbe Atome gibt es nicht.*

Abbildung 7.1: Atommodell von DALTON

Auf der Basis dieser Beobachtungen stellte DALTON 1808 das *erste* fundierte Atommodell auf:

- ✔ Jegliche Materie besteht aus Atomen – das sind kleine, massive, unteilbare Kugeln (symbolisiert in Abbildung 7.1).
- ✔ Jedes Element besteht aus einer Atomsorte mit einem bestimmten Radius und einer bestimmten Masse.
- ✔ Bei chemischen Reaktionen gruppieren sich die Atome lediglich um. Dabei werden Atome weder vernichtet, noch entstehen neue.

THOMSON

Das DALTON'sche Modell hielt immerhin 100 Jahre. Dann jedoch konnte Joseph John THOMSON nachweisen, dass die geladenen Teilchen, die aus erhitzten Kathoden entweichen, *Elektronen* sind. (Zu dieser Zeit wurden Kathodenstrahlröhren entdeckt.) Diese Elektronen mussten ja irgendwoher kommen, und THOMSON nahm an, dass sie direkt aus den Atomen des Kathodenmaterials stammten (etwas anderes war ja nicht da). Wenn negative Teilchen emittiert werden, bleibt positive Ladung zurück. Im Atom musste also beides vorhanden sein. Die Kugel (insofern blieb er DALTONs Modell treu) ist positiv geladen, und in ihrem Inneren bewegen sich die Elektronen. 1903 präsentierte er sein *Rosinenkuchenmodell*, auch bekannt als *Plumpudding*-Modell (*siehe* Abbildung 7.2 – zum Vergleich ein Kuchenexperiment der Autoren).

Dies war das *erste* Atommodell, das davon ausging, dass die Atome nicht einheitlich sind, sondern eine innere Struktur aufweisen. (THOMSON gilt auch als der Entdecker des Elektrons. Dafür wurde er 1906 mit dem Nobelpreis für Physik geehrt.)

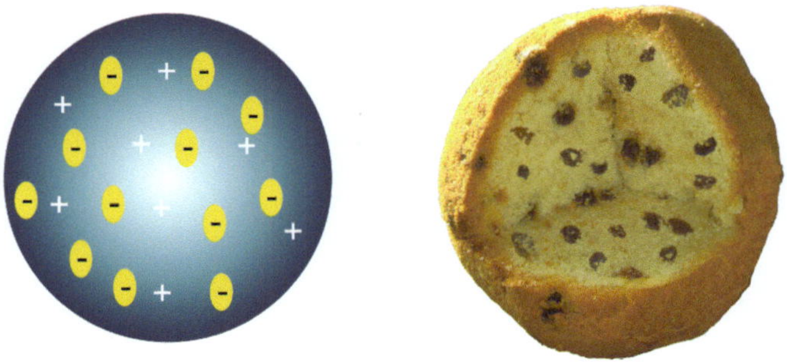

Abbildung 7.2: Atommodell von THOMSON

LENARD

Zur etwa gleichen Zeit (1903) experimentierte auch Philipp LENARD mit Kathodenstrahlen. Er ließ Elektronen auf dünne Folien treffen und beobachtete dabei deren Absorptionsverhalten. Seine Ergebnisse veranlassten ihn zu der Annahme, dass sich nicht nur die negative Ladung an ganz bestimmten Stellen findet, wie bei THOMSON, sondern auch die positive Ladung auf kleine Räume konzentriert ist. Da es ja gleich viele positive wie negative Ladungen gibt, brachte er diese in Dipolen an, die er *Dynamiden* nannte. Für seine Arbeiten erhielt er 1905 den Nobelpreis für Physik.

In seinem *Dynamidenmodell* bestehen Atome im Wesentlichen aus leerem Raum, in dem sich kleine rotierende Dipole befinden, wie in Abbildung 7.3 angedeutet.

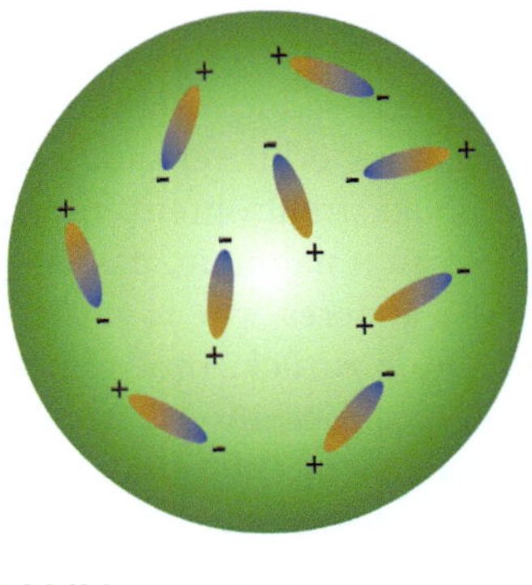

Abbildung 7.3: Atommodell von LENARD

Die wichtigste Schlussfolgerung dieses ansonsten überholten Modells ist die Annahme, dass die Gesamtmasse des Atoms nur in einem sehr kleinen Raum zu finden ist. Damit steht dieses Modell quasi zwischen dem Rosinenkuchen von THOMSON und dem RUTHERFORD'schen Atommodell.

Rutherford

Ernest Rutherford, ein Schüler von Thomson, fand die Idee der Bestrahlung gut, verwendete aber dafür keine *negativ* geladenen Elektronen, sondern *positiv* geladene Heliumkerne, also α-Strahlung, die er aus einem Stück Radium gewann und mit denen er eine äußerst dünne Goldfolie bombardierte. Die Strahlung wurde dann ringförmig registriert. Dabei machte Rutherford folgende Entdeckung (*siehe* Abbildung 7.4):

- ✔ Die weitaus meisten Teilchen konnten die Folie ungehindert passieren, fanden sich also genau gegenüber.
- ✔ Einige Teilchen wurden abgelenkt – und das mehr oder weniger stark.
- ✔ Ganz wenige Teilchen kamen gar nicht durch die Folie hindurch und wurden *reflektiert.*

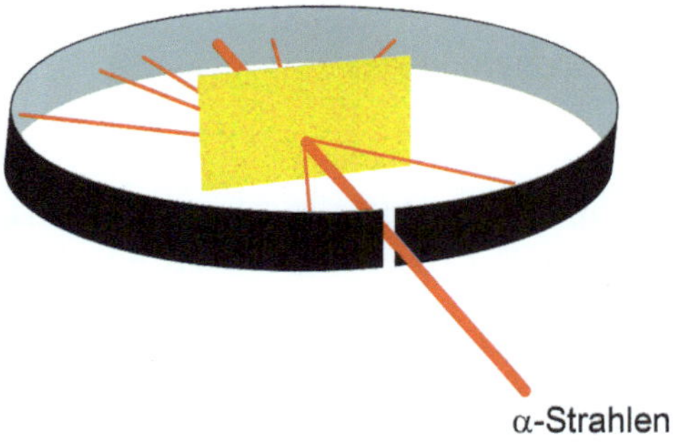

Abbildung 7.4: Der Rutherford'sche Streuversuch

Diese Ergebnisse dieses bahnbrechenden Experiments, das als **Rutherford'scher Streuversuch** in die Lehrbücher eingegangen ist, ließen folgende Erkenntnisse zu:

- ✔ Innerhalb der Folie ist im Wesentlichen nichts, das heißt: leerer Raum, durch den die Teilchen ungehindert hindurchfliegen können.
- ✔ Einige positiv geladene α-Teilchen werden abgelenkt, weil sie nahe an anderen positiv geladenen Teilchen vorbeifliegen, sodass es zu Abstoßungseffekten kommt.
- ✔ Wenige α-Teilchen treffen offenbar frontal auf andere positiv geladene Teilchen, dass sie postwendend zurückprallen – sie kommen *gar nicht* durch die Folie hindurch.

Abstrakt könnten Sie sich die Goldfolie so wie in Abbildung 7.5 vorstellen.

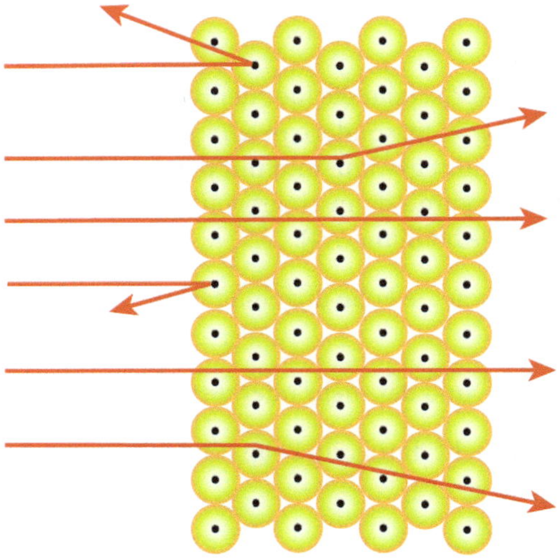

Abbildung 7.5: Durchtritt der α-Teilchen durch die Goldfolie

Rutherford kam zu dem Schluss, die für die starke Ablenkung der α-Teilchen erforderliche große elektrische Feldstärke sei nur dann erklärbar, wenn die positive Ladung vollständig auf einen kleinen Raum konzentriert ist, der viel kleiner ist als der Atomradius. Das ist der wesentliche Unterschied zu Thomsons und Lenards Atommodell, die jeweils von einer *gleichmäßigen* Verteilung der Masse ausgingen. Das entsprechende Atommodell, das aus diesem Versuch aus dem Jahr 1911 hervorging, sieht daher so aus wie in Abbildung 7.6.

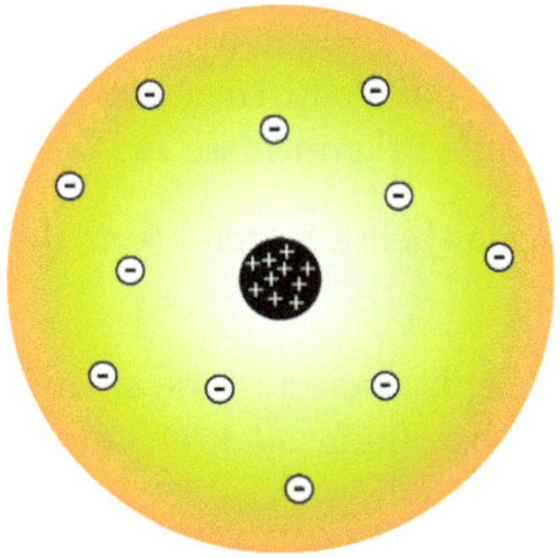

Abbildung 7.6: Atommodell von Rutherford

Die positive Ladung befindet sich eng verpackt im kleinen Atomkern. Rutherford erhielt bereits 1908 den Nobelpreis für seine Versuche mit ionisierenden Strahlen. Was die Elektronen in der Atomhülle genau machen, konnte Rutherford seinen Versuchen nicht entnehmen. Er nahm an, dass sie sich irgendwie um den Kern herumbewegen. Zusammen mit seinem Schüler Niels Bohr zerbrach er sich darüber den Kopf.

BOHR

Natürlich müssen sich die Elektronen um den Kern bewegen, denn sonst würden sie vom positiven Atomkern angezogen werden und das wär's dann. Es musste also eine Erklärung gefunden werden, wieso die Elektronen das nicht tun. (Hier kam Max PLANCK ins Spiel, der kurz zuvor die Quantelung der Energie entdeckt hatte.) Niels BOHR fand keinen Beweis für seine eigenen Vorstellungen. Er probierte einfach etwas aus – und es passte. Damit konnte er das **Spektrum** des Wasserstoffs (das können Sie sich im nächsten Kapitel ansehen) erklären. (Das war 1913 und ein gewaltiger Fortschritt.) Das Ergebnis ist in Abbildung 7.7 zu sehen. Die Elektronen kreisen auf bestimmten Kreisbahnen um den Atomkern – später wurden *Schalen* daraus, denn das Atom ist ja (mindestens) dreidimensional. Die einzelnen Schalen hat BOHR von innen nach außen alphabetisch benannt, beginnend mit K (warum auch immer). Also: K-Schale, L-Schale, M-Schale und so weiter.

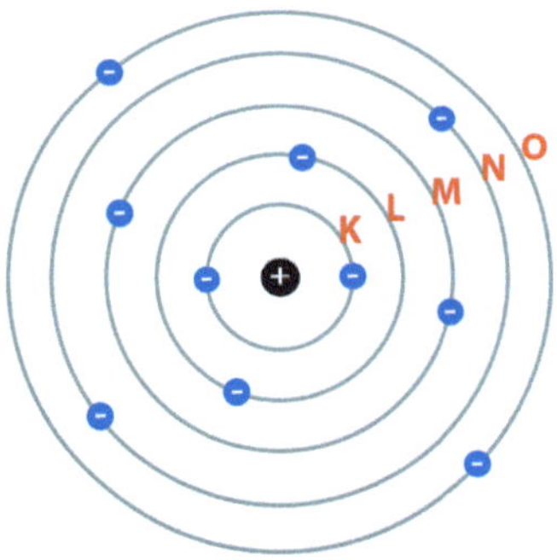

Abbildung 7.7: Atommodell von BOHR

Das veränderte schlichtweg *alles*, denn dieses Modell ist ein *Quanten*modell, das erste überhaupt. Die wichtigste Folgerung: Das Elektron kann *nicht jede beliebige Bahn* annehmen. Wie es dazu kam und was genau damit erklärt werden konnte, können Sie ausführlich in Kapitel 8 nachlesen. Auf jeden Fall erhielt BOHR 1922 dafür den Nobelpreis für Physik.

SOMMERFELD

Nicht alles im Spektrum des Wasserstoffs konnte jedoch erklärt werden. Arnold SOMMERFELD modifizierte 1916 das BOHR'sche Modell, indem er nicht nur Kreisbahnen, sondern auch elliptische Bahnen zuließ (*siehe* Abbildung 7.8). Damit konnten zusätzliche, experimentell gefundene Linien im Spektrum interpretiert werden. Trotzdem half dieses Modell langfristig kaum weiter.

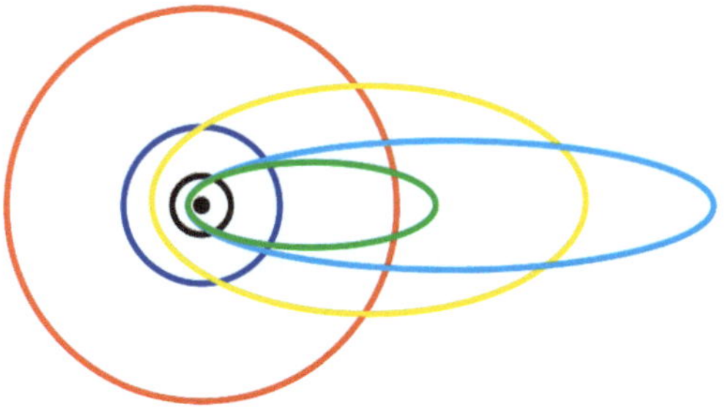

Abbildung 7.8: Atommodell von BOHR/SOMMERFELD

SCHRÖDINGER

Das BOHR'sche Atommodell war natürlich sensationell – aber auch unbefriedigend, weil es auf Annahmen beruhte, die in sich widersprüchlich waren. Außerdem konnte es *ausschließlich* für das Wasserstoff-Atom herangezogen werden. 1926 nahm der österreichische Physiker Erwin SCHRÖDINGER die Entdeckung, dass sich Elektronen auch wie eine *Welle* verhalten können (das haben Beugungsexperimente gezeigt), zum Anlass, eine komplizierte Wellengleichung aufzustellen.

Die *Wellenmechanik* war geboren. Das Ergebnis waren gequantelte Energiezustände, die später *Orbitale* genannt wurden. Einige Beispiele, was die Elektronen so machen, sind in Abbildung 7.9 zu sehen. (Dieses Modell wird auch als *Orbitalmodell* bezeichnet.)

Abbildung 7.9: Orbitale des Atommodells von SCHRÖDINGER

Dieses Atommodell ist unzweifelhaft das am wenigsten anschauliche. Aber:

- ✔ Unser modernes Weltbild beruht darauf.
- ✔ Das Verhalten kleinster Teilchen lässt sich damit widerspruchsfrei beschreiben.
- ✔ Es erklärt den Aufbau der Elemente und liefert das für Chemiker so unverzichtbare Periodensystem.

Da es so wichtig ist, wird es ausführlich in Kapitel 9 beschrieben. (Aber immer noch bloß *qualitativ*, denn die quantenmechanischen Rechnungen sind wirklich nichts für jedermann. Und für das Grundverständnis brauchen Sie das auch nicht so genau.)

KIMBALL

1959 unternahm der US-amerikanische Quantenchemiker George Elbert KIMBALL den Versuch, das Unsichtbare aus dem Orbitalmodell anschaulich zu machen. Der Atomkern ist entsprechend der Schalen von verschiedenen *Kugelwolken* umgeben, die jeweils mit zwei Elektronen besetzt werden können: Je größer die Schale, desto mehr Kugelwolken lassen sich unterbringen.

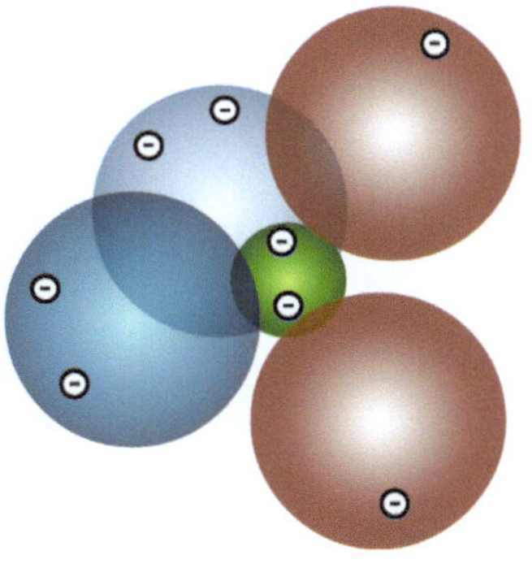

Abbildung 7.10: Atommodell von KIMBALL

Obwohl es die Nachteile des Schalenmodells vermeidet, stellt es gegenüber dem Orbitalmodell keinen Fortschritt dar, weil es keine neuen Erkenntnisse über den Atomaufbau liefert. Es ist als didaktisches Anschauungsmodell gut geeignet. Aber damit hat sich's auch. In diesem Buch werden Sie dem KIMBALL-Modell *nicht* wiederbegegnen.

IN DIESEM KAPITEL

fahren Elektronen Karussell

betreten Sie die Welt der Quanten

betrachten wir den Regenbogen etwas genauer

Kapitel 8
Das BOHR'sche Atommodell

Dem Atommodell, das Niels BOHR entwickelt hat, wird hier bewusst ein eigenes Kapitel zugestanden. Nicht, dass es anschaulicher oder logischer wäre als andere Atommodelle: *Alle* bisher dargestellten Vorstellungen bedeuteten zum Zeitpunkt ihrer Entstehung einen enormen Fortschritt. (Führen Sie sich bitte immer wieder vor Augen, welche experimentellen Möglichkeiten jeweils zur Verfügung standen, um die erhaltenen experimentellen Befunde in solch ein kleines Ding hineinzuinterpretieren, von dem niemand wusste, ob es überhaupt existierte!)

Dabei ging es um Experimente und deren Ergebnisse – und wie diese sich *deuten* ließen. Das Bild, das dabei entstand, entsprach natürlich nicht der »Wahrheit«, wie wir heute wissen (die werden wir wohl auch nie erfahren), aber jedes Modell konnte eine Erklärung für einen Großteil der beobachteten Phänomene liefern. *Das* war entscheidend.

BOHR war ein Schüler von RUTHERFORD und maßgeblich an der Erkenntnis beteiligt, dass fast die gesamte Masse und die positive Ladung in einem Atomkern versammelt sind, der im Vergleich zum ganzen Atom verschwindend klein ist. Beide hatten keine Ahnung, welche Rolle den Elektronen dabei zukommt. Dem wollte BOHR auf den Grund gehen. Es gab Unstimmigkeiten und Widersprüche – und Experimente, deren Ergebnisse nicht erklärbar waren. Hier trug BOHR wesentlich zur Aufklärung bei:

- ✔ Er entwarf ein Modell, das physikalische Ungereimtheiten beseitigte. (Dafür verwendete er allerdings zumindest fragwürdige Annahmen.)
- ✔ Er konnte ein wichtiges Experiment deuten, nämlich die Aussendung genau definierter Linien im elektromagnetischen Spektrum, wenn Wasserstoff erhitzt wird – das *Wasserstoff-Spektrum* (*siehe* Abbildung 8.6).

Das BOHR'sche Atommodell ist das *erste* quantenmechanische Modell für das Atom. Das hört sich für Sie vielleicht etwas beunruhigend an, und Sie sagen sich: »Das ist nicht meine Liga.« Innerlich stellen Sie die Quantenmechanik womöglich gar auf eine Ebene mit der

Relativitätstheorie und kommen zu dem (Fehl-)Schluss: »So etwas *versteht* man nicht.« Sie können (und sollten) diese Thematik jedoch unter zwei Gesichtspunkten betrachten:

- ✔ Als Möglichkeit, *quantitative* Ergebnisse wie beispielsweise Energieverteilungen zu erzielen, die auf der Grundlage äußerst komplexer Zusammenhänge mit äußerst komplexen mathematischen Operationen berechnet werden können. Dieses Vorgehen ist in der Tat etwas für Spezialisten. Damit beschäftigen wir uns in diesem Buch *nicht.*
- ✔ Völlig losgelöst davon können Sie sich die *Folgen* der Quantenmechanik veranschaulichen – rein *qualitativ* und ganz nach dem Motto: »Um was geht es hier eigentlich?« Nichts anderes ist mit diesem Buch beabsichtigt.

Niels Bohr gilt als Mitbegründer der Quantenphysik. Nachdem sein Atommodell fertig war, konnte er dazu nur sagen:

> »*Wer von der Quantentheorie nicht schockiert ist, hat sie nicht verstanden!*«

Nun wollen wir erst einmal schauen, was denn Herrn Bohr einen solchen Schock versetzte und was die Quantenvorstellung überhaupt mit dem Atom zu tun hat.

Moment! Was ist denn überhaupt ein »Quant«?

Von Quantelung ist dann die Rede, wenn etwas *nicht kontinuierlich* ist, sondern nur in genau definierten »Paketen« zur Verfügung steht. Sie kennen das aus dem Alltag, schließlich können Sie nirgends 2,3 Eier kaufen – die *gibt's* eben nur stückweise! Das Bemerkenswerte an der Quantenmechanik ist nun, dass Planck um 1900 herum zu dem Ergebnis kam, auch die Energie liege nicht in Form eines Kontinuums vor, sondern in kleinen Energiepaketen – ein Befund von gewaltiger Tragweite (mehr dazu in Kapitel 9). Aber auch mit gequantelten Energiewerten sind Sie aus dem Alltag in gewisser Weise vertraut: Wenn Sie jemals in Ihrem Leben eine Treppe benutzt haben, wissen Sie genau, dass Sie zwar eine Stufe nach der anderen nutzen oder auch die eine oder andere Stufe überspringen können, es aber der Gesundheit nicht gerade zuträglich ist, wenn Sie versuchen, auf die zweieinhalbte Stufe der Treppe zu treten – dann legen Sie sich nämlich auf die Nase. Aus Kapitel 5 wissen Sie schon, dass Sie Ihre potentielle Energie erhöhen, wenn Sie eine Treppe hinaufsteigen, aber dank der Stufen ist damit auch Ihre persönliche potentielle Energie sozusagen gequantelt.

Das klassische Atom

Eigentlich müssten die Elektronen ja wegen der elektrischen Anziehung zwischen positiven und negativen Ladungen unweigerlich in den Kern stürzen! Aber Atome sind stabil – das ist schlichtweg eine Tatsache. Bleiben Sie zunächst beim Bild der klassischen Physik und gehen davon aus, dass die Elektronen um den Kern kreisen, wirkt die Zentrifugalkraft der Anziehung entgegen. Für das Wasserstoff-Atom sieht das in etwa so aus wie in Abbildung 8.1.

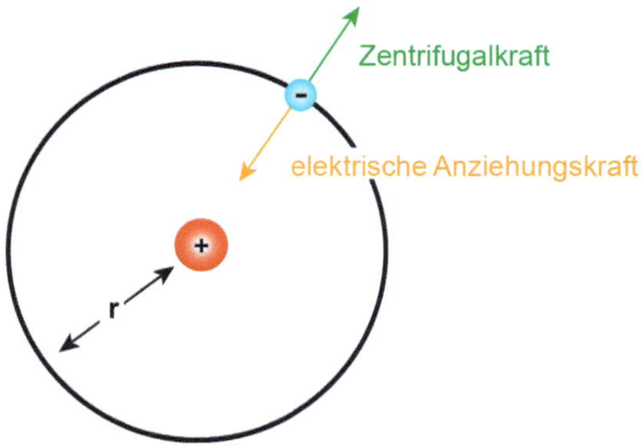

Abbildung 8.1: Bohr'sches Atommodell des Wasserstoffs

Mithilfe dieses klassischen Bildes konnte Bohr die Energie ausrechnen, die ein Elektron auf seiner Umlaufbahn besitzt.

Wenn Sie es genau wissen wollen …

Zunächst liegt eine einfache physikalische Vorstellung nahe: Die Anziehungskraft zwingt das sich bewegende Elektron auf eine Kreisbahn, und die dadurch hervorgerufene Zentrifugalkraft wirkt der Anziehung entgegen. (Eigentlich ist es eine Zentri*petal*kraft, aber das wollen wir hier nicht so eng sehen.) Für den stabilen Zustand halten sich diese beiden Kräfte die Waage.

- ✔ Das erste Ergebnis lieferte eine Energie, die umso größer ist, je weiter das Elektron vom Kern entfernt ist. Dabei könnte die entsprechende Kreisbahn zunächst einmal jeden beliebigen Radius besitzen (wodurch sich natürlich jeweils ein etwas anderer Energiegehalt ergäbe).

Das wäre ja alles schön und gut, wenn die Physiker nicht bereits herausgefunden hätten, dass eine Ladung, die sich auf einer Kreisbahn befindet, unweigerlich Energie verliert – das besagen die Gesetze der Elektrodynamik. Bohr musste also zur Kenntnis nehmen, dass die Elektronen trotz des schönen von ihm ersonnenen Kräftegleichgewichts nun wohl leider *doch* in den Kern stürzen sollten. Aber so leicht wollte er sich nicht geschlagen geben, und um die letzte Jahrhundertwende herum überschlugen sich dann die Ereignisse:

Max Planck entdeckte das **Energiequant** – worüber er überhaupt nicht glücklich war. Er hielt es anfänglich sogar für einen Irrtum. Nachdem sich seine Befunde jedoch nicht mehr wegdiskutieren ließen, erhielt er 1919 dafür sogar den Nobelpreis. Das Entscheidende war, dass mit dem Konzept der **Quantelung der Energie** der Grundstein für ein gänzlich neues Weltbild gelegt war.

Warum sollte BOHR genau diese **Quantelung** nicht in sein Modell einbauen? Schließlich geht es ja auch im Atom um Energien. BOHR nahm dabei an, der Bahndrehimpuls des Elektrons könne ähnlich wie die Energie nur bestimmte, genau definierte Zustände annehmen. Hier baute er das von PLANCK gefundene Wirkungsquantum h ein.

✔ Erst durch Verwendung dieser Quantenbedingung, die den Bahnradius durch eine Quantenzahl n ersetzte, erhielt BOHR als Ergebnis, dass die Energie des Elektrons eben *nicht alle* Werte annehmen und sich das Elektron deshalb nur auf bestimmten, *genau definierten* Bahnen aufhalten kann. Dabei kam er dann – rein rechnerisch – auch zu der Erkenntnis, dass diese Bahnen nicht alle gleich weit von ihren jeweiligen Nachbarn entfernt waren. (Wissenschaftlicher ausgedrückt: Die Bahnen oder Schalen sind nicht *äquidistant*.) Vielmehr kommen die Bahnen (oder Schalen) einander immer näher, je weiter sie vom Atomkern entfernt sind. Das Ganze dürfen Sie sich ungefähr so vorstellen:

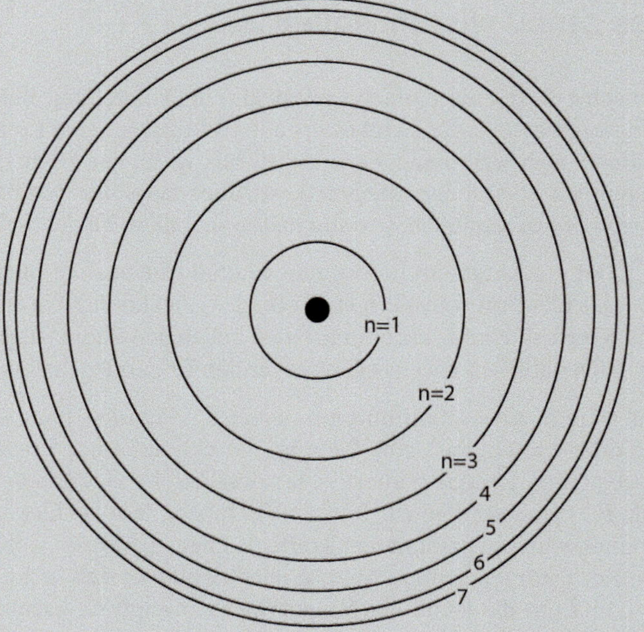

So ließ sich das Wasserstoff-Spektrum im Wesentlichen deuten – aber diese Vorstellung war doch wirklich ungeheuerlich!

In Abbildung 8.2 können Sie die einzelnen Schritte noch einmal nachvollziehen.

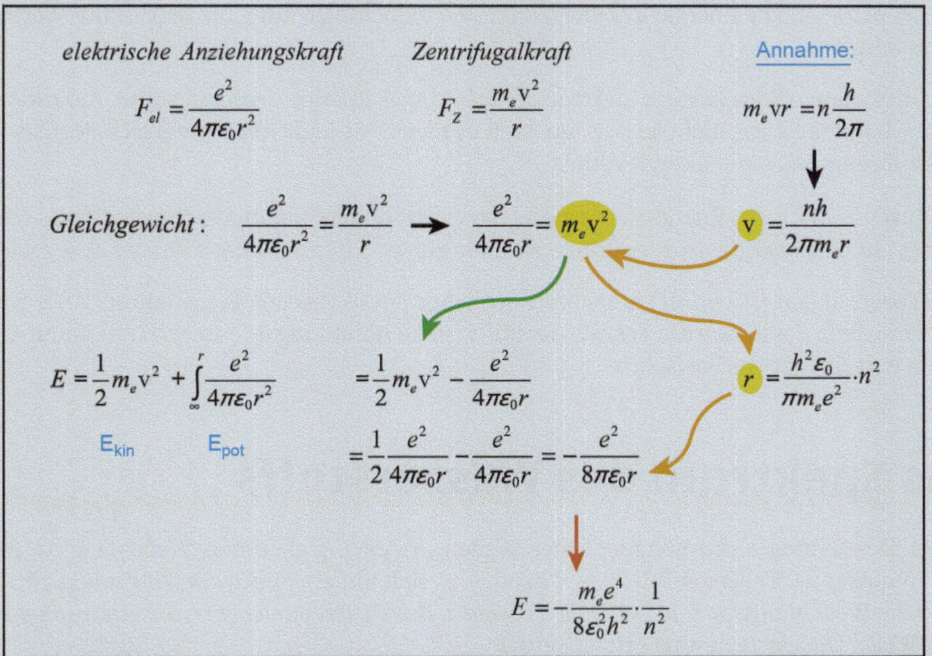

Abbildung 8.2: Quantenbedingung im Bohr'schen Modell

Die Gesamtenergie ist die Summe aus *kinetischer Energie* (das Elektron bewegt sich ja) und *potentieller Energie*, die durch die elektrische Anziehung (Coulombkraft) entsteht. Da diese Anziehung bis in unendliche Weiten reicht, wird sie von unendlich bis zum Abstand r integriert, dadurch wird aus der *Kraft* eine *Energie*. Die Elementarladung e (*siehe* Kapitel 4) und die *Dielektrizitätskonstante* ε_0 sind konstant und brauchen uns nicht weiter zu interessieren. (Wenn Sie vergessen haben, wie $1/r^2$ integriert wird, schauen Sie in Kapitel 6 nach.)

Setzen Sie die Werte für die konstanten Größen ein, können Sie ausrechnen:

- ✔ Bahnradius bei $n = 1$: $r = 5,3 \cdot 10^{-11}$ m
- ✔ Geschwindigkeit auf der Bahn mit $n = 1$: $v = 2{,}186 \cdot 10^6$ m/s

Bohr'sche Postulate

Mit der Aufstellung dieses Modells waren immer noch nicht alle Unstimmigkeiten beseitigt. Es fehlte die Begründung, *warum* das Elektron ausgerechnet nur auf den errechneten

Bahnen stabil sein sollte. BOHR begegnete dem mit einigen zweifelhaften Annahmen, aber nur dann ergab sein Modell überhaupt erst einen Sinn:

- ✔ Das Elektron kreist nur auf Bahnen, bei denen der Bahndrehimpuls ein Vielfaches von $\hbar = h/2\pi$ ist. Die Energie des Elektrons *kann* demzufolge nur ganz bestimmte Werte annehmen.
- ✔ Auch wenn ein kreisendes Elektron an sich immer Energie verlieren sollte: Auf *diesen* Bahnen ist das nicht so (warum auch immer). Das Elektron bewegt sich dort also *strahlungsfrei*, ohne Energieverlust.
- ✔ Durch Zufuhr von Energie kann ein Elektron auf höhere Bahnen springen; fällt es wieder auf eine energieärmere zurück, wird die entsprechende Energie wieder abgegeben.

Diese Forderungen (*Postulate*) entbehrten jeglicher physikalischen Begründung. Aber nun war es möglich, das Spektrum des Wasserstoffs (*siehe* Abbildung 8.6) zu erklären – und *das* war ein entscheidender Fortschritt.

Das Spektrum des Wasserstoffs

Bei der Darstellung elektromagnetischer Wellen in Abhängigkeit von Wellenlänge λ [m] oder Frequenz ν (Wellenzahl) [Hz, s^{-1}] handelt es sich um ein *Spektrum*. Allgemein gilt: *Je kürzer die Wellenlänge oder je höher die Frequenz, desto energiereicher ist die elektromagnetische Welle.* Die Umrechnung erfolgt gemäß

$$\lambda = c/\nu \tag{8.1}$$

Die Energie einer elektromagnetischen Welle lässt sich dann anhand der **PLANCK-EINSTEIN-Gleichung** ermitteln (dabei ist h das PLANCK'sche Wirkungsquantum, mehr dazu erfahren Sie in Kapitel 9):

$$E = h \cdot \nu = \frac{h \cdot c}{\lambda} \tag{8.2}$$

Viele Menschen glauben, sie könnten alles sehen, dabei nimmt das menschliche Auge doch nur einen winzigen Teil des Gesamtspektrums aus Abbildung 8.3 wahr, wodurch sich unsere Welt mithilfe der Augen optisch erschließt: Ab der Infrarot-Strahlung (kurz: IR-Strahlung) ist die Wellenlänge zu groß für den dioptrischen Apparat des Menschen (die IR-Strahlung ist also zu energie*arm*); jenseits der Farbe Violett, also ab der Ultraviolett-Strahlung (kurz: UV-Strahlung) sind die Wellenlängen zu kurz, als dass unsere optischen Sensoren sie erfassen könnten (schon UV-Strahlung ist also zu energie*reich* für das menschliche Auge). Oberhalb und unterhalb dieses Bereichs von 400 bis 800 nm brauchen wir entsprechende Geräte, die mit den entsprechenden Energien etwas anfangen können. (Manche Tiere hingegen können durchaus auch im UV-Bereich wahrnehmen. So erkennen beispielsweise manche Schmetterlinge in für uns »langweilig« weißen Blüten prächtige Muster. Für den Menschen erschließt sich diese Welt aber nur durch Falschfarbenaufnahmen aus dem UV-Bereich. Wie das *wirklich* aussieht, werden wir nie erfahren – einfach, weil uns die »biologischen Messinstrumente« dafür fehlen.)

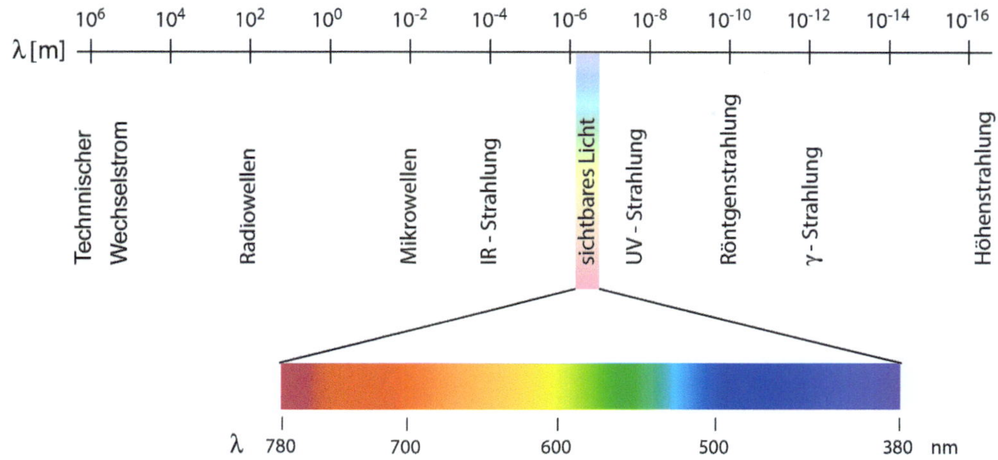

Abbildung 8.3: Das elektromagnetische Spektrum

Der für uns sichtbare Bereich zeigt sich uns als weißes Licht. Sicherlich haben Sie beizeiten schon einen so schönen Regenbogen wie in Abbildung 8.4 bewundern können. Ein solches Phänomen lässt sich beobachten, wenn Licht an vielen kleinen Wassertröpfchen gebrochen wird.

Abbildung 8.4: Regenbogen

Wenn es nicht regnet, lässt sich das Licht auch mithilfe eines Prismas auflösen, wie das in Abbildung 8.5 angedeutet ist (oder Sie können sich einen *Feng-Shui*-Kristall ins Fenster hängen). Die einzelnen Wellen werden an der Bruchkante je nach Wellenlänge unterschiedlich abgelenkt, und Sie sehen die vielen schönen Farben eines kontinuierlichen Spektrums.

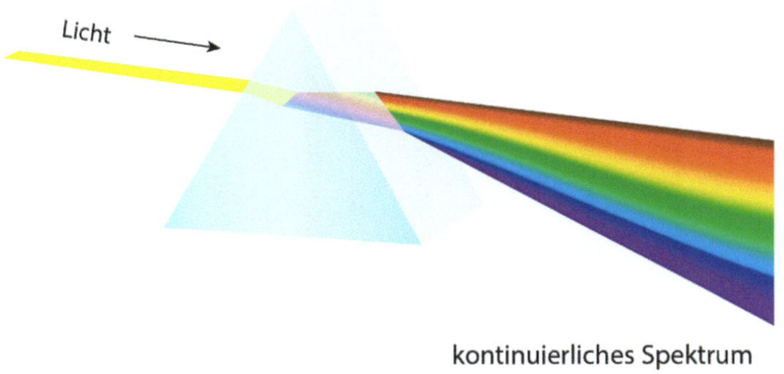

Abbildung 8.5: Zerlegung des Lichts durch ein Prisma

Natürlich ist das Spektrum auch jenseits des sichtbaren Lichts kontinuierlich, aber das können wir eben nicht so direkt erkennen – unsere Augen bekommen das einfach nicht hin. (Das hat man davon, wenn man ein falsches Messgerät benutzt!)

Schwenken wir zurück zum Wasserstoff-Atom: Erhitzter Wasserstoff sendet ebenfalls elektromagnetische Wellen aus, die über das gesamte Spektrum verteilt sind. Im Gegensatz zum kontinuierlichen Spektrum treten aber nur *einzelne Linien* aus diesem Spektrum auf, dazwischen bleibt es dunkel (Abbildung 8.6 zeigt das Wasserstoff-Spektrum).

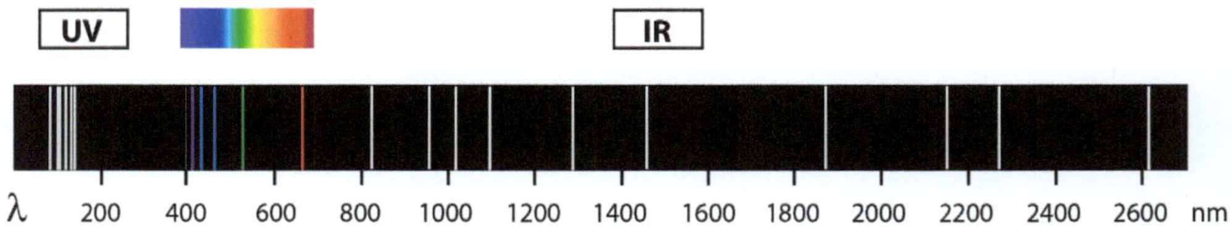

Abbildung 8.6: Das Wasserstoff-Spektrum

Neben diversen Hauptlinien werden auch benachbarte Linien beobachtet, die in verschiedenen Serien zusammengefasst sind (und nach ihren jeweiligen Entdeckern benannt werden, *siehe* Abbildung 8.7). Bereits vor der BOHR'schen Theorie konnte die Frequenz dieser Spektrallinien ausgerechnet werden.

$$\frac{1}{\lambda} = R_\infty \left(\frac{1}{n^2} - \frac{1}{m^2} \right) \qquad (8.3)$$

R_∞ ist die RYDBERG-Konstante (eine Naturkonstante) mit dem Wert $R_\infty = 109\,737\ \text{cm}^{-1}$. Aber woher diese Linien kamen, war zunächst völlig schleierhaft.

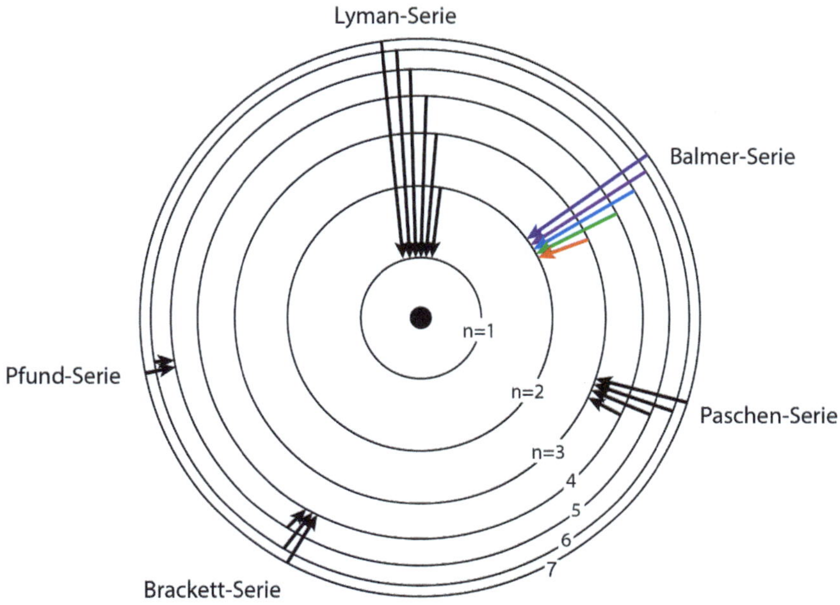

Abbildung 8.7: Emission aus angeregten Zuständen

Mithilfe des BOHR'schen Atommodells jedoch gelang endlich auch eine **theoretische Deutung des Wasserstoff-Spektrums**. Schauen Sie sich noch einmal das Schema in Abbildung 8.2 an. Als Ergebnis steht die Energie des Elektrons, die *ausschließlich* von der Quantenzahl n abhängt:

- ✔ Ist $n = 1$, befindet sich das Elektron im *energieärmsten* Zustand. Hier hält sich das Elektron am liebsten auf, dieser Zustand wird **Grundzustand** genannt.
  - Kennen Sie die Energie des Grundniveaus (in diesem Fall –13,6 eV, das können Sie nachrechnen, indem Sie die Werte für die Konstanten einsetzen), ist es möglich, die Energien für $n > 1$ sofort anzugeben:

$$E_2 = \frac{E_1}{4} \qquad E_3 = \frac{E_1}{9} \qquad E_4 = \frac{E_1}{16} \quad \ldots \tag{8.4}$$

- ✔ Ist $n > 1$, ist die Energie höher, damit ist der Zustand weniger stabil als der Grundzustand. Hier liegt deshalb ein **angeregter Zustand** vor.
  - Wird Energie zugeführt, kann das Elektron vom Grundzustand mit $n = 1$ auf ein Energieniveau mit $n > 1$ springen.
  - Fällt das Elektron wieder auf einen energetisch günstigeren Zustand zurück, wird die Energiedifferenz in Form einer elektromagnetischen Welle frei. Deren Energiegehalt lässt sich dann wieder mit Gleichung 8.2 ($E = h \cdot \nu$) errechnen.
- ✔ Alle anderen Zustände sind prinzipiell schlichtweg *nicht möglich*.

Bitte beachten Sie: In den Naturwissenschaften bedeutet »prinzipiell« nicht »an sich nicht, aber …«, sondern »ein kategorisches Nein«.

Das Spektrum des Wasserstoffs entsteht also durch Elektronenübergänge von höheren auf niedrigere Energieniveaus (*siehe* Abbildung 8.7). Beim Übergang eines Elektrons von einem höheren auf ein niedrigeres Energieniveau wird eine elektromagnetische Welle jeweils genau bestimmter Wellenlänge abgestrahlt. Da es sich dabei also um eine genau definierte Energiedifferenz handelt, erscheint diese im Spektrum als Linie mit einer bestimmten Wellenlänge. Sie erhalten also ein **Linienspektrum**. Die verschiedenen Übergänge, bei denen die Elektronen unter Abgabe von Energie auf unterschiedliche Schalen »zurückfallen«, werden in Serien zusammengefasst, die – wie bereits erwähnt – nach ihren Entdeckern benannt wurden:

- ✔ Lyman-Serie ($n = 1$); alle emittierten Photonen liegen im Bereich der UV-Strahlung, sind also zu energiereich, um durch das menschliche Auge wahrgenommen zu werden.
- ✔ Balmer-Serie ($n = 2$); hier liegen alle Photonen im Bereich des sichtbaren Lichts.
- ✔ Paschen-Serie ($n = 3$); sämtliche Übergänge sind weniger energiereich und liegen im IR-Bereich.
- ✔ Brackett-Serie ($n = 4$); noch energieärmer, ebenfalls im IR-Bereich zu finden.
- ✔ Pfund-Serie ($n = 5$); auch diese energieärmste Serie liegt im IR-Bereich.

Sommerfeld zog zusätzlich auch noch elliptische Bahnen des Elektrons um den Atomkern in Erwägung (*siehe* Abbildung 7.8). Dadurch ließen sich auch noch die Nebenlinien deuten, die die Bohr'sche Quantenzahl noch nicht hergab, auf dieses Modell soll aber hier nicht weiter eingegangen werden.

Linienspektren und Spektroskopie

Andere Elemente haben natürlich auch Elektronen, die in gleicher Weise angeregt werden können und wieder zurückfallen. Immer sind dabei nur ganz bestimmte Energiedifferenzen möglich, die sich in Form der abgestrahlten Energie jeweils als Linie offenbaren. Schauen Sie durch ein *Spektrometer* (wie in Abbildung 8.8), dann erkennen Sie die Linien, die gerade für ein bestimmtes Element charakteristisch sind.

Abbildung 8.8: Zustandekommen eines Linienspektrums

Durch Analyse ihrer jeweiligen Spektren lassen sich Elemente eindeutig identifizieren; das wird in der **Spektralanalyse** ausgenutzt. In Abbildung 8.9 sehen Sie einige Beispiele.

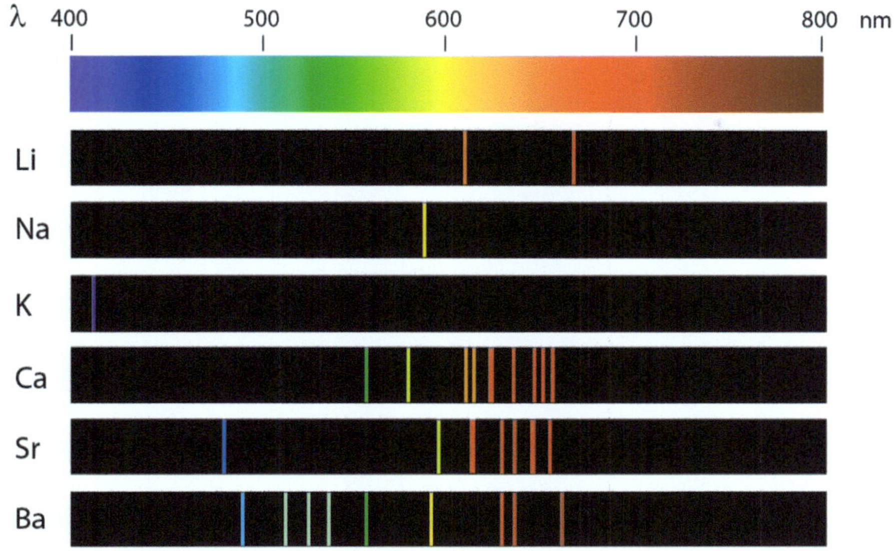

Abbildung 8.9: Linienspektren ausgewählter Elemente

Denken Sie daran: Jede Kerzenflamme, jedes Feuer und das Licht jeder Leuchtstoffröhre können Sie *nur* sehen, weil Elektronen von höheren auf niedrigere Energieniveaus zurückfallen.

Aufgaben Kapitel 8

Zum Aufwärmen

1. Was besagt der Begriff »Quantelung der Energie«?

2. Was dürfen Sie sich unter den im Bohr'schen Atommodell ständig auftretenden *Schalen* vorstellen?

3. Warum können Atome der gleichen Sorte nach energetischer Anregung elektromagnetische Strahlung unterschiedlicher Wellenlängen abgeben?

Für Fortgeschrittene

4. Wie groß ist die Energie von grünem Licht mit einer Wellenlänge von $\lambda = 525$ nm?

5. Welche Frequenz hat eine elektromagnetische Welle mit $\lambda = 75$ nm?

6. Kann Wasserstoff eine elektromagnetische Welle mit $\lambda = 121{,}57$ nm absorbieren?

IN DIESEM KAPITEL

wird scharf geschossen

ist alles unscharf!

gibt es eine Quantenrevolution

Kapitel 9
Elektronen beim Wellenreiten

Ohne Zweifel war das BOHR'sche Atommodell (*siehe* Kapitel 8) ein großer Erfolg, auch wenn es nur für das Wasserstoff-Atom galt und auf fragwürdigen Annahmen basierte: Es beruhte auf Vorstellungen der klassischen Physik, von denen aber bestimmte Konstellationen ausgeschlossen wurden. Erst die Einführung der *Quantenbedingung* ermöglichte dieses Modell – das passte allerdings nicht ins allgemein anerkannte Weltbild. Der englische Physiker William BRAGG hat diese widersprüchliche Situation mit folgenden Worten beschrieben:

»Es ist, als würden montags, mittwochs und freitags die klassischen Gesetze, dienstags, donnerstags und samstags die Gesetze der Quantenphysik angewendet.«

Da gab es offenbar Dinge, die sich einfach nicht unter einen Hut bringen ließen. Und an Systeme mit mehr als einem Elektron war überhaupt nicht zu denken, von chemischen Bindungen ganz zu schweigen.

50 Jahre nach den Ausführungen von BOHR überwog schließlich die Überzeugung, die *Quantentheorie* sei doch nicht einfach nur ein Hirngespinst. Sie ist bislang die einzige Theorie, die das widersprüchliche Verhalten kleinster Teilchen beschreiben kann. Aber der gesunde Menschenverstand wird seine Probleme damit einfach nicht los. Der amerikanische Physiker Richard FEYNMAN war da ganz ehrlich:

»Wenn jemand glaubt, er habe die Quantenmechanik verstanden, dann hat er sie nicht verstanden!«

Es ist anscheinend normal, dass die Quantentheorie die Fähigkeiten unseres Verstandes überschreitet. Sie befinden sich also in bester Gesellschaft, wenn Ihnen die Quantenmechanik »an sich« ein Buch mit sieben Siegeln bleibt. Wir wollen sie Ihnen auch wirklich *nur qualitativ* nahebringen, und da reicht das gewöhnliche Vorstellungsvermögen völlig aus.

Was haben Licht, Wasser und Elektronen gemeinsam?

Schießen Sie eine Kanonenkugel ab (wie in Abbildung 9.1 dargestellt), dann erlauben Ihnen die Gesetze der Ballistik, zu jedem Zeitpunkt genau anzugeben, *wo* sich die Kugel befindet und *wie schnell* sie ist. Dasselbe gilt für Raketen, Bälle oder Kirschkerne beim Weitspucken.

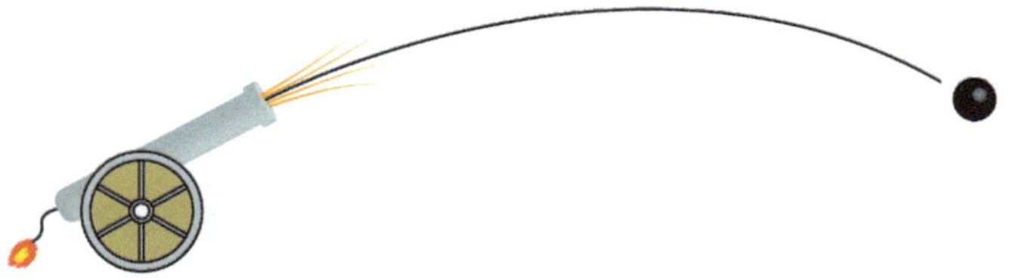

Abbildung 9.1: Klassische Objekte

Nun stellen Sie eine Wand auf, die es Ihrem Geschoss (was auch immer es sein mag) nur erlaubt, durch eine Lücke auf die andere Seite der Wand zu gelangen, wie beim Torwandschießen oder wenn Sie Tennisbälle durch einen Schlitz schlagen (Abbildung 9.2). (Sie können auch gerne Erbsen durch ein Pusterohr blasen oder kleine Kugeln aus einer Pistole abfeuern.) Selbst wenn zwei Öffnungen vorhanden sind, werden Sie nach einer gewissen Zeit immer eine Ansammlung der entsprechenden Gegenstände mit einer gewissen Verteilung rund um die Durchtrittsöffnungen vorfinden.

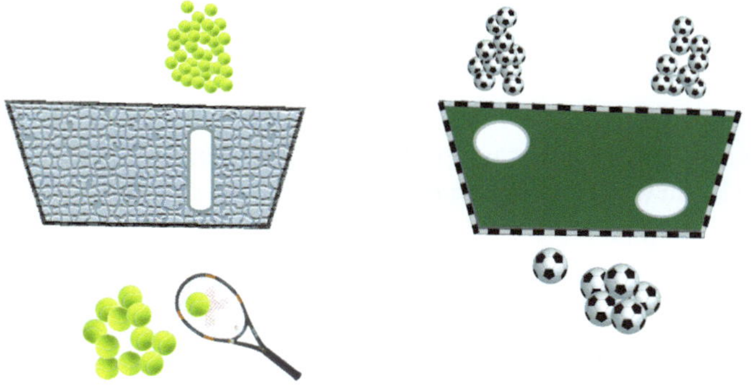

Abbildung 9.2: Klassische Objekte

So weit, so gut … aber drei Experimente stellten die gewohnte Weltanschauung auf den Kopf:

Portioniertes Licht

Alle Dinge haben eine Temperatur, die über dem absoluten Nullpunkt liegt (warum das so ist, erfahren Sie in Kapitel 18), und deshalb geben sie immer und überall elektromagnetische Strahlung ab. Der Energiegehalt dieser Strahlung hängt dabei von der Temperatur ab (auch hier ergeben sich wieder Spektren). Erhitzen Sie beispielsweise ein Stück Metall, wird es zuerst warm (IR-Strahlung), danach rot glühend, gelb glühend und schließlich weiß glühend. Nach den *vor* 1900 bekannten Strahlungsgesetzen müsste sich die Wellenlänge des erhitzten Metalls mit steigender Temperatur immer weiter zu kleineren Wellenlängen verschieben – bis in den UV-Bereich (auch bekannt als *Ultraviolettkatastrophe*). Das hätte zur Folge, dass das Metall irgendwann unsichtbar werden müsste, da wir UV-Licht ja nicht sehen können (weswegen wir es, streng genommen, auch nicht als UV-»Licht« bezeichnen sollten, sondern als UV-*Strahlung*, aber das nur nebenbei) – und das ist ja bekanntlich nicht der Fall. Diesen Widerspruch konnte Max PLANCK durch die Aufstellung seiner Strahlungsgesetze (*siehe* Abbildung 9.3) lösen. Die tatsächlichen Spektralverteilungen erhitzter Körper ließen sich aber nur interpretieren, wenn dabei angenommen wurde, dass sich die Energie der jeweiligen Strahlung proportional zur Frequenz verhält. Das aber geht nur, wenn diese Energie *nicht* kontinuierlich aufgenommen und abgegeben wird, sondern in Form von kleinen Energiepaketen, die der Formel $E = h \cdot \nu$ gehorchen (diese Energiepakete kennen Sie schon aus Kapitel 8). Die Proportionalitätskonstante ist das PLANCK'sche Wirkungsquantum, eine Naturkonstante. Ihr Wert beträgt:

$$h = 6{,}626\,070\,040 \cdot 10^{-34}\ \mathrm{J\ s}$$

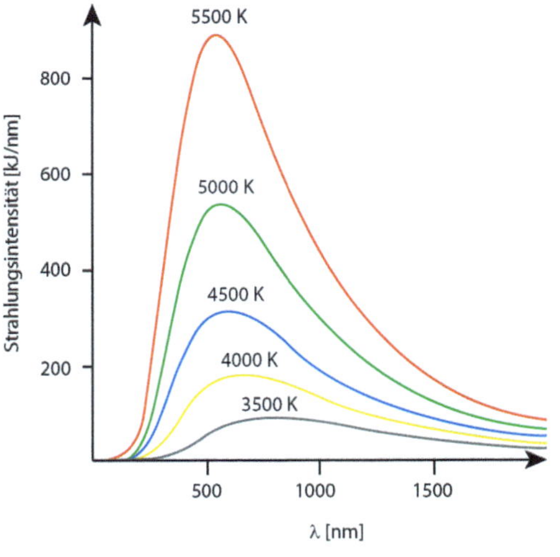

Abbildung 9.3: PLANCK'sches Strahlungsgesetz

Das war die Geburtsstunde der **Quantenmechanik**.

Der lichtelektrische Effekt

Erst die Interpretation der bei entsprechenden Versuchen erhaltenen Daten durch Albert EINSTEIN konnten zeigen, dass die Quantelung der Energie nicht nur eine logische Notwendigkeit darstellt, sondern dass eben diese Quantelung eine *fundamentale Eigenschaft* elektromagnetischer Strahlung gleich welcher Wellenlänge ist: Trifft Licht bestimmter Energie auf eine Metallplatte, werden Elektronen herausgeschlagen (*siehe* Abbildung 9.4). Die maximale Geschwindigkeit dieser Elektronen hängt dabei überraschenderweise *ausschließlich* von der *Frequenz* des eingestrahlten Lichts ab: Eine erhöhte

Intensität der Elektronenemission bedeutet lediglich *mehr* herausgeschlagene Elektronen, aber nicht *schnellere.*

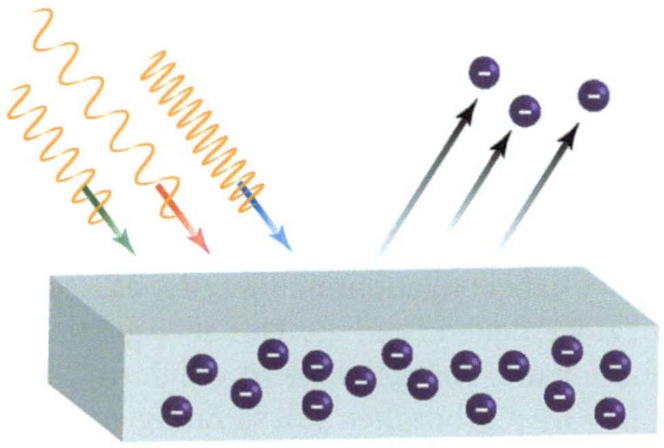

Abbildung 9.4: Der photoelektrische Effekt

Stellen Sie sich vor, ein Energiepaket $E = h \cdot \nu$ trifft auf ein Elektron und überträgt wie beim Billard seinen Impuls, dann verhält sich das Energiepaket wie ein Teilchen. EINSTEIN prägte dafür den Begriff **Energiequant**. (Übrigens hat er *dafür* einen Nobelpreis erhalten und nicht etwa für seine Relativitätstheorie.)

Beugung von Elektronen

Betrachten Sie noch einmal Abbildung 9.2. Nun wiederholen Sie das Experiment mit *wirklich kleinen* Teilchen, nämlich Elektronen, zunächst mit *einer* Öffnung (Spalt) und registrieren Sie die durchgetretenen Elektronen auf einem empfindlichen Schirm. Wie zu erwarten, findet sich hinter dem Spalt eine entsprechende Ansammlung, wo Sie den Spalt auch immer anordnen. (Abbildung 9.5 soll das verdeutlichen.)

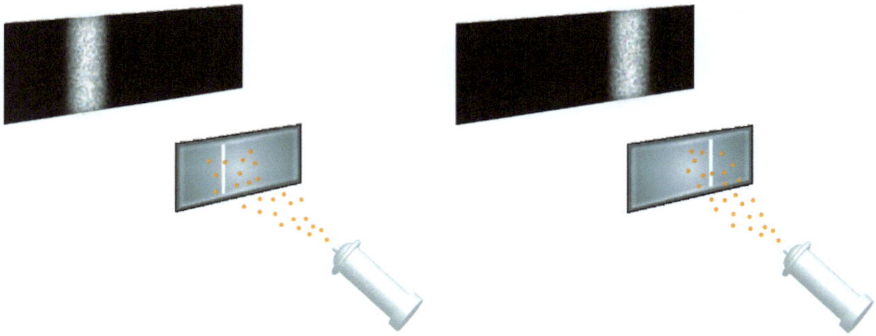

Abbildung 9.5: Elektronen im Spaltversuch

Nun öffnen Sie einen *zweiten* Spalt – und erhalten ein völlig überraschendes Ergebnis: Anstatt zweier Häufchen hinter den einzelnen Spalten bildet sich ein Muster von abwechselnd hellen und dunklen Streifen, wie es in Abbildung 9.6 dargestellt ist – *und das auch an*

Stellen, wo gar kein Spalt ist. Das Experiment, das zu diesem erstaunlichen Befund geführt hat, wird als der **Doppelspaltversuch** bezeichnet.

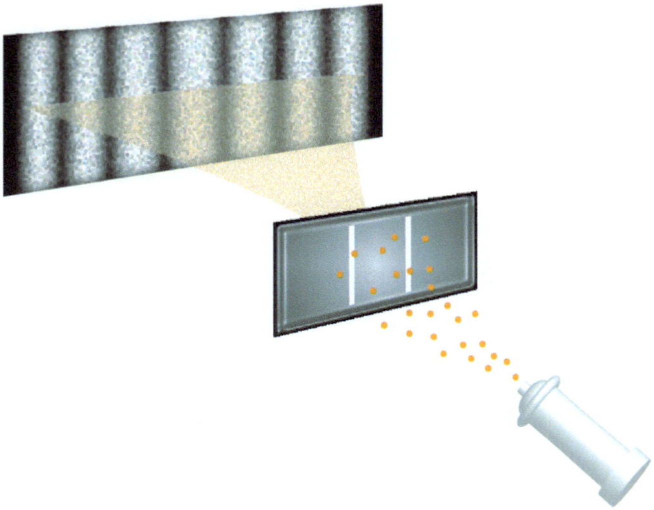

Abbildung 9.6: Elektronen am Doppelspalt

Was ist passiert? – Betrachten Sie zunächst ein anderes Experiment: Werfen Sie zwei Steine gleichzeitig ins Wasser, dann entstehen kreisförmige Wellen, die sich ausbreiten und schließlich ineinanderfließen. Sie erkennen auf dem Foto in Abbildung 9.7, dass sich dadurch Bereiche ergeben, wo die Wellen quasi ausgelöscht sind. Das entsteht durch **Interferenz**.

Abbildung 9.7: Interferenz von Wasserwellen

Ein ähnliches Muster wie in Abbildung 9.6 erhalten Sie auch mit Licht, das gleichzeitig durch zwei Löcher oder Spalte geschickt wird, hier liegt dann ein *Beugungsmuster* vor. (Das wurde durch Experimente von Thomas YOUNG schon im Jahr 1802 bestätigt.)

Sie können sich die Entstehung solcher Interferenzmuster auch deutlich machen, indem Sie die zwei sich ausbreitenden kreisförmigen »Wellen« aufzeichnen und dann ineinanderschieben (dargestellt in Abbildung 9.8). Deutlich ist hier ein entstehendes typisches Streifenmuster zu erkennen (ähnlich dem Moiré-Effekt).

Abbildung 9.8: Interferenzerscheinung

Aber zurück zu unseren Elektronen: Wenn sie durch zwei Spalte gleichzeitig hindurchtreten und solch ein Beugungsmuster wie in Abbildung 9.6 erzeugen, dann müssen sie doch *Wellen* sein – sonst geht das nicht!

Richard FEYNMAN sagt dazu:

> *»Das Doppelspaltexperiment enthält das ganze Geheimnis der Quantenmechanik. Sämtliche Paradoxa, Geheimnisse und Absonderlichkeiten der Natur sind darin enthalten. Bei jeder x-beliebigen anderen Situation in der Quantenmechanik genügt dann der Hinweis: Sie erinnern sich an das Experiment mit den zwei Löchern?«*

Wie groß ist unsere Wellenlänge?

Schauen Sie sich die bisherigen Erkenntnisse über Licht und Elektronen an:

- ✔ Licht besteht aus elektromagnetischen Wellen unterschiedlicher Wellenlänge/Frequenz, die sich mit einer Geschwindigkeit von etwa 300 000 km/s ausbreiten.
- ✔ Licht besteht aus Energiequanten mit einer Energie von $E = h \cdot \nu$.
- ✔ Elektronen sind *Teilchen*, denn sie besitzen eine Masse von $9{,}109 \cdot 10^{-31}$ kg und eine Ladung von $1{,}602 \cdot 10^{-19}$ C.
- ✔ Elektronen lassen sich wie Lichtwellen beugen.

Das Interessante besteht darin, dass Licht und Elektronen sich offenbar wie Teilchen *und auch* wie eine Welle verhalten können. Mit Experimenten können Sie entweder die eine *oder* die andere Eigenschaft nachweisen, aber nie beide gleichzeitig. Dies ist der **Welle-Teilchen-Dualismus.**

EINSTEIN hat bekanntermaßen nicht nur dem Energiequant zum Durchbruch verholfen, sondern im Rahmen seiner *Relativitätstheorie* mit seiner berühmten Formel $E = m \cdot c^2$ deutlich die Grenzen des bisherigen physikalischen Gedankengebäudes aufgezeigt. Da es hier (genau wie beim Energiequant) um Energie geht, spricht nichts dagegen, folgende Beziehung herzustellen:

$$E = m \cdot c^2 = h \cdot \nu \qquad (9.1)$$

Huch – was ist das denn? Hier werden ja auf einmal Teilchen mit einer Welle verknüpft! Das widerspricht eigentlich jedem gesunden Menschenverstand!

Aber genau diese Überlegung brachte Louis DE BROGLIE (er spricht sich übrigens »De-broie« aus) auf die Idee, dass doch eigentlich *alle* Teilchen mit einer (beliebigen) Ruhemasse m_0 auch eine Wellenlänge besitzen müssten. Unter der Annahme, dass sich die Teilchen *nicht* mit Lichtgeschwindigkeit bewegen, sondern mit einer (beliebigen) Geschwindigkeit v, wandelte er Gleichung 9.1 entsprechend um und formulierte für seine »Materiewelle« einen Zusammenhang zwischen Wellenlänge λ und Impuls p:

$$m_0\, v^2 = h\, \nu = h\, \frac{v}{\lambda} \qquad \Rightarrow \qquad \lambda = \frac{h}{m_0\, v} = \frac{h}{p} \tag{9.2}$$

Geschwindigkeit für den Impuls

Ist die Geschwindigkeit nicht bekannt, können Sie sie aus der kinetischen Energie berechnen:

$$E_{kin} = \frac{1}{2}\, m_o\, v^2 \qquad \Rightarrow \qquad v = \sqrt{\frac{2\, E_{kin}}{m_o}}$$

Eingesetzt ergibt sich für den Impuls:

$$p = m_0\, v = m_0 \cdot \sqrt{\frac{2\, E_{kin}}{m_0}} = \sqrt{2\, m_0\, E_{kin}}$$

Nun rechnen wir mal aus:

- Wellenlänge eines Elektrons

  Dafür verwenden wir einfach die Geschwindigkeit des Elektrons im Wasserstoff-Atom in seinem Grundzustand: $n = 1$ (es geht also um die energetisch günstigste und stabilste Umlaufbahn, *siehe* Kapitel 8, dort wird gezeigt, wie sie ermittelt wird).

  $$\lambda = \frac{h}{p} = \frac{6{,}626 \cdot 10^{-34}\ \text{J s}}{9{,}109 \cdot 10^{-31}\ \text{kg} \cdot 2{,}186 \cdot 10^{6}\ \text{m/s}} = 3{,}33 \cdot 10^{-10}\ \text{m}$$

Elektronen lassen sich in einem Energiefeld beschleunigen (das geschieht in jedem Elektronenmikroskop). Dabei sinkt deren Wellenlänge entsprechend der zugeführten Energie. Als Faustregel gilt: Elektronen mit 1 GeV haben eine DE-BROGLIE-Wellenlänge von etwa $\lambda = 1\ \text{fm}$.

- Für die Wellenlänge eines Menschen (nehmen wir einen 85 kg schweren Jogger, der mit 10 km/h unterwegs ist) ergibt sich dann:

  $$\lambda = \frac{6{,}626 \cdot 10^{-34}\ \text{J s}}{85\ \text{kg} \cdot 2{,}8\ \text{m/s}} \approx 2{,}78 \cdot 10^{-36}\ \text{m}$$

Sie werden zugeben, dass diese »Wellenlänge« für Sie *eigentlich* keine Rolle spielt, wenn Sie durch den Wald laufen. – Aber schauen Sie sich die »Wellenlänge« des Elektrons dort oben an: Sie liegt in der Größenordnung eines Atomdurchmessers!

Dass der Materie somit eine Wellenlänge zukommt, hat beachtliche Folgen: Im Rahmen der Wellenmechanik von Werner HEISENBERG führt das zu dem Ergebnis, dass es *nicht* möglich ist, zwei komplementäre Eigenschaften eines Teilchens gleichzeitig beliebig genau zu bestimmen. Das können Energie und Zeit ebenso sein wie Ort und Impuls, wie in unserem Fall. Die »Unschärfe« liegt in der Größenordnung des PLANCK'schen Wirkungsquantums und führt zu der berühmten **Unschärferelation**

$$\Delta x \cdot \Delta p \geq \frac{h}{2\pi} \tag{9.3}$$

Es handelt sich dabei nicht um eine Ungenauigkeit der Messung, sondern um eine prinzipielle Eigenschaft der Natur.

Die Unschärferelation ist also eine direkte Folge dessen, was wir als Welle-Teilchen-Dualismus bezeichnen. Wird der *Ort* des Teilchens exakt gemessen, ist sein *Impuls* unbestimmt; wird die *Geschwindigkeit* exakt gemessen, ist der *Ort* völlig unbestimmt. Das betrifft kleine Teilchen, deren Wellenlänge in der Größenordnung des betrachteten Objekts liegt; bei großen Objekten spielt diese »Unschärfe« aufgrund der sehr kleinen »Wellenlänge« keine Rolle.

HEISENBERG selbst hat den Begriff »Unschärferelation« stets abgelehnt und die Bezeichnung *Unbestimmtheitsbeziehung* vorgezogen. Tatsächlich wird seinem Wunsch mittlerweile in einigen deutschsprachigen Büchern nachgegeben, daher sollten Sie dieses Synonym kennen.

Damit gibt es automatisch Probleme mit dem kreisenden Elektron im BOHR'schen Atom. Schließlich hatten wir die Geschwindigkeit des Elektrons und den Radius, auf dem es sich um den Atomkern bewegt, direkt aus dem Modell abgeleitet. Welche Schlüsse lassen sich jetzt daraus ziehen? – Die Energie des Elektrons (und damit seine Geschwindigkeit) lassen sich ja (mithilfe spektroskopischer Methoden) ziemlich genau bestimmen. Also ist der *Ort* für dieses Elektron weitgehend unbestimmt. Obwohl es nur *ein* Elektron ist, ist es quasi über einen bestimmten Bereich »verschmiert«, der durch die Größe der Wellenlänge vorgegeben ist. In Abbildung 9.9 ist dargestellt, wie an die Stelle der Kreisbahn nun so etwas tritt wie eine Wahrscheinlichkeit, das Elektron irgendwo anzutreffen. Häufig wird hier von einer »Aufenthaltswahrscheinlichkeit« gesprochen, aber da das Elektron nun einmal nicht nur Teilchen-, sondern auch Wellencharakter besitzt, ist es meistens deutlich hilfreicher, stattdessen das Konzept der Ladungsdichteverteilung zu nutzen, also die Verteilung der negativen Ladung des jeweiligen Elektrons. Dieses Konzept wird Ihnen auch später noch gute Dienste leisten, glauben Sie uns!

Abbildung 9.9: Unbestimmtheit des Elektrons

Wie ist das mit Schrödingers Katze?

Dieses arme Tier muss immer für die Erklärung des unbestimmten Quantenzustands herhalten. Was hat es damit auf sich? – Betrachten Sie noch einmal Abbildung 9.6. Das Streifenmuster ist aufgrund der Wellennatur der Elektronen durch Interferenz entstanden. Eigenartigerweise ergibt sich dieses Muster aber auch bei *nur einem einzelnen* Elektron, wenn die Elektronen also einzeln nacheinander abgeschossen werden. Wie soll denn das gehen? Was soll da interferieren? – Das Elektron muss sich doch entscheiden, ob es durch den rechten oder den linken Spalt hindurchschlüpft!

Und genau das tut das Elektron *eben nicht!* Aufgrund der Unbestimmtheit des Ortes kommt es zu einer Überlagerung der beiden Zustände (rechter Spalt und linker Spalt); das Elektron geht quasi durch beide Spalte gleichzeitig und interferiert mit sich selbst. (Das können Sie sich nun wirklich nicht mehr vorstellen.)

Das Ganze geht so lange gut, bis die Neugier siegt und Sie wissen wollen, was an den Spalten denn nun tatsächlich vor sich geht. Sie schauen also nach (mit welchem Messinstrument auch immer) und stellen fest: Das Elektron ist durch den linken Spalt gegangen (oder durch den rechten), das haben Sie genau gesehen. Leider sind nun aber Ihre Streifen verschwunden, das Elektron zeigt plötzlich keine Interferenz mehr und Sie finden das Elektron hinter dem Spalt auf dem Schirm. Offenbar haben Sie durch den Messvorgang den Überlagerungszustand aufgelöst (so leicht lässt sich das Elektron offenbar nicht in die Karten gucken).

Diese unerhörten Vorgänge veranlassten Erwin Schrödinger zu seinem viel zitierten (Gedanken-)Experiment mit der Katze (den »Versuchsaufbau« sehen Sie in Abbildung 9.10):

- Eine Katze wird in einen Kasten gesperrt.
- In dem Kasten befinden sich: ein einzelnes (!) radioaktives Atom, ein Geigerzähler, ein Hammer und ein Kölbchen mit Blausäure.
- Wenn das Atom zerfällt, gibt der Geigerzähler ein Signal an den Hammer, das Kölbchen geht kaputt und Blausäure wird freigesetzt – die Katze ist tot.

- Wenn das Atom *nicht* zerfällt, gibt der Geigerzähler kein Signal, das Kölbchen bleibt heil – die Katze lebt.
- Der Zerfall des Atoms erfolgt mit einer nicht bekannten, aber eindeutig gegebenen Wahrscheinlichkeit. Solange Sie nicht in den Kasten schauen, wissen Sie also nicht, ob das Tier noch lebt oder nicht. Damit befindet sich die Katze in einem Überlagerungszustand zwischen »tot« und »lebendig«: Über ihren tatsächlichen Zustand können Sie nichts aussagen – sie ist irgendwie *beides gleichzeitig*.
- Schließlich quält Sie doch das schlechte Gewissen, und Sie öffnen den Deckel: Sie »messen« also quasi den tatsächlich vorhandenen Zustand. Und dann ist die Katze eben *entweder* tot *oder* lebendig. Durch Ihr Nachschauen (das »Messen«) haben Sie aber in das Experiment eingegriffen und den Überlagerungszustand zerstört.

Abbildung 9.10: Schrödingers Katze

Glücklicherweise handelt es sich nur um ein Gedankenexperiment.

Seilhüpfen für Elektronen

Was hat das nun alles mit den Elektronen zu tun? Wir wissen ja bereits, dass sie Teilchen- *und* Welleneigenschaften gleichermaßen aufweisen. Also schauen wir uns zunächst ein wenig genauer *die Wellen an sich* an – der Einfachheit halber halten wir uns zunächst an *eindimensionale* Wellen. Mathematisch gesehen lässt sich eine Welle mit einer Wellengleichung beschreiben. (Was genau das ist, haben Sie vielleicht im Physikunterricht gehört, aber hier ist das gar nicht so entscheidend – wir wollen die Angelegenheit ja nur qualitativ betrachten.) Mit einer Wellengleichung lassen sich fortlaufende Wellen berechnen oder auch stehende Wellen, wie sie sich beispielsweise mit einem Seil oder einer Gitarrensaite erzeugen lassen (*siehe* Abbildung 9.11). Wir interessieren uns hier für die *stehenden* Wellen, denn sie stellen zeitlich stabile Zustände dar; das bedeutet, Wellenberge, Wellentäler und Wellenknoten befinden sich immer an der gleichen Stelle und »laufen« nicht weg.

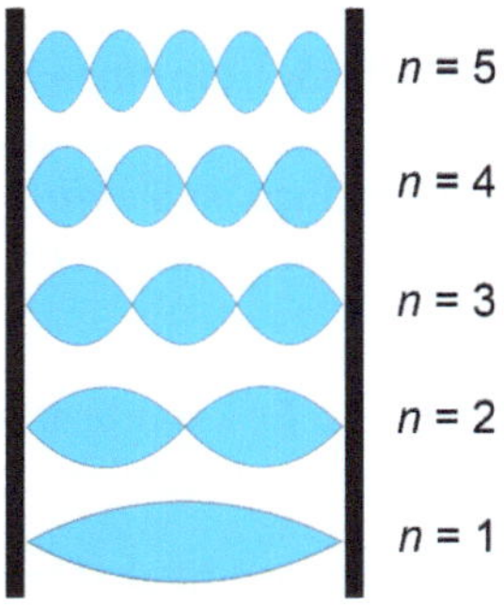

Abbildung 9.11: Eindimensionale stehende Wellen

Eine solche stehende Welle benötigt immer zwei begrenzende Seiten und entsteht nur unter bestimmten Bedingungen, nämlich wenn die Frequenz *ein ganzzahliges Vielfaches der Grundfrequenz* ist. So ein System kann also nur ganz bestimmte stabile Zustände annehmen. Es ist somit *gequantelt* und durch entsprechende Quantenzahlen charakterisiert, die naturgemäß ganzzahlig sind, denn das 2,5-Fache oder 3,2-Fache der Grundfrequenz ergibt eben keine *stehende* Welle. Mit steigender Quantenzahl nimmt die Energie der Welle immer weiter zu.

Auch *zweidimensionale* stehende Wellen lassen sich recht gut visualisieren: Bestreuen Sie beispielsweise Congas mit einem feinen Pulver, so werden nach dem Anschlagen einige der zahlreichen möglichen Schwingungsmuster erkennbar (*siehe* Abbildung 9.12) Das Pulver sammelt sich dabei in der Nähe der Knotenebenen der jeweiligen *Schwingungsmuster* an (also den jeweiligen Null-Durchgängen), weil die Schwingung der Ebene an diesen Stellen minimiert ist.

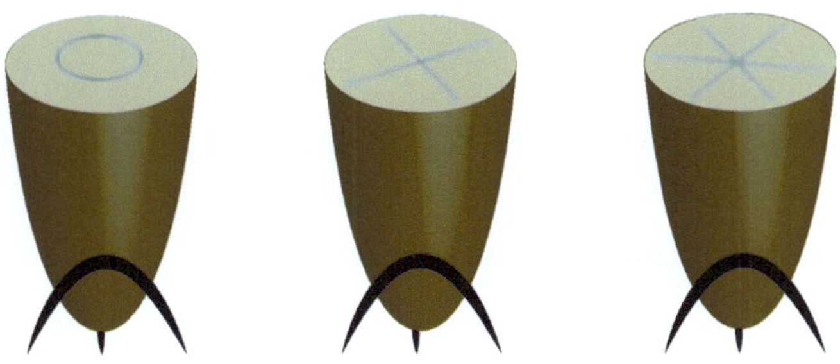

Abbildung 9.12: Zweidimensionale stehende Wellen

Die Idee von DE BROGLIES »Materiewelle« (Gleichung 9.2) entwickelte SCHRÖDINGER zu einer mathematischen Theorie, indem er den Zustand des Elektrons durch eine Wellenfunktion Ψ beschrieb und dafür eine Wellengleichung aufstellte. Das ist die berühmte SCHRÖDINGER-Gleichung, in ihrer einfachsten Form dargestellt als

$$\hat{H}\Psi(r) = E\Psi(r) \quad (9.4)$$

Ganz so einfach, wie sie scheint, ist diese Gleichung dann leider doch nicht. Es handelt sich um eine Differentialgleichung (genauer um eine Eigenwertgleichung), die einen Zusammenhang zwischen der Wellenfunktion eines Elektrons und dessen Energie herstellt. Wie sie genau aussieht und wie man sie löst, ersparen wir Ihnen. Allerdings ist sie *die* Fundamentalgleichung in der Quantenmechanik, deshalb sollten Sie zumindest **qualitativ** verstehen, was mit dieser Gleichung gemacht wird.

- ✔ Stellen Sie sich das Elektron in einen Kasten eingesperrt vor. Es kann bestimmte Schwingungszustände einnehmen, die vergleichbar mit denen in Abbildung 9.11 sind.
- ✔ Auch hier handelt es sich um stehende Wellen – mit dem Unterschied, dass diese Wellen *dreidimensional* sind, denn ein Atom ist ja auch dreidimensional.
- ✔ Zu jeder stehenden Welle gehört eine bestimmte Energie.
- ✔ *Ein*dimensionale stehende Wellen sind durch *eine* ganzzahlige Quantenzahl bestimmt. Entsprechend sind zur Beschreibung *drei*dimensionaler stehender Wellen *drei*, ebenfalls ganzzahlige, Quantenzahlen erforderlich.
- ✔ Diese drei Quantenzahlen für jeden erlaubten Energiezustand ergeben sich aus den jeweiligen Lösungen der SCHRÖDINGER-Gleichung.

Mehr müssen Sie erst einmal nicht wissen. Die errechneten »Elektronenwellen« mit ihren zugehörigen Energien können interferieren, sich überlagern oder sonst alles tun, was Wellen so machen.

Quantenzahlen

Für uns sind die Quantenzahlen interessant, die den Zustand für eine jeweils dreidimensionale stehende Welle beschreiben. Sie werden unterschieden in:

- ✔ Hauptquantenzahl n

  Sie gibt die Energie des Elektrons und die räumliche Ausdehnung ihrer Ladungsdichteverteilung an. Mögliche Werte sind alle ganzen Zahlen (1, 2, 3 ...).

- ✔ **Bahndrehimpulsquantenzahl** l, meist nur **Nebenquantenzahl** genannt.

  Kann alle ganzzahligen Werte von 0 bis $n - 1$ annehmen; dabei gibt der Zahlenwert die *Anzahl der Knotenebenen* des jeweiligen Wellenkonstruktes an. (Zu den Knotenebenen kommen wir gleich.) Die entsprechenden Zustände werden traditionell mit Buchstaben bezeichnet, die sich aus der Spektroskopie ableiten, wie in Tabelle 9.1 aufgeführt.

- ✔ **Magnetquantenzahl** m_l

  Gibt die *Anzahl* der jeweiligen Zustände an. Es sind alle ganzzahligen Werte von $-l$ bis $+l$ möglich, *einschließlich* der 0.

l	Symbol	Herkunft
0	s	von *sharp*, weil meist klar, deutlich und *scharf* erkennbar
1	p	von *principal*, weil *prinzipiell* recht gut zu sehen, aber nicht immer
2	d	von *diffuse*, weil meist nur *verschwommen* erkennbar
3	f	von *fundamental*, weil man sie *eigentlich* sehen müsste … aber häufig klappt's einfach nicht.

Tabelle 9.1: Symbole für die Nebenquantenzahl

Die möglichen Kombinationen dieser Quantenzahlen sehen Sie in Abbildung 9.13.

Schale	*n*	*l*	m_l	Typ
K	1	0	0	1s
L	2	0 1	0 -1 0 1	2s 2p
M	3	0 1 2	0 -1 0 1 -2 -1 0 1 2	3s 3p 3d
N	4	0 1 2 3	0 -1 0 1 -2 -1 0 1 2 -3 -2 -1 0 1 2 3	4s 4p 4d 4f
O	5	0 1 2 3	0 -1 0 1 -2 -1 0 1 2 -3 -2 -1 0 1 2 3	5s 5p 5d 5f
P	6	0 1 2	0 -1 0 1 -2 -1 0 1 2	6s 6p 6d
Q	7	0	0	7s

Abbildung 9.13: Quantenzahlen

Sie sehen: Wenn die Hauptquantenzahl steigt, kommen zu dem *einen* (!) s-Zustand erst *drei* p-Zustände, dann *fünf* d-Zustände und schließlich *sieben* f-Zustände hinzu – und so könnte es immer weitergehen. Theoretisch kämen dann *neun* g-Zustände. (Wir haben mal da Schluss gemacht, wo es – bislang – keine Elemente mehr gibt – Sie werden gleich sehen, dass das alles schon mit dem Periodensystem zu tun hat!)

Jede Lösung der SCHRÖDINGER-Gleichung ergibt einen Satz von verschiedenen Quantenzahlen; dieser beschreibt jeweils einen genau definierten möglichen Energiezustand, den das Elektron einnehmen kann. *Alle anderen Zustände sind nicht erlaubt.* Wir können an dieser Stelle festhalten:

Jede dieser mathematischen Lösungen stellt quasi eine »stehende Elektronenwelle« dar und beschreibt einen stabilen Schwingungszustand.

Orbitale

In Abbildung 9.14 sind diese Zustände in Form von verschiedenfarbigen Kästchen zu sehen, wobei die potentielle Energie von unten nach oben zunimmt.

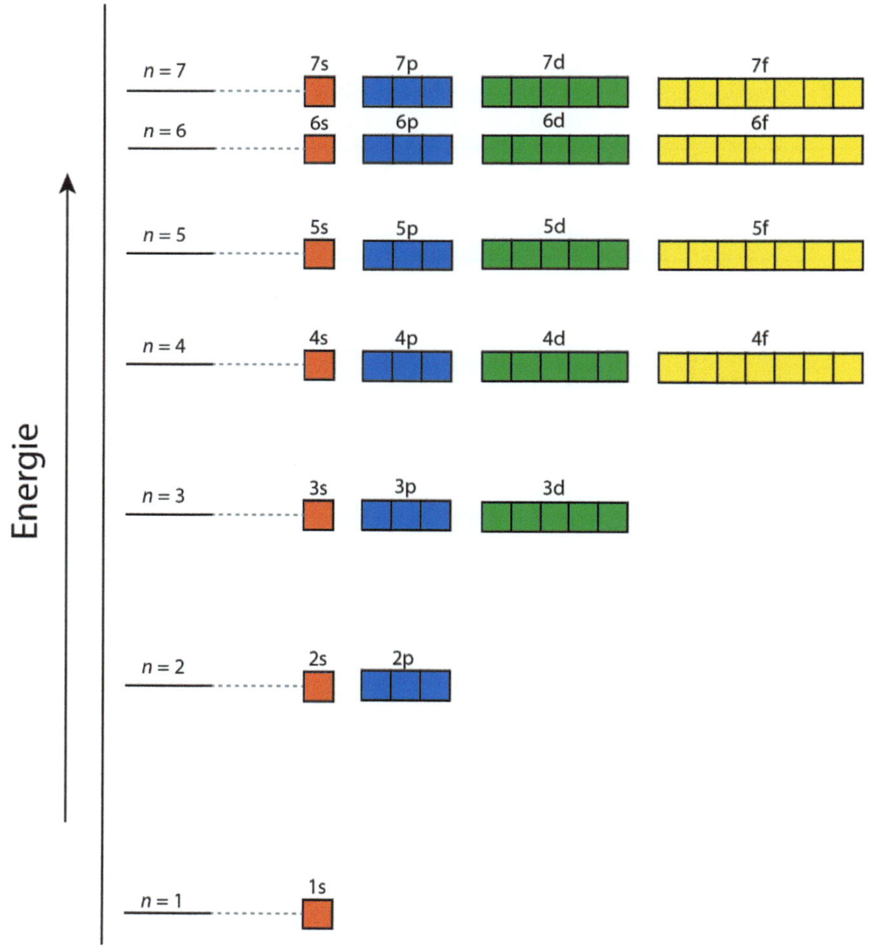

Abbildung 9.14: Erlaubte Energiezustände für das H-Atom

- ✔ Es gibt zu den Hauptquantenzahlen verschiedene Zustände **gleicher** Energie. Diese Zustände heißen *entartet.*
- ✔ Die Energien der Hauptquantenzahlen entsprechen denen der BOHR'schen Bahnen (oder Schalen, wenn Ihnen das lieber ist).

Jedes Kästchen stellt eine mögliche Lösung der SCHRÖDINGER-Gleichung für einen erlaubten Energiezustand des Elektrons dar: eine dreidimensionale stehende Welle.

Berechnet werden *Wellenfunktionen*, die einen bestimmten *Winkel* (in *Kugelkoordinaten* – keine Panik, darauf gehen wir hier nicht weiter ein) sowie einen *Kernabstand* wiedergeben. Natürlich können Sie solche Funktionen auch graphisch auftragen. Die radiale Verteilung (*grüne* Kurven) können Sie Abbildung 9.15 entnehmen.

Wie es sich für eine Welle gehört, finden sich Anteile im Positiven wie auch im Negativen. Da negative Werte für das Vorhandensein eines Elektrons etwas merkwürdig wären, unterbreitete Max BORN den Vorschlag, doch das *Quadrat* der Wellenfunktion $|\Psi(r)|^2$ zu bilden, das dann als *Wahrscheinlichkeit* interpretiert werden kann, das Elektron irgendwo anzutreffen (Abbildung 9.15, *blaue* Kurven). Diese Wahrscheinlichkeitsfunktionen werden **Orbitale** genannt. (Die sehen natürlich mathematisch betrachtet auch nicht besser aus als die zugehörige Wellenfunktion, aber das muss uns hier nicht interessieren.)

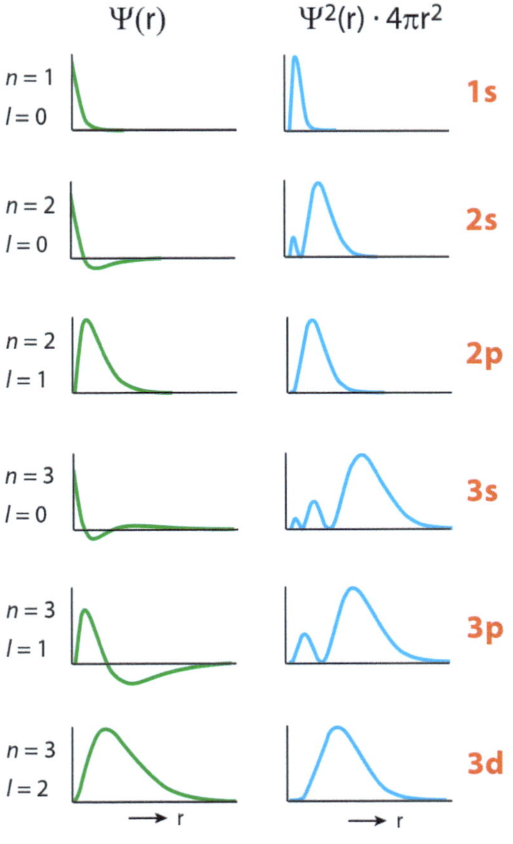

Abbildung 9.15: Wellenfunktionen mit zugehörigen Orbitalen

Das ist zunächst alles, was Sie aus den quantenmechanischen Rechnungen herausziehen können: *radiale Wahrscheinlichkeiten um den Atomkern* herum. Wollen Sie dem Ganzen nun noch eine räumliche Gestalt verpassen, wären sicherlich unterschiedliche Varianten denkbar – die können Sie den Kurven aber nicht entnehmen. Dass Sie überall immer die gleiche dreidimensionale Gestalt dieser Orbitale zu sehen bekommen, bedeutet nur, dass die meisten diesbezüglichen experimentellen Ergebnisse am besten zu deuten sind, wenn die Orbitale räumlich genauso aussehen wie die Beispiele in Abbildung 9.16. Natürlich ist es nicht möglich, die exakten Größenverhältnisse anzugeben. Sie können hier nur die schönen Formen bewundern.

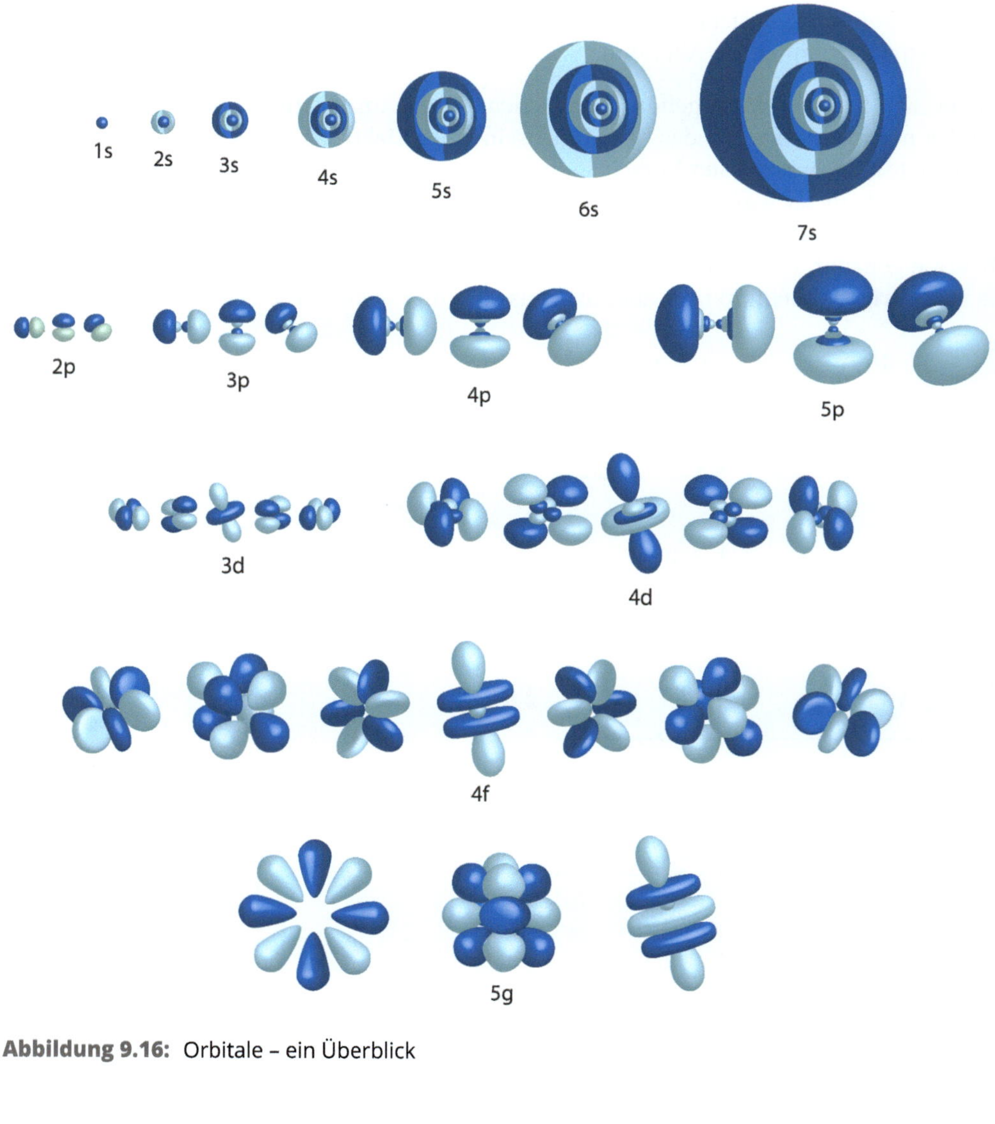

Abbildung 9.16: Orbitale – ein Überblick

Die aus der SCHRÖDINGER-Gleichung erhaltenen Quantenzahlen haben im Prinzip folgende Auswirkungen:

- ✔ Die Hauptquantenzahl n ist für die Größe verantwortlich.
- ✔ Die Nebenquantenzahl l bestimmt, wie das Orbital aussieht, und die Anzahl symmetrierelevanter Knotenebenen. (Zur Symmetrie, die in der Chemie immens wichtig ist, finden Sie über das Buch verteilt einige *Nur für Streber*-Abschnitte.)
- ✔ Die Magnetquantenzahl m_l beschreibt die räumliche Orientierung.

Mit den bildlichen Darstellungen können Sie sicherlich am meisten anfangen, aber …

Machen Sie sich bitte *unbedingt* klar, dass es sich bei diesen als Orbitale bezeichneten Gebilden *nicht* um real existierende Aufenthaltsräume für Elektronen oder so etwas handelt. Ein Orbital ist zunächst einmal nichts anderes als *ein rein mathematischer Ausdruck.*

Wenn es Ihnen gerade schwerfällt, sich eine stehende dreidimensionale Elektronenwelle mit diesen Formen vorzustellen, versetzen Sie sich mal in eine (eindimensional) schwingende Gitarrensaite oder das (zweidimensional) schwingende Fell einer Trommel und überlegen: Wo *ist* eigentlich der Ton? Genau so denken Sie sich bitte das schwingende Elektron, für das Sie je nach Energiezustand ein ähnlich unscharfes Bild malen können wie in Abbildung 9.9.

Wie sind denn nun solch komische Figuren entstanden? – Diese Bilder dienen der Anschaulichkeit für etwas, das nicht anschaulich ist – oder finden Sie die im Kasten dargestellten Lösungen der SCHRÖDINGER-Gleichung für bestimmte Wellenfunktionen anschaulich? Jeder Nichtmathematiker möchte vermutlich umgehend die Flucht antreten.

Einige Lösungen der SCHRÖDINGER-Gleichung (nur gucken!)

$$\Psi(1s)=\left(\frac{1}{\pi}\right)^{1/2}\left(\frac{Z4\pi^2 m_e e^2}{h^2 4\pi\varepsilon_0}\right)^{3/2} e^{-\frac{Zr4\pi^2 m_e e^2}{h^2 4\pi\varepsilon_0}}$$

$$\Psi(2s)=\frac{1}{4}\left(\frac{1}{2\pi}\right)^{1/2}\left(\frac{Z4\pi^2 m_e e^2}{h^2 4\pi\varepsilon_0}\right)^{3/2}\left(2-\frac{Zr4\pi^2 m_e e^2}{h^2 4\pi\varepsilon_0}\right)e^{-\frac{Zr4\pi^2 m_e e^2}{h^2 4\pi\varepsilon_0}}$$

$$\Psi(2p_x)=\frac{1}{4}\left(\frac{1}{2\pi}\right)^{1/2}\left(\frac{Z4\pi^2 m_e e^2}{h^2 4\pi\varepsilon_0}\right)^{3/2}\left(\frac{Zr4\pi^2 m_e e^2}{h^2 4\pi\varepsilon_0}\right)e^{-\frac{Zr4\pi^2 m_e e^2}{2h^2 4\pi\varepsilon_0}}\sin\theta\cos\varphi$$

$$\Psi(2p_y)=\frac{1}{4}\left(\frac{1}{2\pi}\right)^{1/2}\left(\frac{Z4\pi^2 m_e e^2}{h^2 4\pi\varepsilon_0}\right)^{3/2}\left(\frac{Zr4\pi^2 m_e e^2}{h^2 4\pi\varepsilon_0}\right)e^{-\frac{Zr4\pi^2 m_e e^2}{2h^2 4\pi\varepsilon_0}}\sin\theta\sin\varphi$$

$$\Psi(2p_z)=\frac{1}{4}\left(\frac{1}{2\pi}\right)^{1/2}\left(\frac{Z4\pi^2 m_e e^2}{h^2 4\pi\varepsilon_0}\right)^{3/2}\left(\frac{Zr4\pi^2 m_e e^2}{h^2 4\pi\varepsilon_0}\right)e^{-\frac{Zr4\pi^2 m_e e^2}{2h^2 4\pi\varepsilon_0}}\cos\theta$$

Die ermittelten Wellenfunktionen gelten wie beim Bohr-Modell nur für das Wasserstoff-Atom, also ein System mit nur einem Elektron. Bekanntlich besitzen die meisten Elemente mehr als ein Elektron. Leider ist es aber nicht möglich, diese Zustände mit mehr als einem Elektron zu berechnen. Viele Erklärungen und Deutungen, die in der Chemie gemacht werden, beruhen jedoch auf der wichtigen, sogar entscheidenden Annahme, dass es genau *diese* Orbitale auch für die Elektronen anderer Atome gibt und dass sich diese mit denselben Quantenzahlen beschreiben lassen, die die Schrödinger-Gleichung hergibt.

Nicht ganz sauber, aber hilfreich: Orbitale als Luftballons

Auch wenn Orbitale »in Wahrheit« abstrakte mathematische Konstrukte sind, können Sie damit trotzdem umgehen, als gäbe es sie wirklich. Das ist zwar wissenschaftlich nicht ganz »sauber«, vereinfacht die Chemie im Allgemeinen aber ungemein.

Stellen Sie sich ein s-Orbital wie einen kugelförmigen, aufgeblasenen Luftballon vor. Die Luft in diesem Ballon entspricht der gesamten Ladungsdichte eines Elektrons (oder, bei doppelt besetzten Orbitalen, eben der Ladungsdichte zweier Elektronen). Um nun vom s- zu einem p-Orbital zu kommen, brauchen wir dem Luftballon nur einen »Gürtel« anzulegen, und zwar genau in der Mitte. Jetzt ergeben sich zwei Luftballon-Hälften, die beiden Lappen eines hantelförmigen p-Orbitals. Der Gürtel steht hier für die neu hinzugekommene *Knotenebene*. Nun hat sich die Form unseres Ballons zwar geändert, aber insgesamt enthält er immer noch die Ladungsdichte des einen Elektrons (oder eben der beiden, wenn sich zwei Elektronen darin befinden).

Analog lässt sich durch Einführen eines zweiten Gürtels, der dann im rechten Winkel zum ersten stehen (und wieder durch die Mitte des Luftballons verlaufen) muss, das p- in ein kleeblattförmiges d-Orbital verwandeln. Damit haben wir schon vier der fünf d-Orbitale abgedeckt (*siehe* Abbildung 9.16), nur beim fünften, dem Teil mit dem »Saturnring«, ist es etwas kniffliger. Deswegen gehen wir darauf jetzt auch nicht weiter ein.

Wenn Sie sich auf diese Weise vor Augen führen, wie die Lage der Knotenebenen die Form der Orbitale beeinflusst, begreifen Sie auch rasch, warum *die beiden Orbitallappen zu beiden Seiten einer Knotenebene zwangsläufig unterschiedliche Vorzeichen aufweisen* müssen, also *nie* zwei blaue (oder zwei hellgraue) Orbitallappen nebeneinanderliegen können.

Ab Teil III des Buches werden Sie feststellen, dass Orbitale immens vielseitig sind. Deswegen ist es sehr hilfreich, wenn Sie schon früh genug die Scheu davor verlieren und mit ihnen einfach umgehen, als gäbe es sie wirklich. Sie müssen halt nur wissen, dass Sie schon wieder in die *Modell-Falle* getappt sind. Aber solange ein Modell funktioniert: warum darauf verzichten?

Aufgaben Kapitel 9

Zum Aufwärmen

1. Was ist ein Orbital?
2. Welche Elektronenzustände werden mit der Nebenquantenzahl $l = 2$ beschrieben?
3. Was ist der wesentliche Unterschied des wellenmechanischen Atommodells zu anderen Atommodellen?

Für Fortgeschrittene

4. Warum gibt es keinen 1p-Orbitalsatz?
5. Warum gibt es bei jeder Hauptquantenzahl immer nur *ein* s-Orbital, und nicht etwa einen aus mehreren entarteten s-Orbitalen bestehenden s-Orbital*satz*?
6. Warum ist jeder p-Orbitalsatz immer (ungeachtet der Hauptquantenzahl) genau *dreifach* und jeder d-Orbitalsatz *fünffach* entartet?

IN DIESEM KAPITEL

besuchen wir die Atombauhütte

sind nur Doppelzimmer frei

gibt's ein periodisches Déjà-vu

Kapitel 10
Das Periodensystem der Elemente

Es ist schon erstaunlich, dass sich unsere vielfältige Welt aus gerade mal 92 natürlichen Elementen zusammensetzt. Und dabei ist unsere Erde wohl – was die Anzahl der verschiedenen Elemente angeht – auch nur eine seltene Ausnahme. Denn ein Blick ins Universum sagt uns, dass fast alles nur aus Wasserstoff (circa 67 %) und Helium (circa 33 %) besteht. Nur wenige Prozent machen andere Elemente aus – und soll es noch schwerer als Eisen werden, dann sind es nur millionstel Prozent. Alle schweren Elemente entstehen in den Kochtöpfen der Sterne, wo immens hohe Temperaturen und Drücke herrschen – das ist die kosmische *Nukleosynthese.* Hätten diese Elemente sich nicht allesamt auf unserer Erde eingefunden, wäre zumindest das Leben, wie wir es kennen, schlichtweg unmöglich, denn es beruht – angefangen mit der Photosynthese bis zum Überseeflug mit einem Düsenjet – auf chemischen Vorgängen. Wir brauchen die vielen Elemente also, denn Chemie nur mit Wasserstoff und Helium wäre wohl doch etwas langweilig.

Die sonderbare Ordnung der Elemente

Die Elemente unterscheiden sich (das haben Sie schon in Kapitel 4 gelernt) durch die Anzahl der Protonen in ihrem Atomkern. Dazu kommen noch unterschiedlich viele Neutronen, die uns ein Sortiment von zurzeit 2770 bekannten Nukliden beschert, von denen etwa 250 stabile Isotope ausbilden. (Nuklid ist sozusagen der Oberbegriff für *alle* Atome.) Das ändert aber nichts an der Tatsache, dass es nur 92 natürliche *Elemente* gibt, denn die werden ja ausschließlich durch die Anzahl der Protonen festgelegt. Die möglichen *Nuklide* werden in einer *Nuklidkarte* aufgeführt (mehr dazu in Kapitel 52). Die verschiedenen *Elemente* sind im Periodensystem der Elemente (kurz: **PSE**) geordnet, wie Sie es bestimmt schon einmal gesehen haben – entweder in der *Langform* (Abbildung 10.1a) oder in der *Kurzform* (b). Jedes Kästchen steht für *alle* Isotope, die es für das jeweilige Element gibt. (Deswegen heißen sie ja auch »Isotope«: Sie wohnen alle am gleichen (*ισω, iso* = gleich) Ort (*τωπως, topos* = Ort) des Periodensystems.) Bei der platzsparenden Kurzform werden die Lanthanoide und Actinoide ausgelagert.

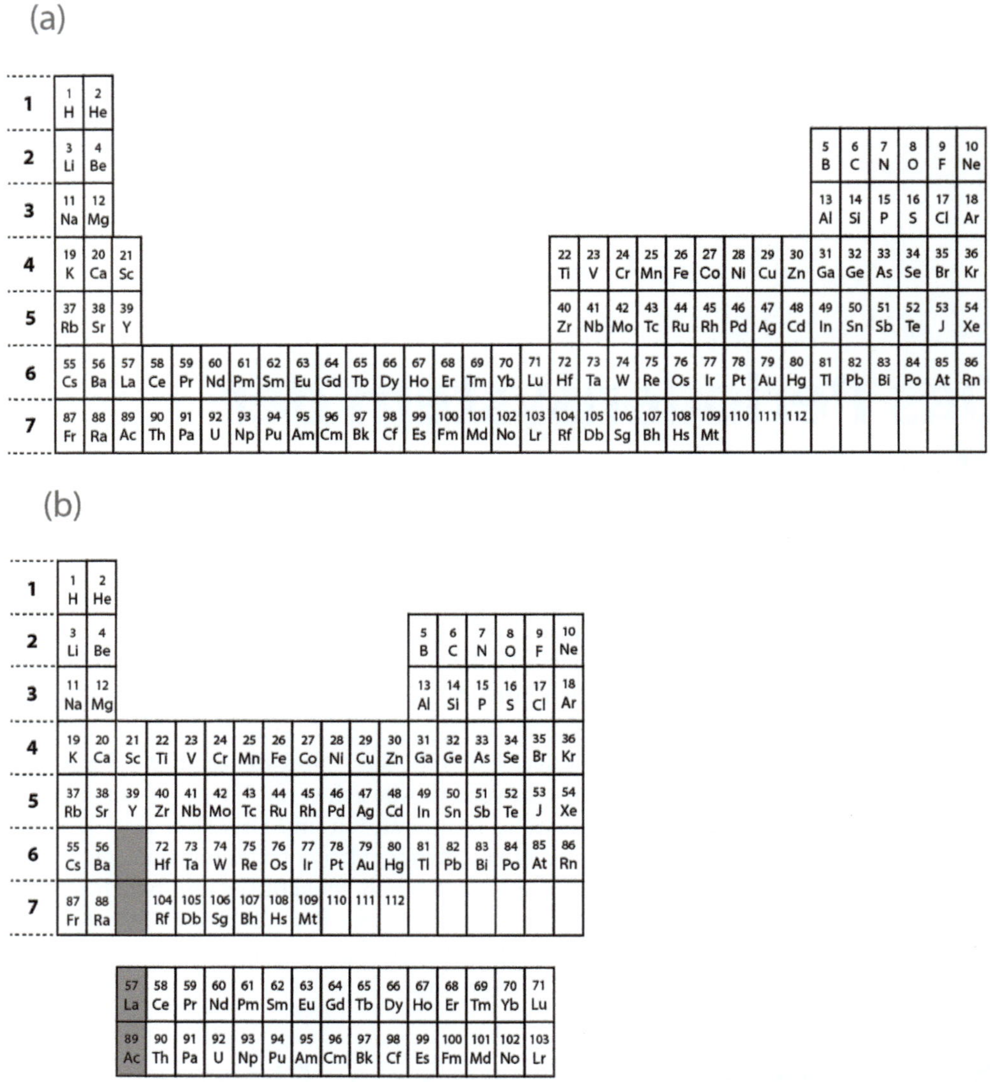

Abbildung 10.1: Periodensystem der Elemente

Nun werden Sie sich vielleicht über die Aufmachung dieses Systems wundern. Ginge es nicht auch ein bisschen einfacher? Warum sind die Elemente nicht einfach nach steigender Ordnungszahl in einer Reihe aufgelistet?

Wenn Sie genau hinschauen, können Sie vier Bereiche ausmachen (*siehe* Abbildung 10.2).

(He ist hier über Be aufgeführt, um es in den s-Block einzufügen. In den meisten Darstellungen steht es über Ne, um die Zugehörigkeit zu den Edelgasen zu verdeutlichen.)

Aus irgendeinem Grund gibt es zwei verschiedene Hauptgruppen (s und p) und zwei verschiedene Nebengruppen (d und f). Sie ahnen vielleicht, dass diese Einteilung etwas mit

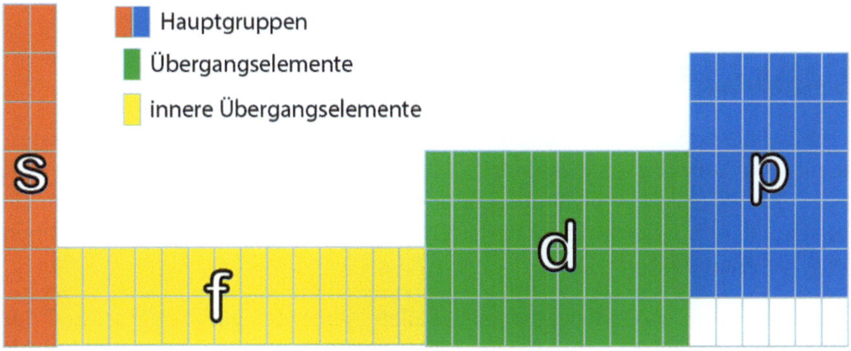

Abbildung 10.2: Einteilung des Periodensystems

den Quantenzahlen zu tun hat, die Sie in Kapitel 9 kennengelernt haben. Aber schön der Reihe nach ...

Obwohl sich die Elemente in der Anzahl der Protonen unterscheiden, werden Sie sehen, dass es eigentlich die *Elektronen* und *nicht* die Protonen sind, die das Aussehen des Periodensystems bestimmen.

Der »Vater« des Periodensystems

Abbildung 10.3: MENDELEJEV am Technologischen Institut in St. Petersburg

1869 veröffentlichte Dmitri Iwanowitsch MENDELEJEV das *Periodensystem der Elemente* mit den damals bekannten 63 Elementen, geordnet nach steigender Atommasse. 1871 sagte er damit die bis dahin noch unbekannten Elemente Gallium, Scandium und Germanium voraus, die später auch wirklich gefunden wurden. (Deren *Namen* kannte er natürlich noch nicht, aber er war – zu Recht – fest davon überzeugt, sie müssten existieren. Es dauerte allerdings seine Zeit, bis sie auch tatsächlich in der Natur gefunden wurden.) Abbildung 10.3 zeigt das Denkmal, das ihm zu Ehren am Technologischen Institut in St. Petersburg steht.

Wenige Monate später publizierte der deutsche Arzt und Chemiker Lothar MEYER (Arzt und Chemiker) eine sehr ähnliche Tabelle. Das »Ur«-Periodensystem wird allerdings meistens mit dem Namen MENDELEJEV verbunden.

Wer zuerst kommt, besetzt die besten Plätze

Schauen Sie sich bitte noch einmal Abbildung 9.14 an. Dort sehen Sie die möglichen Energiezustände, die das *eine* Elektron im Wasserstoff-Atom einnehmen kann. Letztendlich sind das alles Lösungen der Schrödinger-Gleichung mit den drei Quantenzahlen n, l und m_l, die in Form von »anschaulichen« dreidimensionalen Orbitalen dargestellt werden, von denen einige in Kapitel 9 zu sehen sind.

Gibt es *mehr* als ein Elektron (was ja bekanntlich bei allen Elementen außer Wasserstoff der Fall ist), dann wird eine Eigenschaft des Elektrons bedeutsam, die mit dem Eigendrehimpuls zu tun hat (messbar ist dieser über das magnetische Moment). Das Elektron kann offenbar zwei energetisch geringfügig unterschiedliche Zustände einnehmen. Dafür wurde eine weitere Quantenzahl eingeführt, die Spinquantenzahl genannt wird (gelegentlich abgekürzt mit m_s).

Der **Spin** eines Elektrons kann den Wert $+\frac{1}{2}$ oder $-\frac{1}{2}$ annehmen, und da die Differenz zwischen diesen beiden Werten nun einmal der ganzen Zahl »1« entspricht, unterscheiden sich die beiden Elektronen des Helium-Atoms tatsächlich um eine *ganzzahlige* Quantenzahl.

So anschaulich dieser Spin in manchen einführenden Lehrbüchern auch beschrieben werden mag: Es sei ausdrücklich darauf hingewiesen, dass es sich beim Spin *nicht* um eine *makroskopische* Größe handelt. Wenn sich also zwei Elektronen in ihrem Spin unterscheiden, bedeutet das nicht etwa, dass sich eines der beiden im Uhrzeigersinn dreht, das andere gegen den Uhrzeigersinn. Der Spin ist eine echte Größe der Quantenwelt, zu der *kein makroskopisches Analogon bekannt* ist. Der Einfachheit halber ist er im Rahmen dieses Buches als rein abstrakte Größe zu behandeln – was *keineswegs* bedeutet, er sei *unwichtig*, wie Sie gleich noch sehen werden.

Der Zustand eines Elektrons ist somit durch die Angabe der *vier* Quantenzahlen n, l und m_l und m_s gegeben.

1925 stellte Wolfgang Pauli eine kühne Hypothese auf:

In einem Atom gibt es *keine* Elektronen, die exakt den gleichen Energiezustand einnehmen. Mit anderen Worten: Die Elektronen müssen sich in mindestens *einer* Quantenzahl unterscheiden.

Das ist das berühmte **Pauli-Prinzip**, auch als **Pauli-Verbot** bezeichnet.

Die augenfälligsten Schlussfolgerungen dieser Hypothese sind:

- ✔ Ein Orbital, also ein durch die drei Quantenzahlen n, l und m_l beschriebener Energiezustand, kann von *höchstens zwei* Elektronen besetzt werden. Diese beiden Elektronen *müssen* sich dann in ihrer Spinquantenzahl m_s unterscheiden und sind damit *energetisch nicht ganz identisch*. Dies wird als **Spinpaarung** bezeichnet.

Um den entgegengesetzten Spin zu verdeutlichen, werden Elektronen häufig mit gegenläufigen Pfeilen dargestellt:

[↑↓]

Ein Orbital ist also »voll«, wenn es von zwei Spin-*antiparallelen* Elektronen besetzt ist.

- ✔ Genauso wie im H-Atom streben auch in einem *Mehrelektronensystem* alle Elektronen einen möglichst energiearmen Zustand an. Da die energieärmsten Orbitale zuerst an der Reihe sind und jeweils nur zwei Elektronen Platz bieten, müssen zwangsläufig Orbitale mit zunehmend höherer Energie besetzt werden, also die Orbitale mit $n = 2$, $n = 3$ und so weiter.

Hier treffen wir aber auf einen entscheidenden Unterschied zur Situation mit nur einem Elektron wie beim Wasserstoff: Immer, wenn ein Orbital mit höherer Energie besetzt wird, sind die darunterliegenden Orbitale mit niedrigerer Energie bereits mit Elektronen gefüllt. Sie könnten meinen, das sei doch egal – ist es aber nicht! Schließlich bilden sie eine »Schicht« negativer Ladung, die die positive Kernladung immer mehr abschirmt. Deshalb wird ein Elektron in höheren Schalen nicht so stark vom Atomkern angezogen (und ist daher weiter vom Atomkern entfernt), als wenn es allein wäre (wie im H-Atom). Die Energien der verschiedenen Orbitale mit gleicher Hauptquantenzahl $n > 1$ werden somit angehoben. Bei der jeweiligen Hauptquantenzahl sind sie nun nicht mehr gleich (entartet) wie beim H-Atom (*siehe* Abbildung 9.14), sondern verschieden, wie Sie in Abbildung 10.4 erkennen können. Dies bedeutet: *Die Entartung der Orbitale ist aufgehoben.* Energiegleich sind bei gleicher Hauptquantenzahl n nur noch Orbitale gleichen Typs (also gleicher Nebenquantenzahl l). Der Energiegehalt der jeweiligen Orbitale ist hier nur schematisch dargestellt, er lässt sich jedoch spektroskopisch sehr genau bestimmen.

Orbitale gleicher Haupt- und Nebenquantenzahl, die sich also nur in ihrer *Magnet*quantenzahl unterscheiden, werden auch als ein **Orbitalsatz** bezeichnet. Ein solcher Orbitalsatz ist – je nach Nebenquantenzahl – *sehr wohl entartet* (zumindest im *Grundzustand*; auf die Unterschiede zwischen dem Grundzustand und diversen angeregten Zuständen werden wir innerhalb dieses Buches noch mehrmals zurückkehren):

- ✔ Bei den s-Orbitalen (mit Nebenquantenzahl $l = 0$) gibt es natürlich *keine Entartung* (egal, welche Hauptquantenzahl dazugehört), es *gibt* schließlich nur eines. Daher ist das auch kein »s-Orbitalsatz«.

- ✔ Der p-Orbitalsatz (mit $l = 1$; wie in Kapitel 9 schon dargelegt, existiert dieser Orbitalsatz erst *ab* Hauptquantenzahl $n = 2$) ist immer *dreifach* entartet.

- ✔ Der d-Orbitalsatz (mit $l = 2$; existiert *ab* Hauptquantenzahl $n = 3$) ist immer *fünffach* entartet.

- ✔ Der f-Orbitalsatz (mit $l = 3$; *ab* Hauptquantenzahl $n = 4$) ist immer *siebenfach* entartet.

  Vielleicht möchten Sie sich ja anhand von Abbildung 9.13 noch einmal vor Augen führen, wie die Orbitale mit den Quantenzahlen zusammenhängen.

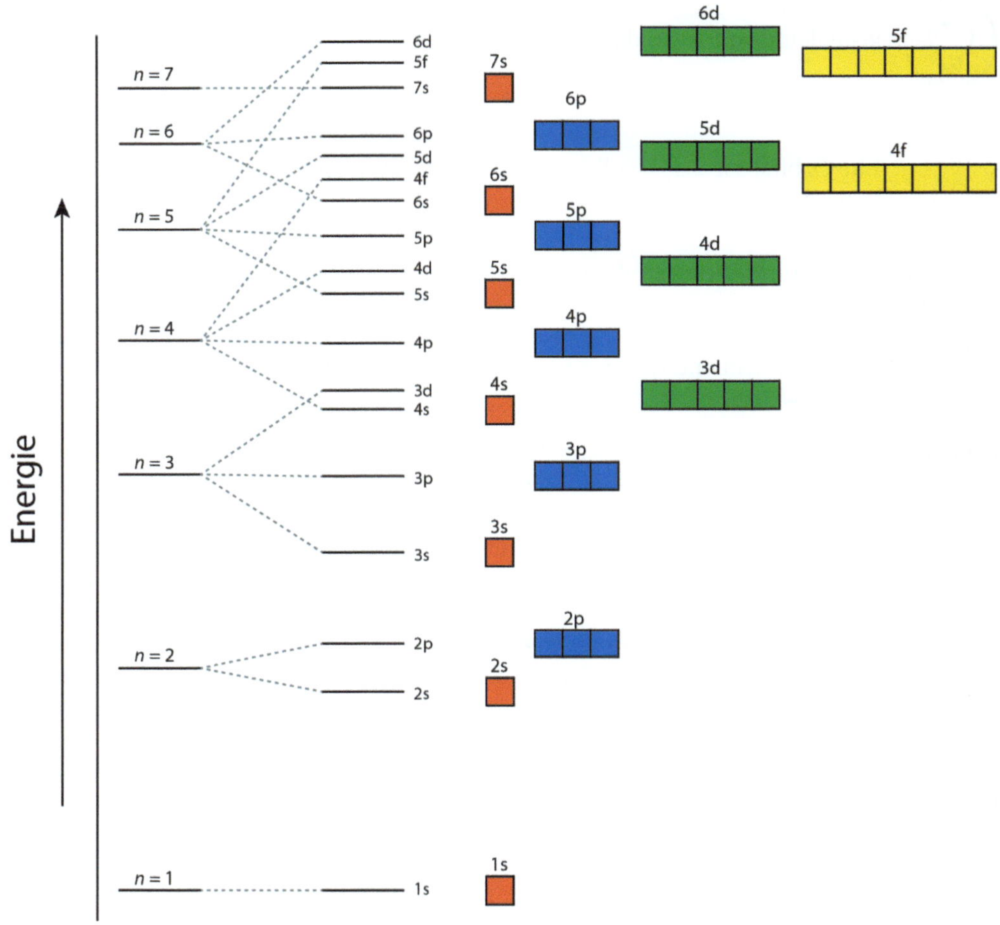

Abbildung 10.4: Orbital-Energieschema für ein Mehrelektronensystem

Wenn Sie Abbildung 10.4 ganz genau betrachten, sehen Sie, dass die Anhebung der Energie so weit führen kann, dass Orbitale einer Hauptquantenzahl die Orbitale höherer Hauptquantenzahlen sogar »überholen« können, zum Beispiel ist das 4s-Orbital ein wenig energieärmer als der (fünffach entartete) 3d-Orbitalsatz und das 6s-Orbital energieärmer als der (siebenfach entartete) 4f-Orbitalsatz. Das hat bedeutsame Folgen für den Aufbau der Elemente, für deren chemisches Verhalten und nicht zuletzt für die Form des ganzen Periodensystems.

Das Orbital-Energieschema in Abbildung 10.4 legt genau die Reihenfolge fest, in der die Orbitale mit Elektronen besetzt werden. Noch schematischer lässt sich das im Besetzungsschema wie in Abbildung 10.5 darstellen. Wenn Sie der Schlangenlinie folgen, können Sie sehen, wie die energetische Reihenfolge der Orbitale lautet.

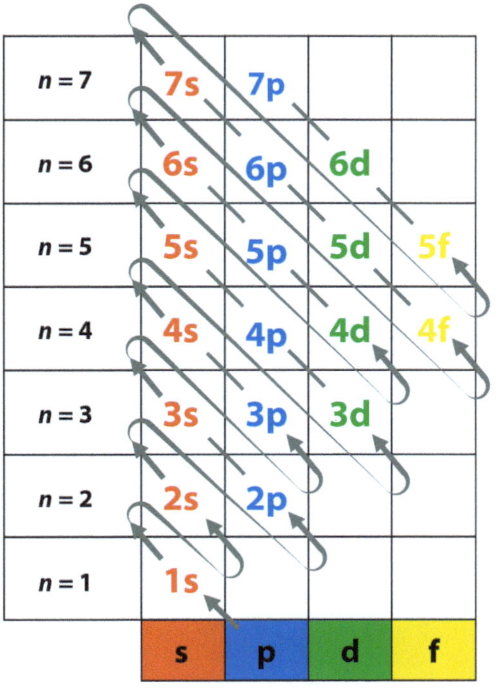

Abbildung 10.5: Besetzungsschema der Orbitale

Bitte hinten anstellen

Kommen wir nun zum Aufbau der Elemente. Die Ordnungszahl (Anzahl der Protonen) legt selbstverständlich auch die Anzahl der Elektronen fest (schließlich handelt es sich um neutrale, also *ungeladene* Atome). Die Protonen bleiben immer im Atomkern versammelt, aber die Elektronen müssen sich mit den vorhandenen möglichen Orbitalzuständen arrangieren – sie bestimmen letztendlich die Größe des Atoms.

Bislang hat noch niemand die Elemente eines nach dem anderen aus den Elementarteilchen zusammengebaut. Sie sind (wie oben bereits erwähnt) infolge spezieller Reaktionsbedingungen in den Sternen entstanden und wurden (und werden) im Universum verteilt. Um aber die Verteilung der Elektronen um den Atomkern zu verstehen, tun wir jetzt einmal so, als würden wir sie von Grund auf zusammenbauen (dies ist das *Aufbau-Prinzip*). Dabei sind folgende Regeln zu beachten:

- ✔ Von Element zu Element kommen immer ein Proton und ein Elektron dazu (die Neutronen können wir im Augenblick vernachlässigen, sie verändern ja nicht das Element).
- ✔ Das neu hinzugekommene Elektron besetzt immer das niedrigste zur Verfügung stehende Orbital. (Welches das ist, können Sie dem Orbital-Energieschema in Abbildung 10.4 oder dem Besetzungsschema in Abbildung 10.5 entnehmen.)

- ✔ In ein Orbital passen immer zwei Elektronen unter Spinpaarung hinein, dann ist das Orbital voll und das nächsthöhere kann in Angriff genommen werden (Pauli-Prinzip).
- ✔ Gibt es Orbitale mit gleicher Energie (entartete Orbitale) wie p- oder d-Orbitale, dann erfolgt die Besetzung der einzelnen Orbitale des betreffenden *Orbitalsatzes* zunächst mit jeweils *einem* Elektron, *bevor* Spinpaarung eintritt.

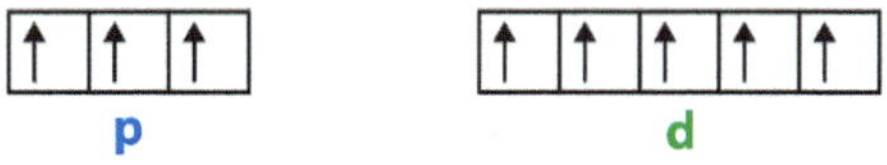

Das ist die **Hund'sche Regel**. Natürlich hat sie energetische Gründe: Ein Elektron mit Spin $+\frac{1}{2}$ (↑) hat eine geringfügig niedrigere Energie als ein Elektron mit Spin $-\frac{1}{2}$ (↓). Deshalb werden die Orbitale zunächst einfach besetzt, bevor Spinpaarung erfolgt. Wird ein zweites Elektron unter Spinumkehr in einem Orbital untergebracht, ist dafür die Spinpaarungsenergie erforderlich (also der Energieunterschied zwischen den beiden Spinzuständen).

Nun kann es losgehen. Die Reihenfolge der zu besetzenden Orbitale (beziehungsweise Orbital*sätze*) ist also:

1s – 2s – 2p – 3s – 3p – 4s – 3d – 4p – 5s – 4d – 5p – 6s – 4f – 5d – 6p – 7s – 5f – 6d

In Abbildung 10.6 wird noch einmal verdeutlicht, dass nach den jeweiligen s-Orbitalen ab der dritten Schale erst noch Orbitale aus der darunterliegenden und ab der fünften Schale Orbitale aus der *zweit*unteren Schale besetzt werden, *bevor* die Schale mit den p-Orbitalen aufgefüllt wird. Die Orbitale aus den unteren Schalen werden sozusagen zwischen die s- und p-Orbitale geschoben, die zu der gleichen Schale gehören (= *Hauptgruppen*, durchnummeriert von IA bis VIIIA). Wie Sie dem Orbitalenergieschema in Abbildung 10.4 entnehmen können, sind sie energetisch »noch nicht dran«: Eigentlich gehören die da nicht hin – deswegen werden sie als Nebengruppen bezeichnet (durchnummeriert von IIIB bis IIB; warum hier nicht mit »I« angefangen wird, erfahren Sie noch in diesem Kapitel – im Abschnitt *Gruppen*).

Setzen Sie nun die Orbitale zeilenweise in der richtigen Reihenfolge baukastenmäßig zusammen, dann erscheint das Periodensystem in seiner vollen Pracht (Abbildung 10.7).

Die waagerechten Zeilen werden als **Perioden** bezeichnet, die senkrechten Spalten als **Gruppen**. Die Darstellung in Abbildung 10.7 folgt der CAS-Benennung (*C*hemical *A*bstract *S*ervice), in der A für Hauptgruppen und B für Nebengruppen steht. Gemäß der aktuellen IUPAC-Konvention werden alle Gruppen von links nach rechts mit arabischen Ziffern von 1 bis 18 durchnummeriert. (Lanthanoiden und Actinoiden werden dabei nicht berücksichtigt, wurden sie aber bei der CAS-Benennung auch nicht.) Die Unterteilung in Haupt- und Nebengruppen nach CAS hat den Vorteil, dass die Gruppennummer auf die Anzahl der Valenzelektronen hinweist. Deshalb soll dieser Benennung hier der Vorzug gegeben werden, auch wenn die IUPAC empfiehlt, dass man das nicht mehr machen soll; falsch ist es ohnehin nicht.

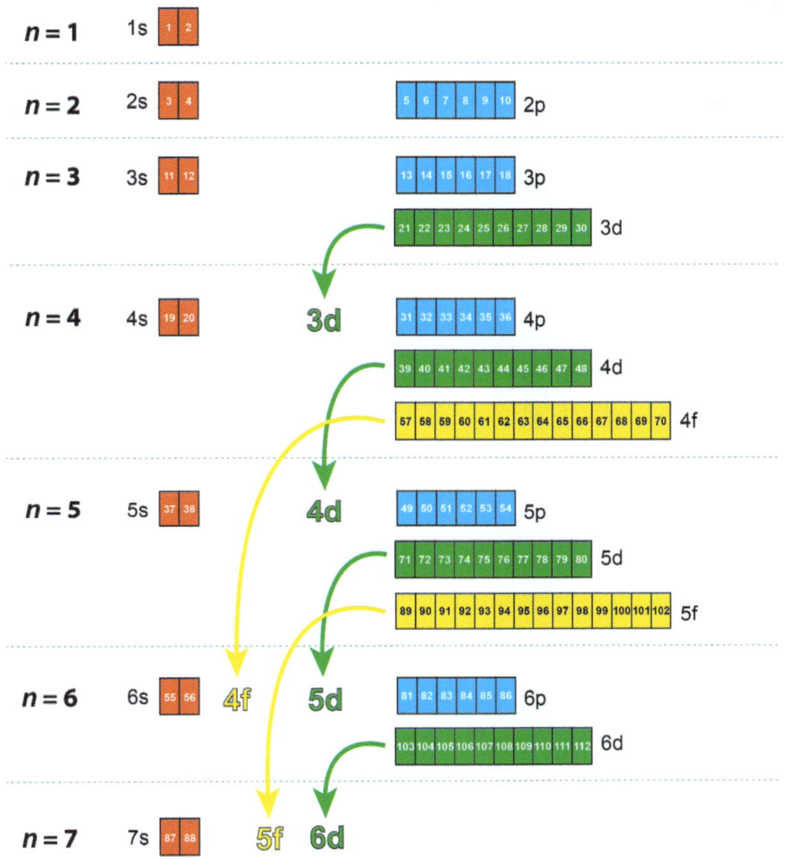

Abbildung 10.6: Aufbau des Periodensystems

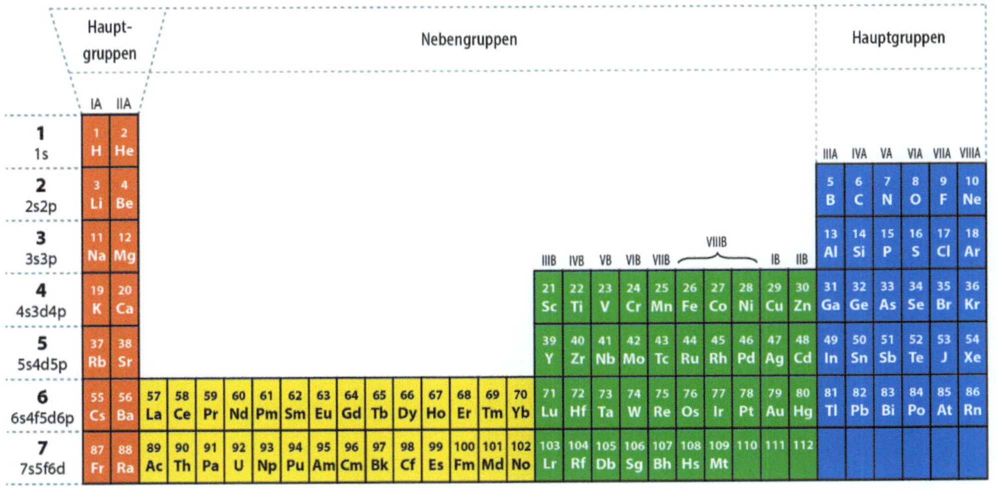

Abbildung 10.7: Das komplette Periodensystem

Elektronenkonfiguration

Für jedes Element lässt sich der Elektronenzustand über die *Elektronenkonfiguration* angeben.

Dazu werden die jeweiligen Orbitale sowie die Anzahl der darin befindlichen Elektronen aufgeführt. Einige Beispiele sollen Ihnen das verdeutlichen:

✔ Na: $1s^2 2s^2 2p^6 3s^1$ oder (kürzer) $1s^2 2s^2 p^6 3s^1$

✔ Cl: $1s^2 2s^2 2p^6 3s^2 3p^5$ oder $1s^2 2s^2 p^6 3s^2 p^5$

✔ Fe: $1s^2 2s^2 2p^6 3s^2 3p^6 4s^2 3d^6$ (Auch $1s^2 2s^2 2p^6 3s^2 3p^6 3d^6 4s^2$ ginge, was sich dann zu $1s^2 2s^2 p^6 3s^2 p^6 d^6 4s^2$ verkürzen ließe, sodass alle Schalen »beisammenbleiben«, denn *eigentlich* ist die Reihenfolge egal, in der die Orbitale angegeben werden.)

(Trotzdem ist *erstere* Schreibweise ist vorzuziehen, weil dabei die Besetzung-Reihenfolge gemäß dem Aufbau-Prinzip beibehalten wird.)

Häufig lässt sich die Elektronenkonfiguration noch weiter abkürzen, indem für die bereits vollständig besetzten Schalen das jeweilige im Periodensystem vorangegangene Edelgas in Klammern voranstellt wird:

✔ Na: [Ne]$3s^1$

✔ Cl: [Ne]$3s^2 3p^5$ oder [Ne]$3s^2 p^5$

✔ Fe: [Ar] $4s^2 3d^6$ oder [Ar]$3d^6 4s^2$ (*siehe* oben)

Sie werden feststellen, dass ein System immer dann besonders stabil ist, wenn eine Schale genau *vollbesetzt* ist, aber auch genau *halb-besetzte* Schalen zeigen unerwartet hohe Stabilität. (Die zugehörigen quantenmechanischen Begründungen wollen wir Ihnen an dieser Stelle ersparen.)

Das Aufbau-Prinzip: der *Grund*zustand des Atoms

Manche Atome liegen bei höheren Temperaturen nicht mehr im *Grundzustand* vor, sondern in einem *angeregten Zustand*, in dem ihre Elektronen dem Aufbau-Prinzip nicht mehr gänzlich folgen. Grund dafür ist, dass diese Atome in der Lage sind, durch eben diese Anregung ihre Elektronen in einen dann *noch günstigeren* Zustand zu bringen. Bei manchen Elementen reicht dafür schon die Raumtemperatur (20 °C oder eben 293,15 K) aus. Schauen wir sie uns an:

✔ Betrachten wir zunächst die I. Nebengruppe, also die Münzmetalle Kupfer (Cu), Silber (Ag) und Gold (Au), die sich bei Raumtemperatur *nicht ganz* an das Aufbau-Prinzip halten, sondern es stattdessen vorziehen, ein Elektron aus der s-Schale zu verschieben, um die d-Schale aufzufüllen.

- Für Silber wird in der Literatur (und auch in manchen Periodensystemen) statt $5s^2 4d^9$ meist jeweils für die Besetzung der äußersten Schale die Elektronenkonfiguration $5s^1 4d^{10}$ angegeben.

- Analog findet sich für Gold meist nicht der Eintrag $6s^2 4f^{14} 5d^9$, sondern eher $6s^1 f4^{14} 5d^{10}$.
- Beim Kupfer werden $4s^2 3d^9$ und $4s^1 3d^{10}$ (derzeit) als praktisch gleichberechtigt angesehen.

✔ Ähnlich läuft es auch in der VI. Nebengruppe:

- Für das Chrom (Cr) wird meist nicht etwa $4s^2 3d^4$ angegeben, sondern vielmehr $4s^1 3d^5$, und Messungen legen nahe, dass *halb aufgefüllte* Orbitalsätze energetisch begünstigt sind; zu diesem Punkt kehren wir in Kapitel 34 noch einmal zurück.
- Gleiches gilt für das Molybdän (Mo), dem entsprechenden Untersuchungen und/oder Berechnungen nicht die Valenzelektronenkonfiguration $5s^2 4d^4$ zukommt, sondern vielmehr $5s^1 4d^5$.
- Wolfram (W) wiederum scheint sich mit der vom Aufbau-Prinzip vorgegebenen Elektronenkonfiguration $6s^2 4f^{14} 5d^4$ durchaus wohlzufühlen.

✔ Noch lustiger wird es bei Nickel (Ni) und dessen höheren Homologen Palladium (Pd) und Platin (Pt), gleich links neben den Münzmetallen:

- Nickel kann sich anscheinend nicht so recht entscheiden, und so scheint $4s^2 3d^8$ (ganz gemäß dem Aufbau-Prinzip) ebenso »richtig« zu sein wie $4s^1 3d^9$ (warum auch immer, denn hier ist die d-Schale trotz dieser Abweichung von den »Spielregeln« keineswegs vollständig besetzt).
- Palladium scheint aktuellen Untersuchungen gemäß die echte Vollbesetzung der 4d-Schale so sehr anzustreben, dass es sogar *beide* Elektronen aus der 5s- in die 4d-Schale schiebt und ihm somit nicht $5s^2 4d^8$ zukommt, sondern $5s^0 4d^{10}$.
- Das Platin hingegen zieht die *nicht ganz* vollbesetzte d-Schale vor und entscheidet sich für $6s^1 4f^{14} 5d^9$. (Ob das dem Einfluss der vollbesetzten 4f-Schale zuzuschreiben ist, konnte bislang nicht abschließend geklärt werden … ebenso wenig wie die Frage, warum auf eine vollbesetzte 5d-Schale hier offenkundig kein Wert gelegt wird.)

✔ Auch bei der V. Nebengruppe mit Vanadium (V), Niob (Nb) und Tantal (Ta) lässt sich kein Gesetz ableiten:

- Vanadium hält sich auch bei Raumtemperatur brav an das Aufbau-Prinzip: $4s^2 3d^3$.
- Beim Niob (Nb), dem gemäß dem Aufbau-Prinzip die Valenzelektronenkonfiguration $5s^2 4d^3$ zukommt, lautet die mittlerweile ermittelte »tatsächliche« Konfiguration bei Raumtemperatur $5s^1 4d^4$ – was nicht so recht weiterhilft, denn wenn schon gegen die Spielregeln verstoßen wird, stünde doch zu erwarten, dass

es sich ein Beispiel am Palladium nimmt und die s-Schale vollständig entleert, um die d-Schale wenigstens halb aufzufüllen.

- Es wird nicht gerade besser dadurch, dass sich Tantal anscheinend wieder ganz an die Regeln hält.

✔ Während sich die Nachbarn Eisen (Fe) und Cobalt (Co) gehorsam nach dem Aufbau-Prinzip richten, verwirren deren höhere Homologe, Ruthenium (Ru) und Rhodium (Rh) gleich zweimal hintereinander:

- Nach dem Aufbau-Prinzip sollte Ruthenium die Valenzelektronenkonfiguration $5s^2 4d^6$ aufweisen, doch statt sich damit zu begnügen, dass damit wenigstens die 5s-Schale vollbesetzt ist, entscheidet sich dieses Metall bei Raumtemperatur für $5s^1 4d^7$.

- Das Rhodium tut es ihm gleich und gibt die zu erwartende Konfiguration $5s^2 4d^7$ zugunsten von $5s^1 4d^8$ auf – obwohl das natürlich auch nicht zu einer vollbesetzten d-Schale führt.

✔ Bei den Lanthanoiden wird es dann endgültig ... verwirrend:

- So sollte Lanthan (La) gemäß dem Aufbau-Prinzip die Valenzelektronenkonfiguration $6s^2 4f^1$ zukommen, aber bislang spricht alles dafür, dass dieses nach dem Aufbau-Prinzip zuletzt hinzugekommene Elektron doch in der 5*d*-Schale landet (also: $6s^2 5d^1$).

- Beim Cer (Ce) scheinen dann alle Spielregeln ihre Gültigkeit verloren zu haben: Statt brav dem Aufbau-Prinzip zu gehorchen und eine Valenzelektronenkonfiguration von $6s^2 4f^2$ aufzuweisen, bevorzugt Cer allen bisherigen Untersuchungen gemäß sogar $6s^2 4f^1 5d^1$ – warum auch immer.

- Dass dem Gadolinium (Gd) nicht die spielregelkonforme Konfiguration $6s^2 4f^8$ zukommt, sondern die Realität eher durch $6s^2 4f^7 5d^1$ beschrieben wird, wirkt ja angesichts der somit genau *halb-besetzten* 4f-Schale noch halbwegs plausibel, aber eine klare Tendenz (oder gar eine echte Regel) ist hier trotzdem nicht auszumachen.

✔ Über das bizarre Valenzelektronenverhalten der (ohnehin allesamt radioaktiven) Actinoide wollen wir an dieser Stelle den Mantel des Schweigens breiten.

Das alles sollte Sie nicht übermäßig verwirren (dieser Hinweis kommt jetzt vielleicht ein bisschen spät ...), denn für die »Alltags-Chemie« spielt das keine große Rolle: Für das chemische Verhalten der einzelnen Elemente – auch derer, die sich anscheinend *nicht* an das Aufbau-Prinzip halten! – ist vornehmlich immer noch die *Gesamtzahl* der Elektronen in der Valenzschale verantwortlich, und die ändert sich ja auch nicht, wenn das eine oder andere Elektron einen anderen als den spielregeltechnisch vorgesehenen Wohnort bevorzugt.

Aus diesem Grunde werden wir im Rahmen dieses Buches sämtliche Valenzelektronenkonfigurationen, wenn sie denn angegeben werden, den Spielregeln des Aufbau-Prinzips folgen lassen und bei Bedarf auf diesen Kasten verweisen.

Das kommt dabei heraus

Die Elemente sind natürlich nicht gleichmäßig über das Universum (und auch nicht über unsere Erde) verteilt: In Abbildung 10.8 ist die relative Häufigkeit der Elemente im gesamten Universum (soweit bekannt) logarithmisch aufgetragen und steigt mit jedem Teilstrich um den Faktor 100 an. Die Kurve beschreibt eine Zickzacklinie, weil ab dem Kohlenstoff Elemente mit gerader Ordnungszahl häufiger auftreten als Elemente mit ungerader Ordnungszahl. (Das hat etwas mit der Entstehung der Atomkerne in den Sternen zu tun, aber wir wollen es hier nicht übertreiben und gehen daher auf die *Nukleogenese* nicht weiter ein.)

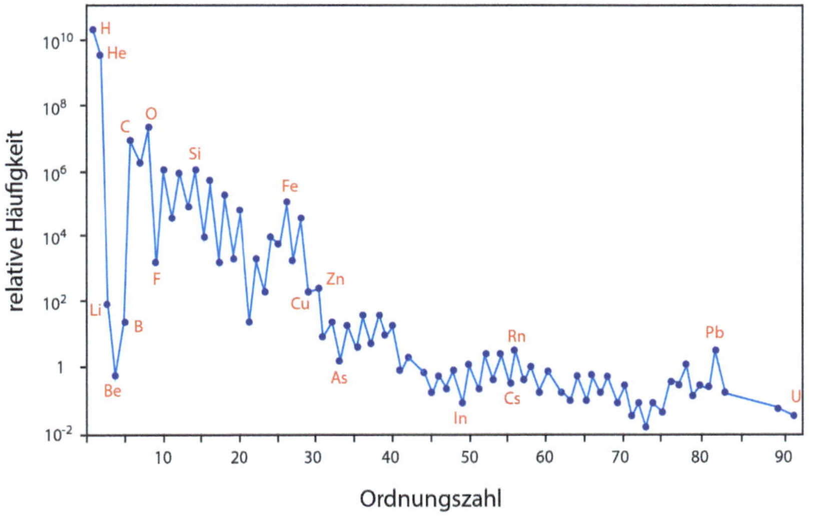

Abbildung 10.8: Häufigkeit der Elemente im bekannten Universum

Bei uns auf der Erde sieht es erfreulicherweise etwas anders aus, sonst gäbe es ja nicht unsere Umwelt, die Tiere, die Pflanzen und uns – und auch nicht die Elemente, mit denen wir so schön Chemie betreiben können.

Von den 92 natürlichen Elementen machen gerade einmal vier Elemente über 90 % der gesamten Erde aus. Nimmt man auch noch die nächsten vier häufigsten Elemente hinzu, sind es über 99 %, wie Sie Tabelle 10.1 entnehmen können.

Element	gesamte Erde	Element	Erdkruste
Eisen	35 %	Sauerstoff	46 %
Sauerstoff	30 %	Silicium	28 %
Silicium	15 %	Aluminium	8 %
Magnesium	13 %	Eisen	6 %
Nickel	2,4 %	Magnesium	4,5 %
Schwefel	1,9 %	Calcium	2,4 %
Calcium	1,1 %	Kalium	2,3 %
Aluminium	1,1 %	Natrium	2,1 %
andere	<0,1 %	andere	<0,1 %

Tabelle 10.1: Anteil der Elemente der Erde

Was ist denn hier periodisch?

Das Periodensystem hätte nicht diesen Namen, wenn es nicht auf bestimmte wiederkehrende Eigenschaften der Elemente hinweisen würde. Schauen Sie sich zunächst einmal den grundsätzlichen Aufbau an (wieso sich die Nebengruppen zwischen den Hauptgruppen befinden, wissen Sie ja bereits).

Grob lassen sich die Elemente in Metalle (*links* im Periodensystem), Nichtmetalle (*rechts* im Periodensystem) und Halbmetalle (zwischen den Metallen und den Nichtmetallen) einteilen.

Ein Erklärvideo zur Periodizität der Elemente finden Sie auf unserem YouTube-Kanal unter `https://www.youtube.com/watch?v=SIhLoeeqtLg`

Perioden

Es gibt sieben waagerechte Zeilen, das sind die **Perioden**. Sie entsprechen den Hauptquantenzahlen $n = 1$ bis 7 mit den dazugehörigen Orbitalen, wie Sie es dem Orbital-Energieschema in Abbildung 10.4 entnehmen können. Wenn Sie möchten, können Sie auch von *Bahnen* oder besser von *Schalen* sprechen, die auch manchmal mit K, L, M, N, O, P, Q bezeichnet werden (das ist noch ein historisches Überbleibsel vom BOHR'schen Modell). Von links nach rechts nimmt die Ordnungszahl jeweils um 1 zu, es gibt also immer ein Proton und ein Elektron mehr. Obwohl das nicht viel ist, besitzen die Elemente einer Periode sehr unterschiedliche Eigenschaften. Was links steht, ist bei Raumtemperatur eher fest und neigt dazu, Elektronen abzugeben, rechts sind die Elemente gasförmig und ziehen es vor, Elektronen aufzunehmen. Mit Beginn einer neuen Periode ändern sich die Eigenschaften dann sprunghaft.

Gruppen

Die senkrechten Spalten werden als **Gruppen** bezeichnet. Davon gibt es 32 verschiedene:

- ✔ 8 Hauptgruppen – IA bis VIIIA (s- und p-Elemente)
- ✔ 10 Nebengruppen – IB bis VIIIB (d-Elemente). Hier ist zu beachten:
  - Die 8. bis 10. Nebengruppe erhalten aus historischen Gründen allesamt die Bezeichnung VIIIB, sie werden also zu einer Gruppe zusammengefasst. (Wenn in der Chemie irgendetwas unsystematisch wirkt, hat das *meist* historische Gründe …)
  - Im Periodensystem beginnt die Zählung der Nebengruppen mit IIIB (im Anschluss an die Hauptgruppe IIA).
- ✔ 14 Nebengruppen der Lanthanoide und Actinoide (f-Elemente).

(Oder Sie nummerieren die Gruppen von 1 bis 18 (f-Elemente ausgenommen) von links nach rechts durch, *siehe* oben.)

Die Zugehörigkeit zu einer Gruppe ist für die chemische Charakterisierung eines Elements viel wichtiger als die Periode, in der es steht. Warum? – Die Elektronenkonfiguration auf der äußeren Schale (Valenzschale) ist für die Elemente einer Gruppe jeweils identisch, und in erster Linie sind gerade diese *Valenzelektronen* für das chemische Verhalten der jeweiligen Atome verantwortlich. (Die Elektronen auf den bereits vollständig gefüllten Orbitalen darunterliegender Perioden nehmen an chemischen Vorgängen ohnehin nicht teil.)

Was genau sind Valenzelektronen?

Das sind die Elektronen, die sich auf der äußersten Schale befinden. Sie nehmen an chemischen Reaktionen teil und stehen für Bindungen zur Verfügung. Im Periodensystem ist ihre Anzahl mit der Gruppennummer (nach CAS-Benennung) identisch. (Deshalb ist es ja auch so nützlich, wenn Sie das Periodensystem auswendig im Kopf haben!) Bei den *Nebengruppen* (d-Block-Elemente) zählen auch die d-Elektronen der darunterliegenden Periode zu den Valenzelektronen. Da bei den Nebengruppen tiefer liegende Orbitale besetzt werden, halten die s-Elektronen der jeweiligen Hauptquantenzahl nach außen die Stange. Die Nebengruppenelemente scheinen also auf den ersten Blick eine gleiche äußere Schale zu besitzen. Das erklärt das *chemisch ähnliche* Verhalten. Natürlich gibt es auch Unterschiede, die eine Beteiligung weiterer Elektronen (vor allem der d-Elektronen) erfordern. Deshalb werden **bei den Nebengruppen** auch diese Unterschalen zur Valenzschale gezählt.

Das ist auch der Grund dafür, dass die Nebengruppe unmittelbar rechts von der 2. Hauptgruppe (IIA) mit IIIB bezeichnet wird: Die dortigen Atome besitzen jeweils *drei* Valenzelektronen: *zwei* im s-Orbital mit der Hauptquantenzahl (n), die der Periodennummer entspricht, und zusätzlich *eines* im d-Orbitalsatz mit der um 1 verminderten Hauptquantenzahl (n–1). Kurz: $(n)s^2(n-1)d^1$.

Die Anzahl der *chemisch relevanten* Elektronen auf der äußeren Schale (Valenzschale) ist somit immer identisch mit der Nummer der (Haupt- oder Neben-) Gruppe, in der sich ein Element im Periodensystem befindet.

Bedenken Sie dabei bitte, dass eine *voll besetzte* d- oder f-Schale *nicht mehr* zu den Valenzelektronen gezählt wird, da eine vollbesetzte d-Schale chemisch *nicht mehr angegriffen* werden kann und sich somit nicht an entsprechenden Prozessen beteiligt.

Entsprechend wird beispielsweise für das Gallium (IIIA; IUPAC: 13. Gruppe, mit der gekürzten Elektronenkonfiguration [Ar] $4s^2\ 3d^{10}\ 4p^1$) als *Valenzelektronenkonfiguration* »nur« $4s^2\ 4p^1$ angegeben.

Bei den Elementen aus den Nebengruppen sind entsprechend die s- *und* die d-Elektronen zu berücksichtigen: Für das Mangan etwa erhalten wir die Valenzelektronenkonfiguration $4s^2\ 3d^5$.

Knifflig wird es mit der Anzahl der Valenzelektronen nur rechts von der 7. Nebengruppe (VIIB), denn aus historischen Gründen kommen dann drei Spalten VIIIB, auf die dann IB und IIB folgen. Verzweifeln Sie nicht daran! Zumindest bei IB und IIB ist diese Benennung sogar sinnvoll, denn die IB-Elemente verhalten sich zumindest häufig wirklich so, als hätten sie nur jeweils *ein* Valenzelektron, und bei den Elementen aus der 2. Nebengruppe ist schließlich der d-Orbitalsatz voll besetzt und somit nicht mehr angreifbar: Dem Zink etwa kommt bei der (gekürzten) Elektronenkonfiguration [Ar] $4s^2$ $3d^{10}$ die *Valenz*elektronenkonfiguration $4s^2$ zu.

- ✔ In der 1. Hauptgruppe (Alkalimetalle) haben alle Elemente *ein* Elektron in der äußeren Schale. Hier ist die Valenzelektronenkonfiguration also s^1. Das erklärt die große Reaktivität, denn wenn sie dieses eine Elektron loswerden, können die Alkalimetalle eine stabile Edelgaskonfiguration erreichen. (In Kapitel 11 kommt das noch einmal ausführlicher.)
- ✔ In der 2. Hauptgruppe (Erdalkalimetalle) haben alle Elemente *zwei* Elektronen auf der äußeren Schale (Elektronenkonfiguration s^2). Auch diese Elektronen werden gerne abgegeben.
- ✔ In der 3. Hauptgruppe, häufig als Triele bezeichnet, gibt es *drei* Elektronen (s^2p^1), in der 4. Hauptgruppe *vier* Elektronen (s^2p^2), in der 5. Hauptgruppe *fünf* Elektronen (s^2p^3), in der 6. Hauptgruppe *sechs* Elektronen (s^2p^4), und in der 7. Hauptgruppe (Halogene) dann *sieben* Elektronen (s^2p^5).
- ✔ Am Ende einer Periode steht immer die 8. Hauptgruppe (Edelgase) mit der Valenzelektronenkonfiguration s^2p^6, die besonders stabil ist (das wird in Kapitel 11 näher erörtert). Deshalb zeigen die Edelgase auch keine besonders großen Ambitionen, sich mit anderen Elementen einzulassen; sie liegen in der Regel atomar vor (mehr zu den Edelgasen erfahren Sie in Kapitel 28).

Atomradius

Ein absoluter Atomradius lässt sich nicht angeben, da ein Atom ja – quantenmechanisch gesehen (*siehe* Kapitel 9) – keine definierte Grenze besitzt. Daher wird meist der Abstand betrachtet, den Atomkerne in verschiedenen Bindungen einnehmen, und daraus auf die Größe des Atoms schlussgefolgert. Demzufolge begegnen Ihnen auch verschiedene Radien: *kovalente* Radien in Molekülen, *ionische* Radien in Ionenkristallen, *Metall*radien in metallischen Verbindungen, *Van-der-Waals*-Radien bei intermolekularen Wechselwirkungen. Diese verschiedenen Radien weichen manchmal ziemlich von den Radien ab, die sich aufgrund theoretischer Modelle berechnen lassen. Selbst wenn Sie sich für eine Sorte entscheiden, sind die verschiedenen Atomradien nicht direkt vergleichbar, da manche Elemente vielleicht nur Ionenbindungen ausbilden, während bei anderen praktisch ausschließlich kovalente Bindungen anzutreffen sind. Die Atomradien in Abbildung 10.9 deuten also nur die Tendenz an, die in Abhängigkeit von Periode und Gruppe auf jeden Fall zu beobachten ist. Sie sehen, dass die Atomradien innerhalb einer Periode kleiner werden (die Hauptquantenzahl bleibt gleich, und die größer werdende Kernladung zieht die Elektronen immer stärker an). Innerhalb einer Gruppe werden die Atomradien größer. Nun, das verwundert nicht, denn schließlich nimmt die Hauptquantenzahl und damit die grundsätzliche Entfernung zum Kern immer weiter zu.

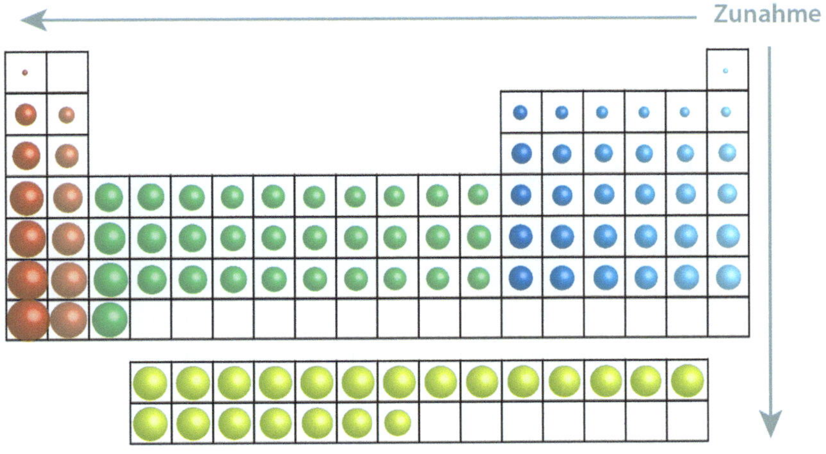

Abbildung 10.9: Atomradien der Hauptgruppenelemente

Außerdem sehen Sie, dass der Atomradius zum Beginn einer neuen Schale jeweils sprunghaft ansteigt, um dann bis zum Ende einer Periode wieder kleiner zu werden.

Lanthanoidenkontraktion

Dieser immens schlau klingende Begriff beschreibt eigentlich nur ein relativ einfaches Phänomen: die Tatsache, dass die Atomradien der Übergangsmetalle der 6. Periode ungefähr denen der darüber liegenden 5. Periode gleichen. Das ist an sich schon bemerkenswert, da die Atomradien ja mit steigender Hauptquantenzahl größer werden müssten. Warum ist das bei diesen Atomen der 6. Periode nicht der Fall?

Ein Blick in das Periodensystem zeigt den entscheidenden Unterschied (in Abbildung 10.10 schematisch dargestellt):

- ✔ Von Sr (38) bis Y (39) steigt die Kernladungszahl um 1.
- ✔ Von Ba (56) bis Lu (71) steigt die Kernladungszahl um 15, da vorher die 4f-Elemente mit Elektronen besetzt werden.
- ✔ Steigende Kernladungszahl innerhalb einer Periode bedeutet kleiner werdender Atomradius. Bis zum Lu wird also schon mal eine ganze Menge abgearbeitet.

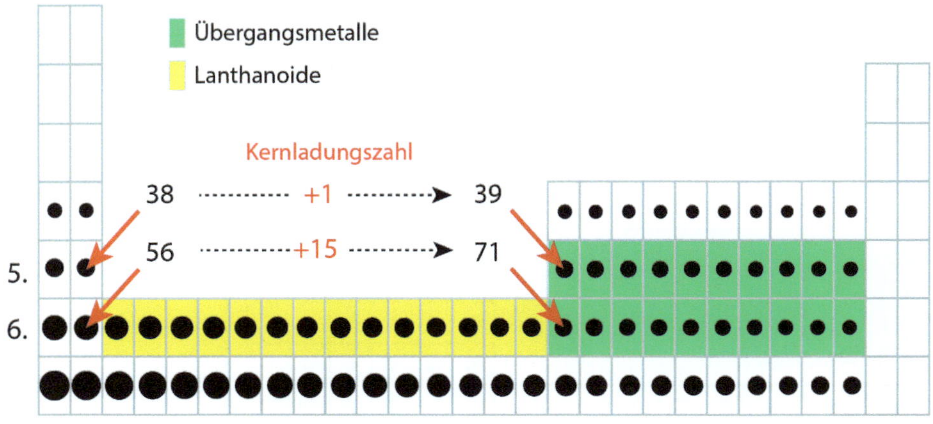

Abbildung 10.10: Lanthanoidenkontraktion

Zu dieser Kontraktion tragen zudem auch noch relativistische Effekte bei, die in Kapitel 14 erläutert werden. Dass dabei allerdings für die 5. und die 6. Periode wirklich nahezu identische Atomradien herauskommen, ist wohl reiner Zufall.

Ionisierungsenergie

Mit entsprechender Energiezufuhr lassen sich die Elektronen eines Atoms entfernen. Beim ersten Elektron funktioniert das verständlicherweise am besten: Dies ist die *Erste Ionisierungsenergie.* Diese sind in Abbildung 10.11 aufgeführt.

H 13,59	He 24,59																
Li 5,39	Be 9,32											B 8,30	C 11,26	N 14,53	O 13,44	F 17,42	Ne 21,56
Na 5,15	Mg 7,65											Al 5,99	Si 8,15	P 10,49	S 10,36	Cl 12,97	Ar 15,76
K 4,34	Ca 6,11	Sc 6,54	Ti 6,82	V 6,74	Cr 6,77	Mn 7,44	Fe 7,87	Co 7,86	Ni 7,64	Cu 7,73	Zn 9,39	Ga 6,00	Ge 7,90	As 9,81	Se 9,75	Br 11,81	Kr 14,00
Rb 4,18	Sr 5,70	Y 6,38	Zr 6,84	Nb 6,88	Mo 7,10	Tc 7,28	Ru 7,37	Rh 7,46	Pd 8,34	Ag 7,58	Cd 8,99	In 5,79	Sn 7,34	Sb 8,64	Te 9,01	I 10,45	Xe 12,13
Cs 3,89	Ba 5,21	Lu 5,43	Hf 7,00	Ta 7,89	W 7,98	Re 7,88	Os 8,70	Ir 9,10	Pt 9,00	Au 9,23	Hg 10,44	Tl 6,11	Pb 7,42	Bi 7,29	Po 8,42	At 9,50	Rn 10,45
Fr 4,00	Ra 5,28	Lr 6,90	Rf	Db	Sg	Bh	Hs	Mt	110	111	112						

Abbildung 10.11: Erste Ionisierungsenergien (in eV)

Bei der Ionisierung entsteht ein positiv geladenes Ion (Kation). Ein Beispiel:

$$Na \xrightarrow{\Delta E} Na^{+} + e^{-}$$

Da innerhalb der Gruppen gleiche Elektronenkonfigurationen vorliegen, zeigt sich ein deutlich periodisches Verhalten (Abbildung 10.12): Am leichtesten lässt sich das jeweilige eine

Elektron der äußeren Schale der Alkalimetalle (1. Hauptgruppe) entfernen. Edelgase *wollen* eigentlich überhaupt kein Elektron hergeben, deshalb sind die Ionisierungsenergien so hoch. Dieses Bild wiederholt sich von Periode zu Periode.

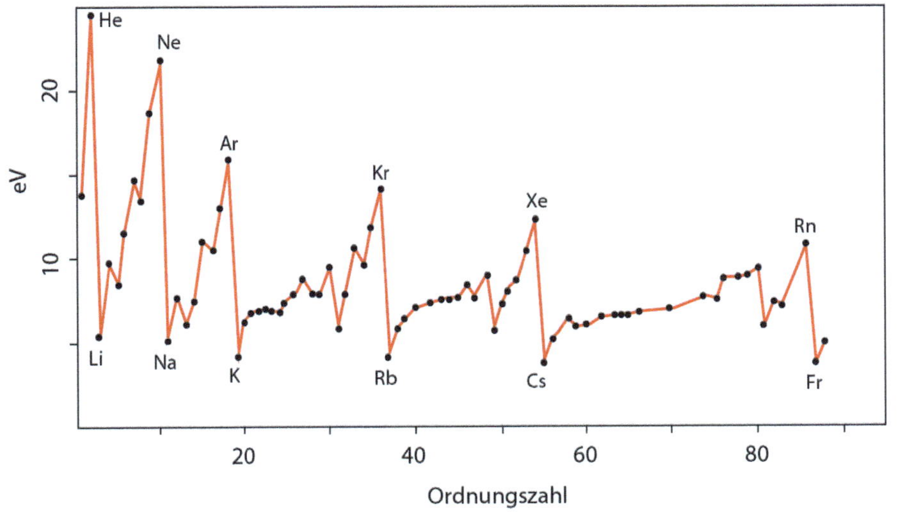

Abbildung 10.12: Erste Ionisierungsenergien – im direkten Vergleich

Wollen Sie weitere Elektronen entfernen (rein theoretisch könnten Sie ja *alle* entfernen), müssen Sie die 2., 3., 4. … Ionisierungsenergie aufwenden. Die zurückbleibenden Elektronen werden dann natürlich zunehmend stärker angezogen, denn die positive Kernladung bleibt ja gleich. Die Ionisierungsenergie wird also immer größer. Am Beispiel von Fluor, Aluminium und Schwefel können Sie die ansteigende Energie verfolgen, die zur Entfernung weiterer Elektronen nötig ist (*siehe* Abbildung 10.13).

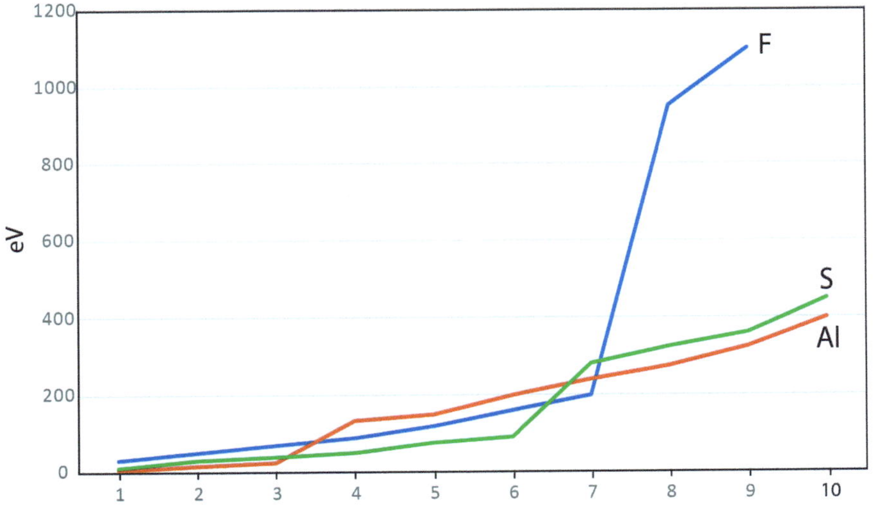

Abbildung 10.13: Höhere Ionisierungsenergien

Haben Sie schon eine Idee, warum es jeweils »Knicke« in den Kurven gibt, bei denen die Energie besonders stark ansteigt? – An diesen Stellen entfernen Sie ein Elektron aus einer *Edelgaskonfiguration*. Das hat das Atom gar nicht gerne – Sie müssen energetisch gesehen schon tief in die Tasche greifen, um das nächste Elektron zu entfernen.

Elektronenaffinität

Stellen Sie sich vor, Sie entfernen ein Elektron aus einem negativ geladenen Ion – das ist quasi die »Ionisierung eines Anions«. Dabei wird entweder Energie frei oder Energie benötigt. Die Energiedifferenz zwischen dem Anion und dem neutralen Atom wird *Elektronenaffinität* genannt. Sie ist somit ein Maß dafür, wie stark ein Atom ein zusätzliches Elektron an sich binden kann, um dabei ein negativ geladenes Ion (Anion) zu bilden – exemplarisch hier an Chlor gezeigt:

$$Cl + e^- \overset{\Delta E}{\rightarrow} Cl^-$$

Elektronenaffinitäten beziehen sich immer auf *freie* Atome und weisen keine eindeutigen Tendenzen im Periodensystem auf. Dass die tatsächlichen Werte in der Literatur teilweise stark voneinander abweichen, mag daran liegen, dass sie experimentell nicht so leicht zu bestimmen sind. Legen Sie deshalb die Werte für die 1. Elektronenaffinitäten (in Abbildung 10.14) bitte nicht auf die Goldwaage. Wichtig ist hier vor allem eines zu wissen: Ein negativer Wert bedeutet, dass bei der Aufnahme eines Elektrons Energie *frei* wird, während ein positiver Wert verrät, dass zur Umwandlung des betreffenden Atoms in ein Anion Energie *aufgebracht* werden muss. (Dass *frei werdende* Energie in der Chemie definitionsgemäß ein *negatives* Vorzeichen besitzt, wird Ihnen im Laufe dieses Buches immer und immer wieder begegnen.)

H -0,76	He +0,22																
Li -0,62	Be +0,20											B -0,28	C -1,26	N +0,07	O -1,46	F -3,40	Ne +0,30
Na -0,55	Mg +0,20											Al -0,45	Si -1,39	P -0,75	S -2,07	Cl -3,62	Ar +0,36
K -0,50	Ca +0,10	Sc -0,19	Ti -0,08	V -0,53	Cr -0,66	Mn 0	Fe -0,17	Co -0,66	Ni -1,16	Cu -1,22	Zn +0,49	Ga -0,30	Ge -1,20	As -0,81	Se -2,02	Br -3,37	Kr +0,40
Rb -0,49	Sr +0,05	Y -0,31	Zr -0,43	Nb -0,89	Mo -0,75	Tc -0,55	Ru -1,05	Rh -1,14	Pd -0,56	Ag -1,31	Cd +0,33	In -0,30	Sn -1,20	Sb -1,07	Te -1,97	I -3,06	Xe +0,43
Cs -0,47	Ba +0,15	Lu -0,34	Hf 0	Ta -0,32	W -0,82	Re -0,15	Os -1,10	Ir -1,05	Pt -2,13	Au -2,31	Hg +0,63	Tl -0,21	Pb -0,36	Bi -0,94	Po -1,90	At -2,80	Rn +0,43
Fr -0,46	Ra	Lr	Rf	Db	Sg	Bh	Hs	Mt	110	111	112						

Abbildung 10.14: Elektronenaffinitäten (in eV)

Obwohl die Werte in einem gewissen Bereich schwanken, ragen von allen Elementen doch die hohen Elektronenaffinitäten der Halogene hervor: Diese haben also die ausgeprägteste Neigung, Elektronen aufzunehmen (Abbildung 10.15 macht das noch einmal deutlich).

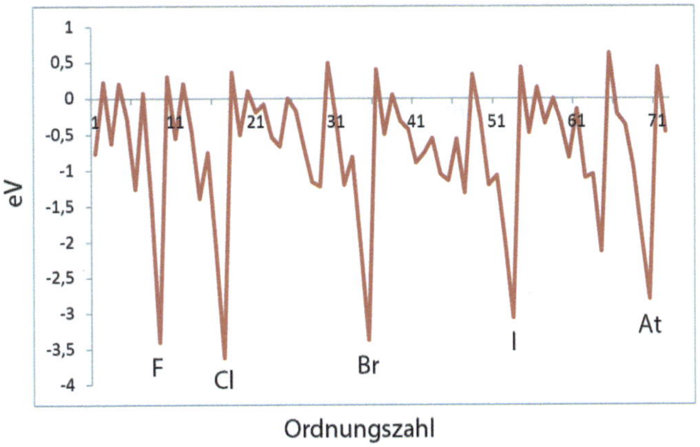

Abbildung 10.15: Elektronenaffinitäten – im direkten Vergleich

Manchmal müssen zur Entstehung stabiler Anionen auch zwei (oder noch mehr) Elektronen aufgenommen werden, das entspricht dann sozusagen der 2., der 3. Elektronenaffinität und so weiter. Die Aufnahme eines zweiten Elektrons (sowie aller weiteren, die erforderlich sein mögen) ist *immer* mit einer Energieaufnahme verbunden. Die 2. Elektronenaffinität ist immer positiv: *Ein Anion nimmt nicht gerne weitere Elektronen auf.* (Das sollte auch nicht weiter verwunderlich sein, denn so ein Anion *ist* ja bereits negativ geladen, und gleiche Ladungen stoßen einander bekanntlich ab.)

Auch dazu ein Beispiel: $O \xrightarrow{-1{,}46\ eV} O^- \xrightarrow{+8{,}1\ eV} O^{2-}$

Elektronegativität – Besitzanspruch wird proklamiert

In einer chemischen Bindung werden Elektronen gemeinsam genutzt. Das relative Maß, diese *gemeinsamen* Elektronen an sich zu ziehen, wird als Elektronegativität bezeichnet. *Elektronegativitäten beziehen sich also immer auf Atome in Bindungen.*

Es gibt verschiedene Bestimmungsmethoden. Die wichtigsten stammen von PAULING, ALLRED/ROCHOW und MULLIKEN und begründen sich auf unterschiedliche Ansätze bezüglich Ionisierungsenergie, Elektronenaffinität, Polaritäten und Dissoziationsenergien (auf die hier aber nicht näher eingegangen werden soll). Die erhaltenen Werte für die Elektronegativität unterscheiden sich etwas, aber nicht dramatisch: Die Tendenzen innerhalb des Periodensystems sind in allen drei Skalen (annähernd) identisch. In Abbildung 10.16 sehen Sie die von ALLRED und ROCHOW berechneten Werte, die in der Chemie mittlerweile weitgehend als Standard gelten. Aber nicht wundern: Häufig wird auch noch die *Pauling*-Skala verwendet, die gemeinhin bekannter ist (und man ja von liebgewonnenen Gewohnheiten nur schlecht abrückt). Da aber die Werte von ALLRED und ROCHOW noch besser zu den Beobachtungen und dem Verhalten der einzelnen Elemente passen, setzt sich diese Skala zunehmend durch. (Im Zweifelsfalle sollten Sie sich trotzdem immer informieren, welche Skala denn gerade verwendet wurde.)

Zunahme

H 2,10																	He
Li 0,97	Be 1,47											B 2,01	C 2,50	N 3,07	O 3,50	F 4,17	Ne
Na 1,01	Mg 1,23											Al 1,47	Si 1,74	P 2,06	S 2,44	Cl 2,83	Ar
K 0,91	Ca 1,04	Sc 1,20	Ti 1,32	V 1,45	Cr 1,56	Mn 1,60	Fe 1,64	Co 1,70	Ni 1,75	Cu 1,75	Zn 1,66	Ga 1,82	Ge 2,02	As 2,20	Se 2,48	Br 2,47	Kr 3,0
Rb 0,89	Sr 0,99	Y 1,11	Zr 1,22	Nb 1,23	Mo 1,30	Tc 1,36	Ru 1,42	Rh 1,45	Pd 1,30	Ag 1,42	Cd 1,46	In 1,49	Sn 1,72	Sb 1,82	Te 2,01	I 2,21	Xe 2,6
Cs 0,86	Ba 0,97	La 1,10	Hf 1,23	Ta 1,33	W 1,40	Re 1,46	Os 1,52	Ir 1,55	Pt 1,44	Au 1,42	Hg 1,44	Tl 1,44	Pb 1,55	Bi 1,67	Po 1,76	At 1,96	Rn
Fr 0,86	Ra 0,97	Ac															

Abbildung 10.16: Elektronegativitäten nach ALLRED/ROCHOW

Elektronegativität für Edelgase?

Sogar die größeren Edelgase können, wenn genug Gewalt im Spiel ist, dazu gezwungen werden, Verbindungen einzugehen. (Einige Vertreter dieser Exoten lernen Sie in Kapitel 28 kennen.) In der »Alltags-Chemie« spielt das keine große Rolle, sondern ist vornehmlich von theoretischem Interesse – aber *wenn* die Edelgase Verbindungen eingehen und Moleküle bilden, dann lässt sich ihnen eben auch eine Elektronegativität zuordnen.

Die Elektronegativität ist für Atome definiert, die ihre Elektronenhülle verändern wollen, um einen stabileren Zustand zu erlangen. Edelgase haben dieses Bestreben in der Regel nicht, weil sie bereits eine volle Außenschale besitzen. Sie sind daher sehr reaktionsträge, von ihnen sind nur wenige Verbindungen bekannt (etwas mehr dazu finden Sie in Kapitel 28).

Auch die Elektronegativität ändert sich periodisch, wie Sie Abbildung 10.17 entnehmen können. (Die Lücken entstehen durch die fehlenden Werte für die Edelgase.)

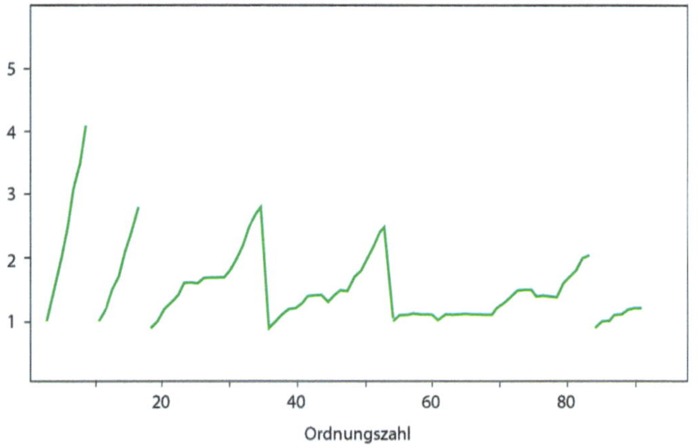

Abbildung 10.17: Elektronegativitäten – im direkten Vergleich

Elektronegativitäten werden benötigt, um chemische Bindungen zu charakterisieren. Eine Bindung verbindet immer (mindestens) zwei Atome miteinander. Die vorhandenen Elektronen werden dabei so aufgeteilt, dass möglichst jedem Atom ein Elektronenoktett (Edelgaskonfiguration) zuteilwird. Dafür gibt es aber mehrere Möglichkeiten (wie Sie in Teil III genauer erfahren werden):

- ✔ Nur wenn zwei Atome *gleicher* Sorte miteinander verbunden sind, können Sie ganz sicher sein, dass sich die für die Bindung verantwortliche **Elektronendichte** *genau zwischen* diesen beiden Atomen befindet, denn beide üben ja die gleiche Anziehung auf die Elektronen aus.
- ✔ Hat eines der beiden Atome eine höhere Elektronegativität, wird die Elektronendichte näher zu diesem Atom hingezogen. (Bei mehratomigen Molekülen können durchaus auch noch benachbarte Atome am Tauziehen um die Elektronen beteiligt sein, dies führt unter anderem zum sogenannten –*I*-Effekt, den Sie in Kapitel 36 kennenlernen.)
- ✔ Sind die Elektronegativitätsunterschiede sehr groß, gehen die Elektronen (praktisch) ganz auf das elektronegativere Atom über.

Sie sehen gewiss schon, wie wichtig die Elektronegativität ist: Sie beeinflusst maßgeblich die Verteilung der Elektronen(dichte) innerhalb jeglicher chemischer Bindung. Aus diesem Grund sollten Sie sich Folgendes einprägen:

Die vier elektronegativsten Elemente des Periodensystems sind (sortiert nach abnehmender Elektronegativität):

Fluor > Sauerstoff > Stickstoff   Auf Platz 4 steht das Chlor.

Vielleicht hilft Ihnen ja die Merkhilfe FON_{Cl} – laut ausgesprochen klingt das fast wie *phone call*, und es ist stets gut, zumindest die vier elektronegativsten Elemente im Blick zu behalten.

In Abbildung 10.18 können Sie verfolgen, wie sich die Elektronendichte immer mehr zugunsten eines der beiden Atome verschiebt, je mehr der Unterschied in der Elektronegativität zunimmt. Die Folge ist: Die **Polarität** des Moleküls wird immer größer. Links ist ein Molekül aus zwei gleichen Atomen dargestellt, die Bindung ist *homöopolar*, das Molekül ist völlig unpolar. Rechts führt die Elektronenverschiebung zur Bildung von positiven und negativen Ionen. Dazwischen kommt es zur Bildung *polarer* Bindungen unterschiedlicher Ausprägung. Da hier getrennte Ladungen existieren, liegen hier sogenannte **Dipole** vor.

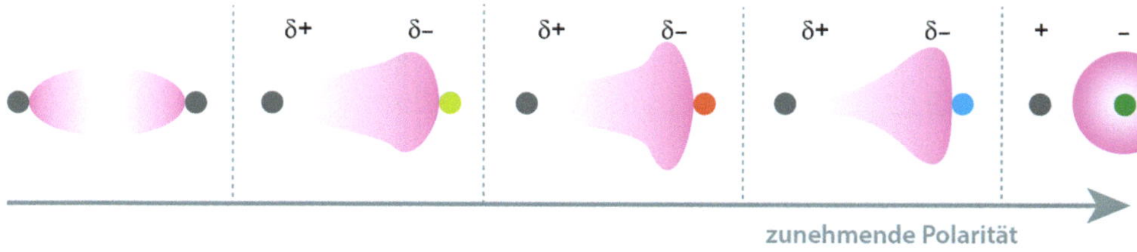

Abbildung 10.18: Zunehmende Polarität von Bindungen

Sie sehen: Eigentlich lässt sich gar keine scharfe Grenze ziehen, es ist ein fließender Übergang zwischen Molekülen und Ionen. Trotzdem möchten Sie den Teilchen *entweder* Molekülcharakter *oder* eben Ionencharakter zuordnen, weil sich das besser mit der Beschaffenheit und den Eigenschaften der verschiedenen Stoffe in Einklang bringen lässt.

Eine einigermaßen sinnvolle Einteilung erfolgt anhand der *Differenz* der Elektronegativitäten. Sofort leuchtet ein:

- ✔ Ist die Differenz = 0, dann liegt eine homöopolare, völlig unpolare Bindung vor. (Mehr Molekülcharakter geht nicht.)
- ✔ Bei allen anderen Bindungen kommt es zur partiellen Ladungstrennung; hier ist eine gewisse Willkür nicht zu umgehen, wenn Moleküle von Ionen unterschieden werden sollen. Häufig finden Sie folgende Einteilung:
  - Differenz < 0,4: unpolare Bindung
  - Differenz 0,4 bis 2,0: polare Bindung (Dipol)
  - Differenz > 2,0: Ionenbindung

Legen Sie diese Werte nicht auf die Goldwaage, mitunter finden Sie in der Literatur durchaus andere. Sehen Sie die Abgrenzungen als Orientierungshilfe, wenn Sie entscheiden sollen, ob Sie es *eher* mit einer Molekül- oder eher mit einer Ionenbindung zu tun haben. Es *gibt* einfach keine eindeutige Grenze, und bei Bindungen im Grenzbereich werden Sie auch beide Eigenschaften der jeweiligen Bindung feststellen.

Formalladung und Partialladung

Wie Sie Abbildung 10.18 entnehmen können, führt die Polarität zu einer Ladungstrennung mit einem positiven und einem negativen Pol. Bei kompletter Ladungstrennung entstehen zwei unterschiedlich geladene Teilchen (Kationen und Anionen). Ist die Ladungstrennung nicht vollständig, werden die Pole durch eine entsprechende relative Ladung (δ+; δ–) versehen. Diese Ladungen sind *real* und auch messbar (anhand des sogenannten Dipolmoments), sie werden als **Partialladungen** bezeichnet.

Ein zweiatomiges Molekül mit Atomen *unterschiedlicher* Elektronegativität weist *immer* ein Dipolmoment auf, häufig symbolisiert durch einen »Pfeil mit Querbalken« (Abbildung 10.19a). Auch ein mehratomiges Molekül kann ein Dipol sein. Entscheidend ist dabei, dass der Ladungsschwerpunkt *nicht* in der Mitte des Moleküls liegt; dies ist zum Beispiel der Fall bei H_2O (b) und SO_2 (d). Einzelne Bindungen in den Molekülen können zwar äußerst polar sein, aber trotzdem ist das Molekül *kein* Dipol, wenn die Ladungsschwerpunkte zusammenfallen, wie etwa bei Tetrachlorkohlenstoff CCl_4 (c) oder CO_2 (e).

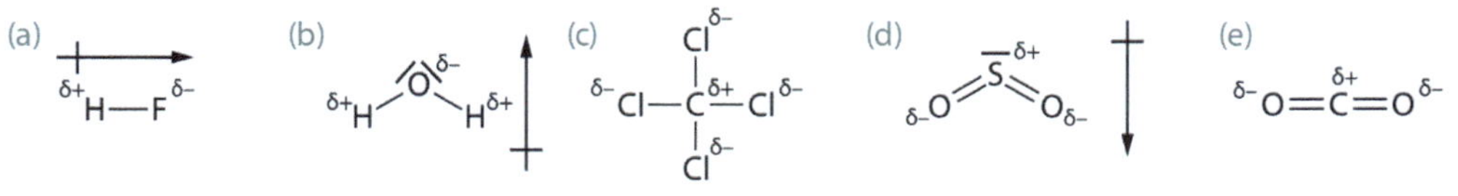

Abbildung 10.19: Ausgewählte Moleküle mit (a, b, d) und ohne (c, e) Dipolmoment

Eine **Formalladung** muss angegeben werden, wenn die Anzahl der Elektronen an einem Atom in einer Strukturformel *nicht* seiner Gruppennummer entspricht; dann hat es ja einen *Elektronenüberschuss* beziehungsweise *-mangel*. Ein paar Beispiele zeigt Abbildung 10.20.

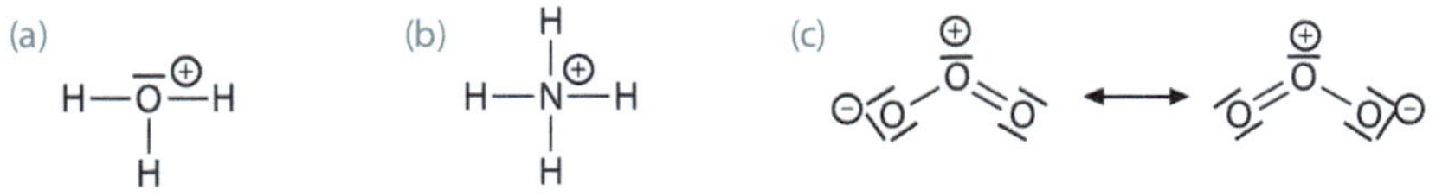

Abbildung 10.20: Ausgewählte Moleküle mit Formalladung(en)

Diese Ladungen sind allerdings *nicht* an den jeweiligen Atomen lokalisiert, an denen sie eingezeichnet werden, sondern betreffen *das komplette Molekül*. Es handelt sich also *nicht* um reale Ladungen; sie werden »der Form halber« angegeben. Auch wenn ein Molekül insgesamt neutral ist, sind in der Strukturformel häufig Formalladungen enthalten.

Freie Elektronenpaare

Normalerweise gehören zu einer Strukturformel immer *alle* Elektronenpaare der Valenzschale. Das können schon mal ziemlich viele sein, je höher die Gruppennummer ist, in der sich das Element befindet. Aus Gründen der Übersichtlichkeit finden Sie gelegentlich in den Formeln *nur* die freien Elektronenpaare, die tatsächlich strukturrelevant sind (auf die anderen können Sie verzichten, ohne dass die Formel deswegen falsch wäre).

Schräge Typen

Es gibt im Periodensystem ein Phänomen, das **Schrägbeziehung** genannt wird. Es bezeichnet den Umstand, dass die Hauptgruppenelemente der zweiten Periode von Lithium bis Sauerstoff in vielen Eigenschaften der rechts benachbarten Gruppe ähnlicher sind als der Gruppe, der sie eigentlich angehören (Abbildung 10.21).

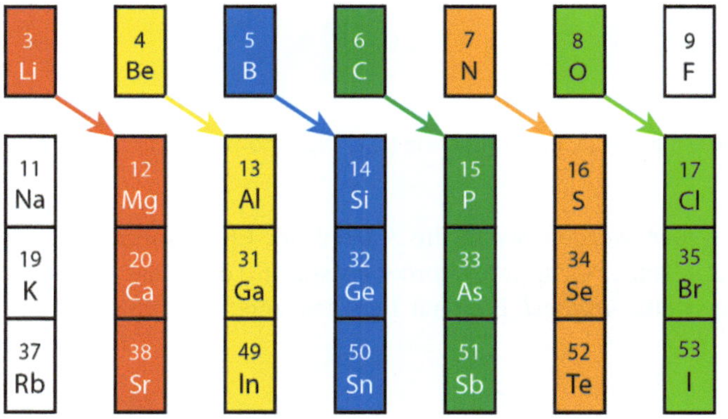

Abbildung 10.21: Schrägbeziehungen im Periodensystem

Die Ähnlichkeiten sind unterschiedlich ausgeprägt:

- ✔ Bor – Silicium: sehr stark
- ✔ Beryllium – Aluminium: stark
- ✔ Lithium – Magnesium, Sauerstoff – Chlor: deutlich
- ✔ Kohlenstoff – Phosphor, Stickstoff – Schwefel: schwach

Gründe für dieses Verhalten sind vor allem im ähnlichen Verhältnis von Ionenradius und Kernladung zu sehen, also der *Ladungsdichte* der Atome. In Tabelle 10.2 sind einige Beispiele für Eigenschaften aufgeführt, die auf Schrägbeziehungen zurückzuführen sind (mehr zur Stoffchemie der Hauptgruppen erfahren Sie in den Kapiteln 28 bis 34).

Schrägbeziehung	**Analogien**
Li – Mg	• Entstehung von Nitriden (Li_3N, Mg_3N_2) bei der Verbrennung an Luft (Na bildet Oxid) • Schwer lösliche Fluoride, Carbonate und Phosphate (die Na-Salze sind leicht löslich) • Entstehung von Li_2O und MgO, aber Na_2O_2
Be – Al	• Keine echten Salze (hoher kovalenter Anteil) • Entstehung schützender Oxidschichten • bilden Halogenid-Komplexe, Mg nicht
B – Si	• Halbmetalle, (Al ist ein Metall) • BF_3 und SiF_4 sind gasförmig, AlF_3 ist hochschmelzend • Borsäure (H_3BO_3) und Kieselsäure (H_4SiO_4) neigen zur Polymerisation
C – P	• *können* halbmetallisch sein, Si ist *nur* halbmetallisch • schwarzer Phosphor ist dem Graphit sehr ähnlich • ausgeprägte Ketten- und Ringbildung
N – S	• rein nichtmetallisch, von P existiert auch eine halbmetallische Modifikation • kommen in der Natur meist anionisch vor, Phosphide sind äußerst selten • ionische Verbindungen mit Metallen
O – Cl	• reagieren explosionsartig mit Wasserstoff • können organisches Gewebe zersetzen • sind nicht brennbar (Schwefel verbrennt zu SO_2)

Tabelle 10.2: Analogien durch Schrägbeziehung

Schmelzpunkte der Metalle

Auch die Stärke der metallischen Bindung ist periodischen Schwankungen unterworfen. Das liegt an der wechselnden Anzahl von Valenzelektronen, deren Aufenthalt in bestimmten Orbitalen für die Bindung maßgebend ist. (Was genau die Elektronen in einem Metall machen, wird in Kapitel 14 ausführlich beschrieben.) Die Stärke der Bindung findet sich zum Beispiel unmittelbar im Schmelzpunkt der Metalle wieder. Abbildung 10.22 zeigt, wie sich die Schmelzpunkte mit der Ordnungszahl ändern.

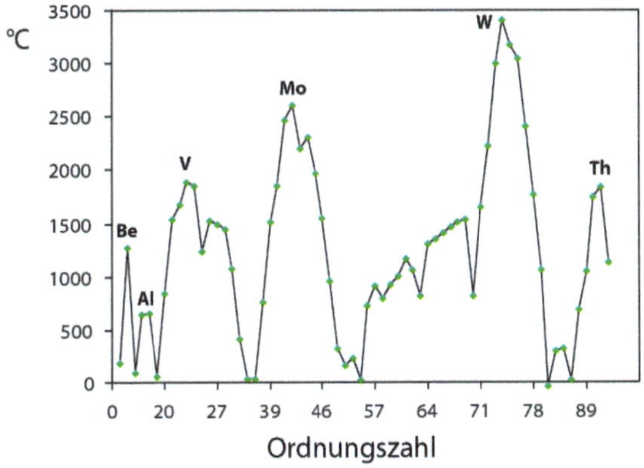

Abbildung 10.22: Schmelzpunkte der Metalle

Aufgaben Kapitel 10

Zum Aufwärmen

1. Was ist der wesentliche Unterschied zwischen Ein- und Mehrelektronensystemen bezüglich der Orbitalenergien?

2. Was sind die Übergangselemente?

3. Wie lautet die *vollständige* Elektronenkonfiguration der folgenden Atome gemäß dem Aufbau-Prinzip, und wie könnte sie jeweils sinnvoll abgekürzt werden: (a) Kohlenstoff; (b) Phosphor; (c) Nickel; (d) Se; (e) Zr; (f) Gold.

4. Welche *Valenz*elektronenkonfigurationen kommen den Elementen aus Aufgabe 3 zu?

5. Wie lautet die vollständige Elektronenkonfiguration des (a) Schwefel-Anions S^{2-} (genau genommen heißt es »Sulfid-Ion«, aber zur systematischen Benennung derartiger Ionen kommen wir so richtig erst in Kapitel 27); (b) des Aluminium(III)-Kations Al^{3+}; (c) des Fluorid-Ions F^{-}; (d) des Blei(II)-Kations Pb^{2+}? Gibt es jeweils ein Edelgas mit gleicher Elektronenkonfiguration?

6. Sortieren Sie nach absteigender Elektronegativität (idealerweise *ohne* die zugehörigen Zahlenwerte nachzuschlagen): Li K Cs C N O F.

Für Fortgeschrittene

7. Über ein Ihnen bislang unbekanntes Atom finden Sie die folgende Elektronenkonfiguration tabelliert: $1s^2\ 2s^2 2p^6\ 3s^2 3p^6\ 3d^3\ 4s^2$. Beantworten Sie folgende Fragen: Handelt es sich um ein Übergangselement oder nicht? In welcher Periode ist dieses Element zu finden? Was ist die Hauptquantenzahl des energetisch ungünstigsten im Grundzustand besetzten Orbitals? Was dessen Nebenquantenzahl? Wie lautet die Elektronenkonfiguration gemäß dem Aufbau-Prinzip – vollständig und abgekürzt? Wie lautet die Valenzelektronenkonfiguration dieses Atoms? Welches Elementsymbol gehört dazu? Ist es ein Metall oder nicht?

8. Zeigen Sie anhand des Ammonium-Ions (NH_4^+, *siehe* Abbildung 10.20b), dass Formalladungen *keinerlei* Rückschluss auf etwaige Partialladungen gestatten.

Teil III

Chemische Bindungen – *oder*: Was machen die Atome den ganzen Tag?

IN DIESEM TEIL …

Die ganze Chemie ist ein ewiges Tauziehen um die Elektronen. Atome liegen selten einsam und allein in der Gegend herum: Meistens gehen sie Bindungen ein, mit anderen Atomen der gleichen oder auch einer anderen Elementsorte. Dass es freiwillig zur Ausbildung einer Bindung kommt, liegt daran, dass der *gebundene* Zustand energieärmer ist als der *ungebundene* Zustand. Deshalb wird bei der Entstehung einer Bindung immer Energie frei (entsprechend wird für die Auflösung einer Bindung immer Energie benötigt) – und je stabiler solch eine Bindung ist, desto mehr Energie ist das. Also strebt jedes Atom danach, einen möglichst stabilen Zustand einzunehmen. Es ist gar nicht so einfach, die *Ursache* dieses Bestrebens anzugeben (komplizierte quantenmechanische Modelle sind dabei hilfreich). Es ist jedoch möglich, die *Folgen* dieses Bestrebens ausfindig zu machen, etwa das Erreichen einer bestimmten Elektronenanzahl (die sogenannte *Edelgaskonfiguration*) oder eine bestimmte räumliche Anordnung. Diese Betrachtung erfordert wiederum abstrakte Vorstellungen, weil die Atome und Moleküle ja nun einmal nicht direkt beobachtet werden können. Sie können nur Experimente mit ihnen durchführen – zur Deutung der Ergebnisse sind Sie dann auf Mutmaßungen angewiesen, was sich abgespielt haben könnte und welche Eigenheiten den Teilchen zugesprochen werden.

Im Allgemeinen werden *drei* unterschiedliche Arten der chemischen Bindung unterschieden:

- ✔ Ionenbindung (in Salzen)
- ✔ kovalente Bindung (in Molekülen)
- ✔ metallische Bindung (Metall-Atome untereinander)

Es gibt Modelle (und ebenso Theorien) für die einzelnen Bindungsarten, die versuchen, die tatsächlichen Beobachtungen zu deuten. Lassen Sie sich überraschen …

IN DIESEM KAPITEL

- bedeutet kristallin niedrige Energie
- geben sich Größe und Ladung die Hand
- ist alles schön symmetrisch

Kapitel 11
Ionenbindungen – berührungsfreier Zusammenhalt

Betrachten Sie die Reaktion des Metalls Natrium mit dem Nichtmetall Chlor, so lässt sich beobachten, dass unter beträchtlicher Energiefreisetzung ein weißer, kristalliner Feststoff entsteht. Die dabei entstehende Substanz, Natriumchlorid (Summenformel: NaCl), ist gemeinhin als »Kochsalz« bekannt.

Gegensätze ziehen sich an, das ist bei Menschen genauso wie bei kleinsten Teilchen. Der Gegensatz besteht hier allerdings in der unterschiedlichen Ladung in Form von positiven und negativen Teilchen, den Ionen. Die Anziehung bewirkt, dass die Teilchen nicht mehr voneinander lassen können – es entsteht eine *Ionenverbindung*, umgangssprachlich auch als *Salz* bezeichnet. Die **Ionenbindung** ist das, was Salze gleich welcher Art zusammenhält.

+ oder ⊕, – oder ⊖ – das ist hier die Frage

Gleich vorweg ein wichtiger Hinweis: In den weitaus meisten Fällen wird es als gänzlich unerheblich erachtet, ob Sie nun einen Kringel um das Ladungszeichen machen oder nicht. Wenn Sie es also eilig haben, brauchen Sie hier nicht weiterzulesen.

Wenn Sie es aber etwas genauer nehmen, stehen die beiden Zeichenformen (Ladungszeichen *mit* oder *ohne* Kreis) für zwei unterschiedliche Dinge:

- ✔ *Mit* einem Ladungszeichen, das von einem Kreis umgeben ist – ⊕ oder ⊖ – handelt es sich um *lokalisierte* Ladungen oder Formalladungen.
- ✔ *Ohne* den Kreis bedeutet es, dass das gesamte Teilchen diese Ladung trägt, ohne etwas darüber auszusagen, *wo genau* sich diese Ladung gerade »befindet«.

Schauen Sie sich zum Vergleich das Ammonium-Ion an: Schreibweise (a) verrät nur, dass es sich um ein Teilchen handelt, das aus vier Wasserstoff- und einem Stickstoff-Atom besteht und *insgesamt* eine positive Ladung aufweist. Variante (b) besagt, dass dem Stickstoff-Atom des Ammonium-Ions eine positive (Formal-)Ladung zukommt. Wollen Sie in der Strukturformel zeigen, dass dieses Teilchen *insgesamt* eine positive Ladung aufweist, sollten Sie tunlichst mit eckigen Klammern und einem hochgestellten Ladungszeichen arbeiten – dann natürlich *ohne* Kreis (c), genauso bitte auch innerhalb größerer (organischer) Strukturen oder bei lokalisierten Ladungen in Komplexen.

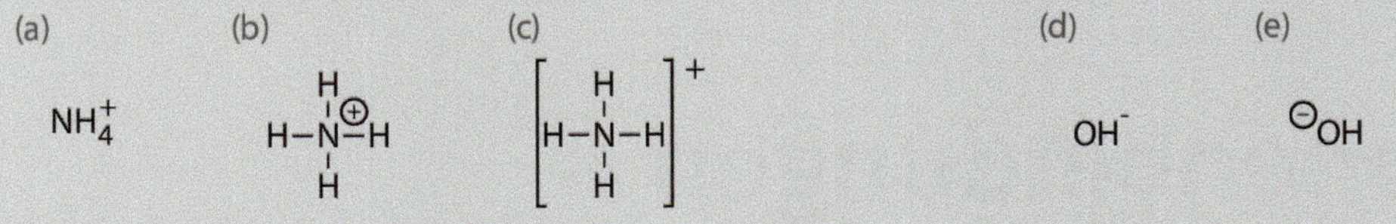

Hier nun ein wichtiger Hinweis: *Machen Sie bitte nicht den Fehler, den Kreis um eine Ladung automatisch als »Das ist bloß eine Formalladung!« zu interpretieren.*

Vergleichen Sie die beiden Schreibweisen des Hydroxid-Ions: (d), die häufigste Variante, zeigt nur, dass dieses diatomare Ion (also: dieses Ion, das aus *zwei* Atomen besteht; ausgesprochen wird das di-atomar) *insgesamt* eine negative Ladung aufweist, während uns Variante (e) sagen will, dass die negative Ladung dieses diatomaren Ions (weitestgehend) am *Sauerstoff* lokalisiert ist.

Für monoatomare Ionen (also Ionen, die nur aus einem – geladenen – Atom bestehen) wäre es bei dieser Schreibweise dann natürlich eigentlich notwendig, einen Kreis um das Ladungszeichen zu machen (c, d), aber meist kann darauf verzichtet werden (a, b), weil die Ladung sich ja nirgendwo anders befinden kann. (Aber wenn Sie schon einen Kringel um das Ladungszeichen machen, dann *kringeln Sie bitte das Zahlenzeichen nicht gleich mit ein!*)

(a) Na^+ (b) Ca^{2+} (c) $Na^{\oplus}$ (d) $Ca^{2\oplus}$ aber bitte nicht: $Ca^{(2+)}$

Oktettregel – was wird hier geregelt?

Die Elemente der VIII. Hauptgruppe, die Edelgase, sind äußerst reaktionsträge (nur wenn sie gereizt werden, tun sie etwas; mehr dazu in Kapitel 28). Das liegt an ihrer Elektronenkonfiguration, die auf der Valenzschale (außer beim Helium) stets s^2p^6 (Edelgaskonfiguration = *Oktett*) lautet. Diese Konfiguration ist energetisch besonders günstig (das lässt sich quantentheoretisch belegen). Die äußerste Schale ist somit komplett gefüllt – es besteht keinerlei Veranlassung, an diesem Elektronenzustand etwas zu ändern.

Hier kommt eine der wichtigsten »Faustregeln« der Chemie zum Tragen, die sogenannte **Oktettregel**: Elemente der Hauptgruppen neigen *gewöhnlich* dazu, bei ihren Reaktionen Edelgaskonfiguration anzustreben (nach dem Motto: Was *die* können, können wir auch). Dafür müssen sie Elektronen abgeben oder aufnehmen, weil sie sonst eben *keine* komplett gefüllte Valenzschale besitzen.

Durch Abgabe oder Aufnahme von Elektronen ändert sich keinesfalls die Atomsorte! (Dazu müsste ja der Atomkern verändert werden.) Ein Na^+-Ion ist »von seinem Wesen her« immer noch ein Natrium-Atom, nur eben jetzt mit einer positiven Ladung und deswegen völlig anderen chemischen Eigenschaften.

Mit dieser Regel lässt sich zumindest erahnen, warum in den *weitaus meisten* Fällen nur die Valenzelektronen an chemischen Reaktionen beteiligt sind: Die vollständig gefüllten Schalen (also bei Lithium beispielsweise die K-Schale mit $1s^2$, beim Natrium zusätzlich noch die L-Schale mit $2s^2 2p^6$) sind schlichtweg zu stabil, um sich »aufbrechen« zu lassen, sodass sie an Reaktionen teilnehmen könnten.

Die Oktettregel ist *ausschließlich* auf Hauptgruppenelemente anwendbar und gilt streng genommen *nur für die Elemente der zweiten Periode*. Ab der dritten Periode *kann* die Oktettregel auch überschritten werden, weil ja ab dort mehr Orbitale zur Verfügung stehen (denken Sie an das Aufbau-Prinzip, Kapitel 10).

Das ändert aber nichts daran, dass *jedes* (Hauptgruppen-)Element eine aufgefüllte Schale anstrebt, die in jeder Periode mit der Edelgaskonfiguration s^2p^6 abschließt. Deshalb wird auch hier häufig von *Oktett* gesprochen.

Die Oktettregel spielt nicht nur für die Ionenbindung eine Rolle, sondern wird Ihnen auch bei anderen Bindungsarten begegnen. Nun schauen wir aber erst einmal, was Ionen so treiben.

Die Bausteine

Um ein Ionengitter zu bauen, brauchen Sie Ionen: *positiv* geladene Ionen (*Kationen*) und *negativ* geladene Ionen (*Anionen*). Verschiedene Atome haben unterschiedliche Ambitionen, Ionen zu bilden.

Kationen

Grundsätzlich ist Energie erforderlich, um aus einem neutralen Atom Elektronen zu entfernen. Manchmal ist diese Ionisierungsenergie so gering, dass ein Elektron bereitwillig abgegeben wird, wenn sich die Gelegenheit dazu bietet. Und das ist das Entscheidende:

Ist niemand da, der die abgegebenen Elektronen aufnehmen kann, ist eben *keine* Gelegenheit vorhanden; freie, »nackte« Elektronen können unter gewöhnlichen Bedingungen nicht existieren. Da hilft es auch nichts, wenn durch die Elektronenabgabe vielleicht eine stabile Edelgaskonfiguration erreicht würde.

Werfen Sie einmal einen Blick auf Abbildung 10.12: Dort sehen Sie, dass die Ionisierungsenergien für Elemente der ersten und zweiten Hauptgruppe besonders niedrig sind. Das verstehen Sie sofort, wenn Sie sich die Elektronenkonfiguration dieser Elemente vor Augen führen: Alle Elemente der *ersten* Hauptgruppe haben *ein* Elektron auf der äußeren Schale, alle Elemente der *zweiten* Hauptgruppe entsprechend *zwei* Elektronen. Durch Abgabe dieser äußeren Elektronen wird jeweils die Edelgaskonfiguration der vorherigen Schale erreicht.

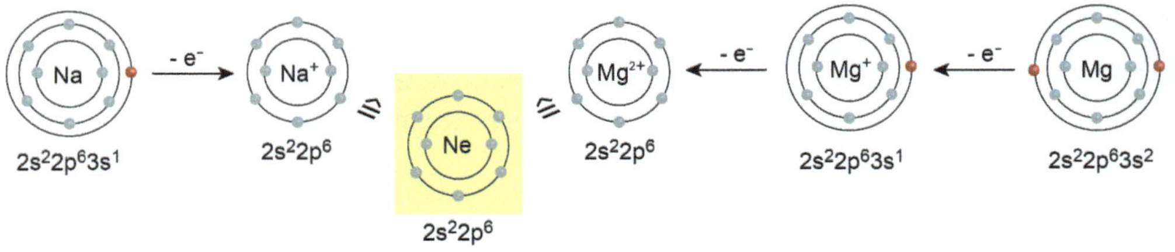

Anionen

Die *Aufnahme* eines Elektrons ist sogar in den meisten Fällen energetisch begünstigt (es wird Energie frei), schließlich wird ja ein Elektron gebunden und damit in einen energieärmeren Zustand gebracht.

Vergleichen Sie die Elektronenaffinitäten in Abbildung 10.14: Die Elemente der sechsten und siebten Hauptgruppe streben am ehesten danach, Elektronen aufzunehmen, da hier viel Energie gewonnen werden kann. Auch dies können Sie schnell verstehen, wenn Sie sich die Elektronenkonfigurationen dieser Elemente anschauen: Alle Elemente der sechsten Hauptgruppe haben sechs Elektronen auf der äußeren Schale, sie brauchen also noch zwei Elektronen bis zur ersehnten Edelgaskonfiguration. Die Elemente der siebten Hauptgruppe benötigen dazu nur noch ein einziges Elektron, hier ist es also am einfachsten.

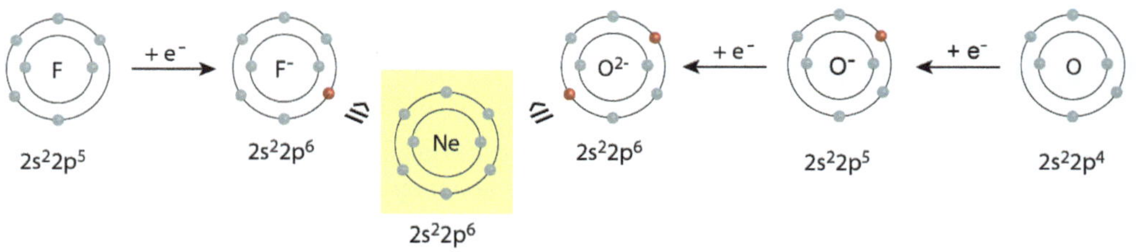

Die Aufnahme eines *zweiten* Elektrons ist dagegen nicht so einfach; es liegt ja bereits ein negativ geladenes Teilchen vor, und das erschwert die Annäherung eines weiteren (negativ geladenen) Elektrons. Deshalb wird dafür *immer* Energie benötigt, obwohl dadurch vielleicht die Edelgaskonfiguration erreicht wird.

Dass Elemente der sechsten Hauptgruppe so etwas trotzdem tun, muss also neben dem Erreichen der Edelgaskonfiguration noch einen anderen Grund haben.

Extreme Ladungen werden vermieden

Selbstverständlich könnte der Sauerstoff für eine Edelgaskonfiguration auch *sechs* Elektronen *abgeben*, statt *zwei* Elektronen *aufzunehmen*. Ein derartiges (rein hypothetisches) O^{6+}-Kation wiese mit $1s^2$ ebenfalls die Elektronenkonfiguration eines Edelgases auf: die von Helium. Abbildung 10.13 zeigt, dass die Ionisierungsenergie mit steigender Ladung recht rasch ins Unermessliche steigt. Daher ist es wohl nicht verwunderlich, dass besagtes O^{6+}-Kation in freier Natur bislang noch nicht beobachtet wurde.

In gleichem Maße könnte natürlich auch das Natrium, statt *ein* Elektron *abzugeben*, ganze *sieben* Elektronen *aufnehmen*, um dann mit $3s^2 3p^6$ die Valenzelektronenkonfiguration von Argon zu erreichen – aber auch eine derartige Ansammlung negativer Ladungen ist natürlich energetisch alles andere als wünschenswert, deswegen wurde auch das Na^{7-} bisher noch nicht gesichtet.

Die Entstehung von Ionen ist also gar nicht so trivial. Treffen allerdings die richtigen Partner zusammen (der eine will Elektronen loswerden, der andere kann welche gebrauchen), dann ist der Preis für die Entstehung der entsprechenden Ionen nicht sonderlich hoch im Vergleich zum *Gewinn*, den das Ganze bringt.

Auch wenn Sie entsprechende ionisch aufgebaute Verbindungen sehr wohl als »Teilchen, die sich durch Gruppierung mehrerer Atome (oder Ionen) ergeben« ansehen können, wäre es doch sachlich falsch, hier den Begriff »Molekül« zu verwenden, da zwar das *Verhältnis* der Kationen und Anionen immer ganzzahlig, die *Anzahl* der beteiligten Atome aber *nicht* fest definiert ist: Eine entsprechende ionische Verbindung kann aus je 100 Kationen und Anionen bestehen, aber eben auch aus vielen Quadrillionen. Von »Molekülen« sollten Sie nur dann sprechen, wenn *kovalente Bindungen* im Spiel sind (Kapitel 12).

In einer Ionenbindung sucht sich also nicht jedes Ion *genau einen* entgegengesetzt geladenen Partner. (Wäre das der Fall, gäbe es ja lauter Kation-Anion-Paare.) Die anziehende Kraft der einzelnen Ladungen ist nämlich *nicht* gerichtet, sondern wirkt in alle Raumrichtungen gleichermaßen. Was ist die Folge? – *Alle* positiven Ladungen ziehen *alle* negativen Ladungen um sich herum an, und *alle* negativen machen sich entsprechend für *alle* positiven Ladungen bemerkbar. Auf diese Weise entsteht ein großer Verbund von Ionen, ein **Ionenkristall.** Ionenverbindungen existieren immer in Form eines regelmäßig geformten Ionengitters.

Betrachten Sie exemplarisch die Bindung zwischen Na^+- und Cl^--Ionen. In Abbildung 11.1a ist der Gitteraufbau besser zu erkennen, in (b) sind die Größenverhältnisse etwas realistischer dargestellt. Zählen Sie nach: Jede gelbe Kugel ist von sechs blauen und jede blaue Kugel von sechs gelben umgeben.

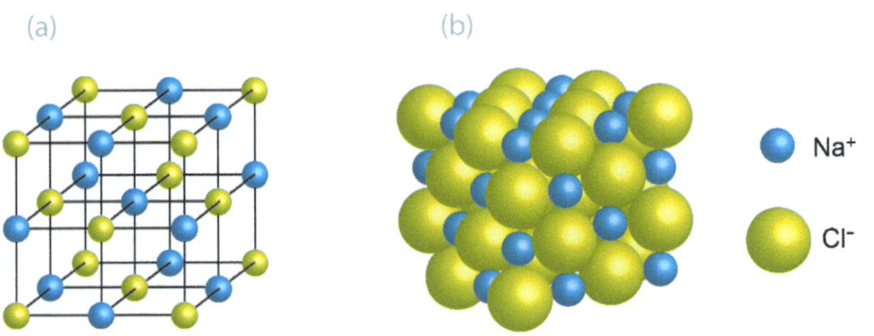

Abbildung 11.1: NaCl-Ionengitter

Triebkraft dieser Reaktion ist *mitnichten* die »Einhaltung der Oktettregel«, sondern vielmehr die bei der Entstehung des Salzes NaCl (durch elektrostatische Anziehung der Na^+-Kationen und Cl^--Anionen verursachte) frei werdende Energie: die **Gitterenergie**, die weiter unten näher erläutert wird.

Wir haben es also hier mit vielen neuen Bindungen zu tun (und bei jeder Bindung wird Energie frei). Da kann schon mal ein wenig in die Ionisierung der Atome investiert werden.

Bis hierher und nicht weiter

Nun ist es allerdings nicht so, als blieben diese beiden Teilchen mit entgegengesetzter Ladung aufgrund der Anziehung einfach aneinander kleben. Bei beiden ist ja der Atomkern nach wie vor positiv geladen; die unterschiedliche Ladung unserer Kationen und Anionen kommt nur zustande, weil es im Vergleich zum neutralen Atom entweder mehr oder eben weniger Elektronen gibt. Also ziehen sich hier die Teilchen mit einem Ladungsüberschuss beziehungsweise einem Ladungsdefizit gegenseitig an. Irgendwann kommen die Atome einander so nahe, dass die Atom*kerne* das Sagen haben: Sie versuchen mit aller Macht, eine weitere Annäherung zu verhindern, denn die Abstoßung zwischen den positiven Kernladungen ist groß. Anziehung und Abstoßung halten sich die Waage und sorgen für einen entsprechenden Abstand der Atome beziehungsweise der Ionen zueinander. Eine zugehörige Energiepotentialkurve zeigt Abbildung 11.2.

- Die *anziehende* Kraft (beschrieben durch das **Coulomb'sche Gesetz**) wirkt theoretisch bis in unendliche Entfernung, nimmt aber mit abnehmendem Abstand immer mehr zu. Bei der Anziehung wird immer Energie *frei*, und zwar umso mehr, je näher die Teilchen einander kommen. Sie sehen das an der Anziehungskurve, die immer mehr ins Negative geht. (Zur Erinnerung: Frei werdende Energie erhält ein negatives Vorzeichen.)

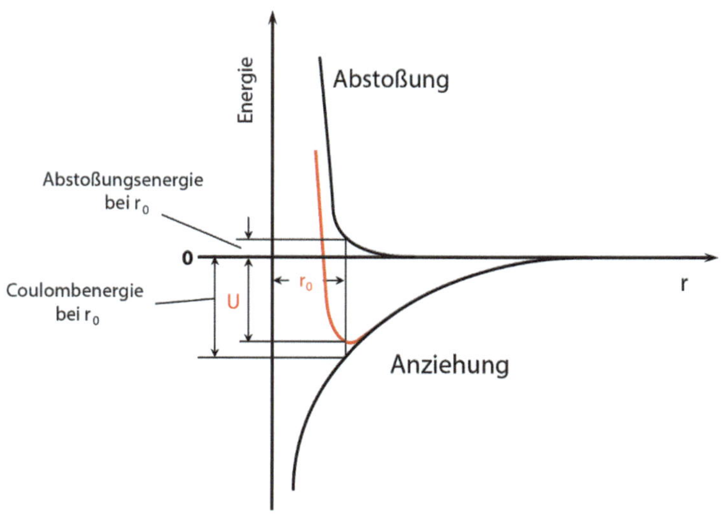

Abbildung 11.2: Gitterenergie U

- ✔ Die *abstoßende* Kraft kommt ganz plötzlich (vorher bemerken die positiven Atomkerne einander gar nicht). Die Abstoßungsenergie strebt unmittelbar gegen unendlich; es ist also unter gewöhnlichen Bedingungen unmöglich, die Abstoßungskraft zu überwinden. (In Teilchenbeschleunigern gelingt genau dieses durch die extrem hohen Geschwindigkeiten der Teilchen, aber so schnell sind die Teilchen normalerweise nicht.)

- ✔ Die beiden Kräfte wirken konträr zueinander. An dem Punkt, an dem sich beide Kräfte gleich stark auswirken, befindet sich das ganze System in einem *Energieminimum* (dargestellt durch die rote Kurve als Summe der Anziehungs- und Abstoßungskurve). Diese insgesamt frei werdende Energie (die Summe ist ja negativ) wird als **Gitterenergie U** bezeichnet.

Der Radius r_0, der sich bei diesem Energieminimum einstellt, ist die Hälfte des Abstands, den Kation und Anion zueinander einnehmen. *Hier berührt sich also nichts*, es sind rein *elektrostatische* Kräfte, die die positiv und negativ geladenen Teilchen zusammenhalten. Und das können sie gut: Diese Art von Bindung ist ziemlich stark.

Widerstreitende Tendenzen

Wie Sie Abbildung 11.2 entnehmen können, »kämpfen« bei der ionischen Bindung zwei gegenläufige Kräfte gegeneinander:

- ✔ Die Coulomb-Anziehung besagt eigentlich: »Je näher, desto besser!«

- ✔ Die Abstoßung der positiven Kernladungen lässt sich zusammenfassen mit: »Je weiter voneinander entfernt, desto lieber.«

Beiden recht machen können Sie es natürlich nicht! Derlei widerstreitenden Tendenzen werden Sie in der Chemie (und auch in anderen Naturwissenschaften) immer wieder begegnen – und dann stellt sich natürlich in jedem Fall die Frage: »Welche Tendenz überwiegt?« (Oder auch, wie in diesem Fall: »Wie sieht der Kompromiss aus?«)

Die Gitterenergie ist entscheidend

Die Größe, die etwas darüber aussagt, wie stark ein Ionenkristall zusammengehalten wird, ist die *Gitterenergie*. Letztendlich geht es darum, wie stark die Anziehungskräfte zwischen den einzelnen Ionen wirken. Was *ist* diese Gitterenergie eigentlich genau?

Betrachten Sie noch einmal den NaCl-Ionenkristall in Abbildung 11.1. NaCl-*Kristalle* finden Sie in Salzstöcken, am Ufer des Toten Meeres oder in Ihrer Salzmühle. Was Sie dort sehen, ist sozusagen das energieärmste »Endstadium«, das Ionen unter normalen Bedingungen einnehmen, wenn sie sich zu einem Kristall zusammenschließen. Das können Sie beobachten, wenn die Ionen aus einer gesättigten Lösung auskristallisieren (dabei wird *Kristallisationswärme* frei, *siehe* Kapitel 5) oder wenn die Elemente (hier Natrium und Chlor) miteinander reagieren (dabei wird *Reaktionswärme* frei). Die jeweils frei werdende Energie deutet darauf hin, dass ein stabilerer, *energieärmerer* Zustand erreicht wird – aber ist das ein Maß für die Gitterenergie? Die Gitterenergie spielt dabei sicherlich eine Rolle, aber bedenken Sie, dass bei diesen Vorgängen zugleich auch Bindungen *gelöst* werden müssen.

Wollen Sie dies *nicht* mitberücksichtigen, sondern nur die reine Entstehung des Ionengitters selbst, können Sie auch nur *die* Teilchen betrachten, aus denen sich der Kristall tatsächlich bildet, nämlich die entgegengesetzt geladenen Ionen – und auch das nicht aus einer Lösung heraus, sondern als isolierte Teilchen (sozusagen »gasförmig«).

Zugegeben, das klingt arg hypothetisch, denn es werden sich wohl kaum zuerst gasförmige Ionen bilden, bevor sie sich zu einem Ionengitter zusammentun. Diese (experimentell tatsächlich zugänglichen) Daten brauchen Sie aber, denn:

Die Gitterenergie kann nicht gemessen werden und ist *nicht* zu verwechseln mit der Reaktionswärme oder der Kristallisationswärme, die bei der Entstehung des Ionenkristalls frei wird.

Sie wenden also einen »Trick« an, um die Gitterenergie herauszufinden. Stoffe lassen sich verdampfen, Moleküle lassen sich spalten, Atome lassen sich ionisieren. Das lässt sich experimentell bewerkstelligen, und alle dabei auftretenden Energien können Sie messen. Vielfach sind sie sogar bereits in Tabellenwerken aufgelistet. Wenn Sie sich aus den nötigen Umwandlungen die »gasförmigen Ionen« zusammenbasteln (nur auf dem Papier, wohlgemerkt!), dann können sich diese Ionen (rein formal) zu einem Ionengitter vereinen, wobei dann die Gitterenergie frei wird. Sie haben damit einen etwas umständlichen Weg beschritten, um aus den Elementen (Metall und Nichtmetall) einen Ionenkristall zu machen.

Sie können es natürlich auch einfacher haben: Sie lassen die Elemente miteinander reagieren, dabei entsteht der Ionenkristall und die Reaktionsenthalpie ΔH_f wird dabei frei. Die können Sie ebenfalls bestimmen oder in einem Buch nachschlagen. (Der gebundene Zustand in Form des Ionenkristalls *muss* energetisch günstiger sein, sonst würde diese Reaktion ja nicht freiwillig stattfinden.)

Auf beiden Wegen erhalten Sie aus den Elementen (hier Natrium und Chlor), den Ionenkristall Natriumchlorid. Nun kommt folgende Überlegung ins Spiel: Der *Energieunterschied* zwischen den Ausgangsstoffen und dem fertigen Ionenkristall *ist immer derselbe*, egal, ob Sie den einen oder den anderen Weg beschreiten. Demzufolge muss die Summe der Energien auf dem ersten Weg genauso groß sein wie die Reaktionsenthalpie:

$$\Delta H_f = \Delta H_{\text{Sublimation}} + \frac{1}{2}\Delta H_{\text{Dissoziation}} + \Delta H_{\text{Ionisation}} + \Delta H_{\text{Elektronenaffinität}} + \Delta H_{\text{Gitter}}$$

Der Kreis (wie in Abbildung 11.3 dargestellt) schließt sich also, indem Sie die beiden Reaktionswege zum gemeinsamen Endprodukt verbinden. Die einzige unbekannte Größe in diesem Kreis ist die Gitterenergie – und die können Sie dann berechnen. Das ist der Born-Haber-Kreisprozess (dahinter stecken eben jener Max Born, den Sie schon aus Kapitel 9 kennen, und der Chemiker Fritz Haber – der wird Ihnen in Kapitel 31 wiederbegegnen). Er basiert darauf, dass der Energiezustand des Endprodukts (hier: des Ionenkristalls) *unabhängig davon* ist, *auf welchem Wege* dieser Zustand erreicht wurde.

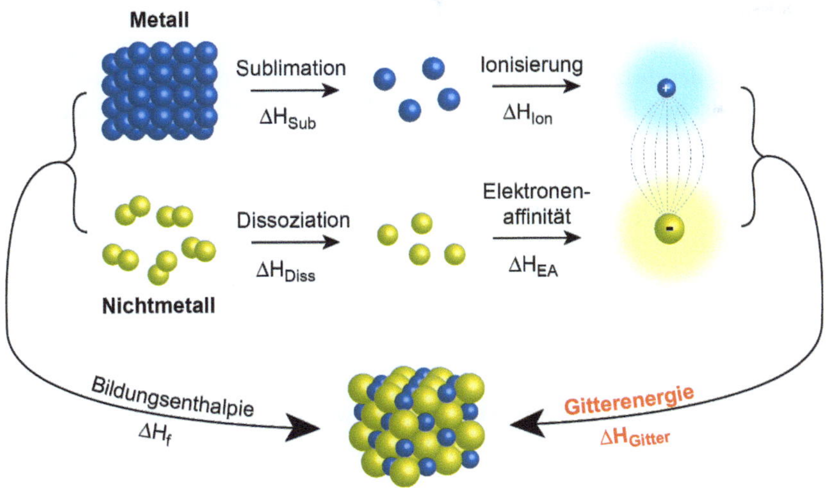

Abbildung 11.3: BORN-HABER-Kreisprozess

Das gilt übrigens für *alle* chemischen Reaktionen und ist analog zum Satz von HESS, der in Kapitel 17 genauer ausgeführt wird.

Im Folgenden können Sie nachvollziehen, wie die Gitterenergie von NaCl bestimmt wird. (Genau so können Sie das natürlich auch für andere Salze machen.)

Weg 1: Reaktion von Natrium und Chlor, dabei wird die Bildungsenthalpie frei:

$$Na_{(s)} + \frac{1}{2}\,Cl_{2\,(g)} \xrightarrow{\Delta H_{Reaktion}} NaCl_{(s)} \qquad \Delta H_f = -411\ \text{kJ mol}^{-1}$$

Weg 2: Bildung der »gasförmigen Ionen«, die sich zum Ionengitter vereinen.

		kJ mol^{-1}
$Na(s) \rightarrow Na(g)$	$\Delta H_{Sublimation}$	$= +108$
$\frac{1}{2}Cl_2(g) \rightarrow Cl(g)$	$\frac{1}{2}\Delta H_{Dissoziation}$	$= +121,5$ (es wird nur ein Cl gebraucht)
$Na(g) \rightarrow Na^+(g)$	$\Delta H_{Ionisation}$	$= +496$
$Cl(g) \rightarrow Cl^-(g)$	$\Delta H_{Elektronenaffinität}$	$= -349$
$Na^+(g) + Cl^-(g) \rightarrow NaCl(s)$	ΔH_{Gitter}	
		$376,5 + \Delta H_{Gitter}$ kJ mol^{-1}

Durch Gleichsetzen der Energien aus beiden Wegen ergibt sich:

$$376,5 + \Delta H_{Gitter} = \Delta H_f(-411) \quad \Rightarrow \quad \Delta H_{Gitter} = -411 - 376,5 = -787,5\ \text{kJ mol}^{-1}$$

Wie Sie richtig bemerkt haben werden, muss es eigentlich Gitter*enthalpie* heißen, denn es werden ja lauter Enthalpien addiert. Trotzdem finden Sie diese Größe häufig als Gitter*energie* bezeichnet. Das soll uns hier nicht weiter irritieren. (Den Unterschied zwischen Energie und Enthalpie klären wir in Kapitel 16 genauer.)

Die Gitterenergie beziehungsweise Gitterenthalpie lässt sich in manchen Fällen auch in etwa berechnen. Wenn Sie Genaueres darüber wissen möchten, werden Sie unter den Stichworten BORN-LANDÉ-Gleichung oder KAPUSTINSKI-Gleichung fündig. Darauf soll hier nicht näher eingegangen werden.

Was ist hart?

Stoffe unterscheiden sich in ihrer Konsistenz: Manche sind weich, manche eher hart. Auch Ionenkristalle können weicher oder härter sein. Die Härte einer Ionenverbindung hängt von der Kraft ab, mit der die Ionen einander anziehen. Sie ist proportional zu den Ladungen und umgekehrt proportional zum Quadrat ihres Abstands (COULOMB'sches Gesetz). Je kleiner die Ionen und je größer die Ladung, desto härter der Ionenkristall.

Das Maß dafür ist – wie soll es anders sein – die Gitterenergie. Ist die Gitterenergie (die ja bei der Bildung eines Ionenkristalls *immer* frei wird) groß, dann ist die Bindung stark.

Es gibt zahlreiche Methoden, die Härte eines Stoffes zu prüfen, und demnach viele Einteilungen, die Härte zu beschreiben. Einen anschaulichen Vergleich können Sie mit der Härteskala nach MOHS vornehmen (benannt nach dem deutschen Mineralogen Carl Friedrich Christian MOHS, *siehe* Tabelle 11.1; hier finden Sie exemplarisch Mineralarten, von denen einige als Schmuck- und Edelsteine genutzt werden). Danach ist ein Stoff härter als ein anderer, wenn er diesen ritzen kann.

Mineral	Formel	Ritzhärte nach Mohs
Talkum	$Mg_3[Si_4O_{10}(OH_2)]$	1
Gips	$CaSO_4$	2
Calcit	$CaCO_3$	3
Flussspat	CaF_2	4
Apatit	Beispiel $Ca_5[F(PO_4)_3]$	5
Feldspat	Beispiel $KAlSi_4O_8$	6
Quarz	SiO_2	7
Topas	Beispiel Al_2FSiO_4	8
Korund	Al_2O_3	9
Diamant	C (härtester bekannter natürlich auftretender Stoff)	10

Tabelle 11.1: Härteskala nach MOHS

Sie fragen sich vielleicht, wie es ein Juwelier fertigbringt, einen Diamanten in ein funkelndes Schmuckstück zu schleifen – es gibt doch nichts Härteres als Diamant! Tatsächlich gelingt dieser Schleifprozess selbst unter Einsatz von Diamanten; meist in Form von Splittern, die auf ein sich schnell drehendes Rad aufgebracht wurden. Obwohl Diamanten seit Jahrhunderten auf diese Weise bearbeitet werden, ist es immer noch nicht genau bekannt, wieso das überhaupt funktioniert. Es wird vermutet, dass durch die Reibung auf der Oberfläche des Rohdiamanten eine glasartige Kohlenstoffphase entsteht, die je nach Richtung leichter abgetragen werden kann.

Viele physikalische Eigenschaften einer Ionenverbindung hängen mit der Gitterenergie zusammen. Einige Beispiele können Sie Tabelle 11.2 entnehmen.

Mineral	Gitterenergie [kJ mol^{-1}]	Schmelzpunkt [°C]	Ritzhärte nach Mohs	Beispiel
KBr (Kaliumbromid)	674	742	2,0	verwendet in der Analogfotografie
KCl (Kaliumchlorid)	703	770	2,2	Geschmacksverstärker; auch Bestandteil der Ringerlösung aus dem Krankenhaus
NaCl (Natriumchlorid)	778	800	2,5	Kochsalz
NaF (Natriumfluorid)	913	992	3,2	zur Fluoridierung von Speisesalz, Zahncreme und so weiter
BaO (Bariumoxid)	3042	1925	3,3	im Labor gebräuchliches Trocknungsmittel
CaF_2 (Calciumfluorid)	2611	1392	4,0	Mineral, das je nach Verunreinigung fast alle erdenklichen Farben annehmen kann
CaO (Calciumoxid)	3477	2570	4,5	ungelöschter Kalk, Beimischung von Mörtel
MgO (Magnesiumoxid)	3929	2642	6,0	Säureregulator in Lebensmitteln
Al_2O_3 (Aluminiumoxid)	15100	2050	9,0	verwendet in Keramiken; Bestandteil von Scheuersand

Tabelle 11.2: Eigenschaften in Abhängigkeit von der Gitterenergie

Damit lassen sich sogar Eisenbahnschienen schweißen

Wickeln Sie Eisenoxid in Aluminiumfolie, kann das unter geeigneten Umständen zu einer Explosion führen, also sollten Sie das lieber lassen. Weitaus kritischer wird es allerdings noch, wenn Sie statt der Folie Aluminium*pulver* mit Eisenoxid zusammengeben (das liegt an der größeren Oberfläche). Falls die Mischung zündet, werden Sie von der Heftigkeit der Reaktion überrascht sein: grelles Licht, Temperaturen oberhalb von 2200 °C, vielleicht spritzt es noch um sich (vor allem, wenn die Mischung vorher nicht ganz trocken war). Ist der Zauber vorbei, finden Sie in den Überresten eine harte weißliche Substanz und (vielleicht zu Ihrer Überraschung) einen Klumpen metallisches Eisen.

Diese Reaktion ist bekannt unter dem Namen Thermit-Reaktion. Schauen Sie sich die zugehörige Reaktionsgleichung an:

$$\mathrm{Fe_2O_3 + 2\,Al \;\rightarrow\; Al_2O_3 + 2\,Fe} \qquad \Delta H_R = -851{,}5\ \mathrm{kJ\ mol^{-1}}$$

Haben Sie schon eine Erklärung für die Heftigkeit der Reaktion? – Natürlich kann Al mit Fe^{3+}-Ionen reagieren (mehr dazu in Kapitel 26). Aber beachten Sie auch Folgendes: Wenn Sie einen Blick in Tabelle 11.2 werfen, sehen Sie, dass Aluminiumoxid eine sehr hohe Gitterenergie besitzt. Die Ionenbindung ist daher extrem stark und der Stoff entsprechend hart (fast so hart wie Diamant; deshalb wird es auch als Schleifkörper eingesetzt). Damit *haben* Sie schon die Erklärung: Al_2O_3 bildet sich begierig, weil die hohe Gitterenergie dabei frei wird – sie ist noch größer als diejenige von Fe_2O_3.

Bei mobilen Schweißstationen in abgelegenem Gelände, wo es keine Stromversorgung gibt, kommt genau diese Reaktion zur Anwendung: Eisenbahnschienen werden teilweise auch heute noch verschweißt, indem auf der Schweißstelle eine Thermit-Mischung gezündet wird. Das entstehende Eisen verbindet bei der hohen Temperatur die Schienen miteinander.

Gitterwelten

Da Ladungen in alle Raumrichtungen gleichermaßen wirken, zieht jede positive Ladung alle negativen Ladungen in ihrer Umgebung an (und jede negative Ladung alle positiven). Vermutlich können Sie sich vorstellen, dass es dabei eine Rolle spielt, wie *stark* diese Ladungen sind und wie viel *Platz* überhaupt vorhanden ist, der in erster Linie durch die Größe von Kation oder Anion bestimmt wird. Abbildung 10.9 können Sie die relativen Durchmesser der Atome entnehmen. Für entsprechende Ionen ergibt sich hinsichtlich der Größenverhältnisse (relativ gesehen) ein ähnliches Bild. Hier werden ja Kationen *und* Anionen gebraucht. Es leuchtet gewiss sofort ein, dass *Kationen* stets *kleiner* sind als die Atome, aus denen sie jeweils hervorgegangen sind (schließlich werden die restlichen Elektronen vom Kern stärker angezogen; besonders fällt das bei Ionen auf, bei denen *sämtliche* Elektronen aus der äußersten Schale entfernt wurden). *Anionen* hingegen sind *größer* als das zugehörige Atom: Hier gibt es ja jetzt *mehr* Elektronen, und die werden dann vom Kern eben nicht mehr ganz so stark angezogen. (Da meist keine neue Schale eröffnet wird, ist der Größenunterschied allerdings nicht ganz so ausgeprägt.) Und selbstverständlich nimmt *innerhalb einer Gruppe* der Ionenradius *zu*. In Abbildung 11.4 können Sie die Radien einiger ausgewählter Ionen mit ihren zugehörigen Atomen vergleichen, damit Sie einen Eindruck von den (relativen) Größenverhältnissen bekommen.

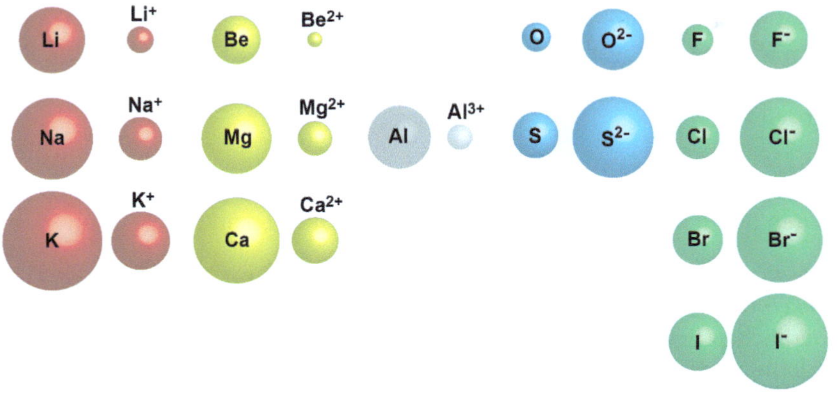

Abbildung 11.4: Ionenradien (in etwa maßstabsgetreu)

Lückenfüller

Wie viele Anionen um ein Kation und wie viele Kationen um ein Anion angeordnet sind, hängt von zwei Faktoren ab:

- ✔ Verhältnis der Ionen*radien*
- ✔ Verhältnis der Ionen*ladungen*

Zur Veranschaulichung bemühen wir zunächst einmal die Metalle – die bilden nämlich auch Kristallgitter. In Kapitel 14 werden die Grundstrukturen der Metalle ausführlich erläutert. Es gibt verschiedene Kugelpackungen der gleichartigen Atome (hexagonal, kubisch, raumzentriert, flächenzentriert), schauen Sie dort ruhig schon einmal nach! Da Kugeln nun einmal rund sind, sind auch in einer dichtesten Packung unweigerlich Lücken vorhanden. Je nachdem, *wie* die Kugeln aufeinanderliegen, gibt es Lücken, die von *vier* Kugeln begrenzt werden, sogenannte **Tetraederlücken**, und solche, die von *sechs* Kugeln begrenzt werden, sogenannte **Oktaederlücken**. In einer kubisch dichten flächenzentrierten Kugelpackung (*fcc* – das steht für: *face centered cubic*) gibt es zum Beispiel genauso viele Oktaederlücken und doppelt so viele Tetraederlücken, wie Kugeln vorhanden sind. Dies ist in Abbildung 11.5 angedeutet.

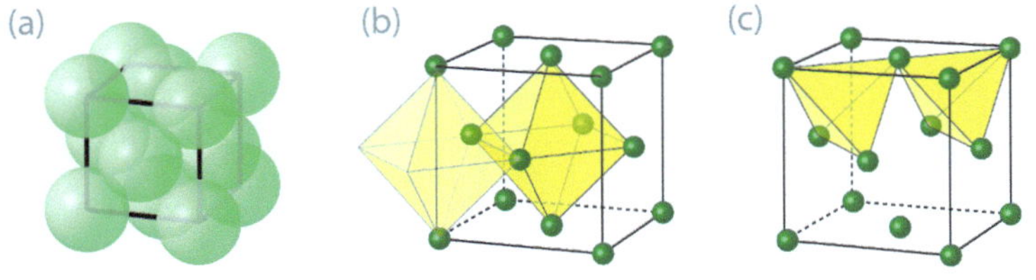

Abbildung 11.5: Das *fcc*-Gitter (a) mit Oktaeder- (b) und Tetraederlücken (c)

Bedenken Sie, dass zu einem Ausschnitt dieses kubisch aufgebauten Gitters (einer Elementarzelle) nur *die* Teile der Atome zählen, die sich *innerhalb* des Würfels befinden. In Falle des *fcc*-Gitters sind das $8 \times \frac{1}{8}$ Atome und $6 \times \frac{1}{2}$ Atome, also insgesamt 4 ganze Atome. (Das ändert natürlich nichts daran, dass die Atome trotzdem nicht zerteilt werden können; es geht hier um die »Atom-Anteile«, die sich jeweils *rein rechnerisch* ergeben. (Dieser Aspekt wird in Kapitel 14 noch einmal vertieft.)

Wie solche Elementarzellen genau aussehen, können Sie auch in Kapitel 14 betrachten. Dort sind auch die exakten Bezeichnungen der einzelnen Gitterstrukturen erklärt.

Die Oktaederlücke wird von sechs Kugeloberflächen begrenzt, nicht etwa durch gerade Flächen: Sie hat also *keineswegs* die Form eines Oktaeders. Genauso wird die Tetraederlücke von vier Kugeloberflächen begrenzt und hat damit auch *nicht* die Form eines Tetraeders, denn die Kugelwölbungen ragen ja in den betreffenden Hohlraum hinein.

Die Bindungskräfte der Ionen sind – wie bei den Metallen – *räumlich ungerichtet.* Deshalb werden zur Beschreibung der meisten Ionenkristalle die gleichen Kristallstrukturen wie bei den Metallen zugrunde gelegt, und auch die Art der Lücken wird in gleicher Weise behandelt. In den meisten Fällen sind die Anionen dabei größer als die Kationen, also bestimmen gewöhnlich die negativen Ladungsträger die jeweilige Kugelpackung, und die vorhandenen Lücken werden dann zu einem bestimmten Teil mit den Kationen gefüllt.

Nun hängt es natürlich von den Größenverhältnissen ab, was in die betreffenden Lücken hineinpasst. Für eine optimale Raumausfüllung berühren sich die großen Anionen.

Wie groß sind die Lücken?

Rechnen wir einmal aus, wie groß ein Kation maximal für eine Oktaederlücke sein darf. Dafür machen wir einen Schnitt durch eine Oktaederlücke:

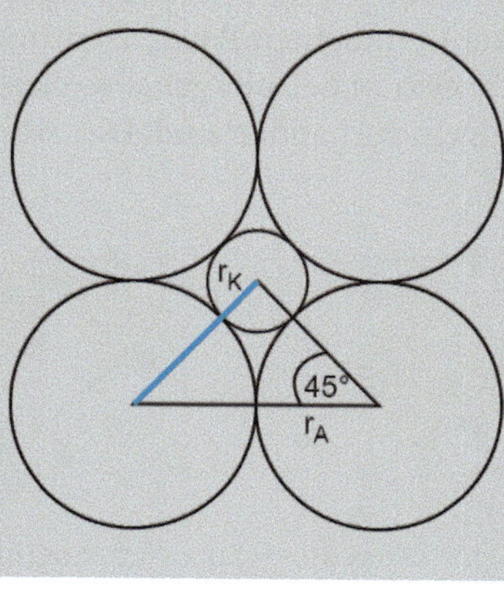

Mit Ihren (hoffentlich noch vorhandenen) Trigonometrie-Kenntnissen kommen Sie schnell ans Ziel:

$$\sin 45° = \frac{(r_{Anion} + r_{Kation})}{2 r_A} \quad \Rightarrow \quad r_{Kation} = 2 \cdot 0{,}707\, r_{Anion} + r_{Anion} = r_{Anion}(\sqrt{2} - 1)$$

$$\Rightarrow \quad \frac{r_{Kation}}{r_{Anion}} = 0{,}414$$

Damit ist der maximale Radius festgelegt, den eine Kugel in einer Oktaederlücke haben darf, nämlich $r_{Kation} = 0{,}414 \cdot r_{Anion}$.

Für die Oktaederlücke darf das Radienverhältnis maximal bei 0,414 liegen (*siehe* dazu den Kasten *Wie groß sind die Lücken?*; in ähnlicher Weise ergibt sich für eine Tetraederlücke das Radienverhältnis zu 0,225. Wird das Kation zu groß, passt es nur noch in eine größere *Würfellücke*. Auf diese Weise ist das Kation jeweils von unterschiedlich vielen Anionen umgeben, es ergeben sich unterschiedliche *Koordinationszahlen*.

In Abbildung 11.6 können Sie diese Fälle miteinander vergleichen. Ist das Kation noch größer, können die Anionen nicht mehr dichtest (ja, das heißt wirklich so!) gepackt sein, weil das Kation nicht mehr in die Lücken hineinpassen würde und sie »auseinanderdrückt«: Die Anionen berühren einander nicht mehr.

$\frac{r_{Kation}}{r_{Anion}} = 0{,}225$ Koordinationszahl 4

$\frac{r_{Kation}}{r_{Anion}} = 0{,}414$ Koordinationszahl 6

$\frac{r_{Kation}}{r_{Anion}} = 0{,}732$ Koordinationszahl 8

Abbildung 11.6: Besetzung der Lücken mit Kationen

Betrachten Sie die Ionensorten einzeln, lässt sich unter ihnen in der Regel eine Anordnung in bestimmten *Koordinationspolyedern* ausmachen. Im NaCl-Kristall bilden beispielsweise sowohl die Na^+- als auch die Cl^--Ionen jeweils ein kubisch flächenzentriertes Gitter, die ineinandergeschoben sind (Abbildung 11.7a). Jedes Ion ist von einem Oktaeder der Gegen-Ionen umgeben. In ähnlicher Weise sind beim CsCl zwei Würfelgitter ineinander gestellt (Abbildung 11.7b).

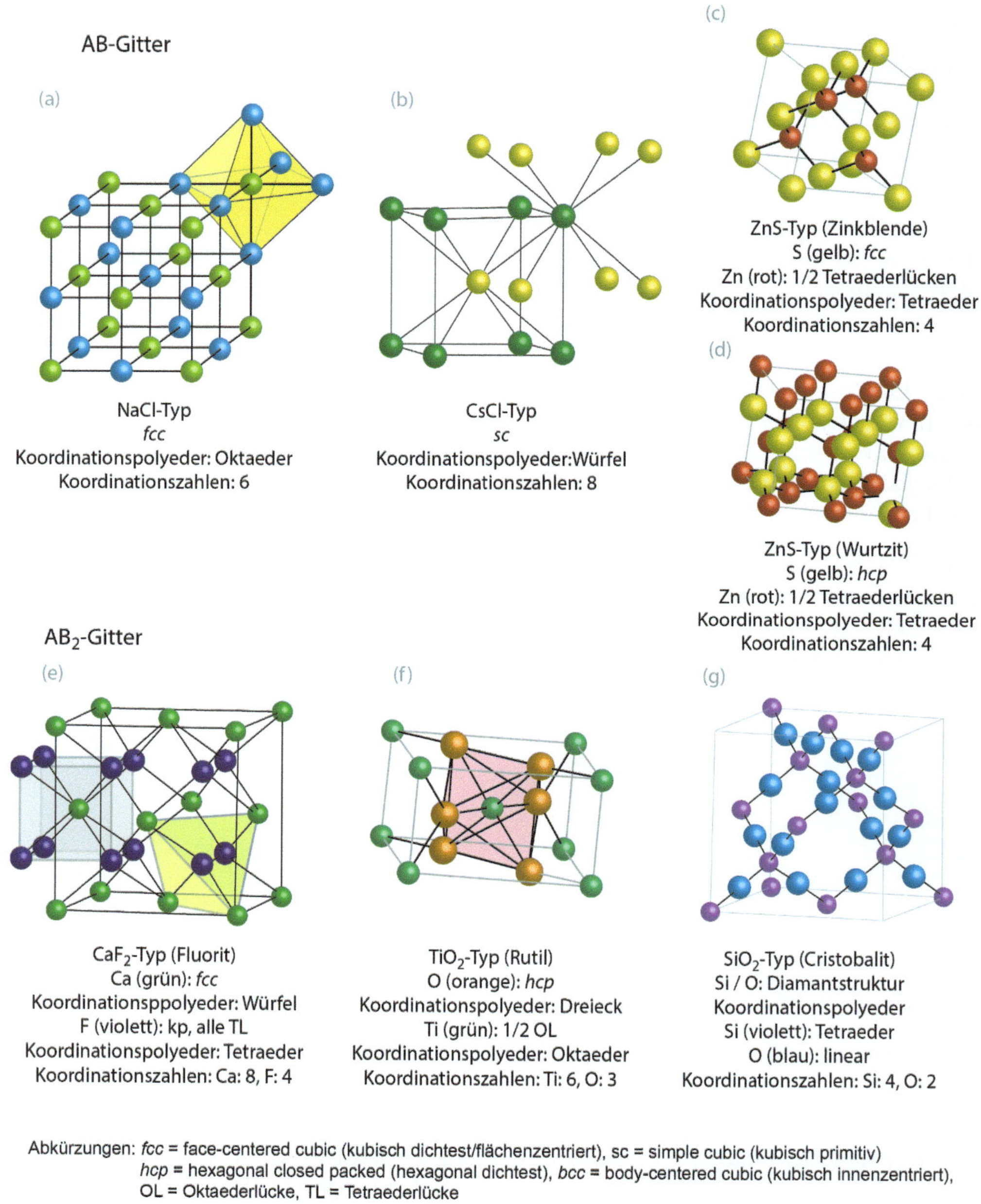

Abbildung 11.7: Ausgewählte Beispiele für Vertreter verschiedener Ionenkristall-Systeme

Nun kommen auch noch die Ionenladungen ins Spiel. Schauen Sie sich noch einmal Abbildung 11.4 an: Offensichtlich lassen sich um ein Br^--Ion mehr positive Teilchen herumgruppieren als negative um ein Li^+-Ion, einfach weil Ersteres größer ist. Aber wie soll denn beispielsweise ein LiBr-Ionenkristall aussehen? Gäbe es mehr Li^+-Ionen als Br^--Ionen, dann wäre der Kristall ja positiv geladen, was er natürlich nicht ist: Die Ladungsneutralität muss ja auf jeden Fall gewährleistet sein. Hier müssen also gleich viele Kationen wie Anionen vorliegen. (Tatsächlich kristallisiert es genau wie NaCl.) Bei Verbindungen, die aus Ionen mit *unterschiedlichen* Ladungszahlen bestehen, müssen die Ionen in entsprechender Anzahl vorhanden sein: Das Mineral Flussspat beispielsweise besteht aus *zweifach* positiv geladenen Calcium-Ionen (Ca^{2+}) und *einfach* negativ geladenen Fluorid-Ionen (F^-), deswegen ergibt sich die Summenformel CaF_2. Es werden also entsprechend weniger Lücken besetzt: Kationen und Anionen weisen *unterschiedliche* Koordinationszahlen auf.

Die Struktur eines Ionenkristalls wird also neben dem *Radienverhältnis* auch noch dadurch bestimmt, in welchem *Zahlenverhältnis* die Anionen und Kationen die wechselseitigen Anziehungs- und Abstoßungskräfte ausgleichen können. Dabei wird meist (!) eine möglichst *symmetrische* Anordnung angestrebt.

Unter dem kombinierten Einfluss von Ionengröße und Ionenladungen entstehen auf diese Weise Ionenkristalle, die in verschiedene Grundtypen eingeteilt werden. Die Strukturen von AB-Verbindungen und AB_2-Verbindungen (A = Kationen, B = Anionen) zeigt Abbildung 11.7; in **Tabelle 11.3** sind (rein exemplarisch) einige Beispiele tabelliert, in welchem Ionenkristall-System ausgewählte Salze kristallisieren.

NaCl-Typ	NaF AgF	NaCl AgCl	NaBr NaH	NaI MgO	LiF CaO	KCl MgS	KBr CaS	KI
CsCl-Typ	CsCl	CsBr	CsI	NH_4Cl	NH_4Br	TeCl	TeJ	CaSe
ZnS-Typ (Zinkblende)	ZnS CdS AlP	ZnO CdSe AlS	ZnTe CdTe AlAs	BeS CuF GaP	BeSe CuCl GaAs	BeTe CuBr	HgS CuI	HgTe AgI
ZnS-Typ (Wurtzit)	ZnO	GaN	AgI	BeO	MgTe	AlN	NH_4F	
CaF_2-Typ (Fluorit)	CaF_2 Li_2O	SrF_2 Li_2S	BaF_2 Na_2O	CdF_2 Na_2S	ThO_2 K_2O	UO_2	$CrCl_2$	$BaCl_2$
TiO_2-Typ (Rutil)	TiO_2	MgF_2	ZnF_2	MnF_2	FeF_2	CoF_2	NiF_2	
SiO_2-Typ* (Cristobalit)	SiO_2	BeF_2	NaF					

* So kristallisiert übrigens auch Wasser (H_2O).

Tabelle 11.3: Verschiedene Ionenkristalle

Gibt es andere Kombinationen von Ionen, mehr als zwei Ionensorten oder Mischkristalle, sehen die Gitterstrukturen entsprechend ein wenig komplizierter aus. Zwei Beispiele können Sie in Abbildung 11.8 bewundern:

✔ Perowskit-Struktur (allgemeine Formel ABO_3)

Hier bilden Anionen *und* Kationen *zusammen* eine dichteste Packung. Zum Ausgleich negativer Ladung werden entsprechend Oktaeder- und Tetraederlücken besetzt (Abbildung 11.8a zeigt $CaTiO_3$).

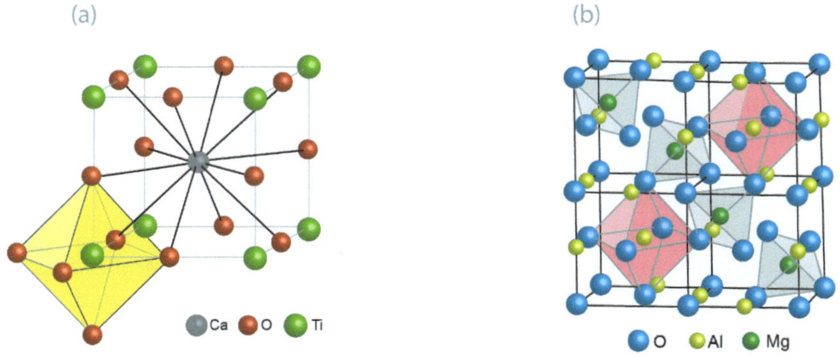

Abbildung 11.8: Perowskit- und Spinell-Struktur

- ✔ Spinell-Struktur (allgemeine Formel AB_2O_4)

  Die Oxid-Ionen bilden eine kubisch dichteste Packung. Hier werden *sowohl* die Hälfte der Oktaeder- *als auch* ein Achtel der Tetraederlücken mit den Kationen besetzt (Abbildung 11.8b zeigt $MgAl_2O_4$).

Aufgeführt wurden nur die wichtigsten Kristallgitter für Ionenverbindungen – und davon auch nur ein kleiner Ausschnitt. Im Prinzip sind alle Kristallsysteme, in denen Metalle existieren können, auch für Ionenverbindungen denkbar. (Sehen Sie sich bei Interesse ruhig jetzt schon Abbildung 14.13 an, dort sind alle Möglichkeiten aufgelistet.)

Auch wenn Sie nicht wissen, welche Gitterstruktur sich nun bilden wird – auf eines können Sie sich immer verlassen: Es wird *der* Ionenkristall entstehen, bei dem die frei werdende Gitterenergie am größten ist.

Ein kurzer Blick auf die Elemente des d-Blocks

Bislang wurden bei der Entstehung von Kationen und Anionen nahezu ausschließlich Elemente der Hauptgruppen (IA – VIIIA) betrachtet. Hier hilft uns fast immer die Oktettregel (beziehungsweise: Edelgasregel), die ja besagt, dass Elektronenkonfigurationen, die denen eines Edelgases entsprechen, besonders stabil sind und daher angestrebt werden. (Bei den Metallen aus der 2. Periode, also Li und Mg, ergibt sich durch Abgabe eines beziehungsweise zweier Elektronen natürlich kein Elektronen*oktett*, sondern eben die Elektronenkonfiguration $1s^2$, die der des Edelgases Helium entspricht, insofern ist die Bezeichnung »Oktettregel« manchmal etwas irreführend.)

Anders sieht es bei den Elementen aus dem d- oder auch dem f-Block aus: Bei diesen sind gemäß den Regeln den Aufbau-Prinzips die Elektronen im betreffenden d- beziehungsweise f-Orbitalsatzes die energetisch ungünstigsten. Entsprechend stünde zu erwarten, dass diese im Falle einer Ionisierung zum Kation auch als erste abgegeben werden. *Dem ist aber nicht so:* Tatsächlich geben *alle* Elemente aus dem d- oder dem f-Block, wenn sie denn mindestens eines Elektrons »beraubt« werden, immer zunächst das oder die Elektronen aus dem äußersten *s-Orbital* ab. Entsprechend weist ein Eisen-Atom, das zwei Elektronen verloren hat, also das Fe^{2+}-Kation, die Elektronenkonfiguration $3d^6$ auf (also eigentlich: $4s^0$ $3d^6$, aber *unbesetzte* Orbitale oder Orbitalsätze bleiben bei der Angabe von Elektronenkonfigurationen gemeinhin ja unerwähnt), und nicht etwa $4s^2$ $3d^4$. Ein Zn^{2+}-Kation kommt dann auf $3d^{10}$, nicht auf $4s^2$ $3d^8$, und so weiter.

In Kapitel 34 wird darauf noch einmal ausführlicher eingegangen.

Aufgaben Kapitel 11

Zum Aufwärmen

1. Betrachten Sie die folgenden Atome: (a) Sauerstoff; (b) Chlor; (c) Kalium; (d) Beryllium; (e) Aluminium; (f) Gallium; (g) Lithium. Sagen Sie über jedes einzelne aus, ob es eher Kationen oder Anionen bilden wird, welche Wertigkeit es dann jeweils aufweist und welche Formel jedem einzelnen zu erwartenden Ion zukommt.

2. Wie hält ein Ionenkristall zusammen?

3. Welche Größe gibt Auskunft über die Bindungsstärke eines Ionenkristalls und wie wird sie ermittelt?

Für Fortgeschrittene

4. Welche Eigenschaften der Ionen sind maßgeblich dafür verantwortlich, welches Kristallgitter sich ausbildet?

5. Im direkten Vergleich verschiedener ionischer Verbindungen ist zu bemerken, dass sich die Bindungsabstände von deren Gitterbausteinen unterscheiden. Innerhalb des Gitters einer einzelnen Verbindung jedoch sind stets nahezu konstante Abstände zwischen den einzelnen Gitterbausteinen zu beobachten. Warum ist das so?

6. Zur Kosteneinsparung wird für manche Bohrköpfe nicht Diamant, sondern Korund (Al_2O_3) verwendet. Warum kommt man damit auch durch die Wand?

IN DIESEM KAPITEL

- malen wir Moleküle in der Molekülwerkstatt
- geht es ständig um Überlappungen
- kommt auch noch die Energie ins Spiel

Kapitel 12
Kovalente Bindung – hier entstehen Moleküle

Die *kovalente Bindung*, die in älteren Lehrbüchern auch als *Elektronenpaarbindung* oder *Atombindung* bezeichnet wird, scheint sich vom Prinzip her grundlegend von der Ionenbindung (*siehe* Kapitel 11) zu unterscheiden, daher wurden für diese beiden Bindungsarten völlig eigenständige Bindungsmodelle entwickelt.

Während bei der Ionenbindung durch Elektronentransfer Kationen und Anionen entstehen, werden bei der *kovalenten* Bindung *keine* Elektronen aus Atomen herausgelöst und an einen Reaktionspartner abgegeben. Stattdessen stellen Sie sich die atomaren Gegebenheiten – vorerst – so vor, dass sich zwei Atome ein (oder auch mehrere) Elektron(en) mit ihrem jeweiligen Bindungspartner teilen: Die beteiligten Atome zählen diese »Fremdelektronen« dann einfach, als wären es »ihre eigenen«. Auf diese Weise kann dann gegebenenfalls auch die **Oktettregel** erfüllt werden.

Diese Bindungsart ist die Grundlage jeglicher **Moleküle**. Die Entstehung einer kovalenten Bindung können Sie schematisch in Abbildung 12.1 verfolgen.

Zwei zuvor ungepaarte Elektronen (grün) bilden zusammen das bindende Elektronenpaar, das dann ein »gemeinsames Elektronenpaar« darstellt. Zusammen mit diesem erreichen die Atome eine entsprechende Edelgaskonfiguration. (Zählen Sie nach!)

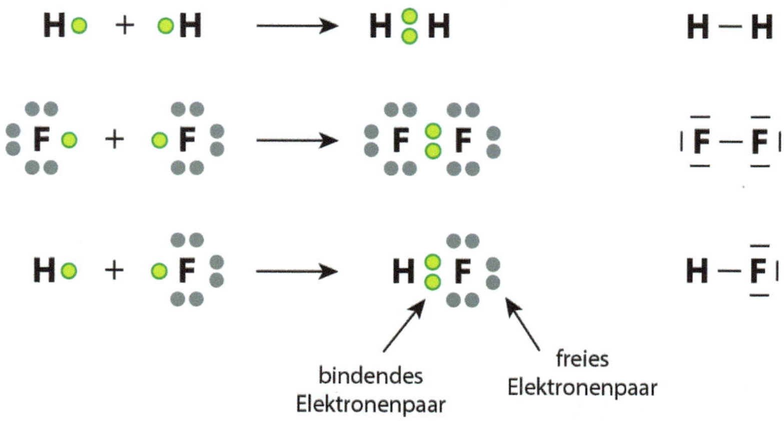

Abbildung 12.1: Entstehung einer kovalenten Bindung

Einfach, aber praktisch – die Lewis-Schreibweise

Aus diesem Grund werden in der Schriftform zur Darstellung von Molekülen meist nur die als **Lewis-Formeln** bezeichneten Strukturformeln verwendet. Natürlich haben Sie auch die Möglichkeit, in einer Lewis-Formel Strukturen anzudeuten: Sie müssen H_2O nicht, wie in (a) angegeben, linear hinschreiben, sondern dürfen es auch wie in (b) tun. (Vielleicht wissen Sie ja schon, dass das Molekül gewinkelt ist. Das *ist* es nämlich. *Warum* das so ist, erfahren Sie gleich.)

In den Lewis-Formeln symbolisiert ein einfacher Strich zwischen den Elementsymbolen eine einfache Bindung, die aus zwei Elektronen (eben einem Elektronenpaar) besteht. Weist ein Atom ein oder mehrere **freie Elektronenpaare** auf (häufig auch als *lone pair* oder als *einsame* Elektronenpaare bezeichnet), so *kann* ein solches jeweils durch einen Strich (oder auch zwei Punkte, aber das ist eher unüblich) neben, über oder unter dem betreffenden Atomsymbol dargestellt werden. *Zwingend notwendig* ist das nicht – aber häufig sehr hilfreich.

Das Aufstellen einer Lewis-Formel ist auch mit den freien Elektronenpaaren ganz einfach; schauen Sie sich das Beispiel Ethanol (C_2H_5OH) an:

- ✔ Verbinden Sie die Atome in der gewünschten Anordnung mit Strichen, also einfachen Bindungen (a) – dafür benötigen Sie zunächst einmal 16 Elektronen.

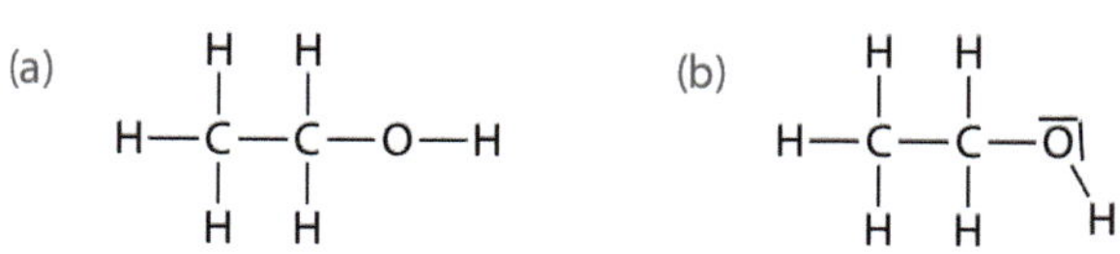

Nun zählen Sie alle Valenzelektronen zusammen und verteilen sie *so* um die Atome, dass die Oktettregel möglichst für alle erfüllt wird. (Bei einer ungeraden Anzahl von Elektronen geht das natürlich nicht, und Elemente ab der dritten Periode dürfen gelegentlich auch *mehr* als acht Elektronen auf sich vereinen; außerdem genügen dem H-Atom *zwei* Elektronen.)

$6 \times H\colon 6, 2 \times C\colon 8, 1 \times O\colon 6$, also insgesamt 20 Valenzelektronen

Wenn Sie die restlichen 4 Elektronen dem O-Atom überlassen (b; die Elektronen sind als zwei Elektronenpaare wieder durch zwei Striche symbolisiert), haben alle Atome die gewünschte Edelgaskonfiguration.

✔ Mitunter kommt es dabei zur Ausbildung von Doppel- und Dreifachbindungen; hier als Beispiele Kohlendioxid (CO_2, a) und elementarer Stickstoff (N_2, b):

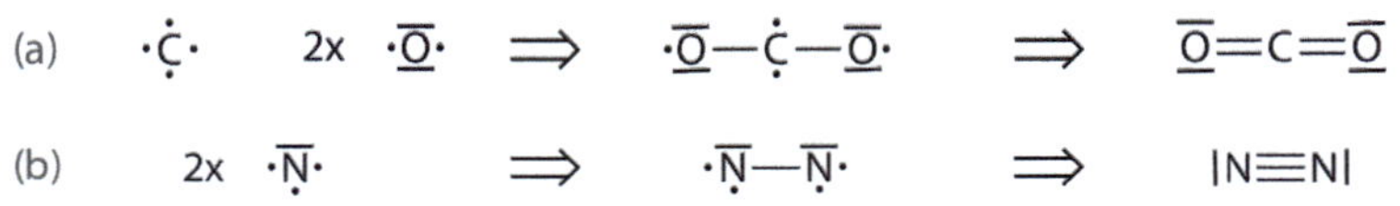

Natürlich können Sie mit den LEWIS-Formeln nicht immer so unbekümmert umgehen, denn häufig wird Ihnen dabei bereits ein Mindestmaß an chemischer Vorstellungskraft abverlangt: Woher sollen Sie wissen, dass zur Summenformel NO_2^- von Nitrit LEWIS-Formel (a) gehört und nicht etwa (b)?

(a)

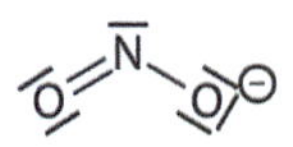

(b)

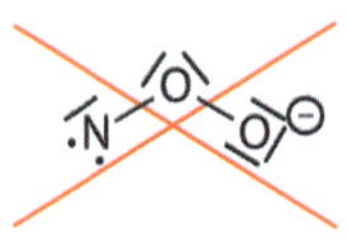

Aber keine Sorge: Das dafür erforderliche »chemische Verständnis« entwickelt sich ganz von allein, wenn Sie sich mit den verschiedenen Facetten der Chemie befassen und nach und nach immer »chemischer« denken.

Manchmal zählt der Mittelwert: mesomere Grenzstrukturen

Schauen Sie sich die LEWIS-Formel für Nitrit NO_2^- noch einmal genauer an: Sie werden feststellen, dass es *noch eine zweite* Möglichkeit gibt, die Formel anzugeben:

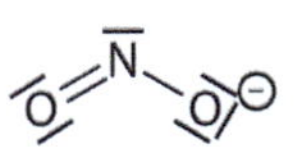

oder

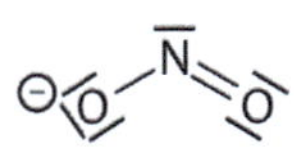

Welche von beiden ist denn nun richtig? – Überraschende Antwort: *keine*!

Es gibt *keinen* Grund, warum das linke O-Atom anders gebunden sein sollte als das rechte. Eine Doppelbindung ist kürzer als eine Einfachbindung, und erstaunlicherweise liegt die Bindungslänge *beider* O-Atome zwischen einer Einfach- und einer Doppelbindung. *Das können Sie allerdings mit einer LEWIS-Formel nicht darstellen.* Deswegen geben Sie *beide* an (obwohl beide für sich genommen nicht richtig sind) und verbinden sie mit einem doppelten Pfeil:

$\longleftrightarrow$ nicht $\rightleftharpoons$! (Auf den Unterschied dieser beiden Pfeilarten gehen wir später noch ein.) Die »wahre« Struktur liegt dann in der Mitte.

Alle für die Beschreibung eines Moleküls möglichen Strukturformeln ergeben zusammen die **mesomeren Grenzstrukturen**; das, was hier dahintersteckt, heißt **Mesomerie.** Für manche Moleküle müssen sogar *mehr* als zwei äquivalente Strukturformeln herangezogen werden.

So viele Formeln!

Unabhängig davon, wie Sie die Elektronen verteilen, bringt es eine ebene Fläche mit sich, dass Sie ein Molekül nur zweidimensional darstellen können. Ein Molekül hat jedoch gewöhnlich eine räumliche Struktur, es ist dreidimensional. Sie können dem bedingt gerecht werden, indem Bindungen eine Position vor oder hinter der Papierebene zugeordnet wird. Abbildung 12.2 zeigt verschiedene Möglichkeiten, wie Sie ein Molekül (hier als Beispiel das Molekül Chlormethan, CH_3Cl) darstellen können.

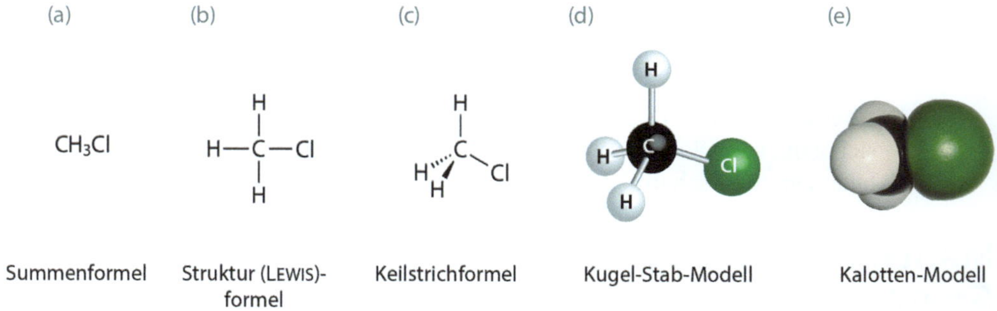

Abbildung 12.2: Verschiedene Moleküldarstellungen

- Der **Summenformel** können Sie nur entnehmen, welche und wie viele Atome das Molekül enthält (Abbildung 12.2a); sie liefert *keine* Aussage darüber, *wie* die Atome miteinander verbunden sind (also: in welcher »Reihenfolge« oder wer überhaupt mit wem); sie sagt also nichts über die *Konnektivität* aus. (Sie können einer Summenformel etwas mehr Information mitgeben, wenn Sie beispielsweise CH_3CH_2OH schreiben statt C_2H_6O.)
- Die **Strukturformel** (auch **Lewis-Formel** genannt, Abbildung 12.2b) gibt zwar die einzelnen Bindungen wieder, bietet aber keinerlei Aussage über die *dreidimensionale* Anordnung der Atome relativ zueinander.

- ✔ Die von der Strukturformel abgeleitete perspektivische Zeichnung, die auch als **Keilstrichformel** bezeichnet wird, ist hier bereits aussagekräftiger (Abbildung 12.2c). Sie kommt meist dann zum Einsatz, wenn es erforderlich ist, die *relative Anordnung der Atome zueinander* zu betonen. (Dafür kann es gute Gründe geben, wie Sie spätestens in Teil VIII dieses Buches sehen werden.)
- ✔ Noch anschaulicher wird es mit dem **Kugel-Stab-Modell** (Abbildung 12.2d), das allerdings den Nachteil hat, dass die *Raumerfüllung* der einzelnen Atome nicht (oder nur unzureichend) berücksichtigt wird und so der falsche Eindruck erweckt werden könnte, die an einem Molekül beteiligten Atome seien relativ weit voneinander entfernt.
- ✔ Soll die tatsächliche Raumerfüllung der einzelnen Atome betont werden, so ist das **Kalottenmodell** (Abbildung 12.2e) heranzuziehen, das aber für Moleküle, die aus einer größeren Anzahl von Atomen bestehen (und das gilt für die weitaus meisten Moleküle!) sehr schnell gänzlich unübersichtlich wird.

3D-Konstruktionen mithilfe des VSEPR-Modells

Aber woher wissen Sie denn, wie ein Molekül »aussieht«, welche *räumliche Struktur* es also besitzt? Mit geeigneten Methoden (mehr dazu in Kapitel 50) lässt sich das sicherlich herausfinden. Es wäre aber doch äußerst nützlich, wenn Sie auch ohne aufwendige Untersuchungsmethoden eine Aussage hierüber treffen könnten. Eine sehr hilfreiche Methode zur Veranschaulichung der Molekülgeometrie bietet das **VSEPR-Modell**. Diese Abkürzung steht für ***V**alence **S**hell **E**lectron **P**air **R**epulsion* (*Valenzschalen-Elektronenpaar-Abstoßung* – die Bezeichnung »VEPA-Modell« hat sich nie so richtig durchsetzen können). Die Grundlage dieses Modells ist, dass kovalent gebundene Teilchen, wenn sie nicht durch eine direkte Bindung gleich welcher Art unmittelbar miteinander verbunden sind, einander aufgrund der Kernabstoßung so weit wie möglich »aus dem Weg« gehen.

Um sich dies besser vorstellen zu können, ist es hilfreich, die entsprechenden Bindungspartner (wir bezeichnen sie allgemein als Liganden L) auf der Oberfläche einer gedachten Kugel anzuordnen, die das Zentralteilchen umgibt (*siehe* Abbildung 12.3).

Bei mehratomigen Molekülen und dem zentralen Atom als *Zentralteilchen Z* in der Mitte der Kugeln (in Abbildung 12.3 rot), auf dessen Oberfläche sich die Liganden (blau) jeweils befinden, ergeben sich folgende Bindungswinkel:

- ✔ bei zwei Liganden (ZL_2) 180°
- ✔ bei drei Liganden (ZL_3) 120°
- ✔ bei vier Liganden (ZL_4) 109,5°
- ✔ bei fünf Liganden (ZL_5) 120°/90° (dazu gleich mehr)
- ✔ bei sechs Liganden (ZL_6) 90°
- ✔ bei sieben Liganden (ZL_7) 90°/72° (kommt allerdings seltener vor)

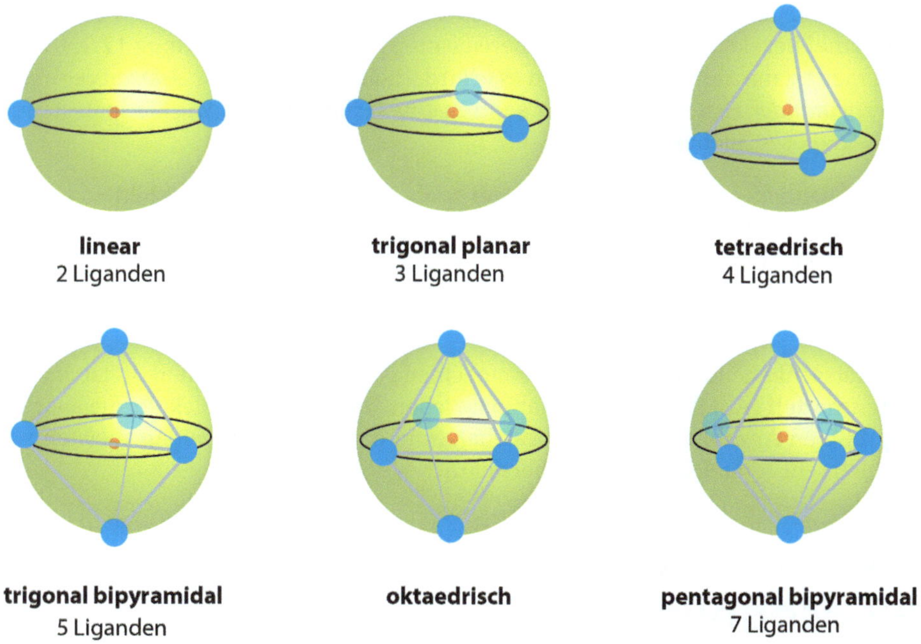

Abbildung 12.3: Symmetrische Anordnung von Liganden

Je mehr Liganden da sind, desto enger müssen sie also auf der gedachten Kugelfläche zusammenrücken.

Die Anzahl der um das betreffende Zentralteilchen angeordneten Liganden wird auch als die **Koordinationszahl** bezeichnet (wobei für die Abkürzung aus historischen Gründen auch in der deutschsprachigen Fachliteratur häufig auf den englischen Begriff *coordination number* (*CN*) zurückgegriffen wird) und das fertige Konstrukt als das **Koordinationspolyeder**. Je nach Koordinationszahl erhält die Anordnung eine bestimmte geometrische Bezeichnung, die Sie einfach lernen müssen; es ist praktisch die Nomenklatur der Koordinationspolyeder.

»…eder« kommt von Fläche. Ein Oktaeder hat also nicht acht *Ecken*, sondern acht ***Flächen***. Beim Tetraeder sind zufällig gleich viele Flächen und Ecken vorhanden. (Bitte erinnern Sie sich an Ihren Geometrieunterricht zurück: Anzahl Ecken + Anzahl Flächen = Anzahl Kanten +2.)

(Und wo wir gerade dabei sind: Es heißt *das* Tetraeder, *das* Oktaeder und so weiter.)

Wie Sie vielleicht bemerkt haben, sind bei L = 5 und L = 7 Liganden jeweils *zwei* Winkel angegeben. Was hat es damit auf sich? – Betrachten Sie dazu Abbildung 12.4: Im Gegensatz zu den anderen Strukturen sind bei diesen beiden Bipyramiden *nicht* sämtliche Positionen der Liganden äquivalent.

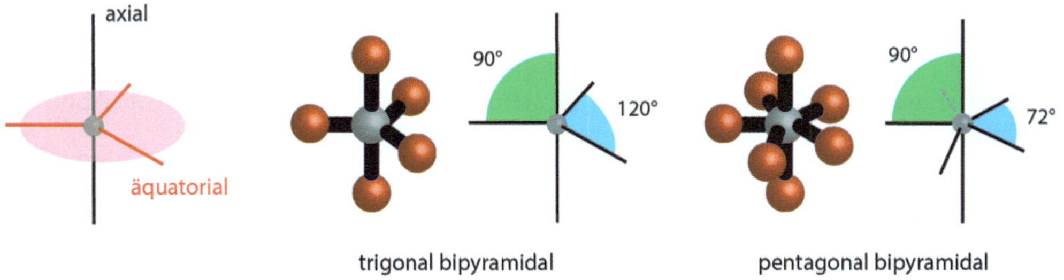

Abbildung 12.4: Bindungswinkel bei fünf und bei sieben Liganden

- ✔ Bei der *trigonalen* Bipyramide (CN = 5) befinden sich die beiden axialen Liganden in engerer Wechselwirkung mit den drei Liganden, die zusammen mit dem Zentralteilchen eine trigonale Ebene aufspannen.
- ✔ Bei der *pentagonalen* Bipyramide (CN = 7) haben die äquatorialen Liganden untereinander eine größere Wechselwirkung als mit den axialen.
- ✔ Axiale und äquatoriale Position haben also in beiden Fällen jeweils einen unterschiedlichen Energiegehalt.
- ✔ Die beiden Liganden in axialer Position stehen zwar in einem Winkel von 180° zueinander, aber aufgrund der Liganden in äquatorialer Lage findet zwischen den beiden axial-ständigen Liganden praktisch keinerlei Wechselwirkung statt.

Angesichts des nicht ganz so symmetrischen Aufbaus derartiger Teilchen reicht es eben auch nicht aus, nur *einen einzigen* Bindungswinkel anzugeben.

Sie können sich vorstellen, dass diese Nichtäquivalenz von axialer und äquatorialer Position Auswirkungen hat, wenn es darum geht, anhand der Lewis-Formel verschiedener Verbindungen mithilfe des VSEPR-Modells das zugehörige *Koordinationspolyeder* zu ermitteln und daraus Rückschlüsse über die dreidimensionale Struktur zu ziehen. Die äquatoriale Lage bietet mit CN = 5 mehr Platz (120° statt 90°) und ist deshalb energetisch günstiger, mit CN = 7 hingegen ist die axiale Lage energetisch bevorzugt (90° statt 72°).

Wenn Sie sich noch einmal die Bedeutung der Abkürzung VSEPR vor Augen führen, fällt Ihnen sicherlich auf, dass der Begriff »Elektronenpaar« darin vorkommt. Eigentlich geht es in erster Linie nämlich gar nicht um die *Liganden*, die sich abstoßen, sondern um die *Elektronenpaare*, mit denen sie kovalent an das Zentralteilchen gebunden sind, denn die sind ja dem zentralen Teilchen *noch* näher. Elektronen sind negativ geladen; sie stoßen einander ab und haben somit das Bestreben, möglichst weit voneinander entfernt zu sein. Ordnen Sie auf den gedachten Kugeln aus Abbildung 12.3 statt der Liganden nun die *Elektronenpaare* an, mit denen die Liganden gebunden sind, dann ergeben sich natürlich das gleiche Bild und die gleichen Koordinationspolyeder. Also, was soll's? Dann ist es doch egal, ob Sie Liganden oder Elektronenpaare betrachten! – *Nein, ist es nicht!* Elektronenpaare können sich nämlich durchaus unterscheiden:

- Es gibt Elektronenpaare, mit denen ein Ligand gebunden ist, *und*
- es gibt Elektronenpaare, an denen *nichts* dranhängt, sogenannte *freie* oder *nichtbindende* Elektronenpaare. (Die kennen Sie schon von den Lewis-Formeln, *siehe* Abbildung 12.1: die grau dargestellten Punkte am Fluor.)

Bei Lewis-Formeln können Sie diese freien Elektronenpaare zur Not auch weglassen, *beim VSEPR-Modell dürfen Sie das auf keinen Fall tun*, denn diese freien Elektronenpaare bestimmen in ganz erheblichem Maße den räumlichen Bau des Moleküls. Sie müssen am Zentralteilchen ebenfalls wie Liganden behandelt werden (schließlich nehmen sie ja Platz ein; sogar noch mehr als ein bindendes Elektronenpaar, denn von der anderen Seite zieht ja niemand daran). In Wirklichkeit sind es natürlich *keine* Liganden, deshalb werden sie auch *Pseudo*liganden genannt, und es stellt sich eine entsprechende *Pseudo*koordinationszahl ein (die dann gerne mit ΨCN abgekürzt wird).

Für das VSEPR-Modell sind nur die freien Elektronenpaare des *Zentralteilchens* von Bedeutung; ob die Liganden ihrerseits eigene freie Elektronenpaare aufweisen oder nicht, wirkt sich (zumindest in erster Näherung) *nicht* auf die Struktur aus.

Wichtig ist die Unterscheidung zwischen *Koordinationspolyeder* und dem *tatsächlichen Bau des Moleküls*: Nichtbindende Elektronenpaare bestimmen zwar die räumliche Anordnung maßgeblich mit, sind doch aber im real vorhandenen Molekül nicht zu erkennen.

In Abbildung 12.5 sind die wichtigsten Koordinationspolyeder für verschiedene Koordinationszahlen zu sehen – und was daraus wird, wenn Koordinationsstellen von Pseudoliganden (= freie Elektronenpaare) besetzt sind.

Folgende Punkte sollten Sie bei der Anwendung des VSEPR-Modells grundsätzlich beachten:

- Das Modell gilt *ausschließlich* für Elemente der Hauptgruppen. (Der Versuch, geometrische Gegebenheiten etwa bei Komplexen der Übergangsmetalle mithilfe des VSEPR-Modells zu ermitteln, führt in den weitaus meisten Fällen zu völlig unsinnigen Ergebnissen – und wenn nicht, dann ist das reiner Zufall: Eine stehen gebliebene Uhr zeigt schließlich auch zweimal am Tag trotzdem die richtige Uhrzeit an.)
- *Freie Elektronenpaare* des Zentralteilchens (also zwei Spin-gepaarte Elektronen, die zum gleichen Atom gehören) weisen eine vergleichsweise hohe Ladungsdichte auf. Diese beansprucht mehr Platz am Zentralteilchen als eine Einfachbindung. Deswegen werden die übrigen Liganden etwas mehr zusammengedrängt: Die Bindungswinkel verkleinern sich. In Abbildung 12.6 können Sie erkennen, dass sich beispielsweise CH_4, NH_3, H_2O und HF vom gleichen Koordinationspolyeder ableiten (dem Tetraeder), obwohl die Moleküle jeweils einen völlig anderen räumlichen Bau aufweisen. Im jeweiligen Polyeder sind dann eben bestimmte Ecken nicht mit *Liganden* besetzt, sondern *mit freien Elektronenpaaren*.

  So kommen wir bei den vier Beispiel-Molekülen – in der gleichen Reihenfolge – zu einem tetraedrischen, trigonal-pyramidalen, gewinkelten und linearen Bau (wobei zweiatomige Moleküle verständlicherweise *immer* linear sind).

CN	Anzahl der freien Elektronenpaare							
	0	**Bsp.**	**1**	**Bsp.**	**2**	**Bsp.**	**3**	**Bsp.**
2	 linear	CO_2	 linear	CO				
3	 trigonal planar	BCl_3 SO_3	 gewinkelt	SO_2 NO_2^- O_3	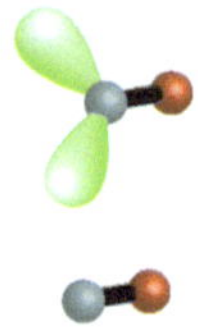 linear	SO NO^+		
4	 tetraedrisch	CH_4 SO_4^{2-}	 trigonal pyramidal	NH_3	 gewinkelt	H_2O	 linear	HCl
5	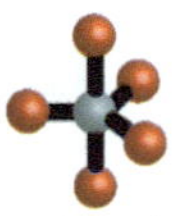 trigonal bipyramidal	PCl_5	 bisphenoidal (Wippe)	SF_4	 T-förmig	ClF_3	 linear	I_3^-
6	 oktaedrisch	SF_6	 quadratisch pyramidal	ClF_5	 quadratisch planar	ICl_4^-		
7	 pentagonal bipyramidal	IF_7						

Abbildung 12.5: Molekülstrukturen nach dem VSEPR-Modell

✔ In ähnlicher Weise wirken sich auch *Mehrfachbindungen* aus: Da entsprechende Bindungspartner durch die im Vergleich zur Einfachbindung größere Bindungsstärke näher an das Zentralteilchen herangezogen werden, steigt der Platzbedarf entsprechender Liganden, und somit drängen sie die anderen Substituenten (= Bindungspartner) etwas weiter zusammen. Für das VSEPR-Modell ist es also (zumindest in erster Näherung) unerheblich, ob die Liganden über eine Einfach- oder eine Mehrfachbindung mit dem Zentralteilchen verbunden sind. Eine Mehrfachbindung wird wie eine Einfachbindung gehandhabt.

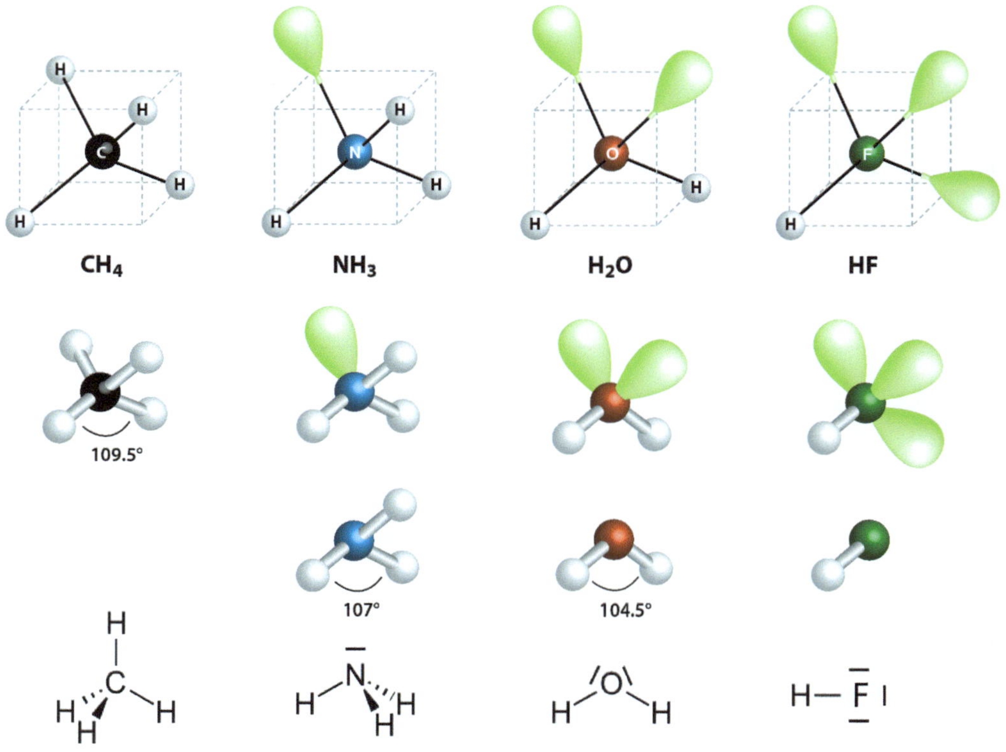

Abbildung 12.6: Vergleich der Strukturen von Methan, Ammoniak, Wasser und Fluorwasserstoff

BEISPIEL

Das Wasser-Molekül mit der Summenformel H_2O ist keineswegs ein Vertreter der Kategorie ZL_2, bei dem der Bindungswinkel schließlich 180° betragen müsste, denn dann wäre das Wasser-Molekül linear – aber das *kann* es ja nicht sein, schließlich wäre es dann kein Dipol (*siehe* Kapitel 10), und das würde das gesamte chemische und physikalische Verhalten immens verändern.

Wollten Sie nun also mithilfe des VSEPR-Modells etwa das Wasser-Molekül (H_2O) beschreiben, so würden Sie unter Erwähnung der Pseudokoordinationszahl auf das entsprechende *Koordinationspolyeder*, eben das Tetraeder (CN = 4), verweisen – Sie sollten daraus allerdings *nicht* zu der Behauptung kommen, das Wasser-Molekül sei »tetraedrisch« gebaut! Schließlich werden zur Konstruktion eines Tetraeders mindestens *fünf* Bausteine benötigt (wenn das Zentralteilchen mitgezählt wird), und H_2O bietet nun einmal nur *drei*. Also ergibt sich aufgrund des *Tetraeders als Koordinationspolyeder* letztendlich eine *gewinkelte Struktur*.

Sie sehen: Wenn Sie die Elektronenstruktur und die Lewis-Formel kennen, können Sie mithilfe des VSEPR-Modells den räumlichen Bau eines Moleküls gut abschätzen.

Ein Erklärvideo zum VSEPR-Modell finden Sie auf unserem YouTube-Kanal unter `https://www.youtube.com/watch?v=jNuAwRBRmb8`

Und die Orbitale? – Das VB-Modell macht vieles anschaulich

Experimentell lassen sich die geometrische Anordnung eines Moleküls sowie die Bindungslängen und Bindungswinkel zwischen den einzelnen Atomen genau ermitteln. (Einen ersten Einblick dafür erhalten Sie in Kapitel 50.) Das VSEPR-Modell gibt diese Befunde in erster Näherung zwar gut wieder, aber Sie geraten damit in Erklärungsnot, wenn beispielsweise Bindungen unterschiedlicher Länge vorhanden sind (was natürlich bei unterschiedlichen Liganden der Fall ist). Außerdem hilft es uns kein bisschen bei der Frage, *wie* Bindungen überhaupt zustande kommen, und es *sind* doch schließlich die Elektronen, die für eine Bindung sorgen: Elektronendichte wird zwischen den Atomkernen positioniert und hält die entsprechenden Atomkerne zusammen.

Elektronen offenbaren sich nur in ganz diskreten Energiezuständen. Wie Sie aus Kapitel 9 wissen, werden diese Energiezustände in Orbitale verpackt, die jeweils eine bestimmte Größe, ein bestimmtes Aussehen sowie eine räumliche Orientierung besitzen. Die Valenzelektronen eines Atoms befinden sich demzufolge in genau bestimmbaren Orbitalen.

Bereits das Lewis-Modell (*siehe* Abbildung 12.1) impliziert, dass die zur Bindung herangezogenen Elektronen offenbar von beiden beteiligten Atomkernen gemeinsam genutzt werden. Weisen Sie den Valenzelektronen nun bestimmte Orbitale zu, müssen diese in irgendeiner Weise in Wechselwirkung treten und quasi ein neues, gemeinsames Orbital schaffen (hier findet eine sogenannte *Überlappung* statt). Dieses neue Orbital ist zwischen den Atomkernen lokalisiert und ermöglicht es beiden Atomkernen, an den Elektronen teilzuhaben (angedeutet in Abbildung 12.7). Das geht natürlich nur, wenn die betreffenden ursprünglichen Orbitale einfach besetzt sind, denn in einem Orbital (auch in dem neuen) haben ja nur zwei Elektronen Platz (Pauli-Prinzip, ebenfalls bekannt aus Kapitel 9).

Diese Vorstellung wird als ***Valence-Bond*-Modell** (kurz: **VB-Modell**) bezeichnet.

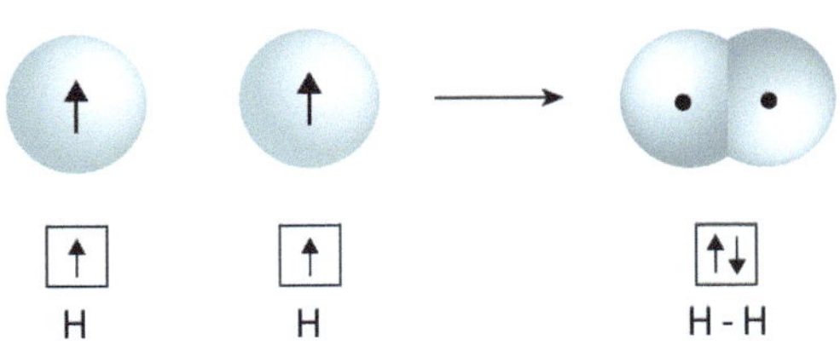

Abbildung 12.7: Entstehung eines Molekülorbitals aus zwei s-Atomorbitalen

Dabei nähern sich die beiden Atome so weit an, dass sie einander »berühren«. Selbstverständlich kann diese Annäherung nur bis zu einem bestimmten Abstand der Atomkerne zueinander erfolgen, schließlich sind die Atomkerne positiv geladen, sodass sich zwangsläufig eine gewisse Abstoßung ergibt. Die resultierende **Bindungslänge** (der Abstand zwischen den beiden Atommittelpunkten, also den *Kernen*) ergibt sich somit aus dem Wechselspiel zwischen Anziehung einerseits (der sogenannten COULOMB-Energie) und der Kernabstoßung andererseits (Abbildung 12.8; Sie kennen etwas ganz Ähnliches bereits von der Gitterenergie bei der Entstehung einer ionischen Bindung aus Abbildung 11.4).

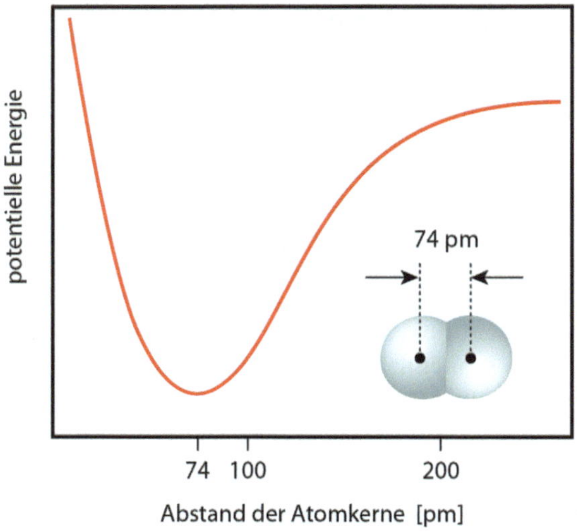

Abbildung 12.8: Energiepotentialkurve für das H_2-Molekül

Für Formalisten sei angemerkt, dass es bei der *ionischen* Bindung Bindungs*abstand* heißt, bei der *kovalenten* Bindung dagegen Bindungs*länge*.

Die Bindung im Molekül H_2 (wie in Abbildung 12.7) entsteht dadurch, dass zwei s-**Atomorbitale** zu einem neuen gemeinsamen **Molekülorbital** »verschmelzen«. Dieses ist über beide Atomzentren so »verteilt«, dass die Elektronendichte zwischen den Zentren maximiert wird.

In ähnlicher Weise entsteht eine Bindung zwischen Wasserstoff und Chlor im Chlorwasserstoff-Molekül. Machen Sie sich anhand der Elektronenkonfiguration von Chlor klar, *welches* das einfach besetzte Orbital ist (auf den Energieunterschied zwischen dem 3s- und den drei 3p-Orbitalen sei hier bewusst *nicht* eingegangen):

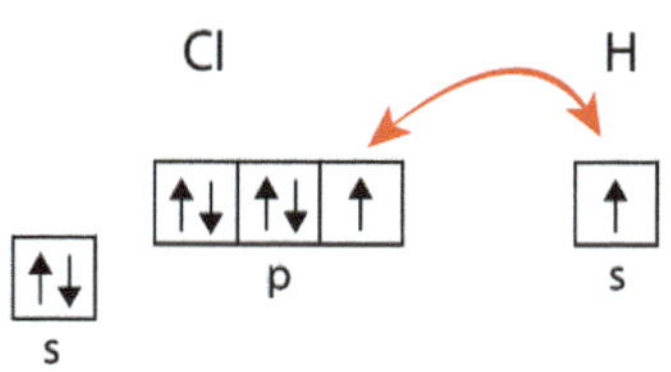

Da die drei p-Orbitale senkrecht aufeinander stehen (wie in Abbildung 12.9 dargestellt), kann es nur *ein* p-Orbital geben, das in der beschriebenen Weise mit dem s-Orbital des

H-Atoms überlappen kann, nämlich dasjenige, das in Richtung der *Kernverbindungsachse* liegt, also der (gedachten) geraden Linie zwischen zwei Atomkernen (die anderen beiden passen ja nicht).

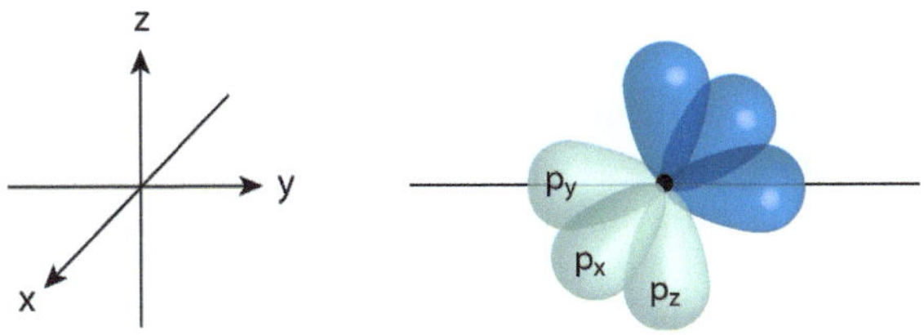

Abbildung 12.9: Räumliche Orientierung der p-Orbitale

Abbildung 12.10 zeigt die Überlappung eines s-Orbitals mit dem in Bindungsrichtung liegenden p-Orbital.

Abbildung 12.10: Entstehung eines Molekülorbitals aus einem s- und einem p-Atomorbital

Beim Cl_2-Molekül sind es dann zwei p-Orbitale (die beiden entlang der Kernverbindungsachse), die durch Überlappung eine Bindung ausbilden:

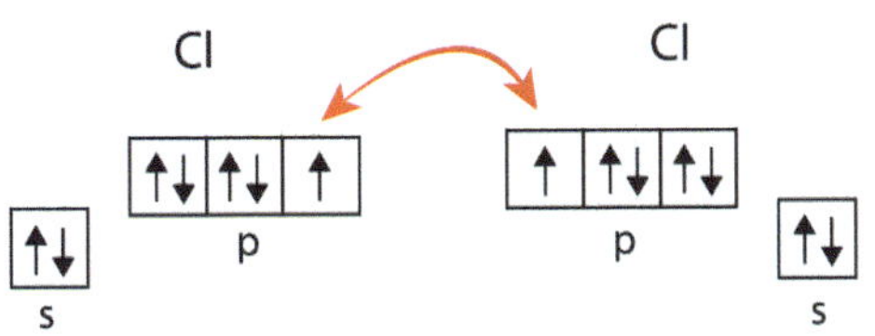

Falls Sie sich jetzt fragen sollten, wie es kommt, dass *zufälligerweise* gerade die beiden nur einfach besetzten p-Orbitale genau die richtige räumliche Orientierung haben, um zu überlappen: Bitte bedenken Sie, dass wir uns die Atome in erster Linie als kugelförmig vorstellen, und so können wir sie natürlich nach Herzenslust drehen, bis gerade die beiden Orbitale aufeinander weisen, die an der Knüpfung einer neuen Bindung »interessiert sind«.

In Abbildung 12.11 überlappen die beiden entsprechenden p-Orbitale entlang der Kernverbindungsachse.

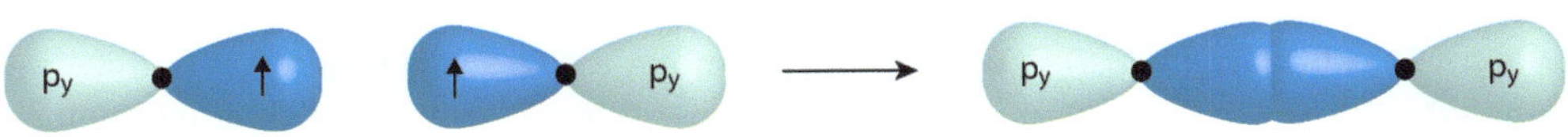

Abbildung 12.11: Entstehung eines Molekülorbitals aus zwei p-Atomorbitalen

Es gibt also mehrere Möglichkeiten, eine Einfachbindung zu bilden: s-s, s-p und p-p (und noch mehr, schließlich gibt es auch noch d-Orbitale).

Weil es so wichtig ist, noch einmal eine deutliche Unterscheidung:

- ✔ Bei *ionisch* aufgebauten Verbindungen wie etwa Natriumchlorid (Summenformel: NaCl) besagt die Summenformel nur, dass auf je *ein Äquivalent* Natrium-Kationen (Na^+) genau *ein Äquivalent* Chlorid-Anionen (Cl^-) kommt, sodass die gesamte Verbindung elektrisch neutral ist, schließlich liegen gleich viele positive wie negative Ladungen vor – die *absolute Anzahl* an beteiligten Teilchen ist jedoch unerheblich. Deswegen sprechen manche Wissenschaftler, die sich »ganz genau« ausdrücken wollen, bei ionisch aufgebauten Verbindungen auch nicht von der »Summenformel«, sondern von der **Formeleinheit**, die Sie ja schon aus Kapitel 4 kennen.
- ✔ Bei *kovalent* aufgebauten Verbindungen wie etwa Chlorwasserstoff (HCl) hingegen besagt die Summenformel, dass diese Verbindung in Form eines Moleküls vorliegt, das aus *einem* Wasserstoff-Atom und *einem* Chlor-Atom aufgebaut ist, während etwa das Molekül Ammoniak (NH_3) aus *einem* Stickstoff-Atom und *drei* Wasserstoff-Atomen besteht.

Ein Molekül kann demnach aus zwei oder auch aus mehreren Atomen bestehen, wobei die Überlappung der entsprechenden Atomorbitale immer zu einem *Molekülorbital* führt, das die Elektronendichte zwischen den beiden jeweils verbundenen Atomen anordnet; dies sind demnach **lokalisierte Molekülorbitale**.

Bei mehratomigen Molekülen stellen Sie allerdings schnell fest, dass die Methode der Orbitalüberlappungen nur ein sehr unbefriedigendes Bild von der tatsächlichen Struktur liefert. Nehmen Sie als Beispiel das einfache Molekül Wasser (H_2O):

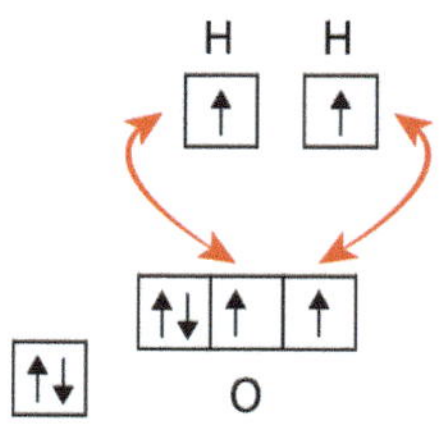

Natürlich könnte man sich vorstellen, dass die s-Orbitale der H-Atome mit den einfach besetzten p-Orbitalen des O-Atoms überlappen – aber: Da die p-Orbitale nun einmal *senkrecht* aufeinander stehen, ergäbe sich ein Bindungswinkel $\sphericalangle_{HOH}$ von 90°, und das widerspricht den Messdaten (aus Experimenten der Analytik), die auf einen Bindungswinkel $\sphericalangle_{HOH}$ von 104,5° schließen lassen.

Ein ähnliches Problem besteht beim Methan (CH_4): Anhand spektroskopischer Methoden (etwa der Kernresonanzspektroskopie, Kapitel 50) lässt sich zeigen, dass im Methan-Molekül (CH_4) alle vier Wasserstoff-Atome in *exakt* der gleichen Art und Weise gebunden sind – und zwar so, dass sich die vier H-Atome an den vier Eckpunkten eines Tetraeders befinden, in dessen Zentrum das Kohlenstoff-Atom liegt. (Das passt genau zum VSEPR-Modell – erinnern Sie sich?) Somit ergibt sich ein jeweiliger Bindungswinkel $\sphericalangle_{HCH}$ von 109,5°.

Wie aber wollen Sie das mit der Elektronenkonfiguration des Kohlenstoffs erklären? Als Element der vierten Hauptgruppe hat Kohlenstoff die Valenzelektronenkonfiguration $2s^2 2p^2$ (Abbildung 12.12a). Folglich sollten doch nur *zwei* der vier Orbitale überhaupt zur Ausbildung einer Bindung befähigt sein, schließlich ist das 2s-Orbital bereits vollständig besetzt. Dennoch ist Kohlenstoff in den weitaus meisten seiner Verbindungen *vier*bindig – wie soll das gehen?

Hybridorbitale – eine nützliche Modellvorstellung

Schauen wir uns zunächst das Methan (CH_4) an: Im Rahmen des VB-Modells wird dieses Problem formal (!) wie folgt gelöst:

- ✔ Zunächst erfolgt der Schritt der *Promotion*, bei der eines der beiden Elektronen *unter Spinumkehr* aus dem s-Orbital in das derzeit noch vakante (also: leere) dritte p-Orbital befördert wird (Abbildung 12.12b); dafür ist eine gewisse Energiezufuhr erforderlich.

  Das C-Atom wird also vom **Grundzustand** in einen **angeregten Zustand** überführt.

  Nun gibt es zwar vier einfach besetzte Orbitale, aber die Überlappung mit jeweils einem s-Orbital des Wasserstoffs würde dann zwei verschiedene Arten von Molekülorbitalen ergeben (einmal s-s und dreimal s-p). Deshalb geht es weiter:

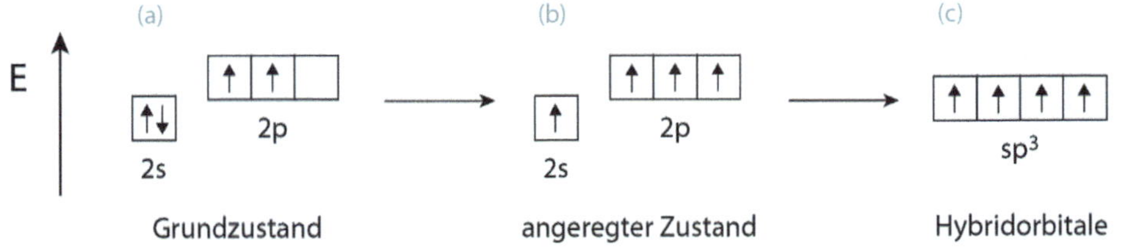

Abbildung 12.12: Elektronenkonfigurationen des C-Atoms

- ✔ Anschließend wird das (nun nur noch einfach besetzte) s-Orbital energetisch etwas angehoben, während die drei (nun ebenfalls einfach besetzten) p-Orbitale um den insgesamt (!) gleichen Betrag abgesenkt werden (Abbildung 12.12c). Dieser Vorgang wird als Hybridisierung bezeichnet, letztendlich entstehen dabei **Hybridorbitale**. In diesem Falle sind es vier Stück, die sich dabei *energetisch nicht unterscheiden* (sie sind also *entartet*).

  In Abbildung 12.13a sehen Sie, wie sich räumliche Gestalt und Anordnung der entsprechenden Orbitale durch die Hybridisierung verändern.

  Da diese vier Orbitale aus einem Teil s-Orbital und drei Teilen p-Orbital entstanden sind, werden sie als *sp^3-Hybridorbitale* (oder kurz: sp^3-Orbitale) bezeichnet. Gemäß dem VSEPR-Modell sind diese tetraedrisch ausgerichtet. Durch Überlappung dieser sp^3-Hybridorbitale mit dem s-Orbital der jeweiligen Wasserstoff-Atome ergeben sich schließlich die vier Einfachbindungen des Methans, sodass dem Molekül eine

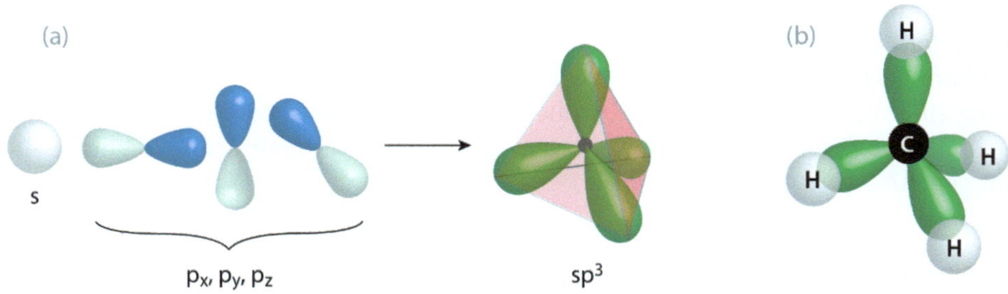

Abbildung 12.13: Hybridisierung zu sp^3-Hybridorbitalen

hochsymmetrische Tetraeder-Struktur zukommt (Abbildung 12.13b). (Zum Thema »Symmetrie« finden Sie noch einen Abschnitt *Nur für Streber* am Ende dieses Kapitels.)

Das VB-Modell ist, wie der Name schon besagt, *nur ein Modell*. Das bedeutet, dass sich die Zwischenstufen »Promotion« und »Hybridisierung« nicht beobachten lassen, sondern *nur* ein *gedankliches Konstrukt* sind. Erst in seinen Verbindungen weist der Kohlenstoff den betreffenden räumlichen Bau auf: Es ist *nicht möglich*, ein ungebundenes, freies Kohlenstoff-Atom in seinem einfach nur »angeregten« oder »hybridisierten« Zustand zu untersuchen.

Genau diese Vorstellung hilft uns auch beim H_2O weiter. (Schauen Sie noch einmal in Abbildung 12.6.)

Selbstverständlich »gibt« es noch andere Hybridorbitale: Ein s-Orbital kann sich auch mit *nur zwei* p-Orbitalen oder gar *nur einem einzigen* p-Orbital mischen, und sogar d-Orbitale können mit von der Partie sein. Was auch immer geschieht, das Molekül »verfolgt« zwei Ziele:

- ✔ Die *Oktettregel* soll erfüllt werden (außer, wenn d-Orbitale mitspielen, dann *kann* das Oktett auch überboten werden).
- ✔ Größtmögliche Symmetrie wird angestrebt.

Mithilfe der Vorstellung der Hybridisierung kommen die in Tabelle 12.1 aufgeführten räumlichen Anordnungen zustande. (Mit Abbildung 12.5 sollte das Ganze sofort einleuchten.)

Hybridisierungstyp	Räumliche Anordnung
sp	linear
sp^2	trigonal planar
sp^3	tetraedrisch
sp^3d	trigonal bipyramidal
sp^3d^2	oktaedrisch

Tabelle 12.1: Hybridorbitale gemäß dem VB-Modell

Wie Sie sehen, passt die Vorstellung der Hybridorbitale ziemlich gut zum VSEPR-Modell (*siehe* Abbildung 12.5): Hier bedienen Sie sich genau der gleichen Vorstellungen wie im VB-Modell, *ohne* dabei die Hybridisierung eigens zu erwähnen: Bei allen Verbindungen, bei denen das Zentralteilchen tetraedrisch koordiniert ist (CN = 4), ist das Zentralteilchen sp^3-hybridisiert – aber wenn Sie das VSEPR-Modell nutzen, brauchen Sie darüber gar nicht nachzudenken.

Stellen Sie sich die Hybridisierung wie die Interferenz verschiedener Wellen vor. Wie Sie aus Kapitel 9 wissen, können Elektronen so etwas aufgrund ihrer Welleneigenschaften. Ein Orbital lässt sich durch eine Wellenfunktion beschreiben, und ein Hybridorbital wäre dann vom Prinzip her nichts anderes als eine »Mischwelle«, die durch Überlagerung einzelner Orbitale entsteht. (Natürlich lässt sich das alles auch quantenmechanisch berechnen, aber damit wollen wir Sie hier nicht verwirren, da es für das *rein qualitative* Verständnis nicht wichtig ist.)

Einfach- und Mehrfachbindungen

Wie auch immer eine Bindung *entlang der Kernverbindungsachse* zustande kommt (*siehe* Abbildung 12.14), sie ist in jedem Fall die Voraussetzung für die Verbindung zweier Atomkerne und wird **Einfachbindung** oder **σ-Bindung** genannt. (Auch alle anderen Hybridorbitale aus Tabelle 12.1 können für σ-Bindungen genutzt werden.)

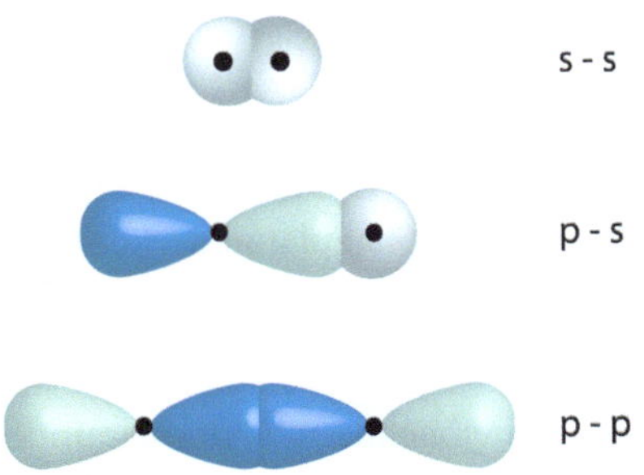

Abbildung 12.14: σ-Bindungen

Genauso wie beim Methan (CH_4) liegen im Ethan ($H_3C–CH_3$) beide C-Atome sp^3-hybridisiert vor, sodass es in diesem Molekül ausschließlich Einfachbindungen gibt (Abbildung 12.15a); die C–C-Bindungslänge beträgt dabei 154 pm.

Was aber ist, wenn *nicht alle* p-Orbitale in die Hybridisierung einbezogen werden, so wie das bei der sp^2- und der sp-Hybridisierung aus Tabelle 12.1 der Fall ist? Werden ein oder zwei p-Orbitale nicht mit-hybridisiert, verleiht das entsprechenden Molekülen ganz andere Fähigkeiten.

- ✔ Betrachten Sie das Molekül *Ethen* (C_2H_4, Abbildung 12.15b). Messungen ergeben eine planare (also ebene, platte) Struktur mit einer C–C-Doppelbindung, die deutlich kürzer ist als die C–C-Bindung im Ethan und eine etwa 1,7-fache Bindungsstärke aufweist (Bindungslänge: 134 pm).

- Die Dreifachbindung im *Ethin* (C_2H_2, Abbildung 12.15c) ist noch kürzer (120 pm) und etwa 2,4-mal so stark wie eine Einfachbindung.

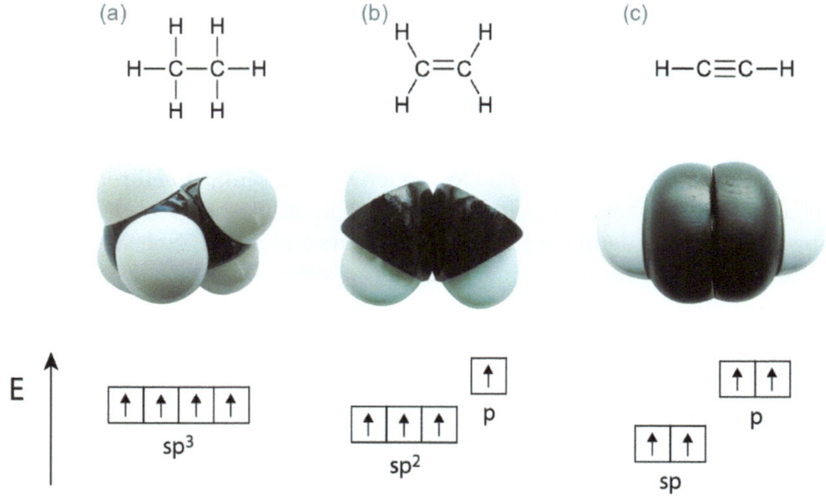

Abbildung 12.15: sp^3-, sp^2- und sp-Hybridisierung

Schauen wir uns zunächst das Ethen etwas genauer an. Gemäß dem VB-Modell dürfen Sie sich das folgendermaßen vorstellen:

- Je *ein* p-Orbital der beiden C-Atome bleibt *unhybridisiert*, und nur das s- sowie *zwei* der drei p-Orbitale sind an der Hybridisierung beteiligt, sodass sich letztendlich drei ***sp^2-Hybridorbitale*** ergeben. Diese ordnen sich trigonal planar an (also zu einem Dreieck).
- Auch wenn es so wirkt, als seien die beiden senkrechten p-Orbitale recht weit voneinander entfernt, liegen sie dennoch nahe genug beieinander, um zumindest partiell miteinander zu überlappen (wie in Abbildung 12.16 angedeutet) und auf diese Weise ihrerseits zur Bindung beizutragen.

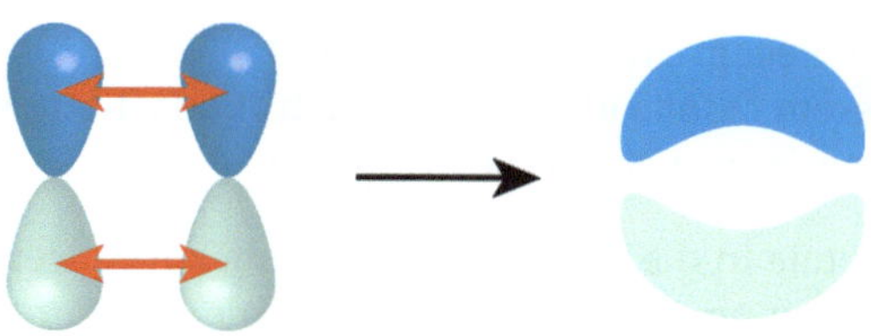

Abbildung 12.16: π-Bindung

Eine solche Bindung heißt **π-Bindung**. Ihre geringere Bindungsstärke lässt sich durch die geringere Überlappung der beteiligten Orbitale begründen.

Es ist dabei *unbedingt* der Fehler zu vermeiden, diese beiden Hälften der *π-Bindung* als »*zwei* Bindungen« anzusehen. Diese beiden Orbitallappen sind genauso Bestandteil *einer* Bindung, wie die beiden Orbitallappen eines p-Orbitals Teil *des gleichen Orbitals* sind.

Für das Ethen ergibt sich dann bei der Betrachtung des räumlichen Baues dieses Moleküls also eine von drei sp^2-Hybridorbitalen aufgespannte Ebene (bei dem die beteiligten Atome jeweils durch eine σ-Bindung miteinander verbunden sind). Orthogonal (also: senkrecht) dazu steht jeweils das p-Orbital, das *nicht* an der Hybridisierung beteiligt ist. Durch die seitliche Überlappung dieser p-Orbitale entstehen zwei »Elektronenwolken«, die sich oberhalb und unterhalb der Ebene befinden (Abbildung 12.17). Die *Elektronendichte* dieser zusätzlichen Bindung befindet sich somit *parallel* zur Kernverbindungsachse, allerdings liegt *entlang* der Kernverbindungsachse eine Knotenebene.

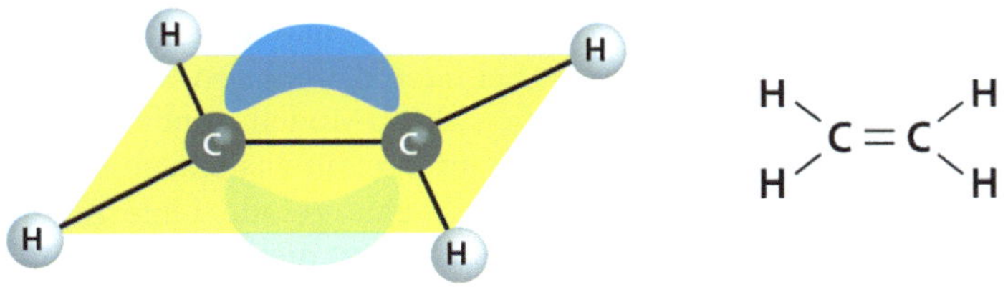

Abbildung 12.17: Doppelbindung im Ethen

Eine σ-Bindung, die durch eine π-Bindung »verstärkt« ist, wird als **Doppelbindung** bezeichnet. Insgesamt sind die beiden C-Atome des Ethens also durch eine *Doppelbindung* miteinander verknüpft, die aus *zwei unterschiedlichen Bindungsarten* besteht.

Derartige Doppelbindungen finden Sie in vielen Molekülen, beispielsweise Kohlendioxid (CO_2, a) und Sauerstoff (O_2, b) oder auch in Molekül-Ionen, wie etwa Sulfat (SO_4^{2-}, c):

In vergleichbarer Weise lässt sich die **Dreifachbindung** zwischen den beiden Kohlenstoff-Atomen des Ethins (C_2H_2) mit einer *sp-Hybridisierung* erklären, bei der *zwei* der drei p-Orbitale unhybridisiert bleiben, die dann jeweils – orthogonal zueinander angeordnet – π-Bindungen ausbilden. Eine Dreifachbindung besteht also aus *einer* σ-Bindung und *zwei* π-Bindungen, wie in Abbildung 12.18 dargestellt.

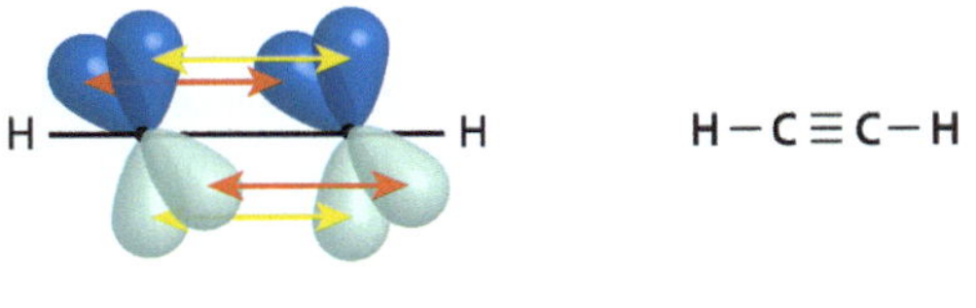

Abbildung 12.18: Dreifachbindung im Ethin

Eine Dreifachbindung ist noch kürzer und hält die Atome noch fester aneinander als eine Doppelbindung.

Weitere Beispiele für Moleküle/Ionen mit Dreifachbindung sind Stickstoff (N_2, a), Kohlenmonoxid (CO, b) oder das Cyanid-Ion (CN^-, c):

Eine π-Bindung kann immer nur *zusätzlich* zu einer σ-Bindung existieren, niemals allein. Die Verbindung zweier Atome setzt also *immer* eine σ-Bindung voraus, zu der dann gegebenenfalls noch π-Bindungen *hinzukommen* können.

Schauen Sie sich bitte noch einmal die beiden Moleküle Stickstoff (N_2), Kohlenmonoxid (CO) und das Molekül-Ion Cyanid (CN^-) genau an: Alle drei bestehen aus jeweils zwei Atomen und besitzen exakt den gleichen räumlichen Bau: Wie Sie sehen, sind sie *linear*. (Zugegeben: Das ist bei *allen* diatomaren Molekülen der Fall, und das ergibt sich nicht nur aus dem VSEPR-Modell, sondern auch zwangsläufig aus der einfachen Tatsache, dass im dreidimensionalen Raum zwei Punkte (in diesem Fall Atome) *immer* durch eine gerade Linie miteinander verbunden werden können, aber darum geht es jetzt nicht.)

- Moleküle, die aus der gleichen Anzahl von Atomen aufgebaut sind und dabei auch den gleichen räumlichen Bau aufweisen, werden als **isoster** bezeichnet (das funktioniert durchaus auch mit mehratomigen Molekülen/Molekül-Ionen).

  Der Fachterminus **Isosterie** leitet sich vom griechischen Wortstamm *στερεός, stereós* ab, was in etwa »räumlich« bedeutet – Sie kennen das vom »Stereo-Sound« (= Raumklang) oder der »Stereoskopie«, also der Fähigkeit, mit den Augen die Räumlichkeit von Objekten wahrzunehmen (ohne räumliches Sehen ist 3D-Kino ziemlich langweilig). In Kapitel 13 (in dem es um Komplexe geht) werden Sie auch in die Grundlagen der Stereochemie eingeführt, die sich mit dem Einfluss des räumlichen Baus von Verbindungen auf deren mikroskopische und makroskopische Eigenschaften beschäftigt. Dieser Aspekt der Chemie wird uns von dort an immer wieder begegnen.

- Zudem besitzen alle drei Moleküle beziehungsweise Molekül-Ionen auch exakt die gleiche Anzahl von Elektronen – sie sind *isoelektronisch* (das kennen Sie schon aus Kapitel 11).

  - Gemeint ist damit wirklich die Gesamtzahl *aller* Elektronen, nicht nur der Valenzelektronen.

  - Allerdings lässt sich der Begriff noch etwas weiter fassen: So wissen wir etwa (*siehe* Kapitel 10), dass alle Elemente der gleichen Gruppe des Periodensystems die gleiche Anzahl *Valenz*elektronen aufweisen, sie sind daher *isovalenzelektronisch*. Allerdings ist dieser Begriff deutlich weniger gebräuchlich.

Häufig (aber nicht immer!) weisen isostere oder isoelektronische Moleküle ähnliche physikalische, chemische oder sogar pharmakologische Eigenschaften auf (ein bisschen mehr dazu gibt es in den Kapiteln 48 und 49), deswegen werden wir Sie in diesem Buch hin und wieder auf isostere Verbindungen hinweisen.

sp³- und sp²-Hybridisierung im realen Leben, *oder*: Wenn C-Atome unter sich bleiben

Auch Atome gleicher Sorte bilden untereinander oft kovalente Bindungen (mit Hybridorbitalen) aus – und je nach Art der Bindung können sich dabei grundlegend unterschiedliche makroskopische Eigenschaften ergeben. Betrachten Sie etwa den Kohlenstoff, der in der Natur in Form verschiedener polyatomarer *Modifikationen* vorkommt. Besonders bekannt sind Diamant und Graphit.

- ✔ Beim **Diamant** ergibt sich eine dreidimensionale Struktur aus sp^3-hybridisierten Kohlenstoff-Atomen, wie in Abbildung 12.19a ersichtlich ist; sie wird häufig als das *Diamant-Gitter* bezeichnet.

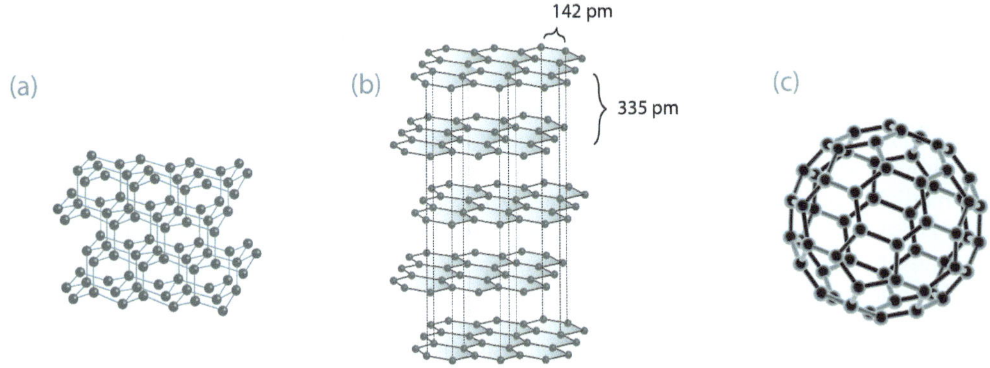

Abbildung 12.19: Hybridisierung in Diamant, Graphit und Fulleren (C_{60})

- ✔ Die Struktur von **Graphit** (Abbildung 12.19b) hingegen lässt sich mit der sp^2-Hybridisierung erklären, was zum Aufbau ebener hexagonaler Schichten führt. Die Schichtabstände sind mehr als doppelt so lang wie die Bindungen innerhalb einer Schicht (142 pm); sie lassen sich leicht gegeneinander verschieben und hinterlassen zum Beispiel auf Papier einen Strich: Eine Bleistiftmine besteht aus Graphit.

  Wie Sie sehen, macht es einen Unterschied, in welcher Richtung man die einzelnen Atome innerhalb des Graphits gegeneinander verschieben will. Ein Stoff, der in unterschiedlichen Raumrichtungen unterschiedliches physikalisches und/oder chemisches Verhalten aufweist, wird als *anisotrop* bezeichnet; das Phänomen an sich heißt **Anisotropie**. (Für Stoffe, die in allen Raumrichtungen vollständig identisches Verhalten an den Tag legen, gibt es natürlich auch den entsprechenden Fachbegriff der *Isotropie*.)

Aber wie halten die Schichten denn nun zusammen? – Tatsächlich fast ausschließlich durch VAN-DER-WAALS-Kräfte (Kapitel 15) – für σ-Bindungen ist der Abstand der Schichten viel zu groß. Innerhalb der einzelnen Ebenen sind die π-Elektronen vollständig delokalisiert; derartige delokalisierte Elektronen spielen in der Chemie eine große Rolle.

✔ Die sp^2-Hybridisierung findet sich auch in der 1985 von CURL, KROTO und SMALLEY (Nobelpreis 1996) entdeckten *dritten* Modifikation des Kohlenstoffs: dem **Fulleren** (Abbildung 12.19c). Das sind annähernd kugelförmige Moleküle, deren bekanntester Vertreter, das C_{60}, wegen seiner strukturellen Übereinstimmung mit einem handelsüblichen Lederfußball einen gewissen Bekanntheitsgrad erlangt hat.

Ein derartiges Verhalten, also die Ausbildung unterschiedlicher Verbindungen bei gleicher atomarer Zusammensetzung, wird allgemein als *Polymorphie* bezeichnet, im Falle von Elementen als *Allotropie*. Weitere Elemente, die Allotropie zeigen, sind beispielsweise Schwefel und Phosphor (mehr dazu finden Sie in Kapitel 28).

Warum *gibt* es überhaupt Moleküle? – Die MO-Theorie weiß die Antwort

VSEPR- und VB-Modell verschaffen Ihnen zwar eine dreidimensionale Vorstellung der Moleküle, lassen Sie aber völlig im Dunkeln, *warum* es überhaupt Bindungen gibt, die das Molekül zusammenhalten. So sehr Sie damit auch verschiedene Bindungsverhältnisse anschaulich machen können, erhalten Sie doch *keine Erklärung* für das Zustandekommen einer kovalenten Bindung. Denn auch hier gilt natürlich (wie immer), dass der gebundene Zustand energieärmer als der ungebundene ist. Bei der Entstehung einer Bindung muss also Energie frei werden, sonst gäbe es keine Moleküle.

Eine gänzlich anders geartete Methode, chemische Bindungen zu beschreiben, stellt die **Molekülorbital-Theorie** (kurz: **MO-Theorie**) dar. Hier wird vollständig auf die Vorstellung verzichtet, verschiedene Orbitale des gleichen Atoms würden unter Änderung ihres Energiegehalts »miteinander verschmelzen«. *Hybridisierung findet hier also nicht statt.* Stattdessen werden ausschließlich die unveränderten Orbitale der jeweils an den chemischen Bindungen beteiligten Atome betrachtet. Im Unterschied zum VB-Modell, wo die durch Überlappung von Atomorbitalen entstehenden Molekülorbitale jeweils zwischen zwei Atomkernen lokalisiert bleiben, betrachtet die MO-Theorie das *Molekül als Ganzes*. Dabei ist die *Wellennatur der Elektronen* (*siehe* Kapitel 9) von deutlich größerer Bedeutung. Daher muss hier auch die *Phasenbeziehung* der einzelnen Atomorbitale betrachtet werden, denn schließlich tritt bei miteinander in Wechselwirkung tretenden Wellen das Phänomen der *Interferenz* auf.

Wechselwirken beispielsweise zwei Sinus-Wellen miteinander (*siehe* Abbildung 12.20), so ergibt sich im Falle **gleicher Phasen** *konstruktive Interferenz*, es entsteht also eine neue Welle gleicher Frequenz, aber gesteigerter Amplitude (Erhöhung der Wellenberge), während im Falle *gegenläufiger Phasen* (Wellenberg der *einen* Welle trifft auf Wellental der *anderen* Welle) *destruktive Interferenz* zu beobachten ist. Dabei löschen sich die Wellen wechselseitig aus, sodass sich letztendlich eine Amplitude von exakt »0« ergibt.

Im Rahmen der MO-Theorie werden nur die beiden Extrema der Phasenbeziehungen – 0° (konstruktive Interferenz) und 180° (destruktive Interferenz) – berücksichtigt; auf andere, theoretisch denkbare physikalische Phänomene wird nicht eingegangen.

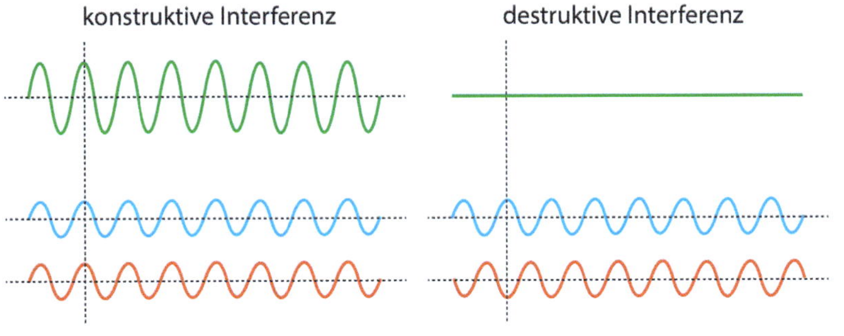

Abbildung 12.20: Interferenz von Wellen

Die LCAO-Methode

Ein wichtiges Prinzip der Quantenmechanik, das im Rahmen des VB-Modells einfach nicht thematisiert wird, ist die Annahme, dass Atomorbitale genau so wenig wie Atome oder Ladungen einfach »verschwinden« oder »aus dem Nichts auftauchen« können. Das bedeutet, dass die Anzahl der Orbitale »vor« und »nach« der Wechselwirkung gleichbleibt. Ist die Energie für ein resultierendes Molekülorbital *abgesenkt*, muss es auch eines geben, das um den gleichen Energiebetrag *angehoben* ist.

Bewerkstelligt wird dies mit der LCAO-Methode – das ist die Abkürzung für ***L**inear **C**ombination of **A**tomic **O**rbitals*, der linearen Kombination von Atomorbitalen (wie aus der Bezeichnung hervorgeht), also Addition (gleiche Phase) und Subtraktion (180° Phasenverschiebung). Das hört sich etwas einfacher an, als es ist. In Kapitel 9 wurde erörtert, dass hinter jedem Orbital eine mathematisch recht anspruchsvolle Wellengleichung steckt. Natürlich können Sie solche Wellengleichungen addieren und subtrahieren und erhalten eine neue (mathematisch komplizierte) Wellengleichung; im Prinzip berechnen Sie nichts anderes als die Interferenz dieser Wellen. (Solche quantenmechanischen Berechnungen wollen wir Ihnen aber in diesem Buch nicht zumuten, hier geht es ausschließlich um ein qualitatives Verständnis!)

Betrachten Sie beispielsweise die Wechselwirkung zwischen den beiden 1s-Orbitalen zweier Wasserstoff-Atome und wenden Sie die LCAO-Methode an (in Kapitel 9 können Sie sehen, wie die entsprechende Wellenfunktion $\Psi(r)$ aussieht), erhalten Sie erwartungsgemäß auch zwei »neue« Orbitale. Abbildung 12.21 zeigt recht deutlich, wie sich die jeweils resultierende *konstruktive* und *destruktive* Interferenz ermitteln lässt.

Beide berechneten Molekülorbitale weisen σ-Symmetrie auf (Elektronendichte entlang der Kernverbindungsachse); einmal wird allerdings die Elektronendichte zwischen den Kernen *maximiert* (Addition) und einmal wegen einer *Knotenebene zwischen den Kernen* (Subtraktion) *minimiert*. Aus diesem Grund wird das energieärmere Orbital als **bindendes**

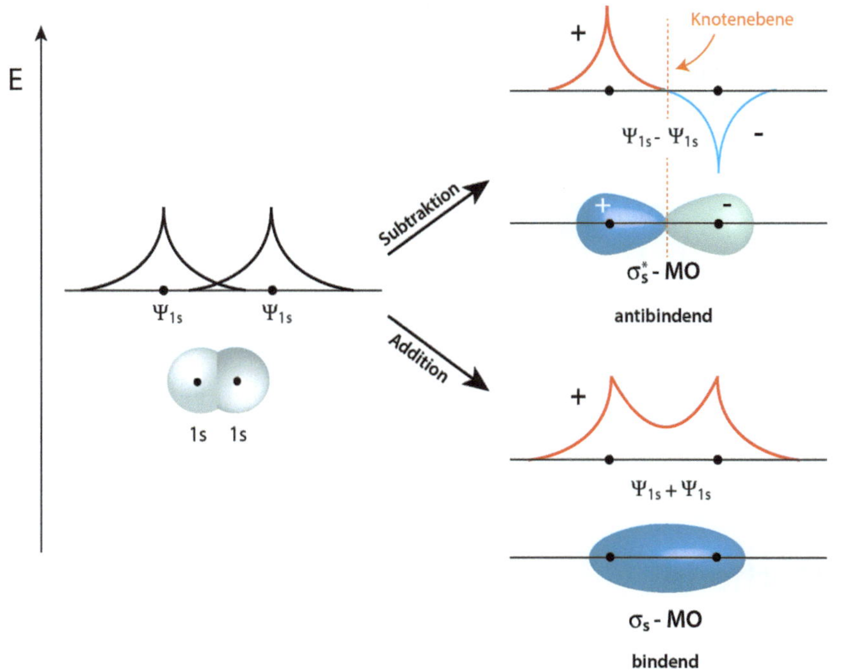

Abbildung 12.21: Bindende und antibindende Wechselwirkung

Molekülorbital (σ_s–MO) und das energiereichere als **antibindendes Molekülorbital** (σ_s^*–MO) bezeichnet. Das eine *verstärkt* die Bindung, das andere *destabilisiert* sie.

Etwas vereinfachend lässt sich das auch wieder in einem Kästchenschema darstellen, wie Sie es mittlerweile gewohnt sind. Dann ergibt sich das in Abbildung 12.22 dargestellte MO-Energieschema, meist kurz als MO-Diagramm bezeichnet. AO bedeutet Atomorbital, MO steht für Molekülorbital.

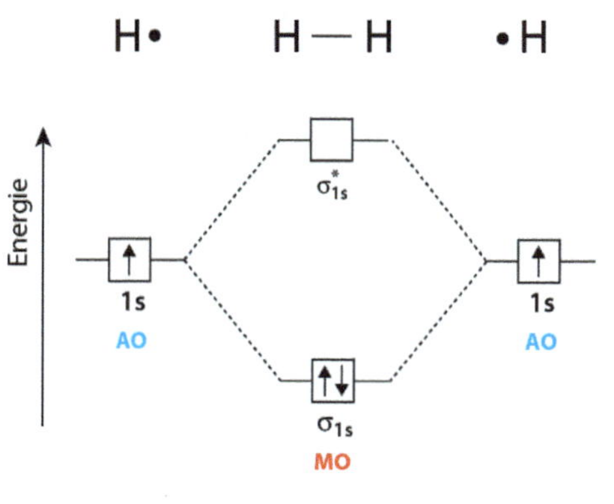

Abbildung 12.22: MO-Diagramm für H_2

Aus *zwei* Atomorbitalen werden also auch *zwei* Molekülorbitale. Diese Orbitale werden nun gemäß dem Pauli-Prinzip (*siehe* Kapitel 10) mit den vorhandenen Elektronen besetzt. Da die beiden Wasserstoff-Atome nur jeweils *ein* Elektron beisteuern, wird nur das energetisch günstigere σ_s-Orbital besetzt, während das energetisch ungünstigere σ_s^* -Orbital unbesetzt bleibt. Im H_2-Molekül befinden sich also beide Elektronen in einem energieärmeren Zustand als vorher. *H_2 entsteht freiwillig, bei der Bindung wird Energie frei; die Energiedifferenz ist ein Maß für die Bindungsstärke.*

Bindungsordnung

Ein äußerst hilfreiches Werkzeug für den Umgang mit Molekülorbitalen ist die Bestimmung der Bindungsordnung (BO) eines beliebigen, auch gerne deutlich komplizierter gebauten Moleküls (oder Ions) gemäß

$$BO = \frac{\text{Anzahl } e^- \text{ in bindenden MO} - \text{Anzahl } e^- \text{ in antibindenden MO}}{2} \qquad (12.1)$$

Somit errechnet sich für das H_2-Molekül die Bindungsordnung $BO(H_2) = (2 - 0)/2 = 1$, was exakt mit der Einfachbindung (σ-Bindung) übereinstimmt, die das VB-Modell für das Wasserstoff-Molekül vorhersagt.

Je stärker die Bindung, desto kürzer die Länge

Fangen wir ganz von vorne an. Anhand von Abbildung 12.23 gilt:

- Das Wasserstoff-Molekül-Kation H_2^+ besitzt *zwei* Kerne, aber nur *ein* Elektron. Dieses Elektron wird sich im Molekülorbital mit der niedrigsten Energie befinden. Es kommt also eine Bindung zustande, die allerdings etwas schwächer ist als im oben beschriebenen H_2-Molekül, da ja hier das bindende MO nur *ein* Elektron enthält: $BO(H_2^+) = 0{,}5$.
- Das H_2-Molekül kennen wir ja schon: Hier ergab sich $BO(H_2) = 1$.
- Die nächstgrößere Verbindung nach H_2 ist das Helium-Molekül-Kation He_2^+; es besteht aus zwei Kernen und *drei* Elektronen. Das dritte hat nur Platz im *antibindenden* σ^*-Orbital. Dies hebt praktisch die Wirkung eines der beiden bindenden Elektronen auf, und wir erhalten $BO(He_2^+) = 0{,}5$ (genau wie beim H_2^+, aber eben aus einem ganz anderen Grund).
- Das Molekül He_2 schließlich hätte noch ein Elektron mehr zu bieten: Jetzt sind zwei bindende und zwei antibindende Elektronen vorhanden. Die Bindungsordnung dieses Moleküls würde dann $BO(»He_2«) = 0$ betragen, es wäre damit nicht stabiler (also: energieärmer) als die isolierten Atome, und deswegen entsteht es gar nicht erst.

Sie können also nicht erwarten, dass Sie irgendwo ein He_2-Molekül antreffen werden, deswegen wurde es hier auch in Anführungszeichen gesetzt. (Einen weiteren guten Grund, warum vermutlich niemals ein He_2-Molekül gesichtet wird, nämlich die *Entropie*, werden Sie in Kapitel 16 kennenlernen.)

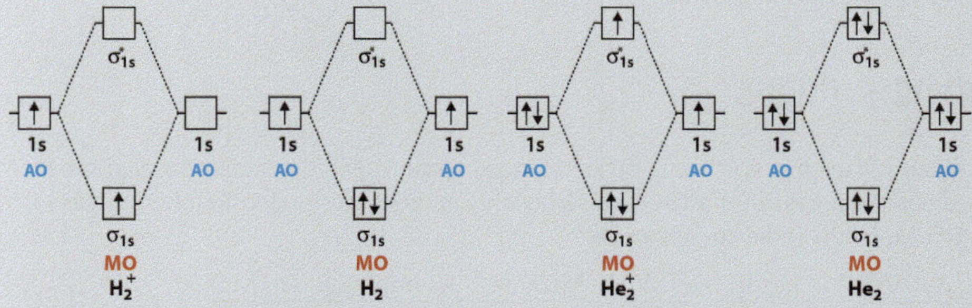

Abbildung 12.23: Homo-diatomare Molekül-Kationen und Moleküle von H und He

In Tabelle 12.2 sind die beobachteten Bindungslängen und molaren Bindungsenergien der real existierenden Teilchen aus Abbildung 12.23 angegeben.

Molekül (-ion)	Elektronen in bindenden Orbitalen	Elektronen in antibindenden Orbitalen	Bindungsordnung	Bindungslänge [10^{-10} m]	Bindungsenergie [kJ mol^{-1}]
H_2^+	1	0	0,5	1,06	255
H_2	2	0	1	0,74	431
He_2^+	2	1	0,5	1,07	251
»He_2«	2	2	0	–	–

Tabelle 12.2: Bindungsordnungen

Was sehen Sie hier? – Je mehr bindende Elektronen übrig bleiben, desto kürzer ist die Bindungslänge und desto stärker ist die Bindung. *Na bitte.* Insoweit erklärt die MO-Theorie die Messergebnisse gut. Wie zu erwarten, gibt es kein neutrales He_2-Molekül.

Bindende und antibindende Wechselwirkungen

Nach dem Helium ist in der ersten Schale Schluss, sie ist mit zwei Elektronen bereits voll (*siehe* Aufbau des Periodensystems in Kapitel 10). Die MO-Theorie ist aber auch noch für andere Moleküle brauchbar. Die nächsthöheren Atome nach dem Helium befinden sich in der *zweiten* Periode des Periodensystems. Hier gibt es neben dem 1s-Orbital natürlich das 2s-Orbital, aber dazu auch noch die drei 2p-Orbitale.

Die 2s-Orbitale der beiden Atome lassen sich in derselben Weise wie die 1s-Orbitale zu einem bindenden σ- und einem antibindenden σ^*-Orbital kombinieren. Analog geschieht dies auch mit den p-Orbitalen (betrachten Sie dazu noch einmal Abbildung 12.9):

- ✔ Wählen Sie beispielsweise die y-Achse als Verbindungslinie zwischen den Kernen, dann liegt das p_y-Orbital entlang dieser Achse, während die beiden anderen, das p_x- und das p_z-Orbital, *senkrecht* dazu stehen.

- ✔ Die p_y-Orbitale beider Atome werden kombiniert: Die Addition (gleiches Vorzeichen und Phase) *verstärkt* die Elektronendichte zwischen den Kernen, die Subtraktion (unterschiedliches Vorzeichen und Phase) schafft eine Knotenebene und *vermindert* die Elektronendichte zwischen den Kernen. Diese Molekülorbitale sind wie die aus den s-Orbitalen gebildeten σ-Orbitale *rotationssymmetrisch zur Verbindungsachse* (*siehe* dazu den *Nur für Streber*-Teil am Ende dieses Kapitels); es sind damit ebenfalls σ-MO. Sie werden als σ_{p_y} und $\sigma^*_{p_y}$ bezeichnet (Abbildung 12.24).

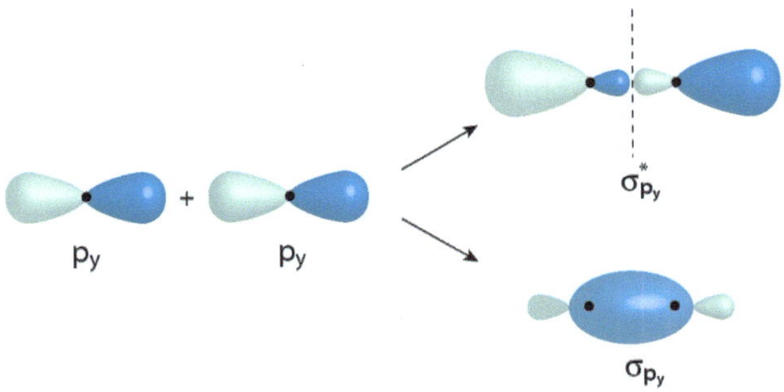

Abbildung 12.24: σ-Wechselwirkung von p-Orbitalen

Als **σ-Orbitale** werden also Molekülorbitale bezeichnet, die um die Kernverbindungsachse rotationssymmetrisch sind. Es ergeben sich kovalente Einfachbindungen (genau wie beim VB-Modell, *siehe* Abbildung 12.14).

- ✔ Die anderen beiden p-Orbitale stehen senkrecht zur Verbindungsachse und lassen sich ebenfalls zu bindenden und antibindenden Molekülorbitalen kombinieren. Diese werden als **π-Orbitale** bezeichnet, durch die Kombination ergeben sich entsprechend π_{p_x}, $\pi^*_{p_x}$, π_{p_x} und $\pi^*_{p_x}$ (Abbildung 12.25).

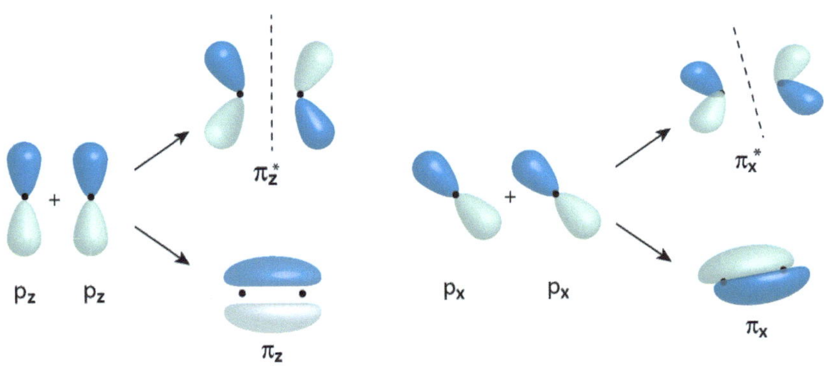

Abbildung 12.25: π-Bindung aus p-Orbitalen

Die Besetzung von π-Orbitalen führt zu **Doppel- und Dreifachbindungen** (genau wie beim VB-Modell, *siehe* Abbildung 12.16 und Abbildung 12.18).

- ✔ Die Molekülorbitale, die aus den p-Orbitalen entstehen, haben demnach nicht alle die gleiche Energie. Die »zueinander weisenden« p_y-Orbitale überlappen stärker als die beiden senkrecht dazu stehenden Orbitale p_x und p_z, deswegen ist das σ_{p_y} -MO energieärmer als die beiden Orbitale π_{p_x} und π_{p_z} (die ihrerseits allerdings dieselbe Energie besitzen, sie sind *entartet*).
- ✔ **π-Wechselwirkungen** setzen also Orbitale voraus, die (*in Phase* oder *antiphasig*) so in Wechselwirkung treten können, dass sich *entlang der Kernverbindungsachse immer eine Knotenebene* ergibt, egal ob die betreffende Wechselwirkung nun bindender oder antibindender Natur ist.

MO-Energiediagramme

Ordnen Sie die aus den Atomorbitalen erzeugten Molekülorbitale wie in Abbildung 12.22 nach steigender Energie, ergibt sich das in Abbildung 12.26 dargestellte MO-Diagramm.

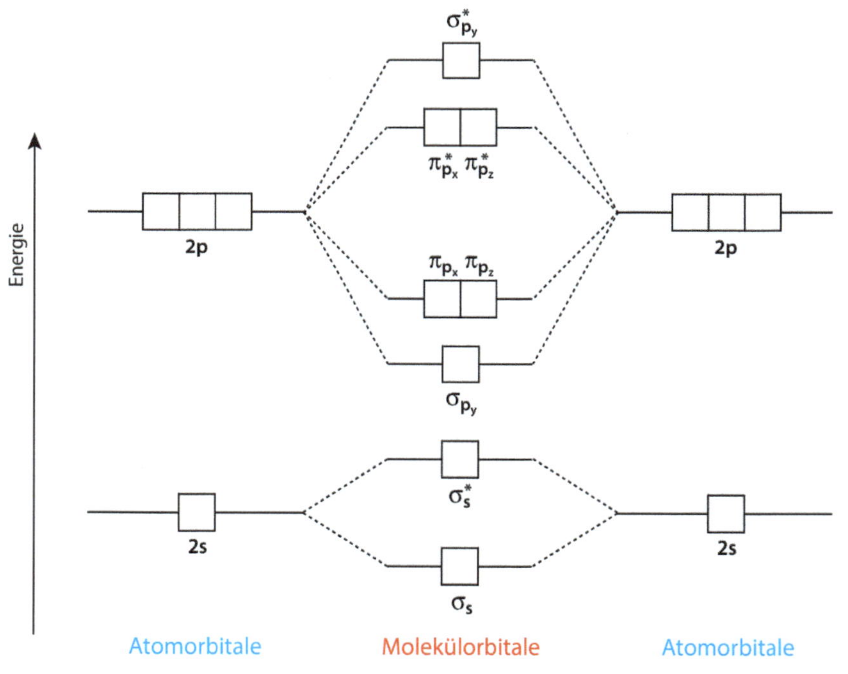

Abbildung 12.26: MO-Diagramm

Aus den *je vier* Atomorbitalen von zwei Atomen ergeben sich daher *acht* Molekülorbitale, von denen *vier bindend* und *vier antibindend* sind. (Hier sind als Beispiel nur die Orbitale der zweiten Valenzschale aufgeführt, die darunterliegenden sind sowieso komplett gefüllt und tragen zur Bindung nicht bei.)

Und sie hybridisieren doch?

In erster Näherung wird davon ausgegangen, dass nur Orbitale mit gleicher räumlicher Orientierung und gleicher Symmetrie miteinander in Wechselwirkung treten – also:

- s wechselwirkt nur mit s, p_x nur mit p_x, p_y nur mit p_y, p_z nur mit p_z und so weiter.
- Der energetische Unterschied zwischen Atomorbitalen mit unterschiedlichen Nebenquantenzahlen ist hinreichend groß, sodass zwischen ihnen *keine* Wechselwirkung erfolgt. (Zumindest nicht in erster Näherung, und auf die zugehörigen quantenmechanischen Berechnungen, die genauere Aussagen gestatten, wollen wir hier nicht eingehen.)

Natürlich gehen die Wechselwirkungen unterschiedlicher Orbitale (die im VB-Modell in Form der Hybridisierung berücksichtigt werden) auch an der MO-Theorie nicht spurlos vorüber – denn es *gibt* diese Wechselwirkungen ja. Vorausgesetzt, die Symmetrie passt, ist es eine Frage der *Energie*, ob die betreffenden Orbitale etwas miteinander anfangen können. Manchmal liegen die Energien etwa von bestimmten s- und p-Orbitalen so dicht beieinander, dass eine σ-Wechselwirkung einen gewissen π-Charakter aufweist und umgekehrt. Um das zu entscheiden, müssen natürlich die tatsächlichen Energielagen der einzelnen Orbitale bekannt sein. Diese lassen sich experimentell (spektroskopisch) bestimmen oder quantenmechanisch berechnen; wir wollen diesen Einfluss nur *qualitativ* betrachten.

Neben den σ_s-MO (aus s-Orbitalen) und den σ_{p_y} - MO (aus p_y-Orbitalen) können σ-Wechselwirkungen auch zwischen s- und p-Orbitalen oder zwischen s- und d-Orbitalen erfolgen, wie in Abbildung 12.27 gezeigt. Ebenso sind natürlich auch σ-Bindungen zwischen p- und d-Orbitalen möglich, und je nach räumlicher Anordnung können auch d-Orbitale untereinander σ-Wechselwirkungen eingehen.

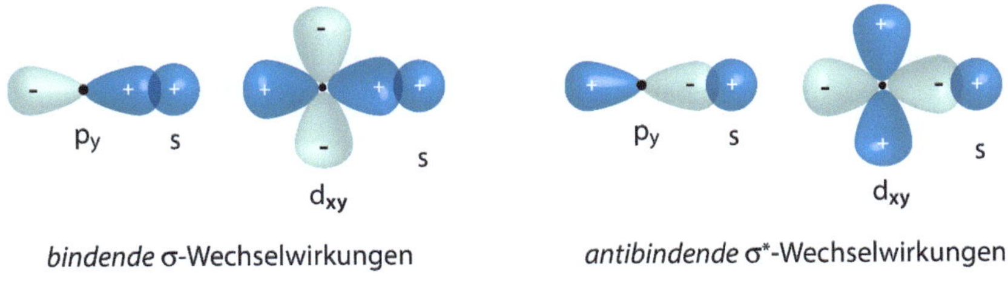

Abbildung 12.27: σ-Wechselwirkung von s- und p-Orbital beziehungsweise s- und d-Orbital

(Nun könnten Sie statt der Atomorbitale natürlich auch Hybridorbitale heranziehen. Das wirkt sich jedoch nicht auf die entstehenden Molekülorbitale aus, deshalb werden meistens die unhybridisierten Atomorbitale in das MO-Diagramm eingetragen.) Wechselwirkungen zwischen verschiedenen Orbitaltypen verschieben in der Regel die Energien der beteiligten Molekülorbitale. Betrachten Sie dazu die MO-Diagramme in Abbildung 12.31: Sie sehen sofort, dass hier σ_{p_y} und π_{p_x} / π_{p_z} die Plätze getauscht haben.

✔ In ähnlicher Weise, wie p-Orbitale sehr wohl in der Lage sind, σ-Wechselwirkungen einzugehen, können auch d-Orbitale zu π-Wechselwirkungen herangezogen werden – Voraussetzung ist eben nur eine entsprechende räumliche Orientierung der betreffenden Orbitale. Und die Ähnlichkeit einer »Orbitalhälfte« des d_{xy}-Orbitals mit etwa dem p_x-Orbital ist ja nun wirklich unverkennbar, wie Abbildung 12.28 zeigt.

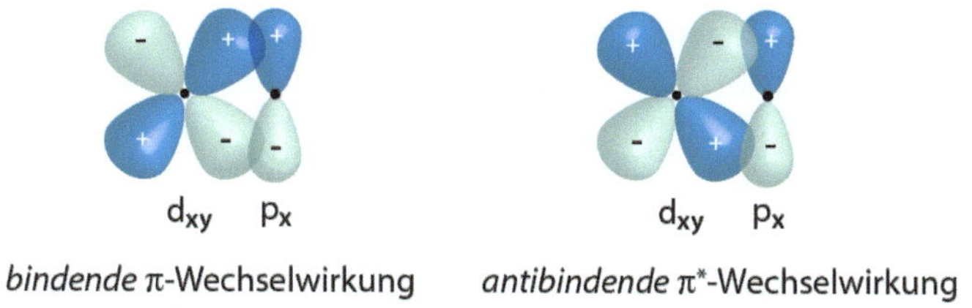

Abbildung 12.28: π-Wechselwirkung von p- und d-Orbitalen

Bei der Frage, welche Art der kovalenten Bindung zwischen Atomen ausgebildet wird (Einfach- oder Mehrfachbindung? Liegt nur eine σ-Bindung oder auch eine π-Bindung vor?), ist es ratsam, sich an der **Doppelbindungsregel** zu orientieren:

Nur bei den Elementen der *zweiten* Periode bilden p-Orbitale energetisch günstige π-Bindungen. Hier kommen – nach Ausbildung der σ-Bindung – die p-Orbitale einander nahe genug, um wirkungsvoll zu überlappen. Elemente höherer Perioden haben so lange σ-Bindungen, dass die benachbarten p-Orbitale keine ordentliche Wechselwirkung mehr zustande bringen. Kurzfassung: *Ab der dritten Periode versuchen Atome, Mehrfachbindungen zu vermeiden.*

✔ Zusätzlich zur bindenden (σ; π) und antibindenden Wechselwirkung (σ^*, π^*) existiert noch eine *dritte* Art, in der Orbitale (oder Orbitallappen) miteinander in Wechselwirkung treten können: die nichtbindende Wechselwirkung. Sie kann unterschiedliche Gründe haben:

- Die Orbitale passen einfach nicht zueinander. Aus Abbildung 12.29 (a und b) sollte ersichtlich werden, warum beispielsweise s-Orbitale keine π-Wechselwirkungen ausbilden können. Bei falscher räumlicher Anordnung kann sich auch zwischen p- und d-Orbitalen eine **nichtbindende Wechselwirkung** ergeben, etwa zwischen p_y und d_{xy} (Abbildung 12.29c).

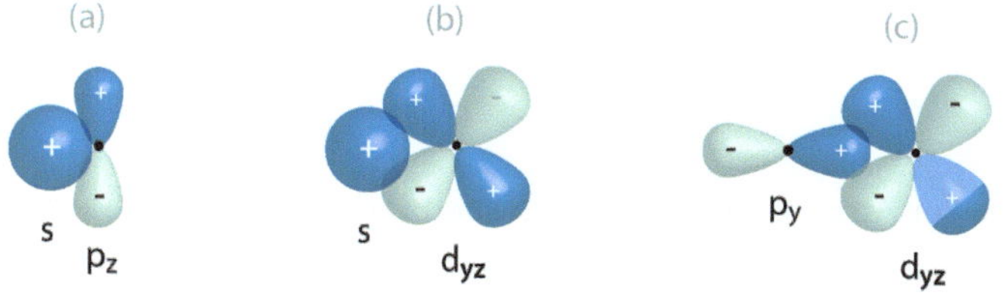

Abbildung 12.29: Nichtbindende Wechselwirkungen

- Die Orbitale haben zu unterschiedliche Energien; deswegen unterscheiden sie sich in ihrer Größe, und das passt dann manchmal nicht zusammen.

MO, VB oder LEWIS?

Erfüllen wir einige MO-Diagramme mit Leben (hier für Elemente der zweiten Periode, Abbildung 12.30 und Abbildung 12.31): Dazu zählen Sie alle Elektronen in den entsprechenden Atomorbitalen zusammen und verteilen diese gemäß PAULI-Prinzip und HUND'scher Regel nach steigender Energie in die Molekülorbitale (also: Auffüllen »von unten nach oben«). Vergleichen Sie das Ergebnis mit den Vorstellungen des VB-Modells und den LEWIS-Strukturformeln und bestimmen Sie jeweils die Bindungsordnung nach Gleichung 12.1.

Die entsprechenden Elektronenkonfigurationen lauten (KK bedeutet, dass sich vier Elektronen auf der inneren Schale (mit $n = 1$, eben der K-Schale) befinden; sie haben keinerlei Einfluss auf die Bindung):

- ✔ Li_2 (Abbildung 12.30a): $KK(\sigma_s)^2$

  Jedes **Lithium**-Atom besitzt *ein* Valenzelektron, beim Li_2 paaren diese sich im niedrigsten Molekülorbital. Infolgedessen weist das Li_2-Molekül eine einzige kovalente Bindung auf. Für die Bindungsordnung gilt: $BO(Li_2) = 1$.

- ✔ Be_2 (Abbildung 12.30b) : $KK(\sigma_s)^2(\sigma_s^*)^2$

  Beim **Beryllium** besetzen je zwei der vier Valenzelektronen im Be_2-Molekül das (bindende) σ_s-Orbital sowie das (antibindende) σ_s^*-Orbital. Die Konfiguration ergibt *keine* überschüssige Bindung, deshalb gibt es auch kein stabiles zweiatomiges Be_2: BO(»Be_2«) = 0. (Weshalb es trotzdem festes Be-Metall gibt, lesen Sie bitte in Kapitel 14 nach.)

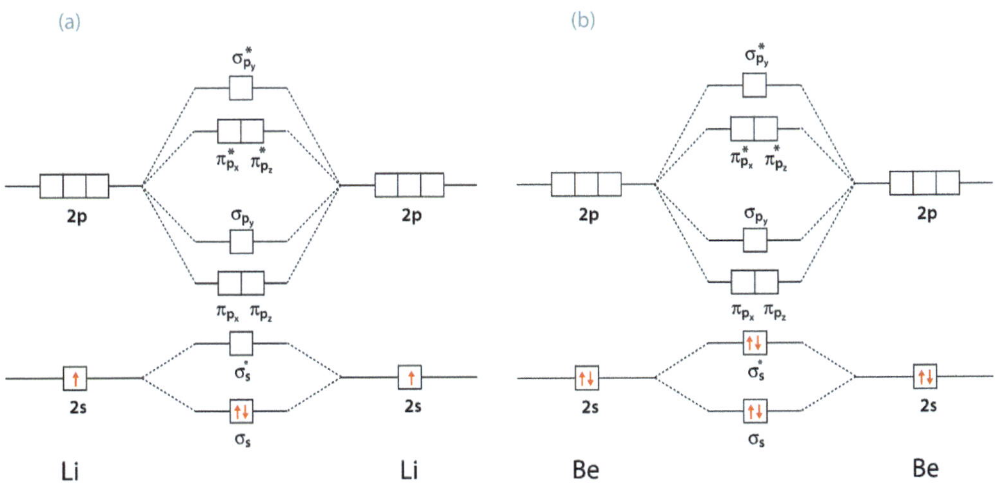

Abbildung 12.30: MO-Diagramme von Lithium und Beryllium

✔ B_2 (Abbildung 12.31a, es kommen zwei weitere e^- hinzu; rot) : $KK(\sigma_s)^2(\sigma_s^*)^2(\pi_{p_x})^1(\pi_{p_z})^1$

Die zwei zusätzlichen Valenzelektronen vom zweiatomigen **Bor** werden in die nächsthöheren unbesetzten Molekülorbitale (π_{p_x} und π_{p_z}) eingebaut. Unabhängig davon, ob die Elektronen gepaart sind oder nicht: Die Wirkung von zwei Bindungselektronen entspricht der einer kovalenten Einfachbindung. $BO(B_2) = 1$.

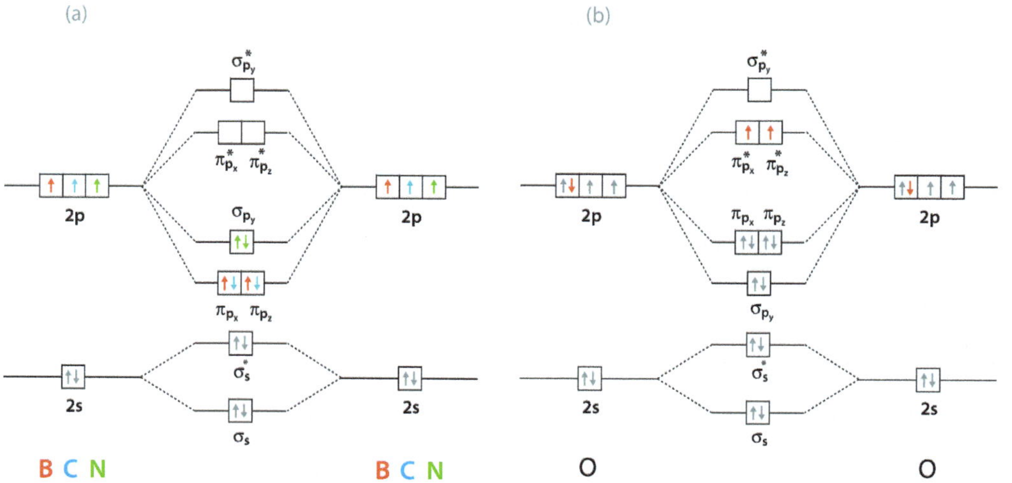

Abbildung 12.31: MO-Diagramme von (a) Bor, Kohlenstoff, Stickstoff und (b) Sauerstoff

Durch magnetische Messungen konnten zwei ungepaarte Elektronen nachgewiesen werden, die ein magnetisches Moment erzeugen. Das Molekül verhält sich **paramagnetisch**. Dies ist eine direkte Bestätigung der Reihenfolge der Orbitalenergien. (Wäre die Reihenfolge umgekehrt, würden beide Elektronen gepaart das σ_{p_y} -Orbital besetzen und *keine* ungepaarten Spins wären nachweisbar.)

✔ C_2 (Abbildung 12.31a, wieder kommen zwei e^- hinzu; blau) : $KK(\sigma_s)^2(\sigma_s^*)^2(\pi_{p_x})^2(\pi_{p_z})^2$

Beim **Kohlenstoff** gibt es im C_2-Molekül vier »überschüssige« Bindungselektronen. Demzufolge sollte es zwei kovalente Bindungen geben, die im Grundzustand des Moleküls *kein* magnetisches Moment erzeugen – dieses Molekül ist *diamagnetisch*. $BO(C_2) = 2$. (Das C_2-Molekül wird allerdings nur bei sehr hohen Temperaturen angetroffen.)

✔ N_2 (Abbildung 12.31a, und noch einmal zwei e^-; grün) : $KK(\sigma_s)^2(\sigma_s^*)^2(\pi_{p_x})^2(\pi_{p_z})^2(\sigma_{p_y})^2$

Beim **Stickstoff** sind *alle* bindenden Orbitale voll besetzt. Die sechs Bindungselektronen im p-Orbitalsatz erzeugen eine Dreifachbindung (in Übereinstimmung mit dem VB-Modell: eine σ-Bindung und zwei π-Bindungen). N_2 besitzt die größte molare Bindungsenergie und die kürzeste Bindungslänge aller Elemente der 2. Periode (942 kJ mol^{-1}, $d_{N-N} = 0{,}11$ nm). Auch die LEWIS-Struktur lässt sich so gut erklären. $BO(N_2) = 3$.

✔ O_2 (Abbildung 12.31b) : $KK(\sigma_s)^2(\sigma_s^*)^2(\pi_{p_x})^2(\pi_{p_z})^2(\sigma_{p_y})^2(\pi_{p_x}^*)^1(\pi_{p_z}^*)^1$

Nun wird der Energieunterschied zwischen den 2s-und 2p-Orbitalen zu groß für eine Wechselwirkung; das σ_{p_y} -Orbital wird also *vor* den beiden π-Orbitalen besetzt. Für das Verhalten von **Sauerstoff** ist dies jedoch unerheblich: Von den insgesamt zwölf Valenzelektronen befinden sich insgesamt acht in *bindenden* und vier in *antibindenden* Orbitalen. Aufgrund der vier überschüssigen Bindungselektronen weist das Molekül eine Doppelbindung auf. Zwei ungepaarte Elektronen besetzen die Orbitale $\pi_{p_x}^*$ und $\pi_{p_y}^*$. Diese beiden Elektronen kompensieren die Bindungswirkung von zwei der Elektronen, die beim N_2 zur Ausbildung einer Dreifachbindung führten: $BO(O_2) = 2$.

Mit der MO-Theorie lässt sich der **Paramagnetismus** des O_2-Moleküls erklären, weil sie *zwei ungepaarte Elektronen* erkennen lässt. O_2 ist ein **Diradikal**; deshalb ist das Molekül (im Gegensatz zum Stickstoff) so reaktiv. Nur die MO-Theorie kann das paramagnetische Verhalten dieses Moleküls erklären, die LEWIS-Schreibweise und das VB-Modell versagen an dieser Stelle, weil sie auf die ungepaarten Elektronen nicht eingehen.

✔ F_2 $KK(\sigma_s)^2(\sigma_s^*)^2(\pi_{p_x})^2(\pi_{p_z})^2(\sigma_{p_y})^2(\pi_{p_x}^*)^2(\pi_{p_z}^*)^2$

Werden bindende und antibindende Elektronen gegenüberstellt, ist ersichtlich, dass Bindungsenergie allein durch die Besetzung des σ_{p_y} -Orbitals zustande kommt: $BO(F_2) = 1$

✔ Ne_2 $KK(\sigma_s)^2(\sigma_s^*)^2(\pi_{p_x})^2(\pi_{p_z})^2(\sigma_{p_y})^2(\pi_{p_x}^*)^2(\pi_{p_z}^*)^2(\sigma_{p_y}^*)^2$

Ein zweiatomiges Neon-Molekül gibt es nicht, da *alle* MOs voll besetzt wären. Sämtliche Bindungen würden sich aufheben: BO(»Ne_2«) = 0.

Moleküle bestehen aber nicht immer ausschließlich aus Atomen der gleichen Sorte. Wollen sich zwei unterschiedliche Atome durch eine kovalente Bindung verbinden, sind zunächst einmal die Ausgangsbedingungen verschieden. Selbst gleiche Orbitale (zum Beispiel das $2p_y$-Orbital) haben bei unterschiedlichen Atomen nicht den gleichen Energiegehalt. Natürlich muss die Symmetrie stimmen, aber auch die Energie der überlappenden Orbitale darf nicht zu weit auseinanderliegen.

Vergleichen Sie beispielsweise die 1s-Orbitale von Wasserstoff und Fluor: Der H-Kern enthält nur *ein* Proton, der F-Kern hingegen *neun* Protonen. Es liegt auf der Hand, dass eine derartige Vielzahl an Protonen ein Elektron viel stärker anzieht als nur ein einzelnes Proton. Demzufolge hat das 1s-Orbital von Wasserstoff eine höhere potentielle Energie als das 1s-Orbital von Fluor. Und dieser Effekt pflanzt sich auf alle weiteren Orbitale fort.

Bei der Erstellung des MO-Diagramms für das Molekül HF ergibt sich also eine gewisse Schieflage, wie Sie Abbildung 12.32 entnehmen können. Ein einfach besetztes 2p-Orbital des Fluors liegt energetisch gerade richtig, um mit dem 1s-Orbital des Wasserstoffs in Kontakt zu treten. Wäre das nicht so, gäbe es keinen Fluorwasserstoff.

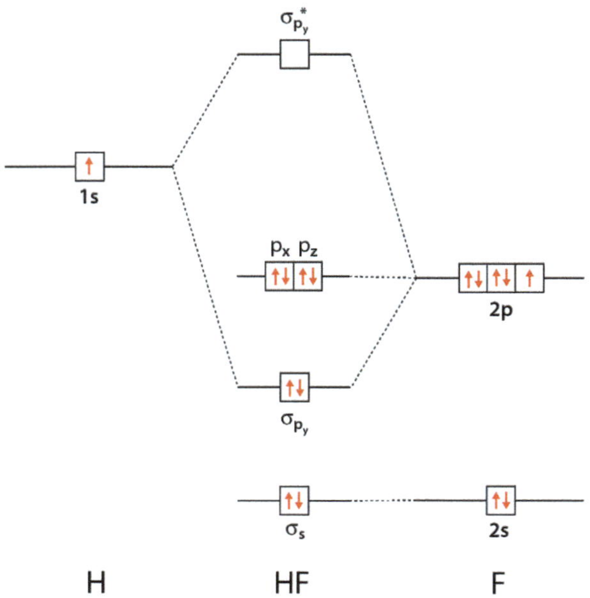

Abbildung 12.32: MO-Diagramm für Fluorwasserstoff

Wie reaktiv sind Moleküle?

Moleküle entstehen freiwillig, weil durch die entstehenden Bindungen Energie frei wird, denn es ergibt sich ein energieärmerer Zustand als bei den ungebundenen Atomen. Das heißt aber nicht, dass Moleküle jeweils das Endstadium einer chemischen Reaktion darstellen: Kommen andere Reaktionspartner daher und bieten neue Möglichkeiten, können selbstverständlich wieder neue Reaktionen ablaufen.

In gleicher Weise, wie das chemische Verhalten eines Atoms von seinen *Valenzelektronen* (also den Elektronen in den energiereichsten besetzten Atomorbitalen) bestimmt wird, bestimmen bei Molekülen vor allem die energiereichsten besetzten und die energie*ärmsten un*besetzten ***Molekülorbitale*** das chemische Verhalten. Hier spielen also das höchste besetzte Orbital (**HOMO** – ***H****ighest* ***O****ccupied* ***M****olecular* ***O****rbital*) und das niedrigste nichtbesetzte Orbital (**LUMO** – ***L****owest* ***U****noccupied* ***M****olecular* ***O****rbital*) eine entscheidende Rolle.

HOMO und LUMO werden auch als **Grenzorbitale** bezeichnet (auf Englisch: *frontier orbitals*). Die Grenzorbitale eines Moleküls bestimmen dessen chemisches Verhalten in besonderem Maße und werden Ihnen daher in diesem Buch immer wieder begegnen.

So wie ein Atom kann auch ein Molekül in einen angeregten Zustand übergehen, um etwa eine Reaktion einzugehen (mehr dazu erfahren Sie in Kapitel 41) oder eine bestimmte Farbe zu zeigen (das wird in Kapitel 13 erneut aufgegriffen): Zwischen HOMO und LUMO besteht eine bestimmte *Energiedifferenz*; Elektronen können aus dem HOMO in das LUMO angeregt werden. Je geringer die Energiedifferenz, desto reaktiver ist das Molekül.

Mehr als erlaubt: Hypervalenz

Das Methan-Molekül (Abbildung 12.13b) kann nur aus einem angeregten Zustand des C-Atoms heraus entstehen. Dieses Verhalten finden Sie auch bei zahlreichen anderen Molekülen, häufig wird dabei die Oktettregel übertreten, die Anzahl der Valenzelektronen am Zentral-Atom ist also formal größer als acht (das ist natürlich nur für Elemente *ab der dritten Periode* erlaubt!). Es findet eine *Oktettaufweitung* statt; solche Verbindungen sind **hypervalent**: Mindestens ein Atom muss dazu mehr Valenzorbitale einfordern, als im freien Atom vorhanden sind.

Betrachten Sie als Beispiel die folgenden Verbindungen des Schwefels:

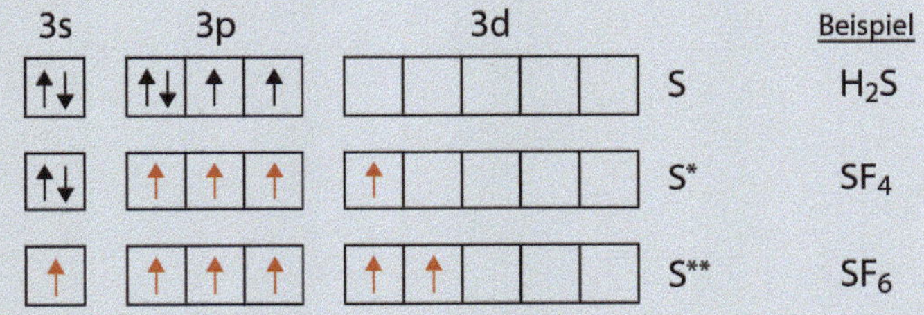

Von seinem *Grund*zustand her wäre das S-Atom nur zweibindig. Moleküle mit vierbindigem und sechsbindigem Schwefel können (genau wie Methan) nur aus einem *angeregten* Zustand heraus entstehen, symbolisiert durch * und **. (Die Anregung erfolgt selbstverständlich nicht von allein, sondern im Zusammenhang mit den Bindungen, die neu entstehen und dabei mehr Energie freisetzen, als für die Anregung erforderlich ist.)

Auch d-Orbitale können beteiligt sein. So könnten wunderbar entsprechende Hybridorbitale konstruiert (sp^3d, sp^3d^2) und mithilfe der VSEPR-Methode die zugehörige Geometrie ermittelt werden. In den meisten Fällen stimmen diese auch mit den experimentellen Befunden überein. Das funktioniert auf dem Papier auch alles erfreulich gut, aber: Mit der theoretischen Deutung wurde man nicht so recht glücklich, denn Berechnungen haben ergeben, dass die Orbitalenergien der d-Orbitale viel zu hoch sind, um bei den Bindungen mitzumischen.

Deshalb werden solche hypervalenten Moleküle besser als **Mehrzentrenbindungen** beschrieben (die werden Ihnen in Kapitel 33 erneut begegnen). Das geht im Prinzip so: Im oktaedrischen SF_6-Molekül, beispielsweise (a), gibt es drei lineare Bindungsachsen F-S-F (b).

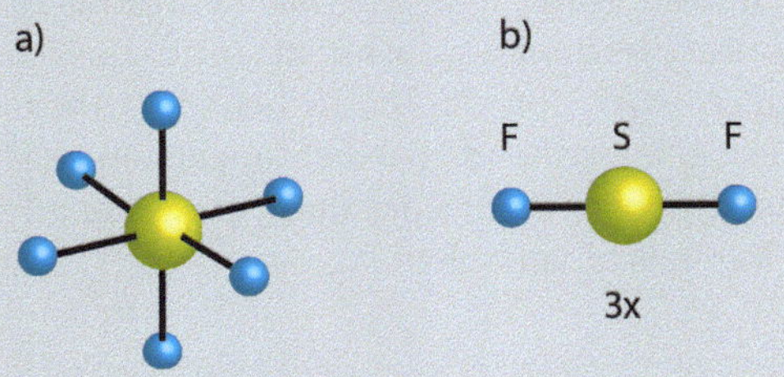

Abbildung 12.33: Das SF_6-Molekül

Die drei Atome sind über jeweils insgesamt *vier* Elektronen miteinander verbunden: Hier liegen demnach 4-Elektronen-3-Zentren-Bindungen vor – und das gleich dreimal. Betrachten wir die relativen Energielagen der Orbitale (Abbildung 12.34) in einem Energieniveaudiagramm:

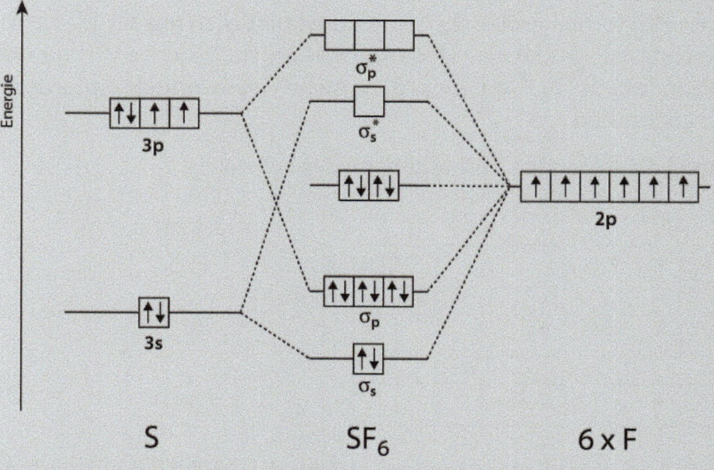

Abbildung 12.34: Bindungsverhältnisse im oktaedrischen SF_6

Zur Beantwortung der Frage, welche Orbitale denn nun überlappen und zu einer Bindung führen, ist das VB-Modell viel zu ungenau. Das Diagramm zeigt, dass für die kovalenten Bindungen vom Schwefel die 3s- und 3p-Orbitale und vom Fluor je ein 2p-Orbital (in Bindungsrichtung) infrage kommen. Das 3d-Niveau vom Schwefel und das 2s-Niveau von Fluor sind energetisch für eine Wechselwirkung deutlich zu verschieden und können (in erster Näherung) vernachlässigt werden. Nun kombinieren Sie die vier Orbitale des Schwefels und die sechs Fluor-Orbitale (die ja allesamt den gleichen Energiegehalt aufweisen) zu zehn Molekülorbitalen, in denen sich insgesamt zwölf Elektronen befinden (sechs vom Schwefel-Atom und je eins von den Fluor-Atomen). Sie sehen, dass sich bei der Kombination von Atomorbitalen auch Molekülorbitale ergeben können, die im VB-Modell schlichtweg nicht vorkommen, etwa die hier nur kurz betrachteten Mehrzentrenbindungen.

Ganz genau betrachtet liegen hier also *sechs* 2-Elektronen-3-Zentren-Bindungen vor, schließlich kann selbst das größte Molekülorbital, über wie viele Zentren es sich auch erstrecken mag, immer nur *maximal zwei Elektronen* aufnehmen – und wie Sie Abbildung 12.34 entnehmen können, sind ja auch *sechs Molekülorbitale* beteiligt. Aber wir wollen nicht kleinlich sein, schließlich setzen entsprechende Betrachtungen einige Überlegungen zum Thema Symmetrie voraus, die sogar noch über den entsprechenden *Nur für Streber*-Abschnitt am Ende dieses Kapitels hinausgehen.

Kein Modell kann alles leisten: VB trifft MO

Sie können sich vorstellen, dass MO-Diagramme mit zunehmender Atomanzahl – und somit auch mit zunehmender Anzahl zu berücksichtigender Orbitale – etwas unübersichtlich werden. (Abbildung 13.14 zeigt exemplarisch das MO-Diagramm einer etwas komplexeren Verbindung.)

Für Moleküle mit vielen unterschiedlichen Atomen erscheint es oft nicht mehr sinnvoll, ein MO-Diagramm zu konstruieren: Vor lauter Orbitalen und Wechselwirkungen sehen Sie dann den Wald vor lauter Bäumen nicht mehr. Entsprechend schwierig wird es, solch ein Molekül auch noch zu berechnen – dafür gibt es beispielsweise das *Molecular Modelling*.

Die MO-Theorie ist sicherlich die umfangreichste und genaueste Methode, die Bindungsverhältnisse in Molekülen zu beschreiben, weil der Energiegehalt der einzelnen Orbitale unmittelbar berücksichtigt wird. Deshalb lässt sich damit erklären, *warum* eine Bindung überhaupt zustande kommt. Auch die Veranschaulichung von Radikalen (wie etwa beim O_2-Molekül) gelingt häufig nur mithilfe der MO-Theorie.

Wollen Sie hingegen »einfach nur« die räumliche Struktur eines Moleküls ermitteln, sind Sie mit der MO-Theorie in den meisten Fällen schlecht bedient. Hier eignen sich das VSEPR- und das VB-Modell (mit seinen Hybridorbitalen) viel besser. »Für den Alltag« reicht daher in den meisten Fällen das VB-Modell: Es ist einfacher zu handhaben, wenngleich natürlich auch ungenauer. Gerade in der Organischen Chemie wird fast immer mit Hybridorbitalen gearbeitet. Aber auch dort muss gelegentlich (insbesondere beim Phänomen der Aromatizität) auf die MO-Theorie (beziehungsweise eine Abwandlung/Vereinfachung davon) zurückgegriffen werden.

Nur für Streber: Symmetrie in der Chemie, Teil 1 – Moleküle

Wie Sie gewiss schon gemerkt haben werden, spielt die Symmetrie in der Chemie eine gewaltige Rolle – was eigentlich auch nicht weiter verwunderlich sein dürfte, denn wenn Sie von Isotopen einmal absehen, sind alle Atome der gleichen Elementsorte untereinander völlig ununterscheidbar. Und genau darum geht es in der Symmetrie. Nun wird der Begriff »Symmetrie« allerdings auch im Alltag recht häufig verwendet (und dann meist nicht mit der gebotenen »wissenschaftlichen Präzision«), deswegen nehmen wir ihn hier zunächst ein wenig genauer unter die Lupe. Allgemein lässt sich Symmetrie definieren als

> *die Eigenschaft eines geometrischen Körpers, durch Bewegungen auf sich selbst abgebildet zu werden.*

Holla, das klingt aber sehr theoretisch! – Versuchen wir es anhand eines einfachen Beispiels: Stechen Sie durch ein Rechteck eine Achse senkrecht genau durch die Mitte (in Abbildung 12.35a als roter Punkt dargestellt), können Sie dieses Rechteck um 180° drehen, ohne dass Sie anschließend unterscheiden könnten, ob besagte Drehung nun stattgefunden hat

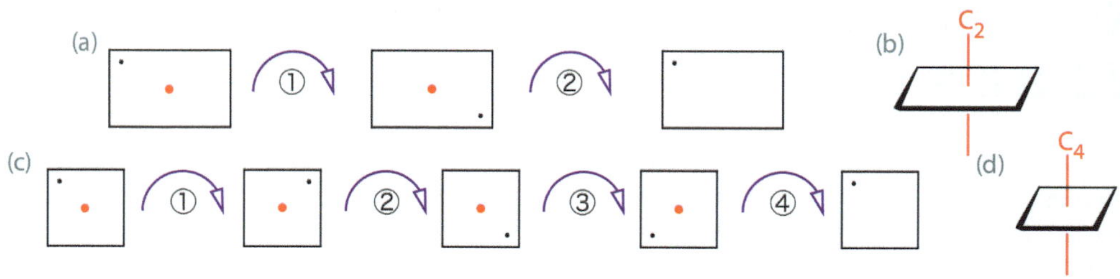

Abbildung 12.35: Die Drehachse (C_n) – ein einfaches Symmetrieelement

oder nicht (damit Sie sehen, was gemeint ist, wurde in dieser Abbildung eine Ecke markiert). Durch die räumliche Darstellung dieser Kombination von Objekt und Achse (b; dort *ohne* Markierung) wird es gewiss deutlicher.

Und jetzt vergleichen Sie das mit einem Quadrat (Abbildung 12.35c/d): Hier gibt es *drei* Zustände, in denen das Ergebnis vom Ausgangspunkt nicht unterscheidbar ist: nach Drehung um 90°, 180° und 270°. Diese Achse, um die hier gedreht wird, stellt ein **Symmetrieelement** dar: Sie wird als **Drehachse** bezeichnet; wir werden gleich darauf zurückkommen.

Die Symmetrieelemente

Da es verschiedene Formen der Symmetrie gibt (und ebenso unterschiedliche Symmetrieelemente), sollten wir uns damit ein wenig genauer befassen und auch gleich die SCHOENFLIES-Symbolik einführen: eine Kurzschreibweise, um verschiedene Symmetrieelemente eindeutig zu kennzeichnen (benannt nach dem deutschen Mathematiker und Kristallografen Arthur SCHOENFLIES). Fangen wir damit an, einen Körper *in der Ebene* zu drehen:

Rotationssymmetrie – die Drehachse (C_n)

Natürlich können Sie jeden beliebigen dreidimensionalen Körper um 360° drehen, ohne dass sich irgendetwas verändert: Diese Drehung um sich selbst wird als **Identitätsoperation** bezeichnet, in der SCHOENFLIES-Symbolik mit **E**. (Eigentlich ist es natürlich selbstverständlich, dass sich ein Objekt nicht verändert, bloß weil es sich einmal um sich selbst gedreht hat, aber diese Operation wird trotzdem gleich noch wichtig.) Bei Objekten, die eine *Drehachse* (C_n) aufweisen, ist natürlich von Interesse, *um wie viel Grad* Sie es drehen müssen, um etwas zu erreichen, was sich vom Ausgangspunkt nicht mehr unterscheiden lässt. Beim Quadrat aus Abbildung 12.35c/d sind es zum Beispiel 90° (also ein Viertelkreis, 360/4°): Hier liegt eine *vierzählige Drehachse* vor, abgekürzt C_4, während das Rechteck aus Abbildung 12.35a nur eine zweizählige Drehachse (C_2) aufweist (die *Zähligkeit einer Drehachse* wird als Index angegeben).

Bitte halten Sie die Begriffe *Symmetrieelement* und *Symmetrieoperation* auseinander:

- ✔ Eine Drehachse (welcher Zähligkeit auch immer) stellt ein Symmetrie*element* dar.
- ✔ Die Drehung um eine solche Achse (oder allgemein: die »Bewegung«, die sich durch ein Symmetrieelement ergibt), ist eine Symmetrie*operation*.

So kann das Quadrat aus Abbildung 12.35c/d ja auch zweimal um je 90° gedreht werden (Schritte ① und ②): Das Ergebnis dieser doppelten Symmetrieoperation entspricht dem Symmetrieelement einer zweizähligen Drehachse (C_2), kurz: $C_4 \times C_4 = C_2$. Schauen Sie sich das Ammoniak-Molekül in Abbildung 12.36 an: Dass sich aufgrund der trigonal-pyramidalen Struktur dieses Moleküls eine dreizählige Drehachse (C_3) ergibt, sollte jetzt offensichtlich sein. Unter normalen Umständen sind die drei H-Atome des NH_3-Moleküls natürlich ununterscheidbar, aber wenn Sie sie markieren (b), sehen Sie leicht, dass die aus der dreimaligen Anwendung des Symmetrie*elements* C_3 resultierende Symmetrie*operation* der Identitätsoperation entspricht ($3 \times C_3 = E$).

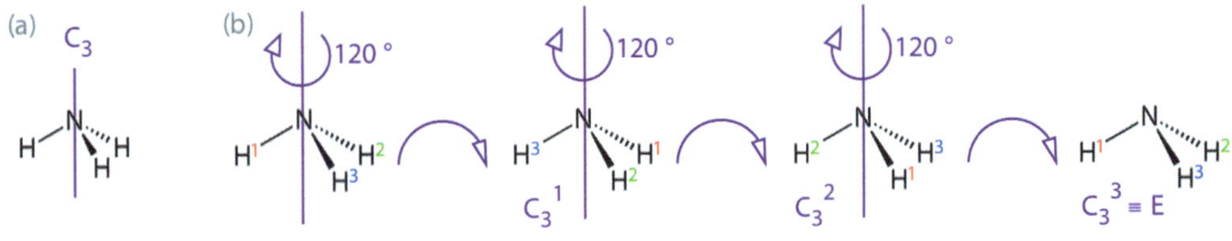

Abbildung 12.36: Dreizählige Drehachse im Ammoniak-Molekül

Eine *Kugel* lässt sich natürlich um jeden beliebigen Winkel ohne merkliche Veränderung drehen, es liegt also eine »unendlich-zählige« Drehachse vor: C_∞. (Das Gleiche gilt natürlich auch für einen lang gestreckten Zylinder und vergleichbare Körper, wenn die Drehachse mittig durch die Länge des Körpers führt.) Ein solches Objekt ist hinsichtlich der betreffenden Drehachse *radialsymmetrisch*.

Spiegelsymmetrie (σ) – in zwei Varianten

Bei dieser Form der Symmetrie, abgekürzt σ, lässt sich eine Hälfte eines Objekts durch Spiegelung auf die andere Hälfte abbilden. Schauen Sie sich das Ammoniak-Molekül noch ein wenig genauer an (auch hier müssen die einzelnen Atome natürlich vorerst unterscheidbar sein): In Abbildung 12.37a verschwindet H_2 hinter der Papierebene, H_3 ragt aus ihr hervor. Legen Sie nun eine Spiegelebene in die Papierebene, wird H_2 auf H_3 gespiegelt, während H_1 genau in der Mitte durchgeschnitten wird wie ein Brötchen: *Die vordere Hälfte des Atoms wird auf die hintere abgebildet.* Also besitzt das NH_3-Molekül nicht nur das Symmetrieelement C_3, sondern zudem auch noch σ – und davon gleich *drei Stück*, schließlich muss aufgrund der C_3 in 120° zur ersten Spiegelebene *wieder* eine Spiegelebene σ stehen (sonst wäre es ja in Wahrheit *doch* keine C_3!). So wird dann H_3 durchschnitten, und H_1 wird auf H_2 gespiegelt (b) und so weiter (c).

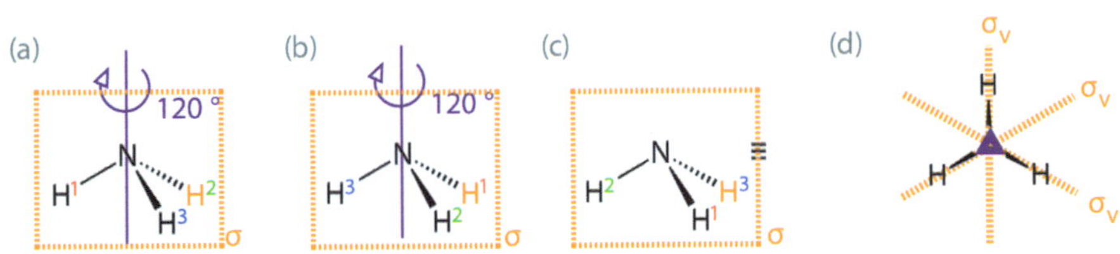

Abbildung 12.37: Spiegelebenen im Ammoniak-Molekül

Sie sehen: *Symmetrieelemente könnten einander erzwingen.*

Abbildung 12.37d zeigt das Ammoniak-Molekül »von oben«: Deutlich ist zu erkennen, in welchem Winkel die drei Spiegelebenen zueinanderstehen. Bitte beachten Sie die dreizählige Drehachse in der Molekülmitte, senkrecht zur Papierebene – genau dort, wo sich die drei σ schneiden (symbolisiert durch ein Dreieck). Die Drehachse liegt also in den Spiegelebenen selbst, und da die Moleküle idealerweise so im Raum orientiert werden, dass die Drehachse *senkrecht* verläuft (also in z-Richtung des üblichen kartesischen Koordinatensystems liegt), liegt hier eine ***vertikale*** *Spiegelebene* (σ_v) vor.

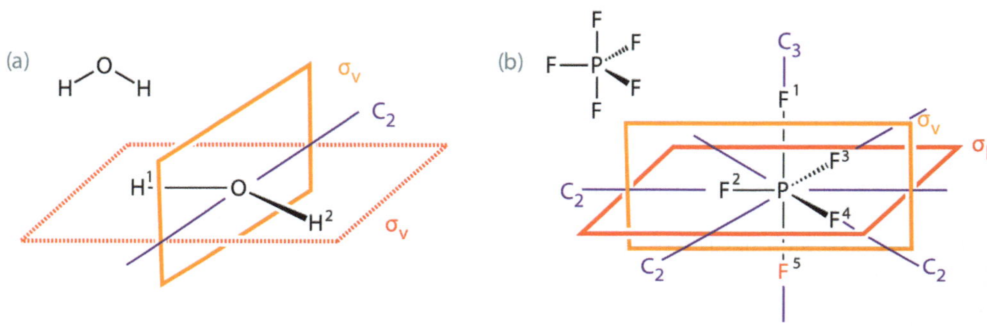

Abbildung 12.38: Symmetrieelemente von (a) Wasser und (b) Phosphorpentafluorid

Wieder können weitere Spiegelebenen einander bedingen: So zeigt Abbildung 12.38a das Wasser-Molekül mit C_2 und den beiden senkrecht zueinanderstehenden (ebenfalls vertikalen) Spiegelebenen σ_v, während das Phosphorpentafluorid (b) noch einige Symmetrieelemente mehr aufweist (der Übersichtlichkeit halber sind die Fluor-Atome wieder durchnummeriert):

- ✔ 1 *drei*zählige Drehachse (C_3), senkrecht in der Papierebene
- ✔ 3 *zwei*zählige Drehachsen (C_2), im rechten Winkel dazu: Sie verlaufen jeweils durch einen der drei äquatorialen F-Liganden und das Zentralteilchen und halbieren den FPF-Winkel der gegenüberliegenden Liganden. Durch die Anwendung dieses Symmetrieelements tauschen die beiden axialen Fluor-Atome F_1 und F_5 jeweils den Platz, ebenso die beiden äquatorialen F-Atome, die *nicht* in der jeweiligen Achse liegen.

Enthält ein Molekül mehrere Drehachsen, muss es im Koordinatensystem so orientiert werden, dass die *Drehachse höchster Zähligkeit* in z-Richtung weist. Diese Drehachse wird dann als **Hauptachse** bezeichnet.

- ✔ 1 *horizontale* Spiegelebene (σ_h; liegt senkrecht zur Hauptachse; rot dargestellt).
- ✔ 3 *vertikale* Spiegelebenen σ_v, enthalten jeweils die Hauptachse und *eine* der 3 zweizähligen Drehachsen (in Abbildung 12.38b orange; der Übersichtlichkeit halber ist nur *eine* der drei Ebenen dargestellt; die beiden anderen stehen zur dargestellten genau wie im NH_3-Molekül).

Das Inversionszentrum (i) – Spiegelung durch einen Punkt

Die Inversion wird auch gerne als »Spiegelung durch einen Punkt« bezeichnet. Betrachten Sie das oktaedrisch gebaute Molekül SF_6 (Schwefelhexafluorid; Abbildung 12.39a). Das Schwefel-Atom stellt das **Inversionszentrum** (i) dar: Jedes Fluor-Atom wird auf sein jeweiliges Gegenüber abgebildet (zur Verdeutlichung farblich markiert). (Natürlich finden sich in diesem hochsymmetrischen Molekül noch jede Menge weiterer Symmetrieelemente, darunter alleine drei C_4 (entlang jeder F-S-F-Achse), reichlich dreizählige Drehachsen (finden Sie die?) und ein paar Spiegelebenen. Da alle drei C_4 *äquivalent* sind, ist es hier nicht möglich, eine Hauptachse zu bestimmen.)

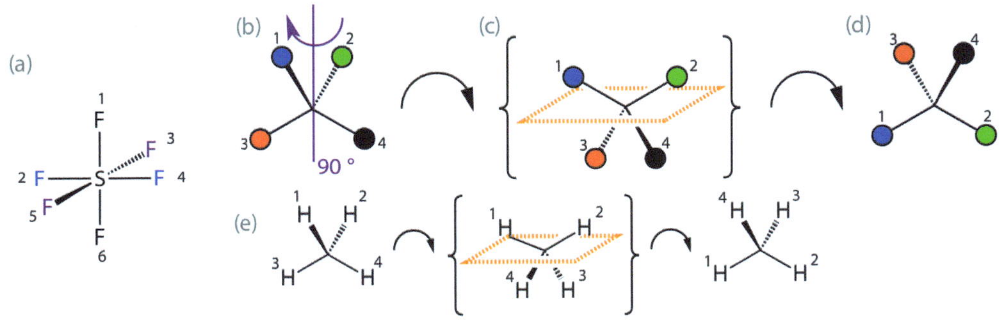

Abbildung 12.39: Inversionszentrum i und Drehspiegelachse S_n

Die Drehspiegelachse (S_n) – zwei Symmetrieoperationen zum Preis von einer

Für das Symmetrie*element* der Drehspiegelung (eben der Drehspiegelachse) werden zwei Symmetrie*operationen* miteinander verknüpft. Zunächst wird gemäß der Zähligkeit (wie bei C_n) um 360/n° gedreht, dann aber (wir sind noch nicht fertig!) wird an einer Ebene senkrecht zu dieser Achse gespiegelt, und zwar *auf beiden Seiten* dieser Ebene. – Weil das so kompliziert klingt, soll es am besten an einem einfachen Beispiel gezeigt werden: einem tetraedrisch gebauten Molekül wie etwa dem Methan, CH_4 (Abbildung 12.39b–d; die 4 H-Atome sind natürlich äquivalent, aber durch die Farben sollten sich die einzelnen Symmetrieoperationen leichter nachvollziehen lassen; Abbildung 12.39e). Dieses Molekül enthält (unter anderem) eine vierzählige Drehspiegelachse (S_4).

- ✔ Zunächst wird das Molekül aus dem Ausgangszustand (b) um $\frac{360}{4}$°, also 90° gedreht (c; da wir noch nicht fertig sind, ist dieser Zwischenzustand in Klammern gesetzt).
- ✔ Dann wird an der senkrecht zur Achse liegenden Ebene (orange dargestellt) auf beiden Seiten gespiegelt (d).
- ✔ Ohne die farbliche Markierung wäre der Endzustand vom Ausgangszustand nicht zu unterscheiden (e).

Was Symmetrieelemente bedeuten

Diese vier Symmetrieelemente sind alles, was Sie brauchen, um die Symmetrie-Eigenschaften eines beliebigen Moleküls eindeutig zu beschreiben. Das Wichtige dabei ist: *Manche Symmetrieelemente erzwingen das Vorhandensein weiterer.* Nehmen wir ein Beispiel aus dem realen Leben: Wie Sie wissen, sollten Sie Ihre Matratze zwei- oder dreimal im Jahr drehen, damit die verschiedenen Bereiche gleichmäßig belastet werden, und eine solche Drehung setzt natürlich eine entsprechende Drehachse voraus (sonst passt die Matratze ja nicht mehr ins Bettgestell …). Eine handelsübliche, rechteckige Matratze hat drei zweizählige Drehachsen C_2, die wir wieder in der gewohnten Weise mit dem Koordinatensystem in Übereinstimmung bringen (Abbildung 12.40a). (Da hier alle drei Drehachsen die gleiche Zähligkeit aufweisen, gibt es keine Hauptachse.) Aber es gibt noch weitere Symmetrieelemente: drei Spiegelebenen σ:

- ✔ die Papierebene (also die yz-Ebene), von der die Matratze durchschnitten wird (orange markiert)
- ✔ die xz-Ebene, die entsprechend senkrecht zur y-Achse verläuft (rot)
- ✔ die xy-Ebene, die somit senkrecht zur z-Achse steht (violett)

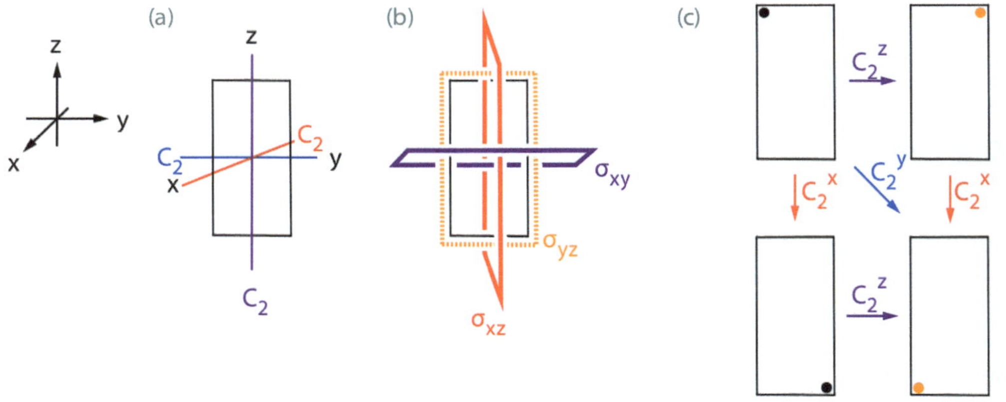

Abbildung 12.40: Wie Symmetrieelemente einander beeinflussen

Markieren Sie einen beliebigen Punkt auf der Oberfläche der Matratze, führt die zum jeweiligen Symmetrieelement gehörende Operation zu unterschiedlichen Ergebnissen:

- ✔ Drehen Sie um die x-Achse, bleibt ein solcher Punkt auf der gleichen Seite.
- ✔ Drehen Sie hingegen um die z-Achse, landet ein solcher Punkt auf der Matratzen-Rückseite – er liegt jetzt »hinter« der yz-Ebene (symbolisiert durch den Farbwechsel).
- ✔ Drehen Sie um die y-Achse, wechselt er ebenfalls die Matratzenseite.

Nun lassen sich die einzelnen Symmetrieelemente (und damit auch die -operationen) miteinander kombinieren, und dabei stellt sich etwas Erstaunliches heraus: Folgt nach einer Drehung um die z-Achse eine Drehung um die x-Achse, führt diese Zwei-Schritte-Operation zum gleichen Ergebnis wie eine einfache Drehung um die y-Achse: $C_2^z \times C_2^x = C_2^y$. Gleiches gilt auch für jede beliebige andere Kombination zweier der drei Drehachsen. Wenn Sie also Ihre Matratze um die y-Achse wenden wollen (was meistens ziemlich anstrengend ist), können Sie sich das Leben vereinfachen, indem sie erst um die x- und dann um die z-Achse drehen – oder auch umgekehrt, das macht hier keinen Unterschied.

Wofür das alles gebraucht wird: Punktgruppen

Sie merken schon: Es ist ziemlich aufwendig, alle Symmetrieelemente eines Moleküls der Reihe nach aufzuzählen, um etwas über dessen räumlichen Bau auszusagen. Aber gerade der ist in der Chemie ja immens wichtig, deswegen gibt es eine »Kurzschreibweise«, mit der sämtliche in einem Molekül vorkommenden Symmetrieelemente eindeutig und viel platzsparender angegeben werden können, als das auf den letzten Seiten passiert ist. Dabei wird ausgenutzt, dass Symmetrieelemente einander eben bedingen können, deswegen ist es häufig überhaupt nicht erforderlich, immer wirklich *alle* anzugeben. (Grundlage des Ganzen ist die *Gruppentheorie*, ein Teilgebiet der Mathematik, aber das würde hier zu weit führen.) Die zugehörige Kurzschreibweise sollten Sie verstehen und selbst anwenden können. Häufig wird ein ziemlich einfaches Flussdiagramm verwendet, bei dem Schritt für Schritt abgeklopft wird, welche Symmetrieelemente vorhanden sind. Mehrere Ja/Nein-Entscheidungen in Folge führen bei Abbildung 12.41 letztendlich zum Ziel.

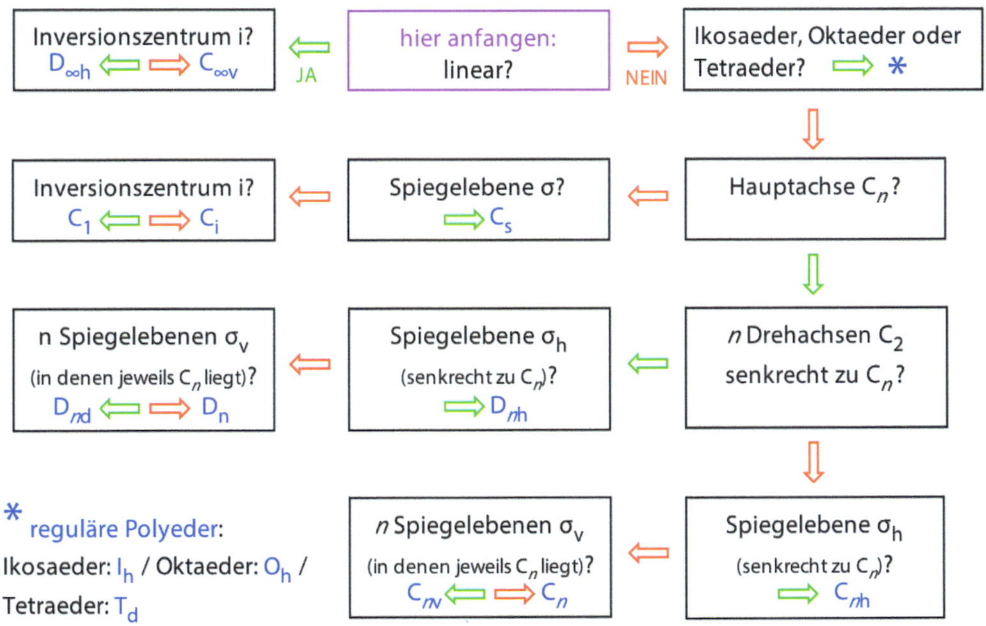

Abbildung 12.41: Bestimmung der Punktgruppen

So kommen Sie rasch zu dem Ergebnis, dass das H_2O-Molekül C_{2v}-Symmetrie aufweist, während das PF_5 (*siehe* Abbildung 12.38b) zur Punktgruppe D_{3h} gehört. Ja, *so knapp* lässt sich alles zusammenfassen, was Sie über die Symmetrie des jeweiligen Moleküls wissen müssen! (Testen Sie sich selbst: Warum gehört Ammoniak zu C_{3v}?)

Von besonderem Interesse sind natürlich die *hochsymmetrischen* Körper, also die regulären Polyeder, die nach dem griechischen Philosophen PLATON auch als *Platonische Körper* bezeichnet werden (Tetraeder, Oktaeder, Dodekaeder, Ikosaeder; *siehe* Abbildung 21.13): Hier häufen sich die Symmetrieelemente. Schauen Sie sich zum Beispiel das Tetraeder an:

- ✔ Durch jede Ecke führt eine dreizählige Drehachse: Sie durchsticht die Molekülmitte und die von den drei gegenüberliegenden Atomen aufgespannte Ebene. Also haben wir allein schon $4 \times C_3$ (Abbildung 12.42a; dargestellt ist nur eine einzige, sonst wird es zu unübersichtlich).
- ✔ Insgesamt gibt es $3 \times C_2$; sie führt jeweils durch die Mitte jeder Kante, den Molekülschwerpunkt und die gegenüber der ersten Kante um 90° verdrehte gegenüberliegende Kante (Abbildung 12.42b; wie Sie die beiden anderen C_2 legen müssen, finden Sie gewiss selbst heraus).
- ✔ Dass diese zweizähligen Drehachsen zugleich auch vierzählige Drehinversionsachsen (S_4) darstellen, wissen Sie schon aus Abbildung 12.39b.
- ✔ Und die Spiegelebenen sollten wir auch nicht vergessen (Abbildung 12.42c) – na, finden Sie heraus, wie viele Spiegelebenen es gibt?

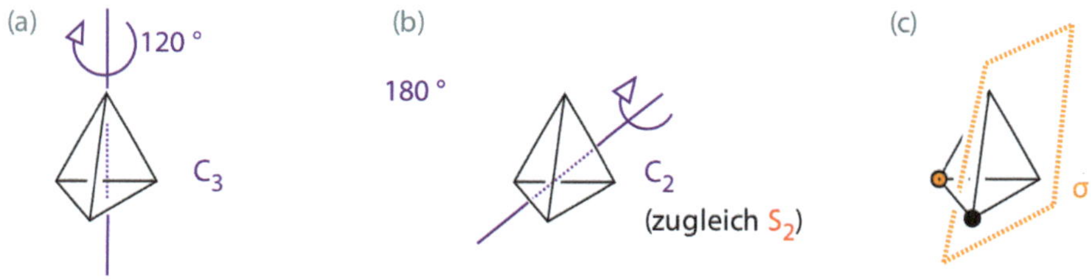

Abbildung 12.42: Hochsymmetrie am Beispiel des Tetraeders

Das gilt natürlich nur, wenn wirklich alle vier Substituenten identisch (und ihrerseits radialsymmetrisch entlang der Drehachsen) sind! »Tetraedrische Koordination eines Atoms« bedeutet noch lange nicht, dass auch wirklich der Sonderfall T_d vorliegt! Schauen Sie sich an, zu welchen Punktgruppen die Moleküle aus Abbildung 12.43 jeweils gehören:

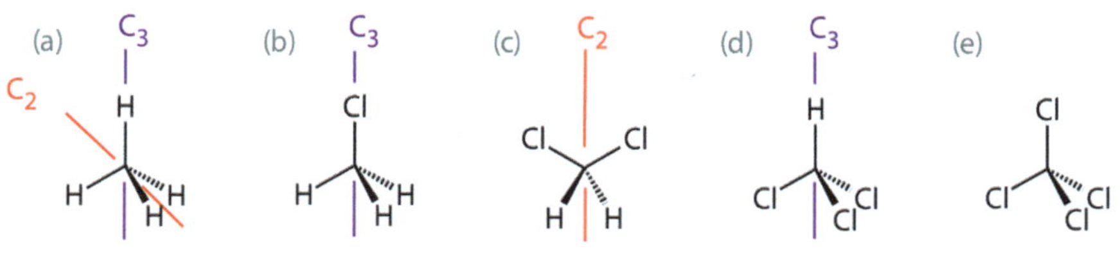

Abbildung 12.43: Punktgruppenbestimmung bei Molekülen mit tetraedrischer Koordination

BEISPIEL

- Beim Methan (Abbildung 12.43a) sind alle vier Substituenten am zentralen C-Atom gleich: Es gibt unter anderem vier gleichwertige C_3, die jeweils durch einen Substituenten, das Zentral-Atom und die von den drei anderen Substituenten aufgespannte Ebene führen. Dazu kommen noch sechs C_2, reichlich Spiegelebenen und mehrere Drehspiegelachsen (finden Sie alle?), deswegen gehört dieses hochsymmetrische Molekül in die Gruppe T_d (aber das hatten wir ja gerade).
- Beim Chlormethan (b) wurde bloß eines der H-Atome durch ein Cl-Atom ausgetauscht, und schon gibt es nur noch eine einzige C_3 und drei σ_v: Die Symmetrie hat drastisch nachgelassen, Punktgruppe C_{3v}.
- Das Dichlormethan (c) besitzt die gleichen Symmetrieelemente wie das H_2O-Molekül und fällt damit in die Punktgruppe C_{2v}.
- Trichlormethan (d) entspricht wieder dem Chlormethan (b), also C_{3v}.
- Erst das Tetrachlormethan (e) ist wieder so symmetrisch wie Methan: T_d.

Beim *Oktaeder* (Abbildung 12.44a; Punktgruppe O_h) stehen drei horizontale Spiegelebenen (σ_h) senkrecht zueinander, dazu kommen diagonale Spiegelebenen (σ_d), es gibt C_4 und C_3 (Letztere aus Gründen der Übersichtlichkeit nicht eingezeichnet) und so weiter, und mit dem *Ikosaeder* (b; I_h) können Sie sich befassen, wenn Sie richtig viel Zeit haben. Es fängt mit $6 \times C_5$ an, und dann wird es unübersichtlich …

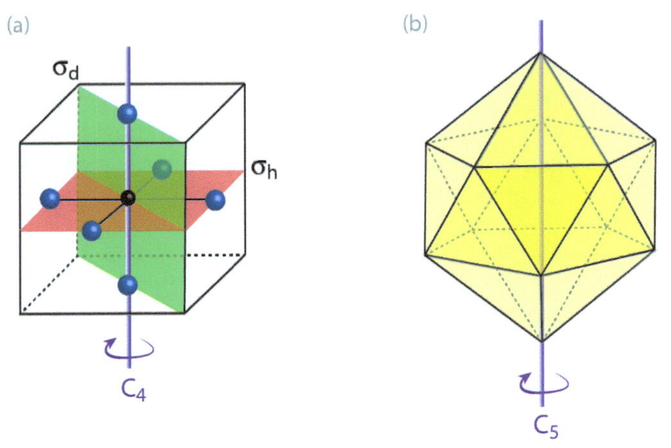

Abbildung 12.44: Reguläre Polyeder

Vielleicht fragen Sie sich ja, warum bei den regulären Polyedern nicht auch der *Würfel* erwähnt wird? – Dafür gibt es einen ganz einfachen Grund: Der Würfel ist das *duale Polyeder* zum Oktaeder: Überall dort, wo sich beim Oktaeder eine Fläche befindet, gibt es beim Würfel eine Ecke und umgekehrt (Abbildung 12.45a; man spricht hier auch von einem *Dualkörper*). Damit sind diese beiden Körper symmetrie-identisch. (Das hätten Sie nicht gedacht, was?) Das Gleiche gilt für den letzten noch fehlenden *Platonischen Körper*: Das *Pentagondodekaeder* ist der Dualkörper zum Ikosaeder (b) und gehört damit ebenfalls zur Punktgruppe I_h. Und für die, die es ganz genau wissen wollen: Das Tetraeder (Punktgruppe T_d) ist sein eigenes duales Polyeder (c).

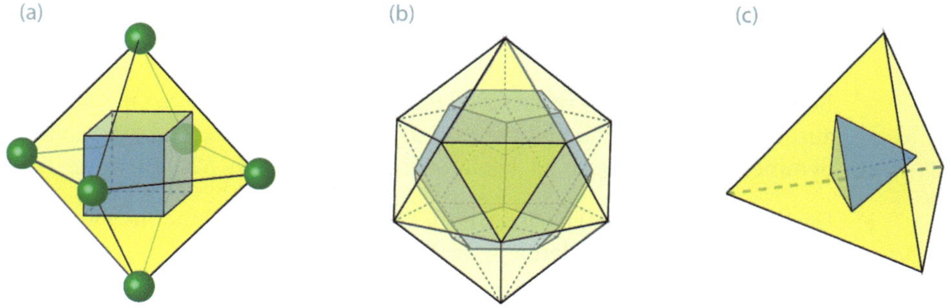

Abbildung 12.45: Dualkörper

Haben Sie das Konzept der Symmetrieelemente erst einmal begriffen, wird auch nachvollziehbar, warum etwa die vier H-Atome eines Methan-Moleküls (CH_4) Symmetrie-äquivalent und damit ununterscheidbar sind: Alle vier H-Atome stehen im genau gleichen Winkel zu den genau gleichen Symmetrieelementen (anders als etwa die F-Atome von PF_5: Da unterscheiden sich die axiale und die äquatoriale Position; schauen Sie sich notfalls noch einmal das VSEPR-Modell in diesem Kapitel an). Äquivalente Atome innerhalb einer Verbindung erkennen zu können, ist eine wichtige Voraussetzung für das Verständnis mancher Techniken der instrumentellen Analytik (beispielsweise der Kernresonanzspektrometrie, Kapitel 50), während in der Schwingungsspektroskopie (aus dem gleichen Kapitel) von Interesse ist, inwieweit sich die Symmetrieeigenschaften von Molekülen bei geeigneter Anregung *verändern*. Auch das Konzept der Orbitale und ihrer Wechselwirkungen basiert letztendlich auf Symmetriebetrachtungen: Wollen Sie tiefer in die Materie einsteigen, kommen Sie ohne Symmetrie früher oder später einfach nicht mehr weiter.

Aufgaben Kapitel 12

Zum Aufwärmen

1. Beschreiben Sie den räumlichen Bau der folgenden Verbindungen: (a) CCl_4; (b) NF_3; (c) $SOCl_2$; (d) HOCl; (e) SF_2Cl_2.

2. Zu welcher Art Wechselwirkung kommt es, Annäherung der beteiligten Orbitale entlang der x-Achse vorausgesetzt, zwischen (a) einem s- und einem p_x-Orbital; (b) einem s- und einem p_y-Orbital; (c) einem s- und einem p_z-Orbital; (d) zwei p_x-Orbitalen; (e) einem p_x- und einem p_z-Orbital; (f) einem p_z- und einem p_y-Orbital; (g) zwei p_y-Orbitalen; (h) zwei p_z-Orbitalen?

3. Wie viele Molekülorbitale stehen in jedem MO-Diagramm stets für die Besetzung mit Elektronen zur Verfügung?

Für Fortgeschrittene

4. Welche Orbitale können bei Annäherung der potentiellen Bindungspartner entlang der z-Achse (a) σ-Bindungen; (b) π-Bindungen eingehen?

5. Warum sind folgende Lewis-Formeln für Ozon (O_3) falsch?

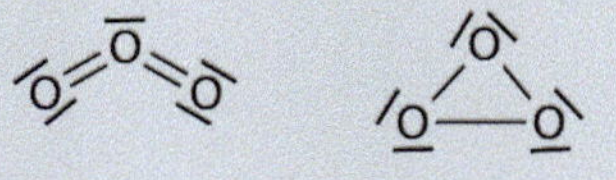

   Wie lautet die Formel richtig?

6. Was ist der Unterschied zwischen einer π-Bindung und einem π-Molekülorbital?

IN DIESEM KAPITEL

ist alles gut koordiniert!

läuft ohne d-Orbitale nichts

bringt Aufspaltung Stabilität

Kapitel 13
Koordinative Bindung – Geschenke werden gerne genommen

In Kapitel 12 haben Sie gesehen, dass die meisten »gewöhnlichen« Bindungen dadurch zustande kommen, dass jeder der beiden Bindungspartner *jeweils ein* Elektron zur Bindung beiträgt (zumindest bei einer Einfachbindung; bei einer Doppelbindung tragen dann beide Bindungspartner jeweils zwei Elektronen bei und so weiter). Es gibt aber noch eine andere Möglichkeit, wie es zur Ausbildung einer kovalenten Einfach- (oder auch Mehrfach-) Bindung kommen kann: Es ist durchaus möglich, dass nur einer der beiden Bindungspartner die Elektronen bereitstellt, während sich der andere Bindungspartner nur »bedienen lässt«: In einem solchen Falle liegt eine **koordinative Bindung** vor. (Manchmal werden Sie auch die Bezeichnung *dative* (gebende) Bindung finden.)

Betrachten Sie als Beispiel die Reaktion zwischen einem freien (natürlich solvatisierten) Wasserstoff-Kation (H^+) und Ammoniak (NH_3), wie sie in Abbildung 13.1 dargestellt ist.

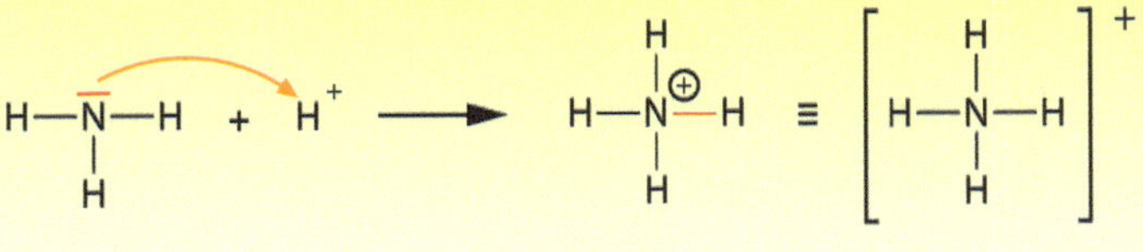

Abbildung 13.1: Entstehung einer koordinativen Bindung bei der Protonierung von Ammoniak

Hier wurde das freie Elektronenpaar des Stickstoffs dazu verwendet, um eine neue Einfachbindung (σ-Bindung) auszubilden (das H^+ hat ja kein Elektron mehr anzubieten).

Allerdings ist diese Bindung, wenn sie erst einmal geknüpft ist, nicht mehr von einer normalen Einfachbindung zu unterscheiden: Die vier Wasserstoff-Atome des resultierenden Ammonium-Ions (NH_4^+) sind vollkommen äquivalent. Das lässt auf eine tetraedrische Struktur schließen, denn es ist ja kein freies Elektronenpaar mehr am Stickstoff vorhanden (*siehe* VSEPR-Konzept, bekannt aus Kapitel 12). Auf diese Weise kommt dem Stickstoff, der schließlich eine Bindung *mehr* eingegangen ist, als ihm eigentlich zusteht, eine positive *Formalladung* (*siehe* Kapitel 10) zu.

Koordinative Bindungen in einfachen Molekülen

Auch andere Moleküle oder Molekül-Ionen, die Sie schon kennen, kommen auf diese Weise zustande, etwa das Hydroxonium-Ion (H_3O^+, Abbildung 13.2a; deutlich mehr dazu in Kapitel 25) oder auch die Sorte Addukte (b), die Sie in Kapitel 33 wiederfinden werden.

Abbildung 13.2: Einfache Verbindungen mit koordinativer Bindung

Hier bekommen Sie Komplexe

Eine ausgesprochen umfangreiche Stoffklasse in der Chemie bilden die *komplexen Verbindungen* oder *Koordinationsverbindungen*, die meist einfach als **Komplexe** bezeichnet werden. Sie zeichnen sich zunächst durch zwei Merkmale aus:

- ✔ Die Bindungen kommen ausschließlich durch die oben beschriebene Großzügigkeit eines Partners zustande, der dafür *mindestens ein* freies Elektronenpaar zur Verfügung stellt.
- ✔ Die resultierenden Moleküle oder Molekül-Ionen weisen in den weitaus meisten Fällen eine über das übliche Maß hinausgehende Stabilität auf.

Aber was *ist* denn nun eigentlich ein Komplex? – Im Allgemeinen bestehen Komplexe aus einem *Zentralteilchen* (dem **Koordinationszentrum**) und mehreren **Liganden**, die dieses Zentralteilchen umgeben.

- ✔ Als Zentralteilchen kann dabei ein Atom oder auch ein Ion fungieren (in letzterem Falle wurden allerdings bislang fast ausschließlich Kationen beobachtet).
- ✔ Als Liganden dienen ein- oder mehratomige Ionen oder auch neutrale Moleküle. *Unerlässlich für einen Liganden ist dabei stets das Vorhandensein* mindestens *eines freien Elektronenpaares.*

Sie können eine Komplexbildung auch als Reaktion einer (elektrophilen) Lewis-Säure mit einer (nucleophilen) Lewis-Base auffassen. (Näheres dazu erfahren Sie in Kapitel 25.)

Die *Anzahl* der Liganden, die Bindungen zum Zentralteilchen ausbilden, ist recht variabel; sie wird als Koordinationszahl bezeichnet.

Hin und wieder fungieren auch Hauptgruppenelemente als Zentralteilchen eines Komplexes, bei den weitaus meisten komplexen Verbindungen spielen jedoch *Übergangsmetalle* die Hauptrolle.

Dass bevorzugt Elemente aus dem d-Block des Periodensystems als Zentralteilchen bei Komplexen fungieren, lässt sich leicht begreifen, wenn Sie bedenken, dass bei den Übergangselementen dank der d-Orbitale (*siehe* Kapitel 10) viel mehr Platz für Elektronen ist. Im Gegensatz zu den Elementen aus den Hauptgruppen haben die Übergangsmetalle ja mit der Oktettregel nichts am Hut.

Derartige Verbindungen kommen so häufig in allen möglichen Facetten vor, dass ihnen ein eigenständiger Bereich der Chemie zuerkannt wurde: die Komplexchemie.

Gar nicht so komplizierte Verbindungen mit kompliziert klingenden Namen

Für Komplexverbindungen wurde eine eigenständige Nomenklatur geschaffen, für deren Anwendung zunächst einmal die Rollenverteilung geklärt werden muss: Das Zentralteilchen ist dabei stets von mehreren Liganden umgeben. Bei mehratomigen Liganden besteht durchaus auch die Möglichkeit, dass sie über *mehr als ein* Atom mit dem Zentralteilchen wechselwirken; das sind *mehrzähnige* Liganden. (Komplexe mit mehrzähnigen Liganden werden auch als *Chelat-Komplexe* bezeichnet; mehr dazu erfahren Sie noch in diesem Kapitel.) Erfolgt die Wechselwirkung mit dem Zentralteilchen nur über eine Koordinationsstelle, handelt es sich entsprechend um einen *einzähnigen* Liganden, von denen die wichtigsten in Tabelle 13.1 zusammengefasst sind.

Ligand	Formel	Name	Neuer IUPAC-Name
Wasser	H_2O	aqua	
Ammoniak	NH_3	ammin	
Kohlenmonoxid	CO	carbonyl	
Cyanid	CN^-	cyano	cyanido
Fluorid, Chlorid Bromid, Iodid	F^-, Cl^-, Br^-, I^-	fluoro, chloro, bromo, iodo	fluorido, chlorido, bromido, iodido
Hydroxid	OH^-	hydroxo	hydroxido
Nitrat	NO_3^-	nitrato	
Nitrit	NO_2^-	nitrito	
Stickstoffmonoxid	NO	nitrosyl	
Oxid	O^{2-}	oxo	oxido
Sulfat	SO_4^{2-}	sulfato	
Thiocyanat	SCN^-	thiocyanato	

Tabelle 13.1: Wichtige einzähnige Liganden

Seit 2005 gelten für einige Liganden neue Bezeichnungen, die von der IUPAC festgelegt wurden. Da es sich hierbei lediglich um *Empfehlungen* handelt, ist es Ihnen freigestellt, sie zu befolgen oder nicht. In vielen Büchern, Vorlesungen und Publikationen wird die bisher übliche Bezeichnungsweise verwendet: Hexa*cyano*ferrat zu sagen, ist also nicht falsch! Und ob es nun einen tieferen Sinn ergibt, Hexa*cyanido*ferrat zu sagen und ob das besser klingt, ist eine reine Geschmacksfrage – obwohl es eigentlich logischer ist, schließlich leitet es sich vom Wortstamm des Cyanid-Ions ab. Aber der Mensch ist nun einmal ein Gewohnheitstier. Wir wollen uns hier (zähneknirschend) den IUPAC-Regeln beugen.

In älteren Lehrbüchern oder Fachartikeln werden Sie als Bezeichnung für als Liganden fungierende Wasser-Moleküle noch die Bezeichnung »Aqu*o*-Ligand« finden. Allerdings hat sich die IUPAC sehr vehement gegen diese Namensgebung ausgesprochen, denn alle anderen auf *-o* endenden Liganden sind *Anionen*, und das trifft auf das neutrale H_2O-Molekül ja nun zweifellos nicht zu. Aus diesem Grund sollten Sie diese historische Bezeichnung zwar passiv beherrschen, aber nicht aktiv anwenden.

Grundsätzlich ist bei der Benennung der Komplexe folgende Reihenfolge einzuhalten:

- Anzahl der Liganden
- Name der Liganden
- Name des Zentralteilchens
- Gesamtladung des Komplexes (zuerst die Ladungs*zahl*, dann das Ladungs*zeichen*)
- Bei der Angabe der Formeleinheit wird der Komplex stets in *eckige Klammern* gesetzt.

Zunächst jedoch ist zu unterscheiden, ob es sich bei dem Komplex um ein *Kation*, um eine *Neutralverbindung* oder um ein *Anion* handelt, denn das macht nicht nur chemisch, sondern auch in der Nomenklatur einen deutlichen Unterschied.

Kationische Komplexe

Am einfachsten und nachvollziehbarsten ist die Nomenklatur der Komplexe anhand ausgewählter Beispiele, wie etwa in Abbildung 13.3.

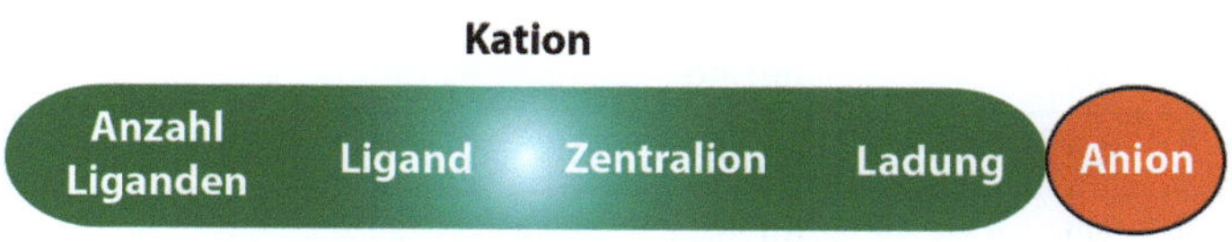

$[Ag(NH_3)_2]Cl$	Di	ammin	silber	(1+)	- chlorid
$[Cu(H_2O)_4]Br_2$	Tetra	aqua	kupfer	(2+)	- bromid
$[Co(CO)_5]^{3+}$	Penta	carbonyl	cobalt	(3+)	- Ion

Abbildung 13.3: Nomenklatur kationischer Komplexe

Glauben Sie jetzt bitte nicht, zwischen den einzelnen Wortbestandteilen des Gesamtnamens müssten immer so überdimensionierte Zwischenräume eingehalten werden: *Bitte schreiben Sie die einzelnen Bestandteile lückenlos durch,* und nur am *Anfang* des Namens steht ein Großbuchstabe. *Auch Bindestriche haben dort nichts zu suchen.*

Treffen zwei »a« aufeinander wie in »Tetraaqua« im Beispiel aus Abbildung 13.3, wurde früher *ein* »a« weggelassen: »Tetraqua« spricht sich einfach leichter. Mittlerweile entspricht das nicht mehr den IUPAC-Empfehlungen, aber in älterer Literatur wird es Ihnen durchaus noch begegnen.

Natürlich brauchen Sie für eine Neutral-Verbindung jeweils ein entsprechendes Gegen-Ion. Sie können schließlich auch nicht nur eine Portion Na^+-Ionen in eine Dose abfüllen, sondern beispielsweise Na^+- *und* Cl^--Ionen, also NaCl. Auch dieses Gegen-Ion wird *nicht* durch einen Bindestrich vom Komplex-Kation abgetrennt.

Beachten Sie dabei, dass Sie das Anion nur *einfach* nennen, also auch dann *nicht* »dichlorid«, »tribromid« oder Ähnliches angeben, wenn mehr als ein Gegen-Ion erforderlich ist.

Wie viele der betreffenden Gegen-Ionen erforderlich sind, ergibt sich zwangsläufig aus der Ladung des kationischen Komplexes – und *die* wiederum ergibt sich aus der *Oxidationszahl* des Zentralteilchens (mehr dazu in Kapitel 26) und den Ladungen, die von den jeweiligen Liganden geliefert werden. (Aber nicht vergessen: Es gibt auch *Neutral*-Liganden wie Wasser, Ammoniak oder Kohlenmonoxid.)

Wie Sie noch in diesem Kapitel sehen werden, ist es auch durchaus möglich, dass innerhalb eines Komplexes *mehr als eine* Sorte Ligand auftaucht. Diese sind dann in *alphabetischer* Reihenfolge zu nennen, wobei das griechische Zahlenpräfix, das die jeweilige Stückzahl angibt, bei der Alphabetisierung *nicht* berücksichtigt wird.

BEISPIEL

Die Komplex-Verbindung mit der Summenformel $[Ni(NH_3)_4(H_2O)_2]Cl_2$ heißt also systematisch Tetraammindiaquanickel(2+)chlorid: »Ammin« steht im Alphabet nun einmal vor »aqua«, auch wenn »di« alphabetisch vor »tetra« kommt. Wie erwähnt: *Zahlenpräfixe zählen nicht.*

Anionische Komplexe

Die Bezeichnung anionischer Komplexe erfolgt in ähnlicher Weise, hier erhält das Zentralteilchen jedoch zusätzlich die Endung »*at*«.

Hier gibt es allerdings einen *richtig* fiesen Stolperstein! »Passt« das Elementsymbol des entsprechenden Zentralteilchens nicht zum deutschen Namen des Elements (wie beispielsweise bei Eisen, Fe: in dem Wort kommt schließlich kein »F« vor!), müssen Sie auf den Namen zurückgreifen, von dem sich das Elementsymbol ableitet:

- ✔ Ein anionischer Eisenkomplex erhält also die Endung daher *-ferrat* (von *ferrum*), im Plural heißen sie dann *Ferrate.* Bei Kupfer (Cu, *cuprum*) heißen sie *Cuprate*, bei Silber (Ag, *argentum*) *Argentate*, beim Gold (Au, *aurum*) *Aurate* und so weiter.
- ✔ Bei manchen Elementen müssen Sie dann vielleicht ein bisschen im Gedächtnis kramen: Gewiss, Sn ist das Elementsymbol von Zinn, aber wofür steht es? Dahinter steckt *stannum*, also sind anionische Zinn-Komplexe *Stannate.*
- ✔ Ganz besonders hinterhältig ist das Quecksilber: Das Elementsymbol Hg leitet sich vom lateinischen Namen *Hydrargyrum* ab. Leider hat sich für die Komplexe dann aber doch der Name *Mercurate* durchgesetzt – nach der *englischen* Bezeichnung. (Fans der Band Queen mögen sich freuen, alle anderen könnten es womöglich verwirrend finden.)
- ✔ Auch das Nickel spielt uns übel mit: Dessen Elementsymbol Ni passt wunderbar zum deutschen Namen des Elements, und doch heißen die anionischen Nickel-Komplexe *Niccolate.*

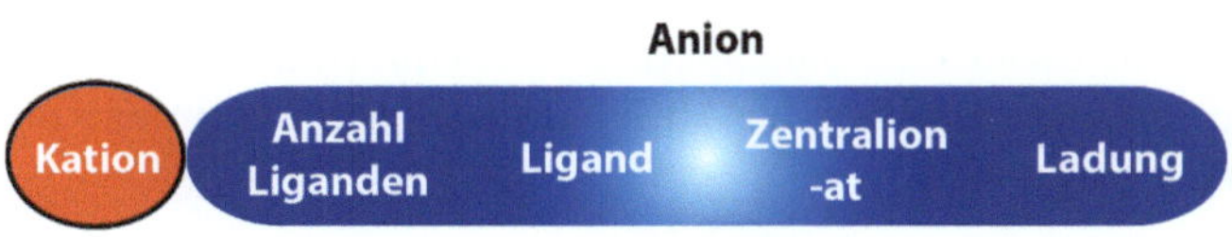

$Na_3[Ag(S_2O_3)_2]$	Natrium	di	thiosulfato	argentat	(1-)
$[Cu(OH)_4]^{2-}$		Tetra	hydroxido	cuprat	(2-) - Ion
$K_3[Fe(CN)_6]$	Kalium	hexa	cyanido	ferrat	(3-)

Abbildung 13.4: Nomenklatur anionischer Komplexe

Das Gegen-Ion ist hier natürlich ein Kation; auch dies nennen Sie bitte nur *einfach*, also *nicht* »Dinatrium«, »Tetrakalium« oder so. Wieder ist das Gegen-Ion vom Komplex-Bestandteil der Verbindung *nicht* durch einen Bindestrich abzutrennen, und sinnvollerweise fängt der Name der komplexen Verbindung genau wie bei Salzen mit dem *Kation* an. (Sie sagen ja auch nicht Chloridnatrium, sondern Natriumchlorid.)

Neutrale Komplexe

Hier ist es besonders einfach:

- ✔ Ein neutraler Komplex wird genauso bezeichnet wie ein kationischer Komplex; in die Klammer gehört dann eine (0), um zu zeigen, dass der Komplex im Ganzen *ungeladen* ist. $[Ni(CO)_4]$ beispielsweise heißt Tetracarbonylnickel(0).
- ✔ Das gilt auch für Komplexe, deren Zentralteilchen eine Ladung trägt, die aber insgesamt – durch ausgleichende Ladungen der Liganden – im ganzen *ungeladen* sind. Das ist bei der systematischen Benennung natürlich zu berücksichtigen. Der Neutral-Komplex $[Co(NH_3)_3Cl_3]$ etwa heißt Triammintrichloridocobalt(0).

Noch einmal zum Üben:

- Ein Eisen(II)–Kation (Fe^{2+}) verbindet sich mit sechs einfach negativ geladenen Cyanid-Ionen.
- Die resultierende Ladung (4–) muss sich auch im Komplex wiederfinden.
- Für eine neutrale Verbindung werden vier positive Gegenladungen benötigt: Nehmen wir exemplarisch Kalium-Kationen.

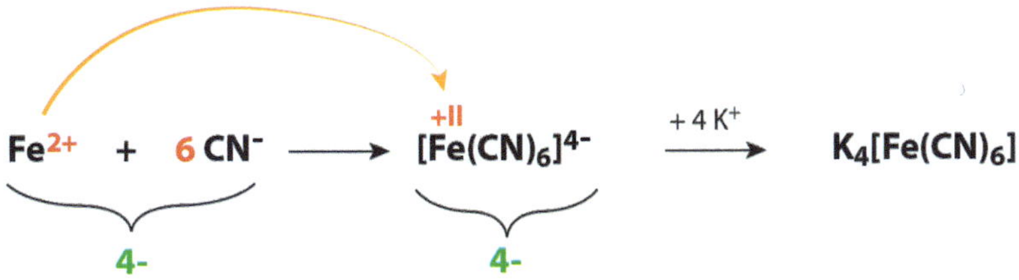

- Also:

$K_4[Fe(CN)_6]$ **Kaliumhexacyanidoferrat(4-)**

Wenn Sie jetzt noch bedenken, dass Kaliumhexacyanidoferrat(4–) etwas *völlig anderes* als Kaliumhexacyanidoferrat(3–) aus dem Beispiel weiter oben ist, dürfte also nichts mehr schiefgehen.

Weil es ein so beliebter Fehler ist, gleich noch einmal: Die großen Abstände zwischen den einzelnen Wortbestandteilen in einigen vorangegangenen Abbildungen wurden nur eingehalten, damit Sie nachvollziehen können, wie die jeweiligen Namen zustande kommen. *Unterstehen Sie sich, dort überall Bindestriche einzufügen!* Der Name des komplexen Salzes mit der Summenformel $K_3[Fe(CN)_6]$ lautet Kaliumhexacyanidoferrat(3–). In einem Wort. Ohne Bindestrich. Wirklich.

Bis vor wenigen Jahren wurde die Komplex-Nomenklatur *etwas* anders gehandhabt: Statt der Gesamtladung des Komplexes wurde in der runden Klammer die *Oxidationszahl* des Zentralteilchens angegeben – in Form einer römischen Zahl, und da Zentralteilchen in den weitaus meisten Fällen *positiv* geladen sind, wurde auch auf das »Plus«–Zeichen verzichtet. Zugegeben: Über Oxidationszahlen haben Sie in diesem Buch bislang noch nicht viel erfahren – unter anderem nicht, wie sie eigentlich bestimmt werden (das ändert sich aber spätestens mit Kapitel 26!). Doch hier schon einmal ein ersten Ausblick: Kehren wir noch einmal zu oben beschriebenem Kaliumhexacyanoferrat(4–) zurück. Dass das Komplex-Anion dieser Verbindung *vierfach negativ* geladen ist (es ist also das Anion $[Fe(CN)_6]^{4-}$), lässt sich damit erklären, dass, weil jeder der Cyanido-Liganden *einfach negativ* geladen ist, das Zentralteilchen (eben das Eisen) *zweifach positiv* geladen sein muss. Diese zweifach positive Ladung des Zentralteilchens entspricht der Oxidationszahl +II (deswegen steht genau das auch oben in der Abbildung über dem Elementsymbol für Eisen).

- Deshalb wäre ein veralteter, aber immer noch akzeptierter Name für das $K_4[Fe(CN)_6]$, also das Kaliumhexacyanidoferrat(4–), entsprechend Kaliumhexacyanidoferrat(II).
- Das Komplex-Anion im Kaliumhexacyanidoferrat(3–) hingegen ist offensichtlich *dreifach* negativ geladen, es liegt also das Anion $[Fe(CN)_6]^{3-}$ vor (sonst bräuchte es ja nicht Gegen-Ionen, die insgesamt drei positive Ladungen mitbringen). Entsprechend hieß $K_3[Fe(CN)_6]$ früher Kaliumhexacyanidoferrat(III).
- Das Natriumdithiosulfatoargentat(3–) aus Abbildung 13.4 hieß nach den alten Regeln somit Natriumdithiosulfatoargentat(I).
- Die gleichen Spielregeln dürfen auch auf Verbindungen mit einem komplexen *Kation* angewendet werden: So hätte man die Verbindung Tetraquakupfer(2+)bromid mit der Summenformel $[Cu(H_2O)_4]Br_2$ aus Abbildung 13.3 früher Tetraaquakupfer(II)bromid genannt.

Für diesen doch recht beachtlichen Umbenennungs-Schritt der IUPAC sind zwei Hauptgründe zu nennen:

- Bei manchen Komplexen – die allerdings meist etwas komplizierter aufgebaut sind als unsere bisherigen Beispiele – ist die Ermittlung der entsprechenden Oxidationszahl gar nicht so einfach (einige Beispiele werden Sie in Kapitel 43 finden, das allerdings vollständig als *Nur für Streber* eingestuft wurde), und mit dieser neuen Benennungsmethode lassen sich etwaige Missverständnisse trefflich vermeiden.
- Für die Null *gibt* es nun einmal kein römisches Zahlenzeichen, und man wollte Nägel mit Köpfen machen und das Ganze »so richtig« vereinheitlichen: Jetzt können Sie auf die römischen Zahlen vollständig verzichten.

Komplexe Bindungen

Für Komplexe gibt es drei verschiedene Bindungsmodelle:

- Das ***Valence-Bond*-Modell** (VB-Modell, bekannt aus Kapitel 12). Hier werden s-, p- und gegebenenfalls auch noch d-Orbitale hybridisiert; damit gelingt eine Erklärung der geometrischen und magnetischen Eigenschaften der Komplexe.
- Die **Ligandenfeld-Theorie**: Die im isolierten Zentralteilchen energetisch entarteten (also energiegleichen) d-Orbitale werden durch die Annäherung negativer Ladungsdichte energetisch aufgespalten. Mit dieser Theorie lassen sich die Farbigkeit und die optischen Spektren der Komplexe deuten.
- Die **Molekülorbital-Theorie** (MO-Theorie, ebenfalls aus Kapitel 12 bekannt). Hier wird der ganze Komplex als Einheit betrachtet, die Elektronen befinden sich in den durch die LCAO-Methode berechneten Molekülorbitalen. Diese (umfassendste)

Methode erlaubt die Beschreibung von energetischen Wechselwirkungen und Bindungsverhältnissen im gesamten Molekül. Sie schließt dabei die (einfachere) Ligandenfeld-Theorie mit ein.

Schauen wir uns an, wozu diese Modelle nützlich sind.

Wie sehen *die* denn aus? – Hier hilft VB weiter

Die bislang ausgewählten Beispiele legen bereits nahe, dass gewisse Koordinationszahlen bevorzugt werden. Es sind dies vor allem die Koordinationszahl 2, bei der der betrachtete Komplex meist linear gebaut ist, die Koordinationszahl 4, bei der vor allem tetraedrischer oder quadratisch-planarer Bau zu beobachten ist, und *insbesondere* das Oktaeder mit der Koordinationszahl 6, das am häufigsten auftritt.

Sind die Liganden alle gleich, ist davon auszugehen, dass das komplexe Molekül höchstmögliche Symmetrie aufweist.

Schauen Sie in Kapitel 12 nach, wie die tetraedrische Struktur von Methan (CH_4) erklärt wird – mit vier völlig identischen Bindungen, obwohl sich die zur Bindung bereitstehenden Elektronen am Kohlenstoff in einem s-Orbital und drei p-Orbitalen befinden: Gemäß dem VB-Modell wird eine Hybridisierung zur Ausbildung von vier äquivalenten sp^3-Hybridorbitalen postuliert, mit denen die jeweiligen s-Orbitale der H-Atome überlappen.

Genauso wird auch hier gemäß den Grundlagen des VB-Modells postuliert: Die zwischen dem Zentralteilchen und den Liganden ausgeformten Bindungen ergeben sich aus der Wechselwirkung (= Überlappung) *leerer* (*vakanter*) Orbitale des Zentralteilchens mit je einem *gefüllten* (*populierten*) Orbital der Liganden (die Bindungselektronen kommen ja nur von den Liganden).

Dabei lässt sich die räumliche Anordnung der Liganden um das Zentralteilchen herum ebenso mit verschiedenen Hybridisierungstypen erläutern. Die *wichtigsten* Hybridisierungen und Geometrien bei Komplexen sind:

- ✔ sp^3: Tetraeder
- ✔ dsp^2: quadratisch planar
- ✔ sp^3d^2/d^2sp^3: Oktaeder (der Unterschied wird gleich erklärt)

Dieses Bindungskonzept soll hier exemplarisch am oktaedrisch gebauten Komplex $[CoF_6]^{3-}$, Hexafluoridocobaltat(3−), erläutert werden.

Für sechs gleiche Bindungen in oktaedrischer Anordnung müssen auch d-Orbitale mitmischen. Es werden also sechs leere Hybridorbitale angenommen, in denen die Liganden ihre Elektronenpaare unterbringen können. Schauen Sie sich in Abbildung 13.5 an, was dabei herauskommt.

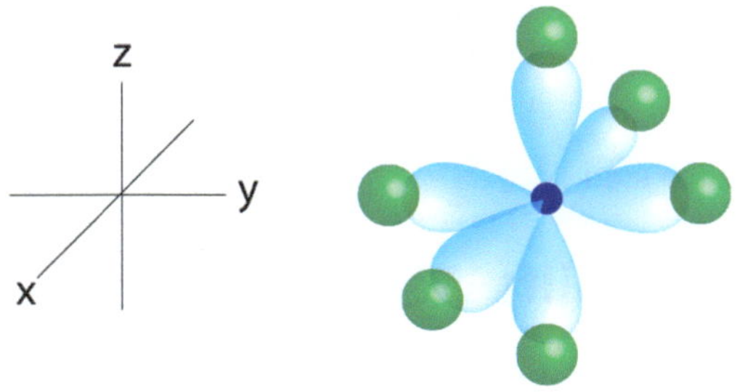

Abbildung 13.5: Besetzung sechs leerer sp^3d^2-Hybridorbitale des Co^{3+}-Ions mit Elektronenpaaren der Liganden

Die Konfiguration der Valenzelektronen von Co lautet $4s^2 3d^7$, entsprechend die von Co^{3+} $3d^6$. (Sie erinnern sich, dass die Elemente des d-Blocks als Erstes immer die zwei Elektronen aus dem *s*-Orbital abgeben? Bei Bedarf schauen Sie gerne noch einmal am Ende von Kapitel 11 nach.) In einem Kästchenschema dargestellt sieht das dann so aus, wie es Abbildung 13.6 zeigt.

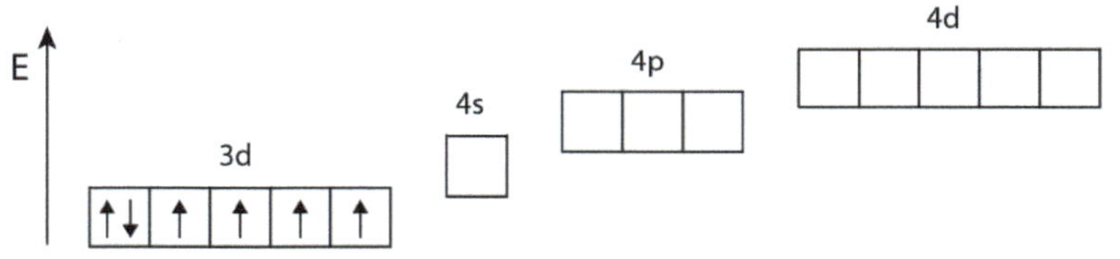

Abbildung 13.6: Elektronenkonfiguration von Co^{3+}

Die Elektronenpaare von sechs Fluorid-Ionen wandern gemäß dem Hybridisierungsmodell in sechs sp^3d^2-Hybridorbitale, wie im *Valenzbindungsdiagramm* in Abbildung 13.7 dargestellt.

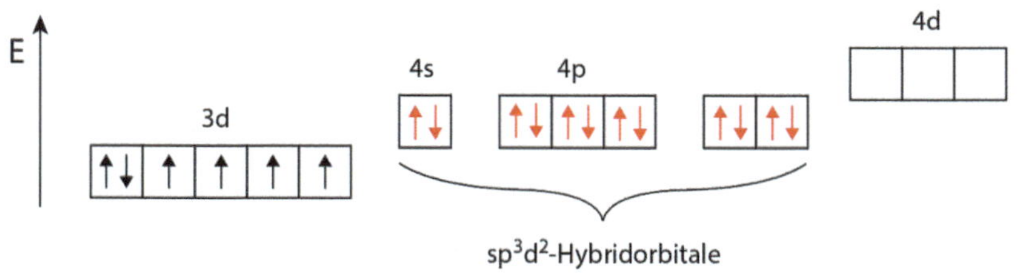

Abbildung 13.7: Elektronenkonfiguration von $[CoF_6]^{3-}$

Insgesamt weist der Komplex also vier ungepaarte Elektronen auf.

Das Auftreten ungepaarter Elektronen lässt sich experimentell nachweisen, denn ungepaarte Elektronen wirken sich unmittelbar auf das magnetische Verhalten chemischer Verbindungen aus: Sind ein oder mehrere ungepaarte Elektronen vorhanden, so wird die entsprechende Substanz in ein angelegtes Magnetfeld geringfügig *hinein*gezogen. Ein derartiges Verhalten wird als **Paramagnetismus** bezeichnet, entsprechende Verbindungen verhalten sich also *paramagnetisch*. Dabei ist das messbare Ausmaß dieses paramagnetischen Verhaltens direkt proportional zur Anzahl ungepaarter Elektronen, die in dem betrachteten Molekül oder Ion vorhanden sind.

Es kann sich aber auch anders verhalten: Kommen statt der Fluorid-Ionen Ammoniak-Moleküle an, die als Ammin-Liganden ihre freien Elektronenpaare am Co^{3+} unterbringen sollen, dann zeigt dieses Komplex-Ion *kein* paramagnetisches Verhalten. Da ebenfalls ein hochsymmetrisches oktaedrisches Molekül vorliegt, lässt sich dies nur mit dem Valenzbindungsdiagramm aus Abbildung 13.8 in Einklang bringen:

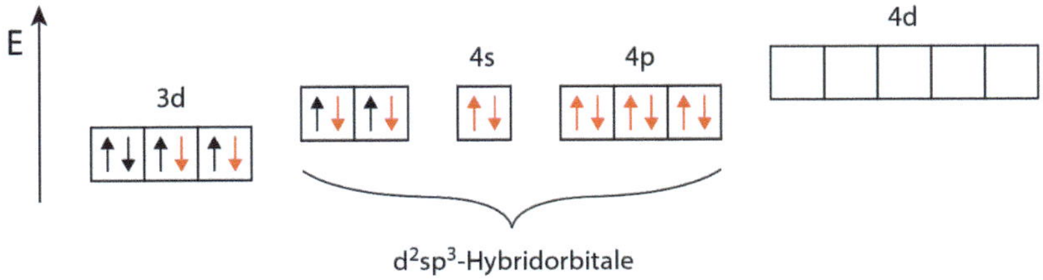

Abbildung 13.8: Elektronenkonfiguration von $[Co(NH_3)_6]^{3+}$

Auch hier werden sechs gleichwertige Hybridorbitale besetzt, aber die d-Orbitale stammen aus einer anderen Schale (in diesem Fall spielen zwei d-Orbitale mit $n = 3$ mit), deshalb nennen wir sie jetzt d^2sp^3-Hybridorbitale. (Ammoniak als Ligand – der dann Ammin-Ligand heißt, wie Sie sich gewiss erinnern werden – ist offenbar in der Lage, dem Co^{3+} näher auf die Pelle zu rücken. Wieso Liganden solch unterschiedliche Auswirkungen haben, wird weiter unten erklärt.)

Verbindungen, in denen sämtliche Elektronen Spin-gepaart vorliegen, werden aus einem Magnetfeld leicht herausgedrückt, sie verhalten sich *diamagnetisch*; das Verhalten selbst wird **Diamagnetismus** genannt.

Sie sehen, wie sich die beiden Komplexe unterscheiden: Beim Komplex mit der sp^3d^2-Hybridisierung (Abbildung 13.7) landen die Elektronen der Liganden ausschließlich in *vakanten* Orbitalen, während bei dem Komplex mit der d^2sp^3-Hybridisierung (Abbildung 13.8) *halb-besetzte* Orbitale aufgefüllt werden. Aus diesem Grund wurden diese beiden unterschiedlichen Komplexarten als *Anlagerungs-* beziehungsweise *Durchdringungskomplex* bezeichnet. Mittlerweile finden diese Ausdrücke nur noch selten Verwendung (sie gelten als veraltet), aber Sie sollten sie zumindest einmal gelesen haben, denn in älteren Fachtexten finden sie sich natürlich noch.

Es ist *nicht* zulässig, zur Ermittlung des räumlichen Baus von Komplexen auf das VSEPR-Modell (*siehe* Kapitel 12) zurückzugreifen.

Warum? – Bei den Übergangsmetallen (und gerade die Übergangsmetalle neigen ja zur Komplexbildung) müssen stets *alle* d-Orbitale berücksichtigt werden – die *unbesetzten* ebenso wie die *besetzten!* Daher ist jeglicher Versuch, den räumlichen Bau mithilfe des VSEPR-Modells zu erläutern, von vornherein zum Scheitern verurteilt, denn bei diesem Modell zählen ja *nur tatsächlich vorhandene* Elektronenpaare.

Die Versuchung, auch bei Komplexen zum VSEPR-Modell zu greifen, mag gewaltig sein – zumal es bei einigen Komplexen sogar zum richtigen Ergebnis führt, aber das ist dann *reiner Zufall.* Machen Sie's nicht.

Das VB-Modell gestattet also bei Komplexen eine anschauliche Darstellung der dreidimensionalen Geometrie und häufig auch eine Abschätzung über das magnetische Verhalten. Doch zahlreiche experimentelle Beobachtungen, vor allem die Farbigkeit der Komplexe, lassen sich mit diesem einfacheren Modell nicht erklären.

Ligandenfeld-Theorie

Dies führte zunächst zur Entwicklung der *Kristallfeld-Theorie.* Dabei wird die Elektronenstruktur von Übergangsmetallkomplexen durch die *rein elektrostatische Wechselwirkung* von Zentralteilchen und Liganden erklärt. (Zur Vereinfachung werden die Liganden dabei als Punktladungen angesehen.) Zahlreiche spektroskopische Befunde machten es jedoch erforderlich, auch den *kovalenten* Anteil der Ligand-Zentralteilchen-Bindung zu berücksichtigen; aus diesem Grund soll auf die Kristallfeld-Theorie hier nicht weiter eingegangen werden. Soll die Wechselwirkung der Orbitale des Zentralteilchens mit den Molekülorbitalen der Liganden betrachtet werden, ist die *Ligandenfeld-Theorie* hilfreich.

Im feldfreien Raum – also ohne jegliche Wechselwirkung mit anderen Teilchen (Atomen, Ionen, Molekülen) und ohne andere äußere Einflüsse gleich welcher Art (Magnetfeld, elektromagnetische Strahlung wie Licht und dergleichen) – sind Orbitale gleichen Typs bekanntermaßen *entartet* (energetisch gleichwertig, *siehe* Kapitel 10): Das gilt natürlich auch für die d-Orbitale.

Sobald sich aber Liganden nähern, ist diese Feldfreiheit nicht mehr gegeben. Durch die Wechselwirkung mit den freien Elektronenpaaren der Liganden (die natürlich eine immense negative *Ladungsdichte* darstellen) verändert sich die relative Lage der ursprünglich entarteten d-Orbitale zueinander.

Betrachten wir zunächst *oktaedrische* Komplexe. Positionieren Sie die d-Orbitale (die Sie aus Kapitel 9 kennen) in ein dreidimensionales Koordinatensystem, dann erkennen Sie, dass zwei dieser Orbitale direkt auf den Achsen liegen (in Abbildung 13.9 rot eingekreist).

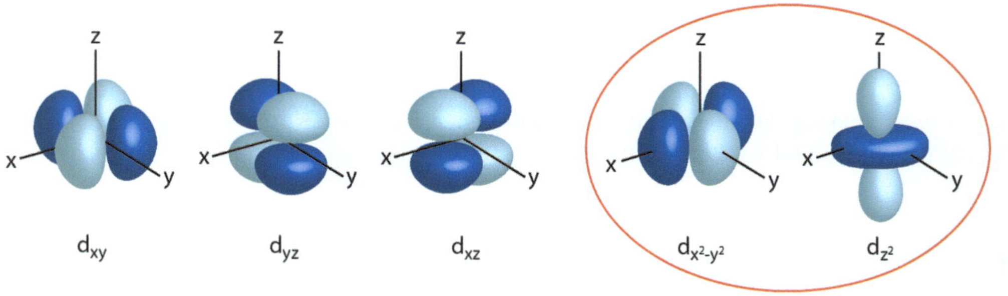

Abbildung 13.9: Ausrichtung der d-Orbitale

Nähern sich entsprechende Liganden aus allen sechs Richtungen des Koordinatensystems gleichzeitig, sollte die potentielle Energie der Orbitale, die genau entlang einer oder mehrerer Koordinatenachsen orientiert sind, deutlich ansteigen, während die Orbitale, die »zwischen den Achsen« liegen, im Vergleich dazu energetisch günstiger liegen. (Selbstverständlich steigt *in beiden Fällen* die potentielle Energie *zunächst einmal* an, da auch die zwischen den Achsen liegenden Orbitale sehr wohl die Anwesenheit der Liganden »spüren«.)

Im oktaedrischen Ligandenfeld findet also eine *Aufspaltung* der ursprünglich entarteten d-Orbitale in drei energetisch günstigere Orbitale (d_{xy}, d_{xz}, d_{yz}) und zwei energetisch ungünstigere Orbitale ($d_{x^2-y^2}$, d_{z^2}) statt (dargestellt in Abbildung 13.10). Aufgrund des *Schwerpunktsatzes* (der effektiv nichts anderes ist als der *Energieerhaltungssatz*) müssen sich die energetischen Unterschiede genau aufheben, also entspricht die Summe der Energien der aufgespaltenen Orbitale den Energien der *nicht* aufgespaltenen Orbitale.

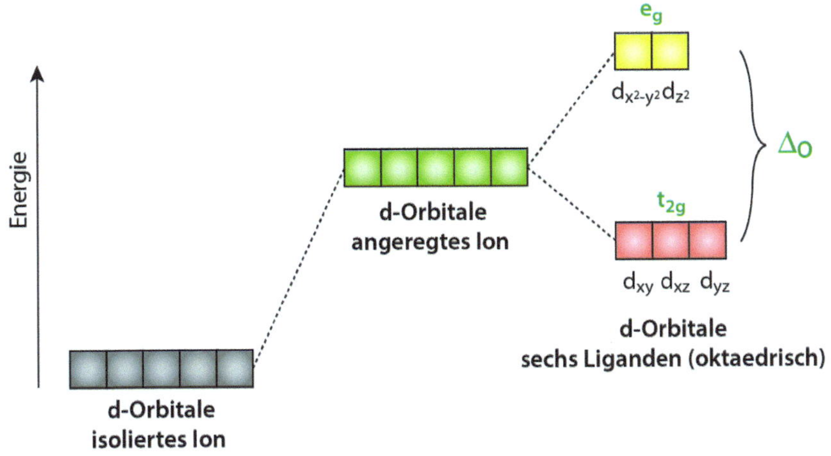

Abbildung 13.10: Aufspaltung der d-Orbitale im oktaedrischen Ligandenfeld

Komische Bezeichnungen

In Abbildung 13.10 und einigen der nachfolgenden finden Sie einige kryptisch anmutende Bezeichnungen: t_{2g}, e_g, Δ_O. Diese entstammen dem Gebiet der Gruppentheorie, auf die hier nicht weiter eingegangen wird. Verwenden Sie diese Bezeichnungen trotzdem! Sie sind in der Komplexchemie sehr gebräuchlich (und sparen Zeit). Kurz zusammengefasst:

- Der **t_{2g}-Orbitalsatz** besteht aus den drei d-Orbitalen, die *im oktaedrischen Ligandenfeld* zwischen den Liganden liegen, also nicht unmittelbar in deren Richtung weisen und somit auch nur minimal mit den Orbitalen der Liganden überlappen (d_{xy}, d_{xz}, d_{yz}).
- Der **e_g-Orbitalsatz** setzt sich aus den zwei d-Orbitalen zusammen, die *im oktaedrischen Ligandenfeld* genau in Richtung der Liganden weisen und maximal mit ihnen überlappen ($d_{x^2-y^2}$, d_{z^2}).

Der Energieunterschied Δ_O, der sich zwischen den t_{2g}-Orbitalen und den e_g-Orbitalen ergibt, ist abhängig von der

- ✔ Oxidationsstufe (mehr dazu in Kapitel 26) des Zentralteilchens (je höher diese ist, desto größer ist Δ_O)
- ✔ Anzahl und Anordnung der Liganden (je mehr Liganden, desto größer ist Δ_O)
- ✔ Art der Liganden
- ✔ Art des Zentralteilchens

und kann sich im Absolutbetrag recht deutlich unterscheiden. Und genau dieses Ausmaß der energetischen Aufspaltung des d-Orbitalsatzes in t_{2g}- und e_g-Orbitale bestimmt auch das magnetische Verhalten der Komplexe.

Die d-Orbitale werden von den Elektronen unter Berücksichtigung von PAULI-Prinzip und HUND'scher Regel besetzt, wie Sie das aus Kapitel 10 bereits kennen – nur mit dem Unterschied, dass (bedingt durch den Einfluss der Liganden) drei der fünf d-Orbitale zuerst an der Reihe sind, weil sie energetisch tiefer liegen. Verfolgen Sie bitte anhand von Abbildung 13.11 nach, was diese Besetzung für Folgen hat. Zunächst betrachten Sie bitte die Teilchen mit einem bis drei d-Elektronen sowie diejenigen mit acht bis zehn d-Elektronen.

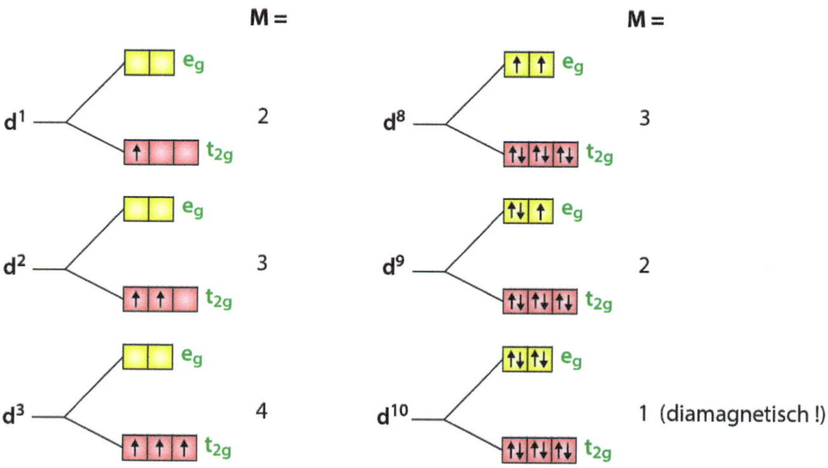

Abbildung 13.11: Orbitalbesetzung: d^1 bis d^3 und d^8 bis d^{10}

Sie erkennen, dass sich *alle* Komplexe paramagnetisch verhalten, außer bei d^{10}; hier sind sämtliche Orbitale Spin-antiparallel besetzt. Das jeweilige magnetische Verhalten gilt für *alle oktaedrisch* gebauten Komplexe der Elektronenkonfiguration d^1 – d^3 beziehungsweise d^8 – d^{10} – ungeachtet der Liganden, die zu dem betreffenden Zentralteilchen Bindungen ausgebildet haben.

Ganz schön magnetisch

Paramagnetisches Verhalten kann unterschiedlich stark ausgeprägt sein und ist direkt von der Anzahl ungepaarter Elektronen abhängig. Entsprechend verhält sich ein d^3-Komplex (mit drei ungepaarten Elektronen) stärker paramagnetisch als ein d^8-Komplex (mit nur zwei Stück). Allerdings wäre es sehr mühselig, immer das ganze Orbitalbesetzungsdiagramm zu konstruieren, wenn Sie die Stärke des paramagnetischen Verhaltens eines Komplexes beschreiben wollen.

Aus diesem Grund wurde der Begriff der **Multiplizität M** eingeführt (der Ihnen auch später noch gute Dienste leisten wird, vor allem in Kapitel 49). Die Multiplizität von Komplexen berechnet sich nach

$$M = (\text{Anzahl ungepaarter Elektronen am Zentralteilchen}) + 1 \tag{13.1}$$

Entsprechend ergibt sich für ein d^1- oder ein d^9-System M = 2; d^2- und d^8-Systeme sind mit M = 3 *stärker* paramagnetisch, am stärksten ist hier $M(d^3) = 4$. Ein d^{10}-System weist *keinerlei* ungepaarte Elektronen auf: $M(d^{10}) = 1$; es ist also *diamagnetisch.*

Jetzt sehen Sie auch gleich, dass jedes System *entweder* diamagnetisch *oder* paramagnetisch sein *muss.* Weder/noch gibt es ebenso wenig wie sowohl/als auch.

Natürlich gibt es für die verschiedenen Multiplizitäten auch wieder feststehende Bezeichnungen: Beträgt M = 1, spricht man von einem Singulett-Zustand (oder kurz einem *Singulett, S*), bei M = 2 liegt ein **Dublett-Zustand** vor (ein *Dublett, D*), bei M = 3 ein **Triplett-Zustand** (*Triplett, T*) , bei M = 4 ein **Quartett-Zustand** (*Quartett, Q*) , und so geht das immer weiter.

Nun vergleichen Sie dieses Bild mit den Teilchen, die vier bis sieben d-Elektronen besitzen; hier sieht es etwas anders aus, wie Sie in Abbildung 13.12 verfolgen können.

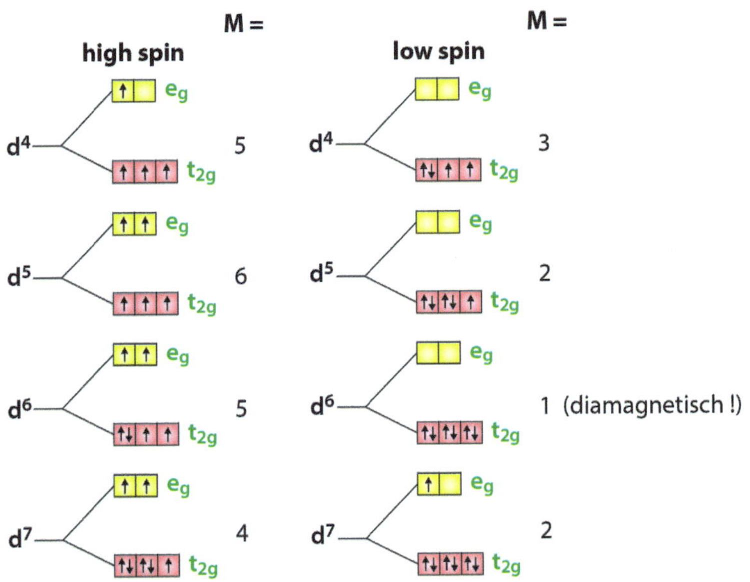

Abbildung 13.12: Orbitalbesetzung: d^4 bis d^7

Während Sie bei den anderen Elektronenkonfigurationen (Abbildung 13.11) gar keine Wahl haben, wie Sie die Elektronen verteilen, gibt es hier jeweils *zwei* Möglichkeiten.

Hier werden zwei Energien miteinander verglichen:

- ✔ Die *Spinpaarungs*energie, die notwendig ist, um zwei Elektronen mit antiparallelem Spin im gleichen Orbital unterzubringen.
- ✔ Die *Aufspaltungs*energie des Ligandenfelds.

Ist der Energieunterschied aufgrund der Feldaufspaltung *geringer* als die Energie, die für eine Spinumkehr erforderlich ist, ist es energetisch günstiger, nach Halbbesetzung der t_{2g}-Orbitale das vierte Elektron nicht etwa spinumgekehrt in einem dieser Orbitale unterzubringen, sondern spin-parallel zu den Elektronen des t_{2g}-Orbitalsatzes in einem der e_g-Orbitale.

Ist die Energiedifferenz zwischen den t_{2g}-Orbitalen und den e_g-Orbitalen hingegen *größer* als die Spinpaarungsenergie, wird das vierte Elektron unter Spinumkehr zu den anderen Elektronen in einem der t_{2g}-Orbitale untergebracht.

Zur Unterscheidung werden Komplexe mit maximierter Anzahl ungepaarter Elektronen als ***High-spin*-Komplexe** (= große Multiplizität), Komplexe mit minimaler Anzahl ungepaarter Elektronen entsprechend als *Low-spin*-Komplexe (= kleine Multiplizität) bezeichnet (*siehe* Abbildung 13.12). (In älteren Lehrbüchern finden Sie dafür mitunter die Bezeichnungen »*Outer-orbital-Komplex*« oder »Anlagerungskomplex« für *high-spin* und »*Inner-orbital-Komplex*« oder »Durchdringungskomplex« für *Low-spin*-Komplexe.)

Wie kommt es aber nun zur Ausbildung von einerseits der *High-spin-*, andererseits der *Low-spin*-Varianten? Sie ahnen bereits, dass dies etwas mit den Liganden zu tun hat. Es gibt:

- ✔ **Starke Liganden** – sie wirken sich stark auf das Zentralteilchen aus und sorgen für einen großen Energieunterschied zwischen dem t_{2g}- und e_g-Orbitalsatz, verursachen also eine große Aufspaltung des Ligandenfelds.
- ✔ **Schwache Liganden** – sie wirken sich nicht so stark auf das Zentralteilchen aus, die Ligandenfeldaufspaltung ist dementsprechend geringer.

Aufgrund experimenteller Ergebnisse werden die verschiedenen Liganden in der sogenannten **spektrochemischen Reihe** eingeordnet (Abbildung 13.13).

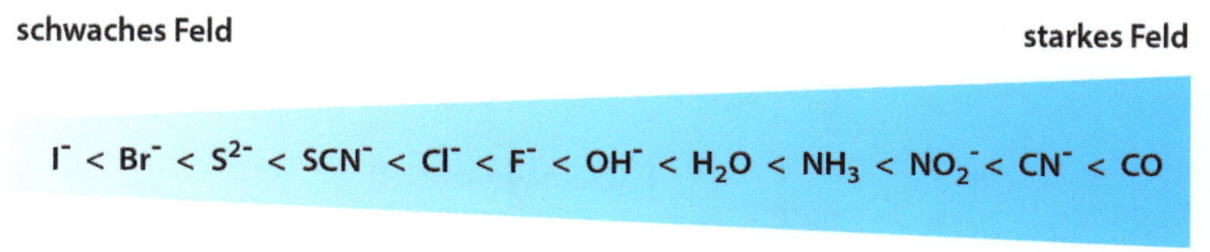

Abbildung 13.13: Spektrochemische Reihe der Liganden

Auch die Zentralteilchen spielen eine Rolle, sie werden ebenfalls in eine spektrochemische Reihe eingeordnet (Abbildung 13.14).

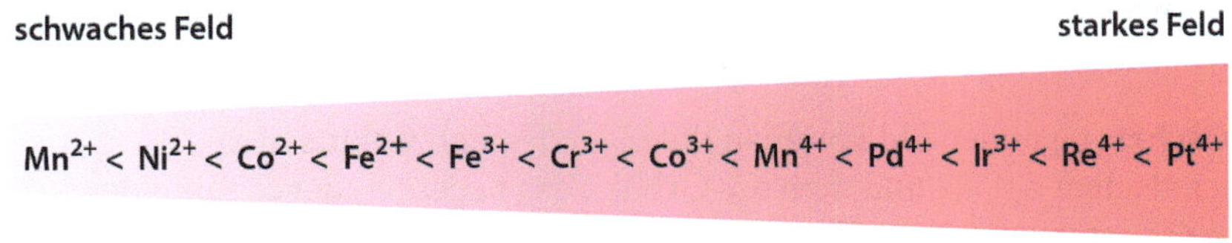

Abbildung 13.14: Spektrochemische Reihe der Zentralteilchen

Starke Liganden und *hohe* Ladung des zentralen Kations führen im oktaedrischen Feld eher zu *Low-spin*-Komplexen, *schwache* Liganden und *niedrige* Ladung des zentralen Kations eher zu *High-spin*-Komplexen.

Manchmal kommt es aufgrund von Wechselwirkungen zwischen den Liganden und den d-Elektronen des Zentralteilchens zu einer Verzerrung der Struktur des Komplexes (meist einer Streckung). Der Grund dafür ist, dass wegen besagter Wechselwirkungen die Orbitale in *einer* Raumrichtung im Vergleich zu anderen energetisch begünstigt werden. Eine solche Verzerrung wird als **Jahn-Teller-Effekt** bezeichnet (nach Edward Teller und Hermann Arthur Jahn). Er tritt vor allem bei oktaedrischen Komplexen auf. Abbildung 13.15 zeigt, wie sich die Verschiebung der Orbitalenergien (sie lassen sich experimentell ermitteln) auf den räumlichen Bau des jeweiligen Oktaeders auswirkt.

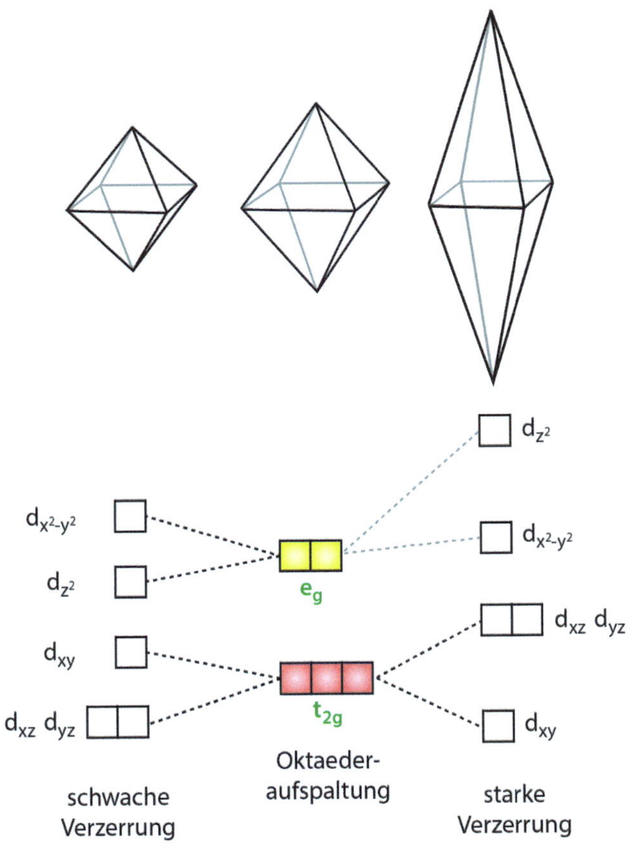

Abbildung 13.15: Jahn-Teller-Effekt

Zum Vergleich sehen Sie in Abbildung 13.16 die Ligandenfeld-Aufspaltung, die sich für zwei beziehungsweise vier Liganden ergibt.

- ✔ Im **tetraedrischen** Ligandenfeld kommen die Liganden den Orbitalen d_{xy}, d_{xz} und d_{yz} näher als dem $d_{x^2-y^2}$- und dem d_{z^2}-Orbital, das bedeutet, der t_{2g}- und der e_g-Orbitalsatz *tauschen die Plätze*. Die Aufspaltung Δ_T ist allerdings kleiner als die im oktaedrischen Ligandenfeld ($\Delta_T < \Delta_O$); sie beträgt weniger als die Hälfte. Daher sind bislang noch *keine* tetraedrischen *Low-spin*-Komplexe bekannt.
- ✔ Bei **quadratisch planaren** Komplexen ändert sich die relative Lage der d-Orbitale zueinander noch einmal: Unter der Annahme, dass sich die Liganden auf der x/y-Ebene nähern, kommen sie mit den »zwischen den Achsen liegenden« d_{xz}- und d_{yz}-Orbitalen *am wenigsten* in Kontakt, während der »Ring« des d_{z^2}-Orbitals bereits für eine gewisse abstoßende Wechselwirkung sorgt. Dafür ist beim $d_{x^2-y^2}$-Orbital die Überlappung mit den Liganden-Orbitalen *maximiert*. Derartige Komplexe kommen häufig bei *großer* Ligandenfeldaufspaltung mit d^8-Konfigurationen vor – typische Beispiele hierfür sind: Pd^{2+}, Pt^{2+}, Au^{3+}. Bei allen quadratischen Komplexen dieser Ionen handelt es sich um diamagnetische *Low-spin*-Komplexe.
- ✔ Bei **linearen Komplexen** hingegen wird angenommen, dass sich die Liganden aus der (+/−)-z-Richtung annähern. Entsprechend tritt hier das d_{z^2}-Orbital *am stärksten* mit ihnen in Wechselwirkung und wird somit energetisch besonders ungünstig, während das d_{xy}- und das $d_{x^2-y^2}$-Orbital am meisten Abstand halten und somit am günstigsten sind.

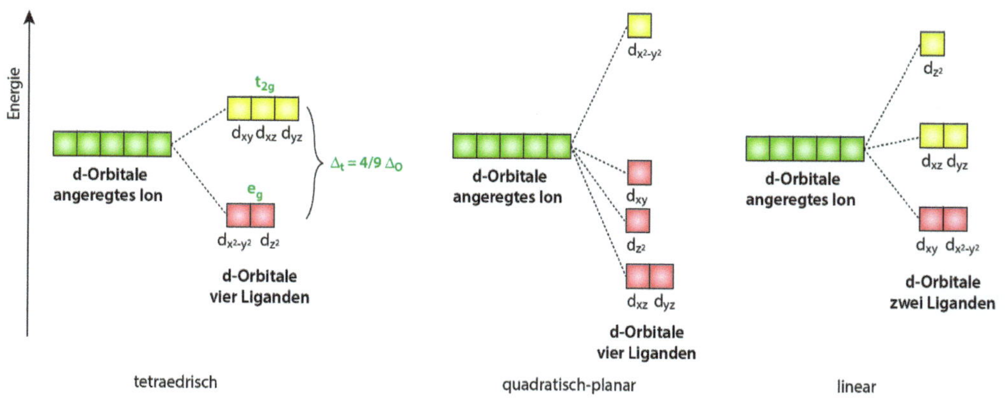

Abbildung 13.16: Aufspaltung der d-Orbitale für verschiedene Koordinationszahlen

Abbildung 13.16 zeigt die Ligandenfeld-Aufspaltungen aller drei Varianten.

Die Ligandenfeld-Theorie liefert zugleich auch eine *Begründung* für die besondere Stabilität der Komplexe: Abbildung 13.17 zeigt, dass durch die Aufspaltung der d-Orbitale bevorzugt Orbitale mit Elektronen besetzt werden, die in der Summe energetisch tiefer liegen, als wenn es sich um ein theoretisch kugelförmiges Ligandenfeld handeln würde. Je nachdem, wie viele Elektronen sich in diesen energieärmeren Orbitalen befinden und wie stark die Aufspaltung ist, unterscheiden sich Komplexe durch diesen zusätzlichen Energiegewinn von »normalen« Molekülen. Dieser Energieunterschied wird als **Ligandenfeld-Stabilisierungsenergie**

(**LFSE**) bezeichnet (häufig auch *Kristallfeld-Stabilisierungsenergie* genannt). Sind alle aufgespaltenen Orbitale gleichermaßen besetzt, ergibt sich durch die Aufspaltung natürlich *kein* Energiegewinn.

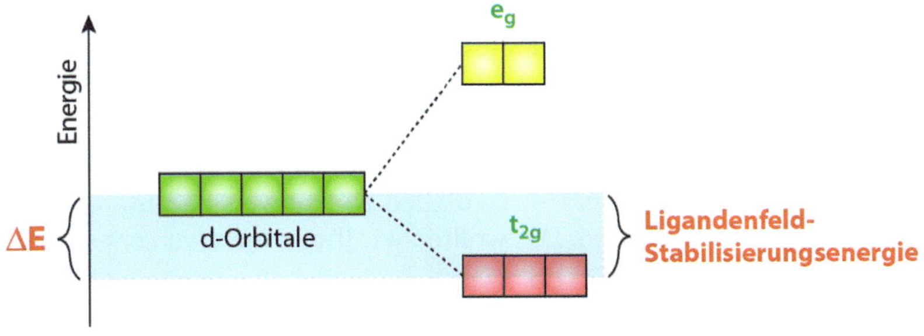

Abbildung 13.17: Ligandenfeld-Stabilisierungsenergie (LFSE)

Auch wenn Sie nicht wissen, zu welcher Art Komplex sich Zentralteilchen und Liganden vereinen, auf eines können Sie sich in jedem Fall verlassen: Es wird *der* Komplex entstehen, bei dem die Ligandenfeld-Stabilisierungsenergie am größten ist.

MO-Theorie

Im Gegensatz zur Ligandenfeld-Theorie betrachtet die MO-Theorie *alle Orbitale.* In Abbildung 13.18 sehen Sie als Beispiel ein *qualitatives* MO-Diagramm für einen oktaedrischen Komplex, bei dem nur σ-Bindungen angenommen werden. (π-Wechselwirkungen sind hier nicht berücksichtigt, sonst wird's unübersichtlich.)

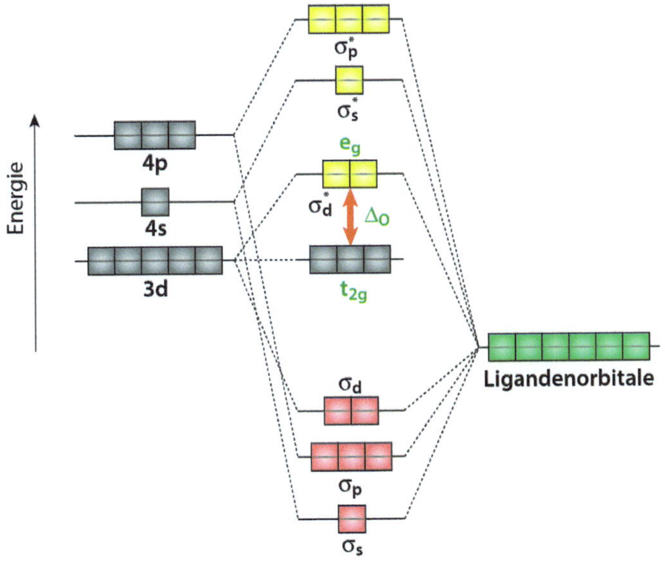

Abbildung 13.18: Vereinfachtes MO-Diagramm eines oktaedrischen Komplexes

Wenn Sie genau hinschauen, ergibt sich hier exakt die Aufspaltung Δ_O der d-Orbitale in die t_{2g}- und e_g-Molekülorbitale, die wir in der *Ligandenfeld*-Theorie zugrunde legen, jedoch tragen diese Elektronen überhaupt nicht zur Gesamtbindung im Komplex bei (der t_{2g}-Orbitalsatz ist *nicht*bindend, der e_g-Orbitalsatz *anti*bindend). Werden auch noch π-Wechselwirkungen einbezogen (schließlich stehen die t_{2g}-Orbitale ja senkrecht zueinander), wird solch ein MO-Diagramm recht kompliziert. (Für die Beschreibung der exakten energetischen Bindungsverhältnisse brauchen Sie so etwas. Für das, was wir Ihnen in diesem Buch über Komplexe nahebringen wollen, würde es glatt den Rahmen sprengen. Deshalb begnügen Sie sich mit der Ligandenfeld-Theorie, die Ihnen viele Erklärungen liefern kann. Betrachten Sie dieses MO-Diagramm lediglich als Hinweis darauf, *dass* Sie Komplexe auch theoretisch behandeln können. Das wollten wir Ihnen nicht verschweigen.)

Nicht kaputt zu kriegen?

Dass Komplexe besonders stabil sind, heißt nicht, dass sie wirklich unangreifbar wären. So lässt sich in einer Lösung von Hexaammincobalt(III)chlorid kein Ammoniak nachweisen, und das lässt sich nur dadurch erklären, dass dieser Komplex offenbar so stabil ist, dass die gebundenen Ammoniak-Moleküle nicht zugänglich sind. Eine wässrige Lösung von $[Co(NH_3)_6]Cl_3$ enthält also ausschließlich $[Co(NH_3)_6]^{3+}$- und Cl^--Ionen. Aus einer wässrigen Lösung von Kaliumtetrachloridoferrat(III) $K[Fe(Cl)_4]$ hingegen gelingt der Nachweis *freier* Chlorid-Ionen problemlos. Was bedeutet das? – In wässriger Lösung steht ein Komplex mit seinen einzelnen Bestandteilen in einem Gleichgewicht, und die Lage dieses Gleichgewichts entscheidet, wie stabil er ist.

Die Beschreibung eines chemischen Gleichgewichts erfolgt mithilfe des *Massenwirkungsgesetzes* (falls Sie nicht bereits wissen, was das ist, können Sie gerne in Kapitel 24 nachschlagen).

Prinzipiell dürfen Sie sich die Entstehung eines wie auch immer gearteten Komplexes als klassische (allerdings mehrstufige) *Gleichgewichtsreaktion* vorstellen.

BEISPIEL

$$Ni^{2+} + CN^- \rightleftarrows [Ni(CN)]^+ \qquad K_1 = \frac{[Ni(CN)]^+}{[Ni^{2+}] \cdot [CN^-]}$$

$$[Ni(CN)]^+ + CN^- \rightleftarrows [Ni(CN)_2] \qquad K_2 = \frac{[Ni(CN)_2]}{[Ni(CN)]^+ \cdot [CN^-]}$$

$$[Ni(CN)_2] + CN^- \rightleftarrows [Ni(CN)_3]^- \qquad K_3 = \frac{[Ni(CN)_3]^-}{[Ni(CN)_2] \cdot [CN^-]}$$

$$[Ni(CN)_3]^- + CN^- \rightleftarrows [Ni(CN)_4]^{2-} \qquad K_4 = \frac{[Ni(CN)_3]^{2-}}{[Ni(CN)_3]^- \cdot [CN^-]}$$

$$\text{Gesamtreaktion:}\ Ni^{2+} + 4\,CN^- \rightleftarrows [Ni(CN)_4]^{2-}$$

Die jeweiligen *Gleichgewichtskonstanten K* der Einzelreaktionen stellen die einzelnen **Stabilitätskonstanten** dar; sie lassen sich (durch einfaches konsekutives Multiplizieren) zu einer

Bruttokomplexbildungskonstanten zusammenfassen, die meist nur, etwas weniger präzise, als *Komplexbildungskonstante β* bezeichnet wird.

$$K_1 \cdot K_2 \cdot K_3 \cdot K_4 = \beta = \frac{c\,[Ni(CN)_4]^{2-}}{c\,[Ni^{2+}] \cdot c^4\,[CN^-]} = 10^{29}\,L^4\,mol^{-4}$$

Je größer der Wert von *β*, desto beständiger ist ein Komplex. 10^{29} ist schon eine beträchtlich große Zahl. Der Fe(II)-cyanido-Komplex ist noch um mehrere Zehnerpotenzen (!) stabiler (10^{37}).

Die Stabilität bei den Komplexen wird unterschieden in

✔ Thermodynamische Stabilität:

- Je stärker ein Ligand als LEWIS-Base wirkt (was das ist, erfahren Sie in Kapitel 25), desto stabiler ist die Bindung. Förderlich sind hier eine geringe Elektronegativität (*siehe* Kapitel 10) des Atoms, an dem das Elektronenpaar sitzt, oder eine negative Ladung. (Amminkomplexe sind stabiler als Aquakomplexe, weil Sauerstoff elektronegativer ist als Stickstoff; Cyanidokomplexe sind stabiler als Amminkomplexe, weil Cyanid-Ionen eine negative Ladung besitzen.)
- Erlangt ein Zentralteilchen durch die Elektronen der Liganden eine *Edelgaskonfiguration* (also insgesamt 18 Elektronen), ist der Komplex häufig besonders stabil. Beispiele hierfür sind $[Fe(CN)_6]^{4-}$, $[Co(NH_3)_6]^{3+}$, $[Ni(CO_4)]$.

Dass Komplexe mit insgesamt 18 Valenzelektronen meist besonders stabil sind, wird (zu Ehren des britischen Chemikers Nevil Vincent SIDGWICK) als **SIDGWICK-Regel** bezeichnet. Diese Regel kann Ihnen auch bei deutlich komplizierter aufgebauten Komplexen eine gute Orientierungshilfe sein (in Kapitel 43 kommen wir auf derlei Verbindungen zurück). Aber aufgepasst: Ebenso wie die Oktettregel ist auch die **18 VE-Regel** (das ist eine andere Bezeichnung dafür) *nur* eine Faustregel! Gerade bei den sogenannten *späten Übergangsmetallen* (rechts vom Eisen) ist sie häufig nicht sonderlich hilfreich.

✔ Kinetische Stabilität: Auch die Geschwindigkeit des Ligandenaustauschs hängt von verschiedenen Faktoren ab:

- Koordinationszahl des Zentralteilchens
- Art und Größe der Liganden
- Änderung der Ligandenfeld-Stabilisierungsenergie während des Ligandenaustauschs

Besonders *stabil sind oktaedrische Komplexe mit großen Liganden.*

Ein *thermodynamisch* stabiler Komplex muss nicht unbedingt auch *kinetisch* stabil sein und umgekehrt!

Beide Stabilitäten hängen von einer Vielzahl von Faktoren ab, auf die hier nicht vollständig eingegangen werden kann.

Kinetisch besonders stabil sind auch sogenannte **Chelatkomplexe**, also Komplexe mit *mehrzähnigen* Liganden. Ein *zwei*zähniger Ligand besitzt zwei Koordinationsstellen. Beliebte Beispiele sind das Ethylendiamin (Abbildung 13.19a) und das Oxalat-Ion (b; der zugehörigen Oxalsäure werden Sie in Kapitel 25 und auch in Teil VIII erneut begegnen).

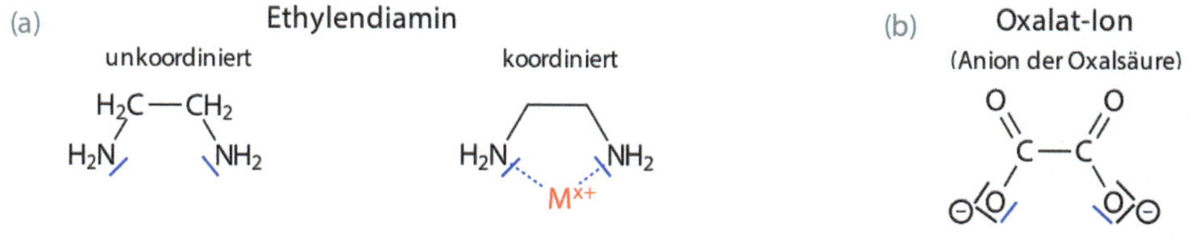

Abbildung 13.19: Ausgewählte zweizähnige Liganden

Wenn Sie sich anschauen, wie ein mehrzähniger Ligand wie das Ethylendiamin (a) das Zentralteilchen (hier: M^{x+}) regelrecht in die Zange nimmt, wird auch ersichtlich, woher die Bezeichtung Chelat-Komplex kommt: Der Begriff leitet sich vom griechischen Wort *χηλή* (*chelé*) = Krebsschere ab. (Zu den unterschiedlichen Darstellungsweisen in Abbildung 13.19a erfahren Sie eine ganze Menge in Kapitel 35.) In gleicher Weise kann auch das Oxalat-Ion (b) an zwei Stellen gleichzeitig am Zentralteilchen andocken.

Auch Liganden mit höherer Zähnigkeit sind bekannt; Abbildung 13.20 zeigt je ein Beispiel für einen *drei*- und einen *vier*zähnigen Liganden.

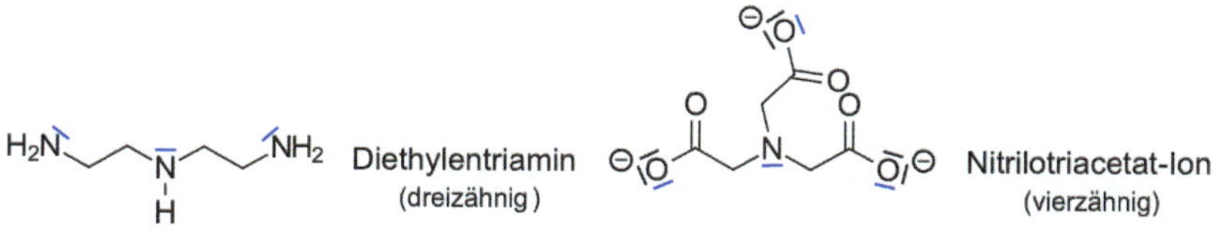

Abbildung 13.20: Ausgewählte Liganden höherer Zähnigkeit

Der bekannteste *sechs*zähnige Ligand ist wohl das EDTA (**E**thylen**d**iamin**t**etra**a**cetat), dargestellt in Abbildung 13.21. Mit ein bisschen Übung sehen Sie deutlich, dass in diesem Chelat-Komplex das Zentralteilchen (M^{x+}) oktaedrisch koordiniert vorliegt (b).

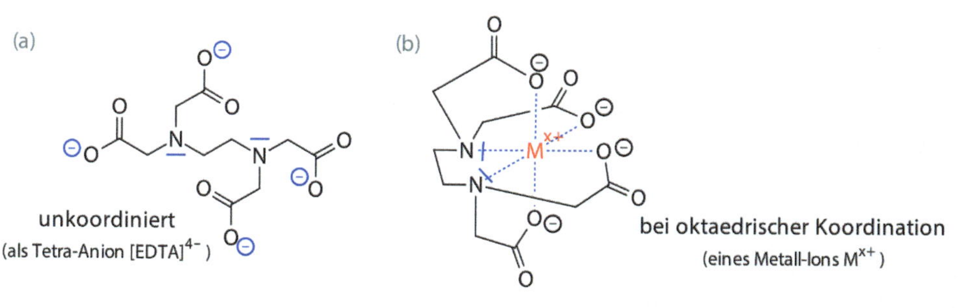

Abbildung 13.21: Ethylendiamintetraacetat – ein sechszähniger Ligand

Mehrzähnige Liganden verursachen eine besondere Stabilität der Komplexe, das ist der sogenannte *Chelat-Effekt.* Schauen wir uns dazu exemplarisch die Stabilität der beiden Komplex-Ionen Hexaamminnickel(II) und Tris(ethylendiamin)nickel(II) an (en = Ethylendiamin, $H_2N–CH_2–CH_2–NH_2$, *siehe* Abbildung 13.19):

$$Ni^{2+} + 6\,NH_3 \rightleftarrows [Ni(NH_3)_6]^{2+} \qquad \beta \approx 10^9$$
$$Ni^{2+} + 3\,en \rightleftarrows [Ni(en)_3]^{2+} \qquad \beta \approx 10^{18}$$

Der große Unterschied in der Stabilität (neun Zehnerpotenzen!) rührt daher, dass Ethylendiamin ein Chelat-Ligand ist.

Vielleicht wundert Sie die Vorsilbe »Tris« bei dem Komplex aus Ni^{2+} und drei Molekülen Ethylendiamin: Dies ist das griechische Zahlenpräfix für »dreimal« (nicht zu verwechseln mit »tri« für »drei«). Schauen wir uns die gesamte Systematik dieser Vorsilben an:

- »Einmal« wird nie gebraucht.
- »Zweimal« heißt *bis.*
- »Dreimal« ist das bereits erwähnte *tris.*
- »Viermal« ist *tetrakis.*

Bei noch höheren Werten wird einfach an das gewohnte entsprechende griechische Zahlenpräfix die Endung »kis« angehängt: also pentakis, hexakis, heptakis und so fort.

Diese Vorsilben kommen immer dann zum Einsatz, wenn Sie angeben wollen, wie häufig ein Verbindungsbestandteil auftaucht, *der selbst schon ein griechisches Zahlenwort enthält,* und das Ethylen*di*amin heißt schließlich so, weil es *zwei* Aminogruppen ($-NH_2$) enthält. (Zu derlei organischen Verbindungen kommen wir in Kapitel 39.) Meistens müssen Sie sich mit dieser etwas … komplexeren Benennung von Komplexen nur herumschlagen, wenn deutlich kompliziertere Verbindungen im Spiel sind als in diesem Kapitel, aber wir wollten Ihnen das nicht vorenthalten.

Chelat-Liganden weisen generell folgende Merkmale auf:

- Sie haben mehrere Koordinationsstellen und knüpfen daher (unter Ringschluss) mehrere Bindungen zu einem Zentralteilchen.
- Sie sind meist recht voluminös.
- Damit haben sie die besten Voraussetzungen für eine kinetische Stabilität:
  - Der Ligand wird nur frei, wenn nach der ersten auch noch die zweite, dritte, vierte Bindung gelöst wird; und das ist, rein statistisch gesehen, doch eher unwahrscheinlich. Anders ausgedrückt: Chelat-Komplexe sind *statistisch begünstigt.*
  - *Ein* Chelat-Ligand setzt *mehrere* vorher gebundene Liganden frei; es sind also *mehr* freie Teilchen vorhanden als vorher. Das bedeutet größere »Unordnung«,

oder wissenschaftlich ausgedrückt: Die Entropie nimmt zu, was thermodynamisch begünstigt ist. Anders ausgedrückt: Chelat-Komplexe sind *entropisch begünstigt.* (Mehr zur Thermodynamik im Allgemeinen und zur Entropie erfahren Sie in Kapitel 16.)

Wird ein Zentralteilchen infolge einer Komplexbildung gegen einen Angriff durch andere Liganden geschützt, spricht man von einer **Maskierung**.

BEISPIEL

Fe^{3+} und SCN^- reagieren in wässriger Lösung zu dem tiefroten Komplex $[Fe(SCN)_6]^{3-}$ mit $\beta = 10^{6,2}$.

Geben Sie zu einer Lösung dieses Komplexes noch Fluorid-Ionen in die Lösung, entsteht die rote Farbe *nicht.* Warum? – Es bildet sich stattdessen der stabilere farblose Komplex $[FeF_6]^{3-}$ ($\beta = 10^{9,2}$). Die Fluorid-Ionen haben das Fe^{3+}-Ion *maskiert.*

Ein ähnlicher Vorgang ist zu beobachten, wenn Fällung und Komplexbildung miteinander konkurrieren:

BEISPIEL

Aus einer wässrigen Lösung von Silber-Kationen (Ag^+) fällt bei Zugabe von Chlorid-Ionen aufgrund des geringen Löslichkeitsprodukts (*siehe* Kapitel 24) festes Silberchlorid (AgCl) aus. Wird das betreffende Gemisch jedoch mit Ammoniakwasser (NH_3 in wässriger Lösung) versetzt, unterbleibt diese Fällungsreaktion (oder der bereits entstandene Niederschlag löst sich auf), da die Silber-Ionen mit Ammoniak zur deutlich besser löslichen, stabilen Verbindung $[Ag(NH_3)_2]Cl$ reagieren; die Silber-Ionen stehen für die Fällung nicht mehr zur Verfügung, sie wurden durch das Ammoniak maskiert.

Alles so schön bunt hier

Viele Komplexe weisen eine auffallend charakteristische Farbe auf. Auch die lässt sich mithilfe der Ligandenfeld-Theorie recht anschaulich erklären:

Prinzipiell basiert Farbigkeit stets auf der Wechselwirkung zwischen dem betrachteten Stoff und dem sichtbaren Licht, also dem Ausschnitt aus dem elektromagnetischen Spektrum, den *Menschen* als »sichtbares Licht« wahrnehmen.

In den weitaus meisten Fällen bedeutet hier »Wechselwirkung« die Anregung eines Elektrons (oder auch mehrerer Elektronen) aus einem energetisch niedrigeren in einen energiereicheren Zustand (Sie kennen das schon aus Kapitel 8). Über die Beziehung $E = h \cdot \nu$ lässt sich die Wellenlänge des absorbierten Lichts berechnen.

Wann sieht der Mensch überhaupt eine Farbe?

Schauen Sie sich noch einmal das elektromagnetische Spektrum in Abbildung 8.3 an. Für das menschliche Auge sichtbare Wellenlängen liegen im Bereich zwischen etwa 400 bis 800 nm. Licht, das *sämtliche* dieser Wellenlängen enthält, erscheint dem menschlichen Auge (genauer ausgedrückt: dem Gehirn) *weiß*. Werden diesem Licht bestimmte Wellenlängen entzogen, so empfängt das menschliche Auge nur noch *die* Wellenlängen, die dann übrig bleiben: Diese Wellenlängen-Vielfalt wird dann als die entsprechende zugehörige Komplementärfarbe wahrgenommen.

Wird weißem Licht etwa der gelbe Anteil (also Licht im Wellenlängenbereich 560–580 nm) entzogen, so erscheint das betrachtete Objekt für das menschliche Auge in der zugehörigen Komplementärfarbe (hier: Blau).

Der Farbkreis in Abbildung 13.22 zeigt Ihnen die jeweils gegenüberliegenden Farben, die zusammen weißes Licht ergeben.

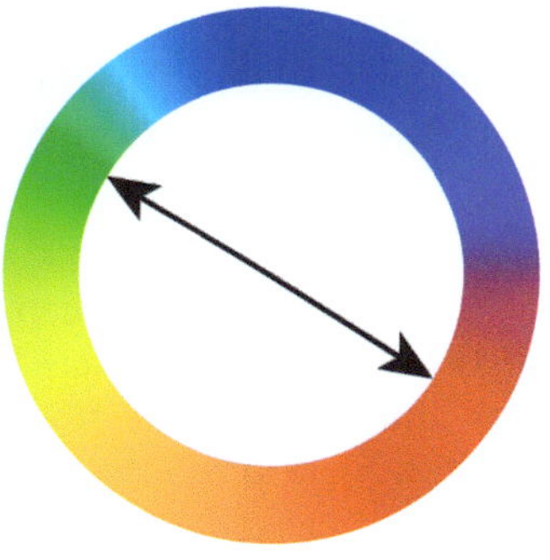

Abbildung 13.22: Der Farbkreis – Komplementärfarben

Kommen wir nun zu unseren Komplexen. Die drei wichtigsten Erklärungen, warum Komplexe eine Farbe aufweisen, sind:

- ✔ d-d-Übergänge
- ✔ *Inner-Ligand*-Übergänge
- ✔ *Charge-Transfer*-Übergänge

Die schauen wir uns der Reihe nach etwas genauer an:

d-d-Übergänge

Hier geht es vor allem um Elektronen im t_{2g}-Orbitalsatz (*siehe* Abschnitt *Ligandenfeld-Theorie*). Absorbiert ein solcher Komplex Licht, wird (mindestens) ein Elektron in eines der e_g-Orbitale befördert (*siehe* Abbildung 13.23). Je nachdem, wie viel Energie dafür erforderlich ist, sind die entsprechenden Wellenlängen natürlich länger oder kürzer. Es hängt von der Größe der Ligandenfeld-Aufspaltung ab, ob eher rotes Licht (energieärmer) oder blaues Licht (energiereicher) absorbiert wird. Diese Anregung wird auch *Ligandenfeld-Bande* genannt.

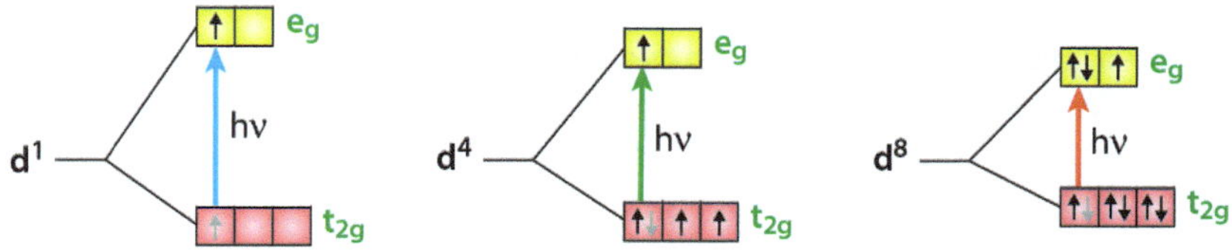

Abbildung 13.23: d-d-Übergänge

Da die Aufspaltung von den Liganden abhängt, wird auch die Farbe eines Komplexes in erster Linie durch die Liganden bestimmt. Sie sehen mit dem Auge die Komplementärfarbe zur absorbierten Wellenlänge.

BEISPIEL

Die grüne Lösung des Hexaaquanickel(II)-Ions $[Ni(H_2O)_6]^{2+}$ verfärbt sich tiefblau, wenn die Lösung mit Ammoniak versetzt wird, weil Hexaamminnickel(II)-Ionen $[Ni(NH_3)_6]^{2+}$ entstehen.

Die Absorptionsbanden verschieben sich zu *kürzeren* Wellenlängen (mit höherem Energiegehalt), wenn der Ligand *stärker* wird, da dieser das Feld stärker aufspaltet; der Abstand der Energieniveaus nimmt zu, somit ist *energiereicheres* Licht erforderlich, um den Übergang eines Elektrons aus dem t_{2g}- in den e_g-Orbitalsatz zu bewirken.

Inner-Ligand-Übergänge

BEISPIEL

Manchmal gibt es keine Absorptionsmöglichkeiten im sichtbaren Bereich der Elektronenenergien im Molekül, etwa weil alle d-Zustände besetzt sind. Trotzdem kann ein Komplex farbig erscheinen, wenn er Liganden mitbringt, die selbst bereits farbig sind. Der Komplex wird dann weitgehend die Farbe dieser Liganden annehmen.

Schauen Sie sich den dunkelblauen Farbstoff Zink-Phthalocyanin an:

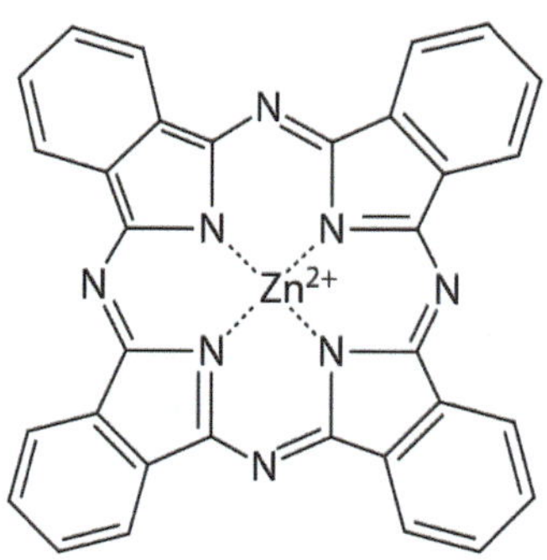

Bei Zn^{2+} sind alle d-Niveaus gefüllt (daher sind wässrige Lösungen von Zink(II)-Salzen meist farblos), Phthalocyanin selbst ist tiefblau. (Das dargestellte Molekül besitzt ein Porphyrinringsystem; so etwas Ähnliches – nur mit Fe^{2+} in der Mitte – schwimmt in Ihrem Blut herum und ist dann rot (das gute *Hämoglobin*). Befindet sich Mg^{2+} in der Mitte, ist es grün und findet sich in Pflanzen und heißt *Chlorophyll.*)

Charge-Transfer-Übergänge

Selbst wenn weder Zentralteilchen noch Liganden irgendeine Farbe erzeugen können, brauchen Sie die Hoffnung auf schöne Farbeffekte nicht unbedingt aufzugeben. Besteht nämlich zwischen dem Zentralteilchen und den Liganden ein hinreichend großer *Ladungsunterschied*, kann es zu Elektronenübergängen in unbesetzte Orbitale kommen. (Sie könnten den Ladungsübergang vom elektronenreichen Teilchen (Elektronen-Donor) zum elektronenarmen Teilchen (Elektronen-Akzeptor) auch als *interne Redox-Reaktion* bezeichnen, dazu und zum Begriff Oxidationsstufe mehr in Kapitel 26.)

Drei Möglichkeiten sind denkbar:

- ✔ Elektronenübergang vom Liganden zum Metall

  Das Zentral-Ion weist eine *hohe* Oxidationsstufe auf, der Ligand bietet große negative Ladungsdichte an. Durch den Ladungsunterschied kommt es häufig zu einem partiellen Elektronenübergang zwischen p-Orbitalen des Liganden und d-Orbitalen des Metalls, dessen Zustände energetisch so dicht beieinanderliegen, dass eine Anregung mit sichtbarem Licht möglich ist. Berühmtester Vertreter in dieser Hinsicht ist das tief violett gefärbte Permanganat-Ion MnO_4^-. (Sowohl das theoretische Ion Mn^{7+} – das hätte dann d^0, wurde aber wegen der hohen Ladungsdichte bislang noch nie isoliert – als auch O^{2-} können keine Elektronen irgendwohin schieben und wären deshalb *an sich* farblos.)

- ✔ Elektronenübergang vom Metall zum Liganden

  Liegt das Zentralteilchen in *niedriger* Oxidationsstufe vor (zum Beispiel Fe^{2+}) und kann der Ligand auch noch Elektronen aufnehmen, dann kann es zu einer Delokalisierung von Elektronen kommen, die mit Übergängen von *besetzten* d-Orbitalen des Metalls in leere *antibindende* π-Orbitale des Liganden einhergeht. Häufig ist dies bei Liganden wie CO und CN^- zu beobachten.

- ✔ Elektronenübergang von Metall zu Metall

  Liegen in einem Komplex mehrere Metall-Atome (gleicher oder unterschiedlicher Atomsorte) in unterschiedlichen Oxidationsstufen vor, können unter Absorption von Licht auch Elektronen hin- und hergeschoben werden. Ein prominentes Beispiel dafür ist der Farbstoff Berliner Blau: $^{+III}Fe_4[^{+II}Fe(CN)_6]_3$.

Auf das Phänomen der Farbigkeit wird im Rahmen der Organischen Chemie (Teil VIII) erneut eingegangen.

Isomerie

Ein für die Komplexchemie äußerst wichtiges Konzept (das uns zudem im ganzen Teil VIII, in der es um die Organische Chemie geht, noch weidlich beschäftigen wird) ist die **Isomerie.** Das ist die Möglichkeit einer gegebenen Anzahl von Atomen, sich *in unterschiedlicher Art und Weise anzuordnen*, sodass unterschiedliche Verbindungen entstehen.

Konstitutionsisomerie

Bei der **Konstitutionsisomerie** sind die Atome in unterschiedlicher *Reihenfolge* verknüpft, sie weisen also eine unterschiedliche *Konnektivität* auf.

Zur Verdeutlichung der wohl wichtigsten aller Formen der Isomerie sei der Einfachheit halber schon ein Beispiel aus der OC herangezogen: Wenn die üblichen Spielregeln eingehalten werden (Kohlenstoff und Sauerstoff werden sich an der Oktettregel orientieren, Wasserstoff geht nur eine Bindung ein), gestattet etwa die Summenformel C_2H_6O die Anordnung der Atome zu zwei verschiedenen Verbindungen.

Die Strukturformel in Abbildung 13.24a gehört zum *Ethanol* (dem Genussalkohol), der bei Raumtemperatur in Form einer farblosen, gut wasserlöslichen Flüssigkeit (Sdp. 78,5 °C) vorliegt; (b) hingegen steht für die äußerst leichtflüchtige Verbindung *Dimethylether* (Sdp. –24,9 °C), die bei Raumtemperatur gasförmig ist und sich fast gar nicht in Wasser lösen lässt.

Abbildung 13.24: Konstitutionsisomerie am C_2H_6O

Bei Komplexen treten verschiedene Unterarten dieser Form der Isomerie auf:

Koordinationsisomerie

Die **Koordinationsisomerie** gibt es nur bei Verbindungen, bei denen sowohl das Kation als auch das Anion Komplexe sind. In derartigen Fällen können Komplex-Kation und Komplex-Anion ihre Liganden tauschen: So können bei der Verbindung $[Co(NH_3)_6][Cr(CN)_6]$, dem Hexaammincobalt(III)hexacyanidochromat(III), die Ammin- und die Cyanidoliganden den Platz wechseln (Abbildung 13.25). Dabei entsteht ein neues Komplex-Salz, das entsprechend als Hexaamminchrom(III)hexacyanidocobaltat(III) bezeichnet wird.

$$[Co(NH_3)_6][Cr(CN)_6] \rightleftharpoons [Cr(NH_3)_6][Co(CN)_6]$$

Abbildung 13.25: Koordinationsisomerie

Beachten Sie, dass der Cobalt-Komplex, der zuvor das *Kation* dargestellt hat, hier zum *Anion* der Verbindung geworden ist.

Ionenisomerie

In ähnlicher Weise können Ionen, die das Gegen-Ion eines kationischen Komplexes darstellen, gegebenenfalls mit einem Liganden den Platz wechseln: Sie treten also entweder »außerhalb« des Komplexes als freie Ionen auf oder als Ligand innerhalb des Komplexes. Dieses Phänomen heißt **Ionenisomerie**:

Pentamminchloridocobalt(III)sulfat wird so etwa zu Pentamminsulfatocobalt(III)chlorid (*siehe* Abbildung 13.26). Weil hier ein *zweifach* negatives Anion (SO_4^{2-}) den Platz mit dem *einfach* negativen Chlorido-Liganden (Cl^-) getauscht hat, sinkt zwar die positive Gesamtladung des Komplexes, aber das wird durch die geringere Ladung des nun zugehörigen Gegen-Ions ausgeglichen.

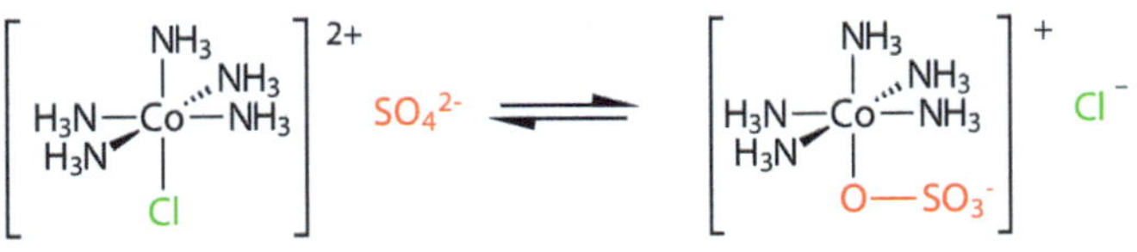

Abbildung 13.26: Ionenisomerie

Einen Sonderfall der *Ionenisomerie* stellt die **Hydratisomerie** (auch: *Hydratationsisomerie*) dar. Hierbei liegt Wasser bei der *einen* Form der betreffenden Verbindung komplex gebunden vor, also als *Aqua-Ligand*, bei der anderen jedoch bleibt es zwar integraler Bestandteil der Summenformel, verhält sich jedoch chemisch deutlich anders: Es fungiert nun als **Kristallwasser**, auch als *Hydratwasser* bezeichnet. Dieses kann – obwohl es fest zur Summenformel der betrachteten Verbindung gehört (*siehe* dazu den Kasten *Wasser innerhalb von Verbindungen? – Kristallwasser*, ein wenig mehr dazu in Kapitel 21) – deutlich leichter entzogen/entfernt werden als *komplex* gebundenes Wasser (beträchtliches Erhitzen reicht meist aus). Als Beispiel sei die Verbindung $[CoCl(H_2O)_2(NH_3)_3]Br_2$ genannt (Triammindiaquachloridocobalt(III)bromid); dessen Isomer dann die Summenformel $[CoBrCl(H_2O)(NH_3)_3]Br \cdot H_2O$ zukommt (Abbildung 13.27).

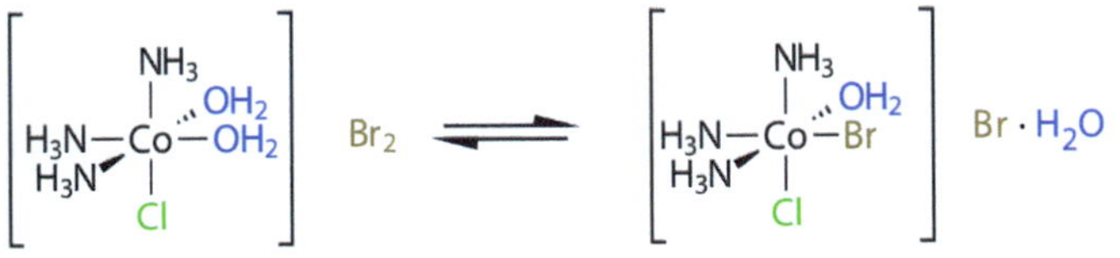

Abbildung 13.27: Hydratisomerie

Wasser innerhalb von Verbindungen? – Kristallwasser

Manche Verbindungen (bevorzugt in kristallinem Zustand) enthalten *stöchiometrische Mengen* an Wasser (mehr zur Stöchiometrie in Kapitel 22): Es liegt also pro *Formeleinheit* (Sie erinnern sich?) eine genau definierte Menge an Wasser-Molekülen vor. (Das gilt keineswegs nur für Komplexe: In Kapitel 21 werden Sie eine ganze Reihe »gewöhnlicher« Salze mit Kristallwasser kennenlernen.)

- ✔ Da dieses Wasser wirklich zur chemischen Struktur dazugehört, muss es natürlich auch in der *Summenformel* angegeben werden.

  Dies geschieht unter Verwendung eines Malzeichens (·) hinter der »restlichen Summenformel«, gefolgt von der Anzahl der zur Verbindung gehörigen Wasser-Moleküle, wobei eine »1« nicht ausgeschrieben wird (so wurde es ja auch in Abbildung 13.27 gehalten); liegen jedoch mehrere Wasser-Moleküle pro Formeleinheit vor, heißt es entsprechend [Salz] · 2 H_2O, [Salz] · 3 H_2O und so weiter.

- ✔ Natürlich beeinflusst das auch die *Namensgebung* der entsprechenden Verbindungen: Hier kommen wieder die gewohnten griechischen Zahlenpräfixe ins Spiel.

  Gibt es pro Formeleinheit nur ein Wasser-Molekül als Kristallwasser, liegt ein *Monohydrat* vor (ja, hier wird die »1« tatsächlich einmal ausdrücklich erwähnt!), bei zweien von einem *Dihydrat*, dann kommt *Trihydrat* und so geht es immer weiter.

  Dieser »x-Hydrat«-Zusatz ist durch einen *Bindestrich* vom vorangegangenen Teil des Namens abzutrennen, wobei danach mit einem *Großbuchstaben* weitergemacht wird.

  Dem Hydratisomer aus Abbildung 13.27 kommt also der schöne systematische Name Triamminaquabromidochloridocobalt(III)bromid-Monohydrat zu.

Konfigurationsisomerie

Andere Formen der Isomerie basieren auf dem *räumlichen Bau* des betreffenden Komplexes: Die Konnektivität der verschiedenen Isomere unterscheidet sich hier nicht, es sind also in den Isomeren stets die gleichen Atome mit den gleichen Bindungspartnern verknüpft. Dabei jedoch kann **Konfigurationsisomerie** auftreten, die häufig kurz als *Stereoisomerie* bezeichnet wird. Komplexe, die sich bei identischer chemischer Zusammensetzung und gleicher Konnektivität nur in der *räumlichen* Anordnung ihrer Liganden unterscheiden, werden als **Stereoisomere** bezeichnet.

Betrachten Sie beispielsweise den quadratisch-planaren Neutral-Komplex $[PtCl_2(NH_3)_2]$, also Diammindichloridoplatin(II), so ergeben sich zwei mögliche geometrische Anordnungen (Abbildung 13.28):

- ✔ Sind gleichartige Liganden benachbart, ist dies die ***cis*-Form**. Diese Verbindung wurde unter dem Namen **Cisplatin** erstmalig 1974 gegen Krebs eingesetzt; allerdings gehören zu den zahlreichen, häufig sehr starken Nebenwirkungen dieses Zytostatikums bedauerlicherweise immense Übelkeit sowie andere unschöne Erscheinungen.

✔ Stehen die gleichartigen Liganden einander gegenüber, ist dies die ***trans*-Form**.

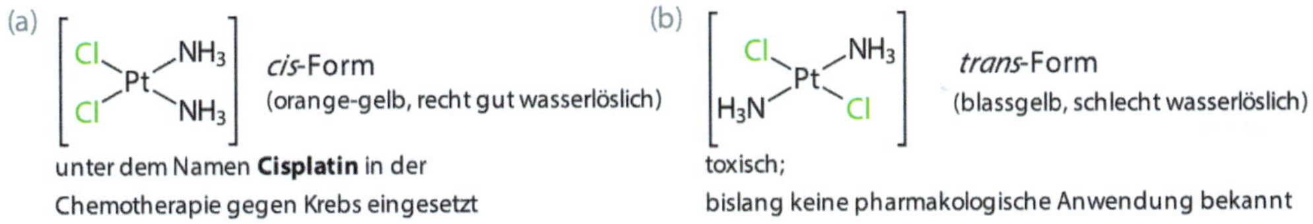

Abbildung 13.28: *cis/trans*-Isomerie – an einem quadratisch-planaren Komplex

Wieder unterscheiden sich die beiden Isomere in ihren physikalischen und chemischen Eigenschaften.

Auch bei oktaedrischen Komplexen kann *cis/trans*-Isomerie auftreten (Abbildung 13.29). Als Beispiel diene das Tetrammindichloridocobalt(III)-Kation $[CoCl_2(NH_3)_4]^+$; hier ist der Farbunterschied der beiden Isomere noch deutlich ausgeprägter.

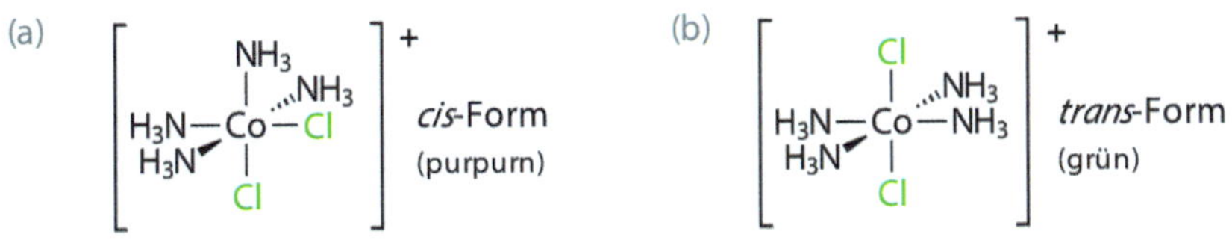

Abbildung 13.29: *cis/trans*-Isomerie – an einem oktaedrischen Komplex

Bei *tetraedrischen* Komplexen ist *cis/trans*-Isomerie verständlicherweise nicht möglich. Dafür gibt es aber eine andere Form, die sogenannte **optische Isomerie**, auch als ***Spiegelbild-Isomerie*** bezeichnet. Voraussetzung dafür ist, dass ein *tetraedrischer* Komplex *vier verschiedene* Liganden aufweist (welche Liganden das sind, ist dabei egal, deswegen zeigt Abbildung 13.30 nur gänzlich abstrakte Strukturformeln).

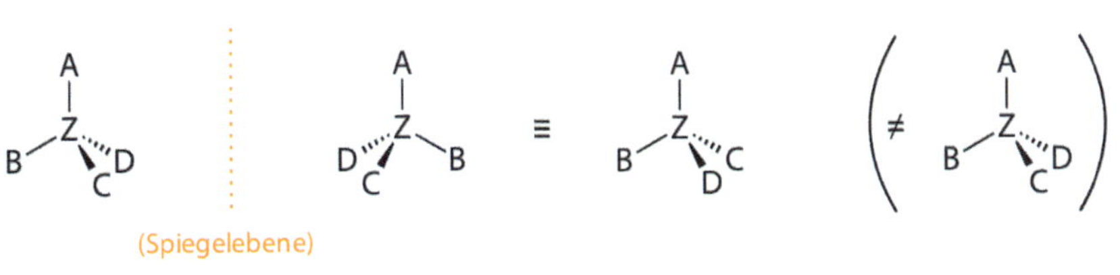

Abbildung 13.30: Spiegelbildisomerie an einem tetraedrischen Komplex

Derartige Komplexe lassen sich nicht durch einfache Drehung ineinander überführen oder zur Deckung bringen. Die gleiche Art optischer Isomerie kann auch bei *oktaedrischen* Komplexen auftreten, vor allem bei Chelatkomplexen, aber darauf soll hier nicht weiter eingegangen werden.

Die **Spiegelbild**-Isomerie, die auch als *Chiralität* bezeichnet wird, tritt bei *allen* Verbindungen auf, in denen ein tetraedrisch koordiniertes Zentrum mit vier verschiedenen Substituenten vorliegt (ein sogenanntes *Chiralitätszentrum*). Vor allem in der Organischen Chemie spielt diese Form der Isomerie eine immens wichtige Rolle, deswegen erfahren Sie über dieses Thema in Kapitel 36 deutlich mehr. (Dort wird auch erklärt, warum es *optische* Isomerie heißt.)

Eine weitere Form der *Konfigurationsisomerie*, die allerdings nur bei *oktaedrischen* Komplexen auftreten kann, soll noch erwähnt werden: die ***Facial/Meridional*-Isomerie**, kurz: *fac/mer*-Isomerie. Als Beispiel dafür diene der Neutral-Komplex Triaquatrichloridorhodium(III), $[RhCl_3(H_2O)_3]$, dargestellt in Abbildung 13.31. Erkennen Sie den Unterschied?

- ✔ Beim *Facial*-Isomer (a, *fac*) sind die drei Chlorido-Liganden (und auch die drei Aqua-Liganden) so angeordnet, dass sie eine *Fläche* des Oktaeders umschließen: Das ist das Facial-Isomer (kurz: *fac*-Isomer).
- ✔ Beim *Meridonal*-Isomer (b, *mer*) beschreiben die Liganden einen *Halbkreis* (einen *Meridian*) um das Zentralteilchen.

Abbildung 13.31: *fac/mer*-Isomerie an einem oktaedrischen Komplex

Für Formalisten: Alle diese Vorsilben, die sich auf die Konfigurationsisomerie beziehen, sind stets *kursiv* zu setzen. Gewiss, handschriftlich mag das eine Herausforderung darstellen, aber häufig ist beim Erstellen wissenschaftlicher Texte (und dazu gehören auch Praktikumsprotokolle und dergleichen) ja mittlerweile doch ein Computer im Spiel.

Das bisher Erwähnte ist natürlich nur die Spitze des Eisbergs, was die Stereoisomerie an Komplexen betrifft: Stellen Sie sich allein schon vor, wie viele verschiedene Möglichkeiten sich ergeben, wenn ein oktaedrischer Komplex *vier* verschiedene Substituenten aufweist. Dass es für all diese Möglichkeiten auch Methoden zur eindeutigen Benennung gibt, versteht sich von selbst, aber das ist eine echte Wissenschaft für sich. Und wir wollen es ja auch hier nicht übertreiben. Schließlich soll das hier eine Einführung sein, keine Enzyklopädie.

Aufgaben Kapitel 13

Zum Aufwärmen

1. Wie kommen in Komplexen die Bindungen zustande?

2. Bezeichnen Sie folgende komplexe Verbindungen exakt:

   (a) $[Cr(H_2O)_6]Br_3$; (b) $K[Ag(CN)_2]$; (c) $(NH_4)_2[Cu(OH)_4]$

3. Geben Sie die Summenformeln der folgenden Komplexe an: (a) Hexaammincobalt(III)bromid; (b) Tetraammindiaquakupfer(II)chlorid; (c) Diammintetraaquanickel(II)sulfat; (d) Calciumdiammintetrachloridoniccolat(II).

4. Mit welchem Bindungsmodell können Sie den Paramagnetismus einiger Komplexverbindungen am besten erklären?

Für Fortgeschrittene

5. Benennen Sie die folgenden Chelat-Komplexe: (a) $[Co(en)_3]Cl_3$ (en = $H_2N\text{-}CH_2\text{-}CH_2\text{-}NH_2$) ; (b) $(NH_4)_3[Fe(C_2O_4)_3]$.

6. Welche Multiplizität ergibt sich für das Hexaaquamangan(II)-Kation? (Bedenken Sie, dass Wasser ein recht starker Ligand ist.)

7. Welche Isomere sind von der Komplex-Verbindung Triammindiaquachloridocobalt(III)sulfat möglich?

Nur für Streber

8. Sie haben die Wahl, $K_4[Fe(CN)_6]$ oder $K_3[Fe(CN)_6]$ zu sich zu nehmen, möchten aber gerne den nächsten Tag noch erleben. Für welche der beiden Substanzen entscheiden Sie sich? Begründen Sie Ihre Antwort.

IN DIESEM KAPITEL

stellt sich die Frage: Wie dicht ist dicht?

gibt es Metalle am laufenden Band

geht es umso schneller, desto schwerer

Kapitel 14
Hart im Nehmen – die Metalle

Fast 80 % aller Elemente sind Metalle. Dazu gehören etwa die Hälfte der Hauptgruppenelemente sowie *sämtliche* Nebengruppenelemente (*siehe* Abbildung 14.1).

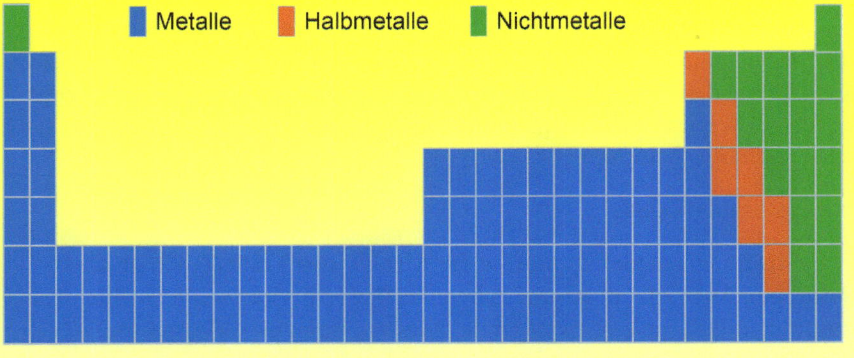

Abbildung 14.1: Metalle im Periodensystem

Obwohl Kunststoffprodukte in vielen Bereichen einen festen Platz eingenommen haben, ist unser gewohntes Leben ohne Metalle nicht denkbar. Einige Metalle kommen zum Teil *gediegen* vor (in relativ reiner Form, wie Kupfer oder Edelmetalle), die meisten Metalle existieren in der Natur jedoch als Verbindungen (meist als Oxide oder Sulfide) und können nur mithilfe eines mehr oder weniger aufwendigen Prozesses rein gewonnen werden. Je nachdem, wie selten ein Metall auf der Erde vorkommt und wie schwierig es sich gewinnen lässt, ist es entsprechend teuer. Aber nicht allein der hohe Preis bestimmt die Gier danach. Der Goldrausch veranlasste Tausende Menschen dazu, für ein paar Gramm dieses edlen Stoffes ihr Leben zu riskieren. Ob sie das für das vergleichbar teure Rubidium auch getan hätten, ist sehr fraglich, denn dieses Metall ist eigentlich für nichts zu gebrauchen und nicht einmal an der Luft stabil.

Metallische Eigenschaften

Metalle werden stets zu einer Stoffklasse zusammengefasst, demnach muss es Gemeinsamkeiten geben. Es gibt einige typische Eigenschaften, die nahezu alle Metalle aufweisen. Dazu gehören:

- ✔ Metallischer Glanz

  Die meisten Metalle sehen silbrig aus (eigenartigerweise dient dieses Metall – Silber – zur Charakterisierung einer ganzen Farbklasse (Sie könnten genauso gut »titanig«, »galliumig« oder »calciumig« sagen); das sichtbare Licht wird vollständig reflektiert. Die Farbe einiger Metalle (Kupfer, Gold) rührt daher, dass vom Elektronensystem bestimmte Wellenlängen absorbiert werden; das hat besondere Gründe (*siehe* weiter unten).

- ✔ Wärmeleitfähigkeit

  Die eng beieinanderliegenden Atome übertragen ihre Schwingungen sehr effektiv auf benachbarte Atome. Größere Schwingungsamplituden brauchen mehr Platz, deshalb zeigen Metalle auch

- ✔ Ausdehnung in der Wärme

  Sie ist nicht dramatisch (nur etwa 0,005 % pro Grad, abhängig vom Metall). Sie können sie allerdings gezielt einsetzen, um Kräfte auszuüben – etwa mit einem *Bimetall*: Der unterschiedliche Ausdehnungskoeffizient zweier in Kontakt stehender Metalle sorgt dafür, dass sich ein Werkstück verbiegt. (Damit lässt sich sogar ein Fenster öffnen, statt mit einer elektrischen Schaltung.)

- ✔ Tendenz zur Elektronenabgabe

  Wenn Sie sich die Elektronenkonfiguration der Metalle anschauen, leuchtet diese Neigung sofort ein: Auch Metall-Atome haben das Bedürfnis nach einer stabilen *Edelgas*konfiguration; und die erreichen sie am leichtesten, wenn sie Elektronen abgeben. Damit steht auch gleich das *metallischste* Element fest: Francium (Fr, es hat die niedrigste Ionisierungsenergie).

  Der metallische Charakter nimmt im Periodensystem von oben nach unten zu und von links nach rechts ab (das *nichtmetallischste* Element ist Fluor).

- ✔ Elektrische Leitfähigkeit

  Vom Atom abgegebene Elektronen befinden sich natürlich immer noch im Metall (sonst wäre es ja positiv geladen). Sie sind jedoch beweglich – und bei bewegten Elektronen handelt es sich bekanntlich um elektrischen Strom.

- ✔ Ausbildung (theoretisch) unendlicher Strukturen

  Die Größe eines Metallverbandes ist nicht festgelegt. Sie können daraus einen hauchdünnen Draht herstellen oder einen Flugzeugträger. Sie haben es mit infiniten (unendlichen) Strukturen zu tun (so etwas gibt es auch bei Ionenverbindungen; *siehe* Kapitel 11).

- ✔ Verformbarkeit (Duktilität)

  Viele (nicht alle) Metalle sind aus Schichten aufgebaut, die sich gegeneinander verschieben lassen, ohne dass der Metallverbund dabei zerstört wird. Diese Eigenschaft wird *Duktilität* genannt. Duktile Metalle können Sie verbiegen oder walzen.

- ✔ Außer dem (flüssigen) Quecksilber sind alle Metalle bei Raumtemperatur fest. Sie bilden regelmäßige Kristallstrukturen, auf die wir weiter unten ausführlich eingehen.

Es gibt aber auch Eigenschaften, in denen sich Metalle stark unterscheiden.

Sie brauchen nur ein paar Grad draufzulegen (Ihre Handwärme reicht aus), um das Caesium bei 28,4 °C aufzuschmelzen (Francium hat zwar einen noch niedrigeren Schmelzpunkt, aber das *möchten* Sie nicht in die Hand nehmen, denn es ist radioaktiv). Quecksilber ist sogar schon bei Raumtemperatur flüssig. Mitten im Periodensystem steht dagegen Wolfram mit einer Schmelztemperatur von 3422 °C. Wie es zu solchen gravierenden Unterschieden kommt, können Sie verstehen, wenn Sie sich näher mit der metallischen Bindung befassen.

Was die Reaktivität angeht, sind sich die Metalle überhaupt nicht einig. Es ist nicht alles Gold, was glänzt, aber einige Metalle (Ruthenium, Rhodium, Palladium, Osmium, Iridium, Platin) schaffen es doch, zumindest in gleicher Weise beharrlich aller Veränderung zu trotzen, sodass Sie sie getrost über Jahrzehnte im Safe lagern oder um den Hals tragen können, ohne dass sie ihren Glanz verlieren, so edel sind sie. Andere Metalle schützen sich »aktiv« vor der Umwelt; dabei nutzen sie häufig ihre Affinität zu Sauerstoff oder Schwefel aus und bilden Oxid- oder Sulfidschichten, die zwar stabil sind, aber meist nicht so schön aussehen (über die Patina auf Kupferdächern lässt sich ja noch reden, aber beim Silberbesteck sieht das schon anders aus). Dann gibt es noch die ganz aktiven Metalle, die lieber gar nicht elementar vorliegen wollen: Wenn sich die Gelegenheit bietet, gehen sie begierig in die Ionenform über (*siehe* Kapitel 11). Ganz besonders tun sich hier die Alkalimetalle hervor. Mit einem Stück Natrium in der Tasche sollten Sie deshalb nicht im Regen spazieren gehen, und Caesium reagiert bereits mit der Luftfeuchtigkeit explosionsartig.

Die Metalle sind zwar alle ziemlich kompakt, haben aber sehr unterschiedliche Dichten. Manche gehen leicht durchs Leben, andere sind richtige Schwergewichte. Willkürlich werden sie in sogenannte *Leichtmetalle* und *Schwermetalle* eingeteilt – Begriffe, die Ihnen gewiss vertraut sind: vor einer Schwermetallvergiftung schützen Sie sich, und an Ihr Auto montieren Sie Leichtmetallfelgen (würden diese aus einem Schwermetall bestehen, wären es ja Schwermetallfelgen). Abbildung 14.2 zeigt Ihnen, wie viele von den Metallen als Leicht- und Schwermetalle eingestuft werden. Als Leichtmetalle gelten diejenigen mit einer Dichte von weniger als 5 g cm^{-3}, alle anderen sind Schwermetalle.

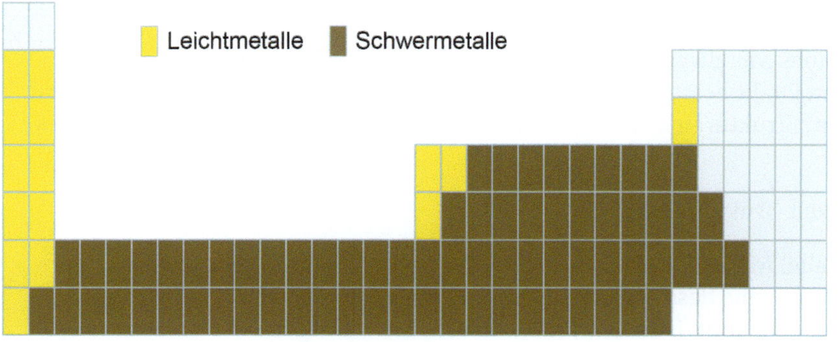

Abbildung 14.2: Leichtmetalle und Schwermetalle

Osmium und Iridium sind die Metalle mit der größten Dichte.

Kristallstrukturen

Elementar vorliegende Metalle bestehen aus lauter gleichen Atomen. Ähnlich wie bei den Ionenverbindungen (*siehe* Kapitel 11) wirkt die metallische Bindung in alle Raumrichtungen. Hier ergibt sich ein zunächst bemerkenswertes Phänomen: Alle diese ungerichteten Bindungen führen automatisch zu einer regelmäßigen Anordnung der Atome. Wenn Sie sich diese vereinfacht als Kugeln vorstellen, können Sie sie wie in Abbildung 14.3 in einer Ebene anordnen.

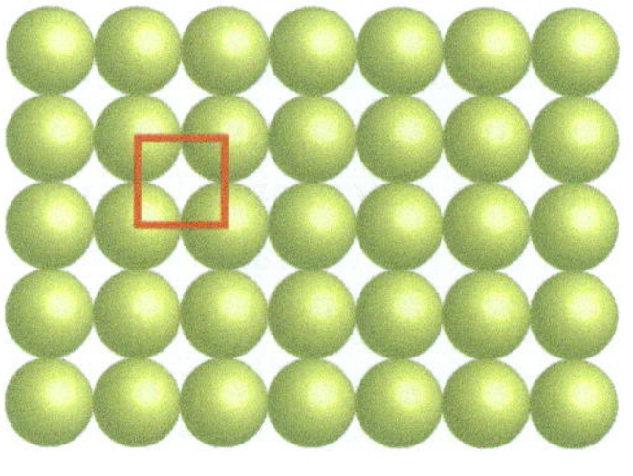

Abbildung 14.3: Quadratische Anordnung von Kugeln

Unweigerlich bilden sich Lücken, weil die Kugeln ja nun einmal rund sind; hier werden diese Lücken durch jeweils vier Kugeln begrenzt. Nun legen Sie solche Schichten direkt übereinander:

- ✔ Die Kugeln bilden dann eine würfelförmige Struktur (*siehe* Abbildung 14.4), die als **kubisch primitiv** bezeichnet wird. Jede Kugel ist unmittelbar von sechs anderen umgeben (oben/unten, vorne/hinten, rechts/links) und hat somit die *Koordinationszahl* 6.

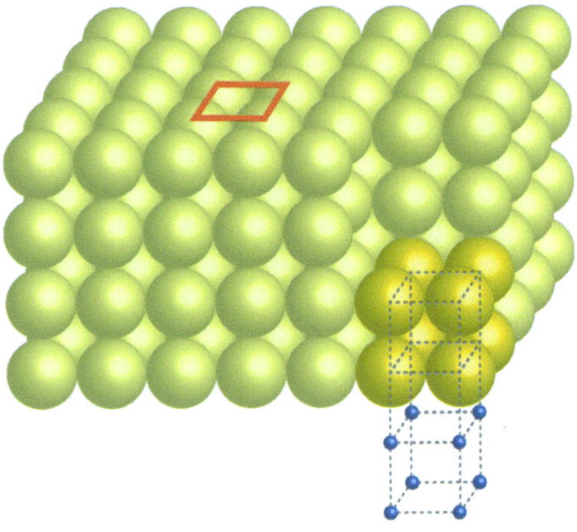

Abbildung 14.4: Kubisch primitives Kristallgitter

Die Würfellücke ist zu klein, um ein gleichartiges Atom aufzunehmen. Packen Sie trotzdem eines hinein, geht das nur, wenn sich der Würfel *weitet*, also wenn die Atome, die jeweils einen Würfel bilden, einander nicht mehr berühren (*siehe* Abbildung 14.5). Dann beträgt die Koordinationszahl der Kugeln 8.

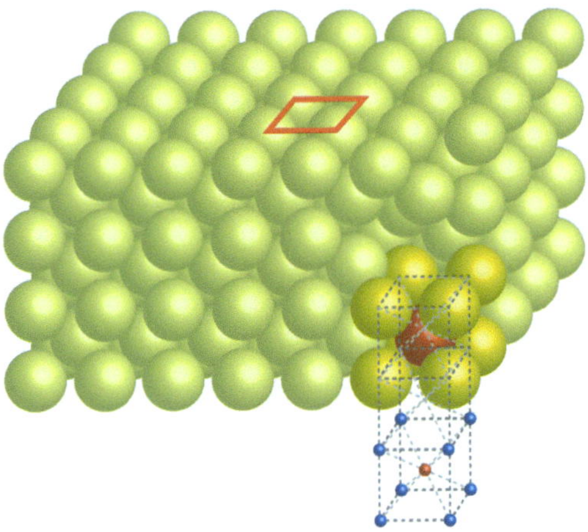

Abbildung 14.5: Kubisch raumzentriertes Kristallgitter

✔ Das zusätzliche Atom ist umrahmt von acht würfelförmig angeordneten Atomen. Die so entstehende Anordnung heißt **kubisch innenzentriert** oder **kubisch raumzentriert**.

Ordnen Sie die Kugeln hingegen »auf Lücke« an, ergeben sich wie in Abbildung 14.6a automatisch Sechsringe, das heißt: Jede Kugel ist in der Ebene von sechs anderen umgeben.

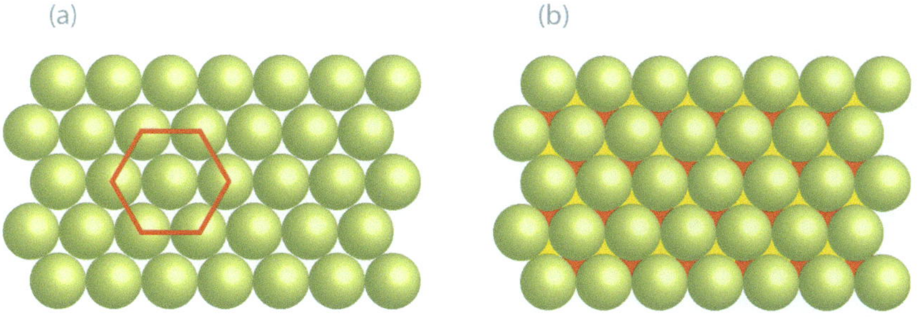

Abbildung 14.6: Hexagonale Anordnung von Kugeln

Stapeln Sie solche Schichten aufeinander, gibt es *drei* Möglichkeiten:

✔ Möglichkeit *eins*: Die zweite Schicht liegt genau auf der ersten, genauso die dritte, vierte, fünfte Schicht und jede weitere. Das ist ähnlich wie bei der kubisch primitiven Anordnung (Abbildung 14.4), nur dass hier in der Ebene Sechsecke und keine Quadrate vorliegen. Deshalb heißt diese Struktur auch **hexagonal primitiv**; sie ist in Abbildung 14.7 zu sehen. Auch hier beträgt die Koordinationszahl 8 (die sechs Kugeln in der Ebene und jeweils eine darüber und darunter).

Aber sehen so Orangen in einer Kiste aus?

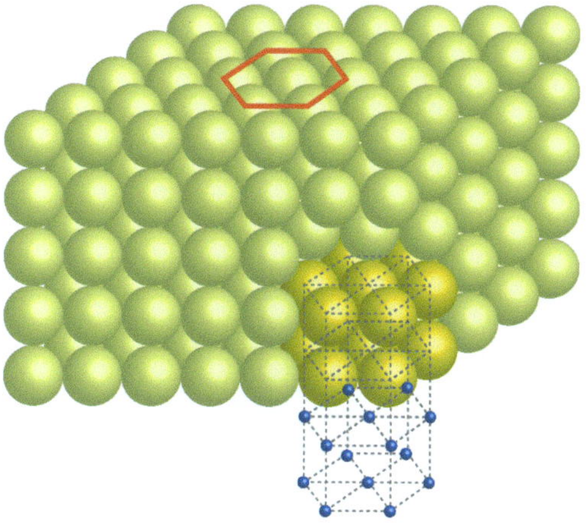

Abbildung 14.7: Hexagonal primitives Kristallgitter

Wenn Sie sich Abbildung 14.6b etwas genauer anschauen, dann erkennen Sie zwei verschiedene Lücken (rot und gelb). Die sehen natürlich gleich aus, aber es wäre unmöglich, zwei Kugeln in zwei benachbarte Lücken zu legen, dafür sind die Kugeln zu groß. Legen Sie Ihre Kugeln also in die *roten* Lücken, dann bleiben alle *gelben* Lücken unbesetzt. Alternativ könnten Sie natürlich auch alle *gelben* Lücken besetzen (dann bleiben entsprechend die *roten*

Lücken frei). So oder so: Eine komplette zweite Kugelschicht wird sich also für die Lücken rot *oder* gelb entscheiden müssen. Interessant wird es dann mit der *dritten* Schicht, denn diese macht den Unterschied zwischen den beiden noch verbliebenen Möglichkeiten aus:

- Befindet sich die dritte Schicht genau über der ersten, die vierte über der zweiten, die fünfte über der dritten und so weiter, und werden alle ungeraden Schichten mit »A« und alle geraden mit »B« bezeichnet, dann ergibt sich die Schichtfolge A-B-A-B-A-B-... wie in Abbildung 14.8 – das ist Möglichkeit *zwei*.

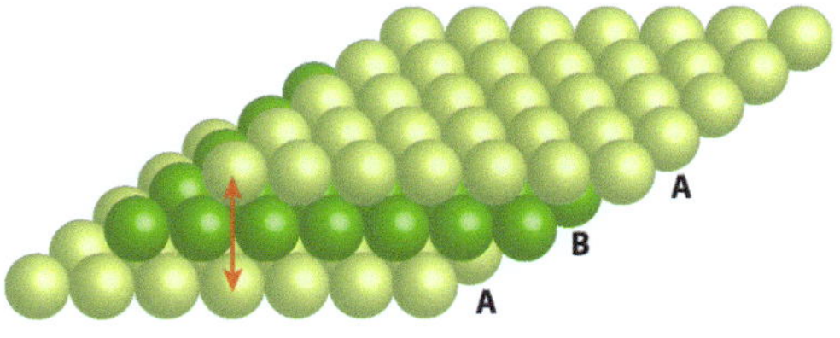

Abbildung 14.8: Schichtfolge A-B

- Die Struktur, die dabei entsteht, heißt **hexagonal dicht** (Abbildung 14.9).

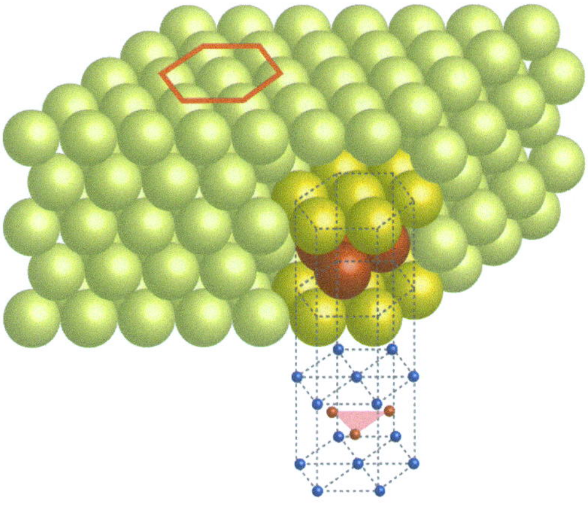

Abbildung 14.9: Hexagonal dichte Kugelpackung

- Befindet sich die dritte Schicht seitlich versetzt über der zweiten Sorte von Lücken aus Schicht eins und erst die vierte Schicht kommt wieder über der ersten zum Liegen, dann beträgt die Schichtfolge A-B-C-A-B-C-...(Abbildung 14.10). Diese Anordnung – Möglichkeit *drei* – heißt **kubisch dicht** oder **kubisch flächenzentriert**.

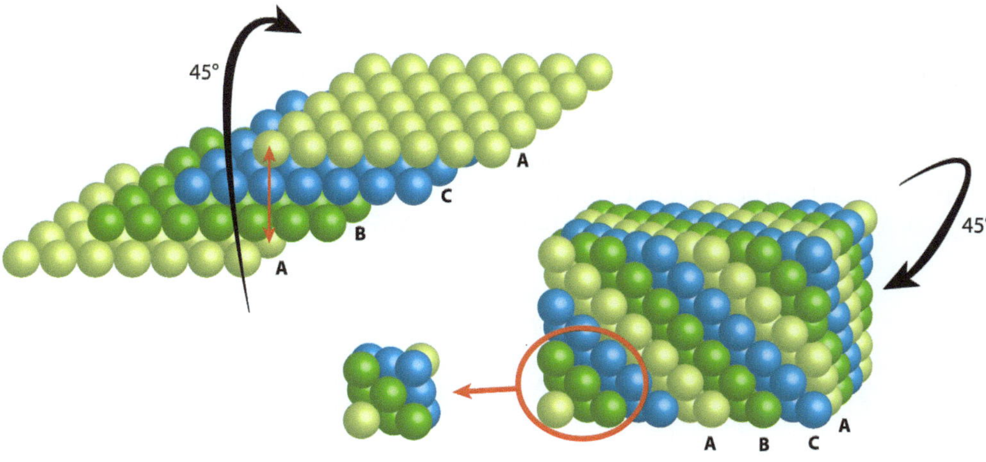

Abbildung 14.10: Schichtfolge A-B-C

Moment mal! – Sie haben die Kugeln doch in den einzelnen Schichten *hexagonal* angeordnet! Wie kann denn daraus ein *kubisches* Gitter entstehen?

Dieses Kristallgitter ist in der Tat nicht so leicht durchschaubar, denn es stellt einige Anforderungen an Ihr räumliches Vorstellungsvermögen. Versuchen Sie, die in Abbildung 14.10 angegebenen Operationen nachzuvollziehen (natürlich können Sie sich auch ein Modell aus Kugeln anfertigen, dann geht es noch besser):

- ✔ Legen Sie die Schichten A-B-C-A-B-C-A-... in der beschriebenen Lückenbesetzung aufeinander.
- ✔ Drehen Sie diese Schichten zusammen um 45° im Uhrzeigersinn.
- ✔ Nun kippen Sie das ganze Paket um 45° schräg nach vorne.
- ✔ Der rote Kreis markiert eine Einheit, an der Sie deutlich die kubische Form erkennen können. In der Mitte der Würfelflächen befindet sich jeweils eine Kugel – deshalb die Bezeichnung »flächenzentriert«. In Abbildung 14.11 können Sie diese Struktur noch einmal zusammenhängend betrachten.

Beim Vergleich der aufgeführten Systeme fällt Ihnen sicherlich auf, dass es nur *zwei* Packungen gibt, bei denen die Kugeln nicht *noch* enger aneinander gebracht werden können; es handelt sich somit um *dichteste Kugelpackungen*. Dies ist bei der *hexagonal dichten* und bei der *kubisch dichten* (flächenzentrierten) Anordnung der Fall. Beide haben die Koordinationszahl 12 und eine Raumausfüllung von 74 % – mehr geht nicht. *Alle* anderen Strukturen sind nicht dichtest gepackt und haben demzufolge eine geringere Raumausfüllung.

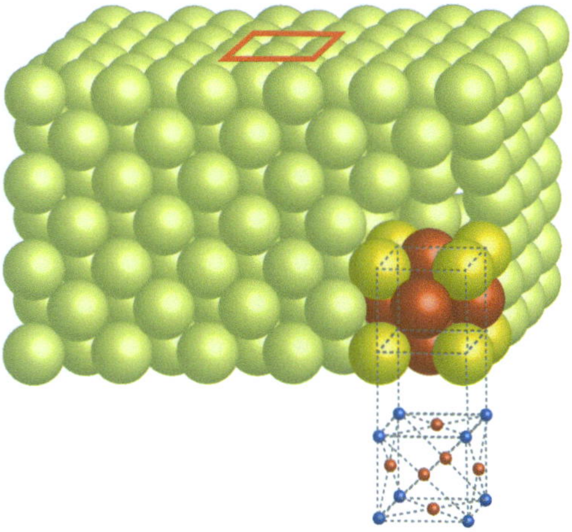

Abbildung 14.11: Kubisch flächenzentriertes Kristallgitter

In Tabelle 14.1 können Sie die einzelnen Kugelpackungen miteinander vergleichen. Hier finden Sie auch die gängigen Abkürzungen für die Systeme (englischsprachig; es gibt auch andere Kürzel, aber auf die verzichten wir mal, um Sie nicht zu verwirren).

Kristallstruktur	Abkürzung	Koordinationszahl	Raumausfüllung
kubisch primitiv	**sc** (*simple cubic*)	6	52 %
hexagonal primitiv	**sh** (*simple hexagonal*)	8	61 %
kubisch innenzentriert	**bcc** (*body centered cubic*)	8	68 %
hexagonal dicht	**hcp** (*hexagonal close packing*)	12	74 %
kubisch dicht / flächenzentriert	**fcc** (*face centered cubic*) oder **ccp** (*cubic close packing*)	12	74 %

Tabelle 14.1: Packungsdichte der verschiedenen Kristallsysteme

Die wichtigsten Metallstrukturen sind hcp (circa 35 % aller elementar vorliegenden Metalle), fcc (circa 30 %) und bcc (circa 30 %). Damit hätten wir schon einmal etwa 95 % der Metalle abgehandelt, weil sie in einer dieser Strukturen kristallisieren. Abbildung 14.12 zeigt Ihnen einen Überblick.

Es gibt auch noch andere Kristallsysteme, und manchmal wechseln die Metalle sogar ihre Struktur (je nach äußeren Bedingungen). Eine Periodizität der Kristallstrukturen im Periodensystem der Elemente ist allerdings bislang noch nicht gefunden worden.

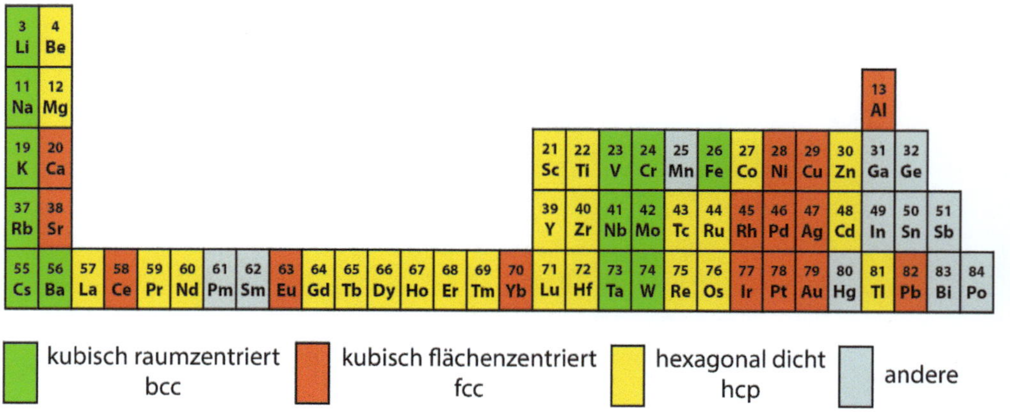

Abbildung 14.12: Kristallstrukturen der Metalle

Bitte bringen Sie die Begriffe *Gitter* und *Kristall* nicht durcheinander. (Leider werden die Begriffe auch in der Fachliteratur häufig synonym verwendet.) Ein Gitter (als rein mathematische Konstruktion meist als *Punktgitter* bezeichnet) ist *kein* Kristall, denn dazu werden Atome benötigt (die sogenannte *Basis*). Aus dem Punktgitter wird ein Kristall, indem jedem Punkt des Punktgitters ein Baustein zugeordnet wird. Es gilt also:

Kristall(gitter) = (Punkt)Gitter + Basis

Ein Kristall kann durchaus noch zusätzliche Bausteine enthalten, die *nicht* auf dem Punktgitter liegen; diese sind ebenfalls der Basis zuzuordnen.

Bravais-Gitter

Ein Punktgitter können Sie verschieben, ohne dass sich die Symmetrie ändert. (Das ist Translationssymmetrie, mehr dazu im *Nur für Streber*-Abschnitt von Kapitel 21). Bemühen Sie die Gruppentheorie (auf die wir aber auch hier nicht näher eingehen!), erhalten Sie genau 14 Gittertypen, die als **Bravais-Gitter** bezeichnet werden (benannt nach dem französischen Kristallografen und Physiker Auguste Bravais, entsprechend ist dieser Name auszusprechen!); sie lassen sich in sieben Kristallsysteme einteilen. Diese *Gittertypen* sehen Sie in Abbildung 14.13; sie unterscheiden sich nur in den **Gitterkonstanten**, das heißt im Verhältnis von Basislängen und -winkeln.

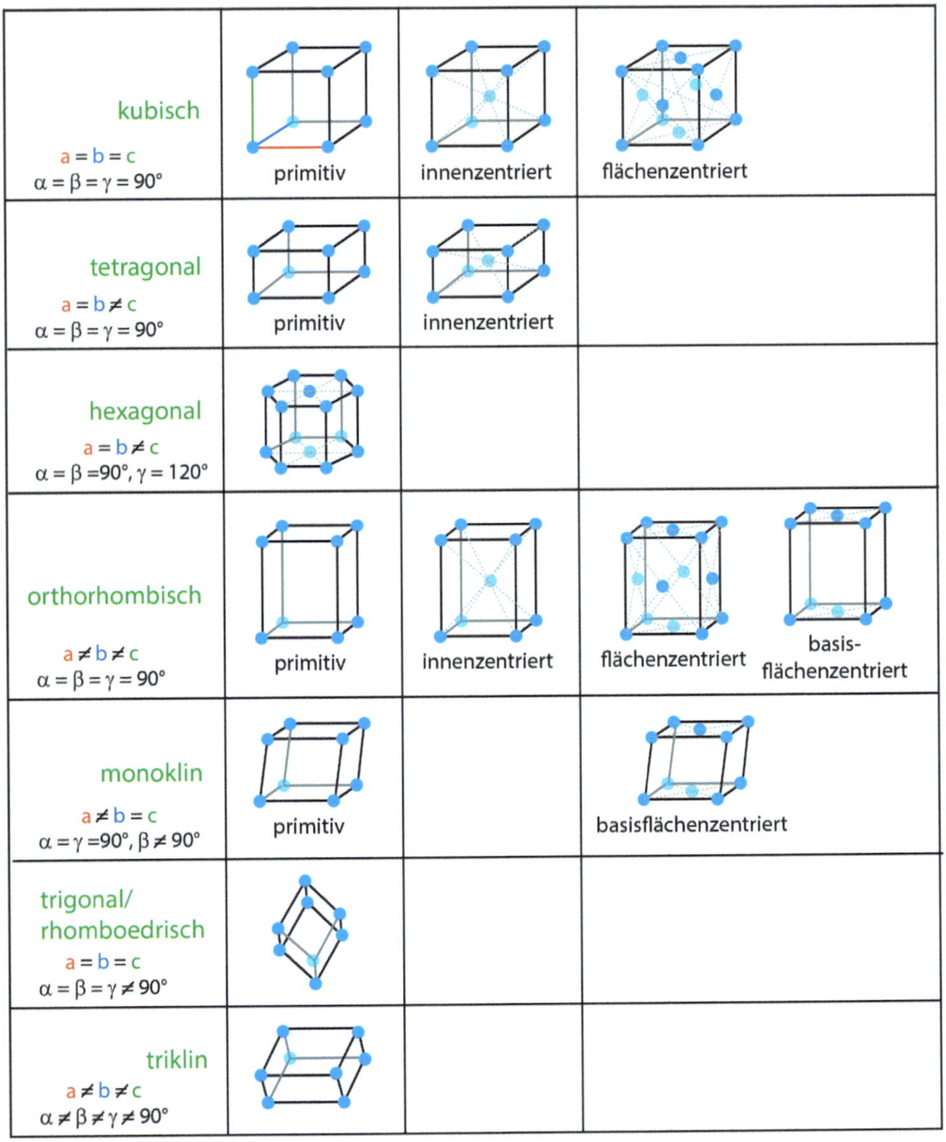

Abbildung 14.13: BRAVAIS-Gitter

Alle Stoffe, die kristalline Strukturen ausbilden (also auch Ionenverbindungen und erstarrte Gase), kristallisieren in einer dieser Strukturen.

Wenn Sie die BRAVAIS-Gitter genau betrachten, fehlt Ihnen sicherlich eine Kristallform, nämlich die, in der ausgerechnet die meisten Stoffe kristallisieren – die hexagonal dichte Kugelpackung. Wie kommt es, dass gerade *diese* Kristallform kein translationssymmetrisches Punktgitter aufzuweisen hat und somit kein Grundgittertyp ist? Wie Sie Abbildung 14.13 entnehmen können, gibt es nur ein hexagonal *primitives* Gitter.

Nun – in diesen möglichen Gittern ist die hexagonal dichteste Struktur quasi bereits enthalten. Schieben Sie einfach zwei hexagonal primitive Kristalle (nicht Gitter!) ineinander – und schon haben Sie Ihre hexagonal dichte Kugelpackung, wie Sie sie bereits in Abbildung 14.9 gesehen haben. Anhand von Abbildung 14.14 sollte sich der Vorgang nachvollziehen lassen.

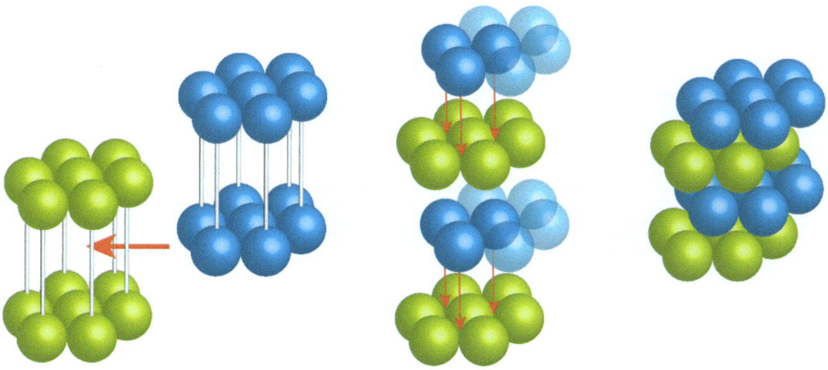

Abbildung 14.14: Zwei ineinandergeschobene hexagonal primitive Kristallgitter

Achten Sie auf den Unterschied: Es gibt also kein hexagonal dichtes *Gitter*, aber sehr wohl einen hexagonal dichten *Kristall*!

Im Prinzip könnten Sie auch die innenzentrierten Kristallstrukturen durch Überlagerung von entsprechenden primitiven Strukturen erzeugen. Da sich nur *ein* Punkt im Zentrum befindet, lassen sich mit der Gruppentheorie aber entsprechende Translationsgitter berechnen; deshalb gibt es innenzentrierte Punktgitter.

Elementarzellen

Verlassen wir mal die (mathematische) Welt der Punktgitter und wenden uns den real existierenden Kristallen zu, denn um die geht es hier ja. Stellen Sie sich vor, Sie schauten mit einer (hochauflösenden) Lupe in einen Metallkristall hinein: Überall würde sich Ihnen das gleiche Bild zeigen. Ein Kristallgitter zeichnet sich dadurch aus, dass es aus bestimmten Einheiten aufgebaut ist, die sich *lückenlos aneinandergereiht* immer wiederholen. (Das ist die bereits erwähnte Translationssymmetrie.) Diese Einheiten werden Elementarzellen genannt – und manchmal ist es gar nicht so einfach, so eine Elementarzelle ausfindig zu machen.

Nehmen Sie beispielsweise eine kubische Gitterstruktur, die aus lauter Würfeln zusammengesetzt ist wie in Abbildung 14.4. Was ist denn nun die Elementarzelle dieses Würfelgitters und aus wie vielen Atomen besteht diese?

Das ist doch wohl einfach zu erkennen – denken Sie: Da das System aus lauter Würfeln besteht und für einen Würfel acht Atome gebraucht werden, lautet die Elementarzelle dieses Kristallgitters doch wohl wie in Abbildung 14.15.

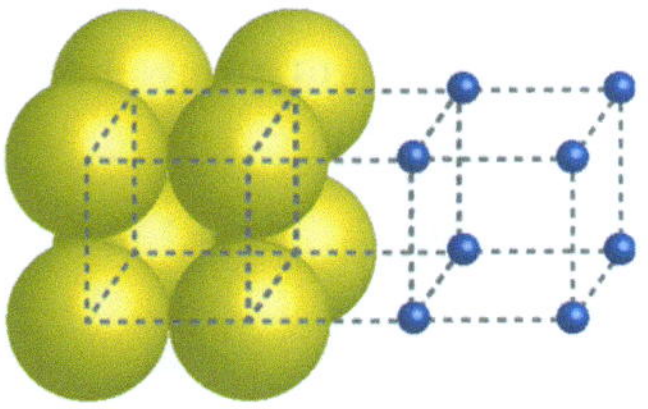

Abbildung 14.15: Einheit aus einem kubisch primitiven Kristallgitter

Wenn Sie nun das Gitter aus diesen Würfeln aufbauen wollen, haben Sie allerdings ein Problem: Schon bei zwei Zellen merken Sie, dass etwas nicht stimmen kann, wie das in Abbildung 14.16 deutlich wird: An der Nahtstelle haben Sie auf einmal *mehrere* Atome gleichzeitig – und das wäre auch in den anderen Raumrichtungen so. Das *kann* nicht sein, demzufolge kann auch die Einheit in Abbildung 14.15 nicht die richtige Elementarzelle sein.

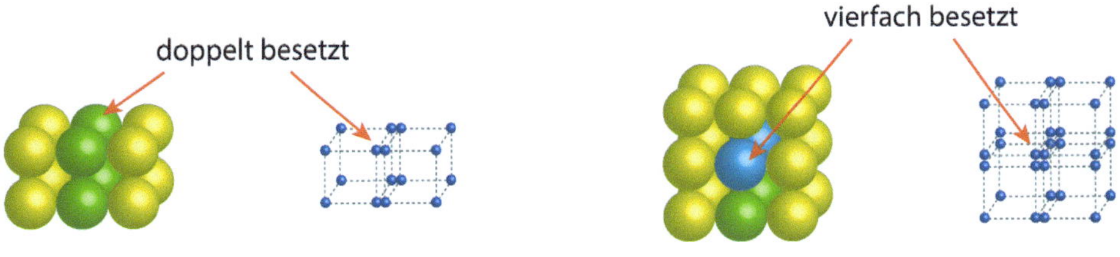

Abbildung 14.16: Wiederholung von kubischen Einheiten

Wenn Sie nämlich das Kristallgitter in Würfel zerschneiden würden (wie Abbildung 14.17 angedeutet), käme etwas anderes heraus:

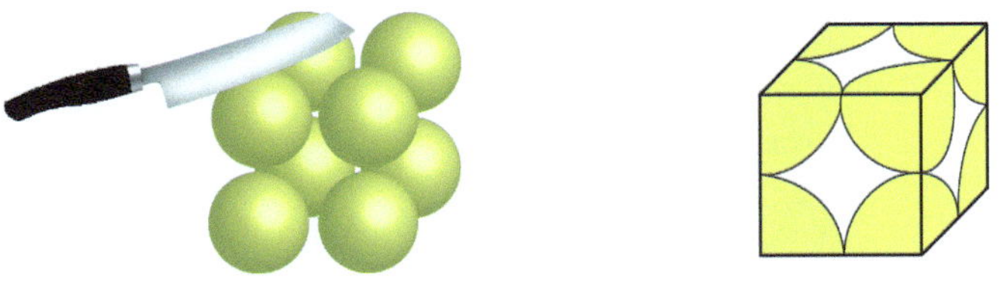

Abbildung 14.17: Kubische Elementarzelle

Die Atome, die sich an den Eckpunkten der Würfel befinden, gehören *nicht* nur zu *einem* Würfel, sondern auch zu *allen* angrenzenden Würfeln. Wenn Sie genau hinschauen, ist jedes Atom am Eckpunkt von *acht* Würfeln umgeben. Demzufolge gehört auch nur *ein Achtel* jedes Atoms zu einem bestimmten Würfel.

Wenn Sie nun diese Würfel aneinandersetzen, ergibt sich ein Würfelgitter mit jeweils nur *einem* Atom an den Schnittstellen, wie es auch sein muss. *So etwas* ist eine Elementarzelle.

Damit hat sich auch zugleich die Frage geklärt, wie viele Atome denn zu dieser Elementarzelle gehören: natürlich acht Atome – aber nur zu jeweils einem Achtel.

Acht Mal ein Achtel ergibt zusammen aber nur *ein* Atom. Rein rechnerisch enthält diese kubische Elementarzelle also nur *ein* Atom!

In gleicher Weise nehmen wir nun mal andere Kristallstrukturen auseinander. In Abbildung 14.18 können Sie die »richtigen« Elementarzellen für die am häufigsten vorkommenden Kristallgitter vergleichend betrachten. Nur wenn Sie die zerstückelten Gebilde mit geraden Flächen aneinanderfügen, erhalten Sie das entsprechende Kristallgitter mit einem Atom an den Gitterpunkten.

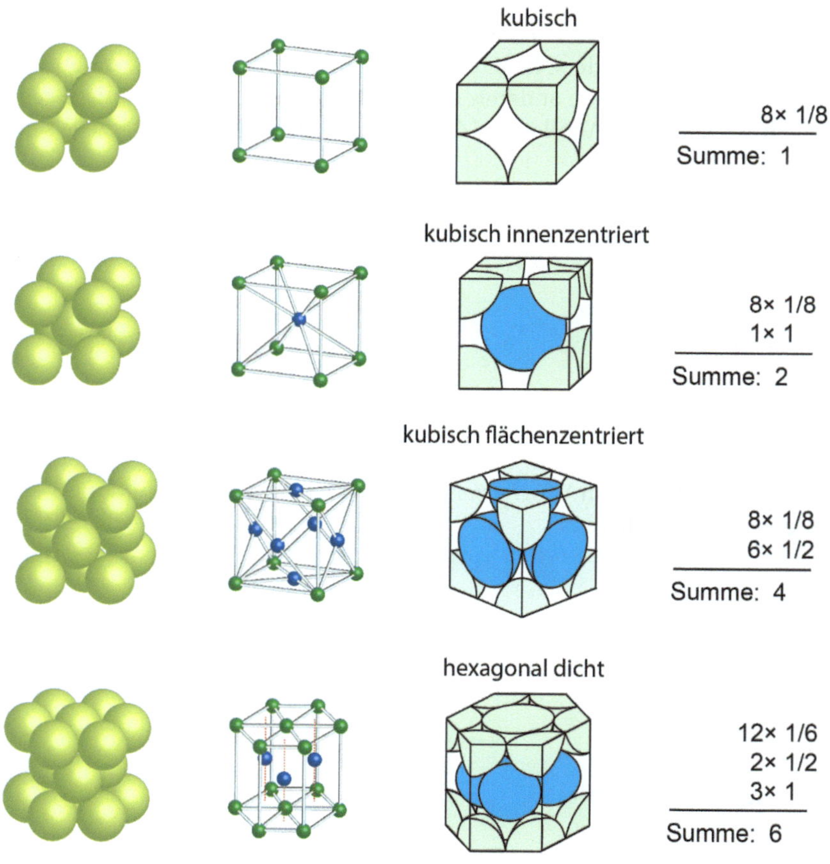

Abbildung 14.18: Elementarzellen der wichtigsten Kristallgitter

Das ist doch (k)eine Lösung!

Natürlich kann ein Metall auch aus mehr als nur *einer* Sorte von Metall-Atomen bestehen. Eigentlich können Sie verschiedene Metalle in jedem beliebigen Verhältnis mischen, wenn sie geschmolzen sind, sodass sie als Mischung wieder erstarren. Dies wäre vergleichbar mit dem Vermischen zweier ineinander löslicher Flüssigkeiten. Ein solches Konstrukt ist eine

Legierung. Mitunter finden Sie auch die Behauptung, eine Legierung sei die Lösung verschiedener Metalle ineinander. Im flüssigen Zustand mag das ja stimmen, aber eine erstarrte Legierung ist sicherlich keine unterkühlte Flüssigkeit wie beispielsweise Glas. Selbst Glas hat noch eine (wenn auch sehr kleine) Fließgeschwindigkeit, was Sie von einer Legierung in der Regel nicht behaupten können (mehr dazu in Kapitel 32). Im Gegenteil: Der Einbau von Fremdatomen macht ein Metall häufig härter, die Duktilität geht verloren oder typische Reaktionen des Metalls werden verhindert. Rostfreier Stahl ist eben auch nichts anderes als Eisen mit ein paar anderen Atomen im Metallgitter.

Und das ist das Entscheidende: Die Atome des ursprünglichen Metalls bilden zusammen mit den Fremdatomen einen *Mischkristall* (also einen Kristall aus verschiedenen Atomen) mit einer bestimmten Gitterstruktur. Dabei werden Gleitebenen gestört oder Koordinationsstellen besetzt.

Letztendlich hängt viel davon ab, in welchem Größenverhältnis die einzelnen Atome zueinander stehen. Bilden sie alle zusammen ein Raumgitter, oder besetzen die Fremdatome die Tetraeder- und Oktaederlücken in einer dichten Kugelpackung? Werden dadurch die mechanischen oder chemischen Eigenschaften verändert? – All das und noch viel mehr ist möglich. Die gezielte Herstellung von Legierungen oder sonstige Veränderungen von Kristallstrukturen ist ein wichtiges Thema für die Materialwissenschaften.

Wie hält das eigentlich zusammen?

Für die metallische Bindung gibt es vor allem einen Grund: Metall-Atome geben ihre äußeren Elektronen gerne ab (in der Regel natürlich zu dem Zweck, eine stabile Edelgaskonfiguration zu erreichen). Die oben dargestellten Kristallgitter werden deshalb nicht von den Metall-*Atomen* gebildet, sondern von den positiv geladenen Atom*rümpfen*, also Metall-*Ionen*.

Zum *Atomrumpf* gehören neben dem Atomkern mit seinen Protonen und Neutronen noch sämtliche Elektronen, die *keine Valenz*elektronen sind. Diese Elektronen werden auch als **Rumpfelektronen** bezeichnet.

Die Elektronen sind natürlich nicht verschwunden (sonst wäre das Metallstück ja positiv geladen!), sie sind nur nicht mehr fest an ihr jeweiliges Atom gebunden, sondern »gehören« sozusagen dem ganzen Metall, in dem sie frei beweglich sind. Diese Vorstellung führt auch zu der einfachsten Idee, wie denn die positiven Metall-Ionen zusammengehalten werden: dem Modell des Elektronengases.

Elektronengas

Die Bezeichnung ist insofern irreführend, da es sich natürlich *keineswegs* um ein Gas handelt. Vielleicht würde der Begriff »Elektronen*kitt*« die Situation besser beschreiben (in manchen Lehrbüchern heißt es auch »Elektronen*see*«), denn *diese freibeweglichen Elektronen* sind es, die verhindern, dass die positiven Metallionen wegen der elektrostatischen

Abstoßung auseinanderfliegen. Und diesen Job machen die Elektronen sehr effektiv, denn Metalle sind in der Regel dicht gepackt, und die meisten sind auch noch ausgesprochen hart. Vielleicht können Sie sich solch ein Gebilde wie in Abbildung 14.19 vorstellen.

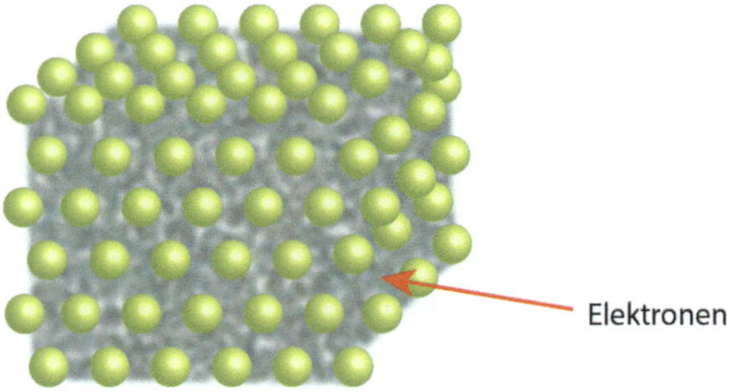

Abbildung 14.19: Elektronen im Metallgitter

Mit diesem einfachen Modell lassen sich schon viele der Metalleigenschaften wie elektrische Leitfähigkeit oder Verformbarkeit beschreiben. Die Elektronen können sich frei im Metallgitter bewegen und halten so die positiven Metallionen zusammen. Deshalb ist es auch meist kein Problem, die einzelnen Metallrümpfe gegeneinander zu verschieben, sodass Sie ein Metallstück verformen können. Abbildung 14.20 soll deutlich machen, dass beim Verbiegen eines Metallstücks immer wieder positive Metallrümpfe übereinander zu liegen kommen. Sie können es auch als ein Übereinandergleiten von Kristallschichten auffassen, die stets über den Elektronenkitt verbunden sind und neue Kristalleinheiten ausbilden. (Das Einbringen von Fremdatomen stört den Kristallaufbau und kann solche *Gleitebenen* verhindern oder zumindest empfindlich erschweren.)

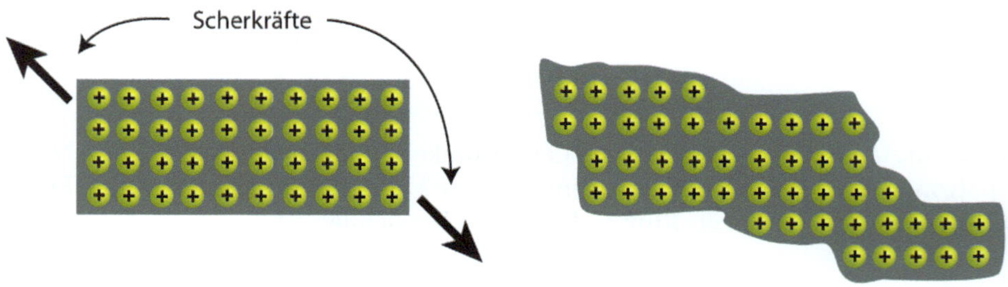

Abbildung 14.20: Duktilität von Metallen

Ein Erklärvideo zu den wichtigsten Unterschieden zwischen den verschiedenen Arten der chemischen Bindung – ionisch, kovalent und metallisch – finden Sie auf unserem YouTube-Kanal unter `https://www.youtube.com/watch?v=9vibLJvK61A`

Das Bändermodell

Das Elektronengasmodell liefert aber natürlich *keine* Erklärung für das *Zustandekommen* der Metallbindung. Deshalb wurde ein viel weitergehendes Modell entwickelt, das endlich die Frage beantwortet, *warum* es überhaupt Metalle gibt.

Wie bei allen freiwillig ablaufenden Vorgängen muss es *energetische* Gründe haben, wenn ein Kristallverband aus unzählig vielen Metall-Atomen günstiger ist als isolierte Metall-Atome. Das bedeutet, bei der Entstehung eines Metallkristalls wird Energie frei.

Leider lässt sich für die Entstehung eines Metallkristalls keine so einfache Begründung darlegen, wie bei Ionenverbindungen mit der Gitterenergie und dem BORN-HABER-Kreisprozess (*siehe* Kapitel 11).

Hier muss wieder einmal die Quantenmechanik bemüht werden, denn auch hier geht es um Orbitale, in denen die Elektronen bestimmte Energiezustände einnehmen. Mit der MO-Theorie (*siehe* Kapitel 12) haben Sie so etwas ja schon kennengelernt. Und genauso, wie wir die kovalente Bindung *qualitativ* mit der MO-Theorie verdeutlicht haben, wollen wir Ihnen *ebenso qualitativ* die Vorzüge dieser Theorie zur Beschreibung der metallischen Bindung näherbringen. Dies soll am Beispiel von Natrium geschehen. Die Elektronenkonfiguration von Na lautet $1s^2 2s^2 2p^6 3s^1$ beziehungsweise $[Ne]3s^1$. Es gibt also *ein* Valenzelektron im 3s-Orbital, das für die Bindung zuständig ist.

Fangen wir klein an und bilden zunächst ein zweiatomiges »Metall-Molekül«: Die Aufstellung eines MO-Diagramms sollte Ihnen keine Schwierigkeiten bereiten – notfalls schauen Sie in Kapitel 12 nach. (Hier berücksichtigen wir nur das Valenzorbital, da alle darunterliegenden Orbitale voll besetzt sind und in erster Näherung nicht zur Bindung beitragen.) Es wird ein bindendes und ein antibindendes MO gebildet, und die Valenzelektronen beider Atome wandern in das energetisch günstigere *bindende* MO.

Kommt nun ein *drittes* Atom hinzu, können Sie wieder ein MO-Diagramm aufstellen: Aus drei Atomorbitalen ergeben sich *drei* Molekülorbitale. Aufgrund des Schwerpunktsatzes kann dieses dritte natürlich nur *nichtbindend* sein, und in dieses wird das neu hinzukommende Elektron platziert, denn das bindende MO ist ja bereits voll. (Das bringt energetisch zwar nichts, schadet aber auch nicht.)

Beim vierten Atom lohnt es sich dann wieder:

Das fünfte Elektron muss wieder in ein nichtbindendes MO:

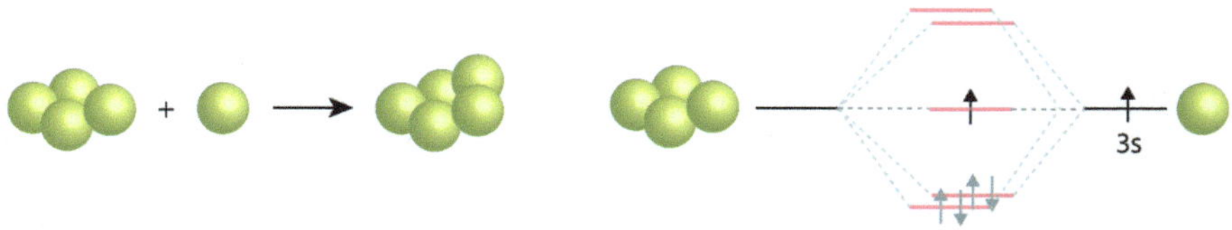

Das sechste Atom bringt wieder einen Energiegewinn:

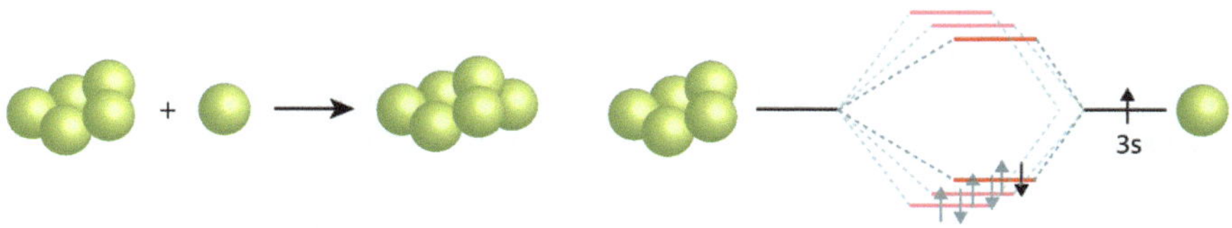

Und so geht das immer weiter. Sie sehen: Sie können machen, was Sie wollen, das neu hinzukommende Elektron wird immer in ein *bindendes* Molekülorbital eingebaut oder schlimmstenfalls (bei einer ungeraden Anzahl an Atomen) in ein nichtbindendes Orbital, weil dort immer Platz ist. *Ein antibindendes Orbital wird hier nie besetzt.* Zumindest aus energetischen Gesichtspunkten reicht dieser Umstand völlig aus, um zu erklären, warum sowohl ein »Na_2-Molekül« als auch ein beliebig großer Verbund aus Na-Atomen stabil sein muss, denn im Vergleich zum einzelnen isolierten Atom wird die Energie durch die Bindung(en) abgesenkt.

Der Energieunterschied liegt im Bereich von eV, die einzelnen MO liegen also energetisch gesehen sehr dicht beieinander. In einem Mol Natrium hätten Sie $6{,}023 \cdot 10^{23}$ davon unterzubringen. Sie machen sich das Leben einfacher, indem Sie die praktisch unzähligen MO zu einem *Band* verschmelzen lassen. Man sagt: Die 3s-Orbitale spalten zu einem **3s-Band** auf, wobei die untere Hälfte des Bandes aus *bindenden* und die obere Hälfte aus *antibindenden* MO besteht. In unserem Fall ist der bindende Teil mit Elektronen besetzt, die ja energetisch tiefer liegen als die Atomorbitale, mit denen alles angefangen hat.

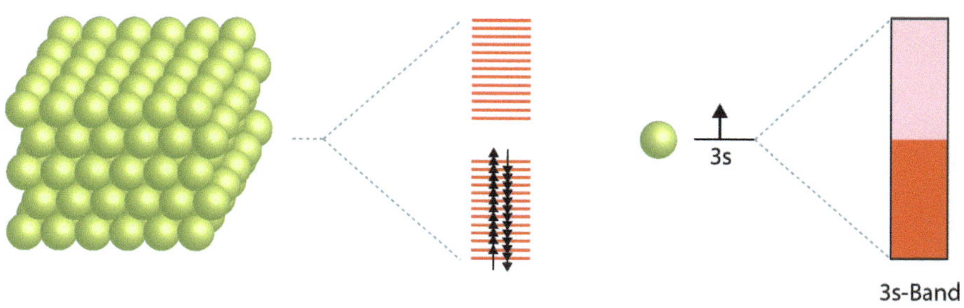

In Abbildung 14.21 können Sie nachvollziehen, wie es zur Ausbildung der Energiebänder beim Natrium kommt. Zum Vergleich sehen Sie rechts daneben das *vollständige* MO-Diagramm des hypothetischen Na_2-Moleküls.

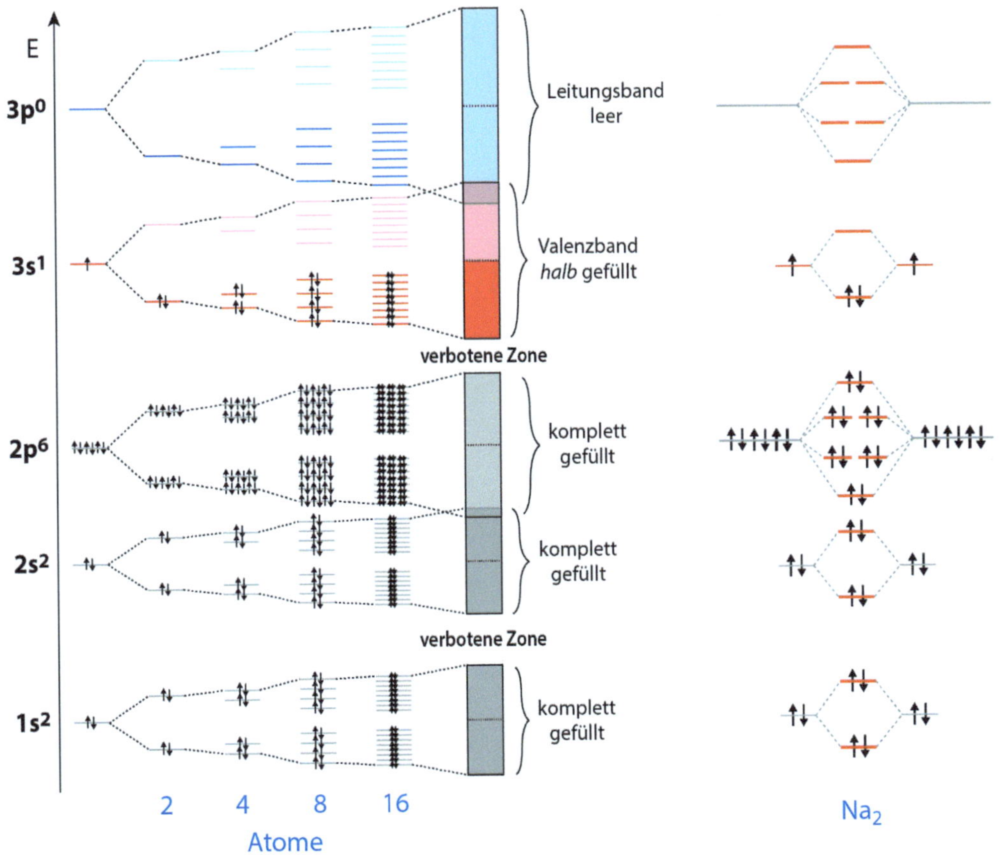

Abbildung 14.21: Energiebänder für Natrium

Sind *viele* Atome miteinander verbunden, können die Valenzelektronen nicht mehr einem bestimmten Atom zugeordnet werden. Die Energiebänder dieser Elektronen verschmelzen daher zum sogenannten **Valenzband**.

Die Breite der Bänder kann so groß werden, dass sie wechselseitig *überlappen*, wie Sie das in Abbildung 14.21 bei den s- und p-Bändern sehen. Das obere (leere) 3p-Band überlappt mit dem 3s-Valenzband. Dies bedeutet, dass die Elektronen aus dem 3s-Niveau ohne große Probleme auch in das 3p-Band wandern können. Dies erklärt unter anderem die Leitfähigkeit des Metalls (deshalb heißt es auch **Leitungsband**).

Gäbe es eine solche Überlappung *nicht*, könnten die Elemente der zweiten Hauptgruppe nicht als Kristallverband existieren. Dies wird in Abbildung 14.22 deutlich: Beim Mg_2 sind alle bindenden und antibindenden MO besetzt; entsprechend gilt das auch für einen aus vielen Atomen bestehenden Magnesium-Kristall – und das bei allen Energiebändern. Es dürfte also überhaupt keine Bindung resultieren – wenn da nicht die Überlappung mit dem (leeren) 3p-Band wäre. Sie sehen: Die *antibindenden* Zustände des 3s-Bandes ragen in die *bindenden* Zustände des 3p-Bandes hinein. Dies erklärt nicht nur die Bindung (also die Existenz des Kristallgitters), sondern zudem auch noch die *elektrische Leitfähigkeit* des Metalls.

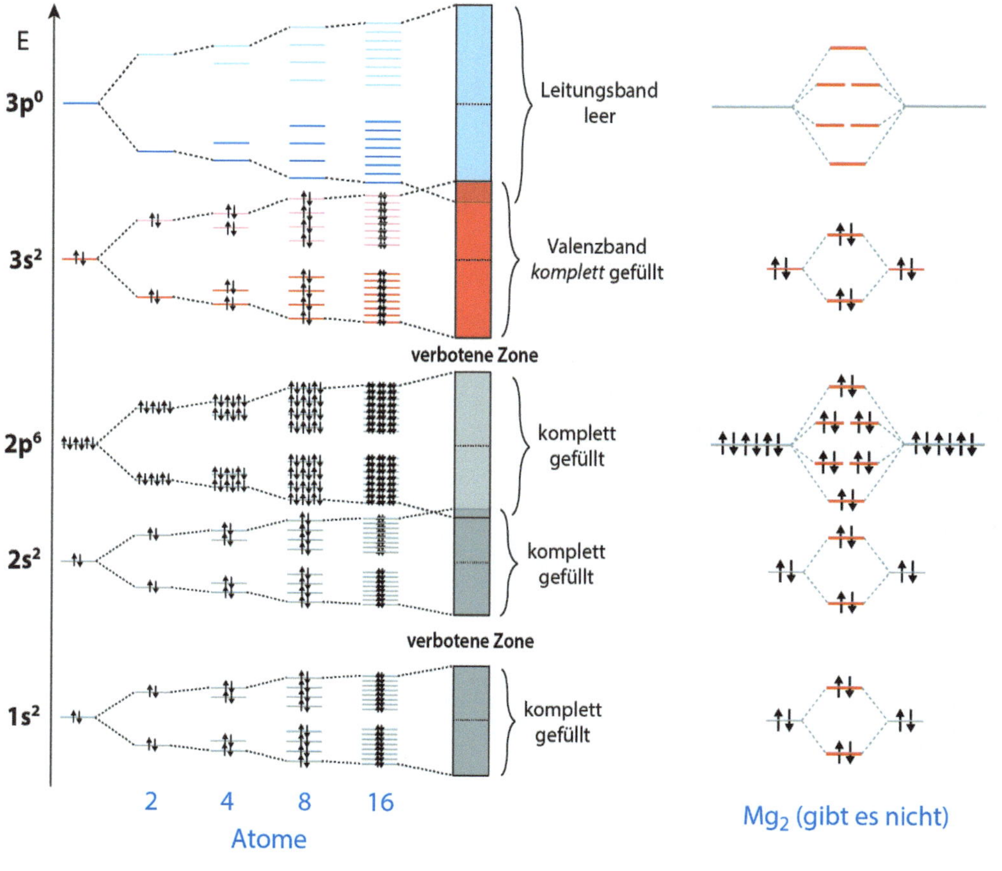

Abbildung 14.22: Energiebänder für Magnesium

Die Elektronen von Valenz- und Leitungsband sind also über den ganzen Kristall *delokalisiert* und nicht mehr einem bestimmten Atom zuzuordnen. Erinnert Sie das an das Elektronengas aus Abbildung 14.19? So unsinnig war die Vorstellung also doch nicht! Und *diese* Elektronen bestimmen den Zusammenhalt und das Verhalten des Metalls.

In Abbildung 14.21 und Abbildung 14.22 sehen Sie zwischen den Energiebändern sogenannte *verbotene Zonen*. Dies bedeutet, dass ein Elektronenübergang von einem Band in das nächste aus energetischen Gründen normalerweise nicht möglich ist. Auch ein *Isolator* lässt sich mit dem Bänderschema darstellen: Die verbotene Zone ist dort so groß, dass die Elektronen auch bei Energiezufuhr das Valenzband nicht verlassen können. Eine Mittelstellung nehmen *Halbleiter*materialien ein: Die Energiebarriere ist zwar vorhanden, kann aber mithilfe geringer Energiezufuhr überwunden werden; die eigentlich nichtleitenden Stoffe werden dann elektrisch leitend (das ist die Grundlage für viele elektronische Bauteile). Abbildung 14.23 deutet dies schematisch an.

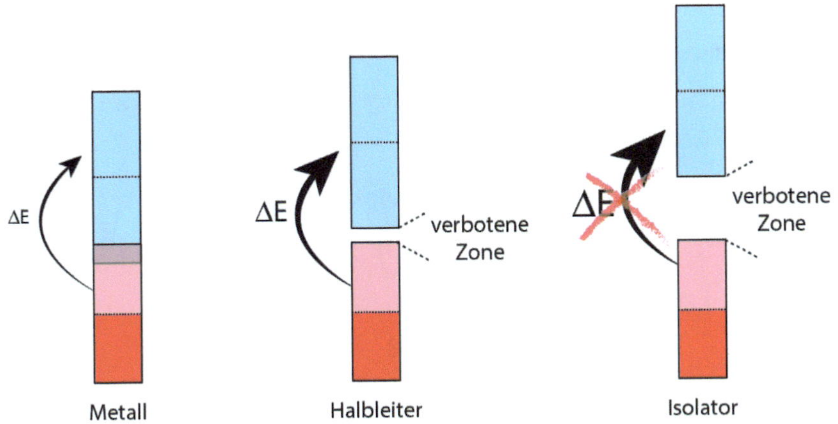

Abbildung 14.23: Bedeutung der verbotenen Zonen

Natürlich sind bei anderen Metallen auch andere Orbitale beteiligt, je nachdem, wo sich die Valenzelektronen befinden. Wie groß die Aufspaltung der Energiebänder jeweils ist, hängt davon ab, wie stark die Elektronen an das Atom gebunden sind.

Metalle im Potentialtopf

Vielleicht fällt Ihnen die Vorstellung dieser delokalisierten Elektronen leichter bei der Vorstellung der Atome als »Potentialtöpfe«. Schauen Sie sich Abbildung 14.24 für Natrium an: Die unteren Orbitale sind jeweils den einzelnen Atomen zugeordnet. Erst die 3s-Elektronen schaffen es (durch die Aufspaltung des 3s-Bandes) über die Potentialbarriere und verschmelzen insgesamt zum Valenzband (rot), das dann mit dem 3p-Leitungsband (blau) überlappt. Auf diese Weise sind alle »Potentialtöpfe« gleich gefüllt.

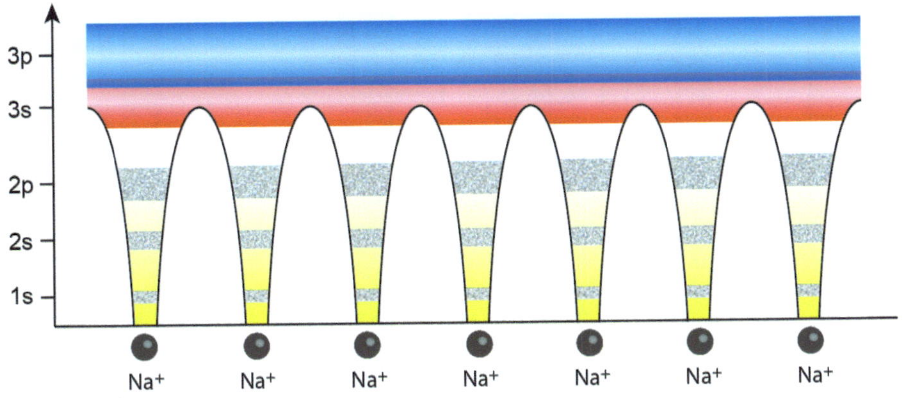

Abbildung 14.24: Potentialtopf-Modell für Natrium

Vergleichen Sie dieses Modell mit dem entsprechenden für Wolfram (Abbildung 14.25), sehen Sie die Verschmelzung mehrerer Bänder, da ja auch noch d-Elektronen mitmischen. Auch hier hängt die Breite der Bänder von der Anziehung zum Atomkern ab. (Das 6s-Band ist besonders groß – warum das so ist, werden Sie im nächsten Abschnitt besser verstehen.)

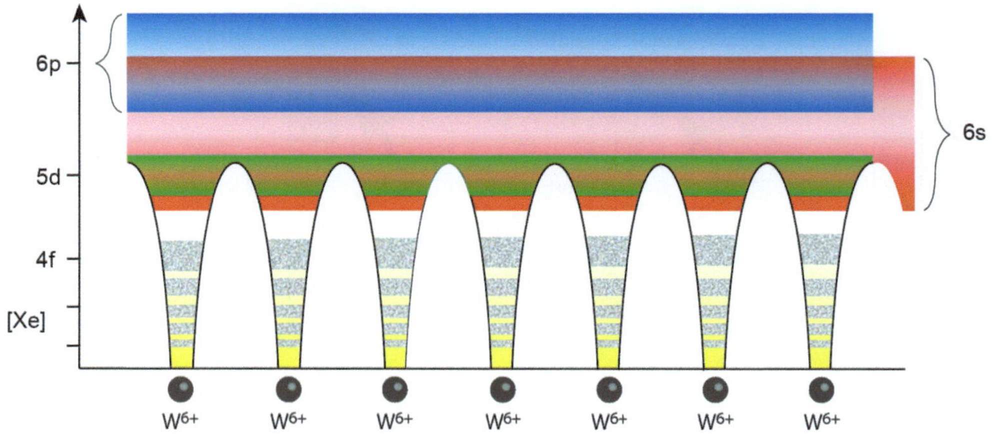

Abbildung 14.25: Potentialtopf-Modell für Wolfram

Um nun die Frage zu klären, wieso der Schmelzpunkt von Wolfram so hoch ist (das lässt sich ja nur durch eine *besonders starke* Metallbindung erklären), müssen Sie die *Anzahl* der Valenzelektronen betrachten, die sich tatsächlich in den einzelnen Energiebändern befinden. Das wird in Abbildung 14.26 an der Reihe Tantal (Smp. 3017 °C), Wolfram (3422 °C), Rhenium (3186 °C) deutlich, die im Periodensystem in der 6. Periode nebeneinanderstehen: Im Wolfram ist die höchste Anzahl an Elektronen in bindenden MO (sechs) zu verzeichnen. Im Tantal sind es nur fünf, im Rhenium befindet sich *ein* Elektron bereits in einem *antibindenden* MO.

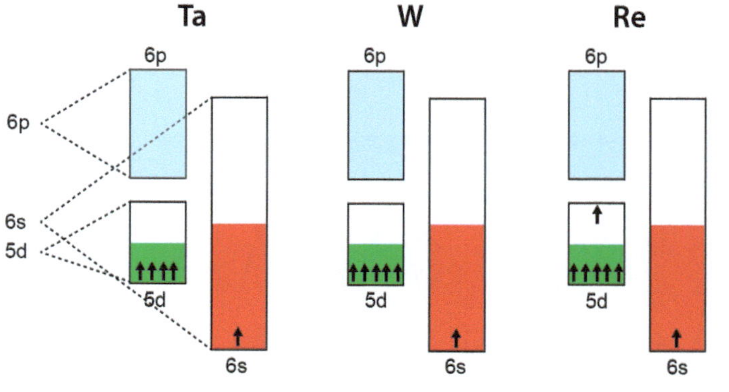

Abbildung 14.26: Vergleich der Energiebänder für Tantal, Wolfram und Rhenium

Legen Sie die in diesem Kapitel dargestellten Energieniveaus bitte nicht auf die Goldwaage; es geht hier wirklich nur um ein *qualitatives* Verständnis der Verhältnisse. Die genauen Energielagen lassen sich experimentell bestimmen oder mithilfe von quantenmechanischen

Berechnungen ermitteln. Aber manchmal wird es ganz schön relativistisch. Wenn Sie mehr wissen wollen, lesen Sie weiter, es lohnt sich!

Nur für Streber: Einstein ist überall

Gewiss haben Sie sich schon mal gefragt, wieso Gold eigentlich gelb ist (richtig reines Gold hat sogar einen Stich ins Rötliche) und Kupfer rot(braun)? Es gibt sogar noch weitere Farben bei den Metallen: Caesium ist beispielsweise ebenfalls gelb, und Osmium schimmert leicht bläulich. Nun – eines sollte klar sein: Eine Farbe sehen Sie grundsätzlich nur, wenn Elektronen in angeregte Zustände übergehen, was dadurch bewerkstelligt wird, dass sie bestimmte Wellenlängen aus dem sichtbaren Licht absorbieren. (Dann bleibt die Komplementärfarbe übrig, *siehe* den Abschnitt *Wann sieht der Mensch überhaupt eine Farbe?* in Kapitel 13.) Das ist bei *allen* farbigen Stoffen der Fall, warum sollte es bei Metallen anders sein? Damit eine solche Anregung stattfinden kann, dürfen die entsprechenden Elektronenzustände jedoch nicht zu weit auseinanderliegen, sonst können sie entweder gar nicht in Wechselwirkung treten oder die erforderliche Energie läge zumindest nicht mehr im Bereich des sichtbaren Lichts.

Alles relativ

Die beobachteten Phänomene werden etwas klarer, wenn Sie die Elektronen betrachten, die sich um den Kern herum befinden. Normalerweise bewegen sich frei bewegliche Elektronen nicht sehr schnell (wenn etwa durch einen metallischen Leiter Strom fließt). Befinden sie sich jedoch nahe am Atomkern, dann werden sie durch dessen positive Ladung beschleunigt, und zwar umso stärker, je schwerer so ein Kern ist, das heißt, je mehr Protonen und Neutronen er enthält. Die Beschleunigung kann solch ein Ausmaß annehmen, dass der **relativistische Effekt** auf die Elektronen nicht mehr zu vernachlässigen ist.

Sie können mit dem Begriff »relativistisch« nichts anfangen?

Denken Sie an Einsteins berühmte Formel $E = m \cdot c^2$. Welche bedeutsame Schlussfolgerung lässt sich daraus unter anderem ableiten? – Je schneller ein Teilchen, desto größer wird seine Masse. (Rein theoretisch wird sie bei Erreichen der Lichtgeschwindigkeit unendlich – *so* wird das mit dem Interstellarflug natürlich nichts.)

Gleiches trifft natürlich auch auf Elektronen zu, die ja auch eine (wenn auch nur kleine) Masse besitzen. Der Effekt steigt proportional zur Kernladungszahl und bewirkt eine *relativistische Massenzunahme* der Elektronen.

Was sind die Folgen?

- ✔ Die Anziehungskräfte der Elektronen durch den Kern verändern sich.
- ✔ Es gibt Auswirkungen auf die räumliche Struktur der Orbitale.
- ✔ Die Lage der Energieniveaus der Orbitale wird verschoben.

- Möglicherweise verändert sich die Konfiguration der Valenzelektronen. (Sie sind nicht mehr da, wo Sie sie eigentlich erwarten.)
- Das chemische Verhalten wird beeinflusst.
- Die Einordnung im Periodensystem könnte sich verschieben.

Aber nicht alle Elektronen sind betroffen, sondern nur diejenigen, die sich nahe am Atomkern aufhalten können. Betrachten Sie die Orbitale in Kapitel 9, dann sehen Sie, dass das nur die s-Orbitale sind: Alle anderen Orbitale haben keine Aufenthaltswahrscheinlichkeit direkt am Kern, weil sich dort eine *Knotenebene* befindet. Die Elektronen der s-Orbitale werden also beschleunigt und gewinnen an Masse. Natürlich erhalten sie durch die Beschleunigung gesteigerte kinetische Energie, aber diese größere Masse wird vom Kern stärker angezogen; die s-Elektronen befinden sich deshalb noch näher am Kern und sind damit energieärmer geworden: Das ist der *direkte relativistische Effekt.*

- Beispielsweise erreichen die 1s-Elektronen im Quecksilber (Hg, Ordnungszahl 80) bereits etwa 60 % der Lichtgeschwindigkeit, der Radius des 1s-Orbitals verringert sich auf etwa 80 %, und die Elektronen sind um etwa 20 % schwerer geworden.

Da auch bei s-Orbitalen höherer Schalen ein Teil der Ladungsdichte dortiger Elektronen in Kernnähe kommt, wirkt sich der Effekt gleichermaßen auch auf diese aus. So etwas heißt *Masse-Geschwindigkeits-Kontraktion.*

Der Effekt hat aber auch einen indirekten Einfluss, und zwar hauptsächlich auf die d- und f-Orbitale, die durch die stärkere Abschirmung nicht mehr so stark angezogen werden (die Elektronendichte am Kern ist ja infolge der Kontraktion größer geworden), sodass *deren* Energie steigt. Bei den p-Orbitalen gleichen sich die direkten und indirekten Effekte so ziemlich aus. Abbildung 14.27a zeigt rein schematisch, wie sich die Energieniveaus von s- und d-Orbitalen größenordnungsmäßig mit steigender Periode zunehmend verändern.

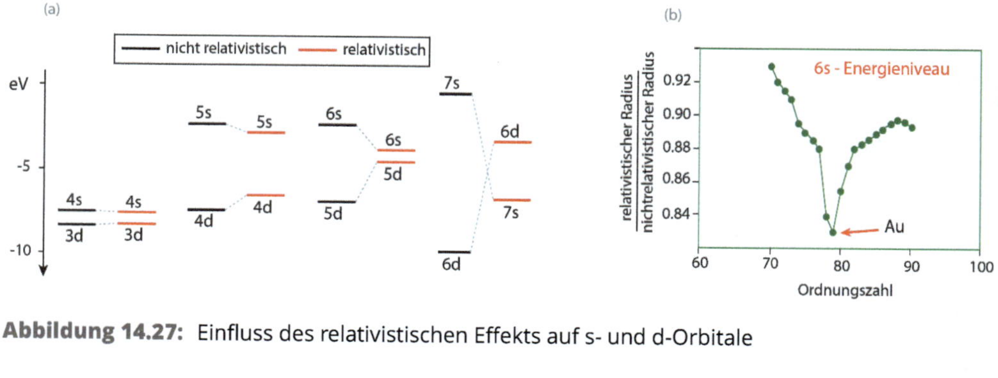

Abbildung 14.27: Einfluss des relativistischen Effekts auf s- und d-Orbitale

Zunächst stellt sich die Frage, ab welcher Kernladungszahl überhaupt mit Auswirkungen dieser relativistischen Effekte zu rechnen ist. Es zeigt sich, dass Sie sie bei Elementen ab der 6. Periode *nicht* mehr vernachlässigen sollten. (Analytische Ausführungen ersparen wir uns, denn ein Übergang von der Quantenmechanik auch noch zur *relativistischen* Quantenmechanik führt in diesem Buch doch zu weit. Deshalb werden die Beispiele rein *qualitativ* behandelt.)

Das heizt den Goldpreis an

Bemerkenswerterweise ist beim Element Gold die stärkste Kontraktion des 6s-Orbitals bezogen auf die Größe ohne relativistischen Effekt zu verzeichnen (*siehe* Abbildung 14.27b).

Die Absorption von Licht mit der Energie $h\nu = 2{,}4$ eV bei Gold entspricht der Elektronenanregung eines Elektrons vom 5d- in das 6s-Band. Das ist ungefähr die Energie, die beim Kupfer ein Elektron vom 3d- in das 4s-Band befördert ($h\nu = 2{,}3$ eV), während beim Silber vom 4d- ins 5s-Band $h\nu = 3{,}7$ eV benötigt werden. In Abbildung 14.28 sind diese Elektronenübergänge vom jeweiligen d-Band in das entsprechende s,p-Leitungsband schematisch angedeutet.

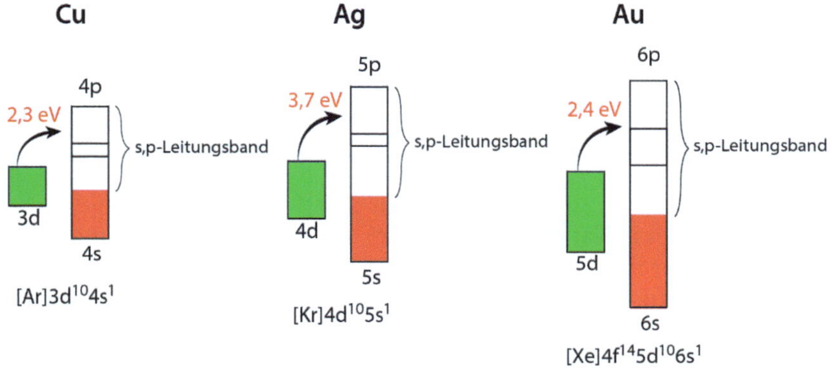

Abbildung 14.28: Elektronenübergänge in der 1. Nebengruppe

Wie Abbildung 14.27 zeigt, ist auch der geringe Energieunterschied zwischen 5d und 6s dem relativistischen Effekt zuzuordnen. Aus diesem Grund sind die Elektronenkonfigurationen auch nicht gemäß dem Aufbau-Prinzip angegeben.

Mit Gleichung 9.1 können Sie die zugehörigen Wellenlängen ausrechnen:

2,3 eV: $\lambda = 539$ nm

2,4 eV: $\lambda = 517$ nm

3,7 eV: $\lambda = 335$ nm

In Abbildung 14.29 sehen Sie, welche Farben zu diesen Wellenlängen gehören, und in Abbildung 13.22 können Sie die gegenüberliegenden Farben im Farbkreis ausmachen.

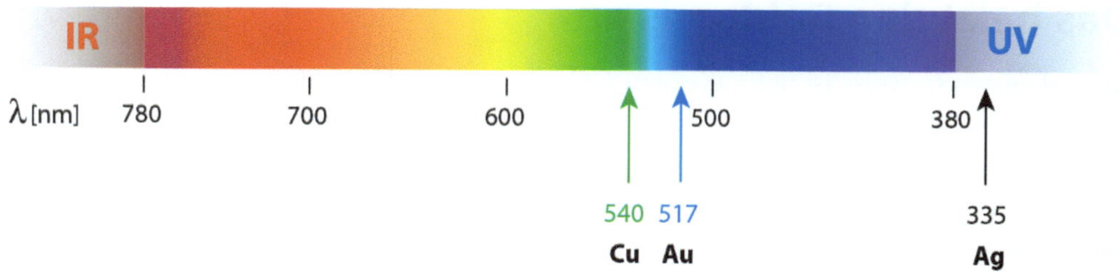

Abbildung 14.29: Absorption von Cu, Ag und Au

- Kupfer absorbiert im grünen Bereich und Gold im blauen Bereich. Übrig bleiben die zugehörigen Komplementärfarben.
- Für Silber ist der relativistische Effekt viel geringer als beim Gold (es ist ja auch längst nicht so schwer). Entsprechend erfolgt die Anregung hier mit energiereicherer Strahlung (= kürzere Wellenlänge): Die Absorption findet im UV-Bereich statt, und der ist für das menschliche Auge nun einmal nicht wahrnehmbar. (Ohne relativistischen Effekt wäre Gold so weiß wie Silber.)

Damit hätten wir die Frage (zumindest qualitativ) geklärt, warum Silber silbern und Gold gelb ist. Aber warum ist Kupfer rot? Der Atomkern ist viel zu leicht, als dass er einen relativistischen Effekt bewirken könnte. Es ist wohl als reiner Zufall zu betrachten, dass die Energiebänder gerade so liegen, dass die Anregung von 3d-Elektronen in das Leitungsband (4s-4p) 2,3 eV erfordert (und damit im Bereich des Sichtbaren liegt). Natürlich ist es ebenfalls reiner Zufall, dass sich durch die Neuordnung der Orbitale im Gold der Elektronenübergang vom 5d- in das Leitungsband (6s-6p) mit 2,4 eV bewerkstelligen lässt. Aber in der Tat ist die Farbe des Kupfers *nicht* relativistischer Natur.

So hart, so weich – ganz besondere Metalle

Quecksilber ist bei Raumtemperatur (als einziges Metall) *flüssig* – wie kann das sein?

Da alle Orbitale voll besetzt sind und sich bindende und antibindende Zustände glatt aufheben, kann die Metallbindung nur durch Überlappung des s-Bandes mit dem freien p-Band zustande kommen (bei Zink und Cadmium ist das auch so). Durch die relativistische Kontraktion des 6s-Orbitals ist diese Überlappung beim Quecksilber jedoch nur sehr klein. Die Wechselwirkung zwischen den 6s- und 6p-Orbitalen ist schwach (wie in Abbildung 14.30 angedeutet), daraus resultiert eine schwache Bindung, die den Schmelzpunkt von Quecksilber stark erniedrigt.

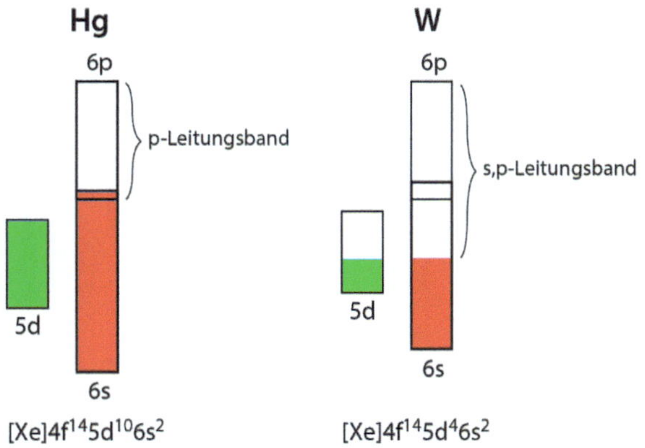

Abbildung 14.30: Bindungen bei Quecksilber und Wolfram

Sind nur sechs Elektronen weniger vorhanden, sieht die Situation für die Elektronen ganz anders aus: Wolfram ist das Metall mit dem *höchsten* Schmelzpunkt. Natürlich schlägt beim Wolfram auch ein relativistischer Effekt zu Buche, aber die Bänder (5d und 6s) sind nur halb gefüllt. Das bedeutet: Alle Valenzelektronen befinden sich in *bindenden* Molekülorbitalen (ob sie die Elektronenkonfiguration $6s^2 5d^4$ oder $5d^5 6s^1$ annehmen, ist dabei ohne Belang; meistens finden Sie $5d^4 6s^2$ angegeben, aber das hatten wir ja schon in Kapitel 10, und auch hier wurde auf die Angabe strikt nach dem Aufbau-Prinzip verzichtet). Das liegt aber nur an der starken Absenkung des 6s-Orbitals. In der Energieband-Sichtweise stellen Sie sich die Befüllung der Orbitale besser wie im Potentialtopf (Abbildung 14.25) vor, da müssen sich die Elektronen nicht entscheiden, ob sie lieber im d- oder im s-Band sein wollen.

Auch etwa 10 % der Auswirkungen der Lanthanoidenkontraktion (*siehe* Kapitel 10) auf die Größe der Atome der 6d-Elemente sind relativistisch bedingt.

Nicht erwartete Oxidationszahlen

Es gibt noch eine Erscheinung, die nicht unerwähnt bleiben sollte: der Effekt des inerten Elektronenpaares (auch als *Inert-Pair-Effect* bezeichnet). Bei schweren Elementen (ab der 3. Hauptgruppe) beobachten Sie die bevorzugte Entstehung von Ionen, die zwei Oxidationsstufen (den Begriff finden Sie in Kapitel 26 erklärt) unterhalb ihrer Möglichkeiten liegen. Mit diesem relativistischen Effekt hat es Folgendes auf sich: Als Folge der Kontraktion der s-Orbitale nehmen die Ionisierungsenergien, die normalerweise innerhalb einer Gruppe abnehmen, deutlich zu. Die s-Elektronen verhalten sich also gegenüber einer Ionisierung nahezu »inert«.

Tl(I)-Verbindungen sind demzufolge stabiler als Tl(III)-Verbindungen, Pb(II)-Verbindungen stabiler als Pb(IV)-Verbindungen (das ist unter anderem für die Vorgänge im Blei-Akku von Bedeutung).

Diese relativistischen Effekte sind also nichts Exotisches und es gibt sie überall, nur sind sie meist unmessbar klein. Erst bei schweren Elementen (ab der 6. Periode) machen sie sich augenscheinlich bemerkbar – und wie Sie sehen, bringt

EINSTEIN da die Ordnung der Elemente im Periodensystem ganz schön durcheinander. Bei Elementen der 7. Periode wirkt sich die Relativität noch stärker aus, aber da Sie mit denen (noch) keine anständige Chemie betreiben können, wollen wir auf die hier nicht weiter eingehen.

Aufgaben Kapitel 14

Zum Aufwärmen

1. Wodurch unterscheidet sich die metallische Bindung grundlegend sowohl von der ionischen als auch der kovalenten Bindung?

2. Von wie vielen anderen kann ein Metall-Atom in einem Metall-Kristall höchstens umgeben sein – wie groß ist die maximale Koordinationszahl?

3. Wie viele Tetraeder-, Oktaeder- und Würfellücken gibt es in (a) der kubisch dichtesten; (b) der kubisch primitiven Kugelpackung?

Für Fortgeschrittene

4. Für die kubisch flächenzentrierte Elementarzelle müssen vierzehn Gitterpunkte angegeben werden. Wieso enthält diese Elementarzelle trotzdem nur vier Atome?

5. Titan (4. Nebengruppe) und Silicium (4. Hauptgruppe) besitzen jeweils vier Valenzelektronen. Titan leitet den elektrischen Strom gut, während Silicium ein schlechter Leiter ist. Erklären Sie den Unterschied.

6. Bei welchem Metall vermuten Sie die stärkere Metallbindung und damit einen höheren Schmelzpunkt: bei Chrom oder bei Eisen?

IN DIESEM KAPITEL

hält alles zusammen

reicht es von nah bis fern

wechselwirkt es auch ohne Ladung

Kapitel 15
Intermolekulare Wechselwirkungen – Bedürfnis nach Gesellschaft

Mit geeigneten Apparaten können Sie Moleküle vermessen: Sie erfahren, wie groß so ein Molekül ist, und erhalten Werte für Bindungslängen und Bindungswinkel. Sie können etwas über die Stabilität sowie die Reaktivität des Moleküls aussagen und dieses mit verschiedenen Modellen beschreiben oder sogar aufmalen. Aber *eines* können Sie nicht: die Eigenschaften des *Stoffes* aus diesen Moleküldaten ablesen – denn das Molekül ist *nicht* der Stoff!

Ein einzelnes Molekül HCl ist *keine* Salzsäure, ein einzelnes Molekül H_2O ist *kein* Wasser; genauso wenig wie ein Atom Eisen ein Werkstoff ist. Wenn Sie von einem Stoff sprechen, sind bereits *sehr* viele Teilchen im Spiel, die untereinander bestimmte Wechselwirkungen eingehen (in einem Liter Wasser sind es etwa $3 \cdot 10^{25}$ Moleküle!). *Diese* Wechselwirkungen sind es, die einen Stoff ausmachen. Die Teilchen liegen also nicht isoliert nebeneinander vor, sondern üben Kräfte aufeinander aus.

Intermolekulare Kräfte (gelegentlich auch *zwischen*molekulare Kräfte genannt) sind also Bindungskräfte, die *zwischen* Molekülen wirken. Sie verleihen den Stoffen ihre Eigenschaften. So hängen zum Beispiel Siedepunkt, Schmelzpunkt, Oberflächenspannung und dergleichen mehr von diesen Kräften ab, denn sie entscheiden, wie stark ein einzelnes Teilchen im Verbund festgehalten wird.

Damit solche Kräfte überhaupt zustande kommen können, bedarf es einer wesentlichen Voraussetzung: Innerhalb der Moleküle muss *asymmetrische Ladungsverteilung* herrschen. Das kommt Ihnen bestimmt aus Kapitel 10 bekannt vor: Verbinden sich Atome mit unterschiedlicher Elektronegativität, dann entstehen Dipole (wenn der Ladungsschwerpunkt *nicht* in der Mitte des Moleküls liegt). Aber die Moleküle sind auch anderweitig ganz einfallsreich, wenn es um die Kontaktaufnahme geht …

Kräftevergleich

Je nachdem, mit welchen Teilchen Sie es zu tun haben, gibt es verschiedene Arten intermolekularer Wechselwirkungen. Die Kräfte sind unterschiedlich stark und haben demzufolge eine unterschiedliche Reichweite.

Wie bei jeder Bindung wird Energie frei, das ist auch so, wenn eine intermolekulare Wechselwirkung eingegangen wird – allerdings ist es in der Regel weniger als bei einer ionischen oder kovalenten Bindung. Dementsprechend sind die Bindungskräfte vergleichsweise schwach, wie Sie in Tabelle 15.1 vergleichen können. Trotzdem fallen sie recht unterschiedlich aus – das hat etwas mit der Ladung und der Größe der Teilchen zu tun.

Art der Bindung	Bindungsenergie [$kJ\ mol^{-1}$]
Ionenbindung	600–2000
Atombindung	200–1000
Metallbindung	100–500
Ion-Dipol-Kräfte	50–2000
H-Brückenbindung	10–200
Dipol-Dipol-Kräfte	5–50
VAN-DER-WAALS-Kräfte	0,1–6

Tabelle 15.1: Vergleich der Bindungsenergien

Bei den letzten vier Kräften handelt es sich um besagte intermolekulare Wechselwirkungen.

Unterschiedliche Ladungen ziehen sich an, gleiche stoßen sich ab. Die dabei wirkende Kraft ($K_{Ion-Ion}$) wird durch das COULOMB'sche Gesetz beschrieben:

$$K_{Ion-Ion} \sim \frac{e_1 e_2}{r^2}. \qquad (15.1)$$

(mit e = jeweilige Ladung der Teilchen 1 und 2, r = Abstand der Atomkerne).

Wie Sie der Beziehung entnehmen können, nimmt die Kraft mit dem Quadrat des Abstands ab. Setzen Sie für e_1 und e_2 positive und negative Elementarladungen ein, wird die Kraft beschrieben, mit der beispielsweise ein Ionengitter (*siehe* Kapitel 11) zusammengehalten wird.

Ion-Dipol-Kräfte

Dipole kennen Sie schon aus Kapitel 10. Aufgrund unterschiedlicher Elektronegativitäten können sich in einem Molekül *Partialladungen* ausbilden, die je nach Polarisation unterschiedlich ausfallen, allerdings immer geringer sind als die Elementarladungen e, da es sich ja nur um eine Elektronenverschiebung *innerhalb* des Moleküls handelt. Aber immerhin: Es handelt sich um *echte* Ladungen (angegeben durch das Dipolmoment μ), und damit treten sie mit Ladungen aller Art in Wechselwirkung – natürlich auch mit der Ladung von Ionen.

Die Wechselwirkung folgt einem ähnlichen Gesetz wie Gleichung 15.1: Ladung e und Dipolmoment μ ziehen sich an, die Kraft ist jedoch schwächer und nimmt bereits mit r^3 ab, also ist die Reichweite geringer:

$$K_{\text{Ion-Dipol}} \sim \frac{e_1 \mu_2}{r^3}$$

Diese Kräfte wirken vor allem beim Lösen von Salzen in polaren Lösemitteln und spielen eine wichtige Rolle bei der **Hydratation** beziehungsweise der **Solvatation**. In Abbildung 15.1 können Sie sehen, wie sich die Ionen eines Salzes nach Auflösung im polaren Lösungsmittel Wasser tummeln; je nach deren Ladung richten sich die H_2O-Moleküle entsprechend aus und bilden eine *Hydrathülle* um das jeweilige Ion. Diese Hydrathülle ist mehrere Moleküle stark und umso größer, je höher die Ladung und je kleiner das Ion ist. (Damit ergibt sich eine höhere Ladungsdichte: Die elektrische Feldstärke wird größer.) Die Ionen führen die Hydrathülle bei ihrer Bewegung immer mit sich, was natürlich ihre Größe beträchtlich erhöht. (Der Radius eines K^+-Ions *mit* Hydrathülle ist dreimal größer als *ohne*.)

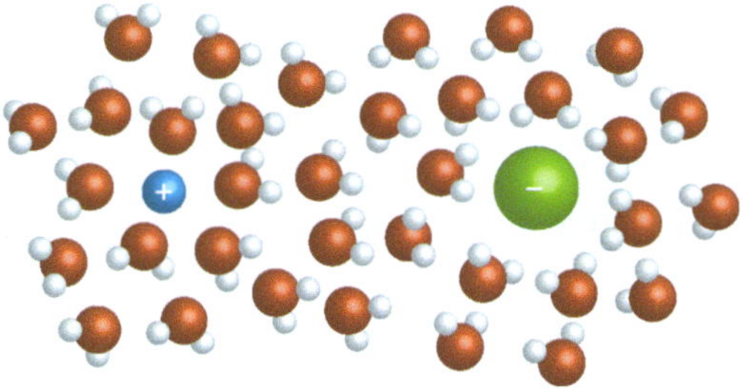

Abbildung 15.1: Ion-Dipol-Wechselwirkung

Die Moleküle einer solchen Hydrathülle tauschen sich ständig aus und wechseln ihre Position, dennoch sind Hydrathüllen ziemlich stabil. Bei den Ion-Dipol-Wechselwirkungen wird Energie frei – die *Hydratationsenthalpie*. Sie ist häufig vergleichsweise groß und liegt teilweise sogar in der Größenordnung von kovalenten Bindungen. Von der Hydratationsenthalpie hängt es ab, ob sich ein Salz *überhaupt* löst, denn zuvor muss der Ionenkristall zerstört werden (dazu mehr in Kapitel 24).

Dipol-Dipol-Kräfte

Wenn sich zwei unterschiedliche *Dipole* anziehen, ist die Reichweite *noch* geringer (Abnahme mit r^4):

$$K_{\text{Dipol-Dipol}} \sim \frac{\mu_1 \mu_2}{r^4}$$

Häufig sind in Molekülen H-Atome vorhanden, die an elektronegativeren Atomen hängen. Das H-Atom ist dadurch positiv polarisiert und lässt sich häufig leicht abspalten (es liegt ein *acider* Charakter vor; dazu mehr in Kapitel 25). Solche Bindungen eignen sich hervorragend für die Wechselwirkung mit anderen Dipolen (Abbildung 15.2).

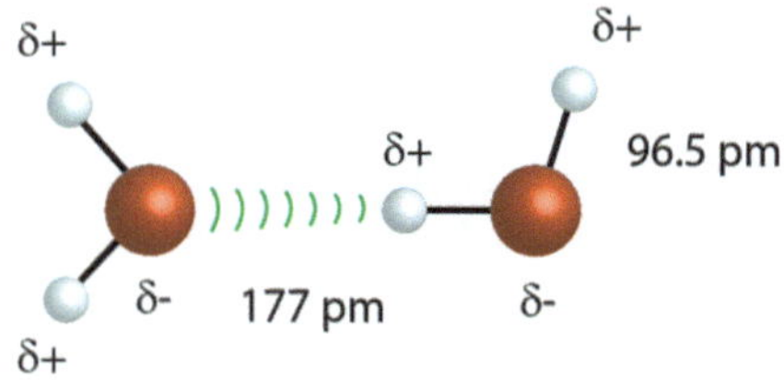

Abbildung 15.2: Ausbildung von Wasserstoff-Brücken

Bei diesen sogenannten **Wasserstoff-Brückenbindungen** handelt es sich *nicht* um eine besondere Bindungsart, sondern nur um eine stark ausgeprägte Form der Dipol-Dipol-Wechselwirkung, aber da diese Brücken so besonders wichtig sind, werden sie meist als eigenständig betrachtet. Sie sind für viele physikalische Eigenschaften der Stoffe verantwortlich.

BEISPIEL

Wasserstoff-Brückenbindungen sind der Grund dafür, dass Wasser trotz seiner niedrigen Molekülmasse bei Raumtemperatur *flüssig* ist. Der im Periodensystem unter dem Sauerstoff liegende Schwefel ist weniger elektronegativ, die S-H-Bindung wird nicht so stark polarisiert, sodass es kaum zu Wasserstoff-Brücken kommt: Die dem Wasser analoge Verbindung Schwefelwasserstoff (H_2S) ist bei Raumtemperatur längst gasförmig.

$$(M(H_2O) = 18 \text{ g mol}^{-1}, \text{Sdp.: } 100\ °C; M(H_2S) = 34 \text{ g mol}^{-1}, \text{Sdp.: } -60,75\ °C)$$

Wasserstoff-Brückenbindungen treten keineswegs nur zwischen Molekülen der gleichen Art auf. Abbildung 15.3 zeigt sie exemplarisch zwischen den Basen der DNA (a, hier dargestellt: Adenin und Thymin, mehr darüber erfahren Sie in Kapitel 45) sowie zwischen Polypeptidketten von Proteinen (b, mehr dazu in Kapitel 46).

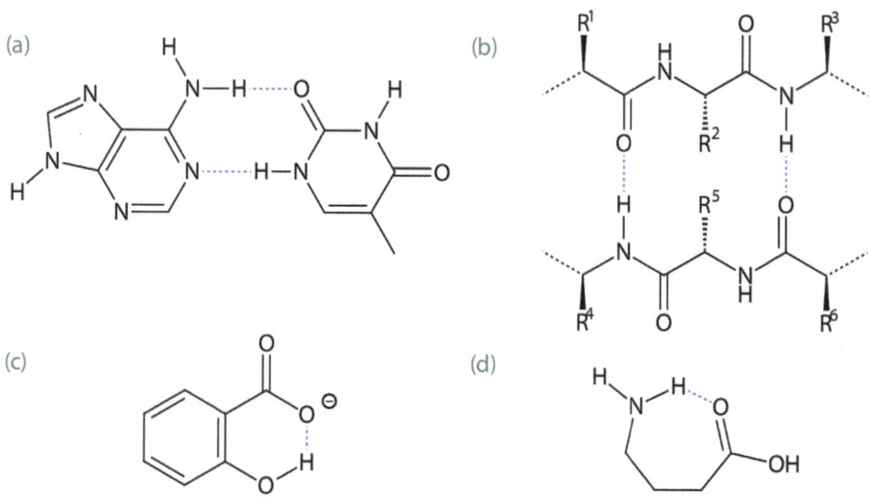

Abbildung 15.3: Inter- und intramolekulare Wasserstoff-Brücken

Neben *inter*molekularen Wasserstoff-Brückenbindungen (also Wechselwirkungen zwischen zwei Molekülen) gibt es auch *intra*molekulare Brücken, *die innerhalb eines Moleküls* wirksam sind: Beispiele sind das (deswegen besonders stabile) Anion der Salicylsäure (das Salicylat, Abbildung 15.3c) und die γ-Aminobuttersäure (d).

Normal ist das nicht – das Wasser

Auch im festen Zustand bildet Wasser diese Wasserstoff-Brückenbindungen aus: In kristallinem Eis ist jedes H_2O-Molekül über entsprechende Brücken mit jeweils vier weiteren H_2O-Molekülen verbunden. Zwei dieser Brücken werden mithilfe der »eigenen« Wasserstoff-Atome ausgebildet, zwei durch die H-Atome eines jeweils anderen Moleküls. Jedes Wasser-Molekül ist dabei tetraedrisch koordiniert (Abbildung 15.4):

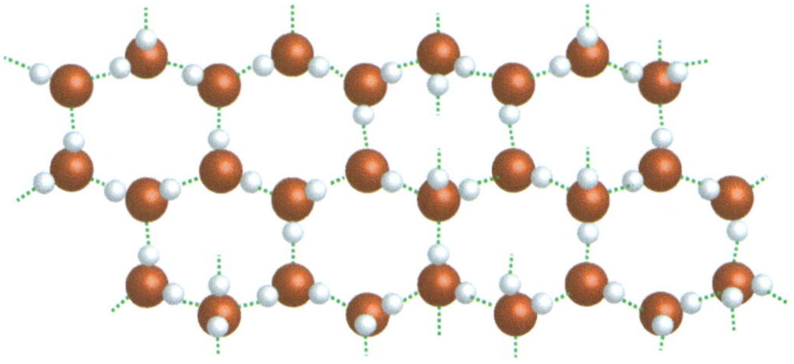

Abbildung 15.4: Struktur von Eis

Diese Gitterstruktur mit ihren recht großen Hohlräumen erklärt auch die sogenannte **Anomalie des Wassers**: Bekanntlich ist die Dichte des Wassers in festem Zustand (Eis) *niedriger* als die im flüssigen Zustand. Deswegen schwimmt Eis auch auf Wasser – und deswegen frieren Seen auch »von oben nach unten« zu – jeder »normale« Stoff macht das andersherum. Das Dichtemaximum liegt bei 4 °C, wie in Abbildung 15.5 dargestellt. Diesem

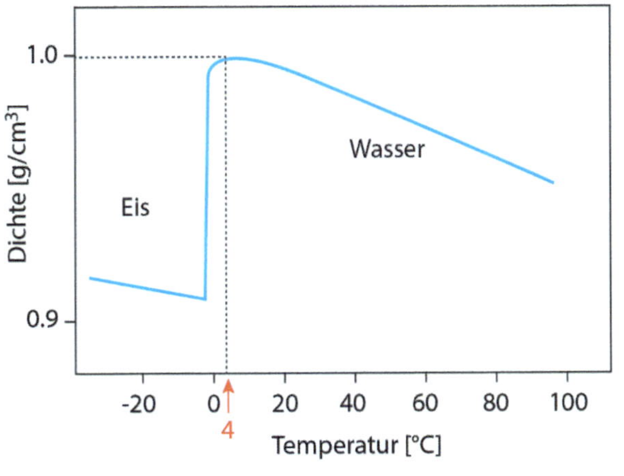

Abbildung 15.5: Dichteanomalie des Wassers

Umstand verdanken (nicht nur) die Fische im Wasser im Winter ihr Leben. (Das Eis drückt das Wasser zusammen, es kann sich nicht mehr ausdehnen und deshalb auch nicht kälter als 4 °C werden, weil dazu ja die Dichte abnehmen beziehungsweise das Volumen zunehmen müsste.) Ein derartiges physikalisches Verhalten ist von kaum einer anderen Verbindung bekannt. (Sie finden dieses anomale Dichteverhalten unter bestimmten Umständen bei den Elementen Antimon, Bismut, Gallium, Germanium und Silicium sowie einigen Verbindungen wie etwa Zinkcyanid, jedoch längst nicht so ausgeprägt wie beim Wasser.)

Festes Eis hat ein um 11 % größeres Volumen als flüssiges Wasser; beim Schmelzen fallen die Hohlräume zusammen. Aus diesem Grund liegen nach jedem Winter reichlich Straßenausbesserungsarbeiten an – das Eis kann nämlich richtig zerstörerisch wirken, weil es seine zu enge Umgebung einfach wegsprengt (Frostsprengung; eine Wasser-/Bier-/Weinflasche sollten Sie deshalb zum Kühlen auch nicht ins Eisfach legen – zumindest nicht über längere Zeit). Diese Anomalie lässt sich auch im Phasendiagramm von Wasser erkennen. (Das finden Sie in Kapitel 17.)

Gewisse Aspekte der »Anomalie des Wassers« zeigen sich auch bei anderen Elementen. Besonders die der zweiten Periode sind (aufgrund der höheren Elektronegativitätsdifferenz) deutlich besser in der Lage, entsprechende Wasserstoff-Brückenbindungen einzugehen, die sowohl beim Schmelz- als auch beim Siedepunkt zu einer Erhöhung führen.

VAN-DER-WAALS-Kräfte

Auch bei unpolaren Bindungen, etwa zwischen zwei gleichartigen Atomen oder bei Bindungen, in denen die Elektronegativitätsdifferenz der beteiligten Atome relativ gering ist, kann die Einwirkung einer *Ladung* (eines Ions) oder einer *Partialladung* (einer polaren Bindung) dazu führen, dass die Elektronendichte in den Molekülen nicht gleichmäßig verteilt ist. Hier hat **Polarisation** oder *Polarisierung* stattgefunden. Und selbst wenn gar keine äußeren Einflüsse vorhanden sind, kommt es zu *natürlichen Ladungsschwankungen*. Ist das erst einmal mit einem Molekül passiert, dann steckt es sozusagen das benachbarte an, dieses wiederum das nächste und so weiter, der Effekt pflanzt sich fort und kehrt sich ständig um, wie das in Abbildung 15.6 angedeutet ist. So entstehen positive und negative Partialladungen, die sich wechselseitig anziehen. Auf diese Weise werden Teilchen, die eigentlich unpolar sind, kurzfristig zu Dipolen, deshalb heißen sie auch **induzierte Dipole**. Die dabei wirkenden Anziehungskräfte heißen VAN-DER-WAALS-Kräfte. Sie sind selbstverständlich nicht so stark ausgeprägt wie bei polaren Bindungen, aber doch stark genug, um zu weiteren Wechselwirkungen zu führen.

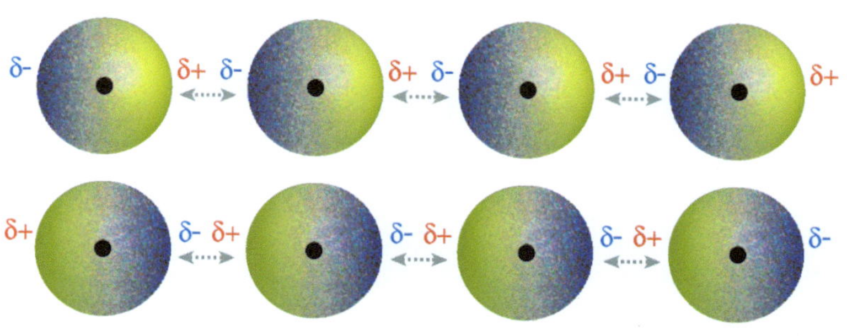

Abbildung 15.6: VAN-DER-WAALS-Kräfte

Je größer ein Molekül ist, desto leichter lässt es sich polarisieren. Nur so lassen sich beispielsweise die starken Unterschiede der Schmelz- und Siedepunkte der Halogene erklären, die Sie Tabelle 15.2 entnehmen können.

Halogen	**Schmelzpunkt [°C]**	**Siedepunkt [°C]**	**Aggregatzustand (bei Raumtemperatur)**
Fluor	−220	−188	gasförmig
Chlor	−101	−34	gasförmig
Brom	−7	+59	flüssig
Iod	+114	+185	fest

Tabelle 15.2: Schmelz- und Siedepunkte der Halogene

VAN-DER-WAALS-Kräfte sind die schwächsten Wechselwirkungen mit der kürzesten Reichweite, sie nehmen mit der 6. Potenz des Abstandes ab.

$$K_{\text{Dipol (ind.)–Dipol (ind.)}} \sim \frac{\mu_1 \mu_2}{r^6}$$

Danach sind auch die VAN-DER-WAALS-Kräfte alles andere als unbedeutend: Ohne sie könnten zum Beispiel völlig unpolare Stoffe wie Ethan, Propan und so weiter überhaupt nicht verflüssigt werden, denn andere Wechselwirkungen treten dort nicht auf. *VAN-DER-WAALS-Kräfte wirken immer.* Sind jedoch noch andere Wechselwirkungen vorhanden, fallen sie nicht so sehr ins Gewicht.

VAN DER WAALS oder LONDON – gibt's einen Unterschied?

Vor allem in englischsprachigen Büchern suchen Sie die VAN-DER-WAALS-Kräfte oft vergebens. Stattdessen werden Sie auf *LONDON-Kräfte* verwiesen. Was hat es damit auf sich? *Ursprünglich* war »VAN-DER-WAALS-Kräfte« der *Oberbegriff für alle nicht-kovalenten Wechselwirkungen*, die dann in der Art und Weise weiter unterteilt wurden, wie Sie es in diesem Kapitel gesehen haben:

- ✔ Wechselwirkungen zwischen zwei *permanenten* Dipolen wurden als KEESOM-Kräfte bezeichnet. (Willem Hendrick KEESOM war Niederländer, also bitte *nicht* englisch aussprechen!)
- ✔ Wechselwirkungen zwischen einem *permanenten* und einem *induzierten* Dipol wurden DEBYE-Kräfte genannt. (Dieser – ebenfalls niederländische – Name spricht sich *De-bai.*)
- ✔ Wechselwirkungen zwischen zwei *unpolaren, aber polarisierbaren* Molekülen schließlich wurden LONDON-Kräfte getauft. (Dieser Name spricht sich übrigens – wohl unerwarteterweise – *deutsch* aus.)

Wie Sie aber in diesem Kapitel sicher gemerkt haben, hat der Begriff »Van-der-Waals-Kräfte« mittlerweile eine Sinnverschiebung erfahren und bezeichnet *nur noch* die Wechselwirkungen zwischen zwei induzierten Dipolen. Wollen Sie also nicht gerade wissenschaftshistorisch genau sein, sind Van-der-Waals-Kräfte und London-Kräfte Synonyme.

Aufgaben Kapitel 15

Zum Aufwärmen

1. Was ist grundlegende Voraussetzung dafür, dass ein Molekül eine Wasserstoffbrückenbindung *ausbilden* kann? Was muss vorliegen, damit ein Molekül eine Wasserstoffbrückenbindung eingehen kann?

2. Ethan (C_2H_6, Siedepunkt −89 °C) ist ein reiner Kohlenwasserstoff. Wieso lässt sich dieses Gas bei −183 °C verflüssigen?

3. Betrachten Sie folgende Moleküle mit der gleichen Summenformel ($C_4H_{10}O$) und damit natürlich auch gleicher molarer Masse:

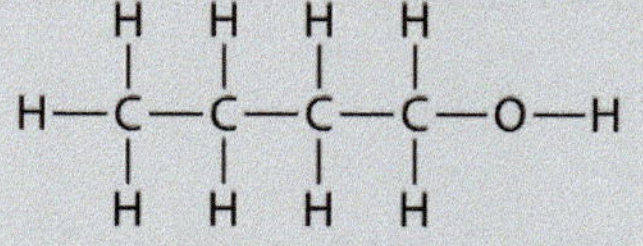

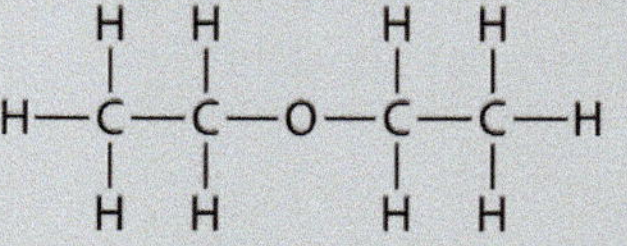

   1-Butanol (links) siedet bei 117,4 °C, der Diethylether (rechts) bei 34,6 °C. Wie lässt sich der Unterschied in den Siedepunkten erklären?

Für Fortgeschrittene

4. Flüssige Alkane kommen allein durch Van-der-Waals-Wechselwirkungen zustande. Wieso liegt der Siedepunkt von Butan (−1 °C) so deutlich höher als von Ethan (−89 °C)?

5. Die Zerstörung eines Ionengitters erfordert immer Energie, schließlich wurde bei der Entstehung des Kristallgitters Gitterenergie frei (*siehe* Kapitel 11). Wieso lösen sich manche Salze trotzdem bereitwillig in Wasser?

Teil IV
Thermodynamische Grundlagen – was geht überhaupt?

IN DIESEM TEIL …

bilden sich bei so einigen vielleicht bei dem Wort »Thermodynamik« spontan Schweißperlen auf der Stirn. Dabei geht es eigentlich um nichts anderes als um die Beschreibung eines Systems und um die Frage, warum es sich genau so und nicht anders verhält.

Die fundamentale Stellung nimmt dabei die Energie ein. Alle freiwilligen Vorgänge geschehen *nur*, wenn Energie frei wird. Häufig konkurrieren mehrere Vorgänge miteinander – jeder will seinen Teil bekommen: Das Ergebnis ist ein Kompromiss.

Üblicherweise wird die Thermodynamik der Physikalischen Chemie zugeordnet, und die wird (leider) häufig als Thema für Fortgeschrittene angesehen. Dabei gehören in dieses Gebiet einige absolut grundlegende Dinge, ohne die sich nicht einmal die allgemeinsten Grundlagen der Chemie erklären lassen. Mehr als in praktisch allen anderen Teilgebieten der Chemie werden in der Physikalischen Chemie zur Beschreibung eines Sachverhalts mathematische Formeln genutzt. Bei einigen davon ist es dem grundlegenden Verständnis sehr zuträglich, sich auch mit den entsprechenden Herleitungen zu befassen. Falls Sie sich aber mit dem »Ergebnis an sich« zufriedengeben wollen, dürfen Sie über die vertiefenden Abschnitte auch hinweglesen. (Notfalls wissen Sie ja, wo Sie nachblättern können.)

Also: Die Thermodynamik liefert Informationen darüber,

- ✔ in welchem energetischen Zustand sich ein System unter genau definierten Bedingungen gerade befindet,
- ✔ wie groß die Energieänderungen bei einem Vorgang sind und was Sie mit dieser Energie anstellen können,
- ✔ in welcher Richtung ein Vorgang abläuft,
- ✔ wann sich ein System in einem Gleichgewicht befindet und (scheinbar) nichts mehr passiert.

IN DIESEM KAPITEL

steckt Energie drin

ist Unordnung völlig normal

reichen sich Enthalpie und Entropie die Hand

Kapitel 16
Die Grammatik der Thermodynamik

Stoffe und Stoffgemische zeigen zu jedem Zeitpunkt charakteristische Eigenschaften, die in erster Linie von den Variablen *Temperatur, Druck* und *Volumen* abhängen. Die Substanzen befinden sich dann in einem bestimmten *Zustand*. Ändern Sie etwa eine Variable, ändern sich auch die anderen – es stellt sich ein *anderer Zustand* ein. Was die einzelnen Teilchen dabei genau machen, ist für die Thermodynamik zunächst nicht so interessant, denn es geht um die *makroskopischen* Eigenschaften, die Sie auch empfinden und messen können.

Hier gibt es im Wesentlichen zwei Fragestellungen:

- ✔ In welchem funktionalen Zusammenhang stehen Veränderungen in einem Stoff oder Stoffgemisch? – Es geht ja nicht nur um die *Beschreibung* eines Zustands, sondern auch um die zuverlässige *Vorhersage* des Verhaltens, wenn sich die äußeren Bedingungen *ändern*.
- ✔ Wie viel Nutzen lässt sich aus der Umwandlung von Energie gewinnen? (In Kapitel 5 können Sie nachschauen, welche verschiedenen Energieformen es gibt.)

Die Thermodynamik steht auf vier Säulen – das sind die *Hauptsätze der Thermodynamik*. Dabei handelt es sich um reine Erfahrungen, die Sie im Alltag erleben. (Es dürfte Ihnen nicht schwerfallen, sie zu erkennen und zu akzeptieren.) Zur wissenschaftlichen Beschreibung werden sie meist in ein mathematisches Korsett gesteckt, und das führt nur allzu oft dazu, dass Sie vor lauter Gleichungen und Formeln überhaupt nicht mehr erkennen können, was die eigentliche *Kernaussage* ist. Wenn Sie nicht gerade tief drinstecken oder ein spezielles thermodynamisches Problem bearbeiten, kommt mitunter der Überblick abhanden – besonders, wenn an der einen oder anderen Stelle eine mathematische Operation auftaucht, mit der Sie nicht so vertraut sind. Auch das Gegenteil ist häufig der Fall: Wichtige

Gleichungen stehen auf einmal da, wie selbstverständlich wird damit gerechnet, aber keiner weiß, wo sie eigentlich herkommen. Sie werden praktisch wie Naturgesetze hingenommen, dabei gelten sie doch meist nur unter genau definierten Bedingungen, die häufig überhaupt nicht deutlich werden. Dazu kommt die Gefahr, manche Begriffe in unzulässiger Weise zu vermischen – das dient auch nicht gerade dazu, einen Überblick über diese doch recht komplexe Thematik zu bekommen.

Deshalb finden Sie hier die wichtigsten *qualitativen* Aussagen, jeweils untermauert mit dem zum Verständnis notwendigen physikalischen und mathematischen Hintergrund (denn ganz ohne Formeln ist Thermodynamik langweilig). Sie werden merken: Häufig sagt hier eine Formel mehr als tausend Worte – Sie müssen bloß wissen, was die Formel eigentlich *bedeutet*.

Thermodynamisches Vokabular

In der Thermodynamik tauchen verschiedene Begriffe auf, die miteinander kombiniert für die Beschreibung von Vorgängen nützlich sind. Die unterschiedlichen Bedeutungen und Inhalte sollten Ihnen klar sein, denn *nur dann* können Sie bestimmte Zusammenhänge und Zustände einordnen und durchschauen. Viele dieser Begriffe finden ihren Weg weit hinaus über die Grenzen der Thermodynamik – denn sie gehören zur Alltagssprache jedes Chemikers.

Systeme: offen für alles?

Zunächst müssen Sie festlegen, was Sie eigentlich beschreiben wollen. Immer brauchen Sie Angaben darüber, wie weit Ihre Betrachtungen gelten sollen. Dafür steht der Ausdruck System. Ein System kann alles Mögliche sein: das ganze Universum, ein chemischer Reaktionsapparat, ein Becherglas auf dem Labortisch oder die Zelle einer Mikrobe. Auf jeden Fall *geschieht* in Ihrem System etwas. Entscheidend ist dann auch, was sich *außerhalb* des Systems tut (oder eben nicht tut). Sie betrachten also zwei Gebiete gleichzeitig: das **System** selbst und die **Umgebung** dieses Systems.

Ein System enthält immer eine Ansammlung von Materie und Energie und wird durch seine *Systemgrenze* beschränkt. In Abbildung 16.1 ist das jeweils die Wand des Behälters, in dem sich ein blauer Stoff befindet. (Die Begrenzungen können aber auch nur gedacht sein und müssen nicht unbedingt real existieren.) Drei Arten von Systemen werden unterschieden:

- ✔ *offene Systeme*: Stoff ($\dot{m}$) und Wärme ($\dot{Q}$) können ausgetauscht werden. (Der Punkt über einer Variablen kennzeichnet jeweils einen *Strom*.)
- ✔ *geschlossene Systeme*: Es wird nur Wärme ausgetauscht.
- ✔ *abgeschlossene (isolierte) Systeme*: Weder Stoff noch Wärme können die Systemgrenzen verlassen.

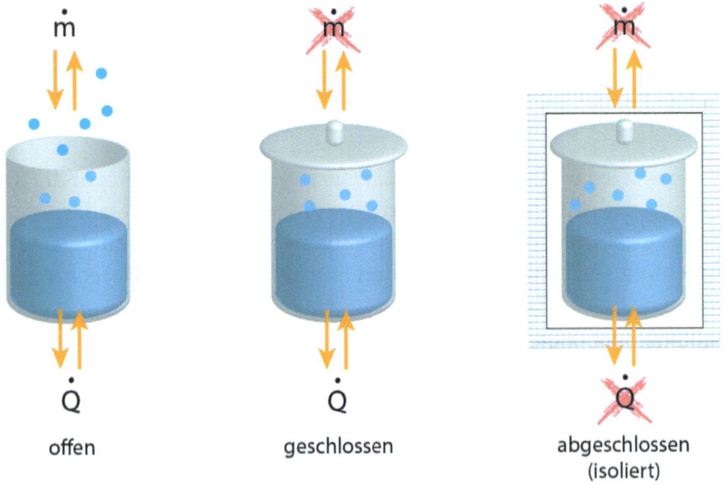

Abbildung 16.1: Thermodynamische Systeme

Was besagt der Punkt?

Der Punkt über einem Symbol kennzeichnet eine Größe pro Zeit. Diese Darstellungsweise hat sich im Ingenieurbereich eingebürgert und bedeutet eigentlich die Ableitung dieser Größe nach der Zeit, also $\frac{dm}{dt}$ oder $\frac{dQ}{dt}$.

Mit $\dot{Q}$ beispielsweise ist jedoch der Wärme*fluss* gemeint. Dieser kann ja auch konstant sein, also zeit***unabhängig***, sich mit der Zeit nicht ändern. Dann wäre $\frac{dQ}{dt} = 0$. Das wäre dann allerdings für den tatsächlichen Wärmefluss nicht zutreffend, denn er findet ja statt. Um einen Fluss oder Strom anzugeben, wird deshalb die Punktdarstellung beibehalten, um diese Größe von einer zeitlichen Ableitung zu unterscheiden.

Die *klassische* Thermodynamik beschreibt vor allem Systeme, die sich im *Gleichgewicht* befinden: Darin verändert sich keine der Größen, die für den Zustand des Systems verantwortlich sind. Eigentlich ist das nur in *isolierten* Systemen möglich, denn hier gibt es keine Beeinflussung von außen, da weder Materie noch Wärme ausgetauscht werden. Das ist natürlich ein Idealfall, der in der Regel nicht exakt erreicht werden kann; allerdings können Sie ihm über eine gewisse Zeit recht nahekommen (zum Beispiel in einer Thermoskanne).

Bedenken Sie, dass sich die Beschreibung von thermodynamischen Zuständen sowie alle daraus abgeleiteten Zustandsdiagramme (wie sie in Kapitel 17 zu sehen sind), *immer* auf einen *Gleichgewichtszustand* beziehen!

Ist das System *nicht* isoliert, müssen Sie sich etwas überlegen, um das Geschehen in eine Art (Quasi-)Gleichgewicht zu rücken:

- ✔ Die Vorgänge werden als *so* langsam betrachtet, dass Sie so tun, als wären sie reversibel.
- ✔ Die *Umgebung* des Systems wird mitberücksichtigt. Dann sind Sie natürlich auf der sicheren Seite, weil Sie es wieder mit einem isolierten System zu tun haben – allerdings wäre Ihr System dann das gesamte Universum! Das wäre ziemlich umständlich, also versuchen Sie, die Umgebung irgendwie loszuwerden (zumindest für die Berechnungen). Wie Sie das machen, erfahren Sie im Abschnitt *Freie Enthalpie und chemisches Gleichgewicht* weiter unten.
- ✔ Ist das System *offen*, wird es etwas knifflig, da zum Wärmeaustausch auch noch Stoffänderungen hinzukommen, und die können eine zusätzliche Triebkraft für Veränderungen darstellen.

Innere Energie (U)

Jeder Stoff führt eine bestimmte Energie mit sich. In einem System umfasst die **innere Energie U** dessen *gesamten* Energiegehalt. Was gehört alles dazu?

- ✔ **Thermische Energie**
  - Die Teilchen bewegen sich je nach Temperatur mehr oder weniger schnell, sie haben also **kinetische Energie**, manchmal auch als *Translationsenergie* bezeichnet (Translation ist das Fachwort für eine geradlinige Bewegung). Die Geschwindigkeit von Gasteilchen liegt etwa in der Größenordnung der Schallgeschwindigkeit. (Schauen Sie sich Abbildung 16.6 an, dort finden Sie Geschwindigkeitsverteilungen für mehrere Temperaturen.)
  - Die Atome können sich entlang ihrer Bindungen bewegen oder sich um diese drehen (*rotieren*). Das tun sie mit umso mehr Begeisterung, je wärmer es ist. Je nach Temperatur besitzt das System ein gewisses Maß an *Schwingungs-* und *Rotationsenergie* (*siehe* Abbildung 16.2), das ist eine Form von potentieller Energie.
- ✔ **Chemische Energie**

  Das ist die *Energie, die in den Bindungen gespeichert ist.* Je größer das Bestreben der Teilchen ist, andere Bindungen einzugehen als gerade vorhanden, desto größer ist diese potentielle Energie.
- ✔ **Kernenergie**

  In den Atomkernen steckt die meiste Energie. Da Sie jedoch bei üblichen physikalischen und chemischen Prozessen nicht an sie herankommen, muss sie bei den thermodynamischen Betrachtungen nicht beachtet werden. (Bei Kernreaktionen sieht das natürlich anders aus, die kommen in Kapitel 52 dran.)

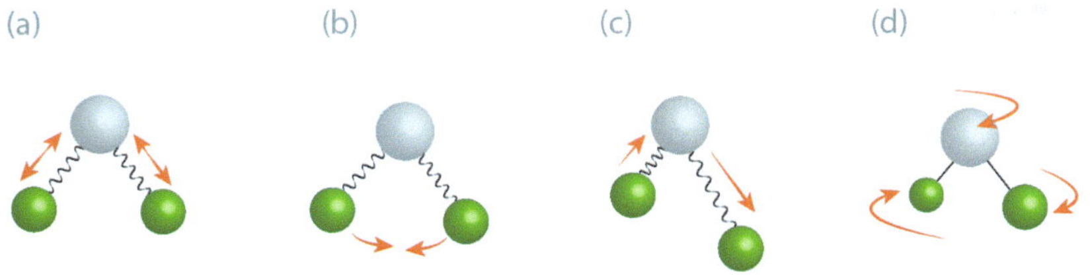

Abbildung 16.2: Schwingung (a–c) und Rotation (d) im Molekül

Die innere Energie umfasst die gespeicherte Energie aufgrund *molekularer* Vorgänge. Sie bezieht sich *nur* auf die mikroskopische Ebene (also auf das, was die Teilchen tun). Dazu gehört also *nicht*

- die potentielle Energie eines äußeren Feldes (etwa des Schwerefelds der Erde) und/oder
- die kinetische Energie des Gesamtsystems.

Die innere Energie U können Sie nicht direkt bestimmen. Wie jede Form von Energie tritt sie erst in Erscheinung, wenn sie etwas *bewirkt*, beispielsweise den Austausch von Wärme oder das Verrichten von Arbeit. Deshalb ist es nur möglich, die *Änderung* ΔU der inneren Energie zu erfassen – und das bei konstantem Volumen.

Wärme (Q)

Energie kann in Form von Wärme transportiert werden: Dann ist sie eine sogenannte *Prozessgröße*; es ist daher wichtig zu wissen, *wie* die Wärme transportiert wird. Die Wärmeübertragung kann zum Beispiel durch eine *Strömung* erzwungen werden (so etwas heißt *Konvektion*), molekular (aufgrund eines Temperaturunterschieds) oder durch *Wärmestrahlung* (das sind elektromagnetische Wellen wie etwa von der Sonne) erfolgen. Wärmezufuhr steigert die kinetische (thermische) Energie, also die Geschwindigkeit der Teilchen – allerdings ist die Bewegung der Teilchen völlig ungeordnet. (Natürlich werden durch Wärmezufuhr auch Schwingung und Rotation der Atome verstärkt.)

Wärmezufuhr erhöht damit die innere Energie eines Systems.

Bitte verwechseln Sie nicht die *Wärme* mit der *Temperatur*! (Leider werden diese Begriffe häufig gleichbedeutend behandelt.) Wärme ist die Energie, die von einem Ort höherer Temperatur zu einem Ort niedriger Temperatur übertragen wird. Also: *ohne Temperaturdifferenz kein Wärmefluss.*

Die Temperatur wird mit der Bewegung (der kinetischen Energie) der Teilchen erklärt (mit der *Kinetischen Gastheorie*, zu der kommen wir in Kapitel 18). Wärmezufuhr muss sich allerdings *nicht vollständig* in einer Temperaturerhöhung niederschlagen. Wie oben ausgeführt, wird ja ein Teil der Wärme auch für verstärkte Schwingungen und Rotationen innerhalb der Moleküle verwendet; das erhöht aber nicht die Temperatur des Systems. Je mehr in solche Aktivitäten hineingesteckt werden kann, ohne dass sich (makroskopisch) etwas ändert, desto größer ist die **Wärmekapazität C** des Systems. Eine Wärmeänderung ΔQ ist also proportional der Temperaturänderung ΔT; je größer jedoch die Wärmekapazität C ist, desto *geringer* die tatsächliche Erhöhung der Temperatur:

$$\Delta Q = C \cdot \Delta T \quad \textit{oder} \quad dQ = C \cdot dT \tag{16.1}$$

Die Wärmekapazität ist ein Maß dafür, wie viel Wärme (thermische Energie) ein System speichern kann, *ohne* dass sich dessen Temperatur erhöht.

Arbeit (W)

Auch Arbeit ist eine Form von Energie und ebenso eine *Prozessgröße* wie die Wärme; wieder ist es wichtig, *wie* die Arbeit verrichtet wird. Die innere Energie stellt zwar den Energievorrat eines Systems dar, aber Arbeit lässt sich nicht in der gleichen Weise wie Wärme transportieren: Wenn Arbeit geleistet wird, geht das auf Kosten der inneren Energie des Systems.

Arbeit wird immer *dann* verrichtet, wenn Teilchen in ihrer Position verschoben werden – sie ist eine Bewegung entgegen einer Kraft: Sie leisten Arbeit, wenn Sie einen Stein entgegen der Erdanziehung hochheben. Aus der Schulphysik kennen Sie gewiss noch den Zusammenhang: Arbeit = Kraft × Weg oder $W = F\, ds$.

Unter chemisch-physikalischen Gesichtspunkten wäre eher ein Gas interessant, das einen Gegenstand bewegen kann, indem es sich ausdehnt: Vergrößern Sie eine Grenzfläche, müssen Sie *Oberflächenarbeit* leisten (das ist die *Oberflächenspannung*), der Transport von Elektronen in einem elektrischen Feld hingegen erfordert *elektrische Arbeit.*

Am häufigsten tritt in der Thermodynamik die Volumenarbeit W auf, die ein Gas verrichten kann, das während einer chemischen Reaktion entstanden ist. Diese äußert sich in einer Veränderung des Volumens:

- ✔ Druck = Kraft/Fläche: $p = F/A$ oder $F = p \cdot A$
- ✔ Arbeit = Kraft × Weg: $W = F\, ds$ oder $W = -p \cdot dV$ (definitionsgemäß ist sie *negativ,* wenn die Arbeit *vom System geleistet* wird).

Enthalpie (H)

Bei den meisten Vorgängen ist nicht das Volumen konstant, sondern der *Druck.* Ein System kann deshalb nicht nur seine innere Energie ändern, sondern auch noch zusätzlich Arbeit leisten, beispielsweise in Form von Volumenarbeit. Ein solches System hat also mehr zu bieten als nur seine innere Energie. Dafür wurde eine *neue* Größe definiert, die Enthalpie.

- ✔ Die Definition der **Enthalpie** lautet: $H =: U + pV$
- ✔ Die Änderung der Enthalpie lautet: $dH = dU + d(pV) = dU + pdV + Vdp$

Wie bei der inneren Energie gibt es auch hier *keine* Absolutwerte, gemessen werden können nur Enthalpie*differenzen.* Die Enthalpiedifferenz, die ein chemisches Reaktionssystem bei konstantem Druck an die Umgebung abgibt oder ihr entzieht, ist die **Reaktionsenthalpie** ΔH_R.

Ist sie negativ, ist die Reaktion *exotherm*, ist sie positiv, ist die Reaktion *endotherm* (*siehe* auch Kapitel 5).

Würden Sie die Enthalpien von Ausgangs- und Endstoffen kennen, könnten Sie die entsprechende Reaktionsenthalpie ausrechnen – die kennen Sie aber nicht! Zu diesem Zweck wurde die **Bildungsenthalpie** ΔH_f (f = *formation*) eingeführt, das ist die *Enthalpieänderung bei der Entstehung jeweils eines Mols einer Verbindung aus den Elementen*. Findet das Ganze nun auch noch unter Standardbedingungen statt (*siehe* Kapitel 2), dann ist das die Standardbildungsenthalpie ΔH_f^0. Als Bezugsgröße wird *definiert*: Die Standardbildungsenthalpie für Elemente in ihrem stabilsten Zustand ist null.

Es geht wirklich um die Elemente *in ihrem stabilsten Zustand!* Damit ist die Standardbildungsenthalpie für H_2, N_2 und O_2 genau null, aber eben *nicht* für die (energetisch sehr viel ungünstigeren) *Atome* wie H, N oder O (*atomar* ist nur selten das Gleiche wie *elementar*; in welcher Form welche Elemente vorliegen, erfahren Sie in den Kapiteln 28 bis 34).

Findet eine Reaktion unter Standardbedingungen statt, gilt die **Standardreaktionsenthalpie** ΔH_R^0. Die können Sie aus den Standardbildungsenthalpien tatsächlich berechnen:

$$\Delta H_R^0 = \sum \Delta H^0_{f\,(\text{Produkte})} - \sum \Delta H^0_{f\,(\text{Reaktanten})}$$

Entropie (S)

In vielen Büchern werden Sie mit einer Aussage über die **Entropie** konfrontiert, die nicht gerade selbsterklärend ist.

Thermodynamisch lautet die *Definition der Entropie*:

$$\Delta S = \int \frac{\delta Q_{rev}}{T} \qquad (16.2)$$

Diese stellt ein Maß für die »Unordnung« in einem System dar.

Na toll! – Wo kommt plötzlich diese Definition her, und was ist hier unordentlich? So etwas trägt nicht gerade zum Verständnis bei – zumal die Zusammenhänge und Begriffe häufig ziemlich unscharf behandelt werden (oder mitunter so mathematisch, dass nur Spezialisten damit klarkommen). Hier werden zum Teil vermeintlich einfache Zusammenhänge dargestellt, bei denen es manchmal schwerfällt, sie überhaupt zu verstehen (und sei es nur grob qualitativ!), weil notwendige Zwischenschritte nicht nachvollziehbar sind. Deshalb holen wir hier etwas weiter aus.

Der Begriff Entropie stammt von Rudolf Clausius. Er wollte herausfinden, *warum* Wärme niemals von einem kalten zu einem warmen Gegenstand fließt, sondern immer nur umgekehrt. Für ihn stellte sich beispielsweise die Frage, warum sich Eiswürfel unter Wärmezufuhr in 0 °C kaltem Wasser auflösen, obwohl sich die Temperatur dabei nicht ändert (der kristalline Zustand ist energieärmer als flüssiges Wasser, warum sollte er sich freiwillig ändern?). Es muss eine Größe geben, die gerade die aufzuwendende Wärme für den Schmelzvorgang kompensiert.

Irgendein Vorgang im System verwendet also zugeführte Wärme, ohne dabei die Temperatur zu verändern (ähnlich wie die Wärmekapazität in Gleichung 16.1).

Noch genauer kam Clausius diesem Phänomen auf die Schliche, indem er das Gedankenexperiment eines Kreisprozesses weiterführte, das bereits Sadi Carnot zu der Erkenntnis geführt hatte, Wärme könne *niemals* vollständig in nutzbare Arbeit umgewandelt werden (Carnot befasste sich seinerzeit mit der Effizienz von Wärmekraftmaschinen). Genau für diesen Effekt soll die *Entropie* verantwortlich sein.

Wärme und Temperatur drehen sich im Kreis

Schauen Sie sich den Zusammenhang zwischen Wärme und Temperatur etwas genauer an:

Eine Wärmekraftmaschine arbeitet mit zwei Wärmereservoirs unterschiedlicher Temperatur, in der ein Gas abwechselnd expandiert und komprimiert wird, wobei Sie jeweils die Temperatur beziehungsweise die Wärmemenge konstant halten (*isotherm* und *adiabatisch, siehe* weiter unten). Werden diese Vorgänge in einem Kreislauf gefahren, stellen Sie fest, dass sich bereits rein theoretisch die zugeführte Wärme und die, die als Wärmedifferenz wieder zurückkommt, erkennbar unterscheiden – irgendwo geht Wärme verloren, die nicht zur Verrichtung von Arbeit zur Verfügung steht. Wie viel das ist, hängt von der Temperaturdifferenz der beiden Reservoirs ab. Der *Wirkungsgrad* η dieses Kreisprozesses kann über die Wärme Q oder über die Temperatur T angegeben werden (w und k stehen für *warm* und *kalt*):

$$\eta = \frac{Q_w + Q_k}{Q_w} = 1 + \frac{Q_k}{Q_w} \qquad \textit{oder} \qquad \eta = \frac{T_w - T_k}{T_w} = 1 - \frac{T_k}{T_w}$$

(Falls Sie sich über ein positives Q_k wundern sollten, bedenken Sie bitte, dass die *vom System geleistete Arbeit* definitionsgemäß *negativ* ist.)

Gleichsetzen ergibt für diesen reversiblen Kreisprozess:

$$1 + \frac{Q_k}{Q_w} = 1 - \frac{T_k}{T_w} \qquad \Rightarrow \qquad \frac{Q_w}{T_w} + \frac{Q_k}{T_k} = 0$$

Reversibel ist ein Prozess nur, wenn es sich um sehr kleine Wärmeänderungen (im Idealfall infinitesimale, also unendlich kleine) handelt. Mit dem Quotienten Q/T wird eine *Zustandsgröße* beschrieben, deren infinitesimale Änderung gegeben ist durch:

$$dS = \frac{\delta Q}{T} \qquad \textit{oder} \qquad \delta Q = TdS$$

Diese Zustandsgröße S nannte Clausius **Entropie** (ein aus dem Griechischen abgeleitetes Kunstwort, das so etwas wie *Umwandlung in eine Richtung* bedeutet).

In Worten: *Die Änderung der Entropie ist bei niedriger Temperatur größer als bei hoher.*

(Das ist jetzt wirklich die Kurzfassung. Wenn Sie das alles genauer nachvollziehen möchten, müssen wir Sie an dieser Stelle auf die einschlägige Literatur der Physikalischen Chemie verweisen.)

Vielleicht könnten Sie die Entropie ja Entropie sein lassen und dieses Kapitel der Physikalischen Chemie einfach überspringen? Aber die Entropie wird Ihnen immer wieder begegnen und ist nicht zuletzt für die Beurteilung chemischer Abläufe immens wichtig. Deshalb sollten Sie sich nicht mit einer »billigen« Erklärung zufriedengeben – und so richtig wissen Sie doch immer noch nicht, was eigentlich mit »Unordnung« gemeint ist, oder?

Die Thermodynamik teilt die Vorgänge in zwei Gruppen ein:

- ✔ *reversible* Abläufe – ein vorheriger Zustand kann exakt wieder eingenommen werden
- ✔ *irreversible* Abläufe – hier geschieht etwas, das sich *nicht* rückgängig machen lässt

Kommen wir zu Ihnen persönlich: Woran merken Sie eigentlich, dass die Zeit vergeht (wenn Sie nicht gerade auf die Uhr schauen)? – Stellen Sie sich vor, Sie filmen mit Ihrer Kamera ein schwingendes Pendel (wie in Abbildung 16.3a) und spielen dieses Video dann rückwärts ab: Sie können den Vorgang nicht vom vorwärts laufenden Film unterscheiden (wenn Sie das nicht glauben, probieren Sie es doch selbst aus). So wäre es auch egal, ob Sie die Bilder nach einer Minute, einer Stunde oder einer Woche betrachteten – immer sehen Sie dasselbe.

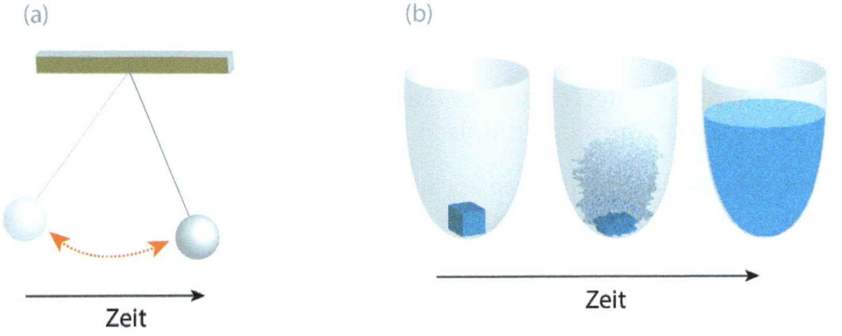

Abbildung 16.3: Reversible und irreversible Vorgänge

Nun drehen Sie ein Video von einer blauen Substanz, die sich allmählich in einem Glas Wasser auflöst (b). Wir brauchen Ihnen nicht nahezulegen, dass dieser Vorgang rückwärts betrachtet eine völlig absurde Vorstellung wäre. Sie würden vermutlich sofort sagen: *Das ist unmöglich!*

Warum sind Sie sich da so sicher? Was genau macht denn den Unterschied zwischen diesen beiden Vorgängen aus?

- ✔ Das Pendel pendelt hin und zurück, hin und zurück. Dieser Bewegungsablauf ist offenbar unabhängig davon, in welche Richtung sich *die Zeit* bewegt. Die Zeit selbst spielt keine Rolle, der Bewegungsablauf ist zeitunabhängig, weil er immer wieder den Zustand herstellt, der vorher gewesen ist – alles bleibt, wie es war.
- ✔ Beim Lösevorgang hingegen spielt die Zeit *sehr wohl* eine Rolle: Mit fortlaufender Zeit beobachten Sie Veränderungen und kämen wohl nie auf die Idee, die homogen verteilten blauen Teilchen im Wasser könnten sich je wieder zu dem kleinen blauen Würfel zusammenfinden.

Es gibt noch viele andere Vorgänge, die Sie gewiss in das Reich der Unmöglichkeit einordnen würden:

- ✔ In einem vermischten Stapel Spielkarten werden Sie (auch durch noch so intensives Mischen) *wohl kaum* wieder die Ordnung erzeugen, die er beim Neukauf hatte (As, König, Dame, Bube und so weiter nach Farben sortiert).
- ✔ Die Wärme aus Ihrer Küche wird *nicht* gezielt auf das Wasser in einem Topf übertragen, um dieses zum Kochen zu bringen.
- ✔ Ein Stein fällt aus großer Höhe auf die Erde und erwärmt sich durch den Aufprall um einige Grad. Es ist jedoch noch nie beobachtet worden, dass ein Stein nach oben fliegt und sich dabei abkühlt.
- ✔ Ihr Schreibtisch räumt sich nicht von allein auf, sodass alles an seinem Platz ist. (Das wäre wirklich zu schön, um wahr zu sein.)

Nach dem Gesetz der Energieerhaltung wären alle diese Vorgänge jedoch *erlaubt*. Rein theoretisch wäre es demnach unter energetischen Gesichtspunkten auch denkbar, dass sich die blaue Lösung in Abbildung 16.3 wieder entmischt. Es gibt in dieser Hinsicht viele *mögliche* Vorgänge, die aber tatsächlich *eben nicht* stattfinden.

Es muss also neben der Energie (die stets einem Minimum zustrebt) noch eine andere Größe mit darüber entscheiden, ob ein Vorgang stattfindet oder nicht.

Hier kommt die *Anzahl der beteiligten Teilchen* ins Spiel. Um Ihnen dies deutlicher zu machen, teilen wir einen Raum von 1 Liter Volumen gedanklich in zwei Hälften ein (*siehe* Abbildung 16.4) und geben dann nach und nach die Teilchen hinein.

Abbildung 16.4: Anzahl möglicher Mikrozustände

- Fangen wir mit *einem* Teilchen an (N = 1): Die Wahrscheinlichkeit, das Teilchen auf der linken Seite anzutreffen, ist 1:1, also 50 %, das leuchtet sofort ein.
- Mit *zwei* Teilchen (N = 2) gibt es bereits vier Möglichkeiten (die Teilchen sind zwar an sich gleich, aber jedes Teilchen kann ja für sich entscheiden, ob es sich links oder rechts aufhalten will). Die Wahrscheinlichkeit, beide Teilchen im linken Teil anzutreffen, ist auf 1:4 gesunken (25 %).
- Bei *vier* Teilchen ist die Zahl der Möglichkeiten schon auf 16 angestiegen. Nun beträgt die Wahrscheinlichkeit, alle vier Teilchen im linken Teil anzutreffen, nur noch 1:16 (6,25 %).

Hier werden unterschieden:

- *Mikrozustände*, das ist die Anzahl der Möglichkeiten, die die Teilchen einnehmen können. Die Mikrozustände enthalten detaillierte Angaben über den Ort und die Geschwindigkeit *jedes einzelnen* Teilchens.
- *Makrozustände*, bei denen die einzelnen Teilchen als *ununterscheidbar* angesehen werden. Ein Makrozustand ist das, was Sie messen können – er ist durch wenige Parameter wie Temperatur, Druck oder Volumen charakterisiert. Die Energien der Makrozustände sind *entartet*, deswegen haben die Teilchen entsprechend eine mehr oder weniger große Auswahl, welchen davon sie nun einnehmen möchten.

Ein bisschen Statistik

Die Anzahl W der *Mikrozustände pro Makrozustand* können Sie mit

$$W = \frac{N!}{N_{\text{links}}!\,N_{\text{rechts}}!} \qquad (16.3)$$

berechnen. So etwas kennen Sie vielleicht noch aus Ihrem Mathematikunterricht aus der Schule (Wahrscheinlichkeitsrechnung, »N!« bedeutet Fakultät).

Packen Sie *sechs* Teilchen in Ihren Kasten, ist die Zahl der Mikrozustände bereits auf 64 angewachsen, und nehmen Sie gerade einmal *einhundert* Teilchen, dann haben Sie sage und schreibe $1{,}27 \cdot 10^{30}$ (!) verschiedene Möglichkeiten, Ihre Teilchen auf zwei verschiedenen Seiten im Kasten anzuordnen. Mit 170 Teilchen ($1{,}5 \cdot 10^{51}$ Mikrozuständen) gibt es schon 100× mehr Anordnungsmöglichkeiten als Atome auf unserer Erde (das sind ungefähr 10^{49})!

Nun können Sie ja nicht behaupten, 100 oder gar 170 Teilchen wäre eine Anzahl, die irgendwo besondere Beachtung finden würde. Selbst im extremsten Hochvakuum, das der Mensch auf der Erde überhaupt erzeugen kann, fliegen immer noch etwa 10^7 Teilchen pro Liter herum (also 10 000 000).

Wie Sie Abbildung 16.4 entnehmen können, gibt es die meisten Mikrozustände dort, wo die Teilchen gleichmäßig verteilt sind. Das ist schon bei wenigen Teilchen so – und erst recht bei vielen Teilchen. Ungleich verteilte Zustände sind unwahrscheinlich, und das umso mehr, je größer der Unterschied ist. Mit anderen Worten:

Der wahrscheinlichste *Makro*zustand ist stets derjenige, der die größte Anzahl an *Mikro*zuständen aufweist.

Und nun können Sie ja mal ausrechnen, wie viele Mikrozustände sich ergäben, wenn in Ihrem Volumen 1 Mol ($6{,}022 \cdot 10^{23}$) Teilchen vorhanden wären – und wie groß entsprechend die Wahrscheinlichkeit wäre, dass sich alle Teilchen an einer Stelle zusammenfinden würden.

Die Wahrscheinlichkeit ist nicht null, aber … – auf Ihren blauen Würfel in Abbildung 16.3b können Sie warten, bis Sie schwarz werden.

Die Zahl der Mikrozustände steigt schnell in astronomische Höhen. Derart große Zahlen verarbeiten Sie am besten im logarithmischen Maßstab (*siehe* Kapitel 6), um überhaupt Zusammenhänge erkennen zu können. Abbildung 16.5 zeigt, dass sich in logarithmischer Darstellung eine Gerade ergibt.

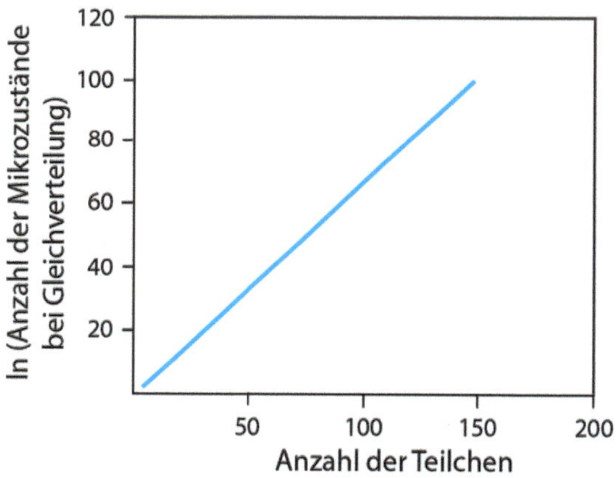

Abbildung 16.5: Anzahl der Mikrozustände (logarithmischer Maßstab)

Da die Berechnungen (nach Gleichung 16.3) immer gleich sind, ist davon auszugehen, dass auch bei sehr großen Teilchenzahlen ein linearer logarithmischer Zusammenhang besteht. Bei großen Fakultäten wird Ihr Rechner aber recht rasch streiken. (Unter dem Stichwort »STIRLING-Formel« finden Sie in der Fachliteratur Näherungen zur Berechnung, aber das ist hier nicht so wichtig.)

Aber *Folgendes* ist wichtig: Ludwig BOLTZMANN hat sich sehr intensiv mit der thermischen Energie der Teilchen und ihrer Verteilung in einem System befasst. Das hat viel mit Statistik zu tun: Der *wahrscheinlichste* Zustand eines Systems ist *dann* gegeben, wenn die Energie über möglichst viele Mikrozustände verteilt ist. Abbildung 16.6 zeigt eine solche BOLTZMANN-Verteilung (nach dem schottischen Physiker James MAXWELL häufig auch als *BOLTZMANN-MAXWELL-Verteilung* bezeichnet) für Gasteilchen. Die thermische Energie spiegelt sich in der Geschwindigkeit der Teilchen wider, deshalb sind hier Geschwindigkeiten aufgetragen.

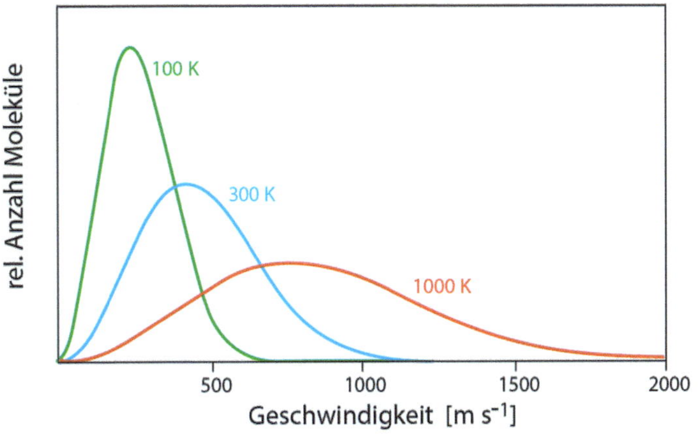

Abbildung 16.6: BOLTZMANN-Verteilung

Ein Maß für die Anzahl der Mikrozustände eines Makrozustands für ein isoliertes System stellt die von BOLTZMANN aufgestellte Beziehung dar:

$$S = k_B \ln W \tag{16.4}$$

Dabei ist k_B eine Naturkonstante mit dem Wert $k_B = 1{,}3087 \cdot 10^{-23}\ J\ K^{-1}$, die BOLTZMANN-Konstante.

Dieses »S« ist gewissermaßen ein Ausdruck dafür, auf wie viele mögliche Zustände sich die Energie eines Zustands verteilen kann. An dieser Stelle wird mit der Größe S häufig der Begriff »*Unordnung*« verbunden: Je mehr die Energie *verteilt* ist, je mehr Mikrozustände es also gibt, desto weniger geordnet ist das System – und desto wahrscheinlicher ist dieser Zustand.

BOLTZMANN verwendete ebenfalls die Bezeichnung **Entropie S**. (Es handelt sich hier um die **statistische Definition der Entropie**.) Diese Formel in Gleichung 16.4 folgt BOLTZMANN bis in die ewigen Jagdgründe, denn sie wurde ihm zu Ehren auf seinem Grabstein auf dem Wiener Zentralfriedhof eingemeißelt.

Die »Unordnung« können Sie bei der *thermodynamischen* Definition der Entropie (Gleichung 16.2) *nicht* erkennen. Was damit gemeint ist, leuchtet Ihnen mit der *statistischen* Definition der Entropie (Gleichung 16.4) wahrscheinlich viel eher ein. Somit ist die Entropie doch eine wunderbare Verbindung zwischen den *makroskopischen* Zuständen, die in der Thermodynamik üblich sind, und den *mikroskopischen* Vorgängen, die beschreiben, was die einzelnen Teilchen *tatsächlich* zu diesem Zustand beitragen.

Entropie*zunahme* ($\Delta S > 0$) ist also im BOLTZMANN'schen Sinne nichts anderes als der Übergang eines Systems in einen anderen Makrozustand mit einer *größeren Anzahl möglicher Mikrozustände*, wobei sich die Gesamtenergie *nicht* ändert. Spontane Vorgänge sind *immer* mit einer stärkeren *Verteilung* der Gesamtenergie verbunden (*siehe* Abbildung 16.4), da dieser Zustand schlicht und einfach wahrscheinlicher ist. Um noch einmal auf die Wärmekapazität (aus Gleichung 16.1) zurückzukommen: Eine hohe Wärmekapazität bedeutet, dass ein Molekül viel Energie speichern kann, nicht zuletzt aufgrund seiner Möglichkeit, seine Energieniveaus breiter zu verteilen. Eine Verbindung mit hoher Wärmekapazität kann unter anderem deswegen so viel Energie speichern, weil sie die Möglichkeit dazu hat.

Sind Moleküle unordentlich?

Die Gesamt-Energiebilanz eines chemischen Prozesses ist immer auch von der *Entropie* abhängig. Mit anderen Worten: Es ist energetisch stets günstig, wenn im Zuge eines (physiko-)chemischen Prozesses die »Unordnung« in einem System zunimmt. Quantitativ wird dies in der Gibbs-Helmholtz-Gleichung (*siehe* im Abschnitt *Was treibt die Chemie an?*) berücksichtigt. Finden sich jedoch Teilchen innerhalb eines Systems zu Molekülen zusammen, *vermindert* sich dabei die Anzahl der freien Teilchen (im Falle der Reaktion von zwei Teilen X zu einem Molekül X_2 würde sie etwa entsprechend halbiert), und somit nimmt die Unordnung in diesem System sichtlich ab.

Somit wäre die Reaktion $2\ X \rightarrow X_2$ ein *endotroper* Prozess, und da beim He_2 angesichts der Besetzung sowohl des bindenden wie des antibindenden Orbitals keinerlei Energiegewinn erzielt wird (*siehe* Abbildung 12.23), wäre damit der gesamte Prozess *endergonisch*, er würde also ohne externe Energiezufuhr nicht ablaufen.

Bei Molekülen hingegen, bei denen sich durch die Ausbildung einer Bindung ein Energiegewinn ergibt, überkompensiert dieser den endotropen Aspekt.

Die Hauptsätze

Jetzt haben wir so viel Vorarbeit geleistet und den Dingen Namen und Bedeutung verpasst, dass es Ihnen nicht schwerfallen wird, die wichtigen Aussagen der Hauptsätze der Thermodynamik zu verstehen und nachzuvollziehen.

0. Hauptsatz – der Gleichmacher

Der **0. Hauptsatz der Thermodynamik** ist so trivial, dass er anfangs gar nicht als grundlegend für die Thermodynamik empfunden wurde. Er beschreibt folgenden Sachverhalt (*siehe* Abbildung 16.7):

- ✔ Wenn ein System A mit einem System B im thermischen Gleichgewicht steht *und*
- ✔ System A auch mit einem System C im thermischen Gleichgewicht steht,
- ✔ dann steht auch System B mit System C im thermischen Gleichgewicht.

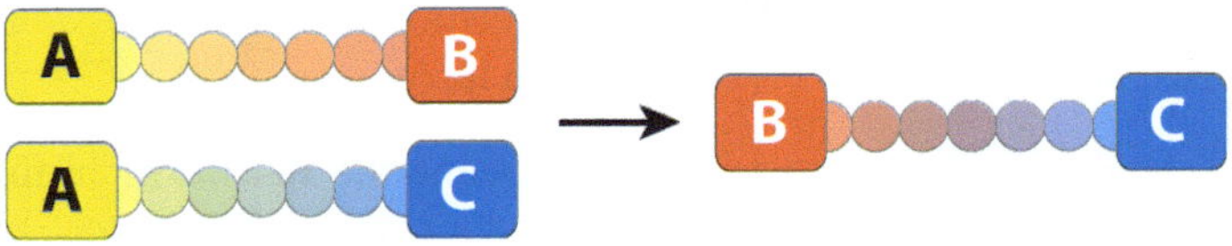

Abbildung 16.7: Thermisches Gleichgewicht

Was heißt das denn eigentlich? – Systeme, die miteinander in Kontakt stehen und sich im *thermischen Gleichgewicht* befinden, haben die gleiche Temperatur, also: Alle Temperaturen sind dann identisch. Zwei Gleichgewichte beschreiben also drei Zustände. Das war's schon. Sie erleben das jeden Tag und finden es vermutlich ganz normal.

1. Hauptsatz – es geht nichts verloren

Hermann von Helmholtz formulierte 1847 den Energieerhaltungssatz, der die Grundlage für den **1. Hauptsatz der Thermodynamik** darstellt. Folgende Interpretationen können dafür herangezogen werden:

- ✔ Energie kann weder vernichtet noch aus dem Nichts erzeugt werden.
- ✔ Es gibt kein *Perpetuum mobile* (»etwas, das sich ewig bewegt« – das ist ein *Perpetuum mobile erster Art*, weil der *erste* Hauptsatz damit verletzt würde).

  Gemeint ist eine zyklisch arbeitende Maschine, die ständig Arbeit verrichtet, ohne dass ihr Energie zugeführt wird. Nehmen Sie etwa ein Rad, das über einen Dynamo Strom erzeugt; dieser Strom wird dann für den Antrieb des Rades eingesetzt. Wäre sicherlich eine tolle Sache, denn dann würde »aus dem Nichts« Arbeit erzeugt werden. Regelmäßig gehen bei den Patentämtern Anträge auf die Anmeldung eines Perpetuum mobile ein. Die letzte Absage (Stand: 2018) erteilte das Bundespatentgericht 2012 (!) mit der Begründung, eine solche Maschine sei naturwissenschaftlich unmöglich. Natürlich können Sie trotzdem weiter danach suchen, und vielleicht schaffen *Sie* ja auch wirklich den Durchbruch, denn der Energieerhaltungssatz ist schließlich nur eine *Hypothese*, nicht einmal eine *Theorie* – aber Sie sollten nicht unbedingt fest darauf bauen …

- ✔ In einem *abgeschlossenen System* (*siehe* Abbildung 16.1) bleibt die innere Energie U immer erhalten und kann nur *umverteilt* werden.

  $U = \text{const.}$

- ✔ In einem *geschlossenen System* kann durch die Systemgrenzen hindurch Energie ausgetauscht werden. Dabei gilt, dass die *Änderung* der inneren Energie eines Systems dU gleich der zu- oder abgeführten Wärme δQ und/oder die am System oder vom System geleisteten Arbeit δW ist. (Das »δ« soll an dieser Stelle nur deutlich machen, dass es sich um eine *Prozessgröße* handelt, die ein System von einem in einen anderen Zustand befördert.)

  $$dU = \delta Q + \delta W \qquad (16.5)$$

  Zum ersten Hauptsatz der Thermodynamik gehört die wichtige Entdeckung, dass *Wärme* eine Form von *Energie* ist, was bis dato nicht so gesehen wurde.

Wird einem System von außen Wärme (δQ) zugeführt, müssen Sie unterscheiden, ob Sie es mit einem Gas oder einer Flüssigkeit oder einem Feststoff zu tun haben:

- ✔ Flüssigkeit/Feststoff: δQ erhöht die Temperatur – aber nur, wenn die Wärme nicht für eine *Phasenumwandlung* (Schmelzen, Verdampfen) verwendet wird (*siehe* Kapitel 5). Das Volumen einer Flüssigkeit oder eines Feststoffs ändert sich unter gewöhnlichen Umständen nicht.
- ✔ Gas: δQ wird in die Erhöhung der inneren Energie *und* in Arbeit umgewandelt.

Bei einem Gas ist viel mehr *(Thermo-)Dynamik* drin, deshalb betrachten wir für folgende Anwendungen des 1. Hauptsatzes ein ideales Gas (in Kapitel 18 näher erläutert): das einfachste Modell der Thermodynamik.

Während eines thermodynamischen Prozesses wird meistens *eine* Zustandsvariable konstant gehalten – je nachdem, um welche es sich handelt, unterscheidet man:

Isochore Prozesse

- ✔ keine Änderung des *Volumens*: $\Delta V = 0$

Wird dem System von außen Wärme δQ zugeführt, geht das voll auf das Konto der inneren Energie:

$$\delta Q = dU = c_v dT \tag{16.6}$$

Da sich das Volumen nicht ändern kann, muss es zu einer Temperatur*erhöhung* kommen. Deren Ausmaß hängt von der bereits im Abschnitt *Wärme (Q)* (*siehe* oben) erwähnten Wärmekapazität ab, die hier Wärmekapazität bei konstantem Volumen c_v heißt. Die Folge ist: Der Druck steigt an, wie Sie in Abbildung 16.8a sehen können. Ein isochores System kann *keine* Arbeit leisten.

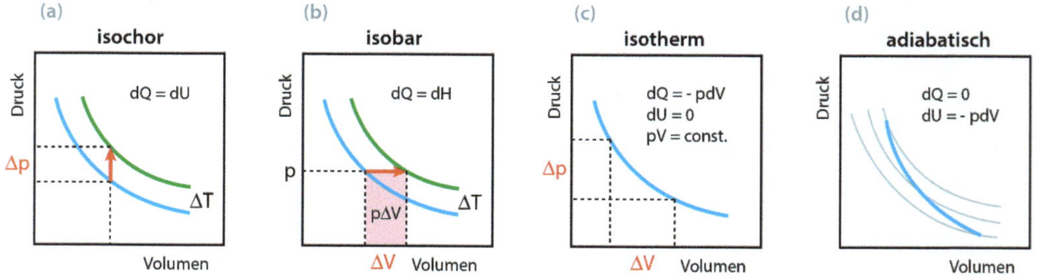

Abbildung 16.8: Thermodynamische Prozesse

Isobare Prozesse

- ✔ keine Änderung des *Drucks*: $\Delta p = 0$

Wird dem System von außen Wärme δQ zugeführt, wird diese in die Erhöhung der inneren Energie *und* in Arbeit umgewandelt:

$$\delta Q = dU + pdV = c_p dT$$

Mit der neuen Größe *Enthalpie* ($H = U + pV$) können Sie dafür auch schreiben:

$$\begin{aligned} dH &= dU + d(pV) = dU + pdV + Vdp = dU + pdV = \delta Q \text{ bzw.} \\ \delta Q &= dH = c_p dT \end{aligned} \tag{16.7}$$

Auch hier hängt die messbare Temperaturänderung wieder von der Wärmekapazität ab. Die ist in diesem Fall natürlich größer, da nicht nur Schwingungen und Rotationen der Moleküle angeregt werden, sondern auch noch das *Volumen* vergrößert werden muss, bevor die Teilchen tatsächlich mehr kinetische Energie erhalten und die Temperatur ansteigt. Deshalb heißt sie **Wärmekapazität bei konstantem Druck c_p**.

Bei isobarer Änderung des Systems entspricht die zugeführte Wärmemenge also der *Zunahme der Enthalpie*. Die Arbeit $p\Delta V$ für eine isobare Zustandsänderung entspricht der rosa Fläche unter den beiden Isothermen in Abbildung 16.8b.

Isotherme Prozesse

✔ keine Änderung der *Temperatur*: $\Delta T = 0$

Wird dem System von außen Wärme δQ zugeführt, bleibt die *innere* Energie definitionsgemäß unverändert. Die gesamte zugeführte Wärme wird daher vom System in Arbeit umgewandelt und wieder nach außen abgegeben.

$$\delta Q = \delta W = -pdV \tag{16.8}$$

Nach dem idealen Gasgesetz (Gleichung 18.1; darauf kommen wir also später noch einmal zurück) gilt:

$$pV = RT \quad \textit{oder} \quad p = \frac{RT}{V}$$

Eingesetzt in Gleichung 16.8 ergibt sich damit für die maximale Arbeit bei isothermer Änderung eines Systems (die Volumenänderung können Sie anhand der Isotherme in Abbildung 16.8c erkennen):

$$\Delta W = -\int_{V_1}^{V_2} pdV = -RT \int_{V_1}^{V_2} \frac{1}{V} dV = -RT \ln \frac{V_2}{V_1} \tag{16.9}$$

Adiabatische Prozesse

✔ kein *Wärmeaustausch*: $\Delta Q = 0$

Eine adiabatische Umwandlung erfordert ein abgeschlossenes (isoliertes) System, da ja keine Wärme ausgetauscht wird. (Selbstverständlich darf auch kein Materieaustausch erfolgen, schließlich enthält jegliche Materie *immer* auch Wärme.)

Die Arbeit muss also der *inneren Energie* entnommen werden, die nach Gleichung 16.6 über die Wärmekapazität mit der Temperatur einhergeht. Die Arbeit unter adiabatischen Bedingungen ergibt sich demnach aus der Temperaturdifferenz der beiden Zustände:

$$\delta W = dU = -pdV = c_V dT \quad \Rightarrow \quad W = -\int_{V_1}^{V_2} pdV = \int_{T_1}^{T_2} c_V\, dT = c_V(T_2 - T_1) \qquad (16.10)$$

Auch hier können Sie den Druck durch die entsprechende Gasgleichung ersetzen, statt $pV = \text{const.}$ (Isotherme) müssen Sie aber für die Adiabate $pV^\gamma = \text{const}$: ansetzen, wobei sich der Exponent γ nach der Art des Gases richtet. Sie sehen in Abbildung 16.8d, dass eine *Adiabate* (blaue Kurve) steiler verläuft als eine *Isotherme.* Wir führen das hier nicht weiter aus, bei Bedarf schauen Sie in ein Buch über Technische Thermodynamik. Hier geht es darum, dass Sie die Unterschiede *grundsätzlich* erkennen und den 1. Hauptsatz der Thermodynamik entsprechend anwenden können.

Ist ein Prozess zugleich adiabatisch *und* reversibel, heißt die Zustandsänderung *isentrop* (ausgesprochen: is-entrop) ($\Delta S = 0$), *die Entropie ändert sich also nicht.* Die Arbeit aus einem isentropen Vorgang errechnet sich ähnlich wie bei einem adiabatischen, nur ist der Exponent in pV^γ ein anderer. Achtung: *Nicht jeder isentrope Prozess ist auch adiabatisch.*

Die größtmögliche Volumenarbeit ergibt sich grundsätzlich bei reversiblen Prozessen – ist der Vorgang irreversibel, müssen Sie Abstriche machen. Das verrät uns der 1. Hauptsatz aber nicht, er verlangt nur, dass die Energie eines Systems konstant bleibt. Er macht keine Aussage darüber, welches System möglicherweise bevorzugt wird, wenn mögliche Zustände energiegleich sind.

Sie sehen: Sie können eine ganze Menge ausrechnen, wenn Sie die Bedingungen kennen, unter denen ein System von einem Zustand in einen anderen übergeht.

2. Hauptsatz – wohin geht das Ganze?

Wenn Sie den Abschnitt über die Entropie gelesen haben, sollte klar sein, dass Vorgänge *nicht* in beliebiger Richtung ablaufen können. Aus eigener Erfahrung wissen Sie, dass viele Vorgänge irreversibel stattfinden. Der **2. Hauptsatz der Thermodynamik** bringt eine *Richtung* in das Naturgeschehen. Mögliche Formulierungen lauten:

- ✔ Es gibt kein *Perpetuum mobile 2. Art* (Verletzung des 2. Hauptsatzes); es gibt also keine periodisch arbeitende Maschine, die nichts weiter tut als Arbeit zu verrichten, indem sie Wärme aus der Umgebung zieht.
- ✔ Bei einem irreversiblen Prozess nimmt die Entropie *immer* zu.

Die wichtigsten Folgerungen daraus sind:

- ✔ Die Entropie im Gesamtsystem nimmt *niemals* ab, das heißt: $\Delta S \geq 0$.
- ✔ Ein System im thermodynamischen Gleichgewicht hat maximale Entropie.

- ✔ Mechanische Arbeit lässt sich zwar vollständig in Wärme umwandeln, aber umgekehrt gilt das nicht.
- ✔ In einem abgeschlossenen System strebt die Entropie einem Maximum zu.

Sterben wir den Wärmetod?

Stellen Sie sich das gesamte Weltall als abgeschlossenes System vor: Was wird dann am Ende der Zeit geschehen? Alle Strukturen sind zerfallen (denn da war ja Ordnung drin) und alle Temperaturen haben sich ausgeglichen. Natürlich gibt es dann auch kein Leben mehr (Lebewesen sind ja auch geordnete und keine verteilten Systeme). Mit Blick auf diese Zukunft kann es einem ganz schön gruseln. Es wäre der Wärmetod des Universums. Glücklicherweise dauert es bis dahin noch ein bisschen – die Menschheit hat also noch genug Zeit, sich vorher selbst auszurotten.

Der 2. Hauptsatz beschreibt *irreversible* Prozesse. Die sind für uns völlig normal – das meiste, was wir erleben, ist unumkehrbar: Wir altern, der Tee wird kalt, das Bier wird schal … – alles Dinge und Zustände, die sich mit der Zeit ändern. Der 2. Hauptsatz macht also eine Aussage über die *Richtung* der Energieänderung.

Der 2. Hauptsatz der Thermodynamik ist das *einzige* bislang bekannte Naturgesetz, das eine *Richtung der Zeit* einschließt: Nach unserem (derzeitigen) Naturverständnis kann sich ein System im Laufe der Zeit immer nur in *die* Richtung bewegen, in der die Entropie *größer* wird. (Obwohl diese Tatsache so wichtig ist, beruht sie nach wie vor nur auf Erfahrungen – einen Beweis gibt es nicht – aber dieses Problem wurde ja schon in Kapitel 1 erwähnt.)

Kann Energie »verschwendet« werden?

Wir wissen: Energie bleibt erhalten, sie kann weder erzeugt noch vernichtet werden. Das ist ein Naturgesetz und die Aussage des 1. Hauptsatzes der Thermodynamik. Alle reden vom Energiesparen – wie *können* Sie dann Energie überhaupt sparen oder verschwenden?

Betrachten Sie den Ablauf von gewöhnlichen Vorgängen, bei denen Sie Energie nutzen: Wir leben nicht im Vakuum, und selbst ein angestoßenes Pendel kommt irgendwann zum Stillstand. Das liegt an der *Reibung* (in diesem Fall der Luft). Reiben Sie Ihre Hand auf der Tischfläche, spüren Sie Wärme, pumpen Sie Ihren Fahrradreifen auf, heizt sich die Luftpumpe auf. Ein Teil der Energie, die Sie in ein System hineinstecken, wird offensichtlich immer in Form von Wärme an die Umgebung abgegeben. Diese *thermische Energie* steht nicht mehr zur Verfügung, um Arbeit zu leisten – sie kann der Umgebung nicht mehr entzogen werden. Auch das liegt an der *Entropie*.

Bei der Reibung wandeln Sie *kinetische Energie* in *Wärme* um. Wo immer ein Temperaturunterschied vorhanden ist, der zu einem Wärmestrom führt, können Sie nicht verhindern, dass auch Entropie erzeugt wird. Nur bei reversiblen Prozessen bleibt die Entropie konstant. *Die Entropie sorgt dafür, dass der Zeitstrom unserer Welt unumkehrbar ist.*

Tatsächlich findet also keinerlei Energie*vernichtung* statt, sondern nur eine *Umwandlung* von *geordneter* Energie (mechanische Arbeit, *wenige* Mikrozustände; *siehe* Abbildung 16.4) in *ungeordnete* Energie (Wärme, viele Mikrozustände). Die ursprünglich vorhandene Energie wird bezüglich ihrer Nutzbarkeit *entwertet.* (Den E-Werken und Heizöllieferanten ist es egal, ob Sie ihre Energie nützlich einsetzen oder »verschwenden«, bezahlen müssen Sie die trotzdem. Also, halten Sie Ihre Energie im Zaume, damit sie nicht zu unordentlich wird.)

Ein bisschen Schwund ist immer

Alle spontan ablaufenden Prozesse sind *irreversibel,* das heißt: Sämtliche spontan ablaufende Prozesse produzieren Entropie aufgrund der Umwandlung von Arbeit (nutzbare Energie) in Wärme (nicht mehr nutzbare Arbeit), die dann an die Umgebung abgegeben wird. Dieser Vorgang heißt *Dissipation,* ein entsprechender Anteil der Arbeit (W_{diss}) wird also in Wärme dissipiert.

Die Energie, die in einem Wärmestrom transportiert wird, enthält demnach zwei Anteile:

- ✔ Ein Teil kann in Arbeit umgewandelt werden (*Exergie*).
- ✔ Ein Teil lässt sich nicht mehr gezielt umwandeln (*Anergie* – nein, *kein* Druckfehler). Das ist wie die Wärme einer leuchtenden Glühbirne: Davon haben Sie eigentlich nichts. Zum Heizen können Sie diesen Anteil natürlich immer noch verwenden.

Je mehr ein System von den Umgebungsbedingungen abweicht, desto mehr Energie kann genutzt werden – desto größer ist also der *Exergie*anteil. Mit der Annäherung an die Umgebungsbedingungen steigt der *Anergie*anteil, im Gleichgewicht gibt es nur noch Anergie – ein System im Gleichgewicht kann *keine* Arbeit mehr leisten.

Thermodynamisches Gleichgewicht bedeutet *nicht,* dass überall gleiche Wärme*mengen* vorhanden sein müssen, sondern dass die *Temperatur* überall gleich ist.

Nach Gleichung 16.2 gilt also für die Entropie

$$\text{reversibel: } dS = \frac{\delta Q}{T} \qquad \text{irreversibel: } dS = \frac{\delta Q + dW_{diss}}{T}$$

Der Wärmeanteil der Energie lässt sich am besten in einem Temperatur/Entropie(TS)-Diagramm darstellen. Als Beispiel schauen Sie sich eine adiabatische Zustandsänderung *ohne* Reibung (Abbildung 16.9a) und *mit* Reibung (Abbildung 16.9b) an.

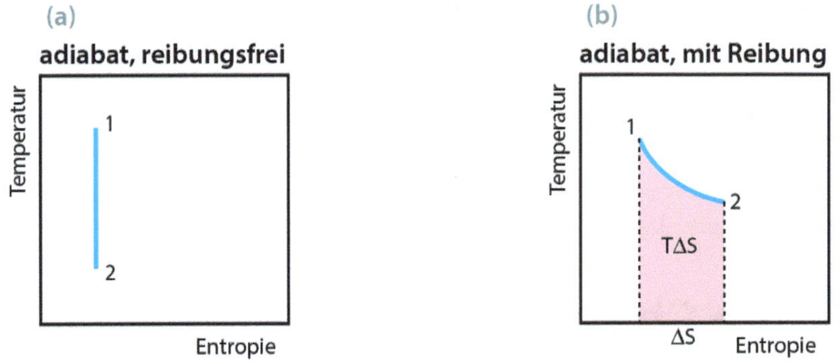

Abbildung 16.9: TS-Diagramm eines adiabatischen Prozesses

Ist der Vorgang reversibel (also reibungsfrei), ändert sich die Entropie im System nicht. Bei irreversiblen Vorgängen kommt es zu einem Entropiezuwachs. Erfolgt kein Wärmeaustausch durch die Systemwand ($\delta Q = 0$), entspricht die rosa Fläche ($T\Delta S$) der in Wärme dissipierten Arbeit W_{diss}. Wärme wird demnach grundsätzlich zusammen mit der Entropie über die Systemgrenzen transportiert: Dabei kann die Entropie *temperaturwirksam* (fühlbar etwa als Reibungswärme) oder *latent* (durch Energieverteilung im Volumen) enthalten sein.

3. Hauptsatz – ist am absoluten Nullpunkt alles aufgeräumt?

Was passiert eigentlich, wenn Sie einem System keine Wärme zuführen, sondern es immer weiter abkühlen? – Die kinetische Energie der Teilchen wird immer geringer, sie werden also immer langsamer und haben auch immer weniger Lust, sich zu drehen und zu schwingen.

Irgendwann kommen sie dann theoretisch am absoluten Nullpunkt an: Das sind −273,15 °C oder 0 K (Kapitel 18). Da läuft dann gar nichts mehr.

Der energieärmste Zustand ist ein unendlich großer, perfekter Kristall. In solch einem Kristall wären alle Teilchen unverrückbar an einem festen Platz angeordnet. Die *können* sich nicht mehr bewegen, und deshalb kann sich auch die Entropie nicht mehr ändern. Da es nur eine einzige mögliche Anordnung der Teilchen gibt, wäre die Entropie nach Gleichung 16.4 mit $W = 1$:

$$S = k_B \ln W = 0$$

Solch einen Kristall gibt es natürlich nicht – deshalb sollte es auch unmöglich sein, den absoluten Nullpunkt jemals zu erreichen. Sie können sich ihm nur annähern – was mit einer Temperatur von zwei Mikrokelvin (also −273,149 998 °C) schon ganz gut gelungen ist.

Mittlerweile konnte sogar eine verdünnte Atomwolke in einer Teilchenfalle dazu gebracht werden, sich entgegengesetzt zur BOLTZMANN-Verteilung (Abbildung 16.6) anzuordnen und damit (rein rechnerisch) Temperaturen *unter* dem absoluten Nullpunkt anzunehmen. (Bislang ist das allerdings nur von theoretischem Interesse.)

Sie sehen – nichts ist absolut und (fast) nichts unmöglich. Unter gewöhnlichen Bedingungen können wir uns aber immer noch auf den **3. Hauptsatz der Thermodynamik** verlassen, der lautet:

- ✔ Die Entropie aller Stoffe am absoluten Nullpunkt ist null.

Der 3. Hauptsatz wird auch das *Nernst'sche Wärmetheorem* genannt. Als Folge davon haben *alle* Stoffe eine *positive* Entropie, die als *Absolutgröße* angegeben werden kann.

Was treibt die Chemie an?

Alle Vorgänge, die *freiwillig* geschehen, streben einem Gleichgewicht entgegen:

- ✔ Ein Wärmestrom hört auf, wenn die Temperaturen gleich sind.
- ✔ Chemisch (und mechanisch) gesehen, wird *der* Zustand eingenommen, der mit der geringsten Energie verbunden ist. (Ein Ball rollt einen Berg hinab, Produkte sind energieärmer als Reaktanten.) Zielgröße ist also eine *minimale* innere Energie U oder Enthalpie H.

Vor wenigen Seiten haben Sie dazu noch eine Größe kennengelernt, bei der es offenbar günstig ist, wenn sie *maximal* ist – die Entropie.

Diese beiden Bedingungen (minimale Energie, maximale Entropie) können Sie gewöhnlich nicht unabhängig voneinander erfüllen. Um einen Zustand beurteilen zu können, müssen Sie also sozusagen einmal durch die *Energiebrille* und einmal durch die *Entropiebrille* schauen, wie in Abbildung 16.10.

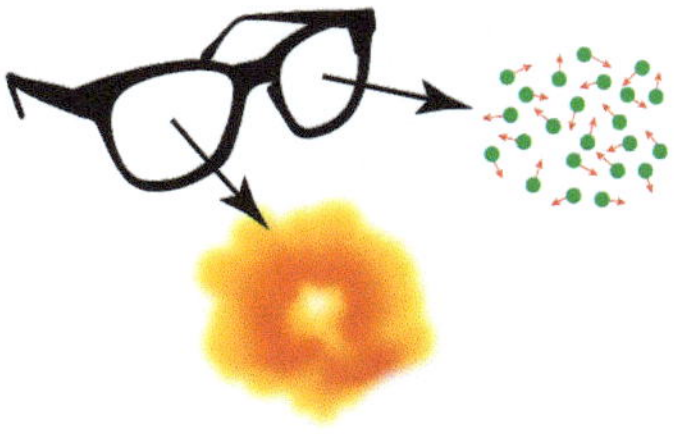

Abbildung 16.10: Blick durch die Energie- und die Entropiebrille

Da sowohl der 1. wie der 2. Hauptsatz der Thermodynamik gilt, müssen Sie beide miteinander verknüpfen.

Wohin mit der Umgebung?

Mit abgeschlossenen, isolierten Systemen können Sie nicht viel anfangen: Für theoretische Betrachtungen sind sie zwar hilfreich, aber im wirklichen Leben haben Sie es in der Regel mit offenen oder zumindest mit bloß geschlossenen Systemen zu tun. In geschlossenen Systemen (Wärme kann

ausgetauscht werden) werden die Hauptsätze nur erfüllt, wenn Sie jeweils die *Umgebung* des Systems einbeziehen, sodass quasi *doch* wieder ein isoliertes (abgeschlossenes) System vorliegt. Dann können Sie für die Änderungen von Energie (Enthalpie) und Entropie formulieren:

1. Hauptsatz: $dH_{ges} = dH_S + dH_U = 0$ (16.11)

2. Hauptsatz: $dS_{ges} = dS_S + dS_U \geq 0$ (16.12)

(mit S = System und U = Umgebung)

Das ist insofern etwas blöd, weil die Umgebung *alles* ist, was jenseits der Systemgrenzen liegt – also im Prinzip das gesamte Universum.

Nun, das möchten Sie gewiss nicht jedes Mal alles berücksichtigen müssen, zumal Ihr eigenes System ja irgendwie darin verschwindet! Mit einem Trick können Sie die Umgebung aber eliminieren: Sie betrachten die ganze Angelegenheit unter **isothermen** und **isobaren** Bedingungen (das kommt gar nicht so selten vor):

✔ *isobar* (also: keine *Druck*änderung) bedeutet: $\delta Q = dH$

Wegen der Energieerhaltung gilt unter isobaren Bedingungen $\delta Q_U = -dQ_S = -dH_S$. Wärme, die die Umgebung abgibt, nimmt das System auf und umgekehrt. **Damit entfällt Gleichung 16.11.**

✔ *isotherm* (also: keine *Temperatur*änderung) bedeutet: $\delta Q = \delta W$, und die Temperaturen von System T_S und Umgebung T_U sind gleich.

Nach Gleichung 16.2 gilt für die Entropie der Umgebung:

$$dS_U = \frac{dQ_U}{T_U} \qquad (16.13)$$

Da ja $\delta Q_U = -dH_S$ und $T_U = T_S$ ist, folgt für dS_U:

$$dS_U = -\frac{dH_S}{T_S}$$

Für Gleichung 16.12 können Sie nun schreiben:

$$dS_{gesamt} = dS_S - \frac{dH_S}{T_S} \geq 0 \quad \textit{oder} \quad dH_S - T_S dS_S \leq 0 \qquad (16.14)$$

Wie Sie sehen, haben Sie jetzt nur noch *Systemgrößen* vorliegen – die Umgebung brauchen Sie nicht mehr.

H und S in Kombination beschreiben den Zustand des Systems, sind also *Zustandsgrößen*. Um sie miteinander zu kombinieren, wird daraus eine neue Zustandsgröße definiert, die **Gibbs-Energie G** oder **freie Enthalpie** genannt wird:

- ✔ Die Definition der freien Enthalpie lautet: $G =: H - TS$
- ✔ Die Änderung der freien Enthalpie lautet: $dG = dH - d(TS) = dH - TdS - SdT$

Damit ergibt sich aus Gleichung 16.14 unter isothermen und isobaren Bedingungen:

$$dG = dH - TdS \quad (\leq 0) \tag{16.15}$$

Was hat die Kombination von 1. und 2. Hauptsatz nun ergeben?

Vergleichen Sie Gleichung 16.12 mit Gleichung 16.15: Die Aussage »*Die Gesamtentropie nimmt zu*« haben wir umgewandelt in die Aussage »*Die freie Enthalpie des Systems nimmt ab*«.

Diese neue Funktion (Gleichung 16.15) beschreibt damit einen Zustand, der durch ein *Minimum an Enthalpie* und ein *Maximum an Entropie* bei einer bestimmten Temperatur gekennzeichnet ist – und damit den *wirklichen* Makrozustand des Systems beschreibt. Ändert sich ein System vom Zustand 1 in den Zustand 2, wird Gleichung 16.15 zu:

$$\Delta G = \Delta H - T\Delta S \tag{16.16}$$

Das ist die **Gibbs-Helmholtz-Gleichung**. Sie beschreiben also damit die Änderung der freien Enthalpie des Systems in Abhängigkeit von der Temperatur. Gleichgewicht herrscht, wenn die freie Enthalpie des Systems minimal ist. ΔG ist die maximal nutzbare Arbeit eines Prozesses, wenn Temperatur und Druck konstant sind. Die Gleichung besagt, dass der Entropieeffekt umso mehr zum Tragen kommt, je höher die Temperatur ist.

Bitte beachten Sie: Die Gibbs-Helmholtz-Gleichung (Gleichung 16.16) gilt *nur* für den Sonderfall eines Systems unter *isothermen* und *isobaren* Bedingungen!

Nur dann können Sie über den Verlauf eines Vorgangs eine Aussage machen, nämlich:

- ✔ $\Delta G < 0$: Der Vorgang findet spontan und freiwillig statt.
- ✔ $\Delta G = 0$: Das System befindet sich im Gleichgewichtszustand.
- ✔ $\Delta G > 0$: Der Vorgang findet *nur unter Energiezufuhr* statt.

Ist ΔG negativ, ist dieser Vorgang **exergonisch**, bei positivem ΔG **endergonisch**. Es hängt vom Zusammenspiel von Enthalpie und Entropie ab, welche Größe letztendlich die Oberhand gewinnt. Entscheidend ist, was für ein ΔG dabei herauskommt. *Nur exergonische Prozesse können spontan ablaufen.* Enthalpie (Energie) und Entropie sind also die Triebkräfte eines Vorgangs. Ist $\Delta G = 0$, heißt das nichts anderes, als dass sich Enthalpie und Entropie die Waage halten.

Chemisches Potential – was ist das denn?

Betrachten wir das Ganze noch einmal allgemeiner: Bisher haben wir nur ein *geschlossenes* System in Erwägung gezogen, in dem Wärme und Arbeit ausgetauscht werden können. Dabei haben wir uns noch gar keine Gedanken gemacht, was eigentlich die *Masse* macht, mit der ja schließlich alle Teilchen behaftet sind – die Stoffmenge jeden Stoffes wurde stillschweigend als konstant angenommen. Gehen wir über zu einem *offenen* System, kann auch noch *Masse* die Systemgrenze überschreiten. Aber auch innerhalb eines geschlossenen (oder gar isolierten!) Systems können sich Stoffmengen ändern – sei es durch chemische Reaktionen oder den Übergang in eine andere Phase.

Hier kommt eine *zusätzliche Triebkraft* ins Spiel, die durch das **chemische Potential** μ beschrieben wird. Es gibt an, wie die freie Enthalpie von der Stoffmenge abhängt, also das Bestreben eines Stoffes,

- ✔ mit anderen Stoffen zu reagieren,
- ✔ in einen anderen Aggregatzustand überzugehen,
- ✔ sich im Raum zu verteilen.

Druck, Temperatur und Stoffmenge nehmen gleichermaßen Einfluss auf die Änderung der freien Enthalpie. Thermodynamisch korrekt ausgedrückt sieht das so aus (das chemische Potential ist dabei der letzte, gelb markierte Term; die (rechts neben den Klammern) tiefgestellten Größen werden jeweils konstant gehalten):

$$dG = \left(\frac{\partial G}{\partial p}\right)_{T,n} dp + \left(\frac{\partial G}{\partial T}\right)_{p,n} dT + \sum_i \underbrace{\left(\frac{\partial G}{\partial n_i}\right)_{T,p}}_{=\mu} dn_i \leq 0$$

Bitte lassen Sie sich von dieser Gleichung, die vielleicht nicht mehr so ganz verdaulich aussieht, nicht abschrecken – so etwas heißt *vollständiges Differential*. Es gibt *alle* Möglichkeiten wieder, wie sich die freie Enthalpie ändern kann. Das ist schon *richtige* Physikalische Chemie – und hier soll es ja nur um die Grundlagen gehen.

Unter Berücksichtigung aller Zusammenhänge, die Sie bisher kennen, können Sie für die Änderung der freien Enthalpie auch schreiben:

$$dG = Vdp - SdT + \sum_i \mu_i dn_i \tag{16.17}$$

Dies ist die **Gibbs'sche Fundamentalgleichung** – eine der wichtigsten Gleichungen der ganzen Thermodynamik.

Bei genauem Hinsehen können Sie der Gleichung entnehmen, dass die Änderung der freien Enthalpie unter *isothermen* ($dT = 0$) und *isobaren* ($dp = 0$) Bedingungen nur noch vom chemischen Potential abhängt, also vom Drang der Stoffe, sich zu ändern – und zwar bis dn_i und damit dG auch noch null sind. Dann läuft nichts mehr, es herrscht wirklich Gleichgewicht. (In thermodynamischen Abhandlungen taucht häufig das chemische Potential μ statt der freien Enthalpie G auf. Sie wissen jetzt: Das geht nur, wenn Druck und Temperatur konstant sind.)

Gibt es nur *eine* Komponente, dann reduziert sich Gleichung 16.17 auf:

$$\frac{dG}{dn} = \mu = G^m \quad \text{(molare freie Enthalpie)}$$

Für die Druck- und Temperaturabhängigkeit der molaren freien Enthalpie gilt dann (mit entsprechendem Molvolumen V^m und molarer Entropie S^m):

$$dG^m = d\mu = V^m dp - S^m dT \qquad (16.18)$$

Freie Enthalpie und chemisches Gleichgewicht

Zwischen der freien Standardreaktionsenthalpie ΔG^0 und der Gleichgewichtskonstanten einer chemischen Reaktion besteht folgender Zusammenhang:

$$\Delta G^0 = -RT \ln K_p \qquad (16.19)$$

Die Herleitung der Gleichgewichtskonstanten über die Thermodynamik ist etwas diffiziler als über die Reaktionsgeschwindigkeiten (Kapitel 24). Sie *können* sich diese überaus wichtige Gleichung einfach einprägen und zu Kapitel 17 übergehen. Wenn Sie allerdings die thermodynamischen Beweggründe *nachvollziehen* möchten, lesen Sie weiter …

Nur für Streber: Woher kommt das Massenwirkungsgesetz?

Stellen Sie sich vor, in einem Behälter findet folgende Gleichgewichtsreaktion *als reine Gasphasenreaktion* statt:

$$aA + bB \rightleftarrows cC + dD$$

a, b, c und d sind die stöchiometrischen Koeffizienten (mehr dazu in Kapitel 22), also die »Molzahlen« der entsprechenden Komponenten. Die Bedingungen sollen *isotherm* und *reversibel* sein, denn dann ist die freie Enthalpie der Reaktion ΔG genau so groß wie die Arbeit, die alle Gase in dieser Mischung gemeinsam verrichten. Um diesen Vorgang zu verdeutlichen, teilen wir ihn in einzelne Teilvorgänge ein – die laufen natürlich in Wirklichkeit *nicht* separat ab, aber wir tun mal so. Das macht es einfacher.

Die Reaktanten A und B liegen in den Anfangskonzentrationen c_{A^0} und c_{B^0} vor und nehmen ein genau definiertes Volumen ein. Kommt es zur Reaktion, wird die Anzahl der Teilchen A und B verringert. Bei gleichem Druck würden die Teilchen nun ein entsprechend kleineres Volumen (V_1) einnehmen. Das Volumen des Behälters ändert sich aber natürlich nicht, und die Teilchen A und B verteilen sich nun im gesamten Volumen (V_2). Dabei stellen sich die neuen Konzentrationen c_A und c_B ein. Die Gase müssen dafür *rein formal* ihr Volumen von V_1 auf V_2 vergrößern und leisten dabei Volumenarbeit:

$$\Delta G = w = -\int_{V_1}^{V_2} p\,dV$$

Für p können Sie nach dem idealen Gasgesetz (das wird in Kapitel 18 erklärt) $p = nRT/V$ einsetzen. Nun können Sie die Volumenarbeit berechnen:

$$w_{\text{Reaktanten}} = -(a+b)\int_{V_1}^{V_2} \frac{RT}{V}\,dV = -(a+b)RT\ln\frac{V_2}{V_1} = +(a+b)RT\ln\frac{V_1}{V_2} \tag{16.20}$$

Wenn Sie mit dem Integrieren oder dem Logarithmus nicht klarkommen, schauen Sie bitte noch einmal in Kapitel 6 nach.

Mit $n = c \cdot V$ gilt für

- Gas A: $a = c_{A^0} \cdot V_1$ und $a = c_A \cdot V_2$ und damit $V_1 = a/c_{A^0}$ und $V_2 = a / c_A$
- Gas B: $b = c_{B^0} \cdot V_1$ und $b = c_B \cdot V_2$ und damit $V_1 = b/c_{B^0}$ und $V_2 = b / c_B$

Eingesetzt in Gleichung 16.20 erhalten Sie:

$$w_{\text{Gas A}} = aRT\ln\frac{V_1}{V_2} = aRT\ln\left(\frac{a}{c_{A^0}}\cdot\frac{c_A}{a}\right) = RT\ln\frac{c_A^a}{c_{A^0}^a}$$

$$w_{\text{Gas B}} = bRT\ln\frac{V_1}{V_2} = bRT\ln\left(\frac{b}{c_{B^0}}\cdot\frac{c_B}{b}\right) = RT\ln\frac{c_B^b}{c_{B^0}^b}$$

$$w_{\text{Reaktanten}} = RT\ln\frac{c_A^a}{c_{A^0}^a} + RT\ln\frac{c_B^b}{c_{B^0}^b} = RT\ln\frac{c_A^a\cdot c_B^b}{c_{A^0}^a\cdot c_{B^0}^b}$$

Gleiches geschieht nun mit den Produkten C und D – nur eben umgekehrt, da sich die Teilchenanzahl *erhöht* und die Gase (rein formal) komprimiert werden, es wird also Arbeit *an diesen Gasen* geleistet. Damit gilt:

$$w_{\text{Produkte}} = RT\ln\frac{c_{C^0}^c}{c_C^c} + RT\ln\frac{c_{D^0}^d}{c_D^d} = RT\ln\frac{c_{C^0}^c\cdot c_{D^0}^d}{c_C^c\cdot c_D^d}$$

Die gesamte Arbeit ist die *Summe* der Arbeiten, die die Reaktanten und Produkte zu verrichten haben:

$$w_{gesamt} = \Delta G = RT\left(\ln\frac{c_A^a \cdot c_B^b}{c_{A^0}^a \cdot c_{B^0}^b} + \ln\frac{c_{C^0}^c \cdot c_{D^0}^d}{c_C^c \cdot c_D^d}\right) = RT\ln\frac{c_A^a \cdot c_B^b \cdot c_{C^0}^c \cdot c_{D^0}^d}{c_{A^0}^a \cdot c_{B^0}^b \cdot c_C^c \cdot c_D^d}$$
$$= RT\left(\ln\frac{c_{C^0}^c \cdot c_{D^0}^d}{c_{A_0}^a \cdot c_{B_0}^b} + \ln\frac{c_A^a \cdot c_B^b}{c_C^c \cdot c_D^d}\right) = RT\left(\ln\frac{c_{C^0}^c \cdot c_{D^0}^d}{c_{A^0}^a \cdot c_{B^0}^b} - \ln\frac{c_C^c \cdot c_D^d}{c_A^a \cdot c_B^b}\right) \quad (16.21)$$

Für den *Standardzustand* (*siehe* Kapitel 2) muss gelten:

$$\frac{c_{C^0}^c \cdot c_{D^0}^d}{c_{A^0}^a \cdot c_{B^0}^b} = 1,$$

da unter Standardbedingungen sämtliche Konzentrationen 1 mol L^{-1} sind.

Da ln 1 = 0 ist, wird aus Gleichung 16.21 nun:

$$\Delta G^0 = -RT\ln\frac{c_C^c \cdot c_D^d}{c_A^a \cdot c_B^b} \quad (16.22)$$

Die **freie Standardreaktionsenthalpie** ΔG^0 hat für jede Reaktion einen bestimmten Wert und ergibt sich rechnerisch aus der Differenz der freien Standard*bildungs*enthalpien bei vollständiger Umsetzung von je 1 Mol Reaktanten und Produkte:

$$\Delta G^0 = \Delta G^0_{f_{Produkte}} - \Delta G^0_{f_{Reaktanten}}$$

Gleichung 16.22 ist das **Massenwirkungsgesetz**, das Ihnen in Kapitel 24 erneut begegnen wird.

Verwechseln Sie ΔG^0 nicht mit ΔG! Mitunter finden Sie die Behauptung, Gleichgewicht herrsche, wenn $\Delta G^0 = 0$ ist, was natürlich Unsinn ist. Der Zusammenhang in Gleichung 16.22 gilt *nur unter Standardbedingungen*. Liegen Reaktanten und Produkte *nicht* mit 1-molarer Konzentration vor, gilt entsprechend Gleichung 16.21 damit:

$$\Delta G = \Delta G^0 + RT\ln\frac{c_{C^0}^c \cdot c_{D^0}^d}{c_{A^0}^a \cdot c_{B^0}^b} \quad (16.23)$$

ΔG^0 ist nichts anderes als die Differenz der Reaktionsenthalpien von Hin- und Rückreaktionen bei der Einstellung eines chemischen Gleichgewichts. Machen Sie sich den Unterschied anhand von Abbildung 16.11 deutlich.

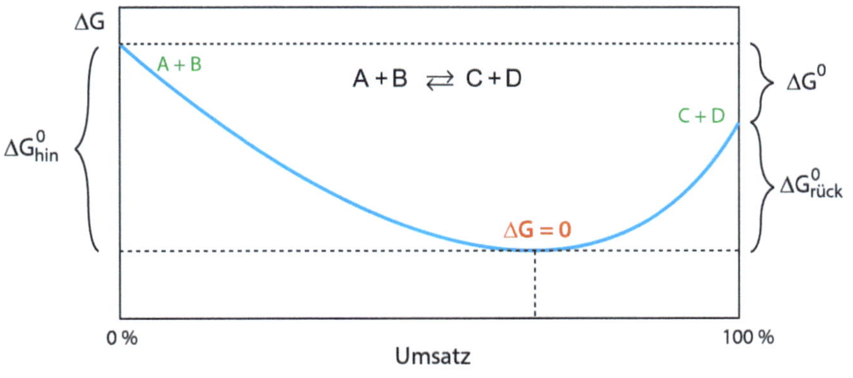

Abbildung 16.11: Änderung der freien Enthalpie für eine Gleichgewichtsreaktion

ΔG^0 ist eine *konstante* Größe, die für jede Reaktion einen genau definierten Wert hat, *während sich ΔG immer ändert, wenn es nicht null ist.* ΔG (und *nicht* etwa ΔG^0!) ist damit die entscheidende Triebkraft des Vorgangs – und die ist umso größer, je weiter das System vom Gleichgewicht ($\Delta G = 0$) entfernt ist.

Wie Sie sehen, sind ΔG und ΔG^0 nach Gleichung 16.23 also nur dann identisch, wenn der Quotient der Konzentrationen von Produkten und Reaktanten (im Gleichgewicht) = 1 ist (und damit der rechte Term den Wert null annimmt, weil $\ln 1 = 0$ ist); aber eigentlich ist das nur ein eher uninteressanter Sonderfall.

ΔG ist also konzentrationsabhängig. Allgemein gilt für ein Gas (a) mit einem *Partialdruck* p(x) in einem Gasgemisch mit dem Gesamtdruck p^0 beziehungsweise für eine Flüssigkeit/einen Feststoff (b):

$$\text{a)}\ \Delta G = \Delta G^0 + RT \ln \frac{p(x)}{p^0} \qquad \text{b)}\ \Delta G = \Delta G^0 + RT \ln x \qquad (16.24)$$

x ist hier der Stoffmengenanteil.

Auf den Zusammenhang zwischen dem Druck, den eine einzelne Gaskomponente in einem Gasgemisch zum Gesamtdruck beisteuert (eben dem *Partial*druck), und dem Stoffmengenanteil innerhalb eines Gemischs werden wir in Kapitel 18 und in Kapitel 20 noch einmal zurückkehren.

Aufgaben Kapitel 16

Zum Aufwärmen

1. Ein Gas wird in einem adiabaten Zylinder reversibel komprimiert. Wie groß ist die Entropieänderung?
2. Sie haben vergessen, Ihre Kühlschranktür wieder zuzumachen. Wird es nun im Raum kälter oder wärmer?

Für Fortgeschrittene

3. Bei einer exothermen Reaktion entstehen 5,5 kg CO_2, das Reaktionsgemisch erwärmt sich von 25 °C auf 220 °C. Welche Arbeit verrichtet das Gas, wenn der Druck konstant bleibt?

4. Wie groß ist die frei werdende Energie bei der Reaktion von Wasserstoff mit Sauerstoff (auch bekannt als Knallgasreaktion) bei 25 °C?

$$H_2 + \frac{1}{2} O_2 \rightarrow H_2O \qquad \Delta H = -286 \text{ kJ mol}^{-1}$$

$$\Delta S = -164 \text{ J mol}^{-1} \text{ K}^{-1}$$

Was geschieht, wenn Sie das Reaktionsgemisch auf 1500 °C erhitzen?

IN DIESEM KAPITEL

zählt das Ergebnis, nicht die Leistung

ist alles (phasen)geregelt

kommt es auf die Mischung an

Kapitel 17
Hier bekommen Sie (noch mehr) Zustände

Zustand heißt: Es ist, wie es ist. Sie können sich eine Substanz, das Wetter, ein Lebewesen oder eine chemische Substanz ansehen und feststellen, in welchem Zustand sich dies alles befindet. (Auf gut Kölsch: *Et es, wie et es! Et kütt, wie et kütt!*) Sie können Unterschiede ausmachen, aber *nicht* erkennen, wie (das heißt: auf welchem Weg) *der jeweilige Zustand erreicht wurde.* Allerdings können Sie Kriterien ausmachen, einen bestimmten Zustand zu *beschreiben.*

Auf den Unterschied kommt es an

Fahren Sie zusammen mit einer weiteren Person in einem Lift in den 45. Stock eines Hochhauses, gibt es Kriterien, die für Sie beide gelten:

- ✔ Sie beide befinden sich in größerer Höhe als vorher, Sie haben also (unter Bezugnahme auf das Schwerefeld der Erde) eine höhere *potentielle Energie.*
- ✔ Der Luftdruck hat sich dort oben (wenn auch nur wenig) geändert.
- ✔ Vermutlich ist es in dieser Höhe etwas kälter als unten auf der Straße.

Aber macht es einen Unterschied, *wie* Sie (oder Ihre Begleitperson) nach oben gekommen sind? Sie hätten ja auch die Treppe nehmen oder sich mit einem Hubschrauber dort absetzen lassen können: Entscheidend ist nur, *dass* Sie oben sind.

Lassen Sie uns das an einem weiteren Beispiel verdeutlichen, das mit Chemie ausnahmsweise nichts zu tun hat. Betrachten Sie die beiden Fahrradfahrer in Abbildung 17.1.

Der eine fährt gemütlich die Serpentinen hinauf, während der andere den kürzeren, aber dafür wesentlich steileren Weg direkt nach oben nimmt. Oben angekommen hat sich für *beide* der Energiegehalt geändert (da sie sich ja nun in größerer Höhe befinden, ist zumindest ihre *potentielle* Energie auf dem Berg größer). Vergleichen Sie den Zustand, den die beiden Radfahrer an der Startposition *unten* am Berg hatten, mit dem Zustand, den sie beide *oben* auf dem Berg haben, dann können Sie leicht feststellen, dass der Energie*unterschied* für beide gleich ist.

Natürlich kann es sein, dass die beiden Radfahrer oben ein völlig verschiedenes Erscheinungsbild abgeben. Der eine pfeift fröhlich vor sich hin, der andere eher aus dem letzten Loch. Das hat etwas mit der **Leistung** zu tun, die die beiden Radfahrer vollbringen mussten. (Leistung ist Energie/Zeit.) Obwohl der Serpentinenweg wesentlich länger war, hat es diesen Radfahrer insgesamt nicht so angestrengt, den Berg hinaufzufahren, wie den Fahrer auf dem kürzeren, aber eben steileren Stück, der vielleicht an seine Leistungs*grenze* gekommen ist.

Die Frage nach dem »Wie« interessiert die Thermodynamik nicht: *Es werden nur Anfang und Ende eines jeweiligen Prozesses betrachtet.* Im Fall unserer Radfahrer interessiert *nur* der Unterschied zwischen Start und Ziel. Der *Zustand* am Ziel ist in beiden Fällen gleich – der *Weg*, auf dem dieses Ziel erreicht wurde, ist nebensächlich.

Abbildung 17.1: Verschiedene Zustände der Fahrradfahrer

Genauso verhält es sich auch mit chemischen Reaktionen. Zwischen Reaktanten und Produkten besteht ein genau definierter Energieunterschied; der Reaktionsweg, auf dem die Produkte entstehen, ist dabei ohne Belang – sie können auf direktem Wege aus den Reaktanten entstehen oder über 35 Zwischenstufen mit jeweiliger Teilreaktion. Der Energie*unterschied* zwischen Reaktanten und Produkten ist immer derselbe. Die Thermodynamik beschreibt also lediglich definierte Zustände und deren Differenzen (müsste sie dann nicht eigentlich »*Thermostatik*« heißen?).

Vergleichen Sie die Reaktionswege, um aus Eth<u>e</u>n (C_2H_4) durch Hydrierung Eth<u>a</u>n (C_2H_6) zu erzeugen:

$C_2H_4 + H_2 \quad \rightarrow \quad C_2H_6 \qquad \Delta H_R = ?$

$\Delta H_f^0(C_2H_4) = +52{,}30\ \mathrm{kJ\ mol^{-1}} \qquad \Delta H_f^0(C_2H_6) = -84{,}68\ \mathrm{kJ\ mol^{-1}}$

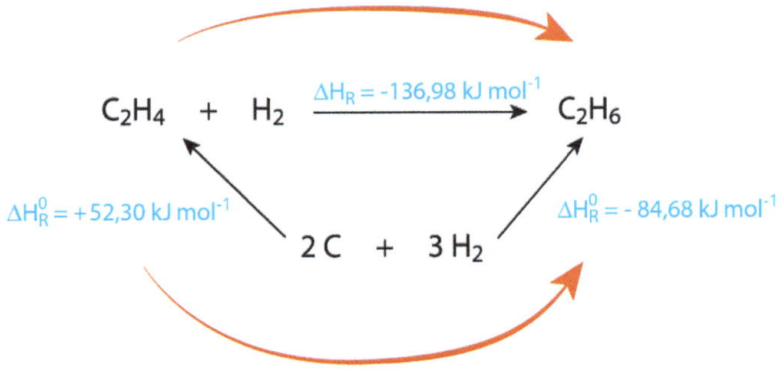

$\Delta H_R = -84{,}68\ \mathrm{kJ\ mol^{-1}} - (+52{,}30\ \mathrm{kJ\ mol^{-1}}) = -136{,}98\ \mathrm{kJ\ mol^{-1}}$

Das führt uns zum …

Satz von Hess

Der schweizerisch-russische Chemiker Hermann Hess entdeckte:

Die Reaktionsenthalpie hängt nicht vom Reaktionsweg ab, sondern nur vom Anfangs- und Endzustand. Die Enthalpieänderung der Gesamtreaktion ist daher die Summe der Enthalpieänderungen der einzelnen Teilreaktionen.

Betrachten Sie die **Standardbildungsenthalpien** ΔH_f^0 (f kommt von englisch *formation*) von Produkten und Reaktanten (das sind die Reaktionsenthalpien, wenn sich die *Stoffe aus den Elementen* bilden), dann lautet die Reaktionsenthalpie:

$\Delta H_R = \Delta H_f^0(\text{Produkte}) - \Delta H_f^0(\text{Reaktanten})$

Somit sagt dieser Satz nichts anderes aus als der 1. Hauptsatz der Thermodynamik. (Wenn Sie den nicht mehr kennen, schauen Sie in Kapitel 16 nach.)

Diese Aussage bedeutet, dass es völlig egal ist, *wie* die Produkte aus den Reaktanten entstanden sind. Die Stoffe haben *vor* der Reaktion einen genau definierten Energiegehalt und *nach* der Reaktion einen anderen, ebenso genau definierten Energiegehalt. Was zählt, ist der Energie*unterschied* – was zwischendurch passiert, ist (aus energetischer Sicht) bedeutungslos.

Rechnen Sie nach! (Der Satz von Hess wird auch das *Gesetz der konstanten Wärmesummen* genannt.) Wie Sie an dem obigen Beispiel sehen, kann die Reaktion »links herum« oder »rechts herum« stattfinden: Das Ganze schließt sich zu einem Kreis. So etwas haben Sie wahrscheinlich schon in Kapitel 11 gesehen: Der Born-Haber-Kreisprozess zur Bestimmung der Gitterenergie ionischer Verbindungen ist auch nichts anderes. Somit bietet sich auch hier die Möglichkeit, schwer zu bestimmende Reaktionsenthalpien rechnerisch zu ermitteln.

Wer verursacht einen Zustand?

Anhand von thermodynamischen Daten erfahren Sie viel über den Zustand Ihres Systems. Das heißt, Sie beschreiben Zustände unabhängig davon, *wie* dieser Zustand erreicht wurde. Ein System befindet sich zu *jedem* Zeitpunkt in einem bestimmten *Zustand.* Ein Zustand ist charakterisiert durch bestimmte physikalische Größen. Letztendlich beschreiben Sie mit einem *thermodynamischen* Zustand einen bestimmten *energetischen* Zustand des Systems.

Zu den thermodynamischen Größen, die für einen Zustand verantwortlich sind (den sogenannten **Zustandsvariablen**), gehören:

- ✔ Druck p
- ✔ Temperatur T
- ✔ Volumen V
- ✔ Teilchenzahl (Stoffmenge n)

Diese Größen beeinflussen die

- ✔ innere Energie U
- ✔ Enthalpie H
- ✔ Entropie S
- ✔ freie Enthalpie G

Deshalb heißen sie alle **Zustandsgrößen** – die kennen Sie schon aus Kapitel 16.

Soll ein thermodynamisches System beschrieben werden, stellen Sie geeignete Zustandsgrößen in einen funktionalen Zusammenhang und erhalten damit eine **Zustandsgleichung.** In der Regel wird dabei eine Zustandsgröße als Funktion anderer Zustandsgrößen dargestellt. Wichtige Zustandsgleichungen betreffen beispielsweise die Gasgesetze (Gleichung 18.1 und 18.2).

Ändern sich die Zustandsgrößen über die Zeit *nicht,* befindet sich das System im **thermodynamischen Gleichgewicht**. Hier gilt immer:

- ✔ $\Delta G = 0$.
- ✔ Alle Zustandsgrößen sind konstant.

Zustandsgrößen sind, wie oben erwähnt, weg*un*abhängig. Davon zu unterscheiden sind die **Prozessgrößen** wie Wärme und Arbeit (*siehe* Kapitel 16), die *während* einer Zustandsänderung auftreten. Die hängen sehr wohl vom Weg dahin ab; für diese Prozessgrößen ist es also durchaus wichtig, *wie* ein Zustand erreicht wird.

Zustandsgrößen sind zur Beschreibung eines Systems geeignet und charakterisieren seinen Zustand. Sie können ihnen nicht entnehmen, wie das System diesen Zustand erreicht hat. Sie sind daher *wegunabhängig.*

Prozessgrößen dagegen charakterisieren den *Übergang* zwischen zwei Zuständen. Sie sind keine Eigenschaft des Systems, sondern beschreiben den Energie*austausch* zwischen zwei Systemen. Es ist von Bedeutung, auf welche Weise dieser Übergang stattfindet – daher sind sie *wegabhängig.*

Zustandsdiagramme

In welchem Zustand ein Stoff vorliegt, hängt von Temperatur, Druck und Volumen ab – aber auch von der Entropie, wie Sie in Kapitel 16 erfahren haben. Diese Zusammenhänge lassen sich am besten in einem *Zustandsdiagramm* darstellen. Sind dabei verschiedene Bereiche (Phasen) im Spiel, spricht man von einem *Phasendiagramm.*

Einige Zustandsdiagramme haben Sie in Kapitel 16 bereits kennengelernt. Es kommt immer darauf an, was Sie mit Ihren Kurven deutlich machen wollen. Wichtig zu wissen ist dabei, dass Sie mit jedem Punkt in einem Zustandsdiagramm einen *Gleichgewichtszustand* darstellen.

In Abbildung 17.2a sehen Sie ein Beispiel für ein *dreidimensionales* Druck/Volumen/Temperatur(pVT)-Diagramm, aber das ist doch ein wenig unübersichtlich. Häufig wird deswegen noch eine weitere Größe als konstant betrachtet (etwa das Volumen): Sie machen durch dieses Diagramm einen Schnitt bei konstantem Volumen und erhalten auf diese Weise ein zweidimensionales Phasendiagramm (Abbildung 17.2b).

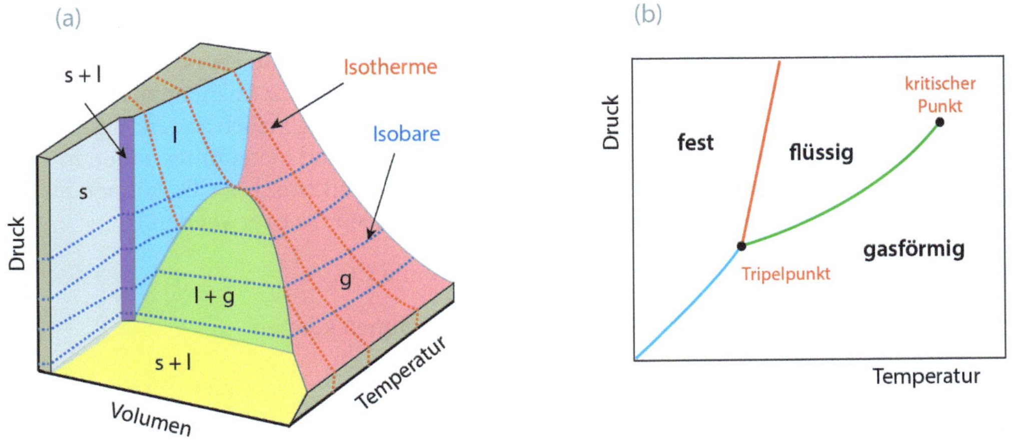

Abbildung 17.2: Schnitt durch ein pVT-Diagramm

Häufig werden als Variablen der Druck und die Temperatur dargestellt, denn das sind die Größen, die sich von außen am ehesten verändern lassen (*siehe* Kapitel 5). Ein solches Diagramm soll deswegen auch hier zur Erläuterung des Grundprinzips dienen.

Eine Komponente

Fangen wir erst einmal klein an – mit einem Einstoff-System:

Hier werden drei Bereiche unterschieden: fest (s, *solid*), flüssig (l, *liquid*), gasförmig (g, *gaseous*), die durch die **Phasengrenzlinien** voneinander getrennt sind und auf denen sich jeweils zwei Phasen miteinander **im Gleichgewicht** befinden:

- blaue Linie: fest – gasförmig (**Sublimationsdruckkurve**). Der Druck der Gasphase, die mit der festen Phase im Gleichgewicht steht, ist der jeweilige *Dampfdruck* dieses Stoffes *über dem Feststoff.*
- rote Linie: fest – flüssig (**Schmelzdruckkurve**). Der Feststoff hat meist eine höhere Dichte als die Flüssigkeit, deshalb nimmt die Schmelztemperatur mit steigendem Druck zu.
- grüne Linie: flüssig – gasförmig (**Dampfdruckkurve**). Der Druck der Gasphase, die mit der flüssigen Phase im Gleichgewicht steht, ist der jeweilige *Dampfdruck* dieses Stoffes *über der Flüssigkeit.*
- *Innerhalb* der Bereiche existiert jeweils *eine* Phase.

Zwei Punkte fallen hier sofort ins Auge:

- Die Lage des **Tripelpunkts** ist für jeden Stoff charakteristisch und lässt sich *nicht* beeinflussen. *Nur an diesem Punkt* können alle drei Phasen im Gleichgewicht nebeneinander vorliegen.
- Verfolgen Sie die grüne Phasengrenzlinie zwischen Flüssigkeit und Dampf (Gas): Werden Temperatur und Druck größer, nimmt die Dichte des Dampfes zu (er wird ja komprimiert), während die Dichte der Flüssigkeit abnimmt (sie dehnt sich aus). Irgendwann sind die Dichten gleich groß und die Phasengrenze verschwindet. Es bleibt eine einzige homogene Phase übrig. Dies ist der **kritische Punkt**; *nach* diesem Punkt befindet sich das System im *überkritischen Zustand* (manchmal auch als *superkritischer* Zustand bezeichnet). Dieser Zustand weist gänzlich andere Eigenschaften hinsichtlich Dichte und Lösungsvermögen auf und bietet unter anderem neue Möglichkeiten für den Einsatz als Lösemittel. (Überkritisches CO_2 können Sie beispielsweise für die Extraktion von Koffein aus Kaffeepulver verwenden.)

Abbildung 17.3 zeigt die Phasendiagramme von H_2O und CO_2.

Schauen Sie sich an, was Sie diesen Diagrammen entnehmen können:

- H_2O
  - Der Tripelpunkt liegt bei T = 0,01 °C und p = 0,006 bar.
  - Der kritische Punkt liegt bei T_{krit} = 374,12 °C und p_{krit} = 221,2 bar.
  - Unter Normalbedingungen (Druck 1,013 bar, Temperatur 0–100 °C) liegt Wasser im *flüssigen* Zustand vor (angedeutet durch den dunkelblauen Bereich).
  - Erhöhen Sie die Temperatur bei Normaldruck, geht Eis zunächst in Wasser und dann in Wasserdampf über.

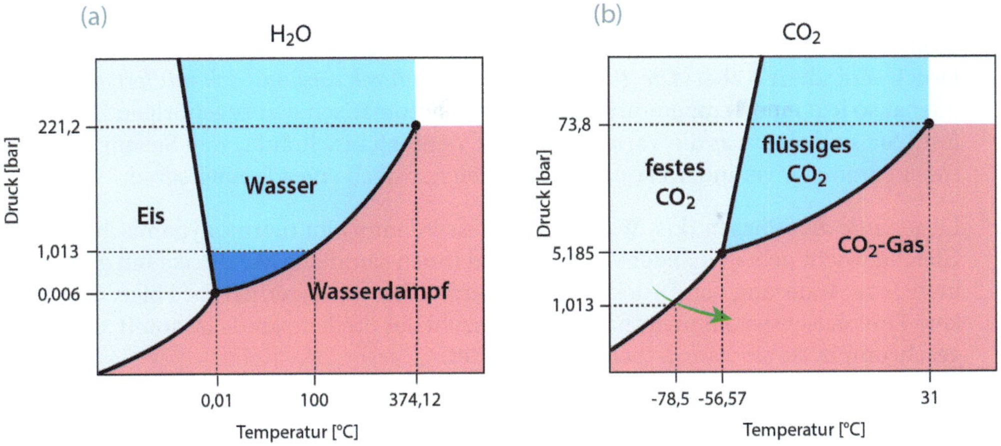

Abbildung 17.3: Phasendiagramme von Wasser und Kohlendioxid

- Die Schmelzdruckkurve hat oberhalb des Tripelpunkts eine *negative* Steigung, weil festes Eis eine geringere Dichte als flüssiges Wasser hat. Dies erklärt auch die Anomalie des Wassers (*siehe* Kapitel 15).
- Eis kann allein durch Erhöhung des Drucks geschmolzen werden. (Wäre das nicht der Fall, könnten Gletscher nicht fließen.)

✔ CO_2

- Die Phasengrenzlinie fest/flüssig hat eine *positive* Steigung (das ist bei den weitaus meisten Substanzen so): Die Schmelztemperatur von Kohlendioxid *steigt* mit zunehmendem Druck an.
- Der Tripelpunkt liegt oberhalb des Atmosphärendrucks – bei 5,185 bar. Wie Sie sehen, gibt es unterhalb dieses Drucks *keine* Temperatur, bei der flüssiges CO_2 existieren könnte. Festes CO_2 geht deshalb bei Normaldruck gleich in den gasförmigen Zustand über (grüner Pfeil), ohne vorher flüssig zu werden. (Aus diesem Grund nennen Sie festes CO_2 auch »Trockeneis«.)

(Wenn Sie wissen möchten, wie solche Phasengrenzlinien berechnet werden, schauen Sie in Kapitel 19: Dort wird das am Beispiel der Dampfdruckkurve gezeigt.)

Wie viele Phasen sind erlaubt?

Im *thermodynamischen Gleichgewicht* können nicht beliebig viele Phasen nebeneinander koexistieren. Schauen Sie sich bitte noch einmal das Phasendiagramm von Wasser in Abbildung 17.3 an. Dort sehen Sie: Sie haben es mit *einer* Komponente zu tun (eben H_2O).

✔ Sind die Bedingungen so gewählt, dass nur *eine* Phase (Flüssigkeit oder Dampf) vorliegt, dann haben Sie die Möglichkeit, Temperatur *sowie* Druck in gewissen Grenzen zu verändern, ohne das Einphasengebiet zu verlassen. Sie haben es hier mit *zwei* sogenannten **Freiheitsgraden** zu tun, also mit *zwei Variablen*, die Sie *unabhängig* voneinander verändern können, ohne dass sich das System (die Anzahl der Phasen) ändert.

- ✔ Befinden sich *zwei* Phasen (zum Beispiel Flüssigkeit und Dampf) miteinander im thermodynamischen Gleichgewicht (Phasengrenzlinie), können Sie selbstverständlich den Druck verändern – aber: *Die Temperatur wird dadurch automatisch mit festgelegt.* (Genauso legt eine Temperaturänderung auch automatisch den zugehörigen Druck fest.) Sie sind also, was die Variablen angeht, deutlich beschränkt, weil Sie nur noch *einen* Parameter verändern können; Sie haben nur noch *einen* Freiheitsgrad.
- ✔ Liegen *alle drei* Phasen (Eis, Wasser und Wasserdampf) im thermodynamischen Gleichgewicht nebeneinander vor, dann sind Ihnen sämtliche Möglichkeiten genommen: Jede Änderung von Druck oder Temperatur hat unweigerlich zur Folge, dass Sie kein Dreiphasensystem mehr haben. Die Anzahl der Freiheitsgrade ist somit auf *null* geschrumpft, sie sind am *Tripelpunkt* gelandet.

Diese Überlegungen gelten für *jedes* System – das ja aus mehreren *Phasen*, aber auch aus mehreren *Komponenten* bestehen kann.

Um nun entscheiden zu können, was Sie mit einem solchen System anstellen können, gibt es die **Gibbs'sche Phasenregel** (ja, das ist der von der Gibbs-Helmholtz-Gleichung!). Diese gibt an, ob ein System aus Phasen, Komponenten und den beiden Zustandsgrößen *Temperatur* und *Druck* stabil ist:

$$F = K - P + 2 \tag{17.1}$$

mit P = Anzahl der Phasen, K = Anzahl der Komponenten und F = Anzahl der Freiheitsgrade.

Zwei Komponenten

Sind zwei Komponenten vorhanden, ist K = 2 (ein Beispiel wäre eine wässrige Salzlösung). Automatisch erhöht sich die Anzahl der Freiheitsgrade.

Ein Zweikomponentensystem kann aber beispielsweise auch aus zwei Metallen bestehen, die sich in jedem Verhältnis mischen lassen – oder aus zwei Flüssigkeiten, die vollkommen ineinander löslich sind. Auch bei dieser Konstellation erhöht sich die Anzahl der Freiheitsgrade, denn Sie können *zusätzlich* zu Druck und Temperatur auch noch das *Mischungsverhältnis* verändern.

Wie aber können Sie sich eine zusätzliche Phase vorstellen? – Das wollen wir anhand zweier ineinander mischbarer Flüssigkeiten unter die Lupe nehmen: Eine Flüssigkeit steht mit ihrem Dampf im Gleichgewicht (wie es die grüne Kurve in Abbildung 17.2 wiedergibt). Auch hier kommt die Gibbs'sche Phasenregel (Gleichung 17.1) zum Einsatz: Normalerweise hätten Sie hier nur *einen* Freiheitsgrad (eine Änderung der Temperatur legt den Druck fest und umgekehrt). Weil Sie aber *zwei* Komponenten haben, gibt es *einen Freiheitsgrad mehr* – Sie können zusätzlich das Mischungsverhältnis wählen. Das Ganze lässt sich leider nicht mehr so übersichtlich in obigem Phasendiagramm darstellen. Deshalb beschränken wir uns auf eine Sichtweise, die auch praktischen Nutzen hat. (Betrachten Sie dazu bitte Abbildung 17.4.)

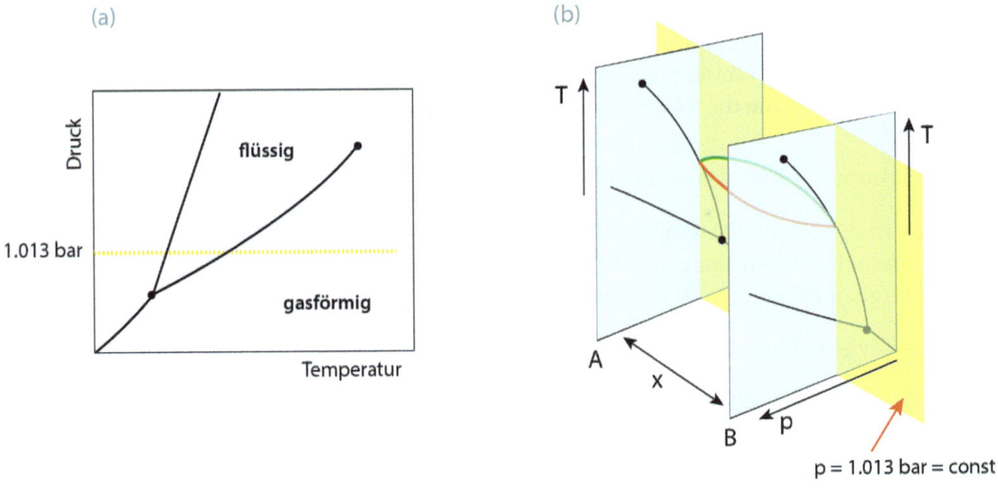

Abbildung 17.4: Kombination zweier Phasendiagramme

Legen Sie beispielsweise den Druck fest (Normaldruck 1,013 bar in einem offenen System), könnten Sie immer noch die Temperatur *oder* das Mischungsverhältnis verändern. Da Sie es ja nun mit zwei Phasendiagrammen zu tun haben, ordnen Sie diese parallel zueinander an und legen durch sie sozusagen eine waagerechte Ebene bei dem gewählten Druck (gelbe Linie in Abbildung 17.4a). Sie können sich diese Ebene verdeutlichen, indem Sie die ganze Konstruktion drehen und die beiden Phasendiagramme mit der neuen Komponentenachse (Stoffmengenverhältnis x der beiden Komponenten A und B) verbinden (b).

Die beiden variablen Achsen (Temperatur und Stoffmengenverhältnis x) tragen Sie wiederum zweidimensional gegeneinander auf (der Druck ist ja konstant). Auf diese Weise erhalten Sie ein Temperatur-Stoffmengenverhältnis-Diagramm (wie in Abbildung 17.5). Dieses **binäre Phasendiagramm** heißt (im Fall einer Mischung aus zwei Flüssigkeiten) **Siedediagramm**.

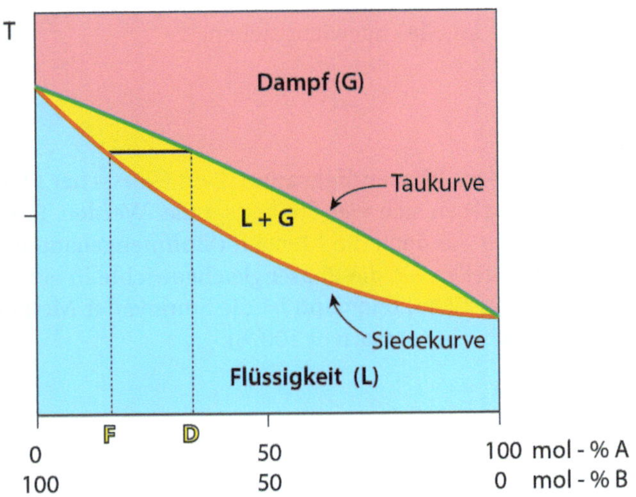

Abbildung 17.5: Binäres Phasendiagramm

Machen Sie sich bitte klar, dass solch ein binäres Phasendiagramm *nur* für den *isobaren* Zustand Gültigkeit hat (also wenn der Druck konstant ist). Etwas ganz Ähnliches können Sie auch für den *isothermen* Zustand konstruieren – dann müssten Sie die *Temperatur* konstant halten.

Wie auch immer – hier passiert etwas (auf den ersten Blick) ganz Merkwürdiges:

✔ Sie erhalten *zwei* Phasengrenzlinien, die die verschiedenen Phasen voneinander trennen: Die **Siedekurve** (in Abbildung 17.5 rot dargestellt), unterhalb derer nur Flüssigkeit existiert, und die **Taukurve** (grün), oberhalb derer es nur Dampf gibt.

✔ Was für eine Phase (gelb, L + G) befindet sich aber *zwischen* diesen beiden Kurven?

- Punkte *innerhalb* dieser gelben »Linse« stellen Flüssigkeits-Dampf-Gemische dar – allerdings *nicht* mit den zugehörigen Molanteilen von A und B (!), *denn*
- alle Zustände *innerhalb des gelben Bereichs* sind *nicht* stabil und zerfallen in *zwei Phasen* entlang einer waagerechten (isothermen) Linie links und rechts am Rand des Mischphasengebiets; die entsprechenden Zusammensetzungen sind mit F (flüssige Phase) und D (Dampfphase) eingezeichnet. Es ergibt sich eine **Mischungslücke**.
- Sie können diesem Diagramm entnehmen, welcher Dampf mit welcher Flüssigkeit im Gleichgewicht steht und dass der *Dampf immer eine andere Zusammensetzung hat als die Flüssigkeit* (sofern sich die Siedepunkte der Flüssigkeiten, also die Dampfdrücke, unterscheiden). Es leuchtet gewiss sofort ein, dass dieses Verhalten eines binären Gemischs von außerordentlicher Wichtigkeit zum Beispiel für das Trennen durch Destillation ist. (Dies wird in Kapitel 51 etwas näher erörtert.)

Bedenken Sie, dass ein binäres Phasendiagramm *immer nur Gleichgewichtszustände* darstellt, das heißt: Die *freie Enthalpie* befindet sich für beide Phasen immer in einem *Minimum*. Dieses Minimum kann für das Flüssigkeitsgemisch jedoch eben eine andere Zusammensetzung bedeuten als für das Dampfgemisch.

Bei einer Schmelze zweier Metalle ergibt sich ein sehr ähnliches Diagramm, in dem dann eine flüssige und eine feste Phase miteinander im Gleichgewicht stehen.

Drei Komponenten

Für drei Komponenten brauchen Sie ein **ternäres Phasendiagramm**. Laut Gibbs'scher Phasenregel (Gleichung 17.1) ist K = 3, damit ergeben sich *vier* Freiheitsgrade. Werden Temperatur und Druck konstant gehalten, können Sie noch die Mengen (Stoffmengenanteile) von *zwei* der drei Komponenten verändern. Stellen Sie die Phasengleichgewichte in einem gleichseitigen **Dreiecksdiagramm** (Abbildung 17.6a) dar, dann ist die Summe der Molanteile aller drei Komponenten zusammen gleich »1« (entspricht 100 %).

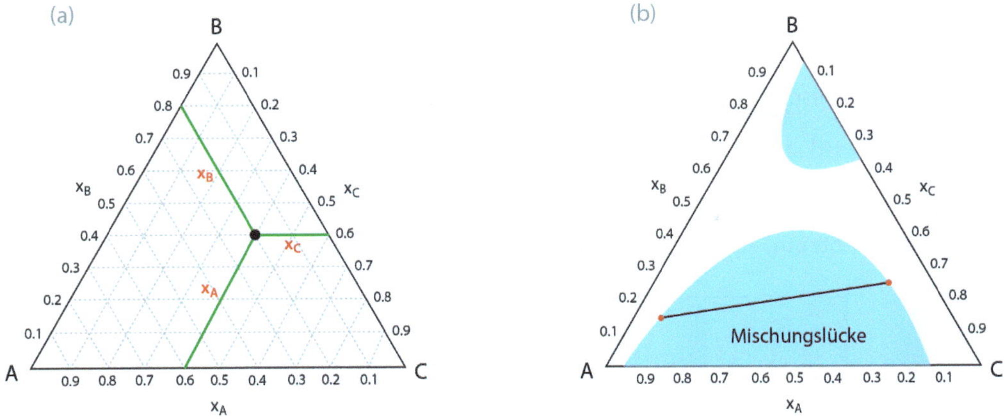

Abbildung 17.6: Ternäres Phasendiagramm

Solch ein Diagramm lesen Sie folgendermaßen:

- Jede *Ecke* des Dreiecks stellt eine *reine* Komponente dar.
- Auf den *Seiten* des Dreiecks befinden sich jeweils *Zweikomponenten*gemische.
- Jeder Koordinatenpunkt *innerhalb* des Dreiecks repräsentiert ein *Dreikomponenten*gemisch.
- Gibt es Bereiche, in denen die drei Komponenten zusammen *keine* homogene Phase bilden, entsteht eine **Mischungslücke** (Abbildung 17.6b). Genau wie im binären Gemisch (Abbildung 17.5) zerfällt eine Mischung innerhalb der Mischungslücke in zwei Phasen.

Noch mehr Phasen

Wie Sie den beschriebenen Zustandsdiagrammen entnehmen können, muss ein Stoff (reiner Stoff oder Gemisch) nicht zwangsweise nur aus *einer* Phase bestehen (also homogen sein); es können auch mehrere Phasen nebeneinander im thermodynamischen Gleichgewicht vorliegen – deren Anzahl ist dann allerdings durch die GIBBS'sche Phasenregel (Gleichung 17.1) begrenzt. Mehrphasensysteme bestehen aus *mindestens* zwei verschiedenen Phasen. Damit diese nebeneinander existieren können, muss es zwischen ihnen eine **Phasengrenze** geben.

Phasendiagramme sind nahezu unerschöpflich. Sie sind wie Landkarten, auf denen Sie bestimmte Gebiete mit bestimmten Eigenschaften ausmachen können und die Ihnen verraten, wie Sie von einem Bereich in einen anderen kommen.

Abbildung 17.7 zeigt Ihnen (wirklich nur) exemplarisch, was zwei Metalle A und B in Abhängigkeit von der Temperatur alles anstellen können:

- In dem Bereich α beziehungsweise β liegen Mischkristalle mit einem jeweils deutlich höheren Anteil des Metalls A respektive B vor,
- im Bereich $\alpha + \beta$ als instabiles Gemisch.

- L ist die homogene flüssige Mischung beider Metalle, *und*
- in L + α beziehungsweise L + β ist die flüssige Phase mit jeweils einem festen Anteil A oder B vermischt.
- Punkt E wird als **eutektischer Punkt** bezeichnet. Ein **Eutektikum** ist eine Mischung zweier (oder auch mehrerer) Stoffe, die nur im geschmolzenen Zustand vollständig mischbar sind, im festen Zustand hingegen überhaupt nicht. (So etwas brauchen Sie etwa für Lötzinn, aber auch zur gezielten Herstellung von Nanomaterialien.)

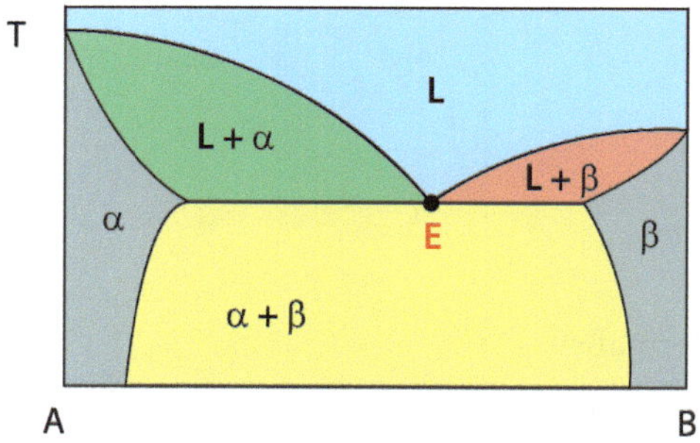

Abbildung 17.7: Phasendiagramm einer Metallmischung

Wollen Sie bestimmte Materialien und Werkstoffe herstellen, müssen Sie mit Phasendiagrammen umgehen können. Ebenso können Sie nicht auf sie verzichten, wenn Sie Stoffe (etwa mithilfe von Destillation oder Extraktion) trennen möchten, denn sie zeigen die notwendigen Bedingungen und auch die Grenzen der jeweiligen Techniken auf. Falls Sie sich mit einem dieser Gebiete näher befassen sollten, kommen Sie an Phasendiagrammen nicht vorbei.

Aufgaben Kapitel 17

Zum Aufwärmen

1. Eine CO_2-Druckflasche befindet sich unter einem Druck von etwa 57 bar. Wieso gefriert austretendes Gas sofort zu festem CO_2?
2. Berechnen Sie die Bildungsenthalpie von Propan gemäß der Reaktion:

   $$3\,C + 4\,H_2 \rightarrow C_3H_8 \qquad \Delta H = ?$$

   Gegeben sind folgende Verbrennungsenthalpien:

   (a) $C_{(g)} + O_{2\,(g)} \rightarrow CO_{2\,(g)} \qquad \Delta H = -394\ \text{kJ mol}^{-1}$

   (b) $H_2\,(g) + \frac{1}{2} O_{2\,(g)} \rightarrow H_2O_{(l)} \qquad \Delta H = -286\ \text{kJ mol}^{-1}$

   (c) $C_3H_{8\,(g)} + 5\,O_{2\,(g)} \rightarrow 3\,CO_{2\,(g)} + 4\,H_2O_{(l)} \qquad \Delta H = -2220\ \text{kJ mol}^{-1}$

Für Fortgeschrittene

3. Was kann in einem Phasendiagramm auftreten, wenn ein System aus mehr als einer Komponente besteht?

4. Vom Schwefel sind zwei feste Phasen bekannt (rhombisch und monoklin), es existieren also insgesamt vier Phasen (flüssige und gasförmige gibt es ja auch noch). Wie lässt sich das mit der GIBBS'schen Phasenregel vereinbaren?

Teil V

Zustandsformen der Materie

IN DIESEM TEIL ...

geht es noch einmal um die verschiedenen Erscheinungsformen, in denen Stoffe vorliegen können. In den Kapiteln 3 und 5 haben Sie bereits eine ganze Menge über die Materie erfahren: Es gibt verschiedene Aggregatzustände, Stoffe nehmen immer den energieärmsten Zustand ein und so weiter.

Immer bestimmen die energetischen Verhältnisse darüber, wie ein Stoff in Erscheinung tritt – ob als alleinige Komponente oder in Kombination mit anderen Komponenten. Die Energie entscheidet, ob ein Stoff gasförmig, flüssig oder fest ist, welche Zusammensetzung der Dampf über einer Flüssigkeit hat, welche besonderen Eigenschaften eine Mischung aufweist oder zu welcher Kristallform sich die Atome in einem Feststoff zusammenfinden. In Kapitel 16 und 17 wurde Ihnen die thermodynamische Betrachtungsweise zur Beurteilung eines Stoffsystems in Grundzügen vermittelt. Ein gewisses Verständnis dafür hilft Ihnen bei vielen Fragen, die das Verhalten der Stoffe gelegentlich aufkommen lässt.

So tief müssen Sie aber meistens gar nicht einsteigen! Jede Erscheinungsform der Materie lässt sich durch bestimmte Gesetzmäßigkeiten beschreiben, die teils theoretisch begründet, teils empirisch gefunden wurden. Diese Gesetze sind wichtige Bausteine für das Verhalten von Stoffsystemen und deren Berechnungen.

Nicht zuletzt ist natürlich auch die phänomenologische Betrachtung der Stoffe wichtig – schließlich ist Chemie die Wissenschaft der *Substanzen*. Es ist ein großer Unterschied, ob Sie $C_8H_{10}N_4O_2$ auf ein Blatt Papier schreiben (und möglicherweise noch eine plausible thermodynamische Begründung für das Zustandekommen dieses Moleküls geben) oder diesen Stoff in den Händen halten, anschauen und vielleicht auch anfassen können.

In diesem Teil soll auch nicht zu kurz kommen, wie Sie einige Verhaltensweisen theoretisch deuten. Wieder einmal schlägt ab und zu die Thermodynamik zu, denn es geht um wichtige Grundlagen, die dem Verständnis des Stoffverhaltens immens dienlich sind.

IN DIESEM KAPITEL

ist alles ganz schön ideal

wechselwirken sie doch!

ist Bewegung drin

Kapitel 18
Gase

Der Gaszustand ist *ein* möglicher Aggregatzustand der Materie. Unter Normalbedingungen sind elf der chemischen Elemente gasförmig, allerdings können im Prinzip alle Elemente (und auch viele Verbindungen) gasförmig existieren. (In erster Linie ist das eine Frage der Energie, wie Sie in Kapitel 5 nachlesen können – und der gasförmige Zustand ist energiereicher als der flüssige oder der feste.) Liegt ein Stoff gasförmig vor, der unter Normalbedingungen fest oder flüssig ist oder gar noch mit seiner festen oder flüssigen Phase im Gleichgewicht steht, bezeichnen Sie ihn meist als *Dampf.* (Sie sagen eher »Wasserdampf« als »Wassergas« oder »Quecksilberdampf« als »Quecksilbergas«.) Den Dampf eines Stoffes können Sie natürlich nur *sehen,* weil ein Teil bereits wieder kondensiert ist. Das, was Sie als Wasserdampf über Ihrem Kochtopf wahrnehmen, sind in Wirklichkeit kleine Wassertröpfchen und keineswegs gasförmige Wasser-Moleküle! Die können Sie nämlich *nicht* sehen, genauso wenig wie die Sauerstoff- oder Stickstoff-Moleküle in der Luft.

Es gibt vier Größen, die zusammen über den Zustand eines Gases entscheiden:

- ✔ Druck
- ✔ Volumen
- ✔ Temperatur
- ✔ Anzahl der Teilchen (Stoffmenge n)

Darüber hinaus weisen Gase folgende Merkmale auf:

- ✔ Außer den Edelgasen liegen alle Gase molekular vor (bestehen also aus mehreren Atomen, die durch kovalente Bindungen zusammengehalten werden; *siehe* Kapitel 12).
- ✔ Gase bilden *immer* homogene Gemische und mischen sich in jedem Verhältnis, es gibt also immer nur *eine* Gasphase.
- ✔ Sie nehmen jeden zur Verfügung stehenden Raum ein.

- Die Gasteilchen bewegen sich schnell (in der Größenordnung der Schallgeschwindigkeit) und stoßen ständig zusammen, wobei sie nur ihre Richtung ändern. (Dies sind elastische Stöße.)
- Der durchschnittliche Teilchen*abstand* ist sehr viel größer als die Teilchen*größe*, deshalb lassen sich Gase leicht zusammendrücken; sie sind *kompressibel.*

Die einzelnen Teilchen (ob Atome oder Moleküle) sind also weitgehend voneinander isoliert. Deshalb verhalten sie sich beinahe so, als ob es keine anderen Teilchen gäbe. Dieser Zustand wird als Idealzustand angenommen. Aus diesem Grund weisen *alle* gasförmigen Stoffe ein ähnliches Verhalten auf, unabhängig davon, ob sie aus Atomen oder Molekülen bestehen – und deswegen lassen sie sich auch durch die gleichen Gesetze beschreiben.

Ideale Gase beruhen auf der Annahme, dass die Gasteilchen sich in ständiger, regelloser Bewegung befinden, keine Ausdehnung besitzen, nur elastische Stöße aufeinander ausüben (ähnlich wie Billardkugeln) und ansonsten keine Wechselwirkung untereinander eingehen.

Die meisten Gase lassen sich weitgehend als ideales Gas beschreiben. Gehen Sie bitte zunächst immer von idealen Gasen aus, wenn Sie die folgenden Gesetze betrachten.

Gase machen Druck

Gasteilchen befinden sich in ständiger Bewegung. In einem Gefäß prallen sie ständig gegen die Gefäßwand. Dies äußert sich durch einen messbaren Druck; der ergibt sich zu:

$$\text{Druck} = \frac{\text{Kraft}}{\text{Fläche}} \quad \text{oder} \quad p = \frac{F}{A}$$

Die SI-Einheit des Drucks lautet Pascal (Pa, nach dem Mathematiker, Physiker und Philosophen Blaise PASCAL). Es gilt:

$$\text{Pa} = \text{kg m}^{-1}\ \text{s}^{-2} = \text{Nm}^{-2}$$

Manchmal finden Sie auch ältere Einheiten:

$1\ \text{bar} = 10^5\ \text{Pa}$

1 atm = 1,01325 bar = 760 Torr (benannt nach dem italienischen Physiker und Mathematiker Evangelista TORRICELLI)

Der atmosphärische Normaldruck beträgt auf Meereshöhe 1013,25 mbar, also 1013,25 Hektopascal.

BOYLE-MARIOTTE – gut komprimiert

Wird das Volumen eines Gases verringert, haben die Moleküle nicht mehr so viel Platz und stoßen deshalb häufiger gegen die Gefäßwände. Der Druck nimmt zu.

Empirische Versuche von Robert Boyle und Edme Mariotte haben ergeben, dass sich der Druck eines Gases bei konstanter Temperatur verdoppelt, wenn sein Volumen halbiert wird – und natürlich gilt das auch umgekehrt.

Das Volumen verhält sich also umgekehrt proportional zum Druck, und der Druck verhält sich umgekehrt proportional zum Volumen. Daraus lässt sich das Gesetz von Boyle-Mariotte formulieren:

$$p \sim \frac{1}{V} \quad \text{oder} \quad p \cdot V = \text{const}$$

Dieser Zusammenhang ist in Abbildung 18.1 grafisch dargestellt. Solch eine Kurve heißt *Isotherme*, weil die *Temperatur* dabei konstant bleibt.

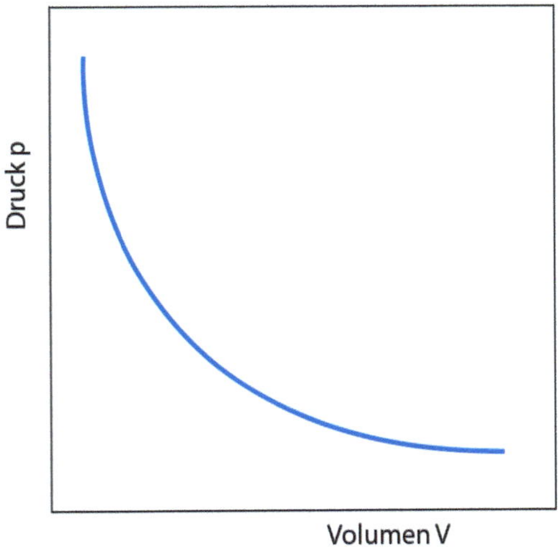

Abbildung 18.1: Boyle-Mariotte'sches Gesetz

Im Grunde wird hierdurch nichts anderes beschrieben als das Gesetz von der Erhaltung der Energie, also eine Trivialität: Schauen Sie in Kapitel 2 nach, dort finden Sie die Einheit der Energie:

$$p\left[\frac{N}{m^2} = \frac{kg\,m}{s^2} \cdot \frac{1}{m^2}\right] \cdot V[m^3] \quad \Rightarrow \quad pV\left[\frac{kg\,m^2}{s^2}\right]$$

Gay-Lussac – hier wird's kalt

Eine Änderung der Temperatur wirkt sich direkt proportional auf das Volumen eines Gases aus. (Legen Sie doch mal einen aufgeblasenen Luftballon ins Eisfach, wenn Sie uns nicht glauben!)

$$V \sim T$$

Versuche mit verschiedenen Gasen unter unterschiedlichem Druck führten im 17. Jahrhundert schließlich zur Formulierung des Gesetzes von Joseph Louis Gay-Lussac. Für eine funktionale Beziehung brauchen Sie dann noch eine Proportionalitätskonstante, das ist der thermische Ausdehnungskoeffizient α.

$$V = V_0 \cdot (1 + \alpha T) = V_0 \cdot \left(1 + \frac{T}{273{,}15}\right)$$

Aus diesen Versuchen resultierte eine bemerkenswerte Größe: Extrapolieren Sie alle Geraden (*Isobare*, also gleicher *Druck*), stellen Sie fest, dass sie sich in einem Punkt schneiden. Da Volumen und Druck unmöglich negativ sein können, steht diese Temperatur für V = 0, was natürlich in der Praxis nicht erreicht werden kann. Eine graphische Darstellung des Gesetzes sehen Sie in Abbildung 18.2.

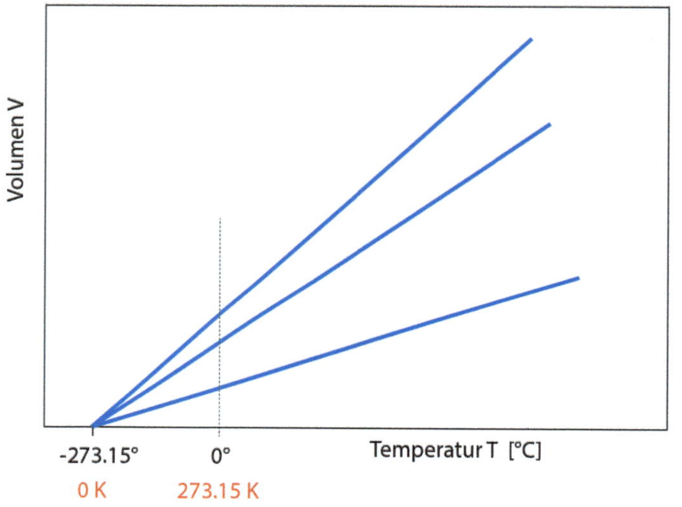

Abbildung 18.2: Gay-Lussac'sches Gesetz

Daraus folgt, dass T = –273,15 °C die kleinstmögliche Temperatur sein muss, die überhaupt denkbar ist. Dies ist der **absolute Nullpunkt**. Hierauf gründet sich die Kelvin-Temperatur-Skala: –273,15 °C entsprechen 0 K (ohne ° anzugeben!).

Einige Jahre vorher wurde dieser Zusammenhang auch von dem französischen Physiker Jacques Charles erkannt. Aus Gründen der Gerechtigkeit spricht man daher besser vom Gesetz von Charles und Gay-Lussac. (In der englischsprachigen Literatur werden Sie fast ausschließlich die Bezeichnung »Charles' Law« finden.)

Avogadro – der Teilchenzähler

Weitere Arbeiten von Gay-Lussac (circa 1800) haben gezeigt, dass die reagierenden *Volumina* bei chemischen Reaktionen von Gasen stets im Verhältnis einfacher ganzer Zahlen stehen. (Das könnten Sie, analog zum Gesetz der vielfachen *Massen*verhältnisse (*siehe* Kapitel 3), das Gesetz der vielfachen *Volumen*verhältnisse nennen.) Aber warum zeigen Gase solche Gesetzmäßigkeiten, während die *Massen*verhältnisse viel komplizierteren

Zahlen entsprechen? (Beispielsweise reagieren exakt 1,0097 g Wasserstoff mit exakt 35,457 g Chlor zu Chlorwasserstoff.)

Amedeo Avogadro nahm an, dies gehe nur, wenn in gleichen Raumteilen von Gasen bei gleichen Bedingungen gleich viele Teilchen enthalten sind. Das ist der

Satz von Avogadro:

Gleiche Volumina von Gasen enthalten bei gleichem Druck und bei gleicher Temperatur dieselbe Anzahl von Teilchen.

Mithilfe des Satzes von Avogadro konnten Atomzahlenverhältnisse eindeutig bestimmt werden; damit wurden zuverlässige Werte für die Atommassen erhalten. Die Masse der Atome (in Gramm) und die atomaren Masseneinheiten müssen einander proportional sein.

Als Proportionalitätsfaktor wurde die Zahl $6{,}023 \cdot 10^{23}$ erhalten (eine reine Rechengröße, *siehe* Kapitel 4). Diese Zahl kannte Avogadro nicht. Trotzdem wird sie häufig als Avogadro-Konstante (N_A) bezeichnet.

Der Satz von Avogadro kann auch *umgekehrt* formuliert werden: Die gleiche Anzahl von Teilchen eines Gases nimmt bei gleichem Druck und gleicher Temperatur das gleiche Volumen ein. Füllen Sie die gleiche Anzahl von Teilchen in verschiedene Luftballons, ist es egal, ob Sie Sauerstoff, Stickstoff, Kohlendioxid, Ammoniak, ein Edelgas oder irgendeinen anderen gasförmigen Stoff verwenden – die Luftballons haben alle das gleiche Volumen, wie Abbildung 18.3 verdeutlichen soll.

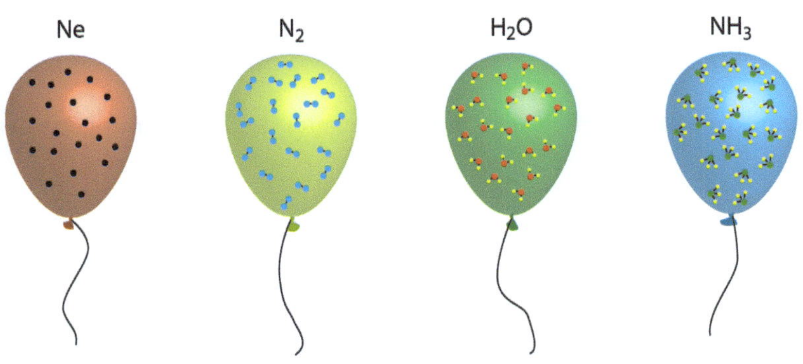

Abbildung 18.3: Luftballons, gefüllt mit verschiedenen Gasen

Ein Mol eines Gases sind $6{,}023 \cdot 10^{23}$ Teilchen (*siehe* Kapitel 4). Diese Anzahl an Teilchen nimmt bei 0 °C einen Raum von 22,414 Litern ein (bei 25 °C sind es 24,465 Liter). Auch hier ist es natürlich nicht von Bedeutung, *was* für Teilchen das sind. Ein Mol eines Gases nimmt *immer* dieses Volumen ein, deshalb heißt es auch **Molvolumen**, abgekürzt V^m oder V_m.

Ähnliche Überlegungen stellte auch der böhmisch-österreichische Physiker und Chemiker Josef Loschmidt an: Er ermittelte, dass 1 m^3 eines idealen Gases unter Normbedingungen etwa $2{,}687 \cdot 10^{23}$ Teilchen enthält (natürlich wieder ungeachtet der Art des betrachteten Gases). Diese Zahl wird häufig auch als die **Loschmidt'sche Zahl (n_0)** bezeichnet.

Verständlicherweise besteht eine enge Beziehung zwischen der AVOGADRO-Konstanten N_A und der LOSCHMIDT'schen Zahl n_0: Unter Normbedingungen gilt:

$$n_0 = \frac{N_A}{V_m}$$

Leider finden sich selbst in der Fachliteratur immer wieder Passagen, in denen die LOSCHMIDT'sche Zahl und die AVOGADRO-Konstante als synonym angesehen werden. Dieser Fehler sollte Ihnen *nicht* passieren.

Das ideale Gasgesetz

Diese empirisch gefundenen Gesetze lassen sich zusammenfassen:

- Aus dem Gesetz von BOYLE-MARIOTTE folgt: $p \cdot V = const$
- Aus dem Gesetz von GAY-LUSSAC(-CHARLES) folgt: $V = const \cdot T$
- Aus dem Satz von AVOGADRO folgt: $V = const \cdot n$

Die Kombination dieser Gesetzmäßigkeiten ergibt: $p \cdot V = const \cdot n \cdot T$

$$const = \frac{pV}{nT} = R = 8{,}314\,J\,K^{-1}\,mol^{-1}$$

Die Konstante R heißt **allgemeine Gaskonstante**. Sie ist für alle Gase gleich und lässt sich auch formulieren als die BOLTZMANN-Konstante k_B (die Sie aus Kapitel 16 kennen) multipliziert mit N_A.

Dieser Zusammenhang gilt für *alle idealen* Gase und lautet unter der Bezeichnung **ideales Gasgesetz**:

$$pV = nRT = n k_B N_A T \qquad (18.1)$$

Dies ist eine **Zustandsgleichung**, die das Verhalten idealer Gase in Abhängigkeit von Druck, Volumen und Temperatur beschreibt.

DALTON – wie groß ist der Druck?

Wie Sie dem idealen Gasgesetz in Gleichung 18.1 entnehmen können, ist der Druck eines Gases proportional zur vorhandenen Stoffmenge (n):

$$p = n\frac{RT}{V}$$

Besteht ein Gas nun nicht nur aus *einem* Stoff, sondern aus einem Gemisch *mehrerer* Stoffe, dann übt jede einzelne Komponente für sich einen bestimmten Druck aus, das ist der jeweilige **Partialdruck** p_i.

Bemerkenswerterweise ist dieser Partialdruck eines Gases stets genauso groß wie der Druck, den das Gas ausüben würde, wenn es sich *allein* in dem Volumen befände. Daraus folgt:

Der Gesamtdruck eines Gasgemischs ist die Summe seiner Partialdrücke:

$$p_{ges} = p_1 + p_2 + p_3 + \ldots\ldots \qquad \left(\text{oder kurz } p_{ges} = \sum_i p_i\right)$$

Da sich *jedes* Gas nach dem idealen Gasgesetz verhält, gilt bei konstanter Temperatur und konstantem Volumen das **DALTON'sche Partialdruckgesetz:**

$$p_{ges} = (n_1 + n_2 + n_3 + \ldots)\frac{RT}{V}$$

Die Realität von Gasen

Obwohl sich viele Gase mit den idealen Gasgesetzen beschreiben lassen, *gibt* es in Wahrheit keine idealen Gase wie oben definiert; schließlich bestehen Gase ja aus Atomen oder Molekülen, die *sehr wohl* eine gewisse Ausdehnung haben. Und dass nun *gar* keine Wechselwirkungen (außer elastischen Stößen) stattfinden sollen, ist eigentlich auch nicht unbedingt anzunehmen. Es besteht kein Grund, warum nicht wenigstens VAN-DER-WAALS-Kräfte zwischen den Teilchen wirken sollen – und schon sind wir bei den **realen Gasen**. Das hängt natürlich alles stark von Konzentration beziehungsweise Druck des Gases ab. (Bei sehr kleinem Druck, also wenn es nur sehr wenige Teilchen im Volumen gibt und wenn die Temperatur nicht extrem hoch oder niedrig ist, können Sie diese Effekte aber wirklich vernachlässigen.)

Nehmen Sie das ideale Gasgesetz und bringen Sie Korrekturfaktoren für die Eigenausdehnung der Teilchen sowie die intermolekularen Wechselwirkungen darin unter, erhalten Sie eine modifizierte Zustandsgleichung. Nichts anderes hat Johannes VAN DER WAALS gemacht, als er im Jahr 1873 seine **VAN-DER-WAALS-Gleichung** entwickelte:

$$\left(p + \frac{n^2 a}{V^2}\right) \cdot (V - nb) = nRT \tag{18.2}$$

Mit dieser Gleichung lässt sich das Verhalten von Gasen auch bei hohen Drücken oder in ähnlichen extremen Situationen wesentlich realistischer beschreiben. Die stoffspezifischen *Konstanten a* (Wechselwirkung) und *b* (Eigenvolumen) müssen dafür empirisch bestimmt werden. Für reale Anwendungszwecke bedeutete diese veränderte Zustandsgleichung einen solchen Fortschritt, dass VAN DER WAALS 1910 dafür den Nobelpreis erhielt.

Für viele (besonders für technische) Belange ist die VAN-DER-WAALS-Gleichung viel zu ungenau. Mittlerweile wurde eine ganze Reihe verschiedener Zustandsgleichungen für reale Gase entwickelt, die auch noch andere Parameter berücksichtigen. (Eine genauere Betrachtung führt jedoch im Rahmen dieses Buches zu weit; hier geht es ja vor allem um das *grundsätzliche* Verständnis. Wenn es Sie interessiert, schauen Sie in ein Buch über Technische Thermodynamik.)

Die Teilchen eines realen Gases stehen also sehr wohl miteinander in Wechselwirkung. Das hat auch durchaus praktischen Nutzen: Dehnt sich ein komprimiertes Gas aus, müssen die intermolekularen Bindungen gelöst oder zumindest verringert werden. Dazu ist Energie nötig, die dem System entzogen wird, wodurch das Gas abkühlt. Dies ist der **Joule-Thomson-Effekt**. Dieser Effekt ist die Grundlage dafür, dass Ihr Kühlschrank oder Ihre Kühltruhe funktioniert – in einem Kreislauf wird darin ständig Kühlsubstanz expandiert und wieder komprimiert. Das Ganze lässt sich so weit treiben, dass bestimmte Gase schließlich verflüssigt werden (natürlich nicht in Ihrem Kühlschrank). Auch die kühle Brise mit Ihrem Ventilator bei heißem Wetter ist diesem Umstand zu verdanken.

Nur für Streber: Gase genauer betrachtet – die kinetische Gastheorie

Geben Sie Werte für Druck, Volumen oder Temperatur an, machen Sie sich in der Regel keine Gedanken darüber, wo diese Aspekte eigentlich herkommen. Aber dafür muss es doch auch eine *materielle* Ursache geben! Wir betrachten diese Größen rein makroskopisch, aber sie *müssen* mikroskopische Ursachen haben, denn die Materie (also auch Gase) besteht nun einmal aus kleinen Teilchen! Dem versuchen Sie mit der *kinetischen Gastheorie* auf die Schliche zu kommen, die hier in groben Zügen beschrieben werden soll. Dabei bedienen Sie sich wieder der Vorstellung des idealen Gases.

Die kinetische Gastheorie beruht auf drei Annahmen:

- ✔ Das Gas besteht aus vielen Teilchen, die ständig in Bewegung sind und aneinanderstoßen. Die einzelnen Teilchen besitzen die Masse m und den Durchmesser d.
- ✔ Die Durchmesser der Teilchen sind viel kleiner als die **mittlere freie Weglänge** (das ist die durchschnittliche Strecke, die ein Teilchen zurücklegen kann, ohne mit anderen Teilchen in Wechselwirkung zu treten).
- ✔ Die Teilchen sind als *starre Kugeln* aufzufassen (wie kleine Billardkugeln) und üben ausschließlich elastische Stöße aufeinander aus. Das heißt: Der Impuls wird komplett von einer Kugel auf die andere übertragen und es geht kein Impuls verloren (auch so ein Naturgesetz!). Durch die Stöße ändern die Teilchen ständig ihre Richtung und ihre Geschwindigkeit.

Wie lässt sich nun der Druck erklären, den ein Gas beispielsweise auf die Innenwandung eines Kastens ausübt (Abbildung 18.4)?

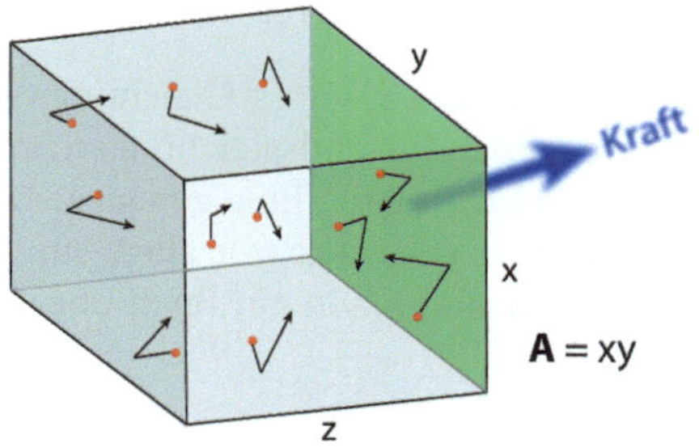

Abbildung 18.4: Gasteilchen in einem Kasten

Natürlich stoßen die Teilchen nicht nur *untereinander* zusammen, sondern prallen auch gegen die Wände des Behälters. Betrachten Sie zunächst die Gasteilchen, die sich in z-Richtung bewegen: Von diesen Teilchen fliegt rein statistisch die Hälfte gegen die grüne Wand mit der Fläche A, die andere Hälfte gegen die gegenüberliegende. (Zur Erinnerung: Die Bewegung der einzelnen Teilchen ist *regellos,* da greift die statistische Beschreibung.) Ist v_Z die *Geschwindigkeit* der Teilchen, dann treffen in der Zeit dt nur *die* Teilchen auf die Wand, die höchstens eine Entfernung von v_Z dt von ihr entfernt sind. Ist N_T die *Teilchendichte,* dann lässt sich die Anzahl der Stöße auf die grüne Wand angeben:

$$\text{Anzahl der Stöße} = \frac{1}{2} N_T v_Z \, dt$$

Die Teilchen kommen mit dem Impuls mv_Z an und haben nach dem Stoß (der ja *rein elastisch* ist, Sie erinnern sich!) immer noch den gleichen Impuls, nur jetzt mit *umgekehrtem* Vorzeichen. Daher überträgt jedes Teilchen beim Auftreffen auf die Wand den Impuls $2mv_Z$. Damit können Sie unter Angabe der Anzahl der Stöße aus der Gleichung oben den Gesamtimpuls (dI_z) angeben, der in der Zeit dt auf die Wand in z-Richtung übertragen wird.

$$dI_Z = \left(\frac{1}{2} N_T A v_Z \, dt\right) \cdot (2 m v_Z) = N_T m A v_Z^2 \, dt$$

Vielleicht erinnern Sie sich noch aus dem Physikunterricht, dass die *zeitliche Ableitung des Impulses* eine *Kraft* darstellt. (Das können Sie sich aber auch anhand der Dimensionen deutlich machen.) So wird aus der vorigen Gleichung:

$$F_Z = \frac{dI_Z}{dt} = N_T m A v_Z^2$$

Teilen Sie diese Gleichung durch die Fläche, ergibt das einen Druck:

$$p = \frac{F_Z}{A} = \frac{dI_Z}{dt} = N_T m v_Z^2$$

Nun fliegen die Teilchen natürlich auch noch in jeweils beide x- und y-Richtungen. Keine Richtung ist bevorzugt, deshalb wirkt sich die Summe der Geschwindigkeiten zu einem Drittel auf den Gesamtdruck aus (es gibt ja auch noch die jeweils gegenüberliegende Wand):

$$p = \frac{1}{3} N_T m v_Z^2$$

Die Teilchendichte N_T können Sie angeben als eine bestimmte Stoffmenge n (angegeben in Mol) multipliziert mit N_A pro Volumen. Damit folgt aus der vorigen Gleichung:

$$p = \frac{1}{3} \frac{n N_A}{V} m v^2 \quad \textit{oder} \quad pV = \frac{1}{3} n N_A m v^2$$

Setzen Sie diesen Ausdruck in das ideale Gasgesetz (Gleichung 18.1) ein, ergibt sich für v^2:

$$nRT = n k_B N_A T = \frac{1}{3} n N_A m v^2 \quad \Rightarrow \quad v^2 = \frac{3 k_B T}{m}$$

Nun setzen Sie diese Gleichung in den Ausdruck für die kinetische Energie (E_{kin}) ein:

$$E_{kin} = \frac{1}{2} m v^2 = \frac{3}{2} k_B T \quad \textit{oder} \quad \text{für 1 Mol}: \quad E_{kin} = \frac{3}{2} RT \qquad (18.3)$$

Die kinetische Gastheorie stellt hiermit eine Beziehung von Wärme (die sich in der Temperatur äußert) und Bewegung der Teilchen (kinetische Energie) her: *Je schneller die Teilchen, desto höher die Temperatur.* Hier geht es um eine *mittlere* Geschwindigkeit, tatsächlich bewegen sich alle Teilchen mit *unterschiedlicher* Geschwindigkeit (BOLTZMANN-Verteilung, *siehe* Abbildung 16.6).

Aufgaben Kapitel 18

Zum Aufwärmen

1. 1 Mol eines idealen Gases wird bei 25 °C auf 1 Liter komprimiert. Welcher Druck ergibt sich?

2. Ein mit Gas gefülltes Gefäß steht bei 20 °C unter einem Druck von 1 bar. Welcher Druck entsteht in dem Gefäß, wenn es auf 80 °C erwärmt wird?

Für Fortgeschrittene

3. Welche Masse an Stickstoff (in kg) enthält eine bei 15 °C vollständig gefüllte 80-Liter-Stahlflasche bei einem Druck von 200 bar?

4. Natriumcarbonat (Na_2CO_3) wird in einem evakuierten Gefäß mit 2 Liter Inhalt bei 280 °C zersetzt, wobei der Druck im Gefäß auf $2{,}18 \cdot 10^6$ Pa steigt. Wie viel Mol CO_2 haben sich gebildet?

IN DIESEM KAPITEL

- entsteht viel Dampf
- wird die Lage kritisch
- haben wir es wieder mit Wechselwirkungen zu tun

Kapitel 19
Flüssigkeiten

In einer Flüssigkeit gibt es zwischen den Teilchen untereinander deutlich mehr Wechselwirkungen als in einem Gas. Dies führt zu einer gewissen *Nahordnung*, die sich nur auf unmittelbar benachbarte Teilchen, aber auch auf etwas weiter entfernte erstrecken kann. Was aber völlig fehlt, ist eine *Fernordnung* wie in Feststoffen (*siehe* Kapitel 14). Die Flüssigkeitsteilchen können leicht aneinander vorbeigleiten. Da sie auf der Erde der Schwerkraft unterliegen, sucht sich jedes Teilchen den tiefstmöglichen (und damit energieärmsten) Ort aus; deshalb bilden Flüssigkeiten immer ebene Flächen und füllen das darunter befindliche Volumen aus. (In der Schwerelosigkeit liegen sie als Kugeln vor, da dies der energieärmste Zustand ist – das hat mit der Oberflächenspannung zu tun, die Sie in diesem Kapitel noch kennenlernen.)

Die *mittlere freie Weglänge* (*siehe* Kapitel 18) liegt hier in der Größenordnung der Teilchen selbst. Da diese in direktem Kontakt zueinander stehen, ist es ziemlich schwer, sie noch enger aneinander zu bringen. Flüssigkeiten sind demnach unter Normalbedingungen **inkompressibel**. (Unter ganz hohem Druck wie in der Hydraulik oder in 10 km Meerestiefe tut sich da allerdings doch ein bisschen.)

Erkennungsmerkmale

Für Flüssigkeiten lassen sich zahlreiche physikalische Größen angeben, mit denen sich diese Substanzen eindeutig charakterisieren lassen. Sie sind in erster Linie eine Folge der *intermolekularen Wechselwirkungen* (*siehe* Kapitel 15), also der Kräfte, die die einzelnen Teilchen wechselseitig aufeinander ausüben.

Auf der Flucht

Die Teilchen in einer Flüssigkeit sind nicht alle gleich schnell unterwegs, sie unterliegen vielmehr einer *Geschwindigkeitsverteilung* (ähnlich wie die Teilchen in einem Gas, *siehe* Kapitel 18). Sie können sich also vorstellen, dass es einige Teilchen gibt, die so schnell (= energiereich) sind, dass sie sich aus dem Zusammenhalt der flüssigen Wechselwirkungen befreien können. Aus Abbildung 19.1 können Sie entnehmen, dass die mittlere Geschwindigkeit mit steigender Temperatur größer wird; somit haben auch mehr Teilchen diese Mindestenergie E_{min}. Befinden sich diese schnellen Teilchen zufällig gerade an der Oberfläche der Flüssigkeit, sind sie sogar in der Lage, die Flüssigkeit ganz zu verlassen.

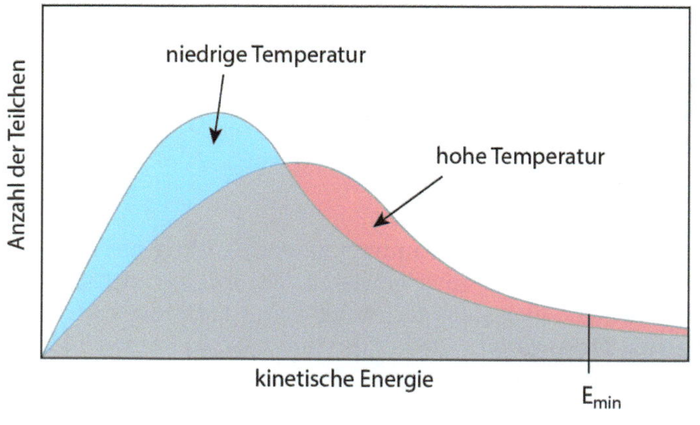

Abbildung 19.1: Geschwindigkeitsverteilung der Flüssigkeitsteilchen

Befindet sich die Flüssigkeit in einem *offenen* Gefäß, sind die genügend energiereichen Teilchen dann endgültig weg, und irgendwann ist letztendlich die ganze Flüssigkeit in den gasförmigen Zustand übergegangen, obwohl die für diesen Phasenübergang erforderliche Temperatur (*siehe* Kapitel 5 und 17) überhaupt nicht erreicht wurde. Dieser Vorgang wird **Verdunstung** genannt (Abbildung 19.2a).

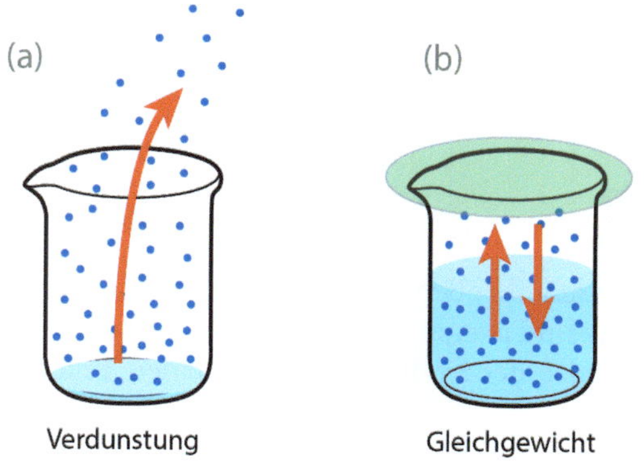

Abbildung 19.2: Dampf über einer Flüssigkeit

Moment! – werden Sie sagen: Sind die schnellen Teilchen weg, ist die mittlere Geschwindigkeit doch *kleiner* und die Temperatur deswegen gesunken! Stimmt (das merken Sie auch an der sogenannten *Verdunstungskälte*), aber

- ✔ die grundsätzliche Form der Geschwindigkeitsverteilung hat sich nicht geändert (es gibt daher immer, wenn auch noch so wenige, genügend schnelle Teilchen), *und*
- ✔ das Gefäß ist nicht isoliert, es besteht also die Möglichkeit des sofortigen Temperaturausgleichs mit der Umgebung.

Natürlich hängt es von der Teilchengröße und -masse sowie von den intermolekularen Wechselwirkungen ab, wie leicht so eine Verdunstung vonstattengeht: Flüssiger Diethylether (C_2H_5-O-C_2H_5, Sdp. 35,5 °C) ist sicherlich eher aus einem offenen Glas verschwunden als flüssiges Öl. Eine Flüssigkeit, die leicht verdampft, ist *leichtflüchtig*, eine, die nicht so leicht verdampft, *schwerflüchtig*. Eine quantitative Aussage darüber, wie groß der Drang einer Flüssigkeit ist, sich zu verflüchtigen, gestattet der Dampfdruck.

Dampfdruck

Dieser Größe werden Sie allerdings nur gewahr, wenn Sie das Gefäß verschließen (in Abbildung 19.2b angedeutet).

Befindet sich die Flüssigkeit in einem *geschlossenen* Gefäß, treten ebenfalls Teilchen aus der Flüssigkeit aus – aber natürlich nicht alle, denn der Platz im Dampfraum ist ja begrenzt. Die Gasteilchen, die sich dann über der Flüssigkeit befinden, üben einen genau definierten Druck aus, und dies ist der **Dampfdruck**. Nun liegen zwei Phasen (flüssig/gasförmig) nebeneinander vor, die miteinander im Gleichgewicht stehen. Auch hier handelt es sich (genau wie beim chemischen Gleichgewicht, dazu mehr in Kapitel 24) um ein **dynamisches Gleichgewicht**, es treten also genauso viele Teilchen aus der Flüssigkeit in die Dampfphase heraus, wie Teilchen aus der Dampfphase wieder von der Flüssigkeit aufgenommen werden.

Wie geht das mit dem Dampfdruck?

Bei einem idealen Gas (*siehe* Gleichung 18.1) ändert sich der Druck *linear* mit der Temperatur. Für den Dampfdruck einer *Flüssigkeit* gibt es dagegen einen *exponentiellen* Zusammenhang. Ausgangspunkt ist die CLAPEYRON'sche Gleichung – mit der sich übrigens *alle* Phasengrenzlinien (*siehe* Kapitel 17) berechnen lassen.

Das können Sie sich folgendermaßen verdeutlichen: Wie immer strebt alles nach minimaler Energie, und so ist es auch bei der Einstellung eines Dampfdrucks über einer Flüssigkeit. Nach Gleichung 16.17 gilt:

$$dG = Vdp - SdT + \sum_{i} \mu_i dn_i$$

Stehen zwei Phasen (1 = Flüssigkeit, 2 = Dampf) im Gleichgewicht miteinander, dann gilt:

- Die *chemischen Potentiale* (*siehe* Kapitel 16) von Flüssigkeit und Dampf müssen gleich sein: $\mu_1 = \mu_2$
- Die *freien Enthalpien* (G) von Flüssigkeit und Dampf müssen gleich sein. Mit $dG_1 = dG_2$ folgt also $V_1dp - S_1dT = V_2dp - S_2dT$ und damit

$$\frac{dp}{dT} = \frac{\Delta S}{\Delta V} \qquad (19.1)$$

Damit können Sie die Dampfdrucklinie ausrechnen.

Treffen wir dafür folgende Näherungen:

- V_2 (Dampf) ist viel größer als V_1 (Flüssigkeit), also gilt: $\Delta V \approx V_2$.
- Es handelt sich um ein *ideales* Gas, dann ist $V_2 = RT/p$ (*siehe* Kapitel 18).

Eingesetzt in Gleichung 19.1 folgt

$$\frac{dp}{dT} = \frac{\Delta H_V\, p}{RT^2} \quad \text{bzw.} \quad \frac{dp}{p\,dT} = \frac{\Delta H_V}{RT^2} \qquad (19.2)$$

Gleichung 19.2 können Sie integrieren und erhalten für die Temperaturabhängigkeit des Dampfdrucks:

$$\ln p = \frac{-\Delta H_V}{RT} + C \quad \textit{oder} \quad \ln\frac{p_1}{p_2} = \frac{\Delta H_V}{R}\left(\frac{1}{T_1} - \frac{1}{T_2}\right) \qquad (19.3)$$

Das ist die CLAUSIUS-CLAPEYRON'sche Gleichung. (Rudolf CLAUSIUS haben Sie schon in Kapitel 16 kennengelernt.) Eine sehr ähnliche Beziehung für die Temperaturabhängigkeit der Gleichgewichtskonstanten einer chemischen Reaktion werden Sie in Kapitel 24 kennenlernen.

Steht ein Dampf mit seiner flüssigen Phase in einem geschlossenen System im thermodynamischen Gleichgewicht, stellt sich über der Flüssigkeit im Dampfraum ein Druck ein, der *Dampfdruck*. Es handelt sich dabei um eine *temperaturabhängige Stoffkonstante*. Je höher der Dampfdruck ist, desto schneller verdunstet eine Flüssigkeit – und desto niedriger liegt ihr Siedepunkt.

Mit steigender Temperatur werden die Teilchen energiereicher, und der Dampfdruck nimmt zu.

Links und rechts über den Rand geschaut

Eine Flüssigkeit befindet sich zwischen den beiden Aggregatzuständen fest und gasförmig. Es ist eine Frage der Temperatur (also der Energie der Teilchen), ob eine Flüssigkeit in den *gasförmigen* oder den *festen* Zustand übergeht. Das können Sie prima anhand eines Phasendiagramms (*siehe* Kapitel 17) verfolgen.

Es gehört zu den Eigenschaften nahezu jeder Flüssigkeit, einen *Erstarrungspunkt* (**Schmelzpunkt**, Smp.) und einen *Verdampfungpunkt* (**Siedepunkt**, Sdp.) zu besitzen, die durch die zugehörigen Temperaturen gekennzeichnet sind. (Es gibt auch Stoffe, die unter Normaldruck nicht flüssig sein können; ein Ihnen bereits bekanntes Beispiel ist das Kohlendioxid (CO_2), *siehe* Kapitel 17.)

Ist der Umgebungsdruck genauso groß wie der Dampfdruck einer Flüssigkeit, beginnt die Flüssigkeit zu sieden: Da der Luftdruck auf einem Berg *niedriger* ist als auf Meereshöhe, ist auch die Siedetemperatur entsprechend *niedriger*. Wenn Sie auf dem Mount Everest ein Frühstücksei kochen wollen, wird es nach fünf Minuten immer noch weich sein, denn durch den deutlich niedrigeren Luftdruck siedet Wasser dort oben schon bei etwa 70 °C. (Auch bei längerem Kochen wird nur das Ei*gelb* fest, das Ei*klar* bleibt glibberig. Warum das so ist, erfahren Sie in Teil IX dieses Buches.) In einem Dampfkochtopf (geschlossenes System) können Sie aufgrund des *höheren* Drucks eine *höhere* Siedetemperatur erzeugen – deshalb werden Ihre Kartoffeln schneller gar.

Bei der Steigerung der Temperatur einer Flüssigkeit können Sie sich *drei* Fälle vorstellen:

- ✔ Das Gefäß ist geschlossen, der Druck erhöht sich mit zunehmender Temperatur immer mehr. Die Flüssigkeit kann nicht sieden, weil dem Dampfdruck von außen kein äußerer Druck entgegenwirkt.
- ✔ Das Gefäß ist offen, die Flüssigkeit siedet bei Siedetemperatur und verdampft.
- ✔ Das Gefäß ist offen, die Flüssigkeit siedet. Der aufsteigende Dampf wird jedoch gekühlt und läuft in die Flüssigkeit zurück – mit der Folge, dass die Flüssigkeit nicht weniger wird, aber die Temperatur die ganze Zeit bei Siedetemperatur verbleibt. Das ist die *Siedekühlung*.

Hier wird's kritisch

Je stärker die Wechselwirkungen zwischen den Teilchen sind, desto eher lässt sich ein Gas verflüssigen. Die Wechselwirkungen sind zunächst eine spezifische Eigenschaft des betreffenden Stoffes, können aber auch durch Erhöhung des äußeren Drucks gefördert werden. Andererseits ist da die kinetische Energie der Teilchen (die sich in der Temperatur äußert); je höher diese ist, desto weniger wollen sich Gasteilchen zu einer Flüssigkeit zusammenschließen. Diese Zusammenhänge lassen sich mit einem Phasendiagramm darstellen (*siehe* Abbildung 17.2).

Stellen Sie sich nun eine Temperatur vor, die so hoch ist (und die Teilchen damit so schnell), dass kein Druck der Welt mehr in der Lage ist, die Gasteilchen zu bändigen und in eine Flüssigkeit zu zwingen. Dieses Gas können Sie dann nicht mehr verflüssigen. Die *höchste* Temperatur, bei der ein Stoff überhaupt noch flüssig existieren kann, wird deshalb **kritische Temperatur** (T_{krit}) genannt. Um ein Gas bei dieser Temperatur *doch noch* zu kondensieren, brauchen Sie den **kritischen Druck** (p_{krit}). Im Phasendiagramm in Abbildung 19.3 sind diese beiden Werte durch den *kritischen Punkt* gekennzeichnet. *Jenseits des kritischen Punkts gibt es keinen Unterschied mehr zwischen Flüssigkeit und Gas:* In diesem *superkritischen Zustand* ist die Phasengrenze verschwunden. Diese ist ja bei einem Stoff durch die Dichte gegeben. Die Dichte der Flüssigkeit nimmt mit steigender Temperatur ab, die Dichte des Gases nimmt mit steigendem Druck zu.

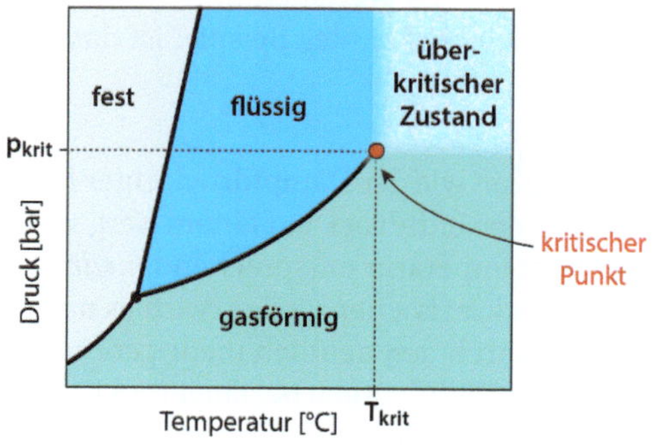

Abbildung 19.3: Phasendiagramm mit überkritischem Zustand

In Tabelle 19.1 finden Sie einige kritische Daten. Technische Anwendung findet besonders überkritisches CO_2, da sich die erforderlichen Bedingungen mit vertretbarem Aufwand erreichen lassen. (Es wird zur Extraktion empfindlicher Substanzen verwendet und ist nach der Extraktion wieder verschwunden, ohne jemals flüssig geworden zu sein.)

Stoff	Kritische Temperatur [° C]	Kritischer Druck [bar]
H_2O	374,12	221,2
CO_2	31,0	73,8
N_2	−147,1	33,9
H_2	−239,9	13,0
He	−267,9	2,3
C_2H_5OH	243,1	63,9

Tabelle 19.1: Kritische Werte ausgewählter Stoffe

Viskosität

Wenn Sie Wasser und Akazienhonig vergleichen, stellen Sie unter anderem fest, dass Sie das Wasser viel schneller aus einem Glas ausgießen können als den Honig. Sofort fällt Ihnen die Begründung dafür ein – der Honig hat nämlich eine viel höhere Zähigkeit oder *Viskosität*. Aber was ist das eigentlich?

Wenn sich der Honig so sehr wehrt, aus dem Glas zu fließen, muss es eine Kraft geben, die die einzelnen Flüssigkeitsschichten an der Bewegung hindert. Diese Kraft ist die **Reibungskraft** (F_R). Ihre Ursache hat sie im molekularen Aufbau der Flüssigkeit. Da sie parallel zur Fließrichtung wirkt, wird die Flüssigkeit praktisch *geschert*, weshalb sie auch **Scherkraft** genannt wird (nein, wirklich nicht Schwerkraft). Sie tritt natürlich nur auf, wenn die Flüssigkeit in Bewegung ist, und wird umso größer,

✔ je größer die Flächen A sind, die aneinander vorbeigleiten müssen, *und*

✔ je höher die **Schergeschwindigkeit** ist – das ist die Fließgeschwindigkeit u_z in z-Richtung, bezogen auf den Abstand y der Gleitschichten; eine Substanz wird also umso stärker geschert, je kleiner der Scherabstand ist. Da diese Größen ja nicht konstant sein müssen, wird dafür du_z/dy geschrieben.

Damit ergibt sich:

$$F_R \sim A \frac{du_z}{dy}$$

Eine Kraft pro Fläche hat die Dimension eines *Drucks*; hier wird das allerdings nicht Druck genannt, sondern **Scherspannung** τ:

$$\tau = \frac{F_R}{A} \sim \frac{du_z}{dy}$$

Die Scher*spannung* ist also proportional zur Scher*geschwindigkeit*. Der Proportionalitätsfaktor ist ein Maß für den Widerstand, den eine Flüssigkeit der Bewegung entgegensetzt: Das ist die dynamische **Viskosität** $\boldsymbol{\eta}$, sie wird in [Pa s] angegeben. Damit können wir das NEWTON'sche Reibungsgesetz formulieren:

$$\tau = \eta \frac{du_Z}{dy} \tag{19.4}$$

In Abbildung 19.4 ist Gleichung 19.4 graphisch aufgetragen.

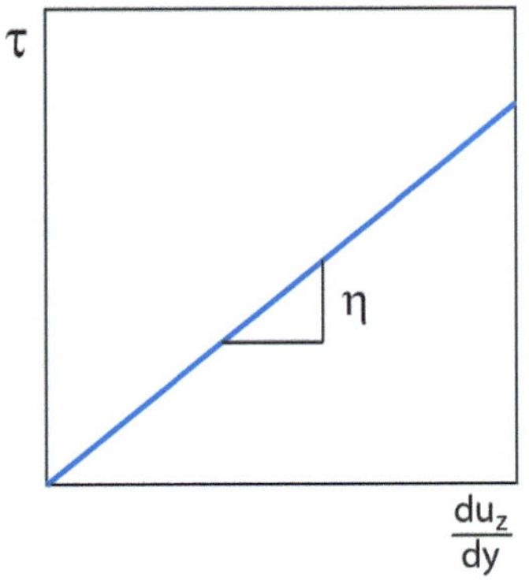

Abbildung 19.4: Fließkurve mit Viskosität

Das Diagramm ist eine *Fließkurve*, die Steigung der Geraden ergibt die *Viskosität*. Alle Flüssigkeiten, die sich nach diesem Gesetz verhalten, werden NEWTON'sche Flüssigkeiten genannt: Dazu gehört das Wasser ebenso wie der Honig – nur dass sich die Viskositäten erheblich unterscheiden.

Die Viskosität hängt stark von der Temperatur ab (und wenn Sie Werte vergleichen wollen, auch noch von der Messeinrichtung).

Sie können Gleichung 19.4 außerdem entnehmen, dass die Viskosität immer *konstant* ist (gleiche Temperatur vorausgesetzt) und *nicht* von der Schergeschwindigkeit abhängt.

Das muss aber nicht immer so sein: Es gibt Substanzen, die ihre Viskosität mit steigender Schergeschwindigkeit verringern (diese sind also scherverdünnend, etwa Dispersionsfarben oder Cremes; auch das zeitabhängige, *Thixotropie* genannte Verhalten fällt in diese Kategorie) oder vergrößern (scherverdickend, ein Beispiel wäre Treibsand oder eine Mehlschwitze). Bezeichnenderweise ist hier von *nicht-Newton'schen* Substanzen die Rede, die ein gewisses Elastizitätsverhalten an den Tag legen. (Wenn Sie darüber mehr wissen wollen, suchen Sie in der entsprechenden weiterführenden Literatur am besten unter dem Stichwort *Rheologie*, die beschäftigt sich mit den Fließeigenschaften von Substanzen.)

Viskositäten sind stark von der Temperatur abhängig. Die Viskosität einer Flüssigkeit verringert sich mit etwa $1/T$. – *Achtung! Bei Gasen ist es genau umgekehrt:* Durch erhöhte thermische Bewegung kommt es zu verstärkten Wechselwirkungen, die Viskosität eines Gases nimmt mit etwa $\sqrt{T}$ zu.

Oberflächenspannung

Laut manchen sogenannten heiligen Schriften muss man mindestens ein Prophet sein, um über Wasser laufen zu können, kleine Insekten, etwa der Wasserläufer, machen das trotzdem jeden Tag ohne Probleme. Sogar kleine metallische Gegenstände (beispielsweise eine Büroklammer) können Sie auf eine Wasseroberfläche legen, ohne dass sie untergehen, probieren Sie es aus! (Sie müssen nur ein bisschen behutsam vorgehen.)

Auch dies hat mit den intermolekularen Wechselwirkungen (*siehe* Kapitel 15) zu tun – und letztendlich mit Energie. Betrachten Sie dazu Abbildung 19.5 (einzelne Wasser-Moleküle sind als blaue Kugeln dargestellt). Wasser-Moleküle *innerhalb* der Phase erfahren von allen Seiten die Anziehungskräfte benachbarter Moleküle. Die Moleküle direkt an der *Oberfläche* wechselwirken ebenfalls mit Nachbarmolekülen – aber nur mit denen, die sich *darunter* in der Flüssigkeit befinden, *darüber* ist ja keiner, der an ihnen zieht (außer vielleicht ein paar Gasteilchen in der Luft). Die Folge davon ist, dass Moleküle an der Oberfläche eine *resultierende Anziehungskraft F in die Flüssigkeit hinein* erfahren.

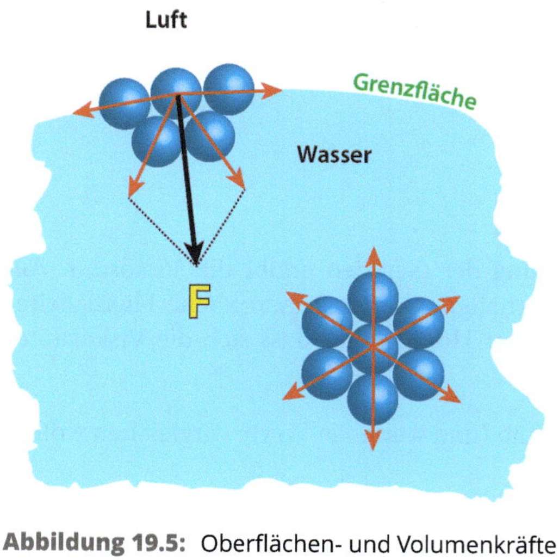

Abbildung 19.5: Oberflächen- und Volumenkräfte

Aufgrund der teilweise fehlenden intermolekularen Bindungskräfte an der Oberfläche sind die Moleküle dort energiereicher als im Innern der flüssigen Phase (wo sie sich am liebsten aufhalten würden). Da jedoch eine Oberfläche nicht zu vermeiden ist, wenn sich eine Flüssigkeit an der Luft befindet, versucht die Flüssigkeit wenigstens, die Oberfläche und damit die Anzahl energiereicher Moleküle möglichst klein zu halten. Genau aus diesem Grund wird sich ein Wassertropfen an der Luft immer als Kugel ausformen. (Sie erinnern sich sicher noch an die Schulzeit: Die Kugeloberfläche ist die kleinstmögliche Oberfläche, die ein Volumen aufweisen kann.)

Oberfläche oder Grenzfläche?

Eine *Oberfläche* liegt genau genommen eigentlich nur vor, wenn eine feste oder flüssige Phase an ein Vakuum grenzt, und das hat natürlich keinerlei praktische Bedeutung. Die Fläche zwischen zwei sich berührenden Phasen wird daher besser allgemein **Grenzfläche** genannt. Trotzdem ist es normalerweise üblich, die Grenzfläche zur *Luft* als »Oberfläche« zu bezeichnen. (Sie sprechen sicherlich eher von der Meeres*ober*fläche als von der Meeres*grenz*fläche.) Es gibt natürlich auch noch andere Grenzflächen, beispielsweise zwischen zwei nichtmischbaren Flüssigkeiten – hier würden Sie nicht auf die Idee kommen, »Oberfläche« zu sagen. Allgemein geben Sie daher die *Grenzflächenspannung* an. Um Sie nicht zu verwirren und weil in vielen Tabellenwerken die *Oberflächenspannung* verzeichnet ist, behalten wir hier die Bezeichnung »Oberfläche« bei.

Führen Sie ein kleines Experiment durch: Legen Sie zwei Wassertropfen dicht beieinander auf eine Folie (oder besser zwei verschiedene Folien). Nun schieben Sie die beiden Tropfen immer näher zusammen. *Plötzlich* vereinigen sich die beiden zu einem großen Tropfen (wie in Abbildung 19.6 angedeutet). Das gleiche Phänomen können Sie auch bei Regentropfen beobachten, die an einer Fensterscheibe herunterlaufen.

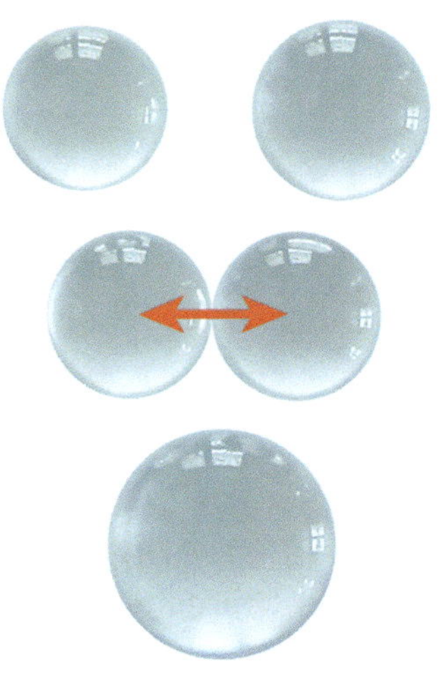

Abbildung 19.6: Koaleszenz von Tropfen (das ist ein Foto!)

Warum geschieht diese **Koaleszenz** (so heißt das Zusammenfließen der Tropfen) immer und so schlagartig? – Die Thermodynamik liefert sofort die Begründung: Das Gesamtvolumen hat sich natürlich nicht verändert, aber *ein großer* Tropfen hat eine kleinere Oberfläche als *zwei kleine* Tropfen. Die Koaleszenz erfolgt – wie unschwer erkennbar – freiwillig, dabei wird nämlich Energie frei. Für den umgekehrten Vorgang, das Zerteilen von großen Tropfen in kleinere (also die Schaffung *neuer* Oberfläche) müssen Sie hingegen Energie aufwenden – und zwar umso mehr, je größer die intermolekularen Kräfte in der Flüssigkeit sind. Das Verhältnis von aufzuwendender Energie und entsprechender Flächenzunahme ist die **Oberflächenspannung** σ:

$$\sigma = \frac{\text{Energie}}{\text{Fläche}} = \left[\frac{\text{J}}{\text{m}^2}\right] = \left[\frac{\text{N}}{\text{m}}\right] \qquad \text{oder } \text{J} \cdot \text{m}^{-2} = \text{N} \cdot \text{m}^{-1}$$

Je größer die Oberflächenspannung ist, desto größer sind die Kräfte, die die »Oberflächen-Moleküle« ins Innere der Flüssigkeit ziehen, das heißt: desto gekrümmter ist die Oberfläche. Das Ganze hat eine gewisse Ähnlichkeit mit einer elastischen Haut – und auf der können Wasserläufer (und Propheten) natürlich prima herumspringen.

Die Kräfte, die die Moleküle in einer Flüssigkeit zusammenhalten (also die intermolekularen Wechselwirkungen), sind die Kohäsionskräfte. In der Schwerelosigkeit werden Sie lauter perfekte Wasserkugeln finden, weil dort *ausschließlich* diese Kräfte wirken. Nicht so auf der Erde, hier wirkt schließlich auch noch die Schwerkraft, deshalb werden die Kugeln zu Tropfen. Auch zu anderen Stoffen (beispielsweise zu dem Material einer Wand), die auch anziehende Kräfte ausüben, kann Kontakt bestehen. (Diese anziehenden Kräfte sind die **Adhäsionskräfte.**)

Je nachdem, wie groß diese Kräfte im Vergleich zueinander sind, beobachten Sie unterschiedliches Verhalten, wie Abbildung 19.7 verdeutlicht: In einem dünnen Glasrohr (einer *Kapillare*) befinden sich einmal Wasser und einmal Quecksilber.

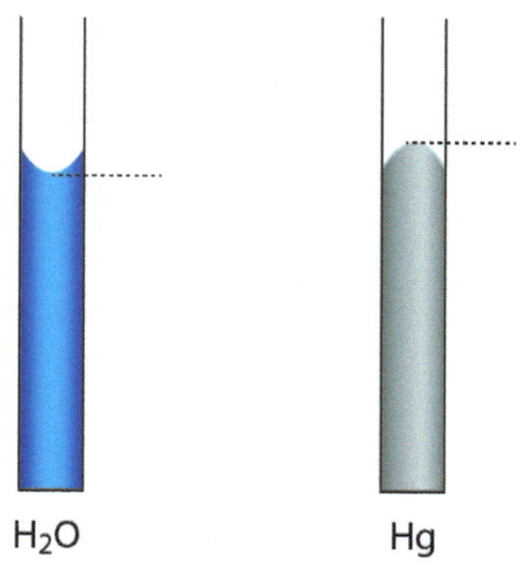

Abbildung 19.7: Adhäsion und Kohäsion

- ✔ Beim Wasser sind die *Adhäsions*kräfte größer, es findet also eine deutliche Benetzung der Glaswand statt – dies bewirkt einen Anstieg des Wassers an der Wand, sodass der Meniskus (gemeint ist der Flüssigkeitsspiegel in der Rohrmitte) abgesenkt wird (*negative* Krümmung).

- ✔ Bei Quecksilber ist es genau umgekehrt: Hier sind die *Kohäsions*kräfte stärker, und die Flüssigkeit möchte mit der Wand nichts zu tun haben. Die stärkere Oberflächenspannung bewirkt eine *positive* Krümmung der Oberfläche.

Aufgaben Kapitel 19

Zum Aufwärmen

1. Warum halten sich Flüssigkeitsteilchen nicht gerne an der Oberfläche der Flüssigkeit auf?
2. Sie wollen die Viskosität eines Gasgemischs erhöhen, um die Strömungseigenschaften zu verbessern. Was können Sie tun?

Für Fortgeschrittene

3. Vergleichen Sie den Druck eines Gases mit dem Dampfdruck über einer Flüssigkeit in Abhängigkeit von der Temperatur.
4. Wie können Sie erreichen, dass bei einer Destillation eines Flüssigkeitsgemischs die Temperatur nicht unkontrolliert ansteigt?

IN DIESEM KAPITEL

- finden Chemiker für alles eine Lösung
- gibt es heiße und kalte Lösungen … und
- Aktuelles vom Winterdienst

Kapitel 20
Lösungen

Chemische Reaktionen finden meist nicht direkt mit den reinen Stoffen selbst statt, sondern in Lösung. Eine Lösung besteht aus einem *Lösemittel* (mitunter finden Sie auch die Bezeichnung *Lösungsmittel*) und einem oder mehreren darin gelösten Stoffen, die zuvor fest, flüssig oder gasförmig gewesen sein können. Eine Lösung ist immer ein homogenes einphasiges Gemisch verschiedener Stoffe, denn Sie können darin ja viel oder wenig lösen; eine zweiphasige (heterogene) Lösung *gibt* es nicht (dann wären es *zwei* Lösungen, die sich nicht mischen). Natürlich können Sie nicht *beliebig* viel eines Stoffes lösen, denn irgendwann ist eine Lösung *gesättigt*, nichts geht mehr, das sogenannte *Löslichkeitsprodukt* ist überschritten. (Dann liegt ein Gleichgewicht zwischen gelöstem und ungelöstem Stoff vor; das wird in Kapitel 24 erörtert.)

Häufig liegen die gelösten Stoffe *molekular* (oder sogar *atomar*) vor. Das Lösemittel sorgt dafür, dass die einzelnen Teilchen voneinander abgeschirmt werden, sodass die Wechselwirkungen untereinander minimiert sind. Das geht aber nur, wenn die Lösemittel-Moleküle ihrerseits mit den gelösten Stoffen in Wechselwirkung treten. Natürlich spielt auch die Entropie (also die Unordnung, *siehe* Kapitel 16) dabei eine Rolle. Zwischen den zu lösenden Stoffen und dem Lösemittel finden in der Regel *keine* chemischen Reaktionen statt (dann wäre das Lösemittel ja ein Reaktionspartner). Ein Lösemittel verhält sich *inert*, ist also ein reiner Trägerstoff, deshalb sind hier die intermolekularen Wechselwirkungen (wie sie in Kapitel 15 aufgeführt sind) von entscheidender Bedeutung. Auch größere Teilchen können gelöst werden; bis zu einer Größenordnung von etwa 500 nm gibt es mit vielen Stoffen ebenfalls noch homogene Lösungen (es handelt sich dann um eine *kolloidale Lösung*); irgendwann jedoch werden die Teilchen so groß, dass sie als eigenständige Phase auszumachen sind. Alles, was Sie in Kapitel 19 über Flüssigkeiten erfahren haben, gilt im Prinzip auch für Lösungen, aber aufgrund der weiteren Bestandteile in einer Lösung treten noch besondere Eigenschaften zutage, die von den jeweils gelösten Komponenten herrühren.

Eine Lösung wird gesucht

Lösemittel ist nicht gleich Lösemittel. Genauso wie es Stoffe mit unterschiedlichen Eigenschaften gibt, muss es auch verschiedene (passende) Lösemittel geben, um diese Stoffe zu lösen. Je schwächer die Wechselwirkung zwischen Lösemittel und zu lösendem Stoff und je größer die Wechselwirkung zwischen den zu lösenden Teilchen untereinander noch ist, desto schlechter löslich ist der Stoff in dem jeweiligen Lösemittel.

Entstehen bei der Lösung eines Stoffes *geladene Teilchen* (Kochsalz, also NaCl, dissoziiert beispielsweise in Na^+ und Cl^-), handelt es sich um eine **Elektrolytlösung**, die den elektrischen Strom leitet, weil sich die (positiv geladenen) Kationen und die (negativ geladenen) Anionen als Ladungsträger durch die Lösung hindurchbewegen können. (Das Salz selbst wird als **Elektrolyt** bezeichnet.)

Die Lösemittel werden folgendermaßen eingeteilt:

- ✔ **aprotische Lösemittel**

  Die Lösemittel-Moleküle besitzen *keine* positiv polarisierten Wasserstoff-Atome, sie können also *keine* Protonen abspalten. Nichtsdestotrotz kann solch ein Lösemittel-Molekül durchaus ein Dipol sein (oder eben auch nicht, *siehe* Kapitel 10).

  Hier erfolgt eine Unterscheidung in

  - *polar-aprotische Lösemittel* – polare Moleküle; Beispiele sind Ketone, Nitrile, Lactone oder Sulfoxide (ein besonders wichtiges Beispiel ist das Dimethysulfoxid (DMSO, $(CH_3)_2S{=}O$), das unter anderem als Lösemittel in zahlreichen transdermal wirksamen Therapeutika zum Einsatz kommt) – all diese Stoffklassen werden Ihnen spätestens in Teil VIII dieses Buches wiederbegegnen,

    und

  - *unpolar-aprotische Lösemittel* – unpolare Moleküle; Beispiele sind Kohlenwasserstoffe, Ether, Aromaten oder Carbonsäureester; mitunter finden Sie dafür auch die Bezeichnung *apolar* – und auch über diese Stoffklassen werden Sie spätestens in Teil VIII dieses Buches mehr erfahren.

- ✔ **protische Lösemittel**

  Diese können *sehr wohl* Protonen abspalten und sind verständlicherweise allesamt *polar* (deswegen werden sie hin und wieder auch als *polar-protisch* bezeichnet). Sie zeigen nach dem Säure-Base-Konzept von BRØNSTED acides Verhalten (mehr dazu in Kapitel 25; zu diesen Lösemitteln gehören etwa Wasser, Alkohole und Carbonsäuren).

Um die gelösten Stoffe bildet sich eine *Solvathülle* aus Lösemittel-Molekülen, der Vorgang heißt allgemein **Solvatation** (gelegentlich auch *Solvation*); die gelösten Teilchen gehen mit dem Lösemittel mehr oder weniger starke Wechselwirkungen ein.

Eines der wichtigsten *polaren* Lösemittel ist Wasser. Reines Wasser gibt es eigentlich nur im Labor (oder in Ihrem Bügeleisen); es muss für bestimmte Anwendungszwecke extra gereinigt werden. Ein Großteil unserer Welt besteht aus *wässrigen* Lösungen – die Ozeane genauso wie die Zellflüssigkeit in Ihrem Körper. Aus diesem Grund finden auch außerordentlich viele chemische Reaktionen in *wässrigen* Lösungen statt.

Damit sich ein Stoff lösen kann, muss Arbeit geleistet werden (gegen die Kräfte, die den zu lösenden Stoff zusammenhalten, und gegen die Anziehungskräfte der Lösemittel-Moleküle). Eine Substanz löst sich in Wasser, wenn sie genügend polar ist, um mit dem Dipol Wasser (was ein Dipol ist, haben Sie in Kapitel 10 erfahren) in Wechselwirkung zu treten. Durch diese Wechselwirkungen wird wieder Energie frei. Dabei bildet sich eine *Hydrathülle* um die jeweiligen polaren Teilchen (*siehe* Abbildung 15.1); in diesem speziellen Fall spricht man von **Hydratation** (manchmal auch von *Hydration*).

Die Wechselwirkung mit einem *polaren* Lösemittel ist umso stärker,

- ✔ je mehr Angriffspunkte für die Wechselwirkung da sind, also etwa wie viele polare Gruppen ein Molekül zu bieten hat, wenn es sich in einem polaren Lösemittel lösen will. Es leuchtet deshalb sofort ein, dass folgendes Molekül (Kristallzucker) keine Probleme haben sollte, sich in Wasser zu lösen:

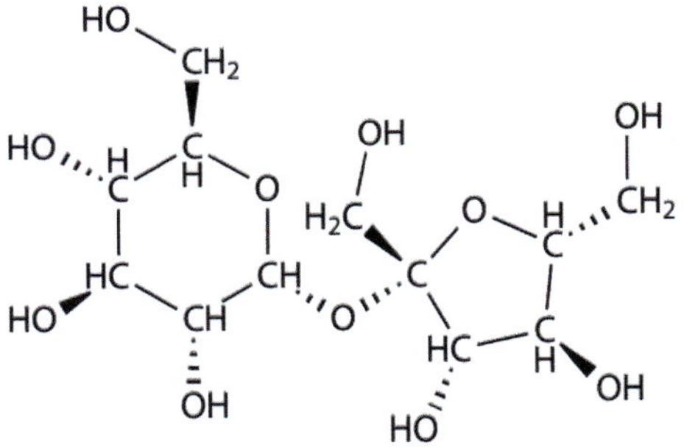

  Hier gibt es viele Möglichkeiten für Dipol-Dipol-Wechselwirkungen. (Diese Wechselwirkungen sind auch der Grund, warum etwa ein Hemd aus Baumwolle – einer Naturfaser mit vielen OH-Gruppen – viel länger braucht, um an der Luft zu trocken als eines aus Synthetikfaser, das häufig aus hydrophobem Material besteht.)

- ✔ je kleiner die gelösten Ionen und je höher deren Ladung ist – höhere Ladungsdichten führen zu stärkeren Ion-Dipol-Wechselwirkungen.

Die Wechselwirkung von Stoffen in einem *unpolaren* Lösemittel kann nur über VAN-DER-WAALS-Kräfte (*siehe* Kapitel 15) erfolgen, da ja keine »echten« Ladungen in den Lösemittel-Molekülen vorhanden sind. Induzierte Dipole sind jedoch zu schwach, um mit »richtigen« Ladungen Dipol-Dipol-Bindungen auszubilden. Viel mehr noch als die Wechselwirkungen spielt hier aber die *Gleichverteilung* (also die Erhöhung der *Entropie*) eine Rolle. »Gar keine Wechselwirkung« geht einfach nicht (VAN-DER-WAALS-Kräfte gibt es ja *immer*), deshalb werden Sie auch immer eine gewisse (wenn auch noch so kleine) Löslichkeit von polaren Stoffen in unpolaren Lösemitteln beobachten und umgekehrt.

Als erster Anhaltspunkt gilt:

Gleiches löst sich in Gleichem.

Was heißt denn hier gleich? – *Die Art der Wechselwirkungen muss gleich sein.* Ein Lösevorgang sollte möglichst wenig Energie erfordern, die frei werdende Energie bei der Ausbildung zwischenmolekularer Bindungen sollte maximal sein. Die Dipole einer polaren Substanz halten viel zu stark zusammen, als dass ein unpolares Lösemittel da etwas ausrichten könnte – deshalb sind polare und unpolare Stoffe so gut wie gar nicht ineinander löslich.

- *Polare* Substanzen, die sich gut in Wasser lösen, sind **hydrophil** (*ὕδωρ*, griechisch *hydor* = Wasser, *φίλος*, *philos* = Freund, also Wasser liebend).
- *Unpolare* Substanzen, die sich schlecht in Wasser lösen, sind **hydrophob** (*φοβος*, *phobos* = Furcht, also Wasser abweisend). Diese sind entsprechend gut in unpolaren Lösemitteln löslich.
- Die gute Löslichkeit von Substanzen in unpolaren Lösemitteln geht einher mit einer guten Löslichkeit in Fetten und Ölen. Deshalb sind solche Substanzen **lipophil** (*λιπος*, *lipos* = Fett, also Fett liebend).
- *Hydrophile* Substanzen könnten Sie dementsprechend auch als **lipophob** bezeichnen, obwohl dieser Begriff weniger häufig verwendet wird.

Natürlich gibt es (wie immer) keine scharfe Grenze. Betrachten Sie die folgende Reihe von Alkoholen unterschiedlicher Kettenlänge:

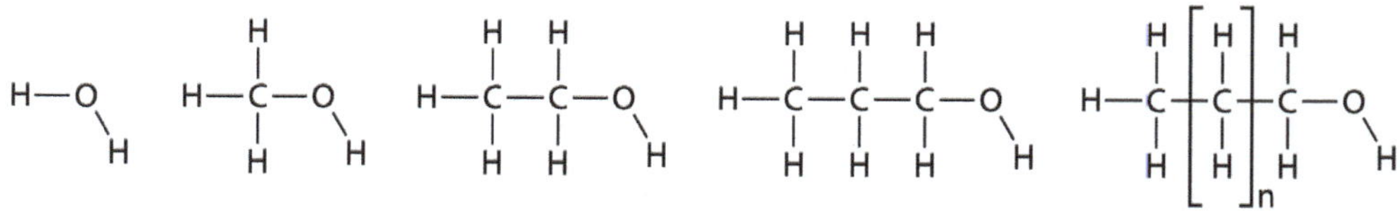

Ausgehend von der polaren Substanz Wasser wird eines der H-Atome durch einen immer unpolareren Rest ersetzt (Chemie-Lego®). Dieser nimmt einen immer größeren Anteil an der gesamten molaren Masse ein, wodurch das jeweilige Molekül immer unpolarer wird. Höhere Alkohole sind *gar* nicht mehr wasserlöslich, weil der unpolare Rest überwiegt. Irgendwo in der Mitte dieser Reihe muss es also Moleküle geben, die sich sowohl in Wasser als auch in Fetten gleichermaßen gut (oder eben schlecht) lösen. Das lässt sich natürlich nicht nur bei Alkoholen beobachten. Es ist eine charakteristische Eigenschaft von *Tensiden*, die sich gerne an Grenzflächen aufhalten und somit die Grenzflächenspannung (*siehe* Kapitel 19) beeinflussen können. Solche Substanzen sind **amphiphil**; sie besitzen große Bedeutung als Waschmittel und Emulgatoren. (In Kapitel 47 erfahren Sie etwas mehr darüber.)

Lösungswärme

Damit sich ein Stoff *freiwillig* in einem Lösemittel löst, muss (wie bei jedem freiwillig ablaufenden Vorgang) Energie frei werden; der gelöste Zustand muss also energetisch günstiger sein als der ungelöste. Das merken Sie sofort, wenn Sie zum Beispiel festes Kaliumcarbonat

(K_2CO_3) in Wasser lösen: Die Lösung erwärmt sich deutlich. Woher kommt diese Wärme? – Die K^+- und CO_3^{2-}-Ionen werden (wie oben beschrieben) jeweils von einer Hydrathülle umgeben; bei den vielen neuen intermolekularen Ion-Dipol-Wechselwirkungen wird jede Menge Energie frei.

Aber diese Ionen sind natürlich nicht sofort vorhanden – sie müssen erst einmal aus dem K_2CO_3-Verband (einem Ionenkristall, *siehe* Kapitel 11) befreit werden; dazu muss der Kristall zuerst zerstört werden, was einen gewissen Energie*aufwand* bedeutet: Hier kommt wieder die Gitterenthalpie ins Spiel, die bei der Entstehung des Kristalls frei geworden ist. Offensichtlich wird dann durch die entstehenden intermolekularen Wechselwirkungen *mehr* Energie frei, als zur Auflösung des Kristalls benötigt wird.

Auch KCl löst sich in Wasser – hier verändert sich die Temperatur jedoch *nicht.* Frei werdende und aufzubringende Energie halten sich offenbar die Waage.

Um entscheiden zu können, ob sich ein Salz in Wasser löst, brauchen Sie eigentlich nur zwei Größen gegeneinander abzuwägen:

- ✔ die Energie, die beim Lösevorgang durch neue intermolekulare Wechselwirkungen frei wird: die Summe der **Hydratationsenthalpien**
- ✔ die Energie, die Sie reinstecken müssen, um den Kristallverband zu zerstören: die **Gitterenthalpie**

Die Differenz aus beiden Größen ist die *Lösungswärme* ΔH_L (oder eigentlich Lösungs*enthalpie*):

$$\Delta H_L = \sum \Delta H_{Hydratation} - \Delta H_{Gitter}$$

Ist ΔH_L negativ, ist das Salz in jedem Fall löslich.

Setzen Sie für die beiden Salze die entsprechenden Gitter- und Hydratationsenthalpien ein, können Sie die Lösungswärme berechnen – sie stimmt mit den jeweiligen experimentellen Befunden überein.

2x	$\Delta H_{Hydratation}(K^+)$:	$-680\ kJ\ mol^{-1}$	$\Delta H_{Hydratation}(K^+)$:	$-340\ kJ\ mol^{-1}$
	$\Delta H_{Hydratation}(CO_3^{2-})$:	$-1486\ kJ\ mol^{-1}$	$\Delta H_{Hydratation}(Cl^-)$:	$-359\ kJ\ mol^{-1}$
	$\Delta H_{Gitter}(K_2CO_3)$:	$2084\ kJ\ mol^{-1}$	$\Delta H_{Gitter}(KCl)$:	$701\ kJ\ mol^{-1}$
	$\Delta H_L(K_2CO_3)$:	$-82\ kJ\ mol^{-1}$	$\Delta H_L(KCl)$:	$+2\ kJ\ mol^{-1}$

In Kapitel 16 haben Sie erfahren, dass noch eine andere Größe maßgeblich daran beteiligt ist, ob ein Vorgang freiwillig stattfindet: die Entropie. Natürlich spielt die auch bei der Lösung eines Stoffes eine Rolle – manchmal ist sie sogar *entscheidend.* Betrachten Sie exemplarisch die wässrige Lösung von Kaliumnitrat:

$\Delta H_{Hydratation}(K^+)$:	$-340\ kJ\ mol^{-1}$
$\Delta H_{Hydratation}(NO_3^-)$:	$-316\ kJ\ mol^{-1}$
$\Delta H_{Gitter}(KNO_3)$:	$685\ kJ\ mol^{-1}$
$\Delta H_L(KNO_3)$:	$+29\ kJ\ mol^{-1}$

Demnach dürfte sich KNO_3 eigentlich gar nicht in Wasser lösen. Es löst sich aber sogar ausgesprochen gut – und dabei wird die Lösung richtig kalt. Wie können Sie sich das erklären? – Die Enthalpie kann *nicht* der Grund sein, denn für den Lösevorgang müssen Sie Wärme investieren (positives ΔH_L). Damit bleibt nur die *Entropie.*

Es entscheidet also nicht allein die *Enthalpie* darüber, ob sich ein Stoff löst oder nicht, sondern genau genommen die *freie Enthalpie* (*siehe* Kapitel 16). Die Entropiezunahme kann so groß sein, dass ΔG insgesamt negativ wird: Die benötigte Wärme wird der Lösung entzogen, das Gemisch kühlt sich ab.

Es gibt *keinen* Lösevorgang eines Stoffes, bei dem die Entropie *abnimmt,* deshalb können Sie bei negativer Lösungswärme *immer* davon ausgehen, dass sich der Stoff auch wirklich löst.

Nicht nur die Lösung von Salzen, sondern auch die Lösung von Gasen oder anderen Flüssigkeiten oder Lösemitteln ineinander kann *nur* stattfinden, wenn sich entsprechende Wechselwirkungen zwischen den Teilchen aufheben und neue Wechselwirkungen mit dem Lösemittel einstellen. Bei Molekülen, die sich unter Dissoziation lösen, muss zuvor die *Dissoziationsenergie* (Bindungsenergie) aufgebracht werden. Immer spielt dabei auch eine Rolle, ob Sie mit der Stoffmischung mehr »Unordnung« zustande bringen, denn Sie wissen ja: je unordentlicher, desto wahrscheinlicher. Manchmal ist jedoch die Gitterenergie so hoch, dass auch eine hohe Entropiezunahme nichts mehr ausrichten kann. Dann ist das Salz *schwerlöslich.*

Es ist gar nicht so einfach, zuverlässige Daten zu den einzelnen Vorgängen zu finden. Entsprechende Tabellen diverser Quellen sind häufig nur auszugsweise vorhanden, und die Werte (besonders, was die Hydratation angeht) fallen mitunter so unterschiedlich aus, dass Sie sie lieber nicht für bare Münze nehmen möchten. Teilweise sind sie gemessen, teilweise berechnet, aber meistens ist das nicht einmal angegeben, sodass ein Vergleich häufig äußerst schwerfällt. Aber *eines* ist doch sicher: Wird eine Lösung warm, wenn Sie einen Stoff darin lösen, dann *müssen* die Vorgänge, bei denen Energie frei wird, überwiegen gegenüber den Vorgängen, die Energie benötigen.

Soweit Daten für die zu lösenden Stoffe sowie für die hydratisierten Ionen vorliegen, können Sie die Lösungswärme auch aus der Differenz der Standardbildungsenthalpien ermitteln.

Die Löslichkeit ist beeinflussbar

Wie viel eines Stoffes sich in einem Lösemittel lösen mag, ist keine feststehende Größe. Natürlich liegt es in erster Linie am Stoff *selbst,* denn manche Stoffe wollen sich partout nicht lösen, was immer Sie auch versuchen mögen. Bei anderen Stoffen stellen Sie hingegen große Unterschiede im Löslichkeitsverhalten fest, je nachdem, in welcher *Umgebung* sich das Lösungssystem befindet.

Die Beeinflussung der Löslichkeit können Sie gewiss am ehesten nachvollziehen, wenn Sie sich klarmachen, dass es sich bei jeder Lösung um ein **Lösungsgleichgewicht** handelt. Ähnlich wie bei einem chemischen Gleichgewicht (mehr dazu in Kapitel 24) stellt sich ein nach außen stabiler Zustand ein, der im Innern jedoch von einem ständigen Austausch getragen wird:

- ✔ Ein festes Salz steht mit seinen gelösten Ionen im Gleichgewicht (das ist das Löslichkeitsprodukt, Kapitel 24).
- ✔ Ein gelöstes Gas steht im Gleichgewicht mit seinem Anteil im Dampf über der Flüssigkeit (*siehe* Kapitel 19).

Die Lage eines solchen Gleichgewichts können Sie verschieben, wenn Sie die äußeren Bedingungen verändern. Dabei versucht ein System immer, einem Zwang, den Sie von außen ausüben, auszuweichen, indem es das Verhältnis der sich im Gleichgewicht befindlichen Teilchen so verändert, dass dieser Zwang (und damit die Gesamtenergie) minimiert wird. Deshalb heißt es auch das »*Prinzip des kleinsten Zwanges*«. Unter dem Namen **Le-Chatelier-Prinzip** wird es Ihnen in Kapitel 24 und an vielen Stellen in diesem Buch immer wieder begegnen. Sie können das Lösungsgleichgewicht also beeinflussen:

... durch Temperatur

Gewiss haben Sie auch schon festgestellt, dass sich etwa Zucker in einer Tasse heißem Tee schneller löst als in kaltem Wasser.

Aber glauben Sie bitte nicht, die Erhöhung der Temperatur würde *immer* für eine gesteigerte Löslichkeit sorgen – hier spielen auch noch andere Faktoren eine Rolle!

Ob eine Temperaturerhöhung die Löslichkeit steigert oder nicht, hängt nämlich davon ab, ob

- ✔ der zu lösende Stoff ein Feststoff, eine Flüssigkeit oder ein Gas ist.
- ✔ der Lösevorgang (also die Ausbildung der zwischenmolekularen Bindungen) *exotherm* oder *endotherm* verläuft: Hier spielt die Lösungswärme eine entscheidende Rolle.
  - Die meisten Feststoffe und Flüssigkeiten lösen sich tatsächlich bei höheren Temperaturen besser in einem Lösemittel als bei niedrigen – aber nur, wenn der Lösevorgang selbst *endotherm* ist. (In diesem Fall wird die zugeführte Wärme absorbiert und der endotherme Vorgang begünstigt.)
  - Lösen sich Stoffe dagegen unter Wärmeentwicklung (*exothermer* Lösevorgang), dann wirkt sich eine Wärmezufuhr ungünstig aus – die Löslichkeit nimmt mit steigender Temperatur ab.
  - Lösen Sie ein Gas in einem Lösemittel, werden Sie feststellen, dass allgemein die Löslichkeit mit steigender Temperatur abnimmt.

BEISPIEL

Füllen Sie ein Glas mit kaltem Leitungswasser und stellen Sie es in einen warmen Raum: Nach einiger Zeit können Sie kleine Gasbläschen beobachten, die sich an der Glaswand bilden: Weil sich das Wasser (auf Raumtemperatur) erwärmt, nimmt die Löslichkeit der gelösten Luft ab, sie »gast aus«.

… durch Druck

Verständlicherweise lassen sich Feststoffe und Flüssigkeiten von äußerem Druck in der Regel nicht so leicht beeindrucken. Bei einem Gas sieht das anders aus: Die Löslichkeit eines Gases nimmt mit steigendem Druck dieses Gases über der Flüssigkeit zu (Abbildung 20.1).

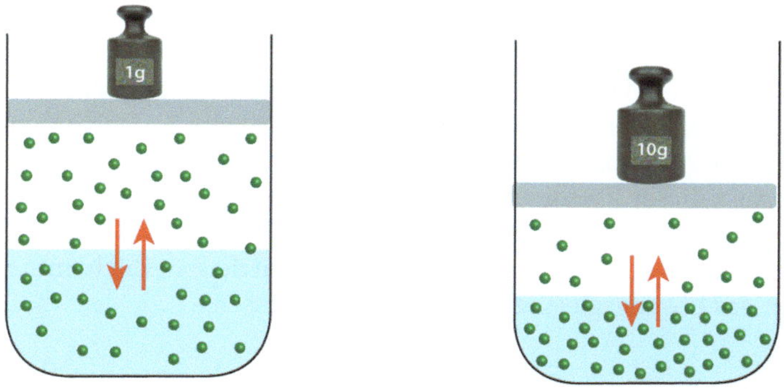

Abbildung 20.1: Einfluss des Drucks auf die Löslichkeit von Gasen

Die Konzentration des gelösten Gases in der Flüssigkeit ist also vom *Partialdruck* dieses Gases abhängig. Dieser Zusammenhang wird durch das **HENRY-Gesetz** beschrieben (benannt nach dem englischen Mediziner und Chemiker William HENRY):

$$c_{Gas} = k_H \cdot p_{Gas} \tag{20.1}$$

Die Proportionalitätskonstante wird als *HENRY-Konstante* k_H bezeichnet. Dieses Gesetz gilt in der obigen Form nur für ideale Gase (ohne Wechselwirkungen) – wovon bei erhöhtem Druck sicherlich nicht mehr ausgegangen werden darf. Die Bedingungen eines realen Gases (*siehe* Kapitel 18) müssen auch im HENRY-Gesetz berücksichtigt werden.

Sicher wissen Sie, dass es gefährlich ist, wenn Taucher aus großer Tiefe zu schnell wieder auftauchen. Das HENRY-Gesetz liefert Ihnen die Erklärung dafür: In der Tiefe steigt wegen des höheren Drucks die Löslichkeit der Druckluft im Blut. Fällt der Druck zu schnell ab, bilden sich Gasblasen, die zur sogenannten Taucherkrankheit führen. Dabei ist der Stickstoff (der in der Luft den größten Partialdruck hat) das größte Problem, da er nur über die Atemluft ausgeschieden werden kann, während Sauerstoff zum größten Teil verstoffwechselt wird.

Bei vielen Tauchern ist deswegen »Nitrox« beliebt, ein Gasgemisch mit vermindertem Stickstoff- und erhöhtem Sauerstoffanteil, der dann zwischen 30% und 40% liegt (zur Erinnerung: In »normaler« Luft liegt er bei 21%). Allerdings birgt auch das wieder gewisse Probleme: Es darf nicht ganz so tief getaucht werden, denn bei zu hohem Sauerstoff-Partialdruck droht eine Sauerstoff-Vergiftung, die das ganze Zentralnervensystem in Mitleidenschaft zieht.

Eine Alternative ist es, den Stickstoff zumindest zum Teil durch Edelgase zu ersetzen: Das vermindert den Tiefenrausch (dessen physiologische Ursachen noch nicht vollständig aufgeklärt wurden), aber auch da stellt sich das Problem, dass die Edelgase ebenso wie Stickstoff nicht verstoffwechselt werden und deswegen ausperlen. Wir wollen hier nicht zu sehr ins Detail gehen … Am besten, Sie nehmen genügend Atemluft mit in die Tiefen, damit Sie auch genügend Zeit für das Auftauchen haben.

Das hängt von der Konzentration ab

Natürlich steht auch eine Lösung mit ihrem Dampf im Gleichgewicht, das heißt: Auch eine Lösung besitzt einen bestimmten Dampfdruck. Liegt beispielsweise eine Mischung verschiedener ineinander löslicher Flüssigkeiten (A und B) vor, dann setzt sich der Dampfdruck über diesem Flüssigkeitsgemisch aus den **Partialdrücken** p_A und p_B der einzelnen Komponenten zusammen (wie der Gesamtdruck eines Gasgemischs, *siehe* Kapitel 18). Der Partialdruck ist der Anteil des Dampfes, den eine bestimmte Komponente zum Gesamtdruck beiträgt.

Dieser Gesamtdampfdruck ist durch das RAOULT'sche Gesetz gegeben (nach François RAOULT):

$$p_{ges} = p_A + p_B = x_A \cdot p_A^0 + x_B \cdot p_B^0 \qquad (20.2)$$

Wie Sie sehen, brauchen Sie nur die Dampfdrücke der reinen Komponenten p_i^0 mit dem Molenbruch x_i zu multiplizieren, um den jeweiligen Partialdruck zu erhalten. Dieses Gesetz gilt aber nur für *ideale Mischungen.*

In einer idealen Mischung treten *keine* Mischungseffekte auf, die Lösung wird deshalb beim Mischen nicht warm oder kalt, und sie verändert auch nicht ihr Volumen. Das geht nur bei Stoffen, die einander chemisch sehr ähnlich sind, etwa Benzol und Toluol oder Hexan und Octan. Hier unterscheiden sich die Wechselwirkungen zwischen gleichen und unterschiedlichen Teilchen praktisch nicht.

Der *Dampfdruckkurve* in Abbildung 20.2a können Sie entnehmen, wie sich der Gesamtdampfdruck einer *idealen* Mischung in Abhängigkeit von der Zusammensetzung der beiden Flüssigkeiten A und B verhält. Treten allerdings Mischungseffekte auf, ist der lineare Zusammenhang aus Gleichung 20.2 nicht mehr gegeben:

- ✔ Ist die Wechselwirkung zwischen den *verschiedenen* Molekülen stärker als zwischen den gleichen, dann sind die einzelnen Partialdrücke kleiner als im idealen Fall – und damit auch der Gesamtdampfdruck (Abbildung 20.2b): Es gelangen *weniger* Moleküle in die Dampfphase.
- ✔ Ist die Wechselwirkung zwischen den *gleichen* Molekülen stärker als zwischen den verschiedenen, sind die einzelnen Partialdrücke größer als im idealen Fall und somit auch der Gesamtdampfdruck (Abbildung 20.2c): Hier gehen *mehr* Moleküle in die Dampfphase.

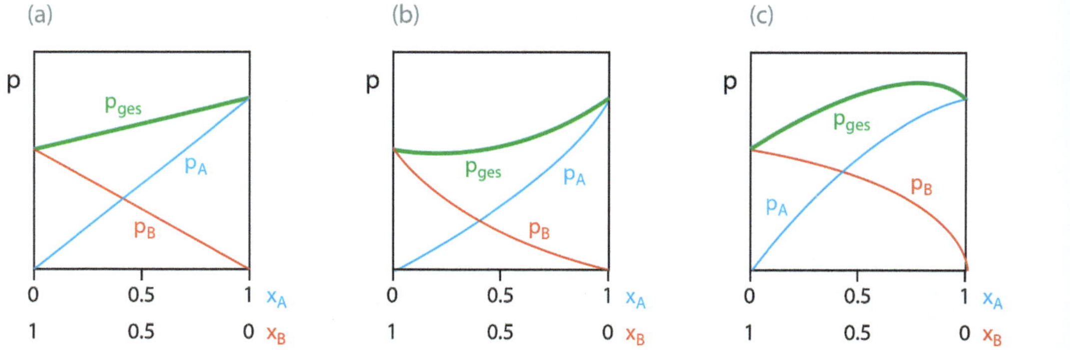

Abbildung 20.2: Dampfdruckkurven binärer Flüssigkeitsgemische

Raoult oder Henry?

Beide Gesetze beschreiben zunächst das Gleiche: den Dampfdruck über einer Flüssigkeitsmischung. Wenn Sie sich nicht sicher sind, welches Sie nun für Ihre Zwecke gebrauchen können, bedenken Sie Folgendes:

✔ Das Raoult'sche Gesetz gibt den Dampfdruck eines *Lösemittels* in Abhängigkeit von der Stoffmenge eines gelösten Stoffes an. Unter idealen Bedingungen gilt:

- Der gelöste Stoff hat keinen Dampfdruck, dieser wird alleine vom Lösemittel verursacht.

✔ Das Henry-Gesetz stellt den Zusammenhang zwischen der Stoffmenge eines gelösten Stoffes und *dessen* Dampfdruck dar. Die Henry-Konstante ist damit ein Maß für die Löslichkeit eines Gases im Lösemittel. Unter idealen Bedingungen gilt hier:

- Der Dampfdruck kommt alleine vom gelösten Stoff, während das Lösemittel keinen Dampfdruck hat.

Dampfdruckerniedrigung

Zahlreiche Eigenschaften einer Lösung hängen davon ab, *was* für ein Stoff sich in der Lösung befindet. Es gibt aber auch eine Reihe von Phänomenen, die *nicht* durch die *Art* der gelösten Stoffe hervorgerufen werden, sondern nur durch die *Anzahl* gelöster Teilchen. Diese Eigenschaften werden unter dem Begriff »**kolligative Eigenschaften**« zusammengefasst.

Damit ein Stoff kolligative Wirkung hat, sind einige Voraussetzungen zu erfüllen:

✔ Es muss sich um eine *verdünnte* Lösung handeln (verdünnt heißt bis zur Konzentration von maximal 1 mol/Liter).

✔ Die gelöste Substanz darf nur einen Dampfdruck aufweisen, der im Vergleich zu dem des Lösemittels vernachlässigbar gering ist.

Befindet sich nun in Flüssigkeit A ein gelöster Stoff B, der selbst so gut wie *keinen* Dampfdruck besitzt (beispielsweise Zucker oder Salz), dann ist der Anteil des Lösemittels in diesem Gemisch ja ebenfalls herabgesetzt. Verständlicherweise ist deshalb der Dampfdruck kleiner als über der reinen Flüssigkeit. Spätestens jetzt sollte einleuchten, dass es eigentlich egal ist, *was* da in der Flüssigkeit gelöst ist, denn zum Dampfdruck trägt ja nur der *Molenbruch der Flüssigkeit* bei. (Dieser ist ja durch das RAOULT'sche Gesetz gegeben.)

Der Dampfdruck von Wasser beträgt bei 20 °C 23,3 mbar. Lösen Sie 100 g Glucose in 1 Liter Wasser auf. Mit n = m/M folgt: 100 g/180,15 g mol^{-1} = 0,56 mol Glucose (gelöst in 1 L Wasser).

1 Liter Wasser (1000 g) = 1000 g/18,015 g mol^{-1} = 55,6 mol

Insgesamt befinden sich nun 55,6 + 0,56 = 56,16 mol in der Lösung, davon beträgt der Wasseranteil nur noch 99 %.

Nach dem RAOULT'schen Gesetz gilt: $p_{ges} = 0{,}99 \cdot 23{,}3$ mbar = 23,07 mbar

Die Dampfdruckerniedrigung beträgt also 23,3 – 23,07 = 0,23 mbar.

Die gleiche Dampfdruckerniedrigung würden Sie übrigens erhalten, wenn Sie statt 0,56 mol Glucose (= Traubenzucker) 0,28 mol NaCl lösen würden. Warum? – Weil jedes Äquivalent NaCl in ein Na^+ und ein Cl^- dissoziiert: Die Salzlösung enthält also *doppelt* so viele Teilchen wie die Glucose-Lösung!

Gelöste Stoffe verringern das *chemische Potential* (*siehe* Kapitel 16) einer Lösung gegenüber dem reinen Lösemittel. Sie können sich das durchaus anschaulich vorstellen: Zusammen mit den gelösten Teilchen gibt es einfach insgesamt mehr Anordnungsmöglichkeiten – es ist damit letztendlich ein Effekt der *Entropie*! Es stellt sich also ein Unterschied in der freien Enthalpie zu der angrenzenden Phase ein, der so lange ausgeglichen wird, bis wieder ein Gleichgewicht herrscht. Vereinfacht ausgedrückt: Wenn Lösemittel-Moleküle damit beschäftigt sind, etwas »Fremdes« (den gelösten Stoff) festzuhalten, haben sie keine Muße mehr, in die Gasphase abzuhauen. Die Folge: weniger Dampf. Das hört sich kompliziert an, aber solche Phänomene sind Ihnen durchaus vertraut, wie Sie gleich sehen werden.

So wird der Siedepunkt erhöht

Bekanntermaßen siedet eine Flüssigkeit, wenn der Dampfdruck dem äußeren Luftdruck entspricht. Ist ein nichtflüchtiger Stoff im Lösemittel gelöst, ist der Dampfdruck der Flüssigkeit *geringer* als mit dem reinen Lösemittel. Was bedeutet das für den Siedepunkt der Lösung? – Betrachten Sie dazu die Dampfdruckkurve in Abbildung 20.3 (grün), wie Sie sie bereits aus Abbildung 17.2 kennen.

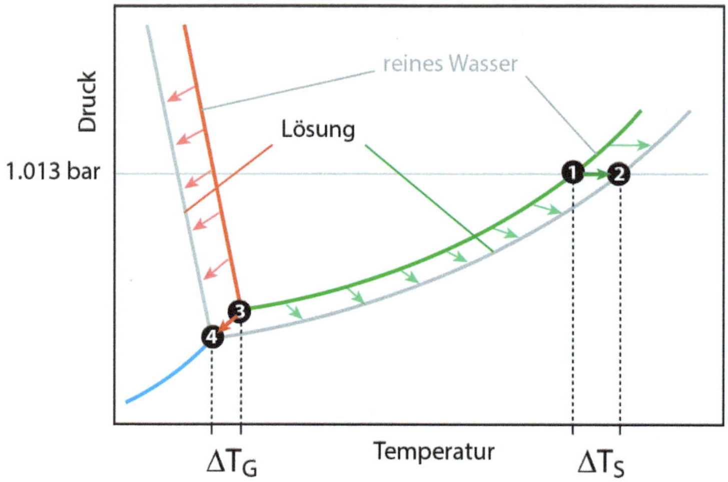

Abbildung 20.3: Dampfdruck- und Schmelzdruckkurve einer Lösung

Der äußere Luftdruck hat sich ja nicht geändert. Der durch den gelösten Stoff verursachte geringere Dampfdruck muss also etwas zulegen, um wieder auf den äußeren Luftdruck zu stoßen – das geht nur durch Erhöhung der Temperatur (grüner Pfeil von 1 nach 2).

Messen Sie die Erhöhung der Siedetemperatur, können Sie auch die *Menge* an gelöstem Stoff bestimmen – das nennt man **Ebullioskopie**. Dabei zeigt sich, dass die Siedepunktserhöhung proportional zur *Molalität* b der gelösten Substanz ist (Molalität ist Stoffmenge bezogen auf die *Masse* des Lösemittels).

$$\Delta T = K_{eb} \cdot b \qquad (20.3)$$

K_{eb} ist die jeweilige **ebullioskopische Konstante**. Diese hängt *nur* von den Eigenschaften des Lösemittels ab; die Eigenschaften des gelösten Stoffes spielen überhaupt keine Rolle, obwohl doch gerade *dieser* Stoff schließlich die Erhöhung des Siedepunkts verursacht. (Genauer können Sie das im *Nur für Streber*-Teil am Ende dieses Kapitels nachvollziehen.)

BEISPIEL

Schauen Sie sich ein Beispiel aus dem Alltag an: Sie müssen daher mehr Energie aufwenden, um eine solche Lösung auf Siedetemperatur zu bringen. Also: Salz erst am Schluss in das Nudelwasser geben!

So wird der Gefrierpunkt erniedrigt

Ob Sie nun Ihre Kartoffeln bei 100 °C oder 100,05 °C garen, ist nicht *so* bedeutsam. Dagegen findet die gezielte *Erniedrigung* des Gefrierpunkts häufiger praktische Anwendung. Die bekannteste ist das Streuen von Salz im Winter – und warum füllen Sie eigentlich Frostschutzmittel in Ihren Kühler?

Werfen Sie erneut einen Blick auf Abbildung 20.3. Die Schmelzdruckkurve (rot) ist für eine Lösung zu niedrigerer Temperatur verschoben. Der Grund ist auch hier die Erniedrigung des Dampfdrucks gegenüber dem des reinen Lösemittels.

Eine Flüssigkeit erstarrt, wenn der Dampfdruck über der festen und der flüssigen Phase gleich groß ist. Das ist *dann* der Fall, wenn sich die Dampfdruckkurven von flüssigem (grün) und festem Lösemittel (blau) schneiden. Da der Dampfdruck einer Lösung kleiner ist, liegt dieser Schnittpunkt bei einer niedrigeren Temperatur. Feststoff und Flüssigkeit einer Lösung haben also erst bei niedrigerer Temperatur den gleichen Dampfdruck wie das reine Lösemittel.

Auch aus der Erniedrigung des Gefrierpunkts lässt sich die Menge an gelöster Substanz bestimmen – das nennt man **Kryoskopie**. Auch hier ist die Gefrierpunktserniedrigung proportional zur *Molalität* b des gelösten Stoffes.

$$\Delta T = K_{kr} \cdot b \qquad (20.4)$$

K_{kr} ist die *kryoskopische Konstante*; sie hängt wiederum *nur* von den Eigenschaften des Lösemittels und *nicht* von den Eigenschaften der gelösten Substanz ab. Hierzu gibt es ebenfalls im *Nur für Streber*-Teil mehr.

Ein gelöster Stoff erniedrigt *immer* den Gefrierpunkt, während der Siedepunkt *nur dann* erhöht wird, wenn der Stoff *nicht flüchtig* ist, also einen vernachlässigbaren Dampfdruck hat.

Die Konstanten K_{eb} und K_{kr} sind jeweils stoffspezifische Eigenschaften des Lösemittels und lassen sich experimentell bestimmen. In Tabelle 20.1 finden Sie einige Werte für die molale Siedepunktserhöhung beziehungsweise molale Gefrierpunktserniedrigung.

Lösemittel	**K_{eb} [K kg mol^{-1}]**	**K_{kr} [K kg mol^{-1}]**
Wasser	0,52	1,86
Ethanol	1,22	1,99
Benzen	2,53	5,12
Chloroform	3,63	4,86
Tetrachlorkohlenstoff	5,02	29,8

Tabelle 20.1: Ebullioskopische und kryoskopische Konstanten ausgewählter Lösemittel

BEISPIEL

- ✔ Siedepunktserhöhung:
  - Die Lösung von 1 Mol Rohrzucker (342,30 g) in 1 kg Wasser erhöht den Siedepunkt um 0,52 °C.
  - Die Lösung von 1 Mol KCl (74,55 g) in 1 kg Wasser erhöht den Siedepunkt um 1,04 °C. Warum? – 1 Mol KCl dissoziiert in je 1 Mol K^+ und Cl^-, also sind 2 Mol Teilchen in 1 kg Wasser vorhanden.
- ✔ Gefrierpunktserniedrigung:
  - Die Lösung von 1 Mol Glucose (180,16 g) in 1 kg Wasser erniedrigt den Gefrierpunkt um 1,86 °C.
  - Die Lösung von 1 Mol NaCl (58,44 g) in 1 kg Wasser erniedrigt den Gefrierpunkt um 3,72 °C. Warum? – 1 Mol NaCl dissoziiert in je 1 Mol Na^+ und Cl^-. Wieder sind 2 Mol Teilchen in 1 kg Wasser vorhanden.

Hier geht es einseitig durch die Wand - Osmose

Ohne Osmose wäre unsere Welt recht langweilig: Es gäbe keine Pflanzen, die in die Höhe ragen – und wahrscheinlich auch keine anderen Lebewesen, schließlich würden deren Zellen bei jeglicher Änderung der äußeren Bedingungen ihre Funktion versagen. Der Grund, warum die Lebensvielfalt augenscheinlich vorhanden und auch stabil ist, liegt an dünnen Schichten, die jeweils zwei Gebiete unterschiedlicher Konzentration bestimmter Stoffe voneinander trennen. Diese Schichten haben eine besondere Eigenart: Die Poren dieser Schichten sind so klein, dass sie für Moleküle oberhalb einer bestimmten Größe nicht mehr durchlässig sind – sie lassen etwa Lösemittel-Moleküle passieren, aber *nicht* die gelösten Stoffe. Solch eine Schicht ist eine **semipermeable Membran** (semipermeabel bedeutet halbdurchlässig).

Betrachten Sie dazu Abbildung 20.4.

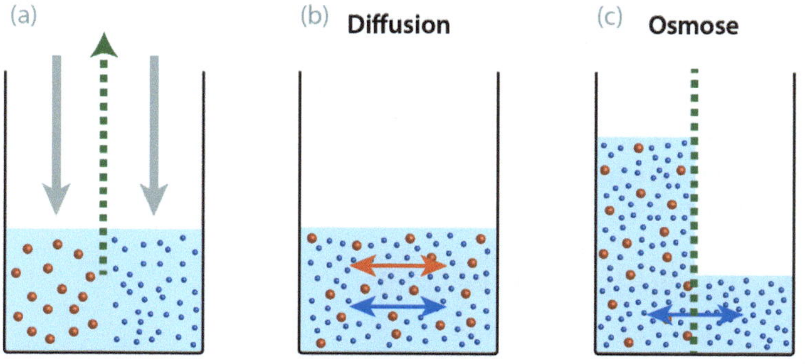

Abbildung 20.4: Vergleich von Diffusion und Osmose

- Ein Gefäß wird durch eine Wand getrennt; in beiden Hälften befindet sich ein Lösemittel. Die chemischen Potentiale sind auf beiden Seiten gleich.
- Wird im linken Teil ein Stoff gelöst (Abbildung 20.4a), ändert sich damit die Anzahl vorhandener Teilchen – und damit auch das chemische Potential.
- Wird die Wand entfernt (Abbildung 20.4b), strömen gelöste Teilchen in die rechte und Lösemittel-Moleküle in die linke Hälfte – so lange, bis die Konzentrationen ausgeglichen sind. Dieser Vorgang heißt *Diffusion.*
- Ist es den gelösten Teilchen jedoch aufgrund einer semipermeablen Membran verwehrt, den ganzen zur Verfügung stehenden Raum auszufüllen (Abbildung 20.4c), muss sich das System etwas anderes ausdenken, um einen Gleichgewichtszustand zu erreichen: Ziel ist immer noch ein Konzentrationsausgleich, also dringt *nur* das Lösemittel durch die Membran, um die Lösung auf der anderen Seite zu verdünnen. Dadurch erhöht sich dort aber die Teilchenzahl immer mehr, und es kommt zu einem Druckunterschied zwischen linker und rechter Hälfte: Die aufgebaute Druckdifferenz heißt **osmotischer Druck**. Dieser ist proportional zur Konzentration des gelösten Stoffes:

  $$\Delta p = RT\, c_B \qquad (20.5)$$

Wann ist das Gleichgewicht erreicht? – Der osmotische Druck steigt so lange an (das heißt: Es diffundiert so lange Lösemittel in die Lösung hinein), bis der Dampfdruck der Lösung mit dem Dampfdruck des reinen Lösemittels identisch ist. *Osmose ist also die Diffusion eines Lösemittels von einer geringer konzentrierten in eine höher konzentrierte Lösung.*

Osmotische Effekte haben Sie überall vor Augen:

- ✔ Pflanzen (deren Zellflüssigkeit ein komplexes Gemisch diverser Stoffe enthält) nehmen mit den Wurzeln Wasser auf und transportieren es mithilfe von Kapillarkräften bis in die letzten Spitzen, wobei Drücke von bis zu 20 bar auftreten können. Sie brauchen sich also nicht zu wundern, dass selbst kleine Gänseblümchen in der Lage sind, die Asphaltdecke auf einer Straße zu sprengen. Theoretische Überlegungen führen zu der Erkenntnis, dass Bäume höchstens 130 Meter hoch werden können – danach reicht der osmotische Druck nicht mehr aus, um die Schwerkraft zu überwinden.
- ✔ Jedes Lebewesen enthält unzählig viele semipermeable Membranen, die dafür sorgen, dass die Zellen nicht wegen Überdruck (*hypertonisch*) oder Unterdruck (*hypotonisch*) zugrunde gehen. (Deshalb nehmen Sie auch beim Sport ein *isotonisches* Getränk zu sich – eine Lösung, deren Zusammensetzung in etwa der Ihrer Zellflüssigkeit entspricht.)
- ✔ Beim Kochen von Gemüse geben Sie Salz in das Kochwasser. Damit machen Sie das Wasser salzhaltiger als das Gemüse – dann quillt das Gemüse auch nicht so auf.
- ✔ Sind die Kirschen am Baum nach einem Regen aufgeplatzt, ist ebenfalls die Osmose schuld.
- ✔ Natürlich lässt sich der osmotische Effekt auch technisch nutzen, beispielsweise in einem *Osmosekraftwerk* oder bei der *Umkehrosmose*, bei der der Druck auf eine Lösung erhöht wird, um salzarmes Lösemittel zu gewinnen.

Möchten Sie die Beweggründe bei Siedepunktserhöhung, Gefrierpunktserniedrigung und Osmose *thermodynamisch* nachvollziehen, lesen Sie hier weiter, sonst können Sie sich auch schon Kapitel 21 widmen.

Nur für Streber: Immer diese Thermodynamik

Im Folgenden wird gezeigt, wie wieder einmal die chemischen Potentiale (*siehe* Kapitel 16) dafür sorgen, dass die Phasen ins rechte Licht gerückt werden.

Siedepunktserhöhung

Die Siedepunktserhöhung wird durch den gelösten Stoff verursacht:

x_A sei der Stoffmengenanteil des Lösemittels und x_B der Stoffmengenanteil der gelösten Substanz; natürlich ist dann $x_B \ll x_A$. Nach dem RAOULT'schen Gesetz (Gleichung 20.2) berechnet sich der Dampfdruck über der Lösung folgendermaßen:

$$p_A = x_A p^0 = (1 - x_B) p^0 = p^0 - x_B p^0$$

Die Differenz $\Delta p = p^0 - p_A = x_B p^0$ ist damit eine Funktion des *Stoffmengenanteils der gelösten Substanz.*

Nun gilt es, einen Zusammenhang zwischen x_B und der Temperaturdifferenz ΔT aus der Erhöhung des Siedepunkts herzustellen. Um das (thermodynamisch) zu verstehen, brauchen wir wieder die chemischen Potentiale (*siehe* Kapitel 16): Am Siedepunkt befinden sich flüssige und gasförmige Phase immer im Gleichgewicht – das bedeutet, dass die chemischen Potentiale von Flüssigkeit und Dampf *gleich* sein müssen. Die Frage ist nun, warum das chemische Potential des Lösemittels *kleiner* wird, wenn ein Stoff darin gelöst ist.

Nach Gleichung 16.24 können Sie für das chemische Potential der Flüssigkeit ableiten:

$$\mu_{A(l)} = \mu^0_{A(l)} + RT \ln x_A$$

Die *entscheidende* Annahme ist, dass die *Gasphase unverändert* bleibt! Im Gleichgewicht sind also die chemischen Potentiale der flüssigen Mischung und der *reinen* Gasphase gleich (mit x_A^* = geringere Stoffmenge des Lösemittels und T^* = die höhere Temperatur):

$$\mu^0_{A(g)} = \mu_{A(l)} = \mu^0_{A(l)} + RT^* \ln x_A^*$$

Die Differenz der chemischen Potentiale der *reinen* Stoffe $\mu^0_{A(g)} - \mu^0_{A(l)}$ ist nun nichts anderes als die *molare freie Enthalpie des Verdampfungsprozesses* $\Delta_V G^m$. Unter Berücksichtigung der GIBBS-HELMHOLTZ-Gleichung (Gleichung 16.16) und Umstellung nach $\ln x_A^*$ ergibt sich:

$$\ln x_A^* = \frac{\mu^0_{A(g)} - \mu^0_{A(l)}}{RT^*} = \frac{\Delta_V G^m}{RT^*} = \frac{\Delta_V H^m}{RT^*} - \frac{\Delta_V S}{R} \qquad (20.6)$$

Nun können wir zwei Zustände vergleichen und deren Differenz bilden:

$$\begin{aligned} \text{reines Lösemittel}\,(x_A = 1): \quad & \ln 1 = \frac{\Delta_V H^m}{RT} - \frac{\Delta_V S^m}{R} \\ \text{Lösung}\,(x_A^* = 1 - x_B): \quad & \ln(1 - x_B) = \frac{\Delta_V H^m}{RT^*} - \frac{\Delta_V S^m}{R} \\ \text{Differenz}: \quad & \ln(1 - x_B) - \ln 1 = \frac{\Delta_V H^m}{R}\left(\frac{1}{T^*} - \frac{1}{T}\right) \end{aligned} \qquad (20.7)$$

$\ln 1$ ist null, und $\ln(1 - x_B)$ ist bei hinreichender Verdünnung ungefähr gleich $-x_B$. Aus Gleichung 20.7 wird damit:

$$x_B = \frac{\Delta_V H^m}{R}\left(\frac{1}{T} - \frac{1}{T^*}\right) \qquad (20.8)$$

Weiterhin bedienen Sie sich einer weiteren Näherung: Da die Siedepunktserhöhung in der Regel nicht groß ausfällt, können Sie für $T \cdot T^*$ auch T^2 schreiben, ohne einen übermäßig großen Fehler zu machen (testen Sie das am besten einmal selbst) und erhalten:

$$x_B = \frac{\Delta_V H^m}{R}\left(\frac{T^* - T}{T \cdot T^*}\right) \approx \frac{\Delta_V H^m}{R} \cdot \frac{\Delta T}{T^2} \qquad \Rightarrow \quad \Delta T = \frac{RT^2}{\Delta_V H^m} \cdot x_B \tag{20.9}$$

Meistens wird statt des Stoffmengenanteils von B dessen *Molalität* b angegeben: $b = n_B/m_A = n_B/(n_A M_A)$ beziehungsweise $n_A = n_B/(b\, M_A)$.

Der Stoffmengenanteil an B beträgt $x_B = n_B/(n_A + n_B)$, und da $n_A \gg n_B$, ist näherungsweise $x_B = n_B/n_A$. Damit gilt $x_B = M_A\, b$. Eingesetzt in Gleichung 20.9 ist die Temperaturdifferenz:

$$\Delta T = \frac{RT^2 \cdot M_A}{\Delta_V H^m} \cdot b = K_{eb} \cdot b \tag{20.10}$$

Wie Sie sehen, hängt K_{eb} *ausschließlich* von den Eigenschaften des Lösemittels ab.

Gefrierpunktserniedrigung

Die thermodynamische Begründung für dieses Phänomen gelingt in ähnlicher Weise wie für die Siedepunktserhöhung.

✔ Die *entscheidende* Annahme ist hier, dass das *reine Lösemittel ausfriert*, also der gelöste Stoff beim Gefriervorgang in der Flüssigkeit verbleibt (was auch weitestgehend tatsächlich so ist).

Im Gleichgewicht sind also die chemischen Potentiale der flüssigen Mischung und des reinen Feststoffs gleich:

$$\mu^0_{A(s)} = \mu_{A(l)} = \mu^0_{A(l)} + RT^* \ln x^*_A$$

Diesmal ist die Differenz der reinen Stoffe $\mu^0_{A,\,fest} - \mu^0_{A,\,fl}$ nichts anderes als die *molare freie Enthalpie des Schmelzprozesses* $\Delta_S G^m$. Wenn Sie in die Gleichungen 20.6 bis 20.9 statt der Verdampfungsenthalpie die *Schmelz*enthalpie einsetzen, erhalten Sie völlig analog zur Siedepunktserhöhung in Gleichung 20.10 die *Gefrierpunktserniedrigung* in Abhängigkeit von der Molalität des gelösten Stoffes:

$$\Delta T = \frac{RT^2 \cdot M_A}{\Delta_S H^m} \cdot b = K_{kr} \cdot b \tag{20.11}$$

Auch K_{kr} hängt *nur* von den Eigenschaften des Lösemittels ab.

Osmotischer Druck

Ein weiteres Mal: Das chemische Potential (*siehe* Kapitel 16) einer Lösung ist kleiner als das des reinen Lösemittels. Als Folge davon diffundiert Lösemittel spontan in die Lösung, was die Teilchenanzahl und damit den Druck steigert. Die Erhöhung des Drucks auf die Lösung erhöht das chemische Potential auf den Wert des reinen Lösemittels. Im Gleichgewicht sind die chemischen Potentiale von Lösung und reinem Lösemittel gleich.

Wir haben es also hier mit zwei Effekten zu tun:

- ✔ Erniedrigung des chemischen Potentials durch die gelösten Teilchen:

$$\mu_A = \mu_A^0 + RT \ln x_A^* \quad \Rightarrow \quad \mu_A^0 - \mu_A = \Delta\mu = -RT \ln x_A^* \qquad (20.12)$$

- ✔ Erhöhung des chemischen Potentials durch Erhöhung des Drucks:

  Nach Gleichung 16.18 gilt für konstante Temperatur:

$$d\mu = V^m dp \quad \Rightarrow \quad \Delta\mu = \int_{p^0}^{p^*} V^m dp = V^m(p^* - p^0) = V^m \Delta p \qquad (20.13)$$

Im Gleichgewicht müssen sich diese beiden Effekte ausgleichen:

$$V^m \Delta p = -RT \ln x_A^* = -RT \ln(1 - x_B) \qquad (20.14)$$

Bei hinreichend großer Verdünnung gilt: $\ln(1 - x_B) \approx -x_B$ und $x_B = n_B/n_A$.

Das Gesamtvolumen ist $n_A \cdot V^m$. Damit wird aus Gleichung 20.14:

$$\Delta p = RT \frac{n_B}{V} = RT c_B \qquad (20.15)$$

Dies ist das VAN'T HOFF'sche Gesetz; es ist völlig analog zum idealen Gasgesetz (*siehe* Kapitel 18).

Aufgaben Kapitel 20

Zum Aufwärmen

1. Warum trennt sich ein Gemisch aus Wasser und Öl selbst nach intensivem Schütteln oder Rühren innerhalb kürzester Zeit so, dass sich wieder zwei unverkennbar voneinander getrennte Phasen bilden?
2. Aceton (CH_3-C(=O)-CH_3) ist ein wichtiges Lösemittel. Ist es unpolar, polar-aprotisch oder protisch?
3. Wenn Sie Ammoniumchlorid (NH_4Cl) in Wasser lösen, kühlt sich die Lösung merklich ab. Was verrät Ihnen das?

Für Fortgeschrittene

4. Um wie viel Grad Celsius erhöht sich der Siedepunkt, wenn Sie in 250 g Wasser 8 g Magnesiumchlorid ($MgCl_2$) lösen?
5. Sie wollen Ihr Auto bis –15 °C winterfest machen. Wie viel Glykol (das ist ein Alkohol mit einem Siedepunkt von 197 °C) als Frostschutzmittel müssen Sie 1 kg Wasser zumischen, damit Sie auf der sicheren Seite sind?

IN DIESEM KAPITEL

ist es amorph oder kristallin

gibt es Symmetrie aus Prinzip

werden gleiche Lego®-Steine anders zusammengesetzt

Kapitel 21
Feststoffe

Der Begriff »Feststoff« beschreibt zunächst einmal eine beliebige Substanz, die bei einer gegebenen Temperatur weder flüssig noch gasförmig vorliegt. Allerdings kann die relative Stabilität des Gefüges sehr unterschiedliche Gründe haben:

- ✔ Häufig werden die einzelnen Teilchen durch *ionische* Wechselwirkungen zusammengehalten (bekannt aus Kapitel 11); ein Ihnen bereits bestens vertrautes Beispiel dafür wäre Natriumchlorid.
- ✔ Grund für den festen Zusammenhalt kann auch eine Vielzahl *kovalenter* Bindungen (Kapitel 12) sein; das ist beispielsweise beim Diamanten der Fall, aber auch bei vielen Kunststoffen.
- ✔ Auch bemerkenswert starke *intermolekulare* Wechselwirkungen (Kapitel 15) können dafür sorgen, dass bei einer gegebenen Temperatur ein Feststoff vorliegt; so ist es beispielsweise beim *Kristallzucker* (Saccharose, dazu mehr in Kapitel 44).

Natürlich wirkt sich die Art des Zusammenhalts sehr wohl auf die physikalischen und chemischen Eigenschaften (Schmelzpunkt, Löslichkeit und dergleichen) aus, aber *prinzipiell* lassen sich Feststoffe in ähnlicher Art und Weise beschreiben – vorausgesetzt, sie sind hinreichend *geordnet*.

Sind wir jetzt ordentlich oder nicht? – Kristallin oder amorph

Aus diesem Grund werden alle Feststoffe in zwei prinzipiell unterschiedliche Kategorien unterteilt.

✔ Bei *kristallinen* Festkörpern wird der dreidimensionale Bau durch zwei Faktoren bestimmt:

- Die *Nahordnung* gestattet genaue Aussagen darüber, von wie vielen Nachbarn ein beliebiges Teilchen umgeben ist – hierfür lässt sich die jeweilige Koordinationszahl angeben.
- Dazu kommt bei den *Kristallen* eine *Fernordnung*, die Aussagen darüber erlaubt, was in einer genau definierten Entfernung von einer beliebigen Ausgangsposition aus zu erwarten ist, weil sich bestimmte Anordnungen regelmäßig wiederholen.

Über derartig aufgebaute Verbindungen haben Sie in den Kapiteln 11 und 14 schon ziemlich viel erfahren – gleich kommen noch ein paar Details hinzu.

✔ *Amorphe* Festkörper hingegen weisen bestenfalls eine *Nah*ordnung auf; von einer *Fern*ordnung jedoch ist weit und breit nichts zu sehen. Amorphes Material lässt sich meist gewinnen, indem eine Schmelze so rasch abgekühlt wird, dass den einzelnen Bausteinen keine Zeit mehr bleibt, sich zu einem anständigen Kristallgitter anzuordnen. (Als Beispiel für amorphe Festkörper wird immer gerne Glas genannt, bei dem es sich allerdings in Wahrheit nicht um eine abgekühlte, sondern eine unterkühlte Schmelze mit gewissen Fließeigenschaften handelt – mehr dazu im Abschnitt *Glas ist nicht gleich Glas* in Kapitel 32.)

Gitter für Fortgeschrittene

Wollen Sie kristallin aufgebaute Festkörper etwas genauer beschreiben, helfen zahlreiche Vorgehensweisen, Modelle und Theorien, mit denen Sie bereits vertraut sind, denn einiges zu diesem Thema haben Sie bereits kennengelernt (Kapitel 11 und 14): Die *Elementarzelle*, die Ihnen seit dem Thema »Metalle« geläufig ist, hat Ihnen ja schließlich auch schon bei der Beschreibung ionisch aufgebauter Substanzen (wie Natriumchlorid oder Zinksulfid) gute Dienste geleistet. Die Suche nach der entsprechenden Elementarzelle lohnt immer, wenn es um kristalline Körper geht. Sie betrachten also bevorzugt den kleinstmöglichen Ausschnitt aus einem dreidimensionalen Kristall, der alle Symmetrieeigenschaften des Gesamtgitters aufweist. (Wenn Sie ein bisschen mehr darüber wissen wollen, lassen Sie sich den Abschnitt *Nur für Streber: Symmetrie in der Chemie, Teil 2 – im Gitter* am Ende dieses Kapitels nicht entgehen.) Erst durch das lückenlose Aneinanderreihen dieser Elementarzellen in allen drei Raumrichtungen erhalten Sie den eigentlichen Kristall – und doch lässt er sich bereits anhand einer einzelnen Elementarzelle recht ausgiebig beschreiben.

Alles schön symmetrisch?

Solange Sie es nur mit Atomen *einer* Sorte zu tun haben (wie bei den Metallen aus Kapitel 14), reichen zur Beschreibung aller Anordnungsmöglichkeiten, die sich im dreidimensionalen Raum ergeben, die Bravais-Gitter aus (*siehe* Abbildung 14.13). Steigt die Anzahl beteiligter Atomsorten – weil es zum Beispiel Kationen und Anionen gibt, wie etwa im NaCl –, ändert das natürlich vieles: In Kapitel 11 haben Sie erfahren, dass es dann sehr hilfreich ist, einen so aufgebauten Körper anhand des »Grundgitters« zu beschreiben, das sich nach Bravais ergibt, und dann die Kationen in entsprechende *Lücken* zu füllen. Wenn Sie die Informationen aus Kapitel 11 und Kapitel 14 miteinander verknüpfen, werden Sie sehen, dass sich etwa das NaCl-Gitter als *kubisch dichteste Packung* von Chlorid-Ionen auffassen lässt, in dem *alle Oktaederlücken* durch Natrium-Ionen besetzt sind (*siehe* Abbildung 11.7a).

Wenn Sie wollen, können Sie NaCl genauso gut als kubisch flächenzentrierte Anordnung von Natrium-Ionen ansehen, indem alle Oktaederlücken durch Chlorid-Ionen besetzt sind – oder auch als zwei in einer der drei Raumrichtungen um die halbe Gitterkonstante gegeneinander verschobene kubisch flächenzentrierte Packungen, die einander durchdringen. Alles führt zum gleichen (richtigen) Ergebnis.

Analog bilden im Caesiumchlorid (CsCl, Abbildung 11.7b) die Anionen ein kubisch primitives Gitter aus Anionen (bestehend aus $^8/_8$-Ionen auf den Ecken), in dessen Mitte sich $^1/_1$ Kation befindet. Koordinationszahl für Kationen und Anionen: 8 (oder umgekehrt: $^8/_8$ Cs^+ auf den Ecken, ein Cl^- in der Mitte. Macht keinen Unterschied). Aber beim Caesiumchlorid sehen Sie auch schon, dass die Bravais-Gitter alleine nicht mehr ausreichen, um derartige Verbindungen zu beschreiben: Selbst in Lehrbüchern findet sich oft die Aussage, bei CsCl liege ein kubisch *innen*zentriertes Gitter vor – aber das ist schlichtweg *falsch.* Schauen Sie sich noch einmal Abbildung 11.7b an: Das Atom in der Mitte ist ein *anderes* Element als die acht auf den Ecken. Das *sieht zwar auf den ersten Blick aus* wie das entsprechende Bravais-Gitter (*siehe* Abbildung 14.13), *ist es aber eben nicht.* Sie müssen also schon genauer hinschauen.

Wie werden Positionen in einem Kristall bezogen?

Es ist sehr mühselig, Positionen innerhalb einer Elementarzelle immer in Worten zu beschreiben. Sehr viel einfacher wird es mit dem vom Mineralogen und Kristallografen Fritz Laves aufgestellten Symmetrieprinzip, das er folgendermaßen formulierte:

In kristallinen Festkörpern ist eine Tendenz zu beobachten, Anordnungen mit hoher Symmetrie zu bilden.

Das passt natürlich sehr gut zu den Bravais-Gittern und den daraus resultierenden Elementarzellen, die auf jeden Fall Translations*symmetrie* aufweisen müssen (*siehe* Kapitel 14; ein wenig mehr zu diesem Thema erfahren Sie im Abschnitt *Nur für Streber: Symmetrie in der Chemie, Teil 2 – im Gitter* am Ende dieses Kapitels).

Fritz Laves stammte aus Deutschland – und trotzdem wird sein Name meistens englisch ausgesprochen. Bitte reihen Sie sich nicht bei jenen ein, die es nicht besser wissen. (Sie werden diesem Herrn in Kapitel 34 erneut begegnen.)

Betrachten Sie das Ganze nun auf mikroskopischer Ebene und schauen sich die Positionen einzelner Atome/Ionen in einem Kristallgitter an, findet sich dieses Prinzip erneut wieder. Nehmen wir uns der Einfachheit halber eine kubisch primitive Elementarzelle vor (*siehe*

Abbildung 14.13): Dort gibt es an allen acht Ecken je eine Achtel-Kugel (*siehe* Abbildung 14.17). Konzentrieren Sie sich nun beispielsweise auf die *linken* vier Kugeln im Gitter und schieben die Elementarzelle in x-Richtung um genau eine Gitterkonstante weiter, stellt sich heraus, dass die betrachteten Kugeln jetzt auf der Position der *rechten* vier Kugeln der gleichen Elementarzelle landen (Abbildung 21.1a); Analoges beobachten Sie bei der Translation in z-Richtung (b) oder in y-Richtung (c). Damit wird klar, dass alle acht Positionen in diesem Gitter *vollständig äquivalent* sind. (Eigentlich stand das zu erwarten, denn da es Achtel-Atome nun einmal nicht gibt, *müssen* die $^8/_8$-Atome dieser Elementarzelle zusammen sozusagen »das gleiche Atom« ergeben.)

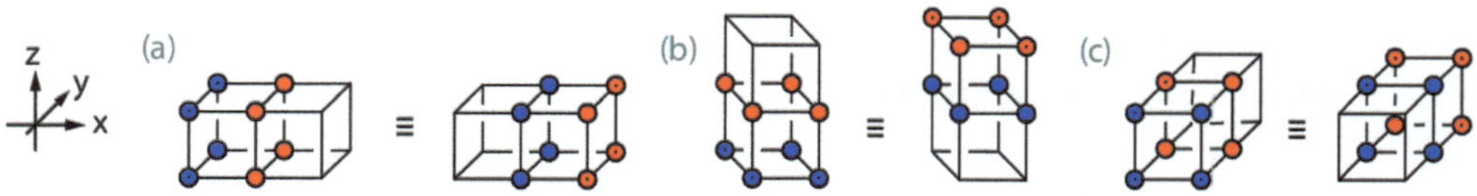

Abbildung 21.1: Äquivalente Lagen im kubisch primitiven Gitter

Hier ist von *äquivalenten Atomlagen* oder – noch allgemeiner – **äquivalenten Punktlagen** die Rede, denn auf so einem Punkt in einem Gitter kann sich ja durchaus auch etwas anderes befinden als ausgerechnet ein Atom. Eine auf diesen Punktlagen basierende Weiterentwicklung des LAVES'schen Symmetrieprinzips lautet:

Atome gleicher Sorte neigen dazu, äquivalente Lagen einzunehmen.

Die äquivalenten Lagen werden dadurch angegeben, dass die relative Verschiebung eines Atoms zum Ursprung der betrachteten Elementarzelle entlang der jeweiligen Achsen des Gitters (x-Achse, y-Achse, z-Achse) beschrieben wird, wobei definitionsgemäß die »vordere, untere, linke« Ecke der Elementarzelle als Achsenursprung angesehen wird (Abbildung 21.2a). Befindet sich beispielsweise ein Atom auf der x-Achse »auf halber Strecke« zwischen dem Ursprung der betrachteten Elementarzelle und dem Punkt, der als Ursprung der *Nachbar*zelle anzusehen ist, lautet die x-Koordinate dieses Atoms $x = {}^1/_2$, während es ja relativ zu y- und z-Achse *nicht* verschoben ist. Sie geben dann die Position in xyz-Tripeln an. Die Position des Atoms in Abbildung 21.2b lautet entsprechend $^1/_2$ 0 0; bei Abbildung 21.2c lautet sie $^1/_2$ $^1/_2$ 0 und in Abbildung 21.2d ist die Position 0 0 $^1/_2$ dargestellt.

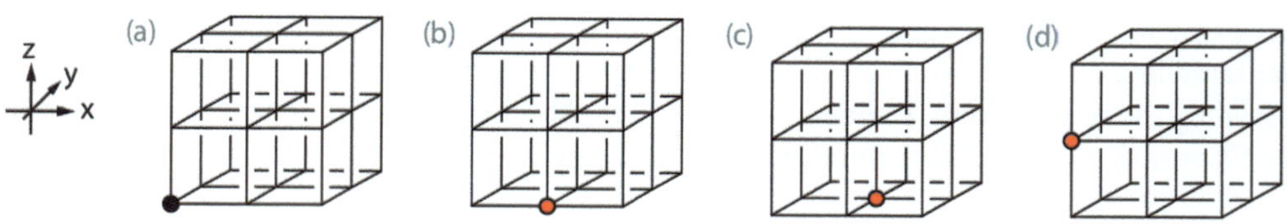

Abbildung 21.2: Relative Positionsbezeichnungen im Gitter

Da eine Koordinate 1 nichts anderes ist als eine Koordinate 0 in der *benachbarten* Elementarzelle, ist 0 1 0 äquivalent zu 0 0 0 (genau deswegen *sind* ja die acht Ecken eines Würfels äquivalent). Damit befindet sich das einzige Atom in einer kubisch primitiven Elementarzelle gemäß dieser Schreibweise in Position 0 0 0 – der betrachtete Punkt ist in *keiner* der drei Raumrichtungen zum Ursprung verschoben (*siehe* Abbildung 21.1).

In einigen Abbildungen dieses Kapitels wurde das gewohnte kartesische Koordinatensystem gegen den Uhrzeigersinn um die z-Achse gedreht (um 90°) – diese Orientierung der Koordinaten-Achsen entspricht den Konventionen der Kristallografie und der Festkörperchemie. Das verändert natürlich prinzipiell überhaupt nichts (es bleibt ein rechtshändiges System!), führt aber manchmal zu Missverständnissen oder Verwirrung. *Sobald irgendwo ein Koordinatensystem auftaucht, sollten Sie erst einmal schauen, wie es tatsächlich orientiert ist.*

In gleicher Weise können Sie auch bei komplizierter gebauten Kristallsystemen vorgehen: Als Beispiel diene uns wieder einmal das wohlvertraute Natriumchlorid-Gitter – eine kubisch dichteste Packung von Anionen, bei der sämtliche Oktaederlücken durch Kationen besetzt sind (*siehe* Abbildung 11.7a). Hier enthält die Elementarzelle jeweils vier Anionen und vier Kationen (schauen Sie sich notfalls noch einmal die Abbildungen 14.18 und 11.5b an), also sollten Sie die Positionen dieser *jeweils vier nicht-äquivalenten Lagen* entsprechend angeben können:

✔ Die Chlorid-Ionen (in Abbildung 21.3a grün) befinden sich auf folgenden Positionen:

- 0 0 0 – das sind wieder die $^8/_8$-Kugeln an den Ecken des Gitters
- $^1/_2$ $^1/_2$ 0 – die halben Kugeln auf den beiden Flächen, die je der xy-Ebene des Koordinaten-Systems entsprechen (»Oberseite« und »Unterseite« des Würfels, also bei z = 0 und z = 1– wobei Letzteres ja wieder z = 0 der *benachbarten* Elementarzelle entspricht).
- $^1/_2$ 0 $^1/_2$ – die halben Kugeln auf den xz-Ebenen (»vorne« und »hinten«)
- 0 $^1/_2$ $^1/_2$ – die halben Kugeln auf den yz-Ebenen (»links« und »rechts«)

Insgesamt sind damit $^8/_8 + (3 \times {}^2/_2) = 4$ Kugeln versorgt. Weitere, dazu nicht äquivalente Lagen in dieser Elementarzelle sind nicht besetzt.

✔ Die Natrium-Ionen (in Abbildung 21.3a blau) liegen auf:

- $^1/_2$ 0 0 – die Viertel-Kugeln auf den vier Kanten, die parallel zur x-Achse liegen (also Atome, die entlang der x-Achse verschoben sind)
- 0 $^1/_2$ 0 – die Viertel-Kugeln auf den vier Kanten parallel zur y-Achse
- 0 0 $^1/_2$ – die Viertel-Kugeln auf den vier Kanten parallel zur z-Achse
- $^1/_2$ $^1/_2$ $^1/_2$ – die ganze Kugel genau in der Mitte der Elementarzelle (um je eine halbe Gitterkonstante der Elementarzelle verschoben)

Damit sind $(3 \times {}^4/_4) + {}^1/_1 = 4$ Kugeln eindeutig zugeordnet. Wieder gibt es keine weiteren, dazu nicht äquivalenten (besetzten) Lagen in dieser Elementarzelle.

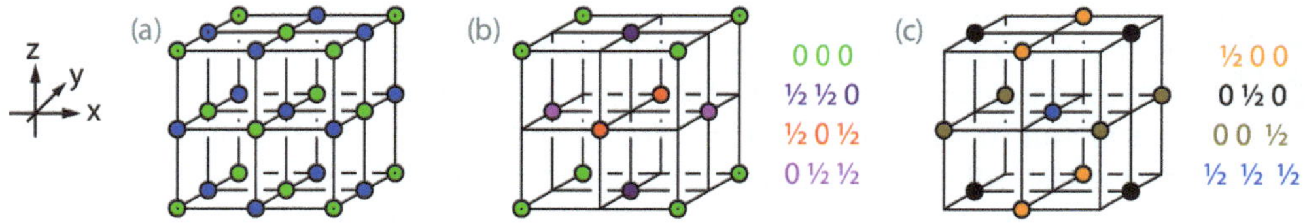

Abbildung 21.3: Äquivalente Lagen im NaCl-Kristall

Ebenen im Gitter – oder: den Wald vor lauter Bäumen …

Stehen Sie frontal vor einer Apfelplantage (oder einer vergleichbaren Anpflanzung), erkennen Sie deutlich parallel zueinander angeordnete »freie Wege«, die den Blick praktisch bis in die Unendlichkeit gestatten (a). Lassen Sie den Blick jedoch über den Rand dieses »künstlichen Waldes« schweifen, indem Sie sich langsam zur einen oder anderen Seite drehen, ohne dabei den eigenen Standpunkt zu verändern, sehen Sie meist nur ein undurchdringliches Dickicht. Doch in einem bestimmten (Dreh- und Blick-)Winkel erkennen Sie plötzlich eine andere Schar parallel zueinander verlaufender »freier Wege« (b), aber drehen Sie sich dann ein Stück weiter, ist der Blick sofort wieder versperrt. Irgendwann wiederholt sich das Phänomen (c), und so weiter.

Auf genau diesem Phänomen basiert eine weitere Systematik zur Beschreibung von Kristallgittern – dieses Mal eine, bei der auch die Translationssymmetrie *über die unmittelbar benachbarte Elementarzelle hinweg* von Bedeutung ist. Entwickelt hat sie der britische Mineraloge William Miller – ursprünglich, um die relative Lage von Kristallflächen eindeutig zu beschreiben.

Betrachten Sie ein beliebiges Gitter aus unterschiedlichen Blickwinkeln, ergeben sich – ganz in Übereinstimmung mit dem Plantagen-Beispiel – verschiedene »freie Wege«, die Sie aber auch als den jeweiligen Abstand der einzelnen *Netzebenen in diesem Gitter* ansehen können (Abbildung 21.4; der Einfachheit wurde ein kubisch primitives Gitter nur zweidimensional dargestellt, die z-Achse ist hier also ohne Bedeutung).

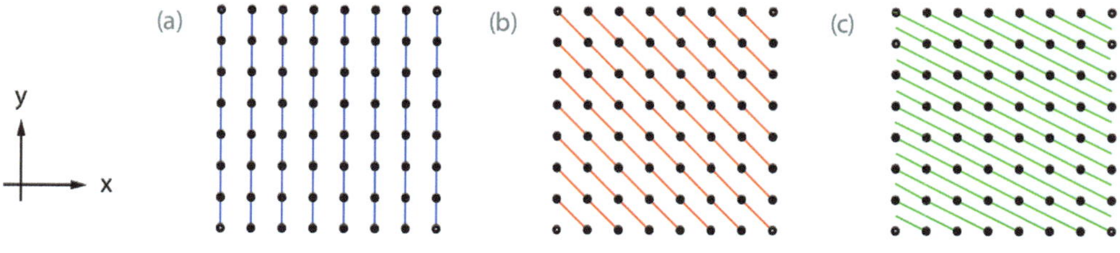

Abbildung 21.4: Verschiedene Netzebenen-Abstände

Wie Sie sehen, ist der Abstand der einzelnen Netzebenen stark vom Betrachtungswinkel abhängig (genau darauf basiert auch die *Röntgenstrukturanalyse von Festkörpern*, auf die im nächsten Abschnitt eingegangen wird). Um eine einheitliche Systematik für alle Bravais-Gitter zu schaffen (unabhängig von den Gitterkonstanten), hat Miller das System wieder auf die *relativen Achsenabschnitte* bezogen. Analog zu den Punktlagen wird angegeben, an welcher relativen Position die jeweilige Koordinaten-Achse von der betreffenden Ebene durchschnitten wird – um sich allerdings den Umgang mit Brüchen zu ersparen (wie sie bei den Punktlagen vorkommen, *siehe* Abbildung 21.3), arbeitet man bei den **Miller-Indizes** mit *Reziprok-Werten*. Durchschneidet eine Ebene eine der drei Koordinaten-Achsen genau in der Mitte (also beim Relativ-Wert ½), dann wird dies mit dem Index 2 bezeichnet. Das ist längst nicht so kompliziert, wie es klingt! Nach ein paar Beispielen sollte es klarer sein:

- ✔ Eine Ebene, die beispielsweise – jeweils ausgehend vom Ursprung des Koordinatensystems – sowohl die x- als auch die y-Ebene schneidet, und zwar genau »am Ende« der Elementarzelle (vom Ursprung aus gesehen), erhält den Miller-Index 110 (Abbildung 21.5a; es gilt die gleiche Orientierung der Koordinaten-Achsen wie in Abbildung 21.3).
- ✔ Eine Ebene, die parallel zur xz-Ebene verläuft, also nur die y-Ebene schneidet, wird entsprechend mit 010 indiziert (Abbildung 21.5b).
- ✔ Eine Ebene, die alle drei Achsen jeweils in maximaler Entfernung zum Ursprung schneidet, erhält damit den Index 111 (Abbildung 21.5c).
  - Beachten Sie, dass sich im Inneren einer solchen Elementarzelle bereits *zwei* 111-Ebenen aufspüren lassen (Abbildung 21.5d) – die zweite »stammt« aus einer benachbarten Elementarzelle und setzt sich (Translationssymmetrie!) in die betrachtete Zelle fort.
- ✔ Die Ebene mit dem Index 121 schneidet die y-Achse mittig (Abbildung 21.5e).

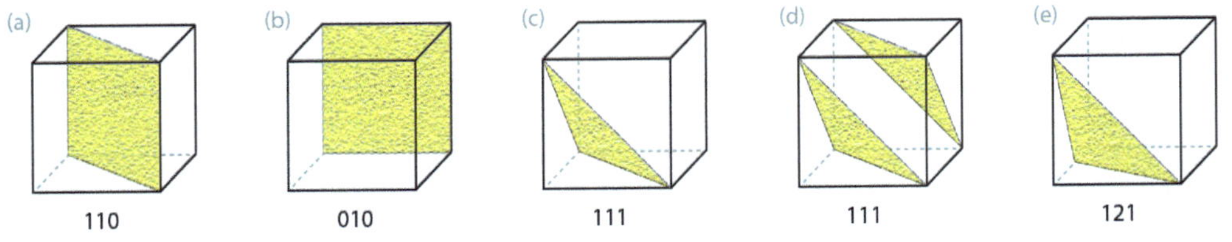

Abbildung 21.5: Indizierung von Netzebenen nach Miller

Je größer die Miller-Indizes werden, desto *enger* liegen die Gitternetzebenen (also: desto mehr entsprechende Ebenen finden Sie innerhalb einer Elementarzelle). Das sehen Sie schon bei den drei zweidimensionalen Gitternetzebenen aus Abbildung 21.4: Auf der Basis des dort angegebenen Koordinatensystems ergeben sich für die farblich markierten Gitternetzebenen die folgenden Miller-Indizes:

- ✔ Die blauen Linien in Abbildung 21.4a schneiden nur die x-Achse, und zwar jeweils im Ursprung jeder Elementarzelle – und damit natürlich auch genau an deren »anderen Ende«. Entsprechend ergeben sich die Miller-Indizes 100. (Da die z-Achse in dieser

Abbildung *nie* geschnitten wird – es ist ja eine *zwei*dimensionale Vereinfachung –, bleibt der z-Index hier immer 0.)

- ✔ Die roten Linien in Abbildung 21.4b durchschneiden die x- und die y-Achse jeweils »am anderen Ende« der Elementarzelle, also 110.
- ✔ Die grünen Linien in Abbildung 21.4c durchschneiden die x-Achse wieder in maximalem Abstand zum Ursprung, die y-Achse jedoch »auf halber Strecke«. Ein dortiges Atom hätte die Punktlage 0 ½ 0, und die zugehörigen Miller-Indices lauten entsprechend 020. Betrachten Sie eine einzelne Elementarzelle (ein beliebiges von vier direkt benachbarten Punkten begrenztes Quadrat in Abbildung 21.4c), sehen Sie sofort, dass jeweils *zwei* Linien durch die von den Punkten eingegrenzte Fläche laufen.

Allgemein lässt sich festhalten: Der jeweilige Miller-Index gibt an, wie oft jede Koordinatenachse *innerhalb einer Elementarzelle* von der zugehörigen Netzebene geschnitten wird.

BEISPIEL

Die Netzebenen, zu denen beispielsweise die Miller-Kennung 653 gehört, durchschneiden also die x-Achse sechsmal, die y-Achse fünfmal und die z-Achse immerhin dreimal. Diese Ebenen liegen also schon ganz schön eng aneinander.

Und wozu das Ganze? – Röntgenstrukturanalyse von Festkörpern

Der Wellenlängenbereich von Röntgenstrahlung (10^{-12} bis 10^{-8} m, also 1 pm bis 10 nm) liegt in der Größenordnung des Abstands einzelner Atome/Ionen im Kristallgitter (100 bis 400 pm). Aus diesem Grund lassen sich Röntgenstrahlen an diesem extrem feinen Gitter ebenso beugen, wie das mit sichtbarem Licht an einem (deutlich gröberen) Gitter funktioniert. (Mehr dazu entnehmen Sie bei Bedarf bitte Lehrbüchern der Physik.) Entsprechend treten auch die gleichen Interferenz-Erscheinungen auf: Werden zwei parallel einfallende Strahlen mit einer gegebenen Wellenlänge λ auf zwei parallele Gitternetzebenen reflektiert, wird *nur dann konstruktive* Interferenz beobachtet, wenn die Strahlen in einem Winkel auftreffen, der zu einem ganzzahligen *Weglängenunterschied* n der beiden Wellen führt (sonst gibt es *destruktive* Interferenz, und Sie sehen gar nichts). Dieser sogenannte **Glanzwinkel** ϑ ist natürlich abhängig vom Abstand d der betreffenden Gitternetzebenen und wird durch die Bragg'sche Gleichung beschrieben (verdeutlicht durch Abbildung 21.6):

$$n\,\lambda = 2\,d\,\sin\vartheta$$

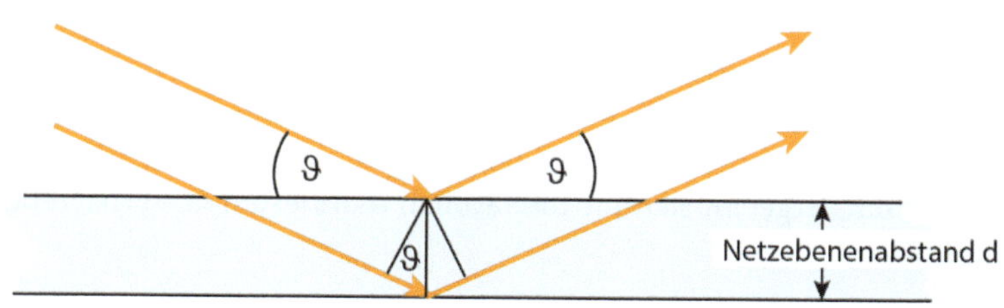

Abbildung 21.6: Ermittlung des Glanzwinkels gemäß der Bragg'schen Gleichung

Die Analyse der beobachteten *Glanzwinkel* gestattet recht detaillierte Rückschlüsse auf die Struktur des Kristalls (was allerdings ein wenig Rechnerei erfordert, deswegen wollen wir darauf nicht weiter eingehen). Es gibt verschiedene Möglichkeiten, die Röntgenstrahlen in den betreffenden genau definierten Winkeln eintreffen zu lassen:

- ✔ Arbeiten Sie mit *monochromatischer* Röntgenstrahlung (also mit Röntgenstrahlung *nur einer* Wellenlänge), drehen Sie die Probe (die als *Einkristall* vorliegen muss) kontrolliert. Aus den Drehwinkeln, bei denen jeweils konstruktive Interferenz beobachtet wird, erhalten Sie die Daten, mit denen dann weitergerechnet wird. Diese Methode wird *Drehkristallverfahren* genannt.
  - Ein *Einkristall* ist ein Kristall, dessen Atome/Ionen ein durchgängiges homogenes Gitter bilden – groß genug, dass er makroskopisch handhabbar ist. Da nicht alle Substanzen so freundlich sind, anständig zu kristallisieren, ist dieses Verfahren allerdings nicht unbegrenzt einsetzbar.
- ✔ Beim **Laue-Verfahren** wird hingegen das ganze Röntgen-Spektrum eingesetzt – dann brauchen Sie die Probe nicht zu drehen: Für jede Gitternetzebene wird sich schon die gerade passende Wellenlänge λ finden.
  - Auch hier wird ein Einkristall benötigt.
- ✔ Liegt die zu analysierende Probe zwar kristallin vor, aber eben nicht als Einkristall, können Sie einen gänzlich anderen Weg beschreiten: Für das **Debye-Scherrer-Verfahren** wird die Probe zu einem feinen Kristallpulver zermörsert. Nun liegen zahllose winzige Kriställchen vor – natürlich völlig regellos in alle Richtungen orientiert. Das bedeutet aber, dass sich, wenn Sie auf dieses Pulver nun in einem beliebigen Winkel monochromatische Röntgenstrahlung lenken, irgendwo auf jeden Fall der eine oder andere Kristall findet, der gerade im idealen Winkel steht, um die Bragg'sche Gleichung zu erfüllen.

Das Grundprinzip des Debye-Scherrer-Verfahrens haben Sie bestimmt im Winter schon einmal selbst beobachtet: Fällt Licht möglichst definierter Wellenlänge (zum Beispiel das gelbe Licht von Natriumdampf-Straßenlaternen) auf eine Schneedecke, glitzern hier und dort einige Schnee-/Eis-Kristalle auf. Senken Sie nur ein wenig den Kopf, um die glitzernde Stelle auf der Schneedecke aus einem *etwas* veränderten Blickwinkel zu betrachten, ist es dort sofort vorbei mit dem Glanz. Dafür glitzert es jetzt an anderen Stellen. Es ist rein statistisch (praktisch) garantiert, dass immer mindestens ein paar Eiskristalle im idealen Glanzwinkel zum Schein der Straßenlaterne stehen. Probieren Sie's im nächsten Winter aus!

Idealkristalle – ein Denkfehler?

Bei der Beschreibung von kristallinen Feststoffen wird von einem *Idealkristall* ausgegangen, der sich in allen drei Raumrichtungen unbegrenzt fortsetzt. Das ist natürlich gleich in mehrerlei Hinsicht eigentlich Unfug:

- ✔ Wäre dem wirklich so, müsste der Kristall unendlich ausgedehnt sein – und das gilt nun einmal für *kein* real existierendes, makroskopisches Objekt. Egal wie lange Sie innerhalb eines Kristalls einer von dessen Raumachsen folgen: Früher oder später *müssen* Sie die Oberfläche des Kristalls erreichen, und gerade *die* ist für das chemische Verhalten kristalliner Substanzen von entscheidender Bedeutung. Allerdings ist die Anzahl an Bausteinen innerhalb eines makroskopischen Kristalls im Vergleich zur relativ beschränkten Oberfläche *nahezu* unendlich groß, deswegen ist die Vorstellung eines »grenzenlosen« Kristalls durchaus legitim. (Denken Sie noch einmal daran, wie viele Teilchen 1 Mol sind und mit welch winzigen Teilchen wir uns hier befassen!)

✔ Das chemische Verhalten eines Kristalls wird maßgeblich durch dessen Oberfläche bestimmt, und genau dort herrschen eben *keine* Idealbedingungen: Auch wenn im Inneren eines NaCl-Kristalls jedes Chlorid-Ion oktaedrisch von sechs Natrium-Ionen umgeben ist, kann das an der Oberfläche nicht der Fall sein (sonst wäre es ja nicht die Oberfläche!). Entsprechend wird ein dortiges Ion durch im Prinzip beliebige Adsorptionsprodukte (zum Beispiel von Wasser-Molekülen aus der Luftfeuchtigkeit) mehr schlecht als recht »abgesättigt« und ist dort entsprechend (relativ) leicht angreifbar. Nicht nur deswegen können auch Festkörper durchaus Reaktionen eingehen, sie brauchen nur häufig ein wenig länger, und meistens liegt die Aktivierungsenergie auch recht hoch. (Synthesevorschriften wie »Man erhitze das Reaktantengemisch sechs Monate lang auf 1300 °C« sind keine Seltenheit ...) Auch das Lösen eines Feststoffs in einem geeigneten Lösemittel kann eine chemische Reaktion darstellen (mehr dazu in Kapitel 24) – und natürlich erfolgt die Wechselwirkung zwischen Feststoffteilchen und Lösemittel-Molekülen ausschließlich an der *Oberfläche* des Feststoff-Brockens.

Zudem wird stillschweigend davon ausgegangen, dass es innerhalb eines Kristalls niemals zu *Fehlordnungen* kommt – doch das ist selbst dann nicht der Fall, wenn Verunreinigungen durch Fremdatome oder -ionen praktisch ausgeschlossen wurden: Nicht immer läuft alles so, wie es das Lehrbuch vorsieht.

✔ Auch bei Stoffen, die beispielsweise in der kubisch dichtesten Kugelpackung kristallisieren (*siehe* Abbildungen 14.10 und 14.11), lautet die Schichtfolge nicht unbedingt immer ABCABCA... Es können durchaus hin und wieder »falsch einsortierte« Schichten vorliegen (etwa ABCA*CB*ABC oder ABCA*BA*CABC), sogenannte *Stapelfehler*. (Analog kann es auch in einer hexagonal-dichtesten Packung Abweichungen von der üblichen ABAB-Schichtung geben, sodass hin und wieder *doch* eine C-Schicht vorkommt: Sowohl ABA*C*AB... als auch ABA*CB*AB... und dergleichen mehr sind möglich.)

✔ Vor allem bei ionisch aufgebauten Verbindungen können einzelne oder auch mehrere Ionen »falsche« Positionen besetzen. Dies sind *Punktdefekte* und davon gibt es mehrere Unterarten:

- Beim **Frenkel-Defekt** befindet sich ein Kation in einer »falschen« Lücke des Gitters (Abbildung 21.7a). So kann beispielsweise bei AgCl (das wie NaCl kristallisiert) ein Ag^+ recht leicht seine *Okta*ederlücke verlassen und sich stattdessen in einer *Tetra*ederlücke einlagern; auf diese Weise bleibt natürlich auch eine Oktaederlücke unerwarteterweise leer. Da fehlbesetzte Lücke und Fehlstelle stets zusammen auftreten, heißen sie auch *Frenkel-Paare*.

- Beim **Schottky-Defekt** verlassen je ein Kation und ein Anion ihre »eigentliche« Lücke und lagern sich an der Oberfläche des Kristalls ab (Abbildung 21.7b); entsprechend ergeben sich im Kristallinneren immer gleich *zwei* Fehlstellen.

- Je nach Reaktionsbedingungen kann bei der Entstehung eines Kristalls ein Anionen-Gitterplatz durch ein dort »gefangenes« Elektron besetzt werden (Abbildung 21.7c). Durch dessen Wechselwirkung mit dem sichtbaren Licht ergeben sich bemerkenswerte (und unerwartete) Farben, deswegen spricht man auch von **Farbzentren**. (Erhitzen Sie beispielsweise Natriumchlorid im Natriumdampf, lässt sich ein gelblichgrüner Feststoff mit der Summenformel $Na_{1+x}Cl$ (mit $x \ll 1$) gewinnen; es liegt also eine (geringfügig) nicht-stöchiometrische Verbindung vor.)

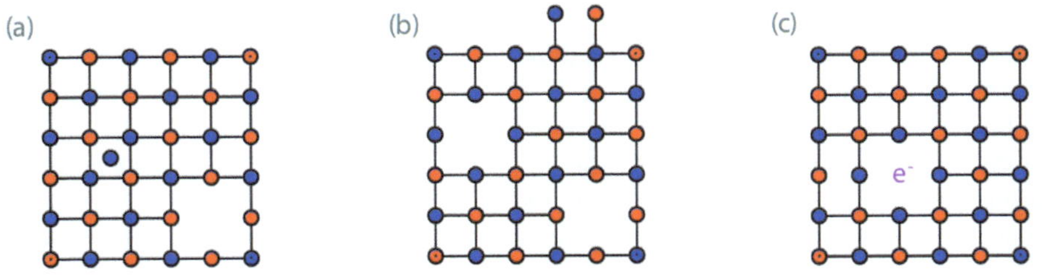

Abbildung 21.7: Punktdefekte

✔ Zudem gibt es zahlreiche Möglichkeiten der Fehlordnung, die nicht auf einzelne Gitter*punkte* zurückzuführen sind, sondern auf größere »Baufehler« im Gitter. Exemplarisch seien genannt:

- Bei der *Stufenversetzung* sind einzelne Schichten innerhalb von Kugelpackungen gegeneinander versetzt, sodass sich innerhalb des Kristalls Kanten ergeben (in Abbildung 21.8a der Einfachheit halber mit Atomen nur einer Sorte dargestellt). Durch die Einwirkung von Scherkräften kann dieser Defekt deutlich gesteigert werden.
- Analog dazu gibt es auch die *Schraubenversetzung*, bei der die einzelnen Gitterebenen schräg gegeneinander verdreht/versetzt sind (Abbildung 21.8b).
- Aus dem mikroskopischen in den makroskopischen Bereich dringen Sie bei den *Korngrenzen* vor, bei denen einzelne *Kristallite* (Mikrokristalle) mit unterschiedlicher räumlicher Ausrichtung miteinander »verschmolzen« sind, wie es in Abbildung 21.8c schematisch dargestellt ist – der Farbunterschied dient nur der Unterscheidbarkeit der einzelnen Kristallite. (Damit nähern wir uns jetzt schon dem Bereich der *Werkstoffkunde*, denn diese Korngrenzen wirken sich durchaus makroskopisch auf das Verhalten des betreffenden Materials aus.)

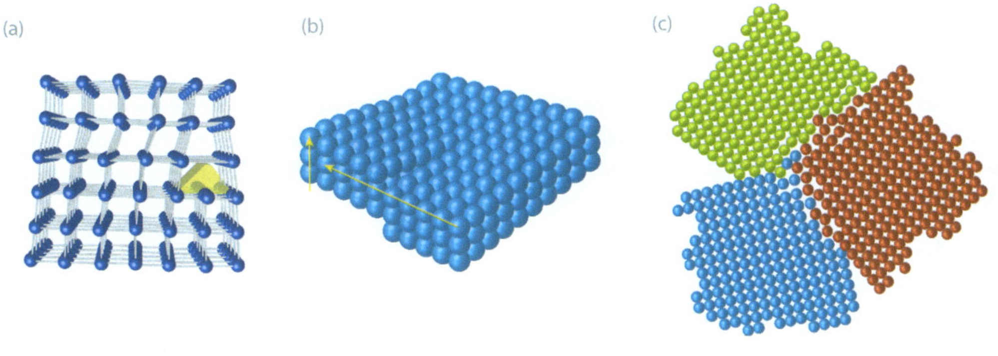

Abbildung 21.8: Versetzungen

Je mehr Fehlordnungen in einem Festkörper vorliegen (je weniger perfekt sein Kristallgitter, also je *ungeordneter* er faktisch ist), desto reaktiver wird er sein. Gleichzeitig steigt mit der Temperatur auch die Zahl der Fehlordnungen – ein weiterer Grund, warum viele Festkörperreaktionen erst bei erhöhter Temperatur ablaufen.

Chemie und die Mineralien – eine symbiotische Beziehung?

Wenn Sie sich die Beispiele für verschiedene Ionengitter-Typen aus Abbildung 11.7 anschauen, werden Sie feststellen, dass diese Gitter meist nach den Mineralien benannt sind, bei denen die entsprechende Struktur zum ersten Mal erkannt wurde – fast alle Mineralien, denen Sie in der Natur begegnen, sind Ionenkristalle. (Eine der wenigen bekannteren Ausnahmen ist der *Obsidian*, bei dem es sich um *amorphes* Vulkangestein handelt.) Die Untersuchung und Systematisierung der zugehörigen Ionengitter hat sich im Laufe der Jahrhunderte zu einem eigenständigen Gebiet entwickelt, in dem Chemie und Mineralogie miteinander verschmelzen.

Dieses Zusammenspiel zweier Fachgebiete bedeutet Segen und Fluch zugleich: Zum einen weiß jeder, der sich mit Gittertypen auskennt, was gemeint ist, wenn von einem »Fluorit-Gitter« gesprochen wird (*siehe* Abbildung 11.7e), zum anderen bedeutet es natürlich auch, dass Sie weitere Vokabeln pauken müssen, wenn Sie sich ausgiebiger mit der Chemie der Feststoffe befassen möchten.

Natürlich wollen wir Sie nicht dazu nötigen, sich die Eigennamen aller nur erdenklichen Mineralien in den Schädel zu dreschen, und erfreulicherweise lassen sich bemerkenswert viele Verbindungen auf einige wenige Gittertypen zurückführen (*siehe* Tabelle 11.3). Sollten Sie sich allerdings tatsächlich dem Gebiet der Mineralien zuwenden, werden Ihnen früher oder später auch Eigennamen eher seltener Mineralien wie »Bastnäsit« in Fleisch und Blut übergehen.

Polymorphie – Festkörper-Lego®

Denken Sie an Chemie-Lego®, liegt schon die Vermutung nahe, Sie könnten seine Spielsteine auch *anders* zusammenstöpseln. (Dass so etwas möglich ist, haben Sie schon in Kapitel 12 gesehen: Sowohl Graphit als auch Diamant bestehen ausschließlich aus Kohlenstoff-Atomen.) Das Phänomen, dass sich die Grundbausteine eines Stoffes unterschiedlich anordnen lassen – was dann zu auch makroskopisch unterschiedlichen Ergebnissen (= verschiedenen Substanzen) führt –, wird als *Polymorphie* bezeichnet. (Der Sonderfall, dass nur *eine* Atomsorte daran beteiligt ist, wie eben beim Kohlenstoff, heißt *Allotropie* – mehr dazu in Kapitel 28.)

Die Polymorphie ist Ihnen schon begegnet, auch wenn es Ihnen vielleicht nicht aufgefallen ist. Blättern Sie noch einmal zurück zu Kapitel 11: Dort wurden Ihnen exemplarisch verschiedene Gittertypen präsentiert, in denen aus Kationen und Anionen aufgebaute

Verbindungen kristallisieren können. Und nun schauen Sie sich die Abbildungen 11.7c und d noch einmal genauer an: Dort finden Sie zwei verschiedene Formen von Zinksulfid:

- ✔ Bei der als *Zinkblende* bezeichneten Modifikation von ZnS bilden die Sulfid-Anionen eine kubisch dichteste Kugelpackung, in der die Hälfte aller Oktaederlücken durch Zink-Kationen besetzt ist – es ist ein »kubisches Zinksulfid«.
- ✔ Beim *Wurtzit* hingegen ordnen sich die Sulfid-Ionen zu einer hexagonal-dichtesten Kugelpackung an, in der die Zink-Ionen dann wieder die Hälfte der zugehörigen Tetraederlücken besetzen – es liegt also »hexagonales Zinksulfid« vor.

Zinksulfid ist zwar vielleicht das bekannteste Beispiel für einen (ionisch aufgebauten) Feststoff, von dem mehr als eine *Modifikation* bekannt ist, aber längst nicht das einzige. Beispielsweise existieren auch von dem Mineral *Pyrit* (Summenformel FeS_2) zwei verschiedene Formen: Die wegen ihres trügerischen Glanzes als *Katzengold* bekannte Modifikation kristallisiert kubisch, während der (orthorhombische) *Markasit* bestenfalls mit Kupferbronze verwechselt werden könnte.

Nass oder trocken? – Kristallwasser im Festkörper

Dass es Verbindungen gibt, die im kristallinen Zustand Wasser-Moleküle in stöchiometrischem Verhältnis einlagern, wissen Sie aus Kapitel 13 (Stichwort: Kristallwasser). Tatsächlich können manche Salze sogar *unterschiedliche* Mengen Wasser einlagern: Kupfer(II)-sulfat ($CuSO_4$) beispielsweise liegt unter Normalbedingungen kristallin als *Pentahydrat* vor, also als $CuSO_4 \cdot 5\ H_2O$. Erhitzen Sie dieses charakteristisch blau gefärbte Salz, werden bei knapp 100 °C zwei Wasser-Moleküle abgespalten; das resultierende *Trihydrat* ($CuSO_4 \cdot 3\ H_2O$) setzt zwei weitere Wasser-Moleküle frei, sobald die Temperatur 115 °C übersteigt. Das dann vorliegende *Monohydrat* ($CuSO_4 \cdot H_2O$ oder $CuSO_4 \cdot 1\ H_2O$; in der Literatur finden sich beide Schreibweisen) ist deutlich temperaturbeständiger. Erst oberhalb von 200 °C wird auch das letzte Wasser-Molekül abgespalten; anschließend liegt ein weißes Salz vor (das manchmal auch als *Anhydrat* bezeichnet wird).

Salzhydrate sind keineswegs »feucht« (und sie fühlen sich auch nicht so an)! Das eingelagerte Wasser ist *Bestandteil des Kristallgitters*; deswegen erfordert es auch beachtliche Mengen an Energie, dieses Kristallwasser aus dem Gitter zu vertreiben.

Quasikristalle

Gewiss ist Ihnen nicht entgangen, dass Symmetrie und Symmetrieelemente bei der Beschreibung von Festkörpern eine wichtige Rolle spielen. (Eine kurze Einführung in die wichtigsten Symmetrieelemente bietet Ihnen der Abschnitt *Nur für Streber: Symmetrie in der Chemie, Teil 1* am Ende von Kapitel 12.) So weisen Kristalle nur ein-, zwei-, drei-, vier- oder sechszählige Drehachsen auf, denn nur auf diese Weise lassen sich eine Fläche oder ein Raum lückenlos füllen. (Wenn Sie darüber mehr wissen möchten, schauen Sie in den nachfolgenden Abschnitt *Nur für Streber: Symmetrie in der Chemie, Teil 2 – im Gitter.*)

2011 erhielt Daniel Shechtman den Chemie-Nobelpreis für eine Entdeckung, die nicht so recht ins Bild passte: Er fand eine Al-Mn-Legierung, die sich den kristallographischen Regeln *nicht* beugen wollte, aber eindeutig auch *nicht* amorph war: Alle Messdaten ließen auf eine fünfzählige Symmetrie schließen. Zunächst hielt man das für einen Irrtum, doch mit dem Rasterelektronenmikroskop konnte der Befund eindeutig bestätigt werden: Die Kristallbausteine bilden zwar *in ihrer näheren Umgebung geordnete Zellen*, die aber (anders, als es sich für Kristalle gehört) *nicht periodisch wiederholt* werden. Jede Zelle hat daher ein anderes Umgebungsmuster. Sie sind nur *quasiperiodisch* angeordnet – deshalb werden die auf diese Weise entstandenen Feststoffe auch **Quasikristalle** genannt.

Auf mathematischem Wege gelang es Roger Penrose, lückenlose Flächen mit aperiodischen Mustern zu erzeugen. Seine Regeln (die allerdings recht kompliziert sind und auf die wir hier nicht weiter eingehen) können zur Beschreibung von Quasikristallen herangezogen werden. Analog zu diesen Mustern gestaltet sich auch der zwei- beziehungsweise dreidimensionale Aufbau der Quasikristalle: In Abbildung 21.9 fallen auf den ersten Blick die vielen »Inseln« mit vermeintlich fünfzähliger Symmetrie auf – die in Wahrheit *nicht* vorliegt.

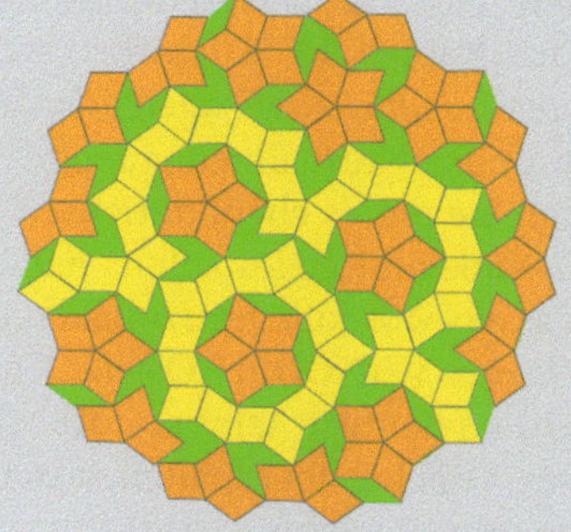

Abbildung 21.9: Stilisiertes Muster eines Quasikristalls

Inzwischen ist es gelungen, noch andere quasikristalline Strukturen (auch mit anderen Symmetrien) herzustellen. Einige sind stabil, die meisten jedoch nicht. Bislang ist nur ein einziger natürlich vorkommender Quasikristall bekannt (*Icosahedrit*, $Al_{63}Cu_{24}Fe_{13}$), er wurde in Russland gefunden und entstammt vermutlich einem Meteoriten.

Die Zukunft wird zeigen, ob sich Quasikristalle auch technisch nutzen lassen – etwa als Legierungsbestandteil, als Katalysator oder für spezielle Beschichtungen.

Nur für Streber: Symmetrie in der Chemie, Teil 2 – im Gitter

In der Chemie scheint die Symmetrie tatsächlich eine recht bedeutende Rolle zu spielen – sonst ginge es jetzt nicht schon wieder um dieses Thema (das erste Mal war im *Nur für Streber*-Abschnitt von Kapitel 12). Wollen Sie sich mit den Symmetrieeigenschaften eines Festkörpers befassen, muss zunächst klargestellt werden, dass *alles* über die entsprechenden Eigenschaften niedermolekularer Einheiten (also Moleküle oder Molekül-Ionen) Erwähnte nach wie vor uneingeschränkt gilt – es kommen nur noch weitere Eigenschaften hinzu.

Translationssymmetrie

Die erste bei Festkörpern neu hinzukommende Symmetrieeigenschaft ist so selbstverständlich, dass die Gefahr besteht, sie einfach zu vergessen: Der Begriff der **Translationssymmetrie** besagt zunächst einmal nichts anderes, als dass eine Elementarzelle um die Länge ihrer jeweiligen Raumachsen (unter Berücksichtigung der jeweiligen Winkel) »weitergeschoben« werden kann und dort wieder auf exakt die gleiche Elementarzelle treffen muss (Abbildung 21.10a; in der Abbildung der Einfachheit halber anhand einer kubisch primitiven Elementarzelle verdeutlich; *siehe* auch Abbildung 14.16). Von dieser Form der Symmetrie leiten sich noch zwei weitere Symmetrieelemente ab:

- ✔ Die **Schraubenachse** kombiniert die Translationssymmetrie mit einer n-zähligen Drehachse (in Abbildung 21.10b ist das für $n = 4$ schematisch verdeutlicht), wobei die Achse genau mittig durch die aufgereihte »Elementarzellen-Kette« führt. (Liegt sie nicht genau in der Mitte, hat sich das mit der Symmetrie natürlich schon wieder!) Betrachten Sie also ein Atom, muss dieses in der benachbarten Elementarzelle um $360/n$ ° versetzt liegen und so weiter.
- ✔ Bei der **Gleitspiegelachse** kommt zusätzlich zur Translationssymmetrie noch die (Sie haben's erraten!) Spiegelebene ins Spiel (Abbildung 21.10c): Es wird also die Ausgangszelle wie gewohnt um eine Gitterkonstante weitergeschoben, dabei aber entsprechend gespiegelt.

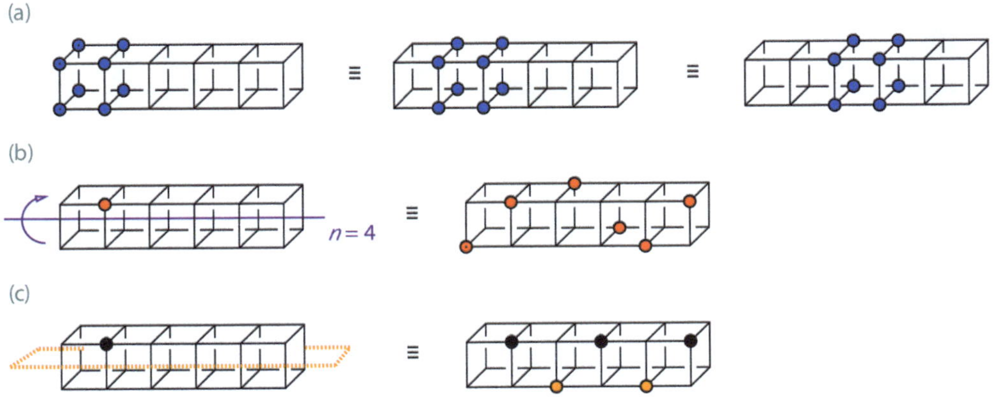

Abbildung 21.10: Verschiedene Formen der Translationssymmetrie

Punktgruppen im Kristall

Wenn der Einfachheit halber zunächst ausschließlich die gleichen Bausteine beteiligt sind, dann sind gemäß der Gruppentheorie – auf die hier *wirklich* nicht weiter eingegangen werden soll – zunächst die vertrauten sieben Kristallsysteme (kubisch, tetragonal, hexagonal und so weiter, denken Sie an Abbildung 14.13) zu berücksichtigen. Setzen Sie zusätzliche Gitterpunkte gleicher Art, landen Sie bei den BRAVAIS-Gittern (in der gleichen Abbildung dargestellt). Kommen allerdings *nicht-gleichwertige* Gitterpunkte hinzu (etwa bei ionisch aufgebauten Verbindungen, in denen sich an manchen Gitterpunkten die *Anionen* befinden, an anderen die *Kationen*), ergeben sich, erneut basierend auf den sieben Kristallsystemen, insgesamt 32 **Kristallklassen**, die auch als *kristallographische Punktgruppen* bezeichnet werden.

Jetzt fragen Sie sich vermutlich, ob das vielleicht etwas mit den Punktgruppen zu tun hat, die Sie schon aus *Symmetrie in der Chemie – Teil 1* kennen. – Ja, das sind exakt dieselben! Dass es nur 32 verschiedene kristalline Systeme geben kann, hat einen erstaunlich einfachen Grund: *Die Zähligkeit mancher Drehachsen gestattet keine Translationssymmetrie*. Das klingt wilder, als es ist: Während es durchaus *Moleküle* mit fünfzähliger Drehsymmetrie geben kann (zum Beispiel das $C_5H_5^-$-Ion, das Ihnen in Kapitel 38 wiederbegegnen wird; Abbildung 21.11a), sind Festkörper mit einer fünfzähligen Drehachse schlichtweg nicht möglich, weil Sie mit Fünfecken keine Fläche lückenlos bedecken können (b) – anders als mit Dreiecken (c; C_3-Symmetrie), Quadraten (d; C_4), regelmäßigen Rechtecken (e; C_2) oder Sechsecken (f; C_6). Manche Punktgruppen sind also mit kristallinen Systemen einfach nicht kompatibel.

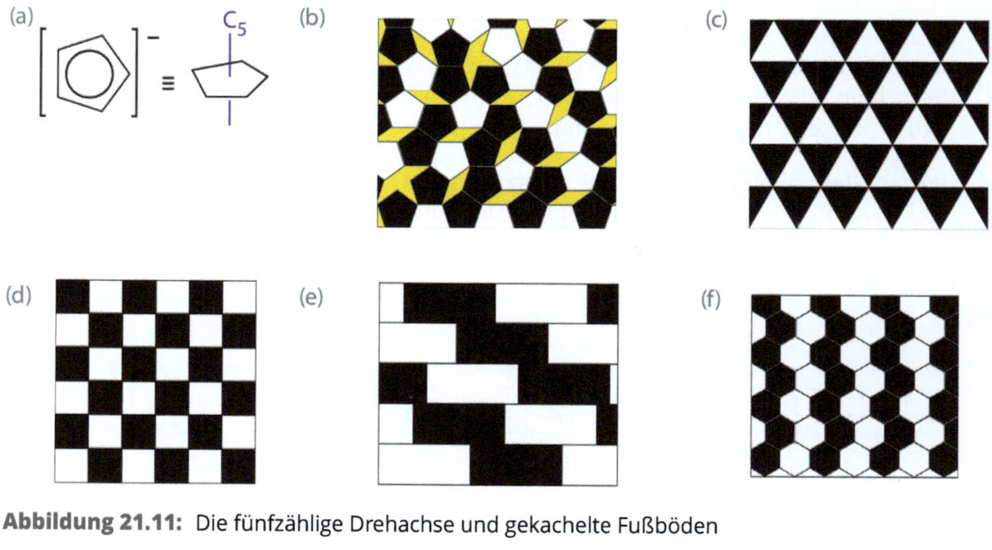

Abbildung 21.11: Die fünfzählige Drehachse und gekachelte Fußböden

Kommen noch Gitter-»Bausteine« ins Spiel, die selbst *nicht-radialsymmetrisch* (also nicht kugelförmig) sind, wird es natürlich komplizierter. Als Beispiel nehmen wir eine beliebige Substanz, die in Form homo-diatomarer Moleküle vorliegen soll und kubisch primitiv kristallisiert (stilisiert angedeutet in Abbildung 21.12; die farbliche Markierung soll das Nachverfolgen der jeweiligen Symmetrieoperationen erleichtern). Zu den Symmetrieelementen des kubisch primitiven Gitters gehört bekanntlich unter anderem die vierzählige Drehachse (C_4) entlang jeder Achse des gewohnten Koordinatensystems, hier beispielsweise der z-Achse (Abbildung 21.12a). Da aber in diesem Beispiel die einzelnen Bausteine innerhalb dieses Gitters nicht radialsymmetrisch sind, führt die vermeintliche Symmetrieoperation bei mancher Achse zu einem falschen Ergebnis (b; hier wurde die y-Achse gewählt). Dieses Gitter weist also keine *vier*zählige Drehsymmetrie mehr auf, sondern nur noch eine *zwei*zählige (c).

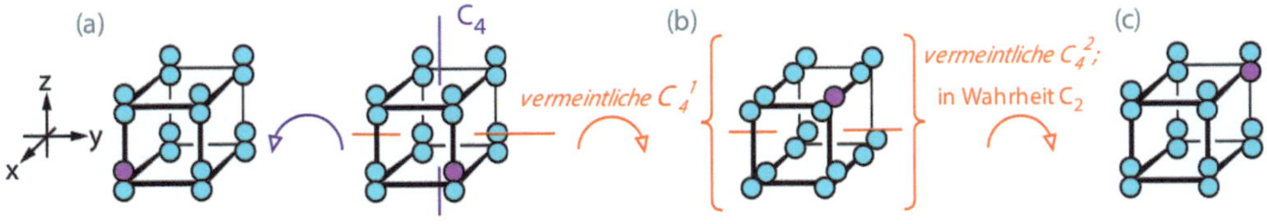

Abbildung 21.12: Abnehmende Symmetrie

Raumgruppen

Kombinieren Sie diese Überlegungen mit den neu eingeführten Symmetrieelementen, die sich von der Translationssymmetrie ableiten, lassen sich aus den 32 Kristallklassen insgesamt 230 Raumgruppen konstruieren. (Auch diese Zahl lässt sich mit der Gruppentheorie belegen – wir wollen's nicht übertreiben.) Es gibt also insgesamt nur 230 verschiedene Möglichkeiten für beliebig geartete Objekte, sich zu einem regelmäßig geformten Kristall anzuordnen. Diese Zahl mag auf den ersten Blick überraschen, aber machen wir ein Gedankenexperiment: Stellen Sie sich doch einfach ein beliebiges Metall(II)-Ion vor, das mit den folgenden Gegen-Ionen jeweils im NaCl-Gitter kristallisieren soll:

- ✔ mit dem (radialsymmetrischen) Sulfid-Ion S^{2-}
- ✔ mit dem Carbonat-Ion CO_3^{2-} (Punktgruppe D_{3d})
- ✔ mit dem Sulfat-Ion SO_4^{2-} (Punktgruppe T_d).

Ganz egal, ob es diese Verbindungen jeweils wirklich gibt oder nicht: Es sollte einleuchten, dass alle drei Salze in die gleiche *Kristallklasse* fallen, aber eben doch völlig unterschiedliche Symmetrieeigenschaften aufweisen: Sie gehören unterschiedlichen *Raumgruppen* an.

Da offenkundig die Symmetrie der einzelnen »Bausteine« eines Kristallgitters Einfluss auf die Gesamt-Symmetrie dieses Gitters hat, müssen wir an dieser Stelle betonen, dass sich die Angaben über die Gitterkonstanten der Bravais-Gitter (Abbildung 14.13) wirklich nur auf *Gitter* beziehen (also auf die *rein mathematischen* Konstruktionen, die auch als *Punktgitter* bezeichnet werden, und in denen die Gitterpunkte maximale Symmetrie besitzen; sie sind also radialsymmetrisch). Bei den real existierenden *Kristallsystemen* sieht es da ein bisschen anders aus:

- ✔ Für das tetragonale *Gitter* gilt stets *zwingend*, dass die Basislängen a und b identisch sind, während sich die Basislänge c von den anderen unterscheidet (also a = b ≠ c, sonst wäre es ja ein kubisches Gitter), und im monoklinen *Gitter* besitzen die Winkel-Gitterkonstanten α und γ den gleichen Wert (nämlich 90°), der mit dem Wert für den Winkel β nicht identisch sein *darf* (also $\alpha = \gamma \neq \beta$).

✔ Bei »real existierenden« *Kristallen* hingegen ist das nicht unbedingt der Fall: Dort gilt für jegliche »Ungleich-Angaben« aus Abbildung 14.13, dass für jene Werte *keinerlei Restriktionen* bestehen; die betreffenden Gitterkonstanten *können* also *jeden beliebigen* Wert annehmen.

Es ist daher – eben in Abhängigkeit von der Symmetrie der im Gitter vorliegenden »Bausteine« – zumindest theoretisch möglich, dass beispielsweise in einem rechtwinkligen System alle drei Basislängen identisch sind (also a = b = c) und *trotzdem* ein *tetragonaler* Kristall vorliegt: In diesem Falle besäße dann die Basislänge c *rein zufällig* den gleichen Wert wie die Basislängen a und b. Natürlich erscheint ein solcher Zufall sehr unwahrscheinlich – und Sie finden ihn auch wirklich nicht oft, aber es gibt eben doch Beispiele dafür: So wurde im Jahr 2006 über ein gemischtes Diphosphat mit den Kationen Natrium, Kalium und Zink ($NaKZnP_2O_7$) berichtet, das vollständig rechtwinklig kristallisiert (also $\alpha = \beta = \gamma$) und dessen Basislängen allesamt unterschiedlich sind (a ≠ b ≠ c). Läge hier ein *Punktgitter* vor, wäre dieses somit eindeutig *orthorhombisch*, aber wegen eines der hier vorliegenden Ionen (dem Diphosphat, $P_2O_7^{2-}$) ist die Symmetrie im real existierenden *Kristall* vermindert: Er ist *monoklin*.

Zugegeben: Sonderlich viele Beispiele für dieses Phänomen sind (bislang) nicht bekannt, aber manche Prüfer legen sehr viel Wert darauf, dass Sie – um bei dem obigen Beispiel zu bleiben – bei *Kristallen* sagen: »Im monoklinen Gitter unterscheiden sich *gemeinhin* alle drei Basislängen, und zwei der drei Basiswinkel besitzen den Wert 90°, während der dritte Basiswinkel theoretisch jeden beliebigen Wert annehmen kann. *Meistens* jedoch gilt: $\beta \neq 90°$.« Zumindest theoretisch wäre sogar möglich, dass irgendwann ein real existierender Kristall gefunden (oder synthetisiert) wird, in dem zufälligerweise alle Winkel einen Wert von 90° aufweisen und in dem – ebenso zufälligerweise – auch noch alle Basislängen identisch sind ... und der – aufgrund der niedrigeren Symmetrie seiner »Bausteine« – trotzdem *triklin* wäre, so kubisch er zunächst auch erscheinen mag.

So anders, und doch gleich!

Während der räumliche Bau kovalent gebauter Verbindungen häufig mit den Koordinationspolyedern beschrieben wird, die das VSEPR-Modell vorsieht, beziehen Sie sich in der Festkörperchemie meist auf die platonischen Körper, die Sie schon aus dem Abschnitt *Nur für Streber* aus Kapitel 12 kennen. Hier sind sie noch einmal in all ihrer Pracht versammelt (einmal so, dass die tatsächliche Gestalt offensichtlich wird, einmal halbdurchsichtig, sodass es eher den Zeichnungen ähnelt). In Abbildung 21.13 also das Tetraeder (a), der Würfel (b; der duale Körper zum Oktaeder, Sie erinnern sich?), das Oktaeder selbst (c) und dann noch das Pentagondodekaeder (d) und das Ikosaeder (e):

Abbildung 21.13: Die fünf platonischen Körper

Damit sind natürlich noch nicht alle Koordinationspolyeder abgedeckt, die das VSEPR-Modell zu bieten hat (geschweige denn die Polyeder, die sich in der Festkörperchemie finden), und doch lässt sich so mancher geometrische Körper, bei dem Sie es zunächst einmal nicht erwarten, wieder auf die platonischen Körper zurückführen – oder auch umgekehrt:

- ✔ Der Würfel (Abbildung 21.13b) ist der hochsymmetrische Sonderfall des quadratischen Prismas (Abbildung 21.14a), das in z-Richtung des gewohnten kartesischen Koordinatensystems gestaucht oder gestreckt sein kann.
  - Vom quadratischen Prisma leitet sich das quadratische Antiprisma (Abbildung 21.14b) ab, bei dem zwei parallele Ebenen zueinander um 45° verdreht sind.
- ✔ Das Oktaeder (Abbildung 21.13c) lässt sich dann als hochsymmetrischer Sonderfall der quadratischen Bipyramide ansehen (Abbildung 21.14c): Hier sind alle Bindungen gleich lang, während bei einer »normalen« Bipyramide die Bindungen in z-Richtung des kartesischen Koordinatensystems auch verkürzt (gestauchte Bipyramide) oder verlängert (gestreckte Bipyramide) sein können.
  - Zugleich ist das Oktaeder auch ein Sonderfall des trigonalen Antiprismas (Abbildung 21.14d), das sich vom trigonalen Prisma (e) dadurch ableitet, dass die beiden parallelen Ebenen gegeneinander verdreht sind (wie beim quadratischen Antiprisma, Abbildung 21.14).

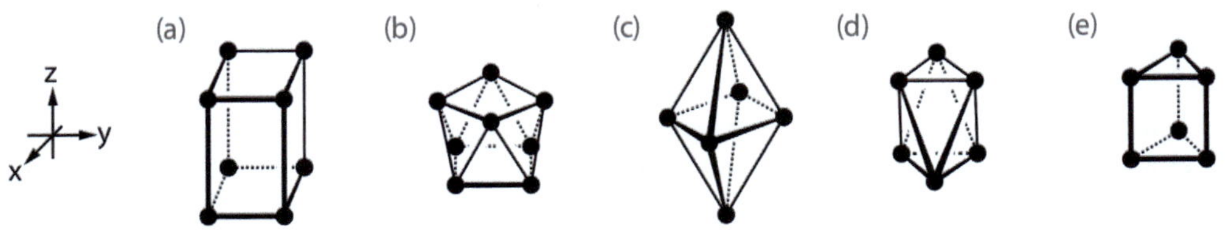

Abbildung 21.14: Von PLATONISCHEN Körpern abgeleitete Polyeder

Diese Koordinationspolyeder können natürlich auch dazu herangezogen werden, Lückenbesetzungen in Gittern zu beschreiben (denken Sie an die Oktaeder- und Tetraederlücken aus Kapitel 11). Abbildung 21.15 zeigt, welche Koordination sich jeweils ergibt, wenn das Innere des entsprechenden Polyeders durch ein Atom/Ion besetzt ist. Bei den vom Würfel abgeleiteten Strukturen (a/b) beträgt die Koordinationszahl 8, bei den vom Oktaeder abgeleiteten (c-e) erwartungsgemäß 6.

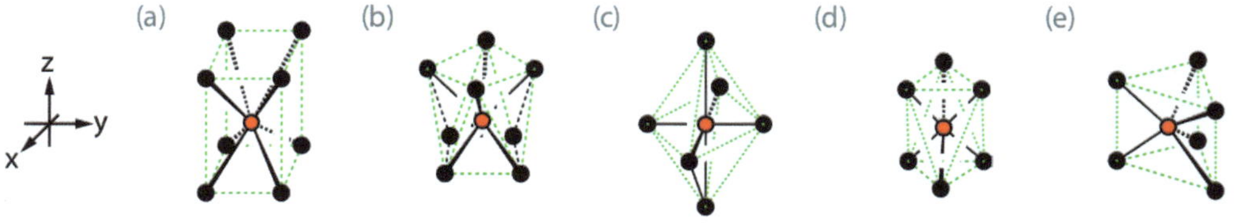

Abbildung 21.15: Koordinationsformen

Derartige geometrische Äquivalenzen werden Ihnen gerade bei der genaueren Betrachtung von Festkörperstrukturen rasch in Fleisch und Blut übergehen.

Bei Kristallen läuft die Symbolik anders!

Im Abschnitt *Nur für Streber: Symmetrie in der Chemie – Teil 1* (Kapitel 12) haben Sie die SCHÖNFLIES-Symbolik zur Kennzeichnung von Symmetrieelementen kennengelernt. Bei Festkörpern – mit denen sich ja nicht nur Chemiker befassen, sondern eben auch Kristallografen, Mineralogen und Vertreter vieler anderer Fachgebiete – hat sich allerdings die **HERRMANN-MAUGUIN-Symbolik** durchgesetzt. In vielen Fällen ändert sich bei dieser Symbolik im Vergleich zu SCHÖNFLIES tatsächlich nur die Schreibweise: So werden beispielsweise n-zählige Drehachsen nicht mit C_n bezeichnet, sondern nur mit N. Bei HERRMANN-MAUGUIN schreiben Sie also statt C_3 einfach 3 – da diese Schreibweise meist mit Zeichnungen oder Projektionen von Kristallen oder Kristallausschnitten kombiniert wird, sind Missverständnisse praktisch ausgeschlossen. Trotzdem gibt es *einen* großen Unterschied: Während bei SCHÖNFLIES bestimmte Symmetrie-Zusammenhänge mithilfe der Drehspiegelachse (S_n) aufgezeigt werden, gibt es dieses Symmetrieelement bei HERRMANN-MAUGUIN nicht. Stattdessen wurde dort die *Drehinversionsachse* eingeführt, die zwar für das gleiche Phänomen herangezogen wird, für die aber unterschiedliche Symmetrieelemente kombiniert werden. Deswegen ergibt sich für sie eine andere Zähligkeit als für S_n. (Für diejenigen, die sich ausgiebiger damit befassen, ist das häufig ein immenser Stolperstein, aber da dies hier kein Lehrbuch der Kristallographie ist, wollen wir es bei diesem Hinweis bewenden lassen – sollten derlei Feinheiten für Sie irgendwann einmal wichtig werden, kommen Sie um weiterführende Literatur ohnehin nicht herum.) Wir erwähnen das hier auch nur, weil auch die 230 Raumgruppen meist nach HERRMANN-MAUGUIN bezeichnet werden – Sie sollten also wenigstens schon einmal davon gehört haben.

Aufgaben Kapitel 21

1. Beschreiben Sie das Zinkblende-Gitter (Abbildung 11.7c) und das Fluorit-Gitter (Abbildung 11.7e) anhand der Lücken-Besetzung des kubischen Gitters.
2. Geben Sie die Punktlagen der Anionen und der Kationen in der Zinkblende an (die Elementarzelle finden Sie in Abbildung 11.7c).
3. Inwieweit wirken sich Gitterdefekte auf die Reaktivität eines Feststoffs aus?

Teil VI

Chemische Reaktionen und alles, was dazugehört

IN DIESEM TEIL …

geht es um Stoffänderungen – sie sind das Ergebnis chemischer Reaktionen. Chemie wird mit (Valenz-)Elektronen gemacht, dabei haben die Stoffe verschiedene Möglichkeiten, ihre Elektronen hin- und herzuschieben. Manche tun das schnell, manche lassen sich Zeit und manche geben nicht gerne sämtliche ihrer (Valenz-)Elektronen ab. Wann immer sich die Möglichkeit für eine Reaktion bietet, bei der ein energieärmerer Zustand erreicht werden kann als vorher, wird diese Reaktion auch stattfinden (das heißt nicht, dass alles immer schon bei Raumtemperatur anlaufen muss!). Das muss aber keineswegs das Ende von allem sein: Kommt ein Reaktionspartner daher, mit dem es *noch besser* geht, gibt es wieder neue Stoffe. Und natürlich müssen die Mengen stimmen.

Die meisten chemischen Reaktionen finden in einem Lösemittel statt. Dabei stellt Wasser das weitaus wichtigste Lösemittel dar: Es ist praktisch überall zu finden und spielt auch in biologischen Systemen eine herausragende Rolle. Sehr häufig haben Sie es also mit *wässrigen* Lösungen zu tun. Zahlreiche Größen wie *p*H-Wert, Säurestärke oder Neutralisation haben wässrige Lösungen zur Grundlage. Gase können natürlich auch miteinander, aber auch mit Flüssigkeiten oder Feststoffen reagieren. Reine Feststoffreaktionen sind eher selten.

IN DIESEM KAPITEL

geht nichts verloren

kommt es auf die Mengen an

kann Überschuss gut tun

Kapitel 22
Stöchiometrie – wie viel reagiert denn da?

Findet eine chemische Reaktion statt, entstehen nicht nur neue Stoffe (was Sie in der Regel *qualitativ* registrieren können): Die Stoffe – Ausgangsstoffe (*Reaktanten*) sowie Endstoffe (*Produkte*) – stehen auch in einer *quantitativen* Beziehung zueinander. Diese quantitativen Gesetzmäßigkeiten sind in der Chemie außerordentlich wichtig, denn sie erlauben Ihnen, Stoffe in einem sinnvollen Verhältnis einzusetzen, die zu erwartende Ausbeute zu berechnen oder Analyseergebnisse richtig zu deuten.

Letztendlich führt eine chemische Reaktion immer nur zu einer *Umgruppierung* der schon vorher vorhandenen Atome. Die Atome werden dabei nicht zerstört, sondern finden sich in anderen Verbindungen wieder. Betrachten Sie etwa die auf der Erde vorhandenen Eisen-Atome (Schätzungen belaufen sich auf etwa 10^{49} Stück). Was auch immer geschieht, Sie werden die *Anzahl* der Eisen-Atome auf der Erde nicht verändern – es sei denn, ein Meteorit fällt vom Himmel oder Sie bauen eine Rakete aus Eisen, die die Erde verlässt. (Natürlich ist theoretisch auch eine Elementumwandlung möglich, aber die hat hier nichts zu suchen.)

Bei einer chemischen Reaktion bleibt die *Gesamtmasse aller Reaktionsteilnehmer* erhalten. Mit anderen Worten: Atome oder Moleküle verschwinden nicht einfach im Nichts, und sie tauchen auch nicht plötzlich »einfach so« auf – die **Stoffbilanz** muss stimmen.

Gleiches gilt im Übrigen auch für Ladungen: Auch sie tauchen nicht plötzlich auf oder verschwinden einfach wieder. Die *Summe der Ladungen* vor und nach einer chemischen Reaktion bleibt gleich – die **Ladungsbilanz** muss stimmen.

BEISPIEL

Lösen Sie etwa NaCl in Wasser, schwimmen Na^+-Ionen und Cl^--Ionen in der Lösung herum; da es genauso viele positive wie negative Ladungen sind, ist die Lösung ebenso neutral wie vorher der NaCl-Kristall auch.

Weiterhin gilt für die Materie, dass sie sich immer in festen Massenverhältnissen verbindet und dass nur *ganze* Atome reagieren (*siehe* Kapitel 3).

Aufgrund dieser Gesetze ist ersichtlich, dass Sie tatsächlich so etwas wie »Chemie-Lego®« spielen können, bei dem eine (meist recht übersichtliche) Anzahl Teilchen miteinander in Wechselwirkung tritt. (Diese Betrachtungsweise wird Ihnen in diesem Buch immer wieder begegnen.) Abbildung 22.1 verdeutlicht, wie die Klötzchen neu angeordnet werden.

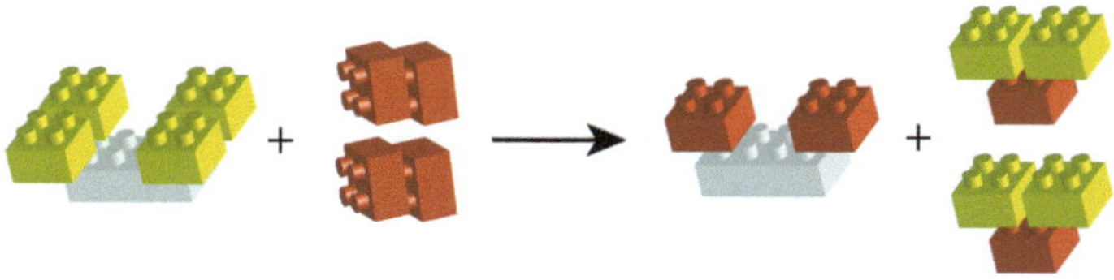

Abbildung 22.1: Umordnung von Lego®-Steinen

So funktioniert im Prinzip die ganze Chemie. Und dafür, dass alles mit rechten Dingen zugeht, sorgt die Stöchiometrie, eine aus dem Griechischen (*στοιχειον μετρον*, *stoicheion metron*) abgeleitete Bezeichnung für »Grundbestandteil messen«.

Warum Reaktionsgleichungen?

Natürlich müssen Sie sich kein erweitertes Lego®-Sortiment zulegen, um sich chemische Reaktionen plausibel zu machen – genau dafür gibt es chemische Reaktionsgleichungen. Mit einer Reaktionsgleichung bringen Sie das Geschehen schematisch zu Papier. In Kapitel 4 ist beschrieben, wie jedes Atom eines Elements eindeutig durch seine Ordnungszahl oder auch sein Elementsymbol charakterisiert ist. Die Reaktion findet zwar mit *einzelnen* Atomen und Molekülen statt, aber diese einzelnen Teilchen machen natürlich nicht den Stoff aus, den Sie makroskopisch beobachten. Dieser besteht aus schier unzählig vielen Teilchen, sodass es bei einer chemischen Reaktion *wirklich nicht* auf die einzelnen Isotope ankommt, die sich ja durchaus in der Masse unterscheiden können: Bei jedem beliebigen Stoff können Sie *immer* davon ausgehen, dass er das *natürlich vorkommende Isotopenverhältnis* aufweist – deshalb kommt jedem Element eine natürliche relative Atommasse zu.

Ersetzen Sie die Steine in Abbildung 22.1 durch verschiedenfarbige Kugeln, sehen Sie im Prinzip das gleiche Bild (nur sieht es jetzt schon etwas »chemischer« aus, weil Sie sich vielleicht leichter vorstellen können, dass es sich dabei um einzelne Atome handelt). Ordnen Sie diesen Kugeln verschiedene Elemente zu, haben Sie bereits eine chemische Reaktion dargestellt (Abbildung 22.2). Nun verpassen Sie den verschiedenen Kugeln noch entsprechende Elementsymbole, und Sie sehen: Zum Aufstellen einer *richtigen* Reaktionsgleichung ist es nur noch ein kleiner Schritt.

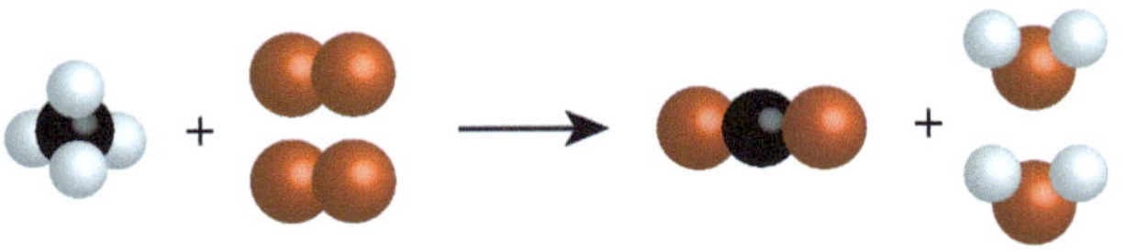

$$CH_4 \; + \; 2\,O_2 \; \longrightarrow \; CO_2 \; + \; 2\,H_2O$$

Abbildung 22.2: Reaktion von Methan mit Sauerstoff

Eine chemische Gleichung wie in Abbildung 22.2 gibt eine chemische Reaktion nur abstrakt wieder. Genauso wenig, wie Sie ein Sammelsurium von Lego®-Steinen in einer Kiste wahllos mischen und sich anschauen, was denn da wohl an Kombinationsmöglichkeiten herauskommt, können Sie verschiedene Atome oder Moleküle (gedanklich) in einem Topf verrühren, um Produkte zu erzeugen. Hier unterscheidet sich der Lego®-Konstrukteur doch erheblich von einem Chemiker, der gewisse Kenntnisse benötigt, *welche* Stoffumwandlungen ablaufen und *welche* Reaktionsprodukte vorausgesagt werden können. Wollen Sie eine Reaktionsgleichung aufstellen, müssen Ausgangs- und Endstoffe also bekannt sein.

Eine chemische Reaktionsgleichung trifft zunächst eine *qualitative* Aussage: Sie beschreibt die Ausgangsstoffe und die Endstoffe einer chemischen Umsetzung.

Eine Reaktionsgleichung hat immer eine linke Seite (die Ausgangsstoffe, fachsprachlich meist als *Reaktanten* oder veraltet als *Edukte* bezeichnet) und eine rechte Seite (die *Produkte*), der Pfeil kennzeichnet die Richtung der Umsetzung. Links und rechts muss die Anzahl der Atome einer jeweiligen Sorte gleich sein – zählen Sie nach! Nur *dann* ist gewährleistet, dass die Masse (die sich hinter den einzelnen Atomen verbirgt) vor und nach der Reaktion identisch ist. Somit ist mit einer chemischen Reaktionsgleichung immer auch eine *quantitative* Aussage verbunden: Es muss gewährleistet sein, dass die Anzahl der einzelnen Atomsorten tatsächlich gleich bleibt – die ***Stoffbilanz** muss stimmen.* Wenn Sie die Gleichung in Abbildung 22.2 betrachten, bekommen Sie das nicht hin, solange Sie lediglich feststellen, dass CH_4 mit O_2 zu CO_2 und H_2O reagiert. Nur unter Einsatz genau definierter Vorfaktoren (jeweils »2« vor O_2 und H_2O) gelingt es. Diese Vorfaktoren werden **stöchiometrische Koeffizienten** genannt, sie werden bei der abstrakt-mathematisch/rechnerischen Behandlung dieses Themas meist mit dem griechischen Buchstaben ν gekennzeichnet.

Eine allgemeine Reaktionsgleichung für die Reaktion von A und B zu C und D sieht also folgendermaßen aus:

$$\nu_A A + \nu_B B \;\rightarrow\; \nu_C C + \nu_D D \tag{22.1}$$

Definitionsgemäß sind zum Ermitteln der *Bilanzsumme* die ν_i für die *Reaktanten negativ* und für die *Produkte positiv.*

Mithilfe der stöchiometrischen Faktoren müssen Sie jede Reaktionsgleichung dann so ausgleichen, dass die Anzahl der Atome aller beteiligten Elemente auf der linken und rechten Seite einer Reaktionsgleichung identisch ist, denn sonst ist das *Gesetz von der Erhaltung der Masse* nicht erfüllt – und das ist schließlich ein Naturgesetz.

Es muss also gelten:

$$\sum_{i} \nu_i A_i = 0 \qquad \text{mit } A_i \text{ für die einzelnen Spezies} \qquad (22.2)$$

In Worten: Die Summe aller Spezies A_i mit ihren zugehörigen stöchiometrischen Koeffizienten ν_i muss insgesamt *null* sein.

Oft geht Probieren über Studieren

Für die Reaktionsgleichung in Abbildung 22.2 ist es nicht sonderlich schwer, die stöchiometrischen Koeffizienten anzugeben. Auch bei anderen Reaktionsgleichungen kommen Sie häufig schnell zum Ziel, indem Sie sich zuerst das Molekül mit der höchsten Atomanzahl vornehmen und die übrigen Reaktionspartner darauf abstimmen.

BEISPIEL

Hexan (C_6H_{14}) reagiert mit Sauerstoff zu Kohlendioxid und Wasser.

Folgende Vorgehensweise ist ratsam:

- Zunächst geben Sie Reaktanten und Produkte in einem Reaktions*schema* (das ist noch keine Reaktions*gleichung* an:

$$C_6H_{14} + O_2 \longrightarrow CO_2 + H_2O$$

STIMMT NOCH NICHT

- Wie Sie sehen, brauchen Sie für den Ausgleich stöchiometrische Koeffizienten. Sie können sich herantasten, indem Sie erst einmal festlegen, dass Sie 6 C-Atome und 14 H-Atome des Hexans bei den Produkten wiederfinden müssen. Damit übereinstimmend ergibt sich:

$$C_6H_{14} + O_2 \longrightarrow 6\,CO_2 + 7\,H_2O$$

STIMMT NOCH NICHT

- Auf der ProduktSeite sind nun allerdings zu viele O-Atome (insgesamt 19), die Sie auf der Reaktanten-Seite ausgleichen müssen:

$$C_6H_{14} + 9{,}5\,O_2 \longrightarrow 6\,CO_2 + 7\,H_2O$$

NA JA

- *Halbe Atome oder halbe Moleküle gibt es nicht*! Rechnen Sie also die Koeffizienten auf möglichst kleine ganze Zahlen um:

$$2\,C_6H_{14} + 19\,O_2 \longrightarrow 12\,CO_2 + 14\,H_2O \qquad (22.3)$$

PASST!

Stickstoffdioxid reagiert mit Wasser zu Salpetersäure und Stickstoffmonoxid.

- Zunächst stellen Sie Reaktanten und Produkte in einem Reaktion-Schema auf:

$$NO_2 + H_2O \longrightarrow HNO_3 + NO$$

STIMMT NOCH NICHT

- Rechts gibt es zwei N, links nur eins, also brauchen Sie mindestens 2 NO_2.
- Links gibt es zwei H, rechts nur eins, also brauchen Sie mindestens 2 HNO_3.
- HNO_3 und 1 NO kommen zusammen auf 3 N, also erhöhen Sie links die Anzahl von NO_2 auf 3.
- Damit erhalten Sie folgende Reaktionsgleichung:

$$3\,NO_2 + H_2O \longrightarrow 2\,HNO_3 + NO$$

PASST!

Bilanzierung der Elemente

Wenn Ihnen das Hin- und Herprobieren zu lange dauert oder Sie sich dabei verzetteln, gibt es eine Methode, wie Sie ganz sicher zum Ziel kommen: Sie machen eine *Massenbilanz* für die einzelnen Elemente, die am Reaktionsgeschehen teilnehmen. Sie wissen ja, dass die Masse insgesamt und auch für jedes Element bei einer chemischen Reaktion nicht verändert wird. Deshalb müssen natürlich die einzelnen Atomsorten mit den stöchiometrischen Koeffizienten verknüpft sein.

Als Beispiel diene die erste der beiden obigen Reaktionen (die uns letztendlich Gleichung 22.3 beschert hat):

$$\nu_A\, C_6H_{14} + \nu_B\, O_2 \quad \rightarrow \quad \nu_C\, CO_2 + \nu_D\, H_2O$$

ν_A, ν_B, ν_C und ν_D sind die stöchiometrischen Koeffizienten, und die gilt es zu ermitteln.

Für die einzelnen Elemente können Sie folgende Beziehungen aufstellen:

$$\begin{aligned}
&C\colon\ 6\nu_A = \nu_C \\
&H\colon\ 14\nu_A = 2\nu_D \quad \Rightarrow \quad 7\nu_A = \nu_D \\
&O\colon\ 2\nu_B = 2\nu_C + \nu_D \quad \Rightarrow \quad 2\nu_B = 12\nu_A + 7\nu_A \quad \Rightarrow \nu_B = 6\nu_A + 3,5\,\nu_A = 9,5\,\nu_A
\end{aligned}$$

Setzen Sie $\nu_A = 1$, erhalten Sie: $\nu_A = 1 \quad \nu_B = 9,5 \quad \nu_C = 6 \quad \nu_D = 7$

Auf die kleinstmöglichen ganzen Zahlen gebracht: $\nu_A = 2 \quad \nu_B = 19 \quad \nu_C = 12 \quad \nu_D = 14$

Wie Sie sehen, stimmen die stöchiometrischen Koeffizienten mit denen aus Gleichung 22.3 überein.

Lohnt sich das überhaupt?

Eine Reaktionsgleichung gibt das Verhältnis der einzelnen Atome und Moleküle wieder, die an der Reaktion beteiligt sind. Die einzelnen Atome haben natürlich eine Masse (die Atommasse), und somit stehen Reaktanten und Produkte selbstverständlich auch in einem genau definierten *Massen*verhältnis zueinander. Das Atom- und auch das Molekülverhältnis ist genau das gleiche wie das Molverhältnis (schauen Sie in Kapitel 4 nach, wenn Ihnen das nicht einleuchtet). Sie können also für die Teilchen die *tatsächlichen* Massen heranziehen oder – was viel bequemer ist, da Sie schließlich mit wägbaren Mengen hantieren – die *molaren* Massen verwenden.

BEISPIEL

Nehmen Sie die einfache Reaktion:

$$2\,H_2O + O_2 \rightarrow 2\,H_2O$$

Die Aussagen:

- ✔ 2 Moleküle H_2 reagieren mit 1 Molekül O_2 zu 2 Molekülen H_2O *und*
- ✔ 2 Mol H_2 reagieren mit 1 Mol O_2 zu 2 Mol H_2O

sind völlig gleichbedeutend. Reaktanten und Produkte stehen daher in folgendem Massenverhältnis:

$2\,H_2$	+	O_2	→	$2\,H_2O$
2x 2,016 g		1x 32,0 g		2x 18,016 g
4,032 g		32,0 g		36,032 g

Die Reaktionsteilnehmer stehen damit im

Molverhältnis $H_2 : O_2 : H_2O = 2 : 1 : 2$

Massenverhältnis $H_2 : O_2 : H_2O = 4{,}032 : 32{,}0 : 36{,}04$

Das bedeutet zum Beispiel, dass aus 4,032 g H_2 in obiger Reaktion 36,03 g H_2O entstehen. Rechnen Sie nach: Die *Gesamt*masse hat sich nicht verändert.

BEISPIEL

Nehmen wir uns erneut die Reaktion aus Gleichung 22.3 vor:

$$2\,C_6H_{14} + 19\,O_2 \rightarrow 12\,CO_2 + 14\,H_2O$$

Die Aussagen

- ✔ 2 Moleküle C_6H_{14} reagieren mit 19 Molekülen O_2 zu 12 Molekülen CO_2 und 14 Molekülen H_2O *und*
- ✔ 2 Mol C_6H_{14} reagieren mit 19 Mol O_2 zu 12 Mol CO_2 und 14 Mol H_2O

sind wieder gleichbedeutend. Reaktanten und Produkte stehen in folgendem Massenverhältnis:

$2\,C_6H_{14}$	+	$19\,O_2$	→	$12\,CO_2$	+	$14\,H_2O$	(22.4)
2x 86,16 g		19x 32,0 g		12x 44,01 g		14x 18,02 g	
172,36 g		607,98 g		528,12 g		252,22 g	

Aus 172,36 g Hexan werden demnach 528,12 g Kohlendioxid gebildet.

Die gesamte Masse ist erhalten geblieben: Vorher und nachher sind es 780,34 g.

Ausbeuteberechnungen

Die obigen Beispiele zeigen Ihnen genau, welche Menge eines Produkts Sie erwarten dürfen, wenn Sie eine bestimmte Menge eines Reaktanten einsetzen, oder wie viel Reaktant Sie brauchen, um eine bestimmte Menge des gewünschten Produkts zu erhalten.

Natürlich setzen Sie nicht immer genau ein Mol ein: Die Mengen können sehr viel weniger betragen oder auch erheblich mehr.

Die Reaktionsgleichung mit der richtigen Stöchiometrie liefert Ihnen das *Verhältnis* der Stoffmengen (in Mol) und damit auch das Massenverhältnis, in dem die Reaktionsteilnehmer stehen. Es dürfte Ihnen also nicht schwerfallen, die entsprechenden Mengen mithilfe einer Verhältnisrechnung auf Ihre Bedürfnisse umzurechnen. (Da ist er wieder, der Dreisatz!)

BEISPIEL

Setzen Sie für die Reaktion in Gleichung 22.4 statt 2 mol Hexan (172,36 g) nur 100 g ein und wollen die Menge an CO_2 ermitteln, die dann herauskommt, rechnen Sie:

$$\begin{array}{lll} 172{,}36\ \mathrm{g}\ C_6H_{14}\ \text{ergeben} & 528{,}12\ \mathrm{g}\ CO_2 & \\ 100\ \mathrm{g}\ C_6H_{14}\ \text{ergeben} & x\ \mathrm{g}\ CO_2 & x = \dfrac{100\ \cancel{\mathrm{g}} \cdot 528{,}12\ \mathrm{g}}{172{,}36\ \cancel{\mathrm{g}}} = 306{,}41\ \mathrm{g}\ CO_2 \end{array}$$

306,41 g CO_2 sind demnach die maximale Menge, die Sie aus 100 g Hexan gewinnen können, genauso wie 528,12 g CO_2 (12 mol) die maximale Menge ist, die sich aus 172,36 g Hexan (2 mol) erzielen lässt.

Diese Menge eines Produkts, die Sie aus der Reaktionsgleichung ableiten, *würden* Sie erhalten, wenn die Reaktion zu 100 % ablaufen würde. Es ist die theoretisch maximale Menge an Produkt, mehr geht nicht. Deshalb ist diese Menge auch die **theoretische Ausbeute**.

Meistens entsteht jedoch weniger Produkt, als theoretisch möglich wäre. Das kann viele Gründe haben: Nicht alles an Reaktant(en) hat sich umgesetzt (darauf kommen wir in Kapitel 24 noch einmal ausführlich zurück), es sind Nebenprodukte entstanden, Sie haben unsauber gearbeitet, oder was auch immer geschehen sein mag. Hier ist von der **praktischen Ausbeute** die Rede.

Das Verhältnis von praktischer zu theoretischer Ausbeute führt letztendlich zur prozentualen Ausbeute:

$$\text{prozentuale Ausbeute} = \frac{\text{praktische Ausbeute}}{\text{theoretische Ausbeute}} \times 100\,\% \qquad (22.5)$$

Limitierende Faktoren: Hier werden Grenzen gesetzt

Werden Reaktanten *nicht* im (zur Reaktionsgleichung gehörigen) stöchiometrischen Verhältnis eingesetzt, bleiben zwangsläufig Stoffe übrig, sobald die Komponente mit dem geringsten relativen Stoffmengenanteil aufgebraucht ist. Diese Komponente begrenzt das ganze Reaktionsgeschehen, denn die Reaktion kann ja nicht mehr weiterlaufen, obwohl noch Reaktionspartner zur Verfügung stehen.

BEISPIEL

Ammoniak reagiert mit Chlorwasserstoff nach folgender Reaktionsgleichung zu Ammoniumchlorid:

$$\underset{\substack{1\,\text{mol}\\17{,}03\,\text{g}}}{NH_3} + \underset{\substack{1\,\text{mol}\\36{,}46\,\text{g}}}{HCl} \rightarrow \underset{\substack{1\,\text{mol}\\53{,}49\,\text{g}}}{NH_4Cl}$$

Nun lassen Sie stattdessen 30 g NH_3 (1,76 mol) mit 30 g HCl (0,82 mol) reagieren – wie viel NH_4Cl entsteht?

- ✔ HCl, NH_3 und NH_4Cl stehen im Molverhältnis 1:1:1. Sind nur 0,82 mol HCl vorhanden, können auch nur 0,82 mol NH_3 reagieren und demzufolge auch nur 0,82 mol NH_4Cl entstehen, also 43,86 g.

Der Überschuss an NH_3 reagiert einfach nicht, weil kein Reaktionspartner mehr vorhanden ist. Die Menge an HCl bestimmt also letztendlich die Menge an Produkt, in diesem Fall ist HCl die *limitierende Komponente*, meist *der limitierende Faktor* genannt.

Noch einmal, aber jetzt etwas schwieriger: Betrachten Sie erneut die Reaktion in Gleichung 22.4: Wieder lassen Sie 2 mol Hexan (172,36 g) reagieren, stellen aber nur 400 g Sauerstoff zur Verfügung. Wie viel CO_2 erhalten Sie nun?

- ✔ O_2 und CO_2 stehen im stöchiometrischen Verhältnis 19:12.
- ✔ 400 g O_2 sind 12,5 mol, also können daraus 7,895 mol (347,45 g) CO_2 entstehen.
- ✔ O_2 ist die limitierende Komponente, es können nur 1,32 mol Hexan reagieren, der Rest bleibt übrig.

Sie können es auch einfacher haben: Setzen Sie einfach die Mengen ins Verhältnis:

607,98 g O_2 liefern 528,12 g CO_2

400 g O_2 liefern x g CO_2 $\quad x = \dfrac{400\,\cancel{g} \cdot 528{,}12\,g}{607{,}98\,\cancel{g}} = 347{,}46\,g\;CO_2$

Sind Reaktionspartner vorhanden, können Sie davon ausgehen, dass die limitierende Komponente so gut wie vollständig umgesetzt wird. Das können Sie beispielsweise ausnutzen, wenn ein Stoff *ausgefällt* werden soll (mehr dazu in Kapitel 24): Wollen Sie etwa alle Ba^{2+}-Ionen aus einer Bariumchlorid-Lösung ($BaCl_2$) entfernen, setzen Sie Schwefelsäure (H_2SO_4) im Überschuss ein, damit schwerlösliches Bariumsulfat ($BaSO_4$) ausfällt.

Dies ist das einzige Kapitel, dessen Kernaussage sich sehr knapp zusammenfassen lässt:

Stimmen beim Aufstellen einer Reaktionsgleichung Stoffbilanz und Ladungsbilanz? Wenn nicht, dann *kann* die Gleichung unmöglich stimmen. (Das bedeutet nicht, dass jede stöchiometrisch ausgeglichene Reaktionsgleichung automatisch richtig ist, aber wenn sie *nicht ausgeglichen* ist, dann ist sie *auf jeden Fall falsch*.)

Aufgaben Kapitel 22

Zum Aufwärmen

1. Gleichen Sie folgende Reaktionsgleichung aus:

   $PbO + HCl \rightarrow PbCl_2 + H_2O$

2. Gleichen Sie folgende Reaktionsgleichung aus (vollständige Verbrennung):

   $C_6H_6 + O_2 \rightarrow CO_2 + H_2O$

3. Und noch einmal: Gleichen Sie folgende Reaktionsgleichung aus:

   $C_5H_{11}OH + O_2 \rightarrow CO_2 + H_2O$

Für Fortgeschrittene

4. Wie viel mL einer 0,4-molaren Kaliumhydroxid-Lösung (KOH) müssen Sie zu einer wässrigen Lösung zugeben, die 1,2 g Aluminiumsulfat ($Al_2(SO_4)_3$) enthält, um das vorhandene Aluminium vollständig als Aluminiumhydroxid ($Al(OH)_3$) auszufällen?

5. Welche Masse an Aluminium (in Gramm) können Sie nach folgender Reaktionsgleichung gewinnen, wenn Sie 150 g Aluminiumoxid und 50 g Schwefel einsetzen?

   $2\,Al_2O_3 + 3\,S \rightarrow 4\,Al + 3\,SO_2$

IN DIESEM KAPITEL

- reagiert eine Menge auf einmal
- wird es ganz formal
- kurbeln Sie die Reaktion an

Kapitel 23
Die Zeit läuft – wie schnell ist eine Reaktion?

Bei jeder Reaktion wird entweder Energie frei oder Energie verbraucht. Wie viel das ist, können Sie anhand von thermodynamischen Daten (*siehe* Kapitel 16) feststellen. Diese Daten liefern Ihnen aber eigentlich nur den Energiebetrag, wenn bereits alles vorbei ist – Sie erfahren etwas über den Zustand vorher und den Zustand nachher, aber nicht, was dazwischen passiert. Vor allem erhalten Sie keinerlei Informationen darüber, in welcher *Zeit* denn etwa die Wärme bei einer exothermen Reaktion abgegeben wird. Das ist manchmal nicht unwichtig: Eine Wärmeentwicklung kann so schnell erfolgen, dass Stoffe zersetzt werden oder Ihnen das Reaktionsgemisch sogar um die Ohren fliegt. Wollen Sie das verhindern, müssen Sie entsprechend kühlen. Wie stark Sie die Kühlung ansetzen müssen, wird wiederum vom Fortgang der Reaktion und vom Umsatz Ihrer Ausgangsstoffe bestimmt. (In Kapitel 51 erfahren Sie noch etwas mehr zum Thema *Reaktionsführung.*)

Jedes *einzelne* Teilchen, das zur Reaktion kommt, gibt Energie ab, weil es (bei einer exothermen Reaktion) in einen energieärmeren Zustand übergeht. Betrachten Sie jedes Teilchen für sich, ist das natürlich unmessbar wenig – aber wenn zugleich *viele* Teilchen reagieren, summiert sich diese Energie eben entsprechend auf. Die Wärme, die *momentan* abgegeben wird, ist also eng gekoppelt mit der Anzahl der momentan reagierenden Teilchen. Nimmt die Anzahl der Ausgangsteilchen ab (und das soll ja bei einer Reaktion so sein), entsteht auch momentan nicht mehr so viel Wärme. Die Anzahl der reagierenden Teilchen ist demnach einer zeitlichen Veränderung unterworfen. *Die zeitliche Veränderung einer Größe ist eine Geschwindigkeit* – das kann km/h sein, die zeitliche Volumenzunahme beim Aufblasen eines Luftballons oder eben die Abnahme oder Zunahme der Teilchenanzahl innerhalb einer selbst gewählten Zeiteinheit.

Was ist überhaupt Reaktionsgeschwindigkeit?

Wie schnell ein *einzelnes* Teilchen reagiert, mag von vielen Faktoren abhängen, letztendlich ist entscheidend, wie energiearm der neue Zustand ist. Das betrifft aber *alle* Ausgangsteilchen eines Stoffes in gleicher Weise – unabhängig davon, wie groß der Energiegewinn ist. Daher müssten eigentlich alle Teilchen dieses Stoffes ungefähr gleich schnell reagieren – und vor allen Dingen *alle auf einmal*. Und wenn das so wäre, hinge die Reaktionsgeschwindigkeit nur von der Umwandlungsgeschwindigkeit der einzelnen Teilchen ab.

Analysieren Sie jedoch eine Reaktionsmischung nach einer gewissen Zeit, stellt sich heraus, dass eine bestimmte Anzahl von Ausgangsteilchen reagiert hat (weil sie nicht mehr da sind), andere hingegen *überhaupt* nicht (sie sind noch völlig unverändert vorhanden).

Sind mehrere Stoffe an der Reaktion beteiligt, könnten Sie argumentieren, diese hätten einfach noch keinen geeigneten Reaktionspartner getroffen. Betrachten Sie aber zum Beispiel eine Zerfallsreaktion, dann sind Reaktionspartner ja gar nicht nötig – und trotzdem sind nach einer bestimmten Zeit einige Teilchen zerfallen und andere eben noch nicht. Dies geschieht mit einer überaus zuverlässigen Gesetzmäßigkeit, auf die Sie sich *absolut* verlassen können. *Jedes* radioaktive Atom etwa hat das Bestreben, in ein stabileres zu zerfallen (mehr dazu in Kapitel 52). Warum tun es nicht alle gleichzeitig, wieso gibt es radioaktive Elemente mit einer *Halbwertszeit* (das ist die Zeit, in der die Hälfte der Atome zerfallen ist) von 10^{-8} Sekunden und andere mit 10^{14} Jahren, obwohl die Kernumwandlungsprozesse ähnlich sind? Der einzelne Zerfall erfolgt mit einer gewissen Wahrscheinlichkeit, aber irgendwie müssen sich die einzelnen Atome im Verbund doch »verabreden«, welches nun zerfällt und welches nicht, um ein reproduzierbares Gesamtbild zu erzeugen. Dieses Konzept der Natur lässt sich (bislang) nicht verstehen oder begründen – Sie müssen akzeptieren, *dass* es so ist. Es bleibt Ihnen nichts anderes übrig, als die Gesamtsituation aller Teilchen in Abhängigkeit der Zeit zu beobachten – das gilt für chemische Umwandlungsprozesse *jeder* Art.

Das, was Sie als Reaktionsgeschwindigkeit angeben, ist daher eine *makroskopische* Größe, ein *Mittelwert*. Sie können nicht einmal sagen, dass es sich um eine mittlere *Reaktions*geschwindigkeit handelt, denn die ist ja durchaus für alle Teilchen ähnlich. Berücksichtigen Sie aber, wie viele Teilchen *nicht* reagiert haben (also quasi die »Reaktionsgeschwindigkeit null« aufweisen), ersetzen Sie damit die *tatsächliche* Geschwindigkeit der einzelnen Umwandlungen durch eine *Anzahl* von Teilchen und zählen ab, wie viele Ihrer ursprünglichen Ausgangsteilchen n_0 im Laufe der Zeit verschwinden beziehungsweise noch vorhanden sind. Die Reaktionsgeschwindigkeit der *einzelnen* Reaktionen der Teilchen können Sie *nicht* messen, dagegen aber die *Verringerung der Anzahl* ihrer ursprünglich eingesetzten Teilchen. (Dafür benötigen Sie aber *viele* Teilchen, um hier überhaupt eine Menge messen und einen sinnvollen Wert angeben zu können.)

Wenn Sie die Menge Ihres Reaktanten *zweimal* bestimmen (einmal zum Zeitpunkt t_0 und dann noch einmal nach einer gewissen Zeit t, wie in Abbildung 23.1a), erhalten Sie ein $\Delta n/\Delta t$ (Steigung der Geraden), also quasi eine *Teilchenänderungsgeschwindigkeit*, die Sie »Reaktionsgeschwindigkeit« nennen könnten.

Die *tatsächliche* zeitabhängige Veränderung der Reaktant-Menge einer Komponente *während* einer Reaktion sieht aber in etwa so aus wie die blaue Kurve in Abbildung 23.1b.

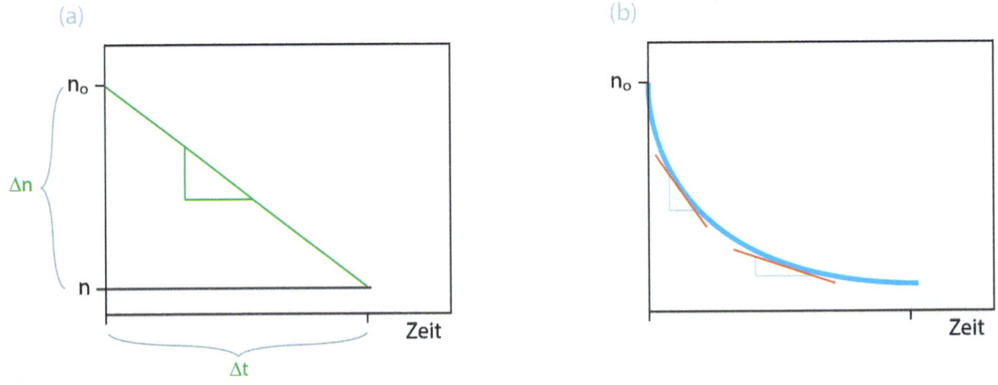

Abbildung 23.1: Zeitliche Änderung der Stoffmenge eines Reaktanten

Den Unterschied erkennen Sie sofort: Während Sie die Reaktionsgeschwindigkeit links die ganze Zeit über als konstant annehmen, ist sie rechts zu jedem Zeitpunkt anders. (Sie sehen das an den Steigungen der roten Tangenten.)

Überlegen Sie mal: *Kann* die Reaktionsgeschwindigkeit eigentlich immer gleich bleiben? Unterteilen Sie die Zeitspanne Δt in irgendwelche gleiche Zeitintervalle, dann wird doch das zugehörige Δn immer kleiner (ein Teil davon reagiert ja schließlich ab). Demzufolge wird doch auch das entsprechende $\Delta n / \Delta t$ und damit die *Änderungsrate* immer kleiner! Schauen Sie notfalls in Kapitel 6 nach, dort werden die Unterschiede noch einmal erklärt.

Wir können also nur eine *momentane* Änderungsrate der Reaktant-Menge angeben – und die ist umso genauer, je kleiner das Zeitintervall ist. Am besten wäre natürlich unendlich klein – dann haben Sie nämlich die Steigung *genau* an diesem (Zeit-)Punkt.

Die Reaktionsgeschwindigkeit r ist also eine *Definition*: die zeitliche Änderung der Stoffmenge einer bestimmten Komponente.

$$r = \frac{1}{\nu_i} \frac{1}{V} \frac{dn_i}{dt} \tag{23.1}$$

Betrachten Sie die allgemeine Reaktion $\nu_A A + \nu_B B \rightarrow \nu_C C + \nu_D D$: Wenn Sie voraussetzen, dass sich das Volumen *nicht* ändert, vereinfacht sich Gleichung 23.1 zur zeitlichen Änderung der *Konzentration* einer Komponente.

$$r = \frac{1}{\nu_A} \frac{dc_A}{dt} = \frac{1}{\nu_B} \frac{dc_B}{dt} = \frac{1}{\nu_C} \frac{dc_C}{dt} = \frac{1}{\nu_D} \frac{dc_D}{dt} \tag{23.2}$$

Solange die einzelnen Komponenten in einem definierten stöchiometrischen Verhältnis stehen, ist es egal, mit *welcher* Komponente Sie die Geschwindigkeit der Reaktion beschreiben,

Sie müssen also nicht alle verfolgen: Für *Reaktanten* ist die zeitliche Abnahme *negativ*, weil sie ja *weniger* werden, für Produkte positiv (das liegt an den stöchiometrischen Koeffizienten, *siehe* Kapitel 22). Nehmen Sie eine Komponente, die Sie gut verfolgen können! Sehr häufig finden Sie als Reaktionsgeschwindigkeit die zeitliche Abnahme der Konzentration eines Reaktanten angegeben, also beispielsweise für den Reaktanten A mit $\nu_A = -1$:

$$r = -\frac{dc_A}{dt} \tag{23.3}$$

Die Wärme ist ein Mittelwert

Da die Reaktionswärme bei *jeder einzelnen* stattfindenden Reaktion der Teilchen eine Rolle spielt, leuchtet sofort ein, dass auch die oben erwähnte Wärmeentwicklung während der Reaktion mit der Reaktionsgeschwindigkeit verknüpft sein muss. Die zeitliche Änderung der Wärme ist damit:

$$\frac{dQ}{dt} = \sum_i r_i \left(-\Delta H_R\right)_i$$

In Worten: Die zeitliche Änderung der Wärme ist die Summe *aller* im System stattfindenden Reaktionsgeschwindigkeiten multipliziert mit der zugehörigen Reaktionsenthalpie.

Damit werden *alle* im System stattfindenden (Teil-)Reaktionen berücksichtigt: Einige mögen exotherm sein, während andere vielleicht endotherm verlaufen. Messbar ist natürlich jeweils nur die mittlere Temperatur der Reaktionsmischung, die sich dabei einstellt.

Mit der Formulierung der Reaktionsgeschwindigkeit wie in Gleichung 23.3 haben Sie lediglich festgelegt, dass sich die Konzentration der Komponente A mit der Zeit ändert. Das ist eigentlich eine Trivialität, denn wenn das *nicht* so wäre, würde ja *gar keine* Reaktion stattfinden. Mit einer solchen Gleichung treffen Sie *keine* Aussage darüber, wie schnell die Reaktion ist und von welchen Umständen sie beeinflusst wird.

Sie wissen ja schon: »dc/dt« ist eine unendlich kleine Konzentrationsänderung in einer unendlich kleinen Zeit. Das sieht zwar einfach aus, aber machen Sie sich klar: Gleichung 23.3 ist eine *Differentialgleichung*.

Erledigung der Formalitäten – Ordnung muss sein

Um Gleichung 23.3 brauchbare Aussagen zu entlocken, müssen Sie diese Differentialgleichung lösen, das heißt: integrieren (wieder hilft Kapitel 6 weiter, falls Sie jetzt auf dem Schlauch stehen).

Was wollen Sie eigentlich wissen? – Sicherlich *nicht* nur, wie der Ausdruck für den zeitlichen Ablauf des Reaktionsgeschehens aussieht, sondern zum Beispiel,

- ✔ wie viel des Reaktanten A nach 90 Minuten umgesetzt wurde *oder*
- ✔ wie lange es dauert, bis von A nur noch 5 % übrig sind *oder*
- ✔ was Sie tun können, um die Umsetzungsgeschwindigkeit zu erhöhen.

Das sind durchaus praktische Informationen, nach denen Sie beispielsweise entscheiden, ob Sie Ihr Produkt in einer vertretbaren Zeitdauer und unter erschwinglichen Bedingungen überhaupt produzieren können.

So ohne Weiteres können Sie diese Informationen aber Gleichung 23.3 nicht entnehmen; zuerst müssen Sie die Bedingungen schaffen, diese Gleichung überhaupt lösen zu *können*. In vielen Fällen brauchen Sie die Abhängigkeiten aller Einflussgrößen gar nicht genau zu kennen. (Die zu ermitteln ist ohnehin nicht so einfach.) Ein gewisses Problembewusstsein in der Sache vorausgesetzt, können Sie die maßgebenden Einflussgrößen benennen und diese in einer bestimmten Kombination für die Lösung anbieten – mit anderen Worten: Sie probieren einfach mal was aus. So etwas ist ein *mathematischer Ansatz*; eine überaus gängige Vorgehensweise zur Lösung von Differentialgleichungen.

Ein solcher mathematischer Ansatz lautet beispielsweise für homogene Reaktionen:

$$r = k\,c_A^n \tag{23.4}$$

k = Geschwindigkeitskonstante, n = Reaktionsordnung

Hiermit legen Sie fest, dass die Reaktionsgeschwindigkeit r von der Konzentration mit irgendeiner Potenz sowie (unter anderem) von der Temperatur (steckt im k drin, *siehe* unten) abhängt. Dies ist ein *formalkinetischer Ansatz*. Aber Vorsicht:

Gleichung 23.4 gilt *nur* für homogene Reaktionen (also die in einer homogenen Phase ablaufen, aber auch nicht für alle). Die Geschwindigkeit vieler homogener Reaktionen lässt sich damit hinreichend beschreiben. Gibt es mehrere Phasen, kommen noch ganz andere Einflussgrößen hinzu (Größe der Grenzfläche, Adsorptions- und Desorptionsvorgänge, Transporte durch die Phasengrenze und vieles mehr). Entsprechende formalkinetische Ansätze sehen *völlig* anders aus (und sind meist *erheblich* komplexer).

Für die weiteren Ausführungen in diesem Kapitel beschränken wir uns auf *homogene* Reaktionen, sodass wir mit dem Ansatz aus Gleichung 23.4 gut bedient sind. Nun kombinieren Sie die zeitliche Abnahme der Konzentration (Gleichung 23.3) mit dem formalkinetischen Ansatz (Gleichung 23.4) und erhalten:

$$-\frac{dc_A}{dt} = k\,c^n \tag{23.5}$$

Dieser Ausdruck wird *Reaktionsgeschwindigkeitsgleichung* oder einfach auch nur *Zeitgesetz* genannt. Wenn Sie *Geschwindigkeitskonstante k* und *Reaktionsordnung n* kennen, können Sie Gleichung 23.5 integrieren (wie das geht, erfahren Sie weiter unten oder auch in Kapitel 6).

Beachten Sie, dass Sie die zeitliche Änderung der Konzentration sowie die Geschwindigkeitskonstante und die Reaktionsordnung grundsätzlich *nur* experimentell ermitteln können.

Für die Reaktionen erfolgt eine Einteilung in verschiedene Reaktionsordnungen:

- **Reaktion 1. Ordnung** ($n = 1$)

  $A \rightarrow$ Produkte

  $$\frac{dc_A}{dt} = -k\,c_A$$

  A reagiert ganz ohne die Beteiligung anderer Stoffe; dies ist typisch für *Zerfallsreaktionen*. Zwei Beispiele:

  $$N_2O_4 \rightarrow 2\,NO_2 \qquad r = k\,c_{N_2O_4}$$
  $$SO_2Cl_2 \rightarrow SO_2 + Cl_2 \qquad r = k\,c_{SO_2Cl_2}$$

  Auch für radioaktiven Zerfall gilt dieser Zusammenhang von Konzentration und Zeit.

- **Reaktion 2. Ordnung** ($n = 2$)

  $A + B \rightarrow$ Produkte

  Hier müssen drei Möglichkeiten unterschieden werden:

  $$\frac{dc_A}{dt} = -k\,c_A^2 \quad \text{oder} \quad \frac{dc_B}{dt} = -k\,c_B^2 \qquad \text{mit } c_A = c_B$$
  $$\frac{dc_A}{dt} = -k\,c_A\,c_B \qquad \text{mit } c_A \neq c_B$$
  $$\frac{dc_A}{dt} = -k_{eff}\,c_A \quad (\text{pseudo} - 1.\,\text{Ordnung}) \qquad \text{mit } c_B \text{ im Überschuss}$$

  Reaktionen 2. Ordnung treten am häufigsten auf. Hier nur einige Beispiele:

  $$2\,N_2O \rightarrow 2\,N_2 + O_2 \qquad r = k\,c_{N_2O}^2$$
  $$O_3 + NO \rightarrow O_2 + NO_2 \qquad r = k\,c_{O_3}\,c_{NO}$$

- **Reaktionen höherer Ordnung**

  • 3. Ordnung ($n = 3$)

  $$\frac{dc_A}{dt} = -k\,c_A^3 \quad \text{bzw.} \quad \frac{dc_A}{dt} = -k\,c_A^2\,c_B \quad \text{bzw.} \quad \frac{dc_A}{dt} = -k\,c_A\,c_B\,c_C$$

  Wieder ein Beispiel:

  $$2\,NO + O_2 \rightarrow 2\,NO_2 \qquad r = k\,c_{NO}^2\,c_{O_2}$$

  • **4. Ordnung** ($n = 4$)

  $$\frac{dc_A}{dt} = -k\,c_A^2\,c_B\,c_C \quad \text{bzw.} \quad \frac{dc_A}{dt} = -k\,c_A^2\,c_B^2 \quad \text{bzw.} \quad \frac{dc_A}{dt} = -k\,c_A\,c_B^3$$

Und noch ein Beispiel:

$$N_2 + 3\,H_2 \;\rightarrow\; 2\,NH_3 \qquad r = k\,c_{N_2}\,c^3_{H_2}$$

- Je höher die Reaktionsordnung, desto *unwahrscheinlicher* ist die Reaktion.

✔ Vielleicht haben Sie auch schon von **Reaktionen 0. Ordnung** (n = 0) gehört.

$$\frac{dc_A}{dt} = -k\,c^0 = -k$$

Hier ist die Reaktionsgeschwindigkeit *vollkommen unabhängig von der Konzentration*. Eigentlich sind auch das Reaktionen 1. Ordnung, wobei allerdings der Ausgangsstoff ständig ersetzt wird, sodass dessen Konzentration konstant bleibt. Solche Ordnungen treffen Sie gelegentlich bei heterogenen und auch anderweitig katalysierten Reaktionen an (dazu gleich im nächsten Abschnitt mehr). Viele biochemische Vorgänge (etwa der enzymatische Abbau von Alkohol im Körper) verlaufen nach 0. Ordnung (deshalb schön mit dem Autofahren warten, bis der Restalkohol abgebaut ist, dauert halt etwas länger).

Abbildung 23.2 zeigt den prinzipiellen Konzentrationsverlauf für eine Reaktion 0., 1. und 2. Ordnung. Nur bei einer Reaktion 0. Ordnung geht die Konzentration wirklich *auf* null, während sie bei höheren Reaktionsordnungen nur *gegen* null konvergiert. Dafür fällt die Konzentration zu Beginn der Reaktion umso stärker ab, je höher die Reaktionsordnung ist.

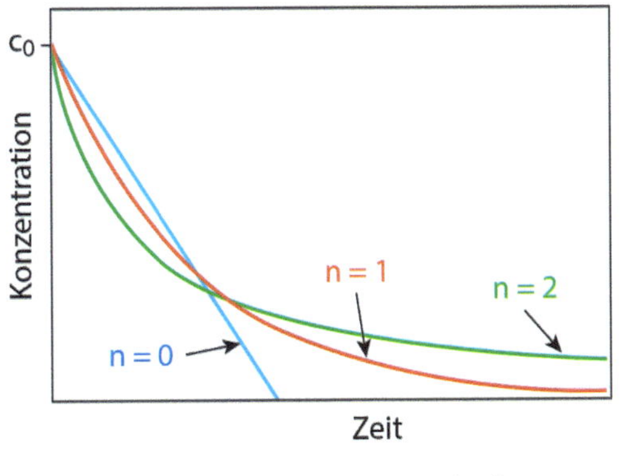

Abbildung 23.2: Konzentrationsverlauf verschiedener Reaktionsordnungen

✔ Reaktionsordnungen können selbstverständlich auch negative oder gebrochene Werte aufweisen. Besonders bei *heterogenen* Reaktionen ist das häufig der Fall.

Geht's nicht schneller?

Es gibt ausgesprochen schnell ablaufende Reaktionen, etwa die Neutralisation von Säuren und Basen (mehr dazu in Kapitel 25) oder Explosionen. Bei einem Autounfall sorgt eine pyrotechnische Reaktion dafür, dass der Airbag auslöst, alles andere ginge nicht schnell genug.

Es gibt allerdings auch ausgesprochen langsame Reaktionen. Betrachten Sie das Rosten von Eisen an der Luft (es bilden sich Eisenoxide); hier werden Sie wohl froh sein, dass Ihr Auto oder Ihr Gartentor nicht schneller reagieren.

Wenn es jedoch darum geht, einen Stoff zu produzieren, den Sie verkaufen wollen, dann kann es Ihnen wahrscheinlich gar nicht schnell genug gehen (denn Zeit ist Geld, wie es so häufig heißt, zumindest in der Produktion gilt das). Vielleicht haben Sie eine wunderschöne Reaktion, die Ihnen Ihr Produkt liefert, nur ist sie leider so langsam, dass sich eine Produktion wirtschaftlich kaum lohnt.

Nun wäre es sehr vorteilhaft, die Schrauben zu kennen, an denen Sie drehen können, um die Reaktionsgeschwindigkeit zu beeinflussen.

Diese Größen können Sie ändern

Schauen Sie sich noch einmal die Reaktionsgeschwindigkeit in Gleichung 23.5 an:

- ✔ Die **Abhängigkeit von der Konzentration** fällt sofort ins Auge. Demzufolge hat eine Änderung der Konzentration eines Reaktanten auch Auswirkungen auf die Geschwindigkeit der Reaktion. Ist $n > 0$, bewirkt eine *Erhöhung* der Konzentration eine *Steigerung* der Reaktionsrate, denn wenn mehr Teilchen vorhanden sind, können auch mehr reagieren. (Wie sich eine Konzentrationsänderung genau auswirkt, hängt von der Reaktionsordnung ab.)
- ✔ Ihre Kartoffeln werden schneller gar, wenn Sie sie in einem Schnellkochtopf kochen. Ihren Käse legen Sie für eine spätere Verwendung in den Kühlschrank und Ihre Tiefkühlpizza sogar ins Gefrierfach. Warum tun Sie das alles? – Durch höheren Druck erhöhen Sie die Siedetemperatur des Wassers auf etwa 116 °C, um den Garvorgang zu beschleunigen. Die niedrige Temperatur im Kühl- oder Gefrierfach soll Vorgänge *verzögern*, denn auch in der Kälte finden chemische Reaktionen statt, nur eben langsamer. (Die gezielte Veränderung der Temperatur hat also für Sie völlig selbstverständlich einen festen Platz in Ihren Lebensgewohnheiten.)

  Chemische Reaktionen (und um nichts anderes handelt es sich bei oben genannten Vorgängen) zeigen also eine **Abhängigkeit von der Temperatur**.

Es gibt eine Faustregel, die **RGT-Regel** (Abkürzung für **R**eaktions**G**eschwindigkeit**T**emperatur), mit der Sie einen Temperatureinfluss abschätzen können: Eine Erhöhung der Temperatur um 10 °C steigert die Reaktionsgeschwindigkeit auf etwa das Doppelte. Entsprechend halbiert eine Absenkung der Temperatur um 10 °C die Reaktionsgeschwindigkeit.

Für exakte Betrachtungen ist die RGT-Regel allerdings weniger geeignet.

Glauben Sie bloß nicht, in Ihrer 5-Sterne-Tiefkühltruhe sei alles ewig haltbar! Auch hier kommen chemische Prozesse niemals *völlig* zum Stillstand. Selbst Ihren bei −18 °C gelagerten Fisch müssen Sie irgendwann wegwerfen, wenn Sie ihn nicht rechtzeitig essen.

Natürlich ist es möglich, die Temperaturabhängigkeit der Reaktionsgeschwindigkeit *genauer* zu erfassen. In Gleichung 23.5 ist die Temperatur auf den ersten Blick *nicht* ersichtlich – sie ist in der Geschwindigkeitskonstanten k versteckt. Die quantitative Beziehung liefert uns erst das ARRHENIUS-Gesetz:

$$k = k_0\, e^{-\frac{E_A}{RT}} \qquad (23.6)$$

k_0 ist der sogenannte *Stoßfaktor* (auch Stoßzahl oder präexponentieller Faktor genannt), der angibt, wie häufig die reagierenden Teilchen zusammenstoßen, E_A ist die Aktivierungsenergie (die Sie bereits aus Kapitel 5 kennen) und R die allgemeine Gaskonstante (*siehe* Kapitel 18). Dieser Gleichung können Sie Folgendes entnehmen:

- ✔ Die Reaktionsgeschwindigkeit ist exponentiell mit $-1/T$ von der Temperatur abhängig, also stark *nicht-linear*.
- ✔ Nicht jeder Zusammenstoß der Teilchen hat auch eine Reaktion zur Folge – die Teilchen können zu langsam oder falsch ausgerichtet sein. Nur noch eine um den Faktor $e^{-E_A/RT}$ verringerte Anzahl steht für die Reaktion zur Verfügung.
- ✔ k (und damit die Reaktionsgeschwindigkeit) wird umso größer, je kleiner die Aktivierungsenergie und je höher die Temperatur ist.

Betrachten Sie noch einmal die BOLTZMANN-Verteilung in Abbildung 16.6. Die kinetische Energie der Teilchen nimmt mit steigender Temperatur zu. Da Sie es immer mit einer Geschwindigkeits*verteilung* zu tun haben, sind bei höherer Temperatur einfach mehr Teilchen vorhanden, die die erforderliche Mindestenergie aufweisen, um überhaupt reagieren zu können.

Wenn Katalysatoren mitmischen

Eine effektvolle Methode, Reaktionen zu beschleunigen, besteht im Einsatz eines geeigneten Katalysators. (Mehr als 80 % aller technischen Umsetzungen basieren darauf.) Ist der Katalysator in der Reaktionsphase gelöst, ist das eine *homogene Katalyse*, anderenfalls eine *heterogene Katalyse. Die meisten katalytischen Reaktionen verlaufen heterogen, mit einem Feststoff als Katalysator.*

Den richtigen Katalysator zu finden, ist oft nicht so einfach und manchmal mit enormem Aufwand verbunden. Viele Katalytiker widmen ihr ganzes Forscherleben dem Aufspüren von Substanzen, um eine gewünschte Reaktion gezielt zu beeinflussen. Falls Ihnen als Katalysator ein Feststoff vorschwebt, hängt der Erfolg des Katalysators davon ab,

- ✔ für welchen Stoff beziehungsweise welche Stoffkombination er geeignet ist.
- ✔ wie der Stoff dargeboten wird – also in erster Linie, wie viele aktive Zentren er besitzt, an denen die katalytische Reaktion stattfinden kann. Benötigt wird eine große Fläche, die sich durch ein umfangreiches Porengefüge innerhalb der Feststoffteilchen ergibt – nicht selten hat ein einzelnes Gramm eines festen Katalysators die Oberfläche eines Fußballfelds.
- ✔ wie effektiv die (aufwendig hergestellten) Poren tatsächlich auch ausgenutzt werden; der *Porennutzungsgrad* sollte möglichst groß sein.

- wie leicht die *Adsorption* (Anlagerung) der Reaktanten und die *Desorption* (Ablösung) der Produkte vonstattengehen. Abbildung 23.3 zeigt schematisch das Hinein- und Herauswandern von Reaktanten und Produkten.

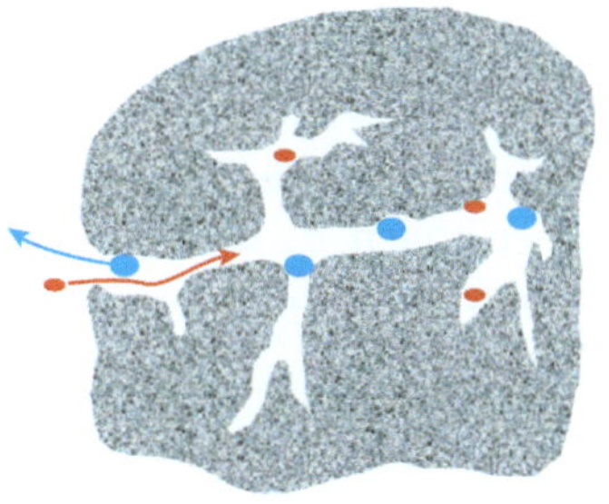

Abbildung 23.3: Ausschnitt aus einem Katalysatorkorn

Ein Katalysator ist eine *Substanz, die sich am Reaktionsgeschehen beteiligt, aus der Reaktion jedoch chemisch unverändert wieder hervorgeht.*

Das ist allerdings eine Idealvorstellung, denn natürlich nutzt sich so ein Katalysator mit der Zeit auch ab:

- Er kann sich durch Abrieb allmählich (im wahrsten Sinne des Wortes) aus dem Staub machen.
- Die einzelnen Katalysatorteilchen können verklumpen, etwa durch *Sinterung* (Zusammenbacken).
- Der Katalysator kann *vergiftet* werden (ja, das ist fachsprachlich korrekt), indem sich Substanzen anlagern, die sich einfach nicht wieder ablösen.

Was macht so ein Katalysator eigentlich? – Ein Katalysator hat *zwei* Funktionen zu erfüllen:

- Er beschleunigt die Umsetzung eines Reaktanten – dies ist die **Katalysator*aktivität*.**

  Hierbei wird durch Eingreifen in den Reaktionsmechanismus die erforderliche Aktivierungsenergie herabgesetzt (wie in Abbildung 23.4 angedeutet).

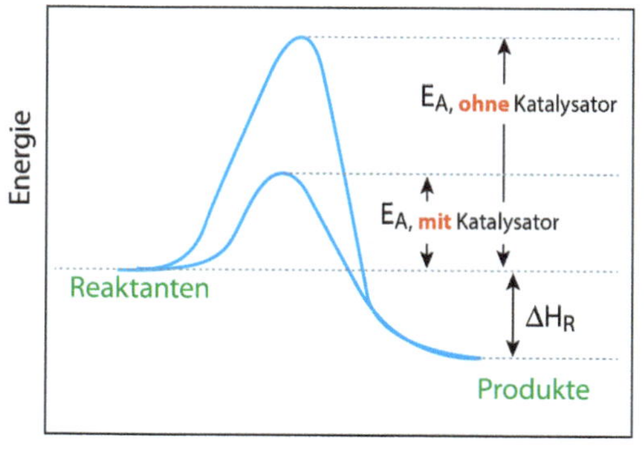

Abbildung 23.4: Aktivität eines Katalysators

Beachten Sie dabei: Es findet nicht mehr *dieselbe* Reaktion statt, vielmehr wird ein *anderer Reaktionsweg* beschritten, bei dem die Aktivierungsenergie geringer ist!

✔ Er begünstigt *eine* von mehreren möglichen Reaktionen – das ist die **Katalysator*selektivität*.**

Abbildung 23.5 zeigt exemplarisch, was Sie aus Ethanol alles machen können, je nachdem, welchen Katalysator Sie verwenden. (Mögliche Reaktionspartner und zusätzlich entstehende Produkte sind hier nicht berücksichtigt.)

Thermodynamisch sind *alle* diese Reaktionen möglich. Dem Katalysator kommt hier die Aufgabe zu, eine *bestimmte* Reaktion mit einer geringen Aktivierungsenergie *bevorzugt* stattfinden zu lassen.

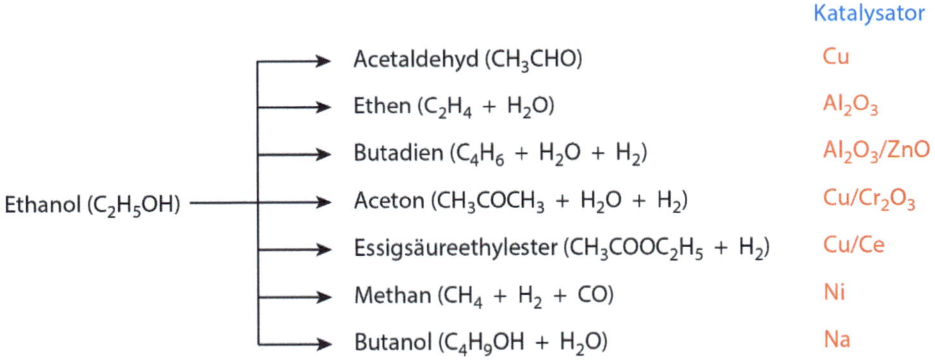

Abbildung 23.5: Selektivität eines Katalysators

Achtung: Ein Katalysator verändert *nicht* die *Lage* eines chemischen Gleichgewichts (um das es im nächsten Kapitel geht). Es wird nur erreicht, dass sich das Gleichgewicht *schneller* einstellt.

Ein Erklärvideo zur Katalyse finden Sie auf unserem YouTube-Kanal unter `https://www.youtube.com/watch?v=E7TI8AQJ90A`

Nur für Streber: Reaktionsgeschwindigkeit mit Quantität

Wie oben erwähnt, erhalten Sie die gewünschten Informationen nur, wenn Sie die entsprechende Reaktionsgeschwindigkeitsgleichung lösen. Es handelt sich dabei jeweils um eine *Differentialgleichung*, und die lösen Sie nun mal durch *Integration*. Wir wissen natürlich, dass hier für viele der Spaß aufhört. Aus irgendeinem Grund hält sich hartnäckig das Gerücht, das sei nun wirklich zu mathematisch (und auch schon in der Schule völlig unverständlich gewesen). Trotzdem geben wir die Hoffnung nicht auf. Anhand einiger Beispiele, allesamt einfache Zeitgesetze, möchten wir Ihnen noch einmal zeigen: So schlimm ist das alles gar nicht.

Wie rechnen Sie denn so etwas aus?

Die Lösung einer Geschwindigkeitsgleichung hat immer zum Ziel, die Konzentration auszurechnen, die nach einer bestimmten Zeit t in Ihrem Reaktionsgemisch noch vorhanden ist. (Natürlich können Sie auch nach t auflösen, wenn Sie wissen wollen, wie lange es dauert, bis eine bestimmte Menge umgesetzt ist.)

- ✔ **Reaktion 0. Ordnung**: $-\frac{dc}{dt} = k$

  Die Reaktionsgeschwindigkeit und damit die zeitliche Abnahme der Reaktanten-Konzentration ist *nicht* von der aktuellen Konzentration abhängig.

  Schritt 1: Trennung der Variablen $dc = -k\,dt$

  Schritt 2: Integration $\int_{c_{A0}}^{c_A} dc = -k \int_0^t dt \quad \Rightarrow \quad c\Big|_{c_{A0}}^{c_A} = -k(t-0)$

  $$\Rightarrow \quad c_A - c_{A^0} = -kt \quad \text{bzw.} \quad c_A = c_{A^0} - kt$$

- ✔ **Reaktion 1. Ordnung**: $-\frac{dc}{dt} = kc$

  Hier brauchen Sie eigentlich nur zu wissen, dass $\int \frac{1}{x} = \ln x$ ist. (Derlei Informationen können Sie notfalls auch einer mathematischen Formelsammlung entnehmen.)

  Schritt 1: Trennung der Variablen $\frac{dc}{c} = -k\,dt$

  Schritt 2: Integration $\int_{c_{A0}}^{c_A} \frac{1}{c} dc = -k \int_0^t dt \quad \Rightarrow \quad \ln c\Big|_{c_{A0}}^{c_A} = -k(t-0)$

  $$\Rightarrow \quad \ln c_A - \ln c_{A0} = \ln \frac{c_A}{c_{A^0}} = -kt \qquad (23.7)$$

  Schritt 3: Entlogarithmieren $\frac{c_A}{c_{A^0}} = e^{-kt}$ bzw. $c_A = c_{A^0} \cdot e^{-kt}$

- ✔ **Reaktion 2. Ordnung**: $-\frac{dc}{dt} = kc^2$

  Bei Reaktionen 2. Ordnung sind die folgenden drei Fälle zu unterscheiden:

  - Möglichkeit 1: *Gleiche Konzentrationen der Reaktanten.* (Hier sollten Sie sich schlaumachen, dass $\int \frac{1}{x^2} = -\frac{1}{x}$ ist.)

$$\begin{aligned}
&\text{Schritt 1:}\quad \text{Trennung der Variablen}\quad \frac{dc}{c^2} = -k\,dt\\
&\text{Schritt 2:}\quad \text{Integration}\quad \int_{c_{A0}}^{c_A} \frac{1}{c^2}\,dc = -k\int_0^t dt \quad\Rightarrow\quad -\frac{1}{c}\Big|_{c_{A0}}^{c_A} = -k\,(t-0)\\
&\qquad\qquad\qquad\qquad\qquad\qquad\Rightarrow -\frac{1}{c_A} - \left(-\frac{1}{c_{A0}}\right) = -k\,t\\
&\text{Schritt 3:}\quad \text{Auflösen nach } c_A\quad \frac{1}{c_A} = \frac{1}{c_{A0}} + k\,t \quad\Rightarrow\quad c_A = \frac{c_{A0}}{1 + c_{A0}\,k\,t}
\end{aligned} \tag{23.8}$$

- Möglichkeit 2: *Eine Komponente wird im Überschuss eingesetzt.* (Überschuss etwa der Substanz B bedeutet, dass sich die Konzentration dieses Stoffes praktisch nicht ändert.) Dann lassen sich k und c_B (= const.) zur *effektiven* Geschwindigkeitskonstanten k_{eff} zusammenfassen, und damit geht die Geschwindigkeitsgleichung quasi in eine Reaktion 1. Ordnung über, die auch *Pseudo 1. Ordnung* genannt wird.
- Möglichkeit 3: *Unterschiedliche Konzentrationen der Reaktanten.* Hier sieht die integrierte Geschwindigkeitsgleichung schon ganz anders aus. Wir zeigen Ihnen nur das Ergebnis:

  $$c_A = c_{A0}\,\frac{(c_{B0}-c_{A0})\ \exp[(c_{A0}-c_{B0})\,k\,t]}{c_{B0}-c_{A0}\ \exp[(c_{A0}-c_{B0})\,k\,t]}$$

  Sie machen sich das Leben wirklich leichter, wenn Sie *gleiche* Reaktant-Konzentrationen oder *eine Komponente im Überschuss* verwenden.

✔ **Reaktionen höherer Ordnung**

Da kommen Sie eigentlich nur noch numerisch (Kapitel 6) zu einem Ergebnis, weil die Ausdrücke derart kompliziert werden, dass Sie sie mitunter gar nicht mehr angeben können.

Experimentelle Kinetik

Um Konzentrationen und Reaktionszeiten *auszurechnen*, müssen Sie erst einmal eine Reaktionsgeschwindigkeitsgleichung *haben*, die Sie lösen können. Dafür müssen die Geschwindigkeitskonstante k und die Reaktionsordnung n bekannt sein. Diese Größen können Sie nur experimentell ermitteln. Wir zeigen Ihnen, wie das *im Prinzip* geht.

Was messen Sie denn bei kinetischen Experimenten? – Richtig, die Konzentration c (eines Reaktanten) zu verschiedenen Zeiten t. Diese Messungen können Sie vornehmen, indem Sie dem Reaktionsgemisch Proben entnehmen und diese analysieren. Sie können aber auch eine physikalische Größe (wie etwa Leitfähigkeit, Dichte, Viskosität, Farbe oder auch irgendetwas anderes) verfolgen, die mit der Konzentration ihrer gewünschten Komponente korreliert.

Es gibt *zwei* Methoden, wie Sie Ihre c-t-Werte auswerten können:

Differentialmethode

Anhand von Abbildung 23.1b können Sie sehen, wie der Konzentrationsverlauf mit der Zeit aussieht. Zu jeder Zeit (und damit zu jeder Konzentration) ergibt sich eine andere Reaktionsgeschwindigkeit r, die Sie (grafisch) anhand einer angelegten Tangente ermitteln können.

Betrachten Sie nun die formalkinetische Geschwindigkeitsgleichung 23.4 und *linearisieren* Sie diese. Wie geht das? – Am besten, indem Sie die Gleichung logarithmieren:

$$r = \frac{dc}{dt} = k\,c^n \quad \Rightarrow \quad \lg r = \lg k + n \lg c \tag{23.9}$$

Gleichung 23.9 ist eine Geradengleichung, die Sie in einem *Geschwindigkeits-Konzentrations-Diagramm* auftragen können (Abbildung 23.6).

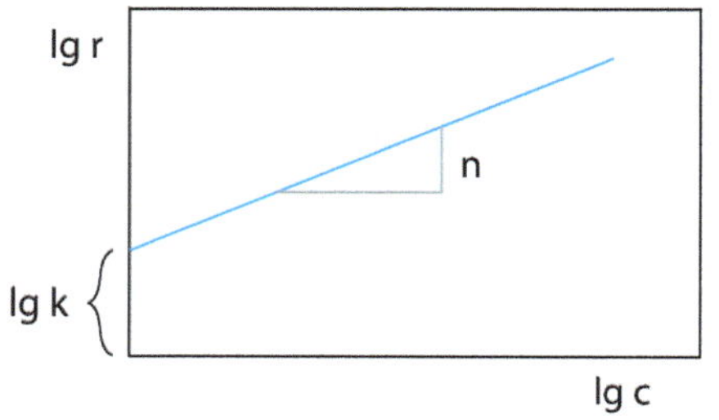

Abbildung 23.6: Experimentelle Ermittlung von k und n nach der Differentialmethode

Aus dem y-Achsenabschnitt erhalten Sie die *Geschwindigkeitskonstante k*, aus der Steigung der Geraden die *Reaktionsordnung n*.

Integralmethode

Haben Sie bereits eine *Vermutung*, wie die Reaktionsordnung aussieht, kommen Sie mit der Integralmethode möglicherweise schneller ans Ziel: Sie tragen das *integrierte* Zeitgesetz in einem *Konzentrations-Zeit-Diagramm* auf: Für $n = 1$ ist das ln c, für $n \neq 1$ ist das allgemein $(1/c)^{n-1}$.

Stimmt Ihre Vermutung, ergibt sich eine Gerade, andernfalls müssen Sie noch einmal raten.

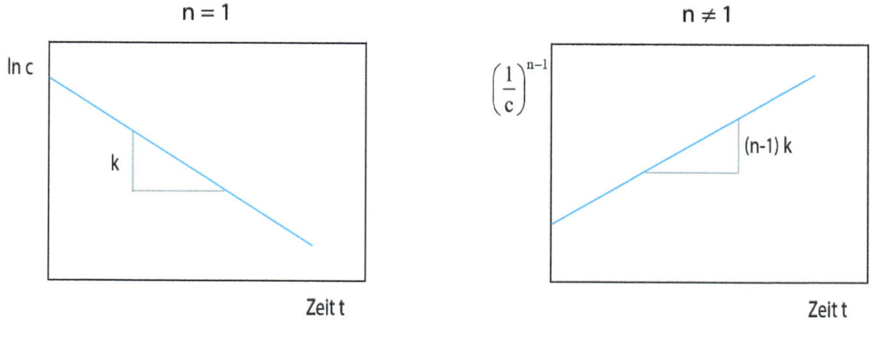

Abbildung 23.7: Experimentelle Ermittlung von k und n nach der Integralmethode

✔ Nachteile der Differentialmethode:

- Die Reaktionsgeschwindigkeit wird direkt bestimmt, das erfordert meist großen experimentellen Aufwand.
- Die Reaktionsgeschwindigkeiten müssen grafisch oder numerisch bestimmt werden – da können schon mal Fehler auftreten.

✔ Nachteil der Integralmethode:

- Sie müssen das Zeitgesetz integrieren; der mathematische Aufwand dafür kann beträchtlich sein.

Aufgaben Kapitel 23

Zum Aufwärmen

1. Warum werden bei Rechnungen zur Reaktionsgeschwindigkeit die dafür erforderlichen Konzentrationen der Reaktanten üblicherweise mit einem negativen Vorzeichen versehen?
2. Was ist der grundlegende Unterschied zwischen einer Reaktion 1. Ordnung und einer Reaktion 2. Ordnung?

Für Fortgeschrittene

3. Die Geschwindigkeitskonstante k hat die Einheit [$L\ mol^{-1}\ s^{-1}$]. Was lässt sich über die Ordnung der Reaktion aussagen?
4. Der Zerfall von Distickstoffpentoxid (N_2O_5) läuft nach 1. Ordnung in 35 Minuten zu 25 % ab. Nach welcher Zeit sind 95 % umgesetzt?
5. Die Geschwindigkeitskonstante der Hydrolyse von Essigsäuremethylester mit NaOH (also die Spaltung des Moleküls in die freie Essigsäure und den freien Alkohol Methanol) beträgt $k = 3{,}35 \cdot 10^{-3}\ L\ mol^{-1}\ s^{-1}$. Die Anfangskonzentrationen von Ester und Base betragen jeweils $0{,}25\ mol\ L^{-1}$. In welcher Konzentration liegt der Ester nach zwanzig Minuten noch vor?

IN DIESEM KAPITEL

- ändert sich nichts mehr – oder doch?
- liegt die Kraft in der Ruhe
- wird mit Störungen umgegangen
- geht nicht immer alles in Lösung

Kapitel 24

Ein ewiges Hin und Her – das chemische Gleichgewicht

Viele chemische Vorgänge verlaufen *nicht* vollständig in eine Richtung. Im Reaktionsgemisch befinden sich Reaktionsprodukte, aber auch noch jede Menge Reaktanten, da können Sie machen, was Sie wollen. Reaktanten und Produkte liegen also gleichzeitig nebeneinander vor. Irgendwann ändern sich die Konzentrationen aller beteiligten Komponenten dann nicht mehr. Ein chemisches System, das diesen Kriterien genügt, befindet sich im *chemischen Gleichgewicht.*

Jedes System strebt einem Gleichgewicht zu. Die Lage dieses Gleichgewichts ist – wie soll es anders sein – auf *energetische* Ursachen zurückzuführen. Ein Zusammenspiel von Enthalpie und Entropie führt letztendlich zu einem Zustand, der durch ein Minimum an *freier Enthalpie* gekennzeichnet ist ($\Delta G = 0$). Damit ist jegliche Triebkraft für Veränderungen erloschen.

Von wegen Ruhe – hier ist alles dynamisch

Systeme im Gleichgewicht sind Ihnen bereits in Kapitel 16 und 17 begegnet – in Form von *Phasen*gleichgewichten. Befindet sich beispielsweise eine Flüssigkeit im Gleichgewicht mit ihrem Dampf, dann treten ständig Teilchen aus der Flüssigkeit heraus, und Teilchen aus dem Dampf kehren in die Flüssigkeit zurück – im Gleichgewicht zu beiden Seiten gleich viele, sodass sich nach außen hin keine Veränderung beobachten lässt. Es herrscht also ein ständiges Kommen und Gehen: Der Zustand ist *nicht* statisch, sondern *dynamisch.*

BEISPIEL

Solch einen dynamischen Zustand können Sie sich selbst veranschaulichen, wenn Sie sich zwei Fußballspieler vorstellen, die die in ihrem Feld befindlichen Bälle jeweils auf die andere Seite schießen (Abbildung 24.1). Die beiden Spieler haben allerdings eine unterschiedliche Kondition: Spieler blau ist schneller als Spieler gelb, der deutlich langsamer ist.

Betrachten Sie bei dieser Veranschaulichung *nicht* die Geschwindigkeit eines *einzelnen* Balls, sondern die Geschwindigkeit, mit der die Bälle *insgesamt* über die Linie fliegen (fliegen also *drei* Bälle, ist die Geschwindigkeit dreimal so groß wie mit *einem* Ball). Dann ist diese Geschwindigkeit (v) abhängig vom Aufwand (k), an den Ball zu kommen, und von der Anzahl der im jeweiligen Feld vorhandenen Bälle (c), also $v = k \cdot c$.

Nun ergibt sich folgende Situation:

- ✔ Spieler Blau kann viel schneller laufen und demzufolge auch *mehr* Bälle schießen. Da die Anzahl der Bälle in seinem Feld aber kleiner wird, muss er zunehmend weitere Wege zurücklegen.
- ✔ Spieler Gelb ist nicht so schnell. Da die Anzahl der Bälle in seinem Feld jedoch zunimmt, werden seine Wege immer kürzer.
- ✔ So sehr sich Spieler Blau auch anstrengt: Er wird es niemals schaffen, *alle* Bälle ins andere Feld zu befördern, weil immer wieder welche zurückkommen.
- ✔ Nach einer bestimmten Zeit stellt sich ein *Gleichgewicht* ein: Obwohl beide Spieler mit unveränderter Geschwindigkeit v schießen, ändert sich die *Anzahl* der Bälle in beiden Feldern nicht mehr.

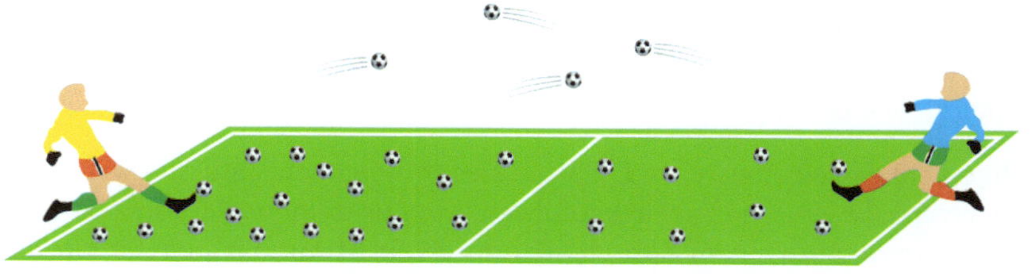

Abbildung 24.1: Das dynamische Gleichgewicht – eine Veranschaulichung

Genauso dynamisch geht es bei einem *chemischen* Gleichgewicht zu: Reaktanten bilden Produkte (*Hin*reaktion) und Produkte wieder Reaktanten (*Rück*reaktion).

Fangen wir von vorne an: Die Reaktanten A und B sollen zu den Produkten C und D reagieren. Natürlich wird die Geschwindigkeit der *Hin*reaktion im Laufe der Zeit abnehmen, schließlich verbrauchen sich die Reaktanten ja. Mit abnehmender Konzentration der Reaktanten sinkt die Wahrscheinlichkeit eines Zusammenstoßens der Reaktionspartner – und genau diese Zusammenstöße sind bekanntermaßen zur Entstehung des aktivierten Komplexes erforderlich, ohne den eine Reaktion nun einmal nicht ablaufen kann (*siehe* Kapitel 5).

Gleiches gilt entsprechend für die *Rück*reaktion: Zu Beginn ist die Konzentration der Produkte naturgemäß sehr klein (*ganz* zu Beginn beträgt sie natürlich null), entsprechend wird die Rückreaktion nur sehr langsam ablaufen (einfach, weil ein entsprechender Partikel-Zusammenstoß noch sehr unwahrscheinlich ist).

Je mehr Reaktanten allerdings zu Produkten umgesetzt werden, umso mehr sinkt die Konzentration der Reaktanten (also wird sich die *Hin*reaktion zunehmend verlangsamen), während die Konzentration der Produkte immer weiter zunimmt, sodass sich die *Rück*reaktion entsprechend beschleunigt.

Irgendwann nähern sich die Geschwindigkeiten der *Hin*reaktion (bei der Produkte entstehen) und der *Rück*reaktion (bei der eben diese Produkte wieder in die Reaktanten zerfallen) immer weiter aneinander an, bis sie schließlich *identisch* werden: Nun werden genauso schnell Produkte erzeugt, wie diese wieder in Reaktanten zerfallen.

Anders ausgedrückt: An der jeweiligen Konzentration von Reaktanten und Produkten ändert sich nichts mehr – das **chemische Gleichgewicht** hat sich eingestellt. Eine solche Reaktion wird (statt mit einem einseitigen Reaktionspfeil →) mit einem Doppelpfeil ⇄ dargestellt (nicht zu verwechseln mit dem Mesomeriepfeil ↔ aus Kapitel 12):

$$aA + bB \rightleftarrows cC + dD \qquad (24.1)$$

(Die stöchiometrischen Faktoren ν_i, die Sie aus Kapitel 22 gewohnt sind, werden hier mit a, b, c, d bezeichnet.)

Wenn Sie die zeitliche Veränderung der Komponenten verfolgen, stellen Sie fest, dass die Konzentration der Reaktanten (c_A, c_B) nicht wie in Abbildung 23.1b allmählich gegen null geht, sondern sie sich, ebenso wie die Konzentration der Produkte (c_C, c_D), einem konstanten Wert annähert – der jeweiligen Gleichgewichtskonzentration. Hierbei wurde jeweils angenommen, dass $c_A = c_B$ und $c_C = c_D$ ist. Sie können die Konzentrationen in einem *Gleichgewichtsdiagramm* gegen die Zeit auftragen und diesem sogar entnehmen, *wo* sich das Gleichgewicht jeweils befindet:

- ✔ Abbildung 24.2a: Die Konzentrationen der Produkte überwiegen; das Gleichgewicht liegt auf der *Produkt*-Seite. Es ist durchaus möglich, dass sich im Reaktionsgemisch, wenn sich das Gleichgewicht erst einmal eingestellt hat, *kaum noch* Reaktanten befinden und *fast ausschließlich* Produkte.
- ✔ Abbildung 24.2b: Die Konzentrationen der Reaktanten überwiegen; das Gleichgewicht liegt auf der *Reaktanten*-Seite.
- ✔ Abbildung 24.2c: Die Konzentrationen der Reaktanten und Produkte sind genau gleich; das Gleichgewicht befindet sich exakt in der Mitte. (Das ist allerdings ein eher seltener und auch nicht übermäßig interessanter Sonderfall.)

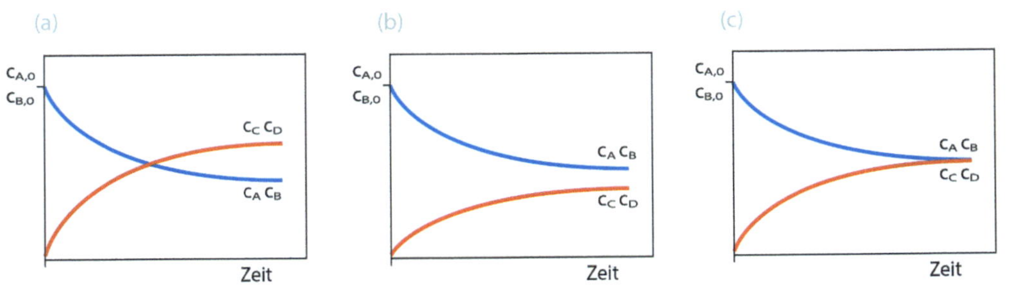

Abbildung 24.2: Gleichgewichtsdiagramme

Der Weg zum Massenwirkungsgesetz (MWG)

Der Gleichgewichtszustand lässt sich thermodynamisch begründen und verknüpft die sich im System einstellenden Konzentrationen der einzelnen Komponenten mit der freien Standardenthalpie (ΔG^0) (*siehe* Kapitel 16). Nach Gleichung 16.22 ist das Massenwirkungsgesetz eine *thermodynamische* Größe. Sie können sich diesen Gleichgewichtszustand aber auch etwas einfacher veranschaulichen:

Befindet sich ein System (noch) nicht im Gleichgewicht, begibt es sich auf den Weg dorthin. Es überwiegt also zunächst entweder die Hinreaktion *oder* die Rückreaktion. Ist das Gleichgewicht schließlich erreicht, finden Hin- und Rückreaktion sehr wohl weiter statt, nur sind sie jetzt gleich schnell.

Aus Kapitel 23 wissen Sie, dass Sie die Geschwindigkeit einer chemischen Reaktion mit einer *Formalkinetik* beschreiben können.

Nehmen wir den einfachsten Fall: $A \rightleftarrows B$.

- ✔ Geschwindigkeit der Hinreaktion: $r_{Hin} = -k_{Hin}\,c_A$
- ✔ Geschwindigkeit der Rückreaktion: $r_{Rück} = k_{Rück}\,c_B$

Die Bruttogeschwindigkeit r dieser Gleichgewichtsreaktion lautet:

$$r = r_{Hin} + r_{Rück} = -k_{Hin}\,c_A + k_{Rück}\,c_B$$

Ist diese effektiv null (was im Gleichgewicht nun einmal der Fall ist), müssen demzufolge die Geschwindigkeiten von Hin- und Rückreaktion *gleich* sein:

$$k_{Hin}c_A = k_{Rück}c_B \qquad \Rightarrow \qquad \frac{k_{Hin}}{k_{Rück}} = \frac{c_B}{c_A} = K$$

Das Verhältnis der beiden Geschwindigkeitskonstanten ergibt eine *neue* Konstante K, die das Verhältnis der Konzentrationen von Produkt und Reaktant im Gleichgewicht beschreibt; deshalb heißt sie auch **Gleichgewichtskonstante**.

Mit mehreren Reaktionspartnern (wie etwa in Gleichung 24.1) können Sie genauso verfahren. Damit gilt allgemein für eine Gleichgewichtsreaktion:

- ✔ Geschwindigkeit der *Hin*reaktion: $r_{Hin} = -k_{Hin}\,c_A^a\,c_B^b$
- ✔ Geschwindigkeit der *Rück*reaktion: $r_{Rück} = k_{Rück}\,c_C^c\,c_D^d$

Hat sich das Gleichgewicht eingestellt, lassen sich die dort vorliegenden Verhältnisse zusammenfassen zum **Massenwirkungsgesetz** (kurz: MWG):

$$k_{Hin}c_A^a\,c_B^b = k_{Rück}c_C^c\,c_D^d \qquad \Rightarrow \qquad K = \frac{k_{Hin}}{k_{Rück}} = \frac{c_C^c\,c_D^d}{c_A^a\,c_B^b} = \frac{[C]^c\,[D]^d}{[A]^a\,[B]^b} \tag{24.2}$$

Auch hier wird das Konzentrationsverhältnis von Produkten zu Reaktanten durch das Verhältnis der Geschwindigkeitskonstanten für Hin- und Rückreaktion angegeben und durch die Gleichgewichtskonstante K beschrieben. (Zusätzlich noch einmal mit eckigen Klammern – nur für den Fall, dass Ihnen das lieber ist. Richtig ist beides.)

Dies ist die *kinetische* Herleitung des Massenwirkungsgesetzes.

Beachten Sie, dass die kinetische Herleitung nur *dann* funktioniert, wenn Sie eine *Elementarreaktion* unterstellen (dass die Reaktion also so abläuft, wie die Stöchiometrie das behauptet, obwohl sie ja nichts über den Reaktions*mechanismus* aussagt). *Nur unter dieser Bedingung sind* rein formal *stöchiometrische Faktoren und Reaktionsordnungen identisch.*

Gleichung 24.2 bedeutet im Prinzip nichts anderes als schon Gleichung 16.22: Unter *kinetischen* Gesichtspunkten sind Hin- und Rückreaktion gleich schnell, *thermodynamisch gesehen* wird ein Minimum der freien Enthalpie erreicht. Kombinieren Sie Gleichung 16.22 mit Gleichung 24.2, müsste demzufolge gelten:

$$\frac{k_{\text{Hin}}}{k_{\text{Rück}}} = e^{-\frac{\Delta G^0}{RT}}$$

Diese Überlegung ist vielleicht nicht ganz trivial – und auch gar nicht so wichtig, denn in beiden Fällen kommt *irgendein* Wert heraus (natürlich in beiden Fällen der gleiche). Und *das* ist das eigentlich Wichtige: Dieser Wert gibt Auskunft darüber, wie es um das **Konzentrationsverhältnis von Produkten und Reaktanten** bestellt ist, oder mit anderen Worten: auf welcher Seite das Gleichgewicht liegt. Es geht also um die *Konzentrationen* der Reaktionsteilnehmer, die sich *im Gleichgewicht* einstellen.

Eine chemische Reaktion $A + B \rightleftarrows C + D$ kommt *dann* zum (vermeintlichen!) Stillstand, wenn der Quotient aus dem Produkt der Konzentrationen der *Produkte* und dem Produkt der Konzentrationen der *Reaktanten* einen für die jeweilige Reaktion charakteristischen Zahlenwert K erreicht hat, die sogenannte *Gleichgewichtskonstante*. Diese ist durch das **Massenwirkungsgesetz** gegeben (das wir eben in Gleichung 24.2 schon hergeleitet haben).

$$K = \frac{[C]^c\,[D]^d}{[A]^a\,[B]^b} \qquad (24.3)$$

Wichtig:

- ✔ Die Produkte stehen *immer* im Zähler.
- ✔ Die Konzentrationen werden *multipliziert* (nicht etwa addiert).
- ✔ Bei den Konzentrationen sind die *Gleichgewichts*konzentrationen gemeint.

Ein kleiner Hinweis, weil das gern zu Verwirrung führt: Wenn hier vom »Produkt der Produkte« die Rede ist, so ist damit natürlich das *mathematische* Produkt der jeweiligen Konzentrationen gemeint, angegeben in [mol L^{-1}]. Dass sich dabei dann entsprechend Einheiten wie [mol^2 L^{-2}], [mol^3 L^{-3}] (was um alles in der Welt ist ein Kubikliter?!) oder gar noch höhere Potenzen ergeben, oder auch »sonderbare Invertierungen« wie [L^2 mol^{-2}], mag zunächst erschrecken, aber es ist rechnerisch völlig korrekt.

Um die Schreibweise in Zehnerpotenzen zu vermeiden, wird häufig der *negativ dekadische* Logarithmus (*p*K-Wert) der Gleichgewichtskonstanten angegeben:

$$pK = -\lg K$$

Das »kleine kursive *p*«, das für »Nehmen Sie den negativen Zehner-Logarithmus des betreffenden Zahlenwertes« steht, wird Ihnen in diesem Buch noch in mehreren anderen Zusammenhängen wiederbegegnen, allen voran beim *p*H-Wert.

Geben Sie Eisen(III)-chlorid und Kaliumthiocyanat zusammen, entsteht Eisen(III)-thiocyanat (als komplexe Verbindung mit zusätzlichen H_2O-Liganden, *siehe* Kapitel 13), das wieder in Eisen-Ionen und Thiocyanat-Ionen zerfallen kann; es handelt sich um eine Gleichgewichtsreaktion:

$$Fe^{3+}_{(aq)} + 3\,SCN^- \rightleftarrows Fe(SCN)_{3(aq)}$$

Das MWG für diese Reaktion lautet (wieder in beiden Schreibweisen):

$$K = \frac{c_{Fe(SCN)_3}}{c_{Fe^{3+}}\, c^3_{SCN^-}} = \frac{[Fe(SCN)_3]}{[Fe^{3+}]\,[SCN^-]^3}$$

Solch eine Gleichung mag im Augenblick ziemlich theoretisch wirken (und dass die zugehörige Einheit L^3 mol^{-3} ist, macht es vermutlich auch nicht besser), aber das Massenwirkungsgesetz begegnet Ihnen wirklich *überall* dort, wo Sie es mit Gleichgewichtsreaktionen zu tun haben: Eine gewisse Übung im Umgang wird sich damit ganz zwangsläufig ergeben.

Sind an einer chemischen Reaktion ausschließlich Gase beteiligt, geben Sie statt der Konzentration in der Regel den jeweiligen *Partialdruck* der einzelnen Komponenten an (das ist zweckmäßiger).

Die Reaktion von Stickstoff und Wasserstoff liefert Ammoniak, dabei handelt es sich um eine Gleichgewichtsreaktion:

$$N_2 + 3\,H_2 \rightleftarrows 2\,NH_3 \qquad (24.4)$$

Das Massenwirkungsgesetz für diese Reaktion lautet:

$$K_p = \frac{p^2_{NH_3}}{p_{N_2}\, p^3_{H_2}} \qquad (24.5)$$

Die aus den *Partialdrücken* resultierende Gleichgewichtskonstante wird meistens als $\mathbf{K_p}$ bezeichnet, um Verwechslungen zu vermeiden: So ist sie eindeutig von der Gleichgewichtskonstanten zu unterscheiden, die auf *Konzentrationen* basiert. Letztgenannte erhält aus dem gleichen Grund häufig (aber nicht immer!) die Bezeichnung $\mathbf{K_c}$.

Für die Gleichgewichtskonstanten müssen Sie die *Stöchiometrie* berücksichtigen: Es handelt sich um *extensive* Größen (also Größen, die von der Menge abhängen). Der Wert von K hängt damit auch davon ab, *wie* die Reaktionsgleichung geschrieben wird. Hier ein Beispiel:

$$N_2O_4 \rightleftarrows 2\,NO_2 \qquad K_1 = 4,6 \cdot 10^{-3}$$

$$\frac{1}{2}N_2O_4 \rightleftarrows NO_2 \qquad K_2 = 6{,}78 \cdot 10^{-2} = \sqrt{K_1}$$

(An diesem Beispiel soll Ihnen nur der Unterschied deutlich werden. Eigentlich arbeiten Sie natürlich nicht mit halben Molekülen!)

K_c oder K_p?

Wenn Sie auch bei Gasen lieber die *Konzentration* angeben wollen, ist es selbstverständlich möglich, K_p in K_c umzurechnen. Über das ideale Gasgesetz (Gleichung 18.1) ist der Partialdruck mit der Konzentration verknüpft: $p = c\,RT$. Aus Gleichung 24.5 wird dann:

$$K_p = \frac{p_{NH_3}^2}{p_{N_2}\, p_{H_2}^3} = \frac{c_{NH_3}^2 (RT)^2}{c_{N_2}(RT)\; c_{H_2}^3 (RT)^3} = \frac{K_c}{(RT)^2}$$

Sie sehen: K_p und K_c sind *nicht* identisch.

Vergleichen Sie dies mit folgenden Reaktionen:

$$CH_4 + H_2O \rightleftarrows CO + 3\,H_2$$

$$K_p = \frac{p_{CO}\; p_{H_2}^3}{p_{CH_4}\; p_{H_2O}} = \frac{c_{CO}(RT)\; c_{H_2}^3(RT)^3}{c_{CH_4}(RT)\; c_{H_2O}(RT)} = K_c\,(RT)^2 \qquad (24.6)$$

$$N_2 + O_2 \rightleftarrows 2\,NO$$

$$K_p = \frac{p_{NO}^2}{p_{N_2}\; p_{O_2}} = \frac{c_{NO}^2 (RT)^2}{c_{N_2}(RT)\; c_{O_2}(RT)} = K_c \qquad (24.7)$$

Bei der ersten Reaktion sind K_p und K_c ebenfalls unterschiedlich, jedoch wird nun mit $(RT)^2$ *multipliziert* statt dividiert; bei der zweiten Reaktion sind K_p und K_c identisch. Sehen Sie, woran sich diese drei Reaktionen in den Gleichungen 24.4, 24.6 und 24.7 unterscheiden?

- ✔ Gleichung 24.4: Reaktanten 4 mol, Produkte 2 mol
- ✔ Gleichung 24.6: Reaktanten 2 mol, Produkte 4 mol
- ✔ Gleichung 24.7: Reaktanten 2 mol, Produkte 2 mol

Nur, wenn die Stoffmenge (in Mol) auf beiden Seiten gleich sind ($\Delta n = 0$), ist $K_p = K_c$. Allgemein gilt:

$$K_p = K_c \cdot (RT)^{(c+d+\ldots)-(a+b+\ldots)} = K_c \cdot (RT)^{\Delta n}$$

Chemie – keine Kämpfernatur: Rückzug garantiert

Ein chemisches Gleichgewicht wie in Gleichung 24.3 wird durch das Verhältnis der Konzentrationen von Produkten und Reaktanten im Gleichgewichtszustand beschrieben. Dieser Zustand ist aber nicht in Stein gemeißelt, denn Sie können ihn durch Veränderung der »äußeren Bedingungen« beeinflussen (das wissen Sie schon aus Teil IV). Dazu zählen in erster Linie

- ✔ Stoffmengenkonzentrationen beziehungsweise Partialdrücke
- ✔ Gesamtdruck
- ✔ Temperatur

Was geschieht, wenn Sie diese Bedingungen verändern? – Das verrät Ihnen das

Prinzip von Le Chatelier, das auch als das **Prinzip des kleinsten Zwanges** bezeichnet wird (benannt nach dem Franzosen Henry Le Chatelier):

Wird auf ein im Gleichgewicht befindliches System durch Änderung der äußeren Bedingungen ein Zwang ausgeübt, so verschiebt sich das Gleichgewicht derart, dass es diesem äußeren Zwang ausweicht.

Der Rückzug vor jedwedem äußeren Druck mag für manche ein Lebensmotto sein. Ein chemisches Gleichgewicht kann aber nur in *einer einzigen* Weise auf äußere Bedingungen reagieren:

- ✔ Es verändert die *Konzentrationen* von Produkten und Reaktanten (die natürlich untrennbar miteinander verbunden sind).
- ✔ Nur so bleibt die Gleichgewichts*konstante* K *unverändert*. Dies ist nämlich die thermodynamische Bedingung für den energieärmsten Zustand, den solch ein System einnehmen kann (*siehe* Kapitel 16).

Einfluss der Konzentration

Erhöhen Sie beispielsweise in folgender Gleichgewichtsreaktion durch weitere Substanzzugabe die Konzentration an CO, dann verschiebt sich das Gleichgewicht auf die Produkt-Seite.

$$CO + NO_2 \rightleftarrows CO_2 + NO \qquad K_c = \frac{[CO_2]\,[NO]}{[CO]\,[NO_2]}$$

Warum? – Der Nenner im MWG wird durch die Stoffzugabe *größer*: Damit befindet sich das System derzeit *nicht* im Gleichgewicht. Damit das Verhältnis von Produkten zu Reaktanten (beziehungsweise dem Verhältnis von deren *mathematischen* Produkten) letztendlich wieder den Wert von K_c annimmt (das ist ja eine Konstante, die sollte sich gefälligst nicht verändern!), muss also der Zähler größer werden – was unweigerlich dazu führt, dass der

Nenner nach und nach kleiner wird, schließlich muss ja für jedes Produkt, das entsteht, auch Reaktant verbraucht werden.

Genau das Gleiche geschieht, wenn Sie ein Produkt aus dem Gleichgewicht *entfernen*: Es wird durch Reaktion der Reaktanten so lange nachgeliefert, bis das aus dieser Veränderung resultierende Stoffmengenverhältnis wieder zum Zahlenwert der Konstanten K_c passt.

BEISPIEL

Nur für den Fall, dass Ihnen noch nicht einleuchtet, was hier passiert (sonst bitte weiterblättern!):

Schauen wir uns das soeben Beschriebene anhand von konkreten Zahlen an: Die sind zwar für ein real existierendes chemisches Gleichgewicht entschieden zu niedrig, aber an dieser Stelle wollen wir von realistischen Werten wie 0,1 mol (also $6{,}022 \cdot 10^{22}$ Teilchen) einmal absehen – einfach um der Anschaulichkeit willen. Stellen wir uns also vor, die oben beschriebene Reaktion von Kohlenmonoxid (CO) mit Stickstoffdioxid (NO_2) wäre so weit abgelaufen, dass sich das Gleichgewicht eingestellt habe, wenn sich im Gemisch jeweils 50 Teilchen CO und NO_2 (also Reaktanten) und jeweils 100 Teilchen CO_2 und NO befänden. Das zugehörige Massenwirkungsgesetz verrät uns dann:

$$K_c = \frac{100 \cdot 100}{50 \cdot 50} = \frac{10\ 000}{25\ 00} = 4{,}000$$

Was würde nun geschehen, wenn in dieses Gemisch, das sich *derzeit im Gleichgewicht* befindet (mit $K_c = 4{,}000$), drei zusätzliche Teilchen CO eingebracht würden? – Ein Gleichgewicht läge dann natürlich nicht mehr vor, wie Sie deutlich sehen, wenn Sie einfach nur die Zahlen betrachten:

$$\frac{100 \cdot 100}{(50+3) \cdot 50} = \frac{10\ 000}{53 \cdot 50} = \frac{10\ 000}{2650} = 3{,}774 \neq 4{,}000 \qquad \textit{kein Gleichgewicht!}$$

Hier *kann* derzeit kein Gleichgewicht vorliegen, denn K_c ist ja nun einmal eine *Konstante*, die sich – das besagt das Wort – nicht verändern *darf*, und der Wert, der sich hier rechnerisch ergibt, unterscheidet sich doch deutlich von 4,00.

Nach LE CHATELIER muss sich das Gleichgewicht neu einstellen, also muss die Reaktion zumindest noch ein wenig weitergehen: Die Anzahl der Reaktanten muss sich vermindern, die Anzahl der Produkte muss zunehmen. Reagiert nun ein einziges Teilchen CO mit einem Teilchen NO_2, wird davon entsprechend jeweils eines verbraucht, während auf der Produkt-Seite von jedem der beiden Produkte (CO_2 und NO) ein neues Exemplar entsteht:

$$\frac{(100+1) \cdot (100+1)}{(53-1) \cdot (50-1)} = \frac{101 \cdot 101}{52 \cdot 49} = \frac{10201}{2548} = 4{,}003 \cong 4{,}000 \ \textit{Gleichgewicht erreicht?}$$

Der sich dann rechnerisch ergebende Wert kommt dem »Soll-Wert« von 4,000 schon recht nahe. Wird es vielleicht besser, wenn diese Reaktion noch einen Schritt weiterginge? – Wieder würde von den Reaktanten jeweils eines verbraucht, und es entstünde jeweils ein zusätzliches Produkt-Teilchen:

$$\frac{(101+1) \cdot (101+1)}{(52-1) \cdot (49-1)} = \frac{102 \cdot 102}{51 \cdot 48} = \frac{10404}{2448} = 4{,}250 \gg 4{,}000 \ \textit{über das Ziel hinausgeschossen ...}$$

So sehr wird also die Zugabe weiteren Reaktants (in diesem Falle CO) das Gleichgewicht dann doch nicht auf die Produkt-Seite verschieben, aber der »erste Schritt der Nach-Reaktion«, also der Verbrauch jeweils *eines* Reaktant-Teilchens und die Entstehung jeweils *eines* Produkt-Teilchens sorgten eindeutig dafür, dass der Wert für K_c zumindest annähend wieder erreicht wird. (So gehört sich das ja auch, schließlich ist K_c eine Konstante.)

Mit diesen (übersichtlichen) Zahlen wird es zwar rechnerisch nicht ganz korrekt, aber dafür gewiss einleuchtend; nähmen Sie »chemische korrekte« (also ungleich größere) Stückzahlen, kämen Sie zu rechnerisch vollkommen zutreffenden Ergebnissen, und am Ende stünde wieder der ganz korrekte Zahlenwert für K_c.

Sie sehen also: Auch hinter dem so abstrakt erscheinenden Massenwirkungsgesetz stecken ganz einfache Zusammenhänge, und so sollte auch das Prinzip von LE CHATELIER deutlich mehr Sinn ergeben.

Zugegebenermaßen haben wir es hier mit einer sehr einfachen Reaktion mit sehr einfachen stöchiometrischen Faktoren zu tun; wenn es komplizierter wird, gestaltet sich die Rechnung gleich nicht mehr ganz so leicht nachvollziehbar. Aber *das Prinzip* gilt trotzdem.

Wenn Feststoffe mitmischen

Betrachten Sie folgende Gleichgewichtsreaktion:

$$C_{(s)} + CO_{2\,(g)} \rightleftarrows 2\,CO_{(g)}$$

Vielleicht würden Sie das MWG wie in Gleichung (a) formulieren:

$$\text{(a)}\quad K_c = \frac{[CO]^2}{[C]\,[CO_2]} \qquad\qquad \text{(b)}\quad K_c = \frac{[CO]^2}{\cancel{[C]}\,[CO_2]} = \frac{[CO]^2}{[CO_2]}$$

Der Ansatz ist auch gar nicht schlecht, aber …: Wie groß ist denn die Konzentration des Feststoffs? – Der Feststoff liegt zwar eindeutig im Gemisch *vor*, aber er ist *eben nicht* Bestandteil der Gasphase (sonst wär's ja kein Feststoff!). Hier muss ein neuer Begriff eingeführt werden: die **Aktivität**. Für jeden Stoff, der in einer anderen Phase vorliegt als die, die gerade betrachtet wird (in diesem Beispiel die Gasphase), beträgt die Aktivität des betreffenden Stoffes X immer **a(X) = 1**. Das gilt auch für nicht-mischbare, aber miteinander in Kontakt stehende Flüssigkeiten und dergleichen.

Die Aktivität eines Stoffes hat *keine Einheit*. Im Massenwirkungsgesetz werden derlei Stoffe nicht aufgeführt, da sie sich nicht auf die Lage des Gleichgewichtes auswirken – eine 1 im Zähler oder Nenner, mit der ja schließlich multipliziert wird, verändert schließlich das Ergebnis nicht.

Einfluss des Drucks

Auch der äußere Druck (Gesamtdruck) kann Auswirkungen auf die Lage eines chemischen Gleichgewichts haben. Aber das geht nur, wenn sich auch *Gase* in der Reaktionsmischung befinden. (Flüssigkeiten und Feststoffe lassen sich praktisch nicht zusammendrücken, deshalb kann der Druck hier wenig ausrichten.)

Verwechseln Sie den Gesamtdruck *nicht* mit dem *Partial*druck der einzelnen Komponenten; der lässt sich ja mithilfe des idealen Gasgesetzes (Gleichung 18.1) in eine Konzentration umrechnen. Sie können den Gesamtdruck auch mit einem Inertgas erhöhen oder bei Bedarf Vakuum ziehen, sodass der Druck (drastisch) sinkt.

Vergleichen Sie folgende Gleichgewichtsreaktionen:

(a) $N_{2\,(g)} + 3\,H_{2\,(g)} \rightleftarrows 2\,NH_{3\,(g)}$

(b) $C_{(s)} + CO_{2\,(g)} \rightleftarrows 2\,CO_{(g)}$

(c) $N_{2\,(g)} + O_{2\,(g)} \rightleftarrows 2\,NO_{(g)}$

Bekanntermaßen ist der Druck proportional zur Anzahl der Teilchen pro Volumen (Gleichung 18, dort steckt das Gesetz von BOYLE-MARIOTTE drin). Wenn Sie Druck ausüben, versucht das System, diesem Druck zu entkommen, also die Teilchenanzahl zu verringern. Schauen Sie sich die Volumenverhältnisse der drei Reaktionen an.

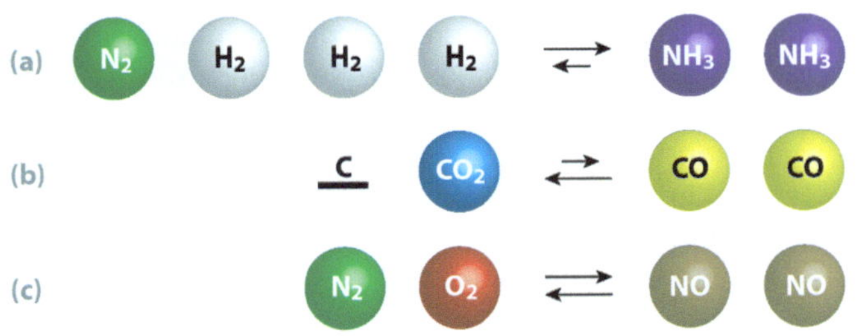

Abbildung 24.3: Einfluss des Drucks auf das chemische Gleichgewicht

Ein Mol jedes Gases entspricht ja etwa 22,4 Liter (bei 0 °C, *siehe* Kapitel 18), dargestellt durch jeweils eine »gasgefüllte« Kugel:

a) Es gibt vier Mol Reaktanten und zwei Mol Produkte – das Gleichgewicht verschiebt sich mit steigendem Druck also auf die *Produkt*-Seite, weil dort weniger Teilchen vorhanden sind.

b) Fester Kohlenstoff verändert sein Volumen mit dem Druck nicht. Links gibt es *ein* Mol und rechts *zwei* Mol Gas – mit steigendem Druck wird das Gleichgewicht also auf die *Reaktanten*-Seite verschoben.

c) Links und rechts sind gleiche Stoffmengen (in mol) und damit gleich viele Teilchen vorhanden – eine Druckänderung wirkt sich demnach auf die Gleichgewichtslage *nicht* aus.

Einfluss der Temperatur

Da bei jeder chemischen Reaktion entweder Wärme erzeugt (exotherme Reaktion) oder verbraucht wird (endotherme Reaktion) (*siehe* Kapitel 5), ist leicht nachvollziehbar, dass auch eine Änderung der Temperatur ein Gleichgewicht beeinflussen kann:

Jedes chemische Gleichgewicht versucht, eine Temperaturveränderung zu kompensieren.

Betrachten Sie dazu folgende *exotherme* Gleichgewichtsreaktion:

$$N_2 + 3\,H_2 \rightleftarrows 2\,NH_3 \qquad \Delta H_R = -92\,kJ\,mol^{-1}$$

Bei der Entstehung von Ammoniak wird Wärme frei. Das bedeutet aber auch, dass die Rückreaktion (also die Entstehung von Stickstoff und Wasserstoff) *endotherm* ist. Wird nun beispielsweise die Temperatur erhöht, dann läuft verstärkt die *Rück*reaktion ab, bei der die zugeführte Wärme *verbraucht* wird; das Gleichgewicht wird demnach auf die Seite der Reaktanten verschoben. (Bei einer Temperatursenkung wäre es dann genau umgekehrt, denn nun wird die Reaktion benötigt, die Wärme produziert.)

Eine Erhöhung der Temperatur bewirkt bei einer

- ✔ *exothermen* Reaktion eine Verschiebung des Gleichgewichts auf die *Reaktanten*-Seite
- ✔ *endothermen* Reaktion eine Gleichgewichtsverschiebung auf die *Produkt*-Seite

Eine Änderung von Konzentrationen oder Druck läuft ja immer darauf hinaus, dass sich zwar die Gleichgewichts*lage* zwischen Produkten und Edukten verändert, die Gleichgewichts*konstante* jedoch konstant bleibt (deswegen heißt sie ja so). Bei der Temperatur verhält es sich anders: Die Gleichgewichtskonstante ist nämlich *temperaturabhängig.* Betrachten Sie die Reaktionsenthalpie ΔH_R als konstant (bei nicht allzu großen Temperaturänderungen dürfen Sie das gefahrlos tun), dann können Sie folgende Beziehung für die Temperaturabhängigkeit der Gleichgewichtskonstanten heranziehen:

$$\frac{d\ln K}{dT} = \frac{\Delta H_R}{RT^2}$$

Das ist die VAN 'T HOFF'sche *Reaktionsisobare.* »Isobare«, weil ΔH_R berücksichtigt wird, also der *Druck konstant* ist (*siehe* Kapitel 16). Die Gleichung sagt aus, dass für exotherme Reaktionen $d\ln K/dT < 0$ (ΔH_R negativ) ist. Also nimmt ln K (und daher auch K) ab, das heißt:

- ✔ Die Lage des Gleichgewichts einer exothermen Reaktion wird zugunsten der Ausgangsstoffe verschoben.
- ✔ Für endotherme Reaktionen (ΔH_R positiv) gilt entsprechend das Gegenteil.

Die Gleichung können Sie durch Integration lösen und so die Gleichgewichtskonstante für eine andere Temperatur ausrechnen:

$$\int_{K_{T_1}}^{K_{T_2}} d\ln K = \frac{\Delta H_R}{R}\int_{T_1}^{T_2}\frac{1}{T^2}\,dT \quad\Rightarrow\quad \ln\frac{K_{T_2}}{K_{T_1}} = -\frac{\Delta H_R}{R}\left(\frac{1}{T_2}-\frac{1}{T_1}\right)$$

$$\Rightarrow\quad K_{T_2} = K_{T_1}\,e^{-\frac{\Delta H_R}{R}\left(\frac{1}{T_2}-\frac{1}{T_1}\right)}$$

Gesättigte Lösungen – das Löslichkeitsprodukt

Nicht alle Salze sind in Wasser gleich gut löslich. So lassen sich in einem Liter Wasser beispielsweise 11,6 mol Kaliumfluorid (KF) lösen, also fast 674 g, während sich von Lithiumfluorid (LiF) nur 0,1 mol (also 2,59 g) lösen lassen. Zudem gibt es Salze, die extrem *schwerlöslich* sind. So gehen in einem Liter Wasser nur $5{,}4 \cdot 10^{-8}$ mol Quecksilber(II)sulfid (HgS) in Lösung, also 0,013 mg(= 13 µg), größere Mengen bleiben einfach als Bodensatz übrig. *Einen* Grund dafür haben Sie bereits in Kapitel 20 kennengelernt: das Verhältnis von aufzuwendender *Gitterenergie* und frei werdender *Hydratationsenergie*. Sicherlich spielt auch die Polarisierbarkeit der Ionen eine Rolle, da sich diese auf die VAN-DER-WAALS-Kräfte auswirkt (*siehe* Kapitel 15).

Geben Sie immer größere Mengen eines gut löslichen Salzes nach und nach in ein vorgegebenes Volumen Wasser, wird zunächst sämtliches Salz in Lösung gehen. Aber auch hier wird sich irgendwann festes Salz auf dem Gefäßboden sammeln, weil es sich einfach nicht mehr lösen kann; irgendwann ist die Lösung *gesättigt*: Ein *Niederschlag* fällt zu Boden des Reaktionsgefäßes (deshalb wird er auch *Bodenkörper* genannt).

Auch wenn es heißt, eine schwerlösliche Verbindung »fällt aus«: Bitte, bitte, nennen Sie den Niederschlag *niemals* »Ausfall« – das ist ein fachsprachlicher Totalausfall. Geben Sie verschiedene Stoffe zusammen, sodass es zur Entstehung eines schwerlöslichen Salzes kommt, ist das eine *Fällungsreaktion*, und was dann auf den Boden sinkt (also: der Niederschlag), ist eine *Ausfällung*.

Es lässt sich nachweisen, dass zwar stets die *gleiche Menge* des Salzes den Bodensatz bildet, es aber nicht immer die *gleichen Ionen* sind, die diesen Bodensatz darstellen. Vielmehr liegt (wieder einmal) ein *dynamisches Gleichgewicht* vor, bei dem stets gleiche Mengen Ionen *in Lösung gehen* respektive *ausfallen* (Abbildung 24.4).

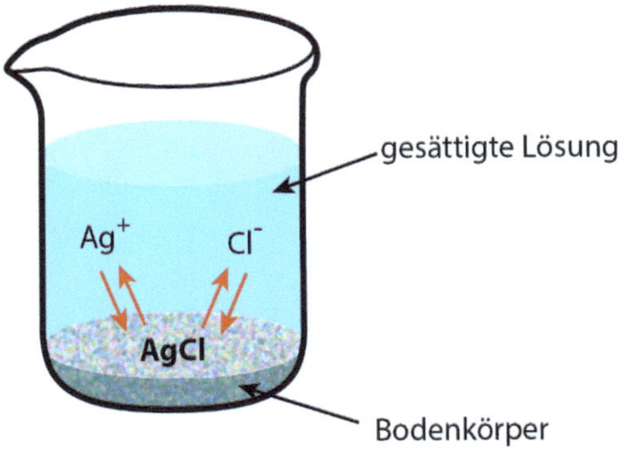

Abbildung 24.4: Gesättigte Silberchlorid-Lösung

Sie dürfen sich also diesen Prozess des Lösens als eine (sehr einfache) chemische Reaktion vorstellen, bei der ab einem bestimmten Punkt (nämlich dann, wenn die Lösung gesättigt ist) die *Hinreaktion* (in diesem Falle das Auflösen) mit der gleichen Geschwindigkeit abläuft wie die *Rückreaktion* (das Ausfallen). In einer »Reaktionsgleichung« (beispielsweise für eine gesättigte AgCl-Lösung) würde das folgendermaßen dargestellt:

$$AgCl \rightleftarrows Ag^+ + Cl^-$$

Auch für dieses Gleichgewicht können Sie das Massenwirkungsgesetz wie in Gleichung 24.3 aufstellen. Denken Sie beim Betrachten von Lösungen und dergleichen bitte daran, dass für feste (ungelöste) Substanzen X deren **Aktivität** zu betrachten ist, für die gilt: a(X) = 1 – und dass das eben *noch nicht gelöste* AgCl *ungelöst* ist, ist doch wohl klar, oder?

$$K = \frac{[Ag^+]\,[Cl^-]}{\cancel{[AgCl]}} \qquad \Rightarrow \qquad K_L = [Ag^+]\,[Cl^-] \tag{24.8}$$

Die Gleichgewichtskonstante für diese gesättigte Lösung ist also das Produkt der Konzentrationen der gelösten Ionen; das ist das **Löslichkeitsprodukt K_L**. *Je größer das Löslichkeitsprodukt, desto besser löslich ist das Salz.* Im Nenner steht die Aktivität des ungelösten Stoffes, hier: a(AgCl) = 1, und »durch 1 teilen« ändert ja nichts.

In der Regel spielen *gesättigte* Lösungen *gut löslicher* Salze eine untergeordnete Rolle. (So stark konzentriert brauchten Sie sie meistens auch nicht.) Die Angabe des Löslichkeitsprodukts ist daher eher für Salze sinnvoll, die sich mit der Löslichkeit schwertun. Dabei ergeben sich dann für die Löslichkeitsprodukte meist sehr kleine Zahlen.

Um die umständlichen Zehnerpotenzen zu umgehen, können Sie auch hier den *negativen dekadischen Logarithmus* wählen:

$$pK_L = -\lg K_L$$

Dementsprechend gilt: Je *größer* der pK_L-Wert, desto *schlechter löslich* ist das Salz.

Einige Löslichkeitsprodukte ausgewählter mäßig bis sehr schlecht löslicher Salze finden Sie in Tabelle 24.1. (Auf die Angabe der Einheit der Konstanten K_L wurde hier verzichtet. Sie hat immer eine *genau definierte* Einheit, je nachdem, wie viele Ionen darin vorkommen. Dazu kommen wir gleich.)

Salz	K_L	pK_L
$CaSO_4$	$2{,}0 \cdot 10^{-5}$	4,7
$MgCO_3$	$1{,}0 \cdot 10^{-5}$	5,0
$Ca(OH)_2$	$1{,}3 \cdot 10^{-6}$	5,9
$CaCO_3$	$4{,}7 \cdot 10^{-9}$	8,3
AgCl	$1{,}9 \cdot 10^{-10}$	9,7
$BaSO_4$	$1{,}08 \cdot 10^{-10}$	10,0
CaF_2	$3{,}9 \cdot 10^{-11}$	10,4
$Mg(OH)_2$	$8{,}9 \cdot 10^{-12}$	11,1
AgBr	$5{,}0 \cdot 10^{-13}$	12,3
$Al(OH)_3$	$5{,}0 \cdot 10^{-33}$	32,3

Tabelle 24.1: Löslichkeitsprodukte ausgewählter Salze

Ein pK_L-Wert von 10 zum Beispiel für $BaSO_4$ heißt: Das Produkt der Konzentrationen der gelösten Ionen beträgt 10^{-10} mol^2 L^{-2} – das ist wirklich nicht sehr viel.

Natürlich gibt es nicht nur Salze wie $BaSO_4$, bei denen Kationen und Anionen in gleicher Anzahl vorliegen. Beachten Sie folgende unterschiedlichen Salze mit A = Kation und B = Anion:

- ✔ AB-Salze enthalten gleich viele Anionen und Kationen; wie AgCl oder CaO.
- ✔ AB_2-Salze hingegen enthalten doppelt so viele Anionen wie Kationen (wie $MgCl_2$).
- ✔ Bei AB_3-Salzen gibt es dreimal so viele Anionen (wie $AlCl_3$).
- ✔ A_2B-Salze weisen doppelt so viele Kationen wie Anionen auf (wie Na_2S).
- ✔ Sie könnten hier noch weitermachen, aber das Prinzip dürfte klar geworden sein.

Im Löslichkeitsprodukt muss das entsprechend berücksichtigt werden: Für das AB_3-Salz Aluminiumhydroxid ($Al(OH)_3$) ergibt sich der nachfolgende Ausdruck mit der entsprechenden Einheit:

$$K_L = [Al^{3+}]\,[OH^-]^3\ mol^4\ L^{-4}$$

Geben Sie den pK_L-Wert an, lautet er schlicht: pK_L = … (Natürlich hat ein Logarithmus *keine* Dimension – die müssen Sie sich bei der Umrechnung in K_L wieder zusammenbasteln.)

Was ist Löslichkeit?

Mit dem *Löslichkeitsprodukt* als solches können Sie erst einmal wenig anfangen, wenn Sie beurteilen wollen, wie *viel* eines Salzes sich denn nun löst, denn eine Löslichkeit würden Sie nicht in mol^4 L^{-4} (also mol^4/L^4) oder mol^2 L^{-2} (= mol^2/L^2, falls Ihnen das besser gefällt) angeben, sondern in mol L^{-1} (oder mol/L) und so weiter, wie sich das gehört.

Sie sollten die *Löslichkeit L* eines Salzes keinesfalls mit dem *Löslichkeitsprodukt* K_L verwechseln. Das Löslichkeitsprodukt ist nichts anderes als eine Gleichgewichtskonstante und beschreibt das Gleichgewicht zwischen festem Salz und gelösten Ionen, während die *Löslichkeit* eine Mengenangabe in mol L^{-1} (also: mol/L) oder g L^{-1} (also: g/L) ist – und zwar von einer *ganzen* Substanz, und nicht etwa beispielsweise nur der Kationen (denn die können schließlich schlecht ohne die Anionen in Lösung existieren, dann wäre die Lösung ja positiv geladen).

Das Löslichkeitsprodukt liefert Ihnen aber die *Grundlage* zur Ermittlung der Löslichkeit.

BEISPIEL

Sie wollen die Löslichkeit von $BaSO_4$ in mol L^{-1}(pK_L = 10) wissen. Was verrät Ihnen das *Löslichkeitsprodukt*?

$$K_L = [Ba^{2+}]\,[SO_4^{2-}] = 10^{-10}\ mol^2\ L^{-2}$$

Hier ist es ganz einfach: *Ein Mol* $BaSO_4$ dissoziiert in *ein Mol* Ba^{2+} und *ein Mol* SO_4^{2-}. Es genügt daher, $[Ba^{2+}]$ zu kennen (oder $[SO_4^{2-}]$). Da die Konzentrationen gleich sind, folgt:

$$L_{BaSO_4} = [Ba^{2+}] = [SO_4^{2-}] = \sqrt{[Ba^{2+}]^2} = \sqrt{K_L} = \sqrt{10^{-10}\,mol^2\,L^{-2}} = 10^{-5}\,mol\,L^{-1}$$

(Das geht natürlich genauso gut mit $\sqrt{[SO_4^{2-}]^2}$.)

BEISPIEL

Sie wollen die Löslichkeit von $Mg(OH)_2$ ($pK_L = 11{,}05$) in mol L^{-1} wissen. Was können Sie anhand des *Löslichkeitsprodukts* darüber aussagen?

$$K_L = [Mg^{2+}]\,[OH^-]^2 = 8,9 \cdot 10^{-12}\,mol^3\,L^{-3}$$

Ein Mol $Mg(OH)_2$ dissoziiert in *ein Mol* Mg^{2+} und *zwei Mol* OH^-. Auch hier entspricht $[Mg^{2+}]$ der gesuchten Konzentration an $Mg(OH)_2$.

Sie können aber *nicht* einfach die dritte Wurzel von K_L ziehen, denn es gilt: $[OH^-] = 2[Mg^{2+}]$. Das Löslichkeitsprodukt ist daher:

$$K_L = [Mg^{2+}]\,(2\,[Mg^{2+}])^2 = 4\,[Mg^{2+}]^3$$

Achtung: Bitte rechnen Sie das notfalls *dreimal* nach – die Frage »Wo kommt denn jetzt die 4 her?« ist eine äußerst beliebte Stolperfalle.

Damit ergibt sich die Löslichkeit dieses AB_2-Salzes zu:

$$L_{Mg(OH)_2} = [Mg^{2+}] = \sqrt[3]{\frac{K_L}{4}} = 1{,}31 \cdot 10^{-4}\,mol\,L^{-1}$$

Aufgaben Kapitel 24

Zum Aufwärmen

1. Stellen Sie den Ausdruck für das Massenwirkungsgesetz für folgende Reaktion auf (mit Einheit!):

   $$SO_{2\,(g)} + 2\,H_2S_{(g)} \rightleftarrows 3\,S_{(s)} + 2\,H_2O_{(g)}$$

2. Für die Reaktion $2\,A + B \rightleftarrows 3\,C + 2\,D$ werden folgende Gleichgewichtskonzentrationen gefunden:

   c(A) = 0,26 mol L^{-1}, c(B) = $1{,}92 \cdot 10^{-3}$ mol L^{-1}, c(C) = 0,65 mol L^{-1}, c(D) = 0.98 mol L^{-1}.

   Welcher Wert ergibt sich für die Gleichgewichtskonstante K_c?

3. Betrachten Sie die Reaktion aus Aufgabe 24.1. Was geschieht bei Druckerhöhung?

Für Fortgeschrittene

4. Durch Zugabe von zusätzlichen Chlorid-Ionen können Sie die Löslichkeit von AgCl drastisch vermindern. ($K_L = [Ag^+]\,[Cl^-]$, K_L bleibt konstant, also muss $[Ag^+]$ weniger werden.) Was geschieht bei Zugabe von Bromid-Ionen?

5. Bei der Reaktion von Essigsäure (CH_3COOH) mit Ethanol (CH_3CH_2OH) entsteht Essigsäureethylester ($CH_3COO\text{-}CH_2CH_3$) und Wasser (H_2O):

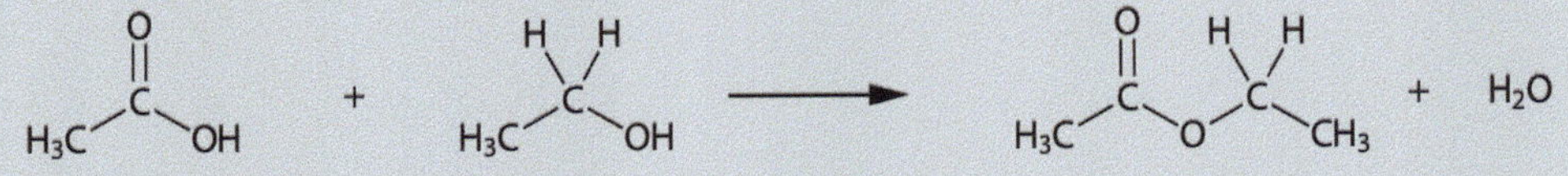

(Hierbei handelt es sich um eine Veresterung; mehr über diese Art Reaktion erfahren Sie in Kapitel 39.) Tabellenwerken lässt sich entnehmen, dass die Gleichgewichtskonstante dieser Reaktion $K = 4$ beträgt. Nachdem sich in Ihrem Reaktionsgemisch das Gleichgewicht eingestellt hat, lässt sich analytisch nachweisen, dass die Gleichgewichtskonzentration des unumgesetzten Ethanols $[C_2H_5OH] = 2\ \text{mol L}^{-1}$ beträgt, die der unumgesetzten Säure $[CH_3COOH] = 8\ \text{mol L}^{-1}$. Da sowohl Ethanol als auch Essigsäure bei Raumtemperatur flüssig sind, wird auf die Verwendung eines Lösemittels verzichtet; jegliches im Reaktionsgemisch vorliegende Wasser ist also im Zuge der Reaktion entstanden. In welcher Konzentration liegt der Ester vor?

6. Berechnen Sie die prozentuale Ausbeute der Estersynthese aus Aufgabe 5.

7. Wie würde sich das Gleichgewicht der Reaktion aus Aufgabe 5 verschieben, wenn der Versuch unternommen würde, die Reaktion im wässrigen Medium durchzuführen?

Nur für Streber

8. Welche Masse an Aluminiumhydroxid ($Al(OH)_3$) löst sich in 420 mL Wasser?

IN DIESEM KAPITEL

- ist Wasser schon wieder etwas ganz Besonderes
- wird es neutral – oder auch nicht
- wird ganz schön viel logarithmiert
- können Sie puffern, was das Zeug hält

Kapitel 25

Geben und nehmen – Säure/ Base-Gleichgewichte

Lösen Sie die gasförmige, kovalent gebaute Verbindung Chlorwasserstoff (HCl) in Wasser, so erhalten Sie eine leicht stechend riechende, farblose Lösung, die auf der Haut brennt und juckt – und die zahlreiche Metalle aufzulösen vermag. Auch wenn Sie die salzartige Verbindung Natriumhydroxid (NaOH) in Wasser lösen, erhalten Sie eine sehr reaktive, farblose Lösung, die allerdings fast geruchlos ist, sich ein wenig seifig anfühlt und die Haut ungleich heftiger schädigt als in Wasser gelöster Chlorwasserstoff. In beiden Fällen wirkt sich also das Lösen der betreffenden Stoffe in Wasser signifikant darauf aus, welche chemischen Eigenschaften diese Lösungen aufweisen.

Im Falle der wässrigen Lösung von Chlorwasserstoff ($HCl_{(aq)}$, auch als »Salzsäure« bekannt) ist das veränderte chemische Verhalten auf eine erhöhte Konzentration von H^+-Ionen zurückzuführen, im Falle der wässrigen Lösung von NaOH (die auch »Natronlauge« genannt wird) auf eine erhöhte Konzentration von OH^--Ionen.

- ✔ Lösungen, in denen eine *erhöhte Konzentration von* ***H^+*-Ionen** (besser wäre es, von H_3O^+-Ionen zu sprechen, dazu gleich mehr) vorliegt, werden allgemein als **Säuren** bezeichnet.
- ✔ Lösungen, in denen eine *erhöhte Konzentration von* ***OH^-*-Ionen** gemessen wird, werden allgemein als **Basen** bezeichnet. (Früher wurden Basen auch *Laugen* genannt, deswegen wird eine wässrige Lösung von Natriumhydroxid auch heute noch *N<u>a</u>tronlauge* genannt.)

Natürlich liegen in wässriger Lösung immer *hydratisierte* und nicht etwa »nackte« Ionen vor. Üblich ist, die Symbole der betreffenden Ionen mit »$_{(aq)}$« (für: »in Wasser (*aqua*) gelöst«) zu kennzeichnen, sodass die Gleichungen idealerweise folgendermaßen aussähen:

$$HCl \xrightarrow{H_2O} H_3O^+_{(aq)} + Cl^-_{(aq)} \quad \text{und} \quad NaOH \xrightarrow{H_2O} Na^+_{(aq)} + OH^-_{(aq)} \tag{25.1}$$

Allerdings wird das »(aq)« der Einfachheit halber meist weggelassen.

Weiterhin lässt sich experimentell nachweisen, dass die Umsetzung von Salzsäure mit Natronlauge (gleiche *Stoffmengen* vorausgesetzt) zu einer völlig neutral reagierenden Lösung von Kochsalz führt: Sowohl der Säure- als auch der Basen-Charakter gehen dabei gänzlich verloren. Fachsprachlich ausgedrückt: *Die Säure und die Base neutralisieren einander.*

In diesem Kapitel werden die meisten Vorgänge anhand der Reaktion einer Säure verdeutlicht; selbstverständlich gilt Analoges immer auch für Basen.

Für alles gibt es Konzepte

Zunächst muss aber noch geklärt werden: *Was macht eigentlich eine Substanz zu einer Säure (oder eben einer Base)?*

ARRHENIUS

Der Schwede Svante ARRHENIUS war der Erste, der sich an einer Definition von Säuren und Basen versuchte und 1883 ein geschlossenes Säure/Base-Konzept vorlegte. Er postulierte:

- ✔ Säuren sind Wasserstoff-Verbindungen, die in wässriger Lösung H^+-Ionen abgeben. Dies führt dazu, dass der *p*H-Wert *sinkt*, er wird < 7. (Woher diese Zahl kommt, erfahren Sie noch in diesem Kapitel.)
- ✔ Basen sind Hydroxy-Verbindungen, die in wässriger Lösung OH^--Ionen abgeben. Dann *steigt* der *p*H-Wert, er wird > 7.

Die Entstehung dieser Ionen dachte er sich als Zerfall (Dissoziation) von Molekülen, zum Beispiel:

$$HCl \rightleftarrows H^+ + Cl^-$$

$$NaOH \rightleftarrows Na^+ + OH^-$$

Allerdings musste diese Arbeitshypothese schon bald verworfen werden, als man sich etwa das Ammoniak (NH_3) anschaute: Eine wässrige Lösung von Ammoniak reagiert zweifelsohne basisch, aber das NH_3-Molekül weist nun einmal kein OH^- auf, das es überhaupt abgeben *könnte.*

Die Erkenntnis, was genau beim Lösen von Ammoniak (bei Raumtemperatur gasförmig) in Wasser geschieht, führte dann zu einer etwas präziseren Definition. Das Ammoniak-Molekül gibt *mitnichten* ein Hydroxid-Ion (OH^-) *ab*, sondern nimmt vielmehr ein H^+-Ion *auf.* Da dies nur von einem H_2O-Molekül stammen kann, bleibt OH^- übrig:

$$NH_3 + H_2O \rightleftarrows NH_4^+ + OH^- \tag{25.2}$$

Einige Zeit lang versuchte Arrhenius noch, seine Säure/Base-Theorie aufrechtzuerhalten, indem er postulierte, NH_3 und H_2O würden gemeinsam eine Verbindung »NH_4OH« bilden, aufgebaut aus NH_4^+- und OH^--Ionen, also das »Ammoniumhydroxid«. Allerdings ist es bis heute nicht gelungen, diese Substanz zu isolieren. Dampfen Sie etwa eine Reaktionslösung ein, in der Salzsäure und Natronlauge einander neutralisiert haben, bleibt stets ausschließlich Natriumchlorid (NaCl) zurück. Arrhenius' Hoffnung, aus dem Neutralisations-Reaktionsgemisch von Ammoniak und Wasser NH_4OH isolieren zu können, wurde enttäuscht.

Zudem beschränken sich alle Überlegungen zu Arrhenius auf das Lösemittel Wasser. Es gibt aber viele andere nichtwässrige Lösemittel, in denen ebenfalls Säure/Base-Reaktionen möglich sind, die aber durch die Begriffe von Arrhenius nicht korrekt beschrieben werden. Dennoch haben zahlreiche der noch häufig in der Chemie verwendeten Begriffe hier ihren Ursprung: Neutralisation, Dissoziation, Hydrolyse, Säurestärke und noch viele andere, die Ihnen allesamt in diesem Kapitel begegnen werden.

Brønsted/Lowry

1923 definierten Johannes Brønsted und Thomas Lowry unabhängig voneinander

- ✔ Säuren als Substanzen, die H^+-Ionen (also: Protonen) abgeben (fachsprachlich: die als **Protonen-Donator** fungieren – auch Protonen-*Donor* ist korrekt).
- ✔ Basen als Substanzen, die H^+-Ionen (also: Protonen) aufnehmen (sie fungieren als **Protonen-Akzeptor**).

Obwohl Lowry das gleiche Verdienst zusteht, wird er meist verschwiegen und das Modell nur als »Brønsted-Konzept« bezeichnet (außer natürlich in Lowrys Heimat England), entsprechend ist auch häufig von Brønsted-Säuren und Brønsted-Basen die Rede.

Es sei ausdrücklich darauf hingewiesen, dass in diesem Zusammenhang mit »Proton« *immer* ein Wasserstoff-Kation (H^+) gemeint ist. Innerhalb von Säure/Base-Reaktionen werden *niemals* irgendwelche Protonen (im Sinne von Kernbausteinen) aus Atomkernen herausgelöst oder übertragen. Das würde Element-Umwandlung bedeuten – und die überlassen wir den Physikern …

Für **Säuren** bedeutet das, sie müssen (mindestens) ein *polar gebundenes Wasserstoff-Atom* aufweisen, also ein Wasserstoff-Atom, das im Rahmen einer kovalenten Bindung hinreichend stark positiv polarisiert ist (zur Erinnerung: $\delta+$), sodass die betreffende Bindung sich relativ leicht *heterolytisch* spalten lässt und ein Wasserstoff-Kation (H^+-Ion) abgelöst wird.

Für **Basen** hingegen gilt die Grundbedingung, dass sie mindestens *ein freies Elektronenpaar* aufweisen müssen, das ein solches Proton kovalent binden kann.

Keine Substanz *ist* von sich aus eine Säure oder Base, sie entfaltet diese Eigenschaft erst, wenn eine andere Säure oder Base zugegen ist. Das Brønsted-Konzept beschreibt damit keine *Stoffe an sich*, sondern eine *Funktion* gegenüber einem entsprechenden Reaktionspartner – nämlich die (potentielle) Fähigkeit, Protonen abzugeben oder aufzunehmen.

So ist zum Beispiel HCl-Gas eine Brønsted-Säure, weil die Verbindung HCl imstande ist, ein Proton abzugeben, und *nicht* etwa, weil sie in H^+ und Cl^- dissoziiert.

Es gibt auch Moleküle, die *mehr als nur ein* Proton abspalten können. Zu nennen wären exemplarisch die Schwefelsäure (H_2SO_4) und die Phosphorsäure (H_3PO_4). Entsprechend werden sie dann *zweiprotonige* oder *dreiprotonige* Säuren genannt.

Hier hält sich eine hartnäckige historische (und ein wenig verwirrende) Bezeichnungsweise: In vielen Lehrbüchern wird nach wie vor von *einbasigen, zweibasigen* oder *dreibasigen* Säuren gesprochen.

Auch die Brønsted'sche Definition von Säuren und Basen (Säure = Protonen-*Donor*, Base = Protonen-*Akzeptor*) deckt nicht *sämtliche* Aspekte der Säure/Base-Chemie ab. Es gibt auch noch andere Stoffe wie Aluminiumchlorid ($AlCl_3$), Eisen(III)-Salze oder Schwefeltrioxid (SO_3), die in Wasser sauer reagieren, *ohne* ein H^+ abspalten zu können.

- Beim Schwefeltrioxid ist die Erklärung recht einfach: Diese Verbindung ist das *Anhydrid* der Schwefelsäure (mehr zu Anhydriden finden Sie in Kapitel 29); in wässriger Lösung reagiert diese Verbindung so, dass Schwefelsäure entsteht:

  $$SO_3 + H_2O \rightarrow H_2SO_4$$

  Da sollte es nicht verwundern, dass der *p*H-Wert der resultierenden Lösung sinkt.

- Bei Aluminium- oder Eisen(III)-Salzen (wie $AlCl_3$ oder $FeCl_3$) ist die Erklärung des sauren Verhaltens in wässriger Lösung in einer *Komplex*-Reaktion zu finden (Sie erinnern sich noch an Kapitel 13?). Schauen wir uns zunächst an, wie ein Eisen(III)-Salz in Wasser reagiert:

  $$FeCl_3 + 6\,H_2O \rightarrow [Fe(H_2O)_6]^{3+} + 3\,Cl^-$$

  Dieses Hexaquaeisen(III)-Komplex-Kation besitzt trotz der Liganden immer noch eine beachtlich hohe Ladungsdichte, die es vermindern kann, indem es *einen* seiner Aqua-Liganden deprotonieren lässt, sodass letztendlich das Pentaquahydroxidoeisen(III)-Komplex-Kation vorliegt:

  $$[Fe(H_2O)_6]^{3+} \rightarrow [Fe(H_2O)_5(OH)]^{2+} + H^+$$

  Gleiches gilt auch für Aluminium-Salze in wässriger Lösung. Durch die Komplex-Reaktion entsteht also die eigentliche Brønsted-Säure erst. (Beachten Sie: Entscheidend ist hier die *Ladungsdichte.* Eisen(II)-Salze machen so etwas nicht.)

Interessanterweise scheitert dieses Konzept aber auch an der Borsäure (H_3BO_3, besser als $B(OH)_3$ dargestellt, schauen Sie sich Abbildung 25.1a an).

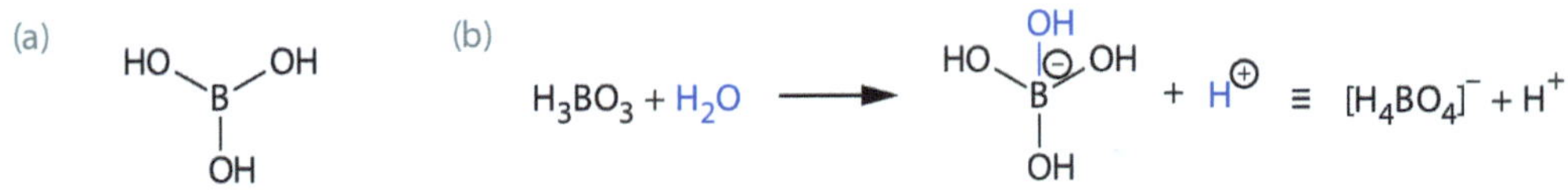

Abbildung 25.1: Borsäure in wässriger Lösung

Deren Strukturformel (drei an Sauerstoff gebundene – und somit doch wohl hoch polare – Wasserstoff-Atome) ließe erwarten, dass diese Säure *drei* Protonen abzuspalten imstande ist, es sich somit um eine *dreiprotonige* (*dreibasige*) Säure handelt. Alle experimentellen Bemühungen ergaben allerdings, dass es nur eine *einprotonige* Säure ist, es wird nur *ein* Proton abgespalten.

Da aber doch alle drei Wasserstoff-Atome in diesem Molekül absolut äquivalent sind, fand sich dafür zunächst keine Erklärung – die kam erst im Zuge einer Analyse des Endprodukts. Tatsächlich reagiert Borsäure mit Wasser gemäß der Reaktionsgleichung aus Abbildung 25.1b:

$$H_3BO_3 + H_2O \rightleftarrows [H_4BO_4]^- + H^+$$

Es hat also schon wieder eine Komplex-Reaktion stattgefunden (daher auch die eckigen Klammern): Bei der konjugierten Base der Borsäure handelt es sich um das Tetrahydroxidoborat(III) (*siehe* Kapitel 13). Viel interessanter jedoch:

Die Borsäure (H_3BO_3) fungiert hier effektiv *nicht direkt* als H^+-Donor, sondern als *OH^--Akzeptor*: Sie spaltet das Wasser *heterolytisch* und nimmt das resultierende Hydroxid-Ion auf, sodass ein H^+ zurückbleibt. (Dass die Borsäure zu etwas Derartigem in der Lage ist, liegt daran, dass es sich bei ihr – wie auch bei vielen anderen Verbindungen des Bors – um eine *Elektronenmangelverbindung* handelt. Was genau das ist und was das alles für Konsequenzen hat, wird in Kapitel 33 ausführlich behandelt.)

Eine derartige Art der Reaktion ist aber mit der Definition von Säuren und Basen nach Brønsted schlichtweg nicht vereinbar. Deswegen entwickelte Gilbert Lewis ein völlig neues Säure/Base-Konzept.

Lewis

Zum Säure/Base-Konzept von Lewis gehören folgende Begriffe und Überlegungen:

- ✔ *Säuren* sind Teilchen, die (mindestens) ein vakantes (leeres) Orbital aufweisen und somit Elektronendichte *aufnehmen* können (Elektronenpaar-Akzeptoren) – Verbindungen, die Elektronendichte von einem Reaktionspartner aufnehmen, heißen *elektrophil* (sie zeigen **Elektrophilie**).

- ✔ Basen sind Teilchen, die Elektronendichte *abgeben* können (Elektronenpaar-Donatoren) – Verbindungen, die Elektronendichte zu einem Reaktionspartner hinüberschieben, heißen auch *nucleophil* (sie zeigen **Nucleophilie**), weil sie sozusagen »Interesse« am positiv geladenen Atomkern (Nucleus) des Reaktionspartners haben.

Eine **Lewis-Säure** hat demnach eine unvollständig besetzte äußere Elektronenschale, in die Elektronendichte der **Lewis-Base** unter Ausbildung einer *kovalenten Bindung* übertragen wird. Das bindende Elektronenpaar kommt also nur von *einem der beiden* Bindungspartner.

Auf diese Weise entstehende Bindungen – sie werden gelegentlich als *koordinative Bindungen* bezeichnet – kennen Sie bereits aus Kapitel 13: Bei Komplexen ist das Zentralteilchen als LEWIS-Säure anzusehen (es hat freie Orbitale zur Aufnahme von Elektronenpaaren), die Liganden sind LEWIS-Basen (sie besitzen freie Elektronenpaare für die koordinative Bindung).

Wenn Sie unter diesem Gesichtspunkt noch einmal die Reaktion von Ammoniak mit Wasser (Gleichung 25.2) betrachten, lässt sich diese auch mit den Begriffen von LEWIS beschreiben: Mit seinem freien Elektronenpaar fungiert das nucleophile *Ammoniak* dem Wasser-Molekül gegenüber als Elektronenpaar-Donor (also als *Base*), während das – im Zuge der heterolytischen Bindungsspaltung entstandene – elektrophile *Wasserstoff-Kation* (H^+) als Elektronenpaar-Akzeptor (= *Säure*) fungiert (*siehe* Abbildung 25.2): Am Ende der Reaktion trägt dieses Wasserstoff-Teilchen *keine* positive Ladung mehr, sondern ist Bestandteil einer *gewöhnlichen kovalenten Bindung* geworden.

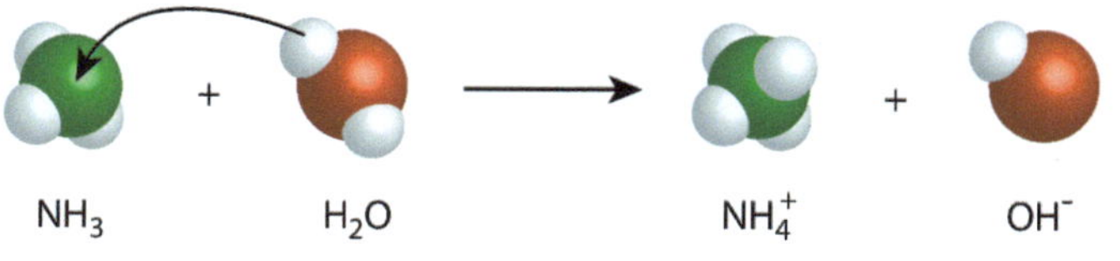

Abbildung 25.2: Reaktion von Ammoniak mit Wasser

Sämtliche Befunde des BRØNSTED-Konzepts passen auch zum LEWIS-Konzept, es ist somit das deutlich *umfassendere* Konzept. Ungünstigerweise sind aber so gängige Substanzen wie H_2SO_4, HNO_3, NH_4^+, H_3O^+ und noch so manche andere nach LEWIS *keine* Säuren, da sie keine Elektronenpaare aufnehmen können – das macht den Umgang mit dem LEWIS-Konzept etwas umständlich (und teilweise auch missverständlich, aber letztendlich ist es reine Übungssache).

Damit wir uns nicht falsch verstehen:

Wenn es um Säuren und Basen geht, wird in der Regel mit dem BRØNSTED-Konzept gearbeitet: Sprechen wir nur allgemein von »Säuren und Basen«, sind also BRØNSTED-Säuren und BRØNSTED-Basen gemeint, ansonsten ist ausdrücklich von LEWIS-Säuren oder LEWIS-Basen die Rede. Begriffe wie Protolyse, *p*H-Wert und Säurestärke basieren auf dem *BRØNSTED-Konzept.*

Es lohnt sich, noch einmal darüber nachzudenken, welche strukturellen Merkmale eigentlich vorliegen müssen, damit eine Substanz überhaupt als Säure oder als Base fungieren *kann.*

✔ Eine Verbindung (ob nun ein neutrales Molekül oder auch ein Kation oder Anion) kann nur dann im Sinne von BRØNSTED als *Säure* fungieren (also als Donor eines Wasserstoff-Kations), wenn sie (mindestens) *ein positiv polarisiertes Wasserstoff-Atom* ($H^{\delta+}$) enthält.

  Damit sollte endgültig klar sein, warum die Verbindung Natriumchlorid (NaCl) den *p*H-Wert einer Lösung nicht senken kann: *Es ist einfach kein Wasserstoff vorhanden.*

✔ Damit eine Verbindung im BRØNSTED-Sinne als *Base* fungieren kann (also als Akzeptor eines Wasserstoff-Kations), muss sie (mindestens) ein *freies Elektronenpaar* (ein *lone pair*) aufweisen.

Schauen Sie sich noch einmal Abbildung 25.2 an und vergleichen Sie das mit der Darstellung in Abbildung 25.3.

Das Ammoniak-Molekül (bei dieser Reaktion die Base) deprotoniert das Wasser-Molekül (das hier als Säure fungiert), indem das freie Elektronenpaar am Stickstoff-Atom dazu herangezogen wird, eine neue kovalente N-H-Bindung auszubilden, während das Elektronenpaar, das ursprünglich für die O-H-Bindung verantwortlich war, ganz dem Sauerstoff zugesprochen wird. (So kommt es ja auch erst zur negativen Ladung am resultierenden Hydroxid-Ion oder zur positiven Ladung am Ammonium-Ion, das durch die Protonierung des Ammoniaks entsteht.)

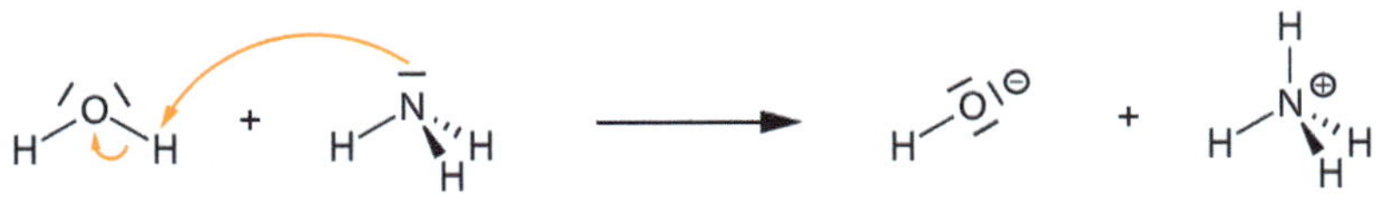

Abbildung 25.3: Noch einmal die Reaktion von Ammoniak mit Wasser

Wenn Wasser sonst nichts zu tun hat

Sie können mit Wasser machen, was Sie wollen (es 100-mal destillieren, in Platingefäßen lagern oder dergleichen): *Immer* werden Sie eine (wenn auch nur geringe) Leitfähigkeit darin nachweisen können. Es stellte sich heraus, dass auch »gewöhnliches« Wasser, in dem *keinerlei* andere Substanzen gelöst sind, eine gewisse Menge an H^+-Ionen (und auch OH^--Ionen) enthält. Da ja eigentlich nur Wasser-Moleküle vorhanden sind, müssen diese Ionen eindeutig vom Wasser selbst stammen. Das Wasser geht also eine Reaktion mit sich selbst ein. Dies ist eine *Autoprotolyse.*

Autoprotolyse

Dabei wird ein H^+-Ion von einem Wasser-Molekül auf ein anderes übertragen (Abbildung 25.4):

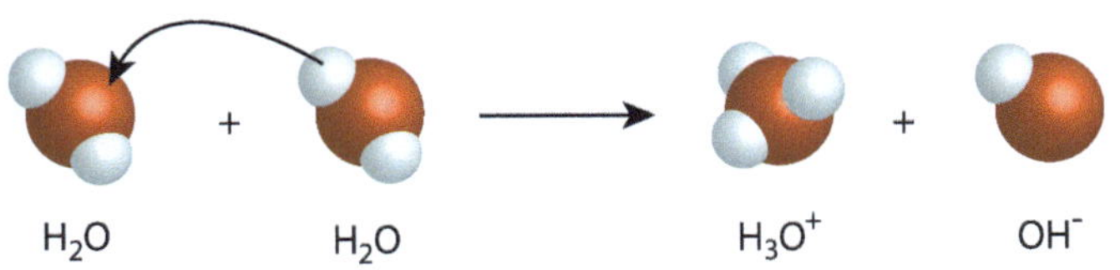

Abbildung 25.4: Autoprotolyse des Wassers

Die Reaktionsgleichung dazu lautet entsprechend:

$$2\,H_2O \rightleftarrows H_3O^+ + OH^- \qquad (25.3)$$

Wasser fungiert hier also gleichermaßen als Säure wie auch als Base. Stoffe, die so etwas können, heißen **Ampholyte** und das zugehörige Phänomen **Amphoterie**.

Die entstandenen Kationen (H_3O^+) werden als **Hydroxonium-Ionen** (auch: *Hydronium-* oder, etwas weniger präzise: *Oxonium-Ionen*) und die entstandenen Anionen (OH^-) als *Hydroxid-Ionen* bezeichnet. *Diese* Ionen sind für das veränderte chemische Verhalten der Lösungen verantwortlich.

Ionenprodukt des Wassers

Es handelt sich um eine Gleichgewichtsreaktion. Wenden Sie das Massenwirkungsgesetz (MWG, Kapitel 24) auf die Autoprotolyse des Wassers (Gleichung 25.3) an, so ergibt sich:

$$K = \frac{[H_3O^+]\,[OH^-]}{[H_2O]^2}$$

Zunächst einmal sehen Sie im Nenner die Konzentration des Wassers in sich selbst (?!) quadriert. Gemäß den Spielregeln für das Aufstellen eines Ausdrucks für das Massenwirkungsgesetz ist das angesichts der »2« vor dem Reaktanten Wasser (Gleichung 25.3) voll und ganz richtig. Aber nun müssen wir erneut die **Aktivität** betrachten, denn bei dieser Reaktion ist Wasser zugleich Reaktant und *Lösemittel*. Mit anderen Worten: Es liegen im Gemisch viel mehr Wasser-Moleküle vor, als an der Reaktion tatsächlich teilnehmen. Das wiederum bedeutet, dass hier erneut eine **Aktivität von 1** angenommen werden darf. Es gilt also: $a(H_2O) = 1$. Wir erhalten damit eine Gleichgewichtskonstante K_W, für die gemäß Gleichung 25.4 gilt:

$$K_W = [H_3O^+]\,[OH^-] \tag{25.4}$$

Die neue Gleichgewichtskonstante $\mathbf{K_W}$ wird als das **Ionenprodukt des Wassers** bezeichnet.

Der Schwerpunkt dieser Gleichgewichtsreaktion (Gleichung 25.3) liegt *deutlich* auf der linken Seite, es reagiert also nur ein *äußerst* geringer Teil der Wasser-Moleküle tatsächlich entsprechend. Bei 22 °C ist $K_W = 10^{-14}\ mol^2\ L^{-2}$. In neutralem Wasser sind die Konzentrationen von H_3O^+ und OH^- natürlich gleich groß (woher sollten auch überschüssige Ladungen kommen?), daraus ergibt sich:

$$[H_3O^+] = [OH^-] = \sqrt{10^{-14}\,mol^2\,L^{-2}} = 10^{-7}\,mol\,L^{-1}$$

Die Lage des Gleichgewichts dieser Reaktion ist also so weit nach links verschoben, dass 1 L Wasser nur 10^{-7} mol H_3O^+-Ionen enthält. Zugleich aber entspricht 1 Liter Wasser einer Stoffmenge von 55,55 mol (Rechnen Sie es gerne selbst nach: Die molare Masse von Wasser beträgt grob 18 g mol^{-1}, und 1 L Wasser wiegt ziemlich genau 1 kg – kommen Sie uns jetzt nicht mit der Temperaturabhängigkeit der Dichte von Wasser! Das ist nur eine grobe Abschätzung.). Mit anderen Worten: Nur $1{,}8 \cdot 10^{-7}$ % aller Wasser-Moleküle dieses Liters Wasser sind hier gemäß der Autoprotolyse-Reaktion dissoziiert. (Wenn Sie nun aber die Avogadro-Zahl (*siehe* Kapitel 4) berücksichtigen, sehen Sie: 1 L Wasser enthält immer noch $6{,}022 \cdot 10^{16}$ H_3O^+-Ionen, also mehr als *60 Billiarden* – Atome sind *wirklich* klein und treten meist in *gewaltigen* Stückzahlen auf!)

Wie alle Gleichgewichtskonstanten ist auch das Ionenprodukt, und damit auch das Ionenprodukt des Wassers, von der Temperatur abhängig. So ist etwa K_W (60 °C) = 10^{-13} mol^2 L^{-2} und K_W (100 °C) = 10^{-12} mol^2 L^{-2}. Das heißt, kochendes Wasser enthält (etwas) mehr H_3O^+ und OH^- (In den weitaus meisten Fällen kann man das allerdings getrost ignorieren.).

Selbstverständlich ist Wasser dann *immer noch neutral*, es enthält bei gesteigerter Temperatur einfach nur *mehr Ionen* (beider Sorten)!

H^+ oder H_3O^+?

Oft wird H_3O^+ mit H^+ abgekürzt. Das ist im Prinzip zulässig (und gerade in der Organischen Chemie durchaus üblich), impliziert jedoch die Vorstellung, dass sich Wasser in H^+ und OH^- aufspaltet – was es selbstverständlich *nicht* tut, da es sich um eine Protonen*übertragung* handelt. Freie Protonen H^+ können nicht existieren und liegen in Wasser allemal hydratisiert vor, also als $H^+_{(aq)}$. Natürlich interessieren sich noch weitere Wasser-Moleküle für das H^+-Ion, sodass Sie in Wasser statt H_3O^+ eher etwa $H_3O^+ \cdot 3 \cdot H_2O = H_9O_4^+$ erwarten dürfen. Aber das schreibt *niemand*, also belassen wir es beim H_3O^+. Oder eben ganz kurz: H^+.

Der *p*H-Wert

Um nun nicht immer mit derart unhandlichen Zahlen agieren zu müssen, wurde der *p*H-Wert eingeführt, *der negative dekadische Logarithmus der* H_3O^+*-Ionen-Konzentration*. Analog dazu lässt sich auch der *p*OH-Wert angeben, der allerdings deutlich weniger gebräuchlich ist:

$$pH = -\lg[H_3O^+] \qquad pOH = -\lg[OH^-] \tag{25.5}$$

Somit gilt für *neutrales Wasser* aufgrund der Autoprotolyse: *p*H = 7 (und *p*OH = 7).

- ✔ In einer sauren Lösung ist die Konzentration von H_3O^+ größer als 10^{-7} mol L^{-1}, und damit ist *p*H < 7.
- ✔ In einer basischen Lösung überwiegen die OH^--Ionen, damit ist *p*H > 7.

Dabei ist *immer* das Ionenprodukt des Wassers erfüllt: In *jeder wässrigen* Lösung ist das Produkt der Konzentrationen von H_3O^+ und OH^- konstant und *immer* 10^{-14} mol^2 L^{-2} (bei 22 °C, aber darauf wollen wir nicht jedes Mal eingehen …). Das bedeutet, dass es in *jeder* noch so sauren Lösung *immer* auch OH^--Ionen gibt und in *jeder* noch so basischen Lösung ein paar H_3O^+-Ionen.

In sauren Lösungen gibt es mehr H_3O^+, weil sie Substanzen enthalten, die H^+ an Wasser abgeben. In basischen Lösungen gibt es mehr OH^-, weil dort Substanzen gelöst sind, die H^+ vom Wasser aufnehmen (BRØNSTED!).

In Abbildung 25.5 können Sie die entsprechenden Konzentrationen von OH^- und H_3O^+ verfolgen und den entsprechenden *p*H-Werten zuordnen.

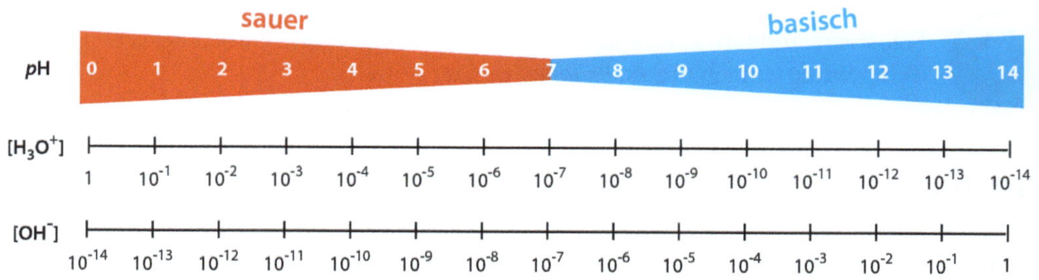

Abbildung 25.5: Die *p*H-Skala

Betrachten Sie noch einmal das Ionenprodukt des Wassers (Gleichung 25.4):

$$K_W = [H_3O^+]\,[OH^-] = 10^{-14}\,mol^2\,L^{-2}$$

Entsprechend gilt:

$$pK_W = pH + pOH = 14 \qquad (25.6)$$

Das vereinfacht das Rechnen mit Säuren und Basen ungemein. Praktisch, oder?

Zur Erinnerung:

Niedriger *p*H-Wert bedeutet **hohe** H^+-Konzentration.

Hoher *p*H-Wert bedeutet **niedrige** H^+-Konzentration.

Ein Erklärvideo zum *p*H-Wert finden Sie auf unserem YouTube-Kanal unter `https://www.youtube.com/watch?v=S1NDSE23PCI`

Lebenslang verheiratet – die Säure/Base-Paare

Eine Säure kann nur dann ein Proton abgeben, wenn auch eine Base da ist, die es übernehmen will. Eine **Säure/Base-Reaktion** besteht daher in der Übertragung *eines* Protons von einer Säure auf eine Base – das ist eine **Protolyse**.

Sowohl Protonenaufnahme als auch -abgabe sind *reversibel*, es stellt sich deshalb immer ein **Protolysegleichgewicht** ein:

$$HA + B \rightleftarrows BH^+ + A^-$$

Die Base A^-, die durch Protonenabgabe aus der Säure HA entstanden ist, wird als **konjugierte Base** der Säure HA bezeichnet. Ebenso ist BH^+ die **konjugierte Säure** der Base B.

Säure und konjugierte Base (oder Base und konjugierte Säure) bilden zusammen ein (konjugiertes) **Säure/Base-Paar**:

$$HA \rightleftharpoons A^- + H^+$$

$$BH^+ \rightleftharpoons B + H^+$$

Stoffe, die sowohl ein Proton aufnehmen als auch eins abgeben können (sich also *amphoter* verhalten), werden – wie bereits erwähnt – als **Ampholyte** bezeichnet. Welche Funktion ein Ampholyt ausübt, hängt vom jeweiligen Reaktionspartner ab.

- Wird der Ampholyt protoniert (fungiert er also als *Base*), ist das protonierte Reaktionsprodukt in der Lage, seinerseits als Säure zu fungieren.
- Entsprechend kann ein Ampholyt, der ein Proton abgegeben (also als *Säure* fungiert) hat, nun als Base fungieren.

Es handelt sich also um jeweils konjugierte Säure/Base-Paare.

Säurestärke und *p*K_S-Wert

Wenn Sie eine Salzsäure-Lösung mit einer gleich konzentrierten Essigsäure-Lösung vergleichen, werden Sie feststellen, dass die beiden Lösungen einen unterschiedlichen *p*H-Wert aufweisen. Ebenso ist es beim Vergleich einer NaOH-Lösung mit einer gleich konzentrierten Ammoniak-Lösung. Da der *p*H-Wert ja von der Konzentration der in der Lösung befindlichen H_3O^+-Ionen bestimmt wird, ist offensichtlich, dass nicht alle Säuren oder Basen in gleichem Maße dazu neigen, ihr Proton abzugeben oder eben ein Proton aufzunehmen. Mit anderen Worten: *Nicht alle Säuren oder Basen sind gleich »stark«*. Sie unterscheiden sich in ihrer **Acidität** (oder **Basizität**).

Da es sich bei der wässrigen Lösung von Säuren und Basen um Protolyse*gleichgewichte* handelt, sollte mithilfe der entsprechenden Gleichgewichtskonstanten (also über das MWG) das Ausmaß der Protonenübertragung auch quantifizierbar sein. Damit nicht Äpfel mit Birnen verglichen werden, müssen dafür die Säuren aber immer mit der *gleichen* Base und die Basen immer mit der *gleichen* Säure reagieren – was liegt näher, als dafür das *Wasser* zu nehmen, das ja aufgrund seiner *Ampholyt-Natur* sowohl als Säure als auch als Base fungieren kann?

Betrachten Sie ganz allgemein die Protolysereaktionen einer Säure (HA) und einer Base (B) mit Wasser:

$$HA + H_2O \rightleftarrows H_3O^+ + A^- \qquad K = \frac{[H_3O^+]\,[A^-]}{[HA]\,[H_2O]}$$

$$B + H_2O \rightleftarrows HB^+ + OH^- \qquad K = \frac{[HB^+]\,[OH^-]}{[B]\,[H_2O]}$$

Da auch hier das Wasser sowohl Reaktionsteilnehmer (Reaktant) als auch Lösemittel ist, gilt wieder $a(H_2O) = 1$, also entfällt jeweils dieser Teil des Nenners, und es, ergeben sich die beiden folgenden Gleichgewichtskonstanten:

$$\textbf{Säurekonstante } K_S = \frac{[H_3O^+]\,[A^-]}{[HA]} \tag{25.7}$$

$$\textbf{Basenkonstante } K_B = \frac{[HB^+]\,[OH^-]}{[B]} \tag{25.8}$$

Auf die Gleichungen 25.7 und 25.8 werden wir in diesem Kapitel immer wieder zurückgreifen.

Wie beim *p*H- oder pK_W-Wert ist es auch bei den Säure- beziehungsweise Basenkonstanten üblich, deren negativen dekadischen Logarithmus anzugeben:

$$-\lg K_S = pK_S \qquad -\lg K_B = pK_B$$

Je *größer* der pK_S-Wert, desto *schwächer* ist die Säure ($pK_S = 5$ bedeutet schließlich 10^{-5}).

Wie beim Produkt der Konzentrationen von H_3O^+ und OH^- gilt hier:

$$K_S \cdot K_B = K_W = 10^{-14} \text{mol}^2\,\text{L}^{-2} \qquad \text{und} \qquad pK_S + pK_B = 14 \qquad (25.9)$$

Nur für (ziemlich) *verdünnte* Lösungen!

Bei der Angabe von Säure- und Basenkonstanten, *p*H- und pK_S- und pK_B-Werten müssen Sie beachten, dass diese *nur* für mehr oder minder verdünnte Lösungen Gültigkeit haben. Deswegen wird die *p*H-Skala meist auch nur im Bereich 0 bis 14 betrachtet: Bei $pH = 0$ beträgt die Konzentration der Hydroxonium-Ionen bereits 1 mol L^{-1}.

Das bedeutet aber nicht, dass es nicht auch negative *p*H-Werte gäbe: Wenn Sie 10 mol Chlorwasserstoff in 1 Liter Wasser lösen (und das geht!), erhalten Sie eine Lösung, in der die Konzentration der Hydroxonium-Ionen 10 mol L^{-1} beträgt, also gilt für diese Lösung: $pH = -1$.

Ins Bodenlose kann der *p*H-Wert allerdings nicht sinken: Sie haben ja hoffentlich vor wenigen Seiten selbst nachgerechnet, dass 1 L Wasser einer Stoffmenge von 55,55 mol entspricht. Anders ausgedrückt: *Nicht einmal theoretisch* könnte die Konzentration von Hydroxonium-Ionen in einer wässrigen Lösung größer werden als $55{,}55 \text{ mol L}^{-1}$ – dann wären *sämtliche* Wasser-Moleküle durchprotoniert, und wir hätten keinerlei Lösemittel mehr zur Verfügung. Wie sollte das gehen?

Aber wenden wir auf diese (rein hypothetische!) Lösung einmal Gleichung 25,5 an. Dann erhalten wir:

$$pH_{\text{theoretisch}} = -\lg 55{,}55 = -1{,}74.$$

Ein *p*H-Wert $< -1{,}74$ ist also schlichtweg *unmöglich*. Auf dem gleichen Weg lässt sich auch zeigen, dass selbst für die basischste aller Lösungen unmöglich *p*H-Wert $> 15{,}74$ werden kann. (Wieder sind Sie herzlich eingeladen, das selbst nachzurechnen.)

Wozu ist *diese* Tabelle gut?

Die Säuren und Basen werden in pK_S-Tabellen nach ihrer Stärke sortiert: Zu jeder Säure gehört ihre konjugierte Base; sie unterscheiden sich jeweils um *ein* Proton (H^+). pK_S- und pK_B-Werte der wichtigsten Säure/Base-Paare finden Sie in Tabelle 25.1; selbstverständlich ist diese Tabelle nicht vollständig.

Säure	**HA**	**Base**	**A^-**	**K_S**	**pK_S**	**pK_B**
Perchlorsäure	$HClO_4$	Perchlorat-Ion	ClO_4^-	~ 10^9	**~ −9**	~ 23
Iodwasserstoff	HI	Iodid-Ion	I^-	~ 10^8	**~ −8**	~ 22
Chlorwasserstoff	HCl	Chlorid-Ion	Cl^-	~ 10^6	**~ −6**	~ 20
Schwefelsäure	H_2SO_4	Hydrogensulfat-Ion	HSO_4^-	~ 10^3	**~ −3**	~ 17
Salpetersäure	HNO_3	Nitrat-Ion	NO_3^-	20,9	**−1,32**	15,32
Hydroxonium-Ion	*H_3O^+*	*Wasser*	*H_2O*	*1,00*	***0,00***	*14,00*
Chlorsäure	$HClO_3$	Chlorat-Ion	ClO_3^-	1,00	**0,00**	14,00
Trichloressigsäure	CCl_3COOH	Trichloracetat-Ion	CCl_3COO^-	$2{,}0 \cdot 10^{-1}$	**0,70**	13,3
Oxalsäure	HOOC-COOH	Hydrogenoxalat-Ion	$HOOC\text{-}COO^-$	$5{,}9 \cdot 10^{-2}$	**1,23**	12,77
Schweflige Säure	H_2SO_3	Hydrogensulfit-Ion	HSO_3^-	$1{,}54 \cdot 10^{-2}$	**1,81**	12,19
Hydrogensulfat-Ion	HSO_4^-	Sulfat-Ion	SO_4^{2-}	$1{,}2 \cdot 10^{-2}$	**1,92**	12,08
Phosphorsäure	H_3PO_4	Dihydrogenphosphat-Ion	$H_2PO_4^-$	$1{,}1 \cdot 10^{-2}$	**1,96**	12,04
Chloressigsäure	$CH_2ClCOOH$	Chloracetat-Ion	CH_2ClCOO^-	$1{,}4 \cdot 10^{-3}$	**2,85**	11,15
Flusssäure	HF	Fluorid-Ion	F^-	$7{,}24 \cdot 10^{-4}$	**3,14**	10,86
Salpetrige Säure	HNO_2	Nitrit-Ion	NO_2^-	$4{,}6 \cdot 10^{-4}$	**3,34**	10,66
Ameisensäure	HCOOH	Formiat-Ion	$HCOO^-$	$1{,}77 \cdot 10^{-4}$	**3,75**	10,25
Hydrogenoxalat-Ion	$HOOC\text{-}COO^-$	Oxalat-Ion	$^-OOC\text{-}COO^-$	$6{,}4 \cdot 10^{-5}$	**4,19**	9,81
Essigsäure	CH_3COOH	Acetat-Ion	CH_3COO^-	$1{,}75 \cdot 10^{-5}$	**4,75**	9,25
Kohlensäure	H_2CO_3	Hydrogencarbonat-Ion	HCO_3^-	$4{,}3 \cdot 10^{-7}$	**6,37**	7,63
Hydrogensulfit-Ion	HSO_3^-	Sulfit-Ion	SO_3^{2-}	$1{,}02 \cdot 10^{-7}$	**6,91**	7,09
Schwefelwasserstoff	H_2S	Hydrogensulfid-Ion	HS^-	$9{,}1 \cdot 10^{-8}$	**7,04**	6,96
Dihydrogenphosphat-Ion	$H_2PO_4^-$	Hydrogenphosphat-Ion	HPO_4^{2-}	$6{,}23 \cdot 10^{-8}$	**7,21**	6,79
Ammonium-Ion	NH_4^+	Ammoniak	NH_3	$6{,}17 \cdot 10^{-10}$	**9,21**	4,79
Cyanwasserstoff	HCN	Cyanid-Ion	CN^-	$4{,}93 \cdot 10^{-10}$	**9,31**	4,69
Hydrogencarbonat-Ion	HCO_3^-	Carbonat-Ion	CO_3^{2-}	$3{,}98 \cdot 10^{-11}$	**10,4**	3,6
Hydrogensulfid-Ion	HS^-	Sulfid-Ion	S^{2-}	$1{,}1 \cdot 10^{-12}$	**11,96**	2,04
Hydrogenphosphat-Ion	HPO_4^{2-}	Phosphat-Ion	PO_4^{3-}	$4{,}79 \cdot 10^{-13}$	**12,32**	1,68
Wasser	H_2O	Hydroxid-Ion	OH^-	$1 \cdot 10^{-14}$	**14,00**	0,00
Hydroxid-Ion	*OH^-*	*Oxid-Ion*	*O^{2-}*	*~ 10^{-24}*	***~ 24***	*~ −10*
Wasserstoff	H_2	Hydrid-Ion	H^-	~ 10^{-39}	**~ 39**	~ −25

Tabelle 25.1: pK_S-Werte

Eines müssen Sie hier unbedingt im Blick behalten:

Gemeint sind hier natürlich immer konjugierte *Säure/Base-Paare*. Es werden nicht etwa eine beliebige Säure und eine beliebige (andere) Base betrachtet.

Beispiele wären etwa

- die Schwefelsäure mit $pK_S(H_2SO_4) = -3$ und ihre konjugierte Base, das Hydrogensulfat-Ion mit $pK_B(HSO_4^-) = +17$ *oder*
- die Base Ammoniak mit $pK_B(NH_3) = 4{,}79$ und ihre konjugierte Säure, das Ammonium-Ion mit $pK_S(NH_4^+) = 9{,}21$. In beiden Fällen ist pK_S(Säure) + pK_B(konjugierte Base) = 14.

Für die fünf zuerst genannten Säuren, $HClO_4$ (Perchlorsäure), HI (Iodwasserstoff), HCl (Salzsäure), H_2SO_4 (Schwefelsäure) und HNO_3 (Salpetersäure), finden sich in der Tabelle *negative* Werte für den pK_S-Wert – solche Werte können *unmöglich* im Lösemittel Wasser ermittelt worden sein: Die beruhen auf theoretischen Berechnungen, da diese Säuren erst in *nichtwässrigen* Lösemitteln unterscheidbar werden. (Dasselbe gilt für pK_S-Werte > 14, also sehr schwache Säuren, und für pK_B-Werte < 0 oder > 14, also sehr starke und sehr schwache Basen.)

Machen Sie sich bitte klar, dass die *stärkste* Säure, die in Wasser *undissoziiert* existieren kann, das Hydroxonium-Ion ist! Für dieses gilt: $pK_S(H_3O^+) = 0$.

Der Grund sollte einleuchten:

$$pK_S(H_3O^+) = 0 \text{ bedeutet } K_S(H_3O^+) = 1 = \frac{[H_2O]\cdot[H_3O^+]}{[H_3O^+]\cdot[H_2O]}$$

Hier sind Zähler und Nenner identisch; erwartungsgemäß führt das zu »=1«.

Für die konjugierte Base dieser Säure, eben das Wasser, gilt damit $pK_B(H_2O) = 14$.

Analog dazu ist das Hydroxid-Ion die stärkste Base, die im Wasser undissoziiert (!) vorliegen kann: Hier gilt: $pK_B(OH^-) = 0$, damit kommt dem Wasser-Molekül, das ja die konjugierte Säure des OH^--Ions ist, $pK_S(H_2O) = 14$ zu.

In manchen Lehrbüchern finden sich die folgenden falschen (!) Angaben:

- $pK_S(H_3O^+) = -1{,}74$ *und*
- $pK_S(H_2O) = -15{,}74$.

Diese falschen (!) Werte erhält man, wenn man *eben nicht* die *Aktivität des Wassers* berücksichtigt und stattdessen im Nenner (!) des Ausdrucks für das Massenwirkungsgesetz mit der Stoffmengenkonzentration des Wassers – eben den erwähnten 55,55 mol L^{-1} – rechnet und im Zähler nur die bei der Reaktion »entstehenden« Hydroxonium-Ionen berücksichtigt. Das führt natürlich zu falschen Werten. Und *Sie* wissen es jetzt besser.

Was bedeutet das für die wässrigen Lösungen von Säuren mit $pK_S < 0$? Das Gleichgewicht liegt *vollständig* auf der Produkt-Seite. Sie können sich darauf verlassen, dass *alle* Säure-Moleküle mit dem Wasser reagieren und anschließend deprotoniert als Anion (A^-) vorliegen, während sich *keine* undissoziierten Säure-Moleküle (HA) in Lösung befinden.

- ✔ Substanzen mit $pK_S < 0$ werden als **(sehr) starke Säuren** bezeichnet.

  Mehr als komplett dissoziieren können diese starken Säuren nun einmal nicht; die Folge ist, dass sich die *p*H-Werte der wässrigen Lösungen zweier unterschiedlicher (sehr) starker Säuren bei gleicher Konzentration nicht mehr unterscheiden: Eine 0,1-molare $HClO_4$-Lösung hat den gleichen *p*H-Wert wie eine 0,1-molare HCl-Lösung, *obwohl* die Perchlorsäure die wesentlich stärkere Säure ist. Dies wird als der **nivellierende Effekt des Wassers** bezeichnet.

- ✔ Für (sehr) starke Säuren (und Basen) benötigen Sie eigentlich gar keinen pK_S-Wert, da ja sowieso *alles* dissoziiert ist. Ab $pK_S > 0$ wissen Sie, dass dies *nicht* der Fall ist, weil dann das Gleichgewicht sehr deutlich auf der linken Seite liegt. Substanzen mit $pK_S > 3$ werden als **schwache Säuren** bezeichnet.

- ✔ Zwischen den starken und den schwachen Säuren gibt es eine Grauzone (etwa im Bereich pK_S 0 bis 3); entsprechende Säuren werden als *mittelstark* bezeichnet.

Je schwächer *eine Säure ist, desto* stärker *ist ihre konjugierte Base; je* schwächer *eine Base ist, desto* stärker *ist ihre konjugierte Säure.*

Protonenübertragung von einer Säure wird nur zu einer Base erfolgen, die in Tabelle 25.1 *unterhalb* ihrer konjugierten Base steht. Ganz kurz zusammengefasst: *Die stärkere Säure vertreibt die schwächere Säure aus ihrem Salz.*

BEISPIEL

Sie sollten sich zweimal überlegen, ob Sie Kaliumcyanid (im Alltag besser bekannt als Zyankali) wirklich mit Essigsäure versetzen wollen:

$$\underset{pK_S = 4{,}75}{CH_3COOH} + KCN \rightleftarrows CH_3COOK + \underset{pK_S = 9{,}31}{HCN}$$

Essigsäure hat den kleineren pK_S-Wert, ist also die stärkere Säure – das Gleichgewicht wandert auf die rechte Seite. Cyanwasserstoff (HCN) ist bekannt als Blausäure, die einzuatmen unangenehme Folgen haben kann.

Nach den Gleichungen 25.7 und 25.8 sind Säure- und Basenkonstanten nichts anderes als *Gleichgewichtskonstanten* – demzufolge gibt natürlich auch ein pK_S-Wert genau die Lage eines Gleichgewichts an. Reagieren zwei Säure/Base-Paare miteinander, überlagern sich *zwei* Gleichgewichte: Je nachdem, auf welcher Seite sich die jeweils stärkere der beiden Säuren (oder Basen) befindet, wird das Gleichgewicht auf die eine oder andere Seite gedrückt. (Noch einmal: $pK_S = 4{,}75$ bedeutet $K_S = 10^{-4{,}75}$.)

BEISPIEL

Betrachten Sie folgendes Säure/Base-Gleichgewicht:

$$HNO_2 + SO_3^{2-} \rightleftarrows NO_2^- + HSO_3^-$$

$$K_{S(1)} = \frac{[NO_2^-]\,[H_3O^+]}{[HNO_2]} = 10^{-3,34} \qquad K_{S(2)} = \frac{[SO_3^{2-}]\,[H_3O^+]}{[HSO_3^-]} = 10^{-6,91}$$

$$K = \frac{K_{S(1)}}{K_{S(2)}} = \frac{[NO_2^-]\,\cancel{[H_3O^+]}}{[HNO_2]} \cdot \frac{[HSO_3^-]}{[SO_3^{2-}]\,\cancel{[H_3O^+]}} = \frac{10^{-3,34}}{10^{-6,91}} = 10^{3,57}$$

Natürlich können Sie auch einfach die Differenz der pK_S-Werte heranziehen:

$$pK = pK_{S(1)} - pK_{S(2)} = 3{,}34 - 6{,}91 = -3{,}57$$

$pK_S = -3{,}57$ bedeutet $K_S = 10^{3,57} = 3715$, eine Zahl deutlich größer als 1, also liegt das Gleichgewicht damit auf der *rechten* Seite.

Bei einer Protolysereaktion wird jeweils nur *ein* Proton übertragen. Hat eine Säure jedoch mehr als ein Proton zu bieten, können die anderen natürlich ebenfalls übertragen werden. Gibt eine Säure ein Proton ab, hinterlässt es die jeweilige konjugierte Base. Hierbei handelt es sich in diesem Fall um einen *Ampholyten*. Dieser steht im Protolysegleichgewicht mit der *nächsten* konjugierten Base. (Solange eine Substanz noch abspaltbare Protonen hat, ist und bleibt sie eine Säure.) Je nach Anzahl der H-Atome heißen sie *zweiprotonige/zweibasige* oder *dreiprotonige* Säuren – aber das hatten wir ja schon.

Bei *mehrprotonigen* Säuren wird die Tendenz zur Protonenabgabe aufgrund der steigenden Ladung bei jedem Protolyseschritt zunehmend geringer, also nimmt die Acidität der aus der Protolyse entstehenden Säure-Anionen immer weiter ab, wie Sie in Abbildung 25.6 exemplarisch an der zweiprotonigen Schwefelsäure (H_2SO_4) und der dreiprotonigen Phosphorsäure (H_3PO_4) sehen können.

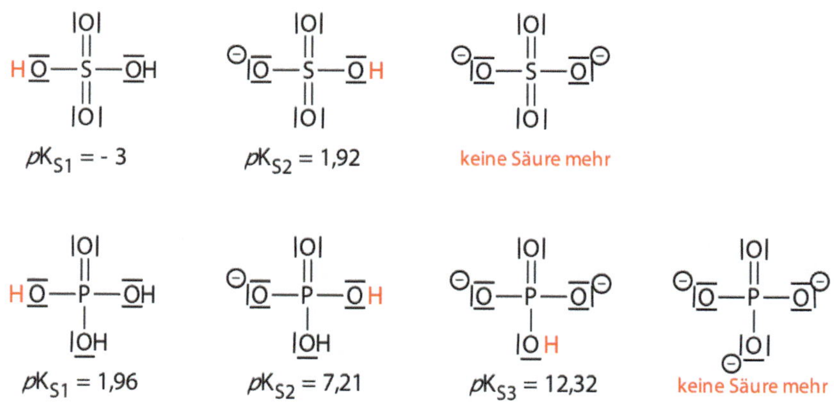

Abbildung 25.6: Steigende pK_S-Werte bei Mehrfach-Deprotonierung

Entsprechend steigt natürlich der *basische* Charakter der entsprechenden konjugierten Basen, also der jeweils deprotonierten Form der betrachteten Säure. So reagiert beispielsweise eine wässrige Lösung eines Phosphat-Salzes (PO_4^{3-}) erkennbar basisch.

Säuren und Basen können weich oder hart sein?! – Das HSAB-Konzept

Das LEWIS-Konzept von Säuren und Basen führt das chemische Verhalten entsprechender Verbindungen bekanntermaßen auf die *Elektrophilie* beziehungsweise *Nucleophilie* von Säuren und Basen zurück. Ralph G. PEARSON erweiterte dieses Konzept, indem er auch noch die *Polarisierbarkeit* der Reaktionsteilnehmer berücksichtigte. Dabei unterteilte er alle Säuren und alle Basen in zwei Kategorien, die dem HSAB-Konzept (***h**ard and **s**oft **a**cids and **b**ases*) seinen Namen gegeben haben:

✔ Als *harte* Säuren/Basen bezeichnete er Teilchen mit *hoher Ladungsdichte* (möglichst kleiner Teilchendurchmesser, möglichst hohe Ladung, oft einhergehend mit hoher Oxidationszahl) – derartige Verbindungen sind nur recht *schwer polarisierbar*. (Für Freunde von Grenzorbital-Betrachtungen: Der HOMO-LUMO-Abstand ist hier sehr groß; *siehe* Kapitel 12.)

- Das Paradebeispiel für eine *harte* (schwer polarisierbare) *Säure* ist natürlich das Wasserstoff-Kation (H^+), aber auch die Ionen der Alkalimetalle sind harte Säuren (wobei deren Härte mit steigender Ordnungszahl und damit steigendem Durchmesser immer weiter abnimmt). Auch Übergangsmetall-Ionen mit hoher Oxidationszahl sind hart (wie beispielsweise Ti^{4+}).
- *Harte Basen* wären das Hydroxid- (OH^-) oder das Fluorid-Ion (F^-, bei den restlichen Halogeniden nimmt die Härte mit zunehmender Ordnungszahl drastisch ab).

✔ *Weiche* Säuren/Basen hingegen sind Teilchen mit *geringer Ladungsdichte* (eher groß und nicht übermäßig stark geladen). Deren Ladungswolke lässt sich relativ leicht verformen (mit anderen Worten: die *Ladungsdichte* lässt sich leicht verschieben) und das Teilchen somit *leicht polarisieren*. (Hier ist der Abstand zwischen den Grenzorbitalen sehr viel geringer.)

- *Weiche Säuren* sind beispielsweise das Quecksilber(II)-Ion (Hg^{2+}) oder auch das einwertige Silber-Ion (Ag^+).
- Eine *weiche Base* stellt etwa das Schwefel-Analogon zum Hydroxid-Ion dar (Hydrogensulfid,HS^--) – oder auch das Wasserstoff-*Anion* (Hydrid-Ion, H^-).

Das HSAB-Konzept hat sich als immens hilfreich herausgestellt, weil es mit recht einfachen Mitteln zumindest grob qualitative Abschätzungen gestattet, die auf den Wechselwirkungen zwischen den beteiligten Teilchen basieren:

✔ Die Wechselwirkungen zwischen einer harten Säure und einer harten Base sind hauptsächlich *ionischer* Natur – und meist recht kräftig.

✔ Zwischen weichen Säuren und weichen Basen dominieren *kovalente* Wechselwirkungen, die aber ebenfalls recht kräftig sein können.

Passen Säure und Base nicht zusammen, sind die Wechselwirkungen entsprechend längst nicht so stark ausgeprägt. Vergleichen Sie Fluorwasserstoff und Iodwasserstoff:

- ✔ Im Fluorwasserstoff trifft *harte* Säure auf *harte* Base: HF ist mit $pK_S = 3{,}14$ eine alles andere als starke Säure – die ist nicht mal 100-mal saurer als Essigsäure!
- ✔ Iodwasserstoff mit $pK_S = -8$ spielt in einer ganz anderen Liga: Bei HI trifft eine *harte* Säure auf eine *weiche* Base (das Iodid-Ion lässt sich prima polarisieren, *siehe* Kapitel 15): Iodwasserstoff ist um 11 Zehnerpotenzen saurer als HF, also satte 100 Milliarden Mal.

Machen Sie hier bitte keinen Denkfehler: Die *Härte* einer Säure alleine sagt nicht das Geringste über ihre Säure*stärke* aus.

Mit dem HSAB-Konzept lässt sich auch etwas über die Stabilität/Löslichkeit von Salzen aussagen: Je ähnlicher sich Kation und Anion eines Salzes hinsichtlich ihrer Härte sind, desto stärker ist der Zusammenhalt – und desto schwerer löslich wird die Verbindung sein:

Quecksilber(II)-oxid – HgO; *weiches* Kation (Säure), *hartes* Anion (Base) – ist deutlich besser wasserlöslich als Quecksilber(II)-sulfid. Entsprechend gestattet das HSAB-Konzept auch (vorsichtige) Aussagen über die Lage eines chemischen Gleichgewichts:

$$Al_2S_3 + 3\,HgO \rightleftharpoons Al_2O_3 + 3\,HgS$$

hart
weich

Immer wieder wurden Überlegungen angestellt, ob das Konzept nicht auch *quantitative* Aussagen gestatte, doch die bisherigen Ergebnisse sind zumindest umstritten. Zur groben Orientierung hingegen ist das HSAB-Konzept sehr hilfreich.

*p*H-Wert-Berechnung

Wenn Sie den *p*H-Wert einer Lösung nicht experimentell bestimmen, sondern *berechnen* wollen, müssen Sie sich darüber vergewissern, *welche* Komponenten in *welcher* Menge in der Lösung herumschwimmen, und dabei auch die Säurestärke berücksichtigen. Dies möchten wir Ihnen am Beispiel einer Essigsäure-Lösung demonstrieren.

HAc, AcOH oder HOAc? – Wie denn nun?

Seit vielen Jahren tobt unter Chemikern ein erbitterter Streit, wie man die Essigsäure (CH_3COOH) denn nun abkürzen dürfe:

- ✔ Diejenigen, die eher der *anorganischen* oder der *analytischen* Chemie zuneigen, sind der Ansicht, HAc sei genau richtig, und das zugehörige Säure/Base-Gleichgewicht lasse sich in Variante (a) wunderbar darstellen.

✔ Für Verfechter der orthodoxen *Organik* ist Ac die Abkürzung für den *Acetyl-Rest* (b; CH_3CO–), entsprechend komme der Essigsäure die Summenformel AcOH (c; oft auch HOAc geschrieben) zu. Deswegen müsse die Gleichung *unbedingt* wie in (d) aufgestellt werden – das Chlorid der Essigsäure (e, CH_3COCl) wird ja schließlich auch *Acetyl*chlorid genannt und häufig mit AcCl abgekürzt.

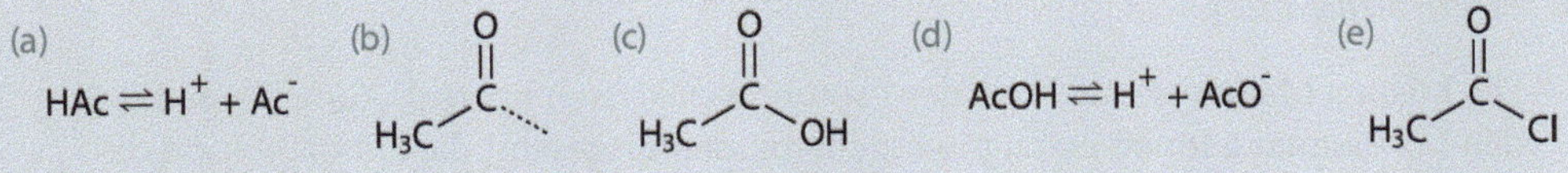

✔ Und dann gibt es noch die Erbsenzähler, die darauf beharren, Ac sei nun einmal das Elementsymbol von Actinium (Ordnungszahl 89, Namensgeber der Actinoide im f-Block des Periodensystems und radioaktiv). Damit wäre AcOH das Hydroxid von einwertigem Actinium (bislang nicht isoliert). Wer das behauptet, hat zwar an sich nicht unrecht, wird aber meist belächelt – *auch* nicht zu Unrecht.

Für *Sie* ist vor allem wichtig, dass Sie wissen, was jeweils gemeint ist: Falls es um Essigsäure geht, sind HAc, HOAc und AcOH gleichbedeutend.

Bereits beim Lösen von Essigsäure in Wasser findet die folgende Protolysereaktion statt:

$$\underset{\text{HAc}}{CH_3COOH} + H_2O \rightleftarrows \underset{\text{Ac}^-}{CH_3COO^-} + H_3O^+ \qquad (25.10)$$

Im Wasser befinden sich also folgende Konzentrationen im Gleichgewicht:

$$[HAc], [Ac^-], [H_3O^+] \text{ – und dazu noch } [OH^-] \text{ (aus der Autoprotolyse)}$$

Sämtliche dieser Konzentrationen sind Ihnen natürlich *unbekannt*. Bevor Sie die aber ermitteln können, erwartet Sie eine lange Vorbemerkung: Bitte bekommen Sie keinen Schreck! Wir müssen nämlich erst mal schauen, was *genau* passiert, damit Sie verstehen, wo dann Abstriche gemacht und Werte abgeschätzt werden können, um vernünftige Gleichungen zu erhalten, mit denen sich auch arbeiten lässt.

So geht es genau

Wollen Sie den *p*H-Wert (also die H_3O^+-Konzentration) exakt berechnen, müssen Sie diese *vier unbekannten Konzentrationen* berücksichtigen; dazu benötigen Sie vier Gleichungen. Für alle wässrigen Lösungen muss gelten:

1. Formulierung der Säurekonstanten (*Massenwirkungsgesetz*):

$$K_S = \frac{[H_3O^+]\,[Ac^-]}{[HAc]} \qquad (25.11)$$

2. *Massenerhaltung*

   Die Gesamtmasse der eingesetzten Säure c_0 (Säure) kann selbstverständlich nicht verloren gehen: Die finden Sie in der *undissoziierten* und *dissoziierten* Säure wieder. Damit gilt:

   $$c_0\,(\text{Säure}) = [\text{HAc}] + [\text{Ac}^-] \qquad (25.12)$$

3. *Elektroneutralität*

   Die Lösung bleibt *vor* und *nach* der Protolyse elektrisch neutral. Auch wenn durch den Lösevorgang Ionen erzeugt werden, müssen insgesamt die *Summen* (und damit auch die *Konzentration*) der positiven und negativen Ladungen gleich sein. In diesem Fall gilt:

   $$[\text{H}_3\text{O}^+] = [\text{Ac}^-] \;\; + [\text{OH}^-] \;\; \text{(nicht vergessen!)} \qquad (25.13)$$

4. *Ionenprodukt* des Wassers

   Die Autoprotolyse findet *immer* statt, ganz egal, was sich in der Lösung befindet. Damit gilt also wieder Gleichung 25.4, die wir hier der Vollständigkeit halber trotzdem noch einmal ausdrücklich angeben:

   $$K_W = [\text{H}_3\text{O}^+] \cdot [\text{OH}^-] \qquad (25.14)$$

Der mühselige Weg – wenn Sie es gründlich durchdenken wollen

Wenn Sie Gleichung 25.11 bis 25.14 kombinieren, wird es Ihnen nicht gelingen, eine Gleichung zu erhalten, in der einfach nur steht: $[\text{H}_3\text{O}^+] = \ldots$; stattdessen läuft alles auf ein Polynom 3. Grades (und bei mehrprotonigen Säuren sogar noch höheren Grades) hinaus:

$$K_S = \frac{[\text{H}_3\text{O}^+]\left([\text{H}_3\text{O}^+] - \frac{K_W}{[\text{H}_3\text{O}^+]}\right)}{c_0(\text{Säure}) - \left([\text{H}_3\text{O}^+] - \frac{K_W}{[\text{H}_3\text{O}^+]}\right)} = \frac{[\text{H}_3\text{O}^+]^2 - K_W}{c_0(\text{Säure}) - [\text{H}_3\text{O}^+] + \frac{K_W}{[\text{H}_3\text{O}^+]}}$$

$$\Rightarrow \;\; K_S\, c_0(\text{Säure}) - K_S\,[\text{H}_3\text{O}^+] + \frac{K_S\, K_W}{[\text{H}_3\text{O}^+]} = [\text{H}_3\text{O}^+]^2 - K_W$$

$$\Rightarrow \;\; [\text{H}_3\text{O}^+]^2 + K_S\,[\text{H}_3\text{O}^+] - \frac{K_S\, K_W}{[\text{H}_3\text{O}^+]} = \frac{[\text{H}_3\text{O}^+]^3 + K_S\,[\text{H}_3\text{O}^+]^2 - K_S\, K_W}{[\text{H}_3\text{O}^+]}$$

$$= K_S\, c_0(\text{Säure}) + K_W$$

$$\Rightarrow \;\; [\text{H}_3\text{O}^+]^3 + K_S\,[\text{H}_3\text{O}^+]^2 - K_S\, K_W = K_S\, c_0(\text{Säure})\,[\text{H}_3\text{O}^+] + K_W\,[\text{H}_3\text{O}^+]$$

$$\Rightarrow \;\; [\text{H}_3\text{O}^+]^3 + K_S\,[\text{H}_3\text{O}^+]^2 - (K_S\, c_0(\text{Säure}) + K_W)\,[\text{H}_3\text{O}^+] - K_S\, K_W = 0 \qquad (25.15)$$

Den Graphen eines solchen Polynoms sehen Sie in Abbildung 25.7. Da auf der x-Achse die Konzentration von H_3O^+ aufgetragen ist, müssen Sie nun die entsprechenden Nullstellen berechnen. Geben Sie bestimmte K_S-Werte und Konzentrationen ein, ergibt sich nur *eine* Nullstelle, die einen positiven Wert aufweist (gelber Punkt; die mittlere ist ebenfalls negativ, da der Achsenabschnitt ($-K_S K_W$) sehr klein, aber doch negativ ist).

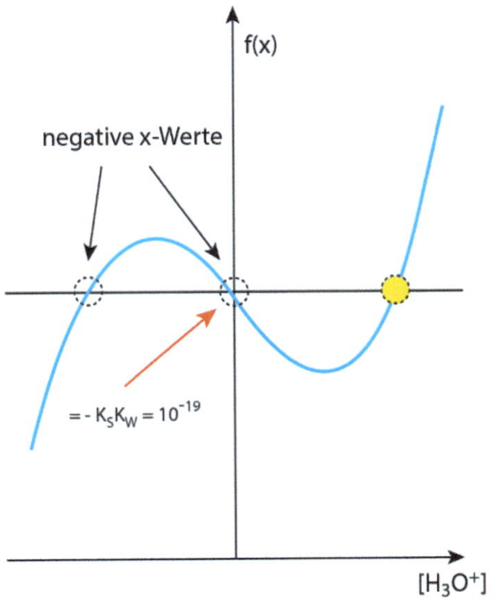

Abbildung 25.7: Graphische Auswertung von Gleichung 25.15

BEISPIEL

Berechnung des *p*H-Werts einer 0,1-molaren Essigsäure-Lösung ($K_S = 10^{-4{,}75}$):

$$
\begin{aligned}
&[H_3O^+] = x\\
&\Rightarrow \quad x^3 + K_S\,x^2 - (K_S\,c_0(\text{Säure}) + K_W)\,x - K_S\,K_W = 0\\
&\Rightarrow \quad x\,(x^2 + K_S\,x - (K_S\,c_0(\text{Säure}) + K_W) - K_S\,K_W) = 0\\
&(K_S\,K_W = 1{,}78 \cdot 10^{-19} \text{ (das wird mal als null angenommen)}\\
&\text{Anwendung der pq-Formel:} \qquad p = K_S = 10^{-4{,}75}\\
&\qquad\qquad\qquad\qquad\qquad q = K_S\,c_0(\text{Säure}) + K_W = 1{,}78 \cdot 10^{-6}\\
&x_{1,2} = -\frac{10^{-4{,}75}}{2} \pm \sqrt{\frac{(10^{-4{,}75})^2}{4} + 1{,}78 \cdot 10^{-6}} = \pm 1{,}3253 \cdot 10^{-3}
\end{aligned}
\tag{25.16}
$$

Die exakte Lösung ergibt $[H_3O^+] = 1{,}3253 \cdot 10^{-3}$ mol L^{-1}. Das entspricht: *p*H = 2,878.

»Kleinigkeiten« vernachlässigen wir mal

Auf die Methode der exakten Berechnung werden Sie sicherlich eher in Ausnahmefällen zurückgreifen, denn die ist ja nun wirklich etwas umständlich (aber dafür genau!). Natürlich wollen Sie den *p*H-Wert auch nicht *ungenau* berechnen, aber es lohnt sich, das Ausmaß des Fehlers zu kennen, wenn Sie gewisse *Vereinfachungen* vornehmen.

Zum Abschätzen müssen Sie aber das betreffende Säure/Base-Paar ziemlich genau kennen: Ist die Säure *stark* oder *schwach*? (Schauen Sie nach dem pK_S-Wert!) Handelt es sich um einen *Ampholyten?* Wie *konzentriert* ist die Lösung?

Starke Partner

Starke Säuren ($pK_S < 0$) und starke Basen ($pK_B < 0$) dissoziieren in Wasser praktisch vollständig. Betrachten Sie etwa folgende Gleichgewichte:

$$HCl + H_2O \rightleftarrows H_3O^+_{(aq)} + Cl^-_{(aq)}$$

$$NaOH + H_2O \rightleftarrows Na^+_{(aq)} + OH^-_{(aq)}$$

In der Lösung gibt es praktisch *keine* undissoziierten HCl-Moleküle mehr (dank des negativen pK_S -Werts wissen wir, dass K_S ziemlich groß ist, und wissen daher auch, wie sehr das Gleichgewicht dieser Dissoziation auf der Produkt-Seite liegt!), auch NaOH zerfällt vollständig in seine Ionen.

- Da aus *einem* Mol HCl jeweils *ein* Mol H_3O^+ entsteht, leuchtet es ein, dass die Konzentration an H_3O^+, die vorliegt, wenn sich das Gleichgewicht (!) eingestellt hat, genau so groß ist wie die Konzentration, die ganz am Anfang an undissoziierter HCl vorgelegen hat, also der *Ausgangskonzentration* der Säure, c_0(Säure), entspricht.
- Ebenso entsteht aus *einem* Mol NaOH auch *ein* Mol OH^-, also entspricht die Konzentration der OH^--Ionen im Gleichgewicht der Ausgangskonzentration von NaOH, c_0(Base).

In diesem Fall müssen Sie gar nicht lange überlegen, wie Sie den pH-Wert der Lösungen berechnen: Da $[H_3O^+] = c_0(\text{Säure})$ und $[OH^-] = c_0(\text{Base})$, folgt für pH-Wert und pOH-Wert ganz einfach:

$$pH = -\lg[c_0(\text{Säure})] \quad \text{und} \quad pOH = -\lg[c_0(\text{Base})] \tag{25.17}$$

Damit machen Sie keinen wirklich nennenswerten Fehler.

Und was ist bei sehr starker Verdünnung?

Ist Ihre Lösung *sehr stark* verdünnt, müssen Sie aufpassen, was Sie da ausrechnen:

Setzen Sie beispielsweise eine 10^{-8}-molare HCl an, könnten Sie auf die Idee kommen, $pH = -\lg(10^{-8}) = 8$ auszurechnen. Das *kann* natürlich nicht sein, denn nach Abbildung 25.5 hätten Sie es dann ja mit einer *basischen* Lösung zu tun. (HCl ist und bleibt aber eine *Säure*!)

Hier spielen tatsächlich die H_3O^+-Ionen aus der Autoprotolyse des Wassers (Gleichung 25.3) eine Rolle, die Sie schlicht und einfach noch hinzuaddieren müssen:

$$[H_3O^+] = (10^{-8} + 10^{-7})\ \text{mol L}^{-1} \text{ und } pH = -\lg(10^{-8} + 10^{-7}) = 6{,}96$$

Und schon ist die Welt wieder in Ordnung.

Schwache Partner

Sobald der pK_S-Wert > 0 wird, liegt ein zunehmender Anteil der Säure *undissoziiert* vor. Also müssen Sie die Gleichgewichtslage (gemäß dem Massenwirkungsgesetz) einbeziehen, wenn Sie den pH-Wert berechnen wollen. Das können Sie tun, indem Sie *alle* in der Lösung vorliegenden Gleichgewichtskonzentrationen berücksichtigen. (Das ist die aufwendige Herangehensweise aus Gleichung 25.15.) Wenn Sie sich noch einmal die Bedingungen (Gleichungen 25.11 bis 25.14) anschauen, die zu dieser Lösung führen, dann müssen Sie sich eingestehen, dass Sie an der einen oder anderen Stelle vielleicht doch etwas arg kleinlich vorgegangen sind. Sie wollen ja nicht zum Erbsenzähler werden, deshalb wagen Sie folgende Schritte (wir wollen hier bei der Essigsäure bleiben, mit der wir uns ja auch schon in dem Abschnitt *Der mühselige Weg – wenn Sie es gründlich durchdenken wollen* befasst haben):

1. Der pK_S-Wert beträgt 4,75; der entsprechende K_S-Wert = $10^{-4,75}$ sagt Ihnen, dass das Gleichgewicht *weit* auf der linken Seite liegt. Der Großteil der Essigsäure liegt also *undissoziiert* vor, und es ist nur sehr wenig H_3O^+ vorhanden. Genauso wenig ist natürlich auch vom Acetat vorhanden – und das werfen Sie deswegen in Gleichung 25.12 einfach mal raus. *Näherungsweise* entspricht damit die HAc-Konzentration im Gleichgewicht der ursprünglich eingesetzten Ausgangskonzentration undissoziierter Säure HAc:

   $$c_0(\text{Säure}) = [\text{HAc}] + \cancel{[\text{Ac}^-]}$$

2. Nach Gleichung 25.13 mischen ja (wie in *jeder* wässrigen Lösung) auch in dieser sauren Lösung OH^--Ionen (aus der Autoprotolyse) mit. Wenn Sie es sich recht überlegen, sind das doch wirklich wenige. (Es *müssen* viel weniger sein als 10^{-7} mol L^{-1}, denn die Lösung ist ja *sauer*.) Auch hier sind Sie ganz rigoros und streichen diese aus Ihrem Sortiment:

   $$[\text{H}_3\text{O}^+] = [\text{Ac}^-] \quad + \cancel{[\text{OH}^-]}$$

   Damit entspricht die H_3O^+-Konzentration *näherungsweise* der Acetat-Konzentration … die wir gerade eliminiert haben, aber was soll's. Es geht hier ja um *Konzentrationen,* und nicht um bestimmte Spezies.

Mit diesen beiden Näherungen sieht die Angelegenheit gleich ganz anders aus, denn wenn Sie selbige im Massenwirkungsgesetz (Gleichung 25.11) verwenden, erhalten Sie folgenden einfachen Zusammenhang:

$$K_S = \frac{[\text{H}_3\text{O}^+]\,[\text{Ac}^-]}{[\text{HAc}]} \approx \frac{[\text{H}_3\text{O}^+]^2}{c_0(\text{Säure})}$$

Für die gesuchte Konzentration an H_3O^+ ergibt sich:

$$[\text{H}_3\text{O}^+] = \sqrt{K_S \cdot c_0(\text{Säure})}$$

Zum Berechnen des pH-Werts schwacher Säuren gilt damit:

$$p\text{H} = \frac{1}{2}(\text{p}K_S - \lg c_0(\text{Säure})) \qquad (25.18)$$

Rechnen wir mit Gleichung 25.18 den *p*H-Wert einer 0,1-molaren Essigsäure-Lösung aus:

$$pH = \frac{1}{2}(4{,}75 - \lg 0{,}1) = 2{,}875$$

Und nun vergleichen wir das Ergebnis mit dem der *exakten* Lösung aus Gleichung 25.16.

Natürlich liegt da der Gedanke nahe, die exakte Lösung sei völlig unnötige Arbeit. Und wenn die Säure *wirklich* schwach ist, können Sie den Fehler, der sich durch das Abschätzen ergibt, tatsächlich getrost vernachlässigen. Aber sobald die Säure ein bisschen stärker ist, Sie es also mit einer *mittelstarken* Säure zu tun haben ($pK_S < 3$), wird die Abweichung doch rasch beträchtlich.

Die können sich nicht entscheiden – die Ampholyte

Es gibt auch noch andere Stoffe, die wie Wasser sowohl eine Säure als auch eine Base sein können. Entsprechende Moleküle haben natürlich ebenfalls sowohl ein abspaltbares H^+ als auch ein freies Elektronenpaar zu bieten. Welche der beiden Funktionen dann zum Tragen kommt, hängt immer davon ab, wer sich gerade als Reaktionspartner anbietet.

Für die meisten wässrigen Lösungen von Ampholyten können Sie zur *p*H-Wert-Berechnung folgende *Näherungslösung* verwenden:

$$pH = \frac{1}{2}(pK_{S(1)} + pK_{S(2)}) \qquad (25.19)$$

BEISPIEL

Berechnen Sie den *p*H-Wert einer Hydrogensulfit-Lösung.

$$HSO_3^- + H_2O \rightleftarrows SO_3^{2-} + H_3O^+ \qquad pK_{S(1)} = 6{,}91$$

$$HSO_3^- + H_2O \rightleftarrows H_2SO_3 + OH^- \qquad pK_{S(2)} = 1{,}81 \quad \textit{oder} \quad pK_B = 12{,}19$$

- ✔ qualitativ: $10^{-6{,}91}$ ist größer als $10^{-12{,}19}$, daher ist das erste Gleichgewicht weiter nach rechts verschoben als das zweite: Die Konzentration an H_3O^+ überwiegt.
- ✔ quantitativ: $pH = \frac{1}{2}(pK_{S(1)} + pK_{S(2)}) = \frac{1}{2}(6{,}91 + 1{,}81) = 4{,}36$

Bei den Ampholyten zeigt sich eine Besonderheit: Da Säure- und Base-Reaktion miteinander in Konkurrenz treten, ist der *p*H-Wert *unabhängig* von der Konzentration des gelösten Stoffes. (Genau dieser Tatsache werden wir uns im letzten Abschnitt dieses Kapitels erneut zuwenden, die ist nämlich ziemlich von Bedeutung.)

In Tabelle 25.1 finden Sie eine ganze Reihe solcher *amphoteren* Substanzen (gleichbedeutend mit dem Begriff Ampholyt). Mit amphoterem Verhalten können (und müssen) Sie immer rechnen, wenn Sie es mit *mehrprotonigen* Säuren zu tun haben, die ja nach und nach ihre Protonen abgeben.

In der Lösung eines Ampholyten stellen sich daher *mehrere* Gleichgewichte ein.

Wie eine schwache Säure stark wird – der Protolysegrad

Die Stärke einer Säure (also die Lage des zugehörigen Gleichgewichts) lässt sich auch durch den Protolysegrad (auch *Dissoziationsgrad* genannt) angeben. Dieser berechnet sich für das Säuregleichgewicht einer beliebigen Säure HA nach:

$$\mathrm{HA} + \mathrm{H_2O} \rightleftarrows \mathrm{H_3O^+} + \mathrm{A^-} \qquad \alpha = \frac{\text{Konzentration dissoziierter HA-Moleküle}}{\text{Ausgangskonzentration HA-Moleküle}}$$

$$= \frac{[\mathrm{H_3O^+}]}{c_0\,(\text{Säure})} = \frac{[\mathrm{A^-}]}{c_0\,(\text{Säure})}$$

Ist die Säure *vollständig* dissoziiert (starke Säure), dann ist $\alpha = 1$.

So weit, so gut, damit hätten Sie keine neue Erkenntnis gewonnen. Mithilfe des Protolysegrads können Sie dem Gleichgewicht aber eine wichtige Information entnehmen, wenn Sie ihn in das Massenwirkungsgesetz einbauen:

$$K_S = \frac{[\mathrm{H_3O^+}]\,[\mathrm{A^-}]}{[\mathrm{HA}]} = \frac{\alpha^2\, c_0^2(\text{Säure})}{c_0(\text{Säure}) - \alpha\, c_0(\text{Säure})} = c_0(\text{Säure})\,\frac{\alpha^2}{1-\alpha} \tag{25.20}$$

Dies ist das **Ostwald'sche Verdünnungsgesetz**.

Was das eigentlich bedeutet, wird erst klar, wenn Sie es mit einer *schwachen* Säure zu tun haben, für die $\alpha \ll 1$ und somit $(1-\alpha) \approx 1$ ist. Näherungsweise können Sie dann schreiben:

$$\alpha \approx \sqrt{\frac{K_S}{c_0(\text{Säure})}} \tag{25.21}$$

Aus Gleichung 25.21 können Sie ableiten, dass der Protolysegrad umso größer wird, je geringer die Konzentration ist. Großer Protolysegrad bedeutet aber weitgehende Dissoziation der Säure-Moleküle. (Eigentlich machen das ja nur *starke* Säuren.) Die Folgerung daraus ist: *Je verdünnter die Lösung der Säure ist, desto stärker wird sie.* Möglicherweise kommen Sie also bei hochverdünnten Lösungen in Bereiche, wo Sie die Näherungslösung für die *p*H-Wert-Berechnung schwacher Säuren nicht mehr anwenden dürfen.

Kommen Sie jetzt bloß nicht auf die Idee, je verdünnter eine Lösung, desto niedriger müsse deren *p*H-Wert sein! Damit der *p*H-Wert sinken kann, muss zunächst einmal eine anständige Menge Moleküle vorliegen, die überhaupt H^+-Ionen freisetzen *können*. Das Ostwald'sche Verdünnungsgesetz besagt lediglich: Je niedriger die Konzentration, desto eher wird auch ein eher unwilliges Molekül dissoziieren. In überschaubare Zahlen übertragen: Wenn eine Lösung 1000 Moleküle einer Säure enthält, dann reagieren davon (willkürlich entschieden) 100. Enthält die Lösung aber von vornherein nur 100 Säure-Moleküle, dann reagieren nicht bloß 10, sondern vielleicht 12. *Prozentual* reagieren also mehr Teilchen, aber *absolut gesehen* sind es eben trotzdem deutlich weniger als bei der höher konzentrierten Lösung.

Macht die Neutralisation neutral?

Betrachten Sie die Umsetzung von Chlorwasserstoff HCl mit Ammoniak NH_3. Beide Stoffe sind gasförmig, und wenn Sie beide Gase zusammenbringen, können Sie einen weißen Nebel beobachten, der aus festem Ammoniumchlorid (NH_4Cl) besteht. Chlorwasserstoff HCl wirkt als Protonen*donator* (Säure) und Ammoniak NH_3 als Protonen-*Akzeptor* (Base) gemäß folgender Reaktionsgleichung:

$$HCl_{(g)} + NH_{3(g)} \rightarrow NH_4^+ + Cl^- \rightarrow NH_4Cl_{(s)} \qquad (25.22)$$

Die treibende Kraft für diese exotherme Reaktion ist die Entstehung des stabilen Ionengitters aus NH_4^+- und Cl^--Ionen (*siehe* Kapitel 11).

Was passiert nun, wenn Sie die *wässrigen Lösungen* von HCl (Salzsäure) und NH_3 (Ammoniakwasser) zusammengeben?

Nach den Gleichungen 25.1 und 25.2 wissen Sie ja bereits, dass HCl in Wasser zu H_3O^+- und Cl^--Ionen und NH_3 in Wasser zu NH_4^+- und OH^--Ionen reagieren; die Ammonium- und Chlorid-Ionen sind also bereits vorhanden, *bevor* Sie die Lösungen vereinen. (Es hat ja schließlich jeweils eine Säure/Base-Reaktion mit dem Wasser stattgefunden, die einmal zu einer sauren und einmal zu einer basischen Lösung führte.) Die deutlich messbare Reaktionswärme beim Zusammengeben dieser Lösungen (wobei wiederum eine Lösung entsteht) lässt sich *nicht* durch die Kristallbildung von Ammoniumchlorid erklären, denn dieses Salz bleibt in Lösung: Es muss also noch eine andere freiwillig ablaufende exotherme Reaktion geben.

Wenn Sie eine Lösung untersuchen, die durch das Zusammengeben gleicher Mengen HCl- und NH_3-Lösungen gleicher Konzentration entstanden ist, stellen Sie fest, dass NH_4^+- und Cl^--Ionen in unveränderter Menge in der Lösung herumschwimmen, während die H_3O^+- und OH^--Ionen praktisch verschwunden sind. Damit steht auch die Reaktion fest, die die *Exothermie* verursacht:

$$H_3O^+ + OH^- \rightarrow 2\,H_2O \qquad \Delta H_R = -57{,}4\,kJ\,mol^{-1} \qquad (25.23)$$

Generell heißt die Reaktion einer Säure mit einer Base *Neutralisation.*

Die einzigen Hydroxonium- und Hydroxid-Ionen, die diese Lösung nach Ablauf der Reaktion noch enthält, stammen von der Autoprotolyse.

Eigentlich ist es egal, *was* für Säuren und Basen Sie miteinander in einer wässrigen Lösung reagieren lassen (starke Säuren mit starken Basen, starke Säuren mit schwachen Basen, schwache Säuren mit starken Basen oder schwache Säuren mit schwachen Basen), immer findet die *gleiche* chemische Reaktion (die Entstehung von Wasser) dabei statt; die übrigen Ionen sind und bleiben in Lösung. Deshalb stellen Sie auch bei *jeder* Neutralisation die gleiche Neutralisationswärme fest ($\Delta H_R = -57{,}4$ kJ mol^{-1}).

Neutral bei einer Neutralisationsreaktion ist das Wasser, das durch die chemische Reaktion von H_3O^+ und OH^- entsteht. Deshalb wird dieser Begriff in der Regel für *wässrige* Lösungen verwendet. Das bedeutet aber nicht, dass die Lösung hinterher tatsächlich neutral (im Sinne von *p*H-neutral: *p*H = 7) sein muss! Wenn nämlich bei der Neutralisation Substanzen entstehen, die *ihrerseits* als Säure oder Base fungieren können, dann werden sie dies auch tun. Um das jeweilige Verhalten der betreffenden Substanzen beurteilen zu können, sind die

pK_S-Werte (aus Tabelle 25.1) sehr hilfreich: Liegt sowohl der pK_S-Wert einer Säure als auch der pK_B-Wert der konjugierten Base zwischen 0 und 14, sind diese Säuren und Basen in der Lage, mit Wasser eine Protolysereaktion einzugehen. Bei der Neutralisation entsteht dann das entsprechende Salz (in Form gelöster Ionen).

Salze in wässriger Lösung

Manche der Salze, die sich in Wasser lösen, führen also dazu, dass die resultierende wässrige Lösung sauer reagiert ($pH < 7$), andere reagieren basisch ($pH > 7$), und wieder andere reagieren (pH-neutral ($pH = 7$). Schauen wir uns anhand von drei Beispielen etwas genauer an, was jeweils der Grund dafür ist:

- **Natriumchlorid** – NaCl entsteht aus der Reaktion einer starken Säure (HCl) mit einer starken Base (NaOH).
  - Die »Säure« Na^+ ist gar keine Säure (hat ja kein H^+) und kann mit Wasser keine Reaktion eingehen.
  - Die Base Cl^- ist derart schwach ($pK_B = 20$), dass sie ebenfalls mit Wasser nichts anfangen kann.
  - Eine wässrige NaCl-Lösung reagiert daher *neutral.*
- **Natriumacetat** – NaAc entsteht aus der Reaktion einer schwachen Säure (Essigsäure, HAc) mit einer starken Base (NaOH).
  - Na^+: *siehe* oben
  - Die Base CH_3COO^- (Ac^-, $pK_B = 9{,}25$) ist stark genug, um Wasser ein Proton zu entziehen:

    $$Ac^- + H_2O \rightleftarrows HAc + OH^-$$
  - Eine wässrige NaAc-Lösung reagiert daher *basisch.*
- **Ammoniumchlorid** – NH_4Cl entsteht aus der Reaktion einer starken Säure (HCl) mit einer schwachen Base (NH_3).

Die Säure NH_4^+ ($pK_S = 9{,}21$) ist stark genug, um ein Proton an Wasser abzugeben:

$$NH_4^+ + H_2O \rightleftarrows NH_3 + H_3O^+$$

- Cl^-: *siehe* oben
- Eine wässrige NH_4Cl-Lösung reagiert daher *sauer.*

Weil es so wichtig ist, sei noch einmal ausdrücklich darauf hingewiesen: Die vorangegangenen Überlegungen beziehen sich auf die *wässrigen Lösungen* der betreffenden Substanzen, es ist hier auch der Reaktionspartner Wasser vorhanden, der für die jeweilige Protolysereaktion erforderlich ist:

Kein Salz (im Trockenzustand) »hat« von sich aus einen pH-Wert.

Bitte vergessen Sie nie, dass der *p*H-Wert eigentlich nur eine *Konzentrationsangabe* ist: Die Konzentration der H_3O^+-Ionen einer wässrigen (!) Lösung beträgt $c(H_3O^+) = 10^{-pH}$ mol L^{-1}. Liegt das Salz jedoch nicht gelöst vor, sondern als Feststoff, ist die Angabe eines *p*H-Werts nicht nur unmöglich, sondern schlichtweg sinnlos.

*p*H-Wert-Bestimmung

Häufig wollen Sie den *p*H-Wert nicht berechnen, sondern *experimentell* bestimmen. Dafür gibt es verschiedene Möglichkeiten. Die Frage ist, wie *genau* Sie den Wert benötigen.

*p*H-Papier

Die schnellste Möglichkeit, den sauren oder basischen Charakter einer Lösung zu erkennen, ist der Einsatz von *p*H-Papier oder *p*H-Streifen (Abbildung 25.8) – das sind mit verschiedenen Indikatormischungen getränkte Papiere, die Sie in die wässrige Lösung tunken. Anhand einer passenden Farbskala können Sie den *p*H-Wert durch optischen Vergleich ablesen.

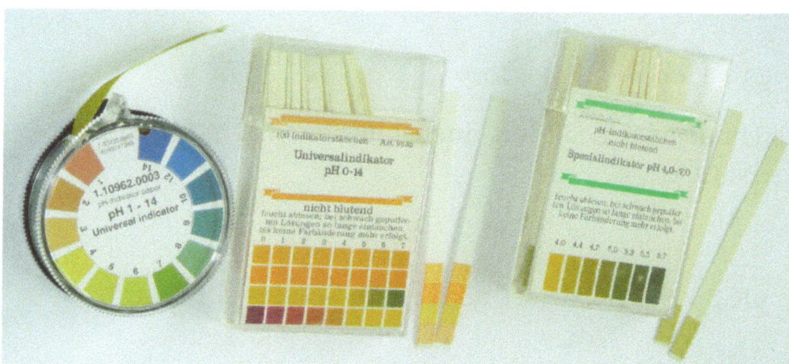

Abbildung 25.8: *p*H-Papier und *p*H-Teststäbchen

Die Skalen können den gesamten *p*H-Bereich (0 bis 14) abdecken (*Universal*indikatorpapier) oder den Bereich enger eingrenzen (*Spezial*indikatorpapier, das beispielsweise nur für den *p*H-Bereich 5,5 bis 7,0 oder *p*H 6,5 bis 10,0 gedacht ist). Natürlich hält sich die Genauigkeit solch einer *p*H-Bestimmung in Grenzen, da sie jeweils auch von Ihrem eigenen Ermessen abhängt. (Das Farbempfinden der Menschen unterscheidet sich manchmal frappierend.) In vielen Fällen reicht es jedoch völlig aus, den *p*H-Wert mal eben schnell auf diese Weise zu prüfen.

Farbindikatoren

Indikatoren müssen nicht auf einem Papier fixiert sein, sie können auch in der zu untersuchenden Lösung selbst aufgelöst sein. (Es ist nur ganz wenig nötig, um eine Farbe zu erkennen.) Wollen Sie beispielsweise bestimmen, wann *genau* eine saure Lösung durch Zugabe eine Base oder eine basische Lösung durch Zugabe einer Säure neutralisiert ist, geht das schlecht mit *p*H-Papier, denn damit können Sie nun einmal nur punktuelle Messungen vornehmen. Deshalb finden Farbindikatoren hauptsächlich in der *Säure/Base-Titration*

Verwendung – um die geht es im Abschnitt *Titrationskurven* in wenigen Seiten. Jetzt wollen wir erst einmal klären, was ein *Indikator* überhaupt ist.

Indikatoren sind organische Farbstoffe, deren wässrige Lösungen bei Änderung des *p*H-Werts die Farbe wechseln. Jeder Indikator basiert darauf, dass er selbst eine schwache Säure oder Base darstellt: Wird der Farbstoff protoniert oder deprotoniert, verändert er seine Elektronenstruktur (mehr dazu in Kapitel 38). Kurz: In Form seiner Base weist er eine andere Farbe auf als in Form seiner Säure.

Ausschlaggebend ist also das Gleichgewicht:

$$HInd + H_2O \rightleftarrows H_3O^+ + Ind^-$$

(mit HInd = Indikatorsäure und Ind^- = konjugierte Base).

Eine Indikatorlösung wechselt also schlagartig die Farbe, sobald eine saure Lösung basisch wird und umgekehrt – so schlagartig erscheint es allerdings nur für unser menschliches Auge, das bekanntlich in seiner Sehkraft mit einigen Tieraugen nicht mithalten kann. Es reicht bereits, wenn das Verhältnis Säure/Base bei etwa 10:1 liegt, dann nimmt das menschliche Auge nur noch die eine *oder* die andere Farbe wahr. Den *exakten* Umschlagspunkt können Sie also gar nicht ausmachen, wie gut Ihre Augen auch sein mögen.

Anstatt von einem *Umschlagspunkt* sprechen Sie daher besser von einem **Umschlagsbereich**, der wie folgt angegeben wird:

$$pH = pK_{S(HInd)} \pm 1$$

Warum das so ist, werden Sie nach dem kommenden Abschnitt über Titrationskurven gewiss besser verstehen. Die Umschlagsbereiche (und die charakteristischen Farben) einiger gebräuchlicher Indikatoren zeigt Abbildung 25.9.

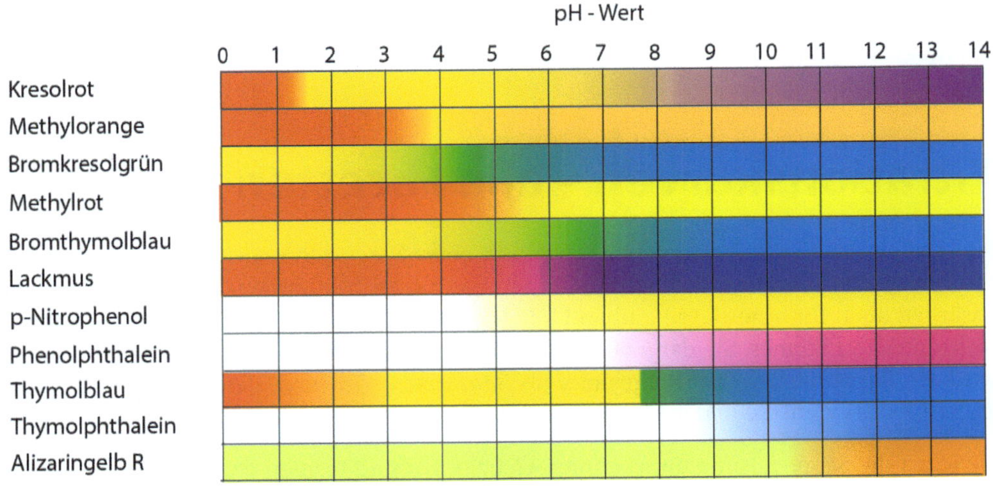

Abbildung 25.9: Farbindikatoren

Wie Sie weiter oben bei der Neutralisation erfahren haben, ist eine »neutralisierte« Lösung keineswegs zwangsweise auch *p*H-neutral, also *p*H = 7. Der Farbumschlag kann entsprechend bei allen möglichen *p*H-Werten stattfinden – Sie müssen nur einen geeigneten

Indikator finden, aber Abbildung 25.9 zeigt ja bereits, dass das Angebot reichlich ist (und das sind noch längst nicht alle, die es gibt!).

Auch hier ist es eine gewisse Ermessensfrage, wann genau der Umschlag erfolgt. (Ob Sie aber nun einen Tropfen Ihrer Maßlösung zu viel oder zu wenig zugegeben haben, ist nicht ganz so schlimm, auch das werden Sie im Abschnitt *Titrationskurven – alle Facetten* sehen, und was genau eine Maßlösung eigentlich ist, erfahren Sie in Kapitel 50.)

*p*H-Elektroden

Noch genauer können Sie den *p*H-Wert mit einer *p*H-Elektrode ermitteln. Abbildung 25.10 zeigt exemplarisch dafür geeignete Glaselektroden, die am häufigsten verwendet werden. Eigentlich sind das jeweils *zwei* Elektroden, die aber meistens wegen der einfacheren Handhabbarkeit zusammen in einer sogenannten *Einstabmesskette* verbaut sind. Mithilfe einer *Referenz*elektrode wird eine Spannung erzeugt, die in den zugehörigen *p*H-Wert umgerechnet wird. Natürlich benötigen Sie ein elektronisches Gerät (*p*H-Meter, Voltmeter), um diesen Wert ablesen zu können.

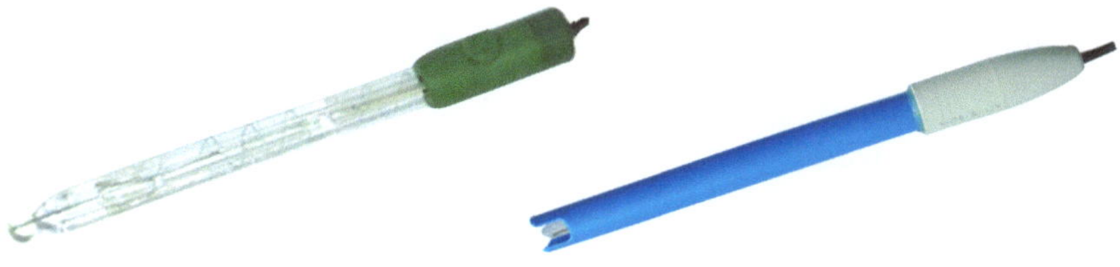

Abbildung 25.10: *p*H-Elektroden

Zudem muss die Elektrode (eigentlich vor jeder Messung aufs Neue) mit Lösungen bekannten *p*H-Werts kalibriert werden. Die *Kalibrierkurve* verläuft in der Regel *nicht* linear und hat für verschiedene *p*H-Werte unterschiedliche Steigungen – die Sie berücksichtigen sollten, um möglichst genaue Werte ermitteln zu können.

Titrationskurven – alle Facetten

Sie können die Neutralisation einer Säure mit einer Base auch *gezielt* anwenden, um beispielsweise den *Gehalt* einer Säure in einer Lösung zu bestimmen. (Umgekehrt gilt das natürlich auch für eine Base.) Anhand der Menge verbrauchter Basen-Lösung bekannter Konzentration können Sie dann auf die Säurekonzentration rückrechnen. Diese Methode wird als **Titration** bezeichnet (genauer als *Säure/Base-Titration*, denn es gibt auch noch andere Titrationen, die in der Maßanalyse Verwendung finden, mehr dazu in Kapitel 50).

Sie legen die Säure-Lösung unbekannten Gehalts vor und tropfen dann die Basen-Lösung bekannter Konzentration nach und nach dazu. Der Verlauf der Neutralisation (den *Titrationsverlauf*) lässt sich in der Regel mit einer *Titrationskurve* verfolgen. Dazu tragen Sie den *p*H-Wert der Lösung gegen die verbrauchte Menge an Basen-Lösung auf. Titrationskurven sehen aus wie in der exemplarischen Abbildung 25.11. Am **Äquivalenzpunkt** (roter Punkt) haben Sie *genau* so viel Base hinzugegeben, wie Säure vorhanden war: *Sie haben die komplette Säure neutralisiert.*

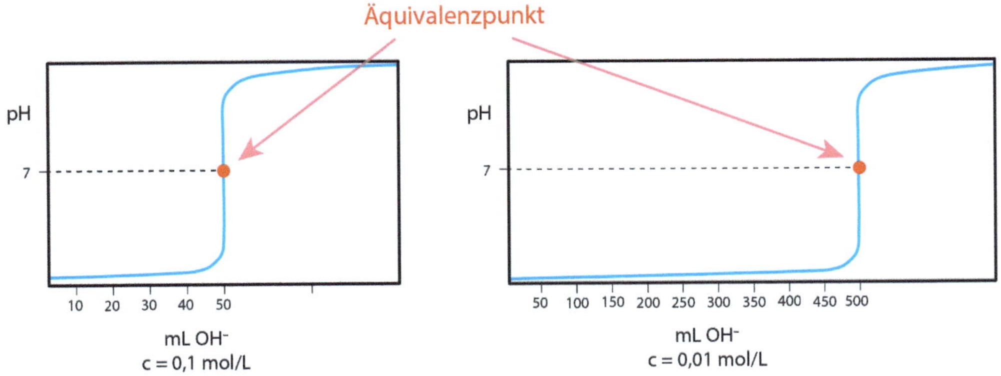

Abbildung 25.11: Titration einer Säure mit einer Base

BEISPIEL

Sie legen eine 0,1-molare HCl-Lösung vor und titrieren mit einer NaOH-Lösung. Für die Ermittlung des Äquivalenzpunkts ist es entscheidend, dass Sie die *gleiche Stoffmenge* OH^- hinzugeben wie H_3O^+ vorhanden ist. Die können Sie mit einer 1-molaren, 0,1-molaren oder 0,01-molaren Lösung erreichen, aber von der 0,01-molaren Lösung müssen Sie dann natürlich *zehnmal* so viel einsetzen wie von der 0,1-molaren. Sie haben zwar den gleichen Äquivalenzpunkt, aber die Kurven sehen etwas unterschiedlich aus (Abbildung 25.11):

Um Titrationskurven miteinander vergleichbar zu machen, stellen Sie am besten auf der x-Achse nicht den *absoluten* Verbrauch des Titrationsmittels dar, sondern den sogenannten **Titrationsgrad** τ, definiert durch:

$$\tau = \frac{c(\text{Base})}{c_0(\text{Säure})} \qquad (25.24)$$

Allgemein müssen am Äquivalenzpunkt die Konzentrationen von Titrand (dem, was titriert wird = der *Analysenlösung*) und Titrator (also dem, was hinzugegeben wird) gleich sein. Der Titrationsgrad ist demnach am Äquivalenzpunkt $\tau = 1$ – *immer*, für *alle* Titrationen. Dass Sie diesen Äquivalenzpunkt so deutlich erkennen können, liegt daran, dass sich in dessen Nähe der *p*H-Wert *sprunghaft* ändert – und das liegt an der *logarithmischen* Auftragung von $[H_3O^+]$. (Weiter unten wird dieser Aspekt noch ein wenig vertieft.)

Starke Säure / starke Base – starke Base / starke Säure

Starke Säuren bilden bekanntermaßen äußerst schwache konjugierte Basen, starke Basen äußerst schwache konjugierte Säuren. Es findet damit *keine* Protolysereaktion der entstehenden Produkte mit dem Wasser statt, und wie Abbildung 25.12 zeigt, ist am Äquivalenzpunkt *p*H = 7 (**Neutralpunkt**).

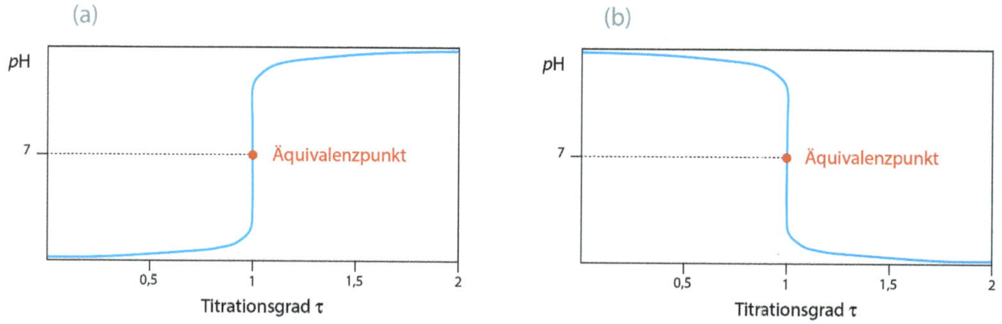

Abbildung 25.12: Titrationskurve von starker Säure mit starker Base (a) und starker Base mit starker Säure (b)

Schwache Säure / starke Base – schwache Base / starke Säure

Titrieren Sie hingegen eine schwache Säure mit einer starken Base oder eine schwache Base mit einer starken Säure, so zeigt sich (etwa in Abbildung 25.13), dass hier der Äquivalenzpunkt *nicht* am Neutralpunkt liegt.

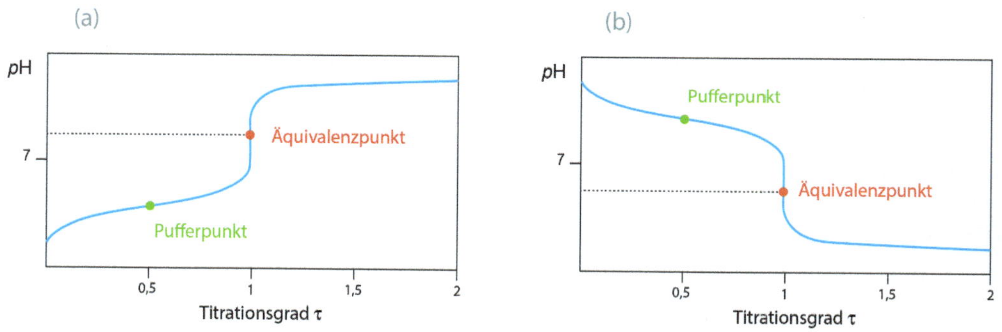

Abbildung 25.13: Titrationskurve von schwacher Säure mit starker Base (a) und schwacher Base mit starker Säure (b)

Den Grund dafür haben Sie weiter oben bereits kennengelernt: Im Fall (a) bildet sich durch die Neutralisation eine Base, die mit Wasser reagiert; im Fall (b) reagiert die entstehende Säure mit Wasser weiter.

Das heißt *nicht*, dass die Neutralisation nicht genauso abliefe wie mit den starken Reaktionspartnern:

Bei der Titration einer schwachen Säure (hier am Beispiel der Essigsäure) mit einer starken Base wird bei gleichen Säurekonzentrationen *genau* so viel Base wie bei der Titration einer starken Säure benötigt, um den Äquivalenzpunkt zu erreichen. Auch wenn zu Beginn nicht alle H_3O^+-Ionen der schwachen Säure zur Verfügung stehen (und damit der *p*H-Wert höher ist), fangen die zugegebenen OH^--Ionen die vorhandenen H^+-Ionen weg und machen daraus Wasser. Gemäß dem Prinzip von Le Chatelier (aus Kapitel 24) verschiebt sich dadurch das Gleichgewicht so lange nach rechts, bis die ganze Essigsäure verbraucht ist.

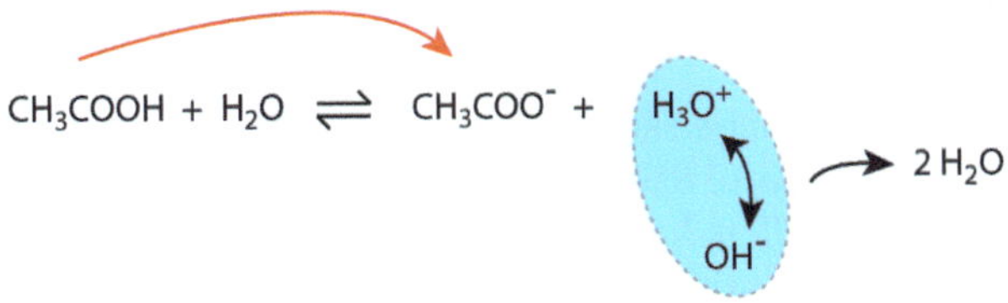

Achtung: Für jedes entstandene H_3O^+-Ion entsteht auch ein Acetat-Ion. Am Äquivalenzpunkt ist die Essigsäure-Lösung vollständig in eine Acetat-Lösung überführt worden – und die reagiert *basisch*, weil Acetat Wasser gegenüber als Base fungiert (*siehe* Abschnitt *Macht die Neutralisation neutral?*).

Im Verlauf der Titrationskurven von *schwachen* Säuren oder Basen können Sie einen Bereich ausmachen, bei dem sich der *p*H-Wert über einen weiten Bereich (bei stetiger Zugabe von Base beziehungsweise Säure) kaum verändert. Dieser Bereich ist der **Pufferbereich**, weil das System dort imstande ist, gewisse Mengen an neu hinzukommender Säure oder Base zu neutralisieren und dabei den *p*H-Wert annähernd konstant zu halten. Dies ist die Grundlage aller Puffersysteme, die im letzten Abschnitt dieses Kapitels einer genaueren Betrachtung unterzogen werden.

Noch deutlicher wird der Einfluss der konjugierten Basen, wenn Sie *verschiedene schwache Säuren* (zur Erinnerung: je größer der *p*Ks-Wert, desto schwächer die Säure) miteinander vergleichen (Abbildung 25.14). Sie sehen deutlich, wie mit steigendem pK_S-Wert (also *abnehmender* Säurestärke) der Anfangs-*p*H-Wert immer weiter in den basischen Bereich wandert, und zugleich ist auch erkennbar, dass mit zunehmend kleiner werdendem Unterschied der pK_S-Werte von Titrand und Maßlösung der *Umschlagspunkt* (der Punkt, an dem die Titrationskurve die Richtung ihrer Krümmung ändert = der *Äquivalenzpunkt*) zunehmend schwer zu bestimmen ist.

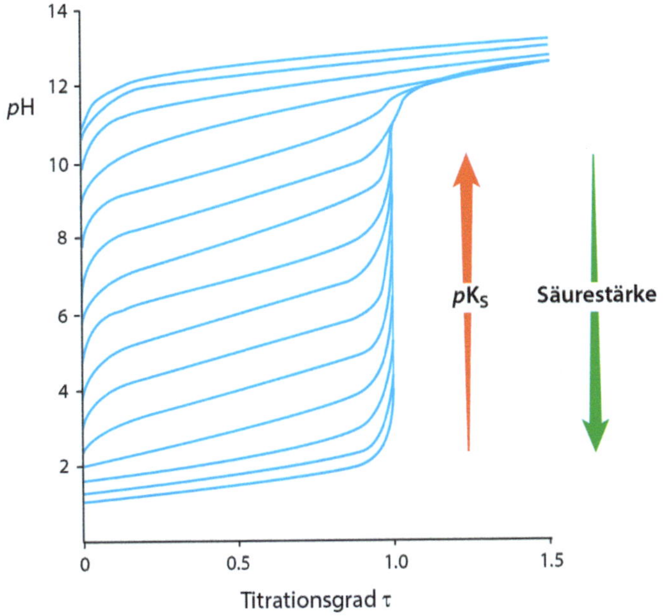

Abbildung 25.14: Titrationskurven verschieden starker Säuren

Schwache Säure / schwache Base – ist das sinnvoll?

Wie Sie wissen, bildet eine schwache Säure im sauren Bereich die konjugierte Base, während eine schwache Base die konjugierte Säure im alkalischen Bereich erzeugt. Wenn diese beiden Substanzen aufeinandertreffen, kann es passieren, dass sich der *p*H-Wert durch dieses Wechselspiel während einer Titration nahezu linear ändert. Das ist natürlich ein Problem, weil Sie dann *keinen* Bereich haben, wo der *p*H-Wert sprunghaft ansteigt. Das macht die Bestimmung des Äquivalenzpunkts in den meisten Fällen praktisch unmöglich.

Mehrprotonige Säuren

Führen Sie Titrationen mit *mehrprotonigen* Säuren durch, erhalten Sie natürlich auch entsprechend *mehrere* Äquivalenz- und damit gegebenenfalls Pufferpunkte in der Titrationskurve. Abbildung 25.15 zeigt exemplarisch die Titrationskurven von Schwefelsäure (H_2SO_4, a) und von Phosphorsäure (H_3PO_4, b).

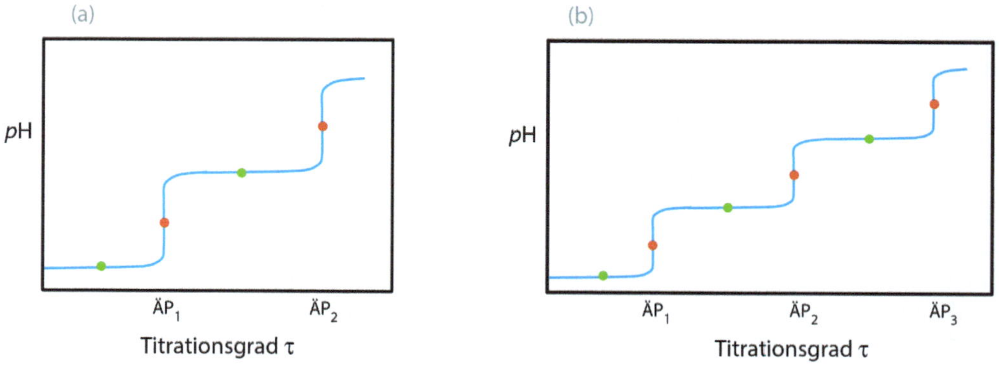

Abbildung 25.15: Titrationskurven mehrprotoniger Säuren

Durch Titrationen lässt sich also auch ermitteln, wie viele acide Wasserstoff-Atome eine Säure aufweist. Da allerdings die entsprechenden Berechnungen deutlich komplizierter werden, wenn mehrere pK_S-Werte im Spiel sind, soll auf dieses Thema hier nicht weiter eingegangen werden.

Eine Frage der Auftragung

Bei einer Säure/Base-Titration stellen Sie sinnvollerweise die logarithmische Konzentration an H_3O^+ (*p*H-Wert) in Abhängigkeit vom Titrationsgrad τ dar (wie in Abbildung 25.11 bis Abbildung 25.15). So können Sie den Äquivalenzpunkt bestimmen.

Titration = Neutralisation? Was macht das Wasser?

Geht es Ihnen mehr um die *Konzentrationen* der Substanzen, die *tatsächlich* in der Lösung herumschwimmen, dann ist es sinnvoller, statt des Titrationsgrads den *Neutralisationsgrad g* zu verwenden. Dazu müssen wir zunächst den Titrationsgrad etwas genauer unter die Lupe nehmen.

Betrachten wir zum Beispiel die Titration einer einprotonigen Säure (HA) mit Natronlauge:

$$\begin{array}{llll} H_3O^+ & + OH^- & \rightleftarrows & 2\,H_2O \\ A^- & Na^+ & & Na^+ \; A^- \end{array}$$

Beim Titrieren bildet sich aus H_3O^+ und OH^- Wasser; selbstverständlich sind in der Lösung auch die Gegen-Ionen Na^+ und A^- vorhanden, die aber nichts mit dem Titriervorgang zu tun haben.

Nach Gleichung 25.24 ist der Titrationsgrad definiert als $\tau = c(\text{Base})/c_0(\text{Säure})$. Zunächst einmal müssen Sie sich klarmachen, was für Konzentrationen das eigentlich sind:

- Es gilt hier also: $\tau = \dfrac{c(\text{NaOH})}{c_0(\text{HA})}$
- Nach Gleichung 25.12 gilt die *Erhaltung der Masse*: $c_0(\text{Säure}) = [\text{HA}] + [\text{A}^-]$
- $c(\text{NaOH}) = [\text{Na}^+]$ (aus 1 Mol NaOH entsteht 1 Mol Na^+)
- Natürlich muss nach Gleichung 25.13 zu jedem Zeitpunkt die *Elektroneutralität* erfüllt sein, es mischen ja nun auch noch Na^+-Ionen mit:

  $[\text{H}_3\text{O}^+] + [\text{Na}^+] = [\text{A}^-] + [\text{OH}^-]$

- Eingesetzt in den Titrationsgrad ergibt sich:

$$\tau = \frac{c(\text{NaOH})}{c_0(\text{Säure})} = \frac{[\text{OH}^-] - [\text{H}_3\text{O}^+]}{[\text{HA}] + [\text{A}^-]} + \frac{[\text{A}^-]}{[\text{HA}] + [\text{A}^-]}$$

Der Titrationsgrad besteht also aus *zwei* Teilen:

1. Der gelb markierte Teil beschreibt das Verhalten des Wassers.
2. Der grün markierte Teil gibt das Konzentrationsverhältnis von Base A^- zur Gesamtkonzentration an (also wie viel der Säure neutralisiert ist; dies ist der *Neutralisationsgrad*). Unter Berücksichtigung des Massenwirkungsgesetzes (Gleichung 25.11) können Sie dieses Verhältnis umformen zu:

$$\frac{[\text{A}^-]}{[\text{HA}] + [\text{A}^-]} = \frac{K_S}{K_S + [\text{H}_3\text{O}^+]} = \frac{1}{1 + \dfrac{[\text{H}_3\text{O}^+]}{K_S}} \Rightarrow [\text{A}^-] = K_S \frac{[\text{HA}]}{[\text{H}_3\text{O}^+]} \qquad (25.26)$$

Sie erkennen nun, dass die Konzentration der A^--Ionen von K_S und vom *p*H-Wert abhängt – eigentlich ist das nichts anderes als das Massenwirkungsgesetz selbst! Diese wichtige Beziehung wird Ihnen bei den Puffersystemen noch einmal verdeutlicht (*siehe* weiter unten).

Nur im relativ neutralen Bereich (wenn $[\text{OH}^-] - [\text{H}_3\text{O}^+]$ vernachlässigbar klein ist), ist die Titrationskurve mit der Neutralisationskurve identisch;

bei tiefen und hohen *p*H-Werten stimmen die Kurven nicht mehr überein. Abbildung 25.16 zeigt im Vergleich eine **Titrationskurve** (a), in der *beide* Summanden des Titrationsgrads (gelber und grüner Teil in Gleichung 25.25) aufgetragen wurden und eine **Neutralisationskurve** (b), wo der Titrationsgrad (= Neutralisationsgrad) nur dem rechten (grünen) Teil der Gleichung entspricht.

Neutralisationskurven sind wichtig bei der Betrachtung von Puffersystemen, allgemein werden sie auch als *Pufferkurven* bezeichnet (dazu mehr im Abschnitt über Puffer).

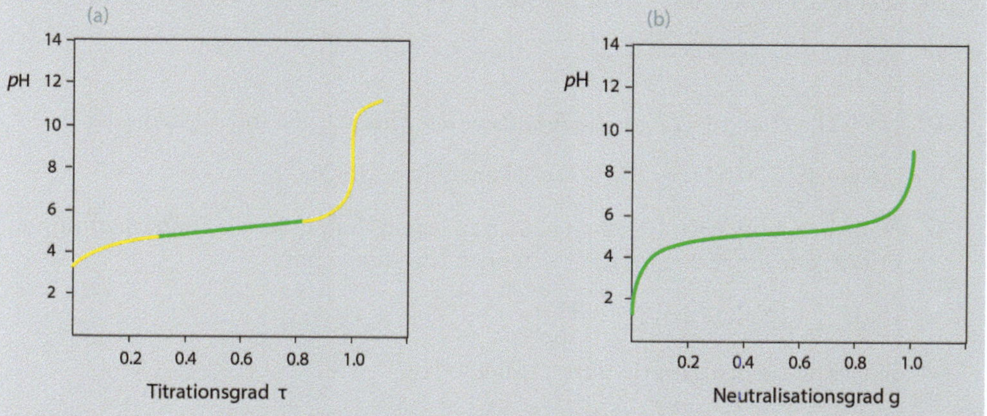

Abbildung 25.16: Vergleich von Titrationskurve und Neutralisationskurve

Gleichung 25.26 gibt an, wie sich die Konzentration der Base A^- in Abhängigkeit vom *p*H-Wert verändert. Natürlich hat die entsprechende konjugierte Säure HA *auch* einen entsprechenden Konzentrationsverlauf. Beide Konzentrationen zusammen sehen Sie in Abbildung 25.17a.

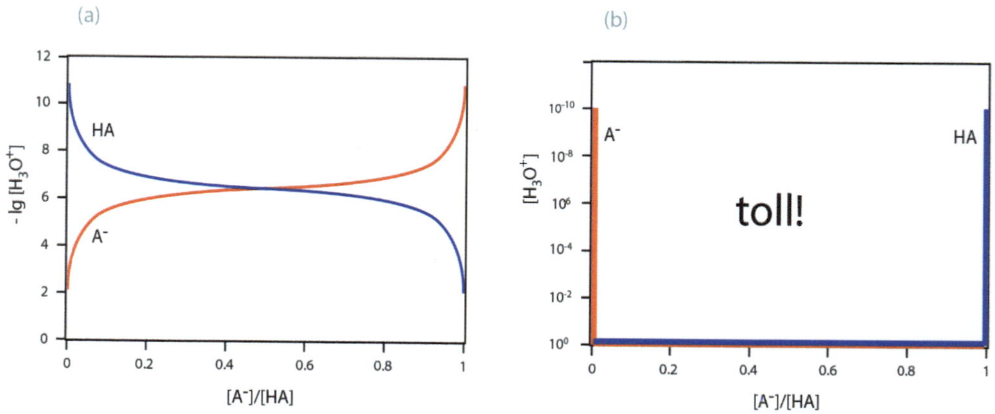

Abbildung 25.17: Unterschiedliche Darstellung der gleichen Titrationsverläufe

Ganz selbstverständlich ist auf der y-Achse der negative dekadische Logarithmus von $[H_3O^+] = pH$ aufgetragen. Was passiert, wenn Sie auf den Logarithmus gänzlich verzichten, zeigt Abbildung 25.17b: Sie sehen überhaupt nichts! (Versuchen Sie hier mal, einen Äquivalenzpunkt zu ermitteln.) Der Konzentrationsverlauf wird erst durch die *logarithmische Darstellung* deutlich.

Ein Logarithmus ist nicht genug: das Hägg-Diagramm

Wenn sich so ein Logarithmus derart positiv auf den Erkenntnisgewinn Ihres Säure/Base-Systems auswirkt, was müssen dann erst *zwei* Logarithmen bringen? Das dachte sich auch der schwedische Chemiker Gunnar Hägg – so entstanden die nach ihm benannten Hägg-Diagramme: Dazu drehen Sie die Kurven aus Abbildung 25.17a zunächst um 90° (Abbildung 25.18a) und logarithmieren neben der *p*H-Achse auch noch das Konzentrationsverhältnis des konjugierten Säure/Base-Paares (Abbildung 25.17b). Nun sehen die Kurven ganz anders aus.

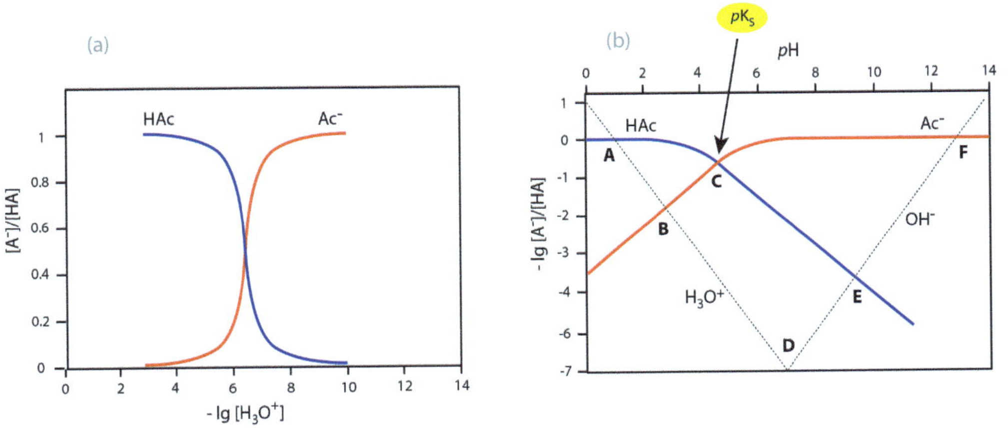

Abbildung 25.18: Neutralisationskurve (a) und Hägg-Diagramm (b) für eine einprotonige Säure

Abbildung 25.18b zeigt das Beispiel einer einprotonigen Säure (hier: 0,1 M Essigsäure). Sie können bestimmte markante Schnittpunkte der eingezeichneten Kurven ausmachen:

- ✔ A: $[HAc] = [H_3O^+]$, stark saure Lösung, gesamte Essigsäure undissoziiert, dieser Punkt liegt außerhalb des Titrationsbereichs
- ✔ B: $[H_3O^+] = [Ac^-]$, tatsächliche H_3O^+-Konzentration bei $\tau = 0$
- ✔ C: $[HAc] = [Ac^-]$, $pH = pK_S$, *Pufferpunkt*
- ✔ D: $[H_3O^+] = [OH^-]$, $pH = 7$, *Neutralpunkt*
- ✔ E: $[HAc] = [OH^-]$, OH^--Konzentration bei $\tau = 1$
- ✔ F: $[Ac^-] = [OH^-]$, vollständige Protolyse, außerhalb des Titrationsbereichs

In gleicher Weise können Sie auch mit zwei- oder dreiprotonigen Säuren verfahren (Abbildung 25.19 und Abbildung 25.20).

Nehmen Sie sich die Zeit, etwas genauer zu erkunden, was sich denn so alles bei einem bestimmten *p*H-Wert in der Lösung tummelt – und was *nicht* gleichzeitig existieren *kann.*

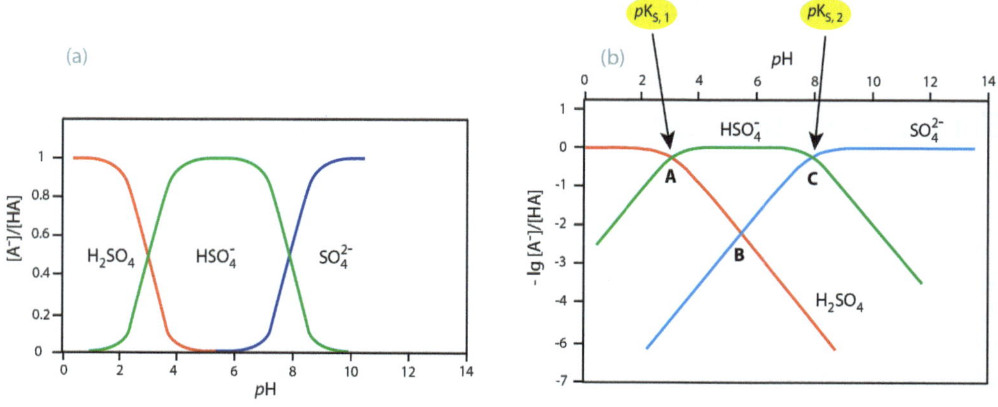

Abbildung 25.19: Neutralisationskurve (a) und Hägg-Diagramm (b) für eine zweiprotonige Säure

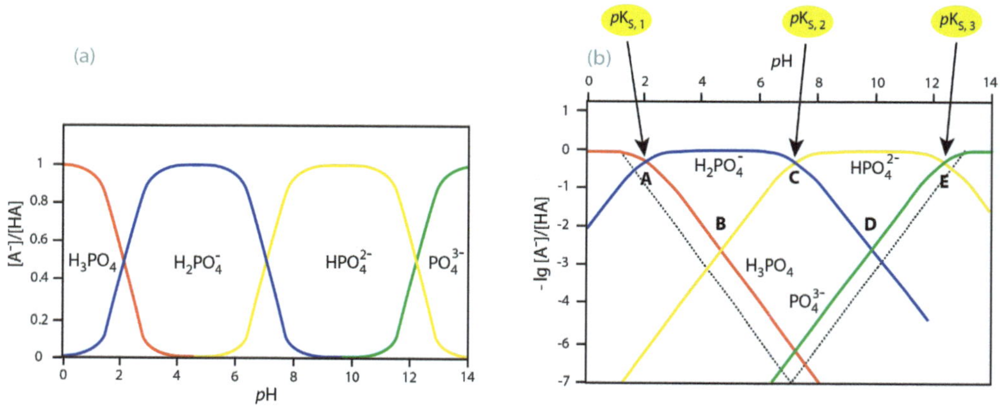

Abbildung 25.20: Neutralisationskurven(a)und Hägg-Diagramm (b) für eine dreiprotonige Säure

In wässrigen Lösungen haben Sie es *immer* mit Säure/Base-Gleichgewichten zu tun; häufig liegen auch *mehrere* Gleichgewichte nebeneinander vor. Trotzdem ist genau geregelt, welche Komponente wann in welcher Menge anwesend sein darf. Hägg-Diagramme werden verwendet, um auch dann noch einen Überblick über die jeweiligen Konzentrationsverhältnisse zu behalten, wenn mehrere Säure-Base-Gleichgewichte nebeneinander vorliegen und sich wechselseitig beeinflussen. (Eine genauere Betrachtung würde hier zu weit führen, aber schließlich gibt es dazu wieder einschlägige Literatur.)

Kartoffelpuffer können so etwas nicht

Betrachten Sie noch einmal Abbildung 25.16: Bei der Titration einer schwachen Säure mit einer starken Base ändert sich der *p*H-Wert über einen erstaunlich großen Bereich, also trotz beachtlicher Zugabe an Base, kaum. *In diesem Bereich wirkt das Reaktionsgemisch als*

Puffer. (Natürlich gilt das auch umgekehrt bei der Titration einer schwachen Base mit einer starken Säure.)

In Abbildung 25.16a sehen Sie, dass sich bei jedem *p*H-Wert ($-\lg [H_3O^+]$) ein genau definiertes Verhältnis von Säure und konjugierter Base einstellt (das wird auch aus Gleichung 25.26 ersichtlich). Um diesen Zusammenhang genauer zu verstehen, betrachten Sie noch einmal das Massenwirkungsgesetz und stellen es nach H_3O^+ um. Auf diese Weise erhalten Sie:

$$K_S = \frac{[H_3O^+]\,[A^-]}{[HA]} \quad \Rightarrow \quad [H_3O^+] = K_S \frac{[HA]}{[A^-]} \qquad (25.27)$$

Schon sind Sie beim Zusammenhang aus Gleichung 25.26. In diesem MWG muss also noch mehr Information drinstecken. Wenn Sie diese Gleichung nun noch logarithmieren, ist das *immer noch* das MWG, allerdings trägt es jetzt einen neuen Namen:

Puffergleichung nach Henderson-Hasselbalch

$$pH = pK_S + \lg \frac{[A^-]}{[HA]} \quad \textit{oder} \quad pH = pK_S - \lg \frac{[HA]}{[A^-]} \qquad (25.28)$$

Bei der Schreibweise mit dem Bruch »Base durch Säure« sehen Sie sofort: Wenn das Gemisch mehr Base (A^-) als Säure (HA) enthält, *muss* der *p*H-Wert dieser Pufferlösung natürlich *höher* sein als der pK_S-Wert der verwendeten Säure – das erleichtert die Plausibilitätsanalyse (Sie erinnern sich?) immens.

An dieser Gleichung, die 1916 von Lawrence Henderson und Karl Hasselbalch eingeführt wurde, erkennen Sie: Der *p*H-Wert hängt *sowohl* vom pK_S-Wert ab (das wissen Sie schon aus Gleichung 25.26) *als auch* vom Konzentrationsverhältnis $[A^-]/[HA]$.

Wenn Sie den *p*H-Wert – errechnet aus Gleichung 25.28 – gegen die jeweilige Menge an Base graphisch auftragen, erhalten Sie eine Pufferkurve (in Abbildung 25.21 beispielhaft für Essigsäure/Acetat dargestellt). (Verwechseln Sie das bitte nicht mit der *Titrationskurve* – Abbildung 25.16 im Kasten *Titration = Neutralisation?* verdeutlicht den Unterschied.)

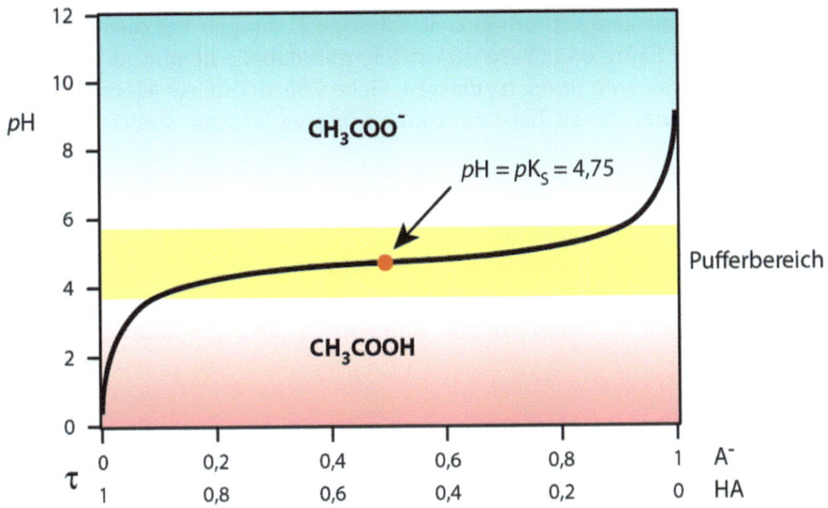

Abbildung 25.21: Pufferkurve der Essigsäure

Einer solchen Pufferkurve können Sie einiges entnehmen:

- Die Kurve trennt zwei *p*H-Bereiche voneinander: *Unterhalb* der Kurve liegt das System ab einem bestimmten *p*H-Wert in Form der *Säure* vor (roter Bereich), *oberhalb* in Form der konjugierten *Base* (blauer Bereich).
- Dazwischen gibt es einen Bereich, in dem offensichtlich *beide* Formen gleichzeitig vorhanden sind. Dort ändert sich der *p*H-Wert (zumindest zwischen 10 % und 90 % Säure/Base) nur geringfügig (gelber Bereich). Das ist der *Pufferbereich.*
- Sind Säure und Base in *gleicher* Konzentration vorhanden (je 50 %), dann gilt: ***p*H-Wert** der Lösung = ***p*K_S-Wert** der verwendeten Säure, denn $[A^-]/[HA] = 1$ und $\lg(1) = 0$. Dieser Punkt heißt **Pufferpunkt** (roter Punkt in Abbildung 25.21).

Existenzbedrohende Umstände

Gleichung 25.26 können Sie entnehmen, dass diese Pufferkurven für *alle* Säure/Base-Systeme gleich aussehen (was ja bei den Titrationskurven *nicht* der Fall ist, wie aus Abbildung 25.14 hervorgeht), sie sind lediglich je nach *p*K_S-Wert auf der *p*H-Achse verschoben.

Unterhalb der Pufferkurven in Abbildung 25.22 existiert nur die Säure und *oberhalb* nur die konjugierte Base der jeweiligen Säure/Base-Paare.

Jetzt können Sie bestimmt besser nachvollziehen, warum es die von Arrhenius zu Anfang dieses Kapitels postulierte Verbindung Ammoniumhydroxid nicht gibt und *in wässriger Lösung auch nicht geben kann*: NH_4^+ kann oberhalb von *p*H = 11 nicht mehr existieren, und OH^- fängt bei *p*H = 12 erst an – die Existenzbereiche der beiden Ionen überschneiden sich nicht, und deshalb *können* sie nicht nebeneinander vorliegen. Ebenso wenig können Phosphat (PO_4^{3-}) und Phosphorsäure (H_3PO_4) zusammen in einer Lösung herumschwimmen, und unprotoniertes Ammoniak (NH_3) gibt es unterhalb von *p*H = 7 in wässriger Lösung auch nicht mehr.

Diese Gegebenheiten werden ausgenutzt, um gezielt wässrige Lösungen herzustellen, die *erhebliche* Mengen zugesetzter Säure oder Base verkraften, und dabei eine nur geringe *p*H-Wert-Änderung für einen festgelegten Bereich zulassen. Geben Sie definierte Mengen einer schwachen Säure und ihrer konjugierten Base zusammen in eine Lösung, stellen Sie eine **Pufferlösung** her.

Dass es »Ammoniumhydroxid« nicht gibt, hält die Autoren vieler englischsprachiger Lehrbücher nicht davon ab, konsequent NH_4OH zu schreiben, wann immer sie den Leser wissen lassen wollen, es komme *wässrige Ammoniaklösung* ins Spiel. Das müssen Sie wohl einfach hinnehmen (aber *Sie* wissen es jetzt besser!).

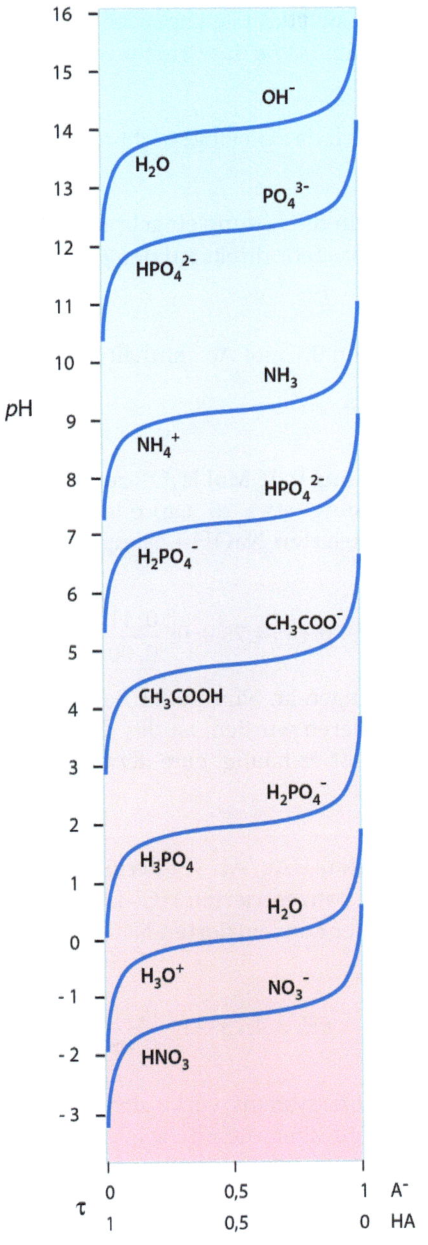

Abbildung 25.22: Pufferkurven für verschiedene Säure/Base-Paare

Wie funktioniert eine Pufferlösung?

Warum ändert sich der *p*H-Wert einer Pufferlösung so wenig? Das verrät Ihnen die HENDERSON-HASSELBALCH-Gleichung 25.28. Betrachten Sie das Beispiel in Abbildung 25.21: Der *p*H-Wert wird durch das Konzentrationsverhältnis $[Ac^-]/[HAc]$ bestimmt.

$$CH_3COOH + H_2O \rightleftarrows CH_3COO^- + H_3O^+ \qquad pH = pK_S + \lg \frac{[CH_3COO^-]}{[CH_3COOH]}$$

- ✔ Bei Zugabe einer Säure (H_3O^+) verschiebt sich das Gleichgewicht nach *links*, es wird mehr undissoziierte Essigsäure gebildet (*siehe* das Prinzip von Le Chatelier, Kapitel 24).
- ✔ Bei Zugabe einer Base (OH^-) verschiebt sich das Gleichgewicht nach *rechts*, es entsteht mehr Acetat.
- ✔ Beachten Sie, dass in beiden Fällen frisch in die Lösung eingebrachte H^+- oder OH^--Ionen sofort reagieren, sich also nicht mehr direkt auf den *p*H-Wert auswirken können.

BEISPIEL

Für eine Lösung, die 0,1 Mol HAc und 0,1 mol Ac^- enthält, gilt:

$$pH = pK_S + \lg \frac{0,1}{0,1} = 4{,}75 + 0 = 4{,}75$$

Fügen Sie zu 1 Liter dieser Pufferlösung 0,01 Mol H_3O^+ zu (das entspricht etwa 1 mL einer konzentrierten HCl-Lösung, etwa 25 %ig) oder 0,01 Mol OH^- (das entspricht etwa 1 mL einer konzentrierten NaOH-Lösung, etwa 40 %ig), dann ergibt sich für den *p*H-Wert:

$$pH = 4{,}75 + \lg \frac{0,09}{0,11} = \mathbf{4,66} \quad \textit{oder} \quad pH = 4{,}75 + \lg \frac{0,11}{0,09} = \mathbf{4,84}$$

Bedenken Sie, dass Ihnen diese Mengen an Säure oder Base in reinem Wasser einen *p*H-Wert von 2 oder 12 bescheren würden, ist das doch schon eine ganz ordentliche Leistung. (Im Labor heißt es häufig, eine derart gepufferte Lösung sei »abgestumpft«.)

BEISPIEL

Fügen Sie zu 1 Liter einer 0,1-molaren HAc/Ac^--Pufferlösung 0,05 Mol H_3O^+ zu (das entspricht etwa 4,2 mL einer konzentrierten HCl-Lösung) oder 0,05 Mol OH^- (das entspricht etwa 4,7 mL einer konzentrierten NaOH-Lösung), dann ergibt sich für den *p*H-Wert:

$$pH = 4{,}75 + \lg \frac{0,05}{0,15} = \mathbf{4,27} \quad \textit{oder} \quad pH = 4{,}75 + \lg \frac{0,15}{0,05} = \mathbf{5,22}$$

Die Konzentration des gelösten Puffersystems wirkt sich zwar *nicht* auf den *p*H-Wert der Pufferlösung aus, wohl aber darauf, *wie viel* H_3O^+ oder OH^- abgefangen werden können: Ist die Puffersäure beziehungsweise die Pufferbase aufgebraucht, geht nichts mehr.

Auch wenn es sogar in manchen Lehrbüchern falsch zu finden ist: Die Herren von der Puffergleichung hießen Henderson und Hassel*ba_l_ch*. Bitte lassen Sie sich von *niemandem* einen »Hassel*bach*« oder einen »Hassel*blach*« unterschieben.

Eine Pufferlösung hat also eine bestimmte **Pufferkapazität**, die umso größer ist, je höher die Konzentration des Puffersystems ist. Abbildung 25.21 können Sie entnehmen, dass es mit der Pufferwirkung zu Ende geht, wenn etwa 90 % A^- oder HA verbraucht sind. Der *p*H-Bereich eines Puffersystems lässt sich damit ziemlich genau angeben:

$$pH = pK_S + \lg \frac{[A^-]}{[HA]} = pK_S + \lg\left(\frac{1}{10}\right) = pK_S + 1$$
$$pH = pK_S + \lg \frac{[A^-]}{[HA]} = pK_S + \lg\left(\frac{10}{1}\right) = pK_S - 1$$

$$\text{also } pH = pK_S \pm 1$$

Labortipp: Da Sie manchmal nicht wissen, ob sich nun eine Säure oder eine Base in Ihre Lösung einmischen wird, stellen Sie am besten eine Pufferlösung her, die genau *gleiche* Mengen Puffersäure und deren konjugierte Base enthält, dann ist die Pufferwirkung zu beiden Seiten (Abfangen von H_3O^+ *und* OH^-) am größten – also $pH = pK_S$.

Wir wissen also nun, *dass* ein Puffer den *p*H-Wert einer Lösung auch bei moderater Zugabe einer Säure oder einer Base weitgehend konstant hält. Schauen wir uns noch einmal an, *warum* dem so ist:

Wir wissen, dass ein Puffer aus einer relativ schwachen Säure und ihrer konjugierten, relativ starken Base besteht (oder auch umgekehrt, wir bleiben jetzt bei der Konstellation schwache Säure/relativ starke konjugierte Base). Da schwache Säuren nun einmal nicht vollständig dissoziieren, liegen im Gleichgewicht stets die schwache Säure (allgemein: HA) und deren konjugierte Base (A^-) gleichzeitig vor (natürlich nicht unbedingt in gleicher Anzahl, aber auf jeden Fall sind stets *beide* Spezies vorhanden). Es ergibt sich also das Gleichgewicht:

$$H_2O + HA \rightleftarrows H_3O^+ + A^- \qquad (25.29)$$

Wird nun beispielsweise weitere Säure hinzugegeben (hier einfach durch H^+ symbolisiert), könnten theoretisch vier verschiedene Dinge geschehen:

- Das H^+-Ion reagiert mit dem Wasser gemäß $H_2O + H^+ \rightleftarrows H_3O^+$.

  Das würde natürlich die Konzentration der in Lösung vorliegenden Hydroxonium-Ionen steigern, entsprechend müsste der *p*H-Wert sinken. Das wiederum würde bedeuten, dass unser Puffer seine Arbeit nicht anständig macht.

- Das neu hinzukommende Wasserstoff-Kation *könnte* auch die schwache Säure HA angreifen – aber natürlich nur, wenn diese amphoter wäre, also neben ihrer Funktion als (schwache) Säure auch als Base fungieren könnte. Das ist zwar nicht beispiellos (beim Wasser funktioniert's ja auch), aber doch eher ein Sonderfall, den wir hier nicht berücksichtigen wollen.

- Dass das H^+-Ion eines der bereits in der Lösung vorliegenden Hydroxonium-Ionen angreift, darf wohl erst recht als unwahrscheinlich angesehen werden (alleine schon wegen der Abstoßung, die sich zwischen den beiden gleichgeladenen Teilchen ergibt). In wässrigen Medien entstehen auf jeden Fall *niemals* H_4O^{2+}-Ionen.

✔ Zu guter Letzt könnte das H^+-Ion auch die konjugierte Base unserer schwachen Säure angreifen: H^+-Ion + $A^- \rightarrow$ HA.

In diesem Falle würde sich die Anzahl der in Lösung befindlichen Hydroxonium-Ionen nicht verändern, also bliebe der *p*H-Wert konstant – genau, wie Sie das von einer gepufferten Lösung auch erwarten würden.

Aber woher »weiß« das H^+-Ion, mit welchem seiner potentiellen Reaktionspartner es denn nun zu reagieren hat? – Hier gilt es, die *relative Basenstärken* der möglichen Reaktionspartner zu betrachten. Sie haben in diesem Kapitel bereits erfahren, dass für jedes konjugierte Säure/Basen-Paar gilt:

$$pK_S(HA) + pK_B(A^-) = 14 \quad (25.30)$$

Gehen wir davon aus, dass für unsere schwache Säure gilt:

- $pK_S(HA) = 5$.
- Dann ist $pK_B(A^- = 9$.

Aber es gibt noch ein zweites konjugiertes Säure/Base-Paar zu beachten: H_2O ist ja die konjugierte Base zur Säure H_3O^+. Für dieses Säure/Base-Paar gilt nun (gemäß Tabelle 25.1):

- $pK_S(H_3O^+) = 0$ (zur Erinnerung: H_3O^+ ist die stärkste Säure, die in wässriger Lösung noch beständig ist!),
- also ist gemäß Gleichung 25.30 $pK_B(H_2O) = 14$: Wasser ist eine *wirklich schwache* Base.

Und nun machen Sie sich bitte noch einmal klar, dass die pK_S- und pK_B-Werte ebenso logarithmisch sind wie die *p*H-Skala:

Unsere Base A^- ist mit pK_S $pK_B(A^-) = 9$ um fünf Zehnerpotenzen (!) basischer als das Wasser mit $pK_B(H_2O) = 14$.

Fünf Zehnerpotenzen bedeuten einen Faktor von $10^5 = 100\,000$, unsere konjugierte Base A^- ist also *einhunderttausendmal basischer* als H_2O. (Da sollte es nicht verwundern, dass das Wasserstoff-Kation bevorzugt mit A^- reagiert!)

Machen Sie bitte nicht den Fehler, davon auszugehen, das Proton (H^+) reagiere bevorzugt mit der Base A^-, weil diese eine negative Ladung trägt und sich entgegengesetzte Ladungen nun einmal anziehen. Das ist zwar nicht gänzlich falsch, aber es gibt nun einmal auch Basen, die *keine* negative Ladung aufweisen: Denken Sie an das Ammoniak-Molekül, für das gilt: $pK_B(NH_3) = 4,79$ (das können Sie ebenfalls Tabelle 25.1 entnehmen). Die negative Ladung von A^- mag einen gewissen Teil zur Basizität der konjugierten Base unserer schwachen Säure beitragen, aber sie ist *nicht* hauptursächlich.

Und was passiert, wenn unser H^+-Ion partout darauf besteht, *doch* mit dem Wasser zu reagieren? – Dann greifen wir wieder auf das Massenwirkungsgesetz und LE CHATELIER zurück: Durch die Reaktion $H^+ + H_2O \rightarrow H_3O^+$ erzeugen wir zusätzliches Produkt in unserem Gleichgewicht aus Gleichung 25.29. Entsprechend muss sich das Gleichgewicht neu einstellen: Es wird auf die *Reaktanten*-Seite verschoben, also wird die Konzentration der H_3O^+-Ionen ein wenig vermindert. Dass auf diese Weise die *Rückreaktion* begünstigt wird, bedeutet natürlich auch, dass die Konzentration der A^- -Ionen ebenfalls abnimmt, während die Konzentration der freien Säure HA ein wenig ansteigt. Letztendlich passiert hier also genau das Gleiche, was auch geschähe, wenn sich unser H^+-Ion gleich an der Basenstärke seiner potentiellen Reaktionspartner orientiert hätte. Manchmal führen eben mehrere Wege nach Rom …

Jetzt werden Sie persönlich sauer

Puffersysteme sind auch biologisch von großer Bedeutung. So wird etwa der *p*H-Wert des menschlichen Blutes (er liegt zwischen 7,35 und 7,45) gleich durch *mehrere* Puffersysteme weitestgehend konstant gehalten. Zu diesen Puffern (also konjugierten Säure/Base-Paaren schwacher Säuren) gehören beispielsweise Phosphorsäure – genauer das Gleichgewicht zwischen dem Hydrogenphosphat (HPO_4^{2-}) und dem Dihydrogenphosphat ($H_2PO_4^-$) – und auch Kohlensäure (H_2CO_3), die aus sprudelnden Getränken wohl allgemein bekannt ist.

In der letzten Zeit wird vermehrt darauf hingewiesen, dass der Blut-*p*H ernährungsbedingt zu kleineren Werten tendiert – Sie werden also im wahrsten Sinne des Wortes »sauer«. Möglicherweise befindet sich das Blut vieler Menschen bereits an der Grenze der Pufferkapazität. Die Gelehrten streiten sich, ob dieser Befund auch mit den vermehrten Beschwerden und Krankheiten zu tun hat, die unsere moderne Zivilisation so mit sich bringt. Läuft der *p*H-Wert aus dem Ruder, kann das lebensbedrohlich sein (in der Notaufnahme wird ab *p*H < 7,35 von einer *Acidose* gesprochen); vielleicht sollten Sie also vorsichtshalber doch etwas mehr Gemüse essen. Schaden kann das auf jeden Fall nicht (Stichwort: Säure-Base-Haushalt).

Hohe Leitfähigkeit

Wässrige Lösungen von Säuren und Basen leiten den elektrischen Strom deutlich besser als normale Elektrolytlösungen, in denen nur Salze gelöst sind. Woran liegt's? – In Salzlösungen müssen sich die vorhandenen Ionen *selbst* auf den Weg machen, um die elektrische Ladung zu transportieren. In sauren und basischen Lösungen sind immer reichlich H_3O^+- beziehungsweise OH^--Ionen vorhanden. Diese reagieren dann mit dem Wasser, wobei jeweils Protonen auf den unmittelbaren Nachbarn übertragen werden. Da die Moleküle so eng beieinanderliegen, muss das H^+ dabei gar nicht wandern, es reicht, wenn einfach die kovalente Bindung von einem Molekül zum anderen »umklappt«, wie es in Abbildung 25.23 angedeutet ist. (**GROTTHUß-Mechanismus** oder Kaskadenmodell der Stromleitung).

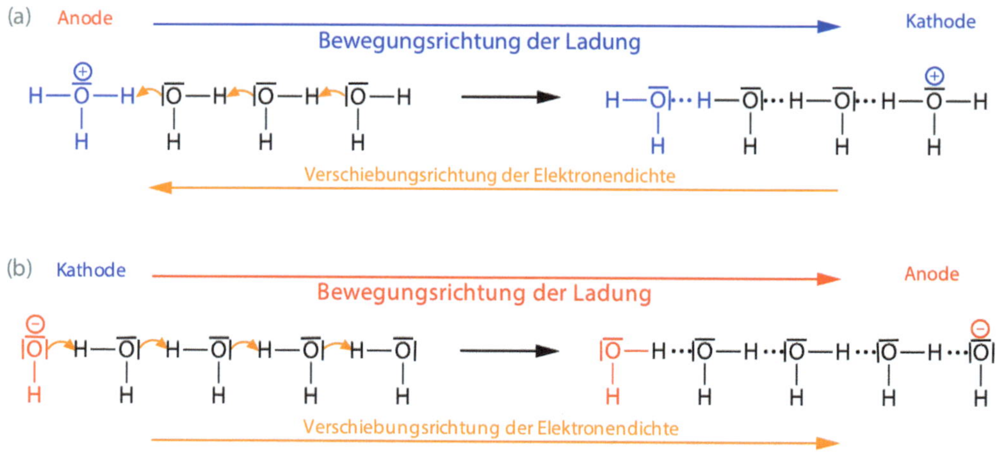

Abbildung 25.23: Leitfähigkeit in sauren und basischen Lösungen gemäß dem GROTTHUß-Mechanismus

Aufgaben Kapitel 25

Zum Aufwärmen:

1. Warum weisen eine 1-molare Lösung von Natriumcarbonat (Na_2CO_3) und eine 1-molare Lösung von Kaliumcarbonat (K_2CO_3) den gleichen *p*H-Wert auf?
2. Berechnen Sie den *p*H-Wert einer 0,038-molaren Kaliumhydroxid-Lösung (KOH).
3. Berechnen Sie den *p*H-Wert einer 0,85-molaren Salpetrigen Säure (HNO_2).
4. Welchen *p*H-Wert weist eine 0,1-molare Lösung von Kaliumiodid (KI) auf?

Für Fortgeschrittene

5. Wie viele H_3O^+-Ionen sind in 1 Liter einer 0,75-molaren NaOH-Lösung vorhanden?
6. Wenn Sie eine 0,5-molare Pufferlösung aus äquimolaren Mengen Natriumhydrogencarbonat und Natriumcarbonat ansetzen, hat die resultierende Lösung einen *p*H-Wert von 10,4. Wieso ändert sich der *p*H-Wert nicht, wenn Sie die Lösung verdünnen?
7. Welcher *p*H-Wert stellt sich ein, wenn Sie 6 g festes NaOH in einem Liter 0,3-molarer Essigsäure lösen?

IN DIESEM KAPITEL

muss wieder die Chemie stimmen

arbeiten Oxidationsmittel und Reduktionsmittel Hand in Hand

braucht der Strom eine Brücke

werden Elektronen abgezählt

Kapitel 26

Chemie unter Strom – Elektrochemie

Während bei den Säure/Base-Reaktionen der Transfer von *Protonen* (im Sinne von Wasserstoff-Kationen, also H^+) betrachtet wurde (zumindest im BRØNSTED-Konzept), geht es bei den **Reduktions-Oxidations-Reaktionen**, oder kurz **Redox-Reaktionen**, um den *Transfer von Elektronen*. Einige Redox-Reaktionen haben wir bereits in Beispielen behandelt, ohne jedoch dabei genauer auf die jeweiligen Vorgänge einzugehen.

Betrachten Sie die Umsetzung von elementarem Natrium mit elementarem Chlor (die hatten wir ja schon in Kapitel 11):

$$2\,Na + Cl_2 \rightarrow 2\,NaCl$$

Unter Aufbringung der erforderlichen *Ionisierungsenergie* wird das Natrium ionisiert. Jedes einzelne Natrium-Atom liefert aus seiner Valenzschale ein Elektron, also verändert sich die Elektronenkonfiguration von $1s^2 2s^2 2p^6 3s^1$ (oder kurz: [Ne]$3s^1$) zu $1s^2 2s^2 2p^6$ oder kurz: [Ne]. Dabei erhalten die betreffenden Teilchen (die vor Beginn der Reaktion noch neutrale Natrium-Atome waren) eine positive Ladung. Mit anderen Worten: Die resultierenden Natrium-Kationen (Na^+) weisen Edelgaskonfiguration auf und erfüllen somit die *Oktettregel.* (Auch das können Sie bei Bedarf in Kapitel 11 noch einmal nachlesen.)

Jedes Natrium-Atom hat also ein Elektron abgegeben. Ein derartiger Prozess, bei dem ein Atom (oder auch ein bereits vorliegendes Ion) ein (oder mehrere) Elektron(en) auf einen (oder mehrere) Reaktionspartner überträgt und dabei seinen Ladungszustand ändert, wird als **Oxidation** bezeichnet.

Die Chlor-Moleküle (Cl_2), in denen die beiden Chlor-Atome durch eine σ-Bindung miteinander verbunden sind, werden – ebenfalls unter Energieaufbringung – *homolytisch* gespalten, das heißt: Die Bindung zwischen den Chlor-Atomen wird so aufgebrochen, dass beide Atome die gleiche Anzahl Elektronen daraus »zurückerhalten«, die sie zuvor hatten. Erst durch diese homolytische Bindungsspaltung liegen Chlor-Atome mit der Elektronenkonfiguration [Ne] $3s^2$ $3p^5$ vor, die dann durch Aufnahme je eines Elektrons Edelgaskonfiguration erreichen: [Ne] $3s^2$ $3p^6$ oder kurz [Ar]. Dann liegen negativ geladene Chlorid-Ionen (Cl^-) vor. Auch die (ehemaligen) Chlor-Atome haben im Verlaufe dieser Reaktion ihren Ladungszustand verändert: Jedes weist nun eine einfach negative Ladung auf, da jedes Chlor-Teilchen *ein Elektron aufgenommen* hat. Ein Prozess, bei dem unter Veränderung des Ladungszustands ein (oder mehrere) Elektron(en) aufgenommen wird/werden, wird als **Reduktion** bezeichnet.

Für die Betrachtung der Redox-Reaktionen im Allgemeinen ist vor allem von Bedeutung, dass hier ein *Elektronentransfer* (vom Natrium auf das Chlor) stattfindet. Der Stoff, der das Elektron abgibt (in diesem Fall das Natrium), wird dabei *oxidiert*, der Stoff, der das Elektron aufnimmt, wird *reduziert*. Natürlich sind es die Begriffe **Red**uktion und **Ox**idation, die den **Redox**-Gleichungen ihren Namen geben.

Auch hier im Doppelpack

Wie bei den Säure/Base-Reaktionen auch, kann eine derartige Reaktion nur *dann* ablaufen, wenn ein geeigneter Reaktionspartner zugegen ist. Es kann also *kein* Teilchen – ob Atom, Molekül oder wie auch immer geladenes Ion – ein Elektron »einfach so« von sich geben. Genau wie bei den Säure/Base-Reaktionen gilt es stets, ein *Reaktionspaar* zu betrachten – hier entsprechend als **Redox-Paar** bezeichnet.

Damit hören die Parallelen zu den Säure/Base-Reaktionen noch nicht auf: Ebenso wie es bei den Säure/Base-Reaktionen die *protonierte* und die *deprotonierte* Form eines Stoffes gibt (beispielsweise im Massenwirkungsgesetz), gilt hier das Gleiche für die *oxidierte* und die *reduzierte* Form. Und in ähnlicher Form, in der über die Tendenz einer Verbindung geurteilt werden kann, ein Proton abgeben oder aufnehmen zu »wollen«, lässt sich auch eine Systematik finden, mit der die Tendenz eines Stoffes beschrieben werden kann, Elektronen abzugeben oder aufzunehmen.

Einige Beispiele für Redox-Paare sind:

$$\mathrm{Fe} \rightleftarrows \mathrm{Fe}^{3+} + 3\,\mathrm{e}^- \quad \text{(Oxidation)}$$
$$\mathrm{Fe}^{3+} + \mathrm{e}^- \rightleftarrows \mathrm{Fe}^{2+} \quad \text{(Reduktion)}$$
$$\mathrm{Zn} \rightleftarrows \mathrm{Zn}^{2+} + 2\,\mathrm{e}^- \quad \text{(Oxidation)}$$
$$\mathrm{Br}_2 + 2\,\mathrm{e}^- \rightleftarrows 2\,\mathrm{Br}^- \quad \text{(Reduktion)}$$

- ✔ Ein **Oxidationsmittel** ist die oxidierte Form eines Redox-Paares: Es oxidiert eine andere Substanz, wobei es ihr Elektronen entzieht. Dabei wird es selbst *reduziert*.
- ✔ Ein **Reduktionsmittel** ist die reduzierte Form eines Redox-Paares: Es reduziert eine andere Substanz, wobei es Elektronen an diese abgibt. Dabei wird es selbst *oxidiert*.

Nützliche Oxidationszahlen

Um derartige Reaktionsgleichungen genauer betrachten zu können, muss an dieser Stelle der Begriff der **Oxidationszahl** eingeführt werden.

Grundidee ist dabei, die formale Ladung eines jeden Atoms (durchaus auch innerhalb von Molekülen, die dann ihrerseits wiederum als Molekül-Ionen eine Gesamtladung aufweisen können) in Form einer (*ganzen*) Zahl auszudrücken. *Dabei handelt es sich allerdings lediglich um ein Hilfsmittel.*

Oxidationszahlen gestatten *keinerlei* Aussage über den *tatsächlich* vorliegenden Ladungszustand des jeweils betrachteten Atoms, geschweige denn über dessen chemisches Verhalten. Diese Zahlen werden konventionsmäßig *mittig über* das betreffende Elementsymbol geschrieben (auch wenn das innerhalb von Strukturformeln nicht unbedingt immer durchgehalten wird) – im Gegensatz zu den *Ladungen*, die *immer hochgestellt rechts* neben dem Elementsymbol erscheinen.

Römisch oder arabisch?

Früher wurden Oxidationszahlen ausschließlich in Form von *römischen* Zahlen angegeben. 1985 hat sich die internationale Kommission IUPAC dagegen entschieden. Seitdem sollten Oxidationszahlen ebenso wie Ladungszahlen (wie etwa beim Natrium-Kation Na^+ oder dem Oxid-Ion O^{2-}) in Form *arabischer* Zahlen angegeben werden. Um allerdings *Oxidations*zahlen und *Ladungs*zahlen besser voneinander unterscheiden zu können, wird bei Ersteren das Ladungszeichen *vor* und nicht *hinter* die betreffende Ladungszahl gesetzt. Demnach beträgt etwa die Oxidationszahl des Oxid-Ions (O^{2-}) entsprechend –2 (oder in anderer Schreibweise: –II).

Sie machen nichts falsch, wenn Sie sich für die eine *oder* die andere Variante entscheiden – beide sind völlig gleichwertig und werden häufig parallel zueinander verwendet, auch in vielen Lehrbüchern (einschließlich diesem hier). Besonders bei den Komplexen (bekannt aus Kapitel 13) halten sich die römischen Zahlen hartnäckig (vermutlich, weil sie auch bei der mittlerweile als veraltet geltenden, aber immer noch sehr gebräuchlichen Komplex-Nomenklatur eine Rolle spielen). Halten Sie es also, wie Sie mögen – *Hauptsache, Sie verstehen beide Varianten.*

Für die *Ermittlung von Oxidationszahlen* gibt es folgende Regeln:

1. **Die Oxidationszahl eines Atoms im *elementaren* Zustand beträgt immer Null.**

   Es ist dabei unerheblich, ob dieses Element in atomarer Form auftritt (He, Ne, Ar), in diatomaren Molekülen (O_2, N_2, Cl_2, H_2), in metallischer Form (Fe, Al, Cu) oder in Form *oligoatomarer* Moleküle (die aus *ziemlich vielen, aber* immer noch genau zählbar und definiert *vielen* Atomen bestehen – ein Beispiel dafür wäre der Cyclooctaschwefel S_8; mehr dazu in Kapitel 28).

   $$\overset{0}{H_2} \quad \overset{0}{O_2} \quad \overset{0}{Cl_2} \quad \overset{0}{Al} \quad \overset{0}{S_8}$$

2. **Bei aus monoatomaren Ionen aufgebauten Verbindungen entspricht die Oxidationszahl des jeweils betrachteten Atoms dessen formaler Ionenladung.**

$$\overset{+1}{Na}\overset{-1}{Cl} \quad \overset{+2}{Ca}\overset{-2}{O} \quad \overset{+2}{Mg}\overset{-1}{Cl_2} \quad \left(\overset{\cancel{+\frac{8}{3}}}{Fe_3}\overset{-2}{O_4}\right) = \overset{+2}{Fe(II)}\overset{+3}{Fe(III)_2}O_4$$

✔ Bei Verbindungen, in denen sich rein rechnerisch nicht-ganzzahlige Werte ergeben, *müssen* die Atome des betreffenden Elements mit mehreren, verschiedenen Oxidationszahlen nebeneinander vorliegen. (Im Fe_3O_4 beispielsweise – ein Eisenoxid, das in der Natur als *Magneteisenstein* (*Magnetit*) vorkommt – treten parallel zweiwertiges (Fe^{2+}) und dreiwertiges Eisen (Fe^{3+}) auf.)

Nicht-ganzzahlige Oxidationszahlen sind unweigerlich Humbug. Bitte denken Sie daran, was die Oxidationszahl eigentlich besagt: *Wie viele Elektronen mehr oder weniger, als ihm laut Periodensystem zusteht, gehören formal zu diesem Atom?* Da sich Elektronen nun einmal nicht teilen lassen, ein Atom gleich welcher Art also auch nur eine ganzzahlige Anzahl von Elektronen abgeben oder aufnehmen kann, *müssen* Oxidationszahlen stets *ganzzahlig* sein:

3. **Die Oxidationszahl des Wasserstoffs beträgt *sehr häufig* +1.**

   Dies trifft für nicht-ionische Wasserstoffverbindungen zu wie:

$$\overset{+1}{H}\overset{-1}{Cl} \quad \overset{+1}{H_2}\overset{-2}{O} \quad \overset{-3}{N}\overset{+1}{H_3} \quad \overset{-4}{C}\overset{+1}{H_4}$$

   Für ionische *Metall*hydride und Ähnliches beträgt die Oxidationszahl des Wasserstoffs jedoch −1, zum Beispiel:

$$\overset{+1}{Li}\,\overset{-1}{H}$$

4. **Die Oxidationszahl des Sauerstoffs ist *meist* −2.**

   Dies trifft für alle Verbindungen zu, in denen es *keine* kovalente O–O-Bindung gibt. So ist es etwa in:

$$\overset{+1}{H_2}\overset{-2}{O} \quad \overset{+4}{C}\,\overset{-2}{O_2} \quad \overset{+2}{N}\overset{-2}{O} \quad \overset{+1}{H_2}\,\overset{+6}{S}\,\overset{-2}{O_4}$$

   Ausnahmen bilden Peroxide oder wenn Sauerstoff Verbindungen mit Fluor eingeht, weil dies noch elektronegativer ist. Fluor ist das *elektronegativste* Element im ganzen Periodensystem (Stichwort: FON_{Cl}), dort sind also *niemals* positive Oxidationszahlen zu erwarten.

$$\overset{+1}{H_2}\overset{-1}{O_2} \quad \overset{+2}{O}\overset{-1}{F_2}$$

5. **Bei kovalenten Verbindungen wird das entsprechende Molekül *rein gedanklich* in fiktive Ionen aufgespalten.**

Die Trennung erfolgt so, dass dem elektronegativeren Element die Bindungselektronen zugeteilt werden. *Ob es diese Ionen gibt (oder auch nur geben* kann*), ist dabei völlig unerheblich.*

$$\overset{+4}{C}\overset{-1}{Cl}_4 \quad \overset{+6}{S}\overset{-1}{F}_6 \quad \textit{aber} \quad \overset{-4}{C}\overset{+1}{H}_4 \quad \overset{+4}{C}\overset{-2}{S}_2$$

6. Die *Summe der Oxidationszahlen* einer Verbindung muss selbstverständlich deren *Gesamtladung* entsprechen, bei einer neutralen Verbindung ist sie also null.

Die Anwendung dieser Regeln kann zu unerwartet hohen Werten führen, deshalb sei an dieser Stelle noch einmal *ausdrücklich* darauf hingewiesen, dass es sich hierbei lediglich um *fiktive Ionen* handelt, die keineswegs stabil sein müssen (und die meist gar nicht existieren).

BEISPIEL

So ergeben sich beispielsweise für die Perchlorsäure ($HClO_4$, a), das Hydrogensulfat-Ion (HSO_4^-, b) und das Nitrit-Ion (NO_2^-, c) die jeweils an den Elementsymbolen angegebenen Oxidationszahlen:

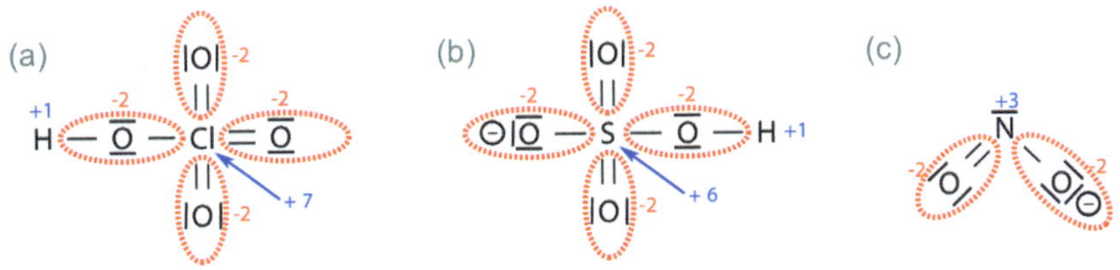

Der Wert +7 mag bei einem so elektronegativen Element wie Chlor nicht erwartet werden ($EN_{Cl} = 2,83$, das ist nach Stickstoff die vierthöchste im ganzen PSE – erinnern Sie sich an FON_{Cl}?), aber die Elektronegativität des Sauerstoffs ist eben *noch* höher ($EN_O = 3,50$), und diese Methode zur Ermittlung der Oxidationszahlen nimmt auf *den Betrag der Elektronegativitätsdifferenzen* keinerlei Rücksicht. $EN_O > EN_{Cl}$, somit steht die *gesamte* Ladungsdichte *formal* dem Sauerstoff zu.

Für die Elemente der Hauptgruppen lassen sich die typischen Oxidationszahlen folgendermaßen graphisch zusammenfassen (Abbildung 26.1, die *wichtigsten* sind durch grüne Punkte gekennzeichnet):

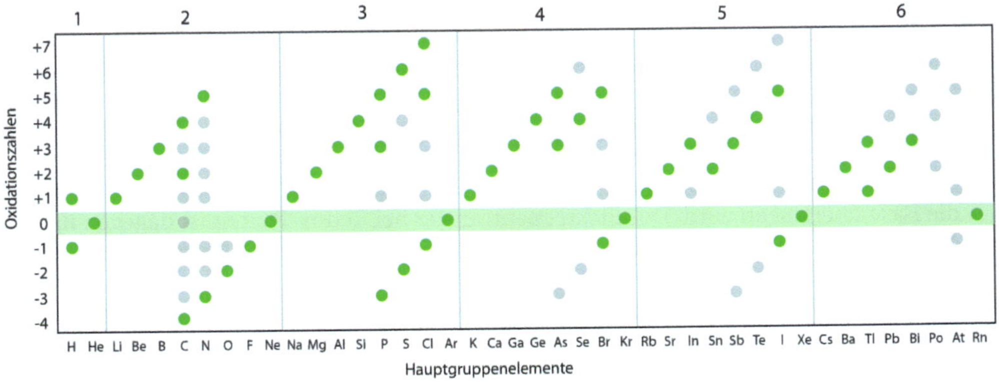

Abbildung 26.1: Häufigste Oxidationszahlen der Hauptgruppenelemente

Das soll nicht heißen, die anderen Oxidationszahlen (graue Punkte) könnten nicht auch auftreten, sie sind nur deutlich seltener. Wie für andere Eigenschaften lässt sich auch hier eine *Periodizität* der Elemente (*siehe* Kapitel 10) deutlich erkennen. Die *Metalle* der Hauptgruppen treten meist nur in *einer* Oxidationszahl in Erscheinung. Metalle der Nebengruppenelemente sind da durchaus vielseitiger (außer Sc und Zn) – die bilden viele Verbindungen mit unterschiedlichen Oxidationszahlen.

Allgemein lassen sich zu Oxidationszahlen folgende Aussagen treffen:

- Die Oktettregel (*siehe* Kapitel 11) ist *als Faustregel* wieder hilfreich.
- *Kein* Atom gibt mehr als *alle* Elektronen seiner *Valenzschale* ab, auch nicht bei den fiktiven »Formal-Ionen«, die bei der Ermittlung der Oxidationszahlen kovalent gebauter Moleküle (oder Molekül-Ionen) angegeben werden. »Unter« der Valenzschale liegende Elektronen (also Rumpfelektronen) werden *nicht* abgespalten (*siehe* Kapitel 10, Ionisierungsenergie).
- Sind bei den resultierenden »Formal-Ionen« Unterschalen vollständig aufgefüllt oder vollständig leer, ist die zugehörige Oxidationszahl (meist) wahrscheinlicher als eine Oxidationszahl mit teilbesetzter Valenzschale.
- Im Allgemeinen tendieren *Metalle* eher zu *positiven* Oxidationszahlen.

In manchen Lehrbüchern wird für Oxidationszahl auch synonym das Wort *Oxidationsstufe* verwendet – ganz korrekt ist das allerdings nicht: Die Oxidations*stufe* beschreibt den mikroskopisch betrachtet *tatsächlich* vorliegenden Ladungszustand eines Teilchens (und lässt sich nur durch aufwendige Messungen und/oder Berechnungen ermitteln – wenn überhaupt), während die Oxidations*zahl* lediglich ein – äußerst hilfreicher – Formalismus ist.

Ein Erklärvideo zur Bestimmung von Oxidationszahlen finden Sie auf unserem YouTube-Kanal unter `https://www.youtube.com/watch?v=XGSo5uYPVTU`

Wie wird eine Redox-Gleichung aufgestellt?

Auch bei Redox-Reaktionen müssen selbstverständlich **Stoffbilanz** und **Ladungsbilanz** stimmen (*siehe* Kapitel 22). Allerdings muss in Redox-Reaktionen häufig etwas mehr Arbeit als bei den Säure/Base-Reaktionen investiert werden, bis die Reaktion auch wirklich stöchiometrisch ausgeglichen ist. Dafür gibt es verschiedene Gründe:

- Säure/Base-Paare unterscheiden sich immer um *genau ein* H^+, das von der Säure auf die Base übertragen wird. Der Elektronentransfer bei Redox-Paaren ist dagegen nicht zwangsläufig auf »nur *ein* Elektron« beschränkt: Bei vielen Redox-Reaktionen werden zwei oder noch mehr Elektronen übertragen.
- Häufig gibt der Elektronen-Donor eine andere Anzahl an Elektronen ab, als der Akzeptor aufzunehmen bereit und in der Lage ist. Mitunter stimmt dann beim ersten Versuch die Stöchiometrie von der *Menge*, aber nicht von den *Elektronen* her. Bei Redox-Reaktionen muss aber natürlich *beides* ausgeglichen sein.

- ✔ Zudem gibt es zahlreiche Elemente, die *mehr* als eine Oxidationszahl annehmen können. Vor allem die Übergangsmetalle sind dort sehr flexibel und decken häufig einen erstaunlich breiten Bereich ab. (So weist Mangan in Form des Minerals *Manganspat* ($MnCO_3$) die Oxidationszahl +2 auf, im *Braunstein* (MnO_2) die Oxidationszahl +4, und in der auch im Labor recht häufig verwendeten Verbindung *Kaliumpermanganat* ($KMnO_4$) liegt dieses Metall in der Oxidationszahl +7 vor.)

Die abgegebenen oder aufgenommenen Elektronen können nicht einfach »im Lösemittel landen« oder »aus dem Nichts kommen«, sondern *müssen* von entsprechenden Reaktionspartnern aufgenommen oder abgegeben werden.

Genauso wie an den Säure/Base-Reaktionen stets *zwei* Säure/Base-Paare beteiligt sind, erfordert eine Redox-Reaktion die Anwesenheit *zweier* Redox-Paare. *Es finden also immer eine Oxidation* und *eine Reduktion statt.*

Entsprechend lassen sich Redox-Reaktionen *immer* in zwei Teile zerlegen, eben den Oxidations- und den Reduktionsschritt. Derartige **Teilgleichungen** (oft auch *Partialgleichungen* genannt) sind zwar sehr hilfreich (es empfiehlt sich im Zweifelsfalle *immer*, sie aufzustellen), aber es sind noch *keine richtigen* Reaktions*gleichungen.*

BEISPIEL

Betrachten Sie die Darstellung von Natriumchlorid (NaCl) aus den Elementen. Hier finden sich die folgenden Teilgleichungen:

Oxidation: $Na \rightleftarrows Na^+ + e^-$

Reduktion: $Cl_2 + 2\,e^- \rightleftarrows 2\,Cl^-$

Bitte denken Sie daran, dass es auch beim Aufstellen derartiger Teilgleichungen erforderlich ist, *Stoffbilanz* und *Ladungsbilanz* zu beachten.

Nun gibt aber ein Natrium-Atom eben nur *ein* Elektron ab, während ein Chlor-Molekül *zwei* Elektronen aufnehmen muss, um zu zwei Chlorid-Ionen reduziert zu werden.

Dieses Problem lösen Sie, indem Sie für die entsprechenden Teilgleichungen das *kleinste gemeinsame Vielfache* suchen, damit in beiden Halb-Reaktionen die gleiche Anzahl Elektronen übertragen wird, denn es dürfen ja keine Elektronen »übrig bleiben«.

In diesem konkreten Fall ist das kleinste gemeinsame Vielfache »zwei«, also muss die Oxidations-Teilgleichung »verdoppelt« werden, um schließlich die Gesamtreaktion formulieren zu können:

Oxidation: $Na \rightleftarrows Na^+ + e^- \quad |x2$

Reduktion: $Cl_2 + 2\,e^- \rightleftarrows 2\,Cl^-$

Summe: $2\,Na + Cl_2 \rightleftarrows 2\,NaCl$

Allerdings gibt es auch etwas kompliziertere Redox-Reaktionen, bei denen etwa *das Lösemittel aktiv in die Reaktion eingreift.* Als etwas ausführlicheres Beispiel diene hier die Umsetzung von Kaliumpermanganat ($KMnO_4$) in stark saurem, wässrigem Medium (das heißt: Lösemittel = Wasser, $pH \ll 7$) mit einer Eisen(II)-Lösung. Im Verlauf der Reaktion verschwindet die charakteristische, tiefviolette Färbung der wässrigen Lösung von Permanganat-Ionen. Offensichtlich wird das Permanganat also »verbraucht«, und tatsächlich stellen Permanganat-Ionen ein starkes *Oxidationsmittel* dar. Nach Beendigung kann im Reaktionsgemisch das Vorliegen von Eisen(III)-Ionen (Fe^{3+}) sowie von Mangan(II)-Ionen (Mn^{2+}) nachgewiesen werden.

Zunächst einmal gilt es also, die Teilgleichungen für Oxidation und Reduktion aufzustellen:

Oxidiert wird hier unverkennbar das Eisen (von +2 zu +3):

Oxidation: $Fe^{2+} \rightleftarrows Fe^{3+} + e^-$

Reduziert wird das Mangan, dessen Oxidationszahl im Permanganat-Ion (MnO_4^-) +7 beträgt, daher sollten Sie davon ausgehen, die entsprechende Teilgleichung müsse folgendermaßen lauten (dass am Schluss Mn^{2+}-Ionen vorliegen, wurde Ihnen ja gerade verraten):

Reduktion: $Mn^{7+} + 5\,e^- \rightleftarrows Mn^{2+}$

Hier jedoch zeigt sich deutlich der Unterschied zwischen dem *formalen* Konstrukt der Oxidationszahl und den faktisch vorliegenden Teilchen: Die Lösung enthält ja keineswegs siebenwertige Mangan-Kationen $\{Mn^{7+}\}$ – die konnten bislang noch nie nachgewiesen werden, daher die geschweiften Klammern –, sondern vielmehr das Permanganat-Ion MnO_4^-, in dem Mangan die *Oxidations*zahl +7 zukommt.

Schauen Sie sich den Bau des Molekül-Ions MnO_4^- an (a). Es ist baugleich mit dem Perchlorat-Ion (b) – erkennen Sie Parallelen zwischen der 7. Neben- und der 7. Hauptgruppe?

Hierbei handelt es sich um ein sogenanntes *Oxo-Anion*, also ein Ion, in dem ein Element mit recht hoher Oxidationszahl mit einem oder mehreren Sauerstoff-Atomen verbunden ist, wobei dem gesamten Teilchen eine *negative* Ladung zukommt. Also müssen bei der Aufstellung der Teilgleichung auch die *Sauerstoff*-Atome dieses Oxo-Anions berücksichtigt werden. Dabei werden diese Sauerstoff-Atome im Zuge der Oxidationszahl-Bestimmung *formal* so behandelt, als *wären es* Oxid-Ionen (O^{2-}).

Nun kommt die Tatsache ins Spiel, dass die gesamte Reaktion *im stark sauren* wässrigen Medium abläuft. Das bedeutet, dass zum einen reichlich Wasser-Moleküle vorliegen, die gegebenenfalls an der Reaktion beteiligt sind, zum anderen aber auch H_3O^+-Ionen, die ebenfalls in den Reaktionsverlauf eingreifen können.

Ein weiterer wichtiger Punkt für derartige Reaktionen mit Oxo-Anionen: Die laut Oxidationszahl »vorhandenen« Oxid-Ionen treten in wässriger Lösung *niemals* frei auf: »$\mathbf{O^{2-}_{(aq)}}$« **gibt es einfach nicht**, weil das Oxid-Ion *extrem basische Eigenschaften* besitzt (*siehe* Tabelle 25.1: pK_S-Wert: +24!) und im Beisein von Wasser unweigerlich folgende Reaktion abliefe:

$$O^{2-} + H_2O \rightarrow 2\,OH^-$$

Entsprechend erklärt sich damit der »Verbrauch« an H_3O^+-Ionen bei Redox-Reaktionen mit derartigen Oxo-Anionen. Das Permanganat-Ion weist *vier* »Oxid-Ionen« auf (zumindest gemäß der Oxidationszahlbestimmung), folglich sind *acht* Protonen erforderlich, um sie zu Wasser zu neutralisieren.

Somit ergibt sich für die Reduktion die folgende (richtige) Teilgleichung:

Reduktion: $MnO_4^- + 5\,e^- + 8\,H_3O^+ \rightleftarrows Mn^{2+} + 12\,H_2O$

Nun muss nur noch berücksichtigt werden, dass das zweiwertige Eisen unter den gegebenen Reaktionsbedingungen nur jeweils *ein* Elektron liefern kann, bei der Reduktion aber *fünf* verbraucht werden. Also muss die entsprechende Teilgleichung mit »fünf« multipliziert werden. Damit können Sie dann die endgültige *Redox-Gleichung* aufstellen:

Oxidation: $Fe^{2+} \rightleftarrows Fe^{3+} + e^-$ |x 5

Reduktion: $MnO_4^- + 5\,e^- + 8\,H_3O^+ \rightleftarrows Mn^{2+} + 12\,H_2O$

Summe: $5\,Fe^{2+} + MnO_4^- + 8\,H_3O^+ \rightleftarrows 5\,Fe^{3+} + Mn^{2+} + 12\,H_2O$

Dabei zeigt sich, dass die Gegen-Ionen von Fe^{2+}, von H_3O^+ (vielleicht wurden anfänglich ja Eisenchlorid und Salzsäure eingesetzt, dann wäre es in beiden Fällen Cl^-) und vom Permanganat (da wir das Kalium-Salz eingesetzt haben, wissen wir, dass es hier K^+ sein muss) an dieser Reaktion überhaupt nicht beteiligt sind. Es ist daher auch nicht erforderlich, sie in der Reaktionsgleichung zu erwähnen: Mit dem Redox-Vorgang selbst haben sie nichts zu tun.

In der englischsprachigen Literatur werden die Gegen-Ionen, die eben nicht selbst an der Reaktion teilnehmen, als *Spectator Ions* bezeichnet. Ein deutschsprachiges Gegenstück zu diesem Begriff hat sich bislang noch nicht durchgesetzt, aber die schöne englische Bezeichnung wollten wir Ihnen nicht vorenthalten.

Hat durchaus Potential

Auch die Auflösung eines Metalls in einer Säure ist eine Redox-Reaktion, bei der das Metall Elektronen abgibt (also oxidiert wird) und als positiv geladenes Ion in Lösung geht. Geben Sie beispielsweise Eisen oder Kupfer in Salpetersäure (HNO_3), klappt das problemlos, während Gold jede Reaktion mit der Säure verweigert.

Offensichtlich tendieren einige Elemente (oder auch Ionen) deutlich eher als andere dazu, ein oder mehrere Elektron/en abzugeben oder aufzunehmen. Reduktionsmittel geben Elektronen ab, Oxidationsmittel nehmen Elektronen auf, aber nicht alle in gleichem Maße. Wir definieren:

- Ein Reduktionsmittel (die reduzierte Form eines Redox-Paares) ist umso *stärker*, je leichter es Elektronen *abgibt*.
- Ein Oxidationsmittel (die oxidierte Form eines Redox-Paares) ist umso *stärker*, je leichter es Elektronen *aufnimmt*.
- Jedes Redox-Paar fühlt sich also entweder in der *oxidierten* oder der *reduzierten* Form wohler – und das hängt sicherlich von den diesbezüglichen Ambitionen des *anderen* Redox-Partners ab, mit dem es reagiert (genau wie bei den Säuren und Basen).

Die Spannungsreihe

Bei einer Redox-Reaktion reagieren immer *zwei* Redox-Paare miteinander. Sie haben es also mit *zwei* Reduktionsmitteln und *zwei* Oxidationsmitteln zu tun, die jeweils um die Elektronen konkurrieren. Haben beide Reduktionsmittel das *gleiche* Bestreben, Elektronen abzugeben, bewegen sich die Elektronen überhaupt nicht – genauso wenig, wenn beide Oxidationsmittel das *gleiche* Bestreben haben, Elektronen aufzunehmen. Erst ein *Unterschied* in diesem Bestreben kann einen Stromfluss (= Elektronenbewegung) verursachen, denn nur dann besteht ein *Potentialunterschied* zwischen den beiden Redox-Paaren.

Auf der Suche nach einem *quantitativen* Maß zur Beurteilung dieser Redoxpotentiale für einzelne Redox-Paare zeigt sich wieder eine gewisse Parallele zu den Säure/Base-Reaktionen (Stichworte: Säurestärken, pK_S-Werte, *siehe* Kapitel 25). Da Sie auch hier nicht Äpfel mit Birnen vergleichen wollen, müssen die verschiedenen Redox-Paare immer mit dem *gleichen* zweiten Redox-Paar konfrontiert werden.

Um den Vergleich verschiedener Redox-Systeme zu vereinfachen, wurde ein Standard festgelegt, die sogenannte Normalwasserstoff-Elektrode (*Normal **Hydrogen** **Electrode**,* NHE) mit dem Redox-Paar:

$$H_2 + 2\,H_2O \quad \rightleftarrows \quad 2\,H_3O^+ + 2\,e^-$$

Das entsprechende Standardpotential (also das Potential unter genau definierten Standardbedingungen) wurde *willkürlich* gleich »0« gesetzt.

Alle Redox-Paare werden nun mit dieser Normalwasserstoff-Elektrode kombiniert (mehr dazu im Kasten *Die Normalwasserstoff-Elektrode* in diesem Kapitel). Gemessen werden dabei Potentialdifferenzen zur Bezugsgröße Normalwasserstoff-Elektrode. Da deren Potential = 0 definiert ist, ergibt sich auf diese Weise direkt ein Maß für die »Stärke« der verschiedenen Redox-Systeme. Dieser Potentialunterschied wird **Redoxpotential** E genannt, unter Standardbedingungen **Standard-Redoxpotential** $\mathbf{E^0}$. Die Angabe erfolgt in Volt [V], das Standardpotential der Normalwasserstoff-Elektrode beträgt, wie erwähnt, per Definition $E^0(2\,H_3O^+/H_2) = 0{,}00$ V.

- Redox-Paare, deren oxidierte Form *schwächer* oxidierend wirkt als H_3O^+, erhalten dabei ein *negatives* Vorzeichen.
- Redox-Paare, deren oxidierte Form *stärker* oxidierend wirkt als H_3O^+, erhalten dabei ein *positives* Vorzeichen.

Die Normalwasserstoff-Elektrode (NHE)

Diese Elektrode dient als *Referenzelektrode* zur Messung der Normalpotentiale E^0 der anderen Redox-Paare. Per Definition ist das Potential dieser Elektrode *auf null* festgelegt, somit handelt es sich bei *allen* Redoxpotentialen um *Relativwerte.* Das zugehörige Redox-Paar der NHE lautet:

$$H_2 + 2H_2O \rightleftarrows 2H_3O^+ + 2e^-$$

Die Elektrode (*siehe* Abbildung) besteht aus einer 1-molaren Lösung an H_3O^+ (zum Beispiel aus HCl); in die Lösung taucht ein Platinblech, das ständig mit Wasserstoffgas (1,013 bar) umspült wird, und das Ganze bei 25 °C. Sie benötigen also eine kontinuierliche Strömung von Wasserstoff. (Deshalb haben Sie solch eine Elektrode auch nicht immer dabei.)

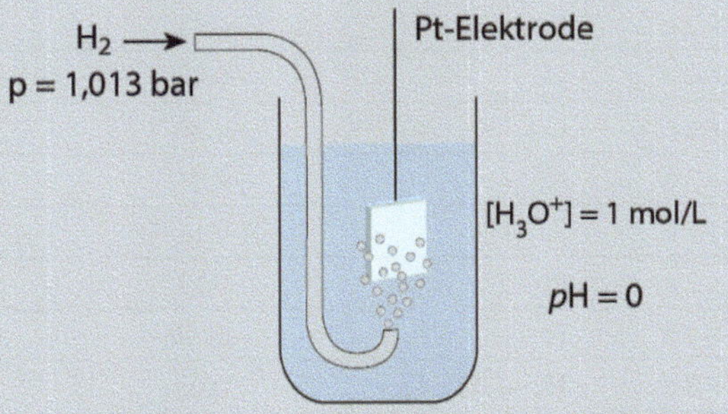

Manchmal ist auch von der *Standardwasserstoff-Elektrode* (***Standard Hydrogen Electrode***, SHE) die Rede. (Hier geht es meist um minimale Unterschiede von Aktivität und Konzentration.) Meist dürfen Sie beide Begriffe ungestraft synonym verwenden. (Bereits in Kapitel 2 haben wir darauf hingewiesen, dass viele Standard- und Normalbedingungen leicht durcheinandergebracht werden.)

Die Standard-Redoxpotentiale ausgewählter Redox-Systeme sind in der Elektrochemischen Spannungsreihe (Tabelle 26.1) aufgelistet; wir haben uns auf die im Chemie-Alltag wichtigsten Redox-Paare beschränkt.

Die Tabelle eignet sich hervorragend dazu, die *Richtung* einer Redox-Reaktion vorherzusagen oder zu beurteilen, ob eine Redox-Reaktion *überhaupt* stattfindet:

✔ Ein Reduktionsmittel kann Elektronen *nur* an ein Oxidationsmittel abgeben, wenn dessen Redoxpotential *positiver* ist. Mit anderen Worten: Teilchen auf der linken Seite (reduzierte Form – das Reduktionsmittel, das selbst oxidiert wird) reagieren mit Teilchen auf der rechten Seite (oxidierte Form – das Oxidationsmittel, das selbst reduziert werden soll), wenn Letztere in Tabelle 26.1 unter Ersteren stehen:

$$Ni + Br_2 \longrightarrow Ni^{2+} + 2Br^-$$

$$Hg + Zn^{2+} \not\rightarrow \text{reagiert nicht}$$

Oxidierte Form	z e⁻	Reduzierte Form	Standardpotential E^0 [V]
Li^+	$+ e^-$	Li	−3,05
K^+	$+ e^-$	K	−2,93
Ba^{2+}	$+ 2 e^-$	Ba	−2,90
Ca^{2+}	$+ 2 e^-$	Ca	−2,87
Na^+	$+ e^-$	Na	−2,71
Mg^{2+}	$+ 2 e^-$	Mg	−2,36
Al^{3+}	$+ 3 e^-$	Al	−1,66
Mn^{2+}	$+ 2 e^-$	Mn	−1,19
$2 H_2O$	$+ 2 e^-$	$H_2 + 2 OH^-$	−0,83
Zn^{2+}	$+ 2 e^-$	Zn	−0,76
Cr^{3+}	$+ 3 e^-$	Cr	−0,74
S	$+ 2 e^-$	S^{2-}	−0,48
Fe^{2+}	$+ 2 e^-$	Fe	−0,44
Cd^{2+}	$+ 2 e^-$	Cd	−0,40
Co^{2+}	$+ 2 e^-$	Co	−0,28
Ni^{2+}	$+ 2 e^-$	Ni	−0,25
Sn^{2+}	$+ 2 e^-$	Sn	−0,14
Pb^{2+}	$+ 2 e^-$	Pb	−0,13
Fe^{3+}	$+ 3 e^-$	Fe	−0,036
$2 H_3O^+$	**$+ 2 e^-$**	**$H_2 + 2 H_2O$**	**0,00**
Sn^{4+}	$+ 2 e^-$	Sn^{2+}	+0,15
Cu^{2+}	$+ e^-$	Cu^+	+0,17
$SO_4^{2-} + 4 H_3O^+$	$+ 2 e^-$	$SO_2 + 6 H_2O$	+0,17
Cu^{2+}	$+ 2 e^-$	Cu	+0,34
$O_2 + 2 H_2O$	$+ 4 e^-$	$4 OH^-$	+0,40
Cu^+	$+ e^-$	Cu	+0,52
I_2	$+ 2 e^-$	$2 I^-$	+0,58
$O_2 + 2 H_3O^+$	$+ 2 e^-$	$H_2O_2 + 2 H_2O$	+0,68
Fe^{3+}	$+ e^-$	Fe^{2+}	+0,77
Hg^{2+}	$+ 2 e^-$	Hg	+0,79
Ag^+	$+ e^-$	Ag	+0,80
$NO_3^- + 4 H_3O^+$	$+ 3 e^-$	$NO + 6 H_2O$	+0,96
Br_2	$+ 2 e^-$	$2 Br^-$	+1,09
$Cr_2O_7^{2-} + 14 H_3O^+$	$+ 6 e^-$	$2 Cr^{3+} + 21 H_2O$	+1,33
Cl_2	$+ 2 e^-$	$2 Cl^-$	+1,36
$MnO_4^- + 8 H_3O^+$	$+ 5 e^-$	$Mn^{2+} + 12 H_2O$	+1,51
Pb^{4+}	$+ 2 e^-$	Pb^{2+}	+1,67
Au^{3+}	$+ 3 e^-$	Au	+1,69
$O_3 + 2 H_3O^+$	$+ 2 e^-$	$3 H_2O + O_2$	+2,07
F_2	$+ 2 e^-$	$2 F^-$	+2,87

Tabelle 26.1: Elektrochemische Spannungsreihe

- ✔ Reaktion von Metallen mit Säuren:

  $$Ni + 2H_3O^+ \rightarrow Ni^{2+} + 2H_2O + H_2$$

Alle Metalle mit negativem Potential (also leicht oxidierbare Metalle) geben Elektronen an H_3O^+ ab, sie lösen sich unter H_2-Bildung auf. Solche Metalle werden als *unedle Metalle* bezeichnet. Dies lässt sich auch leicht beobachten: Geben Sie etwa ein Stück Zink (Zn) in Salzsäure, löst sich das Metall unter deutlich erkennbarer Gasentwicklung (Blasen steigen auf).

Allerdings wurde hier bekanntermaßen eine starke Säure verwendet. Was aber macht reines Wasser mit den Metallen? Bemühen wir schon einmal die NERNST-Gleichung (Walther NERNST kennen Sie schon vom Wärmetheorem aus Kapitel 16), die Ihnen im nächsten Abschnitt detailliert erläutert wird:

$$E_H = E_H^0 + \frac{0,059\,V}{2} \cdot \lg \frac{[H_3O^+]^2}{[H_2]}$$

In neutralem Wasser ist $[H_3O^+] = 10^{-7}$ mol L^{-1}. Wasserstoff ist ja im Überfluss da (*siehe* Kasten *Die Normalwasserstoff-Elektrode*), damit ist dessen Konzentration = 1. Es lässt sich berechnen:

$$E_H = E_H^0 + \frac{0,059\,V}{2} \cdot \lg 10^{-14} = -0,41\,V$$

Das bedeutet: Alle Metalle, deren Potential *negativer* ist als –0,41 V, sollten in Wasser mit pH = 7 unter Wasserstoffentwicklung in Lösung gehen.

Und tatsächlich lässt sich genau das bei zahlreichen dieser Metalle beobachten: Geben Sie beispielsweise ein Stück elementares Natrium ($E^0(Na^+/Na) = -2{,}71$ V) in Wasser, so lässt sich beobachten, dass dieses Metall sofort heftig reagiert: Der entstehende Wasserstoff trägt das Metallstückchen wie auf einem Luftkissen, sodass das Natrium über die Wasseroberfläche flitzt (wenn der Wasserstoff nicht sogar sofort in Brand gerät, denn auch diese Reaktion ist exergonisch und deutlich exotherm). Gleichzeitig lässt sich nachweisen, dass der pH-Wert des Wassers deutlich ansteigt, was die Reaktionsgleichung

$$2Na + 2H_2O \rightarrow 2Na^+ + H_2 + 2OH^-$$

ja auch erwarten lässt.

Führen Sie jedoch den gleichen Versuch mit Magnesium ($E^0(Mg^{2+}/Mg) = -2{,}36$ V) oder mit Aluminium ($E^0(Al^{3+}/Al) = -1{,}66$ V) durch, so ist nichts dergleichen zu beobachten. Dies lässt sich mit dem Phänomen der **Passivierung** erklären: Hierbei reagieren lediglich die Atome an der *Oberfläche* mit dem Wasser und bilden eine schützende Schicht aus Magnesium- beziehungsweise Aluminiumhydroxid, die den gesamten Rest des Metalls vor dem Einfluss des Wassers schützt, sodass eine weitere Reaktion nicht erfolgen kann. Es hat sich eine *passivierende Schutzschicht* gebildet.

Bemerkenswerterweise ist diese Schutzschicht so dünn, dass sich das Aussehen des Metalls nicht (oder zumindest kaum) verändert, es zeigt also immer noch den charakteristischen metallischen Glanz.

Das ist auch der Grund dafür, dass viele Objekte (beispielsweise Stoßstangen und dergleichen) zum Schutz vor Korrosionsprozessen *verchromt* werden, also mit einer Schicht elementaren Chroms überzogen, denn auch Chrom neigt zur Bildung einer solchen passivierenden Schutzschicht, die das betreffende Objekt dann vor Wettereinflüssen und anderem bewahrt, ohne dass der optische Eindruck (Glanz!) gemindert wird.

Metalle, die *nicht* mit Säuren reagieren (E^0 ist positiv), werden als *edle Metalle* bezeichnet.

$Au + H_3O^+ \nrightarrow$ reagiert nicht

Einige edle Metalle lösen sich in Salpetersäure trotzdem. Schauen Sie sich noch einmal Tabelle 26.1 an: Dort sehen Sie, dass auch noch der Stickstoff dieser Verbindung reduziert wird – das ändert natürlich einiges. Weil sich in konzentrierter Salpetersäure zwar Silber löst, aber Gold immer noch nicht (das ist einfach *zu* edel), wurde diese Säure früher auch als »Scheidewasser« bezeichnet.

Die Nernst'sche Gleichung

Die Standard-Potentiale in Tabelle 26.1 sind ja gut und schön, aber die Werte gelten *nur* unter Standardbedingungen: Das bedeutet unter anderem, dass nur 1-molare Lösungen der beteiligten Redox-Systeme beschrieben werden.

Herrschen einmal keine Standardbedingungen (und das ist meistens der Fall), gibt es die Möglichkeit, die Standard-Redoxpotentiale E^0 auf andere Bedingungen umzurechnen.

... abhängig von der Konzentration

Wie bereits angedeutet, wirkt sich auch die Konzentration der betreffenden Stoffe (Elemente oder Ionen) auf die resultierende Potentialdifferenz aus. Dieser Einfluss lässt sich mithilfe der Nernst'schen Gleichung berechnen, deren allgemeine Formulierung dieser für die Elektrochemie unerlässlichen Gleichung folgendermaßen lautet:

$$E = E^0 + \frac{RT}{zF} \cdot \ln \frac{[Ox]}{[Red]} \qquad (26.1)$$

$$\begin{aligned} \text{mit } E^0 &= \text{Standardpotential} \\ T &= \text{Temperatur} \\ F &= \text{Faraday-Konstante} \, (= 96\,485\,\text{C mol}^{-1}) \\ z &= \text{Anzahl der übertragenen Elektronen} \\ [Ox] &= \text{Konzentration der oxidierten Form} \\ [Red] &= \text{Konzentration der reduzierten Form} \end{aligned}$$

Unter Annahme einer Temperatur von 298 K lassen sich die konstanten Größen aus Gleichung 26.1 zusammenfassen. Formen Sie nun noch den natürlichen Logarithmus in den dekadischen um (wenn Sie vergessen haben, wie das geht: Kapitel 6 hilft Ihnen weiter), dann erhalten Sie:

$$\frac{RT}{F} \cdot 2{,}303 = \frac{8{,}314\,J\,K^{-1}\,mol^{-1} \cdot 298\,K}{96\,485\,C\,mol^{-1}} \cdot 2{,}303 = 0{,}059\,\frac{J}{A\,s} = 0{,}059\,V$$

Damit vereinfacht sich die NERNST'sche Gleichung zu:

$$E = E^0 + \frac{0{,}059\,V}{z} \cdot \lg \frac{[Ox]}{[Red]} \tag{26.2}$$

Ist also [Ox] = [Red], folgt (da lg 1 = 0): $E = E^0$.

Es ist noch ein weiterer Punkt zu bedenken: Genau wie im Massenwirkungsgesetz (*siehe* Kapitel 24) werden auch in der NERNST'schen Gleichung die *Konzentrationen fester Phasen* nicht berücksichtigt, das heißt: Die Konzentration der Festphasen wird als »1« festgesetzt (ohne Einheit!).

Es mag naheliegen, die Konzentration fester, also *ungelöster* Phasen mit »0« gleichsetzen zu wollen, aber das brächte gleich *zwei* Probleme mit sich: Erstens ist es *nie* eine gute Idee, durch 0 teilen zu wollen, und zweitens steht der ungelöste Stoff für mögliche chemische Reaktionen *ja sehr wohl zur Verfügung* (und zwar in gewisser Weise in unbegrenzter Menge – zumindest so lange, bis er gänzlich aufgebraucht ist).

Die NERNST'sche Gleichung brauchen Sie zum Beispiel, wenn Sie den Potentialunterschied zwischen zwei Redox-Systemen unter beliebigen Bedingungen ausrechnen wollen. Dazu erfahren Sie mehr weiter unten im Abschnitt *Galvanische Elemente*.

... abhängig vom *p*H-Wert

Wie Sie Tabelle 26.1 entnehmen können, mischen bei einigen Redox-Paaren manchmal auch H_3O^+- und OH^--Ionen mit. In diesen Fällen ist das jeweilige Redoxpotenzial *p*H-abhängig, weil diese Ionen dann natürlich auch in die NERNST'sche Gleichung eingehen.

Schauen Sie sich beispielsweise folgendes Redox-Paar an:

$$NO + 6\,H_2O \rightleftarrows NO_3^- + 4\,H_3O^+ + 3\,e^-$$

Tabelle 26.1 können Sie entnehmen, dass $E^0(NO_3^-/NO) = +0.96\,V$ beträgt. Das gilt aber *nur* in stark saurer Lösung (*p*H = 0). Mit der NERNST'schen Gleichung können Sie ausrechnen, wie sich eine Veränderung des *p*H-Werts auf das Redoxpotenzial auswirkt:

$$E = E^0 + \frac{0{,}059\,V}{3} \cdot \lg \frac{[NO_3^-]\,[H_3O^+]^4}{[NO]}$$

Wenn Sie diese Gleichung aufteilen, wird der *p*H-Term deutlicher (und Sie wissen ja: $pH = -\log\,[H_3O^+]$):

$$E = E^0 + \frac{0{,}059\,V}{3} \cdot \lg \frac{[NO_3^-]}{[NO]} + \frac{0{,}059\,V}{3} \cdot \lg\,[H_3O^+]^4 = E^0 - \frac{4}{3}\,0{,}059\,V \cdot pH$$

(wenn $[NO_3^-] = [NO]$)

Wird die Anzahl der beteiligten Protonen mit p und die Anzahl der übertragenen Elektronen (wie gewohnt) mit z bezeichnet, dann gilt *allgemein* (1-molare Lösungen):

$$E = E^0 - \frac{p}{z}\, 0{,}059\,\mathrm{V} \cdot pH$$

- Ein *Oxidations*mittel ist umso wirksamer, je *saurer* die Lösung ist.
- Ein *Reduktions*mittel ist umso wirksamer, je *basischer* die Lösung ist.

Können Cl^--Ionen in einer Permanganat-Lösung mit $pH = 3$ zu elementarem Chlor oxidiert werden? (Vorausgesetzt seien hier gleiche Konzentrationen von MnO_4^- und Mn^{2+}.)

$$Mn^{2+} + 12\,H_2O \rightleftarrows MnO_4^- + 8\,H_3O^+ + 5\,e^-$$

$$E = E^0_{Mn} + \frac{0{,}059\,\mathrm{V}}{5} \cdot \lg \frac{[MnO_4^-]\,[H_3O^+]^8}{[Mn^{2+}]}$$

$$= E^0_{Mn} + \frac{0{,}059\,\mathrm{V}}{5} \cdot \lg \frac{[MnO_4^-]}{[Mn^{2+}]} - \frac{8}{5}\, 0{,}059\,\mathrm{V} \cdot pH$$

$$= 1{,}51\,\mathrm{V} - 0{,}0944 \cdot pH = +1{,}23\,\mathrm{V}$$

$$2\,Cl^- \rightleftarrows Cl_2 + 2\,e^- \qquad E^0_{Cl} = +1{,}36\,\mathrm{V}$$

$$\Rightarrow \quad \Delta E = 1{,}23\,\mathrm{V} - 1{,}36\,\mathrm{V} = -0{,}13\,\mathrm{V}$$

Da das Potential von ($Cl_2/2\,Cl^-$) unter diesen Bedingungen positiver ist als das von MnO_4^-/Mn^{2+}, findet eine Oxidation durch die MnO_4^- -Ionen *nicht* statt.

In Gleichung 26.1 wurde behauptet, die Konzentration der »oxidierten Form« des betreffenden Redox-Paares gehöre in den Zähler, die »reduzierte Form« hingegen in den Nenner. Das ist auch richtig so, könnte aber zu Verwirrung führen, wenn Sie sich vor diesem Hintergrund das obige Beispiel anschauen, in dem Permanganat-Ionen (MnO_4^-) zu Mangan(II)-Ionen (Mn^{2+}) reduziert wurden, denn auch die »reduzierte Form« – eben Mn^{2+}, bei der dem Mangan die Oxidationszahl +2 zukommt – ist ja *immer noch* höher oxidiert als elementares Mangan (Mn) mit der Oxidationszahl 0. Das bringt uns zu zwei Dingen:

- Auch wenn in *vielen* Redox-Reaktionen ein elementares Metall zu Kationen oxidiert oder Metall-Kationen zum elementaren Metall reduziert werden, muss das nicht zwangsweise so sein: Es ist durchaus möglich, dass sowohl die »oxidierte« wie die »reduzierte« Form im Redox-Paar eine Oxidationszahl $\neq 0$ aufweisen (denken Sie etwa an $Fe^{3+} + e^- \rightarrow Fe^{2+}$).
- Aus diesem Grund sollte statt von der »oxidierten« und der »reduzierten« Form eigentlich lieber von der *höher oxidierten* und der *weniger hoch oxidierten* Form des betreffenden Reaktionspartners gesprochen werden. *Sollte.* Macht aber niemand. Dabei wäre das sogar nützlich, denn so mancher kommt durcheinander und weiß dann nicht mehr, ob in den Zähler

der NERNST'schen Gleichung nun die »oxidierte« oder die »reduzierte« Form gehört. Und so können Sie sich merken:

»Wer nicht so hoch oxidiert ist, kommt im Bruch auch nicht so weit nach oben.«

Gleichgewicht oder nicht Gleichgewicht?

Auch bei Redox-Reaktionen stellt sich ein Gleichgewicht ein. (Im Prinzip sind sie *umkehrbar*, insofern müsste in den zugehörigen Reaktionsgleichungen eigentlich auch der Gleichgewichtspfeil stehen, aber darauf wird in den weitaus meisten Fällen verzichtet.) Entsprechend gilt aber auch hier das Massenwirkungsgesetz, das sich für Redox-Reaktionen unter Normbedingungen folgendermaßen zusammenfassen lässt:

$$\left(E_1^0 - E_2^0\right) \cdot \frac{z}{0,059\,V} = \lg K \qquad (26.3)$$

Dabei gibt z wie üblich die Anzahl der im jeweils betrachteten Redox-Halbsystem relevanten Elektronen an.

Je größer also die Differenz der in dieser Reaktion relevanten Standardpotentiale, desto stärker liegt das Gleichgewicht dieser Reaktion auf der einen oder anderen Seite.

Betrachten Sie nun eine Reaktion mit bemerkenswert geringer Potentialdifferenz, wie die Umsetzung von Bromid-Ionen mit elementarem Chlor gemäß

$$2\,Br^- + Cl_2 \rightleftarrows Br_2 + 2\,Cl^- \qquad E^0(Br_2/2\,Br^-) = +1{,}07\,V$$

$$E^0(Cl_2/2\,Cl^-) = +1{,}36\,V,$$

so ergibt sich gemäß Gleichung 26.3:

$$(1{,}36\,V - 1{,}07\,V) \cdot \frac{2}{0,059\,V} = \lg K \quad \Rightarrow \quad K \approx 10^{10}$$

Obwohl also hier die Differenz der Standardpotentiale weniger als 0,3 V beträgt, liegt das Gleichgewicht immer noch *sehr deutlich* auf der Produkt-Seite. Dies erklärt auch, warum in den weitaus meisten Fällen bei Redox-Reaktionen auf den Gleichgewichtspfeil verzichtet wird. Somit gilt in den meisten Fällen: Entweder eine Redox-Reaktion findet *überhaupt* nicht statt, oder sie läuft gleich praktisch *vollständig* ab.

Thermodynamisch gibt es eine einfache Beziehung zwischen der freien Enthalpie (*siehe* Kapitel 16) und der Potentialdifferenz:

$$\Delta G = -z\,F\,\Delta E$$

Es kann so lange Energie gewonnen werden, bis das chemische Gleichgewicht erreicht ist ($\Delta E = 0$). (F ist die FARADAY-Konstante, darüber können Sie weiter unten mehr erfahren.)

Was Redox-Paare sonst noch so können

Zahlreiche Elemente können mit *verschiedenen* Oxidationszahlen stabil auftreten. So ist beispielsweise sowohl das Eisen(II)-Ion Fe^{2+} ($E^0(Fe^{2+}/Fe) = -0{,}44$ V) als auch das Eisen(III)-Ion Fe^{3+} ($E^0(Fe^{3+}/Fe) = -0{,}04$ V) in wässriger Lösung stabil.

Dabei wird stets der Redox-Prozess mit dem *negativeren* Potential energetisch bevorzugt. Lösen Sie also Eisen in einer wässrigen Säure, so entstehen unter Wasserstoff-Entwicklung *zwei*wertige Eisen-Ionen.

Auch wenn die elektrochemische Spannungsreihe die Entstehung bestimmter Ionen als »energetisch günstig« charakterisiert, sind doch nicht alle der im Rahmen dieser Redox-Reaktion auftretenden Ionen tatsächlich auch stabil.

So reagiert eine wässrige Lösung einwertiger Kupfer-Ionen (Cu^+) rasch gemäß der folgenden Reaktionsgleichung:

$$2\overset{+1}{Cu^+} \rightarrow \overset{+2}{Cu^{2+}} + \overset{0}{Cu}$$

Hier ist das Kupfer(I)-Kation (Oxidationszahl: +1) also gleichzeitig Elektronen-*Donor und* Elektronen-*Akzeptor*, sodass sich *zwei unterschiedliche* Oxidationszahlen ergeben.

Redox-Prozesse, bei denen sich eine Atomsorte, die zuvor in nur *einer* Oxidationszahl vorgelegen hat, sich in zwei unterschiedliche Oxidationszahlen »aufspaltet«, also ein Teil der beteiligten Teilchen unter Erhöhung der Oxidationszahl Elektronen abgibt (*oxidiert* wird), während ein anderer Teil der betrachteten Teilchen diese Elektronen unter Herabsetzung der Oxidationszahl aufnimmt (*reduziert* wird), heißt **Disproportionierung**.

Das Gegenstück dazu, also eine Redox-Reaktion, bei der zwei gleichartige Teilchen unterschiedlicher Oxidationszahl so miteinander reagieren, dass ihnen letztendlich die gleichen Oxidationszahlen zukommen, heißt **Synproportionierung** (manchmal findet sich auch der Begriff *Komproportionierung*).

Ein Beispiel dafür ist die Reaktion von Ammoniak (Oxidationszahl des Stickstoffs: –3) mit Salpetriger Säure (HNO_2, Oxidationszahl des Stickstoffs: +3):

$$\overset{-3}{N}H_3 + H\overset{+3}{N}O_2 \rightarrow \overset{0}{N_2} + 2\,H_2O$$

Batterien? – Kenne ich!

Batterien sind als mobile Stromquellen nicht mehr wegzudenken. Sie werden in Mobiltelefonen, Taschenlampen, Fotoapparaten, Funkuhren und vielem anderem in allen möglichen Größen und Formen genutzt: von der Autobatterie bis zur Knopfzelle. Bei den vielen Bezeichnungen (etwa AA, AAA, C, D, CR123A, R6, LR6) fällt es manchmal nicht leicht, die richtige zu finden. Außerdem sollten Sie sich noch entscheiden, ob Sie eine Batterie zum Einmalgebrauch verwenden (und sie entsorgen müssen, wenn sie leer ist, aber bitte nicht in den Hausmüll!) oder ob Sie eine Batterie wiederholt nutzen wollen, indem Sie sie wieder aufladen.

In allen Batterien und Akkus spielt sich etwas ganz Wesentliches ab: die Umwandlung von chemischer Energie in elektrische Energie. Aber fangen wir ganz vorne an:

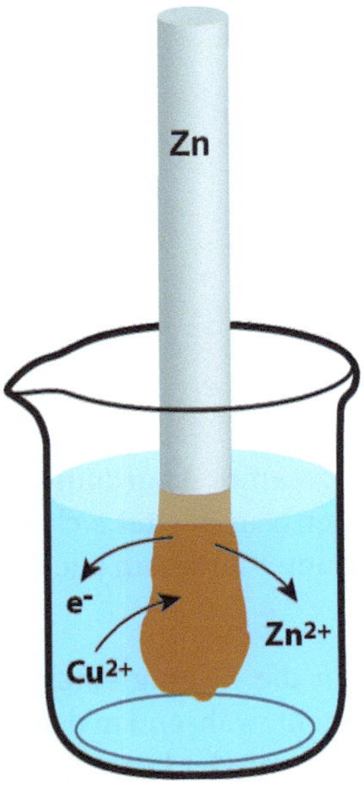

Abbildung 26.2: Kupferabscheidung an einem Zink-Stab

Eine solche Umwandlung geschieht auch, wenn Sie beispielsweise einen Zink-Stab (also elementares Zink) in eine wässrige Lösung von Kupfer(II)-Ionen (Cu^{2+}) tauchen (die erhalten Sie beispielsweise durch das Lösen von Kupfersulfat, $CuSO_4$): Innerhalb kürzester Zeit scheidet sich elementares Kupfer am Zinkstab ab, während gleichzeitig Zink(II)-Ionen (Zn^{2+}) in Lösung gehen (Abbildung 26.2).

$$Zn + Cu^{2+} \rightarrow Cu + Zn^{2+}$$

Elektronen wandern vom Zink zu den Kupfer-Ionen – und bewegte Elektronen sind nun einmal *elektrischer Strom.* Das Problem bei dieser Anordnung ist jedoch, dass sich dieser Elektronenfluss im *molekularen* Bereich abspielt: Diese Elektronen können Sie nicht gezielt dazu bewegen, etwas zu tun, beispielsweise Arbeit zu verrichten (das wäre dann die Umwandlung von elektrischer Energie in mechanische Energie, *siehe* Kapitel 5).

Galvanische Elemente

Ganz anders sieht es aus, wenn die Oxidationsreaktion von der Reduktionsreaktion räumlich *getrennt* wird, also in Systemen, in denen jeweils *nur einer* der beiden Vorgänge stattfindet. Natürlich wird auch unter diesen Bedingungen eine Oxidation (also eine Elektronenabgabe) *nur dann* stattfinden, wenn die Elektronen irgendwo *verbraucht* werden. Nach wie vor werden also *zwei* Redox-Paare benötigt. Diese beiden sind hier allerdings nur elektrisch leitend miteinander verbunden, und nur über diese »Leitung« können sich die Elektronen auf den Weg machen. Die Redox-Reaktion wird dadurch nicht verändert, sie läuft aber wesentlich langsamer ab. Abbildung 26.3 zeigt etwa die in Abbildung 26.2 dargestellte Reaktion mit den räumlich voneinander getrennten einzelnen Redox-Paaren Zn^{2+}/Zn und Cu^{2+}/Cu.

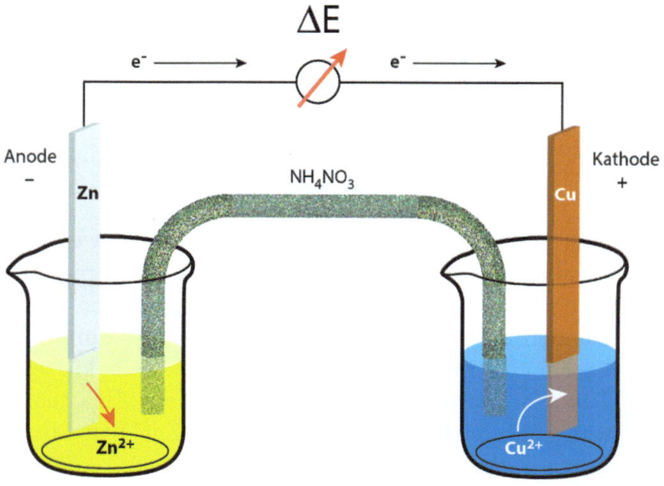

Abbildung 26.3: DANIELL-Element

Die einzelnen Redox-Paare werden als **Halbzellen** bezeichnet, die gesamte Anordnung als **galvanisches Element** (*galvanische Zelle* ist auch gebräuchlich); der Name leitet sich von dem italienischen Arzt und Biophysiker Luigi GALVANI ab, dem wir unter anderem auch die Grundlagen des Galvanisierens verdanken.

In der *einen* Halbzelle ist eine Elektrode aus metallischem Zink in die Lösung eines gut löslichen Zink(II)-Salzes (beispielsweise Zinksulfat, $ZnSO_4$) eingetaucht, während in der anderen Halbzelle eine entsprechende Elektrode aus elementarem Kupfer mit der Lösung eines vergleichbar gut löslichen Kupfer(II)-Salzes (etwa Kupfer(II)-sulfat, $CuSO_4$) in Kontakt tritt.

Verbunden werden diese beiden Halbzellen durch eine *Salzbrücke - siehe* den Kasten *Salzbrücke (manchmal auch Stromschlüssel genannt)* -, die den Stromfluss überhaupt erst ermöglicht (alternativ lässt sich dies auch mit einem *Diaphragma*, einer halbdurchlässigen Membran oder der Übereinanderschichtung der beiden Flüssigkeiten in Form eines sogenannten *gravity-elements* bewerkstelligen).

Salzbrücke (manchmal auch Stromschlüssel genannt)

Es reicht nicht, die beiden Halbzellen eines galvanischen Elements einfach nur *elektrisch leitend* zu verbinden. Fließen Elektronen von einer Halbzelle zur anderen, würde sich dann ja die eine Zelle positiv aufladen und die andere negativ – und das *kann* ja nicht sein. Also müssen die Halbzellen zusätzlich *elektrolytisch* miteinander verbunden werden. In einer sogenannten Salzbrücke befinden sich Ionen, die in die Halbzellen diffundieren und für einen entsprechenden *Ladungsausgleich* sorgen (Abbildung 26.4). Selbstverständlich gelangen ab und zu auch Kationen (Zn^{2+}) aus der linken Halbzelle über die Salzbrücke in die rechte Zelle und Anionen (SO_4^{2-}) aus der rechten Halbzelle in die linke. Aber viel wird es nicht sein, und es schadet ja auch nichts.

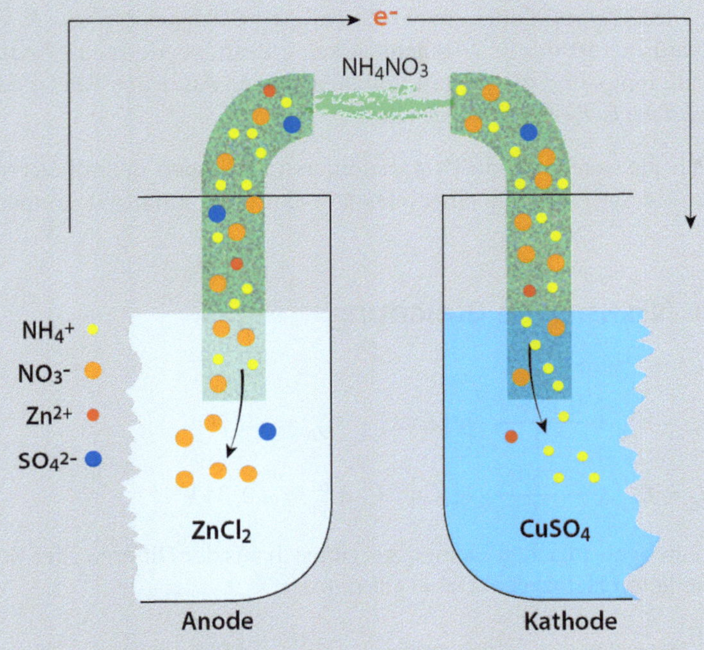

Abbildung 26.4: Salzbrücke

Wichtig: Die Anionen und Kationen aus der Salzbrücke *dürfen nicht* mit den Elektrolyten in den Zellen reagieren und müssen ähnliche *Überführungszahlen* (nach Johann HITTORF auch als *HITTORF'sche Überführungszahlen* bezeichnet) haben – das ist der Anteil des gesamten elektrischen Stroms, den eine bestimmte Ionensorte transportieren kann. Diese hängt von der Ionenbeweglichkeit und der Ionenkonzentration ab. (Geeignete Elektrolyte für eine Salzbrücke sind beispielsweise KCl, KNO_3 und NH_4NO_3.)

Aus historischen Gründen wird diese besondere Versuchsanordnung mit Zink und Kupfer für die Redox-Reaktion als **DANIELL-Element** bezeichnet – dem britischen Physikochemiker John DANIELL verdankt die Menschheit die erste tragbare Batterie. Dabei wird das Zink oxidiert (von der Oxidationszahl 0 zu +2), sodass Zn^{2+}-Ionen entstehen; gleichzeitig werden die Cu^{2+}-Ionen zu elementarem Kupfer reduziert (also von der Oxidationszahl +2 zu 0). Zink stellt hier also die **Anode** dar (den *negativen Pol* oder *Minuspol*, der als Elektronenspender fungiert), während Kupfer die **Kathode** bildet (den *positiven Pol* oder *Pluspol*, der die Elektronen aufnimmt).

Dazu gibt es eine Merkhilfe:

Kationen (positiv geladen) wandern stets zur *negativ geladenen* **Kat**hode, während *An*ionen (negativ geladen) von der *positiv geladenen* **An**ode angezogen werden. (Daher kommen übrigens die Bezeichnung dieser beiden Ionen-Typen.)

Damit überhaupt Elektronen das Lager wechseln, müssen die beiden Redox-Systeme in den Halbzellen *unterschiedliche Redoxpotentiale* besitzen, es muss also eine *Potentialdifferenz* zwischen ihnen bestehen. Diese Potentialdifferenz wird häufig als *Elektromotorische Kraft* bezeichnet, kurz: *EMK*. (Natürlich ist das in Wirklichkeit keine Kraft, sondern eine *Spannung* (eben eine Potentialdifferenz), und die wird in Volt angegeben.) Auf jeden Fall ist das Element damit in der Lage, *elektrische Arbeit* zu leisten.

Selbstverständlich lässt sich die resultierende Potentialdifferenz ΔE auch quantifizieren. Wenn Sie wissen wollen, was Sie etwa mit einer »DANIELL-Batterie« anfangen können, brauchen Sie …

… schon wieder die NERNST'sche Gleichung

Sie lautet für die beiden Redox-Paare:

$$\mathrm{Zn} \rightleftarrows \mathrm{Zn}^{2+} + 2\,e^- \qquad E_{Zn} = E^0_{Zn} + \frac{0,059\,\mathrm{V}}{2} \cdot \lg[\mathrm{Zn}^{2+}] \qquad E^0_{Zn} = -0,76\,\mathrm{V}$$

$$\mathrm{Cu} \rightleftarrows \mathrm{Cu}^{2+} + 2\,e^- \qquad E_{Cu} = E^0_{Cu} + \frac{0,059\,\mathrm{V}}{2} \cdot \lg[\mathrm{Cu}^{2+}] \qquad E^0_{Cu} = +0,34\,\mathrm{V}$$

Die Potentialdifferenz ΔE eines galvanischen Elements ergibt sich aus der Differenz der Redoxpotentiale (ΔE) der beteiligten Halbzellen. Dabei gilt immer:

$$\Delta E = E_{\mathrm{Kathode}} - E_{\mathrm{Anode}} = E_{\mathrm{Elektronenakzeptor}} - E_{\mathrm{Elektronendonator}} = E_A - E_D$$

Für obiges Beispiel gilt also:

$$\begin{aligned}\Delta E = E_{Cu} - E_{Zn} &= E^0_{Cu} + \frac{0,059\,\mathrm{V}}{2} \cdot \lg[\mathrm{Cu}^{2+}] - \left(E^0_{Zn} + \frac{0,059\,\mathrm{V}}{2} \cdot \lg[\mathrm{Zn}^{2+}]\right)\\ &= E^0_{Cu} - E^0_{Zn} + \frac{0,059\,\mathrm{V}}{2} \cdot \lg\frac{[\mathrm{Cu}^{2+}]}{[\mathrm{Zn}^{2+}]}\end{aligned}$$

Gehen Sie nun von dem *speziellen Fall* aus, in dem $[\mathrm{Cu}^{2+}] = [\mathrm{Zn}^{2+}]$ ist, dann ergibt sich:

$$\Delta E = E^0_{Cu} - E^0_{Zn} = 0,34\,\mathrm{V} - (-0,76\,\mathrm{V}) = 1,10\,\mathrm{V}$$

Diese Potentialdifferenz wird auch *Zellspannung* genannt. Da ja auch noch die Konzentrationen maßgeblich sind, ist folgende Bezeichnungsweise für ein galvanisches Element üblich:

$Ox_1(\text{in mol } L^{-1})/Red_1(\text{mol } L^{-1})\,||\,Red_2(\text{mol } L^{-1})/Ox_2(\text{mol } L^{-1})$,

Beispiel: $I_2/I^-\,(0{,}5\text{ mol } L^{-1})\,||\,2\,Cl^-\,(1{,}25\text{ mol } L^{-1})/Cl_2$

Da das elementare Iod hier nicht in Lösung vorliegt, kann (!) auch *keine* Konzentration angegeben werden; Gleiches gilt für das gasförmige (ausgasende und daher ebenfalls nicht in Lösung vorliegende) elementare Chlor. Aber das war Ihnen gewiss schon klar.

Einer ist immer das Opfer

Sicherlich haben Sie schon einmal von *Opferanoden* gehört. Vielleicht haben Sie so etwas sogar zu Hause, etwa in Ihrem Warmwassertank. Zusammen mit dem Metall des Tanks ist das im Prinzip nichts anderes als ein galvanisches Element. Die Opferanode ist ein Stück unedles Metall, das verhindern soll, dass der Tank (der aus edlerem Metall besteht, also ein *positiveres* Potential besitzt) korrodiert. Das funktioniert so:

Der Tank wird mit der Opferanode leitend verbunden. Wegen der Potentialdifferenz fließen Elektronen von der Anode zur Tankwandung (Kathode). Dabei löst sich die Anode allmählich auf (Oxidation), weil die entstehenden Ionen in Lösung gehen. Die Anode opfert sich dafür, den angreifenden Sauerstoff zu reduzieren, das Metall des Tanks bleibt verschont – natürlich nur so lange, bis die Opferanode aufgebraucht ist. Danach wird es Zeit, rasch eine neue einzusetzen, sonst geht es dem schönen Kessel doch noch an den Kragen …

Konzentrationszellen

Die Konzentrationsabhängigkeit der NERNST'schen Gleichung (*siehe* Gleichung 26.1) zeigt, dass sich das *tatsächliche* Potential eines Redox-Paares *nur dann* vom Standard-Redoxpotential unterscheidet, wenn das Verhältnis der Konzentrationen eines konjugierten Redox-Paares von »1« *verschieden* ist – denn *nur dann* ist lg([Ox]/[Red]) ≠ 0.

Durch Veränderung der Konzentrationen in den Halbzellen können Sie also das Redoxpotential beeinflussen. Dann liegt natürlich der Schluss nahe, Sie könnten auch zwei Halbzellen mit dem *gleichen* Redox-System zu einem galvanischen Element vereinen – bei *unterschiedlichen* Konzentrationen werden Sie trotzdem eine Potentialdifferenz messen:

$$\Delta E = E_{Cu\,(2)} - E_{Cu\,(1)} = E^0_{Cu} + \frac{0,059\,V}{2} \cdot \lg\,[Cu^{2+}]_2 - (E^0_{Cu} + \frac{0,059\,V}{2} \cdot \lg\,[Cu^{2+}]_1)$$

$$= \frac{0,059\,V}{2} \cdot \lg\,\frac{[Cu^{2+}]_2}{[Cu^{2+}]_1}$$

Ein derartiger Versuchsaufbau (Abbildung 26.5) wird als **Konzentrationskette**, *Konzentrationszelle* oder *Konzentrationselement* bezeichnet.

Grund für den dabei messbaren Stromfluss ist das Bestreben der beiden Lösungen, ihre Konzentrationen auszugleichen. Dabei müssen Sie sich natürlich klarmachen, in welcher Richtung die Elektronen zwangsweise fließen müssen. Gehen wir davon aus, in Lösung 1 herrsche die geringere Konzentration:

- ✔ Die Konzentration an Cu^{2+} in Halbzelle 2 kann sich nur verringern, wenn sich Cu^{2+} an der Elektrode als Cu abscheidet. Dafür braucht es Elektronen. Die bekommt es aus
- ✔ Halbzelle 1, denn hier kann sich die Konzentration an Cu^{2+} nur erhöhen, wenn Cu aus der Metallelektrode als Cu^{2+} in Lösung geht. Dabei werden Elektronen frei.

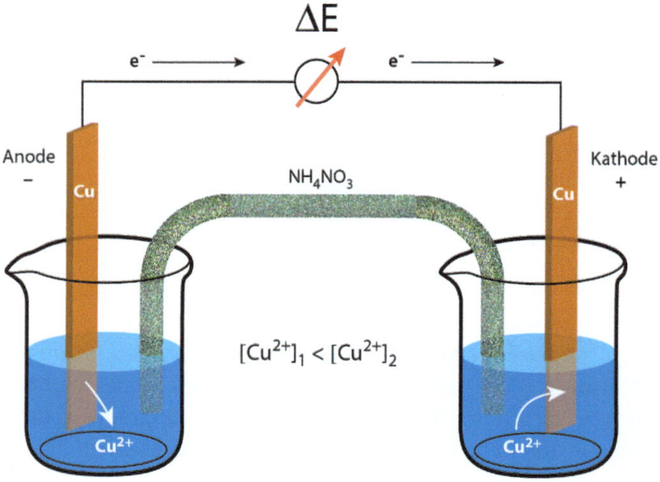

Abbildung 26.5: Konzentrationskette

Auf diese Weise arbeiten *beide Halbzellen gleichzeitig* daran, die Konzentrationsdifferenz auszugleichen: Während in Halbzelle 1 die Konzentration an freien Ionen durch Elektronenabgabe erhöht wird, sinkt sie in Halbzelle 2, weil genau diese Elektronen dazu genutzt werden können, Ionen aus der Lösung herauszuholen. Gerechte Arbeitsteilung, oder?

Wenn Gewalt im Spiel ist – die Elektrolyse

Eine galvanische Zelle setzt aufgrund einer *freiwillig* ablaufenden Redox-Reaktion elektrische Energie frei. Schließen Sie an die Elektroden einer solchen Zelle eine äußere *Stromquelle mit umgekehrter Polung* an, dann wird die Elektrode, die vorher die Anode war, zur *Kathode*, und die Elektrode, die vorher die Kathode war, zur *Anode*.

Was geschieht dann mit der Redox-Reaktion? – Die läuft nun in *der* Richtung ab, in der sie normalerweise *nicht* freiwillig stattfinden würde. Diese Reaktion wird also durch die Zuführung äußerer Energie *erzwungen*. Diese Art der Reaktionsführung heißt Elektrolyse. Ein solcher Vorgang findet in einer *Elektrolysezelle* statt.

Galvanisches Element oder Elektrolysezelle: Auch wenn die Elektroden hier ihre Ladungen wechseln – eines wissen Sie mit Sicherheit:

- ✔ An der Anode findet *immer* die Oxidation statt.
- ✔ An der Kathode findet *immer* die Reduktion statt.

Die Elektrolyse ist eine wichtige, auch großtechnisch genutzte Produktionsmethode, deswegen hier noch exemplarisch drei Anwendungsmöglichkeiten:

BEISPIEL

Abbildung 26.6 zeigt das DANIELL-Element, das Sie schon aus Abbildung 26.3 kennen – dieses Mal aber *umgepolt*. An der Zink-Elektrode scheidet sich nun elementares Zink ab, während von der Kupfer-Elektrode Cu^{2+}-Ionen in Lösung gehen.

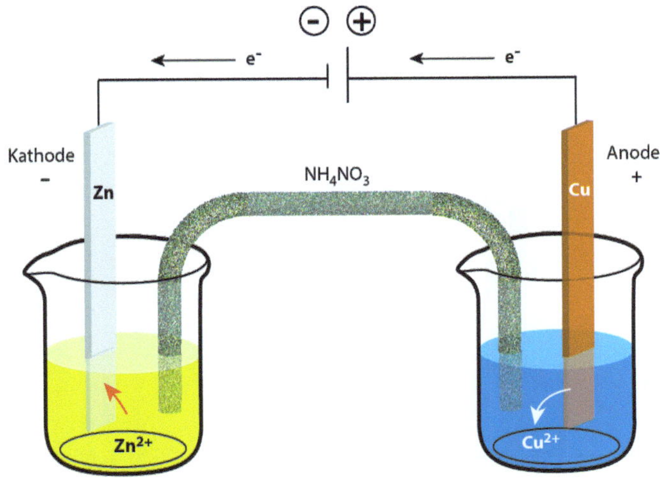

Abbildung 26.6: Elektrolyse eines DANIELL-Elements

Dies ist das Prinzip des *Galvanisierens*. Die Kathode kann natürlich auch ein anderes (leitfähiges!) Material als Zink sein, das dann verzinkt wird. Sie können Gegenstände auch verchromen oder verkupfern – benötigt wird dafür nur jeweils ein geeignetes zweites Redox-System, das die entsprechenden Elektronen liefert. Die Galvanisierung dient dem Korrosionsschutz zahlreicher Bauteile und Werkstoffe, aber auch deren Verschönerung.

BEISPIEL

Halten Sie eine Gleichspannungsquelle in Wasser (Abbildung 26.7), dann entsteht an der Kathode (–) (dem Minuspol) H_2 und an der Anode (+) (dem Pluspol) O_2.

Allerdings wird das Wasser dabei nicht direkt zerlegt: Vielmehr werden die *Ionen* entladen, die aufgrund der Eigendissoziation (Autoprotolyse) des Wassers vorhanden sind (*siehe* Kapitel 25):

$$\text{Kathode}(-):\quad 4\,H_3O^+ + 4\,e^- \rightarrow 2\,H_2 + 4\,H_2O$$

$$\text{Anode}(+):\quad 4\,OH^- \rightarrow O_2 + 2\,H_2O + 4\,e^-$$

Dieses Verfahren wird zur Produktion von Wasserstoff eingesetzt.

Etwas Vorsicht ist geboten, falls Sie das selbst ausprobieren wollen: Das Gemisch aus H_2 und O_2 ist auch als *Knallgas* bekannt – nicht zu Unrecht, denn:

$$2\,H_2 + O_2 \rightarrow 2\,H_2O \;+$$

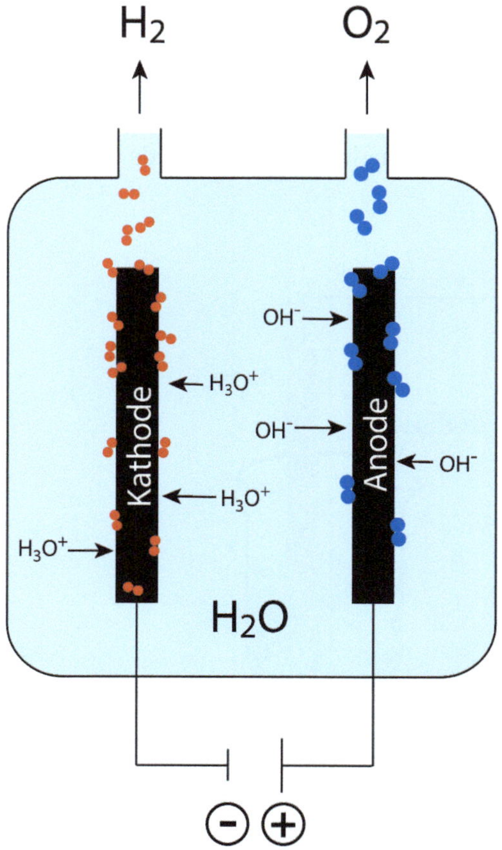

Abbildung 26.7: Elektrolyse von Wasser

Eine *Brennstoffzelle* ist im Prinzip der umgekehrte Vorgang: Wasserstoff und Sauerstoff werden zugeführt, bei der Entstehung von Wasser (Knallgasreaktion) wird dann elektrische Energie frei. Damit die Reaktion kontrolliert abläuft, wird der gesamte Vorgang in mehrere Schritte aufgeteilt. (Das Thema Brennstoffzellen ist ziemlich umfangreich, deshalb sei an dieser Stelle bei Interesse wieder auf spezielle Literatur verwiesen.)

Wird keine wässrige Lösung, sondern ein geschmolzenes Salz für die Elektrolyse verwendet, ist das eine **Schmelzflusselektrolyse**. Auf diese Weise lassen sich Alkali- und Erdalkalimetalle und auch Aluminium gewinnen, denn diese Metalle können *nicht* durch Elektrolyse aus wässrigen Lösungen erhalten werden: Tabelle 26.1 verrät Ihnen, dass diese Elemente ein deutlich negatives Potential besitzen und bereits mit Wasser reagieren würden.

Abbildung 26.8 zeigt die Elektrolyse von NaCl: An der Kathode scheidet sich elementares Natrium ab, an der Anode Chlor.

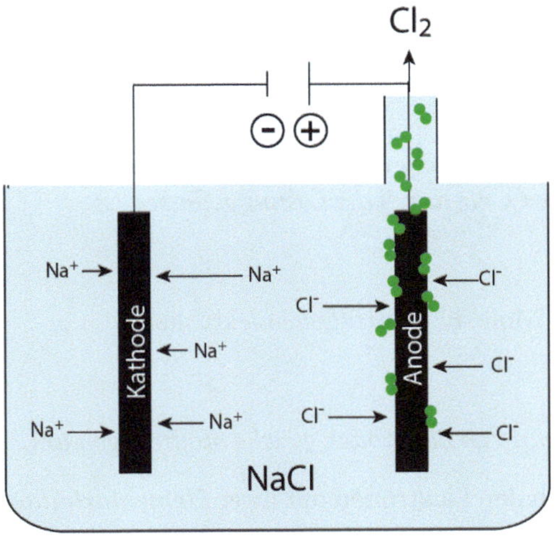

Abbildung 26.8: Schmelzflusselektrolyse von NaCl

Bei »nackten« Elektronen handelt es sich um die *stärksten Reduktionsmittel*, die Sie sich überhaupt vorstellen können (mehr Elektron geht nun einmal nicht) – damit lassen sich, wie Sie sehen, sogar Metalle aus ihren Salzen herausholen.

Damit lässt es sich zersetzen

Eine Redox-Reaktion sollte eigentlich umkehrbar sein, indem bei der Elektrolyse *genau die* **Zersetzungsspannung** angelegt wird, die sich im galvanischen Element ergibt (natürlich in umgekehrter Polung). In vielen Fällen muss dafür die Spannung jedoch ein gutes Stück größer sein. Die *zusätzlich* aufzuwendende Spannung ist die **Überspannung** (die können Sie vergleichen mit der *Aktivierungsenergie* für chemische Reaktionen, *siehe* Kapitel 5).

Eine Überspannung ist *dann* erforderlich, wenn Prozesse thermodynamisch gesehen eigentlich ablaufen sollten, aber sie *kinetisch gehemmt* sind. Die Überspannung hängt vom jeweiligen Elektrodenmaterial und von den Abscheidungsprodukten ab. Diese können sich nämlich auf der Elektrodenoberfläche festsetzen und den Ionenaustausch aktiv behindern. Besonders hoch wird die Überspannung, wenn Gase entstehen. Abgeschiedene Metalle hingegen leiten recht gut und behindern daher den Stromfluss so gut wie gar nicht, deshalb darf die Überspannung hier meist vernachlässigt werden.

Faraday – nicht nur an den Käfig denken

Für quantitative Berechnungen in der Elektrochemie kommen Sie an Michael Faraday nicht vorbei. Von ihm wurden 1834 grundlegende Gesetzmäßigkeiten entdeckt, die den

Zusammenhang zwischen Stoffmenge und Ladungsmenge bei einem elektrochemischen Vorgang (meist der Elektrolyse) beschreiben. Dahinter stecken zwei grundlegende Gesetze:

- **1. Faraday'sches Gesetz**

  Die Masse eines Stoffes, der durch Elektrolyse an einer Elektrode abgeschieden wird, ist proportional zur Ladungsmenge Q, die durch die Lösung geflossen ist.

  $Q \sim n \cdot z$

  n = Stoffmenge in mol, z = pro Molekül übertragene Elektronen

- **2. Faraday'sches Gesetz**

  Gleiche Ladungsmengen setzen an den Elektroden gleiche Stoffmengen um.

  Die Ladung wird schließlich von den Elektronen mit ihrer *Elementarladung* transportiert (*siehe* Kapitel 4).

Diese beiden Gesetze führen zur Faraday-Konstanten: Ein Mol Elektronen haben demnach eine Gesamtladung von:

$$Q \text{ pro Mol } e^- = 6{,}022\,141\,29 \cdot 10^{23}\,\text{mol}^{-1} \cdot 1{,}602\,176\,565 \cdot 10^{-19}\,\text{C} = 96\,485\,\text{C}\,\text{mol}^{-1}$$

Coulomb [C] ist die Einheit der elektrischen Ladung: 1 C = 1 As (Amperesekunde).

Die Ladung von 96 485 C (also: die Ladung von 1 mol Elektronen) **ist definiert als 1 Faraday [F].**

Wenn Sie es genau betrachten, ist die Faraday-Konstante die Proportionalitätskonstante des 1. Faraday'schen Gesetzes.

Aus der Physik erinnern Sie sich vielleicht noch daran, dass Ladung = Stromstärke mal Zeit ($Q = I \cdot t$) ist. Damit ergibt sich die abgeschiedene Menge (mit $n = m/M$) zu:

$$m = \frac{M \cdot I \cdot t}{z \cdot F}$$

Was *ist* denn nun eine Batterie?

Eine Batterie ist nichts anderes als eine galvanische Zelle (manchmal sind auch mehrere galvanische Zellen in Serie miteinander verbunden). In Batterien findet (sobald Plus- und Minuspol miteinander verbunden werden) eine Redox-Reaktion statt, die freiwillig abläuft und Energie liefert. Sie haben es also auch hier mit zwei *Teilreaktionen* zu tun: An der negativ geladenen Elektrode (dem Minuspol) findet die *Oxidation* statt, dabei werden *Elektronen freigesetzt*, die an der positiv geladenen Elektrode (dem Pluspol) zur Verfügung stehen. Der Transport der Elektronen geschieht dabei durch die Ionen einer Elektrolyt-Lösung. Abbildung 26.9 zeigt das Schema einer Zink-Mangandioxid-Batterie.

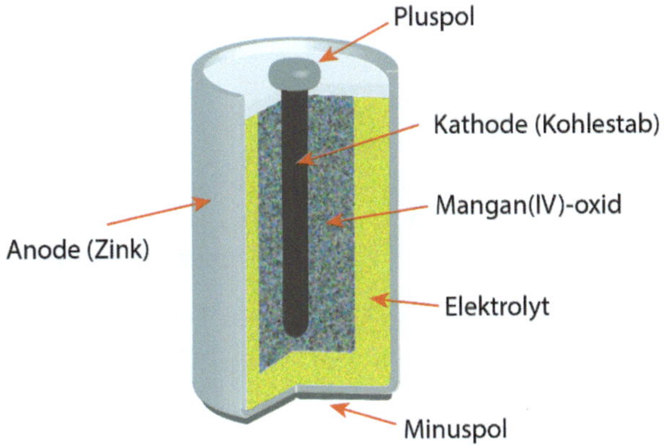

Abbildung 26.9: Zink-Manganoxid-Batterie

Folgende Reaktionen finden hier statt:

Anode: $\overset{0}{Zn} \rightarrow \overset{+2}{Zn}^{2+} + 2\,e^-$

Kathode: $2\,\overset{+4}{Mn}O_2 + 2\,H_2O^+ + 2\,e^- \rightarrow 2\,\overset{+3}{Mn}O(OH) + 2\,H_2O$

Solch eine Batterie zählt zu den sogenannten *Primärelementen*: Wird der Stromkreis geschlossen, wird Anodenmaterial verbraucht – dann fließt so lange ein Strom, bis die Potentialdifferenz zwischen Anode und Kathode einen bestimmten Wert unterschreitet. An diesem Punkt gilt die Batterie als *entladen*. Aufladen lässt sie sich nicht mehr, die Reaktion ist nicht umkehrbar.

Im Unterschied dazu können sogenannte *Sekundärelemente* sehr wohl wieder aufgeladen werden. Dies geschieht (genau wie bei der Elektrolyse) durch Zuführen von elektrischer Energie, wobei die vorher abgelaufene Redox-Reaktion wieder umgekehrt wird. (Es wird also *elektrische* Energie in *chemische* Energie umgewandelt.) Deshalb werden sie auch Stromsammler oder *Akkumulatoren* (*Akkus*) genannt. Bekanntestes Beispiel ist sicherlich der Bleiakkumulator (Autobatterie), in dem beim *Entladen* folgende Reaktion abläuft:

Anode: $Pb + SO_4^{2-} \rightarrow PbSO_4 + 2\,e^-$

Kathode: $PbO_2 + SO_4^{2-} + 4\,H_3O^+ + 2\,e^- \rightarrow PbSO_4 + 6\,H_2O$

Beim Ladevorgang finden die entsprechenden Rückreaktionen statt.

Als geeignete Redox-Reaktionen stehen mittlerweile zahlreiche Systeme zur Verfügung, mit denen wir uns aber nicht weiter befassen wollen. Möchten Sie darüber mehr wissen, hilft Ihnen die einschlägige Fachliteratur weiter.

Aufgaben Kapitel 26

Zum Aufwärmen

1. Geben Sie die Oxidationszahlen sämtlicher Atome in den folgenden Verbindungen an: (a) Ammoniumdichromat ($K_2Cr_2O_7$); (b) Bariumnitrat ($Ba(NO_3)_2$); (c) Kupfer(II)-sulfat ($CuSO_4$); (d) Silberpermanganat ($AgMnO_4$); (e) Kupfer(I)-chlorid.

2. Elementares Kupfer wird in Salpetersäure gelöst, dabei entstehen Cu^{2+}-Ionen und Stickstoffmonoxid. Stellen Sie die Teilgleichungen für die Oxidation und Reduktion sowie die Gesamtgleichung für die Redox-Reaktion auf.

Für Fortgeschrittene

3. Wird Kaliumdichromat mit konzentrierter Salzsäure versetzt, ist die Entstehung eines grünen Gases zu beobachten. Die Analyse der Reaktionslösung ergibt, dass Cr^{3+}-Ionen entstanden sind. Stellen Sie die zugehörige Reaktionsgleichung auf.

4. Wie groß ist die Zellspannung für das galvanische Element, das aus folgenden Halbzellen besteht: Silber-Elektrode in 0,3-molarer Silbernitrat-Lösung, Kupfer-Elektrode in 0,025-molarer Kupfersulfat-Lösung. Welche Halbzelle ist die Kathode, welches die Anode?

5. Wie viel g Kupfer wird in einer Elektrolysezelle mit einer Cu^{2+}-Lösung abgeschieden, durch die 2,25 F fließen?

Nur für Streber

6. Zwei Halbzellen, bei denen jeweils eine Kupfer-Elektrode in eine wässrige Lösung von Kupfer(II)-sulfat taucht, werden leitend miteinander verbunden. In beiden Halbzellen gilt $c(Cu^{2+}) = 0{,}1\ mol\ L^{-1}$. (a) Welche Spannung wird gemessen? (b) In eine der beiden Halbzellen werden einige Tropfen Ammoniak-Lösung ($NH_{3(aq)}$) hinzugegeben. Anschließend wird eine Spannung von 0,36 V gemessen. Warum? (c) Welche der beiden Halbzellen hat als Elektronen-Akzeptor fungiert (war also die Kathode), welche als Elektronen-Donor (Anode)? Warum? (d) Ermitteln Sie die Konzentration freier Kupfer(II)-Kationen in der mit Ammoniak versetzten Lösung.

Teil VII

Stoffchemie – jetzt wird es konkret

IN DIESEM TEIL …

… turnen wir einmal quer durch das Periodensystem und schauen uns zunächst mehr oder minder der Reihe nach die einzelnen (Haupt-)Gruppen an, danach widmen wir uns (ein wenig) den Übergangsmetallen (also den Nebengruppen). Ziel ist dabei aber keineswegs ein enzyklopädischer Überblick über »alles, was es so gibt«. Ein Nachschlagewerk der Stoffchemie will dieser Teil des Buches gleich aus mehrerlei Gründen nicht sein: Erstens gibt es solche Nachschlagewerke bereits, zweitens sind sie sehr, sehr dick (und teuer), und drittens ist es fast unmöglich, anhand alleine dieser Nachschlagewerke zu *verstehen*, wie Chemie im Allgemeinen so funktioniert – und genau das will Ihnen dieses Buch ja zeigen.

Sie werden in diesem Teil alle Grundprinzipien (Konzepte, Theorien und Modelle) der vorangegangenen Kapitel aufs Neue wiederfinden – nun aber eben in der Anwendung auf konkrete Stoffe. Dabei erfahren Sie, sozusagen nebenbei, auch das ein oder andere Detail über die Eigenschaften mancher Stoffe. Zahlenwerte oder dergleichen brauchen Sie nicht zu pauken: Sie müssen wirklich nicht auswendig wissen, dass der Schmelzpunkt von Natriumchlorid bei 801 °C liegt – genau dafür gibt es ja all die wissenschaftlichen Nachschlagewerke (online oder in Bibliotheken). Derartiges Faktenwissen allein hilft nur selten weiter, *Zusammenhänge* zu erfassen und zu verstehen.

IN DIESEM KAPITEL

- müssen wir erst einmal nach Wasserstoff schauen
- stellt sich die Frage: Sauerstoff oder nicht?
- gibt es ein paar Trivialitäten

Kapitel 27
-id, -it, -at – wie denn nun?

Am Esstisch vermittelt die Aufforderung »*Reichst du mir bitte mal das Salz?*« eine klare Vorstellung dessen, was der Fragende haben möchte – und genauso deutlich versteht der Gefragte die Aufforderung und greift nach dem Salzstreuer.

Fordern Sie hingegen jemanden in einem chemischen Labor auf, mal »*das Salz*« aus dem Schrank zu holen, ernten Sie wahrscheinlich irritierte Blicke, denn es ist *überhaupt nicht* klar, was Sie meinen. Mit »Salz« kann Natriumchlorid gemeint sein, aber auch Kaliumcyanid oder Kupfersulfat, Lithiumnitrat, Natriumhydrogensulfat oder Kaliumdichromat oder …

Sämtliche ionischen Verbindungen (bekannt aus Kapitel 11) sind »Salze«, und davon gibt es ganz schön viele! Daher sollten Sie sich also schon etwas genauer ausdrücken. Chemiker müssen einander verstehen, wenn sie von den Stoffen reden, mit denen sie arbeiten. Und natürlich gibt es nicht nur Salze, sondern noch viele andere Substanzen, die sich durch ihren Namen von anderen Stoffen eindeutig und unmissverständlich unterscheiden müssen. Dafür gibt es eine systematische **Nomenklatur**; um die geht es hier (zunächst für die *anorganischen* Stoffe, die organischen Stoffe haben eine eigene Nomenklatur, dazu mehr in Teil VIII).

Die große Vielfalt allein der Stoffe, die der Anorganik zugeschrieben werden, können wir hier nicht komplett abhandeln, das würde ein ganzes Buch füllen. Daher beschränken wir uns auf die Substanzen, die Sie in einem Grundlagenlabor der Chemie finden – *die* sollten Sie auf jeden Fall benennen können.

Das Kind bekommt einen Namen

Die systematische Bezeichnung chemischer Verbindungen basiert auf den Empfehlungen der IUPAC-Nomenklaturkommission. Es sind tatsächlich nur *Empfehlungen*, Sie begehen also kein Verbrechen, wenn Sie Ihre Stoffe anders bezeichnen. Allerdings tun Sie sich einen großen Gefallen damit, sich mit der offiziellen Nomenklatur auseinanderzusetzen, denn sonst werden Sie Schwierigkeiten haben, ein Buch über Chemie zu lesen oder von Kolleginnen und Kollegen überhaupt verstanden zu werden.

Als wichtigste anorganische Grundchemikalien sind zu nennen: Elemente (die kennen Sie bereits aus Kapitel 10), Wasserstoffsäuren und deren Anionen, Sauerstoffsäuren (auch als **Oxosäuren** bezeichnet) und deren Anionen sowie Salze, Hydride und Moleküle.

✔ Wasserstoffsäuren enthalten neben Wasserstoff nur ein einziges Element oder eine einfache Gruppe. Die Protonen sind unmittelbar an ein elektronegatives Nichtmetall gebunden (außer Sauerstoff, der hat seine eigene Klasse – dazu kommen wir gleich). Tabelle 27.1 zeigt einige Beispiele für Wasserstoffsäuren. Wird der acide Wasserstoff abgespalten (die Verbindung dissoziiert in H^+ und Säurerest), dann erhalten die verbleibenden Anionen die Endung »**-id**«. Bei der Summenformel der Säuren steht der Wasserstoff am *Anfang* der Formel, jedoch am *Ende* des Namens.

Säure	IUPAC-Name	Anion	IUPAC-Name
HCl	Chlorwasserstoff	Cl^-	-chlor**id**
HF	Fluorwasserstoff	F^-	-fluor**id**
HCN	Cyanwasserstoff	CN^-	-cyan**id**
H_2S	Schwefelwasserstoff	HS^-	-hydrogensulf**id**
		S^{2-}	-sulf**id**
H_2O	Wasser	OH^-	-hydrox**id**
		O^{2-}	-ox**id**

Tabelle 27.1: Wasserstoffsäuren und ihre Anionen

✔ **Sauerstoffsäuren** (Oxosäuren) verfügen über *mindestens* ein Wasserstoff-Atom, das an Sauerstoff gebunden ist. Auch hier stehen die H-Atome am *Anfang* der Summenformel, obwohl sie eigentlich am Sauerstoff gebunden sind. Die Säuren werden nach der *Anzahl* ihrer Sauerstoff-Atome unterschieden:

- **Elementsäuren** stellen die stabilste Anordnung dar (Tabelle 27.2 zeigt Beispiele). Die H-Atome können nacheinander abgespalten werden, der Säurerest erhält die Endung »**-at**«.

Säure	IUPAC-Name	Anion	IUPAC-Name
H_3PO_4	Phosphorsäure	$H_2PO_4^-$	-dihydrogenphosph**at**
		HPO_4^{2-}	-hydrogenphosph**at**
		PO_4^{3-}	-phosph**at**
H_2SO_4	Schwefelsäure	HSO_4^-	-hydrogensulf**at**
		SO_4^{2-}	-sulf**at**
$HClO_3$	Chlorsäure	ClO_3^-	-chlor**at**
HNO_3	Salpetersäure	NO_3^-	-nitr**at**

Tabelle 27.2: Elementsäuren und ihre Anionen

- Gibt es *ein Sauerstoff-Atom weniger* als in den Elementsäuren, ist von **elementigen Säuren** die Rede (Tabelle 27.3 zeigt Beispiele). Die H-Atome können nacheinander abgespalten werden, der Säurerest erhält die Endung »**-it**«.

Säure	IUPAC-Name	Anion	IUPAC-Name
H_3PO_3	Phosphorige Säure	$H_2PO_3^-$	-dihydrogenphosph**it**
		HPO_3^{2-}	-hydrogenphosph**it**
		PO_3^{3-}	-phosph**it**
H_2SO_3	Schweflige Säure	HSO_3^-	-hydrogensulf**it**
		SO_3^{2-}	-sulf**it**
$HClO_2$	Chlorige Säure	ClO_2^-	-chlor**it**
HNO_2	Salpetrige Säure	NO_2^-	-nitr**it**

Tabelle 27.3: Elementige Säuren

- Ist *noch ein Sauerstoff-Atom weniger* vorhanden, haben wir es mit den **hypoelementigen Säuren** zu tun. Die resultierenden Namen entsprechen denen der elementigen Säuren, erweitert um die Vorsilbe »**Hypo-**«. Tabelle 27.4 können Sie entnehmen, dass das sowohl für die Säuren als auch für deren Anionen gilt.

Säure	IUPAC-Name	Anion	IUPAC-Name
H_3PO_2	Hypophosphorige Säure (Phosphinsäure)	$H_2PO_2^-$	-dihydrogen**hypo**phosph**it**
		HPO_2^{2-}	-hydrogen**hypo**phosph**it**
		PO_2^{3-}	-**hypo**phosphit
H_2SO_2	Hyposchweflige Säure (Sulfoxylsäure)	HSO_2^-	-hydrogen**hypo**sulf**it**
		SO_2^{2-}	-**hypo**sulfit
HClO	Hypochlorige Säure	ClO^-	-**hypo**chlorit
HNO	Hyposalpetrige Säure (dimer, explosiv)	NO^-	-**hypo**nitrit

Tabelle 27.4: Hypoelementige Säuren und ihre Anionen

- Es gibt auch Sauerstoffsäuren, die ein Sauerstoff-Atom *mehr* haben als die zugehörige Elementsäure. Hiervon gibt es zwei Sorten: die **Persäuren** und ihre zugehörigen Anionen mit der Vorsilbe »**Per-**«, und die *Peroxosäuren*, denen entsprechend die Vorsilbe »**Peroxo-**« zukommt (ausgesprochen: Per-oxo-).

Verwechseln Sie die *Per*säuren keinesfalls mit *Peroxo*säuren. Beide sind zwar starke Oxidationsmittel (*siehe* Kapitel 26), aber das hat unterschiedliche Gründe:

Bei den *Persäuren* liegt das zentrale Atom mit der höchstmöglichen Oxidationszahl vor – wie bei der Perchlorsäure (a) – während *Peroxosäuren* eine –O–O-Bindung aufweisen, zu sehen etwa bei der Peroxoschwefelsäure (b):

(a)

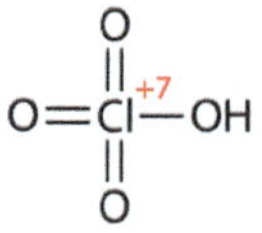

(b)

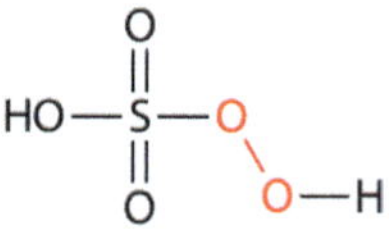

Persäuren sind bisher nur von der 7. Hauptgruppe bekannt – und auch dort nur von Chlor und Iod (Tabelle 27.5; bitte beachten Sie die Aussprache der Periodsäure, das hat mit »Periode« nichts zu tun):

Säure	IUPAC-Name	Anion	IUPAC-Name
$HClO_4$	Perchlorsäure	ClO_4^-	-**per**chlorat
HIO_4	Periodsäure	IO_4^-	-**per**iodat

Tabelle 27.5: Persäuren und ihre Anionen

*Peroxo*säuren und entsprechende Anionen gibt es von Elementen der 5. und 6. Hauptgruppe (einige Beispiele finden Sie in Tabelle 27.6):

Säure	IUPAC-Name	Anion	IUPAC-Name
H_3PO_5	**Peroxo**phosphorsäure	PO_5^{3-}	-**peroxo**phosphat
H_2SO_5	**Peroxo**schwefelsäure	SO_5^{2-}	-**peroxo**sulfat
HNO_4	**Peroxo**salpetersäure	NO_4^-	-**peroxo**nitrat

Tabelle 27.6: Peroxosäuren und ihre Anionen

- ✔ Salze bestehen immer aus Kationen und Anionen. Oft entstehen sie durch Reaktion eines Metalls (links im Periodensystem) mit einem Nichtmetall (rechts im Periodensystem). Meist haben Nichtmetalle die höhere Elektronegativität (*siehe* Kapitel 10). Eine chemische Formel für ein Salz beginnt jeweils mit dem elektro*positiveren* Partner (also den Kationen). Sie schreiben und sagen Natriumchlorid NaCl, *nicht* Chloridnatrium ClNa.

  Auch durch Neutralisation der oben genannten Säuren mit Basen entstehen Salze. Das Anion ist dann der jeweilige Säurerest, den Sie in den Tabellen 35.1 bis 35.5 angegeben finden, also etwa KNO_3 (Kaliumnitrat) oder Na_2SO_4 (Natriumsulfat).

- ✔ Im Gegensatz zu den Säuren mit acidem H-Atom kommt *kovalent* gebundener Wasserstoff in den Formeln an *letzter* Stelle, wie in NH_3 oder PH_3. Das ist leider traditionell begründet und überhaupt nicht logisch (es heißt ja auch H_2O, und nicht etwa OH_2). Auch bei NH_3 ist N immer noch das elektronegativere Element (Stichwort: FON_{Cl}).

Anders läuft es bei den **Hydriden** (wie LiH), bei denen der Wasserstoff tatsächlich *negativ* polarisiert ist.

- Es gibt natürlich auch jede Menge »anorganische« **Moleküle**, als Beispiele seien nur CO, CO_2, OF_2, Cl_2O, PCl_5, NO_2 und NH_3 genannt. (Denken Sie an die Präfixe zur Benennung der Zahlen: di, tri, tetra, penta …, *siehe* Kapitel 2.) Alle diese Moleküle bestehen aus Nichtmetallen. In der Regel wird das elektropositivere Element zuerst genannt (das also im Periodensystem links oder über dem Partner steht). PCl_5 heißt zum Beispiel Phosphorpentachlorid.

Umgang mit Kationen?

Bislang ging es in diesem Kapitel vornehmlich um Anionen – und das ist auch gut so, denn die speziellen Eigennamen dieser Ionen müssen Sie ja auch erst einmal kennenlernen. Aber natürlich gehören zur vollständigen Benennung ionischer Verbindungen auch die Gegen-Ionen. Hier gibt es einen kleinen, aber feinen Unterschied zwischen Hauptgruppenelementen und Elementen aus dem d- oder f-Block.

- Die Elemente aus den **Hauptgruppen** halten sich, wenn sie Kationen bilden, weitgehend an die Oktettregel: Meist können Sie sich darauf verlassen, dass Elemente der 1. Hauptgruppe auch einwertige Kationen bilden, Elemente der 2. Hauptgruppe entsprechend zweiwertige Kationen und Elemente der 3. Hauptgruppe dreiwertige Kationen. Deswegen ist es hier auch – zumindest im Chemie-Alltag – nicht üblich, deren Oxidationszahlen anzugeben, und auch bei der systematischen Benennung wird gemeinhin berücksichtigt, »dass ja bekannt ist«, welche Ladung welches Element in derartigen ionischen Verbindungen aufweisen wird.

BEISPIEL

Deswegen wird beispielsweise Na_2SO_4 nur als Natriumsulfat bezeichnet, nicht etwa als Dinatriumsulfat (Natrium bildet nun einmal bevorzugt einwertige Kationen, und dass das Sulfat-Ion zweifach negativ geladen ist, wissen Sie spätestens seit diesem Kapitel; also braucht es auch zwei Na^+ als Gegen-Ionen), und da Calcium zur zweiten Hauptgruppe gehört, ist auch offensichtlich, dass die Summenformel von Calciumsulfat dann $CaSO_4$ lauten muss. In gleicher Weise ergibt es sich dann auch zwangsläufig, dass Aluminiumsulfat (Al gehört zur dritten Hauptgruppe) die Summenformel $Al_2(SO_4)_3$ aufweisen muss.

- Bei den **Nebengruppenelementen** ist die Frage, welche Oxidationszahl sie wohl aufweisen, bekanntlich nicht ganz so leicht zu beantworten, weil manche Elemente da erstaunlich flexibel sind (denken Sie nur an die verschiedenen Oxidationsstufen, die Mangan einzunehmen bereit ist). Entsprechend hat es sich eingebürgert, bei Verbindungen der Nebengruppen, um Missverständnisse zu vermeiden, die Oxidationszahl mehr oder minder *immer* mit anzugeben – in *römischen* Zahlen (obwohl die IUPAC genau diese doch eigentlich loswerden wollte …).

  Da es sich bei den Nebengruppenelementen ausnahmslos um Metalle handelt und diese ja deutlich eher dazu neigen, Elektronen abzugeben, als Elektronen aufzunehmen, ist die Angabe eines Ladungsvorzeichens (+/–) hier nicht notwendig: Hier ist unweigerlich »+« gemeint.

BEISPIEL

Auf diese Weise besteht natürlich dann auch nicht mehr die Gefahr einer Verwechslung von Kupfer(I)-chlorid ($CuCl$) und Kupfer(II)-chlorid ($CuCl_2$), und auch das Mangan(II)-oxid (MnO) lässt sich damit sofort vom Mangan(IV)-oxid (MnO_2, besser bekannt als Braunstein) unterscheiden.

Ungewöhnliche Oxidationszahlen bei Hauptgruppenelementen

Seit einigen Jahren werden gezielt auch Verbindungen von Hauptgruppenelementen synthetisiert, in denen diese in eher außergewöhnlichen Oxidationszahlen auftreten, die dann durch die dort vorliegenden, meist recht komplexen Bindungsverhältnisse mehr oder minder stabil sind (und teilweise ein wirklich interessantes chemisches Verhalten an den Tag legen, das etwa zur Katalyse oder für sehr spezielle Synthesen genutzt werden kann). Darin finden sich dann etwa Silicium-Atome mit der Oxidationszahl +2 (die natürlich nicht die Oktettregel erfüllen), oder auch Bor oder Aluminium mit der Oxidationszahl +1.

Entsprechend muss bei diesen besonderen Verbindungen die relevante Oxidationszahl dann *doch* angegeben werden: Die – äußerst instabile – Verbindung mit der Summenformel $AlCl$ heißt entsprechend Aluminium(I)-chlorid, während die sehr viel häufiger vorzufindende Verbindung mit der Summenformel $AlCl_3$ nur von Formalisten als Aluminium(III)-chlorid bezeichnet wird, alle anderen sprechen einfach von Aluminiumchlorid.

Spitznamen – gar nicht trivial

Schon lange, bevor sich die Menschen auf international gültige Bezeichnungen geeinigt haben, hatten manche Stoffe feste Namen. Einige dieser Namen haben sich bis heute gehalten und einen festen Platz auch beispielsweise im Laborjargon errungen. Sie wären sicherlich irritiert, wenn Sie aufgefordert würden, eine 0,1-molare Lösung von Dihydrogensulfat in Dihydrogenoxid herzustellen. Sind Sie mit der Nomenklatur etwas vertraut, kommen Sie schnell hinter das Geheimnis: Das ist nichts anderes als eine wässrige Schwefelsäure-Lösung – und natürlich bezeichnen Sie diese auch als solche, damit geben Sie sich auch als Chemiker(in) keine Blöße. Sprechen Sie dagegen von Ätzkali, Ätzkalk oder Ätznatron, werden Sie (zumindest im Labor) etwas schief angeguckt. Auch die Bezeichnungen Höllenstein, Hirschhornsalz, Pottasche, Knallsilber oder doppeltkohlensaures Natron sollten Sie vermeiden. Greifen Sie lieber auf IUPAC-Namen zurück, wenn Sie unter Chemikern ernst genommen werden wollen.

Aber auch diese Bezeichnungen, von denen wir gerade abgeraten haben, stehen jeweils für einen genau definierten Stoff. Dies sind **Trivialnamen**. Damit werden chemische Stoffe in einer Art und Weise bezeichnet, die keinerlei Rückschluss auf ihre Zusammensetzung erlaubt. (Diese Namen stammen meist aus Zeiten, wo es noch keine systematische Benennung gab.)

Es ist natürlich nicht verboten, Trivialnamen zu verwenden – häufig sind sie sogar gleichberechtigt neben den IUPAC-Namen in Gebrauch. Manche Trivialnamen sind derart etabliert, dass die systematischen Namen der entsprechenden Verbindungen kaum bekannt sind – oder so kompliziert, dass Sie sich beim Aussprechen die Zunge verknoten. (Sie werden als Chemiker genauso wenig ernst genommen, wenn Sie Oxidan statt *Wasser* sagen, Azan statt *Ammoniak* oder (5*R*)-5-[(*S*)-1,2-Dihydroxyethyl]-3,4-dihydroxy-5*H*-furan-2-on statt *Vitamin C*.)

Manche Trivialnamen sind so selbstverständlich, dass sie sogar als Benennungsgrundlage von Verbindungen verwendet werden, deren Struktur sich von einer weithin bekannten Verbindung ableiten lässt (und sei es auch nur formal). Tauschen Sie beispielsweise (Chemie-Lego®) die drei H-Atome am Kohlenstoff-Atom der Essigsäure (CH_3COOH, bekannt aus Kapitel 25) durch Chlor-Atome aus, ist es vollkommen legitim, die resultierende Verbindung CCl_3COOH als *Trichloressigsäure* zu bezeichnen. Derartige **Halbtrivialnamen** erfreuen sich vor allem in der Organischen Chemie und ganz besonders in der Biochemie immenser Beliebtheit, wie Sie ab Teil VIII dieses Buches bemerken werden.

Auf eine Auflistung gängiger Trivialnamen und deren *richtiger* systematischer Bezeichnung nach IUPAC wollen wir hier verzichten. Sie werden schon selbst merken, ob Sie im Labor (oder wo auch immer) verstanden werden.

Systematische Nomenklatur – stets im Wandel

Derzeit (Stand: 2026) empfiehlt die IUPAC um der Eindeutigkeit willen, bei *allen* Verbindungen Oxidationszahlen anzugeben, sodass wir bei NaCl streng genommen von Natrium(I)-chlorid sprechen müssten, und auch die Säuren-Eigennamen (wie Schwefelsäure, Schweflige Säure und dergleichen mehr) sind ihr noch nicht systematisch genug. (Die vorgeschlagenen Alternativen wollen wir hier unerwähnt lassen, um Sie nicht unnötig zu verwirren.) Diesbezügliche Empfehlungen (und nichts anderes unterbreitet die IUPAC ja) haben sich bislang noch nicht flächendeckend durchgesetzt, und Gleiches gilt für das Bestreben, die römischen Zahlen endgültig loszuwerden und statt Oxidationszahlen lieber Ladungen anzugeben. (Durchgesetzt hat die IUPAC das immerhin schon bei der Komplex-Nomenklatur, aber auch das wollen wir hier nicht weiter vertiefen.) Die chemische Nomenklatur wird im Bestreben um Eindeutigkeit stetig weiterentwickelt, da kann (und wird!) sich also mit den Jahren noch so einiges ändern.

Das war in der Chemie aber schon immer so: Als beispielsweise das Gebiet der Komplexchemie (*siehe* Kapitel 13) noch in den Kinderschuhen steckte (in der Mitte des 19. Jahrhunderts), waren die Forscher von der teilweise unerwarteten Farbenpracht ihrer Syntheseprodukte so fasziniert, dass sie eine eigenständige Nomenklatur entwickelten, die sich auf die *Farbe* der jeweiligen Verbindungen bezog, wobei Vorsilben (lateinischen oder griechischen Ursprungs) zum Einsatz kamen. So wurde das violettblaue *cis*-Stereoisomer des Tetraammindichloridocobalt(1+)-Kations ($[Cu(NH_3)_4Cl_2]^+$) als *Violeo*-Komplex bezeichnet, während die grüne *trans*-Form *Praseo*-Verbindung genannt wurde – was bedauerlich war, denn Rückschlüsse auf die chemischen Gegebenheiten *an sich,* also beispielsweise die Stereochemie oder dergleichen, gestatteten die jeweils beobachtbaren Farben keineswegs. Derlei Vokabelpaukerei bleibt Ihnen heutzutage dankenswerterweise erspart (es sei denn, Sie befassen sich mit *wirklich alter* Fachliteratur).

Aufgaben Kapitel 27

1. Geben Sie die Formeleinheiten (meist nur als »Summenformeln« bezeichnet …) der folgenden Substanzen an: (a) Natriumsulfat; (b) Calciumphosphat; (c) Magnesiumnitrat; (d) Magnesiumnitrit; (e) Kaliumperchlorat; (f) Aluminiumhydrogenphosphat; (g) Aluminiumdihydrogenphosphat; (h) Blei(II)-oxid; (i) Blei(IV)-oxid.
2. Benennen Sie die folgenden Substanzen: (a) $KHSO_4$; (b) $Ti(SO_3)_2$; (c) $Ti(SO_4)_2$; (d) NaKS; (e) $FeCl_2$; (f) $FeBr_3$; (g) FeO(OH); (h) Fe_2O_3.
3. Von welchen Säuren leiten sich die Verbindungen (a) bis (e) aus Frage 1 jeweils ab?

IN DIESEM KAPITEL

erfahren Sie, was manche Elemente so treiben, wenn sie allein gelassen werden

finden sich unerwartete Analogien

zwingen wir Edelgase zum Mitspielen

Kapitel 28
Elemente allein zu Haus

Bevor wir uns ausgewählten Verbindungen zuwenden, die Atome verschiedener Elemente miteinander eingehen können, wollen wir uns zunächst damit beschäftigen, was eigentlich »passiert«, wenn wir nur Atome der gleichen Sorte vorliegen haben.

Allotropie – Polymorphie für Einzelgänger

Polymorphie ist Ihnen bereits in den Kapiteln 11 und 21 begegnet. (Kurzfassung: Gleiche Bausteine werden zu unterschiedlichen Strukturen zusammengefügt.) Liegt ein Stoff elementar vor, gibt es natürlich nur eine einzige Sorte Chemie-Lego®-Steine, aber selbst dann ist gelegentlich erstaunliche Vielfalt möglich: Auch Atome der gleichen Sorte können völlig unterschiedliche Strukturen ergeben – bei Elementen wird das **Allotropie** genannt.

Kohlenstoff und mehr

Vom Kohlenstoff kennen Sie das bereits aus Kapitel 12 (schauen Sie in den dortigen Kasten *Wenn C-Atome unter sich bleiben*): Ob Sie es mit einer Bleistiftmine oder unerschwinglichem Schmuck zu tun haben oder gar mit den Fullerenen (den lustigen Fußbällen) – das alles sind *allotrope Formen* von Kohlenstoff.

Bei Normaldruck und Temperaturen unterhalb von 4000 K ist Graphit die stabilere Form des Kohlenstoffs: Diamant ist unter Normbedingungen nur **metastabil**; er verdankt seine Stabilität unter diesen Bedingungen lediglich der *kinetischen Hemmung*, die eine Umwandlung in die stabilere Form verhindert. Bei Energiezufuhr sieht das jedoch gleich wieder anders aus. Allerdings brauchen Sie nicht gleich in Panik zu verfallen, wenn Sie einen Diamantring versehentlich auf eine heiße Herdplatte gelegt haben: Die Aktivierungsenergie für die Umwandlung der einen Modifikation in die andere ist ziemlich hoch – unter 500 °C läuft bei Normdruck gar nichts. (Aber nach einem Wohnungsbrand werden Sie alte Familienerbstücke vergeblich suchen.)

So viel Abwechslung: Diamant und … Diamant?!

Nachdem Sie (nach der Lektüre von Teil III dieses Buches) ein wenig vertrauter mit Kugelpackungen und Ionengittern sind und Sie auch das Konzept der Polymorphie kennen, wird es Sie gewiss interessieren, dass sogar elementarer Kohlenstoff in seiner Diamant-Modifikation noch unterschiedliche Gitter ausbildet:

- ✔ Zum einen gibt es das (gewöhnliche) *kubische* Gitter (mit der Schichtfolge A-B-C-A-B-C), das auch als kubisch dichteste Packung von C-Atomen aufgefasst werden kann, in dem die Hälfte aller Tetraederlücken mit C-Atomen besetzt ist (analog zur *Zinkblende*, bei der dann sowohl Zn wie S durch C ersetzt ist, *siehe* Abbildung 11.7c).
- ✔ Daneben gibt es auch noch das *hexagonale* Gegenstück mit der Schichtfolge A-B-A-B, das entsprechend dem *Wurtzit* analog ist (*siehe* Abbildung 11.7d). Diese Form scheint auf der Erde nicht natürlich vorzukommen, wurde aber in Meteoriten gefunden und lässt sich synthetisch gewinnen.

Das höhere Homologe des Kohlenstoffs, das Halbmetall Silicium, kristallisiert in einer dem kubischen Diamanten analogen Struktur. Ein Graphit-Analogon auf Silicium-Basis wurde bislang noch nicht gefunden – und angesichts der darin erforderlichen π-Wechselwirkungen ist gemäß der Doppelbindungsregel (aus Kapitel 12) damit auch nicht zu rechnen. Das gilt natürlich (und erst recht) für das Germanium (ebenfalls ein Halbmetall, ebenfalls in diamantanaloger Struktur). Zinn und Blei sind zwar durchaus interessant, aber eben *Metalle* – und über die wurde ja schon einiges geschrieben (vor allem in Kapitel 14; mehr dazu in Kapitel 34).

Homologie – ein doppelt nützlicher Begriff

Das Wort »Homologie« leitet sich aus dem Griechischen ab: *homo* bedeutet »gleich«, *logos* ist nicht so leicht zu übersetzen, verknüpft aber die Ideen von Sinn, Sinngehalt und Vernunft (wie etwa im Wort »Logik«). Entsprechend spricht man von **Homologie**, wenn eine gewisse »Gleichsinnigkeit« oder »Ähnlichkeit« vorliegt. Dummerweise wird der Begriff in der Chemie in zwei doch recht unterschiedlichen Bedeutungszusammenhängen verwendet; Sie müssen also genau darauf achten, was gerade gemeint ist.

- ✔ **Homologe** stehen üblicherweise im Zusammenhang mit einem Element. Dessen *höhere* Homologe sind alle Elemente, die in der gleichen Gruppe im Periodensystem darunter stehen (*niedere* Homologe stehen darüber).
  - So ist beispielsweise Sauerstoff das niedere Homologe von Schwefel, während Selen, Tellur und Polonium allesamt höhere Homologe des Schwefels darstellen. (Wenn Sie das Periodensystem auswendig lernen, kennen Sie also auch gleich entsprechende Homologie-Zusammenhänge.)
- ✔ Mit dem Begriff **Homologe Reihe** werden eine ganze Gruppe von Verbindungen beschrieben, die sich durch (formales) Hinzufügen oder Entfernen eines Kettengliedes ineinander umwandeln lassen (das ist wieder Chemie-Lego®!).

- Ein Beispiel für eine homologe Reihe stellen die binären Wasserstoff-Sauerstoff-Verbindungen aus Abbildung 30.1 dar. (Theoretisch könnte die Reihe H_2O_n ja um beliebig viele »Kettenglieder n« (= Sauerstoff-Atome) erweitert werden, nur sind diese (durchaus denkbaren) Verbindungen schlichtweg zu instabil.) Aus dem Gebiet der organischen Chemie ist die wohl wichtigste homologe Reihe die der gesättigten Kohlenwasserstoffe (mehr dazu in Kapitel 35).

Allotropie ist kein Vorrecht der 4. Hauptgruppe: Auch Elemente aus anderen Gruppen bekommen so etwas hin.

Es bleibt luftig – Sauerstoff

Von Sauerstoff existieren zwei auch über einen längeren Zeitraum stabile allotrope Formen: der »normale« Sauerstoff (der zur klareren Unterscheidung auch als *Disauerstoff* bezeichnet wird, O_2 eben; Abbildung 28.1a) und *Trisauerstoff* (b; O_3), gemeinhin als **Ozon** bezeichnet. Unter Standardbedingungen sind beide gasförmig.

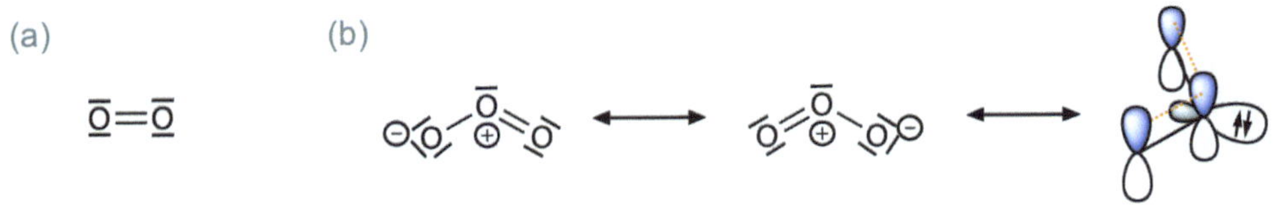

Abbildung 28.1: Allotropie beim Sauerstoff: Disauerstoff (a) und Ozon (b)

Wie die Luft zum Atmen – O_2

Disauerstoff stellt mit 23,16 Massenprozent (oder 20,95 Volumenprozent) den zweitgrößten Anteil der Luft dar. (Auf Platz eins steht der Stickstoff, von dem allerdings keine allotropen Formen bekannt sind.) Dank des zugehörigen MO-Diagramms (aus Kapitel 12) wissen Sie ja, dass im O_2-Molekül zwischen den beiden Atomen eine Doppelbindung vorliegt, es sich zugleich aber auch um ein *paramagnetisches Diradikal* mit einer Multiplizität von M = 3 handelt (das also in einem *Triplett*-Zustand vorliegt, wie Sie das in Kapitel 13 gelernt haben) – das erklärt auch, warum Sauerstoff derart heftig Reaktionen eingeht, und zwar mit praktisch allem, was nicht niet- und nagelfest ist. (Vergessen Sie nicht, dass jeder offene Brand effektiv nichts anderes ist als eine extrem exotherme Redox-Reaktion, bei der reichlich elementarer Sauerstoff verbraucht wird.) Wird O_2 unter –183 °C abgekühlt, entsteht eine immens reaktive hellblaue Flüssigkeit: Flüssiger Sauerstoff ist ein starkes Oxidationsmittel. Viele organische Substanzen geraten bei Kontakt mit Flüssigsauerstoff spontan in Brand. (Im Gegensatz zur landläufigen Meinung ist Sauerstoff selbst übrigens nicht brennbar: Zu was sollte er denn mit dem Luftsauerstoff auch reagieren?)

Das sollten Sie im Auge behalten, wenn Sie im Labor mit flüssigem Stickstoff als Kühlmittel arbeiten (der Siedepunkt von elementarem Stickstoff liegt bei −196 °C): Dort kondensiert leicht Sauerstoff aus der Luft ein. Wenn Sie am Abend im Labor bemerken, dass der flüssige Stickstoff im Dewar-Gefäß (ausgesprochen: »Dju-ar«), der doch eigentlich farblos ist, ein wenig bläulich aussieht, ist es keine gute Idee, den Behälter rasch ausleeren zu wollen – vielleicht haben Sie Pech, und der ganze Fußbodenbelag geht in Flammen auf. Besser einen Tag lang warten, bis sich der Stickstoff trotz des Thermoskannen-Effekts von Dewar-Gefäßen hinreichend erwärmt hat und verdunstet ist – dann geht der Sauerstoff gleich mit. Das ist deutlich ungefährlicher. Geduld *kann* eine Tugend sein.

Das geht noch aggressiver! – Ozon

Im Gegensatz zu O_2 ist das Trisauerstoff-Molekül (O_3) mesomeriestabilisiert (Abbildung 28.1b; zur Mesomerie schauen Sie notfalls noch einmal in Kapitel 12): Für die Bindungen zwischen den einzelnen Atomen ergibt sich eine Bindungsordnung von 1,5; der Bindungswinkel ($\sphericalangle_{OOO}$ = 116 °) passt zum VSEPR-Modell und zur sp^2-Hybridisierung (Kapitel 12). Ozon stellt ein noch deutlich stärkeres Oxidationsmittel dar als der normale Luftsauerstoff (der ja auch schon nicht von schlechten Eltern ist): Ethanol beispielsweise gerät bei Kontakt mit O_3 sofort in Brand, und auch zahlreiche andere organische Verbindungen reagieren spontan mit diesem Sauerstoff-Allotrop (wenngleich nicht unbedingt mit Flammenerscheinung). Leiten Sie Ozon durch Gummischläuche, haben Sie innerhalb kürzester Zeit nur noch bröckelige Überreste, und da auch viele biologische Gewebe mit einer derart reaktiven Substanz nicht sonderlich gut klarkommen, ist vielleicht verständlich, warum dieses stechend riechende Gas als »sehr giftig« eingestuft wird. (Trotzdem werben manche Landkreise – von Usedom bis zum Bayerischen Wald – auch im Jahr 2018 noch mit den Vorzügen ihrer »gesunden« oder gar »schmeichelnden« ozonreichen Luft. Na, dann …)

Was *der* alles kann! – Schwefel

Als höheres Homologes des Sauerstoffs verfügt auch der Schwefel über sechs Valenzelektronen, Sie könnten also auf die Idee kommen, auch er werde die Oktettregel (Kapitel 12) erfüllen, indem er diatomare Moleküle S_2 bildet – aber zumindest unter Normbedingungen steht dem die Doppelbindungsregel entgegen. (Die Überlappung der parallel zueinander stehenden p-Orbitale ist so gering, dass sich der Energiegewinn, der sich aus einer π-Bindung ergibt, praktisch nicht lohnt.) Deswegen beschreitet der Schwefel einen anderen Weg: Unter Normbedingungen liegt er in Form von S_8-Molekülen vor (Abbildung 28.2a; für Freunde von Symmetriebetrachtungen: Punktgruppe D_{4d}; *siehe* dazu den Abschnitt *Nur für Streber* in Kapitel 12), die makroskopisch ein strohgelbes Pulver ergeben. (Zur Beschreibung der Farbe elementaren Schwefels findet sich oft der Begriff »schwefelgelb« – sehr aussagekräftig, wenn Sie Schwefel noch nie gesehen haben …) Wegen der Molekülform wird S_8 oft *Kronenschwefel* genannt. Der räumliche Bau des S_8-Moleküls lässt sich unterschiedlich beschreiben:

- ✔ Die acht Atome bilden eine zum Ring geschlossene Zick-Zack-Kette (Abbildung 28.2a).
- ✔ Die acht Schwefel-Atome bilden zwei um 45° gegeneinander verdrehte quadratische Ringe (einer »oben«, einer »unten«; Abbildung 28.2b).

- ✔ Die acht Atome sind zu einem quadratischen Antiprisma angeordnet (Abbildung 28.2c; bitte beachten Sie, dass in dieser Darstellung die Verbindungslinien zwischen den Atomen *nicht* als Bindungen zu verstehen sind, sondern *nur* den räumlichen Bau verdeutlichen sollen; das kennen Sie vielleicht schon aus dem Abschnitt *Nur für Streber* in Kapitel 21).
- ✔ Systematisch wird das Molekül als Cyclooctaschwefel bezeichnet – das besagt, dass die Schwefel-Atome einen achtgliedrigen Ring bilden. (Diese Benennungsweise werden Sie in Teil VIII dieses Buches wiederfinden, die ist »typisch OC«.)

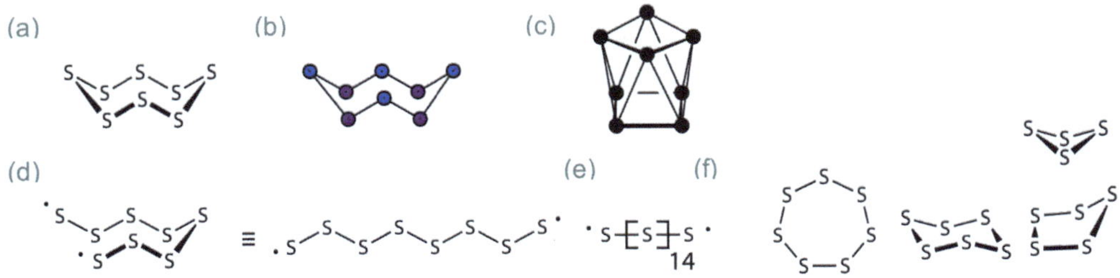

Abbildung 28.2: Verschiedene Schwefel-Modifikationen

Erhitzen Sie elementaren Schwefel bis zum Sieden, wird es interessant: Zunächst schmilzt der Feststoff zwar (bei etwa 120 °C), doch bei zunehmender Temperatur wird die anfänglich dünnflüssige gelbe Schmelze immer dunkler und dabei bemerkenswerterweise auch zähflüssiger – bei etwa 250 °C liegt eine hochviskose Masse vor. Steigern Sie die Temperatur weiter, nimmt die Viskosität nach und nach wieder ab, während sich die Farbe noch mehr verdunkelt: Kurz vor dem Siedepunkt (der lässt sich gut merken: er liegt bei 444 °C) ist die Schmelze wieder dünnflüssig, dabei aber tiefrot. Für derart ungewöhnliches Verhalten in der Schmelze muss es eine Ursache auf atomarer oder molekularer Ebene geben. Schauen wir also ein wenig genauer hin:

Von dünnflüssig nach dickflüssig ...

Normalerweise erwartet man, dass ein Feststoff bei steigender Temperatur immer dünnflüssiger wird, bis er dann schließlich verdampft (also in die Gasphase übergeht). Bei Schwefel ist es anders: Nachdem der Schmelzpunkt erreicht ist, können sich die einzelnen S_8-Moleküle natürlich freier bewegen, deswegen liegt überhaupt eine Flüssigkeit vor. Ist die Temperatur aber hoch genug (wird also genug Energie zugeführt), können auch die ersten Schwefel-Schwefel-Bindungen aufgebrochen werden, sodass ein *Diradikal* entsteht (Abbildung 28.2d). Das ist natürlich extrem reaktiv: Um an den betroffenen (terminalen) S-Atomen wieder Edelgaskonfiguration zu erreichen, greift es ein weiteres S_8-Molekül an: Folge ist ein *längeres* Diradikal, das dann die Reaktion entsprechend fortsetzt (Abbildung 28.2e; eine solche Reaktion heißt *Polymerisation*). Je länger die Schwefel-Ketten werden, desto stärker werden natürlich die intermolekularen Wechselwirkungen (Stichwort: VAN-DER-WAALS-Kräfte, Kapitel 15). Am Höhepunkt der Viskosität liegen *Polyschwefelketten* vor, die aus bis zu 1 000 000 Atomen bestehen. Diese Schwefel-Modifikation (denn auch das ist eine allotrope Form) wird auch *Catenaschwefel* genannt. (»Catena« ist das lateinische Wort für Kette, also bedeutet das nichts anderes als »Kettenschwefel«, klingt aber viel toller.)

… und wieder zurück

Steigt die Temperatur noch weiter, gewinnt die Entropie die Oberhand (schauen Sie notfalls noch einmal in Kapitel 16). Die Kette bricht nach und nach wieder auseinander (deswegen nimmt die Viskosität auch ab), und es entstehen kleinere Schwefel-Moleküle: vor allem S_8, aber auch kleinere, etwa S_7, S_6 und so weiter (Abbildung 28.2f). Am Siedepunkt schließlich geht der Schwefel in die Gasphase über, und auch das immer noch in Form polyatomarer Moleküle S_n (mit $n = 2$ bis 8) – in der Gasphase finden sich dann also *doch* S_2-Moleküle. Na bitte.

Wichtige Regel aus der Chemie: *Fast alles ist nur eine Frage der Gewalt, die zum Einsatz kommt.* Manchmal müssen die Atome eben zu ihrem Glück gezwungen werden.

Die in Abbildung 28.2 dargestellten Schwefel-Modifikationen sind tatsächlich nur die Spitze des Eisbergs: Mittlerweile wurden auf synthetischem Wege praktisch alle nur erdenklichen S_n-Moleküle mit $n < 30$ erzeugt – und ob eine allotrope Form in der Natur vorkommt (also sozusagen »von sich aus entsteht«) oder nicht, ist ja unerheblich.

Und weiter unten im PSE?

Auch die höheren Homologen des Schwefels schaffen mehrere allotrope Formen, auf die hier aber nicht weiter eingegangen wird. Zudem steigt mit zunehmender Ordnungszahl bekanntermaßen der metallische Charakter der Mitglieder dieser Gruppe:

- ✔ Selen besteht in kristalliner Form analog zum Schwefel aus Se_8-Ringen, andere cyclische Selen-Moleküle lassen sich (temperaturabhängig) ebenfalls erzeugen, weiterhin gibt es eine metallische Form.
- ✔ Tellur hingegen ist normalerweise silbrigweiß und zeigt bereits metallischen Glanz.

Niedermolekular und hochmolekular – was ist was?

Vergleichen Sie den *Kronenschwefel* (Abbildung 28.2a, S_8) mit dem *Catenaschwefel* (S_n) oder den weißen mit dem schwarzen Phosphor (Abbildung 28.3a/b), sehen Sie einen grundlegenden Unterschied, der auch in der Fachsprache betont wird:

- ✔ *Niedermolekulare* Verbindungen liegen vor, wenn es sich um »einfach« gebaute, durch gerichtete *kovalente* Bindungen zusammengehaltene Moleküle (oder auch Molekül-Ionen) handelt, deren Summenformel sich eindeutig angeben lässt (wie eben S_8 oder P_4; das gilt auch für Moleküle wie H_2O).

✔ *Hochmolekulare* Verbindungen werden zwar immer noch (weitgehend) durch gerichtete kovalente Bindungen zusammengehalten, bestehen dabei aber aus nicht genau definiert vielen Untereinheiten, sodass sich eine eindeutige Summenformel nicht angeben lässt: Das gilt für den Catenaschwefel ebenso wie für den schwarzen Phosphor; auch aus unterschiedlichen Atomen aufgebaute Polymere (die Polymerchemie ist ein eigenes Fachgebiet; ein wenig mehr dazu finden Sie in Kapitel 53) fallen in diese Kategorie.

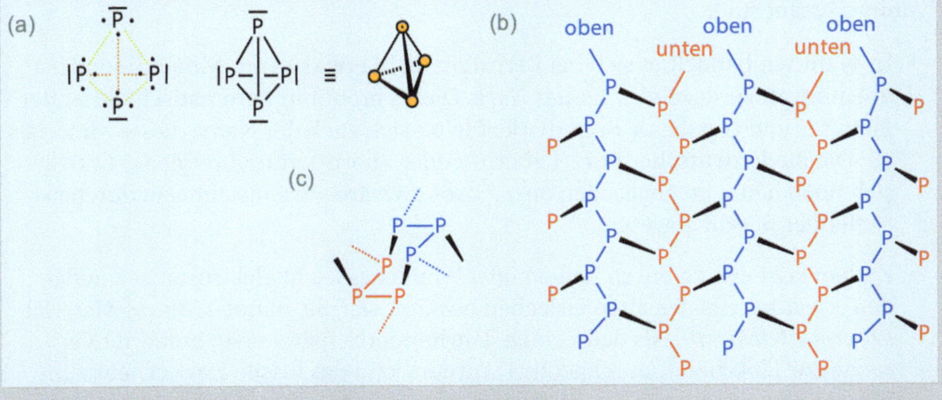

Abbildung 28.3: Weißer (a) und schwarzer (b/c) Phosphor

Ganz schön ähnlich – Phosphor und Arsen

Während der Stickstoff auf Allotropie verzichtet (das N_2-Molekül mit seiner Dreifachbindung ist einfach energetisch *so* günstig!), sind seine höheren Homologen da viel einfallsreicher.

P_4 und P_n

Weißer Phosphor umgeht die Doppelbindungsregel, indem er aus vier Atomen ein Tetraeder bildet (Abbildung 28.3a; sehen Sie, wie leicht sich das Molekül mit Chemie-Lego® zusammenstöpseln lässt?). Dies ist das reaktivste Phosphor-Allotrop – und zugleich auch das bekannteste, denn *nur diese* Modifikation zeigt die charakteristische Leuchterscheinung, die gemeinhin (fälschlicherweise!) als *Phosphoreszenz* bezeichnet wird (*siehe* den Kasten *Chemilumineszenz*). Ist weißer Phosphor geringfügig verunreinigt, wird er seiner Farbe wegen gelegentlich auch *gelber Phosphor* genannt. Erhitzen Sie weißen (oder gelben) Phosphor unter Luftabschluss, erhalten Sie eine *amorphe* Modifikation, die als *roter Phosphor* bezeichnet wird. Unter höherem Druck entsteht **schwarzer Phosphor**, bei dem sich die P-Atome zu zwei Schichten aus miteinander verbundenen Phosphor-Zickzackketten anordnen (b; die »obere« und die »untere« Kette sind jeweils farblich markiert). Beachten Sie, dass sich diese Struktur auch als Verknüpfung gewellter sechsgliedriger Ringe auffassen lässt (c; Sie werden bald bemerken, dass sechs- und auch fünfgliedrige Ringe in der Chemie von ganz besonderer Bedeutung sind).

Sieht aus wie Bernstein, ist aber keiner: Weißer Phosphor

Rein optisch betrachtet besitzt weißer Phosphor (P_4) frappierende Ähnlichkeit mit **Bernstein**, bekannt und beliebt als klarer bis undurchsichtiger gelber Schmuckstein. Die Ähnlichkeit beschränkt sich allerdings rein auf das Äußerliche:

- ✔ Bernstein, auch als *Succinit* bezeichnet, besitzt einige für (vermeintliche) Mineralien ungewöhnliche Eigenschaften, die zudem auch sprachwissenschaftlich nicht uninteressant sind:

  - In Wahrheit handelt es sich bei Bernstein nicht etwa um ein Mineral, sondern um amorph vorliegendes *fossiles Harz*. Dieses brennt mit aromatisch duftender Flamme, und von dieser Brennbarkeit leitet sich auch der Name dieses Materials ab: Die niederdeutsche Wurzel »bern-« oder »börn-« (für »brennen«) findet sich noch heute im englischen *burn*, insofern wäre »Brennstein« ein durchaus treffender Begriff gewesen.

  - Zudem lässt er sich durch Reiben oder Ähnliches leicht elektrostatisch aufladen – was bereits den alten Griechen bekannt war. Sie nannten dieses Material *ἔλεκτρον* (*elektron*). Als dann einige Jahrhunderte später erste moderne Versuche zur Elektrizität durchgeführt wurden, kam das fossile Harz erneut zum Einsatz und wurde zum Namensgeber nicht nur der *Elektr*izität, sondern auch des *Elektrons*. (Wo wir gerade bei interessanten historischen Bezeichnungen sind: Bei den Germanen hieß dieses häufig transparente Material *glesum* – und genau daher stammt das Wort »Glas«. Die bei den Römern übliche Bezeichnung *succinum* wiederum wird Ihnen in der Biochemie in Teil IX dieses Buches wiederbegegnen.)

- ✔ Weißer Phosphor ist zwar ebenfalls brennbar, neigt dabei aber in Kontakt mit Luft zur *Selbstentzündung*: Er ist *pyrophor*. Wenn er dann brennt, erreicht er Temperaturen oberhalb von 1300 °C und ist durch Wasser nicht zu löschen – da braucht es Löschsand.

  Das pyrophore Verhalten von weißem Phosphor führt immer wieder zu Unfällen, denn in den Ostsee-Gebieten, in denen auch heute noch hin und wieder Bernstein am Strand gefunden wird, kamen während des Zweiten Weltkriegs Brandbomben zum Einsatz, und Überreste des dabei verwendeten weißen Phosphors werden auch heute noch gelegentlich an den Strand gespült. Schon so mancher »glücklicher Finder« hat sich unschöne Verbrennungen zugezogen, weil er den vermeintlichen Bernstein einfach in der Hosentasche gesteckt hat.

Strukturell noch interessanter ist der *violette Phosphor*, der nach seinem Entdecker auch als **HITTORF'scher Phosphor** bezeichnet wird: Hierbei bilden die meisten P-Atome eine Kette aus sechsgliedrigen Ringen; die Atome, die *nicht* zwei Ringe miteinander verknüpfen, bilden dabei abwechselnd mit einer P_2- oder P_3-Einheit käfigartige Strukturen, die über die Kettenebene hinausragen (Abbildung 28.4a). Die P_3-Einheiten sorgen dabei für die Verknüpfung mit der nächsten Kette. Insgesamt ergibt sich dadurch eine dreidimensionale Gitterstruktur, wie ein riesiges P_n-Molekül (mit einer Röhrenstruktur, die *von der Seite betrachtet* fünfeckig aussieht, schauen Sie sich Abbildung 28.4a noch einmal genauer an) – aber das ist noch nicht alles: Anders als beim Diamanten, der ja praktisch ein einziges riesiges Kohlenstoff-Molekül C_n ist (*siehe* Kapitel 12), besteht HITTORF'scher Phosphor aus *zwei* solcher P_n-Einheiten (hier farblich behutsam voneinander abgesetzt), die zwar räumlich ineinander verschränkt sind, zwischen denen aber *keine kovalenten Bindungen* bestehen – zwischen diesen beiden Teilgittern wirken nur VAN-DER-WAALS-Kräfte und Co. (b).

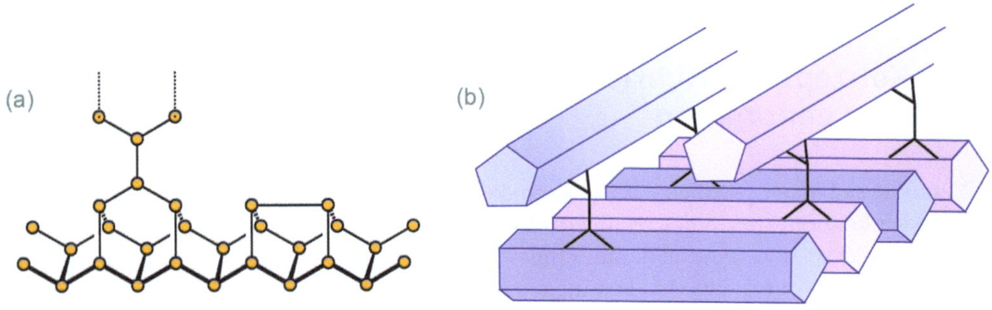

Abbildung 28.4: Violetter Phosphor (HITTORF'scher Phosphor)

Allen diesen Phosphor-Modifikationen ist gemein, dass sie bei hinreichender thermischer Anregung zerfallen und in Form von P_4-Molekülen in die Gasphase übergehen; ist die Temperatur hoch genug, lassen sich auch zum Stickstoff analoge P_2-Moleküle nachweisen. Natürlich lassen sich auch hier wieder niedermolekulare Phosphor-Allotrope P_n synthetisieren. (Basteln Sie selbst: Wie viele verschiedene P_6-Moleküle kriegen Sie zusammen? Eine gute Übung in Chemie-Lego®! Denken Sie dabei daran, dass Phosphor zumindest hier immer dreibindig ist.)

Arsen und seine großen Brüder

Die unter Normbedingungen stabilste Modifikation von Arsen (und auch dessen höherer Homologen Antimon und Bismut) ist der von schwarzem Phosphor sehr ähnlich, nur sind die Schichten noch etwas dichter zusammengedrängt (Abbildung 28.5a). Dies ist die sogenannte *graue* oder *metallische* Modifikation. (Auch die Elemente der 5. Hauptgruppe werden mit zunehmender Ordnungszahl immer metallischer, denken Sie an Kapitel 10.) Sie können diese Struktur auch als Atomdoppelschicht ansehen, bei dem kein Atom auf der gleichen Ebene liegt wie sein direkter Nachbar (b). Bemerkenswert ist, dass im Festkörper diese einzelnen Doppelschichten sehr dicht aufeinandergestapelt vorliegen, sodass es fast unmöglich wird, die Schichten voneinander getrennt zu betrachten: Damit ist dann jedes Atom nur leicht verzerrt oktaedrisch von sechs Nachbar-Atomen umgeben (Abbildung 28.5c) – der Übergang zum kubisch-primitiven Gitter (*siehe* Abbildung 14.4) ist fließend.

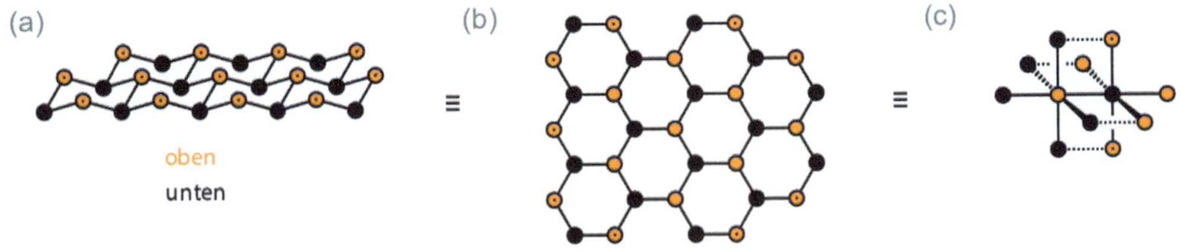

Abbildung 28.5: Die stabilste Modifikation von Arsen, Antimon und Bismut

Synthetisch lassen sich auch zu P_4 analoge molekulare Modifikationen erzeugen – diese werden jedoch zunehmend instabil, je weiter man im Periodensystem nach unten wandert: Während sich As_4 noch als gelber Feststoff isolieren lässt, sind Sb_4 und Bi_4 nur in flüssiger Phase stabil. Die nachlassende Stabilität dieser Verbindungen lässt sich auch beim Verdampfen der Elemente erkennen: Während der Dampf am Siedepunkt bei Arsen zu 99 % aus As_4 besteht, finden sich bei Antimon bevorzugt Sb_2-Moleküle, und beim Bismut besteht der Dampf zu fast 50 % aus freien Bismut-Atomen.

Das Konzept der Hybridisierung – noch einmal unter die Lupe genommen

Wenn Sie sich das P_4-Molekül anschauen, könnten Sie sich fragen, wie ein solcher Bindungswinkel denn mit einer sp^3-Hybridisierung vereinbar sein soll (*siehe* Kapitel 12). Zur Antwort sei noch einmal darauf hingewiesen, dass das Modell der Hybridisierung ja wirklich sehr, sehr nützlich ist (fast im ganzen Teil VIII dieses Buches wird beinahe ausschließlich damit gearbeitet), aber es ist eben doch nur ein Modell. *Eigentlich wird gar nicht hybridisiert!* Für diejenigen, die ohne die Hybridisierung aber nicht auskommen (wollen), kann dieses Konzept noch ein bisschen erweitert werden, damit es befriedigender wird: Je höher die Hauptquantenzahl n, desto größer ist ja die Energiedifferenz zwischen den jeweiligen s- und p-Orbitalen (*siehe* Kapitel 12). Entsprechend führt ab der 3. Periode eine sp^3-Hybridisierung nicht mehr zu vier völlig äquivalenten Hybridorbitalen (a), sondern zu den in (b) dargestellten Verhältnissen. Es ergeben sich:

- ✔ *ein* sp^3-Orbital, das deutlich mehr *s-Charakter* hat (also energetisch etwas günstiger liegt) und dazu
- ✔ *drei* sp^3-Hybridorbitale mit deutlich höherem *p-Charakter*:

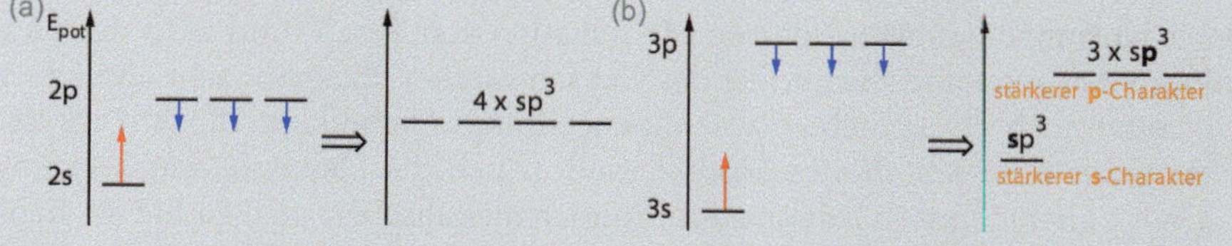

Da *unhybridisierte* p-Orbitale bekanntermaßen im rechten Winkel zueinander stehen, können derartig p-lastige Hybridorbitale einen verengten Winkel wie im P_4 deutlich besser hinbekommen, als das etwa ein Kohlenstoff (mit n = 2) kann. Aus diesem Grund ist die *Ringspannung* im P_4-Molekül längst nicht so hoch, wie Sie vielleicht erwarten würden. (Mehr zur Ringspannung finden Sie in Kapitel 38.)

Es bleibt dabei: *Das Konzept der Hybridisierung ist bloß eine Vorstellung* – aber nun einmal so praktisch, dass wir für den Rest des Buches so tun werden, als gäbe es sie wirklich.

Wandern wir im Periodensystem weiter nach links, landen wir bei der 4. Hauptgruppe mit Kohlenstoff und Co., und die hatten wir ja schon. In der 3. Hauptgruppe ist einzig der kleinste Vertreter, das Bor, kein echtes Metall – und die Chemie des Bors ist so untrennbar mit seinen verschiedenen allotropen Formen verquickt, dass wir diesem Kollektiv-Thema ein eigenes Kapitel widmen wollen. (Wenn Sie es gar nicht mehr abwarten können, schauen Sie schon einmal in Kapitel 33 nach!) Weiter im Text: Die d-Block-Elemente sind ebenso wie die Elemente der ersten beiden Hauptgruppen (außer dem Wasserstoff, natürlich!) allesamt Metalle, auf die wir, zumindest was die elementare Form angeht, nicht weiter eingehen wollen. Aber dann sind da noch die Elemente, die von sich aus eigentlich Einzelgänger sind.

Mit uns spielt ja keiner – oder doch? Die Edelgase

Dass die Edelgase von sich aus die Oktettregel erfüllen und deswegen eigentlich überhaupt kein Interesse haben, mit irgendjemand anderem in Wechselwirkung zu treten, wissen Sie bereits aus Teil III dieses Buches. Allotropie scheidet damit also auch aus. Das bedeutet jedoch nicht, dass Sie mit diesen Elementen, die unter Normbedingungen allesamt gasförmig sind, nichts anfangen könnten: Helium beispielsweise wird zur Füllung von meteorologischen Ballons und von Luftschiffen genutzt. (Dass es keine gute Idee ist, dafür elementaren Wasserstoff zu nehmen, der nun einmal brennbar ist, dürfte seit dem Brand des Zeppelins über Lakehurst im Jahr 1937 bekannt sein.) Wegen ihrer niedrigen Schmelz- und Siedetemperaturen stellen sie gute Kühlmittel dar (vornehmlich flüssiges Helium). Auch in Lampen finden Edelgase Verwendung, da sie nicht nur keine Reaktionen mit dem Glühfaden eingehen, sondern eine sehr viel geringere Wärmeleitfähigkeit besitzen als alle anderen Gase. Die geringe chemische Reaktivität wird auch bei der Verwendung von Argon als *Schutzgas* in der Synthese ausgenutzt. In Entladungsröhren werden Edelgas-Atome zum Selbstleuchten angeregt; das führt zu den charakteristischen Farben bei Reklametafeln (He = weißgelb, Ne = knallrot, Ar = bläulichrot, Kr = grünlila, Xe = tiefviolett). Außerdem dienen sie als (praktisch unreaktives) Trägergas in bestimmten Formen der Analytik (ein bisschen mehr dazu in Kapitel 50), und auch als Treibmittel werden sie genutzt, denn wegen ihrer geringen Reaktivität sind sie auch recht lebensmittelverträglich.

Noch mehr Gewalt anwenden?

Mit hinreichend elektronegativen Reaktionspartnern (allen voran natürlich das Fluor, aber auch Sauerstoff darf hier mitspielen) bilden Edelgase also *sehr wohl* molekular gebaute Verbindungen, wobei das mit zunehmender Polarisierbarkeit (also zunehmendem Atomradius) immer leichter klappt. Difluoride wie XeF_2 (Abbildung 28.6a) existieren von allen Edelgasen ab dem Ar, von Xe konnten auch das Dichlorid und das Dibromid erzeugt werden (sind aber beide instabil). Von Xe gibt es auch das Tetrafluorid XeF_4 (b), das analog gebaute Tetrachlorid und das Dioxid XeO_2 (c); auch das Xenonoxidfluorid $XeOF_2$ (d) wurde mittlerweile isoliert (hier ergibt sich für Xenon jeweils die Oxidationszahl +4). Von Xenon existieren auch das Hexafluorid XeF_6 (e) mit verzerrt oktaedrischer Struktur und das Trioxid XeO_3 (f) sowie beide erdenklichen Fluoridoxide (g, h) – es ist wohl nur eine Frage der Zeit, bis auch XeF_8 isoliert wird (auch wenn es nicht sonderlich stabil sein dürfte). Das tetraedrisch gebaute Sauerstoff-Analogon dazu, das XeO_4, lässt sich zwar isolieren, zersetzt sich aber schon bei –40 °C in die Elemente – und das so schlagartig, dass hier das Wort »explosiv« angebracht ist. (Sie sehen: Edelgase sind *wirklich* nicht scharf darauf, Verbindungen zu bilden.)

Chemie-Lego®-Steckbrief: Edelgase

Mit einer Valenzelektronenkonfiguration von $(n)s^2(n)p^6$ (außer natürlich beim Helium, das nur auf $1s^2$ kommt) erfüllen die Edelgase dank vollständig gefülltem s-Orbital und p-Orbitalsatz die Oktettregel (a) und sind daher extrem reaktionsträge. Werden sie jedoch mit Gewalt und extrem aggressiven (= elektronegativen) Reaktionspartnern – also vor allem Fluor und Sauerstoff – trotzdem zur Reaktion gezwungen, können die höheren Homologen des Neons durch Aktivierung der d-Orbitale die Oktettregel überschreiten (*siehe* dazu auch den Kasten *Mehr als erlaubt: Hypervalenz* in Kapitel 12). Wenn möglich, werden die Atome dabei versuchen, ungepaarte Elektronen zu vermeiden. Je nach Reaktionsbedingungen können ein (b), zwei (c), drei (d) oder sogar alle vier (e) Elektronenpaare für die Ausbildung von Bindungen aktiviert werden. Je nachdem, ob die beiden Elektronen eines Elektronenpaares für zwei Einfachbindungen (zwei σ-Bindungen) oder eine Doppelbindung (σ- plus π-Bindung, *siehe* Kapitel 12) genutzt werden, ergeben sich unterschiedliche, zum VSEPR-Modell passende Strukturen.

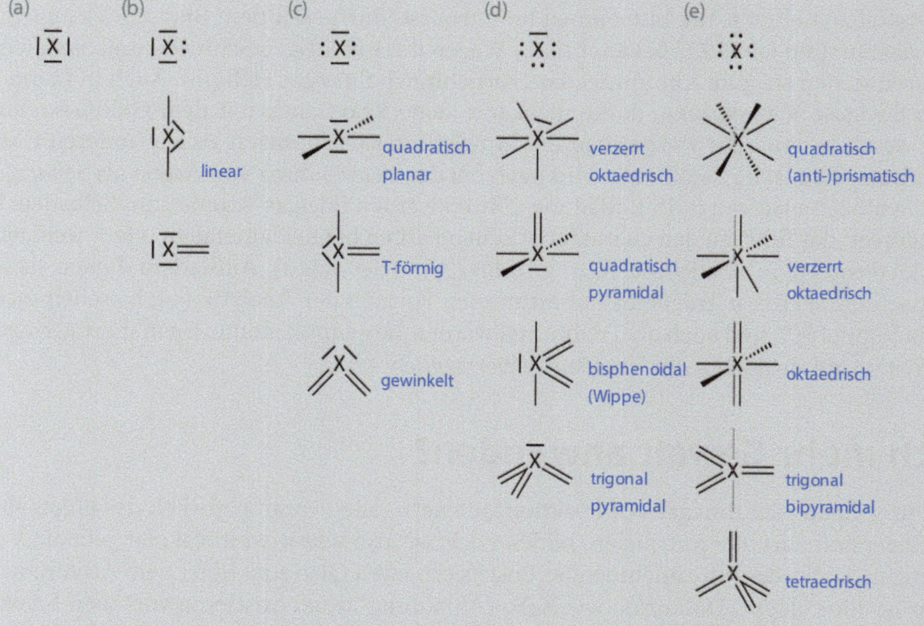

Auch wenn bislang keine Edelgasverbindung mit einer Dreifachbindung bekannt ist (deswegen wurde der entsprechende räumliche Bau, der sich dann ergäbe, nicht dargestellt), stellt es eine gute VSEPR-Modell-Übung dar, sich entsprechende *hypothetische* Strukturen zu überlegen.

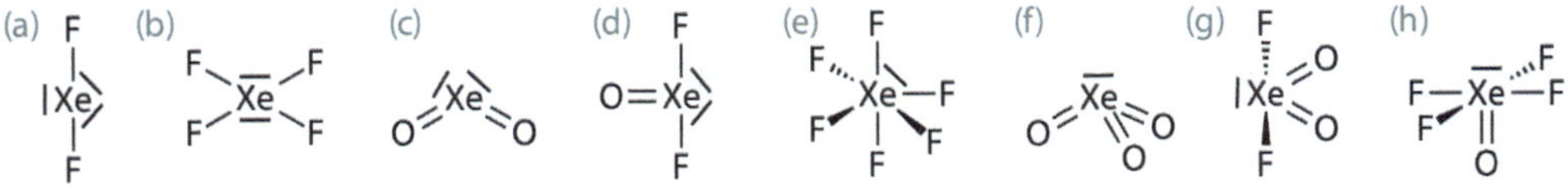

Abbildung 28.6: Ausgewählte Xenon-Verbindungen

Damit hat es sich aber auch weitgehend, was die Stoffchemie der Edelgase angeht. (Schauen Sie, ob Sie mit dem VSEPR-Modell den räumlichen Bau der Verbindungen nachvollziehen können – nicht den Einfluss der Elektronenpaare vergessen!) Allen Edelgasverbindungen ist gemein, dass sie starke Oxidationsmittel sind, wobei das Edelgas bei einer Reaktion jeweils zur elementaren Form reduziert wird.

Das sieht ja toll aus! – Chemilumineszenz & mehr

Prinzipiell spricht man von *Chemilumineszenz* (auch *Chemolumineszenz* ist richtig), wenn eine chemische Reaktion von Leuchterscheinungen begleitet wird, also frei werdende Energie teilweise oder vollständig in Form von elektromagnetischer Strahlung im Bereich des sichtbaren Lichts abgegeben wird. Beim weißen Phosphor rührt das Leuchten daher, dass winzige Mengen P_4 von Luftsauerstoff zu P_4O_6 oxidiert werden. Auch für Krimifreunde ist die Chemilumineszenz nicht unwichtig: Der spektakuläre Nachweis von Blutspuren, die dann im Dunklen aufleuchten, basiert auf der Oxidation der Verbindung Luminol durch Wasserstoffperoxid – eine Reaktion, die durch Eisen(II)-Ionen katalysiert wird, wie sie auch im menschlichen Blut vorkommen (genauer: im Hämoglobin – einen ersten Einblick, wie eng Biologie und Chemie miteinander verknüpft sind, bietet Ihnen Teil IX).

Zum Gebiet der Chemilumineszenz gehört auch das Phänomen der *Biolumineszenz*, also die Fähigkeit von Lebensformen, Licht zu erzeugen – das schließt das romantische Funkeln von Leuchtkäfern auf Partnersuche ebenso ein wie das Glimmen exotischer Tiefseefische, die damit Beute anlocken.

Auch wenn derlei Leuchterscheinungen häufig als »Phosphoreszenz« bezeichnet werden (eben weil so ein Leuchten zum ersten Mal bei Phosphor reproduziert werden konnte und entsprechend diesem Element zugeschrieben wurde), ist das fachsprachlich schlichtweg falsch, denn der Begriff *Phosphoreszenz* steht (mittlerweile) für das (kalte) *Nachleuchten einer Substanz*, die zuvor mit Licht bestrahlt wurde, ohne dass es zu einer chemischen Veränderung (Reaktion) gekommen wäre. Das kennen Sie eigentlich schon aus der Spektroskopie (Kapitel 8), nur dass dort die Anregung nicht *photochemisch*, sondern *thermisch* erfolgt: Ein Elektron wird durch extern zugefügte Energie aus seinem Grundzustand in einen angeregten Zustand versetzt und kehrt unter Abgabe *genau der gleichen Energiemenge* wieder in den Grundzustand zurück (a). Erfolgt die Anregung durch Licht, wird entsprechend Licht genau der gleichen Wellenlänge wieder abgegeben.

Hier wird also Energie in Form von Licht zunächst aufgenommen und später in Form von Licht exakt derselben Wellenlänge wieder abgegeben – die Energie wurde praktisch nur eine Zeit lang aufbewahrt.

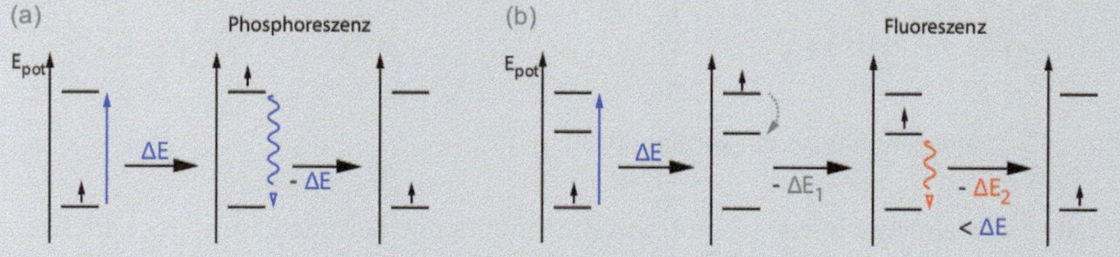

Dieser Begriff wird gerne mit einem anderen, ähnlich wirkenden Phänomen in einen Topf geworfen: der *Fluoreszenz*. Auch hier wird ein Elektron aus dem Grundzustand in einen angeregten Zustand versetzt und muss früher oder später wieder in seinen Grundzustand zurückkehren (Mutter Natur will schließlich Energie sparen). Dabei kommt die Besonderheit der Fluoreszenz ins Spiel (b): Auf dem Weg zum Grundzustand macht das Elektron auf einer Zwischenstufe halt: auf einem Energieniveau, das zwischen dem angeregten Zustand und dem Grundzustand liegt. (Es können auch mehrere Zwischenstufen sein, aber wir wollen es nicht zu kompliziert machen – auch diesem Phänomen sind ganze Lehrbücher gewidmet.) Die Energiedifferenz zwischen angeregtem Zustand und Zwischenzustand wird dabei strahlungslos abgegeben. Dadurch hat das Elektron auf dieser Zwischenstufe jetzt einen *niedrigeren* Energiegehalt als zum Zeitpunkt seiner Anregung. Entsprechend wird bei der Rückkehr in den Grundzustand *weniger* Energie frei. Wird diese Energie in Form von Licht abgegeben, muss sie zwangsläufig eine *längere* Wellenlänge aufweisen – also hat das abgegebene Licht eine andere Farbe als das Licht, mit dem das System angeregt wurde.

Sie kennen dieses Phänomen gewiss von Konzerten oder aus Clubs: Dort wird mit Schwarzlicht gearbeitet, also mit relativ energiearmer UV-Strahlung (die aber immer noch energiereicher ist als das sichtbare Licht!). In diesem Schwarzlicht geraten manche Farben ins Leuchten: Bei weißen Kleidungsstücken liegt das an Aufhellern in Waschmitteln, aber es gibt auch echte *Fluoreszenzfarbstoffe* – gelegentlich verraten Farben also erst im Schwarzlicht, was sie wirklich können. Auch manche Schmucksteine geraten unter derartigen Bedingungen ins Fluoreszieren. (Keine Panik – es heißt nicht umsonst »kaltes Leuchten«: Die Dinger werden dabei nicht warm, Sie brauchen sich solche Ketten also nicht gleich vom Leib zu reißen … das haben wir selbst schon beobachten dürfen!) Gleiches gilt leider auch für manchen Zahnersatz (das sieht wirklich dämlich aus …). Sobald keine Anregung durch das UV-Licht mehr erfolgt, ist der Spuk sofort vorbei. (Auf dem gleichen Prinzip basieren auch Signalfarben und Textmarker, deren Farbstoffe durch sichtbares Licht zur Fluoreszenz angeregt werden und somit ebenfalls leuchten. Auch da ist es im Dunkeln schlagartig vorbei mit der Pracht.)

Beachten Sie die feinen Unterschiede:

- ✔ Bei der *Chemilumineszenz* läuft eine chemische Reaktion ab, die für die Leuchterscheinung verantwortliche Substanz wird also nach und nach verbraucht.

- ✔ Bei der *Phosphoreszenz* speichert das Material Licht einer genau definierten Wellenlänge und setzt es nach Beendigung der Anregung über einen längeren Zeitraum (wenige Sekunden bis mehrere Stunden) wieder frei.
- ✔ Bei der *Fluoreszenz* emittiert eine durch Licht angeregte Substanz selbst Licht größerer Wellenlänge – und zwar nur so lange, wie die Anregung auch stattfindet. Ein Nachleuchten findet *nicht* statt.

Aufgaben Kapitel 28

In diesem Kapitel und auch dem Rest von Teil VII dieses Buches sind wir ohnehin schon in etwas fortgeschritteneren Gefilden der Chemie angekommen, daher verzichten wir hier auf die übliche Unterteilung der Übungsaufgaben in verschiedene Schwierigkeitsstufen.

1. Geben Sie die ersten fünf Glieder der homologen Reihe der einfachsten binären Schwefel-Wasserstoff-Verbindungen an.
2. Von Phosphor existiert eine Hochdruck-Modifikation, die sich vom *schwarzen* Phosphor ableitet. Welche räumliche Anordnung der Phosphor-Atome erwarten Sie?
3. Geben Sie den räumlichen Bau der folgenden Verbindungen an: (a) ArF_2; (b) XeF_4; (c) $XeOF_2$.

IN DIESEM KAPITEL

spielen Halogene im Team der Interhalogenverbindungen

lernen Sie die Oxosäuren der Halogene kennen

sitzen Säuren auf dem Trockenen

Kapitel 29
Wenn Salzbildner keine Salze bilden – die Chemie der Halogene

Halogene gehören der 7. Hauptgruppe an, also »fehlt« ihnen nur jeweils ein einziges Elektron. Daher gibt es für sie zwei recht einfache Möglichkeiten, die Oktettregel aus Kapitel 11 zu erfüllen:

✔ Sie können monoatomare Anionen bilden (wie das Chlorid-Ion) und dann in elektrostatische Wechselwirkung mit entsprechenden Gegen-Ionen treten. Das führt meist zu Ionengittern, und die kennen Sie schon aus Kapitel 11.

✔ Oder sie gehen eine einzelne kovalente (σ-)Bindung mit einem beliebigen Bindungspartner ein.

- Wenn Halogen-Atome keinen anderen Reaktionspartner vorfinden, nehmen sie einen von der gleichen Sorte, bilden also homodiatomare Moleküle (so wie Sie das aus Kapitel 12 längst kennen). Allotropie (*siehe* Kapitel 28) gibt es bei der siebten Hauptgruppe nicht.
- Halogene können auch mit *anderen* Atomen kovalente Bindungen knüpfen. Zudem können alle höheren Homologen des Fluors auch über die Oktettregel hinaus zusätzliche Bindungen eingehen.

Das alles zusammengenommen macht die kovalente Chemie der Halogene vielfältiger, als Sie vielleicht zunächst annehmen würden – und um die Chemie der *Halogene in kovalent gebauten Verbindungen* soll es in diesem Kapitel gehen.

Chemie-Lego®-Steckbrief: Halogene

Die Valenzelektronenkonfiguration aller Halogene lautet $(n)s^2(n)p^5$. Entsprechend lässt sich die Edelgaskonfiguration dadurch erreichen, dass eine Einfachbindung eingegangen wird (a). Die höheren Homologen des Fluors können auch ihre d-Orbitale nutzen und so die Oktettregel überschreiten. Je nach Reaktionsbedingungen können ein (b), zwei (c) oder drei (d) Elektronenpaare für die Ausbildung zusätzlicher Bindungen genutzt werden. Jedes neu zur Verfügung gestellte Elektronenpaar bietet natürlich die Grundlage für wahlweise zwei Einfachbindungen (zwei σ-Bindungen) oder eine Doppelbindung (σ- plus π-Bindung). Entsprechend ergeben sich unterschiedliche Strukturen, ganz gemäß dem VSEPR-Modell:

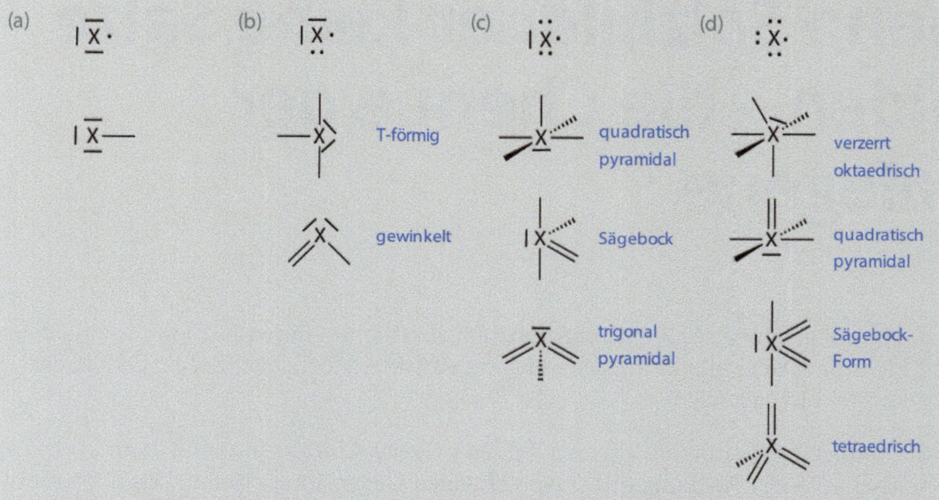

Verbindungen, in denen ein Halogen-Atom an einer Dreifachbindung beteiligt ist, sind bislang nicht bekannt, daher wurde auf die Darstellung entsprechender hypothetischer Strukturen verzichtet.

Unter Ihresgleichen

Halogene sind durchaus bereit, Moleküle mit ihrer unmittelbaren Verwandtschaft zu bilden: Alle gemäß der Reaktionsgleichung

$$Y_2 + X_2 \rightleftharpoons 2\,YX$$

theoretisch denkbaren Mischverbindungen zweier unterschiedlicher Halogene konnten mittlerweile isoliert werden. Aber es geht noch weiter: Es gibt auch eine ganze Reihe von *Interhalogenverbindungen*, bei denen das Zentralteilchen die Oktettregel überschreitet (was ja außer dem Fluor *alle* Halogene – und auch alle anderen Elemente unterhalb der 2.

Periode – können, schauen Sie notfalls noch einmal in den Kasten *Mehr als erlaubt: Hypervalenz* in Kapitel 12). Um sich zu überlegen, welche Verbindungen dieser Art überhaupt denkbar sind (oder gar stabil sein *könnten*), brauchen Sie neben dem Chemie-Lego®-Ansatz noch einige Zusatzregeln:

✔ Das jeweils *elektronegativere* Element wird als *Ligand* fungieren.

✔ Je größer das Zentralteilchen, desto mehr Liganden können daran gebunden werden. Dafür gibt es zwei Gründe:

- Ein größeres Zentralteilchen bietet einfach mehr Platz.
- Da der Ligand die höhere Elektronegativität aufweist, wird bei steigender Ligandenanzahl die positive Polarisation des Zentralteilchens größer. Mit zunehmendem Atomradius sinkt somit die resultierende Ladungsdichte.

✔ Zentralteilchen vermeiden ungepaarte Elektronen. (Wenn es also irgend möglich ist, entstehen *keine Radikale*.)

✔ Bislang sind keine Interhalogenverbindungen bekannt, bei denen auch *die Liganden* die Oktettregel überschreiten.

Nehmen Sie das alles zusammen, kommen Sie zum Ergebnis, dass es neben den *einfachen* Interhalogenen YX (*siehe* oben) auch noch Verbindungen der allgemeinen Formeln YX_3, YX_5 und YX_7 geben kann. (Bei einer *geraden* Anzahl von Liganden läge am Zentralteilchen ein ungepaartes Elektron vor, und Radikale wollen ja vermieden sein, *siehe* oben.) Allesamt sind diese Verbindungen wunderbar dazu geeignet, noch einmal das VSEPR-Modell zu wiederholen (zu finden in Kapitel 12):

✔ YX_3 ist T-förmig (Abbildung 29.1a; für die Cracks, die auch den Abschnitt *Nur für Streber* aus Kapitel 12 durchgearbeitet haben: Punktgruppe C_{2v}).

✔ YX_5 besitzt die Form einer quadratischen Pyramide (Abbildung 29.1b; C_{4v}).

✔ YX_7, bei dem das Zentralteilchen kein freies Elektronenpaar mehr besitzt, hat die Form einer pentagonalen Bipyramide (Abbildung 29.1c; beachten Sie, dass fünf X-Atome mit dem Zentralteilchen koplanar (also: in der gleichen Ebene) liegen, daher D_{5h}).

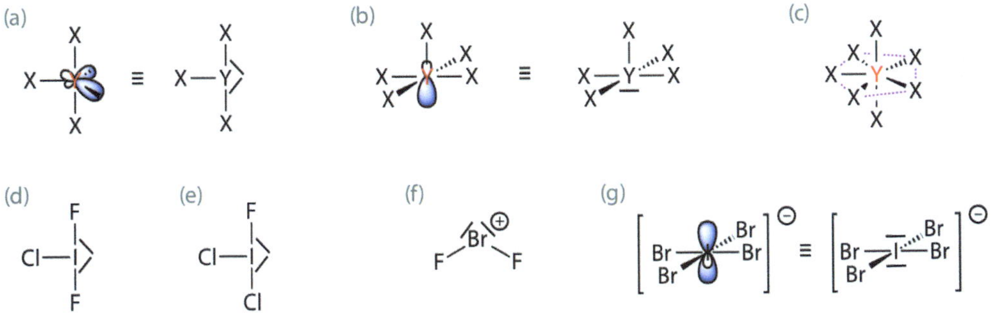

Abbildung 29.1: Interhalogen-Verbindungen

Dass Fluor *niemals* als Zentralteilchen fungiert, sollte klar sein. Es passt gut zu den Spielregeln, dass sich IF_7 isolieren lässt, das entsprechende Heptafluorid von Brom oder gar Chlor jedoch (bislang) nicht: Sieben Fluor-Atome als Liganden sorgen für eine ordentliche positive Polarisation, und je größer das Zentralteilchen ist, desto niedriger ist dessen *Ladungsdichte*. – Natürlich darf auch fröhlich weitergemischt werden: So gibt es beispielsweise auch $IClF_2$ (Iodchloriddifluorid, Abbildung 29.1d) und ICl_2F (Ioddichloridfluorid, Abbildung 29.1e). Auch Interhalogen-Kationen wie BrF_2^+ (f; C_{2v}) oder -Anionen wie IBr_4^- (g; D_{4h}) lassen sich erzeugen, bei denen eine ungerade Anzahl von Elektronen am Zentralteilchen ebenfalls vermieden wird.

Warum landen die Fluor-Atome in Abbildung 29.1d/e bevorzugt in der *axialen* Position? – Wieder hilft uns das VSEPR-Modell weiter: Weil Fluor die höhere Elektronegativität besitzt, zieht es die Bindungselektronen näher an sich heran und braucht somit *am Zentralteilchen* »ein bisschen weniger Platz«. Entsprechend geben sich sehr elektronegative Atome (allen voran natürlich Fluor) auch mit den eigentlich weniger wünschenswerten axialen Positionen zufrieden. (Aus den Aufgaben zu Kapitel 12 kennen Sie dieses Phänomen als *Apicophilie*.)

Salzsäure und Co. – die Halogenwasserstoffe HX

Spätestens seit Kapitel 25 wissen Sie, dass Halogene mit Wasserstoff entsprechende Halogenwasserstoffe bilden, die dann in wässriger Lösung als Säuren fungieren: Mit der *Salzsäure* (HCl(aq)) sind Sie zweifellos vertraut. Analoge Verbindungen existieren von allen Halogenen, wobei die Acidität mit steigendem Atomradius des Halogens drastisch zunimmt: *Iodwasserstoff* (HI) ist um zwei Größenordnungen saurer als die ohnehin schon starke Säure HCl (pK_S(HI) = −8; pK_S(HCl) = −6), während Fluorwasserstoff (HF) nur eine *mittelstarke* Säure darstellt (pK_S = 3,14). Da Fluor das elektronegativste Element im ganzen PSE ist (erinnern Sie sich an FON_{Cl}?), mag das ein wenig überraschen: Es stünde doch zu erwarten, dass das aggressive Fluor dem Wasserstoff sofort dessen Elektron entreißt! Grund für dieses unerwartete Verhalten ist *gerade* die immens starke Polarität der H–F-Bindung: Sie führt zu extrem starken *Wasserstoffbrücken* (bekannt aus Kapitel 15), deswegen lässt sich das (zweifellos sehr stark positiv polarisierte) Wasserstoff-Atom letztendlich *doch nicht* so leicht abspalten – dank der Brücke hängt es dann am Nachbarn! (Fluorwasserstoff, dessen wässrige Lösung *Flusssäure* genannt wird, hat noch andere, fast genauso hinterhältige Qualitäten: Die freien Fluorid-Ionen in wässriger Lösung sind extrem aggressiv. Sie greifen sogar Glas an, wobei gasförmiges Siliciumtetrafluorid (SiF_4) entsteht; deswegen können Sie Flusssäure eigentlich nur in Behältern aus Platin oder Blei aufbewahren; auch einige Kunststoffe sind $HF_{(aq)}$-resistent. Mehr dazu im Kasten *Warum Flusssäure überhaupt keinen Spaß macht*.) Allen Halogenen aber ist gemein, dass sie sich recht gut damit abfinden können, als Anion vorzuliegen – sie bilden also auch recht gerne Salze. Damit wäre auch endlich der Name dieser Hauptgruppe geklärt: griechisch ἅλος (*halos*) = Salz; γενειν (*genein*) = erzeugen, bilden – also schlicht: *Salzbildner*.

Warum Flusssäure überhaupt keinen Spaß macht

Bei der Handhabung von Flusssäure $HF_{(aq)}$ ist Vorsicht geboten: So ziemlich das Einzige, was der menschliche Körper an Reaktionspartnern anzubieten hat, um freie Fluorid-Ionen zufriedenzustellen, sind Calcium-Ionen (Ca^{2+}) – und die finden sich vor allem in den Knochen. Zudem können HF-Moleküle (und bei wässrigen Lösungen von schwachen Säuren liegen ja schließlich auch noch reichlich *undissoziierte Säure-Moleküle* vor, *siehe* dazu Kapitel 25) prima durch die äußeren Hautschichten diffundieren, also beginnt HF ihr zerstörerisches Ätz-Werk erst ziemlich weit im Körperinneren. Entsprechend verursacht Flusssäure äußerst schwer verheilende Verätzungen – und das, obwohl eben wegen dieser Diffusion manchmal an der Hautoberfläche überhaupt keine Schädigung sichtbar ist.

Um nun an die Calcium-Ionen im Knochen zu gelangen, muss die Flusssäure natürlich erst die Knochenhaut durchdringen, und es ist vornehmlich die Schädigung dieser Knochenhaut, die für die Schmerzen bei einem Arm- oder Beinbruch sorgt, nicht etwa die Knochenschädigung selbst. (Deswegen können Sie sich auch durchaus einen Knochen brechen, ohne das überhaupt zu bemerken; der Bruch muss nur glatt genug sein, dass die Knochenhaut nicht geschädigt wird.) Wenn Sie sich jetzt vorstellen, diese Knochenhaut sei nicht nur durchbohrt oder angerissen, sondern werde nach und nach von Säure zerfressen, können Sie sich gewiss vorstellen, dass HF-Verätzungen alles andere als erfreulich sind. Dazu kommt, dass die meisten Schmerzmittel (sogar Morphin!) gegen diese Art Schmerz nahezu wirkungslos sind. Vielleicht beruhigt es Sie ja zu erfahren, dass HF zusätzlich auch noch giftig ist, und das gleich in doppelter Hinsicht:

- ✔ Calcium-Ionen spielen eine wichtige Rolle als Neurotransmitter; werden sie der körpereigenen Biochemie durch Fällung von CaF_2 entzogen, führt das zu Nervenschäden, die sich gewaschen haben.
- ✔ Zudem ist Ca^{2+} auch für die Funktionalität zahlreicher Enzyme unerlässlich (über die erfahren Sie in Kapitel 46 ein bisschen mehr). Fallen die Enzyme aus, weil die Calcium-Ionen zusammen mit den Fluorid-Ionen als CaF_2 ausfallen (*siehe* Kapitel 24), fällt bald der ganze Körper aus. (Fällungsreaktionen können im Inneren eines Lebewesens ebenso ablaufen wie in einem Reagenzglas: Nierensteine beispielsweise bestehen häufig vornehmlich aus schwer löslichem Calciumoxalat.)

Sollten Sie sich ernstlich mit Flusssäure verätzen/vergiften, besteht also eine gute Chance, dass Sie die Schmerzen nicht allzu lange ertragen müssen.

Sauer mit Sauerstoff

Säuren, in denen der acide Wasserstoff nicht an das betreffende Element selbst gebunden ist, sondern an Sauerstoff (sogenannte Oxosäuren), kennen Sie ebenfalls schon aus den Kapiteln 25 und 27 (etwa die Schwefelsäure, H_2SO_4). Analoge Verbindungen gibt es auch auf Halogen-Basis, denn Sauerstoff ist elektronegativer als alle Halogene (X), mit Ausnahme des Fluors. (Fluor *ist* nun einmal das elektronegativste Element, und Sauerstoff steht nur auf dem zweiten Platz – hatten wir die Merkhilfe »FON_{Cl}« schon erwähnt?) Entsprechend vermag Sauerstoff den Halogenen verschiedene Oxidationszahlen (bekannt aus Kapitel 26) aufzuzwingen. Für den jeweiligen räumlichen Bau lohnt es sich, gegebenenfalls erneut das VSEPR-Modell zurate zu ziehen:

- Bei den *Hypohalogenigen Säuren* (und den zugehörigen Anionen, den **Hypo**halogeniten) kommt dem Halogen-Atom die Oxidationszahl +1 zu; *siehe* Abbildung 29.2a).
- Bei den *Halogenigen Säuren* (und Halogen**i**ten) beträgt sie +3 (Abbildung 29.2b).
- Bei den *Halogensäuren* (und Halogen**a**ten) ist sie +5 (Abbildung 29.2c).
- Bei den *Perhalogensäuren* (und Perhalogenaten) schließlich beträgt die Oxidationszahl +7 (Abbildung 29.2d).

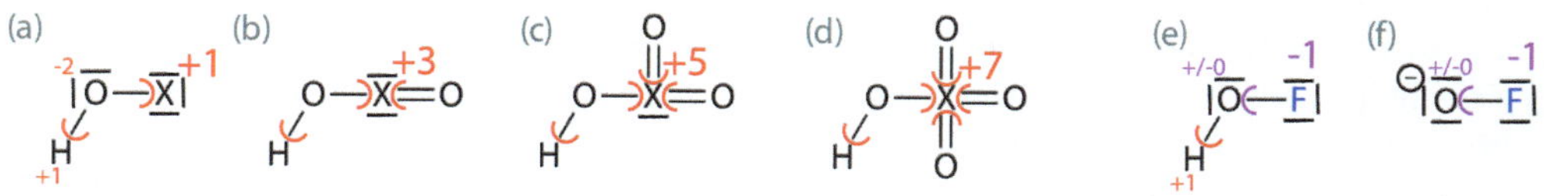

Abbildung 29.2: Oxosäuren der Halogene

Formal gibt es auch eine Hypofluorige Säure (Abbildung 29.2e) und das zugehörige Hypofluorit-Ion (f), aber trotzdem fällt diese Verbindung aus dem Rahmen, wenn Sie sich die entsprechenden Oxidationszahlen anschauen: Fluor gewinnt eben *immer*.

Das Iod-Atom ist groß genug, um neben der normalen Periodsäure (Abbildung 29.3, HIO_4) und dem durch Deprotonierung entstehenden Periodat (b; IO_4^-) auch noch eine Ortho-Form (e; H_5IO_6) zu bilden, die sich von der »gewöhnlichen« Säure durch formale Addition zweier zusätzlicher Äquivalente Wasser unterscheidet. Diese sogenannte *Orthoperiodsäure* (e) ist fünfprotonig (*siehe* Kapitel 25). Entsprechend gibt es verschiedene davon abgeleitete Salze, die teilweise selbst noch acide Wasserstoff-Atome aufweisen; die höchstmögliche Ladung, die ein *Orthoperiodat-Ion* aufweisen kann, beträgt –5 (f). Neben dem Periodat-Ion (b, zur besseren Unterscheidung gelegentlich auch als *Metaperiodat* bezeichnet) und dem Orthoperiodat-Ion (f) gibt es auch noch das *Mesoperiodat* (d). Dieses leitet sich von der im Vergleich zur »normalen« Periodsäure (eben der Metaperiodsäure) um nur *ein* Äquivalent wasserreicheren Säure ab (c; H_3IO_5) – die zugehörige freie Säure konnte allerdings bisher nicht isoliert werden.

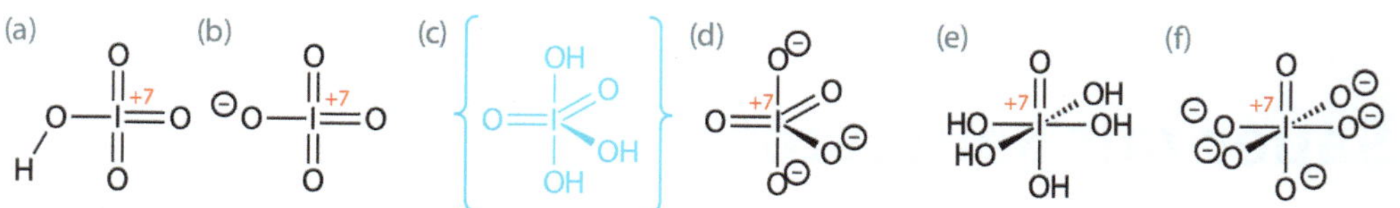

Abbildung 29.3: Verschiedene Periodsäuren und Periodate

Beachten Sie, dass bei dieser Orthosäure das formal addierte Wasser *integraler Bestandteil der Molekülstruktur selbst* ist. Halten Sie das *bitte nicht* für das Gleiche wie Kristallwasser (bekannt aus Kapitel 21).

Halogenoxide und »Säurevorstufen«

Durch Oxidation mit Sauerstoff lassen sich alle nur erdenklichen Halogenoxide gewinnen (Abbildung 29.4). Bei Wasserzugabe werden diese Verbindungen zu entsprechenden Halogensäuren hydrolysiert. (Bitte beachten Sie, dass sich dabei die Oxidationszahlen der betroffenen Atome nicht ändern, es handelt sich also *nicht* um eine Redox-Reaktion.)

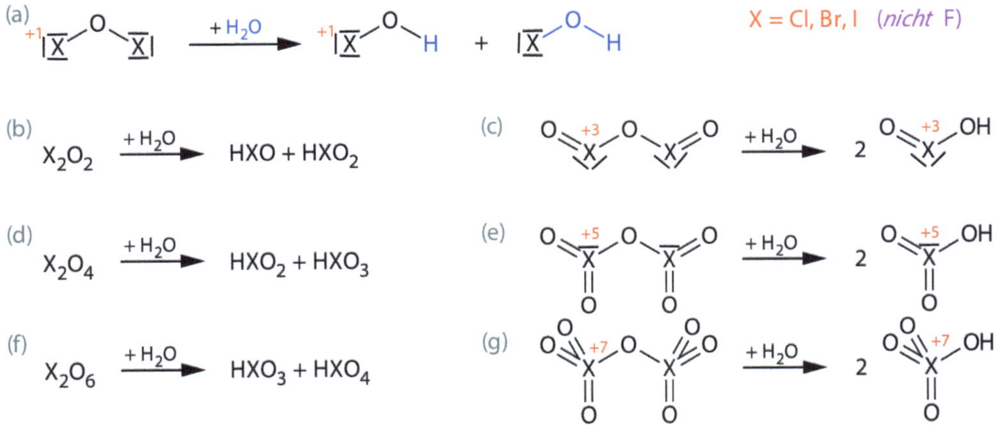

Abbildung 29.4: Halogenoxide in der Hydrolyse

Die Hydrolyse von Halogenoxiden mit einer *ungeraden* Anzahl an O-Atomen führt zu zwei Äquivalenten Halogensäure *gleicher* Oxidationszahl (Abbildung 29.4a/c/e/g).

Die Hydrolyse von Halogenoxiden mit einer *geraden* Anzahl an O-Atomen führt zu einem *Gemisch* zweier Halogensäuren, die in ihren Oxidationszahlen den kleinstmöglichen Unterschied aufweisen (Abbildung 29.4b/d/f).

BEISPIEL

Schauen Sie sich Abbildung 29.4d an: Bei der Hydrolyse von X_2O_4 entstehen nicht etwa HXO (Oxidationszahl von X = +1) und HXO_4 (Oxidationszahl X = +7), sondern die Säuren, in denen X die Oxidationszahlen +3 beziehungsweise +5 zukommt.

Substanzen, die mit Wasser (meist exotherm) zu freien Säuren reagieren, ohne dass dabei noch andere Produkte entstünden, heißen **Säureanhydride** (oder meist kürzer: *Anhydride*). Sie entstehen (meist nicht nur formal, sondern tatsächlich auch im Reaktionsgefäß) durch *Dehydratisierung*, also Abspaltung von einem (oder mehreren) Äquivalent(en) Wasser. Genauso gut können diese Säureanhydride also auch als Kondensationsprodukt zweier Säuren betrachtet werden: Bei den Halogenoxiden mit einer *geraden* Anzahl von Sauerstoff-Atomen handelt es sich dann um *gemischte* Anhydride: Die Hydrolyse führt zu zwei unterschiedlichen Säuren (schauen Sie sich noch einmal Abbildung 29.4b/d/f an). In diesem Teil des Buches werden Sie noch so manches Säureanhydrid kennenlernen.

Natürlich lässt sich auch OF_2 (Sauerstoffdifluorid) gemäß Abbildung 29.4a zu zwei Äquivalenten Hypofluoriger Säure hydrolysieren – die Oxidationszahl des Fluors beträgt vorher wie nachher *−1*. Fluor bekommt halt (fast) immer eine Extrawurst.

Halogene und der Rest des Periodensystems

Natürlich können Halogen-Atome auch mit praktisch jedem anderen Element Verbindungen eingehen. Mit *Metallen* (egal, ob diese nun aus den Haupt- oder den Nebengruppen stammen) ergeben sich aus *Ionen* aufgebaute Salze MX_n, die Reaktion mit *Nichtmetallen* führt vorwiegend zu *kovalent* gebauten Molekülen. Wollen Sie sich überlegen, welche Moleküle mit Halogen-Atomen es wohl geben könnte, hilft wieder Chemie-Lego® weiter: Halogen-Atome können praktisch überall dort auftauchen, wo sich auch Wasserstoff-Atome wohlfühlen. So lässt sich beispielsweise vom Schwefelwasserstoff (Abbildung 29.5a; mehr dazu in Kapitel 30) das Schwefeldichlorid (b) ableiten, oder vom Phosphan (c; darüber erfahren Sie ein bisschen mehr in Kapitel 31) das *Phosphortrifluorid* (d; aufgrund der Analogie zum PH_3 wird es meist *Trifluorphosphan* genannt). Und das ist natürlich wieder nur die Spitze des Eisbergs, denn die höhere Elektronegativität der Halogene kann sich auch dergestalt auf Bindungsverhältnisse auswirken, dass Element-*Halogen*-Verbindungen stabilisiert werden, deren Element-*Wasserstoff*-Analoga *nicht* beständig sind: So existiert beispielsweise jede nur erdenkliche Halogenverbindung PX_5 (e), während der Versuch, daraus ein analog gebautes PH_5 zu gewinnen, bislang unweigerlich zu PH_3 und einem Äquivalent elementaren Wasserstoffs (H_2) geführt hat.

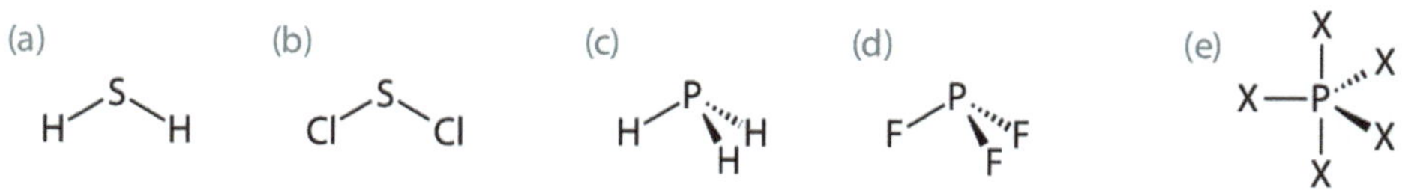

Abbildung 29.5: Kovalent gebaute Halogenverbindungen und ihre Analoga

Da in diesem Teil des Buches allerdings nicht einmal ansatzweise Anspruch auf Vollständigkeit erhoben wird, wollen wir es dabei bewenden lassen; sollten weitere Halogenide gleich welcher Art für das grundlegende Verständnis von Belang sein, werden sie in den entsprechenden nachfolgenden Kapiteln erwähnt, und natürlich spielen die Halogene auch in der OC (Teil VIII dieses Buches) eine wichtige Rolle.

Ganz nah dran – Pseudohalogene

Es gibt einige mehratomige Anionen, die in ihrem Verhalten den Anionen der Halogene derart ähneln, dass sie *Pseudohalogene* genannt werden:

- ✔ Mit einem Metall M bilden sie Salze der allgemeinen Summenformel MX_n.
- ✔ Sie bilden Pseudohalogenwasserstoffsäuren der allgemeinen Formel HX.

✔ Sie können in kovalent gebauten Verbindungen an die Stelle von Halogen-Atomen treten (schon wieder Chemie-Lego®!).

Das bemerkenswerteste Beispiel dürfte wohl das Cyanid-Ion (CN^-) sein (a): Dazu existiert analog zu den Halogeniden eine Wasserstoffsäure (b; HCN). Diese ist auch als *Blausäure* bekannt; am berüchtigtsten ist wohl das Kaliumsalz dieser Säure (KCN; das gute *Zyankali,* das Sie seines Eigenaromas wegen bei Bedarf idealerweise in Mandelkeksen verbacken). Zusammen mit »echten« Halogenen bildet dieses Ion auch Interhalogen-Analoga wie ClCN (c; Chlorcyan), und genau wie sich zwei Halogen-Atome der gleichen Art zu einem Molekül vereinigen können, existiert auch eine Verbindung namens Dicyan (d) – ein sehr giftiges Gas, das beim Umgang mit Cyaniden im Labor hin und wieder für Schwierigkeiten sorgt. Auch beim Chemie-Lego® zeigt sich die Ähnlichkeit mit echten Halogenen: So lässt sich etwa analog zum Phosphortrifluorid (Abbildung 29.5d) auch Phosphor(III)-cyanid (e) synthetisieren.

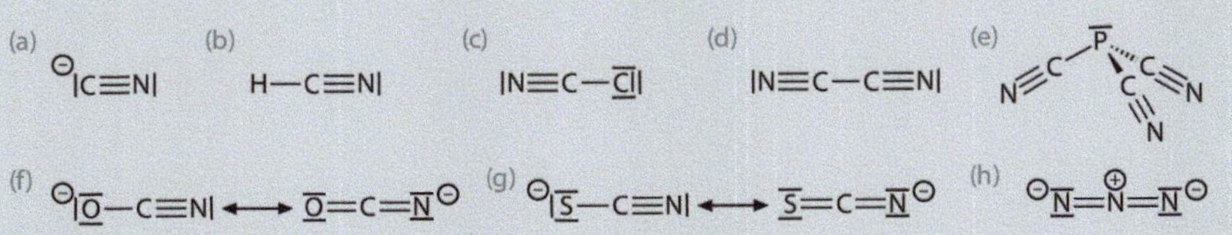

Zu den Pseudohalogenen gehören auch die mesomeriestabilisierten Ionen Cyanat (f; OCN^-) und Thiocyanat (g; SCN^-), aber auch das Azid-Ion (h; N_3^-; mehr dazu in Kapitel 31). Letzteres bildet natürlich *keine* dem Dicyan $(CN)_2$ analoge Verbindung $(N_3)_2$; diese würde (aus Gründen der Entropie, die Sie aus Kapitel 16 kennen) augenblicklich in drei Äquivalente elementaren Stickstoffs zerfallen. Aber auch das Azid-Ion bildet Salze: Das bekannteste ist wohl das Blei(II)-azid, $Pb(N_3)_2$, dessen Wirkung als Sprengstoff eben auf der schlagartigen Freisetzung von elementarem Stickstoff beruht.

Aufgaben Kapitel 29

1. Warum ist nicht damit zu rechnen, dass jemals Perfluorsäure isoliert wird?
2. Welche Säuren erhalten Sie bei Hydrolyse der Mischoxide (a) $IClO_5$; (b) $IClO_4$?
3. Wo liegt der grundlegende Unterschied der Verbindungen NF_3 und NBr_3?

IN DIESEM KAPITEL

- spielt Sauerstoff mit seinen Geschwistern
- herrscht gute Nachbarschaft
- stellt sich die Frage: Steinreich oder reich an Steinen?

Kapitel 30
Mehr als nur Atemluft – Sauerstoff & Co.

Elemente der 6. Hauptgruppe werden häufig unter dem Begriff »Chalkogene« zusammengefasst (von griechisch χαλκος, *chalkos* = Erz; das griechische Wort γενειν, *genein* (= erzeugen) kennen Sie schon von den Halogenen). Über den kleinsten Vertreter aus dieser Reihe, den Sauerstoff, haben Sie schon einiges erfahren: Er kommt in der Natur in zwei Modifikationen vor (Disauerstoff O_2 und Ozon O_3; bekannt aus Kapitel 28), er ist das zweitelektronegativste Element im Periodensystem, und dass er sich leicht reduzieren lässt, ist die Grundlage der weitaus meisten Verbrennungsprozesse. Dass diese Eigenschaften auch eine wichtige Rolle bei der Entstehung von Mineralien spielen, werden Sie gegen Ende dieses Kapitels bemerken. Aber auch die wohl wichtigste Verbindung der Welt ist ein Oxid.

Wasserstoffoxide – H_2O und darüber hinaus

Weil Wasser eine derart selbstverständliche Verbindung ist (wie oft ist sie Ihnen allein schon in diesem Buch begegnet?), wird leicht vergessen, dass auch H_2O zunächst einmal nichts anderes als ein Oxid ist: eben das des Wasserstoffs. (Sie könnten es also auch *Hydrogenoxid* oder *Dihydrogenoxid* nennen, aber das macht niemand.) Über die (besonderen) Eigenschaften dieses Moleküls haben Sie in den ersten sechs Teilen dieses Buches ja schon einiges erfahren, so auch über dessen Möglichkeit, als zweiprotonige Säure zu fungieren, was über das Hydroxid-Ion (OH^-) zum Oxid-Ion (O^{2-}) führt.

Chemie-Lego®-Steckbrief: Chalkogene

Die Valenzelektronenkonfiguration aller Chalkogene lautet $(n)s^2(n)p^4$. Durch zwei Einfachbindungen oder eine Doppelbindung lässt sich Edelgaskonfiguration erreichen (a). Ab dem Schwefel können auch d-Orbitale ins Spiel kommen, sodass die Oktettregel nicht mehr bindend ist. Je nach Reaktionsbedingungen können *ein* Elektronenpaar (b) oder *zwei* Elektronenpaare (c) für die Ausbildung zusätzlicher Bindungen genutzt werden. Jedes neu zur Verfügung gestellte Elektronenpaar ist natürlich wieder die Grundlage für zwei Einfachbindungen oder eine Doppelbindung; in Kombination mit einem weiteren Elektron kann entsprechend auch eine Dreifachbindung eingegangen werden. Die verschiedenen resultierenden Strukturen stehen wieder ganz im Einklang mit dem VSEPR-Modell:

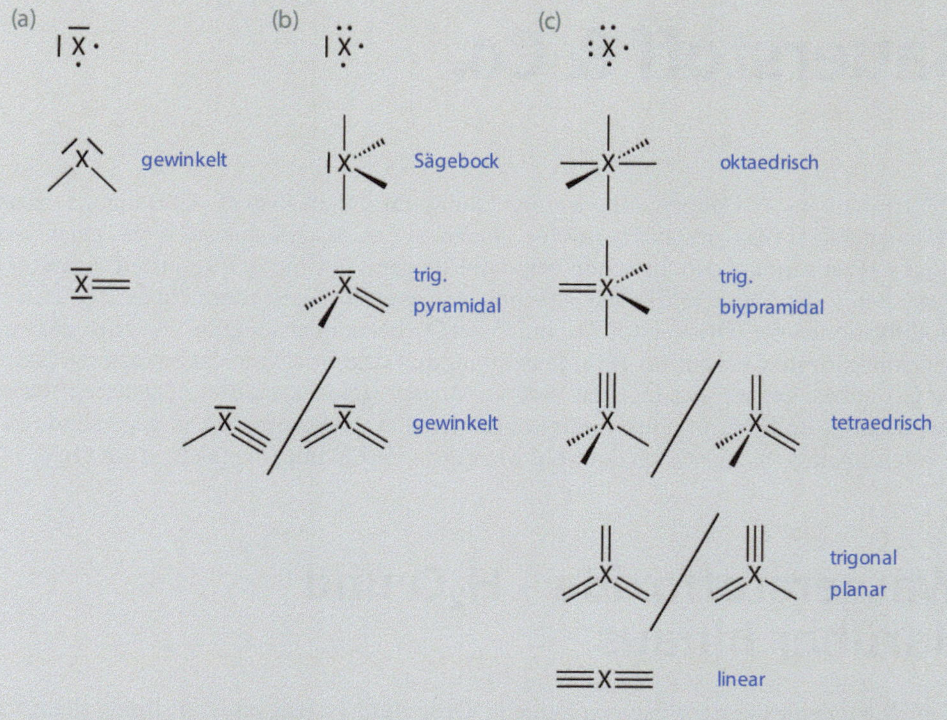

Derart vielfältige Strukturen bringt (bislang) keine andere Hauptgruppe zustande.

Allerdings ist Wasser nicht die einzige binäre Sauerstoff-Wasserstoff-Verbindung: Neben H_2O (Abbildung 30.1a) existiert auch das analog gebaute *Wasserstoffperoxid* (b, H_2O_2), das Sie – je nach persönlicher Neigung – als Haarblondierungsmittel oder als Sprengstoffgrundlage kennen dürften. In beiden Fällen ist der Grund für die erwünschte Wirkung in der starken Oxidationsneigung dieser Verbindung zu suchen: In den Haaren oxidiert es die

Melanine, die für die natürliche Haarfarbe verantwortlich sind, und sehr rasch verlaufende Oxidationsprozesse können eben auch explosionsartig erfolgen. Synthetisch lässt sich die homologe Reihe der Wasserstoffoxide fortsetzen, allerdings sind Dihydrogentrioxid (c) und Dihydrogentetroxid (d) so instabil, dass Sie sie nur in der Argonmatrix (also eingefroren bei 7,5 K) isolieren und dort auch spektrometrisch untersuchen können.

Allgemein werden Verbindungen, in denen eine O–O-Bindung vorliegt, als **Peroxide** bezeichnet; entsprechend wird das vom H_2O_2 abgeleitete O_2^{2-}-Ion (Abbildung 30.1e) *Peroxid-Ion* genannt. Den Sauerstoff-Atomen kommt dabei jeweils die Oxidationszahl −1 zu.

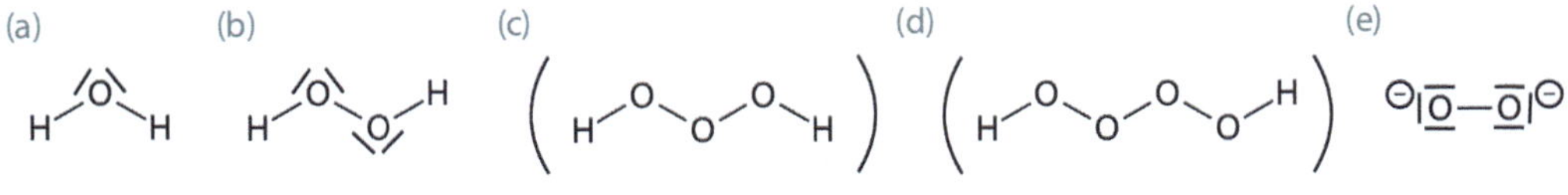

Abbildung 30.1: Wasserstoffoxide (a–d) und das Peroxid-Ion (e)

Viele Peroxid-Salze (wie Na_2O_2) sind ebenfalls starke Oxidationsmittel, die brennbares Material leicht entzünden und mit leicht oxidierbaren Substanzen wie Aluminium explosionsartig reagieren. Ein wenig Vorsicht im Labor ist also durchaus geboten.

Wenn Sauerstoff mit seinen Geschwistern spielt

Sauerstoff kann noch viel mehr als nur Wasser – und dazu braucht er nicht einmal seine eigene Gruppe zu verlassen. Er bildet mit allen höheren Homologen stabile Oxide – häufig mehr als nur eine Sorte. (Man könnte sie also Inter*chalkogen*verbindungen nennen, analog zu den Inter*halogen*verbindungen aus Kapitel 29, aber sonderlich üblich ist das nicht.)

SO_2, SO_3 … geht das so weiter?

Mit Schwefel bildet Sauerstoff gleich eine ganze Reihe binärer Verbindungen:

- ✔ Im *Schwefeltrioxid* (SO_3, Abbildung 30.2a) mit trigonal-planarer Struktur (für Symmetriefreunde: Punktgruppe D_{3h}) kommt dem Schwefel die höchstmögliche Oxidationszahl (+6) zu. Diese Verbindung ist zugleich das Anhydrid (erinnern Sie sich an Kapitel 29) der *Schwefelsäure* (b), die durch doppelte Deprotonierung über das *Hydrogensulfat*-Ion (c) zum *Sulfat*-Ion (d) führt.

- *Schwefeldioxid* (SO_2, Abbildung 30.2e) hingegen ist wegen des freien Elektronenpaars am Schwefel gewinkelt (C_{2v}). SO_2, in dem die Oxidationszahl des Schwefels +4 beträgt, ist das Anhydrid der *Schwefligen Säure* (f). Diese ebenfalls zweiprotonige Säure führt über das *Hydrogensulfit*-Ion (g) zum *Sulfit*-Ion (h).
- Das dem O_2-Molekül analog gebaute (und ebenfalls paramagnetische) *Schwefelmonoxid* (SO, Abbildung 30.2i) ist unter Normbedingungen nicht beständig und disproportioniert zu SO_2 und elementarem Schwefel (j).

Spektroskopisch konnte nachgewiesen werden, dass SO in Spuren in der Atmosphäre des Jupitermondes Io vorkommt (die vor allem aus SO_2 besteht).

- Es sind allerdings einige Salze der *Hyposchwefligen Säure* (H_2SO_2; auch *Sulfoxylsäure* genannt) bekannt, deren Anhydrid das SO darstellt. Diese Salze werden als *Hyposulfite* (oder *Sulfoxylate*) bezeichnet.
- Weiterhin gibt es auch eine Verbindung mit der Summenformel H_2SO_5, in der allerdings der Schwefel immer noch die Oxidationszahl +6 aufweist (Abbildung 30.2k): Es handelt sich um die *Peroxoschwefelsäure*, in der – wie der Name schon vermuten lässt – eine *Peroxo-Gruppe* vorliegt (beachten Sie, dass in dieser Verbindung Sauerstoff-Atome mit unterschiedlichen Oxidationszahlen vorkommen).
- Es sei noch darauf hingewiesen, dass Schwefeltrioxid zur Trimerisierung neigt (Abbildung 30.2l); Sie können es $(SO_3)_3$ oder S_3O_9 schreiben.

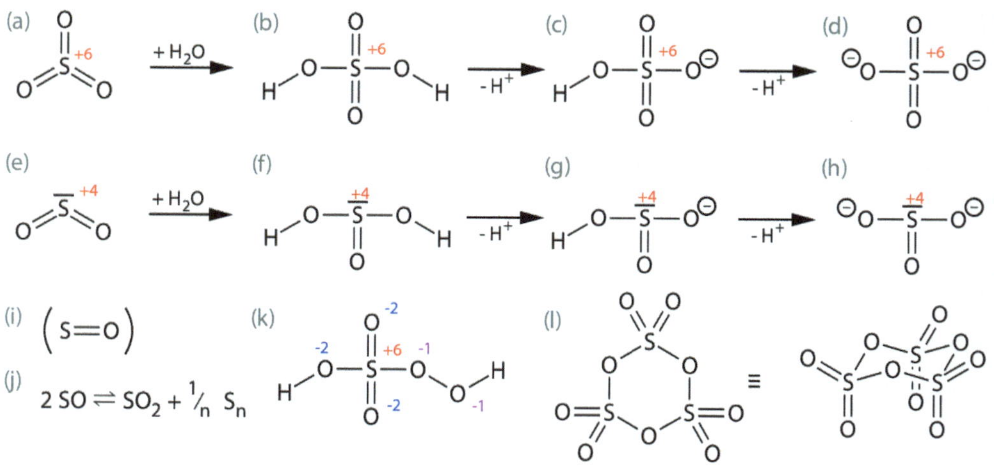

Abbildung 30.2: Schwefeloxide und die zugehörigen Säuren

Multitalent Schwefel

Zusätzlich existiert eine Vielzahl niederer Schwefeloxide mit höherem S-Anteil. Grund dafür ist vor allem, dass Schwefel-Schwefel-Bindungen ungleich stabiler sind als die peroxidische Bindung (O–O). Dass Schwefel gerne auf Doppelbindungen verzichtet und stattdessen Ringe (oder auch längere Ketten) bildet, wissen Sie schon aus Kapitel 28, und genau diese Ketten lassen sich natürlich auch oxidieren. Entsprechend gibt es nahezu alle nur erdenklichen cyclischen *Polyschwefelmonoxide* (Abbildung 30.3a; S_nO), aber auch Schwefeloxide ohne Ringstruktur: Neben dem bereits aus Abbildung 30.2i bekannten Schwefelmonoxid (SO) gibt es auch *Dischwefelmonoxid* S_2O (Abbildung 30.3b), in dem die beiden S-Atome keineswegs chemisch äquivalent sind. (Bestimmen Sie doch mal spaßeshalber die Oxidationszahlen!) *Dischwefeldioxid* S_2O_2 (Abbildung 30.3c) schließlich kann als formales (!) *Dimer* von Schwefelmonoxid (SO) aufgefasst werden (also als das Produkt der Vereinigung zweier SO-Moleküle). Es ist gewinkelt und dabei planar (Punktgruppe: C_{2v}). Statistische Oxidation von Schwefel-Ketten oder -Ringen zu S_nO_x ist ebenfalls möglich. (Das ergibt dann ein Gemisch verschiedener Substanzen, bei denen Sie nicht so leicht sagen können, wo das/die Sauerstoff-Atom/e gelandet ist/sind.) Zusätzlich gibt es auch noch Ringe oder Ketten mit S–O–S-Brücken (nicht dargestellt; wir wollen's ja nicht übertreiben).

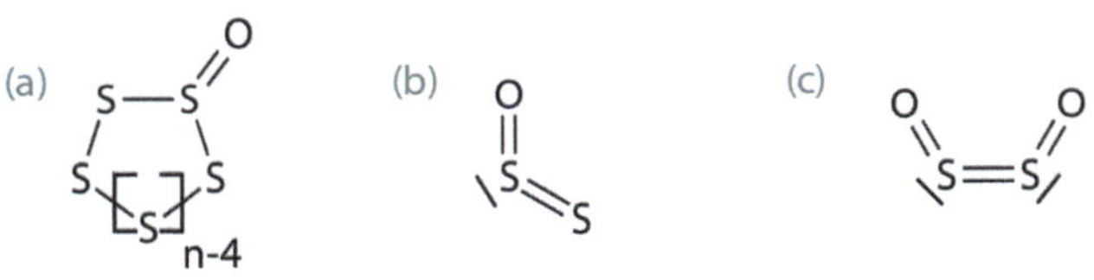

Abbildung 30.3: Niedere Schwefeloxide

Natürlich gibt es auch das Schwefel-Gegenstück zu Wasser: H_2S. Diese Verbindung wird *Schwefelwasserstoff* genannt. (IUPAC-systematisch heißt sie *Sulfan*, aber den Begriff benutzt wieder kaum jemand.) Dass dieser aufgrund der deutlich geringeren Elektronegativitätsdifferenz der beteiligten Elemente sehr viel weniger polar ist als das Wasser-Molekül, deswegen kaum Wasserstoffbrückenbindungen ausbildet und darum im Gegensatz zu seinem niederen Homologen bei Raumtemperatur längst gasförmig ist, wissen Sie schon aus Kapitel 15. Zudem ist er brennbar, riecht charakteristisch nach faulen Eiern und ist hochgiftig.

Tatsächlich liegt die Toxizität von Schwefelwasserstoff in der Größenordnung von Blausäure (HCN). Glücklicherweise ist der Geruch von H_2S sehr kräftig – aber selbst das bietet keinen absoluten Schutz: Wird die Konzentration dieser Verbindung in der Luft zu groß, werden die entsprechenden Rezeptoren überlastet, und Sie können den Geruch *überhaupt nicht mehr* wahrnehmen. Wenn Sie also mit H_2S arbeiten und es *plötzlich nicht mehr* stinkt, sollten Sie das Labor verlassen. Rasch.

Auch hier gibt es eine homologe Reihe von Schwefelwasserstoffen, die mit dem H_2S (Abbildung 30.4a) und den durch einfache oder doppelte Deprotonierung erhältlichen Anionen *Hydrogensulfid*-Ion (b) und *Sulfid*-Ion (c) nur ihren Anfang nimmt. Von der zum H_2O_2 analogen Verbindung (d) leitet sich das Disulfid-Ion (e; S_2^{2-}) ab, entsprechend gibt es auch das Trisulfid (f; S_3^{2-}) und so weiter, bis hin zum Polysulfid (g; S_n^{2-}). Die zugehörigen Verbindungen H_2S_n sind mit n > 1 allerdings nicht stabil, sie zerfallen zu einem Äquivalent H_2S und elementarem Schwefel.

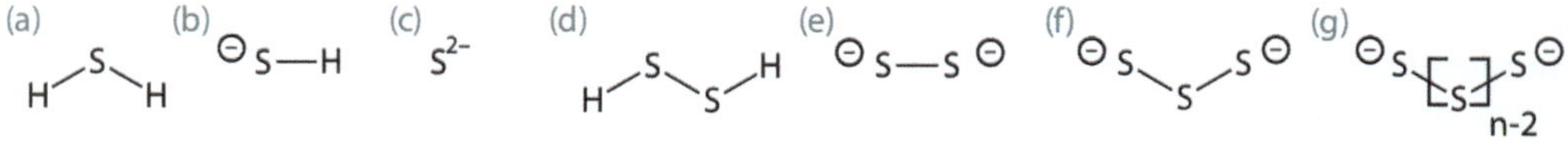

Abbildung 30.4: Sulfane

Der Rest der 6. Hauptgruppe

Je weiter man im Periodensystem nach unten wandert, desto mehr steigt der Metallcharakter. Das macht sich nicht nur an den verschiedenen allotropen Formen der höheren Homologen des Schwefels (aus Kapitel 28) bemerkbar, sondern auch an den zugehörigen Oxiden:

✔ Von Selen sind das Trioxid und das Dioxid stabil, das Monoxid hingegen nicht.

- Selentrioxid ist bei Raumtemperatur fest und liegt als Tetramer vor (Abbildung 30.5a; $(SeO_3)_4$; bitte beachten Sie den Unterschied zu Abbildung 30.2l).
- Selendioxid ist bei Raumtemperatur ebenfalls kristallin: Hier bilden wegen des freien Elektronenpaars am Selen pyramidalisierte SeO_2-Einheiten polymere Ketten (Abbildung 30.5b).

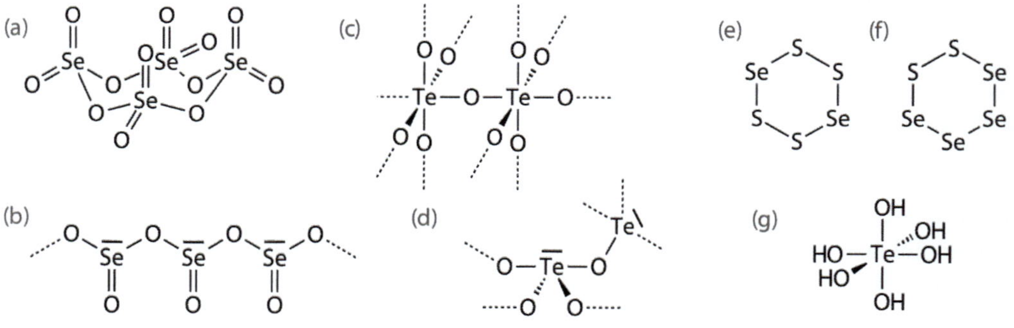

Abbildung 30.5: Interchalkogenverbindungen

✔ Auch beim Tellur sind nur das Tri- und das Dioxid stabil; beide sind hochpolymer.

- Analog dazu liegen im TeO_3 dann TeO_6-Oktaeder vor, die über die Sauerstoff-Atome miteinander verknüpft sind (Abbildung 30.5c).
- Im TeO_2 ist das Tellur bisphenoidal (also sägebockförmig) von vier Sauerstoff-Atomen umgeben; diese bilden Brücken zum benachbarten Tellur (Abbildung 30.5d).

✔ Einzig von Polonium existiert neben dem Dioxid (das in der Fluorit-Struktur kristallisiert; *siehe* Kapitel 11), auch das Monoxid PoO – dessen Stabilität lässt sich mit dem *Effekt des inerten Paares* aus Kapitel 14 erklären. (Ein wenig mehr dazu in Kapitel 34.)

✔ Von Selen sind zahlreiche monomolekulare Sulfide bekannt. Dabei können die Schwefel-Atome in die verschiedenen Selen-Ringe »eingebaut« werden, sodass eine Vielzahl strukturell unterschiedlicher Di- und Oligosulfide bekannt ist; rein exemplarisch zeigt Abbildung 30.5e/f 1,4-Se_2S_4 und 1,2-Se_4S_2.

Zu Se und Te existieren auch die entsprechenden Chalkogensauerstoffsäuren H_2XO_3 und H_2XO_4 (analog zu Abbildung 30.2b und f) und die zugehörigen Chalkogenit- und Chalkogenat-Ionen; von der Tellursäure (H_2TeO_4) sind auch die doppelt-wasserreichere Orthoform (g, H_6TeO_6) und deren Anionen (die Orthotellurate) beständig. Von Polonium ist bislang nur die Polonige Säure (H_2PoO_3) bekannt.

Schwefelsäure mit extra viel Schwefel – über das Thiosulfat-Ion

Gemäß unserem Chemie-Lego®-Ansatz sollte sich jedes Sauerstoff-Atom (das ja der Oktettregel wegen zweibindig ist) auch durch ein Schwefel-Atom ersetzen lassen, denn auch Schwefel braucht ja nur zwei Bindungen einzugehen, um die Oktettregel zu erfüllen – er schießt allerdings manchmal über das Ziel hinaus, was ja erst ab der dritten Periode geht. (Merken Sie allmählich, wie praktisch es ist, das Periodensystem auswendig zu können?) Entsprechend können Sie *formal* aus der Schwefelsäure (H_2SO_4) leicht die Thioschwefelsäure ($H_2S_2O_3$) machen. Die freie Säure ist zwar nur bei sehr niedrigen Temperaturen robust (schon unterhalb von 0 °C zerfällt sie in SO_3 und H_2S), Salze dieser Säure hingegen sind recht stabil – und das zugehörige Säure-Anion ist wunderbar dazu geeignet, noch einmal den Unterschied zwischen Modell und Realität aufzuzeigen. Das Thiosulfat-Ion ist mesomeriestabilisiert, es lassen sich dort also unterschiedliche mesomere Grenzforme(l)n (*siehe* Kapitel 12) aufstellen:

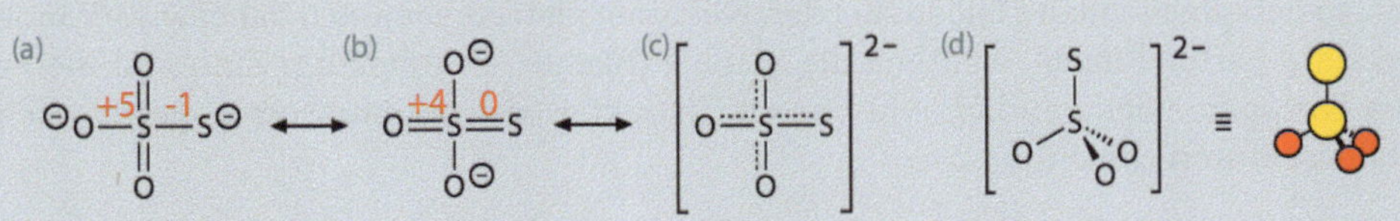

Wenn Sie sich dort jeweils die Oxidationszahlen (bekannt aus Kapitel 26) der beiden Schwefel-Atome anschauen, sehen Sie, dass sich für beide Schwefel-Atome jeweils unterschiedliche Werte ergeben. Wie kann das sein? – Bitte bedenken Sie, dass Oxidationszahlen nur ein nützliches, aber *rein formales* Werkzeug sind.

Oxidationszahlen sagen nichts, aber auch gar nichts, über tatsächlich vorliegende Ladungsverteilungen aus – das Wasser-Molekül besteht ja bekanntermaßen auch nicht aus einem Oxid-Ion und zwei nackten Wasserstoff-Kationen! Entsprechend gilt:

- ✔ Bei der Mesomerie findet keinerlei Elektronenbewegung statt – das sieht nur auf dem Papier so aus.
- ✔ Da in Wirklichkeit keine Ladungen verschoben werden, verändert sich auch nicht der Ladungszustand – auch wenn die Oxidationszahlen das vermuten lassen.

Deswegen hier ein *Tipp*: Wenn Sie eine Redox-Reaktion mit Thiosulfat-Ionen (oder anderen mesomeriestabilisierten Verbindungen) aufstellen wollen, dürfen Sie also nicht währenddessen von der einen zur anderen Grenzformel wechseln, sonst wird Ihnen das Ausgleichen *niemals* gelingen.

Und welche der beiden Grenzformeln kommt der Realität nun näher? Schauen wir uns an, welche Argumente wir haben:

- ✔ *Für* Grenzformel (a) spricht, dass der Schwefel hier die Doppelbindungsregel (aus Kapitel 12) einhält.
- ✔ *Gegen* (a) spricht jedoch, dass hier eine der beiden negativen Ladungen an einem Schwefel-Atom lokalisiert ist, obwohl der Sauerstoff doch elektronegativer ist und daher viel eher bereit sein sollte, eine negative Ladung zu übernehmen.

Wieder einmal scheinen hier zwei gegenläufige Prinzipien am Werk zu sein, wie so häufig in der Chemie. Der Realität deutlich näher kommt eine Grenzformel, die nicht mehr den Regeln der Lewis-Formeln gehorcht (c): Hier sehen Sie, dass die *Ladung über alle vier Liganden* des zentralen Schwefel-Atoms *verteilt* ist. Und was den räumlichen Bau betrifft: Die Liganden bilden um das Zentralteilchen herum ein nahezu perfektes Tetraeder, das nur durch den größeren Atomradius des Schwefel-Liganden ein wenig verzerrt wird (d; für unsere Symmetrie-Freunde: C_{3v}).

Wenn Stickstoff auf die Chalkogene trifft

Natürlich reagieren auch die Elemente der fünften und der vierten Hauptgruppe mit Sauerstoff zu entsprechenden Oxiden. Bei den Nichtmetallen ergeben sich dabei wieder monomolekulare Verbindungen, während die Metalle (Bismut, Germanium, Zinn und Blei) aus diesen Gruppen einen deutlich ionischeren Charakter besitzen und somit »gewöhnliche« Kristallstrukturen einnehmen.

Ich krieg' keine Luft mehr! – Stickoxide und SN-Verbindungen

Stickstoff bildet mit Sauerstoff eine auf den ersten Blick unübersichtliche Vielzahl an Oxiden (die im Gemisch gerne mit NO_x abgekürzt werden). Dank Chemie-Lego® lässt sich das vermeintliche Durcheinander rasch durchschauen:

Beim *Distickstoffmonoxid* (N_2O, dieses Molekül ist isoster zu Kohlendioxid, CO_2) kommt dem Stickstoff zwar formal die Oxidationszahl +1 zu (deswegen wird es auch als Distickstoff(I)-oxid bezeichnet), aber wenn Sie sich die Struktur dieser Verbindung anschauen, sehen Sie deutlich, dass das eigentlich nicht ganz zutrifft: Es handelt sich vielmehr um das **N-Oxid** des elementaren Stickstoffs: eine Verbindung, in der das freie Elektronenpaar eines Stickstoff-Atoms zur Ausbildung einer neuen Bindung herangezogen wird (Abbildung 30.6a). Da Stickstoff als Element der 2. Periode natürlich nicht über ein Elektronenoktett hinausgehen kann, lassen sich die tatsächlichen Bindungsverhältnisse nur durch mesomere Grenzformen umschreiben (b/c). Spektroskopische Untersuchungen zeigen, dass die N–N-Bindung im N_2O tatsächlich kürzer (und stärker) als eine Doppel-, aber länger (und schwächer) als eine Dreifachbindung ist.

Bitte postulieren Sie für N_2O keine cyclische Form (Abbildung 30.6d), und das O-Atom gehört auch *nicht zwischen* die beiden Stickstoff-Atome (e)!

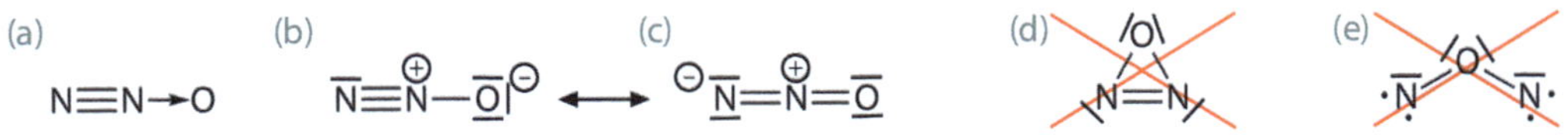

Abbildung 30.6: Distickstoffmonoxid (N_2O)

N_2O ist auch als *Lachgas* bekannt. Auch heute noch wird es als mildes Narkosemittel genutzt, doch zu Beginn des 19. Jahrhunderts erfreuten sich bei der britischen *Upper Class* »Lachgaspartys« großer Beliebtheit, weil das Gas geringfügig euphorisierende und dissoziative Wirkung besitzt (mit anderen Worten: Es macht »high« – der bei manchen Konsumenten spontan einsetzende »Lach-Flash« ist auch der Grund für den Trivialnamen der Verbindung). Heutzutage dient N_2O unter anderem als Treibmittel in Sprühsahne-Dosen und bietet somit immer noch die Möglichkeit zum Experimentieren. Macht langfristig aber impotent. Lassen Sie's.

Stickstoffmonoxid (Abbildung 30.7a; NO, auch Stickstoff(II)-oxid genannt) ist ein mesomeriestabilisiertes *Radikal*, die Stärke der N–O-Bindung liegt zwischen einer Doppel- und einer Dreifachbindung: Die Bindungsordnung (aus Kapitel 12) beträgt BO_{NO} = 2,5; mit LEWIS-Formeln lässt sich so etwas nicht darstellen (bekommen Sie das MO-Diagramm hin?). Bei *sehr* tiefen Temperaturen dimerisiert NO. Je nach Reaktionsbedingungen entsteht das eine oder andere Isomer von *Distickstoffdioxid* (c/d; das Peroxo-Isomer N–O–O–N ließ sich bislang nicht nachweisen, aber da hier beide N-Atome nicht die Oktettregel erfüllen würden, steht das auch für die Zukunft kaum zu erwarten).

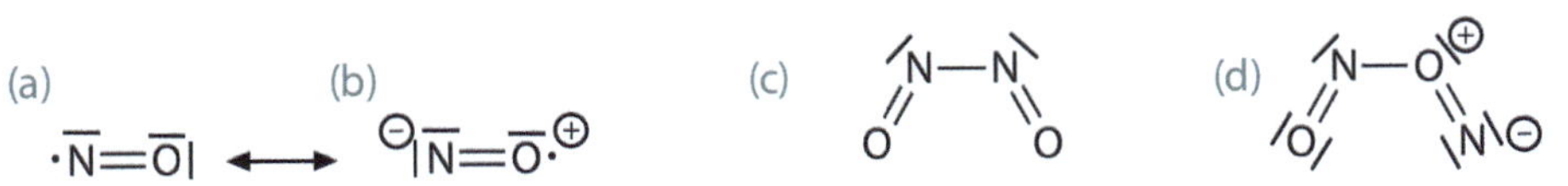

Abbildung 30.7: Stickstoffmonoxid, monomer (a, b) und dimer (c, d)

Auch *Stickstoffdioxid* (Abbildung 30.8a) ist ein *Radikal*. Wird das braunrote Gas unter seinen Siedepunkt (21 °C) abgekühlt, entsteht eine ebenso rotbraune Flüssigkeit, deren Farbe mit sinkender Temperatur immer weiter abnimmt. Grund ist die bei sinkender Temperatur zunehmende Dimerisierung zu farblosem Distickstofftetroxid (b).

Es ist natürlich praktisch, dass Reaktanten und Produkte hier so leicht an ihrer Farbe unterschieden werden können, aber das ginge auch anders: Das Monomer (NO_2) zeigt aufgrund seines ungepaarten Elektrons *para*magnetisches Verhalten, während das Dimer (N_2O_4) *dia*magnetisch ist (das kennen Sie aus Kapitel 13). Diese Untersuchung erfordert natürlich etwas schwereres Gerät.

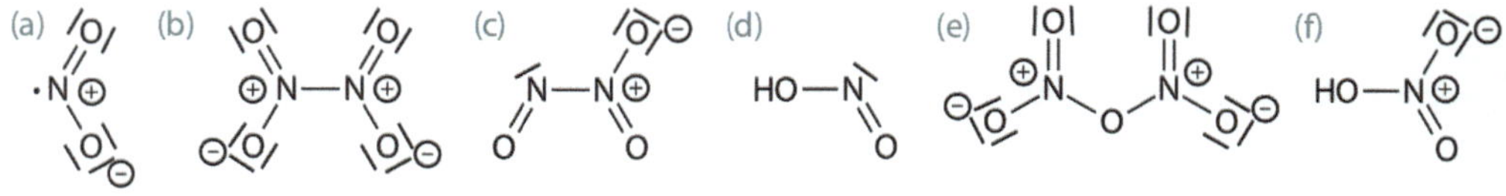

Abbildung 30.8: Stickstoffdioxid (a, b) und Stickoxide als Säureanhydride (c–f)

Es gibt noch weitere Oxide des Stickstoffs:

- *Distickstofftrioxid* (Abbildung 30.8c, N_2O_3) dürfen Sie sich als das Kombinationsprodukt der beiden Radikale NO und NO_2 vorstellen. Es ist zugleich das *Anhydrid* der *Salpetrigen Säure* HNO_2 (d; die zugehörige Reaktionsgleichung lautet $N_2O_3 + H_2O \rightleftharpoons 2\ HNO_2$); das zugehörige Anion (NO_2^-) heißt *Nitrit*-Ion.
- *Distickstoffpentoxid* (Abbildung 30.8e, N_2O_5) ist das *Anhydrid* der *Salpetersäure* (f; $N_2O_5 + H_2O \rightleftharpoons 2\ HNO_3$); das zugehörige NO_3^- ist das *Nitrat*-Ion.

NO_x und LE CHATELIER

Anhand der einfachen Stickoxide lässt sich wunderbar zeigen, wie einige aus den ersten Teilen dieses Buches bekannte Aspekte der Chemie zusammenhängen:

- Die Dimerisierung von NO_2 (*siehe* Abbildung 30.8b) ist exotherm.
  - Dass bei *sinkender* Temperatur die Dimerisierung *zunimmt*, mit steigender Temperatur jedoch das Monomer zunehmend überwiegt, passt damit genau zum Prinzip von LE CHATELIER (aus Kapitel 24): Das System setzt selbst Wärme frei; von außen zugeführte, zusätzliche Wärme bedeutet einen äußeren Zwang, dem das System ausweicht, indem es die Rückreaktion begünstigt.
  - Dass die Dimerisierungsneigung mit *steigender* Temperatur drastisch *abnimmt*, steht auch im Einklang mit dem Konzept der Entropie aus Kapitel 16, schließlich vermindert sich durch die Dimerisierung die Teilchenzahl – das würde die Entropie niemals zulassen.
- Stickstoffmonoxid reagiert mit Luftsauerstoff gemäß folgender Gleichung:

  $$2\ NO + O_2 \rightleftharpoons 2\ NO_2$$

- Es handelt sich um eine exotherme Reaktion; NO ist farblos, NO_2 braunrot.
  - Gemäß LE CHATELIER sollte mit zunehmender Temperatur die Rückreaktion (der Zerfall in NO und O_2) begünstigt sein, und tatsächlich entfärbt sich ein NO/O_2-Gemisch mit steigender Temperatur immer weiter.
  - Auch hier passt das wieder zur Veränderung der Entropie im System.

Redox an NO_x

Sowohl NO als auch NO_2 gehören zur seltenen Spezies stabiler Hauptgruppen-Verbindungen mit *ungerader* Elektronenanzahl. Allerdings lassen sich beide leicht von ihrem Radikalcharakter erlösen und in »anständige« Verbindungen überführen.

✔ Durch *Oxidation* (Abgabe eines Elektrons) ergeben sich *Kationen*:

- NO^+ wird *Nitrosyl*-Ion genannt (a).
- NO_2^+ heißt *Nitryl*-Ion (b).

✔ Durch *Reduktion* (Aufnahme eines Elektrons) entstehen *Anionen*:

- Das Ion mit der Formel NO^- heißt *Nitroxyl*-Ion (c).
- Das *Nitrit*-Ion (NO_2^-) haben Sie in diesem Kapitel schon als Anion der Salpetrigen Säure kennengelernt (d).

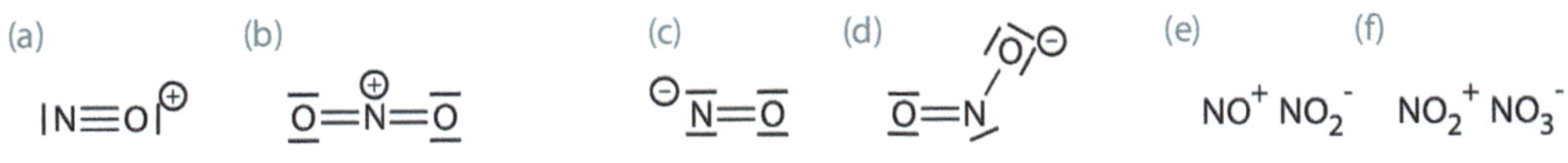

Abbildung 30.9: NO-Kationen und -Anionen

Distickstofftrioxid (N_2O_3; *siehe* die vorangegangene Abbildung 30.8c) bildet bei −100 °C blaue Kristalle, die allen bisherigen Analysetechniken zufolge als *Nitrosylnitrit* (Abbildung 30.9e) aufgefasst werden können. Analog liegt N_2O_5 (*siehe* Abbildung 30.8e) im festen Zustand ionisch als *Nitrylnitrat* vor (Abbildung 30.9f), in der Gasphase jedoch molekular (*siehe* Abbildung 30.8e).

Schwefel und Stickstoff – eine vielseitige Kombination

Die Lego®-Steine Schwefel und Stickstoff lassen sich in bemerkenswert vielfältiger Weise kombinieren: Neben diversen Neutralverbindungen gibt es auch noch zahlreiche Kationen und Anionen. Bitte bedenken Sie, dass hier der Stickstoff die höhere Elektronegativität aufweist, insofern sind SN-Verbindungen bestenfalls *strukturell* mit den Sauerstoff-Analoga vergleichbar, zeigen aber gänzlich unterschiedliche chemische Eigenschaften.

Neutrale Schwefelnitride

Das dem Stickstoffmonoxid analoge Radikal SN (Abbildung 30.10a) ist unter Normbedingungen instabil, das *formale* Dimer S_2N_2 zeigt bereits bemerkenswerte Bindungsverhältnisse: Dieses cyclisch-planare, nahezu quadratische Molekül ist mesomeriestabilisiert (b). Bei Raumtemperatur polymerisiert es langsam zu Polyschwefelnitrid (c). Entlang der resultierenden Kette zeigt dieses Polymer metallische Leitfähigkeit. Auch bei Tetraschwefeltetranitrid (d, S_4N_4) lassen sich die Bindungsverhältnisse durch Mesomerie beschreiben; obwohl dieses Molekül ebenfalls zur Punktgruppe D_{4d} gehört, entspricht der räumliche Bau *nicht* dem des Kronenschwefels (*siehe* Abbildung 28.2a; beachten Sie bitte die relative Lage der Schwefel-Atome zur quadratisch planaren Ebene, die von den Stickstoff-Atomen aufgespannt wird); der Abstand zwischen den jeweils gegenüberliegenden S-Atomen lässt auf moderate Wechselwirkungen schließen.

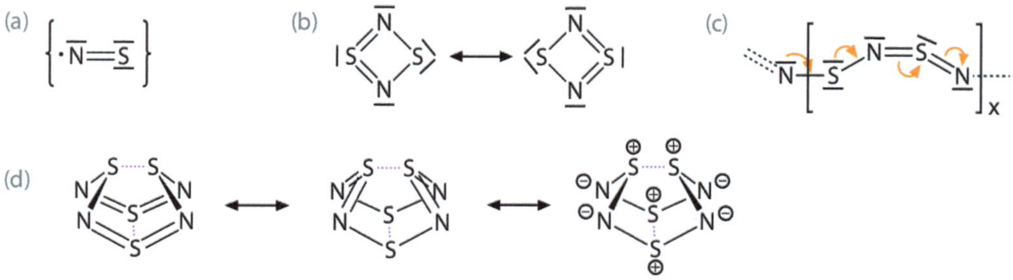

Abbildung 30.10: Ausgewählte Schwefelnitride

Die dritte mesomere Grenzstruktur von S_4N_4 (Abbildung 30.10d) zeigt wieder einmal den Unterschied zwischen *Formal*ladungen und tatsächlichen (lokalisierten) Ladungen (Kapitel 10): Lägen Letztere vor, müssten sich die Schwefel-Atome schließlich abstoßen.

SN-Kationen und -Anionen

Auch hier sollen nur exemplarisch einzelne Vertreter vorgestellt werden, um Zusammenhänge zu verdeutlichen. (Auf die Angabe mesomerer Grenzstrukturen wurde ebenso verzichtet wie auf die ausdrückliche Markierung von Einfach- oder Mehrfachbindungen.)

- ✔ Das Thionitrosyl-Kation (Abbildung 30.11a) ist dem NO^+ aus Abbildung 30.9a analog.
- ✔ Das Tetraschwefeltetranitrid-Dikation $S_4N_4^{2+}$ (Abbildung 30.11b) ist zwar planar, besitzt aber nicht die Form eines regelmäßigen Achtecks: Unterschiedliche Atomradien und Elektronegativitäten sorgen für unterschiedliche Winkel ($\sphericalangle_{NSN}$ ist kleiner als $\sphericalangle_{SNS}$, daher D_{4h}). Alle SN-Bindungen entsprechen geringfügig geschwächten Doppelbindungen.
- ✔ Das Trischwefeldinitrid-Dikation $S_3N_2^{2+}$ (Abbildung 30.11c) und das Dischwefeltrinitrid-Kation $S_2N_3^+$ (d) lassen sich mit Chemie-Lego® leicht nachvollziehen: Ein Schwefel-Atom mit normalerweise 6 Valenzelektronen wird gegen ein Stickstoff-Atom mit normalerweise 5 Valenzelektronen ausgetauscht; entsprechend müssen sich die Ladungen unterscheiden, wenn insgesamt keine ungerade Elektronenanzahl herauskommen soll.
- ✔ Sowohl das Tetraschwefelpentanitrid-Kation $S_4N_5^+$ (Abbildung 30.11e) als auch das entsprechende Anion $S_4N_5^-$ (f) lassen sich nach dem Chemie-Lego®-Ansatz von S_4N_4 (Abbildung 30.10d) durch Ergänzen um ein ladungstragendes Atom ableiten. (Beide Ionen zeigen C_{2v}-Symmetrie.)
- ✔ Das Trischwefeltrinitrid-Monoanion (Abbildung 30.11g; $S_3N_3^-$) ist wieder planar, aber es liegt *kein* regelmäßiges Sechseck vor (D_{3h}; aus den gleichen Gründen wie beim $S_4N_4^{2+}$).

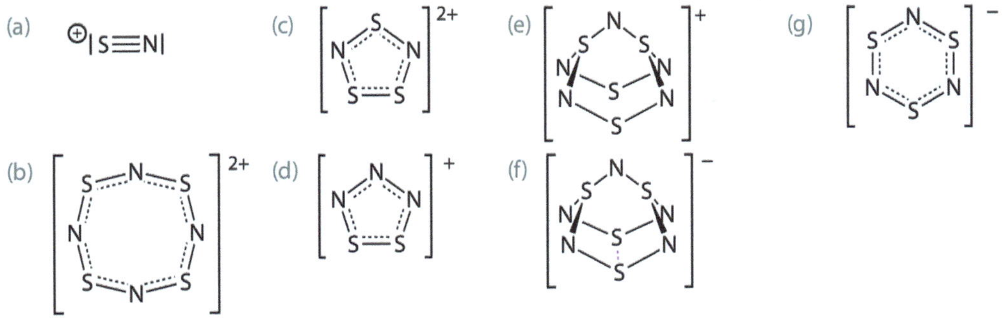

Abbildung 30.11: SN-Kationen und -Anionen

Es muss noch einmal betont werden, dass Chemie-Lego® die Vielfalt der möglichen Verbindungen zwar deutlich überschaubarer und nachvollziehbarer macht, aber *keinerlei Aussagen über die tatsächliche Stabilität der jeweiligen Konstrukte* gestattet. So ist beispielsweise $S_3N_3^-$ sehr luftempfindlich und reagiert mit dem Luftsauerstoff sofort weiter. (Dennoch werden Sie einigen dieser Verbindungen später in diesem Buch erneut begegnen. Lassen Sie sich überraschen.)

Chalkogene und der Rest der 5. Hauptgruppe

Auch in der 5. Hauptgruppe macht sich natürlich der mit steigender Ordnungszahl zunehmende metallische Charakter der Elemente bemerkbar. Schauen Sie sich zunächst die Oxide des Phosphors an und vergleichen Sie deren chemische Eigenschaften (und Strukturen) mit den Oxiden der höheren Homologen aus der Gruppe.

Phosphor ...

Als Element der dritten Periode versucht Phosphor, Mehrfachbindungen weitgehend zu meiden. Je nach Menge des verfügbaren Sauerstoffs entstehen molekulare Oxide. (Dabei wird reichlich Energie frei: Die *Sauerstoff-Affinität* von Phosphor ist beachtlich.)

- ✔ Das Oxid des Phosphors, in dem P die Oxidationszahl +3 aufweist, wird aus historischen Gründen auch heute noch *Phosphortrioxid* genannt, dabei liegt in Wirklichkeit nicht P_2O_3 vor, sondern vielmehr P_4O_6. (Korrekt heißt es *Tetraphosphorhexaoxid* oder kurz *Phosphor(III)-oxid*.) Die zugehörige Struktur (Abbildung 30.11a) mag auf den ersten Blick ein wenig erschreckend wirken, ist aber tatsächlich hochsymmetrisch. Hier sind vier aus P–O-Einheiten aufgebaute sechsgliedrige gewellte Ringe miteinander *kondensiert* (b; die einzelnen Ringe sind farblich markiert; zum Begriff: *siehe* unten). Beachten Sie bitte, dass sich diese Struktur auch ergibt, wenn Sie via Chemie-Lego® in jede P–P-Bindung des P_4-Moleküls aus Abbildung 28.3a ein Sauerstoff-Atom einschieben.

✔ Beim *Phosphorpentoxid* (c; P_4O_{10}; auch *Phosphor(V)-oxid* oder *Tetraphosphordecaoxid*) kommt dem Phosphor die höchstmögliche Oxidationszahl (+5) zu. Strukturell entspricht es dem P_4O_6, nur dass die freien Elektronenpaare aller vier Phosphor-Atome unter jeweiliger Aufweitung des Elektronenoktetts zu Doppelbindungen mit weiteren Sauerstoff-Atomen herangezogen wurden. Der hochsymmetrischen Struktur tut das keinen Abbruch.

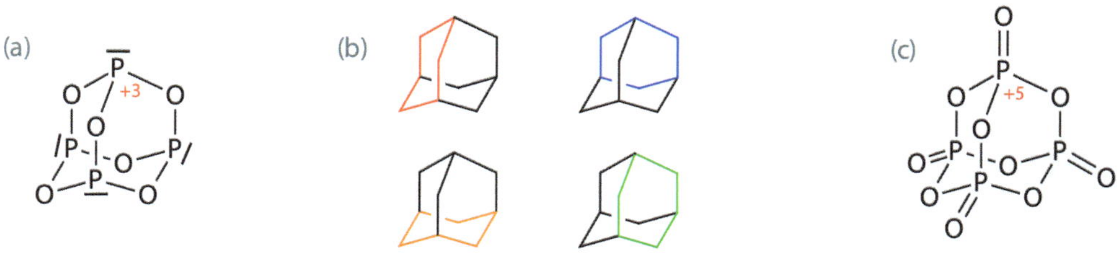

Abbildung 30.12: Oxide des Phosphors

Von **kondensierten Ringen** ist die Rede, wenn zwei oder mehr cyclische Strukturen (also Ringe, die aus gleichen oder unterschiedlichen Atomen aufgebaut sein mögen) jeweils über mindestens *eine gemeinsame Bindung* (also *zwei* Atome) miteinander verknüpft sind. (Sind zwei Molekülfragmente nur über *ein gemeinsames Atom* miteinander verbunden, ist das eine **Verbrückung**.)

Noch mehr Phosphor-Chalkogenide

Durch Oxidation von P_4O_6 lässt sich P_4O_{10} gewinnen; auch alle Zwischenstufen konnten mittlerweile isoliert werden. (Für die Freunde von Symmetriebetrachtungen: P_4O_7 gehört zur Punktgruppe C_{3v}, P_4O_8 zu C_{2v}, P_4O_9 wieder zu C_{3v}, und P_4O_{10} gehört genauso zu T_d wie P_4O_6.) Darüber hinaus gibt es noch reichlich *Suboxide* (also Verbindungen mit weniger Sauerstoff als erwartet), beginnend mit P_4O – alleine davon sind drei verschiedene Formen bekannt (a–c). (b dürfen Sie als das Phosphor-Analogon eines N-Oxids ansehen (*siehe* Abbildung 30.6a); da Phosphor als Element der dritten Periode allerdings zur Überschreitung der Oktettregel fähig ist, ist die (formale) Ladungstrennung hier nicht erforderlich.)

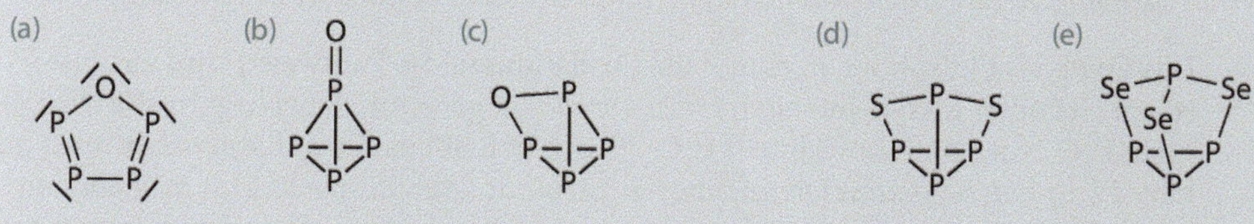

Wie der Chemie-Lego®-Ansatz erwarten lässt, können auch höhere Homologe des Sauerstoffs an dessen Stelle treten, daher ist eine Vielzahl von Phosphorsulfiden und -seleniden bekannt, etwa P_4S_2 (d; in zwei P–P-Bindungen des P_4-Tetraeders wurde je ein Schwefel-Atom »eingeschoben«, es ergibt sich C_s-Symmetrie) oder P_4Se_3 (e; Punktgruppe C_{3v}). Noch etwas mehr über die Chemie des Phosphors erfahren Sie in Kapitel 31.

Phosphor in Säuren

Phosphor(III)-oxid (diese Verbindung kennen Sie schon aus Abbildung 30.12a) ist das *Anhydrid* der *Phosphorigen Säure* (H_3PO_3), das zugehörige Anion PO_3^{3-} heißt *Phosphonat* (früher auch *Phosphit* genannt); Phosphor(V)-oxid hingegen (auch hier müssten Sie noch einmal zurück: Abbildung 30.12c) ist das *Anhydrid* der *Phosphorsäure* (H_3PO_4), deren vollständig deprotoniertes Anion PO_4^{3-} *Phosphat* heißt.

Allerdings bereitet uns die Phosphorige Säure eine Überraschung: Zwei verschiedene Formen liegen miteinander im Gleichgewicht – die eigentliche *Phosphorige Säure* (Abbildung 30.13a) und die *Phosphonsäure* (b). In wässriger Lösung liegt das Gleichgewicht ganz auf der rechten Seite, und die Phosphonsäure ist nur *zweiprotonig*. Entsprechend ergibt sich unter derartigen Bedingungen bei »vollständiger Deprotonierung« über das Dihydrogenphosphonat/Dihydrogenphosphit (c; $H_2PO_3^-$) nur das Dianion HPO_3^{2-} (d; Hydrogenphosphonat oder Hydrogenphosphit); nur unter Wasserabschluss lässt sich auch das freie Phosphonat/Phosphit (e; PO_3^{3-}) erhalten. (Die Phosphorige Säure zeigt *Tautomerie*; dieses Phänomen wird Ihnen in Kapitel 37 wiederbegegnen.)

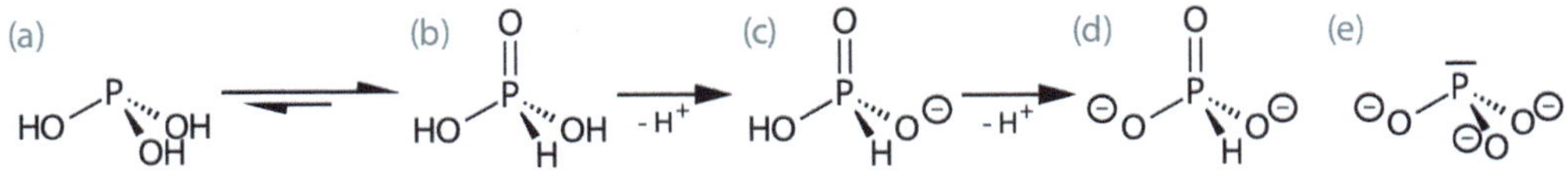

Abbildung 30.13: Phosphorige Säure

Bei der *Phosphorsäure* ist das Leben einfacher: Die freie Säure (a; H_3PO_4) dissoziiert in drei Stufen über das Dihydrogenphosphat (b; $H_2PO_4^-$) und das Hydrogenphosphat (c; HPO_4^{2-}) zum Phosphat (d; PO_4^{3-}).

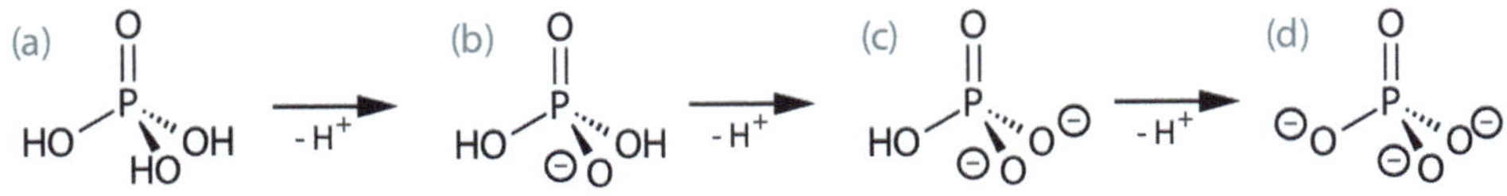

Abbildung 30.14: Phosphorsäure

...und die anderen: Schwiegermutter-Ex und mehr

Auch von den höheren Homologen des Phosphors existieren Oxide, die sich entsprechend hydrolysieren lassen.

- ✔ *Arsentrioxid* (As_2O_3) besitzt die gleiche Struktur wie P_4O_6 (*siehe* Abbildung 30.12a), doch unter Normbedingungen liegt es hochmolekular $(As_2O_3)_n$ als weißes Pulver vor. Unter dem Namen »Arsenik« ist dieses hochpotente Gift (oral aufgenommen können bereits 0,1 Gramm tödlich sein) in der Kriminalliteratur verewigt. Die zu diesem Anhydrid gehörende Arsenige Säure (H_3AsO_3) ist in freiem Zustand bislang nicht bekannt.

- Anders als P_4O_{10} ist *Arsenpentaoxid* (As_2O_5) bereits *hochmolekular*; auf die recht komplexe Struktur soll hier nicht weiter eingegangen werden. Die zugehörige *Arsensäure* liegt bei Raumtemperatur als kristallines *Hemihydrat* vor (2 $H_3AsO_4 \cdot H_2O$ oder $H_3AsO_4 \cdot ½\ H_2O$; ähnliche Hydrate sind Ihnen in Kapitel 21 schon einmal begegnet, die Vorsilbe *Hemi* bedeutet »ein halbes Molekül Wasser auf je ein Äquivalent Substanz«).

- Von *Antimontrioxid* (Sb_2O_3) existiert *sowohl* eine kovalent gebaute niedermolekulare Form (sie entspricht wieder Abbildung 30.12a) *als auch* eine hochmolekulare Modifikation $(Sb_2O_3)_x$. Die Hydrolyse des Trioxids führt zum sofort weiterreagierenden Monohydrat der *Antimonigen Säure* $H_3SbO_3 \cdot H_2O$, die Sie analog zur Komplex-Nomenklatur (Kapitel 13) auch als Tetrahydroxidoantimon(III)-säure bezeichnen könnten ($HSb(OH)_4$). Beide Namen sind irreführend, denn tatsächlich verhält sich diese Substanz *amphoter* (diesen Begriff kennen Sie aus Kapitel 25):

  - Im basischen Medium löst sich Sb_2O_3 als Tetrahydoxidoantimonat $[Sb(OH)_4]^-$, verhält sich also tatsächlich, als hätte die oben erwähnte Säure reagiert.

  - In saurer Lösung liegen keine freien Sb^{3+} -Ionen vor, sondern Antimonoxid-Ionen SbO^+ (früher wurden sie Antimonyl-Ionen genannt).

Hier sind wirklich Antimon-Oxid-Ionen gemeint, nicht etwa irgendein *Antimono-Wasauchimmer*. Bitte achten Sie auf Ihre Aussprache.

- Von Antimonpentaoxid ist bislang nur eine hochmolekulare Form bekannt. Die zugehörige Säure liegt als Dihydrat vor ($H_3SbO_4 \cdot 2\ H_2O$). In wässriger Lösung ist diese Säure *nur einprotonig*, daher ist wohl die Schreibweise $HSb(OH)_6$ vorzuziehen.

- Beim Bismut zeigen sich sowohl der zunehmende Metallcharakter als auch der Effekt des inerten Paares: Bismut(III)-oxid verhält sich in wässriger Lösung nicht wie das Säureanhydrid der *Bismutigen Säure*, sondern wie die entwässerte Form des Salzes *Bismuthydroxid* $Bi(OH)_3$, und während die *Bismutsäure* (H_3BiO_4) in freier Form bislang nicht nachgewiesen werden konnte, sind die wenigen bislang bekannten *Salze der Orthobismutsäure* (BiO_5^{5-}) starke Oxidationsmittel.

Hochmolekulare Verbindungen – »kovalonisch« oder »ionolent«?

Gerade bei den Chalkogeniden der Halbmetalle wird immer wieder deutlich, dass sich eine klare Grenze zwischen *kovalenten Bindungen* und *ionischen Wechselwirkungen* überhaupt nicht ziehen lässt. Die fachsprachliche Präzision mag hier daher irreführend sein:

- *Hochmolekular* sind vielatomige Verbindungen, die (weitgehend) durch gerichtete kovalente Bindungen zusammengehalten werden und für die keine eindeutige

Summenformel angegeben werden kann, weil die *tatsächliche Anzahl* der daran beteiligten Atome nicht bekannt ist; ein Beispiel wäre das im Text erwähnte $(Sb_2O_3)_x$.

✔ In echten *Ionengittern* (die Sie bereits aus Kapitel 11 kennen) mögen zwar *auch* kovalente Wechselwirkungen von Bedeutung sein, aber die ungerichteten elektrostatischen/*ionischen* Wechselwirkungen spielen auf jeden Fall eine deutlich größere Rolle als bei den hochmolekularen Verbindungen.

Aber ob beispielsweise Bi_2O_3 nun eine hochmolekulare Verbindung ist oder doch eher ein Ionengitter aus »isolierten« Bi^{3+}- und Oxid-Ionen vorliegt, lässt sich kaum sagen. Wie schon erwähnt: Die Grenzen sind fließend.

Ortho-, Meta- … – wie es in der *Anorganik* verwendet wird

Spezifizierende Wortanfänge wie »Ortho-«, »Meta-« sind Ihnen schon in Kapitel 29 begegnet (da hatten wir die Ortho- und die Metaperiodsäure). Schauen wir uns die Systematik dieser Benennung etwas genauer an:

✔ Eine *Orthosäure* ist eine Oxosäure, die im Vergleich zu ihrer »Normalform« ein (oder auch mehrere) Wasser-Molekül(e) aufgenommen hat. Dabei wird dieses zusätzliche Wasser integraler Bestandteil der Molekülstruktur selbst. Viele Orthosäuren sind unter Normbedingungen nicht in freier Form, sondern nur in Form ihrer Salze beständig. Ein Beispiel für eine Orthosäure bietet (neben der Orthoperiodsäure, die Sie schon aus Kapitel 29 kennen) die Orthophosphorsäure (Abbildung 30.15a).

✔ Eine *Metasäure* hingegen ist eine Säure, die sich durch Abspaltung von einem (oder mehreren) Wasser-Molekül(en) von einer anderen Säure ableiten lässt; meist sind derartige Verbindungen unter Normbedingungen nicht stabil. Abbildung 30.15b zeigt die Struktur der Metaphosphorsäure, die in der Gasphase (!) eine der stärksten bekannten Säuren darstellt.

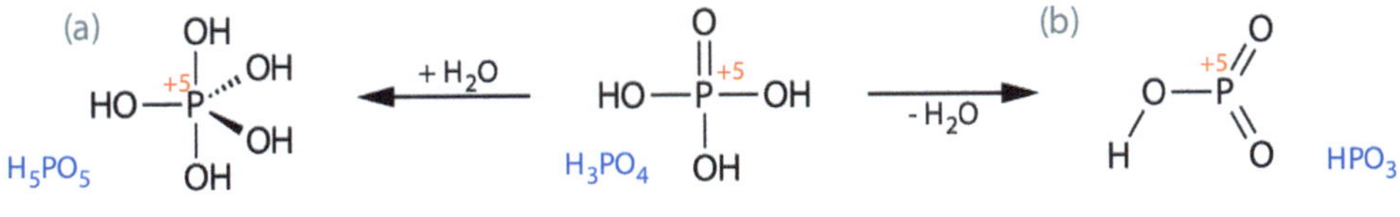

Abbildung 30.15: Ortho- und Metaphosphorsäure

Beachten Sie bitte, dass es sich bei dieser Addition oder Abspaltung von Wasser nicht etwa um eine Redox-Reaktion handelt: Die Oxidationszahl des Zentralteilchens bleibt unverändert.

Das ist einer der Bereiche, in denen Fachtermini in der Anorganischen Chemie eine *völlig andere* Bedeutung haben als in der Organischen Chemie. (Falls Sie jetzt schon wissen wollen, was sie in der OC bedeuten, schauen Sie in Kapitel 38 nach.)

Chalkogene und die 4. Hauptgruppe

Die vierte Hauptgruppe hat nur ein einziges echtes Nichtmetall zu bieten: den Kohlenstoff. Silicium und Germanium sind Halbmetalle (und Halbleiter, *siehe* Kapitel 14), Zinn und Blei ausgewachsene Metalle. Also bildet auch nur Kohlenstoff mit Chalkogenen »anständige« Moleküle, um die es in diesem Kapitel gehen soll. (Über die Strukturvielfalt des hochmolekularen Siliciumoxids erfahren Sie mehr in Kapitel 32.)

Von den Sauerstoff-Kohlenstoff-Verbindungen sind vor allem Kohlendioxid (CO_2) und Kohlenmonoxid (CO) wichtig.

✔ Im unter Normbedingungen gasförmigen *Kohlendioxid* (Abbildung 30.16a) kommt dem Kohlenstoff die Oxidationszahl +4 zu; der lineare Bau dieses Moleküls (Punktgruppe $C_{\infty v}$) lässt sich mit einer sp-Hybridisierung des Kohlenstoff-Atoms beschreiben (*siehe* Kapitel 12). CO_2 ist das Hauptoxidationsprodukt des Kohlenstoffs und findet sich unter anderem in der vom Menschen ausgeatmeten Luft. (Ein bisschen mehr dazu in Kapitel 48.)

- Kohlendioxid ist auch das *Anhydrid* der *Kohlensäure* (Abbildung 30.16b, H_2CO_3), die allerdings im freien Zustand nicht stabil ist. (Das wird ausgenutzt, um Blubbergetränke zu erzeugen: Was dort aufsteigt, ist nicht etwa Kohlensäure – auch wenn das immer wieder behauptet wird –, sondern schnödes CO_2.)
- Kohlendioxid an sich ist nicht giftig. Geraten Sie in eine CO_2-Atmosphäre (die Gefahr besteht beispielsweise in Silos), bekommt Ihnen das jedoch trotzdem nicht gut, weil Sie dort keinen Sauerstoff mehr vorfinden, denn CO_2 ist schwerer als Luft. Sie ersticken also – vorher werden Sie aber gnädigerweise bewusstlos, bekommen das also nicht so recht mit.

✔ Im unter Normbedingungen ebenfalls gasförmigen, aber hochgiftigen *Kohlenmonoxid* hingegen hat der Kohlenstoff die höchstmögliche Oxidationszahl noch nicht erreicht: Hier kommt er nur auf +2. Setzen Sie dieses Molekül gemäß Chemie-Lego® zu einer Lewis-Formel zusammen, ergibt sich eine Struktur, die den Bindungsverhältnissen nicht gerecht wird (Abbildung 30.16c): Tatsächlich liegt eine C–O-*Dreifachbindung* vor. (Das zumindest legen alle bisherigen Daten aus der instrumentellen Analytik nahe, ein wenig mehr dazu in Kapitel 50.) Berücksichtigen Sie die Formalladungen, erfüllen beide Atome die Oktettregel (d; mehr über dieses Molekül im Kasten *Warum Kohlenmonoxid so giftig ist*). Haben Sie bemerkt, dass dieses Molekül *isoelektronisch* und *isoster* zum Stickstoff (N_2) ist?

✔ Weiterhin existieren neben C_3O_2 (Abbildung 30.16e) noch diverse *Kohlensuboxide* der allgemeinen Formel C_nO_2 (f); die meisten davon sind synthetisch erhältlich und nicht sonderlich stabil. Ihnen allen ist gemein, dass die daran beteiligten Kohlenstoff-Atome allesamt sp-hybridisiert sind.

✔ Auch mit den anderen Chalkogenen bildet Kohlenstoff molekulare Verbindungen: Während Kohlenstoffmonosulfid (CS) nicht stabil ist, stellt *Kohlenstoffdisulfid* (CS_2, auch bekannt als Kohlendisulfid oder *Schwefelkohlenstoff*) (Abbildung 30.16g) ein wichtiges Lösemittel dar – dass es extrem widerlich riecht, tut seiner Nützlichkeit keinen Abbruch. Das Misch-Chalkogenid Kohlenoxidsulfid COS (h; auch Carbonylsulfid genannt) ist ein brennbares, hochgiftiges Gas, das bei der Schädlingsbekämpfung eingesetzt wird; es wird leicht zu CO_2 und H_2S hydrolysiert.

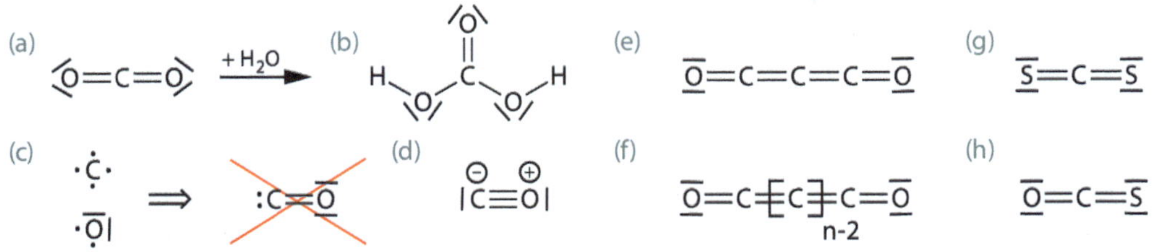

Abbildung 30.16: Ausgewählte Kohlenstoffchalkogenide

Warum Kohlenmonoxid so giftig ist – mit Molekülorbitalen erklärt

Schauen Sie sich das MO-Diagramm von Kohlenmonoxid an, stellen Sie fest, dass die Energieniveaus von s- und p-Orbitalen der beiden beteiligten Atome gegeneinander verschoben sind – und das aus gutem Grund: Sauerstoff hat eine höhere Ordnungszahl als Kohlenstoff, also besitzt er auch eine höhere Kernladung und zieht seine Elektronen deswegen deutlich näher an sich – das senkt natürlich deren potentielle Energie. Dieser Unterschied wirkt sich auf das ganze Molekül aus: Dadurch wird das σ^*_{2s} -Orbital zum HOMO (*siehe* Kapitel 13) – die energiereichsten Elektronen im Molekül befinden sich damit in einem *antibindenden* Orbital.

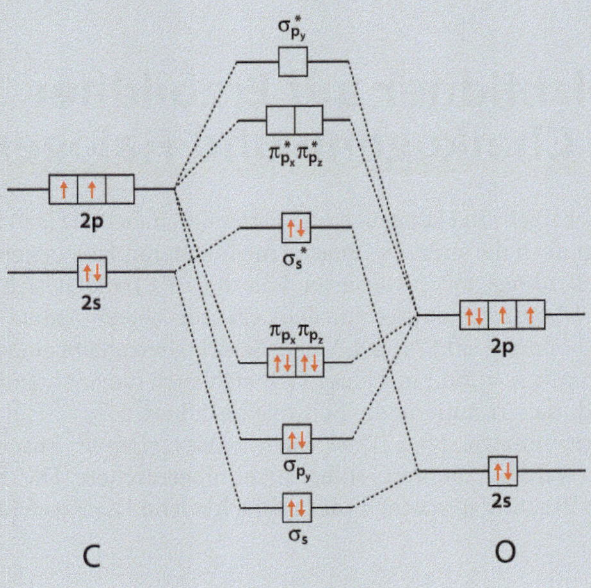

Es würde dieses Molekül also zusätzlich stabilisieren, wenn es Elektronendichte aus dem HOMO an einen geeigneten Bindungspartner abgeben könnte – und aus genau diesem Grund ist Kohlenmonoxid ein äußerst starker *Komplexligand*. Durch die Übertragung von Elektronendichte aus dem HOMO wird die C–O-Bindung, der ohnehin schon die Bindungsordnung $BO_{CO} = 3$ zukommt, noch weiter gestärkt (*siehe* Kapitel 12) – das lässt sich schwingungsspektroskopisch auch nachweisen (mehr dazu in Kapitel 50). Die Neigung von CO, als Komplexligand zu fungieren, ist auch Grund für die Toxizität dieser Verbindung: Das Hämoglobin im menschlichen Blut, das für den Sauerstoff-Transport verantwortlich ist, enthält Eisen-Ionen (mehr dazu in Kapitel 46). Da CO mit Eisen sehr stabile Komplexe bildet und den eigentlich dringend benötigten Sauerstoff dabei gänzlich verdrängt, können Sie sich mit Kohlenmonoxid prima vergiften.

Anders als es in schlechten Filmen gerne dargestellt wird, müssen Sie dafür keineswegs in einem geschlossenen Raum einen Motor so lange laufen lassen, bis die Abgase den gesamten Luftsauerstoff verdrängt haben: Die Affinität des Hämoglobins zu Kohlenmonoxid ist mehr als 250-mal stärker als die zum Sauerstoff. Schon weniger als 0,4 Volumenprozent CO in der Luft reichen aus, um mehr als drei Viertel des gesamten Hämoglobins im Körper abzusättigen – der Tod tritt dann üblicherweise innerhalb von 10 bis 15 Minuten ein.

Allerdings ist auch die Komplexierung von CO an Hämoglobin eine »normale« chemische Reaktion, also gilt das (aus Kapitel 24 bekannte) Massenwirkungsgesetz: Einer akuten Kohlenmonoxid-Vergiftung kann mit massivem Sauerstoff-Überschuss entgegengewirkt werden (solange der Patient noch lebt, heißt das …).

Wenn Salzbildner auf Erzbildner treffen – Chalkogene und Halogene

Über das Zusammenspiel von Halogenen und Sauerstoff haben Sie ja in Kapitel 29 schon einiges erfahren, aber auch die anderen Chalkogene bilden mit Halogenen molekular gebaute Verbindungen – allerdings mit invertierter Polarität: Es handelt sich um Chalkogenhalogenide. Ganz in Übereinstimmung mit dem Chemie-Lego®-Ansatz lassen sich Schwefeldihalogenide (Abbildung 30.17a; SX_2) und Schwefeltetrahalogenide (b; SX_4) erhalten (bislang noch nicht mit X = Iod); mit Fluor lässt sich auch die höchstmögliche Oxidationszahl erzielen, und das resultierende Schwefelhexafluorid (c; SF_6) besitzt tatsächlich perfekte Oktaedersymmetrie (O_h). Dass auch entsprechende Mischverbindungen wie SCl_3F (d) isoliert werden konnten, sollte nicht überraschen. Die hohe Stabilität der Schwefel-Schwefel-Bindung gestattet zudem verschiedene Dischwefeldihalogenide (S_2X_2)

und Dischwefelhexahalogenide (S_2X_6); auch Dischwefeldecafluorid (e; S_2F_{10}) lässt sich isolieren. Dazu kommen diverse Oligoschwefelhalogenide (f; S_nX_2). Analoge Verbindungen existieren auch von den restlichen Chalkogenen (wobei Polonium wieder einmal die höchstmögliche Oxidationszahl vermeidet); aber jetzt wird's schon wieder ein bisschen arg speziell.

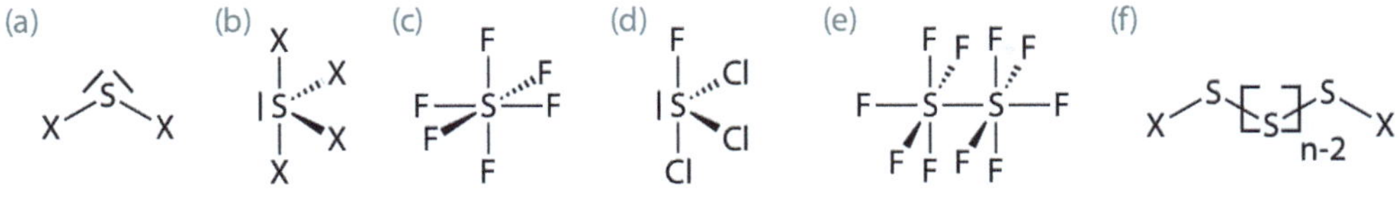

Abbildung 30.17: Ausgewählte Schwefelhalogenide

Sie heißen ja nicht umsonst »Erzbildner«

Neben all den kovalent gebauten Verbindungen, die Sie bislang in diesem Kapitel kennengelernt haben, bilden vor allem Sauerstoff und Schwefel auch stabile einatomige Anionen. Diese Anionen können mit den verschiedensten Metall-Ionen Salze bilden, und der Begriff »Erz« meint zunächst einmal nur praktisch beliebige Metallmineralien, mit anderen Worten: Metallsalze. Hierbei werden vor allem unterschieden:

- ✔ *Oxidische Erze*, in denen das Oxid-Ion (O^{2-}) von Bedeutung ist – als Beispiel sei das *Magnetit* genannt (Fe_3O_4, historisch auch als *Magneteisenstein* bezeichnet), ein wegen seiner magnetischen Eigenschaften wichtiger Rohstoff.
- ✔ *Sulfidische Erze*, bei denen das Sulfid-Ion (S^{2-}) die Rolle des Gegen-Ions übernimmt – beispielsweise im Sphalerit (Zinksulfid, auch Zinkblende genannt); das zugehörige Ionengitter (ZnS) kennen Sie schon aus Kapitel 11, und in Kapitel 21 ist es beim Thema Polymorphie erneut aufgetaucht.
- ✔ Dazu kommen die deutlich selteneren *selenidischen* und *telluridischen Erze* wie das *Clausthalit* (PbSe, Bleiselenid) oder das (noch seltenere) *Calaverit* ($AuTe_2$, Goldditellurid) – nein, diese Mineral-Namen müssen Sie *nicht* auswendig lernen!
- ✔ Zudem können Sauerstoff und auch Schwefel gut Bestandteil mehratomiger Gegen-Ionen sein. Exemplarisch seien genannt:
  - Carbonat, findet sich beispielsweise im *Calcit, Kalkspat* oder *Marmor* (allesamt Calciumcarbonat, $CaCO_3$). Auch Kalkstein besteht vor allem aus $CaCO_3$, es ist der Hauptbestandteil von Sedimentgestein und damit eine der häufigsten Verbindungen auf der Erde.
  - Sulfat, etwa in *Alabaster* ($CaSO_4$, die gleiche Summenformel hat auch *Gips*, allerdings handelt es sich dann streng genommen um das Dihydrat $CaSO_4 \cdot 2\,H_2O$).
  - Nitrat, wie im Kaliumnitrat (KNO_3, *Salpeter*) und Natriumnitrat ($NaNO_3$, auch als *Chilesalpeter* bezeichnet).

- Phosphat, unter anderem als *Monazit* MPO_4, wobei M für praktisch alle f-Block-Elemente der 5. Periode (auch als *seltene Erden* bezeichnet) stehen kann: ein wichtiger Rohstoff, unter anderem für die Unterhaltungselektronik.

✔ Und dann ist da natürlich noch die gewaltige Vielfalt der *Silicate*, also der Mineralien, deren Anionen aus Silicium und Sauerstoff aufgebaut sind und sich vom Siliciumdioxid (SiO_2) ableiten. (Darüber erfahren Sie in Kapitel 32 mehr.)

Mit einem derart kurzen Abschnitt über die Erze oder gar die Mineralien im Allgemeinen tut man der Vielfalt der Natur zweifellos Unrecht, aber das *Grundprinzip* praktisch all dieser Verbindungen haben Sie schon in Kapitel 11 kennengelernt: die elektrostatische Anziehung von Kationen und Anionen, die sich zu einem dreidimensionalen Kristallgitter zusammenfinden. (Außerdem wollen wir Sie nicht mit einer Vielzahl von Mineral-Eigennamen erschlagen. Wenn Sie mehr darüber wissen möchten, empfehlen wir die einschlägige Fachliteratur.)

Aufgaben Kapitel 30

1. Zu welcher Verbindung führt die Hydrolyse von Selendioxid (SeO_2)?
2. Welches Verhalten im Magnetfeld erwarten Sie für festes N_2O_3?
3. Was spricht gegen die Isolierung einer der gewöhnlichen Phosphorsäure analogen Orthosalpetersäure H_3NO_4?

IN DIESEM KAPITEL

hört's für den Stickstoff bei Ammoniak nicht auf

zeigt Phosphor, was er besser kann als sein kleiner Bruder

wird's langsam (mehr-)kernig

Kapitel 31
Ammoniak und mehr – die 5. Hauptgruppe

Für die Elemente der fünften Hauptgruppe wurde nie ein so vielsagender Begriff geprägt wie für die Halogene oder Chalkogene. Um der Gruppe wenigstens überhaupt einen Namen zu geben, ist **Pentele** vorgeschlagen worden – nach dem griechischen Wort *penta* = fünf. (Es wird dann also eigentlich nur die Gruppennummer genannt. Toll.) Alternative Bezeichnungen sind *Stickstoffgruppe* (auch nicht sonderlich originell …) oder auch *Pnicogene* oder *Pnictogene*. Die beiden letztgenannten Bezeichnungen leiten sich vom griechischen Wort *πνίγειν*, *pnigein* = ersticken ab und bezieht sich auf die Tatsache, dass viele Verbindungen der Elemente dieser Gruppe geruchlich nicht gerade ansprechend sind.

Davon einmal abgesehen, unterscheiden sich die Elemente dieser Gruppe in ihrem chemischen und auch physikalischen Verhalten drastisch:

- ✔ Das *Nichtmetall* Stickstoff liegt elementar ausschließlich in Form diatomarer Moleküle (N_2) vor.
- ✔ Die allotropen Formen des Nichtmetalls Phosphor haben Sie schon in Kapitel 28 kennengelernt; unter hohem Druck lassen sich auch *halbmetallische* Allotrope erzeugen.
- ✔ Arsen stellt bereits von sich aus ein *Halbmetall* dar, ebenso das Antimon.
- ✔ Beim Bismut ist unter Normbedingungen die metallische Modifikation die stabilste, also ist Bi durchaus schon ein *echtes Metall.*

Chemie-Lego®-Steckbrief: Pentele

Die Valenzelektronenkonfiguration aller Elemente der 5. Hauptgruppe lautet $(n)s^2(n)p^3$. Die Edelgaskonfiguration lässt sich also am leichtesten dadurch erreichen, dass insgesamt drei kovalente Bindungen eingegangen werden – das können Einfach- oder auch Mehrfachbindungen sein (a). Die höheren Homologen des Stickstoffs können dank der d-Orbitale auch eine Valenzerweiterung eingehen und die Oktettregel überschreiten, wobei das freie Elektronenpaar für die Ausbildung zweier zusätzlicher Einfach- oder einer zusätzlichen Doppelbindung herangezogen wird (b):

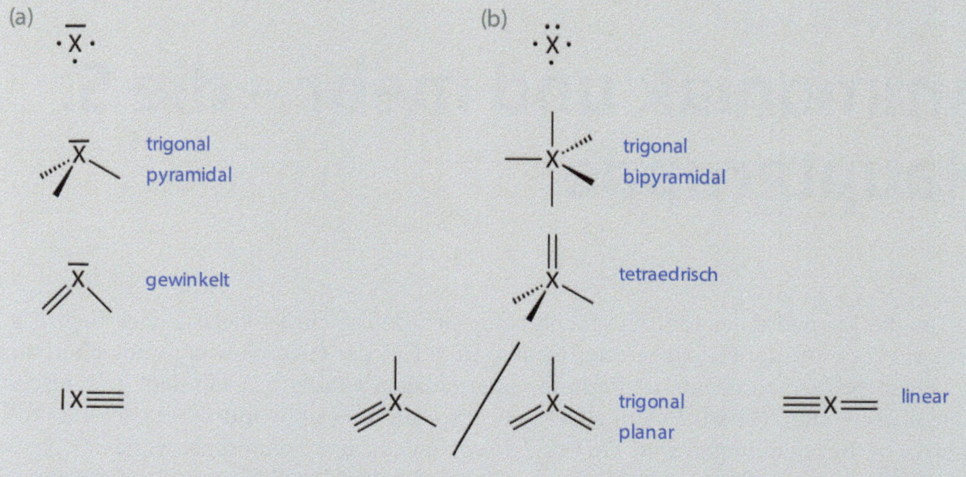

Die resultierenden Strukturen stimmen wieder mit dem VSEPR-Modell überein.

Was der Stickstoff so alles kann!

Die Dreifachbindung im N_2-Molekül zwischen den beiden Atomen des elementaren Stickstoffs ist sehr stabil, deswegen ist Stickstoff bemerkenswert unreaktiv (fachsprachlich: inert) und wird darum auch gerne als Kühlmittel (bekannt aus Kapitel 28) und als Schutzgas verwendet – sowohl im Labor als auch beim Verpacken von Lebensmitteln. Unter laborüblich-moderaten Bedingungen (Temperatur < 300 °C, keine übermäßigen Druckverhältnisse) reagiert kaum ein Element mit Stickstoff. (Einzig Lithium und Magnesium bilden die entsprechenden Nitride Li_3N und Mg_2N_3; dazu gleich mehr.) Trotzdem ist Stickstoff in einer sogar außergewöhnlichen Vielfalt von Verbindungen anzutreffen; manche davon erfordern jedoch bei der Synthese ein wenig mehr Energieeinsatz – ganz gemäß der guten alten Chemiker-Maxime:

Es ist alles nur eine Frage der Gewalt, die eingesetzt wird!

Angefangen hat es mit Ammoniak

Die einfachste binäre Wasserstoff-Verbindung des Stickstoffs ist Ihnen aus den vorangegangenen Kapiteln längst vertraut: *Ammoniak* (Abbildung 31.1a; gemäß der IUPAC sollte Ammoniak eigentlich *Azan* genannt werden, aber bislang haben wir noch niemanden gefunden, der dieses Wort freiwillig benutzt ...). Sie wissen auch, dass NH_3 in wässriger Lösung als Base fungiert und sich zum Ammonium-Ion (NH_4^+) protonieren lässt (b; tetraedrisch gebaut, Punktgruppe T_d). Allerdings ist der Stickstoff dabei aufgrund des Elektronegativitätsunterschieds trotz seiner positiven *Formal*ladung immer noch *negativ polarisiert*, während sich die *positive Ladungsdichte* symmetrisch über die vier *H-Atome* verteilt ($N^{\delta-}$, $H^{\delta+}$).

Da die gleichen Elektronegativitätsdifferenzen natürlich auch im unprotonierten Molekül gelten, lässt sich Ammoniak – hinreichend basische Reaktionspartner vorausgesetzt – stufenweise deprotonieren: Über das *Amid*-Ion (c; NH_2^-) und das *Imid*-Ion (d, NH^{2-} – sehen Sie, warum Sie unbedingt darauf achten müssen, was bei solchen Formeln »nach oben« und was »nach unten« kommt?) landen Sie schließlich beim *Nitrid*-Ion (e; N^{3-}).

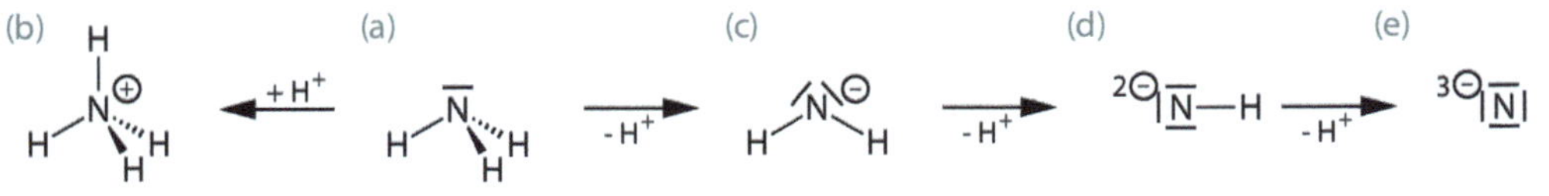

Abbildung 31.1: Ammoniak (a) als Base (b) und als Säure (c-e)

Dass das Ammoniak-Molekül also ebenso gut als Base wie als Säure fungieren kann, betont noch einmal die Ähnlichkeit mit der binären Wasserstoff-Verbindung seines Nachbarn zur Rechten im Periodensystem, entsprechend findet beim Ammoniak, das bei Temperaturen unterhalb von –34 °C als farblose Flüssigkeit vorliegt, die gleiche Art *Autoprotolyse* statt (Abbildung 31.2), die Sie schon vom Wasser kennen (Abbildung 25.3). Für manche Zwecke lässt sich flüssiges Ammoniak daher als polar-protisches Lösemittel nutzen (*siehe* Kapitel 20).

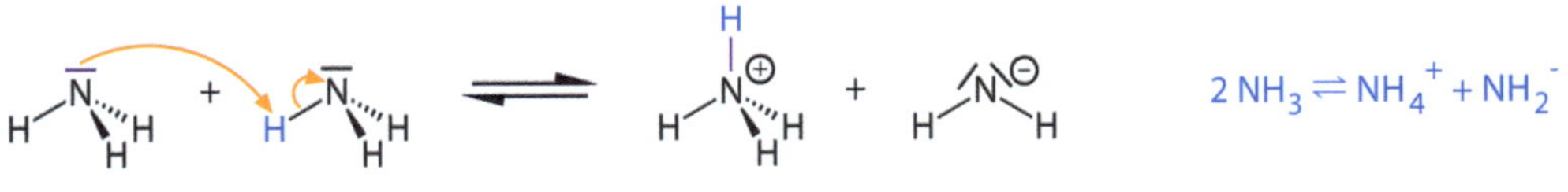

Abbildung 31.2: Autoprotolyse von Ammoniak

Fast alle Grundprinzipien der Chemie in einer einzigen Reaktion: das Haber-Bosch-Verfahren

Ammoniak ist eine der wichtigsten Grundchemikalien für die Synthese von Düngemitteln (das sind meist vom Ammoniak abgeleitete Ammoniumsalze oder aber Nitrate – also Salze der Salpetersäure, die ihrerseits häufig wieder aus NH_3 hergestellt werden) oder auch von Sprengstoffen, für die ja anscheinend immer ein Weltmarkt existiert. Insofern ist die großtechnische Produktion dieser einfachen

Verbindung unerlässlich. Die Synthese von Ammoniak aus den Elementen sieht zunächst einmal harmlos aus:

$$3\,H_2 + N_2 \rightleftarrows 2\,NH_3 \qquad \Delta H = -92\,kJ\,mol^{-1}$$

Man sollte doch meinen, dass es nicht allzu schwer sein dürfte, Ammoniak auch im großen Maßstab herzustellen. Da dabei Energie frei wird, sollte die Reaktion sogar spontan ablaufen! – Leider ist das ein bisschen zu kurz gedacht, denn aufgrund der immensen Stabilität der N–N-Dreifachbindung ist die *Aktivierungsenergie* geradezu erschreckend hoch. Aber das sollte doch auch kein Problem sein: Mit mehr Gewalt geht doch alles! Irgendwann wird die Energiebarriere schon überwunden sein, oder nicht? – Wieder zu kurz gedacht: Wenn Sie die Temperatur steigern, können (und werden) Sie die Barriere natürlich irgendwann überwinden. Schon bei 500 °C kommt die Reaktion allmählich in Gang.

Und schon stellt sich das nächste Problem: Jetzt haben Sie Le Chatelier missachtet! Es handelt sich um eine *exotherme* Reaktion. Wenn Sie also die Temperatur steigern, verschieben Sie das Gleichgewicht auf die *Reaktanten*-Seite – bei 500 °C werden Sie mit viel Glück eine Ausbeute von 0,1 % erhalten. Für eine großtechnische Produktion ist das ein bisschen mager. Zwei Überlegungen helfen aus der misslichen Lage heraus:

- ✔ Mit einem *Katalysator* (das Grundprinzip haben Sie in Kapitel 23 kennengelernt) sollte sich die Aktivierungsenergie senken lassen, und bei entsprechend niedrigeren Temperaturen wird das Gleichgewicht wieder mehr in Richtung der Produkt-Seite verschoben. (Ein solcher Katalysator musste natürlich auch erst einmal gefunden werden, aber genau *dafür* erhielt auch einer der Namensgeber dieses Verfahrens den Nobelpreis.)
- ✔ Sie können Le Chatelier sogar gezielt ausnutzen: Bei dieser Reaktion reagieren *vier* Teile Reaktanten zu *zwei* Teilen Produkt, *die Teilchenanzahl vermindert sich also.* Nach dem Prinzip des kleinsten Zwanges sollte eine Druckerhöhung das Gleichgewicht drastisch auf die Produkt-Seite verschieben.

Kombinieren Sie beides, landen Sie beim Haber-Bosch-Verfahren. Dabei wird ein Eisen-Mischkatalysator recht komplexer Zusammensetzung (basierend auf Fe_3O_4) verwendet und bei einem Druck von 250 bis 330 bar gearbeitet. Die Temperatur muss wohlüberlegt sein: Höhere Temperaturen fördern einerseits den Produktzerfall (*siehe* oben), andererseits nimmt mit erhöhter Temperatur auch die Wirksamkeit des Katalysators zu. Das Optimum liegt im Temperaturbereich 450 bis 550 °C; die Ausbeute beträgt dann fast 20 %. (Das klingt immer noch nicht berauschend, aber die nicht umgesetzten Reaktanten gehen ja nicht verloren, sondern lassen sich erneut einsetzen.) Und weil Ammoniak nun einmal so wichtig ist, wurde für dieses Verfahren, das endlich eine Möglichkeit zur großtechnischen Produktion dieser Verbindung auftat, gleich mehrmals ein Nobelpreis verliehen:

Für das Jahr 1918 erhielt ihn Fritz Haber – den kennen Sie schon vom Born-Haber-Kreisprozess aus Kapitel 11 – für die Entwicklung des ersten funktionsfähigen Katalysators; seitdem wurde dieser immer weiter optimiert.

1931 wurde dann auch Carl Bosch für seine Leistungen auf dem Gebiet der Hochdruckchemie geehrt.

Im Jahr 2007 ging ein Nobelpreis an Gerhard Ertl, dem es gelungen war, den Mechanismus der Katalyse theoretisch zu erklären.

Brisant, brisant: längere N-Ketten

Analog zur homologen Reihe der binären Wasserstoffoxide (Abbildung 30.1) gibt es auch weitere NH-Verbindungen: Die wichtigste davon ist das **Hydrazin** (N_2H_4, Abbildung 31.3a; gemäß IUPAC: *Diazan*), das vor allem als Raketentreibstoff genutzt wird, aber auch in der Kunststoffproduktion. Zudem ist es als Reagenz in der organischen Synthese recht wichtig (für die Hartgesottenen: Einen ersten Ausblick darauf finden Sie in Kapitel 42). Theoretisch lässt sich die homologe Reihe der **Azane** fortsetzen, aber die N–N-Einfachbindung ist nicht übermäßig stabil: Langkettige Verbindungen $H_2N{-}(NH)_n{-}NH_2$ zerfallen spontan; dabei entstehen ebenfalls instabile Verbindungen mit N–N-Doppelbindung: *Azene* (b zeigt den Abbau von Triazan zu Ammoniak und Diazen). Aus der Reihe der **Azadiene**, also NH-Verbindungen mit *zwei* Doppelbindungen, ließ sich bislang nur der kleinstmögliche Vertreter isolieren: Dieses *Triazadien* (HN_3) ist allerdings schon so lange bekannt, dass es einen eigenen Namen erhalten hat: Es wird meist als **Stickstoffwasserstoffsäure** bezeichnet (c), gelegentlich auch *Hydrogenazid*, weil das nach Deprotonierung vorliegende mesomeriestabilisierte Ion historisch bedingt *Azid*-Ion genannt wird. (Mehr dazu im Kasten *Mesomerie, ein wenig genauer betrachtet.*)

Endungen wie *an* und *en* werden Ihnen in Teil VIII dieses Buches in Fleisch und Blut übergehen. So viel nur jetzt schon: Die Endung *an* verrät Ihnen, dass *keine* Doppelbindung vorliegt, *en* bedeutet, dass es im Molekül *eine* Doppelbindung gibt. Die der Endung vorangestellte Silbe *di* verrät Ihnen, dass *zwei* Doppelbindungen vorhanden sind. Das geht natürlich auch mit *tri*, und so weiter.

Das *Azid*-Ion (ein Pseudohalogenid, *siehe* Kapitel 29) ist in der präparativen Labor-Chemie von Bedeutung, aber auch in der Sprengstofftechnik: Die Verbindung $Pb(N_3)_2$ (Blei(II)-azid) dient auch heute noch als Initialzünder. Tatsächlich sind viele Azide bemerkenswert explosiv – aber wenn Sie bedenken, dass jedes Azid-Ion ein Äquivalent elementaren Stickstoffs freisetzen kann (was der Entropie ja nur recht ist), sollte diese Explosionsneigung gar nicht so sehr erstaunen.

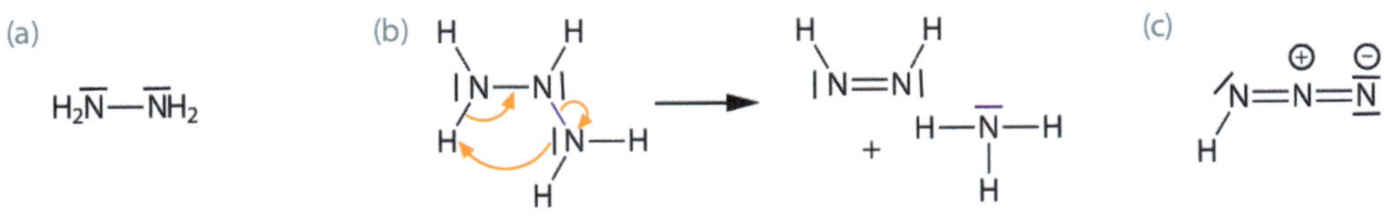

Abbildung 31.3: Ausgewählte binäre Stickstoff-Wasserstoff-Verbindungen

Synthetisch lassen sich noch zahlreiche weitere Azane und Azan-Abkömmlinge synthetisieren, gerne auch mit cyclischen Strukturen; die meisten davon sind bestenfalls leidlich stabil – und auch das nur, wenn der Wasserstoff durch andere Reste ersetzt wird. Wie Sie das schon aus Kapitel 30 kennen, lassen sich davon dann auch Kationen und Anionen ableiten. (Der Chemie-Lego®-Ansatz bietet einen ersten Einblick, wie vielfältig die Stoffchemie des Stickstoffs ist.)

Mesomerie, ein wenig genauer betrachtet

Anhand der Stickstoffwasserstoffsäure (HN_3; a–c) und dem zugehörigen Azid-Ion (d/e) lässt sich gut der Zusammenhang zwischen den (rein hypothetischen!) mesomeren Grenzformen und dem (mithilfe der instrumentellen Analytik ermittelbaren) *tatsächlichen* räumlichen Bau wiederholen.

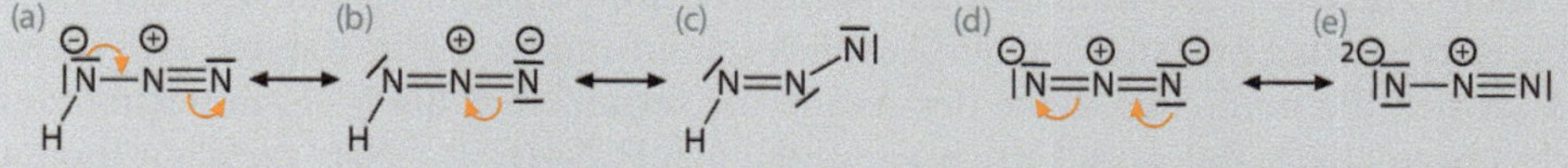

Von der Säure lassen sich drei sinnvolle mesomere Grenzstrukturen aufstellen:

- lässt dabei eine lineare Anordnung der drei N-Atome erwarten. (Das mittlere N-Atom ist sp-hybridisiert; schauen Sie bei Bedarf in Kapitel 12 nach.) Da das linke Stickstoff-Atom sp^3-hybridisiert ist, sollte das H-Atom etwa im Tetraederwinkel zum Rest des Moleküls stehen – tatsächlich müsste der Winkel $\sphericalangle_{HNN}$ etwas kleiner sein, da gemäß dem VSEPR-Modell freie Elektronenpaare etwas mehr »Platz einnehmen« als Einfachbindungen (*siehe* Abbildung 12.6).

- Auch bei (b) lässt sich das mittlere N-Atom mit einer sp-Hybridisierung beschreiben (genau wie im Kohlendioxid, *siehe* Abbildung 30.16a), dem linken jedoch käme nun eine sp^2-Hybridisierung zu, und damit sollte der $\sphericalangle_{HNN}$-Winkel eher in Richtung 120° gehen (genauer: etwas *unterhalb* von 120° liegen, schließlich befindet sich am N-Atom wieder ein freies Elektronenpaar, nicht etwa eine weitere Einfachbindung).

- Gemäß der dritten mesomeren Grenzstruktur (c) ist nicht nur das linke N-Atom sp^2-hybridisiert (das stützt die Vermutung, $\sphericalangle_{HNN}$ sei aufgeweitet), sondern auch das *mittlere* – und damit müsste die NNN-Kette *doch* gewinkelt sein.

  Allerdings erfüllt das dritte N-Atom hier nicht die Oktettregel, deswegen kommt dieser dritten Grenzformel längst nicht so viel Bedeutung zu wie den beiden ersten. Trotzdem sollte sie nicht völlig außer Acht gelassen werden.

- Alles zusammen stünde folgende Struktur zu erwarten:

  - Der Winkel $\sphericalangle_{HNN}$ sollte größer sein als 109,5°, aber kleiner als 120°.
  - Die drei N-Atome sollten in einem Winkel von nahezu 180° zueinander stehen, aber eben doch keine *ganz* gerade Linie bilden.

- ✔ Die tatsächlichen Daten zu diesem Molekül: Der Winkel $\sphericalangle_{HNN}$ beträgt 109°, die drei N-Atome stehen in einem Winkel von 173° zueinander.

Vom *Azid-Ion* hingegen gibt es nur zwei sinnvolle mesomere Grenzstrukturen:

- ✔ Die wichtigste davon ist zweifellos die symmetrische Form (d), die einen vollständig linearen Bau des Ions nahelegt.
- ✔ Die andere Grenzform (e), die ebenso auch »in die andere Richtung« aufgestellt werden kann, sodass das andere terminale N-Atom die negative Ladung trägt, tut der Linearität des Ions keinen Abbruch, allerdings ergibt sich eine unnötig hohe negative Ladungsdichte an jeweils einem der beiden terminalen N-Atome. Sollten diese beiden Grenzformen tatsächlich einen Beitrag zur real existierenden Molekülstruktur leisten, müsste der N–N-Bindungsabstand geringfügig kürzer sein als der einer N–N-Doppelbindung.
  - Gemäß aller bislang zur Verfügung stehenden Analytik ist das Azid-Ion vollständig linear gebaut ($C_{\infty v}$), und der Abstand d_{NN} liegt ein wenig (etwa 2 pm) unterhalb der typischen Länge einer N–N-Doppelbindung.

Was lernen wir daraus? – Das Konzept der Hybridisierung ist *wirklich nur ein Hilfskonstrukt*: »In Wirklichkeit« werden hier keine Elektronen hin und her geschoben, und natürlich verändern sich nicht einfach die Winkel innerhalb der Moleküle oder Molekül-Ionen. *Der räumliche Bau ist so, wie er eben ist.* Unsere Modelle versuchen ja nur, die Natur zu *beschreiben* – zum *Erklären* dienen keine Modelle, sondern *Theorien* (den Unterschied kennen Sie ja noch aus Kapitel 1). Aber die Betrachtung der Grenzformen in ihrer Gesamtheit gestattet doch häufig schon erstaunlich präzise Abschätzungen.

Das sieht ja schon fast aus wie OC!

Die dem Ammoniak analoge Phosphor-Verbindung, das **Phosphan** (PH_3, früher auch als *Phosphin* bezeichnet) zeigt in vielerlei Hinsicht ähnliches chemisches Verhalten. So lässt es sich, analog zu Abbildung 31.1c–e, schrittweise über das Dihydrogenphosphid-Ion (PH_2^-) und das Hydrogenphosphid-Ion (PH^{2-}) bis zum Phosphid-Ion (P^{3-}) deprotonieren; die Basizität von Phosphan ist aber nicht annähernd so stark ausgeprägt wie beim Ammoniak. (Mehr dazu verrät Ihnen der Kasten *Das Konzept der Hybridisierung* in Kapitel 28: Das freie Elektronenpaar des Phosphors besitzt einen deutlich höheren *s*-Charakter; damit ist es kernnäher untergebracht und deutlich weniger nucleophil. Aus diesem Grund ist der Winkel $\sphericalangle_{HPH} = 94°$ auch deutlich kleiner als $\sphericalangle_{HNH}$ im Ammoniak.) Und es gibt noch einen wichtigen Faktor zu bedenken: Die Elektronegativität von Phosphor ($EN_P = 2{,}06$) ist geringfügig *niedriger* als die von Wasserstoff ($EN_H = 2{,}10$). Das bedeutet: $P^{\delta+}$, $H^{\delta-}$, also stellen die **Phosphane** streng genommen *Phosphorhydride* dar.

Da Phosphor auch im Alleingang, also ohne andere Bindungspartner, durchaus dazu neigt, lange Ketten, Ringe und dergleichen zu bilden (*siehe* Abbildung 28.3 und 28.4), wird es Sie gewiss nicht überraschen, dass die Anzahl nachgewiesener oder sogar isolierter binärer PH-Verbindungen ungleich größer ist als beim Stickstoff. Exemplarisch seien einige Vertreter vorgestellt: Neben dem Phosphan selbst (Abbildung 31.4a; PH_3) konnten auch das Phosphor-Gegenstück des Hydrazins, das Diphosphan (b; P_2H_4) und das Triphosphan (c, P_3H_5) isoliert werden. Die Benennung höherer Homologe erfolgt dann über das griechische Zahlenwort für die Angabe der beteiligen P-Atome und die Endung *phosphan*. Der Versuch, höhere Phosphane mit P–P-*Doppel*bindung (also *Phosphene*) zu synthetisieren, ist bislang nicht gelungen: In Übereinstimmung mit der Doppelbindungsregel (aus Kapitel 12) vermeidet Phosphor π-Wechselwirkungen und bildet stattdessen cyclische Strukturen. So entstehen monocyclische (d; P_5H_5), *bi*cyclische (e, P_7H_5 – mit *zwei* kondensierten Ringen) oder auch *oligo*cyclische Verbindungen (*mehr als zwei* Ringe kondensiert); Abbildung 31.4f zeigt exemplarisch den Tricyclus P_7H_3. Die resultierenden Strukturen besitzen bereits frappierende Ähnlichkeit mit organischen Molekülen. (Falls Sie so etwas noch nie gesehen haben sollten, können Sie ja kurz in Teil VIII dieses Buches herumblättern – vermutlich werden Sie sofort verstehen, was wir meinen.)

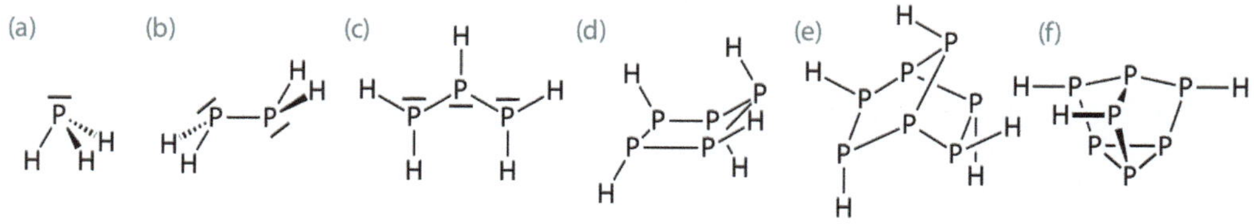

Abbildung 31.4: Ausgewählte Phosphane

Die Verbindungen in Abbildung 31.4e und f zeigen bereits, dass bei derartigen Molekülen die Angabe, wie viele P-Atome vorliegen, nicht mehr ausreicht: Die IUPAC empfiehlt hier, hinter den *Stammnamen* (also bei den genannten Beispielen jeweils »Heptaphosphan«) in Klammern die Anzahl der beteiligten H-Atome zu setzen. Dementsprechend zeigen die Abbildung 31.4e und f Heptaphosphan(5) und Heptaphosphan(3). (In gleicher Weise werden auch die Bor-Wasserstoff-Verbindungen systematisch benannt, über die Sie in Kapitel 33 mehr erfahren.)

Auch wenn Phosphor als Element der 3. Periode über die Oktettregel hinaus weitere Bindungen eingehen kann (das wissen Sie ja aus Kapitel 12), konnte die entsprechende einfachste binäre Verbindung PH_5 bislang noch nicht synthetisiert werden, wohl aber zahlreiche (komplizierter gebaute) Derivate davon.

Arsen & Co.

Auch vom Rest der fünften Hauptgruppe lassen sich binäre Wasserstoffverbindungen XH_3 erzeugen; mit zunehmender Ordnungszahl und zunehmendem Metallcharakter werden diese allerdings auch zunehmend instabil. Das gasförmige Arsan (AsH_3) riecht äußerst unangenehm nach Knoblauch und zerfällt beim Erhitzen in die Elemente, Stiban (SbH_3, früher auch *Stibin* genannt) muss dafür noch weniger angeregt werden, zerlegt sich dann aber explosionsartig, und Bisman (BiH_3) zerfällt bereits bei Raumtemperatur.

Wenn die Grenzen verschwimmen: AC trifft auf OC

Mit den Phosphanen lässt sich schon ausgiebig Chemie-Lego® betreiben: Viele dieser Verbindungen zeigen Konstitutionsisomerie (bekannt aus Kapitel 13). Schauen Sie sich exemplarisch die beiden Octaphosphan(4)-Moleküle (a) und (b) an. Hier sind die gleichen Bausteine unterschiedlich verknüpft (das finden Sie in der OC sehr häufig; mehr dazu in Teil VIII dieses Buches).

(a)

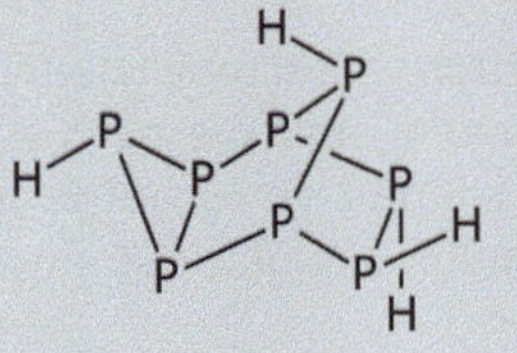

(b)

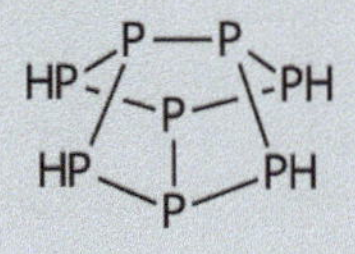

Die vollständige Benennung derartiger Verbindungen erfolgt nach der gleichen Systematik, die auch in der OC üblich ist: Das Heptaphosphan(5) aus Abbildung 31.4e beispielsweise heißt vollständig benannt Bicyclo[2.2.1]heptaphosphan (mehr zu dieser Art der Benennung finden Sie in Kapitel 38).

Aber glauben Sie jetzt bitte nicht, die Phosphanchemie stünde der OC näher als der AC, und wir hätten sie nur in diesem Teil des Buches untergebracht, um Sie zu verwirren. Das kann Mutter Natur nämlich von ganz alleine: *Faktisch gibt es keinen Unterschied zwischen AC und OC*, diese strenge Unterteilung ist nur historisch gewachsen. Und falls Sie uns das nicht glauben wollen, blättern Sie noch einmal zum Kasten *Noch mehr Phosphorchalkogenide* in Kapitel 30 zurück: Erkennen Sie die Ähnlichkeit der dort mit (e) gekennzeichneten Verbindung mit Abbildung 31.4f?

So anders, obwohl sie in der gleichen Hauptgruppe sind!

Gemäß dem Chemie-Lego®-Ansatz sollten zu den binären Wasserstoff-Verbindungen der Pentele analoge Halogenverbindungen existieren, und genauso ist es auch: Exemplarisch sei das *Stickstofftrichlorid* (oder *Trichloramin*, Abbildung 31.5a; NCl_3) genannt, das ebenso trigonal pyramidal gebaut ist wie Ammoniak. Was bei der Reaktion dieser Verbindung mit Wasser geschieht, mag auf den ersten Blick überraschen (b): Es entstehen Ammoniak und drei Äquivalente Hypochlorige Säure. Auch wenn es in den meisten Fällen so ist, dass Halogene die Elektronendichte einer kovalenten Bindung zu sich ziehen, dürfen Sie doch nicht vergessen, dass hier *Stickstoff* der elektronegativere Bindungspartner ist. (Insofern wäre es eigentlich nur sinnvoll, es »Cl_3N« zu schreiben und von »Chlornitrid« zu sprechen, aber das macht wieder einmal niemand.) In ähnlicher Weise existieren auch Mischverbindungen wie etwa Dichloramin (c; $HNCl_2$; mehr zu Aminen erfahren Sie in Kapitel 39); bislang sind derlei Verbindungen jedoch eher von akademischer Bedeutung.

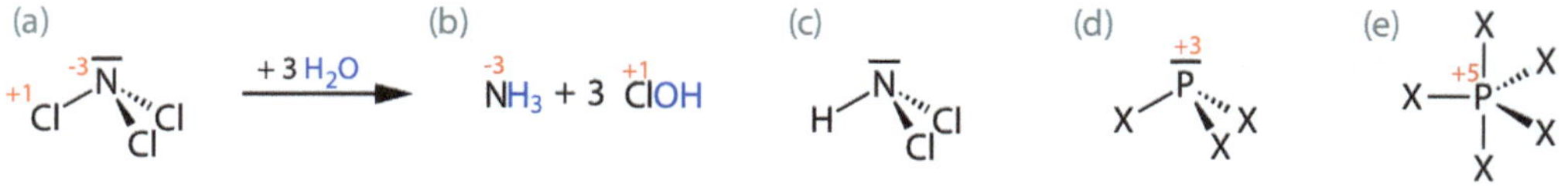

Abbildung 31.5: Halogenverbindungen des Stickstoffs und des Phosphors

Noch einmal zur Elektronegativität

In Kapitel 10 wurde erwähnt, dass es mehrere Elektronegativitäts-Skalen gibt und in der Chemie vor allem die Skala nach PAULING und die nach ALLRED und ROCHOW verwendet werden. Die Verbindung NCl_3 ist nun ein schönes Beispiel dafür, dass die ALLRED/ROCHOW-Skala die real existierenden Verhältnisse noch ein wenig besser beschreibt:

- ✔ Nach PAULING ist $EN_N = 3{,}04$ und $EN_{Cl} = 3{,}16$ – aus diesem Grund wurde die Verbindung NCl_3 auch ursprünglich als »Stickstofftrichlorid« bezeichnet.
- ✔ Die Hydrolyse dieser Verbindung zu Ammoniak (NH_3) und Hypochloriger Säure (HOCl) gemäß der Reaktion

  $$NCl_3 + 3\,H_2O \rightarrow NH_3 + 3\,HOCl$$

  zeigt jedoch, dass die Polaritätsverhältnisse in diesem Molekül genau umgekehrt sind: $N^{\delta-}$, $Cl^{\delta+}$. Diesem Umstand ist mit den Zahlenwerten von ALLRED und ROCHOW deutlich besser Rechnung getragen: Hier gilt: $EN_N = 3{,}07$; $EN_{Cl} = 2{,}83$. (Und genau das ist auch in der Merkhilfe »FON_{Cl}« berücksichtigt.)

Die (korrektere) Bezeichnung »Chlor(I)-nitrid« und die zugehörige Schreibweise Cl_3N haben sich zwar bislang nicht durchgesetzt, aber mittlerweile findet sich in der Fachliteratur immerhin schon zunehmend der Name *Trichloramin*, der den real existierenden Verhältnissen deutlich besser entspricht, denn in Aminen – die sich allesamt vom Ammoniak ableiten – ist stets der *Stickstoff* der elektronegativere Partner. (Dass dem Ammoniak aus historischen Gründen trotzdem die Summenformel NH_3 zukommt, und nicht etwa H_3N, wurde ja in diesem Kapitel bereits erwähnt.)

Deutlich interessanter wird es, wenn die Halogene auf den Phosphor treffen. Dabei ist zunächst einmal festzuhalten, dass bei entsprechenden Verbindungen PX_3 (Abbildung 31.5d) wieder die »gewohnten« Polarisationen gelten ($EN_P = 2{,}06$, alle Halogene liegen darüber, also: $P^{\delta+}$, $X^{\delta-}$); entsprechend führt die Hydrolyse zur Phosphorigen Säure (H_3PO_3) und drei Äquivalenten HX (außer bei Fluor: PF_3 ist relativ unempfindlich gegenüber Wasser). Das ist aber noch längst nicht alles: Vor allem PCl_3 ist in der (anorganischen wie organischen) Synthese sehr wichtig, weil sich die Chlor-Atome relativ leicht und durchaus auch stufenweise gegen so ziemlich alles austauschen lassen, was Sie gern möchten. Weiterhin lässt sich der Phosphor in dieser Verbindung relativ leicht von seiner aktuellen Oxidationszahl (+3) auf die höchstmögliche Oxidationszahl (+5) bringen – und das bietet damit *noch mehr* Möglichkeiten. So ist auf diese Weise beispielsweise durch einfache Umsetzung von Phosphor(III)-chlorid mit elementarem Chlor das Phosphor(V)-chlorid verfügbar (e). Dieses Molekül wiederum bietet viele weitere Anwendungsmöglichkeiten:

PCl_5 stellt ein starkes Chlorierungsmittel dar, und weil sich die Chlor-Atome dieses Moleküls recht leicht austauschen lassen, kommen Sie über diese Zwischenstufe zu zahlreichen weiteren Phosphor-Verbindungen. Dass Phosphor(V)-chlorid recht reaktiv ist, bemerken Sie bereits bei der Handhabung im Labor: Schon die Luftfeuchtigkeit reicht aus, um merkliche Hydrolyse zu bewirken. Dabei reagiert PCl_5 (a) schrittweise über *Phosphorylchlorid* (b; $POCl_3$) und zwei weitere Zwischenstufen (c/d) zur *Phosphorsäure* (e). Der dabei frei werdende Chlorwasserstoff sorgt für den charakteristischen Rauch, der sofort aufsteigt, wenn Sie das Vorratsbehältnis öffnen.

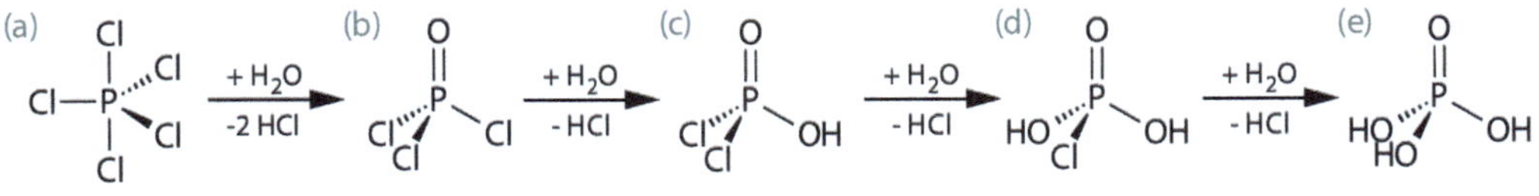

Abbildung 31.6: Schrittweise Hydrolyse von Phosphor(V)-chlorid

Nicht ganz, aber eben doch: Pseudorotation

Verbindungen wie die Phosphor(V)-halogenide zeigen ein unerwartetes Phänomen: Gemäß dem VSEPR-Modell sind die beiden axialen und die drei äquatorialen *Positionen* der trigonalen Bipyramide (und nichts anderes liegt bei PX_5 vor) *nicht äquivalent*. Dennoch scheinen gemäß den Ergebnissen entsprechender Methoden der instrumentellen Analytik (beispielsweise der Kernresonanzspektroskopie, dazu mehr in Kapitel 50) die fünf Liganden *ununterscheidbar* zu sein. Und es wird noch sonderbarer: Führen Sie die gleiche Messung bei deutlich tieferen Temperaturen durch, sehen Sie *doch wieder einen Unterschied* zwischen den axialen und den äquatorialen Liganden. Da dieses Phänomen offensichtlich temperaturabhängig ist, liegt die Vermutung nahe, dass es etwas mit der *Moleküldynamik* zu tun hat, also mit Molekül-internen Bewegungsabläufen – vor allem Schwingungen und Rotationen (*siehe* Abbildung 16.2). Natürlich können sich die betreffenden Atome nicht unbegrenzt weit von ihren Bindungspartnern entfernen, aber einen gewissen Spielraum haben sie eben doch, und genau das können Sie an Molekülen wie PCl_5 oder PF_5 sehr gut beobachten:

Wenn die beiden axialen Liganden einer trigonalen Bipyramide in die gleiche Richtung schwingen und ihnen zwei der äquatorialen Liganden sozusagen »entgegenkommen« (a), ergibt sich vorübergehend eine quadratische Pyramide (b). Wird die molekül-interne Bewegung weiter fortgesetzt, liegt zum Abschluss wieder eine trigonale Bipyramide vor, die aber im Vergleich zur Ausgangslage des Moleküls um 90° gedreht ist – und es befinden sich jetzt andere Atome in den axialen Positionen als zuvor (c; beachten Sie die farbliche Markierung).

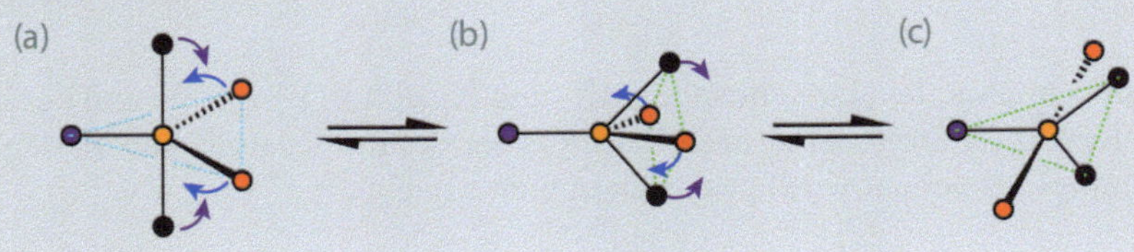

Der Schwerpunkt des Moleküls selbst (das Zentralteilchen) bewegt sich dabei kein bisschen; er dreht sich auch nicht. Hier von einer »Rotationsbewegung« zu sprechen, wäre also fehl am Platze. Für derartige Fälle wurde der Begriff Pseudorotation geprägt, hier verläuft sie nach dem BERRY-Mechanismus. Vergleichbare Pseudorotationen wurden auch an oktaedrisch gebauten Verbindungen wie SF_6 (bekannt aus Kapitel 30) beobachtet; diese verlaufen nach dem *Turnstyle*-Mechanismus. Aber der sei hier nur erwähnt, damit Sie bei Bedarf wissen, wonach Sie suchen könnten. Im Rahmen dieses Textes wollen wir es wieder einmal nicht übertreiben.

Das ergänzt sich prima: Stickstoff und Phosphor

Die Kombination der beiden ersten Elemente aus der fünften Hauptgruppe führt zu zwei neuen Stoffklassen:

- ✔ Bei den *Aminophosphanen* liegt zwischen Stickstoff und Phosphor eine »gewöhnliche« Einfachbindung vor (Abbildung 31.7a; die Striche sollen dabei andeuten, dass hier fast jeder erdenkliche Bindungspartner involviert sein kann).
- ✔ Bei den *Aminophosphoranen* übertritt der Phosphor die Oktettregel (Abbildung 31.7b; *siehe* den *Chemie-Lego®-Steckbrief: Pentele*).

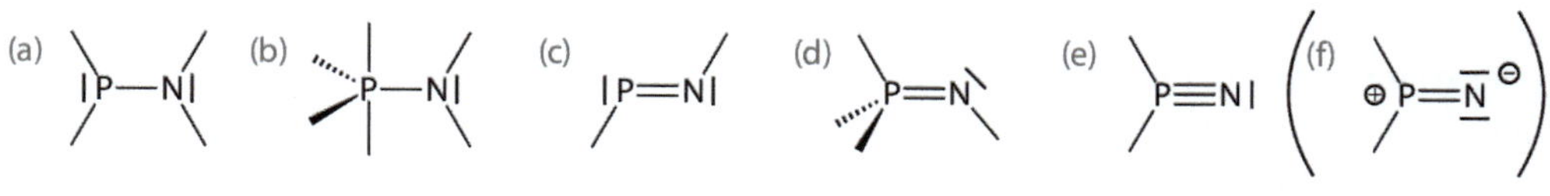

Abbildung 31.7: Aminophosphane und darüber hinaus

Diese beiden Stoffklassen stellen die Grundlage zahlreicher weiterer Molekülgerüste dar, exemplarisch seien die *Iminophosphane* genannt (Abbildung 31.7c), denn es lässt sich durchaus auch eine NP-*Doppel*bindung erzwingen; ganz ähnlich sieht es bei den Stoffklassen der *Iminophosphorane* (d) und der *Nitridophosphorane* (e) aus – bei Letzteren hat's sogar eine P-N-*Dreifach*bindung; diese wird allerdings wegen der tatsächlichen Verteilung der Ladungsdichte – N *ist* nun einmal erkennbar elektronegativer als P – häufig mit P-N-Doppelbindung und Ladungstrennung dargestellt wie in (f). Diese Anmerkung nur, damit Sie sich nicht wundern, wenn es ungewohnt aussieht. (Manche Prüfer verlangen die Schreibweise mit Ladungstrennung sogar schon für Verbindungen der Art (d), aber wir wollten Sie hier nicht unnötig verwirren.)

Beachten Sie die Namensgebung dieser Verbindungen und ihren Zusammenhang mit der einfachen bis dreifachen Deprotonierung von Ammoniak gemäß Abbildung 31.1c–e.

Dazu kommen hochmolekulare Phosphor(III)- und Phosphor(V)-nitride und noch mehr. In ihrer Vielfalt steht die Stoffchemie des Phosphors der des Kohlenstoffs (die meist als »Organische Chemie« bezeichnet wird) praktisch in nichts nach.

Von niedermolekular zu hochmolekular – geometrisch betrachtet

Auch von den restlichen Pentelen existieren zahlreiche Verbindungen mit beiden Oxidationszahlen (+3/+5). Exemplarisch seien einige mehrkernige Komplex-Anionen genannt: Dort sind mehrere Atome aus der fünften Hauptgruppe (in der Oxidationsstufe +3) oktaedrisch von Halogenid-Ionen umgeben, wobei *ein* oder *mehrere* Halogenid-Ion/en verbrückend wirkt/wirken. Bei diesen Verbindungen lässt sich sehr schön nicht nur der Übergang von niedermolekularen zu hochmolekularen Verbindungen aufzeigen, sondern auch der Umgang mit kondensierten Koordinationspolyedern üben. Wieder hilft der Chemie-Lego®-Ansatz weiter: Solche Verbindungen lassen sich formal aus einzelnen, oktaedrisch gebauten Fragmenten zusammensetzen. Je nachdem, wie viele Anionen als Brücke fungieren, ergeben sich dann unterschiedliche Kondensationsmuster:

- ✔ Bei *einem* einzelnen Brückenatom liegen *ecken*verknüpfte Oktaeder vor (als Beispiel diene $Sb_2F_{11}^{5-}$; Abbildung 31.8a).
- ✔ Bei *zwei* Brückenatomen handelt es sich um eine *Kanten*verknüpfung (etwa das analoge Ion $Sb_2F_{10}^{4-}$; Abbildung 31.8b).
- ✔ Bei *drei* Brückenköpfen ist von *Flächen*verknüpfung die Rede (ein Beispiel wäre das $Sb_2F_9^{3-}$; Abbildung 31.8c).

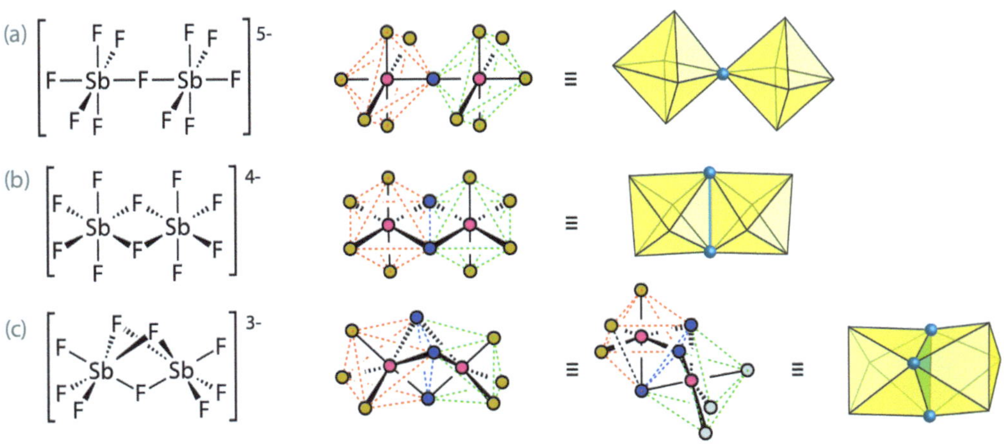

Abbildung 31.8: Mehrkernige Komplex-Anionen der Pentele

Falls Sie sich gerade wundern, dass Fluor plötzlich anscheinend *zwei*bindig sein kann (oder will), schauen Sie sich bitte noch einmal das Konzept der Mehrzentrenbindung aus Kapitel 12 sowie den Kasten *Hochmolekulare Verbindungen* aus Kapitel 30 an: Die Strukturformeln aus Abbildung 31.8 sollen keineswegs bedeuten, Fluor gehe hier zwei »gewöhnliche« σ-Bindungen ein.

Das kann entsprechend weitergetrieben werden, und so lassen sich beispielsweise auch Oligobismutit-Ionen geometrisch erklären: Abbildung 31.9 zeigt das $Bi_6I_{22}^{4-}$ -Ion, in dem sechs Oktaeder jeweils *kanten*verknüpft sind.

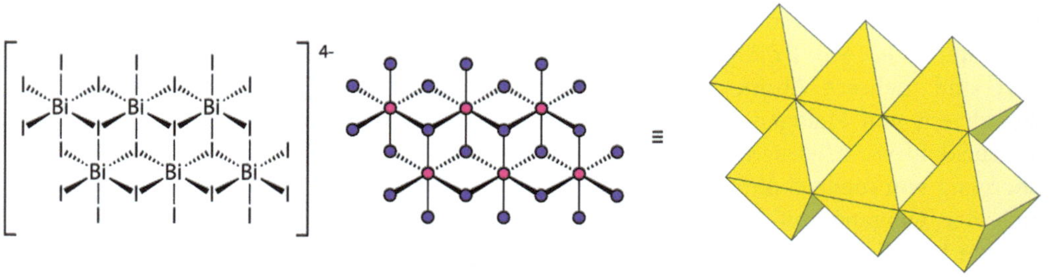

Abbildung 31.9: Ein Oligobismutit-Ion

Auf diesem Wege können sich auch Ringstrukturen ergeben und noch vieles mehr. Diese Methodik zur Beschreibung von Strukturen wird Ihnen beim Thema der Silicate in Kapitel 32 erneut begegnen, dort allerdings mit Tetraedern.

Aufgaben Kapitel 31

1. Warum werden Azane mit steigender Kettenlänge zunehmend instabil?
2. Wer zeigt bei den Aminophosphanen (Abbildung 31.8a) eher nucleophiles Verhalten: N oder P?
3. Wieso verstärkt sich bei den Pentelen mit zunehmender Ordnungszahl die Tendenz zu hochmolekularen Strukturen?

IN DIESEM KAPITEL

- zeigt der Kohlenstoff schon einmal kurz, was er alles kann
- dient Silicium vom Computerchip bis zum Waschmittel
- sorgen wir für Transparenz

Kapitel 32
Unfassbar viele Möglichkeiten mit Kohlenstoff & Co.

Den Elementen der vierten Hauptgruppe war nie ein griffiger Eigenname beschieden. Analog zur Benennung der fünften Hauptgruppe soll dafür auf Anraten der IUPAC die Bezeichnung **Tetrele** verwendet werden (auch wenn eigentlich niemand so recht glücklich damit ist; auch die Bezeichnung *Kohlenstoffgruppe* findet sich in der Literatur).

Chemie-Lego®-Steckbrief: Tetrele

Wenn die Oktettregel nicht überschritten werden soll, ergeben sich mit der Valenzelektronenkonfiguration $(n)s^2(n)p^2$ nur vier Möglichkeiten der räumlichen Anordnung von Bindungspartnern, ganz in Übereinstimmung mit dem VSEPR-Modell und auch mit dem Konzept der Hybridisierung aus Kapitel 12:

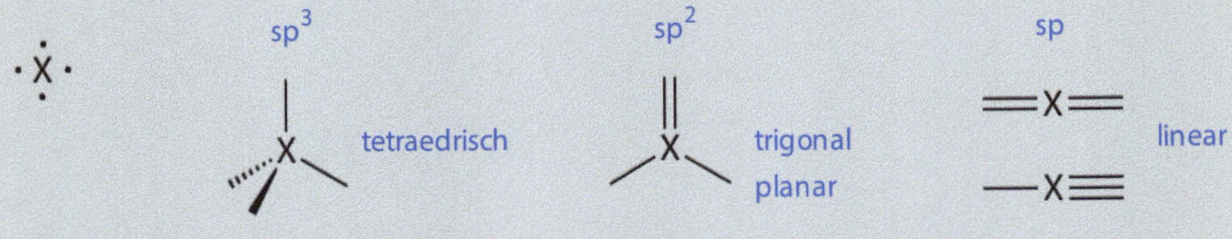

Auch von den höheren Homologen des Kohlenstoffs, die zumindest theoretisch hypervalent werden und über die Oktettregel hinaus Bindungen eingehen könnten, sind bislang noch keine kovalent gebauten Verbindungen bekannt, in denen das tatsächlich der Fall wäre. Das macht Chemie-Lego® mit dieser Gruppe sehr überschaubar.

Kohlenstoff und was er kann

Über den ersten Vertreter dieser Gruppe, den Kohlenstoff, haben Sie schon einiges erfahren: Kapitel 12 hat Ihnen die beiden wichtigsten allotropen Formen nahegebracht (Graphit und Diamant) und Ihnen auch verraten, wie sich die dortigen Bindungsverhältnisse unterscheiden. Aus Abbildung 12.19 kennen Sie auch schon das C_{60}-Molekül, das *Buckminster-Fulleren*, meist nur *Fulleren* genannt (benannt nach dem US-amerikanischen Konstrukteur, Philosophen und Designer Richard BUCKMINSTER FULLER). Hier sind alle Kohlenstoff-Atome sp^2-hybridisiert, es liegen also neben den σ-Bindungen, die das Molekülgerüst zusammenhalten, auch π-Wechselwirkungen vor. Diese werden allerdings aus Gründen der Übersichtlichkeit meist nicht angegeben, zumal sie über die gesamte Oberfläche der Kugel delokalisiert sind. Auch in diesem Abschnitt wird immer nur das σ-Gerüst dargestellt.

Es gibt noch weitere, dem Buckminster-Fulleren ähnliche Verbindungen, die unter dem Begriff *Bucky-Balls* zusammengefasst werden. Sie alle leiten sich vom gleichen geometrischen Grundkörper ab: dem Pentagondodekaeder (*siehe* Abbildung 21.13d). Die Struktur des C_{60}-Fußballs ergibt sich, wenn jeweils zwischen zwei Fünfecke ein Sechseck eingeschoben wird (Abbildung 32.1a), sodass es im Molekül keine Fünfecke mit gemeinsamer Kante mehr gibt (b). Der Symmetrie tut das natürlich keinen Abbruch (*Nur für Streber:* I_h, *siehe* Kapitel 12). Bei größeren Bucky-Balls sind zusätzliche sechsgliedrige Ringe in das Molekülgerüst eingefügt: Im C_{70} (c) beispielsweise ergibt sich in diesem Molekül, das annähernd wie ein Football geformt ist, ein »Äquator« aus kondensierten Sechsecken (d; dadurch nimmt die Symmetrie verständlicherweise ab, C_{70} gehört zur Punktgruppe D_{5h}). Durch beständige Erweiterung um zusätzliche Sechsecke ergeben sich zunehmend große Fullerene.

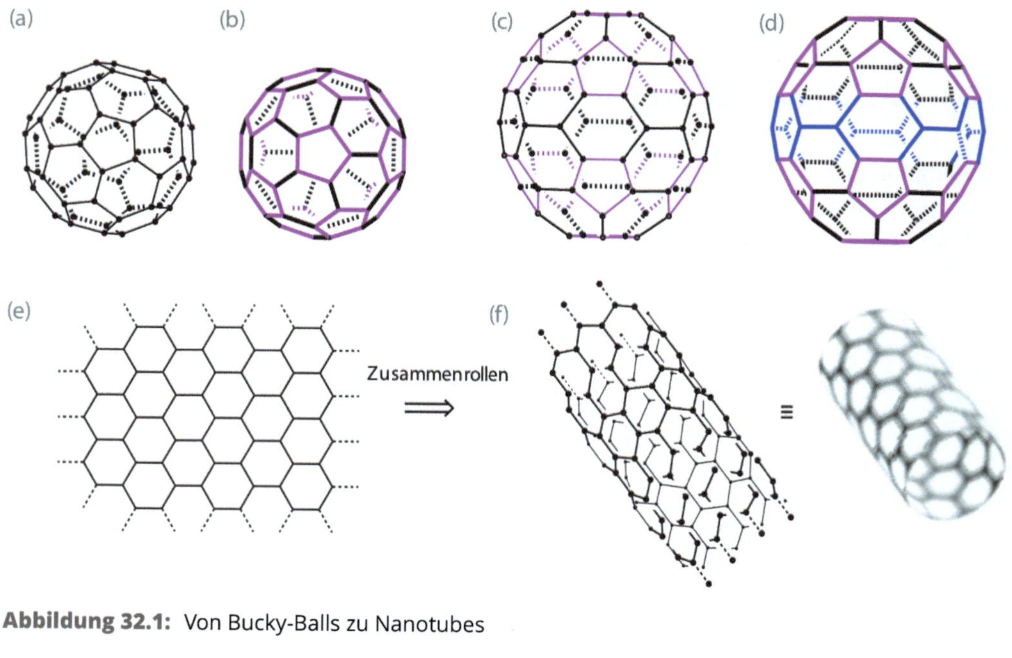

Abbildung 32.1: Von Bucky-Balls zu Nanotubes

Im Jahr 2010 meldete die NASA, das *Spitzer Space Telescope* habe die Fullerene C_{60} und C_{70} im planetarischen Nebel Thackeray 1 nachgewiesen.

Im Jahr 2010 erhielten Andre GEIM und Konstantin NOVOSELOV den Physik-Nobelpreis für die Entdeckung von Graphen, das im Prinzip nichts anderes ist als eine einzelne Lage Graphit (*siehe* Kapitel 12). Wie in den Bucky-Balls sind die Kohlenstoff-Atome hier sp^2-hybridisiert, allerdings liegen ausschließlich sechsgliedrige Ringe vor (Abbildung 32.1e; die gestrichelten Linien sollen die Fortsetzung der Ebene andeuten). Formal lassen sich durch »Zusammenrollen« dieser Ebenen entsprechende Kohlenstoff-Röhren erzeugen (f), die wiederum bemerkenswerte physikalische und chemische Eigenschaften besitzen – und den Rahmen dieses Buches sprengen. Während Fullerene im unteren Prozentbereich in natürlichem Ruß vorkommen, wurden Carbon-Nanotubes in der »unberührten Natur« bislang noch nicht beobachtet.

Die beiden wichtigsten Kohlenstoff-Modifikationen (Graphit und Diamant) haben Ihnen gezeigt, dass Kohlenstoff bereitwillig mit seinesgleichen kovalente Bindungen eingeht. Ähnlich robust sind Einfach- oder gegebenenfalls Mehrfachbindungen zu einigen anderen Elementen, insbesondere Wasserstoff, Stickstoff, Sauerstoff, Phosphor und Schwefel. Das Zusammenspiel dieser sechs Elemente (CHNOPS) wird meist als *Organische Chemie* bezeichnet. (Eine ganze Menge darüber erfahren Sie in Teil VIII dieses Buches.) Die einfachsten binären Kohlenstoff-Wasserstoff-Verbindungen beispielsweise, in denen der Kohlenstoff die Oktettregel erfüllt (Abbildung 32.2 zeigt die ersten fünf Vertreter) und die sich mit der allgemeinen Summenformel C_nH_{2n+2} beschreiben lassen, finden Sie unter dem Oberbegriff »Alkane« in Kapitel 35 wieder.

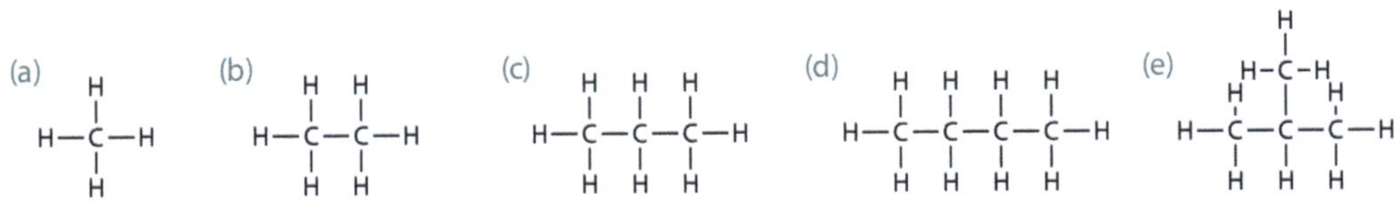

Abbildung 32.2: Einfache binäre Kohlenstoff-Wasserstoff-Verbindungen

Neben den in Abbildung 32.2 dargestellten Ketten (a–d: unverzweigt; e: verzweigt) gibt es auch einfach oder mehrfach *ungesättigte* Verbindungen (in denen also C–C-Mehrfachbindungen vorliegen, dazu mehr in Kapitel 37) und Ringstrukturen (Kapitel 38) – und weil sich der Kohlenstoff auch mit manchen anderen Elementen gerne kovalent verbindet (vor allem O, N und S), sind der Vielfalt der Kohlenstoff-Chemie nahezu keine Grenzen gesetzt.

Ungewöhnliche Kohlenstoff-Gerüste: neue Werkstoffe

Die Chemie der Fullerene beschränkt sich bei Weitem nicht auf ihre bemerkenswerten physikalischen Eigenschaften, die ihren Einsatz als Hochtemperatur-Schmiermittel gestatten. Tatsächlich handelt es sich hier schließlich auch um »normale« organische Moleküle (mehr dazu in Teil VIII dieses Buches), die entsprechend zu fast allem in der Lage sind, was die OC zu bieten hat. Zudem bietet der beachtlich große Innenraum dieser Hohlkörper die Möglichkeit, dort Atome, Moleküle oder Ionen einzulagern, was wiederum zu neuen Verbindungen mit bemerkenswerten physikalischen und chemischen Eigenschaften führt. Einige Messergebnisse lassen vermuten, dass auf der Grundlage der Fullerene neue Medikamente oder Ähnliches entwickelt werden könnten: Die Forschung steht also noch ganz am Anfang.

Auch das **Graphen** lässt sich wie praktisch jedes andere Molekül zu chemischen Reaktionen verleiten (auch hier gilt weitgehend die »normale« OC), aber auch chemisch unverändertes Graphen scheint ein immens vielversprechender Werkstoff zu sein: Eine Graphen-Monolage (Fachterminus für: einzelne Schicht) ist mehr als 100-mal reißfester als Stahl. Zugleich sieht es ganz danach aus, als könnte langfristig gesehen Graphen an die Stelle von hochreinem Silicium treten und damit elektronische Komponenten bislang ungeahnter Leistungsfähigkeit ermöglichen. Sollte sich dieses Material tatsächlich in großer Menge erzeugen und technisch derart verwenden lassen, wie einige Visionäre das derzeit vermuten, könnte uns eine technische Revolution bevorstehen, von der sich kaum träumen lässt.

Die vom Graphen abgeleiteten Kohlenstoffnanoröhren, auch im deutschen Sprachgebrauch zunehmend *Carbon-Nanotubes* genannt, erweisen sich bereits jetzt als technisch bedeutsam: Durch den Einbau entsprechender Röhren, in denen ja schließlich ein delokalisiertes π-Elektronensystem vorliegt, lassen sich elektrisch leitfähige Kunststoffe gewinnen, der Einsatz von Nanotubes in Verbundwerkstoffen führt zu gesteigerter Flexibilität des Materials und dergleichen mehr. Auch hier ist noch nicht abzusehen, welche Möglichkeiten diese Gerüste bieten, zumal sie den Übergang von der mikroskopisch-molekularen zur makroskopischen Größenordnung gestatten: Es konnten bereits gezielt einzelne Kohlenstoff-Röhren-Moleküle von mehreren Zentimetern Länge synthetisiert werden.

Inwieweit allerdings von diesen neuen Werkstoff-Grundlagen-Materialien gesundheitliche Gefährdungen ausgehen, ist noch nicht hinreichend erforscht; entsprechend kontrovers wird dieses Thema diskutiert.

Kohlenoxide und LE CHATELIER

Die beiden wichtigsten Oxide des Kohlenstoffs – Kohlendioxid (CO_2) und Kohlenmonoxid (CO) – kennen Sie schon aus Kapitel 30. Dass allerdings ein enger Zusammenhang zwischen beiden besteht, wurde bisher nicht erwähnt. Liegt nämlich zusätzlich auch noch *elementarer* Kohlenstoff vor, stehen diese beiden Oxide miteinander im Gleichgewicht:

$$C_{(s)} + CO_{2\,(g)} \rightleftarrows 2\,CO_{(g)} \quad \Delta H_f = +170\ \text{kJ mol}^{-1}$$

Anhand dieser *endothermen* Synproportionierung (*siehe* Kapitel 26), die als das BOUDOUARD-Gleichgewicht bezeichnet wird, lässt sich gleich noch einmal das LE CHATELIER-Prinzip betrachten, das Sie aus Kapitel 24 kennen:

- ✔ Da es sich um eine endotherme Reaktion handelt, wird mit steigender Temperatur das Gleichgewicht auf die Produkt-Seite (Kohlenmonoxid) verschoben.

✔ Andererseits muss bei steigendem Druck die Anzahl an Teilchen in der Gasphase vermindert werden, also sorgt erhöhter Druck dafür, dass sich das Gleichgewicht zur Reaktanten-Seite hin verschiebt.

Feststoffe tauchen im Massenwirkungsgesetz nur als Konstante auf, da [Feststoff] = 1; sie wirken sich also *nicht* aus.

Octave Boudouard stellte als Erster fest, dass sich bei vorgegebenem Druck für jede Temperatur das Stoffmengenverhältnis von CO und CO_2 in der Gasphase mit einem einfachen Graphen beschreiben lässt (Abbildung 32.3).

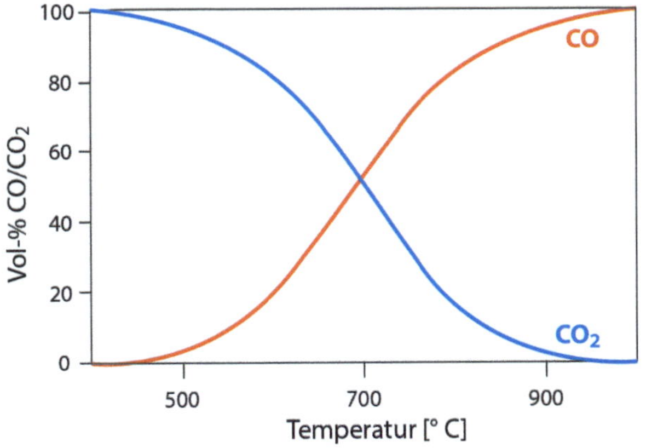

Abbildung 32.3: Temperaturabhängigkeit des Boudouard-Gleichgewichts

Jetzt stellt sich natürlich die Frage: Warum disproportioniert dann Kohlenmonoxid nicht bei Raumtemperatur spontan zu Kohlendioxid und elementaren Kohlenstoff?

Weil bei derart niedrigen Temperaturen (gerade einmal 300 °C über dem absoluten Nullpunkt!) die Reaktionsgeschwindigkeit einfach verschwindend gering ist. Kohlenmonoxid ist *metastabil* – thermodynamisch gesehen *müsste* es zerfallen, es ist dafür bloß zu träge. (Das kennen Sie schon aus Kapitel 28: Bei Standard-Bedingungen müsste sich Diamant *eigentlich* in Graphit umwandeln, schließlich ist Letzterer thermodynamisch stabiler. Tut er aber nicht.)

Die Temperaturabhängigkeit dieses Boudouard-Gleichgewichts spielt unter anderem bei der Gewinnung von Roh-Eisen eine Rolle: Dort werden Eisenerze mit Koks (also elementarem Kohlenstoff, nicht das, was *Sie* denken!) reduziert, das *eigentliche* Reduktionsmittel ist allerdings Kohlenmonoxid (CO), das dabei zu CO_2 oxidiert wird. Über das Gleichgewicht entsteht dann, solange noch unumgesetzter Koks vorliegt, neues Reduktionsmittel.

Glas und Computerchips: Silicium

Wegen der extrem hohen Sauerstoff-Affinität von Silicium findet sich dieses Element in der Natur ausschließlich in gebundener Form – meist in Form von Mineralien, die sich allesamt in der einen oder anderen Weise vom Siliciumdioxid (SiO_2) ableiten (dazu gleich mehr). Da Silicium das Element ist, das auf der Erde am zweithäufigsten vorkommt (nur noch übertroffen vom Sauerstoff), findet es sich im wahrsten Sinne »wie Sand am Meer«, denn Sand besteht fast größtenteils aus Siliciumdioxid. Durch Reduktion mit Kohlenstoff lässt sich daraus elementares Silicium gewinnen, dessen halbmetallische Eigenschaften ihm immense technische Bedeutung verleihen.

Leitend oder nicht-leitend – das ist hier die Frage

In kristalliner Form sind die Silicium-Atome in der gleichen Weise angeordnet wie die C-Atome im Diamant-Gitter (bekannt aus Kapitel 12; wahlweise können Sie darin auch eine Zinkblende-Struktur sehen, in der Kationen wie Anionen durch Si-Atome ersetzt sind; diese Bemerkung nur, damit Sie nicht vergessen, wie eng manche Strukturen miteinander zusammenhängen!). In dieser Form leitet Silicium elektrischen Strom nur sehr bedingt – was angesichts der hauptsächlich kovalenten Wechselwirkungen zwischen den einzelnen Atomen auch nicht verwunderlich ist: Die an σ-Bindungen beteiligten Elektronen sind nun einmal nicht delokalisiert und können sich damit nicht frei bewegen. Allerdings kann dieser *Valence-Bond*-Ansatz (aus Kapitel 12) zur Beschreibung der Struktur nicht der Weisheit letzter Schluss sein, denn *eine gewisse Leitfähigkeit liegt sehr wohl vor* – und mit steigender Temperatur nimmt sie deutlich zu. Das ist ein charakteristisches Verhalten für *Halbleiter*. Denken Sie an das Bändermodell aus Kapitel 14: Das Valenzband ist voll besetzt, das Leitungsband leer. Bei hinreichender Anregung kann die dazwischen liegende **Bandlücke** (die *verbotene Zone*; *siehe* Abbildung 14.23) überwunden werden. Derartige »natürliche« Halbleiter wie Silicium oder Germanium, die nur aus einer Atomsorte bestehen, heißen *Eigenhalbleiter*. Von Interesse ist hier vor allem, wie viel Energie dem System zugefügt werden muss, um *doch* Leitfähigkeit zu erzielen: Germanium ist deutlich metallischer als Silicium und steht damit der Leitfähigkeit viel näher: Die Bandlücke ist sehr viel kleiner – um Germanium leitfähig zu machen, wird gerade einmal halb so viel Energie benötigt wie beim Silicium. Letzteres ist damit wirklich etwas Besonderes: Einerseits ist die Energie, die benötigt wird, um das Material zum Stromleiter zu machen, nicht übermäßig groß, andererseits besteht aber – anders als beim Germanium – kaum die Gefahr, dass allein durch geringfügige Überhitzung des Materials unerwünschte Leitfähigkeit auftritt. Weil hier also sozusagen *die ideale Bandlücke* vorliegt, stellt Silicium den Grundstock praktisch der gesamten Halbleiterindustrie (Stichwort: Computer, Unterhaltungselektronik): Zuführung einer moderaten, gut kontrollierbaren Menge Energie lässt ein leitfähiges Material entstehen (Abbildung 32.4a; der Übersichtlichkeit halber ist das Atomgitter nur zweidimensional dargestellt).

Soll die erforderliche Anregungsenergie herabgesenkt werden, hilft es, den Halbleiter zu *dotieren*, das heißt: Fremdatome in das Atomgitter einzubauen. Dabei gibt es zwei Möglichkeiten:

- ✔ Sie können einige Atome in das Gitter einbauen, die über je *ein Valenzelektron mehr* verfügen als die Hauptbausteine des Gitters (Abbildung 32.4b; hier wurde ein Arsen-Atom (fünf Valenzelektronen) in ein Silicium-Gitter (jeweils vier Valenzelektronen) eingefügt; wieder vereinfachend in zweidimensionaler Darstellung).

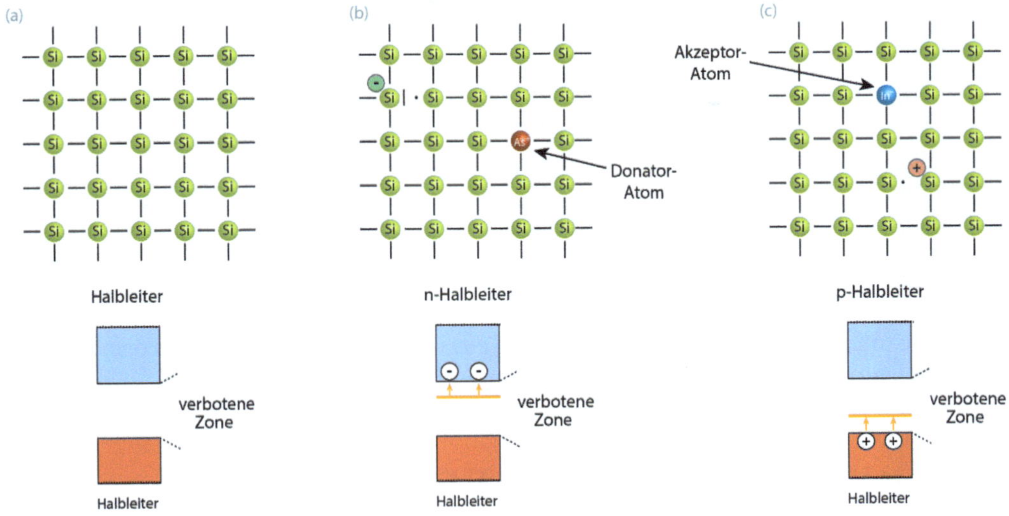

Abbildung 32.4: Halbleiter: Eigenhalbleiter (a), n-Dotierung (b) und p-Dotierung (c)

- Da das Valenzband voll besetzt ist, müssen die überschüssigen Elektronen im Leitungsband untergebracht werden, also können sich zumindest diese Elektronen jetzt nach Herzenslust »dort oben« tummeln.
- Weil zusätzliche negative Ladungsträger (eben die überschüssigen Elektronen) ins Gitter eingebaut wurden, heißt dies **negative Dotierung**. Es liegt ein *n-Halbleiter* vor.

✔ Sie können auch den umgekehrten Weg beschreiten: Bauen Sie Fremdatome ein, die ein Valenzelektron »zu wenig« mitbringen (Abbildung 32.4c; Indium steht in der 3. Hauptgruppe), wird das Valenzband nicht voll besetzt, »unten« im Valenzband herrscht also bedingte Beweglichkeit.

- Diese Art der Leitung basiert darauf, dass es im Valenzband unerwarteterweise freie Plätze gibt (also Lücken, fachsprachlich auch *Löcher* genannt). *Dadurch wirkt es so, als würden sich im Valenzband positive Ladungsträger bewegen.* Deswegen ist hier von *positiver* Dotierung die Rede; (dieses Phänomen wird manchmal auch *Lochleitung* genannt).
- Werden derartige Atome in ein solches Gitter eingebracht, liegt ein *p-Halbleiter* vor.

Beide Formen der Halbleiterdotierung finden in der Elektronik Anwendung. Da also in Halbleitern jegliche Fremdatome das physiko-chemische Verhalten drastisch verändern, ist für die Produktion von Computerchips und dergleichen hochreines Silicium erforderlich, und dessen Gewinnung ist technisch aufwendig und kostenintensiv. Zwei Reinigungsverfahren sind derzeit gebräuchlich:

✔ Beim **Zonenschmelzen** wird das Silicium zu langen Stäben geformt, die dann mit einer besonderen Heizapparatur sukzessive vom einen Ende zum anderen erhitzt werden: Verunreinigungen sammeln sich dabei immer weiter in der Schmelzzone an.

(Denken Sie an die *Gefrierpunktserniedrigung* aus Kapitel 20; genau darauf basiert diese Technik.)

- Beim **CZOCHRALSKI-Verfahren** wird mithilfe eines hochreinen Silicium-Impfkristalls aus einer vorgereinigten Silicium-Schmelze ein Einkristall erzeugt. Da sich die Silicium-Atome aus der Schmelze besser/leichter als Fremdatome an diesen Impfkristall anlagern können (optimale Wechselwirkungsbedingungen!), finden sich im letztendlich erhaltenen Einkristall praktisch keine Verunreinigungen mehr. (Weil der immer weiter anwachsende Einkristall Stück für Stück aus der Schmelze herausgezogen werden muss, heißt diese Vorgehensweise auch *Tiegelziehverfahren.*)

Den Rohstoff gibt es also wie Sand am Meer (*siehe* oben), aber in hochreiner Form lässt sich Silicium kaum mit Gold aufwiegen. Genug der Sprichworte.

Silicium: wirklich der große Bruder vom Kohlenstoff

Analog zu den binären Kohlenstoff-Wasserstoff-Verbindungen gibt es neben *Silan* selbst (SiH_4) eine homologe Reihe der *Silane* mit der allgemeinen Summenformel Si_nH_{2n+2}. Diese können (wieder analog zu Abbildung 32.2) unverzweigt (Abbildung 32.5a/b) oder verzweigt sein (c), es gibt auch *Cyclosilane* (Abbildung 32.5d zeigt exemplarisch Cyclopentasilan), und auch komplexere Strukturen wie Si_7H_{12} (f) sind möglich. Allerdings sind die meisten Silane sehr viel instabiler als die vergleichbaren Phosphane (*siehe* Kapitel 31) oder gar die analogen Kohlenstoff-Wasserstoff-Verbindungen. Tauschen Sie (Chemie-Lego®!) allerdings die Reste –H gegen entsprechende andere Bindungspartner aus, lässt sich fast jede erdenkliche Struktur erzielen. Mehrfachbindungen jedoch vermeidet Silicium nach Kräften, wie sich das laut der Doppelbindungsregel für ein Element der 3. Periode auch gehört.

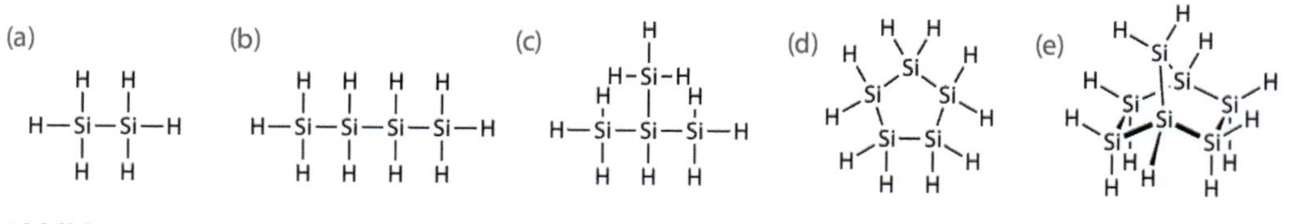

Abbildung 32.5: Ausgewählte binäre Silicium-Wasserstoff-Verbindungen

Wenn Sie irgendwann Teil VIII dieses Buches gelesen haben, denken Sie bitte noch einmal an das Silicium zurück und überlegen sich, dass sich fast alles, was Sie dort über die Verbindungen des Kohlenstoffs gelesen haben, auch auf das Silicium übertragen lässt (von Mehrfachbindungen einmal abgesehen). Wenn Sie *dann* noch bedenken, dass auch Silicium-Kohlenstoff-Bindungen durchaus stabil sind und damit auch noch fast jede nur vorstellbare Verknüpfung dieser beiden Teilgebiete der Chemie möglich wird, haben Sie eine grobe Vorstellung davon, welche Strukturvielfalt allein schon die Chemie des Siliciums zu bieten hat.

Chemie-Lego® mit Silicium

Natürlich lassen sich auch Silicium-Halogen-Verbindungen synthetisieren: Mit Chemie-Lego® lässt sich ja jedes Wasserstoff-Atom durch ein Halogen-Atom austauschen. Genau das gilt auch hier, und so lassen sich die Silane schrittweise in teilweise oder vollständig halogenierte Verbindungen überführen; auch cyclische Verbindungen $(SiX_2)_n$ konnten bereits isoliert werden.

Jetzt ist alles glasklar: SiO_2

Dass Silicium in der Natur wegen seiner hohen Affinität zu Sauerstoff meist in Form von Verbindungen auftritt, die sich vom *Siliciumdioxid* (SiO_2) ableiten, wurde bereits erwähnt – dabei finden sich kristalline ebenso wie amorphe Formen: In Letzterer finden Sie das Oxid des Siliciums in der Natur beispielsweise dort vor, wo ein Blitz in geeigneten Sand eingeschlagen ist (*siehe* dazu auch den Abschnitt *Glas ist nicht gleich Glas*). Kristallin liegt Siliciumdioxid beispielsweise im *Quarz* vor, der unter Namen wie *Bergkristall* (farblos), *Amethyst* (violett durch Gitterdefekte – *siehe* Kapitel 21 – und die Einlagerung von Eisen-Ionen) oder *Achat* als Schmuckstein genutzt wird. Neben dem Quarz (der *hexagonal* kristallisiert, *siehe* Kapitel 14) gibt es noch weitere Modifikationen von Siliciumdioxid, darunter auch das *kubisch* kristallisierende *Cristobalit* (benannt nach dem südmexikanischen Berg San Cristobal, wo dieses Mineral zum ersten Mal gefunden wurde). Die Struktur von Cristobalit (Abbildung 32.6a) wird meist als Standard zur Beschreibung von Siliciumdioxid herangezogen, weil sich diese Struktur leicht vom Diamant-Gitter (aus Kapitel 12) ableiten lässt: Sie brauchen nur in jede C–C-Bindung ein Sauerstoff-Atom einzuschieben.

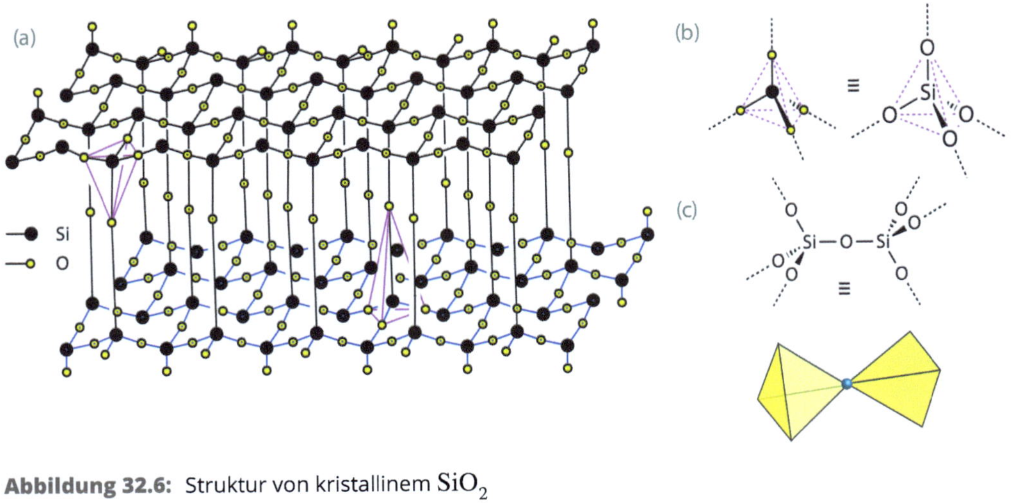

Abbildung 32.6: Struktur von kristallinem SiO_2

Auf diese Weise ist jedes Silicium-Atom tetraedrisch von vier Sauerstoff-Atomen umgeben (Abbildung 32.6b), während ein Sauerstoff-Atom entsprechend jeweils zwei Silicium-Atome »verbrückt«, sodass alle Tetraeder jeweils eckenverknüpft sind (c). Auch in Abbildung 32.6a sind einige dieser SiO_4-Tetraeder farblich markiert; die Verzerrung der Tetraeder ist dem

Versuch geschuldet, das Gitter übersichtlicher zu gestalten. Tatsächlich weisen alle Si–O-Bindungen die gleiche Länge auf (aber in einer solchen Abbildung könnten Sie ganz genau *gar nichts* erkennen).

Die Si–O–Si-Brücken sind nicht linear (schließlich hat jedes Sauerstoff-Atom noch zwei freie Elektronenpaare!), aber der Winkel $\sphericalangle_{\mathrm{SiOSi}}$ entspricht auch nicht dem gestauchten Tetraederwinkel, den das VSEPR-Modell erwarten ließe: Je nach SiO_2-Modifikation beträgt er zwischen 140° und annähernd tatsächlich 180°. Die unter Normbedingungen energetisch günstigste Modifikation von SiO_2 ist dabei der Quarz (mit $\sphericalangle_{\mathrm{SiOSi}} = 144°$), alle anderen Modifikationen sind *metastabil*; allerdings ist zur Umwandlung beachtliche Energie erforderlich.

Ein Säureanhydrid ... und was daraus werden kann

Siliciumdioxid ist das *Säureanhydrid* der (vierprotonigen) *Orthokieselsäure* H_4SiO_4; das entsprechende Anion SiO_4^{4-} ist das *Silicat*-Ion:

$$SiO_2 + 2H_2O \rightarrow H_4SiO_4 \quad H_4SiO_4 \rightarrow 4H^+ + SiO_4^{4-}$$

Dass keine (zweiprotonige) Metakieselsäure H_2SiO_3 entsteht (das wäre das Silicium-Gegenstück zur Kohlensäure), sollte alleine aufgrund der Doppelbindungsregel nicht überraschen. Allerdings ist auch die Orthokieselsäure (die Sie auch $Si(OH)_4$ schreiben können) nur in sehr verdünnter Lösung stabil. Sobald die Konzentration hoch genug ist, erfolgt spontane Kondensation (Verknüpfung unter Wasserabspaltung) zu *Polykieselsäuren* (Abbildung 32.7a), die als Oligo- oder Polyanionen die Grundlage für die Mineralienklasse der Silicate darstellen (zu denen auch Salze des Silicat-Ions selbst gezählt werden). Meist liegen dabei eckenverknüpfte SiO_4-Tetraeder vor (b), sodass beispielsweise das *Disilicat*-Ion ($Si_2O_7^{6-}$) den räumlichen Bau aus Abbildung 32.6c aufweist.

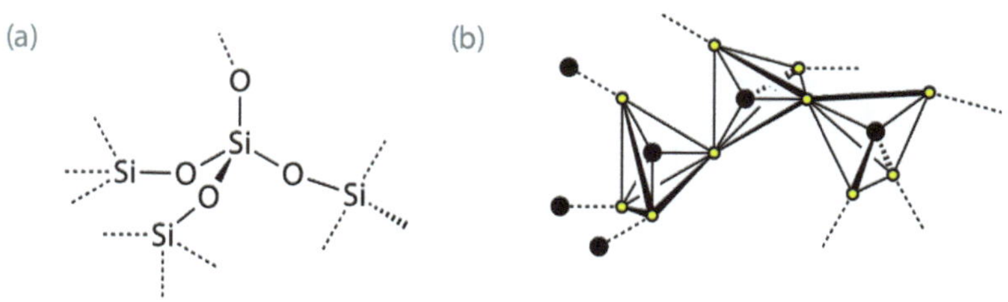

Abbildung 32.7: Verknüpfte SiO_2-Tetraeder

Da die unterschiedlichen Arten der Tetraeder-Verknüpfung vielfältige Strukturen ermöglichen, wurde eine eigene Systematik aufgestellt:

- Als *Nesosilicate* (**Inselsilicate**) werden Silicate bezeichnet, in denen das »echte«, unverknüpfte Silicat-Ion (SiO_4^{4-}) vorkommt. Beispiele sind die Schmucksteine *Zirkon* ($ZrSiO_4$) und *Granat* ($Ca_3Al_2[SiO_4]_3$).
- In *Sorosilicaten* (*Gruppensilicate*) liegt das Disilicat-Anion $Si_2O_7^{6-}$ vor; ein Beispiel ist das Mineral *Thortveitit* ($Sc_2Si_2O_7$), eine der wichtigsten Quellen zur Gewinnung des Leichtmetalls Scandium.

✔ Bei den *Cyclosilicaten* (Ringsilicate) sind mehrere Tetraeder-Einheiten zu einem Ring verknüpft. Das $Si_3O_9^{6-}$ -Ion (Abbildung 32.8a) findet sich etwa im blauen Schmuckstein *Benitoit* ($BaTi[Si_3O_9]$, einem Cyclotrisilicat), das $Si_6O_{18}^{12-}$ (b) in Mineral *Beryll* ($Be_3Al_2[Si_6O_{18}]$, einem Cyclohexasilicat).

Dass das Erdalkalimetall Beryllium diesen Namen trägt, weil es erstmalig aus *Beryll* isoliert wurde, dürfte Sie kaum überraschen. Im Mittelalter allerdings wurde *beryllus*, der lateinische Name dieses Minerals, als Sammelbegriff für alle wasserklaren Kristalle genutzt. Dass auch die ersten Augengläser aus entsprechenden Kristallen geschliffen wurden, hat zum Wort »Brille« geführt.

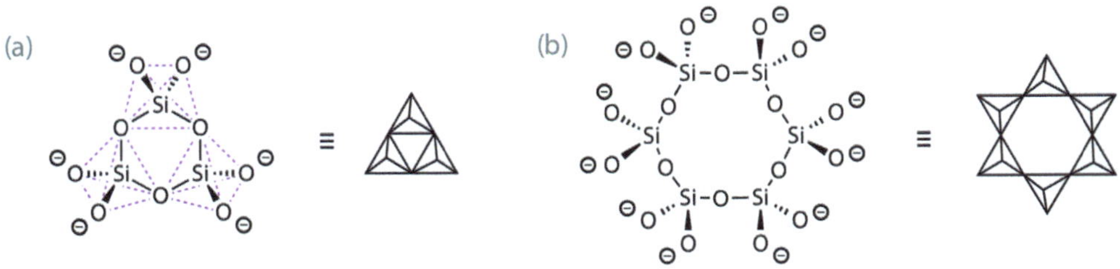

Abbildung 32.8: Cyclosilicate

✔ Bei den *Inosilicaten* liegen Tetraeder-Ketten von im Prinzip unbegrenzter Länge vor. Man unterscheidet:

- **Kettensilicate** – hier finden sich *einzelne* aus SiO_4-Tetraedern bestehende Ketten (Abbildung 32.9a); Beispiele sind sämtliche *Pyroxene*, wie etwa *Jadeit* ($NaAl[Si_2O_6]$, vermutlich besser bekannt als »Jade«).
- **Bandsilicate** – hier sind *zwei* Tetraeder-Ketten miteinander eckenverknüpft. Bei Einerketten hat *jedes* Tetraeder ein Gegenstück (Abbildung 32.9b), bei Zweierketten nur jedes zweite (c), in Dreierketten entsprechend jedes dritte (d) *et cetera*; dieses Strukturelement findet sich in *Amphibolen*, zu denen auch diverse *Asbest*-Sorten gehören.

✔ Bei den *Phyllosilicaten* (**Schichtsilicate**) schließlich ist jedes SiO_4-Tetraeder über *drei* Ecken mit einem weiteren Tetraeder verknüpft, sodass sich durchgängige Schichten ergeben (Abbildung 32.9e).

- Sind diese nur durch VAN-DER-WAALS-Kräfte zusammengehalten, lassen sich die einzelnen Schichten ebenso leicht gegeneinander verschieben wie die einzelnen Kohlenstoff-Schichten im Graphit. Dies ist beispielsweise bei so weichen Mineralien wie *Talk* ($Mg_3[(OH)_2Si_4O_{10}]$) der Fall.
- Erfolgt der Zusammenhalt durch Kationen, sodass auch elektrostatische Anziehung eine Rolle spielt, führt dies zu härteren Mineralien, die sich entlang der Schichten gut spalten lassen – ein Beispiel wäre der *Muskovit* ($KAl_2[(OH,F)_2AlSi_3O_{10}]$; Fluorid- und Hydroxid-Ionen sind hier in der Struktur beliebig austauschbar), wegen seiner wärmeisolierenden Eigenschaften ein wichtiger Industrierohstoff.

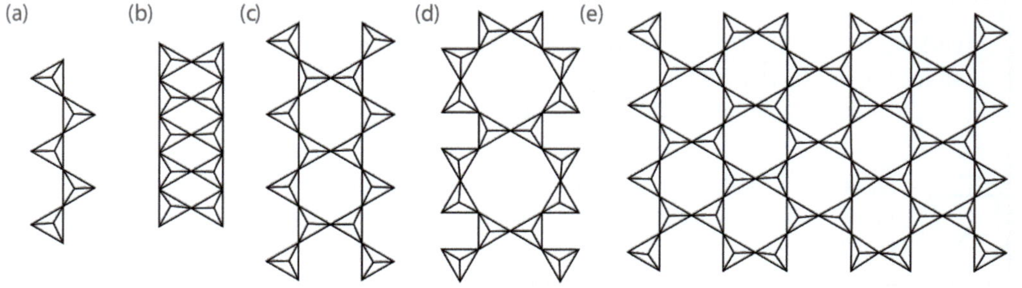

Abbildung 32.9: (a) Ketten-, (b–d) Band- und (e) Schichtsilicate

Wenn die dritte Hauptgruppe mitspielt

In Kapitel 10 haben Sie erfahren, dass das Bor dank der Schrägbeziehung dem Silicium ähnlicher ist, als Sie zunächst erwarten würden, und tatsächlich lassen sich SiO_4-Tetraeder gegen BO_4-Tetraeder austauschen. Da Bor mit seinen drei Valenzelektronen allerdings eigentlich nur drei kovalente Bindungen eingehen kann (mehr dazu in Kapitel 33), bringt diese »vierte Bindung« eine *zusätzliche negative Ladung* mit sich – Sie müssten also eigentlich von BO_4^--Tetraedern sprechen (und bedenken, dass entsprechende Gegen-Ionen erforderlich sind). Dies führt zur Stoffklasse der *Borosilicate*, auf die hier nicht weiter eingegangen werden soll. In gleicher Weise findet sich auch Aluminium in Form von AlO_4^- -Tetraedern in derlei Mineralien (es stellt sich verständlicherweise die gleiche Bindungs/Ladungsproblematik wie beim Bor): Das ist die Stoffklasse der *Alumosilicate*, die hier ebenfalls nicht ausgiebig beschrieben wird. Das Prinzip kennen Sie ja jetzt.

Besonders interessante Strukturen ergeben sich bei den *Tectosilicaten* (**Gerüstsilicate**). Deren wichtigstes Strukturelement ist ein Polyeder, das als *abgestumpftes Oktaeder* bezeichnet wird. Dieses Polyeder erhalten Sie, wenn Sie bei einem Oktaeder alle sechs Spitzen so abschlagen, dass sich jeweils quadratische Flächen ergeben (Abbildung 32.10). Letztendlich liegt ein regelmäßiges Polyeder mit sechs Quadrat- und acht regelmäßigen Sechseckflächen vor.

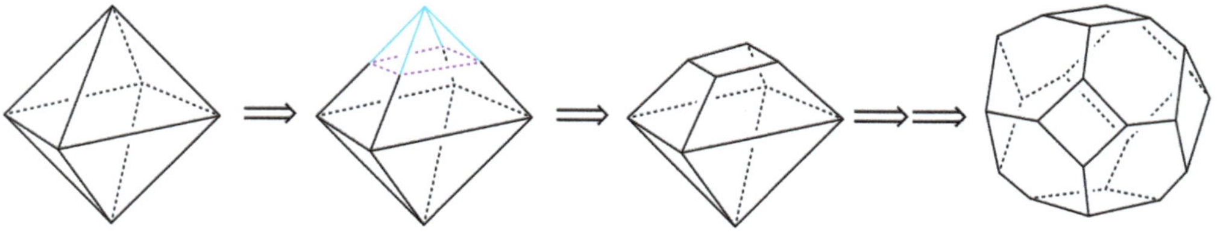

Abbildung 32.10: Vom Oktaeder zum abgestumpften Oktaeder

Vorsicht: Irreführende Bezeichnung

In manchen Lehrbüchern wird das Polyeder aus Abbildung 32.10 als »Kuboktaeder« bezeichnet (ausgesprochen: Kub-oktaeder) – was ein wenig irreführend ist, denn das *echte Kuboktaeder* ergibt sich, wenn Sie bei einem *Würfel* alle acht Ecken abschlagen:

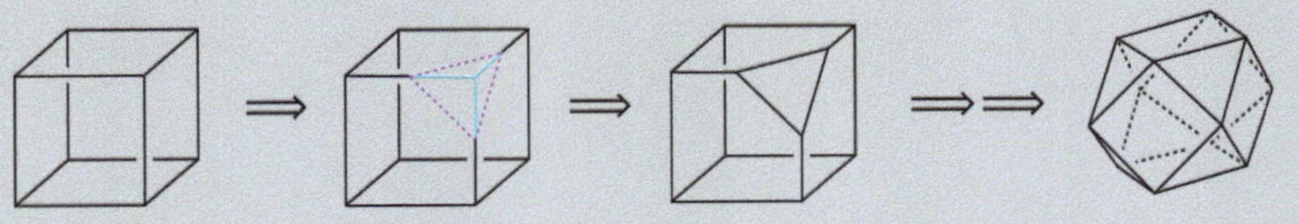

Resultat ist dann ein Polyeder mit sechs Quadrat- und acht *Dreieck*flächen.

Abbildung 32.11a zeigt das aus 24 SiO_4-Tetraedern aufgebaute abgestumpfte Oktaeder der Gerüstsilicate; in (b) sind einige davon schematisch dargestellt – vergleichen Sie den farblich markierten *sechs*gliedrigen Ring (in a) mit dem entsprechenden *zwölf*gliedrigen Ring (in b). Beachten Sie, dass jeweils die vierte Bindung jedes Silicium-Atoms zu einem negativ geladenen Sauerstoff-Atom weist, das *nicht* Teil der Polyeder-*Oberfläche* ist, sondern orthogonal daraus hervorragt. (Derartige Atome werden als *exo*-ständig bezeichnet.)

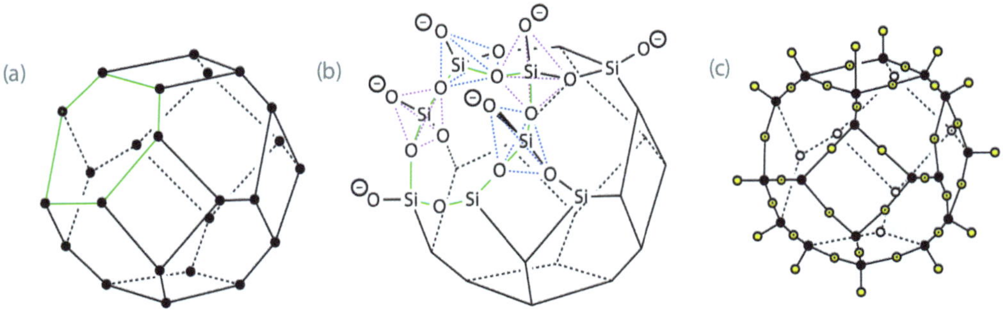

Abbildung 32.11: Das abgestumpfte Oktaeder in Gerüstsilicaten

In schematischen Darstellungen wie Abbildung 32.11a symbolisiert also jeder Punkt das Zentrum eines SiO_4-Tetraeders und jede Linie eine Si–O–Si-Brücke. Abbildung 32.11c zeigt die relative räumliche Anordnung der Atome. (Der Übersichtlichkeit willen wurden nicht alle *exo*-ständigen anionischen Sauerstoff-Atome dargestellt.) Da dieses Strukturelement zum ersten Mal in dem Alumosilicat *Sodalith* ($Na_8Cl_2[Al_6Si_6O_{24}]$) nachgewiesen werden konnte, wird dieses Polyeder häufig auch als **Sodalith-Käfig** bezeichnet. Das Bauelement des abgestumpften Oktaeders findet sich beispielsweise in der Schmuckstein-Familie der *Ultramarine*; dort sind acht dieser Polyeder über gemeinsame Quadrat-Flächen so miteinander verknüpft, dass sich in der Mitte ein neunter Sodalith-Käfig ergibt (Abbildung 32.12a).

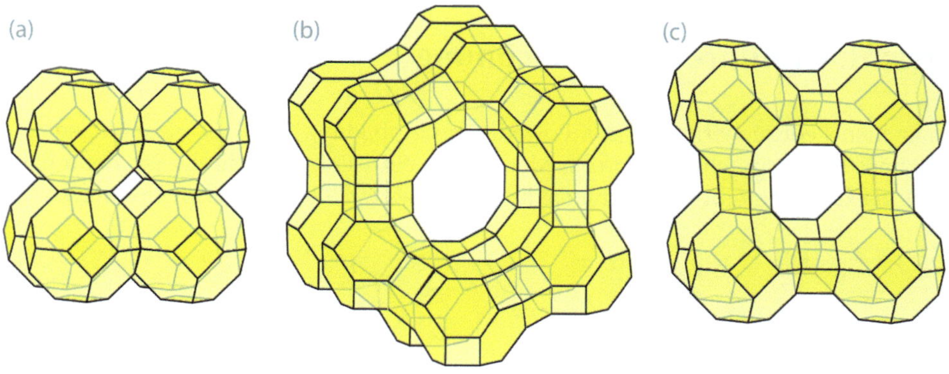

Abbildung 32.12: Gerüstsilicate: Sodalith (a), Faujasit (b) und Zeolith A (c)

(oder [,) oder]?

Vielleicht haben Sie sich schon gefragt, wieso in den Summenformeln mancher der hier exemplarisch vorgestellten (Alumo-)Silicat-Mineralien plötzlich und unerwarteterweise eckige Klammern auftauchen (wie in $Be_3Al_2[Si_2O_6]$), während das bei anderen ($Sc_2Si_2O_7$, Thortveitit) unterbleibt.

Diese eckigen Klammern sind nicht zwingend notwendig, bergen aber zusätzliche Informationen: Sie verrät Ihnen, welche Ionen Bestandteil des *anionischen* Gerüsts der Verbindung sind – alles, was sich *innerhalb der Klammer* befindet.

- ✔ Beim $Sc_2Si_2O_7$, Thortveitit, ist eine Klammer nicht notwendig, weil wir wissen, dass Scandium dreiwertige Kationen bildet (Sc^{3+}) und diese die Gegen-Ionen zu einem Disilicat-Anion ($Si_2O_7^{6-}$) darstellen.
- ✔ Anders sieht es beim $Be_3Al_2[Si_6O_{18}]$, Beryll, aus: Hier verraten uns die Klammern, dass Beryllium(II)- und Aluminium(III)-Kationen (Be^{2+} und Al^{3+}) die Gegen-Ionen zum Anion $Si_6O_{18}^{12-}$ sind. Wir haben es also nicht mit einem Alumosilicat zu tun, sonst müsste sich ja mindestens ein Aluminium *innerhalb* der eckigen Klammer befinden.
- ✔ Auch beim $NaAl[Si_2O_6]$, Jadeit, handelt es sich um ein reines Silicat: Na^+- und Al^{3+}-Ionen gleichen die Ladung des $Si_2O_6^{4-}$ aus.
- ✔ $Na_8Cl_2[Al_6Si_6O_{24}]$, Sodalith, ist hingegen offenkundig ein Alumosilicat: Hier haben wir es mit acht positiven Ladungen des Natriums zu tun, kompensiert werden sie durch jeweils eine negative Ladung der beiden Chlorid-Ionen; damit liegt also das Alumosilicat-Ion $Al_6Si_6O_{24}^{6-}$ vor.
- ✔ Besonders deutlich wird der Sinn dieser Klammern beim $(KAl_2[(OH, F)_2AlSi_3O_{10}]$, dem Muskovit: Hier wissen wir erst dank der eckigen Klammer nicht nur, dass wir es mit einem Alumosilicat zu tun haben – dem Gerüst-Anion kommt (weil Hydroxid und Fluorid, die ebenfalls zum Gerüst gehören, jeweils einfach negativ geladen sind) die Gesamtladung –7 zu –, sondern wir können der Summenformel

auch entnehmen, dass *nicht alle* Aluminium-Atome dieses Minerals zum *anionischen* Teil des Gitters gehören: Als Gegen-Ionen fungieren hier neben einem (natürlich) einwertigen K^+ noch zwei Aluminium(III)-Kationen.

Das allerdings ist wieder einmal nur die Spitze des sprichwörtlichen Eisbergs, denn die Summenformeln der (Alumo-)Silicat-Anionen verraten noch nicht allzu viel darüber, ob es sich nun etwa um ein Gruppen-, ein Ketten- oder ein Schichtsilicat handelt. Auch dafür gibt es eine eindeutige Mineralien-Nomenklatur, aber die ist wieder eine Wissenschaft für sich und soll hier nicht weiter ausgeführt werden.

Das charakteristische Farbspektrum der Ultramarine ist auf Ionen zurückzuführen, die in den Hohlräumen des Silicatgerüsts »eingesperrt« sind. Dabei handelt es sich jeweils um Oligo-Schwefel-Radikal-Anionen:

- ✔ Das Disulfid-Radikal-Anion ($S_2^{\bullet -}$) sorgt für ein grünliches Gelb.
- ✔ Das Trisulfid-Radikal-Anion ($S_3^{\bullet -}$) ist der Grund für den satten Blauton, der auch den *Lapislazuli* ausmacht.
- ✔ Das Tetrasulfid-Radikal-Anion ($S_4^{\bullet -}$) schließlich färbt das Mineral rot.
- ✔ Sodalithe ohne diese eingelagerten Anionen sind farblos.

Neu: bei Bedarf auch synthetisch!

Auf der Grundstruktur des abgestumpften Oktaeders basieren auch die Gerüste der **Zeolithe**: Dort sind die Sodalith-Käfige über Brücken miteinander verbunden, sodass sich Verbindungsstücke in Form hexagonaler Prismen ergeben; nach dem Mineral, in dem diese Struktur erstmalig vorgefunden wurde, spricht man hier von einer **Faujasit**-Struktur (Abbildung 32.12b). Der von diesen Bausteinen umschlossene Hohlraum ist groß genug, um dort Wasser-Moleküle oder einzelne (Gegen-)Ionen einzuschließen.

Auf synthetischem Wege lässt sich der **Zeolith A** gewinnen, sozusagen das Gegenstück zum Faujasit, bei dem die Verbrückung der einzelnen Sodalith-Käfige eben nicht über die Sechseck-Flächen, sondern über die *Quadrat*-Flächen erfolgt, sodass die Verbindungsstücke Würfelform besitzen (Abbildung 32.12c).

Da sich in den beschriebenen Hohlräumen kleine Moleküle einlagern lassen, bieten derlei Zeolithe vielfältige Anwendungsmöglichkeiten:

- ✔ Zuvor bei höheren Temperaturen getrocknete Zeolithe werden im Labor dazu genutzt, nicht-wässrige Lösemittel, die gegebenenfalls noch Spuren von Wasser enthalten, zu trocknen. In dieser Weise genutzte Zeolithe werden auch als *Molsieb* oder *Molekularsieb* bezeichnet. Das dabei im Zeolith-Käfig eingelagerte Wasser lässt sich durch längeres Erhitzen wieder entfernen, sodass Molsiebe wiederverwendet werden können.
- ✔ Sind gezielt Ionen in das Innere eines Zeoliths eingebracht worden, lässt sich dieser als *Ionenaustauscher* nutzen. Das wird beispielsweise bei Waschmitteln ausgenutzt: Die für die Wasserhärte mitverantwortlichen Ca^{2+}-Ionen werden durch zuvor im Zeolith eingelagerte Na^+-Ionen ersetzt.

Wegen ihrer Vielseitigkeit werden Zeolithe weltweit im Megatonnen-Maßstab produziert. (Auch andere Verbindungen gestatten das Einlagern kleinerer Moleküle: In Kapitel 44 werden Sie eine Art von Zucker kennenlernen, die so etwas ebenfalls kann.)

Segen oder Fluch: Asbest

Zu den Amphibolen gehören auch einige Mineralien, die in sehr feinen, äußerst robusten Fasern kristallisieren. Diese sind bis über 1000 °C feuerbeständig, reißfester als Stahldrähte gleicher Dicke und gegen eine Vielzahl aggressiver Chemikalien widerstandsfähig. Da sich diese Mineral-Fasern zu Garnen verspinnen und auch anderweitig leicht bearbeiten lassen, wurden sie jahrzehntelang als Feuerschutz- und Dämmmaterial genutzt. Allerdings ist bereits seit 1900 die Staublungenkrankheit *Asbestose* bekannt, weil der bei der Bearbeitung dieses Materials entstehende Staub aus extrem feinen Fasern besteht (in Länge und Dicke in der Größenordnung <10 µm), die bis in die Lungenbläschen vordringen und dort Reizungen hervorrufen können. Seit den siebziger Jahren des vergangenen Jahrhunderts ist Asbest zudem als krebserregend anerkannt. In der EU und den USA wurde die Verwendung von Asbest vor einigen Jahren verboten. Nicht so allerdings in den sogenannten Entwicklungsländern: Dort stellt die zunehmende Bearbeitung von Asbest bei nicht selten unzureichendem Arbeitsschutz mittlerweile ein ernst zu nehmendes Problem dar.

In den Medien findet sich allerdings oft eine regelrechte Asbest-Hysterie: Sobald bekannt wird, dass in einem Gebäude seinerzeit Asbest verbaut wurde, wird fast unweigerlich die Beseitigung dieses »Schadstoffs« gefordert – wodurch Gesundheitsgefährdungen meist erst heraufbeschworen werden: Gefahr geht beim Asbest von den *Stäuben* aus, die sich bei mechanischer Belastung (Bremsbeläge!) oder Bearbeitung ergeben, und das schließt das Abreißen asbesthaltigen Mauerwerks natürlich ein. Ist besagtes Baumaterial nicht mechanischer Beanspruchung oder (wie an manchen Außenmauern) starker Verwitterung ausgesetzt, geht nach dem derzeitigen Kenntnisstand von derlei Bausubstanz keinerlei Gefahr aus.

Glas ist nicht gleich Glas

Meist wird der Begriff »Glas« verwendet, als beschreibe er ein genau definiertes Material. Tatsächlich aber sagt dieses Wort nur etwas darüber aus, in welchem Maße zwischen den an diesem Material beteiligten Teilchen Ordnung oder eben Unordnung herrscht: Allen Gläsern ist gemein, dass es sich um eine *unterkühlte Schmelze* handelt, sodass die einzelnen Atome/Ionen nur bedingt geordnet vorliegen – es herrscht zwar eine gewisse *Nah*ordnung, von *Fern*ordnung kann jedoch nicht die Rede sein (wie in Kapitel 21 erwähnt). Und *woraus* das Glas besteht, ist damit auch noch nicht gesagt. – Der mit Abstand wichtigste Glasbildner ist Siliciumdioxid. Allerdings neigt SiO_2 bekanntermaßen zur Kristallisation (denken Sie an Bergkristall & Co.).

Dass Sand vornehmlich aus Quarz besteht, erklärt auch, warum in der Nähe von Vulkanen häufig sozusagen »natürliches Glas« gefunden wird: Glühende Lava trifft auf Quarzsand, der angesichts der immensen Hitze sofort schmilzt. Da aber im Vergleich zur Lava die Umgebung deutlich kälter ist, kühlt die Schmelze fast schlagartig wieder ab – so schnell, dass dem System keine Zeit bleibt, eine »anständige«, energetisch günstigere *kristalline* Form anzunehmen.

Bedenken Sie jetzt noch, dass auch Feststoffe durchaus chemische Reaktionen eingehen können, liegt der Gedanke nahe, eine solche unterkühlte Schmelze könne langfristig »auskristallisieren«, also aus der energetisch ungünstigeren (amorphen) in eine energetisch günstigere (kristalline) Form übergehen. Und tatsächlich ist Glas (wie *alle* unterkühlten Schmelzen) metastabil. Deswegen wird es auch mit zunehmendem Alter *blind* (also weniger transparent). Das liegt an genau diesem (recht langsamen) Kristallisationsprozess. Durch Zugabe sogenannter *Netzwerkwandler*, die durch ihre Anwesenheit der Kristallisation entgegenwirken, lässt er sich noch weiter verlangsamen. Typische Netzwerkwandler sind die Oxide der ersten und zweiten Hauptgruppe: Sie sind selbst nicht in der Lage, den (Alumo-)Silicaten ähnliche Netzstrukturen (mit einer gewissen Nah-, aber ohne Fernordnung) zu bilden, und verhindern so die langfristige Umwandlung des Netzes in ein »anständiges« Gitter mit Nah- *und* Fernordnung.

Bei sehr alten (Kirchen-)Fenstern sind die Scheiben häufig unten etwas dicker als oben. Das hat zu einer bis heute andauernden Kontroverse geführt:

- Manche sehen darin einen Beleg, dass die *unterkühlte Schmelze* Glas tatsächlich gewisse *Fließeigenschaften* besitzt, denn im Laufe der Jahrhunderte seien schließlich erkennbare Mengen Glas nach unten geströmt.
- Andere wiederum führen ins Feld, seinerzeit hätten Glaser alleine aus technischen Gründen häufig einfach keine perfekt glatten Glasscheiben herstellen können, und dass in einem solchen Falle derartige Scheiben lieber mit der dickeren Seite nach *unten* eingebaut wurden, leuchtet doch ein, oder?

Wer hat recht? – Beide ... und keiner. Derzeit sprechen zwar alle Methoden der Analytik dafür, dass Glas tatsächlich eine gewisse Fließgeschwindigkeit besitzt, aber sie ist derart gering, dass ein paar popelige Jahrhunderte nicht ausreichen, bei Fensterscheiben für makroskopisch beobachtbare Veränderungen zu sorgen. Zumindest bei den Kirchenfenstern läuft die Erklärung also wohl doch auf »Fertigungsschwierigkeiten« hinaus.

Auch aus anderen (Halb-)Metalloxiden lassen sich Gläser gewinnen, beispielsweise aus B_2O_3 (Bortrioxid; ein wenig mehr dazu in Kapitel 33) oder P_4O_{10} (Phosphorpentoxid, *siehe* Kapitel 30). Als *Reinstoffe* sind diese Materialien jedoch hydrolyseempfindlich (sie reagieren mit Wasser, es sind ja Säureanhydride), weswegen für Gläser meist Gemische aus SiO_2 und anderen Oxiden verwendet werden. Je nachdem, welche Substanzen dem Siliciumdioxid beigemischt werden, ändern sich die chemischen und physikalischen Eigenschaften der resultierenden Gläser drastisch:

- Normales *Fensterglas* wird meist aus einer Mischung aus SiO_2, Calciumcarbonat ($CaCO_3$; natürliche *Kreide* – nicht mit der *Tafel*kreide zu verwechseln, das ist meist Calciumsulfat, $CaSO_4$) und Natriumcarbonat (Na_2CO_3, *Soda*) gewonnen (wobei aufgrund der hohen Temperaturen CO_2 entweicht, sodass effektiv ein Gemisch aus SiO_2, CaO und Na_2O vorliegt). Dieses Glas wird auch als einfaches *Silicatglas* bezeichnet.

- *Borosilicatgläser* enthalten zusätzlich noch Bortrioxid (B_2O_3) und Aluminiumoxid (Al_2O_3). Dadurch werden sie deutlich temperaturbeständiger und auch Säuren und Basen gegenüber weniger empfindlich – kein Wunder, dass derartiges Glas besonders gerne im Labor verwendet wird.
- Für das teure *Bleiglas* (gerne auch *Bleikristall* genannt, obwohl es natürlich kein *Kristall* ist!) wird bei der Fensterglas-Rezeptur das Calciumcarbonat gegen Bleidioxid ausgetauscht. Dadurch bricht sich in diesem Glas Licht sehr viel stärker, und das führt zum (gewünschten) »edlen« Glitzern.
- *Kieselglas* wird aus möglichst reinem Quarzsand erzeugt (deswegen wird es meist einfach *Quarzglas* genannt) und besteht fast ausschließlich aus SiO_2. Das verleiht ihm einige besondere Eigenschaften; Von Flusssäure und heißer Phosphorsäure abgesehen, reagiert es mit fast nichts, und es schmilzt erst bei deutlich höheren Temperaturen als andere Gläser. Das macht es aber auch recht teuer.

»Durchsichtig« ist relativ

Was macht einen Stoff eigentlich transparent? – Allgemein besteht Farbigkeit ja auf der Wechselwirkung von Materie mit elektromagnetischer Strahlung (*siehe* den Abschnitt *Wann sieht der Mensch eine Farbe?* aus Kapitel 13). Diese Wechselwirkung kann in Absorption, in Streuung oder in Reflexion bestehen. Sind aber die Elektronen des betreffenden Materials so fest gebunden, dass sie mit der Strahlung überhaupt nicht interagieren *können*, ist dieses Material transparent – *zumindest für die betreffende Wellenlänge*, denn:

Vergessen Sie bitte nicht, dass das, was wir als »Licht« bezeichnen, nur einen winzigen Ausschnitt aus dem elektromagnetischen Spektrum ausmacht (das Sie aus Kapitel 9 kennen) – das menschliche Auge sieht gerade einmal den Wellenlängenbereich zwischen 400 und 800 nm. Kürzer- oder längerwellige Strahlung können wir zumindest nicht mit dem bloßen Auge wahrnehmen. Das Wort »transparent« bezieht sich im Allgemeinen nur auf genau diesen Wellenlängenbereich: Je nachdem, aus welchem Material das betreffende Glas tatsächlich besteht, kann elektromagnetische Strahlung *anderer* Wellenlängen deutlich größere Schwierigkeiten haben, hindurchzugelangen.

- So ist das einfache *Silicatglas* über den Bereich 380 bis 2 000 nm transparent: Neben dem sichtbaren Licht kann also auch noch ein Teil der längerwelligen Infrarot-Strahlung dieses Material durchdringen (allerdings nur IR-Strahlung *relativ* kurzer Wellenlänge). Unterhalb von 380 nm hingegen läuft nicht viel: UV-Strahlung wird von Silicatglas fast vollständig absorbiert (deswegen heizen sich Fensterscheiben bei direkter Sonneneinstrahlung auch merklich auf). Je nachdem, was Sie haben möchten, ist das gut oder nicht: Wer hinter einer Silicatglas-Scheibe steht, läuft kaum Gefahr, sich einen Sonnenbrand zu holen, aber wenn Sie im Labor Proben mit UV-Strahlung behandeln wollen, sollten die Probenbehälter tunlichst aus einem anderen Material bestehen.
- Beim *Quarzglas* sieht es, was die UV-Strahlung angeht, schon deutlich besser aus: Hier ist Transparenz im Bereich 180 bis 4500 nm gegeben.

✔ Soll aber ein maximaler Bereich abgedeckt werden (so wie das gelegentlich in der Analytik gewünscht ist, etwa in der IR-Spektroskopie – ein wenig darüber finden Sie in Kapitel 50), wird gerne auf Materialien zurückgegriffen, die wohl die wenigsten als »Glas« bezeichnet hätten, dabei steht dieses Wort doch nur für »unterkühlte Schmelze«:

- Aus dem Salz Kaliumbromid (KBr) lässt sich unter Druck Glas erzeugen, das im Spektralbereich von 100 nm (sehr energiereiche UV-Strahlung) bis 7 000 nm (das liegt schon tief im IR-Bereich) transparent ist.
- Mit dem guten alten Kochsalz (NaCl), aus dem sich ebenfalls eine erstarrte Schmelze gewinnen lässt, kommen Sie zwar nicht ganz so tief in den UV-Bereich (unterhalb von 200 nm ist Schluss), aber dafür bleibt NaCl-Glas bis über eine Wellenlänge von 15 000 nm hinaus IR-transparent. (Nur *nass werden* sollten die beiden letztgenannten Gläser natürlich nicht.)

Kirchenfenster und Bierflaschen

Zu den bemerkenswerten Eigenschaften des Werkstoffs »Glas« gehört, dass sich durch Beimischung minimaler Mengen von Fremdstoffen nahezu jede nur erdenkliche Farbe erzielen lässt, ohne dass sich die physikalischen (und weitgehend auch chemischen) Eigenschaften anderweitig sonderlich verändern. So lässt sich durch Cobalt(II)-oxid (CoO) ein satter Blauton erzielen (der gerne als *Kobaltblau* bezeichnet wird), mit Kupfer(I)-oxid (Cu_2O) ergibt sich ein leuchtendes Rot. Mangan(II)-Ionen sorgen für ein helles Gelb; allerdings lassen sich Mn^{2+}-Ionen durch beständige Lichteinstrahlung zu Mangan(III)-Ionen oxidieren (in dem Glas wird sich schon irgendetwas finden, was sich reduzieren lässt!) – in Glas sorgt Mn^{3+} für die Farbe Violett, was natürlich die Wirkung von Kirchenfenstern und dergleichen empfindlich verändern kann.

Aber Sie brauchen nicht Tempel oder Ähnliches aufzusuchen, um sich an geschmackvoll gefärbtem Glas zu erfreuen: Die braune Farbe mancher Bierflaschen (soweit aus Glas, natürlich) ist auf Eisen(III)-Ionen zurückzuführen. Und für diejenigen, die andere Biersorten bevorzugen, ist ebenfalls gesorgt: Eisen(II)-Ionen färben Glas grün.

Und weiter im Periodensystem: Germanium, Zinn und Blei

Die Mitglieder der 4. Hauptgruppe unterscheiden sich in ihrem Verhalten ziemlich deutlich (fast so, wie Sie das in Kapitel 31 schon bei der 5. Hauptgruppe gesehen haben): Vom völlig un-metallischen Kohlenstoff über die Halbmetalle Silicium und Germanium geht es zu den beiden »echten« Metallen Zinn und Blei. Über die Halbmetalle wurde bereits einiges ausgeführt (nur ist der metallische Charakter von Germanium bereits deutlicher ausgeprägt), und einen groben Überblick über das, was Sie zum Thema »Metalle im Allgemeinen« wissen sollten, finden Sie in Kapitel 34. Eine bemerkenswerte Besonderheit jedoch – die sich letztendlich wieder auf Tendenzen im Periodensystem zurückführen lässt – soll hier noch einmal aufgegriffen werden: der *Effekt des inerten Paares*. (Diesem auch als *inert-pair effect* bezeichneten Phänomen sind Sie schon einmal in Kapitel 14 begegnet.)

»Das ginge schon, aber es geht nicht!« (K. VALENTIN): der Effekt des inerten Paares

Während Kohlenstoff die höchstmögliche Oxidationszahl (+4) geradezu anstrebt (immerhin ist Kohlendioxid das Verbrennungsprodukt der Wahl, wenn es die Bedingungen gestatten) und auch Silicium keine Schwierigkeiten mit dieser Oxidationszahl hat (denken Sie nur an die zahlreichen Verbindungen, die sich vom SiO_2 ableiten!), lässt die Begeisterung für diese Oxidationszahl mit steigender Ordnungszahl immer weiter nach. Während auch Germanium unter hinreichend aggressiven Umständen zum GeO_2 oxidiert wird, bildet Zinn je nach Reaktionsbedingungen mal Sn(II)-, mal Sn(IV)-Verbindungen, und beim Blei hört's dann ganz auf: Bleidioxid (PbO_2) ist ein *starkes Oxidationsmittel*. – Versetzen Sie eine wässrige Lösung von Mn^{2+}-Ionen im sauren Medium mit PbO_2 und erhitzen das Reaktionsgemisch über der Brennerflamme, können Sie nach kurzer Zeit die charakteristische Violettfärbung von Permanganat-Ionen (MnO_4^-) beobachten. Das Bleidioxid hat Mangan also ganze fünf Schritte durchoxidiert und wurde dabei selbst zum Blei(II) reduziert. Die zugehörige Reaktionsgleichung lautet:

$$2\,Mn^{2+} + 5\,PbO_2 + 4\,H^+ \rightarrow 2\,MnO_4^- + 5\,Pb^{2+} + 2\,H_2O$$

(Falls Ihnen die Stöchiometrie dieser Gleichung nicht klar ist, schauen Sie noch einmal in Kapitel 26 nach.) Aber warum ist Blei(IV) ein starkes Oxidationsmittel, Silicium(IV) jedoch nicht? – Hier kommt wieder der *Effekt des inerten Paares* ins Spiel. Der hat etwas mit der Atomgröße zu tun: Durch die (relativ gesehen) gewaltige Masse und Ladungsdichte des Atomkerns (vergessen Sie nicht die Lanthanoiden-Kontraktion!) werden die Elektronen des 6s-Orbitals deutlich stärker angezogen, als zu erwarten wäre. Deswegen ist sehr viel mehr Energie erforderlich, um sie dem Atom zu entreißen – und wenn es *eben doch* geschehen ist, strengt sich das nun vierwertige Blei gewaltig an, wenigstens diese beiden Elektronen wieder zurückzubekommen.

Natürlich ist das ein wenig vereinfacht dargestellt, aber so können Sie es sich wenigstens vorstellen und merken. (Soll es noch genauer sein, ziehen Sie lieber EINSTEIN und relativistische Effekte heran, das kennen Sie aus Kapitel 14.)

Aufgaben Kapitel 32

1. Warum erhalten Sie durch Einbau von Germanium-Atomen in ein Silicium-Gitter keinen Halbleiter?
2. Was ist der grundlegende Unterschied zwischen den einzelnen Klassen der Silicat-Mineralien?

IN DIESEM KAPITEL

fehlt es an Elektronen, aber Bor weiß weiter!

eröffnet sich Ihnen eine völlig neue Welt der Bindungen

erfahren Sie neue Spielregeln für unser Chemie-Lego®

Kapitel 33
Hier mangelt's gewaltig – die 3. Hauptgruppe

Wie ihren beiden Nachbar-Gruppen zur Rechten war auch den Elementen der dritten Hauptgruppe nie ein prägnanter Oberbegriff vergönnt (auch wenn sich in manchen Lehrbüchern die Bezeichnung *Borgruppe* findet); analog zu den IUPAC-Vorschlägen für die 5. und die 4. Hauptgruppe wurde der Begriff **Triele** geprägt. Die Unterschiede zwischen den einzelnen Gruppenmitgliedern sind hier nicht so extrem wie bei den anderen Hauptgruppen: Einzig Bor selbst stellt ein Halbmetall dar, alle anderen Elemente der III. Hauptgruppe sind waschechte Metalle (und werden deswegen in Kapitel 34 erneut aufgegriffen). Dafür aber bietet das Bor eine unerwartete Vielfalt an Strukturen – und das nicht zuletzt, weil Bor in den meisten Fällen ein echtes Problem hat: In kovalent gebauten Verbindungen ist es ihm eigentlich unmöglich, die Oktettregel zu erfüllen. Aber eben nur *eigentlich*, denn Bor erweist sich als bemerkenswert einfallsreich.

Das hat man davon, wenn's nicht reicht: Elektronenmangelverbindungen

Geht Bor drei kovalente Bindungen ein, sind seine eigenen Möglichkeiten zur Bindungsknüpfung damit erschöpft: Über ein *Elektronensextett* kommt dieses Element bei Verbindungen wie BX_3 nicht hinaus; somit ist jede Verbindung BX_3 zunächst einmal eine *Elektronenmangelverbindung*. Prinzipiell hat Bor drei Möglichkeiten, diesen Missstand auszuräumen:

- ✔ Das Bor kann Ladungsdichte von seinem (oder seinen) Bindungspartner(n) übernehmen.

- Es kann »eine Bindung zu viel« eingehen – was ihm eine Formalladung einbringt.
- Es kann Mehrzentrenbindungen knüpfen.

Nehmen wir uns diese Möglichkeiten der Reihe nach vor.

Chemie-Lego®-Steckbrief: Triele

Die Valenzelektronenkonfiguration $(n)s^2(n)p^1$ gestattet zunächst einmal nur die Ausformung dreier Bindungen; zusätzlich verbleibt ein vakantes (also: leeres) Orbital – dieses steht damit natürlich für Mesomerie und Mehrzentrenbindungen zur Verfügung.

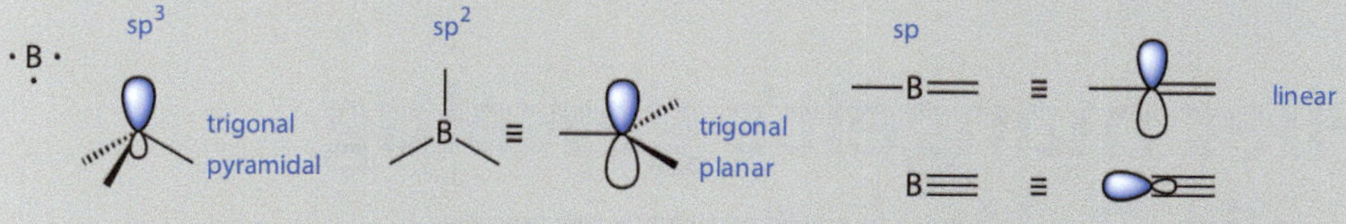

Da hier ein unbesetztes Orbital sozusagen »aktiv genutzt« wird, weichen manche Strukturen erheblich von dem ab, was das VSEPR-Modell erwarten ließe: Neben einer »normalen« sp^2-Hybridisierung, bei der das unhybridisierte p-Orbital vakant bleibt, ist auch eine trigonal-pyramidale Struktur denkbar, bei der dann eines der vier sp^3-Hybridorbitale *unbesetzt* ist. (Beachten Sie auch, dass es sich im Falle einer BX-Dreifachbindung bei dem vakanten Orbital um ein sp-Hybridorbital handeln müsste; derlei Systeme sind bislang im freien Zustand nicht bekannt, stellen aber die Grundlage für *Addukte* dar.)

Haste mal'n Elektron, Alter? – Bor als π-Elektronen-Schnorrer

Stöpseln Sie Bortrifluorid (BF_3) nach dem Chemie-Lego®-Ansatz zusammen (3, 33.1a), wird rasch deutlich, dass nach Knüpfung aller Bindungen das Bor-Atom nur auf insgesamt sechs Elektronen kommt (b). Doch trotz dieses Elektronensextetts ist Bortrifluorid eine durchaus stabile Verbindung. BF_3 ist zwar nicht vollends reaktionsträge, aber wenn kein Reaktionspartner zur Verfügung steht, kann es auch gut damit leben, alleine zu bleiben – bei Raumtemperatur ist es gasförmig, es kommt also nicht einmal zu (ernst zu nehmenden) intermolekularen Wechselwirkungen.

Grund für diese Genügsamkeit eines Moleküls, in dem ein Atom nicht die Oktettregel erfüllt, ist die Mesomeriestabilisierung (Abbildung 33.1c; *siehe* dazu Kapitel 12), die sich natürlich über alle drei Fluor-Atome erstreckt. Damit ist jede BF-Bindung etwas kürzer als eine Einfachbindung, aber noch längst keine Doppelbindung: Die Bindungsordnung (ebenfalls aus Kapitel 12 bekannt) beträgt 1⅓.

Bitte bedenken Sie bei Abbildung 33.1c den Unterschied zwischen *Formalladung* und *faktischer* Ladung/Polarisation: Glauben Sie wirklich, Bor (Elektronegativität 2,01) könne dem unangefochtenen Elektronegativitäts-König des Periodensystems (Fluor) eine echte positive Ladung aufzwingen?

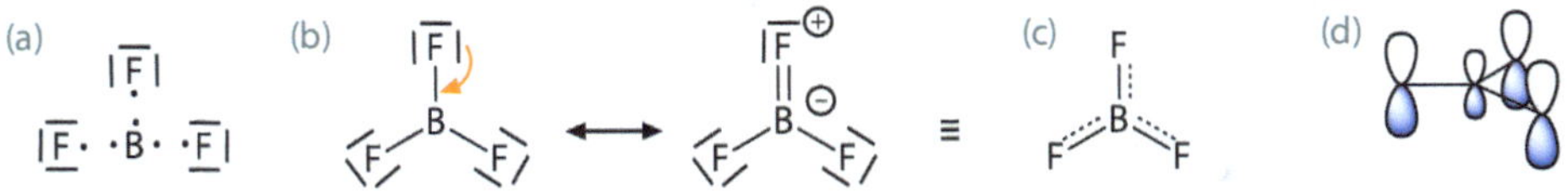

Abbildung 33.1: Mesomerie bei Elektronenmangelverbindungen

Betrachten Sie das Ganze etwas genauer und schauen sich die *Orbitale* an, so steht ein unhybridisiertes, doppelt besetztes p-Orbital eines jeden Fluor-Atoms mit dem (vakanten) unhybridisierten p-Orbital des Bor-Atoms in Wechselwirkung (Abbildung 33.1d).

Man einigt sich gütlich – Addukte

Die zweite Möglichkeit für das Bor, dem Dasein einer Elektronenmangelverbindung zu entgehen, besteht in der Bildung von **Addukten**: Ein elektronenreicher Reaktionspartner schiebt dabei Elektronendichte in das vakante Bor-Orbital (Abbildung 33.2a): Das Bor-Atom fungiert dabei als *Elektrophil*, der Reaktionspartner (mit seinem freien Elektronenpaar) als *Nucleophil*. Die dabei resultierende Bindung (b) ist von einer »gewöhnlichen« σ-Bindung (c) nicht zu unterscheiden; es werden lediglich Formalladungen erforderlich (bekannt aus Kapitel 10).

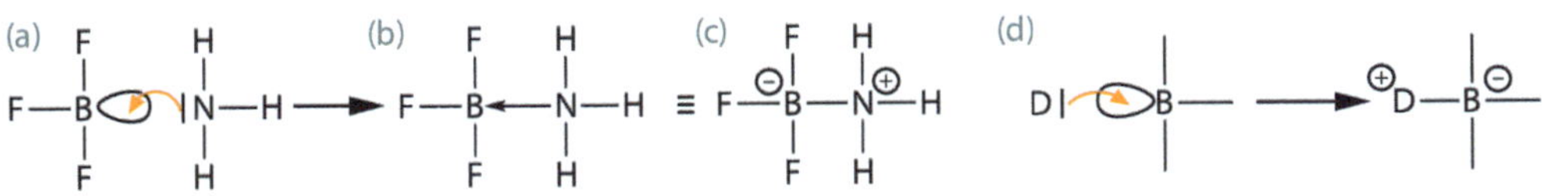

Abbildung 33.2: Adduktbildung

Das kommt Ihnen bekannt vor? Kein Wunder: Was Sie hier sehen, haben Sie in Kapitel 13 als Beispiel für eine *koordinative Bindung* kennengelernt. (Schauen Sie nach, wenn Sie es uns nicht glauben; da war bloß das *vakante* Orbital noch nicht ausdrücklich angegeben.) Wird dieser Reaktionsverlauf noch etwas allgemeiner beschrieben (Abbildung 33.2d), lässt er sich mit einem weiteren Konzept vereinigen: Ein Elektronen-Donor (D) liefert über ein freies Elektronenpaar Ladungsdichte an einen Elektronen-Akzeptor, eben das vakante Orbital des elektronendefizienten Bors. (Es ist ja nun einmal eine Elektronen*mangel*verbindung; die drei Striche sollen beliebige Bindungspartner symbolisieren.) Letztendlich ergibt sich eine neu geknüpfte *kovalente* Bindung zwischen dem Donor-Zentrum und dem Akzeptor-Atom. Das ist nichts anderes als eine *Säure/Base-Reaktion nach* LEWIS.

Tatsächlich lässt sich damit auch das eigentümliche Verhalten in Wasser gelöster Borsäure ganz einfach erklären (*siehe* Kapitel 25): Als Säure im BRØNSTED'schen Sinne fungiert ein Borsäure-Wasser-Addukt:

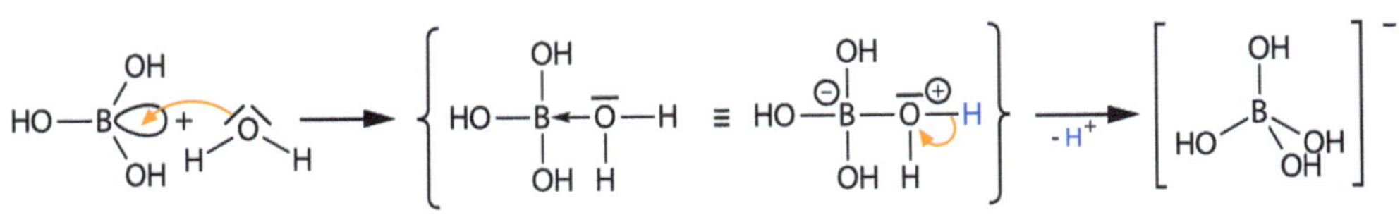

Da praktisch jedes Atom, das wenigstens ein freies Elektronenpaar aufweist, dem Bor gegenüber als Donor fungieren und dann ein Addukt bilden kann, öffnet sich hier natürlich wieder ein weites Feld. Exemplarisch seien einige B–N-Addukte betrachtet: Aufgrund der Elektronegativitätsdifferenz werden sie als *Bornitride* bezeichnet, aber das ändert nichts daran, dass hier vornehmlich kovalente Bindungen vorliegen. Bedenken Sie, dass gemäß Chemie-Lego® zwei Kohlenstoff-Atome gemeinsam die gleiche Art Wechselwirkung mit beliebigen anderen Atomen eingehen können wie ein Bor- und ein Stickstoff-Atom (Abbildung 33.3a): C/C und B/N sind *isoelektronisch*, gemeinsam haben sie die gleiche Anzahl Valenzelektronen. Aber die Ähnlichkeit geht über formale Entsprechungen weit hinaus; auch in der Polymorphie ist die Ähnlichkeit zu Kohlenstoff bemerkenswert:

✔ Im *hexagonalen* Bornitrid, kurz α-Bornitrid genannt (Abbildung 33.3b), liegen planare, aus sechsgliedrigen Ringen aufgebaute Schichten vor, die fast ausschließlich durch VAN-DER-WAALS-Kräfte zusammengehalten werden. Die strukturelle Ähnlichkeit mit Graphit (*siehe* Abbildung 12.19) ist frappierend: Sie können sich diese Verbindung als Graphit vorstellen, bei dem die C-Atome alternierend durch N und B ersetzt wurden (nur ist der B–N-Abstand hier ein wenig länger als der C–C-Abstand im Graphit).

- Ähnlich wie Graphit kann auch α-Bornitrid als Schmiermittel genutzt werden, denn auch dessen einzelne Schichten lassen sich recht leicht gegeneinander verschieben.

- Aber es gibt natürlich auch Unterschiede: Im Gegensatz zu Graphit liegt hier kein vollständig delokalisiertes π-Elektronensystem vor (Abbildung 33.3c) – wegen des Elektronegativitätsunterschieds sind diese Elektronen nahezu vollständig am Stickstoff lokalisiert. Aus diesem Grund zeigt α-Bornitrid, anders als Graphit, auch entlang der Schichten keine elektrische Leitfähigkeit.

✔ *Kubisches* Bornitrid, auch β-Bornitrid genannt (Abbildung 33.3d), kristallisiert in einem dreidimensionalen Gitter aus kondensierten sechsgliedrigen Ringen, das dem der Kohlenstoff-Modifikation Diamant entspricht (*siehe* Abbildung 12.19). Auch hier sind die C-Atome alternierend durch Stickstoff- und Bor-Atome ersetzt.

- β-Bornitrid ist zwar nicht ganz so hart wie echter Diamant, aber doch die zweithärteste Substanz, die bislang bekannt ist: Die MOHS-Härte liegt oberhalb von 9.

  Da es in der Herstellung deutlich billiger ist als künstlicher Diamant, wird Bornitrid für Bohrköpfe und als Schleifmittel verwendet – und da Diamant bei Temperaturen oberhalb von 700 °C rapide an Härte verliert, während sich bei β-Bornitrid noch bis 1000 °C fast nichts verändert, können Sie bei entsprechend hohen Temperaturen sogar Diamant damit schleifen.

- Alle B–N-Abstände in diesem Gitter sind identisch; nur aus Gründen der Übersichtlichkeit wurden die Abstände der »Schichten« überbetont.

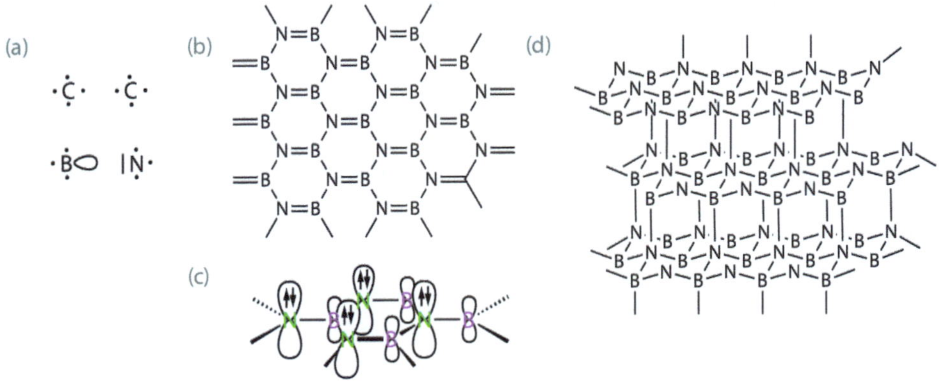

Abbildung 33.3: Bornitride

Anorganische OC?

Auch wenn Sie in diesem Buch bislang noch nicht allzu viel mit der Organischen Chemie zu tun hatten, haben Sie (in Kapitel 12) doch schon die drei wichtigsten Bindungsarten der OC kennengelernt, und das anhand der einfachsten organischen Moleküle, in denen diese Bindungen vorliegen: Ethan (C_2H_6), Ethen (C_2H_4) und Ethin (C_2H_6; *siehe* Abbildung 12.15). Alle drei Bindungsarten lassen sich auch in entsprechenden B–N-Verbindungen finden:

- ✔ Das B–N-Analogon zum Ethan ist das *Amminboran* (Abbildung 33.4a). Aufgrund der geringfügig unterschiedlichen Kovalenzradien der beteiligten Atome ist die B–N-Bindung mit d_{B-N} = 159 pm ein wenig länger als das C–C-Gegenstück (d_{C-C} = 154 pm).
- ✔ Das *Aminoboran* ist das anorganische Gegenstück zum Ethen (Abbildung 33.4b). Wieder liegt die B–N-Bindung mit $d_{B=N}$ = 138 pm in der gleichen Größenordnung wie die des organischen Analogons ($d_{C=C}$ = 134 pm).
- ✔ Auch im *Iminoboran* schließlich ist die B–N-Dreifachbindung mit $d_{B\equiv N}$ = 122 pm (Abbildung 33.4c) nur unwesentlich länger als die C–C-Bindung im Ethin ($d_{C\equiv C}$ = 120 pm).

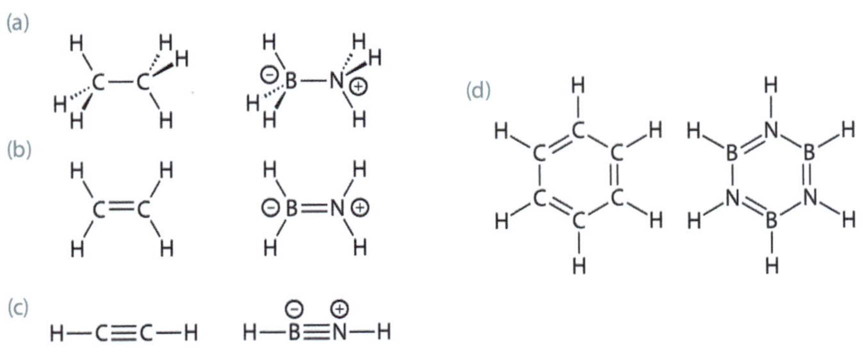

Abbildung 33.4: CC-analoge Bor-Stickstoff-Verbindungen

Allgemein beschränkt sich die Ähnlichkeit der Analoga nicht auf die Strukturen: Die physikalischen Eigenschaften passen ebenfalls recht gut zueinander, auch wenn natürlich jegliche B–N-Bindung deutlich polarer ist als die an sich gänzlich unpolare C–C-Bindung. Bitte bedenken Sie, dass in den Strukturen der B–N-Verbindungen stets nur *Formalladungen* angegeben wurden; die *tatsächlichen Polarisationen* sind gemäß der Elektronegativitätsdifferenz genau umgekehrt: $N^{\delta-}$, $B^{\delta+}$. Letztendlich sind alle diese B–N-Bindungen als Addukte des elektronendefizienten Bors anzusehen, auch wenn natürlich bei Verbindungen mit Doppel- oder gar Dreifachbindung eine oder eben zwei »gewöhnliche« B–N-σ-Bindungen hinzukommen. Sogar das bemerkenswerte organische Molekül Benzen (C_6H_6; deutlich mehr dazu in Kapitel 38) lässt sich anorganisch »nachbauen« (Abbildung 33.4d); das chemische Verhalten dieser Verbindung, die als *Borazin* oder – etwas systematischer – als *Cyclotriborazan* bezeichnet wird und die ebenso wie ihr organisches »Vorbild« bei Raumtemperatur als farblose Flüssigkeit vorliegt, unterscheidet sich allerdings erheblich.

Was weiß denn Mr. Lewis schon? – Unbeschreibliche Mehrzentrenbindungen

Die vielleicht interessanteste, zweifellos aber gewöhnungsbedürftigste Methode, mit der Bor seinen Elektronenmangel ausgleichen kann, besteht im Knüpfen von Mehrzentrenbindungen. Das Konzept derartiger Bindungen ist Ihnen zwar in Kapitel 12 schon kurz begegnet, aber weil es so wichtig ist, soll ihm hier ein wenig mehr Raum zugestanden werden. Fangen wir ganz klein an:

Erst einmal nur mit Bor und Wasserstoff

Der einfachsten binären Bor-Wasserstoff-Verbindung käme die Summenformel BH_3 zu (Abbildung 33.5a); analog zu den anderen in Teil VII erwähnten binären Wasserstoff-Verbindungen heißt diese hier *Boran*. Allerdings würde dieses BH_3-Molekül wieder nicht die Oktettregel erfüllen. Tatsächlich liegt Boran auch nicht in dieser Form vor: Genauere Untersuchungen führen zum Ergebnis, die Summenformel laute B_2H_6. Damit könnten Sie vermuten, die Strukturformel müsse der aus Abbildung 33.5b entsprechen.

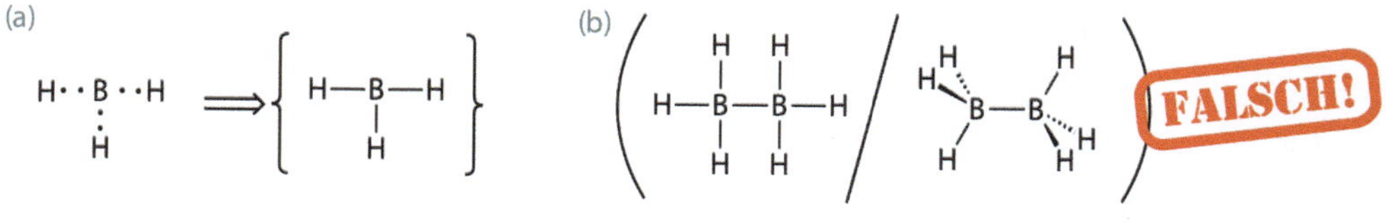

Abbildung 33.5: Auf dem Weg zur Struktur von Boran

Stimmt aber nicht. Dagegen spricht Folgendes:

- ✔ Die Anzahl der Elektronen:
  - Zählen Sie nach: Jedes H-Atom liefert eines, jedes Bor-Atom drei, macht zusammen $6 \times 1 + 2 \times 3 = 12$ Elektronen, also kann es *nur sechs Elektronenpaare* geben; in Abbildung 33.5b gibt es aber *sieben*. Also *kann diese Struktur nicht richtig sein.*

✔ Die Instrumentelle Analytik (mehr dazu in Kapitel 50):

- IR-Spektren legen nahe, dass in diesem Molekül *keine* B–B-Bindung vorliegt.
- In der Kernresonanzspektroskopie erweisen sich die sechs Wasserstoff-Atome im Molekül B_2H_6 als *nicht* äquivalent; wäre die Struktur aus Abbildung 33.5b korrekt, müssten sie das aus Gründen der Symmetrie aber sein (um eine Einfachbindung herrscht meist freie Drehbarkeit; mehr dazu in Kapitel 35). Tatsächlich gibt es in diesem Molekül aber nur *vier äquivalente H-Atome*, dazu *zwei* weitere, die *untereinander* ebenfalls äquivalent sind.
- Die Bindungswinkel in diesem Molekül ergeben $\sphericalangle_{HBH} = 120°$. Gemäß dem VB-Modell sollte der Winkel in der Größenordnung von 109° liegen!

Das ist zunächst einmal zweifellos verwirrend. Schauen wir, wie es zwei verschiedene Arten Wasserstoff-Atome geben kann:

✔ Zwei der drei Elektronen jedes der beiden Bor-Fragmente (Abbildung 33.6a) werden dazu genutzt, »ganz gewöhnliche« H–B-Bindungen zu knüpfen: echte σ-Bindungen, so wie Sie sie aus Kapitel 12 kennen (Abbildung 33.6b).

✔ Es bleiben zurück: zwei H-Atome, dazu an jedem Bor je ein einfach besetztes Orbital und ein *vakantes* Orbital (blau markiert).

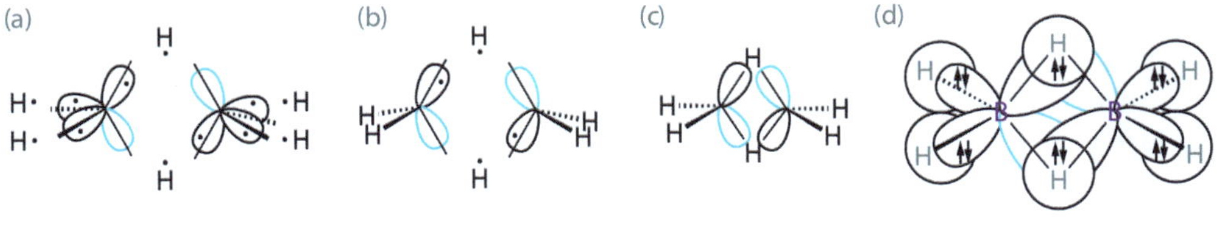

Abbildung 33.6: Wie die Mehrzentrenbindungen im Diboran zustande kommen

Jetzt kommen die **Mehrzentrenbindungen** ins Spiel. Von denen gibt es zwei Stück: in Abbildung 33.6b/c »oben« und »unten«. Schauen wir uns zunächst die obere an: Hier überlappen

✔ das einfach besetzte Orbital des linken Bor-Atoms (es liefert ein Elektron)

✔ das Orbital eines Wasserstoff-Atoms, das ebenfalls ein Elektron beisteuert

✔ das vakante Orbital (farblich markiert) des rechten Bor-Atoms

Das resultierende Elektronenpaar ist also nicht (so wie sonst) über *zwei* Atomzentren verteilt, sondern über *drei*: je zwei B- und ein H-Atom. Es liegt eine Zwei-Elektronen-Drei-Zentren-Bindung vor, kurz 2*e*3*c*-Bindung (mit *c* für *centre*). Das Gleiche gilt natürlich auch für die untere der beiden mittleren Bindungen im B_2H_6; hier steuert dann eben das *rechte* Bor-Atom sein Elektron aus dem einfach besetzten Orbital bei. (Konventionelle σ-Bindungen könnten damit als *Zwei-Elektronen-Zwei-Zentren-Bindungen* bezeichnet werden. Das wäre wirklich nicht falsch, aber doch eher unüblich.)

Das Resultat ist ein Molekül, das sich annähernd als »zwei kantenverknüpfte Tetraeder« beschreiben lässt (Abbildung 33.7a; die beiden verbrückenden H-Atome wurden farblich hervorgehoben, die Bor-Atome im Inneren der jeweiligen Tetraeder sind nicht sichtbar). Allerdings sind diese Tetraeder verzerrt, sonst ergäbe sich für die nicht-verbrückenden H-Atome nicht $\sphericalangle_{HBH} = 120°$. (In Abbildung 33.7a wurden die Tetraeder bewusst nicht verzerrt dargestellt, um die Polyeder-Verknüpfung zu verdeutlichen; die beiden blauen Kugeln symbolisieren die verbrückenden Wasserstoff-Atome.)

Abbildung 33.7: Der räumliche Bau von Diboran (B_2H_6)

Nun schauen Sie sich die Lewis-Formel dieses Moleküls bitte genauer an (Abbildung 33.7b). Zwei Dinge sollten Ihnen auffallen:

- Ein $\sphericalangle_{HBH} = 120°$ lässt sich mit dem VB-Modell nicht mit vier Bindungspartnern in Einklang bringen:

  VB- und VSEPR-Modell versagen hier.

- Im ganzen Molekül gibt es nur zwölf Elektronen, aber wenn Sie in der Lewis-Formel dieses Moleküls die Anzahl der Linien (= Bindungen) zwischen den einzelnen Atomen zählen (Abbildung 33.7b), kommen Sie auf *acht* Elektronenpaare, das wären also 16 Elektronen.

  Das ist ja noch schlimmer als Abbildung 33.5*b!*

Keine Panik, das hat einen ganz einfachen Grund: Für Bindungsverhältnisse wie im B_2H_6 ist die Lewis-Schreibweise einfach nicht geeignet. Durch farbliche Markierung sollte es deutlicher werden: Die beiden in Abbildung 33.8a rot markierten Linien stehen *gemeinsam* für nur *ein Elektronenpaar*, die beiden grün markierten ebenfalls. Zusammen sind das

- 4 schwarz dargestellte Elektronenpaare,
- 1 rotes,
- 1 grünes.

Macht zusammen *sechs* Elektronenpaare (oder 12 Elektronen). *Passt!*

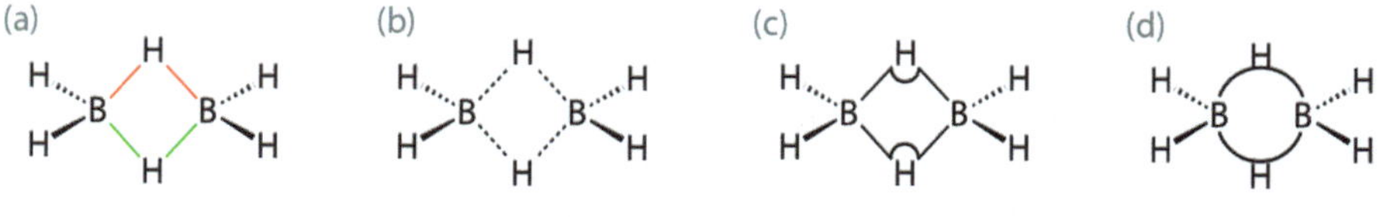

Abbildung 33.8: Bei Mehrzentrenbindungen versagt die Lewis-Schreibweise

Es gibt verschiedene Darstellungsweisen, um die Vorzüge der (an sich ja sehr übersichtlichen und praktischen) LEWIS-Formeln mit diesen eher ungewöhnlichen Bindungsverhältnissen in Einklang zu bringen:

- ✔ In Abbildung 33.8b sollen gestrichelte Linien andeuten, dass die beiden mittleren H-Atome (»oben« und »unten«) im Diboran jeweils an *beide* Bor-Atome gleichermaßen (über jeweils *ein Elektronenpaar*) gebunden sind.
  - Da derartige Strichellinien häufig auch für andere intra- oder intermolekulare Wechselwirkungen genutzt werden (für elektrostatische Anziehung oder sogar VAN-DER-WAALS-Kräfte), ist das leider nicht eindeutig.
- ✔ In Abbildung 33.8c werden die beiden eigentümlichen Gebilde, über oder unter denen die Wasserstoff-Atome »schweben«, als »eine durchgehende Linie« definiert – damit wäre den Erfordernissen der LEWIS-Formel Genüge getan.
  - Allerdings ist das nicht allgemein üblich. Wegen seiner Ähnlichkeit mit dem Logo eines gewissen Superhelden wird ein in dieser Weise dargestelltes Diboran gerne als »*Batman*-Molekül« bezeichnet.
- ✔ Abbildung 33.8d zeigt eine weitere Variante mit durchgezogener Linie; diese Darstellungsweise scheint sich allmählich durchzusetzen.

Dass der Wasserstoff gleichermaßen mit zwei Bindungspartnern in Wechselwirkung steht, lässt das Ganze zwar wie eine Wasserstoffbrückenbindung wirken (*siehe* Kapitel 15), aber bitte bedenken Sie, dass aufgrund der Elektronegativitätsdifferenz hier der Wasserstoff ($EN_H = 2{,}10$) *negativ* polarisiert ist, das Bor ($EN_B = 2{,}01$) positiv ($B^{\delta+}$, $H^{\delta-}$). Dass hier *hydridischer Wasserstoff* vorliegt, zeigt sich auch bei der bemerkenswert exothermen Hydrolyse von Diboran:

$$B_2H_6 + 6\,H_2O \rightarrow 2\,H_3BO_3 + 6\,H_2 \qquad \Delta H_f = -466\ \text{kJ mol}^{-1}$$

Neben zwei Äquivalenten Borsäure entstehen sechs Äquivalente elementarer Wasserstoff: Die hydridischen H-Atome von Diboran vereinigen sich also mit positiv polarisierten (protonischen) Wasserstoff-Atomen aus dem Wasser.

Im Diboran liegen keine *Wasserstoffbrücken vor!*

Um die räumliche Lage oder die relative Position von Wasserstoff-Atomen innerhalb solcher Moleküle nicht immer ausdrücklich angeben zu müssen, unterscheidet man:

- ✔ H-Atome, die über eine »gewöhnliche« σ-Bindung mit dem Bor verknüpft sind; diese heißen ***exo*-Wasserstoff**.
- ✔ Verbrückend wirkende H-Atome, die also Teil von Mehrzentrenbindungen sind; sie werden als ***endo*-Wasserstoff** bezeichnet.

Das Diboran-Molekül weist also vier *exo-* und zwei *endo-*Wasserstoff-Atome auf.

Bor, wie unersättlich! – Gleich zwei flotte Dreier!

Auch von den Boranen (also den binären Bor-Wasserstoff-Verbindungen) gibt es eine homologe Reihe – mit erstaunlich vielen und sehr unterschiedlich gebauten Vertretern (mehr dazu im kommenden Abschnitt). Dass gerade die Chemie der Borane derart abwechslungsreich ist, lässt sich damit erklären, dass sich das Konzept der Mehrzentrenbindungen nicht auf H–B-Wechselwirkungen beschränkt. Auch drei Bor-Atome können miteinander derartige Dreizentrenbindungen eingehen. Tatsächlich gibt es dafür sogar zwei grundlegend unterschiedliche Möglichkeiten, die sich interessanterweise wieder auf der Basis des Valence-Bond-Modells beschreiben lassen: Hier treten also »anständig hybridisierte« Orbitale auf – allerdings auch vakante Hybrid-Orbitale, und das widerspricht ja eigentlich dem VSEPR-Modell. (Aber das ist eben auch nur ein *Modell* …)

- ✔ Bei der **geschlossenen** BBB-2*e*3*c*-Bindung (Abbildung 33.9a) wechselwirken sp^3-Hybridorbitale dreier Bor-Atome miteinander: Zwei davon liefern je ein Elektron, während das dritte Bor-Atom nur ein *vakantes* sp^3-Orbital beisteuert. Resultat ist ein gleichseitiges Dreieck, in dessen Mitte sich die Ladungsdichte befindet. Wieder gibt es dafür verschiedene Schreibweisen; (I) zeigt die derzeit gebräuchlichste.
  - Bitte beachten Sie: Dort, wo sich die drei Linien treffen (im *Mittelpunkt*), befindet sich *kein Atom* – wenn man die Skelettformel-Schreibweise aus der OC gewohnt ist (mehr dazu in Kapitel 35), ist diese Darstellung leider missverständlich.
- ✔ Bei der **offenen** BBB-2*e*3*c*-Bindung (Abbildung 33.9b) treten *je ein besetztes* sp^3-*Hybridorbital* zweier Bor-Atome mit einem *vakanten unhybridisierten p-Orbital* eines dritten Bor-Atoms in Wechselwirkung. Die drei Atome bilden zwar keine gerade Linie, aber die beiden terminalen Bor-Atome sind doch beachtlich weit voneinander entfernt.
  - Wegen der Knotenebene zwischen den beiden Orbitallappen des zentralen p-Orbitals wird die offene BBB-Bindung von einer *Knotenebene* durchschnitten. Die übliche Schreibweise für diese Art Bindung ist in Abbildung 33.9b mit (II) gekennzeichnet.

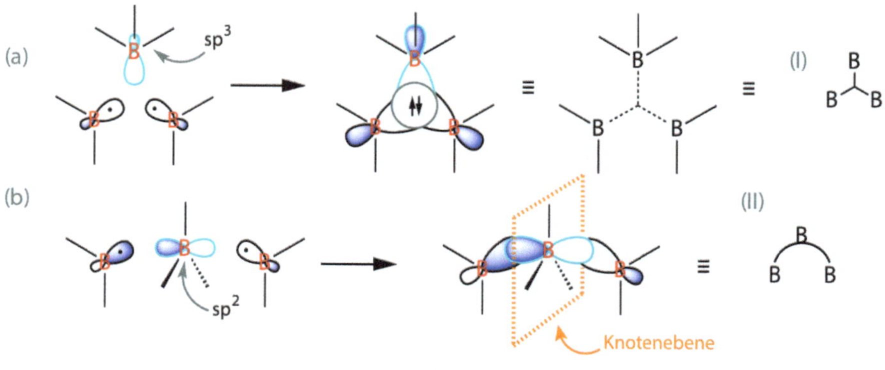

Abbildung 33.9: Geschlossene (a) und offene (b) BBB-2*e*3*c*-Bindungen

Warum Orbitale wichtig sind – Spielregeln für Borane

Im Prinzip lassen sich die verschiedenen Bindungstypen, zu denen ein Bor-Fragment in der Lage ist, frei miteinander kombinieren. Allerdings ergeben sich durch die daran beteiligten Orbitale einige Spielregeln – die allesamt einleuchten sollten, wenn Sie bedenken, dass alle Bor-Atome hier entweder sp^2- oder sp^3-hybridisiert vorliegen, sodass das vakante Orbital entweder ein p-Orbital oder ein sp^3-Hybridorbital ist:

✔ Kein Atom kann in *mehr als einer* offenen 2*e*3*c*-Bindung als Zentrum dienen (a).

- Dafür bräuchte es *zwei* vakante p-Orbitale, und die hat's ja nicht.

✔ Zwei Bor-Atome können nicht gleichzeitig über eine σ-Bindung miteinander verbunden *und* Teil der gleichen Mehrzentrenbindung sein.

- Sollte neben der σ-Bindung noch eine *geschlossene* 2*e*3*c*-Bindung zum gleichen Bindungspartner vorliegen (b), wären die beiden B-Atome über zwei verschiedene Bindungen verknüpft, für die *jeweils* Hybrid-Orbitale gebraucht werden (σ-Bindung: sp^2- oder sp^3-Orbital; geschlossene 2*e*3*c*-Bindung: sp^3-Orbital). Dass das nicht geht, wissen Sie aus Kapitel 12.
- Das Gleiche gilt bei einer σ-Bindung und einer *offenen* 2*e*3*c*-Bindung, bei dem eines der beiden B-Atome als Zentrum dient (c).
- Zwei terminale Bor-Atome einer offenen 2*e*3*c*-Bindung sind zu weit voneinander entfernt, um gleichzeitig auch noch eine σ-Bindung einzugehen (d).

✔ Alleine schon aus räumlichen Gründen können zwei Bor-Atome nicht gleichzeitig über eine *offene und* eine *geschlossene* 2*e*3*c*-Bindung miteinander verknüpft sein (e).

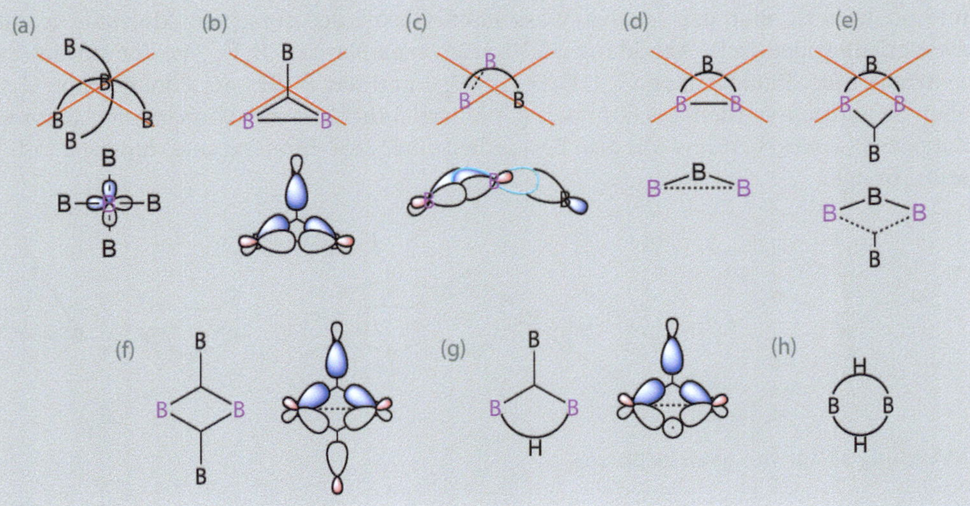

Hingegen spricht nichts gegen eine Verknüpfung über *zwei geschlossene 2e3c*-Bindungen (f). Auch die Verknüpfung über eine geschlossene Mehrzentrenbindung und eine BHB-2*e*3*c*-Bindung stellt gar kein Problem dar (g). Und dass zwei Bor-Atome durch zwei BHB-2*e*3*c*-Brücken miteinander verknüpft werden können (h), wissen Sie schon aus Abbildung 33.8.

Damit kennen Sie nun alle Möglichkeiten, die ein Bor-Atom hat, in mehrkernigen Verbindungen ein Elektronen-Oktett zu erzielen:

- ✔ Über eine »gewöhnliche« σ-Bindung, zu einem Fremdatom (beispielsweise H) oder einem B-Atom, sodass eine konventionelle B–B-Bindung vorliegt.
- ✔ Über eine *geschlossene* BBB-2*e*3*c*-Bindung.
- ✔ Über eine *offene* BBB-2*e*3*c*-Bindung.

Jedes Bor-Atom muss also zum Erfüllen der Oktettregel vier Bindungen eingehen. Wenn Sie die verschiedenen Bindungstypen miteinander kombinieren, sehen Sie rasch, warum die Stoffchemie der Bor-Wasserstoff-Verbindungen derart vielgestaltig ist.

Borane – unendliche Vielfalt

Es gibt eine Vielzahl binärer Bor-Wasserstoff-Verbindungen (*Borane*, eigentlich Bor-Hydride). Ihnen allen ist gemein, dass sie als Elektronenmangelverbindungen auf Mehrzentrenbindungen zurückgreifen müssen. Die Strukturen der mehrkernigen Borane leiten sich meist von regelmäßigen Polyedern ab (Tetraeder, Oktaeder, Ikosaeder und so weiter), aber der relative Wasserstoff-Gehalt der einzelnen Moleküle ist nicht zwangsläufig identisch. Abbildung 33.10 zeigt exemplarisch B_4H_{10} (a; für unsere Symmetriefreunde: Punktgruppe C_{2v}), B_5H_9 (b; C_{4v}) und das $B_{11}H_{15}$ (c; Punktgruppe C_S). In allen Strukturen wurden aus Gründen der Übersichtlichkeit *exo*-Wasserstoff-Atome weiß dargestellt, *endo*-H-Atome (die also Bestandteil einer 2*e*3*c*-Bindung sind) hingegen rot, Bor selbst orange.

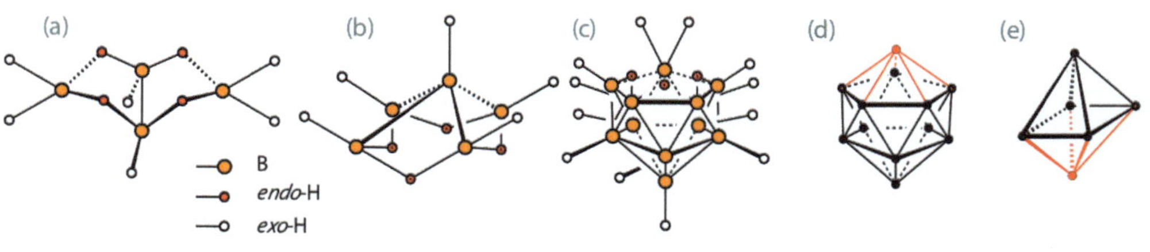

Abbildung 33.10: Ausgewählte Borane

Bei $B_{11}H_{15}$ (Abbildung 33.10c) lässt sich gut erkennen, dass sich die Struktur dieses Moleküls von einem Ikosaeder ableitet (d), bei dem die obere Ecke entfernt wurde, während (b) auf einem Oktaeder (e) basiert, dessen untere Ecke fehlt. In dieser Art lassen sich fast alle Borane beschreiben. Glücklicherweise gibt es dafür Regeln:

Die WADE-Regeln

Der britische Chemiker Kenneth WADE entwickelte in den 70er Jahren des 20. Jahrhunderts eine Systematik zur *Benennung* derartiger Verbindungen:

- ✔ *closo*-Boranen kommt die allgemeine Summenformel B_nH_{n+2} zu (von lateinisch *closus* = geschlossen; es sind ja geschlossene Polyeder).
- ✔ *nido*-Borane besitzen die allgemeine Summenformel B_nH_{n+4} (von lateinisch *nidus* = Nest; derartige Borane besitzen tatsächlich eine gewisse Ähnlichkeit mit einem Vogelnest). Durch die beiden zusätzlichen Wasserstoff-Atome muss eine B–B-Bindung aufgegeben werden – es resultiert ein an sich geschlossener Körper mit einer Öffnung).
- ✔ *arachno*-Borane haben die allgemeine Summenformel B_nH_{n+6} (von griechisch *αραχνε*, *arachne* = Spinne; je nach Darstellungsweise lässt sich diese Namensgebung sofort verstehen).
- ✔ *hypho*-Borane schließlich lassen sich mit der allgemeinen Summenformel B_nH_{n+8} beschreiben (von griechisch *'υφο*, *hypho* = Netz).
- ✔ Zusätzlich gibt es auch Borane, die sich durch Verknüpfung verschiedener Polyeder-Fragmente (häufig über eine B–B-Bindung) ergeben; dafür wurde der Sammelbegriff *conjucto*-Borane gewählt. (Eine allgemeine Summenformel kann hier natürlich nicht angegeben werden.)
- ✔ Um die Verbindung vollständig zu benennen, wird dann noch die Anzahl der vorliegenden Bor-Atome mit den üblichen griechischen Zahlenworten angegeben.

BEISPIEL

Bei den Verbindungen aus Abbildung 33.10 handelt es sich also um *arachno*-Tetraboran (a), *nido*-Pentaboran (b) und *nido*-Undecaboran (c).

Die IUPAC schlägt eine andere Nomenklatur vor, bei der auf die WADE-Vorsilben verzichtet wird: Stattdessen wird in Klammern die Anzahl vorhandener Wasserstoff-Atome angegeben. Gemäß der IUPAC handelt es sich dann um Tetraboran(10), Pentaboran(9) und Undecaboran(15) – was sicherlich sehr viel einfacher ist. Derzeit jedoch werden beide Benennungsmethoden gleichwertig eingesetzt (von älterer Fachliteratur ganz zu schweigen), deswegen sollten Sie wirklich beide beherrschen. Außerdem werden Ihnen die Gerüstbezeichnungen nach WADE ohnehin in Kapitel 34 wieder begegnen.

Ionen-Polyeder

Von den Boranen leiten sich reichlich Anionen ab, wobei die zugehörigen neutralen Borane (die für die Anionen formal ein- oder mehrfach deprotoniert wurden) nicht unbedingt schon isoliert worden sein müssen; analog ergeben sich durch (formale) Protonierung auch entsprechende Kationen. In beiden Fällen finden die WADE-Regeln Anwendung. Abbildung 33.11 zeigt zwei Beispiele:

- ✔ Das Anion $B_5H_8^-$ und das Kation $B_5H_{10}^+$ besitzen das gleiche Grundgerüst (Abbildung 33.11a): Beide Ionen haben die Form einer quadratischen Pyramide und stellen *nido*-Verbindungen dar (B_nH_{n+4}; beim Anion *fehlt* logischerweise ein H-Atom, beim Kation gibt es entsprechend eines zu viel). Die Form beider Ionen leitet sich vom Oktaeder ab (in Abbildung 33.11b schematisch ergänzt).

- ✔ Das $B_{12}H_{12}^{2-}$ -Ion (Abbildung 33.11c) stellt gemäß den WADE-Regeln eine *closo*-Struktur dar, schließlich käme dem *freien* Boran (das allerdings bislang noch nicht isoliert werden konnte) die Summenformel $B_{12}H_{14}$ zu. Das Anion weist tatsächlich echte Ikosaeder-Symmetrie (I_h) auf.

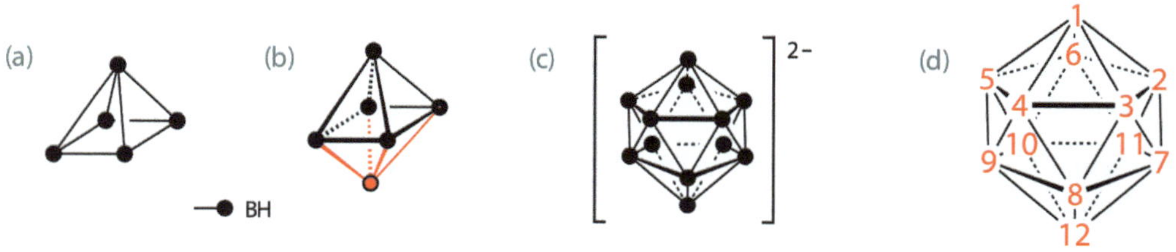

Abbildung 33.11: Boranat-Anionen und Bor-Kationen

Bitte beachten Sie, dass bei derartigen molekularen »Käfigen« meist nicht einmal mehr der Versuch unternommen wird, die Struktur in LEWIS-Formeln anzugeben. Abbildung 33.11a und c zeigen lediglich die *Grundgerüste* (kein Bor-Atom hier hat tatsächlich fünf Bindungspartner!), zusätzlich ist an jedes Bor-Atom noch ein *exo*-Wasserstoff-Atom gebunden (nicht dargestellt). Wo sich allerdings die *endo*-H-Atome befinden (so vorhanden – das $B_{12}H_{12}^{2-}$ hat ja keine, $B_5H_8^-$ und $B_5H_{10}^+$ hingegen schon), ist hier ebenfalls nicht angegeben – und das hat auch seinen Grund: Boran-Gerüste stellen *fluktuierende Strukturen* dar: Die *endo*-Wasserstoff-Atome wechseln sehr rasch ihre Position (sie heißen auch *fluktuierende Wasserstoffe*); detailliertere Angaben über die Struktur sind daher nicht sinnvoll.

Weil das Ikosaeder ein in der Bor-Chemie so wichtiges Polyeder ist, wollen wir es ein wenig genauer unter die Lupe nehmen (Abbildung 33.11c):

- ✔ Bekanntermaßen sind in einem Ikosaeder aus Gründen der Symmetrie alle 12 Ecken äquivalent. (Falls Sie darüber mehr wissen wollen, schauen Sie sich in Kapitel 12 den Abschnitt *Nur für Streber: Symmetrie in der Chemie – Teil 1* an.) Insofern sind sie *prinzipiell ununterscheidbar*.

✔ Um dennoch relative Positionsbeschreibungen im Ikosaeder zu ermöglichen, wurden sie in Abbildung 33.11d willkürlich durchnummeriert:

- In der obersten Ebene des Moleküls (mit ein wenig Übung können Sie hier vier Ebenen erkennen) befindet sich nur Atom ①.
- In der nächsten die Atome ② bis ⑥.
- Darunter die Atome ⑦ bis ⑪.
- In der untersten Ebene, Atom ① genau gegenüber, findet sich ⑫.

Diese Positionsbezeichnungen werden gleich noch wichtig.

Wenn andere Elemente mitmischen – Heteroborane

Gehen wir wieder von Chemie-Lego® aus, sollten sich in Boranen oder Boranat-Ionen Bor-Wasserstoff-Fragmente gegen isoelektronische Fragmente anderer Elemente austauschen lassen, etwa ein HB gegen CH_2 (Abbildung 33.12a; dieser besondere Pfeil deutet an, dass zwei Fragmente *elektronisch vergleichbar* sind – er wird Ihnen in Kapitel 43 erneut begegnen), ohne dass sich das auf die Grundstruktur des betreffenden Polyeders oder Polyeder-Abkömmlings auswirkt (auch hier gelten wieder die WADE-Regeln). Der Austausch eines BH^--Fragments gegen ein CH-Fragment (b) führt dann vom *closo*-Dodecaboranat-Ion (c; $B_{12}H_{12}^{2-}$) zu einem analogen Carba-*closo*-dodecaboranat-Ion (d; $CB_{11}H_{12}^-$). Das Präfix »Carba-« bedeutet, dass ein Kohlenstoff-Atom an die Stelle eines Bor-Atoms getreten ist: Beachten Sie, dass hier in der Nomenklatur das griechische Zahlwort immer noch die Anzahl der Ecken des betreffenden Polyeders angibt. (Diese Art der Benennung wird Ihnen in Kapitel 38 als *Substitutionsnomenklatur* wiederbegegnen.)

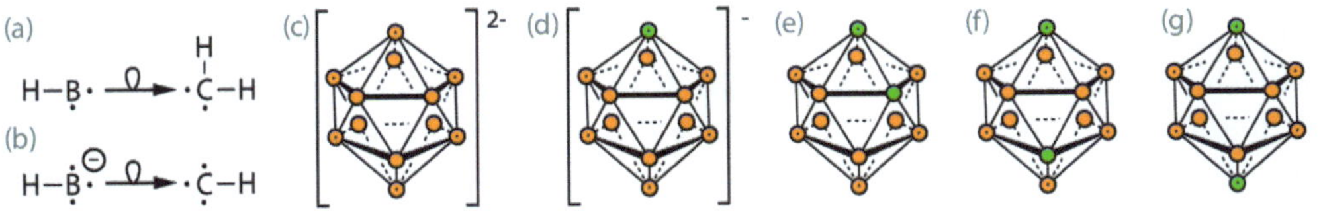

Abbildung 33.12: Mono- und Dicarbaborane

Doppelter Austausch von BH^-gegen CH ergibt dann das neutrale Dicarba-*closo*-dodecaboran ($C_2B_{10}H_{12}$), das sich im Gegensatz zum freien *closo*-Dodecaboran ($B_{12}H_{14}$) auch isolieren lässt.

Ein fließender Übergang

Schauen Sie sich das Dicarba-*closo*-dodecaboran ($C_2B_{10}H_{12}$) genauer an, sollten sich drei unterschiedliche Isomere davon synthetisieren lassen (und das *ist* auch so, aber auf die entsprechenden Synthesewege wollen wir hier nicht eingehen, dafür gibt es spezielle Handbücher der präparativen Anorganik). Diese drei Isomere werden dann (gemäß

Abbildung 33.11d) als *1,2-Isomer* (Abbildung 33.12e), *1,7-Isomer* (f) und *1,12-Isomer* (g) bezeichnet. Letzteres ist am stabilsten – deswegen wandeln sich die beiden anderen Isomere bei steigender Temperatur auch in das 1,12-Isomer um, wobei die Umwandlung des 1,2-Isomers über das 1,7-Isomer verläuft. Dass sich bei dieser Umwandlung der Abstand zwischen den beiden Kohlenstoff-Atomen vergrößert, lässt sich mithilfe Instrumenteller Analytik belegen. Der Umwandlungs-Mechanismus ist noch nicht vollständig aufgeklärt und Gegenstand einiger interessanter Mutmaßungen – so wurde beispielsweise bereits in den 70er-Jahren des 20. Jahrhunderts die bis heute umstrittene Hypothese einer »dreidimensionalen Aromatizität in Boranen und vergleichbaren Molekülen« aufgestellt. Zu den Bindungsverhältnissen der Bor-Wasserstoff-Verbindungen ist das letzte Wort also noch nicht gesprochen.

Zwischen den Welten: das Halbmetall Bor …

Im Gegensatz zu all seinen großen Brüdern aus der dritten Hauptgruppe ist Bor ein *Halbmetall*, es vereinigt also gewisse Eigenschaften der Nichtmetalle (etwa die Tendenz, kovalente Bindungen einzugehen, wie Sie es bislang in diesem Kapitel gesehen haben) mit metallischen Eigenschaften: Unter Normbedingungen leitet elementares Bor elektrischen Strom zwar nur sehr mäßig, aber die Leitfähigkeit nimmt mit steigender Temperatur deutlich zu; damit ist Bor ein typischer Halbleiter (*siehe* Kapitel 14 und 32). Entsprechend existieren auch unterschiedliche Allotrope: Neben einer glasartig-amorphen Form existieren verschiedene kristalline/metallische Modifikationen.

Doch auch in kristalliner Form verhält sich Bor anders als andere Elemente: In der Elementarzelle (*siehe* Kapitel 14) liegen nicht etwa einzelne Bor-Atom-Rümpfe vor, die durch ein Elektronengas zusammengehalten werden, so wie sich das für ein anständiges Metall gehört: Bemerkenswerterweise finden sich dort B_{12}-Ikosaeder mit exakt der gleichen Struktur wie in Abbildung 33.12c (aber jetzt steht jede Kugel lediglich für ein Bor-Atom, *ohne exo*-Wasserstoff). Ist dieses Halbmetall auf sich alleine gestellt, bildet es das gleiche Polyeder wie im Verbund mit Wasserstoff oder anderen Hetero-Atomen. Das wirft eine grundlegende Frage auf:

Handelt es sich beim B_{12}*-Ikosaeder um ein Molekül oder doch eher um einen winzigen Ausschnitt eines Metall-Kristalls?*

Diese Frage lässt sich wirklich nicht so leicht beantworten. Tatsächlich gehört das damit bereits zum Gebiet der *Cluster*, über die Sie in Kapitel 34 ein wenig mehr erfahren.

… kann auch wie ein richtiges Metall!

Natürlich geht das Halbmetall Bor auch einige Reaktionen ein, die typisch für »richtige« Metalle sind: So ist die Affinität dieses Elements zum Sauerstoff derart hoch, dass es in der Natur bislang noch nie frei vorgefunden wurde, sondern stets als Salz der Borsäure oder in

Form anderer Verbindungen, in denen Bor kovalent an Sauerstoff gebunden ist. Genügend Energie vorausgesetzt lässt sich natürlich auch reines Bor gewinnen. Dass dieses dann nicht sofort wieder mit dem Luftsauerstoff abreagiert, liegt daran, dass diese Reaktion *kinetisch gehemmt* ist: Eigentlich *müsste* sie spontan ablaufen, aber die erforderliche Aktivierungsenergie ist zu hoch. (Oberhalb von 700 °C verbrennt es jedoch zu B_2O_3.) Elementares Bor ist also unter Normbedingungen *metastabil.*

Wie es sich für ein Metall gehört, bildet es Salze mit Halogenid- und Hydroxid-Ionen. Statt Bor(III)-hydroxid ($B(OH)_3$) schreiben Sie allerdings meist H_3BO_3; diese Verbindung kennen Sie ja bereits unter dem Namen Borsäure. Wegen des Elektronenmangels am Bor erfolgt meist Addukt-Bildung mit Wasser (eben wie bei der Borsäure, *siehe* Kapitel 25) oder vergleichbaren Substanzen; die resultierenden Komplexe stellen dann die Grundlage für zahlreiche mehrkernige Anionen dar: die **Borate**. In dieser anionischen Form findet sich Bor auch in zahlreichen Mineralien, etwa dem *Borax* (Abbildung 33.13a; in der Literatur findet sich sowohl die Summenformel $Na_2[B_4O_5(OH)_4]$ als auch $Na_2B_4O_7 \cdot 2\ H_2O$). Die Struktur der in diesem Mineral vorliegenden Molekül-Anionen lässt gewiss bereits erahnen, dass die Chemie der Borate der der Silicate (aus Kapitel 32) immens ähnelt. Ähnlich dem Siliciumdioxid (*siehe* Abbildung 32.6) ist auch Bor(III)-oxid (B_2O_3) hochpolymer: Ketten aus eckenverknüpften, planaren BO_3-Einheiten (Abbildung 33.13b) bilden ein dreidimensionales Netzwerk (c). Damit Sie nicht aus der Übung kommen, in Koordinationspolyedern zu denken, zeigt Abbildung 33.13d das Gleiche noch einmal – und zwar so, wie Sie das schon von den Silicaten kennen: Die Sauerstoff-Atome befinden sich an den Ecken der Dreiecke, die zentralen Bor-Atome sind *nicht* dargestellt (*gestrichelt* dargestellte Dreiecke stehen für die Fortsetzung der Kette an den gestrichelten Bindungen aus Abbildung 33.13c); *siehe* die Abbildungen 32.8 und 32.9.

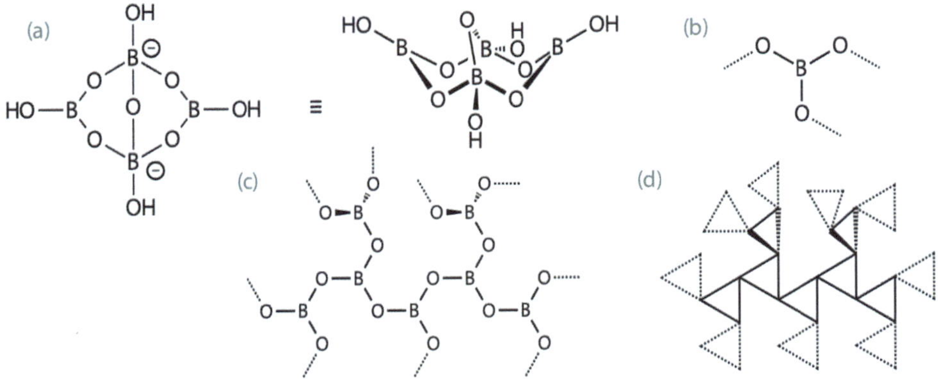

Abbildung 33.13: Bor-Sauerstoff-Verbindungen

Wegen der chemischen Ähnlichkeit mit den Silicaten (denken Sie an die Schrägbeziehung aus Kapitel 10) lassen sich die Baueinheiten von Silicaten und Boraten auch gut miteinander kombinieren: Die Borosilicate (*siehe* Kapitel 32) sind unter anderem die Grundlage von Borosilicatglas.

Aufgaben Kapitel 33

1. Warum wird bei BHB-Brücken nicht zwischen offener und geschlossener Mehrzentrenbindung unterschieden?

2. Benennen Sie die folgenden binären Bor-Wasserstoff-Verbindungen nach IUPAC und gemäß den WADE-Regeln: (a) B_4H_{10}; (b) B_4H_8; (c) B_4H_{12}; (d) B_6H_{12}; (e) $B_6H_{12}^{2-}$.

IN DIESEM KAPITEL

hat jedes Metall seinen eigenen Kopf

bleibt man unter sich

erleben Sie Metalle in kovalenten Bindungen!

Kapitel 34

Metalle in Haupt- und Nebengruppen

Über Metalle »an sich« haben Sie auf den vorangegangenen Seiten schon so einiges erfahren:

- ✔ Sie wissen, in welchen Gittertypen Metalle kristallisieren können und welche Bindungsverhältnisse in einem solchen Metallkristall herrschen (Stichwort: Elektronengas oder Bändermodell, bekannt aus Kapitel 14).
- ✔ Das Teilgebiet der Elektrochemie (Kapitel 26) hat Ihnen das Rüstzeug geliefert, die Bereitschaft eines beliebigen Metalls zu ermitteln, ein (oder mehrere) Valenzelektron(en) abzugeben und zum Kation zu werden, während die Tendenz, Anionen zu bilden, bei Metallen eher gering ausgeprägt ist.
- ✔ Aus Kapitel 11 wissen Sie, dass sich die Kationen der Metalle gerne an ionischen Bindungen beteiligen und dann zusammen mit Anionen in Ionengittern kristallisieren.

Auch in diesem Kapitel sollen die Metalle »im Ganzen« betrachtet werden: Es geht um Tendenzen, Prinzipien, Konzepte und dergleichen – die dann gegebenenfalls anhand der konkreten Stoffchemie des einen oder anderen ausgewählten Metalls erläutert werden. Ein vollständiger Überblick über die Stoffchemie jedes einzelnen Metalls (denken Sie daran, dass die überwiegende Mehrheit aller Elemente zu den Metallen zählt!) würde den Rahmen sprengen. Dafür gibt es Nachschlagewerke.

Welche Ladung darf's denn sein?

Bei den Metallen der Hauptgruppen besteht eigentlich kein Zweifel, welche Ladung die jeweils zugehörigen Kationen tragen werden:

- ✔ Die Alkalimetalle (Valenzelektronenkonfiguration $(n)s^1$; n steht hier für die Hauptquantenzahl, *siehe* Kapitel 9) haben nur ein Elektron abzugeben, also werden sie in den weitaus meisten Fällen auch einwertige Kationen bilden (zum Beispiel Na^+).
- ✔ Die Erdalkalimetalle mit $(n)s^2$ bilden entsprechend zweiwertige Kationen (etwa Mg^{2+}).
- ✔ Die Metalle der 3. Hauptgruppe besitzen die Valenzelektronenkonfiguration $(n)s^2(n)p^1$, daher bilden sie meist dreiwertige Kationen (wie Al^{3+}).
  - Der Effekt des inerten Paares (*siehe* Kapitel 14 und 32) sorgt allerdings dafür, dass dreiwertiges Thallium ein starkes Oxidationsmittel darstellt und dieses Metall bevorzugt einwertige Ionen bildet. (Die Verbrennung von Tl etwa führt zu Tl_2O, Thallium(I)-oxid.)
- ✔ Analog verhält es sich bei den (wenigen) Metallen der 4. Hauptgruppe mit $(n)s^2(n)p^2$.
  - Je nach Reaktionsbedingungen entsteht Sn^{2+} oder Sn^{4+}, Blei(IV)-Verbindungen sind starke Oxidationsmittel. (Blei zieht also offensichtlich ein Dasein als Pb^{2+} vor.)
- ✔ Auf das chemische Verhalten der Metalle aus der 5. und 6. Hauptgruppe kommen wir im Abschnitt *Echte kovalente Metall–Metall–Bindungen? – Cluster* noch einmal zurück.

Bei den Übergangsmetallen (den d-Block-Elementen) allerdings lässt sich die Frage, welche Ladung die zugehörigen Ionen aufweisen, nicht ganz so leicht beantworten.

Immense Vielfalt: Übergangsmetalle

Diesen Elementen kommt die Valenzelektronenkonfiguration $(n)s^2(n-1)d^x$ zu, wobei x alle ganzzahligen Werte von 1 (Sc und Homologe) bis 10 (Zn und Homologe) annehmen kann.

- ✔ Bei x = 10, also bei Zink und Co., ist die Lage wieder ganz einfach: Eine vollbesetzte d-Schale lässt sich auf chemischem Wege so gut wie gar nicht aufbrechen, Zn und Cd bilden fast ausschließlich zweiwertige Kationen.
  - Beim Quecksilber mit der vollständigen Valenzelektronenkonfiguration $6s^24f^{14}5d^{10}$ macht sich schon wieder der *inert-pair*-Effekt bemerkbar, deswegen sind neben Hg^{2+}-Kationen auch diatomare (= aus zwei Atomen bestehende) Kationen Hg_2^{2+} stabil, bei denen zwischen den beiden Quecksilber-Atomen eine (kovalente!) Hg–Hg-σ-Bindung vorliegt. (Damit kommt jedem Hg-Atom die Oxidationszahl +1 zu.)
- ✔ Bei den sogenannten *frühen* Übergangsmetallen (prinzipiell alles links von Eisen und dessen höheren Homologen) ist es ebenfalls noch recht überschaubar (vor allem bei den ersten in der jeweiligen Periode): Scandium und Co. bilden aufgrund von $(n)s^2(n-1)d^1$ bevorzugt dreiwertige Kationen, Titan und seine höheren Homologen wegen $(n)s^2(n-1)d^2$ entscheiden sich meist für die Vierwertigkeit.

Aber es lassen sich eben beispielsweise auch *zwei*wertige Titan-Verbindungen isolieren. Die Ladungsdichte der jeweiligen Ionen sollte/darf/kann nicht in unermessliche Höhen steigen, deswegen müssen sich die weitaus meisten Übergangsmetalle damit zufriedengeben, die Edelgaskonfiguration *nicht* zu erreichen.

Was passiert bei einem Atom, wenn es Elektronen verliert?

Eine Frage, die sehr häufig auftaucht, lautet: *Welche Elektronen hat ein Ti^{2+}-Ion eigentlich abgegeben?* Prinzipiell gibt es ja zunächst einmal zwei Möglichkeiten:

- ✔ Entweder stammen die beiden Elektronen aus dem 3d-Orbital, sodass dem K ation die »Valenzelektronenkonfiguration« $4s^2 3d^0$ zukommt (also $4s^2$), oder
- ✔ es wurden die beiden Elektronen aus dem 4s-Orbital geholt, sodass das Ti^{2+} mit der Elektronenkonfiguration $4s^0 3d^2$, kurz: $3d^2$ beschrieben wird.

Tatsächlich ist diese Frage gar nicht so leicht zu beantworten (wenn überhaupt). Allerdings ist die Frage auch nicht entscheidend, denn nachdem ein (oder mehrere) Elektron(en) abgegeben wurde(n), liegt ja etwas völlig anderes vor als im ungeladenen Zustand. (Denken Sie daran, wie sehr sich Na^+ von elementarem Na unterscheidet – das ist bei Ti und Ti^{2+} nicht anders.) Insofern können Sie über das 4s- oder 3d-Orbital eines solchen Ions kaum etwas aussagen – sicherlich erinnern Sie sich noch an Kapitel 9, in dem Sie erfahren haben, dass sich die SCHRÖDINGER-Gleichung (bislang) nur für *Ein-Elektronen-Systeme* lösen lässt, also für so spektakuläre Dinge wie das Wasserstoff-Atom oder das Helium(I)-Kation He^+. Sobald mehr als ein Elektron im Spiel ist, müssen wir uns ohnehin mit Näherungen begnügen. Da uns die aber meist ordentlich weiterbringen, ist daran nichts auszusetzen.

Mit einer solchen Näherung lässt sich unser Problem dann auch leicht aushebeln: Ein Titan-Atom hat *vier* Valenzelektronen (wo auch immer sie gerade wohnen mögen), ein Ti^{2+} eben *zwei* Stück. Die weitaus meisten Beobachtungen im Labor passen zu der Modellvorstellung, bei kationischen Übergangsmetallen würden alle Valenzelektronen im d-Orbitalsatz untergebracht. Anders ausgedrückt: *Es wirkt immer so, als würden die ersten beiden Elektronen, die ein Übergangsmetall verliert, aus dem s-Orbital herausgerissen.* Ob das tatsächlich so ist oder ob »in Wirklichkeit« erst Elektronen aus dem d-Orbital abgezogen werden und sich das (jetzt kationische) System dann so umsortiert, dass die noch verbliebenen Elektronen im d-Orbital landen, ist nach dem aktuellen Kenntnisstand unerheblich: Die derzeit gebräuchlichen Modelle lassen diese Frage einfach nicht zu (*siehe* auch den Abschnitt *Metalle im Potentialtopf* in Kapitel 14). Es ist ein wenig wie beim Schachspiel: Gemäß den Spielregeln kann eine Figur nur *entweder* auf einem schwarzen *oder* auf einem weißen Feld stehen. *Wie* die Figur dabei die Grenze zwischen den Feldern überwindet, ist bedeutungslos. Genauso ist es mit den Elektronen: *Ihr jeweiliger Zustand ist, wie er nun einmal ist.* Wie er eingenommen wurde, ist egal. Die meisten Verhaltensweisen der Übergangsmetalle lassen sich mit folgender *Merkhilfe* deuten:

> *Sämtliche Valenzelektronen eines mindestens zweiwertigen Übergangsmetall-Kations sind (in erster Näherung) in dessen d-Orbitalsatz zu verorten.*

(Das passt auch am besten zu den meisten experimentellen Befunden. Den meisten.)

Also hat ein Titan(II)-Kation die Valenzelektronenkonfiguration $3d^2$, und ein Chrom(III)-Kation kommt auf $3d^3$.

Wenn allerdings auf die Edelgaskonfiguration verzichtet wird, ist im Prinzip jede nur vorstellbare Oxidationszahl möglich. *Im Prinzip.* Mit entsprechendem Geschick im Labor lässt sich auch fast jede Oxidationszahl tatsächlich erreichen. Das heißt aber noch lange nicht, dass alle nur erdenklichen Oxidationsstufen auch stabil wären. Glücklicherweise gibt es da einige Faustregeln, anhand derer Sie abschätzen können, welche Oxidationszahlen unter Normalbedingungen eingenommen werden. Schauen wir uns exemplarisch zwei der »mittleren« Übergangsmetalle etwas genauer an und erarbeiten uns daraus die Faustregeln selbst. (Sollte es Sie verwundern, dass bei manchen Metallen mehr als eine Valenzelektronenkonfiguration angegeben ist, sei hier auf den Kasten *Das Aufbau-Prinzip – Eine Faustregel, kein Naturgesetz* aus Kapitel 10 verwiesen.)

Chrom ($4s^23d^4$ *oder* $4s^13d^5$)

Im wässrigen Medium bildet Chrom entweder drei- oder sechswertige Kationen. Während zu Ersteren die Summenformel gehört, die Sie von einem dreiwertigen Kation auch erwarten (Cr^{3+}; sie sorgen für eine Grünfärbung der Lösung), finden sich in Lösungen von sechswertigem Chrom mitnichten nackte »Cr^{6+}-Ionen« – die Ladungsdichte eines solchen Teilchens wäre entschieden zu groß. Stattdessen lassen sich Chromat-Ionen (CrO_4^{2-}) nachweisen, in denen das Chrom kovalent mit vier Sauerstoff-Atomen verbunden ist. Dieses kovalent gebaute **Oxo-Anion** (a) besitzt die gleiche Struktur wie das Sulfat-Ion (b):

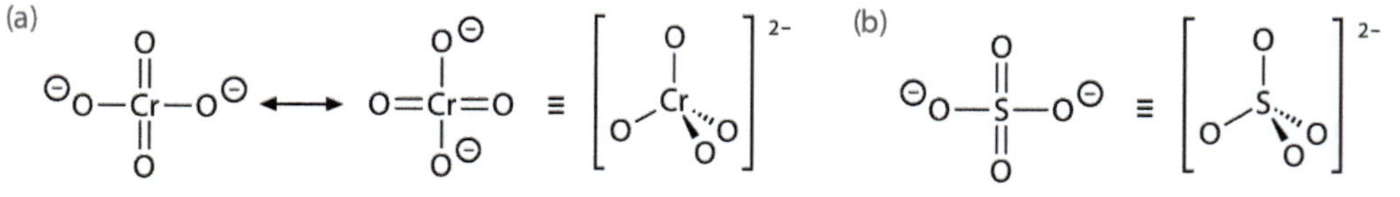

Genau wie das Sulfat-Ion ist auch das Chromat-Ion mesomeriestabilisiert: Alle vier Cr–O-Bindungen sind gleich lang, die Bindungsordnung beträgt jeweils BO = 1,5, und CrO_4^{2-} ist ebenso tetraedisch gebaut wie SO_4^{2-} (Punktgruppe: T_d). Unter Chemie-Lego®-Gesichtspunkten wird dann auch klar, warum Chrom und seine großen Brüder als 6. Nebengruppe bezeichnet werden: weil sie sich in vielerlei Hinsicht ähnlich verhalten wie die Elemente der 6. Hauptgruppe. Andererseits gibt es aber auch Unterschiede im chemischen Verhalten: So sind Chrom(VI)-Verbindungen *deutlich* stärkere Oxidationsmittel als Sulfate.

Betrachten Sie die Elektronegativitätsdifferenz zwischen Sauerstoff und Chrom, wird verständlich, dass dem Chrom hier die Oxidationszahl +6 zukommt, damit besitzt es die Elektronenkonfiguration $3d^0$.

Beim Chromat-Ion können Sie mehrere Fehler machen. Vermeiden Sie alle.

- Obwohl das Chrom im Chromat-Ion tetraedrisch koordiniert ist, wie es das VSEPR-Modell vorhersagt, dürfen Sie das *VSEPR-Modell trotzdem nicht auf Übergangselemente anwenden.* Vergessen Sie nicht, dass die d-Block-Elemente auch als Ionen meist noch über d-Elektronen verfügen (außer bei der jeweils höchstmöglichen Oxidationszahl), und die werden von diesem Modell nicht berücksichtigt: Also lassen Sie die Finger davon, wenn es um Elemente des d- oder gar des f-Blocks geht! Wirklich. (Das Problem wurde in Kapitel 12 ja schon kurz angerissen: Auf diese Orbitale ist das VSEPR-Modell einfach nicht ausgelegt.)

- Auch wenn den Sauerstoff-Atomen im Chromat-Ion die Oxidationszahl −2 zukommt und dieses Molekül-Ion formal (!) in ein Cr^{6+}-Kation und vier Oxid-Ionen zerlegt werden kann, *enthält das Chromat-Ion keine Oxid-Ionen* (die hat es im Sulfat-Ion ja auch nicht).
- Ein Salz wie Natriumchromat (Na_2CrO_4) zerfällt in wässriger Lösung in die Ionen Na^+ (davon gibt's dann zwei Stück pro Äquivalent) und CrO_4^{2-}. (In wässriger Lösung sind die meisten Salze des Chromats (CrO_4^{2-}) gelb gefärbt.)

Es konnten zwar auch Verbindungen isoliert werden, in denen Chrom mit der Oxidationszahl +2, +4 oder +5 vorliegt, doch diese sind eher selten und meist instabil.

Mangan ($4s^2 3d^5$)

Das Mangan tritt als Ion bevorzugt mit folgenden Oxidationszahlen auf:

- Als Mangan(II)-Kation (Mn^{2+}, Elektronenkonfiguration d^5), das wässrige Lösungen schwach rosa färbt.
- Als Mangan(IV) mit der Elektronenkonfiguration d^3; besonders wichtig ist hier das Mangan(IV)-oxid MnO_2, auch bekannt als *Braunstein*. (Der allgemein übliche Name dieses Minerals verrät Ihnen auch dessen Farbe.)
- Als Permanganat-Ion MnO_4^-, in dem Mangan die Oxidationszahl +7 und damit die Konfiguration d^0 zukommt (auch dieses Ion ist vollständig tetraedrisch gebaut). Gemäß der IUPAC ist das MnO_4^- als Manganat(VII) zu bezeichnen, aber derzeit sagt wirklich noch *jeder* Permanganat. Wässrige Lösungen dieses Ions sind charakteristisch tief-violett gefärbt; wichtig ist auch die starke Oxidationswirkung dieses Ions. Da dabei die charakteristische Färbung verschwindet, ist das Permanganat-Ion auch in der analytischen Chemie von beachtlicher Bedeutung (ein wenig mehr zur Permanganometrie in Kapitel 50).

Genau wie das Chrom erreicht auch das Mangan die höchstmögliche Oxidationszahl in Form eines *Oxo-Anions*; MnO_4^- ist ein noch stärkeres Oxidationsmittel als Chromat.

Was Oxidationszahlen angeht, ist Mangan eines der wandlungsfähigsten Elemente: Es lassen sich alle Zahlen von 0 (elementar) bis +7 (Permanganat) isolieren. Trotzdem sind die drei oben genannten die wichtigsten.

Und jetzt alle zusammen!

Schauen wir uns an, welche Arbeitshypothesen sich aus diesen beiden Beispielen ableiten lassen:

- Je höher die Oxidationszahl, desto weniger wird ein Metall bereit sein, sie »freihändig« einzunehmen. *Die höchstmögliche Oxidationszahl wird daher bevorzugt in Form von Oxo-Anionen erreicht.*

Überprüfung: Schauen Sie sich den Nachbarn zur Linken von Chrom an, findet sich die Oxidationszahl +5 vor allem im Vanadat(V)-Ion mit der Summenformel VO_4^{3-}. (Das ist natürlich kein Beweis, spricht aber für die Brauchbarkeit als *Faustregel.*)

✔ Sowohl Chrom als auch Mangan bilden stabile Kationen mit der Elektronenkonfiguration d^3. Naheliegende Vermutung: *Die Konfiguration d^3 ist energetisch bevorzugt.* Zugleich fällt auf, dass d^3-konfigurierte Ionen wohl in wässriger Lösung für Farbigkeit sorgen.

Überprüfung: Es gibt auch stabile Vanadium(II)-Ionen (und sie erscheinen in wässriger Lösung violett). Fein. Noch eine Faustregel. Aber lässt die sich auch begründen? – Ja, aber vielleicht brauchen Sie dazu noch einmal Kapitel 13:

Ionen wie V^{2+} oder Cr^{3+} liegen in wässriger Lösung weder »nackt« noch »in üblicher Weise solvatisiert« vor, sondern als Komplex-Ionen: Hexaaquavanadium(II) ($[V(H_2O)_6]^{2+}$) und Hexaaquachrom(III) ($[Cr(H_2O)_6]^{3+}$). Nun erinnern Sie sich bitte noch einmal an die bei oktaedrischer Koordination erfolgende Aufspaltung des d-Orbitalsatzes in die energetisch günstigeren t_{2g}-Orbitale (die drei Dinger »zwischen den Achsen« des Koordinatensystems: d_{xy}, d_{xz}, d_{yz}) und die weniger günstigen e_g-Orbitale (die »auf den Achsen«: $d_{x^2-y^2}$ und d_{z^2}).

Bei d^3-Konfiguration sind die drei energetisch günstigen Orbitale des t_{2g}-Satzes spinparallel einfach besetzt. Dass die *Halbbesetzung einer Unterschale* energetisch günstiger ist als ein Zustand mit einem Elektron mehr oder weniger, wissen Sie schon! Schauen Sie sich noch einmal den relativen Verlauf der Ionisierungsenergien in Abbildung 10.12 an: Bei Halbbesetzung einer Unterschale ergibt sich ein lokales Maximum, wie sich bei Stickstoff und Phosphor gut erkennen lässt (s^2p^3, also ist die p-Schale gerade halb besetzt). Ähnlich ist es auch mit diesen durch die Oktaeder-Aufspaltung neu erzeugten »Unterschalen«: *Vollbesetzt ist natürlich energetisch das Optimum, aber halb-besetzt ist immer noch besser als »kurz davor« oder »kurz danach«.*

Mit diesem Ansatz können Sie auch die Farbigkeit dieser Ionen erklären. Schauen Sie sich die d–d-Übergänge aus Abbildung 13.23 an: Der Energie-Abstand zwischen dem t_{2g}- und dem e_g-Orbitalsatz ist häufig klein genug, dass sogar der Energiegehalt sichtbaren Lichts ausreicht, einen entsprechenden Übergang zu bewirken. (Die Farbigkeit der d^0-Systeme MnO_4^- und CrO_4^{2-} lässt sich allerdings nicht mit d–d-Übergängen erklären, sondern mit *Charge-Transfer*-Übergängen. Aber das wissen Sie ja aus Kapitel 13.)

Mit der Faustregel »Halb-besetzt ist fast so schön wie vollbesetzt« lässt sich auch erklären, warum das Mangan(II)-Kation stabil ist: Es besitzt die Konfiguration d^5, also ist der d-Orbitalsatz genau halb-besetzt.

Zusammenfassung:

Im wässrigen Medium bilden die mittleren Übergangsmetalle bevorzugt

✔ zweiwertige Kationen (durch Abgabe der s-Elektronen) *und/oder*

✔ Kationen, bei denen der d-Orbitalsatz halb besetzt ist *und/oder*

✔ (Aquakomplex-)Kationen mit halb- oder vollbesetztem t_{2g}-Orbitalsatz.

Schauen wir uns das Element Eisen an: Das Atom hat die Konfiguration $4s^2 3d^6$.

- Das zweiwertige Ion Fe^{2+} (d^6-Konfiguration) ist in wässriger Lösung stabil, und das gleich aus zwei Gründen:
  - Das s-Orbital wurde geleert.
  - Bei einem d^6-*low-spin*-Komplex ist der t_{2g}-Orbitalsatz voll besetzt (die Multiplizität beträgt M = 1, *siehe* Kapitel 13).
- Auch das dreiwertige Ion (Fe^{3+}; d^5-konfiguriert) ist in wässriger Lösung stabil.
  - Nach obigen Faustregeln lässt sich das damit begründen, dass der d-Orbitalsatz halb-besetzt ist.
  - In *low-spin*-Komplexen ergibt sich aber M = 2; wegen dieses einen ungepaarten Elektrons sind Eisen(III)-komplexe gemeinhin auch reaktiver als Eisen(II)-komplexe – Sie sehen: Irgendwie hängt in der Chemie wirklich *alles* miteinander zusammen …

Kaum unterscheidbar: Lanthanoide

Früher wurden diese Elemente fälschlicherweise als *Seltenerdmetalle* bezeichnet, aber so selten sind sie gar nicht: Cer beispielsweise kommt in der Natur häufiger vor als Blei! Da alle Elemente des f-Blocks vor allem in der Wertigkeit +III auftreten, genau wie das Lanthan selbst, verhalten sich alle diese Ionen chemisch sehr ähnlich. (Daher auch die derzeit gültige Bezeichnung *Lanthanoide*, was ja nichts anderes heißt als »Lanthan-Artige«.) Entsprechend ist auch die Isolierung der einzelnen Elemente zumindest auf rein chemischem Wege sehr aufwendig. (Wegen der unterschiedlichen Ionenradien gelingt durch Ionenaustausch-Chromatographie – wieder ein Anwendungsfeld für die Zeolithe (bekannt aus Kapitel 32) – und anschließende Komplexierung oder die Kombination verschiedener weiterer physikochemischer Methoden die Auftrennung mittlerweile allerdings sehr wohl.) Trotzdem hat sich für die Gesamtgruppe der Lanthanoide sogar ein *inoffizielles »Elementsymbol«* durchgesetzt: **Ln**. Gemeint sind damit alle Elemente vom Lanthan bis zum Lutetium.

In wässriger Lösung sind viele (aber nicht alle) dieser M^{3+}-Ionen farbig, was meist auf f–f-Übergänge zurückzuführen ist (analog zu den d–d-Übergängen aus Kapitel 13). Im Gegensatz zum Lanthan, das dank der Elektronenkonfiguration $6s^2 5d^1$ bislang *nur* dreiwertig beobachtet wurde, treten einige Lanthanoide auch in anderen Wertigkeiten auf. Häufig lohnt dabei ein Blick auf die jeweils zugrunde liegende Konfiguration:

- Während beim *Lanthan* im Grundzustand das dritte Elektron im 5d-Orbital untergebracht ist, kommt dem *Cer* laut Aufbau-Prinzip die Konfiguration $6s^2 4f^2$ zu (Befunde legen nahe, dass die tatsächliche Konfiguration eher $6s^2 4f^1 5d^1$ ist, aber darauf wollen wir hier nicht weiter eingehen). So oder so: Damit ist auch die Entstehung *vier*wertiger Kationen nachvollziehbar. Dass sich Ce^{4+} leicht zu Ce^{3+} reduzieren lässt (denken Sie an die Ladungsdichte!), ist die Grundlage der *Cerimetrie*, einer redox-titrimetrischen Maßanalyse. (Ein wenig mehr dazu in Kapitel 50.)

- Bei *Europium* zeigt sich wieder, dass *halb*-besetzte Unterschalen energetisch begünstigt sind: Wegen der Konfiguration $6s^24f^7$ bildet Europium auch als *zwei*wertiges Ion stabile Salze. (EuO ist das einzige bei Normbedingungen stabile zweiwertige Lanthanoid-Oxid.) Allerdings ist auch bei Eu die Oxidationszahl +3 bevorzugt.

- Beim *Gadolinium* (Gd) zeigt sich im *ungeladenen* Zustand die besondere Stabilität einer halbgefüllten Unterschale: Die tatsächliche (vom Aufbau-Prinzip abweichende) Valenzelektronenkonfiguration dieses Elements lautet im Grundzustand $6s^25d^14f^7$, es wird also nach Halbbesetzung des f-Orbitalsatzes zunächst (wie beim Lanthan) ein Elektron im 5d-Orbital untergebracht.

- Die Stabilität der halb-gefüllten Unterschale macht sich auch beim *Terbium* bemerkbar: Bei hinreichend elektronegativen Reaktionspartnern ist dieses Element mit der Konfiguration $6s^24f^9$ auch *vier*wertig beständig – im Oxid (TbO_2) und im Fluorid (TbF_4) –, wobei dann eine halb gefüllte Unterschale $4f^7$ vorliegt. Bei der Verbrennung von Terbium an der Luft entsteht ein Mischoxid der Summenformel Tb_4O_7, in dem drei- und vierwertiges Tb nebeneinander vorliegen (ähnlich wie beim Fe_3O_4); erst durch Verwendung von reinem Sauerstoff als Reaktionspartner entsteht das Terbium(IV)-oxid.

- Dank einer vollbesetzten f-Schale bildet auch das *Ytterbium* ($6s^24f^{14}$) *zwei*wertige Kationen, wieder ist jedoch die Dreiwertigkeit bevorzugt: Yb^{2+} ist ein derart starkes Reduktionsmittel, dass es in Wasser nicht beständig ist. (*So viel* bringt eine volle f-Schale also anscheinend doch nicht. Aber wir wollen hier nicht auch noch quantenmechanische Überlegungen ins Boot holen.)

Die Namensgebung der Lanthanoide hängt eng mit einem Bergwerk zusammen: Viele dieser Elemente wurden erstmals in der Grube Ytterby auf der schwedischen Insel Resarö gefunden. Die Namen der Elemente *Ytterbium, Terbium, Erbium* und *Yttrium* leiten sich direkt vom Namen dieses Bergwerks ab, andere Namen verweisen ein wenig dezenter auf die geographische Lage des Fundorts: *Thulium* verweist auf die mythische Insel Thule (mit der vermutlich Skandinavien gemeint war), und bei *Holmium* gibt es mehrere Vermutungen: Es könnte sich auf die Landeshauptstadt Stockholm beziehen, vielleicht ist aber auch die Insel Resarö selbst gemeint, denn *holme* bedeutet auf Schwedisch »Inselchen«. (Wieder andere behaupten, der schwedische Chemiker Otto HOLMBERG, der als Erster eine reine Verbindung dieses Elements isoliert hat, habe sich mit der Benennung selbst ein Denkmal gesetzt.)

Ist das noch Heavy Metal? – Was macht ein Schwermetall aus?

Der Begriff »Schwermetall« ist bedauerlicherweise nicht klar definiert. Kriterien, ob es sich um ein Schwermetall handelt oder eben nicht, sind je nach herangezogener Quelle:

- die Dichte des Metalls
- die Atommasse

- die Ordnungszahl
- näher zu bestimmende chemische Eigenschaften

Erschwerend kommt hinzu, dass in der Öffentlichkeit Schwermetalle häufig mit »giftig!« gleichgesetzt werden, es andererseits aber auch »Schwermetalle« gibt, die für den menschlichen Stoffwechsel unerlässlich sind, darunter Eisen, Zink und Molybdän. Für den Menschen essenzielle »Schwermetalle« wurden dann kurzerhand zu »Spurenelementen« umdeklariert. (Ein bisschen mehr zu biochemischen Prozessen erfahren Sie in Kapitel 48.)

Nach einer entsprechenden Studie im Jahr 2002 hat die IUPAC ausdrücklich von der weiteren Verwendung des Begriffs »Schwermetall« abgeraten; da er aber nach wie vor praktisch allgegenwärtig ist, hier grobe Begriffsumschreibungen:

- Als *Leichtmetalle* werden in der Technik alle Metalle bezeichnet, deren Dichte *geringer* ist als 5,0 g cm^{-3}.

  Das trifft auf alle Alkalimetalle und alle Erdalkalimetalle außer dem Radium zu, weiterhin auf Aluminium (vielleicht *das* Leichtmetall schlechthin, denken Sie an die »Leichtmetallfelgen« von Sportwagen, die fast immer schnöde Alufelgen sind) sowie die drei frühen Übergangsmetalle Scandium, Titan und Yttrium.

- Von einem *Schwermetall* spricht man, wenn die Dichte des elementaren Metalls *größer* ist als 5,0 g cm^{-3}.

  Da es praktischerweise kein Metall gibt, dessen Dichte *genau* 5,0 g cm^{-3} beträgt, schließt das alle anderen Metalle außer eben den ausdrücklichen Leichtmetallen ein.

Aber wirklich viel bringt diese willkürliche Einteilung natürlich nicht.

Bündnis für mehr negative Ladungen

Dass die Übergangsmetalle die höchstmögliche Oxidationszahl fast ausschließlich in Form von *Oxo-Anionen* einnehmen, haben Sie gerade eben erfahren. Bemerkenswert jedoch ist auch das chemische Verhalten dieser Metallat-Ionen:

Versetzen Sie beispielsweise eine wässrige Lösung von Chromat-Ionen (CrO_4^{2-}) mit Säure, verändert sich die Farbe der Lösung: Statt des üblichen Gelb sehen Sie nun ein Orangerot. Der Farbwechsel ist auf eine Kondensationsreaktion zurückzuführen:

$$2\,CrO_4^{2-} + 2\,H^+ \rightleftarrows Cr_2O_7^{2-} + H_2O$$

Das dabei resultierende Dichromat-Ion ($Cr_2O_7^{2-}$) besitzt die in Abbildung 34.1a gezeigte Strukturformel (geometrisch dürfen Sie sich das wieder einmal als zwei eckenverknüpfte Tetraeder vorstellen) und zeigt in wässriger Lösung einen charakteristischen Orange-Ton. Wird der *p*H-Wert konzentrierter Chromat-Lösungen weiter gesenkt, vertieft sich die Orangefärbung der Lösung, weil dann über Trichromat ($Cr_3O_{10}^{2-}$, Abbildung 34.1b) und weitere Kondensationsschritte tiefrot gefärbte Polychromate mit der allgemeinen Summenformel $[Cr_nO_{3n+1}]^{2-}$ entstehen (c), die strukturell sehr langen Ketten eckenverknüpfter Tetraeder entsprechen.

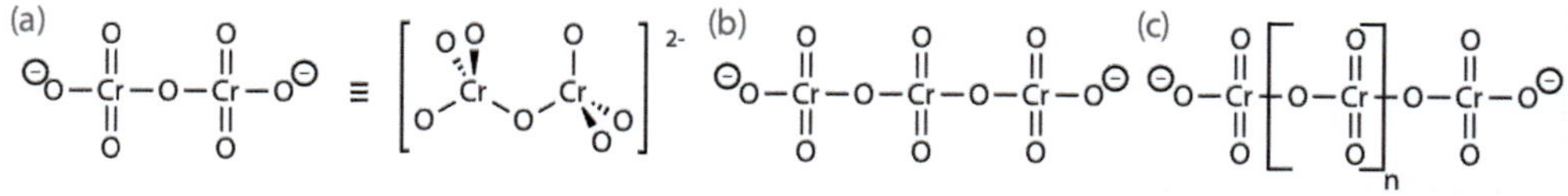

Abbildung 34.1: Oligo- und Polychromate

Auch andere Metalle bilden entsprechende Oligo- oder Polymetallate; exemplarisch sollen die Vanadate (VO_4^{3-}) nur erwähnt, die höheren Homologen des Chroms aber ein wenig (!) genauer betrachtet werden: Analog zum Chromat gibt es auch das Molybdat- (MoO_4^{2-}) und das Wolframat-Ion (WO_4^{2-}), die jeweils tetraedrisch gebaut sind (Punktgruppe T_d).

Genau wie beim Chrom erfolgt in saurer Lösung die Kondensation zu Polymetallaten. Da allerdings mit steigendem Atomradius (Kapitel 10: Tendenzen im Periodensystem!) auch die Koordinationszahl erhöht werden kann, bilden sowohl Molybdän als auch Wolfram als Oligometallat-Ionen keine Tetraeder, sondern *Oktaeder.* (Gleiches gilt auch für die Nachbarn zur Linken, Niob und Tantal.) Entsprechend bietet sich eine beachtliche Strukturvielfalt für die Produkte von Kondensationsreaktionen, aber auch hier lassen sich die räumlichen Verhältnisse recht gut anhand von Koordinationspolyedern beschreiben. So kondensieren alle hier genannten Metalle (M = Nb, Ta, Mo, W) zu Hexametallaten mit der Summenformel $[M_6O_{19}]^{n-}$ (mit n = 2 für Mo, W und 8 für Nb, Ta). Das resultierende Polyeder besitzt den räumlichen Bau eines aus sechs kantenverknüpften Oktaedern zusammengesetzten Oktaeders. – Wie bitte?! – Wir wissen genau, wie Sie sich fühlen. Also Schritt für Schritt:

- ✔ Grundbaustein ist hier ein MO_6-Oktaeder (über die Ladungen machen wir uns jetzt erst einmal keine Gedanken).
- ✔ Werden zwei Oktaeder über eine gemeinsame *Ecke* miteinander verknüpft (Abbildung 34.2a), gehört das dortige Sauerstoff-Atom beiden Oktaedern gleichermaßen an.
- ✔ Entsprechend besitzen zwei über eine gemeinsame *Kante* verknüpfte Oktaeder (Abbildung 34.2b) auch zwei gemeinsame Sauerstoff-Atome.
  - Jetzt müssen Sie noch daran denken, dass alle 12 Kanten eines Oktaeders äquivalent sind. Es macht also keinen Unterschied, ob die Verknüpfung über die »waagerechten« Kanten oder die »senkrechten/schrägen« Kanten erfolgt.
- ✔ Werden auf diese Weise sechs Oktaeder entlang der sechs Raumrichtungen des kartesischen Koordinatensystems zusammengefügt (Abbildung 34.3a), ergibt sich ein aus Oktaedern aufgebautes Oktaeder (b–d).

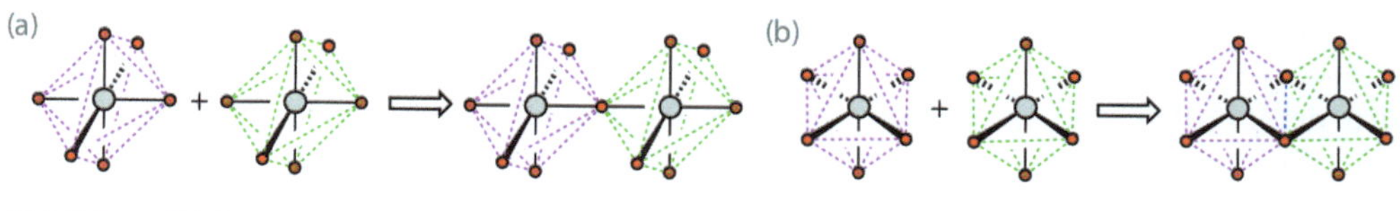

Abbildung 34.2: Ecken- und Kantenverknüpfung von Oktaedern

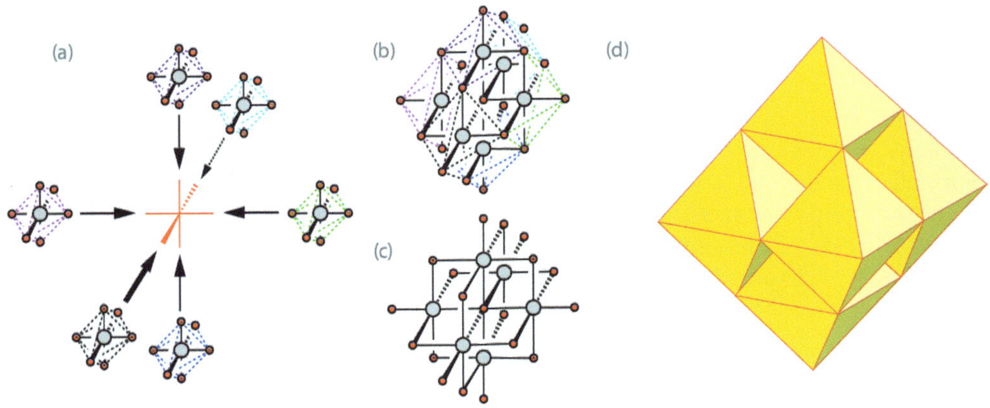

Abbildung 34.3: Geometrische Konstruktion eines Polymetallat-Ions $[M_6O_{19}^{n-}]$

Abbildung 34.3 zeigt das Grundgerüst des Hexametallat-Ions mit (b) und ohne (c) die jeweiligen Koordinationspolyeder, Abbildung 34.3d schließlich sollte selbsterklärend (und deutlich übersichtlicher) sein.

Dieses Anion führt häufig zu Entrüstung: *Der Sauerstoff in der Mitte ist ja sechsbindig! Das geht doch gar nicht!* – Doch, das geht. Hinter diesem vermeintlichen Problem steckt nämlich ein Denkfehler: Wo genau liegt denn die Grenze zwischen einer stark polaren, aber *kovalenten* Bindung und der Art Wechselwirkung, die Sie in einem *Ionengitter* vorfinden? Beim Natriumchlorid-Gitter (*siehe* Abbildung 11.7) würden Sie doch kaum behaupten wollen, Natrium gehe darin sechs kovalente Bindungen mit den benachbarten Chlor-Atomen ein. Das Sauerstoff-Atom in der Mitte des $[M_6O_{19}^{n-}]$-Ions steht zwar *in Wechselwirkung* mit sechs Metall-Atomen, aber deswegen liegen hier keineswegs gerichtete σ-Bindungen vor! Derartige Polymetallat-Ionen sind sozusagen das Mittelding zwischen mehratomigen, kovalent zusammengehaltenen Ionen (wie dem Chromat-Ion oder auch dem Sulfat-Ion) und einem »ausgewachsenen« Ionenkristall (wie bei einem nach außen hin elektrisch neutralen Salz).

In dieser Hinsicht ähneln die Polymetallat-Ionen größeren Clustern (den Begriff kennen Sie schon aus Kapitel 33, mehr darüber erfahren Sie in wenigen Seiten), die als Zwischenstufe von Molekülen und Metallkristallen angesehen werden darf. Trotzdem sollten Sie diese beiden Verbindungs-Typen nicht miteinander verwechseln: Bei Clustern liegen (kovalente) Metall-Metall-Bindungen vor; das ist bei Polymetallaten *nicht* der Fall: Die einzelnen Metall-Atome sind hier durch ihre jeweilige Koordinationsschale aus Sauerstoff-Atomen voneinander isoliert.

Wie denn nun: Oxidationszahl, Oxidationsstufe, Wertigkeit?

In Kapitel 26 haben Sie erfahren, dass die Begriffe *Oxidationszahl* und *Oxidationsstufe* tunlichst *nicht* synonym zu verwenden sind, denn die Oxidations*zahl* ist ein hilfreicher Formalismus, die Oxidations*stufe* hingegen sagt etwas über die tatsächliche Ladungsdichte am betreffenden Atom aus: Auch wenn dem Mangan im Permanganat-Ion die Oxidationszahl +7 zukommt, ist die positive Ladungsdichte an diesem Atom zweifellos nicht derart hoch (quantitative Aussagen über die Oxidations*stufe* sind ohne aufwendige Berechnungen jedoch kaum möglich).

Der Begriff *Wertigkeit* schließlich ist ein echtes Mehrzweckwort: Je nach Kontext hat er die eine oder andere Bedeutung:

Ursprünglich diente dieser Begriff dazu, die *Anzahl von Bindungen* anzugeben, die ein Atom eingeht (im Ammoniak ist der Stickstoff dreiwertig) – damit ist nichts über Oxidationszahlen ausgesagt. Hier gilt: Wertigkeit = Bindigkeit (passt zum Chemie-Lego®).

- ✔ In Bezug auf Ionenladungen wird das Wort bevorzugt für *einatomige* Ionen verwendet: Im Fe^{3+}-Ion ist das Eisen *dreiwertig* – und das gilt dann auch für eine wässrige Lösung dieses Ions, in der bekanntermaßen ein Hexaaquaeisen(III)-Komplex vorliegt, bei dem das Eisen einen Teil der Ladungsdichte an seine Liganden abgibt. Hier ist der Begriff dann mit der *Oxidationszahl* synonym.
- ✔ Manchmal (!) wird der Begriff auch als Synonym für die *Koordinationszahl* verwendet (aber die Behauptung, im Natriumchlorid-Gitter sei das Natrium sechswertig, führt meist eher zu erstaunt gehobenen Augenbrauen).

Weil der Begriff Wertigkeit ganz und gar nicht eindeutig ist, sollten Sie ihn eigentlich lieber nicht verwenden – aber gerade deswegen erfreut er sich nach wie vor immenser Beliebtheit. (Sie können damit ja eigentlich kaum etwas falsch machen.)

Im Team: Legierungen – und darüber hinaus

Legierungen sind Ihnen in diesem Buch zum ersten Mal in Kapitel 14 begegnet: »Mischungen« zweier (oder auch mehr) Metalle, die gemeinsam ein Kristallgitter ausbilden. Häufig können die Bestandteile in jedem beliebigen Mischungsverhältnis gemeinsam kristallisieren, dann sind sie *unbegrenzt mischbar* – Beispiele wären ein Mischkristall aus Silber und Gold (beide Metalle kristallisieren kubisch-flächenzentriert) oder auch die Kupfer-Zink-Legierung, die als *Messing* bezeichnet wird $CuZn_x$. Allerdings ändern sich mit dem Mischungsverhältnis natürlich auch die physiko-chemischen Eigenschaften – so sinkt beispielsweise der Schmelzpunkt dieser Legierung mit steigendem Zink-Anteil.

Die wohl bekanntesten Legierungen sind die **Amalgame** (und sei es auch nur vom Zahnarztbesuch). Dieser Begriff bezeichnet allgemein Legierungen des Quecksilbers – das sich natürlich sehr leicht legieren lässt, schließlich ist es bei Raumtemperatur flüssig, Sie brauchen es also gar nicht erst aufzuschmelzen, um dann ein anderes Metall darin zu »lösen« (*siehe* Kapitel 14). Die resultierenden Amalgame sind nur bei extrem hohem Quecksilberanteil flüssig; handelsübliche Dental-»Plomben« bestehen durchschnittlich zu 50 % aus Quecksilber.

Gleich und gleich gesellt sich gern: Intermetallische Phasen

Legierungen, bei denen die beteiligten Metalle in einem chemisch genau definierten Verhältnis stehen, werden als **Intermetallische Phasen** (oder, fachsprachlich nicht ganz korrekt, als *Intermetallverbindungen*) bezeichnet. Bei der Legierung *Bronze* (genauer: *Zinnbronze*, denn eigentlich steht der Begriff für *alle* Legierungen mit mindestens 60% Kupferanteil – für die Spitzfindigen: natürlich nur, solange es sich nicht um Messing handelt ...) beispielsweise gibt es neben den Schmelzen unterschiedlicher Zusammensetzung auch zwei *genau definierte* Zusammensetzungen, die unterschiedlich kristallisieren: $Cu_{31}Sn_8$ (kubisch flächenzentriert) und Cu_3Sn (orthorombisch).

Jetzt mit der Extraportion Ordnung: Laves-Phasen

Einen Sonderfall der intermetallischen Phasen stellen die Laves-Phasen dar. Stehen die Atomradien der beteiligten Metalle in einem Verhältnis, das dem Wert 1,225 möglichst nahe kommt, werden Packungen ausgebildet, die sich von den gewohnten Kugelpackungen unterscheiden, aber von ihrer Dichte her vergleichbar sind. (Es geht also um eine dichteste Packung von Kugeln *unterschiedlicher* Größe.) Als Beispiel diene die Laves-Phase $MgCu_2$. Darin durchdringen zwei eigenständige Gitter einander:

- ✔ Die Magnesium-Atome bilden ein Gitter, das dem von Diamant entspricht (Abbildung 34.4a): Es liegt also eine kubisch dichteste Packung aus Mg-Atomen vor, in dem jede zweite Tetraederlücke durch ein zusätzliches Mg-Atom besetzt ist.
- ✔ Je vier der insgesamt 16 in der Elementarzelle vorliegenden Kupfer-Atome bilden ein Tetraeder, das dann jeweils eine der vier noch freien *Tetraeder*lücken im aus Mg-Atomen aufgebauten Gitter besetzt. (Ja, es sitzen wirklich jeweils *vier Cu-Atome gemeinsam* in dieser Lücke!) Durch die räumliche Orientierung dieser Tetraeder ergibt sich aus den vier jeweils zum »Zentrum« der Elementarzelle weisenden Kupfer-Atomen dann ein *fünftes* Tetraeder (in Abbildung 34.4b farblich hervorgehoben), das dann die zentrale *Oktaeder*lücke in dem kubisch dichtesten Gitter aus Magnesium-Atomen besetzt – diese Oktaederlücke ist in Abbildung 34.4a durch graue Strichellinien markiert. (Schauen Sie sich noch einmal Abbildung 11.5 an, wenn Sie sich nicht mehr ganz sicher sind, wo sich in einer kubisch dichtesten (= kubisch flächenzentrierten) Kugelpackung Oktaeder- und Tetraederlücken befinden.)
- ✔ Abbildung 34.4c zeigt das Gesamtergebnis.

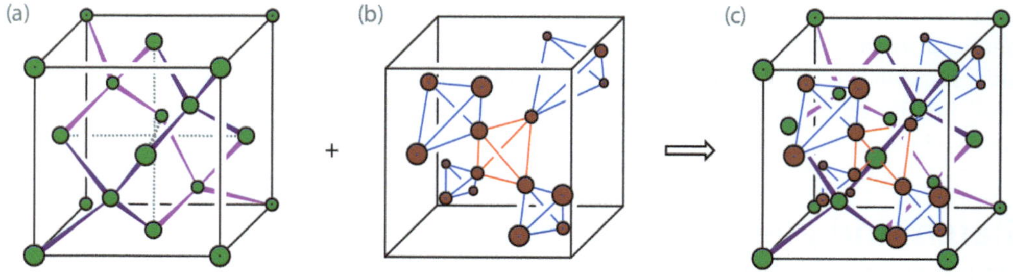

Abbildung 34.4: LAVES-Phase $MgCu_2$

Gegensätze ziehen sich an: ZINTL-Phasen

Sind an einer Legierung einerseits Alkali- oder Erdalkalimetalle beteiligt, andererseits Metalle aus der 3. bis 6. Hauptgruppe, können sich (nach ihrem Entdecker benannte) ZINTL-Phasen ausbilden. Dabei kommt der Elektronegativitätsunterschied der beteiligten Elemente zum Tragen: Während (Erd-)Alkalimetalle allesamt sehr elektropositiv sind und damit zur Kationenbildung neigen, verhalten sich selbst die metallischeren Elemente »rechts vom d-Block« nicht unbedingt sonderlich typisch für Metalle. Deswegen ergeben sich hier *intermetallische Phasen* mit unverkennbar *polarisierten Bindungen*, sodass eindeutig »das Kation« und »das Anion« festgelegt werden kann, bei denen sogar (formal) die Oktettregel erfüllt wird. Als einfaches Beispiel sei das Magnesiumsilicid (Mg_2Si) genannt. Es besteht formal (!) aus Mg^{2+}- und Si^{4-}-Ionen und kristallisiert im CaF_2-Gitter (kubisch dichteste Packung, bei der alle Tetraederlücken besetzt sind). Da allerdings beim Mg_2Si die Magnesium-»Kationen« die Packung stellen (also die Gitterplätze der Anionen besetzen) und sich die Silicium-»Anionen« in die Tetraederlücken positionieren, wird hier die Bezeichung *Antifluorit*-Typ verwendet.

Allerdings lassen sich die weitaus meisten ZINTL-Phasen nicht so einfach auf die Oktettregel zurückführen. Glücklicherweise lassen sich auch Verbindungen wie Bariumsilicid BaSi oder NaSi auf der Basis von Chemie-Lego® beschreiben:

- ✔ Damit eine Verbindung wie BaSi ungeladen sein kann, muss ein Silicium-Atom zwei negative Ladungen tragen (schließlich wissen wir, dass Barium als Element der 2. Hauptgruppe praktisch ausschließlich als Ba^{2+} auftritt). Als Element der 4. Hauptgruppe hat Silicium vier Valenzelektronen, ein Si^{2-} hätte wegen zweier überschüssiger Elektronen zwei freie Elektronenpaare und *zwei ungepaarte Elektronen*, die für σ-Bindungen herangezogen werden können. Des Rätsels Lösung: eine (im Prinzip) unendliche Kette aus jeweils zweifach negativ geladenen Silicium-Atomen (Abbildung 34.5a).

- ✔ Im NaSi liegen formal (!) einfach negativ geladene Silicium-Atome vor, also haben die Lego®-Steine, die wir hier zusammenstöpseln müssen, ein freies Elektronenpaar (ein überschüssiges Elektron wegen der negativen Ladung) und zusätzlich *drei ungepaarte Elektronen*. Entsprechend wird das Silicium hier *drei σ-Bindungen* eingehen. Tatsächlich finden sich jeweils vier Si^--Einheiten zu einem Si_4^{4-}-Ion zusammen (Abbildung 34.5b). Dieses ist baugleich mit dem (isoelektronischen!) P_4-Tetraeder, das Sie vom weißen Phosphor aus Kapitel 28 kennen.

Bei dieser Form des Chemie-Lego® lässt sich anhand einer einfachen Formel die Anzahl der vorliegenden σ-Bindungen ermitteln. Sie lautet:

Anzahl $\sigma = 8 - N$

Dabei ist $N =$ (*Hauptgruppennummer* + *Anzahl der negativen Ladungen*).

Schauen Sie sich als Beispiel das »Si^{2-}« aus Abbildung 34.5a an: $8 - (4 + 2) = 8 - 6 = 2$; es müssen also *zwei* σ-Bindungen vorliegen. *Passt!*

Diese Herangehensweise zum Ermitteln der Bindungsverhältnisse intermetallischer Phasen wird als **Zintl-Klemm-Konzept** bezeichnet.

Manche sprechen hier nur von der *Zintl-Regel*, wieder andere holen noch einen dritten ins Boot und sprechen je nach Neigung vom Zintl-Klemm-Busmann- oder vom Zintl-Klemm-Schäfer-Konzept. Nicht wundern: Gemeint ist in allen Fällen das Gleiche.

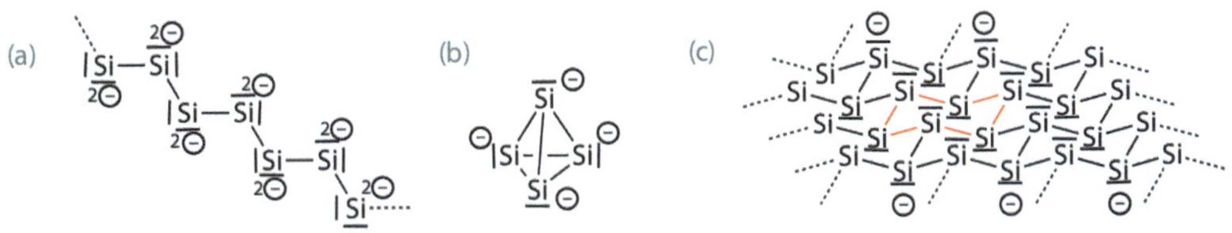

Abbildung 34.5: Das Zintl-Klemm-Konzept

Wieder einmal ist die Chemie-Lego®-Herangehensweise hilfreich, aber nicht allmächtig: Dass im $CaSi_2$, in dem auf zwei Silicium-Atome zwei negative Ladungen kommen, nicht analog zu Abbildung 34.5b formal »Ca_2Si_4« mit Si_4^{4-} -Tetraedern vorliegt, sondern die Si-Atome eine dem *schwarzen* Phosphor (*siehe* Kapitel 31) ähnliche Zickzack-Ebene bilden, in der im Prinzip unbegrenzt viele Si^--Einheiten mit *je einem* freien Elektronenpaar ein $(Si^-)_x$-Ion bilden (Abbildung 34.5c; der Übersichtlichkeit halber wurden nicht alle negativen Ladungen angegeben), lässt sich nicht erahnen. Die Zintl-Regel ist in beiden Fällen erfüllt – und hier wie dort findet sich eine Analogie zum (isoelektronischen) Phosphor.

Bei manchen Zintl-Phasen, etwa dem Caesiumsilicid Cs_4Si_9, kommen Sie leider mit Chemie-Lego® nicht weit. Sie werden aber bald (genauer: gleich im kommenden Abschnitt) feststellen, dass Sie mit den Grundlagen zur Beschreibung selbst derartiger, auf den ersten Blick geradezu abstrus wirkender Verbindungen, bereits vertraut sind.

Echte kovalente Metall-Metall-Bindungen? – Cluster

Niedermolekulare Verbände von Metall-Atomen mit genau definierter Summen- und Strukturformel, die bereits einige metallische Eigenschaften zeigen, weil die Anzahl beteiligter Metall-Atome hinreichend groß ist, heißen *Cluster*. Den ersten Vertretern dieser Spezies sind Sie schon in Kapitel 33 begegnet, denn sowohl das B_{12}-Ikosaeder (zu dem sich die Atome gruppieren, wenn dieses Halbmetall elementar vorliegt) als auch die verschiedenen Borane und Boran-Derivate lassen sich als Cluster auffassen.

Allerdings lassen sich die weitaus meisten Cluster nicht so »nackt« darstellen wie das B_{12}-Ikosaeder, das ja *ausschließlich* aus (Halb-)Metall-Atomen besteht: Meist sind derartige mehratomige Metall-Verbindungen nur stabil, wenn das Metall-Atom-Gefüge von *Liganden* umgeben ist – Sie dürfen sich das wie einen Komplex vorstellen (Kapitel 13), dessen Zentralteilchen nicht aus einem *einzelnen* Atom oder Ion besteht, sondern eben aus einem *mehratomigen* Verband mit *genau definierter Zusammensetzung und zählbar vielen Atomen*. Analog zu den Boranen (*siehe* oben) finden sich bei Clustern häufig regelmäßige Polyeder: neben Ikosaedern (Abbildung 34.6a) auch Oktaeder (b) und Tetraeder (c) oder etwas komplexere Strukturen wie das einfach-überkappte Oktaeder (d) oder das einfach-überkappte quadratische Antiprisma (e).

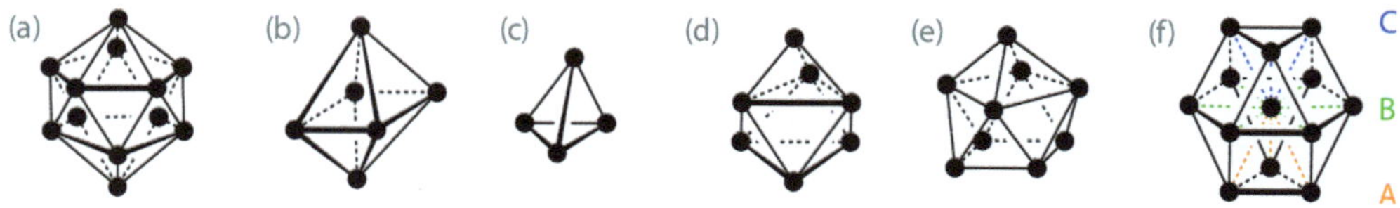

Abbildung 34.6: Cluster-Grundgerüste

Mit steigender Anzahl von Atomen ergeben sich *mehrschalige* Cluster (dann ist ein Polyeder von einem weiteren Polyeder umgeben). Als einfachstes Beispiel (und darüber wollen wir hier auch nicht hinausgehen, über die Chemie der Cluster gibt es schließlich ganze Lehrbücher!) diene das Polyeder aus Abbildung 34.6f, bei dem ein Kuboktaeder ein einzelnes Atom umschließt (falls Ihnen der Begriff »Kuboktaeder« nicht vertraut sein sollte: *siehe* den Kasten *Irreführende Bezeichnungen* in Kapitel 32). Kommt Ihnen die räumliche Anordnung dieser insgesamt 13 Atome bekannt vor? – Genau, das ist nichts anderes als ein Ausschnitt aus der *kubisch dichtesten Kugelpackung* (Schichtenfolge A-B-C, *siehe* Abbildung 14.10). Vor diesem Hintergrund ließe sich die in Kapitel 33 erwähnte »dreidimensionale Aromatizität« in Boran-Gerüsten auch als erste Vorstufe des Elektronengases aus Kapitel 14 ansehen, oder?

Manche Cluster können bemerkenswerte Größe erreichen: So wurde ein Palladium-Cluster isoliert, dessen Herzstück aus 561 Pd-Atomen besteht. (Es können sich auch Atome verschiedener Elemente zu einem Cluster vereinigen.) Selbst derartig große Atomverbände sind zwar noch zu klein, als dass sie in Lösung schon als Kolloid wirksam würden (*siehe* Kapitel 20), allerdings weisen sie bereits einige echte metallische Eigenschaften auf, die den graduellen Übergang vom Molekül zum Festkörper erkennen lassen. Cluster aus 100 bis 1000 (Halb-)Metall-Atomen werden daher als *metalloid* bezeichnet. Oberhalb der (recht willkürlich gezogenen) 1000er-Grenze ist von *Nano-Strukturen* die Rede, und ab etwa 50 000 Atomen (das ist wirklich nur ein grober Richtwert!) sind es dann *Festkörper*.

WADE-MINGOS-Regeln für Cluster

Wie bei den (Hetero-)Boranen (aus Kapitel 33), lassen sich auch bei Clustern weitere Strukturen von den Polyedern aus Abbildung 34.6 ableiten, indem eine (oder mehrere) Ecke(n) »entfernt« wird (werden). D. Michael MINGOS erkannte, dass sich die WADE-Regeln prinzipiell auch auf elektronendefiziente Cluster anderer Elemente anwenden lassen, wenn dabei *Gerüstelektronen* gezählt werden.

Für einen Cluster mit *n* Hauptgruppen-Atomen ist folgendermaßen vorzugehen:

- ✔ Summe der Valenzelektronen aller *n* beteiligten Atome *PLUS*
- ✔ Summe aller Elektronen, die kovalent gebundene, direkte Bindungspartner beisteuern *PLUS*
- ✔ Anzahl der *negativen* Ladungen des Clusters. (Bei *positiven* Ladungen ist entsprechend *abzuziehen.*)

Die Bezeichnung der resultierenden Strukturen entspricht dann wieder der Nomenklatur nach WADE, die Sie schon aus Kapitel 33 kennen:

- ✔ $4n + 2$ Gerüstelektronen: *closo*-Struktur
- ✔ $4n + 4$ Gerüstelektronen: *nido*-Struktur
- ✔ $4n + 6$ Gerüstelektronen: *arachno*-Struktur
- ✔ $4n + 8$ Gerüstelektronen: *hypho*-Struktur

Sie fragen sich, warum Mr. MINGOS dafür geehrt wird, die WADE-Regeln einfach noch einmal erfunden zu haben? – Weil durch die Umstellung auf *Gerüstelektronen* auch *Cluster mit anderen Elementen als Bor* klassifiziert werden können und sich auf diese Weise trotz der Mehrzentrenbindungen auch gleich sinnvolle Mutmaßungen über den entsprechenden räumlichen Bau anstellen lassen. So bilden beispielsweise einige Hauptgruppenelemente mehratomige Kationen oder Anionen.

Exemplarisch seien drei Beispiele gemäß den WADE-MINGOS-Regeln klassifiziert (bitte beachten Sie, dass die Linien zwischen den einzelnen Atomen *nicht* als Bindungen im LEWIS-Sinne zu lesen sind, sondern lediglich die Form des Polyeders verdeutlichen sollen – aus Gründen der Übersichtlichkeit wurde ergänzend auch das jeweils zugehörige Polyeder noch einmal dargestellt).

- ✔ Das Nonastannid (Abbildung 34.7a, Sn_9^{4-}) besteht aus neun Atomen mit je vier Valenzelektronen, dazu kommen vier negative Ladungen. Insgesamt liegen also 40 Elektronen vor. Mit $n = 9$ gilt: $4n = 36$, also lässt sich das Gebilde mit der Formel $4n + 4$ beschreiben: Es liegt eine *nido*-Struktur vor.
- ✔ Für das Pentaplumbid (Abbildung 34.7b, Pb_5^{2-}) ergibt sich mit $n = 5$ bei vier Valenzelektronen pro Blei-Atom entsprechend $4n + 2 = 22$, und schon sind wir fertig: ein *closo*-Cluster.

- ✔ Die sechs Tellur-Atome ($n = 6$) des Te_6^{4+} -Ions (Abbildung 34.7c; Tellur als Element der 6. Hauptgruppe hat natürlich im ungeladenen Zustand sechs Valenzelektronen) bilden einen *hypho*-Cluster (nicht vergessen, dass bei Poly-*Kationen* Elektronen *fehlen*!): $6n - 4 = 32$; $32 = 4n + 8$.

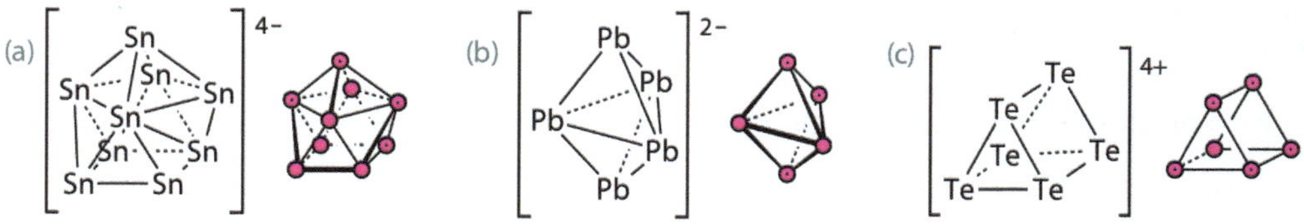

Abbildung 34.7: Beispiele für die Benennung von Clustern nach Wade und Mingos

Ach, das erinnert Sie an die Ionen aus den Zintl-Phasen? – Sehr gut, Sie haben schon wieder ein Prinzip (wieder-)erkannt!

Zintl-Phasen als Cluster?

Auch die Kationen/Anionen-Verhältnisse in Zintl-Verbindungen wie Cs_4Si_9 (Abbildung 34.8a) lassen sich mithilfe der Wade-Mingos-Regeln beschreiben – Sie können diese Regeln durchaus als Weiterentwicklung des Zintl-Klemm-Konzepts auffassen. Im Cs_4Si_9 beispielsweise liegt ein Poly-Anion vor, bei dem die vier negativen Ladungen über alle neun Silicium-Atome delokalisiert sind; die Atome bilden dabei ein einfach-überkapptes quadratisches Antiprisma.

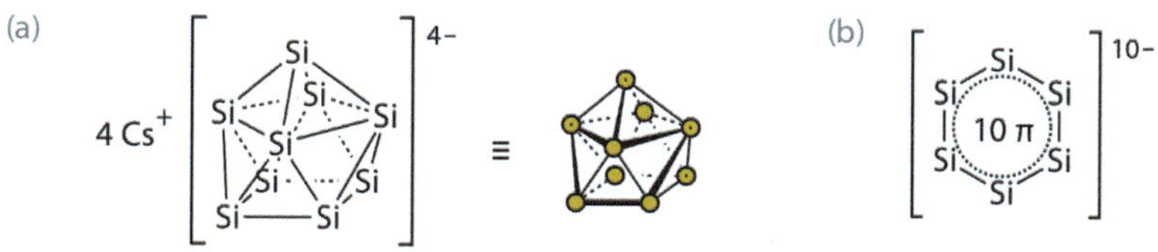

Abbildung 34.8: Poly-Anionen aus Zintl-Phasen als Cluster

Mit den Wade-Mingos-Regeln lassen sich auch Ionen wie das Hexasilicid (b) erklären, in dem 10 π-Elektronen über das Ringsystem delokalisiert sind (damit erfüllt dieses Molekül-Ion übrigens alle Kriterien der Aromatizität nach Hückel, über die Sie in Kapitel 38 deutlich mehr erfahren; beachten Sie auch den dortigen Kasten *Anorganische Aromaten?*).

Allerdings führt auch die Klassifizierung nach Wade und Mingos nicht unbedingt zur letzten Wahrheit. So ist das Nonabismut-Kation (Bi_9^{5+}) bei gleicher Atom-Anzahl zwar isoelektronisch zum Nonastannid-Ion aus Abbildung 34.7a, weist aber *nicht* den gleichen räumlichen Bau auf. Im Jahr 2001 legte Eluvathingal D. Jemmis das *mno-Konzept* vor, das sich von den Wade-Mingos-Regeln ableitet, aber auch Strukturvorhersagen bei komplizierter gebauten (Organoelement-)Komplexen gestattet. (Einen ersten Ausblick auf das Gebiet der Organoelement-Chemie finden Sie in Kapitel 43.) Die *mno*-Regeln, gemäß denen die Anzahl miteinander verknüpfter Polyeder (m), die Anzahl Polyeder-Ecken (n) und die Anzahl verbrückend wirkender Elektronen (*o*) miteinander in Beziehung gesetzt werden, würden allerdings den Rahmen dieses Kapitels sprengen. (Bei Bedarf wissen Sie jetzt, wonach Sie suchen müssen.)

Dass Alkalimetalle noch für Überraschungen sorgen können!

Lösen Sie ein Alkalimetall in flüssigem Ammoniak (bitte erinnern Sie sich an die Autoprotolyse von Ammoniak aus Kapitel 31), ist stets eine charakteristische Blaufärbung der Lösung zu beobachten – unabhängig davon, *welches* Metall gelöst wurde. Grund dafür sind einzelne, vom Lösemittel solvatisierte Elektronen, die durch Photonen aus dem Bereich des sichtbaren Lichts angeregt werden (daher die Farbigkeit, *siehe* Kapitel 13). In Kapitel 21 haben Sie bei den Punktdefekten auch das Farbzentrum kennengelernt (Abbildung 21.1c), das sich durchaus als »in einem Feststoff gelöstes Elektron« auffassen lässt.

In den 80er-Jahren des 20. Jahrhunderts trieb James L. Dye dieses Konzept (Elektronen, die in ionischen Verbindungen die Funktion von Anionen übernehmen) auf die Spitze und synthetisierte die ersten **Elektride**: Salze, bei denen mit Chelatliganden komplexierte Alkalimetall-Kationen ($[KL_n]^+$ oder $[CsL_n]^+$) als Gegen-Ion nur »nackte« Elektronen aufweisen. Diese salzartigen Verbindungen sind thermodynamisch gesehen natürlich extrem ungünstig, aber ihre Zersetzung ist kinetisch gehemmt, deswegen sind Elektride tatsächlich *metastabil*.

Aufgaben Kapitel 34

1. Wieso ist die Verbindung $InBr_2$ stabil, obwohl Indium zur 3. Hauptgruppe gehört?
2. Wieso lassen sich Chromat-Ionen innerhalb bestimmter *p*H-Bereiche als Indikator nutzen?
3. Wieso erweisen sich manche Mischungen leitender Metalle als Halbleiter?

Teil VIII
Organische Chemie – Chemie-Lego® für Fortgeschrittene

IN DIESEM TEIL ...

Vereinfacht ausgedrückt ist die Organische Chemie die *Chemie des kovalent gebundenen Kohlenstoffs*. Selbstverständlich kommen in der OC auch andere Elemente vor, doch allein schon weil der Kohlenstoff über kovalente Bindungen nahezu unbegrenzt lange Ketten mit sich selbst bilden kann (gerne auch verzweigt und/oder so, dass sich Ringe ergeben), bietet die Organik immense Stoffvielfalt. Da andererseits viele dieser Stoffe schon seit langer, langer Zeit bekannt sind, besitzen sie häufig Eigennamen, die Sie nur auswendig lernen können (und auch sollten). Deswegen erscheint vielen die OC gänzlich unverständlich. Dabei ist sie die ultimative Spielwiese für Chemie-Lego®: Sie entfernen einen Bindungspartner und ersetzen ihn durch einen anderen. Auf diese Weise lässt sich, zumindest formal, praktisch *alles* in *alles* umwandeln – wenn Sie das einmal verstanden haben, ist OC wirklich ganz einfach.

Das Schöne am »neuen« Gebiet OC: *Alles*, was Sie bislang über elektrophiles und nucleophiles Verhalten erfahren haben (vor allem in Kapitel 25), über Säuren und Basen (ebenso), über polare und unpolare intra- und intermolekulare Wechselwirkungen (Kapitel 15) und auch über Redox-Reaktionen (Kapitel 26), gilt in der OC ebenso uneingeschränkt wie in der Allgemeinen oder der Anorganischen Chemie. *Die alles entscheidende Frage lautet: »Wer hat Elektronen, wer will sie?«*

Da OC und AC normalerweise so strikt voneinander getrennt werden, trauen Sie sich vielleicht manchmal nicht, aus der AC vertraute Konzepte auf eine organische Problemstellung anzuwenden (oder auch umgekehrt). Dabei werden Sie feststellen, dass sich zahlreiche Gebiete der OC tatsächlich *nur* anhand von aus der AC gewohnten Modellvorstellungen oder Theorien verstehen lassen. Das alles zusammengenommen bietet einen leicht nachvollziehbaren Einstieg in die Welt der Kohlenwasserstoffe und Alkohole, der Aldehyde, Säuren und Aromaten – und die Grundlage dafür, auch die Vorgänge des Lebens (mehr dazu in Teil IX dieses Buches) zu begreifen.

IN DIESEM KAPITEL

werden Sie feststellen, dass Sie schon mehr wissen als gedacht

wird fröhlich projiziert

erfahren Sie, wie Verbindungen benannt werden

Kapitel 35
Aus alt mach neu – aus AC wird OC

Die auch heute noch übliche strikte Trennung von »Anorganischer Chemie« (AC) und »Organischer Chemie« (OC) ist rein historisch begründet. Lange Zeit lautete die vorherrschende Lehrmeinung, zur Entstehung aller an Lebensvorgängen beteiligten Substanzen bedürfe es einer (nicht näher definierten) *vis vitalis*, also einer »Lebenskraft«; entsprechend sei jeglicher Versuch, derartige »organische« Verbindungen nicht nur zu analysieren, sondern auch zu *synthetisieren*, von vorneherein zum Scheitern verurteilt – bis Friedrich Wöhler im Jahr 1828 das als *anorganisch* angesehene Salz Ammoniumcyanat (NH_4OCN) in wässriger Lösung zu einer neuen Verbindung umsetzte (Abbildung 35.1). Das Reaktionsprodukt *Harnstoff* wurde stets als *organisch* erachtet, schließlich kommt diese Verbindung auch im menschlichen Urin vor – und noch lebendiger als der Mensch geht ja nun wirklich nicht!

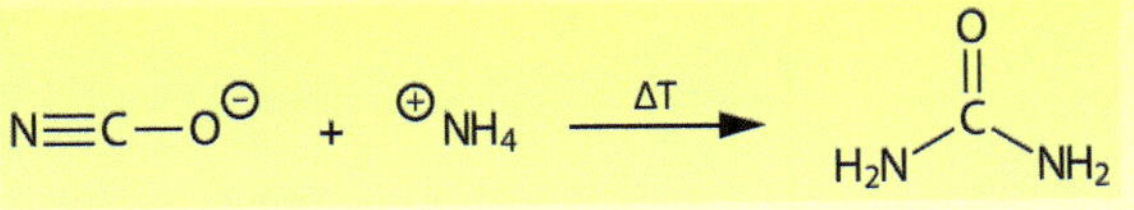

Abbildung 35.1: Umsetzung von Ammoniumcyanat zu Harnstoff

Damit war das »Dogma« der Lebenskraft gebrochen … und trotzdem wird die Trennung von »Organischer« und »Anorganischer« Chemie bis heute beibehalten, obwohl es eigentlich keinen guten Grund mehr dafür gibt. (»Das war schon immer so!«, ist ja nun einmal kein Argument.) Dass es mittlerweile sogar das Fachgebiet »Bioanorganische Chemie« gibt (darüber in Kapitel 48 ein klein wenig mehr), zeigt doch recht deutlich, dass die (Wieder-) Vereinigung von OC und AC mehr als sinnvoll wäre.

Chemie-Lego® – ein bisschen vereinfacht, aber doch legitim

Glücklicherweise können Sie sich darauf verlassen, dass Kohlenstoff *immer vierbindig* ist (außer bei Vorhandensein einer Ladung oder in meist extrem instabilen Zwischenstufen). Ob er dabei über vier Einfachbindungen mit seinen Bindungspartnern verbunden ist wie im Methan (CH_4), über zwei Doppelbindungen wie im (als anorganisch angesehenen) Kohlendioxid (CO_2) oder ob er eine beliebige andere Kombination der drei in Kapitel 12 beschriebenen Bindungstypen eingeht, ist dabei zunächst einmal unerheblich.

Deswegen können Sie einfach durch Abzählen der an einer Bindung beteiligten Elektronen eines *Molekülfragments* Chemie-Lego® spielen, indem Sie (rein gedanklich, natürlich!) an einem Molekül ein Atom oder eine funktionelle Gruppe (dazu bald mehr) »abreißen« und dann durch etwas anderes ersetzen, das gleich viele kovalente Bindungen anstrebt, also im wahrsten Sinne des Wortes äqui-*valent* ist:

Genauso können Sie zwei Einfachbindungen durch eine Doppelbindung ersetzen oder umgekehrt und so weiter. So lässt sich die gesamte, auf den ersten Blick unüberschaubare Vielfalt der OC recht leicht ordnen, wie folgendes Schema exemplarisch andeuten soll:

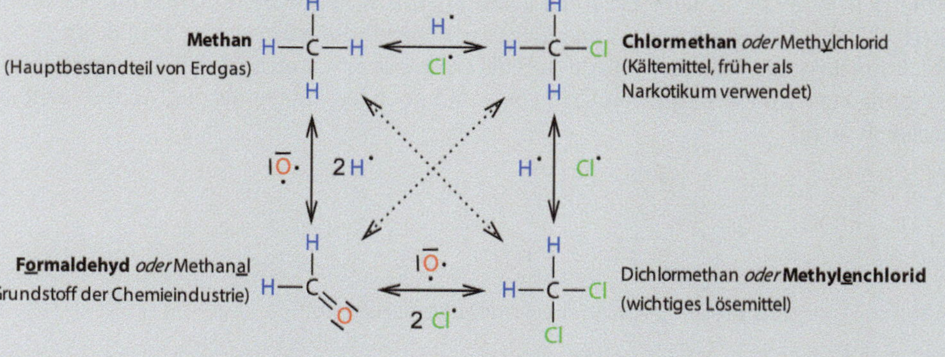

Natürlich funktioniert Chemie-Lego® *eigentlich* nur auf dem Papier, aber dennoch bietet diese Vorgehensweise oft einen guten Anhaltspunkt für wirklich ablaufende Reaktionen. (Davon können Sie sich bereits im nächsten Kapitel selbst überzeugen.) Und tatsächlich ist Chemie-Lego® sogar fachlich völlig legitim: Die dahinterstehende Theorie (!) nennt sich »Isolobal-Konzept«. Darüber erfahren Sie in Kapitel 43 ein bisschen mehr.

Es geht in der OC also in erster Linie um das Spalten und Neuknüpfen von Bindungen. Für die *Spaltung* gibt es zwei grundlegend verschiedene Möglichkeiten:

- ✔ Wird eine Bindung so getrennt, dass jedem ehemaligen Bindungspartner genau die Hälfte der an der Bindung beteiligten Elektronen verbleibt, heißt dies **homolytische Bindungsspaltung** (= *Homolyse*).
- ✔ Wird die Bindung so gespalten, dass ein Kation und ein Anion entstehen (wenn also einer der ehemaligen Bindungspartner sämtliche Bindungselektronen mitnimmt, während der andere leer ausgeht), handelt es sich um eine **heterolytische Bindungsspaltung** (= *Heterolyse*) .

Summenformeln der Organischen Chemie wirken auf den ersten Blick recht unscheinbar: So richtig spektakulär (und aussagekräftig) ist etwas wie »$C_{21}H_{30}O_2$« ja nun wahrlich nicht. Die weitaus meisten organischen Verbindungen bestehen aus Kohlenstoff und Wasserstoff sowie einigen (meist wenigen) anderen Elementen: Von besonderer Bedeutung für die OC sind dabei Stickstoff, Sauerstoff, Schwefel und Phosphor (alles zusammen wird naheliegenderweise mit CHNOPS abgekürzt). Zumindest vom *Atomanteil* spielen diese **Hetero-Atome** (also alles, was nicht Kohlenstoff ist; der Wasserstoff wird meist totgeschwiegen) nur eine Nebenrolle ... und doch sind sie für die Vielfalt der sogenannten Organischen Chemie entscheidend mitverantwortlich.

Damit Sie sehen, dass die Welt der OC wirklich überschaubar ist und Ihnen vieles von dem, was Sie bislang nur aus der AC kennen, auch in diesem Teil des Buches weiterhilft, schauen Sie sich doch ein einfaches organisches Molekül unter »AC-Gesichtspunkten« an:

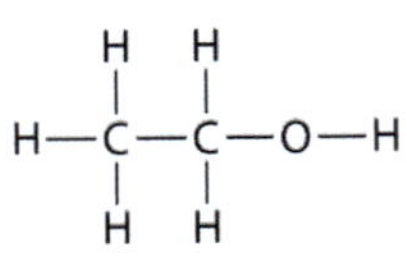

Das ist der Genussalkohol (chemisch korrekt: *Ethanol*; mehr dazu in Kapitel 39). Die Summenformel von Ethanol lautet C_2H_6O, aber meistens C_2H_5OH geschrieben, um zu zeigen, dass eine OH-Gruppe vorliegt, denn gerade die *OH-Gruppe* diktiert das chemische Verhalten dieses Moleküls. Diese Gruppe heißt korrekt *Hydroxygruppe*, wird in manchen Texten aber auch als Hydroxylfunktion oder Hydroxogruppe bezeichnet. In diesem Zusammenhang sind »-gruppe« und »-funktion« bedeutungsgleich (und schon haben Sie Ihre erste *funktionelle Gruppe* kennengelernt; die eine oder andere weitere wird Ihnen noch begegnen). Alleine anhand dieser Strukturformel können Sie über dieses Molekül bereits eine ganze Menge aussagen:

- ✔ Nach dem Chemie-Lego®-Ansatz dürfen Sie Ethanol gefahrlos als »großen Bruder von Wasser« ansehen, schließlich lässt sich dieses Molekül leicht zusammenstöpseln, indem Sie ein H-Atom eines Wasser-Moleküls durch einen C_2H_5-Rest austauschen.
- ✔ Wie beim Wasser ist die zwischen Sauerstoff und Wasserstoff vorliegende σ-Bindung der OH-Gruppe aufgrund der Elektronegativitätsdifferenz der beteiligen Atome **polarisiert**: Sauerstoff trägt eine negative Partialladung ($O^{\delta-}$), Wasserstoff hingegen eine

positive: $H^{\delta+}$. (Falls Ihnen das nichts (mehr) sagt, blättern Sie (noch einmal) in den Kapiteln 10 und 12 herum.) Da die Elektronegativität von Sauerstoff natürlich auch höher ist als die von Kohlenstoff, gilt ebenso: $C^{\delta+}$, aber diese Polarisation ist nicht so stark ausgeprägt wie die des OH-Wasserstoffs.

- ✔ Das führt zu intermolekularen Wechselwirkungen: Trotz seiner geringen Molekülmasse ist Ethanol bei Raumtemperatur *flüssig*, weil sich zwischen den Molekülen **Wasserstoffbrückenbindungen** ausbilden (Kapitel 15).
- ✔ Da sich die OH-Bindung aufgrund ihrer Polarität recht einfach *heterolytisch* spalten lässt, fungiert Ethanol gegenüber hinreichend basischen Reaktionspartnern als **Säure** (Kapitel 25) – das Molekül zeigt also ***acides*** *Verhalten.* (In wässriger Lösung passiert das noch nicht, weil Wasser nicht basisch genug ist, um Ethanol zum Ethanolat-Ion ($C_2H_5O^-$) zu deprotonieren; in anderen (nicht-wässrigen) Lösemitteln und in Gegenwart einer hinreichend starken Base läuft diese Säure/Base-Reaktion sehr wohl ab.)
- ✔ Zugleich zeigt Ethanol **amphoteres** Verhalten, denn das Sauerstoff-Atom der OH-Gruppe besitzt ja noch zwei freie Elektronenpaare: Einen hinreichend sauren Reaktionspartner vorausgesetzt, kann dieses Atom als **Base** fungieren und seinerseits protoniert werden. (Genau wie Wasser betreibt auch Ethanol Autoprotolyse (*siehe* Kapitel 25); unter gewöhnlichen Umständen dürfen Sie dies allerdings guten Gewissens vernachlässigen.)
- ✔ Auch alles bisher über Redox-Reaktionen Dargelegte gilt für organische Verbindungen ebenso wie für anorganische. So reagiert Ethanol ähnlich wie Wasser mit Natrium, auch wenn die Reaktion hier nicht ganz so heftig abläuft. Wie beim Wasser wird auch beim Ethanol das (positiv polarisierte) Wasserstoff-Atom der OH-Gruppe durch das weniger edle Natrium zu elementarem Wasserstoff reduziert, während das Natrium zum Natrium-Kation (Na^+) oxidiert wird. Dabei entsteht das bereits erwähnte Ethanolat-Ion ($C_2H_5O^-$):

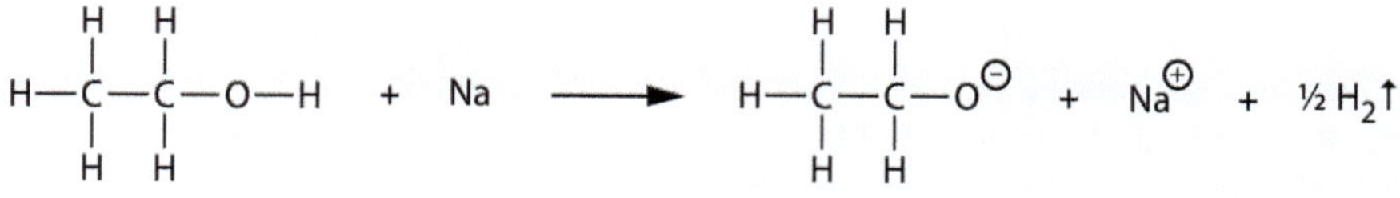

Da könnte man glatt meinen, es hinge *doch* alles vom Hetero-Atom ab! Aber auch organische Moleküle, die ausschließlich aus Kohlenstoff- und Wasserstoff-Atomen aufgebaut sind – die **Kohlenwasserstoffe** –, gehen chemische Reaktionen ein, manchmal sogar Redox-Reaktionen. Fangen wir also zunächst ganz klein an und beschränken uns auf die Elemente C und H. (Ab Kapitel 36 erfahren Sie dann auch mehr über den Einfluss von Hetero-Atomen und den sich davon ableitenden *funktionellen Gruppen* auf die chemische Reaktivität.)

Vielfalt trotz weniger unterschiedlicher Bausteine

Auch wenn es in der Organischen Chemie vornehmlich um CHNOPS geht, machen wir es uns vorerst noch einfacher und beschränken uns ganz auf Kohlenstoff und Wasserstoff.

Fangen wir klein an: Methan und was man damit machen kann

Schauen Sie sich zunächst den räumlichen Bau des einfachsten als »organisch« bezeichneten Moleküls an, dem **Methan** (CH_4): Das zentrale Kohlenstoff-Atom ist sp^3-hybridisiert; die vier Hybridorbitale bilden σ-Bindungen zu den 1s-Orbitalen der vier beteiligen Wasserstoff-Atome aus, sodass sich (ganz in Übereinstimmung mit dem VB- und dem VSEPR-Modell aus Kapitel 12) als Koordinationspolyeder ein Tetraeder mit einem Bindungswinkel von $\sphericalangle_{HCH} = 109{,}5°$ ergibt:

Nun zum (natürlich nur formalen) Chemie-Lego®: Eine der vier C–H-Bindungen wird in der Mitte, also *homolytisch* durchtrennt (Abbildung 35.2a). Dabei entstehen zwei *Radikale.* Diese beiden Radikale ($H^\bullet$ und $^\bullet CH_3$) können sich nun natürlich wieder zu einem Methan-Molekül (CH_4) vereinigen (deswegen der Gleichgewichtspfeil – aber das wäre ja langweilig). Liegen jedoch mehrere beider Lego®-Bausteine vor, können sich auch zwei Wasserstoff-Radikale zu einem Wasserstoff-Molekül (H_2) oder zwei **Methyl-Radikale** (das ist die fachsprachlich korrekte Bezeichnung für das Teilchen $\cdot CH_3$) zum *Ethan* zusammenfinden (Summenformel: C_2H_6, vereinfachte Lewis-Schreibweise: $CH_3–CH_3$ oder auch $H_3C–CH_3$; bei letzterer wird deutlicher, dass eine C–C-Bindung vorliegt). Es erfolgt **Dimerisierung** zweier Radikale (b).

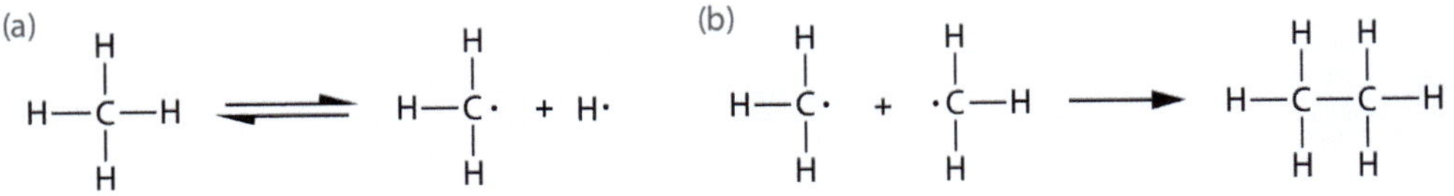

Abbildung 35.2: (a) Homolytische Bindungsspaltung; (b) Dimerisierung

In gleicher Weise könnten Sie nun auch von diesem Ethan wieder ein Wasserstoff-Atom (also ein H-Radikal) ($H^\bullet$, effektiv ein einzelnes Wasserstoff-Atom) abreißen, sodass sich ein C_2H_5-Radikal ergibt (das *Ethyl-Radikal*, $CH_3–CH_2^\bullet$), und dieses dann mit einer Methyl-Einheit verbinden, sodass die Kette erneut um eine CH_2-Gruppe (eine *Methylengruppe*) verlängert wird. So kann das im Prinzip immer weitergehen. Auch das lässt sich mit der Lego®-Analogie veranschaulichen:

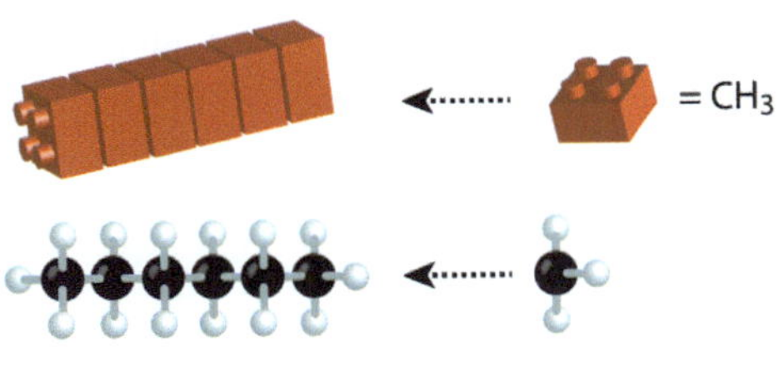

Natürlich ist diese Analogie nicht perfekt: Lego®-Steine lassen sich »einfach so« immer weiter stapeln, während zur Verlängerung einer C–C-Kette meist erst eine andere Bindung gelöst werden muss. Aber »vom Prinzip her« sollte es nachvollziehbar sein.

Daraus ergibt sich die **homologe Reihe** der Kohlenwasserstoffe, deren erste 15 Vertreter in Tabelle 35.1 angegeben sind. Die allgemeine Summenformel für diese Stoffklasse lautet C_nH_{2n+2}; sie werden als **Alkane** bezeichnet (oder auch als ***gesättigte*** **Kohlenwasserstoffe**, *weil sie keine Mehrfachbindungen enthalten*; mehr dazu in Kapitel 37).

(n)	Summenformel(C_nH_{2n+2})	Name	Smp. [°C]	Sdp. [°C]
1	CH_4	Methan	−182	−162
2	C_2H_6	Ethan	−183	−89
3	C_3H_8	Propan	−188	−42
4	C_4H_{10}	Butan	−138	0
5	C_5H_{12}	Pentan	−130	+36
6	C_6H_{14}	Hexan	−95	+69
7	C_7H_{16}	Heptan	−91	+98
8	C_8H_{18}	Octan	−57	+126
9	C_9H_{20}	Nonan	−54	+151
10	$C_{10}H_{22}$	Decan	−30	+174
11	$C_{11}H_{24}$	Undecan	−26	+196
12	$C_{12}H_{26}$	Dodecan	−10	+216
13	$C_{13}H_{28}$	Tridecan	−5	+235
14	$C_{14}H_{30}$	Tetradecan	+6	+253
15	$C_{15}H_{32}$	Pentadecan	+10	+270

Tabelle 35.1: Die ersten fünfzehn linearen Alkane

Die Namen der ersten vier Alkane sind wieder einmal historisch begründet (die müssen Sie also auswendig lernen), aber ab dem fünften Vertreter dieser Stoffklasse ergibt sich der jeweilige Name einfach aus dem griechischen Zahlenpräfix (aus Kapitel 2), mit dem die Anzahl der in der Kette vorhandenen C-Atome beschrieben wird, sowie der Endung **an** (stets betont), die verrät, dass es sich eben um einen *gesättigten* Kohlenwasserstoff handelt.

Tabelle 35.1 zeigt zudem, dass mit zunehmender Kettenlänge Schmelz- und Siedepunkte ansteigen: Nur die ersten vier Alkane sind bei Raumtemperatur gasförmig, und wenn die Kette lang genug ist, liegen die entsprechenden Verbindungen bei Raumtemperatur sogar als Feststoffe vor. Grund dafür sind die VAN-DER-WAALS-Kräfte (bekannt aus Kapitel 15), die mit steigender Kettenlänge für zunehmenden intermolekularen Zusammenhalt sorgen.

Nur C und H – und trotzdem so viele verschiedene Kohlenwasserstoffe

In der OC sind Summenformeln meist nicht sonderlich aussagekräftig, weil die beteiligten Atome unterschiedlich verknüpft werden können (es gibt also *Konstitutionsisomerie*, bekannt aus Kapitel 13). Anständig arbeiten lässt sich meist nur mit *Strukturformeln*. Für die gibt es verschiedene Schreibweisen (*siehe* Tabelle 35.2 und Abbildung 12.2):

✔ Sowohl die **Formelschreibweise** als auch die *Kurzschreibweise* basieren auf den bereits vertrauten LEWIS-Formeln; die Striche zwischen den einzelnen Elementsymbolen stehen natürlich jeweils für das Elektronenpaar, das die beiden betreffenden Atome zusammenhält (über eine σ-Bindung).

- Bei der *Formelschreibweise* wird jedes einzelne Atom explizit angegeben.
- Bei der *Kurzschreibweise* wird stets (und solange keine Ladung und/oder kein ungepaartes Elektron vorliegt, auch völlig zu Recht) davon ausgegangen, Kohlenstoff sei vierbindig, Wasserstoff immer einbindig. So sparen Sie sich unnötige Arbeit.

✔ Die **Keilstrich-Projektion** (oder *Keilstrichformel*) hingegen beschreibt den tatsächlich vorliegenden *räumlichen* Bau der betreffenden Moleküle etwas genauer:

- Ein *ausgefüllter* Keil bedeutet, dass der entsprechende *Substituent* (= Bindungspartner) *vor* der Papierebene liegt.
- Ein *gestrichelter* Keil zeigt an, dass der betreffende Substituent *hinter* der Papierebene liegt.

Summenformel (Name)	Kurzschreibweise	Formelschreibweise	Keilstrich-Projektion
CH_4 (Methan)	CH_4	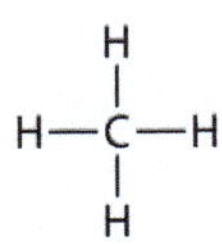	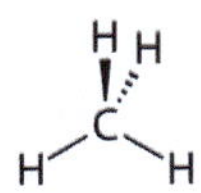
C_2H_6 (Ethan)	CH_3-CH_3 *oder* H_3C-CH_3	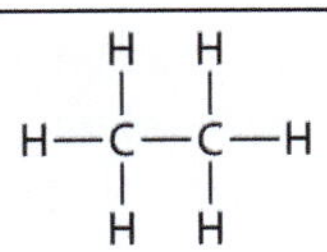	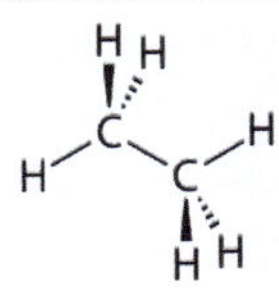
C_3H_8 (Propan)	CH_3-CH_2-CH_3 *oder* H_3C-CH_2-CH_3	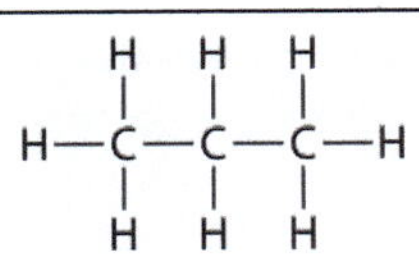	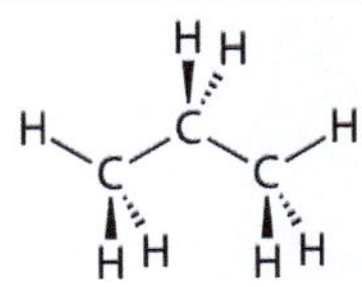
C_4H_{10} (Butan)	CH_3-CH_2-CH_2-CH_3 *oder* H_3C-CH_2-CH_2-CH_3	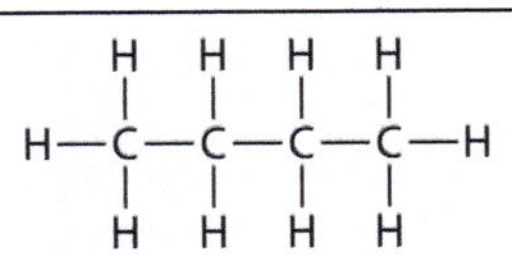	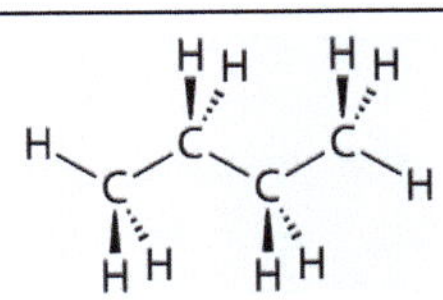

Tabelle 35.2: Verschiedene Schreibweisen für die jeweils gleichen Moleküle

Schon die in Tabelle 35.2 angegebenen Strukturformeln zeigen, dass die Keilstrich-Projektion leicht unübersichtlich werden kann; aus diesem Grund sollten Sie diese Schreibweise nur dann verwenden, wenn tatsächlich der *räumliche Bau* des Moleküls von Bedeutung ist. (Sie werden allerdings schon bald bemerken, dass das in der OC recht häufig vorkommt.)

✔ Wenn Sie wenig Zeit haben, werden Sie die **Skelettformel** lieben (*siehe* Abbildung 35.3). Im Prinzip ist das eine vereinfachte Kombination von Formel- und Kurzschreibweise. Dabei gelten folgende Spielregeln:

- Jedes Kohlenstoff-Atom ist automatisch *vierbindig*, solange nicht ausdrücklich etwas anderes angegeben ist (etwa durch ein Ladungszeichen).
- Jede der vier Bindungen aller Kohlenstoff-Atome gilt automatisch als *durch Wasserstoff abgesättigt*, so sie nicht zu einem anderen Atom (Kohlenstoff- oder Hetero-Atom außer eben dem Wasserstoff) führen.
- Längerkettige Moleküle werden in Form einer Zickzack-Linie dargestellt, bei der jeder Knick und jeder Endpunkt für ein Kohlenstoff-Atom steht, *das nicht eigens erwähnt wird*. Hetero-Atome und daran gebundene H-Atome werden explizit angegeben.
- Wenn es um den räumlichen Bau komplexerer Moleküle geht, wird die Skelettformel oft mit der Keilstrich-Projektion kombiniert (Abbildung 35.3d; mehr in Kapitel 36).

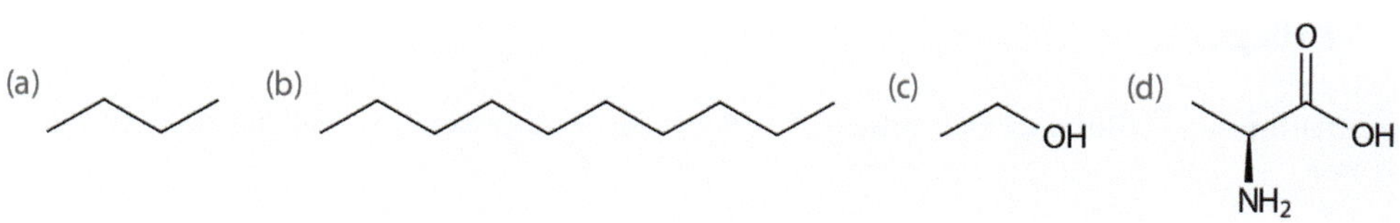

Abbildung 35.3: Skelettformeln von (a) Butan, (b) Decan, (c) Ethanol und (d) L-Alanin

Die Zickzack-Orientierung der Kette in der Skelett-Schreibweise dient nicht nur dazu, sich die explizite Angabe weiterer Atome zu ersparen, sondern symbolisiert auch den Tetraederwinkel (∢ = 109,5°): Jedes der hier gezeigten Kohlenstoff-Atome ist sp^3-hybridisiert, also tetraedrisch von vier Bindungspartnern umgeben. Bitte beachten Sie:

Nur weil die Wasserstoff-Atome nicht eigens angegeben sind, heißt das keinesfalls, dass sie in Wahrheit nicht vorhanden wären! Die sollten Sie *nie* vergessen.

Das Kalottenmodell

Alle in der OC üblichen Schreibweisen geben lediglich die vorliegenden *Bindungen* an, die tatsächliche *Raumerfüllung* der einzelnen an den Bindungen beteiligten Atome bleibt jedoch unberücksichtigt. Das führt gelegentlich zu falschen Vorstellungen, was den räumlichen Bau der Moleküle betrifft: Auf dem Papier wirkt es, als seien die einzelnen an einer Bindung beteiligten Atome recht weit voneinander entfernt – die Verhältnisse auf molekularer Ebene kommen der Realität jedoch näher bei der Vorstellung, die einzelnen Atome eines Moleküls würden einander *berühren*. Zur Veranschaulichung der Raumerfüllung aller an einem Molekül beteiligten Atome wurde das **Kalottenmodell** entwickelt:

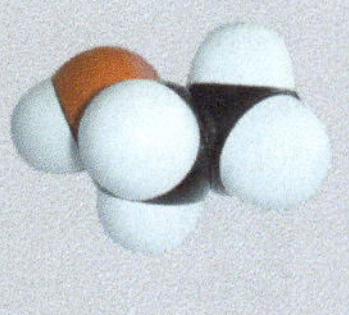

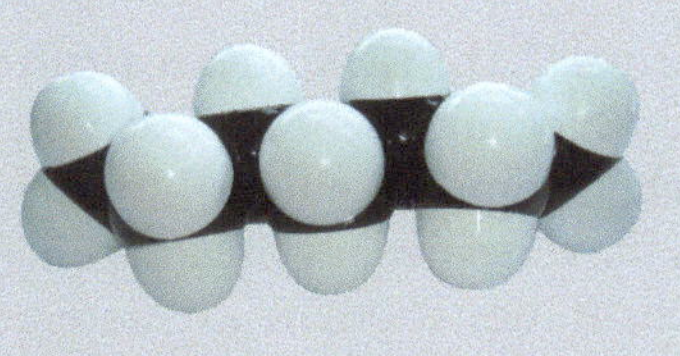

Diese beiden Beispiele (links: Ethanol, C_2H_5OH (rot: das O-Atom); rechts: Heptan, C_7H_{16}) zeigen deutlich, wie nahe die an einer Bindung beteiligten Atome einander kommen. Zugleich sieht man, dass auch die an benachbarte Kohlenstoff-Atome gebundenen Wasserstoff-Atome nun wirklich nicht weit vom jeweiligen Nachbarn entfernt sind – ganz anders, als das in den meisten Strukturformeln wirkt! Wenn Sie *das* im Hinterkopf behalten, werden Sie viel leichter verstehen, warum unter bestimmten Umständen ein Bindungspartner leicht zum benachbarten Atom »hinüberwandern« oder ein Reaktionspartner gegebenenfalls sogar mit zwei oder noch mehr benachbarten Atomen gleichzeitig (!) wechselwirken kann. So etwas findet sich in der OC immer wieder.

Wenn Sie nun zum Aufbau der Kohlenwasserstoffe erneut das Chemie-Lego®-Prinzip anwenden, sehen Sie bereits bei der Verlängerung der Kette nach dem Propan (C_3H_8), dass der Austausch eines der Wasserstoff-Atome gegen einen Methyl-Rest ($-CH_3$) an *zwei unterschiedlichen* Stellen erfolgen kann:

- ✔ Geschieht der Austausch an einer der beiden *terminalen* (also: endständigen) Methylgruppen –CH3, erhalten Sie, wie erwartet, das Butan (C_4H_{10}, $CH_3–CH_2–CH_2–CH_3$).
- ✔ Wählen Sie jedoch das *mittlere* Kohlenstoff-Atom für diesen Austausch, so ergibt sich ein gänzlich anderes Molekül – dessen Summenformel lautet zwar erwartungsgemäß ebenfalls C_4H_{10}, aber wenn Sie sich die zugehörigen Skelettformeln anschauen (Abbildung 35.4), sollte der Unterschied deutlich werden.

Abbildung 35.4: Skelettformeln zweier Moleküle mit der Summenformel C_4H_{10}

Es gibt also *zwei* Kohlenwasserstoffe mit der Summenformel C_4H_{10} – und *die* unterscheiden sich physikalisch und chemisch deutlich: Die *langgestreckte* Form (Abbildung 35.4a) wird bei –138 °C fest und geht bei –0,5 °C in die Gasphase über, die *verzweigte* Form (b), die eine *Methin-Gruppe* (–CH) in der »Mitte« aufweist, schmilzt bereits oberhalb von –160 °C und siedet schon bei –12 °C. Das liegt an den Van-der-Waals-Kräften (Kapitel 15): Langgestreckte Moleküle besitzen eine größere Oberfläche und können so effizienter miteinander wechselwirken, während Moleküle mit zunehmender Verzweigung immer kugelförmiger werden. Das verringert die Oberfläche – und damit auch die intermolekularen Wechselwirkungen.

Ab Summenformel C_4H_{10} ist also **Konstitutionsisomerie** möglich. (Die wurde in Kapitel 13 bereits erwähnt; hier unterscheiden sich die einzelnen Isomere in der *Konnektivität* ihrer Atome.) Je mehr Atome zu einem Molekül gehören, desto vielfältiger sind natürlich die Möglichkeiten für verschiedene Strukturen. Abbildung 35.5 zeigt, dass vom *Pentan* (C_5H_{12}) bereits *drei* Konstitutionsisomere existieren. (Aus historischen Gründen besitzen diese Isomere jeweils eigene Namen, die aber mittlerweile recht ungebräuchlich geworden sind.)

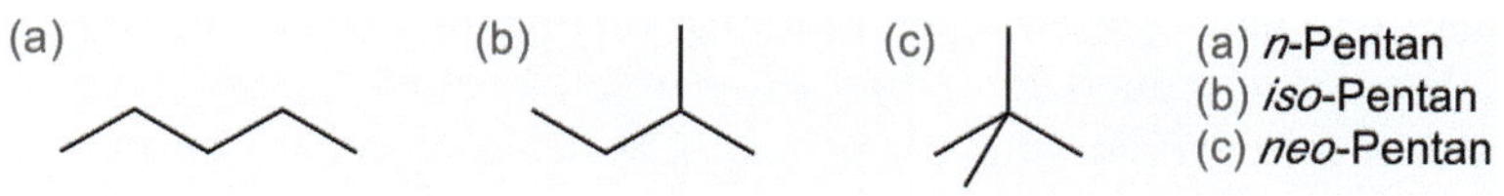

Abbildung 35.5: Die drei Konstitutionsisomere von C_5H_{12}

Vom *Nonan* (C_9H_{20}) existieren bereits 35 Konstitutionsisomere, bei $C_{15}H_{32}$ (*Pentadecan*) ist die Anzahl der möglichen Isomere bereits auf 4377 angestiegen, und zur Summenformel $C_{30}H_{62}$ gibt es mehr als *vier Millionen* Konstitutionsisomere. (Jetzt sehen Sie auch, warum Sie sich in der OC so gut wie *nie* mit Summenformeln zufriedengeben sollten.) Um verschiedene Konstitutionsisomere unterscheiden zu können, wurden von der IUPAC Nomenklaturregeln festgelegt.

Wie heißt denn das? – Systematische Nomenklatur

Schauen Sie sich noch einmal die drei Isomere des Pentans aus Abbildung 35.5 an: Wenn Sie die Spielregeln der systematischen Nomenklatur beherzigen, besteht keinerlei Verwechslungsgefahr mehr:

1. Zunächst müssen Sie die *längste zusammenhängende Kohlenstoff-Kette* aufspüren. Davon leitet sich der **Stammname** der Verbindung ab; mit der Endung **an** wird angegeben, dass es sich um einen gesättigten Kohlenwasserstoff handelt.

Die längste Kette ist nicht zwangsläufig diejenige, die sich bei der Formeldarstellung in der Waagerechten befindet!

2. Alles, was »an dieser Kette hängt«, aber nicht selbst zur längsten Kette gehört, sind *Substituenten*. Jetzt muss die Kette so *durchnummeriert* werden, dass die Kettenglieder, an denen Substituenten hängen, möglichst niedrige Nummern erhalten:

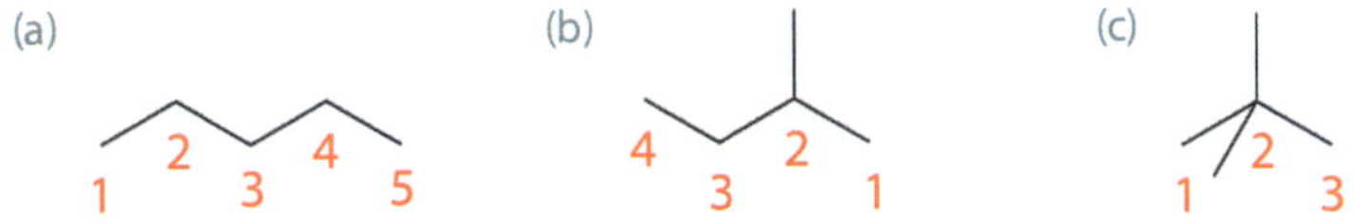

Bitte erliegen Sie nicht der Versuchung, bei der Benennung von Verbindungen die Strukturformel immer »von links nach rechts« lesen zu wollen. Sie sehen ja, dass dies beim mit (b) bezeichneten Molekül in die Irre führt.

3. Nun müssen *die Substituenten benannt* werden, als wären es Radikale, und so erhalten sie die Endung *yl*, die Sie schon von der Methylgruppe kennen. Die jeweilige Position in der Kette wird durch Voranstellen der entsprechenden Nummer aus Schritt 2 angegeben.

4. Die Substituenten werden dann dem Stammnamen der Verbindung unter Nennung der jeweiligen Nummer vorangestellt; falls es *unterschiedliche Substituenten* gibt, sind diese *alphabetisch* zu *sortieren*. Tritt ein Substituent mehrmals auf, so sind die bereits bekannten Zahlenpräfixe zu verwenden (di-, tri- und so weiter), die bei der Alphabetisierung *nicht* berücksichtigt werden (genau wie bei der Komplexnomenklatur aus Kapitel 13).

Ja, das ist *wirklich* »rückwärts gedacht«: Die eigentlich wichtigste Information (»Von was für einem *Grundgerüst* muss ich ausgehen?«) kommt am Schluss. Klingt komisch, ist aber so. – Und so etwas kennen Sie auch aus dem Alltag: Schauen Sie sich einmal an, in welcher Reihenfolge Informationen auf einem Brief vorhanden sind, den Sie verschicken wollen (die altmodischen Dinger mit Umschlag, nicht die elektronische Variante!). Ist es für die Post wirklich am wichtigsten, wie der Empfänger mit *Vornamen* heißt? Damit der Brief überhaupt erst einmal in die richtige Richtung kommt, braucht es doch zunächst einmal die Information, in welche *Stadt* er soll! Aber nein, erst werden Kleinigkeiten wie Straßennamen und Hausnummern genannt, obwohl dafür später noch genug Zeit wäre – nachdem der Brief erst einmal in der richtigen Stadt angekommen ist. Genauso läuft es auch in der Nomenklatur.

BEISPIEL

Die drei Isomere des Pentans aus Abbildung 35.5 heißen also systematisch (a) Pentan, (b) 2-Methylbutan und (c) 2,2-Dimethylpropan.

Bitte beachten Sie das Setzen der Bindestriche, schreiben Sie *nur* den Anfang des Namens groß und trennen Sie den letzten Substituenten *nicht* durch einen weiteren Bindestrich vom Stammnamen ab.

Wenn es im Molekül Hetero-Atome und/oder funktionelle Gruppen gibt, müssen die bei der systematischen Benennung der Verbindung natürlich berücksichtigt werden. Wie das jeweils zu geschehen hat, erfahren Sie im jeweiligen Themengebiet.

Was für zappelige Dinger!

Gewiss erinnern Sie sich an die Einfachbindung (σ-Bindung) aus Kapitel 12. Unter normalen Umständen besteht um eine solche Bindung *freie Drehbarkeit*. Betrachten Sie etwa das Molekül Ethan (C_2H_6), so lassen sich die beiden Methylgruppen entlang der C–C-Einfachbindung relativ zueinander verdrehen. – Tatsächlich ist der Begriff »freie Drehbar*keit*« ein wenig irreführend: Bei hinreichender Anregung durch Temperatur und/oder elektromagnetischer Strahlung geeigneter Wellenlänge *können* sich die Gruppen derartiger Moleküle nicht nur um besagte Einfachbindungen drehen, die *tun* das auch wirklich, und zwar ständig – und das mit beträchtlicher Geschwindigkeit: Bei Raumtemperatur rotiert so eine Methylgruppe wie ein winziger Propeller, und das pro Sekunde gleich mehrere Hunderttausend Mal.

Aber nicht alle möglichen Verdrehungspositionen sind energetisch äquivalent: Bei niedrigeren Temperaturen (oder bei Substituenten mit höherem Raumanspruch, also bei *sterischer Hinderung*) kann die Rotation um die Bindung eingeschränkt sein – dann beeinflusst die räumliche Position der einzelnen Molekülteile gegebenenfalls sogar einen Reaktionsverlauf.

Kehren wir erneut zum Ethan zurück: Die beiden Methylgruppen können sich entlang der C–C-Einfachbindung so gegeneinander verdrehen, dass sich zwei Extrema ergeben – entweder stehen die Substituenten *auf Lücke* (das wird als **gestaffelt** bezeichnet, Abbildung 35.6a) *oder* sie *überdecken einander* (sie stehen **ekliptisch**; b). Dieses Phänomen heißt **Konformationsisomerie**, die beiden Extrema heißen *Konformationsisomere* oder **Konformere**.

Anders als *Konstitutions*isomere können sich *Konformations*isomere schon bei geringer energetischer Anregung ineinander umwandeln.

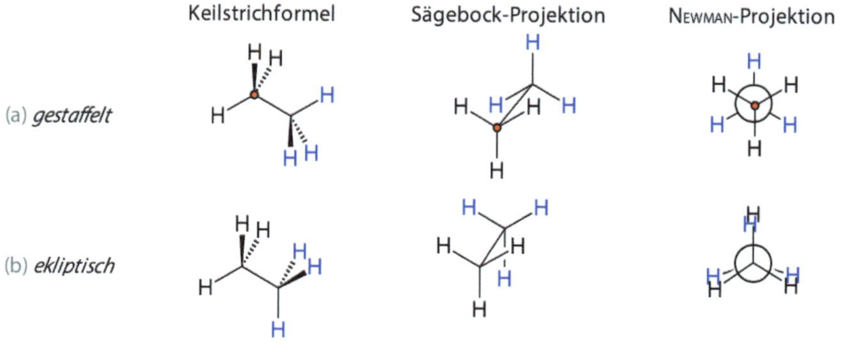

Abbildung 35.6: Die Konformere des Ethans

Mal anders gesehen – Projektionsmethoden für Konformere

Wollen Sie sich mit den Besonderheiten verschiedener Konformere befassen, gibt es diverse Darstellungsmöglichkeiten; die Keilstrichformel ist für diese Zwecke eher weniger geeignet. Abbildung 35.6 zeigt Ihnen zwei weitere Methoden.

- ✔ Für die **Sägebock-Projektion**, die sich von der Keilstrichformel ableitet, wird das Molekül so gedreht, dass Sie mehr oder minder an *der* Bindung entlangschauen, die gerade von besonderem Interesse ist.
- ✔ Noch übersichtlicher (dafür aber auch ein wenig gewöhnungsbedürftiger) ist die **Newman-Projektion**, bei der Sie frontal auf die Bindung zwischen den beiden relevanten Atomen blicken. Um die beiden einander so überdeckenden Atome voneinander unterscheiden zu können, wird das *hintere* der beiden Atome als größerer Kreis dargestellt, von dem dann die drei Substituenten abgehen, das *vordere* Atom als sehr viel kleinerer *Punkt* – in Abbildung 35.6a zur Veranschaulichung farblich markiert. (Diese Darstellungsweise widerspricht zwar allen Regeln des perspektivischen Zeichnens, aber es ist wirklich besser so, sonst würde das vordere Atom das hintere ja gänzlich verdecken.) Meistens wird das vordere Atom ganz im Sinne der Skelettformeln nur impliziert (so wie in Abbildung 35.6b): Dort, wo die Bindungen der drei vorderen Substituenten aufeinandertreffen, *muss* sich ja ein Atom befinden.

Betrachten Sie nun, in der Newman-Projektion dargestellt, das Butan entlang der Bindung C^2–C^3 (Abbildung 35.7; der Übersichtlichkeit halber wurden die Methylgruppen durch einen schwarzen und einen roten Punkt dargestellt). Hier ergeben sich *vier* Konformere unterschiedlichen Energiegehalts (denen jeweils eine eigene Bezeichnung zukommt). Energetisch am günstigsten ist es natürlich, wenn die beiden Substituenten mit größtem Raumbedarf einander so weit fernbleiben wie möglich (das ist die *antiperiplanare* Anordnung).

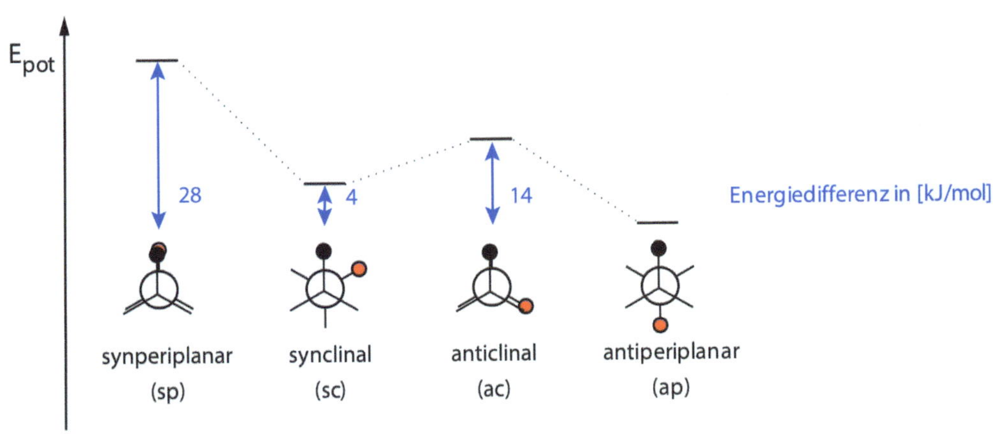

Abbildung 35.7: Konformere von Butan in der Newman-Projektion

Für die verschiedenen »Verdrehungswinkel« (fachsprachlich korrekter: *Torsionswinkel* oder auch *Diederwinkel*, bitte »Di-eder-winkel« aussprechen) der Konformationen finden sich in manchen Lehrwerken einige weitere, historische Bezeichnungen:

Diederwinkel α	Form	Bezeichnung nach IUPAC	historische Kurzbezeichnung(en)
0 °	ekliptisch	synperiplanar	*cis / syn*
60 °	gestaffelt	synclinal	*gauche*
120 °	ekliptisch	anticlinal	-
180 °	gestaffelt	antiperiplanar	*trans / anti*

Tabelle 35.3: Historische Bezeichnung der Konformere

- Die Kurzbezeichnungen *syn* und *anti* haben sich (bislang) nie so recht durchsetzen können. Aber Sie sollten zumindest wissen, dass es so etwas gibt.
- Die Bezeichnungen *cis* und *trans* finden mittlerweile in einem anderen Kontext Verwendung und sollten im Zusammenhang mit Konformeren vermieden werden, um keine Verwirrung zu erzeugen:
  - Historisch wurden Verbindungen mit Doppelbindung je nach relativer Position ihrer Substituenten als *cis-* oder *trans-* bezeichnet (mehr dazu in Kapitel 37); inzwischen wird dafür jedoch um der Eindeutigkeit willen lieber (und ganz im Sinne der IUPAC) auf das CIP-System zurückgegriffen, das Sie in Kapitel 36 kennenlernen werden.
  - Heutzutage dienen die Vorsilben *cis-* und *trans-* dazu, die relative Position von Substituenten an einem Ringsystem anzugeben. (Auf dieses Thema gehen wir in Kapitel 38 weiter ein.)
- Einzig die Bezeichnung *gauche* (die bitte *französisch* auszusprechen ist) ist heute noch allgemein gebräuchlich.

Was Sie schon kennen – in neuem Lichte betrachtet

Gemäß dem Chemie-Lego®-Ansatz nehmen wir uns nun erneut Methan vor und spalten wieder einmal eine der vier C–H-Bindungen. Dass das *homolytisch* erfolgen kann (sodass ein Methyl-Radikal und ein Wasserstoff-Atom entstehen), kennen Sie ja bereits aus Abbildung 35.2a. Aber auch die *heterolytische* Bindungsspaltung ist möglich (Abbildung 35.8). Je nachdem, wem das Elektronenpaar der C–H-Bindung zukommt, erhält man

- (a) das Methyl-Anion (CH_3^-, ein *Carbanion*, das bitte Carb-Anion auszusprechen ist) und ein Wasserstoff-Kation (H^+) *oder*

✔ (b) das Methyl-Kation (CH_3^+), ein *Carbokation*) und ein Wasserstoff-Anion (Hydrid-Ion, H^-).

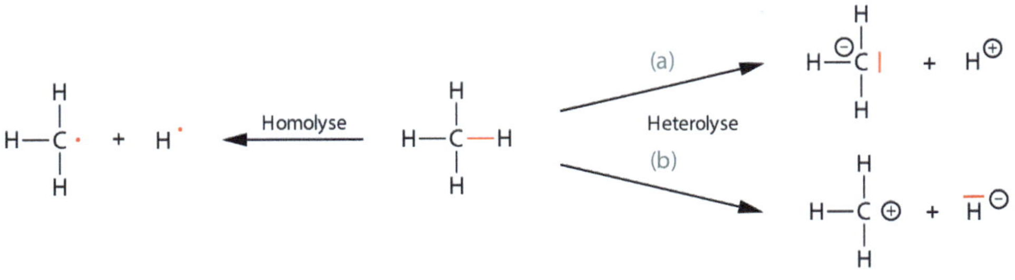

Abbildung 35.8: Mögliche Bindungsspaltungen im Ethan

Da es sich bei den Ionen und auch dem Radikal um echte (wenngleich sehr reaktive) Moleküle handelt, sollten Sie sich jetzt fragen, ob Sie nicht bereits anhand ihrer Strukturen etwas über ihr chemisches Verhalten aussagen können. Also der Reihe nach:

Das Methyl-Anion

Bei einer heterolytischen Bindungsspaltung kommt das Elektronenpaar normalerweise dem elektronegativeren Bindungspartner zu. Aufgrund der nicht sonderlich ausgeprägten, aber dennoch vorhandenen Elektronegativitätsdifferenz ($EN_C = 2{,}50$, $EN_H = 2{,}20$) ist das Kohlenstoff-Atom im Methan geringfügig *negativ* polarisiert ($C^{\delta-}$), während den Wasserstoff-Atomen jeweils *positive* Partialladungen zukommen ($H^{\delta+}$). Die Reaktivität aus Abbildung 35.8a (bei der also gemäß der Unterteilung aus Kapitel 27 der Kohlenstoff als *Wasserstoffsäure* fungiert) wird als **CH-Acidität** bezeichnet. Diese ist beim Methan selbst extrem gering ausgeprägt: Der pK_S-Wert des Methans lässt sich nur theoretisch ermitteln und liegt (je nach Quelle) irgendwo zwischen $pK_S(CH_4) \sim 34$ und $pK_S(CH_4) \sim 57$, aber manche funktionellen Gruppen an einem Wasserstoff tragenden C-Atom können dessen Acidität drastisch steigern.

Entsprechend muss die konjugierte Base der extrem schwachen Säure Methan, das Methyl-Anion, eine extrem starke Base sein – und tatsächlich: $pK_B(CH_3^-) = -20$ bis -35. (Derart niedrige Werte lassen sich bekanntermaßen nicht mehr *messen*, sondern nur *berechnen*, und da bei diesen Berechnungen unterschiedliche Annahmen zugrunde gelegt werden können, variieren die Ergebnisse – sogar der Wert -43 wurde schon postuliert.) Für das anionische Kohlenstoff-Atom ist die Oktettregel zwar erfüllt, aber aufgrund der hohen negativen Ladungsdichte am C-Atom wird sich dieses Anion unverkennbar *nucleophil* verhalten: Es »strebt danach«, in Wechselwirkung mit dem Träger einer positiven Ladung oder einem Molekülfragment mit positiver Polarisation ($\delta+$) zu treten. Kurz:

✔ Das Carbanion fungiert als Lewis-*Base* (*siehe* Kapitel 25).

Auch über den räumlichen Bau des Carbanions lässt sich (mit dem VSEPR-Modell aus Kapitel 12) etwas aussagen: Zentralteilchen ist natürlich das Kohlenstoff-Atom. Es weist drei Bindungspartner auf (die drei Wasserstoffe), zudem verfügt es noch über ein freies Elektronenpaar. Aufgrund der Pseudokoordinationszahl von 4 ergibt sich als Koordinationspolyeder das Tetraeder; eine von dessen Ecken ist durch ein freies Elektronenpaar besetzt. Das Elektronenpaar »benötigt mehr Platz« als eine Bindung, daher wird der HCH-Winkel etwas kleiner sein als der Tetraederwinkel. Insgesamt ergibt sich ein dem Ammoniak analoger, trigonal-pyramidaler Bau (Abbildung 35.9).

- ✔ Der anionische Kohlenstoff ist sp^3-hybridisiert: Die negative Ladung ist in einem der vier sp^3-Hybridorbitale lokalisiert (das damit doppelt besetzt ist, sodass ein *freies Elektronenpaar* vorliegt), während die anderen drei sp^3-Hybridorbitale die gewohnten σ-Bindungen zu den drei H-Atomen ausbilden.

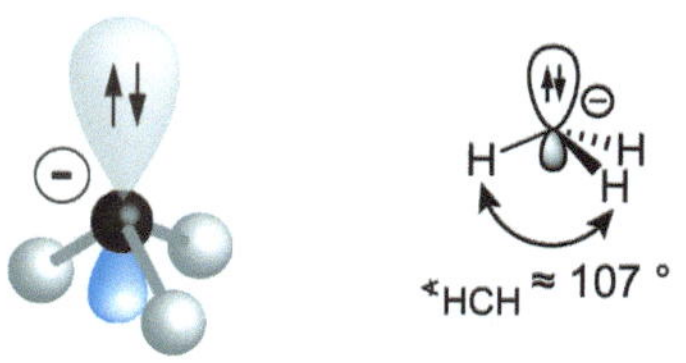

Abbildung 35.9: Räumlicher Bau des Methyl-Anions

Ein freies Elektronenpaar wird *gewöhnlich* in einem Hybridorbital »untergebracht«. (Dass das *nicht immer* so ist, werden Sie beispielsweise in Kapitel 38 feststellen. Aber auch dahinter steckt ein System, Sie brauchen also keine »Ausnahmen« zu befürchten.)

Das Methyl-Kation

Da der Kohlenstoff in einer C–H-Bindung geringfügig negativ polarisiert ist ($C^{\delta-}$), entsteht ein Carbokation meist nur dann, wenn das Kohlenstoff-Atom zuvor mit einem *elektronegativeren* Partner verbunden war, sodass ihm eine positive Partialladung ($C^{\delta+}$) zukam und der Bindungspartner dann bei der Spaltung dieser Bindung das Elektronenpaar mitgenommen hat. (Schon in Kapitel 36 werden Sie sehen, dass in solchen Fällen Carbokationen sogar recht häufig auftreten.) Nach der Heterolyse bleibt am Kohlenstoff also eine positive Ladung zurück: Beim resultierenden Molekül-Ion (CH_3^+) ist die Oktettregel *nicht erfüllt*, es handelt sich um eine **Elektronen*mangel*verbindung**, da nur ein *Elektronensextett* vorliegt. Aufgrund der positiven Ladung (und auch des Elektronenmangels) zeigt das Carbokation *elektrophiles Verhalten*: Das Ion strebt stets danach, in Wechselwirkung mit einem negativen Ladungsträger (einem Anion) oder einem Molekülfragment mit negativer Polarisation ($\delta-$) zu treten.

- ✔ Beim Carbokation handelt es sich um eine *Lewis-Säure* (Kapitel 25).

  Was den räumlichen Bau dieses Kations betrifft, hilft wieder das VSEPR-Modell: Zentralteilchen ist der Kohlenstoff, drei Bindungspartner (die H-Atome), *kein* freies Elektronenpaar. Die resultierende Pseudokoordinationszahl von 3 führt zum entsprechenden Koordinationspolyeder (dem Dreieck). Insgesamt ergibt sich ein trigonal-planarer Bau (Abbildung 35.10).

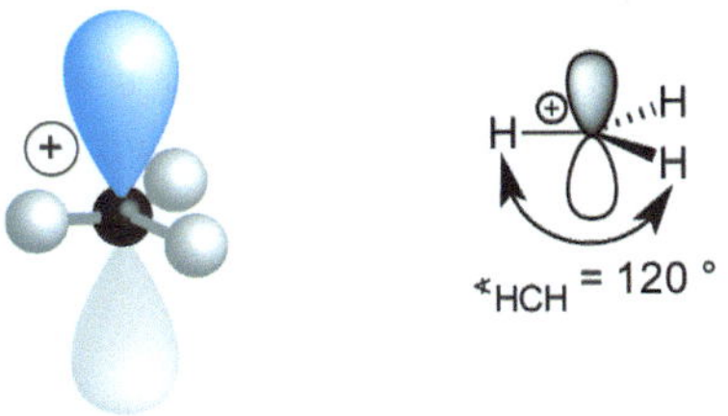

Abbildung 35.10: Räumlicher Bau des Methyl-Kations

- ✔ Der kationische Kohlenstoff ist sp^2-hybridisiert. Die positive Ladung am Kohlenstoff ist in dem unhybridisierten p-Orbital »untergebracht«, das senkrecht auf der von den drei sp^2-Hybridorbitalen aufgespannten Molekülebene steht. Dieses Orbital ist nicht durch Elektronen besetzt, es ist **vakant**.

Ein vakantes Orbital wird *gewöhnlich* nicht mithybridisiert. Allerdings ist auch diese Aussage nicht allgemeingültig: Es können weitere Faktoren ins Spiel kommen (beispielsweise die Delokalisation von Elektronen; mehr dazu in Kapitel 37).

Carbokationen – Carbenium-Ionen und Carbonium-Ionen

Ein positiv geladener Kohlenstoff führt zu einem **Carbokation** (denken Sie bei der Benennung an das Elementsymbol für Kohlenstoff). Allerdings gibt es – vor allem, wenn man ein wenig tiefer auch in die etwas exotischere Chemie vorstoßen möchte – noch einen feinen Unterschied zu bedenken:

- ✔ Von einem **Carbenium-Ion** ist die Rede dann, wenn der positiv geladene Kohlenstoff *subvalent* ist, also »eine Bindung *zu wenig*« aufweist und ein Elektronensextett vorzuweisen hat – mit anderen Worten: Jedes »gewöhnliche« CR_3^+ -Ion ist ein *Carbenium*-Ion.
- ✔ Es gibt auch **Carbonium-Ionen**, in denen der Kohlenstoff – ganz analog zu den Ammonium- und Hydroxonium-/Oxonium-Ionen NH_4^+/NR_4^+ und H_3O^+/R_3O^+ – »eine Bindung *zu viel*« eingegangen ist.

  Ja, so etwas gibt es wirklich: Natürlich nicht im wässrigen Medium, und auch nicht unter konventionelleren OC-Reaktionsbedingungen, aber dann gibt es auch noch *supersaure Medien*:

  Lösen Sie beispielsweise Fluorwasserstoff in geschmolzenem Antimonpentafluorid, läuft folgende Reaktion ab:

  $$HF + SbF_5 \rightarrow H[SbF_6]$$

- Es enststeht also die Säure des Hexafluoridoantimonats, und die ist etwa 10^{10}-mal saurer als reine Schwefelsäure. Dieses als *magic acid* bezeichnete Gemisch (HF in SbF_5, eine *Supersäure*) schafft es sogar, Methan zu protonieren:

  $$CH_4 + H[SbF_6] \rightarrow CH_5^+ + [SbF_6]^-$$

  Die Bindungsverhältnisse dieses Carbonium-Ions sind … interessant, aber sie laufen auf die Mehrzentrenbindungen hinaus, die Sie schon in Kapitel 33 kennen- und liebengelernt haben. (Glauben Sie bloß nicht, der Kohlenstoff sei einfach nur fünf konventionelle σ-Bindungen eingegangen!) Für derlei Grundlagenforschung an Carbokationen erhielt George OLAH im Jahr 1994 den Chemie-Nobelpreis.

Da es in diesem Buch aber um derlei Extrem-Chemie nicht gehen soll, sind – sollte es nicht doch noch irgendwo ausdrücklich anders ausgesagt werden – für unsere Zwecke *Carbokation* und *Carbenium-Ion* gleichbedeutend.

Das Methyl-Radikal

Einiges über Radikale haben Sie in diesem Kapitel schon erfahren. Fassen wir zusammen:

- Bei Radikalen ist die Oktettregel *nicht erfüllt*, es handelt sich also um **Elektronenmangelverbindungen**, die somit entsprechend *elektrophil* sind.
- Zugleich verhalten sich Radikale aber auch *nucleophil*: Anders als Carbokationen weisen sie ein ungepaartes Elektron auf. (Das macht sich auch an ihrem Verhalten im Magnetfeld bemerkbar: Wie es sich für Teilchen mit (mindestens) einem ungepaarten Elektron gehört, sind sie *paramagnetisch* – wie Sie das aus Kapitel 13 kennen.)
- Diese Doppelnatur – zugleich nucleophil *und* elektrophil – trägt zusätzlich zur hohen Reaktivität dieser kurzlebigen Spezies bei.

Leider bietet das VSEPR-Modell (aus Kapitel 12) keine Spielregeln für den Umgang mit Teilchen, die ein ungepaartes Elektron (oder auch mehrere) aufweisen. Daher lässt sich der räumliche Bau des Methyl-Radikals nicht einfach vorhersagen. Mit spektroskopischen Methoden (mehr darüber in Kapitel 50) lässt sich jedoch ermitteln, dass das Methylradikal planar gebaut ist und einen Bindungswinkel von $\sphericalangle_{HCH} = 120°$ aufweist, wie in Abbildung 35.11 dargestellt.

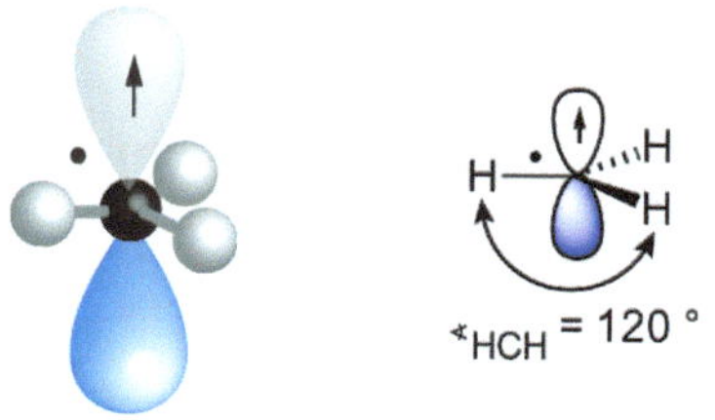

Abbildung 35.11: Räumlicher Bau des Methyl-Radikals

Der radikalische Kohlenstoff ist sp^2-hybridisiert; die Ladungsdichte des ungepaarten Elektrons ist über die beiden Orbitallappen des *unhybridisierten p-Orbitals* verteilt.

Gewöhnlich landen ungepaarte Elektronen in unhybridisierten Orbitalen, während Elektronen*paare meist* in Hybridorbitalen untergebracht werden. (Dass Hybridorbitale *selten* vakant bleiben, wissen Sie ja aus Kapitel 12.)

Redox in der OC

Mittlerweile wissen Sie, dass es in der Chemie (egal, ob AC oder OC) eigentlich immer nur darum geht, wer gerade Elektronen hat und wer sie haben will. Natürlich kann ein entsprechender Elektronenaustausch auch über *Redox-Reaktionen* erfolgen. Daher lassen sich die drei hier vorgestellten reaktiven Spezies (Carbokation, Radikal, Carbanion) auch durch Reduktion oder Oxidation ineinander umwandeln (Abbildung 35.12).

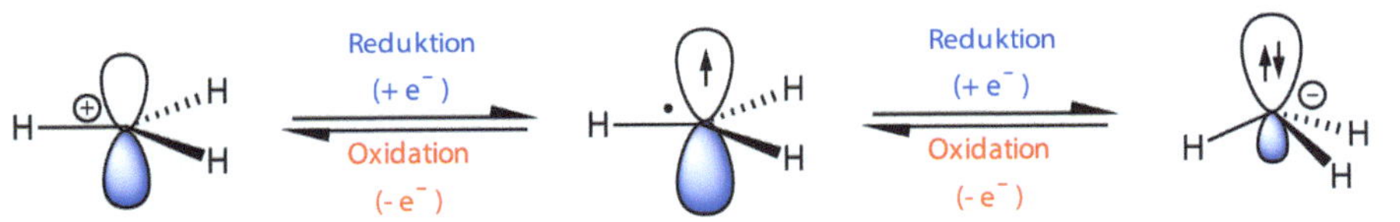

Abbildung 35.12: Redox-Reaktionen am Methyl-Fragment

Tauschen Sie gemäß dem Chemie-Lego®-Ansatz die drei Wasserstoff-Atome dieser Moleküle/Molekül-Ionen gegen beliebige andere, einbindige Substituenten aus, erhalten Sie die allgemeine Formel CR_3^* für Radikale (R = Rest, die drei Reste *können* identisch sein, *müssen* aber nicht), CR_3^- für Carbanionen und CR_3^+ für Carbokationen. Die jeweiligen Substituenten beeinflussen natürlich das chemische Verhalten dieser Spezies, aber vom Prinzip her bleibt das bislang Gesagte durchaus gültig.

Redox-Reaktionen funktionieren genauso wie in der Anorganischen Chemie – nur wird in der OC seltener auf die *Stöchiometrie* derartiger Reaktionen eingegangen … was Ihnen das Leben natürlich noch einfacher macht.

Eigentlich gar nicht so unübersichtlich!

Praktischerweise lassen sich sämtliche Reaktionen der OC in erfreulich wenige Reaktionstypen einteilen:

- ✔ Radikalische Reaktionen (mehr dazu in Kapitel 36)
- ✔ Nucleophile/elektrophile Reaktionen (auch hier bietet Kapitel 36 den Einstieg)
- ✔ Redox-Reaktionen (werden in Kapitel 40 etwas ausführlicher behandelt)
- ✔ Pericyclische Reaktionen (was das ist, erfahren Sie in Kapitel 41)

Nucleophile und elektrophile Reaktionen stellen letztendlich zwei Seiten der gleichen Medaille dar: Bei *nucleophilen* Reaktionen geht es um *Zentren mit besonders hoher Elektronendichte,* die an Reaktionspartnern mit besonders niedriger Elektronendichte (also an *elektrophilen* Zentren) interessiert sind. Bei *elektrophilen* Reaktionen hingegen sind es *Zentren mit besonders geringer Elektronendichte,* die begierig mit Zentren auffallend hoher Elektronendichte (also ihrerseits *nucleophilen* Zentren) reagieren.

Wie schlau sind wir schon? – Eine Zwischenbilanz

Prinzipiell gilt für die OC genau das, was Sie aus der AC schon kennen:

- ✔ Keine Substanz kann als Säure fungieren, wenn keine Base vorhanden ist, mit der sie reagieren kann.
- ✔ Kein Reaktionspartner kann im Rahmen einer Redox-Reaktion Elektronen abgeben, solange kein Akzeptor vorhanden ist, der diese Elektronen auch aufnehmen wird.
- ✔ Kein Molekül kann als Nucleophil reagieren, wenn nicht als Reaktionspartner ein Elektrophil bereitsteht.

Und selbst das komplizierteste OC-Molekül lässt sich immer auf den Chemie-Lego®-Ansatz zurückführen. Das hat einen gewaltigen Vorteil: Durch Anwendung bereits aus der Allgemeinen Chemie bekannter Konzepte lassen sich zahlreiche Eigenschaften auch unbekannter Moleküle alleine anhand ihrer Struktur vorhersagen. Schauen Sie sich die beiden Beispiele aus Abbildung 35.13 an: Obwohl Sie diese Verbindungen vermutlich (derzeit noch) nicht kennen, können Sie alleine anhand der Strukturformel bereits einige chemische und physikalische Eigenschaften ableiten.

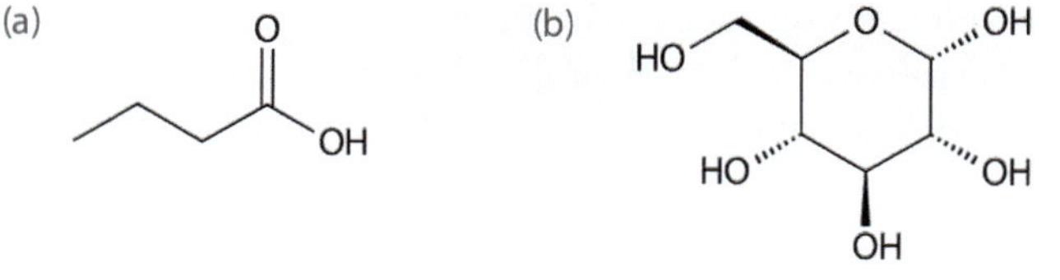

Abbildung 35.13: Was können wir schon jetzt über diese Verbindungen aussagen?

In der Verbindung mit der Summenformel $C_4H_8O_2$ (Abbildung 35.13a) wird das (sp^2-hybridisierte) Kohlenstoff-Atom, das mit zwei Sauerstoff-Atomen verbunden ist, wegen der Elektronegativitätsdifferenz beachtlich positiv polarisiert sein ($C^{\delta+}$). Weiterhin wissen Sie, dass ein an ein O-Atom gebundenes H-Atom ebenfalls stark positiv polarisiert ist. Da nun das H-tragende O-Atom vom positiv polarisierten C-Atom kaum Elektronendichte erhalten kann (schließlich »zieht« an diesem C-Atom ja auch noch der doppelt gebundene Sauerstoff!), wird dieses H-Atom noch stärker $\delta+$ sein als etwa beim Wasser-Molekül H_2O. Das bedeutet: Dieses H-Atom wird sich sehr leicht als H^+-Ion abspalten lassen.

Es steht also zu erwarten, dass dieses Molekül leicht als Säure fungieren wird – und genau das ist der Fall, wie auch der historische Name dieser Verbindung verrät: Es geht hier um die *Buttersäure* (in Kapitel 40 werden Sie sehen, dass sie im Sinne der IUPAC auch als *Butansäure* oder *Propancarbonsäure* bezeichnet werden). Auch der unpolare Teil dieses Moleküls (der Propyl-Rest, $-C_3H_7$) gestattet Rückschlüsse auf das Verhalten dieser Verbindung: Einerseits ist Buttersäure aufgrund des Propyl-Rests auch in unpolaren Lösemitteln löslich, andererseits ist diese unpolare Kette aber noch kurz genug, um die Buttersäure (aufgrund ihrer polaren Carboxylgruppe –COOH) auch wasserlöslich sein zu lassen. Entsprechend lässt sich also der zugehörige pK_S-Wert der Säure ermitteln (das geht natürlich *nicht* einfach nur durch Betrachten der Strukturformel!): Mit einem Wert von $pK_S = 4{,}82$ ist die Acidität dieser Verbindung nur unwesentlich geringer als die der Ihnen bereits vertrauten Essigsäure. Und genau wie andere Säuren wird auch die Buttersäure mit einer hinreichend starken Base (beispielsweise Natriumhydroxid) zum Salz der Säure (also der konjugierten Base) reagieren, in diesem Falle entsprechend zum Natriumsalz:

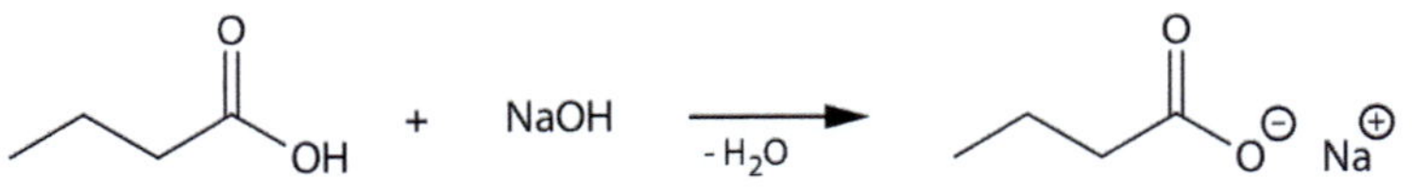

Aber es geht noch weiter: Nicht nur wegen der beiden im Vergleich zum Butan (C_4H_{10}) »zusätzlichen« Sauerstoff-Atome, sondern vor allem, weil aufgrund der Polarisation des O-gebundenen H-Atoms Wasserstoffbrückenbindungen ausgebildet werden können, wird diese Verbindung – anders als Butan – bei Raumtemperatur wohl *nicht* gasförmig sein. Und tatsächlich bleibt Buttersäure sogar noch weit über die Raumtemperatur hinaus flüssig: Unterhalb von –5 °C ist sie fest, sie siedet erst bei 163 °C.

Dass Buttersäure für den charakteristischen Geruch von Schweiß und Erbrochenem verantwortlich ist, lässt sich der Strukturformel dann leider doch nicht *entnehmen.*

Bei der Verbindung mit der Summenformel $C_6H_{12}O_6$ (Abbildung 35.13b) lassen die zahlreichen –OH-Gruppen (mit ihrer mittlerweile sicherlich gewohnten Polarisierung) ebenfalls das Auftreten von Wasserstoffbrückenbindungen erwarten. Aus diesem Grund wird diese Substanz zum einen wohl recht gut wasserlöslich sein, zum anderen sollte sie als Reinsubstanz aufgrund entsprechender intermolekularer Wechselwirkungen einen recht hohen Schmelz- und vor allem Siedepunkt aufweisen. Und beides trifft zu: Es handelt sich hierbei um *Glucose*, auch bekannt als *Traubenzucker* (genau genommen ist dies hier die α-D-Glucose; mehr dazu in Kapitel 44). Der Schmelzpunkt dieser Verbindung liegt bei 146 °C. (Glucose lässt sich nicht unzersetzt destillieren, daher gibt es keinen Siedepunkt.)

Die beachtliche Süßkraft der Glucose wiederum lässt sich allein von der Strukturformel leider wieder nicht *ableiten.*

Aufgaben Kapitel 35

Zum Aufwärmen

1. Ordnen Sie die drei Konstitutionsisomere des Pentans (*siehe* Abbildung 35.5) nach steigendem Siedepunkt und geben Sie einen Grund für dieses unterschiedliche Verhalten dieser Verbindungen trotz gleicher molarer Masse an.

2. Benennen Sie die folgenden Moleküle:

(a)

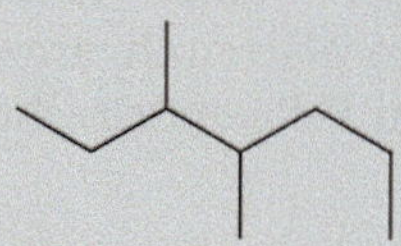

(b)

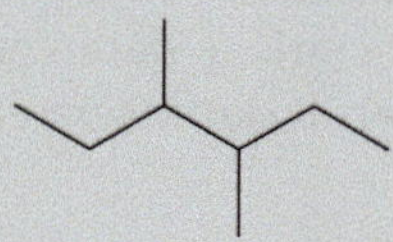

(c)

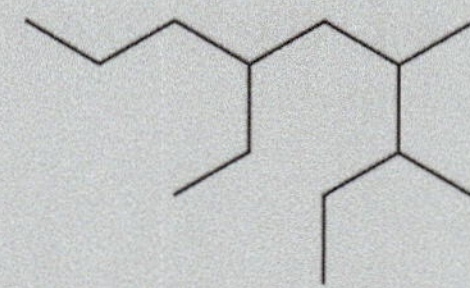

3. Was können Sie über diese beiden Moleküle aussagen?

(a)

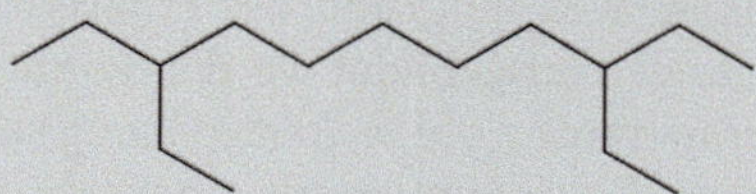

(b)

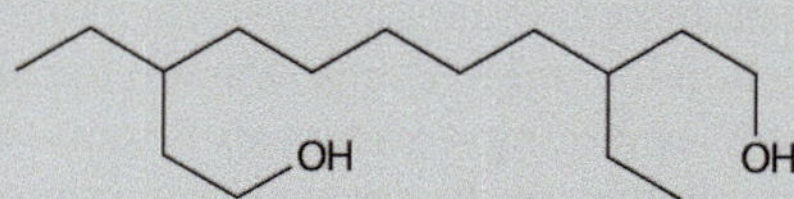

Für Fortgeschrittene

4. Geben Sie von 2-Methylbutan die jeweils energetisch günstigste gestaffelte und ekliptische Konformation in der Newman-Projektion an.

5. Geben Sie die Strukturformeln sämtlicher Konstitutionsisomere von Hexan (C_6H_{14}) an.

IN DIESEM KAPITEL

- lassen wir den Radikalen freien Lauf
- schauen wir uns intramolekulare Effekte an
- geht es um Bild und Spiegelbild

Kapitel 36
Partnertausch in der OC

Praktisch alle gesättigten Kohlenwasserstoffe sind recht reaktionsträge, doch hin und wieder gehen selbst diese wenig begeisterungsfähigen Verbindungen Reaktionen ein – zum Beispiel die **(Photo-)Halogenierung**, eine **Radikalische Substitution** (**S_R**). Die Grundlagen für diesen Reaktionstypus kennen Sie schon, schließlich haben Sie in Kapitel 35 bereits einiges über die entscheidende *reaktive Zwischenstufe* erfahren.

Gar nicht politisch: Freie Radikale

Wird ein gesättigter Kohlenwasserstoff – beispielsweise Ethan – unter Lichtabschluss (also: im Dunkeln) mit elementarem Chlor oder elementarem Brom versetzt (beide Halogene sind recht reaktiv), so findet zunächst einmal *keine* Reaktion statt. Wird das Reaktionsgemisch jedoch mit Licht bestrahlt oder auf >300 °C erhitzt, kommt es zu einer **Substitutionsreaktion**, meist einfach nur **Substitution** genannt: Ein Teil des Ausgangsmoleküls wird durch etwas anderes ersetzt.

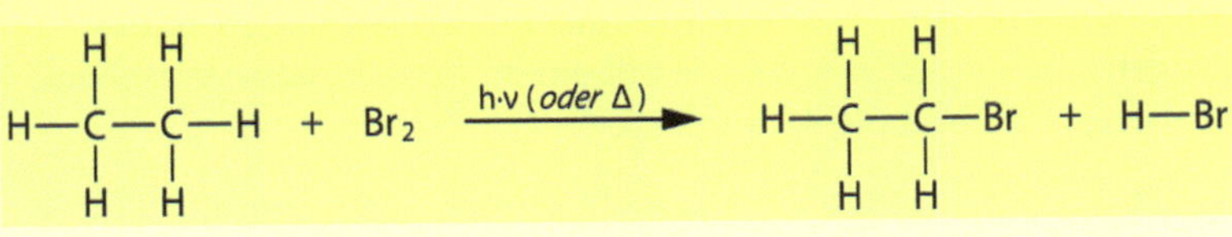

Abbildung 36.1: Radikalische Bromierung von Ethan

- ✔ Bei der in Abbildung 36.1 gezeigten Reaktion wird *eines* der Wasserstoff-Atome des Ethans durch ein Brom-Atom ausgetauscht (= **substituiert**), wobei neben Bromwasserstoff (HBr) Bromethan entsteht.

Auch wenn diese Reaktion mithilfe des Chemie-Lego®-Ansatzes durchaus nachvollziehbar sein müsste (ein einbindiges Wasserstoff-Atom wird gegen ein ebenfalls monovalentes Brom-Atom ausgetauscht), sollten Sie sich diese Reaktion doch etwas genauer anschauen, denn wichtig ist hier der Reaktionsmechanismus. Es findet eine *Kettenreaktion* statt, bei der drei Schritte unterschieden werden müssen:

1. Startreaktion (gelegentlich auch Initiation genannt)
2. Kettenfortpflanzung (auch als *Propagation* bezeichnet)
3. Kettenabbruch (die heißt gelegentlich auch *Termination*)

Startreaktion (Initiation)

Im ersten Schritt wird das Halogen-Molekül (exemplarisch: Brom) homolytisch gespalten; dabei entstehen also zwei hochreaktive Radikale:

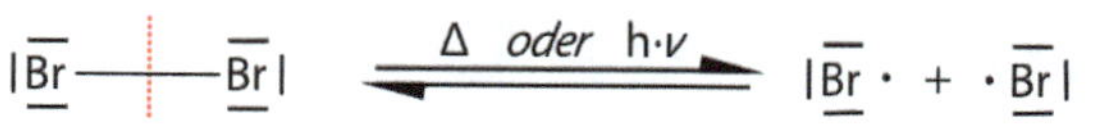

oder kurz: $Br_2 \rightarrow 2\ Br\cdot$

In der OC wird häufig statt mit einer (stöchiometrisch ausgeglichenen) Reaktionsgleichung nur mit einem *Formelschema* oder *Reaktionsschema* (bekannt aus Kapitel 22) gearbeitet. Auch dafür gibt es wieder Spielregeln:

- ✔ Auf der einen Seite des Reaktionspfeils (meist links, aber das ist nicht immer so!) sind die *Reaktanten* (Ausgangsstoffe), auf der anderen die *Produkte* (Endstoffe). Das kennen Sie schon.
- ✔ Der Reaktionspfeil *kann* ein Gleichgewichtspfeil sein (*muss* es aber nicht).
- ✔ *Über* den Reaktionspfeil kommen
  - hinzugegebene Reagenzien *und*
  - Reaktionsbedingungen. Dabei steht Δ für die Verwendung thermischer Energie (also: Erhitzen), während h·ν für photochemische Anregung (also: Bestrahlung mit Licht) steht. (Falls Ihnen das dafür gewählte Symbol nicht einleuchtet, schauen Sie noch einmal in Kapitel 9.)
- ✔ *Unter* dem Reaktionspfeil werden häufig (aber nicht immer) bei der Reaktion entstehende Verbindungen (oder frei werdende Ionen) angegeben, die aber nicht das eigentlich relevante Produkt sind. Um zu verdeutlichen, dass es sich nicht etwa um hinzugefügte Reagenzien handelt, werden sie mit einem *Minuszeichen* versehen. (Schauen Sie sich als Beispiel Abbildung 36.6 an.)

Ebenso wie in der AC ist es auch in der OC nicht zwingend notwendig, in Lewis-Formeln *sämtliche* freien Elektronenpaare anzugeben. Da aber vor allem Chemie-Neulinge gerne *gerade dann* Elektronenpaare vergessen, wenn diese besonders wichtig sind, um das Verhalten eines Atoms/Moleküls zu erklären, geben wir in diesem Teil des Buches freie Elektronenpaare häufig an. Aber nicht immer. Sie sollen ja auch ein bisschen üben.

Wollen Sie eine Bindung spalten, muss *Dissoziationsenergie* aufgebracht werden – und die ist abhängig von der Stabilität der zu spaltenden Bindung. Der relative Unterschied der potentiellen Energie von Reaktant(en) und Produkt(en) einer Reaktion lässt sich recht anschaulich durch ein **Energieprofil** darstellen: Auf der x-Achse wird die *Reaktionskoordinate* (der Reaktionsfortschritt) aufgetragen, auf der y-Achse die relative potentielle Energie (meist nur schematisch, nicht maßstabsgetreu; *siehe* beispielsweise Abbildung 36.3; Sie kennen das schon aus Kapitel 5).

Kettenfortpflanzung (Propagation)

Die durch Homolyse erzeugten Radikale sorgen für den Start der eigentlichen Kettenreaktion. Beim zweiten Schritt, der *Propagation*, reagiert jedes dieser Radikale mit je einem Molekül des ebenfalls im Reaktionsgemisch vorliegenden Kohlenwasserstoffs. Dabei abstrahiert das Halogen-Radikal ein Wasserstoff-Atom und bildet ein Molekül Halogenwasserstoff (damit ist für das Halogen-Atom die Oktettregel wieder erfüllt). Der Radikalcharakter kommt jetzt dem C-Atom zu, dem gerade das H-Atom geraubt wurde:

Gelegentlich bedient man sich in der Chemie einer bemerkenswert kriegerischen Sprache, wie Sie gerade (»geraubt«) schon bemerkt haben werden: Aussagen wie »das Brom-Radikal greift das Ethan-Molekül an« oder die Erklärung »bei dieser Reaktion erfolgt ein *radikalischer Angriff*«, ist fachsprachlich korrekt. Ab sofort werden Sie dergleichen öfter vorfinden.

Auch diesen Schritt sollten Sie nach dem Chemie-Lego®-Ansatz leicht nachvollziehen können. Tatsächlich steckt dahinter mehr, als der erste Anschein vermuten lässt: Das hier angegriffene, tetraedrisch koordinierte Kohlenstoff-Atom (sp^3-hybridisiert) bildet mit dem Halogen-Radikal einen Übergangszustand, bei dem das ungepaarte Elektron des Brom-Atoms nun nicht mehr lokalisiert werden kann: Abbildung 36.2 zeigt, wie sich der Radikalcharakter auf das Brom-Atom ebenso verteilt wie auf den angegriffenen Kohlenstoff (schwarz) und das daran gebundene Wasserstoff-Atom (grün). Dabei wird der Radikalcharakter übertragen: Das H-Atom wechselt seinen Bindungspartner, das entstandene Bromwasserstoff-Molekül entfernt sich – zurück bleibt ein Ethyl-Radikal mit trigonal planar koordiniertem (sp^2-hybridisiertem) C-Atom; das ungepaarte Elektron befindet sich in dessen *unhybridisiertem p-Orbital*.

Der in Abbildung 36.2 in Klammern gesetzte, radikalische Übergangszustand ist energetisch ungünstig, daher erscheint er im Energieprofil der Reaktion (Abbildung 36.3c) als Maximum – dieser Schritt bildet die *Energiebarriere* der Reaktion.

Damit diese Reaktion überhaupt abläuft, muss also zunächst erneut Energie aufgewendet werden; allerdings wird durch die Knüpfung der neuen H–Br-Bindung auch wieder etwas Energie frei. Insgesamt ist dieser Schritt der Kettenreaktion mit einem (moderaten) Energiegewinn verbunden (Abbildung 36.3d). Das entstehende Ethyl-Radikal ist wiederum energiereich genug, seinerseits ein bislang unumgesetztes Brom-Molekül homolytisch zu spalten. Dabei entsteht erneut ein Brom-Radikal, während das Ethyl-Radikal zum Bromethan abreagiert:

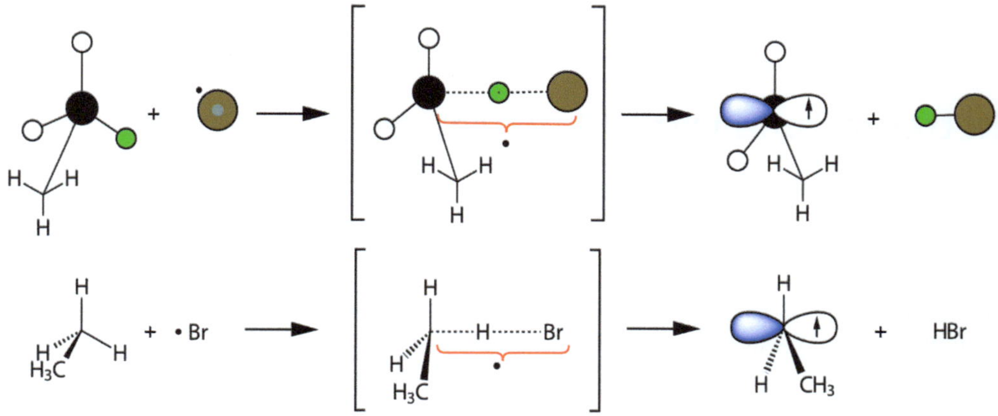

Abbildung 36.2: Kettenpropagation in Sägebock- und Keilstrich-Projektion

Dem Energieprofil (Abbildung 36.3) ist zu entnehmen, dass auch bei diesem Schritt ein Übergangszustand erforderlich ist – der zu einem *zweiten* Profilmaximum führt. Zudem sehen Sie, dass bei der Knüpfung der neuen Kohlenstoff-Halogen-Bindung reichlich Energie freigesetzt wird. Das hält die Kettenreaktion im Prinzip immer weiter am Leben: *Es werden also nicht etwa gleich zu Beginn der Reaktion sämtliche vorliegenden Halogen-Moleküle homolytisch gespalten!*

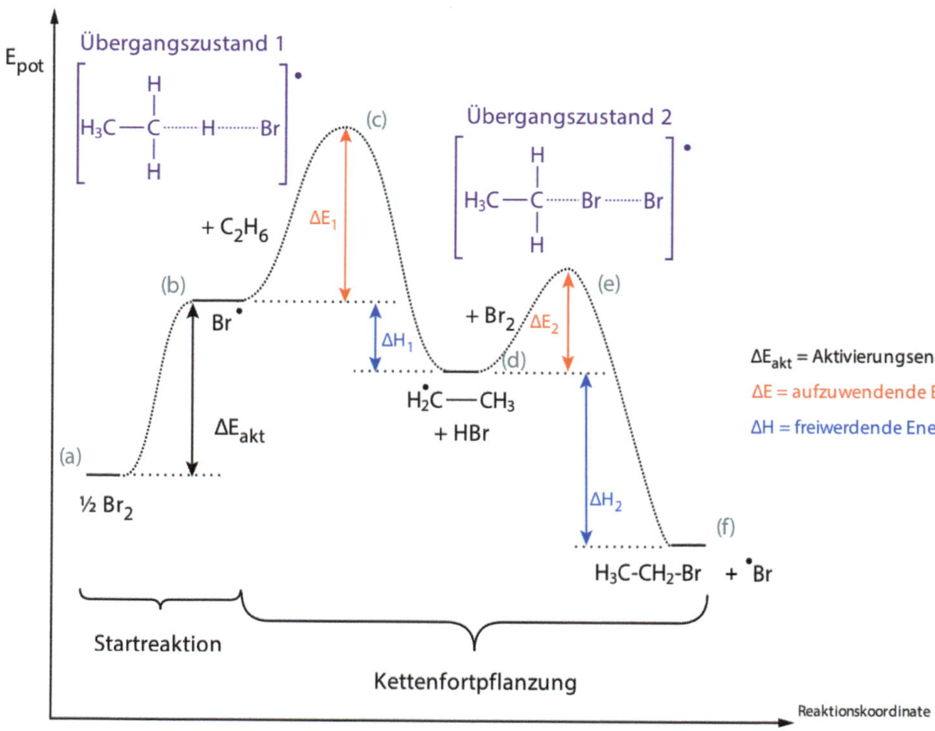

Abbildung 36.3: Energieprofil der radikalischen Bromierung von Ethan

Vergessen Sie aber auch nicht, welch immense Anzahl an Teilchen gleichzeitig an einer Reaktion beteiligt ist: Es sollte einleuchten, dass sich deswegen stets *zahlreiche Radikale gleichzeitig* im Reaktionsgemisch befinden.

Kettenabbruch (Termination)

Mit fortschreitender Reaktionsdauer nimmt der Gehalt an bislang unumgesetzten Reaktanten (Kohlenwasserstoff, Halogen) natürlich immer weiter ab. Ein Zusammenstoß *gerade der Teilchen*, die zur Propagation erforderlich sind, wird damit zunehmend unwahrscheinlich. Deswegen muss es früher oder später zu **Kettenabbruchsreaktionen** kommen. Dabei erfolgt Rekombination, der Zusammenschluss zweier Radikale zu einem gemeinsamen Molekül (das dann natürlich *keinen* Radikalcharakter mehr aufweist). Abbildung 36.4 zeigt die drei Möglichkeiten, wie die Kettenreaktion zum Erliegen kommen kann:

- Zwei Ethylradikale ($C_2H_5^\bullet$) reagieren miteinander, wobei ein Butan-Molekül (C_4H_{10}) entsteht (Abbildung 36.4a); so wird auch ersichtlich, warum es bei vielen Reaktionen zu *Nebenprodukten* kommt (die meist allerdings zu einem nur geringeren Prozentsatz auftreten).
- Ebenso können sich zwei Brom-Atome ($Br^\bullet$) zu einem Br_2-Molekül vereinigen (b).
- Auch die Kombination eines Brom-Atoms mit einem Ethylradikal ist möglich (c); dabei entsteht wieder das gewünschte Bromethan – nur eben dieses Mal, *ohne* die Reaktion dabei weiterzutreiben.

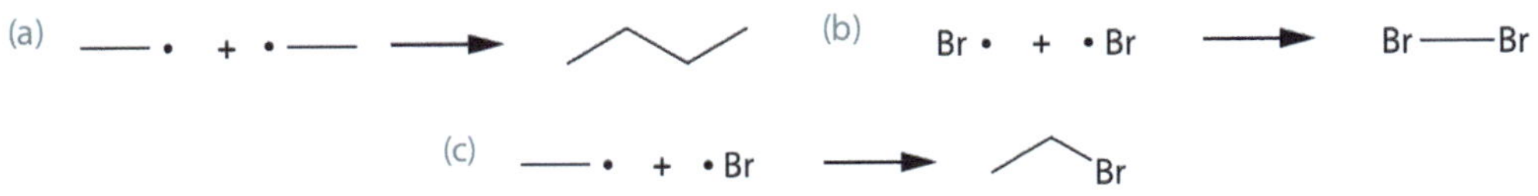

Abbildung 36.4: Kettenabbruchsreaktionen bei der Radikalischen Substitution

Zwei Begriffe sollten deutlich voneinander unterschieden werden:

- Eine **reaktive Zwischenstufe** ist ein Molekül oder Ion, das zwar häufig äußerst reaktiv ist und sich aus diesem Grund nicht lange aufbewahren lässt (etwa weil es mit einem weiteren Vertreter seiner eigenen Art sofort weiterreagieren würde), das aber dennoch *direkt nachweisbar* ist, sich gegebenenfalls sogar spektroskopisch analysieren lässt und zu dem Sie eine »gewöhnliche Lewis-Formel« aufstellen können, auch wenn diese gegebenenfalls – etwa wegen eines Radikalcharakters oder Ähnlichem – nicht der Oktettregel folgt.
- Ein **Übergangszustand**, bei dem zwei (in äußerst seltenen Fällen auch mehrere) Teilchen miteinander in Wechselwirkung treten und dabei ihre Bindungsverhältnisse ändern, lässt sich *postulieren* und vielleicht sogar indirekt nachweisen, aber nicht *isolieren*.

In Energieprofilen sind *Zwischenstufen* als diskrete »Energie-Plateaus« zu erkennen (also in Abbildung 36.3 das »halbe« Brom-Molekül (a), das Brom-Radikal (b), das Ethyl-Radikal (d) und schließlich das Bromethan-Molekül (f), während die relativen Energiemaxima (c und e) zu den *Übergangszuständen* gehören.

Wird bei einer derartigen radikalischen Halogenierung wie der Umsetzung von Ethan mit Brom das Halogen in einem hinreichend großen Überschuss eingesetzt, können natürlich auch mehrfach halogenierte Produkte entstehen. So führt die Reaktion vom Bromethan zunächst zu 1,2-Dibromethan (a), dann zu 1,1,2-Tribromethan (b) und so weiter. Das höchstmögliche Maß der Halogenierung ist schließlich bei Hexabromethan erreicht (e), bei dem sämtliche H-Atome durch Brom ersetzt sind. Derartige vollständig halogenierte Verbindungen werden auch als *perhalogeniert* bezeichnet – Sie könnten (e) auch Perbromethan nennen und zur Stoffklasse der *Perhalogenierten Kohlenwasserstoffe* zählen.

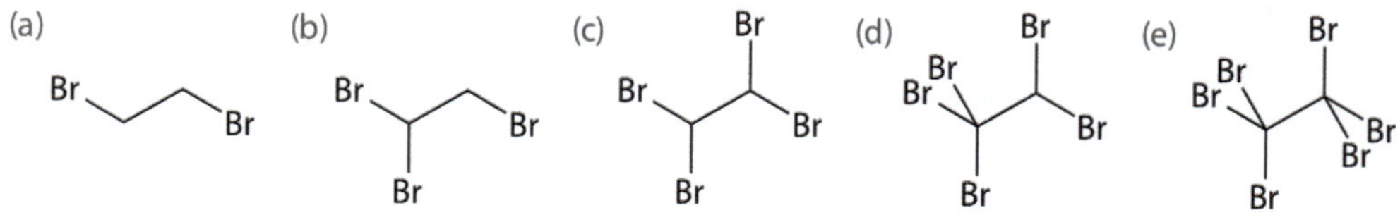

Falls Sie die Vorsilbe Per- an die Perhalogensäuren (aus Kapitel 27) oder das Wasserstoff*per*oxid (aus Kapitel 30) erinnert, sind Sie fachsprachlich auf dem richtigen Weg: Dieser Wortbestandteil bedeutet meist, dass etwas »bis zum Anschlag« geschehen ist: Das Chlor in $HClO_4$ ist höchstmöglich oxidiert, und ein perhalogenierter Kohlenwasserstoff ist eben eine »ehemalige« Verbindung aus C und H, bei der *jedes* Wasserstoff-Atom durch ein Halogen-Atom ersetzt (substituiert) wurde.

Es besteht zwar eigentlich nicht die Gefahr, Hexabromethan fälschlich als »Hexabro-methan« zu lesen (schließlich ergäbe das überhaupt keinen Sinn) – aber auch dort, wo es der Lesbarkeit wirklich zuträglich wäre, widerspricht es leider der IUPAC-Nomenklatur, bei Bedarf einen Bindestrich einzufügen (»Hexabrom-ethan«). *Also: Bitte tun Sie's nicht.*

Sie können Verbindungen wie das Bromethan auch anders nennen – und manchmal geschieht das auch: Da Brom eine höhere Elektronegativität aufweist als Kohlenstoff, können Sie sich diese (kovalente!) Verbindung auch *formal* als aus Anion (Bromid-Ion) und Kation (Alkyl-Rest) aufgebaut vorstellen und sie »Ethylbromid« nennen. Ist überhaupt nicht im Sinne der IUPAC, wird aber immer noch gerne betrieben.

Bei der Angabe der Position von Substituenten ist daher auch die »1« ausdrücklich anzugeben – es sei denn, ein Missverständnis ist absolut *ausgeschlossen.*

So dürfen Sie 1-Bromethan auch guten Gewissens nur als »Bromethan« bezeichnen, weil es nach den Nomenklaturregeln der IUPAC ein »2-Bromethan« schlichtweg nicht geben *kann*. Da aber etwa 2-Brompropan eine völlig andere Verbindung ist als 1-Brompropan, sollten Sie sich bitte *nicht* auf die Laborjargon-Spielregel »Solange ich nichts anderes sage, ist immer 1 gemeint!« verlassen. (Allerdings greift diese Verschleifung immer weiter um sich, deswegen sollten Sie sie durchaus *kennen* – aber nicht selbst anwenden!)

Elektronisches Tauziehen

Radikalische Substitutionsreaktionen sind natürlich auch mit anderen Kohlenwasserstoffen möglich. Setzen Sie beispielsweise Propan oder Butan mit elementarem Chlor um, so erhalten Sie ein Gemisch aus 1-Chlorpropan und 2-Chlorpropan (Abbildung 36.5a) beziehungsweise aus 1-Chlorbutan und 2-Chlorbutan (b) – allerdings *nicht* in den erwarteten Mengenverhältnissen.

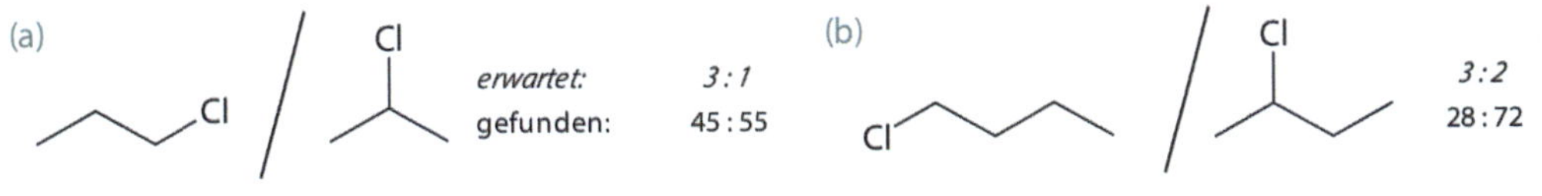

Abbildung 36.5: Radikalische Chlorierung von Propan und Butan

- Da an die beiden terminalen C-Atome des Propans insgesamt *sechs* H-Atome gebunden sind, während das mittlere C-Atom nur über *zwei* Wasserstoff-Atome verfügt, sollte rein statistisch das Verhältnis der Produkte Chlorpropan/2-Chlorpropan bei 6:2 liegen; bei Monochlorierung von Butan wäre ein Verhältnis Chlorbutan/2-Chlorbutan von 6:4 zu erwarten (schließlich gibt es insgesamt *sechs* H-Atome an endständigen Methylgruppen und *vier* H-Atome an C-Atomen der beiden äquivalenten mittleren Positionen).
- Noch auffälliger wird dies bei der radikalischen Chlorierung von 2-Methylpropan (Abbildung 36.6): Hier liegen *neun* Wasserstoff-Atome vor, die Bestandteil von Methylgruppen sind, während es nur *ein einziges* H-Atom in der »Molekülmitte« gibt. Zu erwarten wäre also ein Verhältnis 9:1, tatsächlich jedoch ergibt sich ein Verhältnis von ziemlich genau 2:1.

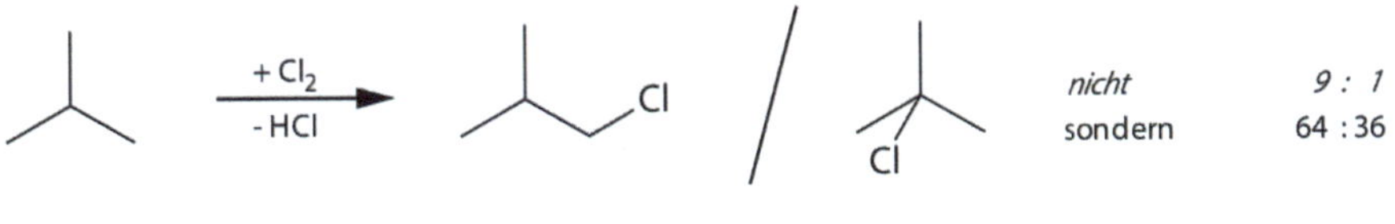

Abbildung 36.6: Radikalische Chlorierung von 2-Methylpropan

Die unterschiedlichen Positionen der Wasserstoff-Atome innerhalb eines Moleküls wirken sich also auf deren Reaktivität aus.

Um sich Umschreibungen wie »das C, an dem noch zwei H-Atome hängen« zu ersparen, wurde eine Systematik zur Beschreibung derartiger Bindungsverhältnisse entwickelt:

- ✔ Ein Kohlenstoff-Atom, das nur noch mit *einem* weiteren C-Atom verbunden ist (also eine – zwangsläufig endständige – Methylgruppe), wird als *primäres Kohlenstoff-Atom* bezeichnet (abgekürzt: 1° – ausgesprochen: »primär«; »ein 1°-C-Atom« wird also »ein primäres Kohlenstoff-Atom« gelesen).
- ✔ Ein Kohlenstoff-Atom, das mit *zwei* anderen C-Atomen verbunden ist, wird als *sekundäres* Kohlenstoff-Atom (2°) bezeichnet.
- ✔ Ein *tertiäres* Kohlenstoff-Atom (3°) schließlich ist von *drei* weiteren Kohlenstoff-Atomen umgeben.
- ✔ Ist ein Kohlenstoff von *vier* weiteren Kohlenstoff-Atomen umgeben, ist es ein *quartäres* C-Atom (4°); an solchen Kohlenstoff-Atomen finden radikalische Substitutionen allerdings praktisch nie statt.

Diese Kurzschreibweise findet sich nicht in allen Lehrbüchern, ist aber sehr praktisch – vor allem dann, wenn innerhalb von Strukturformeln, die meist nicht gerade viel Platz bieten, auf die entsprechenden Bindungsverhältnisse hingewiesen werden soll. In diesem Buch wird sie durchgängig verwendet.

Wasserstoff-Atome, die an 3°-Kohlenstoffe gebunden sind, lassen sich also deutlich leichter radikalisch substituieren als an 2°- oder gar an 1°-Kohlenstoff-Atome gebundene. Dies lässt sich mit der *relativen Stabilität* der im Rahmen dieser Reaktion entstehenden Radikale erklären: 3° ≫ 2° > 1°; das »nackte« Methylradikal ($CH_3^\bullet$) ist mit Abstand am wenigsten stabil.

Effektvolle Chemie: der Induktive Effekt

Grund dafür ist der Induktive Effekt: Ein C-Atom, das ein ungepaartes Elektron aufweist (also ein *radikalischer* Kohlenstoff), erfüllt *nicht* die Oktettregel. (Es liegt eine Elektronenmangelverbindung vor, aber das wissen Sie ja schon aus Kapitel 35.) *Der Elektronenmangel kann durch benachbarte Kohlenstoff-Atome zumindest in gewissem Maße ausgeglichen werden:* Entlang der σ-Bindungen wird Elektronendichte zum »bedürftigen« Kohlenstoff-Atom hin verschoben. Je mehr C-Atome nun mit dem radikalischen Zentrum in unmittelbarer Nachbarschaft stehen, desto weniger »spürt« das radikalische Zentrum den Elektronenmangel (oder besser: Elektronen*dichte*mangel).

Benachbarte C-Atome üben einen **positiven Induktiven Effekt** aus (meist kurz **+*I*-Effekt** genannt).

Manche anderen Substituenten (Atome oder auch funktionelle Gruppen) hingegen besitzen einen **negativen Induktiven Effekt** (**–*I*-Effekt**). Dies gilt vor allem für Atome mit höherer Elektronegativität, da diese die σ-Bindung entsprechend polarisieren und so die Elektronendichte am Bindungspartner-Kohlenstoff senken. (Besonders wichtig sind hier Sauerstoff, Stickstoff und die Halogene.)

Bei einem 3°-Kohlenstoff-Atom als Radikalzentrum herrscht also deutlich weniger Mangel an Elektronendichte als an einem 2°-, folglich ist eine radikalische Zwischenstufe mit einem 3°-Kohlenstoff deutlich stabiler – und damit energetisch bevorzugt. Grund für den Induktiven Effekt von Alkylgruppen ist die *Hyperkonjugation*. (Zu diesem etwas komplexeren Konzept gibt es den Kasten *Wir können auch anders: die Hyperkonjugation*.)

Wir können auch anders: die Hyperkonjugation

Mit dem Konzept der Hyperkonjugation lässt sich erklären, wie Alkylgruppen benachbarten elektronendefizienten Kohlenstoff-Atomen (Radikalen oder Carbenium-Ionen) mit Ladungsdichte aushelfen können. Allerdings versagt hierbei leider das VB-Modell, mit dem sich sonst ein Großteil der OC beschreiben lässt – Sie müssen die einzelnen Orbitale der beteiligten Atome etwas genauer unter die Lupe nehmen.

Ist ein elektronendefizientes Kohlenstoff-Atom sp^2-hybridisiert, kann das unterbesetzte (oder gar vakante) p-Orbital eine schwache Wechselwirkung mit einer benachbarten σ-Bindung eingehen (C–C oder auch C–H). Auf diese Weise wird zumindest ein wenig negative Ladungsdichte zum »bedürftigen« p-Orbital hin verschoben:

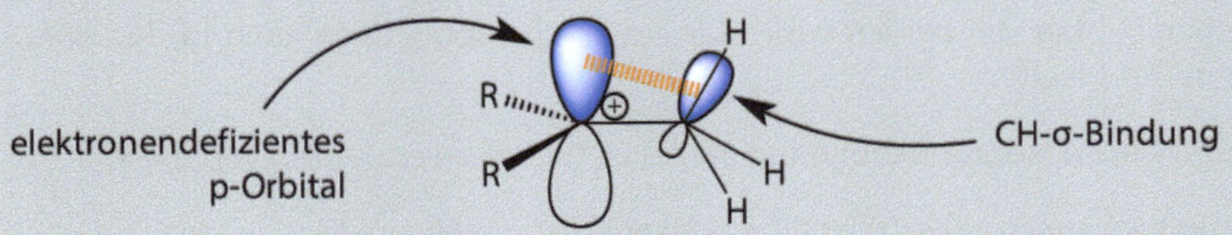

Da natürlich auch hier immer noch mehr oder minder freie Drehbarkeit um die Einfachbindung herrscht, über die das elektronendefiziente Zentrum mit dem Nachbarn verbunden ist, sollte verständlich sein, warum diese Art der Wechselwirkung nicht sonderlich stark ausgeprägt ist – aber doch stark genug, um hin und wieder beeindruckende Effekte zu erzielen. (Die Hyperkonjugation wird Ihnen unter anderem in Kapitel 38 wiederbegegnen.)

Bild und Spiegelbild – Stereochemie

Mittlerweile sollten Sie erklären können, warum bei der Photobromierung von Butan bevorzugt 2-Brombutan entsteht (falls nicht, schauen Sie sich noch einmal den induktiven Effekt an!). Aber wenn Sie von diesem Molekül ein Kugel-Stab-Modell bauen, stellen Sie fest, dass es *zwei* Moleküle mit dieser Strukturformel gibt:

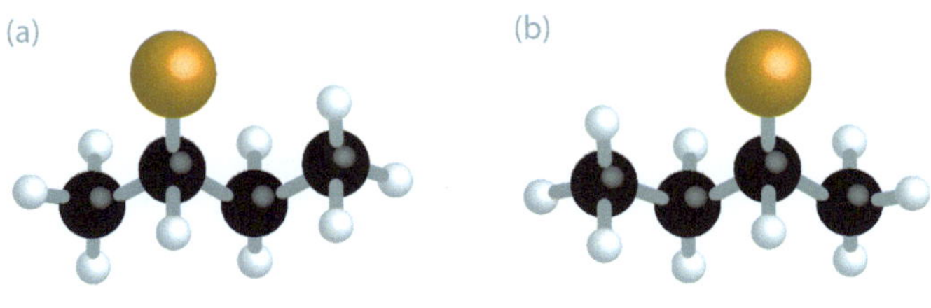

Ist das etwa schon wieder *Konstitutionsisomerie*? – Nicht ganz, denn die *Konnektivität* (also die Reihenfolge, in der die Atome miteinander verknüpft sind) ist ja bei beiden Molekülen identisch. Trotzdem liegen hier sehr wohl *zwei unterschiedliche Isomere* vor, und wenn wir diese mit der *Keilstrichformel* darstellen, wird deren Unterschied auch sofort augenfällig (Abbildung 36.7). Dafür ordnen wir die C-C-Ketten der beiden Moleküle jeweils so an, dass alle C-Atome in der Papierebene liegen, woraufhin – von jeweils einem der endständigen H-Atome abgesehen – jeweils ein Bindungspartner an jedem C-Atom »aus der Papierebene heraustritt«, während der andere »hinter der Papierebene verschwindet«.

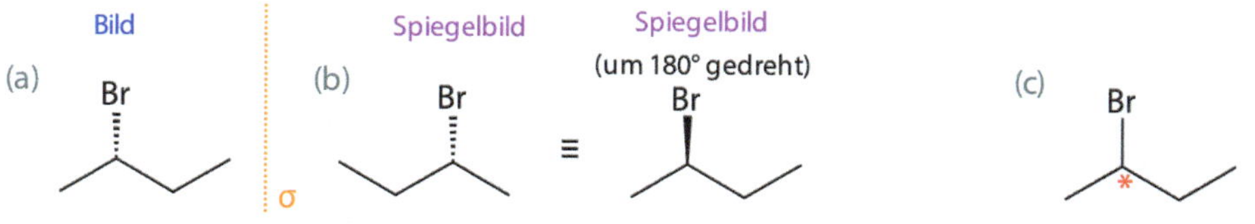

Abbildung 36.7: Isomere von 2-Brombutan

Dann sehen Sie es sofort – das jeweils mit dem Brom verbundene C-Atom (also jeweils C^2) hat es in sich: Sowohl bei dem linken Molekül (a) als auch bei dem rechten (b) tritt der Brom-Substituent zwar zunächst einmal nach hinten (er verschwindet also hinter der Papierebene), aber die beiden Moleküle unterscheiden sich ja auch in der *Zählweise* der Atome in ihrer Kette:

- ✔ Beim linken Isomer (Abbildung 36.7a) ist C^2 das zweite Atom *von links*,
- ✔ beim rechten Isomer (b) ist C^2 das zweite Atom *von rechts*.

Drehen Sie nun das rechte Molekül (b) in der Waagerechten um 180°, damit beide Ketten jeweils »von links nach rechts« durchnummeriert sind, wird aus dem gestrichelten Keil ein *gefüllter* Keil: Der Brom-Substituent ragt nun also, anders als bei (a), aus der Papierebene heraus (Abbildung 36.7b, gedreht).

Die Überführung des einen Moleküls in das andere durch Drehung oder Ähnliches ist nicht möglich: Die beiden Isomere verhalten sich zueinander wie Bild und Spiegelbild – oder wie eine linke Hand zu einer rechten Hand. (Probieren Sie's aus: Eine linke Hand werden Sie kaum in einen für die rechte Hand maßgeschneiderten Handschuh bugsieren – zumindest nicht, ohne den Handschuh zu beschädigen.) Dieses Phänomen wird als **Konfigurationsisomerie** bezeichnet.

Eine kleine Übung für das räumliche Vorstellungsvermögen

Besonders gut sehen Sie den Unterschied in der NEWMAN-Projektion (bekannt aus Kapitel 35), bei der Sie an der Molekülachse entlangblicken; wobei sowohl beim »Bild« wie beim gedrehten »Spiegelbild« das als C^2 bezeichnete Kohlenstoff-Atom (mit dem Brom-Substituenten) *vorne* liegt.

Ordnen wir beide Moleküle so im Raum an, dass die Ketten jeweils »von rechts nach links« durchnummeriert sind: Dann ragt der Brom-Substituent bei dem mit (a) gekennzeichneten Isomer aus der Papierebene *heraus*, während nun beim anderen Isomer (b) das Brom erwartungsgemäß *hinter* die Papierebene tritt:

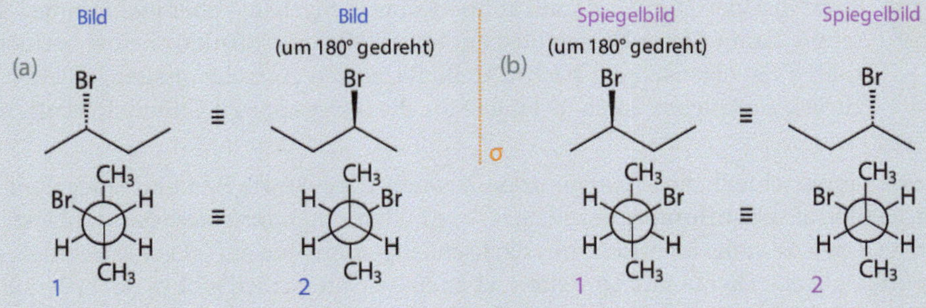

In den Newman-Projektionen der beiden Isomere schauen wir bei den beiden jeweils mit »1« gekennzeichneten Darstellungen entlang der C^2-C^3-Achse, wobei C^2 (mit dem Brom-Substituenten) *vorne* liegt, bei den jeweils mit »2« gekennzeichneten Darstellungen bleibt die Achse gleich, aber C^2 liegt nun *hinten*. Es sollte gut erkennbar sein, dass die jeweils mit »1« beziehungsweise »2« gekennzeichneten Newman-Projektionen zueinander spiegelbildlich sind.

Diese Art des räumlichen Vorstellungsvermögens – die Fähigkeit, Moleküle vor dem geistigen Auge zu drehen, idealerweise ohne sie vorher auf das Papier aufzeichnen zu müssen – ist gerade in der Organischen Chemie sehr nützlich. Üben hilft.

Dass bei der radikalischen Bromierung zwei verschiedene Produkte entstehen können, liegt daran, dass eben eine radikalische Zwischenstufe (*siehe* Abbildung 36.3) auftritt, und aus Kapitel 35 wissen Sie, dass Radikale gemeinhin planar gebaut sind, *siehe* Abbildung 35.11. Also kann das neu hinzukommende Brom-Atom »von oben« ebenso gut angreifen wie »von unten«: Beide Produkte entstehen mit gleicher Wahrscheinlichkeit. (Solche *statistischen Reaktionsverläufe* werden Ihnen auch in der OC noch häufiger begegnen.)

Für diese besondere Form der Isomerie, bei der es um die unterschiedliche räumliche Anordnung der Bindungspartner relativ zueinander geht, wurde ein neuer Begriff geschaffen, der sich vom griechischen Wortstamm *χειρ-* (*cheir* = Hand…) ableitet: **Chiralität** (= »Händigkeit«). Bei dem Kohlenstoff-Atom, das mit Brom verknüpft ist, handelt es sich um ein **Chiralitätszentrum** (in Abbildung 36.7a mit einem roten Sternchen markiert). Ohne Keilstrichformeln (oder andere dreidimensionale Darstellungen) kommen Sie hier nicht weiter: Gewöhnliche Lewis-Formeln bergen *normalerweise* keine Information über die Konfiguration der jeweiligen Moleküle, deswegen werden sie bei Bedarf gern mit der Keilstrich-Projektion kombiniert.

Chiralität tritt immer dann auf, wenn ein Kohlenstoff-Atom (oder auch ein anderes tetraedrisch koordiniertes Zentrum) *vier verschiedene Substitutenten* aufweist. Ein derart koordiniertes Atom wird Chiralitätszentrum, *asymmetrisches Atom* oder *Asymmetriezentrum* genannt.

Innerhalb dieses Buches sind Chiralitätszentren *meist* mit einem kleinen roten Stern markiert, um Sie darauf aufmerksam zu machen – aber nicht immer, allein schon, damit Sie in Übung bleiben: Sobald Sie eine Strukturformel betrachten, sollten Sie eigenständig nach Chiralitätszentren Ausschau halten. (Blättern Sie zurück zu Aufgabe 35.2a–c: Finden Sie die (insgesamt 7!) Chiralitätszentren?)

Die beiden unterschiedlichen *Konfigurationsisomere*, die sich wie Bild und Spiegelbild verhalten, werden als **Enantiomere** bezeichnet – sie bilden ein *Enantiomerenpaar*. In fast jeder Hinsicht weisen sie völlig identische physikalische Eigenschaften auf (gleicher Schmelz- und Siedepunkt, gleiche Dichte und so weiter), aber *einen* Unterschied gibt es doch: Mit einem Polarimeter (Abbildung 36.8) lassen sich Enantiomere voneinander unterscheiden. Dafür wird linear polarisiertes Licht benötigt (Lichtwellen schwingen in allen Richtungen senkrecht zur Ausbreitungsebene, durch einen speziellen Filter kann eine bestimmte Schwingungsebene ausgewählt werden): Schicken Sie dieses Licht dann durch eine Lösung nur *eines* der beiden Isomere, so wird diese Schwingungsebene *gedreht* – entweder *im* Uhrzeigersinn (das heißt dann *rechtsdrehend*) oder *gegen* den Uhrzeigersinn (*linksdrehend*). Mithilfe eines Analysators lässt sich der **Drehwinkel** gradgenau messen. (Wenn Sie das mit dem polarisierten Licht genauer verstehen wollen, schauen Sie bitte in ein Physikbuch.)

Wichtig ist, dass die beiden Enantiomere einer chiralen Verbindung die Schwingungsebene des Lichts um exakt den *gleichen* Betrag, aber in *unterschiedlicher* Richtung drehen; sie zeigen also den *gleichen Drehwinkel*, aber mit umgekehrten Vorzeichen. Verbindungen, die sich in dieser Weise auf polarisiertes Licht auswirken, heißen *optisch aktiv*; sie zeigen **optische Aktivität**.

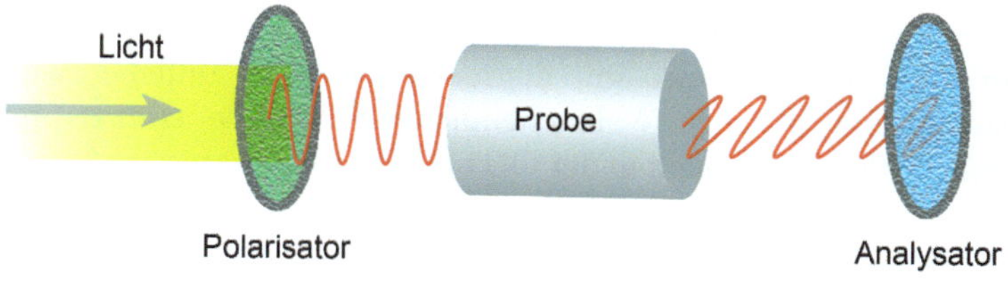

Abbildung 36.8: Schematischer Aufbau eines Polarimeters

Optisch aktiven Verbindungen begegnen Sie im Alltag immer wieder: Die »rechtsdrehende Milchsäure« ist Ihnen aus Joghurts und dergleichen doch gewiss ein Begriff. – Auch das Molekül der Milchsäure (Abbildung 36.9) ist chiral, und jene viel gepriesenen Joghurtkulturen erzeugen nur die *rechtsdrehende* Form davon (a), also die Form, die die Schwingungsebene polarisierten Lichts *im Uhrzeigersinn* dreht. Die andere Form (b) kommt im Joghurt nicht vor.

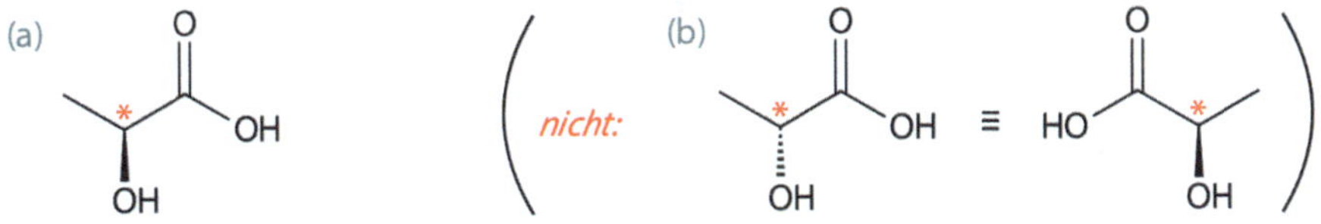

Abbildung 36.9: Rechtsdrehende Milchsäure

Liegen beide Enantiomere einer optisch aktiven Verbindung in einer Lösung in äquimolaren Verhältnissen vor, heben sich die Wirkungen auf das polarisierte Licht gegenseitig auf, sodass *keinerlei optische Aktivität* zu messen ist. Ein derartiges Gemisch ist ein **Racemat** (oder *racemisches Gemisch*).

Das Phänomen der optischen Aktivität ist Ihnen bereits bei der Komplexchemie in Kapitel 13 begegnet. Allerdings ist die Chiralität in der Organischen Chemie von ungleich größerer Bedeutung, insbesondere für die Biochemie (Teil IX dieses Buches). Das liegt daran, dass der menschliche Körper bei manchen chiralen Verbindungen auf die eine Form gänzlich anders reagiert als auf die andere. (Mehr dazu im Kasten *Bild oder Spiegelbild?*)

Das geht zapp-zapp! – Das CIP-System

Natürlich brauchen Sie eine Möglichkeit, die Konfiguration eines chiralen Moleküls eindeutig zu bezeichnen. Zu diesem Zweck wurde (im Jahr 1966) das *R*/*S*-System entwickelt, das nach den Initialen seiner Urheber (Robert Cahn, Christopher Ingold und Vladimir Prelog) als das CIP-System bezeichnet wird. Es basiert auf vier einfachen *Prioritätenregeln*, die bei konsequenter Anwendung die eindeutige Bezeichnung der räumlichen Anordnung aller Substituenten eines Chiralitätszentrums gestatten. Dabei müssen Sie die *Prioritäts-Reihenfolge* der vier Substituenten bestimmen, die am betreffenden asymmetrischen Atom vorhanden sind:

1. Die an das betreffende asymmetrische Atom gebundenen Atome werden in der Reihenfolge abnehmender *Ordnungszahl* (OZ) durchnummeriert.
   - Sind dabei Isotope zu berücksichtigen, so werden diese nach abnehmender *Massenzahl* (MZ) geordnet: je größer die Massenzahl, desto höher die Priorität.
2. Sind zwei oder mehr der mit dem asymmetrischen Zentrum verknüpften Atome identisch, so bestimmt die höchste Ordnungszahl unter allen der jeweils *dazu direkt benachbarten* Atome die Priorität.
3. Mehrfach gebundene Atome werden auch mehrfach gezählt; sämtliche Liganden-Atome (außer Wasserstoff) werden dann entsprechend mit »Phantom-Atomen« bis zur Ligandenzahl 4 ergänzt. (Bei komplizierter aufgebauten Verbindungen *kann* das ein bisschen knifflig werden, aber wir werden hier nicht zu sehr ins Eingemachte gehen.)
4. Anschließend betrachten Sie die *relative Orientierung der Substituenten zueinander*. Dazu drehen Sie das Molekül so, dass der Substituent mit der niedrigsten Priorität (R^4) »hinter« der Papierebene zu liegen kommt, während die drei anderen

Substituenten ($R^1 > R^2 > R^3$) trigonal um das Zentral-Atom angeordnet sind. Liest sich die Reihenfolge $R^1 > R^2 > R^3$ dann *im Uhrzeigersinn* (so, dass die Priorität im Uhrzeigersinn *abnimmt* – Abbildung 36.10a), wird die absolute Konfiguration als *(R)* (von lateinisch *rectus* = rechts) bezeichnet. Nimmt sie jedoch *gegen den Uhrzeigersinn* ab (b), heißt die Konfiguration *(S)* (von lateinisch *sinister* = links).

- Auch ein *echter Spezialfall* soll nicht unerwähnt bleiben: Sollte ein Atom nur deswegen asymmetrisch koordiniert sein, weil es neben zwei unterschiedlichen Substituenten noch zwei Reste trägt, die ihrerseits zwar gleiche Substituenten aufweisen, dabei aber *selbst* Chiralitätszentren darstellen und sich in ihrer absoluten Konfiguration unterscheiden, kommt dem Rest mit *(R)*-Konfiguration die höhere Priorität zu.

5. Das Ergebnis – kommt dem Chiralitätszentrum nun *(R)*- oder *(S)*-Konfiguration zu? – wird als **absolute Konfiguration** bezeichnet. (Eine andere Benennungsweise, die historisch deutlich älter ist und nur die *relative* Konfiguration angibt, werden Sie in Kapitel 44 kennenlernen.)

Abbildung 36.10: Bedeutung der Prioritätenreihenfolge nach CIP

Schauen wir uns die Anwendung dieser Spielregeln anhand der beiden Enantiomere von 2-Brombutan an, die Sie schon aus Abbildung 36.7 kennen:

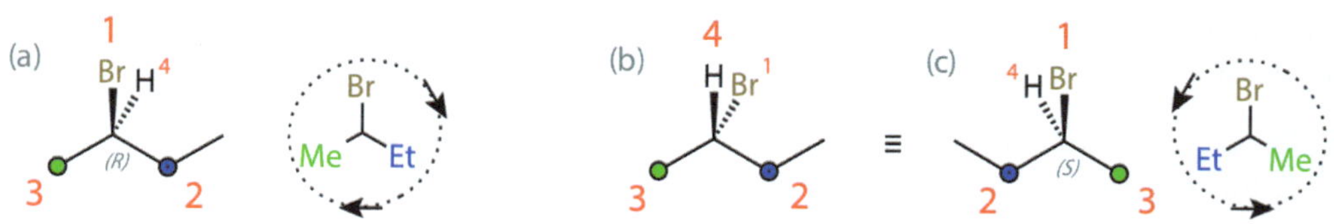

1. Brom weist von allen vier direkt an das Chiralitätszentrum gebundenen Atomen zweifellos die höchste Ordnungszahl auf (das ist also R^1).
2. Die niedrigste Priorität (R^4) kommt eindeutig dem an das Chiralitätszentrum gebundenen Wasserstoff-Atom zu (das in den Keilstrichformeln hier ausnahmsweise sogar ausdrücklich angegeben ist; meist wird das jedoch unterlassen, so wie in Abbildung 36.7).
3. Die beiden anderen Substituenten (R^2, R^3) sind nicht ganz so leicht zu bestimmen, schließlich sind es beides C-Atome – aber sie tragen eben unterschiedliche Reste:
   - Beim Methyl-Rest (-Me; grün) hängen am C noch drei H-Atome.
   - Am C des Ethyl-Rests (-Et; blau dargestellt), das mit dem Chiralitätszentrum verbunden ist, hängen nicht nur zwei H-Atome, sondern auch ein C-Atom (das vom CH_3-Rest).

- Die Ordnungszahl von C ist höher als die von H.
- Also erhält der Ethyl-Rest eine höhere Priorität (R^2) als der Methyl-Rest (R^3).

Oder kurz: Br > C(C,H,H) > C(H,H,H) > H. Bei Enantiomer (a) tut uns das Wasserstoff-Atom am Chiralitätszentrum schon den Gefallen, hinter der Papierebene zu verschwinden, und die Priorität der anderen drei Substituenten nimmt *im Uhrzeigersinn* ab. Damit ist klar, dass es sich um das *(R)*-Enantiomer von 2-Brombutan handelt. (Das entspricht dem Molekül aus Abbildung 36.7b.)

Nach dem Ausschlussprinzip *muss* Enantiomer (b) damit *(S)*-Konfiguration aufweisen, aber das lässt sich leicht überprüfen: Die Prioritäten bleiben selbstverständlich gleich, und auf den ersten Blick *scheinen* sie auch hier im Uhrzeigersinn abzunehmen, aber das (erneut explizit angegebene) H-Atom am Chiralitätszentrum weist hier *aus der Papierebene heraus* auf den Betrachter, schließlich geht das *Brom*-Atom ja nach *hinten*. Also müssen Sie das Molekül vor Ihrem geistigen Auge – oder so wie in (c) – um 180° drehen, damit das H nach hinten weist. (Das entspricht jetzt dem in Abbildung 36.7a dargestellten Molekül.) Dann sinkt die Priorität der Substituenten tatsächlich *gegen* den Uhrzeigersinn. Also ist dieses Molekül wirklich *(S)*-konfiguriert. Na bitte!

Steht der Substituent mit der *niedrigsten* Priorität (oft ein H) *nach vorne*, brauchen Sie keineswegs erst das ganze Molekül (im Geiste oder auf dem Papier) zu drehen, um die absolute Konfiguration herauszufinden. Es geht viel einfacher:

Sie gehen genauso vor wie oben beschrieben, und wenn Sie dann herausgefunden haben, ob die Priorität der anderen drei Substituenten im oder gegen den Uhrzeigersinn abnimmt, drehen Sie das Ergebnis einfach um: also zum Beispiel: Im Uhrzeigersinn ⟹ »Sieht aus wie *(R)*!« ⟹ »Aber der niedrigste Substituent steht nach vorne!« ⟹ »Also ist es *(S)*!« und umgekehrt.

Für das Auftreten optischer Aktivität sind nicht einmal Hetero-Atome oder funktionelle Gruppen (wie etwa Halogen-Atome oder die bereits bekannte Hydroxygruppe) erforderlich: Schon beim einfachen Kohlenwasserstoff 3-Methylhexan stellt das 3°-C-Atom ein Chiralitätszentrum dar, schließlich weist es vier verschiedene Substituenten auf: je einen Methyl-, Ethyl- und Propyl-Rest sowie ein H-Atom. Entsprechend kann auch schon dieser einfache Kohlenwasserstoff in der *(R)*-Konfiguration (a) oder der *(S)*-Konfiguration (b) vorliegen:

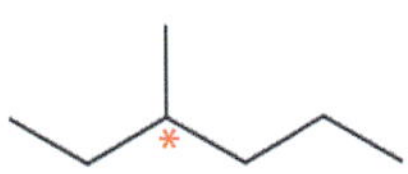

(a)

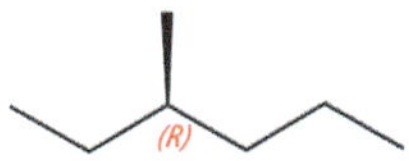

(b)

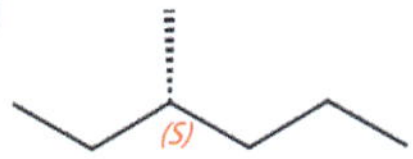

Die Chiralität ist somit ein weiterer Grund, warum die Zahl möglicher Konstitutionsisomere gesättigter Kohlenwasserstoffe mit zunehmender C-Atom-Anzahl so rasch ansteigt.

Leider lässt sich aus der absoluten Konfiguration eines Moleküls *(R/S) nicht* ableiten, ob das jeweilige Enantiomer das polarisierte Licht nun *im* oder *gegen* den Uhrzeigersinn dreht. Manche makroskopischen Eigenschaften lassen sich dem mikroskopischen Bau von Molekülen (zumindest bislang noch) nicht entnehmen. So weist die bereits erwähnte rechtsdrehende Milchsäure (Abbildung 36.9a) gemäß den CIP-Regeln *(S)*-Konfiguration auf – aber das Molekül dreht polarisiertes Licht *im* Uhrzeigersinn, also *rechts* herum.

Bedauerlicherweise läuft es aber auch nicht »immer genau andersherum« – tatsächlich hängen die makroskopischen Eigenschaften von Molekülen nicht nur vom Chiralitätszentrum selbst ab! Bringen Sie beispielsweise *(S)*-2-Methyl-1-butanol mit Chlorwasserstoff-Gas zur Reaktion, entsteht neben Wasser *(S)*-1-Chlor-2-methylbutan:

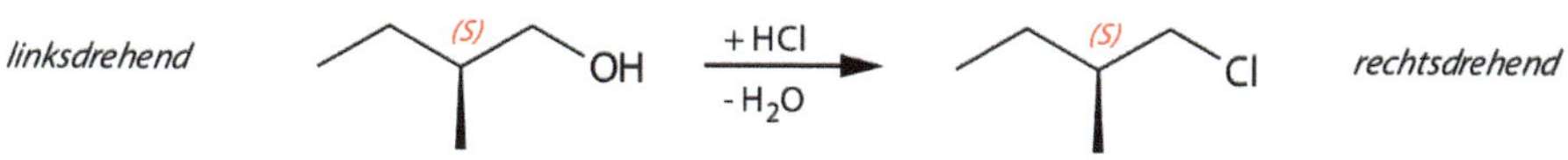

Allerdings ist *(S)*-2-Methyl-1-butanol *linksdrehend*, während *(S)*-1-Chlor-2-methylbutan *rechtsdrehend* ist – dabei hat die Reaktion die absolute Konfiguration des Chiralitätszentrums nicht verändert! (Manchmal macht uns Mutter Natur das Leben wirklich unnötig schwer …)

Bild oder Spiegelbild?

An sich mag das Phänomen der Chiralität nicht sonderlich bedeutsam wirken, aber anhand einiger Verbindungen mit Chiralitätszentren wird ersichtlich, dass sich »Bild« und »Spiegelbild« manchmal völlig anders auf den menschlichen Körper auswirken:

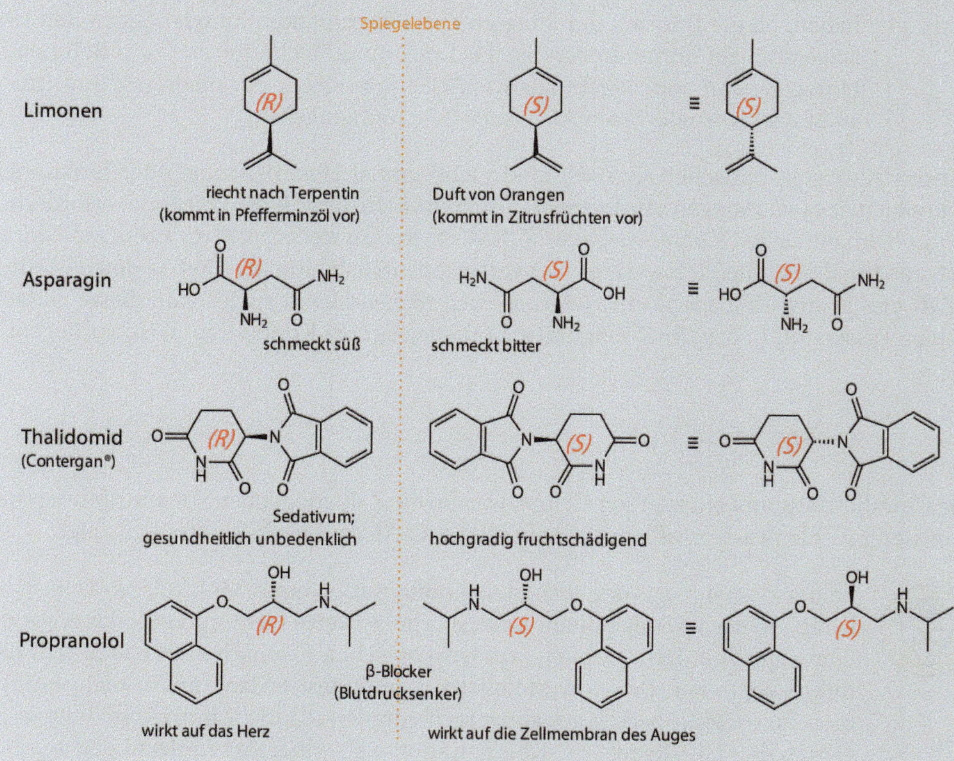

Während der unterschiedliche Duft der beiden Enantiomere von Limonen oder der unterschiedliche Geschmack der beiden Formen der Aminosäure Asparagin (mehr dazu in Kapitel 46) vielleicht noch in die Kategorie »das ist ja interessant« fallen, haben die beiden Enantiomere von Thalidomid in den späten 50er und den 60er Jahren des 20. Jahrhunderts traurige Berühmtheit erlangt: Nur das *(R)*-Enantiomer entfaltete die gewünschte Wirkung als Schlaf- und Beruhigungsmittel für werdende Mütter, während das *(S)*-Enantiomer für die Fehlbildungen bei den sogenannten »Contergan®-Kindern« verantwortlich war. Die Verbindung Propranolol schließlich zeigt, dass auch *beide* Enantiomere pharmakologisch von beachtlicher Bedeutung sein können – mit *völlig unterschiedlicher* Wirkung.

Und dann auch noch mehrmals!

Natürlich kann ein Molekül auch *mehr als nur ein* Chiralitätszentrum aufweisen. Als Beispiel schauen Sie sich erneut das Butan an, das diesmal zunächst einer radikalischen Bromierung unterzogen und dann, unter ganz ähnlichen Reaktionsbedingungen, auch noch (ebenfalls radikalisch) chloriert wird:

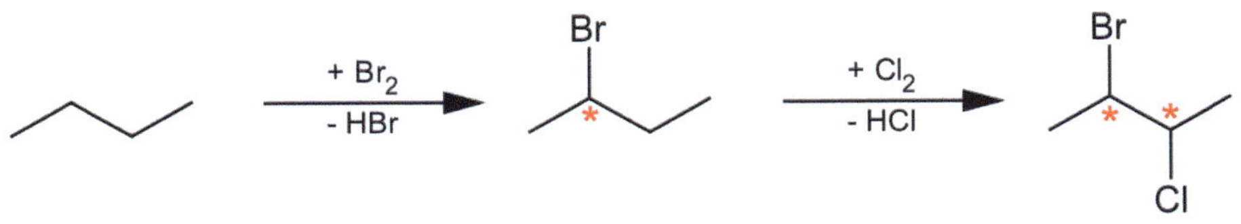

Dabei sind folgende Dinge zu beachten:

✔ Aufgrund des +*I*-Effekts der Methylgruppen wird bevorzugt eines der beiden 2°-Kohlenstoff-Atome bromiert. (Der Einfachheit halber nummerieren wir das Molekül willkürlich von links nach rechts durch; die Bromierung ist dann an C^2 erfolgt – und rückwirkend könnte die Nummerierung auch gar nicht anders sein, denn dieses erste Produkt *ist* natürlich den Nomenklaturregeln gemäß 2-Brombutan.)

✔ Dabei entsteht, wie bereits gezeigt, an C^2 ein Chiralitätszentrum; die Bromierung führt also zu einem racemischen Gemisch von *(R)*- und *(S)*-2-Brombutan.

✔ Die nachfolgende Chlorierung erfolgt dann am *anderen* 2°-Kohlenstoff-Atom (C^3), da dort zwar der +*I*-Effekt der benachbarten Methylgruppe zum Tragen kommt, nicht aber zusätzlich der –*I*-Effekt des Broms, der die Elektronendichte an C^2 senkt.

✔ Auch C^3 wird damit zu einem Chiralitätszentrum, das natürlich wieder *(R)*- oder *(S)*-konfiguriert sein kann.

⚠ Bei Molekülen mit mehreren Chiralitätszentren sind immer von *jedem einzelnen* asymmetrischen Zentrum die relative Position im Molekül *und* die jeweilige Konfiguration anzugeben.

Insgesamt ergeben sich also *vier* mögliche Stereoisomere: (2*R*,3*R*)-, (2*R*,3*S*)-, (2*S*,3*R*)- und (2*S*,3*S*)-2-Brom-3-chlorbutan:

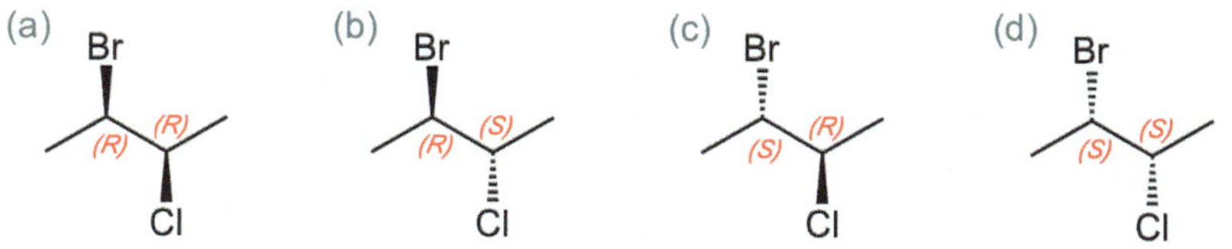

Glauben Sie bloß nicht, es sei immer dann *(R)*, wenn der Substituent aus der Papierebene herauskommt! Dass es bei dem gewählten Beispiel gerade so wirkt, liegt nur daran, wie die Moleküle im Raum gedreht wurden. Vergessen Sie nicht:

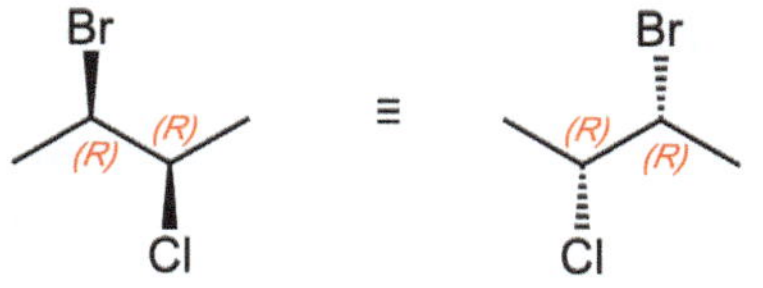

Natürlich können sich die vier verschiedenen Stereoisomere von 2-Brom-3-chlorbutan unmöglich allesamt zueinander wie Bild und Spiegelbild verhalten: Das ist nur bei jeweils *den Molekülpaaren* der Fall, bei denen die Konfiguration an *sämtlichen* Chiralitätszentren invertiert (also: genau umgekehrt) ist. Molekülpaare wie (a) und (b) aus Abbildung 36.11, die sich nur in *einigen, aber nicht in allen* Chiralitätszentren hinsichtlich ihrer Konfiguration unterscheiden, bekommen die Bezeichnung **Diastereomere**. Als Diastereomere zu betrachten sind hier also auch (a) und (c) und so weiter. Aufgrund der (relativ gesehen) unterschiedlichen räumlichen Anordnung ihrer Substituenten unterscheiden sich Diastereomere *sehr wohl* in ihren physikalischen und chemischen Eigenschaften – was auch einleuchtend sein sollte, denn bekanntermaßen sind etwa Schmelz- und Siedepunkte unmittelbar davon abhängig, wie Moleküle miteinander in Wechselwirkung treten können (Stichwort: VAN-DER-WAALS-Kräfte und Wasserstoffbrückenbindungen, *siehe* Kapitel 15). Bei unterschiedlichem räumlichem Bau sind diese Wechselwirkungen natürlich auch unterschiedlich ausgeprägt.

Je mehr Chiralitätszentren ein Molekül aufweist, desto mehr Stereoisomere sind möglich: *n* Chiralitätszentren führen zu 2^n Stereoisomeren. Bei 2 solcher Zentren (*siehe* Abbildung 36.11) sind $2^2 = 4$ Stereoisomere möglich, bei 3 Chiralitätszentren schon $2^3 = 8$, und so steigt die Zahl möglicher Isomere rasch an.

Wie viele Chiralitätszentrum ein Stereoisomer auch aufweisen mag (und wie die einzelnen Zentren auch konfiguriert sind), es kann immer nur *ein einziges Enantiomer* dazu geben: Bei dem sind dann *sämtliche* Chiralitätszentren *invertiert*. (Die Zahl der *Diastereomere* hingegen steigt natürlich mit zunehmender Anzahl der Chiralitätszentren gewaltig.)

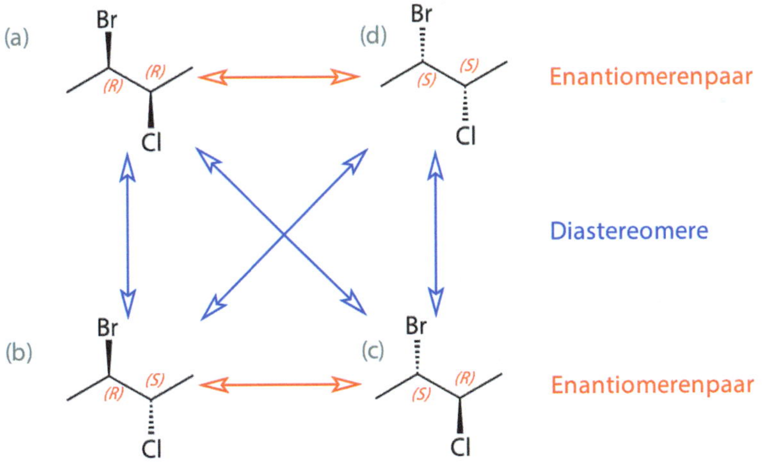

Abbildung 36.11: Enantiomere und Diastereomere

Innere Racemate? – *meso*-Verbindungen

Führen Sie an Butan eine *doppelte* Bromierung durch, ergibt sich ein interessanter Sonderfall. Theoretisch sollten Sie doch auch hier *vier* Stereoisomere erwarten, schließlich ergeben sich erneut *zwei* Chiralitätszentren (erneut an C^2 und C^3):

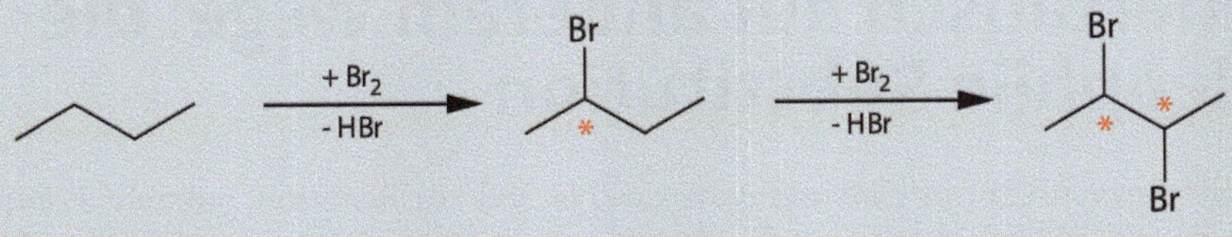

Betrachten Sie jedoch die Stereoisomere (b) und (c) genauer, stellen Sie fest, dass es sich dabei um *exakt das gleiche Molekül* handelt (drehen Sie (b) *auf der Papierebene* um 180°, dann sehen Sie es selbst).

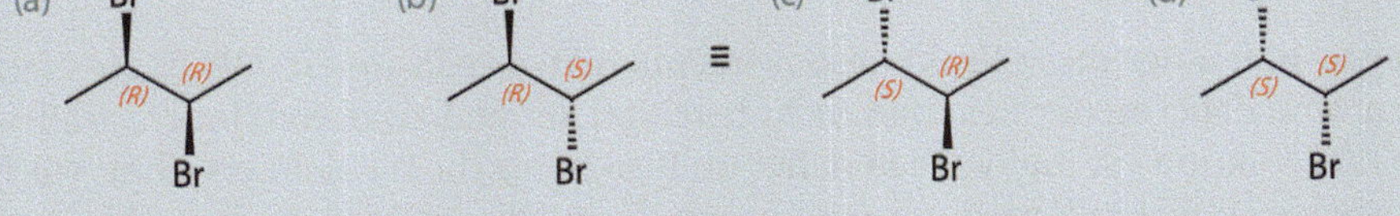

Und dann zeigt dieses sonderbare Stereoisomer (b = c) auch noch *keinerlei* optische Aktivität! Wie kommt das? – Schauen Sie sich dieses Molekül *noch* genauer an: Beide Chiralitätszentren weisen exakt die gleichen Substituenten auf (jeweils ein Brom-Atom, eine Methylgruppe, ein H-Atom und einen bromierten Ethyl-Rest). Einen Unterschied gibt es nur hinsichtlich der absoluten Konfiguration: Das eine ist (*R*)-konfiguriert, das andere (*S*). Salopp ausgedrückt dreht der eine Teil des Moleküls das polarisierte

Licht in die *eine* Richtung, der andere Teil dreht es aufgrund der gleichen Substituenten, aber invertierter Konfiguration, dann um den gleichen Betrag wieder in die *andere* Richtung zurück. Insgesamt ist daher keine optische Aktivität zu vermerken. (Sie könnten von einem »inneren Racemat« sprechen.) Verbindungen, die zwar Chiralitätszentren aufweisen, aber keine optische Aktivität zeigen, werden als ***meso*-Verbindungen** bezeichnet.

Verdrehen Sie die beiden Molekülteile relativ zueinander entlang der Bindung $C^2–C^3$, dann lässt sich erkennen, dass dieses Molekül eine *innere Spiegelebene* aufweist (a):

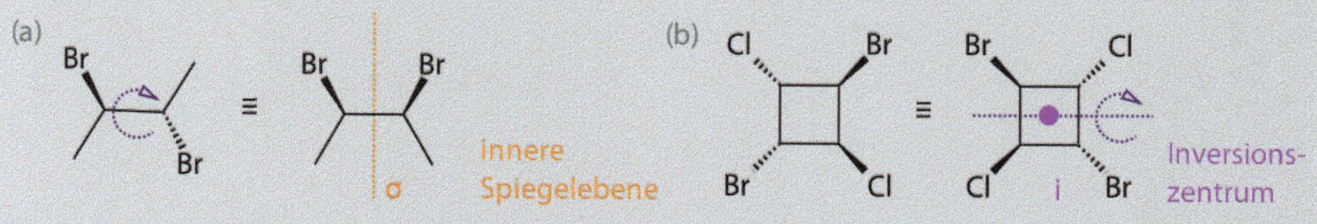

So etwas geht auch mit *Inversionszentren* (b; probieren Sie selbst aus, was bei einer Drehung um die gestrichelte Linie passiert). Derartige *innere Symmetrieelemente* sind das entscheidende Charakteristikum von *meso*-Verbindungen. (Schauen Sie bei Bedarf (noch einmal) in den *Nur für Streber*-Abschnitt von Kapitel 12. Aber so tief ins Eingemachte wollen wir hier eigentlich gar nicht gehen.)

Partnertausch auf anderem Wege: die Nucleophile Substitution

Bringen Sie Bromethan mit Natriumhydroxid (NaOH) zur Reaktion, entsteht *Ethanol*, ein Vertreter der Stoffklasse der Alkohole (Abbildung 36.12; mehr dazu in Kapitel 39). Nach Abschluss der Reaktion lassen sich in der Reaktionslösung Bromid-Ionen nachweisen.

Abbildung 36.12: Nucleophile Substitution am Bromethan

(Die Gegen-Ionen der diese Reaktion bewirkenden Hydroxid-Ionen (OH^-), die Natrium-Kationen, sind dabei an der Reaktion nicht beteiligt: Sie sind zwar vorhanden, greifen aber nicht in die Reaktion ein und werden daher im Reaktionsschema nicht erwähnt; wir haben es hier wieder einmal mit *spectator ions* zu tun.) Formal wird hier das Brom-Atom gegen eine OH-Gruppe ausgetauscht. Auch hier findet also eine *Substitution* statt, allerdings sind an dieser Reaktion keine Radikale, sondern *Ionen* und *polarisierte Atomzentren* beteiligt. Um den Mechanismus einer solchen Reaktion zu beschreiben, müssen Sie die elektronischen Gegebenheiten sämtlicher an der Reaktion beteiligten Teilchen (Moleküle und Ionen) betrachten:

✔ Das Hydroxid-Ion (OH^-) weist als Anion natürlich eine negative Ladung auf, wobei diese Ladung aufgrund der großen Elektronegativitätsdifferenz zwischen Sauerstoff und Wasserstoff (EN_O = 3,50, EN_H = 2,20) weitestgehend am Sauerstoff lokalisiert ist ($O^{\delta-}$, $H^{\delta+}$). Das Sauerstoff-Atom verfügt also über eine *hohe negative Ladungsdichte.*

✔ Somit wird dieses Sauerstoff-Atom besonders geneigt sein, mit positiv polarisierten (oder gar positiv geladenen) Reaktionspartnern in Wechselwirkung zu treten: Das Sauerstoff-Atom des Hydroxid-Ions ist *nucleophil.*

✔ Das mit Brom substituierte, primäre Kohlenstoff-Atom des Bromethans ist ebenfalls Teil einer polarisierten Bindung: Dank seiner höheren Elektronegativität (EN_{Br} = 2,74, EN_C = 2,50), besitzt Brom einen *–I*-Effekt: Die Elektronendichte der σ-Bindung ist zum Brom hin verschoben. Das Brom-Atom trägt also eine negative Partialladung ($Br^{\delta-}$), während dem Kohlenstoff-Atom eine positive Partialladung ($C^{\delta+}$) zukommt.

✔ Diesem Kohlenstoff-Atom mangelt es somit an Elektronendichte, also wird es dazu neigen, mit Teilchen negativer Ladungsdichte zu wechselwirken: Es ist *elektrophil.*

Wenn nun Nucleophil und Elektrophil miteinander in Wechselwirkung treten, kann das auf zwei grundlegend verschiedenen Wegen geschehen.

Variante 1: Alle gleichzeitig!

Hierbei zeigt sich – ähnlich wie bei der radikalischen Substitution – im Energieprofil ein relativ energiereicher *Übergangszustand* (Abbildung 36.13): Bei diesem befindet sich das positiv polarisierte C-Atom des Bromethans (das zuvor sp^3-hybridisiert war) in Form einer *trigonalen Bipyramide* sowohl mit seinem derzeitigen Bindungspartner Brom als auch mit dem angreifenden Hydroxid-Ion in Wechselwirkung, sodass das C-Atom vorübergehend planarisiert wird. Das (nun nicht mehr mit-hybridisierte) p-Orbital steht senkrecht zu der von den drei Substituenten aufgespannten Ebene und hält dabei Kontakt mit Brom *und* OH^--Ion.

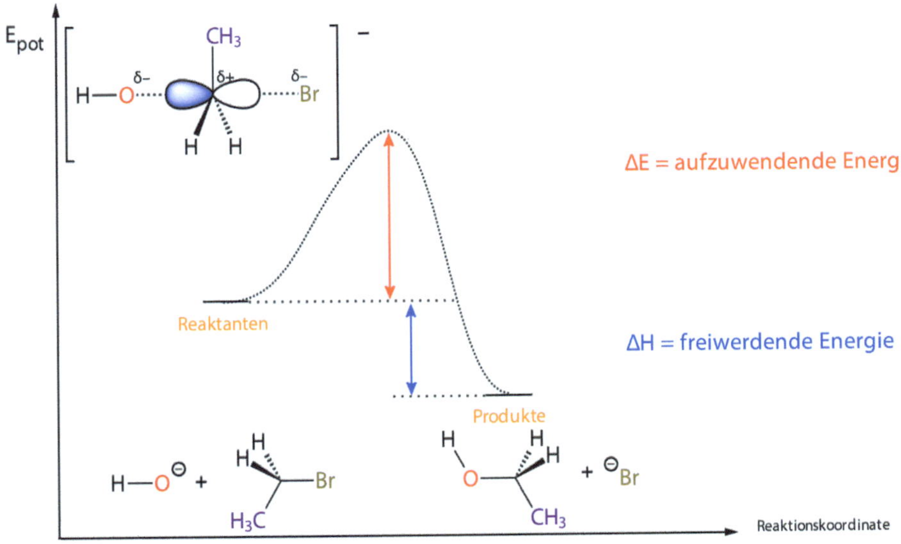

Abbildung 36.13: Energieprofil der S_N2-Reaktion

Hier liegt keineswegs ein fünfbindiges Kohlenstoff-Atom vor, sondern lediglich ein (extrem labiler) *Übergangszustand*, der sich nicht isolieren lässt.

Nun wird in einem *konzertierten Schritt* (also: gleichzeitig und einander bedingend) die σ-Bindung zum Brom-Atom im gleichen Maße gelockert, wie eine neue σ-Bindung zum Sauerstoff-Atom des Hydroxid-Ions ausgeformt wird, bis letztendlich das Brom-Atom als Bromid-Ion abdissoziiert. Diese *Abgangsgruppe* übernimmt also die negative Ladung, die zuvor am Hydroxid-Ion lokalisiert war. Produkt dieser Reaktion ist ein »Ethyl-Rest mit einer OH-Gruppe«: Ethanol.

Wichtig ist bei diesem Mechanismus, dass die Reaktionsgeschwindigkeit ebenso von der Konzentration des *Substrats* (dem Reaktanten; hier Bromethan) wie von der des hinzugegebenen Reagenzes abhängt (hier OH^--Ionen): Es handelt sich um den *bimolekularen Mechanismus* der **Nucleophilen Substitution**, kurz als **S_N2**-Mechanismus bezeichnet.

Wenn Sie sich die räumliche Orientierung der Substituenten am reaktiven C-Atom genauer anschauen, werden Sie feststellen, dass hier die Substituenten »umklappen«: Die drei Reste am reaktiven C-Atom (2 × H, 1 × CH_3), die sich zuvor *links* vom Reaktionszentrum befunden haben, weisen nach Ablauf der Reaktion auf die *rechte* Seite. Dieses »Umklappen« wird auch als Regenschirm-Mechanismus (englisch *umbrella mechanism*) bezeichnet – Sie sehen: Räumliches Denken ist in der Chemie wirklich wichtig.

Selbstverständlich kann eine solche S_N2-Reaktion auch an einem *Chiralitätszentrum* stattfinden. Kommen dem Angreifer und der Abgangsgruppe die *gleiche* Priorität nach CIP zu, wird die Konfiguration *invertiert* – nach dem Entdecker dieser stereochemisch bedeutenden Erkenntnis wird dieses Phänomen als **WALDEN-Inversion** (oder auch WALDEN-*Umkehr*) bezeichnet. *Bei einer Reaktion nach S_N2 steht die Stereochemie von vornherein fest:* Die Reaktion verläuft **stereospezifisch**.

Paul WALDEN war ein deutsch-lettischer Chemiker: Bitte sprechen Sie den Namen *nicht* englisch aus (auch wenn das leider immer wieder vorkommt).

BEISPIEL

In einem zu Abbildung 36.12 analogen Beispiel, in dem Angreifer (OH^-) wie Abgangsgruppe (Br^-) jeweils die höchste Priorität zukommt, würde bei einem chiralen Reaktanten (was Bromethan natürlich *nicht* ist!) aus der *(R)*-Konfiguration die *(S)*-Konfiguration und umgekehrt.

Räumliches Denken in der Chemie

Mittlerweile werden Sie bemerkt haben, dass die räumlichen Verhältnisse in der Chemie wirklich wichtig sind. Aus diesem Grund ist es auch notwendig, sich gegebenenfalls nicht nur mit dem räumlichen Bau der einzelnen Reaktionsteilnehmer auseinanderzusetzen (so wie das in Kapitel 35 schon geschehen ist, etwa in den Abbildungen Abbildung 35.9–11), sondern auch mit der relativen räumlichen Anordnung der einzelnen Teilnehmer *während der Reaktion*. Schauen Sie sich den S_N2-Mechanismus noch einmal abstrakt dargestellt an:

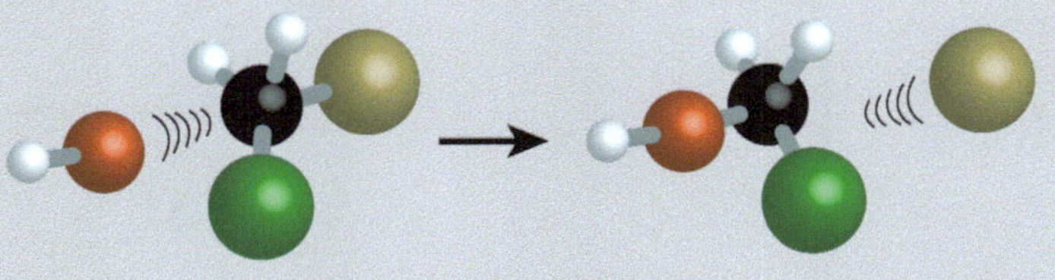

Wie Sie sehen, verdrängt das angreifende Nucleophil (rot/weiß, das OH^--Ion) die Abgangsgruppe (hier braun dargestellt). Allerdings sind derartige graphische Darstellungen zum einen platzaufwendig, zum anderen auch im Chemie-Alltag eher unüblich. Aber Sie tun gut daran, sich jede chemische Reaktion, in der es um räumliche Verhältnisse geht, in *genau* dieser Art und Weise *vorzustellen*. Das ist einfacher, als Sie wahrscheinlich denken. Üben hilft natürlich.

Variante 2: Schön eins nach dem anderen

Auf den ersten Blick besitzt die Umsetzung von 2-Brom-2-methylpropan mit Natronlauge (Abbildung 36.14) immense Ähnlichkeit mit der nucleophilen Substitution am Bromethan (*siehe* Abbildung 36.12). Auch hier findet eine *Nucleophile Substitution* statt.

Abbildung 36.14: Nucleophile Substitution am 2-Brom-2-methylpropan

Auf dem Papier mögen sich Abbildung 36.12 und Abbildung 36.14 nicht sonderlich unterscheiden, doch die beiden Reaktionsmechanismen sind gänzlich anders geartet – wie sich dem zugehörigen Energieprofil entnehmen lässt (Abbildung 36.15). Es weist *zwei* Energiemaxima und eine diskrete *Zwischenstufe* auf.

1. Den *geschwindigkeitsbestimmenden Schritt* stellt das *Abdissoziieren der Abgangsgruppe* dar (schließlich dauert das am längsten, weil dafür die höchste Energiebarriere zu überwinden ist): Der erste *Übergangszustand* ergibt sich also aus dem Lösen der σ-Bindung zwischen dem reaktiven Zentrum (dem 3°-Kohlenstoff-Atom des Substrats) und der Abgangsgruppe (Br, das dann als Br^- abdissoziiert).
2. Anschließend liegt als echte, nachweisbare *Zwischenstufe* ein Carbenium-Ion vor (trigonal-planar koordiniert, mit sp^2-Hybridisierung).

3. Im zweiten Schritt (der einen zweiten *Übergangszustand* erfordert) wird nun das frisch entstandene Carbenium-Ion von einem Nucleophil (in diesem Falle: OH^-) angegriffen, wobei eine neue σ-Bindung entsteht (zwischen dem 3°-Kohlenstoff, der eben noch die positive Ladung getragen hat, und dem O-Atom des Hydroxid-Ions).

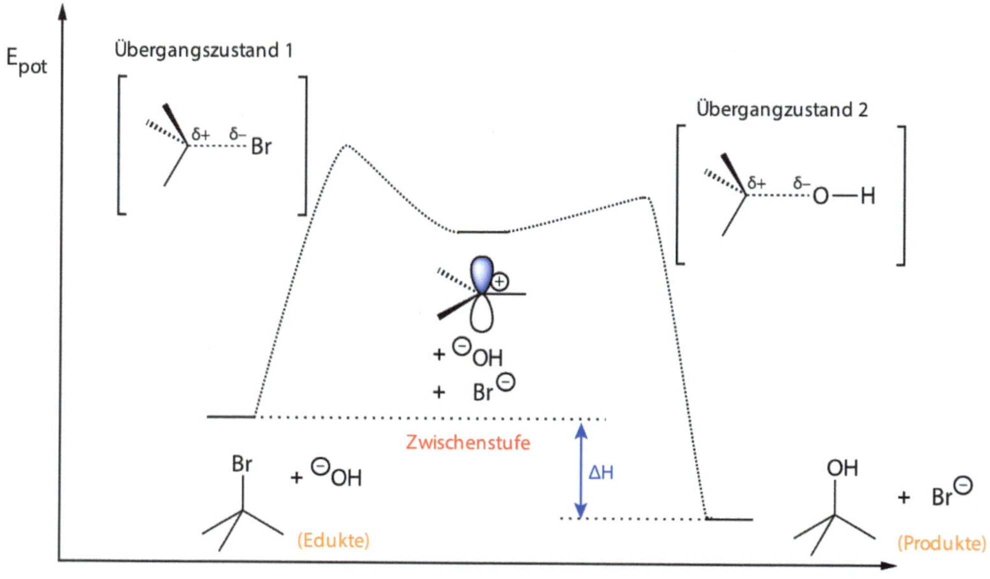

Abbildung 36.15: Energieprofil der S_N1-Reaktion

Bei dieser Reaktion, die ebenfalls eine *Nucleophile Substitution* darstellt (der positiv polarisierte Kohlenstoff fungiert als Elektrophil, das Hydroxid-Ion als Nucleophil), ist also im geschwindigkeitsbestimmenden Schritt nur die *Konzentration des Reaktanten* (des Substrats) von Belang. Es handelt sich damit um den *unimolekularen* (oder *monomolekularen*) *Mechanismus* der nucleophilen Substitution, abgekürzt als S_N1 bezeichnet.

Als Zwischenstufe tritt ein **solvatisiertes Carbokation** auf. Das wiederum beeinflusst die Stereochemie. Angenommen, das angegriffene Atom sei ein Chiralitätszentrum, geht bei einer Reaktion nach S_N1 die stereochemische Information verloren: Das in der Reaktionslösung vorliegende Nucleophil (hier eben das Hydroxid-Ion) kann die planare kationische Zwischenstufe mit gleicher Wahrscheinlichkeit von *der* Seite aus angreifen, die der Bindung zwischen dem angegriffenen Kohlenstoff und der Abgangsgruppe gegenüberliegt, oder von *der anderen* Seite aus (an der zuvor die Abgangsgruppe abdissoziiert ist): Bei einem Chiralitätszentrum erfolgt hier mit gleicher Wahrscheinlichkeit **Retention** (Konfigurationserhalt; Abbildung 36.16a) oder **Inversion** (Konfigurationsumkehr; b – die Zahlen sollen die Prioritäten nach CIP symbolisieren). Die Umsetzung eines chiralen Substrats nach S_N1 führt also zu einem *racemischen Gemisch*: *Die S_N1-Reaktion verläuft* nicht *stereospezifisch.*

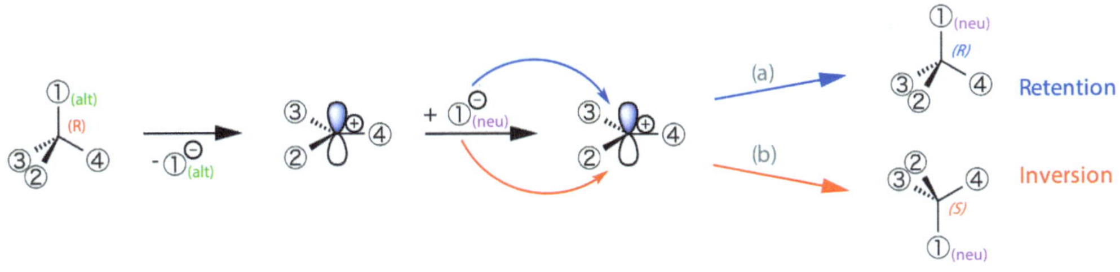

Abbildung 36.16: Retention und Inversion bei der Umsetzung nach S_N1

Und *wann* passiert jetzt *was?*

Bereits bei der radikalischen Substitution haben Sie gesehen, dass sich die Stabilität des Übergangszustands auf den Reaktionsverlauf auswirkt – und diese Stabilität wird durch gegebenenfalls vorhandene induktive Effekte maßgeblich beeinflusst. Gleiches findet sich hier:

- ✔ Je eher ein Substrat ein relativ stabiles Carbenium-Ion ausbilden kann, desto eher verläuft die Reaktion nach dem S_N1-Mechanismus. Der ist rein statistisch schlichtweg wahrscheinlicher, denn für den (bimolekularen) S_N2-Mechanismus müssen Substrat und Nucleophil in geeigneter Weise zusammenstoßen (und das geschieht eben nicht immer), während beim S_N1-Mechanismus lediglich die Bindung zwischen dem reaktiven Zentrum und der Abgangsgruppe gelöst werden muss.
- ✔ Mit dem bereits erwähnten Induktiven Effekt lässt sich leicht begründen, dass 3°-Kohlenstoff-Atome eher zu S_N1 tendieren, während 1°-Kohlenstoff-Atome (wie beim Brommethan) eher nach S_N2 reagieren. Bei 1°-C-Atomen ist der Induktive Effekt deutlich weniger ausgeprägt: Eine carbokationische Zwischenstufe würde nicht gut stabilisiert.
- ✔ Einzig bei 2°-Kohlenstoff-Atomen ist die Vorhersage, nach welchem Mechanismus die Reaktion erfolgen wird, nicht so leicht, zumal auch die Art des Lösemittels Einfluss auf den Mechanismus nimmt. Aber auch dafür gibt es eine hilfreiche Regel:

Je polarer das Lösemittel ist, desto besser kann es auftretende Ladungen stabilisieren, also wird mit steigender Polarität des Lösemittels die Reaktion nach S_N1 wahrscheinlicher. Dabei wirken sich polar-protische Lösemittel stärker aus als polar-aprotische (zu Lösemitteln *siehe* Kapitel 20).

Noch ein Wechselspiel der Kräfte – kinetisch versus thermodynamisch

Dass manche Positionen innerhalb eines Moleküls bevorzugt angegriffen werden, zeigt deutlich, dass Reaktionen nicht rein statistisch verlaufen – somit bestimmt also nicht nur die *Kinetik* (die Sie aus Kapitel 23 kennen) den Reaktionsverlauf. Betrachten wir das anhand der Radikalischen Substitution (Abbildung 36.5) etwas genauer: H-Atome an 1°-Kohlenstoff-Atomen sind für ein angreifendes Radikal leichter zu erreichen, sie sollten also auch schneller abgespalten werden – sie sind also *kinetisch* bevorzugt. Dass dennoch die H-Atome an den 2°-Kohlenstoff-Atomen relativ gesehen häufiger abstrahiert werden, lässt vermuten, dass auch die *Thermodynamik* (aus Kapitel 16) ein Wörtchen mitzureden hat: Das energetisch günstigere (und damit stabilere) Radikal entsteht also bevorzugt – und wegen des $+I$-Effekts ist ein 2°-Kohlenstoff-Radikal deutlich stabiler als ein 1°.

Die Thermodynamik nimmt hier Einfluss auf die **Selektivität** einer Reaktion – und Selektivität bedeutet nun einmal: *Welches Produkt entsteht bevorzugt?* Es gibt ein Wechselspiel zwischen Kinetik (»Was geht am schnellsten?«) und Thermodynamik (»Was ist energetisch besonders günstig und daher am stabilsten?«).

Dieser Wettstreit ist natürlich nicht nur bei Radikalischen Substitutionen zu beobachten, sondern bei fast allen chemischen Reaktionen. Für sie alle gilt:

Je *stabiler* eine reaktive Zwischenstufe (Radikal, Kation, Anion), desto *langsamer* reagiert sie und desto *selektiver* verläuft die Reaktion. Eine besonders reaktive, instabile Zwischenstufe hingegen reagiert schnell, aber die Reaktion verläuft nur wenig selektiv.

Durch die Reaktions*bedingungen* lässt sich also der Reaktions*verlauf* beeinflussen:

- Wählen Sie eher *niedrigere* Temperaturen (beispielsweise durch Einsatz geeigneter Kühlmischungen: mit Trockeneis/Aceton lassen sich bis zu −78 °C erreichen), sodass die Reaktion »gerade so ans Laufen kommt« (= *kinetische Reaktionsführung*), entsteht vor allem das Produkt, das sich *schneller* bildet: Die Aktivierungsenergie wurde *gerade so eben* aufgebracht, reicht aber für die Einstellung eines »anständigen« chemischen Gleichgewichts nicht aus. Hier wollen es die beteiligten Moleküle also nur »so rasch wie möglich hinter sich bringen«. In vielen Fällen ist das kinetische Produkt einer Reaktion nicht zugleich auch das thermodynamisch stabilste.
- Ist hingegen reichliche Energiezufuhr gewährleistet (bei Raumtemperatur oder gar in der *Siedehitze* des gewählten Lösemittels), wird sich eher das thermodynamisch *stabilere* Produkt isolieren lassen (= *thermodynamische Reaktionsführung*). Grund ist gerade der Energieüberschuss: Er gestattet die Einstellung eines richtigen *chemischen Gleichgewichts*, sodass sich langfristig das Produkt mit dem niedrigsten Gesamtenergiegehalt bilden kann – das intermediär möglicherweise entstandene kinetische Produkt kann sich dann über die Rückreaktion noch umentscheiden.
- Das Ganze ist natürlich wieder ein Wechselspiel gegenläufiger Tendenzen – ganz so, wie das schon in Kapitel 1 erwähnt wurde.

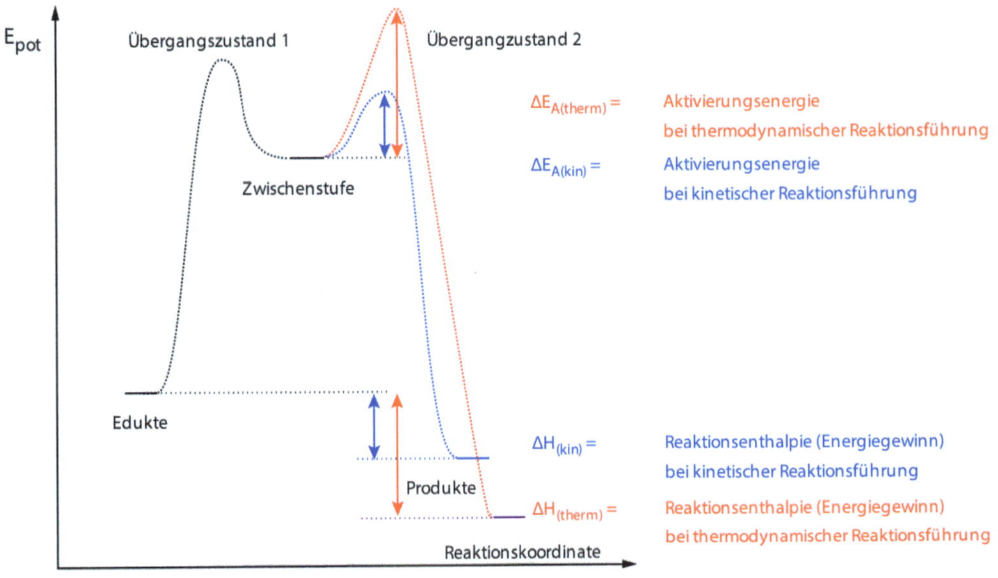

Abbildung 36.17: Einfluss der Reaktionsbedingungen auf den Reaktionsverlauf

Das besitzt eine gewisse Ähnlichkeit mit den verschiedenen Lerntechniken:

✔ Sie können sich schnell-schnell alles in den Schädel dreschen und die ganze Sache mehr schlecht als recht hinter sich bringen (kinetische Klausurvorbereitung).

✔ Sie können mit Geduld an die Sache herangehen, sich mehr Zeit lassen und langfristig ein deutlich besseres und nachhaltiges Lern-Ergebnis erzielen (thermodynamische Klausurvorbereitung).

Gelegentlich beeinflussen natürlich die äußeren Umstände (eben die *Reaktionsbedingungen*), welchen Weg Sie beschreiten.

Aufgaben Kapitel 36

Zum Aufwärmen

1. Kennzeichnen Sie in den nachfolgenden Molekülen sämtliche primären, sekundären, tertiären und quartären Kohlenstoff-Atome.

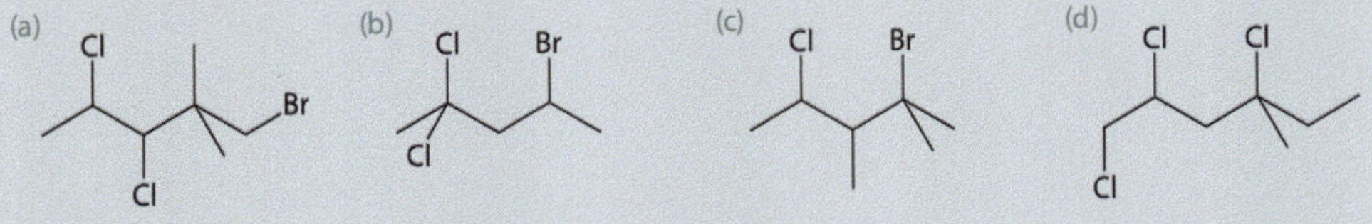

2. Wie lauten die systematischen Namen dieser Verbindungen?

3. Welche C-Atome erfahren in obigen Verbindungen einen –*I*-Effekt? An welchem C-Atom ist jeweils er am stärksten ausgeprägt?

4. Gibt es in obigen Verbindungen jeweils ein Chiralitätszentrum (oder vielleicht gar mehrere)?

5. Geben Sie die Strukturformeln an für: (a) 1,2-Dichlor-3-methylpentan; (b) 2-Bromheptan; (c) 3-Brom-2-methylhexan; (d) 2-Brom-3-methylhexan. Welche Atome in diesen Verbindungen stellen jeweils ein Chiralitätszentrum dar?

Für Fortgeschrittene

6. Erklären Sie, warum die erneute Bromierung von Bromethan zum 1,2-Dibromethan führt, nicht zum 1,1-Dibromethan.

7. Bestimmen Sie die absolute Konfiguration der folgenden Moleküle:

(a)
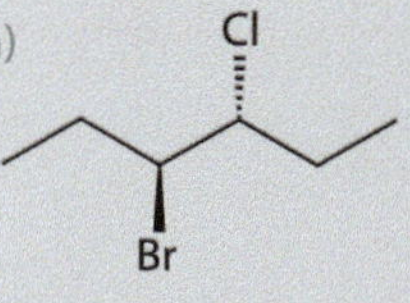

(b)
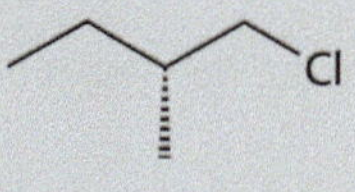

(c)
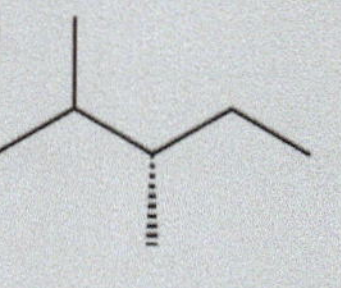

(d)
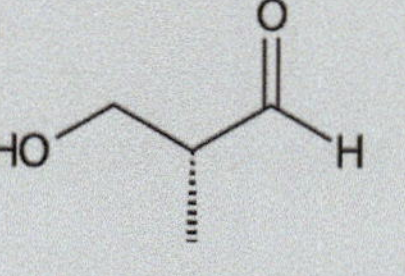

8. Benennen Sie systematisch:

(a)
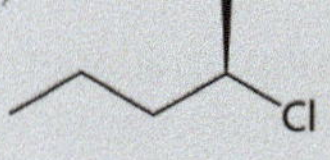

(b)
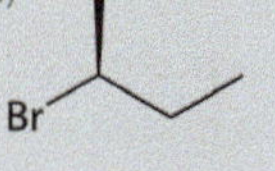

(c)
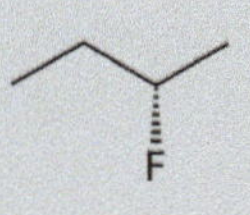

(d)
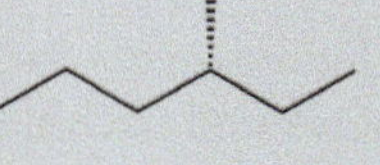

(e)
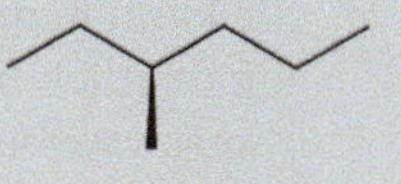

Nur für Streber

9. Welche Reaktionsbedingungen wählen Sie, wenn Sie *(S)*-3-Bromhexan über eine nucleophile Substitution stereospezifisch zu *(R)*-3-Hexanol umsetzen wollen?

10. 2,4-Dichlorpentan weist zwei Chiralitätszentren auf. Entgegen der Regel »Anzahl der Stereoisomere = $2^{\text{Anzahl der Chiralitätszentren}}$« existieren jedoch nur *drei* Stereoisomere. Warum?

IN DIESEM KAPITEL

werden neue Doppelbindungen erzeugt ...

... die gleich wieder abreagieren

betrachten wir Orbitale in der OC

gibt es erstaunlich wandlungsfähige Konstitutionsisomere

Kapitel 37

Erst die Scheidung, dann die Unzufriedenheit

Bei den meisten Nucleophilen Substitutionen können neben den zu erwartenden Produkten häufig auch *Nebenprodukte* nachgewiesen werden (und sei es auch nur in Spuren). So entstehen bei der *alkalischen Hydrolyse* halogenierter Kohlenwasserstoffe (aus Kapitel 36) in eingeschränktem Maße auch immer **ungesättigte Kohlenwasserstoffe**, also *Kohlenwasserstoffe mit einer (oder mehreren) Doppel- oder Dreifachbindung(en).*

Wenn man sich in der Chemie trennt: die Eliminierung

Schauen Sie sich die Reaktion eines racemischen Gemischs (deswegen das rote Sternchen) von 2-Brombutan mit Natriumhydroxid an (Abbildung 37.1). Dabei entstehen neben dem zu erwartenden Hauptprodukt 2-Butanol (a) noch *1-Buten* (b) und *2-Buten* (c); das Mengenverhältnis der Nebenprodukte ist dabei von den gewählten Reaktionsbedingungen abhängig.

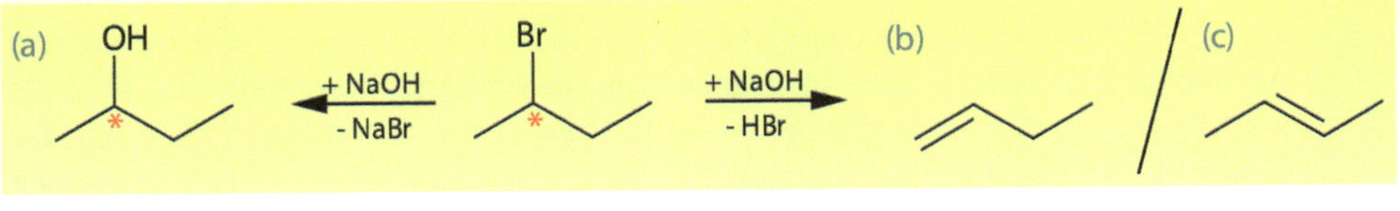

Abbildung 37.1: Substitution (a) und Eliminierung (b/c) an 2-Brombutan

Die Endung **en** (statt *an*) verrät Ihnen, dass diese Verbindung (mindestens) eine C–C-Doppelbindung enthält; sie ist allgemein das Kennzeichen dafür, dass das betreffende Molekül zur Stoffklasse der **Alkene** (auch *Olefine* genannt) gehört: *Kohlenwasserstoffe*, die eine (oder mehrere) Doppelbindung(en) aufweisen.

Auch bei der Angabe der Positionen von Doppelbindungen schleicht sich die Laborjargon-Vorgehensweise »Solange ich nichts anderes sage, ist immer 1 gemeint!« ein, sodass beispielsweise nur noch zwischen »Buten« und »2-Buten« unterschieden wird. *Machen Sie das nicht!* Manche Prüfer reagieren darauf bemerkenswert unwirsch.

Bei der Reaktion aus Abbildung 37.1b/c hat also das Hydroxid-Ion als *Base* fungiert, nicht (wie eigentlich gewünscht) als *Nucleophil*: Ein Wasserstoff-Atom wurde als H^+ abstrahiert – und zwar in unmittelbarer Nachbarschaft zu dem Zentrum, an dem Substitution hätte erfolgen sollen. Das lässt sich ausnutzen, wenn Sie gezielt eine *ungesättigte* Verbindung erzeugen wollen: Bei geschickter Wahl der Reaktionsbedingungen wird die Neben- zur Hauptreaktion. (Dazu gleich mehr.)

Mit dem Säure/Base-Konzept von LEWIS lässt sich bekanntermaßen *jede* Säure/Base-Reaktion als Wechselspiel von *Nucleophil* (= Base) und *Elektrophil* (= Säure) beschreiben (das wissen Sie aus Kapitel 25), aber manchmal wollen Sie eben auch wissen, ob es gerade um einen einfachen *Protonen-Austausch* geht (also um eine Säure/Base-Reaktion im Sinne von BRØNSTED) oder doch einen *anderweitigen* elektrophilen oder nucleophilen Angriff.

Daher gibt es folgende Unterscheidung: *Von **Basizität** spricht man in der OC nur dann, wenn die Nucleophilie eines Teilchens einem positiv polarisierten Wasserstoff gilt* – wenn also ein H^+ seinen Bindungspartner wechselt.

Gerade eben war offenkundig wichtig, *wo genau* das H-Atom abstrahiert wurde. Positionen innerhalb eines Moleküls mit Worten zu beschreiben, ist jedoch sehr mühselig. Einfacher geht es über die **relative Positionsbezeichnung** – relativ immer zu dem Atom, »um das es gerade geht« (Abbildung 37.2):

Kohlenstoff-Atome, die dem jeweils relevanten Atom unmittelbar benachbart sind, werden als α-C-Atome bezeichnet (sollten an diesen Kohlenstoff noch H-Atome gebunden sein, werden diese entsprechend α-H-Atome genannt). Die *dazu* benachbarten Kohlenstoffe sind dann β-C-Atome, an die gegebenenfalls noch β-H-Atome gebunden sind. Und so geht das immer weiter im griechischen Alphabet: Am relativ zum »Ausgangspunkt« dritten Atom befindet sich die γ-Position, am vierten heißt sie δ-, am fünften ε- und so weiter. (Diese Art der Bezeichnung begegnet Ihnen zum Beispiel in Kapitel 40 bei den Stoffklassen der Lactone und Lactame wieder. Aber weit über das ε hinaus brauchen Sie das griechische Alphabet zumindest hier eher selten: Einzig, dass die End-Position mit ω markiert wird, sollten Sie noch wissen.)

BEISPIEL

Beim 2-Brombutan gibt es somit *zwei* α-C-Atome: ein primäres und ein sekundäres. Entsprechend finden sich in diesem Molekül insgesamt fünf α-H-Atome: drei am 1°-C, zwei am 2°-C. Zudem gibt es *ein* β-C-Atom, an das *drei* β-H-Atome gebunden ist.

Abbildung 37.2: Relative Positionen im 2-Brombutan

Wenn also das angreifende Reagenz (wie in Abbildung 37.1b) als *Base* fungiert, nicht als *Nucleophil*, entstehen *Doppelbindungen* – dieser Vorgang wird als **Eliminierung** bezeichnet (in manchen Lehrbüchern auch *Elimination*). Wie bei der Substitution (aus Kapitel 36) gibt es wieder verschiedene Möglichkeiten, wie derartige Reaktionen ablaufen können.

Auf einen Schlag: E2

Die Abgangsgruppe – hier: das Brom-Atom – verlässt zusammen mit einem der dazu α-ständigen H-Atome das Molekül (in diesem Falle entsteht dabei Bromwasserstoff). Dabei wird eine C–C-Doppelbindung geknüpft (Abbildung 37.3b). Die Abspaltung von H^+ und Br^- erfolgt in einem *konzertierten* **Schritt**, entscheidend ist hier der *Übergangszustand* (a). Die Reaktion folgt also einem *bimolekularen* Mechanismus (**E2**), bei dem sich *keine Zwischenstufen* nachweisen lassen. (In dieser Abbildung lernen Sie auch gleich ein sehr wichtiges Hilfsmittel kennen: den Pfeil, der bei der schematischen Darstellung von Reaktionsmechanismen anzeigt, *von wo nach wo Elektronendichte verschoben wird.* Mehr dazu im Kasten *Pfeile in der OC.*)

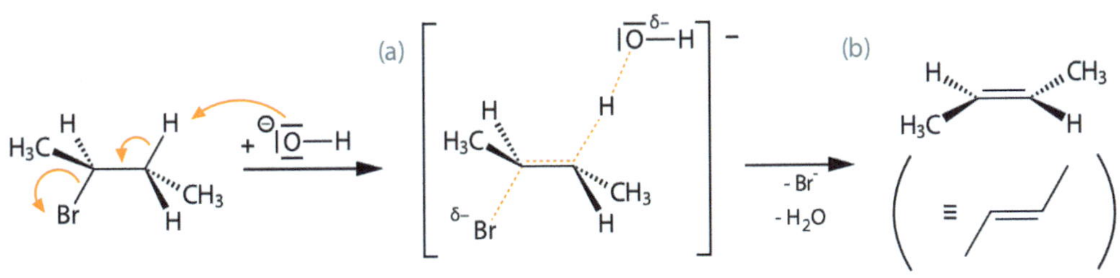

Abbildung 37.3: E2-Mechanismus

Das *Nucleophil* (in diesem Falle das Hydroxid-Ion) tritt in Wechselwirkung mit einem zum Brom-Atom β-ständigen H-Atom und fungiert dort als *Base*: Die C–H-Bindung wird heterolytisch gelockert, die Elektronendichte dieser σ-Bindung kommt demnach vor allem dem (elektronegativeren) C-Atom zu. Die Ladungsdichte wird dann in Richtung des (durch die höhere Elektronegativität des Brom-Atoms positiv polarisierten) α-C-Atoms weitergegeben – also an das C-Atom, an dem noch das Brom hängt. Dadurch wird die C–Br-Bindung ebenfalls heterolytisch gelockert, und wieder fällt die Elektronendichte dieser σ-Bindung dem elektronegativeren Bindungspartner zu – in diesem Fall eben dem Brom.

Bei diesem Übergangszustand ist die negative Ladungsdichte (und damit die Gesamtladung) über *fünf* Atomzentren (O, H, C^{α}, C^{β}, Br) verteilt (angedeutet durch die gestrichelten Linien). Dieses Phänomen heißt **Delokalisation** der Ladungsdichte; es wird Ihnen nicht nur in diesem Kapitel noch häufiger begegnen.

Nachdem dieser energetisch sehr ungünstige (und daher instabile) Übergangszustand zerfallen ist, liegt zwischen C^{α} und C^{β} eine C–C-Doppelbindung vor, während das Brom-Atom als Bromid-Ion abdissoziiert ist; zudem entsteht bei dieser Reaktion Wasser (*siehe* Abbildung 37.3). Eine genauere Untersuchung des Reaktionsgemischs ergibt, dass bei dieser Reaktion mehr 2-Buten entsteht als 1-Buten – ein überraschendes Ergebnis, schließlich gibt es am 1°-C^{α} *drei* H^{α}, am 2°-C^{α} hingegen nur *zwei*; bei rein statistischem Reaktionsverlauf sollte also das Verhältnis 1-Buten/2-Buten eher 3:2 (= 60:40) betragen. Offensichtlich steuern also wieder *Stabilitäten* den Reaktionsverlauf:

C–C-Doppelbindungen sind thermodynamisch umso stabiler, je *höher substituiert* sie sind, das heißt: je mehr weitere C-Atome daran hängen. Das liegt wieder am *+I*-Effekt (bekannt aus Kapitel 36), schließlich ist eine Doppelbindung elektronisch gesehen nur eine »Notlösung«, die nicht annähernd so günstig ist wie zwei echte Einfachbindungen (das wissen Sie aus Kapitel 12). Insofern hat ein Kohlenstoff, der zu einer Doppelbindung gehört, einen gewissen Elektronenbedarf – und der lässt sich durch »solidarische Nachbarn« zumindest bedingt decken.

Wegen des *+I*-Effekts ist also eine Doppelbindung zwischen zwei 2°-Kohlenstoffen energetisch günstiger (= thermodynamisch stabiler) als die zwischen etwa einem 1°- und einem 2°-C-Atom: Bei *thermodynamischer Reaktionsführung* entsteht also eher 2-Buten.

Denken Sie an einen der grundlegenden Unterschiede zwischen Einfach- und Doppelbindung: Da Letztere aus je einer σ- und einer π-Bindung besteht, gibt es *keine freie Drehbarkeit.*

Deswegen entstehen bei der Reaktion aus Abbildung 37.3 auch *zwei verschiedene* 2-Buten-Moleküle, die sich in ihrer **Konfiguration** unterscheiden. Dieses Phänomen wird als ***Z/E*-Isomerie** bezeichnet.

Z/E-Isomerie tritt immer dann auf, wenn beide Seiten einer Doppelbindung je *zwei verschiedene* Substituenten aufweisen. Die Frage, ob es sich um das *(Z)*- oder das *(E)*-Isomer handelt, wird anhand der *CIP-Prioritätsregeln* (bekannt aus Kapitel 36) entschieden.

(a) *(Z)*-2-Buten

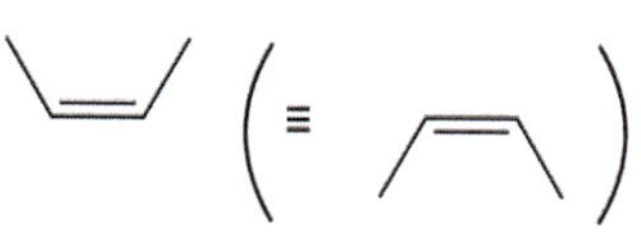

(b)

(E)-2-Buten

✔ Beim *(Z)*-konfigurierten 2-Buten (a) befinden sich die beiden Methyl-Reste, denen im Vergleich zum Wasserstoff nach CIP die höhere Priorität zukommt, *auf der gleichen Seite der Doppelbindung*; das *(Z)* kommt von *zusammen* (und wird tatsächlich auch in der internationalen Fachsprache verwendet – manchmal kann sich auch Deutsch durchsetzen).

✔ Beim *(E)*-2-Buten hingegen (b) stehen die beiden Methyl-Reste einander gegenüber; das *(E)* steht für: *entgegen.*

(Z) und *(E)* oder *cis* und *trans*?

In älteren Lehrbüchern findet sich die Bezeichnung *cis* für die *(Z)*- und *trans* für die *(E)*-Konfiguration. Allerdings sieht die IUPAC die Begriffe *cis* und *trans* heutzutage für die Konfigurationsbezeichnung bei *cyclischen* Verbindungen vor (mehr dazu in Kapitel 38), deswegen sollten Sie diese Begriffe zur Beschreibung ungesättigter Verbindungen nicht heranziehen. Lediglich bei 1,2-disubstituierten Doppelbindungen (wie 2-Hexen), bei denen also jedes C-Atom der Doppelbindung ein Wasserstoff-Atom trägt, ist *cis/trans* nach wie vor gebräuchlich, weil hier nicht groß über die CIP-Regeln nachgedacht werden muss. Aber mit *Z/E* sind Sie immer auf der sicheren Seite (besonders in Prüfungen!).

Meist ist die *(E)*-Konfiguration energetisch günstiger als die *(Z)*-Konfiguration. Das liegt am **sterischen Anspruch der Substituenten** (also: deren Platzbedarf). Es ist energetisch ungünstig, wenn Substituenten einander »zu nahe kommen« – ähnlich wie bei der *Konformationsisomerie,* die Sie schon aus Kapitel 35 kennen. Und ebenso wie die Substitution nach dem S_N2-Mechanismus verläuft auch die Eliminierung nach dem E2-Mechanismus **stereospezifisch** – als ***trans*-Eliminierung**: Die Abgangsgruppe verlässt das Molekül auf *der* Seite, die der angreifenden Base *gegenüber*liegt (*siehe* Abbildung 37.3; hier geht es um das Brom, das dann als Bromid-Ion abdissoziiert).

Besonders deutlich wird dies in der NEWMAN-Projektion (aus Kapitel 35) – vor allem, wenn Sie der Übersichtlichkeit halber alle H-Atome weglassen:

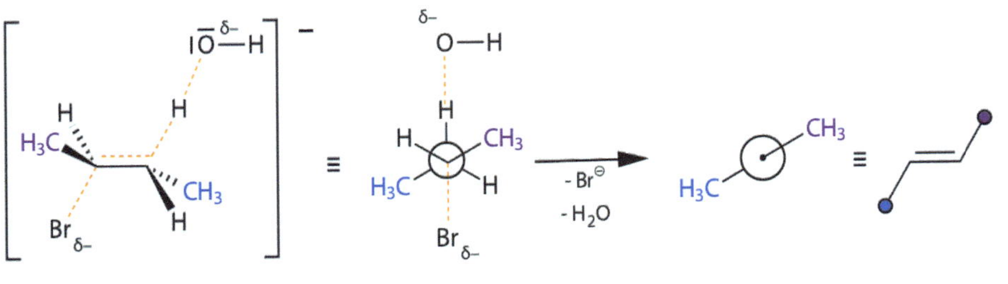

Langsam und bedächtig: E1

Analog zum S_N1-Mechanismus gibt es auch einen *unimolekularen* Eliminierungs-Mechanismus (**E1**), der über eine *kationische Zwischenstufe* verläuft. Wichtig ist dieser Mechanismus vor allem dann, wenn Alkohole im sauren Medium **dehydratisiert** werden (*siehe* Abbildung 37.4): Unter dem Einfluss von H^+-Ionen wird Wasser entzogen. (Ein wenig über Alkohole wissen Sie ja schon aus Kapitel 35; mehr finden Sie in Kapitel 39.) Bitte beachten Sie:

- ✔ Aufgrund seiner freien Elektronenpaare kann das Sauerstoff-Atom der OH-Gruppe protoniert werden. Dabei entsteht ein Oxonium-Ion ($R{-}OH_2^+$). Durch die positive Ladung am Sauerstoff-Atom wird die C–O-Bindung derart geschwächt, dass es letztendlich zu einer *heterolytischen* Bindungsspaltung kommt.
- ✔ Nach Abspaltung des Wassers liegt ein *solvatisiertes Carbokation* vor. Diese extrem reaktive *Zwischenstufe* stabilisiert sich durch Abspaltung eines zum Kohlenstoff-Atom mit der positiven Ladung α-ständigen Wasserstoff-Atoms (als H^+-Ion), sodass eine Doppelbindung entsteht.
- ✔ Bei dem intermediär entstehenden Carbenium-Ion besteht *sehr wohl* freie Drehbarkeit um die Einfachbindung zwischen dem kationischen Kohlenstoff und seinen Bindungspartnern. Daher ist der E1-Mechanismus *nicht stereospezifisch*.
- ✔ Gibt es chemisch nicht-äquivalente α-Wasserstoffe, lässt sich der Reaktionsverlauf wieder durch die *Reaktionsbedingungen* beeinflussen (*siehe* notfalls Kapitel 36):
  - *Thermodynamische* Reaktionsführung wird zur möglichst hoch substituierten Doppelbindung führen, wobei die *(E)*-konfigurierte Doppelbindung aus sterischen Gründen begünstigt ist. Das Beispiel aus Abbildung 37.4 führt also bevorzugt zu *(E)*-2-Buten. (Das *(Z)*-2-Buten wird nur als Nebenprodukt entstehen.)
  - *Kinetische* Reaktionsführung hingegen führt zu dem Produkt, das sich schneller bilden lässt (etwa weil eine Methylgruppe mehr α-Wasserstoffe zu bieten hat als eine Methylengruppe). Gemäß Abbildung 37.4 entsteht hier vor allem 1-Buten.

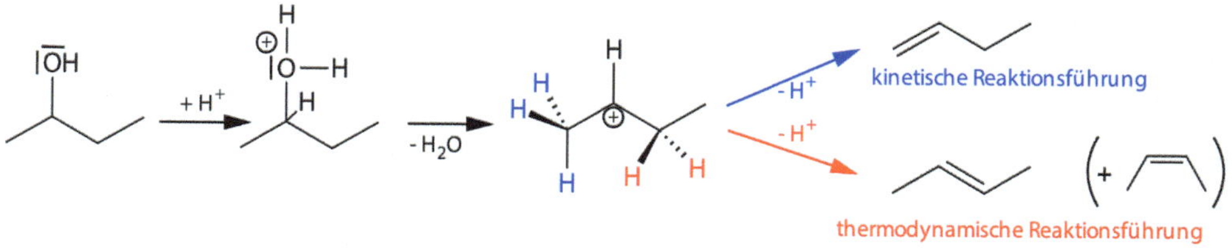

Abbildung 37.4: E1-Mechanismus und der Einfluss der Reaktionsführung

Pfeile in der OC – »Richtungsanzeiger für Elektronen«

Wenn Sie Reaktionsmechanismen nachvollziehen (und irgendwann sogar eigenständig aufstellen) wollen, ist es immer sehr hilfreich, sich die Verschiebung der an der betreffenden Reaktion beteiligten Elektronen(paare) anzuschauen. Dabei kommt ein neuer Pfeil-Typus ins Spiel: Er zeigt immer von dem elektronenreicheren Zentrum zu dem Atom, das negative Ladungsdichte aufzunehmen vermag (meist also *vom Nucleophil zum Elektrophil*).

Dabei ist wichtig zu beachten, dass diese Pfeile *Elektronendichteverschiebungen* anzeigen, nicht etwa die Bewegung von Atomen! (Um ganz sicherzustellen, dass Sie diese

Pfeile nicht mit irgendetwas anderem verwechseln, haben wir sie in diesem Buch durchgängig orange gesetzt – aber diesen Gefallen tun Ihnen natürlich nicht alle Autoren.) Schauen Sie sich als Beispiel für den Gebrauch dieser Pfeile zwei bereits vertraute Reaktionen an: Bei der Protonierung von Ammoniak (a) muss der Pfeil vom Elektronenpaar am N-Atom (= Base) zum Wasserstoff-Kation (= Säure) weisen.

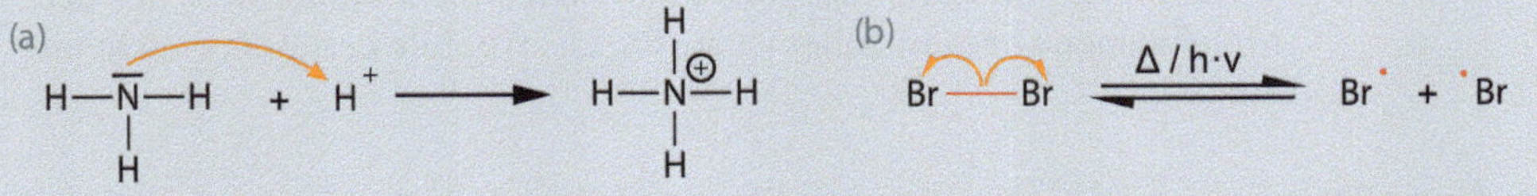

Hierbei gibt es einen äußerst beliebten Fehler, den Sie tunlichst vermeiden sollten: Lassen Sie den Pfeil bitte *nicht* vom H^+ zum Stickstoff weisen, »weil doch das Proton das freie Elektronenpaar angreift«. Das *können* Sie zwar durchaus so sehen, aber für diese »Elektronen-Klapperei« gilt eine feste Spielregel: *Der Pfeil weist immer auf das Ziel der Elektronen* – also auf den Ort, *zu dem* die Elektronen wandern.

Bei Radikal-Reaktionen, bei denen nur *ein einzelnes Elektron* übertragen wird (wo es also zu einem sogenannten *Single Electron Transfer* kommt; kurz: SET), wird ein ganz ähnlicher Pfeil gesetzt, der aber nur eine »halbe Spitze« hat. Die Spitze weist dann dorthin, wohin das einzelne Elektron wandert. Wird eine kovalente Bindung radikalisch gespalten, so müssen entsprechend *beide* Elektronen in dieser Weise versorgt werden – das Beispiel der (photochemisch oder thermisch induzierten) radikalischen Spaltung eines Brom-Moleküls (b) kennen Sie bereits aus Kapitel 36.

Der Anfang einer neuen Beziehung

Ungesättigte Verbindungen zeigen ein gänzlich anderes chemisches Verhalten als gesättigte: Versetzen Sie beispielsweise den gesättigten Kohlenwasserstoff Octan (C_8H_{18}) mit elementarem Brom, verfärbt sich das Stoffgemisch aufgrund der tiefbraunen Farbe des Broms schon bei geringer Bromzugabe gelb. Weiteres geschieht jedoch nicht (es sei denn, das Gemisch würde zusätzlich photochemisch angeregt, wie in Kapitel 36). Führen Sie ein solches Experiment jedoch mit elementarem Brom und *(E)*-2-Octen durch (Abbildung 37.5), so ist zunächst ebenfalls Gelbfärbung des Stoffgemischs zu beobachten – die allerdings nach wenigen Minuten verschwindet. Offensichtlich reagieren 2-Octen und Brom miteinander, wobei das Brom »verbraucht« wird: Die beiden Moleküle vereinigen sich – eine **Additionsreaktion**, oder kurz: eine **Addition**. Die Analyse des Reaktionsgemischs (ein wenig darüber, wie so etwas geht, erfahren Sie in Kapitel 50) ergibt, dass ein racemisches Gemisch zweier Enantiomere entstanden ist (Abbildung 37.5): (2*R*,3*S*)- und (2*S*,3*R*)-Dibromoctan.

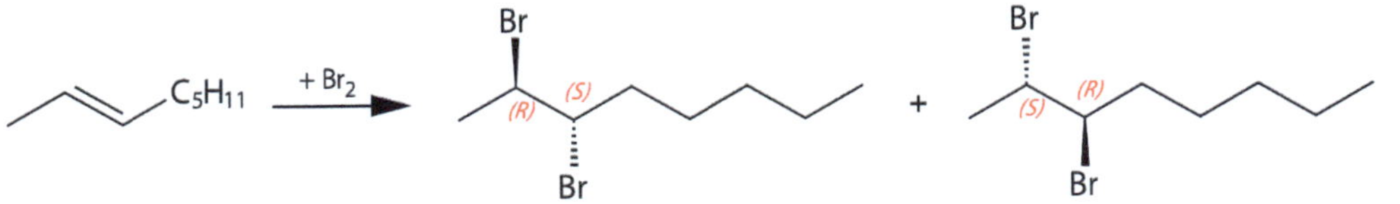

Abbildung 37.5: Stereospezifische Addition von Brom an 2-Octan

Dass an Doppelbindungen Additionen erfolgen können, sollte Sie nicht überraschen:

- ✔ Eine Doppelbindung birgt eine deutlich höhere Elektronendichte als eine Einfachbindung: *Die Doppelbindung zeigt nucleophiles Verhalten.*
- ✔ Die in den unhybridisierten p-Orbitalen lokalisierte Elektronendichte des π-Anteils der Bindung ragt auf beiden Seiten (oben und unten) aus der Molekülebene heraus, daher ist sie für Elektrophile besonders leicht angreifbar.

Bei dieser Reaktion handelt es sich um eine **Elektrophile Addition**.

Die Addition von Halogenen an Doppelbindungen macht man sich auch in der chemischen Analyse zunutze: Findet eine Addition statt, ist das zumindest ein deutliches Indiz dafür, es mit einer ungesättigten Verbindung zu tun zu haben. Als sich herausstellte, dass sich eine bromhaltige Lösung auch entfärbt, wenn ein Gummibärchen hineingeworfen wird, erklärte ein dazu befragter Lebensmittelchemiker: »Es heißt ja auch Gummibärchen und nicht Gummibärchan.«

Aber das Produkt in Abbildung 37.5 weist *zwei* Chiralitätszentren auf, also hätten doch *vier* verschiedene Stereoisomere entstehen müssen! (Falls Sie nicht mehr wissen, warum das so sein müsste, schauen Sie in Kapitel 36 nach.) Sofort stellen sich also zwei Fragen: Warum verläuft diese Reaktion stereospezifisch? Warum entstehen die beiden anderen möglichen Stereoisomere überhaupt nicht? – Um das zu klären, müssen Sie sich zunächst einigen anderen Additionsreaktionen widmen, um Gemeinsamkeiten und Unterschiede zu erkennen:

Setzen Sie etwa Propen mit Bromwasserstoff um (Abbildung 37.6a), ergibt dies ein Gemisch aus 1- und 2-Brompropan – Letzteres entsteht eindeutig bevorzugt. Die analoge Addition von Wasser an eine Doppelbindung (b) führt zu einem Alkohol. Bevorzugtes Produkt ist hier 2-Propanol.

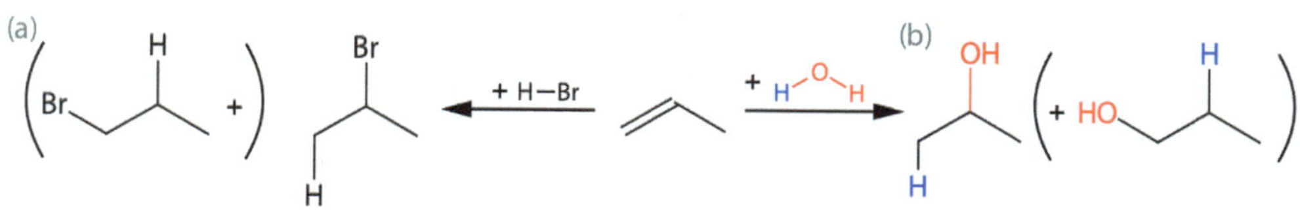

Abbildung 37.6: Addition von (a) Bromwasserstoff und (b) Wasser an Propen

Bei der Addition von HX an eine Doppelbindung wandert das H-Atom meist an den Kohlenstoff, der bereits die größere Anzahl Wasserstoff-Atome trägt. Diese Spielregel (»wer hat, dem wird gegeben«) ist als **Markownikoff-Regel** bekannt.

Wladimir Markownikoff stammte aus Russland. Da sein Name entsprechend eigentlich in kyrillischen Buchstaben geschrieben wird, werden Sie in der Literatur jede Menge andere Schreibweisen finden: w, ff und v scheinen dabei beliebig austauschbar: Wundern Sie sich also nicht über einen »Markovnikov« oder ähnliche Varianten.

Allerdings gibt es auch Reaktionspartner HX (mit X ≠ Halogen), bei denen die Addition genau »andersherum« verläuft, sodass dort von einer **Anti-Markownikoff-Addition** gesprochen wird. Deswegen sollten Sie sich diese »Spielregel« etwas genauer anschauen – das gestattet erste Rückschlüsse auf den dahinterstehenden Reaktionsmechanismus.

- ✔ Da eine Doppelbindung nun einmal nucleophiles Verhalten zeigt, dürfen Sie davon ausgehen, dass im ersten Schritt ein *Elektrophil* die Doppelbindung angreift.
- ✔ Natürlich ist im Bromwasserstoff das H-Atom wegen des Elektronegativitätsunterschieds positiv polarisiert ($H^{\delta+}$, $Br^{\delta-}$). Damit steht auch fest, dass der *positiv polarisierte Wasserstoff* als *Elektrophil* fungiert.
- ✔ Intermediär entsteht wieder ein Carbenium-Ion.

Mit dem *induktiven Effekt* lässt sich die Markownikoff-Regel auch erklären: Im Propen liegt die Doppelbindung zwischen einem 1°- und einem 2°-C-Atom, und wenn der angreifende Wasserstoff am 1°-C-Atom landet, entsteht ein *sekundäres* Carbenium-Ion (a). Wegen des +*I*-Effekts der beiden benachbarten C-Atome ist dieses stabiler als das primäre Ion (b), das bei einem Angriff des H+ auf das 2°-C der Doppelbindung entstünde:

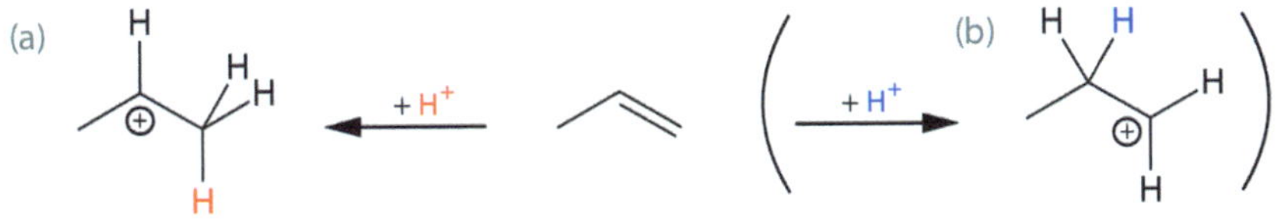

Tatsächlich besagt die Markownikoff-Regel also bloß, dass bei der elektrophilen Addition die *Entstehung des stabileren Carbokations* begünstigt ist.

Jetzt schauen Sie sich die Addition von elementarem Brom an ein Alken erneut an (Abbildung 37.5): Die beiden anderen, bei vier Chiralitätszentren zumindest theoretisch möglichen Stereoisomere – mit den Konfigurationen (2*R*,3*R*) und (2*S*,3*S*) – entstehen bei dieser Reaktion *überhaupt nicht* (auch nicht in Spuren!) – die Addition verläuft also *stereospezifisch*:

- ✔ Bei der Addition von elementarem Brom an eine Doppelbindung nähert sich das Brom-Molekül der Doppelbindung immer weiter an, wobei deren negative Ladungsdichte durch Wechselwirkung mit einem der beiden Brom-Atome wegen der Elektronegativitätsdifferenz ($EN_{Br} = 2{,}74$; $EN_C = 2{,}50$) in einem Übergangszustand (*siehe* Abbildung 37.7) teilweise auf das der Doppelbindung nähere Brom-Atom übertragen wird.
- ✔ Dies führt entsprechend zu einer heterolytischen Schwächung der Br–Br-Bindung: Das von der Doppelbindung weiter entfernte Brom-Atom dissoziiert dann als Anion ab.
- ✔ Da das Brom-Atom aufgrund seiner Größe recht leicht polarisierbar ist, landet die resultierende positive Ladung nicht auf einem der beiden beteiligten Kohlenstoff-Atome, sondern beim Brom: Es entsteht ein **Bromonium-Ion**, bei dem das beteiligte

Brom an *beide* Kohlenstoffe der (ehemaligen) Doppelbindung gleichermaßen *kovalent* gebunden ist.

Brom geht hier also eine Bindung mehr ein, als es zur Erfüllung der Oktettregel bräuchte: Dadurch wird es hypervalent und erhält die Endung **onium** – das ist wie beim Ammonium-Ion (NH_4^+) oder dem Hydroxonium-Ion (H_3O^+) – und sogar dem exotischen Carbonium-Ion aus dem Kasten in Kapitel 35. Ja, auch hinter dieser Namensgebung steckt ein System!

- ✔ Aufgrund seiner Größe blockiert das Brom-Atom *rein sterisch* diese Seite der (ehemaligen) Doppelbindung, sodass die Annäherung des zuvor abdissoziierten Bromid-Ions, das nun diese kationische Zwischenstufe als Nucleophil angreift, ausschließlich von der »Unterseite« erfolgen kann (*siehe* Abbildung 37.7) – dies ist eine *anti*-Addition. (Mit anderen Halogenen verläuft der Mechanismus analog; man spricht dann allgemein von *Halonium-Ionen*.)

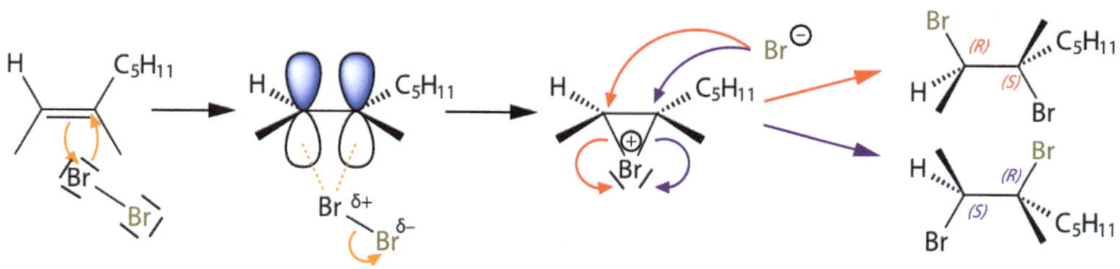

Abbildung 37.7: *anti*-Addition von Brom an eine Doppelbindung

Dann greift das Bromid-Ion eines der beiden am Bromonium-Ion beteiligten Kohlenstoff-Atome nucleophil an (das elektronegativere Brom senkt dort die Elektronendichte!). Dabei entsteht eine neue kovalente Bindung: Das Bromonium-Ion wird unter Spaltung einer der beiden Br–C-Bindungen aufgebrochen, das betreffende Brom-Atom bleibt dann kovalent mit dem anderen (nicht angegriffenen) C-Atom verbunden. Da der Angriff eben an *beiden* C-Atomen des dreigliedrigen Ringes erfolgen kann, entsteht entsprechend das (2*R*,3*S*)- oder das (2*S*,3*R*)-Enantiomer (Abbildung 37.7) – die Entstehung der beiden anderen denkbaren Diastereomere ist also rein mechanistisch *nicht möglich*.

Mehr Doppelbindungen = mehr Spielregeln zum Benennen

Ein hinreichend großer Kohlenwasserstoff kann auch mehr als nur eine Doppelbindung aufweisen – dann handelt es sich um eine **mehrfach ungesättigte Verbindung**. Die jeweiligen Positionen der Doppelbindungen müssen wieder eindeutig benannt werden.

- ✔ Achten Sie beim Durchzählen der Atome darauf, dass die an der »äußersten« Doppelbindung beteiligten C-Atome eine möglichst niedrige Nummer erhalten.
- ✔ Liegen sowohl Substituenten als auch Doppelbindungen vor, hat beim Nummerieren die *Doppelbindung Vorrang* (*siehe* nachfolgendes Beispiel a).

- Bei der Positionsangabe der betreffenden Doppelbindungen wird immer nur *das erste* der beiden an dieser Bindung beteiligten C-Atome erwähnt (Unklarheiten sind hier ja ausgeschlossen). Fängt das mehrfach ungesättigte Molekül gleich mit einer Doppelbindung an, wird hier (meistens) auch die »1« erwähnt.
- Die Anzahl der Doppelbindungen werden mit den üblichen Zahlenpräfixen vor der Endung **en** angegeben, die ja verrät, dass (mindestens) eine Doppelbindung vorliegt.
- Die *Z/E*-Isomerie ist dabei stets zu berücksichtigen. Gibt es mehrere Doppelbindungen, an denen *Z/E*-Isomerie möglich wäre, ist die »Nummer« der jeweiligen Position anzugeben (Beispiel b). Dabei gelten die gleichen formalen Regeln wie bei Molekülen mit mehreren Chiralitätszentren (*siehe* Kapitel 36).

BEISPIEL

Die beiden nachfolgenden Moleküle heißen also korrekt (2*E*,4*E*)-6-Methyl-2,4-heptadien (a) und (3*Z*,6*E*)-1,3,6-Octatrien (b).

Es sollte klar sein, warum (a) *nicht* 2-Methyl-3,5-heptadien heißt und bei (b) nichts über die Konfiguration der Doppelbindung an C^1 gesagt wird.

Wenn Doppelbindungen einander bemerken

Auch mehrfach ungesättigte Kohlenwasserstoffe gehen Additionsreaktionen ein. So führt die Umsetzung von 1,4-Pentadien mit Bromwasserstoff zu 4-Brom-penten (Abbildung 37.8a; Sie könnten es auch 4-Brom-1-penten nennen), bei Zugabe von Bromwasserstoff im Überschuss entsteht letztendlich 2,4-Dibrompentan (b; auf die Stereochemie der Additionsprodukte – neu entstandene Chiralitätszentren sind durch Sterne markiert – sei hier nicht weiter eingegangen). Die Positionierung der Brom-Atome ist natürlich wieder mit der Stabilität der intermediär auftretenden Carbenium-Ionen zu erklären. (Sie könnten natürlich auch die Markownikoff-Regel anführen, aber eine Spielregel ist ja keine *Erklärung*.)

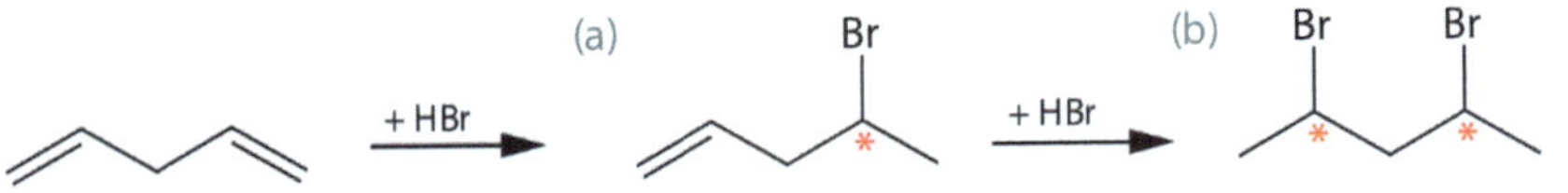

Abbildung 37.8: Einfache (und doppelte) Addition an 1,4-Pentadien

Führen Sie eine analoge Reaktion jedoch mit 1,3-Butadien durch (Abbildung 37.9), erhalten Sie neben geringen Mengen 3-Brom-1-buten (auf die Stereochemie dieser Verbindung soll hier ebenfalls nicht weiter eingegangen werden) hauptsächlich ein Gemisch aus *(Z)*- und *(E)*-1-Brom-2-buten – die Doppelbindung scheint sich *umzulagern*.

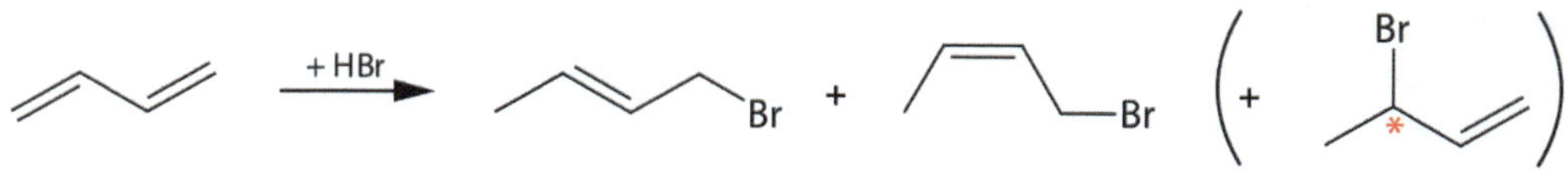

Abbildung 37.9: Einfache Addition an 1,3-Butadien

Dass dem so ist, lässt sich auf zweierlei Weise erklären:

- ✔ Sie können mit mesomeren Grenzformen argumentieren, so wie Sie das schon aus Kapitel 12 kennen (und wie es Ihnen in Teil VII dieses Buches gelegentlich begegnet ist). Das ist die leichter nachvollziehbare, aber doch ein wenig grobe Methode. Da sie allerdings fürs Erste reicht, werden wir uns in diesem Kapitel *vorerst* darauf beschränken.
- ✔ Sie können das Ganze auch durch genauere Betrachtung von Molekülorbitalen ergründen (die Sie ebenfalls schon aus Kapitel 12 kennen), insbesondere der Grenzorbitale. Derlei HOMO/LUMO-Betrachtungen führen zu einem sehr viel tieferen Verständnis, erfordern aber auch ein bisschen mehr Mitdenken, deswegen finden Sie mehr darüber im Unterkapitel *Nur für Streber: MO in der OC?* am Ende dieses Kapitels.

Um zu begreifen, warum 1,4-Pentadien und 1,3-Butadien völlig unterschiedlich reagieren, müssen wir zunächst erkennen, worin der grundlegende Unterschied zwischen diesen beiden Molekülen besteht:

- ✔ Beim 1,4-Pentadien (Abbildung 37.8) sind die beiden Doppelbindungen **isoliert**, also räumlich voneinander getrennt: Zwischen den jeweils sp^2-hybridisierten C-Atomen, die an der Doppelbindung beteiligt sind, liegt ein sp^3-hybridisierter Kohlenstoff.
- ✔ Beim 1,3-Butadien (Abbildung 37.9) hingegen befinden sich alle sp^2-hybridisierten C-Atome der Doppelbindungen in unmittelbarer Nachbarschaft: Es liegen **konjugierte** Doppelbindungen vor.

Der Unterschied mag klein erscheinen, aber er hat gewaltige Auswirkungen.

Konjugation führt zu Mesomerie

Diese Konjugation wirkt sich drastisch aus. Das sehen Sie bereits, wenn Sie sich das Molekül 1,3-Butadien ein wenig genauer anschauen (der Einfachheit halber nummerieren wir die C-Atome »von links nach rechts« durch, *siehe* Abbildung 37.10):

- ✔ Die beiden Doppelbindungen in diesem Molekül (zwischen C^1–C^2 und C^3–C^4) liegen mit einer Länge von jeweils 137 pm nicht signifikant über dem »Normwert« von 135 pm (bekannt aus Kapitel 12).
- ✔ Gemäß der Lewis-Formel befindet sich zwischen C^2 und C^3 nur eine *Einfach*bindung – deren Bindungslänge ist jedoch mit 148 pm gegenüber einer »normalen« Einfachbindung, die in der Größenordnung von 154 pm liegt, erkennbar verkürzt.

✔ Obwohl um eine Einfachbindung eigentlich freie Drehbarkeit besteht (wie in Kapitel 35 ausführlich erläutert), ist die Energiebarriere dieser Rotation im Vergleich zu einer »normalen« Einfachbindung deutlich erhöht: Bei hinreichend niedriger Temperatur können Sie sogar zwischen zwei *Konformationsisomeren* unterscheiden: (a) *s-cis* (auch *cisoid* genannt) und (b) *s-trans* (oder *transoid*) – *s* steht hier für *single bond*. Aus sterischen Gründen (*siehe* Kapitel 35) ist die transoide Form energetisch ein wenig günstiger.

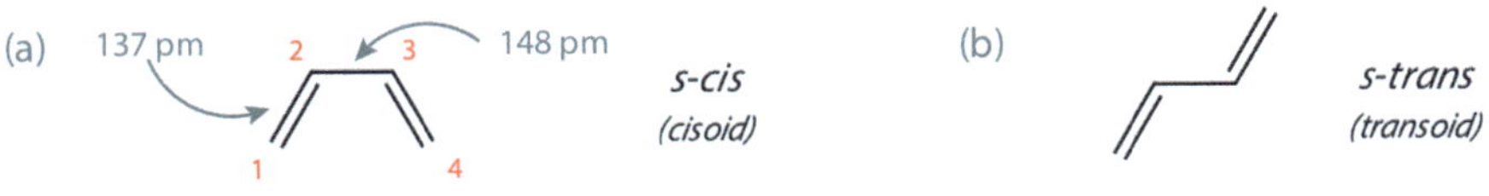

Abbildung 37.10: 1,3-Butadien in (a) cisoider und (b) transoider Konformation

Das lässt auf einen gewissen **Doppelbindungscharakter** der Bindung C^2–C^3 schließen – und der lässt sich mit mesomeren Grenzformen (*siehe* Kapitel 12) prima begründen. Wird die Ladungsdichte der Doppelbindungen (Abbildung 37.11a) in die eine (b) oder andere Richtung (c) verschoben, ergibt sich eine Doppelbindung zwischen C^2 und C^3. Da allerdings bei den beiden neuen mesomeren Grenzformen (b/c) Ladungstrennung auftritt, tragen diese nicht annähernd so viel zur »realen« Molekülstruktur bei wie die Ausgangsform (a; schauen Sie sich bei Bedarf den Kasten *Mesomerie, ein wenig genauer betrachtet* in Kapitel 31 an).

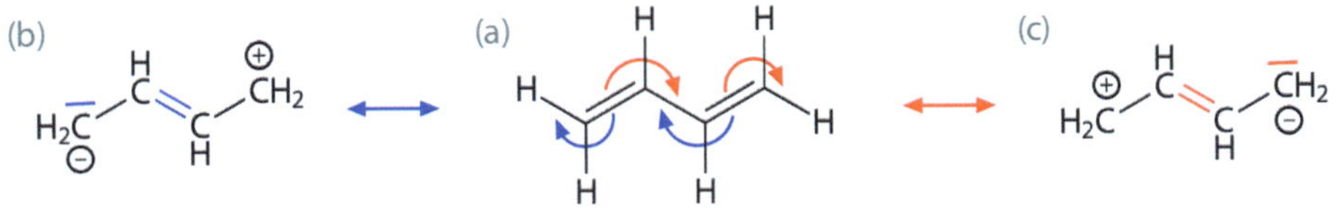

Abbildung 37.11: Mesomerie am 1,3-Butadien

Die π-Elektronen dieses Moleküls sind also nicht »ortsfest«, sondern in einem gewissen Maße *delokalisiert*. (Wie genau diese Delokalisation zustande kommt, können Sie dem Abschnitt *Nur für Streber: MO in der OC?* am Ende dieses Kapitel entnehmen.)

Bitte beachten Sie, dass (wie stets) **ausschließlich die π-Elektronen** an dieser Mesomerie »beteiligt« sind – die Elektronen der σ-Bindungen, die für das Molekülgerüst sorgen, sind davon gänzlich unberührt.

Wohin denn jetzt? – Mesomerie und die 1,2- und 1,4-Addition

Die Delokalisation der π-Elektronen wirkt sich immens auf das chemische Verhalten betroffener Verbindungen (oder auch entsprechender reaktiver Zwischenstufen) aus. Betrachten Sie noch einmal die Addition von Bromwasserstoff an 1,3-Butadien (Abbildung 37.9; die C-Atome des Moleküls seien wieder von links nach rechts durchnummeriert). Der erste Schritt besteht im elektrophilen Angriff des Wasserstoff-Kations auf die relativ elektronenreiche Doppelbindung.

Dabei entsteht (ganz im Sinne Markownikoffs) zunächst einmal ein 2°-Carbokation (*siehe* Abbildung 37.12a). Die positive Ladungsdichte des Ions befindet sich allerdings in unmittelbarer Nachbarschaft zur zunächst einmal *nicht* betroffenen Doppelbindung, also kann das vakante p-Orbital an C^2 in Wechselwirkung mit deren π-Anteil treten. Auf diese Weise wird die positive Ladungsdichte über *sämtliche* benachbarte sp^2-hybridisierte Kohlenstoff-Atome (C^2–C^4) verteilt: Wieder wird Delokalisationsenergie frei; das Molekül-Ion ist energetisch etwas günstiger, als das bei zwei Doppelbindungen eigentlich zu erwarten wäre. Die betroffenen Bindungen sind kürzer (und damit stärker) als Einfachbindungen ($BO_{CC} = 1,5$).

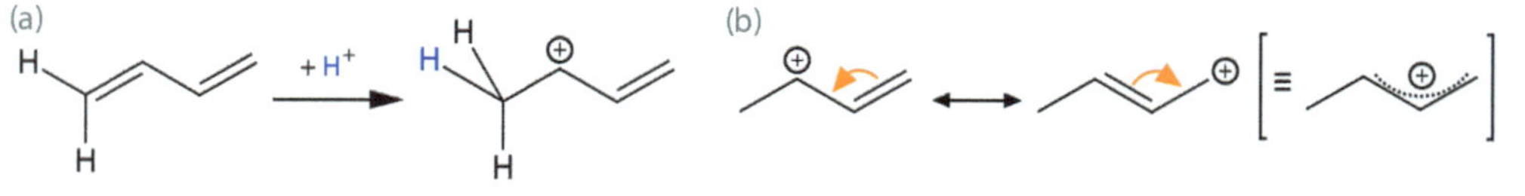

Abbildung 37.12: Mesomerie am Allyl-Kation

Derartiges »elektronisches Verhalten« wird als **Mesomerie** bezeichnet. Wollen Sie bei mesomeriestabilisierten Strukturen weiterhin Lewis-Formeln verwenden, in denen nur »echte« Einfach- und Doppelbindungen vorliegen, lässt sich ein solches Kation, das allgemein als *Allyl-Kation* bezeichnet wird (= positive Ladung an einem Kohlenstoff-Atom, das sich in α-Stellung zu einer Doppelbindung befindet), nur in Form von *mesomeren Grenzformeln* beschreiben (Abbildung 37.12b):

Da es so *aussieht*, als würden hier π-Elektronen ihre Position wechseln, werden diese vermeintlichen (!) Elektronen-Verschiebungen häufig (und auch in diesem Buch) durch die gleichen kleinen Pfeile visualisiert, die Sie schon von den Reaktionsmechanismen kennen (*siehe* Abbildung 37.12b und den Kasten *Pfeile in der OC*). Im Laborjargon heißt das auch, die betreffenden Elektronen würden »von hier nach dort klappen«. So anschaulich das auch sein mag, denken Sie bitte daran, dass es hier um *delokalisierte* Elektronen geht: *Bei der Mesomerie findet keinerlei Elektronenbewegung statt.* Wollen Sie aber bei einem mesomeriestabilisierten Molekül anhand eines Mechanismus zeigen, wie während einer Reaktion Ladungsdichte verschoben wird, kann (leider) nicht zwischen echter Elektronenverschiebung und Mesomerie unterschieden werden – so sehr das auch dazu angetan wäre, Verwirrung und Verwechselungen zu vermeiden.

Auch wenn Sie das natürlich schon aus Kapitel 12 kennen: Beachten Sie, dass der Mesomeriepfeil $\longleftrightarrow$ etwas *völlig anderes* ist als der Gleichgewichtspfeil $\rightleftharpoons$. Der Mesomeriepfeil bedeutet *nicht etwa*, die beiden Grenzformen würden sich ineinander umwandeln! Die beiden Molekül-Ionen aus Abbildung 37.12b liegen *nicht im Gleichgewicht miteinander* vor – es handelt sich lediglich um zwei *gleichwertige Darstellungsweisen* des gleichen Ions: *Die »Wirklichkeit« liegt zwischen den* mesomeren Grenzforme(l)n.

Mesomerie – oder: *Nothing is real* (J. LENNON)

Bei den verschiedenen mesomeren Grenzformeln eines Moleküls oder Molekül-Ions (dass es auch mehr als nur zwei geben kann, wissen Sie schon aus Kapitel 12, und Sie werden es in Kapitel 38 erneut bemerken) handelt es sich um verschiedene Darstellungsweisen einer Verbindung, *deren real existierende Bindungsverhältnisse sich durch eine einzelne LEWIS-Formel nicht darstellen lassen.* Das real existierende Ion müssen Sie sich als eine *Mischform* der Grenzformen vorstellen – ähnlich wie das Maultier, bekanntlich eine Kreuzung aus Esel und Pferd: Es stellt eine eigenständige Lebensform dar – es verändert mitnichten ständig seine Form, sodass es im einen Augenblick aussieht wie ein Pferd, dann wieder wie ein Esel und so weiter. Doch auch diese Veranschaulichung birgt eine Gefahr: Die beiden »Eltern-Formen« des Maultiers (Esel und Pferd) gibt es ja wirklich – *und genau das gilt für mesomere Grenzforme(l)n eben nicht.*

Wie so häufig ist der Blickwinkel entscheidend: Stellen Sie sich zur Veranschaulichung einen übermannsgroßen Würfel vor. Stehen Sie genau mittig vor einer seiner Seiten, werden Sie nur ein Quadrat sehen (a); stehen Sie schräg dazu, erkennen Sie ein eingeknicktes liegendes Rechteck (b), und wenn Sie schräg von oben darauf blicken, sehen Sie ein Sechseck, das einen auf dem Kopf stehenden Mercedesstern umschließt (c).

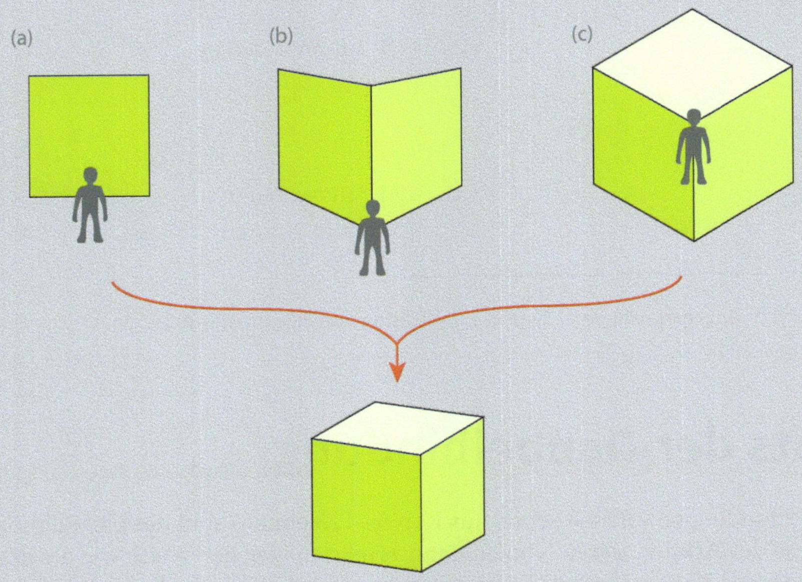

Die Summe dieser drei Informationen gestattet Ihnen dann die Schlussfolgerung: »Das kann eigentlich nur ein Würfel sein!« Aber dieser Würfel *verwandelt* sich nicht etwa hin und wieder in ein Recht- oder Sechseck. Er *ist* ein Würfel – alles andere ist nur *Ihr* Problem, weil *Sie* nicht verschiedene Blickwinkel gleichzeitig einnehmen können.

Bei einem Molekül beschreiben die verschiedenen Grenzformeln also jeweils *einen einzelnen* Aspekt eines Moleküls, und die Kombination der verschiedenen mesomeren Grenzformen liefert dann einen ersten Einblick, »wie das Molekül in Wahrheit *ist*«.

Der Angriff des Nucleophils (in diesem Falle: eines Bromid-Ions) auf das Allyl-Kation aus Abbildung 37.12 kann am 1°- oder am 2°-Kohlenstoff-Atom erfolgen, an denen in den mesomeren Grenzformeln die positive Ladung lokalisiert ist. Also sind verschiedene Reaktionsprodukte möglich (Abbildung 37.13) – und wieder beeinflussen die gewählten Reaktionsbedingungen den Verlauf: *Bei thermodynamischer Reaktionsführung erfolgt bevorzugt 1,4-Addition*, da höher substituierte Doppelbindungen bekanntermaßen stabiler sind. (Dazu haben Sie ja in diesem Kapitel beim Thema Eliminierungen bereits einiges erfahren.) Allerdings erfordert die Entstehung des 1,4-Additionsprodukts (auch als *1,4-Addukt* bezeichnet) einen energetisch etwas ungünstigeren Übergangszustand. Zudem muss beim Produkt der 1,4-Addition die *Z/E*-Isomerie berücksichtigt werden, während das Produkt der 1,2-Addition ein neu entstandenes Chiralitätszentrum aufweist (wie üblich markiert).

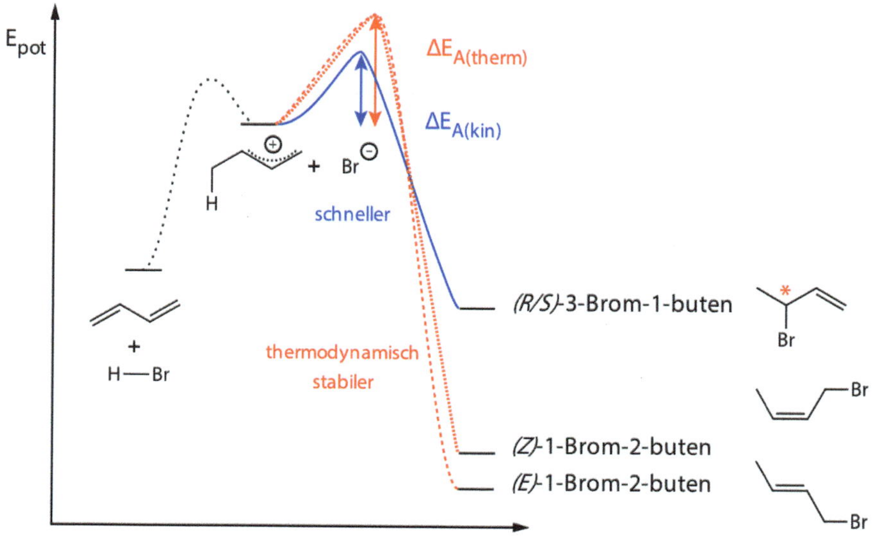

Abbildung 37.13: Energieprofil der 1,2- und 1,4-Addition von HBr an 1,3-Butadien

Jenseits der Doppelbindung

C–C-Dreifachbindungen (die Sie schon aus Kapitel 12 kennen) sind das Charakteristikum der Stoffklasse der **Alkine**. Deren Nomenklatur erfolgt in gleicher Weise wie die der Alkane und Alkene; das Vorliegen einer Dreifachbindung wird durch die Endung **in** angezeigt. Kleinstmöglicher Vertreter dieser Stoffklasse ist das *Ethin* (früher auch als *Acetylen* bezeichnet): Die beiden C-Atome sind sp-hybridisiert, der Bindungswinkel im Ethin beträgt $\sphericalangle_{CCH}$ = 180° (Abbildung 37.14a). An der Dreifachbindung gibt es *keine Z/E*-Isomerie. (Wie denn auch?)

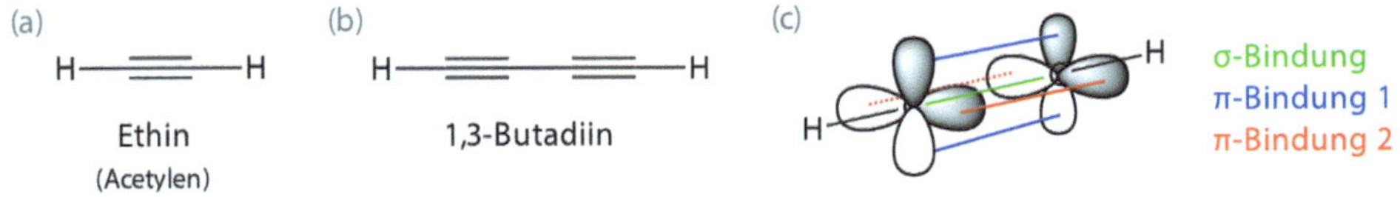

Abbildung 37.14: Alkine und ihre Bindungsverhältnisse

Natürlich ist auch das Vorliegen von *mehr als einer* Dreifachbindung möglich, und wie bei den Doppelbindungen wird in einem solchen Falle auch hier die Anzahl der im Molekül vorliegenden Dreifachbindungen durch die gewohnten Zahlenpräfixe angegeben. Der kleinstmögliche Vertreter solcher Verbindungen ist das 1,3-Butadiin (Abbildung 37.14b). Alle C-Atome im 1,3-Butadiin sind sp-hybridisiert, wieder ist $\sphericalangle_{CCH} = 180°$.

Bei der Betrachtung der elektronischen Gegebenheiten von Alkinen ist zu berücksichtigen, dass die beiden π-Anteile der Dreifachbindung *orthogonal* zueinander stehen (Abbildung 37.14c). Befindet sich also in α-Stellung zu einer Dreifachbindung ein unhybridisiertes p-Orbital, kann dieses nur mit *einem* der beiden π-Anteile der Dreifachbindung in mesomere Wechselwirkung treten. Für den anderen π-Anteil sind aufgrund des rechten Winkels nur *nichtbindende* Wechselwirkungen möglich (auch das kennen Sie schon aus Kapitel 12).

Ähnlich wie die Doppelbindung weist auch die Dreifachbindung hohe Elektronendichte auf, entsprechend gehen auch Dreifachbindungen elektrophile Additionsreaktionen ein. (Ganz so reaktiv wie Alkene sind Alkine in dieser Hinsicht aber nicht: Weil die beiden π-Wolken orthogonal zueinander stehen, ist die Ladungsdichte fast radialsymmetrisch um die σ-Bindung verteilt und damit nicht so gezielt angreifbar wie bei der Doppelbindung.) Die entsprechende Umsetzung von 2-Butin mit elementarem Brom (Abbildung 37.15a) führt zu 2,3-Dibrom-2-buten, bei dem wieder *(Z)*- und *(E)*-Isomerie zu erwarten stünde – allerdings entspricht der Additionsmechanismus genau dem, den Sie schon von den Alkenen kennen: Da eine *anti*-Addition stattfindet, wird ausschließlich das *(E)*-Produkt gebildet. Die Umsetzung eines Alkins mit einem Halogenwasserstoff (b) führt zu je einer neu geknüpften Halogen-C- und C–H-Bindung.

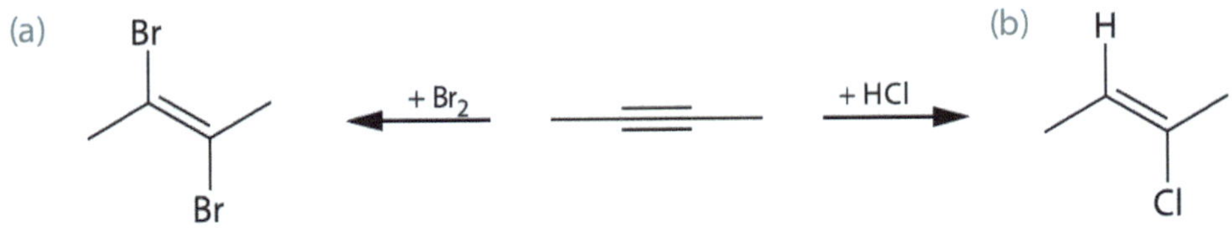

Abbildung 37.15: Alkine in der Addition

Nach Abschluss der Reaktion liegt eine C–C-Doppelbindung vor, bei dem eines der beteiligten sp^2-hybridisierten C-Atome kovalent mit einem Halogen-Atom verbunden ist. Derartige Verbindungen werden als *Vinylhalogenide* bezeichnet ($H_2C{=}CH-$ ist der sogenannte *Vinylrest*). An dieser Doppelbindung könnte zwar erneute Addition erfolgen, aber tatsächlich neigen die Vertreter dieser Stoffklasse eher zu anderen Reaktionen, insbesondere der *Polymerisation*, einer Polyaddition, bei der lange Ketten entstehen. Durch die Polymerisation von Vinylchlorid ($CH_2{=}CHCl$) etwa ensteht Polyvinylchlorid, das Ihnen als PVC vermutlich bestens bekannt ist – sei es als Fußbodenbelag oder als (Vinyl-)Schallplatte. (Polymerisationsreaktionen sind Ihnen schon in den Kapiteln 28 und 30 begegnet.)

Kann sich der Wasserstoff bitte mal entscheiden?

In gleicher Weise, wie sich Wasser an Doppelbindungen addieren lässt (wobei als Produkte Alkohole entstehen, *siehe* Abbildung 37.6b), ist auch an der Dreifachbindung die Addition von Wasser möglich (Abbildung 37.16). Wieder wird zunächst die Dreifachbindung protoniert (a), anschließend erfolgt der nucleophile Angriff durch Hydroxid-Ionen (oder auch durch Wasser-Moleküle, die dann nach Bindungsknüpfung ein Proton abspalten, um die überschüssige Ladung abzubauen). Also sollte die Umsetzung von 2-Butin mit Wasser zu 2-Buten-2-ol (= 2-Hydroxy-2-buten; b) führen. *Allerdings lässt sich dieses Produkt nicht isolieren* (deswegen die geschweifte Klammer). Stattdessen erhalten Sie stets eine Verbindung, in der ein Sauerstoff-Atom über eine Doppelbindung mit einem sp^2-hybridisierten Kohlenstoff-Atom verbunden ist (Abbildung 37.16c; ein *Keton* – mehr dazu in Kapitel 40).

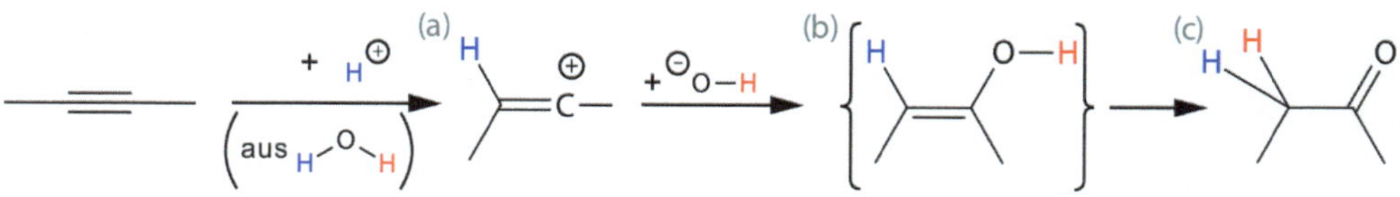

Abbildung 37.16: Addition von Wasser an die Dreifachbindung

Erklären lässt sich dieses Verhalten, wenn Sie sich anschauen, was Hydroxygruppe und Doppelbindung im »2-Buten-2-ol« miteinander treiben (Abbildung 37.17a): Das Wasserstoff-Atom der OH-Gruppe tritt mit dem π-Anteil der C–C-Doppelbindung in Wechselwirkung, wobei die O–H-Bindung gelöst wird. Eine C–O-Doppelbindung entsteht, das H-Atom aus der OH-Gruppe wird auf den (ehemaligen) sp^2-Kohlenstoff übertragen (b). Diese Art geringfügiger Positionsveränderung eines Wasserstoff-Atoms heißt **Tautomerie**. Es handelt sich um eine *echte Gleichgewichtsreaktion*.

Um deutlich erkennbar zu machen, wann es sich um *Tautomerie* und wann um ein anderes chemisches Gleichgewicht handelt, wird Tautomerie in diesem Buch durch einen besonderen Gleichgewichtspfeil gekennzeichnet: ⇌

Wie bei »gewöhnlichen« Gleichgewichtsreaktionen lässt sich durch einen verlängerten »Teilpfeil« die relative Lage des Tautomerie-Gleichgewichts andeuten.

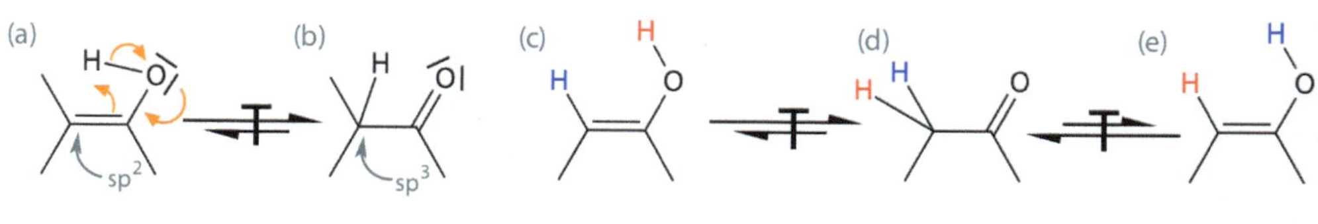

Abbildung 37.17: Tautomerie

Dass die Tautomerie eine echte Gleichgewichtsreaktion darstellt, lässt sich durch *Isotopenmarkierung* nachweisen: Wird das Molekül gezielt so synthetisiert, dass zu der OH-Gruppe ein markiertes H-Atom gehört (Abbildung 37.17c), findet sich dieses markierte Atom schon bald auch am benachbarten Kohlenstoff-Atom (d, e). Dank der räumlichen Anordnung der Atome muss das H-Atom dafür keine allzu großen Wege zurücklegen – denken Sie immer an das Kalottenmodell aus Kapitel 35: Das betreffende C-Atom befindet sich in unmittelbarer Nähe zum (wandernden) Wasserstoff-Atom der OH-Gruppe. Wichtig ist, dass dieses H-Atom hier *tatsächlich* seine Position verändert – wenn auch nur minimal.

Bei den beiden Molekülen aus Abbildung 37.17a und b handelt es sich um *zwei verschiedene Formen der gleichen Verbindung.* Diese **Tautomere** tragen eigene Namen:

- ✔ Liegen eine C–C-Doppelbindung und eine OH-Gruppe vor, handelt es sich um die **Enol-Form** – abgeleitet ist dieser Name von der Endung *en* für Kohlenwasserstoffe mit (mindestens) einer Doppelbindung und der Endung *ol* der *Alkohole* (mit *Hydroxygruppe*; dazu mehr in Kapitel 39).
- ✔ Gibt es hingegen eine C–C-Einfachbindung und eine C–O-Doppelbindung, handelt es sich um die **Keto-Form**, da die *Carbonylgruppe* (ein C mit doppelt gebundenem O und zwei weiteren Bindungspartnern) das Charakteristikum der Stoffklasse der *Ketone* ist (mehr dazu in Kapitel 40).

Es gibt verschiedene Formen der Tautomerie, aber die hier vorgestellte, die **Keto-Enol-Tautomerie**, ist im Rahmen konventioneller Chemie die wichtigste.

Was bei der Keto-Enol-Tautomerie geschieht, lässt sich auch noch anders auffassen: Hier wird ein an ein Kohlenstoff-Atom gebundenes Wasserstoff-Atom in *kationischer* Form (also als H^+) auf einen Reaktionspartner übertragen (in diesem Fall auf das O-Atom in β-Stellung). Wenn ein Molekül ein kovalent gebundenes H-Atom als Kation abspaltet, wird das gemeinhin *Acidität* genannt (das kennen Sie aus Kapitel 25) – und genauso ist es auch hier: Die Tautomerie ist die Grundlage der **CH-Acidität**, eines wichtigen Reaktionsverhaltens, das Ihnen in diesem Buch noch mehrmals wiederbegegnen wird – sowohl in der normalen OC (Kapitel 40) als auch in der Synthese (Kapitel 42) und sogar in der Biochemie (Kapitel 48).

Tautomerie und *Mesomerie* sollten Sie keinesfalls miteinander verwechseln!

- ✔ Bei der *Tautomerie* geht es um verschiedene, bei hinreichend niedrigen Temperaturen sogar voneinander trennbare Konstitutionsisomere, die sich allerdings schon bei sehr geringer Energiezufuhr ineinander umwandeln. Ein *echtes chemisches Gleichgewicht* liegt vor – bei dem ein Atom durchaus seinen Hybridisierungszustand verändern kann.
- ✔ *Mesomere Grenzformeln* hingegen besitzen physikalisch und/oder chemisch keinerlei Wahrheitsgehalt, sondern sind wirklich nur *Modellvorstellungen*, die mit der real existierenden Welt überhaupt nichts zu tun haben. (Aber sie sind so verdammt hilfreich ...)

Nur für Streber: MO in der OC?

Anhand des unterschiedlichen Reaktionsverhaltens von 1,3-Butadien und 1,4-Pentadien (*siehe* Abbildung 37.8 und Abbildung 37.9) haben Sie gesehen, welch gewaltigen Unterschied es macht, ob Doppelbindungen *konjugiert* oder *isoliert* sind. Um aber zu verstehen, *warum* sich Konjugation derart auswirkt, müssen Sie sich erst einmal mit den Besonderheiten der Doppelbindung allgemein auseinandersetzen. Was wissen wir bislang darüber?

- ✔ Doppelbindungen bestehen immer aus einem σ- und einem π-Anteil.
- ✔ Der π-Anteil basiert auf parallel zueinander stehenden, unhybridisierten p-Orbitalen.

Im 1,3-Butadien besitzt nun auch die Bindung zwischen den beiden Atomen C^2 und C^3 einen gewissen Doppelbindungscharakter (*siehe* Abbildung 37.10a): Im wahrsten Sinne des Wortes ist sie »nichts Halbes und nichts Ganzes« – mehr als eine Einfachbindung, aber doch noch keine Doppelbindung. Mit dem sonst so praktischen VB-Modell (aus Kapitel 12) lässt sie sich nur unzureichend beschreiben: Mesomerie ist ja gut und schön (*siehe* Abbildung 37.11), aber woher wissen Sie denn, wann Sie die Mesomerie ins Boot holen dürfen und wann nicht?

Mein Name ist Hückel. Erich Hückel.

Wenn Sie mit VB nicht weiterkommen, greifen Sie notgedrungen oft zur MO-Theorie (ebenfalls aus Kapitel 12) – aber die ist bei größeren Molekülen leider ziemlich unhandlich. Einen eleganten neuen Modell-Ansatz für das Problem fand schließlich Erich Hückel: Das **Hückel'sche Molekülorbital-Modell** (kurz: **HMO**) verbindet einige Aspekte des VB-Modells mit anderen Aspekten der MO-Theorie:

- ✔ In erster Näherung werden sämtliche *Hybrid*-Orbitale außer Acht gelassen – also alles, was mit den σ-Bindungen zu tun hat (das »Molekül-Skelett« und die H-Atome).
- ✔ Damit verbleibt das **π-Elektronengerüst**. Bei diesem betrachten Sie nun die in den jeweiligen Molekülorbitalen vorliegenden Wechselwirkungen, und von denen gibt es zweierlei:
  - *(bindende)* π-Wechselwirkungen
  - *(antibindende)* π^*-Wechselwirkungen

Schauen Sie sich die räumliche Anordnung der vier p-Orbitale an, um die es beim 1,3-Butadien geht – der Übersichtlichkeit halber stellen wir das Molekül so dar, als befänden sich alle vier C-Atome in einer geraden Linie (das dürfen wir sogar, denn das HMO-Modell ist auf *s-cis-* und *s-trans-*Konformation gleichermaßen anwendbar); damit wir uns bei Bedarf auch auf einzelne Orbitale oder Bindungen beziehen können, nummerieren wir die vier Orbitale willkürlich von links nach rechts durch. Wichtig ist dabei immer nur die *relative* Phasen***beziehung*** der zu den jeweils entstehenden Molekülorbitalen führenden Atomorbitalen, nicht deren *absolute* Phase. Anders ausgedrückt: *Im Rahmen des Hückel'schen MO-Modells bedeuten (a) und (b) genau das Gleiche:*

Jetzt gilt es zu bedenken, dass die einzelnen p-Orbitale ja nicht »wissen«, mit welchem C-Atom sie sich eigentlich gerade in Wechselwirkung befinden: Es liegen über das gesamte Molekül **delokalisierte π-Molekülorbitale** vor. Bei näherer Betrachtung müssen also auch die *Phasenbeziehungen* der einzelnen Atomorbitale berücksichtigt werden, aus denen Sie die resultierenden Molekülorbitale konstruieren.

Bei *Molekülorbitalen* (für den Rest dieses Kapitels abgekürzt mit MO, egal ob eines oder mehrere gemeint sind) ist das Gleiche zu beachten wie bei *Atomorbitalen* (AO): Pauli-Prinzip und Hund'sche Regel (bekannt aus Kapitel 10). Also:

- ✔ Über wie viele Atomzentren ein MO auch delokalisiert sein mag, es bietet maximal *zwei* Elektronen Platz (Pauli).
- ✔ Sollten zwei oder mehrere MO *energetisch entartet* sein, so werden sie zunächst jeweils *spinparallel einfach* besetzt (Hund).
- ✔ Die Anzahl der resultierenden MO entspricht *immer* der Anzahl der beteiligten AO: *Kein Orbital taucht aus dem Nichts auf, und es verschwindet auch keines.*

Beim HMO-Modell werden *nur die unhybridisierten p-Orbitale* des jeweiligen Moleküls betrachtet. Aus diesen lassen sich die Molekülorbitale konstruieren, die in Abbildung 37.18 dargestellt sind – bereits in Kapitel 12 haben Sie ja erfahren, dass Grenzorbital-Betrachtungen häufig Rückschlüsse auf das chemische Verhalten von Verbindungen gestatten. Gehen wir beim 1,3-Butadien Schritt für Schritt vor:

- ✔ Beim 1,3-Butadien gibt es *vier* p-Orbitale: je eines pro sp^2-Kohlenstoff. Somit müssen vier MO berücksichtigt werden, aus denen entsprechend *vier* Molekülorbitale zu konstruieren sind.
  - Stehen benachbarte AO *in Phase*, ergibt sich dort für das resultierende MO eine *bindende Wechselwirkung*, die den Energiegehalt des MO entsprechend senkt.
- ✔ Stehen sie hingegen *antiphasig*, liegt zwischen den beiden an der Konstruktion des MO beteiligten AO eine **Knotenebene** vor; die resultierende Wechselwirkung ist *antibindend* und steigert den Energiegehalt des MO.
- ✔ Da es in diesem Molekül keine entarteten MO gibt (um die Hund'sche Regel brauchen Sie sich also wenigstens im Augenblick keine Gedanken zu machen!), unterscheiden sich alle resultierenden MO in der *Anzahl* ihrer *Knotenebenen.*

- ✔ Je mehr Knotenebenen ein MO aufweist, desto energetisch ungünstiger ist es.
  - Knotenebenen müssen *symmetrisch zum Molekülschwerpunkt* verteilt werden (im Falle des »linearisierten« 1,3-Butadiens symmetrisch um die Molekülmitte).
  - Die Orbitale zu beiden Seiten einer Knotenebene *müssen* antiphasig zueinander stehen (sonst haben wir beim Verteilen der Knotenebenen etwas falsch gemacht).
- ✔ Die MO werden nach steigendem Energiegehalt durchnummeriert und mit Ψ bezeichnet (das ist ja das allgemein übliche Zeichen für Wellenfunktionen, wie Sie aus Kapitel 9 wissen). Der Reihe nach:
- ✔ Beim energetisch günstigsten MO (Abbildung 37.18a; Ψ^1) stehen *alle vier p-Orbitale in Phase*; keine Knotenebene. Somit liegen *drei bindende* Wechselwirkungen vor.
- ✔ Das nächsthöhere MO (Abbildung 37.18b; Ψ^2) weist *eine* Knotenebene auf, die senkrecht die Bindung C^2–C^3 durchschneidet. Bindende Wechselwirkungen gibt es entlang der Bindungen C^1–C^2 und C^3–C^4.
- ✔ Bei Ψ^3 (Abbildung 37.18c) durchschneiden *zwei* Knotenebenen die Bindungen C^1–C^2 beziehungsweise C^3–C^4. Beachten Sie, dass sich dabei entlang C^2–C^3 eine *bindende* Wechselwirkung ergibt.
- ✔ Beim energetisch ungünstigsten MO (Abbildung 37.18d; Ψ^4) stehen aufgrund der drei vorliegenden Knotenebenen *alle vier p-Orbitale zueinander antiphasig.*

Abbildung 37.18: Die vier Hückel-Molekülorbitale von 1,3-Butadien

Wie Sie schon aus Kapitel 12 wissen, wird nicht jedes theoretisch denkbare Molekülorbital auch besetzt (zumindest nicht im Grundzustand). Die Anwendung des Pauli-Prinzips (nur zwei Elektronen pro Orbital, aufgefüllt wird nach steigendem Energiegehalt, also »von unten nach oben«) zeigt, dass nur die beiden energetisch günstigsten MO (Ψ^1 und Ψ^2) besetzt sind, und zwar jeweils doppelt.

- ✔ Somit ist Ψ^2 das HOMO (***h**ighest **o**ccupied **m**olecular **o**rbital*) dieses Moleküls – das energetisch ungünstigste *gerade noch* besetzte Molekülorbital (vielleicht wollen Sie noch einmal in Kapitel 12 schauen?).
- ✔ Ψ^3 ist dann das LUMO (***l**owest **u**noccupied **m**olecular **o**rbital*) – das energetisch günstigste *gerade nicht mehr* besetzte MO.

Der Einfachheit halber wird das energetisch unmittelbar *unter* dem HOMO liegende MO (hier Ψ^1) als HOMO–1 (ausgesprochen: »HOMO minus Eins«) bezeichnet, das unmittelbar *über* dem LUMO liegende MO (hier Ψ^4) als LUMO+1; manchmal werden nämlich auch diese beiden Molekülorbitale wichtig (vor allem in Kapitel 41).

Die relative Lage der Molekülorbitale zueinander zeigt Abbildung 37.19.

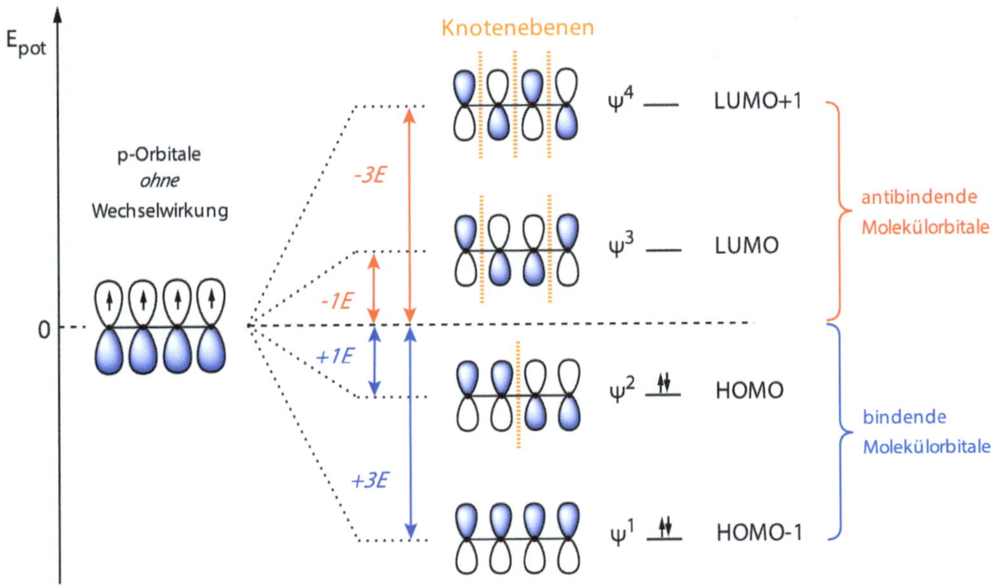

Abbildung 37.19: Grenzorbitale von 1,3-Butadien

Halten Sie *bloß nicht* jedes der »vermeintlichen p-Orbitale« in der Mitte von Abbildung 37.19 für jeweils ein eigenständiges Orbital! Diese vier vermeintlichen (!) p-Orbitale in jeder Zeile (die AO) sind immer zu einem gemeinsamen Molekülorbital (MO) »verschmolzen«, das sich jeweils über alle vier beteiligten Kohlenstoff-Atome erstreckt. Zur Veranschaulichung hier noch andere (allesamt gleichbedeutende!) Darstellungsweisen für das HOMO−1:

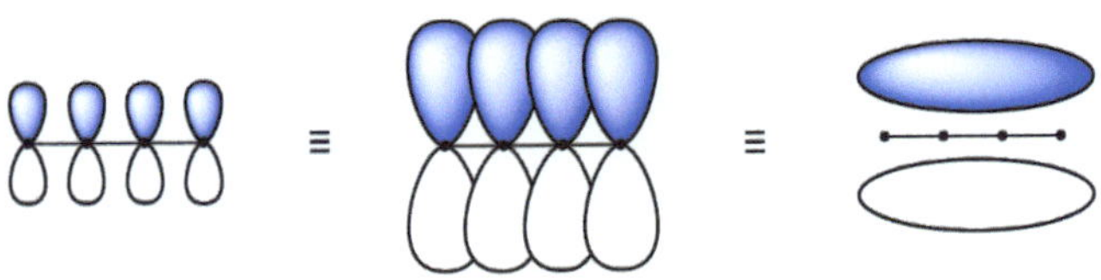

Da die linke Variante am übersichtlichsten ist – wenn Sie erst einmal verstanden haben, was sie eigentlich bedeutet –, wird Ihnen diese Darstellungsweise hier im Buch am häufigsten begegnen.

Sie können die aus dem HMO-Modell resultierenden Molekülorbitale auch als Mehrzentrenbindungen auffassen, wie Sie sie schon aus Kapitel 33 kennen: Die beiden besetzten MO stellen jeweils eine 2-Elektronen-4-Zentren-Bindung (2e4c-Bindung) dar – natürlich *mit unterschiedlichem Energiegehalt*, schließlich weist das HOMO−1 eine Knotenebene weniger auf als das HOMO.

Schätzungsweise

Wenn Sie *grob abschätzen* wollen, welchen tatsächlichen Beitrag die einzelnen MO zur Stabilität der Bindung leisten, ist die HÜCKEL'sche Bindungsordnung (HBO) hilfreich. Hierbei ordnen Sie jeder einzelnen bindenden Wechselwirkung innerhalb eines MO einen virtuellen Energiewert $+E$ zu, jeder antibindenden Wechselwirkung den Wert $-E$. Anschließend summieren Sie die einzelnen Beträge auf (*siehe* Tabelle 37.1 und Abbildung 37.18).

E_{pot}	**MO**	**Bindende Wechselwirkungen entlang:**	E	**Antibindende Wechselwirkungen entlang:**	$-E$	**Gesamtenergiebilanz**	**Effekt**
	Ψ^4 LUMO+1	Keine	0	C^1–C^2 C^2–C^3 C^3–C^4	$-3E$	$-3E$	*stark* anti-bindend
	Ψ^3 LUMO	C^2–C^3	$+1E$	C^1–C^2 C^3–C^4	$-2E$	$-1E$	anti-bindend
	Ψ^2 HOMO	C^1–C^2 C^3–C^4	$+2E$	C^2–C^3	$-1E$	$+1E$	bindend
	Ψ^1 HOMO-1	C^1–C^2 C^2–C^3 C^3–C^4	$+3E$	Keine	0	$+3E$	*stark* bindend

Tabelle 37.1: Beitrag der einzelnen MO zur Stabilität von 1,3-Butadien

Besetzt sind aber nur Ψ^1 und Ψ^2, also HOMO–1 und HOMO, jeweils mit *zwei* Elektronen. Bedenken Sie nun, dass am π-Anteil jeder »normalen« Doppelbindung jeweils *zwei* Elektronen beteiligt sind, also lässt sich (leicht vereinfacht) sagen: Jedes einzelne Elektron trägt die Hälfte dazu bei, also 0,5 Anteile. Damit ergibt sich für die Gesamtenergiebilanz: $(2 \times 0{,}5 \times 3E) + (2 \times 0{,}5 \times 1E) = 4E$. Also ist $HBO_{(1,3\text{-Butadien})} = 4$.

Vergleichen wir das real existierende 1,3-Butadien (a) einmal mit einem virtuellen Gegenstück (b), bei dem Sie irgendwie (Zauberei?) verhindern, dass die beiden π-Anteile der *linken* Doppelbindung mit den π-Anteilen der *rechten* Doppelbindung wechselwirken, sodass sich zwischen C^2 und C^3 auch wirklich eine echte, »anständige« Einfachbindung befindet:

(a)

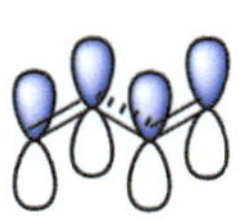

(b)

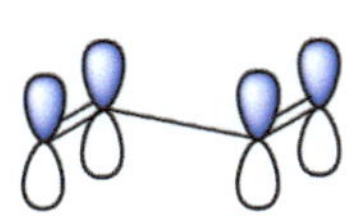

Hier ergeben sich je zwei »normale« π-Bindungen, die jeweils mit $1E$ zur Stabilität des Moleküls beitragen. Auch hier gibt es vier Elektronen in bindenden π-Orbitalen, also ergäbe sich bei dieser virtuellen 1,3-Butadien-Abart eine $HBO_{(\text{virtuelles Molekül})} = 2$ (im Gegensatz zu

$HBO_{(1,3\text{-Butadien})} = 4$). Aus diesem Grund ist das real existierende Molekül auch energetisch günstiger – die Energiedifferenz heißt **Delokalisationsenergie**.

Aufgaben Kapitel 37

Zum Aufwärmen

1. Benennen Sie diese Moleküle vollständig nach IUPAC:

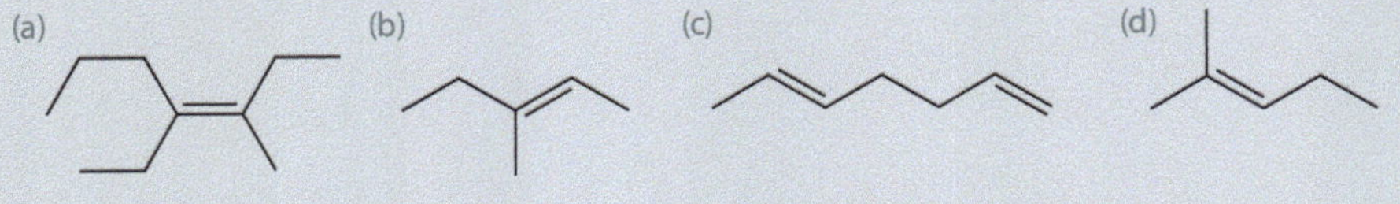

2. Warum gibt es von 1-Penten *keine* zwei Stereoisomere, während von 2-Penten die *(Z)*- und die *(E)*-Form existieren (und sich in ihrem physikalischen wie chemischen Verhalten deutlich voneinander unterscheiden)?

3. Warum ist es für das Reaktionsverhalten von 1,3-Hexadien sinnvoll, mit mesomeren Grenzformeln zu argumentieren, während das für 1,4-Hexadien nicht gilt?

Für Fortgeschrittene

4. Überprüfen Sie anhand der Addition von Boran (BH_3 – in Kapitel 33 haben Sie zwar erfahren, dass Boran nicht monomer auftritt, aber das ignorieren wir jetzt einfach) an Propen die Sinnhaftigkeit der MARKOWNIKOFF-Regel.

5. Warum führt die Addition von elementarem Chlor an (*E*)-2-Penten zu einem Racemat aus (2*R*,3*S*)- und (2*S*,3*R*)-2,3-Dichlorpentan, während die beiden anderen möglichen Stereoisomere (mit 2*R*,3*R*- beziehungsweise 2*S*,3*S*-Konfiguration) nicht in nachweisbaren Mengen entstehen?

6. Welche Reaktionsbedingungen sind erforderlich, um bei der Säure-katalysierten Addition von Wasser an 1,3-Butadien vornehmlich But-1-en-3-ol zu erhalten? Warum erhalten Sie bei anderen Reaktionsbedingungen ein Gemisch zweier Stereoisomere?

Nur für Streber

7. Nacheinander werden alle Stereoisomere von 2-Brom-3-methylpentan einer E2-Eliminierung unterworfen. Was lässt sich über die jeweiligen Produkte aussagen?

8. Geben Sie den relativen Energiegehalt sämtlicher HÜCKEL-Molekülorbitale von 1,3,5-Hexatrien analog zu Abbildung 37.19 an.

IN DIESEM KAPITEL

schweben Ringe in zwei oder drei Dimensionen

erfahren Sie, was Aromaten so alles können

dürfen alle mitspielen, auch Hetero-Atome

Kapitel 38
Der Herr der Ringe

Die Chemie-Lego®-Vorgehensweise sollte es bereits erwarten lassen: Kohlenstoff-Ketten können auch zu *ringförmigen* Strukturen führen – gesättigt oder auch (mehrfach) ungesättigt.

Wenn der Kohlenstoff unter sich bleibt

Gesättigte cyclische Kohlenwasserstoffe besitzen die allgemeine Summenformel C_nH_{2n} die Benennung entspricht der der offenkettigen Alkane, es wird lediglich die Vorsilbe **Cyclo-** vor den Stammnamen gesetzt. Auch im Hinblick auf Substituenten und Mehrfachbindungen gilt das Gleiche wie bei acyclischen (= offenkettigen) Verbindungen. Abbildung 38.1a zeigt Cyclohexan, bei (b) handelt es sich um 3-Methylcyclopenten (bitte beachten Sie das Chiralitätszentrum!), und (c) heißt 3-Ethyl-1,2-dimethylcyclohepta-1,3-dien.

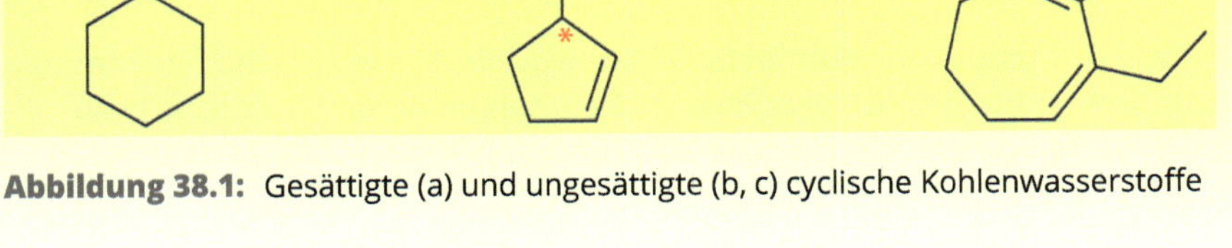

Abbildung 38.1: Gesättigte (a) und ungesättigte (b, c) cyclische Kohlenwasserstoffe

Bitte rufen Sie sich ins Gedächtnis zurück, dass Moleküle *dreidimensionale Gebilde* sind (so wenig beispielsweise Cyclohexan (Abbildung 38.1a) danach auch aussehen mag)! Nur dann ergeben die Strukturen aus Abbildung 38.2 überhaupt Sinn, denn es gibt auch Moleküle, die aus *zwei oder mehr* Ringen aufgebaut sind – Bi-, Tri- und letztendlich Oligocyclen:

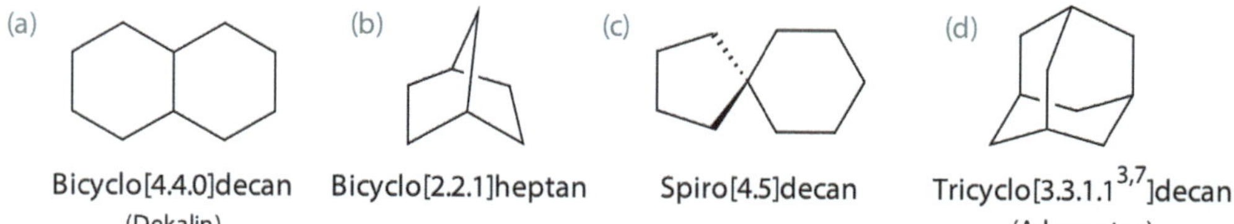

Abbildung 38.2: Drei Bicyclen (a–c) und ein Tricyclus (d)

Ab den Bicyclen kommt die VON-BAEYER-Nomenklatur ins Spiel. Dabei muss zunächst ermittelt werden, wie viele *formale Bindungsspaltungen* erforderlich wären, um zu einer offenkettigen Form zu kommen – das bestimmt, ob es sich um einen Di-, Tri- oder WasAuchImmer-Cyclus handelt. Die Endung des Namens ergibt sich in allen Fällen aus der Gesamtanzahl an Kohlenstoff-Atomen. Allerdings müssen die verschiedenen Verknüpfungsarten unterschieden werden, da sich diese auf die Nomenklatur auswirken:

- ✔ Bei *kondensierten* Verbindungen sind die einzelnen Ringe jeweils durch genau zwei gemeinsame Atome (also eine »gemeinsame Bindung«) verknüpft. (Sie werden hier auch *anellierte* Ringsysteme genannt; ein Beispiel zeigt Abbildung 38.2a – Sie kennen das aber auch schon aus Kapitel 30.)

- ✔ Verbrückte *polycyclische* Verbindungen (Abbildung 38.2b) stellen in gewisser Weise einen Sonderfall der kondensierten Verbindungen dar. In beiden Fällen wird in eckigen Klammern angegeben, wie viele Atome jeweils eine **Brücke** zwischen den sogenannten *Brückenkopf-Atomen* bilden – bei anellierten Systemen gibt es definitionsgemäß *keine* Atome innerhalb der Brücke. (Prüfen Sie die Namen der beiden Bicyclen aus Abbildung 38.2a/b nach!)

- ✔ Eine Sonderstellung nehmen die *Spiro-Verbindungen* (Abbildung 38.2c) ein (von Lateinisch *spiro* = »Brezel«): Hier sind die beiden Ringe über *ein einzelnes* Atom, das als *Spiro-Atom* bezeichnet wird, miteinander verbunden, sodass die beiden Ringebenen senkrecht zueinander stehen. Sie müssen bei der Benennung angeben, wie viele Glieder die beiden *Teilringe* aufweisen: Den kleineren der beiden Ringe nennen Sie zuerst, das Bindeglied-Atom wird *nicht* mitgezählt. (Die Vorsilbe Spiro- verrät uns: »Verknüpfung über nur *ein* Atom«; sie leitet sich von lateinisch *spira*, Windung, ab, denn es sieht ja wirklich aus, als seien die beiden Teile des Moleküls gewaltsam gegeneinander verdreht worden.)

- ✔ Ab tricyclischen Verbindungen (Abbildung 38.2d) wird die systematische Benennung zu einer Wissenschaft für sich (diese hochgestellten Zahlen da sind durchaus beabsichtigt!). Falls Sie sich darauf einlassen wollen (oder müssen?), wird Ihnen nichts anderes übrig bleiben, als entsprechende Fachliteratur zu studieren.

Erfreulicherweise gilt für cyclische Kohlenwasserstoffe sehr vieles von dem, was Sie schon über ihre offenkettige Gegenstücke wissen: Auch hier sind Substitution, Eliminierung und dergleichen möglich, bei konjugierten Doppelbindungen gibt es Delokalisation und so weiter. Aber das chemische Verhalten wird natürlich auch durch die Ringstruktur und sogar die Ringgröße geprägt. Von besonderer Bedeutung ist hier die **Ringspannung**.

Beim Cyclopropan fällt beispielsweise auf, dass bei jedem Kohlenstoff eigentlich der gewohnte sp^3-Bindungswinkel von $\sphericalangle_{CCC} = 109{,}5°$ zu erwarten stünde, andererseits beträgt aber die Innenwinkelsumme eines Dreiecks nur 180°: Die Ringglieder im Cyclopropan unterliegen also gewaltiger Ringspannung. Die sp^3-Hybridorbitale sind hier regelrecht »zusammengequetscht« (*siehe* Abbildung 38.3); zudem stehen sämtliche H-Atome *ekliptisch* zueinander (*siehe* Kapitel 35). Das zeigt sich in gesteigerter und auch *veränderter* Reaktivität: Cyclopropan reagiert mit Bromwasserstoff sehr heftig, dabei entsteht Brompropan, es kommt also nicht zur Substitution, sondern zur *Ringöffnung*:

Es wird spannend

Die Form der *Ringspannung*, die sich durch Abweichung von den durch die jeweilige Hybridisierung vorgegebenen Bindungswinkeln ergibt, wird allgemein als *klassische Spannung* oder als BAEYER-Spannung bezeichnet.

Adolf Ritter VON BAEYER (ja, das ist der von der VON-BAEYER-Nomenklatur, und wir werden ihm in diesem Buch noch ein weiteres Mal begegnen; sein Name reimt sich auf »Eier«) war der Ansicht, echte Wissenschaft könne nur in der Unabhängigkeit von wirtschaftlichen Einflüssen gedeihen. Daher setzte er sich stets dafür ein, Studierende der Chemie auch auf nicht-zweckgebundene (Grundlagen-)Forschung vorzubereiten, nicht nur auf eine spätere Industrietätigkeit. (Schon im 19. Jahrhundert wurde von gewissen Kreisen lautstark gefordert, die Inhalte des Studiums sollten sich vornehmlich an den Bedürfnissen der Industrie orientieren.)

Sobald genügend Ringglieder vorliegen, um Planarität zu vermeiden (bei planarem Bau stehen die Substituenten schließlich *immer ekliptisch* zueinander), sinkt die BAEYER-Spannung merklich: Wäre beispielsweise Cyclobutan (C_4H_8) planar (was zu einem Innenwinkel von 90° führen würde), wäre wieder immense Reaktivität zu erwarten. Tatsächlich jedoch nimmt Cyclobutan keine planare Konformation ein, sondern ist »geknickt« (Abbildung 38.3b), sodass die H-Atome einander *nicht* verdecken. Das ist energetisch so günstig, dass dafür sogar ein geringfügig *noch spitzerer* Innenwinkel in Kauf genommen wird ($\sphericalangle_{CCC} = 88°$). Im Ganzen ist diese als *gefaltet* bezeichnete, nicht-planare Konformation energetisch das Günstigste, was das Molekül zustande bringt: Cyclobutan verhält sich fast wie ein »normaler« offenkettiger Kohlenwasserstoff.

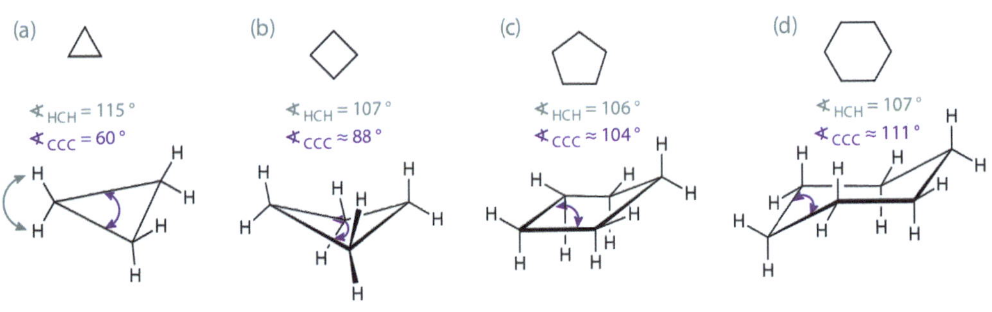

Abbildung 38.3: Räumlicher Bau der ersten vier Cycloalkane

BEISPIEL

Beim planar gebauten Cyclopropen (C_3H_4), dem kleinsten *ungesättigten* cyclischen Kohlenwasserstoff (= Cycloalken), ist die Ringspannung noch deutlich ausgeprägter: Die beiden an der Doppelbindung beteiligten C-Atome sind sp^2-hybridisiert, der »wünschenswerte« Bindungswinkel läge also bei $\sphericalangle_{CCC}$ = 120°, nicht bei den real existierenden 60°. Cyclopropen ist immens energiereich … und reagiert *sehr* heftig.

Bevor wir uns den besonders wichtigen fünf- und sechsgliedrigen Ringen zuwenden (die im Laborjargon gerne einfach »Fünfringe« und »Sechsringe« genannt werden), sollten Sie sich vor Augen führen, dass die Drehbarkeit um die Einfachbindung bei Ringsystemen (verständlicherweise) eingeschränkt ist. Deswegen müssen Sie hier neue Aspekte der Stereochemie beachten: Beim Cyclobutan (Abbildung 38.3b) sehen Sie deutlich, dass die relativen Positionen der Wasserstoff-Atome zueinander *nicht äquivalent* sind. Tauschen wir (Chemie-Lego®!) an zwei Ring-Atomen jeweils ein H-Atom durch einen beliebigen anderen Substituenten aus (in Abbildung 38.4 wurden zwei Brom-Atome eingeführt), können sich die beiden neuen Substituenten in unterschiedlicher relativer Lage zueinander befinden – eine weitere Form der *Konstitutionsisomerie*!

Bei cyclischen Systemen wird dies ***cis/trans*-Isomerie** genannt: Entweder befinden sich die Substituenten auf der *gleichen* Seite des Ringes (= *cis*; a), oder sie stehen auf *gegenüberliegenden* Seiten (*trans*; b).

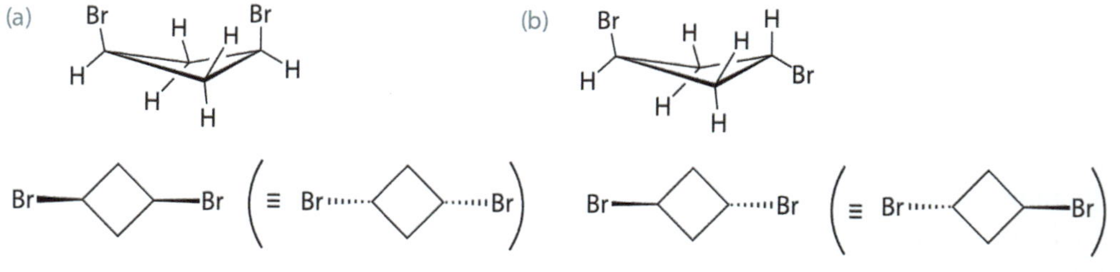

Abbildung 38.4: *cis-* und *trans-*Isomer von 1,3-Dibromcyclobutan

Auch in cyclischen Verbindungen gilt: Weist ein tetraedrisch koordiniertes Atom vier verschiedene Substituenten auf, liegt ein *Chiralitätszentrum* vor, für das dann die üblichen CIP-Regeln (aus Kapitel 36) gelten.

Die Begriffe *cis* und *trans* gestatten lediglich *relative* Aussagen über die Anordnung der Substituenten, *(R)* und *(S)* beschreiben die *absolute* stereochemische Konfiguration.

BEISPIEL

Vergleichen Sie diese beiden Moleküle:

In beiden Fällen handelt es sich um *trans*-(3*R*)-1,2-Dibrom-3-methylcyclopentan! Trotzdem ist hier von zwei gänzlich verschiedenen Verbindungen die Rede: (a) (1*S*,2*S*,3*R*)-1,2-Dibrom-3-methylcyclopropan; (b) (*all-R*)-1,2-Dibrom-3-methylcyclopropan.

Auch beim Cyclopentan (C_5H_{10}) wäre eine planare Anordnung der C-Atome energetisch nicht optimal. Der Innenwinkel eines Fünfecks (Pentagons) kommt mit $\sphericalangle_{CCC} = 108°$ zwar dem Tetraederwinkel (109,5°) bereits recht nahe, doch dabei stünden wieder sämtliche Substituenten ekliptisch. Durch das »Herausdrehen« eines der fünf Kohlenstoff-Atome aus der Ebene, die von den vier anderen C-Atomen aufgespannt wird, sodass die Ringsubstituenten nicht mehr *allesamt* ekliptisch stehen, lässt sich die Spannung innerhalb des Moleküls noch weiter minimieren, obwohl sich so ein etwas verengter Bindungswinkel ergibt ($\sphericalangle_{CCC} = 104°$, *siehe* Abbildung 38.3c). Dies wird als das *Briefumschlag-Konformer* (englisch *envelope structure*) bezeichnet. Wichtig ist, dass das Cyclopentan-Molekül eine **Pseudorotation** vollführt. Es bleibt *nicht immer das gleiche* C-Atom in die Höhe gereckt: In regelmäßigen Abständen werden nacheinander alle fünf C-Atome aus der Molekülebene »herausgedrückt«. Möglich ist das durch die Drehbarkeit um die Einfachbindung. (Der Pseudorotation sind Sie in Kapitel 31 schon einmal begegnet.)

Eine damit vergleichbare Pseudorotation findet sich auch schon beim Cyclobutan:

Beachten Sie, dass die Pseudorotation keinerlei Einfluss auf *cis/trans*-Isomerie nimmt: *Ein Substituent kann nicht »einfach so« von der einen Ringseite auf die andere wechseln.*

Wäre der sechsgliedrige Ring – der in der Naturstoff- und der Biochemie ebenso wie in der Synthesechemie besonders wichtig ist – planar, ergäbe sich ein Innenwinkel von $\sphericalangle_{CCC} = 120°$. Da aber auch im Cyclohexan nur sp^3-Kohlenstoffe vorliegen, würde das erneut zu erhöhter Baeyer-Spannung führen, allerdings dieses Mal aus genau dem umgekehrten Grund: Die sp^3-Hybrid-Orbitale würden »auseinandergespreizt«. Deswegen nimmt der Cyclohexan-Ring meist eine energetisch besonders günstige Konformation ein, die sogenannte **Sesselform** (Abbildung 38.5; *siehe* auch Abbildung 38.3d). Dieses *Konformer*, meist nur kurz *Sessel* genannt, stellt das Energieminimum dar, und das gleich aus mehrerlei Gründen:

- ✔ Stellen Sie das Molekül aus Abbildung 38.5a in etwas ausführlicherer Formelschreibweise dar (b), sehen Sie, dass sämtliche Bindungswinkel des Kohlenstoffgerüsts $\sphericalangle_{CCC} = 111°$ betragen: Die BAEYER-Spannung ist minimiert.
- ✔ Sämtliche Substituenten an allen Ringglieder-Atomen stehen gestaffelt zueinander, wie Sie in der NEWMAN-Projektion gut erkennen (Abbildung 38.5c; diese Art der Projektion kennen Sie aus Kapitel 35).

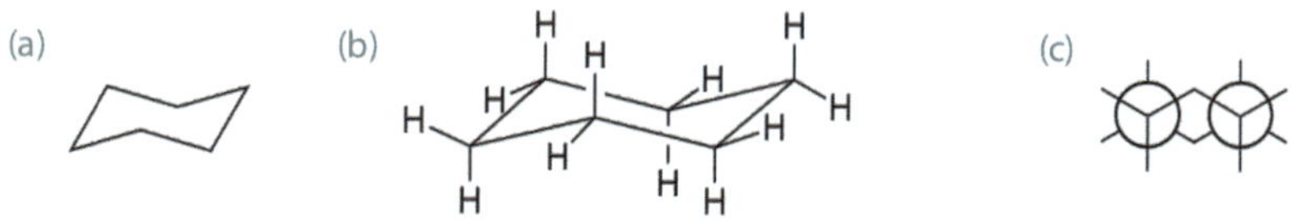

Abbildung 38.5: Cyclohexan in der Sessel-Konformation

Ein energetisch nicht ganz so günstiges Konformer des sechsgliedrigen Ringes stellt die Wannenform dar (Abbildung 38.6; zunehmend wird sie in der Literatur als *Boot-Konformation* bezeichnet). Auch hier liegen ausschließlich praktisch ideale Tetraederwinkel vor, sodass die BAEYER-Spannung erneut minimiert ist. Allerdings sehen Sie in der NEWMAN-Projektion (b) noch deutlicher als bei der Formelschreibweise (a), dass die Substituenten an vieren der sechs Ringglieder *ekliptisch* zueinander stehen: Sie stoßen einander ab. Dies führt zu einer *zweiten* Art der Ringspannung, **PITZER-Spannung** genannt.

Der Chemiker Kenneth PITZER war US-Amerikaner. Bitte vermeiden Sie es, den Namen wie ein italienisches Nationalgericht klingen zu lassen.

Abbildung 38.6: Cyclohexan in der Wannen-Konformation

Zudem kommen die beiden ringeinwärts gewandten Substituenten (in Abbildung 38.6a rot markiert) einander sehr nahe (nicht das Kalottenmodell vergessen!). Je nach Größe der Substituenten ergibt das eine beachtliche sterische Spannung.

LEWIS-Formeln und Kugel-Stab-Modelle sind alles andere als maßstabsgetreu! Es *wirkt* bloß so, als wären die beiden ringeinwärts gewandten Substituenten weit voneinander entfernt. Selbst wenn es sich nur um Wasserstoff-Atome handelt (noch kleiner geht ja nicht!), treten sie schon miteinander geringfügig in Wechselwirkung (sie »berühren« einander).

Wie bei allen cyclischen Systemen ist auch am sechsgliedrigen Ring *cis/trans*-Isomerie möglich. Um darauf besser eingehen zu können, brauchen wir jetzt eine Benennungsweise für die verschiedenen Positionen am Sechsring, die auf *beide* Konformere anwendbar ist: »Ringeinwärts gewandt« hilft uns beim Sessel ja nicht weiter. Deswegen verwenden wir erneut die Bezeichnungen **axial (ax)** und **äquatorial (eq)**, die Sie bereits aus dem VSEPR-Modell zur Benennung der Positionen an Bipyramiden kennen. Als *axial* werden am sechsgliedrigen Ring alle Bindungen (und alle daran befindlichen Substituenten) bezeichnet, die »*senkrecht* nach oben oder unten« stehen, während die mehr oder minder in der *Waagerechten* befindlichen Bindungen *äquatorial* heißen. Beim *Sessel* (Abbildung 38.7a) lassen sich alle Substituenten jeweils mit der einen oder anderen dieser Kennungen versehen, während sich diese Bezeichnungen bei der *Wanne* (b) nur auf die Substituenten an den vier in einer Ebene liegenden (= koplanaren) Ring-Atomen anwenden lassen.

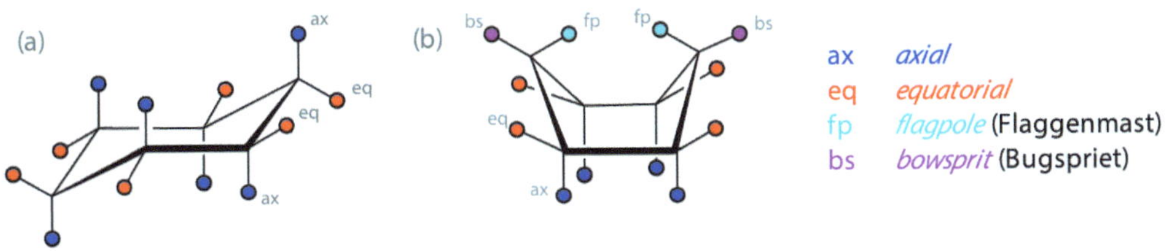

Abbildung 38.7: Relative Positionen an Sessel- und Wannenkonformation

Auch für die besonderen Positionen, die es nur in der *Wannen*form gibt, wurden eigene Bezeichnungen festgelegt: Die ringeinwärts gewandten Substituenten werden mit fp (für *flagpole*, Flaggenstock) markiert, während die auswärts stehenden die Kennung bs erhalten (für *bowsprit*, Bugspriet – die Form des Moleküls erinnert ja wirklich ein wenig an ein Boot). Da die Sesselform allerdings die weitaus wichtigere ist, sei das nur am Rande erwähnt.

Der Sessel – und wie man ihn zeichnet

Die Aufgabe, einen sechsgliedrigen Ring in der Sessel-Konformation zu zeichnen und dann auch noch alle Substituenten in der richtigen räumlichen Orientierung zueinander anzugeben (a), wird oft als völlig unmöglich aufgefasst. Dabei ist es eigentlich ganz einfach; Sie müssen nur zwei Dinge berücksichtigen:

- ✔ Die axialen Substituenten an den drei »oberen« Ring-Atomen weisen nach oben, die an den drei »unteren« nach unten (b).
- ✔ Die Bindungen der äquatorialen Substituenten sind stets (ziemlich genau) parallel zur *über*nächsten Bindung *im* Ring (c; die farbliche Markierung zeigt jeweils, dass es egal ist, ob Sie sich dabei im Ring im oder gegen den Uhrzeigersinn orientieren).

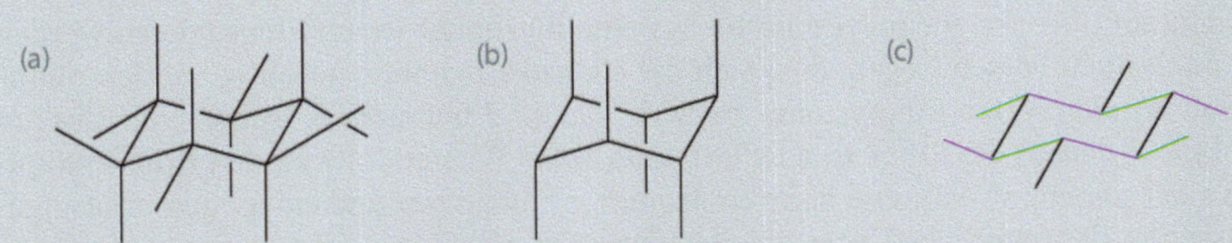

Mit ein bisschen Übung läuft's wie geschmiert.

Nun bedenken Sie, dass die Beweglichkeit der Ring-Atome (bedingte Drehbarkeit um die Einfachbindung!) das Auftreten *zweier unterschiedlicher* Sesselkonformationen gestattet, die sich ineinander umwandeln – dies heißt **Ringinversion**. Dabei gehen sämtliche zuvor *axialen* Substituenten in die *äquatoriale* Position über und umgekehrt (Abbildung 38.8). Die Umwandlung der beiden Konformere erfolgt dabei über die *Wannenkonformation* – und das sehr rasch: In einer Lösung ist die Anzahl an Molekülen in der (ungünstigeren) Wannenkonformation verschwindend gering.

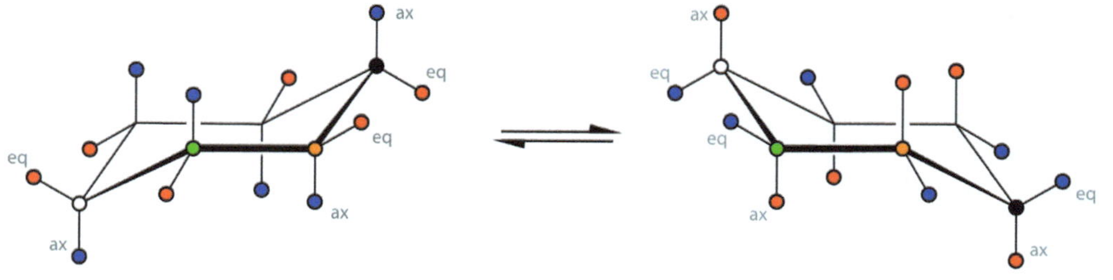

Abbildung 38.8: Ringinversion am Cycloxexan

Diese Ringinversion spielt bei der Betrachtung der *cis/trans*-Isomerie am Cyclohexangerüst natürlich ebenfalls eine Rolle. Schauen Sie sich ein beliebiges 1,2-disubstituiertes Cyclohexan an: Im Falle einer *cis*-konfigurierten Verbindung steht je einer der Substituenten axial, der andere äquatorial, wobei diese Positionen nach der Ringinversion entsprechend vertauscht sind (*siehe* Abbildung 38.9a). Beim *trans*-Isomer ergibt sich damit entweder eine di-axiale oder eine di-äquatoriale Stellung, die sich über die Ringinversion ineinander umwandeln lassen (b).

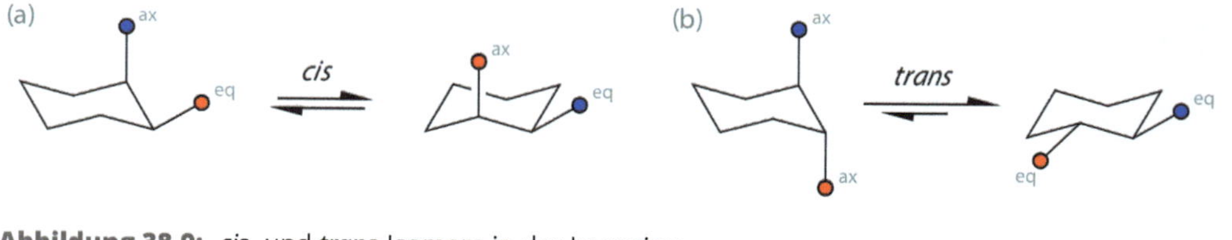

Abbildung 38.9: *cis-* und *trans*-Isomere in der Inversion

Die di-äquatoriale Anordnung der Substituenten ist dabei energetisch bevorzugt, schließlich kommen auf diese Weise die beiden Substituenten nicht in die Nähe der axial stehenden Wasserstoff-Atome am Ring. Und da nur beim *trans*-Isomer *beide* Substituenten gleichzeitig die äquatoriale Position einnehmen können, ist dieses Isomer stabiler als das *cis*-Gegenstück.

Auch wenn auf bi- oder gar polycyclische Systeme hier nicht weiter eingegangen werden soll, sei doch nicht verschwiegen, dass sich die *cis/trans*-Isomerie gewaltig auf den räumlichen Bau kondensierter Ringsysteme auswirkt. So sind beim *trans*-Isomer von *Decalin* (Bicyclo[4.4.0]-decan) die Ringe so anelliert, dass *beide* Wasserstoffe an den Brückenkopf-Atomen axial stehen (a), während beim *cis*-Isomer je eines *axial* und eines äquatorial angeordnet ist (b) – der räumliche Unterschied ist frappierend.

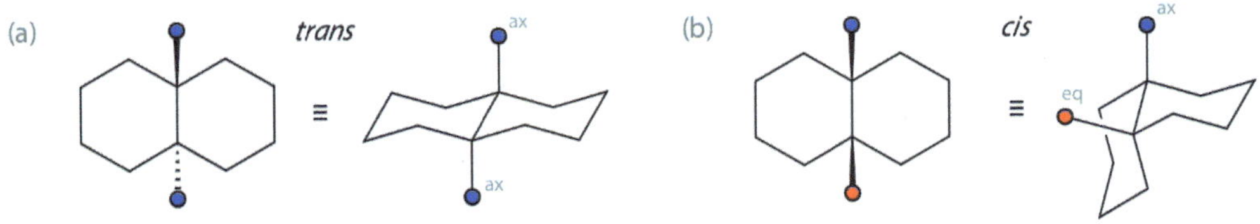

Mehr Abwechslung

Selbstverständlich können cyclische Systeme auch Hetero-Atome enthalten (also etwas anderes als Kohlenstoff). Für die Nomenklatur derartiger Verbindungen – allgemein als **Heterocyclen** bezeichnet – gibt es zwei verschiedene, gleichwertig verwendete Systeme:

- ✔ die Substitutionsnomenklatur
- ✔ das Hantzsch-Widman-System

Zu beiden kann dieses Buch nur einen ersten Überblick bieten, da die Nomenklatur heterocyclischer Verbindungen ebenfalls eine Wissenschaft für sich ist, zu der umfangreiche Nachschlagewerke existieren (und bei der es immer wieder neue Überlegungen gibt).

Substitutionsnomenklatur (»a-Nomenklatur«)

Hier behandeln Sie das Ringsystem so, als wäre es ein (gesättigter oder ungesättigter) cyclischer Kohlenwasserstoff. Anschließend beginnen Sie *vom Hetero-Atom aus*, die einzelnen Ringglieder zu beziffern, und das in der üblichen Weise: Die Substituenten sollen möglichst niedrige Nummern erhalten (*siehe* Kapitel 35). Sollte der Ring *mehr als ein* Hetero-Atom aufweisen, wird die Ziffer 1 so vergeben, dass allen anderen Substituenten (und den anderen Hetero-Atomen, die jetzt wie gewöhnliche Substituenten behandelt werden) möglichst geringe Nummern zukommen. Die Hetero-Atome werden dabei durch elementspezifische Präfixe vor dem Stammnamen der Verbindung angegeben: Handelt es sich bei dem Hetero-Atom beispielsweise um einen Sauerstoff, lautet die Vorsilbe *Oxa-*, bei Stickstoff *Aza-*, bei Schwefel *Thia-*. Bei manchen anderen Elementen wird der Elementname praktisch unverändert verwendet: Bei Phosphor heißt es *Phospha-*, bei Bor entsprechende *Bora-*. (Deswegen neigen hartgesottene Anorganiker auch dazu, von *Carbacyclen* zu sprechen, wenn es um cyclische Verbindungen geht, deren Ringglieder ausschließlich Kohlenstoff-Atome sind.)

Das Hantzsch-Widman-System

Hier erhalten die Systeme je nach Anzahl der vorhandenen Ringglieder und der beteiligten Hetero-Atome *eigene Namen* (*siehe* Abbildung 38.10); Präfixe geben an, welche(s) Hetero-Atom(e) vorliegt (vorliegen). Je nach Sättigungsgrad werden unterschiedliche Endungen verwendet (ähnlich wie bei Alkan/Alken/Alkin). Allerdings sind die jeweiligen Namensveränderungen wieder von den beteiligten Hetero-Atomen abhängig – wie erwähnt: Das ist eine Wissenschaft für sich. (Deswegen sind manche Chemiker auch der Ansicht, IUPAC sei in Wahrheit die Abkürzung für *I*nfernalisches, *U*nbrauchbares, *P*raxisfernes *A*bkürzungs-*C*haos.)

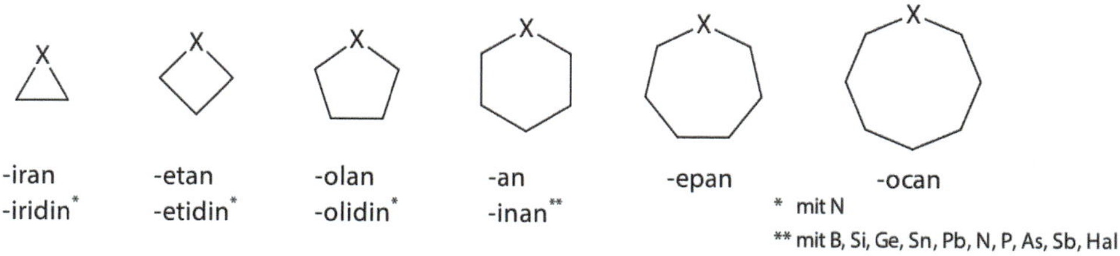

Abbildung 38.10: Heterocycloalkane nach dem HANTZSCH-WIDMAN-System

BEISPIEL

Beiden Nomenklatursystemen ist die Nummerierung gemein:

Bei (a) befindet sich die Methylgruppe an Ring-Atom Nummer 3; bei (b) erhält das methylsubstituierte C-Atom die Nummer 2, das ethylsubstituierte entsprechend die Nummer 4. Damit heißt (a) gemäß der Substitutionsnomenklatur 3-Methyloxacyclopentan, nach HANTZSCH-WIDMAN 3-Methyloxolan, (b) 4-Ethyl-2-methylazacyclohexan oder 4-Ethyl-2-methylazinan. (Auf die Stereochemie – beachten Sie die roten Sterne! – sei hier nicht weiter eingegangen.)

Arthur HANTZSCH stammte aus Deutschland, Oskar WIDMAN aus Schweden – wieder einmal wäre englische Aussprache fehl am Platze.

Ein bisschen Duftstoff-Stereochemie

In Kapitel 36 haben Sie ja bereits erfahren, dass Stereoisomere gänzlich unterschiedliche olfaktorische Eigenschaften aufweisen können (also anders duften/riechen – denken Sie nur an das Limonen). Warum sollte das bei chiralen Heterocyclen anders sein? Bei der Verbindung 4-Propyl-2-methyl-1,3-oxathian beispielsweise weisen alle vier erdenklichen Diastereomere einen ganz eigenen Duft auf:

Die Bezeichnungen für den jeweiligen Duft entsprechen der Diktion von Duftstoff-Chemikern und Parfümeuren: Es gibt eine ganze Palette genau definierter Fachtermini. Für Laien mag diese Wortwahl befremdlich wirken, fachsprachlich ist sie korrekt.

Die Chemie der Duftstoffe stellt ein eigenständiges Forschungsgebiet dar, aber das Rüstzeug für einige Grundlagen haben Sie bereits: So kann sich die Konfiguration von Doppelbindungen (*Z*/*E*- respektive *cis/trans*-Konfiguration) ebenfalls auf den Geruch einer Verbindung auswirken. Als Beispiel diene die Verbindung Nerolidol (findet sich unter anderem in Lavendel, Ingwer und Jasmin). Außer einem Chiralitätszentrum gibt es noch drei Doppelbindungen, von denen allerdings zwei symmetrisch substituiert sind, sodass sich dort die Frage nach *(Z)*- oder *(E)*-Konfiguration nicht stellt. Durch die asymmetrisch substituierte Doppelbindung (zwischen C^6 und C^7) und das Chiralitätszentrum (an C^3) sind somit vier verschiedene Diastereomere möglich:

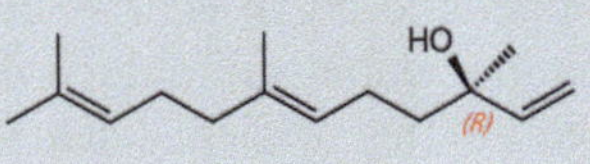

holzig-warm, leicht modrig

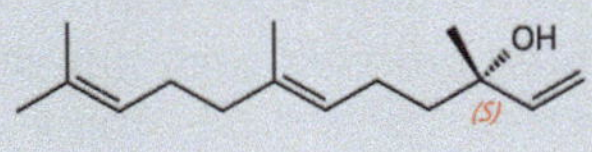

süß, mild, blumig

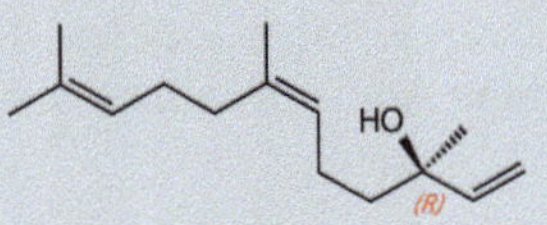

intensiv blumig, süß, frisch

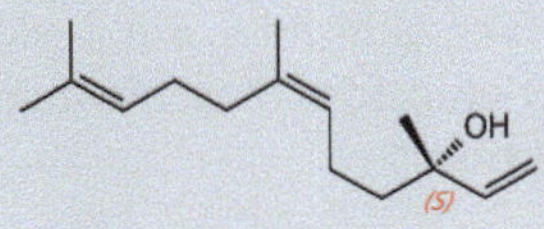

holzig-grün, rindig

Wenn sich Mehrfachbindungen häufen

Ebenso wie die offenkettigen Kohlenwasserstoffe können auch cyclische Verbindungen nicht nur einfach, sondern auch *mehrfach ungesättigt* sein, und auch hier wird die jeweilige Verbindung stabilisiert, wenn es über *konjugierte Doppelbindungen* zu Delokalisation kommt.

So ist 1,4-Cyclohexadien (a) energetisch etwas ungünstiger als 1,3-Cyclohexadien (b), da bei Ersterem die beiden Doppelbindungen *isoliert* sind. Eine besondere Verbindung stellt C_6H_6 dar (c). Eigentlich müsste sie systematisch »1,3,5-Cyclohexatrien« genannt werden, aber wegen der cyclischen Konjugation der Doppelbindungen (sämtliche Kohlenstoff-Atome sind hier sp^2-hybridisiert) ergibt sich eine völlig andersartige elektronische Situation. Diese verändert das chemische Verhalten dieser Verbindung so drastisch, dass für dieses Gerüst ein eigener Stammnamen festgelegt wurde: **Benzen**.

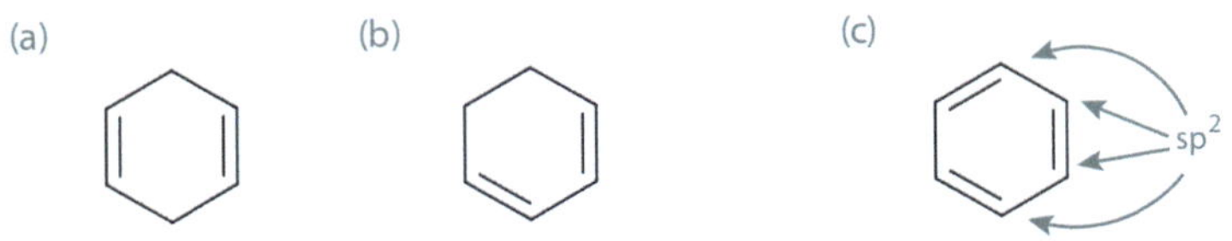

Abbildung 38.11: Zwei Cyclohexadiene (a, b) und Benzen (c)

Hier ist die Verwirrung vorprogrammiert: In Deutschland wurde das *Benzen* (im englischsprachigen Raum: *benzene*) eigentlich immer »Benzol« genannt. Da allerdings die Endung *ol* der Stoffklasse der Alkohole vorbehalten ist (darüber mehr in Kapitel 39), hat die IUPAC die Bezeichnung *Benzen* festgelegt.

> Leider hält sich praktisch niemand daran – im Laborjargon heißt es weiterhin Benzol, und für alle Nicht-Chemiker sowieso. In Prüfungen jedoch können Sie sich in äußerst brenzlige Situationen manövrieren, wenn Sie die traditionelle Bezeichnung verwenden. Wenn Sie erst einmal alle Prüfungen hinter sich haben, dürfen Sie wieder »Benzol« sagen – genau so machen es alle anderen ja auch.

Im Gegensatz zu den beiden Cyclohexadienen aus Abbildung 38.11 ist Benzen *planar*: Alle Kohlenstoff-Atome im Ring sind sp^2-hybridisiert, und alle sechs zugehörigen p-Orbitale stehen parallel zueinander. Die BAEYER-Spannung ist minimiert, da der Innenwinkel eines planaren Sechsecks exakt 120° beträgt. Auch ansonsten verhält sich Benzen kein bisschen wie ein ungesättigter Kohlenwasserstoff: Trotz seiner drei Doppelbindungen geht es beispielsweise *keine Additionsreaktionen* mit elementarem Brom ein – dabei sollte doch die (beträchtliche) Elektronendichte der drei konjugierten Doppelbindungen leicht (elektrophil) angreifbar sein! Versucht man, die Reaktion durch Zugabe eines Katalysators wie der LEWIS-Säure Eisen(III)-chlorid zu beschleunigen, erfolgt jedoch keine Addition, sondern eine **Substitutionsreaktion**:

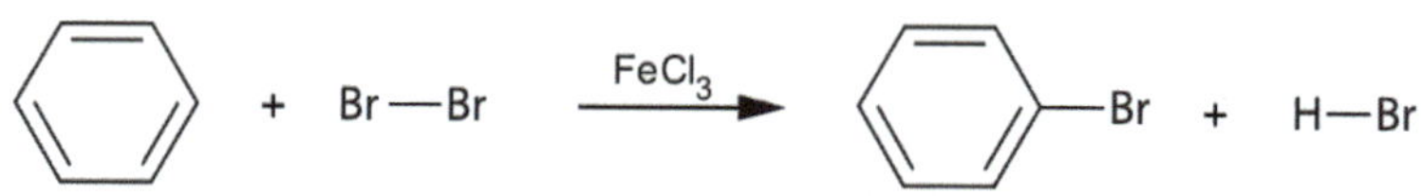

Tauschen Sie nun (Chemie-Lego®!) das Wasserstoff-Atom an einem der α-Kohlenstoffe zum bromsubstituierten C-Atom gegen einen zweiten Substituenten aus (zum Beispiel wieder Brom), erhalten Sie eine 1,2-disubstituierte Verbindung, bei der immer noch sämtliche Kohlenstoff-Atome sp2-hybridisiert sind. Entsprechend sollten sich auf diese Weise zwei Konstitutionsisomere ergeben: Bei dem *einen* Isomer (Abbildung 38.12a) *müsste* zwischen den beiden bromierten C-Atomen eine *Einfach*bindung liegen, beim *anderen* (b) eine *Doppel*bindung – also sollten Sie auch unterschiedliche Bindungslängen zwischen den beiden betreffenden C-Atomen vorfinden. *Das jedoch ist nicht der Fall: Unterscheidbare Isomere lassen sich nicht finden.* Weiteren Analysen zufolge sind alle C–C-Bindungen im Ring exakt gleich lang: 139 pm. Die sechs C-Atome bilden ein perfektes Sechseck (für unsere Symmetrie-Freunde: Punktgruppe D_{6h}). Diese Bindungen sind für Doppelbindungen ein bisschen zu lang, aber dennoch entschieden kürzer als Einfachbindungen (wie Sie aus Kapitel 12 wissen, ist die Standard-C–C-Einfachbindung 154 pm lang, die Doppelbindung liegt bei etwa 135 pm).

Grund für dieses unerwartete Verhalten ist wieder die **Delokalisation der π-Elektronen.** Die beiden vermeintlichen Isomere (Abbildung 38.12a und b) sind nur zwei *mesomere Grenzformen* der gleichen Verbindung (so wie Sie das aus Kapitel 37 kennen – achten Sie auf die Pfeile, die hier die vermeintliche (!) Elektronenbewegung anzeigen).

Abbildung 38.12: Mesomere Grenzstrukturen von 1,2-Dibrombenzen

Diese besondere Form der Elektronendelokalisation wird als Aromatizität bezeichnet. Sämtliche Stoffe, die diese Form der Delokalisation aufweisen, heißen **Aromaten**; zur Unterscheidung werden alle *nicht*-aromatischen Verbindungen (ob gesättigt oder ungesättigt, cyclisch oder nicht) als *Aliphaten* bezeichnet.

Spielregeln müssen sein

Aber nicht jede cyclische Verbindung, die zufällig ein paar konjugierte Doppelbindungen zu bieten hat, ist gleich ein Aromat. Welche Spielregeln ein Molekül einhalten muss, um ein Aromat zu sein, fand Erich Hückel heraus (ja, der aus Kapitel 37). Es gelten die folgenden **Aromatizitätsregeln**:

Ein cyclisch konjugiertes System ist *aromatisch*, wenn

- ✔ alle am π-Elektronensystem beteiligten Doppelbindungen konjugiert sind *und*
- ✔ alle am π-Elektronensystem beteiligten Atome in einer Ebene liegen *und*
- ✔ sich die Anzahl der im System vorhandenen π-Elektronen mit der Formel $4N+2$ beschreiben lassen, wobei N für eine beliebige ganze Zahl steht (auch der Wert 0 ist zulässig); dieses letzte Kriterium wird als die **Hückel-Regel** bezeichnet.

Vergleichen Sie die Verbindungen Benzen (a; C_6H_6) mit den ebenfalls durchkonjugierten Molekülen 1,3-Cyclobutadien (b; C_4H_4) und 1,3,5,7-Cyclooctatetraen (c; C_8H_8):

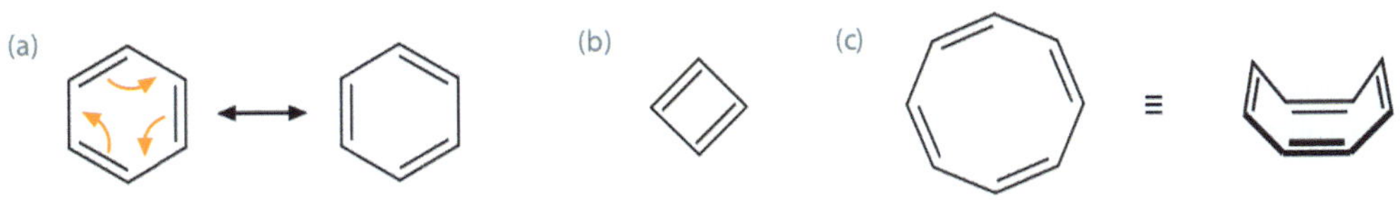

Abbildung 38.13: Ein Aromat (a) und zwei Nicht-Aromaten (b, c)

- ✔ Im Benzen (Abbildung 38.13a) gibt es sechs π-Elektronen – die Zahl 6 passt zur Hückel-Regel (mit $N = 1$ gilt $4N + 2 = 6$).
- ✔ Das 1,3-Cyclobutadien (b, C_4H_4) mit seinen *vier* π-Elektronen hat ein Problem: Es gibt keine *ganze* Zahl, mit der die Hückel-Regel erfüllt wäre (0,5 ist nun einmal keine ganze Zahl). Und tatsächlich: Im Gegensatz zu Benzen ist C_4H_4 so instabil, dass es innerhalb weniger Sekunden zerfällt. Ein anständiger Aromat macht so etwas nicht.
- ✔ 1,3,5,7-Cyclooctatetraen schließlich ist allein schon deswegen kein Aromat, weil es nicht planar ist (zweites Aromatizitätskriterium); dass die Hückel-Regel hier nicht erfüllt ist (auch 1,5 ist ja keine ganze Zahl), kommt erschwerend hinzu. Dieses Molekül verhält sich eher wie ein gewöhnlicher mehrfach ungesättigter Kohlenwasserstoff.

⚠ Planare cyclische Verbindungen mit einer durch 4 teilbaren Anzahl von π-Elektronen (die damit gerade *nicht* der Hückel-Regel entsprechen), heißen **Anti-Aromaten**. (Eine *ungerade* Anzahl π-Elektronen scheidet völlig aus, dann läge ja ein Radikal vor.)

Dass es derartige Aromatizitätskriterien gibt, beantwortet natürlich immer noch nicht die Frage nach dem *Warum?* Jetzt haben Sie zwei Möglichkeiten:

- ✔ Sie können das einfach hinnehmen. Es gibt also diese Spielregeln, Aromatizität hat irgendetwas mit Mesomerie zu tun, und wenn Sie entsprechende mesomere Grenzformen aufstellen können, dann reicht das schon. So machen das die meisten. Leider. Wenn auch Sie dazu gehören, dann gehen Sie jetzt einfach zum nächsten Unterkapitel namens *Partnertausch am Ring* über.

- ✔ Vielleicht gehören Sie aber auch zu den kritischeren Geistern, die schon immer der Ansicht waren, eine Regel alleine sei ja nun verflixt noch eins keine Erklärung! Für Letztere haben wir ein wenig Bonusmaterial am Ende dieses Kapitels vorbereitet. Es trägt den schönen Titel: *Nur für Streber: Herr Hückel! Sie schon wieder?* Ob Sie sich das jetzt gleich ansehen und dann wieder hierher zurückkehren oder sich erst damit befassen, nachdem Sie den Rest dieses Kapitels gelesen haben (und sich dabei ständig fragen, wie Hückel auf diese komischen Regeln gekommen ist), überlassen wir ganz Ihnen.

Benzen – und wie es geschrieben wird

Aufgrund der miteinander in Wechselwirkung stehenden, unhybridisierten p-Orbitale (a) herrschen im Benzen ganz besondere elektronische Verhältnisse, sodass sämtliche π-Elektronen über das gesamte Ringsystem delokalisiert sind – das soll (b) andeuten. Es handelt sich *eben nicht* um »1,3,5-Cyclohexatrien« (auch wenn die Lewis-Formel genau danach aussieht!), sondern um eine Verbindung, deren wahres Gesicht erst durch mesomere Grenzformen erahnbar wird (c). Daher wird in einer Abwandlung der üblichen Schreibweise die vorliegende **Elektronenresonanz** häufig durch einen Kreis dargestellt, der für *sechs* delokalisierte π-Elektronen steht (d). Es ergeben sich zwei »Wolken« relativ hoher negativer Ladungsdichte der π-Elektronen oberhalb und unterhalb der Ringebene (e).

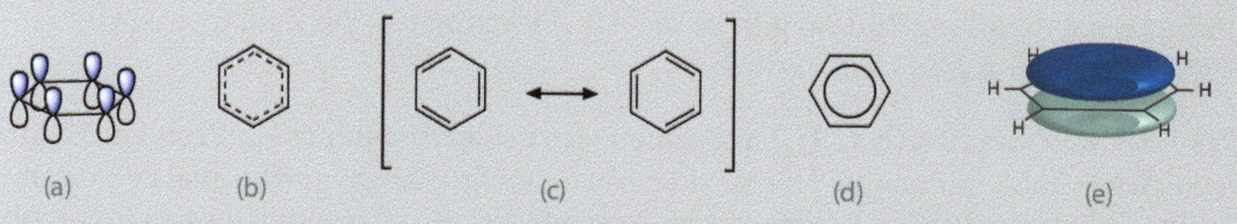

Diese Ladungsdichte bestimmt maßgeblich das chemische Verhalten – und das gilt nicht nur für Benzol (Benzen!), sondern für *alle* Aromaten.

Partnertausch am Ring

Selbstverständlich lassen sich die zum Benzen-Molekül gehörenden Wasserstoff-Atome durch nahezu beliebige andere Substituenten austauschen, schließlich hebt das die Aromatizität des Ringsystems nicht auf. Allerdings können sich Substituenten auf die Reaktivität des Systems auswirken – wie Sie schon bald sehen werden. Aber zunächst betrachten

Sie bitte die Substitutionsreaktion am unsubstituierten Benzen (Abbildung 38.14). Diese Reaktion folgt *nicht* dem bereits bekannten Mechanismus der nucleophilen Substitution – was nicht weiter verwunderlich sein sollte, schließlich besitzt das delokalisierte π-Elektronensystem eine doch recht beträchtliche *negative* Ladungsdichte und ist daher eher für *positiv* polarisierte (oder gar positiv geladene!) Reaktionspartner interessant, also für *Elektrophile* (allgemein durch X^+ symbolisiert). Die **elektrophile Substitution am Aromaten (S_EAr)** verläuft in mehreren aufeinanderfolgenden Schritten:

- ✔ Zunächst lagert sich das Elektrophil locker an das aromatische π-Elektronensystem an; diese erste Zwischenstufe wird als **π-Komplex** bezeichnet (Abbildung 38.14a).
- ✔ Anschließend wird eine echte kovalente σ-Bindung zu einem der C-Atome des Ringsystems ausgebildet. Dabei wird die positive Ladung des Elektrophils über die restlichen Atome des Ringes delokalisiert, während das angegriffene Ring-Atom selbst von sp^2 nach sp^3 umhybridisiert wird.
  - Dieser Schritt der Bindungsknüpfung, der zu einem **σ-Komplex** führt (Abbildung 38.14b; dieser wird gelegentlich auch als *Phenonium*-Ion bezeichnet), ist deutlich energieaufwendiger, es muss also beträchtliche Aktivierungsenergie aufgebracht werden – meist ist ein Katalysator erforderlich.
- ✔ Im letzten Schritt wird das System dann wieder rearomatisiert. Dafür muss natürlich das angegriffene Kohlenstoff-Atom letztendlich wieder sp^2-hybridisiert vorliegen. Daher muss eine der beiden intermediär vorliegenden σ-Bindungen (unter Ausbildung eines zweiten σ-Komplexes) aufgebrochen werden. Dafür gibt es zwei Möglichkeiten, die zu unterschiedlichen Endergebnissen führen:
  - Zum einen kann die *gerade frisch geknüpfte* Bindung zum angreifenden Elektrophil X^+ wieder gespalten werden. Unter diesen Umständen würde kein neues Reaktionsprodukt entstehen; es wirkt dann, als hätte gar keine Reaktion stattgefunden.
  - Zum anderen kann die Bindung zum *ursprünglichen* Bindungspartner des angegriffenen C-Atoms gespalten werden (oft ist das ein H-Atom, so auch in Abbildung 38.14c). Dieser ehemalige Substituent tritt dann als Kation aus dem Verbund aus (hier: als H^+). Letztendlich ist das Reaktionsprodukt dann wieder ungeladen.

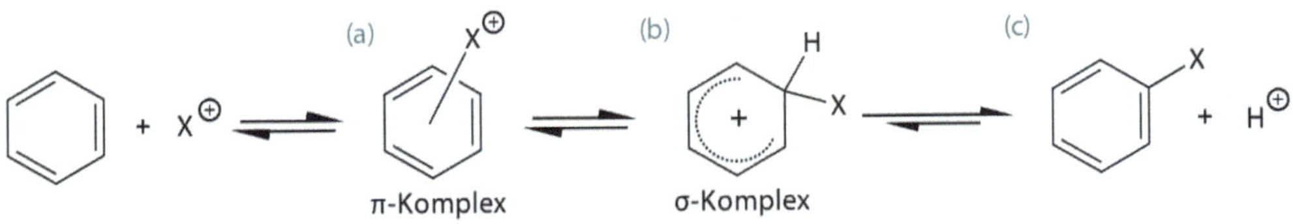

Abbildung 38.14: Elektrophile Substitution am Aromaten (S_EAr)

Beachten Sie, dass bei *allen* Schritten die Möglichkeit der Rückreaktion besteht – genau das besagen ja die Gleichgewichtspfeile.

Mesomere Effekte

Substituenten am Benzen-Ring können die Reaktivität des Moleküls stark beeinflussen. Während einige Substituenten die Reaktivität steigern, setzen andere sie so drastisch herab, dass es gelegentlich fast unmöglich wird, das betreffende Molekül überhaupt zu einer Reaktion zu motivieren. Grund ist der jeweilige elektronische Einfluss:

✔ Verfügt der Substituent über p-Orbitale, die mit dem π-Elektronensextett des Benzenrings überlappen können, sodass eine Wechselwirkung erfolgt, ändert sich im gesamten Molekül die Elektronendichteverteilung: Es ergibt sich ein *Mesomerer* Effekt (kurz: M-Effekt, englisch *resonance effect*).

- Ein Substituent, der durch seinen Einfluss die Elektronendichte im aromatischen System *steigert*, wird **π-Donor** (oder kurz: **Donor**; D) genannt; er übt einen **+*M*-Effekt**, einen ***positiven* Mesomeren Effekt**, aus (besonders wichtig sind Halogen- und Sauerstoff-Atome sowie $-NH_2$, die Aminogruppe). Alle +*M*-Substituenten weisen (mindestens) ein freies Elektronenpaar auf.

- Setzt ein Substituent die Elektronendichte im aromatischen System *herab*, handelt es sich um einen **π-Akzeptor** (oder kurz: **Akzeptor**; A), der einen –*M*-Effekt, einen *negativen* Mesomeren Effekt, ausübt. Beispiele für derartige Substituenten sind die Nitrogruppe ($-NO_2$) und die Carboxylgruppe (–COOH) ebenso wie deren Derivate (mehr dazu in Kapitel 40) und auch die Nitrilfunktion (–C≡N; über die erfahren Sie ebenfalls etwas in Kapitel 40). Hier ist an das Ringsystem stets ein Atom gebunden, das durch andere Bindungspartner (außerhalb des Ringes) *positiv* polarisiert ist.

✔ Durch den Einfluss von +*M*-Substituenten erhöhte Elektronendichte im aromatischen System führt zu gesteigerter Reaktivität; ist die π-Elektronendichte durch –*M*-Substituenten herabgesenkt, vermindert das entsprechend die Reaktivität der Verbindung.

✔ Der Einfluss von Substituenten lässt sich anhand entsprechender mesomerer Grenzformeln erkennen (*siehe* Abbildung 38.15).

⚠ Es gibt einen grundlegenden Unterschied zwischen dem *Mesomeren Effekt* (+/– -*M*-Effekt) und dem *Induktiven Effekt* (+/– -*I*-Effekt; *siehe* bei Bedarf Kapitel 37):

✔ Der *Induktive* Effekt ist über σ-Bindungen wirksam und betrifft damit nur den unmittelbaren Nachbarn (zumindest in erster Näherung).

✔ Der *Mesomere* Effekt wirkt sich auf das *gesamte* π-Elektronensystem aus. Damit betrifft er effektiv jedes Atom, das Teil des Mesomerie-Systems ist.

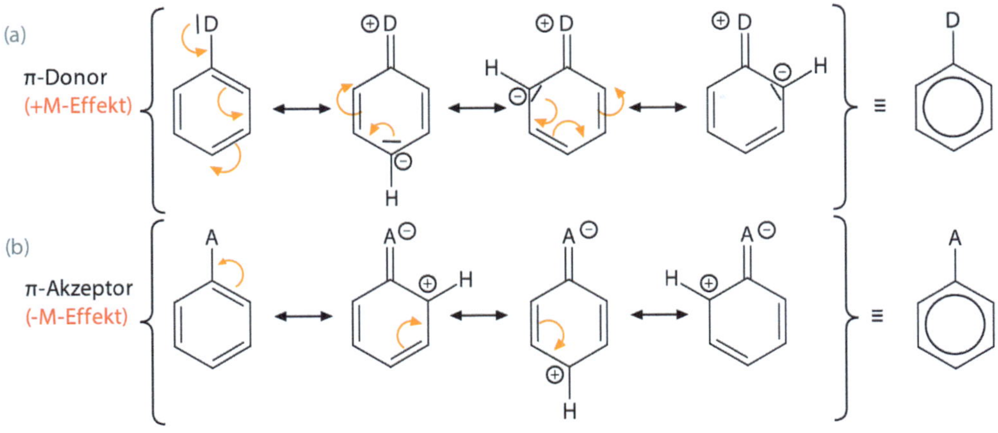

Abbildung 38.15: (a) +M- und (b) –M-Effekt am aromatischen System

Auch wenn der bei der S_EAr intermediär entstehende σ-Komplex insgesamt zweifellos eine positive Ladung trägt, sollten Sie trotzdem bedenken, dass es sich bei den in den mesomeren Grenzformeln auftauchenden Ladungen stets nur um *Formalladungen* handelt: Sämtliche mesomeren Grenzformeln stellen lediglich Extrema *der Ladungs- und Elektronendichteverteilung* dar – erst die Summe all dieser Extrema gestattet Aussagen über die tatsächlichen Verteilungsverhältnisse. Allerdings ermöglichen Grenzformeln sehr wohl grobqualitative Abschätzungen über die Verteilung der Elektronendichte innerhalb des Moleküls: An Positionen, denen eine negative Formalladung zukommt, ist sie im Vergleich zu den anderen Ringpositionen zumindest geringfügig erhöht.

ortho-, *meta-* ... wie es in der Organik verwendet wird

Zur Beschreibung der Positionen *relativ zum Substituenten* (allgemein: –R) eines Benzen-Rings wurde eine eigene Benennungs-Konvention eingeführt:

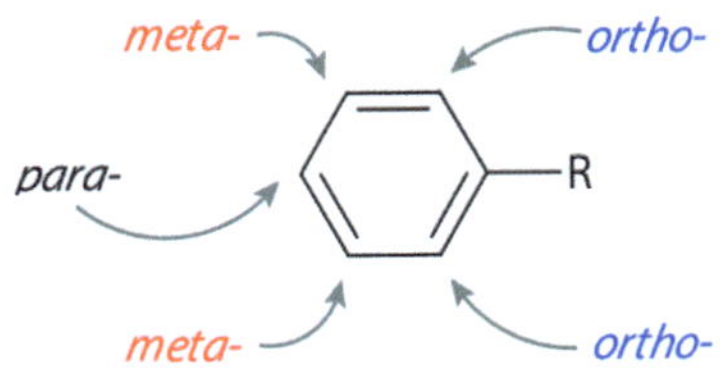

Die beiden Positionen unmittelbar neben dem Substituenten –R werden also *ortho*-Positionen genannt und so weiter. Bitte beachten Sie, dass die Vorsilben *ortho-* und *meta-* in der OC eine völlig andere Bedeutung haben als in der AC. (Erinnern Sie sich noch an Kapitel 31? Um den Wassergehalt von Säure-Molekülen geht's *hier* ja nun wirklich nicht!) Aber um die Verwirrung ein wenig zu minimieren, werden ortho- und Co. in der OC kleingeschrieben (und meist *kursiv*) und diese Vorsilben zusätzlich durch einen Bindestrich abgetrennt.

Zu den Substituenten mit +*M*-Effekt gehört auch die Aminogruppe ($-NH_2$): Das freie Elektronenpaar am Stickstoff-Atom tritt in Wechselwirkung mit dem aromatischen System des Ringes und erhöht so die Elektronendichte in *ortho*- und *para*-Position. Für diese Wechselwirkung muss sich das Elektronenpaar natürlich in einem unhybridisierten p-Orbital befinden, das *parallel* zum π-Elektronensystem des Ringes steht – das aber widerspricht dem VSEPR-Modell, und in Kapitel 35 gab es schon die *Faustregel*, freie Elektronenpaare seien in *Hybrid*orbitalen unterzubringen (deshalb ist das Methyl-Anion ja so trigonal-pyramidal gebaut wie Ammoniak).

Aber wenn das freie Elektronenpaar des Stickstoff-Atoms im Anilin (Aminobenzen, $C_6H_5-NH_2$) mit den π-Elektronen des Ringes wechselwirken will, dann *darf* es nicht in einem (sp^3-)Hybridorbital lokalisiert sein (Abbildung 38.16a), sondern muss sich eben in einem *unhybridisierten* p-Orbital befinden (b).

Nur so kann es zu der in Abbildung 38.16c dargestellten Mesomerie kommen. Damit ist diese Faustregel als genau solche entlarvt: *Sie ist hilfreich, trifft aber nicht immer zu.* Merksatz: Der erhöhte Energiebedarf einer »falschen« Hybridisierung wird gegebenenfalls durch Delokalisationsenergie überkompensiert.

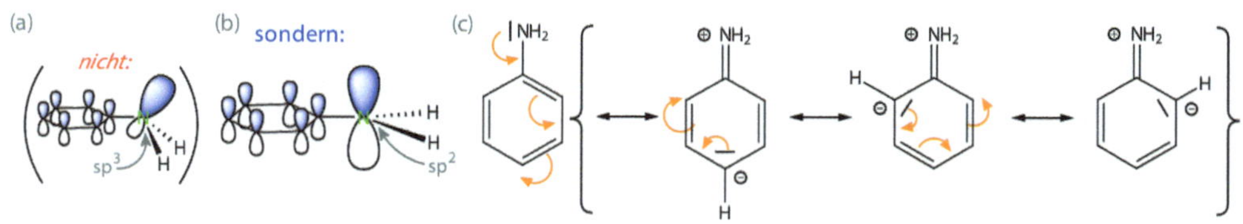

Abbildung 38.16: Mesomerie am Anilin: elektronische Effekte

Was einmal klappt, klappt auch mehrmals: die Zweitsubstitution

Verliefe eine S_EAr rein statistisch, müssten bei einem mono-substituierten Benzen als Reaktant je 40 % *ortho*- und *meta*-Produkt sowie 20 % *para*-Produkt entstehen, schließlich gibt es ja jeweils zwei *ortho*- und *meta*-Positionen, aber eben nur eine *para*-Position. Die Wirklichkeit jedoch sieht anders aus (als Ausgangsstoff dient hier exemplarisch Nitrobenzen):

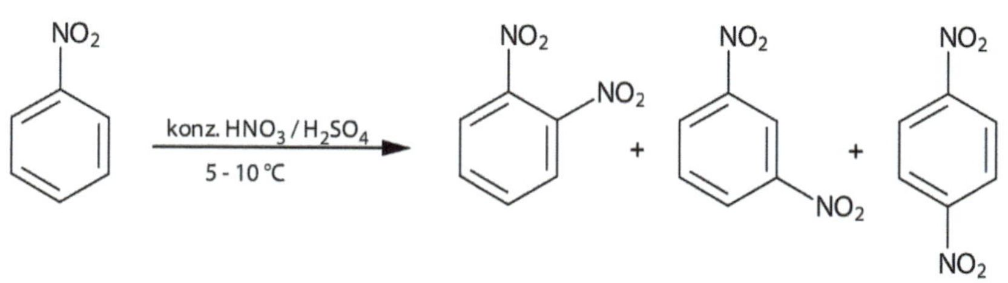

erwartet:	*40 %*	*40 %*	*20 %*
gefunden:	6 %	93 %	1%

Der Mesomere Effekt hat also auch Einfluss darauf, *an welcher Position im Molekül* eine elektrophile Substitution stattfindet, denn ein Elektrophil wird natürlich bevorzugt genau *die* Positionen angreifen, an denen die negative Ladungsdichte maximiert ist.

✔ +*M*-Substituenten erhöhen die Elektronendichte im gesamten Ring, insbesondere aber in *ortho*- und *para*-Position. (Schauen Sie sich noch einmal Abbildung 38.15a an und achten Sie darauf, wo die negativen Ladungen landen.) Entsprechend ist ein elektrophiler Angriff generell begünstigt und wird bevorzugt an diesen Positionen erfolgen.

✔ –*M*-Substituenten (wie die Nitrogruppe) verringern die Elektronendichte im gesamten Ring, vor allem aber in *ortho*- und *para*-Position (*siehe* Abbildung 38.15b). Damit ist ein elektrophiler Angriff eher unwahrscheinlich und erfolgt, wenn überhaupt, bevorzugt in *meta*-Position.

Substituenten am aromatischen Ring können auch einen (positiven oder negativen) **Induktiven Effekt** ausüben – auch dieser wirkt sich in gewissem Maße auf die im aromatischen System vorliegende Elektronendichte aus. Ein Beispiel dafür ist Chlorbenzen (C_6H_5-Cl): Wegen der Elektronegativitätsdifferenz ergibt sich eine Polarisation der Cl–C-Bindung ($C^{\delta+}$, $Cl^{\delta-}$). Diese positive Partialladung an einem Ringglied senkt allgemein die Elektronendichte im Ring ein wenig: Die S_EAr-Reaktivität nimmt ab. (Aber *wenn* die Substitution erfolgt, dann geschieht sie wegen des +*M*-Effekts des Halogens (freies Elektronenpaar!) in *ortho*- und *para*-Position.)

Mesomerer und Induktiver Effekt müssen stets parallel betrachtet werden. Der *Mesomere Effekt* entscheidet vor allem über die *Orientierung* der Zweitsubstitution (*ortho, meta, para*), während der *Induktive Effekt* die allgemeine Reaktivität beeinflusst. Da beide Effekte unterschiedlich stark ausgeprägt sein können, ist stets aufs Neue abzuschätzen, welcher Effekt gerade überwiegt (womit wir schon wieder beim Cartoon mit der Katze und dem Marmeladenbrot aus Kapitel 1 wären).

Auch *Toluen* (Methylbenzen; nicht-IUPAC-konform wird auch immer noch die Bezeichnung *Toluol* verwendet) ist einer S_EAr gegenüber deutlich reaktiver als Benzen selbst, und das Gleiche gilt auch für Aromaten mit anderen Alkylsubstituenten!

Wie können denn einfache Alkylreste die Reaktivität eines Aromaten steigern? – Hier kommt wieder die Hyperkonjugation ins Spiel (*siehe* den Kasten *Wir können auch anders* in Kapitel 36): So können Alkylgruppen Elektronendichte in den Ring hineinschieben. Die Folge ist, dass sich Alkylreste wie (zaghafte) π-Donoren verhalten: Sie steigern die Reaktivität und dirigieren in *ortho*- und *para*-Stellung.

Das muss doch auch anders gehen! – Ring-Varianten

Auch wenn es bislang vielleicht so aussieht: Benzen und dessen Derivate sind bei Weitem nicht die einzigen Aromaten. Tatsächlich gibt es sogar eine erstaunliche Vielfalt davon – denen allerdings eines gemein ist: Sie alle befolgen die HÜCKEL-Regeln. (Wer das nicht tut, darf sich eben nicht zu diesem elitären Kreis zählen.)

Mehr als ein einzelner Ring – Polycyclische Aromaten

Es können durchaus auch mehrere aromatische Ringe miteinander verknüpft (fachsprachlich: *anelliert*) sein. Dabei teilen sich die jeweiligen Ringe (mindestens) eine Bindung (und damit ein π-Elektronen-Paar). Der einfachste Vertreter dieser Stoffklasse ist das *Naphthalen* ($C_{10}H_8$; *siehe* Abbildung 38.17a – der Geruch dieser Verbindung nach frischem Teer ist unverwechselbar). Stellen Sie weitere mesomere Grenzformeln auf, mögen diese auf den ersten Blick überraschen, denn manchmal scheint die Doppelbindung zwischen den beiden Brückenkopf-Atomen zu verschwinden. Schauen Sie jedoch genauer hin, bemerkt man, dass die π-Elektronen durchaus noch vorhanden sind – nur sind sie in dieser LEWIS-Schreibweise jeweils Teil einer *anderen* π-Bindung. Trotzdem besitzt auf diese Weise das Naphthalen-Molekül nur *ein* sogenanntes *autonomes Elektronensextett* (häufig als geschlossener Kreis dargestellt, so wie im Kasten *Benzen – und wie es geschrieben wird* erläutert).

Der Name Naphthalen wird von der IUPAC empfohlen, da die (immer noch verbreitete) historische Bezeichnung Naphthalin eine Dreifachbindung vermuten lässt – ähnlich wie Benzol (Benzen!) ja trotz der Endung *ol* keine OH-Gruppe hat.

Dieses formale »Aneinandertackern« von Ringen können Sie weitertreiben und gelangen so beispielsweise zu den beiden dreikernigen Kohlenwasserstoffen *Anthracen* ($C_{14}H_{10}$, linear anelliert, Abbildung 38.17b) und *Phenanthren* (gewinkelt anelliert, c). Bei allen mesomeren Grenzformen muss dann separat nach autonomen Elektronensextetts geschaut werden: Für das Anthracen führt jede beliebige Grenzformel immer nur zu *einem* autonomen Sextett, während sich für das Phenanthren auch eine Grenzformel finden lässt, in der *zwei* solche Sextetts vorliegen. Eine *Faustregel:*

Je mehr *autonome* π-Elektronensextetts in einem kondensierten Aromaten vorliegen, desto energetisch günstiger und weniger reaktiv ist er. Die Reaktivität ist dort am größten, wo gemäß den Grenzformeln die π-Elektronendichte am geringsten ist.

Aus diesem Grund lassen sich in beiden Tricyclen aus Abbildung 38.17 die »mittleren« Kohlenstoff-Atome am leichtesten angreifen (wobei Anthracen ungleich leichter reagiert als Phenanthren). Katalytisch lässt sich Anthracen zu 9,10-Dihydroanthracen hydrieren (Abbildung 38.18a); an den gleichen Zentren erfolgt auch die Oxidation zum Diketon (b) und die Dimerisierung (c; was hier abläuft, ist eine *Cycloaddition* – mehr über diese Art Reaktion erfahren Sie in Kapitel 41).

Die Struktur des Dimers ist nicht nur ästhetisch ansprechend, sondern soll Sie daran erinnern, dass Moleküle nun einmal *dreidimensionale* Objekte sind – auch wenn's auf dem Papier oft anders wirkt.

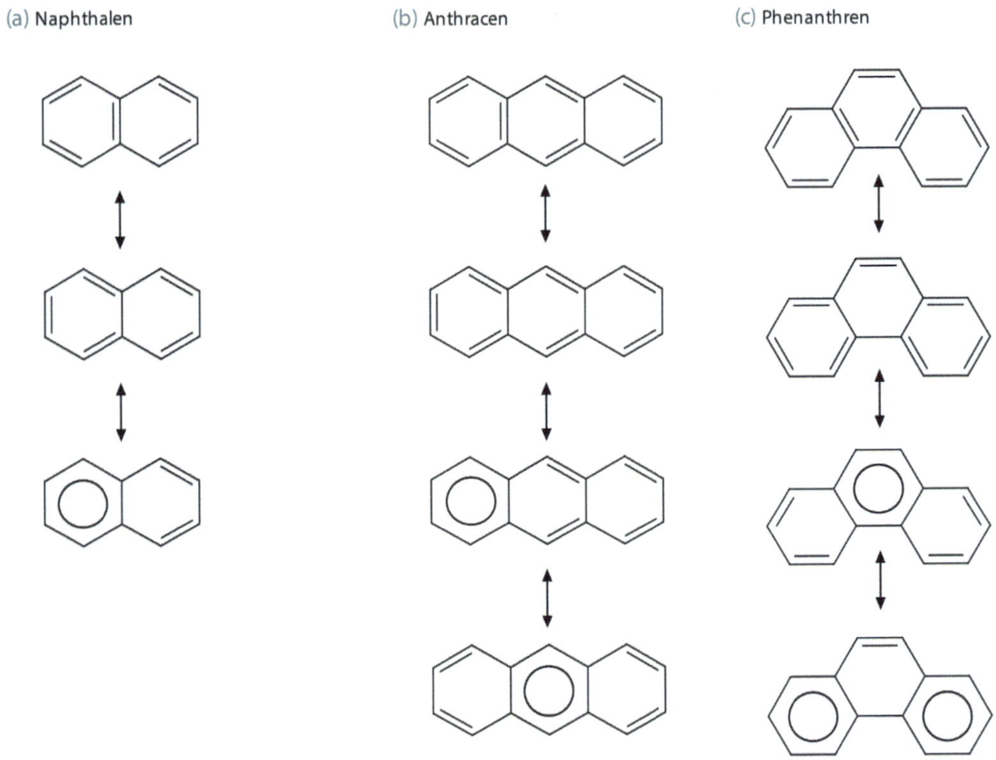

Abbildung 38.17: Kondensierte Aromaten (mit markierten autonomen Elektronensextetts)

Die Strukturen a–e bedeuten fünfmal *exakt das Gleiche.* Ob Sie bei den Formeln (c) und (d) die mittlere Doppelbindung links oder rechts orientieren, ist völlig unerheblich.

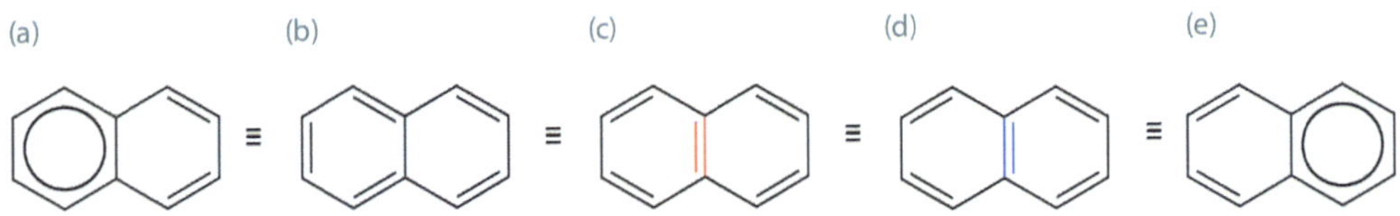

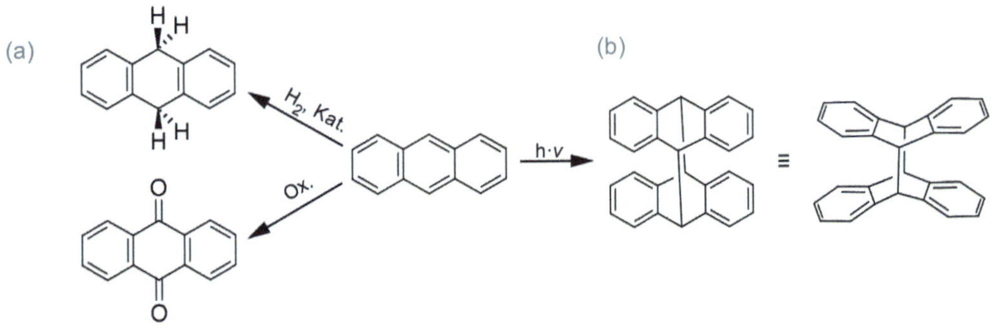

Abbildung 38.18: Ausgewählte Reaktionen von Anthracen

Auch für kondensierte Ringsysteme gilt die HÜCKEL-Regel:

- ✔ Die Moleküle müssen planar sein *und*
- ✔ es müssen $4N + 2$ π-Elektronen vorliegen.

Im Falle von Naphthalin sind das 10 Stück ($N = 2$), bei Anthracen und Phenanthren sind es jeweils 14 ($N = 3$).

BEISPIEL

Ist *Biphenyl* ($C_{12}H_{10}$; a) ein Aromat oder nicht? – Jeder einzelne sechsgliedrige Ring für sich stellt ein autonomes π-Elektronensextett dar, aber beide Ringe zusammen verstoßen mit 12 π-Elektronen eindeutig gegen die HÜCKEL-Regel. Aber die beiden Ringsysteme sind *unabhängig* voneinander: Beim Biphenyl besteht ungehinderte Drehbarkeit um die zentrale C–C-Einfachbindung.

(a)

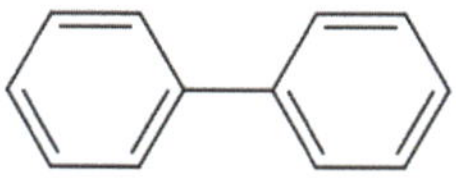

(b)

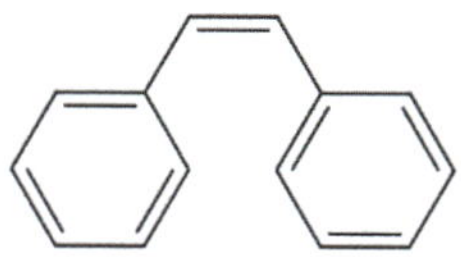

(c)

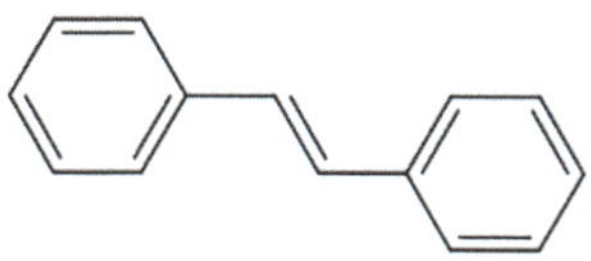

Beim *Stilben* (b/c; Diphenylethen, $C_{14}H_{12}$) hingegen sind die beiden π-Elektronensextetts der Ringe über die zentrale C–C-Doppelbindung konjugiert: Insgesamt liegen somit 14 π-Elektronen vor, wodurch die HÜCKEL-Regel wieder einmal gewahrt bleibt. Die Doppelbindung in der Molekülmitte gestattet wieder zwei Isomere (zur Stereochemie der Doppelbindung *siehe* Kapitel 37): Aufgrund der unterschiedlich ausgeprägten intermolekularen Wechselwirkungen ist *(Z)*-Stilben (b) bei Raumtemperatur flüssig, *(E)*-Stilben (c) hingegen fest.

Wie werden autonome Elektronensextetts behandelt?

Ob Sie ein π-Elektronen-System lieber als Kreis schreiben, um den aromatischen Charakter zu betonen, oder ob Sie das System formal in drei Doppelbindungen »auflösen«, weil sich damit leichter »Elektronenklapperei« betreiben lässt, ist reine Geschmackssache. Hin und wieder finden Sie sogar beide Schreibweisen nebeneinander im gleichen Absatz (so wie in diesem Buch auch). Aber wie Sie es auch halten mögen: *Ein solcher Kreis steht immer für genau sechs π-Elektronen: nicht mehr, nicht weniger.* Deswegen ist für Naphthalen die Schreibweise (a) genau so richtig wie (b), *Schreibweise (c) hingegen ist schlichtweg falsch*: Dieses System hätte 12 π-Elektronen und würde damit gegen die HÜCKEL-Regel verstoßen. Trotzdem findet sich diese Schreibweise für Naphthalen-Systeme sogar in manchen Lehrbüchern. (*Sie* wissen es jetzt besser!)

(a)

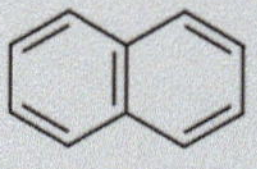

(b)

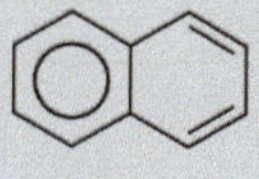

(c)

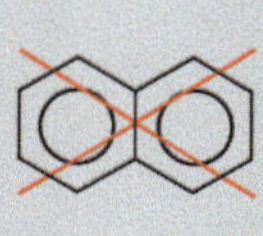

(d)

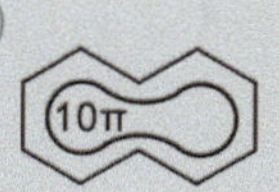

Der Versuch, als Zeichen der Aromatizität einen Kreis (oder ein Oval) zu etablieren, bei dem ausdrücklich hingeschrieben wird, wie viele π-Elektronen vorliegen (d), ist zwar durchaus interessant, hat sich aber bislang nicht allgemein durchgesetzt.

Auch andere Atome dürfen mitspielen!

Aromatische Systeme können durchaus auch Hetero-Atome enthalten – diese wirken sich dann natürlich auf die Elektronendichteverteilung innerhalb des Ringsystems aus. Exemplarisch seien zwei einfache Beispiele betrachtet: *Pyridin* (a, C_5H_5N) und *Pyrrol* (b, C_4H_5N):

Schauen wir uns beide nacheinander etwas genauer an.

Pyridin

Beim Pyridin (C_5H_5N) tritt nach Chemie-Lego® ein N-Atom an die Stelle einer Methin-Gruppe im Benzen. Das Stickstoff-Atom ist sp^2-hybridisiert (sonst klappt das mit dem Bindungswinkel nicht, und Pyridin ist natürlich planar); ein unhybridisiertes p-Orbital ist Bestandteil des aromatischen Systems, also muss das freie Elektronenpaar des N-Atoms in einem sp^2-Hybridorbital lokalisiert sein.

- ✔ Das entspricht ganz dem, was nach dem VSEPR-Modell auch zu erwarten war, und es gibt schließlich die Faustregel, dass freie Elektronenpaare normalerweise in *Hybrid*orbitalen untergebracht werden.
- ✔ Aufgrund der Hybridisierung liegt dieses freie Elektronenpaar in seinem sp^2-Orbital in der von den Ring-Atomen aufgespannten Ebene (Abbildung 38.19a). Mit anderen Worten: *Es steht orthogonal zum π-Elektronensystem.* Folglich kann es damit weder in bindende noch in antibindende Wechselwirkung treten. *Es besitzt keinerlei Einfluss auf das aromatische System.*
- ✔ Nun muss berücksichtigt werden, dass der Stickstoff elektronegativer ist als der Kohlenstoff: Das N-Atom besitzt also einen –*I*-Effekt.
- ✔ Zudem besteht auch die Möglichkeit, über Mesomerie eine negative Formalladung am Stickstoff zu lokalisieren, also wirkt neben dem –*I*-Effekt auch noch ein –*M*-Effekt auf das Ringsystem. Auf diese Weise wird die Ladungsdichte im aromatischen System herabgesetzt, besonders in den Positionen 2, 4 und 6, wie sich durch »Elektronenklapperei« leicht überprüfen lässt (Abbildung 38.19b).

Die Elektronendichte im aromatischen System ist also vermindert, daher wird Pyridin als Elektronenmangel-Aromat bezeichnet.

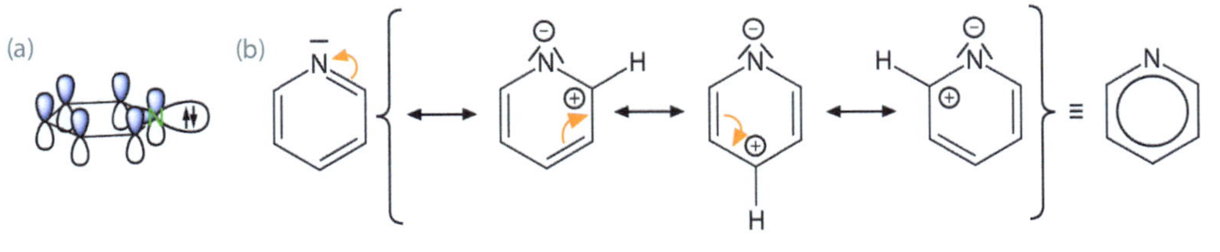

Abbildung 38.19: Elektronische Verhältnisse im Pyridin

Bei Hetero-Aromaten spricht man nicht mehr von *ortho-*, *meta-* und *para-*Stellung. Stattdessen wird das Hetero-Atom mit 1 beziffert und dann entsprechend durchnummeriert. Die Richtung der Nummerierung hängt dann von etwaigen Substituenten ab, denen wie üblich möglichst niedrige Nummern zukommen müssen.

Pyrrol

Im Pyrrol (C_4H_5N) wurde formal bei Cyclopentadien eine Methylengruppe gegen ein –NH-Fragment ausgetauscht.

- ✔ Auch hier ist der Stickstoff sp^2-hybridisiert, wobei alle drei Hybridorbitale für σ-Bindungen herangezogen werden (2 × C, 1 × H; das Wasserstoff-Atom am N liegt also in der vom Ring aufgespannten Ebene; auch Pyrrol ist planar). Das freie Elektronenpaar befindet sich also in einem *unhybridisierten* p-Orbital (Abbildung 38.20a): Nur so besteht die Möglichkeit zur Resonanz, bei der Delokalisationsenergie frei wird.

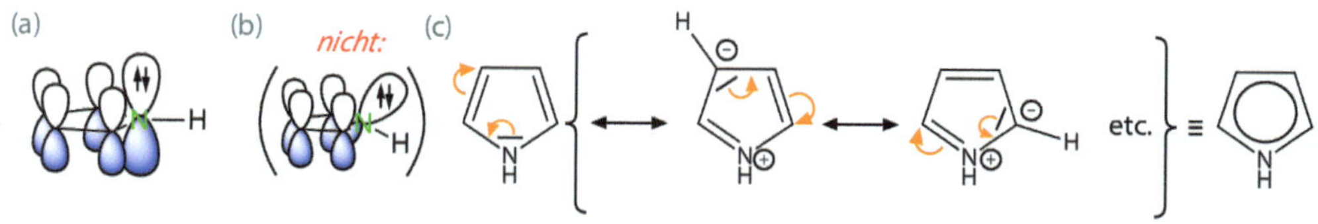

Abbildung 38.20: Elektronische Verhältnisse im Pyrrol

- ✔ Befände sich das freie Elektronenpaar hingegen in einem sp^3-Hybridorbital (so wie es das VSEPR-Modell erwarten ließe), stünde es in einem schrägen Winkel zum π-Elektronensystem der beiden Doppelbindungen (Abbildung 38.20b). Eine zu Resonanz führende Überlappung der Orbitale wäre dann nicht möglich. Zudem wäre in einem solchen Falle das Pyrrol auch nicht mehr planar: Das am Stickstoff-Atom gebundene Wasserstoff-Atom wäre dann ebenfalls über ein sp^3-Hybridorbital gebunden und müsste *ober- oder unterhalb* der Ringebene liegen.
- ✔ Stellen Sie mesomere Grenzstrukturen auf (Abbildung 38.20c), zeigt »Elektronenklapperei«, dass sich das freie Elektronenpaar des Stickstoff-Atoms in das aromatische System *hineinschieben* lässt. Damit ergibt sich am Stickstoff-Atom eine positive Formalladung, während sich an den Positionen 3 und 5 (und entsprechend auch an den Positionen 2 und 4; nicht alle möglichen Grenzformeln sind dargestellt) *negative* Formalladungen ergeben: Das Stickstoff-Atom bewirkt hier einen $+M$-Effekt.
- ✔ Damit wird die Elektronendichte an *sämtlichen* C-Atomen des Ringes gesteigert; aus diesem Grund wird Pyrrol auch als **Elektronenüberschuss-Aromat** bezeichnet .

Beachten Sie, dass beim Pyrrol die Aromatizität erst durch das freie Elektronenpaar am Ring-Stickstoff zustande kommt: Mit 6 π-Elektronen ist die HÜCKEL-Regel wieder erfüllt ($N = 1$).

Gegenläufige Effekte bei der elektrophilen Substitution am Pyrrol

Einerseits bewirkt der Stickstoff aufgrund seiner höheren Elektronegativität einen *–I*-Effekt, sodass die Elektronendichte an Position 2 (und damit auch 5) ein wenig herabgesetzt sein sollte. Daher stünde zu erwarten, dass ein elektrophiler Angriff bevorzugt in Position 3 (und 4) erfolgt. Andererseits gilt es zu berücksichtigen, dass bei der Zwischenstufe, die sich bei einem elektrophilen Angriff ergibt, eine positive Ladung stabilisiert werden muss. Hier kommt also die *Mesomerie* ins Spiel:

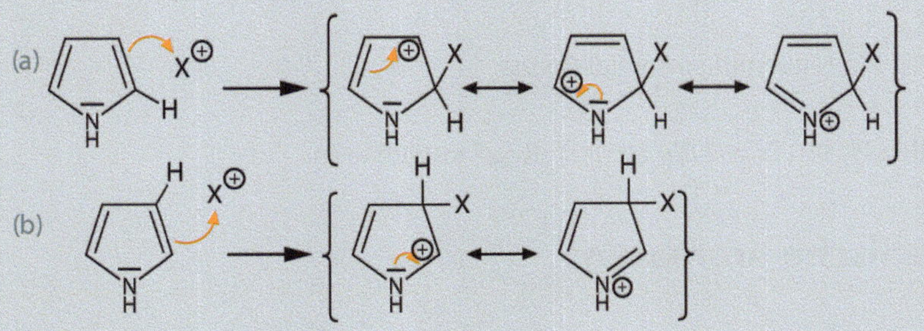

Wie Sie sehen, ergeben sich beim Angriff in 2-Position (a) mehr mesomere Grenzformen als bei einem Angriff in 3-Position (b), also lässt sich hier die intermediär vorliegende positive Ladung über eine größere Anzahl von Atomen delokalisieren und ist daher stabiler. Diese Verminderung der Ladungsdichte senkt den Energiegehalt der entsprechenden Zwischenstufe, also wird sie trotz des oben erwähnten *–I*-Effekts des Stickstoff-Atoms bevorzugt entstehen: *Die elektrophile Substitution am Pyrrol erfolgt bevorzugt in 2-Position.*

Entsprechende Überlegungen lassen sich natürlich auch für heterocyclische Systeme mit anderen Atomen als Stickstoff anstellen. Und natürlich gibt es auch *kondensierte* aromatische Ringsysteme mit Hetero-Atomen. Als einfaches Beispiel sei hier nur das *Indol* (a) genannt, ein in der Natur sehr häufig auftretendes Grundgerüst. Es findet sich unter anderem in der Aminosäure *Tryptophan* wieder (b; mehr dazu in Kapitel 46), aber auch im Neurotransmitter *Serotonin* (c) und dem psychotropen Wirkstoff *Psilocin* (d), der in manchen Pilzarten vorkommt (d; beachten Sie die Ähnlichkeit mit c). Ebenfalls in (manchen) Pilzen findet sich das (in ähnlicher Weise) psychotrope *Psilocybin* (e), das offenkundig eng mit dem Psilocin verwandt ist, nur dass eben zum einen die Hydroxygruppe phosphoryliert, zum anderen die Dimethylaminogruppe zum Trimethylammonium ionisierend methyliert wurde.

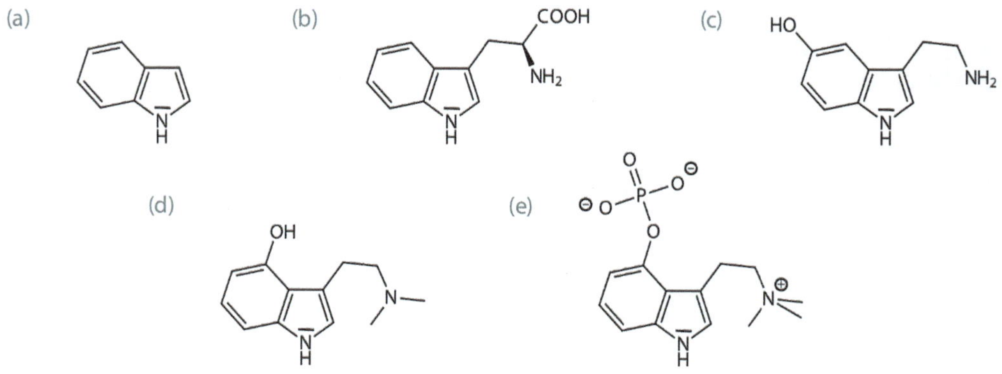

Abbildung 38.21: Naturstoffe mit Indol-Gerüst

In allen Fällen ist mit $N = 2$ die HÜCKEL-Regel eingehalten.

Anorganische Aromaten?

Die Heteroaromaten, die Sie in diesem Kapitel kennengelernt haben, zeigen es sehr deutlich: Aromatizität hängt in erster Linie von den (π-)Elektronen ab, nicht so sehr davon, welche Elemente eigentlich beteiligt sind. Letzteres wirkt sich natürlich trotzdem drastisch auf das chemische Verhalten der betreffenden Verbindung aus, aber für »die Aromatizität an sich« ist es beinahe unerheblich.

Tatsächlich gibt es auch aromatische Verbindungen, die gänzlich ohne Kohlenstoff auskommen. Hier sehen Sie beispielhaft einige anorganische Aromaten:

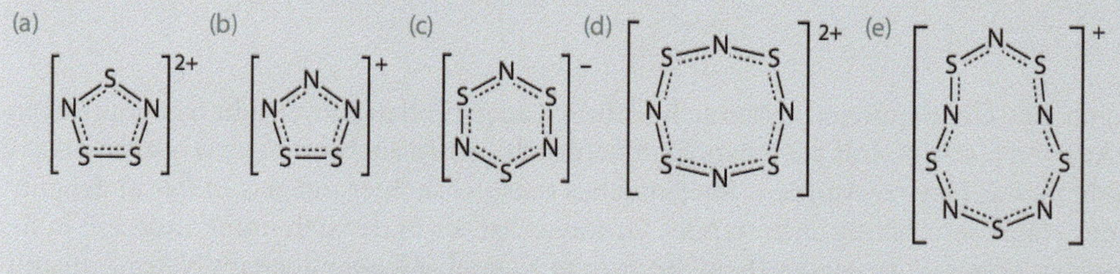

Derartige Verbindungen heißen *Pseudo-Aromaten.* (Dass hier nur Molekül-Ionen auf Schwefel-Stickstoff-Basis dargestellt sind, soll nicht bedeuten, dass es nicht auch andere Vertreter gäbe, aber mit den SN-Verbindungen haben Sie sich in Kapitel 30 ja schon ein wenig vertraut machen können.)

Auch hier gelten die HÜCKEL-Regeln: Es gibt Pseudo-Aromaten mit 6 π-Elektronen (a/b), mit 10 (c/d) und mit 14 (e). Wieder einmal sehen Sie: Die Abgrenzung von OC und AC ist menschengemacht – *die Natur macht einen solchen Unterschied nicht.*

Farbigkeit – ein ewiges Geben und Nehmen?

In Kapitel 13 haben Sie erfahren, dass das menschliche Auge immer dann Farbigkeit wahrnimmt, wenn eine Substanz elektromagnetische Strahlung des Wellenlängenbereichs absorbiert, die wir als »sichtbares Licht« bezeichnen (grob: 400–800 nm) – »gesehen« wird dann die Komplementärfarbe. Das Prinzip, das bei organischen Farbstoffen dahintersteckt, sollte Ihnen jetzt erstaunlich simpel erscheinen: Eigentlich braucht eine Verbindung nur mindestens ein Strukturelement, das sichtbares Licht (oder auch Strahlung aus dem nahen UV-Bereich) absorbiert – derartige Strukturelemente werden allgemein als **Chromophore** (also: *Farbträger*) bezeichnet. Beispiele sind etwa die C=O-, C=N- oder C=C-Doppelbindung.

Die Energie des absorbierten Photons befördert ein Elektron aus dem HOMO ins LUMO (blättern Sie bei Bedarf noch einmal zu Kapitel 12 zurück). Je nachdem, wo sich das Elektron ursprünglich befunden hat, gibt es prinzipiell zwei verschiedene Möglichkeiten:

- ✔ Beim $n \rightarrow \pi^*$-Übergang wird ein Elektron aus einem *nichtbindenden* Orbital (n) heraus in ein *antibindendes* π-Orbital (eben π^*) angeregt – so etwas findet sich bei C=O und C=N, schließlich tragen hier die Hetero-Atome noch ein (N) oder sogar zwei freie (O) Elektronenpaar(e), und die sind nun einmal energetisch ungünstiger (liegen also höher) als alle zu Bindungen beitragenden Molekülorbitale.

- ✔ Beim $\pi \rightarrow \pi^*$-Übergang ist das HOMO ein (bindendes) π-Orbital (wie bei C=C). Der Energieunterschied zwischen HOMO und LUMO (π^*) ist hier meist größer als beim $n \rightarrow \pi^*$- Übergang, schließlich liegen bindende Energieniveaus energetisch niedriger als nichtbindende, und freie Elektronenpaare *sind* ja nun einmal nichtbindend.

In beiden Fällen reicht aber ein solches Chromophor nicht aus, um für Farbigkeit der entsprechenden Verbindungen zu sorgen: Der Energieunterschied zwischen HOMO und LUMO ist so groß, dass für diese Anregung recht energiereiche Strahlung erforderlich ist – und aus Kapitel 9 wissen Sie, dass »energiereich« automatisch »kürzere Wellenlänge« bedeutet. Beide Übergänge werden durch UV-Strahlung induziert, und dazu gibt es für das menschliche Auge nun einmal keine Komplementärfarbe. (Für ein $n \rightarrow \pi^*$-System gilt der Richtwert 280 nm, für $\pi \rightarrow \pi^*$ darf's noch ein Schippchen mehr Energie sein: Beim Ethen (das ja schließlich eine C–C-Doppelbindung aufweist) braucht es schon eine deutlich kürzere Wellenlänge: 160 nm. Kein Wunder, dass uns Ethen farblos erscheint!)

Jetzt kommt die *Delokalisation* ins Spiel (und damit die Delokalisationsenergie): Befindet sich das Chromophor in Resonanz mit einem System delokalisierter Elektronen, wird der Abstand zwischen HOMO und LUMO kleiner (und zwar umso mehr, je ausgedehnter das System ist). Während *Naphthalen* (Abbildung 38.22a) noch farblos ist (für dessen $\pi \rightarrow \pi^*$-Übergang ist Licht der Wellenlänge 315 nm erforderlich), erscheint *Pentacen* (b), bei dem der Abstand zwischen HOMO und LUMO deutlich kleiner ist, dem menschlichen Auge blauviolett. (Hier liegt die benötigte Wellenlänge nur noch bei 580 nm; dieses Molekül wird also durch *gelbes* Licht angeregt.) Ist ein π-Elektronensystem nur hinreichend ausgedehnt, wird noch nicht einmal ein aromatischer Ring gebraucht: Das Polyen *β-Caroten* (c; auch: β-Carotin genannt) beispielsweise verleiht Möhren ihre charakteristische Farbe: Weil Licht der Wellenlänge 450 nm absorbiert wird (also blaues Licht), sieht das menschliche Auge Karottenorange.

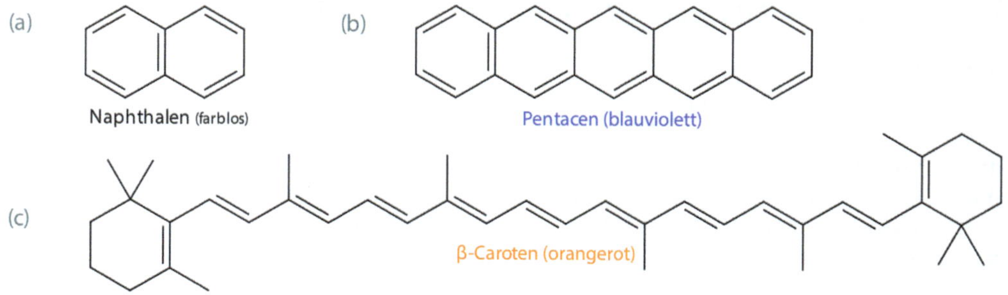

Abbildung 38.22: Farbigkeit vielfach ungesättigter Verbindungen

Es gibt aber noch eine andere Möglichkeit, den energetischen Abstand zwischen HOMO und LUMO herabzusetzen: durch Elektronen schiebende und/oder ziehende Substituenten an einem delokalisierten System. Vergleichen Sie die folgenden drei Strukturen, die jeweils eine **Azobrücke** (–N=N–) aufweisen: Der $\pi \rightarrow \pi^*$-Übergang von Azobenzen (Abbildung 38.23a) erfolgt erst bei Anregung mit UV-Strahlung der Wellenlänge 330 nm. Durch die Einführung der Dimethylamino-Gruppe, einem Substituenten mit starkem +M-Effekt (also einem Elektronen-*Donor*), wird bei Verbindung (b) der Abstand zwischen HOMO und LUMO deutlich verkleinert: Die zugehörige Wellenlänge liegt mit 410 nm bereits im Bereich des sichtbaren Lichts; die Verbindung wird als gelber Farbstoff genutzt. Noch stärker wird der Effekt, wenn zum Elektronen-Donor auch noch ein Elektronen-Akzeptor mit –M-Effekt kommt: Bei Verbindung (c) reicht bereits Licht der Wellenlänge 480 nm aus, um den Übergang zu bewirken; diese Substanz erscheint rot. (Die Stereochemie an der Azo-Brücke sei hier weitgehend ignoriert – aber auch hier gibt es *Z/E*-Isomerie.)

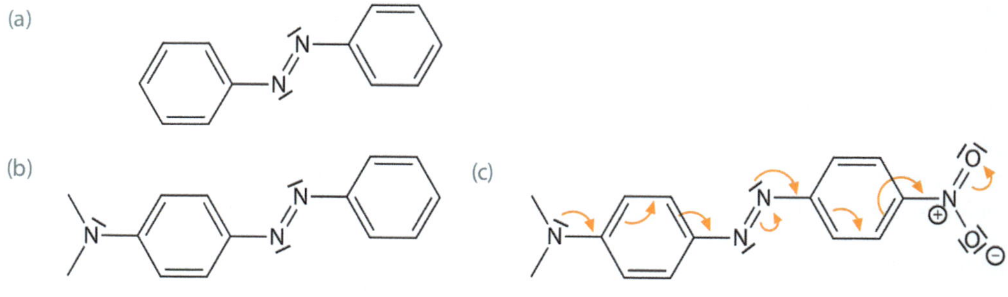

Abbildung 38.23: *Push-Pull*-System in Azoverbindungen

Diese Kombination eines Elektronen-Donors mit einem Akzeptor, die sich an unterschiedlichen Enden eines delokalisierten Systems befinden, wird anschaulicherweise auch als ***Push-Pull*-System** bezeichnet – der eine Substituent *schiebt* die Elektronen fort, der andere *zieht* daran. Das ergänzt sich natürlich prächtig.

Das in Abbildung 38.23 dargestellte *Push-Pull*-System ist das Grundgerüst der **Azo-Farbstoffe**: Je nachdem, welche Substituenten sich an den beiden Ringsystemen befinden, absorbiert das jeweilige Molekül eine andere Wellenlänge, sodass Azo-Farbstoffe für nahezu alle Farben entwickelt werden konnten – bevorzugt zum Färben von Baumwollgewebe.

(Da allerdings einige Ausgangsstoffe hochgradig krebserregend sind, werden heute nicht mehr alle Azo-Farben hergestellt.)

Verbindungen wie das Caroten (Abbildung 38.22c) werden als *Polymethin-Farbstoffe* bezeichnet, weil sie letztendlich nur aus einer Vielzahl Methin-Einheiten (-CH) aufgebaut sind. Viele dieser Farbstoffe finden sich in Pflanzen: Bei zahlreichen Blumen ist die Farbigkeit der Blüten auf Vertreter dieser Farbstoff-Klasse zurückzuführen. Da auch hier wieder der Chemie-Lego®-Ansatz zulässig ist (»Was könnte denn *sonst noch* an so eine Polyen-Kette geklebt werden?«), ist den möglichen Farbtönen, die sich erreichen lassen, fast keine Grenze gesetzt. Es gibt noch zahlreiche andere Farbstoff-Familien, aber wir wollen es nicht übertreiben.

Buntes Treiben im Labor – Indikatoren genauer betrachtet

Werden derartige Verbindungen protoniert oder deprotoniert, verändert das natürlich das Verhalten des delokalisierten π-Elektronensystems. Das bedeutet: Der Abstand zwischen HOMO und LUMO verändert sich – und damit auch die Farbe. Genau das macht man sich bei den Indikatoren zunutze: Derartige Verbindungen, die je nach Protonierungs- beziehungsweise Deprotonierungsgrad andere Farben aufweisen, kennen Sie schon aus Kapitel 25. **Phenolphthalein** beispielsweise (Abbildung 38.24a), normalerweise *farblos*, erscheint nach der Deprotonierung (oberhalb von pH = 9) *rotviolett*. **Bromthymolblau** (b) ist noch vielseitiger: Zwischen pH = 2 und pH = 6 erscheint es *gelb*, bei weiterer Basenzugabe wird es zunehmend grünlich, oberhalb von pH > 8 schließlich sieht die Lösung *blau* aus. (Dieses Grün, praktischerweise bei pH = 7 am deutlichsten zu sehen, ist natürlich nur die resultierende Mischfarbe der beiden anderen Farbtöne.) Interessanterweise erscheint diese Substanz im stark sauren Medium (bei pH < 2) *rot*. (Dafür müssen Sie aber ziemlich ruppig vorgehen: Das klappt eigentlich nur mit konzentrierter Schwefel- oder Perchlorsäure. Für Indikatorzwecke lässt sich dieser Farbumschlag kaum nutzen. Bemerkenswert ist er trotzdem.)

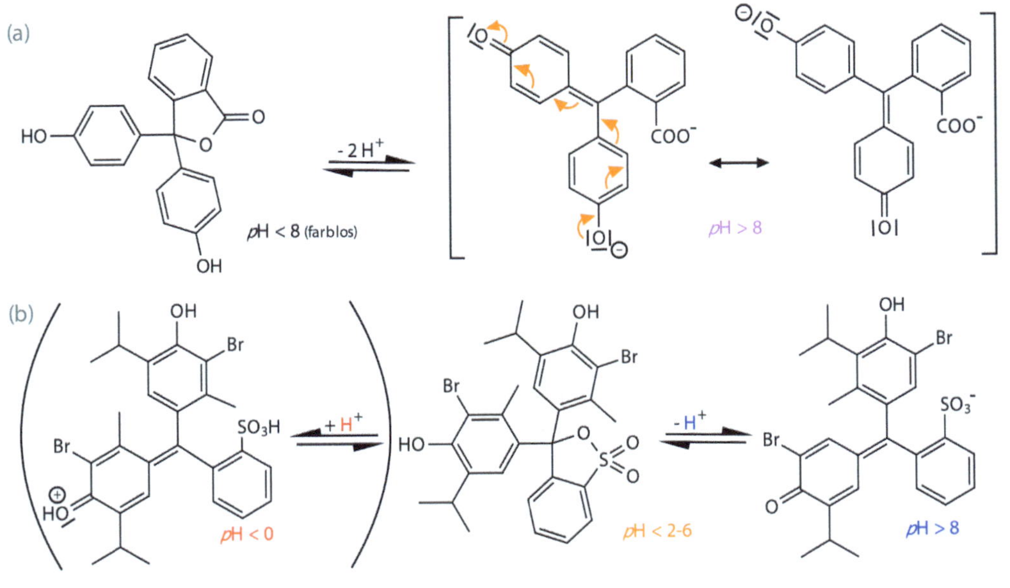

Abbildung 38.24: Indikatoren: Phenolphthalein (a) und Bromthymolblau (b)

Natürlich lässt sich das Ganze auch als einfache Säure/Base-Reaktion beschreiben (so wie Sie das aus Kapitel 25 kennen): Die Indikator-Moleküle besitzen jeweils einen pK_S- oder pK_B-Wert, der darüber entscheidet, wann genau der Farbumschlag nun stattfindet. (Der pK_S-Wert von Bromthymolblau zum Beispiel beträgt 7,1.)

Das hat natürlich auch Auswirkungen: Sollten Sie im Rahmen von quantitativen Analysen einen *p*H-Wert möglichst genau bestimmen müssen, ist es nicht ratsam, unnötig viel Indikator zu verwenden, denn schließlich fungiert er ja selbst als Säure oder Base und beeinflusst damit, wenn im Übermaß eingesetzt, durchaus das Ergebnis.

Der Name »Phenolphthalein« ist vermutlich die am häufigsten falsch geschriebene und auch falsch ausgesprochene Substanzbezeichnung in der gesamten Chemie. Schauen wir sie uns genauer an: Synthetisieren lässt sich dieser Farbstoff (unter Abspaltung eines Äquivalents Wasser) aus zwei Äquivalenten Phenol (a) und einem Äquivalent Phthalsäureanhydrid (b, ja, wirklich mit »Ph« und »th« hintereinander – ausgesprochen wird es »Ftal…«). Selbst mit nur leidlich geübtem Blick sind die einzelnen Strukturelemente in der Gesamtformel (c) leicht erkennbar.

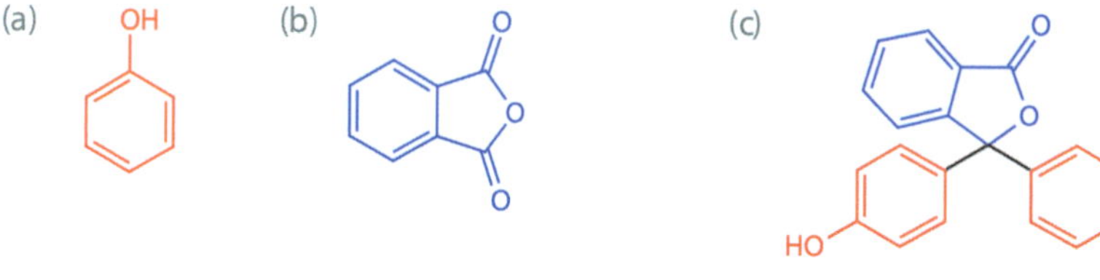

Entsprechend ist auch der Name auszusprechen: Phenol-phthale-in. Bitte vermeiden Sie, es wie »Fenollpf-irgendwas« klingen zu lassen.

Nur für Streber: Herr Hückel! Sie schon wieder?

Kehren wir noch einmal zur Frage zurück, wie die Aromatizität eigentlich zustande kommt – der Einfachheit halber nehmen wir dafür das Benzen selbst. Wieder hilft das Hückel'sche MO-Modell weiter, das Sie bereits aus dem Abschnitt *Nur für Streber* in Kapitel 37 kennen:

- Beim Benzen-Molekül sind sechs Atomorbitale zu berücksichtigen (jeder Kohlenstoff steuert ja ein unhybridisiertes p-Orbital bei), also gibt es auch sechs Molekülorbitale.
- Bei deren Besetzung mit den insgesamt sechs π-Elektronen gilt wieder das Pauli-Prinzip, und bei *cyclischen* Verbindungen spielt nun auch die Hund'sche Regel eine Rolle, denn hier können – anders als bei offenkettigen Verbindungen – auch *entartete* Molekülorbitale auftreten (wie Sie gleich sehen werden).

✔ Natürlich gilt es auch hier, die bereits in Kapitel 37 erwähnte Notwendigkeit zu beachten, etwaige Knotenebenen stets symmetrisch anzuordnen – *Knotenebenen müssen also immer durch den Molekülschwerpunkt führen.*

Aromat ...

Anhand dieser Spielregeln können Sie das HMO-Diagramm von Benzen Schritt für Schritt selbst konstruieren (in seiner ganzen Pracht finden Sie es in Abbildung 38.27):

✔ Für das energetisch günstigste Molekülorbital (Ψ^1) müssen sämtliche p-Orbitale in Phase stehen (Abbildung 38.25a). Eine Knotenebene (KE) gibt es nicht, also ergeben sich sechs bindende Wechselwirkungen (Ψ).

- Damit bei diesen Molekülorbital-Betrachtungen die einzelnen Atome unterschieden werden können, wurden die Kohlenstoff-Atome des C_6-Ringes im Uhrzeigersinn durchnummeriert, willkürlich »unten links« anfangend.
- Die **Hückel'sche Bindungsordnung** (HBO) zu ermitteln (wie in Kapitel 37), geht jetzt noch leichter, denn ein Aromat kann nun einmal keine ungepaarten Elektronen aufweisen. Wir sagen einfach, jede *bindende* Wechselwirkung Ψ liefert einen virtuellen Energiebetrag von 1.

  $\mathrm{HBO}(\Psi^1) = 6\psi = 6$

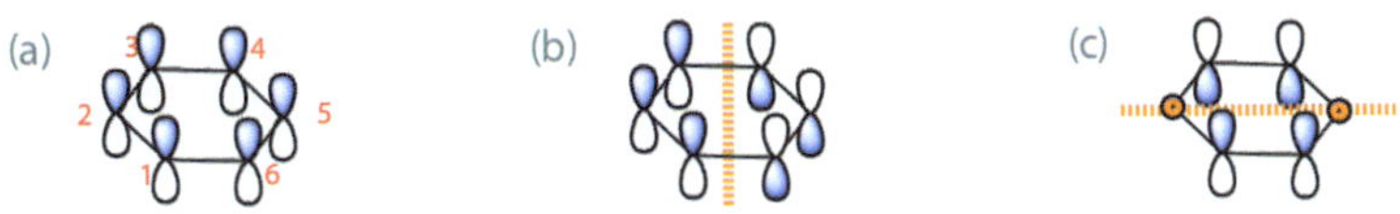

Abbildung 38.25: Hückel-Molekülorbitale von Benzen, Teil 1

Bei allen weiteren MOs muss nun sukzessive die Anzahl der Knotenebenen zunehmen.

✔ Schon wenn Sie *nur eine* Knotenebene durch den Molekülschwerpunkt legen wollen, stellen Sie fest, dass es dafür zwei verschiedene Möglichkeiten gibt:

- Entweder die Knotenebene wird so orientiert, dass sie zwischen C^1 und C^6 (und damit auch zwischen C^3 und C^4) zu liegen kommt (Abbildung 38.25b; Ψ^2). Dann ergeben sich bei den Orbitalen von C^1–C^2, C^2–C^3 sowie C^4–C^5, C^5–C^6 *jeweils zwei bindende* Wechselwirkungen (insgesamt also 4), während wegen der Knotenebene zwischen C^6 und C^1 respektive C^3 und C^4 *zwei antibindende* Wechselwirkungen (Ψ*) vorliegen. Jede antibindende Wechselwirkung Ψ* setzt die Hückel'sche Bindungsordnung um den Energiebetrag 1 herab:

  $\mathrm{HBO}(\Psi^2) = 4\psi \;+\; 2\psi^* = 4 - 2 = 2$

- Alternativ lässt sich die Knotenebene durch *zwei gegenüberliegende Atome* legen: Willkürlich nehmen wir C^2 und C^5 (Abbildung 38.25c; Ψ^3). Damit ergeben sich *zwei bindende* Wechselwirkungen zwischen C^1 und C^6 sowie zwischen C^3 und C^4. Durch die Atomzentren C^2 und C^5 verläuft die Knotenebene (orange markiert); hier hat also die zugehörige Wellenfunktion einen *Null-Durchgang.* Somit sind zu den Nachbarn nur *nichtbindende* Wechselwirkungen (*n*) möglich (insgesamt *vier* Stück). Da nichtbindende Wechselwirkungen den Energiegehalt eines Systems nicht verändern (wie in Kapitel 12 erklärt), tragen sie zur HBO mit ±0 bei:

$\text{HBO}(\Psi^3) = 2\,\psi\ \pm\ 4n = 2\psi\ \pm\ (4 \times 0) = 2$

- *Diese grobe Abschätzung zeigt bereits, dass* Ψ^2 *und* Ψ^3 *entartet sind* – was nicht weiter verwunderlich ist, schließlich weisen beide die gleiche Anzahl Knotenebenen auf, und die bestimmen ja nun einmal den Energiegehalt eines Molekülorbitals.

Glauben Sie bitte nicht, Sie könnten noch mehr entartete Molekülorbitale konstruieren, indem Sie die Knotenebene einfach auf/zwischen zwei andere/n C-Atome/n platzieren! Denken Sie an die Symmetriebetrachtungen aus Kapitel 12 (ebenfalls in der Abteilung *Nur für Streber*): Benzen gehört zur Punktgruppe D_{6h}, also sind sämtliche Kohlenstoff-Atome innerhalb dieses Moleküls äquivalent. Wenn Sie die Knotenebenen nur »weiterschieben«, führt das symmetrietechnisch zu genau dem gleichen Orbital – und *zweimal das gleiche Orbital benutzen gilt nicht!*

✔ Genau das Gleiche gilt bei der Verteilung von *zwei* Knotenebenen:

- Sie können die Knotenebenen beispielsweise zwischen C^1–C^2 und C^4–C^5 sowie zwischen C^2–C^3 und C^5–C^6 legen, also beide Knotenebenen *zwischen* die Atome (Ψ^4; Abbildung 38.26a). Hier ergibt sich dann wegen der vier antibindenden Wechselwirkungen von C^1–C^2, C^2–C^3, C^4–C^5 sowie C^5–C^6 entsprechend:

  $\text{HBO}(\Psi^4)$ von $2\,\psi\ +\ 4\psi^* = 2 - 4 = -2$

Dieses Molekülorbital ist also bereits *antibindend.*

- In Ψ^5 (Abbildung 38.26b) liegt eine Knotenebene zwischen C^1–C^6 und C^3–C^4, die andere durchschneidet wieder die Atome C^2 und C^5. Damit ergeben sich zwei *antibindende* Wechselwirkungen (zwischen C^6 und C^1 sowie zwischen C^3 und C^4), während die anderen vier Wechselwirkungen *nichtbindend* sind.

  Entsprechend ergibt sich $\text{HBO}(\Psi^5) = 2\psi^* \pm (4 \times 0) = -2$.

  Ψ^5 ist damit ebenfalls antibindend.

- *Auch* Ψ^4 *und* Ψ^5 *sind entartet.*

Die Quantenmechanik verbietet es, zwei Knotenebenen unmittelbar nebeneinander zu legen: Dazwischen muss immer mindestens ein Atom liegen, dessen Orbital-Wellenfunktion dort *keinen* Nulldurchgang hat (also eine eindeutige Phase aufweist). Daher lässt sich auch kein weiteres Molekülorbital mit *zwei* Knotenebenen konstruieren.

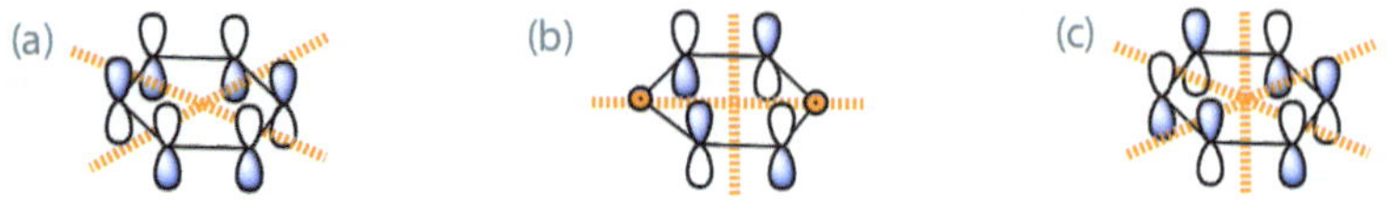

Abbildung 38.26: HÜCKEL-Molekülorbitale von Benzen, Teil 2

- ✔ Das letztmögliche, energetisch ungünstigste Molekülorbital ist dann Ψ^6 (Abbildung 38.26c), bei dem *sämtliche* p-Orbitale antiphasig zueinander stehen. Entsprechend liegen *ausschließlich antibindende* Wechselwirkungen vor:

  $$\mathrm{HBO}(\Psi^6) = 6\psi^* = -6.$$

Werden nun die resultierenden Molekülorbitale (Ψ^1 bis Ψ^6) nach zunehmender potentieller Energie aufgefüllt, gelten wieder PAULI-Prinzip (nur zwei Elektronen pro Orbital) und HUND'sche Regel. Letztendlich ergibt sich die im vollständigen Molekülorbital-Diagramm (Abbildung 38.27) eingetragene Elektronenverteilung: *Ausschließlich bindende Molekülorbitale werden besetzt; alle antibindenden Orbitale bleiben vakant.*

- ✔ Damit kann also nun auch wieder etwas über die Grenzorbitale ausgesagt werden: *Das HOMO von Benzen ist zweifach entartet und jeweils spin-antiparallel doppelt besetzt.*

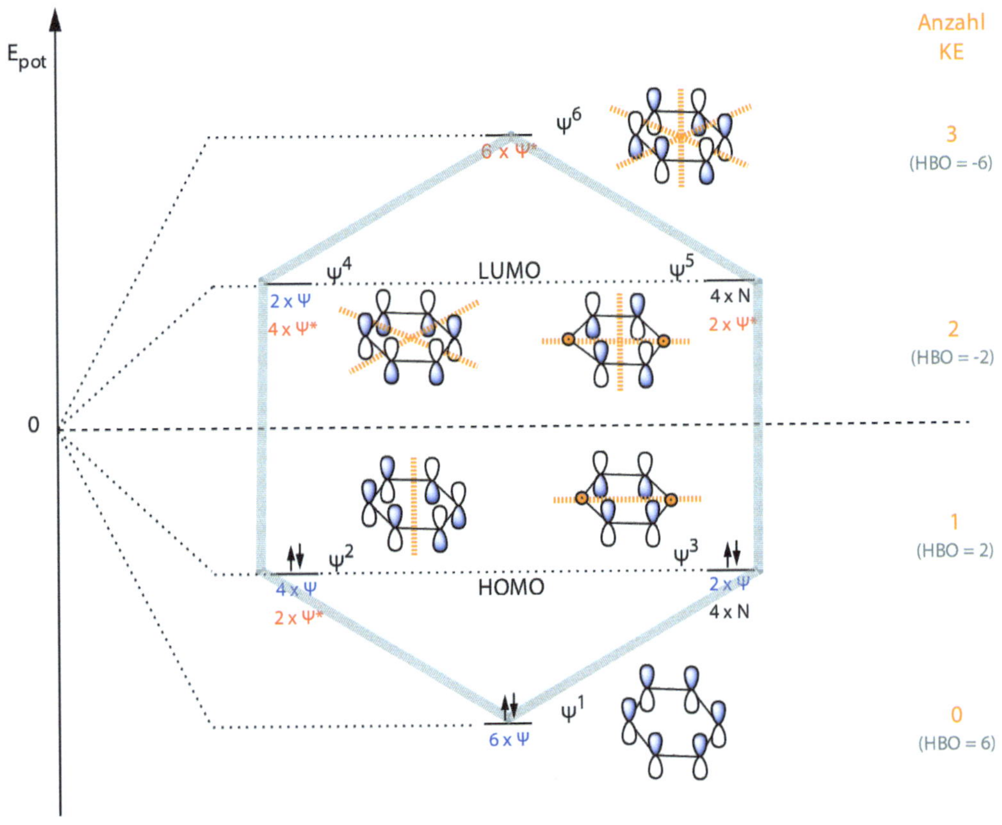

Abbildung 38.27: HMO-Diagramm von Benzen

Summieren Sie zur Abschätzung der Stabilität dieses Moleküls die HBO sämtlicher besetzter Molekülorbitale: $HBO_{Benzen} = (6 + 2 + 2) = 10$. Gäbe es *keine* Delokalisation (sodass Sie die drei Doppelbindungen isoliert voneinander betrachten müssten), ergäbe sich entsprechend eine $HBO_{Benzen\ ohne\ Delokalisation} = (3 \times 1) = 3$. Die resultierende Differenz, die *Delokalisationsenergie*, ist die Erklärung für die Stabilität aller Verbindungen mit derlei erstaunlichen elektronischen Verhältnissen.

… oder nicht Aromat, das ist hier die Frage

Und wie ist das jetzt mit Verbindungen, die *keine* Aromaten sind? – Auch hierfür nehmen wir ein Beispiel, das Ihnen bereits vertraut ist: Im 1,3-Cyclobutadien (*siehe* Abbildung 38.13b) gibt es nur *vier* π-Elektronen, also handelt es sich um einen Anti-Aromaten. Aber woher *weiß* dieses Molekül, dass es kein Aromat ist? – Wieder hilft das HMO-Modell weiter: Wir behandeln das Molekül vorerst so, als *wäre* es ein Aromat … und schauen, wohin das führt:

- ✔ Aus den vier Atomorbitalen der vier an den beiden Doppelbindungen im Ring beteiligten unhybridisierten p-Orbitale müssen vier HMO konstruiert werden.
- ✔ Wieder werden sich die Molekülorbitale aufgrund der zunehmenden Anzahl von Knotenebenen in ihrem Energiegehalt unterscheiden.
- ✔ Da es sich genau wie beim Benzen um eine cyclische Verbindung handelt, lassen sich durch unterschiedliche Positionierung der Knotenebenen entartete MO konstruieren (Abbildung 38.28a; Ψ^2 und Ψ^3).
- ✔ Auf die resultierenden MO (Ψ^1 bis Ψ^4) müssen dann in Übereinstimmung mit PAULI-Prinzip und HUND'scher Regel die π-Elektronen der Ring-Atome verteilt werden.

Abbildung 38.28b zeigt das HMO-Diagramm des postulierten Aromaten. Dabei sehen Sie schon das Problem des 1,3-Cyclobutadiens:

- ✔ Da es zwei verschiedene Möglichkeiten gibt, eine Knotenebene durch den Molekülschwerpunkt zu legen (einmal so, dass die Knotenebene zwischen den Atomen zu liegen kommt, einmal so, dass sie zwei gegenüberliegende Atome durchschneidet), sind die Molekülorbitale Ψ^2 und Ψ^3 (mit je einer Knotenebene) entartet.
- ✔ Insgesamt müssen vier π-Elektronen verteilt werden.
  - Wenn Ψ^1 besetzt ist, bleiben für das nächsthöhere, zweifach entartete Energieniveau nur noch zwei Elektronen übrig.
  - Jetzt kommt die HUND'sche Regel ins Spiel. Ψ^2 und Ψ^3 (das zweifach entartete HOMO dieser Verbindung) müssen jeweils *spinparallel einfach* besetzt werden:

    1,3-Cyclobutadien ist ein diradikalischer Antiaromat.

Das erklärt die immense Reaktivität dieser Verbindung natürlich sofort! (Zudem sind Ψ^2 und Ψ^3 *nichtbindende* Orbitale: Sie tragen zur Stabilität der Verbindung keinen Deut bei.)

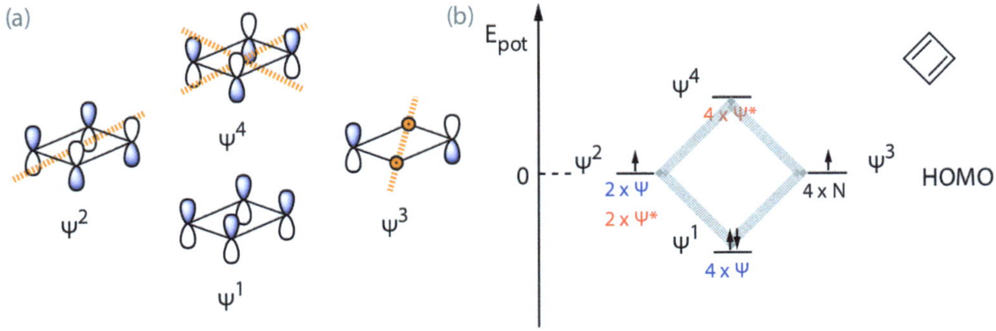

Abbildung 38.28: 1,3-Cyclobutadien: ein Anti-Aromat

Gemäß den HÜCKEL-Regeln müsste sich 1,3-Cyclobutadien allerdings in einen Aromaten umwandeln lassen, wenn Sie dem System (etwa durch geeignete Reduktionsmittel) noch zwei weitere Elektronen zur Verfügung stellen. Und das stimmt: Das Cyclobutadienid-Dianion ($C_4H_4^{2-}$; Abbildung 38.29a) besitzt *sechs* π-Elektronen (b zeigt die Besetzung der MO). Dieses Anion verhält sich genauso, wie es sich für einen anständigen Aromaten gehört. Bei der HÜCKEL-Regel mit ihren $4N + 2$ π-Elektronen wurde das Problem des Diradikal-Charakters also bereits berücksichtigt.

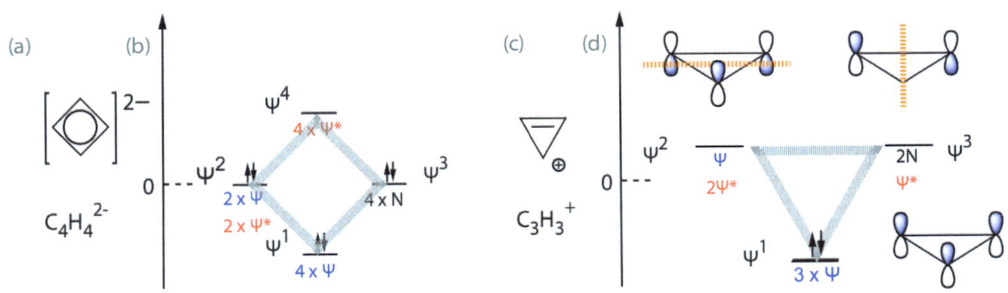

Abbildung 38.29: Orbitaldiagramme für $C_4H_4^{2-}$ und $C_3H_3^+$

Auch der kleinstmögliche Aromat (mit $N = 0$) existiert nicht nur theoretisch: Im Cyclopropenylium-Kation ($C_3H_3^+$, Abbildung 38.29c) steht das vakante p-Orbital des kationischen C-Atoms (sp^2-hybridisiert!) mit den beiden p-Orbitalen der Doppelbindung in Konjugation. Auf diese Weise wird die positive Ladung über den gesamten dreigliedrigen Ring delokalisiert, und das stabilisiert das gesamte System. (Abbildung 38.29d zeigt die resultierenden MO und ihre relative energetische Lage.)

Das Cyclopropenylium-Kation kommt auch in der unberührten Natur vor: Es wurde beispielsweise im Schweif des HALLEY'schen Kometen nachgewiesen.

Ringelreihen der Orbitale – oder: So einfach geht das?!

Dass es in einem (anti-)aromatischen Ring mit *n* Ringgliedern auch *n* π-Molekülorbitale geben muss, wissen Sie ja bereits. Aber ist Ihnen auch schon aufgefallen, was passiert, wenn Sie die relativen Energieniveaus aller Molekülorbitale eines durchkonjugierten Ringsystems miteinander verbinden? – Es ergibt sich die Form des jeweiligen Molekül-Grundgerüsts! (Schauen Sie sich noch einmal Abbildung 38.27 bis Abbildung 38.29 an!) Daraus lässt sich das **Frost-Musulin-Modell** ableiten, mit dem sich die Lage der Niveaus in einem cyclisch konjugierten System abschätzen lässt. Da es natürlich immer *nur ein MO ohne Knotenebene* geben kann, müssen Sie das *Ringsystem auf die Spitze stellen.* Schauen wir uns als Beispiele das Cyclopentadien-System (Abbildung 38.30a) und das Cyclooctatetraen-System (b) an.

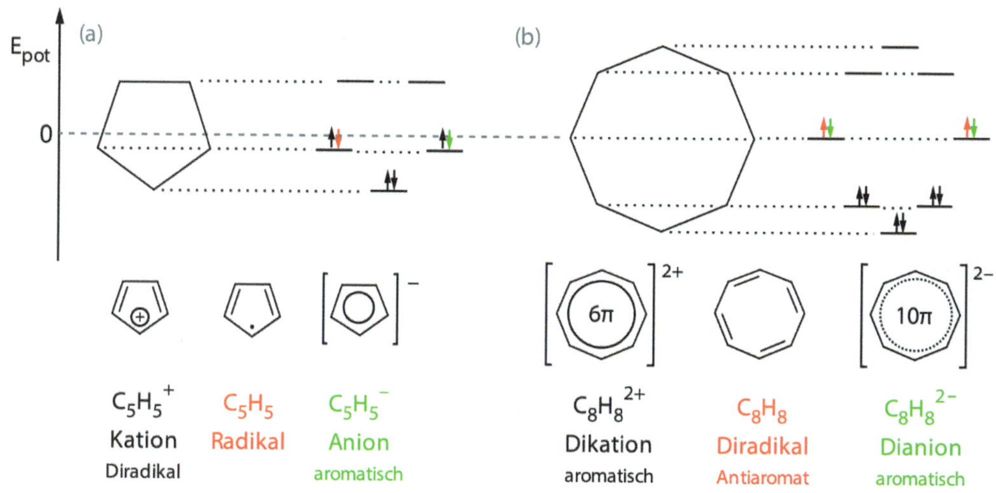

Abbildung 38.30: Das Frost-Musulin-Modell

Abbildung 38.30a zeigt, dass sich der Kohlenwasserstoff Cyclopentadien (C_5H_6) recht leicht zu einem aromatischen Cyclopentadienyl-Anion umsetzen lassen sollte: Aufgrund der Aromatizität (*Delokalisationsenergie*!) müsste das $C_5H_5^-$-Ion energetisch deutlich günstiger sein. Und tatsächlich lässt sich dieser Kohlenwasserstoff leicht zu einem wichtigen Anion reduzieren (dieses Anion wird Ihnen in der Organoelementchemie in Kapitel 43 erneut begegnen):

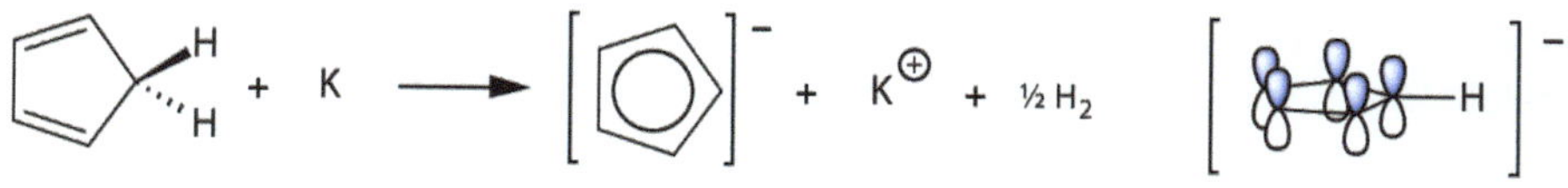

Beim Cyclooctatetraen (C_8H_8) existieren sogar zwei Möglichkeiten zur Aromatisierung (Abbildung 38.30b): Sowohl durch doppelte Oxidation zum Cyclooctatetraenyl-Dikation ($C_8H_8^{2+}$) als auch durch doppelte Reduktion zum Dianion ($C_8H_8^{2-}$) ergibt sich ein Elektronensystem, das der Hückel-Regel folgt. Aber bitte beachten Sie: Die auf dem Frost-Musulin-Modell basierenden Diagramme (wie Abbildung 38.30; gelegentlich werden sie auch als *Frost-Kreis* bezeichnet) gestatten lediglich grobe Abschätzungen.

Aufgaben Kapitel 38

Zum Aufwärmen

1. Benennen Sie die folgenden Moleküle:

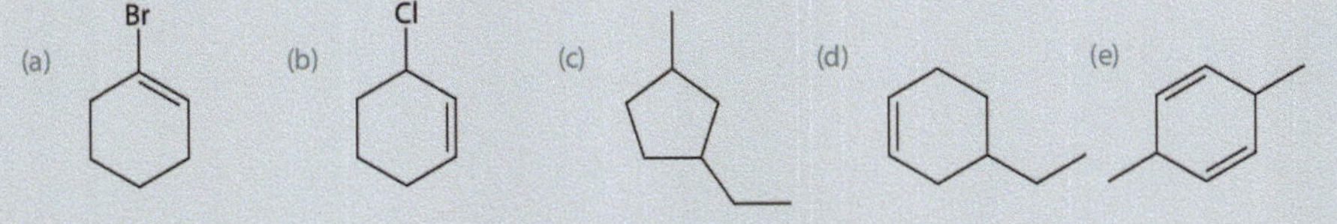

2. Geben Sie die Strukturformeln an von: (a) 4-Chlorcyclohexen; (b) 1-Chlorcyclohexen; (c) Bicyclo[4.3.0]nonan; (d) Bicyclo[2.2.2]octan.

3. Worin besteht bei der Elektrophilen Substitution am Aromaten der Unterschied zwischen dem π- und dem σ-Komplex?

Für Fortgeschrittene

4. Geben Sie die energetisch günstigste Konformation für das Molekül Methylcyclohexan an.

5. Welches Konstitutionsisomer wird bei einem 1,3-disubstituierten Cyclohexan energetisch günstiger sein: *cis* oder *trans*? Warum?

6. Zeigen Sie anhand mesomerer Grenzformeln den +*M*-Effekt des Chlor-Atoms am Chlorbenzen (C_6H_5Cl).

7. Welche Mesomeren Effekte am aromatischen Ring besitzt (a) ein Brom-Atom; (b) eine Nitrogruppe ($-NO_2$); (c) eine Aminogruppe ($-NH_2$)? Wohin dirigieren diese Substituenten jeweils bei der Zweitsubstitution? Wirken sie sich dabei jeweils aktivierend oder desaktivierend aus?

IN DIESEM KAPITEL

ist »Alkohol« nicht bloß Whisk(e)y, Gin & Co.

lernen Sie neue Stoffklassen kennen: Ether, Ester und … Seifen?

lässt sich CH-Acidität erzwingen

Kapitel 39
Wenn nicht der Kohlenstoff den Ton angibt

Die Stoffklasse der *Alkohole* wurde schon mehrmals erwähnt. Dabei handelt es sich um Verbindungen, die mindestens eine an ein Kohlenstoff-Atom gebundene *Hydroxygruppe* (oder *Hydroxylfunktion*, –OH) aufweisen.

Alkohole – die großen Brüder des Wassers

Die allgemeine Formel für Alkohole lautet R–OH, wobei »R« offenkettig oder cyclisch sein kann, gesättigt oder ungesättigt, aliphatisch oder auch aromatisch. (Auch andere funktionelle Gruppen können dabei durchaus vorhanden sein; diese wirken sich dann natürlich ihrerseits auf das chemische Verhalten der jeweiligen Verbindung aus … und erschweren gelegentlich das Benennen, aber auch das ist nicht so wild.)

Benannt werden Alkohole durch das Anhängen der Endung **ol** an den Stammnamen des zugrunde liegenden Kohlenwasserstoffs. Bei Verzweigungen oder in cyclischen Systemen muss der OH-Gruppe bei der Bezifferung eine möglichst niedrige Zahl zukommen. Die Alkoholfunktion hat dabei Vorrang gegenüber anderen Substituenten und/oder Mehrfachbindungen.

Es werden primäre, sekundäre und tertiäre Alkohole unterschieden: Beim primären Alkohol ist die Hydroxylfunktion an ein 1°-Kohlenstoff-Atom gebunden, beim sekundären an ein 2°-, beim tertiären an ein 3°-Kohlenstoff-Atom. *Dass es keine quartären Alkohole geben kann, sollte selbstverständlich sein.*

Die Konstitutionsisomere von Butanol ($C_4H_{10}OH$); in Klammern die Benennung nach IUPAC, wenn der Laborjargon davon abweicht:

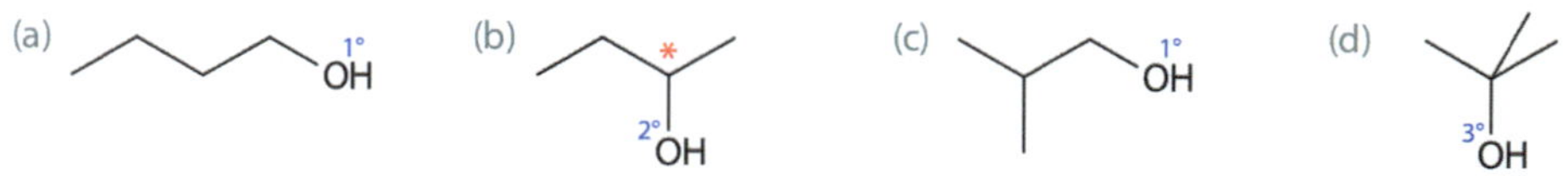

Butanol (1-Butanol, Butan-1-ol) – 2-Butanol – 2-Methylpropanol – 2-Methyl-2-propanol (2-Methylpropan-2-ol)

Nach dem Chemie-Lego®-Ansatz lässt sich jeder Alkohol wie ein »großer Bruder von Wasser« auffassen: Ein H-Atom wurde durch einen (beliebigen) Rest –R ersetzt. Entsprechend verhalten sich Alkohole chemisch gesehen dem Wasser nicht unähnlich:

- ✔ Aufgrund der *Polarität* der Hydroxygruppe sind Alkohole zur Ausbildung von *Wasserstoffbrückenbindungen* befähigt, weswegen ihre Siedepunkte deutlich höher sind als die ihrer Kohlenwasserstoff-Analoga (so ist beispielsweise Ethan bei Raumtemperatur bereits gasförmig, Ethanol siedet erst bei 78 °C).
- ✔ Genau wie Wasser sind Alkohole *amphoter*: Aufgrund der beiden freien Elektronenpaare am Sauerstoff-Atom können sie als Base fungieren, aber da das positiv polarisierte H-Atom recht leicht abspaltbar ist, können Alkohole auch die Rolle einer (Brønsted-)Säure übernehmen. (Natürlich wirken sich der Rest –R und gegebenenfalls daran gebundene andere funktionelle Gruppen auf das Säure/Base-Verhalten der Alkohole aus.)

Mehrwertige Alkohole

Nichts spricht dagegen, dass ein Molekül mehr als *eine* Hydroxygruppe aufweist. Diese mehrwertigen Alkohole werden nach der Anzahl vorhandener Hydroxygruppen als *Diole, Triole* und so weiter bezeichnet. Aufgrund der dann vorliegenden zusätzlichen Wasserstoffbrückenbindungen steigen die Siedepunkte mehrwertiger Alkohole natürlich an.

Sind bei mehrwertigen Alkoholen die OH-Gruppen *nicht äquivalent*, kann sich deren chemisches Verhalten deutlich unterscheiden.

Sind zwei OH-Gruppen an unmittelbar benachbarte Kohlenstoff-Atome gebunden, liegt ein *1,2-Diol* oder ein *vicinales Diol* vor. Das einfachste zweiwertige vicinale Diol ist das *Ethylenglycol* (HO-CH_2-CH_2-OH, 1,-Ethandiol, Abbildung 39.1a; häufig auch nur *Glykol* genannt), das als Frostschutzmittel genutzt wird (und im Jahr 1985 zweifelhafte Berühmtheit erlangte, nachdem einige Winzer festgestellt hatten, dass ihre Weine mit einem Schuss dieses Diols gleich sehr viel süßer und damit edler schmeckten; erfreulicherweise ist Glykol nicht übermäßig toxisch). Eines der wichtigsten Beispiele für ein *vicinales Triol* ist das Glycerol (b; Propan-1,2,3-triol), im Alltag besser bekannt als *Glycerin*. Dieses Triol ist nicht nur großtechnisch von Bedeutung, sondern spielt auch eine wichtige Rolle bei zahlreichen Stoffwechselprozessen (etwas mehr dazu finden Sie in Kapitel 48). Natürlich gibt es auch 1,3-Diole, 1,4-Diole *et cetera*.

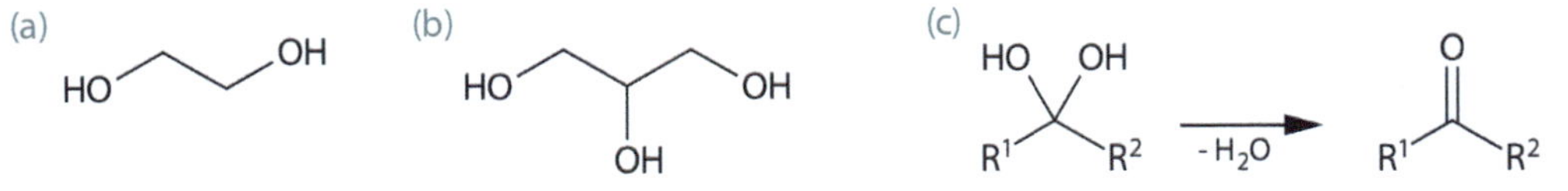

Abbildung 39.1: Vicinale (a, b) mehrwertige Alkohole und ein geminales Diol (c)

Geminale Diole hingegen, also Diole, deren Hydroxygruppen an das *gleiche* Kohlenstoff-Atom gebunden sind, sind im Allgemeinen nicht beständig: Unter Wasserabspaltung entsteht dabei eine C–O-Doppelbindung (Abbildung 39.1c); das Reaktionsprodukt gehört der Stoffklasse der *Carbonylverbindungen* an (über die Sie in Kapitel 40 mehr erfahren).

Was *können* Alkohole denn nun?

Beachten Sie, dass hier zwei verschiedene Formen der Reaktivität von Bedeutung sind: Nicht nur in der *O–H*-Bindung, sondern auch in der *C–O*-Bindung kommt dem Sauerstoff-Atom eine negative Partialladung zu. Bei einer Reaktion kann also die *eine* oder auch die *andere* Bindung gespalten werden – was zu unterschiedlichen Reaktionsprodukten führt.

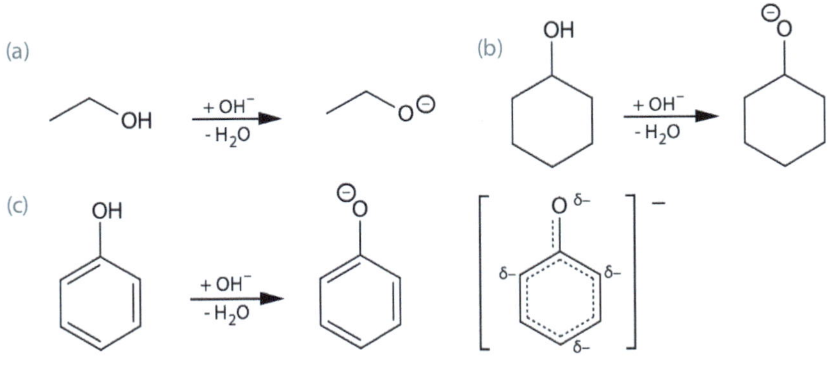

Abbildung 39.2: Aliphatische (a, b) und aromatische (c) Alkoholate

✔ Wird die *O–H*-Bindung gespalten (beispielsweise durch eine hinreichend starke Base), wird der Alkohol also deprotoniert, entsteht aufgrund der O–H-Acidität ein **Alkoholat-Ion** (R–O⁻), bei dem die negative Ladung am Sauerstoff lokalisiert ist (Abbildung 39.2) – das kann natürlich an acylischen Aliphaten (a) ebenso geschehen wie an cyclischen (b). Die meisten Alkoholate sind starke *Nucleophile* und fungieren daher häufig als Angreifer bei nucleophilen Substitutionsreaktionen (wie in Kapitel 36).

- Etwas anders sieht es bei *aromatischen* Alkoholen aus (*siehe* Abbildung 39.2c), bei denen die Hydroxygruppe in Wechselwirkung mit einem aromatischen System steht: Durch den +*M*-Effekt des Sauerstoffs kann die Ladung delokalisiert werden (vor allem an den beiden *ortho*- und der *para*-Position). Aus diesem Grund zeigt beispielsweise Cyclohexanol (b) deutlich weniger ausgeprägte OH-Acidität als *Phenol* (c; Hydroxybenzen, C_6H_5–OH): *Die phenolische OH-Gruppe ist ungleich saurer als die aliphatische*: pK_S(Cyclohexanol) = 17; pK_S(Phenol) = 10. Daher sind Phenole in wässrigen Alkalihydroxidlösungen unter Bildung von Phenolat-Ionen löslich. (Diese Polarisation verstärkt die Wasserstoffbrückenbindungen noch, daher weisen die meisten Phenole einen recht hohen Schmelzpunkt auf.)

Denken Sie daran, dass pK_S-Werte *logarithmiert* sind: Phenol ist um den Faktor 10^7 saurer als Cyclohexanol, also *zehn Millionen Mal* saurer.

- Eine andere Möglichkeit, die O–H-Bindung zu spalten, besteht darin, den betreffenden Alkohol oxidativ oder reduktiv anzugreifen (dazu mehr in Kapitel 40). Reagieren organische Säuren mit Alkoholen zu Produkten, die der Stoffklasse der **Ester** angehören, geschieht dies ebenfalls unter Spaltung der O–H-Bindung (ebenfalls Kapitel 40).

✔ Wird hingegen die *C–O*-Bindung gespalten, führt dies aufgrund der Elektronegativitätsdifferenz zu einem Carbokation (einem Carbenium-Ion) oder einer stark positiv polarisierten Zwischenstufe (wie Sie das bereits aus der nucleophilen Substitution kennen; notfalls blättern Sie noch einmal zu Kapitel 36 zurück). Meist beginnt diese Bindungsspaltung mit der Protonierung der OH-Gruppe, was dank der freien Elektronenpaare am Sauerstoff-Atom recht einfach ist (Abbildung 39.3). Damit ist die gute Abgangsgruppe Wasser bereits vorgebildet: Wird nun die C–O-Bindung gelöst, liegt intermediär ein Carbokation vor, das dann nucleophil angegriffen wird. (Effektiv findet hier eine S_N1-Reaktion statt; *siehe* Kapitel 36.)

- Wegen der Wechselwirkung eines freien Elektronenpaars am Sauerstoff mit dem aromatischen System ist die C–O-Bindung der *Phenole* ungleich stärker als die aliphatischer Alkohole, daher sind Phenole gemeinhin unempfänglich für Reaktionen, bei denen C–O-Bindungsspaltung erfolgt.

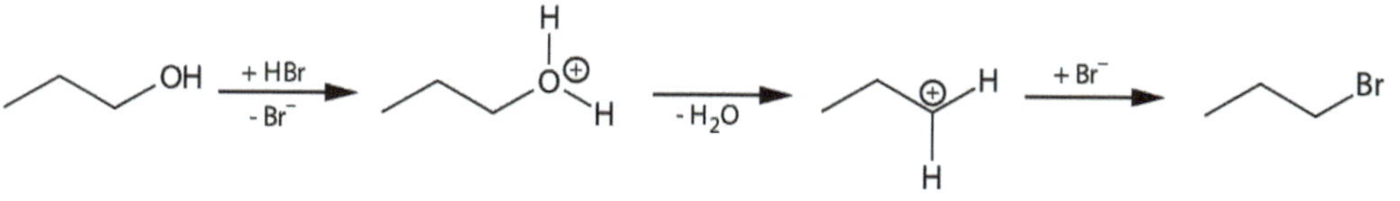

Abbildung 39.3: Umsetzung von 1-Propanol zu 1-Brompropan

Wie rasch eine Substitution erfolgt, hängt nicht zuletzt von der Qualität der Abgangsgruppe ab: *Je geringer deren Ladungsdichte, desto besser läuft's.* Das neutrale Wasser-Molekül ist praktisch *die* ideale Abgangsgruppe, während die unprotonierte OH-Gruppe an sich nicht dazu neigt, als Hydroxid-Ion abzudissoziieren. (Die unterschiedliche Ladungsdichte ist auch der Grund, warum das Iodid-Ion eine viel bessere Abgangsgruppe darstellt als etwa das Chlorid-Ion.)

✔ Unter Wasser ziehenden Bedingungen (etwa durch Einsatz von Schwefelsäure) kann es natürlich auch zur *Elimimierung* kommen (Abbildung 39.4, *siehe* Kapitel 37). Auch dabei besteht der erste Schritt in der Protonierung der OH-Gruppe: Es entsteht also erneut zunächst ein protonierter Alkohol; dieser spaltet dann Wasser ab, sodass ein Carbokation vorliegt. Im Falle der Eliminierungsreaktion erfolgt der Ladungsausgleich allerdings nicht durch den Angriff eines Nucleophils (der zu einer neuen Bindung führen würde), sondern durch Abspaltung eines Protons.

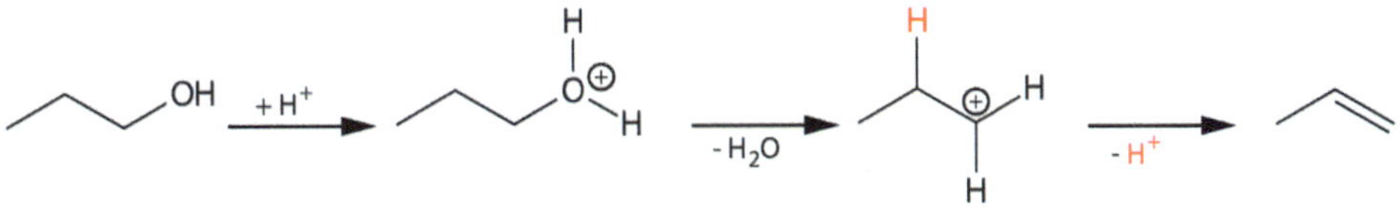

Abbildung 39.4: Umsetzung von 1-Propanol zu Propen

Setzen Sie unter Reaktionsbedingungen, die zu milde sind, um eine Eliminierung voranzutreiben, einen Alkohol mit einer Säure um, lässt sich durch schrittweise Zugabe eines zweiten Alkohols eine *neue C–O-Bindung* knüpfen (Abbildung 39.5). Dies führt zur Stoffklasse der **Ether**. Auch hier findet am vorgebildeten Carbokation unter Wasserabspaltung eine nucleophile Substitution statt, wobei als Nucleophil hier ein freies Elektronenpaar des zugetropften Alkohols fungiert.

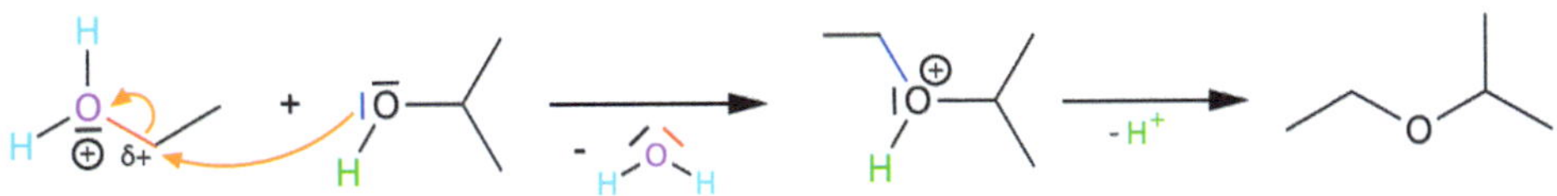

Abbildung 39.5: Synthese von Ethylisopropylether aus Ethanol und Isopropylalkohol (2-Propanol)

Allgemein kommt Ethern die Formel R^1–O–R^2 zu, wobei $R^1 = R^2$ sein *kann*, aber nicht *muss*. Bezeichnet werden die Vertreter dieser Stoffklasse mit der Endung **ether**, davor werden die beiden Substituenten am Ether-Sauerstoff in alphabetischer Reihenfolge genannt; $R^1 = R^2$ erfordert dann nur die Vorsilbe *Di-*.

Da Ether im Gegensatz zu Alkoholen *keine* Wasserstoffbrücken ausbilden können, liegen ihre Siedepunkte deutlich niedriger als die ihrer alkoholischen Konstitutionsisomere (wie etwa bei C_2H_6O: Sdp. Dimethylether (H_3C–O–CH_3) = –24 °C; Sdp. Ethanol (C_2H_5OH) = 78 °C).

Sowohl bei den Alkoholen (Abbildung 39.6a) als auch den Ethern (b) weist der Sauerstoff noch zwei freie Elektronenpaare auf, also lassen sich auch Ether elektrophil angreifen, beispielsweise durch ein Carbokation. Folge ist ein dem Hydroxonium-Ion (H_3O^+) analoges Trialkyloxonium-Ion (c; die Reste R^1, R^2 und R^3 *können* wieder identisch sein). Derartige Sauerstoff-Kationen sind sehr reaktiv und fungieren selbst schwachen Nucleophilen gegenüber leicht als Überträger eines Alkyl-Kations (aus diesem Grund sind sie auch extrem hydrolyseempfindlich).

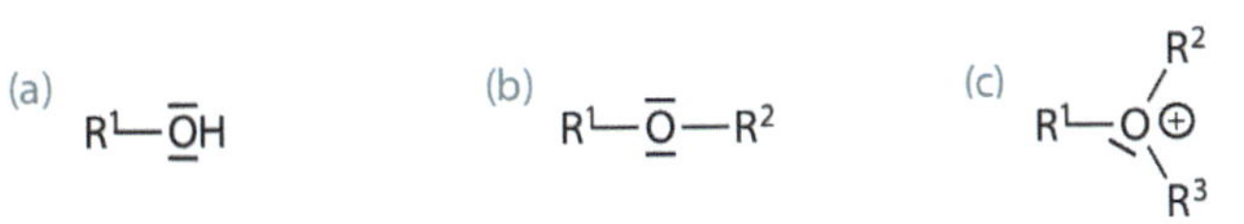

Abbildung 39.6: Einfach und mehrfach alkylierter Sauerstoff

Wenn der Alkohol mit der Säure

Als **Ester** wird das Kondensationsprodukt eines Alkohols mit einer Säure bezeichnet (egal, ob diese nun »anorganischer« oder »organischer« Natur ist). Dabei wird pro neu geknüpfter Bindung *ein* Molekül Wasser abgespalten.

Bei anorganischen Säuren wie etwa der Schwefelsäure verläuft diese Reaktion, die auch als **Veresterung** bezeichnet wird, nach dem bereits aus Kapitel 36 vertrauten Muster der nucleophilen Substitution (in Abbildung 39.7 exemplarisch mit Methanol und H_2SO_4 dargestellt): Erst protoniert die Säure die Hydroxygruppe des Alkohols, sodass die Abgangsgruppe (= Wasser) vorgebildet ist. Anschließend greift die deprotonierte Säure (also das *Säure-Anion*) den positiv polarisierten Alkylrest (hier Methyl) nucleophil an, sodass eine neue Bindung zu *dem* Kohlenstoff-Atom ausgebildet wird, das zuvor die Hydroxygruppe trug. Unter Wasserabspaltung entsteht hier Schwefelsäuremonomethylester (a).

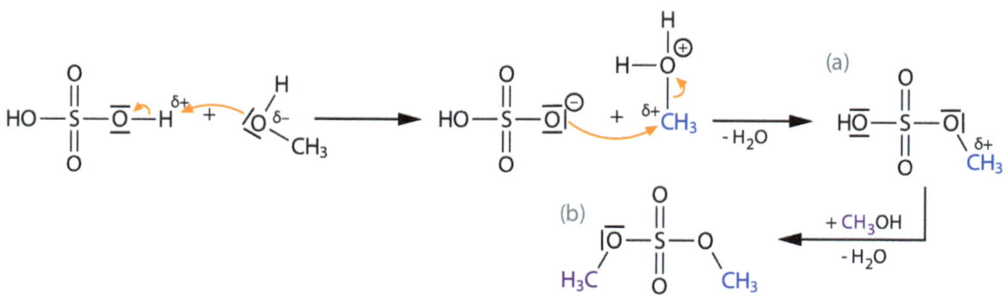

Abbildung 39.7: Einfache (a) und doppelte (b) Veresterung von Schwefelsäure mit Methanol

Bei mehrprotonigen Säuren ist entsprechend auch mehrfache Veresterung möglich: Doppelte Veresterung von Schwefelsäure mit Methanol beispielsweise führt zum Schwefelsäuredimethylester (Abbildung 39.7b), einem wichtigen (und sehr krebserregenden) Methylierungsreagenz, das im Laborjargon meist *Dimethylsulfat* genannt wird.

Die Bezeichnung »Dimethylsulfat« basiert darauf, dass Ester *formal* auch als »organische Salze« ihrer Säuren angesehen werden können (als lägen also etwa zwei Methyl-Kationen und ein Sulfat-Anion vor). *Es sei ausdrücklich darauf hingewiesen, dass dies nur Benennungszwecken dient*: Bei Estern liegen *keineswegs Ionen* vor; alle Substituenten sind *kovalent* gebunden.

In ähnlicher Weise wie Mineralsäuren lassen sich auch die (organischen) Carbonsäuren zu Estern umsetzen. (Mehr über die Carbonsäuren erfahren Sie in Kapitel 40.) Ob anorganische oder organische Säure: Durch Basenzugabe lässt sich die Rückreaktion der Veresterung einleiten (Abbildung 39.8). Auf diese Weise erhalten Sie dann (durch die Neutralisation von Säure und Base) das Salz der Säure und den freien Alkohol. Eine solche *Esterspaltung* heißt auch **Verseifung**.

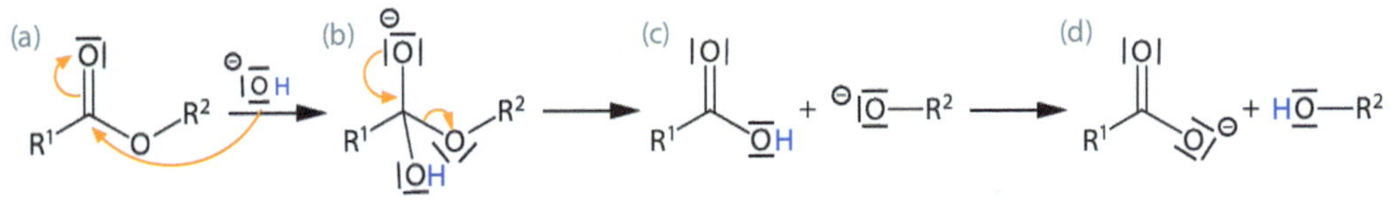

Abbildung 39.8: Verseifung

Im ersten Schritt (Abbildung 39.8a) greift ein Hydroxid-Ion den (elektrophilen) Carboxyl-Kohlenstoff nucleophil an; dabei entsteht intermediär ein Orthocarbonsäure-Monoester-Anion (b; zu Orthosäuren *siehe* Kapitel 30). Dieses Anion zerfällt unter Entstehung der freien Carbonsäure und des Alkoholats (c); da sich diese beiden Verbindungen in ihrer Acidität deutlich unterscheiden, ist gewiss verständlich, warum sich eine Säure/Base-Reaktion anschließt, bei der dann die Endprodukte – Salz der Säure/Säure-Anion und freier Alkohol – entstehen (d).

Die Bezeichnung »Verseifung« hat historische Gründe: Die ersten Waschmittel, also *Seifen*, wurden durch Behandlung organischer Ester (oft aus Tierkadavern gewonnen) mit Laugen (insbesondere Natronlauge, $NaOH_{(aq)}$) hergestellt. Dabei wurden die Ester biologisch wichtiger Fettsäuren gespalten. (Ein bisschen mehr dazu in Kapitel 47.)

Und weiter in der sechsten Hauptgruppe

Nach unserem Chemie-Lego®-Ansatz sollte eigentlich überall dort, wo ein Sauerstoff-Atom auftaucht, auch ein Vertreter seiner höheren Homologen (S, Se, Te) mitspielen können – insbesondere natürlich der Schwefel, schließlich sind Selen und Tellur bereits (Halb-)Metalle (wie Sie aus Kapitel 30 wissen). Und genau so ist es auch! Derartige Verbindungen können dann als Abkömmlinge des Schwefelwasserstoffs (H_2S) aufgefasst werden, und so bleibt sogar die Benennung fast gleich: Es wird auf die *Substitutionsnomenklatur* (aus Kapitel 38) zurückgegriffen, gemäß der einem Molekül, in dem ein Sauerstoff-Atom durch einen Schwefel ersetzt wurde, die Silbe **Thio-** vorangestellt wird. Entsprechend werden Verbindungen mit der allgemeinen Summenformel R–SH als *Thioalkohole* oder **Thiole** bezeichnet.

Thiole tragen diverse weitere Namen: Biologen nennen die SH-Gruppe, die in der Biochemie eine wichtige Rolle spielt (wie Sie in Kapitel 46 sehen werden), meist *Sulfhydryl*-Gruppe, während Anorganiker gerne von *Mercaptanen* (mit einer *Mercapto*-Gruppe) sprechen, da Thioalkohole mit Quecksilber(II)-Ionen schwerlösliche Verbindungen bilden (lateinisch *mercurium captans* = Quecksilber fangend).

Aufgrund der geringeren Elektronegativitätsdifferenz zwischen S und H ($EN_S = 2{,}44$, $EN_H = 2{,}20$) sind die Wasserstoffbrückenbindungen der Thiole längst nicht so stark ausgeprägt wie die ihrer Sauerstoff-Analoga, daher liegen ihre Siedepunkte trotz der größeren Molekülmasse niedriger. Aus diesem Grund sind viele Thiole leicht flüchtig, oft mit charakteristischem Geruch: Thiophenol beispielsweise (Abbildung 39.9a) ist extrem übel riechend, wird dabei aber von (b) noch überboten: *(E)*-2-Butenthiol ist der Hauptbestandteil des Analdrüsen-Wehrsekrets amerikanischer Skunks; andere Thiole sind maßgeblich für das Aroma von Zwiebeln und Knoblauch verantwortlich. Ein schönes Beispiel für die ewige Frage »Gestank oder nicht?« bietet (c): Stark verdünnt ist 4-Mercapto-4-methyl-2-pentanon für den Duft Schwarzer Johannisbeeren (und das entsprechende Aroma in Rebsorten wie Merlot, Zinfandel oder der Huxelrebe) verantwortlich, höher konzentriert jedoch für den Geruch von Katzenurin. Aber Thiole können nicht bloß stinken: Verbindung (d) wird unter dem Freinamen *Captopril* gegen Bluthochdruck eingesetzt.

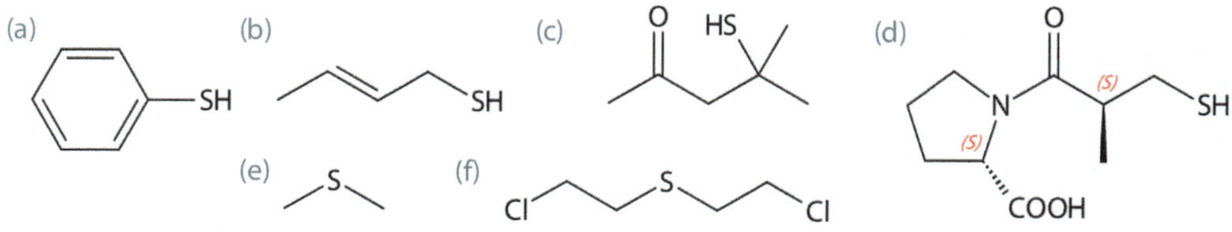

Abbildung 39.9: Thioalkohole (a–c) und Thioether (d, e)

In gleicher Weise existieren auch Thioether R^1–S–R^2 (wobei die beiden Reste wieder identisch sein können). Ihre Bezeichnung erfolgt analog zu den Ethern, allerdings mit der Endung **sulfid**. Auch diese Verbindungen sind meist alles andere als wohlriechend: Dimethylsulfid (Abbildung 39.9e) ist für den unverkennbaren Geruch faulenden Fleisches mitverantwortlich (es entsteht bei der Zersetzung schwefelhaltiger Eiweiße; mehr dazu in den Kapiteln 46 und 48), und Bis(2-chlorethylsulfid) hat unter dem Namen *Senfgas* (f) als chemischer Kampfstoff traurige Berühmtheit erlangt: Es duftet mild nach Senf, schädigt aber die Haut und verursacht entstellende Wunden.

Treten die höheren Homologen des Schwefels mit ihrem zunehmend metallischen Charakter in »organischen« Verbindungen auf, fallen diese schon in das Teilgebiet der *Organoelementchemie*. (Ein wenig mehr darüber erfahren Sie in Kapitel 43.)

Lego® mit Ammoniak – Amine

Ebenso wie die H-Atome des Wasser-Moleküls gegen nahezu beliebige aliphatische oder aromatische Reste ausgetauscht werden können, ist dies auch am Ammoniak-Molekül möglich. Dies führt zur Stoffklasse der Amine (Abbildung 39.10), die je nach Anzahl ihrer organischen Reste als *primär* (a), *sekundär* (b) oder *tertiär* (c) bezeichnet werden. Benannt werden derartige Verbindungen, denen die Endung **amin** zukommt, analog zu den Ethern (wobei die einzelnen Substituenten am Amin-N *alphabetisch* zu sortieren sind – testen Sie sich selbst: Wie sieht wohl die Strukturformel des sekundären Amins Ethylmethylamin aus?).

Abbildung 39.10: 1°-, 2°-, 3°-Amine und ein 4°-Ammonium-Ion

Aufgrund des *+I*-Effekts von Alkylresten steigt mit zunehmender Substitution des Stickstoffs dessen negative Ladungsdichte deutlich an. (Das Ausmaß hängt natürlich auch von den jeweiligen Substituenten ab.) Im Allgemeinen sind daher tertiäre Amine deutlich nucleophiler als primäre Amine. Mit zunehmendem Raumbedarf der Substituenten geht allerdings aus sterischen Gründen diese Nucleophilie in reine Basizität im BRØNSTED'schen Sinne über (*siehe* Kapitel 25 und 37). Analog zum Oxonium-Ion (aus Abbildung 39.6c) sind dank des freien Elektronenpaars am Stickstoff auch quartäre *Tetraalkylammonium-Ionen* (d) möglich. Diese zeigen allerdings wegen des geringeren Elektronegativitätsunterschieds zwischen N und C ($EN_N = 3{,}07$, $EN_C = 2{,}50$) deutlich größere Stabilität als ihre Oxonium-Gegenstücke: Tetraalkylammonium-Ionen sind meist recht hydrolyse*un*empfindlich.

Da an den Stickstoff praktisch jeder beliebige Rest –R gebunden sein kann, sind der Stoffklasse der Amine fast keine Grenzen gesetzt, und so spielen Aminogruppen in der Natur fast überall eine Rolle, auch in der Biochemie (dazu mehr in Teil IX).

Zahlreiche Amine werden bei Verwesungsprozessen freigesetzt – denken Sie an nicht allzu frischen Fisch. Es gibt jedoch den Küchenbrauch des »Säuerns«, durch den sich auch Fisch zweifelhaften Alters noch genießbar gestalten lässt: Vor dem Braten wird der Fisch mit Zitronensaft (enthält Citronensäure; die finden Sie in Tabelle 40.3 wieder) oder Essig (enthält Essigsäure) eingerieben – was chemisch gesehen durchaus sinnvoll ist: Die Säuren protonieren die für den Fischgeruch verantwortlichen Amine zu Ammonium-Salzen – und ionische Verbindungen sind praktisch geruchlos, weil ihr Dampfdruck, der nun einmal vom Siedepunkt abhängt (wie Sie aus Kapitel 19 wissen), extrem gering ist.

Was der Rest der fünften Hauptgruppe so treibt

Auch Phosphor, das höhere Homologe des Stickstoffs, geht analoge Verbindungen ein. Entsprechend existieren beispielsweise zu Abbildung 39.10 analoge primäre bis tertiäre organische *Phosphane* (*siehe* Kapitel 31), die sich nahezu allesamt durch einen unangenehmen, mit »knoblauchartig« nur äußerst unzureichend beschriebenen Geruch auszeichnen. Ähnliche Verbindungen mit Arsen, Antimon oder Bismut konnten bislang nicht isoliert werden und würden aufgrund des zunehmend metallischen Charakters dieser Elemente auch wieder eher dem Teilgebiet der *Organoelementchemie* zugeordnet.

Aufgaben Kapitel 39

Zum Aufwärmen

1. Benennen Sie die folgenden Verbindungen nach IUPAC:

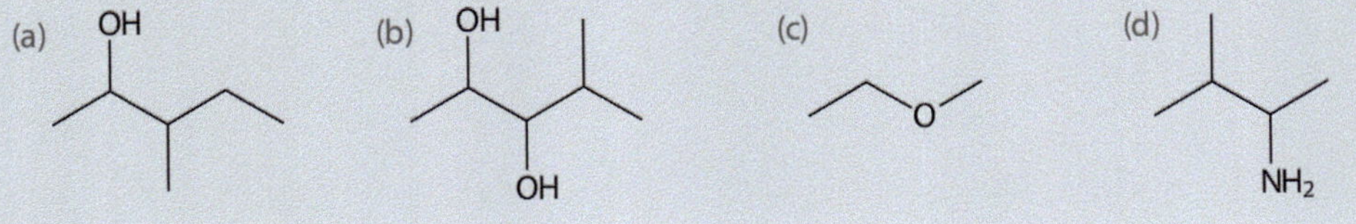

2. Markieren Sie in den Verbindungen aus Aufgabe 1 sämtliche Chiralitätszentren.
3. Welche Strukturformen gehören zu den folgenden Namen: (a) 2-Methyl-3-pentanol; (b) Ethylbutylether; (c) Diethylisopropylamin; (d) Ethyltrimethylammonium-Ion.
4. Zu welchen Produkten führt die alkalische Verseifung von Propansäurepropylester?

Für Fortgeschrittene

5. Geben Sie für sämtliche Alkohole der Summenformel $C_5H_{12}O$ (= $C_5H_{11}OH$) die zugehörige Strukturformel an, benennen Sie nach IUPAC und sagen Sie jeweils etwas darüber aus, ob es sich um einen primären, sekundären oder tertiären Alkohol handelt.
6. Mit $pK_S = 0{,}30$ zeigt 2,4,6-Trinitrophenol (auch bekannt als *Pikrinsäure*) bemerkenswerte OH-Acidität. Warum lässt sich dieses Phenol-Derivat so viel leichter zum Alkoholat deprotonieren als Phenol selbst?
7. Geben Sie Strukturformeln an und sortieren Sie sie nach Basizität: (a) Diethylamin; (b) Ethylamin; (c) Methylamin; (d) Tri-*tert.*-butylamin; (e) Ethyldimethylamin. Wie ist es jeweils um die Nucleophilie dieser Verbindungen bestellt?

IN DIESEM KAPITEL

- kümmern wir uns um Redox in der OC
- spielen wir mit ein- und mehrwertigen Säuren
- erfahren Sie, was Säuren so alles können

Kapitel 40

Wenn der Kohlenstoff langsam sauer wird

Da sich AC und OC ja eigentlich sowieso nicht voneinander trennen lassen, ist es nur zu verständlich, dass auch sogenannte organische Moleküle Redox-Reaktionen eingehen können – und für die gilt natürlich ebenso alles, was Sie in Kapitel 26 zu diesem Thema erfahren haben.

Nicht die jetzt auch noch! – Organische Redox-Reaktionen!

Andererseits haben Sie es in der OC meist nur mit den üblichen Verdächtigen zu tun (CHNOPS, andere Elemente finden sich eher selten) – das vereinfacht den Umgang mit Redox-Reaktionen deutlich. In der OC gilt meistens:

- ✔ Oxidation = Sauerstoff-Aufnahme *oder* Wasserstoff-Abgabe
- ✔ Reduktion = Sauerstoff-Abgabe *oder* Wasserstoff-Aufnahme

Oft lassen sich Redox-Prozesse der OC zu einfachen Schemata zusammenfassen – durch Hydrierung etwa lassen sich Mehrfach- in Einfachbindungen überführen. Es werden H-Atome addiert, also ist es eine *Reduktion* (beachten Sie die Oxidationszahlen der C-Atome):

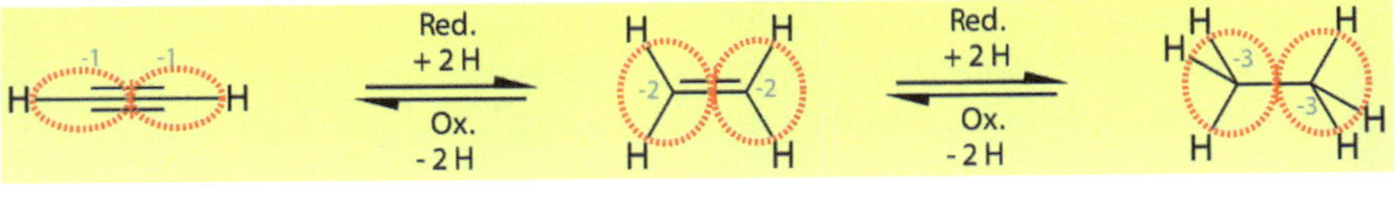

Bei 1°-Kohlenstoffen ergeben sich durch Oxidation gleich mehrere **funktionelle Gruppen**, die für verschiedene Stoffklassen charakteristisch sind:

- ✔ Die für die *Alkohole* typische **Hydroxygruppe** (–OH) kennen Sie schon aus Kapitel 39.
- ✔ Charakteristisch für die Stoffklasse der *Aldehyde* ist die **Aldehydgruppe** (–CHO), eine Carbonylgruppe, bei der an den Carbonyl-Kohlenstoff ein Wasserstoff gebunden ist.
- ✔ In allen *Carbonsäuren* findet sich die **Carboxygruppe** (–COOH) wieder, also eine Carbonylgruppe, dessen Carbonyl-C zusätzlich eine Hydroxygruppe trägt.

In vielen Texten wird die COOH-Gruppe auch *Carboxyl*gruppe genannt; die IUPAC rät allerdings mittlerweile von dieser Bezeichnung ab. Und wundern Sie sich nicht, dass Sie in englischsprachigen Lehrbüchern so gut wie nie über ein –COOH stolpern werden: Im angelsächsischen Sprachraum ist die Schreibweise $-CO_2H$ üblich.

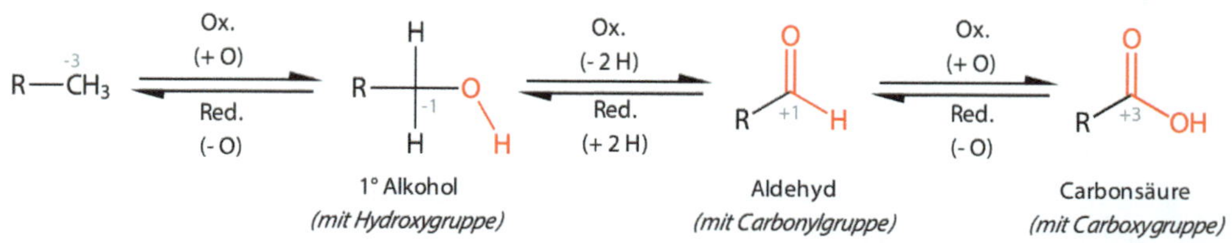

Weiter könnte der Kohlenstoff nur unter Spaltung der R–C-Bindung oxidiert werden. Bei der Methyl<u>en</u>gruppe von 2°- (a) und der Meth<u>in</u>gruppe von 3°-Kohlenstoffen (b) ist die Oxidation bis zur Carbonsäure aus ersichtlichen Gründen nicht ohne C–C-Bindungsspaltung möglich. Hier ergeben sich folgende Schemata:

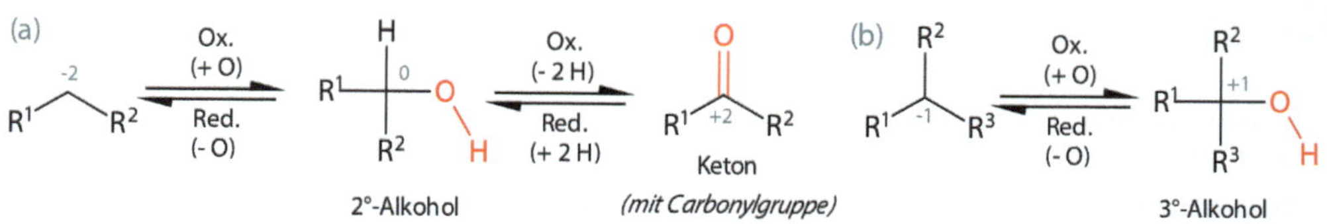

Durch Einsatz geeigneter (unterschiedlich reaktiver) *Reduktions-* beziehungsweise *Oxidationsmittel* können diese Oxidations- und Reduktionsstufen gezielt ineinander umgewandelt werden.

- ✔ Mit (amalgamiertem) Zink ($Zn_{(Hg)}$; Amalgame kennen Sie schon aus Kapitel 34) lassen sich Aldehyde (Abbildung 40.1a) und Ketone (b) zu Kohlenwasserstoffen reduzieren.
- ✔ Mit Lithiumaluminiumhydrid ($LiAlH_4$) erhalten Sie die zugehörigen Alkohole.

Nach den Nomenklaturregeln der IUPAC müsste $LiAlH_4$ natürlich als Lithiumtetrahydridoaluminat(III) bezeichnet werden, aber im Rahmen der OC hat sich die andere Benennung (und deren Abkürzung LAH) durchgesetzt.

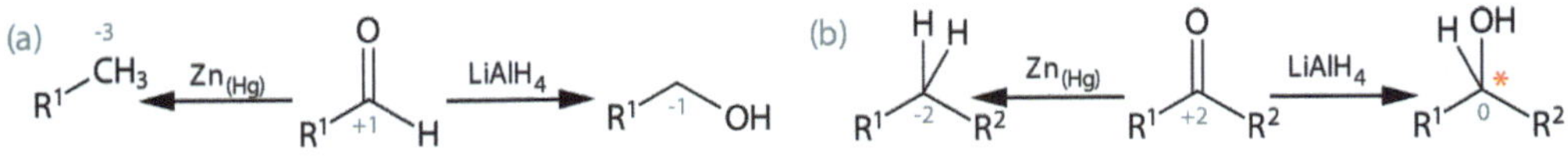

Abbildung 40.1: Reduktion von Aldehyden (a) und Ketonen (b)

- ✔ Umgekehrt können durch Umsetzung mit Oxidationsmitteln wie Kaliumpermanganat ($KMnO_4$), Chromylchlorid (CrO_2Cl_2) oder Kaliumdichromat ($K_2Cr_2O_7$) Oxidationsreaktionen bewirkt werden, die je nach Reaktivität des Substrats zu unterschiedlichen (aber meist ebenfalls gezielt erreichbaren) Produkten führen. Derartige gezielte Umwandlungen von Verbindungen gehören natürlich zum Thema der Synthese-Chemie, über die Sie in Kapitel 42 ein wenig mehr erfahren.

- ✔ Auch aromatische Verbindungen können Redox-Reaktionen eingehen – besonders, wenn am Ring mehrere Hydroxygruppen vorliegen: Exemplarisch sehen Sie hier *Hydrochinon* (1,4-Dihydroxybenzen, Abbildung 40.2a) und *Brenzcatechin* (1,2-Dihydroxybenzen, b):

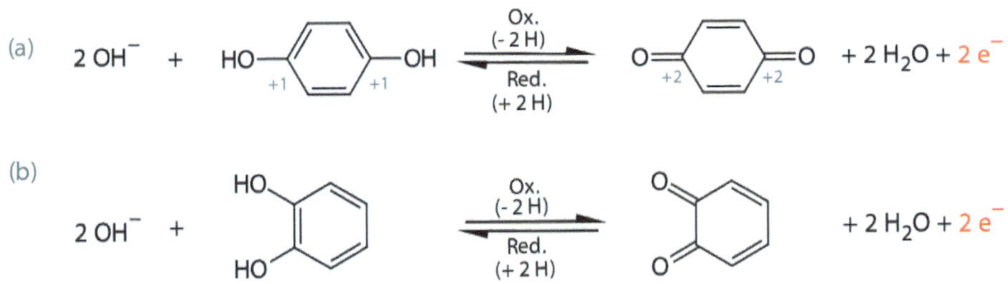

Abbildung 40.2: Redox an hydroxylierten Aromaten

Das in Abbildung 40.2a dargestellte Hydrochinon/Chinon-Gleichgewicht ist von besonderer Bedeutung, da die zugehörigen Reaktionen bereits unter äußerst milden Bedingungen ablaufen. Sie sind beispielsweise Bestandteil der Atmungskette im menschlichen Körper (mit physiologischem *p*H-Wert und moderaten Temperaturen; ein wenig mehr zu diesem Thema erfahren Sie in Kapitel 48).

Empfindliche Burschen & Putzmittel: Aldehyde und Ketone

Aldehyde (Kurzformel: R^1–CHO) und *Ketone* (R^1–CO–R^2; R^1 und R^2 *können* identisch sein, dann sind es *symmetrische* Ketone) werden meist unter dem Oberbegriff **Carbonylverbindungen** zusammengefasst, denn in beiden Stoffklassen findet sich ein über eine Doppelbindung an einen Kohlenstoff gebundenes Sauerstoff-Atom: die *Carbonylgruppe* (–CO–). (Auch bei den *Carbonsäuren* findet sich stets eine solche Carbonylgruppe, allerdings ist an das C-Atom dieser funktionellen Gruppe zusätzlich noch eine *Hydroxygruppe* gebunden – und das verändert ihr chemisches Verhalten so drastisch, dass diesen Verbindungen ein eigenes Unterkapitel gewidmet ist.) Die elektronischen Verhältnisse in der Carbonylgruppe sind für deren Einfluss auf die Reaktivität dieser Verbindungen verantwortlich.

In vielerlei Hinsicht gilt für eine C–O-Doppelbindung das Gleiche wie für jede andere Doppelbindung auch: Es gibt einen σ- und einen π-Anteil, und bei entsprechender räumlicher Orientierung können die an Letzterem beteiligten p-Orbitale in *Resonanz* mit einem delokalisierten π-Elektronensystem treten.

Aufgrund der Elektronegativitätsdifferenz von O und C sollten die Polarisationsverhältnisse in der Carbonylgruppe offensichtlich sein (a). Entsprechend lässt sich die Bindung auch durch *mesomere Grenzformeln* beschreiben (b). Ein *Carbonyl-Kohlenstoff* verhält sich also *elektrophil*, während der negativ polarisierte *Sauerstoff* ein *Nucleophil* darstellt. Das gilt für Aldehyde (R^2 = H) ebenso wie für Ketone.

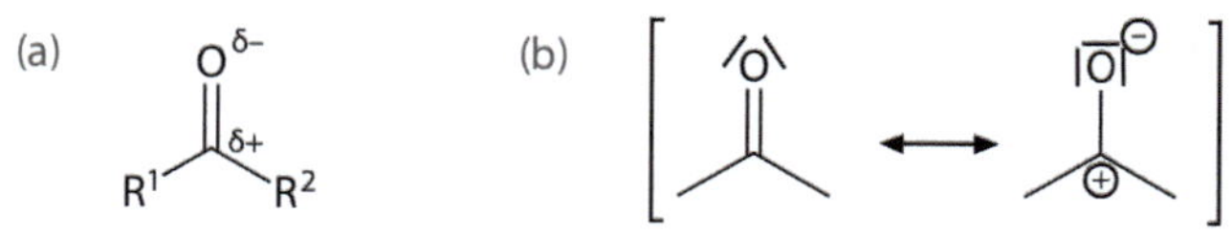

Sollten Sie jetzt den Eindruck haben, als seien diese beiden Stoffklassen einander sehr ähnlich, haben Sie damit nicht unrecht, aber zumindest *einen* gewaltigen Unterschied gibt es sehr wohl:

✔ *Aldehyde lassen sich* äußerst leicht sowohl *oxidieren* (zur jeweiligen Carbonsäure) als auch *reduzieren* (zu Alkoholen).

✔ Ketone sind zumindest unter moderaten Bedingungen eher redox-stabil.

Zunächst zur Nomenklatur derartiger Verbindungen:

✔ Bei *Aldehyden* erhält der Stammname des Kohlenwasserstoffs, von dem sich der Aldehyd ableitet, die Endung **al**.

✔ Bei *Ketonen* lautet die entsprechende Endung **on**; eine vorangestellte Zahl verrät, an welcher Position in der Kette sich die Carbonylgruppe befindet.

- So zumindest sieht das die IUPAC vor. Allerdings ist es im Laborjargon eher üblich, ähnlich wie bei den Ethern einfach die beiden »Substituenten« an der Carbonylgruppe zu benennen und die Endung *keton* anzuhängen. (Deshalb heißt das –CO-Fragment der Ketone häufig auch *Ketogruppe*.)

✔ Gerade bei Aldehyden und Ketonen haben sich zahlreiche (Halb-)Trivialnamen gehalten, die sich bei den Aldehyden häufig von den zugehörigen Carbonsäuren ableiten – insbesondere bei Verbindungen, die in der Biochemie eine Rolle spielen (dazu kommen wir in Teil IX). Eine vollständige Auflistung würde jeden Rahmen sprengen (stattdessen finden Sie gegebenenfalls einen entsprechenden Hinweis im Text), aber wenigstens drei Beispiele sollten Sie schon jetzt kennen:

- Der kleinstmögliche Vertreter der Aldehyde, das Methanal ($H_2C=O$) wird aus historischen Gründen *Formaldehyd* (ausgesprochen: Form-aldehyd, »formal« ist hier gar nichts!) genannt; er lässt sich leicht zur *Ameisensäure* (H–COOH) oxidieren (*formica* (lateinisch) = Ameise).
- Das höhere Homologe dieser Verbindung, das Ethanal (CH_3–CHO), wird fast ausschließlich *Acetaldehyd* genannt. Grund ist die chemische Verwandtschaft mit der Essigsäure CH_3–COOH, deren Salze ja *Acetate* genannt werden.

Bitte sprechen Sie diese Verbindung »Acet-aldehyd« aus, und nicht etwa »Acetal-dehyd«, auch wenn man das fälschlicherweise immer wieder hört: Mit der Stoffklasse der Acetale, zu der wir gleich kommen, hat diese Verbindung nicht das Geringste zu tun …

- Das einfachste Keton, das Propanon, wird praktisch ausschließlich *Aceton* genannt. Die Laborjargon-Nomenklaturvariante »Dimethylketon« ist *völlig* unüblich, und da es beim Propanon nur eine Position gibt, an der sich die Carbonylgruppe befinden kann (sonst wäre es ja ein Aldehyd!), schreiben Sie auch nicht 2-Propanon. (Diese bei Raumtemperatur flüssige Verbindung wird häufig als Lösemittel verwendet – im Labor ebenso wie in Nagellackentfernern und Fensterputzmitteln.)

BEISPIEL

Unter den IUPAC-Namen dieser verschiedenen Carbonylverbindungen mit der Summenformel $C_5H_{10}O$ ist gegebenenfalls kursiv die Laborjargon-Bezeichnung angegeben, darunter in Klammern der (Halb-)Trivialname.

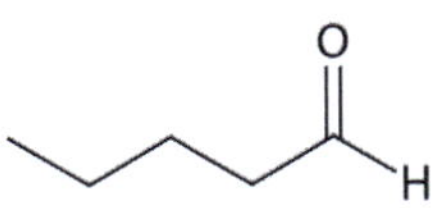

Pentanal

(Valeraldehyd)

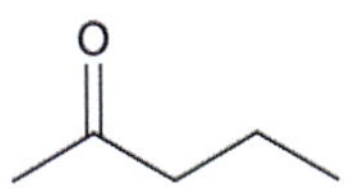

2-Pentanon

Methylpropylketon

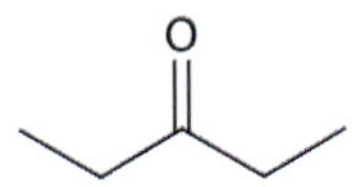

3-Pentanon

Diethylketon

(Propion)

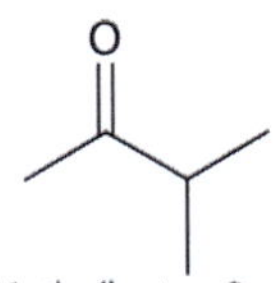

3-Methylbutan-2-on

Isopropylmethylketon

Wegen der Polarität der Carbonylgruppe weisen entsprechende Verbindungen relativ hohe Schmelz- und Siedepunkte auf. Allerdings können weder Aldehyde noch Ketone Wasserstoffbrückenbindungen ausbilden, daher ist dieser Effekt deutlich weniger ausgeprägt als bei den Alkoholen oder (erst recht) den Carbonsäuren.

Verständlicherweise ist der positiv polarisierte Kohlenstoff der Carbonylgruppe recht leicht nucleophil angreifbar. Da dieses C-Atom zudem mit dem Sauerstoff über eine *Doppelbindung* verknüpft ist und somit bislang nur drei Bindungspartner besitzt, besteht auch die Möglichkeit zu *Additions*reaktionen. Abbildung 40.3a zeigt die nucleophile Addition eines Alkohols (hier: Ethanol) an ein beliebiges Keton (hier: Aceton). Diese Additionsreaktion führt zur Stoffklasse der **Halbacetale**. Unter Säurekatalyse lässt sich das Halbacetal mit einem zweiten Alkohol-Molekül zum **Vollacetal** verethern (b); Vollacetale besitzen beachtliche Bedeutung in der Synthese-Chemie (dazu mehr in Kapitel 42; Halb- und Vollacetale sehen Sie auch in Teil IX wieder).

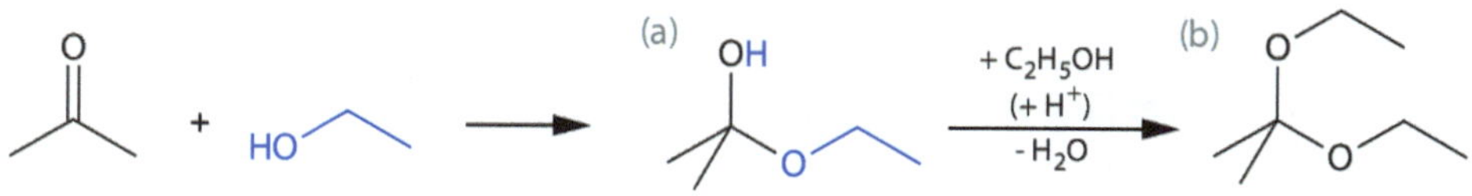

Abbildung 40.3: Umsetzung eines Ketons zum (a) Halbacetal und zum (b) Vollacetal

Den Mechanismus der Halbacetalbildung zeigt Abbildung 40.4: Eines der freien Elektronenpaare des Alkohol-Sauerstoffs greift den positiv polarisierten Carbonyl-Kohlenstoff nucleophil an. Dabei entsteht eine Zwischenstufe (a), die ein positiv *und* ein negativ geladenes Zentrum aufweist. Diese Zwischenstufe ist verständlicherweise sehr energiereich: Der Ladungsausgleich erfolgt, indem das H-Atom am protonierten Alkohol (farblich markiert) zum negativ geladenen Sauerstoff umgelagert wird (b).

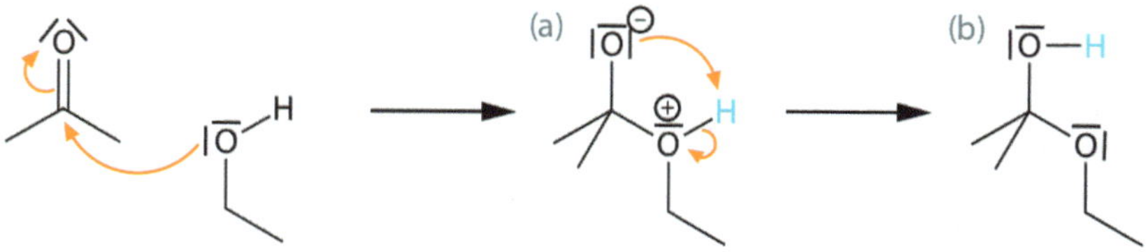

Abbildung 40.4: Mechanismus der Addition zum Halbacetal

Gemäß Chemie-Lego® sollten Sie vermuten, dass an die Stelle von Sauerstoff auch Schwefel treten kann: Diese heißen dann *Thioacetale*. Vergleichbare Additionsreaktionen erfolgen auch mit anderen Nucleophilen, etwa Ammoniak oder 1°-/2°-Aminen (*siehe* Kapitel 39) – die heißen *Aminale*.

Wozu Nachbarn einen treiben können! – Die Aldol-Reaktion

Ein Kohlenstoff-Atom, das nicht unmittelbar mit einem Sauerstoff verbunden ist, sondern sich nur in unmittelbarer Nachbarschaft zu einer Carbonylgruppe befindet, kann dadurch in seinem chemischen Verhalten drastisch verändert werden. Ist an ein C-Atom in α-Stellung zu einer Carbonylgruppe ein Wasserstoff-Atom gebunden, tritt Keto-Enol-Tautomerie auf (Abbildung 40.5a; das Phänomen kennen Sie schon aus Kapitel 37). Zur Erinnerung: Bei der Tautomerie handelt es sich um ein echtes chemisches Gleichgewicht, das *keinesfalls* mit der Mesomerie gleichgesetzt werden sollte – bei der Tautomerie *verändert das H-Atom tatsächlich seine Position!* Wie sehr das Gleichgewicht auf der Seite der Enol-Form liegt, hängt vom jeweiligen Molekül ab, und somit von den Möglichkeiten, »Energie zu sparen«. Beim Aceton (a) überwiegt die Keto-Form bei Weitem (weniger als 0,0003 % aller Moleküle liegen in der Enol-Form vor), während bei Acetylaceton (b) die Lage gänzlich anders geartet ist: Hier überwiegt die Enol-Form im Verhältnis 4:1 – die zweite mögliche Enol-Form (in Klammern angegeben) tritt allerdings so gut wie überhaupt nicht auf.

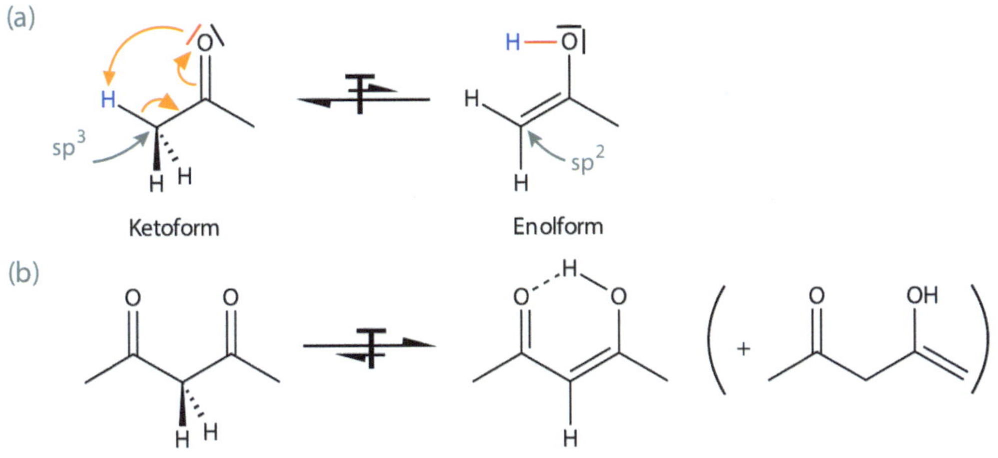

Abbildung 40.5: Keto-Enol-Tautomerie an (a) Aceton und (b) Acetylaceton

Dafür gibt es gleich mehrere Gründe:

- ✔ Egal, ob die »linke« oder die »rechte« Carbonylgruppe des Moleküls an der Enolisierung beteiligt ist, es ergibt sich die gleiche Enol-Form.
- ✔ Die durch die Enolisierung entstehende C–C-Doppelbindung befindet sich in Konjugation zur anderen Carbonylgruppe, also wird *Delokalisationsenergie* frei.
- ✔ Der Hydroxo-Wasserstoff der Enol-Form kann eine *Wasserstoffbrückenbindung* mit dem Keto-Sauerstoff-Atom eingehen, was die Enol-Form weiter stabilisiert.

Die durch die Enolisierung entstehende OH-Gruppe lässt sich (mit einer hinreichend starken Base) natürlich auch deprotonieren, sodass ein *Enol<u>at</u>-Ion* (meist kurz als **Enolat** bezeichnet) entsteht. Damit wird jedoch die Enol-Form dem Keto-Enol-Gleichgewicht entzogen, also muss weiteres Enol nachgebildet werden, das dann wiederum deprotoniert wird, und so weiter. (Erinnern Sie sich noch an das Prinzip von Le Chatelier?) Letztendlich liegt ein Großteil des Reaktants als Enolat vor (Abbildung 40.6). Bei diesem Enolat befindet sich die negative Ladung am Sauerstoff-Atom jedoch in umittelbarer Nachbarschaft zu einer Doppelbindung, also ist auch hier *Resonanz* möglich: Das Enolat-Ion lässt sich mit mesomeren Grenzformeln darstellen, aus denen ersichtlich wird, dass zumindest ein Teil der negativen Ladung auch am α-C-Atom der Carbonylgruppe lokalisiert ist. Entsprechend kann dieses Enolat sowohl über den negativ polarisierten Sauerstoff (a) als auch über den negativ polarisierten Kohlenstoff (b) als Nucleophil fungieren.

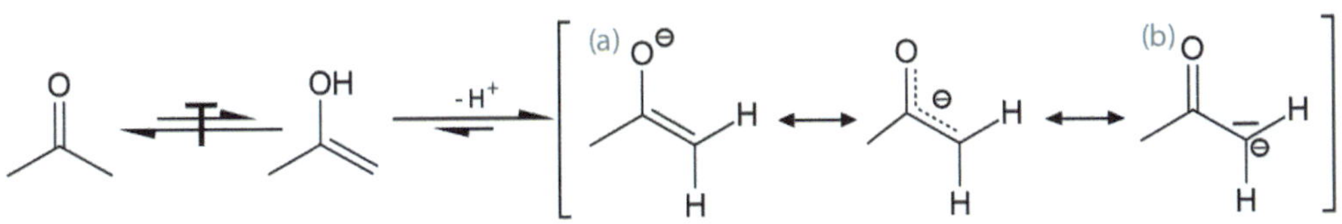

Abbildung 40.6: Enol und Enolat

Betrachtet man in Abbildung 40.6 nur den Ausgangsstoff (Aceton) und die mesomere Grenzformel des Produkts, bei der die negative Ladung am C-Atom lokalisiert ist (b), wird hier eine Methylgruppe in α-Stellung zu einer Carbonylgruppe durch Baseneinfluss deprotoniert. Insofern ist es völlig legitim, bei enolisierbaren Verbindungen von **CH-Acidität** zu sprechen. Je nach Beständigkeit der Enol-Form ist diese Acidität unterschiedlich ausgeprägt:

- ✔ pK_S(Aceton) = 20
- ✔ pK_S(Acetylaceton) = 9 (also um 11 Zehnerpotenzen saurer als Aceton!)

Letztendlich liegt ein mesomeriestabilisiertes Anion vor (Abbildung 40.7a).

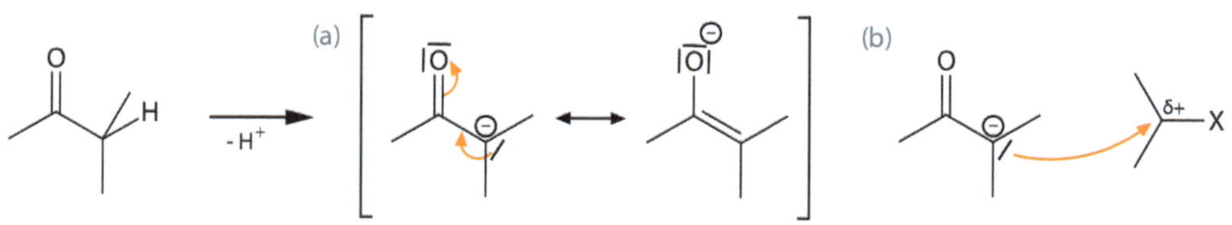

Abbildung 40.7: CH-Acidität und ihr Einfluss auf das Reaktionsverhalten

Gemäß dem HSAB-Konzept (aus Kapitel 25) steht zu erwarten, dass die Wechselwirkung eines solchen Enolats mit einer Verbindung mit positiv polarisiertem C-Atom über den (negativ polarisierten) *Kohlenstoff* erfolgen wird (b; dabei steht -X für einen beliebigen Substituenten, der die Ladungsdichte am benachbarten Kohlenstoff-Atom herabsetzt). Auf diese Weise wird eine neue C–C-Bindung erzeugt.

Zum ersten Mal beschrieben wurde diese Art der Reaktion, nachdem in ein Vorratsgefäß eines Aldehyds Spuren einer Base geraten waren (Abbildung 40.8 zeigt exemplarisch die Reaktion mit Propanal). Das Produkt dieser Reaktion weist sowohl eine **Ald**ehyd- als auch eine Alkoh**ol**-Funktion auf, daher wird sie als **Aldol-Reaktion** bezeichnet. Hin und wieder findet sich auch die Bezeichnung *Aldol-Addition*, weil sich (unter Basenkatalyse) zwei Moleküle vereinigen.

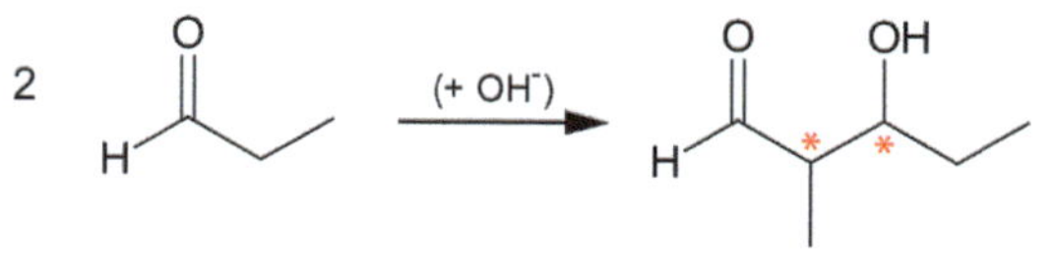

Abbildung 40.8: Aldol-Addition von Propanal

Wegen der OH-Gruppe in β-Stellung zur Carbonylgruppe gehört das Reaktionsprodukt zur Stoffklasse der β-Hydroxycarbonylverbindungen.

Betrachten Sie den dahinterstehenden Mechanismus genauer (Abbildung 40.9), stellen Sie fest, dass zunächst ein durch Baseneinwirkung entstandenes Carbanion (die sogenannte **Methylenkomponente**; denken Sie an Abbildung 40.6b!) den positiv polarisierten Carbonyl-Kohlenstoff einer undeprotonierten Carbonylverbindung (die **Carbonylkomponente**) angreift (*siehe* Abbildung 40.7b). Im Zuge der Knüpfung einer neuen C–C-Bindung (farblich hervorgehoben) wird der sp^2-hybridisierte Kohlenstoff der Carbonylkomponente nach sp^3 umhybridisiert.

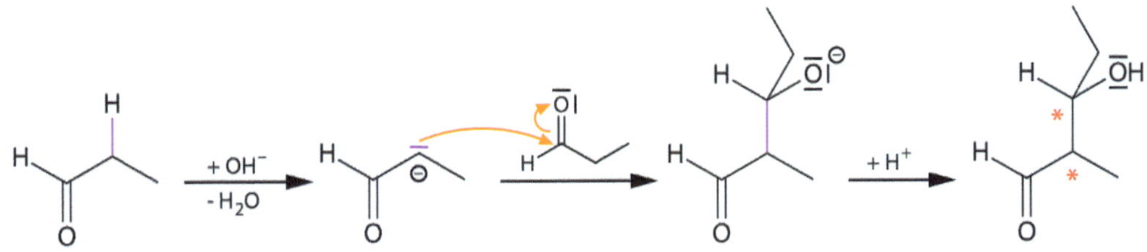

Abbildung 40.9: Mechanismus der Aldol-Addition

Je nach Substituenten können dadurch neue Chiralitätszentren entstehen (in der Abbildung durch die üblichen Sterne markiert). Die negative Ladung der carbanionischen Methylenkomponente wird dabei auf den ehemaligen Keto-Sauerstoff der Carbonylkomponente übertragen.

Zum Abschluss der Reaktion stabilisiert sich das Produkt, indem es ein Proton aus der Lösung aufnimmt. (Irgendwo muss das Proton ja schließlich abgeblieben sein, das die Base dem ersten Aldehyd abgerissen hat, um das Enolat überhaupt zu erzeugen!)

- ✔ Die **Methylenkomponente** stellt das *Nucleophil* dar, das durch seine negative Ladung über die Elektronen verfügt, die zur Knüpfung einer neuen Bindung erforderlich sind.
- ✔ Die **Carbonylkomponente** wird am positiv polarisierten Zentrum nucleophil angegriffen. Hier kann gegebenenfalls ein neues Chiralitätszentrum entstehen.

Chiralität aus dem Nichts?

Wird ein Carbonyl-Kohlenstoff nucleophil angegriffen und die beiden Substituenten am Carbonyl-Kohlenstoff sind nicht identisch (was beispielsweise für sämtliche Aldehyde gilt), so bewirkt die Einführung eines vierten, von den anderen drei Substituenten verschiedenen Bindungspartners und die damit einhergehende Umhybridisierung nach sp^3 die Entstehung eines neuen Chiralitätszentrums. Da aber der nucleophile Angriff – weil ein sp^2-hybridisiertes Zentrum nun einmal planar koordiniert ist – zunächst einmal rein statistisch von beiden Seiten erfolgen kann, ergibt sich – ebenfalls rein statistisch – ein Gemisch beider möglichen Stereoisomere.

Aber nicht immer: Durch geschickte Wahl der Reaktionsbedingungen, oder wenn Reaktant oder Reaktionspartner ohnehin schon chiral sind, kann

- ✔ die Entstehung des einen oder anderen Stereoisomers *bevorzugt* sein (dann verläuft die Reaktion **stereoselektiv**) *oder sogar*
- ✔ *ausschließlich* eines der beiden möglichen Produkte entstehen (dann haben wir es mit einer **stereospezifischen** Reaktion zu tun.

Auch wenn wir uns an dieser Stelle nicht mit den Feinheiten der Stereochemie in der Synthese auseinandersetzen wollen (zur Synthese »an sich« kommen wir erst in Kapitel 42), ist es doch sinnvoll, sich wenigstens ein bisschen genauer mit derlei Verbindungen zu befassen, bei denen sich so ein Chiralitätszentrum einführen lässt.

Moleküle, in denen ein sp^2-Zentrum mit drei unterschiedlichen Substituenten vorliegt, heißen **prochiral** – die Chiralität ist sozusagen »schon vorbereitet«.

Wie bereits erwähnt, kann der Angriff des Elektrophils bei dem planar koordinierten prochiralen Zentrum von beiden Seiten erfolgen: Dass sich dann, je nachdem, von welcher Seite der Angriff nun tatsächlich erfolgt, Produkte mit genau entgegengesetzter Konfiguration des neu erzeugten Chiralitätszentrums ergeben, sollte einleuchten.

Besaß die Ausgangsverbindung zuvor kein Chiralitätszentrum, führt die Einführung eines vierten Bindungspartners zu einem Enantiomerenpaar; allgemein werden dann die beiden Seiten des Moleküls als **enantiotop** bezeichnet.

Wies die Ausgangsverbindung bereits mindestens ein Chiralitätszentrum auf, ergeben sich durch die Einführung eines weiteren Chiralitätszentrums natürlich keine Enantiomere, sondern *Diastereomere* (diesen Unterschied kennen Sie schon aus Kapitel 36); in einem solchen Fall sind das die beiden **diastereotopen** Seiten des Moleküls.

Die beiden enantiotopen oder diastereotopen Seiten eines Moleküls mit einem prochiralen Zentrum werden dann in ähnlicher Weise eindeutig benannt, wie wir das bei Chiralitätszentren zu tun pflegen. Dabei kommen wieder die CIP-Regeln zum Einsatz, die Sie ebenfalls schon in Kapitel 36 kennengelernt haben. Wir legen das Prochiralitätszentrum in die Ebene und ordnen den drei Bindungspartnern des zentralen Atoms die gewohnten CIP-Prioritäten zu (a):

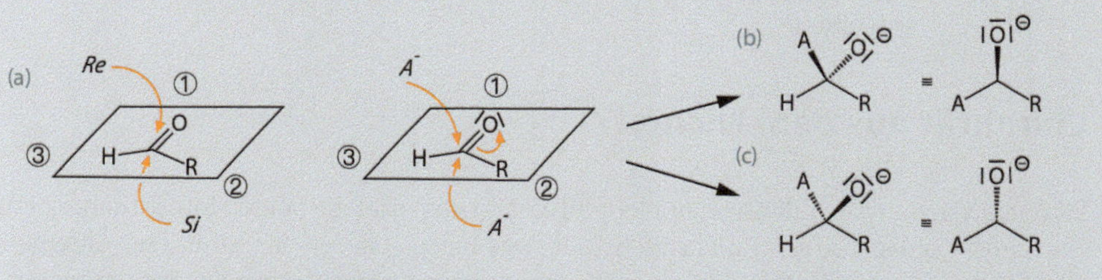

- Nimmt die Priorität der drei Substituenten 1 bis 3 in der gewählten Ebene im Uhrzeigersinn ab, blicken wir »von oben« auf die ***Re*-Seite** des Moleküls.

  Der Angriff eines nucleophilen Angreifers A^- auf die *Re*-Seite des Moleküls würde dann dazu führen, dass bei dieser Orientierung des Moleküls der Angreifer-Substituent in der Keilstrichformel am Ende aus der Papierebene herausragt (b).

- Betrachten wir es nun »von unten«, nimmt die Priorität der Substituenten gegen den Uhrzeigersinn ab; dann schauen wir also gerade auf die ***Si*-Seite**.

  Kommt Angreifer A^- von der Unterseite des Moleküls, bei der hier gewählten Orientierung der *Si*-Seite des Moleküls, weist die zugehörige neu geknüpfte Bindung dann in der Keilstrichformel letztendlich nach hinten (c).

Dass die Bezeichnungen *Re-* und *Si-* frappierende Ähnlichkeit mit den Bezeichnungen *R-* und *S-* besitzen, ist natürlich beabsichtigt. *Achtung, hier droht ein beliebter Fehler*: Bitte glauben Sie nicht, ein auf der *Re*-Seite eines prochiralen Zentrums erfolgender Angriff führe unweigerlich zu einem *R*-konfigurierten Produkt.

Nehmen wir uns ein Beispiel vor: Orientieren wir Propanal (C_2H_5-CHO) auf der Papierebene so, wie in der nachfolgenden Abbildung dargestellt (a), blicken wir »von oben« auf die *Si*-Seite des Moleküls, denn die Prioritätenreihenfolge nach CIP ist O > C_2H_5 > H. Nun schauen wir uns an, zu welcher Stereochemie ein nucleophiler Angriff durch A^- auf die *Si*-Seite des Reaktanten führt: Wie oben erwähnt, ragt der Neuankömmling unter den Bindungspartnern des vormals prochiralen Carbonyl-Kohlenstoffs nun aus der Papierebene heraus (b). Natürlich können Sie das Molekül nun nach Herzenslust drehen und beispielsweise den neuen Substituenten am jetzt sp^3-hybridisierten C-Atom in die Papierebene bringen; dann ist es der Alkoholat-Sauerstoff, der aus der Papierebene herausragt (c).

Aber um nun die absolute Konfiguration des neu entstandenen Chiralitätszentrums zu bestimmen, benötigen wir die Prioritätenreihenfolge für alle vier Bindungspartner. Schauen wir uns an, was sich ergibt, wenn der Angriff auf Propanal (a) durch ein Amid-Ion (NH_2^-, b) oder ein Chlorid-Ion (Cl^-, b) erfolgt:

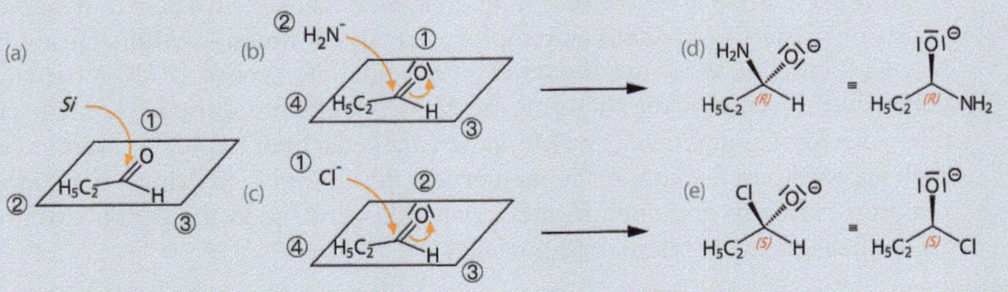

- ✔ Beim Amid gilt: O > N > C > H, also ist das Chiralitätszentrum nach einem *Si*-Seiten-Angriff auf Propanal *(R)*-konfiguriert (d).
- ✔ Beim Chlorid hingegen gilt: Cl > O > C > H; hier ergibt sich bei einem Angriff auf die *Si*-Seite dann *(S)*-Konfiguration (e).

Die absolute Konfiguration des Produkts, das sich bei einem *Re-* oder *Si*-Seiten-Angriff ergibt, hängt also von den Prioritäten sowohl der drei Bindungspartner am Prochiralitätszentrum ab als auch von der Priorität des neu hinzukommenden Bindungspartners, also des nucleophilen Angreifers.

Bei prochiralen Zentren handelt es sich *meist* um einen sp^2-hybridisierten Kohlenstoff; es *kann* aber auch ein Hetero-Atom sein – das allerdings würde hier zu weit führen.

Aldol-Kondensation

Befindet sich in α-Position zu dem Kohlenstoff-Atom, das jetzt eine OH-Gruppe trägt, ein weiteres Wasserstoff-Atom (der Übersichtlichkeit halber in Abbildung 40.10 explizit angegeben), kann sich dieses Molekül durch Wasserabspaltung noch weiter stabilisieren.

Da bei dieser Reaktion pro Produkt-Molekül ein Äquivalent Wasser entsteht, wird diese Form der Aldol-Reaktion als **Aldol-Kondensation** bezeichnet.

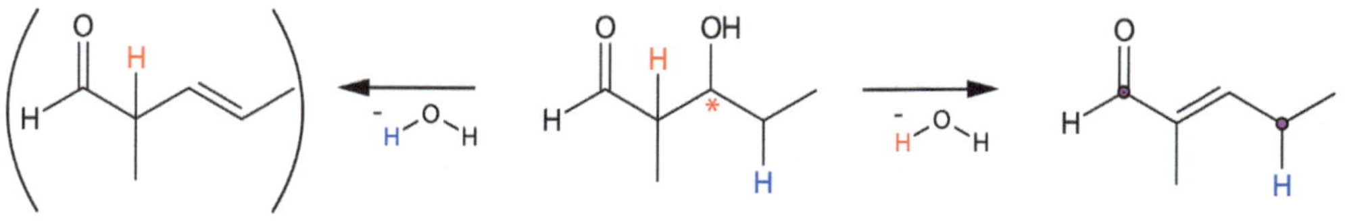

Abbildung 40.10: Aldol-Kondensation

Verständlicherweise ist es energetisch deutlich günstiger, wenn sich die bei dieser Eliminierung entstehende Doppelbindung in *Konjugation* zur Carbonylgruppe befindet (*siehe* Kapitel 37). Wenn also die Möglichkeit besteht (was in Abbildung 40.10 der Fall ist), entstehen daher bevorzugt *α,β-ungesättigte Produkte* durch Abspaltung eines Wasserstoff-Atoms in *α*-Stellung zur Carbonylgruppe.

Eine solche Reaktion kann nicht nur mit Aldehyden ablaufen, sondern auch mit Ketonen – das Reaktionsprinzip bleibt gleich. Natürlich stellt sich dann unweigerlich die Frage, ob auch eine *gekreuzte* Aldol-Reaktion zwischen einem Aldehyd und einem Keton möglich ist. – Aber ja! In einem solchen Fall wird meist der *Aldehyd* als *Carbonylkomponente* fungieren, weil das Aldehyd-C-Atom stärker positiv polarisiert (und damit elektrophiler) ist als ein Keton-C-Atom. Grund ist der aus Kapitel 36 vertraute *Induktive Effekt*: Ein ketonisches C-Atom hat *zwei* Kohlenstoff-Nachbarn, die ein wenig mit Elektronendichte aushelfen können, ein aldehydisches C nur *einen*. (Im *Nur für Streber* gedachten Kapitel 42 werden Sie noch viele weitere Reaktionen kennenlernen, die alle auf dem Prinzip der Aldol-Reaktion basieren, und auch in der Biochemie wird Ihnen die Aldol-Reaktion wieder begegnen, vor allem in Kapitel 48.)

Stereochemie bei der Aldol-Kondensation

Wird beim *Additionsschritt* der Aldol-Reaktion ein neues Chiralitätszentrum erzeugt, wirkt sich das verständlicherweise auf den Reaktionsverlauf des *Eliminierungs*schritts der Kondensation aus: Je nach absoluter Konfiguration entsteht dann das Produkt mit *(E)*-konfigurierter oder *(Z)*-konfigurierter Doppelbindung – Abbildung 40.10 zeigt das Produkt mit *(E)*-Konfiguration.

Auch hier gelten die Prioritätsregeln nach CIP (aus Kapitel 36), und ein C-Atom mit – doppelt gebundenem – O hat nun einmal eine höhere Priorität als ein schnöder Methyl-Rest.

Dazu kommt, dass *vor* der Eliminierung auch der *α*-Kohlenstoff der *Methylen*komponente ein Chiralitätszentrum darstellen kann – das wirkt sich dann ebenfalls auf den stereochemischen Verlauf der nachfolgenden Eliminierung aus. Es würde allerdings den Rahmen einer Einführung in die OC bei Weitem sprengen, den *Substituenteneinfluss* bei derartigen Reaktionen angemessen zu behandeln. (Für Interessierte seien nur die Cram-Regel und das Felkin-Anh-Modell erwähnt – das sollte die Suche in der Fachliteratur erleichtern.)

Das Vinylogie-Prinzip

Wenn Sie sich eine beliebige *α,β*-ungesättigte Carbonylverbindung etwas genauer anschauen (Abbildung 40.11a), erkennen Sie, dass sich hier eine C–C- und eine C–O-Doppelbindung *in Konjugation* befinden. Also ist es auch möglich, mesomere Grenzformeln dazu aufzustellen.

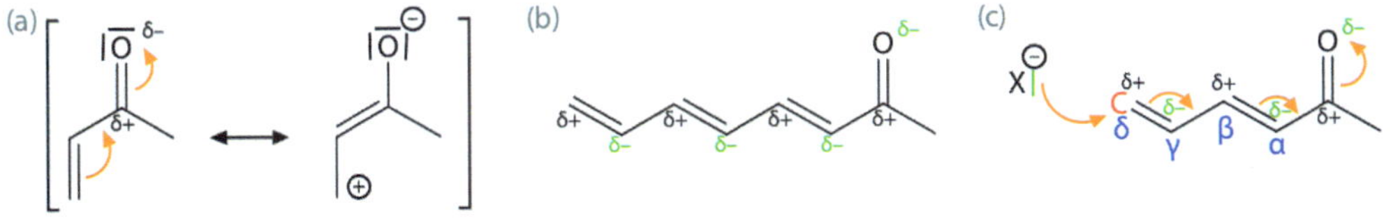

Abbildung 40.11: Polarisation an vinylogen Positionen

Dann wird sofort ersichtlich, dass aufgrund der Konjugation nicht nur der Carbonyl-Kohlenstoff selbst positiv polarisiert ist, sondern *auch der Kohlenstoff in β-Position*. Diese Position bezeichnet man, wenn sie Bestandteil einer Doppelbindung ist, als *Vinyl-Stellung* zur Carbonylgruppe (analog zur Vinylgruppe aus Kapitel 37). Dass sich in Vinyl-Stellung eines polarisierten Zentrums die gleiche Polarisation findet, wird als das **Vinylogie-Prinzip** bezeichnet .

Allerdings geht dieses Prinzip noch über die *β*-Position hinaus, denn aufgrund der bereits aus (a) bekannten Mesomerie alternieren bei einer konjugierten Kette mit entsprechendem Substituenten stets positive und negative Polarisation (b). Ein »vinyloger« Angriff kann also auch an der *δ*-Position einer Verbindung wie (c) erfolgen.

Das hieß schon immer so! – Trivialnamen

Da zahlreiche organische Verbindungen bereits sehr lange bekannt sind, haben sie häufig Eigennamen erhalten. Solche *Trivialnamen* können unterschiedlichen Ursprungs sein:

- ✔ Viele Verbindungen sind nach ihrer Herkunft benannt: Das *Vanillin* beispielsweise wurde zum ersten Mal aus der Gewürzvanille (*Vanilla planifolia*) isoliert.
- ✔ Bei manchen Molekülen wäre es einfach zu aufwendig, im Alltag den systematischen Namen zu verwenden: Vor allem bei Biomolekülen, zum Beispiel den verschiedenen Chlorophyllen (dem Blattgrün), würden Sie sich den Mund fusselig reden.
- ✔ Auch bei manchen einfachen Verbindungen ist der Trivialname üblich: Aceton (Propanon) oder Glycerin (1,2,3-Propantriol) *müssen* Sie kennen.
- ✔ Und manche Substanzen sind einfach schon *sehr*, sehr lange bekannt: Bitte bedenken Sie, dass auch »Wasser« nur ein Trivialname ist! Systematisch müsste das Oxid des Wasserstoffs wahlweise als Wasserstoffoxid oder Oxidan bezeichnet werden. (Bei manchen Eigennamen macht aber selbst die IUPAC eine Ausnahme. Niemand wird Ihnen mangelndes Chemie-Verständnis vorwerfen, bloß weil Sie »Ammoniak« sagen, statt das Nitrid des Wasserstoffs systematisch als »Azan« zu bezeichnen.)

Jetzt ist er sauer

Die funktionelle Gruppe der Carbonsäuren – die Kombination einer *Carbonylgruppe mit einer Hydroxygruppe* –COOH (in englischsprachigen Lehrbüchern meist $-CO_2H$ dargestellt) – wird als **Carboxygruppe** bezeichnet (auch die ältere Bezeichnung *Carboxylfunktion* ist noch gebräuchlich). Diese Gruppe ermöglicht es einem Molekül, im BRØNSTED'schen Sinne als Säure zu fungieren (also als Protonen-Donator). Dabei wirkt sich natürlich aus, welche Substituenten sich an dem Atom unmittelbar neben der Carboxygruppe befinden:

- ✔ Je stärker diese anderen Substituenten R^1–R^3 durch –*I*- und/oder –*M*-Effekt Elektronen ziehende Wirkung ausüben, umso weniger Ladungsdichte steht für die O–H-Bindung der Carboxylfunktion zur Verfügung. Entsprechend steigert das die O–H-Acidität der Säure (Abbildung 40.12).
- ✔ Dass es die Acidität auch steigert, wenn sich eine Carboxygruppe in unmittelbarer Nachbarschaft zu einem aromatischen System befindet (b), lässt sich durch die *Mesomerie* erklären: Die negative Ladung, die sich durch die Deprotonierung ergibt, wird über das gesamte Ringsystem delokalisiert; das senkt die Ladungsdichte an der **Carboxylat**-Gruppe, und das wiederum ist energetisch günstig. (Dass eine deprotonierte Carboxygruppe, $-COO^-$, einen beachtlichen +*M*-Effekt besitzt, sollte klar sein; falls nicht: zurück zu Kapitel 38!)
- ✔ Trägt der Ring noch Substituenten mit –*M*-Effekt, steigert das die Acidität noch (kein Wunder: Die Ladungsdichte kann ja dann noch weiter delokalisiert werden – oder kurz: Es lassen sich weitere mesomere Grenzformeln aufstellen): Die *o*-Nitrobenzoesäure (c) ist mit $pK_S = 2{,}22$ gleich um zwei Zehnerpotenzen (also hundertmal!) saurer als ihr unsubstituiertes Gegenstück (b).
- ✔ Dass sich auch–*I*-Substituenten aciditätssteigernd auswirken, sehen Sie deutlich an den pK_S-Werten der Chloressigsäure (d) und Trichloressigsäure (e).

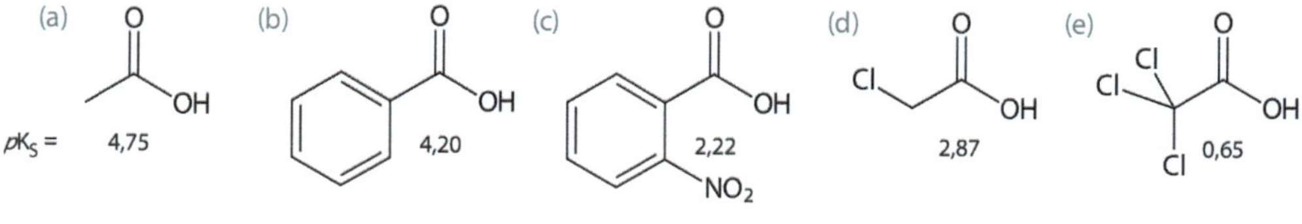

Abbildung 40.12: OH-Acidität (un-)substituierter Carbonsäuren

Zur Benennung derartiger Verbindungen gibt es zwei verschiedene Systeme, die nahezu gleichwertig nebeneinanderstehen:

- ✔ Gemäß der IUPAC gehört das (zur Carboxylfunktion oxidierte) Kohlenstoff-Atom zur Stammverbindung, die dann die Endung **säure** erhält.
- ✔ Gemäß der (heutzutage nicht mehr empfohlenen) *radikofunktionellen* Nomenklatur wird die –COOH-Gruppe als Substituent der Stammverbindung aufgefasst, der damit die Endung **carbonsäure** zukommt. (Das in Abbildung 40.12a dargestellte Molekül heißt also entweder Ethansäure oder wird, als Methan-Derivat aufgefasst, Methancarbonsäure genannt. Eindeutig ist beides.)

- ✔ Aus historischen Gründen besitzen zahlreiche Carbonsäuren Trivialnamen, die nach wie vor verwendet werden. Die müssen Sie leider auswendig lernen (dass die Verbindung aus Abbildung 40.12a Essigsäure heißt, kann ja niemand ahnen). Die Eigennamen der wichtigsten Carbonsäuren finden Sie in Tabelle 40.1 im Kasten *Leidig, aber notwendig: Trivialnamen von Carbonsäuren.*

Die hohe Polarität der Carboxygruppe sorgt für noch stärkere intermolekulare Wechselwirkungen als bei den Alkoholen. Aus diesem Grund liegt beispielsweise der Siedepunkt von Essigsäure mit 118 °C deutlich oberhalb des Siedepunkts von Ethanol (78 °C); viele Carbonsäuren liegen bei Raumtemperatur sogar als Feststoffe vor.

Leidig, aber notwendig: Trivialnamen von Carbonsäuren

Viele Carbonsäuren spielen auch in der Biochemie eine Rolle (dazu mehr in Teil IX), und mit diesem Fachgebiet befassen sich eben nicht nur Chemiker, sondern auch Biologen und so manche anderen. Daher haben sich die historisch begründeten Trivialnamen über die Fachgrenzen hinweggesetzt und bis heute erhalten. Und gemeinerweise gibt es dann auch noch einige Säuren, bei denen das Anion wieder einen eigenen Namen besitzt: Beim Namen »Essigsäure« (CH_3COOH; systematisch: Ethansäure oder Methancarbonsäure) ist es nicht logisch, dass das Anion (CH_3COO^-) *Acetat* heißt. Es wird Ihnen nichts anderes übrig bleiben, als diese Namen auswendig zu lernen.

Formel	Systematisch	Trivialname / *Name des Anions*	Namensherkunft *(Anmerkungen)*
HCOOH	Methansäure	Ameisensäure *Formiat*	von lateinisch *formica* = Ameise
CH_3COOH	Ethansäure	Essigsäure *Acetat*	von lateinisch *acidum aceticum* = Essig
C_2H_5COOH	Propansäure	Propionsäure *Propionat*	
C_3H_9COOH	Butansäure	Buttersäure *Butyrat*	Geruch von ranziger Butter *(echt widerlich!)*
$C_4H_{11}COOH$	Pentansäure	Valeriansäure *Valerat*	isoliert aus Baldrian (lateinisch *valeriana officinalis*)
$C_5H_{13}COOH$	Hexansäure	Capronsäure *Capronat*	lateinisch *capra* = Ziege (Geruchsähnlichkeit)
C_6H_5COOH	Benzencarbonsäure	Benzoesäure *Benzoat*	*Ausgesprochen Benzo-e-säure;* Name von der IUPAC anerkannt

Tabelle 40.1: Trivialnamen ausgewählter Carbonsäuren

In dieser Tabelle finden sich wirklich bloß die allerwichtigsten mit recht kurzer Kette. Vor allem in der Biochemie sind auch längerkettige, gegebenenfalls ungesättigte Carbonsäuren von Bedeutung; mehr in Kapitel 47.

Gleich mehrmals sauer: Oligosäuren

Natürlich kann ein beliebiges Molekül auch mehr als nur *eine* Säurefunktion aufweisen; dies führt zu *Di-* oder sogar **Oligocarbonsäuren**, bei denen ebenfalls die von der IUPAC empfohlene Benennung gleichwertig neben der radikofunktionellen Nomenklatur verwendet wird. Und auch hier gibt es wieder zahlreiche Trivialnamen, die Sie beherrschen sollten (Tabelle 40.2 im Kasten *Die wichtigsten Dicarbonsäuren und ihre Eigennamen*).

Die wichtigsten Dicarbonsäuren und ihre Eigennamen

Genau wie bei den einfachen Carbonsäuren haben sich auch bei den Säuren mit mehr als einer Carboxylfunktion historisch begründete Namen gehalten. Hier nur die wichtigsten:

Formel	Systematisch	Trivialname / *Name des Anions*	Namensherkunft *(Anmerkungen)*
HOOC-COOH	Ethandisäure	Oxalsäure *Oxalat*	aus dem Sauerklee (*Oxalis acetosella*)
HOOC-CH_2-COOH	Propandisäure	Malonsäure *Malonat*	aus Äpfeln isoliert (von lateinisch *malus* = Apfel)
HOOC-$(CH_2)_2$-COOH	Butandisäure	Bernsteinsäure *Succinat*	durch Erhitzen von Bernstein gewonnen (die Anionen werden »Suk-zinat« ausgesprochen)
HOOC-$(CH_2)_3$-COOH	Pentandisäure	Glutarsäure *Glutarat*	
HOOC-$(CH_2)_4$-COOH	Hexandisäure	Adipinsäure *Adipat*	
(*Z*)-HOOC-CH=CH-COOH	(*Z*)-Butendisäure	Maleinsäure *Maleat*	das Anion wird auch *Maleinat* genannt
(*E*)-HOOC-CH=CH-COOH	(*E*)-Butendisäure	Fumarsäure *Fumarat*	aus dem Kraut *Fumaria officinalis*
o-$C_6H_4(COOH)_2$	1,2-Benzendicarbonsäure	Phthalsäure *Phthalat*	erstmalig aus einem Derivat des Kohlenwasserstoffs Na*phthal*in synthetisiert
p-$C_6H_4(COOH)_2$	1,4-Benzendicarbonsäure	Terephthalsäure *Terephthalat*	

Tabelle 40.2: Trivialnamen ausgewählter Dicarbonsäuren

Genau wie bei mehrprotonigen Mineralsäuren ist auch bei Oligocarbonsäuren die Tendenz zur doppelten (oder gar dreifachen) Dissoziation deutlich weniger stark ausgeprägt. Dazu kommen intramolekulare Effekte. Vergleichen Sie die verschiedenen Dicarbonsäuren aus Abbildung 40.13: Die Oxalsäure (a) ist deutlich acider als die Malonsäure (b), weil bei Ersterer der Elektronen ziehende Effekt der benachbarten Carboxygruppe zum Tragen kommt. Phthalsäure (c) und Terephthalsäure (d) unterscheiden sich in ihrer Dissoziationstendenz, weil sich bei der 1,2-Benzendicarbonsäure das resultierende Anion über eine Wasserstoffbrückenbindung stabilisieren kann, während das bei der 1,4-Benzendicarbonsäure nicht der Fall ist.

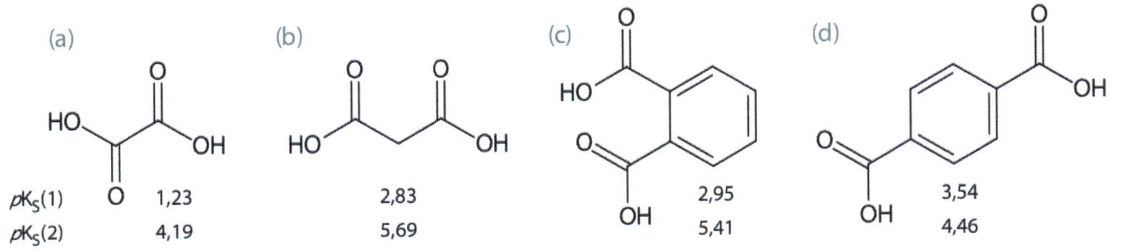

Abbildung 40.13: OH-Acidität von Dicarbonsäuren

Sauer und mehr: Hydroxysäuren und anderes

Von besonderer physiologischer Bedeutung sind die **Hydroxycarbonsäuren** (häufig nur als *Hydroxysäuren* bezeichnet). Hier liegt sowohl eine *Carboxygruppe* als auch (mindestens) eine *zusätzliche Hydroxylfunktion* vor. Derartige Verbindungen sind in der Biochemie von immenser Bedeutung, und auch hier gibt es wieder zahlreiche Trivialnamen zu pauken. (Tabelle 40.3 nennt Ihnen die wichtigsten.)

Den Hydroxysäuren strukturell sehr ähnlich sind die *Aminosäuren*, in denen anstelle der –OH-Gruppe eine Aminogruppe ($-NH_2$) auftritt und bei denen die H-Atome natürlich auch durch andere Substituenten ersetzt werden können (mehr über Aminosäuren erfahren Sie in Kapitel 46).

Hydroxysäuren, die Sie kennen sollten

Hydroxysäuren spielen in der Chemie eine wichtige Rolle, insbesondere in der Biochemie (mehr dazu in Teil IX). Natürlich gibt es fast unüberschaubar viele Vertreter dieser Stoffklasse (die historisch auch als *Oxysäuren* bezeichnet werden), aber wenigstens mit dieser kleinen Auswahl sollten Sie vertraut sein.

Formel	Systematisch	Trivialname / *Name des Anions*	Namensherkunft *(Anmerkungen)*
CH_3-C*H(OH)-COOH	2-Hydroxypropansäure	Milchsäure *Lactat*	von lateinisch *acidum lacticum* = Milchsäure
HOOC-CH_2-C*H(OH)-COOH	2-Hydroxybutan-1,4-disäure	Äpfelsäure *Malat*	Nicht mit Malonsäure / dem Maleat-Ion verwechseln!
HOOC-C*H(OH)-C*H(OH)COOH	2,3-Dihydroxybutan-disäure	Weinsäure *Tartrat*	von lateinisch *tartaricum* = Wein- oder Kesselstein
C_6H_5C*H(OH)COOH	Hydroxyphenylethan-säure	Mandelsäure *Mandelat*	aus Bittermandelextrakt gewonnen
o-HOC_6H_4COOH	2-Hydroxybenzen-carbonsäure	Salicylsäure *Salicylat*	aus der Weidenrinde isoliert (*Salix spec.*)
C(OH)(COOH)(CH_2-COOH)$_2$	2-Hydroxypropan-1,2,3-tricarbonsäure	Citronensäure *Citrat*	aus Zitronensaft isoliert

Tabelle 40.3: Trivialnamen ausgewählter Hydroxycarbonsäuren

Mit einem * gekennzeichnete C-Atome stellen *Chiralitätszentren* dar; auf die Stereochemie soll hier nicht weiter eingegangen werden.

Ganz schön ähnlich: Säurederivate

Der formale Austausch der Hydroxygruppe des –COOH-Fragments durch andere Substituenten –X, deren Elektronegativität ebenfalls höher ist als die des betrachteten Carboxyl-Kohlenstoffs, führt zu Carbonsäure-Derivaten mit der allgemeinen Summenformel R–COX (Abbildung 40.14).

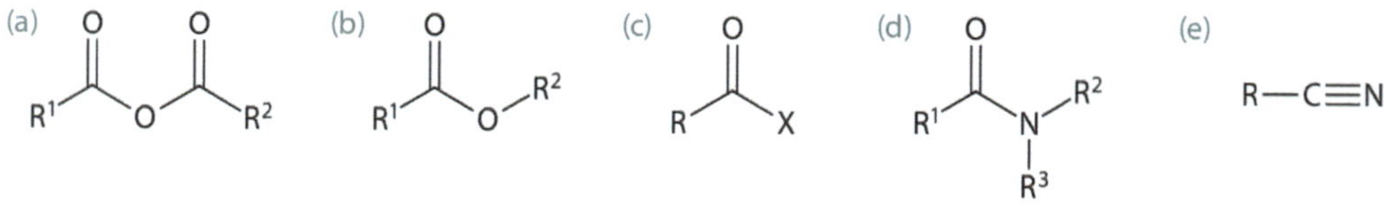

Abbildung 40.14: Derivate der Carbonsäuren

Säureanhydride (Abbildung 40.14a) sind Ihnen bereits aus Kapitel 29 bekannt; es sollte Sie nicht überraschen, dass auch zwei Carbonsäuren gemeinsam ein Anhydrid bilden können (ist $R^1 \neq R^2$, liegt ein *gemischtes Anhydrid* vor). Die Benennung erfolgt durch alphabetische Nennung der beteiligten Carbonsäuren und die Endung **anhydrid**.

Ester (Abbildung 40.14b) als Kondensationsprodukt einer Säure und eines Alkohols kennen Sie ebenfalls schon (aus Kapitel 39). Allerdings wurden dort nur die Ester anorganischer Säuren erwähnt (*siehe* Abbildung 39.7). Prinzipiell gilt alles bislang Dargelegte auch für Carbonsäuren. Auch hier kann natürlich $R^1 \neq R^2$ sein.

Die Entstehung der Ester – etwas genauer unter die Lupe genommen

Der Mechanismus der Veresterung hängt von der Acidität der beteiligten Säure ab. Während Ester der (recht bis sehr stark sauren) Mineralsäuren unter Spaltung der C–O-Bindung entstehen, erfolgt sie bei den meist deutlich weniger aggressiven Carbonsäuren unter *Spaltung der O–H-Bindung*, denn hier wird im ersten Schritt nicht die OH-Gruppe des Alkohols protoniert: Ein Großteil der positiven Ladungsdichte landet beim *Carbonylsauerstoff* der Säure. Das intermediär vorliegende, doppelt hydroxylierte Carbokation (a) ist mesomeriestabilisiert und wird über das freie Elektronenpaar des Alkohols nucleophil angegriffen. Nach Abspaltung des überschüssigen Protons liegt ein Orthocarbonsäuremonoester vor (b; zu Orthosäuren *siehe* Kapitel 31), der dann durch Wasserabspaltung in den eigentlichen Ester (c) übergeht.

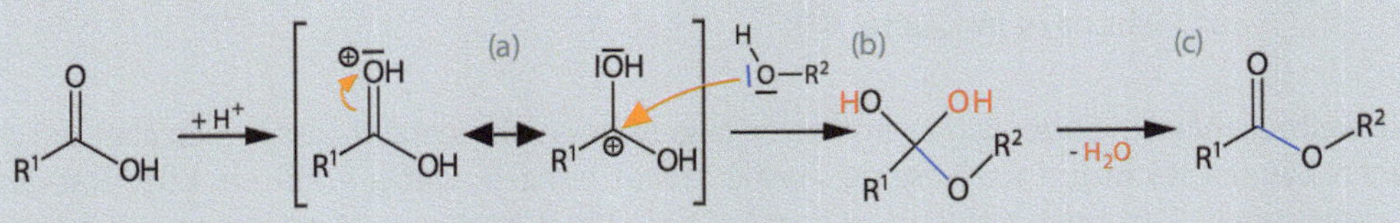

Dieser letzte Schritt erfordert erneute Protonierung; aus diesem Grund wird die gezielte Estersynthese im Labor meist auch unter Säurekatalyse durchgeführt.

Auch für Ester gibt es zwei verschiedene Benennungsmethoden:

- ✔ Klassische Organiker nennen erst die Säure, dann den beteiligten Alkohol und versehen das Resultat mit der Endung **ester**: Die Ester aus Abbildung 40.15 heißen dann (a) Essigsäureethylester und (b) Buttersäuremethylester.
- ✔ Vor allem in der Biochemie und Biologie ist es eher üblich, die Verbindungen wie Salze aufzufassen (nur theoretisch, natürlich!). Sie werden benannt, als bestünden sie aus einem Kation (= dem Alkohol) und einem Anion (= der Säure). Damit heißt der Ester aus Abbildung 40.15a *Ethylacetat* und der aus Abbildung 40.15b *Methylbutyrat*.

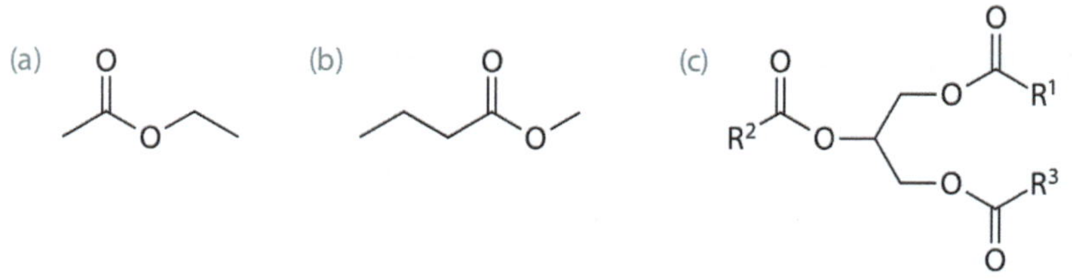

Abbildung 40.15: Ester zweier einwertiger (a, b) und eines mehrwertigen Alkohols (c)

Die Stoffklasse der Ester ist sehr wichtig: Essigsäureethylester (Abbildung 40.15a) beispielsweise stellt ein wichtiges Lösemittel dar (und riecht charakteristisch »nach Klebstoff«). Viele Ester sind recht leicht flüchtig (das ist kaum verwunderlich, sie können ja untereinander keine Wasserstoffbrückenbindungen eingehen) und werden häufig als Duft- oder Aromastoffe eingesetzt: *Buttersäuremethylester* (b) etwa dient in Parfums als Apfelaroma, der Ethylester der gleichen Säure duftet nach Ananas. Derartige Verbindungen meist recht kurzkettiger Alkohole mit meist nicht allzu langkettigen einfachen Carbonsäuren sind auch für die charakteristischen Aromen im Weizenbier und manchen Whisk(e)ys verantwortlich – vornehmlich ist da der Essigsäureester des *iso*-Amylalkohols (3-Methyl-1-butanol) zu nennen: Wer keine Bananen mag, wird auch die wenigsten Whiskys zu schätzen wissen.

Auch mehrwertige Alkohole lassen sich verestern: Die dreifache Veresterung von Glycerin (c; die Säuren *können* identisch sein, müssen es aber nicht) führt zu den *Triglyceriden*, die im menschlichen Stoffwechsel eine wichtige Rolle spielen (etwas mehr dazu in Kapitel 47).

Die weitaus meisten Ester sind zwar Säuren gegenüber recht instabil, lassen sich aber durch Basen/Laugen leicht in ihre Ausgangsbestandteile zerlegen. Dabei greift ein OH^- Ion den (elektrophilen) Carbonyl-Kohlenstoff an (a). (Diese *Verseifung* von Estern kennen Sie bereits aus Abbildung 39.8.)

Carbonsäurehalogenide R-COX (Abbildung 40.14c mit X = F, Cl, Br, I) lassen sich durch Umsetzung von Carbonsäuren mit anorganischen Säurechloriden gewinnen (Abbildung 40.16a; hier kommt das Dichlorid der Schwefelsäure zum Einsatz, bekannt als *Sulfurylchlorid* (SO_2Cl_2); es wandelt Carbonsäuren in deren Chlorid um und reagiert dabei selbst zur Schwefelsäure).

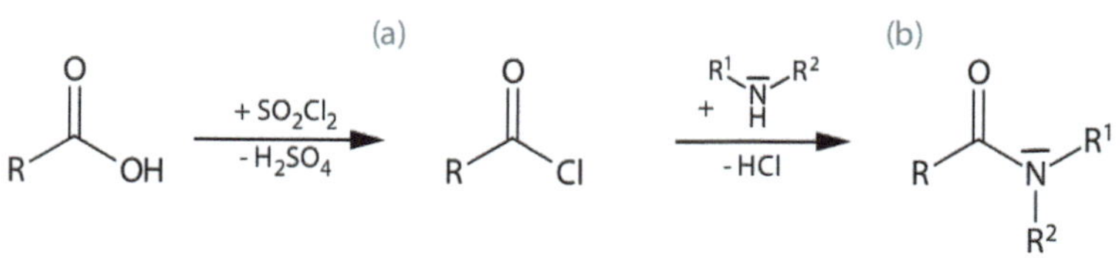

Abbildung 40.16: Säurehalogenide (a) und Säureamide (b)

Diese in der Synthese wichtigen Verbindungen (darüber erfahren Sie in Kapitel 42 etwas mehr) sind äußerst reaktiv und lassen sich leicht zur freien Carbonsäure und dem entsprechenden Halogenwasserstoff hydrolysieren. Die Benennung dieser Verbindungen erfolgt analog zur Benennung der Ester entweder über die »Variante mit den hypothetischen Ionen« oder über den Namen der Säure selbst: Das Chlorid der Essigsäure heißt *Acetylchlorid* oder Essigsäurechlorid (und sollte keinesfalls mit der Chloressigsäure aus Abbildung 40.12d verwechselt werden!).

Bei Umsetzung mit Ammoniak, 1°- oder 2°-Aminen reagieren Säurehalogenide unter Abspaltung des entsprechenden Halogenwasserstoffs zu **Carbonsäureamiden** (Abbildung 40.16b, auch schon bekannt aus Abbildung 40.14d).

Alternativ lassen sich Amide auch durch Umsetzung der freien Carbonsäure mit einem Amin erzeugen. Allerdings wird dabei das (basische) Amin (R_2NH) zunächst durch die Säure (R'COOH) protoniert; aus dem resultierenden Salz ($R_2NH_2^+$ $R'COO^-$) wird dann durch Erhitzen Wasser ausgetrieben, um das gewünschte Säureamid ($R'COO\text{-}NR_2$) zu erhalten. (Diese nicht gerade schonende Methode ist also nur für temperaturunempfindliche Ausgangsstoffe geeignet.)

Das Wort »Amid« kennen Sie schon aus Kapitel 31: Da war es das Anion, das sich durch Deprotonierung von Ammoniak ergibt (NH_2^-). Nur auf den ersten Blick scheint man in der OC etwas anderes darunter zu verstehen, denn wenn Sie eine Säure (R–COOH) und ein beliebiges 1°- oder 2°-Amin (HNR_2 oder H_2NR) nach Chemie-Lego® zusammenstöpseln und Wasser abspalten lassen, bildet das Amin, wenn es (formal) als Säure fungiert, in der gleichen Weise ein »Amid-Ion« wie Ammoniak:

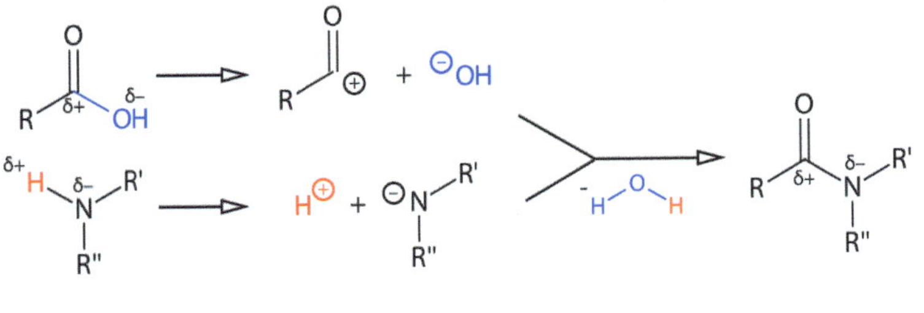

Insofern wird in der OC der Begriff »Amid« gleichzeitig ein wenig enger (Kondensationsprodukt von Ammoniak mit Säure) und weiter (es darf eben auch »substituiertes Ammoniak« sein) gefasst.

Intramolekulares Ringelreihen – Lactone und Lactame

Carbonsäuren, die in hinreichender Entfernung zur Carboxylfunktion zusätzlich über mindestens eine Hydroxygruppe verfügen, können intramolekular unter Wasserabspaltung *cyclische Ester* bilden. Diese werden als **Lactone** bezeichnet. In gleicher Weise entstehen aus entsprechenden Aminosäuren *cyclische Amide*, die als **Lactame** bezeichnet werden.

Bei beiden Stoffklassen erfolgt die Bezeichnung ausgehend vom Stammnamen der jeweiligen Carbonsäure und der Endung *lacton* beziehungsweise *lactam*. Weiterhin wird die Anzahl der C-Atome, die es außer dem Carboxyl-Kohlenstoff im Ring gibt, durch einen griechischen Buchstaben angegeben, wie Sie das bereits von der relativen Positionsbezeichnung (aus Kapitel 37) kennen. $1 = \alpha$; $2 = \beta$; $3 = \gamma$; $4 = \delta$; $5 = \varepsilon$ und so weiter. (Na, sitzt das griechische Alphabet inzwischen?)

In dieser Weise lässt sich 5-Hydroxypentansäure (oder δ-Hydroxyvaleriansäure; a) zum δ-Valerolacton (b; mit einem sechsgliedrigen Ring) umsetzen, während 4-Hydroxypentansäure (oder γ-Hydroxyvaleriansäure, c) zum 4-Methyl-γ-valerolacton (d) reagiert, in dem ein fünfgliedriger Ring vorliegt (4 C-Atome, ein O-Atom) – auf die Stereochemie dieser Reaktion sei hier nicht weiter eingegangen.

Analog dazu bildet 6-Aminohexansäure (ε-Aminocapronsäure, e) das ε-Caprolactam (f): die Vorstufe zum Polyamid Perlon®. Auch aus dem zu (f) analogen Lacton lässt sich ein Kunststoff gewinnen: Der Polyester *Polycaprolacton* ist sogar biologisch abbaubar.

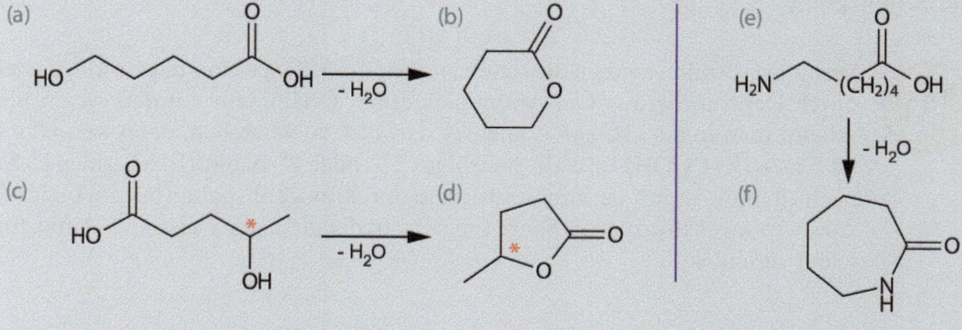

Die korrekte Aussprache dieser Kunststoffe (dazu mehr in Kapitel 52) lautet übrigens »Poly-ester« (mit langem E), nicht etwa »Poll-jester«.

Noch mehr Lego®

Setzen Sie gemäß Abbildung 40.16b als Amin unsubstituiertes Ammoniak ein und bewirken durch Erhitzen die Abspaltung von Wasser, so lässt sich nicht nur das am Stickstoff unsubstituierte Säureamid erhalten, sondern ein Vertreter der nächsten wichtigen Stoffklasse: Wir erhalten ein **Nitril** (Abbildung 40.17a, auch schon bekannt aus Abbildung 40.14e) mit der charakteristischen **Cyanogruppe –CN** (auch *Nitrilgruppe* genannt). Alternativ lassen sich Nitrile auch durch nucleophile Substitution von Alkylhalogeniden erzeugen, wobei als Nucleophile dann Cyanid-Ionen verwendet werden (b; ob Sie das C-Atom der Cyanogruppe –CN in Skelettformeln explizit angeben (wie in b) oder eben nicht (wie in a), ist reine Geschmackssache).

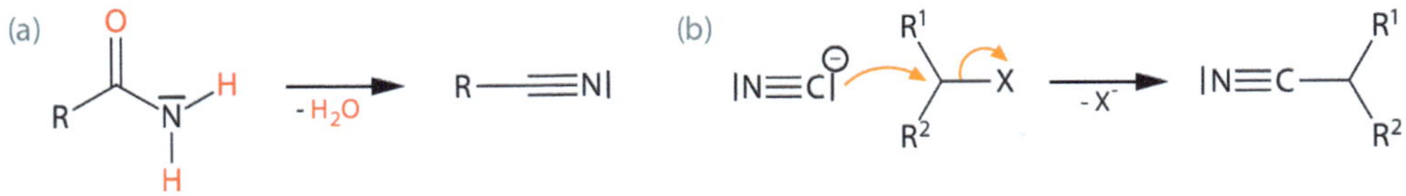

Abbildung 40.17: Synthese von Nitrilen

In Nitrilen liegt wie im Cyanid-Ion (CN^-) eine C–N-Dreifachbindung vor, deswegen werden Nitrile hin und wieder auch als »organische Cyanide« bezeichnet – und das nicht ganz zu Unrecht: Ebenso wie aus cyanidhaltigen Mineralien durch Säureeinwirkung *Blausäure* (HCN) herausgelöst werden kann, gilt das auch für einige in der Natur vorkommende Nitrile – beispielsweise das *Amygdalin*, das in Bittermandeln, aber auch in Apfel- und Aprikosenkernen vorkommt. (Es gibt also einen guten Grund, Apfelkerne nicht mitzuessen. Mutter hatte recht.)

Sukzessive Hydrolyse der Nitrilgruppe führt über das Säureamid zur Carbonsäure (Abbildung 40.18). Zunächst greift Wasser das (positiv polarisierte) C-Atom der Nitrilgruppe nucleophil an. Dabei entsteht unter Ladungsausgleich die instabile *Iminol-Form* des Säureamids (a), die sich über ein **Tautomerie-Gleichgewicht** in die deutlich stabilere *Amid-Form* (b) umwandelt. Die Hydrolyse des Amids zur Säure (c) erfolgt dann über weitere Zwischenschritte (hier nicht dargestellt).

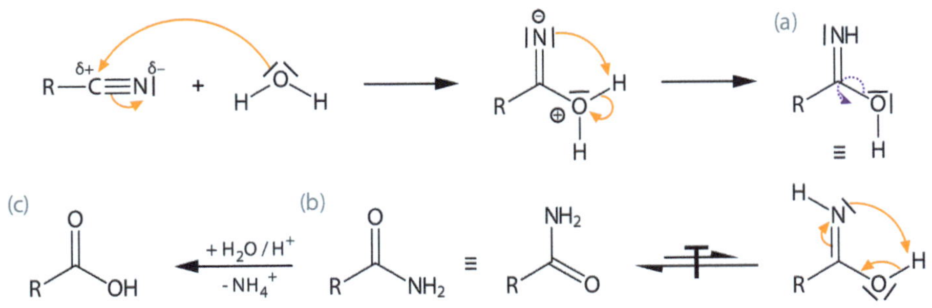

Abbildung 40.18: Hydrolyse von Nitrilen

Falls Sie gerade spontan an das *Keto-Enol-Gleichgewicht* gedacht haben (Abbildung 37.17), liegen Sie richtig: Hier geschieht effektiv das Gleiche.

Die Namen von Nitrilen leiten sich von den Carbonsäuren ab, zu denen sie sich hydrolysieren lassen – dabei können Sie sich vom IUPAC-Namen der Säure oder vom Trivialnamen des Anions der Säure leiten lassen:

- ✔ Gehen Sie vom IUPAC-Namen aus, wird an den Namen der Säure (bei der die Endung *säure* natürlich wegfällt) die Endung **nitril** gehängt.

- Dann heißt das von der Essigsäure (Ethansäure, CH_3COOH) abgeleitete Nitril (CH_3CN) *Ethannitril*, das von Propionsäure (Propansäure, C_2H_5COOH) abgeleitete entsprechend *Propannitril* (C_2H_5CN).

✔ Alternativ können Sie an den Trivialnamen des Anions der entsprechenden Säure die Endung *at* durch die Endung **onitril** ersetzen.

- Damit heißen die beiden Verbindungen dann *Acetonitril* und *Propionitril.*

Wieder einmal stehen beide Benennungsmöglichkeiten gleichwertig nebeneinander; im Labor ist die von den Trivialnamen abgeleitete Methode aber gebräuchlicher.

Acetonitril ist ein wichtiges, leidlich polares aprotisches Lösemittel, das sehr angenehm duftet, aber leider nicht sonderlich gesund ist. Trotzdem wird es im Labor nach wie vor sehr häufig verwendet.

Auch wenn die Imin*ol*-Form eines Säureamids (Abbildung 40.18a) nicht beständig ist, gibt es trotzdem die Stoffklasse der **Imine**: Hierbei handelt es sich um die Kondensationsprodukte von Carbonylverbindungen mit Ammoniak, die das charakteristische Strukturelement –C=NH auszeichnet (Abbildung 40.19; nach dem Chemie-Lego®-Ansatz wird das O-Fragment einer Carbonylverbindung gegen ein NH-Fragment ausgetauscht).

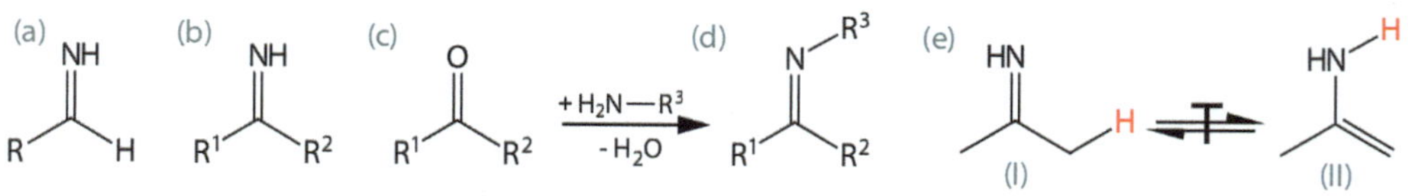

Abbildung 40.19: Imine (a–d) und die Enamin-Imin-Tautomerie (e)

Mit Aldehyden erhalten Sie **Aldimine** (a), mit Ketonen entsprechend **Ketimine** (b). Führen Sie diese Reaktion nicht mit Ammoniak, sondern mit einem 1°-Amin durch (c), gelangen Sie zur Stoffklasse der **Azomethine** (d), die nach ihrem Entdecker Hugo Schiff auch *Schiff'sche Basen* genannt werden. R^1 und/oder R^2 können durchaus einfach (je) ein Wasserstoff-Atom sein, es lassen sich, wie oben bereits erwähnt, auch *Aldehyde* zu Schiff'schen Basen umsetzen.

Analog zu entsprechenden Carbonylverbindungen zeigen auch Imine mit (mindestens) einem H-Atom in α-Stellung zur C=N-Doppelbindung *Tautomerie* (Abbildung 40.19e). Hier werden die **Imin**-Form (I) und die **Enamin**-Form (II) unterschieden.

Chemie-Lego® mit Kohlensäure und Aminen

Spielen Sie Chemie-Lego® mit der Kohlensäure (a) und 1°- oder 2°-Aminen (oder auch dem Ammoniak selbst, dann ist $R^1 = R^2 = H$), lassen sich noch ganz andere Stoffklassen herbeizaubern: Natürlich führt die doppelte Kondensationsreaktion zu einem *Diamid der Kohlensäure* (b; sind $R^1 = R^2 = H$, diese Verbindung ist *Harnstoff* – erinnern Sie sich an den Anfang dieses Buchteils?). Aber was, wenn nur *eine* der beiden OH-Gruppen diese Reaktion eingeht? – Das resultierende *Monoamid der Kohlensäure* (c) wird auch **Carbamidsäure** genannt.

- ✔ Liegt am N als Substituent nur H vor, ist diese Verbindung instabil und zerfällt wieder zu Ammoniak und Kohlendioxid.
- ✔ In Abhängigkeit von den Substituenten R^1 und R^2 können Carbamidsäuren allerdings recht stabil sein und entsprechend »ganz normal« als Säuren fungieren (die zugehörigen Anionen heißen *Carbamate*).

Natürlich lässt sich die Carboxyl-Funktion der Carbamidsäure auch verestern (d): Das führt dann zur Grundstruktur der **Urethane**, einer Stoffklasse, zu der auch zahlreiche Kunststoffe und Kunstharze gehören (denken Sie an Polyurethan oder PU-Schaum).

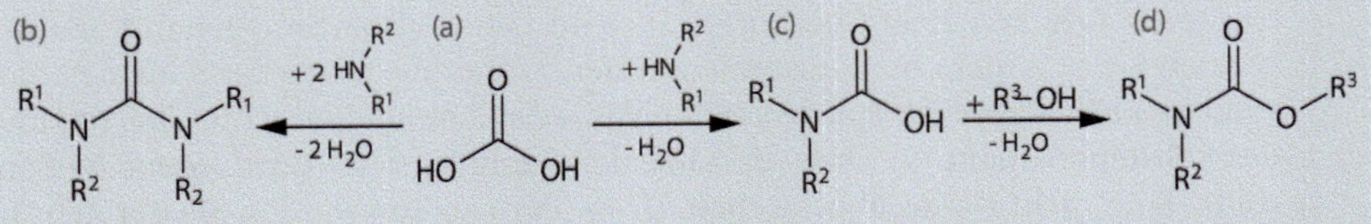

Und *bitte* nennen Sie diese Verbindungen nicht »Ur-Ethane«, das sind *keine* historischen Vorläufer von C_2H_6!

Nichts hält ewig: *β*-Ketocarbonsäuren

Freie *β*-Ketocarbonsäuren (also Carbonsäuren mit einer Ketogruppe in *β*-Stellung zur Carboxygruppe, im OC- und Biochemie-Laborjargon meist nur *β-Ketosäuren* genannt) sind nicht beständig (anders als deren Ester) – sie spalten CO_2 ab (auf Schlau: sie *decarboxylieren*) und gehen dabei in ein Methylketon über (Abbildung 40.20). Dahinter steckt wieder einmal die Keto-Enol-Tautomerie. Betrachten Sie den dahinterstehenden Mechanismus, zeigt sich erneut ein cyclischer Übergangszustand, an dem auch wieder sechs Elektronen beteiligt sind – derartige Reaktionen werden Ihnen in der Synthese-Chemie (in Kapitel 42) ebenso wiederbegegnen wie in der Biochemie (Teil IX dieses Buches).

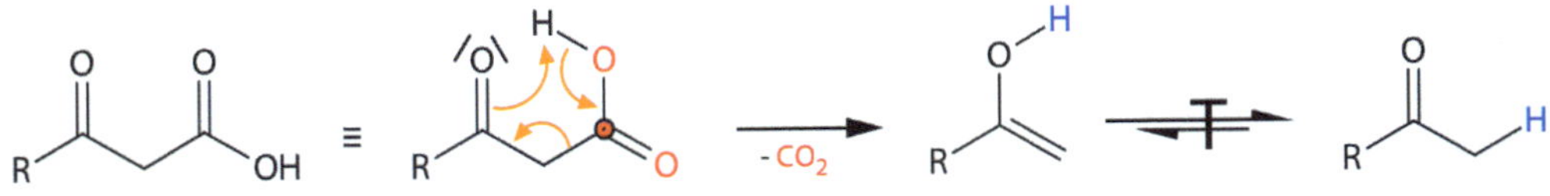

Abbildung 40.20: Decarboxylierung von *β*-Ketocarbonsäuren

Im direkten Vergleich sind *α*-Ketocarbonsäuren weniger empfindlich, was die Decarboxylierung betrifft. Einige *α*-Ketocarbonsäuren werden Sie im nächsten Teil des Buches wiedersehen – vor allem die *Brenztraubensäure* (Abbildung 40.21a) und die *Oxalessigsäure* (b), denn diese Moleküle sind im Stoffwechsel von immenser Bedeutung. Bitte beachten Sie, dass die

α-Ketocarbonsäure Oxalessigsäure zugleich auch eine β-Ketosäure ist, daher decarboxyliert sie leicht zur Brenztraubensäure (a).

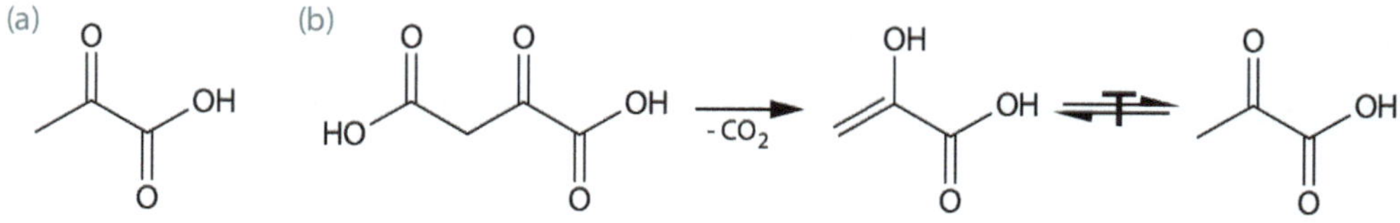

Abbildung 40.21: Ausgewählte α-Ketocarbonsäuren

Natürlich tragen die Anionen dieser Säuren auch hier wieder Eigennamen, aber diesmal sind sie sogar fast nachvollziehbar: Die Bezeichnung *Pyruvate* für die Salze der Brenztraubensäure leiten sich vom griechischen *πυρο*, (*pyro* = Feuer, Hitze) ab, und *uva* ist lateinisch für »Traube«. Wenn Sie jetzt noch wissen, dass trockenes Erhitzen einer Substanz früher im Labor »Brenzen« genannt wurde, können Sie sich nicht nur zusammenreimen, woher die Säure ihren Namen hat, sondern auch, dass ausnahmsweise der Name des Anions eine echte Übersetzung des Substanznamens ist. Dass die Salze der Oxalessigsäure *Oxalacetate* heißen, sollte dann nicht weiter überraschen. (Dem Pyruvat-Ion werden Sie übrigens in Teil IX dieses Buches recht häufig wiederbegegnen.)

Das Kind bekommt einen Namen – Teil 2: Prioritäten bei der Organischen Nomenklatur

In den Übungsaufgaben zu den vorangegangenen Kapiteln von Teil VIII wurden Sie mehrmals darauf hingewiesen, dass *Substituenten* bei der Nummerierung der Atome eines Gerüsts eine *geringere* Bedeutung zukommt als Mehrfachbindungen, während *funktionelle Gruppen*, die zu einer Veränderung des Namens-Endes führen, eine *noch höhere* Priorität genießen. Damit das Ganze nicht so willkürlich wirkt (das ist es nämlich nicht!), schauen wir uns nun die Prioritäten-Reihenfolge der verschiedenen funktionellen Gruppen an. Tabelle 40.4 gibt Ihnen – als Übersicht – zu den verschiedenen Stoffklassen nicht nur das jeweils entscheidende Strukturelement an, sondern verrät Ihnen auch die jeweilige zugehörige Endung. Manche dieser funktionellen Gruppen werden nach der *Substitutionsnomenklatur* auch wie Substituenten behandelt: Zumindest bei den Gruppen, bei denen das besonders häufig geschieht, wollen wir Ihnen die entsprechenden Präfixe nicht vorenthalten.

Die Priorität der funktionellen Gruppen nimmt dabei von oben nach unten immer weiter ab.

Bei funktionellen Gruppen, die selbst ein *Kohlenstoff*-Atom enthalten, gibt es stets zwei Möglichkeiten:

- ✔ Sie können das C-Atom als Bestandteil des Molekül-Stamms ansehen *oder*
- ✔ als Bestandteil der funktionellen Gruppe.

Ist mehr als eine Benennungsmöglichkeit genannt, gehört die *zweit*erwähnte Endung zu der Variante, die das C-Atom der funktionellen Gruppe als Bestandteil des Molekül-*Stamms* ansieht. Beide Benennungen sind absolut gleichwertig; Sie werden sehen, dass manche Lehrtexte die eine Variante vorziehen, andere wiederum die andere. Entsprechend gelten für Tabelle 40.4 die folgenden Abkürzungen:

- ✔ R-Stamm steht für den Stammnamen des R-Substituenten (etwa das Ethan-Grundgerüst von Ethanol),
- ✔ *R-Rest* für einen Molekül-*Rest, dem dann die Endung yl zukommt* (etwa den Ethyl-Rest im Ethylchlorid, CH_3-CH_2-Cl).
- ✔ **R*-Stamm** schließlich steht für den Stammnamen des Substituenten R, *bei dem das zusätzliche C-Atom aus der funktionellen Gruppe mitgezählt wurde.*
- ✔ Dass für R–, R'– und gegebenenfalls R"– jeweils die systematischen Namen der zugehörigen Reste zu nennen sind, versteht sich hoffentlich von selbst. Die Namen dieser Reste sind alphabetisch zu sortieren; sind zwei oder mehrere dieser Reste identisch, kommen wieder die üblichen griechischen Zahlenpräfixe zum Einsatz.

BEISPIEL

- ✔ So könnte man die Essigsäure (CH_3–COOH) rein IUPAC-systematisch entweder als *Methancarbonsäure* (R = CH_3–) oder als *Ethansäure* (R* = CH_3–C) bezeichnen.
- ✔ Die *Propionsäure* (Trivialname für CH_3–CH_2–COOH) ist entweder die *Ethancarbonsäure* (R = C_2H_5–) oder die *Propansäure* (R=*C_2H_5–C).
- ✔ Der Ester, der bei der Reaktion von Essigsäure und Ethanol entsteht, ist der *Essigsäureethylester* (oder, streng nach IUPAC der *Ethansäureethylester*).
- ✔ Ein Ether mit einem Methyl- und einem Ethyl-Rest ist (alphabetisch) als *Ethylmethylether* zu bezeichnen.
- ✔ Ein Stickstoff-Atom mit drei Methyl-Resten ist entsprechend das *Trimethylamin.*
- ✔ Bei den Nitrilen kommen sehr gern Halbtrivialnamen zum Einsatz: So wird das CH_3-C ≡ N meist weder Ethannitril noch Methancarbonitril genannt, sondern *Acetonitril.* Im »Chemie-Alltag« werden Sie sich rasch an diese Gepflogenheiten gewöhnen.

Selbst bei komplizierten Molekülen sollte Ihnen diese Prioritätenliste gute Dienste leisten.

Stoffklasse	Funktionelle Gruppe	Endung	Als Substituent
Carbonsäure	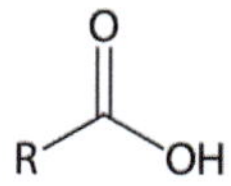	(R-Stamm)carbonsäure / (**R*-Stamm**)säure	
Ester	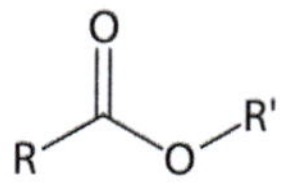	(**R*-Stamm**)säure-(*R'-Rest*)ylester	
Säurehalogenid	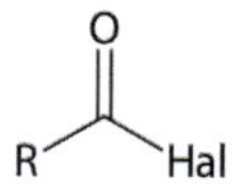	(*R-Rest*)ylhalogenid	
Säureamid	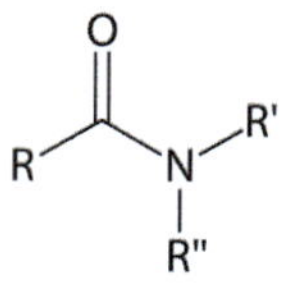	(R-Stamm)säure-*N,N*-(*R'-Rest*)yl(*R"-Rest*)ylamid	
Nitril	R—C≡N	(R-Stamm)säurenitril (auch: (R-Stamm)-carbonitril) / (**R*-Stamm**)nitril	Cyano-
Aldehyd	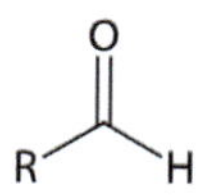	(R-Stamm)-carbaldehyd / (**R*-Stamm**)al	
Keton	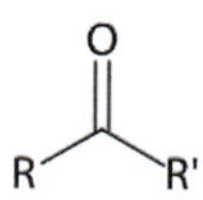	(*R-Rest*)yl(*R'-Rest*)ylketon / (**R*-Stamm**)on	Oxo-
Alkohol	R—OH	(R-Stamm)ol	Hydroxy-
Thiol	R—SH	(R-Stamm)thiol	Mercapto-
Amin	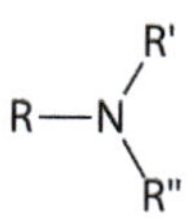	(*R-Rest*)yl(*R'-Rest*)yl (*R"-Rest*)amin	Amino-
Ether	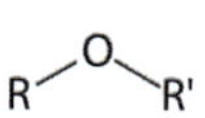	(*R-Rest*)yl(*R'-Rest*)ylether	Oxy-
Alkene	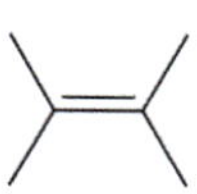	(R-Stamm)en	
Alkane		(R-Stamm)in	

Tabelle 40.4: Prioritätenliste für die Organische Nomenklatur

Aufgaben Kapitel 40

Zum Aufwärmen

1. Benennen Sie systematisch nach IUPAC:

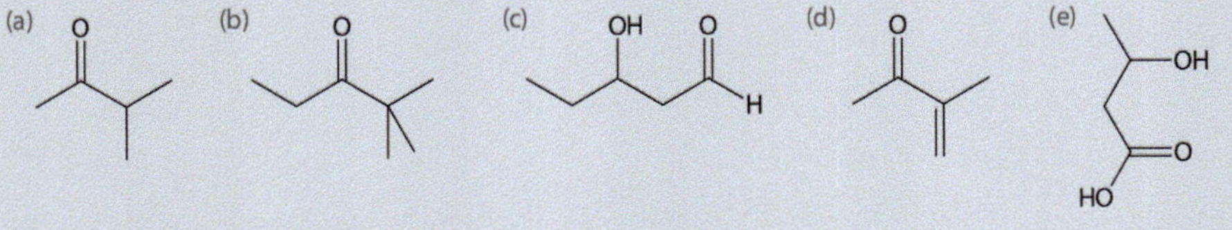

2. Welche der Verbindungen aus Aufgabe 1 zeigen Keto-Enol-Tautomerie? Wo gibt es Chiralitätszentren?

3. Geben Sie Strukturformeln und Namen aller möglichen Oxidationsprodukte von Toluen (Methylbenzen) an, für die *keine* Veränderung am aromatischen Ring erfolgen muss (auch keine Substitution).

Für Fortgeschrittene

4. Welche Strukturformeln gehören zu den systematischen Namen (a) 4-Hydroxybutansäureethylester; (b) 3-Hydroxybuttersäure-*N*,*N*-diethylamid; (c) 3-Aminobutyronitril; (d) 2-Aminopropansäure? Welche dieser Verbindungen weisen ein Chiralitätszentrum auf?

5. Welche Produkte bei der Aldol-Reaktion erwarten Sie bei der Umsetzung von (a) 2-Methylpropanal mit sich selbst; von (b) Aceton mit Acetaldehyd?

6. Welche Verbindung erhält man bei vollständiger Hydrolyse des Produkts einer Reaktion von 3-Methyl-1-chlorbutan mit Kaliumcyanid (KCN, Zyankali)?

IN DIESEM KAPITEL

- gibt es Spielregeln für Grenzorbitale
- vereinigt und trennt man sich
- klappen manche Reaktionen freihändig – ganz ohne π!

Kapitel 41
Alles gleichzeitig: Pericyclische Reaktionen

Nachdem Sie in den vorangegangenen Kapiteln schon die »Elektronenklapperei« kennengelernt haben, sollte es Sie nicht überraschen, dass *durchkonjugierte Oligoene* (also Moleküle mit mehreren in Konjugation befindlichen Doppelbindungen, sodass sich ein linear konjugiertes π-Elektronensystem ergibt) bei entsprechender Anregung auch spontan **Cyclisierungen** (*Ringschluss-Reaktionen*) eingehen können. So cyclisiert 1,3-Butadien bei thermischer oder photochemischer Anregung aus der *cisoiden* Konformation heraus (erinnern Sie sich an Kapitel 37?) zu Cyclobuten (Abbildung 41.1a), während *(Z)*-1,3,5-Hexatrien spontan zu 1,3-Cyclohexadien (b) reagiert. (In beiden Fällen lässt sich auch die Rückreaktion der Cyclisierung herbeiführen, die **Cycloreversion**, deswegen die Gleichgewichtspfeile.)

Erst auf, dann zu: Elektrocyclische Reaktionen

Schon jetzt sei ausdrücklich darauf hingewiesen, dass nach Abschluss der Reaktion zwei Elektronen, die ursprünglich zum *π-Anteil einer Doppelbindung* gehörten, eine neue *σ-Bindung* ausbilden. (Dafür werden die beiden terminalen Kohlenstoff-Atome der Reaktanten (markiert) von sp^2 nach sp^3 umhybridisiert.)

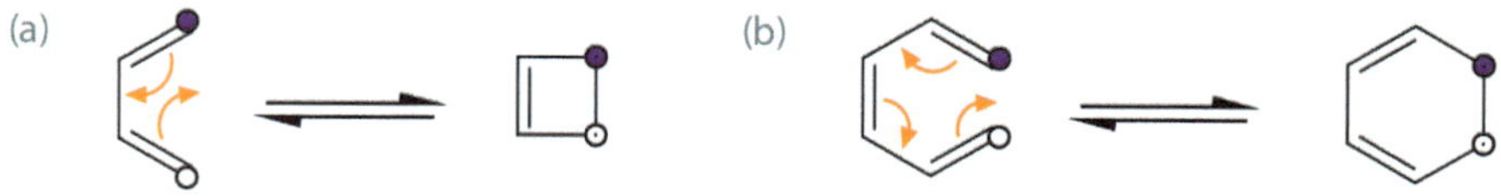

Abbildung 41.1: Elektrocyclische Reaktionen

Bemerkenswert wird es jedoch, wenn die beteiligten Doppelbindungen weitere Substituenten aufweisen, sodass dort die Stereochemie – *(Z)* oder *(E)* – relevant wird (*siehe* Abbildung 41.2). Dann bemerken Sie nämlich gleich mehrerlei Dinge:

✔ Je nach Anregungsart – thermisch (Δ) oder photochemisch (h · ν) – entstehen Produkte mit unterschiedlicher Stereochemie.

✔ Es spielt auch eine Rolle, wie viele π-Elektronen jeweils an der »Klapperei« beteiligt sind: Bei Abbildungen 41.2a/b sind es 4, bei Abbildungen 41.2c/d hingegen 6.

✔ Welche Substituenten vorliegen, ist hingegen gemeinhin nicht von Bedeutung. (Daher sind sie in Abbildung 41.2 einfach durch einen Methyl-Rest symbolisiert – es könnte auch praktisch jeder andere Substituent sein.)

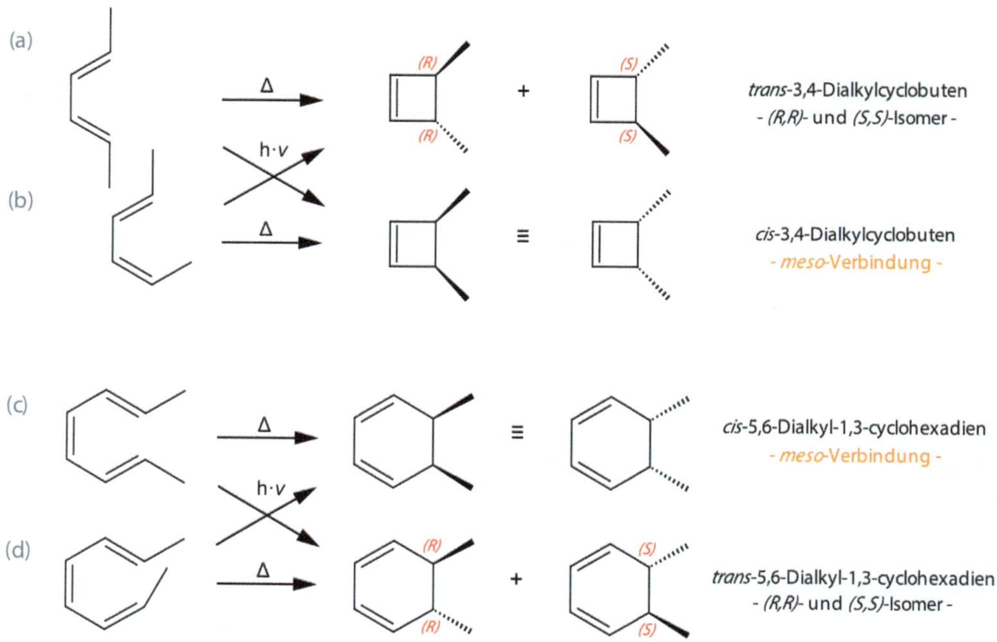

Abbildung 41.2: Cyclisierung von 1,3-Dienen und 1,3,5-Trienen

Welche grundlegenden Prinzipien hier am Werk sind, erkannten 1965 die beiden US-amerikanischen Chemiker Robert B. Woodward und Roald Hoffmann: *Der sterische Verlauf der Reaktion hängt von den Grenzorbitalen ab* (HOMO und LUMO; die kennen Sie schon aus den Kapiteln 12 und 37):

- ✔ Bei *thermisch* induzierter Reaktion befindet sich das Molekül dabei im *Grund*zustand: Die Reaktion erfolgt aus dem **HOMO** heraus.
- ✔ Wird das Molekül jedoch *photochemisch* zur Reaktion angeregt, wirkt sich das auf die Elektronen in den Grenzorbitalen aus: Ein Elektron aus dem HOMO wird in das nächsthöhere Orbital (das bisherige LUMO) angeregt; durch diesen $\pi \rightarrow \pi^*$-Übergang befindet sich das Molekül nun im ersten *angeregten* Zustand, und die Cyclisierung erfolgt aus dem ehemaligen LUMO heraus, das jetzt ein *angeregtes* HOMO ist, ein **HOMO**$^{\neq}$. (Dass es sich um ein *angeregtes* Molekülorbital handelt, verrät das hochgestellte Zeichen »≠«.)

Zur Veranschaulichung der Geschehnisse aus Abbildung 41.2 zeigt Abbildung 41.3 die Grenzorbitale von 1,3-Butadien (a, b) und von 1,3,5-Hexatrien (c, d); die Methylgruppen der Reaktanten aus Abbildung 41.2 wirken sich nicht auf das π-Elektronensystem aus. Für die Reaktionen nicht relevante Molekülorbitale sind verkleinert in Klammern gesetzt. (Falls Sie nicht (mehr) wissen, wie Sie Grenzorbitale konstruieren, schauen Sie in Kapitel 37 nach.)

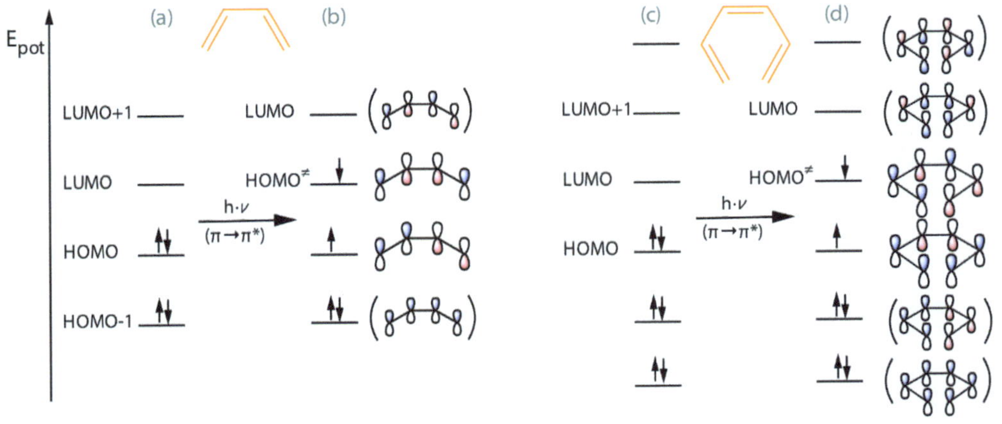

Abbildung 41.3: Grenzorbitale von (a, b) 1,3-Butadien und (c, d) 1,3,5-Hexatrien, jeweils im Grundzustand (a, c) und im ersten angeregten Zustand (b, d).

Betrachten Sie zunächst das 1,3-Butadien (Abbildung 41.4): Damit die beiden endständigen p-Orbitale miteinander in *bindende* Wechselwirkung treten können, müssen sie in unterschiedlicher Weise gegeneinander verdreht werden.

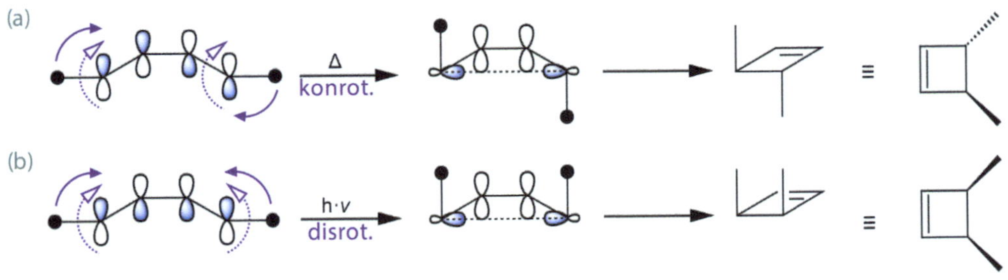

Abbildung 41.4: Konrotatorischer (a) und disrotatorischer (b) Ringschluss am 1,3-Dien

- ✔ Bei der Reaktion »aus dem HOMO heraus« (Abbildung 41.4a) kann eine bindende Wechselwirkung nur erzielt werden, wenn sich beide Orbitale in die *gleiche* Richtung drehen: Der Ringschluss erfolgt **konrotatorisch**. Dadurch landen die beiden Substituenten –R entsprechend auf *entgegengesetzten* Seiten des Ringes, der aus der Bindungsknüpfung resultiert: Es entsteht das *trans*-Produkt, von dem die *(R,R)*- und die *(S,S)*-Form existieren (*siehe* Abbildung 41.2).
  - Die Entstehung beider Enantiomere ist möglich, weil es nun einmal unerheblich ist, welches Vorzeichen die beiden Wellenfunktionen gerade haben, solange sie sich nur in Phase befinden – bildlich gesprochen: ob »blau zu blau« kommt (Abbildung 41.5a) oder »weiß zu weiß« (b).
- ✔ Bei der Reaktion »aus dem ehemaligen LUMO heraus« (also dem $HOMO^{\neq}$, Abbildung 41.4b) würde eine konrotatorische Drehung zu einer antibindenden Wechselwirkung führen. Also müssen sich die beiden Substituenten hier *entgegensinnig* zueinander drehen: Der Ringschluss erfolgt **disrotatorisch**, und es entsteht das *cis*-Produkt, das eine *meso*-Verbindung darstellt (*siehe* Abbildung 41.2b).

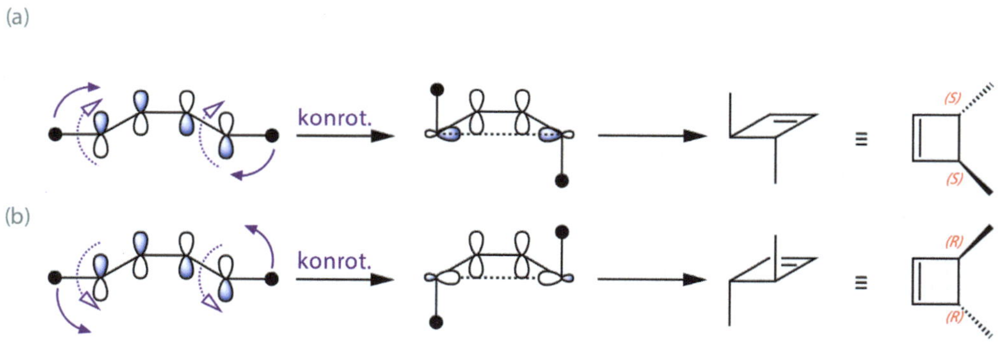

Abbildung 41.5: Stereochemie bei konrotatorischen Ringschluss am 1,3-Dien

Jetzt bloß nicht voreilig werden: Thermische Anregung führt *keineswegs immer* zum konrotatorischen Ringschluss! Wenn Sie noch einmal einen Blick auf Abbildung 41.2 werfen, sehen Sie, dass es beim 1,3,5-Hexatrien-Derivat *genau umgekehrt* verläuft. Schauen wir genauer hin:

Bringen Sie ein 1,3,5-Trien (wie aus Abbildung 41.2c/d) thermisch oder photochemisch zur Reaktion, so führt *thermische* Anregung (also die Reaktion aus dem HOMO heraus, *siehe* Abbildung 41.3c) zum *disrotatorischen* Ringschluss (*siehe* Abbildung 41.6a). Bei *photochemischer* Anregung hingegen, bei der das $HOMO^{\neq}$ den Reaktionsverlauf bestimmt (*siehe* Abbildung 41.3d), kann der Ringschluss nur *konrotatorisch* verlaufen (Abbildung 41.6b).

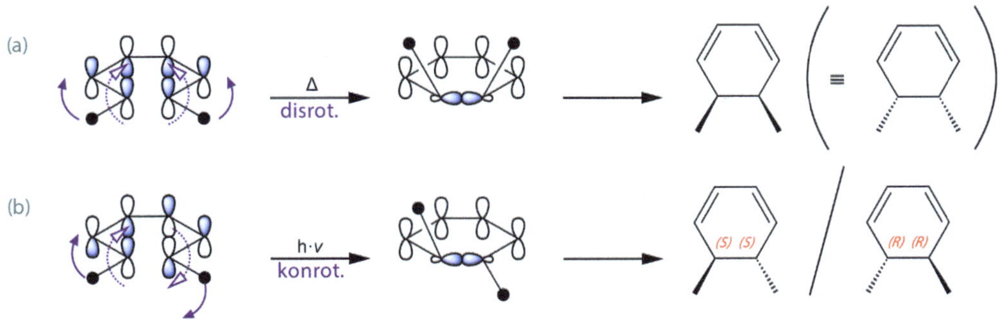

Abbildung 41.6: Disrotatorischer (a) und konrotatorischer (b) Ringschluss am 1,3,5-Trien

Aus diesen Befunden lassen sich die **Woodward-Hoffmann-Regeln** *für elektrocyclische Reaktionen* zusammenfassen:

- ✔ Entspricht die Anzahl der beteiligten π-Elektronen der Hückel-Regel (zur Erinnerung: Anzahl π–e$^-$ = 4 N + 2; *siehe* Kapitel 37), ergibt sich ein (pseudo-)*aromatischer* Übergangszustand:
  - Thermische Anregung führt dann zum *disrotatorischen* Ringschluss.
  - Photochemische Anregung erzwingt den *konrotatorischen* Ringschluss.
- ✔ Entspricht die Anzahl der beteiligten π-Elektronen *nicht* der Hückel-Regel (Anzahl π–e$^-$ = 4N), ergibt sich ein (pseudo-)*antiaromatischer* Übergangszustand:
- ✔ Thermische Anregung führt hier zum *konrotatorischen* Ringschluss.
- ✔ Photochemische Anregung erbringt den *disrotatorischen* Ringschluss.
- ✔ Eine andere Möglichkeit kann es nicht geben, denn die Anzahl der Elektronen muss natürlich gerade sein (sonst läge ein Radikal vor!) – und jede gerade Zahl entspricht entweder der Hückel-Regel oder führt zwangsläufig zu »Anti-Hückel«-Verhalten.

Dafür gibt es eine schöne Merkhilfe:

ViETKonG – bei **Vi**er π-**E**lektronen (oder jedem anderen »Anti-Hückel«) und **T**hermischer Anregung ergibt sich **Kon**rotatorisches **G**renzorbital-Verhalten.

Wird nur *einer* der Parameter geändert, geschieht genau das Gegenteil; ändern Sie *beide*, ergibt sich wieder das, was Sie auch *ohne* jegliche Veränderung erhielten.

Legal, illegal … ganz egal?

Es sind zwar alle erdenklichen Orbital-Wechselwirkungen *möglich*, aber das bedeutet noch lange nicht, dass sie alle »gleich gerne« erfolgen:

- ✔ So funktioniert die photochemisch induzierte Cyclisierung von 1,3-Butadien (Abbildung 41.4b) ganz hervorragend, während das thermische Gegenstück dazu (Abbildung 41.4a) kaum ans Laufen gebracht werden kann.
- ✔ Genau andersherum ist es bei der Cyclisierung von 1,3,5-Hexatrien: Hier fluppt die thermisch induzierte Reaktion fast sofort, während die photochemische Variante nur sehr, sehr schleppend abläuft (wenn überhaupt).

Der Grund dafür ist wieder einmal in der Symmetrie zu finden. Schauen Sie sich noch einmal an, wie es um die Grenzorbitale bestellt ist, aus denen heraus oben genannte Reaktionen *gut* laufen:

- ✔ Es ist jeweils der, bei denen der eigentliche Ringschluss *disrotatorisch* erfolgt.
- ✔ Dabei zeigen die betreffenden Grenzorbitale jeweils *Spiegelsymmetrie*:
  - Beim 1,3-Butadien (a) ist es das LUMO.
  - Beim 1,3,5-Hexadien (b) ist es das HOMO.

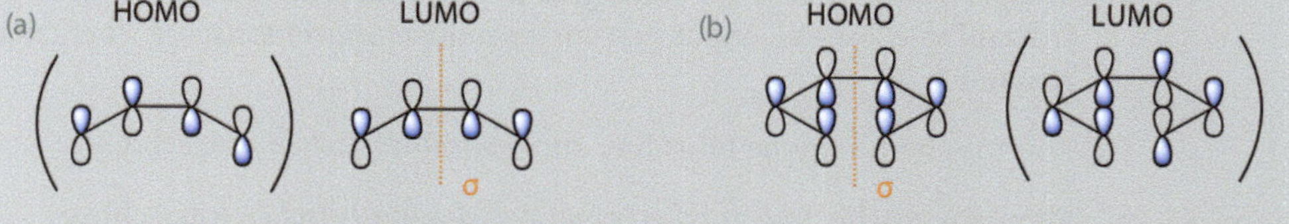

Ein Maximum an Symmetrie scheint Mutter Natur wieder einmal sehr wichtig zu sein: Wenn es irgend möglich ist, werden symmetrisch ablaufende Prozesse/Zustände bevorzugt – genauso auch hier. Aus diesem Grund werden entsprechende *konrotatorisch* verlaufende Ringschluss-Reaktionen häufig als *Symmetrie-verboten* (oder kurz: **verboten**) bezeichnet, während Cyclisierungen mit disrotatorischer Grenzorbital-Wechselwirkung als *Symmetrie-erlaubt* (kurz: **erlaubt**) angesehen werden. Allerdings lässt sich durch geschickte Wahl der Reaktionsbedingungen häufig auch der »verbotene« Reaktionsverlauf erzwingen. Es gibt eine niederländische Redensart: »*Nur weil etwas verboten ist, heißt das noch lange nicht, dass wir es nicht tun. Wir tun es nur nicht so oft.*« (So ein Molekül ist halt auch nur ein Mensch wie du und ich.)

Sie können sich das auch anders einprägen: Ein π-Elektronensystem, das im Grundzustand die **Hückel**-Regel erfüllt, hat den Aufwand einer photochemischen Anregung nicht nötig; es kann »freihändig« reagieren. *Anti*-Hückel-Systemen muss man erst einmal elektronisch gesehen Beine machen, dann läuft's bei denen auch.

Aus zwei mach eins: Cycloadditionen

Treten die π-Elektronen zweier ungesättigter Verbindungen so in Wechselwirkung, dass unter Ausbildung zweier neuer σ-Bindungen ein Ringschluss erfolgt, handelt es sich um eine **Cycloaddition**. Gemeinhin wird bei der Beschreibung der entsprechenden Reaktion in eckigen Klammern angegeben, wie viele π-Elektronen dabei jeweils beteiligt sind.

Grob betrachtet …

Vergleichen Sie die beiden Reaktionen aus Abbildung 41.7:

- ✔ Bei (a) wechselwirken *zwei* π-Elektronen des *einen* Reaktionspartners mit *zwei* π-Elektronen des *anderen* Partners, es handelt sich um eine **[2+2]-Cycloaddition**.
- ✔ Bei Reaktion (b) hingegen reagiert ein Dien (das entsprechend *vier* π-Elektronen aufweist) mit einem einfachen Alken (mit *zwei* π-Elektronen), also ist dies eine [4+2]-Cycloaddition. Letztere wird als **Diels-Alder-Reaktion** bezeichnet.

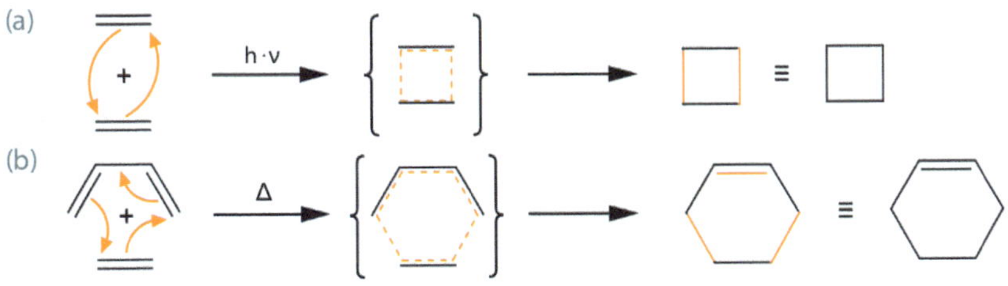

Abbildung 41.7: [2+2]- und [4+2]-Cycloaddition

Eine [4+4]-Cycloaddition kennen Sie übrigens auch schon: Schauen Sie sich noch einmal Abbildung 38.18c an – dort reagieren ebenfalls zwei ungesättigte Moleküle so miteinander, dass ein Ring-System entsteht. Hier noch einmal, damit ganz klar wird, was dabei geschieht:

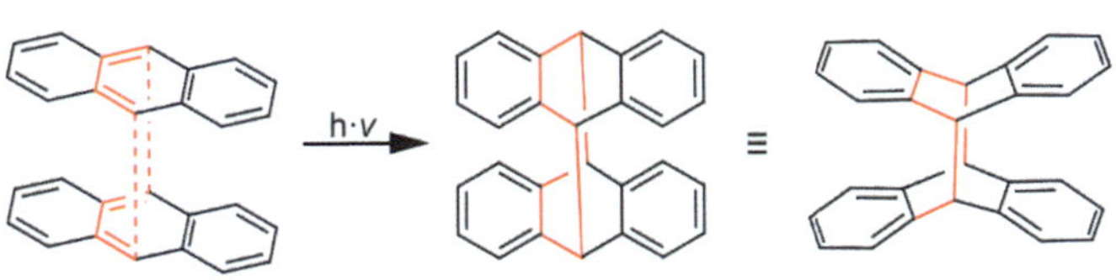

Bei der Dimerisierung des Anthracens interagieren bei jedem der beiden an der Reaktion beteiligten Moleküle vier jeweils an einer Doppelbindung beteiligte Atome miteinander (deswegen ja [4+4]-Addition) und bilden einen neuen (in diesem Falle achtgliedrigen) Ring.

Damit ein solcher Ringschluss erfolgen kann, müssen Elektronen verschoben werden (wie es die Pfeile in Abbildung 41.7 bereits andeuten). Schon in erster Näherung, also mit reiner

»Elektronenklapperei«, sieht man, dass auch hier wieder die Woodward-Hoffmann-Regeln zum Tragen kommen: An der [2+2]-Cycloaddition (a) ist eine Anzahl von π-Elektronen beteiligt, die *nicht* der Hückel-Regel entspricht. Der zugehörige Übergangszustand ist *anti*-aromatisch, also wird sich diese Reaktion bevorzugt *photochemisch* induzieren lassen. Bei der [4+2]-Cycloaddition (b) ist mit sechs π-Elektronen die Hückel-Regel erfüllt, also liegt ein aromatischer Übergangszustand vor: Thermische Anregung reicht.

Auch wenn es erschreckenderweise sogar in manchen Lehrbüchern zu finden ist: Bitte lassen Sie sich von niemandem eine »Diels-A_dl_er-Reaktion« unterschieben. Das haben Otto Diels und Kurt Alder, die für die Entdeckung und Aufklärung dieser Reaktion 1950 den Nobelpreis erhielten, einfach nicht verdient.

Mit der Diels-Alder-Reaktion haben Sie Ihre erste **Namensreaktion** kennengelernt – im Rest dieses Kapitels und auch den nächsten werden Sie noch eine ganze Reihe weiterer Vertreter dieser Kategorie kennenlernen. Mehr dazu finden Sie bei Interesse in Kapitel 42.

… oder etwas genauer hingeschaut

Mit reiner »Elektronenklapperei« kommen Sie hier nicht weit genug: Wieder einmal müssen Sie einen Blick auf die Grenzorbitale werfen – dieses Mal natürlich von *beiden* Reaktionspartnern. Zunächst sollten Sie bedenken, dass die Elektronen *des einen* Moleküls (die sich ja in einem *besetzten* Orbital befinden müssen) vom *anderen* nur dann übernommen werden können, wenn dieses dafür auch »Platz« hat. Mit anderen Worten: *Es muss ein besetztes Orbital des einen Moleküls mit einem vakanten Orbital des anderen Moleküls wechselwirken.* Der Elektronen-Donor wird natürlich versuchen, die energiereichsten Elektronen loszuwerden, die er hat – und das sind die aus dem HOMO. Der Elektronen-Akzeptor (das andere Molekül) wird die Elektronen am energetisch günstigsten Ort unterbringen wollen, dem energieärmsten *un*besetzten Orbital (LUMO). Dann müssen das HOMO des Donors und das LUMO des Akzeptors nur noch so miteinander in Wechselwirkung gebracht werden, dass die betreffenden Orbital-Lappen in Phase stehen.

Und woher weiß man, wer als Donor fungiert und wer als Akzeptor?

- ✔ Bei der [2+2]-Addition (a) aus Abbildung 41.7 ist das völlig unerheblich, beide Moleküle sind ja identisch. Wir legen willkürlich fest: Das untere sei der Akzeptor.
- ✔ Bei der Diels-Alder-Reaktion liegt nahe, dass das (π-elektronenreichere) Dien eher die Rolle des Donors übernimmt, das (π-elektronenärmere) Alken die des Akzeptors.
  - Bei derartigen Cycloadditionen wird der Akzeptor meist als *Dienophil* bezeichnet. (Sie brauchen also immer ein *Dien* und ein *Dienophil.*)
  - Reaktionen vom Diels-Alder-Typ funktionieren besonders gut, wenn das Dien sehr elektronenreich ist (also entsprechende +*M*- oder wenigstens +*I*-Substituenten trägt) und im Dienophil die Elektronendichte durch Elektronen ziehende Substituenten vermindert wird.

Und nun vergleichen Sie, was geschieht, wenn die Orbitale miteinander spielen wollen:

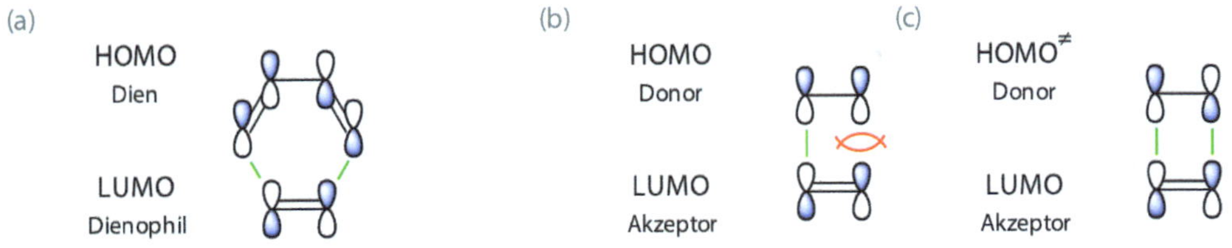

- Bei der [4+2]-Addition (a) funktioniert alles wunderbar: Das HOMO des Diens (π) kann sofort mit dem LUMO des Dienophils (π^*) in *bindende* Wechselwirkung treten.
- Die HOMO/LUMO-Wechselwirkung der beiden Alkene hingegen (b) führt zu einem *nichtbindenden* Zustand (je eine bindende und eine antibindende Wechselwirkung).
  - Erst wenn durch photochemische Anregung ein Elektron aus dem HOMO eines der beiden Reaktionspartner in das bisherige LUMO wechselt ($\pi \rightarrow \pi^*$-Übergang), sodass dieses jetzt einfach besetzte HOMO$^{\neq}$ (das Ex-LUMO) mit dem (vakanten) LUMO des anderen Moleküls wechselwirkt, klappt der Ringschluss (c).

Jetzt sollte auch ersichtlich werden, warum die HÜCKEL-Regel und die Betrachtung der Grenzorbitale zum gleichen Ergebnis führen.

Falls Sie gerade das Gefühl haben, hier eine LEWIS-Säure/Base-Reaktion (wie aus Kapitel 25) zu beobachten, sind Sie einen *gewaltigen* Schritt weiter: Mit der Frage »*Wer hat Elektronen, wer will sie?*« brechen Sie letztendlich *jede* Reaktion auf das Säure/Base-Konzept von LEWIS herunter. Ja, Chemie *ist* so einfach.

Durch die WOODWARD-HOFFMANN-Regeln ist also nicht nur festgelegt, unter welchen Umständen eine derartige Cycloaddition abläuft: Auch die Stereochemie steht von vornherein fest. Deswegen können Sie auch (mit ein wenig Übung sogar sehr rasch) erkennen, dass beispielsweise die Cyclisierung des nachfolgenden Moleküls (mit dem schönen Namen 1-(1-Cyclohexenyl)cyclohexen) photochemisch herbeigeführt werden muss (nur 4 π-Elektronen, also *anti*aromatischer Übergangzustand) und aufgrund des *disrotatorischen* Reaktionsverlaufs zum *cis*-Produkt führen wird:

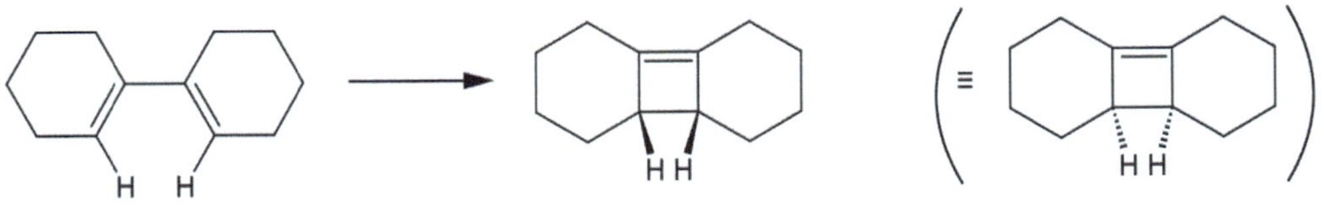

Und wieder zurück: Cycloreversionen

Wie viele chemische Reaktionen sind auch Cycloadditionen meist reversibel. Zerfällt also ein Ausgangsstoff durch thermische oder photochemische Anregung in zwei Produkte, kann eine **Cycloreversion** der Grund dafür sein. Beachten Sie, dass hier nicht nur *ein* Reaktionsweg möglich ist: Am Ende kann ein Produktgemisch vorliegen.

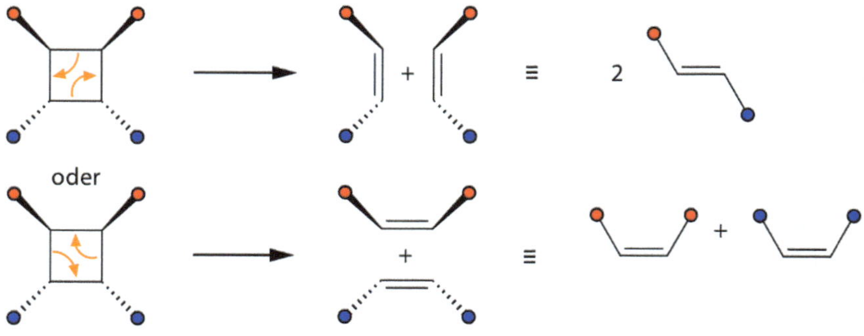

Zu wenige Bindungen? Wir ändern den Plan!

Neben den bereits seit Kapitel 35 bekannten Reaktions-Zwischenstufen auf Kohlenstoff-Basis (Carbokation, Carbanion, Radikal) gibt es noch eine vierte äußerst reaktive Kohlenstoff-Spezies: die **Carbene**. Bei diesen Verbindungen (mit der allgemeinen Summenformel CR_2) ist der Kohlenstoff mit nur *zwei* Bindungspartnern verknüpft (jeweils über eine σ-Bindung), dazu hat er noch zwei Elektronen, die *nicht* für Bindungen genutzt werden. Besonders leicht lassen sich Carbene durch (thermische oder photochemische) Anregung von Derivaten von *Diazomethan*(CH_2N_2) erzeugen (Abbildung 41.8a); R^1 und R^2 *können* auch Wasserstoff sein (dann ist es das unsubstituierte Diazomethan selbst; bitte beachten Sie die drei verschiedenen mesomeren Grenzstrukturen, I–III). Behandeln Sie ein *Haloform* (CHX_3; X = Cl, Br, I) mit Alkalihydroxiden, erfolgt nach der Deprotonierung häufig **α-Eliminierung** eines Halogenid-Ions (X^-), sodass Dihalogencarben entsteht (b).

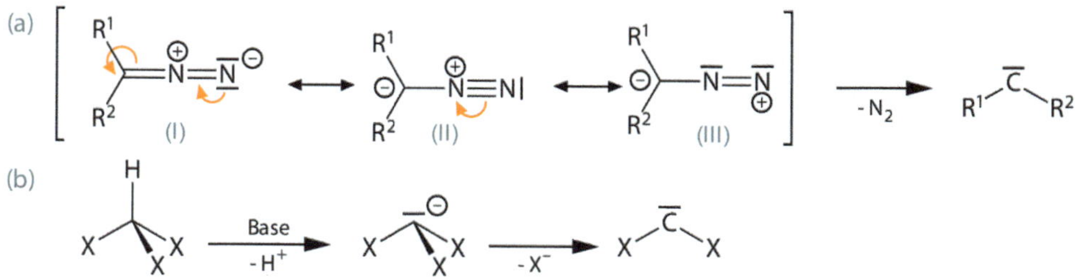

Abbildung 41.8: Erzeugung von (Alkyl-)Carben (a) und Dihalogencarben (b)

Wenn Sie sich noch an die relativen Positionsbezeichnungen innerhalb eines Moleküls erinnern, bei der griechische Buchstaben in der alphabetischen Reihenfolge zum Einsatz kamen (Abbildung 37.2), leuchtet Ihnen der Begriff α-Eliminierung gewiss sofort ein: Zunächst wird ja die erste Abgangsgruppe aus dem Molekül entfernt (im Beispiel aus Abbildung 41.8b eben das Wasserstoff-Atom). Dass das Atom, an dem diese Eliminierung erfolgt ist, als das α-C-Atom bezeichnet wird, sollte nicht überraschen. Und nun wird ein zweiter Teil aus dem Molekül eliminiert (hier: X^-), und zwar *an genau dem gleichen* C-Atom.

In der mit (III) gekennzeichneten mesomeren Grenzformel aus Abbildung 41.8a zeigt das Diazocarben einen gewissen *Dipolcharakter*: Es weist an verschiedenen Positionen unterschiedliche Formalladungen/Polarisationen auf. Gemäß den relativen Positionen dieser Ladungen im Molekül spricht man in solchen Fällen von *1,n-Dipolen* – Diazocarben ist demgemäß ein *1,3-Dipol*. Derartige Verbindungen können ebenfalls Cycloadditionen eingehen. (Ein Beispiel zeigt Abbildung 41.9b – zugegeben, das ist jetzt wirklich wieder etwas *Nur für Streber*.)

Allen Carbenen ist gemeinsam, dass sie *nicht die Oktettregel erfüllen*, sondern als subvalente Verbindungen zu wenige Bindungen ausgebildet haben. Aus diesem Grund ist ihre Elektrophilie extrem ausgeprägt, sodass sie rasch zahlreiche Reaktionen eingehen.

Vorsicht im Labor!

Da organische Abfälle in Labors zur Entsorgung meist gesammelt werden und Chloroform (Trichlormethan, $CHCl_3$) ein recht gebräuchliches Lösemittel darstellt, ist stets darauf zu achten, dass in diesen Abfallbehälter keinerlei basische Substanzen gelangen (vor allem keine Alkalihydroxide!): Gemäß Abbildung 41.8b entsteht dort unkontrolliert *Dichlorcarben*. Das reagiert *sofort* weiter – heftig. Explosionsgefahr!

Von besonderer Bedeutung ist die [2+1]-Cycloaddition von Carbenen an Doppelbindungen (sie werden auch *cheletrope* Reaktion genannt): Auf diese Weise entstehen stereospezifisch Cyclopropanderivate: *(Z)*-Alkene führen zu *cis*-substituierten Produkten (Abbildung 41.9a), *(E)*-Alkene zu *trans*-Verbindungen (b). Durch [2+1]-Cycloaddition eines Carbens an ein Alkin lassen sich sogar Cyclopropene gewinnen (c), die wegen der Ringspannung immens reaktiv und daher anderweitig schwer erhältlich sind.

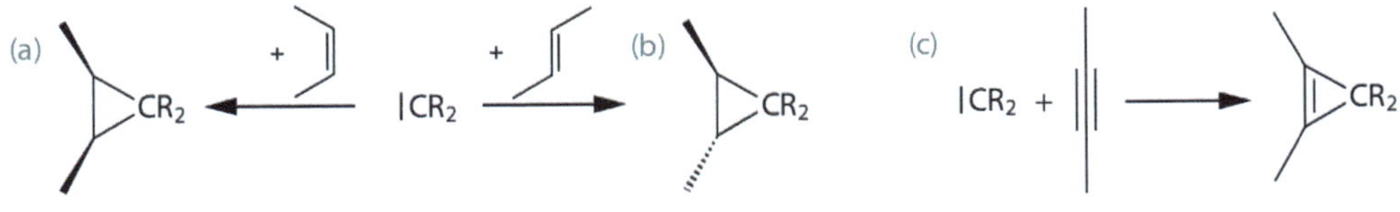

Abbildung 41.9: Stereospezifische [2+1]-Cyloaddition von Carbenen

Der Begriff »cheletrop« sollte Ihnen einleuchten, wenn Sie sich noch an die *Chelat*liganden aus Kapitel 13 erinnern: Die wurden so genannt, weil mehrzähnige Liganden das Zentralteilchen wie eine Krebsschere (*χηλή, chele*) umfassen. Genau das tun hier die beiden an der C–C-Doppelbindung beteiligten Atome mit dem Carben.

Neben der Addition gibt es für substituierte Carbene auch noch eine andere Möglichkeit, dem Fluch der Subvalenz zu entkommen: die **Umlagerung**. Dabei wird ein dem Carben-C benachbarter Bindungspartner verschoben. Da dieser auf dem Weg von seinem ursprünglichen Platz zu seinem neuen Bestimmungsort sein Bindungs-Elektronenpaar mitnimmt (er liegt also praktisch kurzzeitig als *Anion* vor), wird dies eine **anionotrope Umlagerung** genannt. Das freie Elektronenpaar des Carbens gleicht dabei den intermediären Bindungsmangel wieder aus. Abbildung 41.10a zeigt, dass ein Diazoketon unter Abspaltung von Stickstoff zu einem Acylcarben wird, das dann unter 1,2-Alkylverschiebung einem **Keten** (mit dem charakteristischen Strukturelement $R_2C=C=CR_2$) reagiert – diese Reaktion wird (nach ihrem Entdecker Ludwig Wolff) als Wolff-Umlagerung bezeichnet. (Etwas mehr über Carbene, vor allem über die dortigen elektronischen Verhältnisse, erfahren Sie im Kasten *Spaß mit Carbenen*.)

Haben Sie bemerkt, dass das unsubstituierte Keten ($H_2C=C=CH_2$) nicht nur bemerkenswerte strukturelle Ähnlichkeit mit dem Kohlendioxid ($O=C=O$) besitzt, sondern auch *isoster* zum Diazomethan ($H_2C=N^+=N^-$) ist?

Die Oktettregel ist auch bei Carbokationen nicht erfüllt, also bestehen dort analoge Möglichkeiten. Von besonderem Interesse ist, dass die Stabilität von Carbokationen mit dem Substitutionsgrad steigt (denken Sie an den *+I*-Effekt aus Kapitel 37) – entsprechend kann ein benachbarter Alkyl-Rest seine Position verändern. Wird beispielsweise ein 2°-Alkohol protoniert, so entsteht unter Wasserabspaltung ein entsprechendes sekundäres Kation. Dieses kann sich dann durch Verschiebung eines Alkyl-Rests in ein noch stabileres *tertiäres* Kation umlagern (Abbildung 41.10b), das dann weiterreagieren kann. Diese ebenfalls anionotrope 1,2-Alkylverschiebung wird als **Wagner-Meerwein-Umlagerung** bezeichnet.

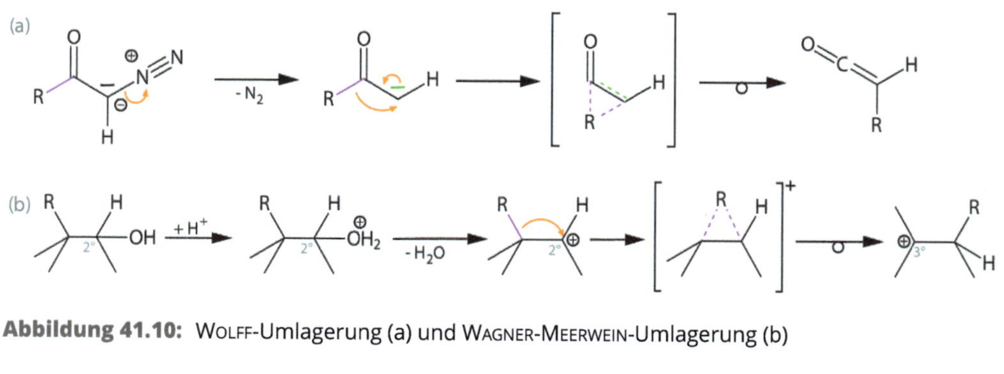

Abbildung 41.10: Wolff-Umlagerung (a) und Wagner-Meerwein-Umlagerung (b)

Diesen Namen trägt sie, weil sein von Gregor Wagner (eigentlich Егор Егорович Вагнер) entdeckt und später von Hans Meerwein sehr gründlich untersucht wurde.

Beide Umlagerungen verlaufen über cyclische Übergangszustände (in Abbildung 41.10 jeweils in eckigen Klammern dargestellt). Bei der WAGNER-MEERWEIN-Umlagerung (Abbildung 41.10b) ergibt sich dabei eine *2-Elektronen-3-Zentren-Bindung* (die kennen Sie schon aus den Kapiteln 33 und 37). Das zugehörige Molekül-Grenzorbital ist dem HOMO des Cyclopropenylium-Kations (aus Kapitel 38) sehr ähnlich: Es erstreckt sich über *drei* Atome und weist dabei trotzdem nur *zwei* Elektronen auf (ganz wie es PAULI verlangt). Bei der WOLFF-Umlagerung (a) liegen entsprechend *zwei* (energetisch *nicht* entartete) *2e3c*-Bindungen vor (wie bei den beiden Mehrzentrenbindungen im 1,3-Butadien aus Kapitel 37).

Und wer kein p-Orbital hat, bleibt draußen? – Sigmatrope Reaktionen

Ebenso wie π-Bindungen durch inter- oder intramolekulare Wechselwirkungen zu einer grundlegenden Veränderung des Molekülgerüsts führen können, kann das auch bei σ-gebundenen Fragmenten geschehen. Voraussetzung ist, dass sich besagte σ-Bindung in α-Stellung zu einer π-Bindung befindet. Als einfachstes Beispiel soll betrachtet werden, wie ein Rest –R seine Position in einem Alken verändert (Abbildung 41.11). Bitte beachten Sie, dass für derartige Umlagerungsreaktionen häufig (aber nicht immer!) ein eigenständiger Reaktionspfeil zum Einsatz kommt: —o→. (In manchen Lehrbüchern findet sich der kleine Kreis auch *oberhalb* des Reaktionspfeils.)

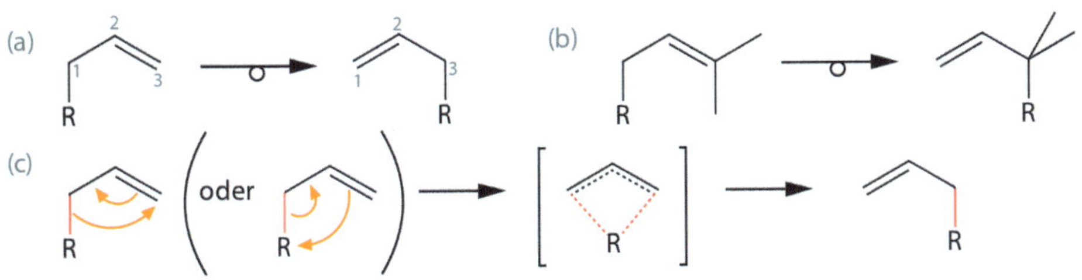

Abbildung 41.11: Sigmatrope [1,3]-Verschiebung

Hier verlagert der Rest –R seine Position von (willkürlich nummeriert) 1 nach 3, es heißt auch **sigmatrope [1,3]-Verschiebung**. Sind die Kohlenstoffe 1 und 3 anderweitig identisch substituiert (wie in Abbildung 41.11a, dort sind es der Übersichtlichkeit halber nur H-Atome), macht das natürlich keinen Unterschied – dann hat sich das Molekül vermeintlich nur gedreht (dies ist eine *entartete Umlagerung*). Liegen jedoch verschiedene Substituenten vor, ergibt sich ein neues Molekül (b). Insgesamt sind an dieser Umlagerung *vier* Elektronen beteiligt (2 π-, 2 σ-; Letztere zur Verdeutlichung in Abbildung 41.11c rot markiert), daher ergibt sich ein *anti*aromatischer Übergangszustand – eine solche Reaktion lässt sich *photochemisch* induzieren. (Auch hier gelten natürlich wieder die WOODWARD-HOFFMANN-Regeln. Da das Ganze aber *etwas* komplizierter werden kann – zu diesem Thema gibt es eigenständige Lehrbücher! –, wollen wir uns hier mit »Elektronenklapperei« begnügen.)

Falls Sie das »oder« bei Abbildung 41.11c wundern sollte: Bitte vergessen Sie nicht, dass wir mit den Pfeilen nur grob andeuten, wie sich die Elektronendichte verschiebt, wir aber nicht in der Lage sind, irgendetwas über die »Richtung der Elektronenbewegung« auszusagen, weil sich die Elektronen ja nicht »Schritt für Schritt« bewegen, sondern wir es hier mit einer konzertierten Verschiebung der Ladungsdichte zu tun haben. Salopp ausgedrückt: Wir kennen nur das »Vorher« und das »Nachher«, wissen aber nichts darüber, wie die Ladungsdichteverschiebung nun eigentlich zustande gekommen ist. *Unsere Pfeile sind nur ein Hilfsmittel.*

Wenn mehr als eine Doppelbindung da ist ...

... gibt es zunächst einmal zwei Möglichkeiten: Die Doppelbindungen sind ...

konjugiert ...

Analog zur sigmatropen [1,3]-Verschiebung können konjugierte Diene auch **[1,5]-Verschiebungen** eingehen, wie Abbildung 41.12 zeigt. Auch hier liegt nur dann *keine* entartete Umlagerung vor, wenn es zusätzliche Substituenten gibt (die in (a) aus Gründen der Übersichtlichkeit nicht angefügt wurden). Wie aus (b) ersichtlich sein sollte, sind hier *sechs* Elektronen (4 π-, 2 σ-) beteiligt, also ergibt sich ein HÜCKEL-Übergangszustand: [1,5]-Verschiebungen lassen sich also *thermisch* herbeiführen.

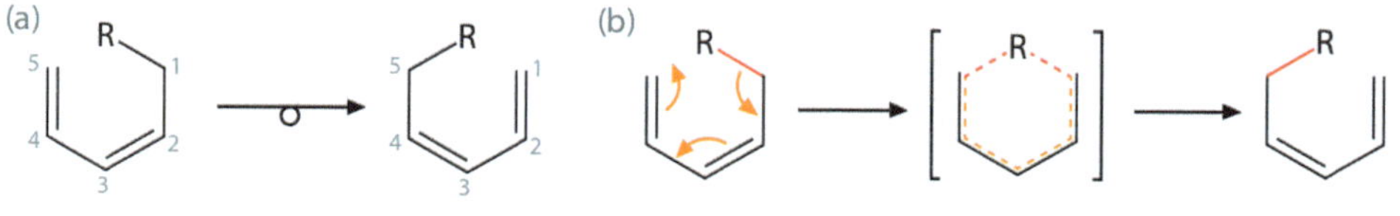

Abbildung 41.12: Sigmatrope [1,5]-Verschiebung

... oder nicht

Auch 1,5-Diene, bei denen die beiden Doppelbindungen *nicht* konjugiert vorliegen (Abbildung 41.13a), sondern durch zwei sp^3-hybridisierte Zentren voneinander isoliert sind, können beim lustigen Umlagerungs-Spiel mitmachen. Hier sind ebenfalls *sechs* Elektronen beteiligt (4 π-, 2 σ-); dank eines HÜCKEL'schen Übergangszustands ist auch diese **[3,3]-Verschiebung** – meist (nach ihrem Entdecker Arthur COPE) als **COPE-Umlagerung** bezeichnet – leicht *thermisch* induzierbar. Dafür muss die Hauptkette nicht einmal ausschließlich aus Kohlenstoff-Atomen bestehen (b):

- ✔ Ein entsprechender Allylalkenylether beispielsweise (X = O) kann im Zuge einer **Oxa-COPE-Umlagerung** thermisch zu einer γ,δ-ungesättigten Carbonylverbindung umgelagert werden. Diese Reaktion wird nach Ludwig CLAISEN auch als **CLAISEN-Umlagerung** bezeichnet. (Wieder *kann* R = H sein, *muss* aber nicht.)
- ✔ Ein analoger Reaktionsverlauf ist auch mit Stickstoff möglich (X = N), dann liegt eine **Aza-COPE-Umlagerung** vor.

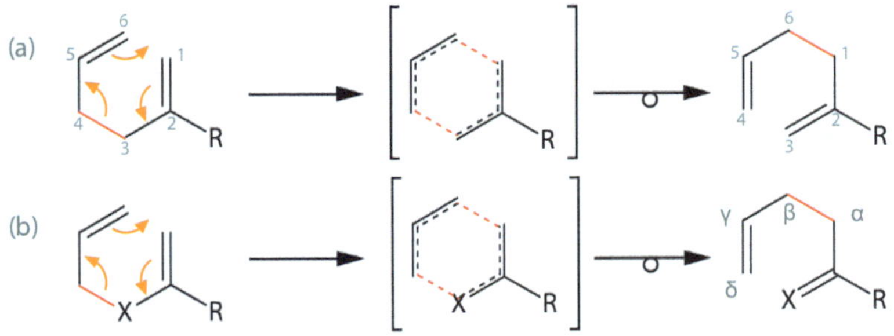

Abbildung 41.13: (a) Sigmatrope [3,3]-Verschiebung; (b) (Hetero-)Cope-Umlagerung

Was so ein Wasserstoff alles kann! – Die En-Reaktion

Selbst ein einfaches Wasserstoff-Atom kann, wenn es sich in Allyl-Stellung befindet, wichtiger Teil einer interessanten Reaktion sein: Die **En-Reaktion** besitzt erstaunliche Ähnlichkeit mit der Diels-Alder-Addition: Auch hier sind *vier* π- und *zwei* σ-Elektronen beteiligt; Letztere stammen allerdings von der betreffenden C–H-Bindung (Abbildung 41.14a). Bei dieser Cycloaddition reagiert ein Alken mit *allyl*ständigem H-Atom (das **En**) mit einem (meist elektronenarmen) Alken (dem **Enophil**). Dabei wird das allylische H-Atom auf den Reaktionspartner übertragen. Abbildung 41.14b zeigt die Reaktion von Propen mit Butindisäure (Acetylendicarbonsäure).

- ✔ Bei den in Abbildung 41.14a farblich markierten Atomen des Enophils kann es sich durchaus auch um Hetero-Atome handeln (Carbonylverbindungen beispielsweise sind im Allgemeinen gute Enophile).
- ✔ Genau wie die Diels-Alder-Reaktion verläuft auch die En-Reaktion *stereospezifisch*: Wieder gelten die Woodward-Hoffmann-Regeln.

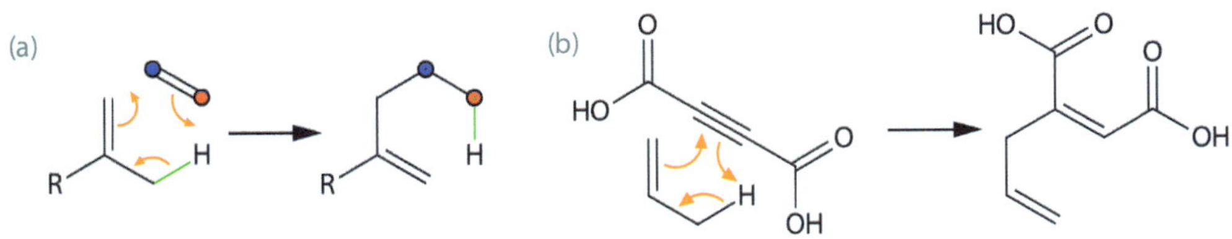

Abbildung 41.14: Die En-Reaktion

Spaß mit Carbenen – Altbekanntes bei fremdartigen Verbindungen

Über den räumlichen Bau der Carbene mit der allgemeinen Summenformel CR_2 weiß das VSEPR-Modell nichts zu berichten. (Auf subvalente Verbindungen ist dieses Modell nun einmal nicht ausgelegt; erinnern Sie sich noch an das Methyl-Radikal aus Kapitel 35?) Glücklicherweise lassen sich *sehr wohl* Aussagen über den räumlichen Bau von Carbenen treffen – allerdings muss man sich dafür erst einmal ein wenig mit den elektronischen Gegebenheiten im jeweiligen Molekül befassen: Je nachdem, welche Substituenten am zweibindigen Kohlenstoff hängen, ändert das so ziemlich alles – und zwar aufgrund von Effekten, die Sie allesamt schon kennen.

Gehen wir systematisch vor: Wenn wir zur Vereinfachung davon ausgehen, die beiden Substituenten –R seien identisch, gibt es eigentlich nur vier Möglichkeiten, wie es um ein Carben bestellt sein kann:

- ✔ Möglichkeit 1 – Die Substituenten –R sind *elektronegativer* als C und üben daher einen **–*I*-Effekt** aus; als Beispiel diene CF_2.
- ✔ Möglichkeit 2 – Genau das Gegenteil; –R ist *elektropositiver* als C; es kommt zu einem **+*I*-Effekt**. Ein gutes Beispiel ist das Lithium, das dann zum Carben CLi_2 führt. (Hier liegt wirklich eine *kovalente* Metall-Kohlenstoff-Bindung vor. Etwas ausführlicher werden solche gewiss auf den ersten Blick ungewohnten Verbindungen erst in Kapitel 43 beschrieben, aber fürs Erste nehmen Sie das bitte einfach als »ganz normale« σ-Bindung hin.)
- ✔ Möglichkeit 3 – Die Substituenten besitzen jeweils mindestens ein *freies Elektronenpaar* und üben daher einen **+*M*-Effekt** aus. Als Beispiel nehmen wir zwei mit beliebigen Substituenten –R ausgestattete Stickstoff-Atome ($-NR_2$), sodass wir es mit dem Carben $C(NR_2)_2$ zu tun haben.
- ✔ Möglichkeit 4 – Wieder das Gegenteil; die Substituenten verfügen über je ein *vakantes Orbital*, wie das etwa bei einem (zweifach mit –R substituierten) Bor-Atom der Fall ist: Bei dem Carben $C(BR_2)_2$ ist also ein **–*M*-Effekt** zu beobachten.

In allen vier Fällen müssen einige grundlegende Fragen beantwortet werden:

- ✔ Wo müssen die beiden Elektronen des zentralen Kohlenstoffs untergebracht werden?
- ✔ Wie muss der Kohlenstoff dafür hybridisiert sein?
- ✔ Was wissen wir über den Spinzustand der beiden Elektronen am Kohlenstoff-Atom?
    - Liegen die beiden Elektronen spingepaart vor, sodass sich eine Multiplizität von $M = 1$ (*siehe* Kapitel 13) und damit ein *Singulett-Carben* ergibt?
    - Oder stehen beide Elektronen Spin-antiparallel, sodass ein Diradikal mit $M = 3$ vorliegt (ein *Triplett-Carben*)?
- ✔ Welche Orbitalwechselwirkungen können das jeweilige Carben zusätzlich stabilisieren?

Bei Fall 1 hat der Kohlenstoff gleich zwei Probleme: Er ist ohnehin schon subvalent, und dann ziehen ihm die Substituenten mit ihrem *–I*-Effekt auch noch Ladungsdichte ab! Daher ist es für ihn energetisch am günstigsten, wenn die ihm noch verbliebenen Elektronen so kernnah wie möglich untergebracht sind. Am kernnächsten sind natürlich s-Orbitale, aber da die Substituenten ja über zwei σ-Bindungen gebunden sind, kann der Kohlenstoff nur sp^2- oder sp^3-hybridisiert sein. Bei sp^2-Hybridorbitalen ist der s-Charakter höher, also wäre es am besten, die beiden Elektronen in einem solchen Orbital unterzubringen. Genau das geschieht auch: CF_2 ist *gewinkelt*, die beiden Elektronen befinden sich spingepaart in einem sp^2-Hybridorbital – es liegt ein *Singulett-Carben* vor (a).

Bei Fall 2 *erhöhen* die *+I*-Substituenten die Ladungsdichte am C, weswegen die beiden »kohlenstoffeigenen« Elektronen einander stärker abstoßen als sonst. Entsprechend werden sie möglichst weit voneinander entfernt untergebracht – und das geht am besten in zwei (unhybridisierten!) p-Orbitalen, die nur bei sp-Hybridisierung vorliegen. CLi_2 ist *linear* gebaut, und da die beiden Elektronen *nicht spingepaart* vorliegen, handelt es sich um ein *Triplett-Carben* (b).

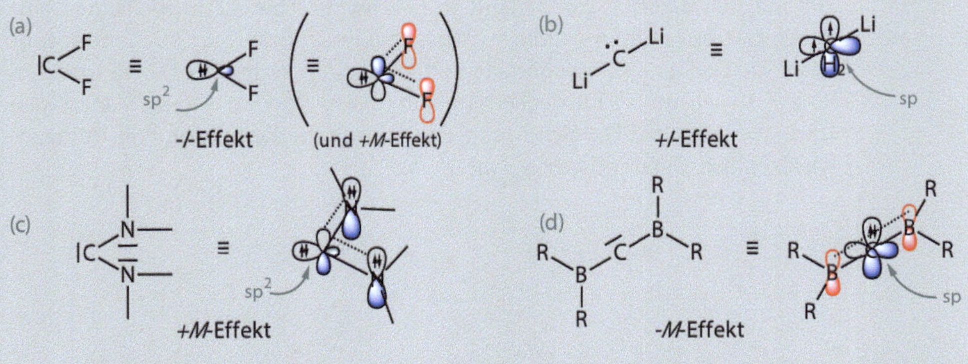

Damit Substituenten einen mesomeren Effekt ausüben können, müssen sie in Wechselwirkung mit einem parallel dazu stehenden *unhybridisierten* p-Orbital treten können. Damit wissen Sie schon jetzt, dass bei $C(NR_2)_2$ ebenso wie bei $C(BR_2)_2$ unmöglich sp^3-Hybridisierung vorliegen kann:

Bei Fall 3 muss ein *vakantes* p-Orbital vorhanden sein, das Elektronendichte aus den besetzten p-Orbitalen der N-Atome übernehmen kann. Noch wäre also sp^2- oder sp-Hybridisierung möglich. Aber bei sp-Hybridisierung wären die beiden kohlenstoffeigenen Elektronen (spingepaart) in einem kernferneren Orbital untergebracht (einem p-Orbital) als bei sp^2 (da landen sie in einem Hybridorbital, und das ist natürlich kernnäher und damit energetisch günstiger). Also wird $C(NR_2)_2$ wieder *gewinkelt* sein und als *Singulett-Carben* vorliegen (c).

Bei Fall 4, dem $C(BR_2)_2$, ist zwar offensichtlich, dass beide Kohlenstoff-Elektronen in einem p-Orbital untergebracht sein müssen (*siehe* oben), aber damit bleibt noch ein *vakantes* Orbital übrig: Wird dieses Carben nun linear sein (sp-hybridisiert) oder gewinkelt (sp^2)? – Wenn Sie (vereinfachend) davon ausgehen, dass es zunächst einmal Energie kostet, Orbitale zu hybridisieren, diese Energie-Investition sich aber später lohnt, weil auf diese Weise Elektronen in energetisch günstigeren Hybridorbitalen untergebracht werden können, sollte klar sein, dass sich kein Molekül die Mühe machen wird, erst Hybridorbitale zu basteln, um sie dann unbesetzt zu lassen. Daher handelt es sich bei vakanten Orbitalen fast *nie* um Hybridorbitale (ganz in Übereinstimmung mit dem VSEPR-Modell): Der –*M*-Effekt führt ebenso wie der +*M*-Effekt zu einem *linearen Singulett-Carben* (d).

Jetzt könnten Sie zu Recht anmerken, Fall (a) sei eigentlich nicht vollständig behandelt worden, schließlich besitzt Fluor ja aufgrund seiner freien Elektronenpaare zusätzlich einen +*M*-Effekt! Aber schauen Sie sich die zugehörige Abbildung noch einmal genauer an: Das vakante p-Orbital am Carben-Kohlenstoff ist ideal für eine Wechselwirkung mit den freien Elektronenpaaren der Fluor-Atome angeordnet. Kurz: *Passt!*

Die meisten dieser Carbene sind so reaktiv, dass sie nicht über einen längeren Zeitraum hinweg isoliert vorliegen. Genau deswegen sind aminosubstituierte Carbene (d) erwähnenswert, die sich in kristalliner Form isolieren lassen. (Nach ihrem Entdecker Anthony ARDUENGO werden sie ARDUENGO-Carbene genannt.) Die Synthese gelang durch die Reduktion von Imidazolylsalzen mit Natriumhydrid (NaH):

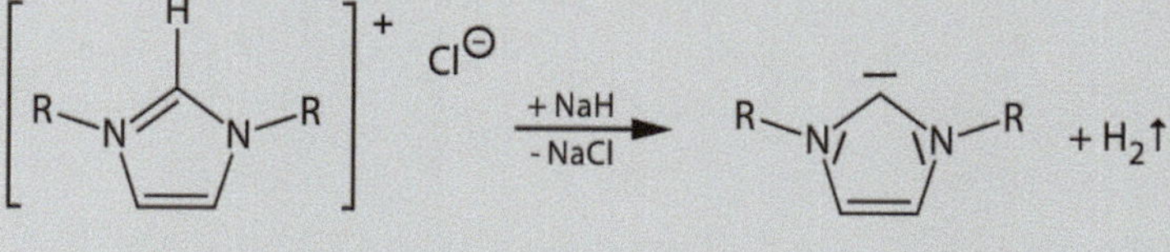

Durch die π-Wechselwirkung der freien Elektronenpaare an den Stickstoff-Atomen mit dem vakanten p-Orbital des sp^2-Kohlenstoffs wird dessen Elektronenlücke so weit abgesättigt, dass derartige ARDUENGO-Carbene als Reagenzien in der Synthese eingesetzt werden können. (Die Reste –R an den beiden Stickstoff-Atomen sind für das grundlegende Verständnis dieser Substanzklasse wieder einmal unerheblich.)

Ein kurzes Nachwort zu diesem Kapitel

Damit endet die Einführung in die Grundprinzipien der Organischen Chemie. Falls Sie es eilig haben sollten und es Ihnen wirklich nur um die Grundlagen geht, können Sie die nächsten beiden Kapitel überspringen und sich gleich der Biochemie zuwenden (nachdem Sie sich mit den Übungsaufgaben aus diesem Kapitel befasst haben, heißt das natürlich!). Aber denjenigen, die ein bisschen tiefer in das Gebiet der OC eintauchen wollen, haben wir noch etwas mehr anzubieten: In Kapitel 42 lernen Sie die *Grundlagen der Synthese* kennen (Wie lassen sich all die Dinge aus Teil VIII gezielt anwenden? Wie gehen Sie vor, wenn Sie ein Molekül erhalten wollen, das die-und-die Struktur hat?), und in Kapitel 43 reißen wir dann hoffentlich endgültig die Mauer ein, die Organik und Anorganik leider nach wie vor trennt: *In der Organoelementchemie gibt es fast nichts, was es nicht gibt.* Viel Spaß!

Aufgaben Kapitel 41

Zum Aufwärmen

1. Lässt sich die Cyclisierung von 1-Chlor-2,4-heptadien eher thermisch oder eher photochemisch induzieren? Welche/s Produkt/e erwarten Sie?

Für Fortgeschrittene

2. Zu welchen Produkten führt die Umsetzung nach DIELS-ALDER von (a) 2,3-Dimethyl-1,3-butadien mit Nitroethen; (b) 2,3-Dinitro-1,3-butadien mit *(Z)*-2-Buten? Welche der beiden Reaktionen wird rascher ablaufen?

(a)

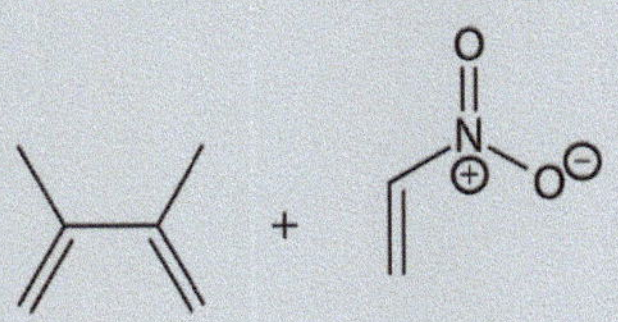

(b)

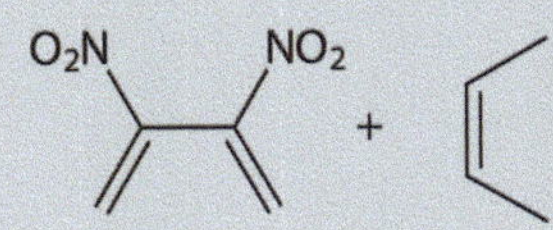

Nur für Streber

3. Sie sind sich wirklich sicher, einen Syntheseweg gewählt zu haben, der zu Verbindung (a) hätte führen müssen, und dennoch lassen sich in der Reaktionslösung ausschließlich die Produkte (b) und (c) nachweisen. Was könnte der Grund dafür sein?

(a)

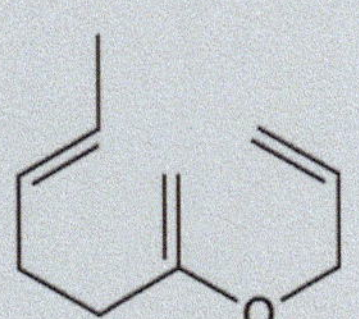

(b)

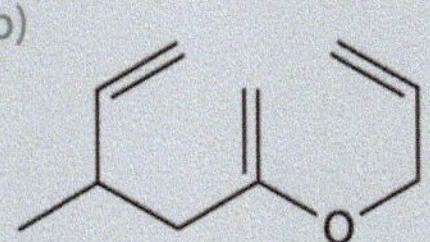

(c)

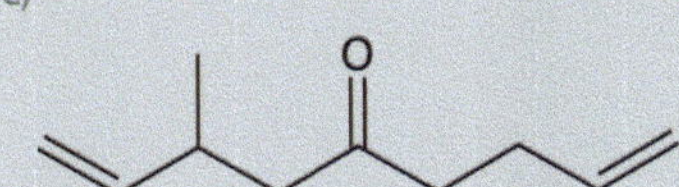

IN DIESEM KAPITEL

- findet Chemie-Lego® praktische Anwendung
- wenden Sie fast ausschließlich altbekanntes Wissen an
- können Sie gut überprüfen, ob Sie die OC *wirklich* verstanden haben

Kapitel 42
Nur für Streber: Grundlagen der organischen Synthese

In den vorangegangenen Kapiteln dieses Buchteils haben Sie die wichtigsten Reaktionstypen und -mechanismen der OC kennengelernt, mit denen sich chemische Vorgänge erklären und nachvollziehen lassen. Viele dieser Reaktionen laufen in der Natur ständig ab (mehr dazu in Teil IX dieses Buches), lassen sich aber auch gezielt herbeiführen, um eine Substanz chemisch »umzubauen« – mit anderen Worten: *Synthese* zu betreiben. So lassen sich einerseits natur*identische* Stoffe gewinnen, andererseits aber eben auch Substanzen, die *so* in der Natur bislang nicht vorgekommen sind (zumindest nicht auf der Erde): Dazu gehören *Kunststoffe* (zum Beispiel Polymere wie PVC), aber auch kleinere Moleküle, die beispielsweise als Medikamente oder Vorstufen für großtechnische Verfahren Verwendung finden.

In der Synthese geht es häufig darum, ein Molekülgerüst aufzubauen, also neue Bindungen zu knüpfen (meist C–C-Bindungen) und gegebenenfalls noch funktionelle Gruppen einzuführen. Häufig müssen Sie dabei strategisch vorgehen, weil sich manche funktionellen Gruppen entweder leicht in andere umwandeln lassen oder ihrerseits die Grundlage für die Knüpfung einer neuen C–C-Bindung bieten. Einige der wichtigsten Reaktionsprinzipien sollen Sie in diesem Kapitel kennenlernen.

Auch hier stellt sich immer wieder die alles entscheidende Frage der Chemie:

Wer hat Elektronen, und wer will sie? Oder anders ausgedrückt: *Was ist elektrophil, was ist nucleophil?*

Namensreaktionen – Vokabeln für den Chemiker

Gerade auf dem Gebiet der Synthese gibt es zahlreiche **Namensreaktionen**: nach ihren Entdeckern benannte Reaktionen oder Reaktionstypen. (Einige Beispiele dafür, wie die **Diels-Alder-Reaktion** oder die **Cope-Umlagerung**, kennen Sie bereits aus Kapitel 41.) Ursprünglich sollten auf diese Weise bahnbrechende Erkenntnisse entsprechend gewürdigt werden, und in Fachliteratur und Laborjargon gleichermaßen war es gang und gäbe, Formulierungen wie »anschließend wurde das Zwischenprodukt nach Kolbe umgesetzt« zu verwenden. Mittlerweile ist die Zahl der Namensreaktionen allerdings nahezu unüberschaubar geworden, und längst nicht jede Namensreaktion gehört heute noch zur *Chemiker-Allgemeinbildung*: Manche sind entschieden zu speziell, andere werden mittlerweile lediglich als konkretes Beispiel für einen allgemeingültigen Mechanismus angesehen, sodass die historische Bezeichnung kaum noch verwendet wird. Um Sie nicht mit diesen Vokabeln zu überhäufen, finden Sie in diesem Kapitel ausschließlich Namensreaktionen, die Sie als Chemiker *wirklich* kennen sollten – allerdings ohne Anspruch auf Vollständigkeit.

Wundersame Stoffumwandlung?

Besonders einfach ist es meistens, eine bereits bestehende funktionelle Gruppe in eine andere umzuwandeln. (In der moderneren Fachliteratur heißt das dort meist ***Functional Group Interchange***, oder kurz: **FGI**.) Die meisten funktionellen Gruppen führen zu einer eindeutigen Polarisation und gestatten daher beispielsweise Nucleophile Substitutionen.

Wird ein Halogenalkan R–X (wobei der Rest –R so ziemlich jede beliebige Gestalt haben kann) beispielsweise mit Alkoholaten behandelt (Abbildung 42.1a), wird das Halogenid abgespalten und Sie erhalten einen *Ether*. Diese Reaktion wird als die **Williamson'sche Ethersynthese** bezeichnet – aber eigentlich ist das eine ganz normale S_N-Reaktion, wie Sie sie schon aus Kapitel 36 kennen (und passt wunderbar zum Chemie-Lego®: Ein Spielstein wird einfach gegen einen anderen ausgetauscht).

Verwenden Sie hingegen als Nucleophil Cyanid-Ionen, führt die Nucleophile Substitution zu einem Nitril (b). Spätestens nach der Hydrolyse dieses »organischen Cyanids« zur Carbonsäure (c, *siehe* Kapitel 40) wird offenkundig, was das Besondere dieser **Kolbe-Nitrilsynthese** ist: Eine einfache S_N-Reaktion gestattet hier die Knüpfung einer neuen C–C-Bindung, und das ist nach wie vor die Königsdisziplin der organischen Synthese.

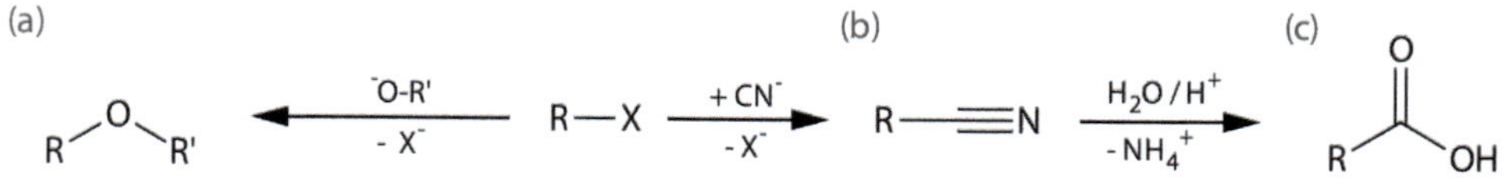

Abbildung 42.1: (a) Williamson- und (b, c) Kolbe-Synthese

Einfach, aber genial: Die Finkelstein-Reaktion

Führen Sie eine der Williamson-Synthese (*siehe* Abbildung 42.1a) analoge Reaktion im Lösemittel Aceton mit einem 1°- oder 2°-Alkylhalogenid (mit X = Cl, Br) durch und setzen als Reagenz Natriumiodid ein, erhalten Sie Alkyliodide. Dies ist die **Finkelstein-Reaktion.** Nun könnten Sie meinen, das sei eine S_N2-Reaktion wie jede andere auch – aber es gibt einen Grund, warum der Entdecker dieser Reaktion bis heute geehrt wird: Hans Finkelstein hatte bemerkt, dass in Aceton zwar Natrium*iodid* gut löslich ist, nicht aber Natrium*chlorid* und Natrium*bromid.*

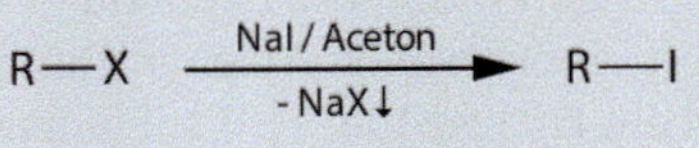

Aufgrund der schlechten Löslichkeit wird also eines der Produkte stetig dem Gleichgewicht entzogen, was das Gleichgewicht dieser Reaktion auf die Produkt-Seite verschiebt. Wenn das mal nicht an Le Chatelier erinnert (*siehe* Kapitel 24)!

Noch einmal: Redox

Dass Alkohole, Aldehyde/Ketone und Carbonsäuren durch Redox-Prozesse ineinander umwandelbar sind, wissen Sie aus Kapitel 40. Einige Redox-Prozesse gehören ebenfalls zu den maßgeblichen Namensreaktionen.

Reduktionen: mehr Wasserstoff

Die **Clemmensen-Reduktion** (Abbildung 42.2a) ist die Umsetzung von (meist aromatischen) Ketonen zu analogen Methylenverbindungen. Bei der von Erik Clemmensen entwickelten Reduktionsreaktion wird also der Chemie-Lego®-Ansatz (*ein* zweibindiges O wird durch *zwei* einbindige H-Atome ausgetauscht) tatsächlich 1:1 umgesetzt. Möglich wird dies durch den Einsatz von elementarem Zink *im salzsauren Medium.* (Für *ein* Äquivalent Reaktant wird also genau *ein* Äquivalent Zink benötigt – nicht, dass Sie noch denken, in der OC sei Stöchiometrie überflüssig!) Da Zink in Salzsäure natürlich sofort unter Freisetzung von elementarem Wasserstoff zu Zn^{2+}-Ionen oxidiert würde, muss das Metall *amalgamiert* werden (Kapitel 34) – dafür steht das $Zn_{(Hg)}$ über dem Reaktionspfeil (das kennen Sie schon aus Kapitel 40).

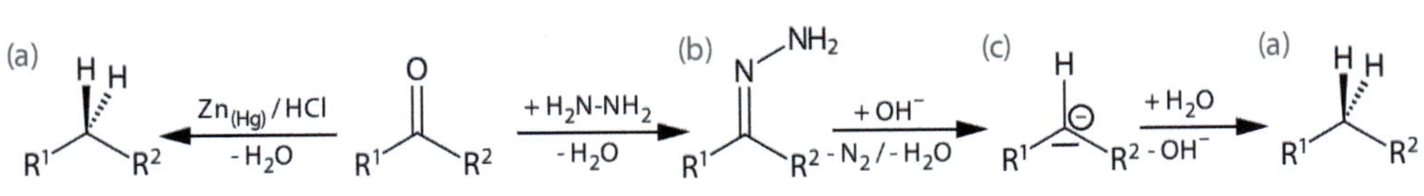

Abbildung 42.2: Reduktion nach (a) Clemmensen und (b) Wolff-Kishner

Auch im basischen Medium ist eine solche Reduktion möglich: Bei der **Wolff-Kishner-Reduktion** – gelegentlich wird Nikolai K. auch »Kischner« geschrieben – wird die Carbonylverbindung zunächst mit Hydrazin ($H_2N{-}NH_2$, *siehe* Kapitel 31) unter Wasserabspaltung in ihr Hydrazon (Abbildung 42.2b) überführt und dieses wird dann in Gegenwart von Alkalihydroxid erhitzt. Dies führt unter Abspaltung von elementarem Stickstoff über eine anionische Zwischenstufe (c) bei wässriger Aufarbeitung ebenfalls zur entsprechenden Methylenverbindung (a).

Dass sich Aldehyde sowohl leicht reduzieren als auch leicht oxidieren lassen (wie Sie aus Kapitel 40 wissen), macht man sich bei der Cannizzaro-Reaktion zunutze, einer Disproportionierung: Hier reagieren unter Einfluss von Hydroxid-Ionen zwei Aldehyd-Moleküle zu einer Carbonsäure und einem primären Alkohol (Abbildung 42.3). Interessant ist der Reaktionsmechanismus: Nachdem einer der beiden Aldehyde durch die Base angegriffen wurde, überträgt diese Zwischenstufe ein Hydrid-Ion (H^-) auf einen zweiten Aldehyd, sodass dieser zum *Alkoholat* reduziert wird. Die durch die Hydrid-Abspaltung entstandene (natürlich OH-acide) Carbonsäure protoniert anschließend verständlicherweise das (stark basische) Alkoholat, sodass schließlich der Alkohol und das Anion der Carbonsäure entstehen (a). Aber Sie müssen aufpassen:

Reaktanten, die in α-Stellung zur Carbonylgruppe ein Wasserstoff-Atom aufweisen, werden *nicht reduziert*, sondern gehen eine *Aldol-Reaktion* ein. (Die kennen Sie schon aus Kapitel 40, und um die geht es *hier* nicht.)

In Gegenwart sehr starker Basen kann es sogar noch einen Schritt weitergehen: Dann reagiert die frisch entstandene Säure mit dem ebenso frischen Alkohol zu einem Ester weiter (b). Diesen Sonderfall wird **Tischtschenko-Disproportionierung** genannt.

Der Mechanismus dieser Reaktion ist deutlich komplexer, als die rein schematische Darstellung in Abbildung 42.3b vermuten lässt – für die ganz besonders Neugierigen: Mechanistisch entspricht der zweite Schritt der Tischtschenko-Disproportionierung – bei dem vermeintlich ein freies Hydroxid-Ion abgespalten wird – der Oppenauer-Oxidation, zu der wir in wenigen Abschnitten kommen und die ihrerseits wiederum praktisch die Rückreaktion der Meerwein-Ponndorf-Verley-Reduktion aus Abbildung 42.5 darstellt. Tatsächlich werden bei der Tischtschenko-Disproportionierung als starke Basen meist Aluminium-Alkoholate eingesetzt. Aber wir wollen es hier nicht übertreiben.

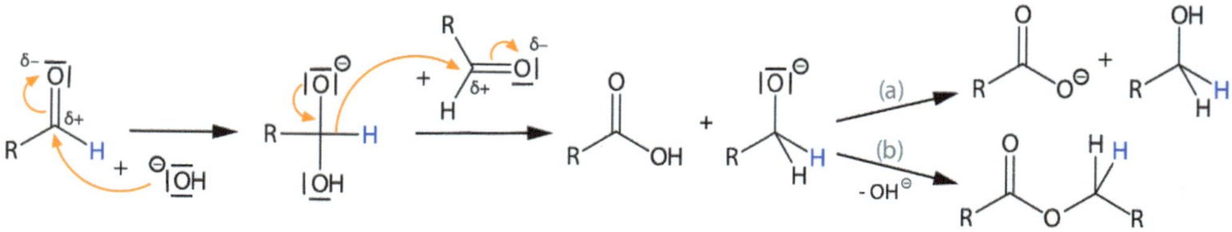

Abbildung 42.3: Cannizzaro-Reaktion (a) und Tischtschenko-Variante (b)

Bei der Cannizzaro-Reaktion werden also 50 % der Reaktanten in den gewünschten Alkohol umgewandelt, 50 % hingegen in eine Carbonsäure, die Sie vielleicht gar nicht wollen (und zur

Synthese von Carbonsäuren gibt es deutlich effizientere Methoden). Wollen Sie gezielt den *Alkohol* erhalten, bedienen Sie sich einer Variante, die als **gekreuzte CANNIZZARO-Reaktion** bezeichnet wird: Dafür wird neben dem Ausgangs-Aldehyd noch Formaldehyd in gleicher (Stoff-)Menge hinzugegeben, das sich noch leichter oxidieren lässt (Abbildung 42.4a); neben dem gewünschten Alkohol R-CH_2-OH entsteht Ameisensäure (HCOOH).

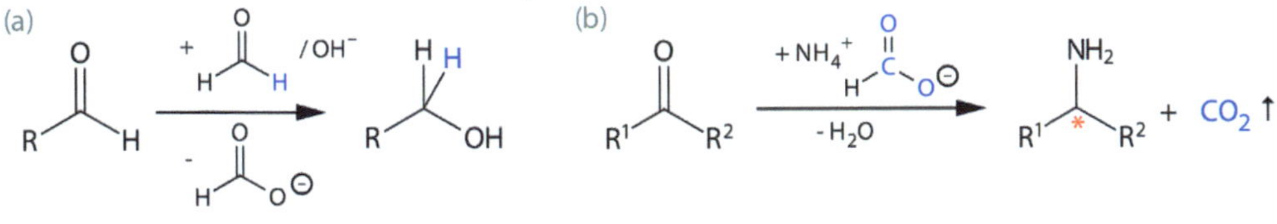

Abbildung 42.4: Gekreuzte CANNIZZARO-Reaktion (a) und LEUCKART-WALLACH-Reaktion (b)

Eine Abart der *gekreuzten CANNIZZARO-Reaktion* stellt die **LEUCKART-WALLACH-Reaktion** dar (Abbildung 42.4b), bei der ein Aldehyd (oder auch ein Keton!) in einem Schritt nicht zum entsprechenden Alkohol, sondern gleich zu dessen Stickstoff-Analogon, dem *Amin*, reduziert wird (durch den Chemie-Lego®-Ansatz sollte auch diese *reduktive Aminierung* leicht nachvollziehbar sein). Hier wird als Reduktionsmittel (vielleicht erstaunlicherweise) das Ammonium-Salz der Ameisensäure genutzt (NH_4^+ $HCOO^-$; alternativ können Sie auch ein – praktisch beliebiges – Amin in Kombination mit freier Ameisensäure zum Einsatz bringen); die Ameisensäure wird dabei zum Kohlendioxid oxidiert. Wird bei (b) als Reaktant ein asymmetrisches Keton eingesetzt (also ein Keton R^1–CO–R^2 mit $R^1 \neq R^2$), entsteht ein *Chiralitätszentrum*. Die LEUCKART-WALLACH-Reaktion verläuft *nicht stereospezifisch*: Sie erhalten ein racemisches Gemisch.

Dass sich Ameisensäure leichter als jede andere Carbonsäure oxidieren lässt, liegt an der eigentümlichen Zwitternatur dieses Moleküls. Schauen Sie sich noch einmal die Strukturformel an (a): Das C-Atom gehört nicht nur zu einer Carboxylfunktion (b; sonst wär's ja keine Säure …), sondern zugleich auch zu einer *Aldehyd*gruppe (c).

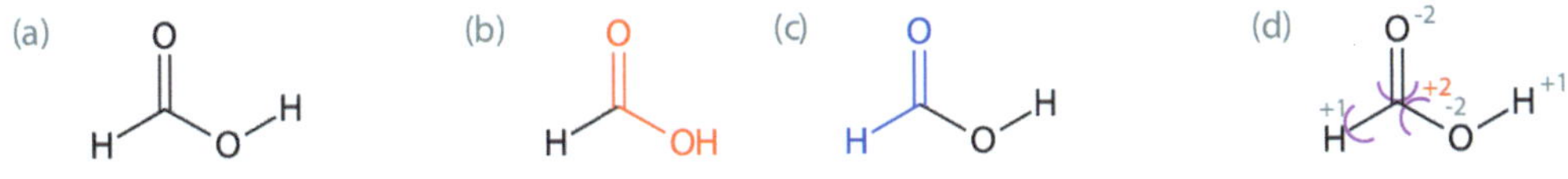

Aus diesem Grund kommt dem Kohlenstoff hier die Oxidationszahl +2 zu (d; bei allen anderen Carbonsäuren beträgt sie +3).

Die **MEERWEIN-PONNDORF-VERLEY-Reduktion** gestattet die gezielte Reduktion von Ketonen zu 2°-Alkoholen. (Herrn MEERWEIN kennen Sie übrigens schon von der WAGNER-MEERWEIN-Umlagerung aus Kapitel 41.) Dabei werden 2-Propanol (Isopropylalkohol, das Lösemittel) und das Aluminiumsalz dieses Alkohols (also das Aluminium-*iso*-propanolat) eingesetzt, das in dieser Lösung als *enges Ionenpaar* vorliegt. Der Mechanismus verläuft wieder einmal über einen sechsgliedrigen Übergangszustand, bei dem – analog zu CANNIZZARO – ein *Hydrid*-Ion verschoben wird (Abbildung 42.5; O-^{i}Pr steht für die *iso*-Propanolat-Reste).

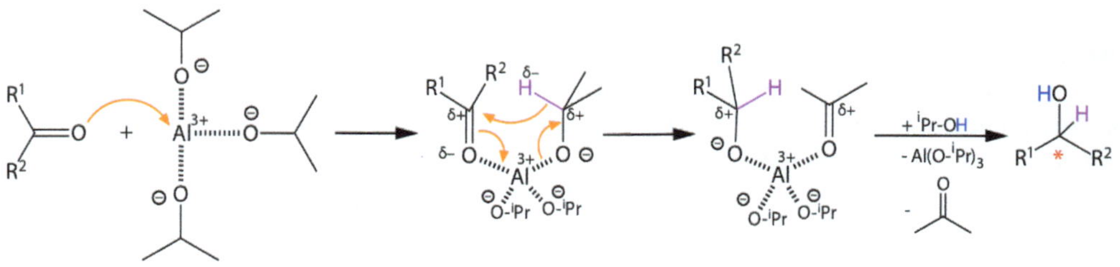

Abbildung 42.5: Mechanismus der MEERWEIN-PONNDORF-VERLEY-Reduktion

Der gewünschte sekundäre Alkohol liegt nach Abschluss der Reaktion als Anion vor, das mit dem Aluminium-Ion ein enges Ionenpaar bildet. Durch den Einfluss des Lösemittels 2-Propanol wird das – derzeit noch anionische – Produkt protoniert, sodass der freie Alkohol entsteht. Durch diesen Schritt reaktiviert das 2-Propanol dann auch gleich den Katalysator dieser Reaktion, eben das Aluminium-*i*-propanolat. Nebenprodukt dieser Reaktion ist Aceton.

Aceton ist das Oxidationsprodukt des hier als Lösemittel verwendeten 2-Propanols. Sehen Sie die Parallelen zur *gekreuzten* CANNIZZARO-Reaktion? Auch hier musste ja neben einer Reduktion auch eine Oxidation erfolgen.

Oxidationen: mehr Sauerstoff

Die *Umkehrung der MEERWEIN-PONNDORF-VERLEY-Reduktion* ist die **OPPENAUER-Oxidation**, bei der 2°-Alkohole durch Aceton (in Gegenwart von Aluminium-*tert*-butanolat) zu Ketonen umgesetzt werden.

Von 1°- (beziehungsweise 2°-) Alkoholen zu Aldehyden (respektive Ketonen), allerdings dieses Mal *im sauren Medium*, führt die **PFITZNER-MOFFATT-Oxidation** (Abbildung 42.6a), bei der als Oxidationsmittel *Dimethylsulfoxid* (DMSO) dient, das dabei zum – olfaktorisch (also geruchlich) äußerst unangenehmen – Dimethysulfid reduziert wird. Unerlässlich ist der Einsatz von *Dicyclohexylcarbodiimid* (DCC), das im Zuge der Reaktion zu Dicyclohexylharnstoff umgesetzt wird.

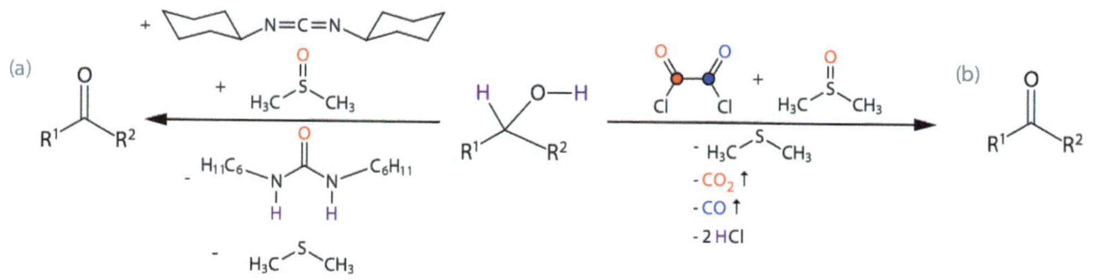

Abbildung 42.6: (a) PFITZNER-MOFFATT- und (b) SWERN-Oxidation

Auch bei der **SWERN-Oxidation** (b) wird die Reduzierbarkeit von DMSO ausgenutzt, hier allerdings *im basischen Medium* unter dem Einfluss von *Oxalylchlorid* ($C_2O_2Cl_2$, dem Dichlorid der Oxalsäure), das im Zuge der Reaktion in Kohlenmonoxid und Kohlendioxid zerfällt. Die hier entstehenden Nebenprodukte sind gasförmig – das erleichtert natürlich die Aufarbeitung des Reaktionsgemischs.

Alle bisherigen Reduktionen und Oxidationen erfolgen unter relativ milden Bedingungen. Je nach Empfindlichkeit des Reaktanten ist das auch gut so, aber wenn der Ausgangsstoff nicht ganz so empfindlich ist, dann können Sie auch zu härteren Bandagen (*rigideren* Reaktionsbedingungen) greifen: Bei der **Baeyer-Villiger-Oxidation** beispielsweise wird ein Keton durch Einfluss einer *Peroxocarbonsäure* zu einem Säureester umgesetzt (Abbildung 42.7; ja, das ist schon wieder Adolf Ritter von Baeyer). Da hierfür zunächst eine C–C-Bindung gespalten werden muss und eine Umlagerung stattfindet, sollten Sie sich den Mechanismus ein wenig genauer anschauen:

Nach einem nucleophilen Angriff der Peroxogruppe auf den (positiv polarisierten) Carbonyl-Kohlenstoff entsteht intermediär ein *Oxylium-Ion* (a – nein, kein Schreibfehler: Der Sauerstoff hat hier wirklich eine Bindung »zu wenig«; früher wurde so etwas auch als *Oxenium*-Ion bezeichnet, aber die IUPAC rät von der Verwendung dieses Begriffs vehement ab, obwohl er doch so schön zum Carbenium-Ion passt …), das sich durch eine 1,2-Alkyl-Verschiebung stabilisiert (b).

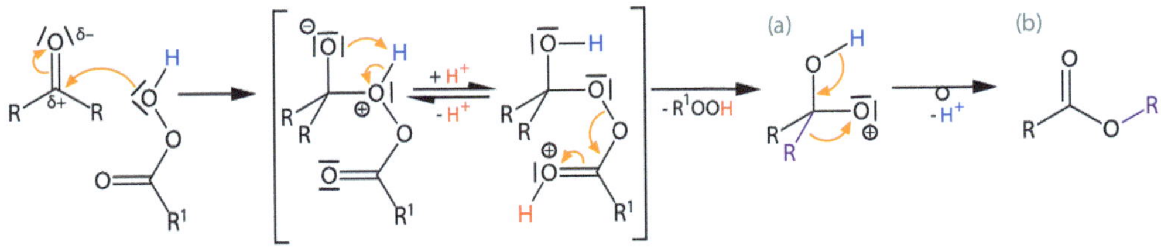

Abbildung 42.7: Mechanismus der Baeyer-Villiger-Oxidation

Da Sie nicht wissen, *welcher* der beiden Reste –R die Umlagerung durchführen wird, ist die Umsetzung unsymmetrischer Ketone wenig ratsam.

Manchmal reicht das richtige Reagenz

Es gibt noch viele weitere Möglichkeiten, die Oxidationszahl von C-Atomen gezielt zu verändern: Mit starken Oxidationsmitteln wie Kaliumpermanganat ($KMnO_4$), Chrom(VI)-oxid (CrO_3) oder Chromylchlorid (CrO_2Cl_2) lassen sich beispielsweise Methylgruppen (bevorzugt solche, die an einen aromatischen Ring gebunden sind) *in einem Schritt zu Carbonsäuren* oxidieren, unter geeigneten Reduktionsbedingungen werden Mehrfachbindungen sukzessive bis zu Einfachbindungen (katalytisch) hydriert und so weiter. Ständig werden neue Methoden ersonnen (manche davon gelten mittlerweile selbst als Namensreaktion), aber für einen ersten Einblick in das nahezu unerschöpfliche Gebiet des FGI soll die hier vorgestellte kleine Auswahl reichen.

KKK, SSS – WasWasWas?!

Dass Sie durch geeignete Wahl der Reaktionsbedingungen Einfluss auf das Endprodukt nehmen können, haben Sie bereits mit der Frage nach kinetischer oder thermodynamischer Reaktionsführung in Kapitel 36 kennengelernt. Zur Allgemeinbildung eines jeden in der Synthese Tätigen sollten daher auch die *KKK-* und die *SSS-Regel* gehören, die sich auf die Halogenierung alkylsubstituierter Aromaten beziehen (hier exemplarisch Ethylbenzen):

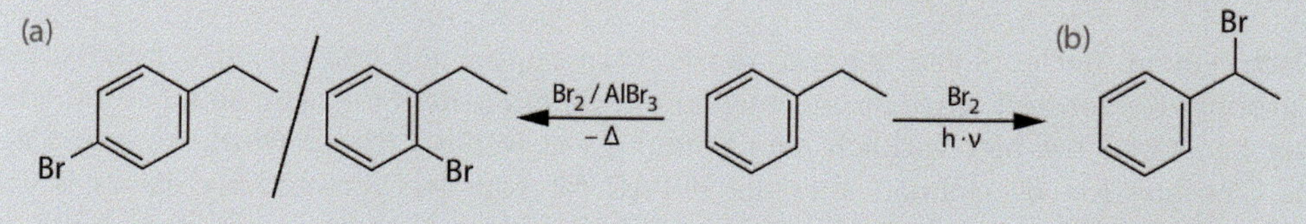

- **KKK**: ***Kälte, Katalysator, Kern*** – Bei niedriger Temperatur und Verwendung eines Katalysators (meist einer Lewis-Säure; oft des zugehörigen Aluminium- oder Eisen(III)-halogenids) erfolgt die Reaktion am aromatischen Ring (dem »Kern«): Es findet eine Elektrophile Substitution am Aromaten (S_EAr) statt (a).
- **SSS**: ***Siedehitze, Sonnenlicht, Seitenkette*** – Bei höherer Temperatur und photochemischer Anregung (es muss nicht unbedingt Sonnenlicht sein, eine starke Lampe tut's auch …) kommt es zur Radikalischen Substitution (S_R), die zu einem anderen Produkt führt (b). (Die Substitution erfolgt in *Benzyl*-Stellung, weil das intermediär auftretende Radikal durch Konjugation mit dem aromatischen System stabilisiert wird.)

Wenn die Kette länger wird

Es wurde bereits erwähnt, dass die Knüpfung neuer C–C-Bindungen als Königsdisziplin der Synthese-Chemie gilt. Interessanterweise kann das, geeignete Reaktanten vorausgesetzt, auch durch Redox-Reaktionen erfolgen. So werden etwa bei der **Kolbe-Elektrolyse** (ja, das ist der von der Nitril-Synthese) Carboxylate anodisch zu *symmetrischen* Alkanen oxidiert (Abbildung 42.8a). Intermediär entstehen dabei zunächst Carbonsäure-Radikale, die umgehend *decarboxylieren* (also CO_2 abspalten, das kennen Sie schon aus Kapitel 40); die dann vorliegenden Alkyl-Radikale *dimerisieren*. Damit wird auch klar, warum sich auf diese Weise ausschließlich Verbindungen erzeugen lassen, die von der Molekülmitte aus betrachtet zu beiden Seiten die gleichen Substituenten aufweisen.

Bei der **Gustavson-Synthese** hingegen werden 1,3-Dihalogenalkane (mit X,Y = Cl, Br, I) durch elementares Zink zu Cyclopropan reduziert (b).

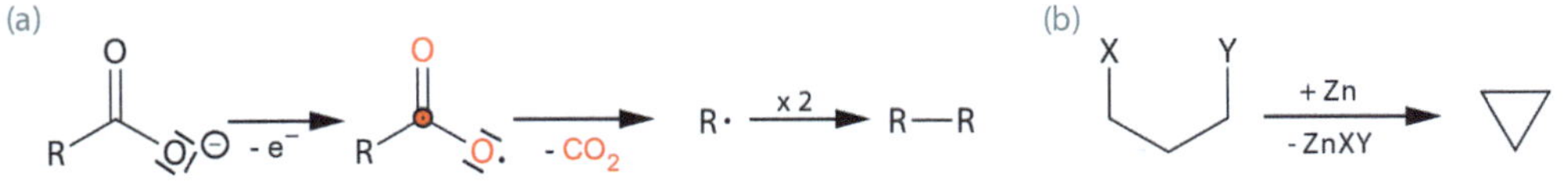

Abbildung 42.8: Kolbe-Elektrolyse (a) und Gustavson-Synthese (b)

Die Beispiele aus Abbildung 42.8 zeigen zwar, dass sich auf diese Weise neue C–C-Bindungen knüpfen lassen, aber es ist offensichtlich, dass beide Methoden nicht sonderlich vielseitig sind:

- ✔ Die Kolbe-Elektrolyse gestattet nur die Synthese symmetrischer Moleküle.
- ✔ Über die Gustavson-Synthese lassen sich keine vier- oder fünfgliedrigen Ringe erzeugen.
- ✔ Falls ein Reaktant bereits eine oder mehrere funktionelle Gruppen aufweist, kann es dort leicht oxidations- oder reduktionsempfindlich sein und so weiter.

Wollen Sie also neue C–C-Bindungen möglichst schonend knüpfen, wäre es sehr wünschenswert, irgendwie ein *nucleophiles* Kohlenstoff-Zentrum erzeugen zu können, denn damit wäre es relativ einfach möglich, durch das Zusammenspiel mit einem *elektrophilen* Kohlenstoff neue C–C-Bindungen zu knüpfen. (Außerdem muss es ja auch außerhalb des Labors den einen oder anderen Mechanismus zur C–C-Knüpfung geben – wie sonst könnten Sie erklären, dass in der Natur so viele Moleküle mit teilweise erstaunlich langen Kohlenstoff-Ketten vorkommen?) *Eine* Methode zur Verlängerung einer Kette haben Sie mit der *Nitrilsynthese nach Kolbe* bereits in diesem Kapitel kennengelernt, und dass sich neue C–C-Bindungen auch mit der Aldol-Addition knüpfen lassen, wissen Sie aus Kapitel 40. Genau dieses *Aldol-Prinzip* lässt sich vielfältig ausweiten:

Die Aldol-Reaktion – und darüber hinaus

Bei der Aldol-Reaktion tritt letztendlich ein *elektrophiler Kohlenstoff* mit einem *nucleophilen Kohlenstoff* in Wechselwirkung. Der elektrophile Kohlenstoff wiederum lässt sich auf die Keto-Enol-Tautomerie (aus Kapitel 37) zurückführen: Nach Deprotonierung der durch Enolisierung entstandenen OH-Gruppe liegt ein *Enolat* vor; ein (mesomeriestabilisiertes) C-Nucleophil, das dann natürlich leicht in Wechselwirkung mit einem Kohlenstoff mit verminderter Elektronendichte treten kann, sodass eine neue C–C-Bindung geknüpft wird (*siehe* Abbildung 40.9, gegebenenfalls noch mit anschließendem Kondensationsschritt, *siehe* Abbildung 40.10).

Jetzt sollte auch klar geworden sein, warum *enolisierbare* Aldehyde (also alle, die in α-Stellung zur Carbonylgruppe ein H-Atom aufweisen) *nicht* im Basischen nach Cannizzaro behandelt werden können: Wegen ihrer CH-Acidität würden sie deprotoniert, und das ändert natürlich alles.

Analog zur Aldol-Reaktion (ob nun mit oder ohne anschließenden Kondensationsschritt) bietet die CH-Acidität die Grundlage einer ganzen Reihe bedeutender Namensreaktionen, die allesamt zu einer Verlängerung der C–C-Kette führen. Eines ist ihnen allen gemein: Es muss sich in α-Stellung zu einer CHR-Einheit (bei der R = H sein *kann*, aber nicht *muss*) mindestens eine funktionelle Gruppe (Z^1) befinden, die aufgrund ihres *Elektronenzugs* (*–M*- und/oder *–I*-Effekt) die CH-Acidität des Moleküls hinreichend steigert, um im basischen Medium eine Deprotonierung zu erreichen. (Gibt es eine weitere funktionelle Gruppe Z mit vergleichbarer Wirkung, steigert das die Reaktivität, ansonsten darf auch gelten: Z^2 = R'.) Das so entstandene *nucleophile* C-Atom (*grün* markiert) wird dann mit einem *elektrophilen* Kohlenstoff (*rot*) zur Reaktion gebracht (Abbildung 42.9); dabei entsteht eine neue C–C-Bindung.

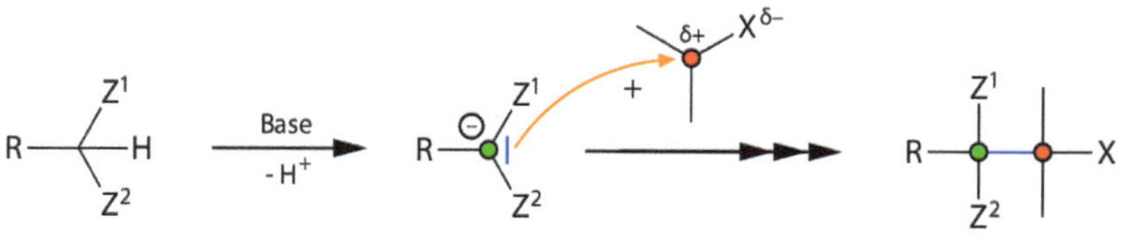

Abbildung 42.9: Allgemeines Reaktionsschema zur C-C-Knüpfung analog zu Aldol

Dabei ist eigentlich ziemlich unerheblich, wie die Elektronen ziehenden funktionellen Gruppen (Z^1 und gegebenenfalls Z^2) geartet sind, und es ist auch kaum entscheidend, wodurch der nucleophil anzugreifende Kohlenstoff polarisiert wurde: X kann also beispielsweise ein Halogen sein oder der positiv polarisierte Kohlenstoff ist selbst Bestandteil einer Carboxyl- oder Carbonylgruppe (wie bei der Aldol-Reaktion).

- ✔ Ist der elektrophile Kohlenstoff sp^3-hybridisiert, muss *Substitution* erfolgen. (Denken Sie an die Nitril-Synthese nach Kolbe.)
- ✔ Bei einem sp^2-hybridisierten Kohlenstoff (beispielsweise dem C einer Carbonylgruppe) bestehen zwei Möglichkeiten:
  - Es kann zur *Addition* kommen, sodass der betreffende Kohlenstoff nach sp^3 umhybridisiert wird – das kennen Sie schon von den (Halb-)Acetalen aus Kapitel 40 und der Aldol-*Addition*. (Hierbei *kann* dann ein neues Chiralitätszentrum entstehen.)
  - Alternativ ist es möglich, dass das angegriffene Kohlenstoff-Atom nur vorübergehend vier Bindungspartner hinnimmt und letztendlich wieder in den sp^2-Zustand zurückkehrt (ein Beispiel dafür ist die Aldol-*Kondensation*).

Wenn Sie sich die wichtigsten aldol-analogen Reaktionen anschauen, werden Sie feststellen, dass sie alle dem Schema aus Abbildung 42.9 entsprechen.

Bei der **Claisen-Kondensation** (deren Mechanismus hier zur Wiederholung des »Aldol-Prinzips« noch einmal dargelegt ist) reagieren CH-acide Ester analog der Aldol-Reaktion zu β-Ketoestern (Abbildung 42.10a). Werden diese *verseift* (unter Abspaltung von R^2–OH), erhalten Sie aufgrund der für β-Ketocarbonsäuren typischen Decarboxylierung (*siehe* Kapitel 40) statt der freien Säure ein Keton (b).

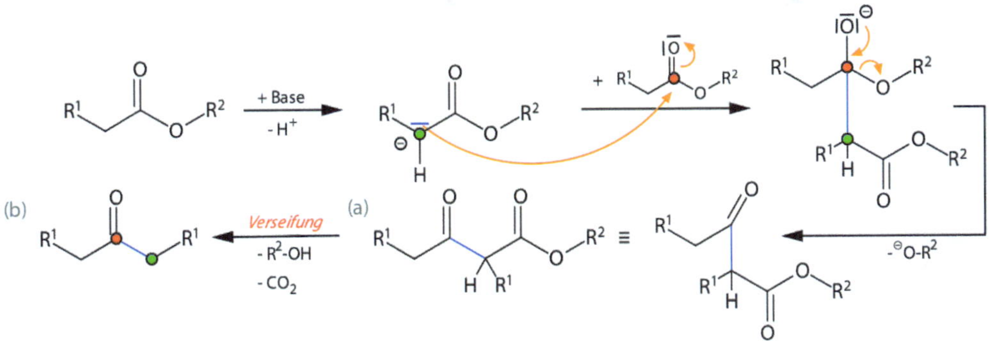

Abbildung 42.10: Esterkondensation nach CLAISEN

Läuft diese Reaktion intramolekular an einem Dicarbonsäurediester ab, entstehen cyclische 2-Alkoxycarbonylketone; dies ist eine **DIECKMANN-Cyclisierung** (Abbildung 42.11a).

Bei der **KNOEVENAGEL-Reaktion** (Abbildung 42.11b; ausgesprochen: »Knöwenagel«, Emil KNOEVENAGEL stammte aus der Nähe von Hannover) wurde ursprünglich als Methylenkomponente ein Malonsäurediester mit einem Carbonyl-Kohlenstoff zur Reaktion gebracht. Da hier die CH-acide Komponente *zwei* H-Atome aufweist, ist Eliminierung von Wasser möglich: Es entsteht ein α,β-ungesättigtes Malonester-Derivat, das sich dann durch Verseifung und Decarboxylierung zu einem α,β-ungesättigten Ester umsetzen lässt – weil hier ein Alkenyl-Rest übertragen wird, heißt das bei diesem speziellen Fall auch KNOEVENAGEL-*Alkenylierung*. (Durch geeignete Wahl der Reaktionsbedingungen kann gegebenenfalls sogar Einfluss auf die Konfiguration der neu geknüpften Doppelbindung genommen werden, aber das ist schon recht knifflig …)

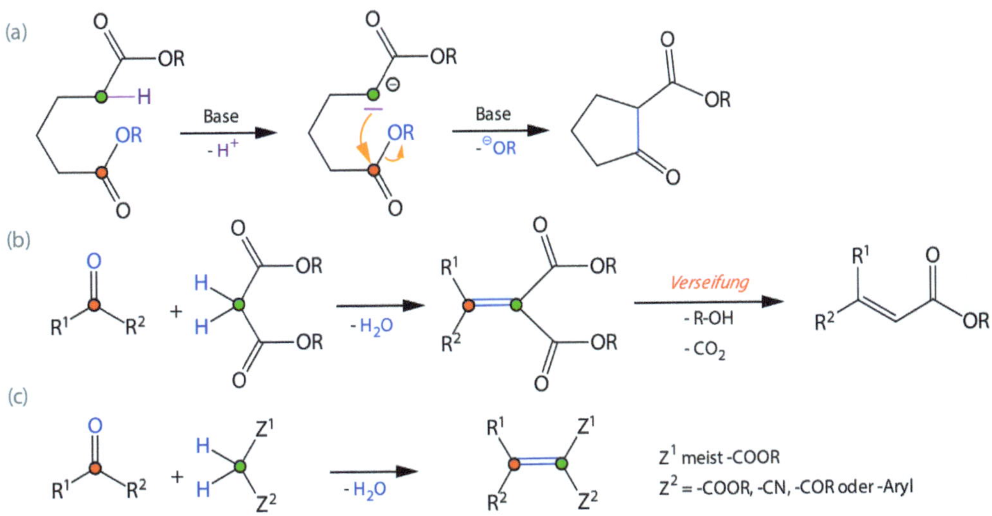

Abbildung 42.11: DIECKMANN-Kondensation (a) und KNOEVENAGEL-Alkenylierung (b, c)

Mittlerweile wird der Begriff der KNOEVENAGEL-Reaktion etwas weiter gefasst (Abbildung 42.11c): Allgemein ist damit der nucleophile Angriff einer CH-aciden Verbindung mit *zwei* Elektronen ziehenden Substituenten Z^1 und Z^2 auf eine Carbonylgruppe gemeint.

Genauso läuft das auch bei der **MICHAEL-Addition**, allerdings kommt hier noch das *Vinylogie-Prinzip* (aus Kapitel 40) zum Tragen – denn das ist nicht auf Carbonyl-Verbindungen beschränkt:

Das Vinylogie-Prinzip gilt für *alle* (mehrfach) ungesättigten Verbindungen, bei denen ein Elektronen ziehender Substituent in Konjugation mit dem π-System steht.

Bei der MICHAEL-Addition (Abbildung 42.12a) greift ein Kohlenstoff-Nucleophil (also eine deprotonierte CH-acide Verbindung) ein elektrophiles Alken an, und eine neue C–C-Bindung wird geknüpft. Handelt es sich bei dem Elektronen ziehenden Substituenten (Z^3) an der Doppelbindung um eine *Carbonylgruppe*, kann ein derartiges Substrat sowohl am Carbonyl-Kohlenstoff selbst als auch in β-Position angegriffen werden (*siehe* Abbildung 42.12b).

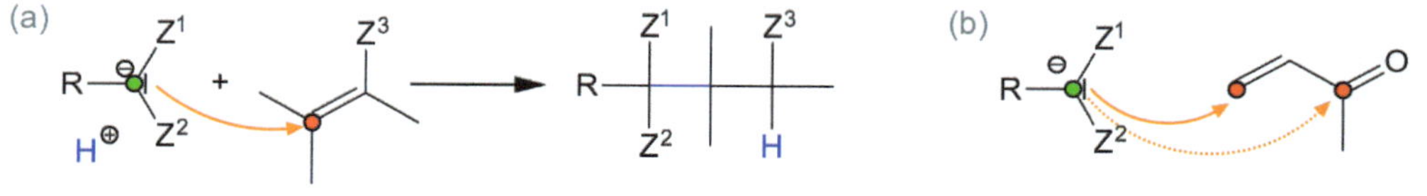

Abbildung 42.12: MICHAEL-Addition

Letzteres ist dabei bevorzugt – das lässt sich wieder mit dem HSAB-Konzept (bekannt aus Kapitel 25) erklären: Der vinyloge Kohlenstoff stellt eine weichere LEWIS-Base dar als das Carbonyl-C, das durch seinen deutlich elektronegativeren Bindungspartner (= O) eine höhere Ladungsdichte erhält.

Arthur MICHAEL war ein US-amerikanischer Chemiker. Bitte sprechen Sie die nach ihm benannte Reaktion entsprechend *englisch* aus.

Falls Ihnen bei Abbildung 42.12b die 1,2- und 1,4-Additionen an konjugierten Doppelbindungssystemen aus Kapitel 37 in den Sinn gekommen sind, sind Sie auf genau dem richtigen Wege! (Je häufiger Ihnen auffällt, dass Sie in der OC eigentlich die ganze Zeit über immer wieder genau das Gleiche tun, desto besser!)

ROBINSON-Anellierung und MANNICH-Reaktion – Zwei auf einen Streich

Die **ROBINSON-Anellierung** stellt eine elegante Methode zur Synthese bicyclischer Systeme dar, die ihrerseits die Grundlage für zahlreiche wichtige Biomoleküle wie Steroide und dergleichen sind. Das Besondere an dieser Reaktion ist, dass sukzessive gleich *zwei* C–C-Bindungen geknüpft werden, und das gemäß zweier Mechanismen, die beide in diesem Kapitel behandelt wurden. Zunächst erfolgt die basenkatalysierte *Michael-Addition* eines (CH-aciden) cyclischen Ketons (hier: Cyclohexanon) an ein α,β-ungesättigtes Keton (hier: Methylvinylketon, Butenon). Das dabei entstandene Zwischenprodukt (a) geht dann eine *intramolekulare Aldol-Kondensation* ein, sodass über ein β-Hydroxyketon (b) unter Wasserabspaltung letztendlich ein α,β-ungesättigtes, bicyclisches Keton entsteht (c).

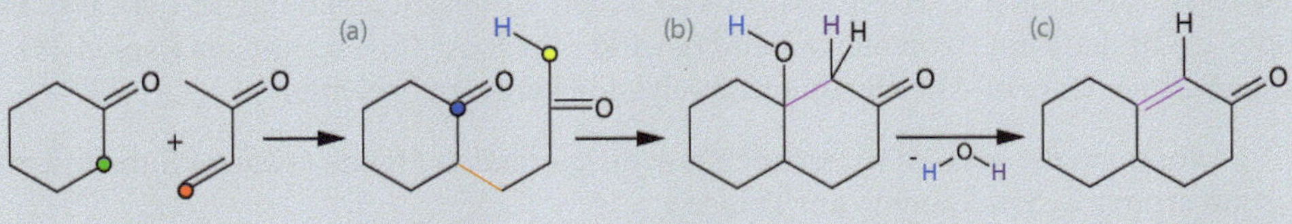

Ebenfalls zwei C–C-Bindungen auf einmal werden bei der **Mannich-Reaktion** geknüpft. Hier wird eine CH-acide Carbonylverbindung in einem Schritt mit einem maximal 2°-Amin (die Reste können auch einfach H sein) und Formaldehyd *β-aminoalkyliert*. Wenngleich das mit Chemie-Lego® recht leicht nachvollziehbar sein sollte, lohnt es sich doch erneut, einen Blick auf den zugehörigen Mechanismus zu werfen: In einem ersten Schritt bilden das Amin und der Formaldehyd unter Säurekatalyse und Wasserabspaltung ein *mesomeriestabilisiertes* Kation mit einer Carbenium-Ion-Form (a) und einer Immonium-Ion-Form (b). Dieses Kation wird auch als *Mannich-Elektrophil* bezeichnet und greift entsprechend die CH-acide Verbindung an. Exemplarisch zeigt (c) die Umsetzung dieses Elektrophils mit einem an C^2 (grün markiert) mit –R alkylierten Malonsäurediethylester ($RHC(COOEt)_2$). Die beiden veresterten Carboxylgruppen stellen sehr gute Elektronen ziehende Substituenten dar, aus diesem Grund erfreuen sich Ester der beachtlich CH-aciden Malonsäure (Propandisäure, $HOOC\text{-}CH_2\text{-}COOH$, bekannt aus Kapitel 40) großer Beliebtheit in der Synthese, ob nun C^2-alkyliert oder nicht.

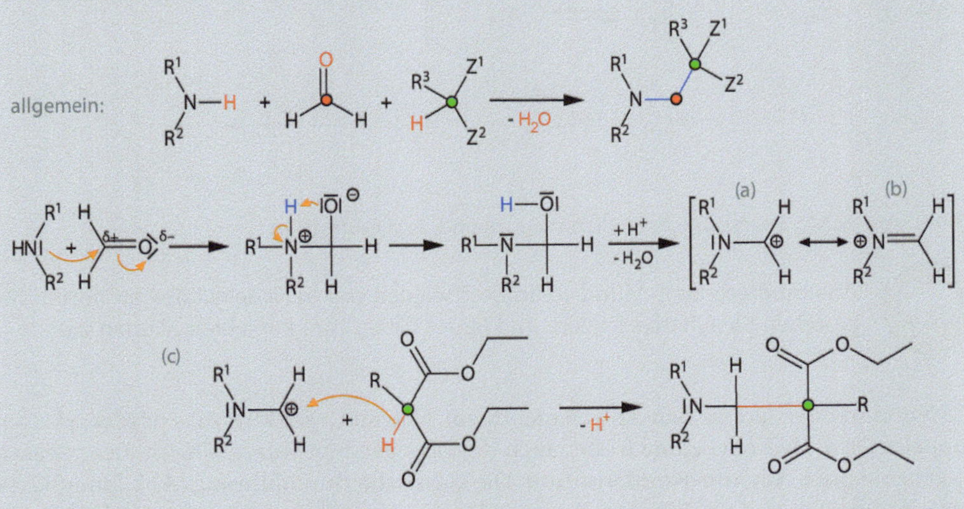

Wieder lässt sich mit dem HSAB-Konzept erläutern, warum der Angriff über das positiv polarisierte C-Atom erfolgt, nicht über den Stickstoff.

Neu! Jetzt mit Aromaten!

Einen neuen Weg zur Alkylierung von Aromaten (bei der natürlich auch neue C–C-Bindungen geknüpft werden) fanden Charles FRIEDEL und James Mason CRAFTS: Sie stellten fest, dass sich die Elektrophilie halogenierter aliphatischer Kohlenstoff-Atome unter dem Einfluss von LEWIS-Säuren wie $AlCl_3$ oder $SnCl_4$ (allgemein: MX_n, aber es müssen natürlich LEWIS-Säuren sein) immens steigern lässt. Grund ist die Ausbildung eines polaren Komplexes, der je nach Stabilität der theoretisch denkbaren freien Ionen als *enges Ionenpaar* oder sogar tatsächlich in Form dissoziierter Ionen vorliegt (Abbildung 42.13a). Das Elektrophil greift dann am Aromaten an und bewirkt eine S_EAr (b, bekannt aus Kapitel 38). Bei dieser **FRIEDEL-CRAFTS-Alkylierung** sind folgende Dinge zu beachten:

- ✔ Es kommen die (des-)aktivierenden und dirigierenden Effekte etwaiger Substituenten am aromatischen System zum Tragen.
- ✔ Je länger die Kette des FRIEDEL-CRAFTS-Elektrophils, desto größer die Gefahr, dass sich das intermediär auftretende Carbokation durch die eine oder andere Umlagerung stabilisiert.
  - Die Umlagerungs-Tendenz und sogar die *Art* der gegebenenfalls erfolgenden Umlagerung sind auch davon abhängig, *welche* LEWIS-Säure verwendet wurde. (Um den Rahmen nicht zu sprengen, sei wieder auf weiterführende Literatur verwiesen.)

Bei der als **FRIEDEL-CRAFTS-Acylierung** bezeichneten Variante (Abbildung 42.13c) wird aus einem *Säure*halogenid und einer LEWIS-Säure ein *Acylium-Ion* (d) erzeugt, das mit einem Aromaten (durch Substitution) zum gemischt aliphatisch-aromatischen Keton reagiert (e).

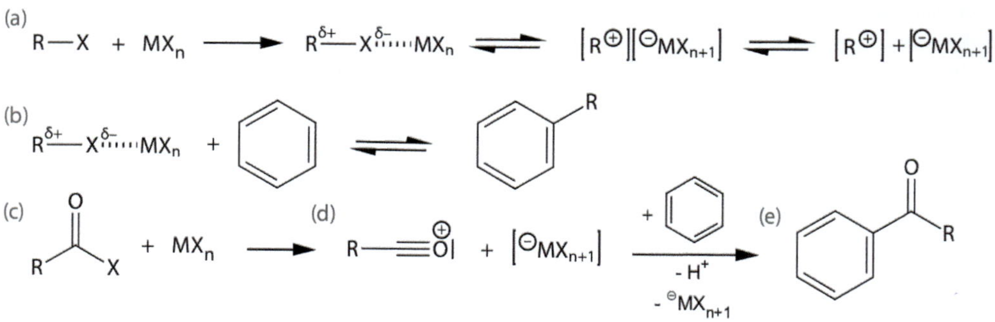

Abbildung 42.13: FRIEDEL-CRAFTS-Alkylierung (a, b) und -Acylierung (c–e)

Aus Studierenden-Mund ist immer wieder von »Friedelskraft« zu hören. Bitte gestehen Sie Charles FRIEDEL und James CRAFT ihre korrekten Namen zu.

Carbonsäureester lassen sich mit elementarem Natrium reduktiv zu α-Hydroxyketonen kuppeln. Da α-Hydroxyketone früher auch *Acyloine* genannt wurden, heißt diese Reaktion auch heute noch **Acyloin-Kondensation**. Die klassische Durchführung (Abbildung 42.14a) verläuft dabei über ein α-Diketon, das zum Di-Anion reduziert wird und nach Hydrolyse über eine Bis-Enol-Zwischenstufe (also eine Zwischenstufe, bei der an der Doppelbindung gleich zwei OH-Gruppen hängen!) zum Acyloin tautomerisiert. Da die di-anionischen Stufen (in Abbildung 42.14a mit (I) und (II) gekennzeichnet) sehr energiereich sind, ist die Ausbeute bei dieser Reaktionsführung nicht gerade berauschend. Deutlich effizienter ist Vorgehensweise (b), bei der intermediär ein (isolierbarer!) Trimethylsilyl-Enolether erzeugt wird, dessen sauer-hydrolytische Aufarbeitung ebenfalls zum α-Hydroxyketon führt.

Mittlerweile ist es bei vielen über eine *enolische* Zwischenstufe verlaufenden Reaktionen üblich, selbige durch Einsatz entsprechender Organosilicium-Verbindungen deutlich zu optimieren. Auch wenn darauf im Rahmen dieses Buches nicht weiter eingegangen werden soll, sei an dieser Stelle darauf hingewiesen – genau deswegen wurde die Acyloin-Kondensation überhaupt erwähnt. (Etwas mehr über Organosilicium-Verbindungen erfahren Sie in Kapitel 43.)

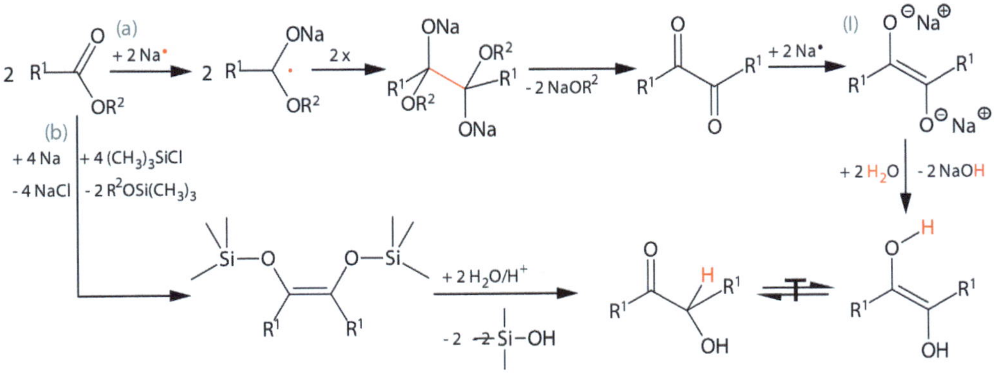

Abbildung 42.14: Acyloin-Kondensation: klassisch (a) und über Silylenolether (b)

Eine vergleichbare *reduktive Kupplung* lässt sich auch *mit Ketonen* bewirken, wenn Sie ein zweiwertiges unedles Metall wie Magnesium nutzen: Erneut kommt es zur Reduktion bis zu den Radikalanionen; durch den Chelat-Effekt des dabei entstehenden Metall-Ions vereinigen sich die beiden Radikale zu einem Magnesium-Dialkoholat. Wässrige Aufarbeitung führt dann zum 1,2-Diol (Abbildung 42.15a); dies wird als **Pinakol-Kupplung** bezeichnet (schließlich werden hier zwei Molekül-Teile aneinander gekuppelt).

Pinakol ist ein mittlerweile nicht mehr gebräuchlicher Name für 2,3-Dimethylbutan-2,3-diol. Besser wäre heutzutage entweder der IUPAC-Name oder die Bezeichnung Tetramethylethylenglykol, weil es sich (Chemie-Lego®!) einfach aus Ethylenglycol (also Ethan-1,2-diol) und vier Methyl-Resten zusammenstöpseln lässt. Und bei der Pinakol-*Kupplung* sind dann statt der Methyl-Reste eben ganz allgemein vier Alkyl-Reste (–R) im Spiel.

Bei asymmetrischen Ketonen stellt sich bei diesem Reaktionsmechanismus natürlich die Frage nach der Stereochemie, aber wir wollten ja nicht *zu tief* ins Eingemachte gehen.

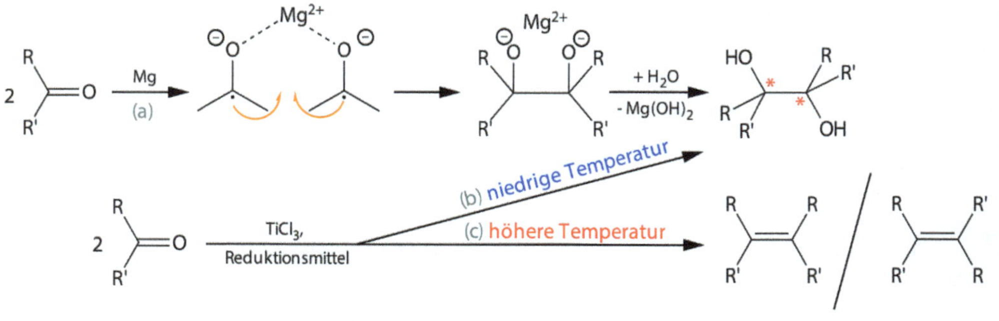

Abbildung 42.15: Pinakol-Kupplung (a, b) und McMURRY-Reaktion (c)

Mit niedervalentem Titan (ein Sammelbegriff für diverse Titanspezies, in denen das Metall eine Oxidationszahl von 0 bis +2 aufweist; meist im Labor durch Reduktion von TiCl3 frisch erzeugt) lässt sich die gleiche Reaktion auch *mit Aldehyden* erzielen (Abbildung 42.15b; –R oder –R' können hier auch –H sein). Interessanterweise findet die Pinakol-Kupplung jedoch nur bei *niedrigen* Temperaturen statt. *Bei höherer Temperatur* läuft die McMURRY-Reaktion ab (c), bei der Aldehyde oder Ketone unter Abspaltung von Titan(II)-oxid zu Alkenen umgesetzt werden: Hier wird also gleich eine C–C-*Doppel*bindung geknüpft. (Dabei stellt sich natürlich das Problem der *Z/E*-Isomerie; die lässt sich durchaus beeinflussen, aber das würde wieder den Rahmen dieses Buches sprengen.)

Neue Lego®-Steine

Die zumindest mechanistisch wichtigste Methode zur Erzeugung von C–C-*Doppelbindungen* stellt die **WITTIG-Reaktion** dar: Hier wird ein Alkylhalogenid mit mindestens einem *α*-H-Atom mit Triphenylphosphan ($P(C_6H_5)_3$) zu einem Alkyltriphenylphosphonium-Salz umgesetzt (Abbildung 42.16). In einem zweiten Schritt wird ausgenutzt, dass sich das vormals halogenierte C-Atom dieser Organophosphorverbindung deprotonieren lässt, also (wieder einmal) *CH-Acidität* zeigt. Die resultierende Zwischenstufe ist durch Mesomerie stabilisiert und lässt sich durch verschiedene Grenzformen beschreiben:

- Die *zwitterionische* Form (a) wird als *Ylid-Form* bezeichnet,
- die neutrale (b) als *Ylen-Form*.

Die Endungen *-id* und *-en* weisen jeweils auf den anionischen Charakter des Kohlenstoffs beziehungsweise das Vorhandensein einer C–P-Doppelbindung hin. Die *Ylen-Form* ist natürlich nur möglich, weil Phosphor im Gegensatz zum Stickstoff die Oktettregel überschreiten kann.

Der carbanionische Kohlenstoff fungiert nun (wie bei den verschiedenen Aldol-Varianten) einer Carbonylverbindung gegenüber als Nucleophil. Dabei ergibt sich eine weitere Zwischenstufe, in der ein viergliedriger Ring mit Sauerstoff und Phosphor auftritt, ein *Oxaphosphetan* (c; das ist wieder die HANTZSCH-WIDMAN-Nomenklatur aus Kapitel 38). Dieses zerfällt dann aufgrund der hohen Sauerstoff-Affinität des Phosphors in Triphenylphosphanoxid (d) und das Alken mit der neu geknüpften Doppelbindung (e).

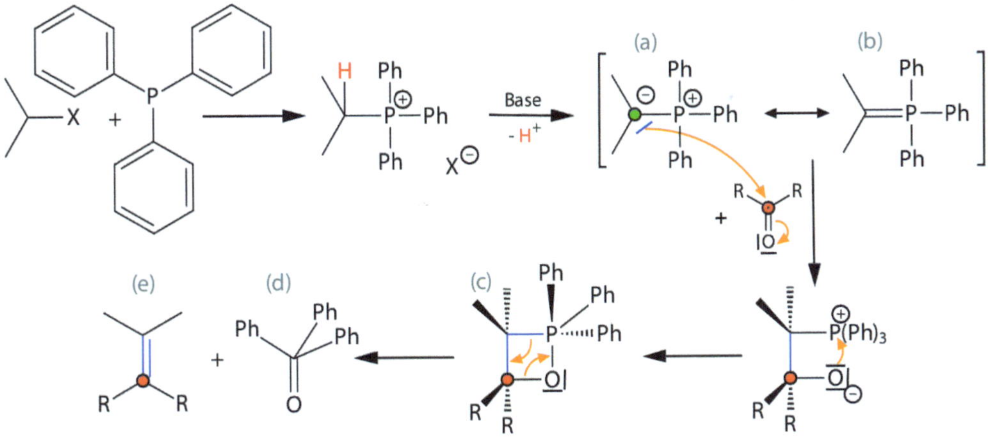

Abbildung 42.16: WITTIG-Reaktion

Wählen Sie die Reaktionsbedingungen entsprechend – dafür ist ein Blick in die fortführende Literatur unerlässlich –, können Sie Einfluss auf die Stereochemie der entstehenden Doppelbindung nehmen. (Hier spielen dann auch so vermeintlich exotische Dinge wie die Pseudorotation nach dem BERRY-Mechanismus aus Kapitel 31 eine Rolle.) Das ganz Besondere an dieser Art der Reaktion ist, dass eine echte C–P-Einfach- beziehungsweise -Doppelbindung vorliegt (und das trotz der Doppelbindungsregel!). Damit befinden wir uns bereits an der Grenze zur Organoelementchemie, über die Sie in Kapitel 43 etwas mehr erfahren.

Atomökonomie oder: Nachhaltigkeit in der Praxis

Bei allen chemischen Prozessen, aber natürlich insbesondere bei der Synthese, ist es wichtig, nicht nur das gewünschte Produkt im Blick zu behalten, sondern sich auch der Problematik der *Atomeffizienz* zu stellen: *Ein wie großer Teil aller Atome meiner Reaktanten findet sich eigentlich in meinem gewünschten Produkt wieder?* (Meistens wird die Atomeffizienz einer Reaktion dabei in Prozent angegeben.)

Schauen Sie sich einige Ihnen aus diesem und dem vorangegangenen Kapitel bereits vertraute Reaktionen an. Bei der *DIELS-ALDER-Reaktion* beispielsweise könnte es nicht besser laufen – jedes einzelne Atom der Reaktanten findet sich auch im Produkt wieder. Gleiches gilt für *Umlagerungen* oder *Additionsreaktionen*. Bei *Substitutionen* hingegen muss zumindest die Abgangsgruppe als »Abfall« gewertet werden; bei *Eliminierungen* ist die Lage noch unschöner. Ganz besonders schlecht ist es um die Atomökonomie einiger spezieller Reaktionen bestellt: Bei der *WITTIG-Reaktion* zum Beispiel fällt pro Äquivalent Produkt auch *ein* Äquivalent Triphenylphosphanoxid an, und die Molekülmasse von $(C_6H_5)_3P = O$ ist mit 278 g mol^{-1} auch noch ziemlich beachtlich: Pro Mol Produkt entsteht also mehr als ein halbes Pfund Abfall (sonderlich viele Verwendungsmöglichkeiten für diese Substanz wurden bislang noch nicht gefunden) – vom Lösemittelverbrauch und allen anderen

> Reagenzien ganz zu schweigen. So wunderbar leistungsfähig diese Reaktion also auch ist: Manchmal wäre es wünschenswert, auf sie verzichten zu können.
>
> Extrem atomineffiziente Reaktionen sind meist auf die Verwendung als Forschungslaborverfahren beschränkt und werden nicht großtechnisch eingesetzt. In diesem Buch werden Sie noch die eine oder andere aus rein chemischer Sicht extrem interessante und im Labor gänzlich unerlässliche Reaktion finden, deren Atomökonomie aber leider zu wünschen übrig lässt.

Auch die **Grignard-Reaktion**, eine weitere immens wichtige Methode zur Knüpfung neuer C–C-Bindungen, gehört in das Teilgebiet der *Organoelementchemie*. Hierbei werden in einem wasserfreien Lösemittel (sehr häufig einem Ether) Alkylhalogenide R–X mit fein dispergiertem elementarem Magnesium zu äußerst hydrolyseempfindlichen Alkylmagnesiumhalogeniden R–Mg–X umgesetzt (Abbildung 41.8a). Durch den »Einschub« des Magnesium-Atoms in die R–X-Bindung wird der ursprünglich positiv polarisierte Kohlenstoff zu einem Nucleophil *umgepolt*, kann daher als *latentes Carbanion* entsprechend elektrophile Zentren angreifen und dort im Zuge einer Nucleophilen Substitution eine geeignete Abgangsgruppe verdrängen (b).

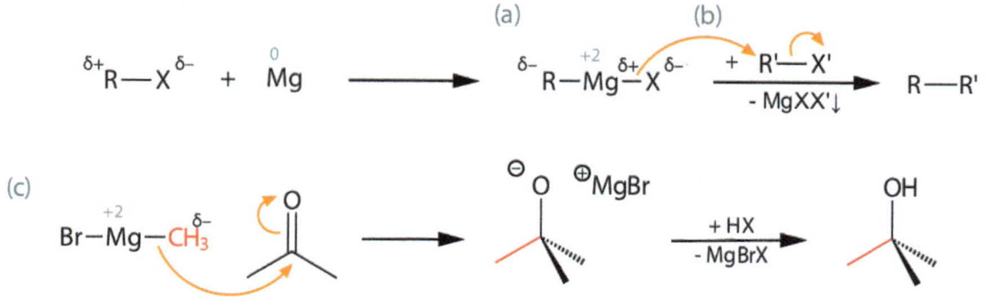

Abbildung 42.17: Grignard-Reagenz (a) und Grignard-Reaktion (b, c)

Werden in dieser Weise Alkylhalogenide umgesetzt, entstehen längerkettige Kohlenwasserstoffe, aber genauso gut kann auch ein Carbonyl-Kohlenstoff angegriffen werden: Wird beispielsweise Methylmagnesiumbromid mit Aceton umgesetzt, entsteht nach sauer-hydrolytischer Aufarbeitung 2-Methyl-2-propanol (Abbildung 42.17c).

> ⚠ Da bei dieser *Umpolung* das Magnesium formal von der Oxidationszahl (0) zu +2 oxidiert wird, wird diese Reaktion als eine **oxidative Addition** bezeichnet.

In Lösung stehen die für die Grignard-Reaktion erzeugten Alkylmagnesiumhalogenide im Gleichgewicht mit Dialkylmagnesium-Verbindungen und Magnesiumsalzen:

$$2\ R{-}Mg{-}X \rightleftharpoons R{-}Mg{-}R + MgX_2$$

Diese Gleichgewichtsreaktion wird als **Schlenk-Gleichgewicht** bezeichnet.

Victor GRIGNARD war Franzose. Unterstehen Sie sich, diesen Namen englisch auszusprechen!

Da bei der GRIGNARD-Reaktion Magnesium das entscheidende Element ist, ist hier auch von der Organo*metall*chemie die Rede. Da aber bekanntermaßen der Übergang von Nichtmetall über Halbmetall zu Metall recht fließend ist, wird dieser Unter-Teilbereich der Chemie mittlerweile meist unter dem Oberbegriff *Organoelementchemie* zusammengefasst. (Allerdings gibt es auch heute noch zahlreiche Wissenschaftler, die sich mit Klauen und Zähnen gegen diesen Begriff wehren …)

Sie merken vielleicht allmählich, dass sich im Prinzip *fast alle* Atome irgendwie in eine OC-Struktur mit kovalenten Bindungen hineinmogeln können (einige leichter als andere, aber immerhin): Der Chemie-Lego®-Ansatz hilft uns nach wie vor weiter. Die Organoelementchemie ist eigentlich der schlagende Beweis dafür, dass diese strikte Trennung von OC und AC nicht nur unglücklich ist (weil sie manchmal den Blick auf grundlegende Erkenntnisse verstellt), sondern schlichtweg *unsinnig*.

Ringelreihen mit Hetero-Atomen

In Kapitel 41 haben Sie bereits einige Cycloadditionen kennengelernt, bei denen ebenfalls C–C-Bindungen geknüpft werden. Natürlich können entsprechende Reaktionen auch mit Hetero-Atomen ablaufen (das ging bei der En-Reaktion ja auch!). Da beim Chemie-Lego® eine C–O-Doppelbindung doch »eigentlich« nichts anderes ist als eine C–C-Doppelbindung (nur eben mit entsprechender Polarisation), sollten sich durch photochemisch induzierte **[2+2]-Cycloaddition** von Alkenen und Carbonylverbindungen auch Oxetane (viergliedrige Ringe mit einem Sauerstoff-Atom) gewinnen lassen. Genau dazu dient die **PATERNÒ-BÜCHI-Reaktion** (Abbildung 42.18a).

Auch ein 1,3-Dipol (*siehe* Kapitel 41) lässt sich (unter Erhalt der stereochemischen Information!) an eine C–C- oder C–X-Doppelbindung addieren (b). Schauen Sie sich noch einmal das Diazomethan aus Abbildung 41.8a an: Vor allem die mesomere Grenzstruktur III lässt deutlich erkennen, wo hier ein elektrophiles und wo ein nucleophiles Zentrum liegt. Lassen Sie Diazomethan mit einem Alken reagieren, findet eine *stereospezifische* **[3+2]-Cycloaddition** statt, die zu einem Pyrazolinderivat führt. Dieses führt dann unter Abspaltung von elementarem Stickstoff zu Cyclopropanderivaten. (Beachten Sie die Stereochemie der Produkte!)

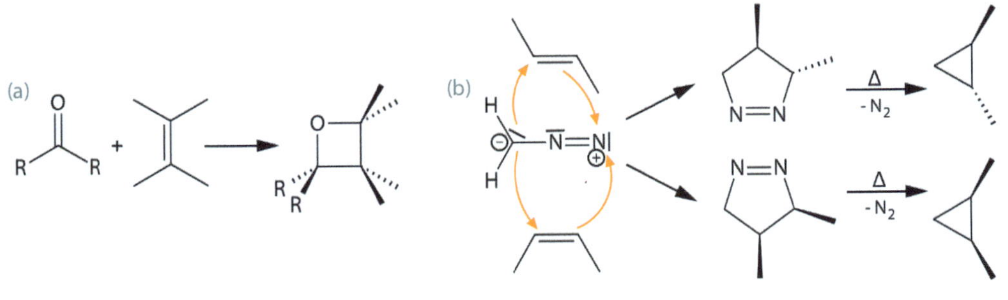

Abbildung 42.18: PATERNÒ-BÜCHI-Reaktion (a) und eine 1,3-dipolare Cycloaddition (b)

Und bist du nicht willig, so brauch' ich Gewalt! – Reaktionsbedingungen

In diesem Kapitel finden sich mehrmals Bemerkungen zu »milden« oder »rigiden« Reaktionsbedingungen. Grundlegend lassen sich mit diesen beiden Begriffen (mild = behutsame Vorgehensweise; rigide = »gib ihm Zunder!«) so ziemlich alles zusammenfassen, was Sie bislang schon über Reaktionsbedingungen gehört haben.

✔ *Kinetische und thermodynamische Reaktionsführung*: Je mehr Energie Sie dem Reaktionsgemisch anbieten, desto mehr wird die Entstehung des thermodynamisch stabileren Produkts begünstigt – ganz egal, ob Ihnen das passt oder Sie doch lieber das »kinetische Produkt« hätten (*siehe* Kapitel 36).

✔ *Das Wechselspiel von Reaktivität und Selektivität*: Je reaktiver (durchaus auch im Sinne von »aggressiver«) ein Reagenz ist, desto schneller wird es zu einer Reaktion kommen – aber eben auch: desto weniger selektiv verläuft sie. Wenn beispielsweise ein starkes (aggressives) Oxidationsmittel wie Kaliumpermanganat ($KMnO_4$) in der Lage ist, Methylgruppen bis zur Carbonsäure durchzuoxidieren, dann wird es auch alles andere Oxidierbare finden und bespaßen. (Sie sollten dann also zum Beispiel nicht damit rechnen, dass die Aldehydgruppe Ihres Reaktanten unbeschadet aus dieser Reaktion hervorgeht.)

  Unter weniger rigiden Reaktionsbedingungen (wie beispielsweise bei der Cannizzaro-Reaktion) werden dann wirklich *nur gezielt* einzelne funktionelle Gruppen umgesetzt – aber das kann natürlich bedeuten, dass Sie deutlich länger warten müssen, bis die Reaktion abgeschlossen ist.

Letztendlich lautet bei der Synthese das Ziel eigentlich immer: möglichst schnell und möglichst präzise/spezifisch/selektiv. Das erfordert häufig ein wenig Fingerspitzengefühl: »So richtig rigide« Reaktionsbedingungen (hohe Temperatur und aggressive Reagenzien) sind natürlich nur dann akzeptabel, wenn Sie sich damit nicht völlig den Reaktanten zerschießen. Hier gilt: *So heftig wie nötig, so vorsichtig wie möglich.* .

Wo soll das alles enden? – Veränderungen

Schon im vorangegangenen Kapitel haben Sie Reaktionen kennengelernt, bei denen sich ein bereits vorliegendes Molekülgerüst auf die eine oder andere Art verändert, also manche C–C-Bindungen (oder auch andere) gelöst und andere neu geknüpft wurden: Dass wir derlei Umlagerungen auch im Rahmen der Synthese ausnutzen können, werden wir im nun folgenden Abschnitt ebenso behandeln wie den Umstand, dass sich auch gezielt die innerhalb eines Moleküls bestehenden *Polaritäten* verändern lassen.

Räumlich: Umlagerungen

Einige Umlagerungen kennen Sie bereits aus Kapitel 41: So schließt sich an die [2+1]-Cycloaddition von Carben (CH_2) an 1,3,5-Hexatrien (bei der instabiles Divinylcyclopropan entsteht) eine COPE-Umlagerung an, die letztendlich zu 1,4-Cycloheptadien führt (Abbildung 42.19a). Die analoge Reaktion mit Benzen (b) führt (über die Zwischenstufe Bicyclo[4.1.0]heptadien) zum 1,3,5-Cycloheptatrien.

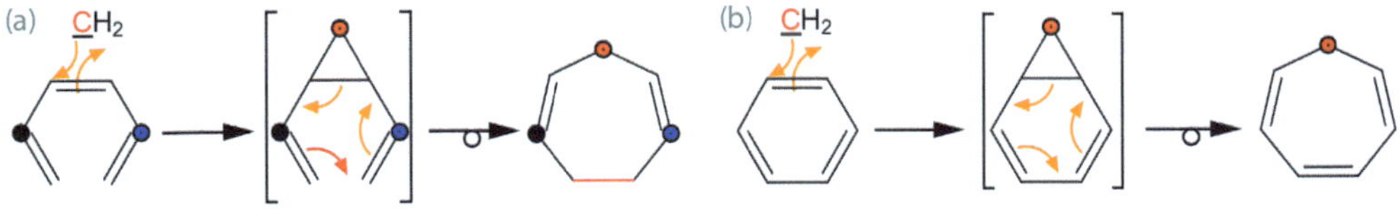

Abbildung 42.19: Synthese ungesättigter siebengliedriger Ringe

Auch die 1,2-Verschiebung von Carbenen oder Carbokationen lässt sich für die Synthese ausnutzen: Die **WOLFF-Umlagerung** (bekannt aus Abbildung 41.10a; das ist der gleiche WOLFF wie bei der WOLFF-KISHNER-Reduktion) eines mit Diazomethan behandelten Carbonsäurechlorids zum Keten beispielsweise lässt sich zur *Homologisierung* von Carbonsäuren nutzen, da die Hydrolyse eines Ketens wieder zu einer freien Carbonsäure führt (Abbildung 42.20a; die *Homologie* kennen Sie aus Kapitel 28, und die *homologe Reihe* der Kohlenwasserstoffe wurde Ihnen in Kapitel 35 geschildert).

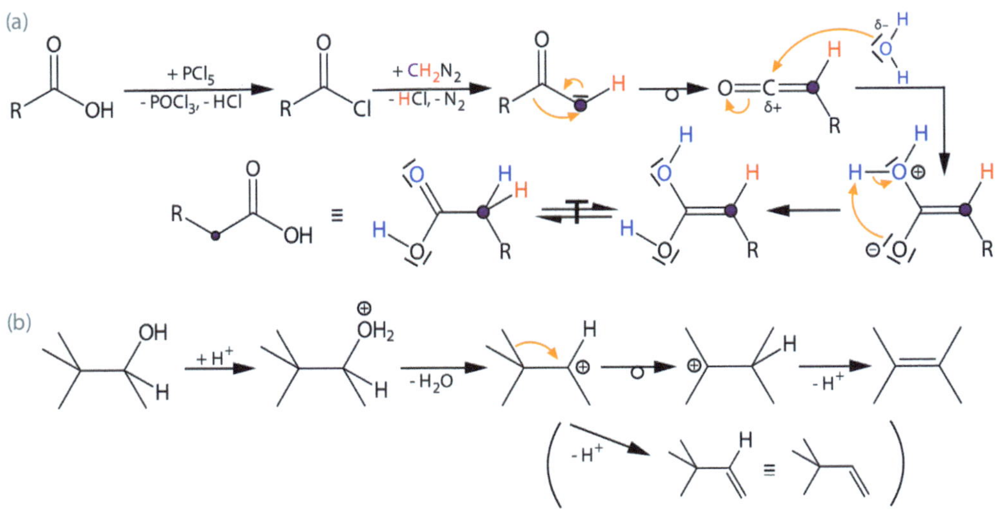

Abbildung 42.20: (a) WOLFF- und (b) WAGNER-MEERWEIN-Umlagerung in der Synthese

In ähnlicher Weise lässt sich bei der Synthesechemie auch darauf bauen, dass bei gezielt erzeugten 1°- oder 2°-Carbokationen eine **WAGNER-MEERWEIN-Umlagerung** (die kennen Sie aus Abbildung 41.10b) zum thermodynamisch günstigeren Kation abläuft und sich das betreffende Produkt anschließend durch Deprotonierung restabilisiert (Abbildung 42.20b). So führt die Protonierung von 3,3-Dimethylbutan-2-ol unter Reaktionsbedingungen, die eine

Eliminierung begünstigen, kaum zum 1,2-ungesättigten Alken, sondern bevorzugt zu 2,3-Dimethyl-2-buten (b).

Das gleiche Prinzip wird bei der **Demjanov-Umlagerung** genutzt, mit der sich 1°-Amine zu Alkoholen umlagern lassen. Befindet sich die Aminogruppe dabei in *α*-Stellung zu einem aliphatischen Ring, kommt es zur *Ringerweiterung* (Abbildung 42.21). Im ersten Schritt erfolgt dabei die **Diazotierung** der Aminogruppe durch säurekatalysierte Umsetzung mit Salpetriger Säure. Das Zwischenprodukt (a), *Diazonium-Ion*, ist instabil und spaltet spontan elementaren Stickstoff ab, sodass ein 1°-Carbokation entsteht (b). Es erfolgt die Umlagerung zu einem 2°-Kation (c), das durch den zusätzlichen +*I*-Substituenten deutlich stabiler ist. Durch wässrige Aufarbeitung entsteht anschließend der entsprechende Alkohol (d); wählen Sie andere Aufarbeitungsbedingungen, lässt sich auch eine *Eliminierung* erzielen (e).

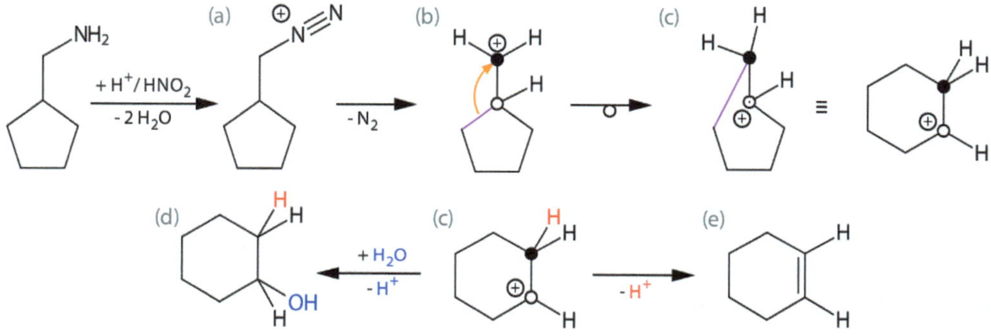

Abbildung 42.21: Demjanov-Umlagerung

Setzen Sie in analoger Weise Reaktanten um, die an dem Kohlenstoff mit der Aminomethylengruppe ($-CH_2-NH_2$) noch eine OH-Gruppe aufweisen, lassen sich *cyclische Ketone* erreichen. Diese Variante heißt **Demjanov-Tiffenau-Umlagerung** (Abbildung 42.22).

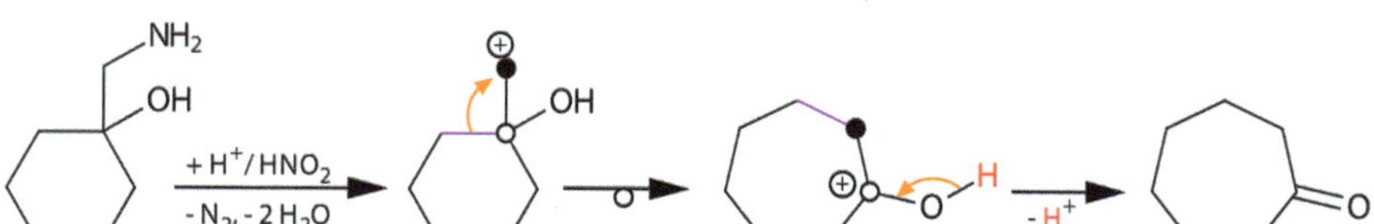

Abbildung 42.22: Tiffeneau-Variante der Demjanow-Umlagerung

Da sich auf diese Weise die Anzahl der Ringglieder cyclischer Verbindungen vergrößern lässt, ist auch die Bezeichnung **Tiffeneau-Erweiterung** beliebt.

Elektronisch: Umpolungen

Dass sich durch die Umsetzung eines positiv polarisierten mit einem negativ polarisierten Kohlenstoff neue C–C-Bindungen knüpfen lassen, kennen Sie bereits von der *Aldol-Reaktion* mit all ihren Varianten – ihnen allen ist jedoch gemein, dass man, um einen anionischen Kohlenstoff zu erhalten, einen CH-aciden Ausgangsstoff benötigt. Nun wissen Sie ja bereits, dass durch benachbarte Substituenten mit *–M-* und/oder starkem *–I*-Effekt die CH-Acidität gesteigert werden kann – aber das funktioniert eben nur in direkter Nachbarschaft zu einem Carbonyl-Kohlenstoff. Und da der Kohlenstoff in den meisten Verbindungen entweder praktisch gar nicht polarisiert ist (C–C- oder gewöhnliche C–H-Bindung) oder sogar *eher elektrophiles* Verhalten zeigt (C–O-, C–N-, C–Halogen-Bindung *et cetera*), fehlen meistens entsprechend negativ polarisierte Kohlenstoffe. Natürlich können Sie auf das Prinzip »rohe Gewalt« bauen: Setzen Sie beispielsweise einen halogenierten Aromaten mit einem Alkylhalogenid in etherischer Lösung mit zwei Äquivalenten elementaren Natriums um, erhalten Sie neben Natriumbromid den alkylierten Aromaten (Abbildung 42.23). Grund ist eine Redox-Reaktion: Der halogenierte Kohlenstoff, zuvor positiv polarisiert, wird hier durch die Elektronen des Natriums intermediär zum Carbanion reduziert, das dann eine Nucleophile Substitution am Halogenalkan bewirkt. Dies ist die **Wurtz-Fittig-Reaktion**.

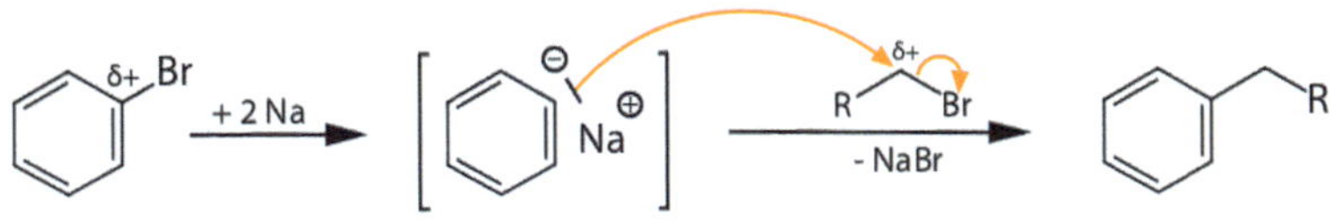

Abbildung 42.23: Wurtz-Fittig-Reaktion

Während W. Rudolph Fittig aus Hamburg stammte, war Charles Adolphe Wurtz Franzose. Sein Name wird »Würtz« ausgesprochen.

Eleganter ist es, ein positiv polarisiertes Atom vorübergehend mit einem Elektronen ziehenden Substituenten zu versehen (der sich nach Abschluss der gewünschten Bindungsknüpfung wieder entfernen lässt). Dann haben Sie es mit einer echten *Umpolung* zu tun. Vor allem wissenschaftshistorisch bedeutsam ist die **Benzoin-Addition** (Abbildung 42.24a), bei der zwei aromatische Aldehyde (Ar–CHO; auf das Substitutionsmuster des aromatischen Ringes sei hier nicht eingegangen) zu einem Alkohol reagieren. Dies erfolgt allerdings nur in Gegenwart (zumindest) katalytischer Mengen von Cyanid-Ionen, die hier für die umpolende Wirkung verantwortlich sind. Das intermediär entstehende, durch eine intramolekulare Wasserstoffbrücke stabilisierte, deprotonierte α-Hydroxynitril (diese Stoffklasse wird auch als *Cyanhydrin* bezeichnet) steht im *tautomeren Gleichgewicht* mit einem *echten Carbanion*, das dann den zweiten Aldehyd nucleophil angreift.

Eine deutlich vielfältiger nutzbare Variante dieser Addition ist die **Stetter-Reaktion**, bei der intermediär durch Einwirkung von Cyanid-Ionen zu Carbanionen umgepolte Aldehyde mit einer α,β-ungesättigten Carbonylverbindung eine *Michael-Addition* eingehen. Das intermediär entstehende Enol tautomerisiert letztendlich wieder zur Carbonylgruppe (b).

Moderner und noch vielseitiger ist die Lösung, die E. J. Corey und D. Seebach für dieses Problem fanden: Durch Umsetzung eines Aldehyds mit Propan-1,3-dithiol unter dem Einfluss einer Lewis-Säure entsteht unter Wasserabspaltung ein cyclisches Dithioacetal (*siehe* Kapitel 41). Diese Stoffklasse lässt sich durch eine hinreichend starke Base deprotonieren; das aus der **Corey-Seebach-Umpolung** (Abbildung 42.25) resultierende Carbanion wird durch die freien Elektronenpaare der beiden benachbarten Schwefel-Atome mesomeriestabilisiert; es kann daher mit nahezu beliebigen elektrophilen Zentren zur Reaktion gebracht werden. So

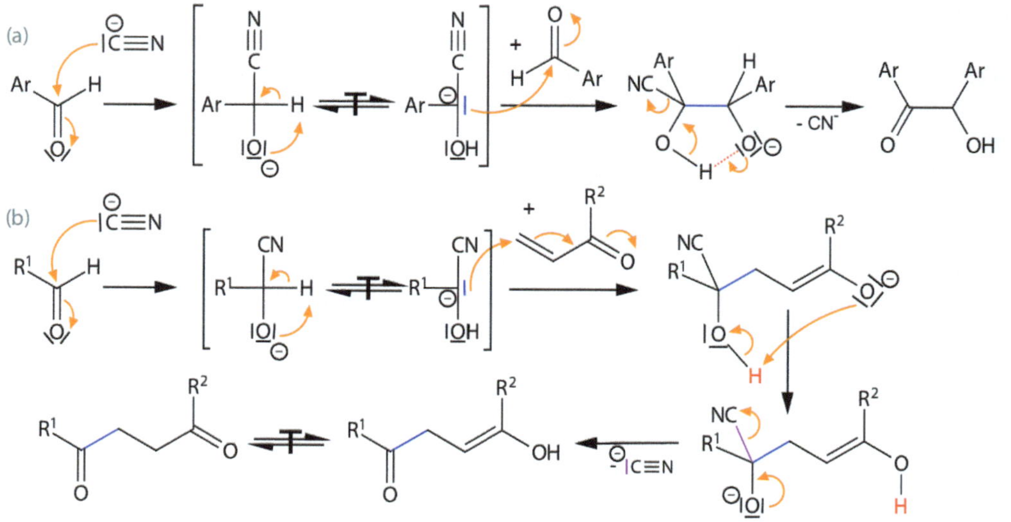

Abbildung 42.24: Benzoin-Addition (a) und STETTER-Reaktion (b)

sind Substitutions- oder (analog zur Aldol-Reaktion) Additionsreaktionen möglich. Durch anschließende Aufarbeitung (hier nicht dargestellt) lässt sich die Carbonylgruppe wiederherstellen.

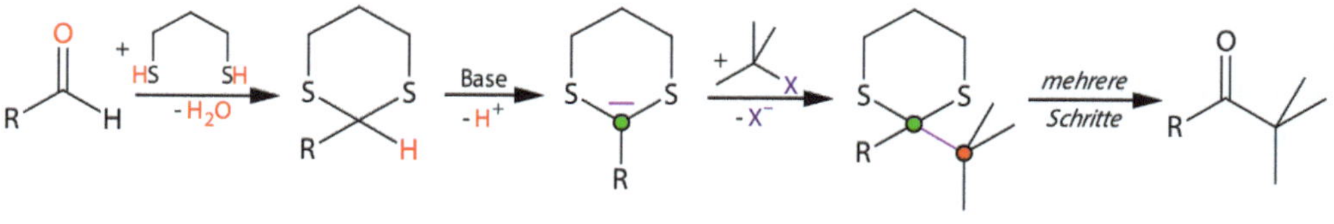

Abbildung 42.25: COREY-SEEBACH-Umpolung

Da bei der Aufarbeitung des Reaktionsprodukts zur Spaltung des Thioacetals meist Quecksilber-(II)-chlorid in stöchiometrischen Mengen verwendet wird und auch noch weitere Abfallstoffe anfallen (etwa das Salz der Abgangsgruppe –X), ist diese Reaktion *atomökonomisch gesehen* zumindest bedenklich.

Als Base bei der COREY-SEEBACH-Umpolung wird häufig *n*-BuLi verwendet: Butyllithium (C_4H_9Li), eine extrem basische metallorganische Verbindung (mit einer echten kovalenten σ-Bindung zwischen Li und C; mehr zur Metallorganik in Kapitel 43).

BuLi kann keinesfalls in Wasser oder anderen *protischen* Lösemitteln (*siehe* Kapitel 20) verwendet werden: Sämtliche derartigen Lösemittel würden sofort deprotoniert, sodass dann Butan ausgast:

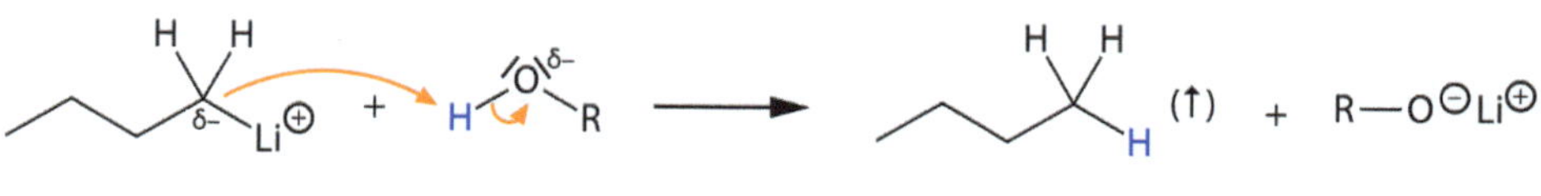

Wenn Sie bedenken, wie wenig ausgeprägt die CH-Acidität reiner Kohlenwasserstoffe ist (das wissen Sie aus Kapitel 35), können Sie sich vorstellen, wie *extrem basisch* deren konjugierte Basen sein müssen (*siehe* Kapitel 25).

Ungewöhnliche Reaktionen für ganz gewöhnliche Produkte

Die aus Kapitel 41 bekannte En-Reaktion wird meist als eher exotisch angesehen, schließlich ist sie ja doch so etwas wie »der komische kleine Bruder der DIELS-ALDER-Synthese«. Dabei wird die En-Reaktion sogar großtechnisch genutzt, etwa bei der Umsetzung von aus Zitruspflanzen gewonnenem Citronellal zu *Menthol*, das zwar auch aus Pfeffer- und anderen Minzen isoliert werden kann, wegen des großen weltweiten Bedarfs (jährlich mehrere tausend Tonnen) aber auch halbsynthetisch hergestellt wird: Dabei wird *(R)*-Citronellal (a) im ersten Schritt durch eine stereospezifische En-Reaktion (katalysiert durch Zugabe einer LEWIS-Säure, beispielsweise Zink(II)-bromid) zu (1*R*,3*R*,4*S*)-Isopulegol umgesetzt (b). Dieses wird dann katalytisch zum naturidentischen (–)-Isomer des Menthols hydriert (c).

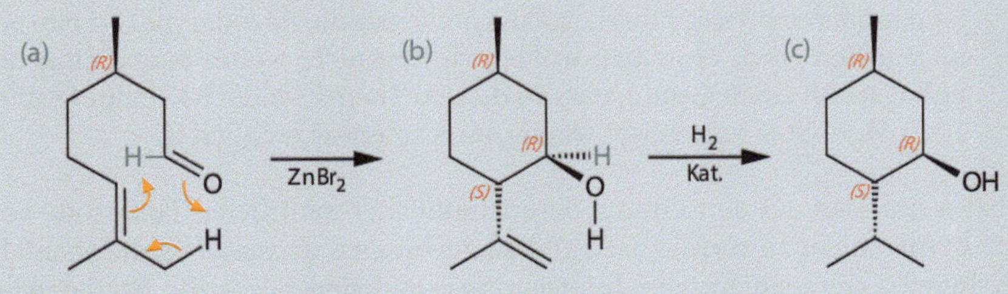

Menthol gehört – wie viele andere wohlriechende Substanzen auch – zur großen Familie der Terpene, über die Sie in Kapitel 49 ein wenig mehr erfahren.

Stereochemie in der Synthese

Bei der organischen Synthese gilt zwar das Knüpfen neuer C–C-Bindungen als die Königsdisziplin, aber auch die Bedeutung der Stereochemie sollte nicht vergessen werden. Soll eine Synthese *stereospezifisch* ablaufen, sodass sich *ausschließlich* das eine *oder* das andere Stereoisomer ergibt (oder wenigstens *stereoselektiv*, sodass eines der möglichen Stereoisomere *bevorzugt* entsteht), stellt sich ein Problem: *Stereochemische Information entsteht in den seltensten Fällen spontan.*

Um also einen stereoselektiven oder gar -spezifischen Reaktionsverlauf zu erzwingen, muss auf bereits bestehende Chiralitäten zurückgegriffen werden. Dabei greift man gerne auf den *chiral pool* zurück, also auf Naturstoffe, die bereits das eine oder andere Chiralitätszentrum mit genau bekannter absoluter Konfiguration aufweisen – und das bevorzugt enantiomerenrein. Glücklicherweise bietet uns die Natur eine beachtliche Vielfalt chiraler Naturstoff-Klassen. Ausgewählte Beispiele sind:

- ✔ Kohlenhydrate (über die erfahren Sie in 44 ein wenig mehr)
- ✔ Aminosäuren (um die geht es in Kapitel 46)
- ✔ Terpene und Terpenoide (auf die gehen wir in Kapitel 49 ein)

Wird dann beispielsweise ein Substrat mit einem prochiralen sp^2-Kohlenstoff (mit *Re-* und *Si-*Seite, bekannt aus Kapitel 40), zunächst an einen geeigneten Vertreter aus dem *chiral pool* gekoppelt durch die eine oder andere Reaktion vom sp^2- zum sp^3-Zustand umgesetzt, entsteht – je nach Gegebenheiten – wirklich das eine oder andere Stereoisomer zumindest bevorzugt (das wäre also eine *stereoselektive* Reaktion), wenn nicht gar ausschließlich (was dann einem *stereospezifischen* Reaktionsverlauf entspricht).

Die Begründung für eine derartige Entwicklung kennen Sie schon, ebenfalls aus Kapitel 40): Dahinter stecken die Substituenteneinflüsse, die sich durch die CRAM-Regel und das FELKIN-ANH-Modell beschreiben lassen und die zu einer *Seitendifferenzierung* führen, sodass entweder die *Re-* oder die *Si-*Seite bevorzugt angegriffen wird. Trotzdem wollen wir hier nicht weiter darauf eingehen, denn es hat schon einen Grund, dass zu diesem Thema weidlich Fachliteratur existiert. Aber Sie sollten zumindest wissen, *dass* so etwas möglich ist.

Und selbst wenn man auf den Einsatz derart nützlicher natürlicher Hilfsstoffe verzichten will, braucht man nicht zu verzagen: Es gibt auch chirale Katalysatoren, die ebenfalls – weil sie eben bereits stereochemische Information »mitbringen« – die Stereochemie entsprechender Reaktionen maßgeblich beeinflussen. Ein Beispiel dafür stellen chirale Ruthenium(II)-Chelatkomplexe dar, bei denen BINAP (2,2'-Bis(diphenylphosphino)-1,1'-binaphthyl, Abbildung 42.26) als zweizähniger Ligand fungiert.

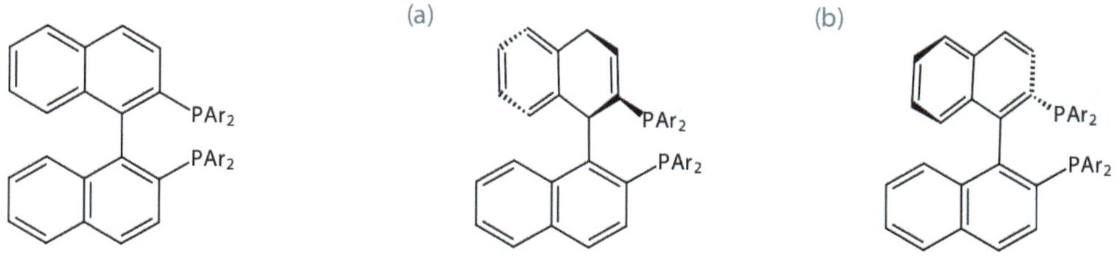

Abbildung 42.26: BINAP – ein axial-chiraler Chelatligand

Diese Liganden zeigen **axiale Chiralität**: Rein theoretisch sollte natürlich wie gewohnt freie Drehbarkeit um die Einfachbindung zwischen den beiden Naphthalingerüsten vorliegen, aber wegen des immensen sterischen Anspruchs der beiden Arylliganden ($-C_6H_5$, abgekürzt mit Ar) an den beiden Phosphor-Atomen kommen die beiden Molekülteile einfach nicht aneinander vorbei, und so lässt sich das *(R)*-Isomer (Abbildung 42.26a) vom *(S)*-Isomer (b) trennen und eben wegen dieser axialen Chiralität ebenso zur Einführung stereochemischer Information nutzen wie die Naturstoffe aus dem *chiral pool.*

Für Formalisten: Da es sich hierbei um *axiale* Chiralität handelt, nicht um die »gewöhnliche« Chiralität mit einem anständigen Chiralitätszentrum, werden die entsprechenden Enantiomere häufig (aber nicht immer) als *(aR)*- und *(aS)*- bezeichnet. Das nur, damit Sie sich nicht wundern, falls Sie beizeiten über eine derartige Benennung stolpern.

Für die stereoselektive katalytische Hydrierung prochiraler Substrate in Gegenwart eines solchen chiralen Katalysators erhielt Ryōji Noyori im Jahr 2001 den Nobelpreis. Ihm zu Ehren wird eine solchen Reaktionsführung **Noyori-Hydrierung** genannt; auch die Bezeichnung *Noyori-Katalysatoren* findet sich in der Fachliteratur.

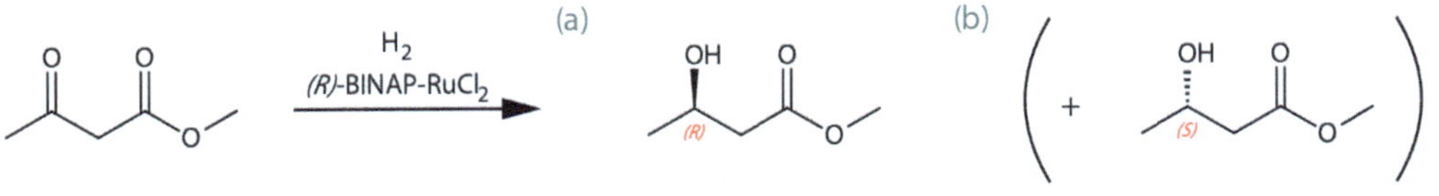

Abbildung 42.27: Stereoselektive Hydrierung eines *β*-Ketoesters

Bei der Umsetzung von Acetessigsäuremethylester zum entsprechenden 3-Hydroxybutansäureester werden mehr als 99 % der Reaktanten-Moleküle zum *(R)*-konfigurierten Produkt umgesetzt (Abbildung 42.27a), während das *(S)*-Enantiomer nur in Spuren nachweisbar ist.

Wie man den Erfolg quantifiziert

Um genau angeben zu können, wie enantioselektiv eine entsprechende Reaktion abgelaufen ist, wurde der Begriff **Enantiomerenüberschuss** eingeführt, meist nur mit **ee** (für *enantiomeric excess*) abgekürzt. Er berechnet sich nach:

ee = % (überwiegendes Isomer) – % (Neben-Isomer)

BEISPIEL

Nehmen wir an, bei einer entsprechend stereoselektiv geführten Synthese entstünde zu 80 % das *(S)*-Isomer (und das *(R)*-Gegenstück damit zu 20 %), dann betrüge hier

ee = 80 % – 20 % = 60 %

Die Formel lässt sich noch allgemeiner fassen, denn bekanntermaßen (*siehe* Kapitel 22) laufen Reaktionen nur in den seltensten Fällen wirklich zu 100 % ab (etwa, weil es Nebenreaktionen gibt oder weil das Reaktionsgleichgewicht nicht in befriedigendem Maße auf der

Produkt-Seite liegt – Sie erinnern sich gewiss an den Unterschied zwischen *theoretischer* und *praktischer* Ausbeute). Das lässt sich berücksichtigen:

$$ee = \frac{[S] - [R]}{[S] + [R]} \cdot 100\ \%$$

Entsteht bevorzugt das *(R)*-Isomer, muss die Formel natürlich entsprechend umgestellt werden, schließlich sind negative Prozentangaben nicht sonderlich sinnvoll.

Unter Einsatz chiraler Katalysatoren lassen sich ee-Werte zwischen 75 % und >99 % erreichen.

Trotzdem sind diese Reaktionen immer noch »nur« stereo*selektiv*; mit echten stereospezifischen Reaktionen, bei denen – bedingt durch den Reaktionsmechanismus – *ausschließlich* eines der möglichen Stereoisomere entstehen *kann*, befassen wir uns vornehmlich in Teil IX dieses Buches: In der Biochemie laufen sehr viele Reaktionen in genau dieser Art und Weise ab. (Aber dazu kommen wir später.)

Rückwärts gedacht: Retro-Synthese

Naturwissenschaftliche Laien neigen leider zu der Ansicht, Chemiker seien eigentlich nur eine Art »Molekular-Klempner«, die nach Bedarf Atome zu immer neuen Strukturen zusammenbasteln, gerade so, wie irgendein Auftraggeber sie gerne hätte – für einen neuen Werkstoff, ein Medikament oder ein künstliches Aroma. Damit wird man dem vielseitigen Gebiet der Chemie natürlich nicht annähernd gerecht, aber tatsächlich gehört es *auch* zum Handwerk eines Chemikers, Verbindungen zu synthetisieren, von denen bislang nur die Struktur bekannt ist. Und *Sie* kennen mittlerweile eine ganze Menge Methoden, Moleküle in andere Verbindungen umzuwandeln (Abbildung 42.28).

Strategisches Vorgehen ist angesagt

In der Retro-Synthese geht es darum, die (bekannte) Struktur einer beliebigen Verbindung in Synthese-Vorstufen zu zerlegen. Diese Vorstufen sollten idealerweise leicht zugänglich, gut handhabbar und kostengünstig sein. (Gut, »alles gleichzeitig« werden Sie in den seltensten Fällen bekommen …) Um herauszufinden, welche Vorstufen sich anbieten, wird das Zielmolekül zunächst einmal durch *formale* Heterolyse in ein Kation und ein Anion zerlegt. Bei einer beliebigen Verbindung A–B ergeben sich dabei natürlich prinzipiell zwei verschiedene Möglichkeiten: A^+ und B^- oder B^+ und A^-. Welchem Fragment dabei welche Ladung zukommt, lässt sich meist anhand der im Zielmolekül vorhandenen Polaritäten ermitteln.

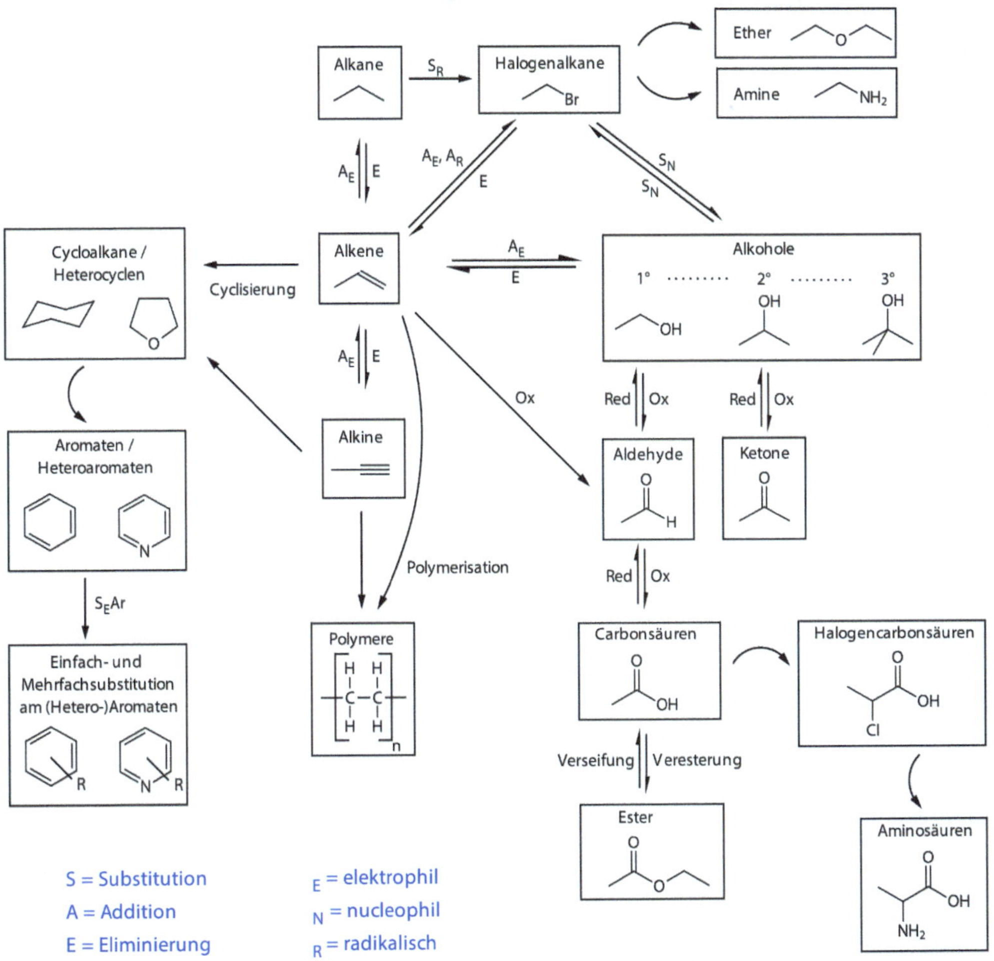

Abbildung 42.28: Was in der OC so alles geht

Die bei der formalen Zerlegung der Zielverbindung erhaltenen, rein fiktionalen Ionen werden als **Synthons** bezeichnet. *Ein solches Synthon muss nicht chemisch stabil sein, es ist lediglich ein konzeptioneller Baustein beim Chemie-*Lego®*!*

- ✔ In Reaktionsschemata wird das Zielmolekül nach dem englischsprachigen Begriff *Target Molecule* meist mit TM abgekürzt.
- ✔ Um den fiktionalen Charakter dieser postulierten Ionen deutlich zu zeigen, wird bei der Retrosynthese ein anderer »Reaktionspfeil« benutzt: $\Longrightarrow$
- ✔ Soll dann der Übergang von den (virtuellen) Synthons zu (real existierenden) Reagenzien angezeigt werden, gibt es auch dafür einen eigenen Pfeil: ⇨
- ✔ Der nächste Schritt besteht darin, nach Verbindungen/Ausgangsstoffen zu suchen, die den postulierten Synthons so ähnlich wie möglich sind – vor allem natürlich hinsichtlich der Polaritäten/Ladungen.

Am leichtesten lässt sich das Konzept der Retro-Synthese durch einige Beispiele begreifen, deswegen kommen jetzt gleich vier Stück auf einmal:

Beispiel I: 1-Butanol

Wollten Sie 1-Butanol synthetisieren, würden Sie retrosynthetisch vermutlich am ehesten die C–O-Bindung durchtrennen und dabei dem Sauerstoff die negative Ladung zukommen lassen (*siehe* Abbildung 42.29a). Anschließend suchen Sie nach möglichst einfachen *real existierenden Verbindungen*, die den rein fiktionalen Ionen aus Schritt (a) am nächsten kommen. So findet sich die gewünschte positive Polarisation des Butylrests in einem entsprechenden Alkylhalogenid, und ein negativ polarisiertes und damit nucleophiles Sauerstoff-Atom entsteht natürlich durch ein entsprechendes Hydroxid. Damit ist bereits eine Möglichkeit gefunden, 1-Butanol zu synthetisieren (b): durch alkalische Hydrolyse von Butylchlorid (oder auch -bromid oder Ähnliches). Hier reicht also ein einfacher FGI aus.

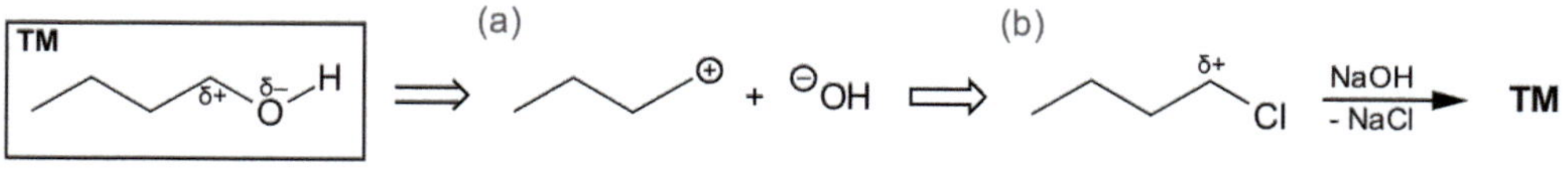

Abbildung 42.29: Retrosynthetische Zerlegung von Butanol in Synthons

Beispiel II: 2-Hydroxo-2-methylpropansäure

Der FGI-Ansatz (2-Chlor-2-methylpropansäure alkalisch hydrolysieren, Abbildung 42.30a) funktioniert zwar prinzipiell, ist aber nicht sonderlich hilfreich – schließlich müssten Sie dafür erst einmal den entsprechenden Ausgangsstoff bekommen, und der ist genau so komplex wie Ihr Zielmolekül. (Dieses Problem stellt sich in der Retrosynthese häufig …) Zwei andere Möglichkeiten setzen jeweils die Knüpfung einer neuen C–C-Bindung voraus. Zum einen lässt sich eine der beiden (äquivalenten!) Methylgruppen als Carbanion abspalten (b). Das lässt sich, etwa mit metallorganischen Reagenzien wie Methyllithium (mehr zu derartigen Verbindungen in Kapitel 43), auch tatsächlich umsetzen. Das andere für diesen Syntheseweg erforderliche Molekül, die 2-Ketopropansäure, ist ein leicht erhältlicher Naturstoff. (Unter dem Namen *Brenztraubensäure* wird sie Ihnen in Teil IX erneut begegnen.) Aber es gibt mehrere Schwierigkeiten: Verbindungen wie Methyllithium sind hochreaktiv und extrem basisch, daher müsste in einem aprotischen Lösemittel unter vollständig wasserfreien Bedingungen gearbeitet werden. Zudem weist die Ausgangsverbindung an der Carboxylgruppe ein acides Proton auf: Entsprechend würde die Base Methyllithium den Reaktanten zunächst deprotonieren. Der für die Bindungsknüpfung anschließend erforderliche nucleophile Angriff des Methyl-Anions wäre, da der Reaktionspartner nun selbst eine negative Ladung trüge, nicht mehr sonderlich begünstigt. Weitere Schwierigkeiten ergäben sich dadurch, dass der Ausgangsstoff zwei positiv polarisierte Kohlenstoff-Atome aufwiese, und *an beiden* wäre ein nucleophiler Angriff möglich. Und Reagenzienverschwendung wäre es auch noch: Methyllithium ist zwar nicht gerade übermäßig teuer, aber es müsste hier, eben wegen der vorangegangenen Säure/Base-Reaktion, mindestens im doppelten Überschuss verwendet werden – *blöd!*

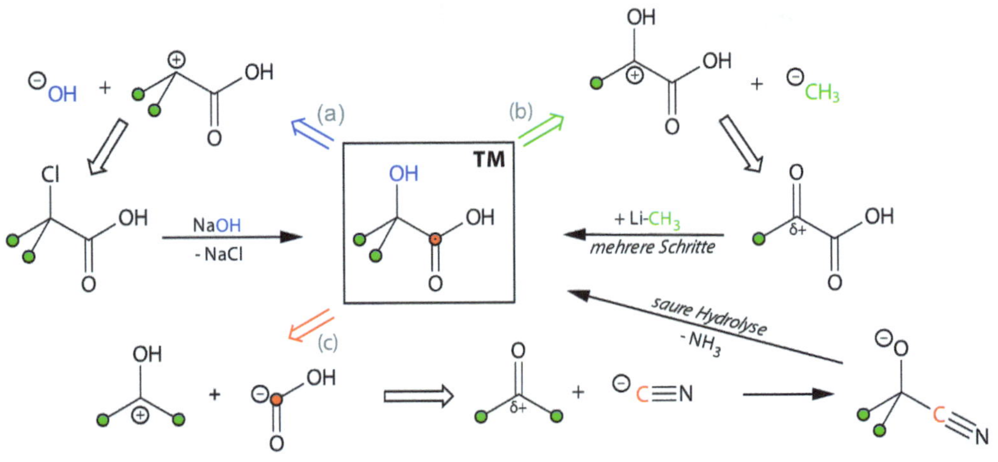

Abbildung 42.30: Mögliche Wege zur 2-Hydroxo-2-methylpropansäure

Auch bei Syntheseweg (c) soll ein Nucleophil einen Carbonyl-Kohlenstoff angreifen, und für das kationische Synthon gibt es eine sehr einfache, praktisch jederzeit verfügbare Verbindung: das Lösemittel Aceton. Hier gibt es also kein Problem. Aber was wäre ein vernünftiges Reagenz für das Anion-Synthon? – Hier bedienen Sie sich eines Tricks: Das bei (c) postulierte Synthon mit einem negativ polarisierten Carboxyl-Kohlenstoff ist *so* natürlich fast unmöglich mit der Realität in Übereinstimmung zu bringen – aber Sie haben bereits erfahren, dass es *Umpolungen* gibt, und Sie kennen auch schon die *Nitrilsynthese nach Kolbe*. Zudem wissen Sie, dass sich Nitrile zu Carbonsäuren hydrolysieren lassen. Alles zusammengenommen, haben wir des Rätsels Lösung: Ein Cyanid-Ion – in Form etwa des Salzes Zyankali (KCN) leicht verfügbar – greift das Carbonyl-C von Aceton an. Das intermediär entstehende 2-Hydroxynitril (beziehungsweise dessen Anion) wird anschließend sauer bis zur Carbonsäure hydrolysiert.

Bei der sauren Hydrolyse ist hier ein wenig Vorsicht angeraten, schließlich könnte die Reaktionslösung immer noch unumgesetzte Cyanid-Ionen enthalten, und diese lassen sich im sauren Medium leicht zu Cyanwasserstoff (HCN) protonieren. Mit anderen Worten: Dabei entsteht Blausäure. Falls Sie also bei der Durchführung dieser Reaktion plötzlich den weihnachtlichen Duft von Bittermandeln wahrnehmen, haben Sie eindeutig unsauber gearbeitet … und gegebenenfalls bald ein ernst zu nehmendes Gesundheitsproblem.

Falls Sie *nichts* riechen, heißt das leider immer noch nicht viel: Schätzungen zufolge leiden bis zu 50 % der Weltbevölkerung Blausäure gegenüber an *selektiver Anosmie* (gibt's in der Medizin nicht tolle Fachausdrücke?): Aus genetischen Gründen nehmen sie diesen Geruch einfach nicht wahr, auch nicht bei höherer Konzentration. Kann von Nachteil sein.

Beispiel III: 4-Nitrobenzoesäure

Prinzipiell scheinen sich zwei Wege anzubieten: Sie könnten Benzoesäure mit Nitriersäure (ein Gemisch aus konzentrierter Schwefelsäure und Salpetersäure, das zum extrem elektrophilen *Nitronium-Ion* NO_2^+ führt) umsetzen (Abbildung 42.31a). Alternativ könnten Sie über eine FRIEDEL-CRAFTS-Acylierung einen Carbonsäure-Rest in Nitrobenzen einführen. Letzteres sollte mit *Phosgen* (Kohlensäuredichlorid, $COCl_2$; hochgiftig, aber für die Synthesechemie äußerst praktisch!) und anschließende Hydrolyse machbar sein.

Aber da gibt es ein Problem: Aus Kapitel 38 wissen Sie, dass sowohl die Nitrogruppe als auch die Carboxylfunktion in *meta*-Stellung dirigieren und beide Substituenten aufgrund ihres $-M$-Effekts die Reaktivität des aromatischen Systems einer Elektrophilen Substitution am Aromaten gegenüber senken. Mit anderen Worten: Egal ob Sie Benzoesäure nitrieren oder an Nitrobenzen über ein Acylium-Ion eine Carboxylgruppe einführen wollen, es führt auf jeden Fall zum *falschen Substitutionsmuster* am Ring – und richtig gut ablaufen würde die Reaktion auch nicht. Der durchgestrichene Reaktionspfeil sagt Ihnen: *So geht's nicht.*

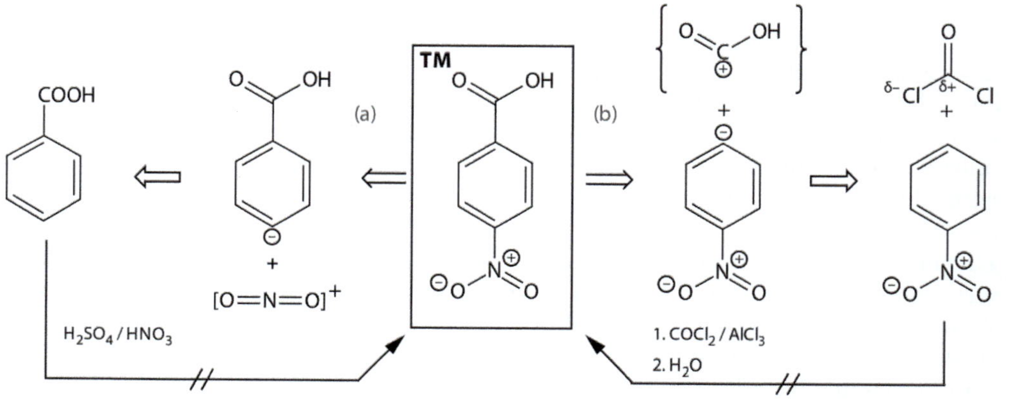

Abbildung 42.31: Auf dem Holzweg

Wieder hilft es, einmal um die Ecke zu denken: Dass ein Methyl-Rest die Reaktivität eines aromatischen Systems steigert (Hyperkonjugation!), wissen Sie aus Kapitel 38. Dass sich eine Methylgruppe mit dem richtigen Reagenz bis zur Carboxylgruppe durchoxidieren lässt, haben Sie in diesem Kapitel erfahren. Und schon haben wir eine Lösung für unser Syntheseproblem:

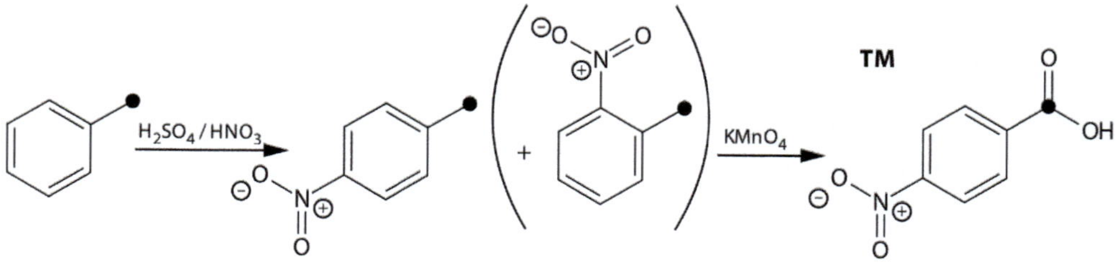

Abbildung 42.32: Ein Weg zur 4-Nitrobenzoesäure

Erst wird Toluen (Toluol, Methylbenzen; eine echte Standard-Chemikalie) mit Nitriersäure zum 4-Nitrotoluen umgesetzt (natürlich entsteht dabei auch ein wenig 2-Nitrotoluen, aber das sei hier unbeachtet), danach wird die Methylgruppe mit Kaliumpermanganat oder einem anderen starken Oxidationsmittel zur Carboxylgruppe oxidiert – Sie haben Ihr Ziel erreicht.

Beispiel IV: 4-Nitrocyclo-1-hexen

Sie könnten meinen, ein vielversprechender Anfang sei es, mit Nitrobenzen zu beginnen und dann gezielt Doppelbindungen zu hydrieren. Vom Chemie-Lego®-Standpunkt betrachtet ist das zwar sehr verständlich, aber es würde kaum funktionieren: Einen Aromaten *gezielt* zu knacken ist alles andere als trivial. (Denken Sie an die besondere Stabilität dieser Verbindungen.) Aber glücklicherweise lässt sich das Ziel viel leichter erreichen (Abbildung 42.33).

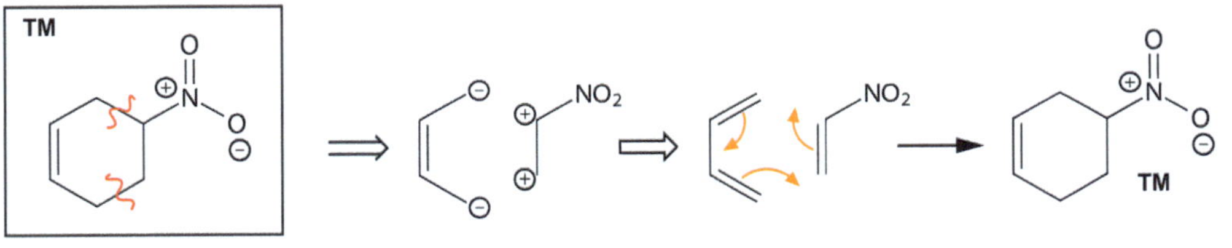

Abbildung 42.33: Ein Weg zu 4-Nitrocyclohex-1-en

Wann immer Sie einen sechsgliedrigen Ring mit *einer* Doppelbindung synthetisieren wollen, sollten Sie sich als Erstes fragen, ob des Rätsels Lösung wohl in einer DIELS-ALDER-Reaktion liegen könnte. Besonders gut verlaufen diese Reaktionen, wenn das *Dienophil* möglichst *elektronenarm* ist, das *Dien* hingegen *elektronenreich* (das wissen Sie aus Kapitel 41). In unserem Fall stimmen wenigstens 50 %: Der *–M*-Effekt der Nitrogruppe macht das Alken zu einem idealen Dienophil; da wird sich das Dien schon nicht lumpen lassen.

Natürlich können die wenigen Seiten dieses Buches Ihnen lediglich einen ersten Einblick in das Konzept bieten – aber wenn Sie das Prinzip erst einmal begriffen haben, können Sie sich Schritt für Schritt tiefer in dieses Teilgebiet der Chemie einarbeiten (zu dem selbstverständlich Literatur in Hülle und Fülle existiert, sogar ganze Übungsbücher, mit denen Sie das gedankliche Zerlegen von Zielverbindungen in Synthons und die Übertragung auf real existierende Reagenzien trainieren können). Haben Sie das Prinzip jedoch *nicht* verstanden, hilft langfristig gesehen nicht einmal exzessives Auswendiglernen weiter.

IN DIESEM KAPITEL

gibt es noch mehr Abwechslung in Summen- und Strukturformeln

betrachten wir Organoelement-Verbindungen in Theorie und Praxis

darf das ganze PSE mitspielen

Kapitel 43
Nur für Streber: Spiel (fast) ohne Grenzen – Metallorganik/ Elementorganik

Mittlerweile kennen Sie schon eine ganze Menge Reaktionen der OC, und spätestens seit der GRIGNARD-Reaktion (aus Kapitel 42) wissen Sie, dass sich Kohlenstoff nicht nur mit den üblichen Verdächtigen (HNOPS) verbindet. Interessant ist hier aber nicht nur, welche Elemente sich *noch* so alles dazu bewegen lassen, in direkten Kontakt mit Kohlenstoff zu treten, sondern vor allem, welche *Bindungsverhältnisse* dabei auftreten: Bei vielen der in diesem Kapitel vorgestellten Verbindungstypen hilft das VB-Modell (aus Kapitel 12) nur sehr bedingt weiter. Das bedeutet aber nicht, ab jetzt würde alles unvorstellbar kompliziert: *Wir werden jetzt nur ein wenig mit verschiedenen Dingen jonglieren, die Sie allesamt bereits kennen.*

Kohlenstoff trifft Metall

Von einer metallorganischen Verbindung ist dann die Rede, wenn zwischen Kohlenstoff und einem Metall eine *kovalente* Bindung vorliegt. Damit fallen etwa GRIGNARD-Reagenzien (Magnesiumorganyle) und Butyllithium (aus Kapitel 42) eindeutig in diese Kategorie, während die Salze organischer Säuren *nicht* dazu zählen. (Natürlich spielt beispielsweise beim Natriumacetat auch das Metall Natrium sehr wohl eine Rolle, aber das Natrium-Ion (!) wechselwirkt hier mit den beiden O-Atomen der Carboxylat-Funktion, *nicht* mit einem Kohlenstoff.)

Gemeinhin werden Organometallverbindungen als exotisch, hochreaktiv und äußerst hydrolyse- und oxidationsempfindlich angesehen – und zweifellos finden sich zahllose Beispiele für genau dieses Verhalten. Andererseits gibt es aber auch recht stabile

Organometalle: Das mittlerweile nicht mehr gebräuchliche verbleite Benzin enthielt Tetraethylblei ($Pb(C_2H_5)_4$, in der Nicht-Fachliteratur gerne unsystematischerweise als »Bleitetraethyl« bezeichnet), in dem vier Ethyl-Reste kovalent mit dem zentralen Blei-Atom verbunden sind. Diese unpolare Substanz ist stabil genug, um auch in größeren Mengen durch die Haut zu diffundieren und sich im Körper zu akkumulieren – was schade ist, denn sie ist hochgiftig.

Meist gilt das Hauptaugenmerk dem jeweils betrachteten Metall, das als *Zentralteilchen eines Komplexes* angesehen wird; entsprechend werden organische Substituenten allgemein als *Liganden* bezeichnet. Das bedeutet aber nicht, dass *uns* hier nur das Zentralteilchen interessieren würde! Und auch bei den hier betrachteten Bindungen des Kohlenstoffs mit bislang ungewohnten Partnern gelten natürlich immer noch all die Dinge, die Sie bereits kennen:

- ✔ Elektronegativitätsdifferenzen führen zu Partialladungen (wobei hier der Kohlenstoff oft das elektro*negativere* Element darstellt, sodass er häufiger $\delta-$ ist).
- ✔ Einfachbindungen sind ebenso möglich wie Mehrfachbindungen.
- ✔ Genau wie in der »normalen« OC müssen hin und wieder *Orbitalwechselwirkungen* betrachtet werden.

Erneut hilft der Chemie-Lego®-Ansatz weiter: Betrachten Sie eine Bindung $M^{\delta+}$-$C^{\delta-}$ zur Vereinfachung vorerst als Wechselwirkung von M+ und C− (wie bei der Ermittlung von Oxidationszahlen): Rein *formal* (!) werden in dieser Übersicht die Liganden als Carbanionen behandelt (*siehe* exemplarisch Abbildung 43.1a), die hier im Sinne der LEWIS-Säure/Base-Theorie (aus Kapitel 25) als Elektronen-Donor fungieren, während das Metall die Rolle des Akzeptors übernimmt.

Zur Verdeutlichung sind in diesem Kapitel Elektronen spendende (fachsprachlich auch: *donierende*) Orbitale *blau* markiert, Elektronen *akzeptierende* Orbitale hingegen *rot*. Die vermeintlichen Methyl-Reste an den zur Verdeutlichung markierten C-Atomen stehen hier für *beliebige* Reste (mit –R wird es rasch unübersichtlich). In den meisten Fällen wird das Metall auch noch anderweitig »beschäftigt« sein; fast immer stellt es das Zentralteilchen eines Komplexes dar – was auch erklärt, warum die daran gebundenen Reste gemeinhin als *Liganden* bezeichnet werden, nicht als *Substituenten*.

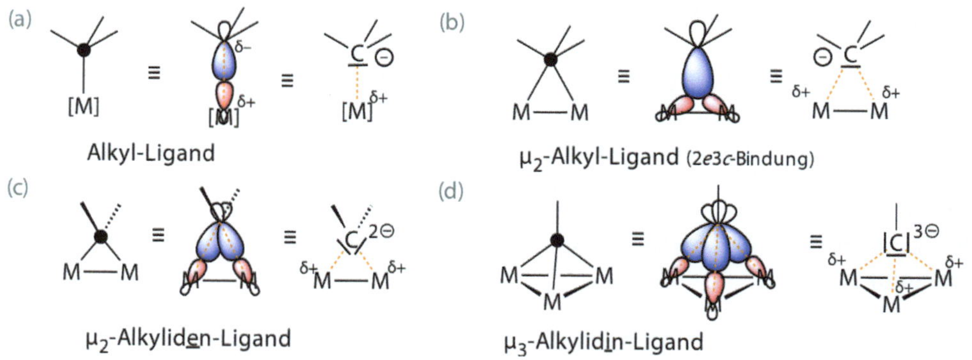

Abbildung 43.1: Liganden mit sp^3-hybridisiertem Kohlenstoff

Soll nicht festgelegt werden, wie das jeweilige Metall-Fragment – also dieser Ausschnitt aus einem Komplex – tatsächlich aussieht, wird das Elementsymbol des Metalls (M) *häufig* in eckige Klammern [M] gesetzt, um deutlich anzuzeigen, dass es sich eben *nicht* um ein »nacktes Metall-Atom« (oder -Ion) handelt, sondern um das Zentralteilchen eines Komplexes, dessen andere Liganden derzeit nicht von Bedeutung sind. Exemplarisch ist das in Abbildung 43.1a dargestellt. Allerdings macht diese Schreibweise die ganze Sache gerade bei komplizierter aufgebauten Verbindungen hin und wieder etwas unübersichtlich, deswegen wird gelegentlich auch darauf verzichtet (etwa im Rest von Abbildung 43.1 und auch den darauf folgenden beiden Übersichts-Abbildungen). In diesem Kapitel werden Sie *beide* Schreibweisen vorfinden; wir vertrauen darauf, dass Sie aus dem Kontext heraus eigenständig erkennen werden, ob gerade wirklich ein »nacktes Atom« gemeint ist oder nicht.

Zunächst sollten wir uns anschauen, in welcher Weise ein Kohlenstoff eigentlich an ein Metall gebunden sein kann – dabei ist es sinnvoll, auch den *Hybridisierungszustand* des an das Metall gebundenen C-Atoms zu berücksichtigen. Fangen wir mit dem sp^3-**Kohlenstoff** an. Ein solches C-Atom kann

- ✔ gewöhnliche *Einfach*bindungen eingehen (Abbildung 43.1a) *oder*
- ✔ zwei oder mehr Metallzentren miteinander *verbrücken* (b–d).

Letzteres geht natürlich nur, wenn die beiden Metall-Atome einander räumlich nahe genug sind. (Deswegen sind sie hier durch eine Einfachbindung miteinander verbunden dargestellt, aber das *muss* nicht so sein – ob die Metalle der gleichen Elementsorte angehören, ist ebenfalls unerheblich.) Für die *Verbrückung* gibt es wiederum zwei verschiedene Möglichkeiten, die sich in ihren Bindungsverhältnissen drastisch unterscheiden:

- ✔ Sie kann über eine 2*e*3*c*-Bindung erfolgen (Abbildung 43.1b; die kennen Sie aus Kapitel 33). Das sp^3-Hybridorbital, in dem die negative Ladung unseres formalen Carbanions lokalisiert ist, wechselwirkt gleichzeitig mit *zwei* Metallzentren M.
- ✔ Alternativ liegt (rein formal!) ein zweifach (Abbildung 43.1c) oder sogar dreifach negativ geladenes Carbanion (d) vor; *jedes* dieser Elektronenpaare geht dann eine »gewöhnliche« σ-Bindung (2*e*2*c*) mit einem der Metallzentren ein.

Verbrückungen werden durch ein vorangestelltes μ_n gekennzeichnet, wobei *n* die Anzahl verbrückter Atome angibt.

Abbildung 43.1b zeigt *keineswegs* einen fünfbindigen Kohlenstoff! Dargestellt ist eine Zwei-Elektronen-Drei-Zentren-Bindung (kurz: 2*e*3*c*), wie Sie sie beispielsweise auch schon aus der Chemie des Bors (Kapitel 33) kennen.

In gleicher Weise kann auch mit einem sp^2-**Kohlenstoff-Atom** verfahren werden. Hier gehört dieser Kohlenstoff einer Doppelbindung an (wie gewohnt mit σ- und π-Anteil). Bei einem *Acyl*-Liganden (Abbildung 43.2a) liegt eine C–O-Doppelbindung vor, bei einer C–C-Doppelbindung ein *Vinyl-Ligand* (b). Ein Sonderfall ergibt sich, wenn das C-Atom Teil eines aromatischen Systems ist (c; hier liegen die elektronischen Verhältnisse deutlich anders). Analog zu Abbildung 43.1b kann auch ein solcher *Aryl*-Ligand verbrückend wirken – und auch hier liegt dann wieder eine *Zwei-Elektronen-Drei-Zentren-Bindung* vor. Steht das betreffende C-Atom mit *zwei* Metall-Atomen über σ-Bindungen in Kontakt, liegt ein *Vinyliden*-Komplex vor. (Hier tun Sie gut daran, den Kohlenstoff wieder als Di-Anion anzusehen.) Strukturell besonders interessant sind die μ_2-*Alkylidin*-Komplexe (f) und die *Carben*komplexe (g; zu diesen Verbindungen, auch *Alkyliden*-Komplexe genannt, gleich noch ein wenig mehr).

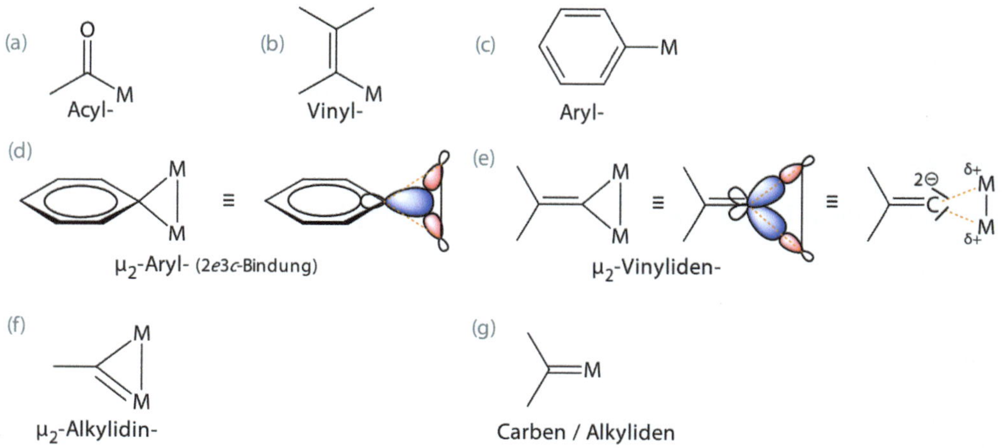

Abbildung 43.2: Liganden mit sp^2-hybridisiertem Kohlenstoff

Wieder anders sieht die Lage aus, wenn ein **sp-Kohlenstoff** beteiligt ist. Dieser kann zu einer *Dreifachbindung* gehören (Abbildung 43.3a–d und f) oder Teil zweier kumulierter Doppelbindungen sein (Abbildung 43.3e – sehen Sie die Ähnlichkeit mit CO_2?). Bei »einfachen« *Alkinyl*-Liganden (a) bestehen zwischen dem Metall-Zentrum und dem Alkinyl-C zwar kovalente Wechselwirkungen, dennoch ist es erneut hilfreich, sich die Verbindung aus einem Carbanion und einem Metall-Kation aufgebaut vorzustellen – dann wird wieder leichter nachvollziehbar, warum ein solcher Alkinyl-Ligand auch *verbrückend* wirken kann: Wechselwirkt er mit *zwei* Metall-Atomen (oder -Ionen), liegt eine 2*e*3*c*-Bindung (b) vor, verbrückt er *drei* Metall-Atome (c), ist es sogar eine 2*e*4*c*-Bindung.

Verbrückend wirken kann aber auch die Elektronendichte des π-Anteils der C–C-Dreifachbindung (Abbildung 43.3d; die Benennung derartiger Verbindungen wird dann wieder ein wenig komplizierter). Natürlich kann zwischen dem Metall und dem betreffenden Kohlenstoff auch eine Doppelbindung (e) oder sogar eine Dreifachbindung (f) bestehen – zur Veranschaulichung wurden auch diese Verbindungen formal in Ionen aufgespalten.

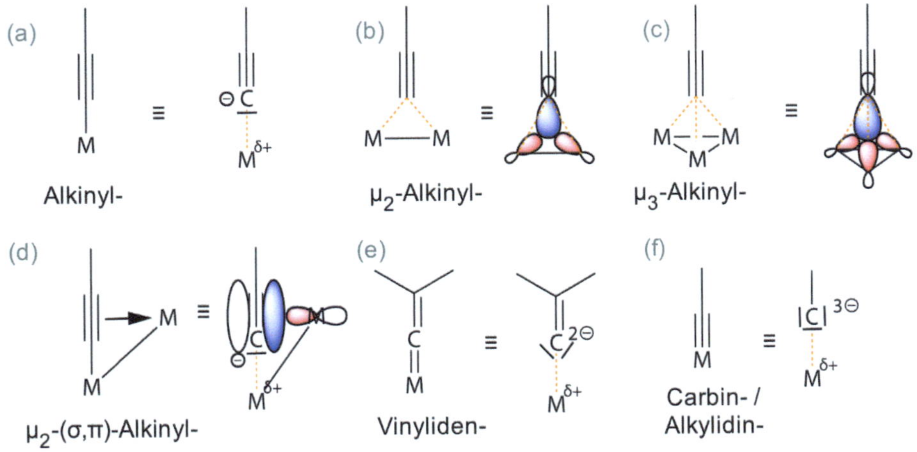

Abbildung 43.3: Liganden mit sp-hybridisiertem Kohlenstoff

Bei der Betrachtung der Bindungsverhältnisse metallorganischer Verbindungen werden allgemein drei verschiedene Kategorien unterschieden:

- ✔ Bei **σ-Donor-Liganden** liefert der Ligand dem Zentralteilchen ausschließlich über die σ-Bindung Elektronendichte. (Das einfachste Beispiel dafür wäre Abbildung 43.1a.)
- ✔ Bei **σ-Donor-/π-Akzeptor-Liganden** liegt zwar nur eine σ-Bindung zwischen C und M vor, aber da der Kohlenstoff über π-Orbitale verfügt, kann das Zentralteilchen seinerseits Elektronendichte in ein vakantes Orbital des Liganden *zurück*geben. (Dies ist eine *Rückbindung*; ein Beispiel dafür finden Sie in Abbildung 43.2a.)
- ✔ Bei **σ/π-Donor-/π-Akzeptor-Liganden** verschiebt der Kohlenstoff Elektronendichte über σ- und/oder π-Orbitale zum Zentralteilchen, zusätzlich gibt es auch noch Rückbindungseffekte.

Diese Art der Bindung findet sich häufig auch in strukturell besonders interessanten Komplexen. (Einige schöne Beispiele finden Sie in Abbildung 43.16.)

Falls Sie die räumliche Orientierung der *d-Orbitale* nicht mittlerweile im Schlaf herunterbeten können, wäre jetzt ein guter Zeitpunkt, noch einmal ein wenig in Kapitel 12 zu blättern: Für dieses Teilgebiet der Chemie sollte der d-Orbitalsatz wirklich sitzen. Auch das Konzept der *Mehrzentrenbindung* (2e3c-, 2e4c-Bindung und dergleichen mehr) sollte Ihnen nicht gänzlich fremd sein (einiges darüber ebenfalls in Kapitel 12, noch etwas mehr in Kapitel 33), und da Molekülorbitale (Grenzorbitale und Co.) hier ebenfalls eine wichtige Rolle spielen, können auch die Abschnitte *Nur für Streber* aus den Kapiteln 37 und 38 nicht schaden.

σ-Donor-Liganden

Hier liefert der »organische« Rest ausschließlich über die σ-Bindung Elektronendichte an seinen Bindungspartner. Das kann, wie bereits erwähnt, zu einer gewöhnlichen σ-Bindung führen, aber auch Grundlage für eine 2*e*3*c*-Bindung sein (*siehe* Abbildung 43.1b). Natürlich gibt es zahlreiche Möglichkeiten, derartige σ-Donor-Verbindungen zu synthetisieren; viele davon basieren auf der Umsetzung des jeweiligen Reaktanten mit bereits bestehenden *anderen* metallorganischen Verbindungen. Exemplarisch seien hier nur zwei Synthesewege gezeigt:

Die Umsetzung eines Zirkonium(IV)-Salzes mit einem geeigneten GRIGNARD-Reagenz (bekannt aus Kapitel 42) führt zu Tetraalkylzirkonium (Abbildung 43.4a), während die Umsetzung des Platin(II)-Komplexes $PtCl_2L_2$ (die beiden neutralen Liganden L sind hier nicht von Bedeutung; es geht schließlich nur ums Prinzip) mit doppelt lithiiertem Butan zu einem **Metallacyclus** führt (Abbildung 43.4).

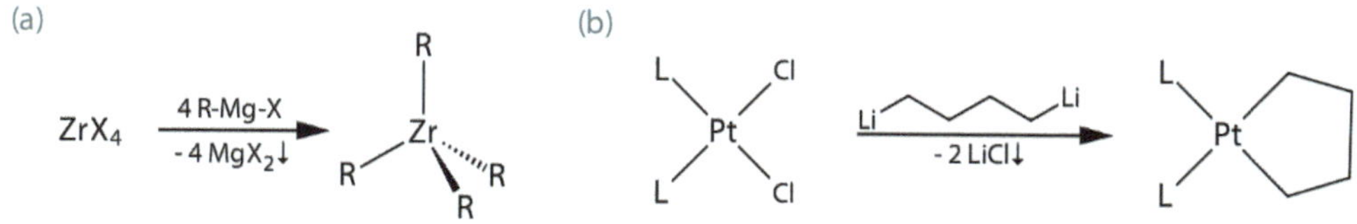

Abbildung 43.4: Synthese metallorganischer Verbindungen mit σ-Donor-Liganden

Die Bezeichnung *Metallacyclus* für cyclische Verbindungen, die im Ring (mindestens) ein Metall-Atom aufweisen, entstammt wieder einmal der *Substitutionsnomenklatur* aus Kapitel 38. Diese Verbindungen werden wie ihre analog gebauten Kohlenwasserstoffe benannt, vorangestellt wird das entsprechende Metall mit der Endung **a**. Abbildung 43.4b zeigt also ein Platinacyclopentan. (Und bitte lesen Sie das Wort *Metallacyclus* immer Metalla-Cyclus, auch wenn es nicht so geschrieben wird – was eigentlich schade ist, denn so ließe sich manches Missverständnis vermeiden.)

Auch bei der Erzeugung des GRIGNARD-Reagenzes R–Mg–X aus R–X und elementarem Magnesium (*siehe* Kapitel 42) wird natürlich bereits eine metallorganische Verbindung synthetisiert. Dieser schnörkellose Weg über eine *oxidative Addition* des gewünschten Metalls ist eine **Direktsynthese** (im Laborjargon auch gerne »Eintopf-Reaktion« genannt). In gleicher Weise lässt sich auch das dilithiierte Reagenz aus 1,4-Dibrombutan mit elementarem Lithium gewinnen – das muss dann allerdings in doppelter stöchiometrischer Menge zugegeben werden, denn die Hälfte aller Lithium-Atome wird hier ge-/verbraucht, um als Lithiumbromid (LiBr) auszufallen. Die hohe Gitterenergie dieses Salzes sorgt für die Triebkraft dieser Reaktion, denn bei der Entstehung des immens reaktiven Lithiumorganyls wird verständlicherweise recht wenig Energie frei: Vergessen Sie nicht, dass das Metallorganyl eines Kohlenwasserstoffs die konjugierte Base einer *sehr* schwachen Säure ist.

σ-Donor-/π-Akzeptor-Liganden

Ist das mit dem Metall M verbundene C-Atom Teil einer Doppelbindung, kann deren π-Elektronensystem in Wechselwirkung mit dem Metall treten. Da allerdings die Elektronegativität von M kleiner ist als die von C, wird Letzterer keine weitere Elektronendichte zum Metall hinüberschieben (= donieren). Vielmehr kann M, wenn es noch über eigene Elektronen verfügt (und das gilt für die meisten Übergangsmetalle, außer bei der höchstmöglichen Oxidationszahl), einen Teil von *deren* Ladungsdichte auf den Liganden übertragen. Natürlich stellt sich dann sofort die Frage: Wo soll diese Ladungsdichte denn untergebracht werden? – Eine Antwort findet sich bei der Betrachtung der Grenzorbitale (*siehe* Kapitel 37 und 38): In das HOMO der π-Bindung passt die Ladungsdichte natürlich nicht, das ist schließlich schon besetzt. Aber das LUMO (das unbesetzte π^*-Orbital) liegt ja energetisch ziemlich in der Nähe: Ein Teil der Ladungsdichte wird also vom Metall auf das LUMO der C–C-Doppelbindung übertragen. Diese Rückbindung wirkt sich auch auf die Molekülgeometrie aus: Der Bindungsabstand d_{C-M} sinkt, während die C–C-Doppelbindung, durch die zusätzliche Ladungsdichte in einem *antibindenden* Orbital (π^*) geschwächt, geringfügig aufgeweitet wird. Allerdings ist dieser Effekt bei Vinyl- (Abbildung 43.2b) und Vinyliden (Abbildung 43.2e), Alkinyl- (Abbildung 43.3b/c) und auch Aryl-Komplexen (Abbildung 43.2c/d) extrem schwach ausgeprägt.

Anders sieht es bei Carbenkomplexen aus: Die subvalenten Carbene (CR_2) kennen Sie noch aus Kapitel 41 (mehr dazu im dortigen Kasten *Spaß mit Carbenen*). Hier aber sollen sie nicht alleinstehend betrachtet werden, sondern als Bestandteile metallorganischer Komplexe.

Carbenkomplexe – Auftritt der Herren Fischer und Schrock

Allen Carbenkomplexen ist die Formel $L_nM = CR_2$ gemein; dabei steht –L für beliebige weitere Liganden am Zentralteilchen (L kann ungeladen oder geladen sein – was sich natürlich auch wieder auf das chemische Verhalten des Komplexes im Ganzen auswirkt). Die beiden Reste –R *können* identisch sein; Sie werden bald sehen, dass diese Reste beachtlichen Einfluss auf das Verhalten des jeweiligen Carbens nehmen.

Den ersten Carbenkomplex isolierte E. O. Fischer im Jahr 1964. Dabei wurde ein Carbonylkomplex (Wolframhexacarbonyl, $W(CO)_6$) mit Butyllithium behandelt. Der carbanionische Kohlenstoff greift dabei das positiv polarisierte C-Atom eines der sechs Carbonylliganden nucleophil an, wodurch eine neue C–C-Bindung geknüpft wird; durch Umsetzung des Zwischenprodukts mit einem starken Alkylierungsmittel entsteht ein neutraler Komplex (Abbildung 43.5a).

Als Alkylierungsmittel kam hier Trimethyloxoniumtetrafluorborat ($O(CH_3)_3BF_4$) zum Einsatz. Allgemein werden derartige Trialkyloxoniumsalze R_3O^+ mit dem Gegen-Ion BF_4^- nach deren – Ihnen mittlerweile namentlich bekannten – Entdecker als *Meerwein-Salze* bezeichnet; im Laborjargon bezeichnet *»das* Meerwein-Salz« gemeinhin genau die hier verwendete Trimethyl-Variante, aber *eindeutig* ist das natürlich nicht.

Als Nebenprodukte bei dieser Reaktion entstehen entsprechend Lithiumtetrafluorborat (das nicht weiter stört) und Dimethylether. Letzteres siedet bereits bei –25 °C und lässt sich bei tieferen Temperaturen gut als leidlich polares Lösemittel verwenden.

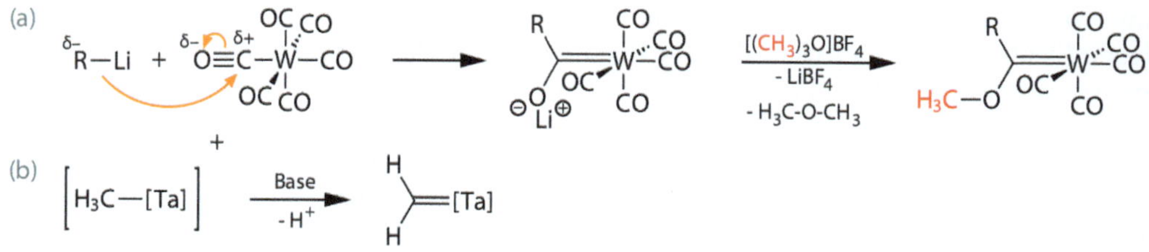

Abbildung 43.5: Synthese von Carbenkomplexen

Die erste Synthese eines Carbenkomplexes *ohne Hetero-Atome am Carben-Kohlenstoff* gelang R. R. SCHROCK im Jahr 1976. Dabei wurde der Methyl-Ligand eines kationischen Metallkomplexes durch Baseneinwirkung deprotoniert (b; da die anderen Liganden hier nicht von Bedeutung sind, wurde das Zentralteilchen dieses Komplexes wieder in eckige Klammern gesetzt).

Aufgrund des unterschiedlichen chemischen Verhaltens dieser beiden bahnbrechenden Reaktionsprodukte wird noch heute zwischen FISCHER- und SCHROCK-Komplexen unterschieden (*siehe* Abbildung 43.6):

- ✔ Bei FISCHER-Komplexen trägt der Carben-Kohlenstoff mindestens ein Hetero-Atom (meist O oder N), das mindestens ein freies Elektronenpaar aufweist. Das zentrale Metall liegt allgemein in eher *niedriger* Oxidationsstufe vor.
  - FISCHER-Komplexe zeigen meist eher *elektrophiles* Verhalten.
- ✔ Bei SCHROCK-Komplexen ist der Carben-Kohlenstoff nur mit weiteren Kohlenstoff-Atomen (und/oder mit Wasserstoff) verbunden; M weist hier meist eine recht *hohe* Oxidationsstufe auf.
  - SCHROCK-Komplexe reagieren häufig als *Nucleophile*.

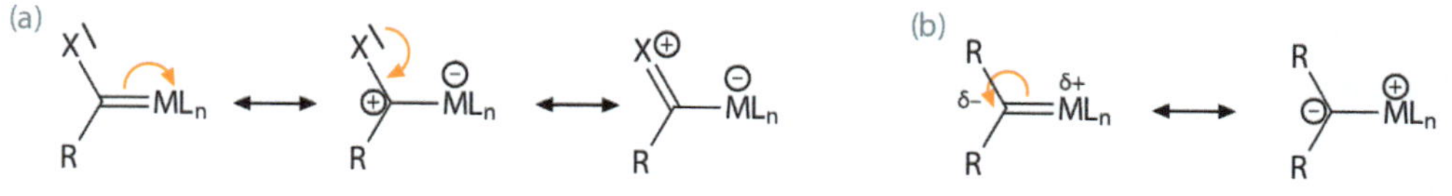

Abbildung 43.6: Mesomerie an FISCHER- (a) und an SCHROCK-Komplexen (b)

Dieses unterschiedliche (und gerade angesichts der unterschiedlichen Oxidationsstufen wohl unerwartete) Verhalten wird nachvollziehbarer, wenn Sie sich die Bindungsverhältnisse ansehen. Dabei helfen wieder einmal mesomere Grenzstrukturen weiter: Bei SCHROCK-Komplexen ist vor allem die Elektronegativitätsdifferenz zwischen C und M von Bedeutung (Abbildung 43.6b). Das gilt prinzipiell natürlich auch für FISCHER-Komplexe, aber bei denen spielt auch noch das Hetero-Atom mit: Das freie Elektronenpaar kann die Mesomerie auch »in die andere Richtung« stabilisieren (a).

Die Elektrophilie insbesondere der FISCHER-Komplexe lässt sich anhand einfacher Reaktionen zeigen, die nichts anderes sind als Nucleophile Substitutionen (Abbildung 43.7a) an einem sp2-Kohlenstoff. Allerdings ergeben sich durch die veränderten elektronischen Verhältnisse im Komplex auch neue Möglichkeiten: Die CH-Acidität von Methylgruppen in direkter Nachbarschaft zum Carben-Kohlenstoff steigt drastisch (b).

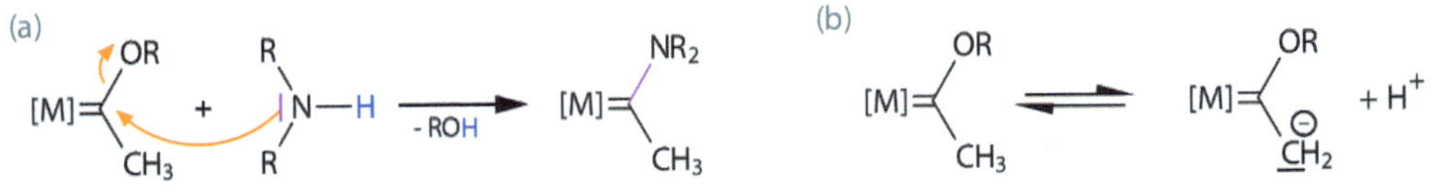

Abbildung 43.7: Exemplarische Reaktionen von Carbenkomplexen

σ/π-Donor-/π-Akzeptor-Liganden

Diese Komplexe bieten die größte Strukturvielfalt – und auch die interessantesten Bindungsverhältnisse.

Schauen Sie sich zunächst einmal die einfachsten Vertreter dieser Klasse an: die *Olefin-Komplexe* (wieder ein historisch bedingter Name). Dabei ist ein Alken so komplexiert, dass *beide* an der Doppelbindung beteiligten Atome in direktem Kontakt mit einem Zentralteilchen stehen, das über eigene d-Elektronen verfügt.

Ist ein Ligand über mehr als ein Atom mit dem Zentralteilchen verbunden (ja, das geht wirklich – denken Sie an das Kalottenmodell!), muss die Anzahl der beteiligten Liganden-Atome angegeben werden; dies wird **Haptizität** des betreffenden Liganden (von ἅπτειν, *haptein* = greifen) genannt. Dafür wird vor den Namen des Liganden der griechische Kleinbuchstabe η (*Eta*) gesetzt und mit einem Exponenten versehen, der die Anzahl der betroffenen Liganden-Atome angibt.

Ausgesprochen wird es dann: »(griechische Zahlenvorsilbe)+hapto« (natürlich wieder von *haptein*). Ein gewöhnliches Olefin, das als σ/π-Donor-/π-Akzeptor-Ligand fungiert, stellt also einen η^2-Liganden dar, einen *Dihapto*-Liganden. (Im Laborjargon ist leider meist von »Eta-Zwei-Ligand« die Rede. Jetzt wissen Sie auch, was damit gemeint ist.)

Die Bindungsverhältnisse lassen sich sowohl mit dem VB-Modell als auch anhand der Grenzorbitale beschreiben. Gehen Sie nach VB vor, lässt sich ein solcher Komplex als *dreigliedriger Metallacyclus* auffassen (Abbildung 43.8a; das grün markierte Elektronenpaar steht symbolisch für *sämtliche* d-Elektronen des Zentralteilchens). Mit dieser Interpretation lässt sich auch erklären, warum der Doppelbindungscharakter zwischen den beiden C-Atomen im Komplex deutlich herabgesenkt ist (das zeigt die instrumentelle Analytik; ein bisschen mehr dazu gibt es in Kapitel 50). Betrachten Sie hingegen die Grenzorbitale (b), sehen Sie, dass die π-Elektronendichte aus dem HOMO der Doppelbindung in ein vakantes Orbital des Zentralteilchens doniert wird, während aus einem besetzten d-Orbital dieses Zentralteilchens Elektronendichte in das (π^*-)LUMO der Doppelbindung wandert. Beides erhöht die Elektronendichte zwischen den beteiligten C-Atomen und dem zentralen Metall M, während die Ladungsdichte zwischen den beiden C-Atomen sinkt: Der C–C-Doppelbindungscharakter nimmt ab. Diese Beschreibung der Bindungsverhältnisse wird als **Dewar-Chatt-Duncanson-Modell** bezeichnet; Hin- und Rückbindung sind dabei jeweils eine 2*e*3*c*-Bindung.

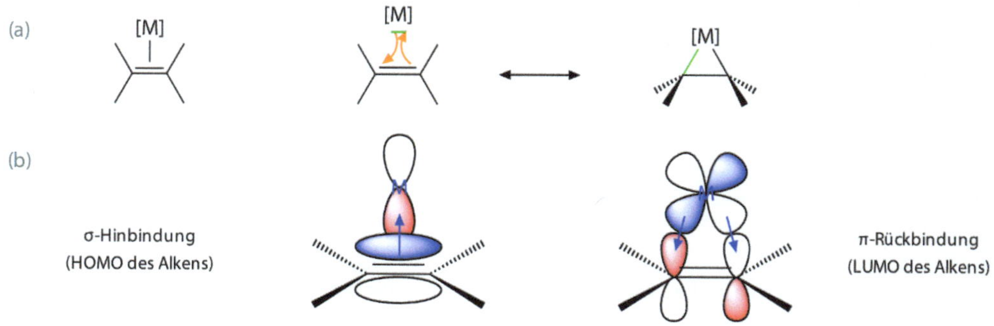

Abbildung 43.8: Bindungsverhältnisse in Olefin-Komplexen: (a) als Metallacyclopropan; (b) im DEWAR-CHATT-DUNCANSON-Modell

Michael DEWAR stammte aus den USA, also sprechen Sie seinen Namen bitte nicht »Deh-war« aus. Und *nein*, das ist *nicht* der Gleiche, der die DEWAR-Gefäße erfunden hat (Hochleistungs-Thermoskannen, in denen Flüssig-Stickstoff und dergleichen aufbewahrt wird und die Ihnen schon in Kapitel 28 begegnet sind): Das war der Schotte *James* DEWAR.

Beachten Sie einen feinen Unterschied: Während im Metallacyclopropan-Modell (Abbildung 43.8a) die Kohlenstoff-Atome jeweils sp^3-hybridisiert sind (und ihre Bindungspartner entsprechend *oberhalb und unterhalb der Ebene* des dreigliedrigen Ringes liegen), bleiben die C-Atome im DEWAR-CHATT-DUNCANSON-Modell sp^2-hybridisiert, und die Bindungspartner liegen in einer Ebene mit der zentralen Bindung. Der *tatsächliche* räumliche Bau dieser Komplexe hängt vor allem von den Bindungspartnern der Olefin-Kohlenstoffe ab: Liganden mit *–I-/–M*-Effekt, die also die Elektronendichte senken, führen eher zu einem *Metallacyclus*.

Und jetzt schauen Sie sich an, welche Wechselwirkungen zwischen Zentralteilchen und Liganden möglich sind, wenn Sie ein 1,3-Butadien (in *cisoider* Konformation) als η^4-Liganden auffassen (also als *Tetrahapto*-Liganden, nur zur Erinnerung), der sich dem Zentralteilchen aus z-Richtung nähert (Abbildung 43.9). Wieder müssen Hin- und Rückbindungen betrachtet werden: Bei Ersteren wird Ladungsdichte aus besetzten Molekülorbitalen des Liganden in vakante Orbitale des Zentralteilchens übertragen, bei Letzteren doniert das Zentralteilchen Elektronendichte in vakante Molekülorbitale des Liganden.

✔ *Hinbindungen* können also hier vom HOMO–1 und vom HOMO ausgehen. (Falls Ihnen diese Begriffe nichts mehr sagen, blättern Sie bitte noch einmal ein wenig in Kapitel 37.)

- Das s-Orbital des Zentralteilchens kann mit dem HOMO–1 eine ***σ-Hin*bindung** eingehen; Gleiches gilt für das p_z- und das d_{z^2}-Orbital (Abbildung 43.9a).

- Eine vom Liganden ausgehende ***π-Hin*bindung** wird durch das p_y- und das d_{yz}-Orbital möglich. Beachten Sie (Abbildung 43.9b), dass die Knotenebene des HOMO mit der Knotenebene des p-Orbitals beziehungsweise *einer* Knotenebene des d-Orbitals (die in der xz-Ebene) zusammenfällt. (Das *muss* natürlich auch so sein!)

✔ Bei den *Rückbindungen* hingegen kommen LUMO und LUMO+1 ins Spiel.

- Das LUMO kann mit dem p_x- und dem d_{xz}-Orbital eine ***π-Rück*bindung** eingehen (Abbildung 43.9c), wobei die Knotenebenen von Ligand und Zentralteilchen wieder zusammenfallen: Der Ligand wird (zwischen C^1 und C^2 sowie zwischen C^3 und C^4) ebenso wie das entsprechende p- oder d-Orbital des Zentralteilchens von einer in der yz-Ebene gelegenen Knotenebene durchschnitten (in der Papierebene – Orbitale oder Orbitallappen, die *hinter* einer Knotenebene liegen, sind *orange* markiert).
- Beim LUMO+1 schließlich fallen die Knotenebenen des Liganden mit beiden Knotenebenen des d_{xy}-Orbitals zusammen (Abbildung 43.9d; hinter der Knotenebene liegende Orbitallappen wieder farblich hervorgehoben). Resultat ist eine ***δ-Rück*bindung**. (Ja, es gibt wirklich auch δ-Bindungen!)

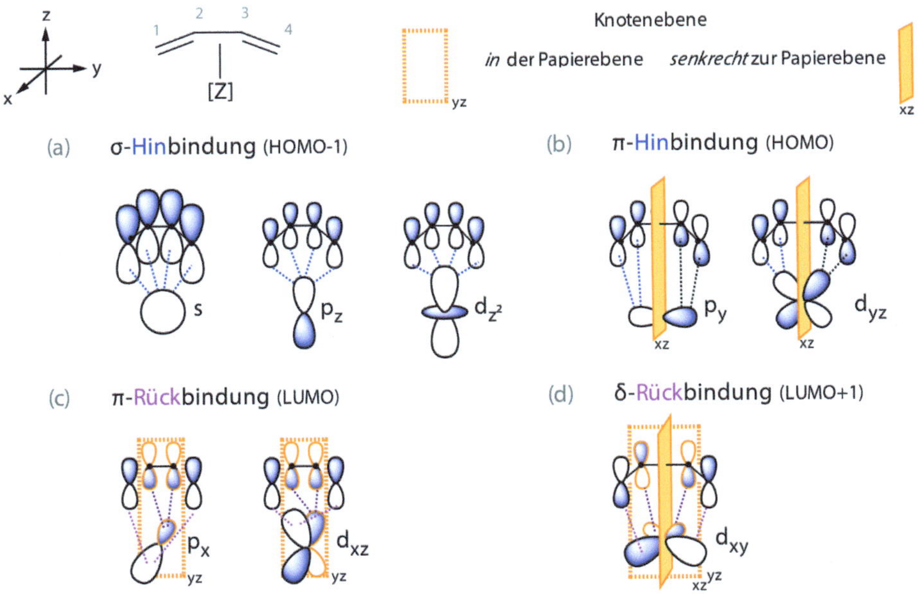

Abbildung 43.9: Bindungsverhältnisse im 1,3-Butadien als η^4-Ligand

Abbildung 43.9 bedeutet *nicht*, dass sämtliche dieser Wechselwirkungen wirklich immer zur Gesamtstabilität des Komplexes beitragen – das hängt jeweils von den am Zentralteilchen vorhandenen Elektronen ab (also von der Besetzung der einzelnen Orbitale). Dargestellt sind hier lediglich alle *möglichen* Wechselwirkungen.

Nicht nur graue Theorie – Metallorganik in der Synthese

Viele metallorganische Komplexe lassen sich in der Synthese-Chemie nutzen. Lassen Sie etwa einen geeigneten Carbonyl-Fischer-Komplex mit einem Alkin reagieren, erfolgt in einem Schritt Ringschluss zu einem Naphthol-Derivat (Abbildung 43.10a).

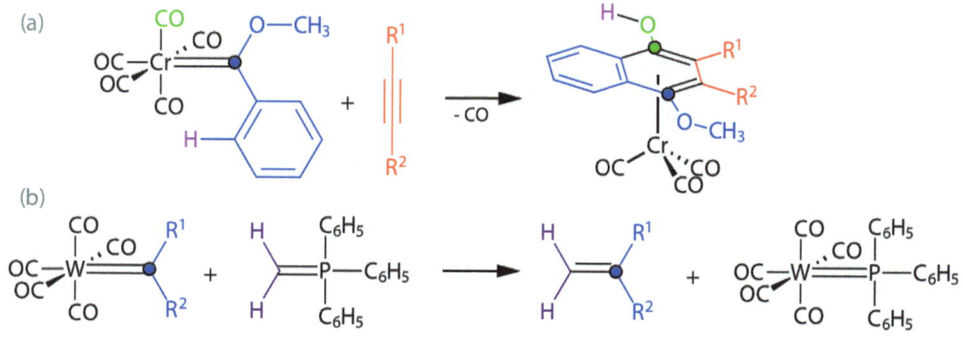

Abbildung 43.10: DÖTZ-Reaktion (a) und WITTIG-analoge Olefinsynthese (b)

Beachten Sie, dass beim Produkt dieser als **DÖTZ-Reaktion** bekannten Synthese der Aromat für das zentrale Chrom als η^6-Ligand fungiert; die SIDGWICK-Regel ist erfüllt. (Falls Ihnen diese Regel nichts mehr sagt, schauen Sie bitte in Kapitel 13.)

Die Reaktion von Carbenkomplexen mit (Triphenyl-)Phosphoryliden führt (analog zur WITTIG-Reaktion aus Kapitel 42) zu einer C–C-Doppelbindung (Abbildung 43.10b).

Dass es bei organometallischen Komplexen recht leicht zum Ligandenaustausch kommt, wird bei **Katalysekreisläufen** ausgenutzt: Dort werden (ähnlich wie bei der DÖTZ-Reaktion) die verschiedenen Reaktanten in Gegenwart eines metallorganischen Komplexes zur Reaktion gebracht. Intermediär werden dabei die ursprünglichen Liganden des Komplexes durch die Reaktanten ersetzt, die durch die Komplexierung in räumliche Nähe zueinander geraten – das vereinfacht die Reaktion natürlich. Werden Reaktanten auf diese Weise schon räumlich zueinander angeordnet, ist vom **Templat-Effekt** des Koordinationszentrums die Rede.

Nach Abschluss der Reaktion wird das Produkt wieder verdrängt, und der Ausgangs-Komplex kann erneut katalytisch wirksam werden. Derartige Katalysen besitzen auch großtechnisch immense Bedeutung: Dem Thema »metallorganische Komplexkatalyse« sind ganze Bücher gewidmet. Exemplarisch sei hier die durch Palladium katalysierte Kreuzkupplung von Arylhalogeniden und Alkenen vorgestellt, die als **HECK-Reaktion** in die Literatur einging. Betrachten Sie die reine Brutto-Gleichung (Abbildung 43.11a; –Z steht für einen Substituenten mit *–I-/–M*-Effekt; die Reste $-R^1$ und $-R^2$ *können* unterschiedlich sein), schütteln Sie vielleicht zunächst verwundert den Kopf: *Das soll gehen?!* – Schauen Sie sich jedoch den eigentlichen Katalysekreislauf an (b), wird die Eleganz der Reaktion offenbar:

- ✔ Schritt ① besteht in einer *oxidativen Addition*, bei der sich ein Arylhalogenid (Ar–X) an einen neutralen Palladium-Komplex $[PdL_2]$ anlagert, der *nicht* die SIDGWICK-Regel erfüllt. (Als Ligand fungiert häufig Triphenylphosphan.)
- ✔ In Schritt ② lagert sich auch das angreifende Alken an das Koordinationszentrum und bildet unter *Erhöhung der Koordinationszahl* einen π-Komplex.
- ✔ Aus diesem heraus schiebt sich in Schritt ③ das Alken zwischen Zentralteilchen und Aryl-Rest – dies ist eine *Olefin-Insertion*; der π-Komplex wandelt sich in einen

σ-Komplex um (mit »gewöhnlicher« Bindung zwischen Pd und C); dabei *sinkt* die Koordinationszahl des Zentralteilchens wieder.

✔ Bei ④ verändern sich die Bindungsverhältnisse erneut: Im Zuge einer *β-Hydrid-Eliminierung* geht das H-Atom in *β*-Position zum Zentralteilchen eine *σ*-Bindung mit dem Koordinationszentrum ein; das dabei frei werdende gekuppelte Olefin wird als η^2-Ligand erneut Bestandteil eines *π*-Komplexes: Die Koordinationszahl des Zentralteilchens wird wieder erhöht.

✔ Entsprechend tritt bei ⑤ das Olefin dann aus dem Komplex aus.

✔ Durch den Einfluss der Base wird bei ⑥ Halogenwasserstoff aus dem Komplex entfernt (eine *reduktive Eliminierung*): Die reaktive Spezies [PdL_2] mit der ursprünglichen Oxidationszahl liegt wieder frei vor – der Katalysekreislauf kann von vorne beginnen.

Damit erfüllt der Metallkomplex genau die Aufgaben eines Katalysators: Durch sein *Eingreifen in den Reaktionsmechanismus* wird die erforderliche Aktivierungsenergie signifikant herabgesetzt (*siehe* Kapitel 23), ohne dass der Komplex selbst verbraucht wird: Am Ende der Reaktion steht er wieder zur Verfügung.

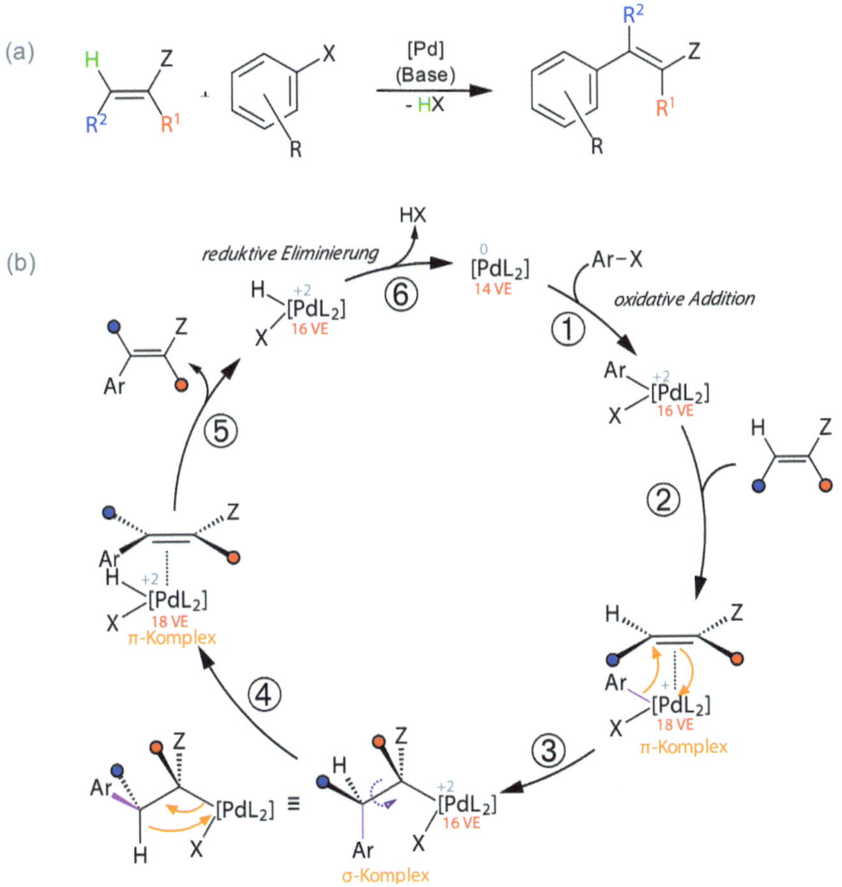

Abbildung 43.11: Die HECK-Reaktion – ein Katalysekreislauf

Die bei dieser Reaktion – einer Palladium-katalysierten *Kreuzkupplung* – benötigte Base allerdings muss in stöchiometrischen Mengen hinzugegeben werden – die wird bei der reduktiven Eliminierung verbraucht. (Damit wären wir wieder beim Thema *Atomökonomie* aus Kapitel 42.)

Führen Sie Heck-Reaktionen an Alkenen mit *+I/+M*-Substituenten durch, erhalten Sie *terminale* Alkene – warum das so ist, lässt sich anhand der Überlegungen zur Markownikoff-Regel ermitteln. (Frage: Welche Zwischenstufe wird wohl entstehen? – Notfalls schauen Sie bitte noch einmal in Kapitel 37.) Betrachten Sie den Reaktionsverlauf *noch* genauer, lässt sich auch begründen, warum Addition und Eliminierung des Olefins jeweils *stereospezifisch* verlaufen – aber dafür sei wieder auf die weiterführende Fachliteratur verwiesen.

Natürlich ist auch die Heck-Reaktion nur ein Beispiel für einen Katalysekreislauf: In ganz ähnlicher Weise – und ebenfalls über den Mechanismus einer oxidativen Addition, gefolgt von einer reduktiven Eliminierung – verlaufen noch diverse andere Namensreaktionen, allesamt Palladium-katalysierte Kreuzkupplungen:

- ✔ Bei der **Suzuki-Kupplung** wird (in Gegenwart einer Base wie Natronlauge) an einen halogenierten Aromaten Ar–X (oder auch an ein Vinylhalogenid) ein organischer Rest –R geknüpft, der zuvor Teil einer Organoborverbindung war, etwa einer Boronsäure mit der allgemeinen Formel R-B$(OH)_2$; neben Ar–R entsteht aus dem Rest der Bor-Verbindung – also in stöchiometrischer Menge – Natriumtetrahydroxoborat ($NaB(OH)_4$).

- ✔ Bei der **Nigishi-Kupplung** wird (ebenfalls im alkalischen Medium) der organische Rest –R eines Organozinkhalogenids (mit der allgemeinen Formel R-Zn-X) auf einen halogenierten Aromaten Ar–X übertragen; als Nebenprodukt entsteht dann, wiederum in stöchiometrischer Menge, ZnX_2.

  Zusammen mit Richard Heck erhielten Akira Suzuki und Ei-ichi Nigishi im Jahr 2010 den Nobelpreis.

- ✔ Noch vielseitiger ist die **Stille-Kupplung**, bei der als Ausgangsstoff praktisch jedes beliebige Organohalogenid R–X eingesetzt werden kann – vorausgesetzt, das C-Atom, das die neue C–C-Bindung eingehen soll, ist (wie bei den Aromaten) sp^2-hybridisiert. Bringen Sie einen solchen Reaktanten mit einer beliebigen Organozinnverbindung R^1-Sn-R^2_3 zur Reaktion, erhalten Sie (neben stöchiometrischen Mengen R^2_3SnX) über einen analogen Reaktionsmechanismus R–R^1.

All diesen Reaktionen ist allerdings die nicht gerade berauschende Atomökonomie gemein.

Was für ein Hin und Her! – Die Alkenmetathese

Wird ein Carbenkomplex ([M] =CHR^1) mit einem Alken (H_2C=CHR^2) zur Reaktion gebracht, ergibt sich rasch ein auf den ersten Blick fast unüberschaubares Gemisch verschiedenster Alkene und Carbenkomplexe. Grund dafür ist eine **Metathese** (ein Austausch der Alkyliden-Fragmente der beteiligten Alkene untereinander), so wie es in Abbildung 43.12 dargestellt ist.

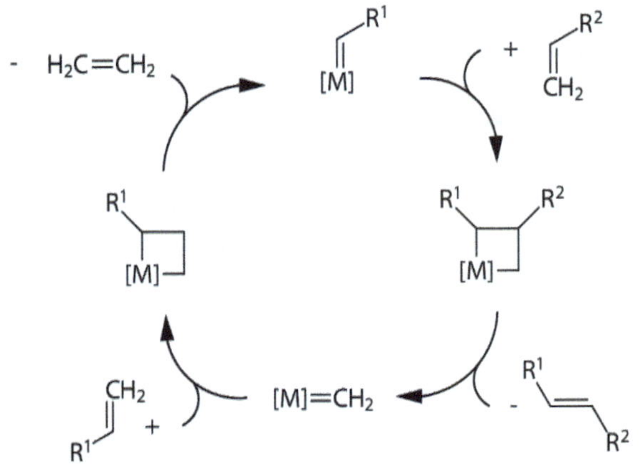

Abbildung 43.12: Die Alkenmetathese

Was hier auf den ersten Blick wie ein Rezept für völliges Durcheinander aussieht, lässt sich gezielt in der Synthese ausnutzen – und zwar zum Erzeugen cyclischer Strukturen (einer *Ringschluss*-Metathese) ebenso wie zum Aufbrechen eines Ringes (*Ringöffnungs*-Metathese) und noch so manchem anderen. Bedingung ist der Einsatz eines Übergangsmetall-Katalysators, der in der Lage ist, mit beiden Reaktanten einen Carbenkomplex zu bilden. Ein Beispiel für eine Ringöffnungs-Metathese (in Gegenwart eines nicht näher bezeichneten Katalysators [M]) zeigt die folgende Reaktion:

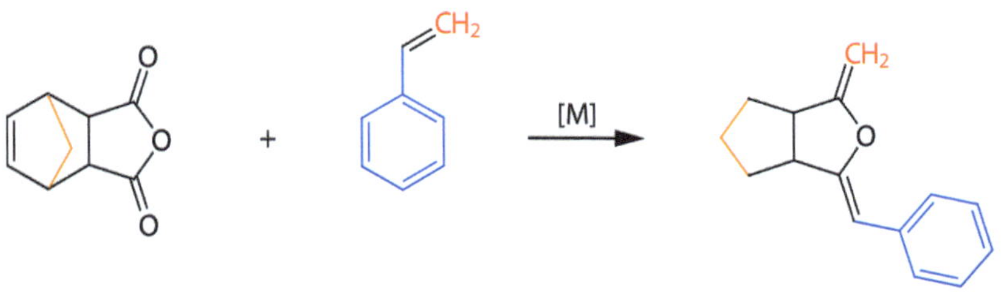

Hier wurde das Anhydrid der Bicyclo[2.2.1]hept-5en-2,3-dicarbonsäure in Gegenwart eines Katalysators mit Styrol umgesetzt (= Vinylbenzen; da dieses Molekül ebenso wie das Benzen keineswegs eine Hydroxygruppe aufweist, empfiehlt die IUPAC den Namen Styren, aber der hat sich noch nicht flächendeckend durchgesetzt – zumal diese Verbindung der Ausgangsstoff des Kunststoffs Polystyrol ist). Auf die systematische Benennung des Produkts wollen wir verzichten, aber es lässt sich deutlich erkennen, dass das Reaktionsprodukt ein deutlich komplexeres Molekülgerüst aufweist. (Die farbliche Hervorhebung dient nur dazu, die letztendliche Positionierung der einzelnen Reaktant-Bestandteile besser nachvollziehen zu können – schauen Sie, wo die für die »1« in den eckigen Klammern des Bicyclo-Reaktanten-Namens verantwortliche Methylengruppe gelandet ist.)

Die Tatsache, dass sich in dieser Weise auch Substrate umsetzen lassen, die neben (mindestens) einer Doppelbindung auch eine Dreifachbindung aufweisen, betont die Vielseitigkeit dieser Reaktion noch; die gezielte Steuerung – damit auch wirklich bevorzugt das gewünschte Produkt entsteht – ist allerdings nicht ganz einfach, deswegen wollen wir das Thema hier nicht weiter vertiefen.

Warum wir Chemie-Lego® spielen dürfen – das Isolobal-Konzept

Reaktionen wie die WITTIG-analoge Olefinsynthese über FISCHER-Carbenkomplexe (Abbildung 43.10b) passen geradezu erschreckend gut zum Chemie-Lego®: »Auf dem Papier« und *rein formal* lässt sich das zweibindige Methylen-Fragment [$R_2C=$] natürlich leicht gegen ein vergleichbares zweibindiges Metallkomplex-Fragment [M=] austauschen, aber ist dieses Vorgehen denn, wissenschaftlich gesehen, überhaupt statthaft? – Überlegungen der theoretischen Chemie und quantenchemische Berechnungen zeigen übereinstimmend, dass Sie tatsächlich so vorgehen *dürfen*, weil sich derartige Fragmente in vielerlei Hinsicht ähneln: *Sie besitzen gleich viele Elektronen in gleich vielen Grenzorbitalen mit ähnlichem relativem Energiegehalt und ähnlichem räumlichem Bau.* Für diese (rein qualitative!) Betrachtung der Ähnlichkeit elektronisch äquivalenter Fragmente prägte R. HOFFMANN die Bezeichnung **Isolobal-Konzept** (abgeleitet vom griechischen Wort *λοβος* (*lobos*) = »Lappen«, gemeint sind natürlich *Orbitallappen*). Dass *iso* so etwas wie »gleich« bedeutet, wissen Sie ja schon aus Kapitel 10.

Verschiedene Fragmente, denen beispielsweise jeweils noch *ein* Elektron zur Erfüllung der SIDGWICK-Regel (aus Kapitel 13) fehlt, die also noch »eine Bindung anstreben«, besitzen *isolobale Grenzorbitale*: Ein ML_5-Fragment mit sieben »eigenen« Elektronen am Zentralteilchen (etwa MnL_5 oder FeL_5^+) ist demnach isolobal zu einem d^9-ML_4-Fragment (beispielsweise CoL_4 oder FeL_4^-). Schauen Sie sich Teil-Abbildung (a) in diesem Kasten an; zur Verdeutlichung der Isolobalität verschiedener Fragmente dient das eigens dafür festgelegte Pfeilsymbol: ←ϱ→.

Dieses Konzept lässt sich natürlich ebenso auf die Elemente der Hauptgruppen anwenden, die zu den bereits genannten Fragmenten isolobal sind also auch das –OH-Fragment (oder auch –OR), das $–NR_2$-Fragment oder ein Halogen-Atom. In gleicher Weise lässt sich nun nachvollziehen, warum sich bei den Boranen ein BH-Fragment (b) durch ein CH_2-Fragment ersetzen lässt (*siehe* Kapitel 33) und warum diese beiden Fragmente isolobal zu einem d^6-ML_5-Fragment oder einem d^8-ML_4-Fragment sind – oder einem Sauerstoff-Atom.

Analog lässt sich auch das d^9-ML_3-Fragment (c) durch ein CH-Fragment oder ein N-Atom ersetzen und so weiter.

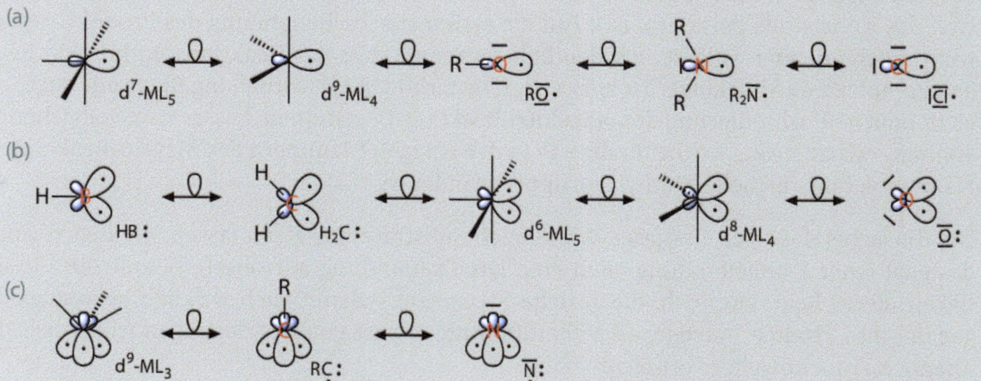

Damit sollte endgültig verständlich geworden sein, warum praktisch überall, wo ein –OH-Fragment hängt, auch ein $-NH_2$ oder ein –Cl sitzen kann. Mit dem Isolobal-Konzept lässt sich dann auch nachvollziehen, wieso – rein von den Bindungsverhältnissen her betrachtet – Ethan, der zweikernige Komplex Dimangandecacarbonyl ($Mn_2(CO)_{10}$) und Methylpentacarbonylmangan(0) ($Mn(CO)_5$) miteinander vergleichbar sind und warum der μ_3-Alkinylkomplex aus Abbildung 43.3c effektiv »baugleich« ist mit dem weißen Phosphor (P_4) aus Abbildung 28.3a. Mit anderen Worten: *Chemie-*Lego® *ist erlaubt.*

Wichtig ist eine kleine, aber feine Unterscheidung: Diese Grenzorbitale sind einander zwar *ähnlich*, aber *nicht identisch*. Das Isolobal-Konzept gestattet lediglich grobe Abschätzungen – Sie können also mit diesem durch theoretische Überlegungen legitimierten Chemie-Lego®-Ansatz zwar mutmaßen, welche Moleküle stabil sein müssten (und welche nicht), aber *quantitative* Aussagen gelingen nicht. Damit ist das ganze Isolobal-Konzept im Grunde genommen eine einzige *Faustregel* – aber eben eine äußerst hilfreiche.

Die ersten Überlegungen dazu sind schon erstaunlich alt: Bereits im Jahr 1925 legte H. G. Grimm seine Hydridverschiebungs-Regel vor (die von vielen einfach nur *Grimm'sche Hydridverschiebung* genannt wird):

Durch Aufnahme von n Wasserstoff-Atomen nehmen Atome die Eigenschaften der im Periodensystem um n Ordnungszahlen höheren Atome an.

Schon dieser Regel gemäß sollte beispielsweise eine Methin-Gruppe (CH) an die Stelle eines N-Atoms treten können oder ein NH-Fragment an die eines O-Atoms – und Ammoniak und Wasser sind beide in gleicher Weise abgesättigt wie Neon. Die chemische Ähnlichkeit zwischen H_3O^+ und NH_4^+ lässt sich nicht bestreiten (beide können als Säure fungieren, wenngleich mit unterschiedlich ausgeprägter Neigung dazu), und beide können tatsächlich (bedingt) an die Stelle eines Na^+ treten. Grimm prägte dafür den Begriff *Hydrid-Isosterie*, aber im Allgemeinen wurde dieses Thema recht stiefmütterlich behandelt – bis das darauf aufbauende Konzept der *Bio-Isosterie* seinen Weg in die medizinische Chemie und die Entwicklung neuer Arzneimittel fand. (Ein bisschen mehr darüber erfahren Sie in Kapitel 48.)

Metall auf Metall – Mehrkernige Komplexe

So wie in einem Komplex ein Ligand über *mehr als ein* Atom mit seinen Zentralteilchen verbunden sein kann (Stichwort: Chelate, *siehe* Kapitel 13), kann ein Ligand auch *zwei oder mehr Zentralteilchen* miteinander *verbrücken* (Abbildung 43.13a; *siehe* Abbildung 43.1 bis Abbildung 43.3); die Metall-Fragmente $[M^1]$ und $[M^2]$ *können* dabei identisch sein. (Welche Liganden an diesen Komplexen »sonst noch« beteiligt sind, interessiert uns im Augenblick weniger.) Schauen Sie sich als Beispiel Abbildung 43.13b an: Obwohl hier ein *zweikerniger Komplex* vorliegt, unterscheidet sich das chemische Verhalten dieser Verbindung kaum von dem eines analogen einkernigen Komplexes, schließlich sind beide beteiligten Metalle »glücklich und zufrieden« mit ihren Liganden. (Zur groben Abschätzung der Stabilität solcher Komplexe dient wieder die SIDGWICK-Regel.)

Anders sieht es bei der Verbindung aus Abbildung 43.13c aus: Hier liegt eine *Metall-Metall-Bindung* vor (die beim Chemie-Lego® zunächst wie jede andere σ-Bindung behandelt werden sollte; auf viele derartige Verbindungen trifft auch wieder die SIDGWICK-Regel zu). Auch M–M-Mehrfachbindungen sind möglich, und da es sich bei den beteiligten Metallen meist um Übergangselemente handelt, bei denen die d-Orbitale eine wichtige Rolle spielen, ist mittlerweile sogar die Synthese von Komplexen mit *Metall-Metall-Vierfachbindung* gelungen (d).

Zur Nomenklatur derartiger Verbindungen: *Verbrückende* Liganden werden wieder mit einem vorangestellten μ gekennzeichnet (*siehe* Abbildung 43.1); liegt eine Metall-Metall-Bindung vor, werden in Klammern (und *kursiv*) die beteiligten Metall-Atome angegeben. Ansonsten erfolgt die Benennung analog zu Kapitel 13: Entsprechend heißt der Komplex aus Abbildung 43.13b Di-μ-hydroxido-bis(diethylendiaminchrom)(4+), während die Komplexe (c) und (d) als Di-μ-carbonyl-bis(tricarbonylcobalt)*(Co-Co)* und Bis(tetrachloridorhenat) *(Re-Re)*(2–) zu benennen sind.

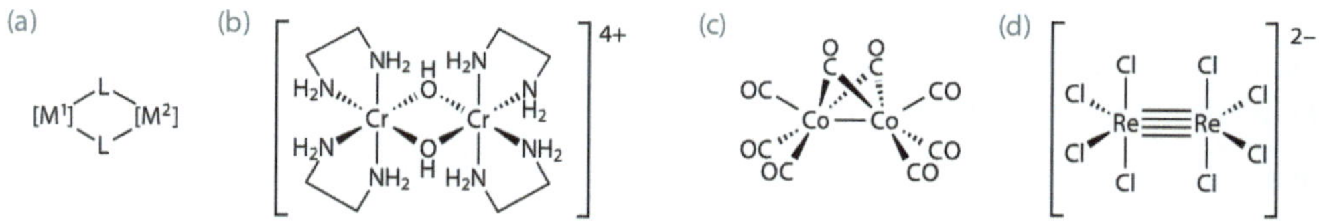

Abbildung 43.13: Mehrkernige Organometallkomplexe

Komplexe mit Metall-Metall-Bindung können auch mehr als zwei Metall-Atome aufweisen. Dann nähern Sie sich schrittweise der Chemie der Metall-Cluster. Bei diesen (neutralen oder ionisch aufgebauten) Verbindungen stehen mehrere Metall-Atome in direktem Verbund miteinander, ohne so zahlreich zu sein, dass schon von einem (sehr kleinen) Metall-Kristall (wie aus Kapitel 14) die Rede sein könnte. Einige Cluster kennen Sie bereits aus Kapitel 34, ansonsten stellt die Chemie der Cluster ein eigenständiges Fachgebiet dar – in dem erfreulicherweise ebenfalls auf das *Isolobal-Konzept* zurückgegriffen werden kann. (Diese Anmerkung nur für den Fall, dass Sie den Kasten *Warum wir Chemie-*Lego® *spielen dürfen* bislang übersehen haben.)

Die Vierfachbindung – und darüber hinaus?!

Bei der **Vierfachbindung** liegt eine gewöhnliche Dreifachbindung vor (bestehend aus einer σ-und zwei π-Komponenten), ergänzt um eine zusätzliche *δ-Komponente.* Diese ist in (a) dargestellt (rot markiert die Kernverbindungsachse der beiden Bindungspartner; schauen Sie sich noch einmal Abbildung 43.9d an): Es gibt zwei orthogonal zueinanderstehende Knotenebenen (b) – die KE in der yz-(Papier-)Ebene ist gestrichelt, die in der xy-Ebene durchgezogen. Beide schneiden sich in der Kernverbindungsachse.

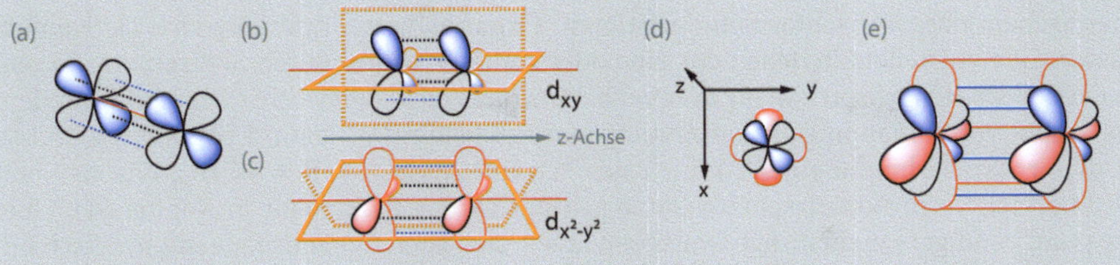

Wie Sie wissen, sind die beiden π-Bindungsanteile einer *Dreifach*bindung energetisch entartet:

Sie unterscheiden sich nur in ihrer *räumlichen Orientierung* (sie stehen im rechten Winkel zueinander). In gleicher Weise sollten auch zwei räumlich *ähnlich*, aber eben nicht *identisch* orientierte d-Orbitale *jeweils* eine δ-Bindung eingehen können: Vergleichen Sie die Wechselwirkung zweier d_{xy}-Orbitale (b) mit der zweier $d_{x^2-y^2}$-Orbitale (c; auch dort sind die beiden Knotenebenen markiert, die sich in der Kernverbindungsachse – der z-Achse – schneiden). Die beiden d-Orbitale sind also ebenso unabhängig voneinander *wie* die beiden p-Orbitale, die am π-Anteil einer Dreifachbindung beteiligt sind (d; zur besseren Unterscheidung wurde das d_{xy}-Orbital verkleinert dargestellt). Also sollte auch eine M–M-*Fünffach*bindung mit *zwei* δ-Komponenten möglich sein (e). Und tatsächlich: Im Jahr 2005 wurde die erste Verbindung mit einer Cr–Cr-Fünffachbindung isoliert. (Weiter kommen Sie mit s-, p- und d-Orbitalen nicht. Für eine *Sechsfach*bindung bräuchten Sie Orbitale mit *drei* Knotenebenen, und wir hatten Ihnen ja versprochen, Sie nicht auch noch mit f-Orbitalen zu belästigen – aber das heißt ja nicht, dass so etwas nicht existieren kann.)

C und der Rest des PSE – wo OC auf AC trifft

Wie zu Beginn dieses Kapitels schon erklärt, darf in der Organoelementchemie praktisch das gesamte Periodensystem mitspielen. Entsprechend vielfältig sind die Möglichkeiten, und der Versuch, Ihnen einen vollständigen Überblick zu bieten, wäre in jeglicher Hinsicht zum Scheitern verurteilt. Deswegen zeigen wir Ihnen hier nur ausgewählte Beispiele mit echten Besonderheiten, die zum einen Ihre Neugier auf weitere interessante Möglichkeiten wecken mögen und die zum anderen exemplarisch zeigen sollen, dass es in der Organoelementchemie fast nichts gibt, was es nicht gibt.

Formschön: Silicium im Silikon

Silane – die Silicium-Analoga zu den Kohlenwasserstoffen – kennen Sie schon aus Kapitel 32.

Da Si im PSE unmittelbar unter C steht und ebenso zur Vierbindigkeit neigt, sollte es nicht überraschen, dass »Mischformen« existieren. **Organosilane** dürfen Sie sich als Kohlenwasserstoffe vorstellen, in denen das eine oder andere C-Atom durch Si ersetzt ist. Erzeugen lassen sie sich beispielsweise durch die *Metathese* (also den wechselseitigen Ligandenaustausch) von Organometall-Verbindungen mit Silicium(IV)-chlorid (Abbildung 43.14a; zu dieser Art Verbindung gehört auch das Tetramethylsilan (–R = $-CH_3$), das als Standard bei der Kernresonanzspektroskopie genutzt wird – dazu mehr in Kapitel 51). Über etwas aufwendigere mehrstufige Synthesen lassen sich auch Organosilane mit unterschiedlichen Resten –R erzeugen. Dank der beachtlichen Stabilität der Si–C-Bindung sind der strukturellen Vielfalt praktisch keine Grenzen gesetzt; entsprechend lassen sich auch cyclische Organosilane und Analoga mit funktionellen Gruppen synthetisieren. Exemplarisch seien als Verbindungen mit Elementen der VI. Hauptgruppe die **Silanole** (b; sozusagen Silicium-Alkohole) und die Siloxane (c; »Silicium-Ether«) genannt. Ist Stickstoff mit verbaut, entstehen die **Silazane** (d; dargestellt ist Hexaalkyldisilazan). Auch wenn Silicium als Element der 3. Periode nicht zu Mehrfachbindungen neigt (Stichwort: Doppelbindungsregel!), ist die Synthese von **Silenen** (e) und Silinen (f) ebenso möglich wie die Gewinnung Carbenkomplex-analoger Verbindungen (g), die sich vom Silylen (:SiR_2) ableiten, und noch viele andere.

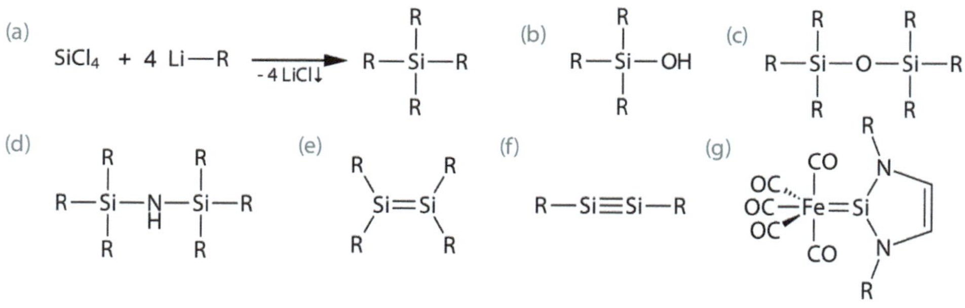

Abbildung 43.14: Ausgewählte Organosiliciumverbindungen

Dass Silicium aufgrund seiner hohen Affinität zu Sauerstoff gerne Ketten, Ringe oder dreidimensionale Gerüste auf der Basis von Si–O-Fragmenten bildet, wissen Sie ebenfalls schon aus Kapitel 32 – und die kleinste Baueinheit derartiger Verbindungen findet sich bereits in den Siloxanen. Durch Kondensation von Silanolen R_3SiOH, *Silandiolen* $R_2Si(OH)_2$ und *Silantriolen* $RSi(OH)_3$ lassen sich entsprechende Ketten (Abbildung 43.15; gerne auch verzweigt: b), Ringe (c) oder auch Gitter (d) erzeugen, die denen der Silicate analog sind, deren chemisches Verhalten aber durch die organischen Reste –R maßgeblich beeinflusst wird. Diese **Silicone** (außerhalb der Fachsprache meist *Silikone* genannt) sind auch von technischer Bedeutung: Während acyclische Silicone (die sogenannten *Siliconöle*; Aufbau wie in Abbildung 43.15a, –R meist = $-CH_3$) unter anderem als Hydraulik- und Bremsflüssigkeit ebenso genutzt werden wie als Schmiermittel, dienen vernetzte *Siliconelastomere* (b) als Implantatmaterial (für medizinische oder kosmetische Zwecke) und als Rohstoff für zahlreiche weitere technische Anwendungen. Räumlich verzweigte Gitter wie (d) schließlich bilden die Grundlage für *Siliconharze*.

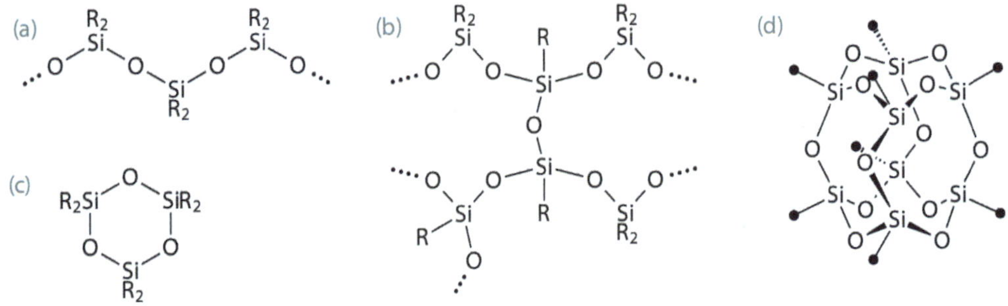

Abbildung 43.15: Diverse Silicon-Grundgerüste

Ach, das geht auch?! – Erstaunliche Organoelementchemie

Mittlerweile werden Sie schon gemerkt haben, dass sich gemäß dem Chemie-Lego®-Ansatz und/oder dem Isolobal-Konzept praktisch *jedes* Atom durch irgendetwas anderes ersetzen lässt. Kombinieren Sie das mit der erstaunlichen Vielfalt verschiedener Bindungsverhältnisse (σ- und/oder π-Wechselwirkung), lassen sich manche Moleküle zusammenstöpseln, die Sie eigentlich für schlichtweg unvorstellbar halten sollten. So führte die Umsetzung von Eisen(II)-chlorid mit dem aus Cyclopentadienylbromid (kurz: Cp–Br) gewonnenen Grignard-Reagenz (Abbildung 43.16a) im Jahr 1951 zu einer Verbindung mit der Summenformel $Fe(C_5H_5)_2$, dem Namen **Ferrocen** – und einer überraschenden Struktur (b): Beide Cp-Reste fungieren jeweils als η^5-Ligand – systematisch heißt diese Verbindung entsprechend Bis(η^5-cyclopentadienyl)eisen. Es liegt ein **Sandwich-Komplex** vor, bei dem das Zentralteilchen die Sidgwick-Regel erfüllt.

Elektrostatisch leuchtet der Zusammenhalt der Verbindung durchaus ein: Das Cp^--Ion ist ein stabiler Aromat (*siehe* Abbildung 38.30a), und warum soll ein zweiwertiges Kation wie Fe^{2+} nicht zwei Anionen »zusammenhalten«? Diese einfache Sicht der Dinge musste jedoch verworfen werden, als nur vier Jahre später die Verbindung Bis(η^6-benzen)chrom (Abbildung 43.16c, auch *Dibenzenchrom* genannt) gewonnen werden konnte: Hier ist das Koordinationszentrum (Cr^0) ebenso ungeladen wie die beiden Benzen-Liganden. Erklären lässt sich der Zusammenhalt dieser Verbindung erst durch die Wechselwirkungen der Hückel'schen Molekülorbitale der Liganden mit den Atomorbitalen des Zentralteilchens (wie Sie das schon aus Abbildung 43.9 kennen).

Aus Dibenzenchrom lassen sich weitere Verbindungen mit erstaunlicher Struktur gewinnen: Bei Carbonylierung entsteht unter Abspaltung eines Benzen-Liganden die Neutralverbindung η^6-Benzentricarbonylchrom (Abbildung 43.16d), die oft als »Klavierstuhl« bezeichnet wird; die Umsetzung von Dibenzenchrom mit Essigsäure hingegen führt zum Chrom(II)-acetat, das meist als Monohydrat vorliegt: $Cr(OAc)_2 \cdot H_2O$. Untersuchungen der Struktur dieses Salzes zeigten Überraschendes: Es ist ein *Dimer* und weist eine Cr–Cr-*Vierfach*bindung auf (e). Ähnlich bemerkenswert dürfte der Sandwich Bis(η^3-2-methylallyl)nickel sein (f), in dem zwei Allyl-Anionen als η^3-Liganden fungieren. (Versuchen Sie zur Übung, sämtliche möglichen Wechselwirkungen zwischen den Hückel-Molekülorbitalen der Liganden und den Atomorbitalen des Zentralteilchens herauszufinden!) Auch kompliziertere Moleküle oder Molekülfragmente könnten Teil von Komplexen werden: So finden sich zwei *nido*-Undecacarbaboran-Anionen (*siehe* Kapitel 33) mit Eisen(II)-Ionen zu einem Komplex zusammen (g), der dem Ferrocen (b) bemerkenswert ähnlich ist (dabei aber insgesamt zwei negative Ladungen trägt).

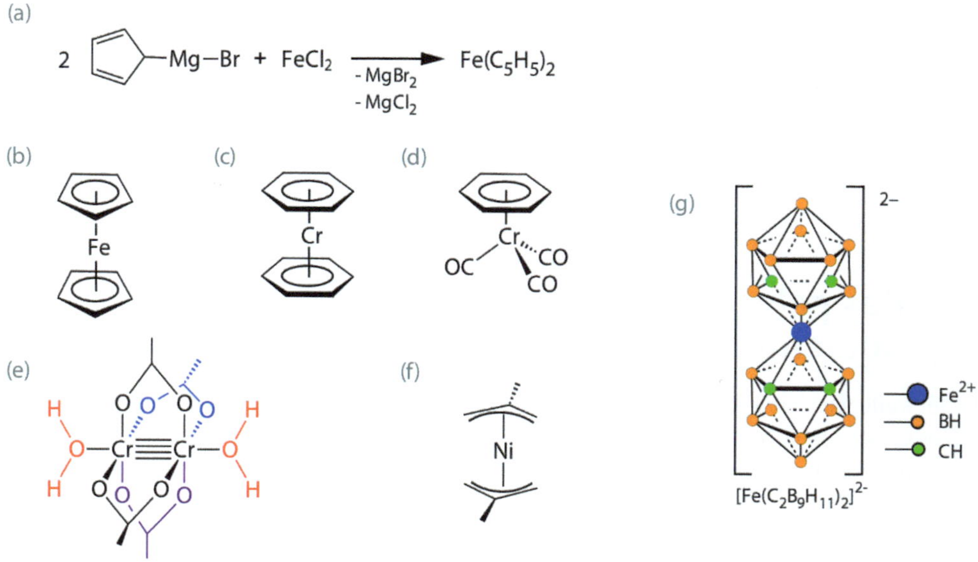

Abbildung 43.16: Sandwich-Komplexe – und was aus ihnen werden kann

Da das CH-Fragment den Atomen der V. Hauptgruppe isolobal ist, sollte es sich durch N- oder P-Atome austauschen lassen – und so ist es auch: Analog zu den Allyl-Liganden (wie in Abbildung 43.16f) lassen sich auch 1,2-Diphosphaallyl-Anionen erzeugen (Abbildung 43.17a; die Stabilität derartiger Ionen ist sehr von $-R^1$ bis $-R^3$ abhängig); 1994 gelang Dietmar Schmidt die Synthese des ersten η^3–1,2-Diphosphaallyl-Komplexes (b; welche Reste hier verwendet wurden, ist für unsere kurze Einführung in dieses Themengebiet unerheblich). Analog zu Tripeldeckern, in denen die Ringsysteme ausschließlich aus Kohlenstoff-Atomen bestehen (c), lassen sich auch Komplexe gewinnen, in denen zum Beispiel das Pentaphosphacyclopentadienid-Ion (P_5^-, isolobal zu Cp^-) eine zentrale Rolle spielt. Dass manche dieser Komplexe als Katalysatoren bei gezielten Synthesen fungieren können, belegt erneut die Vielseitigkeit der Organometall-/Organoelementchemie.

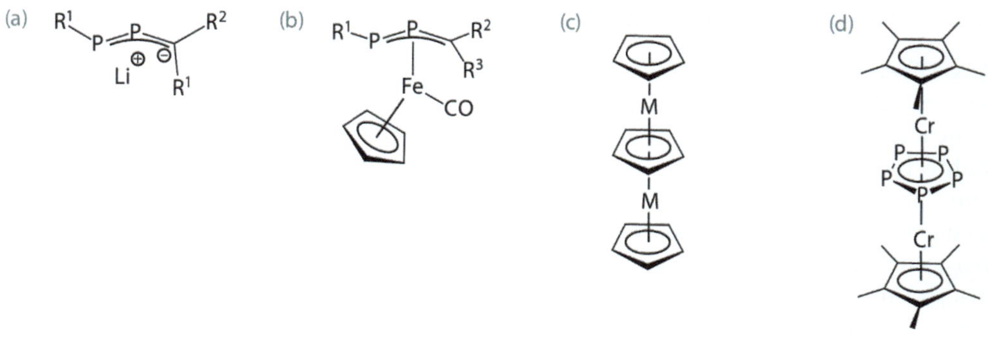

Abbildung 43.17: Organoelementchemie - exemplarisch mit Phosphor

Teil IX
Chemie – die Wissenschaft des Lebens

IN DIESEM TEIL …

denken die meisten beim Begriff »Leben« vermutlich zunächst an die Biologie, nicht etwa an die Chemie. Zumindest in der öffentlichen Meinung bilden »Natur« und »Chemie« bekanntermaßen einen Gegensatz. (Achten Sie mal spaßeshalber darauf, wie sehr alleine schon Werbung genau darauf ausgelegt ist!) In Wahrheit aber basieren *alle* biologischen Vorgänge letztendlich auf chemischen Reaktionen.

In den vorangegangenen Kapiteln haben Sie alle Grundlagen kennengelernt, diese (auf den ersten Blick mitunter gewiss undurchschaubar wirkenden) Reaktionen nachzuvollziehen. Tatsächlich sind die weitaus meisten biochemischen Reaktionen eigentlich ganz einfach – nur sehen die Spielsteine bei diesem Chemie-Lego® ein bisschen komplizierter aus, und viele haben historisch begründete Eigennamen, die Sie im Bedarfsfall auswendig lernen (oder jedes Mal nachschlagen) müssen.

Das ganze Gebiet der Biochemie ist vor allem Übungssache: In diesem Teil werden Sie die wichtigsten Familien der Naturstoff-Lego®-Bausteine kennenlernen. Wenn Sie diese dann in der gewohnten Weise miteinander interagieren lassen – dabei stets *alle* Arten der Wechselwirkung berücksichtigen, denen Sie bislang begegnet sind –, steht Ihnen die ganze Vielfalt der Biochemie offen.

IN DIESEM KAPITEL

erleben wir Glucose und Co. – im Alleingang ...

... und gemeinsam

sieht es höchstens unübersichtlich aus, aber eigentlich ist es ganz einfach!

Kapitel 44
Ach, wie süß! – Traubenzucker und andere Kohlenhydrate

Die auch heute noch gängige Bezeichnung »Kohlenhydrate« leitet sich von einem Irrtum ab: Da vielen Vertretern dieser Stoffklasse die Summenformel $C_nH_{2n}O_n$ zukommt, die eben auch $[C(H_2O)]_n$ geschrieben werden kann, wurde lange Zeit angenommen, es handle sich tatsächlich um *Hydrate* des Kohlenstoffs – eine durchaus naheliegende Vorstellung, denn unter entsprechenden Reaktionsbedingungen lässt sich vielen dieser Verbindungen tatsächlich Wasser entziehen:

Setzen Sie beispielsweise *Glucose* ($C_6H_{12}O_6$) mit konzentrierter Schwefelsäure um, bleibt nichts anderes als elementarer Kohlenstoff (Kohle) übrig. Heutzutage ist fachsprachlich die Bezeichnung **Saccharide** üblich. (Die Glucose, meist als *Traubenzucker* oder veraltet auch als *Dextrose* bezeichnet, ist für die Chemie der Saccharide *das* Standard-Molekül schlechthin – zu der kehren wir nicht nur in diesem Kapitel immer wieder zurück.)

Zwei große Familien

Betrachten Sie dieses Thema rein aus dem Blickwinkel der OC, handelt es sich bei den Sacchariden um *Polyalkohole mit einer Carbonylgruppe*. Wegen der allgemeinen Formel $C_nH_{2n}O_n$ und weil geminale Diole (also Moleküle mit zwei OH-Gruppen am *gleichen* C-Atom) bekanntermaßen nicht stabil sind (*siehe* Kapitel 39), ist klar, dass es prinzipiell nur zwei grundlegend verschiedene Grundformen geben kann:

- ✔ Die Carbonylgruppe kann Teil eines *Aldehyds* sein (Abbildung 44.1a); allgemein wird eine solche Verbindung als **Aldose** bezeichnet (ein Aldehyd-Zucker, also ein Polyhydroxyaldehyd). Werden die Vertreter dieser Stoffklasse systematisch benannt, kommt ihnen die Endung **ose** zu. Zu dieser Stoffklasse gehört auch die bereits erwähnte **Glucose**.

- Alternativ liegt eine *Ketogruppe* vor (wie in Abbildung 44.1b); dann handelt es sich um eine **Ketose** (Keto-Zucker, Polyhydroxyketon). Bei systematischer Benennung tragen diese Verbindungen die Endung **ulose**; manche jedoch enden (aus historischen Gründen und eigentlich fälschlicherweise) ebenfalls auf *ose*, darunter auch die **Fructose** (der Fruchtzucker, der gerne als »Diät-Alternative« zum Haushaltszucker (Saccharose, dazu gleich mehr) angepriesen wird, obwohl das ernährungsphysiologisch zumindest … bedenklich ist).

Viele Saccharide sind schon seit geraumer Zeit bekannt, deswegen tragen sie fast alle Trivialnamen. Die werden Sie auswendig lernen *müssen*, weil sie unter Zucker- und Biochemikern auch heute noch schlichtweg selbstverständlich sind.

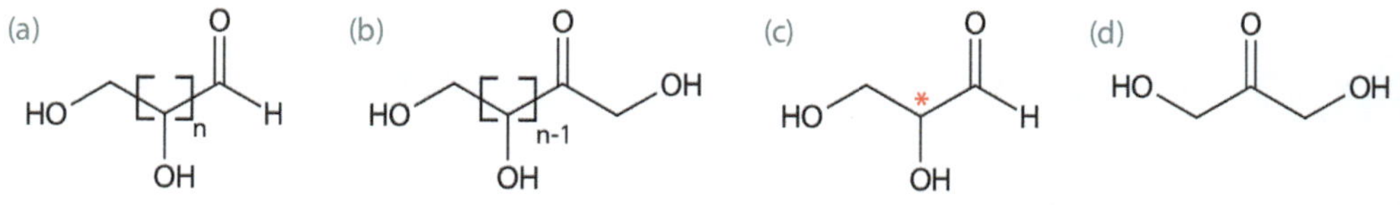

Abbildung 44.1: Aldosen und Ketosen

Da ein Polyalkohol erst dann diesen Namen verdient, wenn er mindestens *zwei* Hydroxy-Gruppen aufweist, muss die kleinstmögliche Aldose, die ja auf jeden Fall auch eine Aldehydgruppe braucht, aus drei C-Atomen aufgebaut sein (Abbildung 44.1a mit n = 1). Diese *Triose* (also: »Zucker mit drei C-Atomen«) heißt **Glycerinaldehyd** (Abbildung 44.1c, oft auch *Glyceraldehyd* genannt). Die kleinstmögliche Ketose (d) ist ebenfalls eine Triose (*siehe* Abbildung 44.1, mit n = 1), sie trägt den (naheliegenden) Halbtrivialnamen *Dihydroxyaceton.*

Zuckersüße Stereochemie

Beachten Sie, dass C^2 im Glycerinaldehyd ein Chiralitätszentrum darstellt. Entsprechend gibt es zwei verschiedene *Enantiomere* (falls Ihnen das nichts mehr sagt, schauen Sie in Kapitel 36 nach – Stereochemie ist bei den Zuckern *sehr* wichtig). Diese beiden Isomere lassen sich gemäß den CIP-Regeln (ebenfalls aus Kapitel 36) leicht voneinander unterscheiden (*siehe* Abbildung 44.2a/b). Aus historischen Gründen hat sich jedoch bei Biomolekülen wie den Sacchariden (und auch den Aminosäuren, über die Sie in Kapitel 46 mehr erfahren) eine andere Benennungs-Konvention gehalten, die **Fischer-Projektion**. Bei dieser wird (anders als bei CIP!) nur eine *relative* Aussage über die Konfiguration des asymmetrischen C-Atoms getroffen. Für die Übertragung eines Moleküls in die Fischer-Projektion gelten folgende Spielregeln:

- Die längste C-Kette muss *senkrecht* angeordnet werden,
- wobei das C-Atom mit der *höchsten Oxidationszahl* möglichst weit oben liegen muss.
- Für die Substituenten an *jedem* einzelnen Atom der Kette gilt dann:
  - Die *senkrecht* orientierten Bindungspartner verschwinden *hinter der Papierebene.*
  - Die *waagerecht* (horizontal) orientierten Bindungspartner kommen *aus der Papierebene heraus.*

✔ Nun geht es um die relative Position der funktionellen Gruppe am Chiralitätszentrum:

- Steht sie in dieser Darstellungsweise nach *rechts*, ist das Atom D-konfiguriert (von lateinisch *dexter* = rechts).
- Steht sie nach *links*, handelt es sich um die L-Konfiguration (lateinisch *laevis* = links).

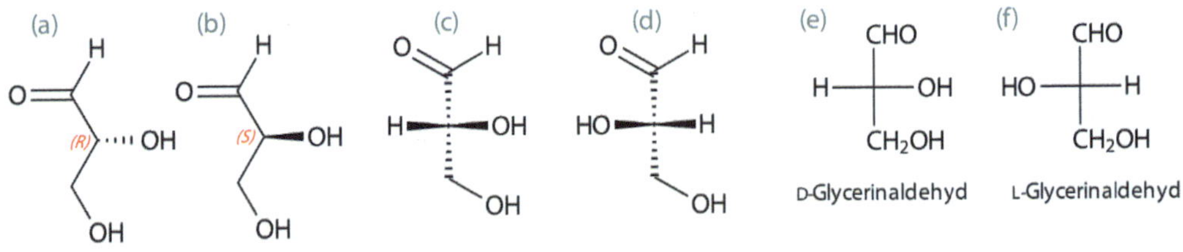

Abbildung 44.2: Die FISCHER-Projektion

Werden die beiden Enantiomere von Glycerinaldehyd aus Abbildung 44.2a/b gemäß den Regeln der FISCHER-Projektion ausgerichtet und stellt man sie dann in einer (gedrehten) *Keilstrich*-Formel dar (c/d), wird deutlich, was die FISCHER-Projektion (e/f) besagt: Das *(R)*-Enantiomer (a, c) weist nach FISCHER D-Konfiguration auf (e), während dem *(S)*-Enantiomer (b, d) die L-Konfiguration zukommt (f).

R/S und D/L sind nicht bedeutungsgleich! Bedenken Sie, dass die CIP-Nomenklatur auf Prioritätsregeln basiert und die *absolute* Konfiguration beschreibt, während sich die FISCHER-Konvention auf die *relative* Konfiguration bezieht. Schauen Sie sich diese beiden Moleküle an:

Beide liegen hier gemäß FISCHER in der D-Konfiguration vor, aber da dem Schwefel nun einmal eine höhere Priorität zukommt als dem Sauerstoff (höhere Ordnungszahl, Sie erinnern sich?), ist D-Glycerinaldehyd (a) *(R)*-konfiguriert, während das Thiol-Gegenstück (b) *(S)*-Konfiguration aufweist.

Gehen Sie von der *Aldotriose* **Glycerinaldehyd** zu deren höherem Homologen in der Reihe der Saccharide über (den *Aldotetrosen*), stellen Sie fest, dass jetzt *zwei* Chiralitätszentren vorliegen – es gibt also *vier* Stereoisomere. Aus historischen Gründen besitzen diese beiden Enantiomerenpaare eigene Namen:

✔ Bei der **Erythrose** (Abbildung 44.3a/b) stehen die beiden OH-Gruppen auf der *gleichen* Seite der C-Kette (Merkhilfe: genau wie die waagerechten Striche des Buchstabens E),

- während bei der **Threose** (Abbildung 44.3c/d) die beiden funktionellen Gruppen *einander gegenüber*stehen (wie die beiden Enden des Querstriches beim Buchstaben T).

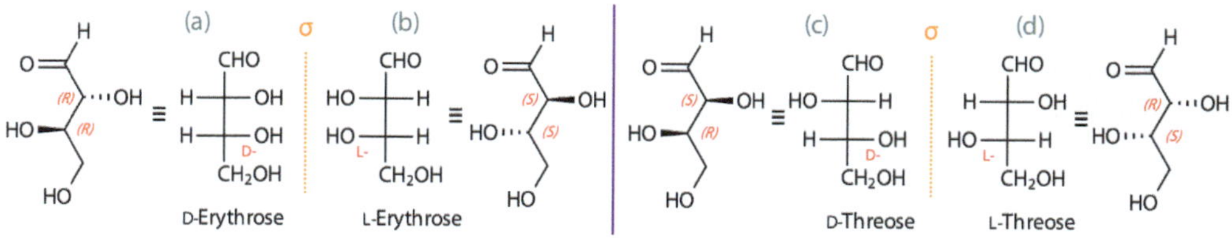

Abbildung 44.3: Enantiomerenpaare von Erythrose (a, b) und Threose (c, d)

Es sei noch einmal betont, dass es entsprechend *zwei* Formen der Erythrose gibt (jeweils die Enantiomere): Bei der D-Erythrose (a) stehen beide OH-Gruppen *rechts*, bei der L-Form *links* (b).

Ob es sich bei einem Molekül mit *mehr als einem* asymmetrischen Atom um die D-oder die L-Form handelt, entscheidet immer das *unterste* Chiralitätszentrum der Kette.

Beim Enantiomer einer chiralen Verbindung sind *sämtliche* Chiralitätszentren invertiert! (Bei der L-Threose (Abbildung 44.3d) beispielsweise steht in der FISCHER-Projektion die untere Hydroxygruppe links, die obere rechts.)

Mit steigender Kettenlänge nimmt die Anzahl möglicher Stereoisomere weiter zu: Bei *Aldopentosen* (mit *drei* Chiralitätszentren) ergeben sich *acht* verschiedene Stereoisomere, also *vier* Enantiomerenpaare, bei den (besonders wichtigen) *Aldohexosen* (mit *vier* Chiralitätszentren) existieren dann *acht* Enantiomerenpaare. Abbildung 44.4 zeigt anhand eines Stammbaums, wie welche Aldosen miteinander zusammenhängen. (Wieder ist jeweils nur die D-Form abgebildet, die jeweiligen L-Formen sind immer die zugehörigen Enantiomere.) Für die meisten Aldosen wurde ein *Drei-Buchstaben-Code* festgelegt – dass der gelegentlich sehr hilfreich ist, werden Sie schon bald selbst feststellen.

Mit einem † gekennzeichnete Aldosen wurden bislang nicht in der Natur entdeckt, lassen sich aber synthetisch erzeugen. Bei der Altrose ist man sich noch nicht sicher: Eventuell kommt sie auch »natürlich« vor (Stand: 2018).

Diastereomere, die sich nur an einem einzigen Chiralitätszentrum in ihrer Konfiguration unterscheiden, heißen **Epimere**. Entsprechend sind Allose (All) und Altrose (Alt) C^2-*Epimere* (an allen anderen asymmetrischen Zentren stimmt ihre Konfiguration überein). Glucose (Glc) und Galactose (Gal) hingegen sind C^4-*Epimere*.

Die relative Stereochemie der wichtigsten aller Aldohexosen, der Glucose (Glc) in ihrer D-Form (FISCHER: rechts-links-rechts-rechts) lässt sich mit der Merkhilfe »tatütata« einprägen. (Dem Enantiomer, der L-Glc, käme dann »tütatütü« zu – klingt aber doof.)

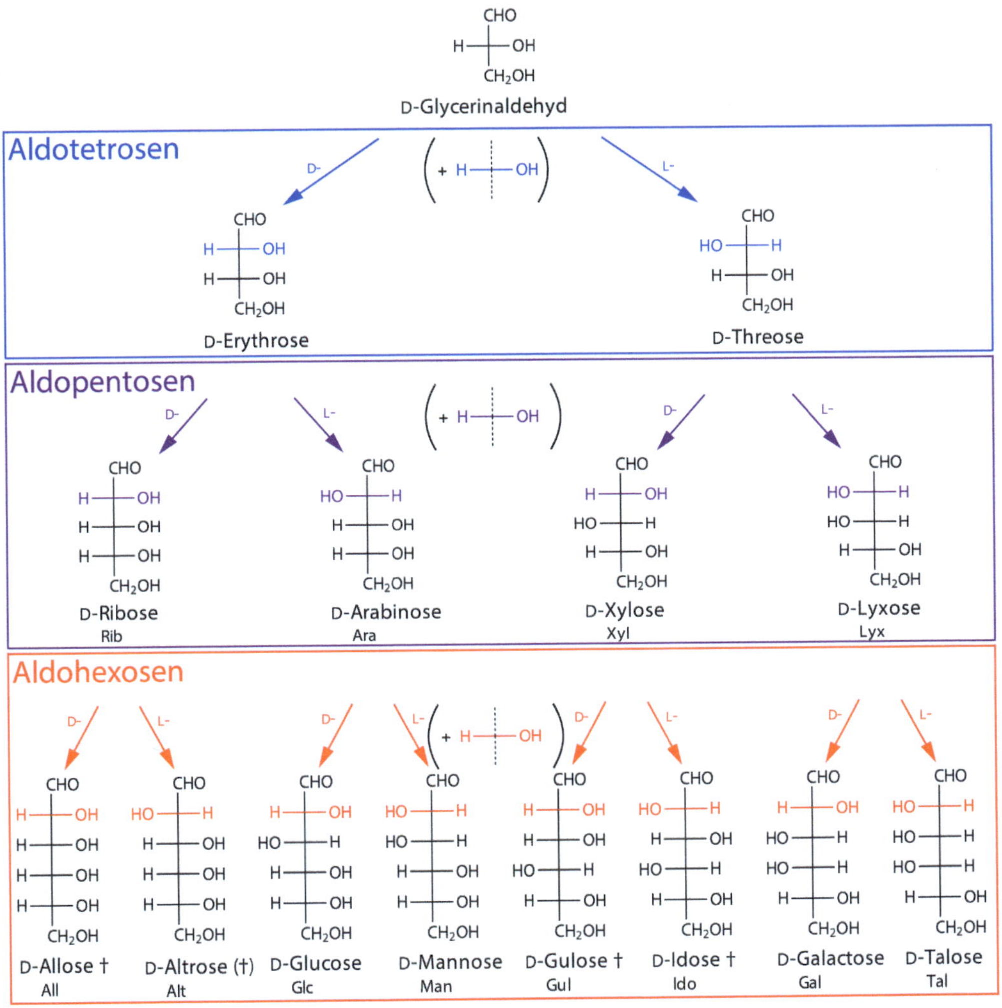

Abbildung 44.4: Stammbaum der Aldosen

Wie soll man sich das denn merken?! – Die D-Aldohexosen

Prägen Sie sich die Namen aller Aldosen in der Reihenfolge aus Abbildung 44.4 ein, lässt sich bei Bedarf für jedes Chiralitätszentrum die Konfiguration ableiten. Allerdings sind die Namen dieser Verbindungen leider ganz und gar nicht systematisch, und das erschwert die Sache natürlich. Ein Merkspruch lautet:

Alle **Alt**en **Gl**u**c**ken **M**ö**chten** **Gu**t **I**m **Ga**rten **Ta**nzen.

Dieser treuherzig-doofe und gänzlich sinnfreie Satz ist zwar äußerst albern, aber ganz schön hilfreich.

Auch für die **Ketosen** (die natürlich auch alle wieder Eigennamen besitzen, sonst wäre es ja zu einfach) gibt es einen Stammbaum (Abbildung 44.5). Die *Ketotriose* Dihydroxyaceton besitzt zwar noch kein Chiralitätszentrum, aber das ändert sich, wenn eine weitere HCOH-Einheit hinzukommt: Entsprechend gibt es *ein Ketotetrosen*-Enantiomerenpaar (die **Erythrulose**), *zwei Ketopentosen*-Enantiomerenpaare und so weiter. Für die *wichtigsten* Ketosen gibt es auch wieder einen Drei-Buchstaben-Code.

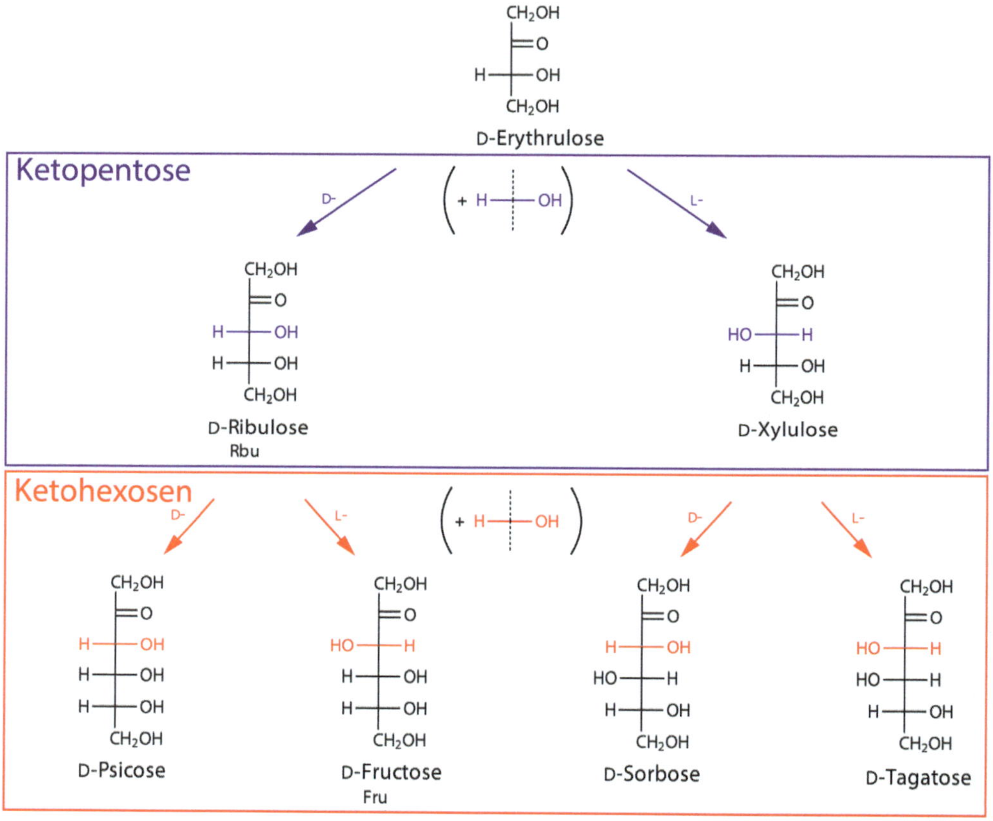

Abbildung 44.5: Stammbaum der D-Ketosen

Auf und zu, auf und zu … – cyclische Halbacetale

Schauen Sie sich noch einmal die Aldohexosen aus Abbildung 44.4 an: Zweifellos stellt die Aldehydgruppe (C^1) ein elektrophiles Zentrum dar. Sicherlich wissen Sie, dass freie Elektronenpaare (etwa an O-Atomen) nucleophiles Verhalten zeigen (*siehe* etwa Kapitel 25) – und Sie wissen auch noch (aus Kapitel 38), dass fünf- und sechsgliedrige Ringe besonders stabil sind. Diese drei Dinge zusammengenommen erklären ein recht eigentümliches Verhalten der Aldohexosen: Sie bilden gerne *Halbacetale* (bekannt aus Kapitel 40) »mit sich selbst«, also intramolekular. Erfolgt der intramolekulare nucleophile Angriff von C^5 aus, ergibt sich eine sechsgliedrige Ringstruktur (Abbildung 44.6; exemplarisch gezeigt an der wichtigsten Aldohexose, der Glucose, Glc). Da die Aldehyd-Funktion mit ihrem sp^2-Kohlenstoff planar gebaut ist, kann der Angriff natürlich gleichermaßen von *beiden* Seiten aus erfolgen (in Kapitel 42 haben Sie die Bezeichnungen *Re*- und *Si*-Seite kennengelernt) – und da sich dadurch ein neues Chiralitätszentrum (an C^1) ergibt, gibt es wieder *zwei* Stereoisomere (a/b). Diese werden mit ***α***- und ***β***- gekennzeichnet.

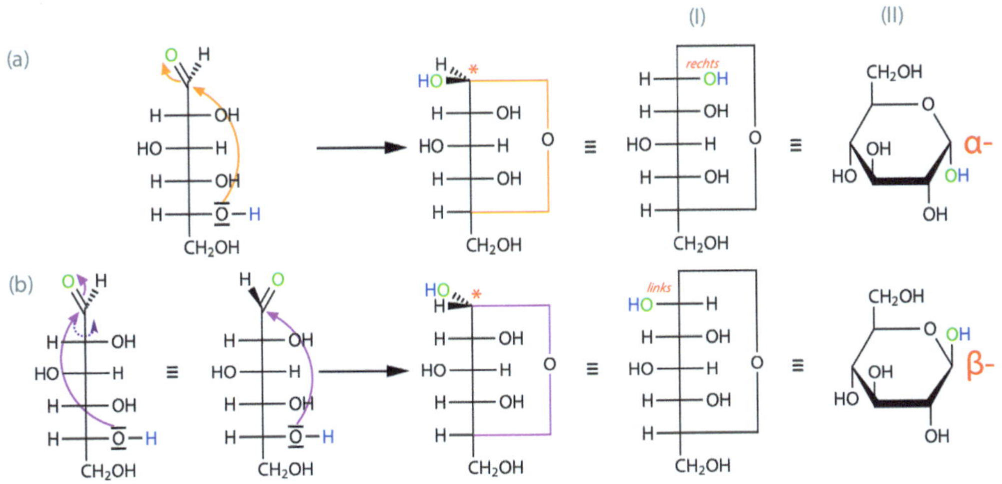

Abbildung 44.6: Glucose als cyclisches Halbacetal in α- und β-Form

Für derartige cyclische Verbindungen wurden als Erweiterung der FISCHER-Projektion die **TOLLENS-Ringformeln** entwickelt (Abbildung 44.6 (I) – Beachten Sie, dass die farblich markierten Linien jeweils *eine durchgängige Bindung* symbolisieren sollen: Zwischen C^5 und C^1 liegt nur eine *O-Brücke* vor; TOLLENS-Formeln sind *nicht* wie Skelettformeln zu interpretieren!):

- ✔ Bei der ***α***-D-Glucose (a) steht die OH-Gruppe am neuen Chiralitätszentrum nach *rechts*,
- ✔ bei der ***β***-D-Glucose (b) nach *links*.

Hier liegt also ein sechsgliedriger Heterocyclus vor (mit einem Sauerstoff): Aus historischen Gründen wird solch ein cyclischer Ether auch heute noch als *Pyran-Ring* bezeichnet. (Nein, das konnten Sie von keinem der beiden Nomenklatur-Systeme aus Kapitel 38 ableiten! Wir hatten ja erwähnt, dass das Schwierigste an der OC und der Biochemie die historisch begründeten Namen sind.) Derartige cyclische Formen von Sacchariden werden daher allgemein als **Pyranosen** bezeichnet. Werden sie auf ein konkretes Molekül bezogen, wird der Stammname des entsprechenden Saccharids vorangestellt. Abbildung 44.6a zeigt also die α-D-Glucopyranose, Abbildung 44.6b die β-D-Glucopyranose.

Heutzutage werden TOLLENS-Formeln – in Abbildung 44.6 mit (I) markiert – eher selten verwendet, schließlich trägt diese Darstellungsform dem tatsächlichen räumlichen Bau der Verbindungen kaum Rechnung. (Sie sollten sie aber trotzdem lesen und verstehen können!) Stattdessen wird die **HAWORTH-Projektion** bevorzugt – in der Abbildung mit (II) markiert –, die sämtliche Vorzüge der FISCHER-Darstellung bietet und zugleich einige räumliche

Aspekte berücksichtigt. Bedenken Sie, dass nach Fischer die beiden senkrechten Bindungen eines Chiralitätszentrums *hinter* die Papierebene führen – bei *jedem* Chiralitätszentrum (in Abbildung 44.7 nur an C^2 und C^3 dargestellt, sonst wird's unübersichtlich). Drehen Sie ein Saccharid (a, wir nehmen wieder die Glucose, damit Sie sich an das Molekül gewöhnen) »zur Seite«, wird offensichtlich, dass die Fischer-Projektion die cyclische Form eigentlich bereits vorwegnimmt – dann ist die Halbacetalbildung gleich viel leichter nachvollziehbar (b). Das Produkt der Halbacetalisierung (in diesem Fall die β-D-Glucose) in der Haworth- und der Fischer-Projektion zeigt Abbildung 44.7c/d – der Übersichtlichkeit wegen werden in der Haworth-Projektion an den Ring gebundene H-Atome meist *nicht* angegeben. Es empfiehlt sich, den Teil des Moleküls, der »nach vorne weist«, durch etwas dickere Linien eindeutig zu kennzeichnen (c), um nicht durcheinanderzukommen.

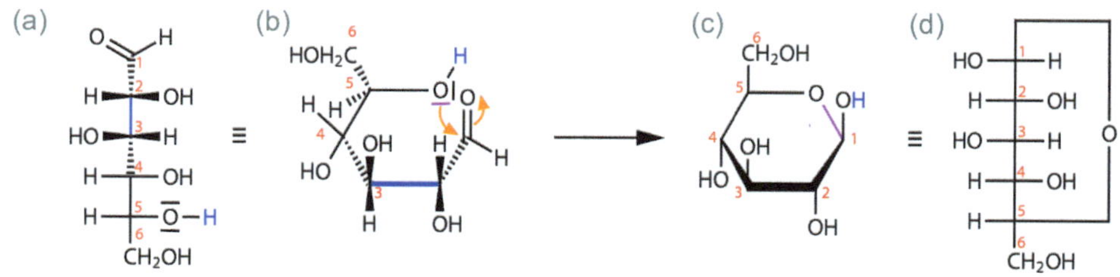

Abbildung 44.7: Von Fischer zu Haworth

Diastereomere Saccharide, die sich ausschließlich in ihrer Konfiguration an C^1 unterscheiden, heißen **Anomere**. (Und bitte denken Sie daran, dass α- und β-D-Glucose *Diastereomere* sind, nicht etwa Enantiomere!)

Für die Umwandlung von Fischer- in Haworth-Formeln gibt es eine schöne Merkhilfe:

- ✔ Was bei **Fischer** ***links*** steht, ist ***oben*** bei **Haworth** – kurz: FloH.

In Haworth-Formeln steht also die OH-Gruppe am *anomeren C-Atom* (dem C^1) bei der α-Form »nach unten«, bei der β-Form »nach oben« – *siehe* Abbildung 44.6 (II).

Geht das auch mit der Skelett-Formel?

Eingefleischte Saccharid-Chemiker mögen ja fast ausschließlich mit Haworth-Projektionen arbeiten, aber allen anderen ist die Skelett-Formel meist deutlich vertrauter – und außerdem sehen Sie in der viel besser, ob ein Substituent *äquatorial* oder *axial* angeordnet ist, was ja einen direkten Einfluss auf den Energiegehalt einer Verbindung besitzt (bekannt aus Kapitel 38). Überführen Sie die Haworth-Projektion von β-D-Glucose (Abbildung 44.8a) in die Skelettformel (b), sehen Sie sofort, dass sich sämtliche sterisch anspruchsvolleren Substituenten (also nicht die H-Atome) in *äquatorialer* Position befinden – und das ist, wie Sie wissen, energetisch besonders günstig. *(Kein Wunder, dass die Glucose fast überall auftaucht – die ist einfach die energetisch günstigste Aldohexose!)* So richtig Hartgesottene gehen beim Vereinfachen für die Skelett-Formel sogar noch einen Schritt weiter und definieren die Endpunkte *aller* exocyclischen Linien (also: aller Linien außerhalb des Ringes) als OH-Gruppen – für jeden anderen wären das natürlich Methylgruppen, und an C^6 befände sich damit ein Ethyl-Rest. Wundern Sie sich also nicht, wenn jemand behauptet, *β*-D-Glucose sehe aus wie in Abbildung 44.8c. (Wenn Sie einmal wissen, nach welchen Regeln Zuckerchemiker spielen, können Sie damit auch umgehen!) Abbildung 44.8d/e zeigt die *α*-D-Glucose in der HAWORTH-Projektion und der »Minimalisten-Skelett-Formel«. (Es empfiehlt sich, auch bei der Skelett-Formel der Eindeutigkeit halber den vorderen Teil des Ringes kenntlich zu machen.)

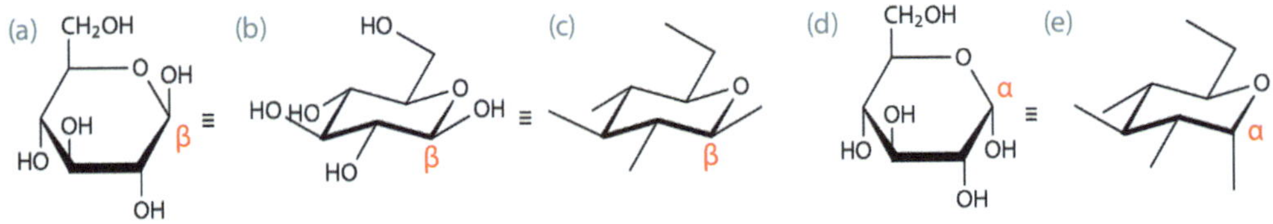

Abbildung 44.8: HAWORTH-Projektionen (a, d) und (Minimalisten-)Skelettformeln (b, c, e)

Klappsessel – Ringinversion an der *β*-D-Glucose?

Mit der *Ringinversion* an sechsgliedrigen Cyclen sind Sie bereits vertraut (*siehe* Abbildungen 38.8 und 38.9). So etwas ist natürlich auch bei Pyranosen möglich – aber wenn Sie sich anschauen, was dann mit der armen *β*-D-Glucose geschieht, wird offensichtlich, warum sie dankend darauf verzichten: Sämtliche (Nicht-H-)Substituenten gehen von der äquatorialen (b) in die (energetisch ungünstigere) axiale Position (c) über. (Beim *α*-Anomer (nicht abgebildet) ist es fast genauso schlimm: Lediglich an C^1 verbessert sich die Lage, bei allen anderen ergeht es ihm genauso wie seinem *β*-Gegenstück.)

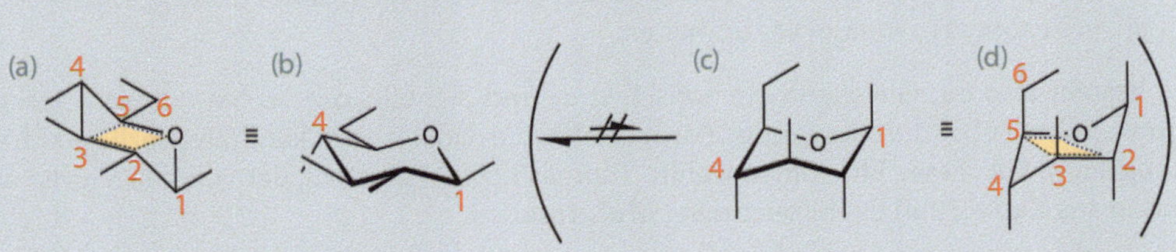

Zur Unterscheidung dieser beiden Konformationsisomere dient eine neue Bezeichnung:

- ✔ Beim $^4C_1$-Konformer (a, b) liegt Kohlenstoff-Atom C^4 *oberhalb* der von C^2, C^3, C^5 und O aufgespannten Ebene (in (a) farblich markiert), C^1 hingegen *unterhalb*.
- ✔ Aus der Ringinversion resultiert dann das $^1C_4$-Konformer (c, d).

Für Wissbegierige: Das C steht für *Chair*, dem englischen Fachterminus für die Sessel-Konformation.

Es sollte offensichtlich sein, dass für die Glucose die $^4C_1$-Form energetisch deutlich günstiger ist als die $^1C_4$-Alternative – aber *das gilt natürlich nicht für alle Hexosen!* Wenn die Substituenten anders stehen, sieht die Lage entsprechend anders aus.

Immer diese Unentschlossenheit! – Mutarotation

Nachdem Sie jetzt die beiden Möglichkeiten kennengelernt haben, wie Glucose ein intramolekulares Halbacetal ausbilden kann, mag der Eindruck entstanden sein, Aldohexosen *könnten*, wenn sie denn wollten, hin und wieder *auch* in Ringform vorliegen. Untersuchen Sie jedoch mithilfe der IR-Spektroskopie (mehr dazu in Kapitel 50) eine wässrige Glucose-Lösung, lässt sich die Carbonylgruppe der Aldehyd-Funktion kaum finden: *Glucose liegt also größtenteils nicht in der offenkettigen Form vor.* Dafür lassen sich aber die beiden Anomere α- und β-D-Glucose recht leicht voneinander trennen und auch kristallisieren, und da beide Moleküle optisch aktiv sind, können Sie auch den jeweiligen optischen Drehwert bestimmen:

- ✔ Bei der α-D-Glucose liegt er bei etwa +112°,
- ✔ bei der β-D-Glucose bei +19°.

(Sie sind erstaunt, dass es nicht der gleiche Wert wie bei der α-D-Glucose ist, nur eben mit unterschiedlichen Vorzeichen? *Achtung: α-* und β-D -Glucose sind keine Enantiomere, sondern *Diastereomere*!)

Und schon erwartet uns die nächste Überraschung: Lassen Sie diese Lösungen nur ein paar Minuten stehen, ändern sich die Messwerte:

- ✔ Beide Lösungen zeigen dann einen Drehwert von +52,5°.

Daraus lassen sich zwei Dinge ableiten:

1. In wässriger Lösung wandeln sich die beiden Formen ineinander um.
2. Da der Endwert nicht dem arithmetischen Mittel der beiden Werte entspricht, sondern dem der β-D-Glucose näherliegt, muss eine wässrige Glucose-Lösung mehr β-D-Glucose als α-D-Glucose enthalten.

Es besteht also ein Gleichgewicht zwischen α- und β-D-Glucose, wobei die (sehr rasche) Umwandlung über die offenkettige Form erfolgt, die dabei jedoch kaum frei vorliegt (Abbildung 44.9). Für dieses Phänomen wählte Thomas Lowry (ja genau, der von den Säuren und Basen aus Kapitel 25!) die Bezeichnung **Mutarotation**.

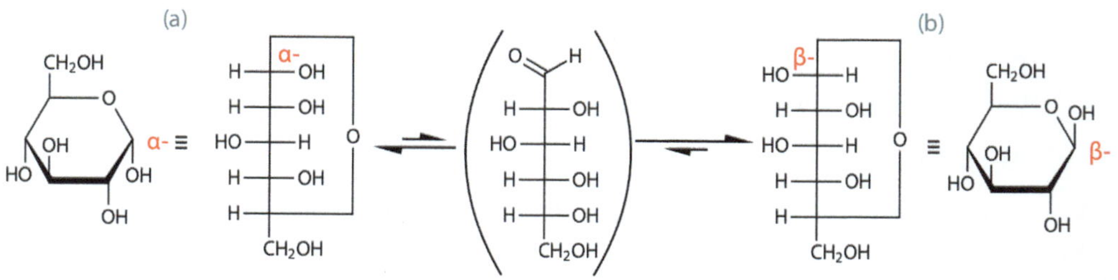

Abbildung 44.9: Mutarotation der D-Glucose

Und was ist mit Fünfringen? – Ketohexosen

Ketohexosen haben sogar zwei Möglichkeiten zur Ausbildung von Halbacetalen:

- ✔ Zum einen kann ein freies Elektronenpaar des Sauerstoff-Atoms an C^6 den Keto-Kohlenstoff nucleophil angreifen, sodass sich (analog zu den Aldohexosen) eine *Pyran-Struktur* ergibt. Wieder entsteht durch das neu entstandene Chiralitätszentrum an C^2 ein Diastereomerenpaar.

  Die wichtigste Ketohexose ist die Fructose (Fru), deswegen soll sie als Beispiel dienen: Abbildung 44.10a zeigt die α-D-Fructopyranose, (b) die β-D-Fructopyranose.

- ✔ Zum anderen kann der nucleophile Angriff auch vom Sauerstoff-Atom an C^5 ausgehen. Dann entsteht als Grundgerüst ein fünfgliedriger Oxo-Cyclus, ein *Furan-Ring*; auch hier natürlich an C^2 ein neues Chiralitätszentrum.

  Das resultierende Diastereomeren-Paar heißt dann α-D-Fructofuranose (c) und β-D-Fructofuranose (d).

(a)
(b)
(c)
(d)

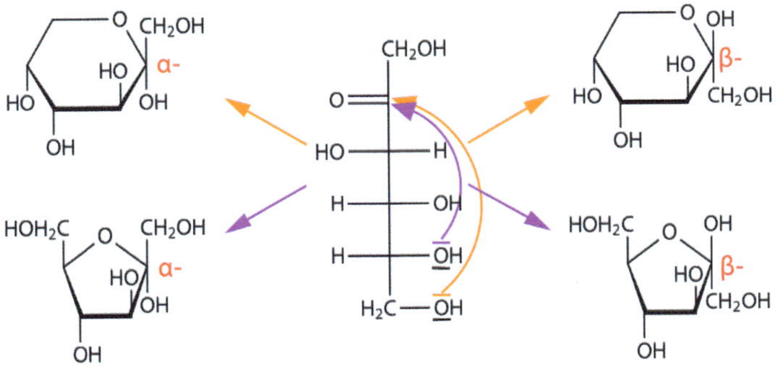

Abbildung 44.10: D-Fructopyranosen (a, b) und D-Fructofuranosen (c, d)

Lösen Sie eines der vier Diastereomere von Fructose in Wasser, erfolgt erneut *Mutarotation*: Unter Normbedingungen enthält eine wässrige Lösung von Fru etwa 75 % β-Pyranose und 4 % α-Furanose, der Rest liegt in der β-Furanoseform vor, während sich die α-Pyranose kaum nachweisen lässt.

Auch wenn es ein wenig Übung erfordert, alle Aldosen und Ketosen auseinanderzuhalten: Letztendlich haben Sie es hier nur mit Polyalkoholen zu tun (die offenkettigen *mit*, die cyclischen *ohne* Carbonylgruppe) – und so verhalten sich diese Verbindungen auch.

Redox an Sacchariden

Mit entsprechenden Reaktionspartnern lassen sich terminale C-Atome zu Carbonsäuren oxidieren:

- ✔ Erfolgt die Oxidation an C^1 einer Hexose, entsteht eine **O̲nsäure** (mit langem »O«; Abbildung 44.11a zeigt exemplarisch die Gluconsäure).

- Erfolgt sie an C^6, sodass die Carbonylfunktion noch intakt bleibt, führt dies zu einer **Uronsäure** (Abbildung 44.11b zeigt als Beispiel die Glucuronsäure).
- Werden beide terminalen C-Atome oxidiert, liegt die Stoffklasse der **Arsäuren** vor (mit langem »A«; (Abbildung 44.11c zeigt exemplarisch die Glucarsäure). Analog lassen sich auch Reduktionen durchführen:
- Setzen Sie die Carbonylgruppe einer Aldose durch Reduktion zum entsprechenden *Polyol* um, erhalten Sie einen Vertreter der **Alditole**, die auch als *Zuckeralkohole* bezeichnet werden; in Abbildung 44.11d ist stellvertretend für diese Stoffklasse der aus Glucose erhältliche Süßstoff D-Glucit gezeigt, der sich unter der Bezeichnung *Sorbit* in vielen »zuckerfreien« Lebensmitteln findet.

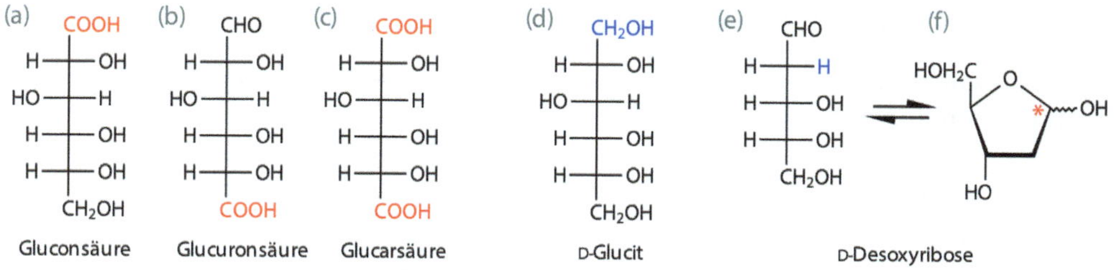

Abbildung 44.11: Oxidation (rot) und Reduktion (blau) an Sacchariden

Ersetzen Sie (Chemie-Lego®!) eine (oder mehrere) OH-Gruppe(n) durch -H, kommen Sie zu den *Desoxyzuckern*, die in der Natur nur selten *frei* vorkommen, wohl aber in gebundener Form – und da sogar reichlich: Ein besonders wichtiger Desoxyzucker ist die **Desoxyribose** (e; ausgesprochen: »Des-oxy-ribose«) – in ihrer Form des Furanose-Halbacetals (f) werden Sie ihr in Kapitel 45 wiederbegegnen.

Durch stereoselektive Reduktion lässt sich (d) auch aus Fructose gewinnen. Wird die Reaktion nicht stereoselektiv durchgeführt, entsteht ein Gemisch der beiden C^2-Epimere D-Glucit (also Sorbit) und D-Mannit. (Na, kriegen Sie beide FISCHER-Formeln hin?)

Zugleich Carbonylverbindungen *und* Polyalkohole – Altvertrautes

Als Carbonylverbindungen gehen Saccharide natürlich auch Aldol-analoge Additionsreaktionen ein. Entsprechend können so auch neue C–C-Bindungen geknüpft werden – einige solcher Reaktionen werden Sie in diesem Teil des Buches noch kennenlernen, unter anderem beim Citrat-Cyclus in Kapitel 48. (Weil die verschiedenen Saccharide über chirale Zentren mit genau definierter absoluter Konfiguration verfügen, lassen sie sich auch wunderbar in der stereoselektiven Synthese einsetzen, aber darauf soll hier nicht weiter eingegangen werden.)

Chemie-Lego® mit größeren Bausteinen ...

In vielerlei Hinsicht verhalten sich die OH-Gruppen von Sacchariden nicht anders als bei anderen (Poly-)Alkoholen auch – sie lassen sich deprotonieren und/oder nehmen an Substitutionsreaktionen teil. Besonders interessant wird es, wenn derartige Reaktionen am *anomeren C-Atom* stattfinden: Wird (Chemie-Lego®!) das H-Atom der dortigen OH-Gruppe durch einen beliebigen Rest –R ersetzt, entsteht ein *Vollacetal* (*siehe* Kapitel 40; das geht mit Furanosen genauso wie mit Pyranosen). Derartige Verbindungen werden allgemein als **Glycoside** bezeichnet (von griechisch *γλυκος* (*glycos*) = süß, zuckerartig). Erfolgt die Verknüpfung des »Nicht-Zucker-Rests« –R (dem **Aglycon**) mit dem »Zucker-Rest« (dem **Glycon**) über ein Sauerstoff-Atom, liegen O-Glycoside vor, mit anderen Hetero-Atomen ergeben sich entsprechend N-Glycoside, S-Glycoside und so weiter.

Ist ein *konkretes* Saccharid (beispielsweise D-Glucose als pyranosides Halbacetal mit *β*-Konfiguration am anomeren C-Atom) gemeint, wird das entsprechend ausdrücklich angegeben.

BEISPIEL

Das O-Glycosid (a) heißt korrekt Methyl-*α*-D-Glucopyranosid, während das S-Glycosid (b) den wunderschönen Namen 1-(*β*-D-Glucopyranosylthio)but-3-enylidenaminoxysulfonat trägt. Wollen Sie sich nicht den Mund fusselig reden, können Sie letztere Verbindung auch einfach *Sinigrin* nennen, aber dann müssen Sie eben wissen, dass das deren Trivialname ist.

(a)

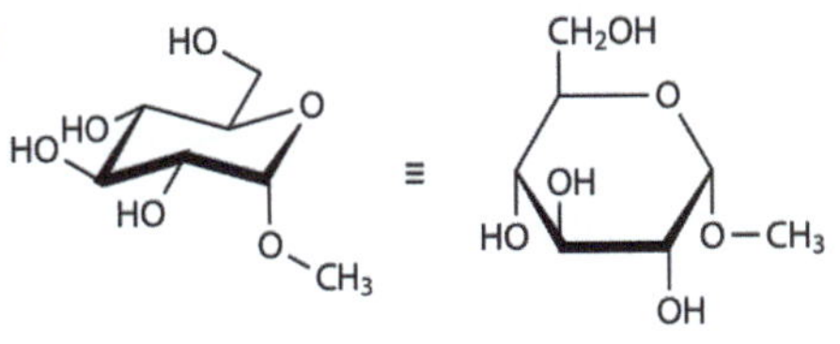

(b)

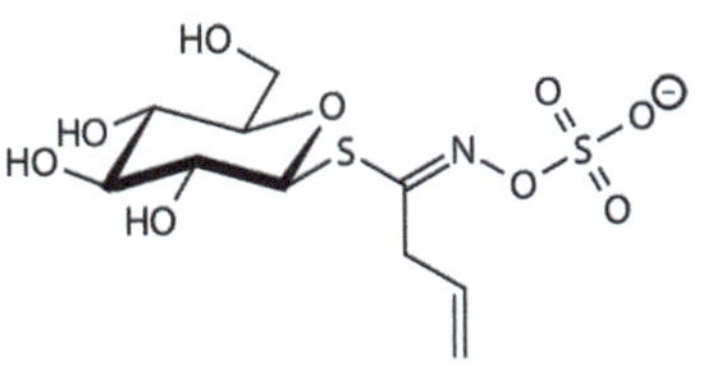

Sinigrin ist für die Schärfe von Meerrettich und einigen Senfsorten verantwortlich. (Klar nervt es, Trivial- und Eigennamen auswendig lernen zu müssen, aber finden sie die systematischen Namen, auch wenn sie eindeutig sind, wirklich angenehmer?!)

Verwechseln Sie bitte nicht die Vorsilben **Glyco** und **Gluco**!

- ✔ Glyco- bedeutet »Es geht hier um *irgendein* Saccharid, ich will mich aber nicht festlegen«,
- ✔ während Gluco- nur, ausschließlich und eindeutig die Glucose meint (wenn D-, dann »tatütata«)!

Mmmmh, lecker! – Ich brate mir ein Glycosylamin

Carbonylgruppen von Aldosen und Ketosen lassen sich genauso durch nucleophile Zentren angreifen wie alle anderen CO-Gruppen auch. Dies kommt unter anderem in der Küche zum Tragen: Die charakteristischen Röst-Aromen von gebratenem Fleisch (oder auch Gebackenem wie gebräunter Brotkruste) sind in erster Linie auf zwei aufeinanderfolgende Reaktionsschritte zurückzuführen, die gemeinsam als **MAILLARD-Reaktion** in die Literatur eingegangen sind: Im ersten Schritt reagieren ein Saccharid (wir nehmen die Glucose, zur Übung dieses Mal wieder in der Skelett-Formel) und ein 1°-Amin (meist eine Aminosäure, zu denen mehr in Kapitel 46) zu einem N-Glycosylamin, also einem cyclischen *Halbaminal* (a; Aminale kennen Sie schon aus Kapitel 40, ebenso wie Halb- und Vollacetale; hier haben wir es nun mit einem *Halb*aminal zu tun). Über dessen Imino-Form (b) wandelt es sich dann zu einer 1-Amino-1-desoxyketose um (c; der letzte Schritt heißt **AMADORI-Umlagerung**):

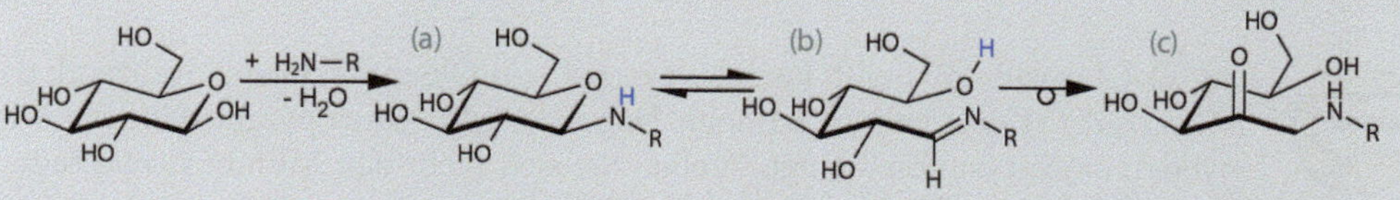

Aber *Achtung*: Bei zu hoher Rösttemperatur kann die MAILLARD-Reaktion, abhängig vom jeweils beteiligten Amin, zu Reaktionsprodukten führen, die karzinogenes Acrylamid freisetzen. Ganz besonders gut dafür geeignete Amine finden sich vor allem in Kartoffeln – und auch beim Frittieren laufen MAILLARD-Reaktionen ab. Für Fritten gilt also: »Nach knusprig-hellbraun-lecker kommt knackig-dunkelbraun-krebserregend.«

Noch eine Bitte: Louis MAILLARD war Franzose; also seien Sie so freundlich, die nach ihm benannte Reaktion entsprechend auszusprechen.

Gleich und gleich gesellt sich gern – aber Ähnlichkeit tut's auch

Die Kondensation zweier Alkohole zu einem Ether kennen Sie ja schon aus Kapitel 39. So etwas geht natürlich auch mit Sacchariden, dann entsteht ein **Disaccharid** – bei dem die beiden Glycosid-Bausteine durchaus unterschiedlich sein können. Zudem wissen Sie bereits, dass nicht alle OH-Gruppen der Saccharide identisch sind; es wird zwischen *alkoholischen* und *halbacetalischen OH-Gruppen* unterschieden. Letztere sind diejenigen, die bei der Cyclisierung aus der Carbonylgruppe entstanden sind (bei Aldosen an C^1, bei Ketosen an C^2).

Sind zwei Saccharide über *alkoholische* OH-Gruppen verknüpft, liegt ein »gewöhnlicher Ether« vor; dieser Sonderfall ist in der Biochemie aber kaum von Bedeutung. Sind zwei Zucker-Bausteine A und B jedoch so miteinander verknüpft, dass bei mindestens einem der beiden die *halbacetalische* OH-Gruppe beteiligt ist, wird das eine **glycosidische Bindung** genannt, die Stoffklasse, die allgemein als Oligosaccharide bezeichnet wird – wobei die

Vorsilbe *Oligo-* bei entsprechenden Verbindungen mit einer noch leicht zählbaren Anzahl von Bausteinen durch die gewohnten griechischen Zahlenpräfixe ersetzt werden sollte. (Somit haben wir es mit *Disacchariden, Trisacchariden* und so weiter zu tun. Ist die Anzahl an Saccharid-Bausteinen nicht mehr zählbar, sind wir bei den *Polysacchariden* angekommen, zu denen wir im nächsten Abschnitt kommen.)

Bei allen Oligosacchariden ergeben sich zwei grundlegend unterschiedliche Stoffklassen:

✔ Erfolgt die Verknüpfung in *beiden* Fällen über die halbacetalische OH-Gruppe – ein Beispiel ist die **Saccharose** (der *Rohrzucker*; Abbildung 44.12a) –, gibt es im resultierenden Disaccharid kein *halb*acetalisches Kohlenstoff-Atom mehr (es sind jetzt *Voll*acetale), also *findet keine Mutarotation mehr statt.* Derartige Saccharide werden auch als *nichtreduzierend* bezeichnet (wegen der Redox-Eigenschaften von Aldehyden, und ein Halbacetal ist ja nichts anderes als ein »maskierter« Aldehyd). Allgemein sind das *Glycosyl-glycoside*, denen stets die Endung **id** zukommt.

Bei der Saccharose ist Baustein A (Glucose) über die OH-Gruppe an C^1 mit der OH-Gruppe an C^2 von Baustein B (Fructose) verbunden.

✔ Ist hingegen die halbacetalische OH-Gruppe von Baustein A mit einer *alkoholischen* OH-Gruppe von Baustein B verknüpft, liegt ein *reduzierendes* Disaccharid vor, schließlich steht das Halbacetal von Baustein B noch für Redox-Reaktionen zur Verfügung. Zwei wichtige Beispiele sind die **Lactose** (der *Milchzucker*; Abbildung 44.12b) und die **Maltose** (der *Malzzucker*, c – wichtig zum Bierbrauen!). Allgemein handelt es sich hierbei um *Glycosyl-glycosen*, die dann auch die übliche Saccharid-Endung **ose** tragen.

Bei dem Baustein, der seine Halbacetalfunktion noch behalten hat, müssen Sie dann natürlich angeben, *welche* alkoholische OH-Gruppe mitspielt. Bei den hier gewählten Beispielen ist es jeweils die OH-Gruppe an C^4 einer Glucose – und doch gibt es einen Unterschied:

- Bei der *Lactose* ist sie mit der halbacetalischen OH-Gruppe einer *Galactose* verbunden,
- bei der *Maltose* hingegen mit der einer weiteren *Glucose.*

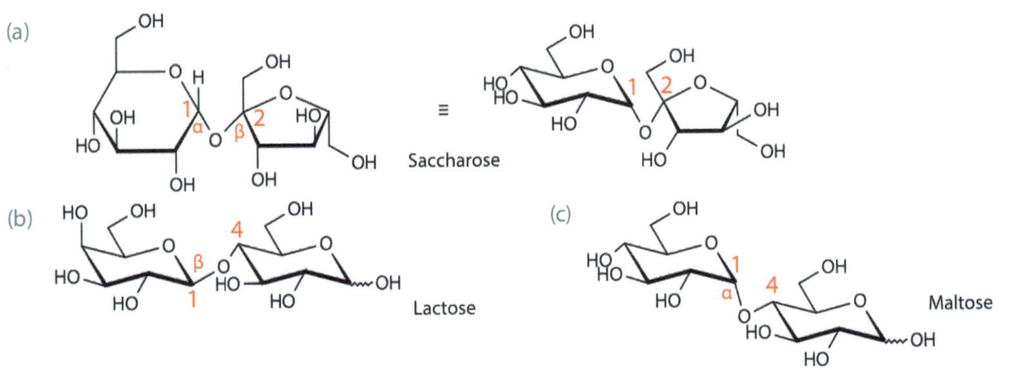

Abbildung 44.12: Ausgewählte Disaccharide

✔ Jetzt müssen Sie noch die *Stereochemie* beachten, schließlich sind die ehemaligen Halbacetale, die jetzt als *Vollacetale* vorliegen, in ihrer Konfiguration fixiert:

- Bei Lactose liegt die acetalische Gruppe der Galactose in der β-Form vor.
- Bei Maltose hat das Acetal hingegen α-Form.
- Bei der Saccharose sind *beide* acetalischen Gruppen an der Verknüpfung beteiligt: Hier ist α-D-Glucose (über C^1) mit der β-D-Fructose (über C^2) verbunden.

Das alles lässt sich zu einer systematischen **Nomenklatur** zusammenfassen:

✔ Die Stereochemie acetalischer Zentren wird dem Namen des jeweiligen Saccharid-Bausteins vorangestellt.

✔ Die einzelnen Bausteine sind eindeutig zu benennen (liegen sie in pyranosider oder in furanosider Form vor?).

✔ Die Atome, über deren O-Atome es zur Verknüpfung kommt, werden nach der Durchnummerierung gemäß der Fischer-Konvention benannt.

✔ Glycosyl-glycoside (*nicht-reduzierend*) erhalten die Endung **id**; *reduzierenden* Zuckern (Glycosyl-glycosen) kommt die Endung **ose** zu.

✔ In der *Kurzschreibweise* bedient man sich des Drei-Buchstaben-Codes für Monosaccharide und gibt in Klammern mit einem Pfeil an, welche Ring-Atome miteinander verknüpft sind. (Allerdings bleibt die Frage »pyranosid oder furanosid?« in der Kurzschreibweise unbeantwortet.)

BEISPIEL

Saccharose (Abbildung 44.12a) heißt systematisch α-D-Glucopyranosyl-β-D-Fructofuranosid; hier liegt eine α,β'-1,2-glycosidische Bindung vor. Die Kurzschreibweise lautet entsprechend α-D-Glc-(1→2)-β-D-Fru.

Die **Lactose** (b) mit ihrer β-1,4-glycosidischen Bindung heißt vollständig 4-O-(β-D-Galactopyranosyl)-D-glucopyranose, Kurzform β-D-Gal-(1→4)-D-Glc.

In der **Maltose** (c) liegt eine α-1,4-glycosidische Bindung vor: Es ergibt sich der Name 4-O-(α-D-Glucopyranosyl)-D-glucopyranose, kurz α-D-Glc-(1→4)-D-Glc.

Und andersherum! – Invertzucker

Setzen Sie Saccharose mit verdünnten Mineralsäuren um (schon ein bisschen HCl reicht, es geht aber auch enzymatisch – zu Enzymen mehr in Kapitel 46), wird die glycosidische Bindung gespalten, und Sie erhalten ein äquimolares Gemisch aus Glucose und Fructose:

$$C_{12}H_{22}O_{11} + H_2O \rightarrow C_6H_{12}O_6 \text{ (Glc)} + C_6H_{12}O_6 \text{ (Fru)}$$

Dabei verändert sich auch der optische Drehwinkel der Lösung: Sowohl der Ausgangs- wie die Endstoffe sind optisch aktiv: Saccharose dreht das Licht um +66° (also *im* Uhrzeigersinn), der Polarisationswinkel von reiner Glucose liegt bei +52°, der von reiner Fructose bei −92°. Da am Ende Glc und Fru in gleichen Mengen vorliegen, dreht das Gemisch polarisiertes Licht letztendlich *gegen* den Uhrzeigersinn (der Winkel liegt bei etwa −40°). Deswegen wird auf diese Weise chemisch veränderter Zucker häufig **Invertzucker** genannt: Er *invertiert* den Drehwinkel.

Dass Invertzucker andere Eigenschaften hat als Saccharose, ist auch in der Lebensmittelherstellung wichtig: Anders als Saccharose neigt Invertzucker nicht dazu, aus übersättigten Lösungen (benötigt beispielsweise für Speiseeis) auszukristallisieren – das liegt daran, dass Glc und Fru gemeinsam/gemischt kein vernünftiges Kristallgitter ausbilden können, dafür unterscheidet sich ihr räumlicher Bau doch zu sehr. Außerdem geben beide Moleküle dank ihrer zahlreichen H-Brücken den Wasser-Molekülen einer solchen übersättigten Lösung reichlich zu tun. Deswegen bleiben die beim Gefrieren entstehenden Eiskristalle kleiner: Mit Invertzucker gesüßtes Eis wirkt viel cremiger.

… und wenn sie zusammengefügt werden

Natürlich ist mit den Disacchariden noch nicht alles vorbei, schließlich besitzen auch sie noch reichlich alkoholische OH-Gruppen. (Und wenn es *reduzierende* Disaccharide sind, gibt es auch noch eine freie Halbacetalfunktion.) Entsprechend lässt sich dieses Chemie-Lego® mit größeren Bausteinen weitertreiben: Das einzige *Trisaccharid*, auf das hier eingegangen werden soll, ist die **Raffinose** (Abbildung 44.13a), die aus der Zuckerrübe gewonnen werden kann. Dieses Glycosid besteht aus je einem Teil Galactose, Glucose und Fructose; die Kurzschreibweise lautet α-D-Gal-(1→6)-α-D-Glc-(1→2)-β-D-Fru.

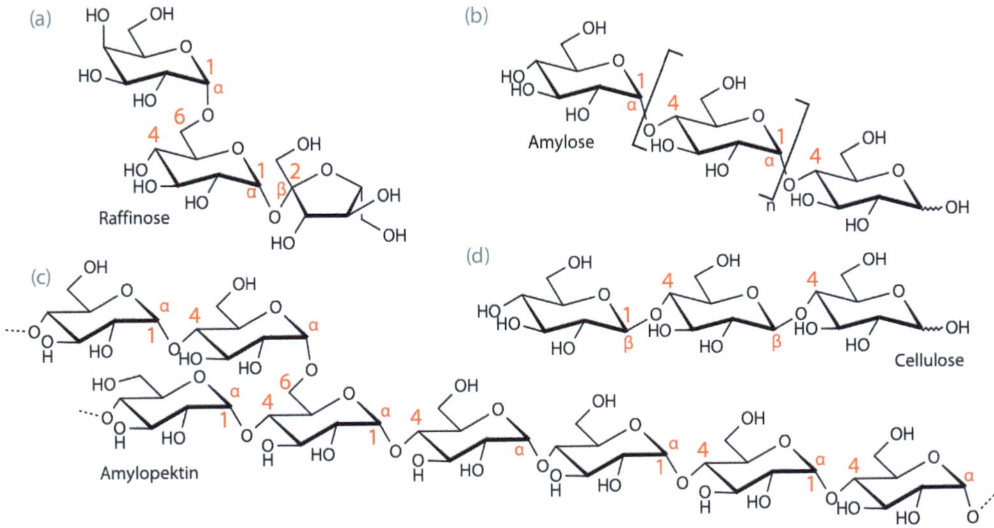

Abbildung 44.13: Ein Trisaccharid (a) und drei Polysaccharide (b–d)

Viel wichtiger sind einige *Polysaccharide* (auch als *Glycane* bezeichnet), vor allem die Stärke und die Cellulose – beides Makromoleküle.

- ✔ **Stärke** (Abbildung 44.13b/c) dient vielen Pflanzen als Kohlenhydratreserve, darunter (ernährungstechnisch sehr wichtig) den Kartoffeln und verschiedenen Getreiden. Eigentlich ist es gar nicht richtig, von »*der* Stärke« zu reden, denn die Stärkekörner der Pflanzen enthalten *zwei verschiedene* Polysaccharide. Im Inneren dieser Körner befindet sich **Amylose** (b) , ein wasserlösliches Glycan, in dem die Bausteine (allesamt Glc), jeweils α-(1→4)-glycosidisch zu langen, schraubenförmig gewundenenen Ketten (aus bis zu etwa 1500 Glc-Einheiten) verknüpft sind. Geschützt wird die Amylose durch eine Hülle aus wasser*unlöslichem* **Amylopektin** (c). Dieses entspricht strukturell der Amylose, allerdings gibt es bei dieser noch Seitenketten (aus etwa 25 α-(1→4)-Glc-Einheiten), die über α-(1→6)-Bindungen an der »Hauptkette« hängen. (Analog aufgebaut, dabei aber noch stärker verzweigt, ist das Glycogen, auch »tierische Stärke« genannt: In dieser Form wird auch im menschlichen Körper Energie gespeichert.)
- ✔ Auf den ersten Blick ist die **Cellulose** (Abbildung 44.13d) der Amylose (b) sehr ähnlich: Auch bei diesem Glycan, das sich in Baumwolle, Holz und Stroh findet, liegen lange Ketten aus bis zu mehreren Tausend Glc-Einheiten vor – allerdings werden diese hier durch β-(1→4)-glycosidische Bindungen zusammengehalten. Diese vermag der menschliche Organismus *nicht* zu verstoffwechseln: Unsere Enzyme (mehr dazu in Kapitel 46) kriegen diese Bindungen nicht geknackt. (Andere Lebensformen haben uns da einiges voraus: Kühe beispielsweise schaffen das mühelos.) Deswegen können sich Menschen leider nicht von ausgelesenen Taschenbüchern ernähren, denn Papier ist effektiv nichts anderes als weiterverarbeitete Cellulose.

Wofür Zucker alles gut sein können! – Cyclodextrine

Natürlich gestatten längere Saccharid-Ketten auch cyclische Strukturen. Zu den cyclischen Oligosacchariden gehören auch die Cyclodextrine – hier sind n Glucose-Einheiten (1→4)-α-glycosidisch verknüpft. Abhängig vom Wert für n heißen sie α-Cyclodextrin (n = 6) bis δ-Cyclodextrin (n = 9). Allen Cyclodextrinen ist gemein, dass sich im Molekülinneren ein Hohlraum ergibt (dessen Durchmesser natürlich mit zunehmender Ringgliederzahl wächst), in dem kleinere, mäßig polare Verbindungen eingelagert werden können (das kennen Sie schon von den Zeolithen aus Kapitel 32):

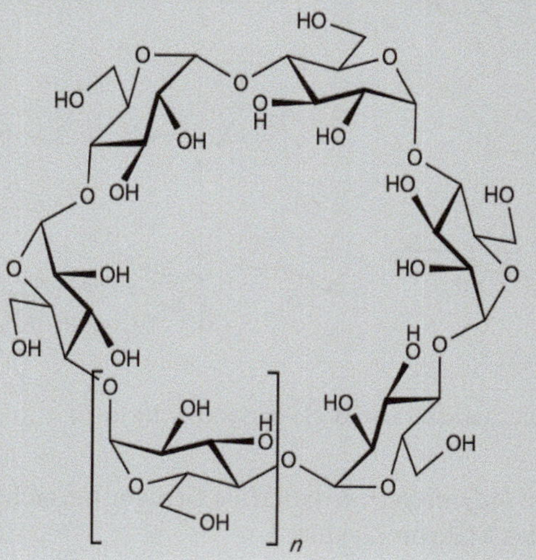

Cyclodextrine sind auch die Grundlage für »Instant-Wein« (auch »Outdoor-Wein« genannt – Sie ersparen sich das Herumschleppen der Flasche): Das entsprechende Getränkepulver wird mit Wasser aufgegossen, und was Sie dann erhalten, besitzt zwar nicht gerade die Geschmacksvielfalt eines ausgewachsenen Merlot oder Cabernet Sauvignon, aber es *sieht aus* wie Rotwein, *riecht* (ein bisschen) wie Rotwein und enthält sage und schreibe 9,27 Vol-% Alkohol. (Lautstarker Protest der Winzer, derlei als »Wein« zu titulieren, hat übrigens dazu geführt, dass die derzeitige Handelsbezeichnung »Getränkepulver mit Rotweinextrakt« lautet. Klingt irgendwie eher »wohlschmeckend« als »lecker«.) Ethanol lässt sich zwar nicht trocknen (es gibt ja auch kein Instant-Wasser!), sehr wohl aber in Cyclodextrinen einlagern – und α-Cyclodextrin ist seit 2008 als »lösliche Nahrungsfaser« zugelassen. Cyclodextrine sind relativ basen- und säurenunempfindlich, erst bei $p\mathrm{H} < 2$ erfolgt merkliche Hydrolyse, also werden sie im menschlichen Magen zu Glucose zerlegt. Das schadet wohl nichts.

Da leichtflüchtige Verbindungen, wenn sie erst einmal in das Cyclodextrin-Innere eingeschlossen sind, ihren Geruch verlieren, werden Vertreter dieser Stoffklasse auch als »Geruchsbeseitigungsmittel« (Raumspray) genutzt: Zuvor im Cyclodextrin-Hohlraum eingelagerte Duftstoffe werden dabei durch die geruchsverursachenden Stoffe in der Raumluft ausgetauscht (eine Parallele zur *Ionenaustausch*funktion der Zeolithe, die in Kapitel 32 erwähnt wurde).

Aber Cyclodextrine sind nicht nur für die Lebensmittel- und Konsumgüterindustrie von Interesse: Da es sich bei Glucose um eine chirale Verbindung handelt (*siehe* Kapitel 36), zeigen auch Cyclodextrine optische Aktivität und wechselwirken mit chiralen Substanzen in unterschiedlicher Weise. In verschiedenen Bereichen der Instrumentellen Analytik wird dies ausgenutzt (etwas mehr dazu in Kapitel 50).

Noch mehr Vielfalt bei den Bausteinen

Nachdem nun klar ist, dass es sich bei den verschiedenen Sacchariden nur um große Polyalkohole handelt, sollte es nicht verwundern, dass Sie auch noch ganz andere Reste –R an die alkoholischen und auch die halbacetalischen OH-Gruppen packen können (womit wir schon wieder beim Chemie-Lego® wären):

- ✔ Im *Chitin* beispielsweise (Abbildung 44.14a), das unter anderem Insekten als Stütz- und Panzersubstanz dient und auch in Pilzen vorkommt, liegen wie in der Cellulose β-(1→4)-glycosidisch verknüpfte Glc-Ketten vor, allerdings ist die OH-Gruppe an C^2 durch eine *acetylierte Aminogruppe* ersetzt – die Kette besteht also aus *N*-Acetyl-D-Glucosamin-Einheiten.
- ✔ Beim *Heparin* (Abbildung 44.14b) wiederum, das als Blutgerinnungshemmer auch in Medikamenten verwendet wird, sind zwei verschiedene Einheiten alternierend α-(1→4)-glycosidisch verknüpft: zum einen D-Glucuronsäure (also an C^6 zur Carbonsäure oxdierte Glc, *siehe* Abbildung 44.11b), zum anderen D-*Glucosamin* (Glc, bei dem die –OH-Gruppe an C^2 durch $-NH_2$ ersetzt wurde). Bei beiden Untereinheiten sind die funktionellen Gruppen teilweise (statistisch) sulfatiert (also mit Schwefelsäure verestert). Verbindungen wie das Heparin werden auch als *Glycosylaminoglycane* oder *Mucopolysaccharide* bezeichnet.

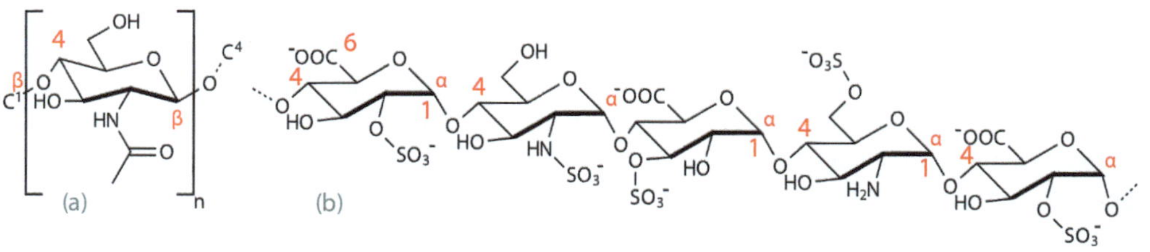

Abbildung 44.14: Polysaccharide mit modifizierten funktionellen Gruppen

Blut ist ein ganz besonderer Saft – CSI für Chemiker

Oligosaccharide mit modifizierten funktionellen Gruppen sind auch die Grundlage für die Unterscheidung der drei Blutgruppen (AB0):

- ✔ Das Antigen bei Erythrozyten der Gruppe 0 (das an ein deutlich komplexeres *Glycoprotein* gebunden ist; zu Proteinen mehr in Kapitel 46) besteht aus drei Sacchariden (eines davon, das Glucosamin, ist wieder an C^2 *N*-acetyliert, die Kurzschreibweise dafür lautet GlcNAc).
- ✔ Bei den Blutgruppen A und B ist an dieses Gerüst (an C^3 – farblich markiert) über eine α-(1→3)-glycosidische Bindung jeweils ein unterschiedlicher Rest angekoppelt:
  - Bei Blutgruppe A ist es ein *N*-acetyliertes *Galactosamin* (GalNAc),
  - bei B eine unveränderte Galactose (Gal – Sie sehen: Wenn Sie Ihre Chemie-Lego®-Steine kennen, wird auch die Biochemie viel, viel einfacher):

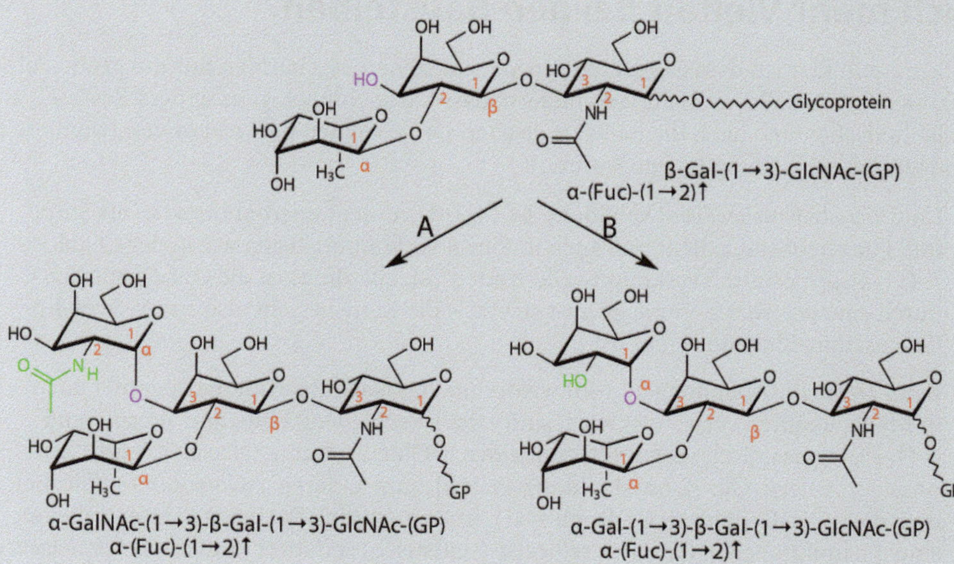

Die Hexose, die über eine α-(1→2)-glycosidische Bindung mit C^2 der zentralen Galactose verbunden ist, bietet gleich zweimal Grund zum Staunen: Es handelt sich um die *Fucose* (Kurzcode: Fuc; bitte *wirklich nicht* mit Fructose verwechseln!), in der die bei Hexosen an C^6 übliche OH-Gruppe durch ein H-Atom ersetzt ist. (Deswegen bezeichnen manche dieses Molekül auch als *Methylpentose*.) Außerdem ist die Fucose eine der wenigen natürlichen Zuckerarten, bei denen die L-Form verbreiteter ist als die D-Form.

Verwechseln Sie bitte nicht die Begriffe *Glycosamin* (ein Oberbegriff für **Aminodesoxyzucker**; eine OH-Gruppe wurde dort durch eine $-NH_2$-Gruppe ersetzt, meist an C^2) und *Glycosylamin* (hier ist ein mit was auch immer substituiertes N-Atom an das *anomere* Zentrum gebunden).

Natürlich wird bei beiden Stoffklassen wieder statt der allgemeinen Vorsilbe Glyco- (für: irgendein Saccharid) im konkreten Fall der zum jeweiligen Zucker gehörige Name verwendet: Ein Glucosamin etwa ist also Glc mit Aminogruppe, beim Glucosylamin hängt am anomeren C-Atom der Glucose ein (substituierter) Aminorest.

Aufgaben Kapitel 44

Zum Aufwärmen

1. Warum zählt man Glucose zu den reduzierenden Zuckern, Fructose jedoch nicht?
2. Geben Sie die Struktur von (a) Gal und (b) Man in der HAWORTH-Projektion an. (Ja, Sie *dürfen* in Abbildung 44.4 nachschauen!) In welcher Beziehung stehen diese beiden Moleküle zu Glc?
3. Die Glucose ist die mit Abstand häufigste aller C_6-Aldosen. Warum eigentlich? Und warum liegt das Mutarotations-Gleichgewicht dieser Verbindung erkennbar auf der Seite der β-Form?

Für Fortgeschrittene

4. Warum erfolgt an der Galactose praktisch keine Ringinversion?
5. Was können Sie über die Verknüpfung der Saccharid-Einheiten im Glycosid Amygdalin aussagen? Besitzt diese Verbindung reduzierende Eigenschaften?

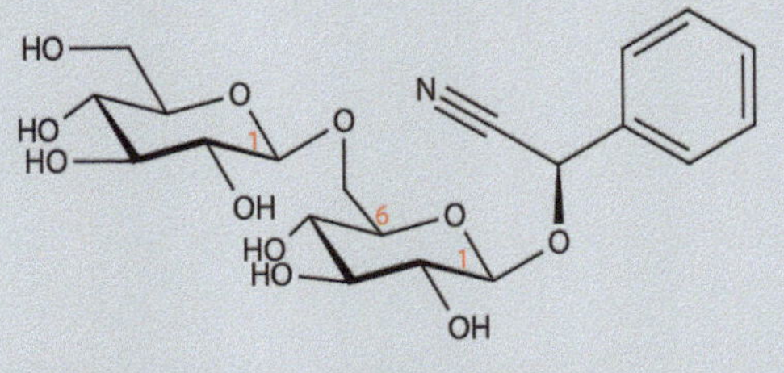

6. Zu welchen Verbindungen führt (a) die C^1-Oxidation an Xylose; (b) die C^6-Oxidation an Galactose; (c) die Reduktion an C^1?

IN DIESEM KAPITEL

geht es um ein Kochrezept: Ein bisschen Base, ein bisschen Zucker, ein bisschen Phosphorsäure …

entscheiden ein paar Heterocyclen über alles

übersetzen wir auf molekularer Ebene von einer Sprache in eine andere

Kapitel 45

Moleküle, die das Leben schreiben – DNA und RNA

Am Anfang stehen einige wenige (stickstoffhaltige) Heterocyclen. Diese basischen Verbindungen bilden das Herzstück des jeweiligen »molekularen Bauplans« für *jedes* bislang bekannte Lebewesen. Allerdings schaffen sie das nicht im Alleingang, sondern müssen sich dazu erst mit zwei weiteren Stoffklassen verbinden.

Ein Schritt nach dem anderen

Um zu erkennen, wie hier die einzelnen »Fragmente« miteinander wechselwirken und welche Funktion ihnen jeweils zukommt, setzen wir das Ganze schrittweise (über Chemie-Lego®) zusammen.

Die Ringe allein – Nucleinbasen

Auch wenn es natürlich eine gewaltige Vielzahl stickstoffhaltiger Heterocyclen gibt, wollen wir uns hier auf die fünf Ringsysteme beschränken, die für alles Weitere die Grundlage sind. Dabei sind zwei Untergruppen dieser Nucleinbasen zu unterscheiden:

- ✔ Vom monocyclischen Heterocyclus **Pyrimidin** (Abbildung 45.1a – einem Benzen, bei dem die Methin-Gruppen an C^1 und C^3 durch N ersetzt sind) leiten sich Cytosin (b; meist abgekürzt mit C) sowie **Thymin** (c; abgekürzt T) und Uracil (d; kurz: U) ab. Die beiden Letztgenannten unterscheiden sich nur durch eine Methylgruppe.
- ✔ Die bicyclische Verbindung **Purin** (Abbildung 45.1e) stellt das Grundgerüst für die beiden Nucleinbasen **Adenin** (f; kurz: A) und Guanin (g; kurz: G) dar.

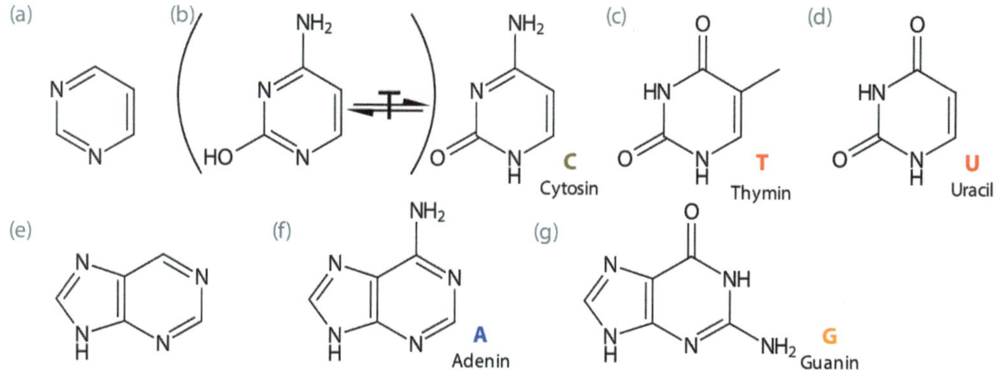

Abbildung 45.1: Pyrimidinbasen (a–d) und Purinbasen (e–g)

Denken Sie an die »gewöhnliche OC« zurück: Eigentlich handelt es sich beim Cytosin um einen an C^2 und C^4 substituierten Hetero-Aromaten, der durch die OH-Gruppe an C^2 zugleich auch ein *Enol* darstellt (Abbildung 45.1b, in Klammern dargestellt). Energetisch günstiger ist das zugehörige *Tautomer*, das als »cyclisches Diamid« bezeichnet werden könnte. Bei Thymin und Uracil gilt Entsprechendes auch für die (ehemalige) OH-Gruppe an C^4, und auch die »real existierende« Struktur von Guanin lässt sich damit erklären. Bei den Purinen spielt noch eine weitere Tautomerie eine Rolle:

Beachten Sie die relative Lage der NH-Gruppe zu den Stickstoff-Atomen des Pyrimidin-Rings: Erkennen Sie die Enamin-Imin-Tautomerie (bekannt aus Abbildung 40.19) wieder?

Heterocyclen und Zucker – Nucleoside

Nucleinbasen lassen sich recht leicht glycosidisch mit Zucker-Molekülen verknüpfen. Auch hier ist wieder immense Vielfalt möglich (schließlich gibt es ja reichlich Zucker, denken Sie an Kapitel 44), und wieder wollen wir uns auf einige wenige Bausteine beschränken, die im Zusammenspiel mit Nucleinbasen von besonderer Bedeutung sind. Da spielen nämlich vor allem *zwei* Zucker eine ernst zu nehmende Rolle: die **Ribose** (eine Aldopentose, *siehe* Abbildung 44.4) und ein Derivat davon, bei dem die OH-Gruppe an C^2 durch ein H-Atom ausgetauscht ist, die **Desoxyribose** (*siehe* Abbildung 44.11e/f; und bitte sprechen Sie dieses Molekül *wirklich* »Desoxy-ribose« aus!). Beide liegen in der Halbacetal-Form vor und sind am anomeren C-Atom β-konfiguriert (*siehe* Kapitel 44). Sind Nucleinbase und Zucker in dieser Weise miteinander verknüpft, spricht man von **Nucleosiden**, denen eigene Namen zukommen (abgeleitet von der jeweiligen Nucleinbase). Abbildung 45.2 zeigt *Cytidin* (Cytosin + Ribose, a) und *Desoxyguanosin* (Guanin + Desoxyribose, b). (Der Wortbestandteil *-os-* im Namen dieser Stoffklasse und auch im Guan*os*in lässt schon vermuten, dass wieder Zucker im Spiel ist, beim Cytidin ist das nicht so offensichtlich: Dieser Name ist wieder historisch begründet.)

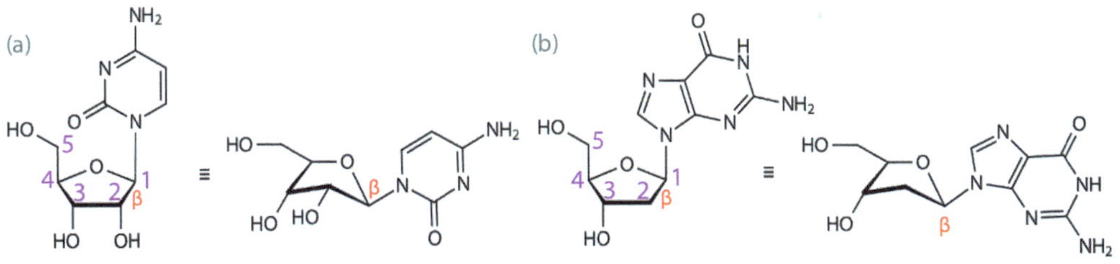

Abbildung 45.2: Nucleoside mit Ribose (a) und Desoxyribose (b)

Beachten Sie die freie Drehbarkeit um die glycosidische Bindung zwischen dem *anomeren* C-Atom und dem betreffenden N-Atom der jeweiligen Nucleinbase – die räumliche Orientierung der einzelnen Lego®-Steine wird schon bald sehr wichtig. Gleiches gilt für die korrekte Nummerierung der einzelnen Atome der (Desoxy-)Ribose (*siehe* Abbildung 45.2). Warum es so wichtig ist, diese Nummerierung zu beherrschen, werden Sie ebenfalls bald sehen.

Zusammen mit Phosphor ein unschlagbares Team: Nucleotide

Besonders die OH-Gruppe an C^5 der (Desoxy-)Ribose (*siehe* Abbildung 45.2; auch 5′-OH genannt; gelesen: »Fünf-Strich-Sauerstoff«) lässt sich leicht verestern – mit Carbonsäuren ebenso wie mit »anorganischen« Säuren. Richtig interessant wird es, wenn auch noch Phosphorsäure mitspielt: Dann entstehen *Nucleosid-5′-phosphate* oder **Nucleotide**. Abbildung 45.3a zeigt exemplarisch Adenosin-5′-monophosphat (kurz: AMP).

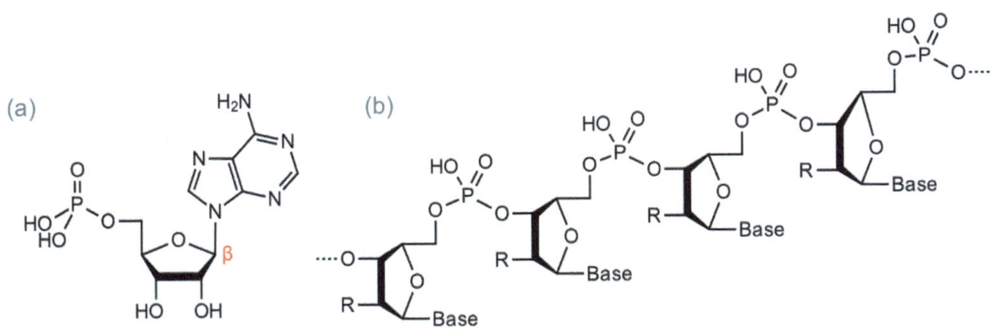

Abbildung 45.3: Mononucleotid (a) und Oligonucleotid (b)

Und jetzt alle zusammen – Nucleinsäuren

Das Besondere an diesen Molekülen ist, dass sie sich zu langen Strängen vereinigen können. Die Verknüpfung erfolgt dabei durch die Anlagerung des Phosphat-Rests an die

3′-OH-Gruppe (ausgesprochen: »an den Drei-Strich-Sauerstoff«) eines weiteren Nucleotids, sodass ein *Dinucleotid* entsteht, dann ein *Trinucleotid* et cetera. Abbildung 45.3b zeigt schematisch einen Ausschnitt aus einem beliebigen **Oligonucleotid** – welche Basen daran beteiligt sind, sei vorerst egal. (Das funktioniert natürlich mit der Ribose ebenso wie mit der Desoxyribose – die OH-Gruppe an C^3 ist ja bei beiden vorhanden. Mit R = OH an C^2 handelt es sich um ein *Ribonucleotid*, mit R = H ist es ein *Desoxyribonucleotid*.) Unter physiologischen Bedingungen (pH $\sim 7 \pm 1$) ist der Säurerest dabei deprotoniert, das »Phosphat-Rückgrat« der Kette weist also zahlreiche negative Ladungen auf.

Diese *Makromoleküle* schließlich, die **Nucleinsäuren**, sind der Grundstein des Lebens. Sie stellen den Bauplan für die Proteine dar, die nahezu sämtliche Funktionen einer jeden Zelle steuern. Diese Baupläne für die Proteinbiosynthese finden sich im Erbgut eines jeden Lebewesens: in der DNA.

Falls Sie sich gerade fragen, warum hier von Nuclein*säuren* die Rede ist (schließlich ist weit und breit kein –COOH zu sehen!): Auch das ist wieder historisch begründet, und wenn Sie sich noch einmal Abbildung 45.3b ansehen, erkennen Sie gewiss an jedem einzelnen Phosphat eine *saure* OH-Gruppe. Die Bezeichnung leitet sich damit also letztendlich von der *Phosphorsäure* ab.

Der große Bauplan – DNA

Das Erbgut eines jeden Lebewesens besteht größtenteils aus **Desoxyribo*n*uclein*s*äure** – früher wurde sie nach dem deutschsprachigen Begriff abgekürzt (*DNS*), mittlerweile hat sich in der Fachsprache die Abkürzung des englischen Begriffs (*__d__esoxyribo__n__ucleic __a__cid*) durchgesetzt: **DNA**. Das menschliche Erbgut beispielsweise liegt gewöhnlich in Form von 23 Chromosomenpaaren vor. Dabei ist jedes einzelne Chromosom ein gewaltiges DNA-Molekül. (Steigen Sie etwas tiefer in die Materie ein, spielen hier auch noch einige Proteine eine Rolle – aber zum einen kommen die erst im nächsten Kapitel, und zum anderen wird es allmählich arg biologisch …)

Die Tonleiter des Lebens: G-A-C-T

Der DNA-Strang besteht aus Desoxyribose, Phosphat-Resten und vier der fünf Nucleinbasen, die Sie schon kennen: G, A, C und T. Mehr braucht es nicht, um den Bauplan für ein Lebewesen eindeutig vorzulegen, zu übermitteln … und zu *kopieren*, denn diese DNA findet sich in (fast) *jedem* Zellkern, und bei der Zellteilung muss natürlich letztendlich ein vollständiger Satz Baupläne in jeder der beiden »Tochterzellen« landen. Dass das tatsächlich funktioniert, liegt nicht zuletzt daran, dass in Wahrheit nicht nur *ein* DNA-Faden vorliegt, sondern vielmehr ein **DNA-Doppelstrang**: Die vier Nucleinbasen sind bestens dazu geeignet, Wasserstoffbrücken auszubilden – und das besonders gut, wenn je eine *Pyrimidin*-Base auf die richtige *Purin*-Base trifft. In Abbildung 45.4 sehen Sie, dass sich zwischen G und C *drei* H-Brücken ($G \equiv C$) ergeben, zwischen A und T nur *zwei* ($A{=}T$). *Andere Paarungen bilden sich unter gewöhnlichen Umständen nicht.* Sie wissen also immer genau, welche Base sich auf »der anderen Seite des Doppelstrangs« befinden muss, wenn Sie die Base auf »dieser Seite« kennen: *Die Basenpaarung ist komplementär.*

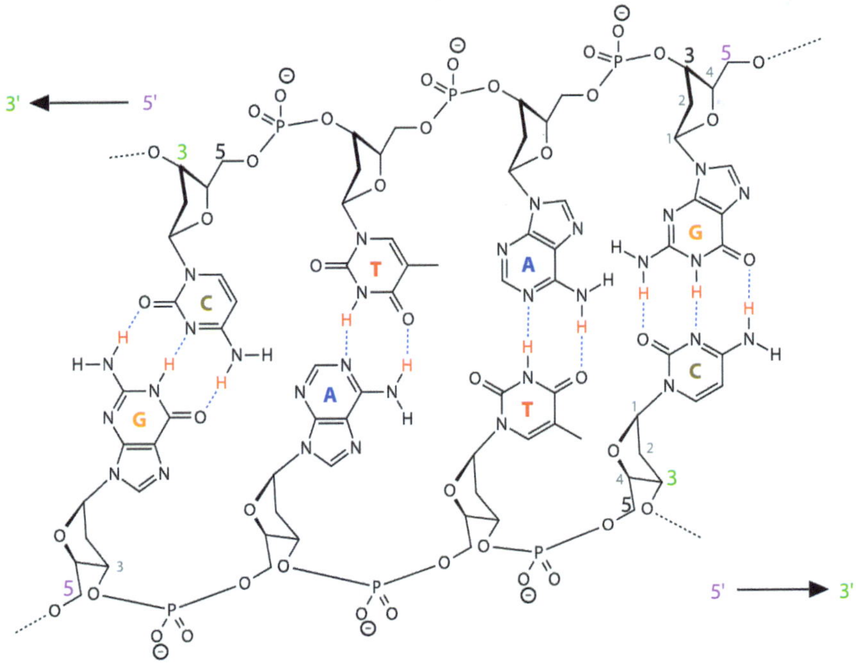

Abbildung 45.4: Ausschnitt aus einem DNA-Doppelstrang

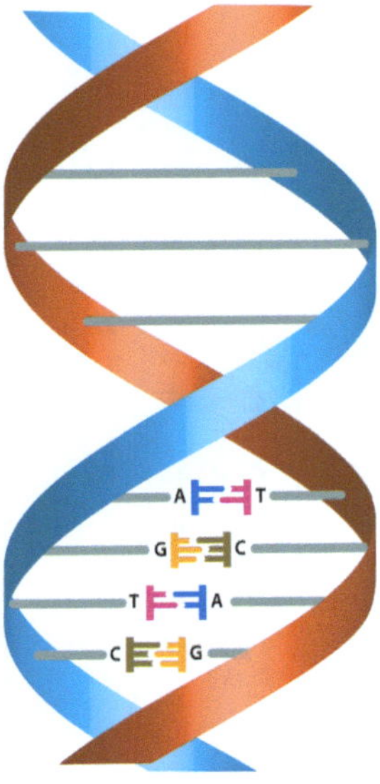

Abbildung 45.5: Schematische Darstellung der DNA-Doppelhelix

Sollte Ihnen die Darstellung des DNA-Doppelstrangs aus Abbildung 45.4 etwas verzerrt erscheinen, beweisen Sie damit ein gutes Auge für chemische Strukturen: Tatsächlich mussten einige P–O-Bindungen des Phosphat-Rückgrats dieser Kette übermäßig lang dargestellt werden, damit es nicht allzu unübersichtlich wird. Die intramolekularen Wechselwirkungen (eben die Wasserstoffbrückenbindungen) zwingen dem ganzen Makromolekül die Form einer **Doppelhelix** auf, also einer »Zweistrang-Wendeltreppe«. Übersichtlicher sind da schematische Darstellungen wie in Abbildung 45.5.

Wird nun dieser Doppelstrang gespalten (da er ja »nur« durch H-Brücken zusammengehalten wird, ist das unter physiologischen Bedingungen möglich – auch hier spielen wieder Proteine eine wichtige Rolle), bildet der Einzelstrang jeweils eine eindeutige Matrix, wie das zugehörige Gegenstück aussehen muss. (Bei der »Speicherung« des Erbguts arbeitet Mutter Natur also mit einer Art »interner Sicherungskopie«.) So etwas heißt fachsprachlich *semikonservative Replikation*: Jeweils die Hälfte des »Originals« landet in der Tochterzelle, die andere Hälfte des Doppelstrangs wird im Zuge der Zellteilung neu synthetisiert. (Das ist jetzt aber schon *richtige* Molekularbiologie …) Wichtig ist dabei, die **Leserichtung** im Auge zu behalten, denn schließlich stellt die DNA einen Bauplan dar, und der sollte nicht verkehrt herum gehalten werden: *Es geht immer vom Fünf-Strich- zum Drei-Strich-Ende* (5′→3′; *siehe* Abbildung 45.4); und die beiden Stränge in der DNA sind *gegenläufig*.

Was die Natur damit macht

Wird der Bauplan DNA abgelesen (und befolgt), führt das letztendlich zu den (in diesem Kapitel schon mehrmals erwähnten) Proteinen – aber das über mehrere Schritte. Zunächst einmal muss der Bauplan so umgeschrieben werden, dass Sie damit auch arbeiten können. Dieser erste Schritt, der als **Transkription** bezeichnet wird (mehr dazu im Kasten *Molekular-Linguistik*), besteht effektiv darin, dass der betreffende DNA-Strang (schematisch dargestellt in Abbildung 45.6a) vorsichtig aufgetrennt wird (b). Anschließend ist zu jedem der beiden Einzelstränge (in Abbildung 45.6b mit I und II markiert) jeweils ein Gegenstück denkbar (c; mit I-A und II-A bezeichnet), die sich vom »Original« gleich in doppelter Hinsicht unterscheiden:

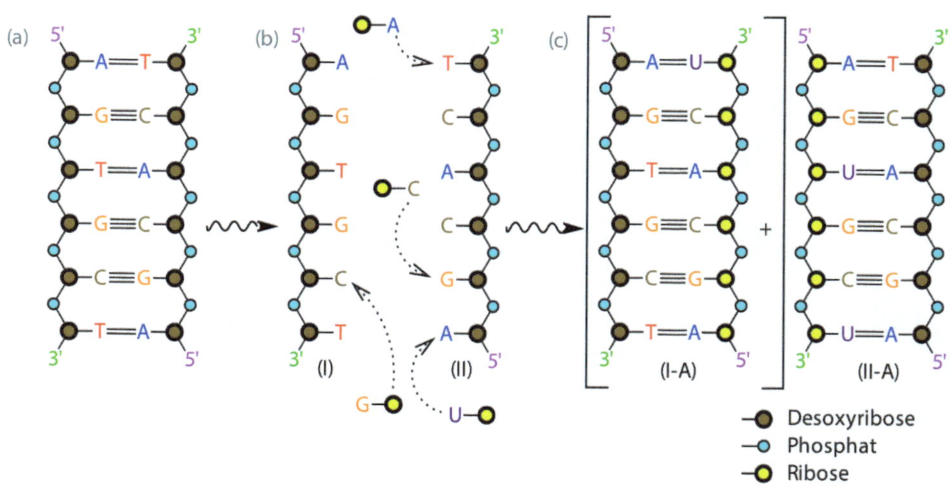

Abbildung 45.6: Von DNA zu RNA (schematisch)

Die Transkription: Aus DNA mach RNA – oder: Wo ist das Thymin?

Zum einen findet sich in dieser »nachgebauten DNA« *keine Desoxyribose*, sondern deren Gegenstück *mit* OH-Gruppe an C^2 (also die *Ribose* selbst), zum anderen wird als zweite Pyrimidinbase nicht *Thymin* (T) verwendet, sondern stattdessen **Uracil** (*U*, also das gleiche Ding *ohne* Methylgruppe an C^5) – das kann natürlich genauso wie Thymin mit dem Adenin der DNA zwei Wasserstoffbrückenbindungen eingehen (A=U). Auf diese Weise wären *theoretisch* zwei Stränge Ribonucleinsäure (kurz: **RNA**; früher auch *RNS*) möglich (in Abbildung 45.6 mit (I) und (II) gekennzeichnet).

Das ist natürlich sehr vereinfach dargestellt, schließlich werden auch noch die Phosphat-Gruppen gebraucht, die das Rückgrat des RNA-Strangs bilden, es werden also in Wahrheit noch reichlich weitere Bindungen geknüpft. Aber das *Prinzip* stimmt, und nur darauf kommt es hier an.

Jetzt erfahren Sie auch endlich, warum es so wichtig ist, das 5′- und das 3′-Ende eindeutig voneinander zu unterscheiden, *denn tatsächlich wird nur zu* einem *der beiden DNA-Stränge ein RNA-Gegenstück erzeugt*: Das für derartige Kettenverlängerungen zuständige Enzym, die *RNA-Polymerase*, kann Nucleotide nur dann kontinuierlich aneinanderhängen, wenn die RNA-Kette dabei vom (eigenen) 5′- zum 3′-Ende anwächst: Die für den nächsten Schritt relevante RNA-Kette nimmt ihren Anfang also am 3′-Ende der zugehörigen DNA – in Abbildung 45.6 dem mit (II-A) gekennzeichneten Strang. (Aus diesem Grund wurde Strang I-A auch in Klammern gesetzt.) Der bei der Transkription erzeugte RNA-Strang besitzt also im Beispiel aus Abbildung 45.6 die Struktur AGCACU.

Die Translation: von RNA zum Polypeptid

Die RNA erfüllt mehrere Funktionen (so wie fast alle Biomoleküle). Einige RNA-Moleküle dienen dazu, die von der DNA abgelesene Information in den Teil der Zelle zu transportieren, in dem die eigentliche Verarbeitung des Bauplans vorgenommen werden soll. (Ein Architekt erstellt seine Baupläne ja auch meist in seinem Büro, nicht mitten auf dem freien Feld, auf dem dereinst das neue Gebäude stehen soll, aber irgendwie muss der Bauplan trotzdem auf die Baustelle kommen!) Diese *Boten-RNA* wird als *messenger-RNA* oder kurz **m-RNA** bezeichnet. (Sie werden feststellen, dass Biochemiker wirklich für *alles* eine Abkürzung finden, was nicht bei »drei« auf den Bäumen ist.) Der RNA-Bauplan enthält codiert die Information, in welcher Reihenfolge welche Aminosäuren (über die Sie im kommenden Kapitel mehr erfahren) miteinander zu verknüpfen sind. Wichtig ist, dass jeweils drei aufeinanderfolgende Basen (also immer ein *Basen-Triplett*) darüber entscheiden, *welche* Aminosäure jeweils zu verbauen ist. (Mehr dazu erfahren Sie im Abschnitt *Der genetische Code* in Kapitel 46. Dort sollte endgültig klar werden, warum auch beim RNA-Strang die Leserichtung (5′→3′) wichtig ist.)

Der Job, die jeweils benötigte Aminosäure heranzukarren, kommt dann der *transfer*-RNA (kurz: **t-RNA**) zu, die über die OH-Gruppe am 3′-Ende des RNA-Strangs kovalent mit der jeweiligen Aminosäure verbunden ist und über ein zum jeweiligen Code komplementäres Basen-Triplett mit der m-RNA in Wechselwirkung tritt, um sicherzugehen, dass der gewünschte Lego®-Stein auch wirklich an der richtigen Stelle landet. Ein solches Triplett wird auch als **Codon** bezeichnet. (Um welche Aminosäuren es hier eigentlich geht und was die so alles können, erfahren Sie im nächsten Kapitel.)

Damit es nicht zu Missverständnissen kommt: Die Wechselwirkung der verschiedenen RNA-Arten führt keineswegs dazu, dass die betreffende Aminosäure von Grund auf neu synthetisiert wird! *Die muss schon vorgelegen haben* – die t-RNA holt die jeweils benötigten Bausteine lediglich auf Anforderung aus dem entsprechenden Reservoir. (Wollten wir uns allerdings der Frage widmen, wo die verschiedenen Aminosäuren jeweils eingelagert sind, würde uns das schon wieder viel zu sehr in die (Zell-)Biologie führen.)

Molekular-Linguistik

Die Begriffe *Transkription* und *Translation* werden häufig als sinn- und zweckfreie Eigennamen aufgefasst. Dabei ist die Wortwahl durchaus treffend – wenn Sie über den Tellerrand der Naturwissenschaften hinwegblicken. Betrachten Sie folgendes Beispiel:

Welche Information birgt für Sie die Buchstabenkombination CTAPT? – Zunächst einmal könnte es eine rein willkürliche und somit sinnfreie Buchstabenkombination sein. Wissen Sie jedoch, dass hier Buchstaben des *kyrillischen* Alphabets verwendet wurden – bei denen viele zwar genau so aussehen wie lateinische Buchstaben, einigen dabei aber ein völlig anderer Sinn (= Lautwert) zukommt –, müssen Sie im ersten Schritt die Buchstaben ihrem Lautwert gemäß in lateinische Buchstaben *um-schreiben* – nichts anderes bedeutet *Transkription*. So wird aus dem kyrillischen CTAPT in lateinischen Buchstaben START. (So können Sie mit praktisch *allen* Sprachen verfahren, die nicht auf dem lateinischen Alphabet beruhen, aber wir wollten Sie nicht mit Beispielen aus dem Sanskrit erschrecken.)

Mit START können Sie gewiss schon deutlich mehr anfangen, aber ein »richtig deutsches Wort« ist das ja nun auch nicht. Jetzt kommt das *Übersetzen*: Aus START wird dann »Anfang« – das klingt anders, sieht anders aus und hat unterschiedlich viele Buchstaben. Natürlich wissen Sie, dass »Übersetzung« auf Englisch *translation* heißt – jetzt wissen Sie auch, woher der zweite Schritt der Umwandlung von DNA in Proteine seinen Namen hat.

DNA wird also zu RNA *umgeschrieben* und RNA dann in Aminosäuren *übersetzt*.

Es sei nicht verschwiegen, dass dieses Kapitel nur einen allerallerersten Eindruck in dieses Gebiet der Biochemie geben will: Tatsächlich wird jeder Schritt von Transkription und Translation auf den verschiedensten Ebenen molekular/genetisch gesteuert. Die Fülle der hier wirksamen Kontrollmechanismen wird erst nach und nach erkannt (und durchschaut), ein Ende ist nicht in Sicht. Ein Beispiel für die unablässige Weiterentwicklung der Naturwissenschaften stellt das Fachgebiet der *Epigenetik* dar: Hier geht es um vererbbare Veränderungen von Zelleigenschaften (beispielsweise durch Mangelernährung), die *nicht* auf Veränderungen der DNA-Sequenz selbst zurückzuführen sind. Noch um die Jahrtausendwende herum fand sich zu dieser Art des »Informationsmanagements« in Lehrbüchern (der Biologie) nicht das Geringste.

Aufgaben Kapitel 45

Zum Aufwärmen

1. Was ist der Unterschied zwischen Nucleosiden und Nucleotiden?
2. Was ist der Unterschied zwischen Transkription und Translation?

Für Fortgeschrittene

3. Obwohl nur je zwei der drei sauren OH-Gruppen an den Phosphor-Atomen im »Rückgrat« der DNA mit Desoxyribose verestert sind (und damit immer noch eine acide OH-Gruppe vorliegt), werden die Phosphat-Reste meist anionisch dargestellt. Warum?
4. Als »Schmelzpunkt« wird bei der DNA der Temperaturbereich bezeichnet, in dem sich die beiden Stränge voneinander lösen und dabei ihre natürliche dreidimensionale Form verlieren. (a) Warum ist die DNA überhaupt thermolabil? (b) Wieso gestattet der Schmelzpunkt einer DNA-Probe einen direkten Rückschluss darauf, wie groß der Anteil an Cytosin darin ist?

IN DIESEM KAPITEL

wird mit 20 wichtigen Moleküle Lego® gespielt: den proteinogenen Aminosäuren

gibt es Ketten in drei Dimensionen

betrachten wir ein paar molekulare Maschinen: Enzyme

Kapitel 46
Sauer und basisch auf Leben und Tod – Aminosäuren

Die Bezeichnung »Aminosäure« lässt es schon erahnen: Hier geht es um *Carbonsäuren,* die zusätzlich auch noch (mindestens) eine *Aminogruppe* aufweisen. Derartige Moleküle verbinden damit das OH-acide Verhalten von Säuren mit der Basizität von Aminen: Sie sind also *amphoter.*

Nicht alle Säuren sind einfach nur ätzend!

Von besonderem Interesse sind die α-Aminosäuren, bei denen sich die Aminogruppe in α-Stellung zur Carboxylfunktion befindet (–COOH und $-NH_2$ sind also an das gleiche C-Atom gebunden; Abbildung 46.1a). Dabei ist die Carboxylfunktion sauer genug, um die basische Aminogruppe zu protonieren. Unter physiologischen Bedingungen (vergessen Sie nicht, dass es hier um die Biochemie geht, und das bedeutet: $pH \sim 7 \pm 1$ (bis 2)!) liegt eine solche Aminosäure also meist als **Zwitter-Ion** vor: als »inneres Salz«, das sowohl positive wie negative Ladungen aufweist (b). pK_S- und pK_B-Wert von Säure- und Aminofunktion sind sehr vom Rest –R abhängig. Ist $R \neq H$, so sind α-Aminosäuren wegen der asymmetrischen Koordination des α-C-Atoms *chiral,* es können also jeweils Enantiomere vorliegen (c, d), jeweils benannt nach der CIP-Nomenklatur (*siehe* Kapitel 36) und der FISCHER-Konvention (aus Kapitel 44), denn wie bei den Sacchariden hält sich auch bei den Aminosäuren hartnäckig die *relative* Bezeichnungsweise. In der Natur finden sich fast ausschließlich *L-Aminosäuren.* (Deswegen wurde die *(D)*-Form auch in Klammern gesetzt.

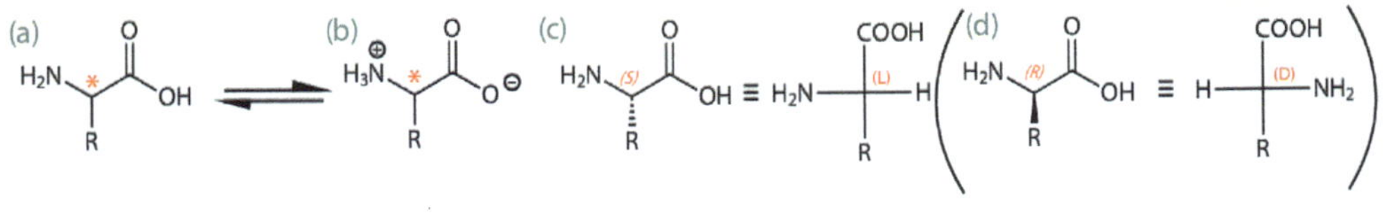

Abbildung 46.1: α-Aminosäuren

Auch bei den α-Aminosäuren ist natürlich immer noch nahezu unendliche Vielfalt denkbar, aber wir können Sie beruhigen: Wirklich von Interesse sind zunächst einmal nur *zwanzig* Aminosäuren – genau die, die im Standard-Code der DNA vorgesehen sind (bekannt aus Kapitel 45; dazu gleich mehr). Das sind die **proteinogenen Aminosäuren** (Abbildung 46.2), die in unserem genetischen Bauplan vorgesehen sind – dazu gleich mehr. (Dass das Augenmerk hier so sehr auf die α-Aminosäuren gelegt wird, soll übrigens nicht bedeuten, andere Aminosäuren seien biochemisch nicht relevant – Sie werden in diesem Teil des Buches auch noch einige andere Aminosäuren kennenlernen.)

Wie sollen Sie sich das denn merken?! – Die Strukturen …

Wieder hilft uns Chemie-Lego® weiter: Die kleinen Pfeile in Abbildung 46.2 verraten Ihnen, wie sich zumindest ein Teil der Aminosäuren von anderen ableiten lassen. Das vereinfacht das Einprägen immens.

① Einschub einer Methylengruppe

- (a) zwischen C^2 und H.
- (b) zwischen C^2 und dem Isopropylrest.

② Ersetzen eines H-Atoms an C^2 durch einen Isopropylrest.

③ Ersetzen von zwei H-Atomen an C^3 jeweils durch $-CH_3$.

④ Verschieben der Methylgruppe von C^4 nach C^3.

- Achtung: *Isoleucin* weist ein *zweites Chiralitätszentrum* auf, in der Biochemie spielt aber (bislang) nur das Isomer mit (*S*)-Konfiguration an C^3 eine Rolle.

⑤ Ersetzen eines H-Atoms an C^3

- (a) durch einen Indolrest ($-C_8H_6N$).
- (b) durch einen Phenylrest ($-C_6H_5$).
- (c) durch eine OH-Gruppe.

⑥ Ersetzen des H-Atoms in *para*-Stellung durch –OH.

⑦ Ersetzen des O-Atoms der OH-Gruppe durch S.

⑧ Zwei Schritte auf einmal: Einschub einer $-CH_2$-Einheit in die Seitenkette *und* Methylierung der Thiol-Gruppe.

⑨ Ersetzen eines H-Atoms an C^3 durch eine Methylgruppe. (Threonin ist also »3-Methylserin«, aber so darf das natürlich nicht heißen, schließlich wird durch diese neue Methylgruppe die gesamte C–C-Kette verlängert.) Threonin lässt sich auch noch auf einem anderen Weg zusammenstöpseln: Sie brauchen nur bei Valin eine Methylgruppe an C^3 durch –OH zu ersetzen (in Abbildung 46.2 gestrichelt gezeigt).

- Achtung: *Threonin* weist ein *zweites Chiralitätszentrum* auf; in der Natur findet sich an C^3 allerdings fast ausschließlich (*R*)-Konfiguration.

⑩ Austausch der Carboxyl-OH-Gruppe durch $-NH_2$ führt zu den Amiden der freien Carbonsäuren (Asp → Asn und Glu → Gln).

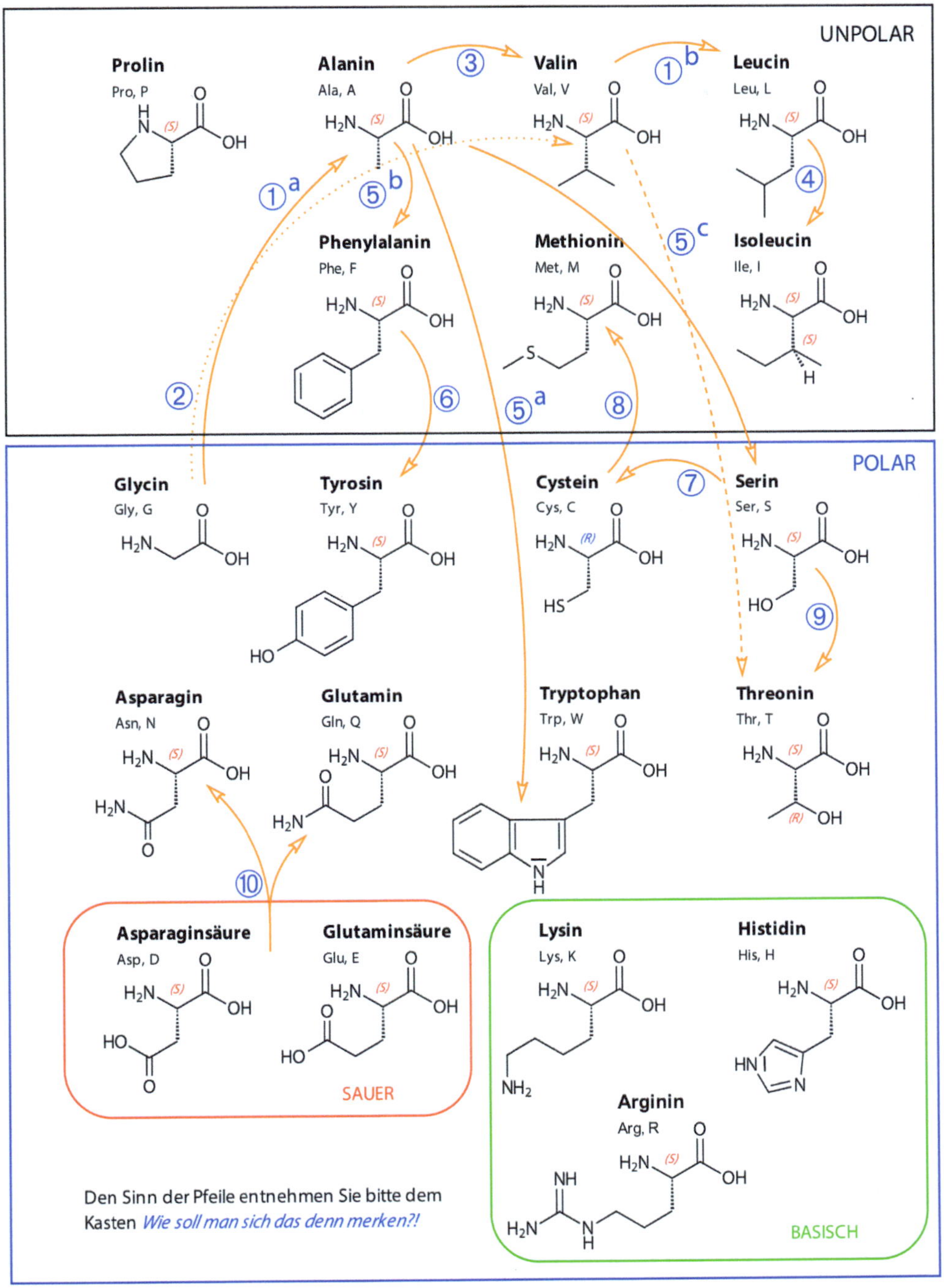

Abbildung 46.2: Die 20 proteinogenen Aminosäuren

Eine »neue« funktionelle Gruppe wollen wir Ihnen auch nicht vorenthalten: Der sehr stickstoffreiche Rest des Arginins – sozusagen ein Harnstoff-Rest, bei dem der doppelt gebundene Sauerstoff durch einen doppelt gebundenen Stickstoff (mit H) ersetzt wurde – heißt **Guanidino**gruppe.

Da diese Moleküle zur Oligokondensation neigen, also unter Wasserabspaltung gegebenenfalls sogar *sehr* lange Ketten bilden, ist es meistens hilfreich, statt der vollständigen Strukturen nur einen *Kurzcode* zu verwenden.

Drei-Buchstaben-Code & Ein-Buchstaben-Code

Bei Chemikern und Biologen ist vor allem der *Drei-Buchstaben-Code* üblich, dem gemäß beispielsweise die kleinste Aminosäure (Glycin) mit Gly abgekürzt wird. Molekularbiologen und Genetiker hingegen verwenden bevorzugt den *Ein-Buchstaben-Code*, bei dem etwa Glycin die Abkürzung G zukommt. In vielen Fällen entspricht der Ein-Buchstaben-Code dem Anfangsbuchstaben der betreffenden Aminosäure: Alanin, Ala erhält als Ein-Buchstaben-Code das A, Threonin, Thr, das T. Da es allerdings noch zwei weitere Aminosäuren mit dem Anfangsbuchstaben T gibt (Tyrosin, Tyr und Tryptophan, Trp), kommt das *nicht immer* hin: Tyr = Y, Trp = W.

Wie sollen Sie sich das denn merken?! – ... und die Codes

Beim Drei-Buchstaben-Code ist es recht einfach: Es sind zwar nicht immer die drei *Anfangs*buchstaben, aber dass Ile für **Isole**ucin steht, ist vielleicht noch nachvollziehbar – bei **As**paragin (Asn) und **Gl**utamin (Gln) helfen chemische Grundkenntnisse weiter: Hierbei handelt es sich um die *Amide* der entsprechenden Säuren, also um **N**-haltige Derivate.

Auch beim Ein-Buchstaben-Code ist es häufig der Anfangsbuchstabe – aber da die Namen der Aminosäuren nun einmal historisch begründet sind, wurden manche Anfangsbuchstaben eben doppelt vergeben. Meist helfen (relativ alberne) Eselsbrücken weiter:

- ✔ Phenylalanin (Phe, F) fängt zwar nicht mit F an, *klingt* aber so.
- ✔ Das -ph im Trypto**ph**an (Trp, W) sollte zwar eigentlich ebenfalls wie ein »F« klingen, aber bei Leuten, die beim Sprechen nicht die Zähne auseinanderkriegen (und solche Typen kennen Sie doch auch!), könnte es wirklich gut ein »W« sein.
- ✔ Das T**y**rosin (Tyr, Y) macht es uns schon fast einfach,
- ✔ auch das Asparagi**n** (Asn, N) geht noch,
- ✔ beim Glutamin (Gln, Q) sollten Sie an Leute denken, deren Sprache dialektal so gefärbt ist, dass manche weichen Laute unerwartet hart klingen: Diese Leute essen kein »Brot«, sondern »Prot« – und verwenden im Labor bestimmt auch »Qlutamin«.

- ✔ Die Hauptkette der Asparaginsäure (Asp, D) besteht aus 4 C-Atomen, und D ist der 4. Buchstabe des Alphabets; analog funktioniert es bei der Glutaminsäure (Glu, E): Hier liegt eine C_5-Kette vor, und E ist der 5. Buchstabe des Alphabets.
- ✔ Bei Lysin (Lys, K) ist Hopfen und Malz verloren. Das müssen Sie sich einfach merken. (Zuschriften mit guten Ideen für eine Merkhilfe bitte an den Verlag.)

Bei den proteinogenen Aminosäuren sollten Ihnen drei Dinge auffallen:

- ✔ *Glycin* (Gly, G) ist die *einzige nicht chirale Aminosäure*: mit R = H stellt das C-Atom *kein* Chiralitätszentrum dar. Obwohl diese »Seitenkette« keineswegs polar ist, zählt Gly zu den *polaren* Aminosäuren, eben weil sie *nur* die beiden eindeutig polaren funktionellen Gruppen besitzt.
- ✔ *Prolin* (Pro, P) ist die einzige Aminosäure, in der das N-Atom der Aminogruppe mit einem weiteren C-Atom verbunden ist (es ist Teil eines Ringes): *Pro ist die einzige* ***sekundäre*** *proteinogene Aminosäure.*
- ✔ Bestimmen Sie bei *L-Cystein* (Cys, C) die *absolute* Konfiguration, stellt sich heraus, dass dies die einzige proteinogene Aminosäure mit (*R*)-Konfiguration ist – ohne dass sich dieses Molekül in seinem räumlichen Bau von seinen Geschwistern unterscheidet! Das liegt einfach daran, dass dem Schwefel nach den CIP-Regeln höhere Priorität zukommt als dem Sauerstoff. (Probieren Sie es aus: Ersetzen Sie über Chemie-Lego® die Thiol-Gruppe von Cys durch eine OH-Gruppe (wodurch Sie übrigens Ser erhalten!) und bestimmen Sie dann die absolute Konfiguration erneut.)

Verwechseln Sie bitte nicht die Aminosäure Cystein (Cys, C) mit der (aus Kapitel 45 bekannten) Nucleinbase Cytosin (*siehe* Abbildung 45.1b), die ebenfalls mit C abgekürzt wird – aber eben in einem anderen Kontext.

Wegen des Einflusses der Seitenkette (also dem jeweiligen Rest –R) unterscheiden sich sowohl das chemische Verhalten als auch die pK_S- und pK_B-Werte der einzelnen Aminosäuren. Darum lässt sich für jede Aminosäure ihr **isoelektrischer Punkt** angeben (meist *p*I abgekürzt).

Der isoelektrische Punkt (*p*I)

Liegt der *p*H-Wert einer Lösung, die eine Aminosäure enthält, unterhalb des jeweiligen (stoffspezifischen!) *p*I-Werts (also im saureren Milieu), liegt die Aminogruppe ($-NH_2$) der Aminosäure in der *protonierten* Form vor ($-NH_3^+$), während die Carboxygruppe (–COOH) des gleichen Moleküls in einem hinreichend sauren Milieu ihr (acides) Proton an die Lösung *nicht mehr* abgeben kann. Liegt der *p*H-Wert hingegen *oberhalb* des *p*I, ist die Carboxygruppe natürlich längst deprotoniert ($-COO^-$), während die im Sauren und auch um *p*H = 7 herum noch protoniert vorliegende Aminofunktion ($-NH_3^+$) im hinreichend Basischen selbst als Säure fungiert und zur freien Aminogruppe ($-NH_2$) deprotoniert wird. Also:

- ✔ *p*H < *p*I: Kation (Abbildung 46.3a)

- ✔ *p*H = *p*I: Zwitter-Ion (b; nach außen hin ist die Aminosäure *ungeladen*)
- ✔ *p*H > *p*I: Anion (Abbildung 46.3c)

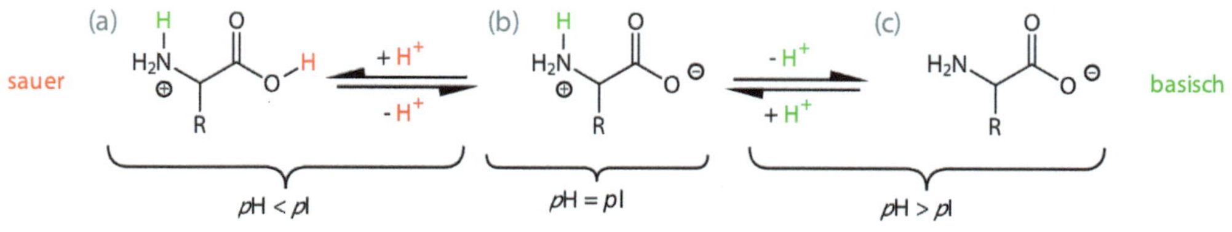

Abbildung 46.3: Unter- und oberhalb des isoelektrischen Punkts

Der isoelektrische Punkt der einzelnen Aminosäuren lässt sich dabei *titrimetrisch* ermitteln, wie in Abbildung 46.4 dargestellt (zu Titrationen allgemein *siehe* Kapitel 25).

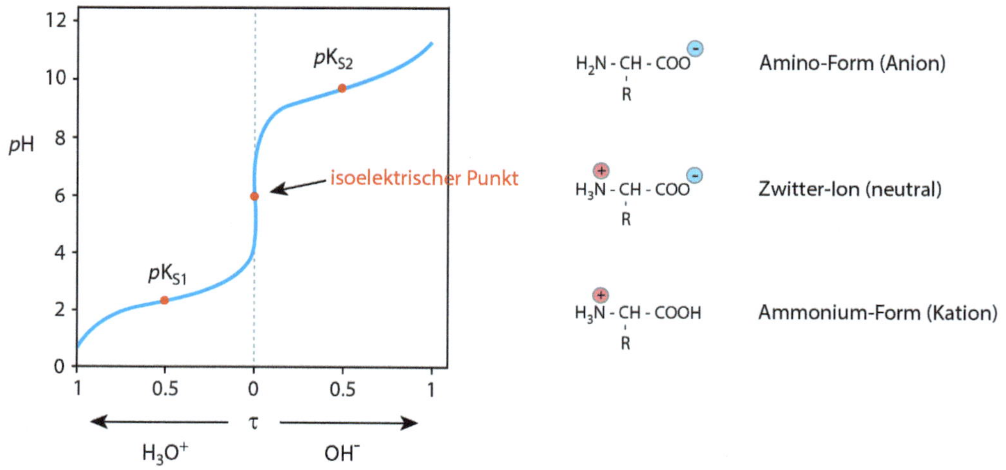

Abbildung 46.4: Titrimetrische Ermittlung des isoelektrischen Punkts

Wie Sie Abbildung 46.2 entnehmen können, werden die Aminosäuren allgemein in die Kategorien »unpolar« und »polar« eingeteilt. Weiterhin werden bei den als »polar« eingestuften Molekülen noch saure, neutrale und basische Aminosäuren unterschieden: Weist die Seitenkette einer Aminosäure eine funktionelle Gruppe auf, die – je nach Protonierungszustand – ebenfalls als Säure oder Base fungieren kann, führt das nicht nur dazu, dass wir dafür einen entsprechenden pK_S-Wert angeben können: Die Art und Struktur der Seitenkette wirkt sich ebenso auf die allgemeine Polarität der jeweiligen Aminosäure aus wie auf das Säuren- und Basenverhalten deren »Haupt«-Amino- und -Carboxygruppe. Entsprechend lassen sich für jede Aminosäure mindestens zwei pK_S-Werte angeben: für die Carboxygruppe und für die protonierte (!) Aminogruppe. Zeigt die Seitenkette ebenfalls saures oder basisches Verhalten, weist Tabelle 46.1 sogar noch einen dritten pK_S-Wert aus.
Sind die zu einer Aminosäure gehörigen pK_S-Werte bekannt, lässt sich der isoelektrische Punkt auch *berechnen*. Dabei müssen Sie bedenken, dass Sie es mit Ampholyten zu tun haben (solange die Aminogruppe nicht protoniert wurde, kann sie ja als Base fungieren), entsprechend müssen wir noch einmal zur Henderson-Hasselbalch-Gleichung (Gleichung 25.28) zurückdenken.

			$pK_{S(-COOH)}$	$pK_{S(-NH_3^+)}$	$pK_{S(SK)}$	**Bemerkungen**
unpolar		Alanin (Ala, A)	2,35	9,87		
		Valin (Val, V)	2,29	9,72		
		Leucin (Leu, L)	2,33	9,74		
		Isoleucin (Ile, I)	2,32	9,76		
		Methionin (Met, M)	2,28	9,21		
		Phenylalanin (Phe, F)	1,83	9,13		
		Prolin (Pro, P)	1,99	10,60		
polar		Glycin (Gly, G)	2,34	9,60		
		Tryptophan (Trp, W)	2,38	9,44		
		Tyrosin (Tyr, Y)	2,20	9,11	10,07	phenolische OH-Acidität
		Cystein (Cys, C)	1,91	10,28	8,14	SH-Acidität
		Serin (Ser, S)	2,21	9,15		
		Threonin (Thr, T)	2,17	9,00		*keine* OH-Acidität
		Asparagin (Asn, N)	2,14	8,84		
		Glutamin (Gln, Q)	2,18	9,00		
	Sauer	Asparaginsäure (Asp, D)	1,99	9,90	3,90	Seitenketten-COOH
		Glutaminsäure (Glu, E)	2,16	9,96	4,32	Seitenketten-COOH
	basisch	Lysin (Lys, K)	2,20	8,90	10,28	Seitenketten-NH_2
		Histidin (His, H)	1,82	9,17	6,00	Seitenketten-Imidazol-Rest
		Arginin (Arg, R)	2,03	9,01	12,12	Seitenketten-Guanidin-Rest

Tabelle 46.1: pK_S-Werte der proteinogenen Aminosäuren

Diese Gleichung besagte ja, dass bei amphoteren Systemen (oder einem Gemisch einer schwachen Säure mit ihrer konjugierten Base) der pH-Wert der Lösung von zwei Faktoren abhängig ist:

- ✔ Dem pK_S-Wert der betreffenden Säure *sowie*
- ✔ dem Stoffmengenverhältnis, in dem Säure und Base (also: protonierte und deprotonierte Form) vorliegen.

- Liegt das Stoffmengenverhältnis bei 1:1 (liegen also die protonierte und die deprotonierte Form in gleicher Konzentration vor), entspricht der *p*H-Wert dem pK_S-Wert der betrachteten Säure.
- Das bedeutet:
  - Bei $pH < pK_S$ werden die meisten Moleküle protoniert vorliegen (und damit *ungeladen* sein, –COOH).
  - Bei $pH > pK_S$ wird die Mehrheit der Moleküle deprotoniert vorliegen ($-COO^-$) und somit eine *negative* Ladung aufweisen.

Nun haben wir es bei den Aminosäuren aber, wie Sie Abbildung 46.3 und Tabelle 46.1 entnehmen können, ja mit (mindestens) zwei aciden funktionellen Gruppen zu tun. Da sind:

- die Carboxygruppe (mit $pK_{S(COOH)}$, hier gilt das oben Genannte),
- die Aminogruppe ($pK_{S(NH_3^+)}$, zu der kommen wir gleich) *und (gegebenenfalls)*
- die sauer oder basisch reagierende funktionelle Gruppe der Seitenkette ($pK_{S(SK)}$).

Schauen wir uns an, was über die Carboxygruppe hinaus ausgesagt werden kann:

- Bei der Aminogruppe ($-NH_2$) gilt das oben Genannte für deren *protonierte* Form ($-NH_3^+$):
  - Bei $pH < pK_S$ wird die Aminogruppe vornehmlich protoniert vorliegen (und damit *positiv geladen* sein, $-NH_3^+$).
  - Bei $pH > pK_S$ wird diese funktionelle Gruppe überwiegend deprotoniert sein ($-NH_2$) und somit *keine* Ladung aufweisen.
- Bei der Seitenkette gibt es ja nur die beiden Möglichkeiten, dass sie sauer *oder* basisch reagiert:
  - Reagiert sie sauer, ist sie wie die Carboxygruppe zu behandeln. (Bei sämtlichen proteinogenen Aminosäuren *sind* es ja auch Carboxygruppen.)
  - Die verschiedenen basischen Seitenketten sind, trotz aller strukturellen Unterschiede, analog zur Aminogruppe anzusehen: Auch hier liegt sie bei niedrigerem *p*H-Wert protoniert (und damit positiv geladen) vor, bei höherem *p*H-Wert entsprechend deprotoniert und ungeladen.

BEISPIEL

Wir wollen nun »das Pferd von hinten aufzäumen« und herausfinden, bei welchem *p*H-Wert sich für die jeweilige Aminosäure eine Nettoladung von 0 ergibt.

Nehmen wir uns zunächst das Glycin vor: Tabelle 46.1 verrät uns, dass

- unterhalb von $pH = 2{,}34$ mehr Carboxylgruppen in der protonierten Form (–COOH) vorliegen und oberhalb von $pH = 2{,}34$ anionisch sein werden ($-COO^-$);
- unterhalb von $pH = 9{,}60$ die Aminogruppen mehrheitlich protoniert sind ($-NH_3^+$), während wir es oberhalb von $pH = 9{,}60$ vornehmlich mit deprotonierten, freien Aminogruppen ($-NH_2$) zu tun haben.

✔ Weist die Aminosäure *keine* sauer oder basisch reagierenden Seitenketten auf, ist pI dann einfach der Mittelwert der beiden pK_S-Werte:

$$pI = (pK_{S1} + pK_{S2})/2.$$

Für Glycin ergibt sich als Mittelwert der Werte aus Tabelle 46.1

$$pI(Gly) = 5{,}97.$$

Gibt es jedoch eine zusätzliche funktionelle Gruppe, wird der Mittelwert der pK_S-Werte der beiden funktionellen Gruppen benötigt, die *in ähnlicher Weise ionisieren* (also: die entweder *beide sauer* oder *beide basisch* reagieren).

Der Grund für diese Berechnungsgrundlage leuchtet sofort ein, wenn Sie das Prinzip verstanden haben: Als Beispiel diene uns nun einerseits das Arginin, das wegen des Guanidin-Rests an der Seitenkette drei pK_S-Werte aufweist (2,03, 9,01 und 12,12), und die Glutaminsäure mit einer zusätzlichen Carboxygruppe in der Seitenkette (2,16, 4,32, 9,96).

✔ Die Guanidin-Seitenkette des Arginins reagiert ebenso basisch wie die Aminogruppe, also gilt es zu bedenken:

- Bei jedem beliebigen pH-Wert > 2,03 ist die wässrige Lösung basisch genug, dass keine freie Carbonsäure mehr vorliegt, sondern nur noch deren Anion – also haben wir ab dann auf jeden Fall eine *negative* Ladung vorliegen.

- Der pK_S-Wert der protonierten Aminogruppe liegt deutlich niedriger als der des Guanidin-Rests, und da wir wissen, dass

  $pK_{S(\text{Säure})} + pK_{B(\text{konjugierte Base})} = 14$ ist, können wir auch sagen:

  $pK_{B(\text{Aminogruppe})} = 4{,}99; pK_{B(\text{Guanininrest})} = 1{,}82.$

  Mit anderen Worten: Der Guanidin-Rest ist *deutlich* basischer als die Aminogruppe.

  Ist der pH-Wert der betreffenden Lösung also hoch genug, dass sogar die Aminogruppe deprotoniert wurde, weist der Guanidin-Rest *erst recht* keine positive Ladung mehr auf.

  Damit müssen wir jetzt nur noch herausfinden, wann die beiden basischen funktionellen Gruppen *zusammen* auf *genau eine* positive Ladung kommen, damit die (eindeutig vorhandene) negative Ladung der deprotonierten Carboxygruppe ausgeglichen wird.

  Für die Berechnung ziehen wir dann natürlich wieder die pK_S-Werte der protonierten Form dieser beiden Basen zurate:

  $$pI\ (Arg) = (pK_{S(\_NH_3^+)} + pK_{S(\text{Seitenkette})})/2 = (9{,}01 + 12{,}12)/2 = 10{,}56$$

  Der pI-Wert von Arginin liegt deutlich im Basischen.

✔ Die Carboxygruppe der Glutaminsäure-Seitenkette reagiert natürlich sauer; entsprechend ist der isoelektrische Punkt dieser Aminosäure auch im

Sauren zu suchen; und da $pK_{S(\_NH_3^+)} = 9{,}96$ ist, wissen wir, dass bei einem entsprechend niedrigen *p*H-Wert sämtliche Aminogruppen protoniert (und damit *einfach positiv geladen*) sind.

- Insgesamt genau *eine negative* Ladung aufweisen werden die beiden Carboxygruppen dann bei $pH = (pK_{S(-COOH)} + pK_{S(Seitenkette)})/2 = (2{,}16 + 4{,}32)/2 = 3{,}24 = pI(Glu)$.

- Bei diesem *p*H-Wert wird die weniger starke Säure (also die Seitenketten-Carboxygruppe) noch weitestgehend protoniert vorliegen (also ungeladen sein), während die Lösung für die stärker saure Carboxygruppe noch nicht zu sauer ist, um noch ihr eigenes Proton abzuspalten.

- Auch wenn die beiden pK_S-Werte hier einander recht nah sind, tragen doch *beide* Carboxygruppen dazu bei, die einfach positive Ladung der protonierten Aminogruppe auszugleichen: Die HENDERSON-HASSELBALCH-Gleichung (aus Kapitel 25) verrät uns ja, dass selbst noch bei $pH = pK_S \pm 1$ messbar viele Moleküle sowohl der freien Säure als auch der konjugierten Base in Lösung vorliegen; es wird also die weniger stark saure Seitenketten-Carboxygruppe ein wenig zu der insgesamt einfach negativen Ausgleichs-Ladung beitragen (wenn auch längst nicht so viel wie die stärker acide andere Carboxygruppe), denn auch dort wird bei dem einen oder anderen Molekül bereits ein Proton abgespalten worden sein, während bei einigen Molekülen auch an der stärker aciden Gruppe das Proton noch verblieben sein wird. (Nicht vergessen: Dahinter steckt immer noch eine Statistik, die sich auf viele, viele Moleküle gleichzeitig bezieht.)

Ein beliebter Fehler tritt beim Histidin auf, das des Imidazol-Rests wegen ebenfalls einen dritten pK_S-Wert zu bieten hat (1,82, 6,00, 9,17). Da $pK_{S(Imidazol-Rest)} < 7$ ist, könnten Sie fälschlicherweise annehmen, diese Seitenketten-Funktion reagiere ebenfalls sauer – aber das gilt eben für die *protonierte* Form des Histidins: In einem hinreichend sauren Medium (also: *unterhalb* eines hinreichend niedrigen *p*H-Werts) liegt der aromatische Imidazol-Ring protoniert vor. Schauen Sie sich noch einmal die drei Protolyse-Stufen dieser Aminosäure an:

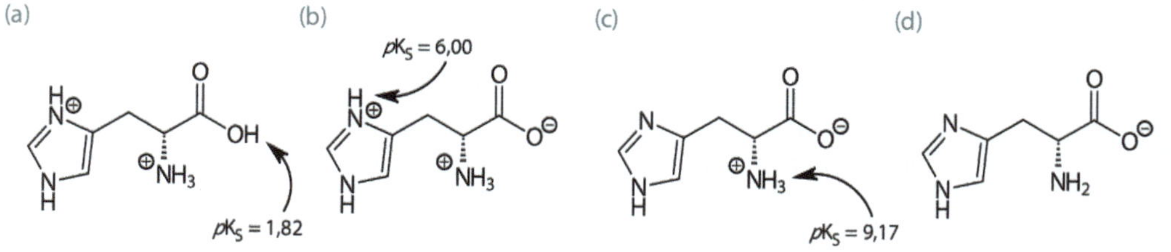

✔ Im stark sauren Medium ($pH < pK_{S(-COOH)} = 1{,}82$) sind nicht nur die Carboxygruppe, sondern auch die Aminogruppe und der Imidazol-Rest protoniert (a): Gesamtladung: +2.

✔ Mit steigendem *p*H-Wert erfolgt (erwartungsgemäß) die Deprotonierung der Carboxygruppe (b), was zu einer Nettoladung von +1 führt.

- ✔ Steigt der *p*H-Wert, wird dann zunächst der bislang noch protonierte Imidazol-Rest deprotoniert (c, mit $pK_{S(Seitenkette)} = 6{,}00$ ist er saurer als die unter diesen Bedingungen ebenfalls protonierte Aminogruppe); anschließend liegt die Aminosäure wie gewohnt als Zwitter-Ion mit einer Gesamtladung von ± 0.
- ✔ Aber wo genau der *p*I liegt, hängt natürlich auch noch von $pK_{S(-NH_3^+)} = 9{,}96$ ab: Wird auch die Aminogruppe noch vollständig deprotoniert (c), ergibt sich eine Nettoladung von -1.

Somit berechnet sich der *p*I aus dem Mittelwert der beiden basischen (!) funktionellen Gruppen, dem Imidazol-Rest und der Aminogruppe: $pI(His) = (6{,}00 + 9{,}96)/2 = 7{,}59$.

Die Einteilung in »polar oder unpolar« ist ein wenig unsinnig, denn jede noch so »unpolare« Aminosäure weist zumindest eben jene zwei polaren funktionellen Gruppen auf, die sie überhaupt erst zu einer Aminosäure machen. (Zudem ist die Einteilung auch sehr willkürlich, denn dass der Übergang von unpolar zu polar fließend ist, haben Sie schon in Kapitel 10 erfahren.) Eine weitere Aminosäuren-Gruppierung, die auch recht beliebt ist, wollen wir Ihnen ebenfalls nicht vorenthalten: Phenylalanin, Tryptophan, Tyrosin und Histidin sind die einzigen Aminosäuren mit einem aromatischen Ringsystem, weswegen sie auch zu den »aromatischen Aminosäuren« zusammenfasst werden. Zu guter Letzt sei noch erwähnt, dass Glycin, Tryptophan und Cystein auch als *die amphiphilen Aminosäuren* bezeichnet werden.

Das ist von essentieller Wichtigkeit!

Wenn es um Fragen der Ernährung geht, taucht immer wieder der Begriff »essentielle Aminosäuren« auf. Gemeint sind damit Aminosäuren, die ein Organismus (meist der menschliche) benötigt, aber *nicht selbst biochemisch erzeugen* kann. Derartige Aminosäuren müssen also über die Nahrung aufgenommen werden; geschieht das nicht oder nur in unzureichendem Maße, kommt es zu Mangelerscheinungen. Von den zwanzig proteinogenen Aminosäuren (*siehe* Abbildung 46.2) sind nach aktuellem Kenntnisstand nur acht tatsächlich *essentiell*:

- ✔ Ohne Lys und Thr kommt der menschliche Körper einfach nicht aus; diese Aminosäuren müssen tatsächlich in genau dieser Form aufgenommen werden.
- ✔ Bei Val, Leu, Ile, Phe, Met und Trp sieht die Sache schon ein wenig anders aus: Diese Aminosäuren werden zwar als essentiell *angesehen*, aber streng genommen trifft das nicht zu, denn der menschliche Organismus kann sie sich notfalls aus entsprechenden Ketosäuren zusammenbasteln – was natürlich eine gewisse Belastung darstellt.
- ✔ Die Aminosäuren Cys, Tyr, Ser, Asn, Gln, Arg und His wurden früher ebenfalls als essentiell angesehen, heutzutage gelten sie als *bedingt essentiell*, weil ein gesunder Organismus zwar ohne sie auskommt, bei bestimmten Krankheitsbildern das Fehlen genau dieser Aminosäuren allerdings unschöne Folgen hat.

- So erfolgt die Synthese von Cystein, die unter gewöhnlichen Umständen in der Leber erfolgt (ausgehend von Methionin), bei Leberzirrhose-Patienten nur noch unzureichend; auch bei Neugeborenen (insbesondere bei Frühgeburten) kann der Cystein-Bedarf auf diesem Wege häufig noch nicht gedeckt werden.
- Tyrosin kann im Körper aus Phenylalanin erzeugt werden; dafür wird allerdings das Enzym Phenylalaninhydroxylase benötigt. Fällt dieses krankheitsbedingt (oder aufgrund eines Gendefektes) aus, wird auch Tyrosin essentiell.

Ein schöner Merksatz zu den acht essentiellen Aminosäuren lautet: »**L**eider **F**ehlen **W**ichtige **M**oleküle **I**m **K**örper **V**ieler **T**iere«. Der Ein-Buchstaben-Code für Aminosäuren verrät Ihnen sofort, welche Aminosäuren denn nun essentiell sind:

✔ L F W M I K V T = Leu Phe Trp Met Ile Lys Val Thr

Ein bisschen mehr zum Thema »Krankheiten, chemisch betrachtet« finden Sie im Abschnitt *Ohne Chemie gäb's Skorbut* in Kapitel 48.

Aminosäuren tun sich zusammen

Aus Kapitel 40 wissen Sie, dass Carbonsäuren und Amine unter Wasserabspaltung Amidbindungen eingehen können – genau das tun auch Aminosäuren untereinander. Dabei entstehen:

Peptide

Eine Aminosäure greift mit ihrer *Aminogruppe* die *Carboxylfunktion* einer anderen Aminosäure nucleophil an. Unter Wasserabspaltung entsteht eine **Amidbindung**; eine solche Verbindung von Aminosäuren wird als **Peptid** bezeichnet. Aber schauen Sie genauer hin: Wenn zwei Aminosäuren miteinander reagieren, können auch *zwei unterschiedliche* Produkte entstehen.

Reagieren beispielsweise Alanin (Ala, A) und Valin (Val, V) miteinander, sind sie entweder über die Carbonylgruppe von Alanin und die Aminogruppe von Valin miteinander verknüpft (Abbildung 46.5a) oder eben umgekehrt (b).

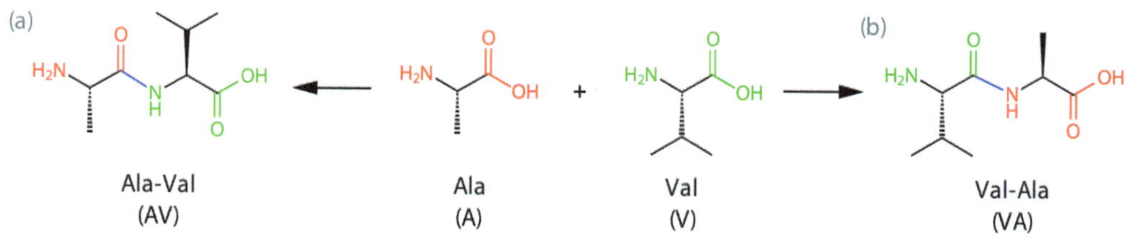

Abbildung 46.5: Zwei Dipeptide aus den gleichen Aminosäure-Bausteinen

Da diese beiden Verbindungen natürlich unterschiedliche chemische und physikalische Eigenschaften besitzen, braucht man auch eine Methode, sie möglichst leicht voneinander zu unterscheiden. Deswegen gibt es die Konvention, Peptid-Ketten immer von *dem* Ende der Kette aus zu benennen, an dem eine freie *Aminogruppe* vorliegt, die Aminogruppe also nicht Teil einer Amidbindung ist: Es wird *von der N-terminalen Aminosäure* (dem **N-Terminus**) *zur C-terminalen Aminosäure* (dem **C-Terminus**) gelesen, bei der eben die Säurefunktion frei vorliegt. Kurz: **N→C**.

BEISPIEL

Entsprechend heißen die beiden **Dipeptide** (aus *zwei* Aminosäuren zusammengesetzt) Alanylvalin (Abbildung 46.5a) und Valinylalanin (b) – und so heißt das auch im Drei- oder Ein-Buchstaben-Code (Ala-Val / AV, Val-Ala / VA).

Natürlich hält nichts dieses Dipeptid davon ab, an seinem N- oder C-Terminus mit weiteren Aminosäuren zu reagieren. So entstehen durch weitere Kondensationsreaktionen **Oligopeptide** (mit 3 bis 20 Aminosäuren; wollen Sie genauer sein, geben Sie mit den üblichen griechischen Zahlenworten die genaue Anzahl beteiligter Aminosäuren an: *Tripeptid*, *Tetrapeptid* et cetera) oder **Polypeptide** (aus mehr als 20 »Bausteinen«). Entsprechend werden auch diese Verbindungen benannt. Abbildung 46.6 zeigt die Strukturformel eines beliebigen Tetrapeptids und vier völlig gleichwertige Kurzschreibweisen (a/b auf der Basis des Drei-Buchstaben-Codes, c/d auf dem Ein-Buchstaben-Code basierend – Sie sehen deutlich, wie viel Platz sich damit sparen lässt).

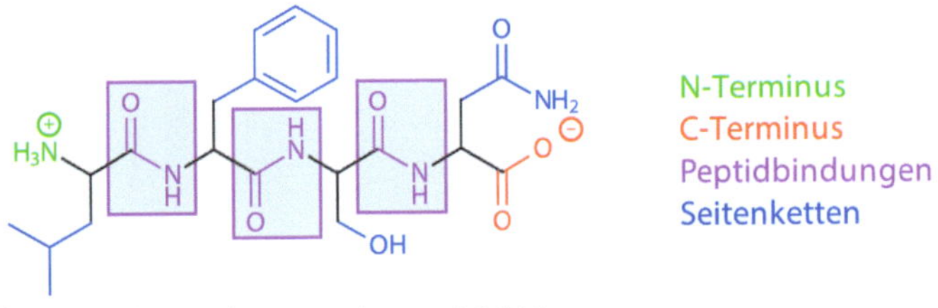

(a) H_2N–Leu·Phe·Ser·Asn–COOH

(b) Leu·Phe·Ser·Asn

(c) L-F-S-N

(d) LFSN

Abbildung 46.6: Ein Tetrapeptid

Die in derartigen Verbindungen vorliegende Peptidbindung weist einige Besonderheiten auf: Schon die zugehörigen *mesomeren Grenzformeln* (Abbildung 46.7a) lassen einen gewissen Doppelbindungscharakter zwischen C und N vermuten, und wenn Sie sich die beteiligten Orbitale anschauen, wird es noch deutlicher (b): Das unhybridisierte p-Orbital am Stickstoff wechselwirkt mit dem π-Anteil der C–O-Doppelbindung.

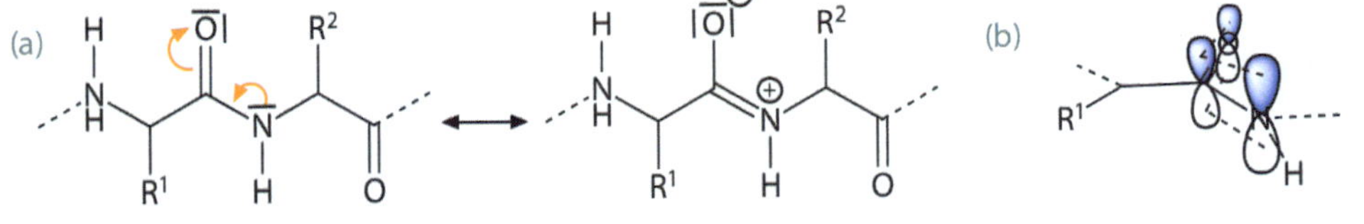

Abbildung 46.7: Die Peptid-Bindung

Bitte beachten Sie, dass das an das N-Atom der Peptidbindung gebundene Wasserstoff-Atom dabei nicht seine Position verändert: Hier liegt **Mesomerie** vor, *nicht etwa Tautomerie.*

Laut dem VSEPR-Modell gehört ein Elektronenpaar aus energetischen Gründen in ein *Hybrid*orbital, aber da bei Mesomerie Delokalisationsenergie frei wird, nimmt so ein Molekül diesen »Regelverstoß« billigend in Kauf. Mit anderen Worten: Hier taugt das VSEPR-Modell wieder einmal nichts. An sich ist das ja auch nicht schlimm: Viele Modelle haben Fehler oder Sollbruchstellen – Sie müssen es eben nur *wissen.*

Die Drehbarkeit um die C–N-Bindung ist damit deutlich eingeschränkt – und das wirkt sich auf die mögliche räumliche Anordnung von Oligo- oder Polypeptiden aus: Die vier beteiligten Atome (O, C, N, H; in Abbildung 46.6 jeweils pink dargestellt) stehen immer koplanar zueinander (= »liegen in der gleichen Ebene«). Entsprechend lässt sich die Konformation einer längeren Peptidkette durchaus dadurch beschreiben, wie die einzelnen »Peptidbindungs-Ebenen« zueinander verdreht sind. Da die anderen Substituenten am »Rückgrat« der Kette (in Abbildung 46.6 blau) einander dabei mehr oder weniger heftig ins Gehege kommen, unterscheiden sich die einzelnen denkbaren Konformere teilweise recht drastisch in ihrem Energiegehalt, und so gibt es einige Konformationen, die anderen gegenüber deutlich bevorzugt sind. Besonders wichtig sind dabei die α-Helix (Abbildung 46.8a) und das β-Faltblatt (b).

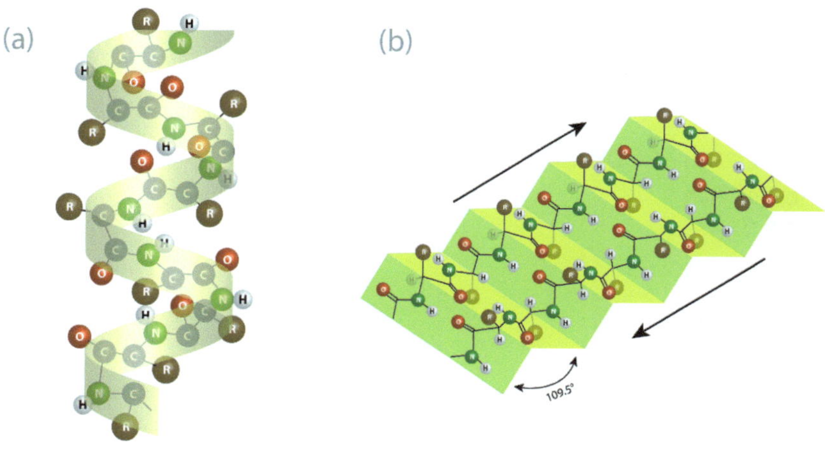

Abbildung 46.8: α-Helix (a) und β-Faltblatt (b)

- Bei der **α-Helix** treten die einzelnen Glieder einer Oligopeptidkette über Wasserstoffbrückenbindungen nur mit ihren unmittelbaren Nachbarn in Wechselwirkung. (Das lässt sich gut erkennen, wenn Sie dem in Abbildung 46.8a dunkler dargestellten *Rückgrat* der Peptidkette folgen.)
- Beim **β-Faltblatt** hingegen orientieren sich zwei Kettenabschnitte antiparallel zueinander und stabilisieren einander wechselseitig durch H-Brücken.

- Beachten Sie die unterschiedliche Laufrichtung: In Abbildung 46.8b müssen Sie die untere Kette von rechts nach links lesen, um der konventionsgemäßen Leserichtung N→C zu folgen, während die obere Kette dazu antiparallel verläuft (C←N).

Es gibt natürlich noch zahlreiche weitere Möglichkeiten für Oligo- und Polypeptide, sich räumlich anzuordnen. Es sei an dieser Stelle nur exemplarisch auf die *Tripelhelix* verwiesen, wie sie etwa das *Collagen* ausbildet, das sich unter anderem im Bindegewebe findet (Abbildung 46.9).

Abbildung 46.9: Die Collagen-Tripelhelix

Es gibt also in Oligo- und Polypeptiden *mehrere Ebenen der Ordnung*:

✔ Als **Primärstruktur** wird die Reihenfolge bezeichnet, mit der die Aminosäuren miteinander verknüpft sind (also: Ala-Val-Gly oder Val-Gly-Ala).

✔ Die räumliche Anordnung einzelner Abschnitte eines Peptids zueinander wird *Sekundärstruktur* genannt (zusammengehalten vor allem durch *H-Brücken*).

Natürlich wirkt sich die Sekundärstruktur auch auf die dreidimensionale Gesamtstruktur dieses großen Moleküls aus. (Verlieren Sie bitte nicht aus den Augen, dass es auch bei Polypeptiden immer noch nur um *ein einziges* Molekül geht, auch wenn das wirklich ganz schön groß werden kann!) Außerdem wird der räumliche Bau dieses Riesendings noch von allen nur erdenklichen intramolekularen Wechselwirkungen beeinflusst, bei denen eine ganz besonders heraussticht: Wenn Sie sich noch einmal Abbildung 46.1 anschauen, werden Sie feststellen, dass die Aminosäure Cystein (Cys, C) über eine freie **Thiolgruppe** (–SH) verfügt. (Biochemiker ziehen oft die Bezeichnung *Sulfhydrylgruppe* vor.) Diese Schwefel-Analoga der OH-Gruppe kennen Sie bereits aus Kapitel 39, und in den Kapiteln 28 und 30 haben Sie erfahren, dass Schwefel durchaus bereit ist, Bindungen mit sich selbst einzugehen. Deswegen lassen sich zwei SH-Gruppen, wenn sie einander nahe genug kommen, leicht zu einer **Disulfidbrücke** oxidieren (mit einer Schwefel-Schwefel-Bindung; Abbildung 46.10a). Nach wie vor sollten Sie sich ein solches Peptid in seiner Primär- und Sekundärstruktur annähernd fadenförmig vorstellen (auch wenn dieser Faden nun zu einer Helix verdrillt oder zu einem Faltblatt »hin und her geknickt« sein kann). Deswegen können auch Thiolgruppen aus gänzlich unterschiedlichen Abschnitten des Fadens miteinander in Wechselwirkung treten (b). Für diese Disulfidbrücke wird eine neue kovalente Bindung geknüpft, und die ist natürlich ziemlich robust (auf jeden Fall robuster als H-Brücken!) und lässt sich nicht so leicht wieder knacken. Schwefelbrücken *verstärken* also die Sekundärstruktur nicht nur, sie sorgen auch für eine fast nicht mehr veränderliche *dreidimensionale Gestalt*.

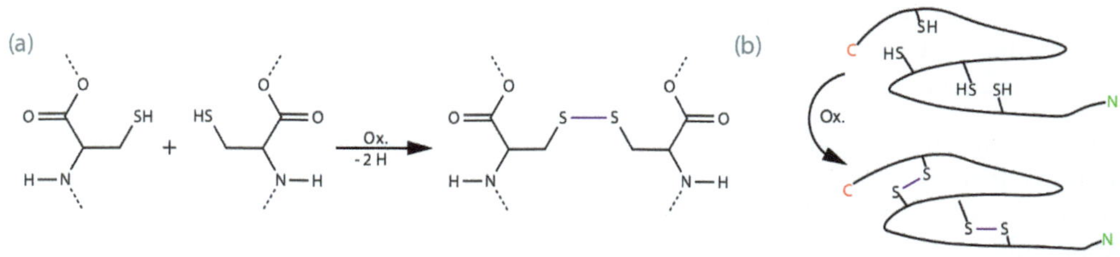

Abbildung 46.10: Intramolekulare Disulfidbrücken

Diese Disulfidbrücken sind auch für die Form/Wellung/Kräuselung unseres Haares (mit-)verantwortlich – und genau das wird für eine Dauerwelle beim Friseur ausgenutzt: Mit einem Reduktionsmittel werden diese Brücken zunächst reduziert und damit aufgebrochen, und nachdem das Haar dann durch Lockenwickler in die gewünschte Form gebracht wurde, sorgt ein Oxidationsmittel (der »Fixierer«) dafür, dass neue Brücken geknüpft werden – genau da, wo Sie sie gerne hätten. Bei der Dauerwelle wird also die dreidimensionale Struktur des Haares *auf molekularer Ebene* neu ausgerichtet – kein Wunder, dass sie so haltbar ist.

Bei den weitaus meisten dieser oft sehr langen Ketten wird allerdings nicht von einem Ende bis zum anderen kontinuierlich die gleiche Sekundärstruktur eingenommen (die dann durch Disulfidbrücken noch fixiert wird); vielmehr liegen verschiedene Sekundärstrukturelemente nebeneinander vor, die durch relativ kurze (vermeintlich) ungeordnete Abschnitte miteinander verbunden sind – diese »Verbindungsstücke« werden je nach Länge als *loops* (längere Schleifen) oder *turns* (kürzere Knicke) bezeichnet. So kann in einem Oligopeptid ein gewisser Abschnitt der Kette als β-Faltblatt vorliegen, ein anderer als α-Helix. Wiederholen sich einzelne Strukturelemente mehrmals, wird das auch ein *Motiv* genannt. (In richtig großen Proteinen können mehrere Motive dann auch noch gemeinsam eine *Domäne* bilden, die häufig schon eine eigene funktionelle Untereinheit darstellt – zur Funktion gleich mehr.)

✔ Die Gesamtstruktur mit allen ihren Aspekten des räumlichen Baus (einschließlich Motiven und gegebenenfalls Domänen) wird als **Tertiärstruktur** bezeichnet; es handelt sich hierbei fast immer um die *natürliche Faltung* des Proteins.

✔ Diese Tertiärstruktur wird durch verschiedene intramolekulare Wechselwirkungen zusammengehalten (Abbildung 46.11):

- Wasserstoffbrückenbindungen
- Disulfidbrücken (S–S-Brücken)
- hydrophobe Wechselwirkungen unpolarer Seitenketten; diese schirmen sich so wechselseitig von der (wässrigen und somit hydrophilen/polaren) Umgebung ab und bilden eine *hydrophobe Tasche*
- elektrostatische Anziehung zwischen Seitenketten mit entgegengesetzter Ladung

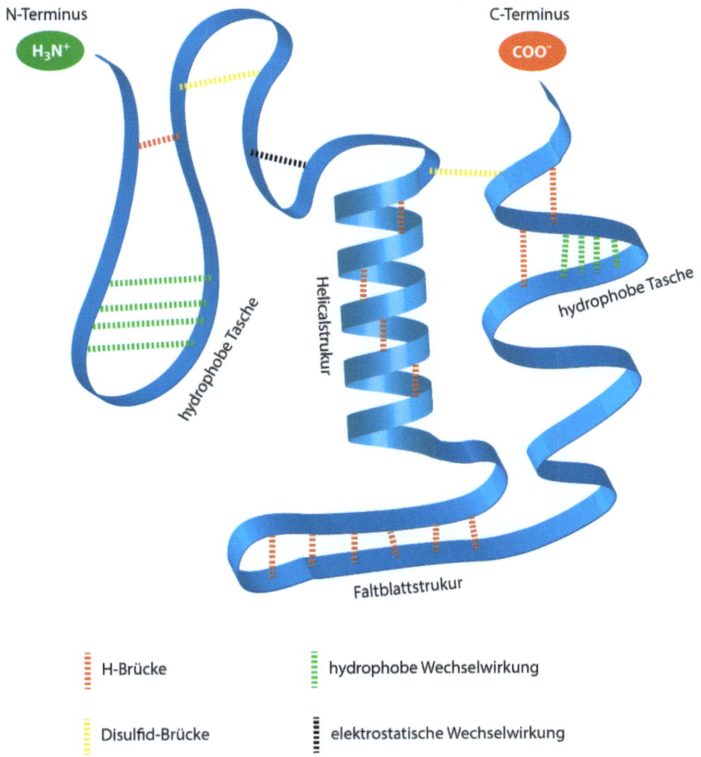

Abbildung 46.11: Intramolekulare Wechselwirkungen innerhalb der Tertiärstruktur

Nachdem Sie jetzt wissen, in welcher Weise Aminosäuren zu durchaus komplexen Oligopeptiden zusammengefügt werden und welche Strukturelemente sich dabei ergeben können, müsste Ihnen eine wichtige Frage durch den Kopf gehen: Woher *weiß* die Natur denn, welche Aminosäuren sie überhaupt erst einmal zu einer Primärstruktur aneinanderfügen muss?

Der genetische Code – die universelle Sprache?

In Kapitel 45 haben Sie erfahren, dass jeweils drei Nucleinbasen (ein *Triplett*) für je eine Aminosäure stehen (fachsprachlich: für eine Aminosäure *codieren*). Da es in der DNA/RNA jeweils *vier* verschiedene Basen gibt (G-A-C-T oder G-A-C-U; schauen Sie noch einmal in Kapitel 45 nach), ergeben sich damit für Dreierkombinationen einzelner Basen (sogenannte Tripletts), die jeweils für eine Aminosäure stehen, insgesamt nur $4^3 = 64$ Möglichkeiten. Das soll alles sein? – Tatsächlich codiert die DNA sogar nur für 20 Aminosäuren, aus denen dann die Proteine (dazu kommen wir gleich) zusammengesetzt werden. Der genetische Code ist also *mehrfach entartet*: Für die meisten Aminosäuren gibt es mehr als nur ein einziges Triplett, bei einigen besonders häufigen (oder besonders wichtigen), wie Gly oder Pro, ist das jeweils dritte Nucleotid schlichtweg egal. Welches Triplett für welche Aminosäure codiert, lässt sich der »*Code-Sonne*« entnehmen (Abbildung 46.12). Sie ist »von innen nach außen« zu lesen; wieder gilt die gewohnte Leserichtung (5′→3′), dieses Mal eben am *RNA*-Strang.

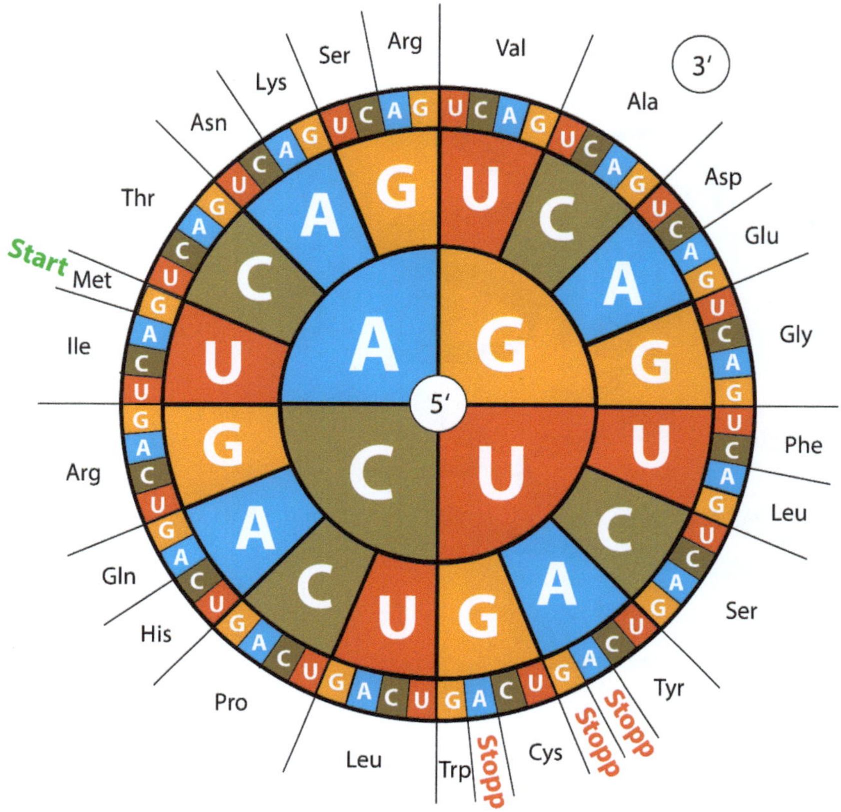

Abbildung 46.12: Code der Basentripletts

Und wie funktioniert das?

Schauen Sie sich noch einmal die kurze DNA-Sequenz an, die wir in RNA *transkribiert* hatten (Abbildung 45.6): Der RNA-Strang, der anhand der Vorlage-DNA synthetisiert wurde (das war der, der selbst vom 5′- zum 3′-Ende »gewachsen ist«, also das Gegenstück zum 3′→5′-Strang der DNA), hatte die (exemplarische) Formel AGCACU. (Natürlich ist so ein RNA-Strang normalerweise viel länger!) Nun müssen Sie die Code-Sonne »von innen nach außen« lesen, wieder einmal vom 5′- zum 3′-Ende des RNA-Stranges. AGC (die ersten drei Nucleotide) codieren für Ser (also die Aminosäure Serin), ACU codiert für Thr (Threonin).

Nun hatten wir Ihnen ja gerade erklärt, dass so ein RNA-Strang normalerweise sehr viel länger ist – und gelegentlich auch Abschnitte enthält, denen *keine* codierende Funktion zukommt –, falls Sie interessiert, warum das so ist und wofür diese Abschnitte gebraucht werden, bleibt uns nichts anderes übrig, als Sie auf einschlägige Lehrbücher der Biochemie, Molekularbiologie oder gleich der Biologie selbst zu verweisen. (Aber selbst wenn Sie das Lager wechseln wollen, vergessen Sie bitte nicht, dass die ganze schöne Biologie immer noch auf Chemie basiert!) Deswegen brauchen die molekularen Maschinen (die Enzyme), die für die Translation (das Übersetzen von RNA zu Aminosäuren) verantwortlich sind, ganz klare Ansagen, was das Leseraster angeht. Aber der korrekte Startpunkt – und damit natürlich auch das entsprechende Leseraster – ist im RNA-Strang selbst ebenso vorgegeben wie der Befehl, wann es denn mal gut ist mit der Verlängerung der Aminosäurekette:

- ✔ Das Triplett AUG, das eigentlich für Methionin codiert, erfüllt *zugleich* noch die Funktion des Start-Codons, das die für das Zusammenfügen der einzelnen Aminosäuren zuständige Enzyme anweist: »Hier anfangen!«; dies ist der **Start-Codon**.
- ✔ Die Tripletts UGA, UAG und UAA erteilen den Befehl »Schluss jetzt!« – das sind die **Stopp-Codons**.

BEISPIEL

Stellen Sie sich einmal vor, Sie verrutschen um eine Base in die eine oder andere Richtung. Nehmen wir an, unser Beispiel (-AGCACU-) sei nur ein Ausschnitt aus einem viel längeren RNA-Strang, und »unsere« erste Base (-A) wäre der dritte Teil eines vorangegangenen Basentripletts. Dann würde der Aminosäure-Strang anschließend mit dem fortgesetzt werden, wofür GCA codiert: Ala. Vollziehen Sie das Lesen der Code-Sonne selbst nach: Für welche Aminosäure würde in unserem Beispiel (-AGCACU-) codieren, wenn die ersten *beiden* Basen zu einem Vorgänger-Triplett gehören würden? – Genau: CAC codiert für His.

Vierfach entartete Codes, also Codes, die für die gleiche Aminosäure codieren, ganz egal, wie die dritte Base aussieht, geben Sie meist an, indem Sie an die dritte Stelle des Tripletts ein X setzen: UCX beispielsweise codiert für Ser. (Besonders gut abgesichert ist die Aminosäure Leu: Neben CUX codieren dafür auch noch UUA und UUG.)

So schön die Vorstellung auch wäre: Der genetische Standard-Code ist zwar sehr weit verbreitet, aber leider doch *nicht ganz universell*: In manchen Pilzarten etwa codiert CUG nicht für *Leucin*, sondern für *Serin*, und in einigen seltenen Bakterien stellt UGA nicht etwa das *Stopp-Codon* dar, sondern den Code für *Glycin*. Bislang spricht allerdings vieles dafür, dass es sich dabei um echte Sonderfälle handelt: An sich können Sie sich auf den Standard-Code anscheinend weitgehend *eben doch* verlassen – und das ist auch gut so, schließlich basiert auf der Universalität dieses Codes ein Großteil der derzeitigen Gentechnik.

Proteine: Enzyme und mehr

Oligopeptide mit einer genau definierten Tertiärstruktur werden häufig als **Proteine** bezeichnet (oder, fachsprachlich nicht ganz korrekt, als *Eiweiße*). Diese Moleküle sind oft aus weit über 100 Aminosäuren zusammengesetzt. Den Größenrekord eines aus dem menschlichen Körper isolierten Proteins hält derzeit das *Connectin*, das aus über 30 000 Aminosäuren besteht und 320 Domänen aufweist. (Nein, den IUPAC-Namen davon *wollen* Sie nicht wissen.) Solche Riesenmoleküle haben natürlich auch eine beachtliche molare Masse – mehrere Tausend g mol^{-1} sind da keine Seltenheit.

Aus historischen Gründen wird in der Biochemie die für Chemiker übliche Masseneinheit (u) nur selten verwendet, sondern stattdessen **Dalton** (abgekürzt: **Da**). Schlimm ist das aber nicht, denn 1 Da = 1 g mol^{-1} (= 1 u); diese Einheit ist also ein Synonym für die *atomare Masseneinheit* (benannt nach dem John DALTON, den Sie spätestens seit Kapitel 7 kennen). Wollen Sie die Molekülmasse von größeren Biomolekülen angeben, bedienen Sie sich der üblichen Vorsilben und landen deswegen meist bei der Bezeichnung *kDa*. (Das oben erwähnte Connectin kommt auf mehr als 3,5 *MDa*.)

In Stoffwechselwegen fungieren Proteine häufig als **Enzyme**: äußerst spezifische Katalysatoren, die einzelne Reaktionen (auf die sie jeweils genau »zugeschnitten« sind), um ein Vielfaches beschleunigen (um den Faktor 10^6–10^{12}). Aus Kapitel 23 wissen Sie, dass Katalysatoren niemals die *Lage* eines chemischen Gleichgewichts beeinflussen, sondern nur die *Einstellung des chemischen Gleichgewichts beschleunigen*. Das geschieht durch einen Eingriff in den jeweiligen Reaktionsmechanismus, der Katalysator (hier: das Enzym) tritt also in (chemische) Wechselwirkung mit dem Substrat (oder auch den Substraten). Dafür reicht die reine Proteinkette gelegentlich nicht aus; dann werden zusätzliche funktionelle Gruppen gebraucht – diese sind natürlich *nicht* in der DNA gespeichert.

Noch einmal: Was die Produktion von Peptiden betrifft, enthält der genetische Code lediglich die Anweisung, in *welcher* Reihenfolge *welche* Aminosäuren miteinander zu verknüpfen sind – von Sekundär- oder Tertiärstrukturen steht da (soweit wir bislang wissen) nichts, und ebenso wenig von anderen Molekülen als eben den 20 proteinogenen Aminosäuren.

Hier kommen die **prosthetischen Gruppen** ins Spiel: nicht-peptidische Komponenten (nicht aus Aminosäuren aufgebaut), die im Zuge posttranslationaler Modifikationen *kovalent mit dem Peptid verbunden* werden. Ein Beispiel für ein Enzym, das ohne prosthetische Gruppen seine Funktion nicht erfüllen könnte, ist das *Myoglobin* (Abbildung 46.13a). Dieses Protein besteht aus 153 Aminosäuren und ist für den Sauerstofftransport im menschlichen Muskel zuständig. Um den Sauerstoff transportieren zu können, muss das Enzym O_2-Moleküle *reversibel* binden können. Das gelingt dank der prosthetischen Gruppe: dem Häm-Molekül (b/c). Dieses ist über das zentrale Eisen mit einem N-Atom einer His-Seitenkette verbunden.

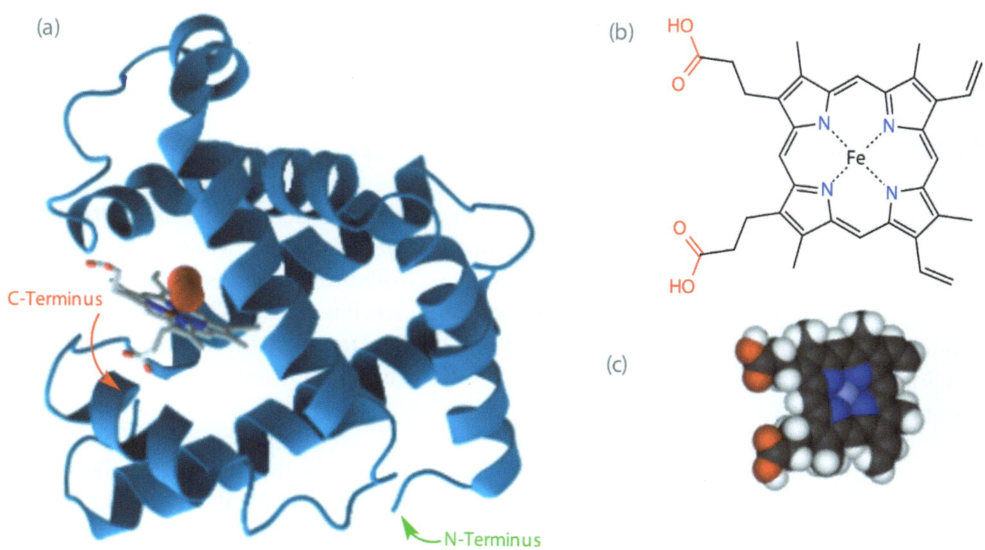

Abbildung 46.13: Myoglobin (a) und dessen prosthetische Gruppe (b/c)

Natürlich ist »Häm« nur eine Abkürzung: Eigentlich heißt dieses komplexe Molekül (in der Mitte sitzt ein Eisen(II)-Ion, das mit allen vier Stickstoff-Atomen – blau dargestellt – gleichermaßen wechselwirkt) Fe-Protoporphyrin IX – die römische Zahl verrät Ihnen, dass es noch jede Menge weiterer Häm-Moleküle gibt, die sich in der Art der Seitenketten am »großen Ring« unterscheiden. (Wollen Sie den »richtigen« IUPAC-Namen vom Häm aussprechen, besteht die Gefahr eines Knotens in der Zunge. Bleiben wir also bei Häm.) Den Namen Häm trägt dieses Molekül, weil es erstmals im *Hämoglobin* entdeckt wurde, dem Sauerstoff-Transporter im menschlichen Blut. Allerdings ist Hämoglobin deutlich komplizierter aufgebaut als Myoglobin, deswegen soll uns Letzteres als Beispiel dienen. *Bitte Myoglobin und Hämoglobin nicht verwechseln!*

Wie in der Biochemie die Dinge dargestellt werden

Abbildung 46.13a zeigt ein **Richardson-Diagramm** zur Veranschaulichung der tatsächlichen dreidimensionalen Struktur des Proteins (benannt nach der US-amerikanischen Biophysikerin Jane Richardson). In diesen (heutzutage meist computergenerierten) Darstellungen wird das Rückgrat der Primärstruktur eines Proteins als Faden oder Band dargestellt, während sämtliche Seitenketten der Übersichtlichkeit halber weggelassen werden. Häufig werden diese Abbildungen nach dem englischen Wort für »Band« auch *Ribbon*-Diagramme genannt. (Ärgerlicher- und verwirrenderweise sprechen manche Biochemiker hier auch von einem *Bändermodell*, aber was dieses Wort in der »normalen Chemie« bedeutet, wissen Sie ja aus Kapitel 14.) Die Darstellung als breiteres Band wird meist gewählt, um einzelne Sekundärstrukturelemente zu verdeutlichen (so sehen Sie zum Beispiel gleich, dass es im Myoglobin insgesamt acht α-Helices gibt). Die roten Kugeln nahe dem Häm symbolisieren das am Eisen komplexierte O_2-Molekül.

Abbildung 46.13c zeigt die Raumerfüllung aller am (isolierten) Häm-Molekül beteiligten Atome. Sie sehen sehr deutlich, wie kompakt dieses Molekül mit all den Seitenketten am Porphyrinring ist (diesem »großen Ring«, der sich durch die Verknüpfung der vier Pyrrol-Bausteine ergibt – sonderlich übersichtlich ist das natürlich nicht). Diese (ebenfalls computergenerierte) Darstellung entspricht in etwa dem Kalottenmodell (das Sie schon aus Abbildung 12.2e und Kapitel 35 kennen); sie wird nach ihren Entwicklern Robert Corey, Linus Pauling und Wolfgang Koltun als **CPK-Modell** bezeichnet. Im Gegensatz zum »gewöhnlichen« Kalottenmodell gibt es hier einen *verbindlichen Farb-Code*: Kohlenstoff wird schwarz (oder dunkelgrau) dargestellt, H ist weiß, O rot, N blau, während Grün (das sonst häufig in Kalottenmodellen für N steht) den Halogenen Fluor und Chlor vorbehalten ist. Brom wird meist braunrot dargestellt – passt ja, so sieht das Element unter Normbedingungen schließlich auch makroskopisch aus. Es ist daher nur folgerichtig, dass dem Iod die Farbe Violett zugewiesen wurde. (Dass die Code-Farbe der weitaus meisten Metalle allerdings ein dezentes Rosa ist, schmälert die Plausibilität dann wieder ein wenig.)

Erst eins, dann zwei, dann drei, dann vier …

Viele Enzyme entwickeln ihre Wirkung erst, wenn sich mehrere Peptide in einer bestimmten räumlichen Anordnung zusammengefunden haben. Dies ist die **Quartärstruktur** eines Proteins, das aus mehreren *Untereinheiten* besteht; je nachdem, wie viele Untereinheiten es gibt, ist es ein Dimer, Trimer, Tetramer und so weiter – und wenn Sie sich nicht festlegen wollen, sagen Sie *Oligomer*. Sind die Untereinheiten identisch, ist es ein *Homo*-Oligomer, sonst eben ein *Hetero*-Oligomer.

Proteine können aber nicht nur für den Stofftransport sorgen oder als Biokatalysatoren Reaktionen beschleunigen, sondern auch gänzlich andere Funktionen erfüllen:

- ✔ Vor allem kleinere Proteine steuern als **Hormone** Stoffwechselprozesse.
- ✔ Die *Gerinnungsfaktoren*, die dafür sorgen, dass Sie nach einer eigentlich unbedeutenden Schnittverletzung nicht einfach ausbluten, sind ebenfalls Proteine.
- ✔ Viele Abwehrstoffe/*Toxine* von Skorpionen, Schlangen und Co. sind Oligopeptide, darunter auch das *Botulinum-Toxin*, kurz *Botox*. Die Falten glättende Wirkung dieses Protein-Gemischs basiert auf der gezielten Lähmung von Gesichtsnerven. Klasse.
- ✔ **Strukturproteine** dienen als Gerüststoffe in Zellen. Beispiele sind das bereits erwähnte Collagen aus dem Bindegewebe, aber auch *Faserproteine* wie das *Keratin*, das unter anderem Hauptbestandteil des menschlichen Haares ist.
- ✔ Muskelbewegungen werden erst durch das aktive Zusammenspiel der Proteine *Actin* und *Myosin* möglich. Durch deren Wechselwirkung verändert sich reversibel die Tertiärstruktur beider **Bewegungsproteine**.
- ✔ Auch die Antikörper (*Immunoglobuline*) sind Proteine – aber jetzt wird's eigentlich schon wieder zu biologisch (und es gibt noch viel mehr!).

Die posttranslationale Modifikation – Linguistik für Chemiker, Teil 2

Posttranslationale Modifikation – was für ein Wort! Zweifellos können Sie auf langweiligen Partys immensen Eindruck schinden, wenn Sie so einen Ausdruck verwenden können, ohne mit der Wimper zu zucken, aber tatsächlich ist das wieder einer jener Fachbegriffe, die nur auf den ersten Blick unverständlich scheinen:

Das Wort »Modifikation« ist hier nicht im Sinne der stofflichen Vielgestaltigkeit von Allotropie und Polymorphie zu verstehen (so wie Sie das aus Kapitel 28 kennen), sondern im Sinne des eher alltäglichen Sprachgebrauchs: Hier wird etwas »modifiziert«, also »verändert«. Und »post-translational« bedeutet nur, dass diese Veränderung erst *nach* (lateinisch = *post*) der *Translation* erfolgt, die Sie schon aus Kapitel 45 kennen. Mit anderen Worten: Nachdem dank der Translation eine genau definierte Folge von Aminosäuren aneinandergetackert wurde, wird bei der *post*translationalen Modifikation etwas daran verändert – etwa durch Redox-Prozesse oder Ähnliches. So kann bei der

Aminosäure Prolin in 4-Position durch Oxidation eine OH-Gruppe eingeführt werden, sodass sich jetzt in der Kette 4-Hydroxyprolin befindet – eine Aminosäure, für die in der DNA *kein Code* vorgesehen ist. Diese neu eingeführte funktionelle Gruppe verändert natürlich die Möglichkeit der ganzen Kette, H-Brücken oder andere intramolekulare Wechselwirkungen einzugehen, und das kann die Sekundär- und die Tertiärstruktur eines Proteins drastisch verändern. (Ein wenig mehr darüber, was für Folgen das haben kann, erfahren Sie in Kapitel 48.)

Viele posttranslationale Modifikationen lassen sich mit dem Chemie-Lego®-Ansatz leicht nachvollziehen: *Homocystein* etwa entsteht durch Abspaltung der Methylgruppe von Methionin (a), *Ornithin* ist das Hydrolyseprodukt von Arginin (b), wobei die Guanidinogruppe in Form von Ammoniak und Kohlensäure/CO_2 abgebaut wird, und so weiter.

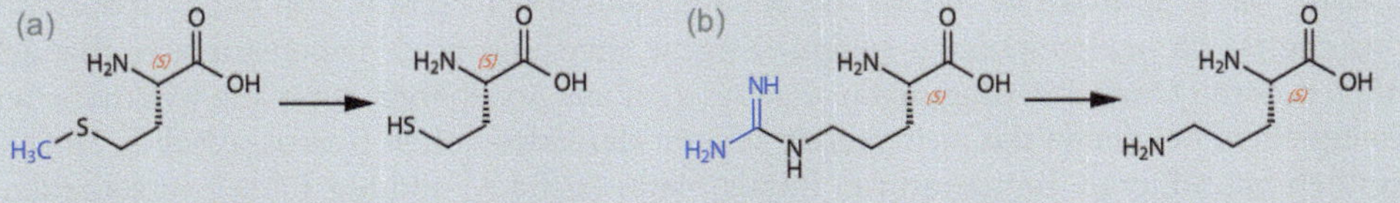

Manche dieser Verbindungen sind in der Biochemie derart wichtig, dass sie sogar einen eigenen Drei-Buchstaben-Code erhalten haben: So wird die nicht-proteinogene Aminosäure Ornithin häufig Orn abgekürzt, und für Homocystein hat sich das Kürzel Hcy eingebürgert.

Leistungsstark, aber empfindlich

Viele Proteine (vor allem die Enzyme) sind ziemlich Temperatur-labil – gerade *weil* sie einen derart hohen Ordnungsgrad (Tertiär- und gegebenenfalls sogar Quartärstruktur!) aufweisen. Mit steigender Temperatur bewegen sich bekanntermaßen die einzelnen Atome immer schneller hin und her (denken Sie an die Entropie!). Bei hinreichender thermischer Anregung wird dann die Tertiärstruktur zerstört (und falls es eine Quartärstruktur gegeben hat, ist die dann natürlich auch hinüber), weil diese Strukturen vor allem durch VAN-DER-WAALS-Kräfte und Wasserstoffbrücken zusammengehalten werden. Anschließend lagern sich ähnliche(re) Teile der Kette aneinander: hydrophil zu hydrophil, hydrophob zu hydrophob. Das führt zu einem recht festen dreidimensionalen Netzwerk, deswegen verhärtet sich die Substanz. (Steigt die Temperatur immer weiter an, geht es natürlich auch der Sekundär- und schließlich sogar der Primärstruktur an den Kragen: Irgendwann brechen auch die Peptidketten selbst, aber das erfordert schon Temperaturen deutlich oberhalb von 100 °C.)

Der Prozess, bei dem das Protein seine natürliche Faltung verliert (und damit auch seine Funktionalität), wird als **Denaturierung** bezeichnet: Dabei verändern sich auch die physikalischen Eigenschaften – Sie kennen das aus dem Alltag: Wenn Sie ein Ei in die (heiße) Pfanne hauen, legen Sie es ja gerade darauf an, dass sich die Konsistenz verändert (oder mögen Sie etwa glibberige Eier?). Die Denaturierungs-Temperatur ist dabei von Protein zu Protein verschieden.

Damit kommen wir auch zur Antwort auf die Frage, auf die Sie schon seit Kapitel 19 warten: Warum bekommen Sie auf dem Mount Everest kein anständig hart gekochtes Ei hin? – Hühnerei*weiß* enthält vor allem *Ovalbumin*, das Ei*gelb* hingegen *Conalbumin*. Conalbumin gerinnt oberhalb von etwa 61 °C, während Ovalbumin etwas widerstandsfähiger ist: Dessen natürliche Faltung gibt erst oberhalb von 84 °C den Geist auf. Wegen des geringeren Luftdrucks auf der Bergspitze siedet Wasser in dieser Höhe aber bereits bei etwa 70 °C. Das Eigelb wird also stocken, das Eiweiß jedoch bleibt halb-flüssig. (Aber wer sich dort oben herumtreibt, hat meist ganz andere Probleme als die Konsistenz seines Frühstückeies.)

Die Denaturierung von Proteinen ist auch der Grund, warum der menschliche Körper Innentemperaturen oberhalb von 42 °C (also richtig hohes Fieber) nicht lange übersteht: Ab da verlieren einige Enzyme ihre Funktionalität, und auf diese molekularen Maschinchen ist der Organismus nun einmal angewiesen. (Das bedeutet aber nicht, dass sich ein menschlicher Körper bei 42 °C spontan so verhält wie ein Spiegelei in der Pfanne: Von makroskopischer Gerinnung ist da noch nichts zu sehen!) Es gibt allerdings auch Lebensformen, die sich deutlich raueren Umweltbedingungen angepasst haben. So leben in der Nähe von manchen Tiefseequellen, bei denen das austretende Wasser dank des hohen hydrostatischen Drucks auch noch bei höheren Temperaturen flüssig bleibt (*siehe* Abbildung 17.3a), verschiedene Bakterienarten, die auch mit mehr als 120 °C keinerlei Probleme haben. Die Proteine dieser *Hyperthermophilen* sind also deutlich robuster. (Derzeit wird *vermutet*, die absolute Obergrenze für das Leben liege bei etwa 150 °C – aber die Natur hat den Menschen schon so manches Mal überrascht.)

Der Mensch – fast ein Affe, aber doch einem Maiskolben ähnlich

Dass die vier Nucleotide (GATC) in allen bislang bekannten Lebensformen nahezu identische Funktionen erfüllen, bedeutet natürlich auch, dass das Erbgut (über dessen biologische Aufbewahrungs- und Sortierungsweise – Stichwort: Chromosomen und dergleichen mehr – hier nichts weiter ausgesagt werden soll) verschiedenster Organismen immense Ähnlichkeiten besitzt.

Je nachdem, welche Ähnlichkeits-Kriterien Sie anlegen, kommen bemerkenswerte Befunde heraus:

- ✔ Schauen Sie danach, welche Funktion welche Gen/DNA-Abschnitte tatsächlich erfüllen (etwa Augenfarbe oder eine ähnliche makroskopisch leicht erkennbare Eigenschaft, aber auch mikroskopische Faktoren wie beispielsweise Aminosäuresequenzen bei Enzymen mit gleicher Aufgabe), stimmen Menschen und manche Affen-Arten zu mehr als 95 % in ihrem Erbgut überein. (Eigentlich ein guter Erklärungsansatz für das Verhalten mancher Menschen, mit denen Sie es gelegentlich zu tun bekommen.)
- ✔ Wählen Sie weiter gefasste Kriterien – etwa die Ähnlichkeit der Stoffwechselwege (mehr dazu in Kapitel 48) –, werden die Vergleichbarkeiten noch erheiternder: Dann stimmt der Mensch nämlich zu über 55 % mit einem Maiskolben oder einer Banane überein (und es gibt Menschen, bei denen merken Sie sogar *das* noch).

Unerwartet einfach – eine ganz neue Nomenklatur

Enzyme werden meist nicht im Sinne der IUPAC nach ihrem chemischen Aufbau benannt – das wäre bei diesen Riesenmolekülen ein wenig viel verlangt. Stattdessen werden sie meist nach der »Aufgabe« bezeichnet, die sie erfüllen, und ihr Enzym-Status wird durch die Endung **ase** gekennzeichnet. So ist eine *Reduktase* beispielsweise eine »molekulare Maschine«, die bestimmte Substrate gezielt reduziert, eine *Transaminase* hingegen überträgt eine Aminogruppe (meist stereospezifisch) von einem Substrat auf ein anderes (schon wieder Chemie-Lego®!).

Als *Synthase* wird ein Enzym bezeichnet, das als Katalysator bei der Synthese eines genau definierten Produkts fungiert (wobei sich der Name dieses Produkts dann auch im Namen der entsprechenden Synthase wiederfindet), eine *Ligase* hat die Aufgabe, zwei Moleküle durch das Knüpfen einer neuen Bindung zu vereinigen (verwirrenderweise wurden Ligasen früher auch als »Synthetasen« bezeichnet – nicht mit Synthasen verwechseln!). Natürlich gibt es in der (fast unüberschaubaren) Vielfalt der Biochemie weit mehr als nur *ein* Enzym für praktisch jede nur erdenkliche Aufgabe, aber die zugehörige Systematik zur eindeutigen Benennung geht über jegliche Grundlagen weit hinaus.

Verwechseln Sie nicht die Endung ***ase*** (für Enzyme) mit der Endung ***ose*** (für die Aldosen/Ketosen aus Kapitel 44)! (Andererseits verwechseln Sie ja vermutlich im Alltag auch nicht die Begriffe »H**a**se« und »H**o**se«.)

Die Transaminierung – »Bäumchen, wechsel dich!«

Wie bereits erwähnt, übertragen die als Transaminasen bezeichneten Enzyme Aminogruppen stereospezifisch von einem Substrat auf ein anderes. Als Reaktionspartner dienen dabei fast immer α-Ketocarbonsäuren (bekannt aus Kapitel 40). Das Reaktionsgeschehen lässt sich mit dem vertrauten Chemie-Lego®-Ansatz leicht nachvollziehen: Eine Aminogruppe sowie das am aminischen C-Atom gebundene Wasserstoff-Atom tauschen gemeinsam den Platz mit einem Carbonyl-Sauerstoff. Dabei handelt es sich um eine *Redox*-Reaktion:

Der aminische Kohlenstoff geht hier mit dem ebenfalls elektronegativeren Sauerstoff eine Doppelbindung ein und »verliert« dabei ein Wasserstoff-Atom: Er wird *oxidiert.*

- ✔ Damit handelt es sich um eine *oxidative Desaminierung.*
- ✔ Der Carbonyl-Kohlenstoff wird (stereospezifisch) *reduziert*: Nach Abschluss der Reaktion ist er nur noch über eine Einfachbindung mit einem elektronegativeren Atom verbunden und trägt als zusätzlichen Bindungspartner ein Wasserstoff-Atom. Die Reaktion lässt sich also auch als (stereospezifische) *reduktive Aminierung* auffassen.

Als wäre das nicht schon einfach genug, lässt sich an diesem Beispiel auch noch sehr schön erkennen, wie eng verwandt vermeintlich verschiedenste Biomoleküle sind:

- ✔ Durch oxidative Desaminierung wird aus der proteinogenen Aminosäure *Alanin* (Ala) die 2-Oxopropansäure, die Ihnen in Kapitel 40 schon als *Brenztraubensäure* begegnet ist. (In Kapitel 48 sehen Sie diese Verbindung wieder.)

- Das hier gewählte Substrat mit dem biochemischen Namen *α-Ketoglutarsäure* leitet sich natürlich von der Pentandisäure $HOOC–(CH_2)_3–COOH$ ab (auch die kennen Sie schon aus Kapitel 40). Durch reduktive Aminierung wird daraus die ebenfalls proteinogene *Glutaminsäure* (Glu).

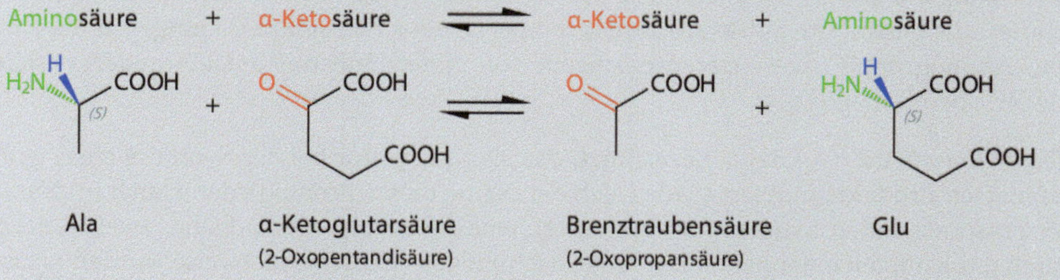

In ähnlicher Weise lassen sich wirklich *viele* Biomoleküle ineinander umwandeln. Haben Sie dieses Chemie-Lego® einmal begriffen, ist das mit Abstand Schwerste an der Biochemie wirklich das Auswendiglernen der historisch bedingten Eigennamen.

Wie arbeiten Enzyme?

Dass Enzyme häufig als Katalysatoren für die (häufig stereospezifische) Umsetzung ihrer jeweiligen Substrate fungieren, wurde in diesem Kapitel ja bereits erwähnt. Allerdings dauerte es seine Zeit, bis die ersten plausiblen Erklärungen dafür gefunden werden konnten, *wie* Enzyme ihre Aufgabe erfüllen.

- Den ersten Erklärungsansatz legte Emil Fischer (ja, der von der Fischer-Projektion) bereits im Jahr 1894 vor: Er postulierte das sogenannte **Schlüssel-Schloss-Prinzip**, gemäß dem die Substrat-Moleküle in genau dafür vorgesehene »Taschen« oder anderweitige Hohlräume der ja deutlich größeren Enzyme passten. Wegen ihrer zahlreichen intramolekularen Wechselwirkungen, die neben der Primärstruktur eben auch zu einer (bei Enzymen genau definierten) Sekundär-, Tertiär- und (bei oligomeren Enzymen) sogar Quartärstruktur führen, ist das dreidimensionale Molekülgerüst dieser Proteine ja doch recht festgelegt. Dieser mechanische Ansatz wäre gewiss eine plausible Erklärung, warum die meisten Enzyme auf *nicht ganz genau* passende Substrate überhaupt nicht ansprechen – allerdings ließ sich damit leider nicht erläutern, warum sich einige Enzyme durch gewisse, den Substraten zwar ähnliche, aber eben nicht baugleiche, Verbindungen eben doch »in die Irre führen« lassen, was durchaus von toxikologischer Bedeutung sein kann. (Auf dieses Thema gehen wir ein Kapitel 48 kurz ein.) Das Schlüssel-Schloss-Prinzip wurde erneut aufgegriffen, um die Reaktion des menschlichen Bewusstseins auf Duftstoffe zu erklären – allerdings erwies sich das Modell in diesem Zusammenhang ebenfalls als unzureichend. (Ein wenig mehr über Düfte und Aromen erfahren Sie in Kapitel 49.)
- Eine Erweiterung des Schlüssel-Schloss-Prinzips berücksichtigt auch, dass selbst bei den in ihrer dreidimensionalen Konformation recht festgelegten Enzymen (*siehe* Abbildung 46.11 und Abbildung 46.13) immer noch *ein gewisses Maß* an intramolekularer Bewegung möglich ist, denn zumindest um einige Einfachbindungen

besteht nach wie vor (eingeschränkte) Drehbarkeit, und auch die Bindungslängen sind (innerhalb enger Grenzen) ein wenig variabel. Dies führte zum ***induced-fit*-Modell**, demgemäß die Interaktion eines Enzyms mit einem geeigneten Substrat bei Letzterem eine bedingte Konformationsveränderung induziert: Es passt sich dem Substrat gewissermaßen an wie ein Handschuh an die Hand seines Trägers (weswegen sich in manchen Lehrbüchern auch die Bezeichnung »Hand-im-Handschuh-Prinzip« findet). Damit lässt sich auch erklären, warum manche bauähnliche, aber nicht identische (und in ihren Molekülabmessungen nicht übermäßig differierende) Verbindungen von dem einen oder anderen Enzym fälschlicherweise für »geeignete Substrate« gehalten werden.

Das *induced-fit*-Modell wird auch heute noch weitgehend als gültig angesehen.

Nur für Streber: Die Mutanten kommen!

Das Wort »Mutation« wird gemeinhin mit einer Bedrohung (oder mit Superhelden-Fähigkeiten) gleichgesetzt, aber das ist ein bisschen arg kurz gegriffen. Zunächst einmal ist eine Mutation nichts anderes als eine dauerhafte (!) Veränderung des Erbguts. Eine solche Veränderung kann verschiedene Ursachen haben:

✔ Als *Mutagene* werden Mutationen auslösende Substanzen bezeichnet. (Häufig umfasst dieser Begriff auch energiereiche Strahlung, die ebenfalls Mutationen herbeiführen kann.)

- Darunter fallen unter anderem praktisch alle Moleküle, die den Basen der DNA chemisch gesehen ähnlich sind. (Mehr dazu im Abschnitt *Was die Chemie dem Pharmazeuten beschert* in Kapitel 48.)
- Einige ungesättigte polycyclische Kohlenwasserstoff-Gerüste passen genau zwischen die beiden DNA-Stränge, darunter auch linear-anellierte Fur<u>a</u>nocumar<u>i</u>ne wie *Psoral<u>e</u>n* und dessen Methoxyderivate (Abbildung 46.14a), die sich unter anderem in Pflanzen wie Bärenklau (*Heracleum sphondylium*) finden. Kommt dann noch UV-Strahlung hinzu (Sonnenlicht kann ausreichen), sind [2 + 2]-Cycloadditionen (bekannt aus Kapitel 41) mit Cytosin (Abbildung 46.14b) oder Thymin möglich. Durch diese *DNA-cross-links* werden die beiden DNA-Stränge irreversibel miteinander verknüpft. Da aber bei der Zellteilung die beiden Stränge zumindest vorübergehend voneinander getrennt werden müssen (Stichwort: semikonservative Replikation, Kapitel 45), kann zumindest dieser Teil des Erbguts nicht weitergegeben werden. Das führt zu Durcheinander in der Zelle, und »Durcheinander in der Zelle« ist häufig gleichbedeutend mit »Krebs«. Dazu kommt, dass auch zum Ablesen der DNA (Translation) die beiden Stränge vorübergehend voneinander getrennt werden müssen, also kann zumindest *ein Abschnitt* einer entsprechend modifizierten Erbgut-Vorschrift nicht mehr in Proteine umgesetzt werden.
- Bei manchen Substanzen, unter anderem praktisch allen Chrom(VI)-salzen, lässt sich bislang noch nicht so leicht erklären, *warum* sie mutagen wirken – sie tun's aber trotzdem.

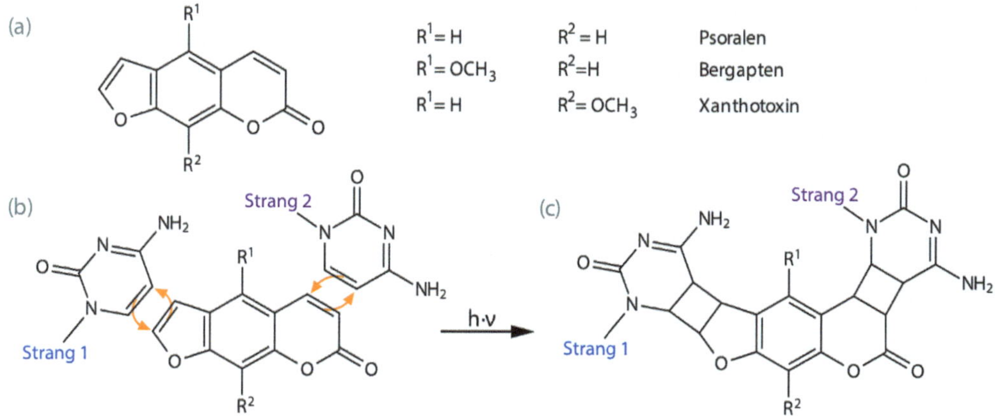

Abbildung 46.14: DNA-*cross-links* durch lineare Furanocumarine

- ✔ Mutationen können auch rein zufällig auftreten: So muss beispielsweise die DNA bei jeder Zellteilung wieder verdoppelt werden, aber das ist ja kein Problem, es gibt ja den DNA-Doppelstrang, die DNA bringt also immer gleich ihr eigenes Backup mit, oder? – Na ja, im Prinzip schon, aber auch die *DNA-Polymerasen*, die für Produktion der Kopien verantwortlich sind, machen gelegentlich Lesefehler.
  - Dass es natürlich auch bei der Transkription zu Lese- oder Schreibfehlern kommen kann, liegt zwar auf der Hand, aber da das nur zu Fehlern in der *RNA* führt, die beim nächsten Ablesen vermutlich nicht erneut vorkommen werden (die DNA ist davon ja nicht betroffen), gilt das *nicht* als Mutation.

Leserasterverschiebungen

Für die **Leserasterverschiebung** (auch *Frameshift* genannt) gibt es zwei Möglichkeiten:

- ✔ Bei einer *Insertion* wird eine zusätzliche Base eingefügt.
- ✔ Bei einer *Deletion* geht eine Base aus dem Erbgut verloren.

In beiden Fällen führt das zu einem »Verrücken des Leserasters«, sodass ab dem Punkt, an dem die Mutation auftritt, falsche Aminosäuren aneinandergefügt werden und nicht das Peptid erzeugt wird, für das der Erbgutstrang ursprünglich codiert hat. (Tritt durch die Leserasterverschiebung plötzlich ein eigentlich ungeplantes Stopp-Codon auf, beendet das natürlich die Synthese dieses Peptidstrangs.) In den meisten Fällen führen Deletion oder Insertion zum Funktionsverlust des betreffenden Peptids – das kann ernst zu nehmende gesundheitliche Folgen haben (bis hin zum Tode, dann ist das eine *letale Mutation*).

Punktmutationen

Bei einer **Punktmutation** wird eine Nucleinbase durch eine andere ersetzt.

- Manchmal bleibt das ohne Folgen: Schauen Sie sich noch einmal die Code-Sonne der Basentripletts (Abbildung 46.12) an: Bei entarteten Codes (und die Codes *aller* Aminosäuren außer Met (AUG) und Trp (UGG) sind mindestens zweifach entartet!) würde ein Austausch der dritten Base gegebenenfalls gar keinen Unterschied machen. (Tritt der Fehler an der zweiten oder gar ersten Base auf, sieht das natürlich anders aus.)

- Führt ein Basenaustausch *nicht* zu einer Veränderung der resultierenden Aminosäure, heißt das *stille Mutation*. Aber eine Punktmutation kann sich eben auch *manifestieren*, und das in verschiedener Weise: Führt ein Basenaustausch etwa von CAG (= Gln) zu UAG, entsteht ein *Stopp*-Codon, und die Synthese der entsprechenden Peptidkette endet schlagartig. Je nach Bedeutung des Proteins, das eigentlich hätte synthetisiert werden sollen, kann das eine *letale Mutation* darstellen.

- Besonders interessant sind die *funktionalen Mutationen*, bei denen durch Austausch einer Base eine »falsche Aminosäure« in den Strang eingebaut wird. Das ist beispielsweise der Fall bei der **Sichelzellenanämie** (medizinisch *Drepanozytose* genannt): Dort befindet sich in einer Untereinheit des (hetero-oligomeren) Proteins Hämoglobin an Position 6 der Kette nicht Glutaminsäure (Glu), sondern Valin (Val). Wenn Sie sich anschauen, wie die zugehörigen Basen-Tripletts dieser Aminosäuren lauten, stellen Sie fest, dass GAA und GAG für Glutamin codieren, während der Code für Valin GUX lautet (der Code für Valin ist vierfach entartet). Mit anderen Worten: Es brauchte nur ein A gegen ein U ausgetauscht zu werden, und aus dem Code für Glu wurde der Code für Val. Und das hat Folgen: Weil sich der Peptid-Strang nicht mehr optimal falten kann, sind die roten Blutkörperchen verformt (sie sind annähernd sichelförmig, daher der Name) und deutlich weniger stabil – sie zerfallen rasch wieder. Das führt zu Blutarmut und zahlreichen schmerzhaften Schäden in fast allen Organsystemen.

Also sind Mutationen *doch* immer schädlich? – Nicht unbedingt, denn wer an Sichelzellenanämie leidet, ist zugleich immun gegen Malaria. (Warum das so ist, konnte bislang nicht abschließend geklärt werden.) Deswegen ist diese Krankheit in Malaria-Regionen besonders verbreitet, denn dort führt sie trotz aller gesundheitlicher Nachteile zugleich zu einem Vorteil.

Derartige Vorteile werden auch als **Evolutionsfaktor** bezeichnet: Je nach »Lebensumständen« kann eine eigentlich eher negativ zu wertende Mutation zu einem echten Vorteil werden. Das lässt sich an einer Schmetterlingsart gut zeigen: Das Muster auf den Flügen der **Birkenspanner** (*Biston belularia*) besitzt immense Ähnlichkeit mit der Birkenrinde (daher der Name). Dieses Tier hält sich auch wirklich gern auf diesen Bäumen auf, und dank seiner Flügel ist es damit recht gut getarnt und vor Fraßfeinden weitgehend geschützt. Allerdings tritt bei dieser Schmetterlingsart relativ häufig eine Mutation auf, die zu dunkelbraunen Flügeln führt. Damit sind derartige Tiere natürlich leichter auf der Baumrinde auszumachen und werden eher gefressen als andere. Als jedoch in einigen Regionen Englands im Zuge massiver Industrialisierung die Luftverschmutzung derart zunahm, dass die Rinden von Birken deutlich nachdunkelten, gab es dort innerhalb kürzester Zeit (nach nur wenigen Reproduktionszyklen dieser Tierart) ein Übergewicht an *dunklen* Birkenspannern.

Nehmen Sie das bitte nicht als Beleg dafür, dass »Mutter Natur« schon für ihre Schützlinge sorgt! Sämtlichen Konzepten der Methodik des wissenschaftlichen Arbeitens zufolge steckt dahinter *mitnichten* eine gezielte Überlegung (auch wenn Ihnen Anhänger mancher Religionsgemeinschaften genau das verkaufen wollen), sondern lediglich der Zufall, durch den die (eigentlich beklagenswerten, weil weniger gut geschützten) Mutanten nun dank des dunkleren Musters *besser* getarnt waren. Damit hatten sie einen Überlebensvorteil und damit bessere Chancen als je zuvor, selbst Nachkommen zur Welt zu bringen, die dieses mutierte Gen ebenfalls in sich trugen. *Die Evolution selbst basiert (auch) auf Mutationen.*

Aufgaben Kapitel 46

Zum Aufwärmen

1. Geben Sie die Primärstruktur der folgenden Oligopeptide an: (a) Serinylleucinylglutamin; (b) Met-Ile-Glu-His; (c) FNQRD.

2. Für welches Oligopeptid codieren die folgenden Basenstränge? (a) AGUGAGUUCCUAAAG; (b) UCUGAAUUUCUUAAA. (In beiden Fällen wird angenommen, dass das Leseraster *nicht* verschoben ist.)

3. Wie kommt das Häm-Molekül in das Protein Hämoglobin? (Der genetische Code sieht schließlich Dinge wie komplexierte Eisen-Ionen überhaupt nicht vor.)

Für Fortgeschrittene

4. Berechnen Sie den isoelektrischen Punkt der folgenden Oligopeptide: (a) Phe-Met; (b) Trp-Pro; (c) DI.

5. Wie lässt sich erklären, dass es durchaus zwei oder noch mehr Proteine mit exakt der gleichen molaren Masse geben kann, die völlig unterschiedliche Reaktionen katalysieren oder sogar grundlegend verschiedene Funktionen im Organismus erfüllen?

Nur für Streber

6. Gleich zwei Fragen: (a) Zu welchen Produkten führt die Umsetzung von Asparaginsäure und Brenztraubensäure (2-Oxopropansäure, bekannt aus Kapitel 40) in Gegenwart einer Transaminase? (b) Welcher Naturstoff ließe sich durch die vorsichtige katalytische Hydrierung des *keinen* Stickstoff enthaltenden Produkts erhalten?

IN DIESEM KAPITEL

- waschen wir mit Fett
- geht es um eine Vielzahl von Estern
- gibt es einen chemischen Ausblick in die Biologie

Kapitel 47
Spüli in der Zellmembran? – Lipide

Neben den Zuckern und den Aminosäuren gehören die **Lipide** (meist etwas unsauber als »*Fette*« bezeichnet) zu den wichtigsten Naturstoffen; sie bilden eine beachtlich vielseitige Gruppe biologisch bedeutsamer Substanzen und lassen sich grob in zwei Untergruppen einteilen, in denen teilweise auch andere, bereits bekannte Bausteine eine Rolle spielen:

- ✔ Fettsäuren und deren Derivate (Abbildung 47.1) *und*
- ✔ Glyceride (zu denen kommen wir erst ein bisschen später in diesem Kapitel: Abbildung 47.5).

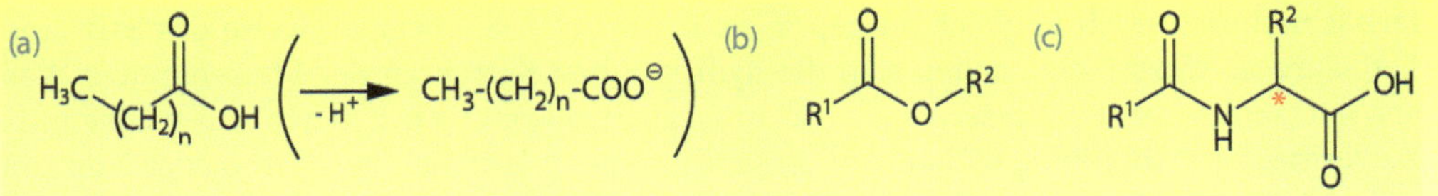

Abbildung 47.1: Fettsäuren und ihre Derivate

Bei den freien **Fettsäuren** (Abbildung 47.1a) handelt es sich um »ganz normale« langkettige Carbonsäuren (bekannt aus Kapitel 40; diese Stoffklasse trägt ihren Namen, weil derart langkettige Carbonsäuren erstmalig aus Fetten gewonnen werden konnten). Die Moleküle können gesättigt oder ungesättigt sein, geradkettig oder verzweigt, und sie können zusätzlich auch noch weitere funktionelle Gruppen aufweisen – besonders gerne natürlich OH-Gruppen, wobei wir wieder bei den *Hydroxy*carbonsäuren (aus Kapitel 40) wären. (Einige der wichtigsten gesättigten und ungesättigten Fettsäuren finden Sie im Kasten *Fett muss nicht ungesund sein – gesättigte und ungesättigte Fettsäuren.*) Die *Ester von Fettsäuren* (b) mit langkettigen (meist primären) Alkoholen heißen **Wachse**. Bienenwachs etwa besteht vornehmlich aus dem Kondensationsprodukt von Palmitinsäure ($C_{15}H_{31}COOH$, *siehe*

Tabelle 47.1 im gleichen Kasten) mit unverzweigtem Triacontanol ($C_{30}H_{61}OH$). Ist in der Biochemie von **Fettsäureamiden** die Rede , so sind damit meist (aber leider nicht immer) Fettsäure-Aminosäure-Konjugate gemeint (c) – gerne auch mit den proteinogenen Aminosäuren aus Kapitel 46.

So dünn und so wichtig – Lipid-Doppelschichten

Interessant wird es, wenn Sie sich bei Fettsäuren anschauen, wie es um die Polaritäten bestellt ist: Der »Säurekopf« ist natürlich sehr polar und damit *hydrophil* (egal ob protoniert oder deprotoniert), während der lange »Schwanz« des Moleküls (die Kohlenwasserstoff-Kette) extrem unpolar ist – und damit *lipophil*. In Abbildung 47.2a ist exemplarisch die *Stearinsäure* ($C_{17}H_{35}COOH$) dargestellt; das für praktisch alle Fettsäuren geltende zugehörige Polaritätsprofil zeigt schematisch Abbildung 47.2b.

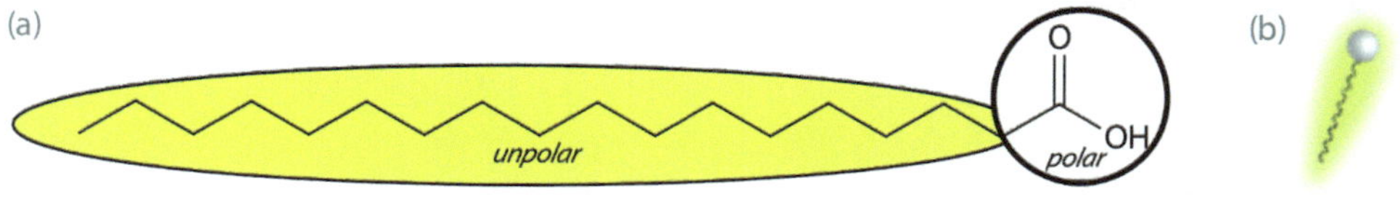

Abbildung 47.2: Polarität von Fettsäuren

Da ein Großteil des Moleküls (eben der Schwanz) unpolar ist, sind langkettige Fettsäuren in Wasser (nahezu) unlöslich. Weil sie aber über ihre langen Kohlenstoff-Ketten miteinander über VAN-DER-WAALS-Kräfte in Wechselwirkung treten können, schützen sie sich vor dem Einfluss des (polaren) Wassers, indem sie sich aneinanderlagern – sie bilden eine **Lipidschicht**.

Noch stärker macht sich dieser Effekt bei den *Salzen von Fettsäuren* bemerkbar, deren Polarität natürlich noch ungleich ausgeprägter ist: Bringen Sie beispielsweise das Salz einer Fettsäure in Wasser ein, stellen sich die hydrophoben Ketten an der Phasengrenze Wasser/Luft senkrecht zur Wasseroberfläche, um jeglichen Kontakt mit dem polaren Lösemittel zu vermeiden (Abbildung 47.3a). Auf diese Weise gerät lediglich der Carboxylat-Kopf mit seiner negativen Ladung in direkten Kontakt mit Wasser. Ist die Menge an Fettsäuren im Wasser zu groß (irgendwann ist die Oberfläche ja bedeckt), bilden die Moleküle **Micellen** (b; damit der Aufbau erkennbar wird, ist diese Micelle durchgeschnitten dargestellt). Dabei wirken zwischen den Schwänzen der einzelnen Moleküle VAN-DER-WAALS-Kräfte, während die polaren/geladenen Köpfe elektrostatisch mit den Wasser-Molekülen wechselwirken.

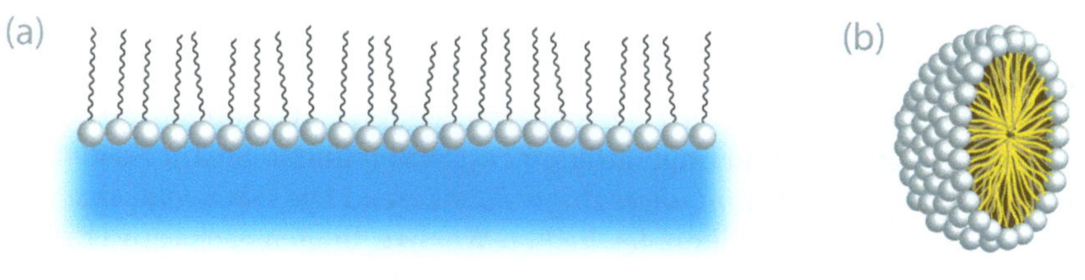

Abbildung 47.3: Vom Lipid zur Micelle

Waschmittel – molekular betrachtet

Genau darauf basiert auch die Reinigungswirkung der Verbindungen, die als *Seifen*, **Detergentien** oder **Tenside** bezeichnet werden. Die polare Natur dieser Carbonsäure-Salze gestattet die VAN-DER-WAALS-Wechselwirkung zwischen fetthaltigen (und damit wasserunlöslichen) Verunreinigungen und dem hydrophoben Schwanz der langkettigen Carbonsäuren; der polare Kopf (der negativ geladene Carboxylat-Teil) sorgt währenddessen dafür, dass die Seife dennoch wasserlöslich ist. Auf diese Weise lässt sich auch lipophiler Schmutz mit dem Lösemittel Wasser entfernen – eingeschlossen in den Micellen.

Wird die Menge an Fettsäuresalzen in Wasser noch weiter gesteigert, entstehen **Liposome**: kugelförmige Objekte (in Abbildung 47.4a wieder »aufgeschnitten« dargestellt), die durch eine *Lipid-Doppelschicht* (b) begrenzt werden. Sowohl die Außen- wie auch die Innenseite ist dabei polar, sodass dort Wasser (oder andere polare Lösemittel) eingeschlossen werden können; ist im Inneren hingegen Luft eingeschlossen, entsteht der für Spülmittel charakteristische Schaum. (Bei noch höherer Konzentration oder anderen Extrembedingungen kann noch viel mehr passieren: Es kommt zu Überstrukturen und noch so manchem anderen. Auch zu diesem Thema gibt es reichlich weiterführende Literatur.)

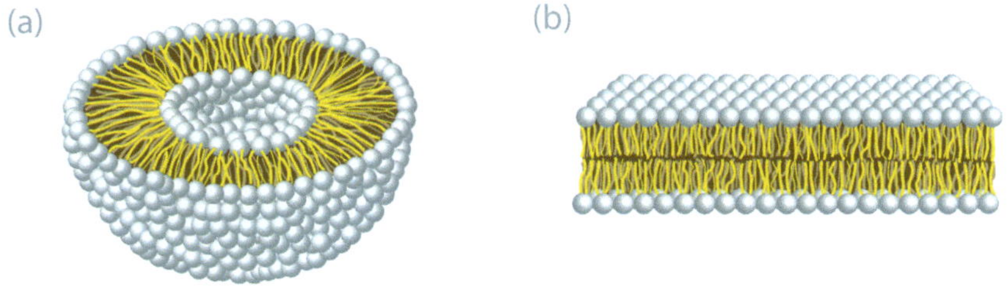

Abbildung 47.4: Aufbau von Liposomen

Das Wort »Liposom« ist in der Werbung äußerst beliebt: Bei Hautcremes und dergleichen wird immer wieder betont, sie enthielten »*Liposome!*« … als sei das prinzipiell etwas ganz Tolles. Natürlich ist gegen Liposome an sich nichts einzuwenden, aber es wäre doch schon interessant zu wissen, *woraus* sie jeweils bestehen. Der Begriff beschreibt ja nur, dass sich Moleküle zu einem Hohlkügelchen angeordnet haben. (Stellen Sie sich vor, in einem Werbespot werde voller Stolz berichtet, das Produkt enthalte »*Flüssigkeit!*«: Würde das Ihre Konsumfreude spontan ankurbeln?)

Fett *muss nicht* ungesund sein – gesättigte und ungesättigte Fettsäuren

Einige wichtige unverzweigte Fettsäuren (gesättigt oder ungesättigt) können Sie Tabelle 47.1 entnehmen – wie so häufig in der Biochemie gibt es auch hier wieder reichlich Trivialnamen. Praktischerweise gibt es Kurzschreibweisen. So lässt sich etwa die Dodecansäure (auch: Laurinsäure) mit $C_{12:0}$ abkürzen: Die Kette weist 12 C-Atome auf, und es gibt 0 Doppelbindungen.

Formel	Systematisch	Trivialname / *Name des Anions*	Kurzform *(Anmerkungen)*
CH_3-$(CH_2)_{10}$-COOH	Dodecansäure	Laurinsäure / *Laurat*	$C_{12:0}$ (erstmals isoliert aus Lorbeer, lateinisch *Laurus nobilis*)
CH_3-$(CH_2)_{12}$-COOH	Tetradecansäure	Myristinsäure / *Myristat*	$C_{14:0}$ (erstmals isoliert aus der Muskatnuss, lateinisch *Myristica fragrans*)
CH_3-$(CH_2)_{14}$-COOH	Hexadecansäure	Palmitinsäure / *Palmitat*	$C_{16:0}$ (erstmals isoliert aus Palmöl)
(Z)-$C_{15}H_{29}$COOH	*(9Z)*-Hexadecensäure	Palmitoleinsäure	$C_{16:1(9)}$
CH_3-$(CH_2)_{15}$-COOH	Heptadecansäure	Margarinsäure	$C_{17:0}$ (von gr. *μαργαρον (margaron)* = Perle, wegen des Perlmuttglanzes); eine Fettsäure mit *ungerader* C-Zahl
CH_3-$(CH_2)_{16}$-COOH	Octadecansäure	Stearinsäure / *Stearat*	$C_{18:0}$ (von gr. *στεαρ (stear)* = Talg)
(Z)-$C_{17}H_{33}$COOH	(9*Z*)-Octadecensäure	Ölsäure; auch Oleinsäure / *Oleat*	$C_{18:1(9)}$ (die wichtigste einfach ungesättigte Fettsäure)
(Z,Z)-$C_{17}H_{31}$COOH	(9*Z*,12*Z*)-Octadecadiensäure	Linolsäure / *Linolat*	$C_{18:2(9,12)}$ (lateinisch *linum* = Flachs, *olium* = Öl)
(all Z)-$C_{17}H_{29}$COOH	(9*Z*,12*Z*,15*Z*)-Octadecatriensäure	α-Linolensäure / *Linoleat*	$C_{18:3(9,12,15)}$ (Linolsäure mit weiterer Doppelbindung, daher -en)
CH_3-$(CH_2)_{18}$-COOH	Eicosansäure	Arachinsäure / *Arachinat*	$C_{20:0}$ (von gr. *αραχις (arachis)* = Erdnuss)
(all Z)-$C_{19}H_{31}$COOH	(5*Z*,8*Z*,11*Z*,14*Z*)-Eicosatetraensäure	Arachidonsäure / *Arachidonat*	$C_{20:4(5,8,11,14)}$

Tabelle 47.1: Trivialnamen ausgewählter Carbonsäuren

Bei ungesättigten Fettsäuren müssen natürlich auch die entsprechenden Positionen angeben werden: So heißt die Ölsäure $C_{18:1(9)}$ – die Doppelbindung liegt also zwischen C^9 und C^{10}. (Diese Kurzform wird besonders gerne von Medizinern verwendet, denn es gibt viele Fettstoffwechsel-Erkrankungen, die sich auf die molekulare Ebene zurückverfolgen lassen – ein bisschen mehr dazu finden Sie in Kapitel 48.)

Eine andere, nicht ganz so präzise Kurzform zur Bezeichnung von Fettsäuren kennen Sie aus dem Alltag: Wann immer Sie etwas von einer »Omega-3-Fettsäure« hören (kurz: ω3), sollte Ihnen bewusst sein, dass damit eine Fettsäure unbekannter Länge (!) gemeint ist, deren *drittletztes* C-Atom Teil einer Doppelbindung ist (in Tabelle 47.1 findet sich nur ein einziges Beispiel: die α-Linolensäure). Entsprechend stellen unter anderem die Linol- und die Arachidonsäure jeweils ω6-Fettsäuren dar.

Aufgrund ihrer Biosynthese – die hier zu weit führen würde – sind die meisten Fettsäuren aus einer *geradzahligen* Anzahl von C-Atomen aufgebaut; aus dem gleichen Grund sind auch deren Doppelbindungen fast immer (*Z*)-konfiguriert.

Viele dieser Fettsäuren sind im Stoffwechsel von immenser Bedeutung – natürlich würde es den Rahmen dieses Buches sprengen, hier ins Detail zu gehen, deswegen sei exemplarisch nur eine Reaktion der Arachidonsäure erwähnt. Die Enzyme Cyclooxygenase–1 und –2 setzen die Säure (a) in zwei Schritten zu Prostaglandin-H_2 um (b), die Einwirkung des Enzyms Prostaglandin-E-Synthase (kurz: PGE-Synthase) führt dann (wie der Name des Enzyms erwarten lässt; *siehe* Kapitel 46) zum Endprodukt Prostaglandin-E (c). Dieses Hormon leitet im menschlichen Körper entsprechende Maßnahmen ein, wenn es zu Verletzungen und/oder Entzündungen gekommen ist – und trägt zur Schmerzwahrnehmung bei.

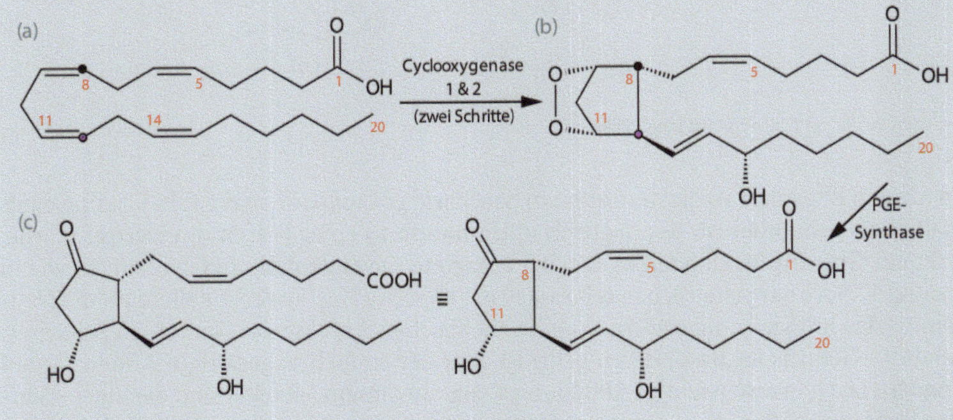

Falls Sie sich jetzt fragen, ob das nicht ein guter Ansatzpunkt für ein effizientes Schmerzmittel wäre (es bräuchte doch eigentlich nur die Synthese der Prostaglandine gehemmt zu werden!), sind Sie auf genau dem richtigen Weg – und leider ein bisschen spät dran. Ein Medikament, das die Cyclooxygenase–1 hemmt und so die Entstehung der Prostaglandine verhindert, gibt es bereits seit 1899: Es heißt Aspirin®.

Gleich drei Dinge auf einmal! – Glyceride

Ein besonders wichtiger Alkohol beim Zusammenspiel mit Fettsäuren ist das *Glycerin* (1,2,3-Propantriol). Fettsäure-Ester dieses Dreifach-Alkohols heißen **Glyceride**. Je nachdem, ob die resultierenden Verbindungen (bei Raumtemperatur) fest oder flüssig sind, wird zwischen *Fetten* und *Ölen* unterschieden. Bei Fetten enthalten die beteiligten Fettsäuren ausschließlich Einfachverbindungen, sodass sich die langen, unpolaren Ketten optimal aneinander anlagern können und die VAN-DER-WAALS-Kräfte maximiert sind. Bei den Ölen hingegen sind die Fettsäuren ein- oder auch mehrfach ungesättigt, sodass die intermolekularen Wechselwirkungen deutlich schwächer ausfallen und bei Raumtemperatur mehr oder minder viskose Flüssigkeiten vorliegen. Abbildung 47.5a/b (Letzteres ist eine Kurzschreibweise) zeigt die allgemeine Struktur derartiger Verbindungen; die Reste R^1–R^3 *können* dabei identisch sein. Ist eine der Hydroxygruppen mit Phosphorsäure (H_3PO_4) verestert, liegt ein **Phosphatid** oder *Phosphoglycerid* vor (c; nur in Kurzschreibweise dargestellt). Meist ist dabei mindestens ein weiteres der drei anderen O-Atome der Phosphorsäure mit einem weiteren Molekül verestert (hier allgemein angegeben als $-R^4$) – das kann ein Alkohol sein, ein Saccharid und so weiter (wieder nichts anderes als Chemie-Lego®).

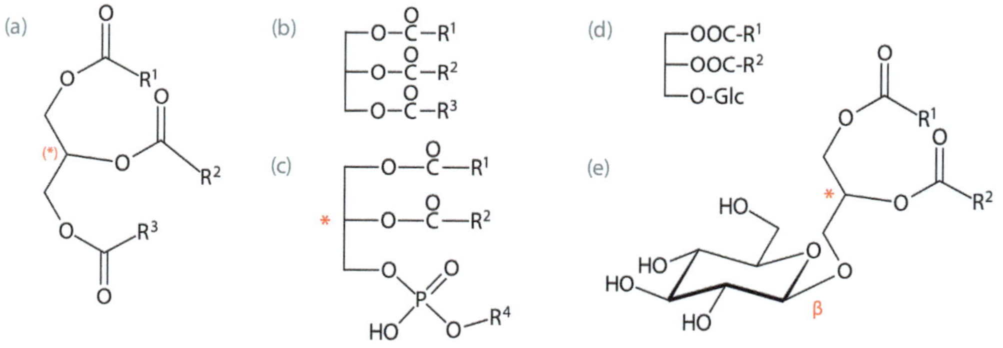

Abbildung 47.5: Verschiedene Glyceride

Wenn Sie den Phosphor weglassen, also ein Saccharid *glycosidisch* an die OH-Gruppe eines Oligoalkohols gebunden ist, der zugleich mit mindestens einer Fettsäure verestert wurde, entsteht ein **Glycolipid**. Handelt es sich bei besagtem Oligoalkohol um Glycerin (so wie in Abbildung 47.5d/e dargestellt), handelt es sich um *Glyceroglycolipide*. Vor allem für die Neurochemie (also immer dann, wenn es um die chemischen Aspekte der Nerven im Allgemeinen und des Gehirns im Besonderen geht) ist aber der einfach ungesättigte Aminoalkohol **Sphingosin** fast genauso wichtig (Abbildung 47.6a). In diesem Molekül sind die Eigenschaften der Fettsäuren (eine lange unpolare Kette und ein polarer vorderer Teil) und des Glycerins (vergleichen Sie die strukturelle Ähnlichkeit!) praktisch vereinigt. Entsprechend lässt sich dieses Molekül über die Aminogruppe mit einer (langkettigen) Fettsäure R–COOH zum Amid umsetzen (dann liegt ein *N*-Acyl-Sphingosin vor; die Reaktion ist der Veresterung einer OH-Gruppe am Glycerin analog), während die terminale OH-Gruppe Teil einer glycosidischen Bindung wird. Abbildung 47.6b zeigt exemplarisch ein *Sphingoglycolipid* mit α-D-Glucopyranose. (Sie können hier auch von einem *Glycosphingolipid* sprechen; bislang hat sich noch keine offizielle Benennungsreihenfolge durchgesetzt.)

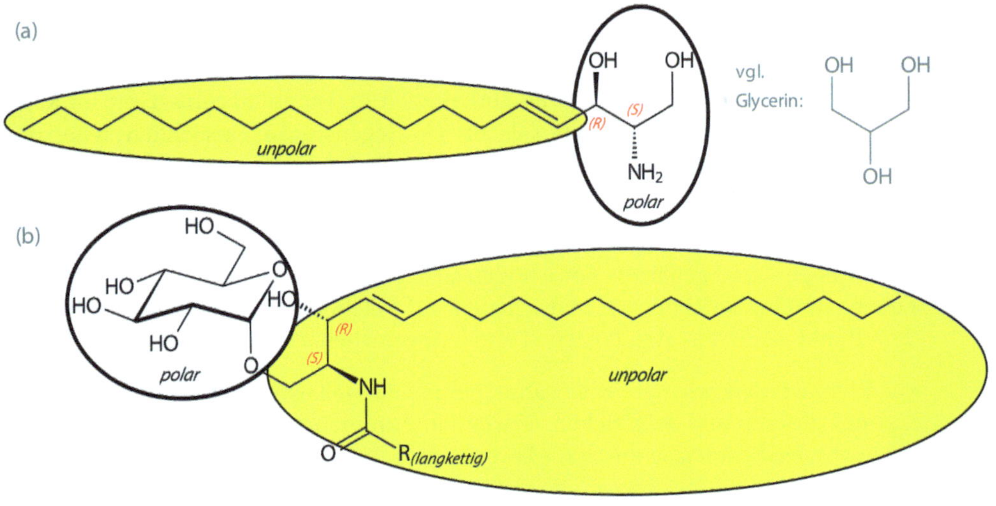

Abbildung 47.6: Sphingosin (a) und ein Sphingoglycolipid (b)

Fett *kann* ungesund sein – die *trans*-Fette

Wegen ihres räumlichen Baus können ungesättigte Fettsäure-Moleküle schlechter miteinander in VAN-DER-WAALS-Wechselwirkung treten als gesättigte Fettsäuren gleicher Kettenlänge (*siehe* den Unterschied zwischen *Fetten* und *Ölen*). Entsprechend sind Schmelz- und Siedepunkt ungesättigter Fettsäuren deutlich niedriger. Durch katalytische Hydrierung lassen sich ungesättigte Moleküle natürlich absättigen; das auf diese Weise *gehärtete Fett* schmilzt nicht nur erst bei höheren Temperaturen (daher die Bezeichnung), sondern lässt sich auch höher erhitzen – was beim Frittieren oder Braten häufig gewünscht wird. (Die in den 60er-Jahren des 20. Jahrhunderts entwickelte Technik der Fetthärtung hat uns auch die *Margarine* beschert – effektiv nichts anderes als ehemalige Öle, die sich nach der Härtung aufs Brot schmieren lassen.)

In Kapitel 37 haben Sie erfahren, dass aus sterischen Gründen (*E*)-konfigurierte Doppelbindungen meist energetisch günstiger sind, und so lassen sie sich auch isomerisieren. Schauen Sie sich die resultierende Molekülgestalt des (*E*)-Gegenstücks der Ölsäure, der *Elaidinsäure*, im CPK-Modell an:

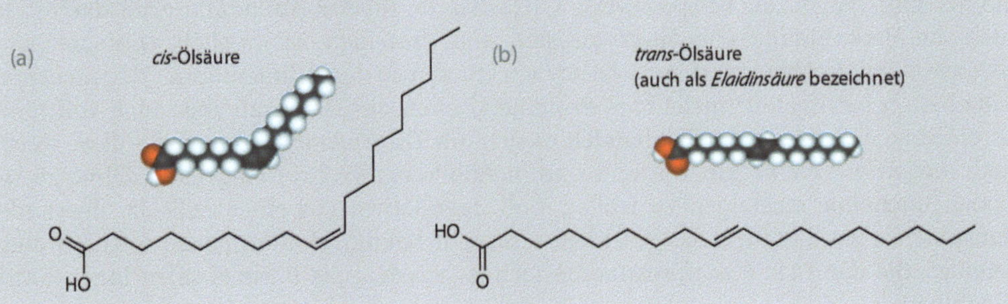

Wenn Sie bedenken, wie entscheidend der räumliche Bau für das Zusammenspiel der Moleküle auch in der Biochemie ist (denken Sie nur an Abbildung 46.13), sollte es nicht überraschen, dass sich die auf diese Weise erhaltenen sogenannten *trans*-Fette im Rahmen des Stoffwechsels anders verhalten als ihre *cis*-Gegenstücke. Tatsächlich stehen die *trans*-Fette im Verdacht, gesundheitsschädlich zu sein. Sie kommen auf verschiedene Weise mit ihnen in Kontakt:

- ✔ Bei der katalytischen Fetthärtung (*siehe* oben) entstehen *trans*-Fette in beachtlicher Menge – und gehärtete Fette finden sich in erstaunlich vielen verschiedenen Lebensmitteln. Sie können ja mal schauen, auf welchen Verpackungen Sie unter dem Punkt »Zutaten« den Posten »Fette (teilweise gehärtet)« finden.
  - Zudem werden, wie bereits erwähnt, gerade die (teil-)gehärteten Fette gerne zum Frittieren und dergleichen verwendet. Zumindest teilweise ist der schlechte Ruf von *Fast Food* also durchaus berechtigt.
- ✔ Aber selbst, wenn Sie beim Einkaufen gezielt *trans*-Fette zu vermeiden versuchen, sind Sie noch nicht auf der sicheren Seite: Schon thermische Anregung kann für die Umwandlung von *cis* nach *trans* ausreichen – die dafür nötige Temperatur wird beim Braten und Frittieren auch im gewöhnlichen Haushalt längst erreicht.
- ✔ Wenn Sie deswegen ab sofort auf jegliche Zubereitungsform verzichten wollen, die thermische Anregung voraussetzt, sieht's auch nicht rosig aus: Es gibt Indizien, dass auch Mikrowellenstrahlung die *cis/trans*-Isomerisierung ungesättigter Fette bewirken kann. (Das letzte Wort zu diesem Thema ist allerdings noch nicht gesprochen.)

Ständig in Bewegung: Die Zellmembran (ein bisschen Biologie)

Die Grundprinzipien der Lipide finden sich überall in der Biochemie und sogar in der »ausgewachsenen Biologie« wieder: Alle Zellen sind durch die Sorte *Lipiddoppelschicht* begrenzt, die Sie schon von den Liposomen her kennen (*siehe* Abbildung 47.4) – dies ist die *Zellmembran*. In diese Membran (Abbildung 47.7) sind meist noch viele andere Biomoleküle eingebaut, beispielsweise *Glycolipidide* (in der Abbildung grün dargestellt); auch die Verknüpfung von Glycosylresten und Proteinen ist möglich. (Entsprechende *Glycoproteine* sind blau markiert.) Zusätzlich können an der Zellmembran *Oberflächenproteine* haften (orange), vergleichbare Proteine können die Membran aber auch vollständig durchdringen. In letzterem Fall handelt es sich um *Transmembranproteine* – diese werden auch *integrale Proteine* genannt und sind in Abbildung 47.7 rot eingefärbt. Ohne zu sehr in die Biochemie einsteigen zu wollen: Soll irgendetwas aus einer Zelle in eine andere transportiert werden (und das geschieht sehr, sehr häufig), sind oft genau solche Proteine beteiligt, die dann als *Kanalproteine* bezeichnet werden (als Beispiel seien Ionen-Kanäle angeführt).

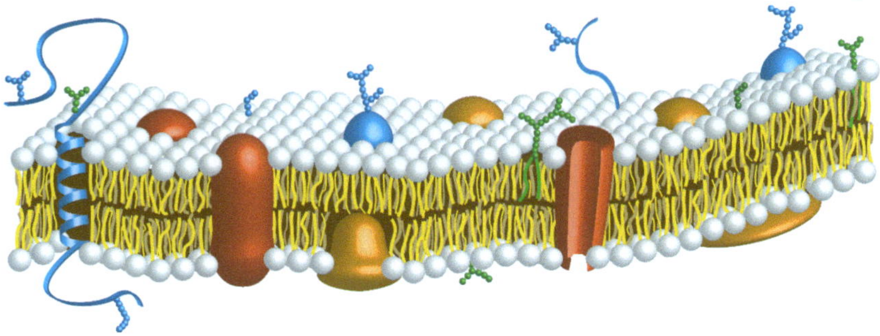

Abbildung 47.7: Schematische Darstellung der Zellmembran

Dabei ist solch eine Zellmembran längst nicht so statisch, wie Illustrationen das meist vermuten lassen: All die in die Lipiddoppelschicht eingebetteten Biomoleküle »schwimmen« relativ frei darin herum wie in einer »zweidimensionalen Lösung«. Beschrieben wird dies durch den Begriff **Flüssig-Mosaik-Modell** (englisch *fluid mosaic model*).

Stoffaustausch mit anderen Zellen kann auch über *Vesikel* erfolgen. Rein chemisch betrachtet sind das nichts anderes als Liposome – allerdings heißt das in der Biochemie doch in der Regel *Vesikel*, denn die Membran eines solchen »Liposoms« ist meist ebenso komplex aufgebaut wie die in Abbildung 47.7 dargestellte Zellmembran (das Prinzip bleibt aber gleich!). Die weiterzugebende Substanz wird dann innerhalb der Zelle in einen entsprechenden Hohlraum eingebracht und das resultierende Vesikel von der Zelle abgeschnürt (stilisiert dargestellt in Abbildung 47.8a). Anschließend wandert dieses Vesikel durch den Extrazellulär-Raum (also das, was zwischen den Zellen liegt) zu einer anderen Zelle und schleust seinen Inhalt ein, indem die Moleküle der Vesikelmembran einfach in die Membran der Ziel-Zelle eingebaut werden (b): Das Vesikel verschmilzt mit der Ziel-Zelle; die Membran-Bausteine stehen damit für andere Zwecke zur Verfügung.

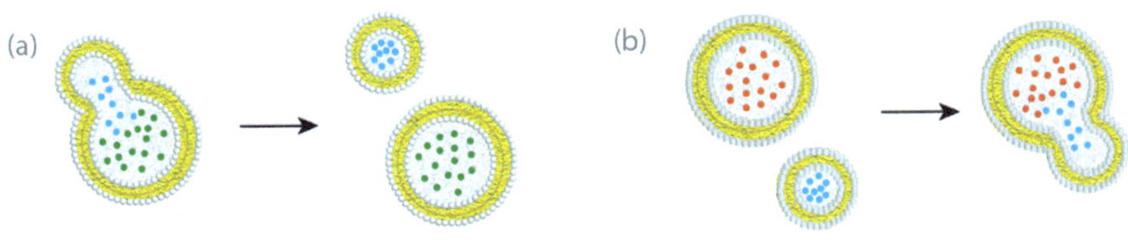

Abbildung 47.8: Abschnürung und Verschmelzung von Liposomen

Aufgaben Kapitel 47

Zum Aufwärmen

1. Geben Sie die Struktur von Tristearylglycerid an.
2. Warum ragen die Saccharid-Reste von Glycolipiden stets aus der Zellmembran heraus, statt sich zusammen mit dem Lipid-Teil im Membran-Inneren einzulagern?

Für Fortgeschrittene

3. Warum werden Öle ungesättigter Fettsäuren schneller ranzig als andere? Und warum sollte man gerade diese Öle bevorzugt in dunklen Gefäßen (aus Braunglas oder Ähnlichem) aufbewahren?

IN DIESEM KAPITEL

- ist ordentliche Haushaltsführung wichtig
- werden Zucker, Fette und Kadaver zerlegt
- betrachten wir schlaglichtartig einige Aspekte der Biochemie

Kapitel 48

Essen und Ausscheiden, Wachsen und Verwesen – alles ist Chemie

Spätestens seit Kapitel 16 wissen Sie, dass chemische Reaktionen *nur dann* freiwillig ablaufen, wenn dabei Energie frei wird – andere Reaktionen lassen sich höchstens durch genügenden Einsatz von Energie erzwingen. Genauso ist es auch im menschlichen Körper, und das bedeutet, der Organismus muss selbst *Energie gewinnen* – und da diese Energie nicht unbedingt immer zum Zeitpunkt ihrer Gewinnung gebraucht wird, muss die Energie auch *gespeichert werden* können.

Warum atmen wir eigentlich?

In diesem Buch haben Sie schon einige Reaktionen kennengelernt, bei denen spontan viel Energie frei wird. (Denken Sie nur an elementares Natrium und Chlorgas aus Kapitel 11 oder die Knallgas-Reaktion aus Kapitel 26.) Für einen Organismus wären derart heftig ablaufende Reaktionen zweifellos von Nachteil – wer will schon explodieren oder in Flammen aufgehen? Und doch lässt sich die Energiegewinnung im menschlichen Körper effektiv auf zwei einfache Verbrennungsreaktionen zurückführen:

$$\text{(a)}\quad H_2 + \tfrac{1}{2}\,O_2 \rightarrow H_2O \qquad \Delta G < 0$$
$$\text{(b)}\quad C + O_2 \rightarrow CO_2 \qquad \Delta G < 0$$

Dass derartige Redox-Prozesse ordentlich Energie liefern, dürfte Ihnen aus Kapitel 26 vertraut sein. Natürlich werden Sie im menschlichen Körper elementaren Wasserstoff in den weitaus meisten Fällen vergeblich suchen (das wäre auch ein bisschen zu gefährlich!), und von purer Kohle kann sich der Mensch auch nicht ernähren.

Wasserstoff-Transfer

Zur Verstoffwechselung kohlenstoffhaltiger Verbindungen kommen wir im nächsten Abschnitt, jetzt soll es erst einmal um die biochemischen *Redox-Äquivalente* gehen: Verbindungen, die im menschlichen Körper sozusagen die Rolle des Wasserstoffs übernehmen – besonders wichtig sind die in Abbildung 48.1 dargestellten Verbindungen. In allen Fällen wird dabei ausgenutzt, dass sich entsprechend substituierte aromatische Systeme durch Redox-Prozesse reversibel verändern lassen (analog zum Hydrochinon/Chinon-Gleichgewicht, *siehe* Abbildung 40.2).

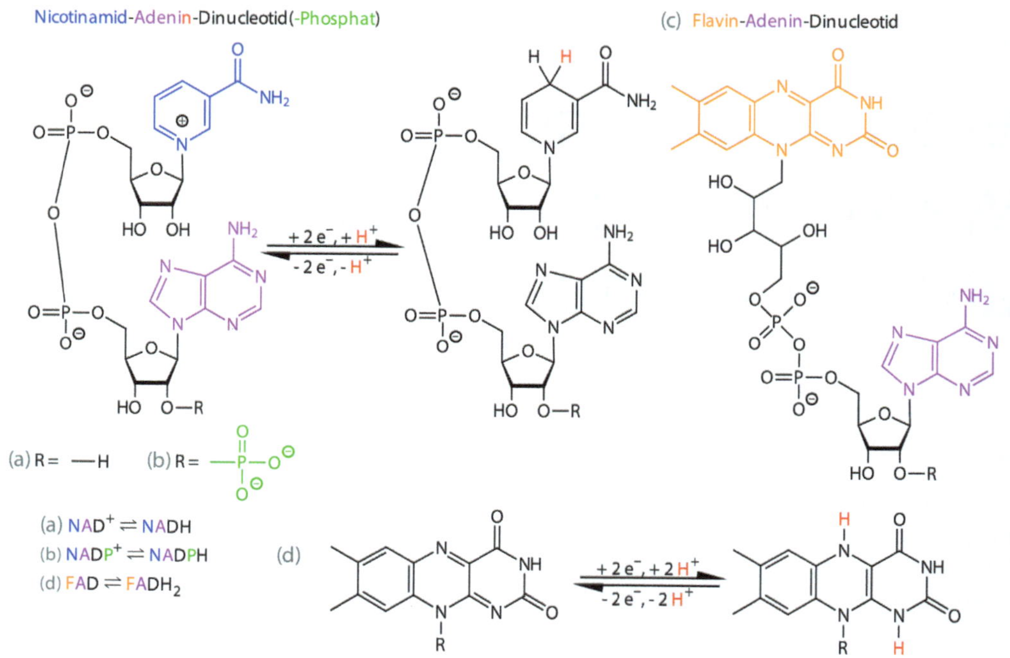

Abbildung 48.1: Redox-Äquivalente: $NAD(P)^+$/NAD(P)H (a/b); (c) FAD/$FADH_2$ (c/d)

- ✔ Beim NAD^+/NADH-Gleichgewicht (Abbildung 48.1a) fungiert **Nicotinamid-Adenin-Dinucleotid** als *Zwei-Elektronen-Überträger*; da zugleich *ein* Wasserstoff-Kation an den entsprechenden Reaktionspartner weitergegeben wird, könnte es auch *Hydrid-Ionen-Lieferant* heißen. (Manchmal werden die Bindestriche im Namen dieses Dinucleotids auch weggelassen, aber dann wird er noch unübersichtlicher.)

- ✔ In der gleichen Weise arbeitet auch das $NADP^+$/NADPH-Gleichgewicht (Abbildung 48.1b); der einzige Unterschied besteht darin, dass bei NADPH die OH-Gruppe an C^2 des Ribose-Ringes phosphoryliert ist, es liegt also **Nicotinamid-Adenin-Dinucleotid-*Phosphat*** vor.

- ✔ Das **Flavin-Adenin-Dinucleotid** (Abbildung 48.1c) fungiert im FAD/$FADH_2$-Gleichgewicht ebenfalls als *Zwei-Elektronen-Überträger*, nimmt dabei aber auch *zwei* H-Atome auf; formal lässt sich $FADH_2$ damit als *Lieferant von elementarem Wasserstoff* ansehen. Abbildung 48.1d zeigt das grundlegende Redox-Gleichgewicht;

daran unbeteiligte Fragmente sind durch –R symbolisiert. Beachten Sie, dass nach der Reduktion auch der rechte Flavin-Ring ein *autonomes Elektronensextett* aufweist (bekannt aus Kapitel 38) – zumindest, wenn man beide derzeit in der *Amid-Form* dargestellten CONH-Fragmente dieses Ringes in der *Iminol-Form* darstellt.

Derartige Verbindungen werden auch als **Cofaktoren** bezeichnet: meist recht übersichtlich gebaute Moleküle, ohne die ein Enzym seine Wirkung nicht entfalten könnte – der Hauptunterschied zu *prosthetischen Gruppen* (*siehe* Kapitel 46) besteht darin, dass Cofaktoren *nicht* fest/kovalent mit dem betreffenden Enzym verbunden sind.

Die Umwandlung von NAD(P)H in $NAD(P)^+$ erfolgt je nach Bedarf durch Reaktion mit dem 2-Elektronen-2-Protonenüberträger *Ubichinon* (Abbildung 48.2), dessen Redox-Aktivität – das Ubichinon (a) lässt sich zum *Ubihydrochinon* (b) reduzieren und umgekehrt – wieder analog zu Abbildung 40.2 verständlich sein sollte.

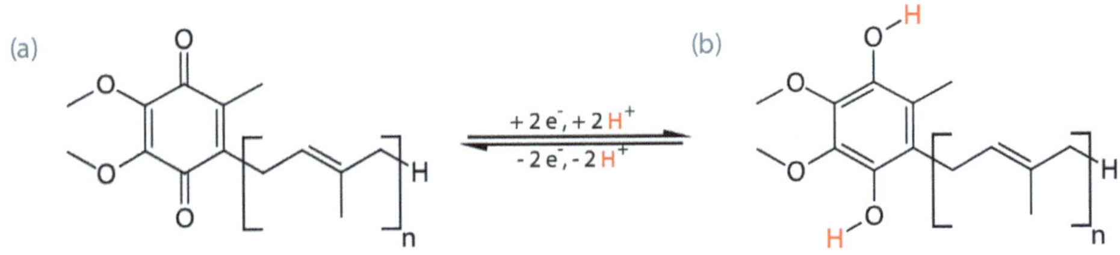

Abbildung 48.2: Das Ubichinon/Ubihydrochinon-Gleichgewicht

Es gibt verschiedene Ubichinone; sie unterscheiden sich in der Anzahl der Einheiten in der Klammer (n). Benannt werden sie jeweils als Ubichinon-n. Im menschlichen Körper dominiert Ubichinon-10, oft mit Q_{10} abgekürzt. (Das kennen Sie bestimmt aus der Hautcreme-Werbung.)

Die Bezeichnung Ubichinon leitet sich vom lateinischen Wort *ubique* = allgegenwärtig ab, denn bislang (Stand: Juni 2026) wurde noch keine einzige Lebensform gefunden, die *nicht* auf diese Verbindungsklasse angewiesen ist.

Erste Teilantwort auf die Grundfrage dieses Abschnitts: Wir atmen Sauerstoff ein, um den über Cofaktoren wie NAD(P)H an die richtige Stelle gebrachten Wasserstoff gezielt unter Energiegewinn gemäß der ersten Verbrennungsreaktion vom Anfang dieses Kapitels zu Wasser zu verbrennen.

Kohlenstoff-Zufuhr

Bekanntermaßen enthält der menschliche Körper mitnichten einen kleinen Akku, der bei Bedarf einfach wieder aufgeladen wird. Und doch muss die Energie, die durch die verschiedenen Prozesse (unter anderem die Atmungskette) gewonnen wird, auch gespeichert werden können, bis sie schließlich gebraucht wird. (*Atmungskette* ist der Sammelbegriff für die zahlreichen biochemischen Redox-Reaktionen, die zur Energiegewinnung dienen.) Hier nutzt die Natur die Tatsache aus, dass Energie eben auch in Form von energiereichen Verbindungen aufbewahrt werden kann: Moleküle, die sich unter Abgabe relativ großer Mengen Energie umsetzen lassen.

Abhängig von den Ernährungsbedingungen dienen verschiedene Verbindungsklassen als Energiespeicher.

- ✔ In Europa beispielsweise gewinnt der menschliche Körper mehr als 50 % seines Energiebedarfs aus Kohlenhydraten: Das kann Traubenzucker sein (Glucose) oder Süßkram (enthält reichlich Saccharose, *siehe* Abbildung 44.12a), aber auch Stärke oder Glycogen, die Pflanzen beziehungsweise Tieren ihrerseits als Kohlenhydratreserve dienen (*siehe* Abbildung 44.13b/c). Langkettige Saccharide müssen dabei zunächst in Glucose aufgespalten werden. (Auch Galactose und Fructose spielen hier eine Rolle, aber wir wollen nicht zu sehr ins Detail gehen.) Was dann passiert, hängt davon ab, wie viel Sauerstoff zur Verfügung steht:
  - Steht O_2 im Überschuss zur Verfügung, herrschen also *aerobe* Bedingungen, verläuft die Verbrennung der Glucose über das Pyruvat (mehr dazu im kommenden Abschnitt) letztendlich bis zu den Endprodukten CO_2 und H_2O – das setzt allerdings den *Citrat-Cyclus* voraus, dem in diesem Kapitel ein eigener Abschnitt gewidmet wurde.
  - Ist der Sauerstoff hingegen knapp bemessen, liegen *anaerobe* Bedingungen vor: Dann wird Glucose, wieder über das Pyruvat, zu Lactat abgebaut (auch dazu mehr im kommenden Abschnitt).
- ✔ Die zweite wichtige Nahrungsgrundlage (in Europa etwa 40 %) sind die Lipide, vor allem die Triglyceride (bekannt aus Kapitel 47). Diese werden zunächst einmal in Glycerin und die freien Fettsäuren aufgespalten und Letztere dann sukzessive abgebaut (durch β-Oxidation; dazu mehr bei Abbildung 48.7).
- ✔ Auch die Proteine (aus Kapitel 46) und damit die Aminosäuren tragen ihren Teil zur Energieerzeugung bei. Allerdings erleidet praktisch jede Aminosäure im Stoffwechsel ihr individuelles Schicksal, und das würde den Rahmen dieser Einführung sprengen.

Zweite Teilantwort auf die Grundfrage dieses Abschnitts: Durch den eingeatmeten Sauerstoff werden die aus verschiedenen Energiespeicher-Verbindungen bereitgestellten Kohlenstoff-Atome gemäß der zweiten Verbrennungsreaktion vom Anfang dieses Kapitels unter Energiegewinn verbrannt; das Oxidations-Endprodukt (Kohlendioxid) scheiden wir über die Atemluft wieder aus.

Sie haben aber schon in diesem Abschnitt gesehen, dass es *ganz so einfach* in Wahrheit *doch nicht* ist: Stoffwechsel-Prozesse stellen vielstufige Reaktions-Ketten dar. Einige grundlegende Prozesse sollen Sie im kommenden Abschnitt kennenlernen.

Der Stoffwechsel – ein bunter Strauß eigentlich einfacher Reaktionen

Nun wissen Sie, dass Energie gewonnen und in Form lagerfähiger Verbindungen auch gespeichert werden kann. Damit die Energie aber auch wirklich dort ankommt, wo sie gerade gebraucht wird, werden *energiereiche Moleküle* als Energieüberträger genutzt.

Die Transporter – da, wo die Energie gebraucht wird

Unter »energiereichen Molekülen« dürfen Sie sich Verbindungen vorstellen, bei deren Weiterreagieren teils beachtliche Mengen an Energie frei werden. Besonders wichtig sind:

- ✔ *Phosphorsäureanhydride* – dazu gehören auch die beiden wichtigsten Energieüberträger **Adenosintriphosphat** (kurz: **ATP**, Abbildung 48.3a) und **Guanosintriphosphat** (**GTP**, b).
- ✔ *Thioester* – wichtigster Vertreter ist das *Acetyl-Coenzym A* (kurz: **Acetyl-CoA**; Abbildung 48.3c), analoge Bindungen können aber auch mit jeder anderen (Carbon-)Säure eingegangen werden (dann *Acyl-CoA*, d). Zum Coenzym A *siehe* den gleichnamigen Kasten.
- ✔ *Enolphosphate* – das **Phosphoenolpyruvat** (Abbildung 48.3e, oft **PEP** abgekürzt) werden Sie im Abschnitt *Der Citrat-Cyclus* wiedersehen (in Kapitel 40 haben Sie ja erfahren, dass Pyruvate die Salze und Ester der Brenztraubensäure sind).
- ✔ *Gemischte Anhydride von Phosphor- und Carbonsäuren* – hier muss insbesondere das *1,3-Bisphosphoglycerat* (Abbildung 48.3f; kurz **BPG**) erwähnt werden (bitte beachten: Die Glycerate leiten sich von der *Glycerinsäure* ab, nicht vom Glycerin selbst).

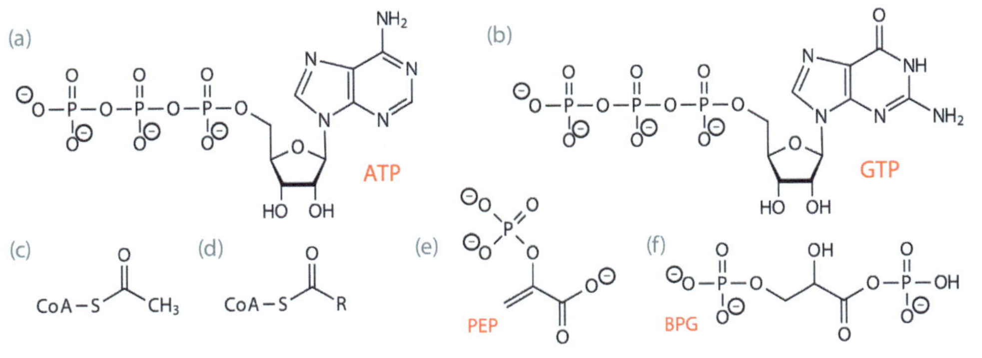

Abbildung 48.3: Energiereiche Verbindungen als Energieüberträger

In diesem Kapitel werden Ihnen früher oder später Vertreter aller vier Kategorien wiederbegegnen.

Natürlich verlaufen die bislang beschriebenen Reaktionen nicht so schlicht, wie es auf dem Papier scheinen mag: Fast alles hier Präsentierte wird durch Enzyme katalysiert oder überhaupt erst ermöglicht. (Ein wenig dazu wurde ja bereits in Kapitel 46 angerissen.) Da wir Ihnen hier allerdings zeigen wollen, dass letztendlich »ganz normale Chemie« hinter allem steckt, sollen die jeweils zugehörigen Enzyme nicht übermäßig thematisiert werden. Stattdessen behandeln wir die einzelnen Schritte wie »ganz gewöhnliche« OC.

Coenzym A: Was uns der Biochemie-Lego®-Kasten alles beschert

Von besonderer Bedeutung ist das Coenzym A als Bestandteil energiereicher Thioester, und wenn Sie sich anschauen, woraus dieses Coenzym eigentlich aufgebaut ist, wird wieder einmal deutlich, dass sich die vermeintlich unübersichtliche Vielfalt der Biochemie aus einer relativ überschaubaren Anzahl fröhlich miteinander kombinierter Grundbausteine ergibt. Betrachten Sie als Beispiel folgendes Molekül:

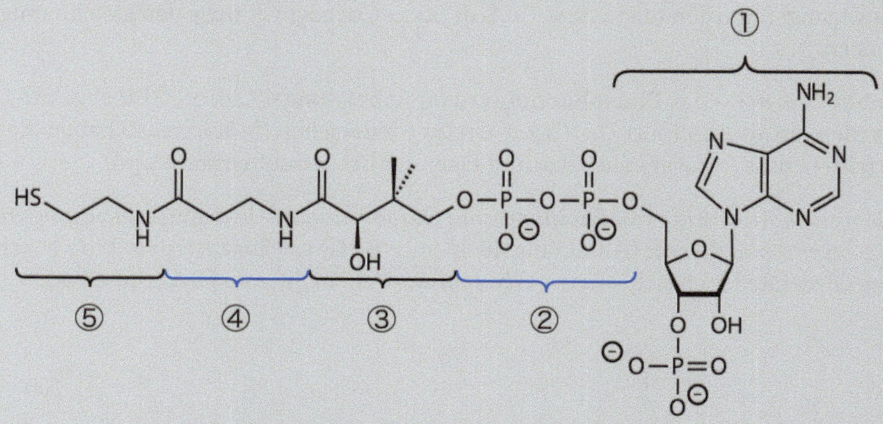

- ✔ Fragment ① ist ein in 3-Position phosphoryliertes Adenosin.
- ✔ Fragment ② ist eine Diphosphat-Brücke.
  - Gemeinsam bilden die Fragmente ① und ② einen 3-Phospho-ADP-Rest.
- ✔ Fragment ③ ist die *Pantoinsäure* (nach IUPAC: 2,4-Dihydroxy-3,3-dimethylbutansäure). Über ihre Carboxyl-Funktion ist sie mit Fragment ④ zu einem Amid verknüpft, während die OH-Gruppe an C^4 eben phosphoryliert ist.
- ✔ Fragment ④ ist die nicht-proteinogene β-Aminosäure *β-Alanin*. (Im Vergleich zum »normalen« Alanin ist die Aminogruppe einfach ein C-Atom »weitergerutscht«.)
  - Fragmente ③ und ④ zusammen werden auch als *Vitamin B5* oder als *Pantothensäure* bezeichnet. (Die kennen Sie bestimmt aus Wundheil-Cremes.)
- ✔ Fragment ⑤ schließlich heißt *Cysteamin* – das ist das, was übrig bleibt, wenn die proteinogene Aminosäure Cystein decarboxyliert (also CO_2 abspaltet, ähnlich wie in Abbildung 40.21; nur wird die Decarboxylierung von Aminosäuren meist *enzymatisch* katalysiert, und dann ist es kniffliger, den Mechanismus anzugeben).

Das alles zusammen wird, bis auf die terminale Thiol-Gruppe des Cysteamin-Rests, meist nur abgekürzt angegeben, daher die Kurzschreibweise **CoA-SH**.

Weil viele der an den folgenden Reaktionsketten beteiligten Moleküle unter den jeweiligen physiologischen Bedingungen in anionischer Form vorliegen, werden die Verbindungen *fast immer* als *Anionen* betrachtet und auch so behandelt. Damit der Zusammenhang mit den jeweils zugrunde liegenden Säuren deutlicher wird, ist in diesem Kapitel der Name der Säure (der sich ja – leider – nicht immer von selbst erklärt), jeweils *kursiv* in Klammern hinzugesetzt.

Was sich mit Traubenzucker so alles machen lässt

Wieder einmal soll uns die Glucose Modell stehen, wenn es nun darum geht, Zucker zu *verstoffwechseln*, also **Glycolyse** zu betreiben. (Natürlich muss die Glucose dafür zunächst aus ihrer jeweiligen Speicherform freigesetzt werden, aber wir wollen es nicht zu weit treiben – es hat schon seinen Grund, dass es eigenständige Lehrbücher der Biochemie gibt.)

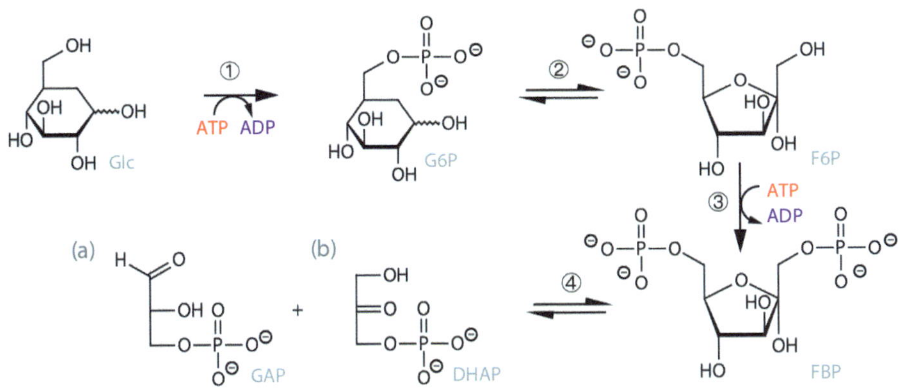

Abbildung 48.4: Glycolyse, Teil 1: Von Glucose zu zwei Triosephosphaten

- In Schritt ① des ersten Teils der Glycolyse (Abbildung 48.4) wird Glucose in 6-Position phosphoryliert – es entsteht ein Phosphorsäureester (**Glucose-6-phosphat**, kurz: **G6P**). Die erforderliche Phosphat-Gruppe stammt von ATP (*siehe* Abbildung 48.3a), das dabei zu ADP umgesetzt wird. Dieser Schritt ist – genau wie alle nachfolgenden – enzymatisch katalysiert.

- In Schritt ② wird das Glucose-6-phosphat unter Einfluss einer *Isomerase* (also eines Enzyms, das ein Isomer in ein anderes umwandelt) zum **Fructose-6-phosphat** (**F6P**) umgebaut. (Wenn Sie genau hinschauen, werden Sie bemerken, dass hier **α**-F6P entsteht. *Nur dieses* Anomer kann durch das betreffende Enzym erzeugt werden, und nur dieses Anomer wird dann auch enzymatisch weiter umgesetzt.)

Erinnern Sie sich? Glucose und Fructose sind Isomere mit der Summenformel $C_6H_{12}O_6$ – blättern Sie notfalls noch einmal in Kapitel 44.

- Durch Umsetzung mit einem weiteren Molekül ATP wird Fructose-6-phosphat in Schritt ③ zum **Fructose-1,6-bisphosphat** (F-1,6-BP, noch kürzer: **FBP**) umgesetzt.

✔ Dieses wird dann in Schritt ④ in zwei phosphorylierte Triosen aufgespalten:

- **Glycerinaldehyd-3-phosphat** (kurz: **GAP** oder **G3P**, auch: Glyceral-3-phosphat; Abbildung 48.5a) *und*
- **Dihydroxyacetonphosphat** (kurz: **DHAP**, auch Glyceronphosphat, Abbildung 48.5b)

Bei Schritt ④ handelt es sich faktisch um die *Rückreaktion einer Aldol-Addition*, eine **Retro-Aldol-Reaktion**. (Vielleicht wollen Sie noch einmal einen Blick in Kapitel 40 werfen?) Dabei entstehen aus Fructose-1,6-bisphosphat (in Abbildung 48.5a der Übersichtlichkeit wegen offenkettig dargestellt) eine *Carbonyl*-Komponente (b; entscheidendes Atom *rot* markiert) und eine *Methylen*-Komponente (c; entscheidendes Zentrum *grün* markiert: H-Atom in α-Stellung zu einer Carbonylgruppe!).

Die beiden resultierenden Triosen stehen über eine *Endiol-Zwischenform* (d) in einem (enzymatisch katalysierten) *Tautomerie*-Gleichgewicht – deswegen ist auch das Chiralitätszentrum an C^2 des Glycerinaldehydphosphats (b) nicht mehr von Belang. Verstoffwechselt wird jetzt nur noch GAP (b), aber das wird im Rahmen des Tautomerie-Gleichgewichts – ganz im Sinne von LE CHATELIER – immer weiter nachgeliefert. *Kurzfassung: Ein Molekül Glucose (Glc) wird nach doppelter Phosphorylierung in zwei Moleküle Glycerinaldehyd-3-phosphat (GAP) zerlegt.*

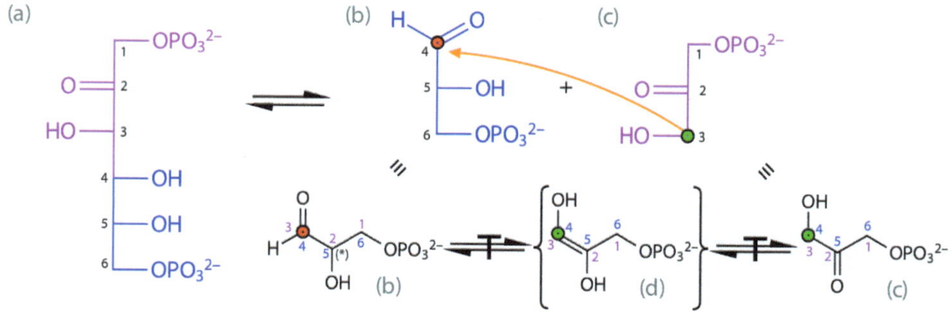

Abbildung 48.5: Spaltung von Fructose-1,6-bisphosphat als Retro-Aldol-Reaktion

In Lehrbüchern der Biochemie ist es üblich, wirklich *alles*, was sich nicht rasch genug wehrt, in der FISCHER-Projektion darzustellen. Damit Sie ein Gespür dafür erhalten, dass es hier wirklich um »ganz normale OC« geht, verzichten wir bewusst darauf.

✔ Im zweiten Teil der Glycolyse (Abbildung 48.6) wird das Glycerinaldehyd-3-phosphat in Schritt ① zunächst durch NAD^+ (*siehe* Abbildung 48.1a) zur Carbonsäure oxidiert und dabei mit freier Phosphorsäure auch gleich zum (relativ energiereichen) Carbonsäure-Phosphorsäureanhydrid namens **1,3-Bisphosphoglycerat** (**BPG**) phosphoryliert.

- ✔ ② Der neu eingeführte Phosphat-Rest des 1,3-Bisphosphoglycerats wird dann auf ein ADP übertragen, sodass wieder ein Äquivalent ATP zur späteren Verwendung zur Verfügung steht; dabei entsteht **3-Phosphoglycerat** (**3PG**).
- ✔ ③ Diese verschiebt nun den Phosphat-Rest intramolekular auf die unmittelbar benachbarte OH-Gruppe, sodass sich 2-**Phosphoglycerat** (**2PG**) ergibt.
- ✔ ④ Wasserabspaltung führt dann zum **Phosphoenolpyruvat** (dem Phosphorsäure-Ester der *Brenztraubensäure* in ihrer Enolform, kurz: **PEP**).
- ✔ ⑤ Dieses überträgt den noch verbliebenen Phosphat-Rest auf ein weiteres ADP.
- ✔ ⑥ Das resultierende Enol tautomerisiert zum **Pyruvat** (*Brenztraubensäure*) weiter.
- ✔ ⑦ Unter *anaeroben* Bedingungen wird das Pyruvat dann noch durch NADH stereospezifisch zum L-**Lactat** (*Milchsäure*) reduziert.

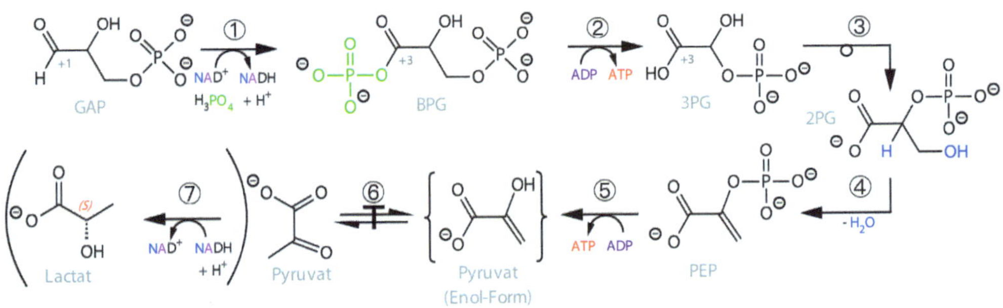

Abbildung 48.6: Glycolyse, Teil 2: Vom Glycerinaldehyd-3-phosphat zum Pyruvat (unter anaeroben Bedingungen bis zum Lactat)

Das auf diese Weise entstandene Lactat kann dann für eine Vielzahl weiterer Reaktionen genutzt werden.

Genau genommen entsteht das Lactat (beziehungsweise die Milchsäure) als Endprodukt der Glycolyse nur unter *anaeroben* Bedingungen, wenn also Sauerstoff-Mangel herrscht (auch wenn die Anwesenheit oder das Fehlen von O_2 auf die hier beschriebenen Schritte der Glycolyse keinen Einfluss besitzt). Ist genügend Luft vorhanden, kann das Pyruvat aus Schritt ⑥ in weiteren Schritten auch vollständig zu CO_2 und H_2O umgesetzt werden. Andere Organismen haben für das Pyruvat noch weitere Verstoffwechslungs-/Verwendungszwecke gefunden – und das lässt sich gezielt ausnutzen: So wandelt etwa Bäckerhefe (*Saccharomyces cerevisiae*) die Brenztraubensäure in Ethanol um – das ist die Grundlage des Bierbrauens.

Natürlich gibt es noch andere Mittel und Wege, Glucose zu verstoffwechseln. Aber für einen ersten Einblick soll das reichen.

Gewiss ist Ihnen schon aufgefallen, dass es einerseits Adenosin**di**phosphat (ADP) heißt, andererseits aber Fructose-1,6-**bis**phosphat (F-1,6-BP). Wo ist der Unterschied? – Das Präfix **bis-** verrät Ihnen, dass hier die beiden Phosphat-Gruppen *nicht* miteinander verbunden sind (dass *bis* auf Lateinisch »zweimal« bedeutet, wissen Sie seit der Komplex-Nomenklatur aus Kapitel 13, in einem **Bis**phosphat liegt also »zweimal *eine* Phosphatgruppe« vor) – anders als bei der **Di**phosphatbrücke im ADP. *Ja, dahinter steckt ein System!*

Fettabbau und -nutzung

Auch bei den Fetten machen wir es uns ein bisschen einfacher: Statt von Triglyceriden auszugehen, nehmen wir an, deren Aufspaltung in Glycerin und die jeweiligen Fettsäuren habe bereits stattgefunden. Dann gestattet die **β-Oxidation von Fettsäuren** den sukzessiven Abbau dieser Verbindungen – deswegen wird die β-Oxidation meist als Kreislauf dargestellt (ähnlich dem Katalysekreislauf aus Abbildung 43.11). Wieder sollen die einzelnen Schritte dieses Stoffwechselweges (Abbildung 48.7) behandelt werden wie »ganz normale OC«:

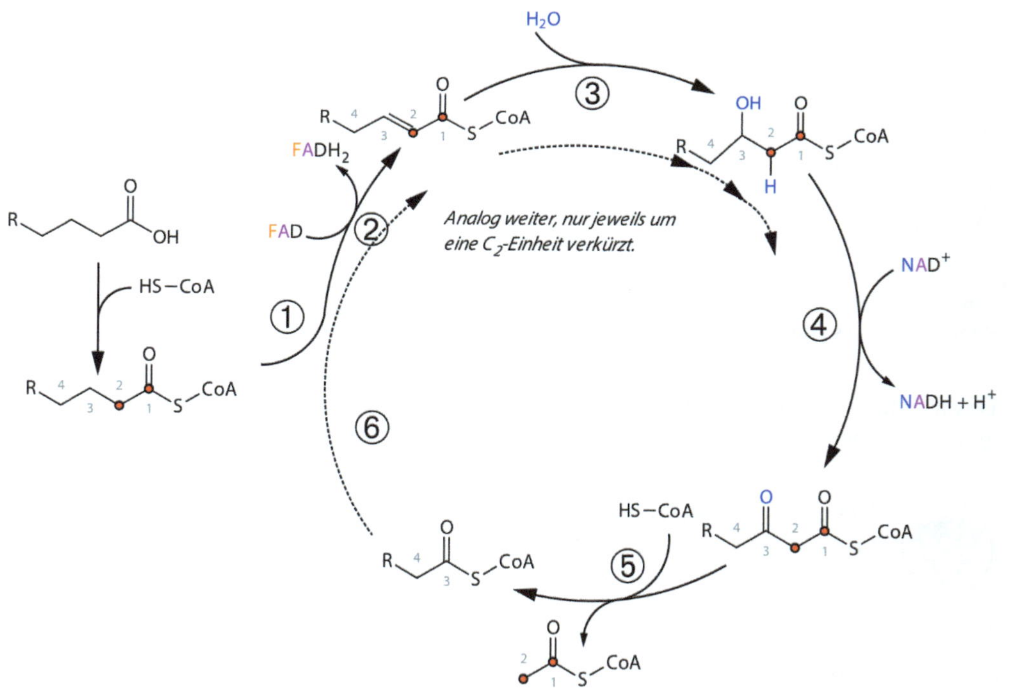

Abbildung 48.7: Sukzessiver Abbau von Fettsäuren durch β-Oxidation

- Vorbereitend wird die Fettsäure mit Coenzym A zu einem *Thioester* umgesetzt. Können oder wollen Sie nichts darüber aussagen, *welche* Fettsäure gerade diese Reaktion eingeht, kommt die Bezeichnung *Acyl-CoA* zum Einsatz. (Bitte nicht *Acyl-* und *Ac**et**yl-* verwechseln!) Dieser wird dann in Schritt ① in den eigentlichen Kreislauf eingeschleust.
- ② Der Ester wird durch FAD zur *(E)*-konfigurierten *α,β-ungesättigten Fettsäure* oxidiert.

- ✔ ③ An die neu entstandene Doppelbindung wird stereospezifisch Wasser addiert, sodass *L-3-Hydroxyacyl-CoA* entsteht; das neu entstandene Chiralitätszentrum ist also (*S*)-konfiguriert. (Dass diese Reaktion stereospezifisch verläuft, ist natürlich wieder einem Enzym zu verdanken, hier einer *Hydratase*.)
- ✔ ④ Durch NAD^+ wird die *3-Hydroxysäure* zur *3-Ketosäure* oxidiert.
- ✔ ⑤ Ein freies Coenzym A übernimmt das (farblich markierte) C_2-Fragment (einen *Acetyl*rest); Acetyl-CoA wird frei. Das verbleibende Acyl-CoA (jetzt eben um zwei Kohlenstoff-Einheiten kürzer) tritt erneut in den Kreislauf ein: ⑥.

Da die Biosynthese der Fettsäuren ebenfalls »in Zweierschritten« verläuft, sollte verständlich sein, warum die meisten im menschlichen Organismus vorkommenden Fettsäuren aus einer *geradzahligen* Anzahl von C-Atomen aufgebaut sind.

Der Citrat-Cyclus

Diese als **Citrat-Cyclus** bezeichnete Abfolge einzelner Reaktionsschritte stellt schlichtweg *den* Dreh- und Angelpunkt des menschlichen Stoffwechsels dar. Hierbei wird unter Abspaltung von zwei Äquivalenten Kohlendioxid letztendlich das aus Fettsäuren gewonnene Acetyl-CoA weiter verstoffwechselt (Abbildung 48.8; vor allem Mediziner sprechen hier zu Ehren des Entdeckers dieses Stoffwechselweges gern vom **Krebs-Cyclus**).

So unübersichtlich der Citrat-Cyclus auf den ersten Blick auch scheinen mag, eigentlich stecken auch dahinter ausschließlich einfache Reaktionen, die Sie aus der »normalen OC« längst kennen (lediglich die Namen der verschiedenen Verbindungen mögen Ihnen noch neu sein – aber dass die Eigennamen die Krux der Biochemie schlechthin sind, wissen Sie ja schon …).

Auch hier wieder alle Schritte der Reihe nach:

- ✔ Der *vorbereitende* Schritt besteht darin, dass ein **Pyruvat** (*Brenztraubensäure*) mit Coenzym A unter Abspaltung eines Moleküls Kohlendioxid zum (energiereichen) Acetyl-CoA umgesetzt wird. Dieser Thioester wird dann in den eigentlichen Kreislauf eingeschleust. Dieser Schritt gehört noch nicht zum eigentlichen Kreislauf. Woher dieses Pyruvat kommt, ist unerheblich – es könnte beispielsweise aus Schritt ⑥ der Glycolyse (*siehe* Abbildung 48.6) stammen, aber auch aus Schritt ⑤ der β-Oxidation (*siehe* Abbildung 48.7).
- ✔ ① Der Thioester reagiert mit zum Kreislauf gehörendem **Oxalacetat** (*Oxalessigsäure*) zum *Citrat* (*Citronensäure*); bei der zugehörigen Hydrolyse wird freies Coenzym A freigesetzt.

Diese Reaktion entspricht der Aldol-Addition (aus Kapitel 40); als Methylenkomponente fungiert hier die Methylgruppe des Acetyl-CoA, Carbonylkomponente ist die Carbonylgruppe von Oxalacetat.

- ✔ ② Enzymatisch wird stereospezifisch Wasser abgespalten – dies führt zum (*Z*)-konfigurierten ***cis*-Aconitat** (*Aconitsäure*, (*Z*)-1,2,3-Propentricarbonsäure), die allerdings nicht in freier Form beständig ist (daher die geschweiften Klammern), sondern sofort weiterreagiert.

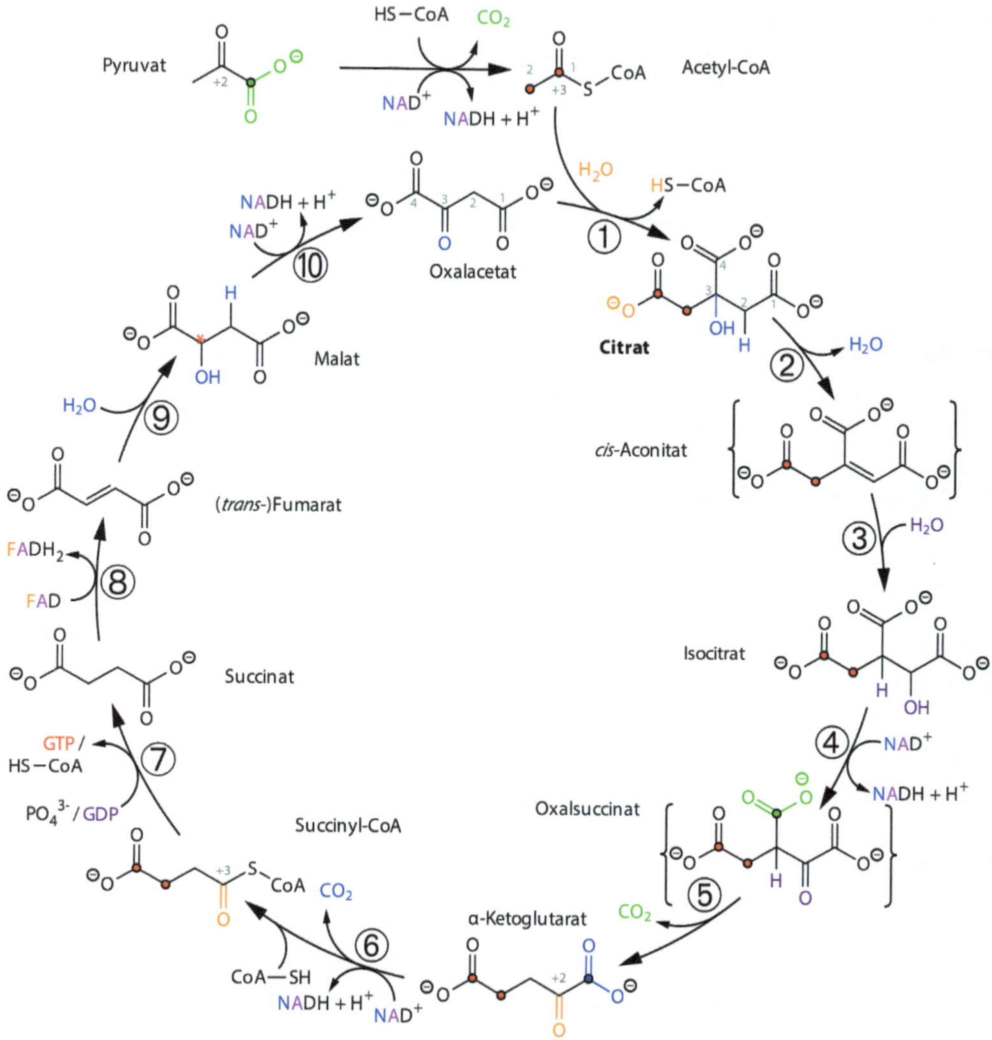

Abbildung 48.8: Der Citrat-Cyclus

- ✔ ③ Dieses Produkt löst sich noch nicht vom Enzym des vorangegangenen Reaktionsschritts (daher die geschweiften Klammern – *cis*-Aconitat tritt nicht frei auf). Eben jenes Enzym addiert nun an die neu entstandene Doppelbindung (stereospezifisch!) Wasser, dabei entsteht **Isocitrat** (*Isocitronensäure*). Diese unterscheidet sich vom in Schritt ② erzeugten Citrat nur in der Position der OH-Gruppe.

- ✔ ④ Durch NAD^+ wird die OH-Gruppe an C_2 zum Keton oxidiert, sodass **Oxalsuccinat** (*Oxalbernsteinsäure*) entsteht. Auch dieses löst sich – wie zuvor das *cis*-Aconitat – nicht vom betreffenden Enzym ab, sondern reagiert daran sofort weiter (deswegen erneute geschweifte Klammern – auch Oxalsuccinat tritt nicht frei auf):

- ✔ ⑤ Die Carboxylgruppe an C^3 befindet sich in *β*-Position zur Carbonylgruppe an C^2, daher decarboxyliert sie (ganz so, wie Sie das aus Abbildung 40.20 kennen). Bei dieser Abspaltung des ersten Äquivalents CO_2 entsteht *α*-**Ketoglutarat** (*α-Ketoglutarsäure*, 2-Oxopentandisäure).

- ✔ ⑥ NAD^+ bewirkt eine *oxidative Decarboxylierung* von *α*-Ketoglutarat: Das (ehemalige) Keto-Atom C^2 wird zur Carbonsäure oxidiert und diese im gleichen Schritt mit Coenzym A zum Thioester umgesetzt. Dies führt zu **Succinyl-CoA** (abgeleitet von der *Bernsteinsäure*).

- ✔ ⑦ Succinyl-CoA wird unter Abspaltung von Coenzym A zu freiem **Succinat** (*Bernsteinsäure*) hydrolysiert. Die dabei frei werdende Energie wird dazu genutzt, aus einem freien Phosphat-Ion und GDP (dem Guanin-Gegenstück zu ADP) ein Äquivalent energiereiches GTP zu erzeugen.

- ✔ ⑧ FAD oxidiert die Einfachbindung C^2–C^3 im Succinat stereospezifisch zu einer *(E)*-konfigurierten Doppelbindung, sodass *trans*-Fumarat entsteht (*Fumarsäure, (E)*-Butendisäure).

Von »*trans*-Fumarat« sprechen eigentlich nur Biochemiker und Mediziner. »Konventionelle Chemiker« wissen, dass die Fumarsäure *immer (E)*- beziehungsweise *trans*-konfiguriert ist (*siehe* Tabelle 40.2 – man sollte die Fumarsäure keinesfalls mit der Maleinsäure verwechseln), insofern ist die Bezeichnung »*trans*-Fumarat« schlichtweg doppelt gemoppelt.

- ✔ ⑨ Bei der Addition von Wasser an diese neu entstandene Doppelbindung entsteht **Malat** (*Äpfelsäure*). Die Äpfelsäure weist ein neu hinzugekommenes Chiralitätszentrum auf.

Im Citrat-Cyclus ist die Chiralität der Äpfelsäure nicht von Belang, da das chirale C-Atom gleich weiteroxidiert wird, aber es sei trotzdem darauf hingewiesen, *dass* die Äpfelsäure chiral ist. Und wo es hier gerade einen Einschub gibt: Bitte schreiben Sie die **Ä**pfelsäure wirklich mit Umlaut und lassen Sie sich keine »Apfelsäure« unterschieben – auch wenn sich diese (fach-)sprachliche Verschleifung immer weiter durchzusetzen scheint.

- ✔ ⑩ Durch Oxidation an C^2 wird Malat zu **Oxalacetat** umgesetzt, das dann mit *Acetyl-CoA* unter Abspaltung von Coenzym A zu *Citrat* weiterreagiert – ②. Der Kreis schließt sich.

Vielleicht haben Sie in Abbildung 48.8 die rote Markierung der C-Atome bemerkt, die aus dem vor Schritt ② eingeschleusten Acetyl-CoA stammten – und gesehen, dass diese *nicht identisch* sind mit den C-Atomen, die als CO_2 aus dem Kreislauf ausgestiegen sind (grün markiert). Mit Schritt ⑦ jedoch hatte es dann ein Ende mit der Markiererei. Der Grund dafür sollte offensichtlich werden, wenn Sie sich das Succinat/die *Bernsteinsäure* genauer anschauen: Das Molekül ist *nicht chiral* und besitzt zudem eine *innere Spiegelebene*:

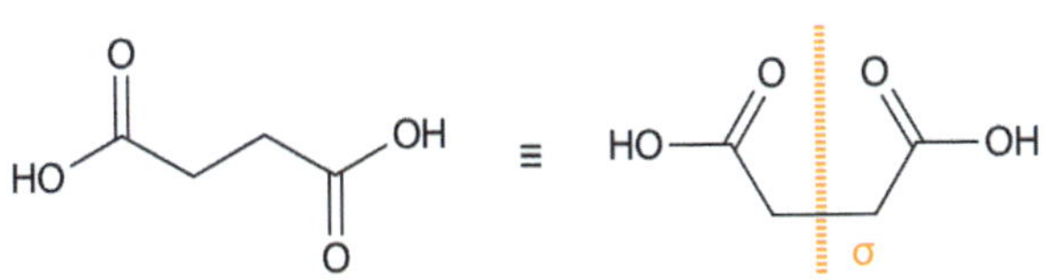

Also lassen sich weder die beiden Carboxyl- noch die beiden Methylengruppen unterscheiden. Ab jetzt werden die Kohlenstoff-Atome *statistisch* abgebaut – früher oder später fliegen sie *alle* aus dem Cyclus.

Namen sind Schall und Rauch?

Wir hatten ja bereits mehrmals darauf hingewiesen, dass die vielleicht größte Schwierigkeit in der Biochemie in den historisch bedingten Eigennamen fast aller wichtigeren Verbindungen liegt. Dass zudem viele erst später identifizierte Substanzen dann nach dem Prinzip der Halbtrivialnamen (*siehe* Kapitel 40) ausgehend von diesen historisch bedingten Eigennamen benannt wurden, macht es nicht gerade besser. Und wenn wir uns der Biochemie über Chemie-Lego® nähern, stellt sich früher oder später unweigerlich die Frage, warum die eine oder andere Substanz *so* und nicht anders genannt wurde.

- So spricht beispielsweise eigentlich (!) nichts dagegen, die Oxalessigsäure aus Schritt ⑩ des Citrat-Cyclus (Abbildung 48.8) als »α-Ketobernsteinsäure« oder »α-Ketosuccinat« zu bezeichnen (ganz analog zum α-Ketoglutarat aus Schritt ⑤).
- Die Äpfelsäure aus Schritt ⑨ könnte gewiss auch gut mit den Namen »α-Hydroxybernsteinsäure« oder eben »α-Hydroxysuccinat« leben.

Allerdings sind die hier vorgeschlagenen »Alternativbenennungen« im Rahmen der Biochemie nun einmal *nicht üblich* – sie wurden lediglich angeführt, um Ihnen noch einmal zu zeigen, wie eng die verschiedenen wichtigen Biomoleküle miteinander »verwandt« sind. Im Fachgespräch mit Biochemikern bleibt Ihnen wohl (leider) nichts anderes übrig, als *doch* die historisch gewachsenen Bezeichnungen zu verwenden.

Bisher haben Sie in diesem Kapitel ausschließlich Reaktionen aus dem *katabolen Metabolismus* kennengelernt, also *Abbau*-Reaktionen, die zur Energiegewinnung oder zur Entgiftung dienen – würde das ganze Kohlendioxid, das bei diesen Verbrennungsreaktionen entsteht, nicht irgendwann ausgeatmet, sondern sich im Blut anreichern, würde das ja den dortigen Kohlensäure-Puffer (bekannt aus Kapitel 25) völlig überlasten! Natürlich gehört zur Biochemie auch der *Anabolismus*, also der *Aufbau* neuer Verbindungen. Die dabei ablaufenden Reaktionen mögen sich hinsichtlich der *biologischen* Dinge (welche Enzyme sind beteiligt?) drastisch unterscheiden, aber vom chemischen Grundprinzip her bleibt die Herangehensweise über einzelne »Bausteine« gültig. Deswegen wird hier darauf nicht weiter eingegangen.

All diese Energie liefernden Reaktionen/Reaktionscyclen finden in den *Mitochondrien* statt. Nicht umsonst werden diese Organellen (in sich abgeschlossene Untereinheiten einer Zelle) gern »Zellkraftwerke« genannt. Da Mitochondrien nicht nur über eine eigene Zellmembran, sondern auch über eigene DNA (also eigenes Erbgut) verfügen, wird derzeit vermutet, es seien ursprünglich eigenständige Lebewesen gewesen, die mit den Vorläufern der Eukaryoten (Lebewesen mit einem genau definierten Zellkern – mehr dazu in Lehrbüchern der Biologie) in eine Endosymbiose getreten sind. Heutige Mitochondrien sind isoliert allerdings nicht mehr lebensfähig.

Ohne Chemie gäb's Skorbut: Krankheiten, chemisch betrachtet

Viele Krankheiten basieren auf fehlendem oder falschem Zusammenspiel der zahlreichen an biochemischen Prozessen beteiligten Moleküle. Oft lassen sich also Krankheitsbilder bis auf die molekulare Ebene zurückverfolgen. Dieses Fachgebiet, in dem die Grenze zwischen Chemie, Biologie und Medizin verschwindet, wird als *Pathobiochemie* bezeichnet, und natürlich gibt es auch zu diesem Thema einschlägige Fachliteratur (die Ihnen bei Interesse sehr ans Herz gelegt sei!). Für einen ersten Einblick in diesen Ausbund an Interdisziplinarität wollen wir exemplarisch nur zwei recht bekannte Krankheiten betrachten.

Mangelerscheinungen und ... Meerschweinchen?!

Das (in Kapitel 46 bereits erwähnte) Strukturprotein Collagen erhält seine Festigkeit vor allem dadurch, dass zahlreiche Prolin-Reste im Zuge einer posttranslationalen Modifikation in 4-Hydroxyprolin umgewandelt werden (was natürlich wieder das zugehörige Enzym erfordert: die Prolylhydroxylase – Sie sehen: So kompliziert ist die halbsystematische Benennung von Enzymen wirklich nicht ...). Unterbleibt die Hydroxylierung des Prolins, verliert das Protein seine stützende Wirkung (schließlich können dann zahlreiche Wasserstoffbrückenbindungen nicht eingegangen werden) – und das hat fatale Folgen: Muskelschwund und Zahnfleischbluten, Gelenkentzündungen und noch diverse andere unschöne Dinge. Die Summe all dieser Symptome wird auch als *Skorbut* bezeichnet – eine klassische *Mangelerkrankung*: Mit genug Vitamin C wird's gleich besser. Aber was hat Vitamin C mit Proteinen wie Collagen zu tun?

Die eigentliche Hydroxylierung des Prolins erfolgt zwar (wieder einmal) enzymatisch, aber ohne den *Cofaktor* **Vitamin C** (chemischer Name: *Ascorbinsäure*) geschieht das nicht. Schauen Sie sich die Struktur dieser Säure etwas genauer an (Abbildung 48.9a): Dieses Endiol lässt sich leicht zum vicinalen Diketon (b) oxidieren – und erst dieses *Redox-System* gestattet es der Prolylhydroxylase überhaupt, ihre Arbeit aufzunehmen.

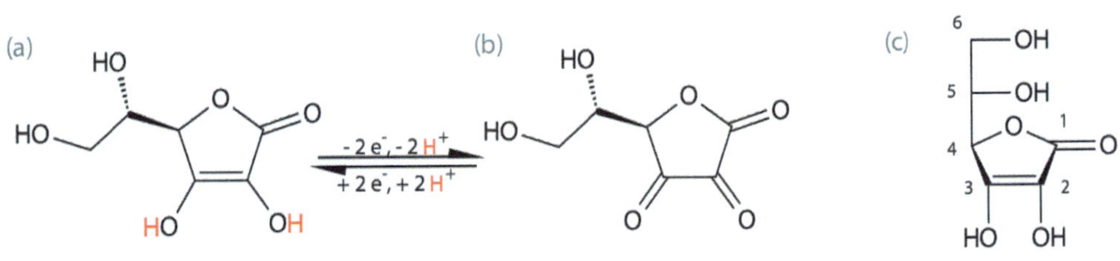

Abbildung 48.9: Vitamin C als Redox-System

Wenn Sie sich die Ascorbinsäure in der FISCHER-Projektion anschauen (c), könnten Sie auf die Idee kommen, eigentlich könne es doch gar nicht *so* schwierig sein, sich so etwas durch

Umbau einer Hexose selbst zu basteln (vielleicht gar der Glucose?). Und tatsächlich beherrschen es auch fast alle Tierarten, sich das benötigte Vitamin C selbst zu synthetisieren. Bislang sind nur zwei Ausnahmen bekannt, die das eben nicht hinbekommen und deswegen auf die Zufuhr dieses Vitamins über die Nahrung angewiesen sind: sämtliche Primaten (das schließt auch den Menschen ein) … und Meerschweinchen.

Auf all die anderen Vitamine – und was bei deren Fehlen passiert – soll hier nicht weiter eingegangen werden. Bei Interesse haben Sie jetzt das Rüstzeug, sich anhand von Lehrbüchern der Biochemie eigenständig zu informieren.

Pure OC in der Biochemie – Vitamin C

Es lohnt, das Molekül Ascorbinsäure etwas genauer zu betrachten: Wieso heißt es überhaupt -säure? Eine COOH-Gruppe ist ja nirgends zu entdecken. – Dafür gibt es gleich *zwei* Gründe:

- ✔ Zum einen handelt es sich bei diesem Molekül um das γ-Lacton einer (Oligo-)Hydroxycarbonsäure (a).
- ✔ Zum anderen reagiert Ascorbinsäure sogar beachtlich sauer (mit pK_S = 4,2 ist dieses Molekül um einiges acider als die Essigsäure!): Ascorbinsäure ist eine *vinyloge* Carbonsäure (b; zur Vinylogie: *siehe* Kapitel 40).

(a)

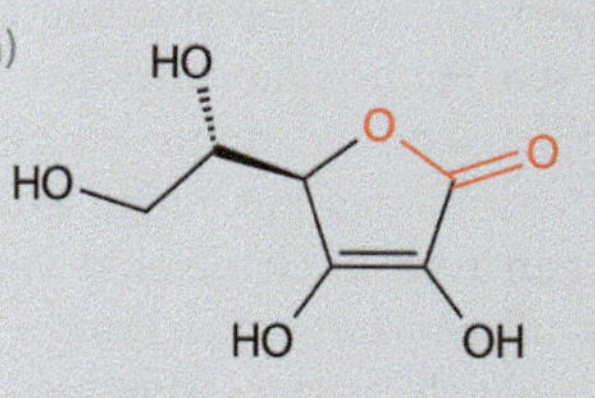

(b)

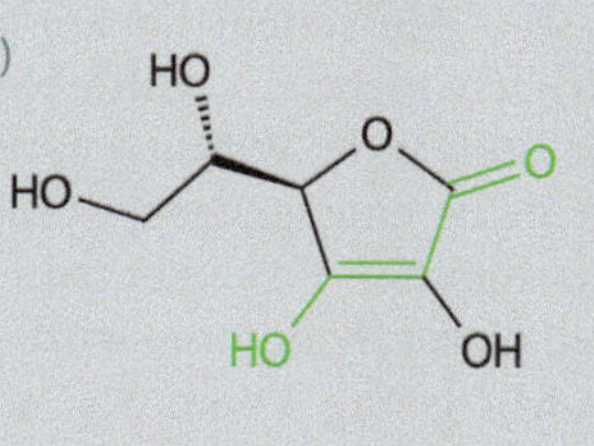

(c)

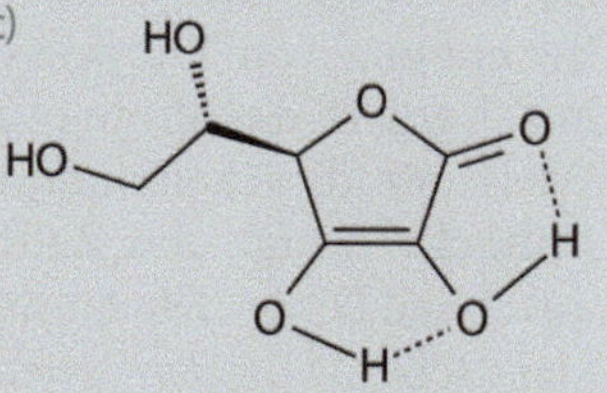

Außerdem stellt sich die Frage, wieso dieses Endiol stabil ist, wenn doch Enole fast augenblicklich in die Keto-Form tautomerisieren (wie in Kapitel 37 erläutert). – Auch das wissen Sie eigentlich schon: Wasserstoffbrücken können auch die Enol-Form stabilisieren (*siehe* Abbildung 40.5), und genauso ist es auch in diesem Fall (c) – sogar intramolekular.

Wenn es nicht an den Lego®-Steinen selbst liegt, dann vielleicht an denjenigen, die damit spielen

Die weitaus meisten Krankheiten lassen sich nicht so einfach auf ein einzelnes kleines Molekül (respektive dessen Fehlen) zurückführen. Häufig liegt das Problem nicht an den Bausteinen selbst (den Aminosäuren, Sacchariden und so weiter), sondern an den »molekularen Maschinen« (= Enzymen), die für den Zusammenbau größerer Einheiten oder die Gewinnung einzelner Bausteine aus einer hochmolekularen Speicherform verantwortlich sind. Beispiele dafür sind die *Lipidspeicherkrankheiten* (die glücklicherweise recht selten vorkommen). Dabei werden die Lipide (und/oder Sphingolipide, beide aus Kapitel 47) gelegentlich falsch zusammengesetzt und lagern sich dann in den betroffenen Geweben an. Da zu dem betroffenen Gewebe auch das Gehirn gehört, ist das natürlich langfristig unschön bis tödlich. Das Fehlverhalten der entsprechenden Enzyme ist häufig auf Defekte an den für die entsprechenden Enzyme codierenden Genen zurückzuführen – aber mit diesem Thema würden wir die Grundlagen der Chemie weit, weit hinter uns lassen.

Schief gewickelt oder falsch gefaltet – Wenn Proteine krank machen

In Kapitel 46 haben Sie die vier Stufen des Proteinaufbaus (Primär- bis Quartärstruktur) kennengelernt – und die gewohnten intramolekularen Wechselwirkungen sorgen auch dafür, dass die entsprechende Struktur aufrechterhalten bleibt – bis irgendetwas schiefläuft, denn natürlich ist die resultierende Struktur nicht die einzig mögliche, die so ein Protein einnehmen kann. (Denken Sie an die Denaturierung durch Hitze und dergleichen: Bis zu einer gewissen, recht hohen Temperatur bleibt die *Primärstruktur* des Proteins noch unverändert.) Welche *Quartärstruktur* eingenommen wird, lässt sich anhand der Primärstruktur allein bislang noch kaum abschätzen oder berechnen (auch wenn auf diesem Gebiet in letzter Zeit wirklich gewaltige Fortschritte erzielt wurden): Manchmal scheint die *Thermodynamik* die treibende Kraft zu sein (die dann die *energetisch günstigste* Faltung herbeiführt), manchmal wiederum die *Kinetik* (es wird die Tertiär- oder Quartärstruktur eingenommen, die sich *am schnellsten* erreichen lässt) – aber natürlich bestehen noch fast undenkbar viele andere Möglichkeiten. Derartige »falsche Faltungen« sind die Grundlage gleich einiger Krankheiten:

- ✔ Derzeit (2018) wird die Ablagerung falsch gefalteter Proteine im Gehirn als mögliche Ursache für die ALZHEIMER'sche Krankheit diskutiert.
- ✔ Auch die Tierseuche **BSE** (*bovine spongiform encephalopathy*, besser bekannt als *Rinderwahn*) lässt sich auf fehlgefaltete Proteine zurückführen.
- ✔ Gleiches gilt für das Menschen-Analogon, die **CREUTZFELDT-JAKOB-Krankheit**.

Die beiden Letztgenannten sind in einer weiteren Hinsicht mehr als beunruhigend: Die dort jeweils vorliegenden fehlgefalteten Proteine sind in der Lage, auch bei *anderen* Proteinen eine Fehlfaltung herbeizuführen. Für derartige, faktisch ansteckende toxische Proteine wurde der Begriff Prion geprägt (von ***pro****teinaceous* ***in****fectious particle*), analog zum Terminus *Vir****ion***, der fachsprachlich ein einzelnes Virus-Partikel beschreibt).

Leichengifte, Leichenstarre – pure Chemie

Auch wenn auf die Biochemie der Aminosäuren als Energielieferanten in diesem Kapitel nicht weiter eingegangen werden soll, sollten Sie doch bedenken, dass auch diese Verbindungen früher oder später verstoffwechselt werden müssen.

Das gehört zum Leben nun einmal dazu

Geschieht das »gezielt« (also innerhalb eines noch aktiven Organismus), sind die zugehörigen Prozesse, abhängig von den jeweils beteiligten Aminosäuren, eng mit dem Citrat-Cyclus verknüpft.

Allen Aminosäuren ist natürlich gemein, dass sie jeweils mindestens ein N-Atom mitbringen, und ein Übermaß an freiem Ammoniak kann der menschliche Körper auch nicht tolerieren. Ausgeschieden wird der Stickstoff in Form verschiedener, gut wasserlöslicher Verbindungen: Am wichtigsten sind *Harnsäure* (Abbildung 48.10a; diese Struktur mit ihrem Tautomerie-Gleichgewicht sollte Sie an die Purin-Basen aus DNA und RNA erinnern, *siehe* Abbildung 45.1e–g) und *Harnstoff* (Abbildung 48.10b, das Diamid der Kohlensäure) sowie *Kreatinin* (c) und *Kreatin* (d; gewiss haben Sie erkannt, dass (c) das Lactam von (d) ist).

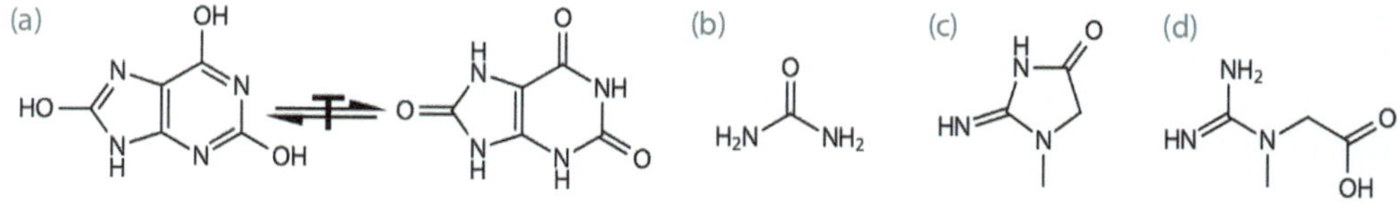

Abbildung 48.10: Inhaltsstoffe des Urins

Die meist gelbliche bis dunkelgelbe Färbung des Urins ist hauptsächlich auf Abbauprodukte des Häms (*siehe* Abbildung 46.13b) aus dem Blutfarbstoff Hämoglobin zurückzuführen, insbesondere auf das *Bilirubin* (Abbildung 48.11a), während das sehr viel dunklere *Sterkobilin* (b, ebenfalls ein Abbauprodukt des Häms) Hauptgrund für die dunkle Farbe von menschlichem Kot ist (wo wir gerade dabei sind ...).

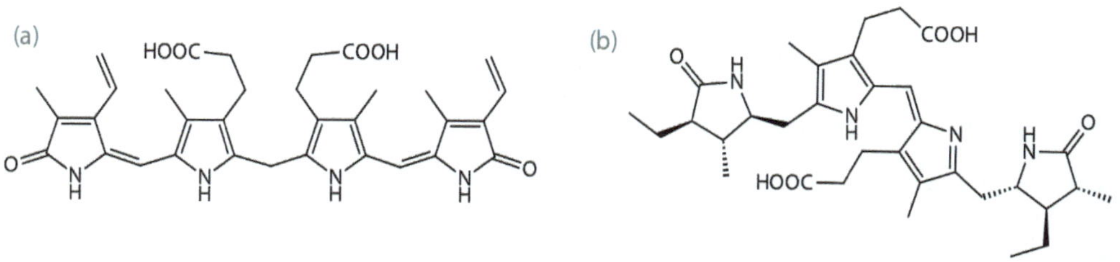

Abbildung 48.11: Farbstoffe in Stoffwechsel-Endprodukten

Eine deutliche Rotfärbung des Urins lässt sich meist mit Blutbeimengungen erklären (ab zum Arzt!) – gelegentlich liegt es aber auch an einem gesteigerten Carotin-Gehalt (das Carotin kennen Sie aus dem Abschnitt *Farbigkeit* von Kapitel 38), dann haben Sie vielleicht doch ein paar Möhren zu viel gegessen. Der Geruch *frischen* Urins nach Brühe ist auf das Kreatin (Abbildung 48.10d) zurückzuführen, das der deutsche Chemiker Justus VON LIEBIG als Komponente im Fleisch von Säugetieren erkannte (und prompt den nach ihm benannten Fleischextrakt erfunden hat). Der unangenehm-stechende Ammoniak-Geruch *abgestandenen* Urins hingegen lässt sich mit der bakteriell induzierten Hydrolyse von Harnstoff zu CO_2 und NH_3 erklären.

Und wenn es dann vorbei ist

Ist kein Organismus mehr vorhanden, der den Abbau dieser Vielzahl organischer Verbindungen steuert, geht es natürlich drunter und drüber.

Mit Luft …

Bei Verwesungsprozessen, wenn also genug Sauerstoff vorhanden ist, reagieren nach und nach alle vorhandenen organischen Verbindungen zu den Endprodukten entsprechender Oxidationsprozesse, vor allem natürlich Wasser und Kohlendioxid. Zusätzlich entstehen auch Ammoniak und Phosphatsalze – mit dieser Form von »freiem Stickstoff« und »freiem Phosphat« lässt sich vortrefflich düngen (was nicht heißen soll, Sie dürften Ihre Verblichenen großflächig im eigenen Garten dieser Verwendung zukommen lassen!).

… und ohne

Ist nicht genügend Sauerstoff vorhanden, kommt es zu Fäulnisprozessen. Dabei werden, häufig durch Mikroorganismen beschleunigt, die Moleküle in kleinere Untereinheiten zerlegt – entropisch gesehen natürlich nachvollziehbar, die Anzahl freier Teilchen nimmt ja zu, aber olfaktorisch (also geruchstechnisch) nicht unbedingt erfreulich: Schwefelhaltige Proteine zerfallen zu leichtflüchtigen Thiolen und Thioethern, was für das typische Faulgasaroma sorgt; dass zugleich auch noch beachtliche Mengen von nun einmal stechend riechendem Ammoniak frei werden, steigert das zweifelhafte Vergnügen nur noch.

Es gibt natürlich noch viele weitere Zerfallsprozesse, nicht zuletzt die Decarboxylierung von Aminosäuren zu biogenen Aminen: Lysin etwa wird so zum äußerst unangenehm riechenden *Cadaverin* (Abbildung 48.12a, Pentan-1,5-diamin), während die Aminosäure *Ornithin* (der nicht-proteinogene »kleine Bruder« von Lysin, der im Stickstoff-Stoffwechsel des menschlichen Körpers durchaus von Bedeutung ist) zum ebenso unangenehmen *Putrescin* (b, Butan-1,4-diamin) decarboxyliert. Beide Verbindungen tragen zum charakteristischen Aroma der Fleischfäulnis bei und werden häufig als Leichengifte bezeichnet – das entstehende CO_2 erklärt auch, warum es bei Fäulnisprozessen zu diesen sonderbaren »Luftblasen« kommt.

Die Bezeichnung »Leichengifte« ist eigentlich unangemessen: Cadaverin und Putrescin sind zwar geruchlich zumindest gewöhnungsbedürftig, aber nicht übermäßig toxisch. Dass der unachtsame Umgang mit Leichen oder Leichenteilen trotzdem zu gesundheitlichen Problemen führen kann, hat eher mikrobiologische Gründe.

Bei Verwesungsprozessen werden noch ganz andere Verbindungen frei, exemplarisch schrittweise in Abbildung 48.12c gezeigt an der proteinogenen Aminosäure Tryptophan:

- ✔ ① Das L-Tryptophan decarboxyliert zum *Tryptamin* (zur Decarboxylierung von Carbonsäuren *siehe* Kapitel 40).
- ✔ ② Ist nicht für vollständigen Luftabschnitt gesorgt, führt oxidative Hydrolyse zum *Indolacetaldehyd,*

✔ ③ das sich leicht zur entsprechenden Carbonsäure (*Indolessigsäure*) oxidieren lässt.

✔ ④ Neuerliche Decarboxylierung führt dann zum *Skatol.*

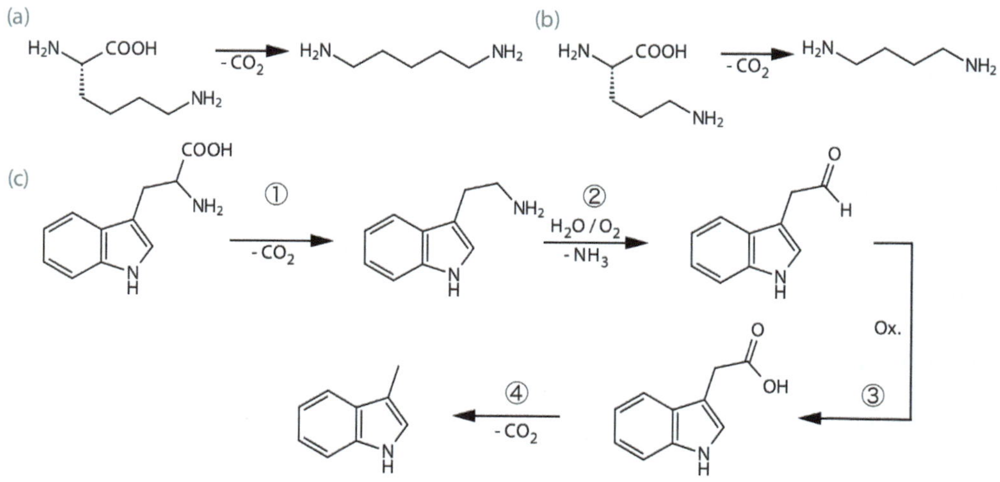

Abbildung 48.12: Decarboxylierung und andere Fäulnisprozesse

In größerer Verdünnung wird der Geruch dieser Verbindung meist als angenehm empfunden: Unter anderem gehört Skatol auch zu den Duftstoffen von Jasmin (*Jasminum spec.*). Steigt die Konzentration, wird es unschöner: Skatol ist mitverantwortlich für den charakteristischen Geruch sogenannter *fauler Leichen* – und auch für den Geruch von Menschen- und Hundekot. (Damit ist der Spruch »Das duftet aber nicht gerade nach Maiglöckchen!« natürlich vollkommen korrekt: Es »duftet« nach Jasmin.) Falls Sie dieses Thema eklig finden, geben wir Ihnen gleich noch einen mit: Skatol ist auch maßgeblich für den Geschmack von Bier verantwortlich. Nein, *nicht nur* bei schlechten Sorten. Dem zugrunde liegenden *Indol-Gerüst* sind Sie übrigens in diesem Buch schon begegnet – bei den Heterocyclen in Kapitel 38.

Der rührt sich nicht mehr – *Rigor mortis*

In praktisch jedem Krimi kommt früher oder später der Mediziner, der die Leiche kurz anfasst und dann mit Grabesstimme verkündet: »Die Leichenstarre hat bereits eingesetzt.« – Was passiert da eigentlich auf molekularer Ebene?

Unmittelbar nach dem Tod erschlafft die gesamte Muskulatur – darunter auch die Gesichtsmuskeln (trotzdem hält sich hartnäckig die Mär, Sie könnten einer Leiche ansehen, was sie im Augenblick des Todes empfunden hat) und der Schließmuskel (was auch den nahezu unweigerlich auftretenden letzten Stuhlgang erklärt). Erst etwa 3–4 Stunden *post mortem* (also nach dem Ableben) tritt die Totenstarre ein. Das liegt daran, dass zwar der Organismus im Ganzen seine Funktionalität eingestellt hat, damit aber nicht unbedingt auch alle biochemischen Prozesse ins Stocken geraten: Viele davon sind ja

ATP-abhängig – und die Glycogen-Reserven im Muskel gestatten noch eine gewisse Zeit lang anaerobe Glycolyse (*siehe* oben), die dann noch ein wenig ATP liefert.

In Kapitel 46 haben Sie erfahren, dass Proteine wie Actin und Myosin Bewegungen der Muskeln überhaupt erst ermöglichen, indem sie kontrolliert (und reversibel) ihre Tertiär-Struktur verändern – und auch diese Veränderungen sind ATP-abhängig. Wird schließlich nicht mehr genug ATP nachgeliefert, kommt es zu irreversiblen Bindungen zwischen Actin und Myosin – der Muskel erstarrt. Dass dieser *rigor mortis* nicht schlagartig auftritt, sondern sich über einen Zeitraum von etwa acht Stunden nach und nach einstellt, lässt sich – auch wenn das ruppig klingt – durch das *Brechen* der Totenstarre zeigen, also durch die gewaltsame Bewegung betroffener Muskelpartien (und damit das Zerreißen bereits verhärteter Muskelfilamente – Knochen werden dabei natürlich nicht beschädigt!): Es dauert seine Zeit, aber anschließend bildet sich zumindest eine gewisse Starre erneut – die umso schwächer ausgeprägt ist, je länger innerhalb dieser acht Stunden mit dem Brechen gewartet wird. (Probieren Sie es zu spät aus, gibt es nichts mehr zu beobachten.)

Nach einer gewissen Zeit löst sich die Totenstarre dann wieder (das ist temperaturabhängig, bei Raumtemperatur kann das zwei bis drei Tage dauern). Grund dafür sind die oben erwähnten Zerfallsprozesse (Verwesung und/oder Fäulnis), die sich natürlich auch auf die Muskelfilamente auswirken. Haben die verschiedenen Proteine der erstarrten Muskeln erst einmal hinreichend decarboxyliert und Ammoniak freigesetzt, wird das Gewebe, dessen Grundstruktur da gerade Stück für Stück auseinanderfliegt, schon wieder weich werden. (Bei Steaks ist das übrigens das Gleiche: Die werden mit zunehmender Verwesungszeit auch immer weicher – nur heißt es dann hier, sie seien »zart« und »gut abgehangen«.)

Was uns Pflanzen voraushaben – die Photosynthese

Auch wenn wir auf Prozesse des anabolen Stoffwechsels eigentlich nicht eingehen wollen, soll doch wenigstens *ein* ganz besonderer Stoffwechsel-Kreislauf nicht unerwähnt bleiben: Der **Calvin-Cyclus** zeigt uns sehr deutlich, auf welchem Gebiet Pflanzen den besten Laborgenies auch heute noch überlegen sind. Wie Sie wissen, holen sich Pflanzen einen Teil ihrer »Nahrung«, also der Kohlenstoff-Atome, die für ihren Stoffwechsel benötigt werden, durch Fixierung von Kohlendioxid aus der Luft – so weit ist die Synthese-Chemie noch lange nicht (auch wenn es mittlerweile einige recht vielversprechende Ansätze gibt). Hier soll natürlich nicht der gesamte Cyclus beschrieben werden, aber das Herzstück – eben den Schritt der CO_2-Fixierung – schauen wir uns jetzt wieder an, als wäre das »gewöhnliche OC« (Abbildung 48.13; welche Enzyme daran teilnehmen, soll hier nicht weiter betrachtet werden):

- ✔ ① Von der im Zuge des Calvin-Cyclus erzeugten und doppelt phosphorylierten Pentose (es handelt sich um die *Ribulose*) existieren eine Keto- (Abbildung 48.13a) und eine Enol-Form (b), die wie gewohnt in einem Tautomerie-Gleichgewicht stehen.

✔ ② Kohlendioxid aus der Luft reagiert mit der Endiol-Form der Ribose; dabei entsteht eine 1,5-bisphosphorylierte Hexose namens *2-Carboxy-3-ketoarabinol.*

✔ ③ Wie so oft gilt die alte Labor-Weisheit »*Bei der Hydrolyse macht der Stoff die Düse!*«: Das C_6-Gerüst zerbricht. Bei den dabei entstehenden Molekülen (Abbildung 48.13c und d) handelt es sich *jeweils* um 3-Phosphoglycerat (das kennen Sie schon, etwa aus Abbildung 48.6); nur *eines* von den beiden enthält den frisch fixierten Kohlenstoff, aber das macht ja chemisch keinerlei Unterschied. Weiterverwendet werden beide Moleküle – je nach Bedarf wird das neu entstandene 3-Phosphoglycerat im CALVIN-Cyclus wieder bis zur Ribulose umgesetzt und nimmt erneut an der Kohlenstoff-Fixierung teil oder es wird aus dem Cyclus ausgeschleust und kommt anderweitig zum Einsatz.

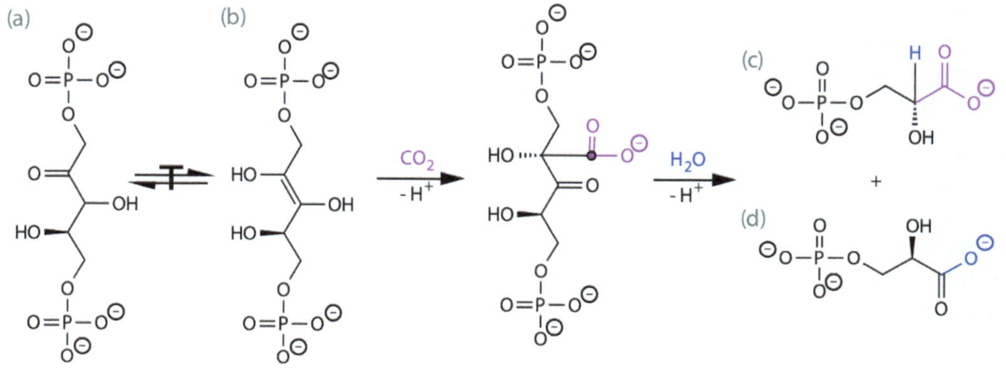

Abbildung 48.13: Fixierung von Kohlendioxid

Aber eigentlich *dürfen* Sie die Enzyme nicht derart missachten! Was sich jedoch auf molekularer Ebene zwischen CO_2 und den jeweiligen Enzymen abspielt und wie genau sie in den jeweiligen Schritt eingreifen, lässt sich weder mit der Biochemie noch der OC alleine erklären. Hier kommt eine neue Disziplin ins Spiel, die auch noch die letzten Grenzen zwischen AC und OC einreißen sollte: Die *Bioanorganische Chemie.*

Wie bitte? – *Bio*anorganische Chemie?!

Ja. Herzstück der beteiligten Enzyme, etwa bei der Fixierung gasförmiger Stoffwechsel-Substrate, sind die jeweiligen zugehörigen prosthetischen Gruppen. Zumindest *eine* derartige Gruppe haben Sie in Abbildung 48.13 ja schon kennengelernt: Das Eisen-Atom im Zentrum des Häms war ja schließlich auch in der Lage, ein Gas (Sauerstoff) zu komplexieren – und damit zu fixieren. Zum Teilgebiet Bioanorganik gehört also auch die Betrachtung des Wechselspiels zwischen Substraten und Enzymen nach den Spielregeln der Komplexchemie – und natürlich auch die Frage, wie die aktiven Zentren der jeweiligen Enzyme aussehen und warum sie überhaupt können, was sie nun einmal treiben: Handelt es sich um einen *high-spin-* oder einen *low-spin-*Komplex? Was genau passiert im Zuge der jeweiligen Reaktion mit dem Zentralteilchen? Wie ändert sich dessen Koordination? (Wenn Sie hier mitspielen wollen, müssen Sie sich also mit AC und OC gut auskennen, und die Biochemie sollte ebenfalls sitzen.)

Selbstverständlich stellt das Häm des Hämoglobins nur die Spitze des sprichwörtlichen Eisbergs dar: Bei etwa 50 % aller Enzyme (also: Bio-Katalysatoren) handelt es sich um ***Metallo*-Enzyme**, in denen neben Eisen auch andere Nebengruppen-Elemente für die biologische Wirksamkeit unerlässlich sind (etwa Vanadium, Mangan, Kupfer, Nickel, Zink oder Molybdän). So spielt etwa ein Komplex, bei dem zweiwertiges Zink mit den Schwefel-Atomen von zwei deprotonierten Cystein-Resten und den Stickstoff-Atomen von zwei Histidin-Resten bestimmter Proteine koordiniert ist, eine bedeutende Rolle bei der Gen-Regulation (hier wird der räumlichen Ausstülpung dieser prosthetischen Gruppe wegen auch vom »Zink-Finger« gesprochen, was hier natürlich viel zu weit führt).

Auch Hauptgruppen-Metalle wie Magnesium oder Calcium sind beileibe nicht nur als Elektrolyte (also in Form gelöster Ionen) für die Biochemie von Bedeutung. So findet sich Magnesium etwa im *Chlorophyll* (Abbildung 48.14a; es gibt verschiedene Formen dieser für die Photosynthese wichtigen Moleküle, die sich durch ihre Substituenten am Porphyrin-Ring unterscheiden, dargestellt ist hier Chlorophyll A), während das von manchen Actinobakterien produzierte *Valinomycin* (b) ein Kalium-**Ionophor** ist, also als Transporter in der Lage ist, Kalium-Ionen durch die Zellmembran zu befördern. (Das K^+ selbst weist eine viel zu hohe Ladungsdichte aus, um eigenständig (also nur hydratisiert) ein derart unpolares Medium zu durchqueren; auf die grafische Darstellung des Valinomycins mit einem im Inneren des annähernd kugelförmigen Amoleküls oktaedrisch koordinierten Kalium-Ions haben wir aus Gründen der Übersichtlichkeit verzichtet.) Valinomycin besitzt gleich mehrere Wirkungen:

- ✔ Zum einen hemmt diese Verbindung, die zu den *Makrolid-Antibiotika* gehört, die Protein-Biosynthese zahlreicher Bakterien-Arten (sofern diese nicht bereits eine Resistenz gegen Valinomycin im Speziellen oder sogar gegen Makrolid-Antibiotika im Allgemeinen entwickelt haben; *siehe* dazu den Kasten *Resistenzen*). Sie wirken also **bakteriostatisch**.
- ✔ Zum anderen sind sie auch noch **Antiphlogistika**, zeigen also entzündungshemmende Wirkung.
- ✔ Dass das Valinomycin allgemein Immunsystem-stärkend wirkt, sei hier nur erwähnt, denn der zugehörige Mechanismus wurde bislang noch nicht in befriedigendem Maße aufgeklärt.

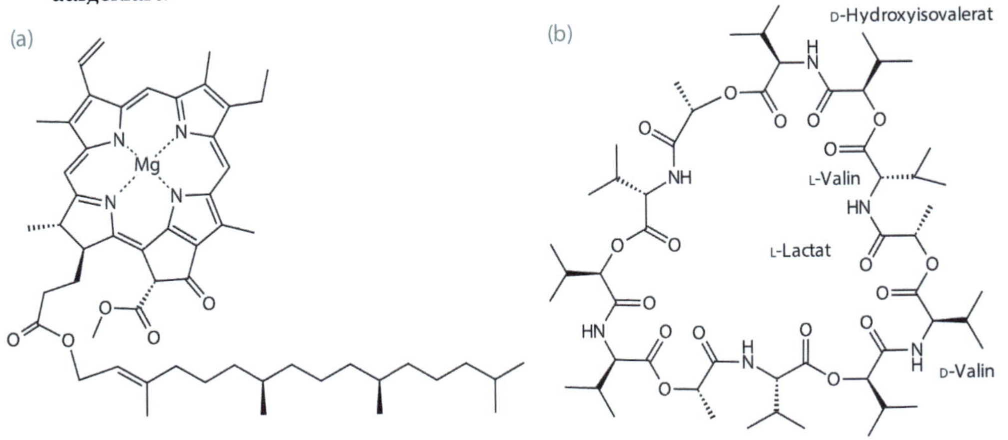

Abbildung 48.14: Chlorophyll A (a) und Valinomycin (b)

Valinomycin – rein biochemisch betrachtet:

Beim Valinomycin handelt es sich, wie in Abbildung 48.14b schon angedeutet, um ein makrocyclisches Trimer aus vier Aminosäuren. Bemerkenswert ist dabei, dass von diesen vier Bausteinen nur *eines* zur Familie der proteinogenen Aminosäuren gehört:

- ✔ L-Valin (a) ist natürlich ein alter Bekannter.
- ✔ D-Valin (b) hingegen weist ungewohnte Stereochemie auf: Gemeinhin haben wir es in der Biochemie nur in den seltensten Fällen mit D-Aminosäuren zu tun.
- ✔ L-Milchsäure (c) und D-Hydroxyisovaleriansäure (d) schließlich gehören zu den Hydroxysäuren.

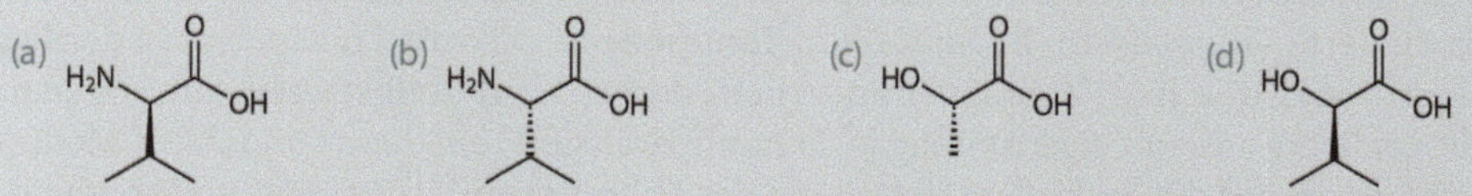

L-Valin D-Valin L-Lactat D-Hydroxyisovalerat

Daher handelt es sich beim Valinomycin auch nicht um ein cyclisches Oligopeptid, sondern vielmehr um ein (cyclisches) *Peptolid.*

Als **Peptolide** oder *Depsipeptide* werden Verbindungen bezeichnet, die neben den gewohnten Peptid-Bindungen (also: Carbonsäureamid-Bindungen) auch *Ester*-Bindungen aufweisen.

Das Wort setzt sich aus »Depsid« und »Peptid« zusammen: Als *Depside* wurden historisch als Naturstoffe vorkommende Carbonsäureester bezeichnet, wobei sowohl die Säure- als auch die Alkohol-Komponente aromatisch war.

Nur für Streber: Bioanorganik – oder: Hier braucht's praktisch alles, was Sie bislang schon wissen (und das auch noch auf einen Schlag!)

Ein Beispiel für ein Enzym, das eindeutig in den Bereich der Bioanorganik fällt, stellt die *Aconitase* dar. Diese katalysiert eine Reaktion, die Sie bereits kennen: Die Umwandlung von Citrat zum Isocitrat (über die Zwischenstufe des *cis*-Aconitats), so wie es im *Citrat-Cyclus* geschieht (*siehe* Abbildung 48.8). Schauen wir uns diese Reaktion exemplarisch ein wenig genauer an.

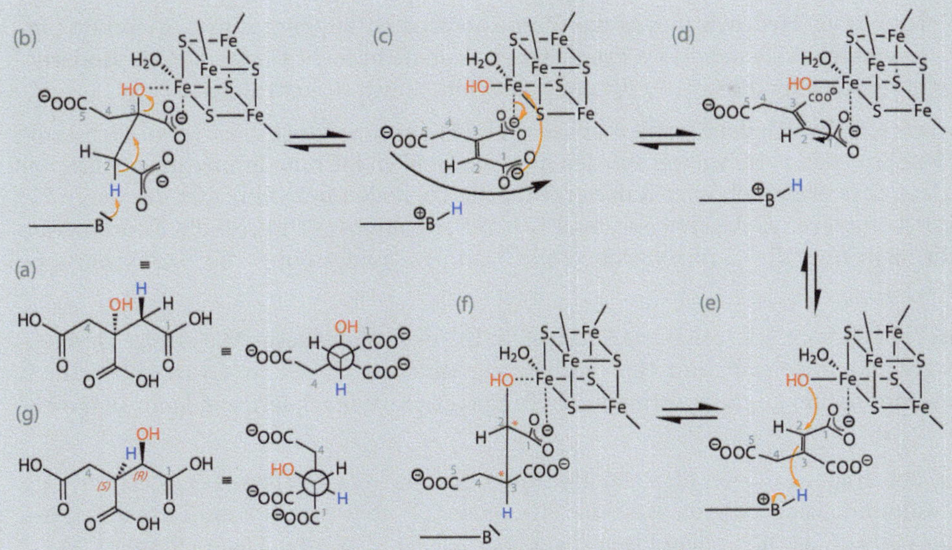

Prosthetische Gruppe ist hier ein Fe_4S_4-Cluster (dessen weitere Bindungspartner hier nicht erwähnt werden sollen, zumal sie zur Katalyse dieser Isomerisierung nach dem derzeitigen Kenntnisstand nicht beitragen). Im ersten Schritt bindet sich das anionisch vorliegende Substrat (a; das Citrat – in der gewohnten LEWIS-Schreibweise *und* in der NEWMAN-Projektion) über die OH-Gruppe sowie die Carboxylgruppe jeweils von C^3 als Chelat-Ligand an eines der vier Eisen-Atome (b; dabei entsteht ein fünfgliedriger Metallacyclus). Bitte beachten Sie, dass hier beide Kohlenstoff-Atome des mesomeriestabilisierten Anions gleichermaßen mit dem Eisen in Kontakt stehen, und das gleich aus zwei Gründen:

- ✔ Zum einen führt die Verteilung der negativen Ladungsdichte zur Mesomeriestabilisierung.
- ✔ Zum anderen ist das Eisen-Atom auch mit seiner aktuellen Oxidationszahl (+2) noch vergleichsweise groß. Damit ist es recht gut polarisierbar, stellt gemäß dem HSAB-Konzept (aus Kapitel 25) eine *weiche* Säure dar – und passt so viel besser zu der eben wegen jener Ladungsdichteverteilung eher weichen Base Carboxylat, als das bei einer negativen Ladung der Fall wäre, die an einem einzelnen Atom lokalisiert wäre. (Das wäre dann eine wohl zu harte Base.)

Unter dem Einfluss einer Base B (genauer: der basischen Seitenkette eines Histidin-Rests dieses Enzyms) wird das *Citrat* an C^2 deprotoniert, während gleichzeitig die OH-Gruppe von C^3, die Bestandteil des Chelat-Ringes war, als Hydroxid-Ion auf das Eisen übertragen wird (c). (Somit wurden in einem Schritt H^+ und OH^- abgespalten, also H_2O – genau, wie es im Citrat-Cyclus auch beschrieben wurde.) Zwei Dinge sind hier zu beachten:

- ✔ In dem auf diese Weise erzeugten ***cis*-Aconitat** liegt zwischen den Atomen C^2 und C^3 eine *(Z)*-konfigurierte C–C-Doppelbindung vor; die Atome wurden von sp^3 nach sp^2 umhybridisiert.

✔ Nun ist ein Hydroxid-Ion an das Eisen koordiniert; der (jetzt zum *cis*-Aconitat umgewandelte) Ligand dieses Komplexes ist nun nicht mehr Chelat-fixiert, sondern nur noch über die Carboxylgruppe an C^3 des Substrats koordiniert.

Nun verschiebt sich der Ligand so, dass am Ende der Bewegung (bei der wirklich keine großen Strecken zurückgelegt werden müssen: Denken Sie bitte immer daran, dass wir uns das alles eigentlich über Kalotten-Modelle vorstellen müssten, aber die wären bei derart komplexen Gelegenheiten natürlich äußerst unübersichtlich!) die Koordination nicht mehr über die Carboxylgruppe an C^3 erfolgt, sondern über die Carboxylgruppe von C^1 (d).

Anschließend orientiert sich das Substrat im Raum erneut: Dieses Mal erfolgt Drehung des gesamten Moleküls um 180° entlang der Bindung C^1–C^2 (e; C^1 ist dabei durch die Koordination an die prosthetische Gruppe des Enzyms fixiert und kann sich nicht bewegen).

Jetzt überträgt das Eisen (der Histidin-Rest) den derzeitigen Hydroxido-Liganden auf C^2, während gleichzeitig die Base das H^+-Ion auf C^3 überträgt, sodass letztendlich *Isocitrat* vorliegt, das dann dem Eisen gegenüber wieder als Chelat-Ligand fungiert (f).

✔ Bitte beachten Sie, dass die neu hinzukommende OH-Gruppe an *exakt* der Stelle im Molekül landet, an der die Base das Substrat zuvor deprotoniert hatte.

Also gilt für C^2 kurz: Streiche –H, setze –OH.

✔ Genau das Umgekehrte gilt dann für C^3: An exakt die Stelle, an der vom Substrat zuvor die OH-Gruppe abstrahiert wurde, wird nun von der derzeit protoniert vorliegenden Base das H-Atom zurückübertragen.

Für C^3 gilt hier somit: Streiche –OH, setze –H.

Dabei entstehen (stereospezifisch!) gleich zwei neue Chiralitätszentren: an C^2 und an C^3. (Bitte bedenken Sie, dass das Citrat selbst *nicht chiral* ist, da zwei Substituenten an C^3 identisch sind: Dort findet sich neben der OH-Gruppe und der Carboxygruppe (–COOH) zweimal der Substituent $-CH_2-COO^-$.)

Dass die Übertragung des Wasserstoff-Kations (d) *stereospezifisch* erfolgt, lässt sich durch den räumlichen Bau des Enzyms erklären: Sowohl die Deprotonierung an C^2 wie auch die Re-Protonierung an C^3 erfolgt, relativ zur Lage des Fe_4S_4-Clusters »von der Unterseite des Moleküls«, während die Abstraktion der OH-Gruppe (an C^3) beziehungsweise deren Wiedereinführung (nun an C^2) »von der Molekül-Oberseite« stattfindet.

Zu guter Letzt zeigt die Abbildung das Produkt dieser enzymatischen Isomerisierung, das *Isocitrat* (g), wieder in der Lewis- und in der Newman-Darstellung.

Und das ist erst der Anfang! – Alle bisherigen Untersuchungen sprechen beispielsweise dafür, dass der vorliegende Eisen-Komplex im Zuge dieser Reaktion auch noch vorübergehend von einem *high-spin-* in einen *low-spin-*Zustand übergeht, um dann letztendlich wieder in den *high-spin-*Zustand zurückzukehren und dergleichen mehr. Auch auf diesem Gebiet wird aktiv geforscht, und derlei Detailwissen ist gewiss für diejenigen von Interesse, die *ganz* genau nachvollziehen wollen, was so ein Enzym eigentlich den ganzen Tag genau treibt ... aber wir wollen es hier nicht übertreiben.

Natürlich gibt es noch weitere Aspekte der Bioanorganik. So bestehen beispielsweise menschliche Knochen fast ausschließlich aus Hydroxylapatit ($Ca_5(PO_4)_3OH$) – einem ganz gewöhnlichen Mineral. Trotzdem haben wir nicht etwa formlose Felsklumpen im Körper, sondern können diesem »Gestein« auch noch beim Wachsen zusehen (zumindest bei kleinen Kindern). Diese *Biomineralisation* ist ebenfalls ein Teilgebiet der Bioanorganik – dabei geht es um den Aufbau etwa menschlicher Zähne ebenso wie um das Wachstum von Perlen oder Korallen und die Schalen aller nur erdenklichen Eier.

Was die Chemie dem Pharmazeuten beschert – SAR

Dass manche Substanzen sich in der einen oder anderen Weise auf den menschlichen Organismus auswirken, ist seit vordenklichen Zeiten bekannt: Rezepte zur Herstellung berauschender Getränke aus vergorenen, zuckerhaltigen Früchten fanden sich bereits auf altmesopotamischen Keilschrifttafeln, bei der bislang ältesten Schrift, in der die Nutzung weiblicher Hanfpflanzen (*Cannabis spec.*) zu medizinischen Zwecken (etwa gegen Gicht und Rheumatismus) beschrieben ist, handelt es sich um ein chinesisches Botanik-Buch aus dem Jahr 2737 v. Chr., und auch die medizinische Nutzung der Blätter des Coca-Strauches (*Erythroxylon coca*) ist in den Anden zumindest seit mehreren Jahrhunderten bekannt.

Gutes aus der Natur ...

Mit der schmerzlindernden Wirkung der Rinde mancher Weidenarten (*Salix spec.* .) ist der Mensch ähnlich lange vertraut wie mit der heilsamen und/oder psychotropen Wirkung oben genannter (oder auch diverser anderer Heil-)Pflanzen. In vielen Fällen lässt sich die Wirkung der jeweiligen Pflanze auf einen einzelnen Wirkstoff zurückführen (hin und wieder auch auf ein Wirkstoff-Gemisch). Beim Hanf beispielsweise ist es **Δ^9-Tetrahydrocannabinol** (Abbildung 48.15a – fragen Sie nicht nach der Nomenklatur ...), beim Coca-Strauch das **Cocain** (b; in den Handel kommt meist das Hydrochlorid dieses 3°-Amins, $C_{17}H_{21}NO_4 \cdot HCl$), und für die analgetische Wirkung der Weidenrinde ist **Salicin** (c) verantwortlich. Dieses β-Glucosid (*siehe* Kapitel 44) besteht aus zwei »Bausteinen«: der β-D-Glucopyranose und dem Aglykon *Salicylalkohol*.

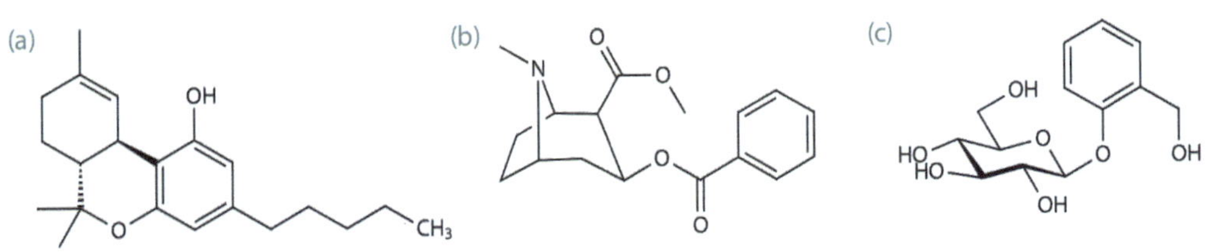

Abbildung 48.15: Ausgewählte Pflanzeninhaltsstoffe

Natürlich sind derart wirksame Naturstoffe äußerst praktisch, aber ihre Isolierung kann sehr arbeitsaufwendig und kostenintensiv sein. Was also läge näher, als medizinisch-pharmakologisch wirksame Verbindungen gezielt im Labor herzustellen? Das setzt natürlich voraus, dass bekannt ist, welche Moleküle überhaupt welche Wirkung besitzen – noch genauer: Es gilt herauszufinden, welche *Teile des Moleküls* für die erwünschte Wirkung dringend erforderlich und welche entbehrlich sind.

… das nach Bedarf verändert wird

So stellte sich beispielsweise heraus, dass für die schmerzstillende Wirkung des Salicins der Glucose-Rest überhaupt nicht erforderlich ist: Tatsächlich wird der Zucker nach oraler Aufnahme abgespalten (Abbildung 48.16a), woraufhin die nun freie primäre OH-Gruppe des Aglykons (Salicylalkohol, auch *Saligenin* genannt) im Zuge der Verstoffwechslung zur *Salicylsäure* oxidiert wird (b). Letztere ist die eigentliche Wirksubstanz – allerdings schmeckt sie derart widerlich bitter, dass orale Aufnahme nicht infrage kam. Die im Jahr 1897 erstmals rein dargestellte Verbindung *Acetylsalicylsäure* (c) hingegen erwies sich nicht nur als deutlich erträglicher im Geschmack, sondern als auch noch sehr viel effektiver in der Schmerzbekämpfung. Unter dem Namen Aspirin® kam dieses Salicylsäure-Derivat 1899 in den Handel. (Wenn Sie etwas über den Wirkungsmechanismus dieses Medikaments erfahren wollen, schauen Sie in den Kasten *Fett muss nicht ungesund sein* von Kapitel 47.)

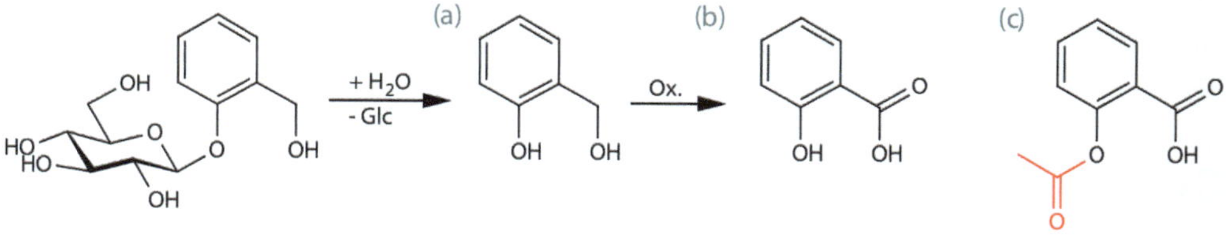

Abbildung 48.16: Verstoffwechslung von Salicin (a, b) und die Acetylsalicylsäure (c)

Dabei ist darauf zu achten, inwieweit Veränderungen am Gerüst zu einer Änderung der Wirkung führen können. Exemplarisch sei das an der Verbindung **Mescalin** gezeigt (Abbildung 48.17a), die sich vor allem im mittelamerikanischen Peyote-Kaktus (*Lophophora williamsii*) findet. Die halluzinogene Wirkung dieser Substanz fällt nur halb so stark aus, wenn die Methoxy-Gruppe in 5-Position der Leitstruktur fehlt (b; bitte beachten Sie, dass der aromatische Ring in (a) symmetrisch substituiert ist: Es gibt also zwei äquivalente 5-Positionen). Ein analoges Molekül ohne Methoxy-Gruppe in 4-Position (c) besitzt *keinerlei* psychoaktive Wirkung mehr; findet sich an dieser Position hingegen statt der Methoxy-Gruppe ein Benzyloxy-Rest (d), fällt die halluzinogene Wirkung deutlich stärker aus.

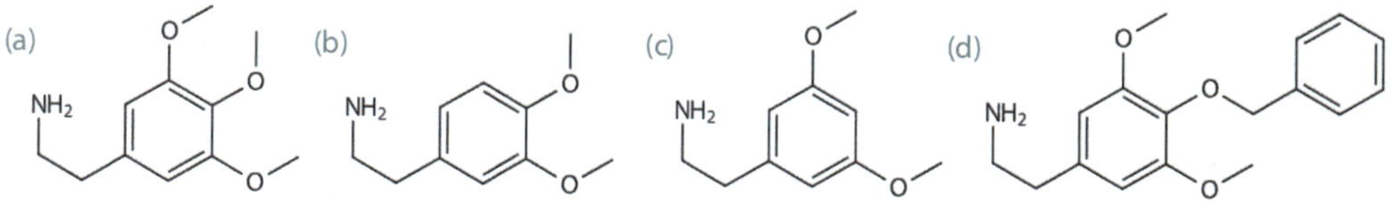

Abbildung 48.17: Mescalin und Mescalin-Analoga

Derartige Erkenntnisse werden durch die Analyse von Struktur-Wirkungs-Beziehungen gewonnen, die – basierend auf dem englischen Fachterminus *Structure Activity Relationship* – auch in der deutschsprachigen Fachliteratur meist als **SAR** bezeichnet wird. Wie diese genau vonstattengehen, würde hier den Rahmen sprengen, aber bereits anhand der beiden Beispiele Aspirin® und Mescalin wird erkennbar, dass zwei Faktoren die (pharmakologische) Wirkung einer Substanz maßgeblich beeinflussen:

- ✔ der räumliche Bau
- ✔ die Polarität/Ladungsdichteverteilung

Beide Aspekte gemeinsam werden in einem Konzept berücksichtigt, das sich nahtlos an unsere bisherige Herangehensweise anschließt.

Schon wieder Chemie-Lego®: Bioisosterie

Der Begriff Isosterie bezeichnet zunächst einmal nur *gleiche* (griech: *iso*) *Raumerfüllung*. (Denken Sie an den sterischen Anspruch von Substituenten – oder auch die sterische Hinderung, etwa aus Kapitel 35.) Gemäß dem Konzept der Bioisosterie sollten Verbindungen mit nahezu identischem räumlichem Bau in biologischen Systemen vergleichbare Wirkungen erzielen. (Falls Sie den Kasten *Warum wir Chemie-Lego® spielen dürfen* in Kapitel 43 gelesen haben, werden Sie die Parallele zur GRIMM'schen Hydrid-Isosterie und damit zum Isolobal-Konzept erkennen.) Tatsächlich ist das sogar erfreulich häufig der Fall: So kann bei *Aminophenazon* (Abbildung 48.18a) das Stickstoff-Atom der Dimethylaminogruppe durch ein (isolobales) Methin-Fragment (CH) ersetzt werden: Das resultierende *Propyphenazon* (b) zeigt die gleiche Wirksamkeit als Analgetikum (= Schmerzmittel) und Antipyretikum (= Fiebersenker). (Falls Sie die Benennung dieser Verbindungen erstaunt, schauen Sie in den Kasten *Pharmazeuten und die Nomenklatur*.) Mittlerweile wurde die Amino-Verbindung sogar vom Markt genommen, da sie im Verdacht steht, Krebs zu erregen. Bei dem *Antihistaminikum* (also Mittel zur Abschwächung allergischer Beschwerden) *Chlorpheniramin* (c) kann das Chlor-Atom auch durch ein Brom-Atom ersetzt werden: *Brompheniramin* (d) wirkt ebenso gut.

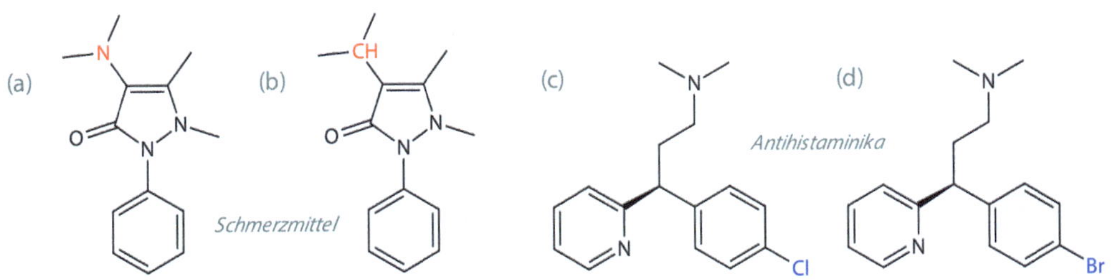

Abbildung 48.18: Bioisosterie, Teil 1 – Analgetika

Ein doppelter »Austausch« lässt sich beim *Furosemid* (Abbildung 48.19a) vornehmen: Ersetzen Sie die Carboxygruppe durch einen Tetrazol-Ring und den Sauerstoff im Furan-Ring durch ein Schwefel-Atom, erhalten Sie *Azosemid* (b), das die gleiche diuretische (= harntreibende) Wirkung besitzt wie das »Original«. Die Bioisosterie von Carbonsäurefunktion und Tetrazol-Rest mag überraschen, doch die beiden Gruppen ähneln sich in ihrer Acidität, und das scheint hier entscheidend zu sein.

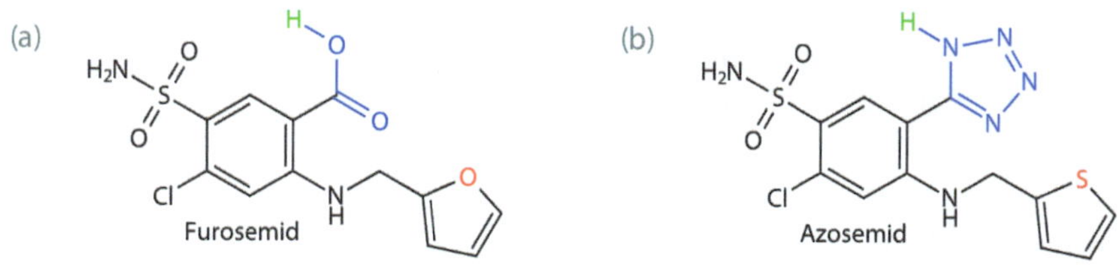

Abbildung 48.19: Bioisosterie, Teil 2 – Diuretika

Gelegentlich lassen sich einzelne Atome auch durch ganze funktionelle Gruppen ersetzen: So führt der Austausch des Chlor-Atoms beim *Antipsychotikum* (Psychopharmakon gegen Wahnvorstellungen) *Chlorpromazin* (Abbildung 48.20a) durch eine Trifluormethylgruppe zum ebenso wirksamen *Triflupromazin* (b), und wenn Sie das Chlor-Atom im Hypnotikum *Fludiazepam* (c) durch eine Nitro-Gruppe ersetzen, erhalten Sie das ebenso wirksame *Flunitrazepam* (d; wird bei Fludiazepam das Chlor gegen Brom ausgetauscht, ergibt sich das *Phenazepam* (hier nicht eigens abgebildet).

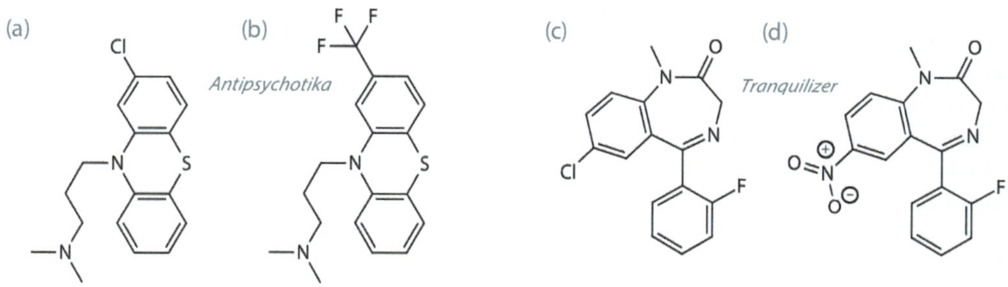

Abbildung 48.20: Bioisosterie, Teil 3 – Psychopharmaka

Allerdings ist auch das Bioisosterie-Konzept nicht unfehlbar: Ersetzen Sie beispielsweise in der Acetylsalicylsäure (*siehe* Abbildung 48.16c) die Ester-Funktion durch eine (ähnlich polare) Amidgruppe, geht die schmerzlindernde Wirkung vollständig verloren.

Pharmazeuten und die Nomenklatur

Gerade Freunde orthodoxer Nomenklatur im Sinne der IUPAC kommen leicht ins Schleudern, wenn sie mit der bei Pharmazeuten üblichen Substanz-Benennung konfrontiert werden. Gelegentlich ist diese für Chemiker ja noch hinnehmbar, schließlich können Sie sich mit ein wenig Fantasie selbst zusammenreimen, dass *Paracetamol* (a) nur eine Zusammenziehung von ***para*-Acet**yl**am**inophen**ol** darstellt. Gerade für Laien ist es in der Apotheke auch gewiss leichter, »ASS« zu bestellen statt »**A**cetyl**s**alicyl**s**äure«, und *Penicillin* (b; es gibt verschiedene Unterarten, daher der allgemeine Rest –R) spricht sich leichter aus als »Antibiotikum auf 6-Aminopenicillansäure-Basis«. (Übrigens ist diese Säure selbst ein bicyclisches Dipeptid der beiden Aminosäuren Cystein und Valin – hätten Sie's gemerkt?)

Gelegentlich aber treibt diese Nomenklatur-Eigenmächtigkeit für Chemiker schmerzhafte Blüten: So nennen Pharmazeuten die als Hustenlöser wirksame Substanz *N*-Cyclohexyl-*N*-methyl-(2-amino-3,5-dibrombenzyl)amin (c) allen Ernstes »*Bromhexin*«.

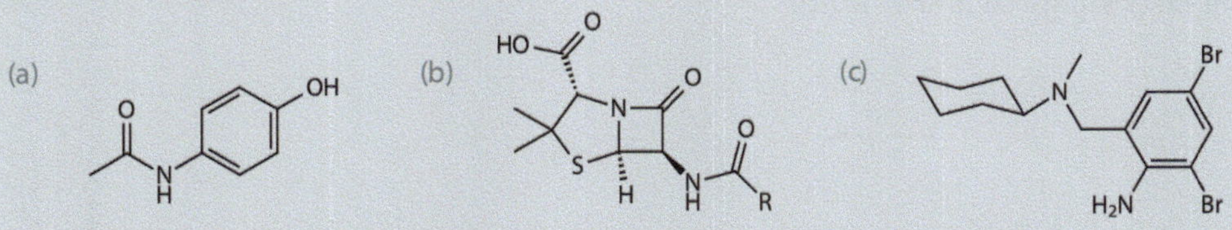

Ein Chemiker, der diesen Namen hört, erwartet ein kleines, offenkettiges Molekül mit sechs Kohlenstoff-Atomen, einer Dreifachbindung und einem Brom-Substituenten. Ja, der Pharmazeuten-Name lässt sich leichter aussprechen. Aber *systematisch* ist anders!

Ähnlichkeit *kann* von Nachteil sein

Mit dem Konzept der Bioisosterie lässt sich auch die toxische Wirkung so mancher Verbindung erklären: An die Stelle des (unter physiologischen Bedingungen nur ein- oder zweimal deprotonierten) Phosphat-Ions PO_4^{3-} (dessen biochemische Bedeutung im ganzen Teil IX dieses Buches wohl deutlich geworden sein dürfte) können aufgrund ihres analogen räumlichen Baues, ihrer ähnlichen (nicht identischen, aber eben doch erkennbar ähnlichen) Größe und der damit einhergehenden ähnlichen Ladungsdichte auch das Vanadat-Ion VO_4^{3-} und das Arsenat-Ion AsO_4^{3-} treten – die allerdings beide beachtliche toxische Wirkung besitzen. In gleicher Weise kann auch das Sulfat-Ion SO_4^{2-} durch das Chromat-Ion CrO_4^{2-}, das Molybdat-Ion MoO_4^{2-} und das Selenat-Ion SeO_4^{2-} ersetzt werden – mit ähnlich unschönen Folgen. Toxikologen sprechen hier auch von ***ionischer* Mimikry**.

Ebenso auf molekularer Ähnlichkeit basiert die Toxizität von Quecksilber(II)-Ionen. In freier Form sind sie an sich nicht sonderlich bedenklich, aber sobald sie in einen Organismus aufgenommen wurden, werden sie rasch methyliert, sodass statt des freien Hg^{2+} nun Methylquecksilber-Ionen ($H_3C\text{-}Hg^+$) vorliegen. Diese reagieren breitwillig mit Schwefel-Verbindungen (dass – und warum – Thio-Alkohole R–SH auch als *Mercaptane* bezeichnet werden, haben Sie ja schon in Kapitel 39 erfahren), und die beiden schwefelhaltigen proteinogenen Aminosäuren Cystein und Methionin kennen Sie aus Kapitel 46. Reagiert nun das Methylquecksilber-Ion mit Cystein, führt dies unter Abspaltung eines Wasserstoff-Kations zum Methylquecksilber-Cystein (Abbildung 48.21a). Dieses wiederum besitzt beachtliche strukturelle Ähnlichkeit mit dem Methionin (b), sodass der zugehörige Aminosäuretransporter auf beide gleichermaßen anspringt – was natürlich ebenfalls nicht im Sinne der Zelle ist.

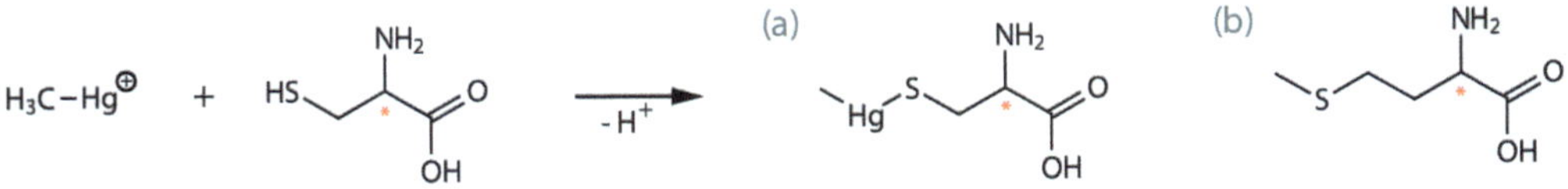

Abbildung 48.21: Warum Methylquecksilber so toxisch ist

Allerdings lässt sich molekulare Ähnlichkeit auch gezielt ausnutzen: Ein wichtiges Enzym bei der Signalleitung der Nervenzellen ist die **Acetylcholinesterase** (meist mit AChE abgekürzt), deren Aufgabe es ist, den Neurotransmitter *Acetylcholin* (Abbildung 48.22a) hydrolytisch in Essigsäure und Cholin zu spalten (b), da ansonsten die damit »aktivierten« Nerven dauerhaft stimuliert blieben – was alles andere als wünschenswert ist, weil dies zum Erstickungstod führen würde.

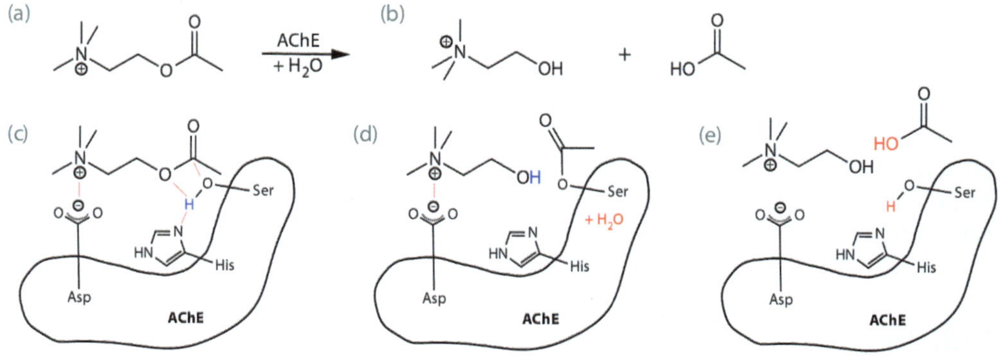

Abbildung 48.22: Acetylcholin (a, b) und die Wirkungsweise der Acetylcholinesterase (c–e)

Auf den genauen Bau dieses Enzyms (es handelt sich um ein Homo-Tetramer, und es gibt verschiedene Formen, deren – baugleiche – Untereinheiten aus 526 bis 617 Aminosäuren bestehen) soll hier nicht eingegangen werden (wir ignorieren also vollständig die Sekundär- bis Quartärstruktur; bei Interesse wenden Sie sich bitte der biochemischen Fachliteratur zu), aber um das Prinzip zu verstehen, ist es vor allem wichtig zu sehen, was für die Wechselwirkung dieses Enzyms mit seinem Substrat besonders wichtig ist. Von besonderer Bedeutung sind die Seitenketten dreier verschiedener Aminosäuren aus der Primärstruktur:

- ✔ die Carboxylgruppe einer Asparaginsäure (Asp; unter physiologischen Bedingungen deprotoniert, liegt damit anionisch vor und verhält sich basisch),
- ✔ der Imidazol-Ring eines Histidins (His; eines der beiden N-Atome des Ringes ist unter physiologischen Bedingungen nicht protoniert und zeigt seines freien Elektronenpaares wegen ebenfalls Nucleophilie und Basizität) *und*
- ✔ die Hydroxygruppe eines Serins (Ser; auch wenn die OH-Acidität dieser Gruppe, wie Sie aus Kapitel 46 wissen, so wenig ausgeprägt ist, dass sie bei der Berechnung des isoelektrischen Punkts nicht berücksichtigt werden muss, lässt sich das betreffende H-Atom in Gegenwart eines hinreichend basischen Reaktionspartners doch recht leicht entfernen).
- ✔ Der gesamte »Rest« des Enzym-Moleküls ist in Abbildung 48.22c–e nur schematisch dargestellt.

Durch elektrostatische Wechselwirkung mit dem anionischen Asp-Zentrum, eine Wasserstoffbrückenbindung des His-Imidazol-Rings und dem Ester-Sauerstoff des Acetylcholins und die Dipol-Dipol-Wechselwirkung zwischen dem (positiv polarisierten)

Acetylcholin-Carboxyl-Kohlenstoff und der (negativ polarisierten) Ser-OH-Gruppe (Abbildung 48.22c) lagert sich das Substrat des Enzyms in dessen »aktive Tasche« ein (die sich natürlich durch die Tertiär- und Quartärstruktur der Esterase ergibt). Anschließend erfolgt zunächst die Umesterung, bei der es zur Spaltung des Acetylcholins kommt (d): Dessen Acetyl-Rest wird kovalent an das im Zuge dieser Reaktion deprotonierte Serin gebunden, während das entsprechende H-Atom am O-Atom in *β*-Stellung zum Ammonium-N-Atom landet. Anschließend erfolgt die Hydrolyse des derzeit an das Serin gebundenen Acetyl-Rests, sodass Essigsäure und auch das Cholin freigesetzt werden. So komplex diese Reaktionsfolge auch erscheinen mag: Die Acetylcholinesterase reagiert sehr schnell: Das Enzym vermag innerhalb einer Sekunde 25 000 Substrate umzusetzen; die Reaktion ist also bereits nach 40 Mikrosekunden abgeschlossen.

Allerdings ist das Acetylcholin nicht das einzige Molekül, das gut in die aktive Tasche des Enzyms passt. Einige Verbindungen gehen dort auch Reaktionen ein, verbleiben dann dort aber *kovalent* gebunden und halten das Enzym somit davon ab, mit seinem eigentlichen Substrat zu reagieren. Das wiederum führt zu einer Anreicherung von Acetylcholin, die zu der oben erwähnten dauerhaften Stimulation führt … mit den ebenfalls oben erwähnten Folgen. Genau darauf basiert etwa die hochgradig toxische Wirkung verschiedener Phosphorsäureester; exemplarisch seien hier (in der Reihenfolge absteigender Toxizität) nur die Nervenkampfstoffe *VX* (Abbildung 48.23a), *Soman* (b), *Sarin* (c) und *Tabun* (d) genannt. (Bitte beachten Sie, dass hier der Phosphor mit seinen vier Bindungspartnern ein Chiralitätszentrum darstellt: Von allen hier genannten Kampfstoffen existieren also Enantiomere, beim Soman, das zusätzlich auch noch ein chirales C-Atom aufweist, sogar vier Stereoisomere.) In gleicher Weise lässt sich auch die für den Menschen tödliche Wirkung des Pflanzenschutzmittels *Parathion* (e) erklären, das auch unter dem Namen *E 605* bekannt wurde und bei zahlreichen Giftmorden zum Einsatz kam. Allen hier angeführten Phosphorsäureestern (auch **Organophosphate** genannt) ist gemein, dass der Phosphorsäurerest *kovalent* an die Ser-OH-Gruppe gebunden wird – und hier erfolgt die Hydrolyse deutlich langsamer: Statt innerhalb von Sekundenbruchteilen abzulaufen, dauert die Reaktion – je nach Gift – Stunden oder sogar Tage; insofern lässt sich behaupten, das Enzym werde praktisch irreversibel inaktiviert.

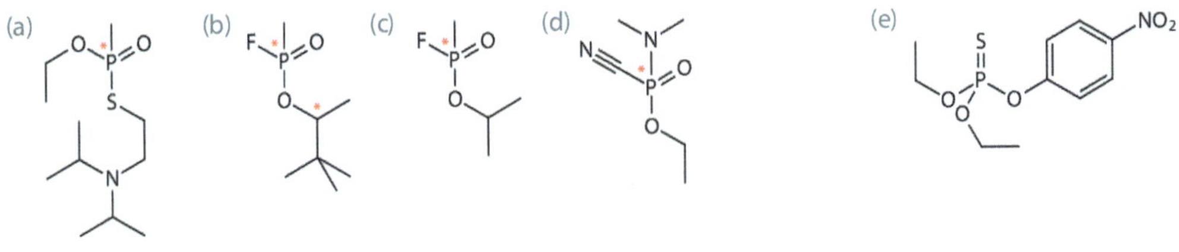

Abbildung 48.23: Organophosphate als Nervengifte …

Sämtliche dieser Gifte sind äußerst wirkungsstark und führen innerhalb weniger Minuten zum Erstickungstod. Allerdings sind Gegenmaßnahmen möglich: Einer Vergiftung mit den Kampfstoffen aus Abbildung 48.23a–d lässt sich durch Injektion von Atropin (Abbildung 48.24a, dem Giftstoff, der aus der Schwarzen Tollkirsche (*Atropa belladonna*) gewonnen werden kann; dargestellt ist hier nur eines der beiden Enantiomere) entgegenwirken; dessen Wirkungsmechanismus ist jedoch zu komplex, um ihn hier zu behandeln. Chemisch leichter nachvollziehbar ist die Wirkung des Gegengiftes für das Parathion und ähnliche

Verbindungen mit doppelt O-alkyliertem Phosphor: Analog zum eigentlichen Substrat Acetylcholin wechselwirkt auch der kationische Stickstoff der Verbindung *Pralidoxim* (b; unter physiologischen Bedingungen deprotoniert) mit dem anionischen Asp und reagiert dann über das anionische O-Atom mit dem derzeit noch kovalent an den Ser-Rest gebundenen Organophosphat (in Abbildung 48.24c nur mit $-OR^1$ und $-OR^2$ abgekürzt dargestellt). Das führt zur Spaltung des Phosphorsäure-Serin-Esters; das resultierende Produkt (d) wird dann von der Acetylcholinesterase abgelöst und zerfällt unter physiologischen Bedingungen rasch zum Nitril und der zweifach veresterten, toxisch unbedenklichen Phosphorsäure (e).

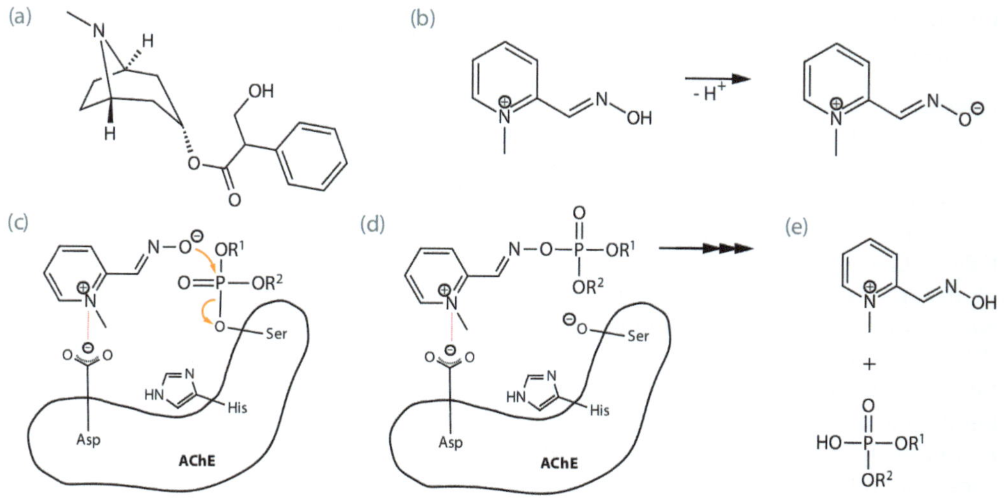

Abbildung 48.24: ... und was dagegen hilft

Im Team mit der DNA

In Kapitel 46 wurden im Abschnitt *Nur für Streber* Substanzen erwähnt, deren toxische Wirkung darauf basiert, dass sie mit den Nucleinbasen der DNA wechselwirken und so ein Ablesen verhindern.

Noch eleganter lässt sich der Stoffwechsel unliebsamer Organismen oder von Viren befallener Zellen durch Substanzen durcheinanderbringen, die den Nucleinbasen chemisch ähnlich genug sind, um selbst bei der Replikation in die DNA eingebaut zu werden. Ein Beispiel für eine solche Substanz ist das *5-Fluorcytosin* (Abbildung 48.25a). Unter bestimmten Umständen (auf die hier nicht weiter eingegangen werden soll) wird dieses Molekül zu *5-Fluoruracil* (b/c) desaminiert. Wegen der strukturellen Ähnlichkeit mit Cytosin (d) und Uracil (e) kann 5-Fluoruracil an deren Stelle treten und so dafür sorgen, dass bei der Transkription fehlerhafte RNA entsteht. Damit gerät natürlich die gesamte Proteinbiosynthese durcheinander. Das Praktische an 5-Fluoruracil ist dabei, dass die Desaminierung in *Säugetierzellen* so gut wie nicht erfolgt, sehr wohl aber in vielen *Pilzarten*. Aus diesem Grund dient 5-Fluoruracil als *Fungistatikum* (ein Mittel, das Wachstum und Vermehrung von Pilzen verhindert, ohne diese aktiv abzutöten). Genau genommen handelt es sich bei 5-Fluoruracil damit um ein **Prodrug**, also eine Wirkstoff-Vorstufe: eine *Substanz, die erst durch Verstoffwechselung in den eigentlichen Wirkstoff umgewandelt wird.*

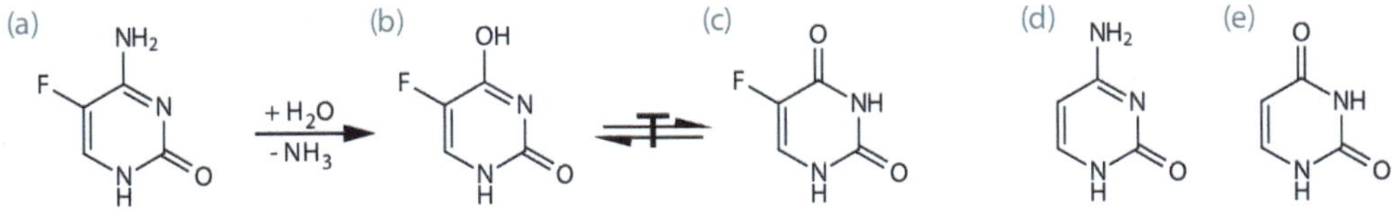

Abbildung 48.25: Nucleinbasen-Analoga

Da allerdings auch bei Pilzen Mutationen vorkommen und manche dieser Mutationen für Unempfindlichkeit gegenüber bestimmten Medikamenten sorgen, wurden bereits erste Resistenzen entdeckt.

Resistenzen – oder: Deutschland sucht den Superkeim

Mutationen bei anderen Lebewesen haben dem Menschen schon so manches Problem beschert (es sei noch einmal auf den Abschnitt *Die Mutanten kommen* in Kapitel 46 verwiesen):

Da Mutationen ja nicht zwangsweise zum Nachteil der betroffenen Lebensform sein müssen und das Erbgut nach dem *Zufallsprinzip* verändern und gerade Mikroorganismen wie Bakterien sich sehr, sehr rasch vermehren, ist es prinzipiell nur eine Frage der Zeit, bis – wirklich rein zufällig – eine Mutante entsteht, die beispielsweise gegen das eine oder andere Antibiotikum resistent ist. Es ist sehr gut möglich, dass eine solche Mutante anderweitig Nachteile in Kauf nehmen muss – vielleicht ist ihr Nahrungsmittelbedarf ungleich höher als bei ihren unmutierten Artgenossen oder was auch immer. Unter normalen Umständen wäre das gewiss das Aus für diese Gen-Variante: Anspruchsvolle Bakterien leben meist nicht lange. Tritt diese Mutante aber zufälligerweise in antibiotikareicher Umgebung auf (beispielsweise in einem mit gerade diesem Antibiotikum behandelten Patienten), ist dieses genetisch geringfügig veränderte Bakterium gewaltig im Vorteil, denn im Gegensatz zu seinen Artgenossen, die ihm sonst das Futter weggefressen hätten, stirbt es als Einziges nicht an dem Antibiotikum. Also kann es sich vermehren, dass es eine wahre Freude ist. Gegen ein solches Bakterium hilft dieses Antibiotikum dann nicht mehr – und damit auch nicht gegen all seine Nachkommen, denen die Antibiotikum-Resistenz schließlich vererbt wird.

Warum das wichtig ist? – In den letzten Jahren wurden häufig prophylaktisch Breitband-Antibiotika verschrieben (gern sogar gegen Krankheiten, die von Viren ausgelöst werden, und *gegen Viren hilft kein einziges Antibiotikum*). Auf diese Weise wurde praktisch die gesamte Bevölkerung Bestandteil eines Großversuchs, resistente Keime zu züchten. Bedenken Sie dann noch, dass in der Viehzucht Breitband-Antibiotika zur Standard-Ernährung gehören, um Krankheitserreger so weit wie möglich einzudämmen, und der Kot der Tiere, der eben auch Antibiotika enthält, großflächig als Düngemittel eingesetzt wird, wird klar, dass dieses Heranzüchten resistenter Bakterienstämme sich nicht einmal mehr auf Patienten beschränkt, die gerade akut mit Antibiotika behandelt werden. Die Folgen sind dramatisch: Es wird zunehmend wahrscheinlich, sich mit einem Erreger anzustecken, der auf eines der üblichen Antibiotika (wie etwa Penicillin) nicht mehr anspricht. Derartige Erreger finden sich gern in Krankenhäusern – daher der Begriff **Krankenhauskeim**. (Wissenschaftlicher klingt natürlich das entsprechende Fachwort aus dem von Medizinern häufig gepflegten Latein-Griechisch-Duktus: Da heißt es dann *Nosokomial-Infektion*, was allerdings exakt das Gleiche aussagt, denn das griechische Wort *νόσος* (*nósos*) bedeutet »Krankheit«, und *κομειν* (*komein*) heißt »pflegen«, es beschreibt also eine »Krankenpflege-Ansteckung«.) Gemäß der *American Medical Association* lag in den USA bereits im Jahr 2003 bei mehr als 64 % aller Intensivstations-Patienten, die sich im Krankenhaus (!) mit dem Erreger *Staphylococcus aureus* angesteckt hatten, Methicillin-Resistenz vor.

Aber es gibt ja noch mehr Antibiotika, oder? – Es wird noch besser: Da viele Bakterien in der Lage sind, ganze Gene auszutauschen (*wie* das geht, ist jetzt wirklich zu biologisch, aber *dass* es geht, ist wichtig!), und so wurden weltweit bereits mehrere Bakterienstämme gefunden, die gegen *mehr als ein* Antibiotikum resistent sind: Derartige *multiresistente Stämme* (auch *MRE-Keime* genannt: **M**ulti-**R**esistente **E**rreger) stellen zunehmend ein Gesundheitsproblem dar. Berichten aus dem Jahr 2017 zufolge infizierten sich etwa 3 % aller stationär aufgenommenen Patienten mit einer Nosokomial-Infektion (dabei sind nur die Patienten der Allgemeinstationen gezählt; in den Intensivstationen lag der Anteil der Krankenhauskeim-Infektionen in besagtem Jahr bei etwa 15 %); vorsichtigen Schätzungen zufolge liegt die Anzahl der Todesfälle, die auf MRE-Keime zurückzuführen sind, alleine in Deutschland jährlich bereits im mittleren vierstelligen Bereich.

Glücklicherweise gibt es dafür ja Not-Antibiotika! Die werden nur in *echten* Notfällen verschrieben, also konnten sich dagegen noch keine Resistenzen entwickeln. Stimmt. Aber raten Sie mal, was in letzter Zeit zunehmend in der Tierzucht Verwendung findet. Allerdings wurden im März 2018 die diesbezüglichen deutschen Gesetze zumindest für einige Wirkstoffgruppen – *Cephalosporine* (a) und *Fluorchinolone* (b) – geändert, sodass die Lage langfristig vielleicht doch nicht ganz so aussichtslos ist.

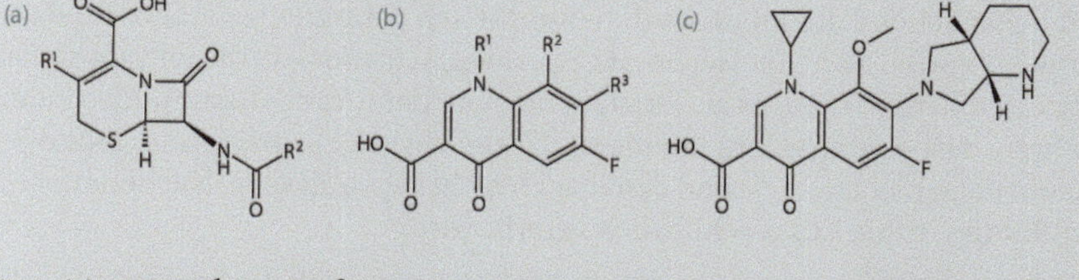

Bei (a) sind R^1 und R^2 sehr variabel: Es können kleine Alkylreste sein, aber auch N- oder S-haltige Heterocyclen. Bei (b) bestehen sogar noch mehr Variationsmöglichkeiten: R^1 ist meist ein recht kleiner (auch cyclischer) Kohlenwasserstoff-Rest, R^2 ist häufig ein –H oder ein –F (bei manchen Fluorchinolonen bilden R^1 und R^2 aber auch einen weiteren Ring), bei R^3 handelt es sich meist um einen N-haltigen Heterocyclus, gern auch noch mit weiteren Substituenten oder anderen Hetero-Atomen. Da wir Ihnen hier aber keinen vollständigen Überblick, sondern nur einen ersten Einblick bieten wollen, wollen wir dies hier nicht weiter ausführen, sondern mit dem *Moxifloxacin* (c) nur einen etwas komplizierter gebauten Vertreter dieser Antibiotika-Gruppe präsentieren.

Aufgaben Kapitel 48

Zum Aufwärmen

1. Warum werden in der Biochemie nur selten die Namen freier Säuren erwähnt, sondern fast immer die Namen der jeweils zugehörigen Anionen?
2. Zu welchen Endprodukten führt die vollständige β-Oxidation von Margarinsäure (Heptadecansäure)?

Für Fortgeschrittene

3. Über eines seiner beiden »mittleren« N-Atome ist das Flavin kovalent mit dem Rest des FAD verbunden – das Flavin ist also, vereinfacht ausgedrückt, N-alkyliert. Warum würde dieses Dinucleotid bei Alkylierung auch des zweiten mittleren N-Atoms seine Wirksamkeit verlieren?
4. ATP (Adenosintriphosphat) ist einer der wichtigen Energieüberträger, aber warum ist dieses Molekül überhaupt so energiereich?

IN DIESEM KAPITEL

- bietet ein einziger Grundbaustein fast unbegrenzt viele Möglichkeiten
- bleibt alles in der Familie
- kommen wir von Düften zu Hormonen

Kapitel 49
Chemie-Lego® mit nur einem Baustein? – Terpene, Terpenoide … und darüber hinaus

Natürlich ist es schlichtweg unmöglich, die gesamte Vielfalt der Biochemie in einem Einführungswerk zu präsentieren (es sei denn, es dürfte auch eine mehrbändige Ausgabe werden …). Aber Sie werden gewiss schon gemerkt haben, dass es das Anliegen der Autoren ist, die Zusammenhänge auch zwischen den verschiedenen Teildisziplinen der Chemie aufzuzeigen. In den vorangegangenen Kapiteln dieses Buch-Teils sollte deutlich geworden sein, dass sich die Grundprinzipien der *Bio*chemie mit genau dem gleichen Chemie-Lego®-Ansatz erläutern lassen, die uns auch schon in der *Organischen* Chemie gute Dienste geleistet haben – und die sich letztendlich bis auf die Grundkonzepte der *Allgemeinen* Chemie zurückführen ließen.

In gleicher Weise wollen wir Ihnen nun – exemplarisch anhand ausgewählter Beispiele – einige Zusammenhänge von Organischer Chemie, Biochemie und dem präsentieren, was gemeinhin als »Naturstoffchemie« bezeichnet wird. *Naturstoffchemie* ist allgemein die Wissenschaft der von Pflanzen, Pilzen oder auch Tieren biosynthetisch erzeugten Verbindungen, die sich nicht auch im menschlichen Organismus finden lassen (sonst wären wir doch wieder bei der Biochemie angekommen – aber die Grenzen zwischen Naturstoffchemie und Biochemie sind wieder einmal fließend). Zahlreiche dieser Naturstoffe sind pharmakologisch von großem Interesse. Einige Beispiele kennen Sie schon:

- ✔ Das Glucosid *Salicin* (Abbildung 48.15c) zeigt unter anderem analgetische Wirkung und ist effektiv der Vorläufer von Aspirin®.
- ✔ Auf die psychotrope Wirkung von *Mescalin* (Abbildung 48.17a) aus dem Peyote-Kaktus wurde ebenfalls bereits eingegangen.
- ✔ Gleiches gilt für die ebenfalls psychotrope Wirkung des *Psilocins* (Abbildung 38.21d) sowie dessen N-methyliertes und an der aromatischen OH-Gruppe phosphoryliertes Derivat *Psilocibin* (e); beide finden sich unter anderem in dem auch in unseren Breitengraden vorkommenden Pilz Spitzkegliger Kahlkopf (*Psilocybe semilanceata*).
- ✔ Die zahlreichen tierischen (Neuro-)Toxine wie etwa von Schlangen, aber auch von Mikroorganismen (beispielsweise Bakterien) fallen ebenso in das Gebiet der Naturstoffchemie; da es sich dabei aber (wie etwa beim aus Kapitel 46 bereits bekannten Botulinumtoxin) meist um recht komplex gebaute Proteine handelt, deren Wirkungsweise sich nicht so einfach erklären lässt (das braucht *richtig viel* Biochemie!), wollen wir darauf hier nicht weiter eingehen.

Nun ist natürlich die Naturstoffchemie ein so weites Feld, dass ein Einführungswerk wirklich nur einen ersten Einblick bieten kann. Dafür soll uns hier die Stoffklasse der **Terpene** und der davon abgeleiteten **Terpenoide** (also: »Terpen-artigen«, diese weisen – anders als die »echten« Terpene – noch die eine oder andere funktionelle Gruppe auf) dienen. (Dass Sie dabei auch noch ein wenig über die wunderbare Welt der Düfte erfahren, nehmen wir billigend in Kauf.) Abbildung 49.1 zeigt einige Beispiele:

- ✔ Vom 2,6-Dimethyl-2,6-octadien leiten sich zahlreiche Terpenoide ab, etwa das *Geraniol* (Abbildung 49.1a). Dieser blumig duftende Naturstoff ist unter anderem in den etherischen Ölen von Geranien (*Geranium spec.*) und Rosen (*Rosa spec.*) zu finden, aber auch für den Duft von Koriander (*Coriandrum sativum*) und Lorbeer (*Laurus nobilis*) verantwortlich. Das strukturell sehr ähnliche (Stichwort: (*E/Z*-Isomerie) *Nerol* (b) duftet rosig-zitrusartig und lässt sich beispielsweise aus dem Lavendel (*Lavandula spec.*) gewinnen. Zuletzt sei noch das *Linanool* genannt (c), dessen duftig-blumiges Aroma Sie vermutlich von Hopfen (*Humulus spec.*), Pfeffer (*Piper nigrum*) und anderem kennen.
- ✔ Den gleichen chemischen Ursprung haben auch *(+)-Limonen* (Abbildung 49.1d, verantwortlich für den Duft von Orangen (*Citrus sinensis*); beachten Sie das Chiralitätszentrum!), *(–)Menthol* (e; diesen Aromastoff der Ackerminze (*Mentha arvensis*) kennen Sie vielleicht schon aus Kapitel 42), aber auch das Cuminaldehyd (f, dieser Duft ist Ihnen gewiss von Eukalyptus (*Eucalyptus*), Kümmel (*Carum carvi*) und so manchem anderen vertraut).
- ✔ Gleiches gilt auch für das *Caroten* (Abbildung 38.22) und die sich davon ableitenden *Carotinoide.*
- ✔ Sogar das deutlich komplexer gebaut wirkende *Cholesterin* (Abbildung 49.1g) und die strukturell damit verwandten **Steroide** (wie das männliche Sexualhormon *Testosteron,* h) lassen sich auf den gleichen Grundkörper zurückführen. (Auf die Stereochemie wollen wir bei dieser Vielzahl an Chiralitätszentren nicht eingehen, aber sie erschwert die Totalsynthese derartiger Gerüste im Labor natürlich immens. Zur allgemeinen *Bio*synthese der Terpene und Terpenoide kommen wir ein wenig später in diesem Kapitel.)

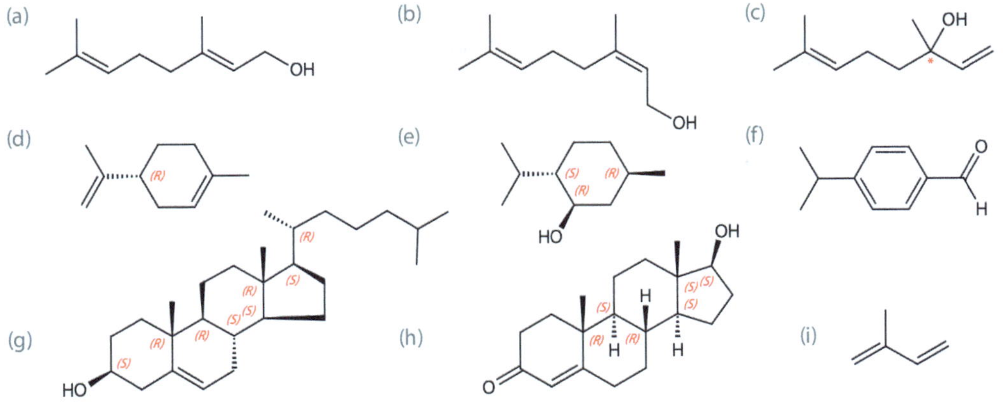

Abbildung 49.1: Terpene und Terpenoide – eine Auswahl

Die Familie der Terpene und Terpenoide hat einen gewaltigen Vorteil: Sie lässt sich recht leicht systematisieren, weil sich alle ihre Vertreter allesamt vom gleichen Grundkörper ableiten: dem **Isopren** (Abbildung 49.1i).

Kopf an Kopf, Kopf an Schwanz … drei Möglichkeiten

Bei den Terpenen (und auch den davon abgeleiteten Terpenoiden) werden die einzelnen Isopren-Einheiten, systematisch als 2-Methyl-1,3-butadien zu benennen (oder auch als 2-Methylbuta-1,3-dien, aber das liest sich so schlecht …), also miteinander verknüpft. Da das Molekül nun einmal nicht symmetrisch ist, wird

- Kopf *und*
- Schwanz

des C_5-Gerüsts unterschieden; als »Kopf« wird dabei der Teil des Moleküls mit den beiden Methylgruppen am 3°-C-Atom bezeichnet (also die Isopropylgruppe; um der Übersichtlichkeit willen sind die drei zugehörigen C-Atome in einigen der nachfolgenden Abbildungen markiert). Zur Verknüpfung zweier Isopren-Einheiten (zur besseren Unterscheidung farblich markiert) gibt es dann prinzipiell *drei* verschiedene Möglichkeiten:

- **Kopf-Kopf**-Verknüpfung (Abbildung 49.2a),
- **Kopf-Schwanz**-Verknüpfung (b) *und*
- **Schwanz-Schwanz**-Verknüpfung (c).

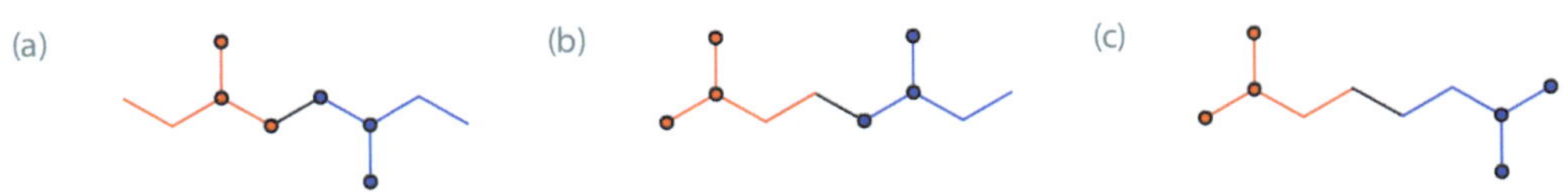

Abbildung 49.2: Die drei Verknüpfungsmöglichkeiten der Isopren-Einheiten

Dabei ist die *Kopf-Schwanz*-Verknüpfung aus Abbildung 49.2b die zunächst einmal Bedeutendste:

- ✔ Sehen Sie sich als Beispiele zum einen das *Myrcen* an (Abbildung 49.3a, verantwortlich für den würzigen Duft von Kiefern (*Pinus spec.*), Wacholder (*Juniperus spec.*) und noch so manchem anderen), zum anderen noch einmal das bereits aus Abbildung 49.1d bekannte Limonen (b, dieses Mal ohne Berücksichtigung der Chiralitätszentren). Die im Limonen grün markierte Bindung zeigt einen *Ringschluss* an. Sie sehen: Terpene müssen nicht zwangsweise offenkettig sein (obwohl Sie sich das angesichts einiger der obigen Beispiele vermutlich schon selbst gedacht haben werden).

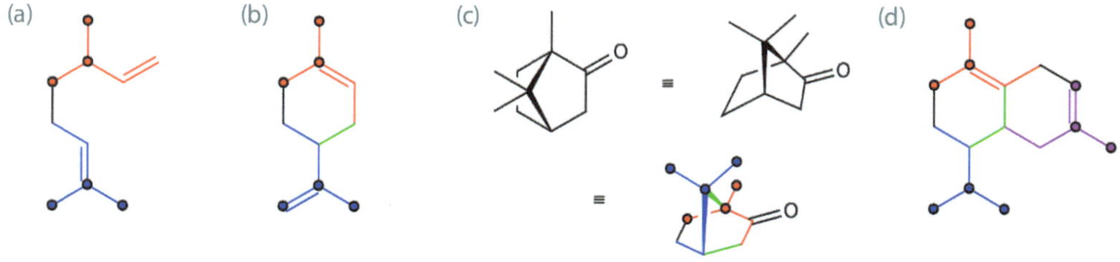

Abbildung 49.3: Verknüpfung von Isopren-Einheiten in ausgewählten Terpenen

- ✔ Auch komplexer wirkende Systeme sind möglich: Dass etwa *Campher* (Abbildung 49.3c; systematisch: 1,7,7-Trimethyl-bicyclo[2.2.1]heptan-2-on, Hauptbestandteil des aromatischen Harzes des Kampferbaums (*Cinnamomum camphora*) und ein beliebtes Mottenschutzmittel) ebenfalls aus zwei Isopren-Einheiten aufgebaut ist, erkennen Sie wahrscheinlich erst mit ein wenig Übung – deswegen auch die drei verschiedenen Moleküldarstellungen. (Da es sich um ein bicyclisches System handelt, sind hier natürlich auch zwei »Ringschluss-Bindungen« zu berücksichtigen, wieder grün markiert.)

- ✔ Bemerkenswerterweise ist *Myrcen* (Abbildung 49.3a) nicht nur ein Duftstoff, sondern spielt auch in der Tierwelt eine Rolle: Es ist ein Pheromon (ein Kommunikations-Botenstoff, in diesem Falle ein Sexuallockstoff) der Familie der Borkenkäfer (*Scolytinae*).

- ✔ Aber bei zwei Isopren-Einheiten muss es nicht bleiben: Das *Cadinen*-Grundgerüst etwa (Abbildung 49.3d) ist nicht aus zwei, sondern aus *drei* C_5-Körpern aufgebaut; auch hier sollte die jeweilige Art der Verknüpfung ebenso erkennbar sein wie die zusätzlichen Bindungen, die zum doppelten Ringschluss dieses ebenfalls bicyclischen Systems führen.

Es gibt, wegen der Chiralitätszentren und der umlagerungsfähigen Doppelbindungen, mehrere Cadinen-Isomere, aber um die zugehörige Stereochemie soll es auch in diesem Abschnitt nicht gehen. Isoliert wurden diese Naturstoffe jedoch allesamt erstmals aus dem Stech-Wacholder (*Juniperus oxycedrus*) und haben ein so angenehmes Aroma, dass sie teils als Duft-, teilweise sogar als Geschmacksstoff eingesetzt werden, Letzteres etwa in Kaugummi.

Isomere Moleküle, die sich nur in den relativen Positionen der jeweils vorliegenden Mehrfachbindungen unterscheiden, werden auch als **Regioisomere** bezeichnet.

Und auch bei drei Isopren-Einheiten ist noch lange nicht Schluss. Die große Familie der Terpene (zu der auch die sich davon ableitenden Terpenoide gezählt werden) wird nach der Anzahl der darin vorliegenden C_5-Einheiten in Gruppen unterteilt:

- ✔ Sind *zwei* Isopren-Einheiten miteinander verknüpft (egal, auf welche Weise), heißen sie **Monoterpene**; diesen kommt also immer ein C_{10}-Grundkörper zu.
- ✔ Bei *vier* Isopren-Einheiten ergibt sich der C_{20}-Grundkörper der **Diterpene**.
- ✔ Mit *sechs* Isopren-Einheiten kommen wir dann zum C_{30}-Grundkörper der **Triterpene**.
- ✔ Aus *acht* Isopren-Einheiten schließlich setzt sich der C_{40}-Grundkörper der **Tetraterpene** zusammen.

Auch eine ungerade Anzahl von Isopren-Einheiten kann sich zu entsprechenden Molekülgerüsten zusammenfügen, allerdings sind Vertreter dieser Gruppen in der Natur deutlich seltener anzutreffen als ihre geradzahlige Verwandtschaft:

- ✔ Mit *drei* Isopreneinheiten, die sich entsprechend zu einem C_{15}-Grundkörper vereinigen, heißen sie **Sesquiterpene** (abgeleitet vom lateinischen Wort *sesqui* = »anderthalb«).
- ✔ Wurden *fünf* Isopreneinheiten zu einem C_{25}-Grundkörper verknüpft, haben wir es mit einem **Sesterterpen** zu tun (das ist kein Druckfehler; die Bezeichnung stammt wieder aus dem Lateinischen: *sesterius* = »zweieinhalbmal«).
- ✔ Mit nur *einer einzelnen* Isopren-Einheit, natürlich gerne auch mit der einen oder anderen funktionellen Gruppe (womit wir wieder bei den Terpenoiden wären), werden sie **Hemiterpene** (dieses Mal liegt der Wortstamm im Griechischen: *ἡμι* (*hemi*) = »halb«) genannt.

Eine große Familie …

Die einzigen »echten« Hemiterpene wären das Isopren selbst sowie alle ungesättigten und gesättigten Kohlenwasserstoffe mit einer entsprechend verzweigten C_5-Einheit (also etwa auch das Isopentan, aber das wird natürlich niemand in diese Stoffklasse einsortieren). Wird aber der Begriff auf die Hemiterpenoide erweitert, sieht es gleich ein wenig anders aus. Auch hier ist die Anzahl an Vertretern noch überschaubar – insbesondere, wenn Sie sich auf Verbindungen beschränken wollen, die in der Natur auch frei vorkommen, nicht nur in der einen oder anderen Form gebunden und/oder als nicht isolierbare Zwischenschritte von Biosynthesewegen –, aber zu den Hemiterpenen werden unter anderem gezählt:

- ✔ *Prenol* (Abbildung 49.4a, 3-Methyl-2-butenol) – allerdings wird das vornehmlich erwähnt, weil es ein Zwischenprodukt bei der industriellen Produktion längerkettiger Verbindungen auf Isopren-Basis darstellt.
- ✔ *Prenal* (b, das Aldehyd-Gegenstück zum Prenol) – Hier gilt das Gleiche.
- ✔ *Tiglinsäure* (c, wurde erstmalig aus dem Öl des Krotonölbaums (*Croton tiglium*) sowie aus dem ätherischen Öl der Kamille (*Matricaria chamomilla*) gewonnen) *sowie*

- ✔ deren (*Z*)-Gegenstück, die *Angelicasäure* (d). Gewonnen wurde sie auf dem gleichen Wege; ob sie allerdings in den erwähnten Pflanzen wirklich auftritt oder ob sie im Zuge der Extraktion als Artefakt erzeugt wurde, konnte noch nicht abschließend geklärt werden, da sich die (wegen ihrer (*E*)-Konfiguration energetisch etwas ungünstigere) Tiglinsäure schon bei moderatem Erwärmen zumindest teilweise zur Angelicasäure umlagert).

- ✔ Zu nennen wäre noch die *Isovaleriansäure* (e, halbsystematisch auch als 3-Methylbuttersäure bezeichnet). Dieses Konstitutionsisomer zur Valeriansäure (= Pentansäure), die Sie schon aus Kapitel 40 kennen, ist in beachtlicher Menge in der Wurzel des Baldrians (*Valeriana officinalis*) zu finden; sie ist auch das einzige hier aufgeführte Hemiterpen, das wohl die wenigsten mit »wohlriechend« beschreiben würden, schließlich ist diese Verbindung maßgeblich für den Geruch von Fußschweiß verantwortlich.

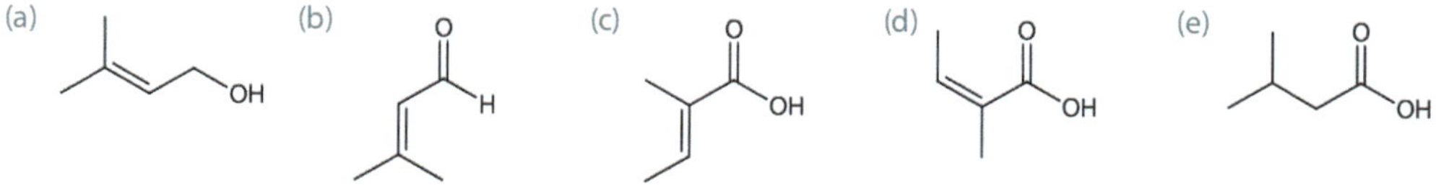

Abbildung 49.4: Ausgewählte Hemiterpenoide

Systematisierung von Duftstoffen?

Sehr kurze Antwort: bislang nicht. Seit sich die Menschheit ausgiebiger mit Duftstoffen und Aromen auseinandersetzt, wird daran gearbeitet, Düfte zu systematisieren. (Bei den elektromagnetischen Wellen hat es doch auch geklappt!) Leider waren sämtliche Bemühungen bislang nicht von ernstlich überzeugendem Erfolg gekrönt.

Führende Duftstoff-Chemiker (namentlich sei hier nur Günther Ohloff genannt) haben zwar darum gerungen, zur Beschreibung von Düften und Aromen eine Fachsprache zu etablieren, doch gerade für Fachfremde sind manche der gewählten Begriffe doch sehr … nebulös. Unter »jasminartig« mögen Sie sich ja noch etwas vorstellen können (zumindest, wenn Sie den Duft von Jasmin kennen – darauf waren wir ja in Kapitel 48 schon kurz eingegangen), bei »blumig-campherartig« oder »balsamisch« wird es schon grenzwertig, und wohl die wenigsten werden sich etwas Konkretes unter »grassamig«, »schwer« oder gar »diffus« vorstellen können. (Einigen weiteren derartiger Begriffe sind Sie schon in Kapitel 38 begegnet.) Außerdem ist der Geruchssinn äußerst individuell, und das bezieht sich nicht nur auf die *Sensitivität* Gerüchen gegenüber, sondern auch auf deren persönliche *Bewertung*: Erinnerungen etwa können die Empfindungen angesichts eines an sich gemeinhin als angenehm empfundenen Aromas so stark einfärben, dass Sie eher zu Begriffen wie »unangenehm« oder sogar »widerlich« greifen möchten – was, dummerweise, beides auch (mehr oder minder genau definierte) Fachtermini der Duftstoffchemie sind. (Auch der umgekehrte Fall, dass aufgrund persönlicher angenehmer Erfahrungen allgemein eher als unschön empfundene Gerüche positiv konnotiert werden, tritt auf, allerdings deutlich seltener.)

Und was noch schlimmer ist: Geruchliche Verwandtschaften oder Ähnlichkeiten lassen in den seltensten Fällen auch den Rückschluss zu, die für die jeweiligen Düfte verantwortlichen Verbindungen besäßen auch *strukturelle* Ähnlichkeit. Es ist zwar schon seit Langem bekannt, dass die Duftstoff-Moleküle über die Gasphase (sie müssen also einen gewissen Dampfdruck besitzen) die Rezeptoren in der Nase erreichen – genauer gesagt: die Riechschleimhaut und den *Bulbus olfaktorius* (den Riechkolben, einen Teil des olfaktorischen Cortex des Gehirns), um dort, sozusagen »mechanisch«, Wechselwirkungen einzugehen (ähnlich wie die Substrate und Produkte eines biochemischen Stoffwechselweges mit dem für sie zuständigen Enzym wechselwirken – ein wenig dazu haben Sie ja in Kapitel 48 erfahren). Aber wie die Reizwahrnehmung und vor allem die Reiz*verarbeitung* nun tatsächlich erfolgt, ist noch längst nicht aufgeklärt.

- ✔ Analog zum Schlüssel-Schloss-Prinzip (aus Kapitel 48) wurde eine Zeit lang angenommen, annähernd kugelförmige Moleküle würden an einem entsprechend schalenförmigen Rezeptor andocken und dann den Impuls »Campher!« ans Hirn weiterleiten, während eher planar gebaute, nicht übermäßig große Moleküle zur Meldung »Moschus!« führten.

  Doch so viele vermeintliche Belege es auch geben mochte: Es gab stets mindestens genauso viele »Ausnahmen von der Regel« – und das war natürlich … unbefriedigend.

- ✔ Bei weiteren Überlegungen wurden dann Molekül*vibrationen* hinzugezogen: Dass über eine kovalente Bindung miteinander verknüpfte Atome durchaus einen gewissen »Bewegungsspielraum« haben, wurde ja bereits erwähnt – etwa in Kapitel 16. Allerdings ist – verständlicherweise – die Energie, die zur Anregung einer Schwingung erforderlich ist, auch davon abhängig, wie schwer die beteiligten Atome eigentlich sind. Entsprechend ist also weniger Energie erforderlich, eine C–C-Bindung zum Schwingen zu bringen als etwa eine C–Si-Bindung. Somit sollte ein (über Synthesemethoden häufig erreichbarer) Austausch eines C-Atoms innerhalb einer Verbindung mit charakteristischem Geruch durch sein höheres Homologes zu einer erkennbaren Veränderung des Duftprofils führen.

  Aber auch das funktionierte nicht so recht: Während *Ketonmoschus* (a; der Geruch dieser Verbindung ähnelt sehr dem des Sexuallockstoffs, den Moschusochsen (*Ovibos moschatus*) während der Paarungszeit über den Urin abgeben) jeglichen Duft verliert, wenn das zentrale C-Atom der beiden *tert.*-Butylgruppen am Ring durch ein Si-Atom ausgetauscht wird, erweist sich der entsprechende Austausch beim (dreifach nitrierten) *Xylolmoschus* als wahrer Glücksfall: Hier wird das Aroma des Silicium-Analogons in der Fachliteratur als »brillanter und für Parfums geeignet« beschrieben.

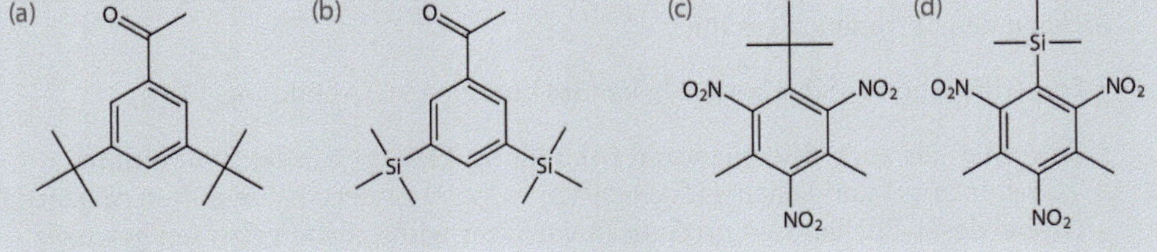

Zu guter Letzt sei noch einmal darauf hingewiesen, dass der »Charakter« eines Geruchs auch noch konzentrationsabhängig ist: In Kapitel 48 haben Sie etwa das Skatol kennengelernt (*siehe* Abbildung 48.12), das bei hinreichend geringer Konzentration nach Jasmin duftet (es *ist* ja auch ein Bestandteil des Duftcocktails dieser Pflanze), bei höherer Konzentration jedoch nach Kot riecht. Auf eine umfassende, abschließende Systematisierung von Düften werden wir wohl noch ein wenig warten müssen.

Monoterpene

Wie Sie schon gesehen haben, können Monoterpene (mit C_{10}-Gerüst) offenkettig sein oder cyclisch (*siehe* Abbildung 49.3a/b), in Abbildung 49.1a–f haben Sie ebenso offenkettige und cyclische Monoterpenoide kennengelernt, und Campher (Abbildung 49.3c) ist eindeutig ein *bi*cyclisches Monoterpenoid. In allen hier aufgeführten Beispielen liegt *Kopf-Schwanz*-Verknüpfung vor (wie in Abbildung 49.2b). Da wir nun wirklich nicht einfach nur einen Katalog aller bislang bekannten Vertreter dieser Stoffklasse vorlegen wollen (der würde auch ziemlich umfangreich ausfallen; derzeit (Stand: 2018) sind alleine schon über 900 verschiedene Monoterpene bekannt, von den Monoterpen*oid*en ganz zu schweigen …), seien exemplarisch einige besonders interessante Vertreter dieser Stoffklasse betrachtet; wenn sie nicht eigens angegeben wurde, soll deren Stereochemie trotz der vielen Chiralitätszentren unbeachtet bleiben.

✔ Das monocyclische Menthan (Abbildung 49.5a) ist das Grundgerüst der Stoffklasse der *Terpinene*. Sämtliche ihrer Vertreter weisen jeweils zwei Doppelbindungen auf, sodass sich mehrere *Regioisomere* ergeben:

- Nur beim α-Terpinen (b) stehen die beiden Doppelbindungen in Konjugation; erstmals isoliert wurde es aus der Muskatnuss (*Myristica fragrans*); es duftet ein wenig nach Limone.
- Das β-Terpinen (c, mit einer exocyclischen terminalen Doppelbindung) wurde bislang noch nicht in der Natur gefunden, ist aber synthetisch zugänglich.
- Das γ-Terpinen (d) findet sich in vielen Zitrusfrüchten (*Citrus spec.*), aber auch (unter anderem) im Kreuzkümmel (*Cuminum cyminum*); sein Aroma ist deutlich weniger zitrisch als das seines α-Gegenstücks.
- Das δ-Terpinen (e) – aus historischen Gründen gelegentlich als *Terpinolen* bezeichnet – ist beispielsweise hauptverantwortlich für das charakteristische Aroma von Pastinaken (*Pastinaca sativa*)

✔ Es gibt noch weitere Regioisomere; aus historischen Gründen werden sie allerdings *nicht* zu den Terpinenen gezählt:

- Das trifft schon auf das bereits bekannte Limonen zu (Abbildung 49.1d).
- Sowohl α- als auch β-Phellandren (Abbildung 49.5f, g) wurden aus Kümmel (*Carum carvi*) und Fenchel (*Foeniculum vulgare*) isoliert; beide duften minzartig (wobei das α-Phellandren im Ganzen würziger wirkt), haben aber ein gewisses Terpentin-Nebenaroma.

✔ Wenn Sie dann noch bedenken, dass das nur die reinen Terpene sind, sich von sämtlichen dieser Grundstrukturen aber auch noch Terpenoide mit Hydroxy-, Aldehyd- oder Ketogruppe(n) ableiten, erahnen Sie vielleicht, warum die Stoffklasse der Terpene und Terpenoide so viele verschiedene Vertreter vorzuweisen hat.

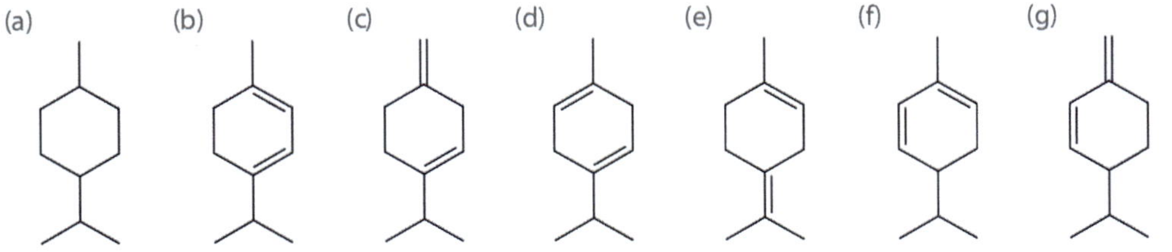

Abbildung 49.5: Terpinan (a), davon abgeleitete Monoterpene (b–e) und Strukturverwandte (f, g)

Von besonderer Bedeutung als Vertreter des *chiral pool* in der stereoselektiven Synthese (erinnern Sie sich noch an Kapitel 42?) sind die bicyclischen Monoterpene und deren Derivate. Dabei kann entweder das 2,6,6-Trimethylbicyclo[3.1.1]heptan-Grundgrüst von *Pinan* vorliegen (Abbildung 49.6a, b) oder eben das 1,7,7-Trimethylbicyclo[2.2.1]heptan-Gerüst von Campher (das kennen Sie schon aus Abbildung 49.3c), das als **Bornan-Grundgerüst** bezeichnet wird (c).

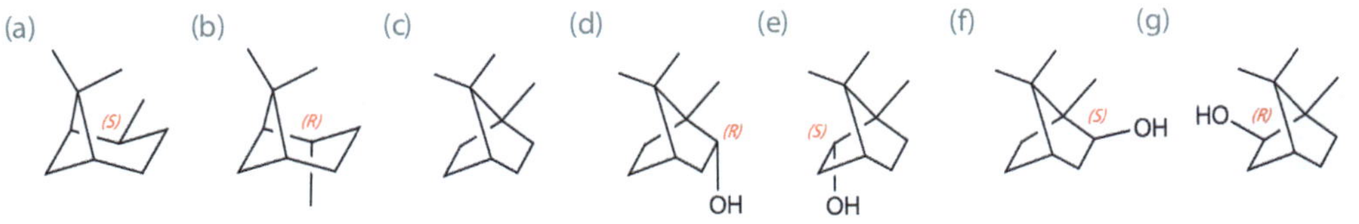

Abbildung 49.6: Bicyclische Monoterpene und -terpenoide

✔ Vom *Pinan*, das aus der Pflanze *Mutisia friesiana* isoliert werden konnte (einen deutschen Namen hat diese argentinische Heilpflanze bislang nicht), existieren zwei unterschiedliche Formen:

- Bei der auch als *cis*-Pinan bezeichneten Form ist die Methylgruppe am sechsgliedrigen Ring *exo*-ständig (Abbildung 49.6a; sie »weist vom Molekülgerüst fort«); da das Molekül wegen des verbrückenden C-Atoms keine Cycloinversion durchführen kann, steht sie also äquatorial.
- Beim *trans*-Pinan (b) steht sie entsprechend axial; sie sind *endo*-ständig.
- Von *cis*- und *trans*-Pinan gibt es jeweils ein Enantiomerenpaar; Abbildung 49.6a zeigt nur die *(S)*-Form von *cis*-Pinan, während in Abbildung 49.6b die *(R)*-Form des *trans*-Pinans dargestellt wird. (Die Spiegelbilder müssen Sie sich also selbst zusammenbasteln.)

✔ Beim *Bornan* (Abbildung 49.6c) stellt sich weder die Frage nach *exo*/*endo* noch nach Chiralitätszentren; das freie Terpen – ohne funktionelle Gruppe(n) – wurde bislang in der Natur noch nicht entdeckt, lässt sich aber durchaus synthetisieren

- ✔ Das ändert sich jedoch schlagartig vom Bornan zum *Borneol* (Abbildung 49.6d–g;):

  - Nun gibt es ebenso eine *endo*-Form (d, e) und eine *exo*-Form (f, g) – hier entscheidet die relative Orientierung der Hydroxygruppe, welches Stereoisomer vorliegt – und beide sind chiral; Bild und Spiegelbild sind also nicht deckungsgleich.

  - Aus historischen Gründen werden die beiden *exo*-Isomere (f, g) auch als *Isoborneol* bezeichnet.

An den vier Borneolen lässt sich deutlich zeigen, wie stereospezifisch »Mutter Natur« vorgeht:

- ✔ Das Borneol-Enantiomer mit *(R)*-Konfiguration an C^2 (Abbildung 49.6d) findet sich unter anderem in Koriander und Baldrian.

- ✔ Das entsprechende (2*S*)-Enantiomer ist deutlich seltener; mittlerweise konnte es aus der eher exotischen Baumart *Drybalanops camphora* isoliert werden.

  - Sie unterscheiden sich in ihrem Aroma deutlich.

- ✔ Die beiden *Isoborneole* (f, g) sind vornehmlich synthetisch zugänglich, zumindest das (2*R*)-Isomer ließ sich mittlerweile jedoch auch in diversen Pflanzen nachweisen (vornehmlich allerdings nur in Spuren). Beiden ist ein recht angenehmer, leicht holziger Vanille-Duft gemein.

Das **Pinan**-Gerüst selbst weist bereits drei Chiralitätszentren auf, und sobald am hochsymmetrischen Bornan-Gerüst funktionelle Gruppen vorliegen, ist es mit der Symmetrie vorbei und es ergeben sich dort auch mehrere Chiralitätszentren. Aus diesem Grund ist es *eigentlich* nicht statthaft, nur von *(R)*- beziehungsweise *(S)*-Enantiomeren zu sprechen. Wer ausgiebiger mit entsprechenden Verbindungen zu tun hat, unterscheidet die verschiedenen Stereoisomere bevorzugt nach dem *Drehsinn*. Entsprechend wird dann die linksdrehende Verbindung aus Abbildung 49.6d als *(–)-Borneol* bezeichnet, während dessen rechtsdrehendes Enantiomer entsprechend *(+)-Borneol* genannt wird.

Wenn Sie sich noch an die optische Aktivität (aus Kapitel 36) erinnern, werden Sie im Gedächtnis haben, dass der absolute Drehwinkel zweier Enantiomere stets den gleichen Betrag aufweist, aber eben in entgegengesetzter Richtung verläuft. Leider (auch das wissen Sie schon aus Kapitel 36) ist jedoch der Drehsinn *nicht* in eindeutiger Weise mit der absoluten Konfiguration verknüpft; somit gestattet der Drehsinn bedauerlicherweise nicht direkt die Beantwortung der Frage: »*(R)* oder *(S)*?« Aus diesem Grund sei es den Autoren nachgesehen, hier nur über ausgewählte Chiralitätszentren zu schreiben.

Natürlich gibt es noch weitere bicylische Monoterpen-Grundgerüste, aber wir hatten ja versprochen, dieses Kapitel nicht zu einem Lexikon ausufern zu lassen, insofern bleiben Sie vor den Caran-, Thujan-, Fenchan- und Camphangerüsten verschont.

Monoterpene und Phenol – Eine interessante Kombination

Bemerkenswerterweise leiten sich auch die **Cannabinoide** (aus dem Hanf –meist: Cannabis sativa oder *Cannabis indica*, aber auch andere Arten enthalten den aus Marihuana und/oder Haschisch bekannten, psychoaktiven Wirkstoff zumindest in Spuren) von einem Monoterpen ab, das dann noch mit einem Phenol verknüpft ist. Besonders psychotrop wirken die beiden Regioisomere Δ^8- (a) und Δ^9-Tetrahydrocannabinol (b) (kurz: THC), die beim Trocken und Erhitzen durch Decarboxylierung verschiedener Tetrahydrocannabinolsäuren entstehen (c zeigt exemplarisch die Δ^9-Tetrahydrocannabinolsäure).

(a)
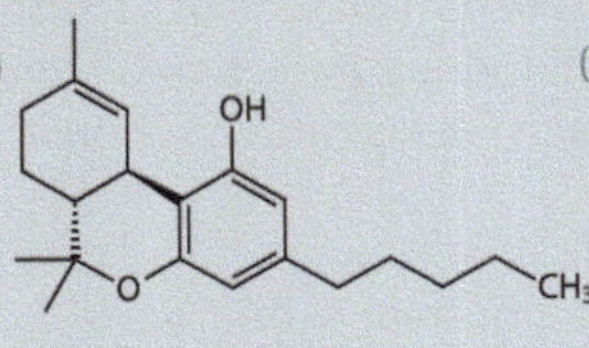

(b)
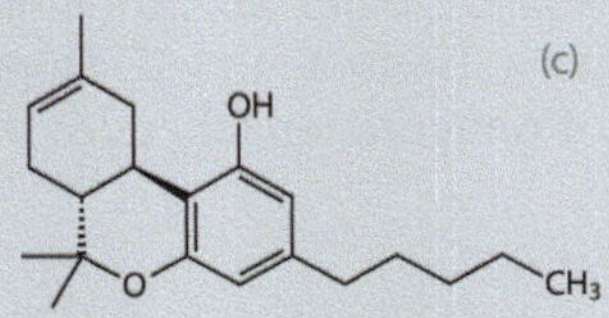

(c)
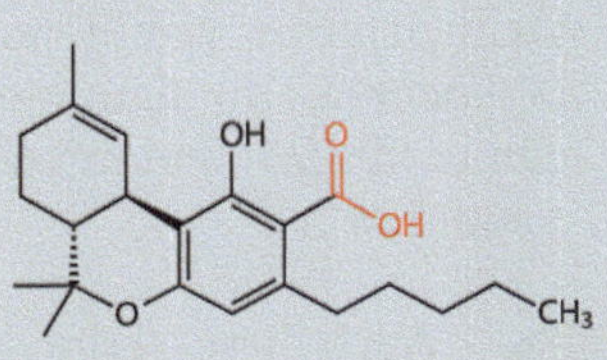

Deswegen wird Gras ja auch entweder geraucht oder in (logischerweise zuvor thermisch behandeltem) Gebäck konsumiert.

Sesquiterpene

Terpene mit einem C_{15}-Grundgerüst können ebenso wie ihre kleineren Brüder offenkettig, cyclisch oder auch bi- oder gar oligocyclisch vorliegen. Da die Terpene selbst nicht von sonderlicher Bedeutung sind, seien in Abbildung 49.7 exemplarisch einige sich davon ableitende Terpenoide vorgestellt:

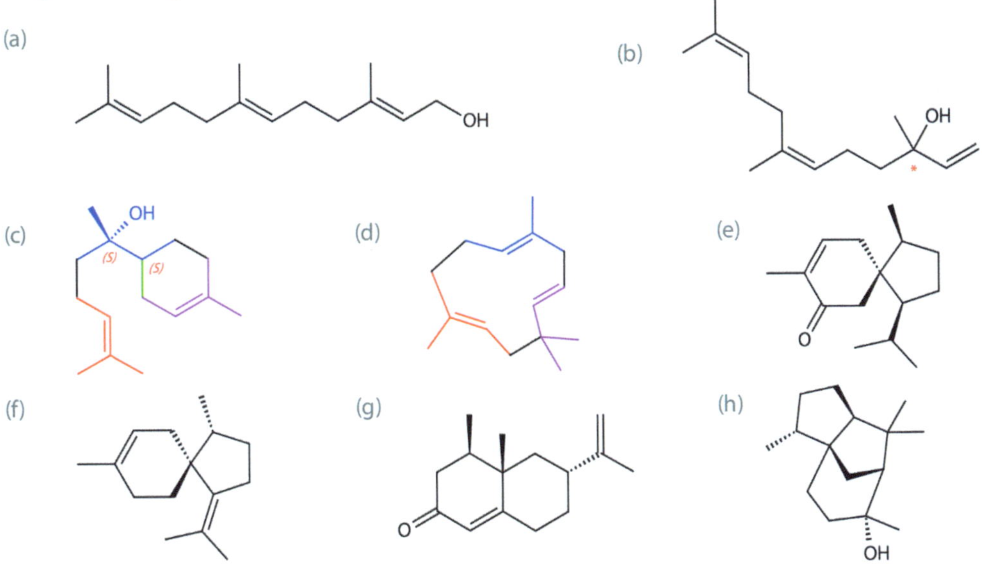

Abbildung 49.7: Ausgewählte Sesquiterpinoide

- Das offenkettige *Farnesol* (Abbildung 49.7a; die doppelte *Kopf-Schwanz*-Verknüpfung sollte erkennbar sein) ist Bestandteil der ätherischen Öle von Anis (*Pimpinella anisum*) und Jasmin (*Jasminum officinale*); es duftet ein wenig nach Maiglöckchen.

Farnesol stellt – vielleicht überraschenderweise – nicht nur einen Duftstoff dar, sondern fungiert bei diversen Insektenarten als Hormon, das Verpuppung und Häutung reguliert – eine echte Mehrzweckverbindung, die zugleich noch einmal verdeutlicht, wie wenig hilfreich die Unterscheidung zwischen Naturstoffchemie und Biochemie doch ist.

- *Nerolidol* (b) ist ein Isomer des Farnesols. Diese Verbindung kommt unter anderem in der Bitterorange (*Citrus × aurantium*) und im Ingwer (*Zingiber officinale*) vor. (Tatsächlich gibt es vier Stereoisomere, denn das Chiralitätszentrum an C^3 kann natürlich *(R)*- oder *(S)*-Konfigurationen aufweisen, und die Doppelbindung zwischen C^6 und C^7 gibt es mit *(E)*- und mit *(Z)*-Konfiguration (aber das wissen Sie eigentlich schon seit Kapitel 38 …).

Auch diese Verbindung vermag mehr, als nur gut zu duften: Mittlerweile wurde nicht nur deren antioxidative Wirkung nachgewiesen, sondern auch ihr antimykotischer (also: gegen Pilze wirksamer) und antimikrobieller Effekt; sie wird sogar in der Krebstherapie eingesetzt.

- Das monocyclische *Bisabolol* (c; diese Verbindung leitet sich vom **Bisabolan**-Gerüst ab) ist Hauptbestandteil des ätherischen Öls der Kamille; dargestellt ist das (linksdrehende) (–)-Enantiomer mit *(S)*-Konfiguration an beiden Chiralitätszentren. (Die rechtsdrehende *(R)*-Form bekommen Sie bestimmt alleine hin.)

Hier sind vornehmlich die anti-entzündlichen und die antimikrobiellen Eigenschaften hervorzuheben.

- Das ebenfalls monocyclische **Humulan**-Gerüst ist wegen seines elfgliedrigen Ringes von Interesse, denn »an sich« zieht die Natur ja fünf- und sechsgliedrige Ringe wegen der minimierten Ringspannung vor: Die Synthese derart großer Ringsysteme im Labor ist alles andere als trivial; insofern ist es bemerkenswert, dass es doch Naturstoffe mit einem Elfring gibt. Von diesem Gerüst leitet sich unter anderem das *Humulen* ab, das maßgeblich zum Aroma von Gewürznelken (*Syzygium aromaticum*) und Basilikum (*Ocimum spec.*) beiträgt, aber auch für die Schärfe von schwarzem Pfeffer verantwortlich ist.

Bitte beachten Sie die Besonderheit eines 4°-Kohlenstoff-Atoms innerhalb dieses Sesquiterpens: Mit *keiner* der üblichen Verknüpfungen aus Abbildung 49.2a lässt sich das erklären.

- Haben Sie die Besonderheit der beiden Moleküle aus Abbildung 49.7e/f bemerkt? Es handelt sich um *Spiro-Verbindungen*. Dass zwei Ringsysteme auch nur über *ein einzelnes gemeinsames Atom* verknüpft sein können, wissen Sie zwar seit Abbildung 38.2, aber hätten Sie damit gerechnet, etwas Derartigem in der Naturstoffchemie zu begegnen? –Tatsächlich sind derlei Verbindungen gar nicht so selten. Die hier vorgestellten Beispiele leiten sich vom **Acoran**-Gerüst ab (das selbst keine Doppelbindungen enthält, sehr wohl aber ein Spiro-Atom):

- *Acorenon* (e) findet sich unter anderem in so exotischen Pflanzen wie Möhren (*Daucus carota*).
- Das strukturell offenkundig eng verwandte *Acoradien* (f) wurde aus dem in Asien heimischen Igelwacholder (*Juniperus rigida*) isoliert.

✔ Beide Enantiomere des »konventionell« bicyclischen *Nootkaton* (Abbildung 49.7g) finden sich in diversen Zitrusfrüchten. Das hier dargestellte (+)-Enantiomer etwa ist Haupt-Geruchsstoff der Grapefruit (*Citrus paradisi*); das linksdrehende Gegenstück, das deutlich holzartiger duftet, findet sich im Vetiver-Gras (*Vetiveria zizanioides*) und der Alaska-Zeder (*Xanthocyparis nootkatensis*). Wenn Sie zufälligerweise wissen, dass diese auch »Nootka-Scheinzypresse« genannt wird, wird auch die Namensgebung dieser Sequiterpenoids klar.

Auch das Nootkaton besitzt eine bemerkenswerte »Nebenwirkung«: Es ist als *Repellens* (= »Vertreibungsmittel«) sehr effektiv gegen die Hirschzecke (*Ixodes scapularis*) – was sehr gut ist, denn diese Zeckenart ist einer der Hauptüberträger der Lyme-Borreliose.

✔ Das vom **Cedran**-Gerüst abgeleitete Cedrol (h) ist die einzige tricyclische Verbindung, die hier im Zuge der Sesquiterpen(oid)e erwähnt werden soll; sie ist Bestandteil der ätherischen Öle von Zypressen (*Cupressus spec.*) und von Wacholder.

Dabei wollen wir es hier aber auch bewenden lassen.

Diterpene

Wie bereits erwähnt, weisen alle Diterpene ein C_{20}-Gerüst auf. Erwartungsgemäß steigt damit die Anzahl möglicher Isomere praktisch schon ins Unermessliche (offenkettig ebenso wie (oligo-)cyclisch), deswegen wollen wir es auch hier nicht übertreiben. Aber zumindest das *Phytan* als Grundgerüst sollten wir uns ein wenig genauer anschauen (Abbildung 49.8a; auf die Stereochemie sei wieder einmal nicht eingegangen). Zu dem jeweiligen Duft der hier vorgestellten Verbindungen gibt es nicht viel zu sagen: Mit zunehmender molarer Masse sinkt (bekanntermaßen) der Dampfdruck; es gehen also kaum noch Moleküle bei Raumtemperatur in die Gasphase über, können so auch nicht die menschliche Nase (oder sonstige Duftstoffdetektoren) erreichen und werden daher als (weitgehend) geruchlos empfunden.

Deutlich ist zu sehen, dass sich das Grundgerüst auf drei *Kopf-Schwanz*-Verknüpfungen zurückführen lässt. Von diesem Gerüst leitet sich unter anderem das Phytenol ab (b, mit *(Z)*-Konfiguration der Doppelbindung zwischen C^2 und C^3 und *(R)*-Konfiguration an den beiden Chiralitätszentren an C^7 und C^{11}) – und damit indirekt auch das Chlorophyll, bei dem es sich um einen (ziemlich kompliziert gebauten) Ester dieses Alkohols handelt. (Auf das Chlorophyll soll hier nicht weiter eingegangen werden.)

Bemerkenswerterweise findet sich das hier dargestellte (*all-R*)-Isomer dieser Verbindung nicht nur in manchen Sedimentgesteinen (unter anderem dem Ölschiefer), sondern auch in der menschlichen Leber – und es wurde auch schon in diversen Meteoriten nachgewiesen.

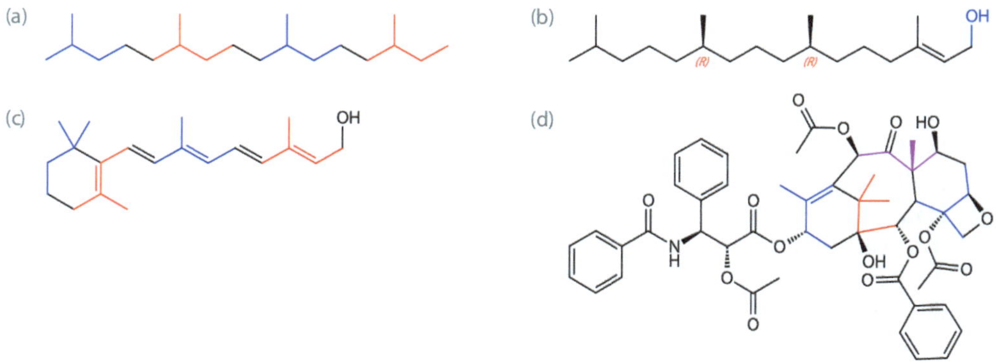

Abbildung 49.8: Ein Diterpen (a) und drei ausgewählte Diterpenoide (b–d)

Ebenfalls mit der **Phytan**-Struktur verwandt ist das (monocyclische) Diterpenoid *Retinol* (Abbildung 49.8c, auch bekannt als *Vitamin-A-Alkohol*), ebenso das *Retinal* (nicht dargestellt; das ist der *Vitamin-A-Aldehyd*, bei dem das terminale Kohlenstoff-Atom entsprechend zur Aldehydgruppe oxidiert wurde) und auch die *Retinsäure* (bei der auch als *Vitamin-A-Säure* bekannten Verbindung ist das terminale C-Atom bis zum –COOH durchoxidiert; ebenfalls hier nicht dargestellt).

Mangelt es dem menschlichen Organismus an diesem Vitamin, stellen sich unschöne gesundheitliche Störungen ein, von denen Nachtblindheit noch zu den angenehmeren gehört: Früher oder später stellen sich auch Austrocknung des Auges, Knochenwachstumsstörungen und massive Hautschäden ein.

Von pharmakologischem Interesse sind die verschiedenen **Taxane** mit tricyclischem Grundgerüst; exemplarisch zeigt Abbildung 49.8d das *(–)-Taxol* (auch *Paclitaxel* genannt und erstmalig aus der Rinde der Pazifischen Eibe (*Taxus brevifolia*) isoliert); der Aufbau des C_{20}-Grundgerüsts aus Isopreneinheiten ist wieder einmal farblich hervorgehoben. (Durch den zusätzlichen viergliedrigen Oxo-Ring ist dieses Molekül tatsächlich sogar ein *Tetra*cyclus, aber das *Grundgerüst* der Taxane ist tricyclisch.) Wie Sie unschwer erkennen können, finden sich hier allerdings nicht nur reichlich funktionelle Gruppen, sondern auch noch eine beachtliche Anzahl an Substituenten. Zudem ist die Stereochemie dieses Moleküls von Bedeutung: Nur das hier dargestellte Stereoisomer erwies sich (bislang) als wirksam gegen diverse Krebserkrankungen, darunter auch Leukämie.

Dass eine stereoselektive Totalsynthese dieser Verbindung eine echte Herausforderung darstellt, können Sie sich vorstellen. (Alleine schon der zusätzliche viergliedrige Ring macht es … knifflig.) Trotzdem gelang Kyriacos Nicolaou dieses Kunststück im Jahr 1994; allerdings war die Synthese so aufwendig, dass die industrielle Darstellung dieses Wirkstoffs nicht wirtschaftlich wäre.

Bei der Namensgebung derartiger Verbindungen streckt sogar die IUPAC die Waffen und gesteht dem Grundgerüst den Eigennamen »Taxan« zu. Will man es ganz genau nehmen und die Nomenklaturregeln für oligocyclische Verbindungen anwenden (dass das ein ganz eigener Spaß ist, hatten wir zu Beginn von Kapitel 38 angemerkt, und hier haben wir es – wie erwähnt – mit einem Tetracyclus zu tun!), heißt das Taxol dann systematisch (1*S*,2*S*,3*R*,4*S*,7*R*,9*S*,10*S*,12*R*,15*S*)-4,12-bis(acetyloxy)-1,9-dihydroxy-15-({(2*R*,3*S*)-2-hydroxy-3-phenyl-3-[(phenylcarbonyl)amino]propanoyl}oxy)-10,14,17,17-tetramethyl-11-oxo-6-oxatetracyclo[11.3.1.$0^{3,10}$.$0^{4,7}$]heptadec-13-en-2-yl benzoat. Das kann man sich doch auch viel leichter merken.

Sesterterpene

Von der Familie der Terpen(oid)e mit C_{25}-Gerüst sind längst nicht so viele bekannt; exemplarisch seien hier nur das *Geranylfarnesol* (Abbildung 49.9a, wieder mit der üblichen *Kopf-Schwanz*-Verknüpfung) und das *Ircinin I* genannt (b, es gibt noch weitere). In Letzterem ist neben den beiden Furan-Ringen auch ein Strukturelement hervorzuheben, das Ihnen schon aus dem Vitamin C bekannt ist: das Lacton, das zugleich eine vinyloge Carbonsäure darstellt.

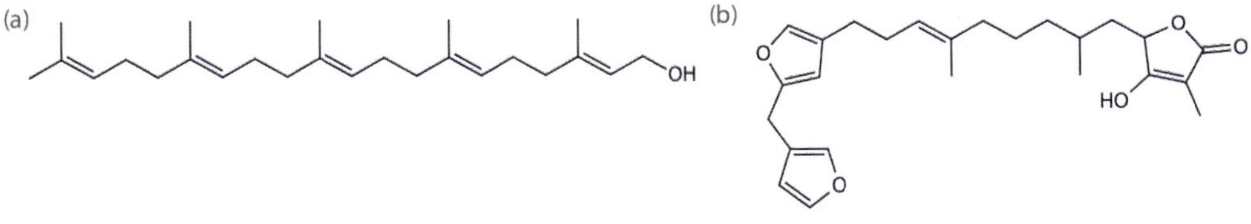

Abbildung 49.9: Zwei Sesterterpenoide

Isoliert werden konnten derartige Sesterterpenoide bislang vornehmlich aus Pilzen und Schwämmen, aber auch aus Insektenwachs und den Blättern der Kartoffel (*Solanum tuberosum*).

Triterpene

Die Familie der Terpen(oid)e mit C_{30}-Gerüst ist da schon deutlich umfangreicher. Fast alle ihre Vertreter leiten sich vom **Squalen** (Abbildung 49.10a) ab, bei dem von besonderer Bedeutung ist, dass sich ihr Gerüst durch die *Schwanz-Schwanz*-Verknüpfung (*siehe* Abbildung 49.2c) zweier C_{15}-Einheiten ergibt.

Vornehmlich ergeben sich aus dieser Grundstruktur tetracyclische Molekülgerüste, von denen das **Gonan**-Skelett (Abbildung 49.10b; auf die Angabe jeglicher *nicht* zum Ringgerüst gehörender C-Atome wurde hier um der Übersichtlichkeit willen verzichtet) besonders wichtig ist: Es wird Ihnen im übernächsten Abschnitt dieses Kapitels erneut begegnen. Bitte beachten Sie, dass alle sechsgliedrigen Ringe (und auch der fünfgliedrige Ring) so verknüpft sind, dass stets die sterisch weniger anspruchsvollen H-Atome axial »ober- und unterhalb der Molekülebene« stehen.

(a)
(b)

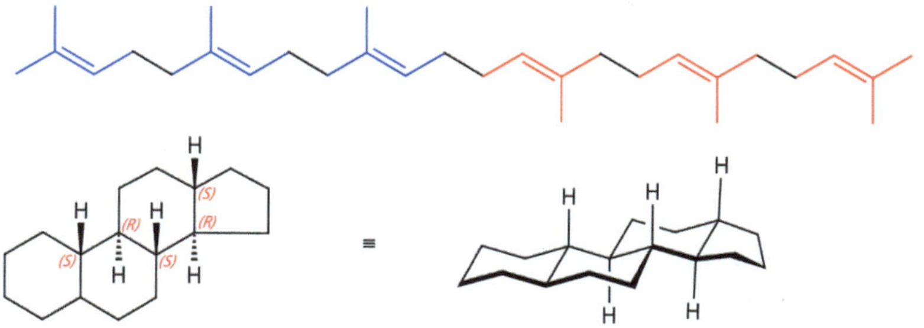

Abbildung 49.10: Squalen und das Gonan-Gerüst

Auch pentacyclische Systeme leiten sich vom Squalen ab, aber wir wollen es hier ja nicht zu weit treiben.

Über die Triterpene hinaus

Die wichtigsten Vertreter der Tetraterpene mit ihrem C_{40}-Grundgerüst sind das bereits aus Abbildung 38.22 bekannte Carot<u>e</u>n und die sich davon ableitenden **Carotinoide**. (Analog zum Squalen sind hier zwei C_{20}-Einheiten *Schwanz-Schwanz*-verknüpft.)

Aber es geht noch weiter: Die Isopren-Einheiten können auch extrem langkettige Moleküle bilden – die **Polyisoprene**.

- ✔ Das *cis*-Polyisopren (Abbildung 49.11a; hier sind alle Doppelbindungen gemäß den CIP-Regeln aus Kapitel 36 *(Z)*-konfiguriert) findet sich als natürliches Polymer etwa im Harz des Kautschukbaums (*Hevea brasiliensis*); es wird auch als **Naturkautschuk** bezeichnet. Ein solches Riesenmolekül besteht durchschnittlich aus 10 000 bis 30 000 Isopreneinheiten. Wegen seiner mechanischen Eigenschaften ist es selbst in der heutigen Zeit, in der bekanntermaßen weidlich Kunststoffe (Plastik, Gummi und so weiter) zum Einsatz kommen, ein beliebter Rohstoff etwa für Autoreifen, Matratzen und Kondome.

- ✔ Das *trans*-Gegenstück dieses Biopolymers (Abbildung 49.11b) wird als **Guttapercha** bezeichnet, weil es erstmalig aus dem Guttaperchabaum (*Palaquium gutta*) isoliert wurde. Guttapercha ist chemisch generell deutlich widerstandsfähiger als Naturkautschuk, hat aber den Nachteil, dass es vom Luftsauerstoff recht rasch oxidiert und somit langfristig zerstört wird. Deswegen wird es heute auch nicht mehr als Isolator für elektrische Kabel genutzt, was in früheren Zeiten immer wieder gerne zu (Schwel-)Bränden geführt hat.

(a)

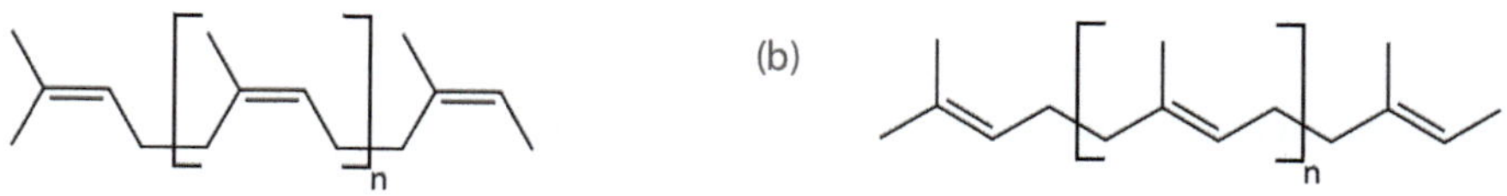

Abbildung 49.11: cis- (a) und trans-Polyisopren (b)

… mit unerwarteten Verwandten

Das vom Squalen abgeleitete Gonan-Gerüst (früher auch als *Steran*-Gerüst bezeichnet) kennen Sie bereits aus Abbildung 49.10; die vier Ringe werden traditionell als A- bis D-Ring bezeichnet (Abbildung 49.12a). Von diesem Gerüst leitet sich eine Vielzahl von Hormonen ab. Deren Biosynthese wollen wir uns hier ganz gewiss nicht widmen, das würde jeglichen Rahmen sprengen (aber wenigstens auf die Biosynthese der Terpen(oid)-Grundeinheit gehen wir im unmittelbar nachfolgenden Abschnitt ein), und trotzdem sollten Sie sehen, wie eng verwandt doch viele der den menschlichen Organismus so maßgeblich beeinflussenden Hormone sind.

Dabei gibt es zwei Aspekte, die bei der Kategorisierung von Bedeutung sind:

✔ Das erste Kriterium ist die Verknüpfung der Ringe:

- Sind sie allesamt *trans*-verknüpft, so wie in Abbildung 49.12b (das kennen Sie auch schon aus Abbildung 49.10), dann werden diese Systeme als **α**-Vertreter ihrer Art bezeichnet.
- Sind allerdings A- und B-Ring *cis*-verknüpft, sodass der A-Ring aus der (mehr oder minder planaren) Molekülebene ausschert (c), haben wir es mit einem **β**-System zu tun.
- Der Vollständigkeit halber sei darauf hingewiesen, dass auch zwischen B- und C-Ring sowie zwischen C- und D-Ring nicht nur *trans*-, sondern auch *cis*-Verknüpfung möglich ist. Das führt natürlich dann wieder zu jeweils anderen räumlichen Anordnungen, aber wir wollen es wieder einmal nicht übertreiben.

Wir wollen uns hier auf das **Steroid**-Gerüst beschränken, bei dem das Gonan-System dann mehrere (teilweise sogar etwas größere) Substituenten R^1 bis R^3 mit jeweils genau definierter Stereochemie aufweist; natürlich gibt es auch noch andere Naturstoffe, die auf dem Gonan-System basieren.

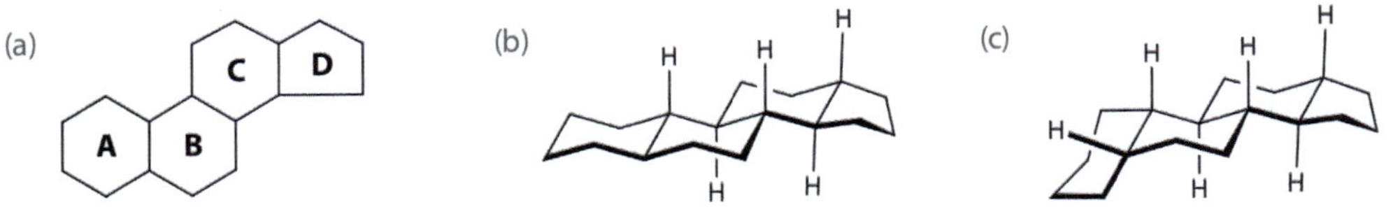

Abbildung 49.12: Systematik der Steroide

✔ Zudem hängt die Kategorisierung auch von den funktionellen Gruppen am Ring-Gerüst ab (die sich vornehmlich an den Ringen A und D finden). Handelt es sich um Hydroxygruppen, heißen sie **Sterole**.

- Bei Ketogruppen haben wir es mit **Steronen** zu tun.
- Liegen Carboxygruppen vor, handet es sich um **Gallensäuren**.

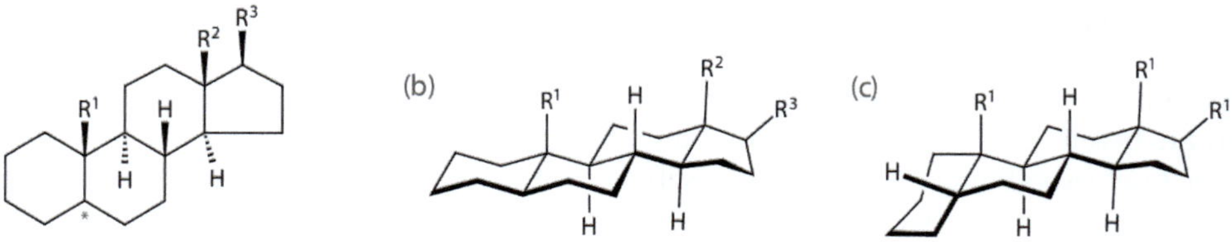

Abbildung 49.13: α- und β-Steroide

Wie erwähnt: Hier soll es nur um ausgewählte Vertreter der Steroide gehen. Vom Gonan selbst (bei dem R^1 bis R^3 nur H-Atome sind) leitet sich eine Vielzahl wichtiger Hormone ab.

- ✔ Die Stoffgruppe der vom *Estran* (mit $R^2 = -CH_3$) abgeleiteten **Estrogene** (früher: *Östrogene*) fördert unter anderem Ausprägung und Wachstum von Vagina, Gebärmutter und Eierstock sowie der sekundären *weiblichen* Geschlechtsmerkmale. In Abbildung 49.14a dargestellt ist das *Estradiol* (der Hydrogygruppe(n) wegen ein Sterol), das wichtigste weibliche Sexualhormon. Hier ist $R^2 = -CH_3$; wie Sie sehen, wurde der A-Ring hier im Zuge der Biosynthese aromatisiert.
  - Auch das sehr ähnliche *Estron* (hier nicht dargestellt), bei dem die OH-Gruppe am im Estradiol *(S)*-konfigurierten Hydroxy-Chiralitätszentrum des D-Rings zum Keton oxidiert ist (und es sich somit um ein Steron handelt), wird zu den Estrogenen gezählt und besitzt hormonelle Wirkung.
- ✔ Das Gerüst der vom Androstan abgeleiteten **Androgene**, also jener Sexualhormone, die für die Ausprägung der *männlichen* sekundären Geschlechtsmerkmale zuständig sind, unterscheidet sich (vielleicht erstaunlicherweise) nicht übermäßig von dem der Estrane: Es kommt lediglich noch $R^1 = -CH_3$ hinzu. Zwar ist beim *Testosteron* (Abbildung 49.14b) der A-Ring nicht aromatisiert, und es liegt auch keine Hydroxy-, sondern eine Ketogruppe vor, aber trotzdem sollte die Ähnlichkeit sowohl mit dem Gonan-System als auch mit der Struktur von Estradiol erkennbar sein: Sogar die absolute Konfiguration des Chiralitätszentrums im D-Ring ist identisch.
  - Wieder besitzt das Steron-Gegenstück, bei dem auch die OH-Gruppe am D-Ring zur Ketogruppe oxidiert wurde – das *Androstendion* –, eine gewisse hormonelle Wirkung, die vor allem von Sportlern gerne zur Leistungssteigerung herangezogen wird. Ist aber nicht erlaubt (gilt als Doping) und führt häufig nicht nur zu Bluthochdruck, sondern auch zur Impotenz. Keine gute Idee.
- ✔ Ebenfalls eng verwandt sind die vom *Pregnan* (mit $R^1 = R^2 = -CH_3$, $R^3 = -CH_2CH_3$ – mit anderen Worten: Das Androstan-Gerüst wurde noch um den R^3-Ethyl-Rest ergänzt) abgeleiteten **Gestagene**, die Schwangerschaftshormone. In Abbildung 49.14c dargestellt ist der wichtigste Vertreter dieser Hormon-Familie, das *Progesteron*.

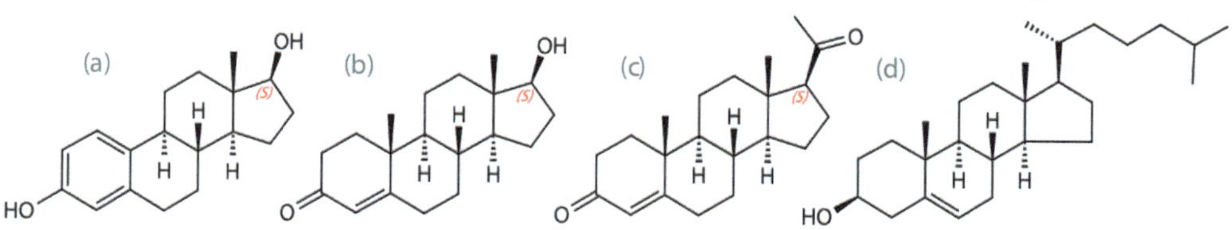

Abbildung 49.14: Ausgewählte Steroide

Wie Sie sehen, zeigt Abbildung 49.14d noch eine vierte Struktur: Hierbei handelt es sich allerdings nicht um ein Hormon, sondern »nur« um einen praktisch allgegenwärtigen Naturstoff: Das **Cholesterol** (meist noch als *Cholesterin* bezeichnet, obwohl das Molekül natürlich keine Dreifachbindung aufweist, wohl aber eine Hydroxygruppe) findet sich in allen tierischen Zellen: Es erfüllt viele Aufgaben gleichzeitig, darunter die Stabilisierung von Zellmembranen (*siehe* Kapitel 47) und den Transport von Signalstoffen. Gleichzeitig jedoch ist es auch die Vorstufe für die Biosynthese zahlreicher Hormone – durchaus auch von Verbindungen, die selbst *weniger* C-Atome aufweisen als das Cholesterin ($C_{27}H_{46}O$) selbst.

Das bringt uns gleich zum nächsten (und letzten, aber wichtigen) Punkt der Terpen(oid)-Chemie: Die verschiedenen Gerüste, denen Sie in diesem Teilbereich der Chemie begegnen, lassen sich zwar *häufig* durch mehrfache Kopf-Kopf- oder Kopf-Schwanz-Verknüpfungen sowie sich anschließende Ringschluss-Reaktionen erklären, aber *keineswegs ausschließlich*: So manche der Gerüste ergeben sich erst durch (enzymatisch katalysierte) Umlagerungen von Methylgruppen und/oder auch anderen Substituenten und durch ähnliche – sehr viel komplexere – Begebenheiten mehr. (Bei Interesse empfehlen wir, das eine oder andere Lehrbuch der Biochemie und/oder der Naturstoffchemie zurate zu ziehen.)

Synthetische Steroide

Natürlich wurden auch schon weidlich nicht-natürliche Steroide synthetisiert. Wegen ihrer strukturellen Ähnlichkeit zu ihren natürlichen Gegenstücken zeigen sie häufig pharmakologische Wirkung. *Ethinylestradiol* (a; ein Estrogen-Analogon) und *Norgestrel* (b; ein Gestagen-Analogon) etwa werden in Kombinationspräparaten (also: als Medikamente, die mehr als einen Wirkstoff enthalten) als Empfängnisverhütungsmittel eingesetzt, während sich das Anabolikum*Trenbolon* (c) als (nicht zulässiges) Doping-Mittel zur Leistungssteigerung nach wie vor beachtlicher Beliebtheit erfreut – obwohl es hepatotoxisch ist (also die Leber schädigt (vom Griechischen *ἧπαρ* (*hépar*) = »Leber« und *τοξικόν* (*toxikón*) = »Gift«), den Blutdruck bedrohlich steigern kann, zu Schlafstörungen führt und die Libido auf ein Minimum herunterfährt.

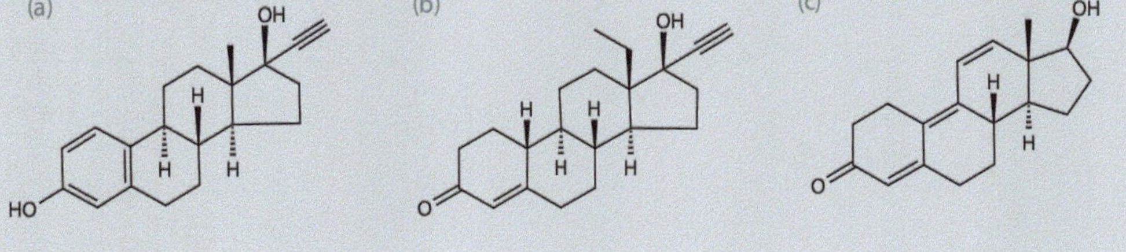

Woher *kommt* denn das? – Die Biosynthese des Isoprens

Selbstverständlich werden wir hier nicht die Biosynthese sämtlicher in diesem Kapitel vorgestellten Verbindungen behandeln, aber zumindest die Frage, woher denn eigentlich unser

Isopren-Grundbaustein kommt, sollte doch nicht unbeantwortet bleiben – zumal die Antwort eine Überraschung birgt: Zusammengesetzt wird der C_5-Körper Isopren aus drei C_2-Einheiten. Schauen wir, wo das sechste C-Atom am Ende bleibt:

Grundbaustein und »Startpunkt« für die Biosynthese ist der C_2-Körper Acetyl-Coenzym A (kurz: Acetyl-CoA), den Sie schon aus Kapitel 48 kennen. Unter Freisetzung eines Moleküls CoA-SH (also des *freien* Coenzyms) werden zwei dieser C_2-Einheiten (die von Biochemikern auch gerne »aktivierte Essigsäure« genannt werden) unter dem Einfluss eines Enzyms (auf das wir hier nicht weiter eingehen wollen) zu einem C_4-Körper aneinandergekoppelt: Nun liegt *Acetoacetyl-CoA* vor (Abbildung 49.15a). Reagiert dieses in Gegenwart von Wasser (in praktisch allen Zellen stets verfügbar) mit einem dritten Acetyl-CoA, ergibt sich (diese, ebenfalls enzymatisch katalysierte Reaktion verläuft stereospezifisch) (S)-*3-Hydroxy-3-methylglutaryl-CoA* (b), das anschließend durch NADH zur *(R)*-Mevalonsäure (c) reduziert wird (beziehungsweise zum ***(R)*-Mevalonat**, schließlich wird diese Verbindung unter physiologischen Bedingungen innerhalb der Zelle zumindest vorwiegend deprotoniert vorliegen). Anschließend wird durch ATP zunächst ein Phosphatrest auf die terminale Hydroxygruppe übertragen, was zum **5-Phosphomevalonat** führt (d; dass dabei das ATP zum ADP umgesetzt wird, haben Sie sich vermutlich schon selbst gedacht). Ein zweites ATP, das dabei das gleiche Schicksal erleidet, koppelt eine zweite Phosphat-Einheit an die bereits vorliegende, sodass wir das 5-Diphosphomevalonat (e) erhalten. Ein drittes ATP phosphoryliert dann auch noch die Hydroxygruppe an C^3, wobei dieses *Zwischenprodukt* (f) instabil ist und (enzymatisch katalysiert) unter Abspaltung eines Hydrogenphosphat-Ions zum **Isopentenyldiphosphat** (g) decarboxyliert, von Terpenchemikern gerne mit **IPP** abgekürzt. Eine Isomerase katalysiert dann die (wechelseitige) Isomerisierung zum **Dimethylallyldiphosphat** (h, **DMAPP**). Diese Reaktionsfolge wird als **Mevalonat-Weg** bezeichnet.

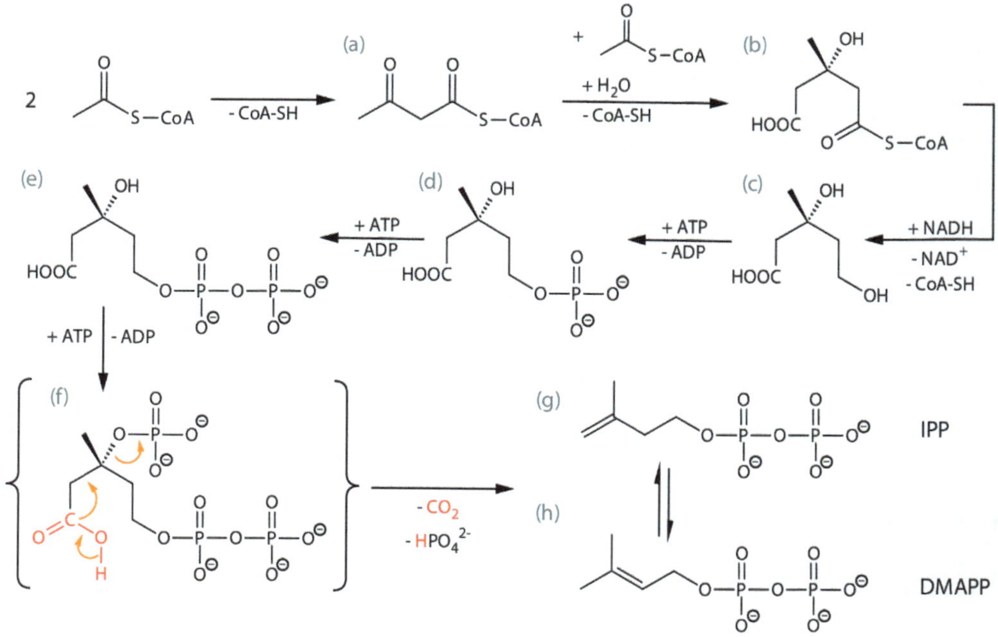

Abbildung 49.15: Der Mevalonat-Weg

Die Reaktion eines IPP mit einem DMAPP führt dann unter Abspaltung eines Diphosphat-Ions zum **Geranyldiphosphat** (Abbildung 49.16a), das mit einem weiteren DMAPP anschließend zum **Farnesyldiphosphat** (b) weiterreagieren kann, womit Sie jetzt auch wissen, wie die C_{10}- und C_{15}-Einheiten zustande kommen.

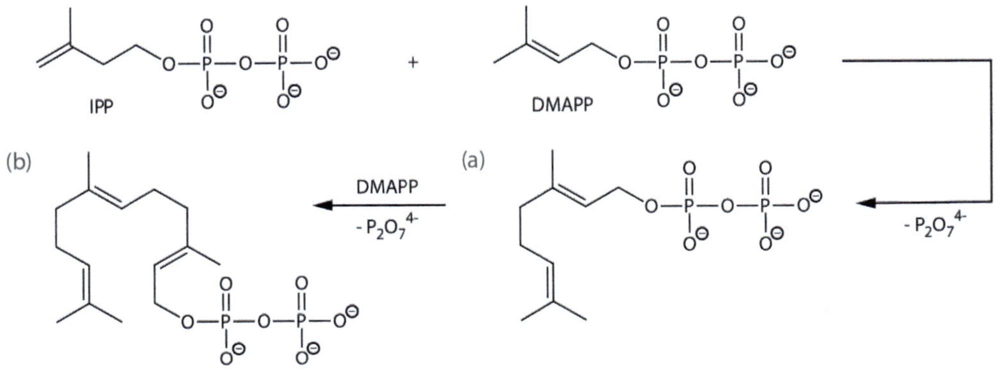

Abbildung 49.16: Von C_5 nach C_{10} nach C_{15} ...

Diese beiden – nach wie vor durch den Diphosphat-Rest aktivierten – Verbindungen sind entsprechend die Ausgangsstoffe für unsere Mono- und Sesquiterpene, aber dabei wollen wir es auch bewenden lassen.

Naturidentisch – oder: Natürlich künstlich!

Zumindest ein Großteil der in diesem Kapitel vorgestellten Verbindungen ist auch synthetisch zugänglich. (Gleiches gilt auch für eine Vielzahl weiterer, bislang nicht in der Natur entdeckter struktureller Abwandlungen; einige ausgewählte Beispiele dafür haben Sie schon im Kasten *Synthetische Steroide* kennengelernt.) Für Totalsynthesen, die vom Isopren selbst ausgehen, ist also alleine schon die Synthese dieses Grundbausteins von Bedeutung. Zwei Darstellungsweisen seien hier exemplarisch vorgestellt:

✔ Die Umsetzung von Aceton mit Ethin in Gegenwart einer hinreichend starken Base führt zu 3-Hydroxy-3-methyl-1-butin, das dann katalytisch zunächst zum entsprechenden Buten-Derivat hydriert und anschließend (im Sauren) zum Isopren dehydratisiert wird (a).

✔ Alternativ kann auch der Weg einer **Ziegler-Natta-Reaktion** beschritten werden, mit der sich ungesättigte Verbindungen in Gegenwart metallorganischer Katalysatoren (gerne auf Titan-Basis) kontrolliert oligo- oder gar polymerisieren lassen (auf diese Weise werden etwa die Kunststoffe *Polyethylen* (PE, $-(CH_2-CH_2)_n-$) und *Polypropylen* (PP, $-(CH(-CH_3)-CH_2)_n-$) erzeugt) ; auch die gezielte Dimerisierung lässt sich so bewirken. Entsprechend führt die katalytische Dimerisierung von Propen zunächst zu 2-Methylpenten, das dann (über Schritte, die wir hier nicht weiter betrachten wollen) zu Isopren und Methan gespalten wird (b).

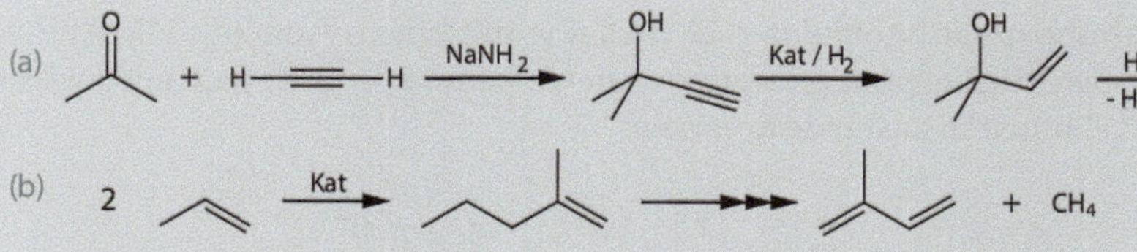

Da viele Terpen(oid)e auch in der Lebensmittelchemie von Bedeutung sind, insbesondere als *Aromastoffe*, und daher häufig in großer Menge benötigt werden, wäre der Versuch, sie allesamt im großen Maßstab aus Naturstoffgemischen zu isolieren, auch schlichtweg zu aufwendig. Glücklicherweise besitzen derlei *naturidentische Aromen* exakt die gleiche molekulare Gestalt wie ihre natürlichen Gegenstücke, sie sind also *chemisch gesehen identisch*. Das hält manche nicht sonderlich naturwissenschaftlich vorgebildeten Individuen natürlich trotzdem nicht davon ab, derlei Substanzen als »unnatürliches Teufelszeug« zu verdammen und (gerne auch lautstark) zu behaupten, anders als die »rein natürlichen« Aromen hätte »dieser synthetische Kram« ganz entsetzliche Nebenwirkungen und sei (mindestens!) Gift für den menschlichen Organismus.

Das *Limonen* beispielsweise (das Sie aus diesem Kapitel schon weidlich kennen) lässt sich auch durch eine einfache [4+2]-Cycloaddition (bekannt aus Kapitel 42) aus Isopren gewinnen (a; soll das allerdings stereoselektiv oder gar -spezifisch erfolgen, ist natürlich wieder ein wenig mehr Arbeit erforderlich ...). *Linalool* wiederum lässt sich durch die Reaktion von 2-Methyl-3-buten-2-ol mit dem Methylether der Enolform von Aceton gewinnen, das (unter Abspaltung von Methanol) zum Isopropenylether umgesetzt wird. Dieser durchläuft dann eine Claisen-Umlagerung (bekannt aus Kapitel 41) zum 6-Methyl-5-hepten-2-on, das dann mit Ethin zum Dehydrolinalool weiterreagiert. Dieses schließlich lässt sich katalytisch zum Linalool reduzieren – natürlich wieder *nicht* stereoselektiv.

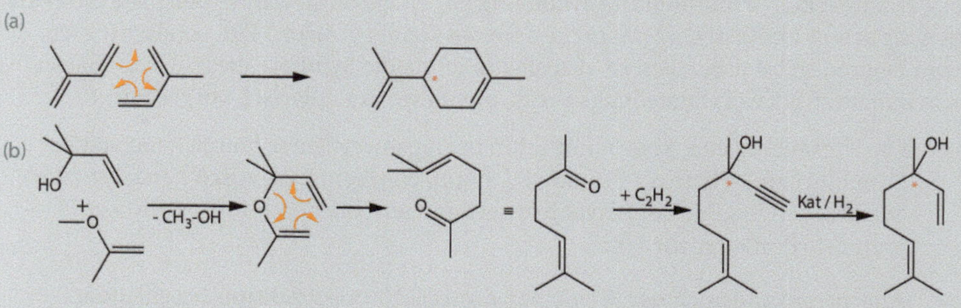

Es gibt natürlich noch viele weitere Möglichkeiten zur Terpen(oid)synthese: In Kapitel 42 etwa haben Sie schon (im Kasten *Ungewöhnliche Reaktionen für ganz gewöhnliche Produkte*) erfahren, dass beispielsweise *(–)-Menthol* über eine En-Reaktion (bekannt aus Kapitel 41) zugänglich ist – dieses Mal sogar stereoselektiv.

Trotzdem ist die Kritik an naturidentischen (also synthetisch erhaltenen) Aromastoffen nicht gänzlich unberechtigt – aber nicht etwa, weil ihnen doch »irgendetwas Natürliches« fehlen würde: Eines der großen Probleme von Lebensmitteln, die durch

Zusatz naturidentischer Aromastoffe geschmacksoptimiert werden, ist schlichtweg die Gewöhnung der Konsumenten an eben jene Aromastoffe, denn in den weitaus meisten Fällen wird das gewünschte Aroma durch Kombination nur weniger, charakteristisch duftender und/oder schmeckender Verbindungen erzielt, während der Geschmack des natürlichen Gegenstücks (also etwa der echten Frucht, deren Aroma hier »nachgeahmt« werden soll, das allerdings auf einem ungleich komplexeren Stoffgemisch basiert) mittlerweile häufig als »unnatürlich« empfunden wird.

Ein Extrembeispiel ist die Verbindung 4-(4-Hydroxyphenyl)-butan-2-on, die auch als *Himbeerketon* bezeichnet wird (a): Es ist die Hauptaromakomponente der Himbeere (*Rubus idaeus*) und findet in der Lebensmittelchemie weidlich Verwendung, während das natürliche Aroma dieser Frucht auf einem Gemisch aus mehr als 200 weiteren Substanzen basiert (darunter alte Bekannte wie das Lanolool und Geraniol). Derlei Stoffe, die alleinstehend ein komplexes Aroma repräsentieren, werden als ***Character-Impact*-Verbindungen** bezeichnet. Einer weiteren sind Sie in diesem Kapitel bereits begegnet: Das *Nootkaton* (aus Abbildung 49.7g) ist charakteristisch für den Duft von Pampelmusen (*Citrus maxima*). *Carvon* (b) hingegen ist gleich doppelt nützlich: Das (rechtsdrehende) *(S)*-Enantiomer steht für das Kümmel-Aroma, sein (linksdrehendes) *(R)*-Gegenstück, das die Krauseminze (*Mentha spicata*) repräsentiert, findet sich in praktisch allen Kaugummis mit *Spearmint*-Geschmack. Das (linksdrehende) *(R)*-Isomer von Oct-1-en-3-ol (c) erzeugt praktisch im Alleingang das Aroma von Champignons (*Agaricus spec.*), und (2*E*,4*Z*)-Deca-2,4-diensäureethylester schließlich (d) verkörpert Duft und Geschmack von Birnen (*Pyrus spec.*).

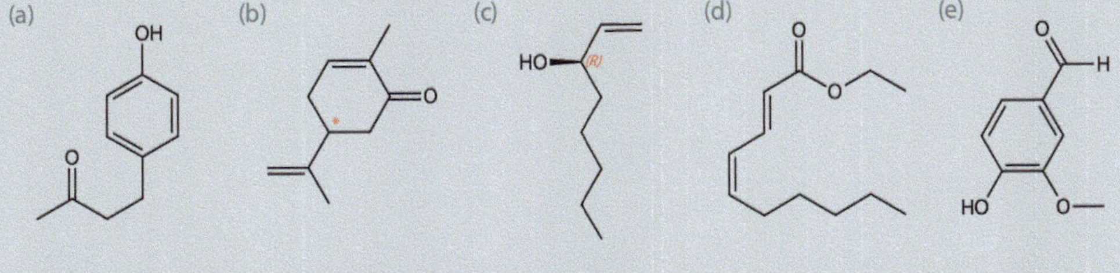

Manche dieser Verbindungen werden tatsächlich (total-)synthetisiert (was aber meist für die großtechnische Verwendung zu kostspielig ist), andere lassen sich im großen Maßstab durch gentechnisch veränderte Bakterienkulturen produzieren, und wieder andere werden durch Modifikation von Naturstoffen gewonnen: So wurde früher (!) *Vanillin* (e; systematisch: 4-Hydroxy-3-methoxybenzaldehyd), das für das charakteristische Aroma der Gewürzvanille (*Vanilla planifolia*) verantwortlich ist, aus dem (recht komplex aufgebauten) Biopolymer Lignin gewonnen, also letztendlich aus Holz; inzwischen jedoch ist es sehr viel wirtschaftlicher, sich anderer (biotechnologischer) Verfahren zu bedienen. Trotzdem hält sich hartnäckig das Gerücht, das typische Aroma von Erdbeeren (*Fragaria spec.*), zu dem eben auch Vanillin maßgeblich beiträgt, werde entsprechenden Jogurts unter Verarbeitung von Sägespänen zugesetzt. Stimmt aber nicht, Sie brauchen also auch in Zukunft nicht nach Joghurts der Geschmacksrichtung »Nutzholz-Maracuja« Ausschau zu halten.

Teil X
… und sie spezialisieren sich doch!

IN DIESEM TEIL …

… lernen Sie noch eine kleine Auswahl von Themen kennen, ohne die die Chemie nicht *das* wäre, was sie ist. Wir hoffen, Ihnen in diesem Buch den Eindruck vermittelt zu haben, dass Sie das meiste in der Chemie *nicht* isoliert betrachten sollten, weil irgendwie alles miteinander zusammenhängt. Wenn Sie mit einer speziellen Aufgabe betraut werden, kommen Sie nicht umhin, tiefer in die jeweilige Thematik einzusteigen. Dafür sind dann vielleicht andere Aspekte der Chemie nicht mehr so wichtig – und wahrscheinlich haben Sie auch gar keine Zeit, sich ihnen zu widmen. (Auch der Tag eines Chemikers hat nun einmal nur 24 Stunden.)

Früher oder später entwickelt sich fast jeder zum Spezialisten einer der vielen verschiedenen Fachrichtungen der Chemie. Jedes dieser Gebiete füllt ganze Regalmeter von Büchern, aber wir wollen Ihnen nicht vorenthalten, dass es noch viel Spannendes zu wissen und zu erforschen gibt. Natürlich können wir die einzelnen Problemstellungen und Fachgebiete an dieser Stelle nur kurz anreißen. Keines der folgenden Kapitel erhebt also irgendeinen Anspruch auf Vollständigkeit. Aber wir hoffen, dass Sie einen Eindruck davon bekommen, um was es im Einzelnen geht – und vielleicht neugierig werden.

IN DIESEM KAPITEL

- lernen Sie ganz traditionelle Analysemethoden kennen
- begeben Sie sich in die Obhut von Maschinen
- turnen wir einmal quer durch das ganze elektromagnetische Spektrum

Kapitel 50
Woher *weiß* man das alles? – Die Analytik macht's möglich

Beim Teilgebiet der Chemie, das als *Analytik* bezeichnet wird, müssen zunächst einmal zwei Fragestellungen unterschieden werden:

- ✔ Möchten Sie wissen, *was* für Substanzen sich in einem Gemisch befinden, dann geht es um die *qualitative* Analyse.
- ✔ Wissen (oder vermuten) Sie bereits, welche Substanz/en vorliegt/vorliegen, möchten aber eine genaue Gehalts-/Mengenbestimmung vornehmen, bewegen Sie sich auf dem Gebiet der *quantitativen* Analyse.

Ebenso können Sie sich auch für eine andere Form der Einteilung entscheiden: Arbeiten Sie mehr oder weniger »von Hand« (so richtig mit Reagenzgläsern und Messkolben) oder wird die eigentliche Analyse durch (meist ziemlich komplizierte) Geräte vorgenommen, und die wahre Kunst besteht darin, die Messergebnisse sinnvoll auszuwerten (auch mit der Unterstützung durch Software)? Auch bei Letzterem kommt es uns natürlich nicht darauf an, wie derartige Geräte aufgebaut sind oder wie sie bedient werden, sondern vielmehr, welches physikalisch-chemische Grundprinzip dahintersteckt. Aber der Reihe nach:

Analytische Chemie im Reagenzglas

Die Geburtsstunde des Faches »Chemie« schlug eigentlich in dem Moment, als die ersten Forscher Substanzen, die ihnen bereits vertraut waren, mit fremden Stoffen zur Reaktion brachten, um dann anhand der erhaltenen Produkte Rückschlüsse über die Eigenschaften und die Zusammensetzung/den Aufbau der ihnen bislang *unbekannten* Stoffe zu ziehen.

Qualitative Analyse (nasschemisch)

Auch wenn diese Form der Analytik heutzutage weder in der Forschung noch in der Industrie Anwendung findet, gehört es immer noch zu dem einführenden Semester im Chemie-Studium, im Rahmen praktischer Versuche die in einem Stoffgemisch vorhandenen Kationen und Anionen zu identifizieren – weil auf diese Weise die chemischen Grundprinzipien (Säure/Base-Reaktionen, Löslichkeit, Redox-Verhalten und dergleichen mehr) tatsächlich zur Anwendung kommen und nicht nur »abstraktes Lehrbuchwissen« bleiben. Bringen Sie Proben des Gemischs unter verschiedenen Bedingungen zur Reaktion, erhalten Sie eine Reihe von Beobachtungen:

- ✔ Ist vielleicht nur ein Teil des Stoffgemischs wasserlöslich, sodass sich der unlösliche Teil abfiltrieren lässt (und auf diese Weise vom löslichen Teil getrennt werden kann)?
- ✔ Löst sich der wasserunlösliche Teil der Probe im Sauren? Kommt es dabei zu Gasentwicklung? (Wenn es schäumt, spricht das beispielsweise sehr für das Vorhandensein von Carbonat-Ionen, die zur Kohlensäure protoniert werden – und die ist ja bekanntermaßen instabil und zerfällt zu Wasser und Kohlendioxid.)
- ✔ Wie verhält sich das Substanzgemisch gegenüber Basen?
- ✔ Was löst sich *nur* im alkalischen Medium?
- ✔ Kommt es zu *Fällungs*reaktionen (*siehe* Kapitel 24), wenn einer Lösung des Probengemischs bestimmte Ionen hinzugegeben werden?
- ✔ Führt die Zugabe geeigneter *Komplex*bildner (Kapitel 13) zu charakteristischen Farbveränderungen?

Praktisch *jede* Art der Reaktion, die Sie bislang in diesem Buch kennengelernt haben, lässt sich auch zu analytischen Zwecken nutzen (wie Sie gleich erneut sehen werden). Es ähnelt durchaus einem Kreuzworträtsel, die verschiedenen Beobachtungen mit den daraus jeweils resultierenden Arbeitshypothesen, welche Ionen im Gemisch vorliegen könnten, unter einen Hut zu bekommen – aber letztendlich wird meist ein unzweideutiges Ergebnis erzielt.

Gravimetrie – Aus Qualität mach' Quantität

Gravimetrie bedeutet nichts anderes, als die vorliegende Stoffmenge des betreffenden Analyten (also der zu untersuchenden Substanz) durch Wiegen zu ermitteln. Dazu muss der Analyt natürlich in eine wiegefähige Form überführt werden. Diese

- ✔ muss eine genau definierte chemische Zusammensetzung besitzen,
- ✔ muss sich unzersetzt trocknen lassen,
- ✔ darf nicht Luftfeuchtigkeit anziehen (was das Wiegeergebnis wieder verfälschen würde) *und*
- ✔ darf nicht an der Luft weiterreagieren.

Nicht alle Substanzen, die im Zuge der nasschemischen qualitativen Analyse ausgefällt werden, sind tatsächlich für die Gravimetrie geeignet: Manche Fällungsreaktionen verlaufen nicht quantitativ oder die jeweiligen Fällungsformen erfüllen nicht die oben genannten Kriterien.

Sonderform mit Strom

Bei der **Elektrogravimetrie** bestimmen Sie die Stoffmenge des betreffenden Analyten, indem Sie ihn zunächst einmal durch Elektrolyse (*siehe* Kapitel 26) der Lösung entziehen und dann auswiegen. Das geht natürlich besonders gut mit eher edlen Metallen, die zuvor in Form gelöster Ionen vorlagen.

Maßanalyse – nass und quantitativ

Auch bei der Maßanalyse kommen ausschließlich Reaktionstypen zum Einsatz, mit denen Sie bereits vertraut sind. In allen Fällen versetzen Sie ein genau definiertes Volumen der Analyt-Lösung unbekannter Konzentration sukzessive mit einer Lösung eines geeigneten Reaktionspartners, wobei die Konzentration dieses hinzutitrierten Reagenzes möglich genau bestimmt sein muss (*siehe* dazu den Kasten *Wie genau sind wir denn? – Titer und Maßlösungen*). Aus der Menge an Lösung, die bis zum Erreichen des Äquivalenzpunkts (*siehe* Kapitel 25) hinzugegeben werden muss, lässt sich der Stoffgehalt der Probe ermitteln. (Den entsprechenden Reaktionspartner können Sie natürlich nur auswählen, wenn Sie wissen, um welchen Analyten es sich handelt.)

Bei der **Säure/Base-Titration** versetzen Sie einen sauer reagierenden Analyten mit einer basischen Lösung oder einen basisch reagierenden Analyten mit einer Säure – eine ganze Menge darüber wissen Sie bereits aus Kapitel 25 (denken Sie etwa an Neutralisationskurven, HÄGG-Diagramme und dergleichen).

Das Prinzip der **Redox-Titration** ist ganz ähnlich, nur dass hier keine Säure/Base-Reaktion abläuft, sondern Sie die Menge einer reduzierbaren (oder oxidierbaren) Substanz dadurch ermitteln, dass Sie dem Analyten einen oxidierbaren (oder reduzierbaren) Reaktionspartner genau definierter Konzentration bereitstellen, über dessen Redox-Verhalten Sie bestens informiert sind. Einige wichtige Beispiele:

- ✔ Die *Iodometrie* basiert auf dem Redox-Paar (I_2 / 2 I^-) und ist besonders vielseitig, weil sie sowohl für oxidierbare als auch für reduzierbare Analyten genutzt werden kann.
- ✔ Bei der *Cerimetrie* nutzen Sie aus, dass sich vierwertiges Cer leicht zur Oxidationsstufe +3 reduzieren lässt:

  $$Ce^{4+} + e^- \rightarrow Ce^{3+}$$

- ✔ Basis der *Permanganometrie* ist die Oxidationswirkung des Permanganat-Ions (MnO_4^-). Je nach *p*H-Wert der Reaktionslösung wird das Mangan zu unterschiedlichen Oxidationszahlen reduziert: Im stark sauren Medium entsteht Mn^{2+}, sonst ist beim Braunstein (Mangan(IV)-oxid, MnO_2) Schluss.

Natürlich kann der Analyt X bei der Redox-Titration auch in einem anderen Ladungszustand als der Neutralität vorliegen: Ein Kation X^{x+} kann auch zu $X^{(x-n)+}$ reduziert werden (oder wie auch immer).

Auch bei der **Komplexometrie**, die meist für Metall-Ionen genutzt wird, bleibt das Prinzip gleich: Wichtig ist, dass die quantitativ zu bestimmenden Ionen mit einem hinzutitrierten Komplexbildner (gerne wird der sechszähnige Ligand EDTA genommen, bekannt aus Kapitel 13) auch tatsächlich zu einem Komplex reagieren. Leider können Sie sich nicht immer darauf verlassen, dass besagter Komplex dann auch noch für eine charakteristische Farbe der Lösung sorgt, deswegen bedienen Sie sich hier meist eines Tricks: Sie arbeiten mit *Metall-Indikatoren*. Das sind wasserlösliche Verbindungen, die für eine Färbung der Lösung sorgen und ihre Farbe verändern, sobald sie als Ligand für Metall-Ionen fungieren. Wichtig ist hier natürlich, dass der Metall-Indikator-Komplex weniger stabil ist als der Komplex, den das zu bestimmende Metall-Ion mit dem hinzutitierten Komplexbildner eingeht. Auf diese Weise schlägt am Äquivalenzpunkt die Farbe der Lösung von der Farbe des Metall-Indikator-Komplexes zur Farbe des freien Indikators um.

Bei der **Konduktometrie** (= *Leitfähigkeitstitration*) beobachtet man, wie sich die Leitfähigkeit einer Lösung bei sukzessiver Zugabe eines entsprechenden Reagenzes verändert. Dabei ist zu beachten, dass die **Leitfähigkeit κ** (*kappa*) von *sämtlichen* in einer Lösung vorliegenden Elektrolyten abhängt.

Bei der **Potentiometrie** nutzen Sie die Konzentrationsabhängigkeit der elektrochemischen Potentialdifferenz (Kapitel 26). Auch wenn sich die zugehörigen *ionensensitiven Elektroden* sehr vielfältig nutzen lassen, stellt doch die Messung des *p*H-Werts die wichtigste Nutzung dar. Dabei wird das elektrochemische Potential in Lösung vorliegender H_3O^+-Ionen mit einer *Referenzelektrode* abgeglichen.

Natürlich gibt es noch zahlreiche weitere nasschemische Methoden der qualitativen und quantitativen Analytik; die Fachliteratur zu diesem Thema ist sehr umfangreich.

Wie genau sind wir denn? – Titer und Maßlösungen

»Die Salzsäure hat eine Konzentration von 1,0 Mol pro Liter.« – Das sagt sich so leicht, aber wie *genau* ist das wirklich? Es geht dabei nicht nur um die vermeintliche Genauigkeit der Angabe (*siehe* den Abschnitt *Achtung: Signifikanz* in Kapitel 6), sondern auch um die Genauigkeit, mit der eine Lösung tatsächlich angesetzt wurde. Bloß weil sich auf einem Flaschenetikett eine Konzentrationsangabe findet, muss die ja noch lange nicht (mehr) richtig sein: Lösemittel kann verdampfen (dann steigt die Konzentration der Lösung allmählich an) oder eine Substanz, die bei Raumtemperatur eigentlich gasförmig ist, gast aus der Lösung aus (dann sinkt die Konzentration). Entsprechend müssen Sie, wenn Sie es wirklich genau wissen möchten, gegebenenfalls einen *Korrekturfaktor f* einbeziehen, der den Unterschied zwischen der *tatsächlichen* Konzentration (c_{ist}) und der eigentlich *gewünschten* Konzentration (c_{soll}) angibt:

$$f = \frac{c_{ist}}{c_{soll}} \quad \textit{oder} \quad f \cdot c_{soll} = c_{ist}$$

Dieser Korrekturfaktor wird als **Titer** bezeichnet (gelegentlich auch als *Normalfaktor*).

Aber um einen Titer bestimmen zu können, benötigen Sie natürlich eine Lösung mit genau definierter Konzentration. Das klingt nach einem echten Teufelskreis! – Erfreulicherweise gibt es eine Lösung für dieses Problem: Es wird ein **Urtiter** verwendet – eine Substanz, mit der sich Lösungen sehr genau definierter Konzentration ansetzen lassen, sogenannte **Maßlösungen**. Ein solcher Urtiter muss einige besondere Eigenschaften aufweisen:

✔ Er muss eine genau definierte chemische *Zusammensetzung* besitzen und gemäß dieser Formel auch *vollständig* reagieren.

✔ Er muss im jeweiligen Lösemittel (meist natürlich Wasser) *gut löslich* sein.

✔ Er sollte unbegrenzt *haltbar* sein und nicht im Laufe der Zeit seine Zusammensetzung verändern, also nicht mit Luftsauerstoff oder der Luftfeuchtigkeit reagieren und auch nicht »Wasser ziehen« (auf Schlau sagt man: Er sollte nicht *hygroskopisch* sein), denn durch die Anlagerung zusätzlicher Wasser-Moleküle würde sich ja nach und nach die Masse verändern.

- Idealerweise gilt das Kriterium der Haltbarkeit auch für die aus diesem Urtiter angesetzten Maßlösungen, aber man kann nicht immer alles haben.

✔ Er sollte eine möglichst *hohe molare Masse* besitzen. (Das überrascht häufig, ist aber eigentlich recht einleuchtend: Wenn Sie 1 mol einer Substanz abwiegen wollen und die molare Masse beträgt beispielsweise 15 g mol^{-1}, dann erhalten Sie pro mg Abweichung *prozentual* einen höheren *Wägefehler*, als wenn die molare Masse etwa 250 g mol^{-1} beträgt.)

Geeignete Urtitersubstanzen sind unter anderem Kaliumbromat ($KBrO_3$), Kaliumdichromat ($K_2Cr_2O_7$) oder Kaliumiodat (KIO_3). (Die Kriterien erinnern Sie an die *Gravimetrie*? – Schon wieder richtig! Manchen Prinzipien begegnen Sie eben immer wieder.)

Was wird mit Gemischen gemacht? – Wichtige Trennmethoden

Häufig haben Sie es in der Analytik mit einem Gemisch verschiedenster Stoffe zu tun, von denen vielleicht für die jeweils aktuelle Fragestellung nur die wenigsten von Interesse sind. Früher oder später müssen die unterschiedlichen Substanzen also voneinander getrennt werden. Es gibt viele verschiedene Methoden zur Auftrennung von Stoffgemischen (weit mehr, als wir Ihnen in diesem kurzen Einblick vorstellen können), aber fast alle basieren sie auf dem gleichen Grundprinzip: »*Gleiches löst sich in Gleichem.*« Dabei arbeiten Sie meist mit einer *stationären Phase*, mit der die betreffenden Analyten mäßig stark wechselwirken (meist aufgrund der Polarität). Dann kommt eine *mobile Phase* ins Spiel, die deutlich besser mit den Analyten in Wechselwirkung treten kann.

Feststoff trifft auf Flüssigkeit: Flüssigchromatographie

Bei der **Flüssigchromatographie**, nach dem englischen Terminus *liquid chromatography* meist nur als **LC** bezeichnet, ist die *stationäre* Phase ein Feststoff, während als *mobile* Phase eine Flüssigkeit dient. Die gebräuchlichste Anwendung dieses Prinzip ist die **Dünnschichtchromatographie** (kurz **DC**; nach der englischen Bezeichnung – *thin layer chromatography* – setzt sich allerdings auch im deutschsprachigen Raum zunehmend die Abkürzung TLC durch). Dabei wird je ein Tropfen der Proben auf eine *Startlinie* nahe dem unteren Ende einer mit Kieselgel (SiO_2), Aluminiumoxid (Al_2O_3) oder Cellulose beschichteten Trägerplatte aufgebracht. (Früher bestand diese meist aus Glas, heutzutage sind weniger kostspielige und bruchgefährdete Materialien üblich.) Anschließend stellen Sie die Platte in ein Gefäß, dessen Boden dünn mit einem unpolaren Lösemittel (oder Lösemittelgemisch) bedeckt ist. Durch die Kapillarwirkung der feinen Kristalle auf der Trägerplatte wandert das Lösemittel dann aufwärts – und je nachdem, wie ausgeprägt das unpolare Verhalten der Analyten ist, werden sie vom *Elutionsmittel* (auch *Eluens* genannt) mehr oder weniger stark »mitgerissen«, also aus dem Trägermaterial »herausgewaschen« (nichts anderes bedeutet das lateinische Wort *eluere*). Schauen Sie sich Abbildung 50.1a an: An der Startlinie sind zwei Substanzgemische aufgetragen.

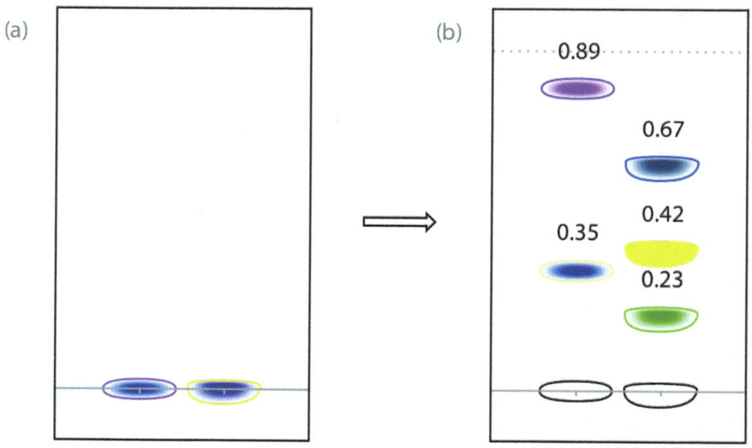

Abbildung 50.1: Dünnschichtchromatographische Auftrennung zweier Substanzgemische

Wenn die aufsteigende *Lösemittelfront* das obere Ende fast erreicht hat (in Abbildung 50.1b ist sie durch eine gepunktete Linie markiert), nehmen Sie die Platte aus dem Lösemittelbehälter heraus. Anschließend ermitteln Sie, wie weit sich die einzelnen Substanzflecke von der Startlinie entfernt haben – wobei Sie bei einem Analytengemisch meist mehr als einen Substanzfleck betrachten müssen. (Wenn das *nicht* so ist, hat die Trennung nicht funktioniert!) Das Verhältnis von Laufstrecke der Substanz zur Strecke, die die Lösemittelfront zurückgelegt hat, wird als der *Retentionsfaktor* bezeichnet (also der »Rückhaltefaktor«), häufig nur R_f**-Wert**:

$$R_f = \frac{\text{Laufstrecke des Analyten}}{\text{Laufstrecke des Lösemittels}}$$

Da hier zwei Strecken miteinander ins Verhältnis gesetzt werden, ist der Retentionsfaktor R_f *dimensionslos* und bei gleichem Lösemittel und gleicher DC-Platten-Beschichtung stoffspezifisch. (In Abbildung 50.1b sind die R_f-Werte willkürlich gewählter Analyten angegeben.)

Es gibt auch die sogenannte ***Reversed-Phase*-Dünnschichtchromatographie** oder kurz: **RP-TLC**, bei der die Analyten auf eine *unpolar* beschichtete DC-Platte aufgetragen und dann mit einem *polaren* Lösemittel eluiert werden. Hier *steigt* der R_f-Wert entsprechend mit der Polarität des jeweiligen Analyten.

Teurer, aber auch leistungsfähiger: HPLC

Das gleiche Prinzip nutzt die *High-Performance Liquid Chromatography*, kurz **HPLC**.

- ✔ Dabei wird ein Analytengemisch in eine *Trennsäule* injiziert, die unter normalen Umständen poröse *Adsorbentien* wie Kieselgel (SiO_2) oder Aluminiumoxid (Al_2O_3) enthält.
- ✔ Als *Eluens* fungiert bei dieser *Normal-Phase*-HPLC (kurz: **NP-HPLC**) ein unpolares Lösemittel(gemisch), das mit konstantem Druck durch die Trennsäule gepumpt wird.

Je nach Stärke der Wechselwirkung zwischen Analyt und stationärer oder mobiler Phase werden zum Herauswaschen des Analyten unterschiedlich große Mengen Lösemittel benötigt; damit ist das erforderliche Lösemittel-Volumen direkt proportional zur *Verweilzeit des Analyten auf der Trennsäule*: Das ist die *Retentionszeit* (t_{ret}). Verlässt der Analyt schließlich die Säule, wird das von einem hinter die Säule geschalteten Detektor registriert. (Etwas über die Arbeitsweise eines Detektors finden Sie im Abschnitt *Es werde Licht: UV/VIS* in diesem Kapitel.)

Dabei ist die Retentionszeit selbstverständlich nicht *nur* vom Ausmaß der Wechselwirkungen zwischen Analyt und stationärer Phase beziehungsweise Analyt und mobiler Phase abhängig, sondern auch vom Weg, den der Analyt zurücklegen muss, um den Detektor überhaupt zu erreichen: Selbst ein völlig unpolarer Analyt, der durch das Säulenmaterial kein bisschen zurückgehalten wird, sondern mit der Lösemittelfront mitläuft, braucht eine gewisse Zeit, um die Säule zu durchqueren – das ist die *Totzeit* einer Säule.

Bei der **Umkehrphasen-HPLC** oder *Reverse-Phase*-HPLC (kurz: **RP-HPLC**) kommt unpolares Säulenmaterial zum Einsatz, entsprechend dienen als Eluens dann polare Lösemittel.

Die HPLC hat sich mittlerweile zu einer Standard-Methode entwickelt, da auf diese Weise nicht nur Trennungen kleinerer Analytenmischungen möglich sind:

- ✔ Weil die Analyten bei dieser Methode chemisch unverändert die Säule wieder verlassen, ist die HPLC auch für *präparative Zwecke* nutzbar.
- ✔ Der Einsatz von Zeolithen (*siehe* Kapitel 32) gestattet auch die Variante der Ionenaustausch-Chromatographie.
- ✔ Wird *chirales* Säulenmaterial genutzt (beispielsweise die Cyclodextrine, die Sie schon aus Kapitel 44 kennen), lassen sich durch unterschiedlich ausgeprägte Wechselwirkungen zwischen stationärer Phase und Analyten auch Enantiomerengemische trennen.

Dass Säulen mehrfach verwendet werden können, sodass sich die laufenden Betriebskosten in Grenzen halten, wird natürlich ebenfalls gerne hingenommen.

Fest, flüssig, gasförmig – Gaschromatographie

Bei der **Gaschromatographie** (kurz **GC**) werden die Analyten zunächst in einem leicht verdampfbaren Lösemittel gelöst und dann in eine Trennsäule injiziert, die anschließend aufgeheizt wird. Als mobile Phase dient meist ein Inertgas wie Stickstoff. Wie bei der HPLC meldet ein Detektor, wenn ein Analyt das andere Ende der Säule erreicht hat.

Die GC kombiniert das Prinzip der Wechselwirkung von stationärer Phase und Analyt mit dessen Dampfdruck – und das zeigt bereits, dass diese Methode nicht für alle Analyten gleichermaßen anwendbar ist:

- ✔ Die betreffenden Analyten müssen *unzersetzt verdampfbar* sein (und das bei relativ leicht erreichbaren Temperaturen, schließlich muss auch das Säulenmaterial die entsprechende Hitze aushalten – ein Richt-Maximalwert liegt bei 350 °C).
- ✔ Die Analyten dürfen *nicht übermäßig polar* sein, sonst gelingt es dem extrem unpolaren »Elutionsmittel« Stickstoff nicht, sie jemals wieder von der Säule zu trennen.
  - Aus diesem Grund lassen sich etwa freie Carbonsäuren kaum gaschromatographisch trennen: Bevor derartige Analyten auf die Säule aufgebracht werden, muss ihre Polarität durch Veresterung (beispielsweise mit Diazomethan) gesenkt werden. Auch bei anderen Analyten kann vorangehende *Derivatisierung* erforderlich sein.

Die in diesem Abschnitt beschriebenen Trennmethoden werden häufig in Kombination mit Geräten der instrumentellen Analytik kombiniert, die Rückschlüsse über die Natur der Analyten selbst gestatten. Manchmal wissen Sie schließlich über die jeweiligen Analyten nur sehr wenig – von ein paar makroskopischen Eigenschaften einmal abgesehen (löst sich nicht in Wasser, ist also eher unpolar und so weiter). Haben Sie es mit einer Substanz zu tun, die bislang noch nicht identifiziert wurde (etwa einem neu entdeckten Pflanzeninhaltsstoff, von dem Sie nicht einmal die Summenformel kennen, geschweige denn Strukturformel und dergleichen), ist es meist viel zu zeitaufwendig, neue Erkenntnisse anhand von mehr oder weniger spezifischen chemischen Reaktionen gewinnen zu wollen. Außerdem wird der Analyt dabei auch noch chemisch verändert, also faktisch *verbraucht* – bei einer neu entdeckten, mühsam isolierten Substanz wäre das gewiss nicht wünschenswert. Also wird ein anderer Ansatz gewählt.

Mit schwerem Gerät

Ein großer Teil der instrumentellen Analytik basiert auf der Wechselwirkung der jeweils zu analysierenden Substanz mit elektromagnetischer Strahlung. Erfreulicherweise lässt sich *praktisch jeder* Wellenlängenbereich für die eine oder andere Methode der Analytik nutzen (Abbildung 50.2).

Da die jeweilige Strahlung zunächst einmal erzeugt (oder zumindest gebündelt) werden muss, sind für die instrumentelle Analytik meist recht aufwendige, oft große und ziemlich teure Gerätschaften erforderlich.

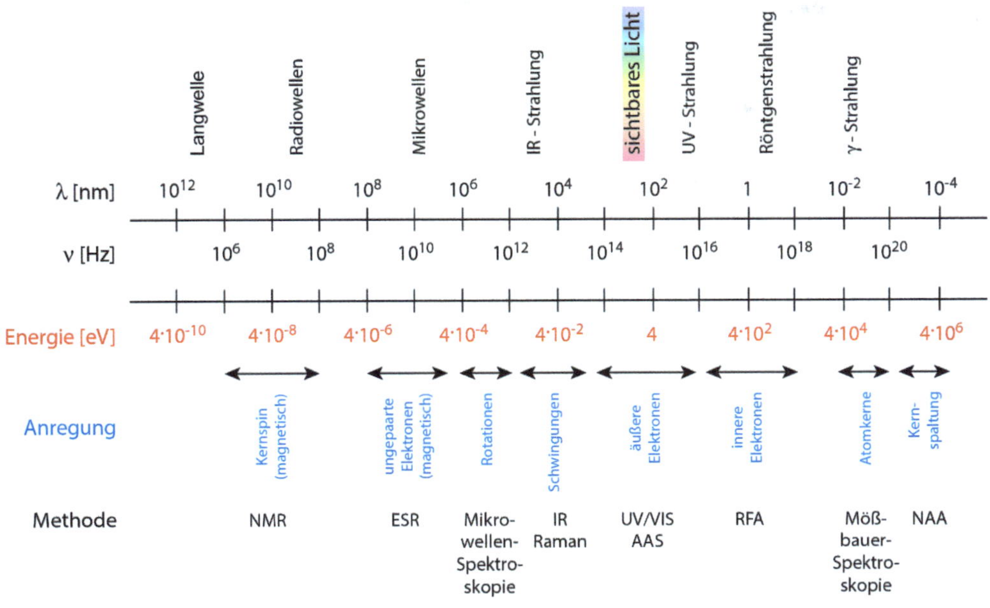

Abbildung 50.2: Elektromagnetische Strahlung in der Analytik

Unterschiedliche Wellenlänge bedeutet: unterschiedlicher Energiegehalt (erinnern Sie sich an Kapitel 9?). Deswegen bewirken die unterschiedlichen Strahlungs-Arten auch gänzlich unterschiedliche Dinge an den jeweiligen Analyten. In allen Fällen jedoch wird die jeweilige Strahlung von der zu analysierenden Substanz zunächst absorbiert – was dann geschieht, hängt vom Energiegehalt ab: Teilweise ist die Wirkung erstaunlich und gestattet Rückschlüsse über den Aufbau des Analyten, weswegen diese Art der Analytik gerne auch zur **Strukturaufklärung** bislang nicht identifizierter Substanzen herangezogen wird. Gehen wir also das elektromagnetische Spektrum nach steigendem Energiegehalt Schritt für Schritt durch:

Wenn's um den Spin geht

In Kapitel 10 haben Sie erfahren, dass Elektronen einen Spin besitzen – der aber nicht so recht vorstellbar ist, weil dazu nun einmal kein makroskopisches Analogon bekannt ist. Seinerzeit hatten wir Ihnen empfohlen, abstrakt zu bleiben und einfach *hinzunehmen*, dass sich zwei Elektronen, die ansonsten in allen Quantenzahlen übereinstimmen und sich nur im Spin unterscheiden, einen etwas unterschiedlichen Energiegehalt aufweisen. Auch wenn das natürlich eine etwas unsaubere Vereinfachung darstellt, wollen wir es bei den beiden Methoden der Analytischen Chemie, in denen der Spin eine wichtige Rolle spielt, ebenso halten. (Wenn Sie es genauer wissen wollen, legen wir Ihnen entsprechende Fachliteratur nahe – aber seien Sie gewarnt: Da geht's an der Grenze zwischen Physik und Chemie so richtig ans Eingemachte. Für das Grundprinzip möge diese Kurzschilderung ausreichen.)

Kreiseln im Magnetfeld: NMR

Die **Kernresonanzspektrometrie** (oder *Kernspinresonanzspektroskopie,* nach der englischen Bezeichnung *nuclear magnetic resonance* meist mit **NMR** abgekürzt) ist eine der leistungsstärksten Analytik-Methoden, die der Chemie derzeit zur Verfügung stehen. (Aus diesem Grund widmen wir ihr in diesem Kapitel auch deutlich mehr Platz als allen anderen Methoden.) Bei dieser Technik wird ausgenutzt, dass nicht nur Elektronen einen *Spin* besitzen (also unterschiedliche Energiezustände einnehmen können), sondern auch manche Atomkerne – das ist der *Kernspin.* Dieser Spin sorgt für ein *magnetisches Moment;* im Magnetfeld werden die verschiedenen Spin-Zustände dann unterscheidbar. Die Multiplizität *M* des Atomkerns, also die Anzahl verschiedener möglicher Zustände, ist abhängig von dessen Spinquantenzahl.

Für die beiden mit Abstand wichtigsten Kerne – ^{1}H (also das »normale«, auf der Erde häufigste Wasserstoff-Isotop) und ^{13}C (der seltenere schwerere Kohlenstoff) – beträgt diese $\frac{1}{2}$, also gibt es für diese Kerne genau zwei Energiezustände: $+\frac{1}{2}$ oder $-\frac{1}{2}$. (Bei diesen beiden Atomen ist es also genau wie beim Elektron. Es gibt allerdings noch weitere Isotope, die gelegentlich in der NMR genutzt werden, etwa ^{6}Li, ^{15}N oder ^{31}P, und manche dieser Kerne haben eine andere Spinquantenzahl. Für diese »Sonderfälle« gelten dann etwas andere Spielregeln, aber das *Prinzip* bleibt gleich.)

Im Magnetfeld macht sich also der Energieunterschied zwischen den beiden Spin-Zuständen bemerkbar. Werden nun Energiequanten eingestrahlt, deren Energiegehalt genau der Differenz zwischen den beiden Spinzuständen entspricht (es wird also *Resonanz* erzwungen), führt dies zur *Spin-Inversion.* Gemäß der altbekannten Formel $E = h \cdot \nu$ lässt sich die erforderliche Energie auch als **Frequenz** angeben – allerdings hängt die für die Resonanz erforderliche Energie nicht nur von den chemischen und physikalischen Gegebenheiten des betreffenden Atomkerns ab (mehr dazu gleich), sondern auch von der Stärke des Magnetfelds, in dem das Experiment durchgeführt wird. Daher können Sie die Resonanzfrequenz nicht einfach so angeben, wohl aber die Größenordnung: Je nach Stärke des Magnetfelds liegt sie im Bereich mehrerer Hundert MHz, also im Bereich von Radiowellen.

Es ist also erfreulich wenig Energie zur Anregung nötig – dafür sind die erforderlichen Magnetfelder nicht von schlechten Eltern: Damit ein Proton mit einer Frequenz von 1000 MHz (also 1 GHz) zur Resonanz angeregt werden kann, ist eine magnetische Feldstärke von 23,5 Tesla erforderlich – das ist das Stärkste, was ein handelsüblicher supraleitender Magnet derzeit (Stand: 2018) überhaupt schafft. (Weil die Signalempfindlichkeit mit steigender Feldstärke zunimmt, ist es im Rahmen der Analytik von Vorteil, mit möglichst hohen Frequenzen zu arbeiten. Entsprechend teuer sind derartige Hochleistungsgeräte.)

Da die einzelnen Atomkerne der Analyten durch die Radiowellen angeregt werden müssen, aber eben nicht alle Kerne gleichermaßen »NMR-aktiv« sind, ist es stets von Vorteil, wenn sich in einem Molekül möglichst viele aktive Kerne befinden. Aus diesem Grund ist die Sorte Kernresonanzspektroskopie, bei der es um Wasserstoff-Atome geht (kurz: **^{1}H-NMR**), besonders beliebt, schließlich ist ^{1}H das auf der Erde weitaus häufigste Wasserstoff-Isotop. Das Kohlenstoff-Isotop ^{13}C hingegen ist deutlich rarer: Nur bei etwa jedem hundertsten

Kohlenstoff-Atom liegt dieses Isotop vor. (Das bedeutet natürlich, dass ein Mol natürlich vorkommenden Kohlenstoffs immer noch eine gewaltige Menge ^{13}C-Atome enthält, aber die Wahrscheinlichkeit, dass etwa ein einzelnes Molekül Ethanol (C_2H_5OH) *überhaupt* ein ^{13}C-Atom enthält, beträgt gerade einmal 1:50. Aus diesem Grund ist **^{13}C-NMR** deutlich weniger empfindlich. Trotzdem gilt das Nachfolgende für ^{13}C-NMR ebenso wie für ^{1}H-NMR.)

Natürlich stellt sich sofort eine Frage: *Wodurch* unterscheiden *sich denn die verschiedenen Atomkerne in einem Molekül? Deren Kerne sind doch jeweils gleich!* (1 Proton bei ^{1}H; 6 Protonen und 7 Neutronen bei ^{13}C.)

Tatsächlich unterscheiden sich die Frequenzen, mit denen verschiedene Atome zur Resonanz angeregt werden, vor allem aufgrund ihrer jeweiligen *magnetischen Abschirmung*, die effektiv dazu führt, dass lokal ein etwas anderes Magnetfeld herrscht als erwartet. Es gibt zahlreiche Faktoren, die sich auf die Abschirmung auswirken, aber in erster Näherung (und nur dort!) sind folgende drei Aspekte zu beachten:

✔ Ist das C-Atom Bestandteil einer Mehrfachbindung oder ein H-Atom an ein solches C-Atom gebunden? – Mehrfachbindungen wirken *entschirmend*, derartige Atome zeigen also *höhere* Resonanzfrequenzen; dies wird **Tieffeldverschiebung** genannt .

✔ Gehört das C-Atom zu einem aromatischen Ring? Beziehungsweise: Befindet sich das H-Atom an einem solchen Ring? – Dort ergibt sich aufgrund komplexer Effekte eine noch stärkere *Entschirmung*. Auch hier wird eine *Tieffeldverschiebung* beobachtet.

✔ Wie hoch ist die negative Ladungsdichte in der Nähe dieses Atoms? – Je höher sie ist, desto *abgeschirmter* ist der Kern. Das führt zu *niedrigeren* Frequenzen und zu einer **Hochfeldverschiebung** der Signale.

- Elektronegativere Bindungspartner am C-Atom setzen die dortige Ladungsdichte herab (das Gleiche gilt für ein an ein solches C-Atom gebundenes H-Atom, denn schließlich ist C elektronegativer als H): Das wirkt sich *tieffeldverschiebend* aus.

Da die *Resonanzfrequenz* aber eben auch von der Stärke des Magnetfelds abhängt, wird sie nicht als Absolutwert angegeben, sondern relativ anhand einer Referenzsubstanz. Bei der ^{1}H- und der ^{13}C-NMR dient dafür Tetramethylsilan ($Si(CH_3)_4$; das ist der *TMS-Standard*). Um geräte- und messbedingungsunabhängige Angaben zu erhalten, wird die Differenz zwischen Resonanzfrequenz *der Probe* und Resonanzfrequenz *des Standards* dann noch durch die *Betriebsfrequenz* des Messgerätes geteilt. Auf diese Weise ergibt sich ein dimensionsloser Wert: die **chemische Verschiebung**, die mit **δ** bezeichnet wird. Sie berechnet sich folgendermaßen:

$$\delta = \frac{\nu_{\text{Probe}} - \nu_{\text{TMS-Standard}}}{\text{Messfrequenz]}} = \text{Zahlenwert}$$

Allerdings ist die Veränderung der Resonanzfrequenz (die im Hz-Bereich liegt) sehr viel kleiner als die Messfrequenz (MHz), deswegen wird auf den Faktor 10^6 zurückgerechnet; die chemische Verschiebung wird in **ppm** (*parts per million*) angegeben – oder beispielsweise einfach: $\delta = 5{,}23$.

Atome in unterschiedlichen chemischen Umgebungen sollten sich in ihrer chemischen Verschiebung unterscheiden. In Abbildung 50.3 wird das recht deutlich; dargestellt sind (a) das ^{1}H- und (b) das ^{13}C-NMR-Spektrum der Propionsäure (CH_3–CH_2–COOH).

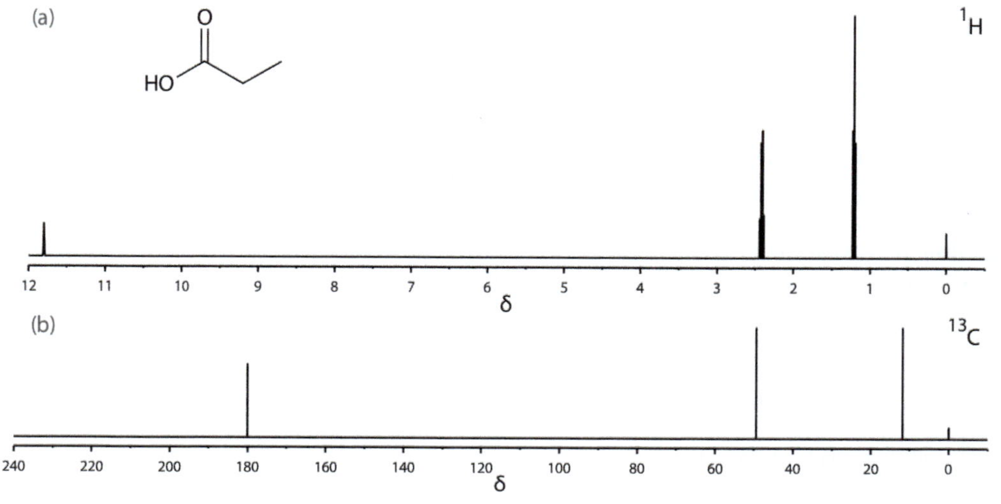

Abbildung 50.3: ^{1}H- (a) und ^{13}C-NMR-Spektrum (b) von Propionsäure

Zunächst einmal ist festzuhalten, dass der Zahlenbereich für die Verschiebungswerte in der ^{13}C-NMR ausgedehnter ist als in der ^{1}H-NMR: Während bei Letzterer »normale« Werte in einem Bereich von etwa 10 ppm liegen, erstreckt sich die δ-Skala bei der Kohlenstoff-Kernresonanz über mehr als 200 ppm.

Schauen wir uns zunächst das ^{13}C-Spektrum an (Abbildung 50.3b): Hier finden sich neben dem TMS-Signal bei $\delta = 0$ drei Signale: bei 180,0, 49,4 und 11,8 ppm. Dass sich im ^{13}C-Spektrum nur *drei* Signale finden, sollte nicht überraschen, schließlich gibt es in der Propionsäure auch nur *drei* C-Atome – und wenn Sie sich die Ladungsdichteverteilung im Molekül anschauen, lassen sich die Signale auch recht leicht zuordnen:

- Das Carboxyl-Kohlenstoff-Atom ist durch seine Bindungspartner deutlich entschirmt und daher tieffeldverschoben (180,0 ppm).
- Der Methylen-Kohlenstoff wird durch den +*I*-Effekt (er spendet seinem »bedürftigen« Nachbarn –COOH etwas Ladungsdichte) ein wenig in Mitleidenschaft gezogen (49,4 ppm).
- Der Methyl-Kohlenstoff ist ähnlich gut abgeschirmt wie der TMS-Standard (11,8 ppm).

Erstaunlicherweise sind aber auch im ^{1}H-Spektrum neben dem TMS-Signal bei $\delta = 0$ nur *drei* Signale zu erkennen: bei 11,80, 2,41 und 1,21 ppm. Dafür gibt es einen wichtigen Grund: *Chemisch äquivalente Atome besitzen die gleiche chemische Verschiebung.* Nähern Sie sich diesem Spektrum wieder über die Ladungsdichteverteilung, ergibt sich folgende Zuordnung:

- Das acide Wasserstoff-Atom der Carboxylgruppe ist zweifellos stark positiv polarisiert und daher entschirmt; eine starke Tieffeldverschiebung ist die Folge ($\delta = 11{,}80$ ppm).
- Die beiden Wasserstoff-Atome der Methylengruppe werden (wie im ^{13}C-Spektrum) durch die benachbarte Carboxylgruppe noch deutlich mit–entschirmt: $\delta = 2{,}41$ ppm.
- Die Methylgruppe ist mit $\delta = 1{,}21$ ppm am wenigsten tieffeldverschoben.

So weit, so gut … aber warum sind die Signale im ^{1}H-Spektrum so komisch aufgefächert? – Das liegt daran, dass sich der Spin unmittelbar benachbarter Wasserstoff-Atome auf den jeweils betrachteten (= mit dieser Frequenz resonierenden) Kern auswirkt – fachsprachlich sagt man: Die Kerne *koppeln.* (Genau genommen handelt es sich um eine *Spin-Spin-Kopplung,* aber wir wollen es bei **Kopplung** belassen.) Da sich die unterschiedlichen Spinzustände nun einmal geringfügig in ihrer Energie unterscheiden, gibt es zwei unterschiedliche Energieniveaus.

Deswegen wird das NMR-Signal in ein *Dublett* aufgespalten (also ein Zwei-Linien-System, deren Signale beide gleich hoch sind), wenn sich in unmittelbarer Nähe *ein* Wasserstoff-Atom befindet.

Bitte vergessen Sie nicht, dass es immer nur so *scheint,* als würden wir »ein einzelnes Molekül« vermessen: In Wahrheit messen wir nahezu unzählig viele verschiedene Moleküle gleichzeitig, und die verschiedenen Energieniveaus werden statistisch besetzt, also messen wir sie ebenfalls alle gleichzeitig.

Befinden sich in unmittelbarer Nachbarschaft *mehrere* Wasserstoff-Atome, ergeben sich natürlich auch mehrere Energieniveaus, weil es unterschiedliche Spin-Einstellungen gibt: Bei zwei Nachbarn könnten sich beide im Spinzustand $+\frac{1}{2}$ befinden, oder einer bei $+\frac{1}{2}$, der andere bei $-\frac{1}{2}$, oder beide befinden sich im Zustand $-\frac{1}{2}$. Hier kommt die *Multiplizität* ins Spiel: Koppelt ein Kern mit *zwei* Nachbarn, ergibt sich ein *Triplett* (also ein Drei-Linien-System). Allgemein gilt:

Multiplizität des Signals = Anzahl der koppelnden Nachbarn + 1

(Ja, das *ist* genau wie bei der Multiplizität in der Komplexchemie; *siehe* Kapitel 13.)

Schauen Sie sich noch einmal Abbildung 50.3a an: Das Carboxyl-Wasserstoff-Atom führt zu einem *Singulett* (also einem unaufgespaltenen Signal), weil es in unmittelbarer Nachbarschaft *keine* weiteren H-Atome gibt.

Nehmen Sie die beiden aufgespaltenen Signale (die der Methylen- oder Methyl-Wasserstoff-Atome) etwas genauer unter die Lupe (Abbildung 50.4), sehen Sie, dass nicht alle Linien im Spektrum gleich hoch sind. Wie kommt das? – Die Signalhöhe (oder genauer: die jeweilige *Fläche* unter den einzelnen Signalen) hängt jeweils davon ab, wie viele verschiedene Möglichkeiten es für einen jeweiligen gekoppelten Spin-Zustand gibt: Bei der Kombination $+\frac{1}{2}$ und $-\frac{1}{2}$ (kurz: ↑ und ↓) macht es ja keinen Unterschied, *welcher* der beiden Kerne hier den positiven Wert übernimmt (↑↓ = ↓↑; zur formalen Unterscheidung wurden sie in Abbildung 50.4 farblich markiert). Entsprechend ist die Wahrscheinlichkeit für ↑↓ doppelt so hoch wie für ↑↑ oder ↓↓, die Signale eines Tripletts besitzen also die relativen Höhen 1:2:1.

Noch deutlicher wird das beim *Quartett*: Dort ergeben sich durch die in Abbildung 50.4 dargestellten Kopplungsmöglichkeiten (insgesamt acht Stück) einige, die ebenso zum gleichen Ergebnis führen wie beim mittleren Signal des Tripletts, wobei die relativen Signalhöhen im Verhältnis 1:3:3:1 zueinanderstehen. Der relative Energieunterschied bei diesen Kopplungen (die *Kopplungskonstante*) liegt im einstelligen Hertz-Bereich und ist für miteinander koppelnde Kerne identisch. (Das ist ein wichtiges Kriterium, wenn Sie die Spektren komplizierterer Verbindungen auswerten möchten.)

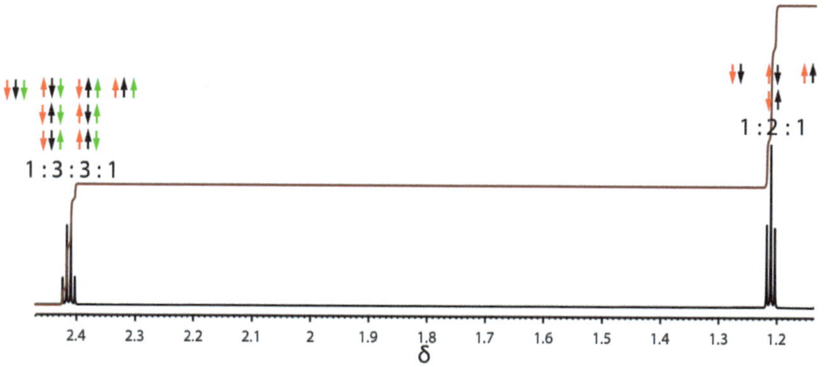

Abbildung 50.4: Feinstruktur des ^{1}H-Spektrums von Propionsäure

Wie viele äquivalente (also im NMR nicht unterscheidbare) H-Atome jeweils zu einem Signal gehören (ob nun aufgespalten oder nicht), lässt sich durch *Integration* über die jeweiligen Signale ermitteln. Wenn Sie die beiden Integrale in Abbildung 50.4 mit dem Lineal nachmessen, werden Sie feststellen, dass sie etwa im Verhältnis 2:3 zueinander stehen – damit wissen Sie, dass das Quartett zu einer Methylengruppe ($-CH_2-$) gehört, das Triplett zu einer Methylgruppe ($-CH_3$).

Beliebter Denkfehler: Wird ein Signal in ein *Triplett* aufgespalten, bedeutet das, dass das zugehörige Wasserstoff-Atom mit einem *Nachbarn* koppelt, an den *zwei* H-Atome gebunden sind, und *nicht*, dass das Signal zu einem Atom gehört, an dem *selbst* zwei Wasserstoff-Atome hängen! (Ohne Integrale können Sie über die Anzahl der jeweils zu einem Signal gehörenden Kerne nicht das Geringste aussagen.)

Steigt die Anzahl koppelnder Kerne weiter an, können Sie die relativen Intensitäten aller jeweiligen Signale der zugehörigen *Multipletts* nach dem PASCAL'schen Dreieck ausrechnen – und mehr als drei koppelnde H-Atome kann es *sehr wohl* geben, denn *alle* chemisch äquivalenten Atome besitzen nicht nur den gleichen Verschiebungswert δ, sondern tragen auch zur Kopplung bei: So wird das Methin-H-Atom im 2-Chlorpropan (Abbildung 50.5) in ein *Septett* aufgespalten – es befinden sich ja insgesamt sechs äquivalente H-Atome in unmittelbarer Nachbarschaft. Umgekehrt hingegen sorgt das Wasserstoff-Atom an C^2 zur Aufspaltung des Signals für alle sechs H-Atome der beiden Methylgruppen in ein *Dublett*. Wieder sind die Kopplungskonstanten identisch. (Beachten Sie auch die Integrale!)

Sollte diese Methode je für Sie relevant werden, kommen Sie um die einschlägige Fachliteratur natürlich nicht mehr herum, denn es gibt auch Kopplungen über größere Distanzen (dann werden die einzelnen Signale weiter aufgespalten – Sie erhalten beispielsweise ein »Triplett von Dubletts«); Chiralität kann dazu führen, dass vermeintlich äquivalente

Atome *doch* unterschiedliche chemische Verschiebung zeigen und noch vieles mehr. Es gibt auch Techniken, bei denen verschiedene Arten der Kernresonanz-Spektroskopie miteinander verknüpft werden, 2D- oder 3D-NMR-Verfahren (die beispielsweise bei der Aufklärung nativer Proteinfaltungen genutzt werden) und die Anwendung dieser Technik im Rahmen moderner Bildgebungsverfahren in der Gerätemedizin, denn auch die *Kernspin-Tomographie* basiert auf der elektromagnetischen Anregung von Atomkernen im Magnetfeld.

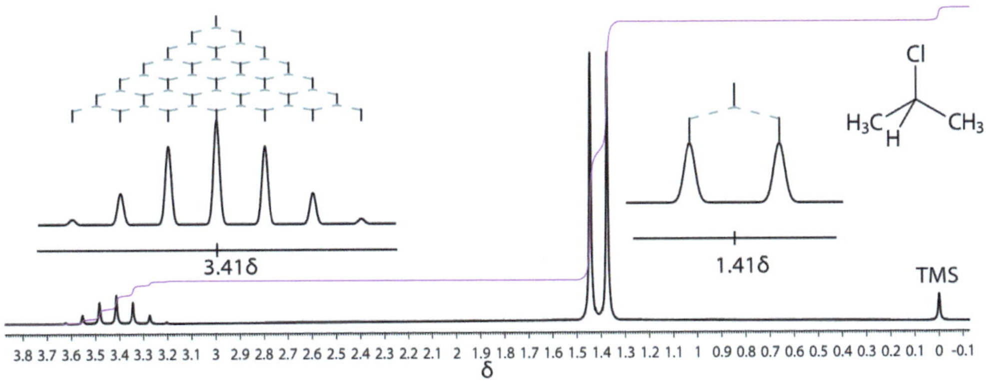

Abbildung 50.5: ^{1}H-NMR-Spektrum von 2-Chlorpropan

Der kleine Bruder: ESR

Das Prinzip der **Elektronenspinresonanz-Spektroskopie** (kurz **ESR**) entspricht dem der NMR, allerdings werden hier – wie der Name schon vermuten lässt – *Elektronen* zur Resonanz angeregt (die ja auch einen Spin haben). Dabei ist etwas mehr Energie erforderlich: Die Anregung erfolgt mit langwelliger Mikrowellenstrahlung.

Allerdings lassen sich nur ungepaarte Elektronen zur Resonanz anregen, entsprechend ist die ESR ausschließlich auf *paramagnetische* Analyten anwendbar. (Aus diesem Grund wird diese Technik im Englischen *electron paramagnetic resonance* genannt, kurz **EPR**.) Auf den ersten Blick wirkt diese Methode damit recht speziell, aber mittlerweile wurden Methoden entwickelt, die durch den Einsatz entsprechender Hilfsstoffe die Nutzung der ESR zur Aufklärung der Struktur komplexer Moleküle (etwa wieder einmal von Proteinen) ebenso gestatten wie die Verwendung in der Werkstoffanalytik und mehr.

Wie anregend! Absorption und Emission

Während die Anregung eines Spins, den Sie sich ohnehin nur schwer vorstellen können, noch eine sehr abstrakte Angelegenheit ist, wird es viel anschaulicher, wenn wir den Energiegehalt der elektromagnetischen Strahlung, die wir zur Anregung verwenden, weiter steigern: Mit energiereichen Mikrowellen oder dem sichtbaren Licht geraten Moleküle (oder Molekül-Fragmente) richtig in Bewegung!

Jetzt geht's rund – Mikrowellen

Die **Mikrowellenspektroskopie** basiert auf zwei verschiedenen Effekten:

- Die Anregung führt zu einer Veränderung der *Hyperfeinstruktur* des Analyten. Das ist ein zwar sehr interessantes, aber auch recht abstraktes Thema, das den Rahmen dieses Buches bei Weitem sprengt. Außerdem hatten wir Ihnen ja versprochen, dass hier etwas *in Bewegung* kommt, also gleich weiter:
- Durch die Absorption entsprechender Energiequanten wird das Molekül in Eigendrehung versetzt – die Absorptionslinien gestatten dann Rückschlüsse auf die *Molekülrotation.*

Bitte beachten Sie, dass die Bewegung eines Moleküls um seinen eigenen Schwerpunkt ein *mikroskopisches* Ereignis ist: Auch bei dieser vermeintlich (!) kontinuierlichen Bewegung (*siehe* Abbildung 16.2d) wechselt das Molekül von *einem gequantelten Zustand* in einen *anderen* – anders ausgedrückt: *Ein Molekül kann sich nicht stufenlos in jedem beliebigen Winkel drehen.* Es wird leicht vergessen, dass Atome nun einmal Objekte sind, deren Verhalten sich *eben nicht* mit klassischer Physik beschreiben lässt. (Meistens ist Chemie-Lego®, bei dem diese Besonderheit der Atome einfach ignoriert wird, ja auch eine gute Idee. Aber eben nicht immer.)

Diese Technik ist zwar prinzipiell auf Analyten in allen drei Aggregatzuständen anwendbar, da sich die erhaltenen Spektren aber deutlich leichter interpretieren lassen, wenn minimale intermolekulare Wechselwirkungen vorhanden sind, wird meist mit äußerst geringen Mengen gasförmiger Analyten gearbeitet – in evakuierten Behältern.

Mithilfe der Mikrowellenspektroskopie lassen sich unter anderem Bindungslängen und gegebenenfalls sogar Konformationen ermitteln, auch Rückschlüsse auf die Ladungsdichteverteilung sind möglich. Allerdings lassen sich in dieser Weise nur Moleküle analysieren, die ein *permanentes Dipolmoment* aufweisen oder durch Moleküldeformation *temporär zu einem Dipol werden.* Damit besitzt die Mikrowellenspektroskopie frappierende Ähnlichkeit mit der IR-Spektroskopie, der wir, weil sie auch heute noch in der Strukturaufklärung so wichtig ist, ein wenig mehr Raum widmen.

Wackel doch nicht so! – Infrarotstrahlung

Bei der **Infrarotspektroskopie** (kurz: **IR-Spektroskopie**) absorbiert der Analyt entsprechende Energiequanten und wird dadurch zu Schwingungen angeregt. (Deswegen zählt die IR-Spektroskopie auch zu den *schwingungsspektroskopischen* Methoden.) Dabei werden zwei grundlegende Schwingungsarten (oder *Schwingungsmodi*) unterschieden:

- Bei **Valenzschwingungen** verändern sich Bindungs*abstände.*
  - Dies kann in *symmetrischer* Weise geschehen (Abbildung 50.6a; abgekürzt: ν_s) *oder*
  - *asymmetrisch* (Abbildung 50.6b; die zugehörige Abkürzung lautet ν_{as}).

✔ Bei den **Deformationsschwingungen** werden zwei Unterkategorien unterschieden:

- Deformationsschwingungen, die *innerhalb einer Ebene* erfolgen, werden meist als ***in-plane*-Schwingungen** bezeichnet, abgekürzt mit δ. Dieser Oberbegriff umfasst die *Spreizschwingung* (Abbildung 50.6c), bei der es zu einer Verengung oder Aufweitung eines Bindungswinkels ∢XYX kommt, und die *Pendelschwingung* (d), bei der sich ein Teil des Moleküls sozusagen »zur Seite neigt«.
- Zu den *nicht-ebenen* Deformationsschwingungen, die ***out-of-plane*-Schwingungen** genannt und meist mit γ abgekürzt werden, gehören die *Torsionsschwingung* (Abbildung 50.6e), bei der sich zwei Teile eines Moleküls gegeneinander verdrehen, und die *Kippschwingung* (f), bei der sich Molekülebenen relativ zueinander bewegen.

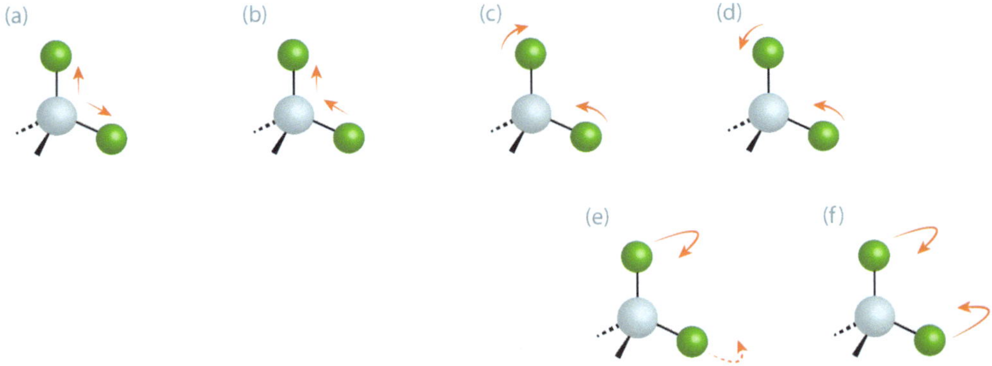

Abbildung 50.6: Schwingungsmodi in der IR-Spektroskopie

Die IR-Spektroskopie basiert darauf, dass zur Anregung dieser Schwingungen entsprechende Energiequanten absorbiert werden müssen, die damit aus dem Gesamtspektrum der Messstrahlung »herausgeschnitten« werden. Gemessen wird die Durchlässigkeit der Proben (angegeben in %) in Abhängigkeit von der Wellenlänge – es wird also ein **Absorptionsspektrum** aufgenommen.

Allerdings gibt es eine Eigenheit der IR-Spektroskopiker, die Außenstehende häufig verwirrt: In der IR-Spektroskopie wird so gut wie nie auf die *Wellenlänge* λ der jeweils absorbierten Photonen bezogen, sondern auf deren **Wellenzahl** $\overline{\nu}$ (ausgesprochen »Nü quer«), den *Kehrwert der Wellenlänge*, der dann mit der Einheit cm^{-1} angegeben wird. (Das *müssen* Sie wissen, sonst verstehen Sie gleich gar nichts mehr.) Die Umrechnung ist einfach:

$$\textit{Mit}\quad \overline{\nu} = \frac{1}{\lambda}\quad \textit{gilt:}\qquad E = h \cdot \nu = \frac{h \cdot c}{\lambda} = h \cdot c \cdot \overline{\nu}$$

Damit ist die Energie der Wellenzahl direkt proportional: $E \sim \overline{\nu}$.

Es sollte offensichtlich sein, dass es mehr Energie (also höhere Wellenzahlen) erfordert, eine C–C-Doppelbindung zur Valenzschwingung anzuregen, als das bei einer C–C-Einfachbindung der Fall ist. (Noch extremer ist es natürlich bei Dreifachbindungen: Je stärker die Bindung zwischen zwei Atomen, desto höher ist die Frequenz der entsprechenden Schwingung – auf diese Weise lässt sich auch belegen, dass die Bindungsordnung von komplexiertem Kohlenmonoxid noch über BO = 3 hinausgeht, *siehe* Kapitel 30.)

Schauen Sie sich, ohne dass wir hier zu sehr ins Detail gehen wollen, das IR-Spektrum des Lösemittels *Aceton* an (Abbildung 50.7). Darin finden sich einige Banden, die deutlich eher ins Auge fallen als andere.

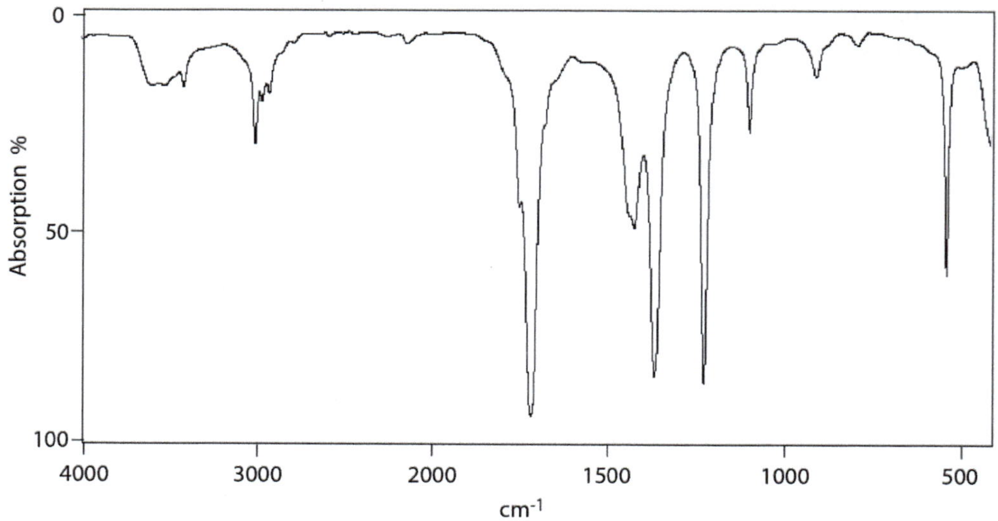

Abbildung 50.7: IR-Spektrum von Aceton

- ✔ Besonders auffällig ist zweifellos die Bande bei 1745 cm^{-1} – das ist die charakteristische *Carbonylbande*: Finden Sie im IR-Spektrum einer noch nicht identifizierten Verbindung eine solche starke Bande im Bereich von etwa 1680–1780 cm^{-1}, können Sie sich fast sicher sein, dass es sich um eine Carbonylverbindung handelt. (Merksatz: »Um 17 Uhr 30 greift die Carbonylbande an!«)
- ✔ Die kleine Bande bei etwa 3000 cm^{-1} gehört zur Valenzschwingung einer CH_2-Einheit, und davon gibt es im Aceton ja gleich zwei (je eine pro Methylgruppe).
- ✔ Bemerkenswert ist auch das Banden-Duo bei etwa 1380 cm^{-1} – diese beiden Banden gehören zur *asymmetrischen* und zur *symmetrischen* Deformation der Methylgruppen, wobei die Anregung von δ_{as} etwas mehr Energie erfordert, also gehört dazu die Bande mit höherer Wellenzahl (= im Spektrum »weiter links«).

Vielleicht ist Ihnen ja aufgefallen, dass die Beschriftung der waagerechten Achse *nicht linear* verläuft: Weil sich die Banden bei Wellenzahlen >2000 nicht mehr so häufen, wird dieser Teil meist gestaucht dargestellt. Daran zu denken ist reine Übungssache.

Prinzipiell lässt sich IR-Spektroskopie mit Proben in beliebigen Aggregatzuständen betreiben. Liegt der zu vermessende Analyt als Feststoff vor, besteht die gebräuchlichste Vorgehensweise darin, eine geringe Probenmenge mit der zehn- bis fünfzigfachen Menge an Kaliumbromid zu vermischen und dann das Gemisch unter hohem Druck zu einem »Glas« zu pressen. (KBr-Glas ist Ihnen schon im Kasten *»Durchsichtig« ist relativ* in Kapitel 32 begegnet.) Das Material KBr selbst erzeugt keine eigenen IR-Banden – allerdings ist dieses Salz hygroskopisch (es »zieht Wasser«), deswegen sehen Sie in solchen Spektren *meistens* eine schwache OH-Bande bei etwa 3450 cm^{-1}, so auch in Abbildung 50.7.

Blitzartige Anregung – RAMAN-Spektroskopie

Auch die RAMAN-Spektroskopie gehört zu den *schwingungsspektroskopischen* Methoden; hier kommen also ebenfalls die Schwingungsmodi aus Abbildung 50.6 zum Tragen. Sie ist apparativ aufwendiger und basiert auf einem Effekt, für dessen Entdeckung dem indischen Physiker Chandrasekhara RAMAN im Jahr 1930 der Physik-Nobelpreis verliehen wurde: Bestrahlen Sie eine (konzentrierte) Lösung einer Substanz mit monochromatischem Licht (also Licht einer einzigen, genau definierten Wellenlänge), sind drei Dinge zu beobachten:

- ✔ Durchstrahlung

  Ein Großteil des Lichts tritt einfach ungehindert durch die Probe.

- ✔ RAYLEIGH-Streuung

  Etwa 0,1 % des Lichts wird durch elastische Stöße der Photonen mit dem Analyten in alle Richtungen gestreut. Das gestreute Licht hat dabei exakt die gleiche Wellenlänge wie die Anregungsstrahlung. (Benannt ist diese Strahlung nach John W. STRUTT, 3rd Baron RAYLEIGH.)

- ✔ RAMAN-Streuung

  Hier müssen zwei unterschiedliche Formen der Strahlung unterschieden werden:

  - Ein winziger Teil (etwa ein Hundert-Millionstel aller Photonen) wird ebenfalls gestreut, allerdings ist deren Frequenz *vergrößert*, da ein Teil der Energie dieser Photonen absorbiert wurde. Durch die Wechselwirkung geht das Molekül in einen angeregten Zustand über, zurück bleibt die »Restenergie« als Licht *größerer* Wellenlänge.

  - Ein noch kleinerer Teil der Photonen führt dazu, dass nach Wechselwirkung mit dem Analyten Licht *kürzerer* Wellenlänge gemessen werden kann: In einem solchen Falle wurde ein Analyt, der sich zuvor in einem *angeregten* Zustand befunden hat, durch die Wechselwirkung mit dem Photon in den *Grundzustand zurückversetzt*; die dabei frei werdende Energie wurde auf das Photon übertragen, das dadurch energiereicher wird und entsprechend eine *kleinere* Wellenlänge besitzt.

Der große Unterschied zur IR-Spektroskopie ist also, dass bei der RAMAN-Spektroskopie ein **Emissionsspektrum** aufgenommen wird. Die im Spektrum auftretenden Emissions-Banden gestatten dann Rückschlüsse auf den Bau des entsprechenden Analyten.

IR und RAMAN – im Team fast unschlagbar

IR- und RAMAN-Spektroskopie können einander sehr gut ergänzen, weil nicht alle Schwingungsmodi IR- oder RAMAN-aktiv sind. Letztgültige Auswahlregeln lassen sich zwar aufstellen, erfordern aber tieferes Vordringen in die Gruppentheorie – und zwar so, dass es noch über das *Nur für Streber*-Maß hinausgeht. *Ein* grundlegender Unterschied lässt sich allerdings sehr leicht benennen:

- ✔ IR-aktiv sind Schwingungen, bei denen sich das *Dipolmoment* der Verbindung ändert.
- ✔ Bei RAMAN-aktiven Schwingungen ändert sich die *Polarisierbarkeit* des Analyten.

- Dies führt zum **Alternativverbot**:

Bei einem *Molekül mit Inversionszentrum* kann eine Schwingung immer nur *entweder* IR- oder RAMAN-aktiv sein.

Schauen Sie sich die möglichen Schwingungsmodi des CO_2-Moleküls an (Abbildung 50.8).

Abbildung 50.8: Schwingungsmodi des CO_2-Moleküls

- Die *symmetrische* Streckschwingung ν_s (Abbildung 50.8a) ist IR-inaktiv, weil das Dipolmoment gleich bleibt – die Schwerpunkte von positiver und negativer Partialladung fallen nach wie vor im Molekülschwerpunkt zusammen. Allerdings ist diese Schwingung RAMAN-aktiv, weil bei verlängerten (oder verkürzten) Bindungen die Ladungsdichte über einen größeren (oder eben kleineren) Raumabschnitt verteilt wird, sodass sich die Ladungsdichte leichter (respektive weniger leicht) verschieben lässt – und nichts anderes bedeutet Polarisierbarkeit.
- Bei der *asymmetrischen* Streckschwingung ν_{as} (Abbildung 50.8b) verschiebt sich der Schwerpunkt der negativen Partialladung, also verändert sich das Dipolmoment. Damit ist diese Schwingung IR-aktiv; hingegen ist sie RAMAN-inaktiv, weil sich die Polarisierbarkeit des Moleküls *nicht* geändert hat: Bei der gerade »in die Länge« gezogenen CO-Bindung ist die Ladungsdichteverteilung zwar anders als bei der, die vorübergehend »gestaucht« ist, aber *im Mittel* tut sich eben nichts.
- Bei den *Deformationsschwingungen* δ (Abbildung 50.8c/d) verschieben sich ebenfalls die Schwerpunkte der Partialladungen (also IR-aktiv), während die Polarisierbarkeit wieder gleich bleibt (RAMAN-inaktiv).
  - Natürlich sind die beiden δ-Schwingungen energetisch entartet, denn sie sind genau das Gleiche – nur eben um 90° gegeneinander verdreht.

Nicht *jede* IR-inaktive Schwingung ist automatisch RAMAN-aktiv und umgekehrt. Das ist *nur* (und *immer*) bei Molekülen der Fall, die ein *Inversionszentrum* aufweisen – was bei CO_2 natürlich der Fall ist; schauen Sie bei Bedarf noch einmal (?) in den *Nur für Streber*-Teil von Kapitel 12. (Hier sind wir wieder beim **Alternativverbot**.)

Und falls Sie sich jetzt fragen, woher man weiß, wie viele Schwingungsmodi überhaupt *möglich* sind: Das hängt von den **Schwingungsfreiheitsgraden** des betreffenden Moleküls ab. Es gibt eine einfache Regel: Die Anzahl der Schwingungsfreiheitsgrade eines Moleküls, das aus N Atomen besteht, beträgt

- $3N - 6$ für ein nicht-lineares Molekül
- $3N - 5$ für ein lineares Molekül.

BEISPIEL

Für CO_2 ($N = 3$) ergeben sich damit $9 - 5 = 4$ Schwingungsmodi. *Passt!*

Freiheitsgrade – und wo sie herkommen

Woher kommen denn die Zahlen aus den Spielregeln für Freiheitsgrade? – Ein beliebiges, freies Objekt, zum Beispiel ein einzelnes Atom, kann sich ja zunächst einmal frei in jede der drei voneinander unabhängigen Raumrichtungen x, y und z bewegen. Ist dieses Atom nun mit einem oder mehreren Nachbarn verbunden, kann die Bewegung natürlich nicht endlos weitergehen, aber ein wenig Spielraum in allen drei Raumrichtungen hat es selbst dann.

Nun stellen Sie sich ein dreiatomiges Molekül wie aus Abbildung 50.8 vor:

- ✔ Wenn sich *alle* beteiligten Atome gleichzeitig in die gleiche Raumrichtung bewegen, macht das ganze Molekül einen Satz in diese Richtung. (Nehmen Sie Abbildung 50.8b und stellen sich vor, auch das zentrale Atom würde nach links wandern: Das wäre keine Schwingung, sondern eine *Bewegung* – verwenden wir wieder das gewohnte kartesische Koordinatensystem, wäre das die Richtung –y.)

Damit hat zunächst einmal jedes Atom *drei* **Translationsfreiheitsgrade**.

- ✔ Bewegt sich analog zu Abbildung 50.8c beispielsweise das linke O-Atom *nach oben*, während sich das rechte wie dargestellt *nach unten* bewegt (und das mittlere vermeintlich »tatenlos« bleibt), ergibt sich im Ganzen eine *Drehung* des Moleküls im Uhrzeigersinn – ebenfalls keine Schwingung.

Jedes beliebige freie Objekt lässt sich in jeder der drei voneinander unabhängigen Ebenen (xy, xz, yz) drehen. Entsprechend ergeben sich neben den drei Translations- prinzipiell auch *drei* **Rotationsfreiheitsgrade**, die alle abgezogen werden müssen, daher die *allgemeine* Formel $3N - 6$. Bei *linearen* Molekülen wie dem in Abbildung 50.8 dargestellten CO_2 gibt es jedoch nur *zwei* Rotationsfreiheitsgrade, weil dieses Molekül rotationssymmetrisch hinsichtlich einer der drei Raumachsen ist (in dieser Darstellung der y-Achse; für unsere Symmetriefreunde: CO_2 gehört zur Punktgruppe $C_{\infty v}$).

Auf diese Weise sehen Sie auch, dass einem zweiatomigen (und damit zwangsweise linearen) Molekül genau $(3 \cdot 2) - 5 = 1$ Schwingungsfreiheitsgrad zukommt: Die beiden Atome können sich ja ausschließlich aufeinander zu- und wieder voneinander fortbewegen.

Es werde Licht: UV/VIS

Sowohl die Absorption von (für das menschliche Auge unsichtbarer) ultravioletter Strahlung (UV) als auch die des sichtbaren Lichts (das gemäß dem englischen Begriff *VISible light* mit **VIS** abgekürzt wird) führt zur Anregung von Elektronen, die aus einem energetisch günstigeren Zustand (nicht notwendigerweise dem Grundzustand) in einen (noch) angeregte(re)n Zustand gebracht werden.

Aber das hatten wir doch schon! – Das stimmt. Derartiger Anregung sind Sie in diesem Buch schon mehrmals begegnet, sei es bei den Linienspektren (aus Kapitel 8) oder dem Übergang eines Elektrons aus dem HOMO ins LUMO (etwa in Kapitel 12 oder 37). Wenn Analyten mit dem sichtbaren Licht wechselwirken, sorgen entsprechende Übergänge auch für Farbigkeit (*siehe* den Abschnitt *Wann sieht der Mensch überhaupt eine Farbe?* aus Kapitel 13). Auf dem gleichen Prinzip basiert auch die **Atomabsorptions-Spektrometrie** (**AAS**), bei der ein entsprechendes Absorptionsspektrum in die Gasphase überführter Analyten qualitative oder sogar quantitative Aussagen gestattet. Da es verschiedene Methoden gibt, die Analyten zu verdampfen, werden verschiedene Formen der AAS unterschieden: Bei der **F-AAS** etwa erfolgt die Verdampfung durch Flammen (*flame AAS*), bei der **CV-AAS** (*cold vapour AAS*) werden geeignete Analyten durch Umsetzung mit entsprechenden Reagenzien zu leichtflüchtigen Hydriden umgesetzt und so weiter.

Auch die Wechselwirkung der Analyten mit UV-Strahlung lässt sich für qualitative oder quantitative Analytik nutzen, und auch hier spielen Absorptionsspektren (mit entsprechenden Absorptionsbanden) eine Rolle. Da UV-Strahlung energiereicher ist als das sichtbare Licht, müssen je nach Analyt verschiedene Elektronenübergänge betrachtet werden:

- Besitzt der Analyt nichtbindende Elektronen, befinden sich diese normalerweise (also im nicht-angeregten Zustand) im HOMO des Moleküls. Der Übergang erfolgt dann von dort aus ins LUMO, bei dem es sich, wenn auch noch Mehrfachbindungen vorliegen, meist um ein π^*-Orbital handelt (das ist ein $n \rightarrow \pi^*$-Übergang; ΔE_1 in Abbildung 50.9a), ansonsten eben um ein σ^*-Orbital. Letzteres liegt energetisch meist höher, also ist der HOMO-LUMO-Abstand dort größer; ein $n \rightarrow \sigma^*$-Übergang erfordert damit mehr Energie (= Absorption kürzerer Wellenlänge, ΔE_3).
- Sollen Elektronen aus einem *bindenden* HOMO ins LUMO angeregt werden, ist meist noch mehr Energie erforderlich (Abbildung 50.9a, ΔE_2 beziehungsweise ΔE_4). Entsprechende $\pi \rightarrow \pi^*$- beziehungsweise $\sigma \rightarrow \sigma^*$- Übergänge lassen sich nur durch *noch* energiereichere Photonen (meist aus dem tieferen Vakuum-UV) bewirken.

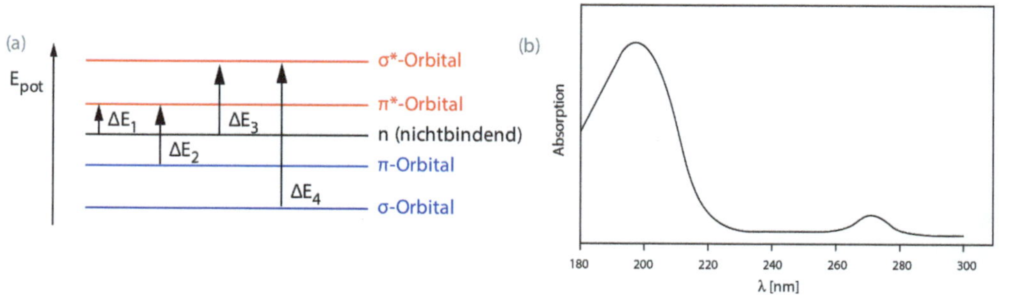

Abbildung 50.9: Energieübergänge (a) und UV-Spektrum (b) von Aceton

Das UV-Spektrum des beliebten Lösemittels Aceton (Dimethylketon, $CH_3–CO–CH_3$) beispielsweise zeigt *zwei* Absorptionsmaxima (Abbildung 50.9b): Die Absorption bei $\lambda = 271$ nm ist auf den $n \rightarrow \pi^*$-Übergang der freien Elektronen (am Sauerstoff) zurückzuführen, der $\pi \rightarrow \pi^*$-Übergang der Elektronen aus der C–O-Doppelbindung erfordert bereits deutlich mehr Energie: Er erfolgt bei $\lambda = 197$ nm.

Auf der Absorption bestimmter Molekül-Teile im UV-Bereich basieren auch zahlreiche Detektoren bei der GC, der HPLC oder vielen anderen Trennmethoden (das sind dann UV-Detektoren):

- ✔ Beispielsweise absorbieren praktisch alle Proteine wegen ihrer Peptid-Bindung (Kapitel 46) bei $\lambda = 190$ nm ($\pi \rightarrow \pi^*$-Übergang; die Bande für den $n \rightarrow \pi^*$-Übergang der gleichen Bindung fällt meist sehr viel schwächer aus).
- ✔ Die $\pi \rightarrow \pi^*$- und $n \rightarrow \pi^*$-Übergänge aller Nucleinbasen (Kapitel 45) liegen in der Größenordnung von $\lambda = 260–280$ nm, weswegen beim Arbeiten mit DNA die Detektoren meist auf diesen Wellenlängenbereich eingestellt werden.

Das bedeutet natürlich auch, dass Sie in der UV-Spektroskopie bei der Wahl des Lösemittels aufpassen müssen: Damit keine unerwünschten Absorptionen gemessen werden (vielleicht gar noch in dem Wellenlängenbereich, in dem auch der Analyt absorbiert!), sollte es idealerweise weder ein aromatisches System noch (Hetero-)Mehrfachbindungen aufweisen.

Wie heißt es denn jetzt? – Spektros*kopie* oder Spektro*metrie*

Meist werden die Begriffe Spektros*kopie* und Spektro*metrie* synonym verwendet – aber eigentlich ist das nicht korrekt: Der Begriff Spektros*kopie* leitet sich vom griechischen Wort *σκοπειν* (*skopein*) = sehen ab, also dürfen Sie streng genommen nur *dann* von Spektros*kopie* sprechen, wenn *das menschliche Auge* als Messinstrument herangezogen wird (wie bei der Flammenfärbung oder eben der Spektroskopie, die Sie schon aus Kapitel 8 kennen). Da das allerdings ein wenig arg eng gefasst wäre, hat sich (auf Betreiben der IUPAC) eine andere Unterteilung durchgesetzt:

- ✔ Bei der Spektros*kopie* wird die Interaktion der Analyten mit elektromagnetischer Strahlung betrachtet (oder die von den Analyten nach Anregung *abgegebene* elektromagnetische Strahlung).
- ✔ Von Spektro*metrie* spricht man, wenn *quantitative Messungen* erfolgen – schließlich kommt die Endung *metrie* von griechisch *μετρον* (*metron*) = das Maß –, bei denen auch andere Größen zum Tragen kommen, die *nicht* nach ihrem Energiegehalt aufgelöst werden (etwa die Teilchenzahl in der Massenspektrometrie).

Wir erwähnen das, weil es Prüfer gibt, die es damit *sehr genau* nehmen. Wenn Ihr zukünftiger Prüfer während der Vorlesung ausschließlich von »Massenspektro*metrie*« spricht, sollten Sie ihn nicht in der Prüfung durch die Verwendung des Begriffs »Massenspektros*kopie*« zu unbedachter Notengebung animieren.

Das leuchtet ja von selbst! – Röntgenfluoreszenz

Auch bei der **Röntgenfluoreszenzanalyse** (**RFA**) wird elektromagnetische Strahlung zur Anregung von Elektronen genutzt – hier allerdings *Röntgenstrahlung* (wo die herkommt, erfahren Sie in Kapitel 52). Die besitzt reichlich Energie, insofern wird hier schon richtig Gewalt angewendet: Hier kommt der *photoelektrische Effekt* zum Tragen (ja genau, der, für den EINSTEIN den Nobelpreis des Jahres 1921 erhalten hat). Ein Röntgen-Photon (mit dem Energiegehalt $h \cdot \nu_1$) kann energiereich genug sein, um ein Elektron aus einem Atom herauszuschlagen – und zwar nicht etwa ein *Valenz*elektron, sondern *ein Elektron aus dem Atomrumpf* (Kapitel 14), wie das in Abbildung 50.10a dargestellt ist. Dass sich dadurch bei dem resultierenden Kation eine Lücke in der Besetzung einer *inneren Elektronenschale* ergibt, hat natürlich Folgen: Ein »weiter außen« liegendes Elektron (also eines aus einer höheren Schale) rückt in diese Lücke nach. Dadurch wird die potenzielle Energie dieses Elektrons deutlich gesenkt, die entsprechend frei werdende Energie wird in Form eines Lichtquants (mit der Energie $h \cdot \nu_2$) abgestrahlt: Der Begriff Röntgen*fluoreszenz* ist also völlig korrekt: Unmittelbar nach Anregung durch Strahlung einer definierten Wellenlänge sendet der Analyt Strahlung einer anderen (längeren) Wellenlänge aus (*siehe* den Abschnitt *Das sieht ja toll aus!* in Kapitel 28).

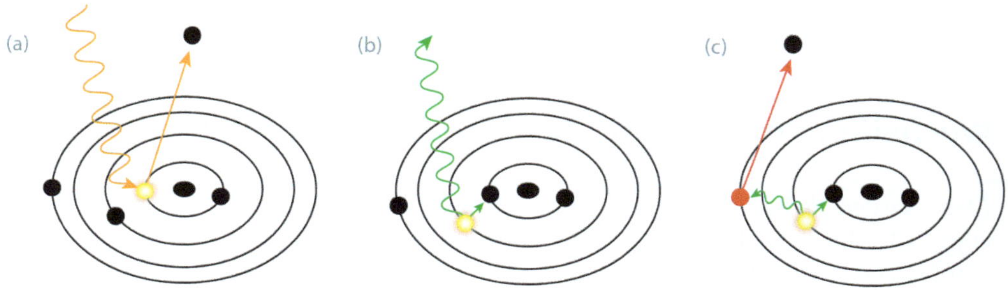

Abbildung 50.10: Röntgenfluoreszenz (a/b) und der AUGER-Effekt (c)

Natürlich hängt es davon ab, aus welcher Schale das erste herausgeschlagene Elektron stammte und auch, aus welcher Schale das energiereichere Elektron nachrückt, deswegen ergibt sich auch ein Röntgenfluoreszenz-*Spektrum* und nicht nur eine einzelne Linie, aber in den meisten Fällen ist es doch ein Elektron aus einer K-Schale (also aus einem 1s-Orbital), das durch das Röntgen-Photon herausgeschlagen wird, und meist stammt das nachrückende Elektron aus der benachbarten L-Schale. Die Wellenlänge (und damit der Energiegehalt) des Fluoreszenz-Photons ist ein direktes Maß für die Energiedifferenz zwischen diesen beiden Schalen – und *die ist Element-spezifisch*. Sie können also anhand dieses einen Photons bereits sagen, um welches Element es sich handelt – oder auch: um welche Elemente, denn über die RFA lässt sich recht leicht (und *zerstörungsfrei!*) beispielsweise die Zusammensetzung einer Legierung ermitteln. Natürlich stellt sich dabei immer die Frage nach den Nachweisgrenzen, *siehe* dazu den Kasten *Alles hat eine Ende*. Allgemein gilt: Je höher die Kernladung des betreffenden Elements, desto leichter ist es nachweisbar. Besitzt das Atom im Grundzustand zu wenige Schalen, ist mit der RFA natürlich nichts zu holen: Fluor ist das erste Element im PSE, das sich auf diese Weise *überhaupt* nachweisen lässt – und das nur schlecht. Erst ab Ordnungszahl 15 lässt sich leidlich mit der RFA arbeiten. Ist das Atom groß genug, liegt die Nachweisgrenze unterhalb von 20 μg/g Probensubstanz.

Schwierigkeiten können auftreten, wenn das beim Nachrücken des Elektrons frei werdende Photon (mit der Energie $h \cdot \nu_2$) energiereich genug ist, um *selbst* ein *weiteres* Elektron aus dem ohnehin schon ionisierten Atom herauszuschlagen (Abbildung 50.10c). Solche durch *Fluoreszenz-Photonen* herausgeschlagene Elektronen werden als **Auger-Elektronen** bezeichnet. Allerdings ist auch die kinetische Energie dieser Elektronen ebenso wie die Fluoreszenz-Wellenlänge elementspezifisch: Auch Auger-Elektronen lassen sich in der Analytik nutzen.

Pierre Auger war Franzose. Auch wenn viele das fröhlich ignorieren, ist dieser Name bitte *französisch* auszusprechen (mit Betonung auf der *zweiten* Silbe).

Jetzt wird's ruppig: *Noch mehr* Energie

Bei den beiden nun folgenden Analytik-Methoden wechselwirkt äußerst energiereiche elektromagnetische Strahlung nicht mehr mit den Elektronen der Analyten oder dem einen oder anderen Atomkern *im Ganzen*, sondern mit den Kern*bausteinen*. Damit gehören diese beiden Methoden in den Grenzbereich zwischen Chemie und Physik, die *Kernchemie* (ein bisschen mehr zu diesem Thema erfahren Sie in Kapitel 52).

Wenn Gamma-Strahlen im Atomkern verschwinden: Mößbauer-Spektroskopie

Diese Analysemethode basiert darauf, dass fest in ein Kristallgitter eingebundene Atomkerne Gamma-Quanten aufnehmen können (also *sehr* energiereiche elektromagnetische Strahlung). Die Probe wird bestrahlt und es ergibt sich ein *Absorptions-* oder *Transmissionsspektrum* (wie Sie es eben sehen wollen), das zahlreiche Rückschlüsse gestattet: darüber, welche Elemente vorliegen ebenso wie deren jeweiligen Atompositionen, Ladungsdichteverteilungen und vieles mehr. Da diese Technik zerstörungsfrei ist, erfreut sie sich in den Materialwissenschaften großer Beliebtheit. Auch bei der Untersuchung von Mineralien kommt sie zum Einsatz – so sind etwa einige Mars-Sonden mit miniaturisierten Mößbauer-Spektroskopen ausgestattet.

Der deutsche Physiker Rudolf Mößbauer erhielt für die Entdeckung des nach ihm benannten Effekts 1961 den Physik-Nobelpreis. (Wundern Sie sich nicht: In englischsprachigen Texten wurde der Name so häufig »Mössbauer« geschrieben, dass sich diese falsche Schreibweise allmählich auch in deutsche Texte einschleicht.)

Mitten hinein in die Kernchemie: Neutronenaktivierungsanalyse (NAA)

Diese Methode wird vor allem zur Element- oder Isotopenbestimmung herangezogen. Dabei wird die Probensubstanz mit Neutronen beschossen, sodass es zu Kernreaktionen kommt (mehr dazu in Kapitel 52). Die aus den Reaktionen hervorgehenden Produkte zerfallen, der Energiegehalt der dabei frei werdenden Strahlung gestattet dann Rückschlüsse auf den Analyten. Diese *nicht* zerstörungsfreie Methode ist extrem Energie-intensiv: Als Neutronenquelle dient meist ein Kernreaktor, daher werden Sie ihr im Alltag wohl eher selten begegnen.

Alles hat ein Ende – Nachweisgrenzen

Gerade in der instrumentellen Analytik wurden in den letzten Jahren beachtliche Fortschritte gemacht, insbesondere hinsichtlich der Nachweisgrenzen. Manche Analyten lassen sich schon in geradezu erschreckender Verdünnung nachweisen – beispielsweise lässt sich durchaus der zusätzliche Zuckergehalt einer Probe aus dem Bodensee bestimmen, in den vorher jemand ein Stück Würfelzucker geworfen hat. Daher sind Abkürzungen wie **ppm** (*parts per million*) oder sogar **ppb** (*parts per billion*) in der Analytik Standard. (Bitte vergessen Sie nicht, dass die im Englischen übliche *billion* »nur« drei Nullen mehr hat als die *million* und damit der deutschen »*Milliarde*« entspricht – aber immerhin!). Hier sind wir mitten im Bereich der *Spurenanalytik.*

Eine derart hohe Empfindlichkeit der Nachweismethoden hat natürlich Vorteile: Denken Sie alleine an das Doping im Leistungssport – noch vor einigen Jahren bestand bei manchen nicht zulässigen Medikamenten (oder anderen Substanzen) einfach nicht die technische Möglichkeit, sie im Blut (oder anderen Körperflüssigkeiten) nachzuweisen.

Gerade diese Empfindlichkeit kann aber auch zu Schwierigkeiten führen: So wurde vor einigen Jahren ein in China entdeckter Meteorit kurzzeitig als Sensation gehandelt, weil in ihm erstaunlich große Mengen Platin gemessen wurden – zwar immer noch nur im ppm-Bereich, aber dieser Fund wäre dennoch erstaunlich gewesen, denn in den meisten Meteoriten sind die schwersten Elemente Eisen und Nickel (warum gerade diese beiden, erfahren Sie in Kapitel 52). Schließlich stellte sich heraus, dass einer der Wissenschaftler (sein Name bleibe gnädigerweise verschwiegen) bei der Arbeit einen Ehering aus Platin getragen und das Gestein (entgegen allen Labor-Regeln) mindestens einmal mit der Hand angefasst hatte. Der minimale Abrieb des Metalls am Meteoriten hatte ausgereicht, um die Nachweisgrenze signifikant zu überschreiten.

Eine weitere, äußerst wichtige Methode der instrumentellen Analytik soll Ihnen nicht vorenthalten werden, obwohl es hier *nicht* um die Wechselwirkung von Materie mit elektromagnetischer Strahlung geht:

Moleküle im Fleischwolf: Massenspektrometrie

In der **Massenspektrometrie** (kurz: **MS**) werden die Analyten zunächst ionisiert und danach in einem Magnetfeld »in Stücke gerissen«. Die dabei entstehenden Fragmente gestatten Rückschlüsse auf die ursprüngliche Struktur der Verbindung. Sie dürfen sich das Ganze in etwa folgendermaßen vorstellen (aber bitte wirklich *nur* als Gedankenexperiment!): Zahllose Vertreter der immer gleichen Tierart werden in einen gigantischen Shredder geworfen, und anhand der Trümmer lässt sich herausfinden, um welche Tierart es sich handelt: Wenn Sie immer nur Beine sehen, aber niemals Flossen, spricht das schon einmal gegen einen

Fisch; erhalten Sie irgendwann ein Bruchstück, an dem *drei* Beine hängen, wissen Sie, dass Sie es nicht mit einem *Zwei*beiner zu tun haben, und wenn Sie einen Kopf mit Hörnern finden, können Sie die Arbeitshypothese »Pferd« auch verwerfen. (Keine Sorge, die Analyten leiden nicht. Und SCHRÖDINGERS Katze geht's auch gut – zumindest mit einer Wahrscheinlichkeit von 50 %.) Das Interpretieren von Massenspektren besitzt eine gewisse Ähnlichkeit damit, Puzzles zu lösen – das kann richtig Spaß machen.

Auf molekularer Ebene verläuft das Ganze folgendermaßen: Durch *Elektronenstoß-Ionisation* (*EI*; Wechselwirkung der Analyten mit einem energiereichen Elektronenstrahl) oder andere Ionisationsverfahren (mehr dazu entnehmen Sie bitte weiterführender Fachliteratur) wird dem Analyten (die übliche Abkürzung dafür lautet in der Massenspektrometrie **M**) ein Elektron entrissen, sodass ein *Molekül-Radikal-Kation* $M^{\bullet +}$ entsteht. Dieses ist meist nicht stabil und zerfällt in kleinere Fragmente, die dann weiter aufgetrennt werden. (Dazu gleich mehr.)

Die Auftrennung der durch die Ionisierung entstehenden geladenen Fragmente basiert meist darauf, dass diese im Analysator durch ein Magnetfeld geschleudert werden, wobei sie aufgrund der Massenträgheit umso weniger abgelenkt werden, je schwerer sie sind: Anhand der Position ihres Auftreffens auf dem Detektor lässt sich also etwas über ihre Masse aussagen – genauer: über ihr *Masse-zu-Ladung-Verhältnis m/z*, denn auch Mehrfach-Ionisation ist möglich, und ein doppelt geladenes Teilchen wird im Magnetfeld im gleichen Maße abgelenkt wie ein halb so schweres Teilchen mit einfacher Ladung. (Hin und wieder wird das wichtig.) Deswegen wird in Massenspektren auf der x-Achse das *m/z*-Verhältnis der detektierten Fragmente aufgetragen, *siehe* Abbildung 50.11. (Die Masse des durch die Ionisation »fehlenden« Elektrons fällt natürlich nicht ins Gewicht.)

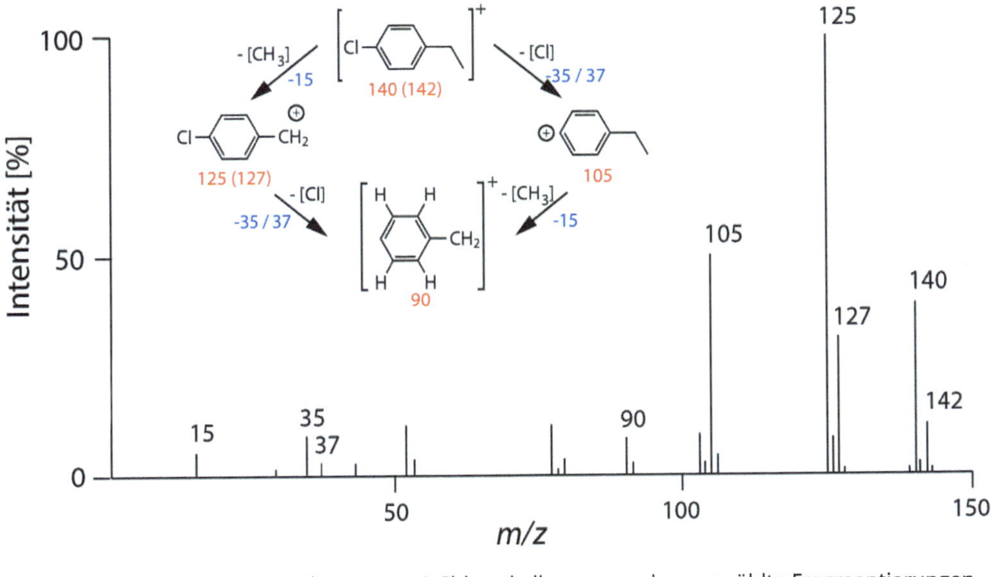

Abbildung 50.11: Massenspektrum von 4-Chlorethylbenzen und ausgewählte Fragmentierungen

Bei der Massenspektrometrie gibt es einige wichtige Dinge zu beachten:

- Natürlich kann jedes Analyt-Molekül nur *einmal* zertrümmert werden. Gleichzeitig aber schicken Sie ja nicht nur ein einzelnes Molekül in den Molekular-Fleischwolf, sondern nahezu unzählbare viele.
- Art und Ausmaß der Fragmentierung sind stark von der Struktur des jeweiligen Analyten abhängig: Bestimmte Molekül-Teile »brechen leichter ab« als andere, entsprechend treten manche Fragmentierungen sehr viel häufiger auf als andere. Aus diesem Grund wird in Massenspektren auf der y-Achse die relative Häufigkeit der einzelnen Fragmente aufgetragen (*siehe* Abbildung 50.11).
- Bei dieser Technik werden tatsächlich *einzelne Molekül-Ionen* detektiert. Da die Masse der jeweiligen Fragmente von Bedeutung ist, heißt das, es wirkt sich direkt aus, welche Isotope der jeweiligen Atome in dem betreffenden Ion vorliegen: Sie müssen die *Isotopenverteilung* (*siehe* Kapitel 4) berücksichtigen; bei der praktischen Anwendung der MS werden entsprechende Tabellen benötigt.

BEISPIEL

Das Ethanol-Molekül (C_2H_5OH) besitzt die *mittlere* Molekülmasse 46,07 g mol^{-1}. In der Massenspektrometrie jedoch wären mindestens zwei *Peaks* zu erwarten: Statistisch ist etwa jedes 100. Kohlenstoff-Atom eben nicht ^{12}C, sondern ^{13}C. Da Ethanol nun einmal zwei Kohlenstoff-Atome aufweist, enthält somit statistisch etwa jedes 50. Molekül ein ^{13}C-Atom, also stünde neben einem *Peak* bei m/z = 46 auch ein (viel kleinerer) *Peak* bei m/z = 47 zu erwarten. Bei Molekülen mit mehr C-Atomen wächst dieser Isotopen-Peak natürlich entsprechend an.

Manche Hetero-Atome zeigen deutlich andere Isotopen-Verhältnisse als ^{12}C und ^{13}C mit 99:1. Beim Chlor etwa gilt $^{35}Cl/^{37}Cl = 3 : 1$; für das Brom ist es $^{79}Br/^{81}Br = 1 : 1$ und so weiter (gerne auch mit noch mehr als nur zwei relevanten Isotopen): Es liegt ein (häufig charakteristisches) **Isotopenmuster** vor.

Was die Fragmentierungen angeht, gibt es eine gewaltige Vielzahl von Möglichkeiten: Von einfachen Zerlegungen bis zu ziemlich komplizierten Umlagerungen ist alles dabei. Für den Anfang (und nichts anderes kann dieses Buch hier bieten) wollen wir uns mit einfachsten Spaltungen begnügen. Schauen Sie sich das Massenspektrum von 4-Chlorethylbenzen (C_8H_9Cl, M = 140) an (Abbildung 50.11).

- Der **Molekülpeak** (der Peak des nur ionisierten, aber ansonsten unveränderten Analyten selbst) bei $m/z = 140$ ($M^{\bullet+}$) ist deutlich zu erkennen; wie es das Isotopen-Verhältnis von Chlor erwarten lässt, findet sich auch ein M+2-Peak ($m/z = 142$).
- Das schwerste Fragment ($m/z = 125$; entspricht M–15) zeigt das gleiche Isotopenmuster: Es gibt wieder ein um 2 u schwereres Fragment, das aber nicht ganz so häufig auftritt, also muss dieses Fragment-Paar *immer noch* ein Chlor-Atom enthalten.
  - Massendifferenzen von 15 u sind typisch für Alkylketten: Es wird ein $-CH_3$ abgespalten. (Dieses Ion sollte also ebenfalls im Spektrum zu finden sein – schauen Sie mal nach einem Peak mit $m/z = 15$!)

- ✔ Der Peak bei M−35 = 105 hingegen zeigt *kein* Chlor-Isotopenmuster: Hier gibt es also *kein* Chlor mehr. *Passt,* schließlich wiegt ein Chlor-Atom ja 35 u (oder eben 37 u, und dafür gab's ja den M+2-Peak).
  - Entsprechend steht zu erwarten, dass auch bei *m/z* = 35 und 37 Peaks zu finden sind (im Intensitäts-Verhältnis 3:1, wie es das Isotopenmuster vorgibt).
- ✔ Das Fragment mit *m/z* = 90 (M−50) ergibt sich nach doppelter Abspaltung: −Cl (−35) und $-CH_3$ (−15). Und so geht das immer weiter, bis es keine weiteren Peaks mehr zu analysieren gibt.

Manche Bindungen lassen sich viel leichter spalten als andere. Alkylketten etwa spalten leicht Methyl- oder auch Ethyl-Reste ab – aber nicht, wenn diese direkt an einem aromatischen Ring gebunden sind. Es gibt dafür einige »Spielregeln« (die Sie jedem guten Lehrbuch der Massenspektrometrie entnehmen können). Beachten Sie alle, ist das Zuordnen der Peaks eines Spektrums gar nicht so schwierig. (Meistens, zumindest. Hin und wieder kommt es während der Fragmentierung auch zu kniffligen Umlagerungen, und dann kann ein Spektrum eine echte Herausforderung werden.)

Signal, Bande, Peak – *oder*: Wie Sie Prüfer verärgern

Vielleicht ist Ihnen schon aufgefallen, dass bei NMR-Spektren von *Signalen* die Rede ist, während es in der IR- und der UV/VIS-Spektroskopie immer nur *Banden* sind, bei der Massenspektrometrie hingegen fast ausschließlich *Peaks.* Wenn Sie in einer Prüfung einmal so richtig Ärger haben wollen, dann verwenden Sie diese Begriffe einfach synonym – diese Erfahrung werden Sie *nie wieder* vergessen.

Und das war nur der Anfang:

Viele der in diesem Kapitel grob dargestellten Auftrennungs- und Analysemethoden lassen sich kreativ miteinander kombinieren: So können Sie mit der GC-MS beispielsweise Analytengemische zunächst gaschromatographisch auftrennen und sie dann jeweils via Massenspektrometrie genauer begutachten. Analoges gilt für die HPLC-MS-MS, bei der dann die durch die Massenspektrometrie erhaltenen Fragmente nach ihrer jeweiligen Detektion *erneut* massenspektrometrisch fragmentiert werden – was natürlich noch präzisere Rückschlüsse auf die Struktur der jeweiligen Analyten (oder gegebenenfalls auch den Fragmentierungs*prozess* selbst) gestattet, und so weiter. Durch diese Kombinationsmöglichkeiten lässt sich die ohnehin schon vielseitige Analytik auf noch viel mehr Gebieten zum Einsatz bringen.

IN DIESEM KAPITEL

- wird groß gedacht
- begeben sich Teilchen auf die Reise
- gibt es auch Verfahrenstechnik

Kapitel 51
Chemiker und Ingenieure halten zusammen – Technische Chemie

Chemie findet natürlich nicht nur in Laboren und an Schreibtischen statt (dann würden die meisten gar nichts davon mitbekommen). Augenscheinlich tritt sie für viele Menschen aber erst dann in Erscheinung, wenn mal wieder irgendwo ein Chemieunfall passiert. (Für Mensch und Umwelt bestand selbstverständlich wie immer keinerlei Gefahr – manchmal aber eben leider doch.) Oder der Bauer spritzt so ein ekelhaftes Zeug auf die Felder. Mit »Chemie« machen wir die Bakterien tot (die guten wie die schlechten), und manche Dessertcreme schmeckt auch wie frisch dem Labor entsprungen.

Es findet sich zwar ständig genug Anlass, über die »böse« Chemie zu schimpfen, mit der Sie lieber nichts zu tun haben möchten. Aber davon abgesehen, dass auch mal etwas schiefgeht, beschert uns die Chemie das Leben, wie wir es heutzutage völlig selbstverständlich finden. – Aber das wissen Sie doch alles schon! Warum sollen Sie sich nun auch noch mit Technischer Chemie beschäftigen?

Haben Sie sich schon einmal gefragt, woher eigentlich die ganzen Gegenstände und Stoffe kommen, die mittlerweile aus unserem Alltag nicht mehr wegzudenken sind? Bis auf wenige Ausnahmen können die Materialien, aus denen ein Großteil unserer Gebrauchsmittel besteht, nicht einfach der Natur entnommen werden – anders als zum Beispiel das Holz, um einen Tisch zu bauen.

Die Tatsache, dass Chemiker im Labor diese Stoffe »entwickeln«, bedeutet aber noch lange nicht, dass Sie in jedem Baumarkt Lichtschalter, Putzdosen und Plastikeimer kaufen können, dass Ihr Zahnarzt Sie bei Bedarf mit Kunststofffüllungen versorgt, dass Sie Ihr Paket mit Klebestreifen verpacken können, dass Sie in jeder Apotheke das gewünschte Arzneimittel erhalten oder wie selbstverständlich an einer Tankstelle Benzin bekommen, wenn Ihr Tank leer ist.

Selbst wenn Sie wissen, dass sich bestimmte künstliche Stoffe herstellen lassen, ist damit noch keine Garantie verbunden, dass sie auch in großen Mengen und zuverlässiger Qualität erzeugt werden können. Damit das klappt, wird die Technische Chemie gebraucht.

An was denken Sie, wenn Sie den Begriff Technische Chemie hören?

Wahrscheinlich an

- ✔ große Mengen
- ✔ große Apparate und Anlagen
- ✔ Übertragung in einen größeren Maßstab
- ✔ viel Verfahrenstechnik
- ✔ komplizierte Berechnungen

Die Chemische Industrie ist weltweit einer der bedeutendsten Wirtschaftsfaktoren. Ziel ist jeweils die Herstellung eines marktfähigen Produkts (mit dem natürlich Geld verdient werden soll). Dabei ist es egal, ob die Firma groß oder klein ist, ob sie Produkte für den Endverbraucher herstellt oder Ausgangsstoffe, die für die Herstellung weiterer Produkte an anderer Stelle eingesetzt werden. In der Regel handelt es sich um beträchtliche Mengen, die produziert und verkauft werden müssen, denn sonst lassen sich ja schlecht die ganzen Kosten, die dafür aufzuwenden sind, wieder hereinholen (und auch noch Gewinne machen).

So verschieden die Produkte auch sind, haben doch alle chemischen Prozesse eines gemeinsam: Sie sind außerordentlich kostenintensiv.

- ✔ Die Anlagen sind aufwendig und teuer, die ganze zugehörige Planung ebenso.
- ✔ Die Energieversorgung kostet Geld.
- ✔ Rohstoffe müssen gekauft werden.
- ✔ Die Entsorgung muss fachgerecht erfolgen (und kann *sehr* aufwendig sein).
- ✔ Langwierige Genehmigungsverfahren fallen an, weil Gesetze eingehalten werden müssen.
- ✔ Das Personal will bezahlt werden. Natürlich kann nicht jeder in der Chemieindustrie arbeiten. Für viele Tätigkeiten ist eine lange Spezialausbildung erforderlich. Treten Sie etwa einen Job in der Messwarte einer großen Chemieanlage an, kann es schon mal zehn Jahre dauern, bis Sie da durchblicken.

Natürlich darf möglichst nichts schiefgehen – das wäre zu teuer und zu gefährlich. Fliegt Ihnen ein kleiner Rundkolben im Labor um die Ohren, ist das schon schlimm genug. Ist es aber gleich eine ganze Tonne, kann das Schadensausmaß dramatisch sein. Die Chemische Industrie hat also große Verantwortung zu tragen.

Es kann hier nicht gelingen, auch nur ansatzweise die Komplexität dessen zu vermitteln, was die Technische Chemie alles zu leisten vermag. Deshalb finden Sie hier einige ausgewählte Aspekte, die Ihnen einen ersten Eindruck geben sollen, was beim Übergang vom Labor in die Welt der großtechnischen Chemie geschieht.

Synthese im Tonnenmaßstab

Alles, was Sie bereits kennen (Stöchiometrie, Kinetik, Thermodynamik und so weiter), ist natürlich unter großtechnischen Bedingungen genauso wichtig wie im Labor – Sie haben es schließlich mit denselben chemischen Reaktionen zu tun. Ob diese Reaktion im großen Maßstab überhaupt so durchführbar ist, wie Sie sich gedacht haben, darüber machen Sie sich im Labor häufig wenig Gedanken. Dafür gibt es ja die Leute in der Produktion: die Verfahrenstechniker und die Ingenieure, die sich mit den großen Maschinen auskennen. Ein Mensch, der eine Produktionsanlage bedienen kann, muss aber nicht zwangsläufig auch die chemische Reaktion verstehen, die in seinen Kesseln abläuft.

Schon hier kann es zu ernsthaften Verständigungsschwierigkeiten kommen, weil die Dinge im großen Maßstab oft ganz anders ablaufen können als im kleinen – und es wird nicht die gleiche Sprache gesprochen. Aber wo ist das Problem? Sie müssen doch nur größere Mengen in größeren Apparaten einsetzen, dann bekommen Sie doch auch mehr, oder? – Das wäre wirklich zu schön, um wahr zu sein, aber ganz so einfach ist es leider meist nicht.

Im großtechnischen Maßstab tauchen Probleme auf, mit denen Sie im Labor nichts zu tun haben und über die Sie sich wahrscheinlich nicht einmal Gedanken machen. Einige Beispiele:

✔ unzureichende Durchmischung

Im Labor holen Sie einen Rührer aus Ihrer Schublade, hängen ihn ins Gefäß und verrühren Ihre Reaktionsmasse: klappt wunderbar.

Sie könnten natürlich einen entsprechend großen Rührer für Ihren Tonnen-Kessel herstellen, aber dann brauchen Sie auch einen Motor, mit dem Sie ihn betreiben können. Dafür müssen Sie wissen, dass die Motorleistung schnell an Grenzen stößt, denn es gilt:

$$P \sim n^3 \cdot d^5$$

Das bedeutet, die Rührerleistung (P) steigt mit der *dritten* Potenz der Umdrehungszahl (n) und der *fünften* Potenz des Rührerdurchmessers (d)!

BEISPIEL Machen Sie ein kleines Experiment: Nehmen Sie einen Ventilator und befestigen Sie an den Rotorflügeln dünne Stäbe (beispielsweise Schaschlikspieße aus Holz). Damit vergrößern Sie ja den Rotordurchmesser. Sie werden staunen, was mit der Umdrehungszahl passiert.

✔ Probleme beim Kühlen oder Heizen

Stellen Sie sich eine Reaktion vor, bei der so viel Wärme freigesetzt wird, dass sich die Reaktionsmasse auf 300 °C erhitzt, wenn die Reaktion vollständig abgelaufen ist und von außen nicht gekühlt wird – das haben Sie unter Berücksichtigung der Reaktionsenthalpie für Ihren Reaktionsansatz ausgerechnet. Die Temperatur darf aber aus bestimmten Gründen 100 °C nicht überschreiten. Sie müssen also gegensteuern und kühlen. Nun werden Sie zugeben, dass es einen Unterschied ausmacht, ob diese gesamte Wärmemenge innerhalb von drei *Stunden* oder drei *Minuten* frei wird. Die Maßnahmen, die Sie einleiten müssen, um auf die maximal zulässige Temperatur zu kühlen oder sonst irgendwelche Katastrophen zu verhindern, werden in jedem Fall ganz anders auszusehen haben.

Ein Chemiker im Labor mit seinem kleinen Kölbchen muss sich da in der Regel weniger Sorgen machen: Er hängt es zum Beispiel in ein Wasserbad oder gegebenenfalls in eine Eis/Kochsalz-Mischung (damit lassen sich gut −20 °C erreichen, *siehe* Schmelzpunkterniedrigung in Kapitel 20). Häufig reicht das schon aus. Warum klappt das bei größeren Ansätzen meist nicht so einfach?

Die entscheidende Frage lautet: Wie kommt die Wärme, die im Innern der Reaktionsmasse erzeugt wird, aus dem Reaktionsgefäß heraus? Da sie ihren Weg von innen nach außen nehmen muss, bleibt ihr nichts anderes übrig, als das Behältnis *durch die Wand* zu verlassen: Je mehr Wand als Wärmeaustauschfläche da ist, desto besser. Das ist natürlich kein großes mathematisches Geheimnis, wenn Sie die Berechnungsformeln für Volumen und Oberfläche einer Kugel mit dem Radius r vergleichen:

$$\text{Volumen} = \frac{4}{3}\pi r^3 \qquad \text{Oberfläche} = 4\pi r^2$$

Das Volumen nimmt mit r^3 zu, die Oberfläche dagegen nur mit r^2.

Natürlich sind chemische Reaktoren meist nicht kugelförmig, aber *eines* können Sie diesen Formeln durchaus direkt entnehmen: Je größer der Behälter, desto kleiner wird relativ zum Volumen die für den Wärmeaustausch verfügbare Fläche. Je größer der Behälter, desto größer wird also dieses Dilemma. Für den Heizvorgang gilt natürlich umgekehrt das Gleiche.

Temperatur gut kontrolliert?

Bei technischen Reaktionsansätzen können Sie getrost davon ausgehen, dass Sie *immer* ein komplexes Reaktionsgemisch vorliegen haben. Das liegt nicht zuletzt daran, dass Sie die Reaktionsbedingungen in einer großen Reaktionsmasse in der Regel nicht so genau einstellen und einhalten können wie für eine kleine Reaktionsmasse. Während Sie im kleinen Gefäß also alles einigermaßen unter Kontrolle haben, finden sich in einem großen Gefäß unter Umständen an verschiedenen Stellen deutlich unterschiedliche Reaktionsbedingungen – und schon laufen Dinge ab, die im Labor noch nie aufgetaucht sind.

Betrachten Sie exemplarisch die Reaktionstemperatur. Nehmen wir an, Sie hätten im Labor durch Experimente herausgefunden, dass Ihre Reaktion optimal abläuft, wenn die Temperatur auf genau 122 °C eingestellt ist. Mit einem Heizpilz oder Heizbad bekommen Sie das ganz gut hin, wobei Sie vielleicht Schwankungen von +/−1 °C in Kauf nehmen müssen. Nun geben Sie diese Versuchsvorschrift an die Produktion weiter – der Herstellung von 1000 kg Produkt pro Tag sollte nichts im Wege stehen, und doch ernten Sie möglicherweise nur Kopfschütteln. Warum? – Sie verlangen vom Hersteller, dass er eine Reaktionsmasse von 1000 kg an *jeder* Stelle im Reaktionsgefäß auf 122 °C erwärmt und diese Temperatur dann auch noch *konstant* hält! Das ist nahezu ein Ding der Unmöglichkeit, denn:

- ✔ große Reaktionsmassen reagieren viel träger auf Temperaturänderungen,
- ✔ die Durchmischungsverhältnisse sind in der Regel nicht ideal,

- und wenn Sie es noch dazu mit höherer **Viskosität** zu tun haben, wird das erst recht nicht klappen – innerhalb eines Kessels können Sie mitunter Temperaturunterschiede von bis zu 15 °C registrieren.

Über eine Temperatur*führung* denken Sie normalerweise wenig nach. Sie möchten, dass Ihre Reaktion bei gleichbleibender Temperatur abläuft, und im Labor laufen viele Vorgänge tatsächlich genauso ab. Sie erwarten also

- *isotherme* Bedingungen (Abbildung 51.1a)

  Die Temperatur bleibt konstant.

Was gibt es für Alternativen?

- *adiabatische* Bedingungen (Abbildung 51.1b)

  (Falls Sie nicht mehr wissen, was »adiabatisch« eigentlich bedeutet, schauen Sie in Kapitel 17 nach.)

  Die Reaktionsmasse wird allein durch die chemische Reaktion aufgeheizt (bei *exo*thermen Reaktionen) beziehungsweise abgekühlt (bei *endo*thermen Reaktionen). Sie müssen natürlich die maximale Temperatur kennen, die sich bei 100 % Umsatz einstellen könnte – mehr geht ja nicht. Kann Ihr Reaktionsgemisch solch einen Temperaturverlauf vertragen, spricht nichts gegen einen adiabatischen Prozess. Er regelt sich von allein, und Sie müssen nicht eingreifen.

- *polytrope* Bedingungen (Abbildung 51.1c)

  Sie geben für die Temperatur Maximal- und Minimalwerte vor, die nicht über- oder unterschritten werden sollen – Regler sorgen dafür, dass die Temperatur innerhalb dieser Spanne bleibt. Durch die Trägheit des Systems oszilliert die Temperatur innerhalb eines erlaubten Rahmens. Dies ist die *häufigste* Art der Temperaturführung.

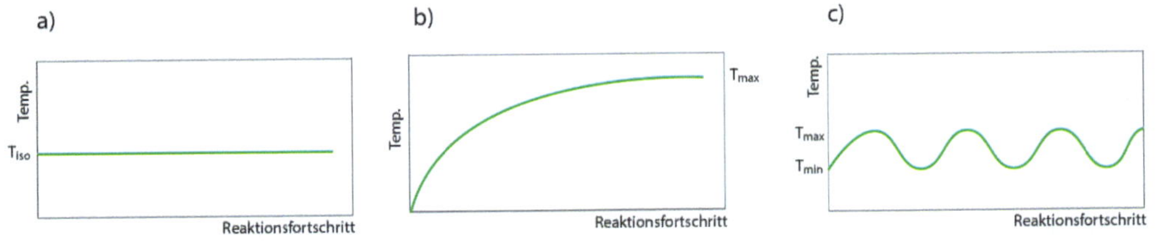

Abbildung 51.1: Möglichkeiten der Temperaturführung

Sie hätten es aber nun einmal gerne isotherm – natürlich geht das irgendwie, aber um welchen Preis? Durch die chemische Reaktion wird Wärme erzeugt oder verbraucht – immer. Das bedeutet, die Wärme muss augenblicklich überall in der Reaktionsmasse zu jedem Zeitpunkt kompensiert werden – ein unter wärmetechnischen Gesichtspunkten äußerst schwieriges Unterfangen. Komplizierte Apparate sind nötig, dazu viele Mess- und Regeleinrichtungen, alles sehr teuer. Am besten, Sie lassen die Finger davon und geben der Produktion eine vernünftige Temperaturspanne vor, in der Ihre Reaktion ablaufen darf.

Große Apparate müssen her

Wenn Sie die Prozesse in einem großtechnischen Maßstab verstehen wollen oder gar in die Lage geraten, so etwas selbst planen oder bei der Planung mitwirken zu sollen, scheint alles nach völlig anderen Gesetzen abzulaufen, als Sie das bisher gewohnt sind. Wie sollen Sie die Reaktion aus Ihrem Rundkolben in einen gigantischen Anlagenkomplex (wie in Abbildung 51.2) übertragen?

Abbildung 51.2: Maßstabsübertragung

Aber keine Sorge, alles hat mal klein angefangen. Machen Sie sich zunächst Folgendes klar: Die großen Anlagen, so komplex und vielfältig sie auch sind (und so gewaltig, Ehrfurcht erregend oder bedrohlich sie auch aussehen mögen), sind nur Mittel zum Zweck: Herstellung eines chemischen Produkts (was Sie oder andere im Labor ja auch schon hinbekommen haben). Die entscheidende Frage ist also: *Was* wollen Sie herstellen? Die zweite Frage ist dann: *Wie* wollen Sie das machen? Dass das in großen Tonnagen anders funktioniert als im Labor, können Sie sich mittlerweile sicher vorstellen (und akzeptieren). Und außerdem verlangt ja auch keiner von Ihnen, dass Sie eine entsprechend große Anlage im Alleingang konzipieren und betreiben.

Selbstverständlich verbieten die Größe der Anlagen und die eingesetzten Mengen an Chemikalien, dass Sie einfach mal ausprobieren, ob es vielleicht klappt. Es steckt also System dahinter – in Form von Konzepten, die eine weitestgehende Voraussage darüber zulassen, was bei einem chemischen Prozess geschieht. Diese Konzepte nennen sich

- ✔ Chemische Reaktionstechnik (englisch *chemical reaction engineering*)
- ✔ Verfahrenstechnische Grundoperationen (englisch *unit operations*)

Dahinter stecken viele Modelle, viel Mathematik, viele Näherungslösungen. Aber das alles brauchen Sie *jetzt* gar nicht zu wissen. – Ein chemischer Prozess besteht eigentlich zum größten Teil aus Verfahrenstechnik. Die Ausgangsstoffe müssen vorbereitet werden, denn in der Regel liegen sie nicht so vor, dass sie sofort einsetzbar sind. Vielleicht müssen sie gereinigt, gemahlen oder erhitzt werden. Genauso fallen die Produkte meist nicht gleich in verkaufsfähiger Form an: Aufbereitung ist erforderlich, beispielsweise Destillation, Kristallisation oder Filtration.

Zwischendurch kommt der *Chemische Reaktor* ins Spiel (hat nichts mit einem *Kern*reaktor zu tun) – der Ort, an dem die richtigen Reaktionspartner zur richtigen Zeit unter den richtigen Reaktionsbedingungen zusammentreffen, damit die gewünschte chemische Reaktion auch ablaufen kann. Aufgabe der Reaktionstechnik ist es dabei, zu klären, wie dieser Reaktor auszusehen hat und zu welcher Leistung er fähig ist. Denn es stellen sich doch ganz entscheidende Fragen (wie so oft geht's um Geld):

- ✔ Wie groß muss der Reaktor sein?
- ✔ Welcher Umsatz kann erzielt werden?
- ✔ Wie lassen sich unerwünschte Nebenprodukte vermeiden?
- ✔ Wie lange dauert das alles?
- ✔ Welche Konzentration meines Reaktanten liegt nach einer bestimmten Zeit noch vor?
- ✔ Was kann ich tun, damit es schneller und effizienter geht? Wie kann die Produktionsleistung erhöht werden?

Ein Reaktor ist Teil eines Produktionsbetriebs, für den ständig laufende Kosten anfallen. So ein Reaktor kostet *auch dann* Geld, wenn gerade *keine* chemische Reaktion darin stattfindet. Es wird geheizt, gekühlt oder gereinigt – das sind aber unproduktive Totzeiten, die möglichst gering gehalten werden müssen.

Der Konzeption chemischer Reaktoren sind natürlich keine Grenzen gesetzt. Es gibt sehr viele unterschiedliche Bauarten, denn ein solcher Prozess wird auf das jeweilige Produkt abgestimmt – und Produkte gibt es ja auch in großer Vielzahl.

Grundlage: Drei ideale Reaktoren

Bemerkenswert ist, dass nahezu alle chemischen Reaktoren auf drei *idealen Modellreaktoren* beruhen, die grundsätzlich unterschiedliche Betriebsweisen repräsentieren (schematisch in Abbildung 51.3 dargestellt).

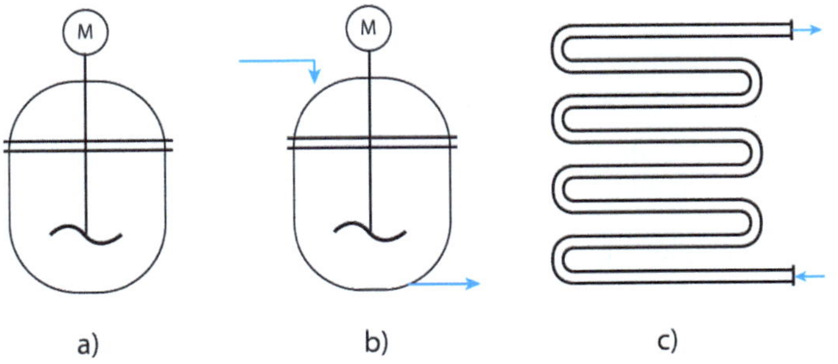

Abbildung 51.3: Ideale Modellreaktoren

Erkennen Sie die Unterschiede?

1. **Diskontinuierlich betriebener Rührkessel** (»Batch-Reaktor«, Abbildung 51.3a)

   Im Batch-Reaktor sind Stoffe und Wärme vollkommen homogen verteilt. Die Konzentrationen aller beteiligten Reaktanden ändern sich mit der Zeit, weil ja eine Reaktion stattfindet – der Prozess ist instationär.

2. **Kontinuierlich betriebener Rührkessel** (»Fließreaktor«, Abbildung 51.3b)

   Im Fließreaktor sind ebenfalls Stoffe und Wärme vollkommen homogen verteilt. Fließt genauso viel hinaus wie hinein, dann sind die Konzentrationen über die Zeit konstant – der Prozess ist stationär.

3. **Strömungsrohr** (Abbildung 51.3c)

   Einfach ein Rohr, sonst nichts. Das *lässt* sich natürlich nur kontinuierlich betreiben. Fließt genauso viel hinaus wie hinein, dann besteht ebenfalls ein stationärer Betrieb – aber: Die Konzentrationen verändern sich längs des Rohres, sind also *inhomogen* im Reaktor verteilt.

Die meisten chemischen Reaktionen im Labor sind vergleichbar mit der Durchführung in einem diskontinuierlichen Rührkessel, da sich ja die Konzentrationen dauernd ändern. Kontinuierliche Versuchsdurchführungen sind im Labor eher selten.

Das Ergebnis einer chemischen Reaktion ist abhängig vom Reaktionsgefäß, in dem sie stattfindet. Es macht beispielsweise einen Unterschied, ob Sie dieselbe Reaktion in einem diskontinuierlich oder kontinuierlich betriebenen Rührkessel durchführen.

Zudem hängt das Ergebnis von der Reaktions*ordnung* ab. Diese Zusammenhänge können Sie mit entsprechenden Modellrechnungen herausfinden.

In den Reaktoren ziehen Sie Bilanz

Wie überall gelten auch in chemischen Reaktoren die *Erhaltungssätze für Masse und Energie*. Zusammen mit der Reaktionsgeschwindigkeit bilden sie die Grundlage für deren Dimensionierung. Die Berechnung geht über Bilanzgleichungen, die Sie entsprechend für den Stoff und die Wärme aufstellen.

Sie betrachten die zeitliche Änderung in einem bestimmten Bilanzvolumen, das je nach Reaktor unterschiedlich ist.

Allgemein sieht eine Bilanzgleichung so aus:

zeitliche Änderung im Bilanzraum = was bewirken Strömungsvorgänge? + wie wirken sich Konzentrations- und Temperaturunterschiede aus? + was ändert sich durch die Reaktion?

Dahinter stecken entsprechende Differentialgleichungen, die Sie unter Umständen auch noch miteinander koppeln müssen, bevor Sie sich an die Lösung begeben. Für die oben erwähnten *idealen* Reaktoren geht das noch ziemlich einfach, für *real existierende* Reaktionsapparate kann das schnell zur mathematischen Herausforderung werden. Aber dafür haben sich die Ingenieure auch noch andere Konzepte ausgedacht.

Das genauer auszuführen, würde hier leider den Rahmen sprengen, da müssen wir Sie bei Interesse auf Literatur der Technischen Chemie verweisen.

Der Weg ist das Ziel

Eine Reaktion mag ja außerordentlich schnell ablaufen, aber das nützt alles nichts, wenn es zu lange dauert, die reagierenden Teilchen von A nach B zu transportieren – die Reaktanten müssen einander ja erst einmal treffen, bevor sie miteinander reagieren können. Diesem Rendezvous können beträchtliche Steine in den Weg gelegt werden:

- ✔ Die Entfernungen können zu groß sein, selbst im homogenen Reaktionsmedium.
- ✔ Gegebenenfalls müssen Phasengrenzen überwunden werden.
- ✔ Die Reaktion findet in engen Katalysator-Poren statt – und da wollen die Teilchen einfach nicht hinein.
- ✔ Die Teilchen treffen einander, aber es läuft nichts zwischen ihnen, weil es zu kalt ist.

Transportunternehmen

Transporteffekte besitzen deutlichen Einfluss auf das ganze Reaktionsgeschehen. Die wichtigsten Transportgrößen sind

- ✔ Stoff:
  - Wenn Sie eine Pumpe oder einen Rührer einschalten, wird eine Strömung erzeugt, die den Stoff zwangsläufig mitnimmt, er kann sich dagegen gar nicht wehren. Der Stofftransport ist erzwungen oder *konvektiv*.
  - Selbst in Ruhe kann es zu einem Stofftransport kommen, und zwar dann, wenn unterschiedliche Konzentrationen vorhanden sind. Stoff wandert von der höheren zur niedrigeren Konzentration (immer!), bis die Konzentrationen ausgeglichen sind. Dieser Vorgang heißt *Diffusion*.
- ✔ Wärme:
  - Auch hier kann der Transport erzwungen, also *konvektiv* erfolgen.
  - Ist irgendwo ein Temperaturunterschied vorhanden, wandert Wärme von der höheren zur niedrigeren Temperatur (immer!). Dieser Vorgang heißt *Wärmeleitung*.

Diese Transporte haben mit der eigentlichen chemischen Reaktion zwar nichts zu tun, aber sie beeinflussen sich gegenseitig und benötigen genauso wie die Reaktion selbst auch Zeit. In Analogie zur Reaktionskinetik gibt es also auch noch eine *Transportkinetik.*

Wichtig für die Produktionsleistung ist das, was letztendlich herauskommt. Es hilft nichts: Reaktion und Transport hängen zusammen und müssen miteinander gekoppelt werden. Wenn Sie jetzt noch berücksichtigen, ob der Transport *vor* oder *während* der Reaktion auftritt, können Sie bestimmte Gleichungen aufstellen (und lösen) und damit die *effektive* Reaktionsgeschwindigkeit ausrechnen. Diese ist letztendlich maßgebend für die *Produktionsleistung* – und kann von vielen Faktoren abhängen.

Wenn Ihnen alles nicht schnell genug geht, müssen Sie die Schräubchen kennen, an denen Sie drehen können, um das System zu optimieren. Es nützt zum Beispiel überhaupt nichts, die Temperatur (und damit die Reaktionsgeschwindigkeit) zu erhöhen, wenn der geschwindigkeitsbestimmende Schritt ein *Transport*vorgang ist, der sich durch die Temperatur nicht beeinflussen lässt.

Alles fließt

Wenn Sie eine großtechnische Chemieanlage betrachten, dürften Ihnen vor allem die vielen Rohrleitungen auffallen. Es sieht zwar so aus, als würde gar nichts passieren, und doch werden ständig Stoffe (hauptsächlich Flüssigkeiten und Gase) hin- und hertransportiert.

Bei allem, was strömt, kommen Sie an einer *Fundamentalgleichung* nicht vorbei:

$$\underset{1}{p_{ges}} = \underset{2}{p_{stat}} + \underset{3}{\rho g h} + \underset{4}{\frac{\rho u^2}{2}} = \text{const.}$$

1 = Gesamtdruck, 2 = statischer Druck, 3 = Schweredruck, 4 = dynamischer Druck

Dies ist die berühmte **Bernoulli-Gleichung**, die im Prinzip nichts anderes aussagt, als dass die Energie konstant bleibt (was sie zu einer alternativen Formulierung des Energieerhaltungssatzes macht). Mit ihr können Sie eigentlich die meisten Strömungsaufgaben erledigen.

Natürlich können Sie die einzelnen Druckterme in Energien umrechnen. (Sie wissen nicht, wie das geht? – Schauen Sie in Kapitel 2 nach: Sie müssen Druck mit Volumen multiplizieren, und schon haben Sie eine Energie.)

Bei einer Strömung kommt es immer zu Wechselwirkungen der Flüssigkeitsteilchen untereinander und von Flüssigkeitsteilchen mit der Wand – denn es ist ja immer eine feste Wand da (die Wand eines Behälters oder eine Rohrwand). Dadurch entstehen Energieverluste, die mitkalkuliert werden müssen, wenn Sie zum Beispiel die notwendige Leistung einer Pumpe berechnen wollen. Für diesen Zweck geben Sie die Bernoulli-Gleichung am besten in Höhen-Termen an:

$$H_{ges} = \frac{p_{stat}}{\rho g} + h + \frac{u^2}{2g} = \text{const.}$$

Hier kommt die sogenannte *Förderhöhe* ins Spiel, von der Sie vielleicht schon einmal gehört haben. Dabei werden zwei Energieterme (H_{ges}) verglichen.

Hier haben Ingenieure das Sagen

Die Chemische Verfahrenstechnik lässt sich grob einteilen in

- ✔ mechanische Grundoperationen

  Hier können Sie fördern, zerteilen, trennen oder vereinigen. Dafür brauchen Sie mechanische Werkzeuge, etwa Pumpen, Rührer, Siebe, Filter, Kneter, Homogenisatoren und noch vieles mehr.

- ✔ thermische Grundoperationen

  Hierfür müssen molekulare Triebkräfte wie Konzentrations- oder Temperaturunterschiede vorhanden sein. Damit können Sie nach Herzenslust kondensieren, verdampfen, extrahieren, destillieren oder absorbieren.

Es gibt keinen chemischen Prozess *ohne* Verfahrenstechnik. Thermische *Trennverfahren* nehmen dabei einen wichtigen Platz ein.

Trennung im Gegenstrom

Mit Sicherheit sind Ihnen schon mal Begriffe untergekommen wie Destillation, Kristallisation oder Extraktion. So etwas brauchen Sie nicht nur beim Schnapsbrennen oder Kaffeekochen: Es sind sehr gebräuchliche verfahrenstechnische Schritte, um Stoffe zu trennen und/oder Produkte in höherer Reinheit zu erhalten.

Bei diesen Vorgängen stellen sich zwischen verschiedenen Phasen Gleichgewichte ein, die verhindern, dass der gewünschte Stoff komplett in einem Schritt von einer in die andere Phase wechselt. Um die Ausbeute diesbezüglich zu erhöhen, könnten Sie den Vorgang in mehreren Schritten mehrmals hintereinander durchführen – also etwa so oft heißes Wasser durch Ihr Kaffeepulver gießen, bis die Lösung nicht mehr nach Kaffee aussieht, oder den kondensierten Dampf einer Lösung wiederholt verdampfen, um eine Komponente anzureichern.

BEISPIEL

Sie wollen ein Flüssigkeitsgemisch (A und B) durch Destillation trennen. Voraussetzung dafür ist, dass sich die Siedepunkte von A und B unterscheiden, denn dann hat der Dampf eine andere Zusammensetzung als die Flüssigkeit, mit der er im Gleichgewicht steht (*siehe* Kapitel 17). Das lässt sich in einer Gleichgewichtskurve (rote Kurve in Abbildung 51.4) auch übersichtlich darstellen.

Technisch wird diese Trennoperation wesentlich effizienter mithilfe des *Gegenstromprinzips* realisiert: Es gibt mehrere Trennstufen wie etwa Böden in einer Trennkolonne, der die Phasen (in diesem Fall Flüssigkeit und Dampf) von entgegengesetzten Seiten zugeführt werden. Sie können die Anreicherung von Boden zu Boden anhand der Gleichgewichtskurve

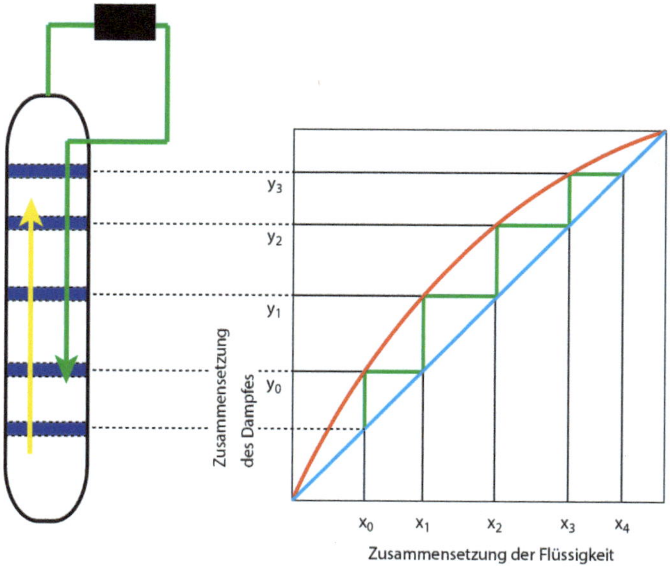

Abbildung 51.4: Gegenstromdestillation

verfolgen. Auf der blauen Diagonalen haben Flüssigkeit und Dampf die gleiche Zusammensetzung.

Ähnlich funktioniert das bei der *Extraktion*: Sie haben mehrere Trennstufen, das Ausgangsgemisch wird der ersten Stufe, das Lösemittel der letzten Stufe zugeführt (Abbildung 51.5).

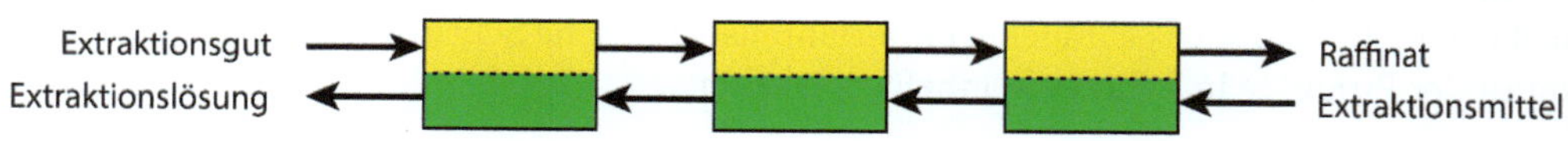

Abbildung 51.5: Gegenstromextraktion

Das Ergebnis ist ungefähr dasselbe, als ob Sie mehrere Extraktionen hintereinander ausführen würden – aber so geht es viel einfacher und braucht viel weniger Lösungsmittel.

Ohne Zweifel würde unser modernes Leben ohne die Chemische Industrie nicht so aussehen, wie wir es gewohnt sind. Hier kommen Erkenntnisse und Modellvorstellungen der Technischen Chemie zur Anwendung – Chemie wird in die Praxis umgesetzt. Die Chemiker, die sich mit den Prinzipien der Technischen Chemie und der Chemischen Verfahrenstechnik zumindest ein wenig auskennen, besetzen also eine wichtige Schnittstelle.

IN DIESEM KAPITEL

- treiben wir ein wenig Alchemie
- befassen wir uns mit Altlasten des Universums
- strebt der Mensch ins Innere des Atomkerns

Kapitel 52

An der Grenze von Chemie und Physik – Kernchemie

In Teil III wurde Ihnen dargelegt, dass das chemische Verhalten der Atome vornehmlich durch die Elektronen bestimmt wird. Jede Bindung als Folge einer chemischen Reaktion ist verbunden mit der Aufnahme, Abgabe oder gemeinsamen Nutzung von Elektronen. Das Element als solches bleibt erhalten, denn es wird ja bestimmt durch die Anzahl der Protonen im Atomkern.

Was also ist jetzt Kernchemie? – Sie können sich darüber streiten, ob Sie es lieber Kern*physik* nennen wollen. (Menschen, die sich mit diesem Thema beschäftigen, sind ja auch eher »Kernphysiker« als »Kernchemiker«); in gewissen Kreisen erfreuen sich aber auch die Bezeichnungen Nuklearchemie und Nuklearphysik beachtlicher Beliebtheit.

Das ändert aber nichts an der Tatsache, dass sich bei einem Vorgang *im Kern* die Anzahl der Protonen verändert: Mal werden es mehr, mal weniger. Es entstehen also andere Elemente.

Natürlich gelingt es immer noch nicht, den Traum der Alchemisten zu erfüllen und aus billigen Stoffen Gold zu machen, aber manche Vorgänge lassen sich durchaus als eine Form von *moderner* Alchemie bezeichnen.

Kernumwandlungen

1896 entdeckte der französische Physiker Henri Becquerel die Strahlung von Uran. Diese konnte nur durch Umwandlung der Atom*kerne* entstehen. Zunächst stellt sich also die Frage, was einen Atomkern dazu veranlassen könnte, seine Identität zu wechseln.

Ob ein Atomkern stabil ist oder nicht, hängt von der Anzahl seiner Kernbausteine und deren Wechselwirkung untereinander ab. Ist ein Kern stabil, ist er das bis in alle Ewigkeit, ist er instabil, zerfällt er – aber auch das kann manchmal sehr, sehr lange dauern. Großen Einfluss auf die Stabilität hat die Größe des Atomkerns.

Kernreaktionsgleichungen

Um die Vorgänge bei **Kernreaktionen** deutlich zu machen, werden die Elemente mit Ordnungszahl und Massenzahl sowie *alle* beteiligten zugefügten oder emittierten Teilchen angegeben.

Damit die Bilanzen stimmen, müssen bei den Umwandlungen mitunter auch noch diverse Neutrinos und Antineutrinos berücksichtigt werden. (So tief wollen wir aber hier nicht in die Teilchenphysik einsteigen, für das *grundsätzliche* Verständnis sind sie nicht so wichtig.)

Meistens finden Sie den Zerfall unter Bildung von α-Teilchen (Heliumkernen) oder β-Teilchen (Elektronen) so dargestellt:

$${}^{235}_{92}\mathrm{U} \rightarrow {}^{231}_{90}\mathrm{Th} + {}^{4}_{2}\mathrm{He}$$

$${}^{85}_{36}\mathrm{Kr} \rightarrow {}^{85}_{37}\mathrm{Rb} + \mathrm{e}^-$$

Eigentlich müsste es allerdings heißen:

$${}^{235}_{92}\mathrm{U} \rightarrow {}^{231}_{90}\mathrm{Th}^{2-} + {}^{4}_{2}\mathrm{He}^{2+}$$

$${}^{85}_{36}\mathrm{Kr} \rightarrow {}^{85}_{37}\mathrm{Rb}^{+} + {}^{0}_{1}\mathrm{e}^-,$$

denn wie es sich für eine Reaktionsgleichung gehört, müssen die linke und die rechte Seite *ausgeglichen* sein. Das betrifft die *Massenzahlen*, die *Kernladungszahlen* und die *Ladungen* – zählen Sie nach!

In zahlreichen Beispielen zur Bilanzierung von Kernreaktionen wird versucht, die Elektronenhülle auszuklammern, indem die entsprechenden Nuklidmassen verwendet werden (also Atommassen minus der z-fachen Elektronenmasse), sozusagen als Synonym für die Kernmasse – denn schließlich geht es ja um die Atom*kerne*. Diese Vereinfachung führt aber bei der Berechnung von Energiedifferenzen in den Zerfallsprozessen zu Problemen. Warum? – Bei einem α-Zerfall wird die Kernladungszahl kleiner; es muss Energie aufgewendet werden, um die Elektronen auf einen schwächer gebundenen Zustand anzuheben, und dieser Energiebetrag fehlt den emittierten α-Teilchen. Bei einem β-Zerfall werden die Elektronen stärker angezogen, da die Kernladungszahl steigt. Sie müssten also den Energiezustand der Elektronenhülle zusätzlich berechnen.

Um sich solche Details zu ersparen, verwenden Sie am besten die *neutralen Atommassen*, dort sind die Bindungsenergien der Elektronen enthalten. Der Fehler, den Sie dabei machen, ist im Vergleich zu den bei Kernumwandlungen auftretenden Reaktionsenergien wirklich unerheblich.

Viel Energie

Die Energieumsätze bei Kernreaktionen sind *viel* größer als bei chemischen Reaktionen. Zerfällt ein Kern freiwillig, *muss* es sich um einen Vorgang handeln, bei dem Energie frei wird.

Es ist ein weitverbreiteter Irrtum, dass Masse in Energie *umgewandelt* wird.

Spätestens die unterschiedlichen Einheiten sollten Sie stutzig machen. Ursache der frei werdenden Energie ist nicht die *Umwandlung* von Masse, sondern der Umstand, dass wesentlich stabilere Atomkerne gebildet werden, als vorher vorhanden waren. Da es hier um starke Kernkräfte geht, ist es die *Kernbindungsenergie*, die zum Tragen kommt. Die Reaktion selbst ist nur mit einem geringen Massenverlust verbunden, denn die Masse der entstehenden Teilchen ist nach einer Kernreaktion *immer* kleiner als vorher. Die Massendifferenz entspricht dem Massendefekt (*siehe* Kapitel 4) und ist ein Maß für die Kernbindungsenergie, die mit den stabileren Kernen gewonnen wurde. Über die EINSTEIN-Beziehung ist diese Massendifferenz einer Energie *äquivalent*. Energie kann nur in eine andere Energie*form* umgewandelt werden – bei Kernreaktionen hauptsächlich in kinetische Energie (der emittierten Teilchen) und Wärme.

Bei der Stabilität der Atomkerne gibt es durchaus Unterschiede. Abbildung 52.1 zeigt, dass Eisen den stabilsten Atomkern besitzt, hier wirken die stärksten Kernkräfte. Demzufolge müsste die Spaltung größerer und die Fusion kleinerer Kerne zu neuen, stabileren Atomkernen führen, die jeweils stabiler sind, wobei der jeweilige Energieunterschied freigesetzt wird.

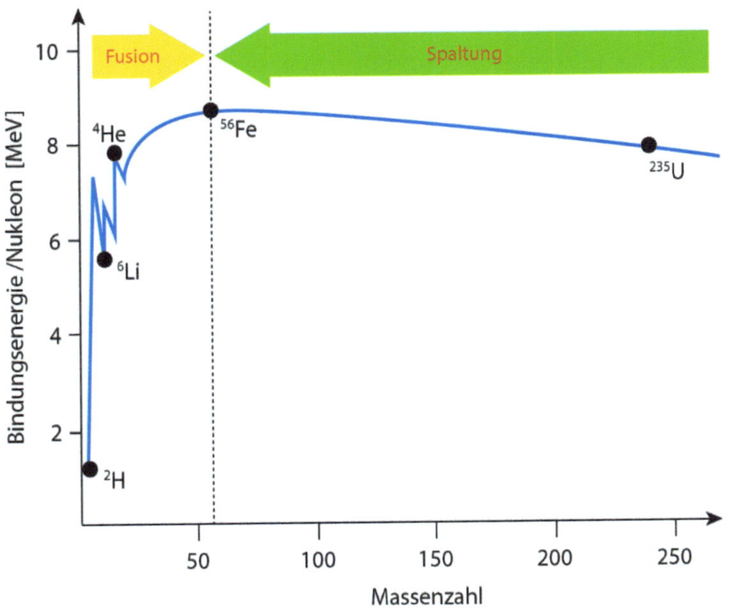

Abbildung 52.1: Kernbindungsenergien

Übrigens: Bei *jeder* Energieänderung kommt es zu einer Änderung der Masse, also *auch* bei chemischen Reaktionen. Ist bei einer Knallgasreaktion Wasser entstanden, ist dessen Masse ein wenig geringer als die Gesamtmasse von Wasserstoff und Sauerstoff *vor* der Reaktion. *Nur ist dieser Effekt hier verschwindend klein* – aber er äußert sich in der frei werdenden Reaktionsenergie.

Betrachten wir einmal, wie viel Energie wirklich in der Masse steckt. Fangen wir klein an und nehmen die Atommasseneinheit, die Sie aus Kapitel 4 kennen. Nach der berühmten EINSTEIN-Gleichung $E = m\,c^2$ gilt:

$$E = 1{,}66054 \cdot 10^{-27}\,\mathrm{kg} \cdot (2{,}997925 \cdot 10^{8}\,\mathrm{m\,s^{-1}})^2 = 1{,}49242 \cdot 10^{-10}\,\mathrm{J\,u^{-1}} \qquad (52.1)$$

Das sieht noch nicht nach viel aus. Energien im Kerngeschäft werden meistens in Elektronenvolt oder Megaelektronenvolt MeV angegeben. Rechnen wir das noch mal um (aus Kapitel 5 wissen Sie sicherlich noch, dass $1\,\mathrm{eV} = 1{,}60218 \cdot 10^{-19}\,\mathrm{J}$ ist):

$$1{,}60218 \cdot 10^{-19}\,\mathrm{J} = 1\,\mathrm{eV}$$
$$1{,}49242 \cdot 10^{-10}\,\mathrm{J\,u^{-1}} = 9{,}31493 \cdot 10^{8}\,\mathrm{eV\,u^{-1}} = 931{,}493\,\mathrm{MeV\,u^{-1}} \qquad (52.2)$$

Das ist doch schon ganz ordentlich. Wenn dies die Energie *einer* Atommasseneinheit ist, dann können Sie leicht die Energie von 1 Gramm eines Stoffes ausrechnen:

$1\,\mathrm{g} = 6{,}022 \cdot 10^{23}\,\mathrm{u}$, das entspricht einer Energie von etwa $9 \cdot 10^{13}\,\mathrm{J}$ oder $5 \cdot 10^{26}\,\mathrm{MeV}$, wenn sich die Masse vollständig verabschieden würde. Im Abschnitt *Kernspaltung* finden Sie ein konkretes Rechenbeispiel.

Wie viele Protonen verträgt ein Kern?

Was hält so einen Atomkern überhaupt zusammen? Eigentlich müsste er doch auseinanderfliegen bei den vielen positiv geladenen Protonen, die sich gegenseitig abstoßen!

Hierfür haben die Kernphysiker das sogenannte **Standardmodell** entwickelt. Auch Protonen und Neutronen besitzen eine innere Struktur (das sind die *Quarks* & Co., aber da wollen wir jetzt nicht hin!). Zwischen den Elementarteilchen bestehen folgende Wechselwirkungen:

- ✔ *starke* Wechselwirkung
- ✔ *schwache* Wechselwirkung
- ✔ *elektromagnetische* Wechselwirkung

Auf die komplizierten Theorien, die dahinterstecken, gehen wir hier nicht ein. Wir betrachten nur die Schlussfolgerungen:

- ✔ Atomkerne bestehen aus positiv geladenen Protonen und elektrisch neutralen Neutronen.
- ✔ Im Kern selbst wirken zwei gegensätzliche Kräfte:
  - Zwischen Protonen und Neutronen gibt es starke anziehende Kräfte. Allerdings ist deren Reichweite so gering, dass sie nur auf *unmittelbar benachbarte* Teilchen wirken.
  - Die abstoßende **COULOMB-Kraft** ist selbst bei benachbarten Protonen schwächer als die anziehende Kraft, sie hat allerdings eine viel größere Reichweite.
- ✔ Die Neutronen wirken wie ein isolierender Kitt zwischen den Protonen.

- Bis zur Kernladungszahl 20 (Ca) ist es gut, wenn gleich viele Protonen und Neutronen vorhanden sind. Da die Abstoßungskräfte mit steigender Protonenzahl stark zunehmen, muss die Neutronenzahl jedoch überproportional ansteigen.

Die *starke* Wechselwirkung hält den Kern zusammen, die *elektromagnetische* Wechselwirkung treibt ihn auseinander. Überwiegt die anziehende Kraft, ist der Kern stabil, andernfalls zerfällt er und emittiert dabei Energie in Form einer Strahlung.

Wird für die verschiedenen Isotope aller Elemente die Anzahl der Protonen gegen die Anzahl der Neutronen aufgetragen, ergibt sich der schwarze Bereich in Abbildung 52.2 für stabile Atomkerne. Das ist eine **Nuklidkarte**. Das Verhältnis von Protonen zu Neutronen nimmt bis auf 1:1,6 zu. Auf der Diagonalen ist die Anzahl von Protonen und Neutronen gleich.

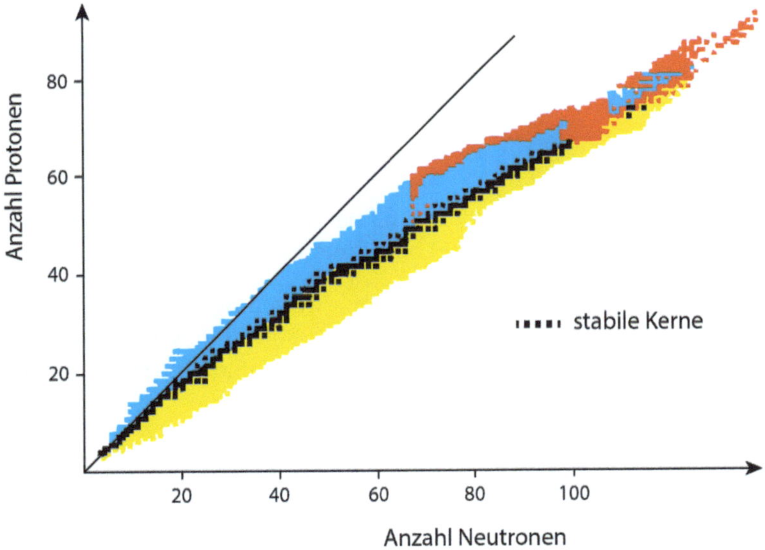

Abbildung 52.2: Nuklidkarte

Oberhalb des schwarzen stabilen Bereichs ist der *Protonen*überschuss und unterhalb der *Neutronen*mangel zu groß, diese Kerne sind also *nicht stabil*.

Drei Sorten von Nukliden werden unterschieden:

- **Isotope** mit gleicher *Protonen*zahl und unterschiedlicher Neutronenzahl (die kennen Sie schon aus Kapitel 4)
- **Isotone** mit gleicher *Neutronen*zahl und unterschiedlicher Protonenzahl *und*
- **Isobare** mit gleicher *Massen*zahl

Aufgrund der Abstoßung sind Kerne zunehmend weniger stabil, je mehr Protonen sie enthalten.

Die Protonen sind nun zu weit voneinander entfernt, um noch von den starken Kernkräften zusammengehalten zu werden. Der größte stabile Kern ist $^{209}_{83}Bi$. Im Kasten *Modelle für den Atomkern* erfahren Sie ein wenig mehr darüber, wie man der Stabilität der Atomkerne auf den Grund gehen will.

Modelle für den Atomkern

Für den Atomkern gibt es viele Modellvorstellungen – es gibt aber bislang keine, die *alle* Vorgänge im Atomkern beschreiben kann. Hinter der Verwendung verschiedener Modelle (denken Sie gerne an Kapitel 1 zurück!) steckt letztendlich immer das Streben nach Antworten auf bestimmte, spezielle Fragen. Zwei häufig verwendete Modelle sind:

✔ Das *Tröpfchenmodell*

- betrachtet den Atomkern wie einen Flüssigkeitstropfen mit konstanter Dichte *und*
- postuliert neben der COULOMB-Abstoßung noch Anziehungskräfte mit kurzer Reichweite.

✔ Das *Schalenmodell*

- Ähnlich wie bei Elektronen in Atomen können Energiezustände der Nukleonen (das ist die Gesamtheit der Kernbausteine) berechnet werden.
- Kerne mit einer »magischen Zahl« an Nukleonen erweisen sich als besonders stabil. Solche Zahlen sind etwa 2, 8, 20, 28, 50, 82, 126. Betrifft dies die Anzahl an Protonen, gehören sie zu den Elementen He, O, Ca, Ni, Sn und Pb – sie kommen in der Natur häufig vor.
- Es gibt auch *doppelt* magische Kerne mit magischer Protonen- *und* Neutronenanzahl: ^{4}He (2 Protonen, 2 Neutronen), ^{16}O (8 Protonen, 8 Neutronen), ^{208}Pb (82 Protonen, 126 Neutronen). Die kommen besonders häufig vor und sind wirklich *immens* stabil.

Kein Platz für Technetium

Da sich die Massenzahl jeweils aus Protonen und Neutronen zusammensetzt, könnten Sie sich vorstellen, dass es auch Isotope mit gleicher Massenzahl gibt, obwohl sie zu verschiedenen Elementen gehören. Die Tatsache, dass bestimmte Nuklide *nicht* gefunden wurden, führte zur empirisch 1934 von Josef MATTAUCH formulierten **MATTAUCH'schen Isobarenregel**:

Die Ordnungszahl stabiler Nuklide mit gleicher Massenzahl muss sich mindestens um zwei unterscheiden.

Anders formuliert: *Benachbarte* stabile *Nuklide mit gleicher Massenzahl gibt es nicht.*

Schauen Sie in das Periodensystem (*siehe* Kapitel 10): Dort finden Sie unter anderem die Elemente Argon (OZ 18), Kalium (OZ 19) und Calcium (OZ 20).

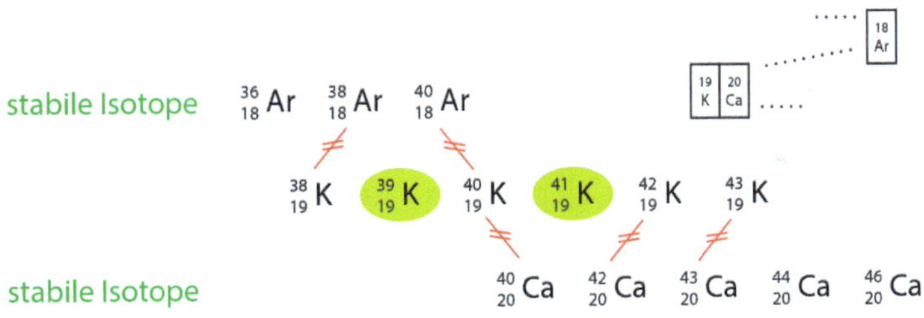

Immerhin bleiben zwei stabile Kalium-Isotope übrig, sodass sich natürliches Kalium auf die Isotope $^{39}_{19}K$ (93,26 %) und $^{41}_{19}K$ (6,73 %) verteilt. Ganz wenig $^{40}_{19}K$ (0,012 %) mischt sich manchmal auch noch darunter.

Aus demselben Grund sind beispielsweise $^{176}_{70}Yb$ und $^{176}_{72}Hf$ stabil, während das dazwischen liegende $^{176}_{71}Lu$ instabil ist.

Nun betrachten Sie im Vergleich die drei Elemente Molybdän (OZ 42), Technetium (OZ 43) und Ruthenium (OZ 44).

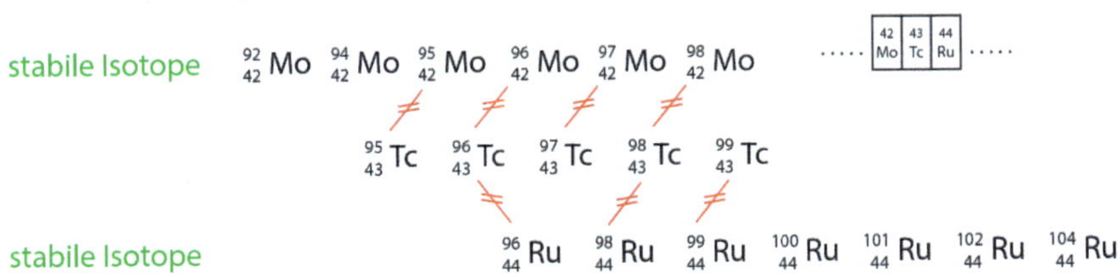

Alle Plätze, die ein Technetium-Kern einnehmen könnte, sind bereits durch seine Nachbarn besetzt. Deshalb gibt es *kein natürlich vorkommendes* Technetium. Sie können sich natürlich fragen, warum kein Technetium-Isotop ein Molybdän- oder Ruthenium-Isotop verdrängt, davon gibt es ja schließlich genug stabile. Aber diese Frage stellt sich nicht, denn die Natur hat es nun einmal anders geregelt. Sie hat sich entschieden, viele stabile Molybdän- und Ruthenium-Isotope zu bilden – auf Kosten von Technetium. Die Kernphysiker können also nur versuchen, diesen Tatbestand zu erklären. Einige ihrer Modelle (auf die wir hier aber nicht eingehen) passen schon recht gut.

Ein ganz ähnlich gelagerter Fall tritt beim Promethium (Kernladungszahl 61) auf. Die benachbarten Elemente Neodym und Samarium haben auch hier mit stabilen Nukliden zugeschlagen.

Rein theoretisch wäre eine Lücke da: $^{147}_{62}Sm$ und $^{149}_{62}Sm$ zerfallen – allerdings erst in 10^{11} beziehungsweise 10^{15} Jahren, das ist ja fast schon »stabil«.

Es gibt also von Technetium und Promethium keine natürlich vorkommenden Isotope, da sind *echte* Lücken im Periodensystem. Die Kerne lassen sich zwar synthetisch herstellen, aber sie sind alle radioaktiv. $^{99}_{43}Tc$ wird beispielsweise in der Nuklearmedizin eingesetzt und hat eine Halbwertszeit von sechs Stunden.

Radioaktivität

Warum gibt es überhaupt radioaktive Isotope auf der Erde? Nun, das ist eine lange Geschichte. Sie hat ihren Ursprung in der Entstehung der Sterne. Die Entstehung immens großer Atomkerne ist unter den dort herrschenden Bedingungen kein Problem. Fliegt so ein Stern auseinander – als Supernova oder Ähnliches –, dann werden auch die großen Atomkerne oder deren Bruchstücke auf die Reise geschickt. Sie werden vielleicht von anderen Sternen oder Planeten eingefangen oder wirken selbst bei der Entstehung neuer Sterne mit. Das passiert laufend im Universum, und es ist auch schon vor Millionen von Jahren geschehen. Unsere Erde ist so entstanden, und wir müssen uns hier gelegentlich mit diesen Trümmern herumschlagen. Aber alles hat auch seine positiven Seiten: Etwa 70 % der Erdwärme entsteht durch den radioaktiven Zerfall eben dieser Isotope. Die erzeugte Wärme wird in den Gesteinen gespeichert. Hätte sich unsere Erde damals nicht einen genügend großen Vorrat angelegt, wäre es hier mittlerweile ganz schön kalt.

Ist ein Atomkern nicht stabil, wandelt er sich in einen stabileren Kern um. Ziel des Zerfalls ist ein Kern, der im schwarzen Bereich in Abbildung 52.2 liegt. Nun kann es drei Gründe geben, weshalb ein Kern nicht stabil ist:

- ✔ Der Kern ist zu groß, die starken Kernkräfte können die Nukleonen nicht mehr zusammenhalten, die Abstoßung unter den Protonen überwiegt.
- ✔ Die Anzahl der Neutronen ist zu hoch.
- ✔ Die Anzahl der Protonen ist zu hoch.

Schauen wir uns an, was sich Atomkerne so ausdenken, um optimale Verhältnisse herzustellen.

Der Zerfall kann auf verschiedene Arten geschehen. In jedem Fall wird energiereiche Strahlung frei – so energiereich, dass sie *ionisierend* wirkt.

α-Strahlung

In Abbildung 52.3 können Sie sehen, dass ein α-Teilchen, bestehend aus zwei Protonen und zwei Neutronen, aus dem Kern herausgeschleudert wird (das geschieht mit einer Geschwindigkeit zwischen 10 000 und 20 000 km s^{-1}). α-Teilchen sind nichts anderes als zweifach positiv geladene Heliumkerne. Einige Kerne halten das für die beste Möglichkeit, Masse loszuwerden:

Bei Kernen mit einer Massenzahl größer als 209 findet dieser Vorgang *immer* statt. (Kerne, die so etwas tun, sind in Abbildung 52.2 im roten Bereich zu finden.)

*Die **Kernbilanz**lautet: Protonen –2, Neutronen –2, Massenzahl –4.*

α-Strahlung hat eine Reichweite von nur wenigen cm und lässt sich bereits mit einem Blatt Papier abschirmen. Richtig gefährlich sind *α-Strahler*, wenn sie in den Körper hineingelangen, dann können sie nämlich in aller Ruhe das Gewebe bestrahlen.

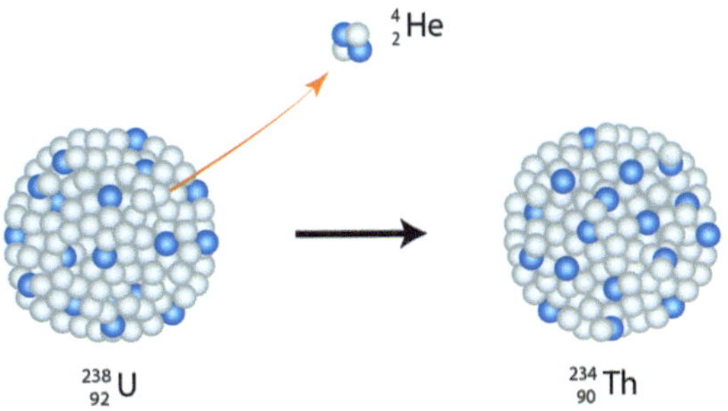

Abbildung 52.3: α-Strahlung

β-Strahlung

Hier muss das Neutronen/Protonen-Verhältnis ins rechte Licht gerückt werden. Betrachten Sie zunächst den gelben Bereich in Abbildung 52.2: Es gibt zu viele Neutronen. Solche instabilen Atomkerne senden Elektronen aus. Wo kommen die denn her? Im Kern gibt es doch keine! – Aus Abbildung 52.4 können Sie entnehmen, dass ein Neutron in ein Proton verwandelt wird. Das dabei frei werdende Elektron kann mit bis zu 95 % der Lichtgeschwindigkeit aus dem Kern herausschießen.

Kernbilanz: *Neutronen* −1, *Protonen* +1, *Massenzahl unverändert.*

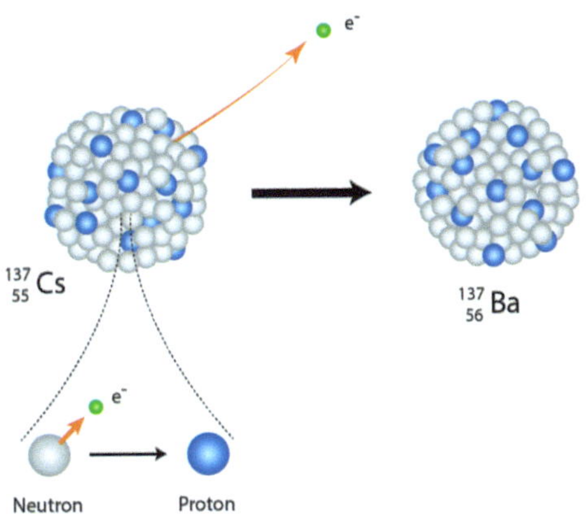

Abbildung 52.4: β^--Strahlung

Atomkerne mit Neutronenüberschuss sind *β-Strahler*. Da es sich um *negativ* geladene Teilchen handelt, heißt das auch *β^--Zerfall.*

Die Reichweite dieser Strahlung beträgt wenige Meter, in fester Materie nur einige mm.

Es gibt keine natürlich vorkommenden Atomkerne, die zu wenige Neutronen haben (wo also ein Protonenüberschuss vorliegt). Allerdings lassen sich solche künstlich herstellen – dies betrifft dann den blauen Bereich in Abbildung 52.2.

Nun werden Protonen in Neutronen verwandelt, dabei wird ein *Positron* emittiert (das ist ein positiv geladenes Elektron), *siehe* Abbildung 52.5.

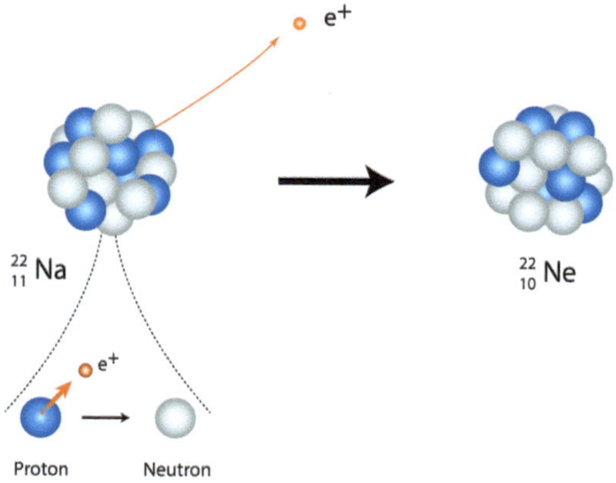

Abbildung 52.5: β^+-Strahlung

*Die **Kernbilanz** lautet: Protonen −1, Neutronen +1, Massenzahl unverändert.*

Im Gegensatz zum β^--*Zerfall* nennt sich dies β^+-*Zerfall*. Die dabei frei werdenden Positronen werden somit durch künstliche Strahlung erzeugt, sie sind ein Stück *Antimaterie.*

Eine andere Möglichkeit, Protonen loszuwerden, besteht im sogenannten **Elektroneneinfang**. Stellen Sie sich das vereinfacht in zwei Schritten vor (*siehe* Abbildung 52.6): Der Kern nimmt ein Elektron aus einer inneren Schale auf und macht daraus zusammen mit einem Proton ein Neutron. Aus Experimenten weiß man, dass dabei ein *Neutrino* frei wird (was auch immer das sein mag). Nun ist in der Elektronenhülle ein Loch entstanden, das von einem Elektron aus einer höheren Schale besetzt wird, das dadurch in einen energieärmeren Zustand übergeht. Die frei werdende Energie wird als Röntgenstrahlung emittiert. (Praktische Anwendung findet dieser letzte Schritt unter anderem in der Röntgenfluoreszenzanalyse (RFA), *siehe* Kapitel 50.)

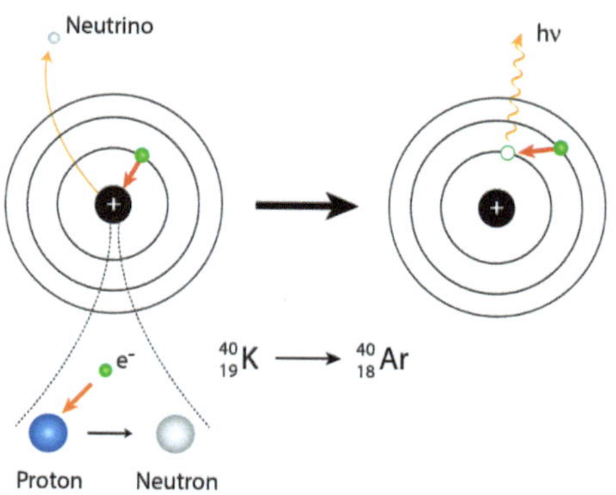

Abbildung 52.6: Elektroneneinfang

γ-Strahlung

Gammastrahlung entsteht häufig während des Alpha- oder Betazerfalls. Ist die *kinetische* Energie, mit der die Teilchen emittiert werden, kleiner als die *Zerfalls*energie, befindet sich das frisch entstandene Atom in einem angeregten Zustand. (Es befinden sich also Elektronen auf höheren Energieniveaus.) Fallen sie in den Grundzustand zurück, wird die überschüssige Energie als elektromagnetische Strahlung mit sehr kleiner Wellenlänge (γ-Strahlen) ausgesendet. Ordnungszahl und Massenzahl bleiben hierbei unverändert (angedeutet in Abbildung 52.7).

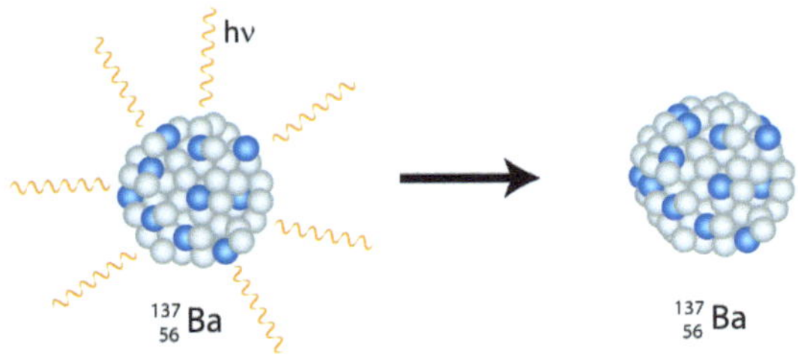

Abbildung 52.7: γ-Strahlung

Die Reichweite dieser Strahlung beträgt mehrere Kilometer und kann problemlos auch Gewebe durchdringen. Zur Abschirmung werden schon dicke Bleiplatten oder Betonmauern gebraucht.

Einheiten der Radioaktivität

Um Radioaktivität richtig einschätzen zu können, gibt es eine ganze Reihe von Einheiten:

- ✔ Die **Aktivität** wird in *Becquerel* (Bq) angegeben:

  1 Bq = 1 Zerfall/s

- ✔ Die Angabe der Aktivität reicht nicht, um Schäden abzuschätzen, die durch radioaktive Strahlung hervorgerufen werden. Dazu wird die **Energiedosis** in *Gray* (Gy; nach dem britischen Radiologen Louis GRAY) angegeben, die ein Körper bezogen auf seine Masse aufnimmt:

  1 Gy = 1 J/kg

- ✔ Die Strahlendosis als Äquivalentdosis ist das Maß für die biologische Wirkung ionisierender Strahlung auf den Menschen und wird in *Sievert* (Sv; nach dem schwedischen Physiker Rolf SIEVERT) angegeben. Sie ermittelt sich aus der Energiedosis, multipliziert mit einem biologischen Faktor, der von Art und Intensität der Strahlung, Dauer der Einwirkung und Strahlungsempfindlichkeit abhängt.

  1 Sv = 1 J/kg

Gar nicht so ungewöhnlich

Es ist ja nicht so, als würde uns radioaktive Strahlung sofort umbringen. Es gibt sie seit der Entstehung des Weltalls, sie war auch schon da, als die Erde entstand – also lange, bevor *wir* da waren. Das Leben hat sich unter diesen Bedingungen entwickelt, vielleicht ist sie zu einem gewissen Grad sogar Lebensgrundlage oder -ursache. Auch heute noch wirkt sie täglich auf uns ein: Dies ist die **natürliche Strahlenexposition**; sie liegt bei etwa 2,1 mSv pro Jahr. Mit von der Partie sind:

- ✔ *kosmische* Strahlung

  Neben elektromagnetischer Strahlung werden wir aus dem Weltall auch mit energiereichen Teilchen bombardiert. Darunter befinden sich beispielsweise Kohlenstoff-14, Wasserstoff-3 (= Tritium) und Beryllium-7.

- ✔ *terrestrische* Strahlung

  Natürliche Radionuklide gibt es überall auf der Erde. Hier haben wir es hauptsächlich mit Uran-235, Uran-238, Thorium-232, Radium-226, Kalium-40 und Radon-222 zu tun. Da Radon gasförmig ist, dringt es aus dem Untergrund und gelangt somit auch in die Luft. Vor allem in älteren Häusern sammeln sich häufig nicht mehr harmlose Konzentrationen dieses radioaktiven Gases an.

Daneben gibt es auch die **zivilisatorische Strahlenexposition**. Die Belastung wird auf etwa 1,8 mSv pro Jahr geschätzt. Es sind einige künstliche Quellen bekannt:

- ✔ Anwendungen in der Medizin (Röntgenstrahlen, strahlentherapeutische Behandlungen).
- ✔ Radioaktive Nuklide in der Umwelt von den Kernwaffenversuchen der 60er Jahre, vom Reaktorunfall in Tschernobyl (Cäsium-134 und Cäsium-137), von Industrie, Medizin und Forschung. Ob auch die Nuklearkatastrophe von Fukushima aus dem Jahr 2011 dazu beiträgt, ist noch nicht abschließend geklärt.

Halbwertszeit

Der Zerfall eines radioaktiven Stoffes erfolgt nach einem Zeitgesetz 1. Ordnung. Sie können also eine Geschwindigkeitsgleichung (*Zerfallsgleichung*) wie für eine Reaktion 1. Ordnung formulieren (*siehe* Kapitel 19).

$$N(t) = N_0 \cdot e^{-\lambda t}$$

N_0: ursprüngliche Teilchenanzahl, $N(t)$: Teilchenanzahl zum Zeitpunkt t

Im Gegensatz zur Geschwindigkeitskonstante k einer chemischen Reaktion ist die Zerfallskonstante λ allerdings *nicht* temperaturabhängig. Auch Magnetfelder, elektrische Felder oder eine beliebige chemische Umgebung können nichts ausrichten. Der radioaktive Zerfall lässt sich also *nicht* beeinflussen.

Alle Kerne, die größer als der Bleikern sind, zerfallen, weil sie instabil sind. Ein Maß für die Stabilität eines Atomkerns ist seine *Halbwertszeit*. Diese gibt die Dauer an, in der *die Hälfte der am Anfang vorhandenen* strahlenden Kerne zerfallen ist.

$$N(t_{1/2}) = N_0 \cdot e^{-\lambda t_{1/2}} \quad \Rightarrow \quad \frac{N(t_{1/2})}{N_0} = e^{-\lambda t_{1/2}} \quad \Rightarrow \quad \ln \frac{N(t_{1/2})}{N_0} = -\lambda t_{1/2}$$

$$\text{bei } t_{1/2} \text{ gilt } N = \frac{N_0}{2}$$

$$\text{Einsetzen ergibt:} \quad \ln\left(\frac{1}{2}\right) = -\lambda t_{1/2} \quad \Rightarrow \quad t_{1/2} = \frac{0,6932}{\lambda} \qquad (52.3)$$

Halbwertszeiten können sehr unterschiedlich sein, in Tabelle 52.1 sind einige aufgeführt. Dabei wird angenommen, dass die Halbwertszeit jedes Nuklids über die Zeit konstant ist.

Beryllium-8	$9 \cdot 10^{-17}$ Sekunden
Polonium-212	0,3 Mikrosekunden
Bismut-214	19,9 Minuten
Radon-222	3,8 Tage
Iod-131	8 Tage
Tritium H-3	12,36 Jahre
Blei-210	22 Jahre
Cäsium-137	30,2 Jahre
Radium-226	1600 Jahre
Kohlenstoff-14	5730 Jahre
Plutonium-239	24110 Jahre
Uran-235	704 Millionen Jahre
Kalium-40	1,3 Milliarden Jahre
Neptunium-237	$2{,}144 \cdot 10^{6}$ Jahre
Uran-238	4.468 Milliarden Jahre
Thorium-232	14,05 Milliarden Jahre
Bismut-209	$1{,}9 \cdot 10^{19}$ Jahre
Tellur-128	$7 \cdot 10^{24}$ Jahre

Tabelle 52.1: Halbwertszeiten ausgewählter Radionuklide

Es leuchtet gewiss sofort ein, dass die Aktivität eines radioaktiven Nuklids umso geringer ausfällt, je größer die Halbwertszeit ist.

Als Faustregel gilt: Nach etwa *zehn* Halbwertszeiten ist praktisch nur noch so wenig von dem strahlenden Material übrig, dass nicht mehr von einer Gefährdung ausgegangen werden muss.

Wie alt ist der Dinosaurier? – ^{14}C und mehr

Mithilfe der Halbwertszeit von ^{14}C lässt sich das Alter archäologischer Funde (wie Holz- oder Pflanzenreste, tierische oder menschliche Knochen) bestimmen. Diese als **^{14}C-Methode** (ausgesprochen: »Vierzehn-Zeeh-Methode«), *Kohlenstoff-14-Methode* oder *Radiocarbonmethode* bezeichnete Technik funktioniert folgendermaßen:

- ✔ ^{14}C wird durch kosmische Strahlung ständig aus Stickstoff gebildet und ist mit etwa 10^{-10} % Bestandteil des natürlichen Kohlenstoffs. Das Isotop ist radioaktiv (β-Strahler).
- ✔ Über die Photosynthese (*siehe* Kapitel 48) gelangt es in pflanzliche und tierische Organismen.
- ✔ Solange die leben, bleibt der Gehalt an ^{14}C in diesem Organismus *konstant*, da sich der Kohlenstoff darin ständig erneuert.
- ✔ Wenn ein Organismus gestorben ist, wird *kein neues* ^{14}C mehr eingebaut – der Gehalt nimmt langsam ab.
- ✔ Die Halbwertszeit von ^{14}C ist bekannt (5730 ± 40 Jahre) und so kann beispielsweise aus dessen Gehalt in alten Knochen berechnet werden, wie lange sein Besitzer schon tot ist.
- ✔ Da die Halbwertszeit von Kohlenstoff-14 nicht übermäßig groß ist, reichen die Altersbestimmungen maximal 50 000 Jahre zurück.

Durch Verbrennungsprozesse fossiler Rohstoffe gelangt zunehmend Kohlenstoff in Form von CO_2 in die Atmosphäre, der eigentlich bereits dem oberirdischen Kreislauf sehr lange entzogen war und genügend Zeit hatte, seinen Gehalt an ^{14}C abzubauen. Der Klimawandel beschert uns also nicht nur *mehr* CO_2, sondern auch noch welches, das einen verminderten Gehalt an ^{14}C besitzt – und dies gelangt natürlich auch wieder in die Pflanzen und Lebewesen, die dann irgendwann sterben. In absehbarer Zeit wird eine Altersbestimmung mit der Radiocarbonmethode also nicht mehr zuverlässig sein, weil die Menge an ^{14}C infolge des radioaktiven Zerfalls nicht mehr mit dem Alter der zu untersuchenden Probe korreliert.

Bestimmt hatten auch die Dinosaurier mal ^{14}C in ihren Knochen, aber davon ist mit Sicherheit nichts mehr vorhanden. Mit der ^{14}C-Methode kommen Sie also dem Alter dieser Tierchen sowieso nicht auf die Spur: Dafür braucht's andere Isotope. Die finden Sie in den natürlichen Zerfallsreihen von Uran und Thorium, die eine Altersbestimmung von Steinen und Mineralien gestatten. Die Dinosaurierknochen sind ja im Laufe der Zeit auch schon zu Stein geworden.

Zerfallsreihen

Manche instabilen Atomkerne zerfallen zu einem stabilen Nuklid, und damit ist die Vorstellung zu Ende. Weitaus häufiger aber entsteht ein Kern, der ebenfalls nicht stabil ist und radioaktiv weiter zerfällt. In der Natur sind vor allem drei Zerfallsreihen von Bedeutung, an deren Ende jeweils ein stabiles, *nicht radioaktives* Isotop des Elements Blei entsteht:

- ✔ $^{238}U \rightarrow {}^{206}Pb$
- ✔ $^{235}U \rightarrow {}^{207}Pb$
- ✔ $^{232}Th \rightarrow {}^{208}Pb$

Die Uran-Radium-Zerfallsreihe können Sie exemplarisch Abbildung 52.8 entnehmen.

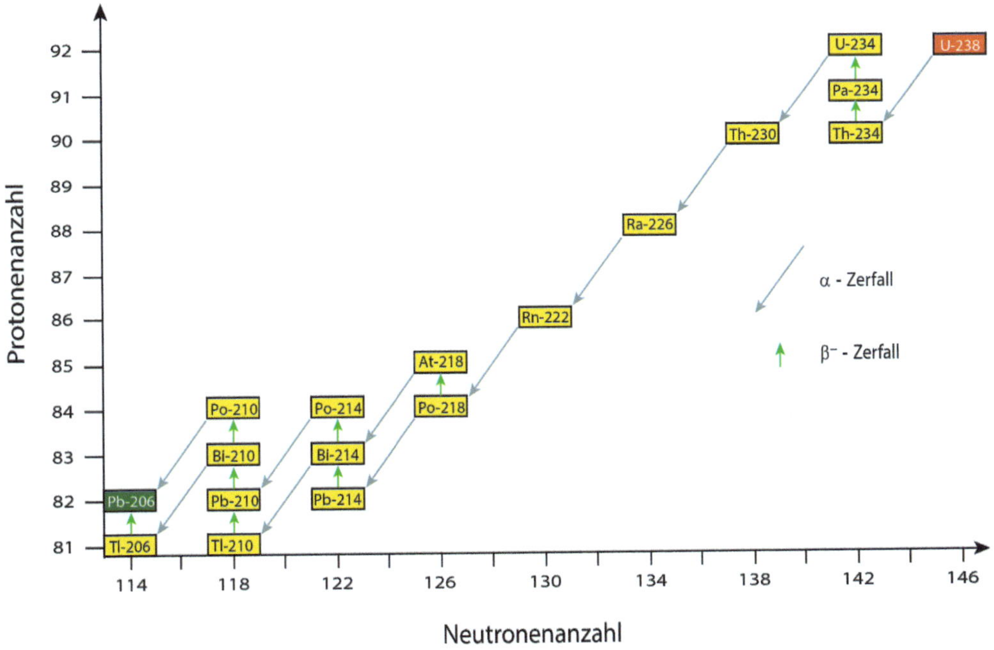

Abbildung 52.8: Uran-Radium-Zerfallsreihe

Es gab auch noch eine vierte natürliche Zerfallsreihe (Neptunium-237 bis Bismut-209), aber die ist auf der Erde wegen der kürzeren Halbwertszeiten bereits ausgestorben.

Das Nuklid mit der längsten Halbwertszeit bestimmt die Gesamtgeschwindigkeit des Zerfalls, sodass die Konzentration aller nachfolgenden Nuklide dann so gut wie konstant bleibt.

Künstliche Kernumwandlungen

Instabile Atomkerne lassen sich erzeugen, die dann in stabilere zerfallen. Sie könnten auch stabile Atomkerne aus anderen Kernen konstruieren. Dazu werden diese mit kleinen massereichen Teilchen beschossen, sogenannten *Projektilen*. Ob die Kernumwandlung energetisch etwas bringt, können Sie wieder einmal Abbildung 52.1 entnehmen. Auch in Teilchenbeschleunigern werden Atomkerne erzeugt, die sind dann allerdings nicht stabil. Für höhere Kernladungszahlen, also schwerere Elemente, müssen Protonen in den Kern eingebracht werden. Die Abstoßung kann überwunden werden, indem die Teilchen sehr viel schneller werden (fast lichtschnell).

Als Projektile für die Kernspaltung dienen Neutronen (die gelangen viel leichter in den Kern, eben *weil* sie neutral sind). Sie lassen sich durch **Kernreaktionen** erzeugen, unter anderem:

$$^{9}_{4}\mathrm{Be} + ^{4}_{2}\mathrm{He} \rightarrow ^{12}_{6}\mathrm{C} + ^{1}_{0}\mathrm{n}$$

Hierin steckt enormes Potential. Denken Sie nicht gerade an Atombomben (die hässliche Seite), könnten diese kleinen Atomkerne unseren großen Energiehunger stillen (mittlerweile definitiv auch eine hässliche Seite). Eigentlich wäre das eine tolle Sache – gäbe es da nicht diese strahlenden Abfälle mit unvorstellbaren Halbwertszeiten oder die Möglichkeit, dass so ein System außer Kontrolle gerät. Große Hoffnungen werden in die *Fusion* gesteckt – die Sonne macht es uns ja jeden Tag vor.

In allen Fällen ergibt sich ein Massendefekt zwischen Ausgangsprodukt und Endprodukt, der nach der (Ihnen mittlerweile gewiss bestens vertrauten) EINSTEIN-Beziehung $E = m \cdot c^2$ mit einer gewaltigen Energie äquivalent ist.

Kernspaltung

1938 beschoss Otto HAHN Uran-235 mit Neutronen und entdeckte dabei die **Kernspaltung**, häufig (analog zur Fusion) als *Fission* bezeichnet.

Dabei können verschiedene Reaktionen in Gang gesetzt werden (Abbildung 52.9 zeigt exemplarisch eine von vielen möglichen Reaktionen bei der Kernspaltung von Uran-235).

$$^{235}_{92}\mathrm{U} + ^{1}_{0}\mathrm{n} \rightarrow ^{236}_{92}\mathrm{U} \rightarrow ^{143}_{56}\mathrm{Ba} + ^{90}_{36}\mathrm{Kr} + 3^{1}_{0}\mathrm{n} + \text{Energie}$$

Der Wackelkandidat Uran-235, der sich normalerweise mit α-Strahlung über die Runden hilft, bekommt noch das i-Tüpfelchen dazu: ein Neutron. Das kann er nicht mehr verkraften und zerplatzt regelrecht in kleinere Kerne – die dann allerdings gleich noch weiter zerfallen. Bei dieser Reaktion werden zwei bis drei Neutronen frei. Die obige Kernreaktion ist nicht die einzig mögliche – von $^{235}\mathrm{U}$ sind über 200 verschiedene Spaltprodukte bekannt.

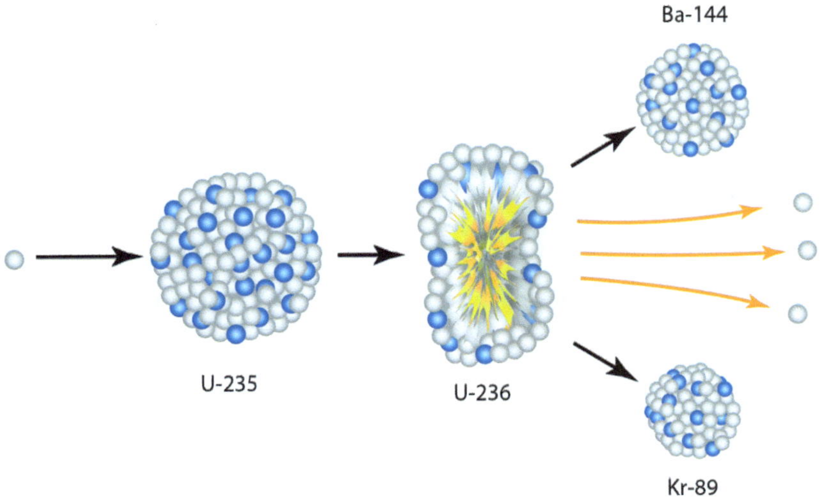

Abbildung 52.9: Kernspaltung

Ein Uran-Atom kann natürlich noch nicht viel ausrichten. Soll dieser Vorgang technisch genutzt werden, muss es zu einer *Kettenreaktion* kommen. Sie können sich vorstellen, dass die frei gewordenen Neutronen andere Uran-235-Kerne beschießen – und dass dieser Prozess schnell eskaliert, weil es ja immer mehr Neutronen werden. Das Einzige, was Sie brauchen, ist eine genügend große Masse, die sogenannte **kritische Masse**, denn sonst kommt die Kettenreaktion zum Erliegen. (Wieder nur exemplarisch: Die kritische Masse liegt für Uran-235 bei 49 Kilogramm, für Plutonium-239 nur bei etwa 10 Kilogramm.)

Prinzipiell sind *alle* Kerne spaltbar. Sind die Kerne zu klein, würden allerdings *sehr schnelle* Neutronen benötigt, die sich nur in Teilchenbeschleunigern erzeugen lassen – und eine Kettenreaktion könnten sie auch nicht in Gang setzen. Bei der Spaltung großer Kerne geht es immer in Richtung leichterer Kerne (Richtung Eisen), *siehe* Abbildung 52.1.

Das Element der Wahl in Kernkraftwerken ist Uran-235. Natürlich muss dafür gesorgt werden, dass die Kettenreaktion aufrechterhalten wird, sich aber nicht unkontrolliert verselbstständigt – was bekanntlich nicht immer klappt. Wer sich genauer für die Funktionsweise eines Kernkraftwerks interessiert, sei auf spezielle Literatur verwiesen.

Jetzt wollen Sie bestimmt wissen, wie viel Energie denn bei einer solchen Kernspaltung gewonnen werden kann. Für eine Beispielrechnung nehmen wir uns die Kernreaktion aus Abbildung 52.9 vor:

Die Massen sind in Atommasseneinheiten u angegeben (*siehe* Kapitel 4). Der Massendefekt bei diesem Kernzerfall beträgt 0,186012 u. (Hier sollten Sie mit Nachkommastellen nicht sparen, denn die kleinste Masse hat ja bereits beträchtliche Auswirkungen.)

Nach den Gleichungen 52.1 und 52.2 gilt: $1\ u = 1{,}49242 \cdot 10^{-10}\ J = 931{,}493\ MeV$.

Also sind $0{,}186012\ u = 2{,}776 \cdot 10^{-11}\ J = 173{,}27\ MeV$.

Wohlgemerkt: Diese Energiemenge gilt für *ein einzelnes* Atom! Für 1 Mol Uran-235 wären das multipliziert mit $N_A 1{,}67 \cdot 10^{13}\ J = 1{,}04 \cdot 10^{26}\ MeV$. Ein Kilogramm Uran-235 liefert also etwa $7 \cdot 10^{13}\ J$. (Einige Zerfallsreaktionen von U-235 liefern etwas weniger, andere etwas mehr Energie. Sie können sich merken: Im Durchschnitt werden beim Zerfall eines mit einem Neutron beschossenen U-235-Kerns etwa **200 MeV** frei.)

Vielleicht können Sie mit Kilo- beziehungsweise Megawattstunden mehr anfangen:

- ✔ 1 J = 1 Ws, beide Seiten multipliziert mit $3600 \cdot 1000$ ergibt:
- ✔ $3{,}6 \cdot 10^6\ J = 1\ kWh$ (3,6 Megajoule = 1 Kilowattstunde) beziehungsweise nochmals multipliziert mit 1000:
- ✔ $3{,}6 \cdot 10^9\ J = 1\ MWh$ (3,6 Gigajoule = 1 Megawattstunde)

Die Spaltung von 1 kg Uran-235 würde also fast 20 GWh erzeugen! Das ist nicht gerade wenig. Vergleichen Sie folgende Energiequellen:

- ✔ 1 kg Steinkohle liefert etwa 8 kWh.
- ✔ 1 kg Erdöl liefert etwa 12 kWh.

Natürliches Uran enthält neben ^{238}U nur 0,72 % ^{235}U. Für die zivile Nutzung wird es meist auf etwa 3 % angereichert. Ein Kilogramm davon ersetzt immerhin noch 50 000 kg Erdöl beziehungsweise 75 000 kg Kohle. (Eigentlich eine super Sache – wenn da nicht die unvermeidbaren, unangenehmen Begleiterscheinungen wären.)

Kernfusion

Außer der Kern*spaltung* gibt es noch einen anderen Prozess, bei dem Kernenergie freigesetzt wird. Abbildung 52.1 können Sie entnehmen, dass die Verschmelzung (Fusion) leichter Atomkerne ebenfalls zu stabileren Kernen führen kann, wobei *gewaltige* Energiemengen frei werden. Das einzige Problem ist, dass zwei Kerne so nahe aneinander gebracht werden müssen, dass sie ineinander aufgehen können. Das *wollen* die Kerne nicht, denn die Abstoßungskräfte zwischen den positiven Atomkernen sind sehr groß. Bei mehreren Millionen Grad ließe sich ein Plasma erzeugen (Atomkerne und Elektronen lägen getrennt vor) – dann wären die Teilchen schnell genug, sogar diese Abstoßungskräfte zu überwinden.

Das wirkungsvollste Experiment dieser Art erleben wir jeden Tag: Unsere Sonne macht die ganze Zeit nichts anderes, als Wasserstoff zu Helium zu verschmelzen (schematisch dargestellt in Abbildung 52.10). Das gelingt ihr recht gut, weil die Bedingungen dafür außerordentlich förderlich sind: 15 Millionen Grad sind schon mal eine solide Ausgangsbasis.

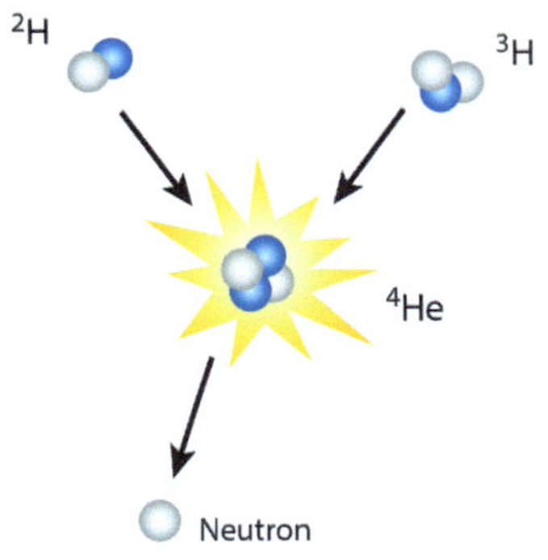

Abbildung 52.10: Kernfusion

Erfolgreich gelingt diese Kernfusion auch in der Wasserstoffbombe (thermonukleare Waffen: wieder eine hässliche Anwendung).

Kernfusion hätte für die Energiegewinnung einige Vorteile:

- ✔ Der Brennstoff steht in großen Mengen zur Verfügung.
- ✔ Bei der Reaktion werden *keine* radioaktiven Spaltprodukte erzeugt.
- ✔ Der Energiegewinn wäre sehr groß (wie Sie Abbildung 52.1 entnehmen können).

Auf der Erde ist es aber bisher noch nicht gelungen, solche Bedingungen für eine technische Nutzung zur Verfügung zu stellen. Die hohen Temperaturen lassen sich ja vielleicht noch erzeugen, aber welches irgendwie geartete Material hält das aus, ohne *selbst* zum Plasma zu werden? Außerdem zerstören die frei werdenden Neutronen das Reaktormaterial, machen es selbst hoch radioaktiv – und Tritium ist ein β-Strahler, dessen Gefahren nicht unterschätzt werden sollte. Es gibt also noch eine Menge zu tun.

Aufgaben Kapitel 52 (Damit haben Sie nicht gerechnet, oder?)

Zum Aufwärmen

1. Warum ist es *prinzipiell* nicht möglich, genau anzugeben, wann eine bestimmte Menge eines radioaktiven Elements vollständig zerfallen ist?

2. Das Alter der Erde beträgt nach derzeitigen Erkenntnissen über vier Milliarden Jahre. Warum gibt es in der Natur immer noch Radionuklide, deren Halbwertszeiten einige Jahre oder sogar nur wenige Tage oder Minuten betragen?

Für Fortgeschrittene

3. Archäologen finden den Knochen eines Mammuts, der noch 51,4 % der ^{14}C-Aktivität verglichen mit lebendem Material aufweist. Wann ungefähr ist das Mammut gestorben?

Teil XI

Der Top-Ten-Teil

Der Top-Ten-Teil

web Extras

Besuchen Sie uns auf www.fuer-dummies.de oder unseren Social-Media-Kanälen:

Facebook
www.facebook.com/fuerdummies

Instagram
www.instagram.com/furdummies

YouTube
www.youtube.com/@dummies-mann

IN DIESEM TEIL …

Chemiker tummeln sich teilweise in speziellen Fachgebieten, die im Laufe der Zeit ausgesprochen umfangreich und komplex und damit auch eigenständig geworden sind. Ein Analytiker etwa wird seine verschiedenen Gerätschaften gewiss beherrschen, während ein theoretischer Chemiker möglicherweise nicht einmal weiß, wie diese Geräte überhaupt eingeschaltet werden. Ein Neurochemiker wird meist nicht übermäßig viel über die Durchführung großtechnischer Synthesen wissen, und für die meisten Lackchemiker sind Quantenchemiker praktisch Wesen von einem anderen Stern.

Im ersten Kapitel unseres Top-Ten-Teils werden einige *Spezial-Disziplinen* der Chemie etwas näher beleuchtet, damit Sie einen groben Eindruck erhalten, um was es dabei eigentlich geht und was das jeweilige Thema zu einem Spezialthema macht. Und weil dies hier eben ein Top-*Ten*-Teil ist, beschränken wir uns auf zehn Spezialgebiete der Chemie. (Damit soll keineswegs auch nur angedeutet werden, die exemplarisch ausgewählten Fachrichtungen seien wichtiger als andere.)

Zum Abschluss des Buches schließlich widmen wir uns im zweiten Kapitel des Top-Ten-Teils noch einmal der chemischen *Fachsprache*, denn es können sich wirklich heikle Situationen ergeben, wenn Begriffe mehrdeutig und/oder aus Unkenntnis unpräzise verwendet werden. Häufig haben derlei Begriffe einen historischen Grund oder auch einen ganz praktischen Sinn. Manchmal jedoch werden die Tatsachen durch falsch verwendete Fachsprache einfach *völlig* verdreht. In diesem Kapitel erfahren Sie einige Dinge, die es Ihnen ermöglichen, Informiertheit simulierende Laien von Fachleuten zu unterscheiden und selbst Sachkenntnis zu versprühen.

IN DIESEM KAPITEL

können Sie sich spezialisieren

Kapitel 53

Gestatten? – Politchemiker! Zehn Spezialgebiete der Chemie

Zuweilen kommt es vor, dass manche Belange, die einen chemischen Hintergrund haben, *politisch* motiviert sind; denken Sie dabei etwa an die Einführung neuer Kraftstoffe (Stichwort: E10) oder das Verbot bestimmter Stoffe (obwohl deren Schädlichkeit noch gar nicht hinreichend erwiesen ist und sie in anderen Ländern durchaus vertrieben werden; die Palette reicht von Pflanzenschutzmitteln bis zu Pharmazeutika). Vielleicht geht es manchmal auch darum, eine Firmenstrategie zu beeinflussen. Fast alle *politischen* Entscheidungen haben auch eine *ökonomische* Komponente. Obwohl die Kombination von Chemie und Politik häufig zum Taktieren einladen mag, können Sie sich jedoch in dieser Richtung *nicht* spezialisieren: Den Beruf und die Fachrichtung des *Politchemikers* gibt es (leider? noch?) nicht.

Polymerchemie

Niemand glaubte an die Existenz von supergroßen Molekülen, bis Hermann STAUDINGER im Jahr 1922 eine Theorie vorlegte, der zufolge es Moleküle mit 10 000 oder gar 100 000 Atomen gibt, die kovalent miteinander verbunden sind. Bereits 1920 hatte er erkannt, dass Naturfasern, Gummi und Kunststoffe aus hochmolekularen Stoffen bestehen. Er prägte die Begriffe *Makromoleküle* und *Polymerisation* und gilt als Begründer der Polymerchemie. 1953 erhielt er für seine bahnbrechenden Arbeiten den Nobelpreis für Chemie.

In den 1950er Jahren setzte dann eine rasante Entwicklung von Stoffen ein, die es *nicht* in der Natur gab – also *Kunststoffe*. Da sich solch ein Material in der Wärme verformen ließ, es sich also plastisch verhielt, kam gleichzeitig der Begriff *Plastik* auf. Von diesem Zeitpunkt an wurde die Erde von den neuen Materialien regelrecht infiziert wie von einem Virus. Kunststoffe waren praktisch überall, es wurden ständig neue erfunden – sie ersetzten manch anderes, bislang verwendetes (Natur-)Material, schufen völlig neue Möglichkeiten und auch Gegenstände, die es vorher nicht gab. Aus unserem heutigen Leben sind Kunststoffe einfach nicht mehr wegzudenken – und bei den meisten von ihnen handelt sich um Polymere.

Ein **Polymer** (Makromolekül) ist (mehr oder minder sauber definiert) eine chemische Verbindung mit einer hohen Molmasse (mindestens 1000 g mol^{-1}), die durch chemische Reaktion gleichartiger (oder einander sehr ähnlicher) Einheiten entsteht, den *Monomeren*. Dabei kann die resultierende Verbindung *linear* oder auch *verzweigt* aufgebaut sein.

Je nach Schmelzpunkt und mechanischem Verhalten unterscheidet man

- *Thermoplaste* – lassen sich in einem bestimmten Temperaturbereich reversibel verformen (weil sie sich so leicht in praktisch jede gewünschte Form bringen lassen, werden sie reichlich verwendet)
- *Elastomere* – elastisch verformbare Kunststoffe, die allerdings eine feste Form haben (ein Beispiel: Gummibänder)
- *thermoplastische Elastomere* – Elastomere, die sich aber bei Erwärmung thermoplastisch verhalten
- *Duroplaste* – bilden Vernetzungen und lassen sich nicht mehr verformen

Es gibt drei verschiedenen Möglichkeiten, Makromoleküle durch chemische Reaktionen zu erzeugen:

- **Polymerisation**
  - Als Monomere dienen ungesättigte organische Verbindungen, die unter Auflösung der Mehrfachbindung zu langen Ketten reagieren.
  - Die Polymerisation kann radikalisch, anionisch oder kationisch erfolgen.

BEISPIEL

Beispiel für eine radikalische Polymerisation:

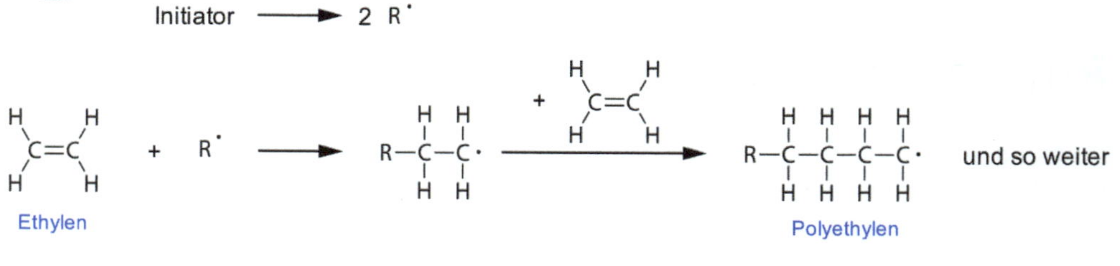

- **Polykondensation**
  - Bei der Reaktion zweier Monomerer wird ein kleines Molekül (häufig Wasser) abgespalten.
  - Besitzen die Monomere mehrere geeignete funktionelle Gruppen, treten *Vernetzungen* auf und es entsteht ein *Duroplast*.

BEISPIEL

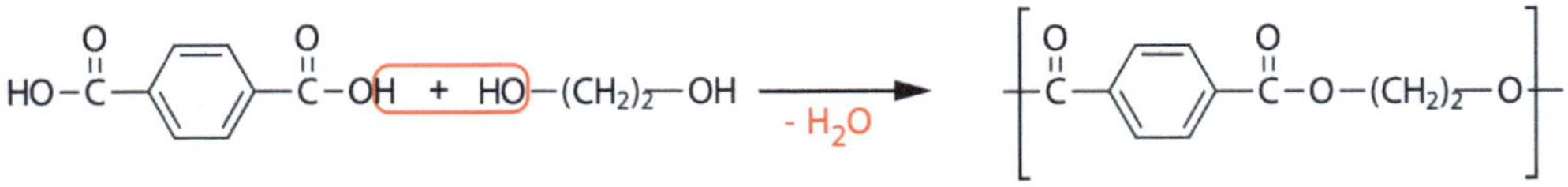

Terephthalsäure Ethandiol Polyethylenterephthalat (PET)

- ✔ **Polyaddition**
  - Die Reaktion erfolgt unter Addition zweier funktioneller Gruppen der Monomere.
  - Der Vorgang ähnelt der Poly*kondensation*, nur werden hier keine Moleküle abgespalten.

BEISPIEL

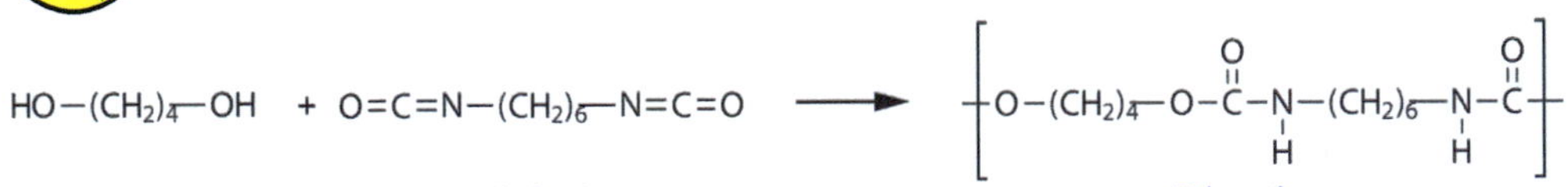

1,4-Butylenglykol Hexamethylendiisocyanat Polyurethan

Auch wenn polymere Stoffe einen unverzichtbaren Rahmen unseres täglichen Lebens darstellen, sind sie mittlerweile doch auch da, wo sie *nicht* hingehören, beispielsweise in der Nahrungskette oder als riesige kreisende Müllstrudel auf dem offenen Meer; oft verhindern zugemischte UV-Filter eine Zersetzung. Zurzeit wird kräftig daran geforscht, Wege zu finden, damit wir nicht an diesem Müll ersticken, und nun sind wir schon so weit, dass über ein gesetzliches Verbot einiger Kunststoffprodukte nachgedacht wird.

Umweltchemie

Umweltschutz und Chemikaliensicherheit stehen weit oben auf den Prioritätenlisten von Politik, Wirtschaft und Wissenschaft. Die Gedanken der nachhaltigen Entwicklung in der Chemie – *Sustainable Development* – auch in die Praxis umzusetzen, ist unter anderem die Aufgabe der Umweltchemiker und Ökotoxikologen. Umweltauflagen müssen formuliert und ihre Einhaltung überprüft werden.

Eindeutig ist ein Großteil unserer Umweltprobleme vom Menschen verursacht – das sind *anthropogene* Quellen. Auf vielen Ebenen greift der Mensch in die Natur ein: Zahllose Autos schicken ihre Abgase in die Luft, die Industrie belastet Luft, Boden und Gewässer, große Landstriche werden mit Pestiziden und künstlichen Düngemitteln versetzt. Selbst die Kühe, die aufgrund gesteigerten Fleischkonsums immer mehr werden, gefährden – dank ihrer Blähungen – auf bedenkliche Weise das Erdklima.

Das Ökosystem Erde besitzt eine erstaunliche Fähigkeit zur Selbstregulation. Über Jahrmillionen hat sich ein ökologisches Gleichgewicht zwischen den unzähligen Faktoren eingestellt, die es beinhaltet (die sind in aller Gänze noch gar nicht alle verstanden). Fällt aber ein Glied im System aus, kann das eine Kettenreaktion in Gang setzen, die uns möglicherweise unserer Lebensgrundlage beraubt. Denken Sie nur an den Golfstrom: Was passiert, wenn dessen »Motor« ins Stocken gerät oder es keinen Krill mehr in der Antarktis gibt?

Die Folgen menschlichen Tuns wirken sich häufig erst Jahrzehnte später aus – wenn es vielleicht schon zu spät ist? Immer mehr neue Produkte und Produktgruppen kommen auf den Markt. Teilweise werden sie unter der Rubrik »Innovation« verbucht, teilweise sollen sie bestehende Probleme lösen. Klar – der Einbau von teuren Katalysatoren in den Fahrzeugen führt zu einer erheblichen Reduzierung schädlicher Abgase. Teuer sind die keramischen Katalysatoren unter anderem deshalb, weil sie mit Platin beschichtet sind, das die entsprechenden chemischen Reaktionen beschleunigt. Durch die heißen Abgase kommt es aber auch zu einem Abrieb und somit zu einem Eintrag von Platindampf in die Umwelt. Vielleicht zeigt das so wertvolle Metall in dieser Form beizeiten ungeahnte Nebenwirkungen. Und was ist mit den ganzen Nano-Produkten, die in letzter Zeit der große Hit sind – Stoffe, die es *so* in der Natur nicht gibt. So klein, dass sie nicht mehr wiederzufinden sind, werden sie doch bereits mit Lotus-Effekt in den Boden gespült. Was machen sie da und wohin gelangen sie – wer weiß es? Wird ein Problem beseitigt, ergeben sich manchmal gleich drei neue. Welche Zusammenhänge bestehen, wurde noch längst nicht durchschaut.

PCB in der Arktis oder POPs in der Muttermilch

Unzweifelhaft spielt die Analytik in der Umweltchemie eine entscheidende Rolle. Um zu verstehen, welche Wege organische Chemikalien in der Umwelt einschlagen, müssen sie erst einmal identifiziert und die dahinterstehenden Prozesse begriffen werden.

Chemikalien kennen keine Grenzen. Über Luft, Flüsse und Meeresströmungen verteilen sie sich auf dem ganzen Planeten. Sie finden sich selbst dort in nennenswerten Konzentrationen, wo niemand sie eingesetzt hat.

Organische Moleküle sind prinzipiell dazu geeignet, in der Natur vollständig abgebaut zu werden – das erledigen geeignete Mikroorganismen oder auch die UV-Strahlung aus dem Sonnenlicht. Es gibt aber auch Stoffe, die außerordentlich langsam abgebaut werden. Diese Substanzen werden von Menschen produziert und sind meistens außerordentlich giftig, sind sie doch dazu gedacht, Bakterien zu töten und Materialien zu konservieren und haltbarer zu machen. Viele dieser Stoffe sind in Produkten vorhanden, mit denen wir täglich umgehen.

Ein Beispiel sind die polychlorierten Biphenyle (PCB). Sie befinden sich in Anstrichfarben, Klebstoffen, Dichtungsmassen, Flammschutzmitteln und als Weichmacher in Kunststoffen – und sie gehen einfach nicht kaputt. In der Arktis gibt es bereits hohe Konzentrationen davon, weil sie über das Meer und Winde dorthin transportiert werden, obwohl die Herstellung zumindest in Deutschland schon im Jahr 1989 und der Gebrauch ab 2001 weltweit verboten wurde.

PCBs gehören zu einer Schadstoffklasse, die sich *Persistent Organic Pollutants* (POPs) nennt. Hierzu zählen insgesamt zwölf Stoffklassen, unter anderem diverse Diels-Alder-Produkte (*siehe* Kapitel 42), die Insektizide DDT, Atrazin und Lindan, Chlorbenzole, Dioxine sowie bromierte Flammschutzmittel; hier sehen Sie einige Beispiele:

(a)

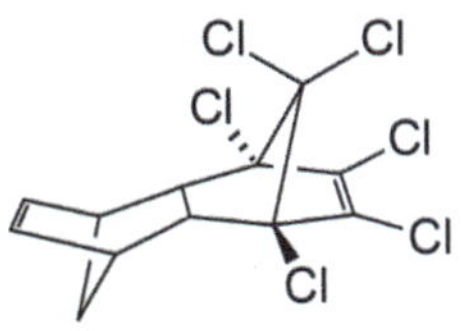

Aldrin

(b)

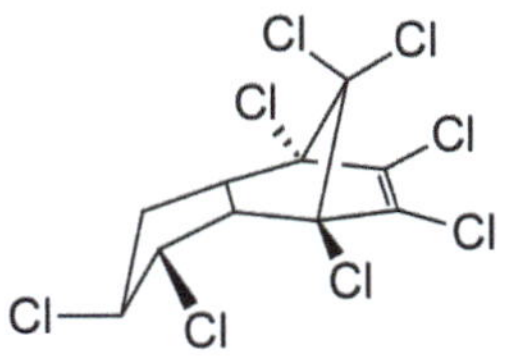

Chlordan

(c)

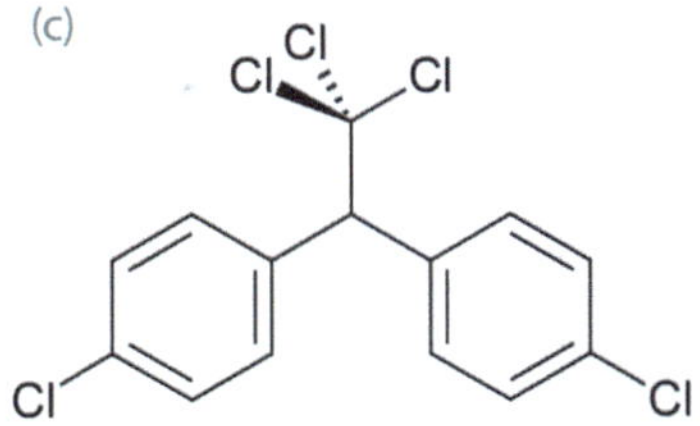

Dichlorodiphenyltrichloroethan (DDT)

(d)

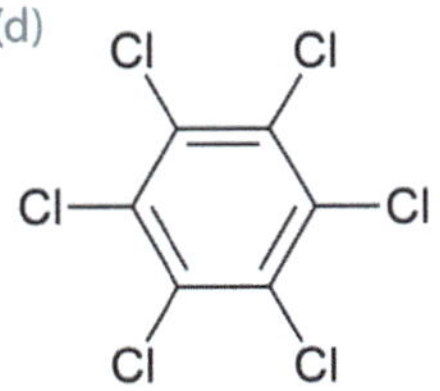

Hexachlorbenzol

(e)

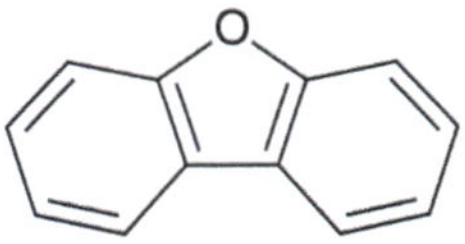

Dibenzofuran

(f)

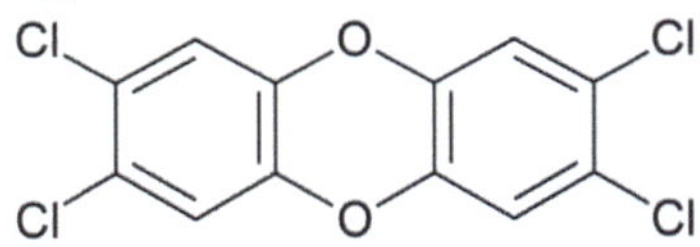

Dioxin (TCDD)

Bis diese Substanzen abgebaut sind, dauert es Jahrzehnte oder sogar Jahrtausende. Deshalb haben sie genügend Zeit, sich im Boden und auch im Fettgewebe von Lebewesen anzureichern. Sogar Neugeborene sind nicht sicher vor ihnen, weil sie bereits mit der Muttermilch aufgenommen werden. Sie verursachen irreversible Nervenschäden, schädigen Leber, Nieren und Blut und beeinträchtigen die Fortpflanzung. Dazu sind sie noch fruchtschädigend und stehen im dringenden Verdacht, krebserregend zu sein – prächtig!

Wenn Sie sich ein wenig ausgiebiger mit diesem Thema auseinandersetzen wollen, empfehlen wir Ihnen das Buch »Der stumme Frühling« (*silent spring*) von Rachel Carson. Es gilt nicht nur als eines der einflussreichsten Bücher des 20. Jahrhunderts, sondern darf wohl als Ausgangspunkt weltweiter Umweltbewegungen angesehen werden.

Ozonkiller und Treibhausgase

Damals glaubte die Welt, die optimalen Stoffe für Kälteanlagen und Spraydosen gefunden zu haben – Fluorchlorkohlenwasserstoffe (FCKW): unbrennbar, ungiftig, nicht reizend, stabil. Was wollte man mehr? Konnte jemand ahnen, dass wir damit Löcher in die Ozonschicht brennen? Diese Prozesse mussten ja auch erst einmal verstanden werden.

Aufgrund ihrer außergewöhnlichen Stabilität schaffen es die FCKW und andere halogenierte Kohlenwasserstoffe bis in die Stratosphäre (in eine Höhe von über 20 Kilometern) hinein. Hier ist die UV-Strahlung intensiv genug, um diese Moleküle zu spalten. Die Mechanismen des katalytischen Ozonabbaus sind mittlerweile gut bekannt.

O_3-schädigende Substanzen können auch eine Rolle beim Treibhauseffekt spielen. Sie absorbieren von der Erde rückgestrahlte Wärme, die sich sonst ins All verflüchtigen würde. Für die Erderwärmung werden vor allem folgende Stoffe verantwortlich gemacht:

- Kohlendioxid (CO_2)

  Es entsteht hauptsächlich bei der Verbrennung fossiler Rohstoffe und trägt circa 20 % zum Treibhauseffekt bei.

- Methan (CH_4)

  Kühe auf der Weide pusten (genauer gesagt rülpsen und pupsen) viel davon in die Luft, außerdem bildet es sich in Klärwerken und Mülldeponien. Es ist als Treibhausgas 25 mal wirksamer als CO_2 und trägt ebenfalls circa 20 % zum Gesamteffekt bei.

- Distickstoffoxid (N_2O, Lachgas)

  Es entsteht auch in der Landwirtschaft durch mikrobielle Abbauprozesse. Es ist etwa 300-mal wirksamer als CO_2 und liefert einen Erwärmungsbeitrag von circa 6 %.

- FCKW

  Es gibt Exemplare unter ihnen, die fast 15 000-mal wirksamer sind als CO_2. Ihr Beitrag an der Erderwärmung wird auf etwa 10 % geschätzt.

- Schwefelhexafluorid (SF_6) und Stickstofftrifluorid (NF_3)

  SF_6 wird in Hochspannungsanlagen und zur Isolierung von Schallschutzeinrichtungen gebraucht. Es ist das stärkste bekannte Treibhausgas mit der 22 800-fachen Wirksamkeit (verglichen mit CO_2). Auch NF_3 schlägt mit dem Wirksamkeitsfaktor 17 200 ordentlich zu Buche. Zum Glück sind diese Gase nur in solch geringer Konzentration vorhanden, dass sie für den Treibhauseffekt kaum eine Rolle spielen.

- Wasserdampf

  Als überaus natürliche Ursache für die Erderwärmung spielt Wasserdampf die wichtigste Rolle. Er trägt insgesamt zu 60 % dazu bei. Wird es nun immer wärmer, gelangt durch vermehrte Verdunstung natürlich mehr Wasser in die Luft – da beißt sich die Katze in den Schwanz.

Lebensmittelchemie

Lebensmittel und Chemie – das wird ja immer wieder gerne als Widerspruch angesehen. Aber natürlich gehen auch Stoffe, die wir essen, chemische Reaktionen ein, um uns mit Energie zu versorgen oder mit bezaubernden Geschmackserlebnissen zu beglücken. Die Lebensmittelchemie beschäftigt sich mit der Zusammensetzung dessen, was wir zu uns nehmen, und mit den Veränderungen, die einzelne Substanzen erfahren, wenn sie gelagert, zubereitet oder verstoffwechselt werden. Es gibt dabei ein von den meisten Menschen akzeptiertes Übereinkommen, was »gesund« ist und wovon Sie besser die Finger lassen sollten.

Dabei scheiden sich natürlich (wie überall) die Geister, und die Entscheidung, was dem Körper denn nun guttut (und was nicht), ist individuell sehr unterschiedlich. Das Bemühen, den Nachwuchs möglichst von ungesunder Fast-Food-Kost fernzuhalten und stattdessen lieber mit natürlicher Nahrung zu versorgen, ruft bei einigen Pubertierenden gelegentlich das Gefühl herbei, ihre Eltern wollten sie mit Bio-Kost vergiften. Aber sicherlich besteht Einigkeit darüber, auf verschimmeltes Brot besser zu verzichten. Auch gibt es überlieferte Weisheiten zum Umgang mit Lebensmitteln – beispielsweise, dass die »Augen« aus den Kartoffeln entfernt oder dass Holunderbeeren vor dem Verzehr erhitzt werden sollten.

Dazu kommen aber noch jede Menge wissenschaftliche Erkenntnisse, die sich aus biochemischen, molekularbiologischen und mikrobiologischen Analysemethoden ergeben haben. Wussten Sie, dass Sie sich bei übermäßigem Verzehr von rohem Hafer (dazu zählen auch Haferflocken) oder grünem Tee eine lebensbedrohliche Anämie zuziehen können? Auch mit Karottensaft können Sie sich umbringen. (An sich ist Vitamin A, das Karotten in beachtlicher Konzentration enthält, natürlich gesund, aber eine *Hypervitaminose* kann nicht nur zu Schwindel, Erbrechen und Haarausfall führen, sondern auch zur alles andere als wünschenswerten Vergrößerung von Leber und Milz und zu lebensbedrohlicher Steigerung des Hirndrucks.)

Natürlich sind längst nicht alle Inhaltsstoffe eines Lebensmittels bekannt, und sie sind zudem auch noch veränderlich: Von den beinahe zahllosen Verbindungen, die in Pflanzen auftreten (und die sich beim Kochen, Backen, Braten oder Rösten signifikant verändern können – *siehe* Kapitel 44) oder die Sie etwa mit einer Tasse Kaffee zu sich nehmen, sind mitnichten alle identifiziert. Es gibt auch Substanzen, die an sich überhaupt nicht in Lebensmittel hineingehören, weil sie von außen durch Schädlingsbekämpfung, Unkrautvernichtung, unsaubere Umwelt oder Verarbeitungsprozesse hineingelangt sind. Immer wieder wird die eine oder andere Substanz ausgemacht, die gesundheitsschädlich, wenn nicht gar krebserregend ist.

Damit wir den Verzehr unserer Lebensmittel überleben, überprüfen Lebensmittelchemiker die Qualität der Lebensmittel bezüglich mikrobiologischer und chemischer Belastung auf Rückstände und Kontaminationen, und es werden *Grenzwerte* für kritische Substanzen festgelegt. Das betrifft übrigens nicht nur Stoffe, die wir essen, sondern auch diejenigen, die wir an Tiere verfüttern. Außerdem geht es auch um Bedarfsgegenstände wie Kosmetika, Waschmittel, Spielwaren oder Verpackungen für Lebensmittel und Kosmetika (dies alles wird im Lebensmittel-, Bedarfsgegenstände- und Futtermittelgesetzbuch geregelt). Die wissenschaftlichen Erkenntnisse sollen dem Schutz vor gesundheitlichen Risiken dienen, aber auch verhindern, dass Verbraucher irregeführt oder getäuscht werden. Leider sind das jedoch manchmal auch politische Werte (auch die Agrar- und die Lebensmittelindustrie hat schließlich eine Lobby …).

Untersuchungsgegenstände von Lebensmittelchemikern sind Produkte natürlichen wie auch künstlichen Ursprungs – und von beidem gibt es jede Menge. Jeder, der einen Apfel vom Baum pflückt, weiß noch, was er hat. Aber stellen Sie sich einmal vor das Kühlregal eines Supermarkts oder werfen einen Blick in die Truhe mit der Tiefkühlkost des hochgeschätzten *Convenience-Foods*, parat für die Mikrowelle, das mitunter sogar den Anspruch einer »sinnvollen« Medikation ausweist. Wissen Sie wirklich, was Sie da essen? Hier sind kreative Food-Designer gefragt, die aus völlig zerlegten Essbausteinen Produkte entwickeln, die Sie als Verbraucher ansprechend finden sollen. Erstaunlich, was dabei herauskommt: Aromen machen es möglich. Die sorgen mit entsprechenden Kopf- und Basisnoten dafür, dass Sie so richtig ins Grübeln kommen können: Es riecht wie Hähnchen, schmeckt wie Hähnchen – *ist* aber kein Hähnchen. Auch solche Produkte müssen den gesetzlichen Anforderungen genügen, auch dafür braucht es Lebensmittelchemiker.

Pharmazeutische Chemie

Es gibt viele Substanzen natürlichen Ursprungs, die eine Wirkung aufweisen, lindernd und heilend eingesetzt werden können, wenn sich eine Unpässlichkeit zeigt (ein wenig zu diesem Thema haben Sie ja schon in Kapitel 48 erfahren). Die meisten Arzneistoffe, die wir allerdings heutzutage verabreicht bekommen, sind synthetisch hergestellt. Und neue Wirkstoffe zu finden beziehungsweise zu entwickeln, ist in der Tat kein leichtes Unterfangen.

Die Pharmaforschung hat zum Ziel, Wirkstoffe zu entwerfen und zu produzieren. Die Pharmazeutische Chemie beschäftigt sich mit den chemischen Eigenschaften von Arzneimitteln und deren Wirkmechanismus. Auch die Analyse und das Auffinden von Synthesewegen ist Aufgabe dieses Spezialgebiets der Chemie, das zugleich ein Teilgebiet der Pharmazie darstellt. Arzneistoffentwicklung ist ein sehr komplexes Gebiet. Unter Millionen möglicher Verbindungen gilt es, diejenigen herauszufinden, die in irgendeiner Weise Wirkungen in der gewünschten Richtung zeigen. Hierbei werden spezielle *Screening*-Verfahren sowie kombinatorische, physikalisch-chemische oder auch biologische Methoden eingesetzt, die mittlerweile zum größten Teil automatisiert werden konnten. Substanzen mit signifikanten Eigenschaften durchlaufen anschließend weitere Tests. Hier geht es auch um Verträglichkeiten, Resorption und Metabolismus und (natürlich) auch schon um Kosten. Letztendlich bleiben meist nur wenige Kandidaten übrig. Nicht, dass diese dann schon Arzneimittel wären! Bevor sie überhaupt zum Einsatz kommen dürfen, müssen sie erst als Arzneimittel *zugelassen* werden. Dafür sind mehrjährige klinische Tests (natürlich bereits mit freiwilligen Versuchspersonen) zwingend erforderlich. Ist das alles erledigt, beschert uns die industrielle Pharmaforschung dann Substanzen wie beispielsweise

- ✔ 2-(Acetyloxy)benzoesäure gegen Kopfschmerzen
- ✔ 5-Fluor-1*H*-pyrimidin-2,4-dion als Krebsmittel in der Chemotherapie
- ✔ (*RS*)-1-{2-[2-Hydroxy-3-(propylamino)propoxy]phenyl}-3-phenylpropan-1-on gegen Herzrhythmusstörungen.

Mit derlei Bezeichnungen wäre sicherlich sogar mancher Apotheker überfordert, und viele Patienten würden davon nachgerade verschreckt. Deshalb kommen die Wirkstoffe unter Bezeichnungen in den Arzneimittelhandel, die ungleich harmloser klingen und die sich leichter merken lassen.

Eng verbunden mit der Pharmazeutischen Chemie sind die *Medizinische Chemie*, die Pharmakologie und die Toxikologie.

Medizinische Chemie – was ist das?

Die medizinische Chemie ist ebenso ein Teilgebiet der Pharmazie wie der Chemie und stellt damit eine ganz echte *interdisziplinäre Wissenschaft* dar. Sie befasst sich mit der Entdeckung und der Optimierung biologisch aktiver Verbindungen und geht auch der Frage nach, wie genau ein Wirkstoff eigentlich wirkt: Dazu gehören *Struktur-Wirkungs-Beziehungen* (die Sie als SAR schon in Kapitel 48 kennengelernt haben) – bis hin zur Aufklärung von Reaktionsmechanismen. Je nachdem, welche Frage geklärt werden soll, werden gerne noch weitere Teildisziplinen der Chemie ins Boot geholt: Quantenchemische Aspekte spielen hier gegebenenfalls ebenso eine Rolle wie Biochemie, Molekularbiologie, Molekulargenetik und Physiologie, sodass auch profundes Verständnis der Medizin im Allgemeinen unerlässlich ist. Dass dabei praktisch täglich neue Erkenntnisse gewonnen werden, sollte angesichts der immensen Fortschritte auf dem Gebiet der Analytik ebenso wie auf dem der (Epi-)Genetik und diversen anderen Disziplinen nicht weiter überraschen. Hier wird deutlicher als in praktisch allen anderen Bereichen, dass die Naturwissenschaften noch lange nicht »fertig« sind.

Kolloidchemie

Physikalisch gesehen ist der *kolloiddisperse* Zustand ein Zwischenbereich zwischen

- ✔ *molekularen* Dimensionen (echten Lösungen, Mischungen von kleinen Molekülen und so weiter, also *homogenen* Systemen) und
- ✔ *makroskopisch* unterscheidbaren Einheiten (Diskontinuitäten erkennbar, wenn auch nicht mit bloßem Auge; Dispersionen, Emulsionen, also *heterogenen* Systemen).

Dispers heißt: Es gibt eine einheitliche, kontinuierliche Phase, in der eine zweite Phase zerteilt ist.

Zur Unterscheidung der Teilchen wurden willkürlich Größenordnungen festgelegt, die zwischen 1 nm und 500 nm liegen. Systeme dieser Größenordnung zeigen bestimmte Eigenschaften, die sonst nicht anzutreffen sind, beispielsweise die *Selbstorganisation* **amphiphiler Verbindungen**.

Es gibt drei Hauptformen von Kolloiden:

- ✔ *Dispersionskolloide* (disperse Phase liegt in einem Dispersionsmittel vor wie in Anstrichfarben oder Emulsionen; sie sind thermodynamisch instabil)
- ✔ *Molekülkolloide* (beispielsweise geknäulte Makromoleküle in Polymerlösungen; sie sind thermodynamisch stabil)
- ✔ *Assoziationskolloide* (Micellen, Tensidaggregate in Waschlösungen, Cremes und Salben; sie sind thermodynamisch stabil)

Die **Tensidchemie** ist mittlerweile zu einem eigenständigen Gebiet der Kolloidchemie geworden. Um die vielen Prozesse zu verstehen, in denen Tenside mitwirken, ist es wichtig, das chemische Strukturprinzip sowie die wichtigsten kolloid- und grenzflächenchemischen Eigenschaften der Tenside zu kennen. (Einige Grundlagen dazu haben Sie bereits in Kapitel 47 kennengelernt, deshalb sollten Ihnen Begriffe wie »Fettsäure« oder »Micelle« vertraut sein.)

Die vielfältigen Eigenschaften der Tenside werden nur deutlich, wenn sie sich in einem Lösungsmittel oder Dispersionsmittel befinden – in den meisten Fällen Wasser. Die Löslichkeit eines Tensids in Wasser hängt natürlich stark von der Beschaffenheit des hydrophoben Rests im Molekül ab. Wird der hydrophobe Rest zu groß, wird das Tensid zunehmend weniger löslich in Wasser.

Tenside sind grenzflächenaktive Substanzen, die an Ober- und Grenzflächen Adsorptionsschichten bilden oder in Volumenphasen zu Micellkolloiden (die sollten Ihnen aus Kapitel 47 ein Begriff sein) oder anderweitigen Strukturen aggregieren können. Die Grenzflächenaktivität ist die Folge einer Besonderheit in der chemischen Struktur von Verbindungen, in denen Gruppen mit ausgeprägter Hydro*phobie* (Lipo*philie*) mit entsprechenden hydro*philen* Gruppen verbunden sind. Solche Verbindungen heißen *amphiphil*:

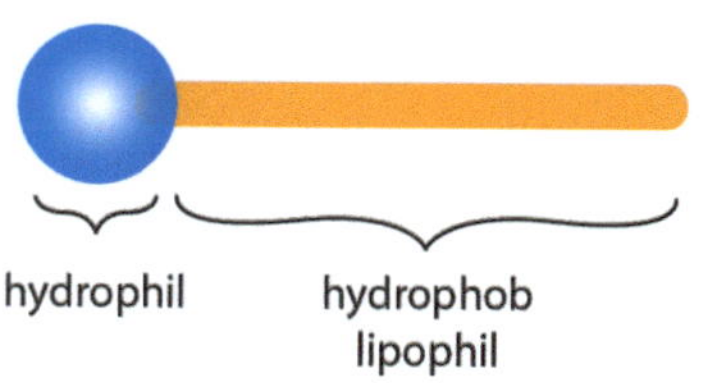

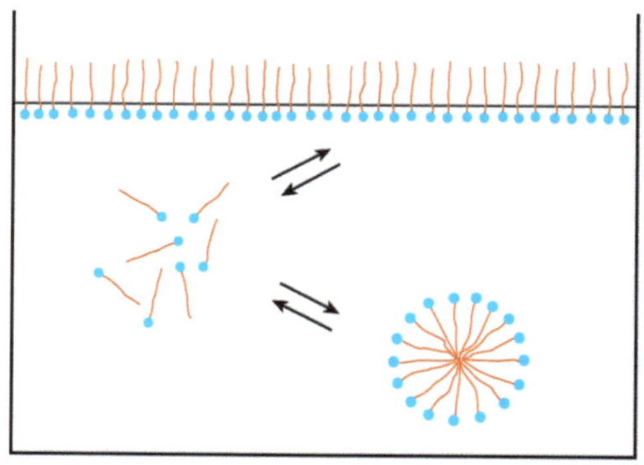

Die Begriffe stammen aus dem Griechischen: *ὕδωρ* (hýdor) = Wasser, *φίλος* (phílos) = Freund, *φόβος* (phóbos) = Furcht, *λίπος* (lípos) = Fett – aber das kennen Sie ja schon aus Kapitel 20. In wässrigen Lösungen stehen verschiedene Formen je nach Konzentration miteinander im Gleichgewicht.

Klassisch sind Tenside Alkaliseifen langkettiger Fettsäuren (*siehe* Kapitel 47), die für Wasch- und Reinigungszwecke bis in die 30er Jahre des letzten Jahrhunderts intensiv genutzt wurden. Sie lassen sich durch *Verseifung* aus natürlichen Fetten herstellen. Inzwischen wurden viele synthetische grenzflächenaktive Substanzen entwickelt.

Eine herausragende Eigenschaft von Tensidlösungen ist die Befähigung zur *Solubilisation* – das ist die Aufnahme von wasserunlöslichen Bestandteilen (etwa hydrophoben Verunreinigungen wie Fett oder Ähnlichem), die in die Micellen inkorporiert und damit wasserlöslich werden. Ein Großteil der Tenside wird daher in Wasch- und Reinigungsmitteln eingesetzt (circa 40 %). Sie sind aber auch zur Herstellung von Emulsionen (dann heißen sie *Emulgatoren*) in Kosmetik und Pharmazie, von Papier, Textilien, Farben, Lacken und

Nahrungsmitteln, im Bergbau, in der Metallindustrie, in der tertiären Erdölförderung oder für den Brandschutz wichtig.

Lackchemie

Ein Lack wird benötigt, um die Oberflächeneigenschaft eines Gegenstands zu verbessern. In der Regel handelt es sich um ein organisches Polymer (*siehe* oben), das mithilfe eines Lösemittels aufgebracht wird; nach dem Verdunsten des Lösemittels bleibt dann ein vernetzter Polymerfilm zurück. Moderne Lacke wie Dispersionslacke, Pulver- oder UV-härtende Lacke kommen auch ohne Lösemittel aus, das schont die Umwelt und die Luft in so manchem Arbeitsraum. Je nachdem, was der Lack bezwecken soll, können diverse Additive zugesetzt werden. So kann gezielt auf Wetterbeständigkeit, glatte Oberflächen oder auch besonders gut haftende Oberflächen hingewirkt werden.

Soll der Lack schön aussehen, werden Pigmente zugesetzt, dann wird der *Lack* zu einer *Farbe*. Damit können Sie dann alle möglichen Gegenstände anstreichen. Ein Autolack beispielsweise soll ja in erster Linie dazu dienen, enthaltene Eisenteile korrosionsbeständig zu machen. Das klappt inzwischen ganz gut, denn die Hersteller haben kein Problem, bis zu dreißig Jahre Garantie auf Durchrostung zu geben (bei einem R4 war das damals schlichtweg nicht möglich). Nun besteht ein Auto mittlerweile aber auch aus viel Kunststoff. Alles in allem soll es »nach was aussehen«, die Stoßstangen sollen optisch zum Rest passen, und das am besten auch noch in der Wunschfarbe. Die Krönung ist dann noch eine changierende Farbe, die je nach Lichteinstrahlung oder Annäherungswinkel ihr Aussehen verändert (die Werkstätten, die so etwas nach einem Unfall wieder lackieren müssen, können ein Lied davon singen …). Es ist also eine ganze Menge zu erledigen, um Ihr Auto zu dem zu machen, was es ist (oder sein soll).

Lackchemiker entwickeln auch »intelligente« Oberflächen. Das sind etwa Beschichtungen, die antiseptische Eigenschaften aufweisen, besonders leicht zu reinigen sind oder die gut aneinander vorbeigleiten können.

Bauchemie

Auch beim Bauen treibt die Chemie ihr Unwesen. Denken Sie an Gebäude, Brücken oder andere Bauwerke: Stets sind es doch die Vorgänge und Gegebenheiten im atomaren/molekularen Bereich, die das Ganze zusammenhalten.

Wo es immer mehr Menschen und immer mehr Industrialisierung gibt, ist es erforderlich, in angemessener Zeit den Umständen entsprechend belastbare Bauwerke zu errichten, die sämtliche aktuellen Sicherheitsstandards erfüllen und dabei vertretbare Kosten verursachen (ein hehres Anliegen, an dem sicherlich noch zu arbeiten ist). Dafür werden in der Bauwirtschaft effiziente Baustoffe benötigt.

Tradierte Bauweisen mit Natursteinen, Holz oder auch Stampfbeton (einer Mischung aus Kies, Sand und Zement) kommen zwar gelegentlich zum Einsatz, mit der Zeit wurden aber viele neue bauchemische Stoffe entwickelt. Dazu zählen beispielsweise Kunststoffe, Polymere, Celluloseether oder Epoxidharze. Auch Beton und Mörtel stehen in vielfältigen Mischungen zur Verfügung, die den jeweiligen Anforderungen angepasst werden können. Zuschlagstoffe, die einer Mischung zugesetzt werden, verändern die chemischen und physikalischen Eigenschaften daraus gefertigter Baustoffe; so können beispielsweise Druck- und Biegezugfestigkeit, Abrieb, Härte oder chemische Beständigkeit gezielt beeinflusst werden. Mal soll ein Beton möglichst schnell aushärten (dann werden *Abbindebeschleuniger* zugesetzt), mal ist genau das Umgekehrte der Fall (dann sind *Abbindeverzögerer* gefragt). Soll der Baustein leicht und wärmeisolierend sein, gibt es entsprechende Luftporenbildner; diese sind die Grundlage für die sogenannten Gasbetonsteine.

Die Bauchemie kümmert sich auch um Schäden, die an Bauwerken entstanden sind (wodurch auch immer). Es gibt umfangreiche Sanierungstechniken, um etwa Risse abzudichten, Ausblühungen im Beton zu beseitigen oder das Herauslösen von Beton (Betonkorrosion) zu reparieren. Auch Umwelteinflüsse wie beispielsweise saurer Regen können Schädigungen hervorrufen, und manchmal ist es einfach nur das Alter, das einem Bauwerk zusetzt: Das Bewahren historischer Stätten steht daher ebenso auf dem Plan der Bauchemie. In allen Fällen muss natürlich erst einmal diagnostiziert werden, was den Schaden hervorruft, um dann geeignete Maßnahmen zu ergreifen. Der Kölner Dom beispielsweise ist im Laufe der Zeit schwarz geworden, weil sich der (eigentlich hell-beige) Kalksandstein, aus dem er erbaut wurde, durch Luftschadstoffe immer mehr auflöste, was eine hervorragende Wachstumsfläche für spezielle Algen darstellte. Spezialchemikalien sollen diesen Prozess zumindest aufhalten.

Für jegliches gezielte Vorgehen ist es unumgänglich, die physikalisch-chemischen Zusammenhänge zu verstehen, die einen Baustoff zum Baustoff werden lassen, und ebenso die Reaktionen, die ein Bauwerk mit seiner Umwelt eingeht. So ist die Bauchemie zu einem eigenständigen Gebiet der Anorganischen Chemie geworden.

Materialwissenschaft, Werkstoffkunde und mehr

Wie es in diesem Buch schon mehrmals angedeutet wurde, ist »Chemie« ja letztendlich nichts anderes als »die Wissenschaft von der Materie«. Entsprechend ist sie unerlässlich bei praktisch allem, wo es um *Eigenschaften* und *Verhalten* von Materie geht – einschließlich so interdisziplinärer Fachgebiete wie der **Materialwissenschaft**, bei der es zum einen natürlich um das makroskopische Verhalten von Werkstoffen, Baumaterialien und dergleichen geht, aber eben auch um den *Zusammenhang mikroskopischer und makroskopischer Eigenschaften*. Viele moderne Werkstoffe (wie Hochleistungskeramiken und Ähnlichem) etwa zeigen das eine oder andere makroskopische Verhalten, das nicht nur auf den ersten Blick höchst erstaunlich ist, sondern sich – und das ist das besonders Reizvolle daran – auf mikroskopischer Ebene erstaunlich leicht erklären lässt: So gibt es etwa Zirkon-Keramiken, die im Falle einer mechanischen Beschädigung ein Weiterwachsen etwaiger Risse eigenständig verhindern. Vermarken lässt sich das natürlich trefflich als »Selbstheilendes Ultrasupermaterial«, aber dahinter steckt letztendlich die rein mechanische Veränderung einer Kristallstruktur in Abhängigkeit von den Umgebungsbedingungen (Druck, Temperatur und so weiter; Stichwort: Polymorphie).

Nur am Rande bemerkt: Trotz wissenschaftlicher Erkenntnisse und technischer Fortschritte ist es doch erstaunlich, dass es jahrtausendealte Bauwerke immer noch gibt, neue Häuser aber teilweise bereits nach kurzer Zeit Baumängel aufzeigen. Die gängige Politik der Vergabe von Bau-Aufträgen ist der Qualität mancher Bauten offenbar nicht immer dienlich.

Theoretische Chemie

Theoretische Chemiker stehen gewöhnlich nicht im Labor, sondern sitzen vor dem Computer oder mit Stift und Papier am Schreibtisch. Meist sind sie mit mathematischen Gegebenheiten ziemlich gut vertraut, denn eine wesentliche Aufgabe besteht darin, Eigenschaften von Molekülen und chemischen Prozessen zu berechnen.

Blicken Sie tief in das Geschehen der einzelnen Teilchen hinein, sind Sie schnell bei der Quantentheorie angelangt. Dort erwarten Sie äußerst komplexe mathematische Zusammenhänge, mit denen sich die Welt, wie sie sich uns heute darstellt, nun einmal am besten erklären lassen soll(te). Chemie, Physik, Mathematik und Informatik sind also hier auf das Engste miteinander verknüpft und sollen helfen, Strukturen, Reaktivitäten und andere chemische Eigenschaften zu beschreiben und besser zu verstehen.

Computerprogramme, die diese Aufgabe erfüllen, werden immer leistungsfähiger. Mit ihrer Hilfe lassen sich umfangreiche molekulardynamische Simulationen durchführen, die Ihnen einen Einblick in den Ablauf komplexer Prozesse ermöglichen und Voraussagen liefern, was beispielsweise hinsichtlich Dynamik und Thermodynamik während eines Prozesses geschieht. So etwas kann beispielsweise entscheidenden Einfluss auf die (groß-)technische Durchführung einer chemischen Reaktion haben.

Theoretische Berechnungen ermöglichen auch die Konstruktion neuer Moleküle und deren Interaktion mit unterschiedlichen Stoffen. Das ist beispielsweise äußerst nützlich für das Design neuer pharmazeutischer Wirkstoffe (womit dieser Spezialbereich der Chemie gleich auf einen weiteren trifft, der in diesem Kapitel bereits angerissen wurde). Auch das Verhalten von Materialien kann unter verschiedenen Bedingungen simuliert werden – hier treffen also theoretische Berechnungen auf *angewandte Materialwissenschaft.*

Bei derlei interdisziplinären Fragestellungen ist die Theoretische Chemie längst zu einem wichtigen Aspekt für die experimentelle Forschung geworden.

Wirtschaftschemie

In praktisch allen Industrieländern ist die Chemische Industrie ein wesentlicher Bestandteil der Volkswirtschaft. Jede Entscheidung über einen chemischen Prozess ist auch immer eine *wirtschaftliche* Entscheidung. Wer ist also hier gefragt: Chemiker als Ökonomen oder Kaufleute mit Chemiekenntnissen? – Sie merken schon: Es geht um Geld, Gewinne, Marktanteile.

Es leuchtet sofort ein, dass es erheblicher ökonomischer Kenntnisse bedarf, wenn Sie ein Produkt nicht nur herstellen, sondern auch erfolgreich verkaufen wollen. Angefangen mit der Disposition der benötigten Rohstoffe und Anlagen bis zur Personalplanung muss ja alles stimmen, damit ein Unternehmen nicht aus dem Ruder läuft. Und natürlich muss es eine Produktpalette geben, die umfangreich beworben und vermarktet wird. Derlei Dinge lernen Sie normalerweise nicht in einem Chemiestudium.

Ein kleines Unternehmen kann sich die logistische Trennung in Marketing, Forschung, Personalabteilung, Produktion und so weiter manchmal überhaupt nicht leisten. Dort werden an die Mitarbeiter häufig ganz andere Anforderungen in puncto Vielseitigkeit gestellt, denn die Hierarchie einer großen Firma ist hier einfach nicht vorhanden. Wenn die dortigen Entscheidungsträger genau wissen (und verstehen), was ihre Mitarbeiter eigentlich tun, hat das enorme Vorteile für die Effizienz. Hier sind also Manager, Wissenschaftler und Produzent in Personalunion gefragt – und das mag oft auch schon auf die (leitenden) Angestellten zutreffen.

Anders in einem großen Unternehmen. Falls Sie dort tätig sind, werden Sie schnell merken, dass in einer *großen* Firma häufig das Marketing das Sagen hat und die Richtung bestimmt. Dort sitzen nur allzu oft Werbefachleute und Kaufleute mit Dollar-Zeichen auf den Pupillen. Derlei Menschen bringen häufig nur wenig Verständnis auf, wenn etwas schiefläuft – und auch der Versuch, ihnen den jeweiligen Sachverhalt zu erklären, ist selten von Erfolg gekrönt, denn die Marketing-Abteilung hat von den naturwissenschaftlichen Gegebenheiten in der Regel nur sehr wenig Ahnung. In der Regel.

Nicht ganz abgekoppelt von der Wirtschaftsabteilung einer Firma ist der technische Kundendienst – oder der technische *Support*, wie es neudeutsch heißt. Funktioniert etwas nicht richtig oder ist die Qualität des Produkts fragwürdig, dann hagelt es Reklamationen. Die können nun alle möglichen Ursachen haben (vielleicht auch Probleme beim Kunden selbst). Diese Ursachen gilt es herauszufinden und zu beseitigen – und die damit einhergehenden Kosten abzuschätzen, denn Sie möchten ja zufriedene Kunden, ohne unnötig Geld zu verlieren.

Beim Kunden können Sie deutlich mehr Eindruck schinden, wenn dieser das Gefühl hat, Sie verstehen etwas von dem, was Sie erzählen. Das Wissen und die Fähigkeit, die Sie brauchen, um kundenspezifische Angelegenheiten zu beurteilen, können Sie sich nicht mal eben in einem Wochenendseminar aneignen. Hier sind Sie also ganz nah an der Front (oder, chemischer ausgedrückt: an der Grenzfläche) – und Fehleinschätzungen können für Ihre Firma teuer werden (besonders, wenn Sie mit einer Prokura ausgestattet werden). Hier sind Chemiker mit *betriebswirtschaftlichen* Kenntnissen gefragt.

Aber auch innerhalb einer Firma tun sich Kaufleute und Manager manchmal schwer, Entscheidungen zu treffen, weil ihnen eine gewisse Sachkenntnis fehlt. Oft genug müssen Meinungen von Fachleuten eingeholt werden, auf die sich die Entscheidungsträger dann blind verlassen müssen. In den Bereichen Marketing, Forschung und Entwicklung, Controlling, Vertrieb und dergleichen mehr gehen mitunter wirklich *große* Summen über den Tisch. Ein Manager mit chemischen Fachkenntnissen wäre doch wirklich hilfreich, weil er *beide Seiten* fundiert berücksichtigen kann. (Und sollte es doch mal zu kompliziert werden, können ja immer noch Spezialisten zurate gezogen werden.)

Dass es hier zu Verständigungsschwierigkeiten kommen kann und deswegen Handlungsbedarf entsteht, hat auch die Chemische Industrie mittlerweile erkannt. Auch die Hochschulen haben reagiert – mit kombinierten Ausbildungen aus dem Bereich Chemie und Betriebswirtschaft. Mit einem entsprechenden Abschluss dürfen Sie sich dann *Wirtschaftschemiker* nennen.

Kosmochemie

Hier geht es um Chemie, die nicht von dieser Welt ist – oder besser: nicht von der Erde. Kosmochemiker, manchmal nennen sie sich auch Astrochemiker, interessieren sich für die Verteilung der chemischen Elemente und Verbindungen im gesamten (bislang bekannten) Universum. Dabei wird derzeit davon ausgegangen, dass Elemente durch die speziellen Bedingungen im Innern von Sternen entstehen (gerne mehrere Millionen Grad – da macht es dann auch kaum einen Unterschied, ob Sie nun in »Grad Celsius« oder in »Kelvin« denken – das ist die **Nukleogenese**), während es chemische Verbindungen ein wenig kälter mögen und eher auf Kometen, Asteroiden, Gas- und Staubwolken in Erscheinung treten. Ziel des Ganzen ist dabei, Erkenntnisse über die Entstehung und die chemische Entwicklung in unserem Sonnensystem und auf den anderen Planeten zu gewinnen und nicht zuletzt vielleicht sogar Hinweise zur Entstehung des Lebens zu finden.

Unglücklicherweise liegen die Sterne und praktisch alle Himmelskörper in Entfernungen, die ein Kosmochemiker nicht einfach so zurücklegen kann. Es ist ihm also unmöglich, entsprechende Proben *vor Ort* zu nehmen. Ein Meteoritenfund ist für ihn daher quasi wie eine Probenahme aus dem Weltall, da davon auszugehen ist, dass sich die chemische Zusammensetzung des Meteoriten seit der Entstehung des Sonnensystems nicht (oder nicht übermäßig) verändert hat, sie also im wahrsten Sinne des Wortes »ursprünglich« ist. Schafft es eine auf die Reise geschickte Sonde nicht nur, wieder zur Erde zurückzukehren, sondern auch noch Proben von außerirdischem Material als Andenken mitzubringen, ist das immer ein besonderer Tag im Leben eines jeden Kosmochemikers. Und selbst wenn sich nicht genügend Material findet, ist für ihn nicht alle Hoffnung verloren; er ist dann nur hinsichtlich der chemischen Analyse ein wenig eingeschränkt. In erster Linie bedient sich der Kosmochemiker spektroskopischer Methoden: Er wertet die Strahlung aus, die von Objekten ausgesendet wird und bei uns eintrifft. Das kann sichtbares Licht sein, häufig ist es aber auch Ultraviolett-, Infrarot- oder Mikrowellenstrahlung. Vor allem mithilfe von Radioteleskopen konnten schon mehr als hundert verschiedene Moleküle im Universum nachgewiesen werden. Dass der Nachweis von Ameisensäure im interstellaren Raum im Jahr 1975 mehr als einen Journalisten zu der Mutmaßung veranlasste, »irgendwo dort draußen« müsse es gewaltige Mengen Weltraum-Ameisen geben, die nur darauf warten, sich auf die Erde zu stürzen, darf gewiss als Beleg für die Notwendigkeit der Disziplin *Wissenschafts-Journalismus* angesehen werden.

IN DIESEM KAPITEL

gehen wir auf beliebte Fehler ein, die es zu vermeiden gilt

betrachten wir ausgewählte fachsprachliche Verschleifungen, die *nicht ganz* richtig sind …

… die Sie aber trotzdem verstehen sollten

Kapitel 54
So bitte *nicht*! – Zehn Fettnäpfchen, denen Sie ausweichen sollten

Es gibt einige beliebte fachsprachliche Fehler, die einem Laien normalerweise überhaupt nicht auffallen, mit denen man sich aber im Gespräch mit Experten so richtig in die Nesseln setzen kann (vor allem in Prüfungen!). So sehr man auf korrekte (Fach-) Sprache achten sollte, gibt es andererseits doch einige Verschleifungen (und sogar den einen oder anderen echten Fehler – aber nur, wenn man es *sehr* genau nimmt), die im Labor oder im Gespräch unter Mit-Chemikern gang und gäbe sind. Auch wenn Sie persönlich sich strikt weigern, derart unsauber zu sprechen (löblich, löblich!), sollten Sie trotzdem wissen, was gemeint ist. Zumindest *passiv* sollten also auch *Sie* diese Verschleifungen beherrschen.

Das Wort »Atom« ist völlig überbewertet!

Selbstverständlich besteht ein Wasser-Molekül aus zwei Wasserstoff-Atomen und einem Sauerstoff-Atom. Das ist so trivial (ein wichtiges Lieblingswort von Wissenschaftlern jedweder Couleur!), dass man das Wort »Atom« gerne weglässt, und für Moleküle gilt das fast genauso. Also besteht ein Wasser aus einem Sauerstoff und zwei Wasserstoffen. Sprachwächter leiden darunter natürlich (und eigentlich haben sie ja auch recht!), aber so geht es einfach schneller. Dass das »Auto« nicht mehr »Automobil« heißt, hat die deutsche Sprache auch verkraftet.

Umdeutungen von Fachtermini

Die *Stöchiometrie* ist die *Lehre* von den Mengenverhältnissen der an chemischen Reaktionen beteiligten Atome/Elemente. Eigentlich. Es schleift sich aber (vielfach beklagt, aber trotzdem) zunehmend ein, dass man sagt: »Die Verbindung hat die Stöchiometrie $C_{20}H_{25}N_{3}O$.« Gemeint ist die *Zusammensetzung* (oder die *Summenformel*).

Gleiches gilt für die *Geometrie*: Das ist die *Lehre* von Körpern, nicht etwa die *Eigenschaft eines Körpers*. Trotzdem finden sich Sätze wie »Das Methan-Molekül weist Tetraedergeometrie auf«, oder noch schlimmer: »Methan besitzt eine tetraedrische Geometrie.« (Wie man eine Lehre *besitzen* können soll, entzieht sich uns.) Dass damit der tetraedrische *Bau* (oder die Tetraedergestalt) von CH_4 gemeint ist, versteht man natürlich trotzdem.

Achten Sie auf Ihre Aussprache!

In diesem Buch haben wir uns bemüht, Ihnen bei fraglichen Fachbegriffen zu zeigen, wie etwas korrekt auszusprechen ist. Wer in einer Prüfung von *Acetal-dehyd* spricht, obwohl er das Oxidationsprodukt des Genussalkohols (Ethanol) meint, darf sich nicht wundern, wenn die Prüfung in dem Augenblick schlagartig beendet ist. Und wenn jemand zur Beschreibung des Winkels, in dem zwei Flächen zueinanderstehen, statt des Wortes »Torsionswinkel« den ebenso korrekten Begriff *Diederwinkel* wählt und diesen dann so ausspricht, als erwähne ein eingefleischter Sachse seinen Freund Dieter, muss damit rechnen, schallendes Gelächter zu ernten. (Es heißt Di-eder-winkel.)

Was ist denn CO^2?!

Dass (besonders in der Werbung) gerne zwischen »Natur« und »Chemie« unterschieden wird, ist man ja mittlerweile gewohnt. Aber inzwischen grassiert in manchen Werbekampagnen angewandte Ignoranz auf völlig neuem Niveau: Ein hier nicht zu benennendes ÖPNV-Unternehmen warb im Jahr 2018 mit CO^2-neutralem Personentransport. – Gewiss, wir sind sofort bereit, zuzugeben, dass sich in keinem der Busse und Bahnen auch nur das geringste bisschen CO^2 finden wird! Zu den ersten Schritten in der Chemie gehört nun einmal, genau zu wissen, was bei einer Formel *nach oben* und was *nach unten* gehört. Das führt uns zu…

In Formeln sprechen

Für Außenstehende ist es häufig irritierend, dass Chemiker so viel Wert darauf legen, ob nun eine Zahl nach oben oder nach unten gehört: N^{3-} (Nitrid-Ion) oder N_3^- (Azid-Ion), wo ist schon der Unterschied? Noch schlimmer ist allerdings, dass man beim Vorlesen dieser Formeln meist nicht hört, ob die »3« jetzt oben oder unten steht. Beide Ionen hören sich an wie »Enn Drei Minus«. (Es ist wahrlich große Vortragskunst, Formeln so zu betonen, dass der Zuhörer sofort weiß, was gemeint ist!) Es gibt natürlich Substanzen, bei denen Verwechslungen so gut wie ausgeschlossen sind: Mit »Hah Zwei Ess Oh Vier« wird wohl die Schwefelsäure gemeint sein. – Hier bietet sich eine Möglichkeit, die *Blender* von den *Könnern* zu scheiden: Blender sprechen *immer* in Formeln: »Und dann hab' ich die H_2SO_3 mit $KMnO_4$ ...« (Wie bestellen solche Leute eigentlich ein Mineralwasser?) Machen Sie das nicht! Wenn Sie Schwefelsäure meinen, dann *sagen* Sie auch »Schwefelsäure« – vor allem in Prüfungen könnte sonst leicht der Eindruck entstehen, Sie hätten nur die Formeln gepaukt und wüssten eigentlich gar nicht, wovon Sie da reden.

Die guten alten Polyeder

Abgesehen davon, dass man in den richtigen Kreisen immensen Eindruck schinden kann, wenn man in der Lage ist, ein Polyeder richtig zu benennen (so ein *quadratisches Antiprisma* macht ja sprachlich auch wirklich etwas her!), sollten Sie darauf achten, dass alle Polyeder *sächlich* sind: *das* Tetraeder, *das* Oktaeder, *das* Ikosaeder (okay, *der* Würfel). Erstaunlicherweise hört man selbst von Chemikern, die ein einfach überkapptes trigonales Prisma sofort als solches erkennen, gelegentlich »der Tetraeder«.

Lithium

Dieses arme Alkalimetall wird fast immer »Lizium« ausgesprochen, dabei leitet sich der Name vom griechischen Wort *λιθος* (*lithos*) = Stein ab, und das Theta (θ) war im alten Griechenland ein »T-Laut«, kein »S-Laut«. Im Neugriechischen wird es wie das englische »th« ausgesprochen. Das steht Ihnen natürlich auch beim Lithium frei (man wird Sie allerdings komisch ansehen), aber bitte lassen Sie das mit dem »Lizium«! (Und wo wir gerade bei der falschen Aussprache von Elementnamen sind: Es heißt *Magnesium*, also schmuggeln Sie bitte kein überschüssiges – und überflüssiges – N hinein, sodass »*Mangnesium*« herauskommt – auch wenn man das noch so oft hört.)

Die Begriffe »oxidieren« und »reduzieren«

In der Fachsprache stehen diese Worte nicht alleine in der Gegend herum – es muss immer ein Bezug angegeben werden: Entweder eine Substanz *oxidiert eine andere* (und wird dabei selbst reduziert) oder eine Substanz *wird oxidiert* (von einer Substanz, die dabei ihrerseits reduziert wird). Sätze wie »Rost entsteht, wenn Eisen oxidiert« sollten ab sofort der Vergangenheit angehören.

Manche Substanzen *heißen* einfach so!

Jemand, der sich mit Chemie auskennt, würde niemals von Propanon sprechen – das heißt *Aceton*. Nur IUPAC-Fans (oder Prüfer!) sprechen von Benzen, sonst heißt es *Benzol*. Wenn nach *Ether* gefragt wird, weiß jeder, dass Diethylether gemeint ist, und das Lösemittel Dichlormethan (CH_2Cl_2) wird nach wie vor *Methylenchlorid* genannt.

Manche Substanzen heißen *eben nicht* so!

Man kann nicht erwarten, dass die Empfehlungen der IUPAC in alle Bereiche des menschlichen Lebens vordringen. Die Plastiktüten im Supermarkt bestehen aus *Polyethylen*, das demzufolge durch Reaktion des Stoffes *Ethylen* entstanden ist. Kein Schweißer würde beim Autogenschweißen mit *Acetylen* von »Ethin« sprechen. Aber wenn es um Chemie geht, sollten Sie nicht »Ethylen« sagen, wenn Sie *Ethen* meinen, und vermeiden Sie den Begriff »Acetylen«, wenn Sie von *Ethin* sprechen wollen. Die Schreibweise »Azetylen« scheidet völlig aus. Auch die Stoffklasse der *Ether* heißt seit Ewigkeiten nicht mehr »Äther«, und die gleichnamige Substanz auch nicht. Und es heißt *Calcium* und *Cadmium*, nicht »Kalzium« oder »Kadmium«. (Doch auch dieses Plädoyer für fachsprachliche Präzision soll Sie nicht dazu animieren, in Zukunft am Frühstückstisch um das Natriumchlorid zu bitten.)

Glossar

π-Bindung —Bindung, bei der die Elektronendichte oberhalb und unterhalb der Kernverbindungsachse maximiert ist, während entlang der Kernverbindungsachse eine Knotenebene vorliegt.

Ψ —(griechisch Psi) allgemeines Zeichen für eine Wellenfunktion. Antibindende Wellenfunktionen werden durch einen hochgestellten Stern gekennzeichnet: Ψ^*.

σ-Bindung —Bindung, bei der die Elektronendichte entlang der Kernverbindungsachse maximiert ist. Eine σ-Bindung weist entlang dieser Kernverbindungsachse keine Knotenebene auf.

Acidität —Säurestärke

Aliphaten —Sammelbegriff für alle nicht-aromatischen Verbindungen.

Alkyl —(Vorsilbe) beliebiger, ausschließlich aus Kohlenstoff und Wasserstoff aufgebauter, gesättigter Rest.

Allyl-Rest —$H_2C{=}CH{-}CH_2{-}$ Sind noch andere Substituenten daran gebunden, ist es *kein* Allyl-Rest.

ambident —zweizähnig; Bezeichnung für ein Molekül/Ion, das über unterschiedliche Atome in Wechselwirkung mit seinem Reaktionspartner treten kann.

amphiphil —Ein Molekül kann sowohl lipophile als auch hydrophile Eigenschaften aufweisen, wenn es sowohl unpolare als auch polare Teile besitzt.

Ampholyt —Substanz, die sowohl als Säure wie auch als Base fungieren kann.

Angeregter Zustand —jeder Zustand eines Systems, der energiereicher ist als der Grundzustand.

Anion —negativ geladenes Ion.

Anode —der Teil eines elektrochemischen Systems, an dem die Oxidation erfolgt.

aprotisch —Bezeichnung für ein Lösemittel, das *nicht* in der Lage ist, positiv polarisierte H-Atome (in Form von H^+-Ionen) abzugeben, also im BRØNSTED'schen Sinne als Säure zu fungieren.

Aromat —cyclisches planares System mit delokalisierten π-Elektronen; die Anzahl der dort delokalisierten π-Elektronen muss der HÜCKEL-Regel folgen.

Aryl- —(Vorsilbe) beliebiger aromatischer Rest.

Autoprotolyse (insbesondere: *des Wassers*) —wechselseitige Protonierung und Deprotonierung von Molekülen der gleichen Art; bei Wasser der Grund für das Vorhandensein freier H^+-Ionen auch bei Abwesenheit anderer Reaktionspartner.

AVOGADRO-Gesetz —das Volumen eines idealen Gases ist direkt proportional zur vorliegenden Teilchenzahl.

Base —im allgemeinen Sprachgebrauch eine Substanz, die den *p*H-Wert einer wässrigen Lösung steigert (für die Lösung gilt dann: $p\text{H} > 7$); nach BRØNSTED eine Substanz, die als H^+-Ionen-Akzeptor fungiert; nach LEWIS eine Substanz, die als Elektronen-Donor fungiert.

Bindungsabstand —der Abstand zwischen einem Ion und seinem nächstgelegenen Nachbarn entgegengesetzter Ladung in einem *Ionenverbund. Nicht gleichbedeutend mit Bindungslänge.*

Bindungslänge —der Abstand zwischen zwei Atomzentren (Atomkernen) in einer *kovalenten* Bindung.

BOLTZMANN-Konstante (k_B) —Naturkonstante, die den Zusammenhang zwischen der Temperatur und der thermischen Energie *eines* Teilchens angibt; $k_B = 1{,}3807 \cdot 10^{-23}$ J K^{-1}.

BOYLE-MARIOTT'sches Gesetz —Das Volumen eines idealen Gases ist umgekehrt proportional zum darauf ausgeübten Druck.

Chelat-Komplex —Komplex mit einem oder mehreren mehrzähnigen Liganden.

Chiralität —das Phänomen, dass ein Molekül mit einem asymmetrischen C-Atom in zwei verschiedenen Formen auftreten kann, die sich zueinander wie Bild und Spiegelbild verhalten.

CIP-System —Methode zur Ermittlung der absoluten Konfiguration eines Chiralitätszentrums, basiert auf den von CAHN, INGOLD und PRELOG festgelegten Prioritätsregeln.

COULOMB-Kraft —elektrostatische Kraft zwischen zwei geladenen Teilchen, beschrieben durch das COULOMB-Gesetz, dem zufolge die Kraft quadratisch mit dem Abstand abnimmt.

Derivat —Bezeichnung für eine nicht näher gekennzeichnete, von einem anderen (meist einfacheren) Molekül abgeleitete Verbindung.

Diastereomere —Stereoisomere, die sich in der absoluten Konfiguration an mindestens einem Chiralitätszentrum unterscheiden, sich aber nicht wie Bild und Spiegelbild verhalten, also *keine Enantiomere* sind.

Dimerisierung —Vereinigung zweier Teilchen gleicher Art zu einem neuen Stoff, ohne dass es dabei zur Abspaltung von Reaktionsprodukten kommt.

Dissoziation —Zerfall einer ionisch oder polar-kovalent aufgebauten Verbindung in Kationen und Anionen, häufig in wässrigem Medium.

Edukt —veralteter Begriff für den Ausgangsstoff einer Reaktion. Mittlerweile fachsprachlich als *Reaktant* bezeichnet.

Elektrolyse —Umkehrung spontan ablaufender Redox-Prozesse durch gezielte Zufuhr elektrischen Stroms.

Elektronegativität —dimensionslose Vergleichszahl zur Beschreibung der Tendenz eines Atoms, im Rahmen einer kovalenten Bindung Elektronendichte zu sich heranzuziehen.

Elektronenkonfiguration —Elektronenbesetzung eines Atoms/Ions im Grundzustand. Der Hauptquantenzahl folgt die Nebenquantenzahl in Form eines Buchstabens ($\ell = 0 \triangleq$ s; $\ell = 1 \triangleq$ p, $\ell = 2 \triangleq$ d, $\ell = 3 \triangleq$ f), die Anzahl der Elektronen im jeweiligen Orbital(satz) wird dann als Hochzahl angegeben. In den meisten Fällen reicht die Angabe der Elektronenkonfiguration der Valenzschale.

Elektrophilie —Bestreben eines Teilchens, in Wechselwirkung mit negativ polarisierten (oder geladenen) Teilchen zu treten (im Prinzip identisch mit der Acidität nach Lewis). Adjektiv: *elektrophil.*

Element —es handelt sich um ein Element, wenn ausschließlich Atome gleicher Kernladungszahl vorliegen. (Ob dabei verschiedene Isotope auftreten, ist nicht von Bedeutung.)

Elementarladung —die kleinste isolierbare Ladungsmenge, $1{,}602 \cdot 10^{-19}$ C. Ein Proton besitzt eine einzelne positive Elementarladung, ein Elektron weist eine einzelne negative Elementarladung auf.

Elementsymbol —Kurzform zur Angabe einer Atomsorte: besteht aus einem oder zwei Buchstaben, wobei der zweite *immer* kleingeschrieben wird (Beispiele: H für Wasserstoff, He für Helium).

Enantiomere —zwei Stereoisomere, die sich wie Bild und Spiegelbild zueinander verhalten. Ein äquivalentes Gemisch beider Stereoisomere wird als *racemisches Gemisch* oder *Racemat* bezeichnet. Liegen in einem Molekül mehrere asymmetrische Atome vor, so unterscheiden sich die beiden Enantiomere in der absoluten Konfiguration *sämtlicher* Chiralitätszentren.

endergonisch —Bei einem endergonischen Prozess muss Energie zugeführt werden, um ihn zu bewirken. Die Energiezufuhr kann thermisch oder photochemisch erfolgen.

endotherm —*siehe* exotherm.

endotrop —Prozess, bei dem die Entropie eines Systems abnimmt ($\Delta S < 0$).

Entartung —Besitzen zwei oder mehr Energieniveaus exakt den gleichen Energiegehalt, so werden sie als entartet bezeichnet. Dabei heißt es »dreifach entartet«, wenn entsprechend drei energetisch gleiche Energieniveaus vorliegen und so weiter.

Enthalpie (H) —gebundene Energie (thermodynamische Größe); gestattet eine Aussage über die bei einer Reaktion frei werdende oder aufzubringende Energie.

exergonisch —Bei einem exergonischen Prozess wird Energie frei (in Form von Wärme oder Photonen).

exotherm —Ist bei einer chemischen Reaktion der Energiegehalt der Reaktanten größer als die der Produkte, ist also $\Delta H < 0$, wird dabei Energie frei. Wird diese Energie in Form von

Wärme abgegeben (erwärmt sich also das Reaktionsgemisch), handelt es sich um einen exothermen Prozess. Ist $\Delta H > 0$, so wird dem System im Laufe dieses *endothermen* Prozesses Energie entzogen: Das Reaktionsgemisch kühlt sich ab.

exotrop —ein Prozess, bei dem die Entropie des Systems zunimmt ($\Delta S > 0$); Voraussetzung für spontan verlaufende Prozesse.

extensive Größe —eine Größe, die sich additiv mit der Größe des Systems ändert, also von der Stoff*menge* abhängt. Darunter fallen Größen wie Masse, Volumen, Enthalpie. Hängen Größen *nicht* von der Größe des Systems ab, handelt es sich um *intensive Größen*.

Fällungsreaktion —Reaktion, bei der zwei gut lösliche Substanzen miteinander zur Reaktion gebracht werden und eine schwerlösliche Verbindung als Niederschlag ausfällt.

Formalladung —Ladung, die einem Atom innerhalb einer Lewis-Formel *rein formal* zukommt, weil die an besagtem Atom *rein formal* »vorhandenen« Elektronen nicht mit der Anzahl seiner Elektronen im atomaren Zustand übereinstimmt. Formalladungen gestatten keinerlei Aussage über *tatsächliche* Ladungszustände.

freie Energie/Enthalpie —*siehe* Gibbs-Helmholtz-Gleichung.

funktionelle Gruppe —einzelne Molekülbestandteile, die das chemische Verhalten des gesamten Moleküls beeinflussen oder gar bestimmen.

galvanisches Element —zwei voneinander getrennte elektrochemische Halbzellen, die über eine Salzbrücke oder durch eine semipermeable Membran leitend miteinander verbunden sind. Weisen die unterschiedlichen Halbzellen eine Potentialdifferenz auf, fließt elektrischer Strom, wobei in der einen Halbzelle die *Oxidation*, in der anderen die *Reduktion* stattfindet.

Gaskonstante, Allgemeine —ergibt sich aus dem allgemeinen Gasgesetz als Proportionalitätskonstante: $8{,}314\ \mathrm{J\ mol^{-1}\ K^{-1}}$.

Gegen-Ion —allgemeine Bezeichnung für den Partner in einer ionisch aufgebauten Verbindung, der an der betrachteten Reaktion nicht (nennenswert) teilnimmt. Im Englischen häufig als *spectator ion* bezeichnet, da es sozusagen bei der Reaktion nur »zuschaut«, ohne einzugreifen.

gesättigt —Bezeichnung für Verbindungen, die *keine* C–C-Mehrfachbindungen aufweisen.

gesättigte Lösung —die Lösung eines beliebigen Stoffes, die keine weiteren Teilchen des gelösten Stoffes mehr aufnehmen kann. Bei Zugabe weiterer Substanz der gleichen Art bildet sich ein Niederschlag.

Gibbs-Helmholtz-Gleichung —Formel aus der Thermodynamik, in der die Veränderung der Enthalpie und der Entropie im Rahmen eines chemischen Prozesses miteinander in Beziehung gesetzt werden. Gestattet eine Aussage über die freie Energie eines Systems in Abhängigkeit von den gewählten (Reaktions-)Bedingungen.

Gitterenergie —Energie, die dabei frei wird, wenn sich Träger entgegengesetzter Ladungen zu einem (dreidimensionalen) Ionengitter zusammenfinden.

Gleichgewichtskonstante —aus dem Massenwirkungsgesetz resultierende Zahl, die die Lage eines chemischen Gleichgewichts beschreibt; abhängig von Temperatur, Druck und anderen Faktoren.

Grundzustand —energieärmster möglicher Zustand eines Systems.

Hauptgruppen —mittlerweile nicht mehr empfohlene Bezeichnung für die Gruppen des Periodensystems, bei denen sich die energiereichsten Valenzelektronen im Grundzustand in den jeweiligen s- oder p-Orbitalen befinden (s-Block- und p-Block-Elemente). Früher bezeichnet als die Hauptgruppen I–VIII (in der englischsprachigen Literatur auch gerne IA–VIIIA), werden sie heute gemäß der IUPAC Gruppen 1 und 2 sowie 13 bis 18 genannt.

HENDERSON-HASSELBALCH-Gleichung —*siehe* Puffergleichung.

Hetero-Atom —in der OC: jedes Atom, das nicht Kohlenstoff oder Wasserstoff ist.

Heterolyse (auch: *heterolytische Bindungsspaltung*) —Spaltung einer Bindung, bei der die ursprünglich an der Bindung beteiligten Elektronen einzig einem der beiden ehemaligen Bindungspartner zukommen; Gegenteil davon: *Homolyse.*

HOMO —*highest occupied molecular orbital,* energiereichstes mit Elektronen »gerade noch« besetztes Molekülorbital; Entartung ist möglich.

Homolyse (auch: *homolytische Bindungsspaltung*) —*siehe* Heterolyse.

HÜCKEL-Regel —Die Anzahl (x) delokalisierter π-Elektronen in einem aromatischen System lässt sich durch die Formel $x = 4N + 2$ beschreiben (dabei ist N stets eine ganze Zahl, auch die 0 ist zulässig).

HUND'sche Regel —liegen zwei oder mehr entartete Orbitale vor, werden diese zunächst spinparallel einfach besetzt; eine Folge der Spinpaarungs-Energie.

Hydratisierung —Solvatisierung mit dem Lösemittel Wasser.

Hydrolyse —Spaltung einer Verbindung durch Reaktion mit Wasser. Bezieht sich auf die Substrate typischer Säure/Base-Reaktionen (also auch die **Protolyse**, $HX + H_2O \rightarrow H_3O^+ + X^-$), aber auch auf Verbindungen, die durch Reaktion mit Wasser ihre »Identität« verlieren, weil Molekülbestandteile abgespalten oder addiert werden (etwa Säureanhydride).

Hydrophilie —Eigenschaft einer Substanz, die sich gut in Wasser oder anderen polaren Lösemitteln löst. Adjektiv: *hydrophil.*

ideales Gas —Modellvorstellung zur Beschreibung von Gasen. Im Gegensatz zu realen Gasen sind die Teilchen idealer Gase ausdehnungslose Massepunkte, die nicht (physikalisch oder chemisch) miteinander wechselwirken.

Indikator —(meist) organische Säure oder Base, deren Farbe sich in Abhängigkeit des *p*H-Werts verändert.

intensive Größe —Größe, die sich *nicht* mit der vorliegenden Stoffmenge ändert. Beispiele sind Druck, Dichte, Temperatur, Brechungsindex, Viskosität.

Interferenz —Wechselwirkung von Wellen: Bei *konstruktiver* Interferenz ist Amplitudenvergrößerung (= Verstärkung) zu beobachten, bei *destruktiver* Interferenz Auslöschung.

Ion —Materieteilchen mit einer Ladung. Diese Ladung kann positiv oder negativ sein, und ein Ion kann aus einem einzelnen Atom bestehen (zum Beispiel Na^+) oder auch aus einem Atomverbund (beispielsweise SO_4^{2-}). In letzterem Falle handelt es sich um ein *Molekül-Ion*. Liegt ein geladener Komplex vor, ist das ein Komplex-Ion (ein Beispiel: $[Fe(CN)_6]^{4-}$).

isoelektronische Ionen —Ionen, die die gleiche Anzahl von Valenzelektronen aufweisen, beispielsweise O^{2-} und F^- oder Na^+ und Mg^{2+}.

Isomer —zwei Verbindungen gelten als *Isomere*, wenn sie sich lediglich in der räumlichen Anordnung ihrer Atome unterscheiden. Es werden verschiedene Formen der Isomerie unterschieden (dazu gehört auch die Chiralität).

Isotope —Atome der gleichen Art (gleiche Anzahl von Protonen im Kern, daher gleiche Kernladungszahl), die sich in der Anzahl ihrer Neutronen unterscheiden und somit eine unterschiedliche Massenzahl aufweisen.

IUPAC —*International Union for Pure and Applied Chemistry*; maßgeblich in Fragen der Nomenklatur.

K (Kelvin) —Einheit der absoluten Temperatur; zur Umrechnung von K in °C gilt: T (in °C) = T (in K) + 273,15.

***K* (Gleichgewichtskonstante)** —*siehe* Massenwirkungsgesetz.

Kalottenmodell —räumliches Modell, das die Raumerfüllung der einzelnen Atome berücksichtigt.

Katalysator —eine Substanz, die in den Mechanismus einer Reaktion eingreift und so die Aktivierungsenergie herabsetzt, ohne dabei selbst verbraucht zu werden.

Kathode —der Teil eines elektrochemischen Systems, an dem die Reduktion erfolgt: (a) bei spontan ablaufenden Redox-Reaktionen: elektrischer Pluspol (der die Elektronen aufnimmt); (b) bei durch Stromzufuhr erzwungenen Reaktionen (Elektrolyse): elektrischer Minuspol (mit Elektronenüberschuss).

Kation —positiv geladenes Ion.

Kernverbindungsachse —(gedachte) gerade Linie zwischen zwei Atomzentren.

Kinetische Energie (E_{kin}) —Bewegungsenergie.

Kondensationsreaktion —Reaktion, bei der sich zwei Reaktionspartner unter Abspaltung eines kleinen Nebenprodukt-Moleküls (meist: Wasser) zu einem neuen, größeren Molekül vereinigen.

konjugierte Doppelbindung —Doppelbindungen, die nicht durch ein (oder mehrere) sp^3-hybridisierte Kohlenstoff-Atome voneinander getrennt sind, sodass die unhybridisierten p-Orbitale der jeweiligen Doppelbindungen unmittelbar nebeneinanderstehen.

konzertiert —Bezeichnung für zwei oder mehr Prozesse, die zeitgleich ablaufen.

Koordinationszahl (meist abgekürzt **CN** für *coordination number* oder **SN** für *steric number*) — Anzahl der Liganden, die innerhalb eines Komplexes mit dem gleichen Zentralteilchen in Wechselwirkung treten; häufig auch: Synonym für Anzahl der Bindungspartner eines Atoms.

Koordinationszentrum —Zentralteilchen eines Komplexes.

koordinative Bindungen —(auch: *dative* Bindung) historisch begründeter Begriff für kovalente Bindungen, die dadurch entstehen, dass die zur Bindung herangezogenen Elektronen von *nur einem* der beiden Reaktionspartner bereitgestellt werden.

koplanar —»sich in einer Ebene befindend mit«.

Kristallwasser —in stöchiometrischem Verhältnis zusammen mit einer ionischen Verbindung kristallisierende Wasser-Moleküle; Bestandteil der Kristallstruktur.

Laborjargon —fachsprachliche Verschleifung, unter Fachleuten sehr häufig.

Ladungsbilanz —die Summe etwaiger Ladungen müssen zu beiden Seiten eines Reaktionspfeils/Gleichgewichtspfeils identisch sein. Ladungen verschwinden nicht und tauchen auch nicht aus dem Nichts auf.

Le-Chatelier-Prinzip —wird auf ein im Gleichgewicht befindliches System durch Änderung der äußeren Bedingungen ein Zwang ausgeübt, verschiebt sich das Gleichgewicht derart, dass es dem äußeren Zwang ausweicht.

Ligand —meist: Elektronen donierender Bindungspartner in einem Komplex; häufig allgemeiner: Synonym für Bindungspartner.

Lipophilie —Eigenschaft einer Substanz, die sich gut in unpolaren Lösemitteln löst. Adjektiv: *lipophil.*

lone pair —freies Elektronenpaar; einem einzelnen Atom zuzuordnendes Elektronenpaar, das nicht für Bindungen genutzt wird.

Löslichkeit (L) —gibt an, welche Masse eines Stoffes sich in einem gegebenen Volumen eines Lösemittels löst; angegeben in g/L. Nicht mit dem Löslichkeits*produkt* verwechseln!

Löslichkeitsprodukt (K_L) —Maß für die Tendenz einer ionisch aufgebauten Verbindung, in Lösung zu gehen: das mathematische Produkt der Konzentrationen der einzelnen in Lösung befindlichen Ionen.

LUMO —*lowest unoccupied molecular orbital*, das energieärmste im Grundzustand noch nicht besetzte Molekülorbital.

Massenwirkungsgesetz (MWG) —Mittel zur quantitativen Beschreibung der Lage eines chemischen Gleichgewichts: Verhältnis des mathematischen Produkts der Konzentrationen der Produkte zum mathematischen Produkt der Konzentrationen der Reaktanten.

Massenzahl (MZ) —Anzahl der Kernbausteine, also der Protonen und Neutronen. Wird häufig als Hochzahl links neben das Elementsymbol geschrieben (ein Beispiel: ^{12}C).

mehrprotonige (mehrbasige) Säure —Säure, die mehr als ein H^+-Ion abspalten kann.

Mesomerie —Beschreibung delokalisierter Bindungsverhältnisse durch mehrere mesomere Grenzformeln, also Lewis-Formeln, in denen die zu betrachtenden π-Elektronen Mehrfachbindungen zu unterschiedlichen Bindungspartnern ausbilden.

Mineralsäuren —Oberbegriff für anorganische Säuren, insbesondere solche, deren Anionen in zahlreichen Mineralien zu finden sind (wie Sulfat, Nitrat, Phosphat und so weiter).

Mol —exakt definierte Teilchenzahl; ein Mol eines beliebigen Stoffes enthält genauso viele Teilchen, wie in 12,000 g des Kohlenstoff-Isotops ^{12}C enthalten sind. (Damit ist das Mol in gleicher Weise verwendbar wie der Begriff »Dutzend« – nur dass es eben um deutlich mehr Teilchen geht: um $6{,}022 \cdot 10^{23}$. Das sind wirklich viele.)

Molekül —elektrisch neutraler Verbund mehrerer Atome, die über kovalente Bindungen zusammengehalten werden.

Nebengruppe —Bezeichnung für die Gruppen der Elemente im PSE, bei denen die energiereichsten Valenzelektronen im Grundzustand in den jeweiligen d- oder f-Orbitalen untergebracht sind (d-Block-Elemente und Lanthanoide). Früher wurden die Nebengruppen von I bis VIII durchnummeriert (in der englischsprachigen Literatur: IB bis VIIIB), die IUPAC empfiehlt die Bezeichnung 3 bis 12.

Nernst'sche Gleichung —Gleichung zur Beschreibung der Konzentrationsabhängigkeit des Elektrodenpotentials eines Redox-Paares.

Niederschlag —aus einer gesättigten Lösung ausfallender Feststoff.

nivellierender Effekt des Wassers —äquimolare Lösungen verschiedener starker Säuren mit *unterschiedlichem* pK_S-Wert < 0 unterscheiden sich nicht in ihrem pH-Wert – mehr als 100 % Dissoziation geht ja nun einmal nicht. (Für starke Basen gilt Entsprechendes.)

Nucleophilie —Bestreben eines Teilchens, in Wechselwirkung mit positiv polarisierten (oder geladenen) Teilchen zu treten. Im Prinzip identisch mit der Basizität nach Lewis. Adjektiv: *nucleophil*.

Oligomerisierung —Vereinigung mehrerer kleinerer Moleküle zu einem großen neuen Molekül *ohne* Abspaltung eines Nebenprodukts (*vergleiche*: Kondensationsreaktion). Ist die Anzahl der miteinander reagierenden Moleküle größer als (etwa) 20, ist das bereits eine *Polymerisierung*; *siehe* Dimerisierung.

Onium-Ion —allgemein ein Ion, das durch Ausbildung einer überzähligen Bindung unter formaler Elektronenabgabe zum Kation geworden ist.

optische Aktivität —Bezeichnung für das Phänomen, dass manche Moleküle in Lösung linear polarisiertes Licht um einen (verbindungsabhängigen) Winkel drehen. Für Enantiomere gilt dabei, dass sie das linear polarisierte Licht um den gleichen Betrag, aber in entgegengesetzter Richtung drehen.

Orbital —leicht verfälschend vereinfacht: »Aufenthaltsraum« eines Elektrons; genau genommen ein aus der Quantenmechanik stammender abstrakt-mathematischer Ausdruck, der die radiale Elektronendichtewahrscheinlichkeit in Abhängigkeit vom Atomkern beschreibt – aber darunter kann sich ja niemand etwas vorstellen.

Orbitalsatz —Orbitale gleicher Haupt- und Nebenquantenzahl, die sich lediglich in ihrer Magnetquantenzahl unterscheiden und daher im feldfreien Raum ununterscheidbar sind. Orbitale eines Orbitalsatzes unterscheiden sich in räumlicher Orientierung und gegebenenfalls Form.

Ordnungszahl (OZ) —Anzahl der Protonen eines Atoms; entscheidet über die Atomsorte.

Oxidation —Elektronenabgabe; in der OC häufig gleichgesetzt mit Aufnahme von Sauerstoff oder Abgabe von Wasserstoff.

Oxidationsmittel —eine Substanz, die eine andere oxidiert, ihr also Elektronen entreißt. Das Oxidationsmittel wird dabei selbst reduziert.

Oxo-Anion —Molekülanion mit einem Zentralteilchen, das selbst nicht zur Ausbildung negativer Oxidationszahlen neigt, bei dem sich aber durch die Verbindung mit Sauerstoff-Atomen eine negative Gesamtladung ergibt.

Pauli-Prinzip —sämtliche Elektronen eines wie auch immer gearteten Systems (Atom, Ion, Molekül und so weiter) müssen sich immer in mindestens einer Quantenzahl unterscheiden.

***p*H-Wert** —negativer dekadischer Logarithmus der Konzentration der Wasserstoff-Kationen in einer wässrigen Lösung: $p\text{H} = -\lg[\text{H}^+]$ beziehungsweise $-\lg[\text{H}_3\text{O}^+]$.

Phase —homogener Bereich, in dem definierte physikalische und chemische Eigenschaften identisch sind; zwei Phasen sind durch eine gemeinsame *Phasengrenze* voneinander getrennt.

photochemisch —durch Energiezufuhr in Form vom Photonen (Licht oder anderer elektromagnetischer Strahlung).

Photon —Lichtquant, sozusagen ein Energiepaket. Der Energiegehalt eines Photons kann über die Beziehung $E = h \cdot \nu$ berechnet werden.

$p\text{K}_\text{S}$-Wert (in englischsprachigen Lehrbüchern: **$p\text{K}_\text{A}$** mit *A* für *acid*) —Maß für die Tendenz einer Substanz, als Säure zu fungieren.

PLANCK'sches Wirkungsquantum (h) —grundlegende Konstante der Quantelung der Energie; die PLANCK-Konstante beträgt 6,626 · 10^{-34} [J · s], Proportionalitätskonstante zwischen Energie und Frequenz einer elektromagnetischen Welle.

polar —Bezeichnung für Moleküle, die ein permanentes Dipolmoment aufweisen.

Polykondensation —Reaktion, bei der sich zwei (oder mehr) Reaktionspartner zu einem deutlich größeren neuen Produkt vereinigen, wobei als Nebenprodukt ein kleines Molekül abgespalten wird (meist: Wasser). *Bitte nicht mit der Polymerisation verwechseln.*

Polymerisation —Vereinigung vieler kleinerer Moleküle zu einem großen neuen Molekül *ohne* Abspaltung eines Nebenprodukts (*vergleiche: Polykondensation*). Ist die Anzahl der miteinander reagierenden Moleküle kleiner als (etwa) 20, ist das eine *Oligomerisierung.*

potentielle Energie (E_{pot}) —Lageenergie. Je höher die potentielle Energie eines Teilchens, desto energiereicher ist es. Auch die Orbitale eines Atoms unterscheiden sich in ihrer potentiellen Energie: je kernferner, desto energiereicher.

protisch —Bezeichnung für ein Lösemittel, das in der Lage ist, positiv polarisierte H-Atome in Form von H^+-Ionen abzugeben, also im BRØNSTED'schen Sinne als Säure zu fungieren.

Puffer —Gemisch aus einer schwachen Säure und ihrer korrespondierenden Base oder umgekehrt; hält den *p*H-Wert einer Lösung bei moderater Säure- oder Basen-Zugabe weitgehend konstant.

Puffergleichung (häufig: **HENDERSON-HASSELBALCH-Gleichung**) —Formel zur Berechnung des *p*H-Werts einer Pufferlösung: $pH = pK_S + \lg [A^-]/[HA]$.

Quant —kleinstmögliche (Energie-)Portion.

Racemat (*racemisches Gemisch*) —Gemisch, das zwei Enantiomere in äquimolarer Menge enthält.

Radikal —Teilchen mit einem (oder mehreren) ungepaarten Elektron(en).

Reaktant —Ausgangsstoff einer Reaktion (veraltet: Edukt); vor allem in der Biochemie auch als *Substrat* bezeichnet.

Reduktion —Elektronenaufnahme. In der OC häufig auch gleichgesetzt mit Abgabe von Sauerstoff oder Aufnahme von Wasserstoff.

Reduktionsmittel —Substanz, die eine andere reduziert, also Elektronen an diese abgibt. Das Reduktionsmittel wird dabei selbst oxidiert.

Reinelement —Element, das in der Natur (oder zumindest auf der Erde) nur in Form eines einzigen Isotops auftritt.

Rest —Laborjargon für Substituent.

Säure —im allgemeinen Sprachgebrauch eine Substanz, die den *p*H-Wert einer wässrigen Lösung senkt (*p*H < 7); nach BRØNSTED eine Substanz, die als *H^+-Ionen-Donor* fungiert; nach LEWIS eine Substanz, die als *Elektronen-Akzeptor* fungiert.

Schrödinger-Gleichung —mathematische Beschreibung des Elektrons als dreidimensionale stehende Welle; eine Grundlage der Quantenmechanik.

Sdp. —Siedepunkt (unter Normbedingungen)

semipermeable Membran —eine Membran, die nur sehr bedingten Stoffaustausch zwischen zwei zu beiden Seiten der Membran befindlichen Lösungen gestattet.

Smp. —Schmelzpunkt (unter Normbedingungen)

Solvatisierung —das Lösen einer Substanz in einem Lösemittel; die Löslichkeit basiert auf Wechselwirkung der Substanz-Partikel mit Lösemittel-Molekülen. Dient als Lösemittel Wasser, heißt das *Hydratisierung.*

Spektrum —allgemein: Darstellung der Abhängigkeit einer Größe (etwa Lichtwelle oder Partikel) von einer gewöhnlichen physikalischen Eigenschaft (zum Beispiel Wellenlänge oder Masse). Wichtiges Beispiel ist das *elektromagnetische Spektrum*: die Gesamtheit aller elektromagnetischen Wellen in Abhängigkeit von Wellenlänge oder Frequenz.

sterischer Anspruch —fachsprachlich für: Raumbedarf eines Substituenten.

stöchiometrische Faktoren —ganze Zahlen, die angeben, in welchem Zahlenverhältnis Stoffe miteinander reagieren.

Stoffbilanz —Anzahl und Art der in einer Reaktionsgleichung auftauchenden Teilchen müssen auf beiden Seiten des Reaktions-/Gleichgewichtspfeils gleich sein. Atome und/oder Ionen können nicht einfach verschwinden oder aus dem Nichts auftauchen.

Stoffmenge —Anzahl vorliegender Teilchen, meist in mol angegeben.

Substituent —zur Beschreibung innerhalb eines Moleküls: die Bindungspartner am jeweils betrachteten Atom; dabei können diese Bindungspartner einzelne Atome sein oder auch Atomgruppen. Beispielsweise weist das Stickstoff-Atom der Verbindung Methylamin (CH_3-NH_2) als Substituenten zwei H-Atome und eine Methylgruppe auf.

Substitution —je nach Kontext: Zunächst einmal ist dieser Begriff die Kurzform von »Substitutionsreaktion« (um Zeit zu sparen, wird die »Nucleophile Substitution am Aromaten« nicht »Nucleophile Substitution*sreaktion* am Aromaten« genannt), bei denen ein Bindungspartner durch einen anderen ausgetauscht wird (lateinisch *substituere* = ersetzen). Zugleich wird dieser Begriff auch verwendet, um Moleküle mit ähnlichem Grundgerüst miteinander zu vergleichen: So lässt sich etwa Methylamin (CH_3-NH_2) zumindest formal als Ammoniak auffassen, in dem ein H-Atom durch etwas anderes (in diesem Falle: eine Methylgruppe) ersetzt wurde. Zu diesem Kontext – also immer dann, wenn formal ein anderes Atom oder eine Atomgruppe an eine Stelle getreten ist, an der sich genauso gut ein H-Atom hätte befinden können – gehört dann auch die Bezeichnung »höher substituiert«: Das N-Atom im Methylamin ist *höher substituiert* als das N-Atom im Ammoniak, noch höher substituiert wäre es bei Dimethylamin ($HN(CH_3)_2$) usw. Ebenso lässt sich dann sagen, dass ein 4° C-Atom höher substituiert ist als ein 3°, ein 2° oder ein 1° Kohlenstoff-Atom.

Substrat —vor allem in der Biochemie Bezeichnung für den Ausgangsstoff einer Reaktion. Auch als *Reaktant* bezeichnet.

thermisch —durch Wärmezufuhr.

Trivialnamen —allgemein anerkannte und weit verbreitete, aber nicht von der IUPAC empfohlene Bezeichnungen für chemische Verbindungen.

u —für *unified atomic mass unit*, veraltet auch amu abgekürzt; atomare Masseneinheit; 1 u = $1{,}66^{-27}$ kg; entspricht definitionsgemäß 1,000 g mol^{-1}.

ungesättigt —Bezeichnung für Verbindungen, die eine oder mehrere C–C-Mehrfachbindungen aufweisen.

vakantes Orbital —ein Orbital, das nicht mit Elektronen besetzt ist; leeres Orbital.

Valenzelektronen —Elektronen, die sich (im Grundzustand) in der Valenzschale befinden.

Valenzschale —äußerste, im Grundzustand energiereichste mit Elektronen besetzte Schale eines Atoms (nach dem BOHR'schen Atommodell).

Vinyl-Rest —$H_2C = CH$–; die Verbindung Vinylchlorid etwa hat die Formel $H_2C{=}CHCl$.

Welle-Teilchen-Dualismus —(auch: *Teilchen-Welle-Dualismus*) Tatsache, dass sich manche mikroskopischen Objekte weder als Teilchen, noch als Welle vollständig beschreiben lassen (bei Elektronen, aber auch bei Photonen zu beobachten).

Zentralteilchen —elektronen-akzeptierender Bindungspartner in einem Komplex; häufig bildet ein Zentralteilchen Bindungen zu mehreren Liganden aus, die nicht zwangsweise identisch sein müssen; *auch*: Laborjargon für *Koordinationszentrum*.

Zwischenstufe, reaktive —während einer Reaktion intermediär auftretendes Molekül/Molekül-Ion, sehr instabil, meist nicht isolierbar.

Zwitter-Ion —ein Molekül, das sowohl eine positive als auch eine negative Ladung aufweist, sodass es nach außen hin elektrisch neutral ist (also sich verhält, als sei es ungeladen). *Bei Zwitter-Ionen ist es nicht möglich, eine mesomere Grenzstruktur* ohne *Ladungstrennung zu formulieren.*

Lösungen

Kapitel 4

1. (a) Sauerstoff hat die Ordnungszahl 8, also enthält der Kern auch acht Protonen. Bei (b) verrät uns OZ = 18, dass es sich um Argon (Ar) handelt, und wie stets entspricht die Ordnungszahl der Kernladungszahl (= Anzahl der Protonen im Kern). Bei (c) ist zu berücksichtigen: OZ+ Anzahl der Neutronen = MZ, also ist OZ = MZ− Anzahl der Protonen: 27 − 14 = 13, somit handelt es sich um Aluminium (Al).

2. Für (a) brauchen wir wieder: Anzahl der Neutronen = MZ − OZ = 40 − 20 = 20; es handelt sich um das Calcium-Isotop ^{40}Ca. Für (b) läuft es ganz ähnlich: OZ(Br) = 35, also liegen hier 81 − 35 = 46 Neutronen vor. Analoges gilt für (c): OZ(Si) = 14, also enthält der Kern dieses Silicium-Isotops 16 Neutronen.

3. Die Ordnungszahl gibt die Anzahl der Protonen im Kern an (also die Kernladungszahl), und diese ist *elementspezifisch*: Jedes Atom mit genau sieben Protonen im Kern ist *unweigerlich* Stickstoff (^{7}N), bei jedem Atom mit 23 Protonen im Kern (nicht mehr, nicht weniger) *kann* es sich nur um Vanadium handeln und so weiter. Deswegen ist es in der Chemie völlig unüblich, Ordnungszahlen anzugeben: Das Elementsymbol ist ja eindeutig. (In der Physik und in der Kernchemie wird es trotzdem häufig so gehandhabt – und wenn Sie sich mit Kapitel 52 ein wenig in die Grundlagen der Kernchemie eingelesen haben, wird Ihnen diese Informations-Redundanz gewiss sogar einleuchten.)

4. $1\ g = 6{,}022 \cdot 10^{23}\ u$.

5. Als Isotope werden zwei (oder mehr) Atome bezeichnet, die sich bei gleicher Kernladungszahl (= Ordnungszahl) in ihrer Massenzahl unterscheiden.

6. Bei ^{35}Cl und ^{37}Cl handelt es sich um Isotope; beide Atome haben die Ordnungszahl 17; ihr Atomkern enthält also 17 Protonen. Da jedes Atom ungeladen ist (zu geladenen Teilchen kommen wir erst in Kapitel 11), müssen beide Chlor-Isotope entsprechend auch genau 17 Elektronen aufweisen.

7. Mit $M(FeCl_3) = 162{,}29\ g\ mol^{-1}$ ergibt sich: $n(FeCl_3) = \frac{m(FeCl_3)}{M(FeCl_3)} = \frac{500\ \not{g}}{162{,}5\ \not{g}\ mol^{-1}} =$ 3,081 mol.

8. Die Massenprozente müssen in Stoffmengen umgerechnet werden:

$$n(K) = \frac{m(K)}{M(K)} = \frac{28{,}22\ \not{g}}{39{,}0983\ \not{g}\ mol^{-1}} = 0{,}721\,77\ mol$$

$$n(Cl) = \frac{m(Cl}{m(Cl)} = \frac{25{,}59\ \not{g}}{35{,}453\ \not{g}\ mol^{-1}} = 0{,}7218\ mol$$

$$n(K) = \frac{m(0)}{M(0)} = \frac{46{,}19\ \not{g}}{15{,}9994\ \not{g}\ mol^{-1}} = 2{,}8870\ mol$$

Division durch 0,7217 ergibt ein Molverhältnis K:Cl:O = 1:1:4, damit lautet die empirische Formel $KClO_4$.

absolute Masse: 159,602 u

relative Masse: 159,602

molare Masse: 159,602 g mol^{-1}

Kapitel 5

1. Solange Eis mit flüssigem Wasser im Gleichgewicht ist, wird es nicht kälter als 0 °C. Ist nur festes Eis vorhanden, kann es theoretisch bis zum absoluten Nullpunkt (in Kapitel 18 finden Sie dazu eine Erklärung) abgekühlt werden.
2. Steht ein Gas nicht mit seiner flüssigen Phase im Gleichgewicht, kann es beliebig hohe Temperaturen annehmen. Fünf Millionen Grad? – Kein Problem, für unsere Sonne ist das normal.
3. Beim Übergang in den flüssigen Zustand entstehen neue intermolekulare Bindungen, dabei wird Energie frei, denn der Vorgang findet (bei einer Temperatur unterhalb des Siedepunkts) freiwillig statt.
4. $7.65\ \text{eV} = 1{,}2255 \cdot 10^{-18}\ \text{J/Atom}$

   Multipliziert mit N_A: $1{,}2255 \cdot 10^{-18}\ \text{J} \cdot 6{,}022 \cdot 10^{23} = 738\ \text{kJ mol}^{-1}$
5. 4.187 J (1 cal) erwärmen 1 g Wasser um 1°. Daraus ergibt sich:

   286 kJ erwärmen 1 kg Wasser um 68,3 °.

Kapitel 6

1. Das lösen Sie am besten mit dem Dreisatz:

$$12\,\text{g A} \iff 5{,}45\,\text{g B}$$

$$300\,\text{g A} \iff x\,\text{g B} \qquad x = \frac{300\,\text{g} \cdot 5{,}45\,\text{g}}{12\,\text{g}} = 136{,}26\,\text{g B}$$

2. $3{,}011 \cdot 10^{23}$
3. $600 \cdot 10^{22} = 6 \cdot 10^{24}$
4. Drei signifikante Stellen
5. $= \lg(0{,}5/2{,}55) = \lg 0{,}5 - \lg 2{,}55 = -0{,}708$
6. = 6,3 (Achtung: 0,25 hat die kleinste Anzahl signifikanter Ziffern!)
7. $= -3{,}8$

8. Achtung! Hier steht −c.

$$\int_a^b \frac{1}{(1-c)}\,dc = -\ln(1-c)|_a^b = \ln(1-a) - \ln(1-b) = \ln\frac{1-a}{1-b}$$

Kapitel 8

1. Auf mikroskopischer Ebene (also bei (sub-)atomaren Objekten wie Atomen, Elektronen und dergleichen mehr) zeigt sich, dass die Energie kein Kontinuum bildet, sondern stets in »Energiepaketen« auftritt: Jede real existierende Energie ist unweigerlich ein ganzzahliges (!) Vielfaches des PLANCK'schen Wirkungsquantums h. Dessen Wert ($h = 6{,}626 \cdot 10^{-34}$ J s) wollen Sie sich vielleicht schon einprägen; in Kapitel 9 wird er Ihnen wiederbegegnen.

2. Als »Schalen« bezeichnete Niels BOHR die Bahnen, auf denen gemäß seinem Modell (und um nichts anderes als ein Modell *handelt* es sich hier, das sei hier noch einmal betont!) die Elektronen den Kern umkreisen können, ohne dabei Energie zu verlieren (und entsprechend auch nicht in den Atomkern stürzen). Auf diesen Bahnen, und *nur* auf diesen Bahnen »dürfen sich Elektronen aufhalten«. Entsprechend ist auch der Energiegehalt eines jeden Elektrons *gequantelt.*

3. Bitte vergessen Sie nicht, dass Sie nie nur *ein einzelnes Atom* anregen, sondern immer gleich sehr, sehr viele auf einmal. (In Kapitel 4 haben Sie erfahren, dass selbst ein Picomol (pmol) immer noch $6{,}022 \cdot 10^{11}$ Teilchen sind, also mehr als sechshundert Milliarden.) Nun ist nicht zu erwarten, dass bei entsprechender Anregung (etwa thermisch, durch eine Brennerflamme oder Ähnliches) wirklich alle Atome *in gleicher Weise* angeregt werden: Bei manchen Atomen (welche Atomsorte das ist, interessiert hier gerade gar nicht) wird dann etwa ein Elektron aus der L-Schale (mit $n = 2$) auf die N-Schale (mit $n = 4$) befördert, bei anderen aus der L-Schale nur in die M-Schale (mit $n = 3$). Kehren nun beide Elektronen wieder zu ihrem Ausgangspunkt (eben die L-Schale) zurück, werden dabei verständlicherweise unterschiedliche Energiemengen frei: Bei der Rückkehr von der (energetisch ungünstigeren) N-Schale zur L-Schale wird entsprechend ein energiereicheres Photon (mit gemäß Gleichung 8.2 kürzerer Wellenlänge $\lambda_{N\rightarrow L}$) abgestrahlt als bei der Rückkehr von der M-Schale zur L-Schale. (Es ist also $\lambda_{N\rightarrow L} < \lambda_{M\rightarrow L}$.) Außerdem muss eine solche Rückkehr nicht zwingend sofort zum *Grundzustand* führen: Das Elektron, das soeben in die N-Schale befördert wurde, kann bei der Rückkehr auch erst einmal einen Zwischenstopp in der M-Schale einlegen (wobei dann ein Photon der Wellenlänge $\lambda_{N\rightarrow M}$ abgestrahlt wird), und erst im zweiten Schritt fällt es dann von der M-Schale auf die L-Schale zurück (wobei ein zweites Photon frei wird, dieses Mal mit der Wellenlänge $\lambda_{M\rightarrow L}$).

4. Berechnung mit der PLANCK-EINSTEIN-Gleichung (Gleichung 8.2):

$$E = \frac{h \cdot c}{\lambda} = \frac{6{,}626 \cdot 10^{-34}\,\mathrm{J\,s} \cdot 2{,}998 \cdot 10^{8}\,\mathrm{m\,s^{-1}}}{525 \cdot 10^{-9}\,\mathrm{m}} = 3{,}78 \cdot 10^{-19}\,\mathrm{J} = 2{,}36\,\mathrm{eV}$$

5. Umrechnung der Wellenlänge in eine Frequenz:

$$\nu = \frac{c}{\lambda} = \frac{2{,}998 \cdot 10^{8}\,\mathrm{m\,s^{-1}}}{75 \cdot 10^{-9}\,\mathrm{m}} = 4 \cdot 10^{15}\,\mathrm{s^{-1}}$$

Das liegt im UV-Bereich.

6. Berechnung der Energie mit Gleichung 8.1:

$$E = \frac{6{,}626 \cdot 10^{-34}\,\mathrm{J\,s} \cdot 2{,}998 \cdot 10^{8}\,\mathrm{m\,s^{-1}}}{121{,}57 \cdot 10^{-9}\,\mathrm{m}} = 1{,}634 \cdot 10^{-18}\,\mathrm{J} = 10{,}2\,\mathrm{eV}$$

Nach Gleichung 8.2 entspricht das der Energiedifferenz des H-Elektrons zwischen dem Grundzustand und dem ersten angeregten Zustand:

$$E_2 = \frac{E_1}{4} = -3{,}4\,\mathrm{eV} \Rightarrow E_2 - E_1 = -3{,}4\,\mathrm{eV} - (-13{,}6\,\mathrm{eV}) = 10{,}2\,\mathrm{eV}$$

Demnach kann Wasserstoff diese Wellenlänge absorbieren. (Aber das ist eine Wellenlänge, die das menschliche Auge nicht mehr sieht.)

Kapitel 9

1. Ein Orbital verrät uns die Wahrscheinlichkeitsdichteverteilung für ein Elektron; beschrieben wird es durch drei Quantenzahlen, die sich aus der Lösung der SCHRÖDINGER-Gleichung ergeben. Die üblichen bildlichen Darstellungen erfassen etwa 90 % dieser Aufenthaltswahrscheinlichkeit.

2. Die d-Zustände; l = 2 gehört also zum (fünffach entarteten) d-Orbitalsatz und definiert damit den Orbital-Typ. Zugleich verrät Ihnen die Nebenquantenzahl auch die Anzahl der Knotenebenen, die das zugehörige Orbital aufweist.

3. Das Elektron hat Wellencharakter und wird mit einer Wellengleichung beschrieben. Sein Aufenthaltsort ist unbestimmt und lässt sich nur mit einer bestimmten Wahrscheinlichkeit angeben.

4. Die Hauptquantenzahl n = 1 gestattet nur die Nebenquantenzahl l = 0, es ist also nur das 1s-Orbital möglich. Zu jedem p-Orbital (ungeachtet seiner Hauptquantenzahl n) gehört aber die Nebenquantenzahl l = 1.

5. Zu allen s-Orbitalen gehört (ungeachtet ihrer Hauptquantenzahl n) die Nebenquantenzahl 0, und die gestattet gemäß den Spielregeln der Quantenmechanik nur die Magnetquantenzahl $m_l = 0$. Damit es aber zur Entartung kommen kann, müssen bei gleicher Haupt- und Nebenquantenzahl verschiedene Magnetquantenzahlen im Spiel sein.

6. Zu den p-Orbitalen gehört die Nebenquantenzahl l = 1 (sie haben ja auch alle genau *eine* Knotenebene); somit sind immer (und nur) drei Magnetquantenzahlen m_l möglich: −1, 0 und +1. Für alle d-Orbitale hingegen ist l = 2 (deswegen haben sie ja auch *zwei* Knotenebenen), und das gestattet die fünf Magnetquantenzahlen −2, −1, 0, +1 und +2. Das ändert sich auch dann nicht, wenn die Hauptquantenzahl n ins

(theoretisch mögliche) Unermessliche steigt: *Jeder* p-Orbitalsatz ist dreifach entartet, *jeder* d-Orbitalsatz fünffach (und *jeder* f-Orbitalsatz wegen l = 3 entsprechend siebenfach).

Kapitel 10

1. Bei Ein-Elektronen-Systemen (also dem Wasserstoff-Atom und dem – chemisch nicht gerade bedeutsamen – Helium-Kation He^+, aber um geladene Teilchen geht es hier ja noch gar nicht) sind sämtliche Orbitale gleicher Hauptquantenzahl energetisch ununterscheidbar, also entartet (*siehe* Abbildung 9.14). Bei Mehrelektronensystemen (also Atomen mit mehr als einem Elektron, und das sind einfach »alle außer Wasserstoff!«) ist diese Entartung hinsichtlich der Hauptquantenzahl aufgehoben (*siehe* Abbildung 10.4): Energiegleich (also: entartet) sind nur noch Orbitale gleichen Typs (also *gleicher Nebenquantenzahl*, mit anderen Worten: Orbitale des gleichen Orbital*satzes*).

2. Als Übergangselemente werden alle Elemente bezeichnet, bei denen gemäß dem Aufbau-Prinzip d-Orbitale (bei den Elementen aus dem d-Block) beziehungsweise f-Orbitale (bei den Lanthanoiden und Actinoiden, die als f-Block bezeichnet werden) aufgefüllt werden. (Da alle Übergangselemente Metalle sind, findet sich in der Literatur auch häufig die Bezeichnung *Übergangsmetalle*.

3. Für den Kohlenstoff (a) gilt: $1s^2\ 2s^22p^2$. Bei der *vollständigen* Elektronenkonfiguration werden also stets *sämtliche* im Grundzustand besetzten Orbitalsätze angegeben; wollen Sie Platz (oder Zeit) sparen, können Sie auch all die Orbitale oder Orbitalsätze, die *nicht zur Valenzschale* gehören, durch das in eckige Klammern gesetzte Elementsymbol des dem betreffenden Elements im Periodensystem als letztes vorangegangenen Edelgases abkürzen (also des Edelgases, das die Vorgänger-Periode des gewünschten Elements beendet hat); dazu werden dann alle (!) Orbitale beziehungsweise Orbitalsätze angegeben, die gemäß dem Aufbau-Prinzip seit Beginn dieser »neuen Periode« hinzugekommen sind – mit anderen Worten: Sie geben zusätzlich sämtliche *Valenzelektronen* an. Für den Kohlenstoff, der in der 2. Periode steht, ist das betreffende Edelgas das Helium, mit dem die 1. Periode endet. Also können Sie abkürzen: $[He]2s^22p^2$. Hier bringt das Abkürzen zugegebenermaßen noch nicht so viel, aber machen wir erst einmal weiter: Für Phosphor (b) ergibt sich $1s^2\ 2s^22p^6\ 3s^23p^3$ oder kurz $[Ne]3s^23p^3$. Beim Nickel (c) lohnt sich das Abkürzen noch mehr: Aus $1s^2\ 2s^22p^6\ 3s^23p^6\ 4s^23d^8$ wird dann $[Ar]4s^23d^8$. Für das Selen ergibt sich $1s^2\ 2s^22p^6\ 3s^23p^6\ 4s^23d^{10}4p^4$ oder kurz $[Ar]4s^23d^{10}4p^4$ (nicht den vollständig besetzen 3d-Orbitalsatz vergessen!), für das Zirkonium kommen wir auf $1s^2\ 2s^22p^6\ 3s^23p^6\ 4s^23d^{10}4p^6\ 5s^24d^2$ oder $[Kr]5s^24d^2$, und beim Gold wird dann endgültig offensichtlich, wie praktisch die Kurzschreibweise ist: $[Xe]6s^24f^{14}5d^9$ liest sich doch leichter als $1s^2\ 2s^22p^6\ 3s^23p^6\ 4s^23d^{10}4p^6\ 5s^24d^{10}5p^6\ 6s^24f^{14}\ 5d^9$.

4. Die Valenzelektronen sind sämtliche Elektronen, die wir nach der Nennung des im PSE vorangegangenen Edelgases angeführt haben. Also (a): $2s^22p^2$; (b): $3s^23p^3$; (c): $4s^23d^8$; (d) $4s^23d^{10}4p^4$; (e) $5s^24d^2$; (f): $6s^24f^{14}5d^9$.

5. Wieder lesen wir sämtliche Orbitale/Orbitalsätze zeilenweise (von links nach rechts) im Periodensystem ab und wandern dann – je nachdem, ob Elektronen fehlen (bei Kationen) oder im Überschuss vorhanden sind (bei Anionen) – entsprechend um eine oder mehr Positionen nach links (ein- bis mehrwertige Kationen) oder rechts (Anionen), um Elektronenkonfigurations-Analogien zu finden. Bei (a) haben wir zwei Elektronen mehr als beim Schwefel-Atom, entsprechend lautet die vollständige Elektronenkonfiguration für dieses Anion (mit den zwei zusätzlichen Elektronen) $1s^2\ 2s^22p^6\ 3s^23p^6$ = [Ne]$3s^23p^6$ = [Ar]. Bei (b) ergibt sich $1s^2\ 2s^22p^6$ (es *fehlen* ja drei Elektronen) = [Ne], bei (c) kommen wir mit $1s^2\ 2s^22p^6$ ebenfalls zu [Ne], und bei (d) schließlich lautet die Antwort $1s^2\ 2s^22p^6\ 3s^23p^6\ 4s^23d^{10}4p^6\ 5s^24d^{10}5p^6\ 6s^24f^{14}\ 5d^{10}$ = [Xe]$6s^24f^{14}5d^{10}$. Es gibt *kein* Edelgas, dessen Elektronenkonfiguration der des Pb^{2+} entspricht.

6. Hierbei helfen uns zwei Punkte:

   - die Merkhilfe FON_{Cl}
   - die Tendenzen im Periodensystem (schauen Sie auf die Schummelseite am Buch-Anfang)

   Fluor ist der Elektronegativitäts-König des Periodensystems, gefolgt von Sauerstoff und Stickstoff. Ansonsten verraten uns die Tendenzen im PSE, dass innerhalb einer Periode die EN von rechts nach links abnimmt. In der gleichen Periode stehen (von links nach rechts) Li C N O F. Weiterhin wissen wir – ebenfalls dank der Tendenzen –, dass innerhalb einer Gruppe die Elektronegativität von oben nach unten abnimmt. In der gleichen Gruppe (nämlich der ersten Hauptgruppe) stehen Li K Cs. Alles zusammengenommen, ergibt sich für die Elektronegativitäten der ausgewählten Elemente: F > O > N > C > Li > K > Cs.

7. Es sollen zwar alle Fragen beantwortet werden, aber das muss ja nicht unbedingt in der Reihenfolge geschehen, in der sie gestellt wurden. Also sortieren wir erst einmal die Orbitale gemäß dem Aufbau-Prinzip: Wir wissen, dass erst das 4s-Orbital besetzt wird, bevor sukzessive Elektronen in den 3d-Orbitalsatz hinzukommen. Entsprechend lautet die Elektronenkonfiguration gemäß dem Aufbau-Prinzip $1s^2\ 2s^22p^6\ 3s^23p^6\ 4s^23d^3$, abgekürzt [Ar]$4s^23d^3$. Nun sehen wir sofort, dass das letzte Orbital, das hier mit Elektronen versorgt wurde, zum 3d-Orbitalsatz gehört, entsprechend ist dessen Hauptquantenzahl $n = 3$ und dessen Nebenquantenzahl $l = 2$ (es ist ja ein d-Orbital). Da das zuletzt mit Elektronen besetzte Orbital zu einem d-Orbitalsatz gehört, *muss* es sich um ein Übergangselement handeln. Und da die höchste Hauptquantenzahl, die wir in der gesamten Elektronenkonfiguration finden, $n = 4$ lautet (sie gehört zum 4s-Orbital), muss das Element in der 4. Periode stehen. Die Valenzelektronenkonfiguration lautet $4s^23d^3$; diese gehört zum Vanadium mit dem Elementsymbol V. Und ob Sie nun wissen, dass Vanadium ein Metall ist, oder nicht: *Sämtliche* Übergangselemente (auch die aus dem f-Block!) sind Metalle, also lässt sich diese Frage allein anhand der Elektronenkonfiguration ebenfalls leicht beantworten.

8. Im Ammonium-Ion besitzt das Stickstoff-Atom formal nur noch vier der fünf Elektronen, die ihm als Element der 5. Hauptgruppe zustehen; deswegen kommt ihm

eine positive Formalladung zu. Andererseits ist Stickstoff das dritt-elektronegativste Element des ganzen Periodensystems, entsprechend ist jede einzelne dieser N–H-Bindungen so polarisiert, dass dem Stickstoff eine negative Partialladung zukommt: Für den formal (!) positiv geladenen Stickstoff gilt also $N^{\delta-}$, während sämtliche Wasserstoff-Atome dieses Moleküls positiv polarisiert sind: $H^{\delta+}$.

Kapitel 11

1. Sauerstoff (a) besitzt die zweithöchste Elektronegativität des Periodensystems (denken Sie an »FON_{Cl}«, bekannt aus Kapitel 10), entsprechend ist die Entstehung eines Anions zu erwarten. Da Sauerstoff in der 6. Hauptgruppe steht, fehlen noch zwei Elektronen zum Erreichen der Oktettregel, also entsteht bevorzugt das zweiwertige Anion O^{2-} – dass dieses Ion, das nun die Elektronenkonfiguration des Edelgases Neon aufweist, als »Oxid-Ion« zu bezeichnen ist, sei Ihnen schon jetzt verraten, auch wenn wir auf die systematische Nomenklatur erst später eingehen (allerspätestens in Kapitel 27). Auch die Elektronegativität von Chlor (b) ist nicht von schlechten Eltern, auch wenn es nicht zu den »Großen Drei« gehört. Diesem Element der 7. Hauptgruppe fehlt nur noch ein Elektron, also entsteht bevorzugt das einwertige Chlorid-Ion Cl^-, dessen Elektronenkonfiguration der des Edelgases Argon entspricht. Bei allen anderen hier aufgeführten Elementen handelt es sich um Metalle, die wegen ihrer meist sehr niedrigen Elektronegativität und ihrer meist nur sehr spärlich mit Elektronen aufgefüllten äußersten Schale praktisch nie Anionen bilden, sondern Kationen. Dafür geben sie jeweils sämtliche Valenzelektronen ab. Entsprechend bildet das Kalium (c) das einwertige Kation K^+ (das dann ebenfalls die gleiche Elektronenkonfiguration des Edelgases Argon aufweist), das Beryllium (d) wird zum Be^{2+} ($\triangleq$ He), das Aluminium (e) zum Al^{3+} ($\triangleq$ Ne), das Gallium (f) zum Ga^{3+} ($\triangleq$ Ar) und das Lithium (g) schließlich zum Li^+, das dann wieder die Elektronenkonfiguration von Helium besitzt.

2. Durch die ungerichtete elektrostatische Anziehung der positiven Kationen und negativen Anionen. Dies führt zu einem (theoretisch) infiniten (also: unendlich ausgedehnten) Kristallgitter.

3. Die Gitterenthalpie (Gitterenergie); sie lässt sich indirekt mithilfe des Born-Haber-Kreisprozesses ermitteln.

4. Welches Gitter jeweils entsteht, hängt vom Radius und von der Ladung der jeweils beteiligten Ionen ab; das Radien*verhältnis* von Kationen und Anionen entscheidet.

5. Schauen Sie sich noch einmal Abbildung 11.2 an: Dort wird ersichtlich, welcher Bindungsabstand aus dem Kompromiss der gegenläufigen Kräfte Anziehung und Abstoßung resultiert.

6. Al_2O_3 bildet ein äußerst stabiles Ionengitter (Mohs-Härte 9 statt 10 wie beim Diamanten, *siehe* Tabelle 11.1); Grund dafür ist die extrem hohe Gitterenthalpie. (Wenn Sie also – etwa zum Heimwerken – einen Bohrkopf brauchen, reicht in den meisten Fällen schon die deutlich günstigere Variante mit Korund-Beschichtung aus. Sie werden wohl nur in den seltensten Fällen das dringende Bedürfnis haben, in ein Material mit Mohs-Härte 9 zu bohren.)

Kapitel 12

1. Zur Ermittlung des räumlichen Baus wird das VSEPR-Modell benötigt: Bei (a) handelt es sich um Tetrachlormethan, das unter dem Namen *Tetrachlorkohlenstoff* als wichtiges, wenngleich alles andere als gesundes Lösemittel verwendet wird. Das Zentralteilchen ist hier (natürlich) der Kohlenstoff, der entsprechend vier Einfachbindungen (jeweils eine zu jedem der vier Chlor-Atome) ausbildet. Freie Elektronenpaare weist der Kohlenstoff als Element der 4. Hauptgruppe nicht auf, also beträgt die Koordinationszahl ebenso wie die Pseudokoordinationszahl 4. Das zugehörige Koordinationspolyeder ist das Tetraeder, und schon sind wir fertig: Das Tetrachlormethan-Molekül ist tetraedrisch. Molekül (b) ist *Stickstofftrifluorid*, ein äußerst potentes Treibhausgas (mehr dazu im ersten Kapitel des Top-Ten-Teils dieses Buches); der zentrale Stickstoff ist (jeweils über eine Einfachbindung) mit seinen drei Bindungspartnern verknüpft und weist zusätzlich (wie sich das für ein dreibindiges Element der 5. Hauptgruppe gehört) noch ein freies Elektronenpaar auf. Damit ergibt sich die Pseudokoordinationszahl 4, und der tatsächliche räumliche Bau dieses Moleküls leitet sich ebenfalls vom Tetraeder ab: Drei dessen vier Ecken sind durch Bindungspartner besetzt, die vierte durch ein freies Elektronenpaar. Insgesamt ergibt sich der gleiche trigonal-pyramidale Bau wie beim Ammoniak (NH_3). In Abbildung 12.6 können Sie sich das noch einmal anschauen. Verbindung (c) ist das Thionylchlorid, ein vor allem in der Organischen Chemie (*siehe* dazu Teil VIII des Buches) wichtiges Chlorierungsmittel. Darin ist der Schwefel das Zentral-Atom, das mit dem Sauerstoff eine Doppel- und mit den beiden Chlor-Atomen jeweils eine Einfachbindung eingeht. Entsprechend weist S zusätzlich noch ein freies Elektronenpaar auf, und wir kommen (schon wieder) zur Pseudokoordinationszahl 4 und müssen erneut das Tetraeder als Koordinationspolyeder annehmen: An einer der vier Ecken sitzt das (doppelt mit dem Schwefel verbundene) Sauerstoff-Atom, an zwei weiteren jeweils ein Chlor, die vierte Ecke ist durch das freie Elektronenpaar des Zentralteilchens besetzt – ein weiteres Mal erhalten wir ein trigonal-pyramidal gebautes Molekül. Bei Molekül (d) handelt es sich um die (unter Standardbedingungen nicht stabile) *Hyposchweflige Säure*. Zentralteilchen ist der Sauerstoff, der mit beiden Bindungspartnern jeweils eine Einfachbindung eingegangen ist. Entsprechend weist er noch zwei freie Elektronenpaare auf, sodass (ein weiteres Mal) die Pseudokoordinationszahl 4 zum Koordinationspolyeder Tetraeder führt: Zwei von dessen vier Ecken sind mit Liganden verbunden (1 × –H, 1 × –Cl), an den beiden anderen befinden sich die *lone pairs*: Das Molekül ist gewinkelt. Verbindung (e) hat keinen Trivialnamen – systematisch wäre es Schwefeldichloriddifluorid –, und hier kommen wir zu einem völlig anderen räumlichen Bau: Das zentrale Schwefel-Atom hat hier nicht nur vier (jeweils über eine Einfachbindung mit dem Zentralteilchen) verbundene Bindungspartner, sondern zusätzlich auch noch ein freies Elektronenpaar (es wurden ja nur vier der insgesamt sechs Valenzelektronen des Schwefels zum Knüpfen von Bindungen genutzt). Damit beträgt die Pseudokoordinationszahl 5, und das Koordinationspolyeder ist die trigonale Bipyramide. Nun müssen wir noch herausfinden, welcher (Pseudo-)Ligand hier wo landet, denn aus Abbildung 12.4 wissen wir, dass in diesem Polyeder nicht sämtliche Positionen äquivalent sind: Die beiden axialen Positionen sind energetisch ungünstiger als die drei äquatorialen Positionen. Da freie Elektronenpaare einen etwas größeren Raumbedarf (wissenschaftlich ausgedrückt: einen

größeren *sterischen Anspruch*) besitzen als Bindungspartner, wissen wir nun schon einmal, dass das freie Elektronenpaar eine der drei äquatorialen Positionen besetzen wird, sodass das Molekül im Ganzen bisphenoidal (also: »Wippen-förmig« oder »Sägebock-förmig«) gebaut ist. (Vielleicht wollen Sie sich noch einmal Abbildung 12.5 anschauen?) Aber wir sind noch nicht ganz fertig: Es sind ja nicht alle vier Bindungspartner identisch. Wer landet also wo? – Da Fluor-Atome deutlich kleiner sind als Chlor-Atome, steht zu erwarten, dass sie sich damit auch eher damit abfinden können, die axialen Positionen in der trigonalen Bipyramide zu besetzen, an denen ja – wegen der Abstoßung der drei dazu im rechten Winkel stehenden äquatorialen Positionen – etwas weniger Platz ist. Außerdem ist Fluor (bekanntermaßen) das elektronegativste Element des ganzen Periodensystems, weswegen es die Bindungselektronen deutlich stärker zu sich heranzieht, als das beim signifikant weniger elektronegativen Chlor der Fall ist. Damit benötigt die Elektronenwolke der beiden F–S-Bindungen am Schwefel ungleich weniger Platz – das ergänzt sich also prima.

Sie können sich merken, dass Fluor im Zweifelsfall bereit ist, stets freiwillig die axiale Position einer trigonalen Bipyramide einzunehmen. Der Fachausdruck für diese Neigung lautet **Apicophilie** – er stammt daher, dass die axialen Positionen im Englischen auch als *apical* bezeichnet werden (sogar in manchen deutschsprachigen Lehrbüchern wird von *äquatorialen* und *apikalen* Positionen entsprechender Moleküle gesprochen), und den Wortstamm »-philie« kennen Sie gewiss auch: Das griechische Wort *φίλος* (*philos*) bedeutet »liebend« – das Fluor hat also sozusagen eine gewisse Vorliebe für die apikale Position. (Im Verlauf dieses Buches werden Sie noch so einige Fachtermini mit der Endung »-philie« kennenlernen.)

2. Beachten Sie, entlang welcher Achse des kartesischen Koordinatensystems die Wechselwirkung erfolgen soll: Wenn das betreffende p-Orbital genau auf das s-Orbital weist, so wie bei (a), ergibt sich eine σ-Wechselwirkung (analog zu Abbildung 12.14). Sowohl das p_y- (b) als auch das p_z-Orbital (c) stehen senkrecht zur gewünschten Kernverbindungsachse (eben der x-Achse), damit stehen sie »quer« zum s-Orbital; das Ergebnis ist eine *nichtbindende* Wechselwirkung (wie in Abbildung 12.29). In (d) weisen die beiden p-Orbitale genau aufeinander, sodass sich auch hier eine *σ-Wechselwirkung* ergibt. In Fall (e) stehen die beiden p-Orbitale *senkrecht* zueinander, sodass auch hier die Wechselwirkung *nichtbindend* ist; Gleiches gilt für Fall (f). Die beiden p_y-Orbitale aus (g) liegen *parallel* zueinander, sodass sich hier ebenso eine *π-Wechselwirkung* ergibt wie bei den beiden p_z-Orbitalen (h).

   Zu einer *bindenden* Wechselwirkung kommt es in allen Fällen natürlich nur, wenn sich die beteiligten Orbitale *in Phase* befinden; ansonsten resultiert eine *antibindende* Wechselwirkung. (Bei nichtbindenden Wechselwirkungen ist die Phasenbeziehung natürlich bedeutungslos.)

3. Die Anzahl der Molekülorbitale entspricht immer genau der Anzahl der Atomorbitale, die miteinander linear kombiniert werden.

4. Auch hier ist die Achse des kartesischen Koordinatensystems entscheidend; zudem müssen wir die räumliche Orientierung nicht nur der p-Orbitale, sondern auch der d-Orbitale berücksichtigen. Für die σ-Bindungen (a) gilt dann: s-Orbital

+ s-Orbital; s-Orbital + p_z-Orbital; p_z-Orbital + p_z-Orbital; p_z-Orbital + d_{z^2} -Orbital; d_{z^2} -Orbital + d_{z^2} -Orbital sowie s-Orbital + d_{z^2} -Orbital. π-Bindungen (b) sind dann möglich zwischen $p_x + p_x$, $p_y + p_y$. Keines der anderen d-Orbitale kann hier etwas anderes eingehen als nichtbindende Wechselwirkungen, denn während die beiden Orbitallappen eines p-Orbitals bekanntermaßen stets unterschiedliche Phasen aufweisen, sind die beiden jeweils gegenüberliegenden Orbitallappen eines d-Orbitals gleichphasig, also hilft uns das $d_{x^2-y^2}$ -Orbital hier nicht weiter, und alle anderen d-Orbitale (d_{xy}, d_{xz}, d_{yz}) stehen im 45°-Winkel zu den p-Orbitalen, sodass auch hier nichts zu holen ist.

5. Bei (a) wird die Oktettregel verletzt (O steht in der 2. Periode und hat, da ihm nur das 2s- und die drei 2p-Orbitale zur Verfügung stehen, nicht mehr als acht Elektronen unterzubringen), in der cyclischen Struktur von (b) wäre die Ringspannung zu groß.

   Die Struktur von O_3 kann daher nur in Form von mesomeren Grenzstrukturen angegeben werden:

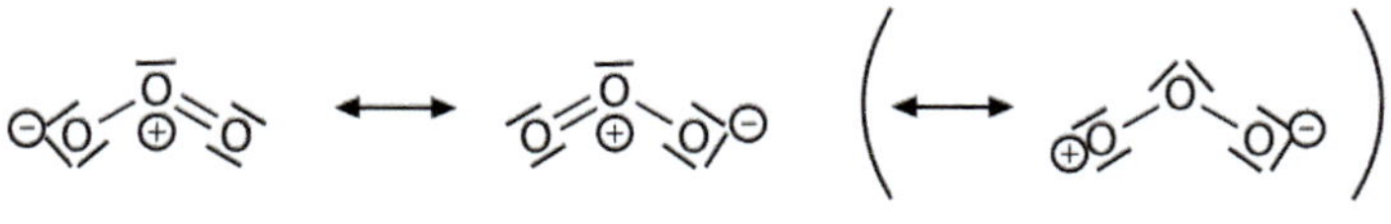

6. Eine π-Bindung besteht nach der Vorstellung des VB-Modells aus der Überlappung zweier p-Orbitale, die senkrecht zur Verbindungsachse stehen. In der MO-Theorie werden zwei p-Orbitale mithilfe der LCAO-Methode linear kombiniert, dabei entstehen ein bindendes π-Molekülorbital und ein antibindendes π^*-Molekülorbital.

Kapitel 13

1. Die Liganden fungieren als Elektronen-Donoren, das Zentralteilchen als Elektronen-Akzeptor: Ein Orbital des Liganden, das ein freies Elektronenpaar enthält, überlappt mit einem vakanten Orbital des Zentralteilchens, sodass sich die beiden Bindungspartner dieses Elektronenpaar letztendlich teilen. Der Unterschied zur »konventionellen« kovalenten Bindung besteht darin, dass hier sämtliche zur Bindung herangezogenen Elektronen nur von *einem* der beiden Bindungspartner stammen. Es sei aber noch einmal betont: Ist eine solche (koordinative oder dative) Bindung erst einmal geknüpft, ist sie von einer normalen kovalenten Bindung nicht mehr zu unterscheiden. Und noch etwas sei hier erneut erwähnt: Ein solcher Komplex (beispielsweise ein Hexaaquakupfer(II)-Ion, $[Cu(H_2O)_6]^{2+}$) ist etwas *völlig anderes* als ein »nacktes« Kupfer(II)-Ion (Cu^{2+}).

2. (a) Hexaaquachrom(III)bromid; (b) Kaliumdicyanidoargentat(I); (c): Ammoniumtetrahydroxidocuprat(II)

3. (a) $[Co(NH_3)_6]Br_3$); (b) $[Cu(NH_3)_4(H_2O)_2]Cl_2$; (c) $[Ni(NH_3)_2(H_2O)_4]SO_4$; (d) $Ca[Ni(NH_3)_2Cl_4]$

4. Mit der Ligandenfeldtheorie: Je nach Stärke des Ligandenfelds enstehen low-spin- oder high-spin-Komplexe. High-spin-Komplexe weisen eher ungepaarte Elektronen auf, da Orbitale nach der HUND'schen Regel zunächst einfach besetzt werden.

5. Der mit en abgekürzte Ligand in Komplex (a) heißt Ethylendiamin (bekannt aus Abbildung 13.19), und da das *-di* ein Zahlenpräfix ist (es gibt an, dass das Molekül zwei Aminogruppen aufweist, sodass es als zweizähniger Ligand fungiert), muss die Anzahl der im Komplex vorliegenden Liganden durch die »x-mal«-Vorsilbe gekennzeichnet werden. Da im Komplex drei Ethyendiaminliganden vorhanden sind, ergibt sich der Name Tris(ethylendiamin)cobalt(III)chlorid. Bei Verbindung (b) liegen als Liganden drei Oxalat-Ionen ($C_2O_4^{2-}$) vor. Insgesamt muss der Komplex dreifach negativ geladen sein, schließlich werden für die Neutralverbindung, nach deren Namen hier gefragt ist, als Gegen-Ionen drei einfach positiv geladene Ammonium-Ionen benötigt. Da jeder Oxalato-Ligand zwei negative Ladungen mitbringt, muss das Zentralteilchen dreifach positiv geladen sein. Alles zusammengenommen, ergibt sich der systematische Name Ammoniumtrioxalatoferrat(III). (Da der Name der Liganden hier *kein* Zahlenpräfix enthält, wäre die Bezeichnung »Ammoniumtri_s_oxalato…« nicht im Sinne der IUPAC. Was gemeint ist, wüsste wohl trotzdem jeder.)

6. Das ungeladene Chrom hat die Valenzelektronenkonfiguration $4s^2\ 3d^5$; entsprechend handelt es sich beim Mn^{2+}-Kation – dem Zentralteilchen des Komplex-Ions $[Mn(H_2O)_6]^{2+}$ – um ein d^5-System. (Auf die Frage, warum d-Block-Elemente, die zwei oder mehr Elektronen verloren haben, immer so behandelt werden, als wären als Erstes die Elektronen aus dem s-Orbital entfernt worden, wird in Kapitel 34 eingegangen; bitte nehmen Sie es hier erst einmal einfach hin.) Mit den sechs Aqua-Liganden ergibt sich ein oktaedrisches Ligandenfeld, bei dem die drei t_{2g}-Orbitale – wegen der doch recht beachtlichen Stärke dieses Feldes – energetisch deutlich günstiger sind als die e_g-Orbitale: Es entsteht ein *low-spin*-Komplex. Entsprechend werden hier die fünf Elektronen nicht – wie es die Hund'sche Regel verlangt – spinparallel auf alle fünf d-Orbitale verteilt, sondern es kommt vielmehr zur Besetzung nur der drei t_{2g}-Orbitale. Mit fünf Elektronen sind zwei davon dann Spin-antiparallel doppelt besetzt, das dritte weist ein ungepaartes Elektron auf: $M = 2$. (Bei einem *high-spin*-Komplex, der eben der Hund'schen Regel folgt, ergäbe sich $M = 6$.)

7. Zunächst einmal ist zu berücksichtigen, wie die Liganden am Zentralteilchen relativ zueinander orientiert werden können (also die *Konfigurationsisomerie*): Neben Variante (a), bei der die drei Ammin-Liganden *meridional* angeordnet sind und die beiden Aqua-Liganden *trans* zueinander stehen, ist auch Form (b) möglich, bei der sich an der *mer*-Anordnung der Ammin-Liganden nichts ändert, die Aqua-Liganden aber *cis*-Konfiguration aufweisen. Bei Variante (c) sind die drei Ammin-Liganden facial angeordnet; damit sind die beiden Aqua-Liganden zwangsweise *cis*-konfiguriert (*mer*-NH_3 und *trans*-H_2O gleichzeitig geht nun einmal nicht).

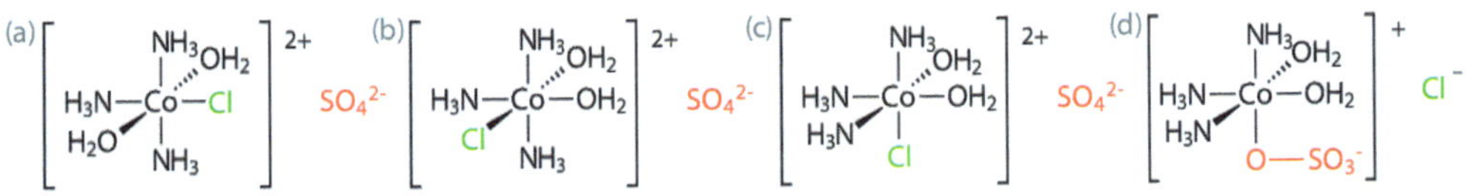

Außerdem besteht auch noch die Möglichkeit zur *Ionenisomerie*, sodass der Chlorido-Ligand mit dem Sulfat-Gegen-Ion den Platz tauscht, wodurch Triammindiaquasulfatocobalt(III)chlorid entsteht – von dem dann ebenfalls die drei oben erwähnten *Konfigurationsisomere* vorliegen können: Strukturformel (d) zeigt nur das Ionenisomer zu (c), aber die anderen beiden können Sie sich gewiss selbst zusammenbasteln.

8. Bei Kaliumhexacyanidoferrat(II) weist das Zentralteilchen (Fe^{2+}) die Elektronenkonfiguration $3d^6$ auf. Zusammen mit den 6 × 2 Elektronen der Cyanido-Liganden ergeben sich 18 Valenzelektronen (SIDGWICK). Dieser Komplex sollte also thermodynamisch recht stabil sein. Beim Kaliumhexacyanidoferrat(III) hingegen ist das Zentralteilchen ein Fe^{3+}-Ion mit der Elektronenkonfiguration $3d^5$. Damit kommt der Komplex auf insgesamt nur 17 Valenzelektronen und wird vermutlich deutlich weniger stabil sein. Und genau so ist es auch: Aus einer wässrigen Lösung von $K_3[Fe(CN)_6]$ lassen sich freie CN^--Ionen nachweisen. Die wirken sich bei oraler Aufnahme natürlich auch auf die Gesundheit aus. Drastisch.

Kapitel 14

1. Bei der metallischen Bindung liegen die Atomrümpfe als ein- oder mehrfach geladene Kationen vor, die durch das »Elektronengas« zusammengehalten und dabei so voneinander isoliert werden, dass es zwischen ihnen nicht zur elektrostatischen Abstoßung kommt. Insofern ist es – anders als bei der ionischen Bindung – nicht elektrostatische Anziehung zwischen den einzelnen Gitterbausteinen, die das Kristallgitter zusammenhält, und es gibt – anders als bei der kovalenten Bindung – auch keinerlei gerichtete Wechselwirkungen.

2. Die dichtesten Kugelpackungen (hexagonal und kubisch) weisen die größte Raumausfüllung auf. Die Koordinationszahl beträgt hier jeweils 12.

3. In der kubisch dichtesten Kugelpackung (a) gibt es $^1/_1$ (= 1) und $^{12}/_4$ (= 3), also insgesamt 4 Oktaeder- und 8 ganze Tetraederlücken, die gänzlich zu dieser Elementarzelle gehören, also nicht mit einer (oder mehreren) Elementarzelle(n) geteilt werden. Würfellücken gibt es in der kubisch dichtesten Kugelpackung überhaupt nicht. Anders sieht es bei der kubisch-primitiven Kugelpackung aus: Dort gibt es weder Oktaeder- noch Tetraederlücken, dafür aber immer genau $^1/_1$ (ungeteilte) Würfellücke, genau in der Mitte der Elementarzelle.

4. Zur Beschreibung der kubisch dichtesten Kugelpackung muss an allen acht Ecken und auf allen sechs Flächen ein Gitterpunkt verortet werden. So ergeben sich »oben« und »unten« jeweils fünf Gitterpunkte, »in der Mitte« vier weitere. Allerdings zählen die acht Gitterpunkte an den Ecken jeweils nur als $^1/_8$ Atom (denn nur ein Achtel befindet sich *im Inneren* der Elementarzelle!), während die sechs auf den Flächen liegenden Gitterpunkte nur als $^1/_2$ Atom gezählt werden dürfen. Zusammengenommen gibt das $^8/_8$ (= 1) + $^6/_2$ (= 3), also 4 Atome pro Elementarzelle. (Schauen Sie sich noch einmal Abbildung 14.18 an.)

5. Titan ist ein Metall, die gute Leitfähigkeit lässt sich im Bändermodell damit erklären, dass sich Valenz- und Leitungsband überlappen, wo sich die Elektronen ungehindert bewegen können. Silicium ist ein Halbleiter, das heißt, dass sich zwischen Valenz- und Leitungsband eine verbotene Zone befindet, die erst nach Energiezufuhr überwunden werden kann.

6. Die Elemente weisen folgende Elektronenkonfigurationen auf:

   Cr [Ar] $4s^1 3d^5$ (oder $4s^2 3d^4$, das macht keinen Unterschied) Fe [Ar] $4s^2 3d^6$

   Die sechs Valenzelektronen im Cr befinden sich *alle* in *bindenden* Molekülorbitalen, von den acht Valenzelektronen im Fe befinden sich *zwei* in *antibindenden* Molekülorbitalen, was insgesamt die Bindung schwächt. Entsprechend hat Chrom einen höheren Schmelzpunkt (1907 °C) als Eisen (1538 °C).

Kapitel 15

1. Zum *Ausbilden* einer Wasserstoffbrückenbindung (das heißt, das Molekül stellt selbst ein Wasserstoff-Atom für die Bindung zur Verfügung) muss mindestens ein hinreichend positiv polarisiertes Wasserstoff-Atom ($H^{\delta+}$) vorliegen; es muss also an ein hinreichend elektronegatives Atom gebunden sein. (Sie können sich merken: Die stärksten Wasserstoffbrückenbindungen ergeben sich, wenn H an eines der Atome aus der »FON-Triade« gebunden ist.) Damit ein Molekül eine Wasserstoffbrückenbindung *eingehen* kann, braucht es prinzipiell nur ein hinreichend elektronegatives Atom, das – und das ist wichtig! – über mindestens ein freies Elektronenpaar (*lone pair*) verfügen muss, schließlich müssen die Elektronen für die neu zu knüpfende X–H-Bindung irgendwo herkommen. (Auch hier sind FON die wichtigsten »üblichen Verdächtigen«.)

2. Hier wirken ausschließlich VAN-DER-WAALS-Kräfte, denn das Molekül weist von sich aus keinerlei Polaritäten auf. Bei hinreichend niedriger Temperatur beeinflussen die Moleküle einander aber – eben durch die induzierten Dipole der VAN-DER-WAALS-Kräfte – hinreichend, sodass es doch zu ernst zu nehmenden intermolekularen Wechselwirkungen kommt.

3. 1-Butanol kann über die OH-Gruppe Wasserstoffbrückenbindungen ausbilden, die für einen stärkeren Zusammenhalt zwischen den Molekülen sorgen. Bei Diethylether ist das nicht möglich; hier wirken vornehmlich VAN-DER-WAALS-Kräfte zwischen den unpolaren Ethylgruppen ($-CH_2CH_3$). Der Sauerstoff ist hier natürlich immer noch beachtlich negativ polarisiert ($O^{\delta-}$), insofern könnte dieses Molekül durchaus Wasserstoffbrückenbindungen *eingehen*, aber wenn ausschließlich Diethylether-Moleküle vorliegen, ist kein hinreichend positiv polarisierter Wasserstoff zum *Ausbilden* einer solchen Wechselwirkung vorhanden. (Die Polarisation des Sauerstoffs ist allerdings der Grund dafür, dass sich zumindest geringe Mengen dieser im Ganzen doch eher unpolaren Verbindung in Wasser lösen. Viel ist es allerdings nicht: In einem Liter Wasser lösen sich weniger als 70 g Diethylether.)

4. Butan ist das größere Molekül, es ist somit stärker polarisierbar. Deshalb ist die Ladungstrennung der induzierten Dipole stärker ausgeprägt und somit sind auch die VAN-DER-WAALS-Kräfte stärker.

5. Wenn das Ionengitter durch den Einfluss eines hinreichend polaren Lösemittels (wie etwa Wasser) zerstört wird, lagern sich die Lösemittel-Moleküle an die frei werdenden Kationen und Anionen an, und dabei wird ebenfalls Bindungsenergie frei – eben die Hydratationsenthalpie (oder, bei anderen Lösemitteln als Wasser: die *Solvatationsenthalpie*. Genau genommen, spielt hier auch noch die Entropie eine Rolle, aber darauf wird erst in Kapitel 16 eingegangen. Mehr über das Wechselspiel zwischen Gitterenergie und Solvatationsenthalpie erfahren Sie in Kapitel 24.

Kapitel 16

1. Da es sich um einen reversiblen Prozess handelt, ist $\Delta S = 0$.

2. Damit es im Raum kälter wird, muss Entropie herausbefördert werden. Die geht in den Kühlschrank hinein (die Temperatur ist dort ja geringer), aber sie kommt hinten aus dem Kühlschrank wieder heraus – und sogar noch mehr, weil die Wärmepumpe *nicht reversibel* arbeitet. Es ist also keine gute Idee, bei allzu heißen Sommertagen durch Öffnen des Kühlschranks für Abkühlung sorgen zu wollen.

3. Die vom System geleistete Arbeit beträgt: $w = -p\Delta V$.

   Nach der Zustandsgleichung für ideale Gase (Gleichung 18.1) gilt: $pV = nRT$, das bedeutet:

$$\Delta V = \frac{1}{p}\frac{m}{M}R\,\Delta T = \frac{1}{p}\cdot\frac{5500\,\text{g}}{44{,}01\,\text{g mol}^{-1}}\cdot 8{,}314\,\frac{\text{J}}{\text{mol K}}\cdot 195\,\text{K} = \frac{1}{p}\cdot 2{,}026\cdot 10^5\,\text{J}$$

$$\Rightarrow\quad w = -p\,\Delta V = -p\cdot\frac{1}{p}\cdot 2{,}026\cdot 10^5\,\text{J} = 202{,}6\,\text{kJ}$$

4. Bei 25 °C:

$$\Delta G = -286\,\text{kJ mol}^{-1} - 298\,\text{K}\cdot(-164\cdot 10^{-3}\,\text{kJ mol}^{-1}\,\text{K}^{-1}) = -237\,\text{kJ mol}^{-1}$$

   Bei 1500 °C:

$$\Delta G = -286\,\text{kJ mol}^{-1} - 1773\,\text{K}\cdot(-164\cdot 10^{-3}\,\text{kJ mol}^{-1}\,\text{K}^{-1}) = +4{,}8\,\text{kJ mol}^{-1}$$

   Bei dieser Temperatur läuft die Reaktion *nicht* freiwillig ab.

Kapitel 17

1. CO_2-Druckgasflaschen enthalten flüssiges CO_2 unter hohem Druck. Schauen Sie sich das Phasendiagramm in Abbildung 17.3 an. Zur Erzeugung der flüssigen Phase muss ein Druck von mindestens 5,2 bar herrschen. Öffnen Sie das Ventil, strömt CO_2 aus und kühlt sich infolge des JOULE-THOMPSON-Effekts (Kapitel 18) ab. Bei einem Außendruck von 1 bar resublimiert es dabei sofort zu einem schneeähnlichen Feststoff. Mit dieser Methode können Sie im Labor kleinere Mengen Trockeneis herstellen.

2. Anhand der bekannten Reaktionen lässt sich die unbekannte Enthalpie ermitteln:

Drehen Sie (c) um und multiplizieren Sie (a) und (b) entsprechend:

$$
\begin{array}{llll}
\text{(c)} & 3\,CO_2 + 4\,H_2O \rightarrow C_3H_8 + 5\,O_2 & \Delta H = +2220\ \text{kJ mol}^{-1} \\
\text{(a)} & 3\,C + 3\,O_2 \rightarrow 3\,CO_2 & \Delta H = 3 \times (-394) = -1182\ \text{kJ mol}^{-1} \\
\text{(b)} & 4\,H_2 + 2\,O_2 \rightarrow 4\,H_2O & \Delta H = 4 \times (-286) = -1144\ \text{kJ mol}^{-1} \\
\hline
 & \text{Summe:} & \Delta H = -106\ \text{kJ/mol}
\end{array}
$$

Die gesuchte Enthalpie beträgt $-106\ \text{kJ mol}^{-1}$.

3. Es bilden sich Mischphasen aus, die jeweils von der Löslichkeit der Komponenten ineinander unter definierten Bedingungen abhängen. Bei vollständiger Mischbarkeit existiert nur eine Mischphase, bei vollständiger Unmischbarkeit gibt es zwei Phasen (mit jeweils einer Komponente), bei teilweiser Mischbarkeit kommt es zur Ausbildung von Mischungslücken. Innerhalb einer Mischungslücke ist ein System nicht stabil und zerfällt in zwei Mischphasen.

4. $P + F = K + 2$. Man könnte meinen, da die Anzahl der Freiheitsgrade höchstens null betragen kann (negativ geht nicht), sollte es höchstens drei Phasen geben (da $K = 1$, schließlich haben wir ja nur Schwefel). So dürfen Sie allerdings die Gibbs'sche Phasenregel *nicht* auffassen: Sie besagt, dass höchstens $K + 2$ Phasen miteinander im *Gleichgewicht* stehen können. Demnach muss das Phasendiagramm von Schwefel *drei Tripelpunkte* aufweisen, bei denen jeweils drei der vier Phasen im Gleichgewicht stehen.

Kapitel 18

1. Welches Gas hier vorliegt, spielt keinerlei Rolle:

$$p = \frac{nRT}{V} = \frac{8{,}314\,\text{J} \cdot 298\,\text{K}}{\text{K mol} \cdot 10^{-3}\,\text{m}^3} = 2{,}48 \cdot 10^6\,\frac{\text{kg}}{\text{s}^2\,\text{m}} \left[\frac{\text{N}}{\text{m}^2} = \text{Pa}\right]$$

2. Auch hier spielt die Art des Gases keine Rolle.

$$p_1V_1 = nRT_1 \quad \textit{und} \quad p_2V_2 = nRT_2$$

$$nR = \frac{p_1V_1}{T_1} \qquad nR = \frac{p_2V_2}{T_2}$$

Gleichsetzen ergibt: $\frac{p_1V_1}{T_1} = \frac{p_2V_2}{T_2}$

Das Volumen ändert sich ja nicht, also gilt: $\frac{p_1}{T_1} = \frac{p_2}{T_2}$

$$p_2 = \frac{p_1T_2}{T_1} = \frac{1\,\text{bar} \cdot 353\,\text{K}}{293\,\text{K}} = 1{,}205\,\text{bar}$$

3. $$n = \frac{pV}{RT} = \frac{200 \cdot 10^5\,\text{Pa} \cdot 0{,}08\,\text{m}^3}{8{,}314\,\text{J}\,\text{K}^{-1}\,\text{mol}^{-1} \cdot 288\,\text{K}} = 668{,}2\,\text{mol}$$

Molare Masse (N_2) = 28,01 g mol^{-1}

$$\begin{aligned} 1\,\text{mol} &\iff 28{,}01\,\text{g} \\ 668{,}2\,\text{mol} &\iff 18716\,\text{g} = 18{,}716\,\text{kg} \end{aligned}$$

4. Wieder braucht's nur das ideale Gasgesetz:

$$n = \frac{pV}{RT} = \frac{2{,}18 \cdot 10^6\,\text{Pa} \cdot 0{,}002\,\text{m}^3}{8{,}314\,\text{J}\,\text{K}^{-1}\,\text{mol}^{-1} \cdot 553\,\text{K}} = 0{,}948\,\text{mol}$$

Kapitel 19

1. Weil sie dort einen höheren Energiezustand einnehmen müssen. Lässt sich eine Oberfläche (beziehungsweise Grenzfläche) nicht vermeiden, wird wenigstens versucht, sie möglichst klein zu gestalten.

2. Die Temperatur steigern: Eine Erhöhung der Temperatur bewirkt eine Zunahme der Viskosität eines Gases.

3. Der Druck eines Gases nimmt *linear* mit der Temperatur zu (ideales Gasgesetz, Gleichung 18.1). Der Dampfdruck über einer Flüssigkeit nimmt *exponentiell* mit der Temperatur zu (CLAUSIUS-CLAPEYRON, Gleichung 19.3).

4. Durch Siedekühlung: Die Apparatur muss offen sein, dann läuft am Kühler kondensierter Dampf ständig in das Flüssigkeitsgemisch zurück.

Kapitel 20

1. Grund für dieses Verhalten ist die unterschiedliche Polarität der beiden Substanzen: Während das polare Wasser bestens Wasserstoffbrückenbindungen ausbilden und eingehen kann, beschränkt sich die Wechselwirkung der unpolaren Öl-Moleküle auf VAN-DER-WAALS-Kräfte. Hier gilt also eben nicht »Gleiches löst sich in Gleichem«, sondern genau das Gegenteil: Öl ist in Wasser ebenso kaum löslich wie umgekehrt Wasser in Öl – die Wechselwirkungen passen einfach nicht zueinander. (Und dass am Ende die Öl-Phase auf dem Wasser schwimmt, liegt einfach an dessen geringerer Dichte.)

2. Der Sauerstoff ist in der C-O-Doppelbindung wegen seiner deutlich höheren Elektronegativität negativ polarisiert ($O^{\delta-}$), während der betreffende Kohlenstoff positiv polarisiert ist ($C^{\delta+}$). Sämtliche Wasserstoff-Atome dieses Moleküls sind jedoch an Kohlenstoff gebunden, und die Elektronegativitätsdifferenz zwischen C und H ist so gering, dass sie hier vernachlässigt werden kann. Somit sind die Wasserstoff-Atome kaum polarisiert. Insgesamt ist dieses Molekül also polar (wegen der C–O-Bindung), aber nicht in der Lage, Wasserstoffbrückenbindungen einzugehen oder all die anderen Dinge zu treiben, die typisch für protische Lösemittel sind: Aceton ist *polar-aprotisch*.

3. Da sich Ammoniumchlorid gut und freiwillig in Wasser löst, muss die *freie Enthalpie* insgesamt negativ sein. Eine Abkühlung bedeutet jedoch, dass die aufzuwendende Gitterenergie größer ist als die frei werdende Hydratationsenthalpie, die

Lösungswärme also *positiv* ist. Die Lösung des Salzes kann demnach nur durch einen *Entropiezuwachs* erfolgen, der die positive Lösungsenthalpie überkompensiert.

4. Verwenden Sie Gleichung 20.10 (den Wert für die ebullioskopische Konstante können Sie Tabelle 20.1 entnehmen – und bitte bedenken Sie: 1 Mol $MgCl_2$ ergibt gelöst 3 Mol Ionen!). Somit folgt:

$$\Delta T = K_{eb} \cdot b = K_{eb} \cdot \frac{3 \cdot n_B}{m_A} = K_{eb} \cdot \frac{3 \cdot m_B}{M_B \cdot m_A} = \frac{0{,}52\,K\,kg\,mol^{-1} \cdot 3 \cdot 40\,g}{95{,}21\,g\,mol^{-1} \cdot 0{,}25\,kg} = 2{,}6\,K$$

5. Verwenden Sie Gleichung 20.11 und berechnen Sie aus der Molalität b die gewünschte Masse. Außerdem benötigen Sie natürlich die molare Masse von Glykol: $M(C_2H_6O_2) = 62\ g\ mol^{-1}$. Den Wert für die kryoskopische Konstante entnehmen Sie wieder Tabelle 20.1. Dann ergibt sich:

$$\Delta T = K_{kr} \cdot b = K_{Kr} \cdot \frac{n_B}{m_A} = K_{Kr} \cdot \frac{m_B}{M_B \cdot m_A}$$

$$\Rightarrow\ m_B = \frac{\Delta T \cdot M_B \cdot m_A}{K_{kr}} = \frac{15\,K \cdot 62\,g\,mol^{-1} \cdot 1\,kg}{1{,}86\,K\,kg\,mol^{-1}} = 500\,g\ \text{Glykol}$$

Kapitel 21

1. Bei der Zinkblende liegt eine kubisch-dichteste Packung aus Sulfid-Ionen vor, in der *die Hälfte* aller Tetraederlücken mit Zink-Ionen besetzt ist. Das Fluorit-Gitter lässt sich am leichtesten beschreiben, wenn Sie (ungewohnterweise) die *Kationen* zur Grundlage der kubisch-dichten Packung machen. Darin besetzen die Anionen dann *sämtliche* Tetraederlücken. (Alternativ können Sie auch ein kubisch-primitives Gitter aus Fluorid-Ionen zur Grundlage Ihrer Beschreibung nehmen, bei der dann die Hälfte aller Würfellücken durch Calcium-Ionen besetzt ist – aber das ist deutlich weniger anschaulich, und die meisten Darstellungen der Elementarzelle basieren auf einer ccp der Kationen.)

2. Für die Sulfid-Ionen in der kubisch dichtesten Packung gelten natürlich die gleichen Punktlagen wie für die Chlorid-Ionen im NaCl-Gitter (*siehe* Abbildung 21.3):

   0 0 0; ½ ½ 0; ½ 0 ½; 0 ½ ½.

   Je nachdem, welche Ecke Sie in den Ursprung Ihres Koordinatensystems packen, lauten die vier nicht äquivalenten Lagen der vier Zn^{2+}-Ionen in ihren jeweiligen Tetraederlücken:

   ¼ ¼ ¼, ¾ ¾ ¼, ¼ ¾ ¾ und ¾ ¼ ¾ oder

   ¼ ¾ ¼, ¾ ¼ ¼, ¼ ¼ ¾ und ¾ ¾ ¾.

3. Steigt die Anzahl der Gitterdefekte, steigt auch die Reaktivität eines Feststoffs. Zum einen verlieren die Wechselwirkungen, die das Gitter zusammengehalten, bei Defektstellen an »Wirksamkeit« (sie sind ja nicht mehr optimal), zum anderen vergrößern SCHOTTKY-Defekte auch die Oberfläche eines Festkörpers – und da

die Reaktionen an der Oberfläche ablaufen, steigert das (verständlicherweise) die Reaktivität.

4. Bitte führen Sie sich noch einmal vor Augen, dass bei den MILLER-Indizes *Reziprok*-Werte zum Einsatz kommen: Während 010 bedeutet, dass die Netzebenen im Abstand einer Elementarzelle zueinander liegen (und zwar parallel zur y-Achse des kartesischen Koordinatensystems; *siehe* Abbildung 21.5b), bedeutet die 2 von 020, dass die erste Netzebene die y-Achse bei *genau der Hälfte* der zugehörigen Gitterkonstante schneidet (der Kehrwert von 2 ist nun einmal $\frac{1}{2}$): Der 020-Netzebenenabstand ist also nur halb so groß wie der 010-Netzebenenabstand. (Merkhilfe: Der MILLER-Index gibt an, wie häufig die betreffende Achse des Koordinatensystems innerhalb einer Elementarzelle äquidistant durchschnitten wird.)

Kapitel 22

1. Ohne viele Worte:

$$PbO + 2\,HCl \rightarrow PbCl_2 + H_2O$$

2. Jedes Kohlenstoff-Atom wird zu CO_2 verbrannt, jeweils zwei Wasserstoff-Atome bilden mit dem Sauerstoff ein Wasser-Molekül. Also:

$$2\,C_6H_6 + 15\,O_2 \rightarrow 12\,CO_2 + 6\,H_2O$$

3. Hier muss berücksichtigt werden, dass die zu verbrennende Verbindung selbst bereits ein O-Atom enthält. Entsprechend werden zur vollständigen Verbrennung nur noch 17 weitere Sauerstoff-Atome benötigt. Da Sauerstoff aber immer in Form von O_2-Molekülen auftritt, bräuchten wir $\frac{15}{2}$ Sauerstoff-Moleküle, und Moleküle werden bitte nicht zersägt. Entsprechend müssen wir die ganze Gleichung mit 2 multiplizieren und erhalten:

$$2\,C_5H_{11}OH + 15\,O_2 \rightarrow 10\,CO_2 + 12\,H_2O$$

4. Zunächst einmal stellen Sie die Reaktionsgleichung auf:

$$Al_2(SO_4)_3 + 6\,KOH \rightarrow 2\,Al(OH)_3 \downarrow + 3\,K_2SO_4$$

$$1 \quad : \quad 6$$

$$M(Al_2(SO_4)_3) = 342{,}16\text{ g mol}^{-1} \quad \Rightarrow \quad 1{,}2\text{ g} = 3{,}51 \cdot 10^{-3}\text{ mol}$$

Sie benötigen 6 × so viel KOH, also $6 \times 3{,}51 \cdot 10^{-3}\text{ mol} = 2{,}1 \cdot 10^{-2}\text{ mol}$

$$0{,}4\text{ mol} = 1000\text{ mL KOH} - \text{Lösung}$$

$$2{,}1 \cdot 10^{-2}\text{ mol} = 5{,}26 \cdot 10^{-2}\text{ mL} = 52{,}5\text{ mL KOH-Lösung}$$

5. Aluminiumoxid und Schwefel stehen im stöchiometrischen Verhältnis 2:3, das bedeutet für die Massen:

$$
\begin{array}{lll}
2\,Al_2O_3 \quad + & 3\,S & \rightarrow 4\,Al + 3\,SO_2 \\
2 \times 101{,}96\,g & 3 \times 32{,}066\,g & 4 \times 26{,}982\,g \\
= 203{,}92\,g & = 96{,}2\,g & = 107{,}93\,g \\
150\,g & 70{,}76\,g &
\end{array}
$$

1 g Al_2O_3 könnten demnach mit 70,76 g Schwefel reagieren. Es sind aber nur 50 g Schwefel vorhanden, deshalb können nur 106 g Al_2O_3 reagieren, der Rest geht leer aus. Aus 106 g Al_2O_3 können maximal 56,1 g Al entstehen. *Schwefel ist hier die stöchiometrisch limitierende Komponente.* (Um all dies zu berechnen, verwenden Sie am besten den Dreisatz!)

Kapitel 23

1. Während einer Reaktion nimmt die Konzentration der Reaktanten ab; dieser Veränderung wird durch das negative Vorzeichen Rechnung getragen. (Bei den Produkten, deren Konzentration im Laufe der Reaktion ja zunimmt, ist entsprechend das positive Vorzeichen erforderlich.)

2. Bei einer Reaktion 1. Ordnung ist die Reaktionsgeschwindigkeit proportional zur Konzentration des reagierenden Stoffes, während sie bei einer Reaktion 2. Ordnung von der Konzentration zweier Stoffe abhängt, es gibt insgesamt also eine *quadratische* Abhängigkeit von der Konzentration (übrigens auch dann, wenn nur ein Stoff mitspielt).

3. Die Einheit von k hängt von der jeweiligen Geschwindigkeitsgleichung ab: Die Reaktionsgeschwindigkeit selbst hat immer die Einheit [mol L^{-1} s^{-1}].

[mol L^{-1} s^{-1}] = [L mol^{-1} s^{-1}] · [mol^2 L^{-2}]. Demnach handelt es sich um eine Reaktion 2. Ordnung.

4. Die Lösung der Geschwindigkeitsgleichung 1. Ordnung lautet (Gl. 23.7):

$$c = c_0 e^{-kt} \qquad c_0 = 100\,\%, \quad c = 75\,\% \text{ (das ist noch vorhanden!)}, \quad t = 35\,\text{min}$$

Zunächst müssen Sie k ausrechnen:

$$\ln \frac{75}{100} = -k\,t \qquad \Rightarrow \qquad k = -\frac{\ln \frac{75}{100}}{35\,\text{min}} = 8{,}22 \cdot 10^{-3}\,\text{min}^{-1}$$

Wenn 95 % reagiert haben, sind noch 5 % übrig:

$$\ln \frac{5}{100} = -k\,t \qquad \Rightarrow \qquad t = -\frac{\ln \frac{5}{100}}{8{,}22 \cdot 10^{-3}\,\text{min}^{-1}} = 364{,}5\,\text{min} = 6{,}07\,\text{h}$$

5. Die Einheit von k verrät Ihnen, dass es sich um eine Reaktion 2. Ordnung handelt. Mit Gleichung 23.8 rechnen ergibt sich, da 20 min = 20 · 60 s = 1200 s:

$$c = \frac{c_0}{1 + c_0 k t} = \frac{0{,}25\,\text{mol/L}}{1 + 0{,}25\,\text{mol/L} \cdot 3{,}35 \cdot 10^{-3}\,\text{L}\,\text{mol}^{-1}\,\text{s}^{-1} \cdot 1200\,\text{s}} = 0{,}125\,\text{mol/L}$$

Kapitel 24

1. Bitte vergessen Sie nicht, dass jegliche stöchiometrischen Faktoren als Exponenten in das Massenwirkungsgesetz eingehen. (Ist der stöchiometrische Faktor 1 – wie hier beim Schwefeldioxid, SO_2 –, erwähnt man diesen Exponenten natürlich nicht.) Achtung: Ein Feststoff taucht im MWG nicht auf! Der hier entstehende elementare Schwefel spielt also für den Zahlenwert von K keine Rolle.

$$K = \frac{[H_2O]^2}{[SO_2] \cdot [H_2S]^2}$$

(Es sei noch kurz angemerkt, dass elementarer Schwefel zumindest unter Normbedingungen auf der Erde nicht mono-atomar auftritt (und danach sieht es in dieser Reaktionsgleichung aus), sondern bevorzugt in Form von achtgliedrigen Ringen mit der Summenformel S_8, aber darüber erfahren Sie in Kapitel 28 mehr, und hier wollten wir es nicht verkomplizieren.)

2. Auch hier ist zu berücksichtigen, dass die stöchiometrischen Faktoren zu Exponenten werden:

$$K_c = \frac{(0{,}65)^3 \cdot (0{,}98)^2}{(0{,}26)^2 \cdot 1{,}92 \cdot 10^{-3}} = 2{,}032 \cdot 10^3\,\text{mol}^2/\text{L}^2$$

3. Das Gleichgewicht verschiebt sich auf die rechte Seite, weil dort eine geringere Stoffmenge an Gas vorhanden ist.

4. Der AgCl-Niederschlag löst sich auf, weil das noch schlechter lösliche AgBr entsteht – das also sofort ausfällt. Die Konzentration von Cl^--Ionen in Lösung hingegen nimmt weiter zu.

5. Gesucht ist hier die Gleichgewichtskonzentration des Esters: $[CH_3COOC_2H_5] = x$. Zunächst gilt es, den Ausdruck für das Massenwirkungsgesetz aufzustellen (den Zahlenwert, K = 4, brauchen wir ein bisschen später) – wie üblich gehören die Produkte in den Zähler, die Reaktanten in den Nenner:

$$K = \frac{[CH_3COOC_2H_5] \cdot [H_2O]}{[CH_3COOH] \cdot [C_2H_5OH]}$$

Die beiden Werte für den Nenner kennen wir schon, aber auch über den Zähler können wir schon etwas aussagen: Wir wissen zwar noch nicht, wie viel Ester tatsächlich entstanden ist, aber zumindest steht (dank der Reaktionsgleichung) fest, dass für jedes Molekül Ester, das entstanden ist, auch *genau ein* Molekül Wasser entstanden sein muss. Da sich beide Produkte (und auch die unumgesetzten Reaktanten) allesamt im gleichen Volumen Reaktionsgemisch befinden und wir ja wissen, dass $c = n/V$ ist, wissen wir entsprechend, dass $[CH_3COOC_2H_5]$ (das *ist* ja $c(CH_3COOC_2H_5)_{\text{imGleichgewicht}}) = [H_2O] = x$ ist.

Setzen wir alles, was wir bislang wissen, ins MWG ein und formen um, ergibt sich:

$$K = \frac{x \cdot x}{8 \cdot 2} = 4 \iff 4 \cdot 8 \cdot 2 = x^2 = 64 \iff x = \sqrt{64} = 8$$

Die Gleichgewichtskonzentration von Ester und Wasser beträgt also jeweils 8 mol L^{-1}.

6. Dafür müssen wir zum einen wissen, in welcher Konzentration die Reaktanten zu Beginn der Reaktion vorgelegen haben, und zum anderen, welche der beiden Verbindungen gegebenenfalls der *limitierende Faktor* war. Aus der Reaktionsgleichung wissen wir, dass für jeweils *ein* Molekül Ester genau *ein* Molekül Säure und *ein* Molekül Alkohol verbraucht werden. Um die Rechnung zu vereinfachen, gehen wir jetzt einfach davon aus, dass das Gesamtvolumen 1 Liter betragen habe, damit wir die Konzentrationen und die Stoffmengen gleichsetzen können. (Ob das tatsächlich der Fall war, ist unerheblich, denn das Verhältnis der Stoffmengen und das Verhältnis der Konzentrationen bleibt ja stets gleich, da, wie oben erwähnt, alle Reaktanten und Produkte im gleichen Reaktionsgemisch vorliegen.) Da unsere Reaktanten-Moleküle nur entweder verbraucht wurden oder noch unumgesetzt vorliegen (sie können ja nicht anderweitig verschwinden!), und wir auch wissen, dass

   $$n(\text{Reaktant})_{\text{verbraucht}} = n(\text{Produkt})_{\text{im Gleichgewicht}}$$

   ist (das verraten uns ja die stöchiometrischen Faktoren der Reaktionsgleichung, die hier allesamt 1 betragen), wissen wir:

   $$n(\text{Reaktant})_{\text{zu Anfang}} = n(\text{Reaktant})_{\text{im Gleichgewicht}} + n(\text{Produkt})_{\text{im Gleichgewicht}}$$

   Es ergibt sich für die Essigsäure $n(CH_3COOC_2H_5)_{zuAnfang} = 8 + 8 = 16$ mol, und für das Ethanol $n(C_2H_5OH)_{zuAnfang} = 2 + 8 = 10$ mol. Offenkundig wurde die Säure im Überschuss eingesetzt (die Reaktanten reagieren ja im Verhältnis 1:1), also stellt der Alkohol die limitierende Komponente dar. Wenn nun 10 mol Ethanol vorhanden waren, hätten rein theoretisch auch 10 mol Ester entstehen können (dann wäre die Reaktion vollständig abgelaufen). Tatsächlich haben wir jedoch nur 8 mol Essigsäureethylester erhalten. Gemäß Gleichung 22.4 ergibt sich dann (8 mol / 10 mol) × 100 % = 80 %. (Schon nicht schlecht, aber das geht noch besser. Rechnen Sie doch spaßeshalber einmal durch, welche Ausbeute sich ergäbe, wenn Säure und Alkohol im Verhältnis 5:1 eingesetzt würden, nicht »nur« im Verhältnis 16:10, also 1,6:1. Ja, dafür braucht's dann die pq-Formel, denn das Verhältnis 5:1 ist ja das Verhältnis der *Ausgangs*stoffmengen (oder -konzentrationen) der Reaktanten, keineswegs das Verhältnis der unumgesetzten Reaktanten im Gleichgewicht.)

7. Da bei dieser Reaktion Wasser als *Produkt* entsteht, würde bei der Verwendung von Wasser als Lösemittel das Gleichgewicht gemäß Le Chatelier deutlich auf die Reaktanten–Seite verschoben (schließlich läge ja schon zu Reaktionsbeginn eine beachtliche Menge an »Produkt« vor): Die Ausbeute würde drastisch sinken.

8. Zunächst einmal brauchen wir noch ein paar Informationen: Tabelle 24.1 verrät Ihnen das Löslichkeitsprodukt von Aluminiumhydroxid: $K_L(Al(OH)_3) = 5{,}0 \cdot 10^{-33}$. Die Reaktionsgleichung für diesen Lösevorgang lautet: $Al(OH)_3 \rightarrow Al^{3+} + 3\ OH^-$, entsprechend ergibt sich als Einheit für das Löslichkeitsprodukt $mol^4\ L^{-4}$, denn es gilt: $K_L(Al(OH)_3) = [Al^{3+}][OH^-]^3$.

Weiterhin wissen wir, dass für jedes in Lösung gegangene Aluminium-Ion drei Hydroxid-Ionen in Lösung gehen. Stellen wir das Stoffmengenverhältnis als Bruch dar und formen nach beiden Ionen-Arten um:

$$\frac{n(Al^{3+})}{n(OH^-)} = \frac{1}{3} \iff n(Al^{3+}) = \frac{1}{3}n(OH^-) \iff 3\,n(Al^{3+}) = n(OH^-)$$

Sofort sehen Sie, dass entsprechend $3c(Al^{3+}) = c(OH^-)$ ist, denn beide befinden sich ja im gleichen Volumen (unseren 420 mL, aber zu denen kommen wir erst gleich). Zudem wissen wir auch, dass die Stoffmenge der in Lösung befindlichen Aluminium-Ionen gleich der Stoffmenge sein muss, die an Aluminiumhydroxid in Lösung gegangen ist, also: $n\,(Al^{3+}) = n(Al(OH)_3)_{gelöst}$.

Am sinnvollsten ist es, nun im Ausdruck für das Löslichkeitsprodukt die Konzentration der Hydroxid-Ionen durch die Konzentration der Aluminium-Ionen zu ersetzen. Dann ergibt sich:

$$K_L(Al(OH)_3) = [Al^{3+}](3\,[Al^{3+}])^3 = 27\,[Al^{3+}]^4$$

(Dass hier auch die 3 entsprechend potenziert werden muss, wird gerne vergessen! – Beliebter Fehler: 3^3 ist wirklich nicht 9 …) Damit ergibt sich:

$$[Al^{3+}] = \sqrt[4]{\frac{K_L[Al(OH)_3]}{27}} = \sqrt[4]{\frac{5{,}0 \cdot 10^{-33}}{27}} = 3{,}69 \cdot 10^{-9}\,\text{mol}\,L^{-1}$$

In einem Liter Wasser lösen sich also 3,69 nmol Aluminiumhydroxid. (Das ist wenig.) Gesucht war aber laut der Aufgabenstellung die *Masse* $Al(OH)_3$, die sich in einem Volumen von 420 mL löst. Entsprechend müssen wir jetzt erst von der *Konzentration* auf die *Stoffmenge* umrechnen (was bei einem Volumen von 1 L sehr leicht geht), dann von der Stoffmenge auf die *Masse*: $c = n/V$, damit ist $n(Al(OH)_3) = c(Al(OH)_3) \cdot V$. Für 1 L ergibt sich: $n(Al(OH)_3) = 3{,}69$ nmol. Über den Zusammenhang von *Stoffmenge n* und *molarer Masse M* ($n = m/M$) kommen wir dann bei $M(Al(OH)_3) = 78\ g\ mol^{-1}$ (die molaren Massen der beteiligten Atome können Sie (fast) jedem Periodensystem entnehmen) zum Ergebnis, dass sich in 1 L Wasser eine Masse von $m(Al(OH)_3) = 3{,}69\ nmol \cdot 78\ g\ mol^{-1} = 287{,}8$ ng löst – das ist die *Löslichkeit L* dieser Verbindung: $L(Al(OH)_3)$. In 420 mL lösen sich dann $0{,}42 \cdot 287{,}8$ ng, das sind 120,1 ng.

Und wenn Sie schon so wissbegierig sind, dass Sie dieser ganzen Ausführung folgen, liefern wir Ihnen hier noch eine allgemeine Formel zur Ermittlung der *molaren Löslichkeit* beliebiger Verbindungen der allgemeinen Formel A_nB_m, deren Löslichkeitsprodukten kommt damit jeweils die Einheit $mol^{(n+m)}\ L^{-(n+m)}$ zu. (Ein Beispiel: Aluminiumsulfat, $Al_2(SO_4)_3$; hier ist $n = 2$ und $m = 3$, die zugehörige Einheit ist entsprechend $mol^{(2+3)}\ L^{-(2+3)} = mol^5\ L^{-5}$.) Die Löslichkeit solcher Verbindungen berechnet sich nach:

$$L\left(A_nB_m\right) = \sqrt[(n+m)]{\frac{K_L(A_nB_m)}{n^n \cdot m^m}}$$

Wenn Sie dann noch die molare Masse $M(A_nB_m)$ kennen, lässt sich leicht die *allgemeine Löslichkeit* (in $g\ L^{-1}$) berechnen.

Kapitel 25

1. Für das basische Verhalten der beiden Lösungen ist jeweils nur das (basische) Carbonat-Ion verantwortlich ($pK_B(CO_3^{2-}) = 3{,}6$). Die Gegen-Ionen besitzen keinen Einfluss auf das Säure- oder Base-Verhalten entsprechender Verbindungen.

2. KOH ist eine starke Base:

$$pOH = -\lg c(\text{Base}) = -\lg(0{,}038) = 1{,}42, \quad pH = 14 - pOH = 12{,}58$$

3. HNO_2 ist eine schwache Säure ($pK_S(HNO_2) = 3{,}34$):

$$pH = \frac{pK_S - \lg c(\text{Säure})}{2} = \frac{3{,}34 - \lg(0{,}85)}{2} = 1{,}705$$

4. Der pH-Wert dieser Lösung entspricht dem von reinem Wasser, also: $pH = 7$. Das Iodid-Ion (I^-) ist zwar die konjugierte Base der Säure Iodwasserstoff (HI), aber HI ist eine so extrem starke Säure ($pK_S(HI) \approx -8$), dass deren konjugierte Base Wasser gegenüber nicht als Base fungiert ($pK_B(I^-) \approx +22$)

5. $$pOH = -\lg(0{,}75) = 0{,}125, pH = 14 - pOH = 13{,}875$$

$$[H_3O^+] = 10^{-13{,}875}\,\text{mol/L}$$

1 Mol = $6{,}022 \cdot 10^{23}$ Moleküle, entsprechend: $10^{-13{,}875}$mol = $8{,}03 \cdot 10^9$ Moleküle.

6. Der pH-Wert dieser Pufferlösung berechnet sich wieder nach HENDERSON-HASSELBALCH (Gleichung 25.28) Da hier äquimolare Mengen der Säure (Hydrogencarbonat-Ion, HCO_3^-) und der Base (Carbonat-Ion, CO_3^{2-}) vorliegen, ist das Verhältnis Base:Säure = 1:1, und da lg 1 = 0 ist, entfällt der ganze lg-Summand. Somit ist $pH = pK_S$ (*siehe* Tabelle 25.1). Auch wenn die Pufferlösung verdünnt wird, bleibt das Konzentrations*verhältnis* von Säure und konjugierter Base konstant: Der zweite Summand (lg) ändert sich also nicht.

7. m(NaOH) = 6 g; M(NaOH) = 40 g mol^{-1}; über die Beziehung n = m/M ergibt sich n(NaOH) = 0,15 mol. Die starke Base Natriumhydroxid dissoziiert vollständig, und bei der Neutralisation wird für jedes verbrauchte Essigsäure-Molekül ein Acetat-Ion erzeugt:

$$HAc + OH^- \rightleftarrows Ac^- + H_2O$$

Bei Zugabe von 0,15 mol OH^-hat gerade die Hälfte der Essigsäure reagiert, Essigsäure und Acetat liegen somit in äquimolarem Verhältnis in der Lösung vor. Nach Gleichung 25.28 folgt daraus: $pH = pK_S = 4{,}75$.

Kapitel 26

1. (a) N = −3; H = +1; Cr = +6; O = −2; (b) Ba = +2; N = +5; O = −2; (c) Cu = +2; S = +6; O = −2; (d) Ag = +1, Mn = +7; O = −2; (e) Cu = +1, Cl = −1. (Gut, da es bei den Nebengruppen üblich ist, deren Oxidationszahl ausdrücklich anzugeben, waren die beiden Kupfer praktisch geschenkt …)

2. Offenkundig wird das Kupfer oxidiert, entsprechend muss HNO_3 reduziert werden. Hier müssen die Sauerstoff-Atome berücksichtigt werden, und weil an dieser Reaktion Salpeter*säure* beteiligt ist, können wir uns darauf verlassen, dass auch genügend H^+-Ionen vorliegen: Eines der drei Sauerstoff-Atome des NO_3^--Ions verbleibt beim Stickstoff, das heißt, es gilt *zwei* formale(!) Oxid-Ionen zu neutralisieren; entsprechend werden *vier* Protonen benötigt. Folglich ergibt sich aus den Partialgleichungen

$$\text{Oxidation:} \quad Cu \rightleftarrows \overset{+2}{Cu^{2+}} + 2e^- \quad |\,x3$$

$$\text{Reduktion:} \quad \overset{+5}{NO_3^-} + 4H^+ + 3e^- \rightleftarrows \overset{+2}{NO} + 2H_2O \quad |\,x2$$

und der Erweiterung auf das kleinste gemeinsame Vielfache (in diesem Falle: 6) die Gesamtreaktionsgleichung:

$$3Cu + 2NO_3^- + 8H^+ \rightleftarrows 3Cu^{2+} + 2NO + 4H_2O$$

3. Wieder ist es sinnvoll, Partialgleichungen zu verwenden. Bei dem grünen Gas handelt es sich (natürlich) um Chlor (kennen Sie ein anderes grünes Gas?), also wurden Chlorid-Ionen der Salzsäure zu elementarem Chlor oxidiert. Die Dichromat-Ionen hingegen werden von der Oxidationszahl +6 auf +3 reduziert. Die zugehörigen Partialgleichungen lauten:

$$\text{Red:} \quad \overset{+6}{Cr_2}O_7^{2-} + 6e^- + 14H^+ \rightarrow 2Cr^{3+} + 7H_2O$$

$$\text{Ox:} \quad 2H\overset{-1}{Cl} \rightarrow \overset{0}{Cl_2} + 2H^+ + 2e^-$$

Da bei der Reduktion der Dichromat-Ionen 6 Elektronen aufgenommen werden, bei der Oxidations-Partialgleichung aber nur 2 Elektronen frei werden, muss diese den Faktor × 3 erhalten. Insgesamt ergibt sich:

$$Cr_2O_7^{2-} + 8H^+ + 6HCl \rightarrow 2Cr^{3+} + 3Cl_2 + 7H_2O$$

4. In der üblichen Formelschreibweise erhalten wir:

$$Ag^+\,(0{,}3\,mol/L)/Ag\,|\,|\,Cu/Cu^{2+}(0{,}025\,mol/L)$$

Ag ist die Kathode, Cu ist die Anode.

$$\Delta E = 0{,}8\,V + 0{,}059\,V \cdot \lg(0{,}3) - (0{,}34\,V + \frac{0{,}059\,V}{2} \cdot \lg(0{,}025) = 0{,}476V$$

5. Um Cu^{2+} zu Cu zu reduzieren, werden zwei Elektronen benötigt. Mit 1 F lässt sich also ½ Mol Cu^{2+} reduzieren. Die abgeschiedene Menge an Cu errechnet sich zu ($M(Cu) = 63{,}546\ g\ mol^{-1}$): 63,546 g / 2 · 2,25 = 71,49 g Cu.

6. Da im Falle (a) die Konzentration der Kupfer(II)-Ionen identisch ist, ergibt sich auch keine Potentialdifferenz, also wird auch *keine* Spannung messbar sein: $\Delta E = 0$. Wird jedoch in einer der beiden Lösungen die Konzentration der gelösten Metall-Ionen verändert, führt das entsprechend zu einer Potentialdifferenz und damit einer messbaren Spannung. Bei Zugabe von Ammoniak (b) sinkt in der betreffenden Halbzelle die Konzentration der Kupfer(II)-Ionen, da diese mit Ammoniak zum Tetraamminkupfer(II)-Komplex reagieren:

$$Cu^{2+} + 4\,NH_3 \rightleftarrows [Cu(NH_3)_4]^{2+}$$

Es sei noch einmal mit Nachdruck betont, dass ein solcher Kupfer-Komplex keinesfalls mit den freien in Lösung befindlichen Cu^{2+}-Ionen verwechselt werden darf: Das ist eine gänzlich andere, eigenständige Verbindung. (Ein Sulfat-Ion, SO_4^{2-}, ist ja auch kein nacktes S^{6+}-Kation, das ab und zu ein wenig mit freien Oxid-Ionen, O^{2-}, wechselwirkt, sondern *ein eigenes, beständiges Ion.*) Entsprechend liegen in dieser Lösung nun nur noch *deutlich* weniger freie Kupfer(II)-Ionen vor; aufgrund des Konzentrationsunterschieds in den beiden Halbzellen ergibt sich jetzt die erwähnte Spannung. (c) In der mit Ammoniak behandelten Zelle ist die Konzentration der Cu^{2+}-Ionen gesunken; da der Grund für die resultierende Spannung im »Bestreben« des Systems nach Ausgleich des resultierenden Konzentrationsunterschieds der beiden Lösungen besteht, wird entsprechend in der Halbzelle mit der *niedriger konzentrierten* Lösung die *Oxidation* stattfinden, sodass weitere Kupfer(II)-Ionen entstehen und die Konzentration steigt, während in der Halbzelle der *höher konzentrierten* (unbehandelten) Lösung die dort ankommenden Elektronen dazu genutzt werden, die Konzentration der Lösung zu senken, indem Ionen zum elementaren Metall *reduziert* werden. Also:

Oxidation (Halbzelle mit NH_3)	$Cu \rightarrow Cu^{2} + 2\,e^-$	Anode/Donor
Reduktion (andere Halbzelle)	$Cu^{2} + 2\,e^- \rightarrow Cu$	Kathode/Akzeptor

Die Konzentration der Kupfer(II)-Ionen in der Donor-Halbzelle lässt sich mithilfe der NERNST'schen Gleichung ermitteln. Wir wissen:

$$0{,}36\ V = \Delta E = E_{Kathode} - E_{Anode} = E_{Akzeptor} - E_{Donor}$$

Nun müssen wir die NERNST'sche Gleichung »auf links drehen«, denn wir kennen ΔE und können das Potential der unbehandelten Zelle (bei der bekannt ist, dass $c(Cu^{2+}) = 0{,}1\ mol\ L^{-1}$ ist) ausrechnen. Fangen wir damit an (den E^0-Wert können Sie Tabelle 26.1 entnehmen):

$$E_A = E^0_{Cu^{2+}/Cu} + \frac{0{,}059\,V}{2} \cdot \lg \frac{0{,}1\,mol\,L^{-1}}{1} = 0{,}34\,V + (0{,}0295\,V \cdot \lg 0{,}1)$$

$$= 0{,}34\,V + (-0{,}0295\,V) = 0{,}31\,V$$

Die 1 im Nenner des lg-Terms stammt natürlich daher, dass die reduzierte Form unseres Redoxpaares (Cu^{2+}/Cu) ein Feststoff ist, der definitionsgemäß die Aktivität (!) 1 hat. Ab sofort bleibt diese 1 unerwähnt. Daraus folgt: $E_D = E_A - \Delta E = 0{,}31\ V - 0{,}36\ V = -0{,}05\ V$.

Jetzt kennen wir das Potential der mit Ammoniak behandelten Halbzelle. Deren E^0 ist natürlich auch bekannt (es ist ja das gleiche Redox-Paar), also können wir ausrechnen:

$$-0{,}05\,V = 0{,}34\,V + \frac{0{,}059\,V}{2} \cdot \lg c(Cu^{2+})$$

$$\Rightarrow -0{,}05\,V - 0{,}34\,V = \frac{0{,}059\,V}{2} \cdot \lg c(Cu^{2+})$$

$$\Rightarrow 2 \cdot \frac{-0{,}39\,V}{0{,}059\,V} = \lg c(Cu^{2+})$$

$$\Rightarrow -13{,}22 = \lg c(Cu^{2+})$$

Nun müssen wir nur noch den Logarithmus beseitigen und kommen auf:

$$10^{-13{,}22} = c(Cu^{2+}) = 1{,}66 \cdot 10^{-13} mol\, L^{-1}$$

Wenn man bedenkt, dass die Konzentration der Kupfer(II)-Ionen in dieser Lösung vor Zugabe des Ammoniaks 0,1 mol L^{-1} betragen hat, zeigt sich doch recht deutlich, dass das Gleichgewicht der Komplexbildungsreaktion stark auf der Produkt-Seite liegt. (Ja, mit genaueren Informationen über die hinzugegebene Menge Ammoniak ließe sich jetzt auch noch die Komplexbildungskonstante ausrechnen, aber selbst wenn das hier schon eine *Nur für Streber*-Aufgabe ist, wollen wir es doch nicht übertreiben.)

Kapitel 27

1. (a) Na_2SO_4; (b) $Ca_3(PO_4)_2$; (c) $Mg(NO_3)_2$; (d) $Mg(NO_2)_2$; (e) $KClO_4$; (f) $Al_2(HPO_4)_3$; (g) $Al(H_2PO_4)_3$; (h) PbO; (i) PbO_2.

2. (a) Kaliumhydrogensulfat; (b) Titan(IV)-sulfit; (c) Titan(IV)-sulfat; (d) Natriumkaliumsulfid (ja, es gibt auch Salze, bei denen unterschiedliche Kationen mit einem Anion kristallisieren – und auch umgekehrt); (e) Eisen(II)-chlorid; (f) Eisen(III)-bromid; (g) Eisen(III)-hydroxidoxid (kein Tippfehler – diese Verbindung stellt den Hauptbestandteil von Rost dar); (h) Eisen(III)-oxid (das *Monohydrat* dieser Verbindung, $Fe_2O_3{\cdot}H_2O$ ist gleichbedeutend mit 2 FeO(OH)– auf die Idee muss man auch erst einmal kommen …)

3. (a) von der Schwefelsäure (H_2SO_4); (b) von der Phosphorsäure (H_3PO_4); (c) von der Salpetersäure (HNO_3); (d) von der Salpetrigen Säure (HNO_2); (e) von der Perchlorsäure ($HClO_4$).

Kapitel 28

1. Bei den einfachsten binären S-H-Verbindungen erfüllt der Schwefel brav die Oktettregel, deswegen lauten die Summenformeln der ersten Vertreter H_2S, H_2S_2, H_2S_3, H_2S_4 und H_2S_5. Es liegen jeweils S-S-Einfachbindungen vor, nur die beiden terminalen Schwefel-Atome tragen je ein Wasserstoff-Atom.

2. Durch den hohen Druck werden die Atom-Schichten des schwarzen Phosphors enger zusammengedrückt, sodass sich die Atome in gleicher Weise zueinander anordnen wie die Arsen-Atome in der *grauen* Modifikation. (Vergleichen Sie Abbildung 28.3c mit Abbildung 28.5a: Die sechsgliedrigen Ringe werden sozusagen »um 90 ° gedreht«, dadurch können sich die Schichten näher aneinanderlagern.)

3. Das VSEPR-Modell aus Kapitel 12 hilft weiter: (a) XeF_2: zwei Bindungspartner, drei freie Elektronenpaare, also ist das zugehörige Koordinationspolyeder die trigonale Bipyramide. Die freien Elektronenpaare haben den höheren sterischen Anspruch, also werden die beiden Fluor-Atome die axialen Positionen der Bipyramide belegen: Das Molekül ist *linear.* (b) Mit vier Bindungspartnern und zwei freien Elektronenpaaren müssen Sie für den räumlichen Bau des Moleküls vom Oktaeder ausgehen – es ergibt sich dann eine *quadratisch planar*e Struktur. (c): Mit drei Bindungspartnern und zwei freien Elektronenpaaren landen Sie wieder bei der trigonalen Bipyramide: Das Sauerstoff-Atom hat aufgrund der Doppelbindung den größeren Raumanspruch und wird sich wie die beiden *lone pairs* in die axiale Ebene begeben, die beiden Fluor-Atome werden erneut die axialen Positionen besetzen: Das Molekül ist *T-förmig.* (Vergleichen Sie das mit dem *Chemie-Lego ®-Steckbrief: Edelgase* aus diesem Kapitel.)

Kapitel 29

1. Es ist äußerst unwahrscheinlich, dass Perfluorsäure jemals isoliert wird (aber Naturwissenschaftler sollten ja niemals »nie« sagen!), schließlich müsste dazu das Zentralteilchen Fluor die Oktettregel überbieten (was Elemente der zweiten Periode nach dem derzeitigen Kenntnisstand schlichtweg nicht *können*). Zudem ist Fluor nun einmal das elektronegativste Element, also erhielte er hier die Oxidationszahl −7 … womit es dem Sauerstoff auch nicht gerade gut ginge: Dem mit dem H verknüpften O käme zwar die gleiche Oxidationszahl ± 0 zu wie in der Hypofluorigen Säure (das alleine wäre also nicht das Problem), aber die drei über eine Doppelbindung mit F verbundenen O-Atome erhielten die für Sauerstoff nun nicht gerade übliche Oxidationszahl von +2. Darüber wäre der Sauerstoff wohl auch nicht gerade glücklich.

2. Die Hydrolyse von $ClIO_5$ führt zu äquivalenten Mengen $HClO_3$ und HIO_3; bei $ClIO_4$ entstehen zwei Säuren, in denen dem Zentralteilchen unterschiedliche Oxidationszahlen zukommen. Da sich allerdings Iod-Atome aufgrund ihrer Größe leichter polarisieren lassen und Ladungsdichte besser verteilen können, wird eher das Iod als das Chlor die höhere Oxidationszahl annehmen. Entsprechend entstehen $HClO_3$ und HIO_4.

3. In der Polarisation: Im NF_3 stellt Fluor (wie stets) den elektronegativeren Bindungspartner dar, also ist hier der Stickstoff positiv polarisiert ($N^{\delta+}$). Gemäß der Elektronegativitätsskala nach ALLRED/ROCHOW kommt Stickstoff der Wert 3,07 zu, dem Brom 2,47 (*siehe* Abbildung 10.16), damit ist die N–Br-Bindung zugunsten des Stickstoffs polarisiert ($N^{\delta-}$) – eigentlich müssten Sie also Br_3N schreiben; formal handelt es sich um Bromnitrid. (Da diese Verbindung aber ohnehin explodiert, sobald die Temperatur −100 °C übersteigt, werden Sie im Alltag wohl selten in die Verlegenheit kommen, darüber sprechen zu müssen.)

Kapitel 30

1. So wie Schwefeldioxid SO_2 das Anhydrid der Schwefligen Säure H_2SO_3 ist (*siehe* Kapitel 29 und Abbildung 30.2e/f), stellt Selendioxid das Anhydrid der *Selenigen Säure* H_2SeO_3 dar.

2. Kristallines Distickstofftrioxid dürfen Sie als Nitrosylnitrit auffassen; in den entsprechenden Ionen (NO^+ und NO_2^-) liegen keine ungepaarten Elektronen vor: Diese Verbindung verhält sich im festen Zustand diamagnetisch.

3. In Variante (a) der zugehörigen Struktur übertritt der Stickstoff die Oktettregel – und das sollte er als Element der 2. Periode gefälligst lassen. Natürlich könnten Sie eine Ladungstrennung postulieren, wie in (b) dargestellt – aber da die anderen drei Sauerstoff-Atome je ein Wasserstoff-Atom tragen, könnte die negative Ladung nicht delokalisiert werden (anders als zum Nitrat-Ion NO_3^- lassen sich hier keine weiteren mesomeren Grenzformen aufstellen), insofern dürfte dieses Molekül extrem energiereich (und damit energetisch ungünstig sein). Allerdings sind mittlerweile mehrere *Festkörper* bekannt, in denen das Orthonitrat-Anion NO_4^{3-} (c) vorliegt.

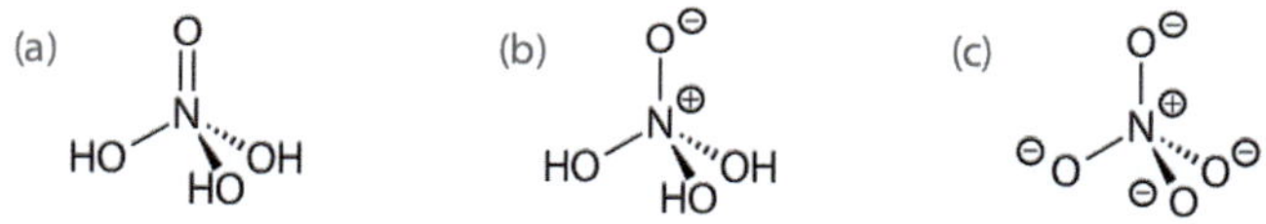

Kapitel 31

1. Aufgrund der Elektronegativitätsdifferenz sind die H-Atome in diesen Verbindungen deutlich positiv polarisiert. Da jedes Stickstoff-Atom über ein freies Elektronenpaar verfügt, lässt sich aus sterischen Gründen praktisch jedes Wasserstoff-Atom leicht nucleophil angreifen. N-N-Einfachbindungen sind verständlicherweise nicht annähernd so stark wie die (sonst übliche) Dreifachbindung, lassen sich also sehr viel leichter spalten, und entropisch gesehen ist ein Maximum an freien, unabhängigen Teilchen begünstigt.

2. Auf jeden Fall der Stickstoff, denn das freie Elektronenpaar am Phosphor besitzt deutlich höheren s-Charakter. Damit ist es kernnäher untergebracht und fester gebunden. (Schauen Sie ruhig noch einmal in den Kasten *Das Konzept der Hybridisierung* aus Kapitel 28.)

3. Je weiter man in der Gruppe »nach unten« wandert, desto ausgeprägter wird der Metall-Charakter der Elemente. Gleiche Anionen vorausgesetzt, steigt also bei den Pentel-Verbindungen mit zunehmender Ordnungszahl auch der Salz-Charakter. Dass Salze ihre Stabilität zumindest unter anderem aus der *Gitter*energie beziehen, wissen Sie spätestens seit Kapitel 11, und ein solches Gitter erfordert dreidimensionale Anordnung der Bausteine (idealerweise in allen drei Raumrichtungen bis in die Unendlichkeit).

Kapitel 32

1. Germanium ist das höhere Homologe des Siliciums und verfügt damit ebenso über vier eigene Valenzelektronen: Durch Einbau in ein Si-Gitter kämen weder zusätzliche Elektronen in das Leitungsband, noch ergäben sich leitende »Löcher« im Valenzband.

2. In allen gängigen Silicaten ist jedes einzelne Silicium-Atom tetraedrisch von vier Sauerstoff-Atomen umgeben, der Unterschied liegt lediglich in der räumlichen Verknüpfung dieser SiO_4-Tetraeder.

Kapitel 33

1. Ein Wasserstoff-Atom kann nur über sein 1s-Orbital an einer Bindung beteiligt sein, die Frage »offen oder geschlossen?« bezieht sich aber auf die Lage der Knotenebene des an der Bindung beteiligten Orbitals. Da s-Orbitale nun einmal keine durch den Kern verlaufende Knotenebene aufweisen, erübrigt sich das.

2. (a) Tetraboran(10) / *arachno*-Tetraboran; (b) Tetraboran(8) / *nido*-Tetraboran; (c) Tetraboran(10) / *hypho*-Tetraboran; (d) Hexaboran(12) / *arachno*-Hexaboran; (e) Hier wird's kniffliger: Nach WADE ist es einfach das *hypho*-Hexaboranat-Dianion, aber gemäß der IUPAC sind Anionen der Borane als Komplexverbindungen anzusehen und daher als *Hydridoborate* zu benennen (wieder etwas, was Sie wirklich nicht erahnen können!). Um Verwechslungen zu vermeiden, *kann* zusätzlich die Ladung des Komplexes in Klammern angefügt werden (aber das muss nicht sein). Entsprechend heißt das $B_6H_{12}^{2-}$ systematisch Dodecahydridohexaborat(2-). (Jetzt verstehen Sie bestimmt auch, warum sich die Benennung nach WADE nach wie vor so großer Beliebtheit erfreut.)

Kapitel 34

1. Wie Sie wissen, bilden Elemente der 3. Hauptgruppe bevorzugt dreiwertige Kationen – allerdings gilt das nicht für das Thallium, bei dem – wie zu Anfang des Kapitels erwähnt – der *Effekt des inerten Paares* zum Zuge kommt. Auch der Indium-Kern ist schon recht massereich, deswegen stellt sich hier (deutlich weniger ausgeprägt!) ein ähnlicher Effekt ein, sodass auch In^+-Ionen *relativ* stabil sind. Tatsächlich liegt Indium im $InBr_2$ in zwei verschiedenen Ladungszuständen vor (In^+ und In^{3+}). Sie könnten es als äquimolares Gemisch von InBr und $InBr_3$ ansehen – allerdings stehen die Atome unterschiedlicher Wertigkeit in enger Wechselwirkung. Zwei Beschreibungsmöglichkeiten werden derzeit als gleichwertig angesehen: Entweder es liegt ein enges Ionenpaar von In^+ und $[InBr_4]^-$ vor oder Sie postulieren eine kovalente In–In-Bindung, die zu In_2^{4+}-Ionen führt. (Wir haben Ihnen ja gesagt: Die Naturwissenschaften sind noch nicht »fertig«.)

2. Grund ist das Chromat-Dichromat-Gleichgewicht: Im schwach sauren Medium überwiegen die gelben Chromat-Ionen, im stark sauren entstehen durch Kondensation (unter Wasserabspaltung) die orangefarbenen Dichromat-Ionen.

3. Je nach Elektronegativitätsunterschied und stöchiometrischem Verhältnis der beteiligten Metalle können sich ZINTL-Phasen ausbilden – dann wird das Metall-Gefüge nicht (nur) durch metallische Bindungen zusammengehalten, sondern (auch) durch ionische Wechselwirkungen. Je nachdem, wie stark Letztere ausgeprägt sind, kann sich eine (moderate) Bandlücke ergeben.

Kapitel 35

1. Je verzweigter die Moleküle, desto eher werden sie kugelförmig, also nehmen die VAN-DER-WAALS-Kräfte immer weiter ab: *neo*-Pentan geht bereits bei 9,5 °C in die Gasphase über, *iso*-Pentan siedet bei 28 °C, *n*-Pentan erst bei 36 °C.

2. Beim Durchnummerieren der längsten Kette von (a) wird offensichtlich, dass es ein Heptan-Derivat ist. Erfolgt die Nummerierung so, dass dem ersten Substituenten eine möglichst niedrige Nummer zukommt, dann ergibt sich als systematischer Name: 3,4-Dimethylheptan. Bei (b) ist es bedeutungslos, ob Sie beim Nummerieren »von links« oder »von rechts« vorgehen: Die kleinste Nummer, die einem der beiden Methyl-Substituenten zukommt, wird immer eine 3 sein. Also ist dies das 3,4-Dimethylhexan. Bei (c) ist es wieder wichtig, den korrekten Startpunkt zu finden: Es ergibt sich der Name 6-Ethyl-3,4-dimethylnonan (»Ethyl« kommt alphabetisch vor »Methyl«).

(a)
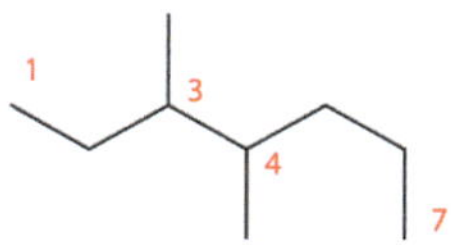

(b)
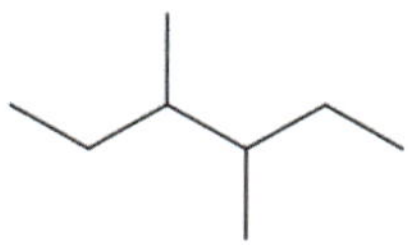

(c)
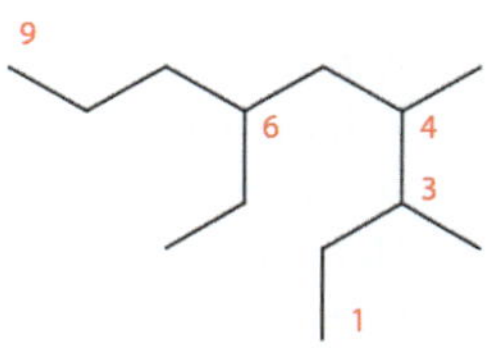

3. Verbindung (a) mit der Summenformel $C_{15}H_{32}$ heißt 3,9-Diethylundecan. (Hier ist es wieder einmal egal, wo Sie mit dem Nummerieren anfangen.) Sie ist unpolar, wird nicht (oder kaum) wasserlöslich sein und zeigt kein acides Verhalten. Schmelz- und Siedepunkt dieses gesättigten Kohlenwasserstoffs liegen niedriger als beim unverzweigten Pentadecan (dem natürlich ebenfalls die Summenformel $C_{15}H_{32}$ zukommt): Die Verzweigungen schwächen die Wirksamkeit der VAN-DER-WAALS-Kräfte. Bei Verbindung (b) mit der Summenformel $C_{15}H_{32}O_2$ sind rein formal lediglich zwei Sauerstoff-Atome hinzugekommen, und doch wird dessen physikalisches und chemisches Verhalten deutlich anders sein als von Verbindung (a): Durch die beiden OH-Gruppen kann dieses Molekül Wasserstoffbrückenbindungen eingehen und ausbilden und daher in Wasser zumindest bedingt löslich sein. Ihr Siedepunkt wird – aus den gleichen Gründen – deutlich höher liegen als bei (a). (Wenn Sie Kapitel 39 gelesen haben, werden Sie noch weitere Dinge über diese Verbindung aussagen können, und dann wird Ihnen auch einleuchten, warum sie 3,9-Diethyl-1,11-undecandiol heißt.)

4. Damit eindeutig ist, welcher Molekül-Teil in der NEWMAN-Projektion wo zu liegen kommt, wurde das Kohlenstoff-Atom des 2-Methylbutans (a), das zwei Methylgruppen trägt (C^2), in (b) ebenso farblich markiert wie die beiden H-Atome und der

Methyl-Substituent am Atom C^3, denn entlang dieser C–C-Bindung sollten wir in der NEWMAN-Projektion sinnvollerweise schauen:

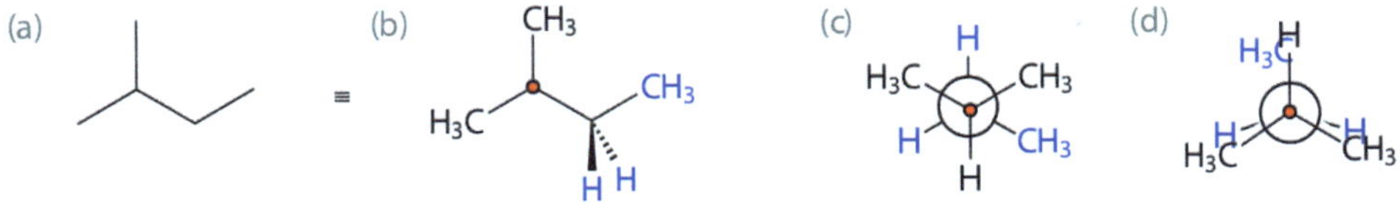

Wie Sie sehen, können sich die insgesamt drei Methylgruppen dieses Moleküls in der *gestaffelten* Konformation (c) nicht so anordnen, dass sie allesamt möglichst weit voneinander entfernt sind: Die Methylgruppe an C^3 positioniert sich hier unweigerlich so, dass sie in einem 30°-Winkel zu mindestens einer der beiden Methylgruppen an C^2 steht. (Stünde die Methylgruppe an C^3 gestaffelt genau *zwischen* den beiden Methylgruppen an C^2, wäre es natürlich *noch* ungünstiger – hier nicht dargestellt.) Optimieren (auf 60°) lässt sich dieser Winkel nur, wenn das Molekül die energetisch günstigste *ekliptische* Konformation einnimmt (d) – dann aber kommen sich sämtliche Methylgruppen jeweils mit einem H-Atom am Nachbar-C ins Gehege (es kommt also aus sterischen Gründen zur Abstoßung – Sie denken doch noch daran, dass wir uns die Moleküle eigentlich immer im Kalottenmodell vorstellen müssten, oder?), und so ist diese Konformation noch ungünstiger. (Am ungünstigsten wäre es, wenn die Methylgruppe an C^3 mit einer der beiden Methylgruppen an C^2 ekliptisch stünde – hier wieder nicht dargestellt.)

5. Neben dem unverzweigten Hexan (a, *n*-Hexan) gibt es noch das 2-Methylpentan (b, Isohexan, *i*-Hexan), das 3-Methylpentan (c), das 2,2-Dimethylbutan (d, auch *Neohexan* genannt) und das 2,3-Dimethylbutan (e; eine mittlerweile nicht mehr sonderlich gebräuchliche Bezeichnung lautet *Diisopropyl*).

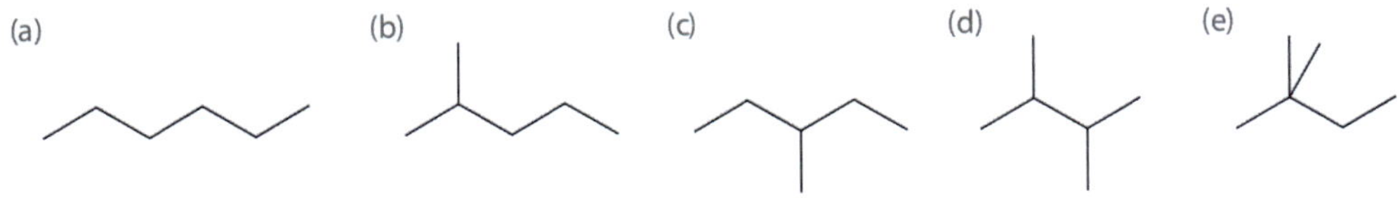

Kapitel 36

1. Die primären bis quartären C-Atome sind in der üblichen Weise gekennzeichnet.

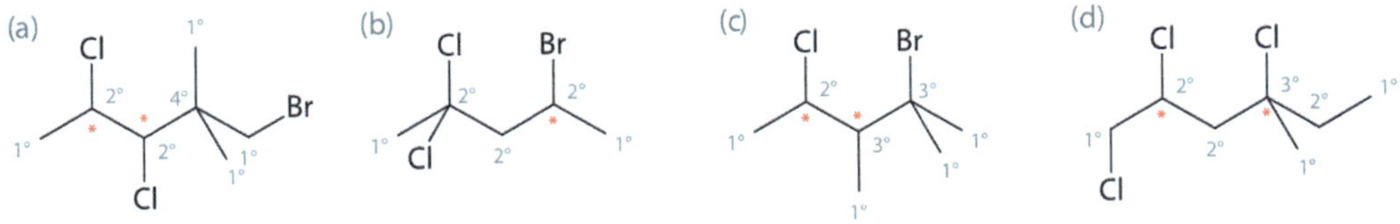

2. (a) 1-Brom-3,4-dichlor-2,2-dimethylpentan; (b) 2,2-Dichlor-4-brompentan; (c) 2-Brom-4-chlor-2,3-dimethylpentan; (d) 1,2,4-Trichlor-4-methylhexan.

3. Einen –*I*-Effekt erfahren sämtliche C-Atome, die mit einem Halogen-Atom verbunden sind. Da die Elektronegativität von Chlor größer ist als die von Brom, ist der –*I*-Effekt bei den entsprechenden C-Atomen stärker ausgeprägt. Besonders stark ist er an C^2 von (b), weil sich dort gleich *zwei* Chlor-Atome am gleichen C-Atom bemerkbar machen. Bei Molekül (d) ist C^1 am stärksten vom –*I*-Effekt betroffen, denn es handelt sich ja um ein primäres C-Atom: Es gibt nur einen Kohlenstoff-Nachbarn, der diese Verschiebung von Elektronendichte zum Chlor-Atom hin durch seinen positiven induktiven Effekt bedingt ausgleichen könnte. Entsprechend wirkt sich der –*I*-Effekt in Molekül (d) bei dem tertiären Kohlenstoff C^4 am wenigsten aus: Hier hat der betroffene Kohlenstoff gleich drei solidarische Nachbarn. Noch weniger in Mitleidenschaft gezogen wird der mit einem Brom-Atom verbundene Kohlenstoff in Molekül (c): Zum einen ist der –*I*-Effekt von Brom – wie bereits erwähnt – nicht so ausgeprägt wie der vom (elektronegativeren) Chlor, zum anderen handelt es sich auch hier wieder um einen 3°-Kohlenstoff.

4. Die Chiralitätszentren sind in obiger Abbildung durch das übliche Sternchen gekennzeichnet.

5. Ohne viele Worte:

(a)

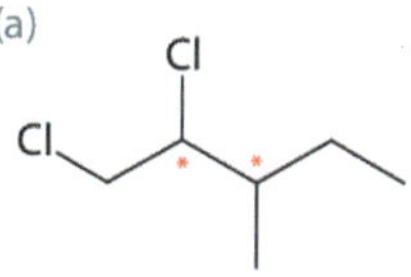

(b)

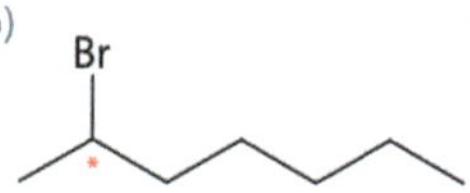

(c)

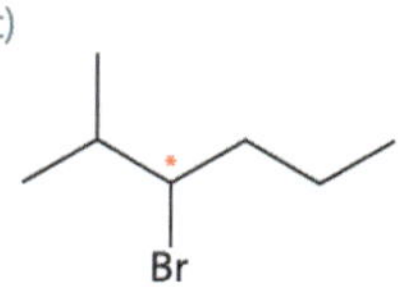

(d)

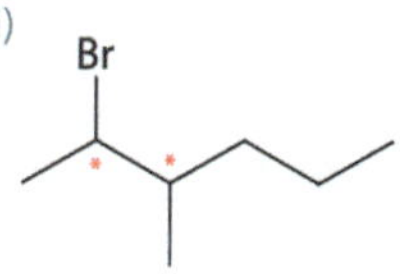

Die Chiralitätszentren sind wie üblich markiert. Bitte beachten Sie, dass 2-Brom-3-methylhexan (d) *zwei* Chiralitätszentren aufweist, während das für das 3-Brom-2-methylhexan (c) nicht gilt. (Kleine Unterschiede können eine große Wirkung haben.)

6. Durch den –*I*-Effekt des Broms wird an dem entsprechenden Kohlenstoff-Atom die Elektronendichte herabgesetzt; also wäre es energetisch ungünstig, wenn an diesem Kohlenstoff ein radikalisches Zentrum entstünde. Günstiger ist es, den Kohlenstoff zum Radikal zu machen, an den (noch) kein elektronen-ziehender Substituent gebunden ist.

7. (a) Erst C^3: Br > C(Cl,C,H) > Ethyl-Rest > das nicht explizit angegebene H-Atom: Die Priorität nimmt gegen den Uhrzeigersinn ab, H steht hinter der Papierebene, also *(S)*; C^4: Chlor > C(Br,C,H) > Ethyl-Rest > das nicht angegebene H-Atom: Priorität sinkt wieder gegen den Uhrzeigersinn, aber H steht *vor* der Papierebene, also *(R)* – Es liegt (3*S*, 4*R*)-3-Brom-4-chlorhexan vor; (b) CH_2Cl > CH_2C > CH_3 > H: Priorität sinkt gegen den Uhrzeigersinn, H steht *vor* der Papierebene, also handelt es sich um *(R)*-1-Chlor-2-methylbutan; (c) Isopropyl > Ethyl > Methyl, Priorität sinkt im Uhrzeigersinn, H steht *vor* der Papierebene, also *(S)*-2,3-Dimethylpentan; (d): Wegen des doppelt gebundenen Sauerstoffs muss die dritte CIP-Spielregel berücksichtigt werden: Das Chiralitätszentrum ist neben dem (wieder einmal nicht explizit angegebenen) H-Atom (das aber zweifellos aus der Papierebene herausragen muss) mit drei weiteren Kohlenstoff-Atomen verbunden, die sich deutlich unterscheiden: Eines gehört zu einer Methylgruppe, eines zu einer Methylengruppe, an der sich eine Hydroxygruppe befindet, und das dritte C-Atom ist über eine Einfachbindung mit einem Wasserstoff- und über eine Doppelbindung mit einem Sauerstoff-Atom verbunden. Letzteres zählt wegen der Doppelbindung doppelt, also gilt: C(O,O,H) > C(O,H,H) > C(H,H,H). Damit

nimmt die Priorität der Substituenten hier, so wie das Molekül dargestellt ist, *gegen* den Uhrzeigersinn ab, aber da der Substituent mit der niedrigsten Priorität (H) *vor* der Papierebene liegt, handelt es sich um die *(R)*-Konfiguration. (Den Namen von Verbindung (d) können Sie sich mit dem bisherigen Wissen aus diesem Buch allerdings noch nicht ableiten, denn Verbindungen mit der funktionellen Gruppe –OH (die Alkohole) kennen Sie zwar schon aus Kapitel 35, aber zu der endständigen Gruppe –CHO (das Charakteristikum der *Aldehyde*) kommen wir erst in Kapitel 40, und welche funktionelle Gruppe nun den Vorrang erhält, hatten wir auch noch nicht. (Kommt aber noch.) Trotzdem wollen wir Ihnen den korrekten Namen dieser Verbindung nicht vorenthalten: Es handelt sich um *(R)*-3-Hydroxy-2-methylpropanal.)

8. Beachten Sie, dass bei den Molekülen (a) und (b) die Hauptkette nicht ausschließlich in der Waagerechten liegt. Der Reihe nach: (a) *(R)*-2-Chlorpentan; (b) *(S)*-2-Brombutan; (c) *(S)*-2-Fluorbutan; (d) *(R)*-3-Methylhexan; (e) auch das ist ein 3-Methylhexan, aber dieses Mal mit *(S)*-Konfiguration: Es handelt sich bei (e) also um das Enantiomer von (d).

9. Beim reaktiven Zentrum handelt es sich um ein 2° C-Atom, das sowohl nach S_N1 als auch nach S_N2 reagieren kann – bei einer Reaktion nach S_N1 ginge aber die chirale Information verloren und man erhielte ein racemisches Gemisch. Um einen Verlauf nach S_N2 zu begünstigen, der stereospezifisch zur WALDEN-Umkehr führt, wählt man ein möglichst unpolares Lösemittel.

10. Schauen wir uns zunächst nur das Molekülgerüst mit gekennzeichneten Chiralitätszentren an:

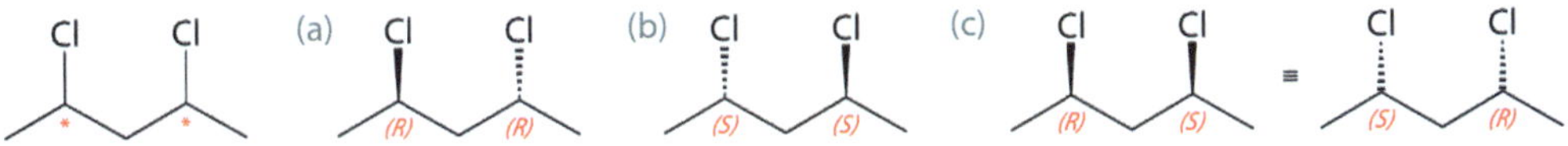

Entsprechend erhalten wir das Enantiomerenpaar (2*R*,4*R*)- und (2*S*,4*S*)-2,4-Dichlorpentan (a/b). Genauere Betrachtung des (2*R*,3*S*)-Diastereomers zeigt jedoch, dass es sich – durch Drehung um 180° – in dessen Spiegelbild mit (2*S*,3*R*)-Konfiguration überführen lässt. Dieses Molekül weist eine innere Spiegelebene auf (finden Sie die?) und stellt somit eine *meso*-Verbindung dar (*siehe* den Kasten *Innere Racemate?*).

Kapitel 37

1. Bei Molekül (a) befinden sich die beiden Ethyl-Reste auf unterschiedlichen Seiten der Doppelbindung, insofern *könnten* Sie auf den ersten Blick eine *(E)*-Konfiguration vermuten, aber die *Prioritätenreihenfolge nach CIP* lautet links: Propyl- >Ethyl-; rechts: Ethyl- >Methyl-, das heißt, die beiden Substituenten mit der höheren Priorität befinden sich auf der *gleichen* Seite. Es handelt sich also um *(Z)*-4-Ethyl-3-methylhept-3-en. Verbindung (b) heißt 3-Methyl-2-penten, und wieder ist die Prioritätenreihenfolge nach CIP zu berücksichtigen: An C^2 kommt CH_3 eine höhere Priorität zu als H, an C^3 ist $-C_2H_5 > CH_3$, also liegt hier *(E)*-3-Methyl-2-penten vor. Bei (c) ist darauf zu achten, dass den Doppelbindungen möglichst niedrige Nummern zukommen, also ist auch dieses Gerüst »von rechts

nach links« durchzunummerieren. Bei der Doppelbindung zwischen C^1 und C^2 stellt sich die Frage nach (E) oder (Z) nicht, während die Doppelbindung zwischen C^5 und C^6 eindeutig *(E)*-konfiguriert ist. Insgesamt ergibt sich der systematische Name *(E)*-Hepta-1,5-dien. Bei Verbindung (d) sind die beiden Substituenten an einem der beiden an der Doppelbindung beteiligten C-Atome identisch, also braucht über die Konfiguration der Doppelbindung nichts ausgesagt zu werden: Es handelt sich also »einfach« um 2-Methyl-2-penten.

2. Beim 1-Penten sind an C^1 zwei identische Substituenten gebunden (jeweils –H), während beim 2-Penten sowohl C^2 als auch C^3 jeweils zwei unterschiedliche Substituenten tragen, die sich in ihrer CIP-Priorität unterscheiden. Für C^2 gilt: $-CH_3 >$ –H; für C^3 entsprechend $-C_2H_5 >$ H.

3. Beim 1,3-Hexadien sind die beiden Doppelbindungen *konjugiert*; die Bindung zwischen C^2 und C^3 weist also einen gewissen Doppelbindungscharakter auf (sie ist beispielsweise etwas kürzer als eine Einfachbindung), während beim 1,4-Hexadien zwei voneinander *isolierte* Doppelbindungen vorliegen.

4. Die Elektronegativität von Bor (EN_B= 2,0) ist etwas geringer als die von Wasserstoff (EN_H= 2.1), das heißt, $B^{\delta+}$, $H^{\delta-}$. Im Zuge der elektrophilen Addition kommt es zu einer heterolytischen Bindungsspaltung: Das Elektrophil greift die Doppelbindung an, aber aufgrund der invertierten Polarisation fungiert bei dieser Reaktion eben das $BH_2{}^+$-Kation als Elektrophil. Erneut entsteht intermediär das stabilere der beiden möglichen Carbenium-Ionen. Der nachfolgende Ladungsausgleich durch Addition des (*hydridischen* = negativ polarisierten oder geladenen) Wasserstoffs (H^-) an das Carbenium-Ion führt zu einem *Anti-Markownikoff-Produkt*, denn hier wird das (hydridische) H-Atom an das C-Atom gebunden, das (zuvor) *weniger* H-Atome aufwies:

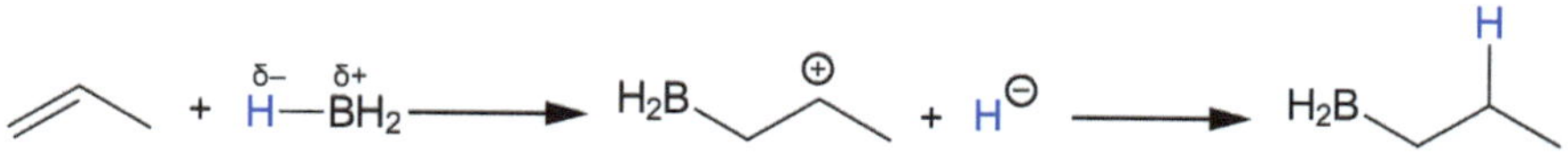

5. Analog zur Addition von elementarem Brom an die Doppelbindung (*siehe* Abbildung 37.7) erfolgt auch bei der Reaktion von elementarem Chlor mit ungesättigten Verbindungen eine Anti-Addition: Die Entstehung der beiden nicht im Reaktionsgemisch nachweisbaren, theoretisch denkbaren Stereoisomere ist aufgrund des Reaktionsmechanismus einfach nicht möglich.

6. Welche Reaktionsbedingungen auch gewählt werden: Zunächst entsteht durch Addition eines Wasserstoff-Kations an eine der beiden Doppelbindungen das stabilere sekundäre Carbokation. Dabei steht das vakante p-Orbital des sp^2-hybridisierten Kohlenstoffs, der nun die positive Ladung trägt, in Konjugation mit der nicht angegriffenen Doppelbindung des Moleküls; sie erhalten also ein *kationisches Allyl*-System. Wählen Sie nun *kinetische* Reaktionsbedingungen (eine so niedrige Temperatur, dass die Reaktion gerade noch abläuft, Ihnen aber nicht »einfriert«), wird im zweiten Schritt das Wasser bevorzugt genau das positiv geladene 2°-C-Atom angreifen, sodass letztendlich (nach Deprotonierung, um wieder einen ungeladenen Zustand zu erreichen) die OH-Gruppe in α-Stellung zu dem H-Atom steht, das als erstes an den Reaktanten addiert wurde: Im Zuge dieser 1,2-Addition erhalten Sie ein in

3-Position hydroxyliertes 1-Buten. (Denken Sie an die Nomenklatur-Regeln!) Wenn Sie sich jedoch für die *thermodynamische* Reaktionsführung entscheiden, bieten Sie dem Reaktionsgemisch die Möglichkeit, in ein thermodynamisches Gleichgewicht zu gelangen, sodass – dank der Mesomerie – auch die 1,4-Addition erfolgen kann, die zu einer höher substituierten Doppelbindung führt, und dass die Stabilität von Doppelbindungen mit zunehmendem Substitutionsgrad zunimmt, wissen Sie ja. Entsprechend erhalten Sie 2-Buten-1-ol, und in diesem Molekül tragen beide an der Doppelbindung beteiligten C-Atome jeweils zwei unterschiedliche Substituenten, sodass es ein *(Z)*- und ein *(E)*-konfiguriertes Stereoisomer gibt. Letzteres ist allein aus sterischen Gründen energetisch noch ein wenig günstiger, also wird *(E)*-2-Buten-1-ol bei thermodynamischer Reaktionsführung das Hauptprodukt dieser Reaktion darstellen. (Vielleicht wollen Sie sich dazu noch einmal Abbildung 37.13
anschauen?)

7. 2-Brom-3-methylpentan weist zwei Chiralitätszentren auf:

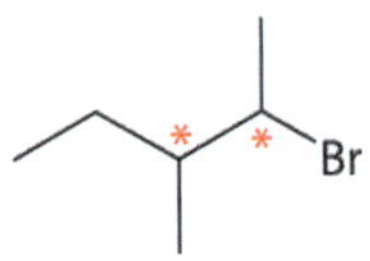

Entsprechend sind *vier* Stereoisomere möglich: (2*R*,3*S*)-2-Brom-3-methylpentan (a) und dessen Enantiomer (b) mit der Konfiguration (2*S*,3*R*) sowie (2*S*,3*S*)-2-Brom-3-methylpentan (c) und dessen (2*R*,3*R*)-konfiguriertes Enantiomer (d). Zur Betrachtung des Reaktionsverlaufs helfen Keilstrich- und NEWMAN-Projektion immens weiter, wobei es sich empfiehlt, die beiden Molekülreste entlang der Einfachbindung, die im Zuge der Eliminierung zu einer Doppelbindung werden (C^2-C^3), so gegeneinander zu verdrehen, dass die beiden Abgangsgruppen *antiperiplanar* zueinanderstehen (die Drehrichtung ist jeweils durch die grünen Pfeile angegeben):

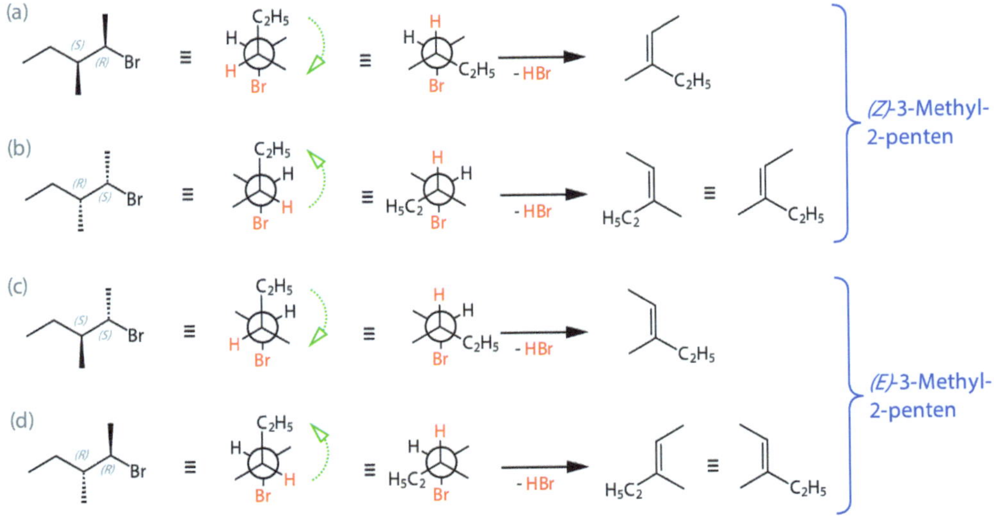

Es stellt sich heraus, dass die beiden Enantiomere dabei zum exakt gleichen Produkt führen: Sowohl bei (a) wie bei (b) ergibt sich eine *(E)*-konfigurierte Doppelbindung, während bei (c) und (d) die entstehende Doppelbindung jeweils *(Z)*-Konfiguration aufweist.

8. Bei sechs unhybridisierten p-Orbitalen müssen auch sechs HÜCKEL-MO entstehen:

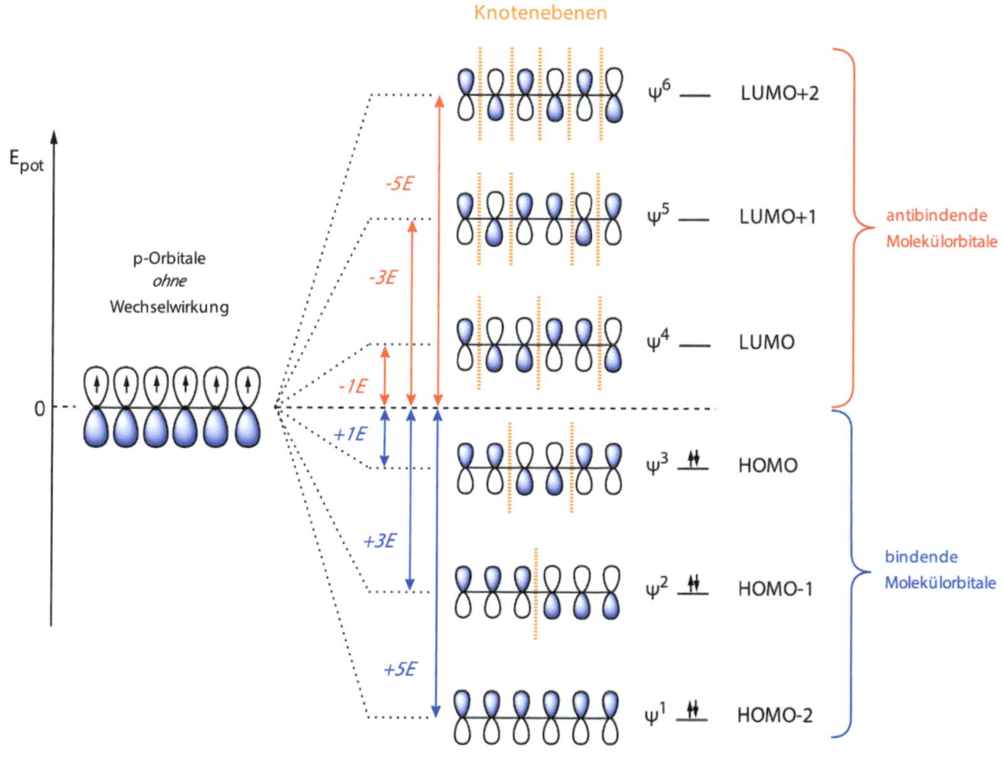

Verständlicherweise nimmt deren Energiegehalt mit zunehmender Anzahl an Knotenebenen (von 0 = alle p-Orbitale sind in Phase, das ist hier das HOMO–2, bis 5 = alle p-Orbitale stehen antiphasig, unser LUMO+2) immer weiter zu. Das HOMO – mit drei bindenden und zwei antibindenden Wechselwirkungen – ist damit immer noch ein bindendes Orbital.

Kapitel 38

1. Bei (a) handelt es sich um 1-Brom-1-cyclohexen. Bei (b) kann man leicht gleich mehrere Fehler machen, denn es stellt sich die Frage: Wie ist der Ring durchzunummerieren? – Hier muss berücksichtigt werden, dass bei der Nomenklatur einer Mehrfachbindung stets höhere Priorität zukommt als einem Substituenten: Entsprechend ist dafür zu sorgen, dass die an der C = C-Doppelbindung beteiligten Kohlenstoff-Atome eine möglichst niedrige Nummer erhalten. Da nun immer »über die Doppelbindung« nummeriert werden muss, können wir nicht dem einen C-Atom dieser Bindung die Nummer 1 und dem anderen die 6 verpassen. Also

handelt es sich hier um 3-Chlor-1-cyclohexen (oder 3-Chlorcyclohex-1-en, aber das spricht sich so schlecht …). Ein beliebtes (falsches!) Argument lautet: »Aber wenn ich mit dem Cl-tragenden Ring-Atom anfange und die Verbindung als 1-Chlor-2-cyclohexen bezeichne, komme ich auf *noch* niedrigere Zahlen!«, denn die Atome der Mehrfachbindung haben *immer* Vorrang – es sei denn, der betreffende Substituent sorge für eine spezielle Endung am Stammnamen, und das ist nur *bei funktionellen Gruppen* der Fall, während Halogene nun einmal »nur« ein Präfix mit sich bringen. (Zu den funktionellen Gruppen kommen wir in Kapitel 39, aber wir verraten Ihnen schon jetzt, dass das unter anderem für Alkohole gilt.) Bei (c) wäre sowohl 3-Methyl-1-ethylcyclopentan als auch 3-Ethyl-1-methylcyclopentan richtig. (Meist entscheidet man hier ein wenig »aus dem Bauch heraus«, welcher Substituent Vorrang hat – wo es machbar ist, wird dann etwa das Argument »nach CIP kommt dem Ethyl-Rest eine höhere Priorität zu als dem Methyl-Rest« angeführt. Aber bei weniger übersichtlich gestalteten Verbindungen zeigt sich rasch, dass die vollständig systematische Nomenklatur nach IUPAC wirklich eine Wissenschaft für sich ist – wie wir bereits erwähnt hatten.) Bei (d) muss wieder bedacht werden, dass die Nummerierung der Ringglieder »über die Doppelbindung« erfolgen muss und der Substituent trotzdem eine möglichst niedrige Nummer erhalten soll; es liegt also 4-Ethylcyclohexen vor. Bei (e) schließlich können Sie beinahe anfangen, wo Sie wollen: Solange Sie daran denken, dass der Mehrfachbindung eine höhere Priorität zukommt als dem Alkyl-Substituenten und Sie ordnungsgemäß »über die Doppelbindung« nummerieren, landen Sie unweigerlich bei 3,6-Dimethyl-1,4-cyclohexadien (oder 3,6-Dimethylcyclohexa-1,4-dien).

2. Bei den Verbindungen (a) und (b) ist wieder zu berücksichtigen, dass der Doppelbindung eine höhere Priorität zukommt als den Substituenten, deswegen gibt es gemäß den Nomenklatur-Regeln der IUPAC auch kein 2-Chlorcyclohexen. Die Verbindungen (c) und (d) besitzen zugegebenermaßen beinahe schon *Nur für Streber*-Qualität:

(a)
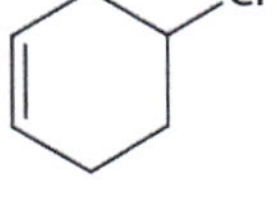

(b)
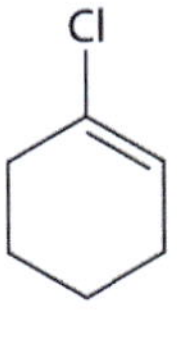

(c)
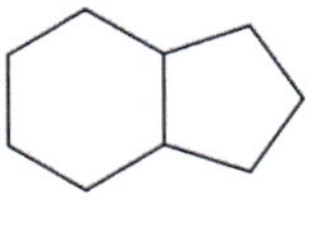

(d)
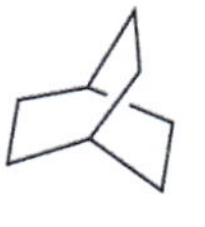

3. Zunächst kommt es zur reinen elektrostatischen Anziehung zwischen dem (meist positiv geladenen oder zumindest positiv polarisierten) Elektrophil und der negativen Ladungsdichte im π-Elektronensystem, und erst, wenn sich das Elektrophil dem aromatischen System hinreichend weit angenähert hat, dass eine konventionelle Einfachbindung zwischen dem Aromaten und dem Elektrophil ausgebildet werden kann, entsteht der σ-Komplex. (Und *der* wird dann durch Abspaltung eines Bindungspartners – meist eines Wasserstoff-Atoms in Form eines H^+-Ions, es kann aber auch das angreifende Elektrophil selbst sein, nur ist dann ja im Endeffekt überhaupt nichts passiert … – wieder re-aromatisiert, aber danach war ja hier nicht gefragt.)

4. Wie eigentlich immer ist die Sessel-Konformation günstiger als die Wanne. Aufgrund der sterischen Wechselwirkung (der VAN-DER-WAALS-Abstoßung) der axialständigen Substituenten ist es energetisch günstiger, wenn der sterisch anspruchsvollste Substituent (= die Methylgruppe) dabei *äquatorial* steht:

5. Hier ist das *cis*-Isomer bevorzugt, da nur hier beide Substituenten äquatoriale Positionen einnehmen können.

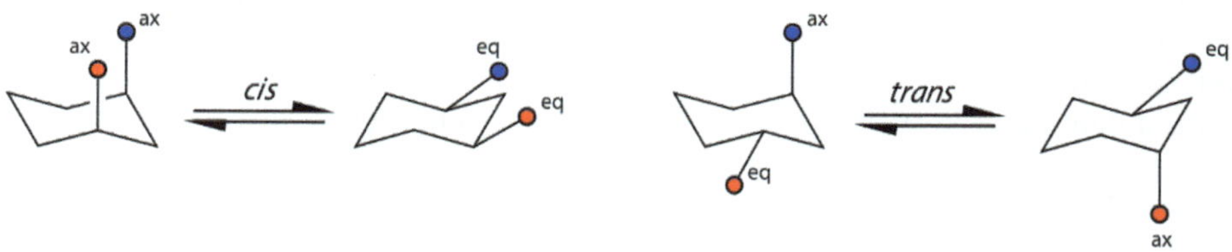

6. Weil eines der drei freien Elektronenpaare des Chlor-Atoms sozusagen in der Ring »hineingeklappt« werden kann, steigt die negative Ladungsdichte an den beiden *ortho-* und der *para-*Position:

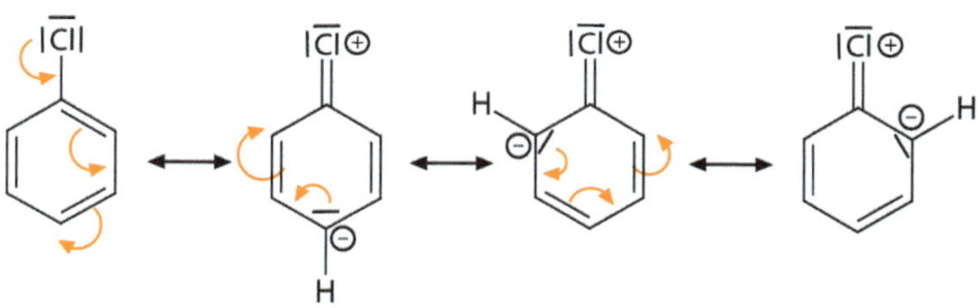

7. Für den Brom-Substituenten (a) gilt das Gleiche wie für den Chlor-Substituenten aus Aufgabe 6: Er kann ein freies Elektronenpaar in Konjugation mit dem Ring bringen, sodass sich ein +*M*-Effekt ergibt, der an den beiden *ortho-* und der *para-*Position die Elektronendichte steigert. Wegen seiner im Vergleich zu Kohlenstoff jedoch etwas höheren Elektronegativität besitzt Brom (so wie alle Halogene) zugleich jedoch auch einen –*I*-Effekt, was die Reaktivität Halogen-substituierter Aromaten gegenüber ihren unsubstituierten Analoga ein wenig herabsenkt. Aber nicht sehr viel. Da die Nitrogruppe (b) einen –*M*-Effekt besitzt und wegen der im Vergleich zum Kohlenstoff auch noch höheren Elektronegativität des Stickstoffs auch noch einen –*I*-Effekt, dirigiert sie nicht nur *meta* (vergleiche Abbildung 38.15), sondern deaktiviert den Aromaten hinsichtlich einer Elektrophilen Substitution sogar beachtlich. Auch wenn wir auf die Stoffklasse der Amine – mit der charakteristischen funktionellen Gruppe $-NH_2$ – erst in Kapitel 39 eingehen, können Sie diese Frage dennoch (zumindest weitestgehend) beantworten: Das N-Atom weist (wie es sich für ein Element der 5. Hauptgruppe gehört) ein freies Elektronenpaar auf und besitzt daher einen +*M*-Effekt, der deutlich stärker ausgeprägt ist als der –*I*-Effekt, des sich aufgrund der höheren Elektronegativität des Stickstoffs ergibt. Die Aminogruppe dirigiert also *ortho* und *para*, und das drastisch: Der mesomere Effekt ist so stark, dass er den –*I*-Effekt überkompensiert – Aromaten mit Aminogruppe sind deutlich reaktiver als ihre unsubstituierten Gegenstücke.

Kapitel 39

1. Entscheidend ist, dass im Zweifelsfall – also wenn die Nummerierung der Atome entlang der Hauptkette von verschiedenen Richtungen aus zur gleichen niedrigsten Nummer führen würde – stets der funktionellen Gruppe die höhere Priorität eingeräumt wird. Bei (a) stellt sich dieses Problem noch nicht, es handelt sich um 3-Methyl-2-pentanol (oder 3-Methylpentan-2-ol, wenn Ihnen das besser gefällt). Bei (b) hingegen muss wegen der Hydroxygruppe »von links nach rechts« durchnummeriert werden: Es liegt damit 4-Methyl-2,3-pentandiol vor (wobei der *nicht ganz* IUPAC-gerechte Name 2-Methyl-3,4-pentandiol natürlich zu genau der gleichen Strukturformel führen würde). Bei Verbindung (c) handelt es sich um den Ethylmethylether (denken Sie an die Alphabetisierung der beteiligten Reste!). Zum primären Amin mit der Strukturformel (d) gehört der Name (3-Methylbutyl)amin – die Klammer ist hilfreich, um zu verhindern, dass man den Methyl-Rest fälschlicherweise direkt am N-Atom verortet wähnt).

2. Die Chiralitätszentren sind in der gewohnten Weise durch einen Asterisk markiert.

(a) 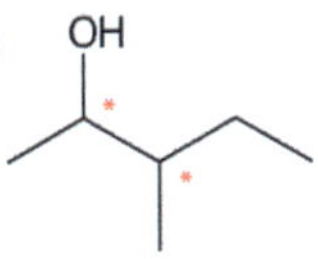

(b) 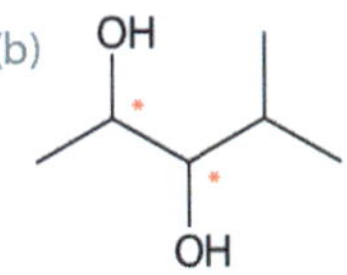

(c) 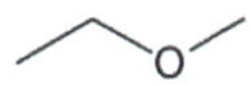

(d) 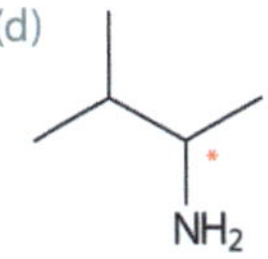

Über die jeweilige *absolute* Konfiguration kann natürlich nichts ausgesagt werden, schließlich liegen die entsprechenden Informationen nicht vor.

3. Ohne viele Worte:

(a) 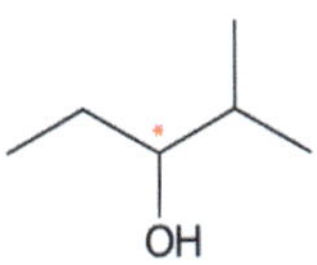

(b) 

(c) 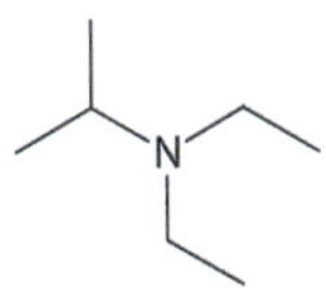

(d) 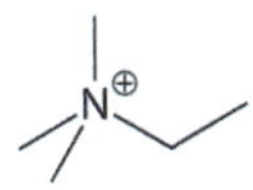

Verbindung (a) weist dabei wieder ein – in der üblichen Weise gekennzeichnetes – Chiralitätszentrum auf.

4. Analog zu Abbildung 39.8 entstehen zunächst die freie Propansäure (Propionsäure) und das deprotonierte 1-Propanol; da aber das 1-Propanolat eine wirklich starke Base ist (pK_S (1-Propanol) ≈ +26!), wird es die freie Propansäure (pK_S(Propansäure) = 4,87) sofort deprotonieren, sodass letztendlich das Anion der Propansäure (das Propionat) und 1-Propanol vorliegen.

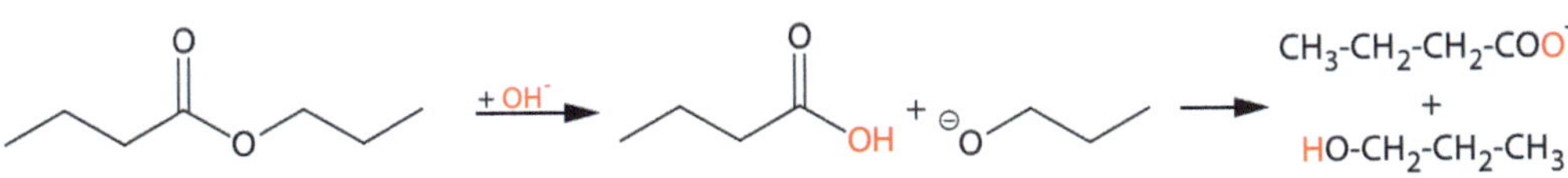

5. Chiralitätszentren sind in der üblichen Weise markiert; auf die Stereochemie soll nicht weiter eingegangen werden. (In Klammern angegeben sind die *ganz orthodoxen* IUPAC-Namen, die kaum jemand verwendet.)

Pentanol — 2-Pentanol — 3-Pentanol — 2-Methylbutanol (2-Methylbutan-1-ol)

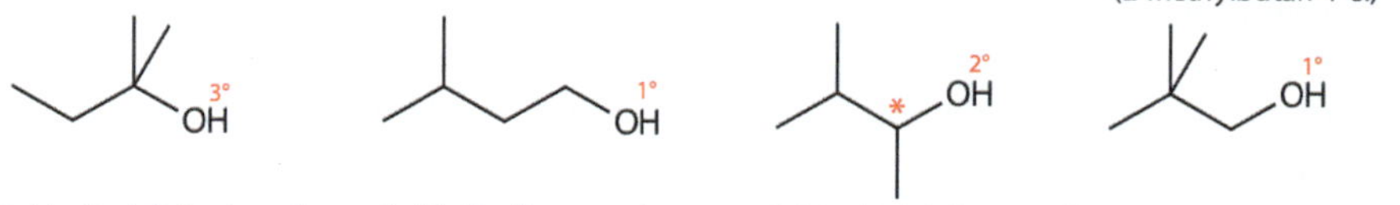

2-Methyl-2-butanol (2-Methylbutan-2-ol) — 3-Methylbutanol (3-Methylbutan-1-ol) — 3-Methyl-2-butanol (3-Methylbutan-2-ol) — 2,2-Dimethylpropanol (2,2-Dimethylpropan-1-ol)

6. Die drei Nitrogruppen üben einen sehr starken –M-Effekt auf das aromatische System aus. Auf diese Weise wird auch negative Ladungsdichte der OH-Gruppe in den Ring »gezogen«, und das schwächt die OH-Bindung – drastisch. (Zur Übung könnten Sie sämtliche mesomeren Grenzstrukturen des (deprotonierten) Pikrat-Ions aufstellen.)

7. Mit steigender Substitution der Amine steigt (wegen des +*I*-Effekts) die negative Ladungsdichte an, daher gilt: (c) < (b) < (a) < (e) < (d).

(a) 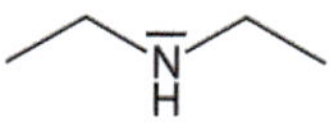 (b) 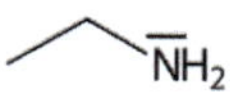 (c) 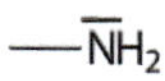 (d) 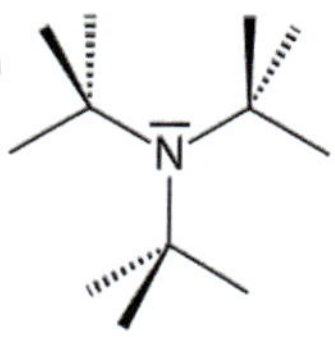 (e) 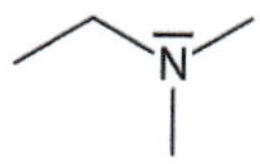

Aufgrund des beträchtlichen sterischen Anspruchs der drei *tert.*-Butylgruppen ist das freie Elektronenpaar am Stickstoff bei (d) abgeschirmt, daher wird diese Verbindung kaum nucleophiles Verhalten zeigen (dabei aber immer noch eine kräftige BRØNSTED-Base sein!).

Kapitel 40

1. Bei (a) handelt es sich um 3-Methyl-2-butanon (oder 3-Methylbutan-2-on); (b) heißt 2,2-Dimethyl-3-pentanon, (c) 3-Hydroxypentanal, (d) 3-Methyl-3-buten-2-on – die Zählung der Hauptketten-Atome muss so erfolgen, dass der funktionellen Gruppe mit der höchsten Priorität eine möglichst niedrige Nummer zukommt, und das ist in diesem Falle die Carbonylgruppe; *siehe* Tabelle 40.4 – wobei jeder wüsste, welche Verbindung gemeint ist, wenn Sie von 2-Methyl-1-buten-3-on sprächen, aber das ist eben *nicht ganz* im Sinne der IUPAC. Verbindung (e) schließlich heißt 3-Hydroxybuttersäure oder, ganz systematisch, 3-Hydroxybutansäure.

2. Die Carbonylgruppe von (a) kann sowohl in Richtung Methylgruppe als auch in Richtung Isopropylgruppe enolisieren, bei Verbindung (b) hingegen kann

die Enolisierung nur in Richtung Ethyl-Rest erfolgen; ein zur Carbonylgruppe α-ständiges quartäres C-Atom gestattet verständlicherweise keine Enolisierung, schließlich muss dafür das zur Carbonylgruppe α-ständige C-Atom mindestens ein H-Atom tragen. Verbindung (c) ist ein *Aldehyd*, insofern kann hier keine *Keto*-Enol-Tautomerie auftreten, aber Aldehyde sind ebenso zur Enolisierung befähigt wie Ketone. (Sie tritt dort sogar noch ein wenig häufiger auf, weil die beiden Alkylreste aufgrund ihres $+I$-Effekts die positive Partialladung am Carbonyl-Kohlenstoff stärker stabilisieren, als das bei der Aldehydgruppe –CHO der Fall ist, schließlich gibt es an dem zugehörigen C-Atom zwangsweise nur *einen* Substituenten, der diesen stabilisierenden Effekt ausübt.) Auch bei Verbindung (d) kann Keto-Enol-Tautomerie beobachtet werden, allerdings nur mit dem Methyl-Rest, schließlich handelt es sich bei dem sp^2-hybridisierten C^3 wieder um ein quartäres C-Atom. Bei (e) schließlich wäre zwar theoretisch Tautomerie der C= O-Doppelbindung mit der benachbarten Methylengruppe denkbar, allerdings fällt sie bei Carbonsäure praktisch nicht ins Gewicht. Chiralitätszentren finden sich bei (c) und bei (e): Es sind jeweils die C-Atome, an die eine Hydroxygruppe gebunden ist.

3. Die Methylgruppe am aromatischen Ring (a) lässt sich zu einem 1° Alkohol umsetzen (b; Benzylalkohol, gelegentlich auch Phenylmethanol genannt), zu einem Aldehyd (c; Benzaldehyd) und zu einer Carbonsäure (d; Benzoesäure). Zur Übung (kann ja *nie* schaden!) sind auch die zugehörigen Oxidationszahlen angegeben.

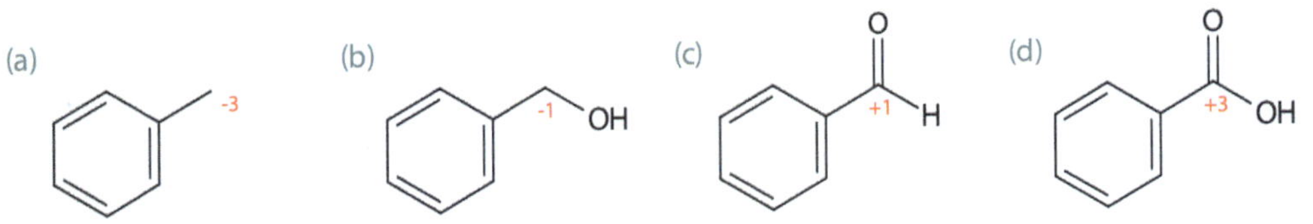

4. Hier sagt ein Bild mehr als tausend Worte:

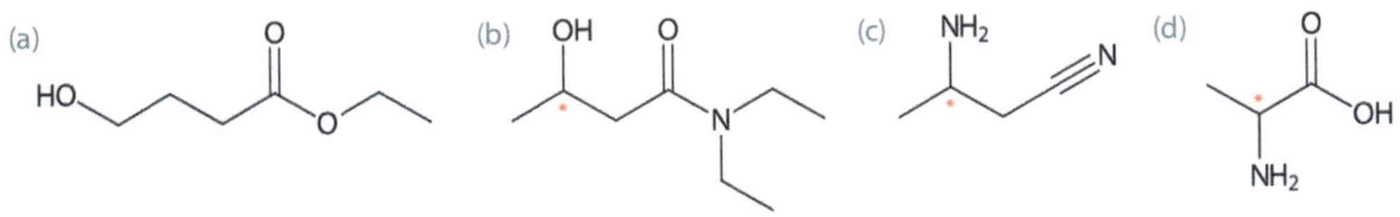

5. (a) Einer der beiden Aldehyde wird in einem ersten Schritt deprotoniert, sodass ein mesomeriestabilisiertes Enolat-Ion entsteht, das im zweiten Schritt als Methylenkomponente den anderen Aldehyd nucleophil angreift. Dabei wird eine neue C–C-Bindung geknüpft. Da es in α-Stellung zur neu entstandenen (deprotonierten) Hydroxygruppe kein H-Atom gibt, wird sich keine Eliminierung anschließen. Das Reaktionsprodukt ist damit 3-Hydroxy-2,2,4-trimethylpentanal. (b) Bei dieser gekreuzten Aldol-Reaktion wird der Aldehyd wegen seiner größeren Elektrophilie am Carbonyl-C als Carbonylkomponente fungieren. Entsprechend wird Aceton in einem ersten Schritt zu einem (in diesem Falle symmetrischen) Enolat deprotoniert. Der C–C-Bindungsknüpfung folgt Eliminierung zum α,β-ungesättigten Aldehyd; man erhält *(E)*- und *(Z)*-konfiguriertes 2-Butenal.

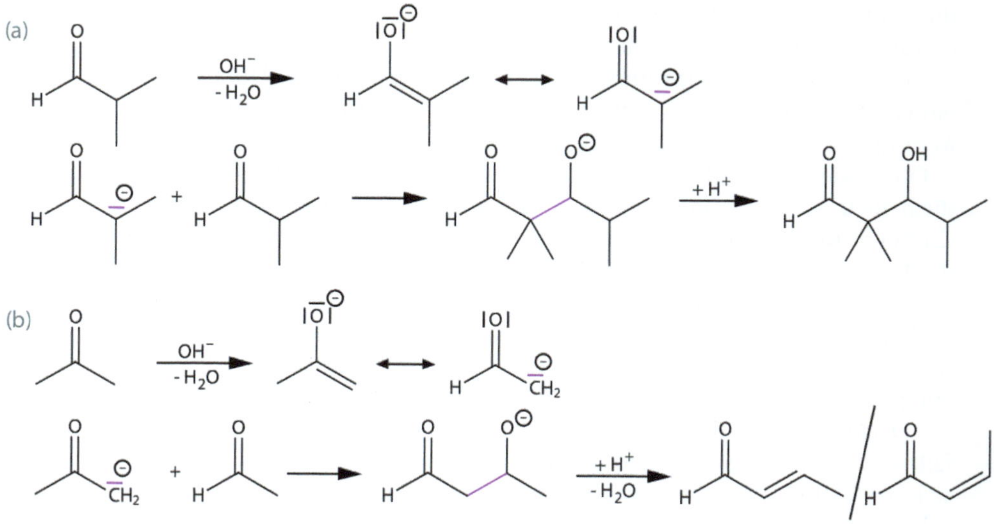

6. Zunächst erfolgt nucleophile Substitution, sodass man das 4-Methylpentannitril (a) erhält; bei vollständiger Hydrolyse ergibt sich entsprechend das Anion der 4-Methylpentansäure (b; das bei der Hydrolyse frei werdende Ammoniak deprotoniert die Carbonsäure).

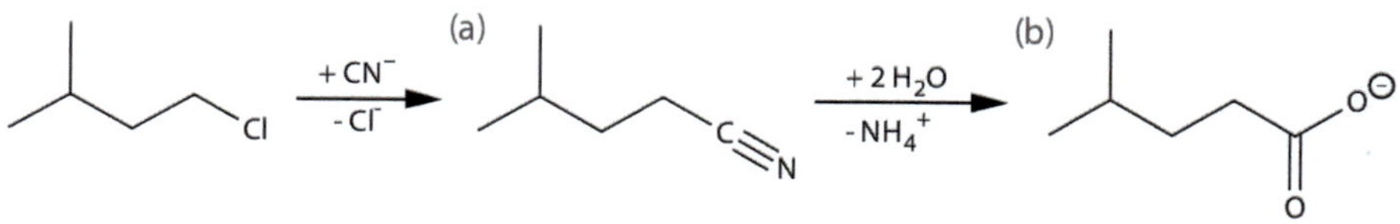

Kapitel 41

1. Es handelt sich um ein System mit vier π-Elektronen, also ein *Anti*-HÜCKEL-System, bei dem Reaktion aus dem HOMO heraus (mit thermischer Anregung) symmetrieverboten ist. Bei photochemischer Induzierung erfolgt die Reaktion aus dem angeregten HOMO$^{\neq}$, also verläuft die Reaktion disrotatorisch. Dieser führt zu den beiden *cis*-Produkten.

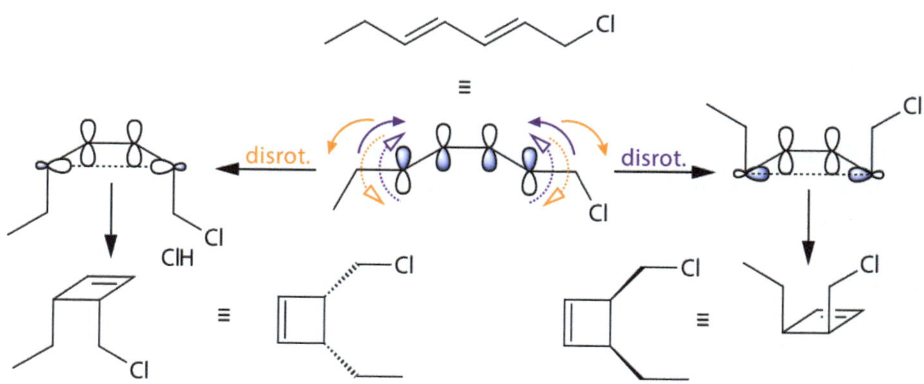

2. Bei (a) entsteht 1,2-Dimethyl-4-nitrocyclohexen, bei (b) 1,2-Dinitro-4,5-dimethylcyclohexen (auf die Stereochemie der dabei entstehenden Chiralitätszentren sei hier nicht weiter eingegangen). Dabei wird Reaktion (a) deutlich besser ablaufen, denn das Dienophil ist dank des –M-Effekts der Nitrogruppe elektronenarm, während die beiden Methylgruppen am Dien über die Hyperkonjugation dafür sorgen, dass die beiden Doppelbindungen relativ elektronenreich werden. Reaktion (b) ist eine DIELS-ALDER-Reaktion *mit inversem Elektronenbedarf*: relativ elektronenreiches Dienophil, elektronenarmes Dien. (Die laufen *auch*, aber nicht so gut.)

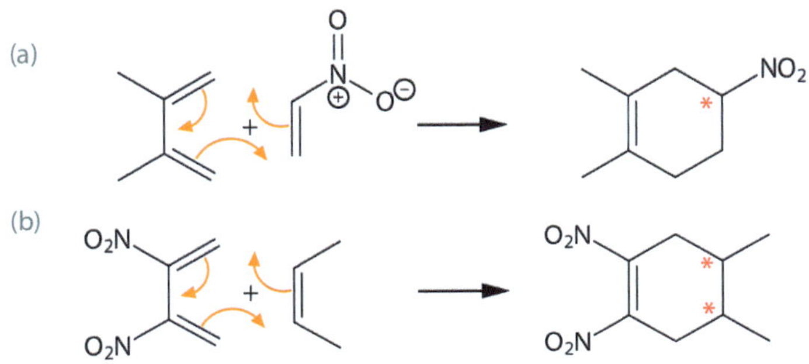

3. Vermutlich ist tatsächlich zunächst Ihr gewünschtes Produkt entstanden, aber dann hat eine *COPE-Umlagerung* zu Produkt (b) geführt (damit man den Verlauf der Umlagerung besser nachverfolgen kann, wurde die Methylgruppe des ursprünglichen Produkts markiert). Leider ist auch dieses Molekül nicht stabil: Über eine *Oxa-COPE-Umlagerung* wurde daraus (c).

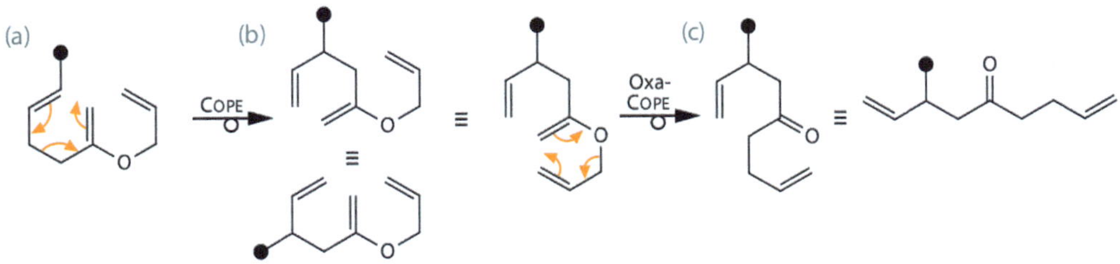

Kapitel 44

1. Glucose gehört zu den Aldosen (*siehe* Abbildung 44.4) und weist somit zumindest in der offenkettigen Form eine Aldehyd-Gruppe auf: Aus Kapitel 40 wissen Sie, dass sich Aldehyde leicht zu Carbonsäuren oxidieren lassen und somit als Reduktionsmittel fungieren. Fructose hingegen ist eine C_6-Ketose, weist also eine Ketogruppe auf; Ketone jedoch können nur unter Spaltung einer C–C-Bindung weiter-oxidiert werden. Entsprechend stellen Ketosen *keine* Reduktionsmittel dar.

2. Galactose ist das C^4-Epimer von Glc, Mannose das C^2-Epimer:

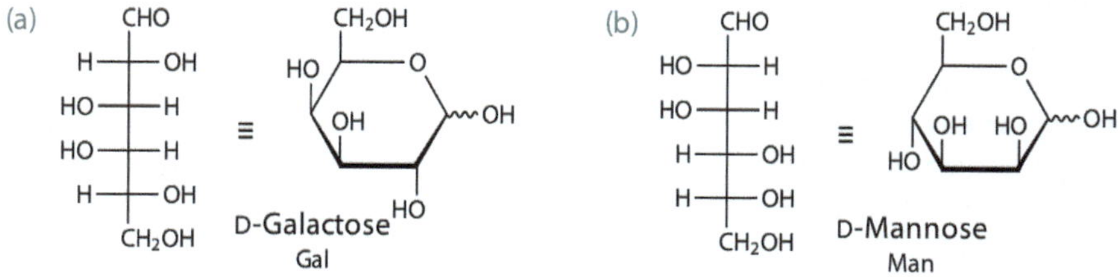

3. Wenn Sie nur die offenkettige Form dieser Aldose betrachten, wird der Grund für deren besondere Häufigkeit nicht sofort ersichtlich, aber das ändert sich, wenn Sie die beiden möglichen Sessel-Konformationen des cyclischen Halbacetals betrachten – und zwar am besten das $^4C_1$-Konformer: Dann sehen Sie sofort, dass an C^2 bis C^5 sämtliche der sterisch anspruchsvolleren Substituenten am Ring (3 × –OH, 1 × $-CH_2OH$) *äquatorial* zum Ring stehen und somit deren wechselseitige sterische Abstoßung minimiert ist, was natürlich energetisch einen Vorteil darstellt. Bei allen anderen Aldohexosen steht mindestens einer der raum-erfüllenderen Substituenten axial, was auf jeden Fall zur sterischen Abstoßung mit den axial-ständigen H-Atomen führt – wenn nicht sogar auch noch ein (oder mehrere) weitere(r) »Nicht-H«-Substituent(en) ebenfalls axial steht (beziehungsweise stehen). (Vielleicht möchten Sie sich noch einmal die Abbildung im Kasten *Ringinversion* anschauen?) Diese Argumentation führt dann auch dazu, dass die β-Form häufiger eingenommen wird als die α-Form: Bei der β-Form steht auch am anomeren C-Atom (C^1) die Hydroxygruppe (die nun einmal sterisch anspruchsvoller ist als das H-Atom) äquatorial, während das beim α-Anomer eben nicht der Fall ist: Noch energetisch günstiger als die β-Form geht nicht. (Gut, warum allerdings in der Natur bislang ausschließlich die D-Glucose gefunden wurde, jedoch nie deren Enantiomer, die L-Glucose, auf die sämtliche dieser Punkte ebenfalls zutreffen, gehört noch zu den ungelösten Rätseln der Natur.)

4. Vergleichen Sie die Galactose mit deren C^4-Epimer Glucose (*siehe* Aufgabe 2): Außer an diesem C-Atom ist die Konfiguration an allen Ring-Atomen identisch mit der von Glucose – beim $^4C_1$-Konformer stehen also sowohl bei der α- als auch bei der β-D-Galactose an C^2 , C^3 und C^5 sämtliche der Substituenten mit größerem Raumbedarf (2 × –OH, 1 × $-CH_2OH$) *äquatorial,* während sie beim $^1C_4$-Konformer *axial* stünden, was energetisch natürlich ungünstiger ist, denn dann käme es zu einer deutlich stärkeren sterischen Abstoßung, als das bei den jeweils anderen Substituenten der betreffenden C-Atome der Fall wäre (das sind ja jeweils »nur« H-Atome). Da an C^4 die Verhältnisse genau umgekehrt zur Glucose sind (der –OH-Substituent also beim $^4C_1$-Konformer axial steht), ist dieses Stereoisomer nicht ganz so energetisch günstig wie Glc, aber es reicht immer noch aus: Auch hier ist das $^4C_1$-Konformer deutlich günstiger als die $^1C_4$-Form. (Wie bei der Glucose auch ist das β-Epimer von Gal dann energetisch bevorzugt, denn dort steht im $^4C_1$-Konformer auch noch die OH-Gruppe an C^1 (dem anomeren Zentrum) äquatorial; beim α-Epimer steht der OH-Substituent in der gleichen Konformation axial und nähme daher nur beim $^1C_4$-Konformer die energetisch günstigere äquatoriale Position ein.)

5. Die beiden D-Glucopyranosen sind β-(1 → 6)-glycosidisch verknüpft. Zudem ist die halbacetalische OH-Gruppe des Glc-Ringes, der über die OH-Gruppe an C^6 mit dem anderen Glc verbunden ist, mit einem Aglycon β-glycosidisch verknüpft. Damit besteht für dieses Molekül keine Möglichkeit zur Mutarotation mehr, somit besitzt es auch keine reduzierenden Eigenschaften (beide halbacetalischen OH-Gruppen sind zu Vollacetalen verethert). Übrigens sind Sie dem Amygdalin schon einmal begegnet (in Kapitel 40): Dieses cyanogene Glycosid – ein Nitril (= organisches Cyanid), das im sauren Medium Blausäure (HCN) freisetzt – findet sich unter anderem in Bittermandeln und Apfelkernen.

6. Zu (a) Xylonsäure (in freier Form bislang in der Natur nur als Abbauprodukt komplexerer Verbindungen bekannt); (b) zu Galacturonsäure (zählt zu den Ballaststoffen); (c) zu Xylit, das als kalorienarmes Süßungsmittel (Zuckeraustauschstoff) mittlerweile zahlreichen Lebensmitteln zugesetzt wird (Achtung: Für Hunde ist Xylit toxisch, daher bitte nicht verfüttern!); es findet sich aber auch – in vergleichsweise kleinen Mengen – in manchen Früchten (zum Beispiel Erdbeeren, *Fragaria spec.*) und Gemüsesorten (Blumenkohl, *Brassica oleracea*).

Kapitel 45

1. Bei den Nucleosiden ist die jeweilige Nucleinbase (A, G, C, T, U) mit einer (Desoxy-)Ribose verknüpft, bei den Nucleotiden ist auch noch die Phosphorsäure dabei.

2. Die Transkription ist das »Umschreiben« von DNA (mit Desoxyribose, den Nucleinbasen A, G, C, T und Phosphorsäure) in RNA (mit Ribose, den Nucleinbasen A, G, C, U – bitte bedenken Sie, dass es in der RNA kein Thymin gibt, sondern Uracil an dessen Stelle tritt! – und Phosphorsäure). Die Translation ist dann das »Übersetzen« von RNA (mit Ribose, Nucleinbasen und Phosphorsäure), in die jeweils durch die DNA/RNA codierten Aminosäuren.

3. Das liegt daran, dass auch diese Phosphorsäurediesterbrücken zwischen zwei Nucleosiden immer noch recht sauer sind ($pK_S \sim 2$): Unter physiologischen Bedingungen (und wenn die nicht innerhalb einer lebenden Zelle herrschen, wo dann?) liegen sie dissoziiert vor – also als *Salz* der entsprechenden Säure (*siehe* Kapitel 25); die wichtigsten Gegen-Ionen sind Mg^{2+} und Ca^{2+}.

4. Die beiden DNA-Stränge werden durch Wasserstoffbrückenbindungen zusammengehalten. (a) Mit steigender Temperatur nimmt auch die Eigenbewegung der Atome zu, das heißt, die Stärke der Brücken lässt nach. Ab dem Schmelzpunkt überkompensiert die Entropie (freie Beweglichkeit der Atome/Molekülfragmente) den Energiegewinn durch intramolekulare Wechselwirkungen. (b) Da das Basenpaar Cytosin-Guanin durch *drei* Wasserstoffbrückenbindungen zusammengehalten wird (meist symbolisiert durch C ≡ G), das Adenin-Thymin-Basenpaar aber nur durch *zwei* (A = T) und mehr Bindungen für festeren Zusammenhalt sorgen, nimmt die Thermostabilität eines DNA-Stranges mit steigendem Cytosin-Anteil (also auch: steigendem Guanin-Anteil) zu.

Kapitel 46

1. In allen drei Fällen ist vom N-Terminus zum C-Terminus zu lesen:

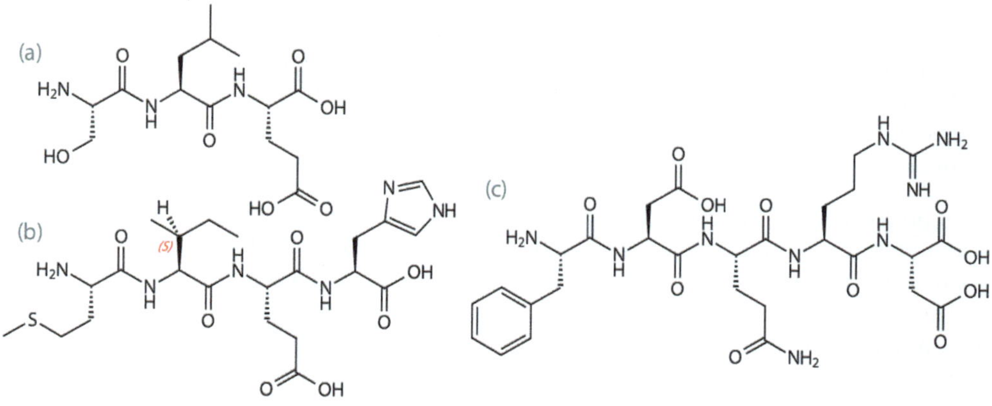

2. Wenn man Abbildung 46.12 »von innen nach außen« abarbeitet, kommt man zum Ergebnis, dass (a) für das Pentapeptid Ser-Glu-Phe-Leu-Lys (SGFLK) codiert – und (b) ebenso (der genetische Code ist schließlich mehrfach entartet. Und: *Nein,* man muss den genetischen Code *wirklich* nicht auswendig können).

3. Beim Häm handelt es sich um eine prosthetische Gruppe – also um etwas, das nicht aus Peptid-Bausteinen aufgebaut ist. So etwas kann nur durch posttranslationale Modifikation in einen Peptid-Strang eingebaut werden. (Das passiert offensichtlich viel häufiger, als der unaussprechliche Fachterminus »posttranslationale Modifikation« womöglich erwarten ließe …)

4. In allen drei Fällen ist zu berücksichtigen, dass sowohl beim Drei- als auch beim Ein-Buchstaben-Code immer vom N-Terminus zum C-Terminus geschrieben wird. Für (a) gilt also H_3N^+–Phe-Met-COOH, für die beiden anderen Beispiele ist analog vorzugehen. Benötigt wird für *p*I(a) also $pK_S(H_3N^+$–Phe) und pK_S(Met-COOH).; die Zahlenwerte können Sie Tabelle 46.1 entnehmen. Wir erhalten *p*I = (9,13 + 2,28) / 2 = 5,70. In gleicher Weise brauchen wir $p\,K_{S(NH_3^+)}$(Trp) und $pK_{S(COOH)}$(Pro), um *p*I(b) zu ermitteln: (9,44 + 1,99) / 2 = 5,71 (fast der gleiche Wert, aber mit hinreichend aufwendiger Technik ließen sich auch diese beiden Dipeptide trennen). Bei DI – im Drei-Buchstaben-Code: Asp-Ile – ist zu berücksichtigen, dass die Asparaginsäure eine *saure* Seitenkette aufweist. Entsprechend sind hier die beiden pK_S-Werte zu verwenden, die näher beieinanderliegen, also $pK_{S(SK)}$Asp und pK_S(Ile). Daraus ergibt sich: *p*I(c) = (3,90 + 2,32) / 2 = 3,11.

5. Die molare Masse sagt ja nur etwas darüber aus, wie schwer das betreffende Protein ist, aber nichts über dessen Summenformel (welche Atom-Sorten also jeweils in welcher Anzahl vorliegen). Und selbst wenn zwei Proteine sogar exakt die gleiche Summenformel aufweisen würden ($C_mH_nN_oO_pS_q$…), heißt das noch lange nicht, dass die beteiligten Atome auch in exakt der gleichen Reihenfolge miteinander verknüpft sein müssen – Sie kennen also noch nicht einmal die *Primärstruktur.* (Sie wissen: Schon bei einer deutlich geringeren Anzahl von Atomen, als gemeinhin in einem Protein vorliegen, können sich bei gleicher Summenformel völlig

unterschiedliche Konnektivitäten ergeben; denken Sie nur an Ethanol und Diethylether, für die beide gilt: C_2H_6O.) Außerdem sind noch Faktoren wie die Sekundär-, Tertiär- und gegebenenfalls sogar Quarterstruktur zu berücksichtigen. Und einen letzten Faktor sollten wir hier auch nicht außer Acht lassen: Wie genau haben Sie die molaren Massen der betreffenden Proteine überhaupt experimentell bestimmt? Angesichts der Tatsache, dass Oligopeptide/Proteine rasch Massen von mehreren *k*Da (also kg mol^{-1}) auf die Waage bringen (gerne auch *mehrere hundert* kDa ...), steht zu erwarten, dass die Messung nicht auf eine oder mehrere Stellen »hinter dem Komma« erfolgt ist, sondern eher eine grobe Größenordnung bestimmt wurde. (»Etwa 42,3 kDa« gilt bei der routinemäßigen Untersuchung von Proteinen schon als ziemlich genau.) Daher sollten Sie nicht glauben, ein Protein alleine anhand von dessen Masse eindeutig identifizieren zu können.

6. Bei dieser Transaminierung wechseln die Ketogruppe der α-Ketosäure (Brenztraubensäure) und die Aminogruppe der (proteinogenen) Aminosäure (Asp) den Besitzer (a; *siehe* den Kasten *Die Transaminierung*): Es entstehen die (ebenfalls proteinogene) Aminosäure Alanin (dank des Enzyms auch stereospezifisch; es findet also keine Racemisierung statt!) und die Ketosäure Oxalessigsäure (Oxobutandisäure, Oxobernsteinsäure; ebenfalls bekannt aus Kapitel 40).

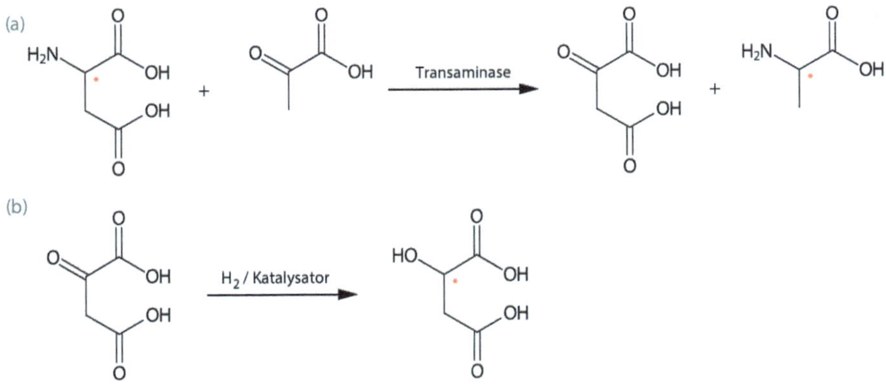

Wird die Oxalessigsäure dann behutsam reduziert (b; etwa katalytisch), wird aus der Oxodicarbonsäure die 2-Hydroxybutandisäure, auch bekannt als *Äpfelsäure* (ein weiteres biochemisch wichtiges Molekül, das Sie bereits aus Kapitel 40 kennen – es wird Ihnen beim Citrat-Cyclus in Kapitel 48 erneut begegnen). Falls Sie dabei allerdings keinen stereoselektiven Katalysator (wie aus Kapitel 42) einsetzen, erhalten Sie ein racemisches Gemisch der beiden Äpfelsäure-Enantiomere, schließlich ist die Ketogruppe enantiotop (*siehe* Kapitel 40), und durch die Reduktion entsteht ein Chiralitätszentrum.

Kapitel 47

1. Bitte beachten Sie: Wenn die Reste an C^1 und C^3 *identisch* sind (wie in diesem Fall), stellt C^2 des Glycerin-Bausteins *kein* Chiralitätszentrum dar (deswegen der gewohnte rote Stern hier in Klammern).

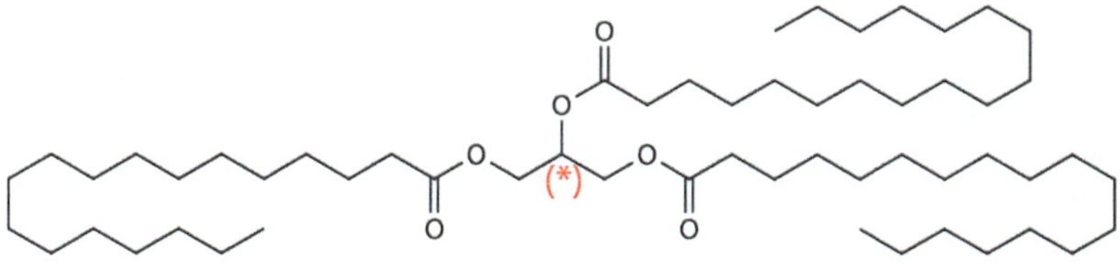

Die räumliche Orientierung der drei Fettsäureketten ist natürlich irrelevant: Bitte denken Sie an die freie Drehbarkeit um die Einfachbindung.

2. Nur der Lipid-Teil der Glycolipide ist dafür unpolar genug: Saccharide sind Poly-Alkohole (erinnern Sie sich an Kapitel 44?). Als solche ziehen sie es vor, Wasserstoff-Brückenbindungen einzugehen und mit polaren Molekülen in Wechselwirkung zu treten – und die finden sich natürlich nicht im unpolaren Teil der Zellmembran (mitten in der Lipid-Doppelschicht).

3. Auch wenn das Ranzigwerden von Fetten verschiedene Ursachen hat, ist doch die wichtigste die Oxidation durch den Luftsauerstoff. Die Doppelbindungen ungesättigter Öle lassen sich durch den Sauerstoff verständlicherweise besonders leicht angreifen – und dieser Angriff erfolgt bei photochemischer Anregung noch schneller.

Kapitel 48

1. Die zahlreichen Reaktionen der Biochemie finden – verständlicherweise – unter physiologischen Bedingungen statt, also bei *p*H-Werten in der Nähe des Neutralpunkts. Für menschliches Blut beispielsweise sollte gelten: $pH \approx 7,4$; unterhalb von $pH = 7{,}35$ spricht man von einer *Acidose*, oberhalb von $pH = 7{,}45$ von einer *Alkalose* – beides kann tödlich sein. In unterschiedlichen Geweben können etwas davon abweichende pH-Werte die Norm darstellen: In Bindegewebe etwa gilt $pH \approx 7{,}2$, für Muskelzellen gilt $pH \approx 6{,}9$ (sinkt er unter $pH = 6{,}2$ ab, stellt sich die Herztätigkeit dauerhaft ein). In allen Fällen jedoch ist der *p*H-Wert so hoch, dass praktisch alle biochemisch bedeutenden (Carbon-)Säuren deprotoniert vorliegen.

2. Bei der β-Oxidation wird die Fettsäurekette sukzessive in Zweierschritten verkürzt (wobei je ein Acetyl-CoA abgespalten wird, *siehe* Abbildung 48.7).

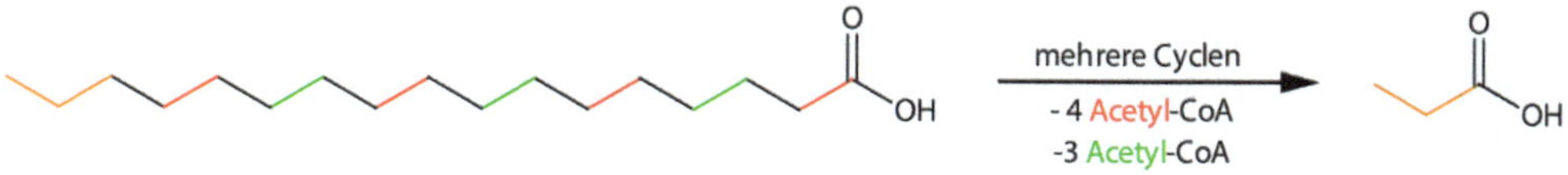

Da Margarinsäure aber aus einer *ungeraden* Anzahl an Kohlenstoff-Atomen aufgebaut ist (CH_3-$(CH_2)_{15}$-COOH), bleibt nach Entstehung von insgesamt 7 Molekülen Acetyl-CoA ein C_3-Fragment übrig: Man erhält Propionyl-CoA.

3. Die Wirkungsweise dieses Moleküls als Redox-Reagenz basiert darauf, dass sich die Bindung zwischen diesem anderen N-Atom und einem benachbarten Kohlenstoff leicht von einer Einfach- in eine Doppelbindung (und zurück) umwandeln lässt.

Wäre dieses Stickstoff-Atom hingegen ebenfalls alkyliert, wäre eine Umsetzung zur Doppelbindung nicht mehr möglich (oder zumindest nicht so leicht, es müsste erst eine andere Einfachbindung gespalten werden).

4. Wenn Sie sich Abbildung 48.3a noch einmal anschauen, werden Sie feststellen, dass die drei Phosphat-Einheiten untereinander zum *Säureanhydrid* verknüpft sind; nur der dem Adenosin-Ring nächste Phosphorsäure-Rest ist mit der OH-Gruppe von C^6 (also am exocyclischen Kohlenstoff) verestert. Bei der Hydrolyse von Säureanhydriden wird Energie frei – allerdings brauchen Sie nicht zu befürchten, dass das in den Zellen befindliche Wasser das ATP unkontrolliert hydrolysiert: Die Spaltung der P–O–P-Bindungen selbst *erfordert* Energie und erfolgt nur unter dem Einfluss von Enzymen (den *Adenosintriphosphatasen*, davon gibt es eine ganze Reihe); *frei* wird Energie erst bei der Hydrolyse des abgespaltenen Phosphats.

Kapitel 52

1. Der Zerfall erfolgt zufällig und damit *rein statistisch*. Sind genug Teilchen vorhanden, gibt die Halbwertszeit an, wann die Hälfte zerfallen ist. Da die Kerne keinem Alterungsprozess unterliegen, ist die Angabe einer Halbwertszeit mit abnehmender Teilchenzahl zunehmend ungenau. Betrachtet man als Extrembeispiel nur einen einzelnen Atomkern, ist es gänzlich unmöglich, dessen Zerfall vorauszusagen: Der kann in der nächsten Sekunde erfolgen oder auch noch fünf Milliarden Jahre auf sich warten lassen.

2. ^{232}Th, ^{235}U und ^{238}U besitzen so große Halbwertszeiten, dass sie auch noch nach vier Milliarden Jahren existieren und zerfallen; deswegen sind die entsprechenden Zerfallsreihen noch in vollem Gange.

3. Die Halbwertszeit von ^{14}C beträgt 5730 Jahre. Nach dem Zerfallsgesetz (Gleichung 52.3) berechnen Sie:

$$\frac{N(t)}{N_0} = 0{,}514 = e^{-\lambda t} \qquad \lambda = \frac{0{,}6932}{5730\,a} = 1{,}21 \cdot 10^{-4}\,a^{-1}$$

$$\ln 0{,}514 = -\lambda t \qquad \Rightarrow \quad t = \frac{\ln 0{,}514\,a}{1.21 \times 10^{-4}} = 5500\,a$$

Das Mammut ist vor 5500 Jahren verstorben.

Abbildungsverzeichnis

Stichwortverzeichnis

A

B

D

F

G

I

J

K

M

N

O

P

Q

R

S

T

U

V

W